中国高等植物

·修订版·

HIGHER PLANTS OF CHINA

· Revised Edition ·

主 编

EDITORS-IN-CHIEF

傅立国 陈潭清 郎楷永 洪 涛 林 祁 李 勇

FU LIKUO, CHEN TANQING, LANG KAIYUNG, HONG TAO, LIN QI AND LI YONG

第四卷

VOLUME

04

编 辑

EDITORS

傅立国 洪 涛

FU LIKUO AND HONG TAO

青岛出版社

QINGDAO PUBLISHING HOUSE

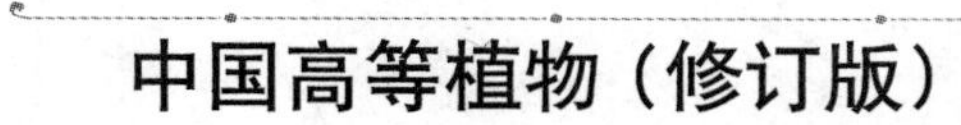

中国高等植物（修订版）

主编单位	中国科学院植物研究所 深圳仙湖植物园
主　　编	傅立国　陈潭清　郎楷永　洪　涛　林　祁　李　勇
副 主 编	傅德志　李沛琼　覃海宁　张宪春　张明理　贾　渝 杨亲二　李　楠
编　　委	(按姓氏笔画排列)　王文采　王印政　包伯坚　石　铸 朱格麟　吉占和　向巧萍　邢公侠　林　祁　林尤兴 陈心启　陈艺林　陈书坤　陈守良　陈伟球　陈潭清 应俊生　李沛琼　李秉滔　李　楠　李　勇　李锡文 吴珍兰　吴德邻　吴鹏程　何廷农　谷粹芝　张永田 张宏达　张宪春　张明理　陆玲娣　杨汉碧　杨亲二 郎楷永　胡启明　罗献瑞　洪　涛　洪德元　高继民 梁松筠　贾　渝　黄普华　覃海宁　傅立国　傅德志 鲁德全　潘开玉　黎兴江
责任编辑	高继民　张　潇

中国高等植物（修订版）第四卷

编　　辑	傅立国　洪　涛
编 著 者	鲁德全　张永田　李安仁　朱格麟　曹子余　张宏达 林来官　王文采　陈家瑞　李沛琼　李延辉　傅立国 辛益群　韦毅刚　彭泽祥　张耀甲　路安民　林　祁 洪德元　潘开玉　杜玉芬　李振宇　班　勤
责任编辑	高继民　张　潇

HIGHER PLANTS OF CHINA **REVISED EDITION**

Principal Responsible Institutions

Institute of Botany, Chinese Academy of Sciences

Shenzhen Fairy Lake Botanical Garden

Editors-in-Chief Fu Likuo, Chen Tanqing, Lang Kaiyung, Hong Tao, Lin Qi and Li Yong

Vice Editors-in-Chief Fu Dezhi, Li Peichun, Qin Haining, Zhang Xianchun, Zhang Mingli, Jia Yu, Yang Qiner and Li Nan

Editorial Board (alphabetically arranged) Bao Bojian, Chang Hungta, Chang Yongtian, Chen Shouling, Chen Shukun, Chen Singchi, Chen Tanqing, Chen Weichiu, Chen Yiling, Chu Gelin, Fu Dezhi, Fu Likuo, Gao Jimin, He Tingnung, Hong Deyuang, Hong Tao, Hu Chiming, Huang Puhwa, Jia Yu, Ku Tsuechih, Lang Kaiyung, Lee Shinchiang, Li Hsiwen, Li Nan, Li Peichun, Li Pingtao, Li Yong, Liang Songjun, Lin Qi, Lin Youxing, Lo Hsienshui, Lu Dequan, Lu Lingti, Pan Kaiyu, Qin Haining, Shih Chu, Shing Kunghsia, Tsi Zhanhuo, Wang Wentsai, Wang Yingzheng, Wu Pancheng, Wu Telin, Wu Zhenlan, Xiang Qiaoping, Yang Hanpi, Yang Qiner, Ying Tsunshen, Zhang Mingli and Zhang Xianchun

Responsible Editors Gao Jimin and Zhang Xiao

HIGHER PLANTS OF CHINA **REVISED EDITION Volume 4**

Editors Fu Likuo, Hong Tao

Authors Ban Qin, Cao Ziyu, Chang Hungta, Chang Yongtian, Chu Geling, Chen Chiajui, Du Yufen, Fu Likuo, Hong Deyuang, Li Anjen, Li Peichun, Li Yanhui, Li Zhenyu, Lin Qi, Ling Laikuan, Lu Anming, Lu Dequan, Pan Kaiyu, Pen Tsehsiang, Wang Wentsai, Wei Yigang, Xin Yiqun and Zhang Yaojia

Responsible Editors Gao Jimin and Zhang Xiao

第四卷　被子植物门
Volume 4 ANGIOSPERMAE

科　　次

33. 榆科 ULMACEAE

（傅立国 辛益群）

常绿或落叶，乔木或灌木。芽具鳞片，稀裸露，顶芽在枝端成小距状或瘤状凸起，残存或脱落，其下的腋芽代替顶芽。单叶，互生，稀对生，常2列，具锯齿或全缘，基部偏斜或对称，羽状脉或基部3出脉，稀基部5出脉或3出脉；具柄，托叶常膜质，侧生或生柄内，分离或连合，或基部合生，早落。单被花，两性，稀单性或杂性，雌雄异株或同株，少数或多数组成聚伞花序，或成簇生状，或单生，生于当年生枝或去年生枝的叶腋，或生于当年生枝下部或近基部的苞腋。花被浅裂或深裂，裂片常4-8，覆瓦状稀镊合状排列，宿存或脱落；雄蕊生于花被基底，在蕾中直立，稀内曲，常与花被裂片同数而对生，稀较多，具花丝，花药2室，纵裂，外向或内向；雌蕊具2心皮，花柱极短，柱头2，子房上位，1（2）室，无柄或具柄，倒生胚珠1，珠被2层。翅果、核果、小坚果或有时具翅或具附属物，柱头常宿存。胚直立、弯曲或内卷，胚乳缺或少量，子叶扁平、折叠或弯曲，发芽时出土。

16属约230种，广布于热带至温带地区。我国8属46种10变种。引入栽培3种。

1. 翅果周围具翅，或为周围具翅或上部具鸡头状窄翅的小坚果。
  2. 叶具羽状脉，脉端伸入锯齿；花两性或杂性，花药先端无毛。
    3. 翅果周围具翅；花两性，常多数在二年生枝（稀一年生枝）上的叶腋组成簇状聚伞花序，或花成簇生状，稀为短聚伞花序或总状聚伞花序，或散生于一年生枝基部或近基部，常先叶开花，稀花叶同放或秋冬开花；小枝无刺；叶基部稍偏斜 ………… 1. **榆属 Ulmus**
    3. 小坚果偏斜，背侧具鸡头状窄翅；花杂性，单生或2-4朵簇生于一年生枝叶腋，与叶同放；小枝具坚硬棘刺；叶基部不偏斜 ………… 2. **刺榆属 Hemiptelea**
  2. 叶基脉3出，侧脉在近叶缘处弧曲；花单性同株，雄花数朵簇生于一年生枝下部叶腋，花药顶端具毛，雌花单生于一年生枝上部叶腋；小坚果周围具翅，具长柄 ………… 3. **青檀属 Pteroceltis**
1. 核果。
  4. 叶具羽状脉。
    5. 叶具锯齿，侧脉先端伸入锯齿；托叶小，离生；花杂性，雄花数朵簇生幼枝下部叶腋，雌花或两性花常单生（稀2-4簇生）于幼枝上部叶腋；果上部偏斜或近偏斜，宿存柱头偏生，喙状，几无或具短柄 ………… 4. **榉属 Zelkova**
    5. 叶全缘或中上部具疏生浅齿，侧脉先端在近叶缘处弧曲相连；托叶大，常基部合生；花单性，雌雄异株稀同株， 聚伞花序腋生，或雌花单生叶腋；果不偏斜，宿存柱头2，线形，具柄 ………… 5. **白颜树属 Gironniera**
  4. 叶基脉3，稀基脉5、3出脉或羽状脉。
    6. 叶羽状脉或基脉3，侧脉先端伸入锯齿或在近叶缘处网结；花单性，雄花成密集聚伞花序、腋生，雌花单生叶腋；果端宿存柱头2，线形，弯曲 ………… 6. **糙叶树属 Aphananthe**
    6. 叶基脉3，稀基脉5、羽状脉或3出脉，侧脉先端在叶缘前弧曲，不伸入锯齿。
      7. 花单性或杂性，具短梗，多数密集成聚伞花序而成对生于叶腋；果径1.5-4毫米，具宿存花被片及柱头，果柄极短；叶基脉3出，稀基脉5出或羽状脉，基部近对称或微偏斜，具细锯齿 ………… 7. **山麻黄属 Trema**
      7. 花两性或单性，具长梗，少数至10余朵集成小聚伞花序或圆锥花序，或成簇生状，或具1花，幼枝下部生雄花序，上部叶腋的花序为杂性，雌花或两性花多生于花序分枝顶端；果径0.5-1.5厘米，花被片及柱头脱落，果柄较长；叶基脉3或为3出脉，基部常偏斜，全缘或近基部或中下部全缘，其上常有较粗或较疏锯齿 ………… 8. **朴属 Celtis**

1. 榆属 **Ulmus** Linn.

乔木，稀灌木。小枝无刺，有时幼树及萌芽枝上常具对生扁平或周围膨大而不规则纵裂的木栓翅。叶互生，具重或单锯齿，羽状脉直或上部分叉，脉端伸入锯齿，基部稍偏斜，稀近对称，具柄；托叶膜质，早落。花两性，先叶开花，稀秋冬开花，常自花芽抽出，在二年生枝（稀一年生枝）叶腋组成簇状聚伞花序、短聚伞花序、总状聚伞花序或呈簇生状，或花自混合芽抽出，散生稀簇生于新枝基部或近基部的苞（稀叶）腋。花被钟形，稀下部管状或上部杯状，4-9浅裂或深裂至基部或近基部，裂片等大或不等大，膜质，先端常丝裂；雄蕊与花被裂片同数而对生，花丝扁平，花药外向；子房扁平，花柱极短，稀较长而2裂，柱头面被毛，胚珠横生；花梗基部具1膜质小苞片。翅果扁平，果核位于翅果中部或上部，果翅膜质，顶端具宿存柱头及缺口，缺裂（柱头）先端喙状，内缘（柱头面）被毛，稀花柱明显，2裂，柱头细长，无子房柄，或具柄。种子扁或微凸，种皮薄，无胚乳，胚直立，子叶扁平或微凸。

30余种，产北半球。我国25种，6变种，引入栽培3种。各种榆树均喜光，根系发达，耐旱，不耐水湿，对土壤要求不严，喜湿润、深厚、肥沃土壤，有些榆树耐盐碱。木材坚重，硬度适中，力学强度较高，纹理直或斜，结构稍粗，有光泽，具花纹，韧性强，弯挠性能良好，耐磨损，为上等用材。榆果可食，翅果含油率为20%-40%，癸酸为主要成分，含量40%-70%，次为辛酸、月桂酸、棕榈酸、油酸及亚油酸，是医药及轻、化工业的重要原料。

1. 春季开花。
  2. 总状聚伞花序或短聚伞花序，花序轴长或较长，花梗不等长，较花被片长2-4倍，下垂。
    3. 总状聚伞花序，花序轴长，下垂；叶具大而深的重锯齿；翅果窄长，两端渐窄而长尖，两面被疏毛，密生白色长睫毛；具长柄；萌发枝或下部小枝的基部有木栓层 ………………………… 1. **长序榆 U. elongata**
    3. 短聚伞花序，花序轴微伸长，稍下垂；翅果无毛，具睫毛；小枝无木栓翅及木栓层。
      4. 叶中上部较宽，先端骤短尖，上面被毛或主侧脉近基部被疏毛；冬芽纺锤形；花序具花20-30余朵，花被筒扁，花梗长0.6-2厘米；果柄长达3厘米 ………………………………… 2. **欧洲白榆 U. laevis**
      4. 叶中部或中下部较宽，先端渐尖，下面常疏被毛，脉腋具簇生毛；冬芽卵圆形；花序常具花10余朵，花被漏斗状，花梗长0.4-1厘米；果柄长1.5-5厘米 ……………………… 2(附). **美国榆 U. americana**
  2. 簇状聚伞花序或呈簇生状，花序轴极短，花梗近等长，常较花被短或近等长，不下垂，稀较花被长而稍下垂。
    5. 叶冬季脱落；花生于二年生枝叶腋或新枝近基部，花被钟状，稀管状，上部浅裂，花梗较花被短或近等长；翅果对称或微偏斜。
      6. 果核位于翅果中部或近中部，上端不接近缺口（榆树有时接近缺口）。
        7. 翅果两面及边缘被毛。
          8. 叶上面密被硬毛或毛脱落后具凸起毛迹，粗糙，下面被毛，锯齿常较圆，齿端凸尖；芽鳞被毛。
            9. 一年生枝密被柔毛、疏被毛或无毛，小枝有时两侧具扁平木栓翅；花常自花芽抽出，成簇状聚伞花序，生于二年生枝叶腋；树皮纵裂，暗灰或灰黑色。
              10. 一年生枝疏被毛或无毛；叶宽倒卵形、倒卵状圆形、倒卵状菱形或倒卵形，稀椭圆形，先端常短尾状或骤尖，常具重锯齿；翅果宽倒卵状圆形、近圆形或宽椭圆形，两侧偏斜或近对称 ……………………………… 3. **大果榆 U. macrocarpa**
              10. 一年生枝密被柔毛，二年生枝常被柔毛；叶长圆状倒卵形、椭圆形、倒卵形或菱状椭圆形，先端钝、渐尖或具短尖，常具单锯齿；翅果圆形，两侧对称 ………………………………… 3(附). **醉翁榆 U. gaussenii**
            9. 一年生枝被伸展腺毛，小枝无木栓翅，有时在萌芽枝下部具膨大木栓层；花自混合芽抽出，散生于新枝基部或近基部；树皮成不规则薄片剥落，灰白或灰色，内皮淡黄绿色 ………………………… 4. **脱皮榆 U. lamellosa**
          8. 幼叶上面疏被平伏长毛或散生短毛，老叶无毛，或具微凸起毛迹而稍粗糙，下面无毛，或脉上或脉腋被毛，锯齿非圆形；芽鳞无毛；小枝无木栓翅。

11. 花常出自花芽，生于二年生枝叶腋；叶下面无毛或脉上被毛 ……………… 5. **杭州榆 U. changii**

11. 花常出自混合芽，散生于新枝基部或近基部；叶下面脉腋具簇生毛 …… 5(附). **昆明榆 U. changii** var. **kunmingensis**

7. 翅果仅顶端缺口柱头面被毛，余无毛。

12. 叶先端常3-7裂，上面密被硬毛，下面密被柔毛，基部偏斜；叶柄长2-5毫米；翅果椭圆形或长圆状椭圆形，果柄无毛 ………………………………………………………… 6. **裂叶榆 U. laciniata**

12. 叶先端不裂；花梗及果柄被短柔毛。

13. 叶长6-18厘米，先端渐窄长尖或骤长尖，基部常偏斜，有时较长的一边覆盖叶柄而与柄等长；宿存花被钟形，稀下部管状；果柄较花被短。芽鳞边缘无毛；翅果果核褐色或淡黄褐色，果翅淡黄白色。

14. 叶下面无毛或脉腋具髯毛；叶柄无毛或近无毛 ……………… 7. **兴山榆 U. bergmanniana**

14. 叶下面密被弯曲柔毛；叶柄常密被短毛 ………………………………………………………………………………………………… 7(附). **蜀榆 U. bergmanniana** var. **lasiophylla**

13. 叶长2-8厘米，先端渐尖或长渐尖，基部常对称，常具单锯齿，两面平滑无毛，或下面脉腋具簇生毛；内层芽鳞边缘密被白色长柔毛；翅果近圆形，果核与果翅同色 ………………………………………………………………………………………………… 8. **榆树 U. pumila**

6. 果核位于翅果上部、中上部或中部，上端接近缺口(旱榆果核上端有时稍接近缺口)。

15. 花出自混合芽，散生于新枝基部或近基部，稀3-5数自花芽抽出，在二年生枝上呈簇生状；翅果长2-2.5厘米，果翅稍存，果核较两侧之翅为宽；叶卵形、菱状卵形、椭圆形、长卵形或椭圆状披针形，长2.5-5厘米；内部芽鳞被毛，边缘密生锈黑或锈褐色长柔毛。

16. 翅果仅顶端缺口柱头面被毛，余无毛 ………………………………………………… 9. **旱榆 U. glaucescens**

16. 翅果幼时密被柔毛，老时疏被毛 ……………………………………… 9(附). **毛果旱榆 U. glaucescens**

15. 花出自花芽，多数在二年生枝叶腋成簇状聚伞花序或呈簇生状；果翅较薄，果核较两侧之翅为窄或近等宽。

17. 翅果两面及边缘被毛，或果核被毛而果翅无毛或疏被毛。

18. 翅果两面及边缘稍被毛，长2.3-2.5厘米；幼枝密被柔毛，后毛渐脱落，小枝无木栓翅及木栓层；叶上面密被硬毛，下面密被柔毛 ……………………………………………… 10. **琅玡榆 U. chenmoui**

18. 翅果果核密被毛，稀疏被毛，果翅无毛，稀疏被毛，长1-19厘米；幼枝稍被毛，后无毛或疏被毛，萌发枝或幼树小枝具膨大不规则纵裂木栓层；幼叶上面被硬毛，下面被柔毛，老叶上面无毛而常具圆形毛迹，不粗糙，下面无毛或近无毛，脉腋常具髯毛 ……… 11. **黑榆 U. davidiana**

17. 翅果仅顶端缺口柱头面被毛，余无毛。

19. 叶下面无毛或疏被毛，或脉上被毛或脉腋具簇生毛，但绝不密被柔毛(毛枝榆萌芽枝的叶下面密被柔毛，上面密被硬毛、粗糙，侧脉少，可与多脉榆区别)。

20. 一年生枝无毛或被毛，但绝不密被柔毛。

21. 翅果倒卵形；叶常倒卵形，锯齿常较深；小枝常具膨大不规则木栓层 ………………………………………………………………………… 11(附). **春榆 U. davidiana** var. **japonica**

21. 翅果近圆形或倒卵状圆形，长1.1-1.6厘米；叶倒卵形、椭圆状倒卵形、卵状长圆形或椭圆形，长2-9厘米，先端骤尖或渐尖，下面无毛或脉腋具簇生毛；叶柄长达1.2厘米 ……………………………………………………………………………………… 12. **红果榆 U. szechuanica**

20. 一年生枝密被柔毛；芽鳞被毛；叶卵形或椭圆形，长3-8厘米，(萌芽枝之叶长达13厘米)；翅果近圆形或倒卵状圆形，长0.8-1.5厘米，果核淡红、褐红或淡紫红色 ……………………………………………………………………………… 13. **毛枝榆 U. androssowii** var. **subhirsuta**

19. 叶下面及叶柄密被柔毛，基部偏斜，侧脉24-35对（萌芽枝之叶下面毛较少，侧脉16-23对）；一、二年生枝密被柔毛；芽鳞密被毛；翅果倒三角状倒卵形、长圆状倒卵形或倒卵形，长1.5-3.3厘米 ………………………………………………………………………… 14. **多脉榆 U. castaneifolia**

5. 叶冬季常绿；花在一年生枝或二年生枝叶腋成簇状聚伞花序；花被上部杯状，下部管状，花被片裂至杯状花被近中部，花梗常较花被长2-3倍；翅果偏斜；叶披针形、卵状披针形或长圆状披针形，具单锯齿；小枝、花梗及果柄密被短毛；翅果无毛，具子房柄，果核位于翅果中上部 ………………… 15. **常绿榆 U. lanceaefolia**

1. 秋冬季开花。

22. 秋季开花；花被片裂至杯状花被近基部，常脱落或残留；叶冬季脱落，两侧具锯齿；翅果椭圆形或卵状椭圆形，长1-1.3厘米，果核较两侧果翅宽，果柄长1-3毫米 ………………………… 16. **榔榆 U. parvifolia**

22. 冬季（稀秋季）开花；花被片裂至杯状花被中下部，宿存；叶常绿，基部两侧或一侧常全缘或具浅齿；翅果近圆形、宽长圆形或倒卵状圆形，长2-3厘米，果核常较两侧之果翅窄，稀近等宽，果柄长5-9毫米 …… ………………………………………………………………… 16(附). **越南榆 U. tonkinensis**

1. 长序榆 图1 彩片1

Ulmus elongata L. K. Fu et C. S. Ding in Acta Phytotax. Sin. 17: 46. f. 1. 1979.

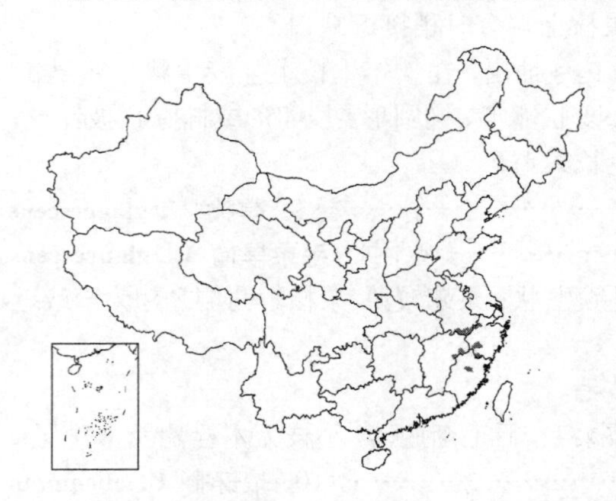

落叶乔木，高达30米。小枝无毛或被短柔毛（常见于幼树），有时下部枝条或萌芽枝近基部具膨大不规则纵裂木栓层。叶椭圆形或披针状椭圆形（幼树之叶多呈披针状），长7-19厘米，基部楔形或圆，上面近无毛，中脉凹陷处疏被毛，下面幼时除脉外，余密被绢毛，具大而深重锯齿，齿端尖而内曲，外侧具2-5小齿，侧脉16-30对；叶柄长0.3-1.1厘米，被短柔毛。春季开花，在二年生枝上成总状聚伞花序，花序轴长，下垂，疏被毛。花梗长达花被数倍；花被上部钟形，下部管状，裂片6。果序轴长4-8厘米，疏被毛。翅果窄长，两端渐窄而尖，淡黄绿或淡绿色，长2-2.5厘米，宽约3毫米，花柱较长，2裂，柱头线形，子房柄细长，两面疏被毛，边缘密被白色长睫毛，柱头面密被短毛。果核位于翅果中部稍向上；果柄细，长0.5-2.2厘米。

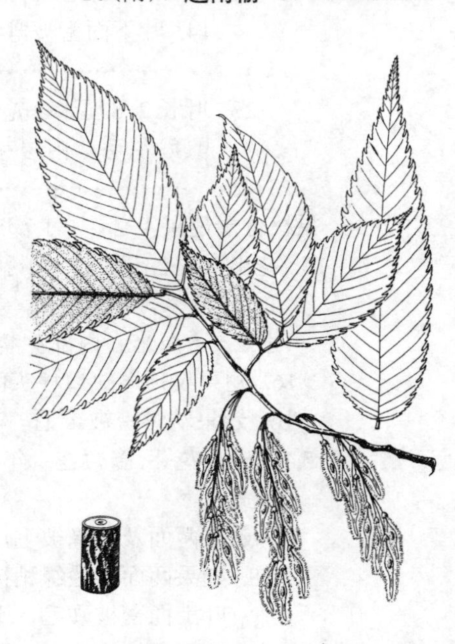

图 1 长序榆 （吴彰桦绘）

产浙江南部、福建北部、江西东部及安徽南部，生于海拔250-900米阔叶林中。

2. 欧洲白榆 图2: 1-3 彩片2

Ulmus laevis Pall. Fl. Ross. 1(1): 75. t. 48. f. F. 1784.

落叶乔木，高达30米。冬芽纺锤形。叶倒卵状宽椭圆形或椭圆形，长8-15厘米，中上部较宽，先端骤尖，基部偏斜，一边楔形，一边半心形，具重锯齿，齿端内曲，上面无毛或叶脉凹陷处疏被毛，下面被毛或近基部的主脉及侧脉疏被毛；叶柄长0.6-1.3厘米。花常自花芽抽出，稀由混合芽抽出，密集短聚伞花序具20-30余花。花梗纤细，长0.6-2厘米；花被6-9浅裂，翅果卵形或卵状椭圆形，长约1.5厘米，具睫毛，两面无毛，顶端缺口常微靠接；果核位于翅果近中部，上端微近缺口；果柄长1-3厘米。花果期4-5月。

原产欧洲。东北、新疆、北京、山东、江苏及安徽等地引种栽培。

［附］**美国榆** 图2: 4-6 **Ulmus americana** Linn. Sp. Pl. 1: 226. 1753. 本种与欧洲白榆的区别：叶中部或中下部较宽，先端渐尖，下面节疏被毛，脉腋具簇生毛；冬芽卵圆形；花序常有10余花；花梗长0.4-

1厘米，花被漏斗状；果柄长0.5–1.5厘米。花果期3–4月。

原产北美。江苏南京、山东及北京等地引种栽培。

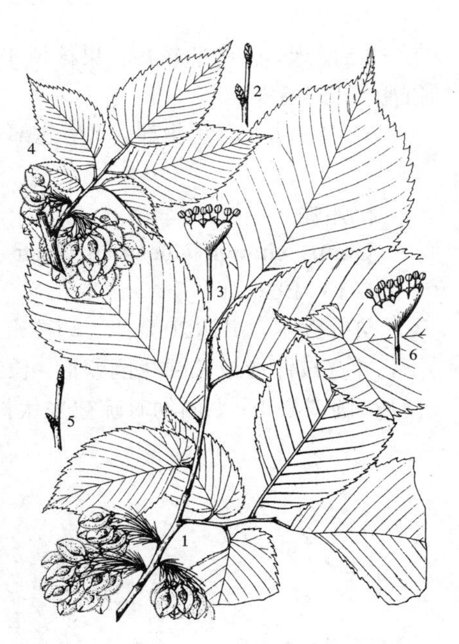

图 2: 1–3. 欧洲白榆 4–6. 美国榆
（吴彰桦绘）

3. 大果榆 图 3: 1–4

Ulmus macrocarpa Hance in Journ. Bot. 6: 332. 1868.

落叶乔木或灌木状，高达20米；树皮暗灰或灰黑色，纵裂。小枝有时（尤以萌芽枝及幼树小枝）两侧具对生扁平木栓翅；幼枝疏被毛。叶厚革质，宽倒卵形、倒卵状圆形、倒卵状菱形或倒卵形，稀椭圆形，长（3–）5–9（–14）厘米，先端短尾状，基部渐窄或圆，稍心形或一边楔形，两面粗糙，上面密被硬毛或具毛迹，下面常疏被毛，脉上较密，脉腋常具簇生毛，侧脉6–16对，具大而浅钝重锯齿，或兼具单锯齿；叶柄长0.2–1厘米。花自花芽或混合芽抽出，在去年生枝上成簇状聚伞花序或散生于新枝基部。翅果宽倒卵状圆形、近圆形或宽椭圆形，长（1.5–）2.5–3.5（–4.7）厘米，果核位于翅果中部；果柄长2–4毫米，被毛。花果期4–5月。

产黑龙江、吉林、辽宁、内蒙古、山西、河北、山东、江苏北部、安徽北部及西部、河南、湖北西部、陕西、甘肃及青海东部，生于海拔700–1800米山坡、谷地、台地、黄土丘陵、固定沙丘及岩缝中。朝鲜及俄罗斯有分布。

［附］**醉翁榆** 图 3: 3–5 彩片 3 **Ulmus gaussenii** Cheng in Trau. Lab. Forest. Toulouse I, 3(3): 110. f. 1. 1939. 本种与大果榆的区别：一、二年生枝密被柔毛；叶长圆状倒卵形、椭圆形、倒卵形或菱状椭圆形，先端钝、渐尖或具短尖，常具单锯齿；翅果圆形，两侧对称。产安徽滁县琅玡山，生于溪边或石炭岩山麓。花果期3–4月。

图 3: 1–4. 大果榆 3–5. 醉翁榆
（吴彰桦绘）

4. 脱皮榆 图 4 彩片 4

Ulmus lamellosa Wang et S. L. Chang ex L. K. Fu et al. in Acta Phytotax. Sin. 17(1): 47. f. 2. 1979.

落叶小乔木，高达15米；树皮灰或灰白色，成不规则薄片剥落，内皮初淡黄绿色，后变灰白或灰色。幼枝密被伸展腺毛及柔毛，萌芽枝基部有时具膨大而不规则纵裂木栓层。叶倒卵形，长5–10厘米，先端尾尖或骤尖，基部楔形或圆，稍偏斜，上面密被硬毛或具毛迹，下面微粗糙，初密被短毛，脉腋具簇生毛，中脉近基部与叶柄被伸展腺毛或柔毛，叶缘兼具单锯齿与重锯齿；叶柄长3–8毫米。花常自混合芽抽出，春季与叶同放。翅果常散生于新枝近基部，稀2–4簇生于二年生枝上，圆形至近圆形，两面及边缘密被毛，长

2.5-3.5厘米，子房柄较短；果核位于翅果中部；果柄长3-4毫米，密被伸展腺毛与柔毛。

产内蒙古、河北北部、河南北部及山西南部，生于山坡林中。

5. 杭州榆 图5：1-2

Ulmus changii Cheng in Contr. Biol. Lab. Sci. China, Bot. 10: 94. f. 13. 1936.

落叶乔木，高达20余米。幼枝密被毛。冬芽无毛。叶卵形或卵状椭圆形，稀宽披针形或长圆状倒卵形，长3-11厘米，先端渐尖或短尖，基部圆楔形、圆或心形，上面幼时疏被平伏长毛，或散生短硬毛，下面无毛或脉上被毛，侧脉12-20（-24）对，常具单锯齿，稀兼具或全为重锯齿；叶柄长3-8毫米。花常自花芽抽出，在二年生枝上成簇状聚伞花序，稀出自混合芽而散生新枝基部或近基部。翅果长圆形或椭圆状长圆形，稀近圆形，长1.5-3.5厘米，被短毛；果核位于翅果中部或稍下；果柄稍短于花被或近等长，密被短毛。花果期3-4月。

产江苏南部、安徽、浙江、福建、江西、湖南、湖北及四川，生于海拔200-800米山坡、谷地或溪边阔叶林中。

[附] **昆明榆** 图5：3-8 **Ulmus changii** var. **kunmingensis** (Cheng) Cheng et L. K. Fu in Acta Phytotax. Sin. 17(1): 49. 1979. —— *Ulmus kunmingensis* Cheng in Scientia Silv. 8(1): 12. 1963. 本变种与模式变种的区别：花常自混合芽抽出，散生于新枝基部或近基部的苞片（稀叶）腋部；叶下面脉腋具簇生毛；有时萌芽枝具膨大而不规则纵裂木栓层。产四川南部、云南中部、贵州及广西西部，生于海拔650-1800米山地林中。

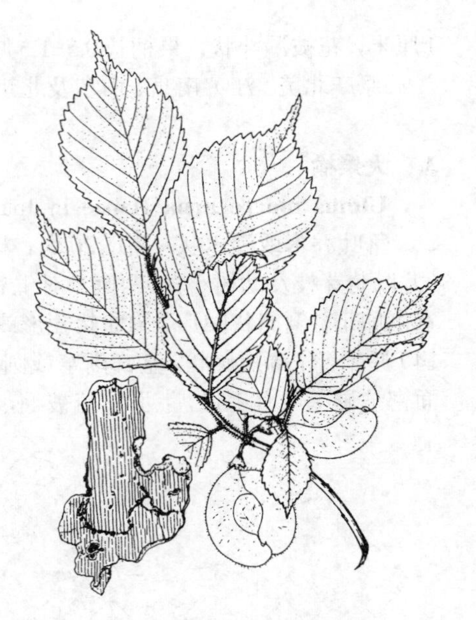

图 4 脱皮榆 （吴彰桦绘）

图 5：1-2. 杭州榆 3-8. 昆明榆 （吴彰桦绘）

6. 裂叶榆 图6

Ulmus laciniata (Trautv.) Mayr. Fremdl. Wald-u. Parkbaume für. Europa 523. t. 243. 1906, pro parte.

Ulmus montana With. var. *laciniata* Trautv. in Mém. Sav. Acad. Sci. St. Pétersb. Sav. Etrang 9: 246. 1859.

落叶乔木，高达27米。幼枝被毛，后近无毛。叶倒卵形、倒三角状、倒三角状椭圆形或倒卵状长圆形，长7-18厘米，宽4-14厘米，先端常3-7裂，裂片三角形，渐尖或尾尖，不裂之叶先端常尾尖，基部偏斜，楔形、微圆、半心形或耳状，重锯齿较深，上面密被硬毛，下面被柔毛，沿叶脉较密，脉腋常具簇生毛；侧脉10-17对；叶柄长2-5毫米，密被短毛。簇状聚伞花序。翅果椭圆形或长圆状椭圆形，长1.5-2厘米，顶端凹缺柱头面被毛，余无毛；果核位于翅果中部或稍下；果柄常较花被短，无毛。花果期4-5月。

产黑龙江、吉林、辽宁、内蒙古、河北、山西、山东、河南及陕西，生于海拔700-2200米山坡、谷地或溪边林中。俄罗斯、朝鲜及日本有分布。

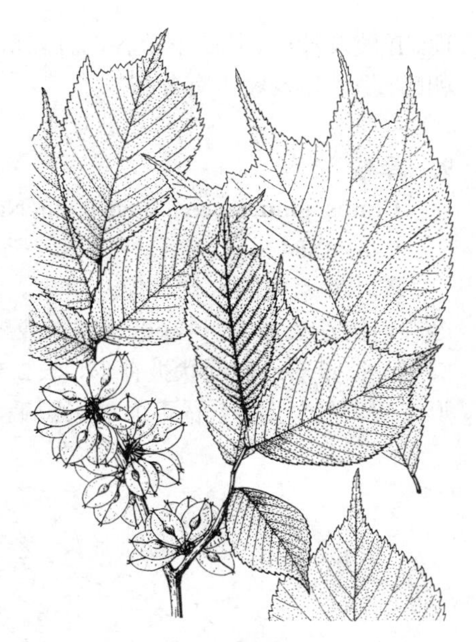
图 6 裂叶榆　（吴彰桦绘）

7. 兴山榆　图 7：1-3

Ulmus bergmanniana Schneid. Illustr. Handb. Laubholzk. 2：902. f. 565 a-b. 566 a-b. 1912.

落叶乔木，高达26米。小枝无毛，无木栓翅。芽鳞无毛。叶椭圆形、长圆状椭圆形、长椭圆形、倒卵状长圆形或卵形，长6-16厘米，先端渐窄长尖或骤长尖，尖头具锯齿，基部常偏斜，圆、心形、耳形或楔形，有时较长的一边覆盖叶柄而与柄等长，上面幼时密被硬毛，后无毛，下面仅脉腋具簇生毛，余无毛，侧脉17-26对，具重锯齿；叶柄长0.3-1.3厘米，近无毛。花自花芽抽出，簇状聚伞花序，稀出自混合芽。翅果长1.2-1.8厘米，仅先端缺口柱头面被毛，余无毛，果翅淡黄白色；果核位于翅果中部或稍下，褐色或淡黄褐色；宿存花被钟形，稀下部管状，无毛；果柄较花被短，稀近等长，被毛。花果期3-5月。

产甘肃东南部、陕西南部、山西南部、河南、安徽南部、浙江南部、江西北部、湖南、湖北西部、四川及云南西北部，常生于海拔1500-2600米山坡或溪边阔叶林中。

［附］**蜀榆** 图 7：4-6 **Ulmus bergmanniana** var. **lasiophylla** Schneid. in Sarg. Pl. Wilson. 3：241. 1916. 本变种与模式变种的区别：叶下面密被弯曲柔毛。产四川北部及西部、云南西北部、西藏东南部，生于海拔2100-2900米林中。

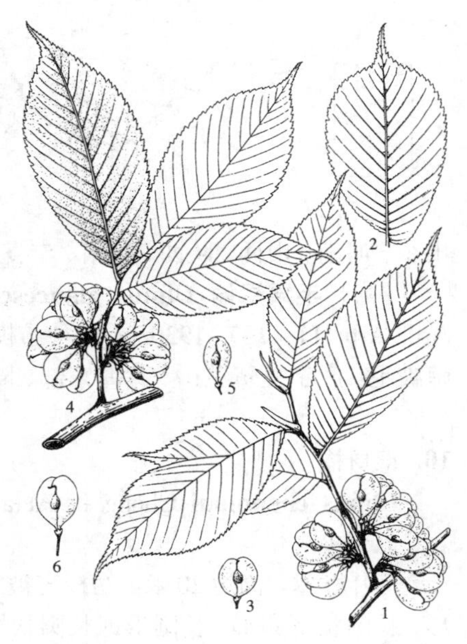

图 7：1-3. 兴山榆　4-6. 蜀榆
（吴彰桦绘）

8. 榆树　榆　图 8 彩片 5

Ulmus pumila Linn. Sp. Pl. 326. 1753. excl. syn.

落叶乔木，高达25米，胸径1米。小枝无木栓翅。冬芽内层芽鳞边缘具白色长柔毛。叶椭圆状卵形、长卵形、椭圆状披针形或卵状披针形，长2-8厘米，先端渐尖或长渐尖，基部一侧楔形或圆，一侧圆或半心形，上面无毛，下面幼时被短柔毛，后无毛或部分脉腋具簇生毛，具重锯齿或单锯齿；侧脉9-16对，叶柄长0.4-1厘米；花在去年生枝叶腋成簇生状。翅果近圆形，稀倒卵状圆形，长1.2-2厘米，仅顶端缺口柱头面被毛，余无毛；果核位于翅果中部，其色与果翅相同；宿存花被无毛，4浅裂，具缘毛；果柄长1-2毫米。花果期3-6月（东北较晚）。

产东北、华北、西北及西南各地，生于海拔2500米以下山坡、山谷、川

地、丘陵及沙岗。长江下游各地有栽培，为华北及淮北平原农村习见树木。朝鲜、俄罗斯及蒙古有分布。

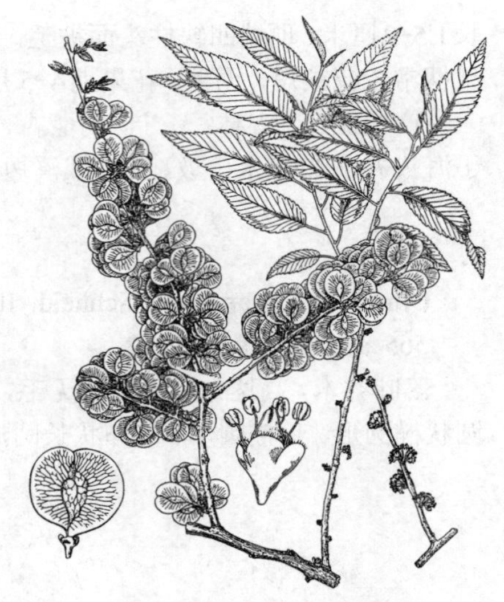
图 8 榆树 （引自《中国森林植物志》）

9. 旱榆 图 9

Ulmus glaucescens Franch. in Nouv. Arch. Mus. ser. 2, 7: 77. t. 6. f. A. 1884.

落叶乔木或灌木状，高达18米。幼枝被毛，小枝无木栓翅及木栓层。冬芽内层芽鳞被毛，边缘密生锈黑或锈褐色长柔毛。叶卵形、菱状卵形、椭圆形、长卵形或椭圆状披针形，长2.5-5厘米，先端渐尖或尾尖，基部楔形或圆，两面无毛，稀下面被极短毛，具钝而整齐单锯齿，侧脉6-12（-14）对；叶柄长5-8毫米。花自混合芽抽出，散生于新枝基部或近基部，或自花芽抽出，3-5数在二年生枝上呈簇生状。翅果长2-2.5厘米，仅顶端缺口柱头面被毛，余无毛，果翅两侧之翅宽，位于翅果中上部；宿存花被钟形，无毛，4浅裂，裂片具缘毛；果柄长2-4毫米，密被短毛。花果期3-5月。

产辽宁、内蒙古、河北、山东、河南、山西、陕西、甘肃、宁夏及青海，生于海拔500-2400米山地。

［附］**毛果旱榆 Ulmus glaucescens** var. **lasiocarpa** Rehd. in Journ. Arn. Arb. 11: 157. 1930. 本种种与模式变种的区别：幼果密被柔毛，老时疏被毛。产宁夏贺兰山、青海东部、陕西北部、内蒙古及河北西北部。

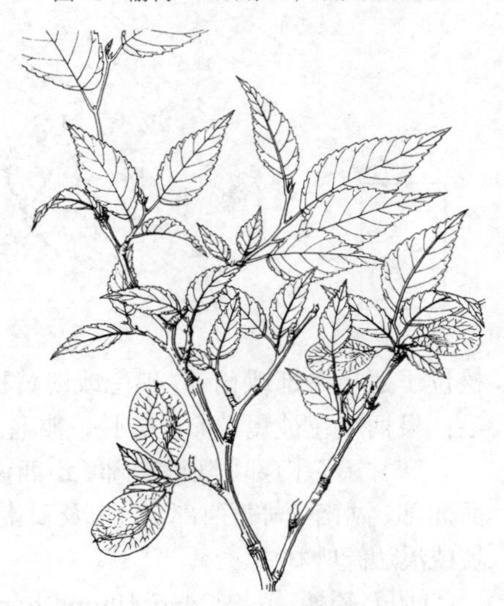
图 9 旱榆 （王金凤绘）

10. 琅玡榆 图10 彩片 6

Ulmus chenmoui Cheng in Acta Nanjiang Forest. College 1(1): 68. 1958.

落叶乔木，高达20米。幼枝密被柔毛。冬芽芽鳞下部被毛。叶宽倒卵形、长圆状倒卵形、长圆形或长圆状椭圆形，长6-18厘米，先端短尾状或尾尖，基部楔形、圆或心形，一面密被硬毛，下面密被柔毛，沿脉更密，具重锯齿，侧脉15-21对；叶柄长1-1.5厘米，密被长柔毛。花在二年生枝上成簇状聚伞花序。翅果窄倒卵形、长圆状倒卵形或宽倒卵形，长1.5-2.5厘米，两面及边缘被柔毛；果核位于翅果中上部，上端接近缺口；宿存花被无毛，4裂，裂

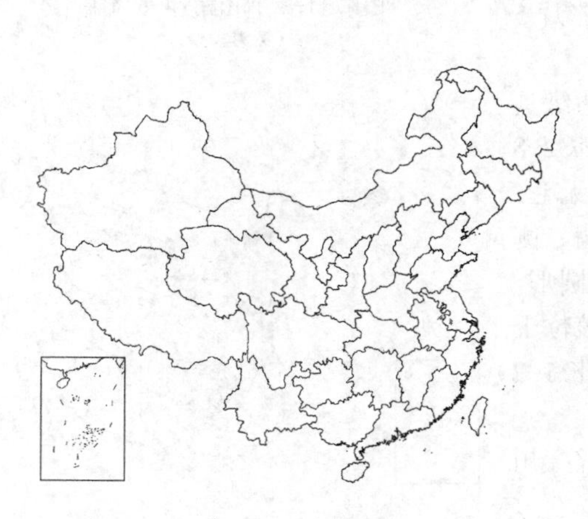

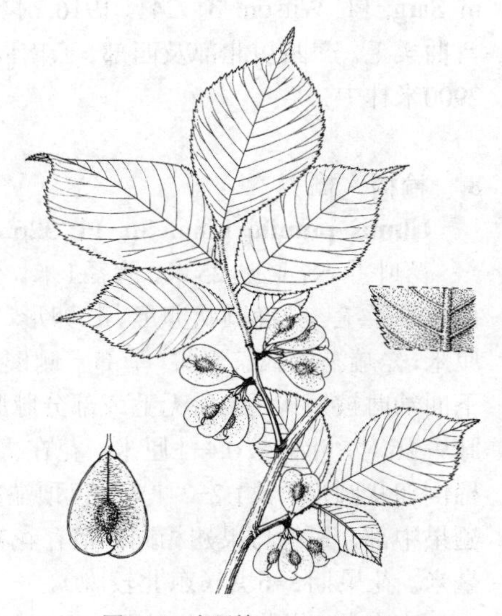
图 10 琅玡榆 （张泰利绘）

片具缘毛；果柄长1-2毫米，被短毛。花果期3月下旬至4月。

产安徽滁县琅玡山、江苏句容宝华山，生于海拔150-200米林中或石灰岩缝中。

图 11 黑榆 （王金凤绘）

11. 黑榆 图 11

Ulmus davidiana Planch. ex DC. in DC. Prodr. 17: 158. 1873.

落叶乔木或灌木状，高达15米。幼枝被柔毛，萌芽枝及幼树小枝具膨大而不规则纵裂木栓层。冬芽芽鳞下部被毛。叶倒卵形或倒卵状椭圆形，稀卵形或椭圆形，长4-9(-12)厘米，先端尾尖或渐尖，基部一侧楔形或圆，一侧近圆或耳状，上面幼时疏被硬毛，后脱落，常具圆形毛迹，下面幼时密被毛，后无毛，脉腋常具簇生毛，具重锯齿，侧脉12-22对；叶柄长0.5-1(-1.7)厘米。花在二年生枝成簇状聚伞花序。翅果近倒卵形，长1-1.9厘米，果翅无毛，稀疏被毛，果核密被毛，稀疏被毛，位于翅果中上部或上部；宿存花被无毛，裂片4；果柄被毛，长约2毫米。花果期4-5月。

产辽宁、河北、河南、山东、山西及陕西，生于石灰岩山地及谷地。

［附］春榆 **Ulmus davidiana** var. **japonica** (Rehd.) Nakai, Fl. Sylv. Kor. 19: 26. t. 9. 1932. —— *Ulmus campestris* Linn. var. *japonica* Rehd. in Bailey, Cycl. Am. Hort. 4: 1882. 1902. —— *Ulmus propinqua* Koidz.; 中国高等植物图鉴 1: 466. 1972. 本变种与模式变种的区别：翅果无毛；树皮色较深。产黑龙江、吉林、辽宁、内蒙古、山西、河北、山东、安徽、浙江、湖北、陕西、甘肃及青海，生于溪边、沟谷、山麓及山坡。朝鲜、俄罗斯及日本有分布。

12. 红果榆 图 12

Ulmus szechuanica Fang, Commem. 22. 1947.

落叶乔木，高达28米。幼枝被毛，后无毛或疏被毛，萌芽枝毛较密，有时具不规则纵裂木栓层。叶倒卵形、椭圆状倒卵形、卵状长圆形或椭圆状卵形，长2.5-9厘米，先端骤尖、渐尖，稀尾状，基部楔形、圆或近心形，上面幼时被短毛，沿中脉常被长柔毛，后无毛，下面初疏被毛，沿主侧脉毛较密，后无毛，有时脉腋具簇生毛，具重锯齿，侧脉9-19对；叶柄长0.5-1.2厘米。花在二年生枝成簇状聚伞花序。翅果近圆形或倒卵状圆形，长1.1-1.6厘米，仅顶端缺口柱头被毛，余无毛；果核位于翅果中部或近中部，淡红、褐、红或紫红色；宿存花被无毛，钟形，4浅裂；果柄长1-2毫米，被短柔毛。花果期3-4月。

图 12 红果榆 （吴彰桦绘）

产安徽南部、江苏南部、浙江、江西东北部及四川中部，生于平原、低丘或溪边阔叶林中。

13. 毛枝榆 图 13

Ulmus androssowii Litw. var. **subhirsuta**（Schneid.）P. H. Huang, F. Y. Gao et L. H. Zhuo in Bull. Bot. Res.（Harbin）11（3）: 43. 1991.

Ulmus wilsoniana Schneid. var. *subhirsuta* Schneid. in Sarg. Pl. Wilson. 3: 257. 1916.

落叶、稀半常绿乔木，高达20米。一年生枝密被柔毛，小枝有时具膨大不规则纵裂木栓层。芽鳞被毛。叶卵形或椭圆形，稀菱形或倒卵形，长3-8厘米，先端常渐尖，基部圆、楔形或心形，上面幼时被硬毛，后具毛迹，下面疏被毛或无毛，脉腋具簇生毛，花在二年生枝成簇状聚伞花序。翅果圆形或近圆形，稀长圆状或倒卵状圆形，长0.8-1.5厘米，无毛，果翅淡绿或淡黄绿色，果核淡红、红或淡紫红色，位于翅果中部；宿存花被钟形，5裂，裂片具缘毛；果柄较花被短，被短毛。花果期2-4月。

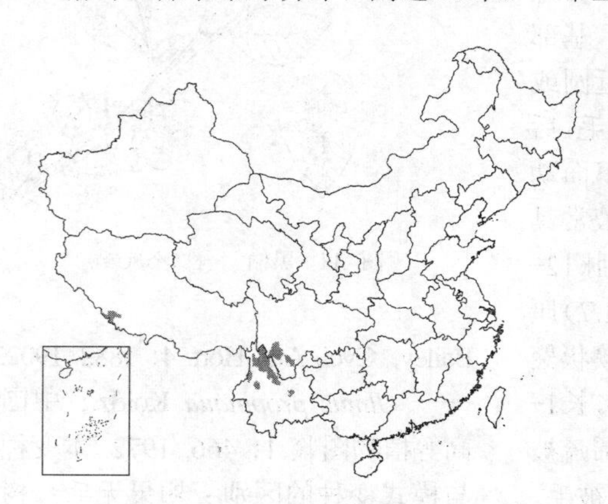

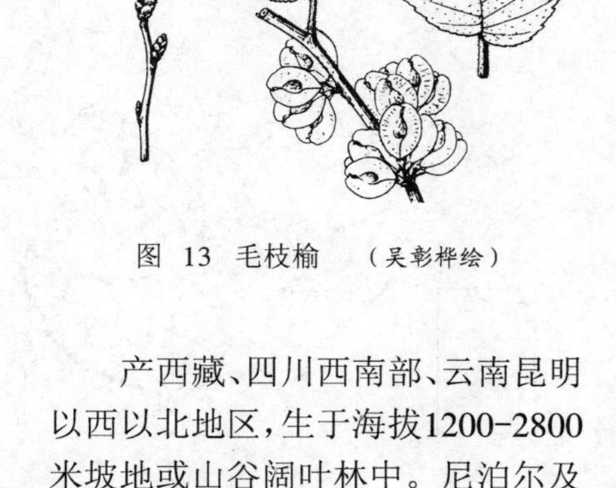

图 13 毛枝榆 （吴彰桦绘）

产西藏、四川西南部、云南昆明以西以北地区，生于海拔1200-2800米坡地或山谷阔叶林中。尼泊尔及印度有分布。

14. 多脉榆 图 14 彩片 7

Ulmus castaneifolia Hemsl. in Journ. Linn. Soc. Bot. 26: 446. 1894, excl. spec. A. Henry 5498.

Ulmus multinervis Cheng；中国高等植物图鉴 1: 467. 1972.

落叶乔木，高达20米；树皮厚，木栓层发达。一年生枝密被白、红褐或锈褐色长柔毛，芽鳞密被毛。叶长圆状椭圆形、长椭圆形、长圆状卵形、倒卵状长圆形或倒卵状椭圆形，长（5-）8-15厘米，先端长尖或骤尖，基部偏斜，较长的一侧常覆盖叶柄，上面幼时密被硬毛，后渐脱落，下面密被长柔毛，脉腋具簇生毛，具重锯齿，侧脉（16）24-35对；叶长长0.3-1厘米，密被柔毛。花在去年生枝成簇状聚伞花序。翅果长圆状倒卵形、倒三角状倒卵形或倒卵形，长1.5-3.3厘米，仅顶端缺口柱头面被毛，余无毛；果核位于翅果上部；宿存花被无毛，4-5浅裂，裂片具缘毛；果柄密被毛。花果期3-4月。

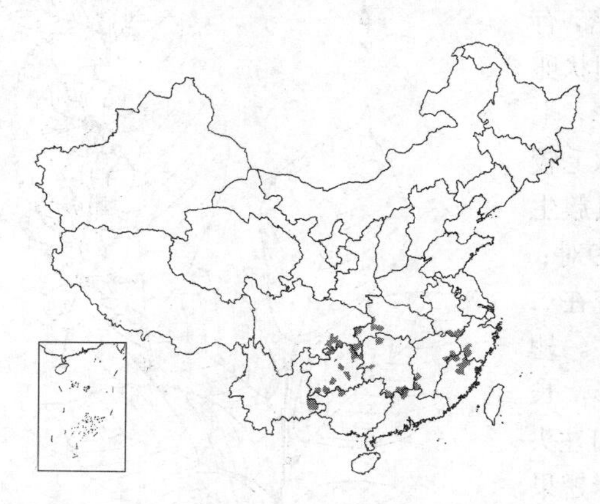

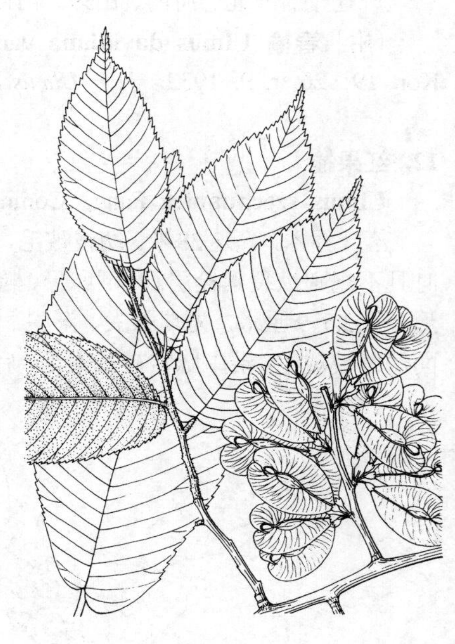

图 14 多脉榆 （王金凤绘）

产安徽南部、浙江南部、福建北部、江西、湖北西部、湖南西部至南部、广东北部、广西、云南东南部、贵州及四川东部，生于海拔500-1600米山坡或山谷阔叶林中。

15. 常绿榆 图 15：1-3 彩片 8

Ulmus lanceaefolia Roxb. apud Wall. Ic. Pl. Asiat. Rar. 2：86. t. 200. 1831.

常绿乔木，高达30米。一年生枝密被短柔毛；芽鳞被毛，先端被长毛。

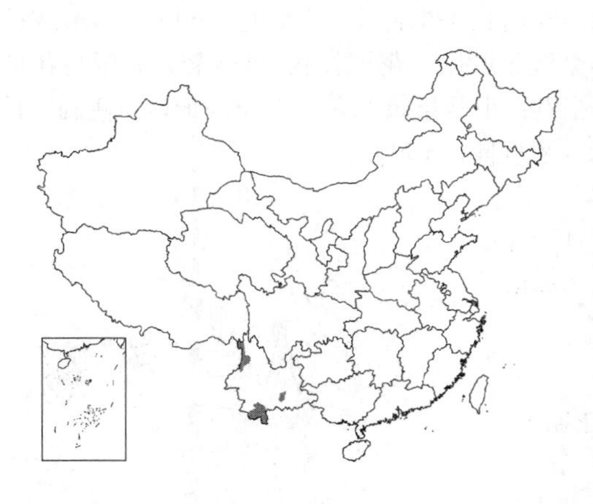

叶披针形、卵状披针形或长圆状披针形，稀长椭圆形、长圆形或卵形，长3-12厘米，两侧不对称，先端长渐尖，基部一侧楔形或微圆，一边圆楔形或半心形，上面仅中脉凹陷处被毛，余无毛，下面仅基部近叶柄处被毛；具单锯齿；叶柄长2-7毫米。花成簇状聚伞花序，生于一年生枝或二年生枝叶腋。翅果偏斜，倒卵形或长圆状倒卵形，稀长圆形或近圆形，长1.7-3.7厘米，仅顶端缺口柱头面被毛，余无毛，果核位于翅果中上部；宿存花被上部杯状，下部管状，无毛，花被片裂至杯状花被近中部；果柄细长，密被短毛。花果期2月下旬至4月初。

图 15：1-3. 常绿榆 4. 越南榆
（吴彰桦绘）

产云南南部及西部，生于海拔500-1500米山坡或溪边常绿阔叶林中。老挝、缅甸、印度及不丹有分布。

16. 榔榆 图 16 彩片 9

Ulmus parvifolia Jacq. Pl. Rar. Hort. Schoenbr. 3：6. t. 262. 1798.

落叶乔木，高达25米，胸径1米；树皮灰或灰褐色，成不规则鳞状薄

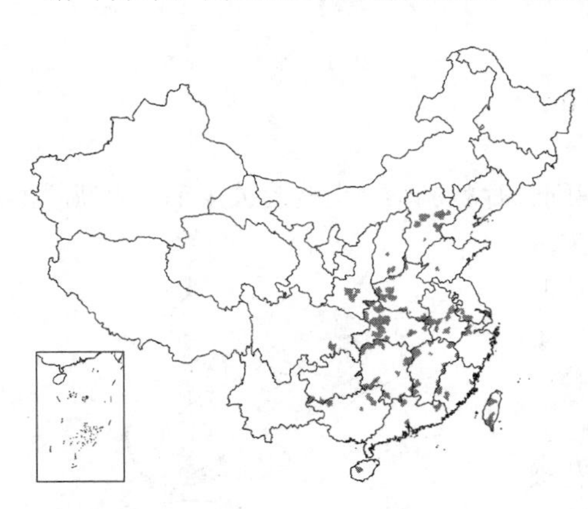

片剥落，内皮红褐色。一年生枝密被短柔毛。冬芽无毛。叶披针状卵形或窄椭圆形，稀卵形或倒卵形，长(1.7-)2.5-5(-8)厘米，基部楔形或一边圆，上面中脉凹陷处疏被柔毛，余无毛，下面幼时被柔毛，后无毛或沿脉疏被毛，或脉腋具簇生毛，单锯齿，侧脉10-15对；叶柄长2-6毫米。秋季开花，3-6朵成簇状聚伞花序，花被上部杯状，下部管状，花被片4，深裂近基部，常脱落或残留。翅果椭圆形或卵状椭圆形，长1-1.3厘米，顶端缺口柱头面被毛，余无毛，果翅较果核窄，果核位于翅果中上部；果柄长1-3毫米，疏被短毛。花果期8-10月。

产河北、山西、山东、江苏、安徽、浙江、福建、台湾、江西、湖北、湖南、广东、海南、广西、贵州、四川、陕西及河南，生于平原、丘陵、山坡或谷地。

图 16 榔榆 （引自《中国森林植物志》）

［附］**越南榆** 图15：4 **Ulmus tonkinensis** Gagnep. in Lecomte, Fl. Gen. Indo-Chine 5：674. f. 80(1-2). 1927. 本种与榔榆的区别：叶常绿，基部两侧或一侧常全缘或具浅齿；花冬季(稀秋季)开放；翅果近圆形、倒卵状圆形或宽长圆形，长2-3厘米，果核较两侧之果翅窄或近等宽，果柄长5-9毫米。产海南、广西西南部及云南东南部，生于海拔300-1300米山坡、山谷及石灰岩山地阔叶林中。越南有分布。

2. 刺榆属 **Hemiptelea** Planch.

落叶乔木，或灌木状，高达10米。小枝被灰白色短柔毛，具长2-10厘米坚硬棘刺。冬芽常3个聚生叶腋。叶互生，椭圆形或椭圆状长圆形，稀倒卵状椭圆形，长4-7厘米，先端尖或钝圆，基部浅心形或圆，粗锯齿整齐，上面幼时被毛，下面无毛或脉上疏被柔毛，侧脉8-12对，斜伸至齿尖；叶柄长3-5毫米，被柔毛，托叶长圆形或披针形，长3-4毫米，具睫毛。花杂性，具梗，与叶同放，单生或2-4朵簇生叶腋；花被杯状，4-5裂，雄蕊与花被片同数，花柱短，柱头2，线形，子房侧扁，1室，倒生胚珠1。花被宿存；小坚果黄绿色，斜卵圆形，两侧扁，长5-7毫米，背侧具似鸡头状窄翅，翅端渐窄呈喙状，果柄长2-4毫米。胚直伸，子叶宽。

刺榆 枢 图17 彩片10

Hemiptelea davidii (Hance) Planch. in Compt. Rend. Acad. Sci. Paris 74: 132. 1872.

Planera dividii Hance in Journ. Bot. 6: 333. 1868.

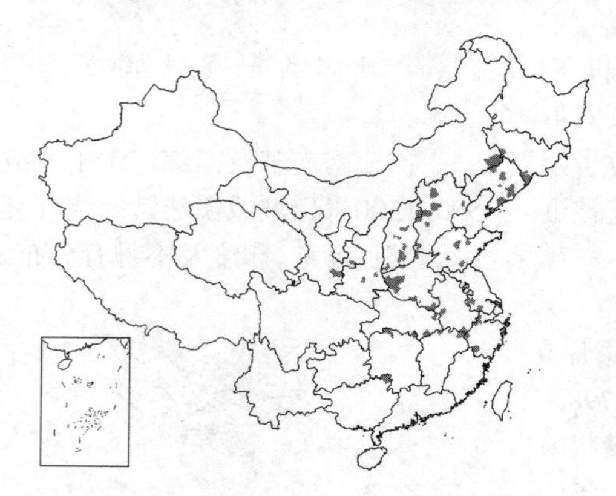

形态特征同属。花期4-5月，果期9-10月。

产吉林、辽宁、内蒙古、甘肃、陕西、河南、山西、河北、山东、江苏、安徽、浙江、江西、湖北、湖南及广西北部，生于海拔2000米以下山坡次生林中，也常见于村落路边、土堤或石砾河滩。朝鲜有分布。

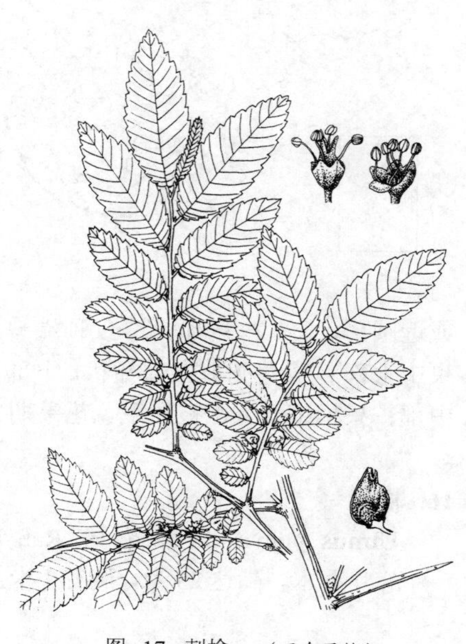

图 17 刺榆 （王金凤绘）

3. 青檀属 **Pteroceltis** Maxim.

落叶乔木，高达20余米，胸径1米以上；树皮灰或深灰色，不规则长片状剥落。小枝疏被柔毛，后渐脱落。冬芽卵圆形。叶互生，纸质，宽卵形或长卵形，长3-10厘米，先端渐尖或尾尖，基部楔形、圆或平截，锯齿不整齐，基脉3出，侧出的1对伸达叶上部，侧脉4-6对，脉端在近叶缘处弧曲，上面幼时被短硬毛，下面脉上被毛，脉腋具簇生毛；叶柄长0.5-1.5厘米，被柔毛，托叶早落。花单性、同株；雄花数朵簇生于当年生枝下部叶腋；花被5深裂，裂片覆瓦状排列，雄蕊5，花丝直伸，花药顶端具毛；雌花单生于一年生枝上部叶腋；花被4深裂，裂片披针形，子房侧扁，花柱短，柱头2，线形，胚珠下垂。翅状坚果近圆形或近四方形，宽1-1.7厘米，翅宽厚，顶端凹缺，无毛或被曲柔毛，花柱及花被宿存；果柄纤细，长1-2厘米，被短柔毛。种子胚乳稀少，胚弯曲，子叶宽。

特有单种属。

青檀 檀 图18 彩片11

Pteroceltis tatarinowii Maxim. in Bull. Acad. Sci. St. Pétersb. 18: 293. cum fig. 1873.

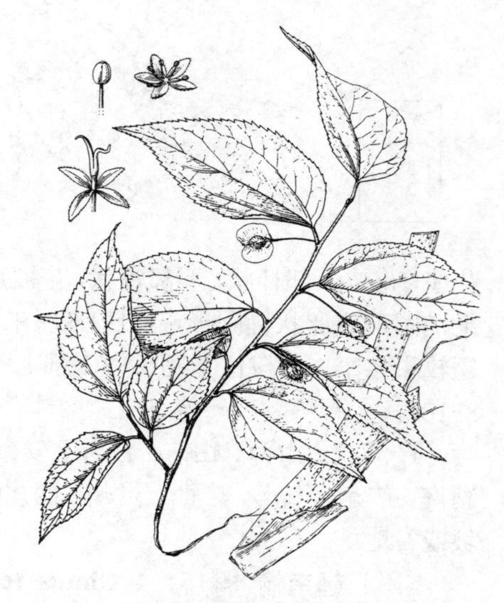

图 18 青檀 （冯晋庸绘）

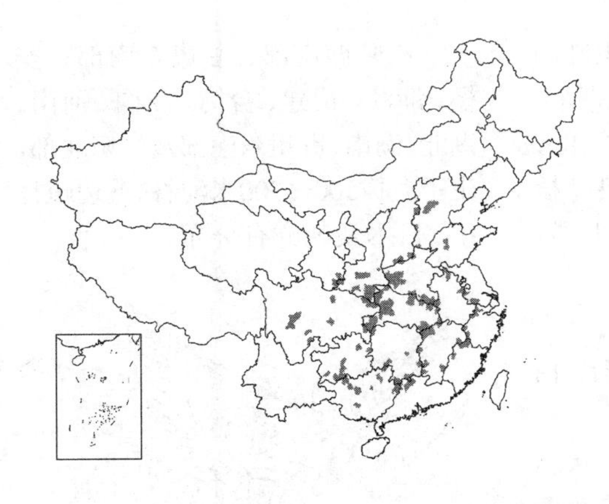

形态特征同属。花期3-5月，果期8-10月。

产辽宁、河北、山东、江苏、安徽、浙江、福建、江西、湖北、湖南、广东、广西、贵州、四川、甘肃、陕西、山西及河南，生于海拔100-1500米山谷、溪边石灰岩山地疏林中。树皮纤维为制宣纸的主要原料。

4. 榉属 Zelkova Spach, nom. gen. cons.

落叶乔木。叶互生，具短柄，具圆齿状锯齿，羽状脉，脉端直达齿尖；托叶成对离生，膜质，披针状条形，早落。花杂性，几与叶同放；雄花数朵簇生幼枝下部叶腋，花被钟形，4-6（-7）浅裂，雄蕊与花被裂片同数，花丝短而直伸，无退化子房；雌花或两性花常单生（稀2-4朵簇生）于幼枝上部叶腋，花被4-6深裂，裂片覆瓦状排列，退化雄蕊缺或稍发育，稀具发育的雄蕊，子房无柄，花柱短，柱头2，线形，偏生，胚珠下垂，稍弯生。核果偏斜，宿存柱头喙状，背面具龙骨状凸起，几无柄或具短柄。种子稍扁，顶端凹下，无胚乳，胚弯曲，子叶宽，近等长，先端微缺或2浅裂。

约10种，分布于地中海东部至亚洲东部。我国3种，产辽东半岛至西南以东地区。

木材致密坚硬，纹理美观，不易伸缩与反挠，耐腐力强，供造船、桥梁、车辆、家具、器械等用；树皮含纤维46%，供制人造棉、绳索及造纸原料。

1. 果径2.5-4毫米，不规则斜卵状圆锥形，顶端偏斜，腹侧面极度凹下，被毛，网肋隆起，几无果柄；叶具7-15对侧脉。
    2. 一年生枝紫褐或深褐色，无毛或疏被短柔毛；叶无毛，或下面沿脉疏被柔毛，上面疏被短糙毛 ………………………………………………………………………… 1. **榉树 Z. serrata**
    2. 一年生枝灰或灰褐色，密被灰白色柔毛；叶下面密被柔毛，上面被糙毛 ……… 2. **大叶榉 Z. schneideriana**
1. 果径4-7毫米，倒卵状球形，仅顶端微偏斜、几不凹下，近无毛，网肋几不隆起，果柄长2-3毫米；叶具6-10对侧脉 …………………………………………………… 3. **大果榉 Z. sinica**

1. 榉树　光叶榉　　图 19 彩片 12

Zelkova serrata (Thunb.) Makino in Bot. Mag. Tokyo 17: 13. 1903.

Corchorus serrata Thunb. in Trans. Linn. Soc. 2: 335. 1794.

乔木，高达30米，胸径1米；树皮灰白或褐灰色，不规则片状剥落。一年生枝疏被短柔毛，后渐脱落。叶卵形、椭圆形或卵状披针形，长3-10厘米，先端渐尖或尾尖，基部稍偏斜，圆或浅心形，稀

图 19　榉树　（张春方绘）

宽楔形，上面幼时疏被糙毛，后渐脱落，下面幼时被柔毛，后脱落或主脉两侧疏被柔毛，圆齿状锯齿具短尖头，侧脉（5-）7-14对；叶柄长2-6毫米，被柔毛。雄花梗极短，花径约3毫米，花被裂至中部，裂片（5）6-7（8），不等大，被细毛；雌花近无梗，径约1.5毫米，花被片4-5（6），被细毛。核果斜卵状圆锥形，上面偏斜，凹下，径2.5-3.5毫米，具背腹脊，网肋明显，被柔毛，花被宿存，几无柄。花期4月，果期9-11月。

产陕西南部、甘肃东南部、安徽、浙江、福建、台湾、江西、河南、湖北、湖南、贵州东南部及广东北部，生于海拔500-1900米河谷、溪边疏林中。日本及朝鲜有分布。

2. 大叶榉树 榉树 图20 彩片13

Zelkova schneideriana Hand.-Mazz. Symb. Sin. 7: 104. 1929.

乔木，高达35米，胸径80厘米；树皮灰褐至深灰色，不规则片状剥落。一年生枝密被伸展灰色柔毛；冬芽常2个并生。叶卵形或椭圆状披针形，长3-10厘米，先端渐尖、尾尖或尖，基部稍偏斜，圆或宽楔形，稀浅心形，上面被糙毛，下面密被柔毛，具圆齿状锯齿，侧脉8-15对；叶柄长3-7毫米，被柔毛。雄花1-3朵生于叶腋，雌花或两性花常单生于幼枝上部叶腋。核果与榉树相似。花期4月，果期9-11月。

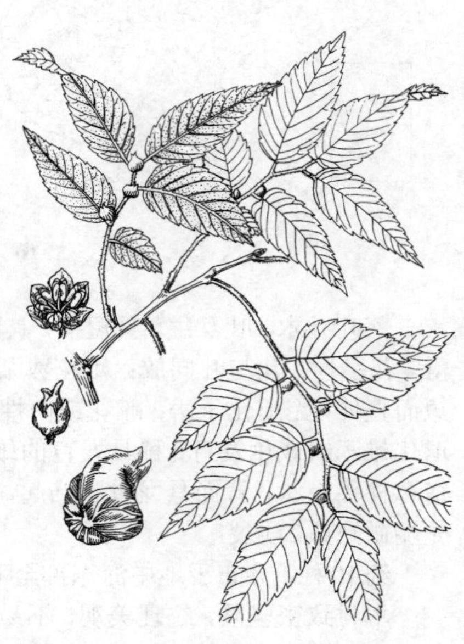

图20 大叶榉树 （王金凤绘）

产江苏、安徽、浙江、福建、江西、湖北、湖南、广东北部、广西、贵州、云南、西藏东南部、四川、河南南部、陕西南部及甘肃南部，生于海拔200-1100米溪边或山坡土层较厚疏林中，在云南及西藏可达1800-2800米。

3. 大果榉 图21

Zelkova sinica Schneid. in Sarg. Pl. Wilson. 3: 286. 1916.

乔木，高达20米，胸径60厘米；树皮灰白色，块状剥落。一年生枝被灰白色柔毛，后渐脱落。叶卵形或椭圆形，长（1.5-）3-5（-8）厘米，先端渐尖或尾尖，基部圆或宽楔形，上面幼时疏被粗毛，后光滑，下面主脉疏被柔毛，脉腋具簇生毛，余无毛，具浅圆齿状或圆齿状锯齿，侧脉6-10对；叶柄纤细，长0.4-1厘米，被灰色柔毛。核果不规则倒卵状球形，径5-7毫米，顶端微偏斜，几不凹下，无毛，背腹脊隆起，几无凸起网脉；果柄长2-3毫米，被毛。花期4月，果期8-9月。

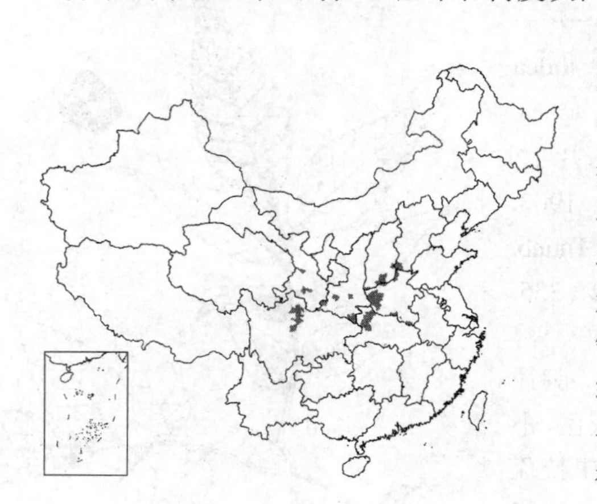

产河北南部、山西南部、河南、湖北西北部、四川北部、陕西及甘肃，生于海拔800-2500米山谷、溪边及较湿润山坡疏林中。

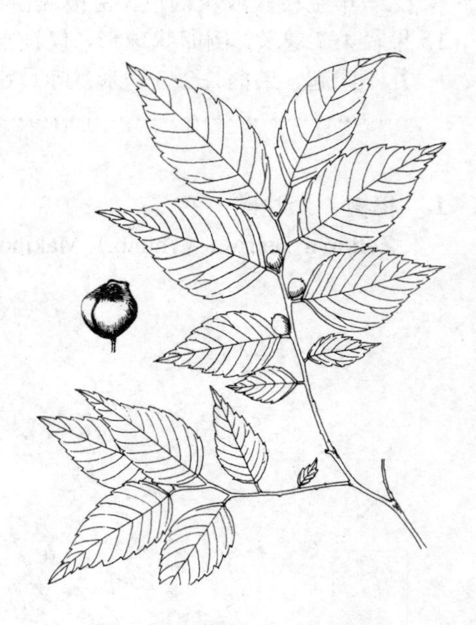

图21 大果榉 （王金凤绘）

5. 白颜树属 **Gironniera** Gaudich.

常绿乔木或灌木，叶互生，全缘或中上部疏生浅锯齿，羽状脉，弧曲，先端在近叶缘处相连；托叶大，成对腋生，常基部合生，包被冬芽，早落，在小枝节上具环状托叶痕。花单性，雌雄异株稀同株，聚伞花序腋生，或雌花单生叶腋；雄花花被5深裂，覆瓦状排列，雄蕊5，花丝短，直伸，退化子房呈一簇曲柔毛状；雌花托被片5，子房无柄，花柱短，柱头2，线形，柱头面具小乳头体，宿存，胚珠下垂。核果扁或微扁，内果皮骨质，具柄。种子具胚乳或缺，胚旋卷，子叶窄。

约6种，分布于斯里兰卡、中南半岛、马来半岛及太平洋诸岛。我国1种。

白颜树　　图22：1-4

Gironniera subaequalis Planch. in Ann. Sci. Nat. ser. 3, Bot. 10: 339, 1848. pro parte.

乔木，高达30米，胸径1米；树皮较平滑。小枝疏被黄褐色长粗毛。叶革质，椭圆形或椭圆状长圆形，长10-25厘米，先端短尾尖，基部圆或宽楔形，近全缘，近顶部疏生浅钝锯齿，上面平滑无毛，下面中脉及侧脉疏被长糙伏毛，细脉疏被细糙毛，侧脉8-12对；叶柄长0.6-1.2厘米，疏被长糙伏毛；托叶披针形，长1-2.5厘米，被长糙伏毛。聚伞花序成对腋生，雄花序多分枝，雌花序分枝较少，成总状，花序梗疏被长糙伏毛。核果宽卵状或宽椭状，径4-5毫米，侧扁，被平伏细糙毛。内果皮两侧具2钝棱，桔红色，具宿存花柱及花被；果柄短。花期2-4月，果期7-11月。

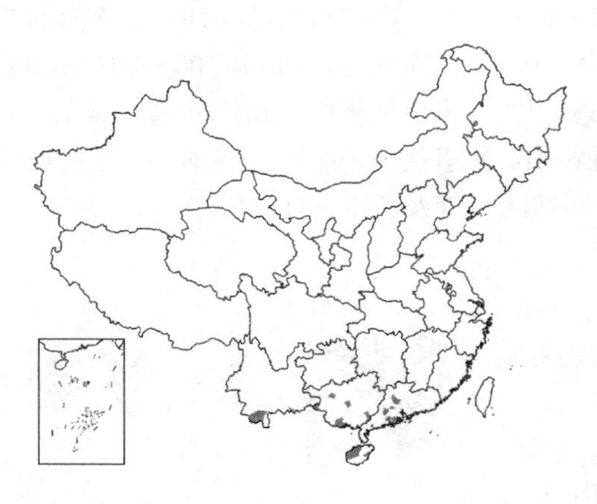

产广东、海南、广西及云南，生于海拔100-800米山谷或溪边湿润林中。印度、斯里兰卡、缅甸、中南半岛、马来西亚及印度尼西亚有分布。木材供制家具，易传音，宜作木鼓等乐器。

图 22: 1-4. 白颜树　5-10. 滇糙叶树
（冯晋庸绘）

6. 糙叶树属 **Aphananthe** Planch., nom. gen. cons.

落叶或半常绿乔木或灌木状。叶互生，具锯齿或全缘，具羽状脉或基脉3出；托叶侧生，分离，早落。花叶同放，单生，雌雄同株；雄花成密集聚伞花序，腋生，花被（4）5深裂，近覆瓦状排列，雄蕊与花被裂片同数，花丝直伸或在顶部内折，花药长圆形，无退化子房。雌花单生叶腋，花被4-5深裂，裂片较窄，覆瓦状排列，花柱短，柱头2，线形，宿存。核果卵状或近球形，外果皮肉质，内果皮骨质。种子具薄胚乳或无，胚内卷，子叶窄。

约5种，主产亚洲东部及大洋洲东部亚热带和热带地区、马达加斯加岛及墨西哥。我国2种、1变种，分布西南至台湾。

1. 叶革质，窄卵形、卵形或长圆状披针形，全缘或疏生锯齿，无毛，羽状脉在近叶缘处网结；果连喙长1.3-2厘米，无毛 ………………………………………… 1. **滇糙叶树 A. cuspidata**
1. 叶纸质，卵形或卵状椭圆形，具锐锯齿，上面被平伏刚毛，粗糙，基脉3出，侧生的1对伸达叶的中部边缘，羽状侧脉伸达齿尖；果连喙长0.8-1.3厘米，被平伏细毛。

2. 叶下面、叶柄及幼枝被平伏细毛 ………………………………………………………………… 2. **糙叶树 A. aspera**

2. 叶下面被直立柔毛，叶柄及幼枝被伸展柔毛 …………………… 2(附). **柔毛糙叶树 A. aspera** var. **pubescens**

1. 滇糙叶树 小叶白颜树 云南白颜树 图22：5-10

Aphananthe cuspidata（Bl.）Planch. in DC. Prodr. 17：209. 1873.

Cyclostemon cuspidatum Bl. Bijdr. 599. 1825.

Gironniera cuspidata（Bl.）Kurz；中国高等植物图鉴 1：470. 1972.

Gironniera yunnanensis Hu；中国高等植物图鉴 1：470. 1972.

乔木，高达20（-30）米，胸径80（-150）厘米；树皮常平滑。叶革质，窄卵形、卵形或长圆状披针形，长（5-）10-15厘米，先端尾尖，基部圆或宽楔形，全缘或疏生锯齿，两面无毛，侧脉6-10（-17）对，在近叶缘处网结，细脉结成网状；叶柄长0.7-1.2厘米；托叶披针形，长0.6-1厘米，背面被平伏细毛。雄聚伞花长3-7厘米，多分枝，雄花花被5深裂，裂片窄卵圆形，长约2毫米，疏被细毛，具缘毛。核果卵圆形，连喙长1.3-2厘米，红褐色，无毛；果柄与果近等长或稍长于果。花期3-4与9-10月，果期7-9与11-12月。

产广东南部、海南、云南南部及西南部，生于海拔100-900（-1800）米山坡林中。印度、锡金、缅甸、斯里兰卡、越南、马来西亚、印度尼西亚及菲律宾有分布。

2. 糙叶树 图23：1-6

Aphananthe aspera（Thunb.）Planch. in DC. Prodr. 17：208. 1873.

Prunus aspera Thunb Fl. Jap. 201. 1784.

落叶乔木，高达25米，胸径50厘米；树皮纵裂，粗糙。叶纸质，卵形或卵状椭圆形，长5-10厘米，先端渐尖或长渐尖，基部宽楔形或浅心形，基脉3出，侧生的1对伸达中部边缘，侧脉6-10对，伸达齿尖，锯齿锐尖，上面被平伏刚毛，下面疏被平伏细毛；叶柄长0.5-1.5厘米，被平伏细毛；托叶膜质，线形，长5-8毫米。核果近球形、椭圆形或卵状球形，长0.8-1.3厘米，被平伏细毛，具宿存花被及柱头；果柄长0.5-1厘米，疏被平伏细毛。花期3-5月，果期8-10月。

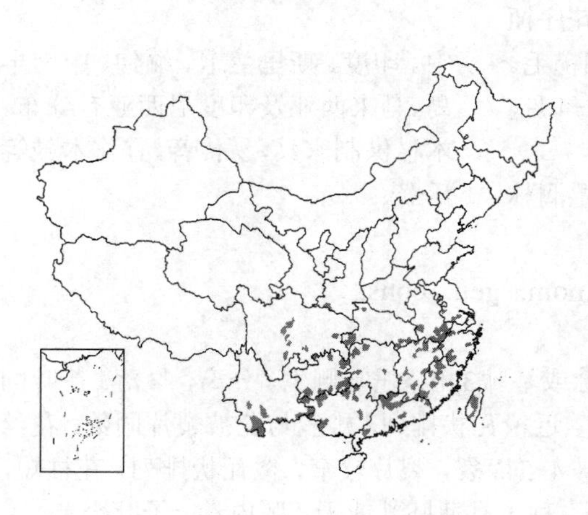

产山东、江苏、安徽、浙江、福建、台湾、江西、湖北、湖南、广东、广西、贵州、云南南部、四川及陕西南部，在华东和华北生于海拔150-600米，在西南和中南生于海拔500-1000米山谷或溪边林中。朝鲜、日本及越南有分布。

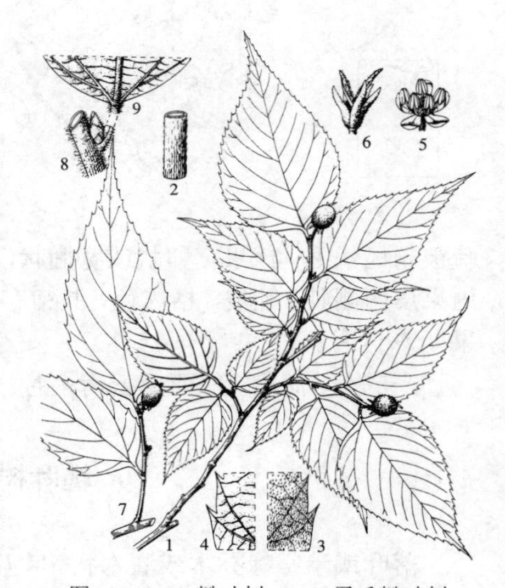

图 23: 1-6. 糙叶树 7-9. 柔毛糙叶树

（王金凤绘）

［附］**柔毛糙叶树** 图23：7-9 **Aphananthe aspera** var. **pubescens** C. J. Chen in Acta Phytotax. Sin. 17（1）：49. 1979. 本变种与模式变种的区别：叶下面密被直立柔毛，叶柄及幼枝被伸展灰色柔毛。产云南西南部及东南部、广西西部、江西、浙江及台湾，生于海拔300-1600米山坡林中或山谷。

7. 山黄麻属 Trema Lour.

小乔木或大灌木。叶互生，具细锯齿，基脉3出，稀5出脉或羽状脉，基部近对称或微偏斜；托叶离生，早落。花单性或杂性，具短梗，多花密集成聚伞花序而成对生于叶腋；雄花花被片（4）5，裂片内曲，镊合状排列或稍覆瓦状排列。雄蕊与花被片同数，花丝直伸，退化子房常具一环细曲柔毛；雌花花被片（4）5，子房无柄，基部常具一环细曲柔毛，花柱短，柱头2，线形，柱头面被毛，胚珠单生，下垂。核果小，直立，卵圆形或近球形，具宿存花被片及柱头，稀花被脱落，外果皮稍肉质，内果皮骨质，果柄极短。种子具肉质胚乳，胚弯曲或内卷，子叶窄。

约15种，产热带及亚热带。我国6种、1变种，产华东至西南。

1. 叶具羽状脉；花被脱落 ……………………………… 1. **羽脉山黄麻 T. levigata**
1. 叶基脉3出；花被宿存。
  2. 叶纸质或革质，下面被绒毛或短绒毛；雄花近无梗。
    3. 叶长3-5（-7）厘米，宽0.8-1.4（-2）厘米，上面极粗糙，下面脉上及雄花花被片被锈色腺毛；叶柄长2-5毫米 ……………………………… 4. **狭叶山黄麻 T. angustifolia**
    3. 叶长7-22厘米，宽（1.5-）2-9（-11）厘米，上面近平滑或粗糙，下面脉上及雄花花被片 无锈色腺毛；叶柄长（0.5-）1-2厘米。
      4. 叶披针形或窄披针形，宽1.5-3（-4.5）厘米，先端尾尖或长尾状，基部对称或稍偏斜， 下面被平伏有光泽的银灰或黄灰色茸毛，脉上疏被平伏短毛；叶柄长0.5-1厘米；花序长不及叶柄 ……………………………… 3. **银毛叶山黄麻 T. nitida**
      4. 叶卵形、卵状长圆形，稀宽披针形，宽3-9（-11）厘米，先端渐尖或尾尖，基部稍不对称，心形，稀近圆，下面被灰褐、灰（稀银灰）色短绒毛或绒毛，脉上密被短绒毛；叶柄长1-2厘米；花序较叶柄长。
        5. 叶干时两面近同色，上面粗糙，下面被直立或斜展灰褐或灰色绒毛；果宽卵圆形，扁，长2-3毫米 ……………………………… 2. **山黄麻 T. tomentosa**
        5. 叶干时两面异色，上面稍粗糙，下面密被绒毛，混生稀疏、直立、较长单细胞毛与较短多细胞毛（干时部分变红色）；果卵圆形或近球形，长3-5毫米 ………… 2(附). **异色山黄麻 T. orientalis**
  2. 叶薄纸质或近膜质，下面光滑或被柔毛；雄花具短梗。
    6. 小枝被平伏柔毛；叶近膜质，上面疏生糙毛，下面脉上疏被柔毛；聚伞花序长不及叶柄；花被片外面近无毛，花药无紫色斑点 ……………………………… 5. **光叶山黄麻 T. cannabina**
    6. 小枝被斜伸粗毛；叶薄纸质，上面被糙毛，粗糙，下面密被柔毛，脉上被粗毛；聚伞花序较叶柄长；花被片被细糙毛及紫色斑点，花药常具紫色斑点 ………… 5(附). **山油麻 T. cannabina var. dielsiana**

1. 羽脉山黄麻　　图 24：1　彩片 14

Trema levigata Hand.-Mazz. Symb. Sin. 7: 107. 1929.

小乔木或灌木状，高达10米。小枝被灰白色柔毛。叶纸质，卵状披针形或窄披针形，长5-11厘米，先端渐尖，基部对称或微偏斜，钝圆或浅心形，具细锯齿，上面疏被柔毛，后渐脱落，下面脉上疏被柔毛，余无毛，羽状脉，稀具不明显基出3脉，侧脉5-7对；叶柄长5-8毫米，被灰白色柔毛。聚伞花序与叶柄近等长；雄花花被片5，倒卵状船形，疏被微柔毛。果近球形，微扁，径1.5-

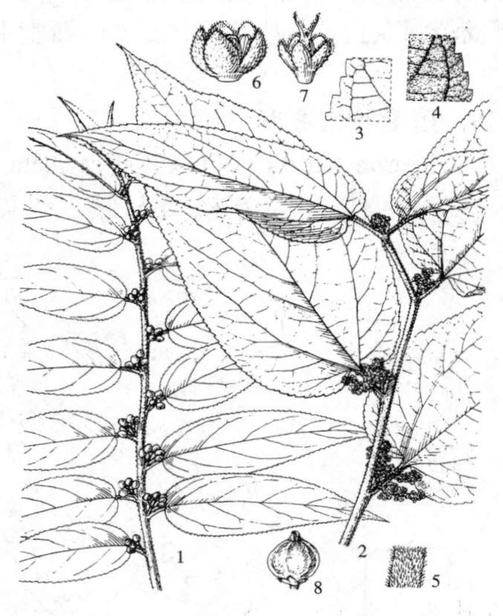

图 24: 1. 羽脉山黄麻 2-8. 异色山黄麻
（冯晋庸绘）

2毫米，熟时由桔红渐变黑色，花被脱落。花期4-5月，果期9-12月。

产广西西部、贵州、云南、四川及湖北西部，生于海拔150-2800米阳坡杂木林或灌丛中，或干热河谷疏林中。

2. 山黄麻 图25

Trema tomemtosa (Roxb.) Hara. Fl. East. Himal. 2nd. rep. 19. 1971.

Celtis tomentosa Robx. Fl. Ind. ed. Carey 2: 66. 1832.

Trema orientalis auct. non (Linn.) Bl.: 中国高等植物图鉴 1: 475. 1972, p. max. p.

小乔木或灌木状，高达10米。幼枝密被灰褐或灰色绒毛。叶革质，宽卵形或卵状长圆形，稀宽披针形，长7-15（-20）厘米，宽3-9（-11）厘米，先端渐尖或尾尖，稀锐尖，基部心形，偏斜，具细锯齿，两面近同色，上面极粗糙，被直立、基部膨大硬毛，下面被灰褐或灰色短绒毛，有时混生稀疏褐红色（干时）串珠毛，基脉3出，侧生的1对达中上部，侧脉4-5对；叶柄长0.7-1.8厘米，毛被同幼枝。雄花序长2-4.5厘米，毛被同幼枝，雄花近无梗，花被片卵状长圆形，雄蕊5。雌花序长1-2厘米；雌花具短梗，花被片三角状卵形。果宽卵圆形，扁，径2-3毫米，无毛，具不规则蜂窝状皱纹，褐黑或紫黑色，花被宿存。种子两侧具棱。花期3-6月，果期9-11月，热带地区四季开花。

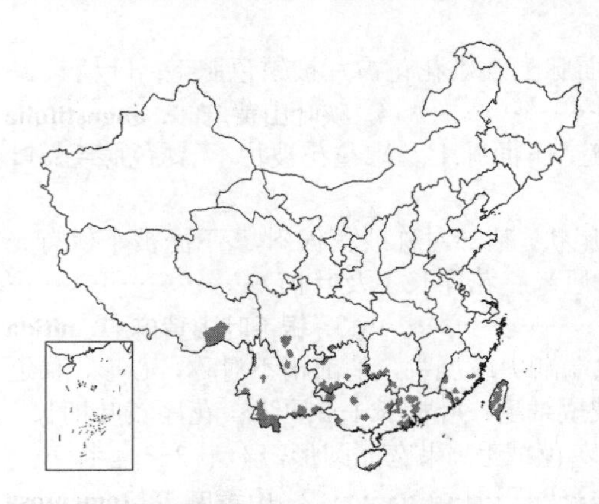

图 25 山黄麻 （引自《广州植物志》）

产福建、台湾、广东、海南、广西、贵州、云南、四川西南部、西藏东南部，生于海拔100-2000米湿润河谷、山坡林中，或空旷山坡。非洲东部、锡金、不丹、尼泊尔、印度、东南亚、日本及南太平洋诸岛有分布。

［附］**异色山黄麻** 图24：2-8 彩片15 **Trema orientalis** (Linn.) Bl. Mus. Bot. Lugd.-Bat. 2: 62. 1852. —— *Celtis orientalis* Linn. Sp. Pl. 1044. 1753. 本种与山麻黄的区别：叶干时上面淡绿或灰绿色，稍粗糙，下面灰白或淡绿灰色，密被绒毛，混生单细胞毛与多细胞毛（干时有的变红色）；果卵圆形或近球形。花期3-5（-6）月，果期6-11月。产台湾、广东西南部、海南、广西西部、贵州西南部及云南，生于海拔400-1900米山谷林中或山坡灌丛中。热带非洲、喜马拉雅南坡、印度、东南亚、日本及南太平洋诸岛有分布。

3. 银毛叶山黄麻 图26

Trema nitida C. J. Chen in Acta Phytotax. Sin. 17(1): 49. f. 3. 1979.

小乔木，高达10米。小枝被平伏灰白色柔毛。叶纸质，披针形或窄披针形，长7-15厘米，宽1.5-（3-4.5）厘米，先端尾尖或长尾状，基部近圆，稀浅心形，具细锯齿，上面疏被粗毛，后脱落，下面被平伏有光泽的银灰或黄灰色绢状短绒毛，主、侧脉上疏被短伏毛，基脉3出，侧生的1对伸出达中部边缘，侧脉3-4对；叶柄长0.5-1厘米，被平伏柔毛。聚伞花

图 26 银毛叶山黄麻 （冯晋庸绘）

序长不及叶柄，花序梗被平伏短柔毛。核果近球形或宽卵圆形，微扁，径2-3毫米，无毛，紫黑色，花被宿存。花期4-7月，果期8-11月。

产云南南部、广西西北部、贵州西部、四川及湖南西南部，生于海拔600-1800米石灰岩山坡疏林中。

4. 狭叶山黄麻 图 27

Trema angustifolia (Planch.) Bl. Mus. Bot. Lugd.-Bat. 2: 58. 1852. *Sponia angustifolia* Planch. in Ann. Sci. Nat. ser. 3, Bot. 10: 326. 1848.

小乔木或灌木状。小枝密被毛。叶纸质，卵状披针形，长3-5(-7)厘米，宽0.8-1.4(-2)厘米，先端渐尖或尾尖，基部圆，稀浅心形，具细锯齿，上面被硬毛，脱落后留有毛迹，下面密被灰绒毛，脉上被毛及锈色腺毛，基脉3出，侧生的1对达叶片中部，侧脉2-4对；叶柄长2-5毫米，密被毛。雄花花被片被锈色腺毛。果宽卵圆形或近球形，微扁，径2-2.5毫米，桔红色，花被宿存。花期4-6月，果期8-11月。

图 27 狭叶山黄麻 （引自《中国经济植物志》）

产江西西南部、广东、海南、广西、云南南部，生于海拔100-1600米阳坡灌丛或疏林中。印度、越南、马来半岛及印度尼西亚有分布。

5. 光叶山黄麻 图 28: 1-4

Trema cannabina Lour. Fl. Cochinch. 562. 1790.

小乔木或灌木状。小枝被平伏短柔毛。后渐脱落。叶近膜质，卵形或卵状长圆形，稀披针形，长4-9厘米，先端尾尖或渐尖，基部圆或浅心形，稀宽楔形，具圆齿状锯齿，上面疏生糙毛，下面脉上疏被柔毛，余无毛，基脉3出，侧生的1对达中上部，侧脉2(3)对；叶柄长4-8毫米，被平伏柔毛。雌花序常生于花枝上部叶腋，雄花序常生于花枝下部叶腋，或雌雄同序，花序长不及叶柄；花被片近无毛。果近球形或宽卵圆形，微扁，径2-3毫米，桔红色；花被宿存。花期3-6月，果期9-10月。

产浙江南部、福建、台湾、江西、湖南东南部、广东、海南、广西、贵州及四川，生于海拔100-600米河边、旷野、山坡疏林及灌丛中。印度、东南亚、日本及大洋洲有分布。

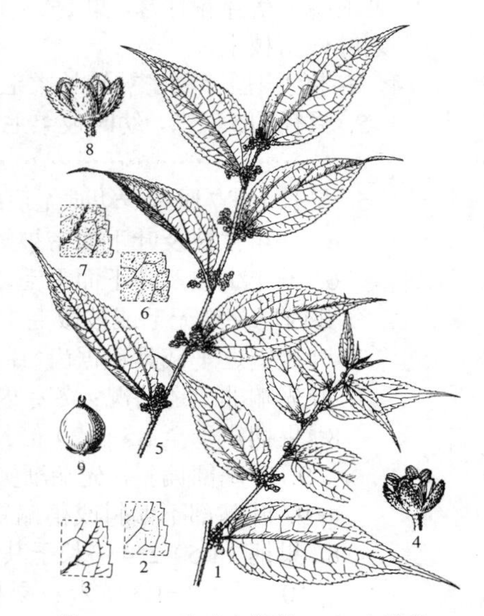

图 28: 1-4. 光叶山黄麻 5-9. 山油麻 （冯晋庸绘）

［附］ **山油麻** 图 28: 5-9 **Trema cannabina** var. **dielsiana** (Hand.-Mazz.) C. J. Chen in Acta Phytotax. Sin. 17(1): 50. 1979. —— *Trema dielsiana* Hand-Mazz. Symb. Sin. 7: 106. 1929; 1: 476. l972. 本种与模式变种的区别：小枝密被斜伸粗毛；叶薄纸质，上面被糙毛，下面密被柔毛，脉上被粗毛，叶柄被伸展粗毛；雄聚伞花序长于叶柄；雄花花被片卵形，被细糙毛及紫色斑点，花药常具紫色斑点。产江苏南部、安徽（大

别山)、浙江、江西、福建、湖北、湖南、广东、广西、贵州及四川，生于海拔（100-）600-1100米阳坡灌丛中。

8. 朴属 Celtis Linn.

常绿或落叶乔木。叶互生，具锯齿或全缘，基脉3出，基生1对侧脉较粗，或为3出脉，基部常偏斜，具柄；托叶早落或顶生者晚落而包着冬芽。花两性或单性，具梗，成小聚伞花序或圆锥花序，或成簇状，具1两性花或雌花；花序生于一年生小枝上，雄花序多生于小枝下部叶腋或无叶处，在杂性花序中，两性花或雌花多生于花序分枝顶端；花被片4-5，基部稍合生，脱落；雄蕊与花被片同数，生于常具柔毛的花托上；花柱短，柱头2，线形，顶端全缘或2裂，子房1室，具1倒生胚珠。核果，内果皮骨质，具网孔状凹陷或近平滑，具果柄。种子胚乳少或无，胚弯，子叶宽。

约60种，广布于热带及温带地区。我国11种、2变种，产辽东半岛以南地区。本属多数种类的木材可供建筑及家具等用，树皮纤维可代麻制绳、织袋，或为造纸原料。大多数种类的种子油可制肥皂或用滑润油。

1. 顶生叶的托叶宿存至第二年脱落，包被冬芽，顶芽发育。
  2. 叶长8-18厘米；基生2侧脉直达叶先端，次级脉近平展；果长约1.5厘米 …… 1. **菲律宾朴树 C. philippensis**
  2. 叶长3-10厘米；基生2侧脉达叶2/3，次级脉向上弯升或斜展；果长8-9毫米 …… 1(附). **铁灵花 C. philippensis** var. **consimilis**
1. 托叶全部早落，顶芽败育，在枝端成一小距状残迹，其下的腋芽似顶芽。
  3. 果顶端具宿存花柱基，果3-6个生于总梗上；常绿乔木 …… 2. **假玉桂 C. timorensis**
  3. 果顶端无宿存花柱基，果1-2（3）个生于总梗或果柄上；落叶乔木（仅四蕊朴有时当花序抽出时，尚有去年老叶残留枝上）。
    4. 冬芽的内层芽鳞密被较长柔毛。
      5. 果径约5毫米，幼时被柔毛，后脱落；总梗极短，常具2果，连同果柄长1-2厘米 …… 3. **紫弹树 C. biondii**
      5. 果长1-1.7厘米，幼时无毛；果柄常单生叶腋，长（1-）1.5-3.5厘米。
        6. 一年生枝及叶下面密被短柔毛 …… 4. **珊瑚朴 C. julianae**
        6. 一年生枝及叶下面无毛，或脉腋具簇生毛 …… 5. **西川朴 C. vandervoetiana**
    4. 冬芽内层芽鳞无毛或被微毛。
      7. 叶先端近平截具粗锯齿，中间的齿常呈尾状长尖；冬芽内层芽鳞被微毛 …… 6. **大叶朴 C. koraiensis**
      7. 叶先端非上述情况；冬芽内层芽鳞无毛。
        8. 果柄短于至1.5（-2）倍长于其邻近的叶柄；果熟时黄或橙黄色。
          9. 叶基部偏斜，先端渐尖或短尾尖。果径约8毫米 …… 7. **四蕊朴 C. tetrandra**
          9. 叶基部不偏斜或稍偏斜，先端尖或渐尖。果径5-7毫米 …… 8. **朴树 C. sinensis**
        8. 果柄（1.5）2-4倍长于其邻近的叶柄；果熟时蓝黑色。
          10. 果径1-1.3厘米；果柄长2.5-4.5厘米 …… 9. **小果朴 C. cerasifera**
          10. 果径6-8毫米，果柄长1-2.5厘米 …… 10. **黑弹树 C. bungeana**

1. 菲律宾朴树 油朴　　图29：1-2 彩片16

Celtis philippensis Blanco, Fl. Filip. 197. 1837.

Celtis wightii auct. non Planch.: 中国高等植物图鉴补编 1: 144. 1982.

常绿乔木，高达30米；除托叶被微毛外全株无毛。顶芽发育。托叶卵状披针形，长6-7毫米，先端渐尖，基部稍下延。除顶生叶的两枚托叶包被冬芽，宿存至第二年外，其他托叶均早落。叶革质，长圆形，长8-18厘米，先端骤渐尖，基部楔形，全缘或幼叶上部具锯齿，3出脉，2侧脉直达叶先端，在下面隆起，次级脉近平展；叶柄长0.5-2厘米。果序1-2生于叶腋，长2-5厘米，上部二歧分叉，果柄和序轴均较粗；果卵球形，长约1.5厘米，具4-6（-8）条肋及网孔状凹陷。花期2-3月，果期5-10月。

产云南南部、海南、台湾南部兰屿及绿岛，生于海拔500-1000米石灰岩地带季雨林中。印度南部、斯里兰卡、越南南部及印度尼西亚有分布。

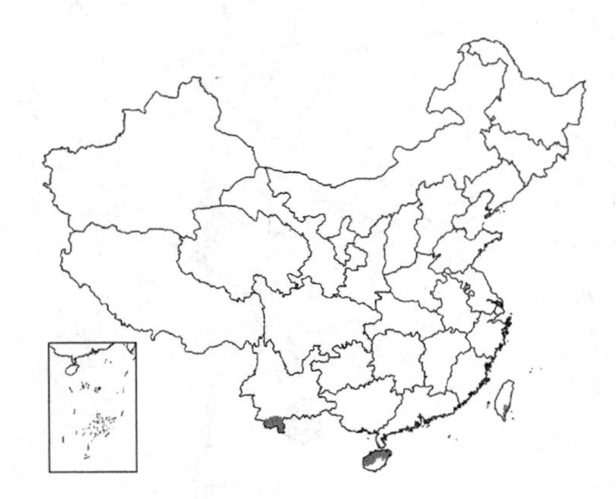

［附］**铁灵花** 图29：3-4 **Celtis philippensis** var. **consimilis**（Bl.）J. F. Leroy in Bull. Inst. Franc. Afrique Noire 10：212. 1948. —— *Solenostigma consimile* Bl. Mus. Bot. Lugd.-Bat. 2：68. 1856. —— *Celtis collinsae* Craib；中国高等植物图鉴 补编1：144. 1982. 本变种与模式变种的区别：常绿小乔木，高达12米；叶长3-10厘米，2侧脉仅达叶中部或2/3，下面次级脉向上弯升或斜向上升；果长8-9毫米，熟时红色。花期4-7月，果期10-12月。产海南，多生于海边斜坡荒地或林中。泰国、越南有分布。

图 29：1-2. 菲律宾朴树 3-4. 铁灵花（冀朝祯绘）

2. 假玉桂 图 30 彩片 17

Celtis timorensis Span. in Linneae 15：343. 1841.

Celtis cinnamonea Lindl. ex Planch；中国高等植物图鉴 补编1：145. 1982.

常绿乔木，高达20米。幼枝被金褐色短毛，老时脱净。冬芽外层芽鳞近无毛，内层芽鳞被毛。幼叶疏被黄褐色毛，主脉较多，老时脱净，卵状椭圆形或卵状长圆形，长5-13厘米，先端渐尖或尾尖，基部宽楔形或近圆，基部1对侧脉延伸达3/4以上，但不达先端，近全缘或中上部具浅钝齿；叶柄长0.3-1.2厘米。小聚伞圆锥花序约具10花，幼时被黄褐色毛，雄花生于小枝下部，杂性花生于小枝上部，两性花多生于花序分枝无端。果序常具3-6果，果宽卵圆形，顶端残留短喙状花柱基，长8-9毫米，熟时黄、橙红或红色；核椭圆状球形，长约6毫米，乳白色，具4肋及网孔状凹陷。

图 30 假玉桂 （李 健绘）

产福建、广东、海南、广西、贵州、云南、四川及西藏南部，生于低海拔路边、山坡、灌丛至林中，印度北部、东南亚有分布。

3. 紫弹树 图 31

Celtis biondii Pamp. in Nuov. Giorn. Bot. Ital. n. ser. 17：252. f. 3. 1910.

落叶乔木，高达18米。幼枝密被柔毛，后渐脱落。冬芽黑褐色，芽鳞被柔毛，内层芽鳞的毛长而密。叶薄革质，宽卵形、卵形或卵状椭圆形，长2.5-7厘米，基部楔形或近圆，先端渐尖或尾尖，中上部疏生浅齿，边稍反卷，上面脉纹多凹下，两面被微糙毛，或上面无毛，仅下面脉上被毛，或下面被糙毛并密被柔毛；叶柄长3-6毫米，托叶线状披针形，被毛，后脱落。果序单生叶腋，常具（1）2（3）果，总梗极短，果柄较长，梗连同果柄长1-2厘米，被糙毛。果幼时被柔毛，后渐脱落，近球形，径约5毫米，黄色或桔红色；核两侧稍扁，近圆形，径约4毫米，具4肋及网孔状。花期4-5月，果期9-10月。

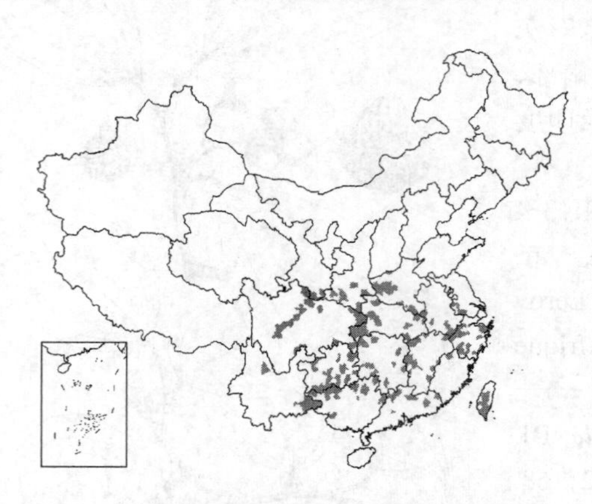

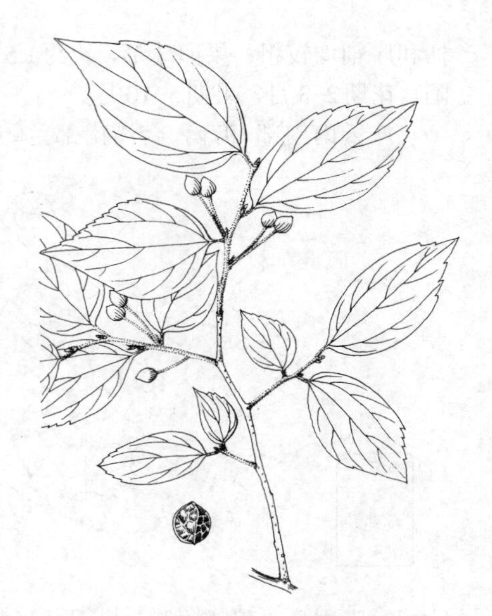

图 31 紫弹树 （王金凤绘）

产江苏南部、安徽南部、浙江、福建、台湾、江西、湖北、广东东部及北部、广西、贵州、云南、四川、甘肃东南部、陕西南部、河南西部及南部，多生于海拔50-2000米山地灌丛或林中。日本及朝鲜有分布。

4. 珊瑚朴 图 32

Celtis julianae Schneid. in Sarg. Pl. Wilson. 3: 265. 1916.

落叶乔木，高达30米。一年生枝、叶柄及果柄密被褐黄色茸毛。冬芽深褐色，内层芽鳞被红褐柔毛。叶宽卵形或卵状椭圆形，长6-12厘米，先端骤短渐尖或尾尖，基部近圆，或一侧圆，一侧宽楔形，上面稍粗糙，下面密被柔毛，近全缘或上部具浅钝齿；叶柄长0.7-1.5厘米。果单生叶腋，椭圆形或近球形，无毛，长1-1.2厘米，成熟时金黄或橙黄色；果柄粗，长1-3厘米；核乳白色，倒卵圆形或倒宽卵圆形，长7-9毫米，上部具2肋，稍网孔状凹陷。花期3-4月，果期9-10月。

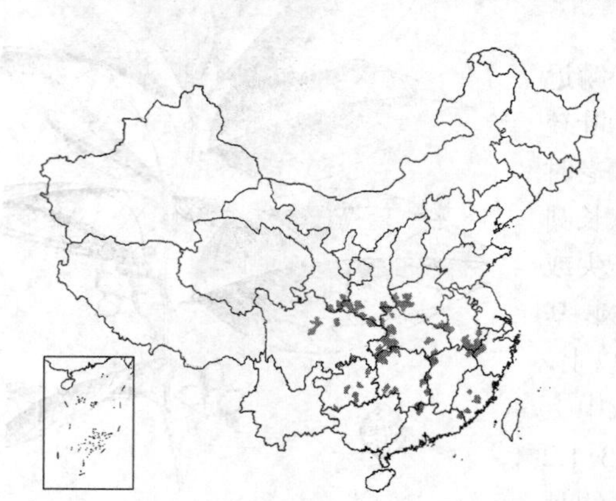

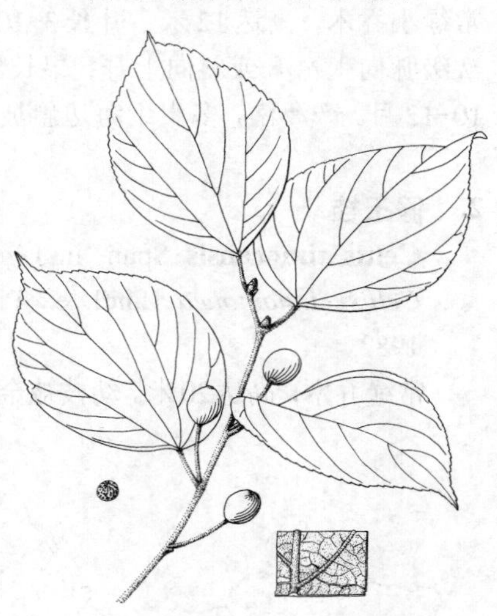

图 32 珊瑚朴 （王金凤绘）

产安徽、浙江、福建、江西、湖北、湖南、广东北部、贵州、四川、陕西南部、河南西部及南部，多生于海拔300-1300米山坡、山谷林中或林缘。

5. 西川朴 图 33

Celtis vandervoetiana Schneid. in Sarg. Pl. Wilson. 3: 267. 1916.

落叶乔木，高达20米。一年生枝、叶柄及果柄无毛。冬芽内层芽鳞被褐色柔毛。叶卵状椭圆形或卵状长圆形，长8-13厘米，先端渐尖或短尾尖，

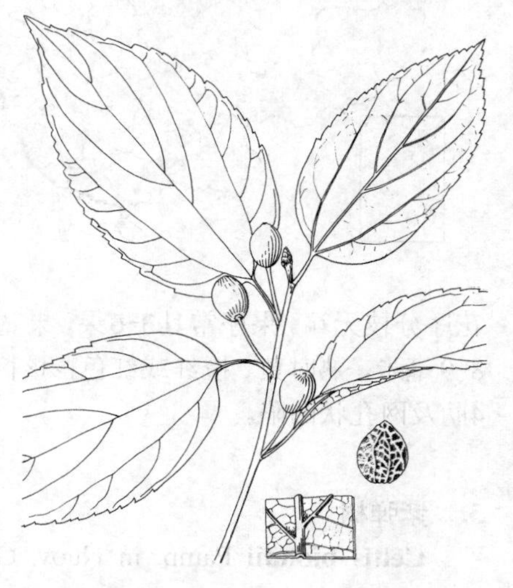

图 33 西川朴 （王金凤绘）

基部近圆，稍不对称，2/3以上具锯齿，无毛或下面中脉及侧脉腋间具簇生毛；叶柄长1-2厘米。果单生叶腋，球形或球状椭圆形，无毛，长1.5-1.7厘米，成熟时黄色；果柄粗，长1.7-3.5厘米；果核乳白至淡黄色，近球形或宽倒卵圆形，径8-9毫米，具4纵肋及网孔状凹陷。花期4月，果期9-10月。

产安徽南部、浙江、福建、江西南部、湖北西部、湖南西北部、广东北部及西部、广西、云南、贵州、四川，多生于海拔600-1400米山谷阴处或林中。

6. 大叶朴　　图 34

Celtis koraiensis Nakai in Bot. Mag. Tokyo 23: 191. 1909.

落叶乔木，高达15米。冬芽深褐色，内层芽鳞被褐色微毛。叶椭圆形或倒卵状椭圆形，稍倒宽卵形，长7-12厘米，先端尾尖，长尖头由平截状顶端伸出，基部宽楔形、近圆或微心形，具粗锯齿，两面无毛，或下面疏被柔毛或中脉侧脉被毛；叶柄长0.5-1.5厘米。果单生叶腋，近球形或球状椭圆形，径约1.2厘米，橙黄或深褐色；果柄长1.5-2.5厘米；核球状椭圆形，径约8毫米，具4肋及网孔状凹陷，灰褐色。花期4-5月，果期9-10月。

产辽宁、河北、山东、安徽、江苏北部、湖北东部、河南、山西南部、陕西南部及甘肃，生于海拔100-1500米山坡、沟谷林中。朝鲜有分布。

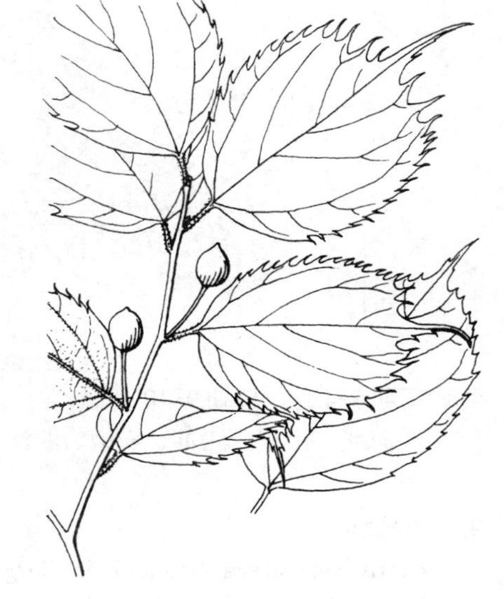

图 34　大叶朴　（引自《中国经济植物志》）

7. 四蕊朴　　图 35

Celtis tetrandra Roxb. Fl. Ind. ed. 2. 2: 63. 1832.

乔木，高达30米。幼枝密被黄褐色短柔毛，后脱落。冬芽褐色，芽鳞无毛。叶卵状椭圆形或近菱形，长5-13厘米，先端渐尖或短尾尖，基部偏斜，近全缘或具钝齿，幼叶下面及叶柄密被黄褐色短柔毛，老时脱落或残存；叶柄长0.5-1厘米。果（1）2-3生于叶腋，果柄长0.7-1.7厘米；果近球形，径约8毫米，成熟

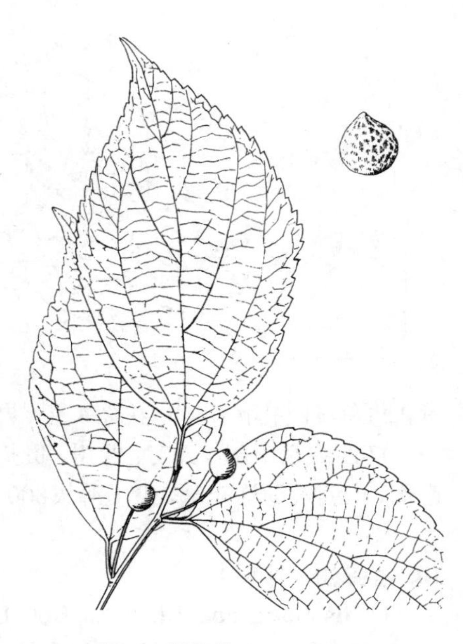

图 35　四蕊朴　（冯晋庸绘）

时黄或橙黄色；核近球形，径约5毫米，具4肋及网孔状凹陷。花期3-4月，果期9-10月。

产西藏南部、四川南部、云南及广西西部，生于海拔700-1500米沟谷、林中、林缘及山坡灌丛中。印度、尼泊尔、不丹、缅甸及越南有分布。

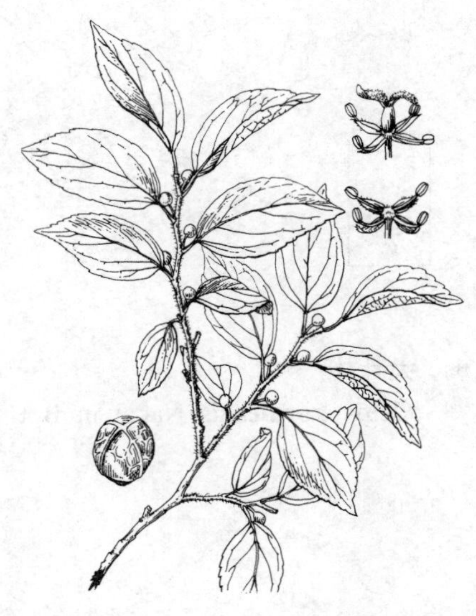
图 36 朴树 （引自《中国森林植物志》）

8. 朴树 黄果朴 图 36 彩片 18

Celtis sinensis Pers. Syn. 1: 292. 1805.

Celtis labilis Schneid.; 中国高等植物图鉴 1: 473. 1972.

落叶乔木，高达20米。一年生枝密被柔毛。芽鳞无毛。叶卵形或卵状椭圆形，长3-10厘米，先端尖或渐尖，基部近对称或稍偏斜，近全缘或中上部具圆齿，下面脉腋具簇毛；叶柄长0.3-1厘米。果单生叶腋，稀2-3集生，近球形，径5-7毫米，成熟时黄或橙黄色；果柄与叶柄近等长或稍短，被柔毛；果核近球形，白色，具肋及蜂窝状网纹。花期3-4月，果期9-10月。

产河北、山东、江苏、安徽、浙江、福建、台湾、江西、湖北、湖南、广东、海南、广西、贵州、四川、陕西南部、甘肃南部及河南，生于海拔100-1500米路边、山坡或林缘。

9. 小果朴 图 37

Celtis cerasifera Schneid. in Sarg. Pl. Wilson. 3: 271. 1916.

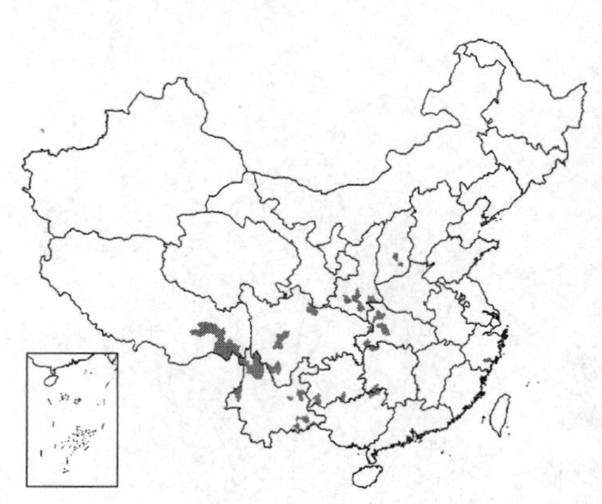

落叶乔木，高达35米。一年生枝无毛。冬芽褐或深褐色，芽鳞无毛。叶革质，卵形或卵状椭圆形，长5-15厘米，先端长渐尖或短尾尖，基部近圆，稍偏斜，锯齿达基部，无毛或下面脉腋稍具柔毛；叶柄长0.5-1(-1.7)厘米。果常单生叶腋，稀2-3果生于极短总梗上，近球形，径1-1.3厘米，成熟时蓝黑色；果柄细，长2.5-4.5厘米，无毛或基部疏被柔毛；核近球形，径约9毫米，具4肋及浅网孔状凹陷。花期4月，果期9-10月。

产西藏东南部、云南、四川、贵州、广西北部、湖南、湖北西部、陕西南部、山西及浙江东部，生于海拔800-2400米山坡灌丛或沟谷林中。

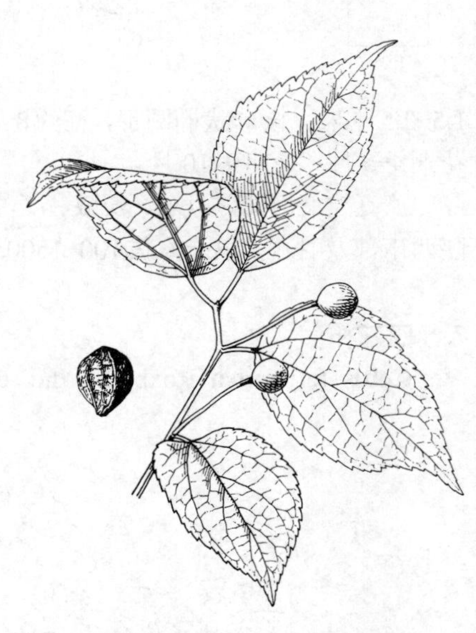
图 37 小果朴 （冯晋庸绘）

10. 黑弹树 小叶朴 图 38 彩片 19

Celtis bungeana Bl. Mus. Bot. Lugd.-Bat. 2: 71. 1852.

落叶乔木，高达10米。一年生枝无毛。芽鳞无毛。叶窄卵形、长圆形、卵状椭圆形或卵形，长3-7(-15)厘米，先端尖或渐尖，基部宽楔形或近

圆，中上部疏生不规则浅齿，有时一侧近全缘，无毛；叶柄长0.5-1.5厘米。果单生叶腋，稀2果并生，近球形，径6-8毫米，蓝黑色；果柄无毛，长1-2.5厘米；核近球形，肋不明显，近平滑或稍具孔状凹陷，径4-5毫米。花期4-5月，果期10-11月。

产辽宁、河北、山东、山西、内蒙古、宁夏、青海东部、甘肃、陕西、安徽、江苏、浙江、江西北部、河南、湖南、湖北、贵州、广西北部、云南、四川及西藏东部，生于海拔150-2300米路边、山坡、灌丛或林缘，朝鲜有分布。

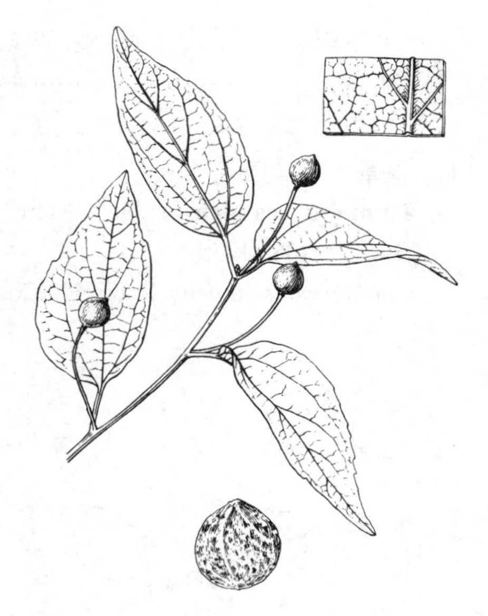

图 38 黑弹树 （冯晋庸绘）

34. 大麻科 CANNABINACEAE

（曹子余）

直立或攀援草本；无乳液。单叶互生或对生，掌状分裂或不裂；具托叶。花单性，雌雄异株，稀同株，花序腋生，雄花成聚伞圆锥花序；雄花花被片5，覆瓦状排列，雄蕊5，与花被片对生，雄蕊在芽中直伸，花药2室，纵裂。雌花无梗，集生成葇荑状，雌花具大苞片，花被片杯状，包被子房，膜质，全缘，子房1室，无柄，胚珠单生，悬垂，花柱2，顶生。瘦果为宿存花被所包。种子具肉质胚乳，胚弯曲，或螺旋状内卷。

2属4种，主要分布北半球温带及亚热带地区，我国均产。

1. 攀援草本；叶对生，3-7裂；茎具钩刺 ······ 1. **葎草属 Humulus**
1. 直立草本；叶互生，掌状全裂；茎无刺 ······ 2. **大麻属 Cannabis**

1. 葎草属 Humulus Linn.

攀援草本。茎具棱及钩刺。叶对生，3-7裂。花单性，雌雄异株；雄花成聚伞圆锥花序。花被5裂，雄蕊5，在花芽中直伸；雌花少数，生于宿存覆瓦状排列的苞片内，成葇荑花序，果时苞片增大，成球果状体，每花有1全缘苞片包被子房，花柱2。瘦果扁平。

3种，主要分布北半球温带及亚热带地区。我国均产。

1. 叶肾状五角形，掌状5-7深裂，稀3裂；果序长0.5-1.5厘米；苞片纸质，被白色绒毛；瘦果露出苞片外 ······ 1. **葎草 H. scandens**
1. 叶全缘或3-5裂；果序长3-7厘米；苞片干膜质，近无毛；瘦果包于苞片内。
   2. 叶下面疏被柔毛或腺点，卵形或宽卵形，先端尖；果序球果状，径3-5厘米；苞片卵形，长约1厘米，无隆起网脉 ······ 2. **啤酒花 H. lupulus**

2. 叶下面被绒毛，卵形或3裂，先端渐尖；果序穗状，长3-7厘米；苞片卵状长圆形，长1.5-3厘米，具隆起网脉 ………………………………………………………………………………… 2(附). **滇葎草 H. yunnanensis**

1. 葎草 拉拉藤 图 39

Humulus scandens (Lour.) Merr. in Trans. Amer. Philipp. Soc. n. ser. 24, 2: 138. 1935.

Antidesma scandens Lour. Fl. Cochinch. 2: 157. 1790.

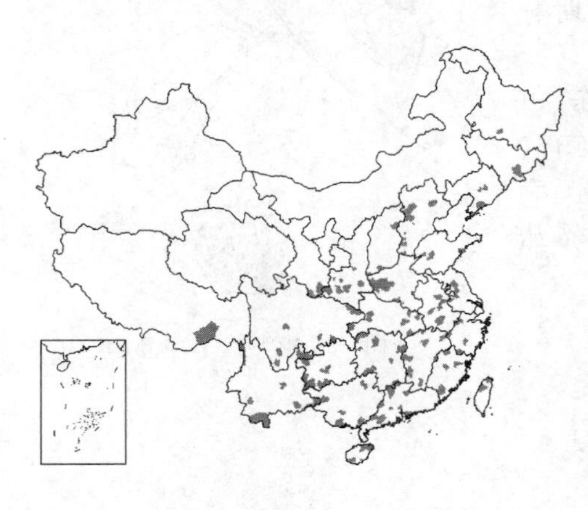

缠绕草本，茎、枝、叶柄均具倒钩刺。叶纸质，肾状五角形，掌状5-7深裂，稀3裂，长宽均7-10厘米，基部心形，上面疏被糙伏毛，下面被柔毛及黄色腺体，裂片卵状三角形，具锯齿；叶柄长5-10厘米。雄花小，黄绿色，花序长15-25厘米；雌花序径约5毫米，苞片纸质，三角形，被白色绒毛；子房为苞片包被，柱头2，伸出苞片外。瘦果成熟时露出苞片外。花期春夏，果期秋季。

除新疆、青海、宁夏及内蒙古外，南北各地均产，生于沟边、荒地、林缘。日本、越南有分布。茎皮可造纸；全草药用，可清热；种子可榨油。

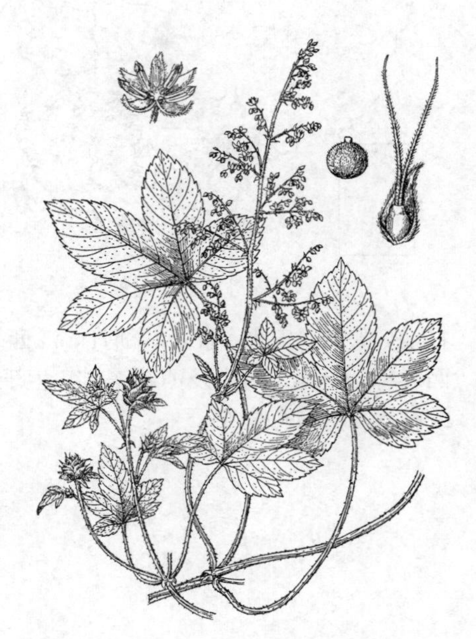

图 39 葎草 （引自《中国药用植物志》）

2. 啤酒花 图 40

Humulus lupulus Linn. Sp. Pl. 1028. 1753.

多年生攀援草本，茎、枝及叶柄密被绒毛及倒钩刺。叶卵形或宽卵形，长4-11厘米，宽4-8厘米，先端尖，基部心形或近圆，不裂或3-5裂，具粗锯齿，上面密被小刺毛，下面疏被毛及黄色腺点；叶柄长不超过叶片。雄花成聚伞圆锥花序，花被片与雄蕊均5；雌花每两朵花生于一苞片腋间；苞片覆瓦状排列组成近球形葇荑花序。果序球果状，径3-4厘米；宿存苞片干膜质，卵形，长约1厘米，无毛，具油点。瘦果扁平，每苞腋1-2个，内藏。花期秋季。

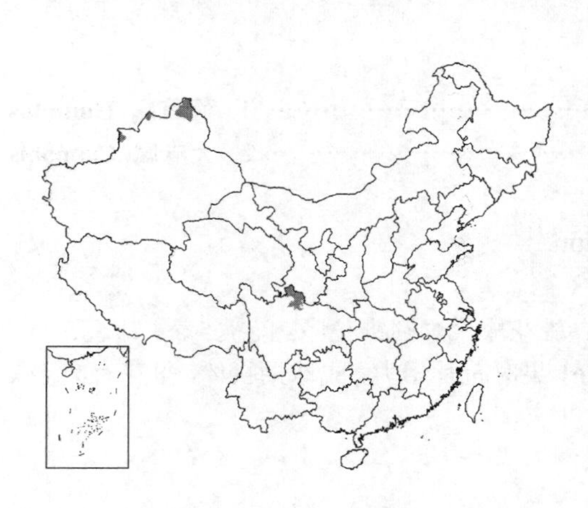

产新疆及四川北部；各地多栽培。亚洲北部及东北部、美洲东部有分布。果穗供制啤酒；雌花药用，为镇静、健胃、利尿剂；茎皮可造纸；种子含油约25%。

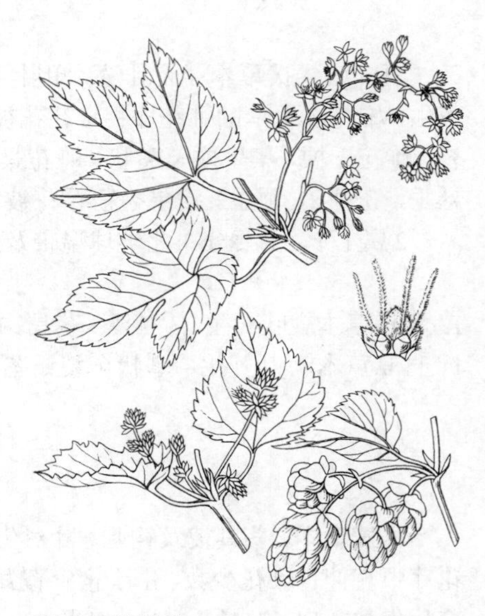

图 40 啤酒花 （引自《中国经济植物志》）

［附］**滇葎草 Humulus yunnanensis** Hu in Bull. Fan Mem. Inst. Biol. Bot. 7: 211. 1936. 本种与啤酒花的区别：叶下面被绒毛，卵形或3裂，先端渐尖；果序穗状，长3-7厘米，苞片卵状长圆形，长1.5-3厘米，具隆起网脉。产云南，生于海拔1200-2800米山谷林中。用途同啤酒花。

2. 大麻属 Cannabis Linn.

一年生草本，高达3米。枝具纵槽，密被灰白平伏毛。叶互生或下部对生，掌状全裂，上部叶具1-3裂片，下部叶具5-11裂片，裂片披针形或线状披针形，长7-15厘米，宽0.5-2厘米，先端渐尖，基部窄楔形，上面微被糙毛，下面幼时密被灰白色平伏毛，后脱落，上面中脉及侧脉微凹下，具内弯粗齿；叶柄长3-15厘米，密被灰白色平伏毛，托叶线形。雄圆锥花序长达25厘米；雄花黄绿色，花梗纤细，下垂，花被片5，膜质，被平伏细毛，雄蕊5，在芽中直伸。雌花簇生叶腋；雌花绿色。花被膜质，紧包子房，稍被细毛，子房无柄，花柱2，丝状，每花具叶状苞片。瘦果侧扁，为宿存黄褐色苞片所包，果皮坚脆，具细网纹。种子扁平，胚乳肉质，胚弯曲，子叶厚肉质。

单种属。

大麻　火麻　　　　图41 彩片20

Cannabis sativa Linn. Sp. Pl. 1027. 1753.

形态特征同属。花期5-6月，果期7月。

产新疆。各地有栽培或已野化。中亚、印度、尼泊尔、不丹及锡金有分布。茎皮纤维长而坚韧，可织麻布，制绳索；种子可榨油，供制油漆、涂料等；果实中药称‘火麻仁’或‘大麻仁’，药用，可治便秘；叶可制麻醉剂。

有2亚种；我国栽培的大麻为原亚种subsp. **sativa**，用作生产茎皮纤维和种子油；另一栽培的大麻亚种为subsp. **indica**（Lamarck）Small et Crongquist，在幼叶和花序中富含麻醉性树脂，可提制毒品‘大麻烟’，为大多数国家严禁栽培。

图 41　大麻　（引自《中国药用植物志》）

35. 桑科 MORACEAE

（曹子余）

乔木、灌木或藤本，稀草本；常具乳液。茎枝韧皮纤维坚韧，有刺或无刺。叶互生，稀对生，叶面有或无钟乳体；托叶2，早落。花小，单性，雌雄同株或异株。花序腋生，头状、葇荑状、总状、圆锥状或壶状，稀聚伞状；花序托有时为中空肉质隐头花序。无花瓣；雄花花被片（1）2-4（-8），离生或连合，雄蕊常与花被同数对生，花丝在芽中内折或直伸；雌花花被片4，1（2）室，每室1悬垂胚珠，花柱2裂或不裂。瘦果，集生成聚花果或隐花果，或陷入发达的花序轴内，形成大型的聚合果。

约53属，1400种。主产热带及亚热带，少数至温带地区。我国10属，149种。

1. 乔木、灌木或草本；雄蕊花丝在芽中内折。
   2. 草本；聚伞花序，雌雄花同序 ………………………… 1. **水蛇麻属 Fatoua**
   2. 乔木或灌木，或攀援状。

3. 花序穗状、头状或葇荑状，花多数。
4. 雌雄花序均为穗状花序；叶基脉3-5出；瘦果为肉质花被所包 …………………………… 2. 桑属 **Morus**
4. 雄花序葇荑状或头状，雌花序头状。
5. 乔木或灌木，稀藤状灌木；花柱线形；叶基脉3出 ………………………………… 3. 构属 **Broussonetia**
5. 攀援状灌木；花柱2裂；叶脉羽状 ……………………………………………… 4. 牛筋藤属 **Malaisia**
3. 花序聚伞状、总状或穗状，雌花常单生或生于雄花序上 ……………………………… 5. 鹊肾树属 **Streblus**
1. 乔木或灌木；雄蕊在芽中直伸。
6. 花序头状、圆柱状或盘状。
7. 花序头状、圆柱状或棒状。
8. 雌雄同株，雄花具1雄蕊，雌花花被筒状；无刺乔木 ………………………… 6. 波罗蜜属 **Artocorpus**
8. 雌雄异株，雄花具4雄蕊，雌花花被离生或基部连合；植株常具刺 ……………………… 7. 柘属 **Cudrania**
7. 雄花序盘状，雌花单生，藏于梨形花托内 ……………………………………… 8. 见血封喉属 **Antiaris**
6. 隐头花序，雌花、雄花、瘿花均生于壶形花序托内壁 ……………………………………… 9. 榕属 **Ficus**

1. 水蛇麻属 **Fatoua** Gaud.

草本。叶互生，具锯齿；托叶早落。花单性同株；雌雄花同序，形成密集的聚伞花序腋生，具小苞片。雄花花被4深裂，裂片镊合状排列；雄蕊4，花丝在芽中内折，退化雌蕊小；雌花花被4-6裂，裂片镊合状排列，子房偏斜，花柱侧生，花柱2裂，丝状，胚珠倒生。瘦果小，斜球形，微扁，为宿存花被包围，果皮稍壳质。种皮膜质，无胚乳，子叶宽，胚根向上，内弯。

2种，分布亚洲东部、东南亚至澳大利亚北部。我国2种。

1. 一年生草本；小枝微被长柔毛；叶卵圆形或宽卵圆形，叶柄被柔毛；花柱长1-1.5毫米，较子房长约2倍 ……………………………………………………………………………………………… 水蛇麻 **F. villosa**
1. 多年生草本；小枝密被短柔毛；三角状卵圆形，叶柄被刚毛；花柱长2-2.5毫米，较子房长3-4倍 ……………………………………………………………………………… (附). 细齿水蛇麻 **F. pilosa**

水蛇麻 图42

Fatoua villosa (Thunb.) Nakai in Bot. Mag. Tokyo 41: 516. 1927.

Urtica villosa Thunb. Fl. Jap. 70. 1784.

一年生草本，高达80厘米。枝直立，纤细，少分枝或不分枝。小枝微被长柔毛。叶膜质或薄纸质，卵形或宽卵圆形，长5-10厘米，宽3-5厘米，先端尖或渐尖，基部心形或近平截，锯齿三角形，微钝，两面被柔毛，侧脉3-4对；叶柄被柔毛。花单性，花序腋生，径约5毫米。雄花钟形，花被片长约1毫米，雄蕊伸出花被片；雌花花被片宽舟状，稍长于雄花，子房扁球形，花柱侧生，长1-1.5毫米，较子房长约2倍。瘦果稍扁，具3棱，疏生小瘤。种子1。

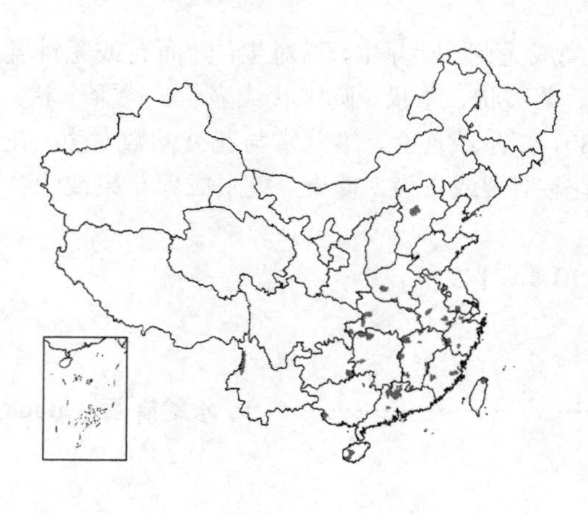

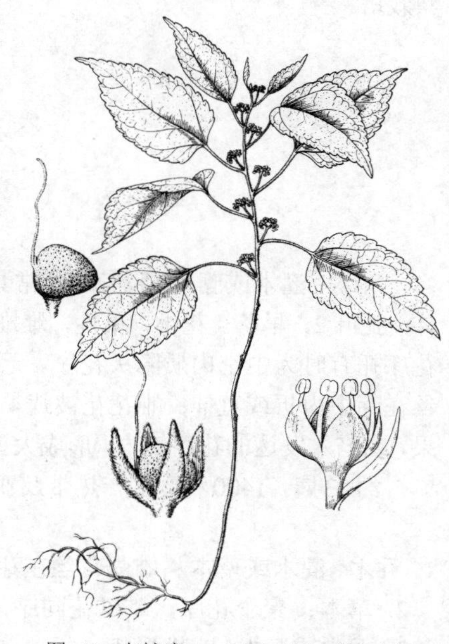

图 42 水蛇麻 （引自《海南植物志》）

花期5-8月。

产河北、河南、江苏、安徽、浙江、福建、台湾、江西、湖北、湖南、广东、海南、广西、贵州及云南，多生于荒地、路边及灌丛中。亚洲东部、东南部至澳大利亚有分布。

［附］**细齿水蛇麻 Fatoua pilosa** Gaud. in Freyc. Voy. 509. 1826. excl. syn. 本种与水蛇麻的区别：多年生草本；小枝密被短柔毛；三角状卵圆形，叶柄被刚毛；花柱长2-2.5毫米，较子房长3-4倍。产台湾，生于荒地或岩缝中。菲律宾、印度尼西亚、巴布亚新几内亚、澳大利亚北部及新喀里多尼亚有分布。

2. 桑属 Morus Linn.

落叶乔木或灌木；无刺。冬芽具3-6芽鳞。叶互生，具锯齿或缺裂，基生叶脉3-5出；托叶侧生，早落。花雌雄异株或同株，或同株异序，雌雄花序均穗状。雄花花被片4，雄蕊4，与花被片对生，在花芽中内折，退化雌蕊陀螺形；雌花花被片4，果时肉质，子房1室，花柱有或无，柱头2裂，柱头面有毛或为乳头状突起。聚花果为多数包于肉质花被片内的瘦果组成。种子近球形，胚乳丰富，胚内弯，子叶椭圆形，胚根向上内弯。

约16种，主产北温带，亚洲热带、非洲热带及美洲安第斯山有分布。我国11种。

1. 雌花无花柱，或花柱极短。
  2. 聚花果长不及2.5厘米。
    3. 柱头内侧具乳头状突起，叶下面脉腋具簇生毛 ………… 1. **桑 M. alba**
    3. 柱头内侧被毛。
      4. 聚花果径不及1厘米，柱头被较短柔毛；叶下面密被白色柔毛 ………… 2. **华桑 M. cathayana**
      4. 聚花果径1.5-2.5厘米，柱头密被长柔毛；叶下面被柔毛及绒毛 ………… 2(附). **黑桑 M. nigra**
  2. 聚花果长4-16厘米。
    5. 叶纸质，长圆形或宽椭圆形，具粗浅牙齿或近全缘 ………… 3. **长穗桑 M. wittiorum**
    5. 叶膜质，卵形或宽卵形，具细密锯齿 ………… 4. **奶桑 M. macroura**
1. 雌花具明显的花柱。
  6. 叶缘锯齿具刺芒；柱头内侧具乳头状突起。
    7. 叶长椭圆状卵形，两面无毛 ………… 5. **蒙桑 M. mongolica**
    7. 叶宽卵形或长卵形，下面密被白色柔毛 ………… 5(附). **山桑 M. mongolica** var. **diabolica**
  6. 叶缘锯齿无刺芒；柱头内侧具毛。
    8. 叶不裂 ………… 6. **鸡桑 M. australis**
    8. 叶缺裂至深裂。
      9. 叶缘具多个不规则缺刻状深裂 ………… 6(附). **花叶鸡桑 M. australis** var. **inusitata**
      9. 叶具3-5条状深裂，中裂片长于侧裂片 ………… 6(附). **鸡爪叶桑 M. australis** var. **linearipartita**

1. 桑 桑树　　图43：1-3 彩片21

Morus alba Linn. Sp. Pl. 986. 1753.

乔木或灌木状，高达15米，胸径50厘米。叶卵形或宽卵形，长5-15厘米，先端尖或渐短尖，基部圆或微心形，锯齿粗钝，有时缺裂，上面无毛，下面脉腋具簇生毛；叶柄长1.5-5.5厘米，被柔毛。花雌雄异株，雄花序下垂，长2-3.5厘米，密被白色柔毛，雄花花被椭圆形，淡绿色；雌花序长1-2厘米，被毛，花序梗长0.5-1厘米，被柔毛，雌花无梗，花被倒卵形，外面边缘被毛，包围子房，无花柱，柱头2裂，内侧具乳头状突起。聚花果卵

图 43：1-3. 桑 4-7. 长穗桑 8-9. 奶桑
（张培英绘）

状椭圆形，长1-2.5厘米，红色至暗紫色。花期4-5月，果期5-7月。

我国约有4000年栽培历史，全国各地栽培。叶饲蚕，多栽培品种，有湖桑、鲁桑等。木材黄色，坚韧，供家具、雕刻、细木工等用，枝条强韧，可作造纸原料；果可食及酿酒；枝、叶、果药用，可清肺热，祛风湿、补肝肾。

2. 华桑 图44

Morus cathayana Hemsl. in Journ. Linn. Soc. Bot. 26: 456. 1899.

小乔木或灌木状；树皮灰白色。幼枝被毛，后脱落。叶厚纸质，宽卵形或近圆形，长8-20厘米，先端尖或短尖，基部心形或平截，疏生浅齿或钝齿，有时分裂，上面粗糙，疏被短伏毛，下面密被白色柔毛；叶柄粗，长2-5厘米，被柔毛，托叶披针形。花雌雄同株异序，雄花序长3-5厘米，雌花序长1-3厘米。聚花果圆筒状，长2-3厘米，径不及1厘米，熟时白、红或紫黑色。花期4-5月，果期5-6月。

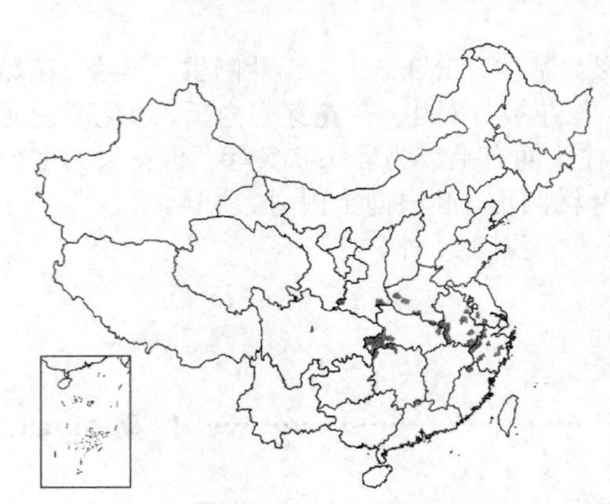

产河南、江苏南部、安徽、浙江、福建北部、湖北、湖南、广东北部、四川及陕西，生于海拔900-1300米干旱阳坡或沟谷。朝鲜及日本有分布。茎皮纤维可制蜡纸、绝缘纸、皮纸；果可酿酒。

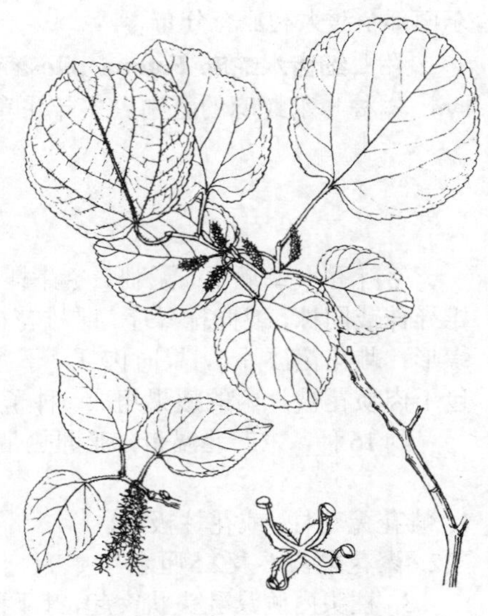

图 44 华桑 （引自《中国经济植物志》）

［附］**黑桑 Morus nigra** Linn. Sp. Pl. 986. 1753. 本种与华桑的区别：叶下面被柔毛及绒毛，叶柄长1.5-2.5厘米；柱头密被长柔毛；聚花果椭圆形，紫黑色，径1.5-2.5厘米。花期4月，果期4-5月。原产亚洲西部伊朗。新疆吐鲁番、喀什以南地区、山东烟台、河北有栽培。

3. 长穗桑 图43：4-7

Morus wittiorum Hand.-Mazz. in Anz. Akad. Wiss. Wien, Math.-Nat. 58: 88. 1921.

落叶乔木或灌木状，高达12米；树皮灰白色。叶纸质，长圆形或宽椭圆形，长8-12厘米，两面无毛，或幼时叶下面中脉及侧脉被柔毛，上部具粗浅牙齿或近全缘，先端尾尖，基部圆或宽楔形，基生脉3出，侧生2脉延至中部以上，侧脉3-4对；叶柄长1.5-3.5厘米。花雌雄异株，花序具梗；雄花序腋生，雌花序长9-15厘米。雌花无梗，花柱极短。聚花果窄圆筒形，长10-16厘米；瘦果卵圆形。花期4-5月，果期5-6月。

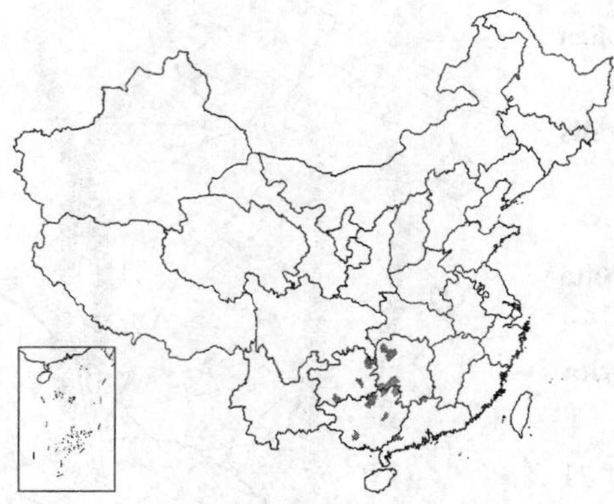

产湖南、广东北部及西部、广西、贵州东北部及南部，生于海拔900-1400米山坡林中或山麓沟边。

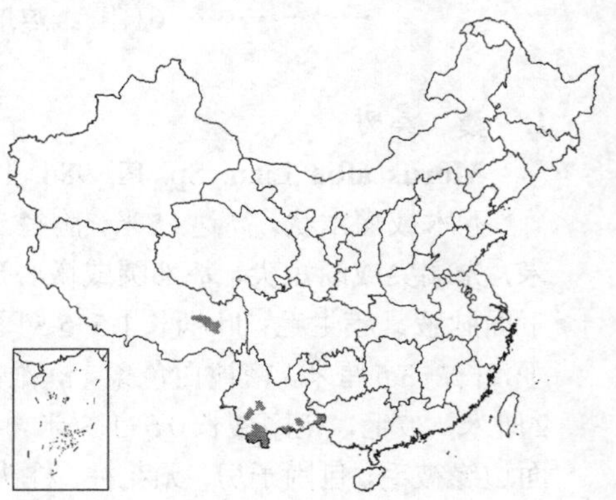

4. 奶桑 图43：8-9

Morus macroura Miq. Jungh 1: 42. 1851.

乔木，高达12米，胸径20厘米。幼枝被柔毛。冬芽被白色柔毛。叶膜质，卵形或宽卵形，长5-15厘米，先端尾尖，基部圆、浅心形或平截，具细密锯齿，侧脉4-6对；叶柄长2-4厘米。花雌雄异株。雄花序葇荑状，单生或成对腋生，长4-8厘米。花序梗长1-1.5厘米；雄花具梗，花被片卵形，被毛，退化雌蕊方形。雌花序窄圆筒形，长6-12厘米。花序梗长1-1.5厘米；雌花花被片被毛，无花柱，柱头2裂，内侧具乳头状凸起。聚花果熟时黄白色，瘦果卵球形，微扁。花期3-4月，果期4-5月。

产云南南部及西藏东部，生于海拔（300-）1000-1300（-2200）米山谷、沟边、向阳地带。尼泊尔、锡金、不丹、印度东北部、东南亚有分布。树皮可造纸。

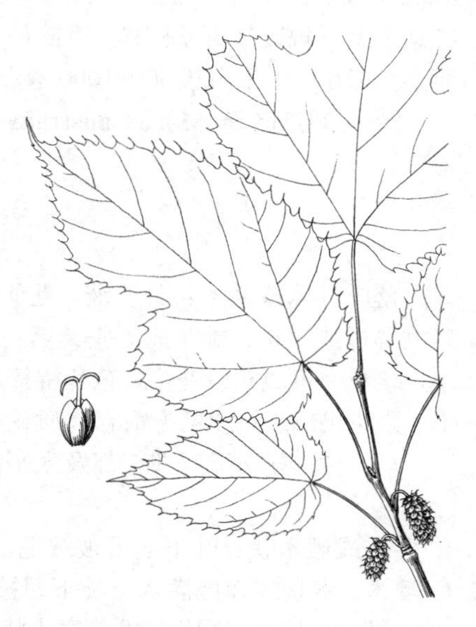

图 45 蒙桑 （引自《图鉴》）

5. 蒙桑 图 45

Morus mongolica (Bur.) Schneid. in Sarg. Pl. Wilson. 3: 296. 1916.

Morus alba Linn. var. *mongolica* Bur. in DC. Prodr. 17: 241. 1873.

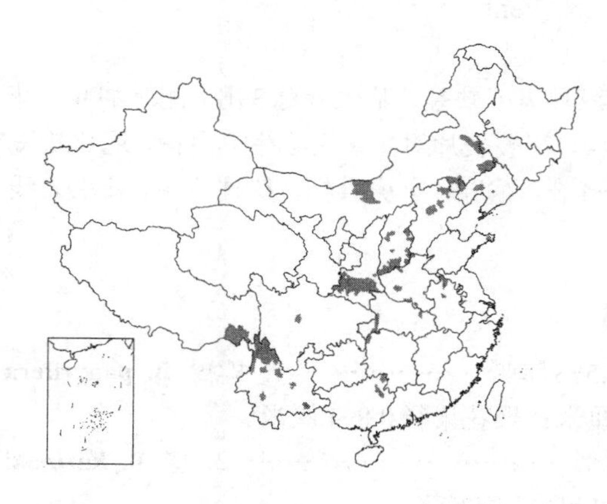

乔木或灌木状；树皮灰褐色。小枝暗红色。叶长椭圆状卵形，长8-15厘米，先端尾尖，基部心形，具三角形单锯齿，稀多锯齿，齿尖具长刺芒，两面无毛；叶柄长2.5-3.5厘米。雄花序长3厘米，雄花花被暗黄色，外面及边缘被长柔毛。雌花序短圆柱状，长1-1.5厘米，花序梗纤细，长1-1.5厘米；花柱明显，柱头2裂，内侧密生乳头状突起。聚花果长1.5厘米，熟时红至紫黑色。花期3-4月，果期4-5月。

产吉林、辽宁、内蒙古、河北、山西、河南、山东、江苏、安徽北部、湖北、湖南西北部、贵州、广西、云南、西藏东南部、四川及陕西，生于海拔600-1500米山地林中。茎皮纤维可作高级造纸原料。

［附］ **山桑 Morus mongolica** var. **diabolica** Koidz. in Bot. Mag. Tokyo 31: 36. 1917. 本变种与蒙桑的区别：叶宽卵形或长卵形，下面密被白色柔毛。产山西、陕西、河南、四川及西藏东部，生于海拔1400-2000米山坡灌丛中。日本有分布。

6. 鸡桑 图 46

Morus australis Poir. Encycl. Meth. 4: 380. 1796.

乔木或灌木状；树皮灰褐色。叶卵形，长5-14厘米，先端骤尖或尾尖，基部稍心形或近平截，具锯齿，不裂或3-5裂，上面硬毛，下面沿叶脉疏被粗毛；叶柄长1-1.5厘米，被毛，托叶线状披针形，早落。雄花序长1-1.5厘米，被柔毛；雌花序长1-1.5厘米，被柔毛；雌花序卵形或球形，长约1厘米。雌花花被长圆形，花柱较长，柱头2裂，内侧被柔毛。聚花果短椭圆形，径约1厘米。熟时红或暗紫色。花期3-4月，果期4-5月。

产辽宁、河北、山东、江苏、安徽、浙江、福建、台湾、湖北、湖南、广东，广西、云南、西藏、四川、甘肃、陕西、河南及山西，生于海拔500-

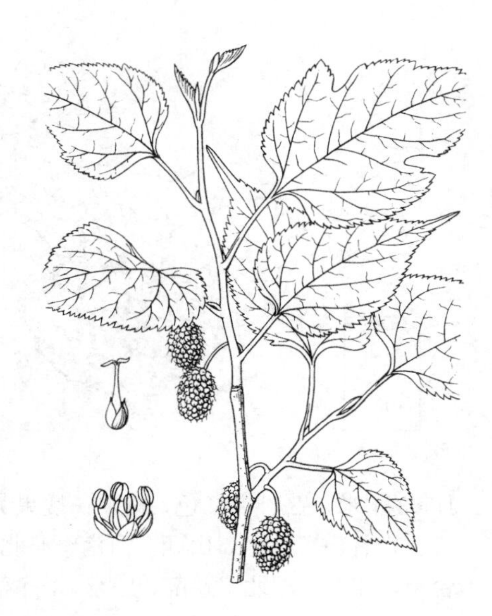

图 46 鸡桑 （引自《图鉴》）

1000米石灰岩山地、林缘及荒地。韧皮纤维可造纸；果味甜可食。

［附］**花叶鸡桑 Morus australis** var. **inusitata**（Lévl.）C. Y. Wu in Acta Bot. Yunnan. 11(1)：25. 1989. —— *Morus inusitata* Lévl. in Fedde, Repert. Sp. Nov. 13. 255. 1914. 本变种与模式变种的区别：叶宽卵形，叶缘具多个不规则缺刻状深裂。产陕西、甘肃、长江中下游各地，南至海南、西南至云南，生于海拔500–1000米山坡、荒地、林缘。

［附］**鸡爪叶桑 Morus australis** var. **linearipartita** Cao in Acta Bot. Yunnan. 17(2)：158. 1995. 本变种与模式变种的区别：叶3–5条状深裂，中裂片长于侧裂片，裂片具细锯齿。产陕西、甘肃、秦岭、大巴山区，南至江西，西南至四川，生于海拔1000–2200米山沟、灌丛中。

3. 构属 Broussonetia L'Hert. ex Vent.

落叶乔木或灌木；具乳液。无顶芽，腋芽芽鳞2–3。叶互生，叶缘具齿或缺裂，基生叶脉3出，侧脉羽状。花雌雄异株或同株；雄花成下垂葇荑花序或头状花序，花被4裂，雄蕊4，花被裂片对生，花丝芽中内折，退化雄蕊小。雌花密集成头状花序，苞片棍棒状，宿存，花被筒状，不裂成3–4裂，宿存，子房具柄，花柱侧生，不裂，线形。聚花果球形，瘦果为宿存肉质花被所包。胚弯曲，子叶圆形。

约7种，分布于亚洲东部及太平洋岛屿。我国4种。

1. 乔木或灌木状；叶下面密被绒毛，叶柄长2.5–8厘米；聚花果径1.5–3厘米 ……………… 1. **构树 B. papyrifera**
1. 灌木，藤状或攀援灌木；叶下面被柔毛或近无毛，叶柄长不及1厘米；聚花果径0.8–1厘米。
  2. 灌木；花雌雄同株，雄花序头状，径0.8–1厘米；叶卵形或斜卵形 ……………… 2. **楮 B. kazinoki**
  2. 藤状或攀援灌木；花雌雄异株，雄花序葇荑状，长1.5–5厘米；叶卵状椭圆形。
    3. 藤状灌木；雄花序长1.5–2.5厘米；叶长3.5–8厘米，宽2–3厘米 ……………… 3. **藤构 B. kaempferi**
    3. 攀援大灌木；雄花序长4–5厘米；叶长10–20厘米，宽5–10厘米 ……………… 3(附). **落叶花桑 B. kurzii**

1. 构树　　图47 彩片22

Broussonetia papyrifera（Linn.）L'Hert. ex Vent. Tableau Regn. Veget. 3：458. 1799.

Morus papyrifera Linn. Sp. Pl. 986. 1753.

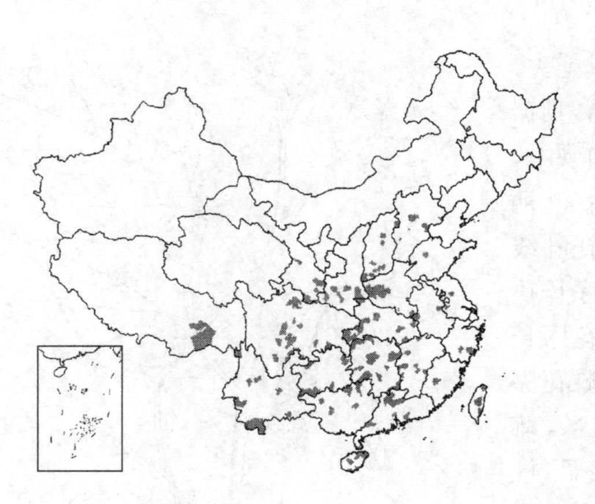

乔木或灌木状，高达16米。小枝密被灰色粗毛。叶宽卵形或长椭圆状卵形，长6–18厘米，宽5–9厘米，先端尖，基部近心形、平截或圆，具粗锯齿，不裂或2–5裂，上面粗糙，被糙毛，下面密被绒毛，基生叶脉3出；叶柄长2.5–8厘米，被糙毛，托叶卵形。花雌雄异株；雄花序粗，长3–8厘米；雄花花被4裂。雌花序头状。聚花果球形，径1.5–3厘米，熟时橙红色，肉质；瘦果具小瘤。花期4–5月，果期6–7月。

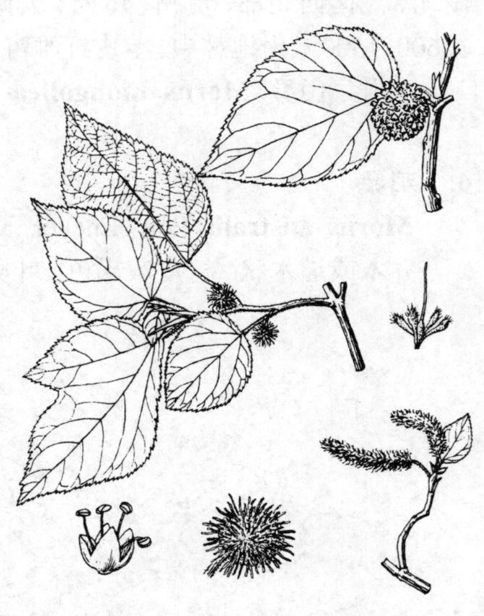

图 47 构树 （引自《江苏南部种子植物手册》）

产甘肃、陕西、山西、河南、河北、山东、江苏、安徽、浙江、福建、台湾、江西、湖北、湖南、广东、海南、广西，贵州、云南、四川及西藏，生于低山丘陵、荒地、水边。耐烟尘。树皮乳液治癣；树皮、枝条可造纸；树叶可饲猪。

2. 楮 小构树 图 48

Broussonetia kazinoki Sieb. in Verh. Bot. Genoot. 7. 28. 1830.

灌木，高达4米。幼枝被毛，后脱落。叶卵形或斜卵形，长3-7厘米，宽3-4.5厘米，先端渐尖至尾尖，基部近圆或微心形，具三角形锯齿，不裂或3裂，上面粗糙，下面被柔毛；叶柄长1厘米，托叶线状披针形。花雌雄同株；雄花序头状，径0.8-1厘米；雄花花被（3）4裂，外面被毛，雄蕊（3）4；雌花序头状，被柔毛，花被筒状，顶端齿裂，或近全缘。聚花果球形，径0.8-1厘米；瘦果扁球形，果皮壳质，具小瘤。花期4-5月，果期5-6月。

产江苏、安徽、浙江、福建、台湾、江西、湖北、湖南、广东、海南、广西、贵州、云南、四川、陕西及河南，生于低海拔山地、林缘及沟边。日本及朝鲜有分布。

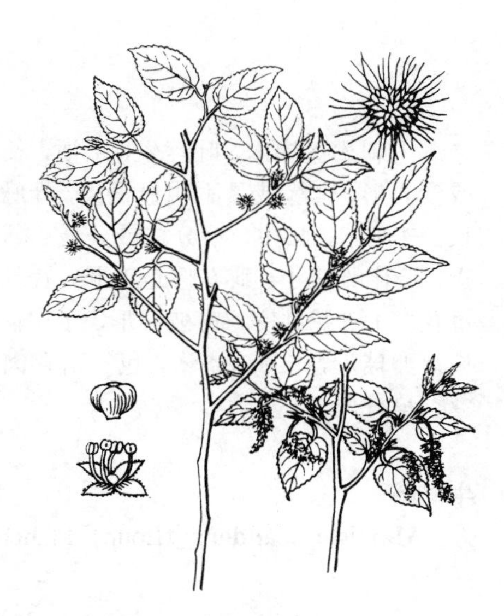

图 48 楮 （引自《海南植物志》）

3. 藤构 葡蟠 图 49

Broussonetia kaempferi Sieb. in Verh. Bot. Genoot. 12: 28. 1830.

Broussonetia kaempferi var. *australis* Suzuki; 中国植物志 23(1): 27. 1998.

蔓生藤状灌木。幼枝被淡褐色柔毛，后脱落。叶卵状椭圆形或椭圆形，长3.5-8厘米，宽2-3厘米，先端渐尖或尾尖，基部心形或平截，具细齿，不裂，稀2-3裂，上面无毛，稍粗糙，下面被柔毛；叶柄长0.8-1厘米，被毛。花雌雄异株，雄花序短葇荑状，长1.5-2.5厘米；雌花序头状，径4-6毫米，苞片顶端盘状，被毛。聚花果径约1厘米。花期4-6月，果期5-7月。

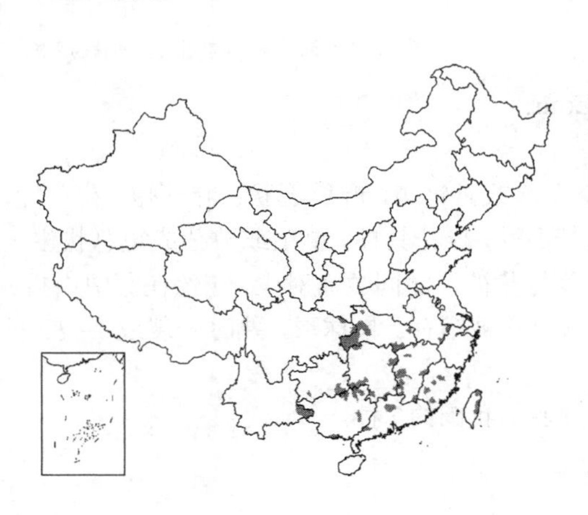

产浙江、福建、台湾、安徽、湖北、湖南、江西、广东、广西、贵州、云南及四川，生于海拔300-1000米山谷、沟边、灌丛中。

图 49 藤构 （张培英绘）

［附］**落叶花桑 Broussonetia kurzii** (Hook. f.) Corner in Gard. Bull. Sing. 19. 234. 1962. —— *Allaeanthus kurzii* Hook. f. Fl. Brit. Ind. 5: 490. 1888. 本种与藤构的区别：大型攀援灌木；雄花序长4-5厘米；叶卵状椭圆形，长10-20厘米，宽5-10厘米。产云南南部，生于海拔200-600米林中。锡金、不丹、印度东北部、缅甸北部、老挝、越南及泰国有分布。

4. 牛筋藤属 **Malaisia** Blanco

无刺攀援灌木。叶互生，纸质，长椭圆形或椭圆状倒卵形，长5-12厘米，宽2-4.5厘米，先端微骤尖，基部圆或浅心形，全缘或具不明显锯齿，叶脉羽状；托叶侧生。花雌雄异株；雄花序为密集葇荑状，长3-6厘米，花序梗长2-4厘米，腋生，不分枝或分枝；雄花无梗，花被3-4裂，裂片三角形，镊合状排列，雄蕊3-4，花丝在芽中内折，退化雌蕊小。雌花序近头状，径约6毫米，花序梗长约1厘米，单个或多个簇生叶腋；雌花为肉质花被所包，每花序1-5花结实，花被壶形，子房内藏，花柱顶生，2深裂，丝状，长1-1.3厘米，胚珠1，垂悬。果序近球形；瘦果卵球形，长6-8毫米，包于宿存肉质花被内。胚球形或卵形，子叶一大一小。

单种属。

牛筋藤 图50 彩片23

Malaisia scandens (Lour.) Planch. in Ann. Sci. Nat. Bot. ser. 4, 3: 293. 1855.

Caturus scandens Lour. Fl. Cochinchin. 612. 1790.

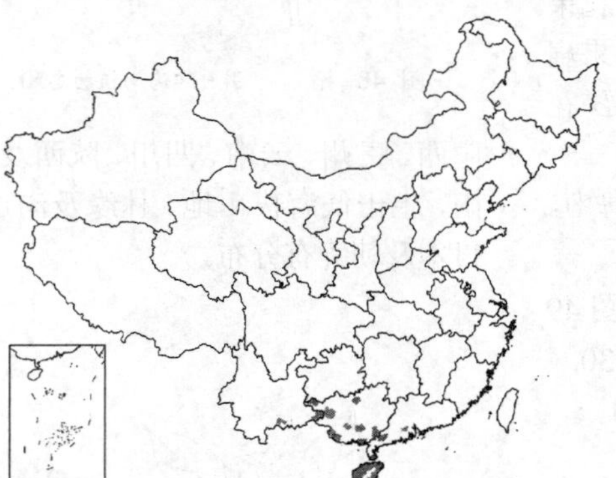

形态特征同属。花期春夏，果期夏秋。

产台湾、广东、海南、广西及云南，生于低海拔丘陵山地灌丛中。越南、马来西亚、菲律宾及澳大利亚有分布。

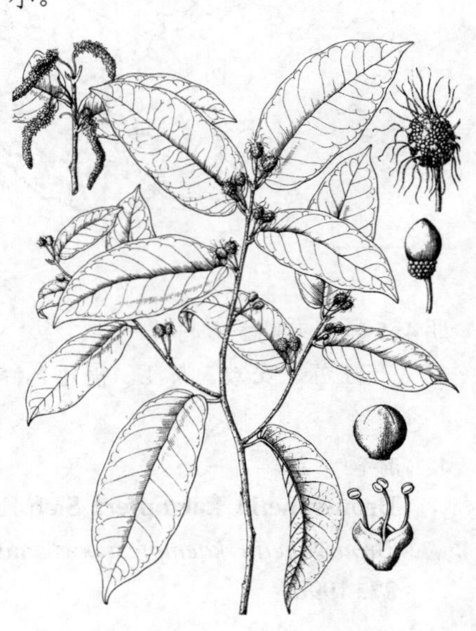

图 50 牛筋藤 （引自《海南植物志》）

5. 鹊肾树属 **Streblus** Lour.

乔木、灌木，稀藤状灌木；具乳液，有刺或无刺。叶互生，2列，全缘或具锯齿，叶脉羽状；叶柄短。花单性，雌雄同株或异株，花序腋生；雄花序聚伞状、总状、穗状或头状，具花序梗，雌花具梗，单生或数朵成短总状生于雄花序上。雄花花被片(3)4(5)，镊合状排列，离生或基部连合，雄蕊与花被片面同数而对生，花丝在芽中内折；雌花花被片4，覆瓦状排列，离生或稍合生，子房一侧肉质，花柱2裂，花被宿存。果球形，熟时开裂或不裂。种子球形，子叶大小相等或不等，胚根弯曲，无胚乳或胚乳稀少。

约22种，分布于印度、斯里兰卡、马来西亚、印度尼西亚、菲律宾。我国约7种。

1. 雄花为聚伞花序密集成头状；雌花单生，或1-2朵生于雄花序上。
   2. 叶革质，粗糙，椭圆状倒卵形或椭圆形，全缘或具钝齿；雌花单生或生于雄花序中央；果不裂 ………………………… 1. **鹊肾树 S. asper**
   2. 叶纸质，光滑，倒卵状长圆形或长圆状披针形，中部以上具3-4对锯齿；果熟时开裂 ………………………… 2. **米扬噎 S. tonkinensis**
1. 雄花序穗状、总状或蝎尾状聚伞花序；雌花单生或成短穗状。
   3. 雌雄同株；雄花为蝎尾状聚伞花序，花5数；雌花单生或成短穗状生于雄花序上；枝无刺；叶倒卵状披针形或倒卵状椭圆形，长7-15厘米 ………………………… 3. **假鹊肾树 S. indicus**
   3. 雌雄异株；雄花序为穗状，花4数；雌花序短穗状；枝具刺；叶菱形、宽卵形或倒卵形，长1-4.5厘米 ………………………… 4. **刺桑 S. ilicifolius**

1. 鹊肾树 图51 彩片24

Streblus asper Lour. Fl. Cochinchin. 615. 1790.

乔木或灌木状。小枝被硬毛。叶革质，椭圆状倒卵形或椭圆形，长2.5-6厘米，先端钝或短尖，全缘或具不规则钝齿，基部楔形或近耳状，两面粗糙，侧脉4-7对；叶柄短或近无柄，托叶小，早落。花雌雄异株或同株 雄花序近头状，单生或成对腋生，有时雄花序上生有1朵雌花；花序梗长0.8-1厘米。雄花近无梗，退化雌蕊圆锥状柱形；雌花具梗及小苞片，花被片4，被柔毛，花柱中部以上分枝。果近球形，径约6毫米，熟时黄色，不裂，宿存花被包果。花期2-4月，果期5-6月。

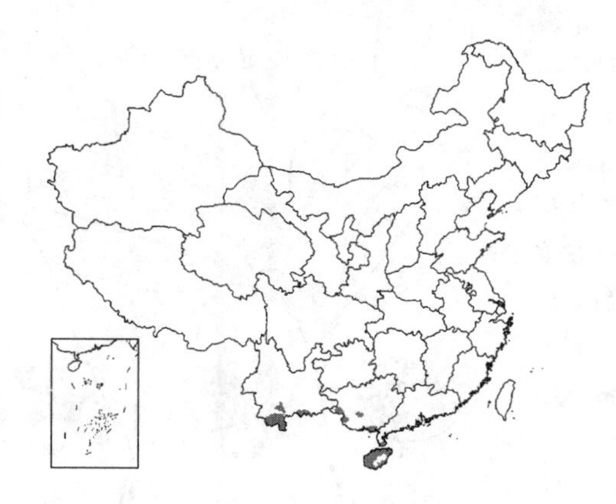

产广东、海南、广西及云南南部，生于海拔200-950米灌丛或疏林中。印度、尼泊尔、不丹及东南亚有分布。

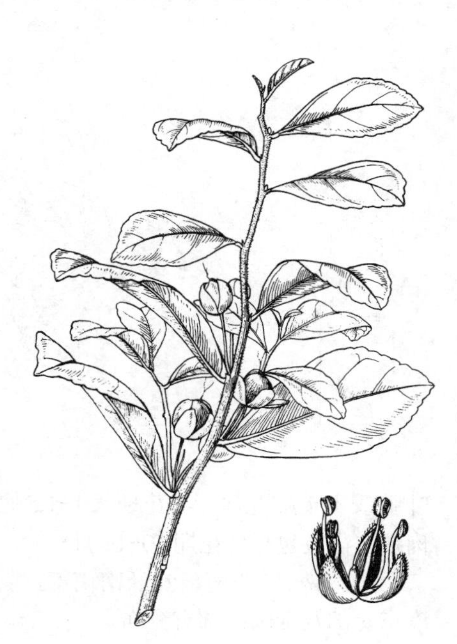

图 51 鹊肾树 （引自《海南植物志》）

2. 米扬噎 图52

Streblus tonkinensis (Dub. et Eberh.) Corner in Gard. Bull. Sing. 19: 228. 1962.

Bleekrodea tonkinensis Dub. et Eberh. Compt. Rend. Ac. Sci. Paris 114: 631. 1907.

常绿乔木，高达12米；树皮灰色。小枝纤细。叶纸质，倒卵状长圆形或长圆状披针形，长5-11厘米，先端尾状渐尖，基部楔形，中部以上具3-4对粗齿，或为浅波状齿，上面无毛，下面密被小瘤点，沿脉疏被毛；叶柄长约3毫米。花雌雄同株或同序；雄花序近球形，径3-7毫米，腋生，雄花6-7，退化雌蕊四方形；雌花单生叶腋，或生于雄花序中部，花被片4，内轮2片连成鞘状，包被子房。果近球形，径0.7-1厘米，基部一边不为肉质，熟时开裂。花期春夏。

产广东、海南、广西及云南东南部，生于海拔500米石灰岩山地阳坡。广东、海南有栽培。越南北部有分布。植株富含乳胶，可制耐酸碱橡胶；叶可作牛饲料。

图 52 米扬噎 （引自《中国经济植物志》）

3. 假鹊肾树 图53

Streblus indicus (Bur.) Corner in Gard. Bull. Singap. 19: 226. 1962.

Pseudostreblus indicus Bur. in DC. Prodr. 17: 219. 1873; 中国高等植物图鉴 1: 478. 1972.

无刺乔木，高达15米。幼枝微

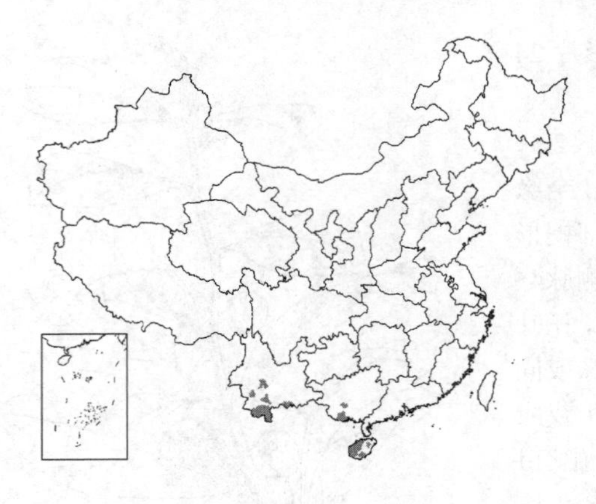

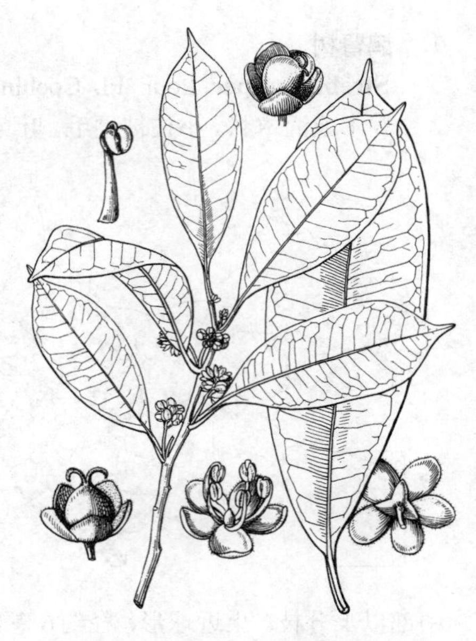

图 53 假鹊肾树 （引自《海南植物志》）

被柔毛。叶革质，椭圆状披针形或倒卵状椭圆形，幼树之叶窄椭圆状披针形，长7-15厘米，全缘，两面无毛，先端具短尾尖，基部楔形，侧脉多数；叶柄长1-1.5厘米，托叶线形，早落。花雌雄同株或同序；雄花为蝎尾状聚伞花序，单生或成对，花序梗被柔毛；花被片5，白或微红，长约4毫米，雄蕊5。雌花单生叶腋或生于雄花序上，花梗长1-1.5厘米。果球形，径约1厘米，基部一边肉质，花被包果。花期10-11月。

产海南、广西南部及云南南部，生于海拔600-1400米密林或灌丛中。印度东北部及泰国北部有分布。

4. 刺桑 图 54

Streblus ilicifolius (Vidal) Corner in Gard. Bull. Singap. 19: 227. 1962.

Taxotrophis ilicifolius Vidal, Rev. Pl. Vasc. Filip. 249. 1886.

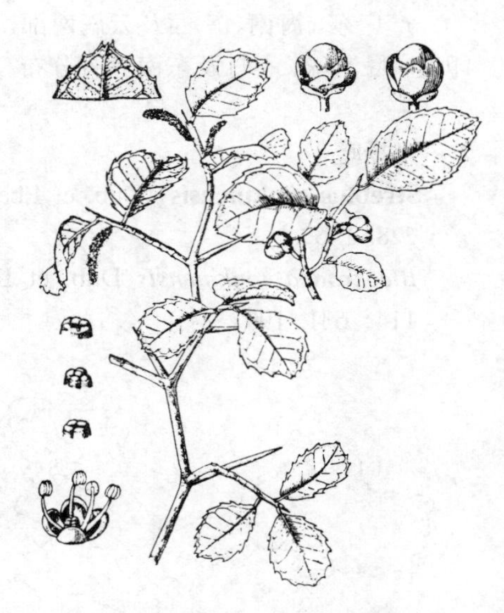

图 54 刺桑 （引自《海南植物志》）

有刺乔木或灌木状。小枝具棱，刺粗，长1-1.5(-4.5)厘米。叶厚革质，菱形、宽卵形或倒卵形，长1-4.5(-9)厘米，先端骤尖，常凹缺具2刺齿，基部楔形，叶缘微反卷，疏生刺齿；叶柄长约4毫米，托叶锥形。雄花序腋生，穗状，不分枝，长0.5-1.2厘米，苞片覆瓦状，具深色边缘，花序梗短；雄花花被片4，近圆形，具缘毛，雄蕊4，退化雌蕊3-5裂。雌花序穗状。果生于具苞片的短枝上，扁球形，径约1厘米，花被宿存。花期4月，果期5-6月。

产海南、广西、云南南部，生于海拔100-500米石灰岩山地。缅甸、越南、泰国、马来西亚及印度尼西亚有分布。

6. 波罗蜜属 Artocarpus J. R. et G. Forst.

乔木；具乳汁。单叶互生，革质，全缘或羽状分裂，叶脉羽状，稀基生脉3出；托叶成对，大而抱茎，脱落后形成环状托叶痕，或小而不抱茎，托叶痕侧生或在叶柄内。花雌雄同株，密集于球形或椭圆形花序轴上，常与盾状或匙形苞片混生形成花序，腋生或生于老茎的短枝上，具总梗。雄花花被筒状，2-4裂，雄蕊1，花丝直伸，花时伸出花被，无退化雌蕊；雌花花被筒状，顶端3-4裂，基部陷于肉质花序轴内，子房1室，胚珠倒生，花柱顶生或侧生，不裂或2裂。聚花果由多数（有时仅1个）包于肉质花被内的小瘦果和花序轴组成。种子无胚乳。

约50种，分布于热带亚洲至所罗门群岛。我国约15种。

1. 叶螺旋状排列；托叶抱茎，托叶痕环状；叶肉组织具球形或椭圆形树脂细胞。
  2. 叶全缘；小枝径2-6毫米，无毛；聚花果长0.3-1米 ………………………………… 1. **波罗蜜 A. heterophyllus**
  2. 叶常羽状分裂；小枝径0.5-1.5厘米，被平伏毛；聚花果长15-30厘米 ……………… 1(附). **面包树 A. incisa**
1. 叶互生，2列；托叶及托叶痕侧生，或部分在叶柄内；叶肉组织无树脂细胞。
  3. 叶下面被粉状毛。
    4. 聚花果具多数长而弯曲凸体；雄花序径4-7毫米；叶长圆形或倒卵状披针形，长4-8厘米，宽2.5-3厘米 ……………………………………………………………………………………………… 2. **二色波罗蜜 A. styracifolius**
    4. 聚花果微具乳头状突起；雄花序径1-1.5厘米；叶椭圆形或倒卵形，长8-15厘米，宽4-7厘米 ……… 3. **白桂木 A. hypargyreus**
  3. 叶下面无毛或密被微柔毛。
    5. 叶两面无毛，叶下面网脉不突起或稍突起。
      6. 叶长卵状椭圆形或倒卵状椭圆形，叶柄长0.5-1.5厘米；果粗糙，被毛 ……………………………………………………………………………………………………… 4. **桂木 A. nitidus** subsp. **lingnanensis**
      6. 叶长圆形，叶柄长1.5-2厘米；果无毛或疏被红褐色毛 ……………………………………………………………………………………… 4(附). **披针叶桂木 A. nitidus** subsp. **griffithii**
    5. 叶椭圆形或倒卵形，下面网脉上密被或疏被开展柔毛。
      7. 开花时花柱仅伸出0.7毫米，稀不伸出；小枝被平伏柔毛；叶柄疏被微柔毛，托叶锥形 …………………………………………………………………………………………………… 5. **胭脂 A. tonkinensis**
      7. 开花时花柱伸出1-1.5毫米；小枝幼时被粗硬毛；叶柄密被黄色刚毛，托叶卵状披针形 ……………………………………………………………………………………………… 5(附). **野波罗蜜 A. lacucha**

1. 波罗蜜 木波萝 图55 彩片25

Artocarpus heterophyllus Lam. Encycl. Méth. 3: 210. 1789.

乔木，高达20米，老树具板根。小枝径2-6毫米，无毛。叶革质，椭圆形或倒卵形，长7-15厘米，先端钝或渐尖，基部楔形，大树之叶全缘，幼树萌发枝之叶常分裂，无毛，下面稍粗糙，叶肉组织具球形或椭圆形树脂细胞，侧脉6-8对；叶柄长1-3厘米，托叶抱茎，卵形，长1.5-8厘米，被平伏柔毛，脱落后形成杯状托叶痕。花雌雄同株，花序生老茎或短枝上，雄花序圆柱形或棒状圆柱形，长2-7厘米，花多数；雄花花被长1-1.5毫米，2裂，被柔毛；雌花花被顶部齿裂。聚花果椭圆形或球形，长0.3-1米，径25-50厘米，熟时黄褐色，具六角形瘤体及粗毛；核果长椭圆形，长约3厘米。花期2-3月。

原产印度。广东、海南、广西及云南东南部有栽培。果味甜，芳香。为热带著名水果。种富含淀粉。木材黄色坚硬，可制家具，提取桑色素。

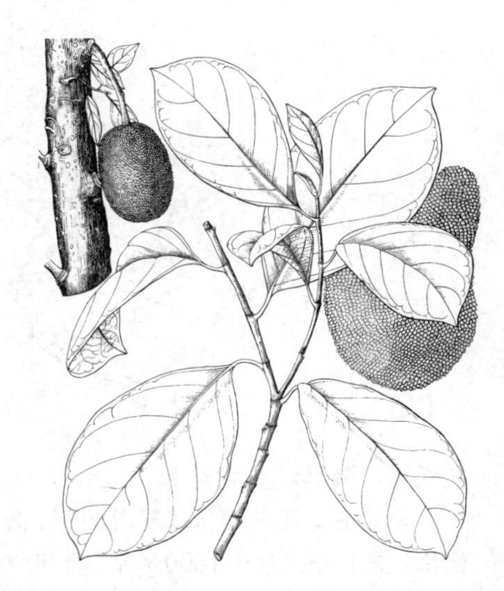

图55 波罗蜜 （引自《海南植物志》）

［附］**面包树 Artocarpus incisa** (Thunb.) Linn. f. Suppl. Sp. Pl. 411. 1781. —— *Radermachia incisa* Thunb. in Vet. Akad. Handl. 37: 253. 1776. 本种与波罗蜜的区别：小枝径0.5-1.5厘米，具平伏毛；叶卵形或卵状椭圆形，长10-50厘米，成年树之叶羽状分裂；聚花果倒卵形或近球形，长15-30厘米，径8-15厘米，具瘤状突起，绿色至黄色，熟时黑褐色。原产太平洋群岛及印度、菲律宾。台湾及海南引种栽培。

2. 二色波罗蜜 图56 彩片26

Artocarpus styracifolius Pierre in Bull. Soc. Bot. France 52: 492. 1905.

乔木，高达20米。幼枝密被白色柔毛。叶互生，2列，长圆形、倒卵状披针形或椭圆形，长4-8厘米，先端尾尖，基部楔形，全缘，幼树之叶常羽状浅裂，上面疏被毛，下面被苍白色粉状毛；叶柄长0.8-1.4厘米，被毛，托叶钻形。花雌雄同株，花序单生叶腋，雄花序椭圆形，长0.6-1.2厘米，密被灰白色柔毛，雄花花被长约1.3毫米，2-3裂；雌花花被被毛，2-3裂。聚花果球形，径约4厘米，黄色，干时红褐色，被毛，具多数长而弯曲、圆柱形、长达5毫米的凸体，总柄长1.8-2.5厘米；核果球形。花期6-8月，果期8-12月。

产湖南西南部、广东、海南、广西及云南东南部，生于海拔200-1500米林中。越南及老挝有分布。木材较软，供制家具。果酸甜。

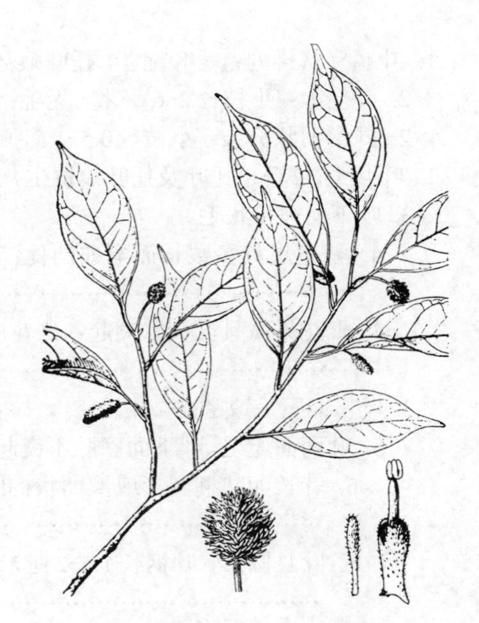

图 56 二色波罗蜜 （引自《广东植物志》）

3. 白桂木 图 57：1 彩片 27

Artocarpus hypargyreus Hance in Benth. Fl. Hongk. 325. 1861.

乔木，高达25米，胸径40厘米。幼枝被白色平伏柔毛。叶革质，椭圆形或倒卵形，长8-15厘米，先端稍尾尖，基部宽楔形或稍圆，全缘，幼树之叶常羽状浅裂，上面中脉被微柔毛，下面被粉状柔毛，侧脉6-7对，网脉明显；叶柄长1.5-2厘米，被毛，托叶线形，早落。花序单生叶腋，雄花序椭圆形或倒卵形，长1.5-2厘米，径1-1.5厘米；总梗长2-4.5厘米，被柔毛。雄花花被4裂，裂片匙形，密被微柔毛，雄蕊1。聚花果近球形，径3-4厘米，淡黄至橙黄色，被柔毛，微具乳头状凸起，总柄长3-5厘米，被柔毛。花期春夏。

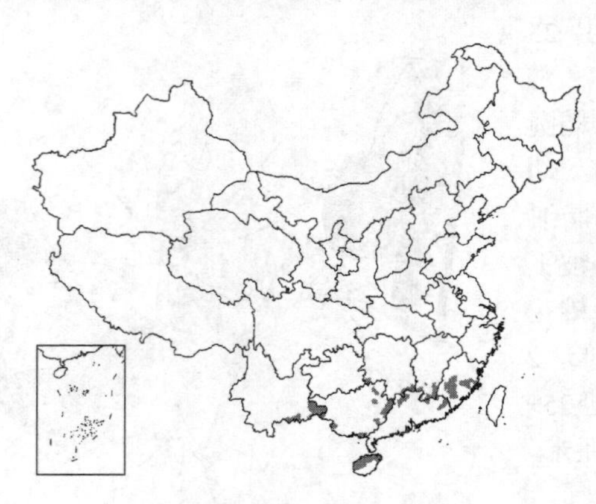

产福建、江西南部、湖南南部、海南、广东及沿海岛屿、广西、云南东南部，生于海拔160-1600米常绿阔叶林中。乳液可提制硬胶；木材制家具。

图 57: 1. 白桂木 2-4. 野波罗蜜 （曾孝濂绘）

4. 桂木 图 58

Artocarpus nitidus Tréc. subsp. **lingnanensis** (Merr.) Jarr. in Journ. Arn. Arb. 41: 124. 1960.

Artocarpus lingnanensis Merr. in Lingnan. Sci. Journ. 7: 302. 1929; 中国高等植物图鉴 1: 501. 1972.

乔木，高达17米；树干通直。叶革质，长圆状椭圆形或倒卵状椭圆形，长7-15厘米，先端短尖或短尾尖，基部楔形或近圆，全缘或疏生不规则浅齿，两面无毛，侧脉6-10对；叶柄长0.5-1.5厘米，托叶披针形，早落。雄花序倒卵形或长圆形，长0.3-1.2厘米，雄花花被2-4裂，长0.5-0.7毫米，雌花序近头状，雌花花柱伸出苞片外。聚花果近球形，粗糙被毛，径约5厘米，熟时红色，肉质；小核果10-15。花期3-5月，果期5-9月。

产湖南、广东、海南、广西及云南，生于中海拔林中。果可食；木材纹理细致，供建筑、家具等用；果及根药用，清热开胃，收敛止血。

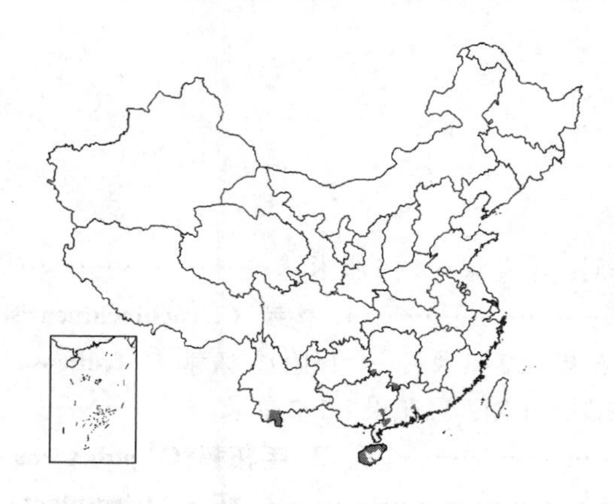

［附］**披针叶桂木 Artocarpus nitidus** subsp. **griffithii** (King) Jarr. in Journ. Arn. Arb. 41: 128. 1960. —— *Artocarpus gomeziana* Wall. var. *griffithii* King in Hook. f. Fl. Brit. Ind. 5. 544. 1888. 本亚种与桂木的区别：叶长圆形，叶柄1.5-2厘米；果无毛或疏被红褐色毛。产云南南部，生于海拔200-300米林中。东南亚有分布。

图 58 桂木 （引自《图鉴》）

5. 胭脂 图 59

Artocarpus tonkinensis A. Chev. ex Gagnep. in Bull. Soc. Bot. France 73: 90. 1926.

乔木，高达16米。小枝被平伏柔毛。叶革质，椭圆形或倒卵形，长8-20厘米，先端短尖，基部宽楔形或圆，全缘，有时先端具浅齿，上面无毛，下面密被微柔毛，沿叶脉被微曲柔毛，侧脉6-9对；叶柄长0.4-1.5厘米，疏被微柔毛，托叶锥形，生叶基两侧。花序单生叶腋，雄花序倒卵形或椭圆形，长1-1.5厘米，径0.8-1.5厘米，花序梗粗，短于或等于花序；雄花花被2-3裂。雌花序头状，表面较平坦，花柱仅伸出0.7毫米，稀不伸出。聚花果近球形，径达6.5厘米，熟时黄色；核果椭圆形，长1.2-1.5厘米。花期夏秋，果期秋冬。

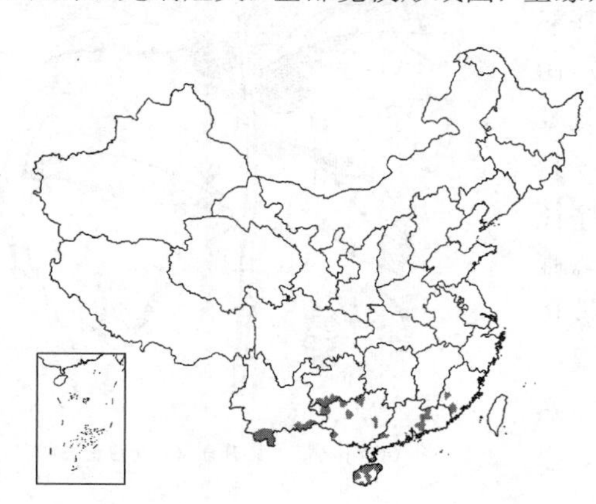

产福建、广东、海南、广西、贵州、云南南部，生于海拔800米以下山地阳坡。越南北部、柬埔寨有分布。木材坚硬；果味甜可食。

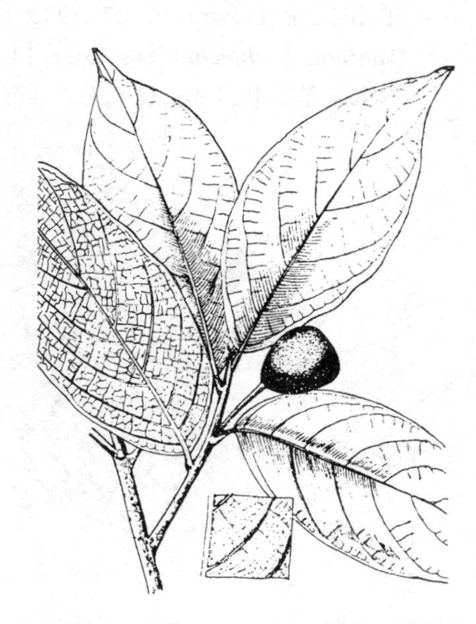

图 59 胭脂 （引自《广东植物志》）

［附］**野波罗蜜** 滇波罗蜜 图 57：2-4 彩片 28 **Artocarpus lacucha** Buch.-Ham. ex Don, Prodr. Fl. Nepal 333. 1825. —— *Artocarpus lakoocha* Wall. ex Roxb.; 中国植物红皮书 1: 464. 1991. 本种与胭脂的区别：小枝幼时密被淡褐色粗硬毛，后变无毛；叶柄密被黄色刚毛，托叶卵状披针形；开花时，柱头伸出1-1.5毫米。产云南南部，生于海拔130-1300(-1800)米林中。缅甸北部、印度、老挝、尼泊尔、锡金及不丹有分布。

7. 柘属 Cudrania Tréc.

乔木或攀援状灌木；具乳液，常有刺。叶互生，全缘或缺裂；托叶小，侧生。花雌雄异株，花序头状，具锥形、披针形或盾形苞片。花被片（3）4（5），离生或下部连合；雄花雄蕊与花被片同数，在芽中直伸，退化雌蕊锥形或缺；雌花无梗，花被片肉质，顶部盾形，花柱2裂或不裂，子房有时埋于花托陷穴中。聚花果肉质；瘦果卵圆形，为肉质花被片包被。

约6种，分布于大洋洲至亚洲。我国5种。

1. 攀援状灌木；叶全缘。
  2. 枝、叶、叶柄无毛或叶下面脉上疏被细毛。
    3. 叶椭圆状披针形或长圆形，先端渐尖，基部楔形，侧脉7-10对；聚花果径2-5厘米 …………………………………… 1. **构棘 C. cochinchinensis**
    3. 叶宽椭圆形，先端尾尖，基部圆或宽楔形，侧脉4-5对；聚花果径2厘米 …… 1(附). **柘藤 C. fruticosa**
  2. 枝、叶下面、叶柄密被黄褐色柔毛；叶卵状椭圆形或椭圆形，侧脉5-6对；聚花果1.5-2厘米 …………………………………… 2. **毛柘藤 C. pubescens**
1. 小乔木或灌木状；叶全缘或3裂，卵形或菱状卵形，侧脉4-6对 …………………………… 3. **柘 C. tricuspidata**

1. 构棘 图60 彩片29

Cudrania cochinchinensis (Lour.) Kudo et Masam. in Ann. Rep. Taihoku Bot. Gard. 2: 27. 1932.

Vanieria cochinchinensis Lour. Fl. Cochinchin. 564. 1790.

直立或攀援状灌木。枝无毛，具弯刺。叶革质，椭圆状披针形或长圆形，长3-8厘米，宽2-2.5厘米，全缘，先端渐尖，基部楔形，两面无毛，侧脉7-10对；叶柄长约1厘米。花雌雄异株，花序头状，腋生，具苞片，花序梗短；雄花序径0.6-1厘米，雄花花被片4。雌花序微被柔毛，雌花花被片4，顶部厚，被毛。聚合果肉质，径2-5厘米，微被毛，熟时橙红色；瘦果卵圆形，熟时褐色，光滑。花期4-5月，果期6-7月。

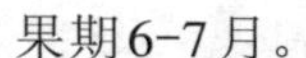

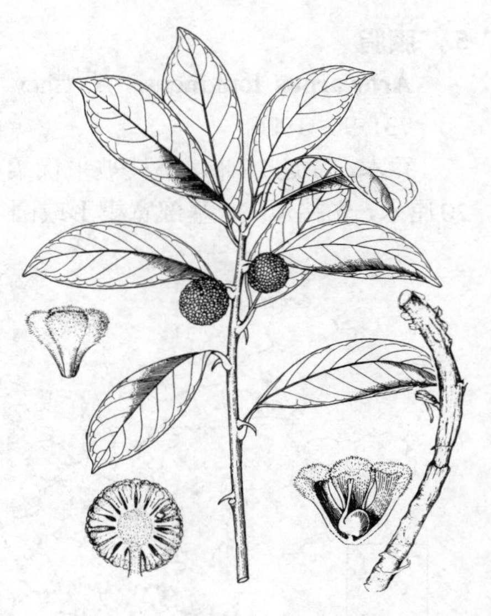

图 60 构棘 （引自《海南植物志》）

产安徽、浙江、福建、台湾、江西、湖北、湖南、广东、海南、广西、贵州、云南、四川及西藏东南部，生于低山丘陵灌丛中。亚洲热带、澳大利亚及日本有分布。萌芽性强，耐修剪，可作绿篱。木材可制工艺品及黄色染料；叶饲蚕；茎皮可造纸；根药用，可清热、舒筋活络。

［附］**柘藤 Cudrania fruticosa** (Roxb.) Wight ex Kurz, Fór. Fl. Brit. Burm. 2: 434. 1877. —— *Batis fruticosa* Roxb. Fl. Ind. ed. 2, 3: 763. 1832. 本种与构棘的主要区别：叶宽椭圆形，长8-14厘米，宽3.5-6厘米，先端尾尖，基部圆或宽楔形，侧脉4-5对，下面脉上疏被细毛；聚花果径2厘米。产云南部，生于海拔1000-1700米季雨林中。越南、缅甸、孟加拉、印度东北部有分布。

2. 毛柘藤 图61

Cudrania pubescens Tréc. in Ann. Sci. Nat. ser. 3, 8: 125. 1847.

木质藤状灌木；刺腋生。幼枝密被黄褐色柔毛。叶卵状椭圆形或椭圆形，长4-12厘米，宽2.5-5.5厘米，先端短尖，基部宽楔形或稍圆，全缘，

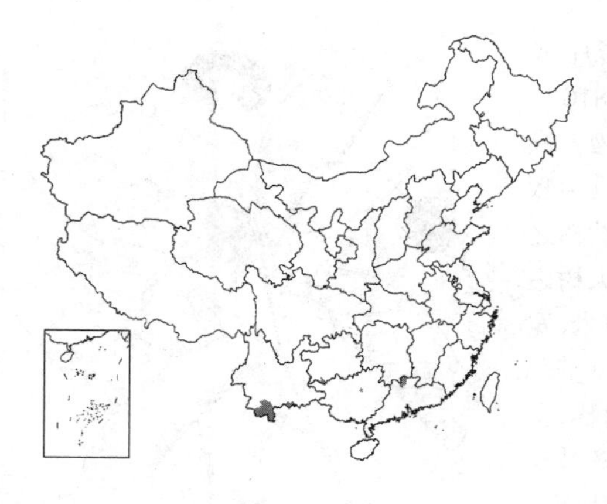

上面近无毛，下面密被黄褐色柔毛。雄花序成对腋生，球形，径约1厘米，密被黄褐色柔毛。雄花花被片4，花被片上部离生，下部合生，肉质，雄蕊4，花丝短，退化雌蕊圆锥形。聚花果近球形，径1.5-2厘米，熟时橙红色，肉质；瘦果卵圆形。

产云南南部、贵州南部、广西及广东北部，生于海拔540-1600米山坡、林缘。缅甸、印度尼西亚爪哇有分布。

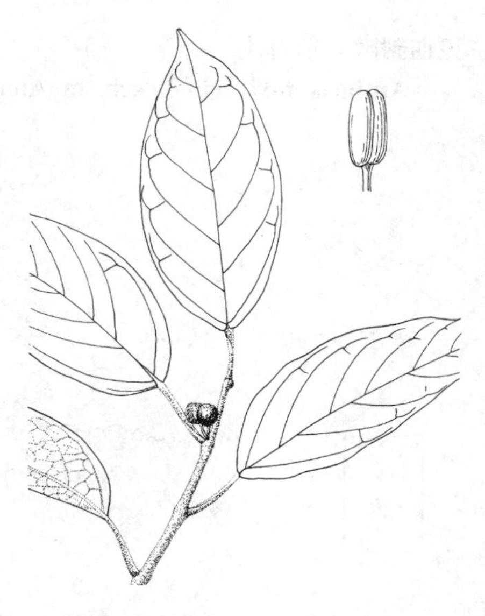

图 61 毛柘藤 （谢 华绘）

3. 柘 柘树 图 62

Cudrania tricuspidata (Carr.) Bur. ex Lavallee, Arb. Segrez. 243. 1877.

Maclura tricuspidata Carr. in Rev. Rort. 390. 1864.

落叶乔木，常为灌木状，高达10（-18）米。小枝无毛，刺长0.5-2厘米。叶卵形或菱状卵形，长5-14厘米，宽3-6厘米，先端渐尖，基部楔形或圆，全缘或3裂，两面无毛，或下面被柔毛，侧脉4-6对；叶柄长1-3.5厘米，被微柔毛。雌雄花序均头状，单生或成对腋生，花序梗短；雄花序径5毫米，雄花具2苞片，花被片4，雄蕊4，退化雄蕊锥形；雌花序径1-1.5厘米，花被片4，顶端盾形，内卷，内面下部具2黄色腺体。聚花果近球形，径约2.5厘米，肉质，熟时桔红色。花期5-6月，果期6-7月。

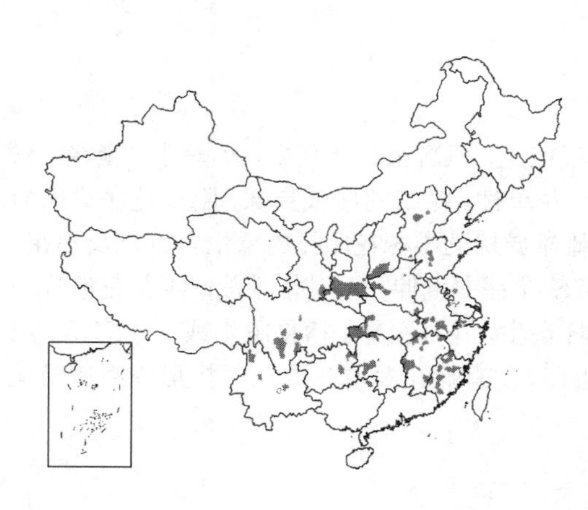

图 62 柘 （仿《中国经济植物志》）

产山西、河北、山东、安徽、江苏、浙江、福建、江西、湖北、湖南、广西、贵州、云南、四川、甘肃、陕西及河南，生于海拔500-1500米山地阳坡、石缝中或林缘。朝鲜有分布。茎皮为优良造纸原料；果可生食及酿酒；心材黄色，坚韧细致，供制家具及细木工等用。为良好绿篱树种。根皮药用，可清热、活血。

8. 见血封喉属 Antiaris Lesch.

常绿乔木。叶互生，2列，全缘或具锯齿，叶脉羽状；托叶小，早落。花雌雄同株；雄花序盘状，肉质，腋生，具花序梗，围以覆瓦状排列苞片。雄花花被（3）4裂，裂片匙形，雄蕊3-8，直伸，内藏，无退化雌蕊；雌花单生于梨形总苞内，总苞具多数苞片；雌花无花被，子房1室，胚珠自室顶垂悬，花柱2裂，裂片钻形，反曲，被毛。果肉质，具宿存苞片。种子无胚乳，子叶肉质。

4种、3变种，分布东南亚。我国1种。

见血封喉 箭毒木 图 63 彩片 30

Antiaris toxicaria Lesch. in Ann. Mus. Hist. Nat. 16: 478. 1810.

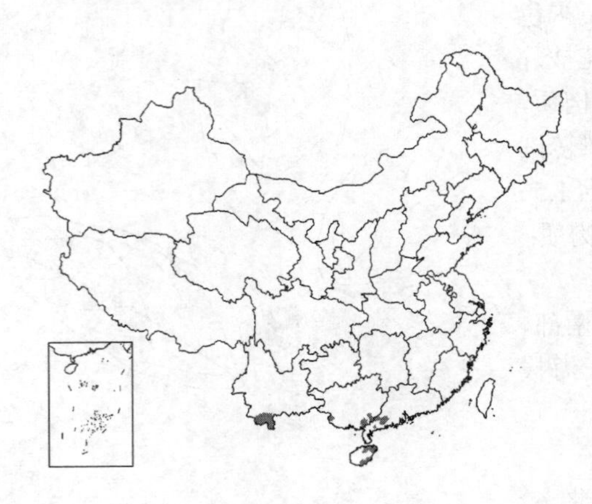

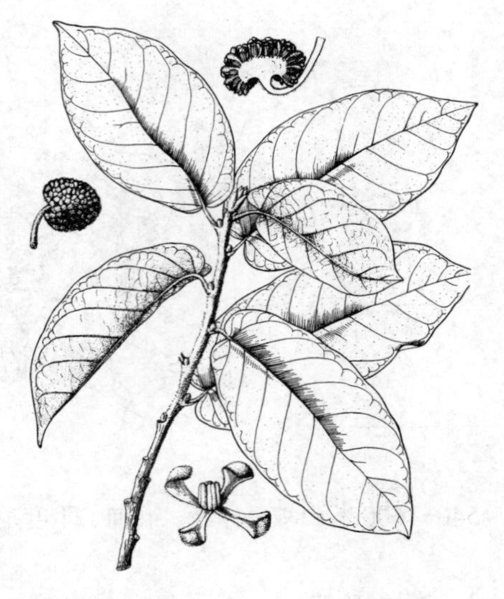

图 63 见血封喉 （引自《海南植物志》）

乔木；具剧毒乳液，高达45米，胸径1.5米，具大板根。幼枝被褐色柔毛。幼树之叶被长粗毛，具锯齿，大树之叶长椭圆形，长7-19厘米，宽3-6厘米，先端骤短尖，基部圆或浅心形，两侧不对称，上面疏被长粗毛，下面密被长粗毛，侧脉10-13对；叶柄长5-8毫米，被长粗毛，托叶披针形，早落。雄花序盘状，径约1.5厘米，苞片舟状三角形，被毛；雄花花药具紫斑，花丝极短。核果梨形，具宿存苞片，径约2厘米，鲜红至紫红色。花期3-4月，果期5-6月。

产广东南部、海南、广西及云南南部，生于海拔1500米以下密林中。印度、斯里兰卡、缅甸、泰国、中南半岛、印度尼西亚有分布。树液可制毒箭猎兽。

9. 榕属 Ficus Linn.

常绿、稀落叶，乔木、灌木，有时匍匐或攀援状，稀附生；具气根或无，具乳液。叶互生，稀对生，全缘，稀具锯齿或缺裂，有或无钟乳体；托叶合生，包芽；小枝具环状托叶痕。花单性，雌雄同株或异株，隐头花序为肉质壶形中空的花序托，雌雄同株的花序托内壁，生有雄花、瘿花及雌花；雌雄异株的雄株花序托内壁生有雄花及瘿花，雌花生于雌株的花序托内壁。雄花花被片2-6，雄蕊1-3，稀更多，雄蕊在芽中直伸，无退化雌蕊；雌花花被片与雄花同数，或不完全，或缺，花柱顶生或侧生；瘿花似雌花，为榕小蜂寄生，花柱粗短。榕果腋生或生于老茎，或生于鞭状枝上；口部苞片覆瓦状排列，苞片3，基生或侧生，早落或宿存。生有雌花及瘿花的花序托形成肉质隐花果，又称榕果，小果为瘦果。

约1000种，主产热带、亚热带地区。我国约100种。

1. 雌雄同株，花间具苞片，或无苞片（聚果榕），榕果无侧生苞片。
 2. 榕树状绞杀植物，或匍匐具不定根；叶柄顶端背部具1腺体，或无；榕果壁具2层石细胞，或1层；雄蕊1。
  3. 子房全部红褐色；雄花集生榕果孔口，或散生；叶下面具钟乳体。
   4. 榕果内具多数间生刚毛，基生苞片宿存。
    5. 叶卵状披针形或椭圆状卵形，先端短渐尖；榕果具总柄 ………………………… 1. **绿黄葛树 F. virens**
    5. 叶近披针形，先端渐尖；榕果无总柄 ……………………… 1(附). **黄葛树 F. virens** var. **sublanceolata**
   4. 榕果内无间生刚毛，或具少数刚毛，基生苞片早落或宿存。
    6. 榕果基生苞片早落，具总柄。
     7. 榕果径5-8毫米；叶椭圆形，叶柄长3-7厘米 …………………… 2. **笔管榕 F. superba** var. **japonica**
     7. 榕果径4-5毫米；叶窄卵状椭圆形，叶柄长1-2厘米 ……………………………… 3. **雅榕 F. concinna**
    6. 榕果基生苞片宿存，无总柄或总柄短。
     8. 雄花集生榕果近孔口；榕果总柄长4-9毫米，基生苞片3 …………………… 4. **菩提树 F. religiosa**
     8. 雄花散生榕果内壁；榕果总柄短或无柄，具基生苞片，或大而全缘的杯形苞片。

9. 榕果倒卵状椭圆形或圆柱形，高2-2.7厘米，无总柄，基生苞片连成杯状；0.5-1毫米，柱头单一；叶先端钝或短尖，侧脉6-9对，成钝角 …………………………………………… 5. **大青树 F. hookeriana**

9. 榕果球形或倒卵状球形，径1-2厘米，总柄短或近无柄，基生苞片离生；柱头2浅裂；叶先端圆，侧脉7-15对，平行直出 …………………………………………………… 6. **直脉榕 F. orthoneura**

3. 子房白色，或基部具红斑，雄花在榕果内壁散生；叶两面具钟乳体，或叶下面有或无钟乳体。

10. 子房白色 …………………………………………………………………… 7. **心叶榕 F. rumphii**

10. 子房基部具红斑。

11. 叶2级侧脉及1级侧脉均不明显，叶厚革质，下面具钟乳体，托叶长达10厘米；榕果基生苞片早落 …………………………………………………………………… 8. **印度榕 F. elastica**

11. 叶1级侧脉较2级侧脉明显，托叶短；榕果基生苞片宿存或脱落；叶革质或薄革质，两面具钟乳体。

12. 叶具肋间脉（羽状侧脉间细脉网状）；榕果有或无总柄。

13. 榕果无总柄 ………………………………………………………… 9. **高山榕 F. altissima**

13. 榕果总柄长1-1.5厘米 ……………………………………… 10. **大叶水榕 F. glaberrima**

12. 叶无肋间脉（侧脉细、多数、平行）；榕果无总柄。

14. 叶2级侧脉不明显突起，侧脉多数，平行。

15. 叶革质，侧脉与中脉成直角，细脉两面明显；榕果紫红至黑褐色 ………………………………………………………………………… 11. **疣枝榕 F. maclellandi**

15. 叶薄革质，侧脉与中脉成钝角，网脉不明显；榕果红褐色 ……… 12. **榕树 F. microcarpa**

14. 叶脉两面突起，侧脉极多数，细脉平行，1级与2级侧脉难区分 ………………………………………………………………………………… 13. **垂叶榕 F. benjamina**

2. 乔木，稀灌木，不附生；叶主脉基部脉腋常具腺体；榕果壁散生石细胞，或无；雄蕊（1）2（3）。

16. 雄花在榕果内壁散生，或集生孔口，常具梗；雄蕊1-3，花丝离生，或稍连合，子房白色或基部淡红色；柱头2裂；花被片全缘，具花间苞片；叶常全缘；稀老茎生花。

17. 叶干后黄绿或灰绿色，网脉两面突起，叶基脉腋无腺体；小枝无槽纹；雄花具2雄蕊，榕果无总柄 …………………………………………………………………………… 14. **白肉榕 F. vasculosa**

17. 叶干后红褐色，侧脉下面突起，叶基脉腋具2腺体；小枝具槽纹；雄花具1雄蕊；榕果具总柄 ………………………………………………………………………………… 15. **九丁榕 F. nervosa**

16. 雄花在榕果内壁近孔口集生，无梗，雄蕊（1）2（3），花丝下部连合，子房暗红色，柱头1；雌花花被3-4齿裂，雄花花被全缘，无花间苞片；叶常具齿；多老茎生花 ……………… 16. **聚果榕 F. racemosa**

1. 雌雄异株，花间无苞片。

18. 乔木或灌木，有时附生，绞杀或攀援植物；瘦果非长圆形；毛无隔，腺毛非盾状。

19. 花被离生，如合生则浅裂，瘿花柱头窄漏斗形或近棒状；叶基脉腋具腺体。

20. 雄蕊2至更多，稀1枚；榕果无侧生苞片；叶对称。

21. 灌木或中乔木，稀具匍匐枝或老茎生花；雄花多具梗，集生于榕果孔口，或散生内壁，花丝离生，花被暗红或粉红色，花柱细，柱头2裂。

22. 种子平滑，非龙骨状或稍龙骨状；雄花在榕果内壁散生，或集生孔口；叶具钟乳体。

23. 叶下面具钟乳体。

24. 雄花集生榕果孔口；叶掌状分裂，叶缘具齿 ……………………………… 17. **无花果 F. carica**

24. 雄花在榕果内壁散生；叶非掌状分裂，叶缘无锯齿或疏生浅齿。

25. 雌花花被与子房等长，瘿花无梗或具梗。

26. 灌木或乔木。

27. 幼枝及榕果被锈色糠屑状毛 ……………………………… 20. **青藤公 F. langkokensis**

27. 幼枝及榕果无锈色糠屑状毛。

28. 叶薄革质，椭圆形或卵状椭圆形，先端尾尖 …… 21. **森林榕 F. neriifolia**

28. 叶纸质或厚纸质。

29. 雌花及瘿花子房具柄。

30. 榕果球形或近梨形，径1-1.5厘米，雄花散生，雄蕊2-3，叶倒卵状椭圆形，两面被毛 …… 22. **天仙果 F. erecta** var. **beecheyana**

30. 榕果梨形，径2-3厘米；雄花集生榕果口部，雄蕊2；叶倒披针形或倒卵状披针形，两面无毛 …… 23. **舶梨榕 F. pyriformis**

29. 雌花及瘿花子房无柄，稀具柄。

31. 叶倒卵形或卵状长椭圆形，基出侧脉达叶1/2-1/3。

32. 叶不为卵形或斜卵形，基部圆或楔形，稀稍心形。

33. 榕果总柄长3-8毫米；叶侧脉4-5对，两面无毛或下面叶脉被糙毛 …… 25. **楔叶榕 F. trivia**

33. 榕果无总柄；叶侧脉6-15对 …… 28. **异叶榕 F. heteromorpha**

32. 叶卵形或斜卵形，基部心形 …… 28(附). **卵叶榕 F. ovatifolia**

31. 叶窄椭圆形、椭圆状披针形、披针形、卵状披针形或窄倒卵形，基出侧脉不延长。

34. 叶窄椭圆形或窄椭圆状披针形，先端钝或短尖；全株无毛 …… 24. **变叶榕 F. variolosa**

34. 叶先端渐尖或尾尖。

35. 叶先端长尾尖 …… 26. **线尾榕 F. filicauda**

35. 叶先端非长尾尖。

36. 叶上面粗糙，下面被柔毛或近无毛。

37. 叶倒卵形，下面微被柔毛或近无毛，白绿色，侧脉3-5对；榕果径0.8-1.2厘米 …… 27. **菱叶冠毛榕 F. gasparriniana** var. **laceratifolia**

37. 叶倒卵状椭圆形，下面密被糙毛和柔毛，干后绿色，侧脉4-8对；榕果径7-8毫米 …… 27(附). **绿叶冠毛榕 F. gasparriniana** var. **viridescens**

36. 叶上面不粗糙，下面无毛或被微柔毛。

38. 叶纸质或膜质 …… 29. **台湾榕 F. formosana**

38. 叶近革质或厚纸质。

39. 榕果圆锥形或纺锤形，具纵棱，总柄长1-1.5厘米 …… 30. **壶托榕 F. ischnopoda**

39. 榕果椭圆形或椭圆状球形，无纵棱，总柄长2-4毫米。

40. 叶中部不缢缩，线状披针形、倒卵状披针形或披针形。

41. 叶线状披针形。

42. 叶长5-13厘米，侧脉7-17对，边缘背卷 …… 31. **竹叶榕 F. stenophylla**

42. 叶长达16厘米，侧脉5-7对，边缘不背卷 …… 32(附). **条叶榕 F. pandurata** var. **angustifolia**

41. 叶倒卵状披针形或披针形 …… 32(附). **全缘琴叶榕 F. pandurata** var. **holophylla**

40. 叶中部缢缩，提琴形或倒卵形 …… 32. **琴叶榕 F. pandurata**

26. 常绿匍匐小灌木；枝节生根 …… 33. **越桔叶蔓榕 F. vaccinioides**

25. 雌花无花被，瘿花无梗。

43. 匍匐藤本，具不定根；叶倒卵状椭圆形，上面被刺毛，疏生波状浅齿；榕果生于地下匍匐茎上雄花无梗 …………………………………………………………………………………………… 34. **地果 F. tikoua**

43. 直立灌木；叶倒披针形，全缘；榕果腋生；雄花具梗 ………………………………… 35. **石榕树 F. abelii**

23. 叶两面具钟乳体。

44. 花被白或黄色；雄蕊3–5；叶中部以上疏生锯齿，叶基无腺体，叶柄长1–1.5厘米 ……… 18. **尖叶榕 F. henryi**

44. 花被暗红色，雄花二型，无梗雄花具1雄蕊，具梗雄花具2（3）雄蕊；叶全缘或上部疏生波状浅齿，基部具2腺体，叶柄长4–6毫米 ……………………………………………………… 19. **棒果榕 F. subincisa**

22. 种子具疣体或刺，基部具双龙骨；雄花集生榕果孔口；叶无钟乳体。

45. 叶下面被灰白或褐黄色波状毛，毛长3–5毫米 ……………………………… 36. **黄毛榕 F. esquiroliana**

45. 叶下面无毡状毛。

46. 叶缘具齿，多掌状分裂或不裂。

47. 叶长椭圆状卵形或宽卵形，不裂或掌状分裂，下面毛二型，主脉和侧脉被刚毛，其余部分被开展柔毛；叶柄、小枝和榕果被刚毛 ………………………………………………………… 37. **粗叶榕 F. hirta**

48. 榕果径1–1.5（–2）厘米，基生苞片长1–3厘米，多宿存；小枝、叶及榕果均被金黄色长硬毛 … …………………………………………………………………………………………… 37. **粗叶榕 F. hirta**

48. 榕果径2.5–3厘米，基生苞片长6–8厘米，早落；小枝及叶柄被褐色长糙毛，榕果被褐色糙毛和灰绿色长柔毛 ……………………………………… 37(附). **大果粗叶榕 F. hirta** var. **roxburghii**

47. 叶长圆状披针形或椭圆形，不裂，叶下面、叶柄、幼枝和榕果密被金黄色长柔毛或硬毛，但不为刚毛 …………………………………………………………………………… 38. **金毛榕 F. chrysocarpa**

46. 叶全缘，不为掌状分裂 ……………………………………………………… 39. **平塘榕 F. tuphapensis**

21. 大乔木，树干基部具板根；多老茎生花，雄花无梗，集生榕果孔口，花丝稍连合，花被苍白或红色，或撕裂状，柱头单1。

49. 瘿花及雌花具长梗，花被连合，红色，子房白色；榕果顶部苞片莲座状，果径2–7厘米。

50. 瘿花及雌花花被3裂，雌花花柱被毛；叶宽卵状心形或近圆形，长15–55厘米，全缘或疏生齿，下面被柔毛 ……………………………………………………………………………… 40. **大果榕 F. auriculata**

50. 瘿花及雌花花被囊状，包被子房，不裂，花后顶部常撕裂，雌花花柱无毛；叶倒卵状椭圆形，长10–25厘米，上部疏生不规则粗齿，下面密被小瘤 ………………………………… 41. **苹果榕 F. oligodon**

49. 花无梗或具短梗，花被连合或离生，红色、褐色或苍白，子房红褐或淡红褐色，榕果顶部微扁，不为莲座状，榕果径1–3厘米 ………………………………… 42. **青果榕 F. variegata** var. **chlorocarpa**

20. 雄蕊1，如为2枚则榕果具侧生苞片，或无基生苞片；叶常不对称。

51. 雄花散生，或集生孔口，雄蕊2，雌花柱头2浅裂，榕果具侧生苞片，无基生苞片 ……… 43. **岩木瓜 F. tsiangii**

51. 雄花集生孔口，雄蕊1（2），雌花柱头单1；榕果具基生苞片，如有侧生苞片则叶基极偏斜。

52. 瘦果透镜状或稍长圆，稍具龙骨，雄花常具退化雌蕊；榕果具总柄。

53. 瘦果透镜状或宽卵形；花被红或白色，子房红或白色。

54. 榕果生于老茎发出的无叶小枝，果枝入土，具侧生苞片，子房红或白色 ………………………………………………………………………………………… 44. **鸡嗉子榕 F. semicordata**

54. 榕果腋生，生于树干或无叶短枝，无侧生苞片；子房白色 …… 44(附). **菲律宾榕 F. ampelas**

53. 瘦果长圆形或短椭圆形；子房及花被白色。

55. 叶基部近对称，下面基部脉腋具2腺体；榕果具基生苞片 …………… 45. **山榕 F. heterophylla**

55. 叶基部不对称，下面基部无腺体；榕果具侧生苞片。

56. 小枝、叶柄、叶下面及榕果密被硬毛，叶缘具不规则粗齿；榕果具侧生苞片 ………………………………………………………………………………………… 46. **歪叶榕 F. cyrtophylla**

56. 幼枝被钩毛及柔毛；叶两面疏被钩毛及柔毛，叶缘上中部疏生浅齿；榕果无侧生苞片，顶生苞片放射状 ………………………………………………………………… 47. **钩毛榕 F. asperiuscula**

52. 瘦果长圆形或椭圆形，具龙骨或顶部浅囊状；雄花具虫瘿子房；榕果无总柄或总柄极短。

57. 榕果径6-8毫米，壁具石细胞；叶革质，先端尖、钝尖或短渐尖，全缘或具棱角，托叶钻状披针形，长0.5-1厘米 ……………………………………………… 48. **斜叶榕 F. tinctoria** subsp. **gibbosa**

57. 榕果径2-5毫米，壁无石细胞；叶纸质，先端短尾尖或渐尖，全缘，托叶钻形，长1.5-2厘米 ………………………………………………………………………………… 49. **假斜叶榕 F. subulata**

19. 花被合生，全缘，膜质；叶基生侧脉脉腋无腺体。

58. 雌花花柱长0.6-1.5厘米，丝状；瘦果被毛，榕果具侧生苞片；叶互生，常集生枝顶 ………………………………………………………………………………… 50. **肉托榕 F. squamosa**

58. 雌花花柱短；瘦果无毛；榕果有或无侧生苞片；叶对生或互生。

59. 榕果具侧生苞片；叶对生，具锯齿，两面被粗毛 ……………………………… 51. **对叶榕 F. hispida**

59. 榕果无侧生苞片；叶互生，全缘或微波状，上面无毛，下面微被柔毛 ……… 52. **水同木 F. fistulosa**

18. 藤状灌木或藤本；瘦果长圆形或椭圆形；毛常具隔，具盾状腺毛。

60. 雄花、中性花散生，常无梗，花药无尖头 ………………………………………… 53. **藤榕 F. hederacea**

60. 雄花、中性花集生榕果孔口，雄花多具梗，花药具短尖头。

61. 花丝连合，花间无刚毛；榕果基生苞片早落 ………………………………… 54. **羊乳榕 F. sagittata**

61. 花丝离生或微连合，花间多刚毛；榕果基生苞片宿存。

62. 叶螺旋状排列，叶柄长3.5-7厘米，下面网脉不凸起 ………………………… 55. **光叶榕 F. laevis**

62. 叶2列，叶柄长约1厘米，下面网脉凸起。

63. 叶干后褐色，下面网脉稍凸起，不为蜂窝状，幼时被柔毛，后脱落 ……… 56. **褐叶榕 F. pubigera**

63. 叶干后不为褐色，下面网脉蜂窝状。

64. 叶二型：营养枝之叶卵状心形。

65. 果枝之叶卵状椭圆形，长5-10厘米，宽2-3.5厘米，下面被黄褐色柔毛；侧脉3-4对；榕果近倒三角状圆形，长宽几相等，径3-5厘米 ……………………………… 57. **薜荔 F. pumila**

65. 果枝之叶椭圆状卵形，长7-12厘米，宽7-12厘米，下面被锈色柔毛；榕果长圆形，长6-8厘米，径3-4厘米 ……………………………… 57(附). **爱玉子 F. pumila** var. **awkeotsang**

64. 叶同型，侧脉5-9对；榕果径0.7-2厘米。

66. 顶生苞片不突起，基生苞片短；榕果球形或近球形。

67. 叶下面网脉平或稍明显。

68. 榕果径1-2厘米。

69. 榕果顶部微扁，总柄长0.5-1厘米 ……………………………… 58. **匍茎榕 F. sarmentosa**

69. 榕果顶生苞片微呈脐状突起，总柄长不及5毫米 ……………………………………… 58(附). **白背爬藤榕 F. sarmentosa** var. **nipponica**

68. 榕果径5-9毫米，无毛或薄被柔毛；叶下面无毛，白绿色，干后黄绿色 ……………………………………… 58(附). **尾尖爬藤榕 F. sarmentosa** var. **lacrymans**

67. 叶下面网脉甚明显，幼时被短柔毛，灰白色，干后浅灰褐色；榕果幼时被短柔毛 ……………………………………… 58(附). **爬藤榕 F. sarmentosa** var. **impressa**

66. 顶生苞片直立，基生苞片较长；榕果圆锥形，无总柄或具短总柄 ……………………………………… 58 (附). **珍珠莲 F. sarmentosa** var. **henryi**

1. 绿黄葛树 图64 彩片31

Ficus virens Ait. Hort. Kew. 3: 451. 1789.

Ficus lacor auct. non Buch.-Ham.: 中国高等植物图鉴1: 485. 1992.

落叶或半落叶乔木，具板根或支柱根，幼时附生。叶薄革质或厚纸质，卵状披针形或椭圆状卵形，长10-25厘米，先端短尖，基部钝圆或浅心形，全缘，侧脉7-10对，在下面突起，网脉稍明显；叶柄长2-5厘米，托叶披针状卵形，长达10厘米。榕果单生或成对腋生，或簇生于落叶枝叶腋，球形，径0.7-1.2厘米，熟时紫红色，具间生刚毛，基生苞片3，宿存；具总柄。雄花、瘿花、雌花生于同一榕果内；雄花无梗，少数，集生榕果内壁近口部，花被片4-5，披针形，雄蕊1，花丝短；瘿花具梗，花被片3-4，花柱侧生，短于子房；雌花似瘿花，子房红褐色，花柱长于子房。瘦果具皱纹。花期4-8月。

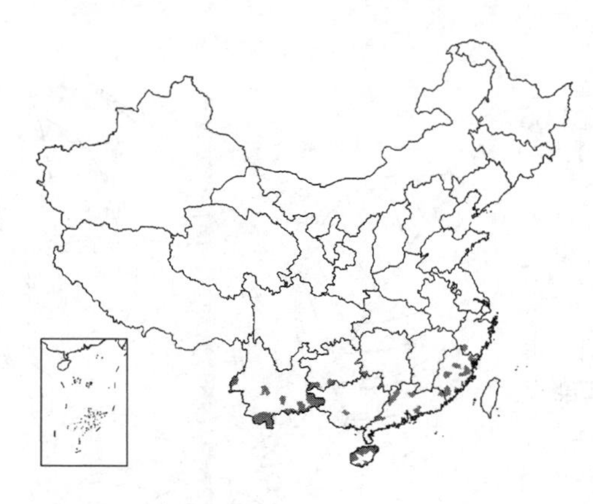

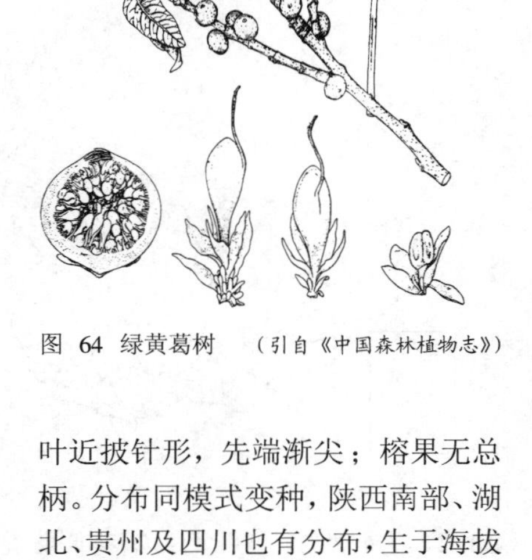

图 64 绿黄葛树 （引自《中国森林植物志》）

产浙江南部、福建、广东、海南、湖南南部、贵州西南部、广西、云南，生于海拔300-1000（-2100）米疏林内、溪边。斯里兰卡、印度、不丹、东南亚及澳大利亚北部有分布。可作行道树；木材纹理细致，美观，可供雕刻。

［附］**黄葛树 Ficus virens** Ait. var. **sublanceolata** (Miq.) Corner in Gard. Bull. Sing. 17: 377. 1959. —— *Ficus saxophila* Bl. var. *sublanceolata* Miq. in Ann. Mus. Bot. Lugd.-Bat. 3: 260. 1867. —— *Ficus lacor* auct. non Buch.-Ham.: 中国高等植物图鉴 1: 485. 1972. 本变种与模式变种的区别：叶近披针形，先端渐尖；榕果无总柄。分布同模式变种，陕西南部、湖北、贵州及四川也有分布，生于海拔800-2200米，为我国西南常见树种。树冠广展，板根延伸至数10米处；支柱根形成“树干”，胸径3-5米。

2. 笔管榕 图65

Ficus superba Miq. var. **japonica** Miq. in Ann. Mus. Lugd.-Bat. 2: 200. 1866-67.

Ficus wightiana auct. non Wall. ex Miq.: 中国高等植物图鉴 1: 485. 1972.

乔木，有时有气根；树皮黑褐色。小枝淡红色，径0.3-1厘米，无毛。叶互生或簇生，近纸质，无毛，椭圆形，长10-15厘米，先端短尖，基部圆，全缘或微波状，侧脉7-9对；叶柄长3-7厘米，近无毛，托叶膜质，微被柔毛，披针形，长约2厘米，早落。榕果单生或成对或簇生于叶腋或生无叶枝上，扁球形，径5-8毫米，熟时紫黑色，顶部微凹下，基生苞片3，宽卵圆形，革质；总柄长

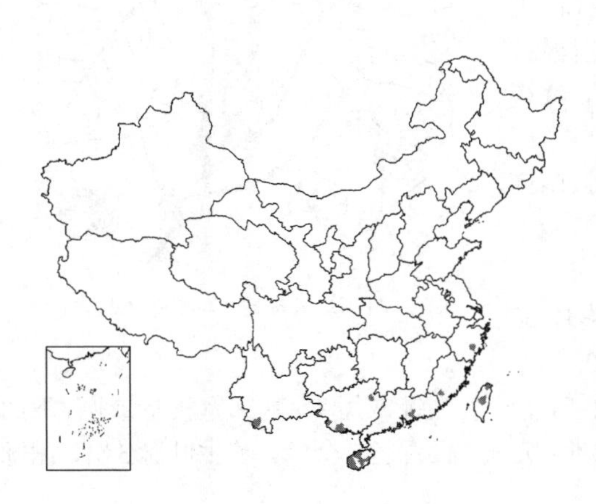

图 65 笔管榕 （引自《图鉴》）

3-4毫米；雄花、瘿花、雌花生于同一榕果内；雄花很少，生内壁近口部，无梗，花被片3，宽卵形，雄蕊1，花丝短；雌花花被片下部合生，上部撕裂状，子房红褐色，花柱短，侧生，柱头圆；瘿花多数，与雌花相似，子房柄粗长，柱头线形，花期4-6月。

产浙江东南部、福建南部、台湾、广东、香港、海南、广西及云南南部，生于海拔140-1400米平原或村庄。印度、缅甸、泰国、中南半岛诸国、马来西亚至日本琉球有分布。为优美行道树；叶可杀虫；木材供雕刻。

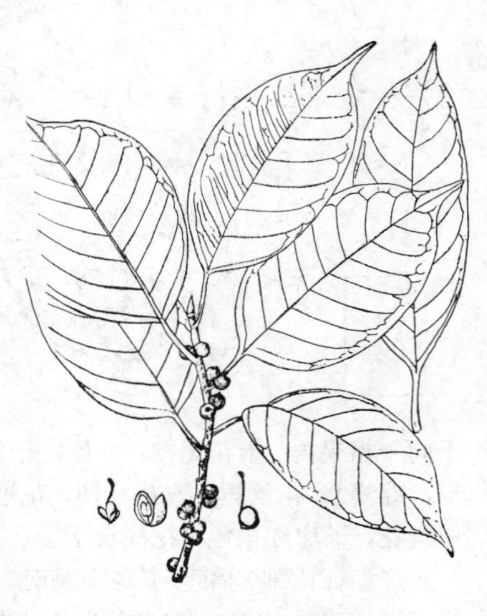

图 66 雅榕 （引自《图鉴》）

3. 雅榕 小叶榕 图 66

Ficus concinna（Miq.）in Ann. Mus. Bot. Lugd.-Bat. 3: 286. 1867.

Urostigma concinnum Miq. in Journ. Bot. 6: 570. 1847.

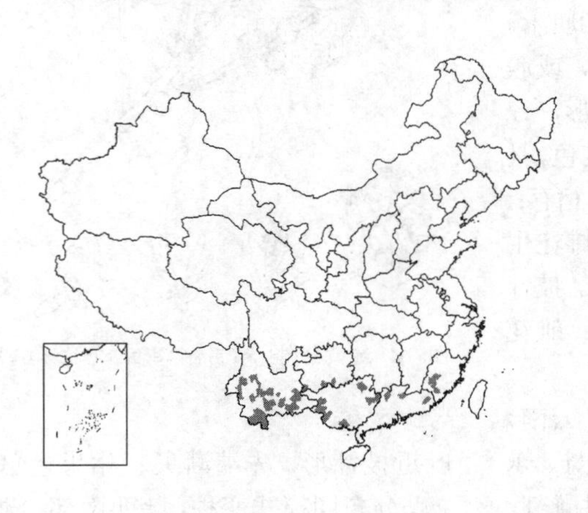

乔木，高达20米；树皮深灰色。小枝粗，无毛。叶窄卵状椭圆形，长5-10厘米，全缘，先端短尖或渐尖，基部楔形，两面无毛，侧脉4-8对，上面细脉明显；叶柄长1-2厘米，托叶披针形，无毛，长约1厘米。榕果成对腋生或3-4个簇生于无叶小枝叶腋，球形，径4-5毫米，雄花、瘿花、雌花同生于一榕果内壁；雄花极少数，生于榕果内壁近口部，花被片2，披针形；瘿花似雌花，子房红褐色，花柱短，线形。榕果基部苞片早落，无总柄或总柄长不及5毫米。花果期3-6月。

产福建、广东、广西、贵州及云南，生于海拔800-2000米密林中或村寨附近。锡金、不丹、印度、中南半岛各国，马来西亚、菲律宾及北加里曼丹有分布。

4. 菩提树 思维树 图 67 彩片 32

Ficus religiosa Linn. Sp. Pl. 1059. 1753.

乔木，幼时附生，高达25米；树皮灰色。小枝灰褐色，幼时被微柔毛。叶革质，三角状卵形，长9-17厘米，上面深绿色，下面绿色，先端尾尖长2-5厘米，基部平截或浅心形，全缘或波状，基生叶脉3出，侧脉5-7对；叶柄纤细，有关节，与叶片等长或长于叶片，托叶卵形，先端骤尖。榕果球形或扁球形，径1-1.5厘米，熟时红色；基生苞片3，卵圆形；总柄长4-9毫米；雄花，瘿花及雌花生于同一榕果内壁；雄花少，生于榕果近孔口，无梗，花被2-3裂，内卷，雄蕊1，花丝短；瘿花具梗，花被3-4裂，花柱短，柱头膨大，2裂；雌花无梗，花被片4，宽披针形，子房光滑，球形，红褐色，花柱纤细，柱头窄。花期3-4月，果期5-6月。

原产喜马拉雅山，从巴基斯坦拉瓦尔品第至不丹。广东、广西、云南南部低海拔地带多栽培。

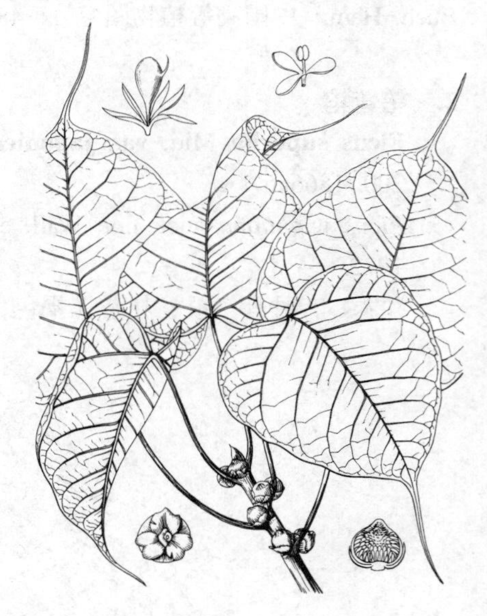

图 67 菩提树 （引自《图鉴》）

5. 大青树 图 68 彩片 33

Ficus hookeriana Corner in Gard. Bull. Singap. 17: 378. 1960.

乔木，主干通直，高达25米；树皮深灰色，具纵槽。幼枝绿色微红，径约1厘米，光滑。叶薄革质，长椭圆形或宽卵状椭圆形，长10-30厘米，先端钝或短尖，基部宽楔形或圆，下面白绿色，全缘，基生叶脉3出，侧脉

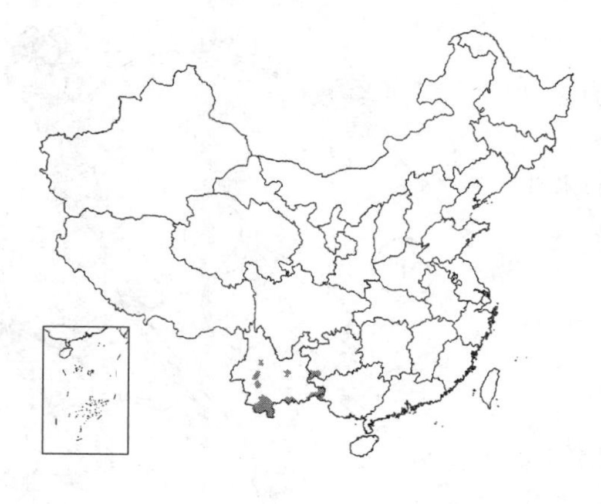

6-9对，成钝角伸展；叶柄粗圆，长3-5厘米，托叶膜质，深红色，披针形。榕果成对腋生，无总柄，倒卵状椭圆形或圆柱形，高2-2.7厘米，顶部脐状，基生苞片连成杯状，高0.5-1厘米；雄花散生榕果内壁，花被片4，披针形，雄蕊1，花药椭圆形，与花丝等长；雌花花被片4-5，子房红褐色，花柱侧生，柱头膨大，单；瘿花似雌花，花柱粗短。花期4-10月。

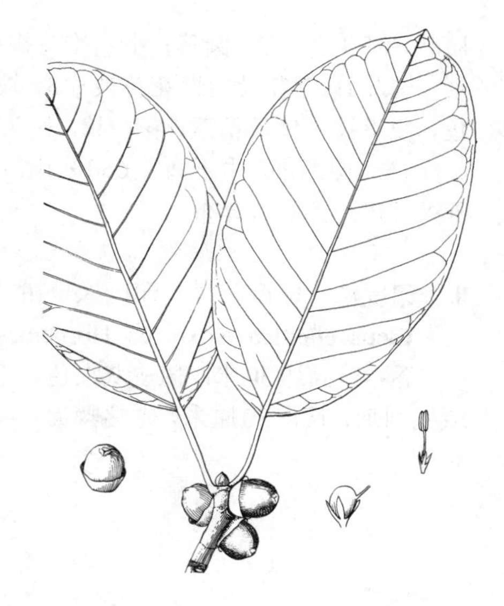

图 68 大青树 （孙英宝绘）

产广西西部、云南及贵州西南部，生于海拔500-2200米石灰岩山地；寺庙有栽培。尼泊尔、锡金、不丹及印度东北部有分布。

6. 直脉榕 假钝叶榕 图 69

Ficus orthoneura Lévl. et Vant. in Fedde, Repert. Sp. Nov. 4: 66. 1907.

乔木，高达10米。幼枝稍被柔毛。叶革质，全缘，倒卵状长圆形或椭圆形，长8-15厘米，先端圆，基部圆或浅心形，下面淡绿色；侧脉7-15对，平行直出，至边缘弯拱向上网结；叶柄长2-5厘米，稍扁，托叶膜质，白绿色，披针形，长达5厘米，榕果成对或单生叶腋，球形或倒卵状球形，径1-2厘米，顶部脐状，基部缢缩成短柄或近无柄，基生苞片小，离生；雄花散生榕果内壁，少数，具梗，花被片4，披针形，雄蕊1，花药长于花丝；雌花似瘿花，花被片4-5，子房红褐色，花柱侧生，瘿花花柱极短。瘦果球形，光滑，花柱线形，柱头2浅裂。花期4-9月。

图 69 直脉榕 （引自《图鉴》）

产广西西南部、云南中部及南部、贵州西南部，生于海拔240-1650米石灰岩山地。越南北部、泰国西北部及缅甸有分布。

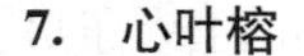

7. 心叶榕 图 70

Ficus rumphii Bl. Bijdr. 437. 1825.

乔木，高约15米，常附生；树皮灰色。叶近革质，心形或卵状心形，长6-13厘米，宽6-11厘米，先端渐尖，基部浅心形或宽楔形，两面无毛，基生叶脉5出，侧脉5-6对；叶柄长6-8厘米，无毛，托叶卵状披针形，长1.2-2.5厘米，脱落后有托叶痕。雌雄同株，榕果无总柄，成对腋生或簇生落叶枝叶腋，球形，径1-1.5厘米，幼时被黑色斑点，熟时紫黑色，顶生苞片微

脐状，基生苞片3，圆形，小；雄花极少数，散生榕果内壁，花被片3，匙形，雄蕊1；瘿花及中性花花被片3，披针形；雌花花被片似瘿花，子房白色，瘦果被瘤体及粘液，花柱长，柱头棒状。

产云南西部，生于海拔650米山区。印度、缅甸、越南、泰国、马来西亚及印度尼西亚有分布。

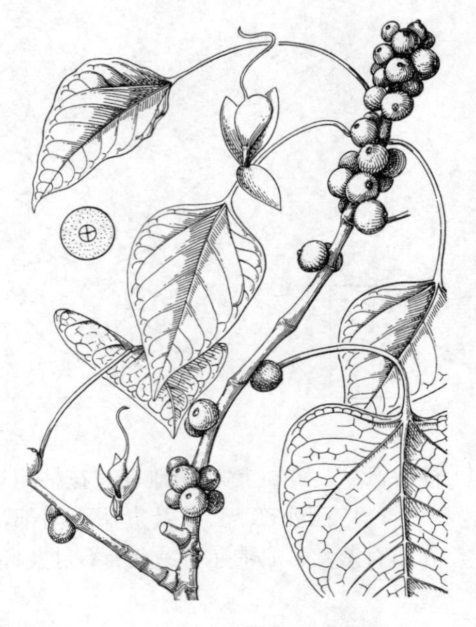

图 70 心叶榕 （谢 华绘）

8. 印度榕 印度胶树 印度橡皮树 图 71 彩片 34

Ficus elastica Roxb. ex Hornem. Hort. Beng. 65. 1814.

乔木，高达30米；树皮灰白色，平滑；幼时附生。叶厚革质，长圆形或椭圆形，长8-30厘米，先端骤尖，基部宽楔形，全缘，下面具钟乳体，2级及1级侧脉均不明显，平行展出；叶柄粗，长2-5厘米，托叶膜质，深红色，长达10厘米，脱落后有环状痕。榕果成对生于落叶枝叶腋，卵状长椭圆形，长1厘米，径5-8毫米，黄绿色，基生苞片风帽状，脱落后基部有环状痕；雄花、瘿花、雌花同生于榕果内壁；雄花具梗，散生内壁，花被片4，卵形，雄蕊1，无花丝；瘿花花被片4，子房基部具红斑，花柱近顶生，弯曲；雌花无梗。瘦果卵圆形，具小瘤，花柱长，宿存，柱头近头状。花期冬季。

产云南西部及南部，生于海拔800-1500米山区。不丹、锡金、尼泊尔、印度东北部、缅甸、马来西亚、印度尼西亚有分布。世界各地及我国北方常盆栽于温室或室内，供观赏。乳液可提制硬橡胶。

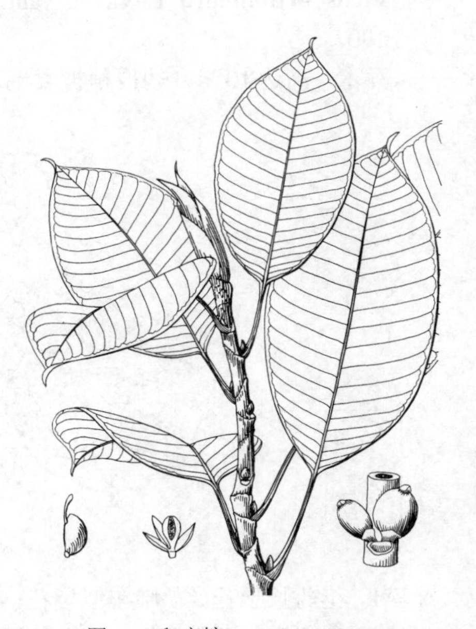

图 71 印度榕 （引自《图鉴》）

9. 高山榕 图 72 彩片 35

Ficus altissima Bl. Bijdr. 444. 1825.

乔木，高达30米；树皮灰色。幼枝绿色，径约1厘米，被微柔毛。叶革质，宽卵形或宽卵状椭圆形，长10-19厘米，先端骤钝尖，基部宽楔形，全缘，两面无毛，侧脉5-7对，具肋间脉；叶柄长2-5厘米，托叶厚革质，长2-3厘米，被灰色丝毛。榕果成对腋生，椭圆状卵圆形，径1.7-2.8厘米，无总柄，幼时包于早落风帽状苞片内，熟时红或带黄色，顶部脐状，基生苞片短宽，脱落后环状；雄花散生榕果内壁，花被片4，膜质，雄蕊1，花被片4，花柱近顶生，较长；雌花无梗，花被片与瘿花同数，子房基部具红斑。瘦果具小瘤。花期3-4月，果期5-7月。

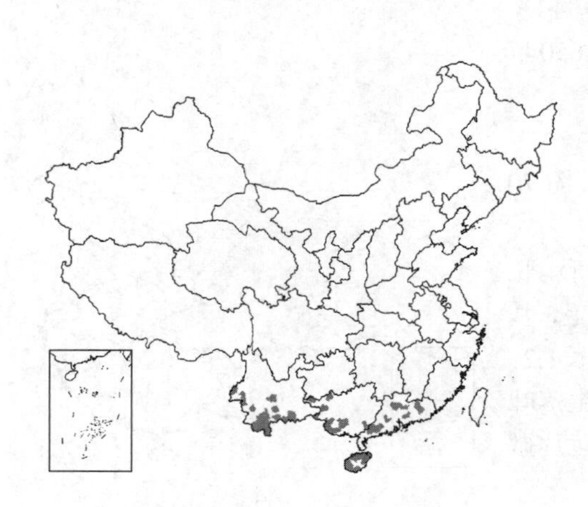

产广东、海南、广西及云南，生于海拔100-1600（-2000）米山地或平原。尼泊尔、锡金、不丹、印度、东南亚有分布。

10. 大叶水榕　　图 73

Ficus glaberrima Bl. Bijdr. 451. 1825.

乔木，高约15米；树皮灰色。幼枝微被柔毛。叶薄革质，长椭圆形，长10-20厘米，全缘，先端渐尖，基部宽楔形或圆，干后褐色或淡褐色，下面无毛，侧脉8-12对，两面稍凸起，具肋间脉；叶柄长1-3厘米，托叶早落，线状披针形，长约1.5厘米。榕果成对腋生，球形，径0.7-1厘米，熟时橙黄色，顶部无脐状凸起，具小孔，基生苞片3，早落；总柄长1-1.5厘米；雄花、雌花、瘿花同生于一榕果内；雄花生内壁口部或散生，少数，花被片4，卵状披针形，雄蕊1；瘿花花被4深裂，子房基部具红斑，花柱短，顶生；雌花花被片4，花柱长，顶生。瘦果卵球形。花果期5-9月。

产广东南部、海南、广西、贵州南部、云南及西藏东南部，生于海拔550-1500（-2800）米山谷及平原疏林中。热带喜马拉雅山区、越南、泰国、缅甸、印度及印度尼西亚有分布。为紫胶虫良好寄生树。

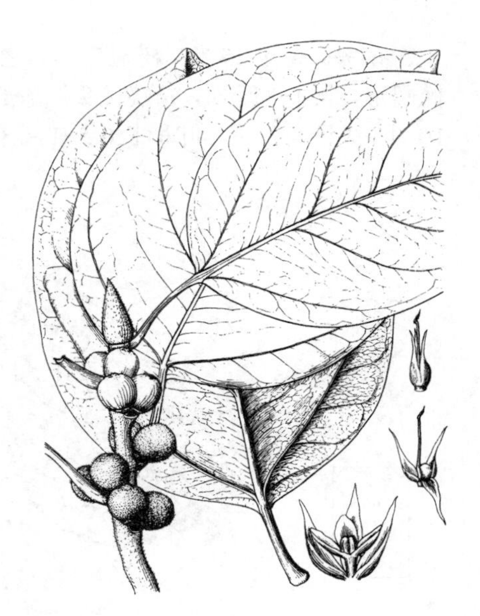

图 72 高山榕　（引自《图鉴》）

图 73 大叶水榕　（仿《广东植物志》）

11. 瘤枝榕　　图 74

Ficus maclellandi King in Ann. Bot. Gard. Calcutta 1: 52. t. 64. 1888.

乔木，高达20米；树皮灰色。小枝具棱，密被瘤体。叶互生，革质，长圆形或卵状椭圆形，长8-13厘米，先端渐尖或短尖，基部圆或楔形，全缘，侧脉11-13对，与中脉成直角，细脉两面明显，脉间具钟乳体；叶柄长1.3厘米，托叶披针形，被白色柔毛。榕果成对腋生，无总柄，圆锥状，微扁，径6-8毫米，熟时紫红至黑褐色，具小瘤，基生苞片2-3，卵形。雄花极少，生近口部；雌花无梗，花被片3，披针形，子房基部具红斑，花柱顶生；瘿花似雌花，花梗较长。花期5-6月。

产云南西部、西南及东南部，生于海拔（750）1000-1200米溪边或平原。印度东北部、越南、缅甸、泰国及马来西亚有分布。

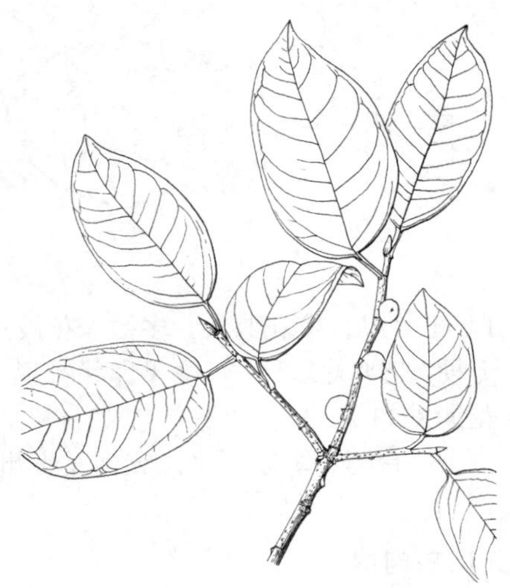

图 74 瘤枝榕　（孙英宝绘）

12. 榕树　　图 75

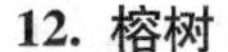

Ficus microcarpa Linn. f. Suppl. Sp. Pl. 442. 1781.

乔木，高达25米；树冠广展，老树常具锈褐色气根。叶薄革质，窄椭圆形，长4-8厘米，先端钝尖，基部楔形，全缘，细脉不明显，侧脉3-10对，成钝角展开；叶柄长0.5-1厘米，无毛，托叶披针形，长约8毫米。榕果成对腋生或生于落叶枝叶腋，熟时黄或微红色，扁球形，径6-8毫米，无总柄，基生苞片3，宽卵形，宿存。雄花、雌花、瘿花同生于一榕果内，花间具少数刚毛；雄花散生内壁，花丝与花药等长；雌花似瘿花，花被片3，宽卵形，花柱近侧生，柱头棒形。瘦果卵圆形。花期5-6月。

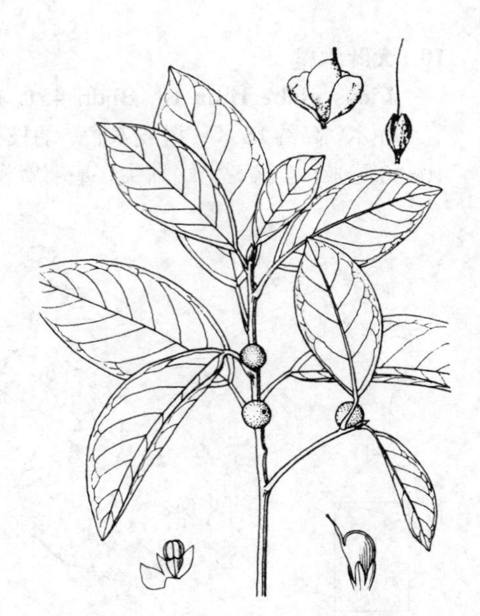

图 75 榕树 （引自《中国经济植物志》）

产台湾、福建、广东、海南、香港、广西、贵州及云南，生于海拔1900米以下山区及平原。斯里兰卡、印度、缅甸、泰国、越南、马来西亚、菲律宾、日本琉球及九州、巴布亚新几内亚及澳大利亚北部有分布。树皮纤维可制鱼网及人造棉；气根、树皮及叶芽可作清热药；树皮可提取栲胶。为优美行道树。

13. 垂叶榕 图 76 彩片 36

Ficus benjamina Linn. Mant. 1: 129. 1767.

乔木，高达20米；树皮灰色。小枝下垂。叶薄革质，卵形或卵状椭圆形，长4-8厘米，先端短渐尖，基部圆或宽楔形，全缘，叶脉两面凸起，侧脉极多数，1级与2级侧脉难区分，细脉平行，直达近叶缘，网结成边脉，两面无毛；叶柄长1-2厘米，上面具沟槽，托叶披针形，长约6毫米。榕果成对或单生叶腋，基部缢缩成柄，球形或扁球形，光滑，熟时红或黄色，径0.8-1.5厘米，基生苞片不明显。雄花、瘿花、雌花同生一榕果内；雄花极少数，具梗，花被片4，宽卵形，雄蕊1，花丝短；瘿花具梗，多数，花被片（4）5，窄匙形，花柱侧生；雌花无梗，花被片短匙形。瘦果卵状肾形，短于花柱，花柱近侧生，柱头膨大。花期8-11月。

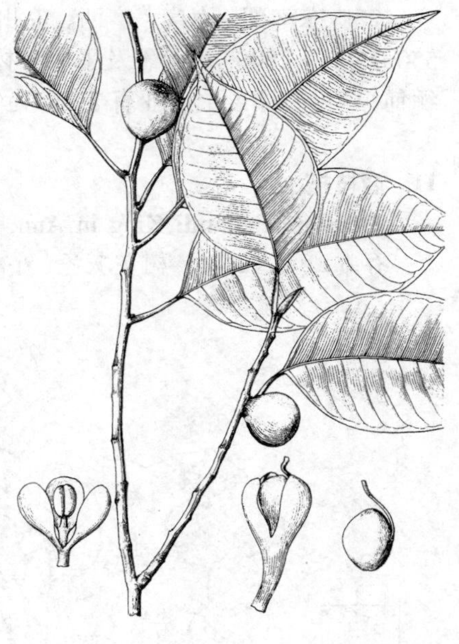

图 76 垂叶榕 （引自《图鉴》）

产台湾、海南、广西、云南及贵州，在云南生于海拔500-800米湿润林中。尼泊尔、锡金、不丹、印度、缅甸、泰国、越南、马来西亚、菲律宾、巴布亚新几内亚及澳大利亚北部有分布。

14. 白肉榕 图 77

Ficus vasculosa Wall. ex Miq. in Lond. Journ. Bot. 454. 1848.

乔木，高达15米；树皮灰色。叶革质，椭圆形或长椭圆状披针形，长

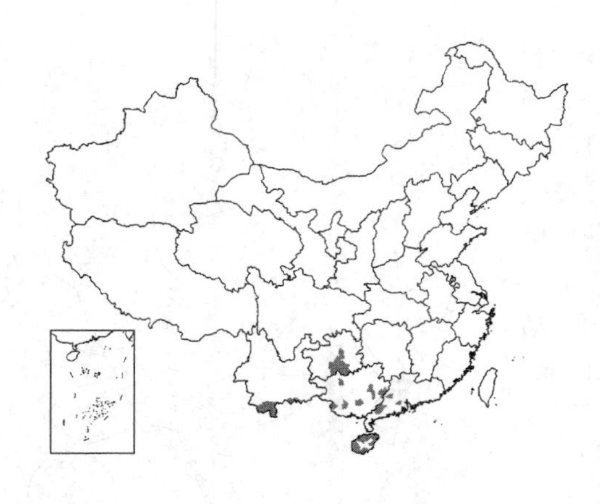

4-11厘米，先端钝或渐尖，基部楔形，下面淡绿色，干后黄绿或灰绿色，全缘或不规则分裂，侧脉10-12对，叶基脉无腺体，网脉两面突起；叶柄长1-2厘米，托叶卵形，长约6毫米。雌雄同株，榕果球形，径0.7-1厘米，基部缢缩成短柄，总柄长7-8毫米，基生苞片3，脱落。雄花少数，生内壁近口部，具短梗，花被3-4深裂，雄花雄蕊2（3）；瘿花和雌花多数，花被3-4深裂，子房倒卵圆形，花柱光滑，柱头2裂。榕果熟时黄或黄红色，瘦果光滑，顶部一侧具龙骨。花果期5-7月。

产广东、海南、广西、云南南部及贵州，生于海拔800米以下山区。越南、泰国及马来西亚有分布。

图 77　白肉榕　（引自《图鉴》）

15. 九丁榕　　图 78

Ficus nervosa Heyne ex Roth, Nov. Sp. Pl. Ind. Or. 388. 1819.

乔木。叶薄革质，椭圆形、长椭圆状披针形或倒卵状披针形，长6-15厘米，先端短钝尖，基部圆或楔形，全缘，微反卷，上面干后红褐色，下面疏生小乳点，脉腋具2腺体，侧脉7-11对；在下面突起；叶柄长1-2厘米。榕果单生或成对腋生，球形或近球形，幼时被小瘤，径1-1.2厘米，基部缢缩成柄，无总柄，基生苞片3，卵圆形，被柔毛；雄花、瘿花和雌花同生于一榕果内；雄花具梗，生于内壁近口部，花被片2，匙形，雄蕊1；瘿花花被片3，花柱侧生，较瘦果长2倍，柱头棒状。花期1-8月。

图 78　九丁榕　（引自《图鉴》）

产台湾、福建南部、广东、海南、广西、云南南部、贵州南部及四川，生于海拔400-1600米山区林中。越南、缅甸、印度及斯里兰卡有分布。木材细致坚硬，可制提取樟脑的蒸汽槽。

16. 聚果榕　　图 79：1-5

Ficus racemosa Linn. Sp. Pl. 1922. 1753.

乔木，高达30米；树皮灰褐色。幼枝嫩叶及果被平伏毛。叶薄革质，椭圆状倒卵形、椭圆形或长椭圆形，长10-14厘米，先端渐钝尖，基部楔形，全缘，上面无毛，下面淡绿色，稍粗糙，幼时被柔毛，后脱落，基生叶脉3

出，侧脉4-8对；叶柄长2-3厘米，托叶卵状披针形，膜质，被微柔毛，长1.5-2厘米。榕果聚生于老茎瘤状短枝上，稀成对生于落叶枝叶腋，梨形，径2-2.5厘米，顶部脐状，具柄，基生苞片3，三角状卵形，总柄长约1厘米。雄花在榕果内壁近孔口集生，无梗，花被片3-4，雄蕊（1）2（3）；瘿花及雌花具梗，无花间苞片；雌花花被线形，3-4齿裂，雄花花被全缘，花柱侧生，柱头棒状。榕果熟时橙红色。花期5-7月。

产广西西北部、云南及贵州西南部，生于低海拔湿地、溪边。印度、斯里兰卡、巴基斯坦、尼泊尔、越南、泰国、印度尼西亚、巴布亚新几内亚、澳大利亚有分布。榕果味甜可食；为优良紫胶虫寄主树。

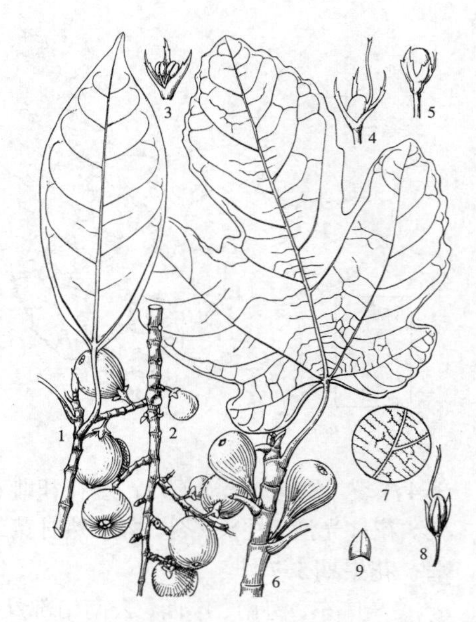

图 79：1-5. 聚果榕 6-9. 无花果
（谢 华绘）

17. 无花果 图 79：6-9 彩片 37

Ficus carica Linn. Sp. Pl. 2：1059. 1753.

落叶灌木，高达10米，多分枝；树皮灰褐色，皮孔明显。小枝粗，叶互生，厚纸质，宽卵圆形，长宽10-20厘米，掌状3-5裂，小裂片卵形，具不规则钝齿，上面粗糙，下面密被钟乳体及灰色柔毛，基部浅心形，基生脉3-5，侧脉5-7对；叶柄粗，长2-5厘米，托叶卵状披针形，长约1厘米，红色。雌雄异株，雄花和瘿花同生于一榕果内壁，雄花集生孔口，花被片4-5，雄蕊（1）3（15）；瘿花花柱短，侧生；雌花花被与雄花同，花柱侧生，柱头2裂，线形。榕果单生叶腋，梨形，径3-5厘米，顶部凹下，熟时紫红或黄色，基生苞片3，卵形，瘦果透镜状。花果期5-7月。

原产地中海沿岸及西南亚。我国南北均有栽培，新疆南部尤多。幼果及鲜叶可治痔疮；榕果味甜美或作蜜饯。

18. 尖叶榕 图 80 彩片 38

Ficus henryi Warb. ex Diels in Engl. Bot. Jahrb. 29：299. 1900.

乔木，高达10米。幼枝黄褐色，无毛。叶倒卵状长圆形或长圆状披针形，长7-16厘米，先端尾尖，基部楔形，两面均被点状钟乳体，侧脉5-7对，网脉在下面明显，全缘或上中部有疏锯齿；叶柄长1-1.5厘米。榕果单生叶腋，球形或椭圆形，径1-2厘米，总柄长5-6毫米，顶生苞片脐状，基生苞片3；雌雄异株；雄花集生榕果内壁孔口或散生，具长梗，花被片4-5，白或黄色，倒披针形，被微毛，雄蕊3-5；瘿花生于雄花下部，具梗，花被片5，卵状披针形；雌花花柱侧生，柱头2裂。榕果橙红色；瘦果卵圆形，光滑，背面龙骨状。花期5-6月，果期7-9月。

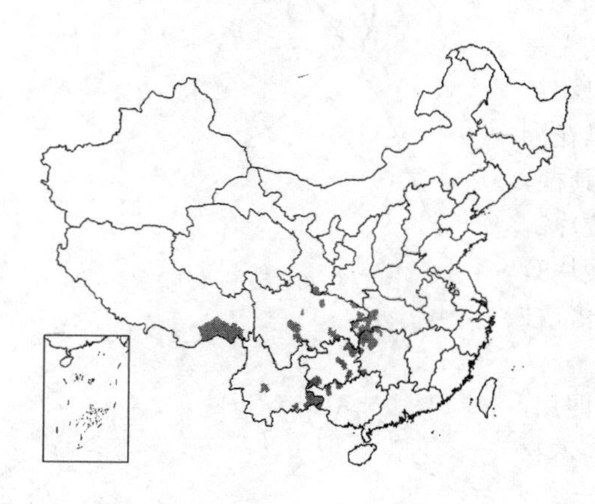

图 80 尖叶榕 （引自《图鉴》）

产湖北西部、湖南、广西、贵州、云南、西藏、四川及甘肃南部，生于海拔600-1300（-1600）米山地疏林中或溪边湿地。越南北部有分布。榕果可食。

19. 棒果榕 图 81 彩片 39

Ficus subincisa Buch.-Ham. ex J. E. Smith in Rees, Cyclop. 91. 1810.

灌木，高达3米；树皮灰黑色。小枝纤细。叶纸质，倒卵状长圆形，长4-12厘米，先端尾尖，基部楔形，近全缘或中上部疏生波状浅齿，两面具钟乳体，侧脉5-7对，基部具2腺体；叶柄长4-6毫米，托叶线状披针形，长约5毫米，早落。榕果单生叶腋，椭圆形或近球形，径1.2-2.5厘米，顶生苞片脐状，基生苞片3，三角形；总柄长达1厘米，榕果橙红色。雄花和瘿花同生于一榕果内壁；雄花二型，生近口部，无梗雄花具1雄蕊，具梗雄花具2(3)雄蕊，花被片4，暗红色；瘿花花柱侧生，柱头短漏斗形；雌雄异株，雌花花柱长，侧生，柱头2裂；瘦果透镜状，光滑。花期5-7月，果期9-10月。

产云南、广西西部，生于海拔1000-2100米山谷、沟边或疏林中。尼泊尔、锡金、不丹、印度东北部、缅甸、泰国、老挝及越南有分布。

图 81 棒果榕 （孙英宝绘）

20. 青藤公 尖尾榕 图 82

Ficus langkokensis Drake in, Journ. de Bot. 10. 211. 1896.

Ficus harmandii Gagnep.; 中国高等植物图鉴 1: 490. 1972.

乔木，高达15米；树皮红褐或灰黄色。小枝被锈色糠屑状毛。叶互生，纸质，椭圆状披针形或椭圆形，长7-19厘米，先端尾尖，基部宽楔形，全缘，两面无毛，下面红褐色，叶基3出脉，侧脉2-4对，在下面凸起，网脉在叶下面稍明显；叶柄长1-4厘米，无毛或疏被柔毛，托叶披针形，长0.7-1厘米。榕果成对或单生叶腋，球形，径0.5-1.2厘米，被锈色糠屑状毛，顶端脐状，基生苞片3，宽卵形，总柄较细，长0.5-1.2厘米，被锈色糠屑状毛。雄花在榕果内壁散生，具梗，花被片3-4，卵形，雄蕊1-2，花丝短；雌花花被片4，倒卵形，与子房近等长，暗红色，花柱侧生。

产福建、广东、海南、广西、湖南西南部、四川南部、云南南部，生于海拔150-2000米山谷林中或沟边。印度东北部、老挝及越南北部有分布。

图 82 青藤公 （引自《中国经济植物志》）

21. 森林榕 图 83

Ficus neriifolia J. E. Smith in Rees, Cyclop. 14: 21. 1810.

乔木，高达15米；树皮深灰色。小枝绿色，具环状托叶痕。叶薄革质，无毛，椭圆形或卵状椭圆形，长8-18厘米，先端尾尖，基部楔形至圆，全缘，两面绿色，下面密生钟乳体，侧脉7-15对，与主脉稍成直角；叶柄长1-4厘米，托叶披针形，

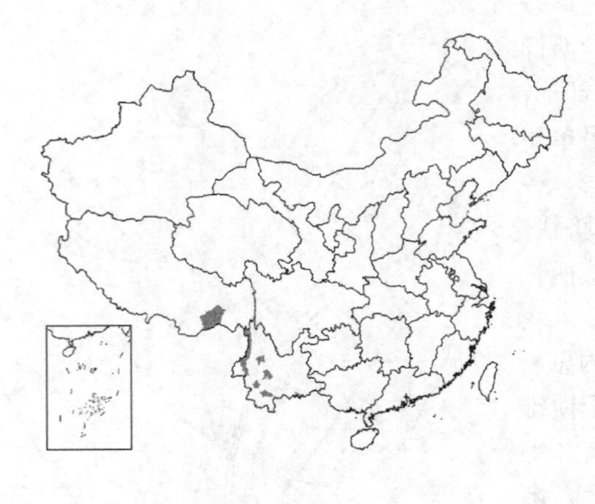

无毛。榕果成对腋生或生于落叶小枝叶腋，球形，径0.8-1厘米，无总柄，果皮厚，内壁无刚毛，石细胞丰富，顶部脐状，基生苞片3，卵圆形，近基部合生；雄花具梗，多数，花被片3-4，卵状披针形，雄蕊2-3；瘿花少数，子房卵圆形，花柱短，近侧生；雌花及中性花花被片3-4，花柱细长。瘦果光滑。花果期10月至翌年4月。

产西藏东南部及云南，生于海拔（1200）1700-2500米平原、山谷、山坡阔叶林中。尼泊尔、锡金、不丹及印度东北部有分布。

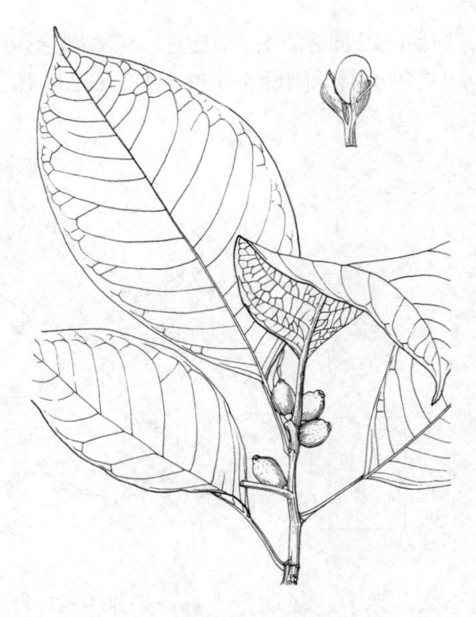

图 83 森林榕 （肖 溶绘）

22. 天仙果 图 84 彩片 40

Ficus erecta Thunb. var. **beecheyana**（Hook. et Arn.）King in Ann. Bot. Gard. Calcutta 1(2)：142. 178. 1888.

Ficus beecheyana Hook. et Arn. Bot. Beech. Voy. 271. 1841；中国高等植物图鉴 1：490. 1972.

落叶小乔木或灌木状，高达7米；树皮灰褐色。小枝密被硬毛。叶厚纸质，倒卵状椭圆形，长7-20厘米，先端短渐尖，基部圆或浅心形，全缘或上部疏生浅齿，上面疏被粗毛，下面近无毛或被柔毛，侧脉5-7对；叶柄长1-4厘米，纤细，密被灰白色硬毛，托叶三角状披针形，膜质，早落。榕果单生叶腋，具总柄，球形或近梨形，径1-1.5厘米，幼时被柔毛及粗毛，顶生苞片脐状，基生苞片3，卵状三角形，熟时黄红至紫黑色；雄花和瘿花生于同一榕果内壁，雄花具梗或近无梗，花被片（2）3（4），椭圆形或卵状披针形，雄蕊2-3；雌雄异株，瘿花花被片3-5，披针形，长于子房，被毛，花柱短，侧生，柱头2裂；雌花花被片4-6，宽匙形，子房具柄，花柱侧生，柱头2裂。花果期5-6月。

图 84 天仙果 （引自《图鉴》）

产江苏南部、浙江、福建、台湾、江西、湖北、湖南、广东、香港、广西及贵州，生于山坡林下或溪边。日本琉球及越南有分布。茎皮纤维可造纸；根可祛风除湿。

23. 舶梨榕 梨果榕 图 85 彩片 41

Ficus pyriformis Hook. et Arn. Bot. Beech. Voy. 216. 1836.

灌木，高达2米。小枝被糙毛。叶纸质，倒披针形或倒卵状披针形，长4-11（-14）厘米，先端尾尖，基部楔形或近圆，全缘，稍背卷，上面无毛，下面微被柔毛及小疣点，侧脉5-9对；叶柄被毛，长1-1.5厘米，托叶披针形，红色，无毛，长约1厘米。

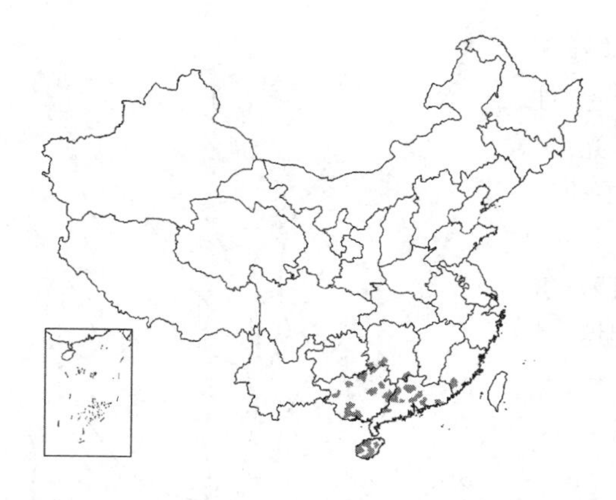

榕果单生叶腋，梨形，径2-3厘米，无毛，具白斑。雄花集生榕果口部，花被片3-4，披针形，雄蕊2；瘿花花被片4，线形，花柱侧生；雌雄异株，雌花生于榕果内壁，花被片3-4，花柱侧生，细长。瘦果具瘤体。花期12月至翌年6月。

产福建南部、广东、香港、海南、广西及湖南南部，生于溪边、林下湿地。越南北部有分布。

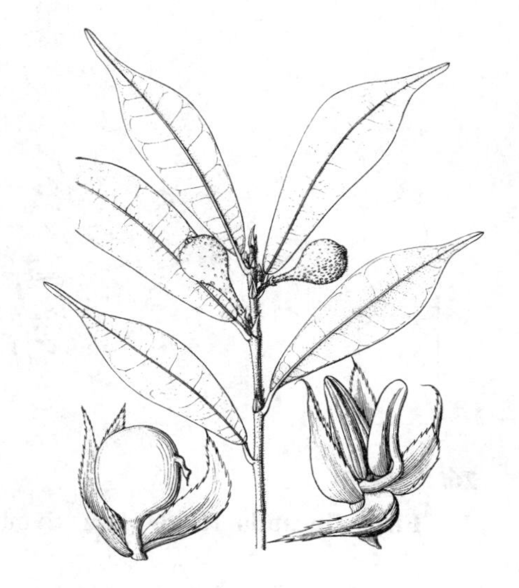

图 85 舶梨榕 （引自《图鉴》）

24. 变叶榕 图 86

Ficus variolosa Lindl. ex Benth. in Hook. Lond. Journ. Bot. 1: 492. 1842.

小乔木或灌木状，高达10米；树皮灰褐色，全株无毛。叶薄革质，窄椭圆形或窄椭圆状披针形，长5-12厘米，先端钝或短尖，基部楔形，全缘，侧脉7-11(-15)对；叶柄长0.6-1厘米，托叶长三角形，长约8毫米。榕果成对或单生叶腋，球形，径1-1.2厘米，具瘤体，顶部苞片脐状，基生苞片3，卵状三角形，基部微合生，总柄长0.8-1.2厘米；瘿花子房花柱短，侧生；雌雄异株，雌花生于榕果内壁，花被片3-4，子房花柱侧生，细长。瘦果具瘤体。花期12月至翌年6月。

产浙江、福建、江西、广东、香港、海南、广西、湖南、贵州、云南南部，生于溪边、疏林下及湿地。越南及老挝有分布。茎利尿，叶敷跌打损伤，根补肝肾；茎皮可造纸。

图 86 变叶榕 （引自《图鉴》）

25. 楔叶榕 图 87

Ficus trivia Corner in Gard. Bull. Singap. 17: 427. 1959.

小乔木或灌木状，高达8米；树皮灰色。小枝红褐色，径3-5毫米，无毛或微被柔毛。叶纸质，卵状椭圆形或倒卵形，长6-16厘米，上面无毛，下面叶脉被糙毛或无毛，具钟乳体，先端尖或渐尖，基部圆或宽楔形，全缘，侧脉4-5对，下面基部脉腋具腺体；叶柄长2-5厘米，托叶卵状披针形，长0.7-1.5厘米，被柔毛。榕果成对腋生或单生，熟时红至紫色，近球形，径1-2厘米，无毛，顶部脐状，基生苞片3，三角状卵形，总柄长3-8毫米；雄花具梗，生于榕果内壁近口部或散生，花被片4，雄蕊2，瘿花花被片4，花

图 87 楔叶榕 （仿《广东植物志》）

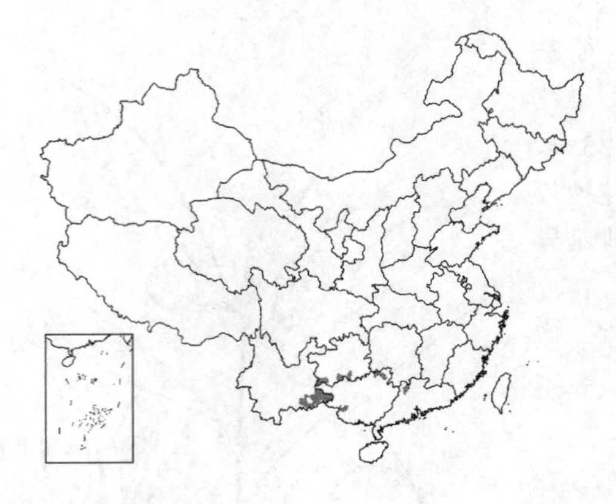

柱无毛，柱头2裂；雌花无梗，花被片4，花柱无毛，柱头2裂。瘦果卵球形，光滑。花期9月至翌年4月，果期5-8月。

产广东北部、广西、贵州及云南，生于沟边湿地。越南北部有分布。

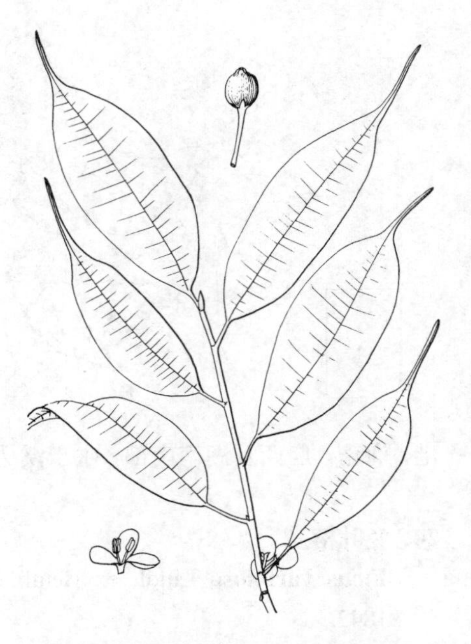

图 88 线尾榕 （孙英宝绘）

26. 线尾榕 图 88

Ficus filicauda Hand-Mazz. Symb. Sin. 7: 99. 1929.

乔木，高达10米。幼枝细，疏被柔毛；冬芽纺锤形，被柔毛。叶披针状长椭圆形，长10-14厘米，全缘，先端长尾尖，尾长约4厘米，上面无毛，下面中脉及侧脉被柔毛，中脉两面凸起，侧脉9-12对；叶柄长0.7-1厘米，被毛，托叶披针形，长1-1.5厘米，膜质。榕果单生或成对腋生，椭圆状球形，径约1厘米，无毛，疏被白点，顶端微脐状，基生苞片3，宽卵形，总柄长4-5毫米；雄花生榕果内壁近口部，花被片4，倒卵形，无毛，雄蕊2，花丝短，花梗长约2毫米；瘿花生于内壁中部，花被片4，子房具柄，花柱短，侧生，柱头2深裂。

产云及西藏东南部，生于海拔2000-2700米林中。缅甸北部及印度东北部有分布。

27. 菱叶冠毛榕 裂叶榕 图 89 彩片 42

Ficus gasparriniana Miq. var. **laceratifolia**（Lévl. et Vant.）Corner in Gard. Bull. Singap. 17: 428. 1960.

Ficus laceratifolia Lévl. et Vant. in Mem. Real Acad. Ci. Artes, Barcelona ser. 3, 6: 151. 1907.；中国高等植物图鉴 补编 1: 161. 1982.

灌木，高1.5-2米。小枝具贴伏糙毛。叶厚纸质，倒卵形、倒卵状披针形，或为琴形，长8-15厘米，上部具数个不规则撕裂状粗齿，或近全缘，先端渐尖，基部宽楔形，或圆钝，上面具短糙毛，下面密被瘤状小突起，沿主、侧脉被糙毛。榕果单生叶腋，球形。雌花无梗；花被4片，

图 89 菱叶冠毛榕 （引自《图鉴》）

长卵形，具黄色腺点，顶端具毛数根，子房球形；瘿花具柄，花被片4-5，线状披针形，子房具柄；雄花集中在孔口，雄蕊2-3枚。花期5-7月。

产四川、云南、广西及贵州，生于海拔600-1300米山麓、灌丛中。

［附］**绿叶冠毛榕 Ficus gasparriniana** var. **viridescens**（Lévl. et Vant.）Corner in Gard. Bull. Singap. 17: 428. 1959. —— *Ficus viridescens* Lévl. et Vant. in Mem. Real. Acad. Ci. Artes. Barcelona ser. 3, 6: 149. 1907. 本变种与菱叶冠毛榕的区别：叶倒卵状椭圆形，下面密被糙毛和柔毛，侧脉4-8对，干后绿色；榕果径7-8毫米，柄很短。产福建、江西、湖北、湖南、广东、广西、贵州及云南，生于山地、灌丛中或沟边。越南、泰国、老挝、缅甸北部及印度东北部有分布。

28. 异叶榕　　图90　彩片43

Ficus heteromorpha Hemsl. in Hook. Icon. Pl. 26: t. 2533. 1897.

落叶小乔木或灌木状，高达5米；树皮灰褐色。叶琴形、椭圆形或椭圆状披针形，长10-18厘米，先端渐尖或尾状，基部圆或稍心形，上面稍粗糙，下面具钟乳体，全缘或微波状，侧脉6-15对，红色；叶柄长1.5-6厘米，红色，托叶披针形，长约1厘米。榕果对生短枝叶腋，稀单生，无总柄，球形或圆锥状球形，光滑，径0.6-1厘米，熟时紫黑色，顶生苞片脐状，基生苞片3，卵圆形，雄花和瘿花同生于一榕果中；雄花散生内壁，花被片4-5，匙形，雄蕊 2-3；瘿花花被片5-6，花柱短；雌花花被片4-5，花柱侧生，柱头画笔状，被柔毛。瘦果光滑。花期4-5月，果期5-7月。

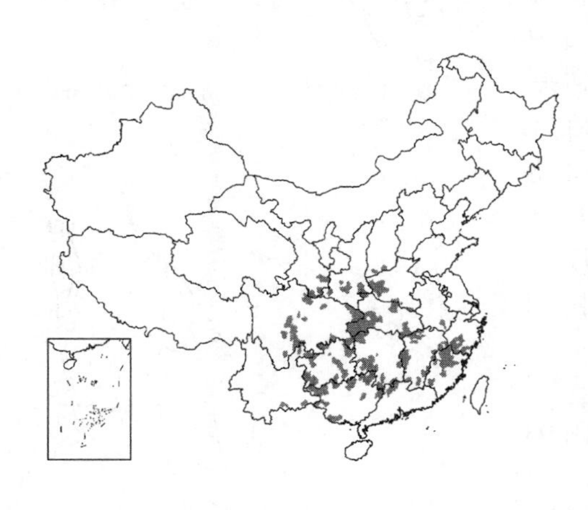

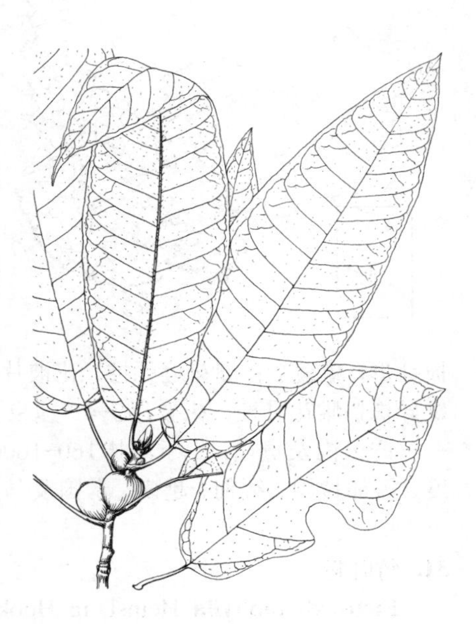

图 90　异叶榕　（引自《图鉴》）

产甘肃、陕西、山西、河南、安徽、浙江、福建、江西、湖北、湖南、广东、广西、贵州、云南及四川，生于山谷、坡地及林中。茎皮供造纸；榕果可食或作果酱；叶可作猪饲料。

［附］**卵叶榕 Ficus ovatifolia** S. S. Chang in Acta Phytotax. Sin. 22(1): 68. f. 10. 1984. 本种与异叶榕的主要区别：叶卵形或斜卵形，长5-12厘米，基部心形，侧脉3-4对；榕果圆锥状椭圆形，熟时红色。产云南东南部，生于海拔1300-1600(-2050)米沟边、林中。

29. 台湾榕　　图91

Ficus formosana Maxim. in Bull. Acad. St. Sci. Pétersb. 27: 546. 1881.

灌木，高达3米。小枝、叶柄、叶脉幼时疏被短毛。叶纸质或膜质，倒披针形，长4-11厘米，先端尾尖，基部楔形，全缘或中部以上疏生钝齿，上面平滑，干后绿色，中脉不明显。榕果单生叶腋，卵状球形，径6-9毫米，熟时绿带红色，顶部脐状，基部具短柄，基生苞片3，边缘齿状，总柄长2-3毫米，纤细，雄花散生榕果内壁，花被片3-4，卵形，雄蕊2（3），花药较花丝长；瘿花花被片4-5，舟状，子房具柄，花柱短，侧生；雌花花被片4，花柱长，柱头漏斗形。瘦果球形，光滑。花期4-7月。

产台湾、浙江南部、福建、江西、湖南、广东、香港、海南、广西及

贵州，生于溪边、湿地。越南北部有分布。

30. 壶托榕 瘦柄榕 图 92 彩片 44

Ficus ischnopoda Miq. in Ann. Bot. Lugd.-Bat. 3: 229. 194. 1867.

小乔木或灌木状。叶近枝顶集生，厚纸质，椭圆状披针形或倒披针形，长4-13厘米，全缘，先端渐尖，基部楔形，下面干后淡褐色，两面无毛，侧脉7-15对；叶柄长5-8毫米，托叶线状披针形，长约8毫米。榕果单生叶腋，稀成对腋生，或生于落叶枝上，圆锥形或纺锤形，长1-2厘米，径5-8毫米，具纵棱，具短柄，总柄长1-4厘米。雄花生于榕果内壁近口部，具梗，苞片1，花被片3-4，倒披针形，雄蕊2；瘿花近无梗，花被片4，花柱短，侧生，柱头2浅裂；雌雄异株，雌花具梗，花被片3-4。瘦果肾形，稍具小瘤。花果期5-8月。

产云南及贵州，生于海拔160-1600（-2200）米河滩地带、灌丛中。印度、孟加拉国、缅甸、越南、泰国及马来西亚有分布。

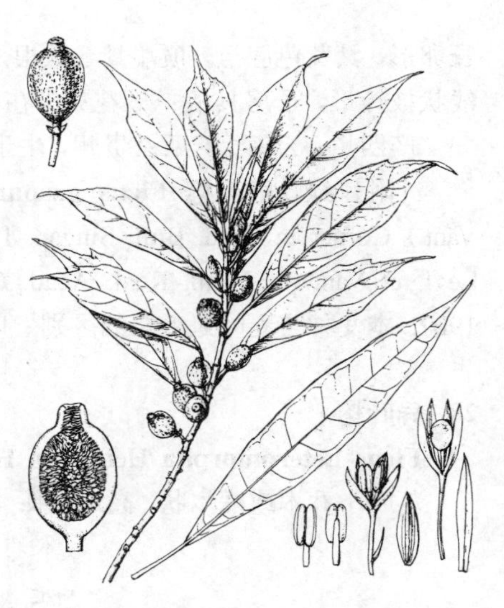

图 91 台湾榕 （引自《Fl. Taiwan》）

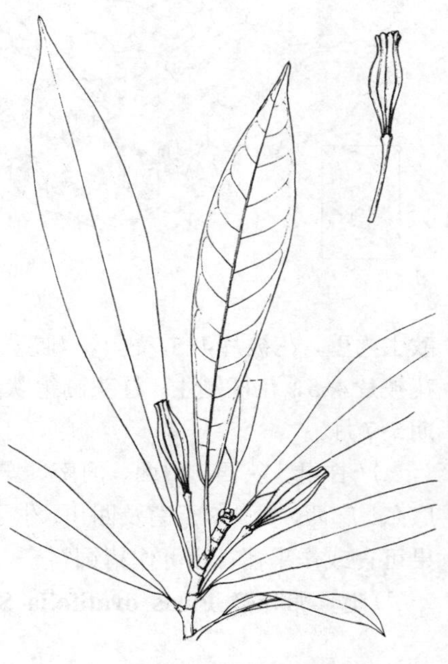

图 92 壶托榕 （张培英绘）

31. 竹叶榕 图 93

Ficus stenophylla Hemsl. in Hook. Icon. Pl. 26: t. 2536. 1897.

灌木，高达3米。小枝疏被灰白色硬毛。叶厚纸质，干后灰绿色，线状披针形，长5-13厘米，先端渐尖，基部楔形或近圆，上面无毛，下面具小瘤，全缘背卷，侧脉7-17对；叶柄长3-7毫米，托叶披针形，红色，无毛，长约8毫米。榕果椭圆状球形，稍被柔毛，径7-8毫米，熟时深红色，顶端脐状，基生苞片三角形，宿存，总柄长2-4毫米；雄花和瘿花同生于雄株榕果中，雄花生内壁口部，具短梗，花被片3-4，卵状披针形，红色，雄蕊2-3，花丝短；瘿花具梗，花被片3-4，倒披针形，内弯，花柱短，侧生；雌雄异株，雌花近无梗，花被片4，线形，先端钝。瘦果透镜状，顶部具棱骨，一侧微凹入，花柱侧生，纤细。花果期5-7月。

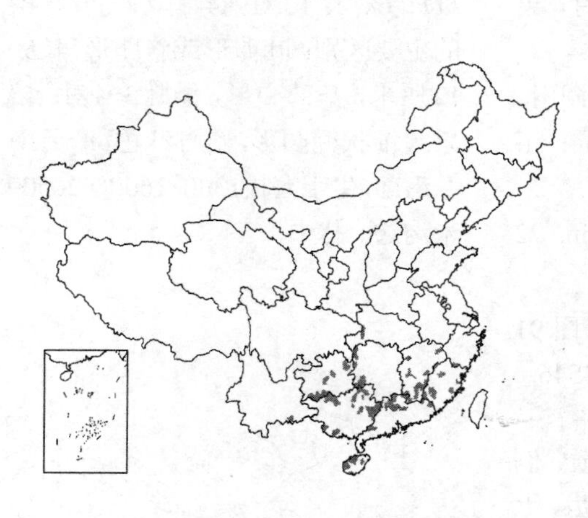

产福建、浙江南部、江西、湖北西部、湖南西部、广东、海南、广西、贵州及云南东南部，生于沟边。越南北部及泰国北部有分布。茎药用，可利尿、止痛。

32. 琴叶榕 图 94 彩片 45

Ficus pandurata Hance in Ann. Sci. Nat. ser. 4, 18: 229, 1862.

灌木，高达2米。叶厚纸质，提琴形或倒卵形，长4-8厘米，先端短尖，基部圆或宽楔形，中部缢缩，上面无毛，下面叶脉疏被毛及小瘤点，基生侧脉2，侧脉5-7对；叶柄疏被糙毛，长3-5毫米，托叶披针形，迟落。榕果单生叶腋，鲜红色，椭圆形或球形，径0.6-1厘米，顶部脐状，基生苞片3，卵形，总柄长4-5毫米，纤细。雄花具梗，生于榕果内壁口部，花被片4，线形，雄蕊（2）3；瘿花花被片3-4，倒披针形或线形，花柱侧生，很短；雌花花被片3-4，椭圆形，花柱侧生，细长，柱头漏斗形。花期6-8月。

产安徽南部、浙江南部、福建、江西、湖南、广东、广西及云南东南部，生于山地、旷野、灌丛中或林中。越南有分布。

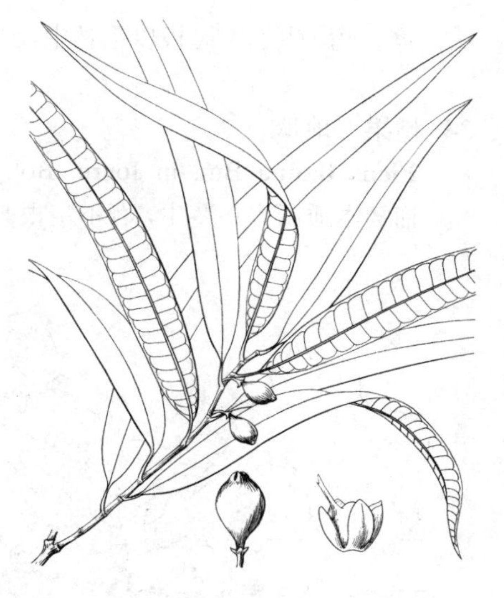

图 93 竹叶榕 （引自《图鉴》）

［附］**全缘琴叶榕 Ficus pandurata** var. **holophylla** Migo in Bull. Shanghai. Inst. 14: 329. 1994. 本变种与模式变种的区别：叶倒卵状披针形或披针形，先端渐尖，中部不缢缩；榕果椭圆形，径4-6毫米，顶部微脐状。产东南各省，广东及广西偶见。

［附］**条叶榕 Ficus pandurata** var. **angustifolia** Chang in Contr. Biol. Lob. Sci. Soc. China, Bot. 9: 256. 1939. 本变种与模式变种的区别：叶线状披针形，长达16厘米，先端渐尖，侧脉8-18对。产东南各省，西至湖北宜昌。

图 94 琴叶榕 （引自《广东植物志》）

33. 越桔叶蔓榕 图 95

Ficus vaccinioides Hemsl. ex King in Ann. Bot. Gard. Calcutta 1: 126. f. 157A. 1888.

常绿匍匐小灌木。小枝节上生根。叶纸质，倒卵状椭圆形，长（0.5-）1.5-3厘米，先端尖，基部楔形，全缘，两面疏被糙毛，下面具钟乳状，侧脉3-4对；叶柄长不及4毫米，纤细，被微柔毛，托叶红色，膜质，披针形，长3-4毫米。榕果单生或成对腋生，紫黑色，球形或卵圆形，径约1厘米，粗糙，疏被细毛，基生苞片3，微被柔毛，无总柄或总柄长1-2毫米。雄花和瘿花混生于雄株榕果内壁，雄花具梗，花被3-5裂，裂片线形，雄蕊2-4；瘿花无梗，子房具柄，花柱短，侧生，柱头膨大；雌花无梗，花被裂片4，线形，子房无柄，花柱长，侧生，柱头尖。花期3-4月，果期5-6月。

图 95 越桔叶蔓榕 （张培英绘）

产台湾，生于中海拔以下林中。

34. 地果 地瓜 图96 彩片46

Ficus tikoua Bur. in Journ. Bot. 2: 213. t. 7. 1888.

匍匐木质藤本；茎生，有不定根。叶坚纸质，倒卵状椭圆形，长2-8厘米，先端尖，基部圆或浅心形，疏生波状浅齿，侧脉3-4对，上面被刺毛，下面沿脉被细毛；叶柄长1-2（-6）厘米，托叶披针形，长约5毫米，被柔毛。榕果成对或簇生匍匐茎上，常埋于土中，球形或卵球形，径1-2厘米，具柄，熟时深红色，具圆瘤点，基生苞片3，细小；雄花生于榕果内壁孔口部，无梗，花被片2-6，雄蕊1-3；雌花生于雌株榕果内壁，具短梗，无花被，具粘膜包被子房。瘦果卵球形，具瘤体，花柱长，侧生，柱头2裂。花期5-6月，果期7月。

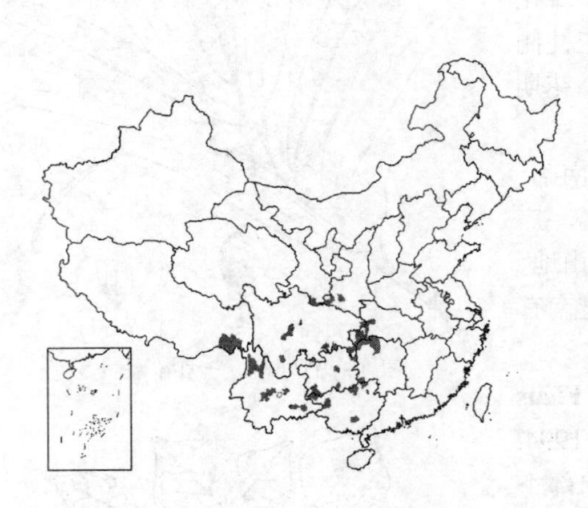

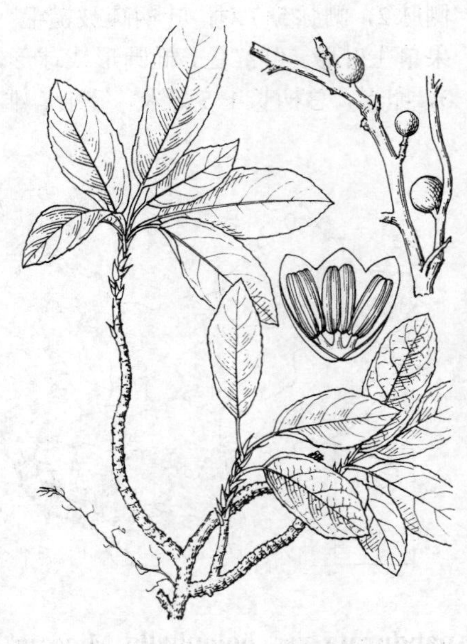

图 96 地果 （郭木森绘）

产湖南、湖北、广西、贵州、云南、西藏东南部、四川、甘肃、陕西南部，生于荒地、草坡或岩缝中。印度东北部、越南北部、老挝有分布。榕果可食；为水土保持植物。

35. 石榕树 图97

Ficus abelii Miq. in Ann. Mus. Bot. Lugd.-Bat. 3: 281. 1867.

灌木，高达2.5米。小枝密被灰白色粗毛。叶纸质，倒披针形，长4-9厘米，先端短尖或尖，基部楔形，全缘，上面疏生粗毛，后脱落，下面密被硬毛及柔毛，侧脉7-9对，在上面凹下，网脉在下面明显；叶柄长0.4-1厘米，被粗毛，托叶披针形，长约4毫米，微被柔毛。榕果单生叶腋，近梨形，径1.5-2厘米，熟时紫黑或褐红色，密被白色硬毛，顶部脐状，具短柄，基生苞片3，三角状卵形，被毛，总柄长0.7-1厘米，被粗毛；雄花散生于榕果内壁，近无梗，花被片3，短于雄蕊，雄蕊2或3，花药长于花丝；瘿花同生于一榕果内，花被合生，3-4齿裂，子房稍具小瘤点，花柱短，侧生；雌花无花被，花柱长，近顶生，柱头线形。瘦果肾形，外包泡状粘膜。花期5-7月。

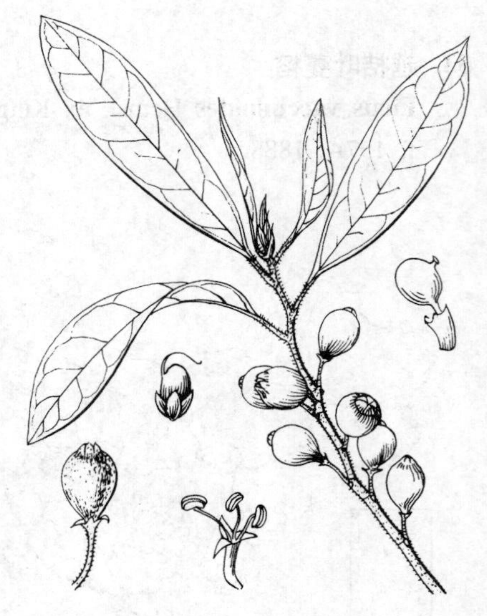

图 97 石榕树 （引自《图鉴》）

产福建南部、江西、湖南、广东、海南、广西、云南、贵州及四川西南部，尼泊尔、印度东北部、孟加拉国、缅甸及越南有分布。

36. 黄毛榕 图 98 彩片 47

Ficus esquiroliana Lévl. in Bull. Acad. Geogr. Bot. 24: 252. 1914.

Ficus fulva auct. non Reinw.: 中国高等植物图鉴 1: 489. 1972.

小乔木或灌木状，高达10米。幼枝中空，被褐黄色长硬毛。叶互生，纸质，宽卵形，长17-27厘米，先端尖，基部心形，上面疏被糙伏长毛，下面被长3-5毫米灰白或褐黄色波状毛，侧脉5-6对，3-5裂或不裂，具细锯齿，齿端被长毛；叶柄长5-11厘米，疏被长硬毛，托叶披针形，长1-1.5厘米，早落。榕果腋生，圆锥状椭圆形，径2-2.5厘米，被淡褐色长毛，顶部脐状，基生苞片卵状披针形，长8毫米；雄花集生榕果孔口，具梗，花被片4，顶端全缘，雄蕊2；瘿花花被同雄花，花柱短，侧生，柱头漏斗形；雌花花被4。瘦果斜卵圆形，具瘤。花期5-7月，果期7月。

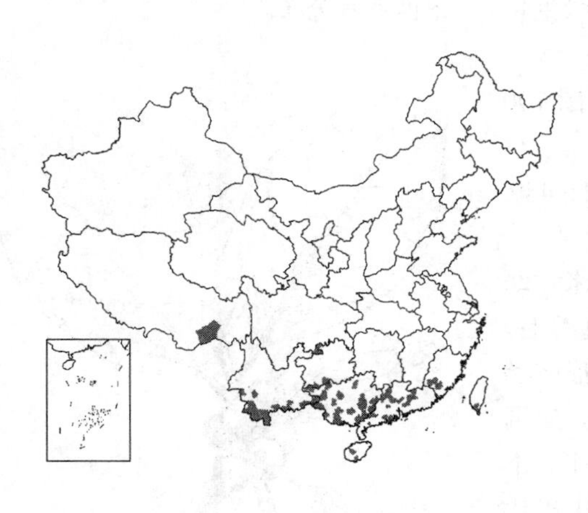

图 98 黄毛榕 （引自《图鉴》）

产西藏东南部、四川、贵州、云南、广西、广东、海南、福建及台湾，生于溪边、林中。越南、老挝及泰国北部有分布。

37. 粗叶榕 图 99

Ficus hirta Vahl, Enum. 2: 201. 1806.

Ficus simplicissima Lour. var. *hirta* (Vahl) Migo; 中国高等植物图鉴 1: 489. 1972.

小乔木或灌木状。小枝被刚毛。叶互生，纸质，长椭圆状卵形或宽卵形，长10-25厘米，具细锯齿，不裂或3-5深裂，先端尖或渐尖，基部圆、浅心形或宽楔形，上面疏生平伏硬毛，下面被开展柔毛，沿主脉和侧脉被刚毛，侧脉4-7对；叶柄长2-8厘米，托叶卵状披针形，长1-3厘米，膜质，红色，被柔毛。榕果成对腋生或生于落叶枝上，球形或椭圆状球形，被刚毛，无柄或近无柄，径1-1.5厘米，幼时顶部苞片脐状，基生苞片卵状披针形，长1-3厘米，膜质，红色，被柔毛；雌花榕果球形，雄花及瘿果卵球形，无柄或近无柄，径1-1.5厘米，幼时顶部苞片脐状，基生苞片早落，卵状披针形，被平伏柔毛；雄花生于榕果内壁近口部，具梗，花被片4，披针形，红色，雄蕊2-3，花药长于花丝；瘿花花被片4，花柱短，侧生，柱头漏斗形；雌花生雌株榕果内，花被片4。瘦果椭圆状球形，光滑，花柱贴生于一侧微凹处，细长，柱头棒状。

图 99 粗叶榕 （仿《图鉴》）

产浙江、福建、江西、湖南、广东、海南、广西、云南及贵州，尼泊尔、锡金、不丹、印度东北部、越南、缅甸、泰国、马来西亚及印度尼西亚有分布。

［附］**大果粗叶榕 Ficus hirta** var. **roxburghii**（Miq.）King in Ann. Bot. Gard. Calcutta 1: 150. 1888. —— *Ficus roxburghii* Miq. in Ann. Mus. Bot. Lugd. Bat. 6: 77. 1848. 本变种与模式变种的区别：叶常掌状分裂；小枝和叶柄被褐色长糙毛；榕果径2.5-3厘米，被褐色糙毛和灰绿色长柔毛，基生苞片长6-8毫米，雄花和瘿花花被片不为齿裂。花果期4-6月。产福建、广东、海南、广西及云南。常生于低海拔林下或林缘。锡金、印度东北部、缅甸、越南、泰国及印度尼西亚有分布。

38. 金毛榕 图 100

Ficus chrysocarpa Reinw. in Bl. Bijdr. 475. 1825.

Ficus fulva Reinw. ex Bl. Bijdr. 478. 1825；中国高等植物图鉴 1：489. 1972.

小乔木，高达8米。幼枝及嫩叶密被金黄色柔毛。叶纸质，长圆状披针形或椭圆形，长10-15厘米，先端短尖或渐尖，基部楔形，不裂，具锯齿，上面疏生平伏粗毛，下面密被金黄色长柔毛，侧脉3-4（-6）对；叶柄长1-1.5厘米，密被金黄色长柔毛，托叶披针形，长1-1.5厘米，密被金黄色柔毛。榕果无总柄或柄极短，成对腋生，球形，径1-1.5厘米，密被金黄色柔毛，顶生苞片小，脐状，基生苞片3，宽卵形，密被金黄色粗毛。雄花花被片4，宽卵形，白色，透明，无毛，雄蕊2；瘿花花被片4，窄长圆状披针形，先端被簇生毛，花柱短，侧生。瘦果椭圆形或菱形，具皱纹及瘤点，花柱长，侧生，柱头圆柱形。

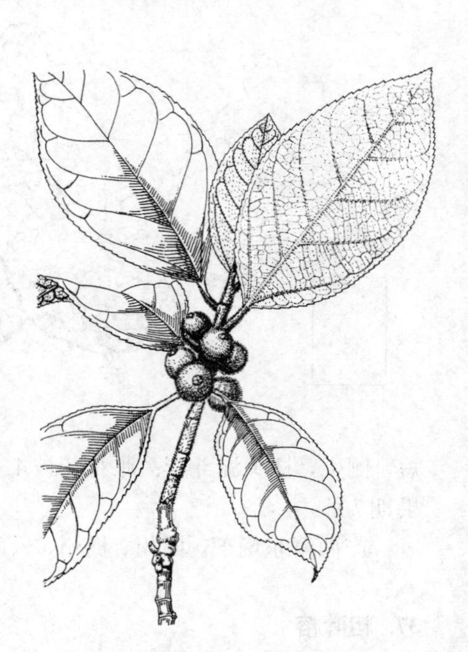

图 100 金毛榕 （谢 华绘）

产云南南部。印度尼科巴岛、泰国南部、马来西亚及印度尼西亚有分布。

39. 平塘榕 图 101

Ficus tuphapensis Drake in, Journ. de Bot. 10: 211. 1896.

灌木，高达3米。幼枝被平伏粗毛。叶近革质，长椭圆形，长6-14厘米，先端尖或钝圆，基部楔形或圆，全缘，上面被平伏粗毛，下面密被黄褐色糙毛，侧脉5-6对；叶柄长约1厘米，密被粗毛，托叶披针形，长约1厘米，被毛，早落。榕果球形，无总柄，径1-2厘米，被绢毛，熟时黄色，基生苞片3，宽卵形；雄花具梗，生于榕果内壁近口部，少数，花被片4，褐色，近匙形，雄蕊 2-

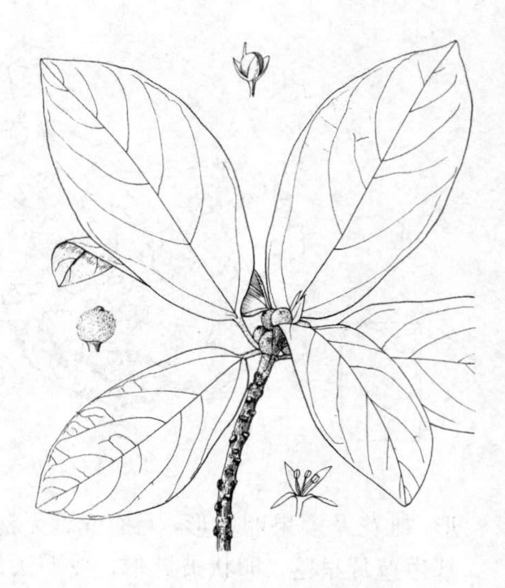

图 101 平塘榕 （孙英宝绘）

3；瘿花无梗或具短梗，花被片4，花柱短，侧生，柱头漏斗形；雌花生于雌株榕果内壁，花被片3-4，近匙形。瘦果卵状椭圆形，光滑，花柱长，侧生。花期3-4月，果期5月。

产海南、广西西部、贵州南部及云南东南部。越南北部有分布。

40. 大果榕　　图102：1-6　彩片48

Ficus auriculata Lour. Fl. Cochinch. 666. 1790.

小乔木，高达10米。幼枝被柔毛，径1-1.5厘米，中空。叶互生，厚纸质，宽卵状心形或近圆形，长15-55厘米，先端尾尖，基部心形，稀圆，全缘或疏生齿，上面无毛，仅中脉及侧脉被微柔毛，下面被开展柔毛，基出脉5-7，侧脉4-5对，上面微凹下或平；叶柄粗，长5-8厘米，托叶三角状卵形，长1.5-2厘米，紫红色，被柔毛。榕果簇生于树干基部或老茎短枝上，梨形、扁球形或陀螺形，径3-5(6)厘米，具8-12纵棱，幼时被白色柔毛，后脱落，红褐色，顶生苞片宽三角状卵形，4-5轮成莲座状，基生苞片3，卵状三角形；总柄长4-6厘米，被柔毛。雄花无梗，花被片3，匙形，薄膜质，雄蕊2，花丝长；瘿花花被3裂，花柱侧生，被毛，柱头膨大；雌花生于雌株榕果内，具长梗，花被3裂，子房白色，花柱侧生，被毛，较瘿花花柱长。瘦果有粘液。花期8月至翌年3月，果期5-8月。

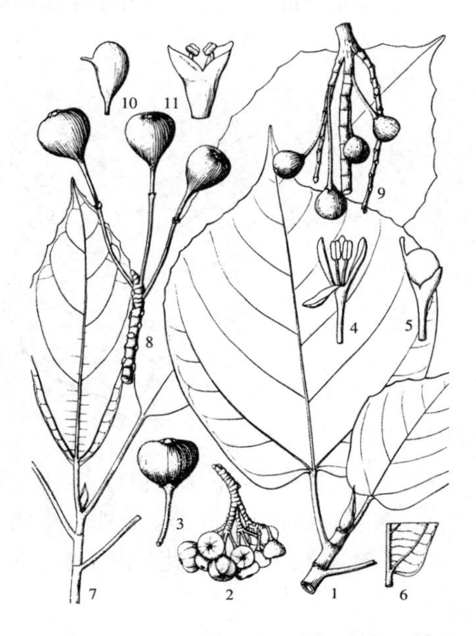

图 102：1-6. 大果榕　7-11. 苹果榕
（张培英绘）

产广东南部、海南、广西、云南、贵州西南部及四川中部，生于低山沟谷林中。越南、印度、巴基斯坦有分布。榕果味甜可食。

41. 苹果榕　　图102：7-11

Ficus oligodon Miq. in Ann. Mus. Bot. Lugd.-Bat. 3: 234. 297. 1867.

小乔木，高达10米。幼枝稍被柔毛。叶互生，纸质，倒卵状椭圆形，长10-25厘米，先端渐尖或尖，基部浅心形或宽楔形，上部疏生不规则粗齿，上面无毛，下面密被小瘤，幼叶中脉及侧脉疏生白色细毛，基出侧脉伸至中上部，侧脉4-5(6)对；叶柄长4-6厘米，托叶卵状披针形，无毛或被微柔毛，长1-1.5厘米，早落。榕果簇生于老茎短枝上，梨形或近球形，径2-3.5厘米。雄花具短梗，生榕果内壁口部，花被薄膜质，顶端2裂，雄蕊2；瘿花具梗，生内壁中下部，多数，花被囊状，不裂；雌花生于雌株榕果内壁，具长梗，花被囊状，花后顶部常撕裂，花柱无毛，较瘿花花柱长，柱头被毛。瘦果倒卵圆形，光滑。花期9月至翌年4月，果期5-6月。

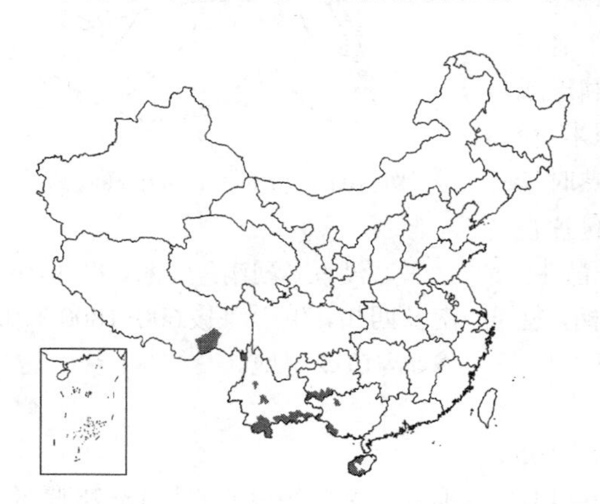

产海南、广西、贵州、云南及西藏东南部，生于低海拔山谷、沟边、湿地。尼泊尔、锡金、不丹、印度、越南、泰国及马来西亚有分布。榕果味甜可食；可作紫胶虫寄主树。

42. 青果榕 杂色榕 图 103

Ficus variegata Bl. var. **chlorocarpa** (Benth.) King in Ann. Bot. Gard. Calcutta 1: 170. 1888.

Ficus chlorocarpa Benth. Fl. Hongk. 330. 1861.

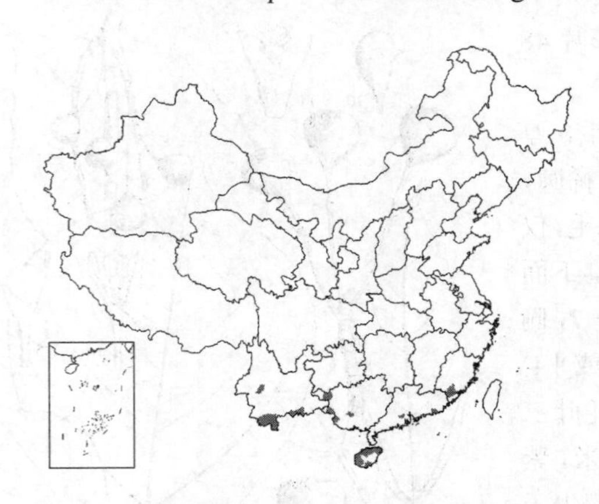

常绿乔木，高达15米。小枝无毛。叶卵状椭圆形或窄卵形，长8-20厘米，先端渐尖或稍骤尖，基部圆或微心形，全缘。侧脉5-7（-8）对，无毛；叶柄粗，长5-7厘米，托叶卵状披针形。榕果簇生树干或老茎短枝上，球形，径1-3厘米，顶部微扁，不为莲座状，熟时黄色，总柄长2-4厘米。花无梗或具短梗，花被连合或离生，红色、褐色或苍白，子房红褐或淡红褐色。瘦果倒卵形，被小瘤，花柱与瘦果近等长，柱头棒状，无毛。花期春季至秋季。

产福建、广东、香港、海南、广西及云南，生于低海拔沟谷、溪边、疏林中。越南中部及泰国有分布。榕果可食；茎皮纤维可造纸；可作行道树。

图 103 青果榕 （引自《图鉴》）

43. 岩木瓜 糙叶榕 图 104 彩片 49

Ficus tsiangii Merr. ex Corner in Gard. Bull. Singap. 18: 25. 1960.

小乔木或灌木状，高达6米。小枝径3-4毫米，密被灰白至黄褐色硬毛。叶螺旋状排列，纸质，卵形或倒卵状椭圆形，长8-23厘米，先端尾尖，尾长0.7-1.3厘米，基部圆、浅心形或宽楔形，上面被硬毛，下面具钟乳体，密被灰白或褐色糙毛，基出侧脉伸至中上部，侧脉4-5对，叶基具2腺体；叶柄细，长3-12厘米，托叶早落，披针形，长5-6毫米，被平伏柔毛。榕果簇生老茎基部或瘤状短枝，卵圆形或球状椭圆形，长2-3.5厘米，径1.5-2厘米，被硬毛，熟时红色，具侧生苞片，顶生苞片直立，总柄长2-4厘米。榕果内壁具刚毛；无梗雄花生于口部，有梗雄花散生，花被片3-5，线状披针形，雄蕊（1）2，花丝基部被毛；雌花子房无柄，柱头2浅裂，散生刚毛；不育花小。瘦果透镜状，背面微具龙骨。花期5-8月。

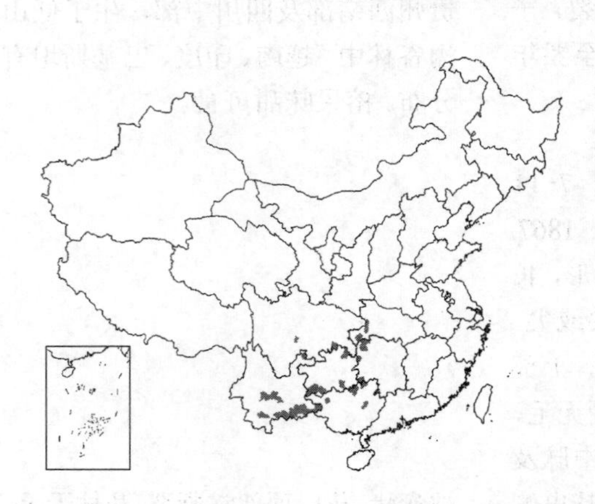

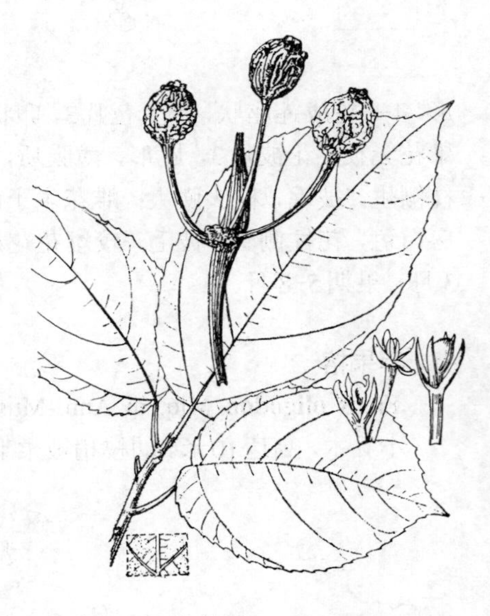

图 104 岩木瓜 （引自《图鉴》）

产湖北、湖南、广西、贵州、云南及四川，生于海拔600-1800米山谷、沟边或湿地。

44. 鸡嗉子榕 鸡嗉子果 图 105

Ficus semicordata Buch.-Ham. ex J. E. Smith in Rees, Cyclop. 14: 71. 1810.

乔木，高达10米；树冠平展，伞状。幼枝被柔毛。叶纸质，2列，椭圆形或长圆状披针形，长18-28厘米，先端渐尖，基部偏心形，一侧耳状，具细锯齿或全缘，上面脉上被硬毛，下面密被硬毛及黄褐色小突点，侧脉10-14对；叶柄长0.5-1厘米，密被硬毛，托叶披针形，长2-3.5厘米，膜质，近无毛，红色。榕果生于老茎发出的无叶小枝，果枝下垂至根部或入土；榕果球形，径1-1.5厘米，紫红色，被硬毛，具侧生苞片，基生苞片3，被毛，总柄长0.5-1厘米，被硬毛。雄花生于榕果内壁近口部，花被片3，红色，倒披针形，长于雄蕊，雄蕊（1）2，花丝短；瘿花花被片线状披针形，4-5，花柱短，侧生；雌花基部具1苞片，子房红或白色，花柱长，侧生，柱头圆柱形，2浅裂。瘦果宽卵形，顶端一侧微缺，微具瘤体。花期5-10月。

图 105 鸡嗉子榕 （引自《中国经济植物志》）

产广西、贵州、云南及西藏东南部，生于中海拔以下林缘或沟谷。马来西亚、越南、泰国、缅甸、不丹、锡金、尼泊尔及印度中部有分布。冠幅宽广，为优良蔽阴树种。

［附］**菲律宾榕 Ficus ampelas** Burm. f. Fl. Ind., 226. 1768. 本种与鸡嗉子榕的区别：叶薄革质，长圆形或披针形，长5-12厘米，宽2-5厘米；榕果径5-6毫米，腋生，生于树干或无叶短枝，无侧生苞片；子房白色。产台湾，生于低海拔阔叶林中。菲律宾、日本琉球及印度尼西亚有分布。

45. 山榕 图 106

Ficus heterophylla Linn. f. Suppl. Sp. Pl. 442. 1781.

灌木或匍匐状。枝被柔毛。叶互生，纸质，卵状披针形或卵状椭圆形，长7-10厘米，先端渐尖，基部圆或微心形，具粗齿，幼树之叶常羽裂，两面被硬毛，侧脉4-8对，基部脉腋具2腺体；叶柄长0.7-1厘米，托叶成对，近卵形，膜质。榕果单生叶腋或落叶枝上，球形或梨形，径1-2厘米，被粗毛及小瘤，熟时橙黄色，平滑，顶端脐状，基部具短柄，基生苞片三角形，总柄长4-6毫米，被毛。雄花具梗，生榕果内壁近口部，花被3-4深裂，雄蕊1；瘿花具梗，花被片同雄花，子房白色，花柱侧生，柱头粗大；雌花生于雌株榕果内壁，具梗，花被片4，白色。瘦果短椭圆形，被透明薄膜，花柱长，侧生，柱头圆柱形。花期7-11月。

图 106 山榕 （张培英绘）

产广东、海南及云南南部，生于中海拔山谷或溪边。斯里兰卡、印度、东南亚有分布。

46. 歪叶榕 图 107

Ficus cyrtophylla Wall. ex Miq. in Ann. Mus. Bot. Lugd.-Bat. 3: 282. 1867.

Ficus obscura auct. non Bl.: 中国高等植物图鉴 1: 497. 1972.

小乔木或灌木状，高达6米。小枝、叶柄、榕果密被硬毛。叶互生，2列，纸质，长圆形或长圆状倒卵形，长9-15厘米，先端尾状渐尖，基部歪斜，侧脉4-5对，上面极粗糙，具钟乳体，脉上被硬毛，下面密被褐色硬毛，后渐脱落，具不规则粗齿；叶柄长1-1.4厘米，托叶披针形，被毛，早落。榕果成对或簇生叶腋，卵圆形，长0.8-1厘米，具短柄，熟时橙黄色，密被硬毛，侧生苞片小，散生，基生苞片3，被硬毛，总柄长3-5毫米，被毛。雄花和瘿花生于同一榕果内，雄花生榕果内壁近口部，花被片4，白色，雄蕊1；瘿花花柱短，侧生；雌花生于雌株榕果内壁，花被片5，白色，线形，被毛，花柱长，侧生，柱头膨大，花梗被毛。瘦果短椭圆形。花期5-6月。

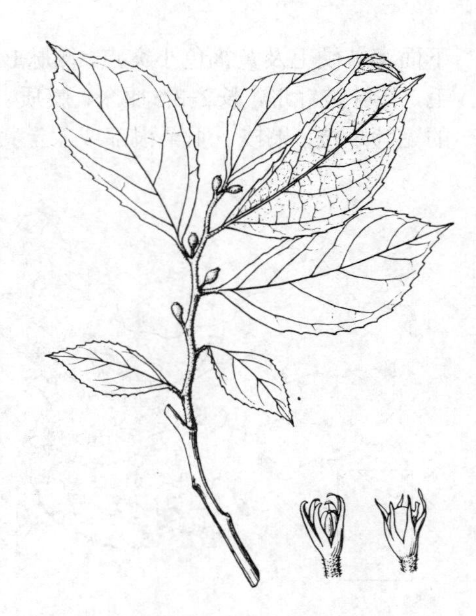

图 107 歪叶榕 （引自《中国经济植物志》）

产西藏东南部、云南、贵州及广西，生于海拔500-800（-1300）米山地疏林中。印度东北部、锡金、不丹、缅甸、泰国及越南有分布。

47. 钩毛榕 图 108

Ficus asperiuscula Kunth et Bouch. Ind. Sem. Hort. Berol. 21: 1846.

灌木，高达6米。幼枝被钩毛及柔毛。叶近革质，椭圆状倒卵形，长7-13厘米，先端尾尖，尾长1.5-2厘米，基部窄楔形，两面疏被平伏毛及钩毛，下面密被钟乳体，上中部疏生浅齿，近基部全缘，侧脉5-6对；叶柄长0.5-1厘米，被钩毛。榕果具总柄，成对或成簇腋生，球形，径5-7毫米，被钩毛，无侧生苞片，顶生苞片放射状，基生苞片3，披针形；雄花花被片4，膜质，倒卵形；瘿花具梗，花被片4，披针形，子房光滑，花柱短；雌花花被片匙形，长于子房，子房白色。瘦果长圆形，光滑，花柱近侧生。

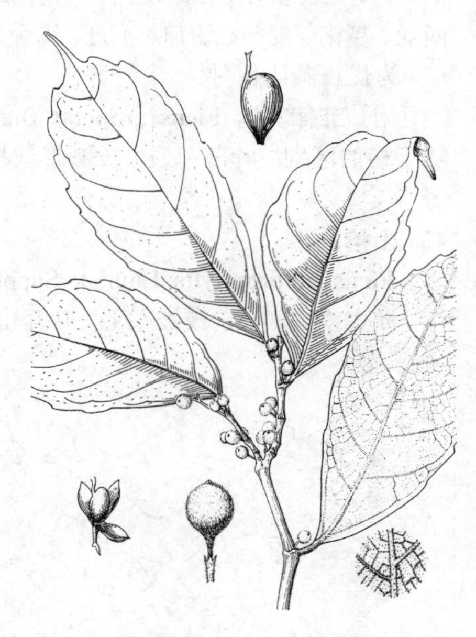

图 108 钩毛榕 （谢 华绘）

产云南南部，生于海拔350-1200米山地沟谷林中。印度北部、印度尼西亚苏门答腊有分布。

48. 斜叶榕 图 109 彩片 50

Ficus tinctoria Forst. f. subsp. **gibbosa** (Bl.) Corner in Gard. Bull. Singap. 17: 476. 1959.

Ficus gibbosa Bl. Bijdr. 466. 1825；中国高等植物图鉴 1: 483. 1972.

乔木，幼树附生。叶革质，卵状椭圆形或近菱形，长不及13厘米，幼树之叶薄革质，长13厘米以上，先端尖，钝尖或短渐尖，全缘或具棱角；侧脉5-7对；叶柄长0.8-1厘米，托叶钻状披针形，长0.5-1厘米。榕果球形或梨形，径6-8毫米，果壁具石细胞。雄花生榕果内壁近口部，花被片4-6，白色，线形，雄蕊1，具退

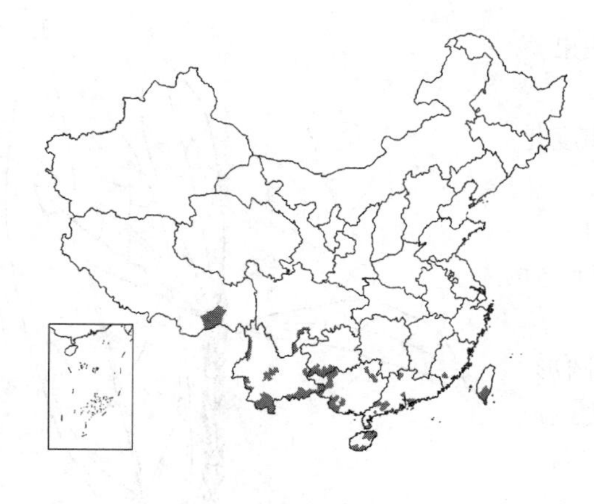

化子房；瘿花花被似雄花，子房斜卵形，花柱侧生；雌雄异株，雌花花被片4，线形，膜质，瘦果椭圆形，具龙骨及瘤体，花柱长，侧生，柱头膨大。花果期6-7月。

产福建、台湾、广东、香港、海南、广西、贵州、云南、四川及西藏东南部，生于海拔200-600米山谷、林内、石缝中。泰国、缅甸、马来西亚及印度尼西亚有分布。

图 109 斜叶榕 （引自《中国经济植物志》）

图 110 假斜叶榕 （孙英宝绘）

49. 假斜叶榕 图 110

Ficus subulata Bl. Bijdr. 461. 1825.

攀援状灌木，雄株为直立灌木。叶纸质，斜椭圆形或倒卵状椭圆形，长8-15厘米，先端短尾尖或渐尖，全缘，初被微柔毛，后两面无毛，下面疏被小瘤，侧脉7-10对，网脉不明显；叶柄长1-1.4厘米，托叶钻形，长1.5-2厘米，迟落。榕果径2-5（-9）毫米；成对或成簇腋生或生于落叶枝上，球形或卵圆形，熟时橙红色，疏被小瘤，具侧生苞片，基生苞片有时鞘状。雄花生于榕果内壁近口部，花被管状，肉质，4齿裂，雄蕊1，退化子房球形；瘿花散生于榕果内壁，花被片似雄花，柱头头状；雌花生于雌株榕果内壁，花被合生，顶部齿裂，被毛。瘦果短椭圆形，花柱长，侧生。果期5-8月。

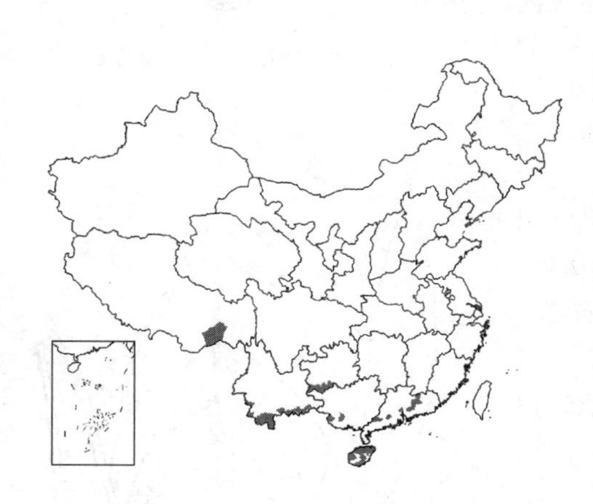

产广东、海南、广西西南部、贵州西南部、云南及西藏东南部，生于海拔800米以下（云南达1600米）疏林中。尼泊尔、锡金、不丹、马来西亚及印度尼西亚有分布。

50. 肉托榕 图 111

Ficus squamosa Roxb. Fl. Ind. 3: 531. 1832.

矮生直立灌木。小枝及叶柄密被粗毛。叶螺旋状排列，集生枝顶，纸质，倒披针形或长圆形，长4.5-13厘米，先端短尖，基部窄楔形，全缘或上部疏生齿，上面疏被硬毛，下面中脉被锈褐色长粗毛，侧脉6-8对；叶柄长0.5-1厘米，密被锈色硬毛，托叶披针形，长0.5-1厘米。榕果具总柄，单生叶腋或生于老茎发出的无叶瘤状短枝，近球形，径1.5-2厘米，具纵棱，密被锈褐色粗毛或绵毛，具柄，长约8毫米，基生苞片3。雄花花被片3-4，雄

蕊1；瘿花花被膜质，花柱短，侧生，柱头管状；雌花花被似瘿花。瘦果菱状卵形，被毛，花柱丝状，长0.6-1.5厘米，被长毛。

产云南，生于海拔730-1150米雨林中。尼泊尔、锡金、不丹、印度北部、缅甸及泰国北部有分布。

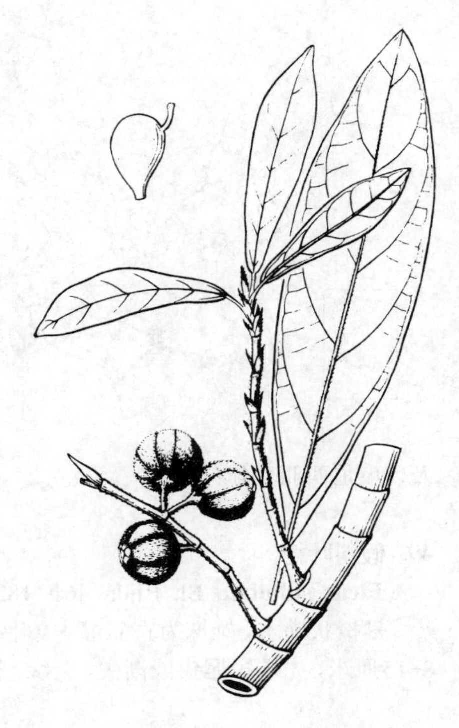

图 111 肉托榕 （张培英绘）

51. 对叶榕 图 112 彩片 51

Ficus hispida Linn. f. Suppl. Sp. Pl. 442. 1781.

小乔木或灌木状。叶常对生，厚纸质，卵状长椭圆形或倒卵状长圆形，长10-25厘米，先端尖或短尖，基部圆或近楔形，两面被粗毛，具锯齿，侧脉6-9对；叶柄长1-4厘米，被粗毛，托叶卵状披针形。榕果腋生或生于落叶枝上，或老茎发出的下垂枝上，陀螺形，熟时黄色，径1.5-2.5厘米，散生苞片及粗毛。雄花生于榕果内壁口部，多数，花被片3，薄膜状，雄蕊1；瘿花无花被，花柱近顶生，粗短；雌花无花被，柱头侧生，被毛。花果期6-7月。

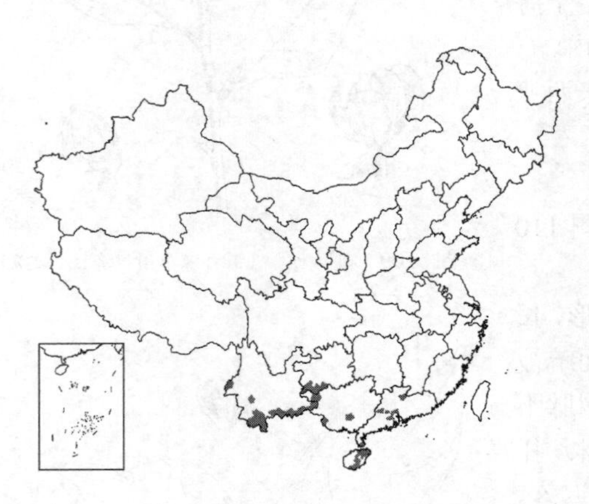

产广东、海南、广西、贵州及云南，生于低海拔沟谷、湿地。尼泊尔、锡金、不丹、印度、泰国、越南、马来西亚及澳大利亚有分布。可作护堤树种。茎皮纤维可造纸；根、茎皮、叶药用，治感冒、支气管炎；果生食有毒。

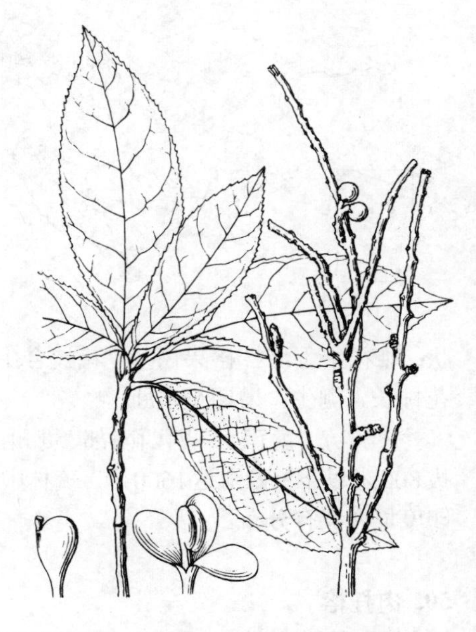

图 112 对叶榕 （引自《中国经济植物志》）

52. 水同木 图 113

Ficus fistulosa Reinw. ex Bl. Bijdr. 442. 1825.

Ficus harlandii Benth.; 中国高等植物图鉴 1: 498. 1972.

常绿小乔木。叶互生，纸质，倒卵形或长圆形，长10-20厘米，先端短尖，基部楔形或稍圆，全缘或微波状，上面无毛，下面微被柔毛或黄色小突体，侧脉6-9对；叶柄长1.5-4厘米，托叶卵状披针形，长约1.7厘米。榕果簇生于老干瘤枝上，近球形，径1.5-2厘米，光滑，熟时桔红色，不裂，总柄长0.8-2.4厘米。雄花和瘿花生于同一榕果内壁；雄花生于近口部，少数，具短梗，花被片3-4，雄蕊1，花丝短；瘿花具梗，花被片极短或无，花柱近侧生，纤细，柱头膨大；雌花生于雌株榕果内，花被管状。瘦果近斜方形，具小瘤，花柱棒状。花期5-7月。

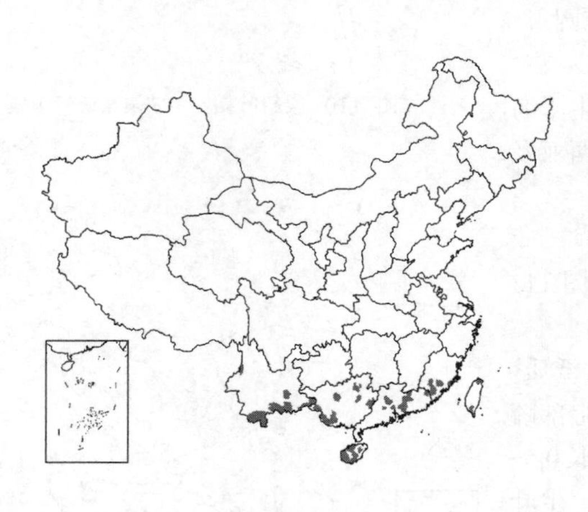

产福建、台湾、广东、海南、香港、广西及云南，生于溪边、岩缝中

或林中。锡金、印度东北部、孟加拉国、东南亚有分布。

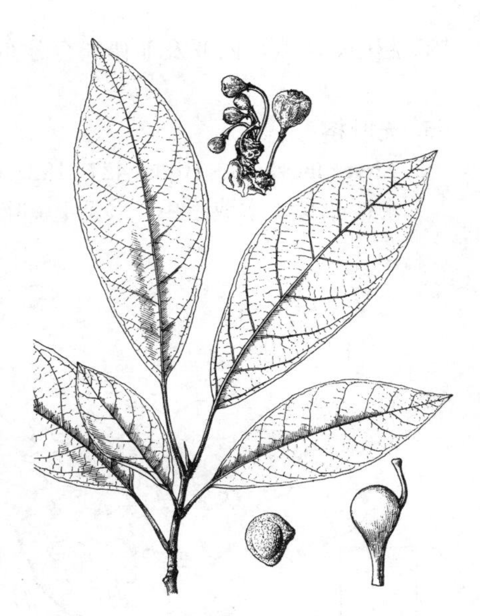

图 113 水同木 （引自《图鉴》）

53. 藤榕 图 114

Ficus hederacea Roxb. Fl. Ind. 3: 538. 1832.

藤状灌木；茎、枝节上生根。幼枝被柔毛。叶2列，厚革质，椭圆形或卵状椭圆形，长6-11厘米，先端钝，基部宽楔形，幼时被毛，两面具钟乳体，全缘，侧脉3-5对，在上面凹下；叶柄长1-2厘米，托叶卵形，早落。榕果单生或成对腋生或生于落叶枝叶腋，球形，径0.7-1.4厘米，顶部脐状，幼时被粗毛，熟时黄绿至红色，基生苞片上部3裂；总柄长1-1.2厘米；花间无刚毛。雄花少数，散生榕果内壁，无梗，花被片3-4，雄蕊2，花药无尖头，花丝分离；瘿花具梗，花被片4，披针形；花柱短，近顶生，柱头弯曲；雌花生于雌株榕果内，花被片4，线形，瘦果椭圆形，背面具龙骨，花柱长。花期5-7月。

产广东、海南、广西、贵州、云南西部及南部。尼泊尔、锡金、不丹、印度北部、缅甸、老挝及泰国有分布。

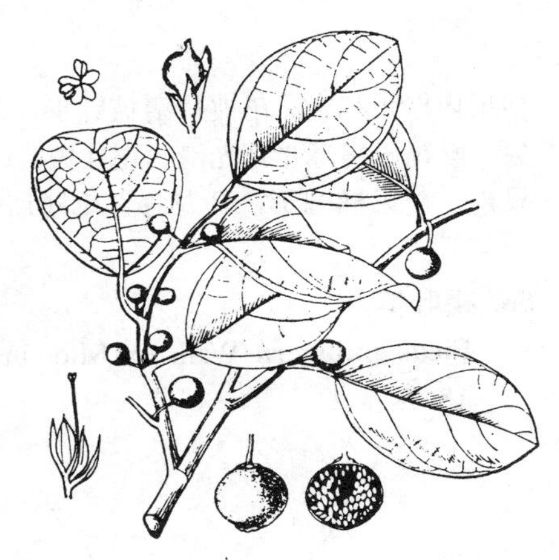

图 114 藤榕 （引自《广东植物志》）

54. 羊乳榕 图 115

Ficus sagittata Vahl. Enum. Pl. 2: 185. 1806.

幼树为附生藤本，后成乔木。茎节生根。叶革质，卵形或卵状椭圆形，长7-13（-20）厘米，先端尖或短尖，基部圆、微心形或心形，全缘或稍波状，幼叶下面中脉及细脉被毛，后脱落，侧脉5-6对；叶柄长约1.5厘米，微被柔毛，托叶卵状披针形，被柔毛，早落。榕果成对或单生叶腋，稀簇生，近球形，径0.8-1.5厘米，幼时被毛，熟时橙红色，顶生苞片脐状，基部缢缩成柄，基生苞片3，早落；总柄短。花间无刚毛；雄花生榕果内壁近口部，花被片3，雄蕊2，花丝连合，花药具短尖，瘿花花被片似雄花，花柱短，侧生；雌花生于雌株榕果内，花被3裂。瘦果椭圆形，花柱长，侧生，柱头柱状。花期12月至翌年3月。

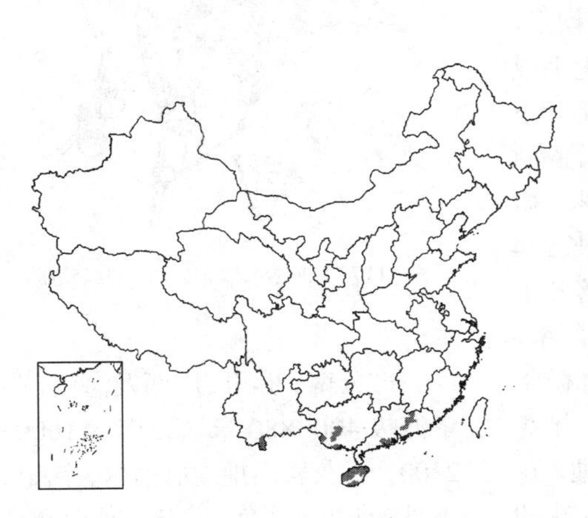

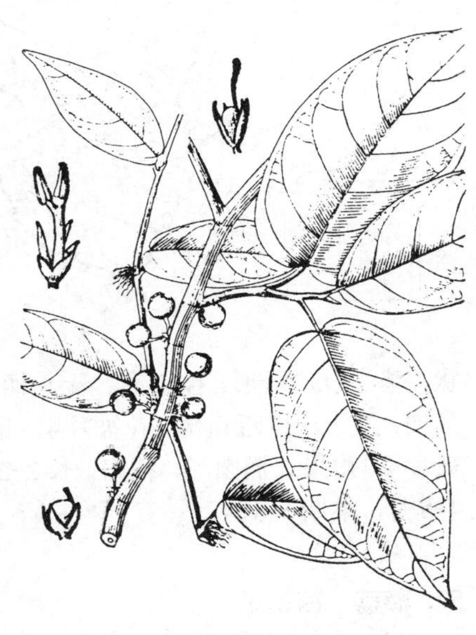

图 115 羊乳榕 （引自《广东植物志》）

产广东、海南、广西西南部及云南南部。锡金、不丹、印度、缅甸、泰国、越南、印度尼西亚及菲律宾有分布。

55. 光叶榕 图 116

Ficus laevis Bl. Bijdr. 437. 1825.

攀援藤状灌木或附生，常无毛。叶螺旋状排列，膜质，圆形或宽卵形，长10-20厘米，先端钝或短尖，基部圆或浅心形，全缘，上面中脉被毛，下面无毛或稍被柔毛，侧脉3-4对，下面网脉不凸起；叶柄长3.5-7厘米，托叶长0.8-1.2厘米，早落。榕果单生或成对腋生，球形，径1.5-2.5厘米，熟时紫色，顶生苞片突起，基生苞片3，三角状卵形，宿存；总柄长2-3厘米。花间多刚毛，花被片5数，红色；雄花生于榕果内壁近口部，花被片窄披针形，雄蕊2，花丝离生或微合生，花药具短尖；瘿花子房球形，光滑，花柱短，近顶生，柱头膨大；雌花生于雌株榕果内。瘦果椭圆形，具龙骨，花柱顶生，与瘦果近等长，柱头2裂。花果期4-6月。

图 116 光叶榕 （孙英宝绘）

产广西、贵州、云南，生于海拔800-1600(-1900)米山地雨林中。锡金、印度、东南亚有分布。

56. 褐叶榕 图 117

Ficus pubigera Wall. ex Miq. in Ann. Mus. Bot. Lugd.-Bat. 3: 294. 1867.

藤状灌木。老枝无毛，幼枝密被褐色粗毛。叶2列，薄革质，长椭圆形，长7-11厘米，先端短渐尖，基部楔形，稀圆，干后褐色，上面无毛或沿中脉或细脉疏被柔毛，下面幼时被柔毛，后脱落，侧脉5-7对；叶柄长约1厘米，微被柔毛，托叶披针形，长约4厘米，早落。榕果生于落叶小枝叶腋，球形，径1-2厘米，疏生小瘤，被柔毛，顶部微脐状，基生苞片肾形，被柔毛；无总柄。榕果内壁花间散生针形刚毛；雄花具梗，生于内壁近口部，花被片4，近匙形，花柱近顶生；雌花近无梗，花被片4。瘦果长椭圆形，稍扁，长2-2.5毫米，花柱近顶生，柱头小。花期4-5月，果期6-8月。

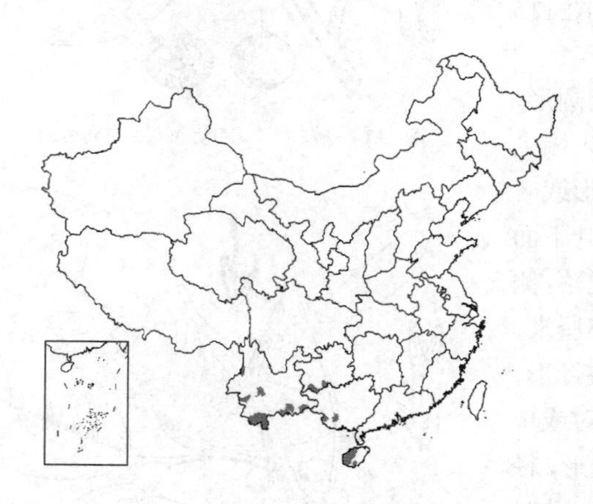

图 117 褐叶榕 （仿《广东植物志》）

产云南、贵州、广西及海南，生于海拔400-880米（云南达1600-2300）石灰岩山地。尼泊尔、锡金、不丹、印度、缅甸、泰国、越南及马来西亚有分布。

57. 薜荔 凉粉子 图 118：1-5

Ficus pumila Linn. Sp. Pl. 1060. 1753.

攀援或匍匐灌木。叶两型，营养枝节上生不定根，叶薄革质，卵状心形，长约2.5厘米，先端渐尖，基部稍不对称，叶柄很短；果枝上无不定根，叶革质，卵状椭圆形，长5-10厘米，先端尖或钝，基部圆或浅心形，全缘，上面无毛，下面被黄褐色柔毛，侧脉3-4对，在上面凹下，下面网脉蜂窝状；叶柄长0.5-1厘米，托叶披针形，被黄褐色丝毛。榕果单生叶腋，瘿花果梨形，雌花果近球形，长4-8厘米，径3-5厘米，顶部平截，稍脐状，具短柄，基生苞片宿存，三角状卵形，密被长柔毛，榕果幼时被黄色柔毛，熟时黄绿色或微红；总柄粗短。雄花生榕果内壁口部，多数，具梗，花被片2-3，线形，雄蕊2，花丝短；瘿花具梗，花被片3-4，线形，花柱短，侧生；雌雄异株，雌花具长梗，花被片4-5。瘦果近倒三角状球形，有粘液。花果期5-8月。

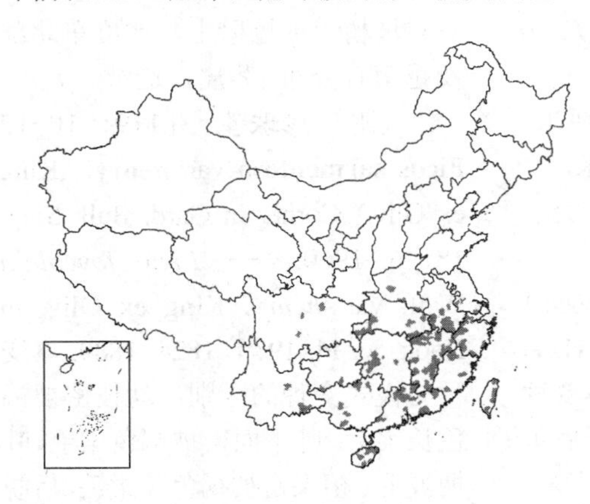

产安徽、江苏、浙江、福建、台湾、江西、湖北、湖南、广东、河南、广西、贵州、云南、四川、陕西南部及河南，北方偶有栽培。日本琉球及越南北部有分布。瘦果水洗可作凉粉食用；果藤及叶药用，可祛风、活血、消肿、补肾、通乳。

［附］**爱玉子** 图118：6-8 彩片52 **Ficus pumila** var. **awkeotsang** (Makino) Corner in Gard. Bull. Singap. 18: 16. 1960. —— *Ficus awkeotsang* Makino in Bot. Mag. Tokyo 18: 151. f. 1-3. 1904. 本变种与模式变种的区别：叶长椭圆状卵形，长7-12厘米，下面密被锈色柔毛；榕果长圆形，长6-8厘米，被毛，顶端渐尖，脐部凸起，总柄短，长约1厘米。产台湾、浙江东南部及福建。用途同模式变种，果可食。

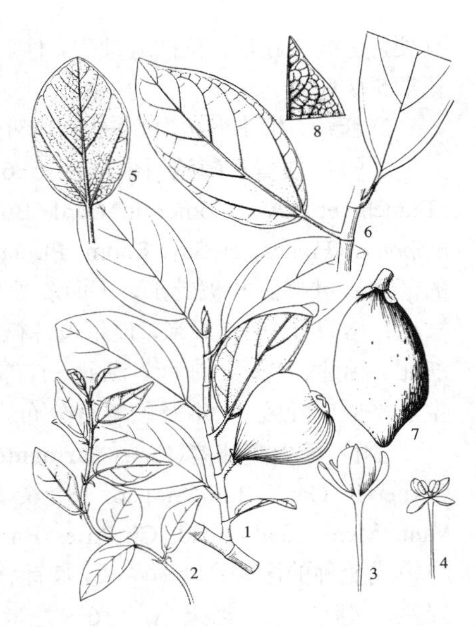

图 118：1-5. 薜荔 6-8. 爱玉子
（张培英绘）

58. 匍茎榕 图119：1-4

Ficus sarmentosa Buch.-Ham. ex J. E. Smith in Rees, Cyclop. 14. 45. 1810.

攀援或匍匐藤状灌木。小枝无毛。叶2列，近革质，卵形或长椭圆形，长8-12厘米，宽3-4厘米，先端尾尖，基部圆或宽楔形，全缘，上面无毛，下面干后绿白或淡黄色，疏被褐色柔毛或无毛，侧脉7-9对，网脉蜂窝状；叶柄长约1厘米，近无毛，托叶披针状卵形，薄膜质，长约8毫米。榕果单生叶腋，稀成对，球形或近球形，微扁，熟时紫黑色，无毛，径1.5-2厘米，顶部微凹下，基生苞片3，三角形，长约3毫米，总柄长0.5-1.5厘米。榕果内壁散生刚毛，雄花及瘿花同生于一榕果内壁，雄花生内壁近口部，具梗，花被片3-4，倒披针形，雄蕊2，花药具短尖，花丝极短；瘿花具梗，花被片4，倒卵状匙形；雌花生于雌株榕果内，

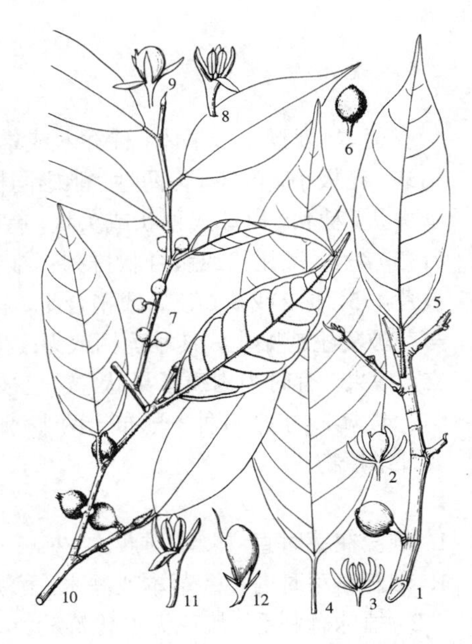

图 119：1-4. 匍茎榕 5-6. 白背爬藤榕 7-9. 爬藤榕 10-12. 珍珠莲 （张培英绘）

具梗，花被片匙形，花柱近顶生，柱头细长。瘦果卵状椭圆形，外被粘液。花期5-7月。

产西藏，生于海拔1800-2500米林内。不丹、锡金及尼泊尔有分布。

［附］**白背爬藤榕** 图119：5-6 **Ficus sarmentosa** var. **nipponica** (Franch. et Sav.) Corner in Gard. Bull. Singap. 18: 7. 1960. —— *Ficus nipponica* Franch. et Sav. Enum. Pl. Jap. 1: 436. 1875. 本变种与模式变种的区别：叶椭圆状披针形，下面疏被毛，侧脉6-7对，叶柄长约1.5厘米，被毛；榕果径1-1.2厘米，顶生苞片微呈脐状突起，总柄长不及5毫米。产浙江、福建、台湾、江西、湖北、广东、广西、云南、贵州、四川及西藏，生于平原或丘陵。日本及朝鲜有分布。

［附］**尾尖爬藤榕 Ficus sarmentosa** var. **lacrymans** (Lévl. et Vant.) Corner in Gard. Bull. Singap. 18: 6. 1960. —— *Ficus lacrymans* Lévl. et Vant. Mem. Real. Acad. Ci. Artes Barcelosa ser. 5, 6: 148. 1907. 本变种与模式变种的区别：叶薄革质，披针状卵形，下面近无毛，白绿色，干后黄绿色，网脉较平；榕果小，径6-9毫米。产福建、江西、湖北、湖南、广东、广西、云南、贵州及四川，越南北部有分布。

［附］**爬藤榕** 图119：7-9 **Ficus sarmentosa** var. **impressa** (Champ.) Corner in Gard. Bull. Singap. 18: 6. 1960. —— *Ficus impressa* Champ. ex Benth. in Hook. Kew Journ. Bot. 6: 76. 1854. —— *Ficus martinii* Lévl. et Vant.; 中国高等植物图鉴 1: 488. 1972. 本变种与模式变种的区别：叶披针形，长4-7厘米，宽1-2厘米；榕果径0.7-1厘米，幼时被柔毛，总柄短。花期4-5月，果期6-7月。产江苏、安徽、浙江、福建、江西、湖北、湖南、广东、海南、贵州、云南、四川、甘肃、陕西及河南，常攀援在岩石斜坡树上或墙壁上。印度东北部及越南有分布。茎皮供造纸。

［附］**珍珠莲** 图119：10-12 **Ficus sarmentosa** var. **henryi** (King ex Oliv.) Corner in Gard. Bull. Sing. 18: 6. 1960. —— *Ficus foveolata* Wall. var. *henryi* King ex Oliv. in Hook. Ic. Pl. 19: t. 1824. 1889. 本变种与模式变种的区别：幼枝密被褐色长柔毛；叶下面密被褐色柔毛，叶柄被毛；榕果密被褐色长柔毛，后脱落，顶生苞片直立，基生苞片长3-6毫米，无总柄或具短柄。产浙江、福建、台湾、江西、湖北、湖南、广东、广西、贵州、云南、四川、陕西及甘肃，生于阔叶林下或灌丛中。瘦果水洗可制作凉粉；茎皮可造纸。

36. 荨麻科 URTICACEAE

（王文采　陈家瑞）

草本、亚灌木或灌木，稀乔木或攀援藤本，有时有刺毛；钟乳体点状、杆状或线形。单叶互生或对生，具托叶，稀缺。花极小，单性，稀两性，雌雄同株或异株，稀具两性花而成杂性，由小团伞花序组成聚伞状、圆锥状、总状、伞房状、穗状、串珠式穗状或头状，有时花序轴上端发育成球状、杯状或盘状稍肉质花序托，稀单花。雄花花被片(1-3)4-5，覆瓦状或镊合状排列；雄蕊与花被片同数，花丝初时常内折，开放时展开；退化雌蕊常存在。雌花花被片4-5，稀2或缺，分离或稍合生，花后常增大，宿存；退化雄蕊鳞片状，或缺；雌蕊由一心皮构成，子房1室，与花被离生或贴生，具雌蕊柄或无；花柱单一或无，柱头头状、画笔头状、钻形、丝形、舌状或盾形；胚株1，直立。瘦果，有时为肉质核果状，常包被于宿存花被内。种子具直生胚；胚乳常油质或缺；子叶肉质。

47属，约1300种，分布于两半球热带与温带。我国25属，360种，约100亚种、变种及变型。许多种类为重要纤维植物。

1. 雄蕊在芽时直立；木质藤本 ………………………………………… 18. **锥头麻属 Poikilospermum**
1. 雄蕊在芽时内折；草本或灌木，稀乔木。
  2. 植株有刺毛；雌花无退化雄蕊。
    3. 瘦果直立不歪斜，无雌蕊柄；柱头画笔头状；托叶侧生。
      4. 叶对生；雌花被片外面2枚比内面2枚小 ………………………………… 1. **荨麻属 Urtica**
      4. 叶互生；雌花被片外面2枚比内面2枚大 ……………………………… 2. **花点草属 Nanocnide**

3. 瘦果歪斜，具雌蕊柄；柱头丝状、舌状或钻状；叶互生；托叶在叶柄内合生。
5. 雌花被片4，常交互对生，分离或合生至下部。
6. 草本；雌花被片侧生2枚较大，背腹生2枚较小，花梗果时常成翅；托叶膜质，先端2裂 ………………………………………………………………………………………… 3. **艾麻属 Laportea**
6. 木本；雌花被片近等大，花梗果时圆柱状；托叶革质，合生 ……………… 4. **火麻树属 Dendrocnide**
5. 雌花被片3-4，背腹生，其中2-3枚在背面合生成盔状或鞘，顶端2-3齿，腹生1枚线形或不明显 ……………………………………………………………………………………………… 5. **蝎子草属 Girardinia**
2. 植株无刺毛；雌花常具退化雄蕊或无。
7. 雌蕊无花柱，柱头画笔头状；雌花花被片分离或基部合生，具退化雄蕊（藤麻属Procris无退化雄蕊）；钟乳体线形或纺锤形，稀点状。
8. 叶对生，叶两侧对称或近对称。
9. 聚伞花序，有时成穗状或头状（无花序托或个别种雄花序有花序托）；瘦果无鸡冠状附属物 ………………………………………………………………………………………………… 6. **冷水花属** Pilea
9. 具盘状或钟状稍肉质的花序托；瘦果具马蹄形或鸡冠状附属物 …………… 7. **假楼梯草属 Lecanthus**
8. 叶互生，2列，如对生则同对的叶极不等大，其中1枚常成托叶状或无；叶两侧常偏斜。
10. 雌花被片3-5，比子房长，外面先端下常有角状突起；瘦果具线状或瘤状突起；雄花序聚伞状。
11. 雌花序聚伞状，其轴及分枝常短，稀成盘状花序托，具总苞；雌花花被片（4）5，具退化雄蕊；瘦果有瘤状突起；叶具基出3脉或羽状脉 …………………………………………… 8. **赤车属 Pellionia**
11. 雌花序头状，花序轴顶端成球状或棒状花序托，无总苞；雌花花被片3-4，肉质，无退化雄蕊；瘦果有线状突起或光滑；叶具羽状脉 ………………………………………………… 10. **藤麻属 Procris**
10. 雌花花被片3，比子房短，或退化，外面先端无角状突起；瘦果常有6-10纵肋；雄花序常具花序托，稀为聚伞花序；雌花序具盘状花序托及总苞 ……………………………………… 9. **楼梯草属 Elatostema**
7. 雌蕊常有花柱，柱头多样；雌花花被常合生成管状，稀退化或无，无退化雄蕊；钟乳体点状。
12. 雌花被管状。
13. 柱头舌状或丝形。
14. 雌花被果时干燥或膜质。
15. 柱头舌状；花杂性；雄花5基数 ……………………………………… 11. **舌柱麻属 Archiboehmeria**
15. 柱头丝形；花单性；雄花3-5基数。
16. 柱头果时宿存；团伞花序常组成穗状或圆锥状，有时簇生叶腋；瘦果果皮薄，无光泽 ……… ……………………………………………………………………………………… 12. **苎麻属 Boehmeria**
16. 柱头花后脱落；团伞花序腋生；瘦果果皮硬壳质，常有光泽。
17. 雄花被背面凸圆；叶具锯齿；叶基出3脉，其侧出的1对在上部分枝，不达叶尖 ………… ………………………………………………………………………………… 14. **雾水葛属 Pouzolzia**
17. 雄花被中上部成直角内曲，花芽顶部平截，呈陀螺形，在背面内弯处有1环冠状物或长毛；叶基出3脉，其侧出的1对不分枝，直达叶尖 …………………… 15. **糯米团属 Gonostegia**
14. 雌花被在果时稍肉质；柱头丝形。
18. 柱头脱落，雌花被附着子房；叶互生 ……………………………………… 19. **落尾木属 Pipturus**
18. 柱头宿存，雌花被果时与子房分离；叶对生 ………………………… 16. **瘤冠麻属 Cyphlophus**
13. 柱头头状、画笔头状、环状、盾状或卵状。
19. 雌花被果时干燥或膜质；瘦果果皮硬壳质，有光泽；团伞花序簇生或聚伞状。
20. 柱头近卵形，被须毛；花单性；雌花花被管状，顶端4短齿；叶对生，有锯齿；托叶显著 …… ………………………………………………………………………… 13. **微柱麻属 Chamabainia**
20. 柱头画笔头状或匙形；花两性或单性；两性花花被4深裂，雌花花被4浅裂；叶互生，全缘；无

托叶 …………………………………………………………………………………………… 24. **墙草属 Parietaria**

19. 雌花被果时稍肉质；瘦果稍肉质核果状；团伞花序头状或团块状，组成二歧聚伞状或圆锥状花序。

21. 柱头画笔头状或环状；雌花与果无肉质花托。

22. 柱头环状，被一环短毛；花序圆锥状 …………………………………… 17. **肉被麻属 Sarcochlamys**

22. 柱头画笔头状，具一束长毛；花序二叉状或二歧聚伞状。

23. 雌花花被合生成倒卵圆形或坛状，果时增大，常肉质；瘦果全包于花被管内 ……………………………………………………………………………………………………… 21. **水麻属 Debregeasia**

23. 雌花花被杯状，果时不增大；瘦果露出花被管外 ………………………… 22. **四脉麻属 Leucosyke**

21. 柱头盾状，有纤毛；雌花与果基部或下部具肉质透明盘状或壳斗状花托；瘦果包于干燥或微肉质的花被管内 ……………………………………………………………………………… 20. **紫麻属 Oreocnide**

12. 雌花被不明显，合生成浅兜状，或无。

24. 团伞花序组成聚伞圆锥花序；雄花5基数；雌花花被片2，不等大，合生成浅兜状，或无；瘦果具3棱 …………………………………………………………………………………………… 23. **水丝麻属 Maoutia**

24. 团伞花序簇生，总苞钟状、具齿；雄花花被片1，常有3齿，雄蕊1；雌花1-2生于两性团伞花序的中央或成雌花序，包于总苞内，无花被；瘦果卵圆形，压扁 ………………………… 25. **单蕊麻属 Droguetia**

1. 荨麻属 **Urtica** Linn.

（陈家瑞）

一年生或多年生草本，具刺毛。茎具4棱。叶对生，基出脉3-5（-7），钟乳体点状或线形；托叶侧生于叶柄间，离生或合生。花单性，雌雄同株或异株；花序单性或雌雄同序，成对腋生，数朵花组成小团伞花簇，在序轴上排成穗状、总状或圆锥状，稀头状；雄花花被片4，雄蕊4，退化雌蕊常杯状或碗状，透明；雌花花被片4，离生或稍合生，内面2片较大，紧包子房，花后增大，紧包果，外面2片较小，常开展，子房直立，柱头画笔头状。瘦果直立，两侧扁，光滑或有疣状突起。种子直立，胚乳少，子叶近圆形，肉质，富含油脂。染色体基数x=10，11，12，13，19。

约35种，主要分布于北半球温带和亚热带，少数分布于热带和南半球温带。我国16种，6亚种，1变种。茎皮纤维可作纺织原料，茎叶可作饲料，嫩叶和嫩枝可食，有些种类药用。

1. 托叶每节4枚，分离；花序穗状或圆锥状。

2. 雌雄同株；雌花序穗状或近穗状。

3. 雌雄花同序，雄花常生于花序上部。

4. 叶卵形或窄卵形，稀披针形，先端尖或短渐尖；瘦果长约0.8毫米，光滑；雌花花被片合生至中下部，外面几无毛 ………………………………………………………………… 1. **小果荨麻 U. atrichocaulis**

4. 叶常宽椭圆形，先端钝圆；瘦果长约1.8毫米，有多数疣点；雌花花被片在近基生合生，外面边缘有微糙毛 …………………………………………………………………………………… 2. **欧荨麻 U. urens**

3. 雌雄同株异序，或雌雄异株。

5. 雄花序生于茎下部叶腋，钟乳体常点状；托叶分离。

6. 雌花花被果时草质，内面2枚与果近等大或稍包果；花无梗或具短梗；叶柄长1-8厘米。

7. 瘦果有疣点；雌花花被片外面2枚较内面的短2-4倍；果序轴粗硬，常直立或开展。

8. 叶窄三角形、卵形或披针形；雌花被片基部合生。

9. 叶窄三角形，基部平截或浅心形，基出脉侧出的1对伸达叶中下部；果序直立或斜展。

10. 叶不裂，具粗牙齿或锐锯齿，有时下部有重锯齿；瘦果有细疣点 ……………………………………………………………………………………………… 3. **三角叶荨麻 U. triangularis**

10. 叶下部有数对半裂至深裂的羽裂片；瘦果有粗疣点 ……………………………………

………………………………………………… 3(附). **羽裂荨麻 U. triangularis** subsp. **pinnatifida**

9. 叶卵形或披针形，基部圆，有时浅心形，具粗牙齿，基出脉侧生的1对直达上部齿尖；果序稍下垂 ………………………………………… 3(附). **毛果荨麻 U. triangularis** subsp. **trichocarpa**

8. 叶五角形，掌状3全裂或深裂，裂片羽状条裂；雌花被片下部合生 ……………………………………………………………………………………………… 4. **麻叶荨麻 U. cannabina**

7. 瘦果光滑；雌花被片外面2枚果时较内面的2枚短5-7倍；果序轴纤细，常下垂 ……………………………………………………………………………………………… 5. **西藏荨麻 U. tibetica**

6. 雌花花被果时干膜质，内面2枚比果大1倍以上；花梗细长；叶柄长0.2-0.5(-1.6)厘米 ……………………………………………………………………………………………… 6. **高原荨麻 U. hyperborea**

5. 雄花序生于茎上部叶腋；钟乳体线形或杆状，稀兼有点状；托叶在茎上部稍合生。

11. 瘦果卵圆形，顶端稍钝，有不明显疣点；雌花被片疏被微糙毛；叶基部圆或心形，稀宽楔形，钟乳体杆状或点状；托叶在茎上部常部分合生。

12. 叶卵形或披针形，基部圆或宽楔形，侧脉和外向二级脉常直达齿尖或与侧脉网结 ……………………………………………………………………………………………… 7. **宽叶荨麻 U. laetevirens**

12. 叶心形，有时茎上部的窄卵形，侧脉和外向二级脉在近边缘处网结 ……………………………………………………………………… 7(附). **齿叶荨麻 U. laeteverens** subsp. **dentata**

11. 瘦果窄卵圆形，顶端尖，光滑；雌花被片密被糙毛；叶基部宽楔形或圆，钟乳体线形或杆状；托叶分离 ………………………………………………… 7(附). **乌苏里荨麻 U. laetevirens** subsp. **cyanescens**

2. 雌雄异株；花序圆锥状。

13. 茎与叶柄疏生刺毛和细糙毛；叶披针形或线形，基部圆或微缺，茎中部的叶柄长及叶片1/10-1/5 ……………………………………………………………………………………………… 8. **狭叶荨麻 U. angustifolia**

13. 茎和叶柄常密生刺毛和粗毛；叶卵形或披针形，基部心形，茎中部的叶柄长约叶片1/2 ……………………………………………………………………………………………… 8(附). **异株荨麻 U. dioica**

1. 托叶每节2枚，合生；花序常圆锥状。

14. 雌雄同株；叶卵形或心形，稀长圆形；茎疏生或密生刺毛。

15. 叶具裂片。

16. 叶具5-7对浅裂片或掌状3深裂(一回裂片羽裂)，裂片具小锯齿；花序分枝较少且短，近穗状；瘦果有褐红色细疣点 ……………………………………………………………… 9. **荨麻 U. fissa**

16. 叶具多数小裂片，裂片间距0.7-2厘米，具数枚小牙齿；圆锥花序分枝多而长；瘦果具疣点 ……………………………………………………………………………………………… 10. **滇藏荨麻 U. mairei**

15. 叶具细的重牙齿，叶长圆形，基部圆或微缺；果序轴纤细；瘦果近圆形 ……………………………………………………………………… 10(附). **长圆叶荨麻 U. mairei** var. **oblongifolia**

14. 雌雄异株；叶披针形，具细牙齿或不明显细重牙齿；细茎有较密刺毛，后脱落或疏生刺毛；瘦果有疣点 ……………………………………………………………………………………………… 11. **喜马拉雅荨麻 U. ardens**

1. 小果荨麻 图 120：1-3

Urtica atrichocaulis (Hand.-Mazz.) C. J. Chen in Bull. Bot. Res. (Harbin) 3(2): 109. pl. 1. f. 1-3 1983.

Urtica dioica Linn. var. *atrichocaulis* Hand.-Mazz. Symb. Sin. 7: 110. 1929.

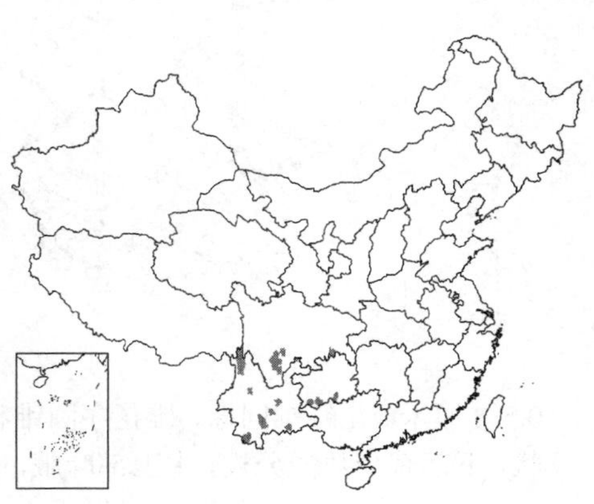

多年生草本，高达50厘米。叶卵形或窄卵形，稀披针形，长2.5-7(-9)厘米，先端尖或短渐尖，基部宽楔形，具8-9对牙齿，两面被刺毛和细糙伏毛，钟乳体点状，基出脉3，其侧1对近直伸或稍弧曲，达上部齿尖；叶柄长1-4厘米；托叶每节4，离生，长圆形或线形，长4-7毫米。雌雄同序，雄花数朵生于花序顶部，雌花多数生于花序下部。雄花被片合生至中下部，被糙毛；退化雌蕊具短柄；雌花近无梗或具短梗。瘦果圆形，长约0.8毫米，光滑；宿存花被片4，在下部约1/3外或近中部合生，内面2枚长圆状卵形或椭圆形，外面2枚伸达内面2枚上部，稍增厚。花期5-7月，果期7-9月。

产贵州南部、四川及云南，生于海拔300-2600米山麓、山谷或沟边。

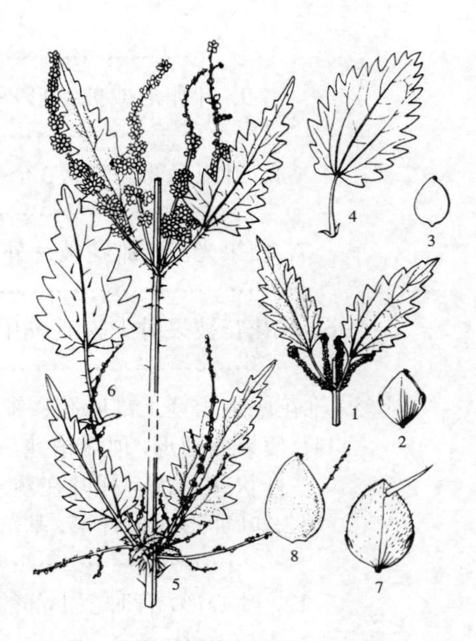

图 120: 1-3. 小果荨麻 4. 欧荨麻 5-8. 三角叶荨麻 （引自《中国植物志》）

2. 欧荨麻 图 120：4

Urtica urens Linn. Sp. Pl. 984. 1753. 13. 1856.

一年生草本，高达60厘米。茎被刺毛和稀疏柔毛。叶椭圆形、卵形或倒卵形，长1.2-6厘米，先端钝圆，基部宽楔形或圆，具6-10对牙齿，两面疏生刺毛，钟乳体细点状，基出脉5，下面1对伸达近中部，上面1对伸达近先端；叶柄长1-2.5厘米，托叶每节4，离生，窄三角形，长1-2.5毫米。雌雄花同序，雄花少数生于花序上部，花序几无梗，近穗状，长0.5-2厘米，有时成簇生状；雄花花被片合生至中下部，裂片卵形，疏被细糙毛；雌花具梗，梗上部具关节。瘦果卵圆形，稍扁，长约1.8毫米，灰褐色，有多数疣点；宿存花被片在近基部合生，内面2枚与果同形，中肋上常有1根刺毛，外面2枚较内面的短约5倍。花期5-7月，果期8-9月。

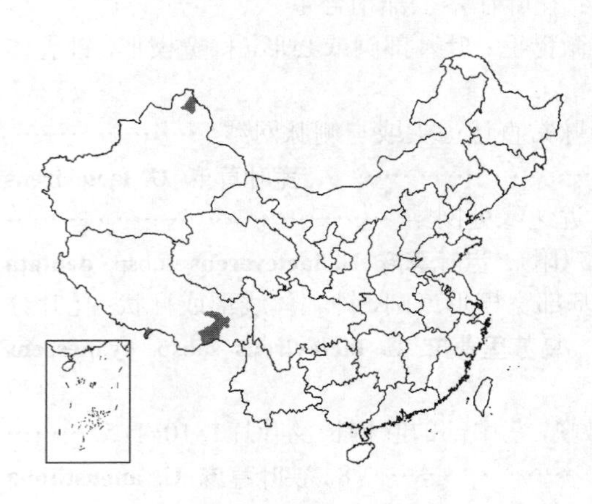

产西藏、新疆东北部及辽宁东南部，生于海拔2800-2900米山区林缘。欧洲、亚洲北纬40°以北地区及非洲北部有分布。茎皮纤维可作纺织原料；嫩茎叶可食用。

3. 三角叶荨麻 图 120：5-8

Urtica triangularis Hand.-Mazz. Symb. Sin. 7: 110. Abb. 2, Nr. 5. 1929.

多年生草本，高达1.5米。茎淡紫色，疏生刺毛和糙毛。叶窄三角形或三角状披针形，长2.5-11厘米，上部叶较窄，先端尖，基部近平截或浅心形，具9-10对牙齿或锐裂锯齿，上面疏生刺毛和糙伏毛，下面疏生刺毛和柔毛，基出脉3，其侧出的1对达中部以下齿尖，侧脉2-4对；叶柄长1-5厘米；托叶每节4，离生，线状披针形，长（0.2-）0.5-1厘米。花雌雄同株，雄花序圆锥状，生下部叶腋，开展；雌花序近穗状，下部有少数短分枝，生上部叶腋，直立或斜展，果序轴粗。雄花花被片合生至中下部。瘦果卵圆形，长约2毫米，褐色，有带红色的疣点和疏微毛；宿存花被片在下部约1/4处合生，被糙毛，内面花被片卵形，与果近等大，有1-3根刺毛，外面2枚卵形，比内面的短2-3倍。花期6-8月，果期8-10月。

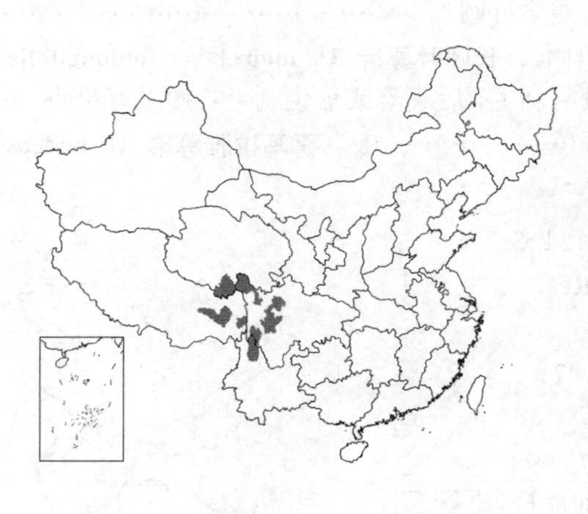

产云南西北部、四川西部、西藏东部及青海南部，生于海拔2500-3700米山谷湿润处、半阴山坡灌丛中。嫩叶可食；枝叶可作饲料；全草药用，可祛风湿、解痉、活血。

［附］ **羽裂荨麻 Urtica triangularis** subsp. **pinnatifida** (Hand.-

Mazz.) C. J. Chen, Fl. Xizang. 1: 526. 1983. —— *Urtica triangularis* f. *pinnatifida* Hand.-Mazz. Symb. Sin. 7: 111, Abb. 2, Nr. 6. 1929. 本亚种与模式亚种的区别：叶下部具数对半裂至深裂的羽裂片；瘦果具较粗疣点，有时其中一面具1条纵棱。产云南西北部、西藏东部、青海及甘肃南部，生于海拔（2700-）3400-4100米山坡草甸、灌丛中或石砾隙。

［附］**毛果荨麻 Urtica triangularis** subsp. **trichocarpa** C. J. Chen in Bull. Bot. Res.（Harbin）3(2)：111. 1983. 本亚种与模式亚种的区别：叶卵形或披针形，基部圆，有时浅心形，具粗牙齿，齿尖稍内倾，侧出的1对基脉近直出，伸达上部齿尖；果序稍下垂；瘦果具疏微毛和细洼点。产甘肃、青海东北部及四川西北部，生于海拔2200-3000米山坡灌丛中或路边。

4. 麻叶荨麻 图 121

Urtica cannabina Linn. Sp. Pl. 984. 1753.

多年生草本，高达1.5米。茎几无刺毛。叶五角形，掌状3全裂，稀深裂，一回裂片羽状深裂，二回裂片具裂齿或浅锯齿，下面被柔毛和脉上疏生刺毛，上面密布钟乳体；叶柄长2-8厘米，托叶每节4，离生，线形，长0.5-1.5厘米。花雌雄同株，雄花序圆锥状，生下部叶腋，长5-8厘米；雌花序生上部叶腋，常穗状，有时在下部有少数分枝，长2-7厘米，序轴粗。雄花花被片合生至中部。瘦果窄卵圆形，顶端尖，长2-3毫米，有褐红色疣点；宿存花被片在下部1/3合生，内面2枚椭圆状卵形，先端钝圆，长2-4毫米，外面生1-4根刺毛和糙毛，外面2枚卵形或长圆状卵形，较内面的短3-4倍，常有1刺毛。花期7-8月，果期8-10月。

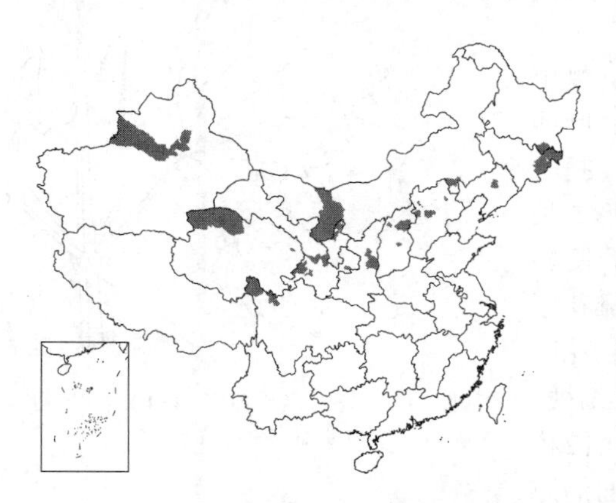

图 121 麻叶荨麻 （王金凤绘）

产黑龙江、吉林、辽宁、内蒙古、河北、山西、陕西、四川西北部、甘肃、青海及新疆，生于海拔800-2800米丘陵草原、坡地、沙丘、河漫滩、河谷或溪边。蒙古、俄罗斯西伯利亚、中亚、伊朗及欧洲有分布。茎皮纤维可作纺织原料；全草药用，治风湿、糖尿病，解虫咬。

5. 西藏荨麻 图 122

Urtica tibetica W. T. Wang, Fl. Xizang. 1: 526. pl. 169. f. 4-6. 1983.

多年生草本，高达1米。茎自基部多出，带淡紫色，疏生刺毛和糙毛。叶卵形或披针形，稀长圆状披针形，长3-8厘米，先端渐尖，基部圆或心形，具细牙齿，上面疏生刺毛和糙毛，下面被柔毛和脉上疏生刺毛，基出脉3，侧出的1对伸达中部齿尖；叶柄长1-3厘米，托叶每节4枚，离生，披针形或线形，

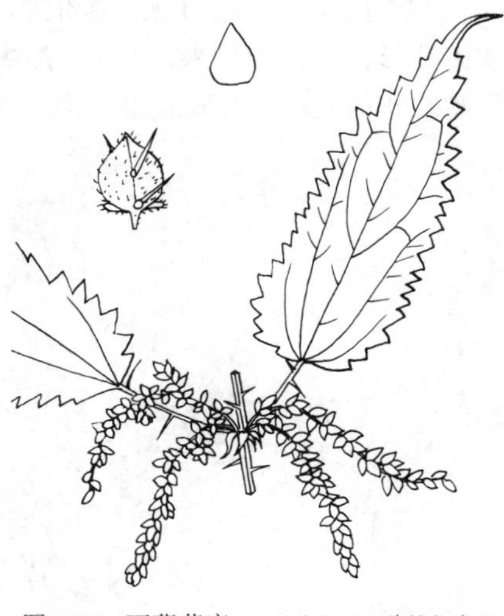

图 122 西藏荨麻 （引自《西藏植物志》）

长2-7毫米。花雌雄同株，雄花序圆锥状，生下部叶腋，雌花序近穗状或具少数分枝，生上部叶腋，花序长2-7厘米，序轴纤细。雄花花被片合生至中部；雌花具短梗。瘦果三角状卵形，长1.5-1.8毫米，顶端尖，淡褐色，光滑；宿存花被内面的2枚宽卵形，包果，被糙毛和1-2根刺毛，外面2枚卵形，较内面的短约7倍。花期6-7月，果期8-10月。

产西藏及青海东部，生于海拔3200-4800米山坡草地。

6. 高原荨麻 图 123：1-3

Urtica hyperborea Jacq. ex Wedd. Monogr. Urtic. 68. 1856.

多年生草本，丛生，高达50厘米。茎具稍密刺毛和稀疏微柔毛。叶卵形或心形，长1.5-7厘米，先端短渐尖或尖，基部心形，具7-8对牙齿，上面有刺毛和稀疏糙伏毛，下面有刺毛和稀疏微柔毛，钟乳体在叶上面明显，基出脉3（-5），侧出的1对伸达上部齿尖；叶柄长0.2-0.5（-1.6）厘米，托叶每节4枚，离生，长圆形或长圆状卵形，向下反折，长2-4毫米。花雌雄同株（雄花序生下部叶腋）或异株；花序短穗状，稀近簇生状，长1-2.5厘米。雄花花被片合生至中部；雌花具细梗。瘦果长圆状卵圆形，长约2毫米，苍白或灰白色，光滑；宿存花被内面2枚近圆形或扁圆形，稀宽卵形，比果大1倍以上，外面2枚卵形，较内面的短8-10倍。花期6-7月，果期8-9月。

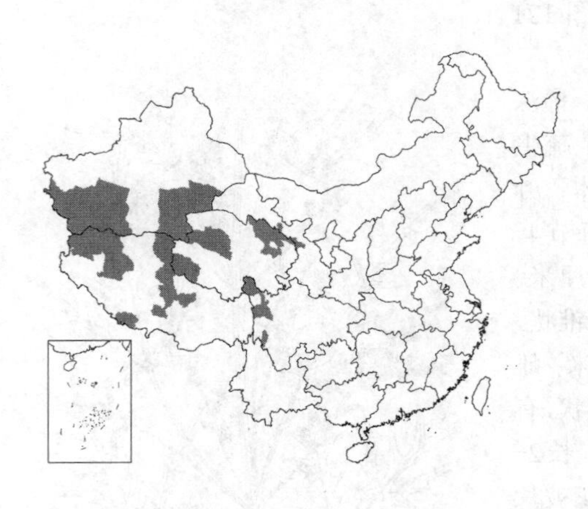

产新疆西南部及东南部、西藏、青海、四川西部、甘肃，生于海拔（3500-）4200-5200米石砾地或山坡草地。锡金有分布。

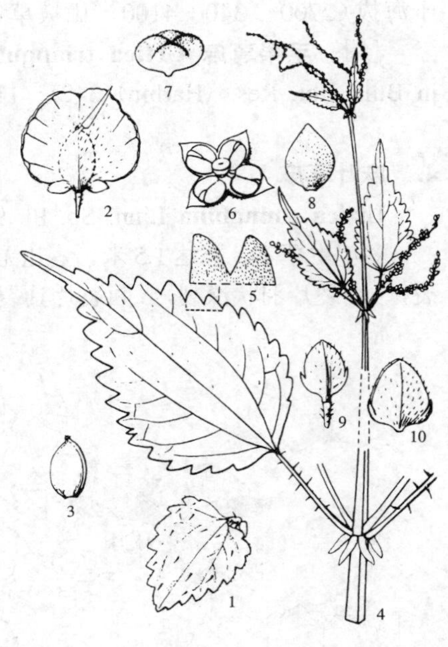

图 123: 1-3. 高原荨麻 4-10. 宽叶荨麻（引自《中国植物志》）

7. 宽叶荨麻 图 123：4-10

Urtica laetevirens Maxim. in Bull. Acad. Sci. St. Pétersb. 22: 236. 1877.

多年生草本，高达1米。茎纤细，有稀疏刺毛和糙毛。叶近膜质，卵形或披针形，长4-10厘米，先端短渐尖，基部圆或宽楔形，具牙齿，两面疏生刺毛和糙毛，基出脉3，侧出的1对伸达叶上部齿尖，侧脉2-3对；叶柄长1.5-7厘米，托叶每节4，离生或有时上部稍合生，披针形或长圆形，长3-8毫米。雌雄同株，稀异株，雄花序近穗状，生上部叶腋，长达8厘米；雌花序近穗状，生下部叶腋，稀簇生状，小团伞花簇稀疏着生于序轴。雄花花被片在近中部合生。瘦果卵圆形，长达1毫米，顶端稍钝，灰褐色，稍有疣点；宿存花被片在基部合生，疏生微糙毛，内面2枚椭圆状卵形，与果近等大，外面2枚窄卵形或倒卵形，伸达内面花被片的中下部。花期6-8月，果期8-9月。

产吉林、辽宁、内蒙古、山东、河北、山西、河南、陕西、甘肃、青海东北部、西藏东南部、云南、四川、湖南、湖北及安徽西南部，生于海拔800-3500米山谷溪边或山坡林下荫湿处。日本、朝鲜及俄罗斯东西伯利亚有分布。

［附］**齿叶荨麻 Urtica laetevirens** subsp. **dentata** (Hand.-Mazz.) C. J. Chen in Bull. Bot. Res. (Harbin) 3(2): 116. 1983. —— *Urtica dentata* Hand.-Mazz. Symb.

Sin. 7: 112. Abb. 2. Nr. 7-8. 1929. 本亚种与模式亚种的区别：叶心形，有时茎上部叶窄卵形，稀披针形，侧脉和外向二级脉在近边缘常网结。产湖南西南部、湖北西部、陕西、甘肃东南部、青海南部、四川、云南西北部及西藏东南部，生于海拔1200-3700米山坡林下、溪谷阴湿处。

［附］**乌苏里荨麻 Urtica laetevirens** subsp. **cyanescens**（Kom.）C. J. Chen in Bull. Bot. Res.（Harbin）3(2)：115. 1983. —— *Urtica cyanescens* Kom. Fl. URSS 5：392. 1936. 本亚种与模式亚种的区别：瘦果窄卵形，光滑，花被片外面密生较长糙毛，外面2枚极小。产黑龙江、吉林东部及辽宁东部，生于红松林或混交林下或溪谷阴湿处。俄罗斯东西伯利亚有分布。

8. 狭叶荨麻 图 124

Urtica angustifolia Fisch. ex Hornem. Suppl. Hort. Hafn. 107. 1819.

多年生草本，高达1.5米。茎疏生刺毛和稀疏糙毛。叶披针形或披针状线形，稀窄卵形，长4-15厘米，先端长渐尖或尖，基部圆，稀浅心形，具9-19对牙齿，上面生糙伏毛和具粗密缘毛，下面沿脉疏生糙毛，基出脉3，侧生的1对近直伸达上部齿尖，侧脉2-3对；叶柄长0.5-2厘米，托叶每节4，离生，线形，长0.6-1.2厘米。雌雄异株，花序圆锥状，有时近穗状，长2-8厘米；雄花花被片在近中部合生。瘦果卵圆形或宽卵圆形，长0.8-1毫米，近光滑或有不明显的细疣点；宿存花被片在下部合生，内面2枚椭圆状卵形，长稍盖果，外面2枚窄倒卵形，较内面的短约3倍。花期6-8月，果期8-9月。

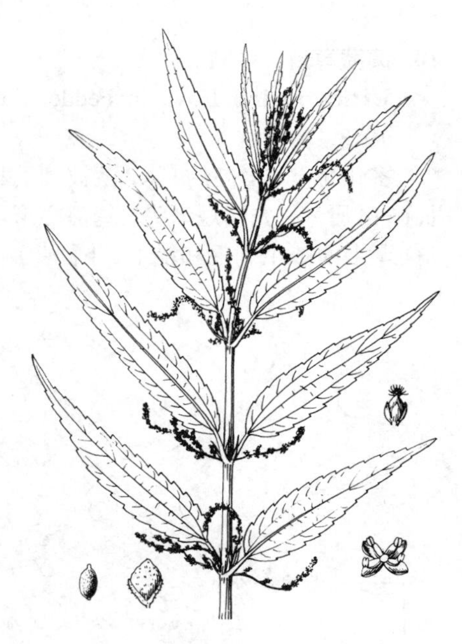

图 124 狭叶荨麻 （王金凤绘）

产黑龙江、吉林、辽宁、内蒙古、山西、河北及山东，生于海拔800-2200米山地河谷溪边或台地潮湿处。俄罗斯西伯利亚东部、蒙古、朝鲜及日本有分布。茎皮纤维可作纺织原料；幼嫩茎叶可食；全草药用，可祛风、消食、通便。

［附］**异株荨麻 Urtica dioica** Linn. Sp. Pl. 984. 1753. 本种与狭叶荨麻的区别：茎和叶柄常密生刺毛和糙毛；叶卵形或窄卵形，基部心形，基出脉5，侧脉3-5对，叶柄（至少茎中部的）长约叶片一半。产西藏西部、青海及新疆西部，生于海拔3300-3900米山坡阴湿处。喜马拉雅中西部、亚洲中部及西部、欧洲、北非、北美有分布。

9. 荨麻 裂叶荨麻 图 125

Urtica fissa E. Pritz. in Engl. Bot. Jahrb. 29：301. 1900.

多年生草本，高达1米。茎密生刺毛和微柔毛。叶近膜质，宽卵形、椭圆形、五角形或近圆形，长5-15厘米，先端渐尖或尖，基部平截或心形，具5-7对浅裂片或掌状3深裂，大裂片具2-4对不整齐小裂片，裂片三角形或长圆形，长1-5厘米，先端尖或尾状，具不整齐锯齿，上面疏生刺毛和糙伏毛，下面被稍密柔毛，脉上生较密柔毛和刺毛，钟乳体杆状，稀近点状，基出脉5，上面1对伸达中上部裂齿尖，侧脉3-6对；叶柄长2-8厘米，密生刺毛和微柔毛，托叶草质，绿色，2枚在叶柄间合生，宽长圆状卵形或长圆形，长1-2厘米。雌雄同株，雌花序生上部叶腋，雄的生下部叶腋，稀雌雄异株；花序圆锥状，有时近穗状，长达10厘米。雄花花被片在中下部

合生。瘦果近圆形，长约1毫米，有带褐红色疣点；宿存花被近圆形，内面2枚与果近等大，外面2枚较内面的短约4倍，被硬毛。花期8-10月，果期9-11月。

产安徽南部、浙江、福建、江西、湖北、湖南、广西、云南中部、贵州、四川、甘肃东南部、陕西南部及河南西部，生于海拔100-2000米山坡、路边或宅旁半荫湿处。越南北部有分布。茎皮纤维供纺织用；全草药用，可祛风、除湿、止咳；叶和嫩枝煮后可作饲料。

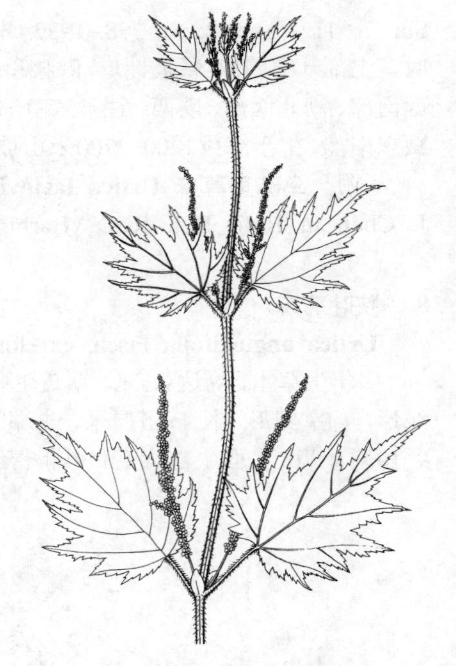

图 125 荨麻 （王金凤绘）

10. 滇藏荨麻 图 126：1-3

Urtica mairei Lévl. in Fedde, Repert. Sp. Nov. Regni Veg. 12: 183. 1913.

多年生草本，高约1米。茎被刺毛和柔毛。叶草质，宽卵形，稀近心形，长6-14厘米，先端短渐尖，基部心形，具缺刻状重牙齿或裂片，裂片近三角形，上面疏生刺毛和糙毛，下面生刺毛和密生柔毛或粗毛，钟乳体点状，稀短杆状，基出脉常5，上部1对伸达中部裂片尖，侧脉3-5对；叶柄长3-8厘米，生刺毛和柔毛，托叶每节2枚，在叶柄间合生，草质，长圆形或宽卵状长圆形，长1-1.5厘米。雌雄同株，雄花序生下部叶腋，雌花序生上部叶腋；花序圆锥状。雄花花被片合生至中部。瘦果长圆状圆形，长约1毫米，有不明显疣点；宿存花被片基部合生，内面的2枚与果等大，外面的2枚近圆形，长及内面的1/3，被微糙毛。花期7-8月，果期9-10月。

产西藏东南部、云南中部及西北部、四川西南部，生于海拔1500-3400米林下潮湿处。印度东北部、不丹及缅甸有分布。

［附］**长圆叶荨麻 Urtica mairei** var. **oblongifolia** C. J. Chen in Bull. Bot. Res. (Harbin) 3(2): 122. pl. 1. f. 9-11. 1983. 本变种与模式变种的区别：叶膜质，长圆形，基部圆或微缺，具细重锯齿，齿尖稍内弯；花序长于叶或与叶近等长，序轴较纤细；瘦果近圆形。产云南中南部及广西西部，生于海拔1100-2200米溪边或山坡路边。

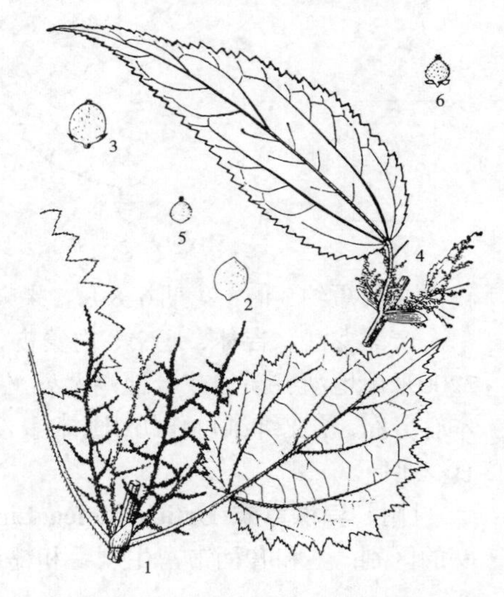

图 126: 1-3. 滇藏荨麻 4-6. 喜马拉雅荨麻
（引自《中国植物志》）

11. 喜马拉雅荨麻 图 126：4-6

Urtica ardens Link, Enum. Hort. Berl. 2: 385. 1822.

多年生草本，高达1.5米。茎近无刺毛，被细糙毛；小枝密生刺毛。叶草质，窄卵形或披针形，长5-15厘米，先端渐尖，基部圆或心形，具牙齿或小重牙齿，上面被伏毛，后渐脱落，下面疏生糙毛，钟乳体点状，稀短杆状，基出脉5，下部1对短而细，上部1对达中部边缘，侧脉3-4对；叶柄长1.5-4.5厘米，生刺毛和细糙毛，托叶每节2枚，在叶柄间合生，草质，长

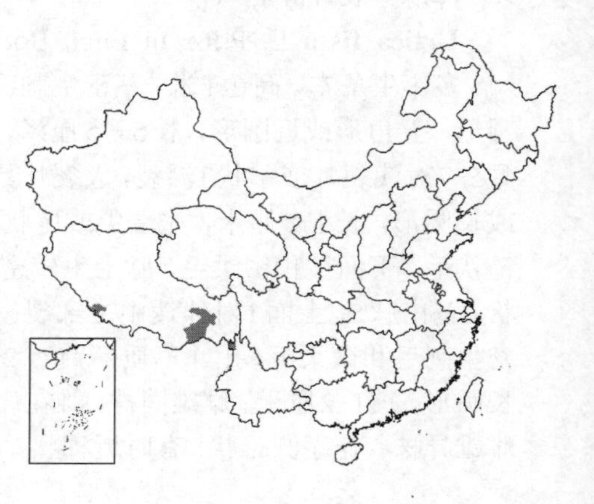

圆形，长0.7-1.4毫米，先端钝圆，具数肋，被近贴生微柔毛。花雌雄异株；花序圆锥状，具少数分枝，长过叶柄。瘦果近圆形，扁平，长近1毫米，有细疣点。花期7-8月，果期10-11月。

产西藏及云南西北部，生于海拔1800-2080米林下。克什米尔、尼泊尔及印度有分布。

2. 花点草属 Nanocnide Bl.

（陈家瑞）

一年生或多年生草本，具刺毛。茎下部常匍匐，从生状。叶互生，膜质，具柄，具粗齿或近浅窄裂，基出脉不规则3-5出，侧脉二叉状分枝，钟乳体短杆状；托叶侧生，膜质，分离。花单性，雌雄同株；雄聚伞花序具梗，腋生；雌花序团花状，无梗或具短梗，腋生。雄花花被（4）5裂，裂片背面近先端有角状突起；雄蕊与花被裂片同数；退化雌蕊宽倒卵形，透明。雌花花被不等4深裂，外面1对较大，背面具龙骨状突起，内面1对较窄小而平；子房直立，椭圆形，花柱缺，柱头画笔头状。瘦果宽卵圆形，两侧扁，有疣点。

2种，分布于我国及越南、朝鲜、日本。

1. 茎常直立，被上倾毛；雄花序长于叶 …………………… 1. **花点草 N. japonica**
1. 茎较柔软，常上升或平卧，被下倾毛；雄花序短于叶 …………………… 2. **毛花点草 N. lobata**

1. 花点草　图 127：1-5

Nanocnide japonica Bl. Mus. Bot. Lugd.-Bat. 2: 155. t. 17. 1856.

多年生草本，高达25（-45）厘米。茎直立，被上倾微硬毛。叶三角状卵形或近扇形，长1.5-3（-4）厘米，先端钝圆，基部宽楔形、圆或近平截，具4-7对圆齿或粗牙齿，上面疏生紧贴刺毛，下面疏生柔毛，基出脉3-5；托叶宽卵形，长1-1.5毫米。雄花序为多回二歧聚伞花序，生于枝顶叶腋，具长梗，长于叶，花序梗被上倾毛；雌花序成团伞花序。雄花紫红色；花被5深裂，裂片卵形，背面近中部有横向鸡冠状突起，上缘具长毛。雌花花被绿色，不等4深裂，外面1对裂片倒卵状船形，稍长于子房，具龙骨状突起，内面1对裂片生于雌蕊两侧，长倒卵形，较窄小。瘦果卵圆形，黄褐色，长约1毫米，有疣点。花期4-5月，果期6-7月。

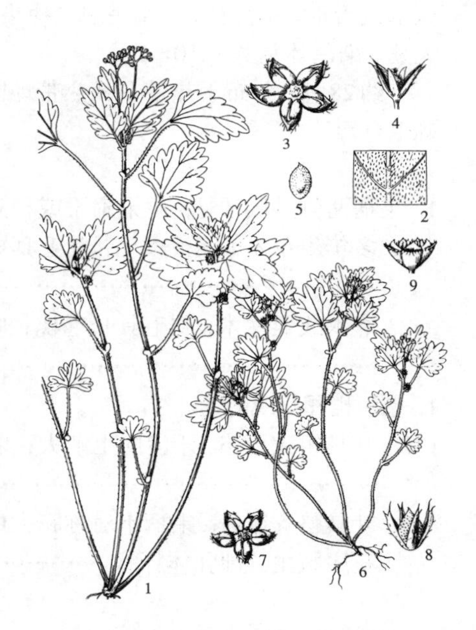

图 127：1-5. 花点草 6-9. 毛花点草
（王金凤绘）

产江苏、安徽、浙江、福建、台湾、江西、湖北、湖南、贵州、云南、四川、甘肃、陕西及河南，生于海拔100-1600米山谷林下或石缝阴湿处。日本及朝鲜有分布。

2. 毛花点草　图 127：6-9

Nanocnide lobata Wedd. in DC. Prodr. 16(1): 69. 1869.

一年生或多年生草本。茎柔软，铺散丛生，长达40厘米，被下弯微硬毛。叶宽卵形或三角状卵形，长1.5-2厘米，先端钝或尖，基部近平截或宽楔形，具4-5（-7）对粗圆齿或近裂片状粗齿，上面疏生小刺毛和柔毛，下面脉上密生紧贴柔毛，基出脉3-5；叶柄在茎下部的长于叶片，茎上部的短于叶片，被下弯柔毛，托叶卵形，长约1毫米。雄花序常生于枝上部叶

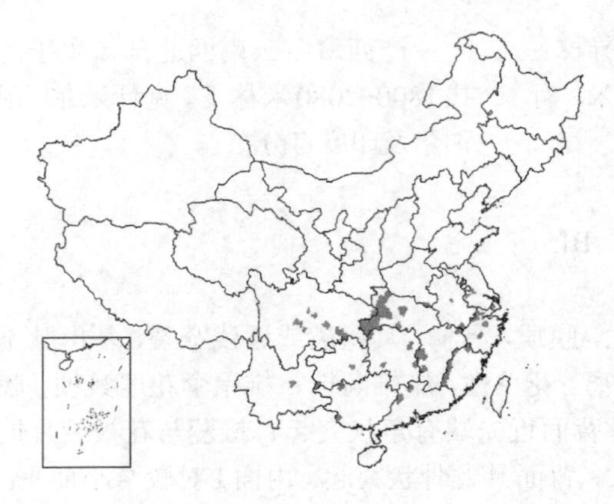

腋，稀雄花散生于雌花序下部，具短梗；雌花序成团聚伞花序，生于枝顶叶腋或茎下部叶腋内；雄花淡绿色，花被（4）5深裂，裂片卵形，背面上部有鸡冠状突起，边缘疏生白色刺毛。雌花花被片绿色，不等4深裂，外面1对裂片近舟形，长于子房，内面1对裂片窄卵形，与子房近等长。瘦果卵圆形，扁，褐色，长约1毫米，有疣点，花被片宿存。花期4-6月，果期6-8月。

产江苏、安徽、浙江、福建、江西、湖北、湖南、广东、广西、云南、贵州、四川及河南，生于海拔1400米以下山谷溪边、石缝中、路边阴湿地及草丛中。越南有分布。全草药用，可清热解毒，治烧烫伤、毒疮、湿疹、肺热咳嗽。

3. 艾麻属 Laportea Gaudich.

（陈家瑞）

草本或亚灌木，稀灌木，有刺毛。叶互生，具柄，草质、纸质或膜质，具齿，基出3脉或具羽状脉，钟乳体点状或短杆状；托叶于叶柄内合生，膜质，先端2裂，旋脱落。花单性，雌雄同株，稀雌雄异株；花序聚伞圆锥状，稀总状或穗状。雄花花被片4或5，近镊合状排列；雄蕊4或5；具退化雌蕊。雌花花被片4，极不等大，离生，有时下部合生，侧生2枚最大，同形等大，背腹2枚异形，腹生的1枚最小；无退化雄蕊；子房直立，后偏斜，柱头丝形或舌形，稀分枝，具雌蕊柄。瘦果偏斜，两侧扁，基部缢缩成柄，宿存柱头下弯；果柄两侧或背腹成翅状，稀无翅。染色体基数x=10，13。

约28种，分布于热带及亚热带地区，少数种产温带地区。我国7种，3亚种。茎皮纤维可制绳索和代麻原料；刺毛有毒。

1. 果柄两侧具膜质翅；瘦果扁平或稍扁；钟乳体细点状。
    2. 多年生草本，茎被柔毛，刺毛具短枕毛；叶卵形或披针形，基部宽楔形或圆，下面淡绿色 …………………… 1. 珠芽艾麻 **L. bulbifera**
    2. 灌木或亚灌木，刺毛具长毛枕；叶宽卵形或近心形，基部平截，稀浅心形或骤窄，下面常带紫色 …………………… 1(附). 葡萄叶艾麻 **L. violacea**
1. 果柄稍翅状或无翅。
    3. 叶具粗大牙齿，牙齿向上渐大；果柄无翅；瘦果双凸透镜状，光滑；雌花序生枝梢叶腋；钟乳体细点状 …………………… 2. 艾麻 **L. cuspidata**
    3. 叶具整齐锯齿；果柄不对称膨大成不明显翅，有时腊肠状；瘦果三角形，扁平，近边缘具脊，有疣状突起；雌花序腋生；钟乳体杆状 …………………… 3. 红小麻 **L. interrupta**

1. 珠芽艾麻　图 128

Laportea bulbifera (Sieb. et Zucc.) Wedd. Monogr. Urtic. 139. 1856.
Urtica bulbifera Sieb. et Zucc. in Abh. Akad. Wiss. Wien, Math. Phys. 4(3): 214. 1846.

多年生草本，高达1.5米。茎上部有柔毛，刺毛具短毛枕；珠芽1-3，腋生，径3-6毫米。叶卵形或披针形，稀宽卵形，长（6-）8-16厘米，先端渐尖，基部宽楔形或圆，具牙齿，两面被糙伏毛和稀疏刺毛，下面浅绿色，钟乳体细点状，基出脉3，侧脉4-6对；叶柄长1.5-10厘米，托叶长圆状披针形，长0.5-1厘米，2浅裂。花序圆锥状；雄花序生于茎上部叶腋，长3-10厘米，雌花序生于茎顶或近顶部叶腋，长10-25厘米，花序梗长5-12厘米。雄花花被片5。雌花侧生花被片长圆状卵形或窄倒卵形，长约1毫米，背生1枚圆卵形，兜状，长约0.5毫米，腹生1枚三角状卵形，长约0.3毫米；子房具雌蕊柄，柱头丝形，长2-4毫米。瘦果圆倒卵形或近半圆形，偏斜，扁平，长2-3毫米，有紫褐色斑点；雌蕊柄后下弯；宿存花被片侧生2枚伸达果近中部；果柄具膜质翅，有时果序分枝翅状，匙形，顶端凹缺。花期6-8月，果期8-12月。

产黑龙江、吉林、辽宁、山东、河北、山西、河南、安徽、浙江、福建、台湾、江西、湖北、湖南、广东北部、广西、贵州、云南、西藏、四川、甘肃及陕西，生于海拔1000-2400米山坡林下、林缘、半阴坡湿润处。日本、朝鲜、俄罗斯、锡金、印度、斯里兰卡及印度尼西亚爪哇有分布。

图 128 珠芽艾麻 （引自《Fl. Taiwan》）

［附］**葡萄叶艾麻 Laportea violacea** Gagnep. in Bull. Soc. Bot. France 75: 4. 1928. 本种的主要特征：灌木或亚灌木；茎上部与小枝被刺毛，刺毛长3-4毫米，具长毛枕；叶宽卵形或近心形，基部平截，稀浅心形或骤窄，下面常带紫色；果柄成倒圆卵形膜质翅。产广西西南部，生于海拔200-1100米山坡疏林中。越南北部及泰国有分布。根药用，治胃痛。

2. 艾麻 图129：1-5 彩片53

Laportea cuspidata（Wedd.）Friis in Kew Bull. 36(1): 156. 1981.

Girardinia cuspidata Wedd. in DC. Prodr. 16(1): 103. 1869.

Laportea macrostachya（Maxim.）Ohwi；中国高等植物图鉴 1: 506. 1972.

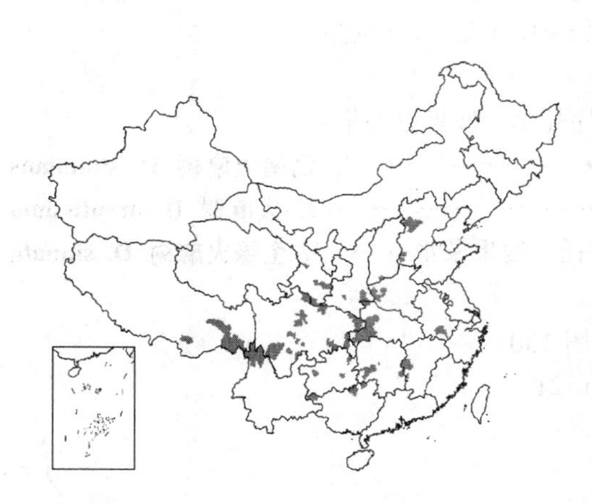

多年生草本，高达1.5米。茎疏生刺毛和柔毛。有时具数枚腋生珠芽。叶卵形、椭圆形或近圆形，长7-22厘米，先端长尾状，基部心形或圆，具粗大牙齿，向上渐变大，两面疏生刺毛和柔毛，钟乳体细点状，基出脉3，侧脉2-4对；叶柄长3-14厘米，托叶卵状三角形。长3-4毫米，2裂。雌雄同株，雄花序圆锥状，生于雌花序下部叶腋，直立，长8-17厘米；雌花序长穗状，生于茎梢叶腋，小团伞花序稀疏着生于序轴上，花序梗长2-8厘米，疏生刺毛和柔毛。雄花花被片5，窄椭圆形。雄花花被片窄椭圆形。雌花花被片侧生2枚长圆状卵形，背生1枚圆卵形，内凹，腹生1枚宽卵形；柱头丝形；雌蕊柄短，果时增长。瘦果卵圆形，歪斜，长约2毫米，双凸透镜状，光滑，绿褐色，具弯折短柄；果柄无翅；宿存花被侧生2枚圆卵形，背面中肋隆起。花期6-7月，果期8-9月。

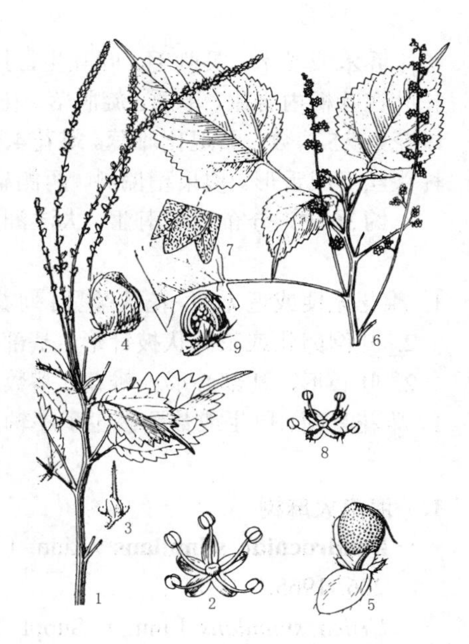

图 129: 1-5. 艾麻 6-9. 红小麻
（王金凤绘）

产河北西部、山西、河南、安徽、江西、湖北、湖南、广西北部、贵州、云南西北部、西藏东南部、四川、甘肃东南部、陕西南部，生于海拔800-2700米山坡林下或沟边。日本及缅甸有分布。茎皮纤维可制绳索和代麻用；根药用，祛风湿，解毒消肿。

3. 红小麻 图129：6-9

Laportea interrupta（Linn.）Chew in Gard. Bull. Singap. 21：200. 1965.

Urtica interrupta Linn. Sp. Pl. 985. 1753.

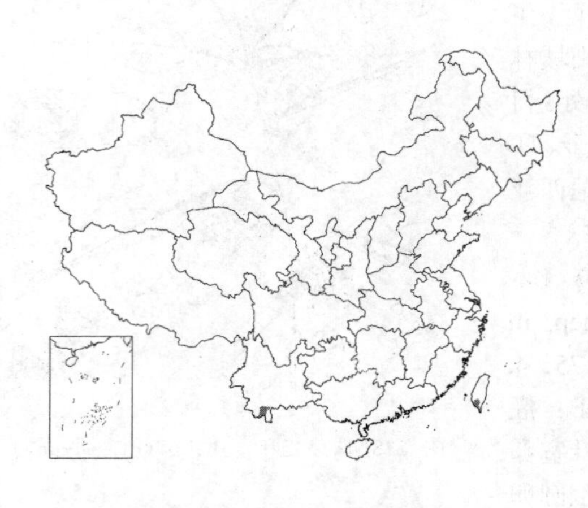

一年生草本，高达1米。茎疏生刺毛和柔毛。叶卵形或心形，长5-8厘米，先端渐尖，基部近平截，或浅心形，具锯齿，上面疏生刺毛，下面脉上疏生刺毛，钟乳体杆状，基出脉3，侧脉5-6对；叶柄长3-9厘米，托叶卵状长圆形，长约4毫米，先端2深裂。雌雄同株，常同序，长穗状，腋生，长达25厘米，团伞花序稀疏着生于单一序轴上，序轴疏生刺毛和柔毛。雄花花被片（3）4，合生至中部，倒卵形，近先端有短角状突起。雌花花被片下部合生，侧生2枚，宽卵形，背生1枚近兜形，腹生1枚三角状卵形；柱头丝形，内折，基部3分枝，中间1条长约0.5毫米，侧生1对很短。瘦果三角形，扁平，长约0.3毫米，边缘有窄膜质翅，两面近边缘有三角形脊及数枚疣状突起；果柄不对称膨大成不明显的翅。花期7-8月，果期8-9月。

产云南西南部、香港及台湾，生于海拔600-950米山坡密林下。非洲、印度、斯里兰卡、中南半岛、爪哇、太平洋岛屿、菲律宾及日本有分布。

4. 火麻树属 Dendrocnide Miq.

（陈家瑞）

乔木或灌木，具刺毛。叶互生，具柄，常革质或纸质，全缘、波状或具齿，羽状脉或基脉3-5，钟乳体点状；托叶在叶柄内合生，革质，旋脱落。花单性，雌雄异株；花序聚伞圆锥状，单生叶腋；雌团伞花序常具肉质序梗。雄花4或5基数；具退化雌蕊。雌花4基数；花被片稍合生，裂片近等大，侧生2枚稍大；无退化雄蕊；子房直立，柱头丝形或舌形。瘦果稍偏斜，两侧扁，两面有疣状突起，宿存柱头下弯，果柄腊肠状。

约36种，分布于东南亚、大洋洲及太平洋岛屿热带地区。我国5种，1变种，1变型。

1. 雌花无梗或近无梗，花数朵呈1列着生于多少肉质膨大的团伞花序托上；瘦果近圆形。
    2. 叶倒卵状或长圆状披针形，基部楔形；雄花4基数 ………………………………… 1. **海南火麻树 D. stimulans**
    2. 叶心形，基部心形；雄花5基数 ……………………………………………………………… 2. **火麻树 D. urentissima**
1. 雌花具梗，单生或数朵簇生于序轴上，团伞花序梗不膨大成花序托；瘦果梨形 …… 3. **全缘火麻树 D. sinuata**

1. 海南火麻树 图130

Dendrocnide stimulans（Linn. f.）Chew in Gard. Bull. Singap. 21：206. 1965.

Urtica stimulans Linn. f. Suppl. Sp. Pl. 418. 1781.

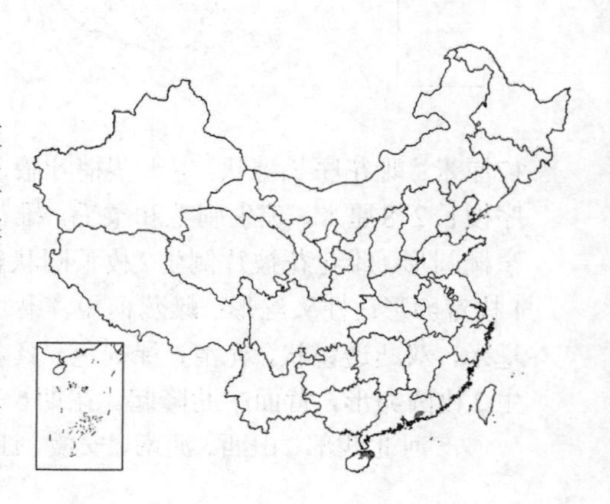

小乔木或灌木状，高约3米。枝灰白色，密布叶痕，无刺毛。叶生小枝顶端，近水平展开，坚纸质或近革质，倒卵状或长圆状披针形，长6-17厘米，先端骤尖，基部楔形，全缘，上面近无毛或脉上疏被刺毛，下面疏生柔毛和脉上疏生刺毛，钟乳体细点状，侧脉6-8对；叶柄长1.5-4厘米，被刺毛和密布点状钟乳体，托叶近革质，褐色，宽三角形，长约7毫米。花序总状分枝，生于枝梢叶腋；雌花序具长梗，序轴生刺毛。雄花无梗，花被片4，被微毛和刺毛；雄蕊4。雌花无梗，花数朵呈1列着生于肉质扇形团伞花序托上；花被片4，下部合生，侧生2枚三角状卵形，被微毛和刺毛。瘦果近圆形，歪斜，侧扁，长近3毫米，有不明显疣状突起。果期4月。

产广东及海南，生于山坡林下。中南半岛、马来半岛、印度尼西亚、菲律宾及太平洋岛屿有分布。

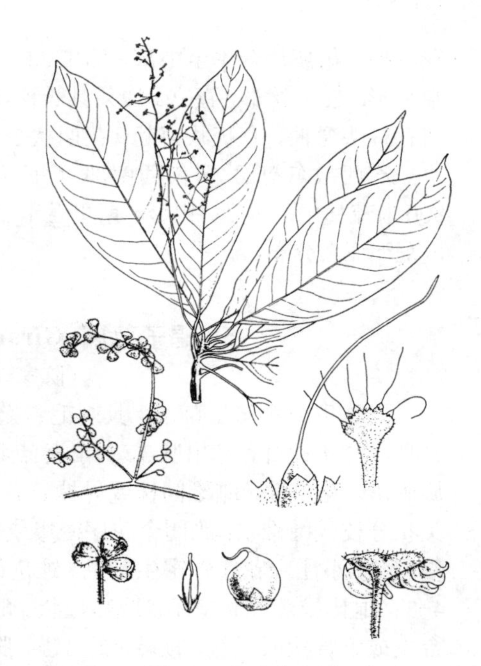

图 130 海南火麻树
（引自《Gard. Bull. Singap.》）

2. 火麻树 图 131 彩片 54

Dendrocnide urentissima（Gagnep.）Chew in Gard. Bull. Singap. 21: 207. 1965.

Laportea urentissima Gagnep. in Bull. Soc. Bot. France 75: 3. 1928.

乔木，高达15米；树皮灰白色。小枝中空，上部被茸毛和刺毛，后脱落。叶生于枝顶，纸质，心形，长15-25厘米，先端渐尖，基部心形，全缘或有不明显细齿，上面被糙伏毛和稀疏刺毛，下面被茸毛和红色腺点，脉上疏生刺毛，钟乳体细点状，基出脉3-5，侧脉5-7对，弧曲；叶柄长7-15厘米，托叶宽三角状卵形，长约1厘米。花序生于小枝近顶部叶腋，长圆锥状；雄花序具短梗，长达20厘米，序轴密被柔毛；雌花序长达50厘米，花序梗长达25厘米，序轴和花枝密被柔毛和刺毛，常有红色腺点。雄花花被片5，卵形，被微毛；雄蕊5。雌花无梗，花4-6朵呈1列着生于稍肉质团伞花序托上；花被片侧生2枚卵形，背腹生2枚三角状卵形，密被微毛和稀疏刺毛。瘦果近圆形，歪斜，侧扁，长约3毫米，黑红色，有疣点，果柄顶端具关节。花期9-10月（广西），1-2月（云南），果期10-12月（广西），4-5月（云南）。

产云南南部及东南部、广西西南部，生于海拔800-1300米石灰岩山地林中。越南有分布。刺毛毒性很大，能毒死小孩和幼畜。

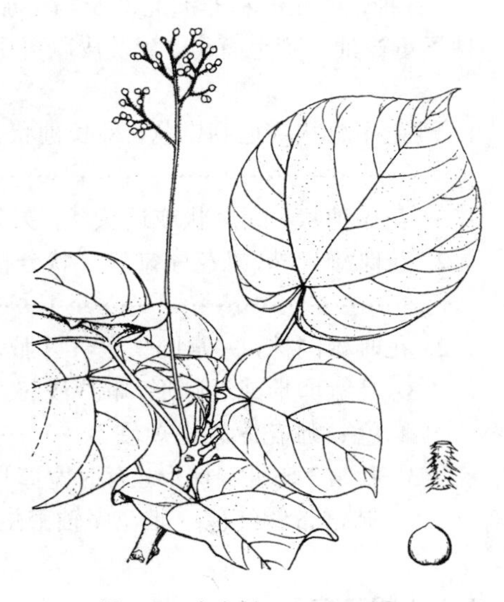

图 131 火麻树 （刘怡涛绘）

3. 全缘火麻树 图 132

Dendrocnide sinuata（Bl.）Chew in Gard. Bull. Singap. 21: 207. 1965.

Urtica sinuata Bl. Bijdr. 505. 1825.

常绿小乔木或灌木状，高达7米。小枝疏生刺毛。叶革质或坚纸质，椭圆形、椭圆状披针形、长圆状或倒卵状披针形，稀菱形，长10-45厘米，先端尖或长渐尖，基部楔形、圆、平截或深心形，全缘、波状、具波状圆齿或不整齐浅牙齿，两面近无毛或下面脉上疏生刺毛，钟乳体细点状，侧脉8-15对；叶柄长2-10厘米，托叶近革质，卵状披针形，长1.5-2.5厘米。花雌雄异株，花序圆锥状；雄花序长5-10厘米；雌花序长10-20厘米，小团伞花序梗不膨大成肉质花序托。雄花花被片4，疏生微毛和小刺毛。雌花具梗；花被片合生至中部，侧生2枚三角状卵形，长近1毫米，背腹2枚窄卵形；柱头丝形，直立。瘦果具长柄，梨形，侧扁，长5-6毫米，具短喙，宿存柱头弯曲，有疣状突起。花期秋季至翌年春季，果期秋、冬季。

产西藏东南部、云南西南部、广西西南部、广东及海南，生于海拔300-800米疏林中。印度、锡金、斯里兰卡、缅甸、泰国、越南、马来半岛及印度尼西亚有分布。

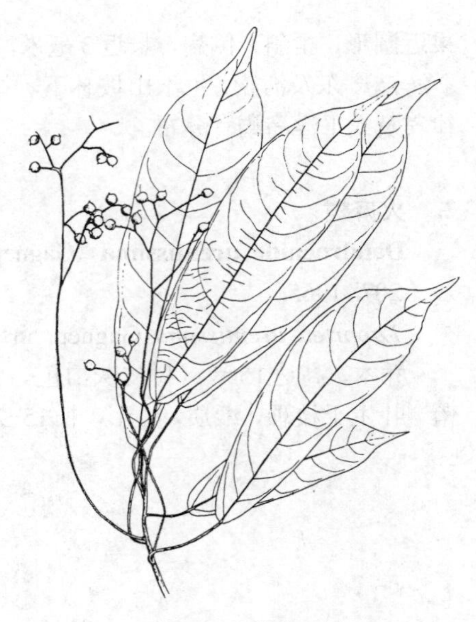

图 132 全缘火麻树
（引自《Gard. Bull. Singap.》）

5. 蝎子草属 Girardinia Gaudich

（陈家瑞）

一年生或多年生草本，具刺毛；茎具5棱。叶互生，具齿或分裂，常具裂叶与不裂叶，基出脉3，钟乳体点状；托叶在叶柄内合生，先端2裂，旋脱落。花单性，雌雄同株或异株；花序成对生于叶腋，雄花序穗状，二叉状分枝或圆锥状；雌团伞花序密集或稀疏呈蝎尾状，组成穗状、圆锥状或蝎尾状，小团伞花序轴密生刺毛。雄花花被片4-5，裂片镊合状排列；雄蕊4-5；退化雄蕊球状、杯状或短柱状。雌花花被片3-4，其中2-3枚在背面合生成近管状或盔状，顶端（2）3齿，腹生1枚线形或卵形，有时败育；子房直立，花后偏斜，具短柄；柱头线形，花后下弯，宿存。瘦果扁，稍偏斜，宿存花被包被增粗的雌蕊柄。种子直立，具少量胚乳或无，子叶宽，富含油质。染色体基数x=10，12。

5种，产亚洲和非洲北部及马达加斯加。我国4种，2亚种。茎皮纤维供纺织和制绳索用，有些种类供药用；种子可榨油；刺毛有毒，触及皮肤可引起红肿。

1. 雌花序总状或近圆锥状，稀长穗状；果穗长于叶或稍短于叶；叶掌状3-7裂，托叶长（1-）1.5-3厘米 ………………………………………………………… 1. **大蝎子草 G. diversifolia**
1. 雌花序穗状、蝎尾状或近头状，果穗长不及叶柄，最长不及叶片；叶不裂或3（-5）裂，托叶长约1厘米。
   2. 花雌雄异株，雄花序常二叉状分枝成总状，雌花序穗状或在花序下部有少数分枝呈总状；瘦果光滑 ………………………………………………………… 1(附). **浙江蝎子草 G. chingiana**
   2. 花雌雄同株，并常同生于一叶腋，雄花序短穗状，雌花序短穗状、圆柱状或蝎尾状；瘦果有粗疣点。
      3. 叶宽卵形或近圆形，稀3浅裂，基部圆、平截或浅心形，具8-13对缺刻状粗牙齿或重牙齿，叶柄与叶脉绿色；雌花序轴生短硬毛 ………………………………………… 2. **蝎子草 G. suborbiculata**
      3. 叶常3裂呈倒梯形，有时宽卵形，裂片三角形，基部平截或心形，具约30对牙齿或重牙齿，叶柄与叶下面脉常带紫红色；雌花序轴密生伸展粗毛 ……………………… 2(附). **红火麻 G. suborbiculata** subsp. **triloba**

1. 大蝎子草 图133：1-3 彩片55

Girardinia diversifolia（Link）Friis in Kew Bull. 36(1)：145. f. 3-4. 1981. p. max. p.

Urtica diversifolia Link. Enum. Hort. Berol. 2：385. 1822.

多年生草本，高达2米。茎生刺毛和糙毛或伸展柔毛，多分枝。叶宽卵形、扁圆形或五角形，长宽均8-25厘米，基部宽心形或近平截，掌状（3-）5-7裂，稀不裂，具不规则牙齿或重牙齿，上面疏生刺毛和糙伏毛，下面生糙伏毛或短硬毛和脉上疏生刺毛，基生脉3；叶柄长3-15厘米，托叶长圆状卵形，长1-3厘米。花雌雄异株或同株，雌花序生上部叶腋，雄花序生下部叶腋，多次二叉状分枝排成总状或近圆锥状，长5-11厘米；雌花序总状或近圆锥状，稀长穗状，序轴具糙伏毛和伸展粗毛，小团伞花枝上密生刺毛和粗毛。雄花花被片4。雌花花被片大的1枚舟形，先端有3齿，小的1枚线形。果穗长于叶或稍短于叶；瘦果近心形，稍扁，褐黑色，有粗疣点。花期9-10月，果期10-11月。

产西藏、云南、贵州、四川、湖北及台湾，生于山谷、溪边、山地林缘或疏林下。中南半岛、马来半岛、尼泊尔、锡金、印度北部、印度尼西亚爪哇及埃及有分布。

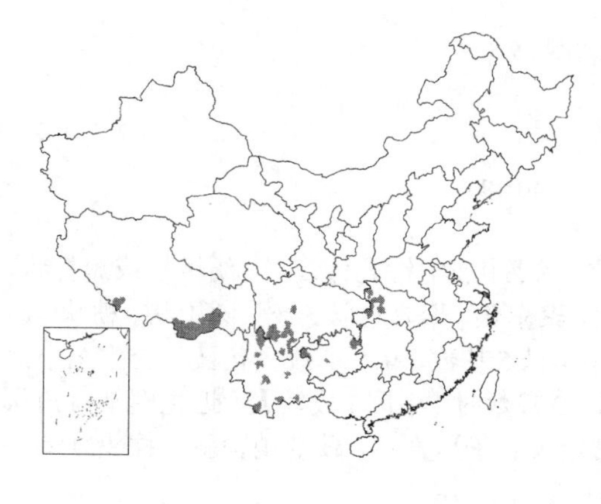

［附］**浙江蝎子草** 图133: 4-5 **Girardinia chingiana** Chien in Cont. Biol. Lab. Sci. Soc. China 9(3): 259. f. 25. 1934. 本种的鉴别特征：叶宽卵形或3(-5)裂片呈近圆形、稀菱状，基部圆、近平截或宽心形，基出脉侧出的1对与中脉形成35-40度角；花雌雄异株，雄花序常二叉状分枝成总状，雌花序穗状或在花序下部有少数分枝呈总状，序轴生刺毛及疏生糙伏毛；瘦果光滑。产浙江西北部及江西，生于海拔约300米山坡林下或溪边。

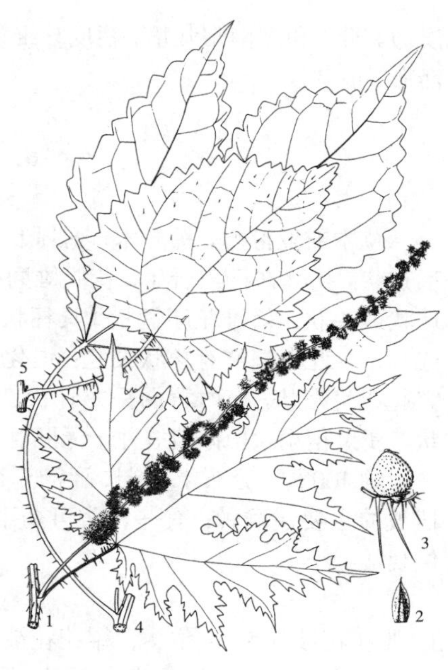

图 133: 1-3. 大蝎子草 4-5. 浙江蝎子草
（引自《中国植物志》）

2. 蝎子草 图134: 1-4

Girardinia suborbiculata C. J. Chen in Acta Phytotax. Sin. 30(5): 476. 1992.

Girardinia cuspidata auct. non Wedd.: 中国高等植物图鉴 1: 507. 1972. p. p.

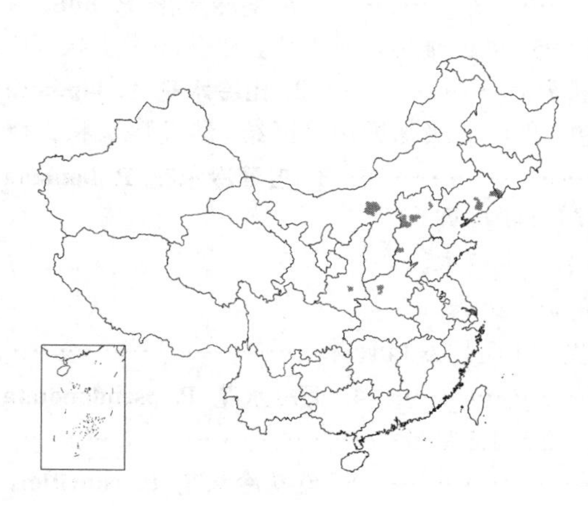

一年生草本，高达1米。茎疏生刺毛和糙伏毛。叶宽卵形或近圆形，长5-19厘米，先端短尾状或短渐尖，基部近圆、平截或浅心形，稀宽楔形，具8-13对缺刻状粗牙齿或重牙齿，稀中部3浅裂，基出脉3，侧脉3-5对；叶柄长2-11厘米，疏生刺毛和糙伏毛，托叶披针形或三角状披针形，长0.6-1厘米。花雌雄同株，雌花序单个或雌雄花序成对腋生；雄花序穗状，长1-2厘米；雌花序短穗状，序轴生短硬毛；下部分枝长1-6厘米；团伞花序枝密生刺毛。雄花花被片4。雌花近无梗；花被片大的1枚近盔状，顶端3齿，长约0.4毫米，小的1枚线形，长约大的一半，有时败育。瘦果宽卵圆形，双凸透镜状，灰褐色，有粗疣点。花期7-9月，果期9-11月。

产吉林、辽宁、内蒙古、河北、河南西部及陕西中南部，生于海拔50-800米林下沟边或住宅荫湿处。朝鲜有分布。

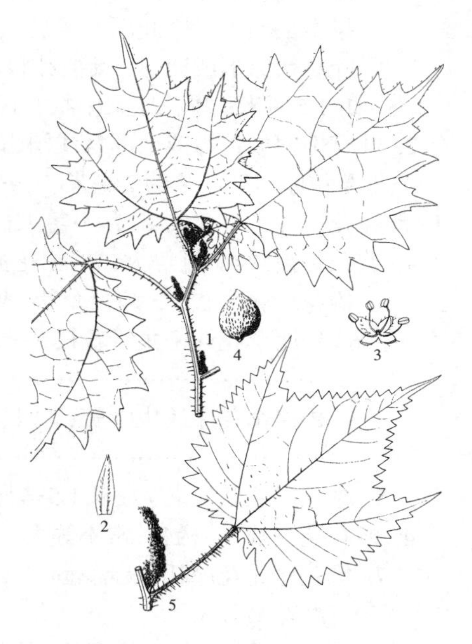

图 134: 1-4. 蝎子草 5. 红火麻
（引自《中国植物志》）

［附］**红火麻** 图134: 5 **Girardinia suborbiculata** subsp. **triloba** (C. J. Chen) C. J. Chen in Acta Phytotax. Sin. 30(5): 477. 1992. —— *Girardinia cuspidata* Wedd. subsp. *triloba* C. J. Chen in Acta Bot. Yunnan. 4(4): 334. 1982. 本亚种与模式亚种的区别：叶倒梯形，有时宽卵形，中部3裂，裂片三角形，中裂片长3-7厘米，侧裂片长1.5-3厘米，具约30对牙齿，有时下部为重牙齿，中下部齿较大，基部平截或心形；茎、叶柄和下面叶脉常带紫红色；雌花序轴密生伸展粗毛。产湖南西北部、湖北西部、四川、陕西南部及甘肃南部，生于海拔300-1300米山坡林下和

溪边。四川和湖南常栽培。茎皮纤维为纺织原料；全草药用，可祛风除湿、活血、清热。

6. 冷水花属 **Pilea** Lindl., nom. conserv.

（陈家瑞）

草本或亚灌木，稀灌木，无刺毛。叶对生，具齿或全缘，具3出脉，稀羽状脉，钟乳体线形、纺锤形或短杆状，稀点状；托叶在柄内合生。花雌雄同株或异株，花序单生或成对腋生，聚伞状、聚伞总状、聚伞圆锥状、穗状、串珠状或头状，稀雄花序盘状（具杯状花序托）。花单性，稀杂性；雄花4或5基数，稀2基数；花被片合生至中部或基部，近先端常有角状突起；退化雌蕊小。雌花（2）3（4–5）基数，3基数时，中间1枚较大，近先端常有角状突起或呈帽状，有时背面呈龙骨状；退化雄蕊内折，鳞片状，花后常增大；子房直立，顶端稍歪斜；柱头画笔头状。瘦果稍扁，稍偏斜。种子无胚乳；子叶宽。染色体基数x=8，12，13，15，18。

约400种，分布于美洲、亚洲东南部、非洲热带与亚热带地区。我国约90种。本属植物是组成荫湿环境草本植被的主要建群种；有些种类可药用；多数植物的茎叶多汁无毒，可作饲料；有的种茎肉质透明，叶有色斑，可供观赏。

1. 雌花花被片5，近等大；雄花花被片5，覆瓦状排列，雄蕊5。
  2. 叶有粗牙齿或圆锯齿，下面淡绿色，外向二级脉伸达齿尖；雌花序聚伞状或小花枝紧缩成头状；瘦果卵圆形，长1–1.2毫米。
    3. 叶长圆状卵形，长（5–）9–16厘米，侧脉6–8对；雄花序聚伞总状，3分枝，长于叶；雌花序聚伞状；瘦果中央凹下，隆起面有粗疣点 ………………………… 1. **翠茎冷水花 P. hilliana**
    3. 叶菱状卵形或卵形，稀披针状，长1–6（–10）厘米，侧脉2–3（–5）对；雌雄花常混生，雄花序常头状，长1–1.5厘米；雌花序聚伞状、小花枝成头状；瘦果稍扁，有疣状突起 ……………… 2. **山冷水花 P. japonica**
  2. 叶有不明显锯齿或上部有浅圆齿，有时近全缘，下面常带紫红色，外向二级脉近边缘网结；雌花序头状；瘦果菱状卵圆形，长约2毫米 ………………………… 3. **五萼冷水花 P. boniana**
1. 雌花花被片（2）3或4，常不等大；雄花花被片（2–3）4（5），常镊合状排列。
  4. 雌花花被片4，近等大；雄花花被片与雄蕊4（5）；亚灌木，稀多年生草本。
    5. 雄花序簇生状、二歧聚伞状、聚伞总状或聚伞圆锥状；叶上面无白斑带。
      6. 雄团伞花簇密集于花枝；叶卵形或卵状披针形，先端长渐尖，叶柄长2–11厘米 ………………………… 4. **假冷水花 P. pseudonotata**
      6. 雄聚伞花序簇生叶腋；叶长圆状披针形或窄披针形，叶柄长0.5–1.5厘米 ………………………… 5. **红花冷水花 P. rubriflora**
    5. 雄花序头状，花序梗长1.5–4厘米；叶上面有二条白斑带（栽培） ……………… 6. **花叶冷水花 P. cadierei**
  4. 雌花花被片3，稀2，常不等大；雄花花被片与雄蕊（2–）4；草本，稀亚灌木。
    7. 雄花序无花序托，无总苞片。
      8. 雌花被片3。
        9. 叶具3出脉，稀离基3出脉；花序各式。
          10. 叶同对的同形，近等大，不等大时大小相差不超过5倍。
            11. 植株被单细胞毛或无毛，钟乳体线形或杆状，稀近点状。
              12. 雄花花被片与雄蕊4；花序各式，但不为蝎尾聚伞状。
                13. 叶基着生。
                  14. 雄花序二歧聚伞状、聚伞圆锥状或串珠状，但不为头状。
                    15. 花序二歧聚伞状或聚伞圆锥状。
                      16. 雌花花被片不等大，常离生，先端常尖。
                        17. 雌花序二歧聚伞状，有时成簇生状，雄花序二歧聚伞状，有时聚伞圆锥状，常成对腋生（隆脉冷水花单生）；瘦果宽卵圆形或近圆形；叶上面基出脉隆起。

18. 托叶三角形，长1-2毫米。

19. 雄花序二歧聚伞状，稀近聚伞圆锥状，长不过叶。

20. 雄花序多回二歧聚伞状；叶椭圆形或椭圆状披针形，有锯齿，下面淡绿或带紫红色 ………………………………………………………………………… 7. **疣果冷水花 P. verrucosa**

20. 雄花序近二歧聚伞状或聚伞圆锥状；叶宽椭圆形或宽卵形，有粗齿，下面带紫红色 ………………………………………………………………………… 7(附). **紫背冷水花 P. purpurella**

19. 雄花序聚伞状，具少数短分枝，或密集近头状，长于叶 …………… 12. **隆脉冷水花 P. lomatogramma**

18. 托叶心形或宽卵形，长3-8毫米；雄花序聚伞圆锥状。

20. 雄花序常长于叶或与叶近等长；托叶心形。

21. 叶椭圆形、卵状椭圆形、卵形、卵状披针形或椭圆状披针形。

22. 叶椭圆形或卵状椭圆形，先端尖、钝尖或短渐尖；雌花序无梗，成簇生状，或梗长不及1厘米 ………………………………………………………………………… 8. **湿生冷水花 P. aquarum**

22. 叶卵状披针形、椭圆状披针形或卵形，先端渐尖；雌花序梗长0.5-3厘米 ………………………………………… 8(附). **短角湿生冷水花 P. aquarum** subsp. **brevicornuta**

21. 叶倒卵状长圆形。

23. 茎无翅，密被短毛；叶先端尖或短渐尖，有牙齿；雌花序梗长2-5厘米 ………………………………………………………………………… 9. **心托冷水花 P. cordistipulata**

23. 茎有数条波状膜质翅，无毛；叶先端渐尖，有圆齿状锯齿；雌花序梗长1-1.5厘米 ………………………………………………………………………… 10. **翅茎冷水花 P. subcoriacea**

20. 雄花序短于或稍长于叶柄；托叶长圆状卵形 ……………………………… 11. **椭圆叶冷水花 P. elliptilimba**

17. 雌雄花序均聚伞圆锥状，常单生叶腋（鳞片冷水花成对生）；瘦果卵形或椭圆形；叶基出脉在上面平或凹下。

24. 托叶长圆形或长圆状披针形；钟乳体线形。

25. 托叶披针形，褐色；瘦果光滑；叶有锯齿状牙齿 …………………………… 13. **大叶冷水花 P. martinii**

25. 托叶长圆形，带绿色；瘦果近边缘有一圈稍隆起的褐色环纹；叶缘有浅圆齿 ………………………………………………………………………… 14. **多苞冷水花 P. bracteosa**

24. 托叶三角形，长1-2（3）毫米（鱼眼果冷水花长达5毫米）；钟乳体近点状、杆状或线形。

26. 雄花序短于叶。

27. 雄花序稍长于叶柄；叶的外向二级脉伸达齿尖，钟乳体线形或杆状。

28. 叶同对的近等大，椭圆状或长圆状披针形，基部宽楔形或圆，有细锯齿；瘦果顶端稍偏斜，有细疣点或紫斑 ………………………………………………………………… 15. **细齿冷水花 P. scripta**

28. 叶同对的不等大，长圆状卵形或卵状披针形，偏斜，基部耳形，有时心形，有圆锯齿；瘦果几不歪斜，近光滑或有不明显网纹 ……………………………………… 15(附). **耳基冷水花 P. auricularis**

27. 雄花序短于叶柄；叶的外向二级脉近边缘网结，钟乳体近点状或短杆状。

29. 攀援草本或亚灌木，无毛；叶先端渐尖，中上部有浅锯齿，或全缘；雄花序长3-4厘米 ………………………………………………………………………… 16. **点乳冷水花 P. glaberrima**

29. 高大直立草本，植株各部被锈褐色盾状鳞片；叶先端尾尖，有细圆锯齿；雄花序密集，长1-2厘米 ……………………………………………………………… 16(附). **鳞片冷水花 P. squamosa**

26. 雄花序长于叶；钟乳体线形。

30. 叶有齿。

31. 雄花序稍长于叶或与叶近等长；瘦果光滑或有色斑，无环纹；叶镰状披针形，长5-14厘米，基部微缺或浅心形 ………………………………………………………… 17. **镰叶冷水花 P. semisessilis**

31. 雄花序长于叶；瘦果有一圈隆起环纹；叶椭圆形或椭圆状披针形，长10-23厘米，基部楔形或近圆 ………………………………………………………… 18. **长序冷水花 P. melastomoides**

30. 叶全缘或上部疏生浅齿。

32. 瘦果中央鱼眼状；叶下面非蜂窠状 …………………… 19. **鱼眼果冷水花 P. longipedunculata**

32. 瘦果有疣点；叶干后下面细蜂窠状 ………………………………………… 20. **石筋草 P. plataniflora**

16. 雌花花被片等大或近等大，稍合生，先端钝圆。

33. 托叶长圆形，长0.7–2厘米，半宿存或不久脱落；雄花被片先端尖。

34. 叶草质或近膜质，钟乳体纺锤形；瘦果长1.2–1.6毫米。

35. 叶卵状椭圆形或长圆状披针形，基部圆或微缺，托叶绿色，长1–2.5厘米；雄花长约2毫米，花被片带绿色，近先端有角状突起或喙状。

36. 雌雄异株；雄花序聚伞圆锥状，雄花密集生于花枝；雄花具梗，花被片近先端有长喙；叶有粗锯齿 ……………………………………………………………… 21. **圆瓣冷水花 P. angulata**

36. 雌雄同株；雄花序聚伞总状，少分枝，雄花成头状花簇疏生于总状花枝；雄花无梗或具短梗，花被片近先端有短角状突起；叶有钝牙齿状锯齿或重锯齿 …………………………………………………………… 21(附). **长柄冷水花 P. angulata** subsp. **petiolaris**

35. 叶卵形或宽卵形，基部常心形，托叶褐色，长0.7–1厘米；雄花长约1毫米，花被片红色，近先端几无短角突起 ………………………… 21(附). **华中冷水花 P. angulata** subsp. **latiuscula**

34. 叶纸质，卵形或卵状披针形，有浅锯齿，两面钟乳体线形；瘦果长0.8毫米 ……………………………………………………………………………………………… 22. **冷水花 P. notata**

33. 托叶三角形，长1–2（–4）毫米，宿存；雄花花被片先端钝圆。

37. 叶先端常尾状或长尾尖，有10–15对牙齿 ……………………… 23. **粗齿冷水花 P. sinofasciata**

37. 叶先端渐尖或短尾状，有18–24对浅圆齿 …………… 23(附). **南川冷水花 P. nanchuanensis**

15. 雄花序为数枚团伞花簇稀疏着生单一序轴上，呈串珠状；雌花序总状、穗状、串珠状或近头状；托叶三角形，长约1毫米。

38. 植株高3–20厘米；叶长2–5（6）厘米，全缘或疏生圆齿；瘦果长0.4–0.6毫米。

39. 叶同对的不等大，近水平展开，菱状椭圆形或菱状披针形；雄花序长约2厘米，雌花序聚伞总状；瘦果有褐色刺状突起 ………………………………………………… 24. **石林冷水花 P. elegantissima**

39. 叶同对的近等大，斜展，宽椭圆形或菱状圆形；雄花序长2–5厘米，雌花序头状；瘦果具不明显疣点 ……………………………………………………………… 24(附). **中间型冷水花 P. media**

38. 植株高0.5–1.5米；叶椭圆形、卵状椭圆形或卵状长圆形，长5–13厘米，有粗圆齿状或牙齿状锯齿；瘦果长1.8毫米 ………………………………………………………… 25. **念珠冷水花 P. monilifera**

14. 雄花序头状或近头状，有时短穗状，或头状花簇稀疏着生于总状分枝。

40. 植株无块茎；叶肉质，全缘，稀有少数钝圆齿。

41. 直立草本；雄花被片近先端几无角状突起或有短角。

42. 叶先端钝尖或尖，全缘或不明显波状。

43. 茎较纤细，高5–30厘米；叶常集生枝顶，下面细蜂窠状，无钟乳体；雄花被片近先端几无角状突起 …………………………………………………………… 28. **波缘冷水花 P. cavaleriei**

43. 茎较粗，高25–40厘米；叶生于分枝，下面非蜂窠状，密布钟乳体；雄花被片近先端有2囊状突起 ……………………………………………… 28(附). **石油菜 P. cavaleriei** subsp. **valida**

42. 叶先端圆，有钝圆齿 ………………………… 28(附). **圆齿石油菜 P. cavaleriei** subsp. **crenata**

41. 平卧草本；叶圆形或扇状圆形，先端圆，全缘，边缘反卷；雄花被片近先端有2不明显囊状突起 ……………………………………………………………………… 29. **厚叶冷水花 P. sinocrassifolia**

40. 植株具块茎；叶膜质，有4–6对钝齿 …………………………………… 30. **亚高山冷水花 P. racemosa**

13. 叶全部或部分叶盾状着生。

44. 茎高达13厘米，节间密集，上部密生宿存鳞片状托叶；叶近圆形或圆卵形，长2.5–9厘米，先端钝或圆，托叶长约7毫米，先端短尾尖；花序圆锥状，长10–28厘米 …………… 26. **镜面草 P. peperomioides**

44. 茎高达27厘米，节间距1–4厘米；叶圆卵形、近圆形或卵形，长1–4.5（–7）厘米，先端尖、钝或短渐尖，托叶长约1毫米；雄花序串珠状，长3–4厘米 ……………………………… 27. **盾叶冷水花 P. peltata**

12. 雄花花被片与雄蕊2，稀3或4；聚伞花序蝎尾状。

45. 托叶卵状长圆形，长2-3毫米，后脱落；雄花花被片与雄蕊2（3-4）；雌花花被片中间1枚最小，或与侧生2枚近等长；瘦果常有紫色条斑。
46. 直立草本；叶菱状卵形或卵形，先端渐尖、尖或钝，有牙齿、牙齿状锯齿，稀全缘；雌花花被片中间1枚与侧生2枚近等长或较短。
47. 雌花花被片线形，果时长不及果或与果近等长 ………………… 31. **透茎冷水花 P. pumila**
47. 雌花花被片较宽，果时卵状或倒卵状长圆形，侧生2枚或1枚常稍长于果，中间1枚较侧生的短约1倍 ………………………………… 31(附). **荫地冷水花 P. pumila** var. **hamaoi**
46. 铺散草本；叶菱状圆形或宽椭圆形，先端近圆或钝，疏生钝圆齿；雌花花被片卵状披针形或长圆形，侧生2枚与果近等长或长及果1/2，中间1枚较侧生的短3-4倍 ……………………………………………………………… 31(附). **钝尖冷水花 P. pumila** var. **obtusifolia**
45. 托叶近圆形或近心形，长2.5-4毫米，宿存；雄花花被片与雄蕊2；雌花花被片中间1枚最长，近舟形，稍长于果，侧生2枚三角形，较中间短约10倍；瘦果光滑，几无色斑 ……………………………………………………………………………… 32. **少花冷水花 P. pauciflora**
11. 植株被多细胞串珠毛；钟乳体短杆状。
48. 花序长达16厘米；托叶窄卵形或长圆形，长约5毫米，叶圆卵形、近圆形或宽椭圆形 ……………………………………………………………………………… 33. **荫生冷水花 P. umbrosa**
48. 花序长1-2厘米；托叶三角形，长约1毫米 …………………… 33(附). **怒江冷水花 P. salwinensis**
10. 叶同对的异形，大小相差5倍以上，小的三角状卵形或窄卵形，基部偏斜，半抱茎，近无柄 ……………………………………………………………………………… 34. **异叶冷水花 P. anisophylla**
9. 叶具羽状脉；花序头状或近头状。
49. 植株高6-25厘米；叶椭圆状披针形或线形，有齿。
50. 地下茎节不膨大；叶肉质，生于茎上部，长1.5-4厘米，先端渐窄或尖，中上部有3-4对浅钝齿，侧脉4-6对，不明显 ……………………………………………… 35. **钝齿冷水花 P. penninervis**
50. 地下径节圆锥状；叶膜质，常集生茎顶，对生或轮生，长3-9厘米，先端长渐尖，有钝锯齿，侧脉6-10对 ……………………………………………………… 35(附). **羽脉冷水花 P. ternifolia**
49. 植株高3-17厘米；叶倒卵形或匙形，长3-7毫米，先端钝，全缘，侧脉不明显；瘦果长0.4毫米 ……………………………………………………………………………… 36. **小叶冷水花 P. microphylla**
8. 雌花花被片2。
51. 叶菱状圆形或近扇形，先端圆或钝，基部楔形或近圆，全缘或中上部有小浅牙齿；花序二歧聚伞状或近头状。
52. 茎单一或少分枝；叶全缘或波状；花序头状，雄花序梗长2-7毫米；瘦果黄褐色，光滑 ……………………………………………………………………………… 37. **矮冷水花 P. peploides**
52. 茎多分枝；叶中上部有小浅牙齿；花序二歧聚伞状，几无梗呈簇生状或具短梗呈伞房状；瘦果深褐色，疏生细刺状突起 ………………… 37(附). **齿叶矮冷水花 P. peploides** var. **major**
51. 叶三角形、宽卵形或窄卵形，先端尖，有时钝或短渐尖，基部心形或近平截，有3-4对牙齿状锯齿或圆齿；花序头状，2-4枚团伞花簇着生于单一或分枝序轴 …………………… 38. **三角叶冷水花 P. swinglei**
7. 雄花序具杯状或盘状花序托，稀无，有苞片组成总苞。
53. 雌雄同株，雌雄花序成对生于同一叶腋；雄花序托近杯状或盘状，稀无花序托；叶同对的近等大，卵形或窄卵状，长（2.5-）6-9厘米，上面常有2条白斑带 …………………… 39. **序托冷水花 P. receptacularis**
53. 雌雄异株；雄花序托不明显或无花序托；叶同对的不等大，卵形，长1.5-5厘米，上面无白斑带 ……………………………………………………………………………… 39(附). **陇南冷水花 P. gansuensis**

1. 翠茎冷水花

图 135

Pilea hilliana Hand.-Mazz. Symb. Sin. 7: 129. 1929.

草本，高达1米。茎无毛，叶在同对不等大，长圆状卵形，（5-）9-16厘米，基部宽楔形或圆，先端渐尖或短尾尖，有粗牙齿，基出脉3，侧脉6-8对，钟乳体细线形；叶柄长1.5-7厘米，无毛，托叶长圆形，长0.7-1厘米。雌雄异株或同株，雄聚伞花

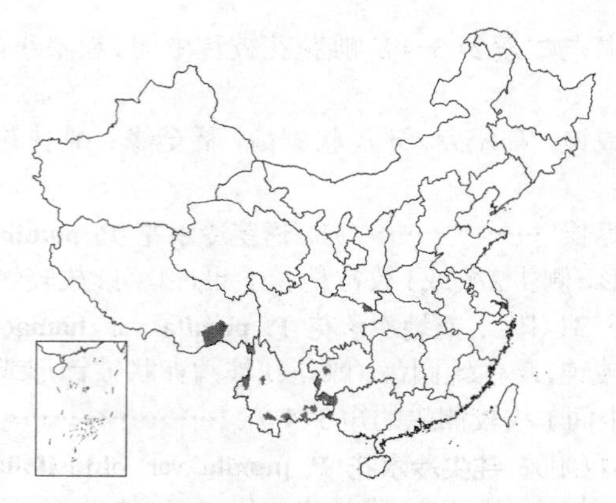

序长7-15厘米，顶端有3分枝，序轴的一侧密生微柔毛，团伞花序密集或松散排列于花序梗上的聚伞状分枝上。雄花花被片5，覆瓦状排列。雌花花被片5，长圆形，其中2-3枚舟形，背面龙骨状，疏生短毛；退化雄蕊长圆形，长及花被片2/3。瘦果卵圆形，稍偏斜，中央凹下，灰褐色，隆起面有粗疣点，宿存花被片与果近等长。花期6-8月，果期9-12月。

产广西、贵州、云南、西藏东南部及四川东北部，生于海拔（1100-）1600-2600米山谷林下。越南北部有分布。

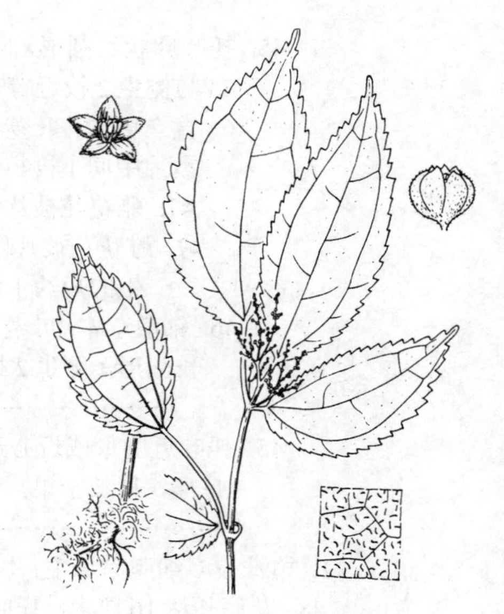

图 135 翠茎冷水花 （谢 华绘）

2. 山冷水花 图 136：1-7

Pilea japonica（Maxim.）Hand.-Mazz. Symb. Sin. 7：141. 1929.

Achudemia japonica Maxim. in Mel. Biol. 9：627. 1876.

草本。茎无毛，高达30（-60）厘米。叶对生，茎部叶近轮生，同对叶不等大，菱状卵形或卵形，稀披针状，长1-6（-10）厘米，先端尖，稀钝尖或短尾尖，基部楔形，稀近圆或近平截，下部全缘，上部具数对圆锯齿或钝齿，基出脉3，侧生1对伸达叶中上部齿尖，侧脉2-3（-5）对，钟乳体线形；叶柄长0.5-2（-5）厘米，无毛，托叶长圆形，长3-5毫米。花单性，雌雄同株，常混生，或异株；雄聚伞花序具细梗，常成头状，长1-1.5厘米；雌聚伞花序连同总梗长1-3（-5）厘米，团伞花簇常成头状，1-2或几枚疏生花枝。雄花花被片5，覆瓦状排列，合生至中部。雌花花被片5，长圆状披针形，其中2-3枚背面龙骨状，先端疏生刚毛。瘦果卵圆形，稍扁，灰褐色，有疣状突起，宿存花被包果。花期7-9月，果期8-11月。

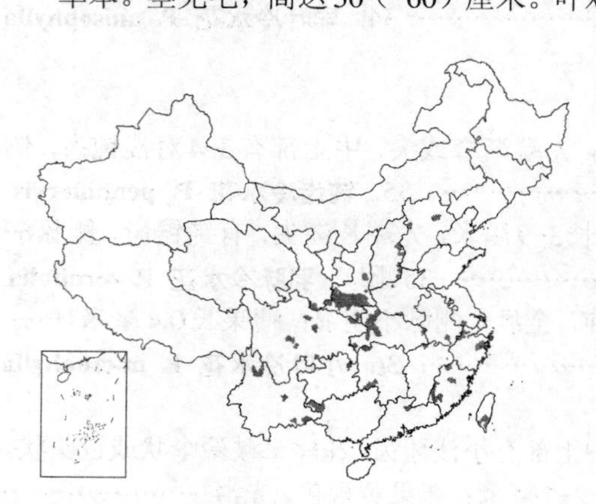

图 136：1-7. 山冷水花 8-11. 五萼冷水花
（引自《中国植物志》）

产吉林、辽宁、河北、山西、河南、陕西、甘肃南部、四川、贵州、云南、广西、广东北部、湖南、湖北、江西、安徽、浙江、福建及台湾，生于海拔500-1900米山坡林下、山谷溪边草丛中、石缝或树干长苔藓的阴湿处，常成片生长。俄罗斯东西伯利亚、朝鲜及日本有分布。全草药用，可清热解毒、利尿。

3. 五萼冷水花 桂西冷水花 图 136：8-11

Pilea boniana Gagnep. in Bull. Soc. Bot. France 75：71. 1928.

Pilea pentasepala Hand.-Mazz.；中国高等植物图鉴 补编1：170. 1982.

Pilea morseana Han.-Mazz.；中国高等植物图鉴 补编1：170. 1982.

多年生草本，高达1米，无毛。叶椭圆形或卵形，长3-15厘米，先端骤尖，基部宽楔形或圆，具浅圆齿状细齿，下面常带紫红色，基出3脉或不明显离基3出脉，钟乳体线形；叶柄长0.6-5厘米，托叶宽三角形，长约

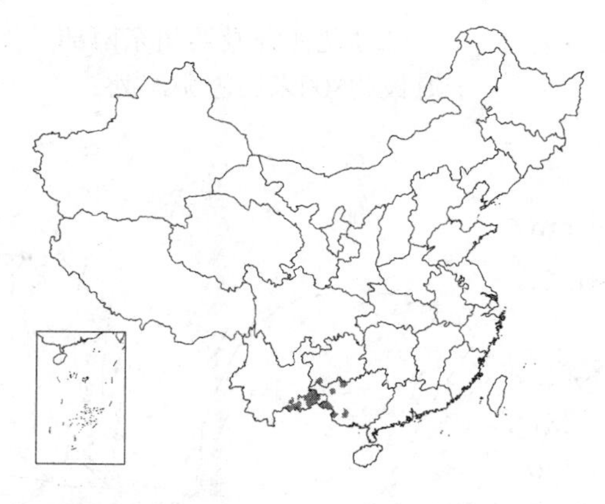

1毫米，在叶柄间稍合生。雌雄异株或同株，雄花序生上部叶腋，连同总梗长6-16厘米，聚伞总状、伞房状或圆锥状，三叉分枝，常平展，团伞花簇疏生花枝；雌花序生于雄的下部叶腋，聚伞花序成头状。雄花花被片5，合生至中部。雌花花被片5，离生，长圆形或船形，有的背面龙骨状。瘦果菱状卵圆形，扁，有细疣点，近边缘处有不明显棱，宿存花被与果近等长或长约果2/3。花期7月至翌年3月，果期9月至翌年7月。

产广西西部、云南东南部及贵州西南部，生于海拔300-2200米石灰岩山区山谷林下、林缘、石缝中。越南北部有分布。

4. 假冷水花 图 137

Pilea pseudonotata C. J. Chen in Bull. Bot. Res. (Harbin) 2(3): 50. pl. 3. f. 7-10. 1982.

亚灌木，高达2米，无毛。叶卵形或卵状披针形，长5-17厘米，先端长渐尖，基部圆或微缺，有锯齿或圆齿，基出脉3，侧生1对弧曲达齿尖，侧脉12-18对，钟乳体在两面明显，纺锤状线形；叶柄长2-11厘米，托叶长圆状披针形，长1-1.2厘米。雌雄同株，花序聚伞总状，成对腋生，长1-2.5厘米，雄团伞花簇密集于花枝。雄花花被片4，倒卵形，先端钝圆，背面近先端有短角；雌蕊4。雌花花被片4，披针形。瘦果卵圆形，微偏斜，绿褐色，有刺状突起，宿存花被片长约果1/3，密生钟乳体。花期3-4月，果期5-6月。

产云南南部、贵州西南部及西藏东南部，生于海拔700-2500米山谷密林下。越南有分布。

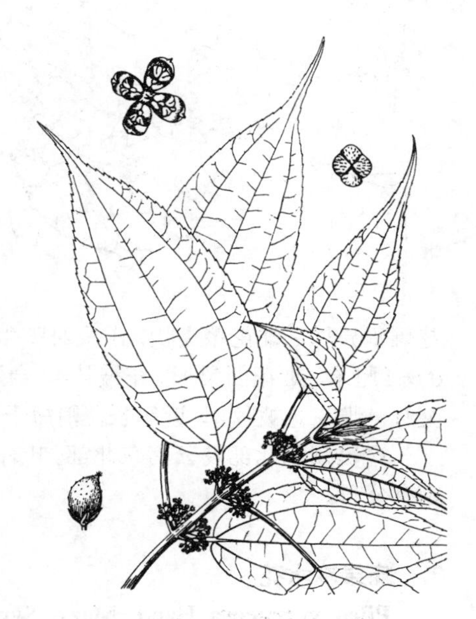

图 137 假冷水花 （王金凤绘）

5. 红花冷水花 图 138

Pilea rubriflora C. H. Wright in Journ. Linn. Soc. Bot. 26: 478. 1899.

多年生草本或亚灌木，高达80厘米，无毛。茎被腊层，密布钟乳体。叶长圆状披针形或窄披针形，长6-10厘米，先端渐尖，基部圆或微缺，具细锯齿，基出脉3，侧生1对达齿尖，侧脉12-15对，下部的近边缘网结，上部的伸达齿尖，钟乳体纺锤形，两面明显，常沿脉密布；叶柄长0.5-1.5厘米，托叶长圆形，

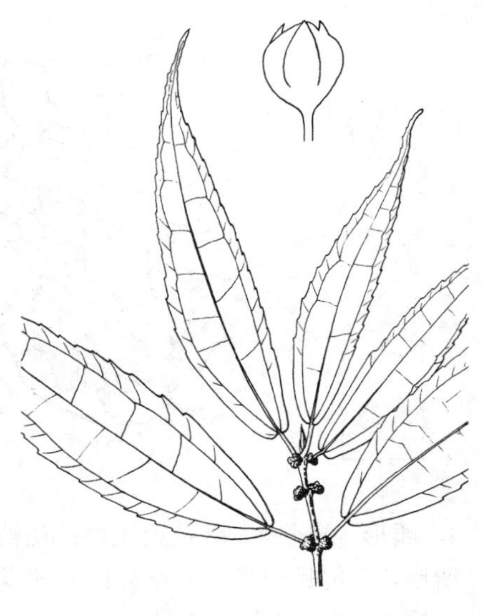

图 138 红花冷水花 （孙英宝绘）

长约7毫米，早落。花雌雄异株；雄聚伞花序簇生叶腋。雄花花梗长2-3毫米；花被片4，近先端有短角；雄蕊4，花药肾形，药隔球状。小苞片长圆状卵形，长约1.2毫米。花期4月。

产湖北西部及四川东南部，生于海拔约800米山坡阴湿处。

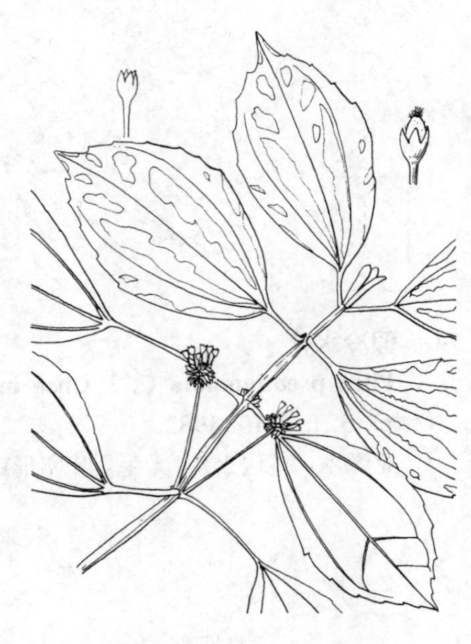

图 139 花叶冷水花 （孙英宝绘）

6. 花叶冷水花 图 139

Pilea cadierei Gagnep. et Guill. in Bull. Mus. Hist. Nat. Paris ser. 2, 10：629. 1939.

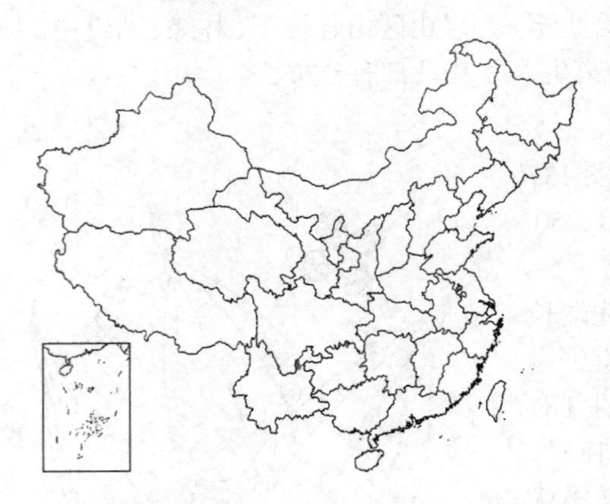

多年生草本或灌木状，高达40厘米，无毛。叶同对的近等大，倒卵形，长2.5-6厘米，先端骤凸，基部楔形或钝圆，有数对不整齐浅牙齿或啮蚀状，上面中央有2条（有时边缘有2条）间断白斑，钟乳体梭形，两面明显，基出脉3，二级脉在上部约3对；叶柄长0.7-1.5厘米，托叶长圆形，长1-1.3厘米，早落。花雌雄异株；雄花序头状，常成对腋生，花序梗长1.5-4厘米，团伞花簇径0.6-1厘米。雄花倒梨形，花被片4，合生至中部，近兜状，近先端有长角状突起。雌花花被片4，近等长，稍短于子房。花期9-11月。

产贵州东北部及云南东北部。叶有美丽白色花斑，各地栽培供观赏。越南有分布。

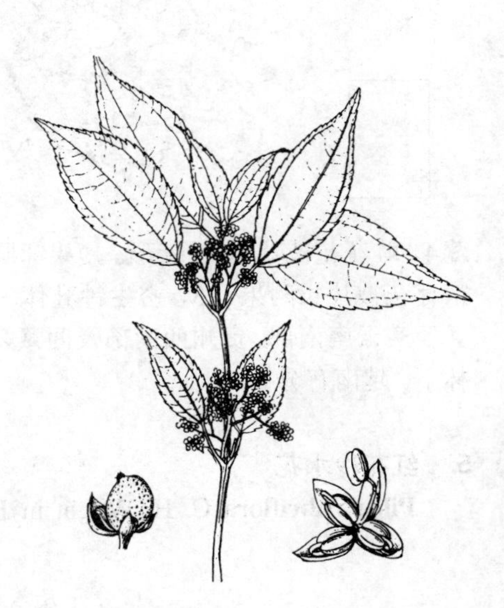

图 140 疣果冷水花 （张泰利绘）

7. 疣果冷水花 图 140

Pilea verrucosa Hand.-Mazz. Symb. Sin. 7：134. 1929.

多年生草本，高达1米，近无毛。根茎丛生。茎肉质，带红色。叶椭圆形或椭圆状披针形，长3-18厘米，先端渐尖或尾尖，基部圆或宽楔形，有锯齿或圆齿状锯齿，下面带紫红或淡绿色，无毛，钟乳体短杆状或纺锤形，基出脉3，两面隆起，侧脉多数，横向结成网脉；叶柄长1-7厘米，托叶三角形，长约1毫米，宿存。雌雄异株；花序多回二歧聚伞状，有时雄的聚伞圆锥状，成对腋生；雄花序长2-5厘米；雌花序长0.7-2厘米，具短梗，或近无梗，成簇生状。雄花花被片4，卵形，雄蕊4。雌花近无梗；花被片3，近等大或中间1枚较大，果时增厚，三角状卵形，长为果1/3。瘦果圆卵形，顶端偏斜，有细疣状突起。花期4-5月，果期5-7月。

产四川、贵州、湖北、湖南、广东、广西及云南，生于海拔400-1600米山谷阴湿处。越南有分布。全草药用，治脾虚、水肿。

［附］**紫背冷水花 Pilea purpurella** C. J. Chen in Bull. Bot. Res.（Harbin）2(3)：57. pl. 4. f. 6. 1982.

本种与疣果冷水花的区别：叶宽椭圆形或宽卵形，有粗齿，下面带紫红色；雄花序近二歧聚伞状或聚伞圆锥状。产江西西部及广东东北部，生于海拔580-700米山沟、水边。

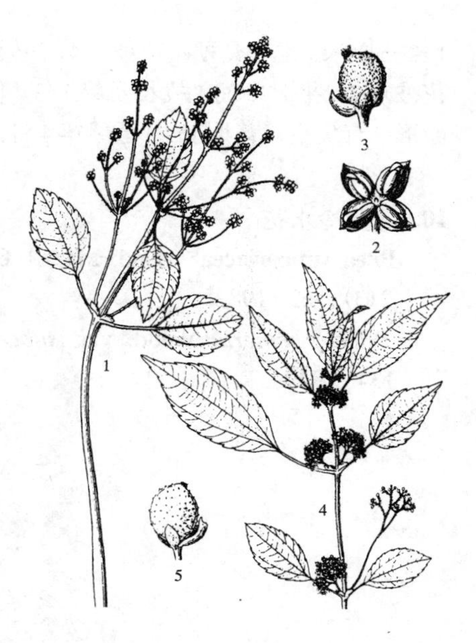

图 141：1-3. 湿生冷水花 4-5. 短角湿生冷水花 （张泰利绘）

8. 湿生冷水花 图 141：1-3

Pilea aquarum Dunn in Journ. Linn. Soc. Bot. 38：366. 1908.

草本，高达30厘米。茎肉质，带红色。叶椭圆形或卵状椭圆形，长1.5-6厘米，先端尖、钝尖或短渐尖，基部宽楔形或钝圆，有钝圆齿，两面有短毛或近无毛，基出脉3，在上面隆起，侧出1对弧曲，伸达上部齿尖，侧脉不明显；叶柄长0.5-3.5厘米，被柔毛或近无毛，托叶近心形，长3-5毫米，宿存。花雌雄异株；雄花序聚伞圆锥状；雌花序聚伞状，无梗，成簇生状，或具梗长不及1厘米。雄花花被片4，椭圆形，近先端有短角。雌花花被片3，果时中间1枚近船形，长约果的一半，侧生2枚小。瘦果近圆形，顶端歪斜，长约0.7毫米，绿褐色，有疣点。花期3-5月，果期4-6月。

产福建、江西西南部、广东北部、湖南及四川东南部，生于海拔350-1500米山沟、水边。

［附］**短角湿生冷水花** 图 141：4-5 **Pilea aquarum** subsp. **brevicornuta** (Hayata) C. J. Chen in Bull. Bot. Res. (Harbin) 2(3)：59. 1982. —— *Pilea brevicornuta* Hayata, Ic. Pl. Formos. 6：43. f. 5. 1916. 本亚种与模式亚种的区别：叶卵状披针形、椭圆状披针形或卵形，先端渐尖；雌聚伞花序具梗，长0.5-3厘米；瘦果有短刺状突起。产台湾、福建西南部、广东、海南、湖南西部、贵州南部、广西西部及云南东南部，生于海拔200-800米（云南达1800米）山谷、溪边、或草丛中。日本及越南北部有分布。

9. 心托冷水花 图 142

Pilea cordistipulata C. J. Chen in Bull. Bot. Res. (Harbin) 2(3)：60. pl. 4. f. 1-2. 1982.

多年生草本，高达20厘米。茎带红色，密被短毛。叶同对的不等大，倒卵状长圆形或卵状长圆形，长1.2-7厘米，先端尖或短渐尖，基部圆或钝，有牙齿，下面紫红色，脉上生短毛，钟乳体在下面稍明显，梭形，基出3脉或近离基3脉；叶柄长0.5-3厘米，被短毛，托叶近心形，长5-8毫米，宿存。雌雄异株或同株；雄花序聚伞圆锥状，长3-6厘米；雌花序多回二歧聚伞状，花序梗

图 142 心托冷水花 （张泰利绘）

长2-5厘米。雄花具梗；花被片4，2枚近先端有不明显短角。雌花近无梗；花被片3，果时中间1枚长及果1/3，侧生的2枚更短。瘦果小，偏斜，圆卵形，有疣点。花期11月至翌年4月，果期5-6月。

产贵州北部、广西、广东西北部及云南东南部，生于海拔1100-1300米山谷阴湿地。

10. 翅茎冷水花 图 143: 1-3

Pilea subcoriacea (Hand.-Mazz.) C. J. Chen in Bull. Bot. Res. (Harbin) 2(3): 62. 1982.

Pilea symmeria Wedd. var. *subcoriacea* Hand.-Mazz. Symb. Sin. 7: 134. 1929.

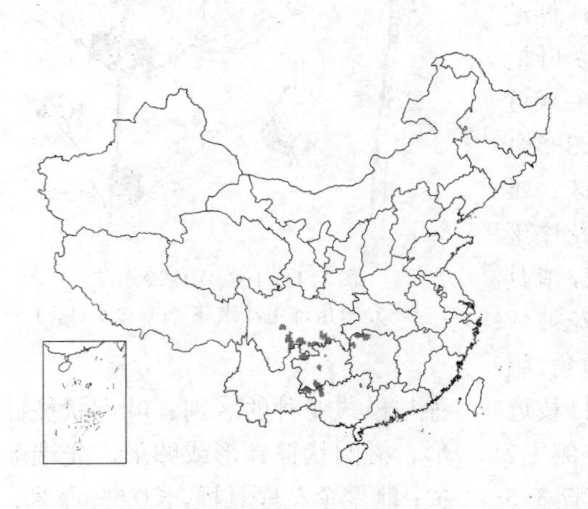

多年生草本，高达70厘米，近无毛。茎肉质，带紫红色，有数条波状膜质翅。叶倒卵状长圆形，长3-10厘米，先端渐尖，基部圆或钝，稀微缺，有圆齿状锯齿，下面带紫红或淡绿色，钟乳体不明显，基出脉3，侧脉10-13对；托叶长4-7毫米，宿存。雌雄异株 雄花序聚伞圆锥状，花序梗长2-5厘米，具少数分枝，连同花序总梗常长过叶；雌花序多回二歧聚伞状，具短总梗，长1-1.5厘米。雄花具梗；花被片4，合生至中部，先端几无短角。雌花花被片3，背生1枚稍长，果时长及果1/4-1/3。瘦果近圆形或圆卵形，有疣点。花期4月，果期5-6月。

产四川、贵州、湖南、广西北部及云南东北部，生于海拔850-1800米山谷林下。

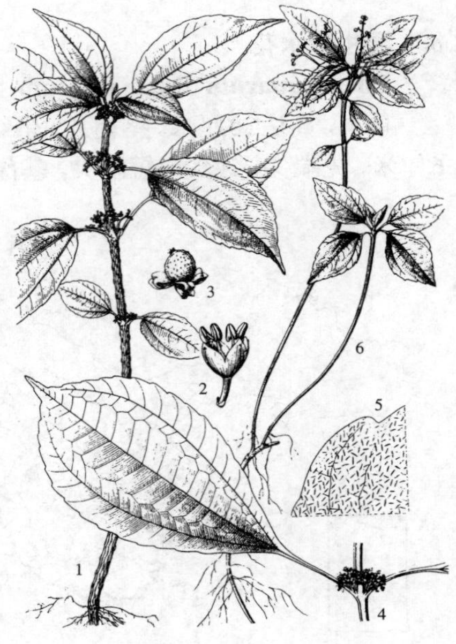

图 143: 1-3. 翅茎冷水花 4-5. 椭圆叶冷水花 6. 隆脉冷水花 （冀朝祯绘）

11. 椭圆叶冷水花 图 143: 4-5

Pilea elliptilimba C. J. Chen in Bull. Bot. Res. (Harbin) 2(3): 62. pl. 5. f. 1-2. 1982.

草本，高达70厘米，近无毛。茎肉质，带红色，有数条锐棱。叶倒卵状椭圆形，稀椭圆状长圆形，长9-15厘米，先端短尾状，基部渐窄或楔形，稀近圆，有圆齿或圆齿状锯齿，上面疏生透明刚毛，下面疏生红色盾状鳞片，钟乳体线形，基出3脉或离基3脉，侧脉多数；叶柄长1.5-3.5厘米，托叶长圆状卵形，长4-5毫米。雌雄异株；雄花序短于或稍长于叶柄；雌花序二歧聚伞状，具短梗，长约1厘米。雌花无梗，花被片3，果时中间1枚船形，长及果一半，侧生2枚较小。瘦果近圆形，顶端下弯，褐色，有刺状疣点。花期3-4月，果期5-6月。

产广西及贵州西南部，生于海拔580-1500米山谷阴湿处。

12. 隆脉冷水花 图 143: 6

Pilea lomatogramma Hand.-Mazz. Symb. Sin. 7: 135. 1929. excl. specim. Mell. 415.

多年生草本，高达25厘米，无毛。茎带红色。叶椭圆形、窄卵形或

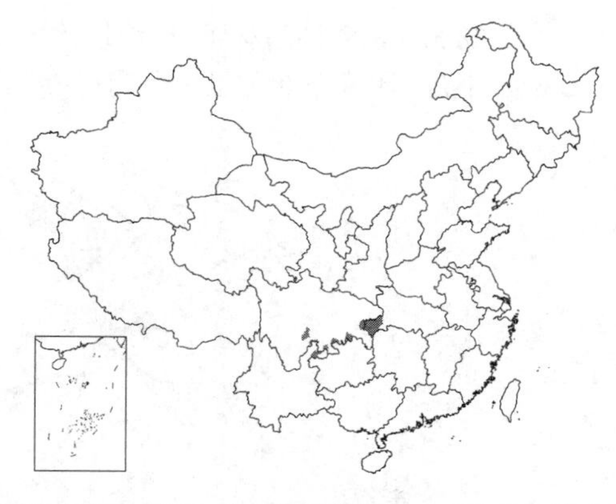

卵形，稀宽菱状卵形或卵状披针形，长1-4厘米，先端尖或钝，基部圆或宽楔形，有圆齿状锯齿，上面墨绿色，下面淡绿或带紫红色，钟乳体在上面近边缘和下面稍明显，梭形，基出脉3，在上面隆起，下面近平；叶柄长0.5-2.5厘米，托叶宽三角形，长1-2毫米。雌雄同株或异株；雄花序聚伞状，长于叶，花序梗长2-5厘米，具少数短分枝，有时雄花密集成头状生于花序梗顶端；雌聚伞花序密集，梗长0.5-1厘米。雄花花被片4，卵状长圆形，近先端有不明显短角。雌花无梗，花被片3，不等大，三角状卵形，在果时中间1枚长约果1/3，侧生2枚更短。瘦果长圆状卵圆形，顶端歪斜，钝圆，有不明显疣点。花期4-9月，果期6-10月。

产云南东北部、四川、湖北西南部及福建，生于海拔1000-2000米林下、溪边石缝中。

13. 大叶冷水花 图 144 彩片 56

Pilea martinii（Lévl.）Hand.-Mazz. Symb. Sin. 7: 131. 1929.

Boehmeria martinii Lévl. in Fedde, Repert. Sp. Nov. Regni Veg. 11: 551. 1913.

多年生草本，高达1米。茎肉质，节间中部稍膨大，无毛或上部有短柔毛。叶卵形、窄卵形或卵状披针形，长7-20厘米，先端长渐尖，基部圆或浅心形，有锯齿状牙齿，上面疏生透明硬毛，钟乳体线形，基出脉3，侧脉多数；叶柄长1-8厘米，无毛或疏生柔毛，托叶披针形，长4-8毫米，褐色。花雌雄异株，稀同株；花序聚伞圆锥状，单生叶腋，长4-10厘米，有时雌花序呈聚伞总状，长1-2厘米。雄花花被片4，长圆状卵形，其中2枚近先端有短角。雌花花被片3，果时中间1枚船形，长及果1/2-2/3，侧生2枚三角状卵形，较中间1枚短。瘦果窄卵圆形，顶端歪斜，带绿褐色，光滑。花期5-9月，果期8-10月。

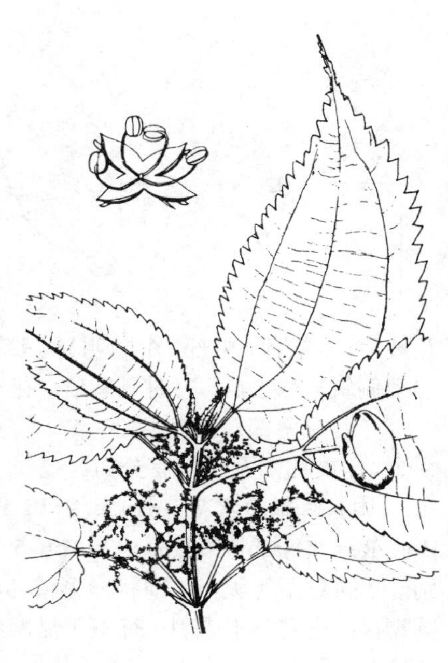

图 144 大叶冷水花 （引自《中国植物志》）

产江西西部、湖北西部、湖南西部、贵州、云南、西藏东部及南部、四川、陕西、甘肃南部，生于海拔1100-3500米山坡林下、沟边。尼泊尔及锡金有分布。

14. 多苞冷水花 图 145：1-4

Pilea bracteosa Wedd. Monogr. Urtic. 245. 1856.

多年生草本，高达30厘米，近无毛。叶卵形或近椭圆形，长3-9厘米，基部圆或微缺，先端渐尖或尾尖，有浅圆齿，钟乳体线形，在上面明显，基出脉3，侧脉多对；叶柄长1-4（-7）厘米，托叶长圆形，长5-8毫米，带绿色，宿存。花雌雄异株；花序聚伞圆锥状，生上部叶腋，长4-10（-18）厘米。雄花花被片4，2枚三角形，另2枚卵形，近先端有不明显短角。雌花花被片3，中间1枚草质，长圆状盔形，侧生2枚极小。瘦果卵圆形，顶端歪斜，近边缘有一圈稍隆起的褐色环纹，宿存花被背生的1枚船形，长及

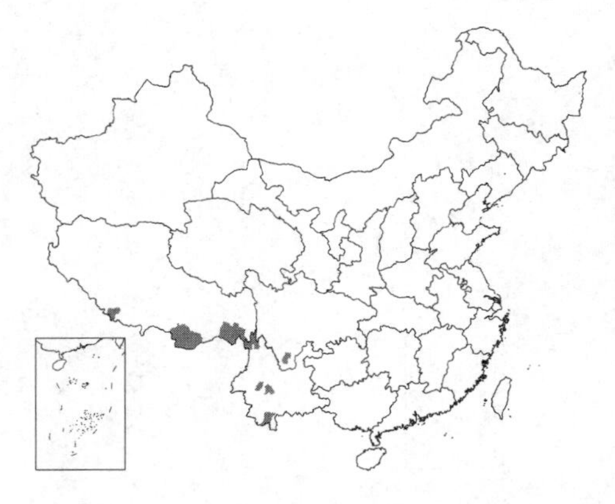

果2/3。花期7-8月，果期8-10月。

产四川西南部、云南西北部及西部、西藏南部及东南部，生于海拔1800-2800米河谷溪边林下。尼泊尔、锡金、不丹、印度东北部及缅甸有分布。

15. 细齿冷水花 图145：5-8

Pilea scripta（Buch.-Ham. ex D. Don）Wedd. in Ann. Sci. Nat. ser. 4. 1：187. 1854.

Urtica scripta Buch.-Ham. ex D. Don, Prodr. Fl. Nepal. 59. 1825.

Pilea trinervia auct. non Wight：中国高等植物图鉴 补编1：172. 1982.

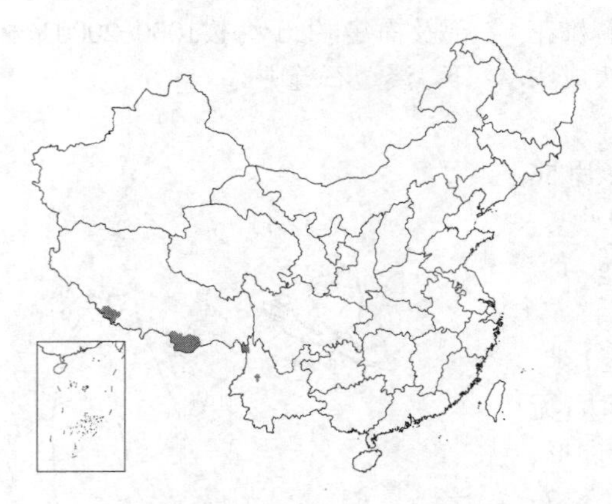

草本，高达1.5米，无毛。茎多分枝。叶同对的近等大，椭圆状或长圆状披针形，长6-15厘米，先端尾尖，基部宽楔形或圆，有细锯齿或浅锯齿，钟乳体极小，基出脉3，侧脉多数；叶柄长1-3（-6）厘米，托叶窄三角形，长2-3毫米，宿存。花雌雄异株或同株，花序聚伞圆锥状，长于叶柄或与叶柄近等长。雄花花被片4，合生至中部，中肋明显。雌花花被片3，不等大。瘦果卵圆形，顶端稍偏斜，有疣点，有时具紫斑。花期6-8月，果期9-10月。

图 145：1-4. 多苞冷水花 5-8. 细齿冷水花 9-10. 耳基冷水花 （冀朝祯绘）

产西藏南部及云南西部，生于海拔2000-3000米林下阴湿处。尼泊尔、锡金、印度北部及缅甸有分布。

［附］**耳基冷水花** 图145：9-10 **Pilea auricularis** C. J. Chen in Bull. Bot. Res.（Harbin）2(3)：70. pl. 5：3-4. 1982. 本种与细齿冷水花的区别：叶同对不等大，长圆状卵形或卵状披针形，基部耳形，有时心形，有圆锯齿；瘦果几不歪斜，有不明显网纹。花期9-10月，果期10月至翌年1月。产云南西部及西北部、西藏东南部，生于海拔2400-2800米山谷林下阴湿处。

16. 点乳冷水花 图146：1-3

Pilea glaberrima（Bl.）Bl. Mus. Bot. Lugd.-Bat. 2(4)：54. 1856.

Urtica glaberrima Bl. Bijdr. 493. 1826.

攀援草本或亚灌木，高达1.5米；无毛。多分枝。叶窄卵形或椭圆状披针形，长6-15厘米，先端渐尖，基部圆，中部以上有浅锯齿或浅圆齿，稀近全缘，钟乳体点状或杆状，基出脉3，侧脉多数，两侧基脉和二级脉常在近边缘处网结；叶柄长1.5-5厘米，托叶三角形，长1-2毫米。花雌雄异株或同株；花序聚

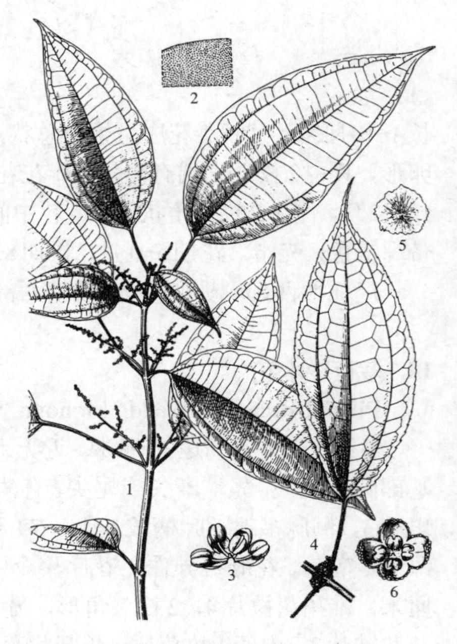

图 146：1-3. 点乳冷水花 4-6. 鳞片冷水花 （冀朝祯绘）

伞圆锥状，雄花序长3-4厘米，雌花序更短。雄花花被片4；雌花花被片3。瘦果圆卵形，稍偏斜，红褐色，有疣点。花期7-9月，果期10-11月。

产云南、贵州、广西、广东及香港，生于海拔500-1300米山谷林下。印度尼西亚（爪哇和苏门答腊）、缅甸、印度东北部、锡金及尼泊尔有分布。

［附］**鳞片冷水花** 图146：4-6 **Pilea squamosa** C. J. Chen in Bull. Bot. Res.（Harbin）2(3)：72. 1982. 本种与点乳冷水花的区别：高大直立草本，植株各部被锈褐色盾状鳞片；叶先端尾尖，有细圆锯齿；雄花序长1-2厘米。花期10月至翌年3月。产云南及西藏东南部，生于海拔1900-2550米林下或干燥山坡。

17. 镰叶冷水花 图147：1-4

Pilea semisessilis Hand.-Mazz. Symb. Sin. 7：137. 1929.

多年生草本，高25-60厘米。茎无毛。叶在同对的不等大，不对称，常镰状披针形，长（2.5-）5-14厘米，先端长尾尖，基部微缺或浅心形，有锐锯齿或浅锯齿，上面疏生透明硬毛，下面无毛或有时在脉上疏生短柔毛，钟乳体线形，基出脉3，侧出的1对伸达先端齿尖，二级脉多数，近平行展开，外向的沿锯齿外缘伸达齿尖；叶柄在同对的极不等长，长的长1-4厘米，短的长1厘米至无柄，无毛，托叶卵状三角形，稀长圆形，长2-5毫米，宿存。花雌雄同株或异株，聚伞状圆锥花序单生叶腋；雄花序与叶近等长，花序梗长2-7厘米；雌花序分枝较少，长1.5-4厘米，花序梗长1-3厘米。雄花花被片4，长圆状椭圆形，先端锐尖；退化雌蕊不明显。雌花花被片3，不等大，果时中央的1枚船形，长约果的1/2，侧生的2枚三角状卵形，较长的1枚短1/3-1/2。瘦果宽卵圆形，顶端几不偏斜，光滑。花期7-9月，果期9-10月。

产江西西南部、湖南西南部、广西北部、云南、西藏东南部及四川，生于海拔1000-2800(-3400)米山谷林下或山坡路边草丛中。

图 147：1-4. 镰叶冷水花 5-7. 长序冷水花 （冯晋庸绘）

18. 长序冷水花 图147：5-7

Pilea melastomoides（Poir.）Wedd. in Ann. Sci. Nat. ser. 4, 1：186. 1854.

Urtica melastomoides Poir. in Lam. Encycl. Bot. Suppl. 4：223. 1816.

高大草本或亚灌木，高达2米；无毛。茎上部肉质，节间密。叶椭圆形或椭圆状披针形，长10-23厘米，先端骤尖或渐尖，基部楔形或近圆，中部以上有浅锯齿或圆齿，基出脉3，侧脉水平开展，钟乳体细小；叶柄长2-9厘米；托叶三角形，长约2毫米。花雌雄异株或同株；雄花序聚伞圆锥状，直立，长15-35厘米；雌花序聚伞圆锥状或近穗状。雄花花被片4，合生至中部。雌花花被片3，不等大，中间1枚近船形，侧生2枚三角形。瘦果椭圆状卵圆形，扁平，近光滑或有疣点，近边缘有一圈稍隆起环纹。花期8-9月，果期10-11月。

产台湾、海南、广西、贵州西南部、云南及西藏东南部，生于海拔700-1750米常绿阔叶林下或山谷阴湿处。印度、斯里兰卡、越南及印度尼西亚爪哇有分布。

19. 鱼眼果冷水花 图 148：1-3

Pilea longipedunculata Chien et C. J. Chen in Bull. Bot. Res (Harbin) 2(3)：77. pl. 6. f. 6-8. 1982.

草本，高达60厘米，无毛。茎肉质，密布杆状钟乳体。叶同对的不等大，镰状披针形或偏椭圆状卵形，长8-23厘米，先端渐尖或长渐尖，基部近圆或浅心形，全缘上部有1-3不明显浅齿，钟乳体梭形，基出脉3，侧脉横展；叶柄在同对不等长，长1-10厘米，托叶窄三角形，长2-4毫米。花雌雄异株，花序聚伞圆锥状，单生叶腋，长7-21厘米，花序梗长5-12厘米。雄花花被片4；雌花花被片3，中间1枚较长，果时近船形，长及果的1/3-1/2，侧生的2枚窄三角形。瘦果三角状卵圆形，顶端稍歪斜，两面中央有褐色环纹，成鱼眼状。花期7-8月，果期9-11月。

产云南、广西西部及贵州西南部，生于海拔1400-2800米林下阴湿处或石缝中。越南北部有分布。

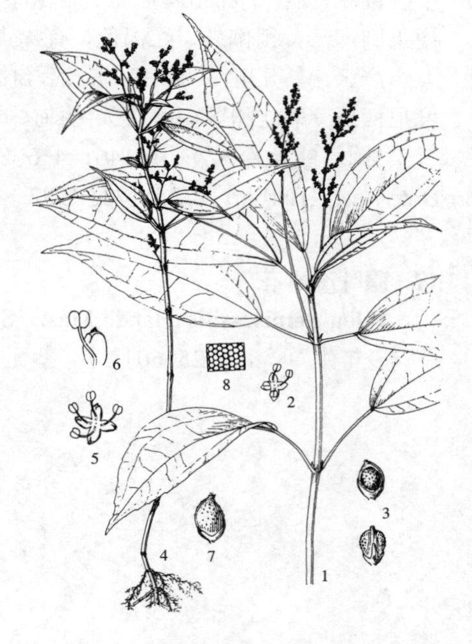

图 148：1-3. 鱼眼果冷水花 4-8. 石筋草（冯晋庸绘）

20. 石筋草 图 148：4-8

Pilea plataniflora C. H. Wright in Journ. Linn. Soc. Bot. 26：477. 1899.

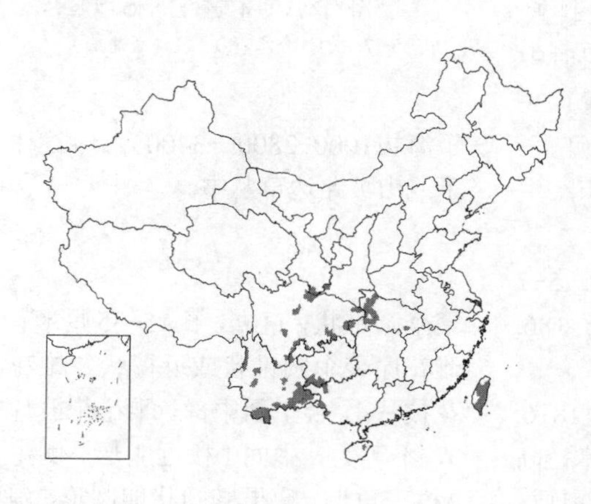

多年生草本，高达70厘米；无毛。茎常被灰白色腊质。叶卵形、卵状披针形、椭圆状披针形、卵状或倒卵状长圆形，长1-1.5厘米，先端尾尖或长尾尖，基部常偏斜，圆或浅心形，全缘，有时波状，干后细蜂窠状，疏生腺点，钟乳体梭形，在上面明显，基出脉3（-5），侧脉多数；叶柄长0.5-7厘米，托叶三角形，长1-2毫米。花雌雄同株或异株，稀同序；花序聚伞圆锥状，少分枝，雄花序稍长于叶或近等长，花序梗长，团伞花序疏生于花枝；雌花序异株时常聚伞圆锥状，花序梗长，团伞花序较密生于花枝，同株时，少分枝，呈总状。雄花花被片4，合生至中部，倒卵形，外面近先端有短角突起；退化雌蕊极小。雌花花被片3，果时中间1枚卵状长圆形，背面龙骨状，长约果的1/2；侧生2枚三角形。瘦果卵圆形，顶端稍歪斜，有疣点。花期(4-)6-9月，果期7-10月。

产云南、四川、甘肃东南部、陕西西南部、湖北、贵州、广西、海南及台湾，生于海拔200-2400米灌丛或石缝中，有时生于疏林下。越南北部有分布。全草药用，可舒筋活血、消肿、利尿。

21. 圆瓣冷水花 图 149：1-3

Pilea angulata (Bl.) Bl. Mus. Bot. Lugd.-Bat. 2(4)：55. 1856.

Urtica angulata Bl. Bijdr. 494. 1826.

草本，高达1米；无毛。茎肉质。叶卵状椭圆形、卵状或长圆状披针形，长7-23厘米，先端渐尖，基部圆，有粗锯齿，钟乳体纺锤状线形，基出脉3，侧生的1对伸达上部与侧脉环结，侧脉多数，上部的3-4对网结；叶柄长2-9厘米，托叶绿色，长圆形，长1-2.5厘米，先端钝圆。花雌雄异株；

花序聚伞圆锥状，常成对生于叶腋，雄花序长1-2厘米，雄花密集生于花枝；雌花序长2-5厘米，常疏散。雄花梗长约2毫米；花被4裂，裂片倒卵状长圆形，近先端有长喙。瘦果宽卵圆形，顶端歪斜，黑褐色，具短刺状突起物；宿存花被片3浅裂，近等大，合生至上部成杯状，裂片近半圆形或宽卵形，长及果1/3-1/2。花期6-9月，果期9-11月。

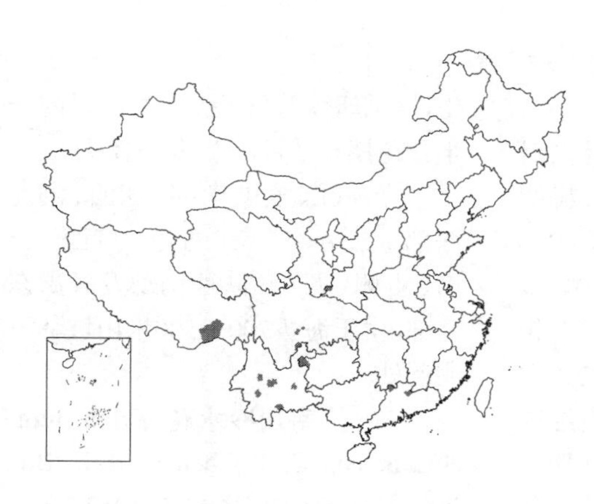

产广东北部、贵州、云南、西藏东南部、四川及陕西南部，生于海拔800-2300米山坡阴湿处。印度尼西亚、越南、印度及斯里兰卡有分布。

［附］**长柄冷水花** 图149：4-5 **Pilea angulata** subsp. **petiolaris**（Sieb. et Zucc.）C. J. Chen in Bull. Bot. Res.（Harbin）2(3)：82. 1982. —— *Urtica petiolaris* Sieb. et Zucc. in Abh. Akad. Wiss. Wien, Math. Phys. 4(3)：215. 1846. 本亚种与模式亚种的区别：雌雄同株（雄花序生下部）；雄花序聚伞总状，少分枝，长1-5厘米，花簇头状，疏生于花枝，有时簇生；雄花花被片长圆形，近先端有较短角状突起；叶有钝牙齿状锯齿，有时有重锯齿。产台湾、福建、浙江、江西、湖南、广东、广西、贵州、四川及云南，生于海拔750-1100米（云南可达2700米）山坡林下阴湿处。日本有分布。

图 149: 1-3. 圆瓣冷水花 4-5. 长柄冷水花 6-8. 华中冷水花 （冯晋庸绘）

［附］**华中冷水花** 图149：6-8 **Pilea angulata** subsp. **latiuscula** C. J. Chen in Bull. Bot. Res.（Harbin）2(3)：83. pl. 6. f. 9-11. 1982. 本亚种与模式亚种的区别：叶近膜质，卵形或宽卵形，基部常心形；托叶褐色，长0.7-1厘米；雄花花被片红色，近先端几无短角状突起。产江苏西南部、江西西部、湖北西部、湖南西北部、贵州、四川东部及云南东部，生于海拔（350-）1150-1800米山谷林下阴湿处。

22. 冷水花 图150：1-4

Pilea notata C. H. Wright in Journ. Linn. Soc. Bot. 26：470. 1899.

多年生草本，高达70厘米。茎密布线形钟乳体。叶纸质，卵形或卵状披针形，长4-11厘米，先端尾尖或渐尖，基部圆，稀宽楔形，有浅锯齿，稀重锯齿，两面密布线形钟乳体，基出脉3，侧脉8-13对；叶柄长1-7厘米，托叶长圆形，长0.8-1.2厘米。花雌雄异株；雄花序聚伞总状，长2-5厘米，少分枝；雌聚伞花序较短而密集。雄花花被4深裂，裂片卵状长圆形，近先端有短角；雌花花被片3。瘦果宽卵圆形，长0.8毫米，顶端歪斜，有刺状小疣；宿存花被片卵状长圆形，长及果约1/3。花期6-9月，果期9-11月。

图 150: 1-4. 冷水花 5-8. 粗齿冷水花 （张泰利绘）

产安徽南部、浙江、福建、台湾、江西、湖北西部、湖南、广东北部、广西、贵州、四川、甘肃南部、陕西南部及河南南部，生于海拔300-1500米山谷、溪边或林下阴湿处。日本有分布。全草药用，可清热利湿、生津止渴、退黄护肝。

23. 粗齿冷水花 图 150：5-8

Pilea sinofasciata C. J. Chen in Bull. Bot. Res.（Harbin）2(3)：85. 1982.

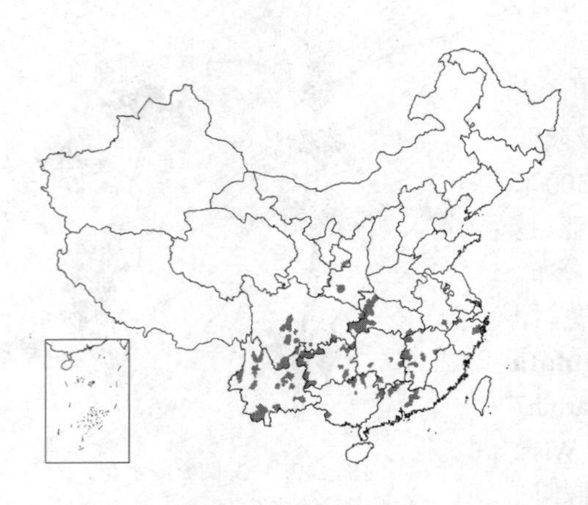

草本，高达1米。叶同对近等大，椭圆形、卵形、椭圆状或长圆状披针形，长（2-）4-17厘米，先端长尾尖，基部楔形或钝圆，有10-15对粗牙齿，上面沿中脉常有2条白斑带，钟乳体在下面沿细脉排成星状，基出脉3；叶柄长1-5厘米，有短毛，托叶三角形，长约2毫米，宿存。花雌雄异株或同株；花序聚伞圆锥状，具短梗，长不过叶柄。雄花花被片4，合生至中下部，椭圆形，其中2枚近先端有不明显短角。雌花花被片3，近等大。瘦果卵圆形，顶端歪斜，有疣点，宿存花被片下部合生，宽卵形，边缘膜质，长约果的一半。花期6-7月，果期8-10月。

产浙江、安徽南部、江西、湖北西部、湖南、广东、香港、广西、云南、贵州、四川、陕西南部及甘肃东南部，生于海拔700-2500米山坡林下阴湿处。

［附］**南川冷水花 Pilea nanchuanensis** C. J. Chen in Bull. Bot. Res.（Harbin）2(3)：87. 1982. 本种与粗齿冷水花的区别：叶先端渐尖或短尾尖，有18-24对浅圆齿。产四川东南部、湖南中部及广东北部，生于海拔1500-2100米山谷林下阴湿处。

24. 石林冷水花 图 151：1-4

Pilea elegantissima C. J. Chen in Bull. Bot. Res.（Harbin）2(3)：90. pl. 6. f. 1-5. 1982.

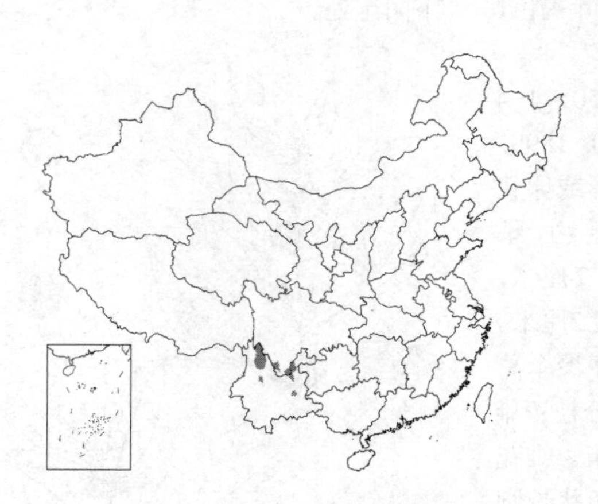

一年生草本，高达20厘米；无毛。叶在同对的不等大，近水平开展，菱状椭圆形、菱状披针形或卵形，长1.5-6厘米，先端渐尖、尾尖或尖，基部宽楔形或近圆，下部叶宽卵形或近圆，全缘，钟乳体线形，基出脉3，在上面凹下，侧脉3-5对，不明显；叶柄长0.5-2厘米，托叶三角形，长约1毫米，近宿存。雌雄同株或异株，有时雌雄同序，成对腋生；雄花序长约2厘米，由少花组成团伞花簇疏生于序轴，呈串珠状；雌花序聚伞总状，与叶柄近等长。雄花花被片4，卵状长圆形，近先端有短角，两侧有囊状突起。雌花花被片3，中间1枚长圆形，果时增厚，长约果1/2，侧生2枚窄三角形。瘦果宽卵圆形，长约0.4毫米，偏斜，具褐色刺状突起。花期7-9月，果期9-10月。

产云南及四川西南部，生于海拔1500-1900米石灰岩山坡石缝阴湿处。

［附］**中间型冷水花 Pilea media** C. J. Chen in Bull. Bot. Res.（Harbin）2(3)：89. 1982. 本种与石林冷水花的区别：叶同对的近等长，斜展，宽椭圆形或菱状圆形；雄花序长2-5厘米，雌花序头状；瘦果具不明显疣

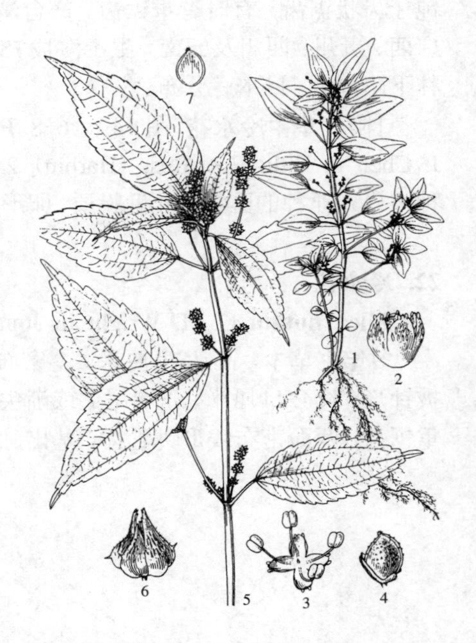

图 151：1-4. 石林冷水花 5-7. 念珠冷水花 （冯晋庸绘）

点。花期3-6月，果期5-7月。产贵州西南部、广西西北部、云南东南部石灰岩山地，生于海拔160-900米山谷灌丛、石缝阴湿处。

25. 念珠冷水花 图 151：5-7

Pilea monilifera Hand.-Mazz. Symb. Sin. 7: 124. 1929.

草本，高达1.5米。茎无毛，单一或少分枝。叶同对的不等大，椭圆形、卵状椭圆形或卵状长圆形，长5-13厘米，先端渐尖或尾尖，基部圆或浅心形，有粗圆齿状或牙齿状锯齿，上面疏生白色硬毛，下面无毛，钟乳体条形，基出脉3；叶柄长1-5厘米，托叶窄三角形，长1-2毫米。雌雄异株或同株；雄花序单生叶腋，长3-10厘米，团伞花簇2-8个疏生于序轴，呈串珠状；雌花序长1-3.5厘米，团伞花簇数个，呈串珠状生于序轴或成穗状。雄花花被片4，三角状卵形，先端喙状。雌花花被片3，果时中间1枚近长圆状帽形，长0.5-1毫米，侧生2枚膜质，三角形，长约0.2毫米。瘦果卵圆形，扁，褐色，疏生钟乳体。花期6-8月，果期7-9月。

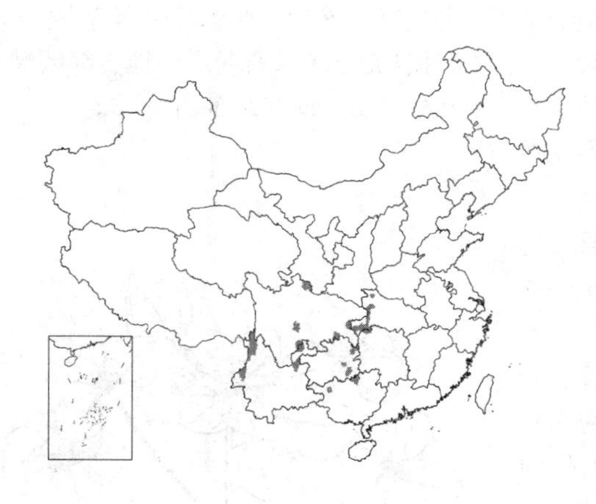

产江西南部、湖北西部、湖南西北部、广西北部、贵州、云南及四川，生于海拔（900-）1400-2400（-3500）米山谷林下阴湿处。

26. 镜面草 图 152：1-4 彩片 57

Pilea peperomioides Diels in Notes Roy. Bot. Gard. Edinb. 5: 292. 1912.

多年生丛生小草本，高达13厘米；无毛。节密集，叶聚生茎顶，茎上部密生鳞片状托叶，叶痕半圆形。叶肉质，近圆形或圆卵形，长2.5-9厘米，盾状着生，先端钝或圆，基部圆或微缺，全缘或浅波状，钟乳体细杆状，基出脉3，弧曲，侧脉不明显；叶柄长2-17厘米，托叶鳞片状，三角状卵形，长约7毫米，先端短尾尖，密布线形钟乳体。雌雄异株；花序单生于顶端叶腋，聚伞圆锥状，长10-28厘米，花序梗粗，长5-14厘米。雄花具梗，带紫红色；花被片4，倒卵形，近先端有短角。雌花花被片3，中间1枚近船形，侧生2枚窄三角形。瘦果卵圆形，稍扁，歪斜，有紫红色细疣。花期4-7月，果期7-9月。

产云南、四川西南部及西藏东南部，生于海拔1500-3000米山谷林下阴湿处。为重要观叶植物，西南与华北公园有栽培。野生植株稀少。

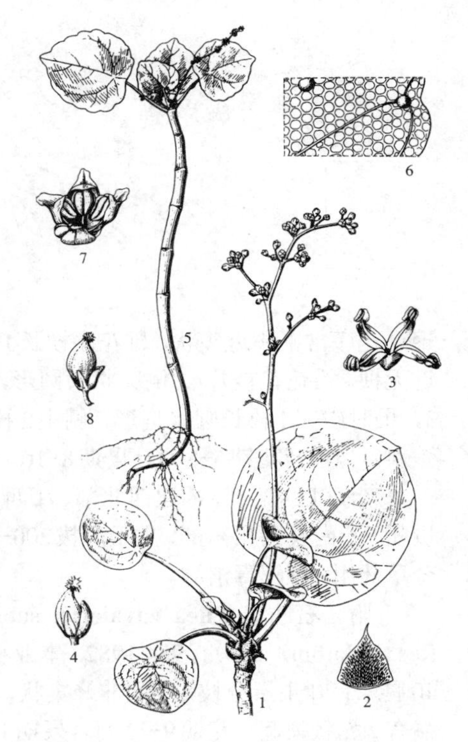

图 152: 1-4. 镜面草 5-8. 盾叶冷水花 （冀朝祯绘）

27. 盾叶冷水花 图 152：5-8

Pilea peltata Hance in Ann. Sci. Nat. ser. 5. Bot. 5: 242. 1866.

肉质草本，高达27厘米；无毛。茎不分枝，叶常集生茎顶。叶盾状着生，近圆形，稀扁圆形，长1-4.5（-7）厘米，先端尖或钝，基部心形、微缺、稀平截，有7-8对浅圆齿，下面干时蜂窠状，上面密布线形钟乳体，基出脉3，侧脉3-5对，常不明显，细脉末端常有腺点；叶柄长0.6-4.5厘米，托叶三角形，长约1毫米，宿存。雌雄同株或异株；团伞花序数个疏生序轴，呈串珠状，雄花序长3-4厘米，雌花序长1-2.5厘米。雄花淡黄绿色，花被片4，先端有角状突起，上部有钟乳体。雌花花被片3，果时中间1枚舟形，侧生2枚卵形。瘦果卵圆形，长约0.6毫米，顶端歪斜，褐色，边缘内有一圈不明显条纹。花期6-8月，果期8-9月。

产广东、广西及湖南南部，生于海拔100-500米石灰岩山地石缝或灌丛中阴处。越南北部有分布。

28. 波缘冷水花 图 153

Pilea cavaleriei Lévl. in Fedde, Repert. Sp. Nov. Regni Veg. 11: 65. 1912.

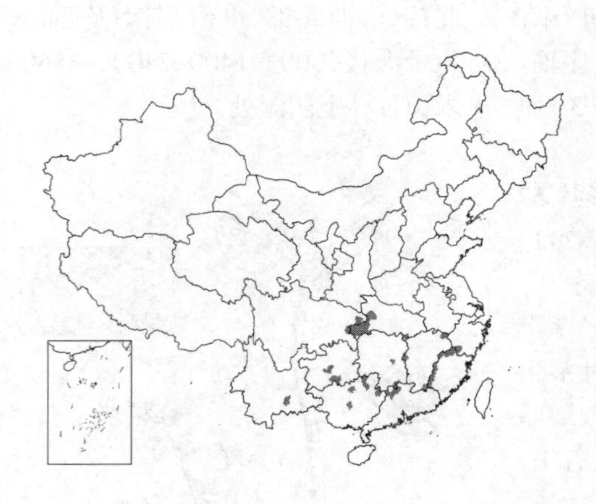

草本，高达30厘米；无毛，多分枝。茎较细，密布杆状钟乳体。叶集生枝顶，同对的不等大，肉质，宽卵形、菱状卵形或近圆形，长0.8-2厘米，先端钝圆，基部宽楔形、近圆或近平截，全缘，稀波状，下面蜂巢状，上面有线形钟乳体，基出脉3，不明显，侧脉2-4对，常不明显；叶柄长0.5-2厘米，托叶三角形，长约1毫米，宿存。雌雄同株；聚伞花序常密集近头状，雄花序梗长1-2厘米，雌花序梗长0.2-1厘米，稀近无梗。雄花花被片4，倒卵状长圆形，近先端几无短角突起。雌花花被片3，果时中间1枚长圆状舟形，侧生2枚卵形。瘦果卵圆形，稍扁，顶端稍歪斜，光滑。花期5-8月，果期8-10月。

产浙江西南部、福建西北部、江西、湖北西部、湖南、广东北部、广西、贵州、云南及四川东部，生于海拔200-1500米林下、石缝中。不丹有分布。全草药用，可解毒消肿。

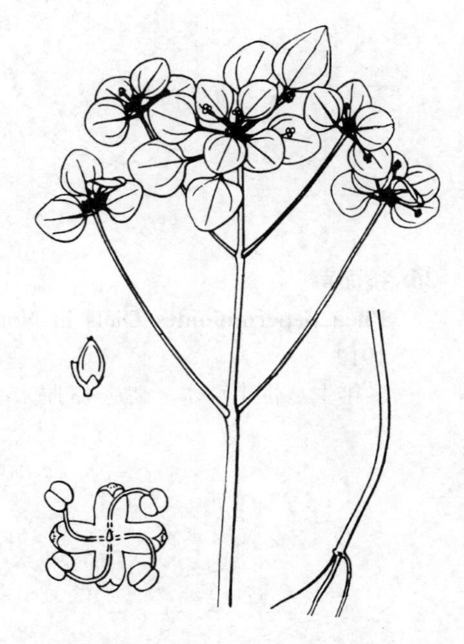

图 153 波缘冷水花 （引自《中国植物志》）

［附］**石油菜 Pilea cavaleriei** subsp. **valida** C. J. Chen in Bull. Bot. Res.（Harbin）2(3): 98. 1982. 本亚种与模式亚种的区别：茎较粗，高达40厘米；叶生于分枝，下面非蜂窠状，两面密布钟乳体；雄花花被片近先端有2囊状突起。花期9-11月，果期11-12月。产湖南及广西，生于海拔300-1500米山坡林下、石缝中。

［附］**圆齿石油菜 Pilea cavaleriei** subsp. **crenata** C. J. Chen in Bull. Bot. Res.（Harbin）2(3): 99. 1982. 本亚种与模式亚种的区别：叶先端圆，有钝圆齿。产广西北部及贵州，生于海拔600米林下、悬崖。

29. 厚叶冷水花 图 154

Pilea sinocrassifolia C. J. Chen in Bull. Bot. Res.（Harbin）2(3): 99. 1982.

平卧草本，无毛。茎干时密布杆状钟乳体，多分枝。叶同对的近等大，肉质，近圆形或扇状圆形，长4-8.5毫米，先端圆，基部近平截，全缘，边缘反卷，上面有梭形钟乳体，基出脉3，不明显，侧出的1对达中部，侧脉2-4对，极不明显；叶柄长0.2-0.6毫米，托叶三角形，长约1毫米，宿

存。雌雄同株；雄聚伞花序密集成头状，花序梗长2-5毫米。雄花花被片4，倒卵状长圆形，近先端有2囊状突起；退化雌蕊短圆柱形。花期11月至翌年3月。

产广东北部、湖南南部及贵州南部，生于山坡、水边阴处石缝中。

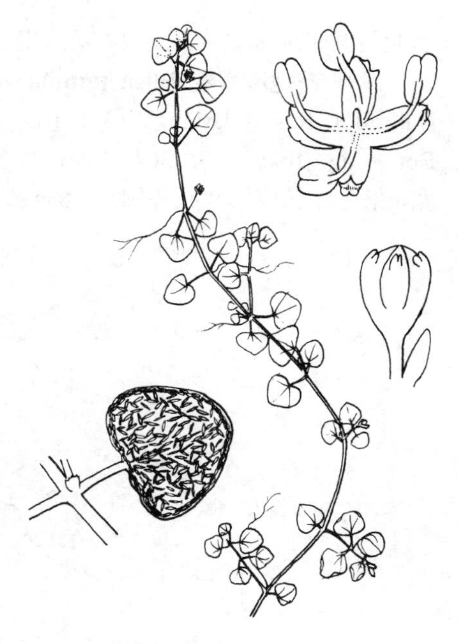

图 154 厚叶冷水花（孙英宝绘）

30. 亚高山冷水花 图 155：1-9

Pilea racemosa（Royle）Tuyama in Hara, Fl. East. Himal. 61. 1966.

Procris racemosa Royle, Ill. Bot. Himal. t. 83. 1836, cum fig. analytic.

小草本，高达15（-30）厘米；无毛。块茎球状，径达2厘米。茎分枝。叶膜质，卵形、椭圆形、菱形、倒卵形或近圆形，长0.5-2厘米，先端钝圆，基部圆，稀宽楔形，有4-6对钝齿，稀全缘，钟乳体线形，基出脉3（-5），侧脉1-3对，不明显；叶柄长0.2-1厘米，托叶三角形，长约1毫米。雌雄同株或异株；花序头状，有时聚伞总状，常成对腋生，雄花序梗长1-3.5厘米，雌花序梗长0.2-2厘米。雄花花被片4，合生至中部，近先端有短角。雌花花被片3，中间1枚长圆形，近先端有短角。瘦果窄卵圆形或长圆状卵圆形，光滑。花期5-6月，果期7-9月。

产西藏南部、四川西部及云南西北部，生于海拔2200-5400米林下或石缝中。尼泊尔、锡金、不丹及印度北部有分布。

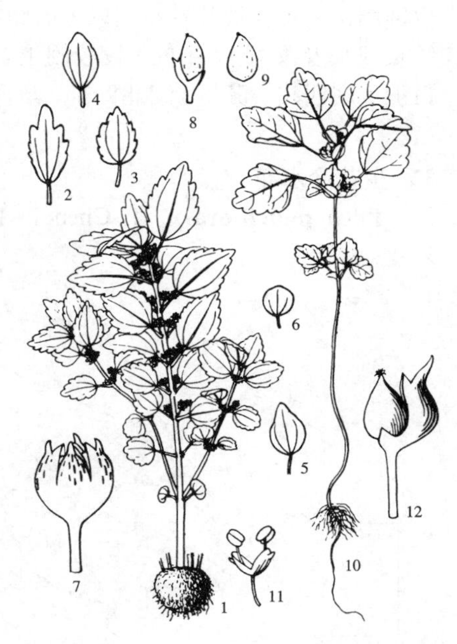

图 155：1-9. 亚高山冷水花 10-12. 少花冷水花（引自《中国植物志》）

31. 透茎冷水花 图 156

Pilea pumila（Linn.）A. Gray. Man. Bot. North. Un. St. ed. 1. 437. 1848.

Urtica pumila Linn. Sp. Pl. 984. 1753.

Pilea mongolica Wedd.；中国高等植物图鉴 1：510. 1972.

一年生草本，高达50厘米。茎无毛。叶近膜质，同对的近等大，菱状卵形或宽卵形，长1-9厘米，先端渐尖、尖或钝尖，基部常宽楔形，有牙齿，稀近全缘，两面疏生透明硬毛，钟乳体线形，基出脉3，侧脉不明显；叶柄长0.5-4.5厘米，托叶卵状长圆形，长2-3毫米。花雌雄同株，常同序，雄花常生于花序下部，花序蝎尾状，密集，长0.5-5厘米。雄花花被片2（3-4），近舟形，近先端有短角。雌花花被片3，近等大，或侧生2枚较大，线形，果时长不及果或与果近等长。瘦果三角状卵圆形，扁，常有稍隆起褐色斑点。花期6-8月，果期8-10月。

产辽宁、河北、山西、河南、安徽、江苏、浙江、福建、台湾、江西、湖北、湖南、广东、广西、贵州、云南、西藏、四川、甘肃及陕西，生于海拔400-2200米山坡林下或石缝中。俄罗斯西伯利亚、蒙古、朝鲜、日本及北美温带地区有分布。根、茎药用，可利尿解热、安胎。

［附］**荫地冷水花 Pilea pumila** var. **hamaoi**（Makino）C. J. Chen in Bull. Bot. Res.（Harbin）2(3)：103. 1982. —— *Pilea hamaoi* Makino in Bot. Mag. Tokyo 10：364. 1896. 本变种与模式变种的区别：雌花被片较宽，果时卵状或倒卵状长圆形，侧生2枚或1枚常稍长于果，中间1枚较侧生的短约1倍，不育雌花花被片增长，中央有1条绿色带，边缘膜质，透明。产黑龙江、吉林及河北，生于海拔350-900米林下、溪边阴处。日本有分布。

图 156 透茎冷水花 （引自《图鉴》）

［附］**钝尖冷水花 Pilea pumila** var. **obtusifolia** C. J. Chen in Bull. Bot. Res.（Harbin）2(3)：104. 1982. 本变种与模式变种的区别：铺散草本；叶菱状圆形或宽椭圆形，先端近圆或钝，基部钝圆或宽楔形，疏生钝圆齿；雌花被片在果时较窄，卵状披针形或长圆形，侧生2枚与果近等长或长及果1/2，中间1枚较侧生2枚短3-4倍。花期9-10月，果期10-11月。产四川、贵州、湖北西部、陕西南部及甘肃东南部，生于海拔500-1500米山区半阴坡峭壁或石缝中、平原土坎、沟边。

32. 少花冷水花 图155：10-12

Pilea pauciflora C. J. Chen in Bull. Bot. Res.（Harbin）2(3)：104. pl. 10. f. 4-6. 1982.

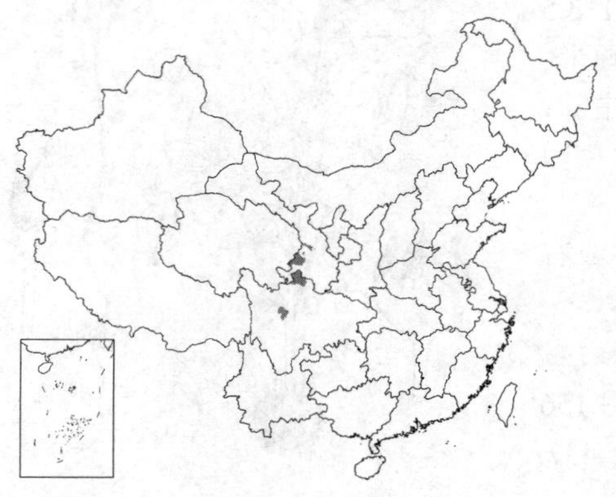

一年生草本，高达20厘米。茎无毛。叶同对的近等大，膜质，圆卵形或宽卵形，长0.8-4厘米，先端钝或尖，基部宽楔形，有3-5(-7)对钝圆齿，下部叶较小，常全缘，有睫毛，上面疏生透明白毛，下面近无毛，钟乳体线形，基出脉3，侧脉不明显；叶柄长0.5-2.6厘米，托叶近圆形或心形，先端圆，长2.5-4毫米，宿存。雌雄同株并同序，稀异株；花序腋生，成簇生状或短蝎尾状。雄花花被片2，帽状，近先端有短角。雌花花被片3，中间1枚近舟形，近先端有长角，果时与果近等长，侧生2枚较中间的短约10倍，三角形，果时几不增大。瘦果三角状卵圆形，扁，光滑，褐色。花期7-8月，果期8-9月。

产四川及甘肃西南部，生于海拔2100-2800米沼泽边或林下阴湿处。

33. 荫生冷水花 图157

Pilea umbrosa Bl. Mus. Bot. Lugd.-Bat. 2(4)：56. 1856.

草本，高达50厘米。茎密被多细胞串珠状毛和柔毛，常有分枝。叶近膜质，同对的不等大，圆卵形、宽椭圆形或近圆形，长3-12厘米，先端短渐尖或尾尖，基部钝或浅心形，有牙齿，下面密被多细胞串珠状毛和柔毛，钟乳体短杆状，基出脉3；叶柄长0.6-6.5厘米，托叶窄卵形或近长圆形，长约5毫米。雌雄异株或同株；花序圆锥状，雄花序长达16厘米，花序梗被多细胞微柔毛；雌花序长于叶柄，有时长于叶片。雄花花被片4，其中2枚先端具短尖头。雌花花被片3，果时中间1枚舟形，长及果的一半，侧生的2枚三角形，较中间1枚短1-2倍。瘦果卵球形，稍偏斜，光滑。花

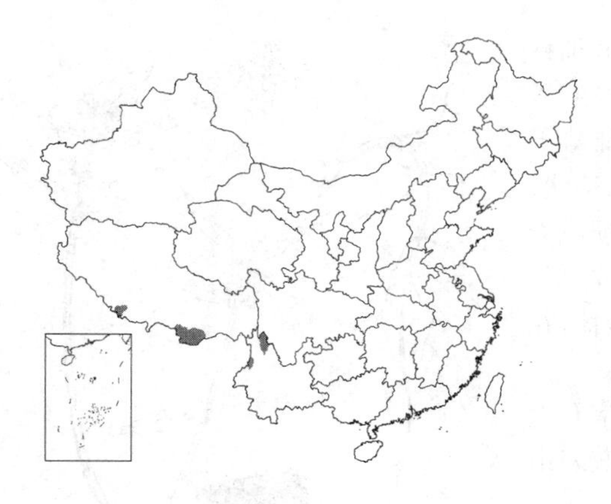

期7-8月，果期9-10月。

产西藏南部及云南西北部，生于海拔1500-2750米林下荫湿处。克什米尔、印度北部、尼泊尔及锡金有分布。

［附］**怒江冷水花 Pilea salwinensis**（Hand.-Mazz.）C. J. Chen in Bull. Bot. Res.（Harbin）2(3)：107. 1982. —— *Pilea symmeria* Wedd. var. *salwinensis* Hand.-Mazz. Symb. Sin. 7：134. 1929. 本种与荫生冷水花的区别：花序长1-2厘米；托叶三角形，长约1毫米，叶窄卵形或卵状披针形。产云南，生于海拔2000-2500米山谷溪边、林下阴湿处。缅甸有分布。

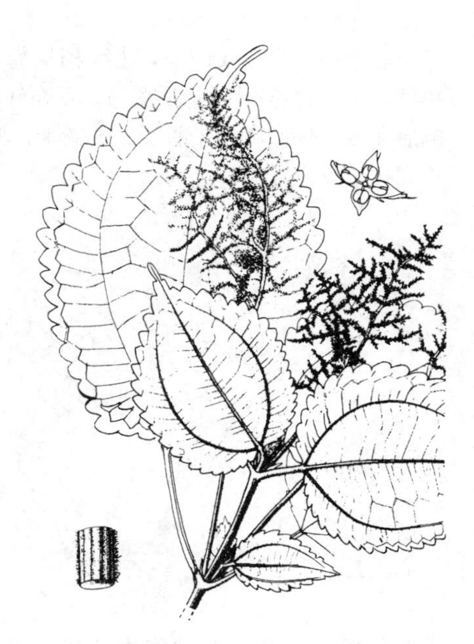

图 157 荫生冷水花 （引自《中国植物志》）

34. 异叶冷水花 图 158

Pilea anisophylla Wedd. Monogr. Urtic. 193. 1856.

草本，高达1.5米；无毛或上部疏生串珠状毛，常有分枝。叶近膜质，同对的异形，大者镰状披针形、卵状或长圆状披针形，长5-16厘米，先端长尾尖，基部偏斜，浅心形或耳状深心形，叶柄长1-2.5厘米，叶柄上面和叶上面主脉常有多细胞串珠毛；小的三角状卵形或窄卵形，长1-3厘米，先端尖或渐尖，基部稍偏斜，深心形或近平截，半抱茎，无柄或近无柄；近全缘或先端有1-2(3)浅锯齿，钟乳体线形，基出脉3，侧脉多数；托叶三角形，长1-2毫米，宿存。雌雄异株或同株；花序常单生于较大的叶腋，雄花序长穗状，团伞花簇疏生于序轴内侧，长3-8厘米，雌花序聚伞总状或圆锥状，长2-6厘米。雄花花被片4，近先端有短角。雌花花被片3，果时中间的1枚近舟形，长及果的一半，侧生的2枚三角状卵形，较中间的1枚短约2倍。瘦果宽卵圆形。花期7-9月，果期9-12月。

产西藏及云南，生于海拔900-2400米山坡林下或山谷阴湿处。尼泊尔、锡金、不丹及印度北部有分布。

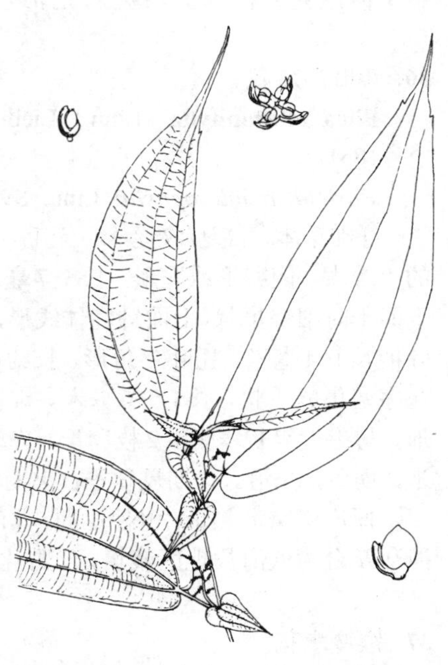

图 158 异叶冷水花 （引自《中国植物志》）

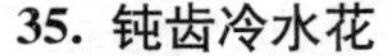

35. 钝齿冷水花 图 159

Pilea penninervis C. J. Chen in Bull. Bot. Res.（Harbin）2(3)：113, pl. 9. f. 6-8. 1982.

多年生草本，高达25厘米；无毛。地下茎节不膨大，节间长1.5-3.5厘米。叶肉质，生于茎上部，同对的近等大，椭圆状或长圆状披针形，稀窄披针状，长1.5-4厘米，先端渐窄或尖，基部钝、近圆或微缺，边缘稍反卷，中上部有3-4对浅锯齿，下面细蜂窠状，钟乳体线形，上面密布，下面较稀疏，具羽状脉，中脉在上面凹下，侧脉4-6，不明显；叶柄长2-5毫米，托叶三角形，长近1毫米。花雌雄异株；雄花序近头状或短穗状，长3-8毫米。雄花具短梗或无梗；花被片4，倒卵状长圆形，先端有短尖头，有钟乳体。花期2-4月。

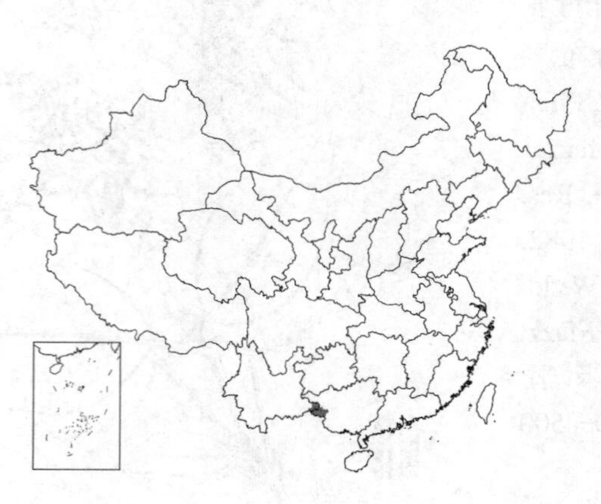

产广西西部及云南东南部，生于海拔700米石灰岩山坡林下、石缝中。

［附］**羽脉冷水花 Pilea ternifolia** Wedd. Monogr. Urtic. 202. 1856. 本种与钝齿冷水花的区别：地下茎节成圆锥状；叶膜质，常集生茎顶，对生或轮生，长3-9厘米，先端长渐尖，具钝锯齿，侧脉6-10对。产西藏南部，生于海拔2900-3050米山谷林下阴湿处或苔藓上。锡金、尼泊尔及印度北部有分布。

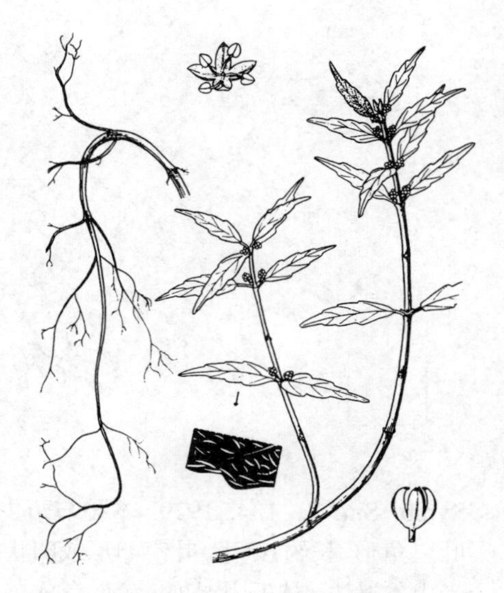

图 159 钝齿冷水花 （引自《中国植物志》）

36. 小叶冷水花 图 160

Pilea microphylla (Linn.) Liebm. in Vidensk. Selsk. Skr. 5(2): 302. 1851.

Parietaria microphylla Linn. Syst. ed. 10. 1308. 1759.

纤细草本，高达17厘米；无毛。茎多分枝，密布线形钟乳体。叶同对的不等大，倒卵形或匙形，长3-7毫米，先端钝，基部楔形或渐窄，全缘，下面干时细蜂巢状，上面钟乳体线形，叶脉羽状，中脉稍明显，侧脉不明显；叶柄长1-4毫米，托叶三角形，长约0.5毫米。雌雄同株，有时同序，聚伞花序密集成头状，长1.5-6毫米。雄花具梗；花被片3，果时中间1枚长圆形，与果近等长，侧生2枚卵形，先端尖，薄膜质。瘦果卵圆形，长0.4毫米，褐色，光滑。花期夏秋季，果期秋季。

原产南美洲热带，引种亚洲、非洲热带地区。广东、广西、福建、江西、浙江及台湾低海拔地区栽培，已野化，生于路边、石缝中和墙壁阴湿处。

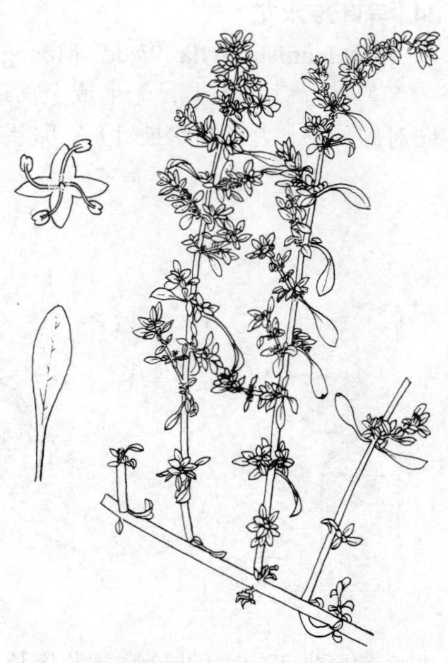

图 160 小叶冷水花 （孙英宝绘）

37. 矮冷水花 图 161

Pilea peploides (Gaudich.) Hook. et Arn. Bot. Beech. Voy. 96. 1832.

Dubruelia peploides Gaudich. in Freyc. Voy. Bot. 495. 1826.

一年生草本，高达20厘米；无毛，常丛生。茎单一或少分枝。叶膜质，常集生茎顶，同对的近等大，菱状圆形，稀扁圆状菱形或三角状卵形，长0.4-1.8厘米，先端钝，稀尖，基部楔形或宽楔形，稀近圆，全缘或波状，稀上部有不明显钝齿，两面有紫褐色斑点，钟乳体线形，基出脉3；叶柄长0.3-2厘米，托叶三角形。雌雄同株，雌花序与雄花序常同生叶腋，或分别单生叶腋，有时雌雄花同序；聚伞花序密集成头状，雄花序长0.3-1厘米，花序梗长2-7毫米；雌花序长2-6毫米。雄花花被片4，卵形。雌花花被片2，腹

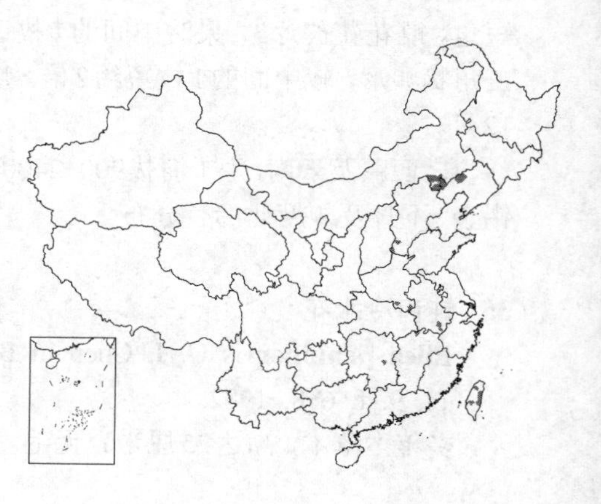

生1枚近舟形或倒卵状长圆形，与果近等长或稍短，有线形钟乳体，背生1枚膜质，三角形卵形，长为腹生1/5。瘦果，卵圆形，黄褐色，光滑。花期4-7月，果期7-8月。

产辽宁、内蒙古、河北、河南、安徽、江西、湖南及台湾，生于海拔200-950米山坡石缝中或长苔藓的石上。夏威夷群岛、加拉帕戈斯群岛、爪哇、朝鲜及俄罗斯西伯利亚东部有分布。

［附］ **齿叶冷水花** 图162：7-9 **Pilea peploides** var. **major** Wedd. in DC. Prodr. 16(1)：109. 1869. —— *Pilea peploides* auct. non (Gaudich.) Hook. et Arn.：中国高等植物图鉴 1：512. 1972, p. p. 本变种与模式变种的区别：茎多分枝；叶中上部常有小浅牙齿；花序二歧聚伞状，几无梗呈簇生状或有短梗呈伞房状；瘦果深褐色，疏生细刺状突起。产浙江、台湾、福建、江西、湖北、湖南、贵州、广西及广东，生于海拔150-1300米山坡、湿地、林下、石上。夏威夷群岛、日本、印度尼西亚、越南、缅甸、印度北部及锡金有分布。全草药用，可清热解毒、祛瘀止痛。可治蛇咬伤。

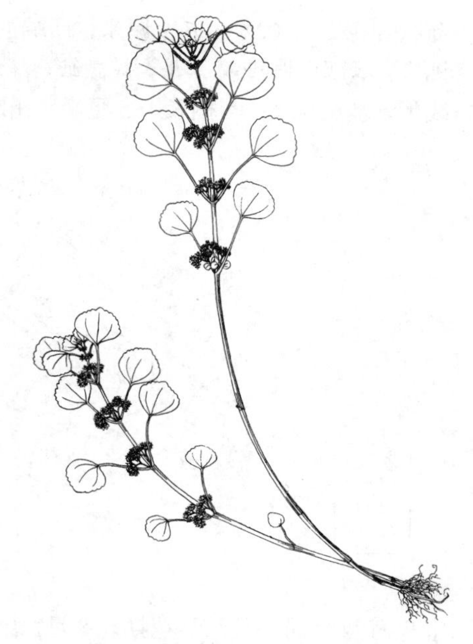

图 161 矮冷水花 （王金凤绘）

38. 三角叶冷水花 三角形冷水花 图162：1-6

Pilea swinglei Merr. in Philipp. Journ. Sci. Bot. 13：136. 1918.

草本，高达30厘米；无毛。茎不分枝或少分枝。叶近膜质，同对的稍不等大，宽卵形、近三角形或窄卵形，长1-5.5厘米，先端尖，稀钝或短渐尖，基部心形、钝圆或平截，有3-4牙齿状锯齿或圆齿，下面干时细蜂窝状，常密布紫色细斑点，钟乳体线形，在上面明显，沿边缘常列成一圈，

基出脉3，侧脉2-3对，不明显；叶柄长0.5-3厘米，托叶三角形，长约1毫米。花雌雄同株；团伞花簇呈头状，径2.5-5毫米，常2-4个着生于单一或分枝序轴；雄花序长于叶或稍短于叶，雌花序较短。雄花花被片4，倒卵状长圆形，近先端有2短角。雌花花被片2(3)，果时背生1枚长圆状舟形，稍短于果，腹生1枚（稀侧生2枚）卵形，较腹生的短5倍以上。瘦果宽卵圆形。花期6-8月，果期8-11月。

产安徽南部、浙江、福建、江西、湖北西部、湖南、广东、香港、广西及贵州东南部，生于海拔400-1500米山谷溪边和石上阴湿处。全草药用，可解毒消肿。

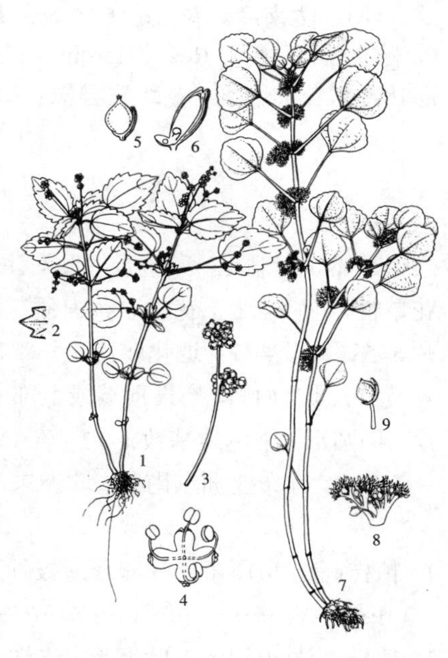

图 162：1-6. 三角叶冷水花 7-9. 齿叶冷水花 （引自《中国植物志》）

39. 序托冷水花 图163：1-4

Pilea receptacularis f. C. J. Chen in Bull. Bot. Res. (Harbin) 2(3)：119. pl. 10. f. 7-10. 1982.

草本，高达40厘米。叶近膜质，同对的近等大，卵形或窄卵形，顶端的近卵状披针形，下部的宽卵形或

菱状卵形，长（2.5-）6-9厘米，顶端的先端渐尖或长渐尖，下部的常尖或钝尖，基部近圆或宽楔形，稀微缺，有牙齿，上面常有两条白斑带，钟乳体线形，基出脉3；叶柄长1-5厘米，托叶卵状长圆形，先端钝圆，长6-9毫米。雌雄同株，雌雄花序成对生于上部同一叶腋；雄花序常近头状，径4-8毫米，花序托近杯状或盘状，具总苞片，稀无花序托，苞片三角状卵形，长约1.2毫米；雌花序聚伞状，有少数短分枝，花序梗长0.4-1.2厘米。雄花具长梗；花被片4，卵状长圆形，近先端有1短角。雌花被片3，基部合生，卵形，果时长及果1/3。瘦果卵圆形，顶端歪斜，中央有数个同心环纹。花期6-8月，果期7-9月。

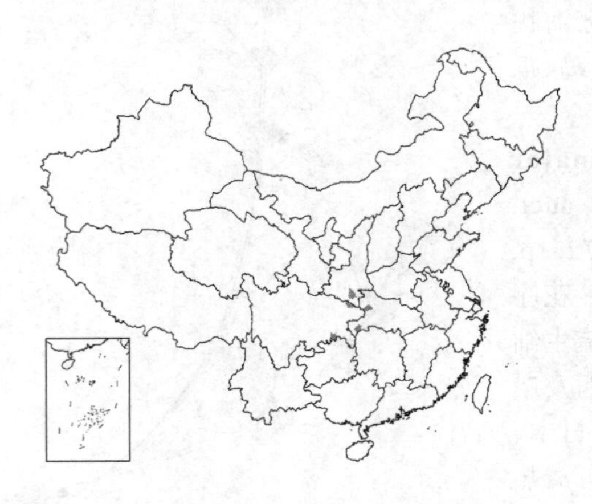

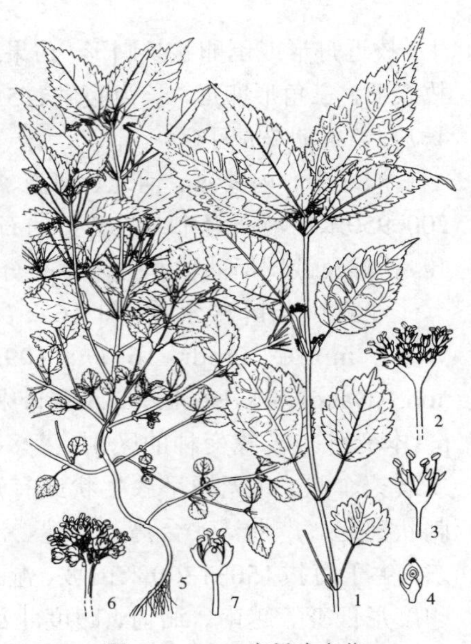

图 163：1-4. 序托冷水花 5-7. 陇南冷水花 （引自《中国植物志》）

产四川、湖北西部及陕西南部，生于海拔600-2000米山坡林下阴湿处或草丛中。

［附］**陇南冷水花** 图163：5-7 **Pilea gansuensis** C. J. Chen et Z. X. Peng in Bull. Bot. Res.（Harbin）2(3)：118. pl. 10. f. 1-3. 1982. 本种与序托冷水花的区别：花雌雄异株；雄花序托不明显；叶同对的不等大，上面无白斑带。产甘肃东南部及四川中部，生于海拔1400米山坡林下。

7. 假楼梯草属 Lecanthus Wedd.

（陈家瑞）

草本，无刺毛。茎肉质。叶对生，具柄，有锯齿，具基出3脉，钟乳体线形；托叶膜质，在柄内合生，脱落。花单性，花序盘状，花生于稍肉质花序托上，稀雄花序无花序托；总苞片呈1或2列生于花序托盘边缘。雄花花被片4-5；雄蕊4-5；退化雌蕊小。雌花花被片（3）4（5），常不等大，近先端常具角状突起；柱头画笔头状；退化雄蕊鳞片状，内折。瘦果顶端或上部的背腹面边缘有马蹄形或鸡冠状棱，常有疣状突起。种子具少量胚乳；子叶肥厚，椭圆形。染色体基数x=12。

3种，分布亚洲东南部、非洲东部热带及亚热带地区。我国均产。

1. 植株高达70厘米；叶卵形或披针形，先端渐尖，侧脉多数；花序梗长3-12厘米 …………………………………… 1. 假楼梯草 **L. peduncularis**
1. 植株高达20厘米；叶卵形，先端尖，短渐尖或微钝，侧脉2-3对；花序梗长不及3厘米。
    2. 雄花序盘状或杯状，具花序托；雄花花被片4；叶具1-3对锯齿，托叶卵形 …………………………………… 2. 角被假楼梯草 **L. petelotii** var. **corniculata**
    2. 雄花序头状或聚伞状，无花序托，稀有不明显序托；雄花花被片4-5；叶具3-5对锯齿，托叶长圆形 …………………………………… 2(附). 冷水花假楼梯草 **L. pileoides**

1. 假楼梯草 图164：1-3

Lecanthus peduncularis（Wall. ex Royle）Wedd. in DC. Prodr. 16(1)：164. 1869. *Procris peduncularis* Wall. ex Royle, Ill. Bot. Himal. t. 83. 1839-40.

草本，高达70厘米；常分枝，下部常匍匐，上部被柔毛。叶同对的不等大，卵形，稀卵状披针形，长4-15厘米，先端渐尖，基部圆，有时宽楔形，有牙齿，上面疏生透明硬毛，下面脉上疏生柔毛，钟乳体线形，两面明显，基出3脉，侧脉多数；叶柄长2-8厘米，疏被柔毛，托叶长圆形或窄卵形，长3-9毫米。花序单生叶腋，具盘状花序托；雄花序托盘径0.8-3.5厘米，花序梗长5-30厘米；雌花序托盘径0.5-1厘米，花序梗长3-12厘米。雄花花被片5，近先端有角。雌花花被片4（5），长圆状倒卵形，其中2枚先端有短角。瘦果椭圆状卵形，褐灰色，疏生疣点，上部背腹侧有脊。花期7-10月，果期9-11月。

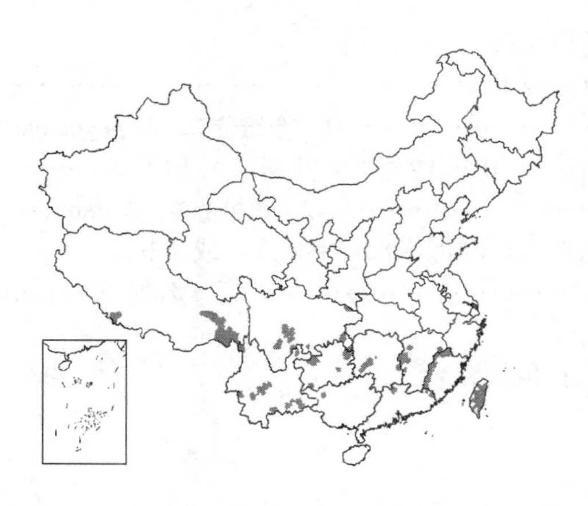

产台湾、福建、江西、湖南、广东、广西、贵州、云南、四川及西藏，生于海拔1300-2700米山谷、林下阴湿处。印度、尼泊尔、锡金、中南半岛、印度尼西亚爪哇、斯里兰卡及埃塞俄比亚有分布。

图 164: 1-3. 假楼梯草 4-7. 角被假楼梯草 （王金凤 冀朝祯绘）

2. 角被假楼梯草 图 164：4-7

Lecanthus petelotii (Gagnep.) C. J. Chen var. **corniculata** C. J. Chen, Fl. Xizang. 1: 547. pl. 176. f. 4-9. 1983.

一年生草本，高达10厘米。茎疏被微柔毛或近无毛。叶集生茎顶，同一对的极不等大，宽卵形或菱状卵形，长0.5-9.5厘米，先端尖或稍钝，基部偏斜，宽楔形或近圆，有1-3对锯齿，下面脉上疏生柔毛，钟乳体线形，基出脉3，侧脉2-3对；叶柄长1-3毫米，托叶卵形，长1.5-3毫米。花雌雄同株或异株；雄花序具短梗，长0.1-0.5厘米，花序托常杯状，近膜质；雌花序梗长1-2厘米，花序托盘状，稍肉质，径3-6毫米。雄花花梗长1-3毫米；花被片4，有时顶端下面有角。雌花花被片4，后增大成舟形，果时长于果，先端有长角。瘦果长圆形，褐灰色，上部背腹侧有脊，两面疏生粗疣。花期6-8月，果期8-10月。

产云南及西藏南部，生于海拔2500-2900米林下阴湿处或苔藓上。

［附］**冷水花假楼梯草 Lecanthus pileoides** Chien et C. J. Chen in Acta Phytotax. Sin. 21(3): 349. 1983. 本种与角被假楼梯草的区别：雄花序头状或聚伞状，无花序托，稀有不明显序托；雄花花被片4-5；叶具3-5对锯齿，托叶长圆形。产贵州西南部及云南东部，生于海拔约2100米石灰岩山地阴处。

8. 赤车属 **Pellionia** Gaudich.

（王文采）

草本或亚灌木。叶互生，2列，两侧不等，窄侧向上，宽侧向下，基脉3出、半离基3出脉或羽状脉，钟乳体纺锤形，有时缺，托叶2；常无退化叶，存在时很小。花单性，雌雄同株或异株。雄花序聚伞状，分枝较稀疏，常具梗。雌花序分枝密集呈球状，具密集苞片，有时具花序托和总苞。雄花花被片4-5，在花蕾中覆瓦状排列，基部合生，在顶端之下有角状突起；雄蕊4-5；退化雌蕊圆锥形。雌花花被片4-5，离生，常不等大，2-3个较大者在顶端之下有角状突起；退化雄蕊鳞片状；柱头画笔头状，无花柱。瘦果稍扁，具小瘤状突起或无。

约70种，主要分布于亚洲热带，少数产亚洲亚热带及大洋洲一些岛屿。我国约24种。

1. 叶具长柄或柄稍长，全缘，基脉3出，窄侧基脉上达叶近顶端；具退化叶。
  2. 叶长5-15厘米，基部稍不对称，钟乳体长0.2-0.4毫米，叶柄长0.5-2厘米 …………………………………… 1. **全缘赤车 P. heyneana**
  2. 叶长12.5-20厘米，基部极不对称，窄侧浅心形，宽侧耳形，钟乳体长0.5-0.7毫米，叶柄长4-19厘米 ……………………………………… 2. **长柄赤车 P. tsoongii**
1. 叶无柄或具短柄，具半离基3出脉或羽状脉，窄侧基脉或最下方侧脉上达叶近中部，叶缘具齿或波状。
  3. 具退化叶；茎平卧；正常叶具半离基3出脉，托叶三角形 …………………………… 3. **吐烟花 P. repens**
  3. 无退化叶。
    4. 瘦果具小瘤状突起；雌花被片1-3，船状长圆形，顶端之下具长角状突起。
      5. 叶具半离基3出脉。
        6. 茎无毛或具长约0.1毫米短毛；托叶钻形。
          7. 叶先端渐尖。
            8. 叶长2.5-5（-8）厘米，宽达2.4厘米 …………………………… 6. **赤车 P. radicans**
            8. 叶长达9厘米，宽达3.5厘米 ……………… 6(附). **长茎赤车 P. radicans** f. **grandis**
          7. 叶先端钝或圆，稀微尖，叶长0.4-1.5（-2）厘米；茎具长0.1毫米以下短毛 …………………………………… 6(附). **小赤车 P. minima**
        6. 茎被长（0.2）0.3-1毫米的毛。
          9. 托叶三角形或窄三角形，宽1-1.8毫米 ……………………… 4. **曲毛赤车 P. retrohispida**
          9. 托叶钻形，宽0.2-0.3（-1）毫米。
            10. 叶长8-10厘米，先端渐尖或尾尖 ……………………………… 5. **蔓赤车 P. scabra**
            10. 叶长达3厘米，先端钝或圆 ………………………………… 7. **短叶赤车 P. brevifolia**
      5. 叶具羽状脉；茎被开展或反曲糙毛 ……………………………………… 8. **华南赤车 P. grijsii**
    4. 瘦果无瘤状突起；雌花被片稍不等大，披针形，无角状突起；叶具羽状脉 …………………………………… 10. **羽脉赤车 P. incisoserrata**

1. 全缘赤车 图 165

Pellionia heyeneana Wedd. in Arch. Mus. Nat. Paris 9: 287. 332. t. 5. 1855.

多年生草本或亚灌木。茎长达40厘米，上部及叶柄被糙毛。叶斜椭圆形或斜椭圆状卵形，长5-15厘米，宽3-7.4厘米，先端渐尖或骤尖，基部窄侧浅心形，宽侧耳形，全缘，上面疏被硬毛，下面脉上被短糙毛，钟乳体长0.2-0.4毫米，基部3出，叶柄长0.5-2厘米；退化叶长3-4毫米。花雌雄异株或同株。雄花序长1.5-3.5厘米，花序梗长5.5-12厘米；苞片卵形，长0.5毫米。雄花5基数，花被片长1.5毫米。雌花序径6-8毫米，具短梗；苞片长0.5-0.8毫米。雌

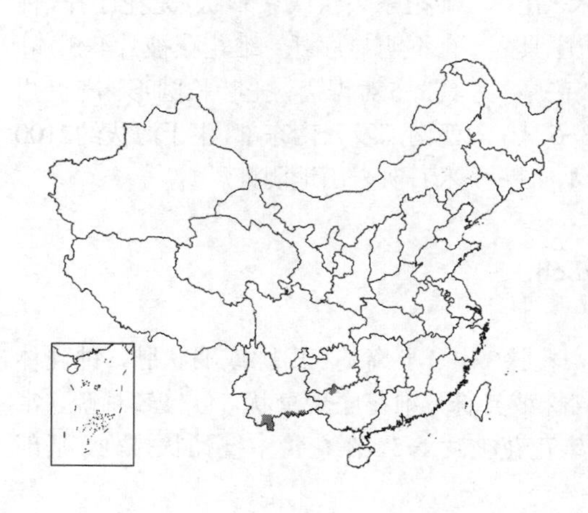

图 165 全缘赤车 （引自《中国植物志》）

花花被片5，不等大，长0.5-0.7毫米，顶部具短突起。瘦果卵球形，长1毫米，具小瘤状突起。花期5-7月。

产云南南部、广西西北部，生于海拔900-1000米山地林中。柬埔寨、印度及斯里兰卡有分布。

2. 长柄赤车 图166

Pellionia tsoongii (Merr.) Merr. in Lingnan Sci. Journ. 6(4): 325. 1928.

Polychroa tsoongii Merr. in Philipp. Journ. Sci. Bot. 21: 493. 1922.

多年生草本。茎长约20厘米，无毛或上部被柔毛。叶斜椭圆形或斜长圆状倒卵形，长12.5-20厘米，先端渐尖，基部窄侧耳形或浅心形，宽侧耳形，全缘，两面无毛或下面脉上被糙毛，钟乳体长0.5-0.7毫米，基脉3出，叶柄长4-19厘米；退化叶卵形或窄卵形，长3-4毫米。花雌雄异株。雄花序径2-4厘米，花密集，花序梗长3.2-10厘米。雄花5基数，花被片长1.6毫米。雌花序径2-3厘米，花序梗长2-10厘米。雌花花被片5，3枚长0.8毫米，顶端具短突起。瘦果卵球形，长1毫米，具小瘤状突起。花期冬季至夏季。

图 166 长柄赤车 （冯晋庸绘）

产海南、广西南部及云南南部，生于海拔300-1300米山谷林下或石崖阴湿处。越南及柬埔寨有分布。

3. 吐烟花 图167 彩片58

Pellionia repens (Lour.) Merr. in Lingnan Sci. Journ. 6(4): 326. 1928.

Polychroa repens Lour. Fl. Cochinch. 559. 1790.

多年生草本。茎肉质，平卧，长达60厘米，常分枝，疏被柔毛。叶斜长椭圆形或斜倒卵形，长1.8-7厘米，先端钝、微尖或圆，基部窄侧钝，宽侧耳形，具浅钝齿或近全缘，上面无毛，下面脉上被毛，钟乳体长0.3-0.8毫米，基脉3出；叶柄长1-5毫米，托叶三角形，长4-8毫米；退化叶长1毫米。花雌雄同株或异株。雄花序径0.6-3厘米，花序梗长2-11厘米。雄花5基数，花被片长2-3毫米。雌花序无梗，径约3毫米。雌花花被片5，稍不等大，长0.8-1毫米，具短突起，无毛。瘦果具小瘤状突起。花期5-10月。

图 167 吐烟花 （引自《海南植物植》）

产云南南部及东南部、贵州南部、海南，生于海拔800-1100米山谷林下或石缝中阴湿处。越南、老挝及柬埔寨有分布。

4. 曲毛赤车 图 168

Pellionia retrohispida W. T. Wang in Bull. Bot. Lab. N.-E. For. Inst. 6: 54. pl. 1. f. 4-5. 1980.

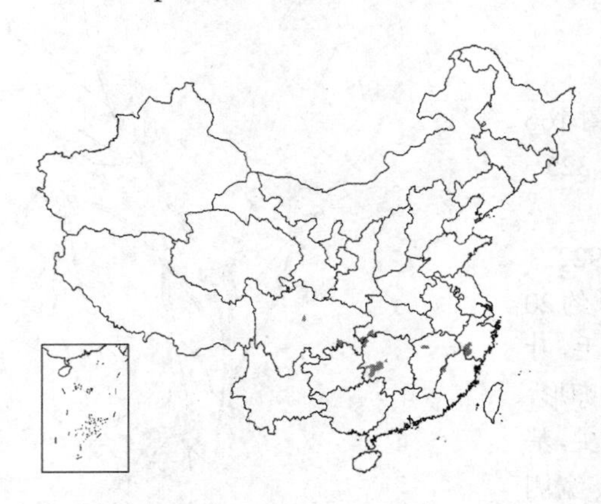

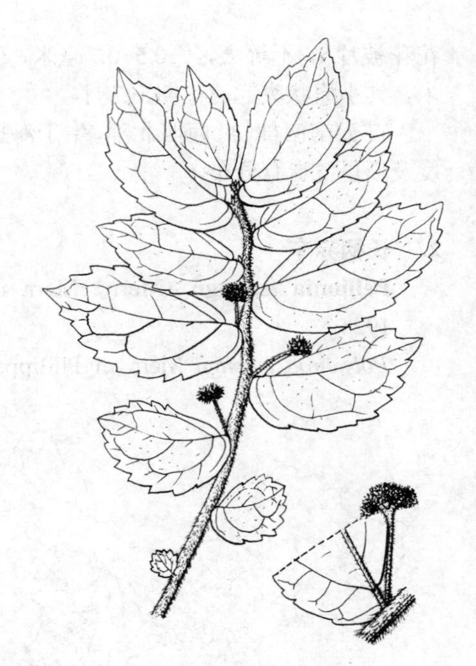

图 168 曲毛赤车 （孙英宝绘）

多年生草本。茎渐升，长约70厘米，具1分枝，被反曲长0.6-1毫米糙伏毛。叶斜椭圆形，长3.5-7.5厘米，宽1.1-3.3厘米，先端微尖或短渐尖，基部窄侧圆，宽侧耳形，上部具小齿，上面疏被糙伏毛，下面脉上被糙毛，钟乳体长0.1-0.4毫米，叶脉半离基3出；叶柄长1.5-9毫米，托叶三角形，长3.2-6.5毫米。花雌雄异株。雄花序径0.8-1.5厘米，花序梗长1-5.5厘米。雄花5基数，花被片长1.5-3毫米，具角状突起。雌花序径0.3-1.4厘米，花序梗长0.5-2.2厘米。雌花花被片4-5，2枚长约1毫米，具角状突起；退化雄蕊长约1毫米；柱头小。瘦果窄卵球形，长约0.9毫米，具小瘤状突起。花期4-6月。

产浙江西南部、福建、江西、湖南、湖北西南部及四川，生于海拔350-1550米山谷林中。

5. 蔓赤车 图 169

Pellionia scabra Benth. Fl. Hongk. 330. 1861.

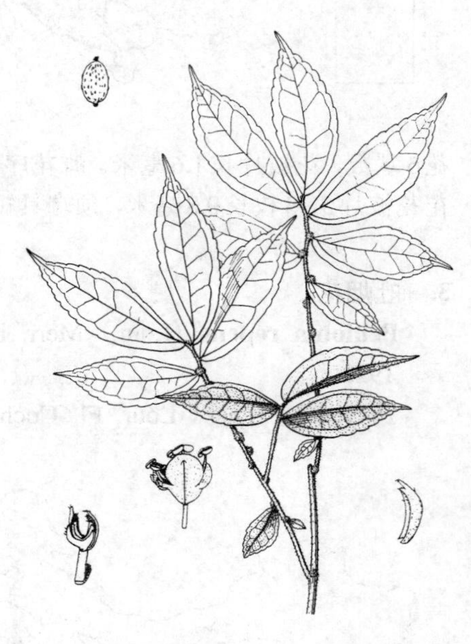

图 169 蔓赤车 （冯晋庸绘）

亚灌木。茎高达1米，常分枝，上部被开展长0.3-1毫米糙毛。叶斜长圆形，长3.2-8.5（-10）厘米，宽（0.7-）1.3-3.2（-4）厘米，先端渐尖，长渐尖或尾状，基部窄侧微钝，宽侧宽楔形、圆或耳形，上部疏生小齿，上面疏被糙毛，下面中脉被毛，钟乳体长0.2-0.4毫米，叶脉半离基3出；叶柄长0.5-2毫米，托叶钻形，长1.5-3毫米。花雌雄异株。雄花序径达4厘米，花序梗长0.3-3.6厘米。雄花5基数，花被片长1.5毫米，具角状突起。雌花序径0.2-0.8（-1.4）厘米，花序梗长1-4毫米。雌花花被片4-5，2-3枚长约0.5毫米，具角状突起。瘦果椭圆形，长0.8毫米，具小瘤状突起。花期春季至夏季。

产江苏南部、安徽南部、浙江、福建、台湾、江西、湖北、湖南、广东、香港、海南、广西、贵州、云南东南部及四川东部，生于海拔150-1200米山谷溪边或林中。越南及日本有分布。

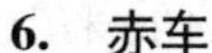

6. 赤车 图 170

Pellionia radicans (Sieb. et Zucc.) Wedd. in DC. Prodr. 16(1): 167. 1869.

Procris radicans Sieb. et Zucc. Fl. Jap. Fam. Nat. 218. 1846.

多年生草本。茎下部卧地，节处生根，上部渐升，长达60厘米，常分枝，无毛或疏被长0.1毫米毛。叶斜窄菱状卵形，长（1.2-）2.4-5（-8）厘米，宽0.9-2（-2.7）厘米，先端渐尖，基部窄侧钝，宽侧耳形，上部具小齿，两面无毛或近无毛，钟乳体长约0.3毫米，叶脉半离基3出；叶柄长1-4毫米，托叶钻形，长1-4.2毫米。花雌雄异株；雄花序径1-5厘米，花序梗长0.4-3.5（-7）厘米。雄花5基数，花被片长1.5毫米，具角状突起。雌花序具短梗，径3-5毫米。雌花花被片5，3枚长0.5毫米，顶端具长约0.6毫米角状突起。瘦果椭圆状球形，长0.9毫米，具小瘤状突起。花期5-10月。

图 170 赤车 （仿《图鉴》）

产安徽南部、浙江、福建、台湾、江西、湖北、湖南、广东、海南、广西、云南东南部、贵州及四川，生于海拔200-1500米山谷林下、灌丛中或沟边。日本有分布。全草药用，可消肿、祛瘀。

［附］**长茎赤车 Pellionia radicans** f. **grandis** Gagnep. in Lecomte, Fl. Gén. Indo-Chine 5: 898. 1929. 本变型与模式变型的区别：叶长达9厘米，宽达3.5厘米。产福建南部、广东、广西及云南东南部，生于海拔340-500米山谷林内、石缝中或溪边。越南有分布。

［附］**小赤车 Pellionia minima** Makino in Bot. Mag. Tokyo 23: 85. 1909. 本种与赤车的区别：叶先端钝或圆，稀微尖，叶宽椭圆形、宽倒卵形或近圆形，稀椭圆形或卵形，长0.4-1.5（-2）厘米。产安徽南部、浙江、福建、江西、广东及广西，生于海拔800-1000米山谷溪边或林内石缝中。日本有分布。

7. 短叶赤车 图 171

Pellionia brevifolia Benth. Fl. Hongk. 330. 1861.

小草本。茎平卧，长达30厘米，分枝，被反曲或近开展长0.3-1毫米糙毛。叶斜椭圆形或斜倒卵形，长0.5-3.2厘米，宽0.4-2厘米，先端钝或圆，基部窄侧钝或楔形，宽侧耳形，具浅钝齿，上面无毛或疏被伏毛，下面脉上被毛，钟乳体长0.2毫米，叶脉半离基3出；叶柄长1.5-2毫米，托叶钻形，长1.2-2毫米。花雌雄异株或同株；雄花序径0.8-1.5厘米，花序梗长2.8-4厘米。雄花5基数，花被片长2毫米，顶端具短突起。雌花序径2.5-4毫米，花序梗长0.1-1厘米或缺。雌花花被片5，2枚长1毫米，顶端具长2毫米角状突起。瘦果窄卵球形，长1.2毫米，具小瘤状突起。花期5-7月。

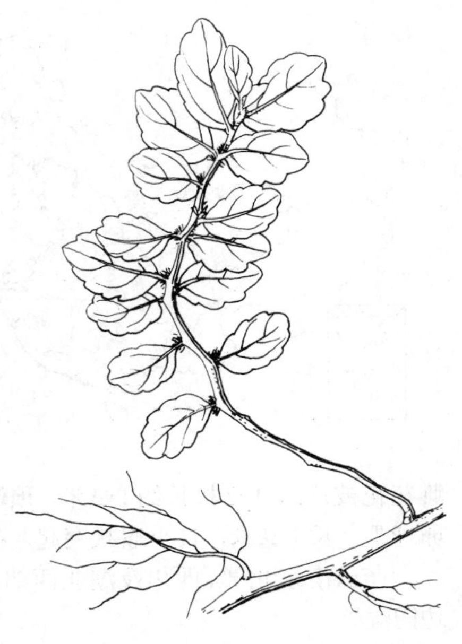

图 171 短叶赤车 （孙英宝绘）

产福建、江西、湖北西南部、湖南、广东、香港、海南、广西及贵州，生于海拔350-1500米林中、山谷溪边或石缝中。

8. 华南赤车 图 172

Pellionia grijsii Hance in Journ. Bot. 6: 49. 1868.

多年生草本。茎高达70厘米，不分枝，稀少分枝，被反曲或近开展的长0.5-2毫米糙毛。叶斜长椭圆形或斜长圆状倒披针形，长6-14（-18）厘米，宽2.4-5（-6）厘米，先端长渐尖或渐尖，有时尾状，基部窄侧楔形或钝，宽侧耳形，具浅钝齿，上面无毛或疏被伏毛，下面脉上被糙毛，无钟乳体，或有点状长不及0.1毫米钟乳体，叶脉近羽状；叶柄长1-4毫米，被糙毛，托叶钻形，长4毫米。花雌雄同株或异株；雄花序径0.5-5.5厘米，花序梗长0.9-8厘米。雄花5基数，花被片长2毫米，具角状突起。雌花序径0.3-1厘米，花序梗长1.5-7（-22）毫米或缺。雌花花被片5，长0.6毫米，3枚较大，顶端具长0.2-1毫米角状突起。瘦果椭圆状球形，长0.8毫米，具小瘤状突起。花期冬季至翌年春季。

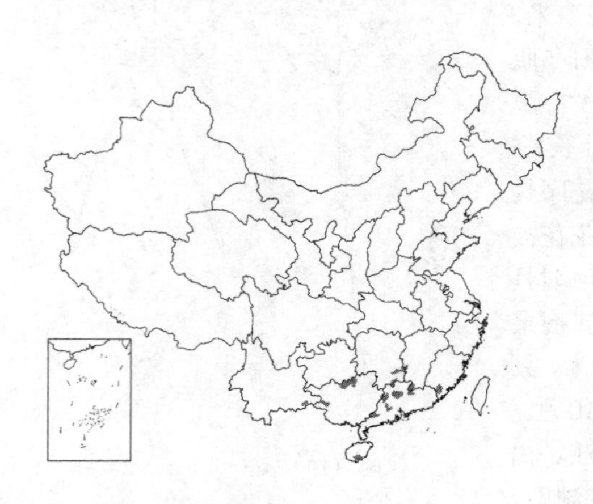

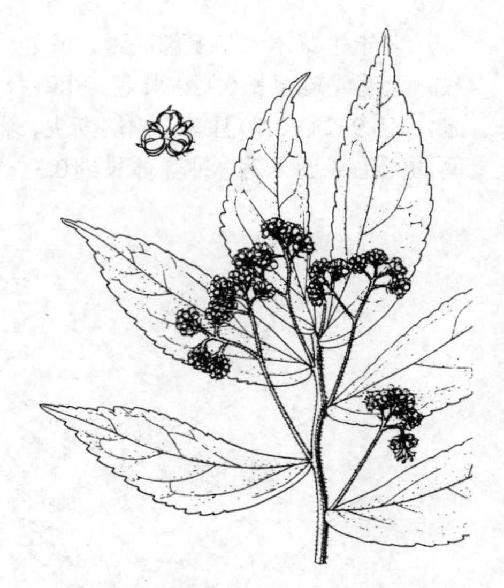

图 172 华南赤车 （引自《中国植物志》）

产福建南部、江西西南部、河南南部、广东、香港、海南、广西及云南东南部，生于海拔250-1000米山谷林下、石缝中或沟边。

9. 绿赤车 图 173

Pellionia viridis C. H. Wright in Journ. Linn. Soc. Bot. 23: 481. 1899.

多年生草本或亚灌木。茎高达70厘米，分枝，无毛。叶无毛，窄长圆形或披针形，长5-15厘米，宽1.6-5厘米，先端渐尖或长渐尖，基部稍盾形，上部具浅钝齿，钟乳体长0.2-0.4毫米，叶脉不等离基3出；叶柄长0.4-1.6厘米，托叶钻形，长3.5毫米。花雌雄异株或同株。雄花序径0.5-1.2厘米，花序梗长0.5-1.8厘米。雄花5基数，花被片长1.6-2毫米，顶端具角状突起。雌花序径3-5毫米，花密集，花序梗长1.5-5毫米。雌花花被片5，1-3枚长约1毫米，顶端具长0.5-0.8毫米角状突起。瘦果窄卵球形，长1毫米，具小瘤状突起。花期6-8月。

产云南东北部、四川及湖北西部，生于海拔650-1200米山地林中或沟边阴湿处。

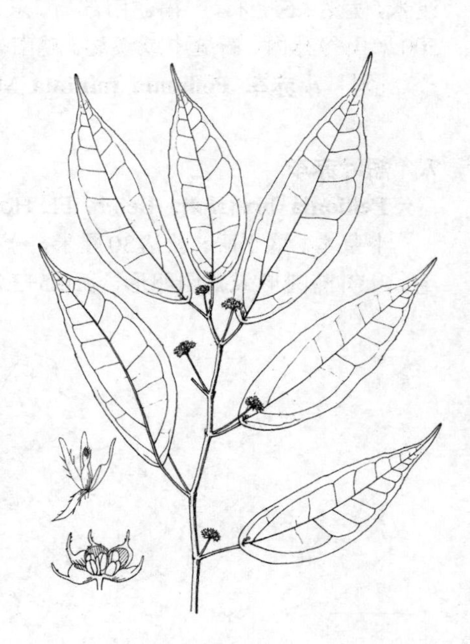

图 173 绿赤车 （冯晋庸绘）

10. 羽脉赤车 图 174

Pellionia incisoserrata (H. Schroer) W. T. Wang in Bull. Bot. Lab. N.-E. For. Inst. 6: 63. 1980.

Elatostema incisoserratum H. Schroter in Fedde, Repert. Sp. Nov. Reg. Veg. Beih. 83(2): 21. 1936.

多年生草本。根茎长约20厘米，径5-8毫米。茎高达30厘米，不分枝，无毛。叶斜椭圆形或窄椭圆形，长4-10厘米，宽1.6-3.2厘米，先端渐尖或长渐尖，基部窄侧楔形，宽侧宽楔形或圆，具小牙齿或牙齿，钟乳体长0.1-0.2毫米，叶脉羽状；叶柄长2-4毫米，无毛，托叶钻形，长2毫米。花雌雄异株；雄花序径1.6-2.8厘米，花序梗长1.5-2.5厘米。雄花5基数，花被片长2毫米，顶端具短突起。雌花序无梗，径5毫米，花密集。雌花花被片5，披针形，长约0.6毫米，无角状突起。瘦果窄卵球形或卵球形，长1.2毫米，具短条状突起。花期5-6月。

图 174 羽脉赤车 （引自《中国植物志》）

产广西东北部及广东北部，生于石灰岩山地阴湿处。

9. 楼梯草属 Elatostema J. R. et G. Forst.

（王文采）

小灌木、亚灌木或草本。叶互生，在茎上成2列，具短柄或无柄，窄侧向上，宽侧向下，具齿，稀全缘，基脉3出、半离基3出脉或羽状脉，钟乳体纺锤形或窄条形，稀点状或缺，具托叶，常早落；有时具退化叶。花雌雄同株或异株。雄花序有时分枝呈聚伞状，花序托明显或不明显，花序托常盘形，稀梨形；苞片沿花序托边缘形成总苞，稀缺，具小苞片。雄花花被片（3）4-5，椭圆形，基部合生，近顶端常具角状突起；雄蕊（3）4-5，与花被片对生；退化雌蕊小或无。雌花常无花被片或极小，3-4片，无角状突起；退化雄蕊常3枚，窄条形；柱头画笔头状，无花柱。瘦果常具6-8纵肋，稀光滑或具小瘤状突起。

约350种，分布于亚洲、大洋洲、非洲热带及亚热带地区。我国约140种。

1. 雄花序分枝，无花序托，苞片互生，不形成总苞 ………………………………… 1. **长圆楼梯草 E. oblongifolium**
1. 雄花序不分枝，花序托不明显或明显，花序托周边具由苞片形成的总苞。
 2. 雄花序托极小，非盘状或梨形。
  3. 雌花序具30朵以上密集雌花和小苞片，花序托明显；瘦果长不及1毫米，具纵肋。
   4. 亚灌木，多分枝；雄花序无梗或近无梗；苞片小，与花被片近等长或稍短。
    5. 叶无钟乳体或沿中脉具少数钟乳体。
     6. 叶宽达5.5厘米，叶缘窄侧约具7齿，宽侧约具10齿；雄花4基数 ………………………………………………………………………………………… 2. **光叶楼梯草 E. laevissimum**
     6. 叶宽0.9-3.4厘米，叶缘窄侧具（1-）3-5齿，宽侧具3-7齿；雄花5基数 ………………………………………………………………………………… 2(附). **渐尖楼梯草 E. acuminatum**
    5. 叶具密集钟乳体。
     7. 叶全缘或少数叶具1-2小钝齿 ………………………… 3(附). **全缘楼梯草 E. integrifolium**
     7. 叶具齿。
      8. 茎无毛 ………………………………………………………… 3. **细尾楼梯草 E. tenuicaudatum**
      8. 茎被毛 ………………………………………………… 4. **狭叶楼梯草 E. lineolatum** var. **majus**
   4. 草本，茎不分枝或一回分枝；雄花序苞片较雄花被片长。

9\. 叶基脉3出或半离基3出脉。
10\. 雌花序梗长达1.2厘米，花序托长约2毫米 ………………………… 14. **疣果楼梯草 E. trichocarpum**
10\. 雌花序无梗或梗很短。
11\. 雄花序无梗或梗很短(花序梗长不超过花序)。
12\. 茎下部具密集膜质低出叶 …………………………………………… 13. **迭叶楼梯草 E. salvinioides**
12\. 茎下部无低出叶。
13\. 叶基脉3出。
14\. 具退化叶。
15\. 茎上部密被糙毛；叶具密的钟乳体 ……………………………… 5. **小叶楼梯草 E. parvum**
15\. 茎上部无毛，下部疏被柔毛；茎下部叶或全部叶仅叶缘具钟乳体 …………………………………………………………………………… 7. **异叶楼梯草 E. monandrum**
14\. 无退化叶。
16\. 茎无毛。
17\. 茎具3-9分枝；叶侧脉不明显，叶长1.3-2.8厘米 …… 9. **瘤茎楼梯草 E. myrtillus**
17\. 茎不分枝或具1（-3）分枝；叶侧脉明显，叶较大。
18\. 叶基部至顶端密生锯齿，叶具密集钟乳体；雄花5基数 …………………………………………………………… 8. **密齿楼梯草 E. pycnodontum**
18\. 叶中部以下全缘，叶缘具钟乳体；雄花4基数 …………………………………………………………… 10. **疏晶楼梯草 E. hookerianum**
16\. 茎被糙伏毛 ……………………………………………………… 5. **小叶楼梯草 E. parvum**
13\. 叶具半离基3出脉。
19\. 具退化叶；茎被糙毛 …………………………………………… 6. **对叶楼梯草 E. sinense**
19\. 无退化叶。
20\. 茎上部密被糙毛；叶具多数小齿，叶两面被糙毛；雄花序苞片具极短突起 …………………………………………………………… 6(附). **滇黔楼梯草 E. backeri**
20\. 茎无毛；叶下部全缘，中部以上疏生小齿，叶无毛；雄花序苞片顶端具长3.5-7毫米长角状突起 ……………………………………… 11. **宜昌楼梯草 E. ichangense**
11\. 雄花序梗较花序长 …………………………………………………… 12. **托叶楼梯草 E. nasutum**
9\. 叶具羽状脉。
21\. 雄花序无梗或近无梗 ………………………………………………… 15. **庐山楼梯草 E. stewardii**
21\. 雄花序梗较花序长 …………………………………………………… 16. **楼梯草 E. involucrum**
3\. 雌花序的花序托不明显，具1（2）花，无小苞片；瘦果长2-2.2毫米，无纵肋；小草本，叶基脉3出。
22\. 茎密被短毛；叶宽侧具2-4小齿 ……………………………………… 17. **钝叶楼梯草 E. obtusum**
22\. 茎近无毛或疏被短毛；叶宽侧具（1）2小齿 … 17(附). **光茎钝叶楼梯草 E. obtusum** var. **glabrescens**
2\. 雄花序托盘状、梨形或其它形状。
23\. 雄花序托盘状，圆形、椭圆形或长方形。
24\. 叶基脉3出、半离基3出脉或离基3出脉。
25\. 雌花序无梗或具短梗(花序梗长不及花序)。
26\. 雄花序无梗或具短梗。
27\. 叶基部宽侧耳形，耳垂长0.8-1.5厘米，叶长19-25厘米，托叶长1.6-4厘米。
28\. 亚灌木或灌木；叶无毛；雄花序托2裂 ……………………… 23. **宽叶楼梯草 E. platyphyllum**
28\. 草本；叶疏被柔毛；雄花序托不裂 …………………………… 24. **南海楼梯草 E. edule**
27\. 叶基部宽侧非耳形，如为耳形，耳垂长不及5毫米。

29. 叶先端尖头全缘。
30. 茎无毛。
31. 托叶绿色，钻形或窄披针形，长约4毫米，宽不及1毫米，中脉不明显 …… 18. **锐齿楼梯草 E. cyrtandrifolium**
31. 托叶白色，条形或条状披针形，长0.5-1（2）厘米，宽2-3毫米，中脉绿色 …… 19. **骤尖楼梯草 E. cuspidatum**
30. 茎被毛 …… 18. **锐齿楼梯草 E. cyrtandrifolium**
29. 叶先端尖头具小齿。
32. 叶基脉3出。
33. 叶长达7.5厘米，先端尖或渐尖 …… 20. **曲毛楼梯草 E. retrohirtum**
33. 叶长达17厘米，先端长渐尖 …… 21. **华南楼梯草 E. balansae**
32. 叶具半离基3出脉。
34. 叶钟乳体长0.1-0.3毫米；雌花序1-2腋生 …… 21. **华南楼梯草 E. balansae**
34. 叶钟乳体长0.3-0.7毫米；雌花序5-9腋生 …… 22. **多序楼梯草 E. macintyrei**
26. 雄花序具长梗。
35. 叶具齿，具半离基3出脉 …… 26. **盘托楼梯草 E. dissectum**
35. 叶全缘，基脉3出 …… 27. **樟叶楼梯草 E. petelotii**
25. 雌花序梗长于花托。
36. 叶基部宽侧耳形 …… 25. **耳状楼梯草 E. auriculatum**
36. 叶基部宽侧宽楔形 …… 27. **樟叶楼梯草 E. petelotii**
24. 叶具羽状脉。
37. 雄花序无梗或近无梗。
38. 叶侧脉5-6对 …… 28. **薄叶楼梯草 E. tenuifolium**
38. 叶侧脉9-12对 …… 29. **多脉楼梯草 E. pseudoficoides**
37. 雄花序梗长8-15（-33）厘米 …… 30. **疏毛楼梯草 E. albopilosum**
23. 雄花序托梨形，花期之末开裂并展开；瘦果具纵肋；叶脉羽状。
39. 叶纸质，干时淡褐色，长7-17厘米，下部全缘，上部具浅钝齿，托叶长1.5-5毫米；雌花序长方形或方形，苞片顶端具长角状突起 …… 31. **短齿楼梯草 E. brachyodontum**
39. 叶草质，干时绿色或稍黑色，长10-23厘米，基部以上密生牙齿，托叶长0.7-1厘米；雌花序圆形，苞片无突起 …… 31(附). **梨序楼梯草 E. ficoides**

1. 长圆楼梯草 图175

Elatostema oblongifolium Fu ex W. T. Wang in Bull. Bot. Lab. N.-E. For. Inst. 7: 26. 1980.

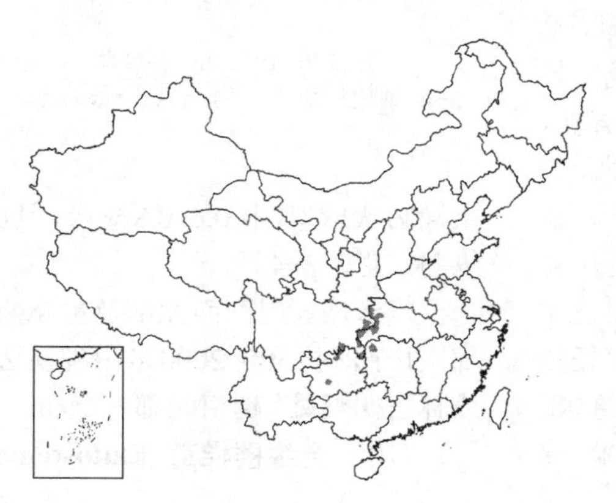

多年生草本。茎高约30厘米，分枝少或不分枝，无毛。叶斜窄长圆形，长6-14厘米，宽1.4-3.5厘米，先端长渐尖或渐尖，基部窄侧钝或楔形，宽侧圆或浅心形，上部具浅钝齿，无毛，稀上面疏被糙伏毛，钟乳体长0.1-0.2毫米，叶脉羽状，侧脉6对；叶柄长0.5-2毫米，托叶长2.5-5毫米。花雌雄异株或同株。雄花序梗极短，聚伞状，径0.6-1.5厘米，分枝下部合生。雄花花被片5，长2毫米；雄蕊5。雌花序具短梗，2个腋生，近长方形，长3-9毫米；苞片披针形。雌花花被不明显。瘦果椭圆状球形，长0.8-1毫米，具8纵肋。花期4-5月。

产贵州、四川东部、湖南西北部、湖北西部，生于海拔450-950米山谷阴湿处。

2. 光叶楼梯草 图 176：1-2

Elatostema laevissimum W. T. Wang in Bull. Bot. Lab. N.-E. For. Inst. 7：29. 1980.

亚灌木，高达2米，多分枝。小枝无毛。叶斜窄椭圆形，长5.5-12厘米，宽3-5.5厘米，先端渐尖，基部窄侧钝，宽侧圆，上部具浅钝齿，上面疏被糙毛，下面无毛或脉上被短毛，无钟乳体，稀中脉疏被钟乳体，半离基3出脉或基脉3出；叶柄长2-4毫米。花雌雄同株或异株。雄花序具短梗，径3-4毫米；花序托很小；苞片长0.8毫米。雄花花被片4，长1毫米；雄蕊4；无退化雌蕊。雌花序无梗或具短梗，径1.5-2.5毫米，花序托极小；苞片宽卵形，长0.5毫米，小苞片密集。瘦果卵球形，长0.5毫米，具5纵肋。花期秋季至翌年春季。

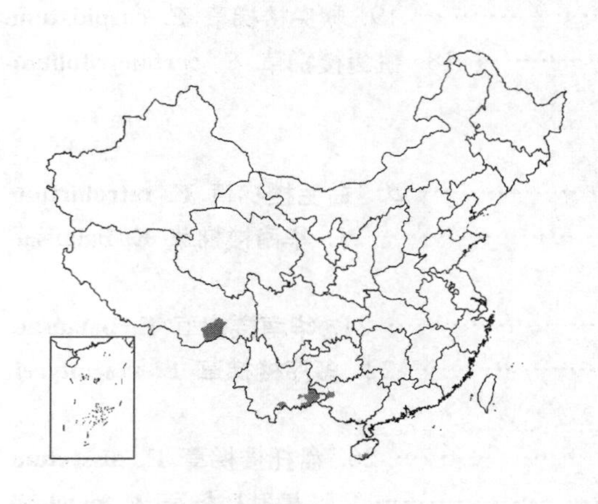

图 175 长圆楼梯草 （引自《湖北植物志》）

产西藏东南部、云南东南部、广西西部、海南，生于海拔1000-1600米山谷阴湿处或林中。

［附］**渐尖楼梯草 Elatostema acuminatum**（Poir.）Brongn. in Duperr. Bot. Voy. Coq. 211. 1834. —— *Procris acuminata* Poir. Encycl. 4：629. 1804. 本种与光叶楼梯草的区别：叶宽0.9-3.4厘米，边缘窄侧具（1-）3-5齿，宽侧具3-7齿；雄花5基数。产云南南部及东南部、广东西部、海南，生于海拔500-1500米山谷密林中。尼泊尔、不丹、缅甸、泰国、马来西亚及印度尼西亚有分布。

3. 细尾楼梯草 图 176：3-4

Elatostema tenuicaudatum W. T. Wang in Bull. Bot. Lab. N.-E. For. Inst. 7：31. 1980.

亚灌木，高达1米，多分枝，枝无毛。叶无柄或近无柄；叶斜长圆形，长3-9.4厘米，宽1-2.4厘米，先端骤尖或尾尖，尖头全缘，基部窄侧楔形，宽侧钝或近圆，上部具4-7对牙齿，钟乳体长0.1毫米，基脉3出或离基3出脉；托叶长1毫米。花雌雄同株，稀异株。雄花序无梗，径3-5毫米，无花序托；苞片宽披针形，长1.2-1.5毫米。雄花花被片4，长1.2毫米；雄蕊4。雌花序无梗，径1-4毫米，花序托极小；苞片卵形，长0.7-1毫米。雌花花被片3，长0.3毫米。瘦果椭圆状球形，长0.6-0.8毫米，具6纵肋。花期3-4月。

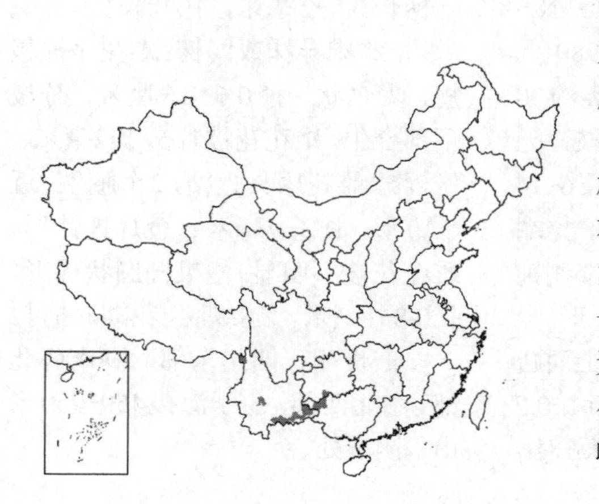

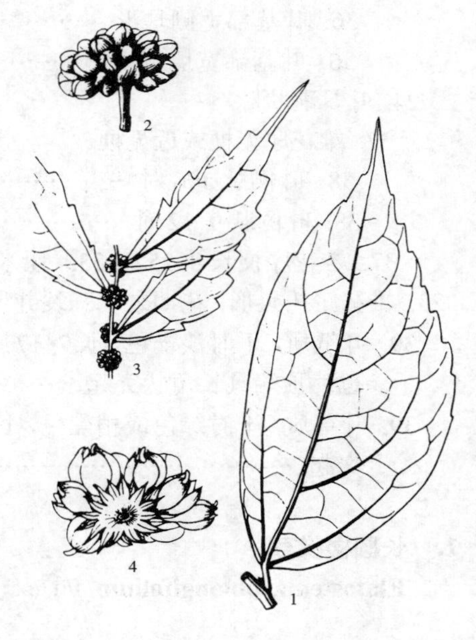

图 176：1-2. 光叶楼梯草 3-4. 细尾楼梯草 （引自《中国植物志》）

产云南、广西西北部及贵州南部，生于海拔300-2000米山谷溪边或林下阴湿处。越南北部有分布。

［附］**全缘楼梯草 Elatostema**

integrifolium (D. Don) Wedd in DC. Prodr. 16(1): 179. 1869. —— *Procris integrifolia* D. Don. Prodr. Fl. Nepal. 61. 1825. 本种与细尾楼梯草的区别：叶全缘或近顶部渐尖头以下具1-2钝齿。产云南南部及海南，生于海拔900-1500米山谷林中或沟边。尼泊尔、不丹、印度、缅甸及印度尼西亚有分布。

4. 狭叶楼梯草 图 177

Elatostema lineolatum Wight var. **majus** Wedd. Monogr. Urtic. 312. 1856.

Elatostema lineolatum var. *majus* Thwait. sphalm. *major*; 中国高等植物图鉴 1: 515. 1972.

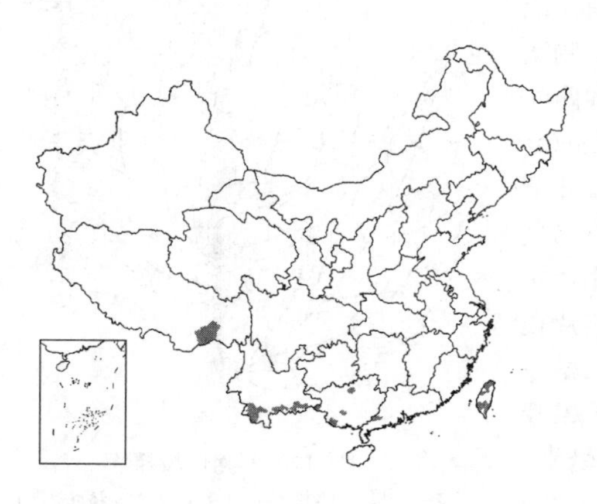

亚灌木，高达2米，多分枝。小枝密被糙毛。叶斜倒卵状长圆形，长3-8（-13）厘米，宽1.2-3（-3.8）厘米，先端骤尖，尖头全缘，基部斜楔形，上部疏生小齿，两面脉上被伏毛，钟乳体长0.2-0.3毫米，叶脉近羽状；叶柄长约1毫米，托叶小。花雌雄同株。雄花序无梗，径0.5-1厘米，花序托径1.5-3.5毫米；苞片长0.8-1.5毫米。雄花花被片4，长1.2毫米；雄蕊4。雌花序径2-4毫米，花序托径1-2.5毫米；苞片长0.5-1毫米。雌花花被不明显。瘦果椭圆状球形，长0.6毫米，具7纵肋。花期1-5月。

图 177 狭叶楼梯草 （冯晋庸绘）

产福建、台湾、广东、广西、云南南部及西藏东南部，生于海拔160-1800米山地沟边或灌丛中。尼泊尔、不丹、印度、缅甸及泰国有分布。

5. 小叶楼梯草 图 178

Elatostema parvum (Bl.) Miq. in Zoll. Syst. Verz. Ind. Archip. 102. 1854.

Procris parva Bl. Bijdr. 512. 1825.

多年生草本。茎高达30厘米，密被曲糙毛。叶无柄或近无柄；叶斜倒卵形或斜长圆形，长（1.5-）2.8-8厘米，宽1-2.8厘米，先端渐尖或尖，基部斜楔形、宽侧圆或近耳形，具锯齿，上面近无毛，下面脉上被糙毛，钟乳体长0.2-0.6毫米，基脉3出或半离基3出脉；退化叶长3-9毫米。花雌雄同株或异株。雄花序无梗，径3-5毫米，花序托不明显；苞片长达5毫米。雄花花被片5，长1.2毫米；雄蕊5。雌花序无梗，长4-6毫米，花序托小；苞片多数，长1-1.5毫米。

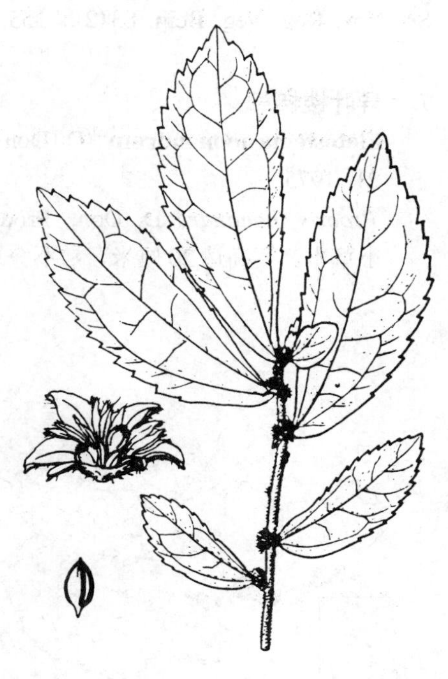

图 178 小叶楼梯草 （引自《中国植物志》）

雌花花被片近条形，长0.7毫米。瘦果窄卵球形，长0.6毫米，具少数纵肋。花期7-8月。

产云南、四川东南部、贵州西南部、广西西北部、广东北部、海南及台湾，生于海拔1000-2800米山地林下、石缝中或沟边。尼泊尔及印度北部有分布。

6. 对叶楼梯草 图 179：1

Elatostema sinense H. Schroter in Fedde, Repert. Sp. Nov. Reg. Veg. Beih. 83(2)：152. 1936.

多年生草本。茎高达40厘米，常不分枝，上部被反曲短毛。叶斜椭圆形或长圆形，长3.5-9.5厘米，宽1.5-2.8厘米，先端渐尖或尾尖，基部窄侧楔形，宽侧宽楔形或近耳形，具牙齿，两面疏被糙毛，钟乳体长0.3-0.5毫米，叶脉半离基3出，叶柄长1-3毫米；退化叶长3-5毫米。花雌雄异株。雄花序径2-7毫米，花序托极小；苞片长2-2.5毫米，具短突起。雄花花被片5，长1.5毫米；雄蕊5。雌花序梗极短，径5毫米，花序托长3毫米；苞片三角形或窄三角形，长1.2毫米。瘦果卵球形，长0.6毫米，具5条不明显纵肋。花期6-9月。

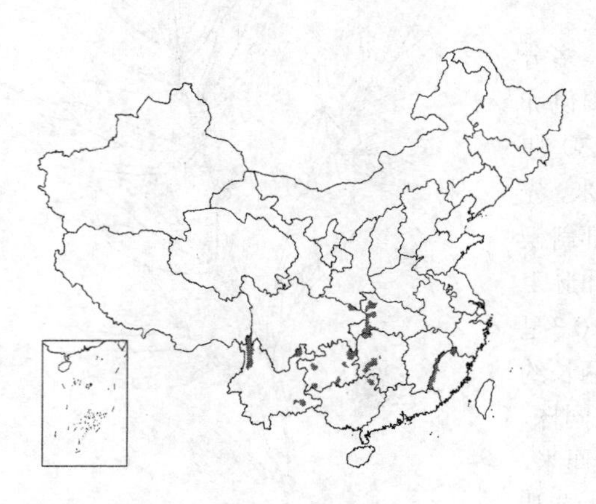

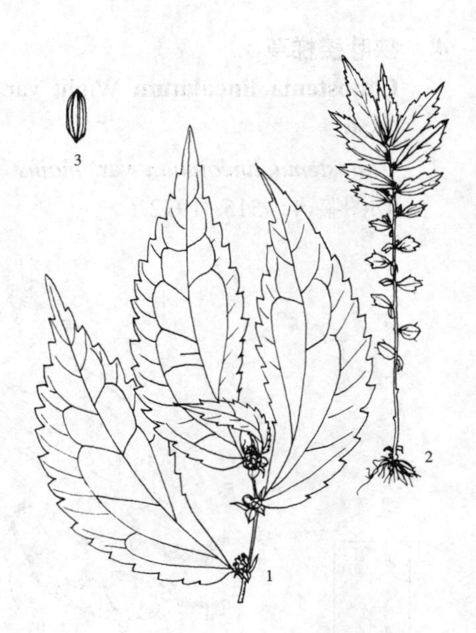

图 179：1. 对叶楼梯草 2-3. 异叶楼梯草 （引自《中国植物志》）

产福建、江西、湖北西部、湖南、贵州、四川东北部、云南及广西东北部，生于海拔500-2000米山谷沟边阴湿处或密林中。

［附］ **滇黔楼梯草 Elatostema backeri** H. Schroter in Fedde, Repert Sp. Nov. Reg. Veg. Beih. 83(2)：155. 1936. 本种与对叶楼梯草的区别：无退化叶。产云南东部、广西西部、贵州西部及四川西南部，生于海拔1280-1750米山谷林中或林缘阴湿处。印度尼西亚有分布。

7. 异叶楼梯草 图 179：2-3

Elatostema monandrum (D. Don) Hara in Ohashi, Fl. East. Himal. 3：21. 1975.

Procris monandra D. Don, Prodr. Fl. Nepal. 61. 1825.

小草本。茎高达20厘米，常不分枝，下部疏被柔毛，上部无毛。叶多对生，具短柄；叶斜楔形、斜椭圆形或斜披针形，长0.8-4(-6.5)厘米，宽0.4-1.2(-2)厘米，先端微尖或渐尖，基部斜楔形，中部以上疏生齿，无毛或近无毛，钟乳体长0.3-0.7毫米，基脉3出；退化叶长2-6毫米。花雌雄异株。雄花序近无梗，径1.5-2毫米，花序托不明显；苞片2，卵形，长2-2.5毫米。雄花花被片4，长约1.2毫米；雄蕊4。雌花序具极短梗，径2-5毫米，花序托小或盘状；苞片卵形，长1.8毫米。瘦果窄椭圆状球形，长0.9毫米，具6纵肋。花期6-8月。

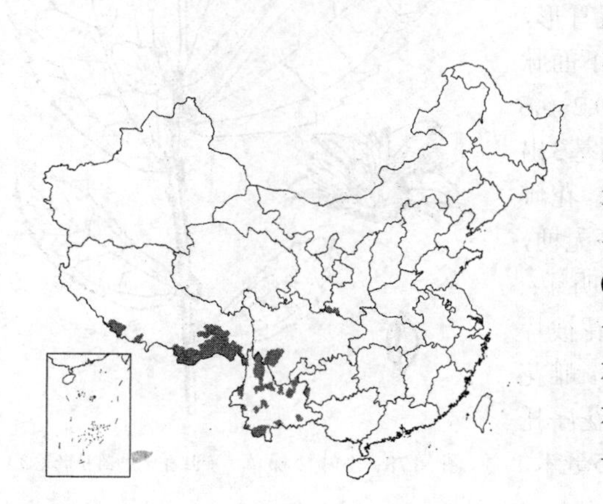

产西藏南部及东南部、云南、贵州西部、四川西南部、陕西西南部，生于海拔1900-2800米山地林中、沟边、石缝中，有时附生树干。尼泊尔、不丹、印度及缅甸北部有分布。

8. 密齿楼梯草 图 180：1

Elatostema pycnodontum W. T. Wang in Bull. Bot. Lab. N.-E. For. Inst. 7: 36. 1980.

多年生草本。茎渐升，长达30厘米，无毛。叶窄长圆状披针形，长2.4-5.8厘米，宽1-2厘米，先端渐尖，基部窄侧楔形，宽侧宽楔形、圆或浅心形，密生锯齿，两面疏被毛，钟乳体长0.2-0.3毫米，基脉3出；叶柄长1-1.2毫米，托叶长4-8毫米。花雌雄异株或同株。雄花序具极短梗，径1.2-3毫米，无花序托；苞片2，长2.6毫米。雄花花被片5，长2毫米，顶端无或具角状突起；雄蕊5。雌花序具短梗，径2-5毫米，花序托小；苞片窄三角形，长1.5-2毫米。瘦果卵球形，长0.8毫米，具5不明显纵肋。花期9月。

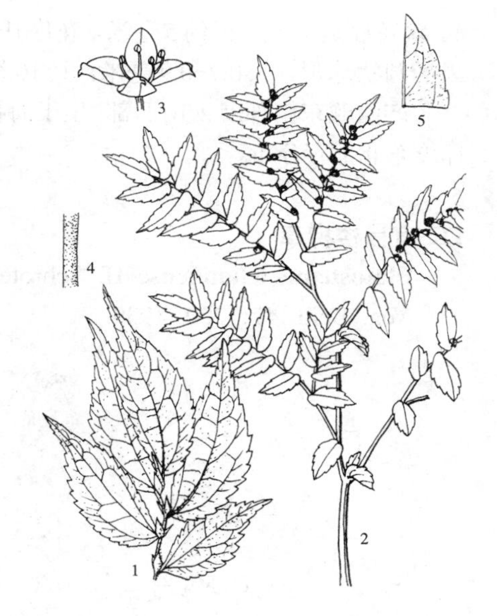

图 180: 1. 密齿楼梯草 2-5. 瘤茎楼梯草 （肖 溶绘）

产云南东北部、贵州、湖南西北部、湖北西南部及四川东南部，生于海拔800-1100米山谷沟边或岩缝中。

9. 瘤茎楼梯草 图 180：2-5

Elatostema myrtillus（Lévl.）Hand.-Mazz. Symb. Sin. 7: 146. 1929.
Pellionia myrtillus Lévl. in Feede, Repert. Sp. Nov. Reg. Veg. 11: 553. 1913.

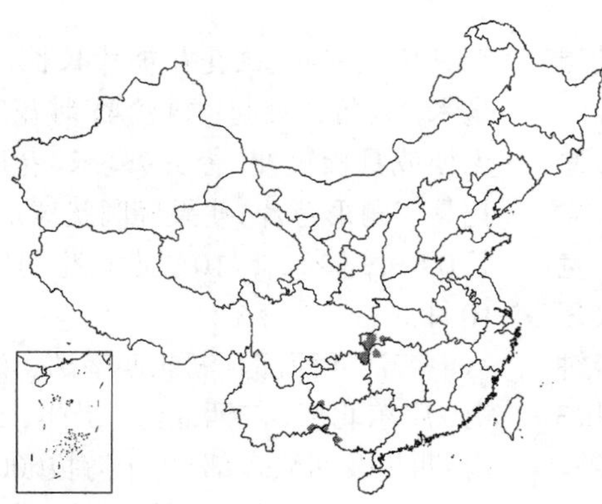

多年生草本。茎高达40厘米，常分枝，下部密被锈色小鳞片，无毛。叶无柄；叶斜窄卵形，长1.3-2.8厘米，宽0.6-1厘米，先端渐尖，基部窄侧楔形，宽侧耳形，上部具锯齿，钟乳体长0.4-0.7毫米，基脉3出；托叶长1-1.5毫米。花雌雄异株或同株。雄花序无梗，径2-5毫米，花序托不明显；苞片长2毫米。雄花花被片4-5，长1.2-1.5毫米；雄蕊4-5；无退化雌蕊。雌花序径2毫米，花序托不明显；苞片长1毫米。雌花花被片4，极小。瘦果窄卵球形，长0.5毫米，具少数纵肋。花期5-10月。

产云南东南部、广西西部、贵州西南部、湖南西北部、湖北西南部及四川东南部，生于海拔300-1000米石灰岩山谷林中或沟边石缝中。

10. 疏晶楼梯草 图 181：1

Elatostema hookerianum Wedd. in Arch. Mus. Hist. Nat. Paris 9: 294. t. 9. f. 9. 1856.

多年生草本。茎高约24厘米，不分枝，无毛，下部无叶。叶斜倒卵状长圆形，长2.5-6.5厘米，宽1.4-2厘米，先端长渐尖或尾状，基部窄侧楔形，宽侧心形，中部以上疏生锯齿，叶缘具长0.1-0.3毫米钟乳体，基脉3出；叶柄长达1毫米，无毛，托叶长6-8毫米。花雌雄异株。雄花序近无梗，径4毫米，花序托极小；苞片长2.5-4毫米。雄花花被片4，长1.5毫米；雄蕊

4。雌花序近无梗，径约5毫米，花序托径3.5毫米；苞片长1-1.2毫米。瘦果椭圆状球形，长0.7-0.9毫米，具10纵肋。花期5月。

产西藏东南部及云南西部，生于海拔1500-2400米山地常绿阔叶林中。印度东北部有分布。

图 181：1. 疏晶楼梯草 2. 宜昌楼梯草 3-4. 托叶楼梯草 （引自《中国植物志》）

11. 宜昌楼梯草 图 181：2

Elatostema ichangense H. Schroter in Fedde, Repert. Sp. Nov. Reg. Veg. Beih. 47：200. 1939.

多年生草本，干后稍黑色。茎高约25厘米，不分枝，无毛。叶斜倒卵状长圆形，长6-12.4厘米，宽2-3厘米，先端尾尖，尖头全缘，基部窄侧楔形或钝，宽侧钝或圆，上部疏生浅牙齿，钟乳体长0.2-0.4毫米，叶脉半离基3出或近3出；叶柄长达1.5毫米，无毛，托叶长2-3.5毫米。花雌雄异株或同株。雄花序无梗或近无梗，径3-6毫米，花序托小；苞片长3-4毫米。雄花花被片5，长约1.6毫米，顶端具角状突起；雄蕊5。雌花序具梗，花序托近方形或长方形，长3-8毫米；苞片长0.5-1毫米；小苞片密集。瘦果椭圆状球形，长0.6毫米，具8纵肋。花期8-9月。

产广西北部、湖南、贵州西北部、四川东南部及湖北西部，生于海拔300-900米山地常绿阔叶林内或石缝中。

12. 托叶楼梯草 图 181：3-4

Elatostema nasutum Hook. f. Fl. Brit. Ind. 5：571. 1888.

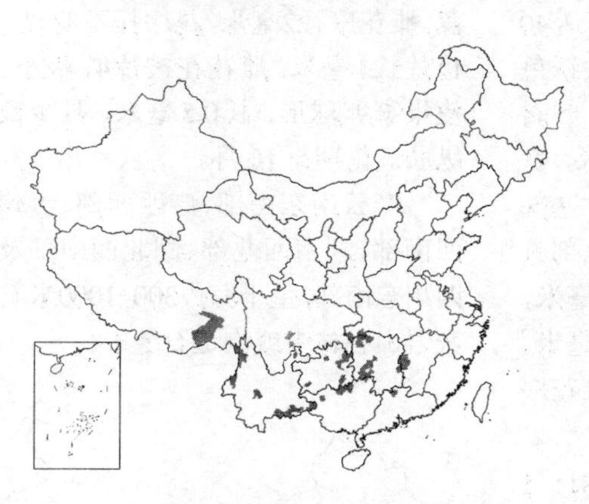

多年生草本，干后稍黑色。茎高达40厘米，无毛。叶斜椭圆形，长3.5-9（-15）厘米，宽2-3.5（-6.5）厘米，先端渐尖，基部窄侧楔形，宽侧心形或近耳形，叶缘具牙齿，无毛或上面疏被糙毛，钟乳体长0.2-0.4毫米，基脉3出；叶柄长1-4毫米，无毛，托叶窄卵形或线形，长0.9-1.8厘米。花雌雄异株。雄花序径0.4-1厘米，花序梗长0.3-3.6厘米，花序托小；苞片长2-5毫米，顶端具角状突起。雄花花被片4，长1.2毫米，具角状突起；雄蕊4，雌花序无梗或具极短梗，径3-9毫米，花序托具三角形苞片。瘦果椭圆状球形，长0.8-1毫米，具10纵肋。花期7-10月。

产江西西部、湖北西南部、湖南、广东北部、广西北部、贵州、云南、四川及西藏东部，生于海拔600-2400米山地林下或草坡阴处。尼泊尔及不丹有分布。

13. 迭叶楼梯草 图 182

Elatostema salvinioides W. T. Wang in Bull. Bot. Lab. N.-E. For. Inst. 7：45. 1980.

多年生草本。茎高达17厘米，不分枝，上部疏被柔毛，下部密生三角形低出叶。叶斜长圆形，长1-1.9厘米，宽4-6毫米，先端钝或圆，基部斜心形，全缘或近顶部具1-2小齿，钟乳体长0.25-1毫米，脉不明显，叶柄长0.2-1.1毫米；退化叶长4-6毫米。花雌雄异株。雄花序单生叶腋，无梗，花序托不明显；苞片2，长2

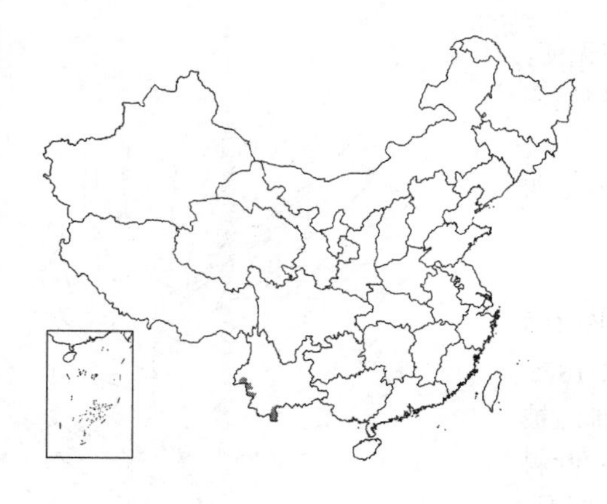

毫米，具短突起。雌花序无梗，径1毫米，花序托不明显；苞片5-6，长0.8-1毫米。雌花花被不明显。瘦果椭圆状球形，长0.4毫米，具不明显纵肋。花期4-5月。

产云南西南部及南部，生于海拔720-1600米山谷林中及石缝中。泰国北部有分布。

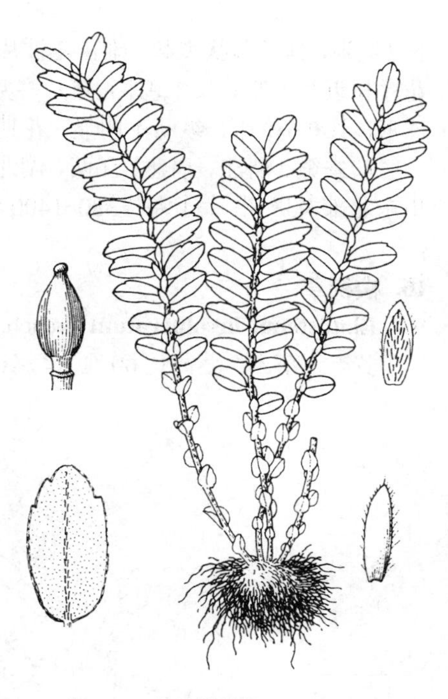

图 182 迭叶楼梯草 （肖 溶绘）

14. 疣果楼梯草 图 183

Elatostema trichocarpum Hand.-Mazz. Symb. Sin. 7: 148. 1929.

多年生草本。茎高达25厘米，无毛或被伏毛。叶斜椭圆状卵形，长(0.8-)2-4.8厘米，宽(0.5-)1.2-1.7厘米，先端微尖或微钝，基部窄侧钝，宽侧心形或近耳形，上部具小牙齿，上面疏被糙伏毛，下面无毛，钟乳体长0.2毫米，叶脉半离基3出；叶柄长0.5-2毫米，无毛，托叶长0.6-1毫米。花雌雄同株或异株。雄花序无梗，径0.5-1厘米；苞片长5毫米。雄花花被片4，长1.5毫米；雄蕊4。雌花序径2-5毫米，上部的无梗，下部的具梗，梗长0.2-1.2厘米，花序托小；苞片长1.2-2毫米。雌花花被片3，长0.3毫米。瘦果窄卵球形，长1毫米，具数条不明显纵肋和小突起，疏被毛或无毛。花期5-6月。

产云南东北部、四川、湖北西南部及湖南，生于海拔约1000米山地阴湿处。文献记载贵州（Tang Kia Shan）有分布。

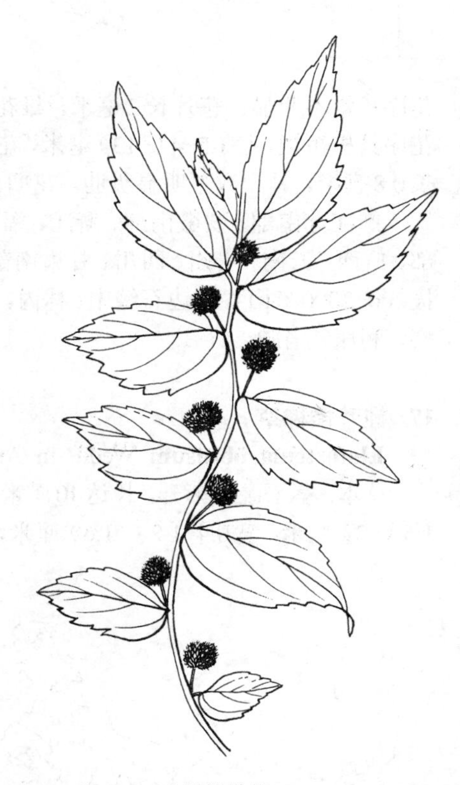

图 183 疣果楼梯草 （孙英宝绘）

15. 庐山楼梯草 图 184

Elatostema stewardii Merr. in Philipp. Journ. Sci. Bot. 27: 161. 1925.

多年生草本。茎高达40厘米，不分枝，无毛或近无毛，常具珠芽。叶斜椭圆状倒卵形或斜长圆形，长7-12.5厘米，宽2.8-4.5厘米，先端骤尖，基部窄侧楔形或钝，宽侧耳形或圆，上部具牙齿，无毛或上面疏被糙毛，钟乳体长0.1-0.4毫米，叶脉羽状，侧脉窄侧4-6对，宽侧5-7对；叶柄长1-4毫米，托叶长约4毫米。花雌雄异株。雄花序具短梗，径0.7-1厘米，花序托小；苞片6，外2枚

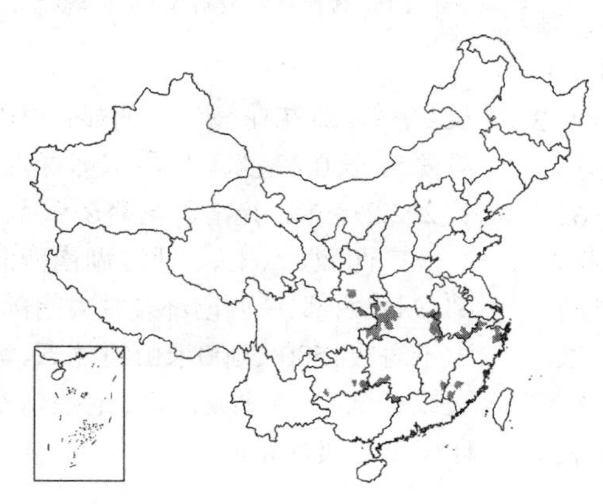

长2毫米，具长角状突起。雄花花被片5，长1.8毫米；雄蕊5。雌花序无梗，花序托近长方形，长3毫米；苞片多数，长0.5毫米，小苞片密集。瘦果卵球形，长0.6毫米，纵肋不明显。花期7-9月。

产安徽、浙江、福建、江西、湖北、湖南、河南东南部、陕西南部、四川东北部及贵州，生于海拔580-1400米山谷沟边或林下。

图 184 庐山楼梯草 （冯晋庸绘）

16. 楼梯草 图 185

Elatostema involucratum Franch. et Sav. Enum. Pl. Jap. 1: 439. 1875.

多年生草本。茎高达60厘米，不分枝或具1分枝，无毛，稀上部疏被毛。叶无柄或近无柄；叶斜倒披针状长圆形或斜长圆形，长4.5-16(-19)厘米，宽2.2-4.5(-6)厘米，先端骤尖，基部窄侧楔形，宽侧圆或浅心形，具牙齿，上面无毛或脉上被短毛，钟乳体长0.3-0.4毫米，叶脉羽状，侧脉5-8对；托叶长3-5毫米。花雌雄同株或异株。雄花序径3-9毫米，花序梗长0.7-2(-3.2)厘米，花序托常不明显；苞片长2毫米。雄花花被片5，长1.8毫米；雄蕊5。雌花序具极短梗，径1.5-4(-13)毫米，花序托小，被卵形苞片。瘦果卵球形，长0.8毫米，具少数不明显纵肋。花期5-10月。

产江苏南部、安徽南部、浙江、福建、江西、湖北西部、湖南、广东北部、广西、云南、贵州、四川、甘肃南部、陕西南部及河南西南部，生于海拔200-2000米山谷沟边石缝中、林内。日本有分布。全草药用，可活血、祛瘀、利尿、消肿。

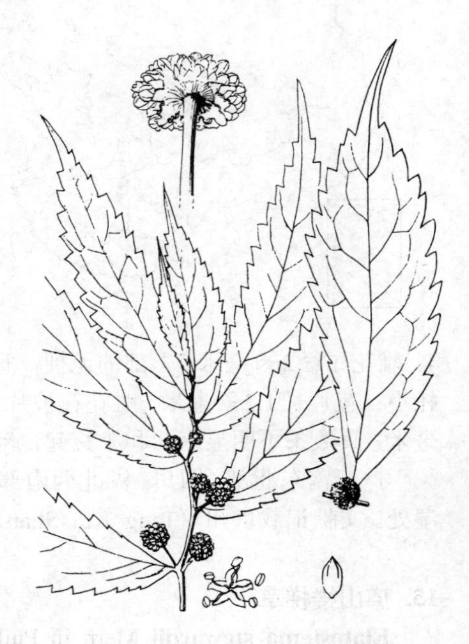
图 185 楼梯草 （引自《中国植物志》）

17. 钝叶楼梯草 图 186

Elatostema obtusum Wedd. in Ann. Sci. Nat. ser. 4, 1: 190. 1854.

草本。茎平卧或渐升，长达40厘米，被反曲糙毛。叶斜倒卵形，长0.5-1.5(-3)厘米，宽0.4-1.2(-1.6)厘米，先端钝，基部窄侧楔形，宽侧心形或近耳形，上部疏生钝齿，无毛或上面疏被伏毛，钟乳体长0.3-0.5毫米，基脉3出；叶柄长达1.5毫米，托叶长2毫米。花雌雄异株。雄花序具3-7花，花序梗长0.2-2(-6.5)厘米，花序托极小；苞片2，卵形，长2.5毫米。雄花具梗；花被片4，倒卵形，长3毫米；雄蕊4。雌花序无梗，生于茎上部叶腋，1(2)花；苞片2，长2毫米。雌花花被片不明显；退化雄蕊5，长0.2毫米。瘦果窄卵球形，长2-2.2毫米，光滑。花期6-9月。

产西藏、云南、四川、湖南西北部、湖北西部、陕西南部及甘肃南部，生于海拔1500-3000米山地林下、沟边或石缝中。不丹、锡金、尼泊尔及印度东北部有分布。

［附］光茎钝叶楼梯草 **Elatostema obtusum** var. **glabrescens** W. T. Wang in Bull. Bot. Lab. N.-E. For. Inst. 7: 65. 1980. 本变种与模式变种的区别：茎被极稀疏反曲短毛或近无毛。产浙江、福建西部、台湾、江西西部、湖北西南部、湖南东南部、广东北部、广西中北部及贵州东南部，生于海拔680-1200米山谷溪边或林中。

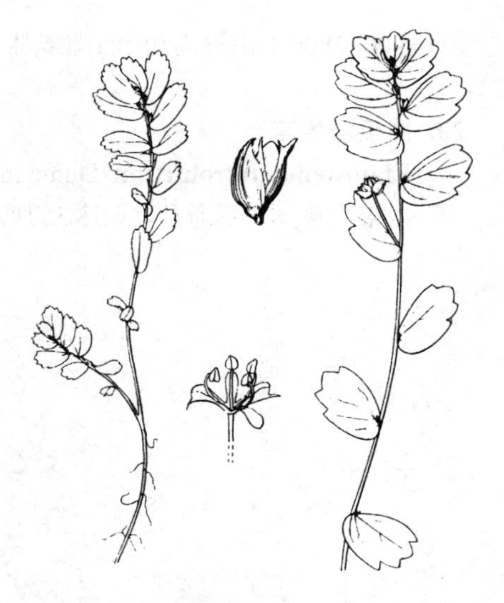

图 186 钝叶楼梯草 （引自《中国植物志》）

18. 锐齿楼梯草 图 187：1-2

Elatostema cyrtandrifolium（Zoll. et Mor.）Miq. Pl. Jungh. 21. 1851.

Procris cyrtandrifolia Zoll. et Mor. in Mor. Syst. Verz. 74. 1846.

多年生草本。茎高达40厘米，疏被柔毛或无毛。叶斜椭圆形，长5-12厘米，宽2.2-4.7厘米，先端长渐尖或渐尖，基部窄侧楔形，宽侧楔形或圆，具牙齿，上面疏被硬毛，下面脉上疏被毛或脱落无毛，钟乳体长0.2-0.4毫米，叶脉半离基3出或3出；叶柄长0.5-2毫米，托叶长4毫米。花雌雄异株。雄花序径9毫米，花序梗长6毫米，花序托径6毫米；苞片约5，长2.5毫米。雄花4基数。雌花序近无梗或具短梗，花序托椭圆形，长5-9毫米；苞片卵形，长1毫米，具角状突起；小苞片密集。瘦果卵球形，长0.8毫米，具6（-8）纵肋。花期9月。

产台湾、福建、江西、湖北西部、湖南、广东北部、广西西北部、云南、贵州、四川及甘肃南部，生于海拔450-1400米山谷溪边石缝中或林内。喜马拉雅南麓山区、中南半岛、印度尼西亚有分布。

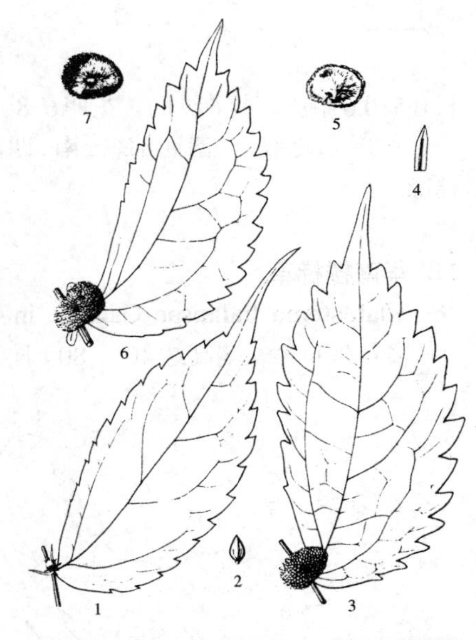

图 187: 1-2. 锐齿楼梯草 3-7. 骤尖楼梯草（引自《中国植物志》）

19. 骤尖楼梯草 图 187：3-7

Elatostema cuspidatum Wight, Ic. Pl. Ind. Or. 6: 11. t. 1983. 1853.

多年生草本。茎高达90厘米，不分枝或少分枝，无毛。叶无柄或近无柄；叶斜椭圆形或斜长圆形，长4.5-13.5（-23）厘米，宽1.8-5（-8）厘米，先端骤尖或长骤尖，基部窄侧楔形或钝，宽侧宽楔形、圆或近耳形，具牙齿，无毛或上面疏被伏毛，钟乳体长0.3-0.5毫米，叶脉半离基3出；托叶白色，线形或线状披针形，长0.5-1（2）厘米，宽2-3毫米，中脉绿色。花雌雄同株或异株。雄花序具短梗，花序托长圆形或近圆，长0.6-1.1厘米，径5-7毫米；苞片约6，长0.5-1.6毫米，顶端具角状突起。雄花4基数。雌花序具极短梗，花序托椭圆形或近圆形，长5-7毫米；苞片多数，长0.6毫米，小苞片密集。雌花花被片不明显。瘦果窄椭圆状球形，长1毫米，具8纵肋。花期5-8月。

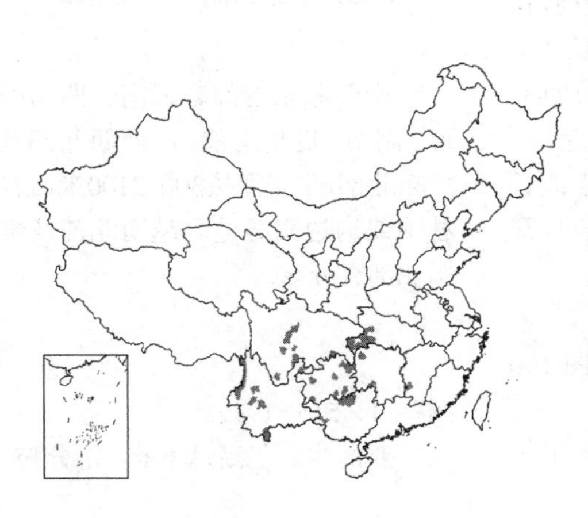

产江西西南部、湖北西南部、湖南、广西西部及北部、云南西部及东北部、贵州、四川、西藏南部，生于

海拔900–2800米山谷沟边、石隙或林下。尼泊尔及印度东北部有分布。

20. 曲毛楼梯草 图 188：1

Elatostema retrohirtum Dunn in Kew Bull. add. ser. 10：249. 1912.

多年生草本。茎渐升，长达35厘米，密被反曲或兼有近开展糙毛，分枝。叶斜椭圆形，长3–7.5厘米，宽1.5–3.8厘米，先端短渐尖或尖，基部窄侧楔形，宽侧耳形，具小牙齿，上面疏被伏毛，下面脉上密被毛，钟乳体长0.3–0.5毫米，基脉3出；叶柄长达1毫米，托叶长4–6毫米。雌花序具极短梗，花序托径3–5.5毫米，具多数长0.6–1.2毫米三角形苞片，小苞片密集。雌花花被不明显。瘦果椭圆状球形或窄卵球形，长0.5–0.6毫米，具6纵肋。花期6–8月。

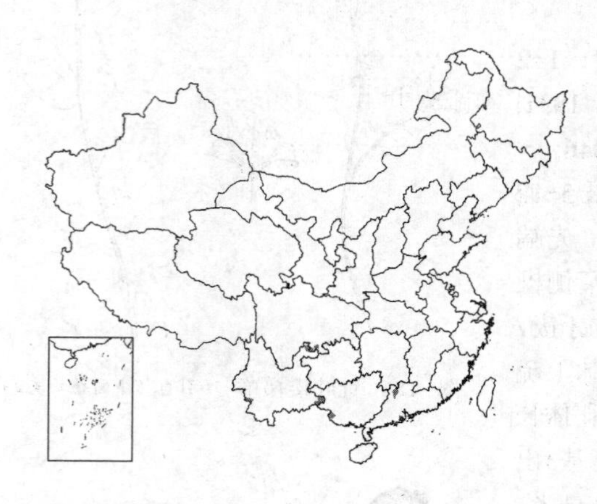

产广东北部、广西西部、云南、四川南部，生于丘陵或低山谷地林中或林缘。

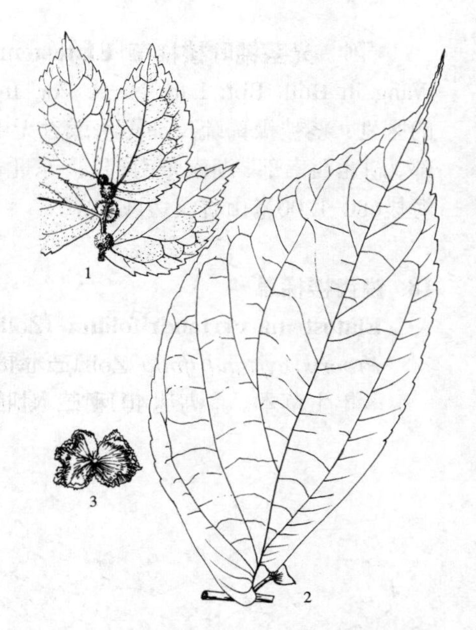

图 188：1. 曲毛楼梯草 2–3. 宽叶楼梯草
（引自《中国植物志》）

21. 华南楼梯草 图 189

Elatostema balansae Gagnep. in Bull. Soc. Bot. France 76：80. 1929.

多年生草本。茎高达40（–80）厘米，无毛或被柔毛。叶斜椭圆形，长6–17厘米，宽3–6厘米，先端骤尖或渐尖，尖头具小齿，基部窄侧楔形，宽侧宽楔形或圆，具牙齿，上面疏被糙伏毛，下面疏被柔毛或无毛，钟乳体长0.1–0.3毫米，叶脉半离基3出或3出；叶柄长达2毫米，托叶长0.5–1厘米。花雌雄异株。雄花序具短梗，花序托不规则四边形，长7毫米；苞片6，外2枚扁四边形，长3毫米，具短角状突起，小苞片密集。雄花多数。雌花序1–2腋生，无梗或梗极短，花序托近方形或长方形，长3–9毫米；苞片扁三角形，不明显，顶端具角状突起，小苞片密集。瘦果椭圆状球形，长0.5–0.6毫米，具8纵肋。花期4–6月。

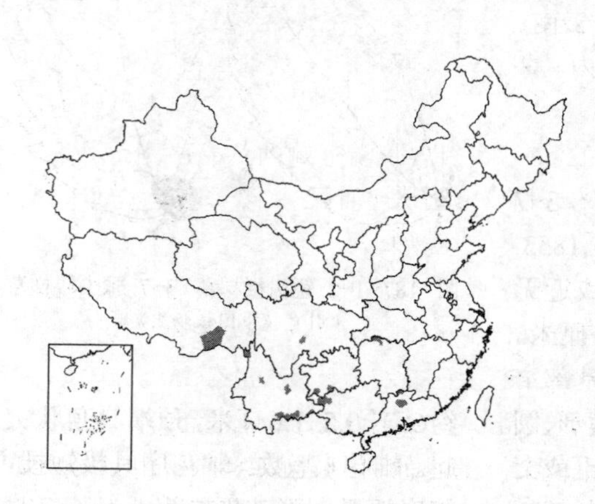

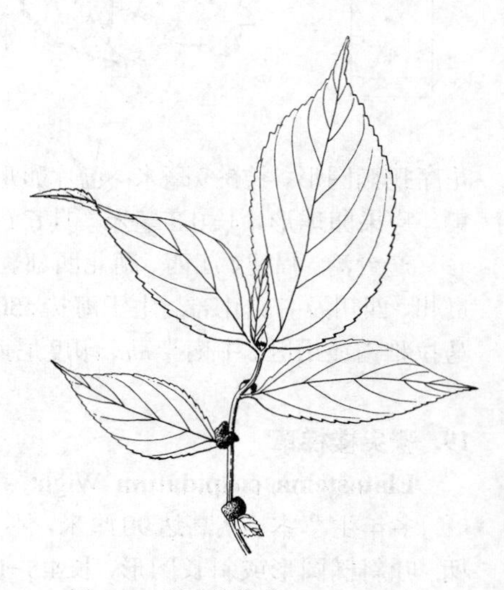

图 189 华南楼梯草 （孙英宝绘）

产西藏东南部、云南、四川南部、湖南、贵州南部、广西西北部及广东北部，生于海拔300–2100米山谷林中或沟边阴湿地。越南北部及泰国北部有分布。

22. 多序楼梯草 图 190

Elatostema macintyrei Dunn in Kew Bull. 1920：210. 1920.

Elatostema rupestre auct. non（Buch.-Ham.）Wedd.：中国高等植物图鉴 1：515. 1972.

亚灌木。茎高达1米，常分枝，

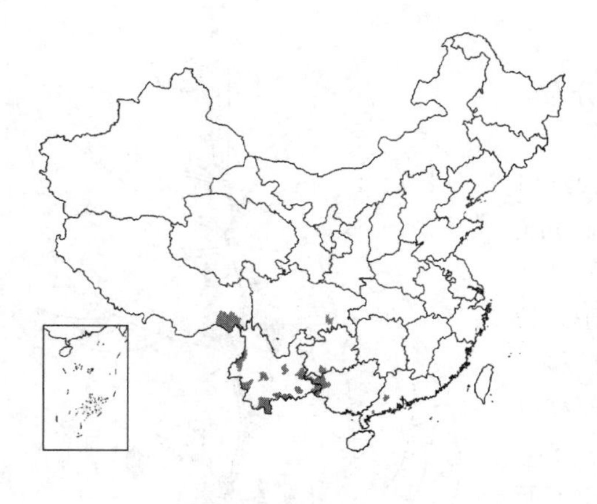

无毛或上部疏被柔毛，密被钟乳体。叶斜椭圆形或斜椭圆状倒卵形，长8-18厘米，宽3.4-7.6厘米，先端骤尖或渐尖，尖头具小齿，基部斜楔形或宽侧近耳形，具小牙齿，两面无毛或下面脉上被伏毛，钟乳体极密，长0.3-0.7毫米，叶脉半离基3出；叶柄长1-5毫米，托叶0.9-1.4厘米。花雌雄异株。雄花序数个腋生，花序梗长2毫米，花序托小，具卵形苞片。雄花花被片4，长1.2毫米；雄蕊4；无退化雌蕊。雌花序5-9簇生叶腋，具短梗，花序托近长方形或近圆形，长2-5毫米；苞片多数，长0.5-0.8毫米，小苞片密集。瘦果椭圆状球形，长0.6毫米，具10纵肋。花期春季。

产西藏东南部、云南、四川东南部、贵州南部、广西及广东，生于海拔170-2000米山谷林中或沟边阴处。越南北部及泰国有分布。

图 190 多序楼梯草 （冯晋庸绘）

23. 宽叶楼梯草 图 188：2-3

Elatostema platyphyllum Wedd. in Arch. Mus. Hist. Nat. Paris 9: 301. 1856.

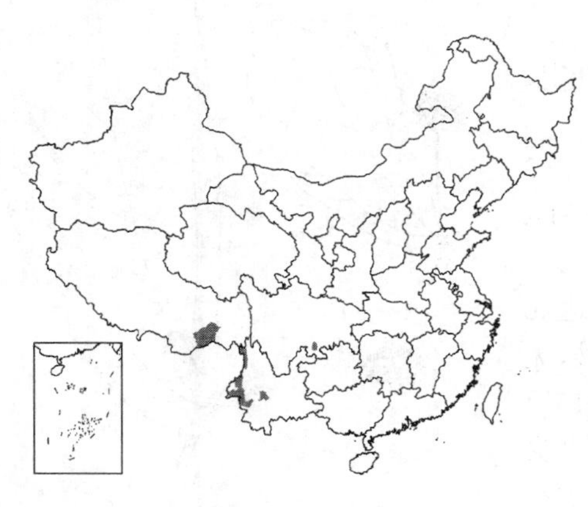

小灌木。茎高达1.5米，分枝，无毛。叶斜椭圆形，长14-21厘米，宽6-10厘米，先端渐尖或尾尖，基部窄侧钝或浅心形，宽侧耳形，耳垂长1-1.4厘米，具小牙齿，钟乳体长0.2-0.4毫米，基脉3出、离基3出或半离3出；叶柄长2-6毫米，无毛，托叶长2-4厘米。花雌雄异株。雄花序具极短梗，花序托近蝴蝶形，2裂，径约2.5厘米，具少数扁卵形苞片，小苞片密集。雌花序具短梗，花序托长方形，长约6毫米，2浅裂；小苞片密集。雌花花被片长约0.5毫米。花期3-4月。

产西藏东南部、云南西部、四川东南部，生于海拔800-1750米山谷林中或溪处。尼泊尔、锡金及印度北部有分布。

24. 南海楼梯草 图 191

Elatostema edule C. B. Robinson in Philipp. Journ. Sci. Bot. 5: 531. 1910.

多年生草本。茎高约1米，不分枝，无毛。叶斜椭圆形，长11-25厘米，宽6-10厘米，先端渐尖或尾尖，基部窄侧钝或心形，宽侧耳形，耳垂长达1.5厘米，具小牙齿，上面被毛后脱落，下面脉上疏被毛，钟乳体长0.2-0.5毫米，叶脉半离基3出；叶柄长2-5毫米，无毛，托叶长1-3.4厘米。花雌雄异株。雄花序具短梗，花序托盘状，径2厘米；苞片不明显，小苞片多数，长1.6毫米。雄花花被片4，长2.5毫米；雄蕊4。雌花序常成对腋生，具短梗，花序托近长方形或椭圆形，长0.7-1.2厘米，径4-7毫米；苞片不明显，小苞片密集，长0.8-1.2毫米。瘦果宽椭圆状球形，长0.6毫米，具8纵肋。

花期9-11月。

产海南及台湾，生于海拔1000米山谷沟边或密林中。菲律宾有分布。

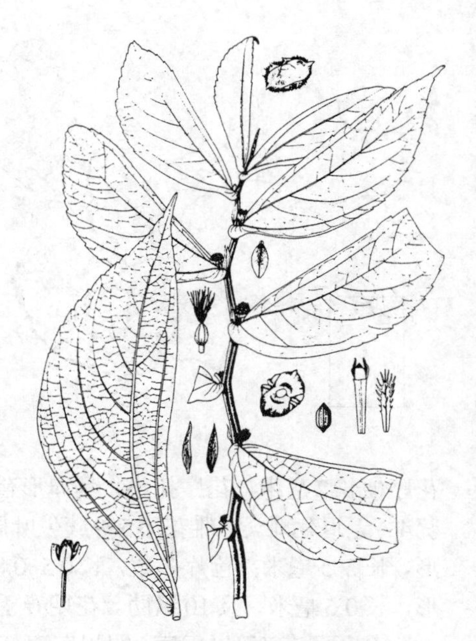
图 191 南海楼梯草 （引自《Fl. Taiwan》）

25. 耳状楼梯草 图 192：1

Elatostema auriculatum W. T. Wang in Bull. Bot. Lab. N.-E. For. Inst. 7: 74. 1980.

多年生草本。茎高约80厘米，不分枝，无毛。叶斜长圆状倒卵形，长15-19厘米，宽4.2-6.2厘米，先端骤尖或尾状，基部窄侧近圆，宽侧耳形，耳垂长8毫米，具牙齿，上面无毛，下面脉上被柔毛，钟乳体极密，长0.2-0.5毫米，基脉3出；叶柄长达1.5毫米，无毛，托叶长约1.6厘米。花雌雄异株。雄花序具短梗，花序托椭圆形，长约6.5毫米；苞片不明显，小苞片密集，长1.5-1.8毫米。雄花花被片5，长1.8毫米；雄蕊5。雌花序梗长0.6-1厘米，花序托长圆形或近蝴蝶形，长0.7-1厘米，宽4-8毫米，2深裂；苞片不明显，小苞片密集，长0.8-1.2毫米。雌花无明显花被片。瘦果长卵状球形，长0.7毫米，具8纵肋。花期5-6月。

产西藏东南部及云南西北部，生于海拔850-2200米山地常绿阔叶林中。

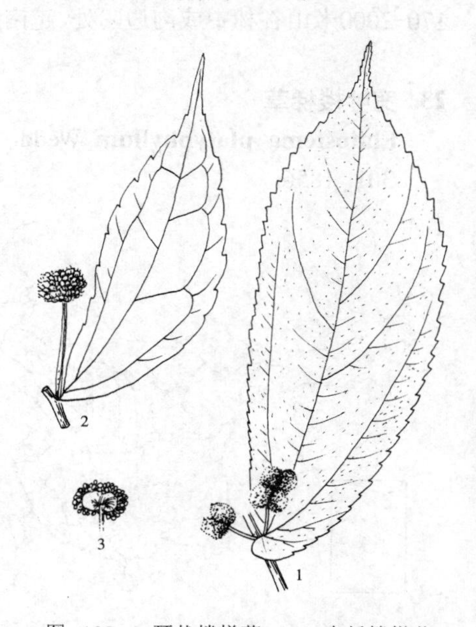

图 192: 1. 耳状楼梯草 2-3. 盘托楼梯草 （引自《Fl. Taiwan》）

26. 盘托楼梯草 图 192：2-3

Elatostema dissectum Wedd. in Arch. Mus. Hist. Nat. Paris 9: 314. 1856.

多年生草本。茎高达40厘米，不分枝或下部分枝，无毛。叶斜长圆形，长4.5-15厘米，宽1.6-5厘米，先端渐尖或骤尖，基部斜楔形，疏生小牙齿，钟乳体长0.3-0.7毫米，叶脉半离基3出；叶柄长达0.5毫米，无毛，托叶长3-5毫米。花雌雄异株或同株。雄花序梗长1.5-8厘米，花序托椭圆形或近长方形，长0.4-1厘米；苞片多数，长0.4-1厘米，小苞片长1毫米。雄花花被片4，长1.7毫米；雄蕊4。雌花序无梗或具短梗，花序托长4-8毫米；苞片多数，披针形，小苞片密集。雌花花被片不明显。瘦果窄卵球形，长1毫米，具8纵肋。花期5-6月。

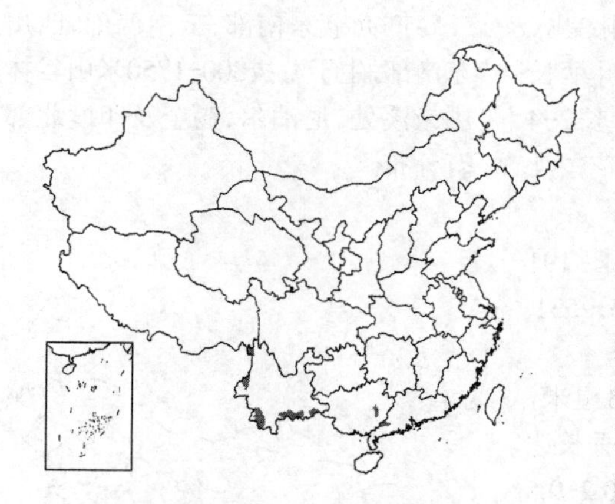

产云南南部及西部、广西、广东西部，生于海拔500-2100米山谷林中。锡金及印度东北部有分布。

27. 樟叶楼梯草 图 193：1

Elatostema petelotii Gagnep. in Bull. Soc. Bot. France 76: 81. 1929.

多年生草本。茎渐升，高约25厘米，不分枝，无毛。叶斜椭圆形，

长5.8-8.5厘米，宽2.7-3.4厘米，先端渐尖，基部斜楔形或宽侧圆，全缘，钟乳体长0.3-0.7毫米，基脉3出；叶柄长1-4毫米，无毛，托叶条形，长8毫米。花雌雄同株或异株。雄花序具长梗，径约2厘米。雄花4基数，花被片长1.5毫米。雌花序具多花，花序梗长0.5-3.8厘米，花序托近圆形，径5-9毫米，具长2.5毫米窄三角形苞片，小苞片密集，长2毫米。雌花花被不明显。花期6月。

产云南东南部及广西西南部，生于海拔1000米山谷阴湿处。越南北部有分布。

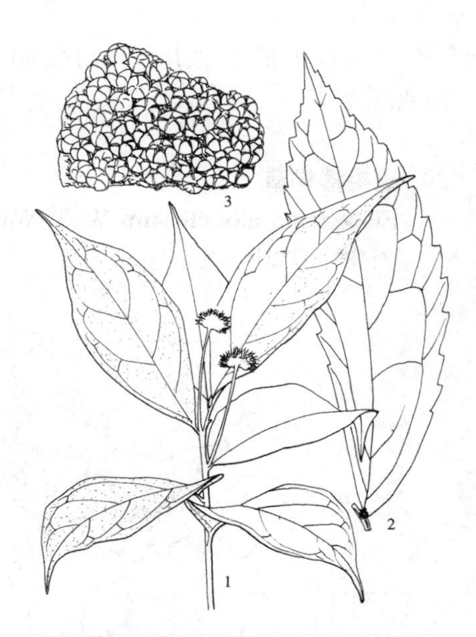

图 193：1. 樟叶楼梯草 2-3. 薄叶楼梯草
（引自《中国植物志》）

28. 薄叶楼梯草 图 193：2-3

Elatostema tenuifolium W. T. Wang in Bull. Bot. Res.（Harbin）2（1）：22. pl. 3. f. 2-3. 1982.

多年生草本。茎高达60厘米，上部疏被柔毛，常具1分枝。叶无柄或柄极短；叶膜质，斜长圆形，长8-18厘米，宽2.5-4.8厘米，先端渐尖，基部斜楔形或宽侧宽楔形，下部全缘，中上部具牙齿，上面近无毛，下面疏被伏毛，钟乳体长0.3-0.5毫米，叶脉羽状，侧脉5-6对；托叶长4毫米。花雌雄同株。雄花序单生叶腋，花序梗长0.3-1.1厘米，花序托不规则四边形，长1.4-1.7厘米，径1-1.2厘米；无苞片，小苞片密集，长2-3毫米。雄花5基数。雌花序单生茎上部叶腋，无梗或梗极短，花序托长方形，长7毫米，径3-5毫米；苞片具长0.8-2.5毫米角状突起，小苞片密集，长0.5毫米。瘦果卵球形，长0.5-0.7毫米，具3纵肋，疏生小瘤状突起。花期8-9月。

产云南东南部、广西西南部及贵州南部，生于海拔1000米山地林内、石缝中。

29. 多脉楼梯草 图 194：1

Elatostema pseudoficoides W. T. Wang in Bull. Bot. Lab. N.-E. For. Inst. 7：85. 1980.

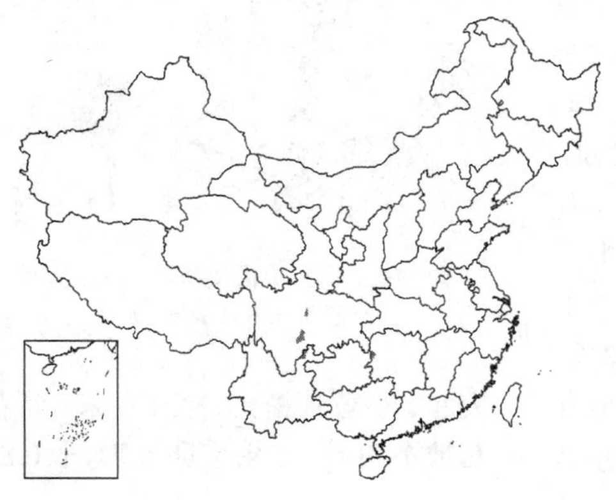

多年生草本。茎高达1米，不分枝，无毛。叶斜长圆形，长10-20厘米，宽3.4-6.5厘米，先端骤尖，尖头基部具1-2齿，基部窄侧楔形，宽侧圆或耳形，具牙齿，上面疏被糙毛，下面近无毛或脉上被柔毛，钟乳体长0.1-0.2毫米，叶脉羽状，侧脉9-11（12）对；叶柄长达2.5毫米，无毛，托叶窄条形，长4-8毫米。花雌雄同株。雄花序位于雌花序之下，具短梗，花序托近椭圆形或圆形，长1-1.6厘米，宽0.9-1.2厘米；苞片约4，小苞片密集，长2-3毫米。雄花花被片5，长1.4毫米，顶端具短突起；雄蕊5。雌花序单生茎顶部叶腋，无梗，花序托近方形，长约4毫米，具长0.5毫米扁三角形苞片，小苞片密集。雌花花被不明显。花期8-9月。

产云南东北部、四川及湖南西部，生于海拔1200-2200米山谷林中、林缘或溪边。

30. 疏毛楼梯草 图194：2

Elatostema albopilosum W. T. Wang in Bull. Bot. Lab. N.-E. For. Inst. 7：88. 1980.

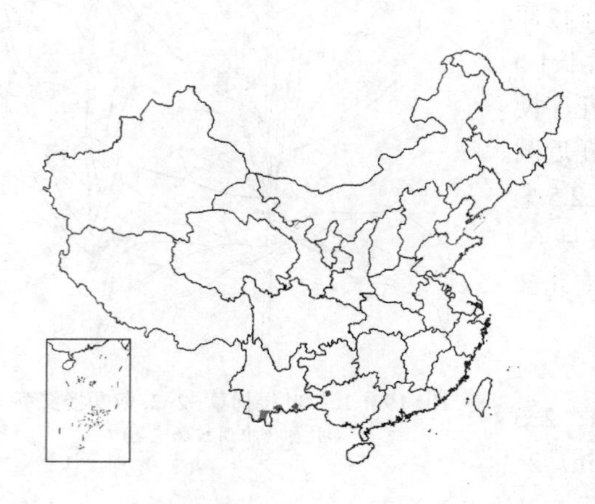

多年生草本。茎高达70厘米，下部具短分枝，上部沿纵棱疏被柔毛。叶斜倒披针状长圆形，长12-17厘米，宽3-5厘米，先端骤尖或尾状，尖头全缘，基部窄侧楔形，宽侧近耳形，具牙齿，上面疏被糙毛，下面脉上疏被毛，钟乳体长0.2-0.4毫米，叶脉羽状，侧脉窄侧6对，宽侧7对；叶柄长达1.5（-2.5）毫米，托叶长4-7毫米。花雌雄同株。雄花序生于茎中部叶腋，花序梗长达25（-33）厘米，花序托宽椭圆形或近圆形，长1.6-2.2厘米，无苞片或具宽三角形苞片。雄花花被片5，长1毫米，顶端具突起；雄蕊5。雌花序无梗或梗极短，花序托近长圆形，长1-4毫米；苞片三角形，长1毫米，小苞片密集，长0.8-1毫米。雌花花被不明显。瘦果长椭圆状球形，长0.8毫米，具5纵肋。花期7-9月。

图 194：1. 多脉楼梯草 2. 疏毛楼梯草
（引自《中国植物志》）

产云南南部、广西西北部及四川，生于海拔1200-1900米山谷林下阴湿处。

31. 短齿楼梯草 图195：1-3

Elatostema brachyodontum（Hand.-Mazz.）W. T. Wang in Bull. Bot. Lab. N.-E. For. Inst. 7：90. 1980.

Elatostema ficoides Wedd. var. *brachyodontum* Hand.-Mazz. Symb. Sin. 7：147. 1929.

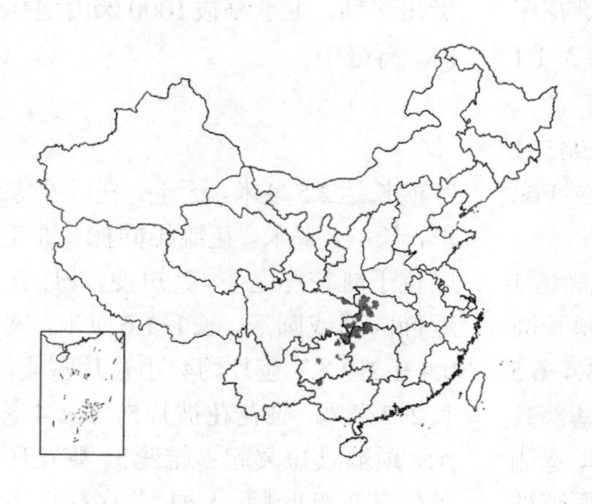

多年生草本。茎高达1米，上部具短分枝，无毛。叶纸质，斜长圆形，长7-17厘米，宽2.4-5.2厘米，先端骤尖或渐尖，基部窄侧楔形或钝，宽侧楔形或宽楔形，上部具浅钝齿，无毛，稀上面疏被毛，钟乳体长0.1-0.2（-0.4）毫米，叶脉羽状，侧脉5-7对；叶柄长1.5-4毫米，无毛，托叶长1.5-2.5毫米。花序雌雄同株或异株。雄花序梗长2.5-6毫米，花序托球形或梨形，径约1.2厘米，顶部具宽卵形苞片，后2深裂，裂片开展，小苞片密，长4毫米。雄花花被片5，长2毫米；雄蕊4。雌花序梗极短，花序托长方形或方形，长0.3-1厘米；苞片宽卵形，顶端具角状突起，小苞片密集，长1毫米。雌花花被不明显。瘦果窄卵球形，长0.8-

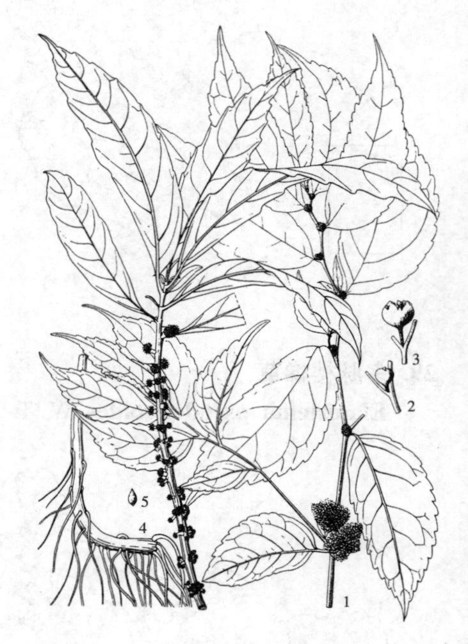

图 195：1-3. 短齿楼梯草 4-5. 藤麻
（引自《中国植物志》）

1毫米，具6纵肋。花期6-9月。

产广西西北部、贵州、四川、湖南西北部、湖北西部，生于海拔500-1100米山谷林中或沟边石缝中。越南北部有分布。

［附］**梨序楼梯草 Elatostema ficoides** Wedd. in Arch. Mus. Hist. Nat. Paris 9：306. t. 10. 1856. 本种与短齿楼梯草的区别：叶草质，干时常稍黑色，长10-23厘米，基部以上密生牙齿，托叶长0.7-1厘米；雌花序圆形，苞片无突起。产广西中北部、贵州、四川及云南西北部，生于海拔900-2000米山谷林中、沟边阴湿处或石缝中。尼泊尔、锡金及印度东北部有分布。

10. 藤麻属 **Procris** Comm. ex Juss.

（王文采）

多年生草本或亚灌木。叶2列，两侧稍不对称，全缘或具浅齿，羽状脉，钟乳体条形，极小；托叶小，全缘。常具退化叶，与正常叶对生。雄花成聚伞花序。雌花序头状，无梗或具短梗，花序梗顶端膨大成球状或棒状花序托，雌花密集。雄花花被5深裂，裂片倒卵形，肉质；雄蕊5；退化雌蕊球形或倒卵状球形。雌花花被片3-4，倒卵形，兜状，肉质；子房卵球形，较花被片稍短，柱头画笔头状。瘦果卵球形。

约16种，分布于亚洲及非洲热带地区。我国1种。

藤麻 图195：4-5

Procris wightiana Wall. ex Wedd. in Arch. Mus. Hist. Nat. Paris 9：336. 1856.

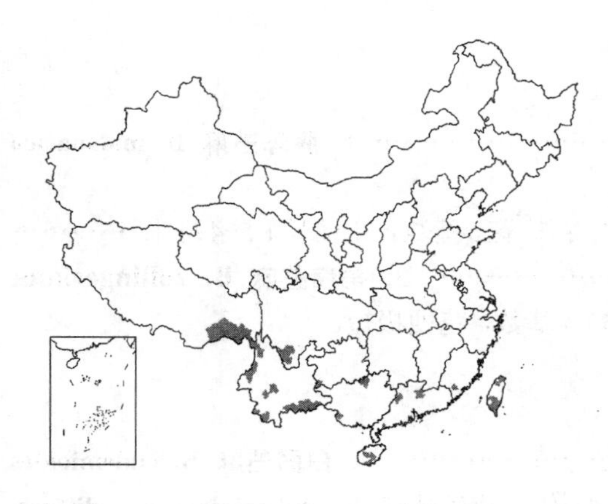

Procris laevigata auct. non Bl.：中国高等植物图鉴 1：516. 1972.

多年生草本。茎肉质，高达80厘米，无毛。叶具短柄，无毛；叶窄长圆形，长(4.5-)8-20厘米，宽（1.5-）2.2-4.5厘米，先端渐尖，基部渐窄，上部疏生浅齿或波状，钟乳体长0.1-0.3毫米，侧脉5-8对；退化叶长圆形，长0.5-1.7厘米。雄花序具少花。雄花5基数，花被片长1.5毫米。雌花序径1.5-3毫米，具多花，花序托半球形，小苞片长0.4毫米。雌花无梗，花被片4，船状椭圆形，长3.5毫米。瘦果扁，窄卵球形，长0.6-0.8毫米。

产台湾、福建南部、广东、海南、香港、广西、贵州西南部、云南、四川南部及西藏东南部，生于海拔300-1750米山地林内石缝中，有时附生树上。菲律宾、加里曼丹、中南半岛、斯里兰卡、印度、不丹、尼泊尔及非洲有分布。

11. 舌柱麻属 **Archiboehmeria** C. J. Chen

（陈家瑞）

灌木或亚灌木，高达4米。小枝上部被近贴生柔毛。叶膜质或近膜质，卵形或披针形，长7-18厘米，先端尾尖，基部圆或宽楔形，稀近平截或浅心形，有粗牙齿或钝牙齿，上面疏生短伏毛，下面脉上疏生短毛，钟乳体点状，基出脉3，侧脉2-4对；叶柄长2-10（-14）厘米，托叶2裂至中部，披针形，长5-8毫米。雄花序生下部叶腋，雌花序生上部叶腋，二至六回二歧聚伞状分枝，长1-9厘米。花单性，稀杂性，两性花生于雌雄花混生的花序中。雄花花被片（4）5，合生至中部；退化雌蕊宽倒卵形，基部围生一层白绵毛。雌花花被近膜质，合生成坛状，与子房离生，具4（5）齿。瘦果圆卵形，长0.8-1毫米，外果皮壳质，有疣状突起。

单种属。

舌柱麻 图196

Archiboehmeria atrata（Gagnep.）C. J. Chen in Acta Phytotax. Sin. 18(4)：479. t. 1. f. 1-8. 1980.

Debregeasia atrata Gagnep. in Lecomte, Fl. Gén. Indo-Chine 5：

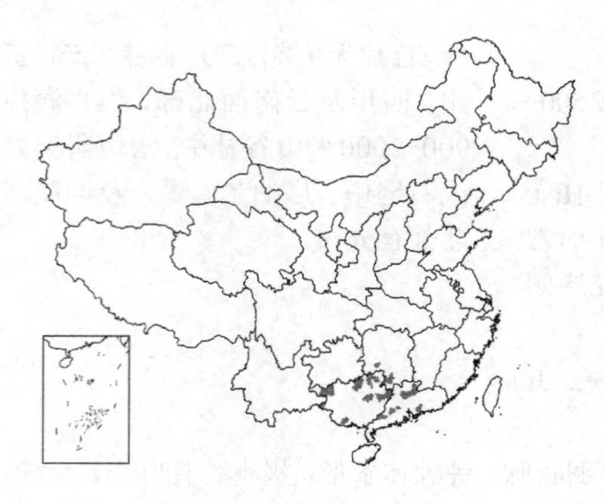

870. f. 101(10-12). 102(1). 1929.

形态特征同属。花期5-8月，果期8-10月。

产广西、海南、广东及湖南，生于海拔300-1500米山谷、半阴坡疏林中较潮湿肥沃土上或石缝内。越南北部有分布。茎皮纤维为代麻原料和制人造棉原料。

图 196 舌柱麻 （引自《中国珍稀濒危植物》）

12. 苎麻属 Boehmeria Jacq.

（王文采）

灌木、小乔木、亚灌木或多年生草本。叶互生或对生，具牙齿，不裂，稀2-3裂，基脉3出，钟乳体点状；托叶离生，脱落。团伞花序生于叶腋，或组成穗状或圆锥花序；苞片膜质。雄花花被片(3)4(5-6)，镊合状排列，下部常合生，椭圆形；雄蕊与花被片同数；具退化雌蕊。雌花花被筒状，顶端缢缩，具2-4小齿，果期稍增大，常无纵肋；子房包于花被中，柱头丝形，密被柔毛，常宿存。瘦果包于宿存花被中，果皮薄，常无光泽，或有翅。染色体基数x=13，14，21。

约120种，分布于热带或亚热带，少数产温带地区。我国约32种。

1. 团伞花序单生叶腋；雄花梗长约0.5毫米，4基数；叶互生 ………………………… 1. **腋球苎麻 B. malabarica**
1. 全部或部分团伞花序组成穗状或圆锥状花序。
  2. 雄团伞花序单生叶腋，雌团伞花序近枝顶腋生，组成长穗状花序；雄花5基数，花梗长1.5-4毫米 ……………………………… 3. **帚序苎麻 B. zollingeriana**
  2. 团伞花序组成穗状或圆锥花序，稀少数团伞花序腋生；雄花（3）4基数，花梗极短。
    3. 穗状花序顶端具叶。
      4. 叶不裂。
        5. 叶对生 ……………………………… 4. **白面苎麻 B. clidemioides**
        5. 叶互生，或茎下部叶对生 ………………………… 4(附). **序叶苎麻 B. clidemioides var. diffusa**
      4. 叶分裂。
        6. 叶两侧骤尖头长为中央骤尖头的1/3-1/2，两面疏被糙伏毛，上面毛长0.3-0.5毫米 ……………………………… 5. **阴地苎麻 B. umbrosa**
        6. 叶两侧骤尖头与中央骤尖头近等长或稍短，两面毛被较密，上面毛长1-1.5毫米 ……………………………… 5(附). **滇黔苎麻 B. pseudotricuspis**
    3. 穗状或圆锥花序无叶(B. gracilis和B. silvestrii 穗状花序顶端有时具小叶)。
      7. 叶互生；团伞花序组成圆锥花序；退化雌蕊顶端具短尖头。
        8. 茎密被开展长硬毛和糙毛；托叶离生，叶下面密被白色毡毛 ……………………… 2. **苎麻 B. nivea**
        8. 茎被糙伏毛；托叶基部合生。
          9. 叶基部骤窄呈楔形，下面被白色毡毛 ………………… 2(附). **贴毛苎麻 B. nivea var. nipononivea**
          9. 叶基部圆或宽楔形。
            10. 叶下面被绿色糙毛，有或无白色毡毛 ……………… 2(附). **青叶苎麻 B. nivea var. tenacissima**
            10. 叶被柔毛，无白色毡毛 ……………………………… 2(附). **微绿苎麻 B. nivea var. viridula**

7. 叶对生，稀顶部叶互生；团伞花序组成穗状或圆锥花序；退化雌蕊无短尖头。
11. 叶先端3（-5）裂。
12. 叶纸质，宽7-14（-22）厘米，叶缘牙齿长1-2厘米 ……………………… 10. **悬铃木叶苎麻 B. tricuspis**
12. 叶草质，宽4.8-7.5厘米，牙齿长不及1厘米 …………………………………………………… 13. **赤麻 B. silvestrii**
11. 叶不裂。
13. 叶披针形。
14. 叶上面平，长圆状卵形、长圆形或披针形；瘦果无柄 ……………………………… 8. **海岛苎麻 B. formosana**
14. 叶上面网脉凹下，呈泡状隆起，叶披针形或线状披针形；瘦果具柄 ……… 17. **长叶苎麻 B. penduliflora**
13. 叶卵形、近圆形或近菱形。
15. 穗状花序不分枝。
16. 叶卵状菱形或近菱形，叶缘具3-8对窄三角形牙齿 ……………………………… 14. **小赤麻 B. spicata**
16. 叶卵形、圆形或圆卵形。
17. 叶圆形或圆卵形。
18. 叶缘具7-12对粗牙齿，上部牙齿较下部的长3-5倍 ………………… 9. **大叶苎麻 B. longispica**
18. 叶缘具较多较小牙齿，牙齿近等大。
19. 叶两面疏被短伏毛 …………………………………………………………… 12. **细野麻 B. gracilis**
19. 叶两面均密被或稍密的毛。
20. 叶宽达8厘米，下面伏毛稍密；雌穗状花序长达5厘米，团伞花序靠接 ………………………………………………………………………………… 11. **密球苎麻 B. densiglomerata**
20. 叶宽达16厘米，下面密被糙伏毛；雌穗状花序长达16厘米，团伞花序分离 ……………………………………………………………………………… 11(附). **伏毛苎麻 B. strigosifolia**
17. 叶卵形、窄卵形、斜椭圆形或椭圆状卵形。
21. 穗状花序长0.8-2厘米，团伞花序靠接，顶部团伞花序雄性，余雌性 ……………………………………………………………………………………………… 7. **疏毛水苎麻 B. pilosiuscula**
21. 穗状花序长2.5厘米以上，常单性。
22. 灌木；叶柄长达1厘米；穗状花序2-4簇生叶腋，团伞花序靠接；苞片长2.5-3.5毫米 ……………………………………………………………………………………… 16. **束序苎麻 B. siamensis**
22. 亚灌木；叶柄长6-8厘米；穗状花序单生叶腋，团伞花序分离，苞片长1-2毫米。
23. 叶缘上部牙齿长1.5-2厘米，较下部的长3-5倍 …………… 9. **大叶苎麻 B. longispica**
23. 叶缘牙齿长达4毫米，近等大。
24. 叶下面脉网隆起，明显，上面脉凹下，粗糙 ……………………………………………………………… 6(附). **糙叶水苎麻 B. macrophylla var. scabrella**
24. 叶下面网脉近平或稍隆起，不明显。
25. 叶卵形或椭圆状卵形，下面被伏毛 ……………………… 6. **水苎麻 B. macrophylla**
25. 叶长圆状卵形、长圆形或披针形，下面近无毛 ……… 8. **海岛苎麻 B. formosana**
15. 花序分枝。
26. 叶下面无毛，宽卵形、圆卵形或卵形 …………………………………… 15. **歧序苎麻 B. polystachya**
26. 叶下面稍被毛。
27. 叶缘上部牙齿长1.5-2厘米，较下部的长3-5倍 ……………………… 9. **大叶苎麻 B. longispica**
27. 叶缘牙齿较小，近等大。
28. 叶心形，近圆形或圆卵形。
29. 叶宽达8厘米，叶缘具16对牙齿；团伞花序靠接 …… 11. **密球苎麻 B. densiglomerata**

29. 叶宽达16厘米，叶缘具24对牙齿；雌团伞花序靠接 …………………… 11(附). **伏毛苎麻 B. strigosifolia**
28. 叶卵形或窄卵形。
30. 叶窄卵形 ……………………………………………………………………………………………………… 8. **海岛苎麻 B. formosana**
30. 叶卵形。
31. 叶下面脉网近平，不明显。
32. 茎疏被伏毛；叶先端尾尖，尖头长1.5-2厘米，叶下面疏被伏毛 ……… 6. **水苎麻 B. macrophylla**
32. 茎密被糙毛；叶先端骤尖头长0.5-1.2厘米，叶下面稍灰绿色，被较密糙毛 ……………………………………………………………………………… 6(附). **灰绿水苎麻 B. macrophylla** var. **canescens**
31. 叶下面网脉隆起，沿网脉被较密糙毛 ……………… 6(附). **糙叶水苎麻 B. macrophylla** var. **scabrella**

1. 腋球苎麻 图 197：1

Boehmeria malabarica Wedd. in Arch. Muz. Hist. Nat. Paris 8: 355. 1856.

灌木，高达5米。小枝密被柔毛。叶互生，椭圆状卵形或椭圆形，长9-19厘米，宽4.2-8厘米，先端渐尖或尾尖，基部圆，具小牙齿，上面被伏毛，下面网脉被柔毛；叶柄长2.5-7厘米。团伞花序腋生，径2-7毫米；苞片卵形、三角形或钻形，长约1毫米。雄花梗长约0.5毫米；花被片4，宽椭圆形，长1.2毫米；雄蕊4；退化雌蕊长0.7毫米。雌花花被长约1毫米，顶端具2小齿，密被柔毛。花期11月。

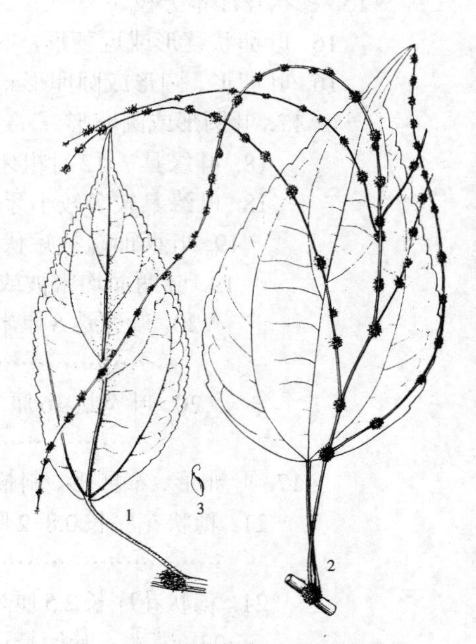

图 197: 1. 腋球苎麻 2-3. 帚序苎麻
（引自《中国植物志》）

产云南南部及西藏东南部，生于海拔850-1000米山地林中或林缘。锡金、印度、斯里兰卡、缅甸、泰国、老挝、越南及印度尼西亚有分布。

2. 苎麻 图 198：1-4 彩片 59

Boehmeria nivea（Linn.）Gaudich. in Frey. Voy. Bot. 499. 1830.

Urtica nivea Linn. Syst. 985. 1753.

亚灌木或灌木，高达1.5米。茎上部与叶柄均密被开展长硬毛和糙毛。叶互生；叶圆卵形或宽卵形，稀卵形，长6-15厘米，宽4-11厘米，先端骤尖，基部平截或宽楔形，具牙齿，上面疏被伏毛，下面密被白色毡毛；叶柄长2.5-9.5厘米，托叶离生，长0.7-1.1厘米。圆锥花序腋生，长2-9厘米；雄团伞花序径1-3毫米，雄花少数；雌团伞花序径0.5-2毫米，雌花多数密集。雄花花被片4，长1.5毫米，合生至中部；雄蕊4。雌花花被长0.6-1毫米，顶端具2-3小齿，果期长0.8-1.2毫米。瘦果近球形，长约0.6毫米，基部缢缩成细柄。花期8-10月。

产浙江、福建、江西、湖北、湖南、广东、广西、贵州、四川及陕西南部，生于海拔200-1700米山谷、林缘及草坡。在产区以及云南、甘肃、陕西南部广泛栽培。越南及老挝有分布。茎皮纤维强韧，洁白，拉力强，耐水湿，有绝缘性，可织夏布、飞机翼布、电线包被、白热灯纱、渔网、人造丝等，与羊毛、棉花混纺可制高级衣料；短纤维可作高级纸原料。根及叶药用，根可利尿、解热，叶治创伤出血；嫩叶可养蚕，作饲料。种子可榨油，供制肥皂和食用。

［附］**贴毛苎麻** 图 198：5

Boehmeria nivea var. **niponoivea** (Koidz.) W. T. Wang in Acta Bot. Yunnan. 3(3): 320. 1981. —— *Boehmeria niponoivea* Koidz. in Acta Phytotax. Geobot. 10: 223. 1941. 本变种与模式变种的区别：茎和叶柄被糙伏毛；叶基部骤窄呈楔形，托叶基部合生。产广东、福建及安徽南部，在广东、江西、台湾、浙江、安徽等地栽培。日本有分布。用途同苎麻。

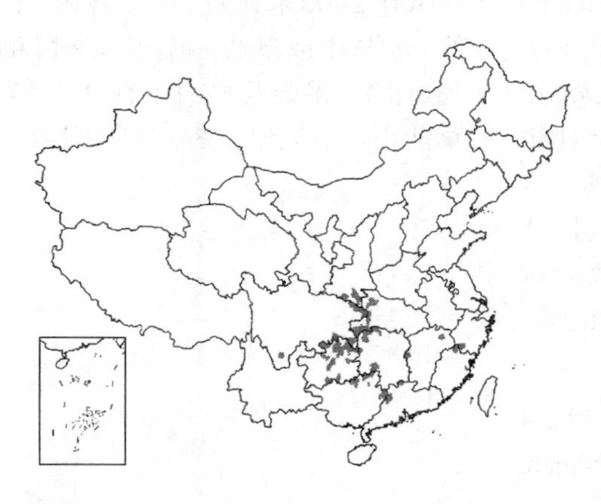

［附］**青叶苎麻 Boehmeria nivea** var. **tenacissima** (Gaudich.) Miq. Fl. Ind. Bot. 1(2): 253. 1858-59. —— *Boehmeria tenacissima* Gaudich. Bot. Freyc. Voy. 500. 1830. 本变种与模式变种的区别：茎和叶柄被糙伏毛；叶卵形或椭圆状卵形，基部圆或宽楔形，常较小，下面被绿色糙毛，有或无白色毡毛，托叶基部合生。产广西、广东、台湾、浙江及安徽，常栽培。越南、老挝及印度尼西亚有分布。

［附］**微绿苎麻 Boehmeria nivea** var. **viridula** Yamamoto in Journ. Soc. Trop. Agr. 4: 50. 1932. 本变种与模式变种的区别：茎和叶柄被糙毛；叶被柔毛，无白色毡毛，托叶基部合生。产西藏西南部、云南东南部及台湾，生于山地林内或灌丛中。

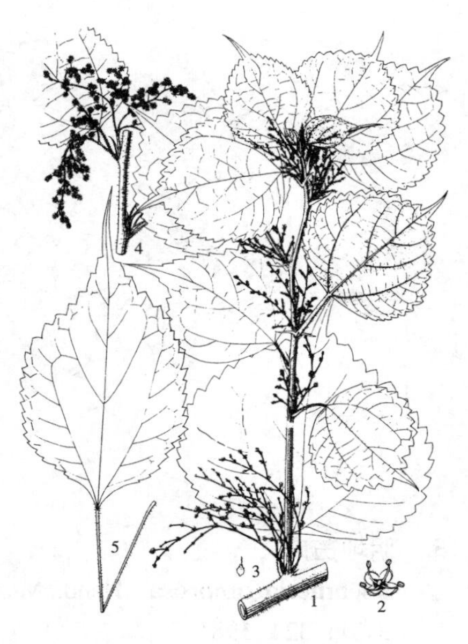

图 198: 1-4. 苎麻 5. 贴毛苎麻
（引自《中国植物志》）

3. 帚序苎麻

图 197: 2-3 彩片 60

Boehmeria zollingeriana Wedd. in Ann. Sci. Nat. ser. 4, 1: 201. 1854.

灌木，高达3米。枝条常蔓生，无毛。叶对生或互生，叶卵形或宽卵形，长8-17厘米，宽4.5-12厘米，先端渐尖或尾状，基部圆或浅心形，密生小钝齿，上面近无毛，下面脉上疏被毛；叶柄长2-12厘米，无毛。雄团伞花序单生当年生枝下部叶腋，径1-1.5厘米，多花；苞片长1.2-1.8毫米，无毛。雌团伞花序径2-4毫米，多数组成长穗状花序；苞片长约0.4毫米。雄花无毛，花梗长1.5-4毫米；花被片5，椭圆形，长约1毫米；雄蕊5；退化雌蕊倒圆锥形。雌花花被长0.8-1毫米，顶端具2小齿，疏被毛。瘦果斜宽椭圆状球形，长约0.8毫米。花期10月。

产云南南部，生于海拔720-1200米山地林中。印度东部、泰国、越南、印度尼西亚有分布。

4. 白面苎麻

Boehmeria clidemioides Miq. Pl. Jungh. 1: 34. 1851.

多年生草本或亚灌木。茎高达3米，不分枝或少分枝，上部被伏毛。叶对生，同一对叶常不等大，叶卵形或长圆形，长5-14厘米，先端长渐尖或骤尖，基部圆，具牙齿，两面被伏毛；叶柄长0.7-6.8厘米。花雌雄异株。穗状花序单生叶腋，长4-12厘米，顶端具2-4叶，叶窄卵形，长1.5-6厘米；团伞花序径2-3毫米，生于叶腋。雄花无梗，花被片4，椭圆形，长约1.2毫米，下部合生，疏被毛；雄蕊4，长2毫米。雌花花被长0.6-1毫米，果期长1.5毫米，顶端具2-3小齿。花期6-8月。

产西藏东南部、云南、广西东北部及湖南西部，生于海拔1300-2500米山谷林中或林缘。东喜马拉雅山区至越南、马来半岛、印度尼西

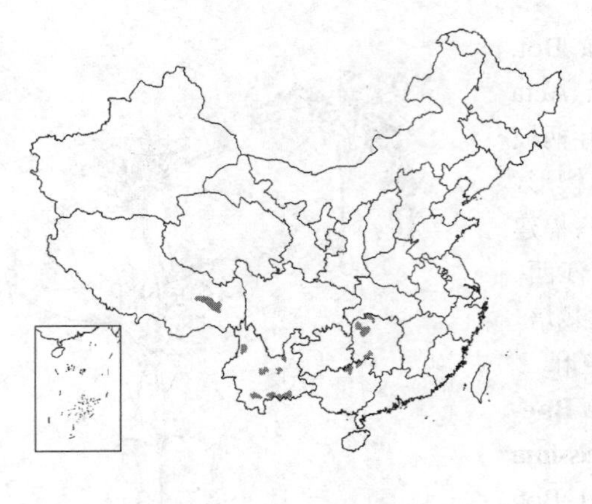

亚有分布。

[附] **序叶苎麻** 图199: 1-3 **Boehmeria clidemioides** var. **diffusa** (Wedd.) Hand.-Mazz. Symb. Sin. 7: 152. 1929. —— *Boehmeria diffusa* Wedd. in Arch. Mus. Hist. Nat. Paris 9: 356. 1856. 本变种与模式变种的区别: 叶互生，或茎下部少数叶对生。产江苏东南、安徽南部、浙江、福建、江西、湖北、湖南、广东北部、广西北部、云南、贵州、四川、甘肃南部及陕西南部，生于海拔300-2400米丘陵、山谷林内、林缘、灌丛中或溪边。越南、老挝、缅甸、印度、锡金及尼泊尔有分布。全草药用，治风湿。茎、叶可饲猪。

5. 阴地苎麻 图199: 4

Boehmeria umbrosa (Hand.-Mazz.) W. T. Wang in Acta Bot. Yunnan. 3(3): 324. 1981.

Boehmeria clidemioides var. *umbrosa* Hand.-Mazz. Symb. Sin. 7: 152. 1929.

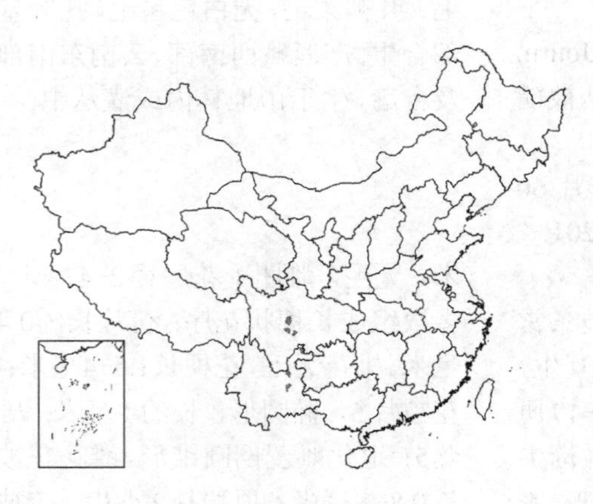

多年生草本，高达85厘米。茎常不分枝，与叶柄及花序轴均被伏毛。叶互生，近对生或对生，叶宽椭圆形、宽菱形或椭圆形，长5.2-12厘米，宽4.6-8厘米，顶端3骤尖，两侧骤尖头长为中央骤尖头的1/3-1/2，基部宽楔形或截状楔形，具牙齿，两面疏被糙伏毛，上面毛长0.3-0.5毫米；叶柄长1.5-8厘米。花雌雄异株或雌雄同株；穗状花序单生叶腋，长3-11厘米，顶部具叶，叶卵形，长1.8-5.5厘米；团伞花序径1.5-3毫米；苞片长0.6毫米。雄花花被片4，椭圆形，长1.5毫米，下部合生；雄蕊4，长2.5毫米。雌花花被长0.7-1毫米，顶端具4齿，柱头长1.8-2毫米。花期7-9月。

产云南、四川，生于海拔1100-1800米山谷沟边或林缘。

[附] **滇黔苎麻** 图199: 5 **Boehmeria pseudotricuspis** W. T. Wang in Acta Bot. Yunnan. 3(3): 324. pl. 2: 3. 1981. 本种与阴地苎麻的区别: 叶两侧骤尖头与中央骤尖头近等长或稍短，两面毛被较密，上面毛长1-1.5毫米。产云南东南部及贵州西南部，生于海拔1200-1800米山地林缘或灌丛中。

图 199: 1-3. 序叶苎麻 4. 阴地苎麻 5. 滇黔苎麻 (引自《中国植物志》)

6. 水苎麻 图200: 1-2

Boehmeria macrophylla Hornem. Hort. Reg. Bot. Hafn. 2: 890. 1815.

Boehmeria platyphylla D. Don; 中国高等植物图鉴 1: 519. 1972.

亚灌木或多年生草本，高达2(-3.5)米。茎被伏毛。叶对生或近对生，叶卵形或椭圆状卵形，长6.5-14厘米，先端尾尖，基部圆或浅心形，密生小牙齿，两面被伏毛，下面网脉不明显；叶柄长0.8-8厘米。花雌雄异株或同株；穗状花序单生叶腋，长7-15厘米，常稀疏分枝，呈圆锥状；团伞花序径1-2.5毫米。雄花花被片4，椭圆形，长约1毫米；雄蕊4，长1.5毫米。雌花花被长1毫米，顶端具2小齿。花期7-8月。

产西藏东南部、云南、四川南部、贵州西南部、广西北部及广东北部，生于海拔1800-3000米山谷林下或沟边。越南、缅甸、尼泊尔及印度有分布。茎皮纤维可制人造棉、纺纱、织麻袋。全草可作兽药，治牛软脚症。

［附］**灰绿水苎麻 Boehmeria macrophylla** var. **canescens**（Wedd.）Long in Notes Roy. Bot. Gard. Edinb. 40(1): 130. 1982. —— *Boehmeria canescens* Wedd. in Ann. Sci. Nat. ser. 4, 1: 28. 1854. 本变种与模式变种的区别：茎密被糙毛，叶先端骤尖头长0.5-1.2厘米，下面稍灰绿色，被较密糙毛。产云南南部及广西西部，生于海拔840-1000米间山地。不丹、尼泊尔及印度北部有分布。

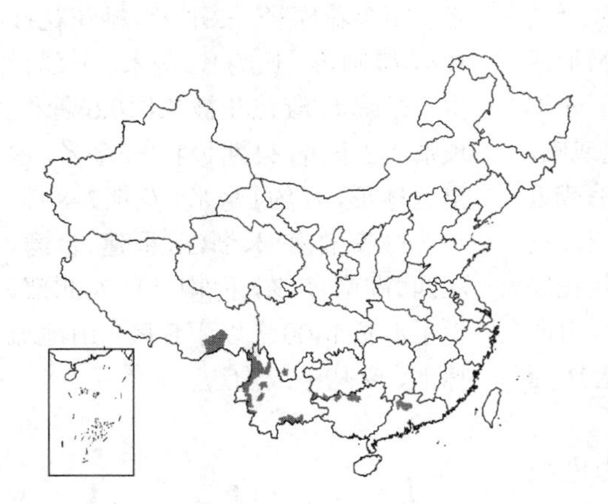

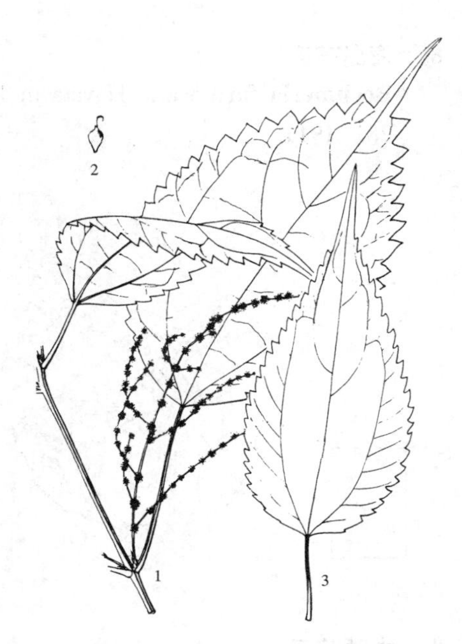

图 200: 1-2. 水苎麻 3. 海岛苎麻
（引自《中国植物志》）

［附］**糙叶水苎麻** 图201: 3-4 **Boehmeria macrophylla** var. **scabrella**（Roxb.）Long in Notes Roy. Bot. Gard. Edinb. 40(1): 129. 1982. —— *Boehmeria scabrella* Roxb. Fl. Ind. 3. 581. 1832. 本变种与模式变种的区别：叶长4.5-7厘米，上面网脉凹下，呈泡状，下面网脉隆起，沿网脉被较密糙毛；穗状花序常不分枝。产西藏东南部、云南、贵州、广西及广东，生于海拔200-1300米丘陵山地灌丛中、田边或沟边。尼泊尔、不丹、印度、斯里兰卡及印度尼西亚有分布。茎皮纤维可造纸、织布、制绳。全草药用，治风湿。

7. 疏毛水苎麻 图201: 1-2

Boehmeria pilosiuscula（Bl.）Hassk. Cat. Hort. Bogor. 78. 1844.

Urtica pilosiuscula Bl. Bijdr. 491. 1825.

亚灌木或多年生草本；茎高达60厘米，上部密被柔毛。叶对生，斜椭圆形或椭圆状卵形，长2.9-9厘米，宽1.5-4.5厘米，先端渐尖或短渐尖，基部斜圆，具小牙齿，上面疏被伏毛，下面脉上被柔毛；叶柄长0.3-3.5厘米。穗状花序常两性，有时雌性，单生叶腋，长0.8-2厘米，团伞花序靠接，顶部花序为雄性，余雌性。雄花花被片4，椭圆形，长1毫米，下部合生；雄蕊4，长1.5毫米。雌花花被长0.8-1.1毫米，顶端具2小齿。瘦果倒卵状球形，长0.8毫米。花期9-10月。

产云南南部、海南及台湾，生于海拔700-1500米山谷溪边、林缘或石缝中。泰国及印度尼西亚有分布。

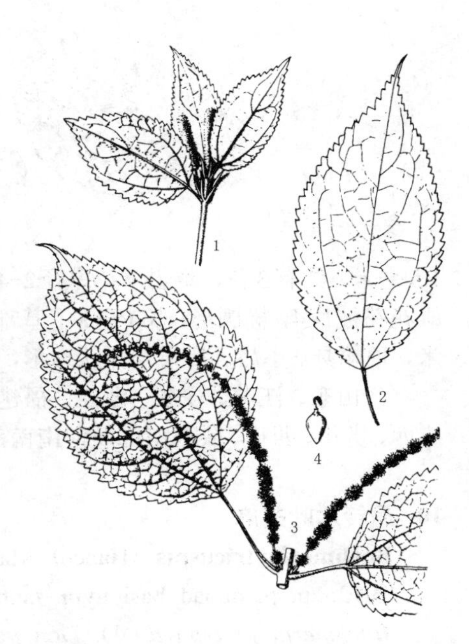

图 201: 1-2. 疏毛水苎麻 3-4. 糙叶水苎麻
（引自《中国植物志》）

8. 海岛苎麻 图 200：3

Boehmeria formosana Hayata in Journ. Coll. Sci. Univ. Tokyo 30(1): 281. 1911.

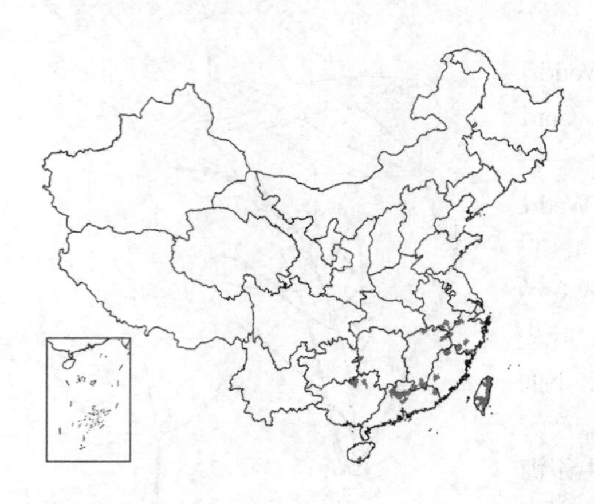

多年生草本或亚灌木；茎高达1.5米，常不分枝，被伏毛或无毛。叶对生或近对生；叶长圆状卵形、长圆形或披针形，长8-15厘米，先端尾状或长渐尖，基部钝或圆，具牙齿，两面疏被伏毛或近无毛；叶柄长0.5-6厘米。花单性，雌雄异株；穗状花序不分枝，长3.5-9厘米，有时雌雄同株，分枝，长达16厘米；团伞花序径1-2毫米。雄花花被片4，椭圆形，长约1.2毫米，下部合生；雄蕊4。雌花花被长约0.6毫米，顶端具2小齿，果期长1.2-2毫米。瘦果近球形，径约1毫米。花期7-8月。

产安徽南部、浙江、福建、台湾、江西、湖南、广东、海南及广西北部，生于海拔1400米以下丘陵、山地疏林下、灌丛中或沟边。

9. 大叶苎麻 图 202 彩片 61

Boehmeria longispica Steud. in Fl. Regensb. 33: 260. 1850.

Boehmeria grandifolia Wedd.; 中国高等植物图鉴 1: 518. 1972.

亚灌木或多年生草本，茎高达1.5米，上部被较密糙毛。叶对生，近圆形、圆卵形或卵形，长7-17（-26）厘米，先端骤尖，有时不明显3骤尖，基部宽楔形或平截，具7-12对粗牙齿，上面被糙伏毛，下面沿网脉被柔毛，叶缘上部牙齿长1.5-2厘米，较下部牙齿长3-5倍；叶柄长达6（-8）厘米。穗状花序单生叶腋，雄花序长约3厘米，雌花序长7-20（-30）厘米；雄团伞花序径1.5毫米，约有3花，雌团伞花序径2-4毫米，多花；苞片长0.8-1.5毫米。雄花花被片4，椭圆形，长1毫米，基部合生；雄蕊4。雌花花被长1-1.2毫米，顶端具2小齿。瘦果倒卵状球形，长1毫米。花期6-9月。

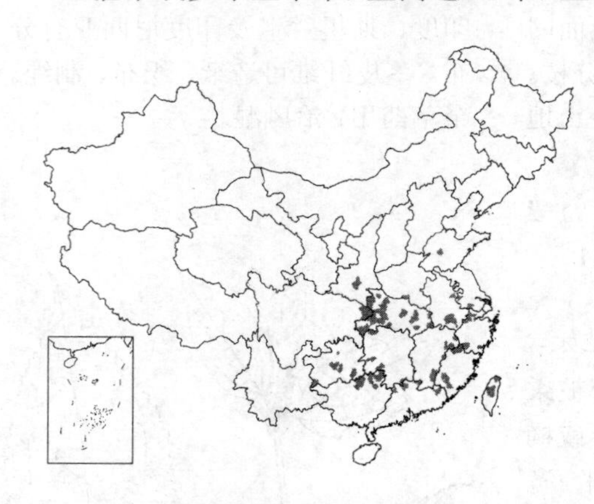

产山东、江苏、安徽、浙江、福建、台湾、江西、湖北、湖南、广东、广西、贵州、四川、陕西南部及河南南部，生于海拔300-600米丘陵山地灌丛中、疏林内、田边或溪边。日本有分布。茎皮纤维可纺织麻布。叶药用，可清热、解毒、消肿、治疮疥；也可饲猪。

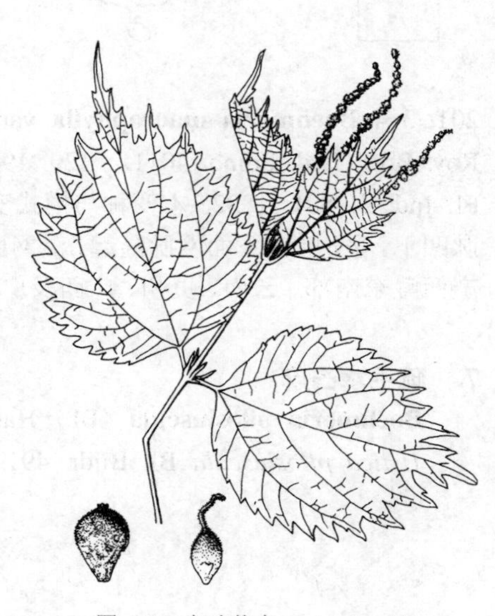

图 202 大叶苎麻 （王金凤绘）

10. 悬铃木叶苎麻 图 203

Boehmeria tricuspis (Hance) Makino in Bot. Mag. Tokyo 26: 387. 1912, p. p. quoad basionym. tantum.

Boehmeria platyphylla D. Don var. *tricuspis* Hance in Journ. Bot. 12: 261. 1874.

Boehmeria platanifolia Franch. et Sav.; 中国高等植物图鉴 1: 519. 1972.

亚灌木或多年生草本。茎高达1.5米，上部与叶柄及花序轴密被短毛。叶对生，稀顶部叶互生；叶纸质，扁五角形或扁圆卵形，上部叶常卵形，长8-12（-18）厘米，宽7-14（-22）厘米，先端3骤尖或3浅

裂，基部平截、浅心形或宽楔形，叶缘牙齿长1-2厘米，上面被糙伏毛，下面密被柔毛；叶柄长1.5-6（-10）厘米。花单性，雌雄异株或同株；穗状花序单生叶腋，分枝，雄花序长8-17厘米，雌花序长5.5-24厘米；团伞花序径1-2.5毫米。雄花花被片4，椭圆形，长1毫米，下部合生；雄蕊4，长1.6毫米；退化雌蕊无短尖头。雌花花被长0.5-0.6毫米，齿不明显，果期长2毫米。花期7-8月。

产河北西部、山东东部、江苏、安徽、浙江、福建、江西、湖北、湖南、广东、广西、贵州、四川、甘肃、陕西、山西南部及河南西部，生于海拔500-1400米山谷疏林下、沟边或田边。朝鲜及日本有分布。茎皮纤维强韧，有光泽，可纺纱织布，也可制高级纸张。根、叶药用，治跌打肿痛；叶可作猪饲料；种子含油脂，可制肥皂及食用。

图 203 悬铃木叶苎麻
（引自《中国经济植物志》）

11. 密球苎麻 图 204

Boehmeria densiglomerata W. T. Wang in Acta Bot. Yunnan. 3(4): 408. pl. 1. f. 1-2. 1981.

多年生草本。茎高达46厘米，上部疏被糙伏毛。叶对生，心形或圆卵形，长5-9.4厘米，宽5.2-8厘米，先端渐尖，基部近心形或心形，叶缘牙齿16对，较小，近等大，两面被糙伏毛；叶柄长2.5-6.9厘米。花序长2.5-5.5厘米，雄花序分枝，雌花序不分枝；团伞花序径2-2.5毫米，靠接；苞片长1.2-2毫米。雄花花被片4，椭圆形，长1毫米，基部合生；雄蕊4，长约2毫米。雌花花被长0.7毫米，果期长1-1.3毫米，顶端具2小齿。瘦果卵球形或窄倒卵球形，长1-1.2毫米。花期6-8月。

产福建、江西南部、湖北西南部、湖南西北部、广东北部、广西北部、贵州、四川，生于海拔250-1100米山谷沟边或林中。

［附］**伏毛苎麻 Boehmeria strigosifolia** W. T. Wang in Guihaia 3(2): 77. cum f. 1983. 本种与密球苎麻的区别：叶宽达16厘米，叶缘具24对牙齿，下面密被糙伏毛；雌穗状花序长达16厘米，团伞花序分离。产广东北部、广西、贵州西南部及南部，生于海拔180-1300米丘陵山区灌丛中。

图 204 密球苎麻 （路桂兰绘）

12. 细野麻 图 205

Boehmeria gracilis C. H. Wright in Journ. Linn. Soc. Bot. 26: 485. 1899.

亚灌木或多年生草本。茎高达1.2米，分枝，疏被伏毛。叶对生，圆

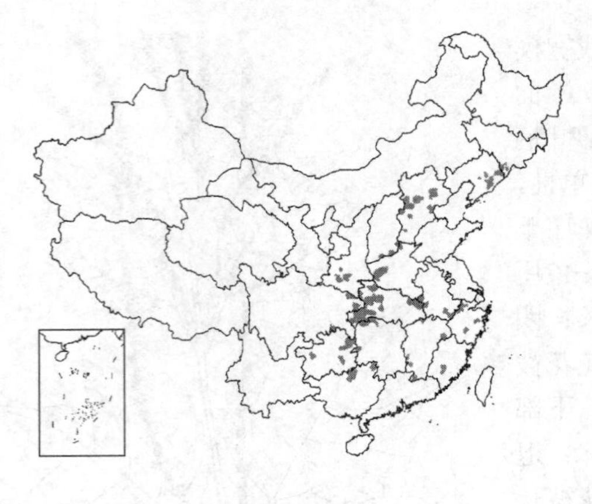

卵形、菱状宽卵形或菱状卵形，长3-7（-10）厘米，先端骤尖，基部圆、圆截或宽楔形，叶缘具8-13对较小近等大牙齿，两面疏被伏毛；叶柄长1-7厘米。花单性，雌雄异株，有时同株；穗状花序长2.5-13厘米；团伞花序径1-2.5毫米；苞片长1-1.5毫米。雄花花被片4，椭圆形，长1.2毫米；雄蕊4，长1.6毫米。雌花花被片长0.7-1毫米，顶端具2小齿。瘦果卵球形，长1.2毫米，基部具短雌蕊柄。花期6-8月。.

产吉林东南部、辽宁东部、河北、山东东部、安徽、浙江、福建、江西、湖北、湖南、贵州、四川东部、陕西南部、河南西部及山西南部，生于海拔100-1600米丘陵山区草坡、灌丛中、沟边。茎皮纤维可作人造棉及纺织原料。全草药用，治皮肤发痒、湿毒。

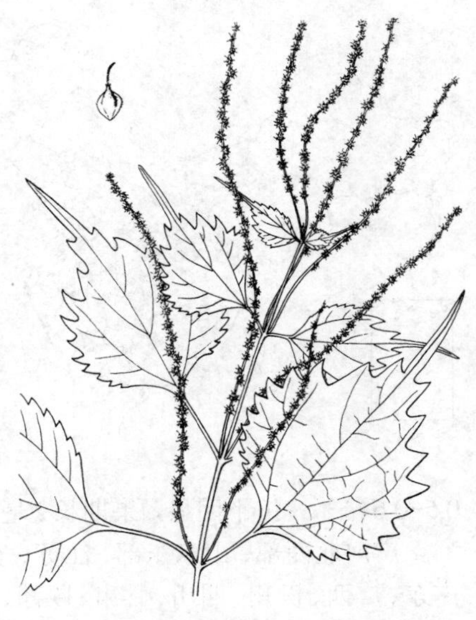

图 205 细野麻 （引自《中国经济植物志》）

13. 赤麻 图206：1-3

Boehmeria silvestrii（Pamp.）W. T. Wang in Acta Phytotax. Sin. 20（2）：204. 1982.

Boehmeria platanifolia Franch. et Sav. var. *silvestrii* Pamp. in N. v. Giorn. Bot. Ital. n. s. 22：278. 1915.

Boehmeria tricuspis auct. non（Hance）Makino：中国高等植物图鉴 1：520. 1972.

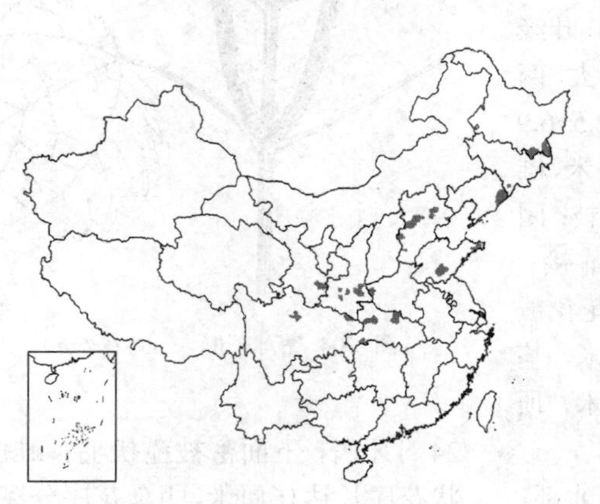

多年生草本或亚灌木。茎高达1米，上部疏被伏毛。叶对生，草质，近五角形或圆卵形，长5-8（-13）厘米，顶端具3或5骤尖头，基部宽楔形或近平截，具长不及1厘米的牙齿，两面疏被伏毛，下面有时近无毛；叶柄长达4（-8）厘米。花单性，雌雄异株或同株；穗状花序长4-11（-20）厘米；团伞花序径1-3毫米；苞片长1.5毫米。雄花花被片4，椭圆形，长1.5毫米，合生至中部；雄蕊4，长2毫米。雌花花被长0.8毫米，顶端具2小齿。瘦果近卵球形或椭圆状球形，长1毫米，基部具短雌蕊柄。花期6-8月。

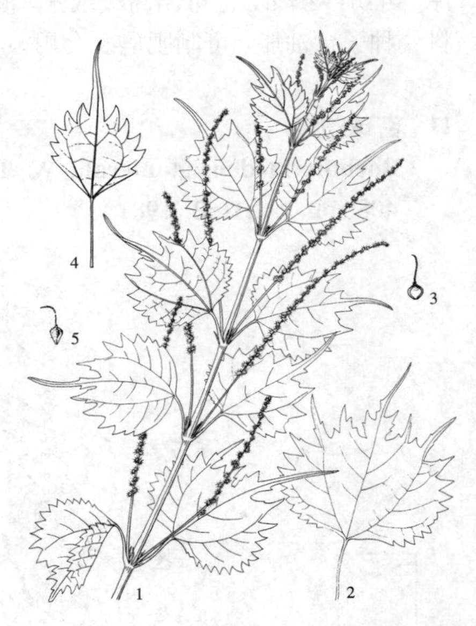

图 206：1-3. 赤麻 4-5. 小赤麻
（王金凤绘）

产黑龙江、吉林东南部、辽宁东部、河北、山东、河南西部、湖北、陕西南部、四川及甘肃东南部，生于海拔700-2600米丘陵山区草坡、山谷、沟边、石缝中。朝鲜及日本有分布。茎皮纤维强韧，可供纺织麻布。

14. 小赤麻 图206：4-5

Boehmeria spicata（Thunb.）Thunb. in Trans. Linn. Soc. 2：330. 1794.

Urtica spicata Thunb. Fl. Japan. 69. 1784.

多年生草本或亚灌木。茎高达1米，常分枝，疏被伏毛或近无毛。叶对生，卵状菱形或近菱形，长2.4-7.5厘米，宽1.5-5厘米，先端长骤尖，基部宽楔形，叶缘具3-8对窄三角形牙齿，两面疏被伏毛或近无毛；叶柄长1-6.5厘米。花单性，雌雄异株或同株；穗状花序不分枝，雄花序长2.5厘米，雌花序长4-10厘米；团伞花序径1-2毫米。雄花花被片(3)4，椭圆形，长1毫米，下部合生；雄蕊（3）4。雌花花被窄椭圆形，长0.6毫米，顶端齿不明显。花期6-8月。

产山东东部、江苏、浙江、江西、湖南西北部、湖北及河南西部，生于丘陵山地草坡、石缝中、沟边。朝鲜及日本有分布。

15. 歧序苎麻 图 207：1-2

Boehmeria polystachya Weed. in Ann. Sci. Nat. ser. 4, 1: 200. 1854.

灌木，高达4米。小枝近方形，具4纵沟，无毛或上部疏被毛。叶对生，宽卵形、圆卵形或卵形，长7-17厘米，先端渐尖或短渐尖，基部圆或宽楔形，具浅钝齿，上面疏被糙伏毛，下面无毛；叶柄长2-8厘米。花单性或两性；圆锥花序腋生，长达8厘米，分枝近平展；团伞花序单性，密集，径约1.5毫米。雄花花被片4，椭圆形，长1毫米，基部合生；雄蕊4，长约2毫米。雌花花被片长0.8-1毫米，顶端具4小齿。瘦果菱状倒卵球形，长约1毫米。花期2-5月。

产西藏东南部、云南西南及南部，生于海拔1200-1900米林中、山谷、溪边。不丹、锡金、尼泊尔及印度北部有分布。

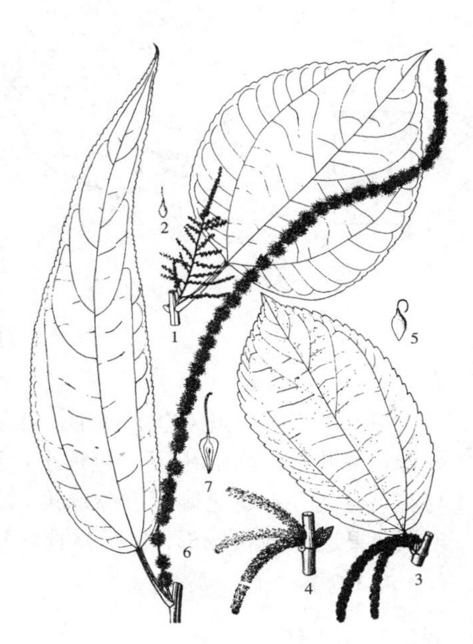

图 207: 1-2. 歧序苎麻 3-5. 束序苎麻 6-7. 长叶苎麻 （引自《中国植物志》）

16. 束序苎麻 图 207：3-5

Boehmeria siamensis Craib in Kew Bull. 1916: 269. 1916.

灌木，高达3米，小枝被伏毛。叶对生，窄卵形、椭圆形或窄椭圆形，长5-15厘米，先短渐尖，基部浅心形或圆，密生小牙齿，两面疏被伏毛，叶柄长0.2-1厘米，托叶窄三角形或钻形，长6-8毫米。穗状花序单生于近枝顶叶腋，2-4簇生叶腋，长4-6厘米，不分枝；团伞花序径1.5-2.5毫米，密集，靠接；苞片长2.5-3.5毫米。雄花花被片4，椭圆形，长1.8-2毫米，合生至中部；雄蕊4，长2.5毫米。雌花花被长约1毫米，顶端具3小齿，果期长1.8-2毫米。瘦果卵球形，长0.8毫米。花期3月。

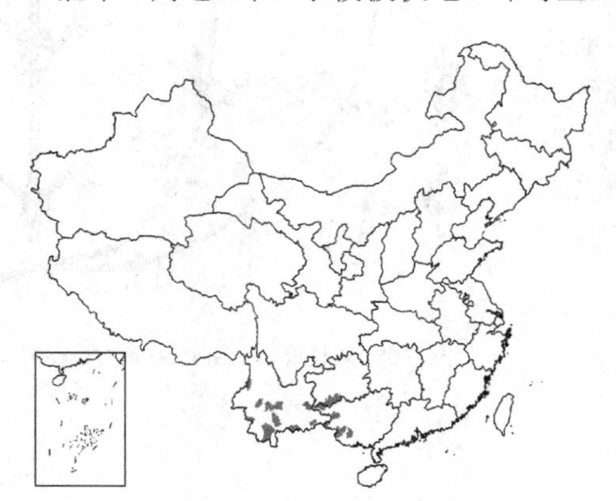

产云南、广西西部、贵州西南部，生于海拔400-1700米阳坡灌丛中或疏林内。越南、老挝及泰国有分布。

17. 长叶苎麻 图 207：6-7

Boehmeria pendulifera Wedd. ex Long in Notes Roy. Bot. Gard. Edinb. 40(1)：130. 1982.

Boehmeria macrophylla auct. non Hornem.：中国高等植物图鉴 1：518. 1972.

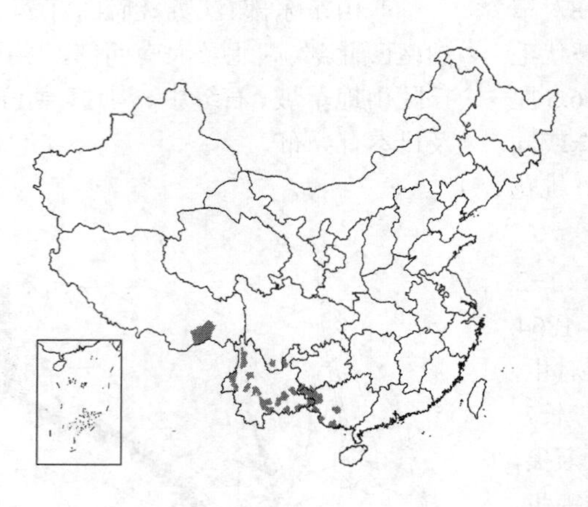

灌木，高达4.5米。小枝被伏毛，近方形，具浅纵沟。叶对生，披针形或线状披针形，长（8-）14-25（-29）厘米，先端渐窄或尾状，基部楔形、圆或微心形，密生小钝齿，上面网脉凹下，呈小泡状隆起，粗糙，无毛或疏被毛，下面沿隆起网脉被短毛；叶柄长0.6-3厘米。雌雄异株；穗状花序，或枝上部的为雌性，单生叶腋，长6-32厘米，下部的雄性，常2条并生叶腋，长4.5-8厘米；雄团伞花序径1-2毫米，雌团伞花序径2.5-6毫米。雄花花被片4，椭圆形，长1.2毫米，下部合生；雄蕊4，长1.8毫米，雌花花被长（1.2）1.6-2.2毫米，顶端具2小齿。瘦果椭圆状球形或卵球形，长0.5毫米，周边具翅，具柄，长约1.2毫米。花期7-10月。

产西藏东南部、四川西南部、云南、贵州西南部、广西西部，生于海拔500-2000米丘陵山地林内、灌丛中或林缘。越南、老挝、泰国、缅甸、不丹、尼泊尔及印度北部有分布。茎皮纤维洁白、柔软，可代苎麻供纺织用。根药用，治风湿。

13. 微柱麻属 Chamabainia Wight

（王文采）

多年生草本。叶对生，卵形，具牙齿，基脉3出，钟乳体点状；托叶离生，膜质，宿存。花单性，雌雄同株或异株，稀两性；团伞花序；苞片小，膜质。雄花花被片3-4，椭圆形，下部合生，顶端具短角状突起；雄蕊3-4，与花被片对生；退化雌蕊倒卵球形。雌花花被筒状；子房包于花被内，近无花柱，柱头伸出花被片，近卵形，密被毛。瘦果近椭圆状球形，包于宿存花被内，果皮硬壳质，稍带光泽。

单种属。

微柱麻 图 208

Chamabainia cuspidata Wight, Ic. Pl. Ind. Or. 6：t. 1981. 1853.

形态特征同属。花期6-8月。

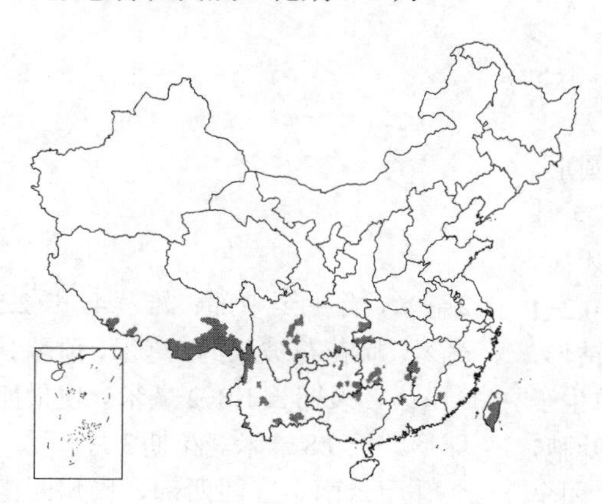

产台湾、福建、江西西部、湖北西南部、湖南、广东北部、广西、贵州、云南、四川、西藏南部及东南部，生于海拔1000-2900米山地林内、灌丛中、沟边或石缝中。越南北部、缅甸、不丹、锡金、尼泊尔、印度及斯里兰卡有分布。全草及根药用，治胃腹疼痛。

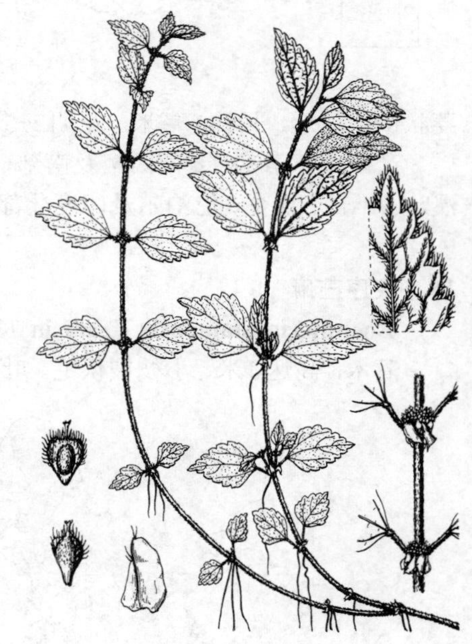

图 208 微柱麻 （引自《Fl. Taiwan》）

14. 雾水葛属 Pouzolzia Gaudich.

（王文采）

灌木、亚灌木或多年生草本。叶互生，稀对生，具齿或全缘，基脉3出，钟乳体点状；托叶离生。花两性，有时单性；团伞花序生于叶腋，稀组成穗状花序；苞片小。雄花花被片（3）4-5，镊合状排列，基部或下部合生，椭圆形；雄蕊与花被片对生；退化雌蕊倒卵球形或棒状。雌花花被筒状，顶端缢缩，具2-4小齿，果期稍增大，有时具纵翅。瘦果卵球形，果皮壳质，有光泽。

约60种，分布于热带及亚热带地区。我国8种。

1. 灌木；叶互生，具齿，侧脉（1）2-3对；雄花花被片合生至中部。
  2. 叶两面被糙毛。
    3. 叶窄卵形、椭圆状卵形或卵形，长2.6-11（-17）厘米，先端渐尖 ……………… 1. **红雾水葛 P. sanguinea**
    3. 叶菱状卵形或近菱形，长1-4（-5.4）厘米，先端尖。
      4. 小枝及叶均疏被短伏毛；雄花被片先端尖，无角状尖头 ……………………… 2. **雅致雾水葛 P. elegans**
      4. 小枝及叶下面均被开展短毛；雄花被片有角状尖头 ……… 2(附). **菱叶雾水葛 P. elegans** var. **delavayi**
  2. 叶上面无毛或近无毛，下面密被银白色毡毛 ………………………………… 3. **银叶雾水葛 P. argenteonitida**
1. 多年生草本；叶对生，全缘，侧脉1对；雄花花被片基部合生 ……………………… 4. **雾水葛 P. zeylanica**

1. 红雾水葛 图209：1-4

Pouzolzia sanguinea（Bl.）Merr. in Journ. As. Soc. Straits 84: spec. no. 233. 1921.

Urtica sanguinea Bl. Bijdr. 501. 1825.

灌木。茎高达3米。小枝被糙毛。叶互生，窄卵形、椭圆状卵形或卵形，稀披针形，长2.6-11（-17）厘米，宽1.5-4（-9）厘米，先端渐尖，基部圆、宽楔形或楔形，具牙齿，两面被糙毛，侧脉2对；叶柄长0.4-2.5厘米。花单性或两性；团伞花序径2-6毫米。雄花4基数，花被片长1.6毫米。雌花花被宽椭圆形或菱形，长0.8-1.2毫米，顶端具3小齿。瘦果卵球形，长1.6毫米，淡黄色，有光泽。花期4-8月。

产海南、广西、贵州、云南、西藏东南及南部、四川南部及西南部、甘肃南部，生于海拔350-2300米干热山谷或山坡林缘、林内、灌丛中。越南、老挝、马来西亚、印度尼西亚、泰国、缅甸、印度北部、锡金及尼泊尔有分布。

图 209: 1-4. 红雾水葛 5-6. 雅致雾水葛 7-8. 菱叶雾水葛 （引自《中国植物志》）

2. 雅致雾水葛 图209：5-6

Pouzolzia elegans Wedd. in DC. Prodr. 16(1): 230. 1869.

灌木。茎高达2米，多分枝；小枝细，上部密被糙伏毛。叶互生，菱状卵形或近菱形，长1-4（-5.4）厘米，宽0.9-2.8（-3.4）厘米，先端尖，基部宽楔形，上部具小齿，两面被糙毛，侧脉2对；叶柄长0.1-1厘米。花单性或两性；团伞花序径2-5毫米。雄花4基数，花被片长1.2-1.5毫米。雌花花被窄椭圆形，长1.2-1.8毫米，顶端具4齿。瘦果椭圆状球形或卵球形，长1毫米，灰白或带淡褐色，有光泽。花期5-7月。

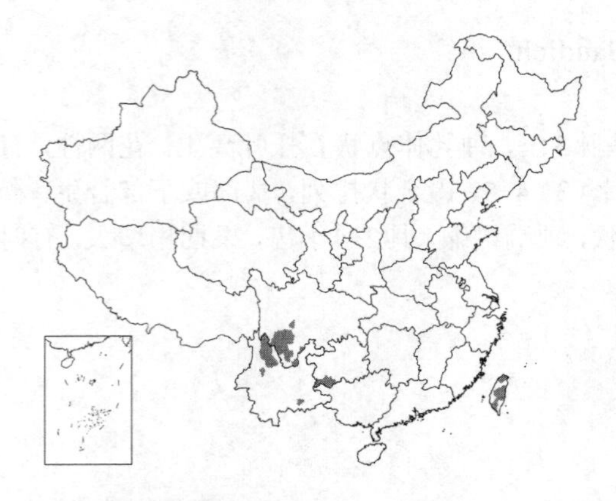

产云南、四川西南部、贵州南部、台湾，生于海拔360–2300米干热河谷、山坡灌丛中。

［附］**菱叶雾水葛** 图209：7–8 **Pouzolzia elegans** var. **delavayi**（Gagnep.）W. T. Wang in Bull. Bot. Res.（Harbin）12(3)：210. 1992. —— *Boehmeria delavayi* Gagnep. in Not. Syst. 4：126. 1928. 本变种与模式变种的区别：小枝及叶下面均被开展的短糙毛；雄花花被片先端有角状突起。产云南西北部、四川西南部及西部、西藏东南部，生于海拔1500–2200米山地干旱河谷灌丛中。

3. 银叶雾水葛 图210

Pouzolzia argenteonitida W. T. Wang in Acta Phytotax. Sin. 17(1)：108. 1979.

灌木。茎高达4米；小枝密被淡褐色柔毛。叶互生，窄卵形或披针形，长4.4–13厘米，宽1.3–5厘米，先端长渐尖、尾状或渐尖，基部楔形、宽楔形或圆，密生小齿，上面无毛或近无毛，下面密被银白色毡毛，侧脉3对；叶柄长0.6–1.6厘米。花单性或两性，团伞花序径2–7毫米。雄花4基数，花被片长2毫米。雌花花被纺锤形或菱形，长1–1.2毫米，顶端具3小齿，密被柔毛。瘦果近卵球形，长1.2毫米，淡黄白色，有光泽。花期7–10月。

产云南西北部及西藏东南部，生于海拔900–1300米山谷常绿阔叶林中。缅甸、印度东北部、不丹及尼泊尔有分布。

图 210 银叶雾水葛 （孙英宝绘）

4. 雾水葛 图211

Pouzolzia zeylanica（Linn.）Benn. Pl. Jav. Rar. 67. 1838.

Parietaria zeylanica Linn. Sp. Pl. 1052. 1753.

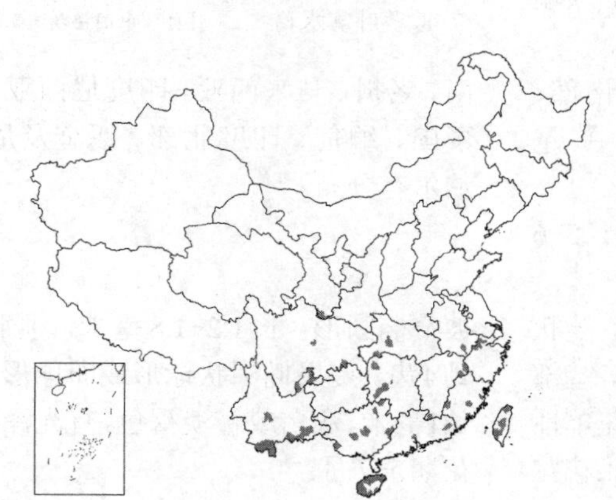

多年生草本。茎直立或渐升，高达40厘米，常下部分枝，被伏毛或兼有开展柔毛。叶对生，卵形或宽卵形，长1.2–3.8厘米，宽0.8–2.6厘米，先端短渐尖，基部圆，全缘，两面疏被伏毛，侧脉1对；叶柄长0.3–1.6厘米。花两性；团伞花序径1–2.5毫

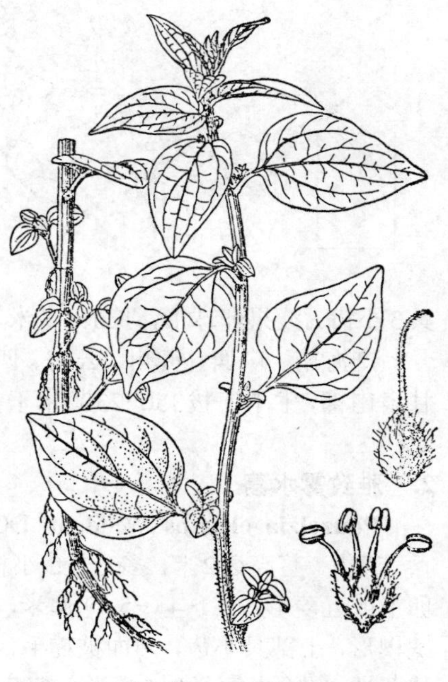

图 211 雾水葛 （引自《海南植物志》）

米。雄花4基数，花被片长1.5毫米，基部合生。雌花花被椭圆形或近菱形，长0.8毫米，顶端具2小齿，密被柔毛。瘦果卵球形，长1.2毫米，淡黄白色，上部褐色或全部黑色，有光泽。花期秋季。

产安徽南部、浙江西部、福建、台湾、江西、湖北、湖南、广东、海南、广西、云南、四川及甘肃南部，生于海拔300-1300米草地、田边、丘陵山地灌丛中或疏林内。亚洲热带地区有分布。

15. 糯米团属 **Gonostegia** Turcz.

（王文采）

多年生草本或亚灌木。叶对生，有时互生，全缘，基脉3-5出，钟乳体点状；托叶离生或合生。花两性或单性；团伞花序生于叶腋；苞片小，膜质。雄花花被片（3）4-5，离生，中部以上内曲；雄蕊3（4-5），与花被片对生；退化雌蕊极小。雌花被筒状，顶端具2-4小齿，果期宿存，具数条至12条纵肋，有时具纵翅；柱头丝状，密被柔毛。瘦果卵球形，果皮硬壳质，有光泽。

约12种，分布于亚洲热带及亚热带地区、澳大利亚。我国4种。

1. 茎上部叶互生；宿存花被具2（3）纵翅或数条纵肋；亚灌木 ………………………………………………… 1. **狭叶糯米团 G. pentandra** var. **hypericifolia**
1. 茎生叶全对生；宿存花被具10纵肋，无翅；多年生草本或小亚灌木。
  2. 叶长（1.2-）3-10厘米，先端渐尖；雄花5基数 ……………………………… 2. **糯米团 G. hirta**
  2. 叶长不及1.2厘米，先端钝或微尖；雄花4基数 ……………………… 2(附). **台湾糯米团 G. matsudai**

1. 狭叶糯米团 图212：1-2

Gonostegia pentandra（Roxb.）Miq. var. **hypericifolia**（Bl.）Masam. in Journ. Soc. Trop. Agri. 3：114. 1941.

Pouzolzia hypericifolia Bl. Mus. Bot. Lugd.-Bat. 2：242. 1857.

亚灌木。茎高约50厘米，上部具4纵棱，沿棱被伏毛，节密集。茎下部叶对生，具极短柄，上部叶互生，无柄；叶窄披针形、披针形或三角状窄卵形，长0.6-1.8厘米，宽3-6毫米，先端微尖，基部圆，两面无毛。团伞花序生于茎上部叶腋；花两性。雄花具梗，常5基数，花被片长2.2毫米。雌花花被椭圆形，长1.2毫米，顶端具2小齿，果期卵形，长2毫米，具2（3）纵翅和数条纵肋。瘦果窄卵球形，长1.5毫米，黑色，有光泽。花期夏季至冬季。

产云南、广西、海南及台湾，生于丘陵较阴湿处。

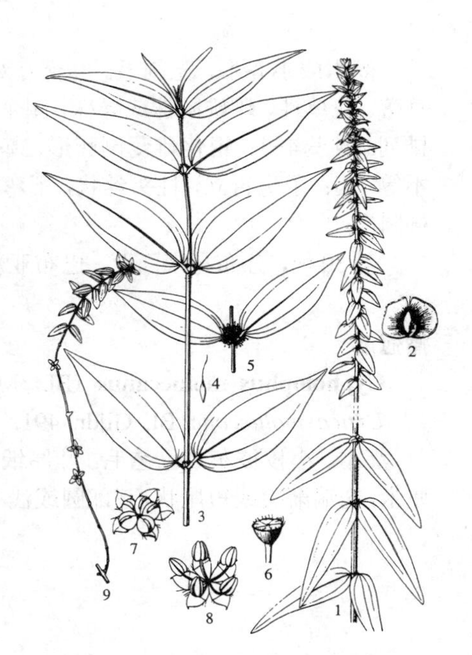

图 212：1-2. 狭叶糯米团 3-8. 糯米团 9. 台湾糯米团 （引自《中国植物志》）

2. 糯米团 图212：3-8 彩片62

Gonostegia hirta（Bl.）Miq. in Ann. Mus. Bot. Lugd.-Bat. 4：303. 1868-69.

Urtica hirta Bl. Bijdr. 495. 1825.

Memorialis hirta（Bl.）Wedd.；中国高等植物图鉴 1：522. 1972.

多年生草本。茎蔓生、铺地或渐

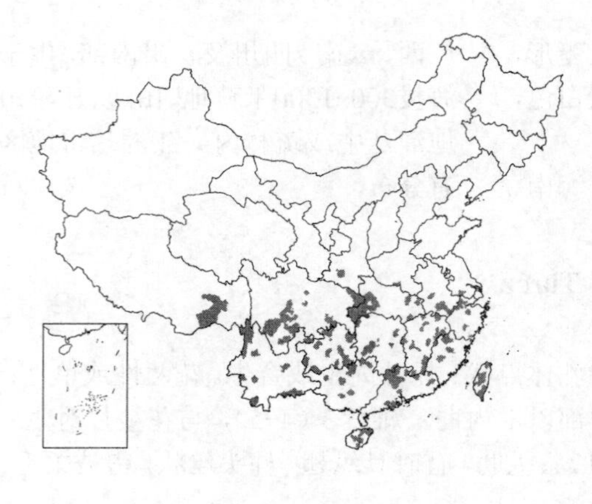

升，长达1（-1.6）米，上部四棱形，被柔毛。叶对生，宽披针形或窄披针形、窄卵形、稀卵形或椭圆形，长（1.2-）3-10厘米，宽（0.7-）1.2-2.8厘米，先端渐尖，基部浅心形或圆，上面疏被伏毛或近无毛，下面脉上疏被毛或近无毛，基脉3-5；叶柄长1-4毫米，托叶长2.5毫米。花雌雄异株；团伞花序径2-9毫米。雄花5基数，花被片倒披针形，长2-2.5毫米，雌花花被菱状窄卵形，长约1毫米，顶端具2小齿，果期卵形，长1.6毫米，具10纵肋。瘦果卵球形，长1.5毫米，白或黑色，有光泽。花期5-9月。

产江苏、安徽、浙江、福建、台湾、江西、湖北、湖南、广东、海南、广西、贵州、云南、西藏东南部、四川、陕西及河南南部，生于海拔100-2700米丘陵山地林内、灌丛中或沟边草地。亚洲热带及亚热带地区、澳大利亚广布。茎皮纤维可制人造棉；全草药用，治积食、胃痛；全草可饲猪。

［附］**台湾糯米团** 小叶糯米团 图 212：9 **Gonostegia matsudai**（Yamam.）Yamam. et Masam. in Journ. Soc. Trop. Agr. 3：392. 1931. —— *Memorialis matsudai* Yamam. Suppl. Ic. Pl. Formos. 1：23. f. 8. 1925. —— *Gonostegia neurocarpa*（Yamam.）Yamam. et Masam.；中国植物志 23(2)：368. 1995. 本种与糯米团的区别：多年生小草本或小亚灌木；叶窄卵形或卵形，长0.4-1.2厘米，宽2-5毫米，先端钝或微尖；雄花4基数。产台湾，生于丘陵或低山地区。

16. 瘤冠麻属 Cypholophus Wedd.

（陈家瑞）

灌木或小乔木，无刺毛。叶交互对生，有锯齿，具羽状脉，稀3出基脉，钟乳体点状；托叶分生于叶柄两侧，早落。花单性，雌雄同株或异株，团伞花序成半球状或球状，生于上年生枝或老枝叶腋。雄花花被片4-5，镊合状排列；雄蕊4-5；退化雌蕊倒卵形，基部围以细绵毛。雌花花被片合生成管状，一面膨胀，顶端缢缩成口，具2或不等4齿；子房直立，柱头丝状，下弯，外侧有多数长毛。瘦果被肉质花被所包，果皮硬壳质。种子有胚乳，子叶椭圆形。

约30种，分布马来西亚、巴布亚新几内亚和太平洋诸岛热带地区。我国1种。

瘤冠麻 图 213

Cypholophus moluccanus（Bl.）Miq. in Ann. Mus. Bot. 4：303. 1869. *Urtica moluccana* Bl. Gijdr. 491. 1825.

灌木。小枝被灰白色毡毛。叶厚纸质，宽卵形或卵状椭圆形，长12-15厘米，先端渐尖或短尾状，基部圆或浅心形，有细小圆齿，两面密被糙伏毛，上面有泡状隆起，基出脉3，侧脉3-5对，下面隆起，上面平；叶柄长1-5厘米，密被灰白色毡毛，托叶披针形，长1-1.2厘米。花雌雄同株，团伞花序半球状。雄花被片窄倒卵圆形，先端骤尖；雌花被合生成倒卵形或长圆形，顶端有4小齿。瘦果长圆状倒卵形，稍不对称，扁，被短粗毛。花期4-7月。

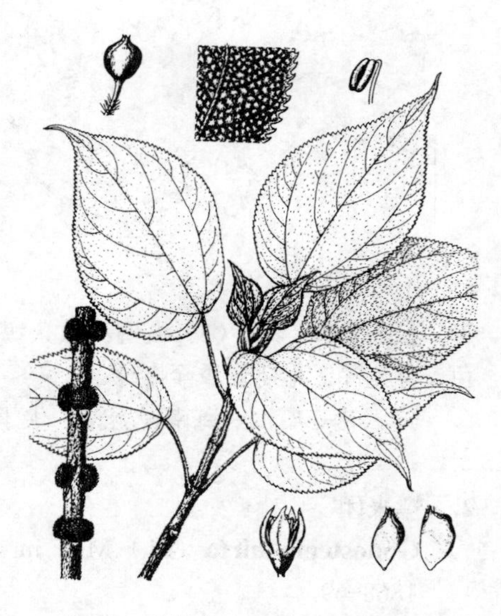

图 213 瘤冠麻 （引自《Fl. Taiwan》）

产台湾（台东），生于低山地区湿润处。印度尼西亚、菲律宾及夏威夷群岛有分布。

17. 肉被麻属 **Sarcochlamys** Gaudich. emend. C. J. Chen

（陈家瑞）

常绿灌木或小乔木，高达6米，无刺毛。小枝密被近贴生柔毛。叶互生，薄革质，披针形或窄披针形，长12-22（-29）厘米，先端渐尖或长渐尖，基部宽楔形或近圆，有细锯齿，上面暗绿色，有光泽，近无毛，下面灰白色，脉网内被一层毡毛，脉上被近贴生柔毛，基出脉3，侧脉多数，钟乳体点状；叶柄长2-6厘米，被贴生柔毛，托叶柄内生，三角状卵形，2裂，早落。花雌雄异株，花序聚伞圆锥状，成对腋生，团伞花序密集于花枝。雄花花被片5，双盖覆瓦状排列；雄蕊5，花丝上部内折；退化雌蕊小，圆锥状。雌花花被片4-5，膜质，基部合生，果时肉质，其中（2）3（4）枚合生至上部，一侧膨胀成坛状或盔状，包果，另1枚窄卵形或披针形，基部与邻近裂片合生；子房直立，无花柱，柱头环状，生短乳头状毛。瘦果宽卵圆状或倒卵状，偏斜，为稍肉质花被所包。种子有少量胚乳，子叶卵形。

单种属。

肉被麻 图 214

Sarcochlamys pulcherrima Gaudich. Bot. Voy. Bonite t. 89. 1829.

形态特征同属。花期4-5月，果期6-9月。

产云南西北部（贡山）及西藏东南部（墨脱），生于海拔850-1350米热带雨林、山坡常绿阔叶林林缘或河滩次生林较湿润处。不丹、锡金、印度、泰国及印度尼西亚有分布。

图 214 肉被麻 （张泰利绘）

18. 锥头麻属 **Poikilospermum** Zippel ex Miq.

（陈家瑞）

木质藤本。叶互生，全缘，具羽状脉，钟乳体短杆状、近点状或短梭形，在上面匀布，在下面常沿细脉纵行排列；托叶常革质，柄内合生。花雌雄异株，花序常单生叶腋，聚伞状，二叉分枝或多回二歧分枝；团伞花序球状，生于分枝顶端，多花生于稍膨大花序托。雄花花被片（2-）4，离生或稍合生，顶端常内弯；雄蕊（2-）4，花丝直伸，稀内折；退化雌蕊明显或不明显。雌花花被合生成管状，顶端4裂或4齿；子房上位，具1心皮，1室，胚珠基生，直立；柱头近无柄，舌形，弯头状或盾形头状，常宿存；无退化雄蕊。瘦果卵圆形或椭圆形，稍扁，宿存花被包果。种子少或无胚乳，胚直立，子叶长圆形。

约27种，分布喜马拉雅地区经马来西亚至西太平洋群岛。我国2种。

1. 雄花序三至六回二歧分枝，头状团伞花序散生枝顶，序梗苞片长约2毫米；叶下面密被柔毛或近无毛，托叶早落 ………………………………………… 1. **毛叶锥头麻 P. lanceolatum**
1. 雄花序二至三回二歧分枝，头状团伞花序分成二假伞形花簇，序梗苞片长0.5-1厘米；叶两面无毛或近无毛，托叶宿存 ………………………………………… 2. **锥头麻 P. suaveolens**

1. **毛叶锥头麻** 图 215

Poikilospermum lanceolatum (Trec.) Merr. in Contr. Arn. Arb. 8: 50. 1934. excl. syn.

Conocephalus lanceolatus Trec. Ann. Sci. Nat. Sér. 3, 8: 88. 1847.

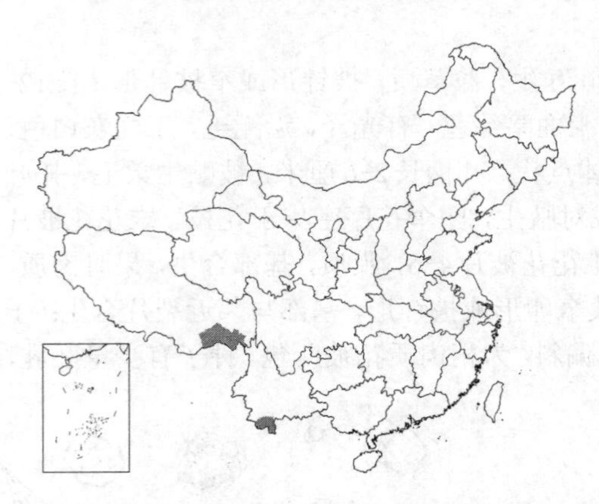

攀援灌木。小枝被柔毛，旋脱落，托叶痕与叶痕明显。叶薄革质，披针形或椭圆形，长12-30厘米，先端尖或长渐尖，基部圆，稀宽楔形，全缘，上面无毛，下面密被柔毛或近无毛，钟乳体短杆状，侧脉7-9对；叶柄长3-8厘米，幼时被柔毛，托叶披针形，背面被柔毛，早落。雄花序三至六回二歧状分枝，长3-6厘米；团伞花序球形，生于分枝顶端；序梗苞片长约2毫米；雌花序二至三回二歧状分枝或二叉状，长2-3厘米，花序梗被柔毛；团伞花序径约7毫米。雄花花被片4，倒卵状长圆形。雌花花被片4，合生成管状，顶端内卷；柱头舌状，宿存；花梗长约2毫米。瘦果长圆状椭圆形，一边稍偏斜，扁，两面有黑色斑点；宿存花被包果。花期3-4月，果期5-7月。

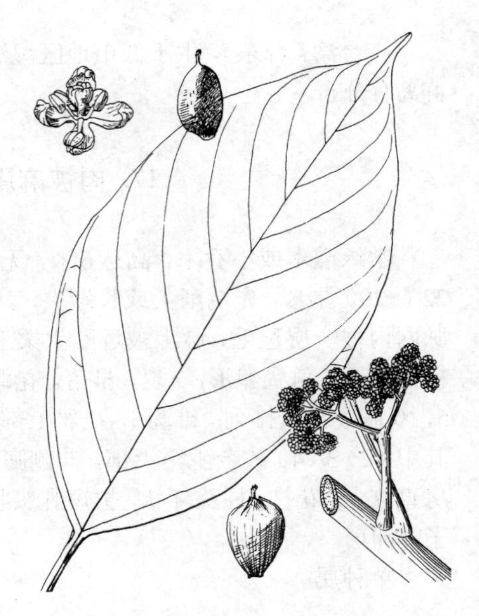

图 215 毛叶锥头麻 （冀朝祯绘）

产云南南部及西藏东南部，生于海拔740-1750米山谷疏林中。缅甸、印度东北部有分布。

2. **锥头麻** 图 216

Poikilospermum suaveolens (Bl.) Merr. in Contr. Arn. Arb. 8: 47. 1934. p. p.

Conocephalus suaveolens Bl. Bijdr. 484. 1825.

攀援灌木。小枝无毛或被柔毛。叶革质，宽卵形、椭圆形或倒卵形，长10-35厘米，先端锐尖或钝尖，基部楔形、圆或心形，两面无毛或近无毛，钟乳体短杆状或短梭形，侧脉7-14对；叶柄长5-10厘米，近无毛，托叶镰刀形，长约3厘米，宿存。雄花序长4-6厘米，二至三回二歧分枝，头状团伞花序分成二假伞形花簇；序梗苞片船形，长0.5-1厘米，宿存；雌花序长4-8厘米，常二叉分枝；序梗苞片稍大；团伞花序球形，径0.7-1厘米。雄花花被片4，退化雌蕊内弯，柱头舌状；花梗长0.5-1厘米。瘦果长3-5毫米；果柄长约果的3倍。花期4月，果期5-6月。

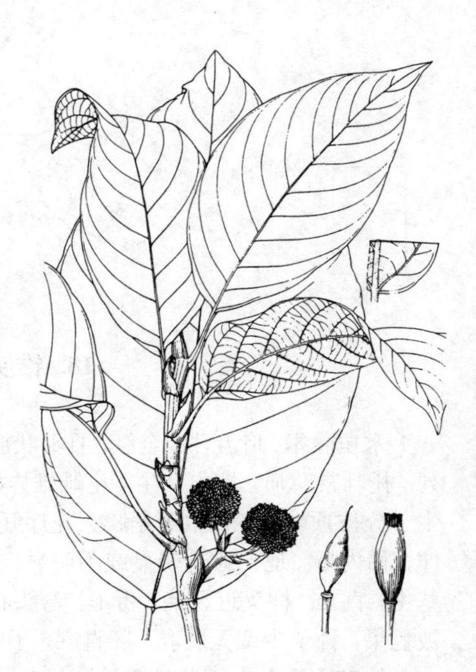

图 216 锥头麻 （引自《中国珍稀濒危植物》）

产云南南部及西藏东南部，生于海拔500-600米山谷林中或林缘潮湿地方。印度、中南半岛、马来半岛、加里曼丹、爪哇及菲律宾有分布。

19. 落尾木属 **Pipturus** Wedd.

（陈家瑞）

乔木、直立或攀援灌木；无刺毛。叶互生，全缘或有圆齿，基出脉3-5，钟乳体点状；托叶柄内合生，先端2裂，早落。花单性，雌雄同株或异株；雄团伞花序排成穗状或圆锥状，稀簇生叶腋；雌团伞花序成头状，腋生，苞片小。雄花花被片5-4，镊合状排列；雄蕊5-4；退化雌蕊卵圆形或棍棒状，密被绵毛。雌花多数着生稍肉质花序托；花被片合生成管状，顶端有5-4齿，果时稍肉质；子房贴生花被，柱头丝形，果时脱落。瘦果小，为稍肉质花被所包。种子少胚乳，子叶宽。染色体基数x=13，14。

约40种，分布东亚、太平洋诸岛和大洋洲热带地区。我国1种。

落尾木 图 217

Pipturus arborescens（Link.）C. B. Robinson in Philipp. Journ. Sci. Bot. 6：13. 1911.

Urtica arborescens Link, Enum. Hort. Berol. 2：386. 1822.

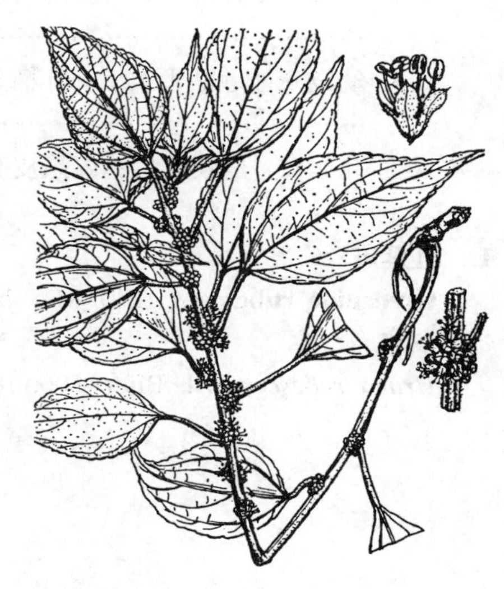

图 217 落尾木 （引自《Woody Fl. Taiwan》）

常绿灌木或小乔木。小枝、叶柄、叶下面、花序轴及托叶均被银白色柔毛。叶卵形，长6-13厘米，先端渐尖或短尾尖，基部圆或楔形，有细锯齿，上面疏生糙伏毛，基出脉3，侧脉3-4对，在下面隆起，密布点状钟乳体；叶柄长1.5-5厘米，托叶卵形，先端尖。花雌雄异株，团伞花序球状，腋生。雄花被片4-5，卵形，密被微毛。雄蕊4-5；雌花被片合生成管状，卵形，基部一侧稍膨大，顶端有4-5齿，密被细茸毛。瘦果卵圆形，为稍肉质花被所包。花期4-6月。

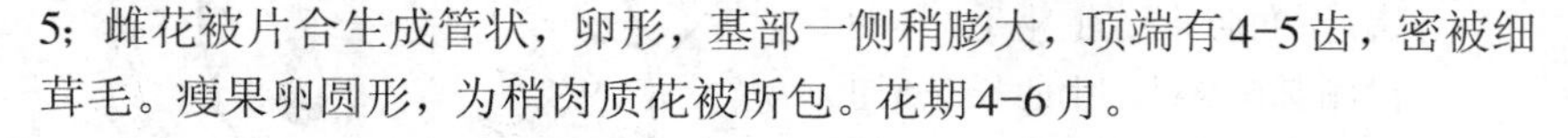

产台湾，生于低山次生林中。菲律宾及日本琉球群岛有分布。

20. 紫麻属 **Oreocnide** Miq.

（陈家瑞）

灌木或乔木；无刺毛。叶互生，基出3脉或羽状脉，钟乳体点状；托叶干膜质，生于叶柄两侧，脱落。花单性，雌雄异株；花序二至四回二歧聚伞状分枝、二叉分枝，稀簇生状，团伞花序生于分枝顶端，密集成头状。雄花花被片3-4，镊合状排列；雄蕊3-4；退化雌蕊被绵毛。雌花花被片合生成管状，稍肉质，贴生子房，口部缢缩，有不明显3-4小齿；柱头盘状或盾状，边缘有多数长毛，后渐脱落。瘦果内果皮稍骨质，外果皮与花被贴生，稍肉质，花托肉质透明，盘状，果时常增大。种子具油质胚乳；子叶卵形或宽卵圆形。染色体基数x=12，14。

约19种，分布亚洲东部和大洋洲巴布亚新几内亚热带和亚热带地区。我国10种。本属植物的韧皮纤维是良好的代麻原料。

1. 叶脉羽状；雄花花被片与雄蕊均4。
  2. 叶有浅细牙齿，或稍波状 …………………………………………………… 1. **红紫麻 O. rubescens**
  2. 叶全缘。
    3. 叶椭圆形、长圆形或长圆状披针形，基部钝圆；幼枝与叶柄被茸毛 ……… 2. **全缘叶紫麻 O. integrifolia**
    3. 叶倒卵状披针形，基部楔形；幼枝与叶柄疏被贴生短毛 ……………………………………………

…………………………………………………………………………… 2(附). 少毛紫麻 **O. integrifolia** subsp. **subglabra**

1. 叶具3出基脉；雄花花被片与雄蕊均3。
  4. 雌花序具梗；内果皮平滑或两侧有棱。
    5. 叶先端骤凸或短尾状，常具牙齿。
      6. 叶宽椭圆形、卵形或倒卵形，下面淡绿或黄绿色，被柔毛和脉上生粗毛，托叶长1-2厘米 …………………………………………………………………………………… 3. 宽叶紫麻 **O. tonkinensis**
      6. 叶倒卵形或窄倒卵形，稀倒披针形，下面被灰色毡毛，托叶长0.7-1厘米 …………………………………………………………………………………… 4. 倒卵叶紫麻 **O. obovata**
    5. 叶先端渐尖或尾尖，下面绿色，常具细齿或锯齿。
      7. 小枝、叶柄和叶下面被锈色茸毛；侧脉5-7对；果托肉质，壳斗状，几全部或大部包果 …………………………………………………………………………………… 5. 细齿紫麻 **O. serrulata**
      7. 幼枝密被近贴生柔毛；叶柄和叶下面脉上被糙伏毛，侧脉2-3对；果托肉质，浅壳斗状，包果下部 …………………………………………………………………………………… 6. 长梗紫麻 **O. pedunculata**
  4. 花序几无梗，呈簇生状；内果皮有多数洼点 ……………………………… 7. 紫麻 **O. frutescens**

1. 红紫麻 图218：1-2

Oreocnide rubescens (Bl.) Miq. in Zoll. Syst. Verz. Ind. Archip. 101. 1854.

Urtica rubescens Bl. Bijdr. 506. 1825.

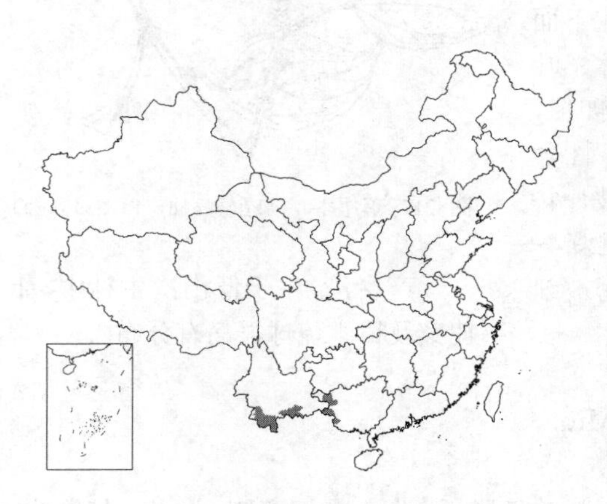

常绿小乔木或灌木状，高达12米。小枝上部疏生粗毛。叶坚纸质，长圆形或倒卵状披针形，长7-25厘米，先端渐尖或短尾尖，基部圆或宽楔形，有浅细牙齿或稍波状，下面脉上疏生粗毛，具羽状侧脉6-9对；叶柄长1-5厘米，托叶披针形，长0.6-1厘米。花序生于去年生枝和老枝叶腋，长1-2厘米，二至三回二歧分枝，花序梗粗不及0.5毫米；团伞花簇径3-4毫米。雄花花被片4，合生至中部；雌蕊4。瘦果干后黑色，圆锥状，长约1.2毫米，被贴生微糙毛，内果皮稍骨质，果托肉质盘状。花期4-5月，果期7-12月。

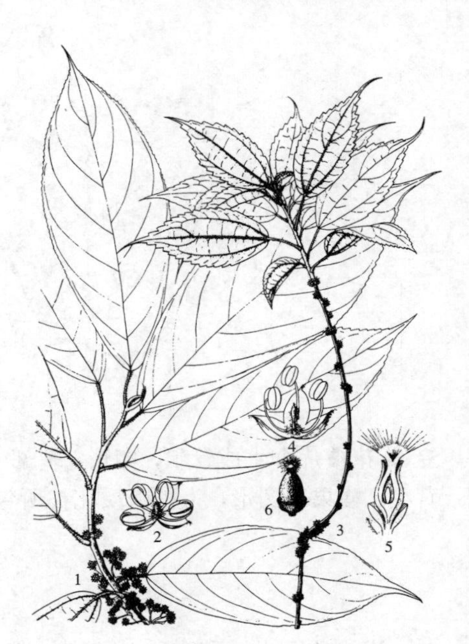

图 218: 1-2. 红紫麻 3-6. 紫麻
(引自《中国植物志》)

产云南南部及广西西部，生于海拔400-1600米山谷林缘或混交林中。缅甸、印度南部、斯里兰卡、印度尼西亚、菲律宾及越南有分布。

2. 全缘叶紫麻 图219：1-2

Oreocnide integrifolia (Gaudich.) Miq. in Ann. Mus. Lugd. Bat. 4: 306. 1869.

Villebrunea integrifolia Gaudich. Bot. Voy. Bonite t. 91. 1847-48.

常绿乔木，高达20米。小枝被灰褐色茸毛，后渐脱落。叶纸质，椭圆形、长圆形或长圆状披针形，长8-33厘米，先端长尾状或尾尖，基部钝圆，全缘，上面密被点状钟乳体，下面密生柔毛，中脉和侧脉有茸毛，具羽状侧脉8-12对；叶柄长1-9厘米，被茸毛，托叶线形，长1-1.5厘米。花序成对生于去年生枝和老枝，长1.5-2.5厘米，二至三回二歧状分枝，花序梗径1-1.5毫米；团伞花簇径4-5毫米。雄花被片与雄蕊均4。瘦果黑色，圆

锥状，长约1.5毫米，被细硬毛，具肉质浅盘状花托，内果皮硬骨质，多少有3-4棱，两侧棱明显。花期4-5月，果期7-9月。

产西藏东南部及云南西北部，生于海拔800-1400米林中。锡金、印度北部及东北部、缅甸有分布。

［附］**少毛紫麻 Oreocnide integrifolia** subsp. **subglabra** C. J. Chen in Acta Phytotax. Sin. 21(4)：473. 1983. 本变种与模式变种的区别：幼枝与叶柄疏被贴生短毛；叶倒卵状披针形，基部楔形，下面脉上疏被贴生短毛，侧脉6-8对。花期(12-)2-5月，果期7-12月。产海南、广西西部及云南东南部，生于海拔200-800米山谷林中较湿润处。越南、老挝、印度尼西亚苏门答腊及爪哇有分布。

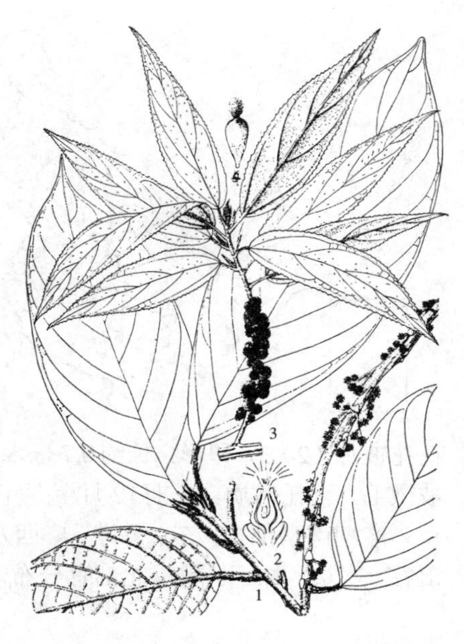

图 219：1-2. 全缘叶紫麻 3. 柳叶水麻
（引自《西藏植物志》）

3. 宽叶紫麻 图 220

Oreocnide tonkinensis（Gagnep.）Merr. et Chun in Sunyatsenia 5：44. 1940.

Villebrunea tonkinensis Gagnep. in Not. Syst. 4：131. 1928.

灌木，高达4米。小枝初被粗毛和柔毛，后渐脱落。叶纸质，宽椭圆形、卵形或倒卵形，长7-19厘米，先端骤凸或短尾尖，基部微缺或钝，边缘除在下部或中部全缘外其余有浅牙齿，上面深绿色，粗糙，下面淡绿或黄绿色，被柔毛和脉上生粗毛，基出脉3，侧脉2-3对；叶柄长1-7厘米，被粗毛和柔毛，托叶线形，长1-2厘米，中肋疏生硬毛。花序生当年生枝、去年生枝或老枝上，二至三回二歧分枝，长1-1.5厘米，花序梗纤细，有硬毛；团伞花簇径3-4毫米。雄花花被片4，卵形。瘦果卵圆形，长约1.2毫米，内果皮稍骨质，有淡绿和黑色相间花纹，肉质果托壳斗状。花期10-12月，果期翌年4-7月。

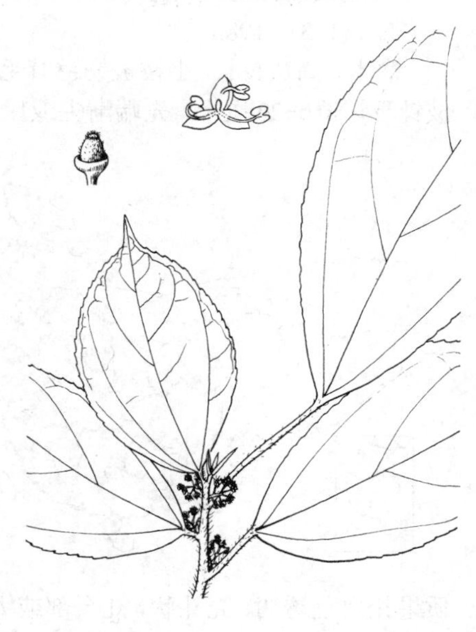

图 220 宽叶紫麻 （孙英宝绘）

产云南东南部及广西南部，生于海拔100-700米山谷林缘、灌丛或林中。越南北部有分布。

4. 倒卵叶紫麻 图 221

Oreocnide obovata（C. H. Wright）Merr. in Synyatsenia 3：250. 1939. p. p.

Debregeasia obovata C. H. Wright in Journ. Linn. Soc. Bot. 26：492. 1899.

直立或攀援灌木，高达3米。枝被粗毛和柔毛，后渐脱落。叶倒卵形或窄倒卵形，稀倒披针形，长7-17厘米，先端骤凸或短尾状，基部钝圆、

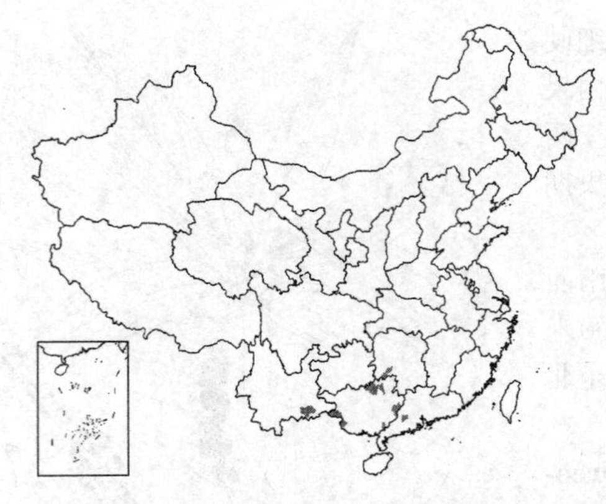

宽楔形或微缺，有牙齿或钝齿，上面粗糙，有时有泡状隆起，下面被灰毛毡毛，有时无毛，脉上有粗毛，基出脉3，侧脉2-3（4）对；叶柄长1-7厘米，被粗毛和柔毛，托叶线形，长0.7-1厘米。花序生于当年生枝和老枝上，长0.8-1.5厘米，二至三回二歧分枝；团伞花簇径3-4毫米。雄花花被片（2）3，卵形，长约0.7毫米。瘦果卵圆形，稍扁，长1-1.2毫米，被微毛，果托肉质。花期12月至翌年2月，果期5-8月。

产湖南南部、广东、香港、广西及云南东南部，生于海拔200-1400米山谷、水边、林下。越南北部有分布。

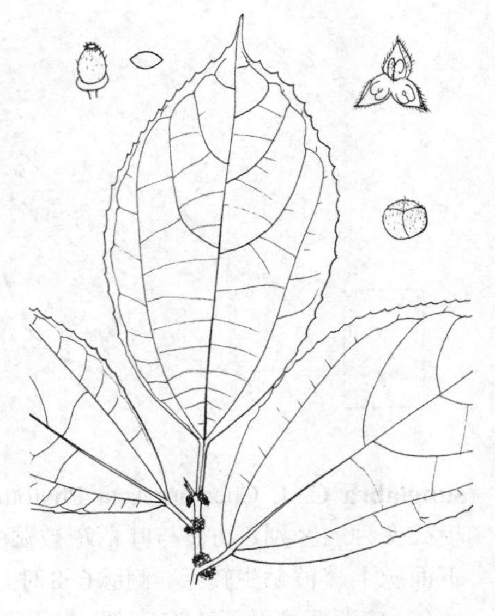

图 221 倒卵叶紫麻 （孙英宝绘）

5. 细齿紫麻 图 222

Oreocnide serrulata C. J. Chen in Acta Phytotax. Sin. 21(4): 474. f. 1(1-3). 1983.

灌木，高达5米。小枝被锈色茸毛。叶纸质，披针形、窄卵形或长圆状披针形，长6-23厘米，先端渐尖或尾尖，基部圆，有极细齿，上面干后变黑色或褐色，网脉泡状，下面脉紫红色，被锈色茸毛，基出脉3，侧脉5-7对；叶柄长1-7厘米，被锈色茸毛，托叶披针形，长约1厘米，背面中央有一条宽茸毛带。花序成对生，三至五回二歧分枝，长1-2厘米；团伞花簇径3-4毫米。雄花花被片3，合生至上部，裂片宽卵形。瘦果卵球形，不扁或微扁，长约1.5毫米，肉质果托白色透明，壳斗状，几全部或大部包果，内果皮骨质，两侧有棱。花期2-4月，果期7-10月。

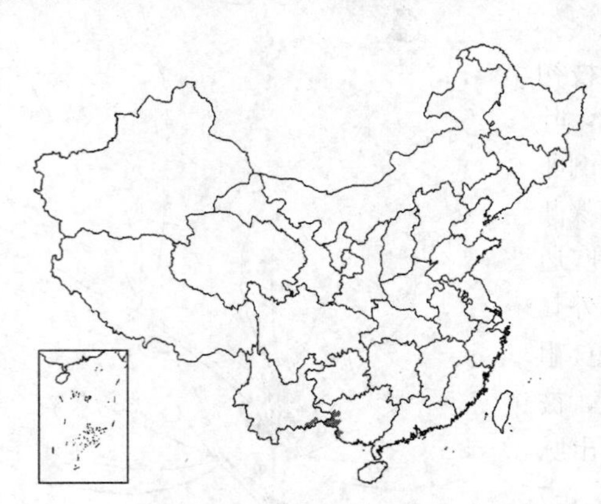

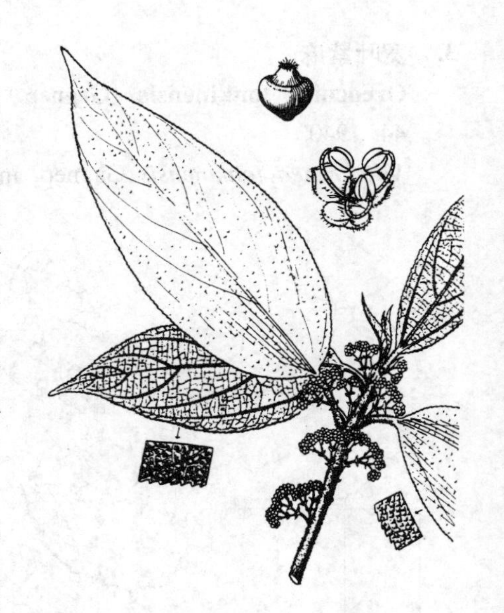

图 222 细齿紫麻 （张春方绘）

产广西西部及云南东南部，生于海拔1000-1600米石灰岩地区山坡林下或灌丛中。

6. 长梗紫麻 图 223

Oreocnide pedunculata（Shirai）Masamune, Prel. Rep. Veg, Yak. 69. 1929.

Villebrunea pedunculata Shirai in Bot. Mag. Tokyo 9: 160, t. 4. f. 1-6. 1895.

小乔木或灌木状，高达5米。幼枝密被近贴生柔毛，后渐脱落。叶草质，窄卵形、卵状披针形或长圆状披针形，长5-12厘米，先端渐尖或尾尖，基

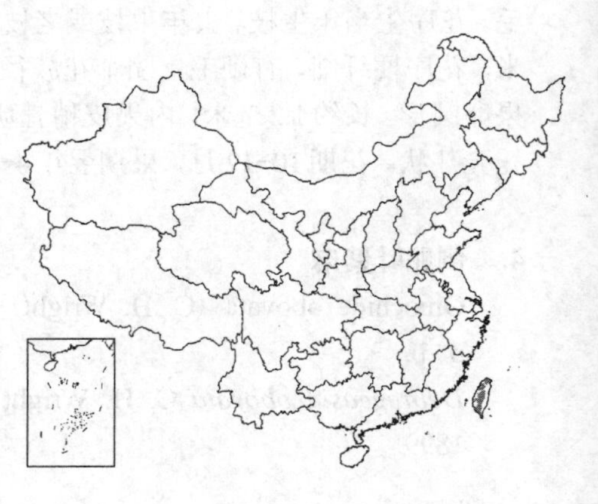

部圆或钝，有锯齿，上面疏生糙伏毛，后无毛，下面脉上疏生糙伏毛，基出脉3，侧脉2-3对；叶柄长0.5-3厘米，被糙伏毛，托叶披针形，长0.6-1.4厘米，花序生于去年生枝和老枝叶腋，雄花序无梗，呈簇生状；雌花序长0.6-1厘米，二回二歧分枝，茎上部的常二叉分枝；团伞花簇径3-4毫米。雄花花被片3，宽卵形，密生微毛。瘦果卵圆形，两侧扁，背面稍隆起，果托盘状，浅壳斗状，包果下部。花期3-5月，果期6-10月。

产台湾，生于低中山地带林下。日本南部及琉球群岛有分布。

图 223 长梗紫麻 （引自《Fl. Taiwan》）

7. 紫麻 图 218：3-6

Oreocnide frutescens（Thunb.）Miq. in Ann. Mus. Bot. Lugd.-Bat. 3：131. 1867.

Urtica frutescens Thunb. Fl. Jap. 70. 1784.

小乔木或灌木状，高达3米。小枝被毛，后渐脱落。叶常生于枝上部，草质，卵形或窄卵形，稀倒卵形，长3-15厘米，先端渐尖或尾尖，基部圆，稀宽楔形，有锯齿，下面常被灰白色毡毛，后渐脱落，基出脉3，侧脉2-3对；叶柄长1-7厘米，被粗毛，托叶线状披针形，长约1厘米，先端尾尖，背面中肋疏生粗毛。花序生于去年生枝和老枝，几无梗，呈簇生状；团伞花簇径3-5毫米。雄花花被片3，在下部合生，长圆状卵形。瘦果卵球状，两侧稍扁，长约1.2毫米；宿存花被深褐色，疏生微毛，内果皮稍骨质，有多数洼点；肉质果托壳斗状，包果大部。花期3-5月，果期6-10月。

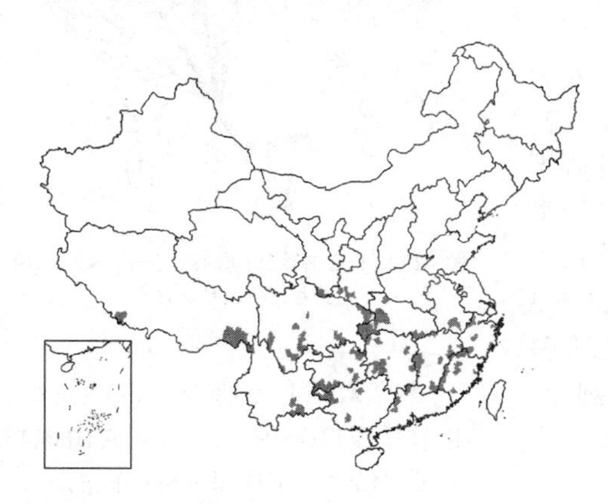

产安徽南部、浙江、福建、江西、湖北、湖南、广东、广西、贵州、云南、西藏、四川、甘肃东南部及陕西西南部，生于海拔300-1500米山谷、林缘或石缝中。中南半岛及日本有分布。茎皮纤维坚韧，供制绳索、麻袋和人造棉；茎皮可提取纤维及单宁；根、茎、叶药用，可活血。

21. 水麻属 Debregeasia Gaudich.

（陈家瑞）

灌木或小乔木；无刺毛。叶互生，具细牙齿或细锯齿，基出3脉，下面被白色或灰白色毡毛，钟乳体点状；具柄，托叶干膜质，柄内合生，顶端2裂，旋脱落。花单性，雌雄同株或异株，雄团伞花簇常具10余朵花，雌花序球形，多花，着生于分枝顶端，花序二歧聚伞状分枝或二歧分枝，稀单生，成对生于叶腋。雄花花被片3-4（5），镊合状排列；雄蕊3-4（5）；具退化雌蕊。雌花花被合生成管状，包被子房，顶端缢缩，有3-4齿，果时膜质与果离生，或肉质，贴生果实；柱头画笔头状，具帚状长毛柱头，宿存。瘦果浆果状，常梨形或壶形，在下部常缢缩成柄，宿存花被肉质，贴生果实，或膜质，与果离生。种子倒卵形，稍扁，胚乳丰富，子叶圆形。染色体基数x=14。

约6种，主产亚洲东部亚热带和热带地区，1种分布非洲北部。我国均产。本属植物的韧皮纤维是良好的代麻原料；果可食、酿酒，叶可作饲料。

1. 叶卵形、椭圆形或心形；雌花花被片果时膜质，与果离生。
    2. 叶椭圆形，基部楔形或圆，托叶2裂至中部；无肉质皮刺；花序单性 ………… 1. **椭圆叶水麻 D. elliptica**
    2. 叶卵形或心形，托叶上部2裂；皮刺肉质；雌雄花常同序 ………………………… 2. **鳞片水麻 D. squamata**
1. 叶披针形、长圆状披针形或线状披针形；托叶2浅裂；雌花花被片果时肉质，贴生于果。
    3. 花序生于当年生枝、去年生枝和老枝叶腋，小枝与叶柄密生伸展微粗毛 ………… 3. **长叶水麻 D. longifolia**

3. 花序生于去年生枝和老枝叶腋，小枝与叶柄非上述毛被。
  4. 小枝与叶柄被贴生柔毛；叶下面被毡毛，细脉可见；瘦果下部渐窄或具短柄 ……… 4. **水麻 D. orientalis**
  4. 小枝与叶柄被白色毡毛和疏生伸展粗毛；叶下面密被白色毡毛，常覆盖叶脉；瘦果下部渐窄成长柄 ……………………………………………………………………………………………… 5. **柳叶水麻 D. saeneb**

1. 椭圆叶水麻 图 224：1-2

Debregeasia elliptica C. J. Chen in Acta Phytotax. Sin. 21(4)：477. pl. 1. f. 5-6. 1982.

落叶小乔木或灌木状，高达4米。幼枝密被伸展淡褐色粗毛。叶薄纸质，椭圆形，长7-17厘米，先端渐尖或短尾状，基部宽楔形或圆，具细牙齿，上面泡状隆起，下面网脉内被白色毡毛，钟乳体细点状，在上面密布，基出脉3，侧脉3-4对；叶柄长4-7厘米，托叶卵形，长7-8毫米，2裂至中部。花雌雄异株，花序成对生于当年生枝和去年生枝叶腋；雌花序二至四回二歧分枝，长1.5-3厘米，密被粗毛；团伞花簇生于分枝顶端，球形，径约3毫米。雌花花被膜质，合生成坛状，包被子房，顶端具3齿，无毛。瘦果浆果状，倒卵圆形，顶端平截，几无柄，长约1毫米，外皮肉质，黄绿色，无毛，宿存花被包果而离生。花期8-9月，果期10-12月。

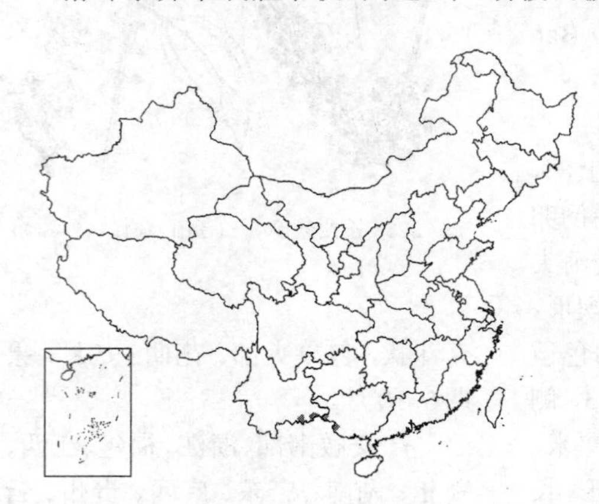

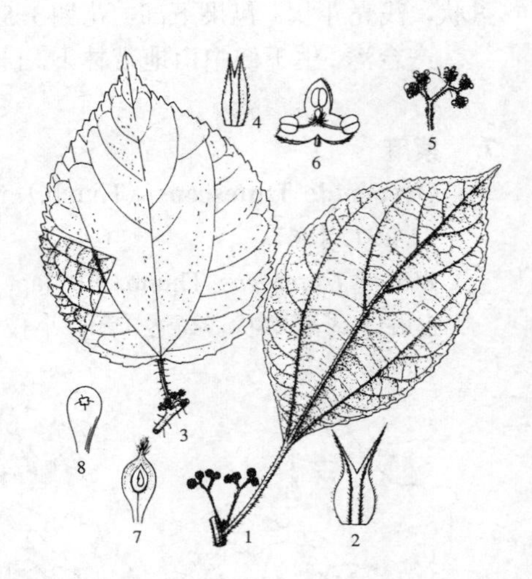

图 224: 1-2. 椭圆叶水麻 3-8. 鳞片水麻
（引自《中国植物志》）

产云南东南部及广西西南部，生于海拔110-1900米石灰岩山地林内或岩缝中。越南北部有分布。

2. 鳞片水麻 图 224：3-8

Debregeasia squamata King ex Hook. f. Fl. Brit. Ind. 5：591. 1888.

落叶灌木，高达2米。分枝粗壮，有伸展皮刺和贴生柔毛；皮刺肉质，弯生，长2-5毫米，红色，干后褐红色。叶薄纸质，卵形或心形，先端短渐尖，基部圆或心形，长6-16（-22）厘米，具牙齿，上面疏生伏毛，有时具细泡状隆起，下面脉内被薄短毡毛，脉上有柔毛，钟乳体点状，在上面明显，基出脉3，侧脉常3对；叶柄长2.5-7(-14)厘米，托叶宽披针形，上部2裂，长约8毫米，背面密被柔毛。花雌雄同序，生于当年生枝和老枝，长1-2厘米，二至三回二歧分枝，团伞花簇由多数雌花和少数雄花组成，径3-4毫米。雄花花被片3（4），合生至中部，密被柔毛。雌花黄绿色，倒卵形，长约0.6毫米；花被薄膜质，合生成梨形，顶端4齿，与子房离生，无毛；子房具短柄。瘦果浆果状，橙红色，梨形，具短柄，长约1毫米，宿存花被薄膜质，壶形，包果。花期8-10月，果期10月至翌年1月。

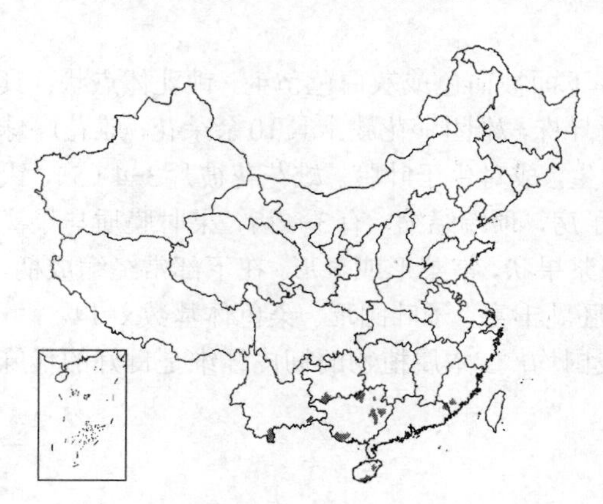

产云南、贵州南部、广西、广东、海南及福建南部，生于海拔150-1500米山谷、溪边、阴湿灌丛中。越南及马来西亚有分布。

3. 长叶水麻 图 225 彩片 63

Debregeasia longifolia（Burm. f.）Wedd. in DC. Prodr. 16(1)：235. 1869.

Urtica longifolia Burm. f. Fl.

Ind. 197 (sphalm. 297). 1768.

小乔木或灌木状，高达6米。小枝密被伸展微粗毛。叶纸质或薄纸质，长圆状或倒卵状披针形，有时近线形或长圆状椭圆形，稀窄卵形，长（7-）9-18（23）厘米，先端渐尖，基部圆或微缺，稀宽楔形，具细牙齿或细锯齿，上面疏生细糙毛，有泡状隆起，下面网脉内被灰白色毡毛，脉上密生粗毛，基出脉3，侧脉5-8（-10）对；叶柄长1-3（-4）厘米，密生伸展粗毛，托叶长圆状披针形，长0.6-1厘米，2裂至上部近1/3。花雌雄异株，稀同株，生于当年生枝、去年生枝和老枝叶腋，二至四回二歧分枝，长约1-2.5厘米，花序梗近无或长达1厘米，序轴密被伸展柔毛，团伞花簇径3-4毫米；雄花花被片4，在中部合生。瘦果带红色或金黄色，葫芦状，下部缢缩成柄，长1-1.5毫米，宿存花被肉质，与果贴生。花期7-9月，果期9月至翌年2月。

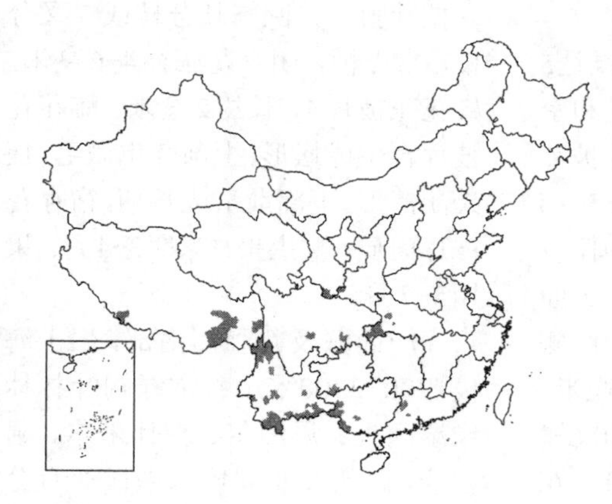

图 225 长叶水麻 （王金凤绘）

产西藏南部、云南、广西、广东、贵州、湖北西部、四川、陕西西南部及甘肃东南部，生于海拔500-3200米山谷、溪边灌丛中或林内。印度、尼泊尔、锡金、不丹、斯里兰卡、缅甸、越南、老挝、马来半岛及菲律宾有分布。

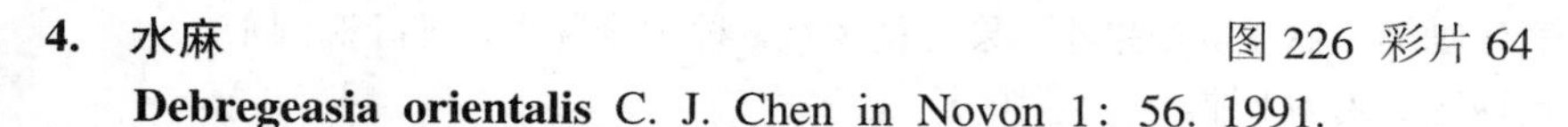

4. 水麻 图 226 彩片 64

Debregeasia orientalis C. J. Chen in Novon 1: 56. 1991.

Debregeasia edulis auct. non (Sieb. et Zucc.) Wedd.: 中国高等植物图鉴 1: 523. 1972.

灌木，高达4米。小枝被贴生白色柔毛，后无毛。叶纸质或薄纸质，长圆状披针形或线状披针形，长5-18（-25）厘米，先端渐尖或短渐尖，基部圆或宽楔形，有不等细锯齿或细牙齿，上面常泡状隆起，疏生糙毛，钟乳体点状，下面被白或灰绿色毡毛，脉上疏生柔毛，基出脉3，侧脉3-5对；叶柄长0.3-1厘米，被贴生柔毛，托叶披针形，长6-8毫米，顶端2浅裂。花雌雄异株，稀同株，生于去年生枝和老枝叶腋，二回二歧分枝或二叉分枝，具短梗或无梗，长1-1.5厘米，分枝顶端生球状团伞花簇。雄花花被片4，下部合生，裂片三角状卵形，疏生微柔毛。雌花倒卵形；花被薄膜质贴子房，倒卵形，顶端有4齿，近无毛。瘦果倒卵圆形，下部渐窄或具短柄，鲜时橙黄色，宿存花被肉质贴生果。花期3-4月，果期5-7月。

图 226 水麻 （王金凤绘）

产西藏东部、云南、广西、贵州、四川、甘肃南部、陕西南部、湖北、湖南及台湾，生于海拔300-2800米溪谷河流两岸潮湿地区。日本有分布。为纤维植物；果可食；叶可作饲料。

5. 柳叶水麻 图219：3-4

Debregeasia saeneb (Forssk.) Hepper et Wood in Kew Bull. 38(1): 86. 1983.

Rhus saeneb Forssk. Fl. Aegypt. Arab. 206. 1775.

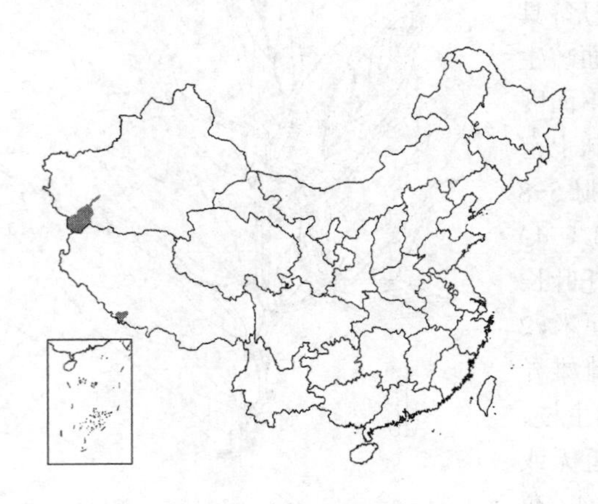

小乔木或灌木状，高达5米。小枝疏生伸展粗毛和密被白色毡毛，后脱落。叶披针形或长圆状披针形，长5-15厘米，先端渐尖，基部圆，有细锯齿，上面疏生糙毛，下面被白色毡毛，常覆盖叶脉，侧脉4-6对；叶柄长0.5-3厘米，托叶长圆状披针形，长0.6-1厘米，先端2浅裂，被毛。花雌雄异株，生于去年生枝和老枝叶腋，二回二歧分枝或二叉分枝，常无梗，团伞花簇径4-6毫米。雄花花被片4，长约2毫米。雌花花被片合生成坛形，上部疏生微毛。瘦果葫芦形，下部渐窄成长柄，宿存花被片肉质，贴生果。花期3-4月，果期5-7月。

产西藏及新疆西南部，生于海拔1700-2300米山谷常绿阔叶林林缘湿润处。尼泊尔、克什米尔、阿富汗、伊朗及非洲埃塞俄比亚有分布。

22. 四脉麻属 Leucosyke Zoll. et Mor.

（陈家瑞）

小乔木或灌木；无刺毛。叶互生或对生，常成2列，有锯齿或全缘，钟乳体点状，基出脉3（4）；托叶常柄内合生，先端2裂或全缘。花单性，雌雄异株，花序常二叉状分枝，分枝顶端具头状团伞花序，或簇生叶腋。雄花花被片5-4，镊合状排列；雄蕊5-4；退化雌蕊卵形，无毛或被绵毛。雌花花被片短小，在子房基部合生成杯状，有5-4齿或裂片；子房偏斜，柱头头状，着生画笔头状毛。瘦果小，果皮稍肉质。种子少胚乳，子叶椭圆形。

约35种，产亚洲和太平洋诸岛热带地区。我国1种。

四脉麻 图227

Leucosyke quadrinervia C. B. Robinson in Philipp. Journ. Sci. Bot. 6: 29. 1911.

常绿或小乔木或灌木状，高达7米。分枝有时呈"之"字形弯曲，节有环痕，幼枝密被柔毛。叶互生，坚纸质，窄卵形，长7-16厘米，先端短渐尖，基部偏斜，有浅圆齿，两面有粗毛，下面网脉内有灰色毡毛，基出脉4，侧脉2-3对；叶柄长0.4-1厘米，被贴生柔毛，托叶披针形，长1-1.7厘米，先端2裂，密被贴生柔毛，早落。雌雄异株，花序与叶柄近等长；团伞花序球形。雄花具梗；花被片窄倒卵形，长1.5-2毫米，近顶端被粗毛；退化雌蕊被绵毛。雌花具极短梗；花被片三角形；子房顶端被柔毛。果卵圆形或窄卵圆形，长1.5-2毫米；头状果序径约1厘米。花期3-5月。

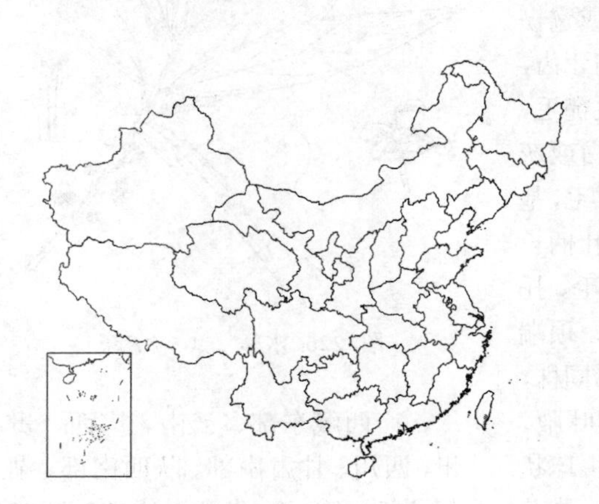

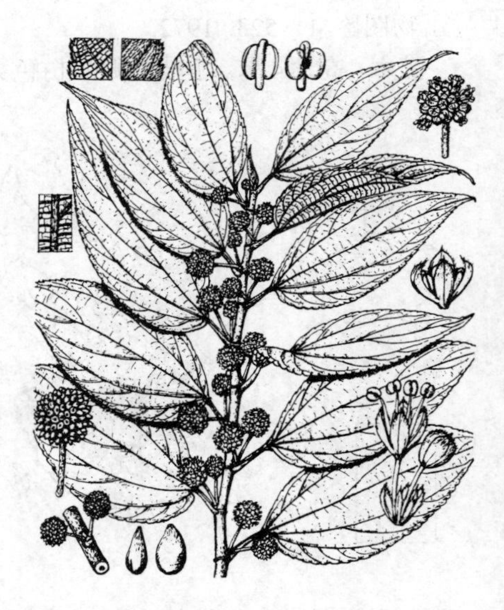

图 227 四脉麻 （引自《Fl. Taiwan》）

产台湾台东（南屿），生于低海拔地区山坡、河谷、林中。菲律宾有分布。茎皮纤维可制麻袋、绳索。

23. 水丝麻属 Maoutia Wedd.

（陈家瑞）

灌木或小乔木；无刺毛。叶互生，有牙齿或圆齿状锯齿，基出3脉，钟乳体点状；托叶干膜质，在叶柄内合生，先端2裂。花单性，雌雄同株或异株；聚伞花序腋生。雄花花被片5；雄蕊5；退化雌蕊小，基部密生绵毛。雌花花被片2，合生成不对称浅兜状，贴生子房基部，或无花被；子房直立，柱头画笔头状，宿存。瘦果三角状卵形或稍扁，果皮硬壳质；宿存花被稍肉质。种子具少量胚乳，子叶椭圆形或长圆形。

约15种，分布亚洲和太平洋诸岛的热带和亚热带地区。我国2种。

1. 小枝与叶柄被伸展褐或灰褐色粗毛；叶具牙齿 ································· **水丝麻 M. puya**
1. 小枝与叶柄密被白色毡毛；叶具细圆齿 ································· （附）. **兰屿水丝麻 M. setosa**

水丝麻 图 228

Maoutia puya（Hook.）Wedd. in Ann. Sci. Nat. sér. 4. 1: 194. 1854. *Urtica puya* Buch.-Ham. et Wall. ex Hook. in Lond. Journ. Bot. et Kew Gard. Misc. 3: 316. 1851, excl. syn. Roxb.

灌木，高达2米。小枝被伸展的褐或褐灰色粗毛。叶椭圆形或卵形，长5-15厘米，先端渐尖，基部宽楔形或近圆，有牙齿，上面疏生糙伏毛，下面密生白色毡毛，钟乳体点状，基出脉3，侧脉2-4对；叶柄长1-6厘米，密生褐色粗毛，托叶2深裂，裂片线状披针形，长0.7-1.5厘米。花雌雄同株，聚伞状，成对腋生，长3-5厘米，多分枝；团伞花序由数朵异性花或同性花组成，疏生于分枝。雄花花被片合生至中部。雌花花被片稍合生成浅兜状，长约0.8毫米，有微毛。瘦果卵状三角形，有3棱，长约1毫米；宿存花被稍肉质。花期6-8月，果期9-10月。

图 228 水丝麻 （王金凤绘）

产西藏东南部、四川西南部、云南、广西及贵州，生于海拔400-2000米山谷、溪边、疏林内、灌丛中。尼泊尔、锡金、不丹、印度东北部及越南有分布。茎皮纤维坚韧，有光泽，可制人造棉、织鱼网、造纸。

［附］**兰屿水丝麻 Maoutia setosa** Wedd. in Ann. Sci. Nat. Bot. 4 (1): 194. 1854. 本种与水丝麻的区别：小枝与叶柄密被白色毡毛；叶有细圆齿。花期5-7月。产台湾兰屿，生于低海拔地区灌丛中。菲律宾及日本琉球群岛有分布。

24. 墙草属 Parietaria Linn.

（陈家瑞）

草本，稀亚灌木。叶互生，全缘，具基出3脉或离基3出脉，钟乳体点状；无托叶。聚伞花序腋生，具短梗或无梗；苞片萼状，条形。花杂性，两性花；花被片4深裂，镊合状排列；雄蕊4。雄花花被片4；雄蕊4。雌花花被片4，合生成管状，4浅裂；子房直立；花柱短或无；柱头画笔头状或匙形；无退化雄蕊。瘦果卵形，稍扁，果皮壳质，有光泽，包于宿存花被内。种子具胚乳，子叶长圆状卵形。染色体基数x=7，8，10，13，14。

约20种，分布温带和亚热带地区。我国1种。

墙草 图 229

Parietaria micrantha Ledeb. Ic. Pl. Ross. Alt. 1: 7. t. 22. 1829.

一年生铺散草本，长达40厘米。茎上升平卧或直立，肉质，纤细，多分枝，被柔毛。叶膜质，卵形或卵状心形，长0.5-3厘米，先端尖或钝尖，基部圆或浅心形，稀宽楔形，钟乳体点状，在上面明显，基出脉3，侧脉常1对；叶柄纤细，长0.4-2厘米，被柔毛。花杂性；聚伞花序具短梗或近簇生状。苞片线形，单生于花梗基部或3枚在基部呈轮生状，被腺毛，果时伸长达1.5毫米。两性花梗长约0.6毫米，花被片深裂。雌花花被片合生成钟状，4浅裂，淡褐色，薄膜质，裂片三角形。瘦果坚果状，卵圆形，长1-1.3毫米，黑色，有光泽，具宿存花被和苞片。花期6-7月，果期8-10月。

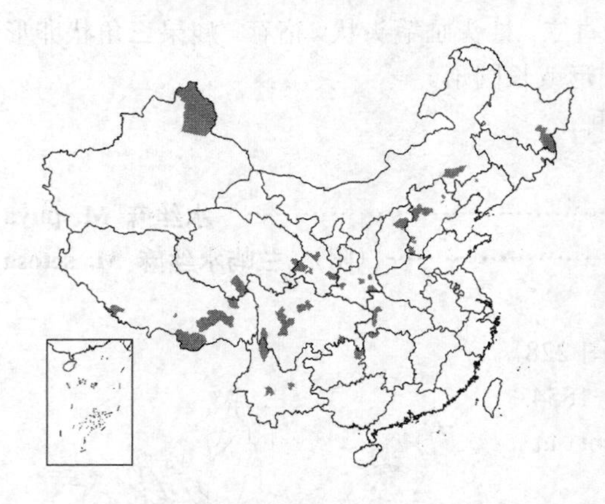

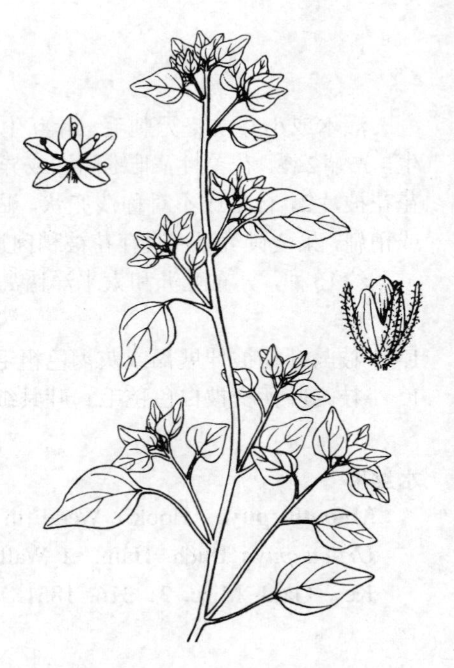

图 229 墙草 （王金凤绘）

产黑龙江、吉林、辽宁、内蒙古、河北、山西、陕西、甘肃、青海、新疆、西藏、云南、四川、贵州、湖南、湖北及安徽，生于海拔700-3500（-4000）米山坡阴湿草地、屋宅、墙上或岩石下阴湿处。日本、朝鲜、蒙古、俄罗斯西伯利亚、印度北部、不丹、锡金、尼泊尔、中亚至西亚、非洲北部、大洋洲及南美洲有分布。全草药用，可拔脓消肿。

25. 单蕊麻属 Droguetia Gaudich.

（王文采）

草本。叶互生或对生，具柄，具齿，基脉3出，钟乳体点状；托叶离生，宿存。花两性或单性；团伞花序腋生，具钟状或筒状具齿总苞。雄花较多，生于花序周围，花被片1，常具3齿；雄蕊1；无退化雌蕊。雌花1-2朵生于两性花序的中央或生于单性花序的总苞中，无花被；柱头丝形，被柔毛。瘦果扁，包于总苞中，卵形。种子具胚乳。

7种，产非洲，1种分布于非洲东北部及亚洲热带地区。我国1亚种。

单蕊麻 图 230

Droguetia iners（Forssk.）Schweinf. subsp. **urticoides**（Wight）Friis et Wilmot-Dear in Nordic Journ. Bot. 7: 126. 1987.

Forskohlea urticoides Wight, Ic. Pl. Ind. Or. 6: t. 1982. 1853.

多年生草本。茎渐升，长达40厘米，被糙毛。叶对生，卵形或菱状卵形，长4.5-6厘米，宽2-3.6厘米，先端骤尖，基部宽楔形，上部具小牙齿，上面疏被伏毛，下面脉上被糙毛；叶柄长0.4-3.8厘米，托叶三角形，长3毫米。两性团

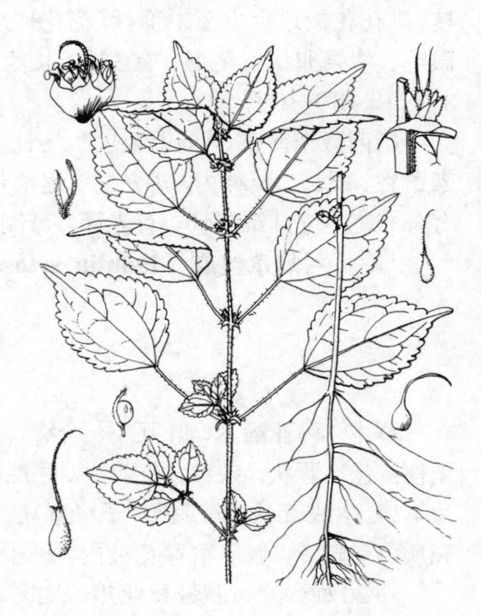

图 230 单蕊麻 （引自《中国植物志》）

伞花序径约4毫米，总苞钟状，长2毫米，具5齿，内面基部被白色绵毛。雄花花被片1，船状椭圆形，长2毫米；雄蕊1，长3毫米。雌花子房长1.5毫米，柱头长2.8-3.5毫米。雌团伞花序位于两性花序之下，2-5个腋生，总苞窄卵形，长1.6-1.8毫米，具5小齿，每总苞具1朵雌花。花期9-10月。

产云南西部及台湾，生于山地林中。印度东北部及印度尼西亚（爪哇）有分布。

37. 马尾树科 RHOIPTELEACEAE

（傅立国　辛益群）

乔木。幼嫩部分密被树脂质腺体及短柔毛。芽具柄，裸露，生于叶腋以上。叶互生，奇数羽状复叶；小叶无柄，互生，具锯齿；托叶早落。穗状花序集生为圆锥状复花序，生于小枝上端叶腋，下垂。花杂性同株，辐射对称，花被片4，离生；两性花具6雄蕊，花丝细，直伸，花药顶端微凹，药室纵裂，药隔极窄，被细小腺体；雌蕊1，子房上位，密被腺体，侧扁，2室，1室发育，具1半倒生胚珠，柱头离生，薄片状，顶端具不规则细齿。雌花的雌蕊较小，无退化雄蕊。两性花及雌花1至7，常3朵组成花序，互生于花序分枝上，中间为两性花，具极短的梗，无小苞片，两侧为雌花，无梗，各具2小苞片。小坚果常由两性花发育而成，稍扁，外果皮纸质，由2翅相连形成围绕小坚果的近圆形翅，顶端具宿存柱头及弯缺，花被片宿存。种子无胚乳，胚直伸。

1属1种，产我国及越南。

马尾树属 **Rhoiptelea** Diels et Hand.-Mazz.

属的特征同科。

马尾树　　图231　彩片65

Rhoiptelea chiliantha Diels et Hand.-Mazz. in Fedde, Repert. Sp. Nov. 33: 77. t. 127. 128. 1932.

落叶乔木，高达20米，胸径60厘米。小枝密生淡黄褐色皮孔；幼枝、托叶、叶轴、叶柄及花序均密被黄白色腺体及柔毛。奇数羽状复叶具（3-4）6-8对小叶，长15-20（-40）厘米，叶柄长3-4厘米。小叶互生，无柄，顶生小叶披针形，基部楔形，侧生小叶长椭圆状披针形，基部近圆或圆楔形，长6-14厘米，叶轴下端小叶常斜椭圆状卵形，基部近心形，具短尖锯齿，侧脉（9-）14-20对，上面中脉被短毛，幼时沿叶脉具黄褐色腺体，下面脉腋具短毛及腺体，细脉上密被腺体；托叶叶状，长3-6毫米，扇状半圆形，无柄，基部偏斜，早落。花序分枝长15-30（-38）厘米，花序梗长1.5-2.5厘米。小坚果倒梨形，稍扁，长2-3毫米，具宽5-8毫米的近圆形或卵圆形翅，顶端具宿存柱头及弯缺，疏被灰褐色腺体，两侧各具4纵脉，熟时淡黄褐色，中果皮木质，褐色，具不规则疣状凸起，内果皮白色。种子近肉质，卵圆形，长约2毫米。花期10-12月，果期翌年7-8月。

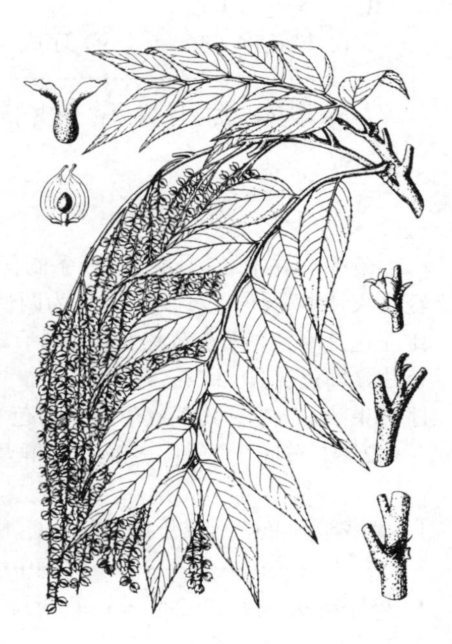

图 231　马尾树　（张泰利绘）

产贵州南部及东南部、云南东南部、广西北部及西部，生于海拔700-2500米山坡、山谷或溪边林中。越南有分布。木材坚实，耐用，供建筑、家具、器具等用。

38. 胡桃科 JUGLANDACEAE

（路安民）

落叶或半常绿乔木；植株具芳香树脂，被橙黄色盾状腺鳞。芽裸露或具芽鳞。奇数稀偶数羽状复叶，互生，稀对生，无托叶；小叶对生或近对生，稀互生，羽状脉，具锯齿，稀全缘。花单性，雌雄同株，风媒。雄花序常为葇荑花序，单生或数序成束；雄花生于不裂或3裂苞片腋内，具小苞片2及花被片1-4，或无小苞片及花被片；雄蕊3-40，着生花托，1-多轮，花药2室，纵裂。雌花序穗状或葇荑状，顶生；雌花生于不裂或3裂苞片腋内，花被片2-4，贴生子房；雌蕊由2心皮合生，子房下位，1室或基部不完全2室或4室；基底胎座，具珠柄的直生胚珠。核果或坚果。种子大，种皮膜质，子叶肉质，常2或4裂。

9属，约60种，大多数分布北半球热带至温带。我国7属，27种1变种。

1. 雄花序及两性花序常成顶生直立伞房状花序束；果序球果状；坚果小，两侧具窄翅；枝条髓部实心 …………………………………………………… 1. **化香树属 Platycarya**
1. 雄花序下垂，雌花序直立或下垂；果序不成球果状。
  2. 雌花及雄花苞片3裂；坚果具由苞片发育的3裂膜质果翅；枝条髓部实心 ………… 2. **黄杞属 Engelhardtia**
  2. 雌花及雄花苞片不裂；果翅不裂或无果翅。
    3. 枝条髓部成薄片状分隔。
      4. 坚果具革质果翅。
        5. 果具圆盘状果翅；雄花序成束 ………………………… 3. **青钱柳属 Cyclocarya**
        5. 果基部具2果翅；雄花序单生 ………………………… 4. **枫杨属 Pterocarya**
      4. 核果，无翅；果皮肉质，干后纤维质，熟时开裂或不裂 ………………… 5. **胡桃属 Juglans**
    3. 枝条髓部实心。
      6. 雄花序（3-）5（-9）序成束；果皮干后木质，常不规则4-9瓣裂；小叶全缘 …………………………………………………… 6. **喙核桃属 Annamocarya**
      6. 雄花序常3序成束；果皮干后革质，4瓣裂；小叶具锯齿 ………………… 7. **山核桃属 Carya**

1. 化香树属 Platycarya Sieb. et Zucc.

落叶小乔木。芽具芽鳞。枝条髓部实心。奇数羽状复叶互生；小叶具锯齿。雄花序及两性花序形成直立伞房状花序束，排列于小枝顶端，中央为两性花序，下部为雌花序，上部为雄花序，生于两性花序下方者为雄葇荑花序；雄花苞片不裂，无小苞片及花被片，雄蕊（6-7）8，花丝短，花药无毛，药隔不明显。雌花序具密集覆瓦状排列的苞片，每苞片具1雌花，苞片不裂，与子房离生；雌花具2小苞片，无花被片，子房1室，无花柱，柱头2裂。果序球果状，直立，具多数革质宿存苞片。小坚果背腹扁，两侧具窄翅。种皮膜质；子叶皱褶。

2种，分布于中国、越南、朝鲜及日本。

1. 果序卵状椭圆形或长椭圆状圆柱形，长2.5-5厘米，径2-3厘米；叶柄短于叶轴；小叶7-23 …………………………………………………… **化香树 P. strobilacea**
1. 果序球状，径1.2-2厘米；叶柄与叶轴近等长或较长；小叶3-5（-7）…………（附）. **圆果化香树 P. longipes**

化香树 图232：1-4 彩片66

Platycarya strobilacea Sieb. et Zucc. in Abh. Akad. Wien, Math. phys. 3(3): 741. t. 5. f. 1. k1-k8. 1843.

落叶乔木，高达20米。奇数羽状复叶，具（3-）7-23小叶；小叶纸质，卵状披针形或长椭圆状披针形，长4-11厘米，具锯齿，先端长渐尖，基部歪斜。两性花序常单生，长5-10厘米，雌花序位于下部，长1-3厘米，雄花序位于上部，有时无雄花序而仅有雌花序；雄花序常3-8，长4-10厘米。果序卵状椭圆形或长椭圆状圆柱形，长2.5-5厘米；宿存苞片长0.7-1厘米；果长4-6毫米。种子卵圆形，种皮黄褐色，膜质。花期5-6月，果

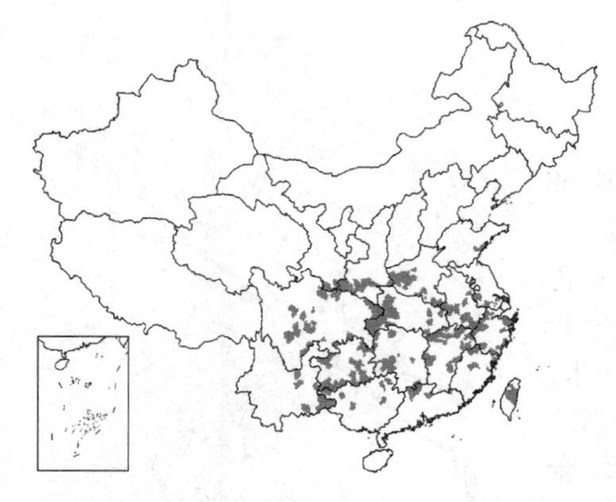

期7-8月。

产甘肃、陕西、河南、山东、安徽、江苏、浙江、福建、台湾、江西、湖北、湖南、广东、广西、贵州、云南及四川，生于海拔600-1300(-2200)米阳坡及林中。朝鲜、日本有分布。树皮、根皮、叶及果序均含鞣质，可提取栲胶。木材供制家具、胶合板、车辆等用。

［附］**圆果化香树** 图232：5 **Platycarya longipes** Wu in Engl. Bot. Jahrb. 71：171. 1940. 本种与化香树的区别：果序球状，径1.2-2厘米；叶柄较叶轴稍长或近等长；小叶3-5（-7）。产广东、广西及贵州，生于海拔450-800米山顶或林中。

图 232：1-4. 化香树 5-6. 圆果化香树
（王金凤绘）

2. 黄杞属 Engelhardtia Lesch. ex Bl.

落叶或半常绿乔木。裸芽，具柄。枝条髓部实心。偶数羽状复叶互生；小叶全缘或具锯齿。雌雄同株稀异株；雌性及雄性花序均为葇荑状。雄花苞片3裂；小苞片2或无；花被片4或较少；雄蕊3-15。雌花苞片3裂，小苞片2，花被片4，部分贴生子房；子房下位，2心皮合生，不完全2室或4室，具2或4深裂柱头。果序长而下垂。坚果，外侧具由苞片发育的果翅，果翅膜质，3裂，基部与果下部愈合，中裂片较2侧裂片长。

约9种，产亚洲东部热带及亚热带地区。我国6种。

1. 枝、叶无毛；花序顶生，稀兼有侧生；果及苞片基部无刚毛，具果柄。
  2. 小枝黑褐色；小叶（2）3-5对，侧脉10-13对 ………………………… 1. **黄杞 E. roxburghiana**
  2. 小枝灰白色；小叶1-2对，侧脉5-7对 ………………………… 2. **少叶黄杞 E. fenzelii**
1. 枝、叶多少被毛，或无毛；花序侧生；果及苞片基部具刚毛，无果柄。
  3. 小叶先端钝或圆，下面密被短柔毛；小枝淡灰褐色，密被短柔毛 ………… 3. **毛叶黄杞 E. colebrookiana**
  3. 小叶先端短渐尖，下面中脉疏被短柔毛，后脱落无毛；小枝暗褐或赤褐色，无毛 ………………………… 4. **云南黄杞 E. spicata**

1. 黄杞 图233 彩片67

Engelhardtia roxburghiana Wall. Pl. Asiat. Rar. 2：85. pl. 199（excl. fruct.）1831.

半常绿乔木，高达10余米；全株无毛，被橙黄色圆形腺鳞。小枝干后黑褐色。偶数羽状复叶长12-25厘米，叶柄长3-8厘米，具（2）3-5对小叶；小叶长椭圆状卵形或长椭圆形，长6-14厘米，全缘，先端渐尖或短渐尖，基部歪斜，无毛，侧脉10-13对，小叶柄长0.6-1.5厘米。花序顶生。果序长15-25厘米。果球形，径约4毫米，无刚毛，具柄，3裂苞片托于果基部；苞片中裂片长约为两侧裂片2倍，中裂片长3-5厘米，宽0.7-1.2厘米，长圆形，先端钝圆，基部无刚毛。花期5-6月，果期8-9月。

产台湾、福建南部、江西南部、湖南、湖北、广东、海南、广西、贵州、四川及云南，生于海拔200-1500米林中。印度、缅甸、泰国、越南有分布。

树皮纤维可制人造棉，含鞣质，可提取栲胶。木材细致，耐腐，供建筑、室内装修、车辆、家具等用。

图 233 黄杞 (张泰利绘)

2. 少叶黄杞 图 234 彩片 68

Engelhardtia fenzelii Merr. in Lingnan Sci. Journ. 7：300. 1929.

小乔木，高达10（-18）米，全株无毛。小枝灰白色，被锈褐或橙黄色圆形腺鳞。偶数羽状复叶长8-16厘米，叶柄长1.5-4厘米，具1-2对小叶；小叶椭圆形或长椭圆形，长5-13厘米，全缘，先端短渐尖或骤尖，基部歪斜，圆或宽楔形，侧脉5-7对，小叶柄长0.5-1厘米。花序顶生。果序长7-12厘米，果序柄长3-4厘米。果球形，径3-4毫米，无刚毛，密被橙黄色腺鳞；苞片托果，膜质，3裂，背面疏被腺鳞，基部无刚毛，裂片长圆形，先端钝，中裂片长2-3.5厘米，侧裂片长1.5-2.2厘米。花期7月，果期9-10月。

产福建、浙江、江西、湖南、广东、海南、广西及贵州，生于海拔400-1000米林中或山谷。

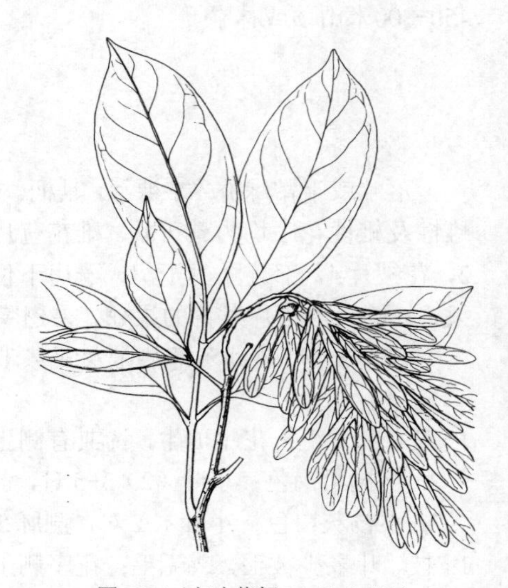
图 234 少叶黄杞 (张泰利绘)

3. 毛叶黄杞 图 235

Engelhardtia colebrookiana Lindl. ex Wall. Pl. Asiat. Rar. 3：4. t. 208. 1832, excl. “glabris”

Engelhardtia spicata Lesch. ex Bl. var. *colebrookiana* (Lindl. ex Wall.) Koord. or Valeton; Fl. China 4: 279. 1999.

乔木，高达20米。小枝淡灰褐色，密被短柔毛。偶数羽状复叶长15-25厘米，叶柄及叶轴粗，密被短柔毛，具2-4（5）对小叶，小叶宽椭圆状卵形、宽椭圆状倒卵形或长椭圆形，长7-15厘米，全缘，先端钝或圆，基部歪斜，宽楔形或圆，上面中脉被柔毛，疏被腺鳞，下面密被短柔毛，侧脉7-9对。花序侧生。果序长13-18厘米，梗长3-6厘米，密被短柔毛。果密被刚毛，球状，径约4毫米；苞片基部具刚毛，贴生至果近中部，裂片长圆形，中裂片长2.5-3厘米，侧裂片长约1.5厘米。花期2-3月，果期4-5月。

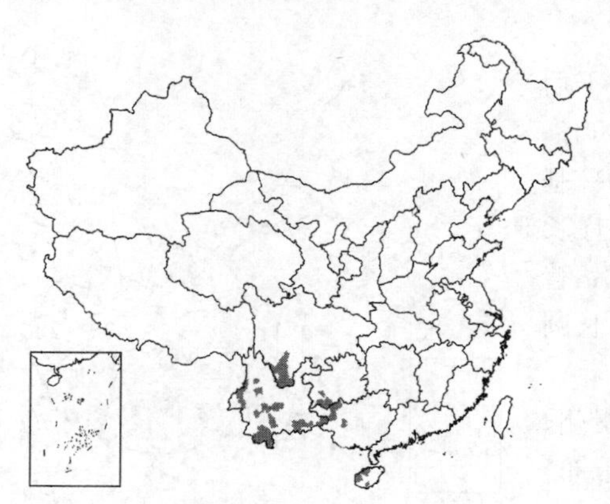

产云南、四川西南部、贵州、广西及海南，生于海拔800-1400（-2000）米山腰或山谷疏林中。越南、缅甸、印度、尼泊尔有分布。树皮含鞣质，可提取栲胶；可作紫胶虫寄主树。

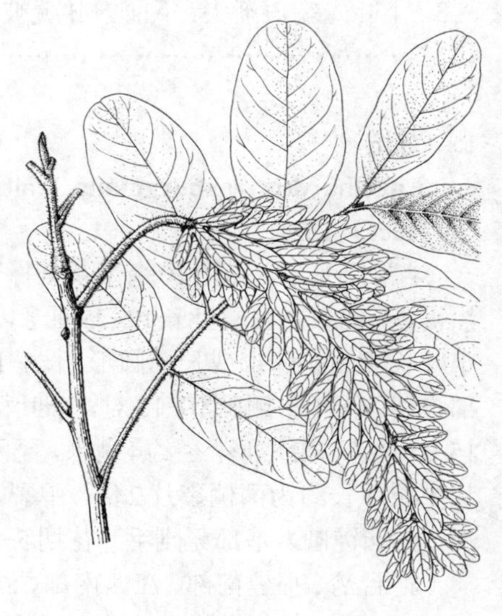
图 235 毛叶黄杞 (张泰利绘)

4. 云南黄杞 图 236 彩片 69

Engelhardtia spicata Lesch. ex Bl. Bijdr. 10: 528. 1825.

乔木，高达20米。小枝暗褐或赤褐色，无毛。偶数稀奇数羽状复叶，长25-35厘米，叶柄及叶轴疏被毛，后脱落无毛；小叶4-7对，长椭圆形或长椭圆状披针形，长7-15厘米，全缘，先端短渐尖，基部宽楔形，上面疏被腺鳞，下面中脉及叶柄疏被短柔毛，后脱落无毛，侧脉10-13对。花序侧生。果序长达45（-60）厘米。果球形，径约3.5毫米，上部被刚毛，苞片及小苞片基部被刚毛，贴生近果中部；苞片裂片倒披针状长圆形，近上端稍宽，先端钝，中裂片长2.5-3.5厘米，侧裂片长约1.5厘米。花期11月，果期翌年1-2月。

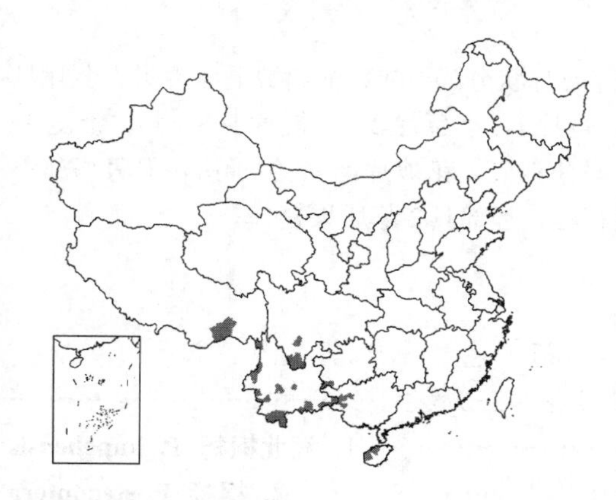

图 236 云南黄杞 （蔡淑琴绘）

产云南、西藏东南部、四川西南部、贵州、广西及海南，生于海拔550-2100米山坡林中。印度、泰国、越南、菲律宾及印度尼西亚有分布。茎皮富含纤维及鞣质，可提取栲胶，并可造纸。

3. 青钱柳属 Cyclocarya Iljinsk.

落叶乔木，高达30米。裸芽具柄，密被锈褐色腺鳞。枝条髓部薄片状分隔。奇数羽状复叶长20（-25）厘米，具（5）7-9（11）小叶，叶柄长3-5厘米；小叶长椭圆状卵形或宽披针形，长5-14厘米，基部歪斜，宽楔形或近圆，具锐锯齿，上面被腺鳞，下面被灰色及黄色腺鳞，侧脉10-16对，沿脉被短柔毛，下面脉腋具簇生毛。雌雄同株；雌、雄花序均葇荑状。雄花序具极多花，（2）3（4）序成束生于叶痕腋内；雌花序单生枝顶，具雌花约20，雌花几无梗或具短梗，雄花花被片4，雄蕊20-30；雌花苞片与2小苞片愈合，贴生雌花，花被片4，花柱短，柱头2裂，裂片羽毛状，子房下位，基部不完全2室。果具短柄，果翅革质，圆盘状，径2.5-6厘米，被腺鳞，顶端具宿存花被片。

我国特有单种属。

青钱柳 图 237 彩片 70

Cyclocarya paliurus（Batal.）Iljinsk. in Fl. Syst. pl. Vascul. 10: 115. t. 49-58. 1953.

Pterocarya paliurus Batal. in Acta Hort. Petrop. 13: 101. 1893.

形态特征同属。花期4-5月，果期7-9月。

产安徽、江苏、浙江、江西、福建、湖北、湖南、广东、广西、云南东南部、贵州、四川、陕西及河南，生于海拔500-2500米山地林中。树皮

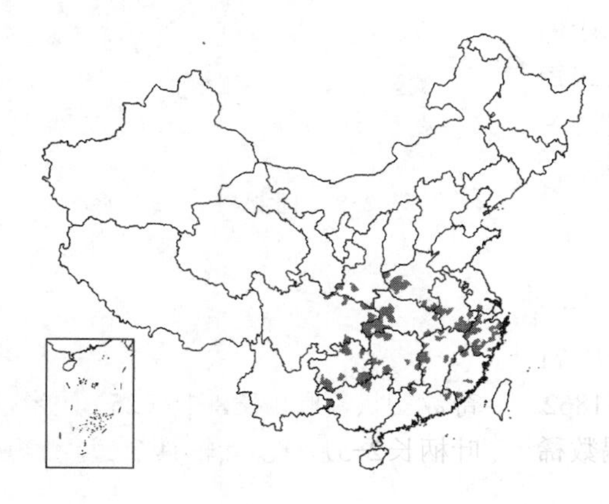

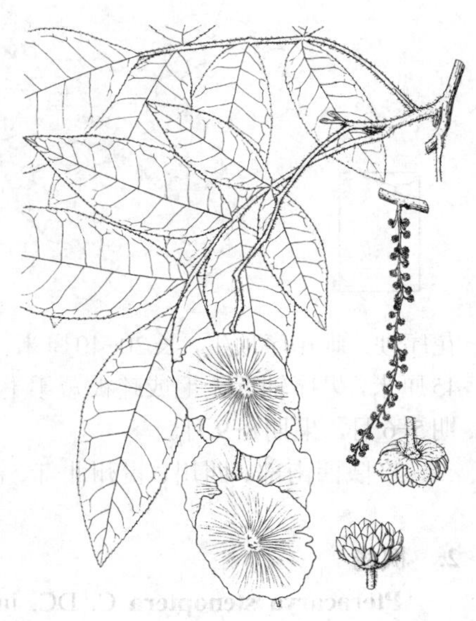

图 237 青钱柳 （张泰利绘）

含鞣质，可提取栲胶，亦可作纤维原料；木材细致，供家具及工业用材。

4. 枫杨属 Pterocarya Kunth

落叶乔木。芽具2-4芽鳞或裸露，腋芽单生或几个叠生。小枝髓部薄片状分隔。奇数稀偶数羽状复叶，小叶具细锯齿。雄葇荑花序长，具多数雄花，下垂，单生叶腋；雄花无梗，苞片1，小苞片2，花被片1-3（4），雄蕊9-15。雌花序单生近枝顶，具极多雌花；雌花无梗，苞片1，小苞片2，贴生雌花，花被片4，贴生子房，子房基部不完全4室，花柱短，柱头2裂，裂片羽状。坚果顶端具宿存花被片及花柱，基部具2革质果翅。

约8种，产高加索、日本、越南北部及中国。我国7种。

1. 裸芽，常几个叠生；雄葇荑花序生于去年生枝叶腋；雌花苞片无毛或近无毛。
    2. 果翅椭圆状卵形，向两侧平展；奇数羽状复叶，叶轴无翅；雄葇荑花序3-5簇生 ……………………………………………………………… 1. **湖北枫杨 P. hupehensis**
    2. 果翅条状长圆形，斜伸；偶数羽状复叶，叶轴具翅；雄葇荑花序单生 ………………… 2. **枫杨 P. stenoptera**
1. 芽具2-4芽鳞，单生；雄葇荑花序生于当年生枝基部；雌花苞片密被毡毛。
    3. 花序轴疏被星状毛及柔毛；果序轴疏被毛或近无毛，果无毛，果翅宽3-4厘米，在果一侧呈椭圆状圆形，长约1.5厘米；复叶叶柄长2-4厘米 ……………………………………………… 3. **华西枫杨 P. insignis**
    3. 花序轴密被短柔毛；果序轴密被毡毛；果及果翅常被毛及腺鳞；复叶叶柄长4-13厘米。
        4. 果翅不整齐椭圆状菱形，长2-3厘米，宽约2厘米 ……………………………… 4. **甘肃枫杨 P. macroptera**
        4. 果翅歪斜，圆盘状卵形或椭圆形，长1-2.5厘米，宽1-1.3厘米 ………………… 5. **云南枫杨 P. delavayi**

1. 湖北枫杨 图238

Pterocarya hepehensis Skan in Journ. Linn. Soc. Bot. 26: 493. 1899.

乔木，高达20米。裸芽具柄，常几个叠生，黄褐色，密被腺鳞。奇数羽状复叶，叶轴无翅，长20-25厘米，叶柄长5-7厘米；小叶5-11，纸质，侧脉12-14对，具单锯齿，上面被小疣及稀疏腺鳞，沿中脉疏被星状毛，下面侧脉腋内具簇生星状毛，侧生小叶长椭圆形或卵状椭圆形，长8-12厘米，先端短渐尖，基部圆。雄花序长8-10厘米，3-5序生于去年生侧枝近顶端叶痕腋内，具粗短花序梗。雌花序顶生，长20-40厘米。雌花苞片无毛或疏被毛。果序长30-45厘米，果序轴近无毛或疏被短柔毛。果翅椭圆状卵形，长1-1.5厘米。花期5-6月，果期8-9月。

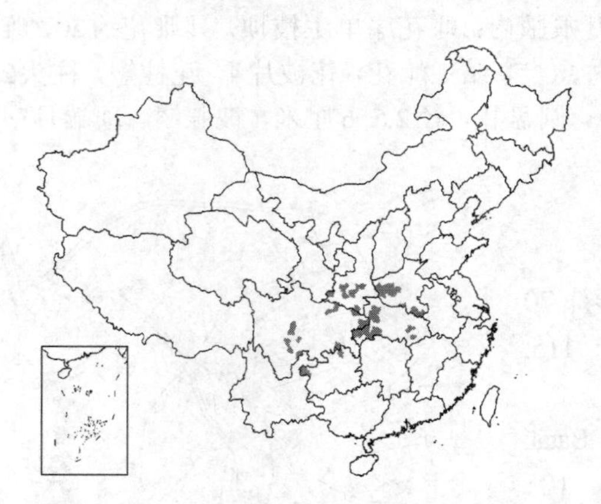

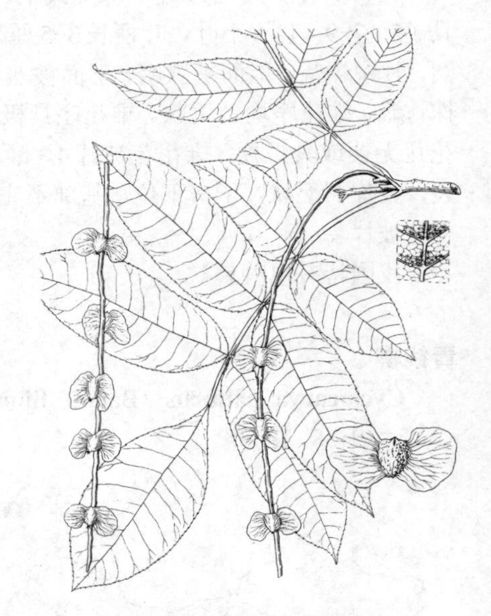

图 238 湖北枫杨 （张泰利绘）

产陕西南部、四川、贵州北部、湖北及河南，生于溪边或林中。

2. 枫杨 图239 彩片71

Pterocarya stenoptera C. DC. in Ann. Sci. Nat. sér 4, 18: 34. 1862.

乔木，高达30米。裸芽具柄，常几个叠生，密被锈褐色腺鳞。偶数稀奇数羽状复叶，长8-16（25）厘米，叶柄长2-5厘米，叶轴具窄翅，被短

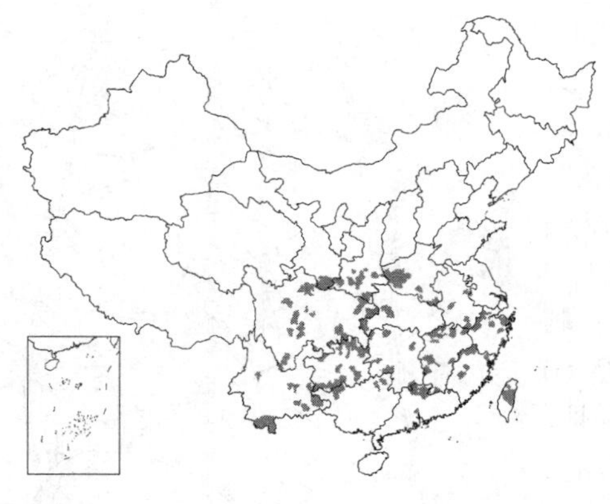

毛；小叶（6-）10-16（-25），无柄，长椭圆形或长椭圆状披针形，长8-12厘米，先端短尖，基部楔形、宽楔形或圆，具内弯细锯齿，下面疏被腺鳞，侧脉腋内具簇生星状毛。雄葇荑花序长6-10厘米，单生于去年生枝叶腋。雌葇荑花序顶生，长10-15厘米，花序轴密被星状毛及单毛；雌花苞片无毛或近无毛。果序长20-45厘米，果序轴常被毛。果长椭圆形，长6-7毫米，基部被星状毛；果翅条状长圆形，长1.2-2厘米，宽3-6毫米。花期4-5月，果期8-9月。

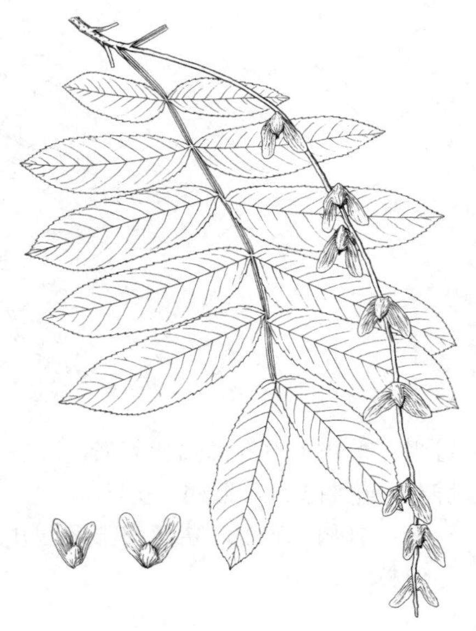

图 239 枫杨 （张泰利绘）

产甘肃南部、陕西、河南、山东、安徽、江苏、浙江、福建、台湾、湖北、湖南、江西、广东、广西、贵州、云南及四川，生于海拔1500米以下溪边或林中。华北、东北有栽培，作园庭树或行道树。树皮及枝皮含鞣质，可提取栲胶。木材轻软，供茶箱、火柴杆等用。为优良护堤树种。

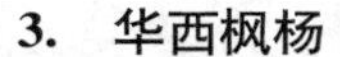

3. 华西枫杨 图 240 彩片 72

Pterocarya insignis Rehd. et Wils. in Sarg. Pl. Wilson. 3: 183. 1916. *Pterocarya macroptera* var. *insignis* (Rehd. et wils.) W. E. Manning; Fl. China 4: 282. 1999.

乔木，高达15（-25）米。芽具3枚披针形芽鳞，芽鳞长2-3.5厘米，常被腺鳞，疏被柔毛。奇数羽状复叶长30-45厘米，叶柄长2-4厘米，与叶轴均密被锈褐色毡毛；小叶（5-）7-13，具细锯齿，侧脉15-23对，上面沿中脉密被星状柔毛，下面沿中脉及侧脉被毛，侧生小叶卵形或长椭圆形，长（5-）14-16（-20）厘米，先端长渐尖，基部圆，小叶柄长1-2毫米。花序轴疏被星状毛及柔毛。雄葇荑花序3-4序生于新枝基部，长8-20厘米。雌葇荑花序单生于新枝上部，长达20厘米；雌花苞片钻形，被灰白色毡毛。果序长达45厘米，果序轴疏被毛或近无毛。果无毛或近无毛，径约8毫米；果翅椭圆状圆形，在果一侧长1-1.5厘米，无毛，被腺鳞。花期5月，果期8-9月。

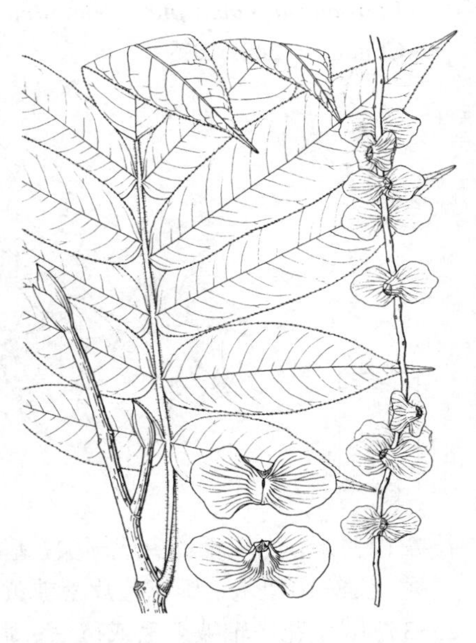

图 240 华西枫杨 （张泰利绘）

产甘肃东南部、陕西南部、湖北西部、四川、贵州西北部、云南、浙江及安徽，生于海拔1100-2700米山坡、溪边或林中。

4. 甘肃枫杨 图 241

Pterocarya macroptera Batal. in Acta Hort. Petrop. 13: 100. 1893.

乔木，高达15米。芽具长柄，芽鳞黄褐色，先端具镰状渐尖头及1簇长柔毛，基部被星状毛。奇数羽状复叶长23-30（-40）厘米，叶柄长4-8厘米，与叶轴均被灰黄色星状毛及柔毛；小叶7-13，具细锯齿，侧脉16-18对，上面被星状毛及腺鳞，叶脉密被星状

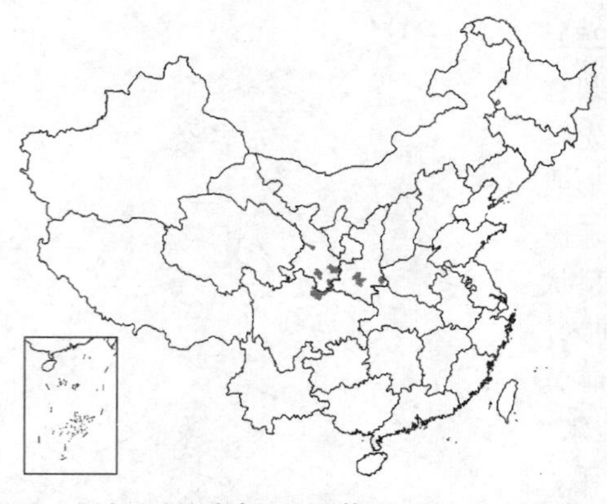

毛，侧脉腋内具簇生星状毛，侧生小叶椭圆形或长椭圆形，长9-18厘米，先端渐尖，基部圆楔形或心形，雄葇荑花序3-4序，生于芽鳞痕腋内，长10-12厘米。雌葇荑花序生于新枝上部，长约20厘米；雌花苞片被毡毛。果序长45-60厘米，果序轴被毡毛。果无柄，径7-9毫米，基部圆，顶端宽锥形；果翅不整齐椭圆状菱形，长2-3厘米，宽约2厘米；果及果翅被毛及腺鳞。花期5月，果期8-9月。

产甘肃东南部、陕西南部及四川北部，生于海拔1600-2500米山谷、溪边或林中。

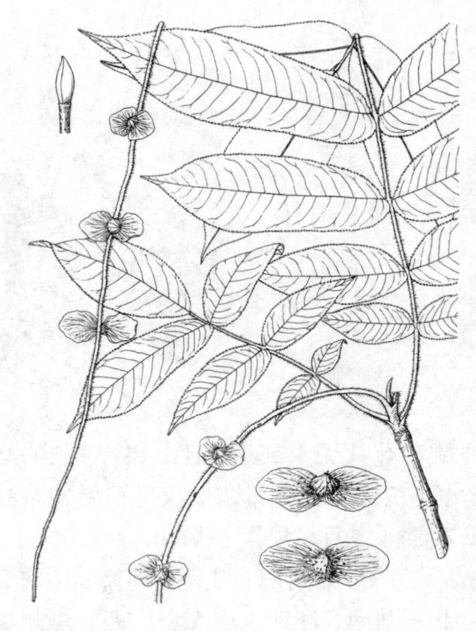

图 241 甘肃枫杨 （张泰利绘）

5. **云南枫杨** 图 242

Pterocarya delavayi Franch. in Journ. de Bot. 12: 317. 1898.

Pterocarya macroptera var. *delavay*; (Franch.) W. E. Manning; Fl. China 4: 282. 1999.

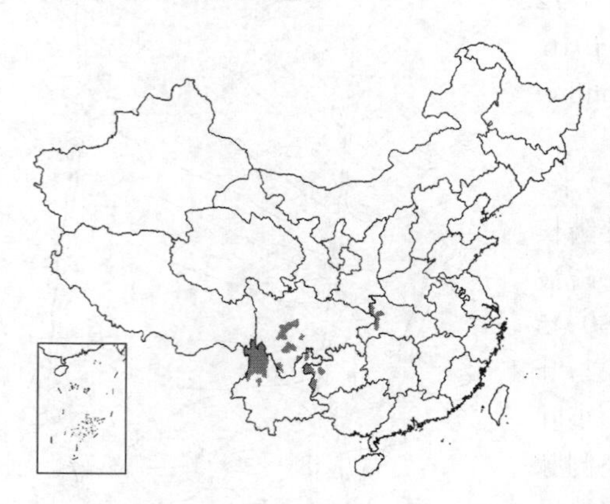

乔木，高达15米。芽具3芽鳞，芽鳞长椭圆状披针形，先端渐尖，被腺鳞，先端被柔毛。奇数羽状复叶长20-45厘米，叶柄长5-13厘米，下面与叶轴均密被黄褐色毡毛；小叶7-13，具细锯齿，侧脉15-25对，上面被细柔毛及极稀腺鳞；下面沿叶脉被柔毛，侧生小叶长椭圆形、长椭圆状卵形或长椭圆状披针形，长7-19厘米，先端稍骤尖或渐尖，基部圆、微心形或宽楔形。雄葇荑花序下垂，长8-10厘米；雄花苞片密被黄褐色毡毛，雄蕊9-16。雌葇荑花序长25-35厘米，花序轴被柔毛或毡毛；雌花苞片密被长毡毛。果序长50-60厘米，果序轴被柔毛或毡毛。果径约8毫米，基部及顶端密被短柔毛，或仅在顶端被短柔毛；果翅歪斜，圆盘状卵形或椭圆形，顶端圆，长1-2.5厘米，宽1-1.3厘米，基部常被毛及腺鳞。花期4-6月，果期7-8月。

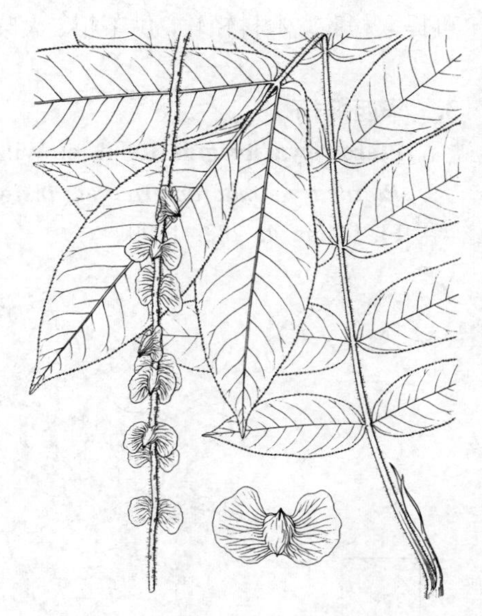

图 242 云南枫杨 （张泰利绘）

产湖北西部、四川、贵州西部及云南，生于海拔1900-3200米山坡或沟边林中。

5. 胡桃属 Juglans Linn.

落叶乔木。芽具芽鳞。枝条髓部成薄片状分隔。奇数羽状复叶。雌雄同株。雄葇荑花序单生于去年生枝叶痕腋内；雄花具苞片1，小苞片2，花被片3，贴生于花托，雄蕊4-40，生于扁平花托上。雌花序穗状，直立，顶生于当年生枝，具多数至少数雌花；雌花无梗，苞片与2小苞片愈合成壶状总苞贴生雌花，花被片4，下部连合并贴生子房，子房下位，柱头2。核果，果皮肉质，干后纤维质，熟时开裂或不裂；果核不完全2-4室，内果皮骨质。

约20种。分布温带及热带地区。我国4种。

1. 小叶(3)5-11(-15)，全缘，下面侧脉腋具簇生毛，余近无毛；花药无毛；雌花序具1-3（4）花。
  2. 小叶（3）5-9，椭圆状卵形或长椭圆形，先端钝圆或短尖，侧脉11-15对 ······················ 1. **胡桃 J. regia**
  2. 小叶9-11（-15），卵状披针形或椭圆状披针形，先端渐尖，侧脉17-23对 ········ 1(附). **泡核桃 J. sigillata**
1. 小叶9-23，具细锯齿，下面被星状毛及平伏柔毛；花药被毛；雌花序具4-10花。
  3. 小叶长成后常无毛；果序具5-7果 ·· 2. **胡桃楸 J. mandshurica**
  3. 小叶长成后下面密被短柔毛及星状毛；果序具6-10（-13）果。
    4. 果核具6-8纵脊，棱脊间有不规则刺状凸起及凹陷 ·· 3. **野核桃 J. cathayensis**
    4. 果核具2纵脊，皱纹不明显，无刺状凸起及深凹 ········ 3(附). **华东野核桃 J. cathayensis** var. **formosana**

1. 胡桃 核桃　　图243 彩片73

Juglans regia Linn. Sp. Pl. 997. 1753.

乔木，高20-25米；树皮老时灰白色，浅纵裂。小枝无毛。复叶长25-30厘米，叶柄及叶轴幼时被腺毛及腺鳞；小叶（3）5-9，椭圆状卵形或长椭圆形，长6-15厘米，全缘，无毛，先端钝圆或短尖，基部歪斜、近圆，侧脉11-15对，脉腋具簇生柔毛，侧生小叶具极短柄或近无柄，顶生小叶叶柄长3-6厘米。雄柔荑花序下垂，长5-10(-15)厘米；雄花苞片、小苞片及花被片均被腺毛，雄蕊6-30，花药无毛。雌穗状花序具1-3(4)花。果序短，俯垂，具1-3果。果近球形，径4-6厘米，无毛；果核稍皱曲，具2纵棱，顶端具短尖头；隔膜较薄。花期4-5月，果期9-10月。

图 243 胡桃 （仿《图鉴》）

产新疆天山西部，生于海拔1400-1700米山区。东北南部、华北、西北、华中、华南及华东有栽培。中亚、南亚有分布。种仁富含油脂，可生食，亦可榨油食用；木材坚实，为优良硬木，供制枪托、航空器材、车工、雕刻及上等家具等用。

［附］**泡核桃** 漾濞核桃 **Juglans sigillata** Dode in Bull. Soc. Dendr. France 2: 94. 1906. 本种与胡桃的区别：小叶9-11(-15)，卵状披针形或椭圆状披针形，先端渐尖，侧脉17-23对；果核倒卵圆形，两侧稍扁。花期3-4月，果期9月。产云南、贵州、四川西部、西藏雅鲁藏布江中下游，生于海拔1300-3300米山坡或山谷林中。云南长期栽培。种子含油率高，食用。

2. 胡桃楸　　图244 彩片74

Juglans mandshurica Maxim. in Bull. Phys.-Math. Acad. Pétersb. 15: 127. 1856.

乔木，高达20余米；树皮灰色。奇数羽状复叶长40-50厘米，小叶15-23，椭圆形、长椭圆形、卵状椭圆形或长椭圆状披针形，具细锯齿，上面初疏被短柔毛，后仅中脉被毛，下面被平伏柔毛及星状毛，侧生小叶无柄，先端渐尖，基部平截或心形。雄柔荑花序长9-20厘米，花序轴被短柔毛；雄蕊常12，药隔被灰黑色细柔毛。雌穗状花序具4-10花，花序轴被茸毛。果序长10-15厘米，俯垂，具5-7果。果球形、卵圆形或椭圆状卵圆形，顶端

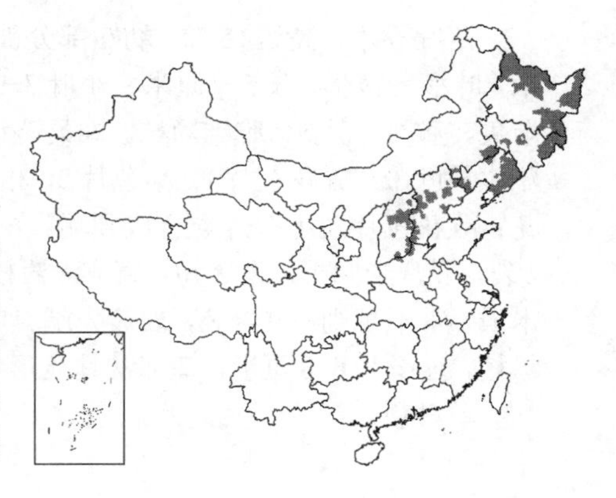

尖，密被腺毛，长3.5-7.5厘米；果核长2.5-5厘米，具8纵棱，2条较显著，棱间具不规则皱曲及凹穴，顶端具尖头。花期5月，果期8-9月。

产黑龙江、吉林、辽宁、内蒙古、河北、山西及河南北部，生于土质肥厚、湿润、排水良好的沟谷或山坡阔叶林中。朝鲜北部有分布。种子油供食用，种仁可食；木材供枪托、车轮、建筑等用。

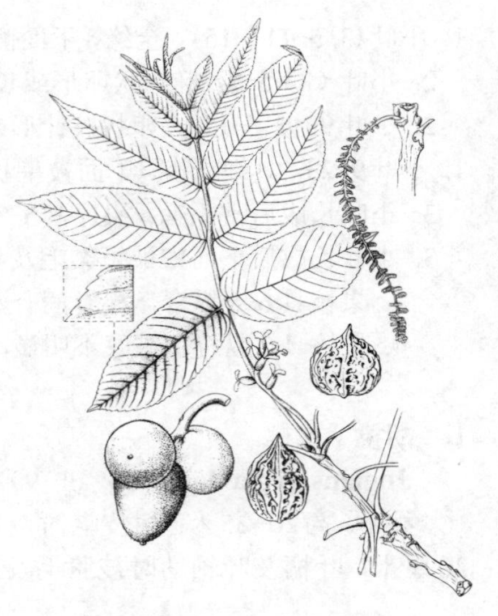

图 244 胡桃楸 （张士琦绘）

3. 野核桃 图 245

Juglans cathayensis Dode in Bull. Soc. Dendr. France 11: 47. 1909.

乔木，高达25米，稀灌木状。复叶长40-50厘米，叶柄及叶轴被毛；小叶9-17，卵状长圆形或长卵形，先端渐尖，基部圆或稍心形，具细锯齿，两面被星状毛，上面稀疏，下面密，中脉及侧脉被腺毛，侧脉11-17对。雄蕊约13，花药被毛。雌花序轴密被深褐色毛。果序具6-10（-13）果或因雌花不孕而果少。果卵圆形，长3-4.5（-6）厘米，密被腺毛，顶端尖；核卵形或宽卵圆形，顶端尖，内果皮坚硬，具6-8纵脊，棱脊间有不规则刺状凸起及凹陷。种仁小。花期4-5月，果期8-10月。

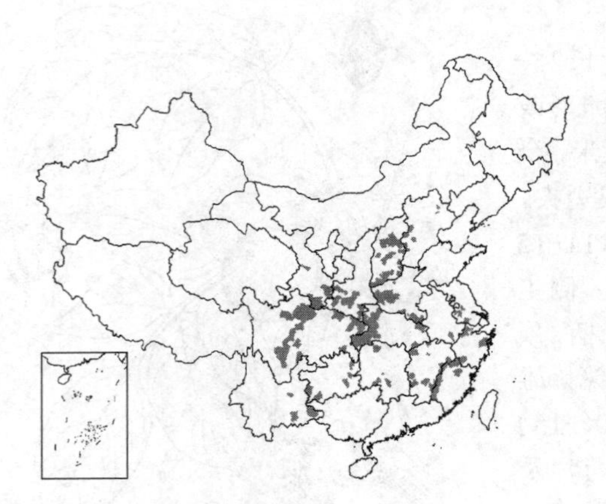

产甘肃、陕西、山西、河北、河南、江苏、浙江、福建、江西、安徽、湖北、湖南、四川、贵州及云南，生于海拔800-2000（-2800）米林中。种子油可食用，亦可制肥皂，作润滑油；木材坚实，可作家具等。

［附］**华东野核桃 Juglans cathayensis** var. **formosana** (Hayata) A. M. Lu et R. H. Chang, Fl. Reipubl. Popul. Sin. 21: 35. 1979. —— *Juglans formosana* Hayata in Journ. Coll. Sci. Univ. Tokyo 20(1): 283. 1911. 本变种与原变种的区别：果核较平滑，具2纵脊，皱纹不明显，无刺状凸起及深凹。产浙江、江苏、安徽、江西、福建及台湾，生于山谷或山坡林中。

图 245 野核桃 （张泰利绘）

6. 喙核桃属 Annamocarya A. Chev.

落叶乔木，高达15米。幼嫩部分被短柔毛、星状毛及橙黄色腺鳞。枝条髓部实心。奇数羽状复叶长30-40厘米，叶柄三棱形，长5-7厘米；小叶7-9（11），全缘，侧生小叶长椭圆形或长椭圆状披针形，长12-15厘米，先端渐尖，基部，歪斜。雌雄同株。雄柔荑花序具多数雄花，下垂，（3-）5（-9）序成束生于花序总梗上，总梗生于当年生枝叶腋；雄花苞片1，小苞片2，相互愈合贴生花托，无花被片，雄蕊5-15，花药具毛。雌穗状花序具少数雌花；雌花苞片及小苞片愈合成顶端具6-9尖裂的壶状总苞，贴生于子房，无花被片，子房下位，花柱近球形，柱头2裂，裂片半圆形。果序短，直立。假核果近球形或卵圆形，长6-8厘米，顶端具渐尖头，果皮厚5-9毫米，干后木质，常不规则4-9瓣裂，裂瓣先端具喙状渐尖头；果核球形或卵球形，不完全4室，顶端具喙状渐尖头，具6-8纵棱，连喙长6-8厘米，基部常具线形痕，内果皮骨质。

单种属。

喙核桃 图 246

Annamocarya sinensis（Dode）Leroy in Rev. Inter. Bot. Appl. no. 333-334：428. 1950.

Carya sinensis Dode in Bull. Soc. Dendr. France 24: 59. 1912.

形态特征同属。花期4-5月，果期11-12月。

产贵州南部、广西、云南东南部，生于海拔500-1500米溪边林中。越南有分布。

图 246 喙核桃 （匡可任绘）

7. 山核桃属 Carya Nutt., nom. conserv.

落叶乔木。芽具芽鳞或为裸芽。枝条髓部实心。奇数羽状复叶；小叶具锯齿。雌雄同株。雄葇荑花序具多数雄花，下垂，常3序成束，生于花序总梗上，自去年生枝顶端芽鳞腋或叶痕腋内生出，或生于当年生枝苞腋或叶腋；雄花具苞片1，小苞片2，与苞片愈合贴生于花托，无花被片，雄蕊3-10。雌穗状花序顶生，直立，具少数雌花；雌花具苞片1，小苞片3，与苞片愈合成4浅裂的壶状总苞，贴生于子房；无花被片，子房下位，柱头盘状，2浅裂。果序直立。核果，果皮干后革质，稀木质，常4瓣裂；果核基部不完全2-4室；内果皮骨质。

约15种，主要分布北美洲。我国4种，引种栽培1种。

1. 裸芽；小叶5-7；果及果核倒卵圆形、椭圆状卵圆形或近球形。
  2. 复叶叶柄无毛；雄花序束的总梗长0.7-2厘米；果及果核倒卵圆形或椭圆状卵圆形，顶端短凸尖或具喙。
    3. 叶下面中脉疏被毛或脱落近无毛；果皮具4纵棱，2条从顶端达果基部；果核长2-2.5厘米，径1.5-2厘米 ………… 1. **山核桃 C. cathayensis**
    3. 叶下面中脉密被毛；果皮4纵棱由顶端达果中部；果核长3-3.7厘米，径2.3-2.8厘米 ………… 2. **湖南山核桃 C. hunanensis**
  2. 复叶叶柄被毛；雄花序束的总梗长3-5厘米；果及果核近球形，顶端稍扁 ………… 3. **越南山核桃 C. tonkinensis**
1. 鳞芽，芽鳞镊合状排列；小叶9-17；果及果核长圆形或长椭圆形 ………… 4. **美国山核桃 C. illinoensis**

1. 山核桃 图 247：1-6

Carya cathayensis Sarg. Pl. Wilson. 3: 187. 1916.

乔木，高达20米。裸芽。幼枝密被橙黄色腺鳞。奇数羽状复叶长16-30厘米；小叶5-7，具细锯齿，侧生小叶披针形或倒卵状披针形，长10-18厘米，先端渐尖，基部楔形或稍圆。雄葇荑花序长10-15厘米，3序成束，总梗长1-2厘米，生于当年生枝叶腋或苞腋，花序轴被柔毛及腺鳞，雄花苞片长椭圆状线形，小苞片三角状卵形，雄蕊2-7，花药被毛。雌穗状花序直立，花序轴密被腺鳞，具1-3雌花。果倒卵圆形，幼时具4窄翅状纵棱，密被橙黄色腺鳞；沿纵棱4瓣裂；果核倒卵圆形或椭圆状卵圆形，长2-2.5厘米，径1.5-2厘米，微具4纵棱，顶端具短凸尖，长2-2.5厘米。花期4-5月，果期9月。

产浙江、安徽湖北及贵州，生于海拔200-1200米山麓疏林中或山谷。果仁味美，亦可榨油食用；木材坚韧，为优质军工用材。

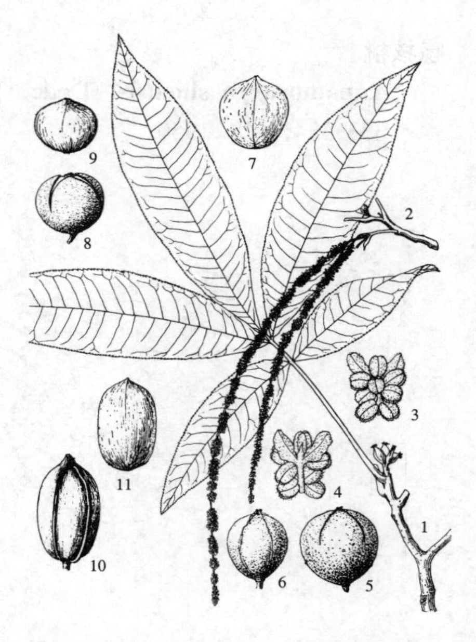

图 247: 1-6. 山核桃 7. 湖南山核桃 8-9. 越南山核桃 10-11. 美国山核桃
(张泰利绘)

2. 湖南山核桃 图 247: 7

Carya hunanensis Cheng et R. H. Chang ex R. H. Chang et A. M. Lu in Acta Phytotax. Sin. 17(2): 42. t. 1. 1979.

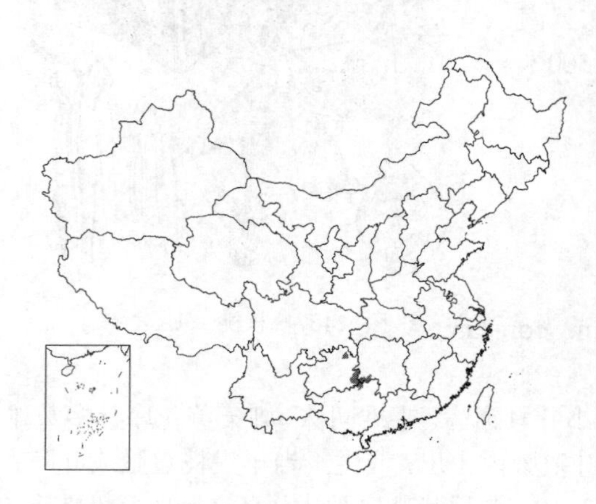

乔木，高达14米。小枝密被锈褐色腺鳞。裸芽，密被锈褐色腺鳞。奇数羽状复叶长20-30厘米，叶轴密被柔毛；小叶5-7，长椭圆形或长椭圆状披针形，长16-18厘米，先端渐尖，基部楔形，具细锯齿，中脉密被毛，下面被橙黄色腺鳞。雌花序具1-2花，花序轴及总苞均密被腺鳞。果倒卵圆形，果皮具4条自顶端至中部纵棱，密被黄色腺鳞；果核倒卵圆形，长(2)3-3.7厘米，径2.3-2.8厘米，两侧稍扁，顶部具喙，

产湖南西南部、贵州东南部及东北部、广西东北部，生于海拔约800米山谷、溪边土层深厚地带，有栽培。果可榨油，供食用。

3. 越南山核桃 图 247: 8-9

Carya tonkinensis Lecomte in Bull. Mus. Paris 437. 1921.

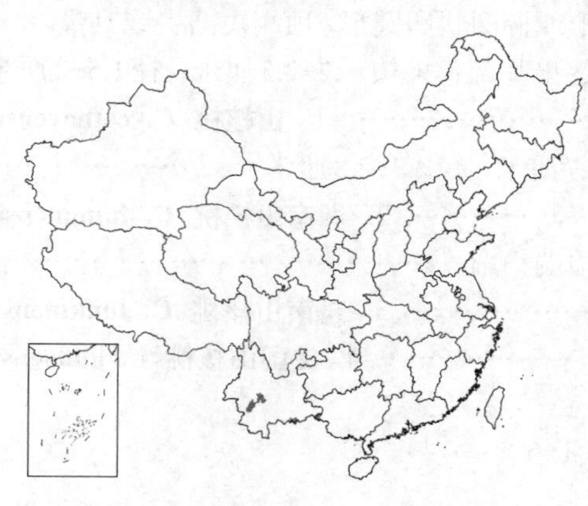

乔木，高达15米。小枝初被柔毛及橙黄色腺鳞。裸芽。复叶长15-25厘米，具5-7小叶，叶柄及叶轴初疏被柔毛及橙黄色腺鳞，小叶上面沿中脉疏被柔毛，下面被橙黄色腺鳞，沿中脉及侧脉被褐色柔毛，脉腋内毛密，侧脉20-25对；侧生小叶卵状披针形、长椭圆状披针形或倒卵状披针形，长7-15厘米，先端长渐尖，基部歪斜，近圆。雄葇荑花序长12-13厘米，常2-3序成束，总梗长3-5厘米。雌穗状花序具2-3雌花。果近球形，顶端稍扁，长2.2-2.4厘米；果皮干后4瓣裂，被短毛及橙黄色腺鳞；果核近球形，顶端扁，具凸尖。花期4-5月，果期9月。

产广西、云南，生于海拔1300-2200米山坡。越南有分布。果仁可食。

4. 美国山核桃 薄壳山核桃 图 247: 10-11

Carya illinoensis (Wangenh.) K. Koch, Dendr. 1: 593. 1869.

Juglans illinoensis Wangenh., Beitr. Teutsch. Holzger. Forstwiss. Nordam. Holz. 54. t. 18. 1787, p. p.

大乔木，高达50米。芽黄褐色，被柔毛，芽鳞4-6，镊合状排列。奇数羽状复叶长25-35厘米，具9-17小叶；小叶卵状披针形或长椭圆状披针形，稀长椭圆形，长7-18厘米，具单锯齿或重锯齿，先端渐尖，基部歪斜，楔形或近圆，初被腺鳞及柔毛。雄葇荑花序3序成束，长8-14厘米。雌穗状花序具3-10雌花。果长圆形或长椭圆形，长3-5厘米，具4纵棱，果皮4瓣裂。花期5月，果期9-11月。

原产北美洲。河北、河南、江苏、

浙江、福建、江西、湖南、四川等地有栽培。果仁富含油脂，可食。木材坚韧，供建筑、高级家具、车辆、运动器械、军工等用。为优美绿化树种。

39. 杨梅科 MYRICACEAE

（路安民）

常绿或落叶，乔木或灌木；植株被芳香树脂质盾状圆形腺鳞。单叶互生。花单性，风媒，无花被，无梗，组成葇荑花序；雌雄异株或同株，若同株则雌雄异枝或偶为雌雄同序，稀具两性花成杂性同株。花序单一或分枝，雌雄同序则花序下部为雄花，上部为雌花。雄花单生苞片腋内，无或具2-4小苞片，雄蕊（2-）4-8（-20），贴生于花托上。雌花单生苞片腋内，稀2-4集生，常具2-4小苞片；雌蕊由2心皮合成，无柄，子房1室，具1直生胚珠，花柱极短或几无花柱，具（1）2（3）丝状或薄片状柱头。核果密被乳头状凸起，果皮稍肉质，富液汁及树脂，内果皮坚硬。种子直立，种皮膜质。

2属，约50余种，主要分布于热带、亚热带及温带地区。

杨梅属 Myrica Linn.

常绿或落叶，乔木或灌木。幼嫩部分被芳香树脂质盾状圆形腺鳞。单叶，无托叶。雌雄同株或异株；葇荑花序单一或分枝。雄花具雄蕊2-8（-20）；雌花具2-4小苞片，子房被蜡质腺鳞或肉质乳头状凸起。核果，果皮薄，或肉质。种子直立，种皮膜质。

约50种，广布于热带、亚热带及温带。我国4种，产长江以南各地。

1. 小枝及叶柄被毡毛；核果椭圆形。
  2. 乔木；花序分枝；果序具数果；叶长5-18厘米 ………………………… 1. **毛杨梅 M. esculenta**
  2. 灌木；花序不分枝；果序具1果；叶长2-7厘米 ………………………… 2. **青杨梅 M. adenophora**
1. 小枝及叶柄无毛或疏被柔毛；核果球形或近球形。
  3. 乔木；叶长6-16厘米；雄花具2-4小苞片，雌花具4小苞片 ………………………… 3. **杨梅 M. rubra**
  3. 灌木；叶长2.5-8厘米；雄花无小苞片，雌花具2小苞片 ………………………… 4. **云南杨梅 M. nana**

1. 毛杨梅 图248 彩片75

Myrica esculenta Buch.-Ham. in D. Don, Prodr. Fl. Nep. 56. 1825.

常绿乔木，高达10米。小枝及芽密被毡毛。叶革质，长椭圆状倒卵形、披针状倒卵形或楔状倒卵形，长5-18厘米，先端钝圆或尖，全缘或中上部具不明显圆齿，基部楔形下延为长0.3-2厘米叶柄，近叶基部中脉及叶柄密生毡毛，余无毛，下面疏被金黄色腺鳞。雄花序由多数小葇荑花序组成圆锥状花序，长6-

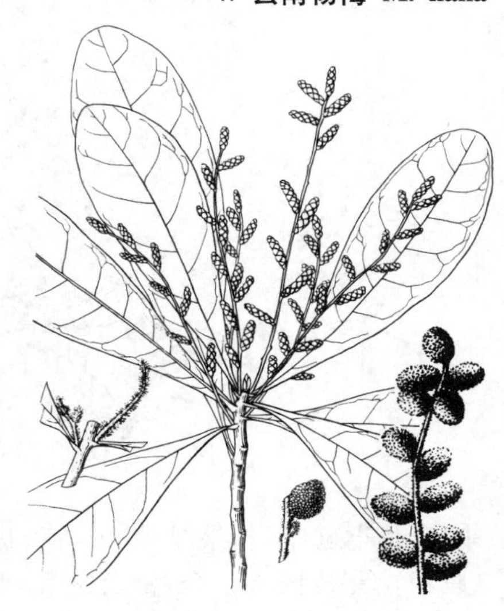

图 248 毛杨梅 （张泰利绘）

8厘米，花序轴密被短柔毛及稀疏金黄色腺鳞；雄花无小苞片，具3-7雄蕊，花药椭圆形，红色。雌花具2小苞片；子房具2细长鲜红色柱头。核果椭圆形，熟时红色，具乳头状凸起，长1-2厘米，果皮肉质，多汁液及树脂；核椭圆形，长0.8-1.5厘米，具厚硬木质内果皮。花期9-10月，果期翌年3-4月。

产四川、云南、贵州南部、广西、广东，生于海拔280-2500米疏林内或干燥山坡。中南半岛有分布。果味酸甜；可作紫胶虫寄主树。

2. 青杨梅 青梅　　图249 彩片76

Myrica adenophora Hance in Journ. Bot. Brit. et For. 21: 357. 1883.

Myrica adenophora var. *kusanoi* Hayata；中国植物志 21: 4. 1979.

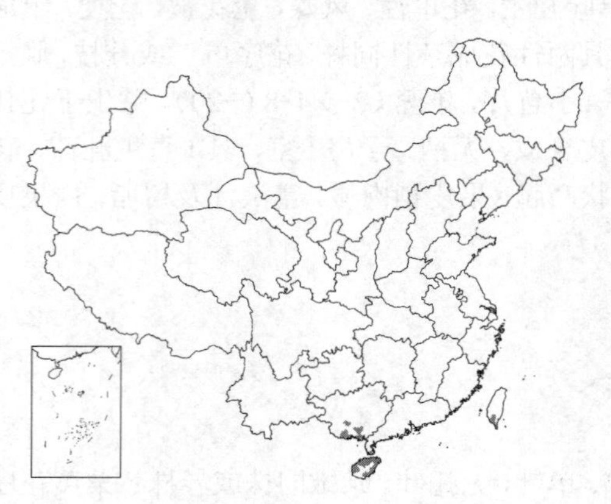

常绿灌木，高达3米。小枝密被毡毛及金黄色腺鳞。叶薄革质，椭圆状倒卵形或短楔状倒卵形，长2-7厘米，先端尖或钝，基部楔形，幼时两面密被金黄色腺鳞，下面密被腺鳞，后脱落，仅两面中脉被短柔毛，中上部疏生锯齿；叶柄长0.2-1厘米，密被毡毛。雄柔荑花序长1-2厘米；雄花无小苞片，具2-6雄蕊。雌花序具1-3花；雌花具2小苞片。核果红或白色，椭圆形，长0.7-1厘米。花期10-11月，果期翌年2-5月。

产台湾（恒春）、广东、海南、广西，生于山谷或林中。果盐渍称“青梅”，可祛痰、解酒、止吐。

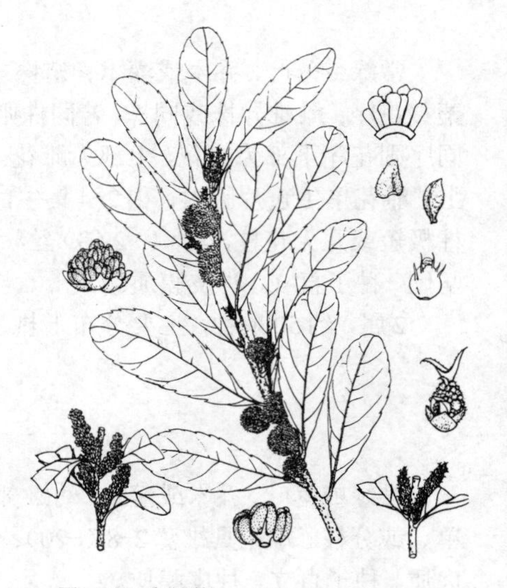

图 249 青杨梅　（引自《Fl. Taiwan》）

3. 杨梅　　图250

Myrica rubra (Lour.) Sieb. et Zucc. in Abh. Akad. Wiss. Wien, Math. Phys. 4(3): 230. 1846.

Morella rubra Lour. Fl. Cochinch. 548. 1790.

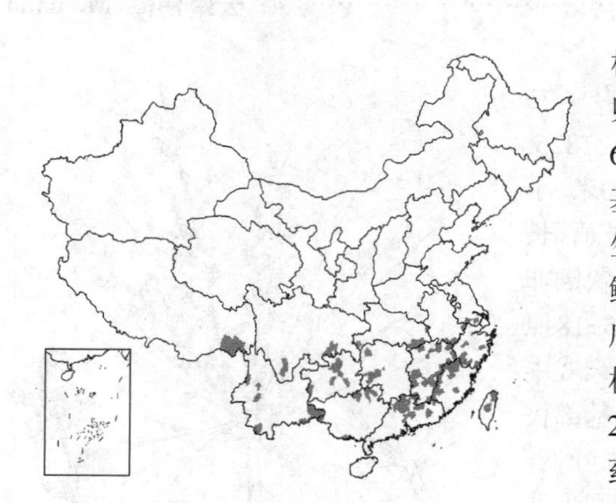

常绿乔木，高达15米。小枝及芽无毛。叶革质，楔状倒卵形或长椭圆状倒卵形，长6-16厘米，先端圆钝或短尖，基部楔形，全缘，稀中上部疏生锐齿，下面疏被金黄色腺鳞；叶柄长0.2-1厘米。雄花序单生或数序簇生叶腋，圆柱状，长1-3厘米；雄花具2-4卵形小苞片，雄蕊4-6，花药暗红色，无毛。雌花序单生叶腋，长0.5-1.5厘米；雌花具4卵形小苞片。核果球形，具乳头状凸起，径1-1.5厘米（栽培品种可达3厘米），果皮肉质，多汁液及树脂，味酸甜，熟时深红或紫红色；核宽椭圆形或圆卵形，稍扁，长1-1.5厘米，径1-1.2厘米，内果皮硬木质。花期4月，果期6-7月。

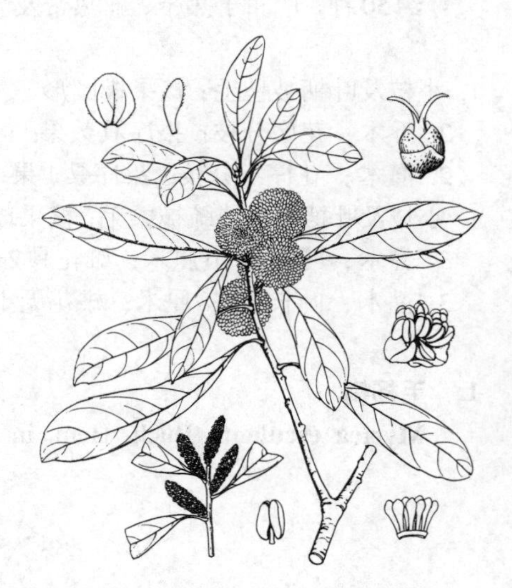

图 250 杨梅　（引自《Fl. Taiwan》）

产安徽、江苏、浙江、台湾、福建、江西、湖北、湖南、广东、广西、云南、贵州、四川及西藏，生于海拔125-1500米山坡或山谷林中。日本、朝鲜及菲律宾有分布。杨梅为我国江南著名水果；树皮富含鞣质，可作红褐色染料及医药收敛剂。已长期栽培，培育出许多园艺品种。

4. 云南杨梅 矮杨梅 图251 彩片77

Myrica nana Cheval. in Mém. Soc. Sci. Nat. Cherbourg 32: 202. 1901.

常绿灌木，高达2米。小枝无毛或疏被柔毛。叶革质或薄革质，长椭圆状倒卵形或短楔状倒卵形，长2.5-8厘米，先端尖或钝圆，基部楔形，中上部疏生粗齿，下面被腺鳞；叶柄长1-4毫米。雄花序单生叶腋，长1-1.5厘米，分枝极短，每分枝具1-3雄花；雄花无小苞片，具1-3雄蕊。雌花序基部具极短分枝，单生叶腋，长约1.5厘米，每分枝常具2-4不孕性苞片及2雌花；雌花具2小苞片，子房无毛。核果红色，球形，径1-1.5厘米。花期2-3月，果期6-7月。

产云南、四川、贵州西部及西藏，生于海拔1500-3500米山坡、林缘及灌丛中。果可食；根及果药用，可收敛、止泻、止血。

图 251 云南杨梅 （张泰利绘）

40. 壳斗科 FAGACEAE

（张永田）

常绿或落叶乔木，稀灌木。单叶，互生，羽状脉；托叶早落。花单性，雌雄同株，稀异株，异序，稀同序，风媒或虫媒；单被花，花被片4-6（-8），基部合生。雄花序头状或葇荑花状下垂或直立，雄花单朵或几朵成二歧聚伞花序散生花序轴上，稀数朵簇生或头状花序，雄花具4-12雄蕊；雌花序直立，雌花1-5（-7）生总苞内，总苞单生或3-5组成聚伞穗状花序，雌花子房下位，3-6室，每室2胚珠，仅1室1胚珠能育，花柱与子室同数。总苞在果熟时木质化形成壳斗，壳斗被鳞形、线形小苞片、瘤状突起或针刺，每壳斗具1-3（-5）坚果，壳斗部分或全包果；每果具1种子。种子无胚乳，子叶肉质，平凸，稀褶皱或折扇状。

8属，900多种，除非洲中南部外广布全球。我国7属，约320种。

1. 雄花序头状，下垂；雌花1-2（3）生总苞内，总苞单生轴顶；果具3棱 …………………… 1. **水青冈属 Fagus**
1. 雄花序葇荑状，稀圆锥状，直立或下垂；雌花1-3（-7）生总苞内，总苞单个或几个成聚伞穗状花序，稀雌雄同序。
  2. 雄花序直立；雌蕊柱头细窝点状，颜色与花柱相近。
    3. 小枝无顶芽；子房6（-9）室，落叶乔木，稀灌木状 …………………… 2. **栗属 Castanea**
    3. 小枝具顶芽；子房3室；常绿乔木，稀灌木状。
      4. 叶常2列；雌花1-3（-7）生总苞内，总苞单个散生花序轴上；壳斗常被尖刺，稀被鳞片或疣体 …………………… 3. **锥属 Castanopsis**
      4. 叶非2列；雌花1（2）朵生总苞内，总苞常3-5个聚伞状簇生，稀单生花序轴上，壳斗被鳞片状肋、疣体、环纹或刺状体 …………………… 4. **柯属 Lithocarpus**

2. 雄花序下垂；雌蕊柱头面宽，颜色与花柱不同。
 5. 壳斗不裂，果球形或椭圆状，无棱无翅。
  6. 壳斗小苞片连成环带 ………………………………………… 5. **青冈属 Cyclobalanopsis**
  6. 壳斗小苞片鳞片状、线形或钻形，覆瓦状排列，不连成圆环 ………………………… 6. **栎属 Quercus**
 5. 壳斗3（-5）裂瓣；坚果三棱形，具3翅 ………………………………………… 7. **三棱栎属 Formanodendron**

1. 水青冈属 **Fagus** Linn.

落叶乔木。冬芽光褐色。小枝基部具芽鳞痕。叶互生，幼叶褶扇状，羽状脉直伸，显著；托叶膜质，早落。花单性同株；雄花序头状，花序梗细长，下垂，具1-3膜质苞片，早落，雄花花被钟状，4-7裂，裂片不等大，被绢毛，雄蕊6-12，不育雌蕊线形，被绢毛；雌花1-2（3）生总苞内，总苞单个顶生花序梗，花被片5-6，子房3室，每室2胚珠，花柱3，柱头面宽。壳斗4瓣裂，每壳斗具1-2（3）坚果；果具3棱，每果1种子。种子无胚乳，子叶褶扇状，出土。

约12种，分布北半球温带及亚热带高山地区。我国5（-7）种。

1. 壳斗小苞片异型，基部的绿色、叶状，无毛，上部的线形、褐色，被毛，或全为褐色线形；叶全缘或波状，侧脉近叶缘上弯连结 ………………………………………… 1. **米心水青冈 F. engleriana**
1. 壳斗小苞片同形；叶缘具锯齿，侧脉直达齿端。
 2. 壳斗小苞片线形或钻形，下弯或S形弯曲，稀短而斜出。
  3. 壳斗长1.8-3厘米；总梗长1.5-7厘米 ………………………………………… 2. **水青冈 F. longipetiolata**
  3. 壳斗长0.7-1厘米；总梗长约1厘米 ………………………………………… 4. **台湾水青冈 F. hayatae**
 2. 壳斗小苞片鳞片状，紧贴，具细尖头 ………………………………………… 3. **光叶水青冈 F. lucida**

1. 米心水青冈　图252：1-5

Fagus engleriana Seem. in Engl. Bot. Jahrb. 29: 285. f. 1 (a-d). 1900.

乔木，高达25米。冬芽长达2.5厘米。小枝皮孔近圆形。叶菱状卵形或卵状披针形，长5-9厘米，宽2.5-4.5厘米，先端短尖或渐尖，基部宽楔形或近圆，中上部具波状圆齿或全缘，幼叶被长绢毛，后近无毛，侧脉10-13对，近叶缘上弯连结；叶柄长0.4-1.2厘米，无毛。壳斗基部小苞片叶状匙形、绿色、无毛，上部小苞片线形、褐色、被毛，或仅具线形褐色小苞片；每壳斗具2果，稀3枚；总梗纤细下垂；果三棱形，棱脊顶部有窄而稍下延窄翅；果柄长2-7厘米。花期4-5月，果期8-10月。

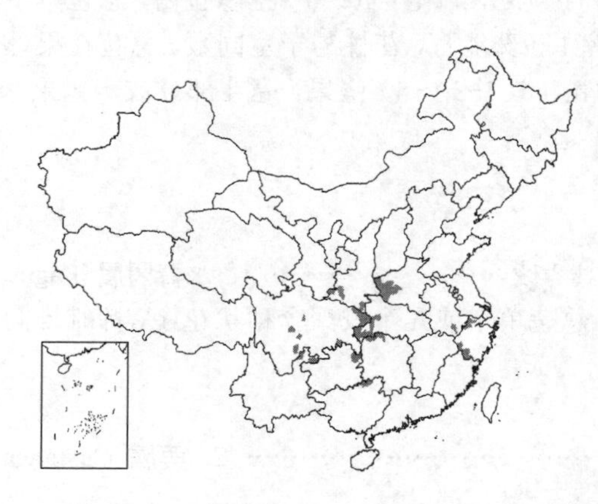

产陕西、河南、安徽、浙江、湖北、湖南、广西、云南、贵州及四川，生于海拔1500-2500米山地混交林中或成小片纯林。

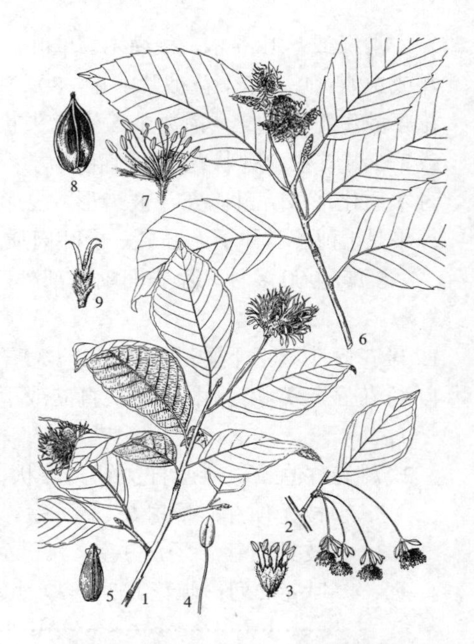

图 252: 1-5. 米心水青冈 6-9. 水青冈
（引自《云南植物志》）

2. 水青冈 图 252：6-9

Fagus longipetiolata Seem. in Engl. Bot. Jahrb. 23 Beibl. 57: 56. 1897.

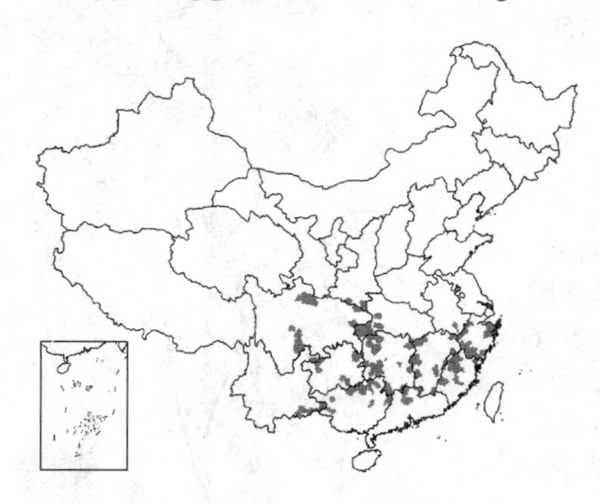

乔木，高达25米。冬芽长达2厘米。小枝皮孔窄长圆形或兼有近圆形。叶卵形、卵状披针形或长圆状披针形，长6-15厘米，宽4-6厘米，先端渐尖或短渐尖，基部宽楔形或近圆，叶缘波状，具锯齿，上面无毛，下面被近平伏绒毛，后脱落，或近无毛，侧脉9-14对，直达齿端；叶柄长1-2.5厘米。壳斗长1.8-3厘米，密被褐色绒毛，(3)4瓣裂，壳斗小苞片线形或钻状，下弯或S形弯曲，稀直伸；总梗粗，长1.5-7厘米，斜展、稍下弯或直伸；每壳斗具2果；果三棱形，棱脊顶部有窄而稍下延窄翅。花期4-5月，果期9-10月。

产安徽、浙江、福建、江西、湖北、湖南、广东、广西、云南、贵州、四川及陕西，生于海拔300-2600米混交林中或成小片纯林，多生于阳坡。越南北部有分布。木材结构细，为优良地板材；种子可榨油。

3. 光叶水青冈 图 253

Fagus lucida Rehd. et Wils. in Sarg. Pl. Wilson. 3: 191. 1916.

乔木，高达25米，胸径达1米。冬芽长达1.5厘米。一、二年生枝紫褐色，有长椭圆形皮孔，有时兼有圆形皮孔，三年生枝深灰色。叶卵形或卵状披针形，长4.5-10厘米，宽3.5-6.5厘米，先端短尖或渐尖，基部宽楔形或近圆，稀近心形，两侧稍不对称，具锯齿，幼叶疏被长绢毛，后脱落无毛或下面中脉疏被柔毛，侧脉10-11对，直达齿端；叶柄长0.6-2厘米，幼时被黄褐色长绢毛，后脱落。壳斗长0.8-1.2厘米，3-4瓣裂，小苞片鳞片状，紧贴，具细尖头，总梗长0.5-1.5厘米，初被毛，后脱落。每壳斗具1-2果；果三棱形，顶端伸出，棱脊顶部无膜质翅或近无翅。花期4-5月，果期9-10月。

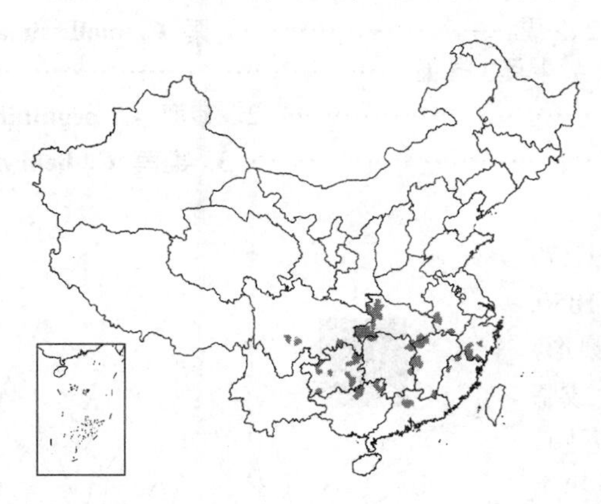

产安徽、浙江、福建、江西、湖北、湖南、广东、广西、贵州及四川，生于海拔750-2000米山地混交林中或成纯林。

图 253 光叶水青冈 (张维本绘)

4. 台湾水青冈 图 254 彩片 78

Fagus hayatae Palib. ex Hayata in Journ. Coll. Sci. Univ. Tokyo 30 (1): 286. 1911.

乔木，高达20米，胸径60厘米。冬芽长达1.5厘米。当年生枝暗红褐色，老枝灰白色，皮孔窄长圆形。幼叶两面叶脉有丝毛。叶菱状卵形或卵形，长3.5-7厘米，宽2-3.5厘米，先端渐尖，基部宽楔形，或近圆，两侧稍不对称，具锯齿，侧脉6-8对，直达齿端，幼叶被长绢毛，后渐脱落无毛，或下面中脉疏被长绢毛；叶柄长4-7毫米。壳斗长0.7-1厘米，4瓣裂，壳斗小苞片线形，长2-3毫米，下弯，纤细易折，与壳斗壁均被微柔毛；总梗长

约1厘米，直伸，被绒毛；坚果与裂瓣等长或稍长，果伸出壳斗，棱脊有窄翅，果柄长0.5-2厘米。花期4-5月，果期8-10月。

产台湾、浙江、湖北西部、湖南西北部及四川北部，生于海拔1300-1500米山地疏林中。

图 254 台湾水青冈 （仿《Fl. Taiwan》）

2. 栗属 Castanea Mill.

落叶乔木，稀灌木。小枝无顶芽，腋芽顶端钝，芽鳞2-3。幼叶对褶，叶互生，侧脉达齿端呈芒尖；托叶卵形或三角状披针形，早落。花单性同株，雄葇荑花序直立，雌花生于雄花序基部或单独形成花序。花被片（5）6裂；雄花1-3（-5）簇生，每簇具3苞片，雄蕊10-12，不育雄蕊被长绒毛；总苞单生，具1-3（-7）雌花，子房6（-9）室，柱头窝点状，颜色与花柱同。壳斗4瓣裂，密被尖刺；每壳斗具1-3（-5）坚果。子叶富含淀粉及糖，萌发时子叶不出土。

10-17种，分布于亚洲、欧洲南部、非洲北部及北美洲东部。我国3种1变种，引入栽培1种。

1. 每壳斗具（1-）3-5果；叶先端短尖或渐尖。
   2. 叶柄长1.2-2厘米，叶下面被星状线毛或近无毛；每壳斗具(1)2-3果 …………………… 1. 栗 C. mollissima
   2. 叶柄长5-9毫米，叶下面被灰黄色腺鳞，幼叶下面疏被单毛；每壳斗具3-5果 ……………………………………………………………………………………………… 2. 茅栗 C. seguinii
1. 每壳斗具1果；叶先端长渐尖或长尾尖 ………………………………………………………… 3. 锥栗 C. henryi

1. 栗 板栗 图255 彩片79

Castanea mollissima Bl. in Ann. Mus. Bot. Lugd.-Bat. 1: 286. 1850.

乔木，高达20米，胸径80厘米。小枝被灰色绒毛。叶椭圆形或长圆形，长7-15厘米，先端短尖或骤渐尖，基部宽楔形或近圆，上面近无毛，下面被星状绒毛或近无毛；叶柄长1.2-2厘米，托叶长1-1.5厘米，被长毛及腺鳞。雄花序长10-20厘米，花序轴被毛，雄花3-5成簇；每总苞具（1-）3-5雄花。壳斗具（1）2-3果，壳斗连刺径5-8厘米，刺被星状毛；果长1.5-3厘米，径1.8-3.5厘米。花期4-5月，果期8-10月。

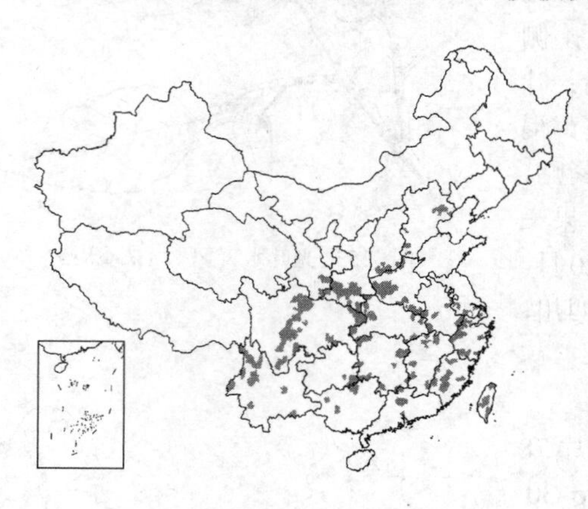

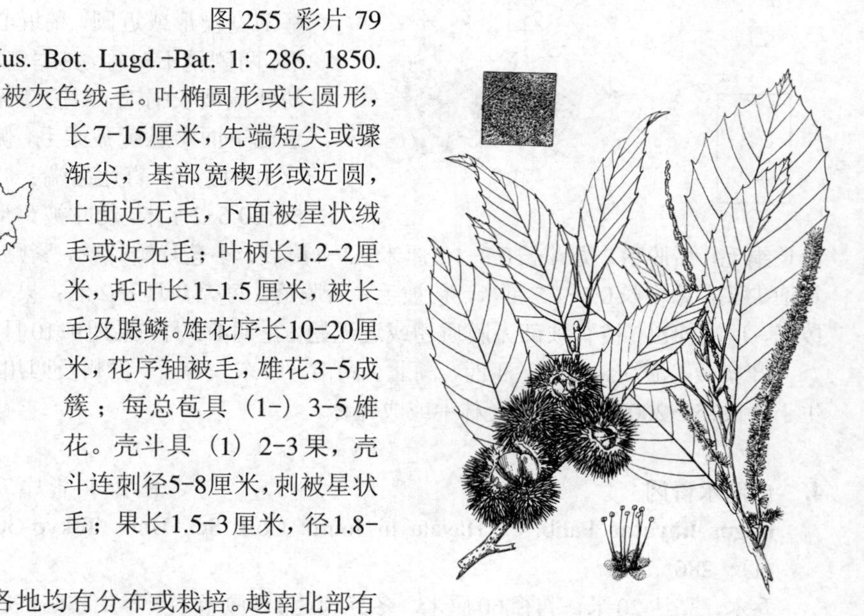

图 255 栗 （张维本绘）

除宁夏、新疆、青海及海南外，南北各地均有分布或栽培。越南北部有栽培。我国有二千多年栽培历史，优良品种很多，为重要干果。材质优良，为重要用材树种。

2. 茅栗 图256 彩片80

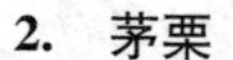

Castanea seguinii Dode in Bull. Soc. Dendr. France 8: 152. 1908.

乔木，高达15米，或成灌木状。小枝暗褐色。叶长椭圆形或倒卵状

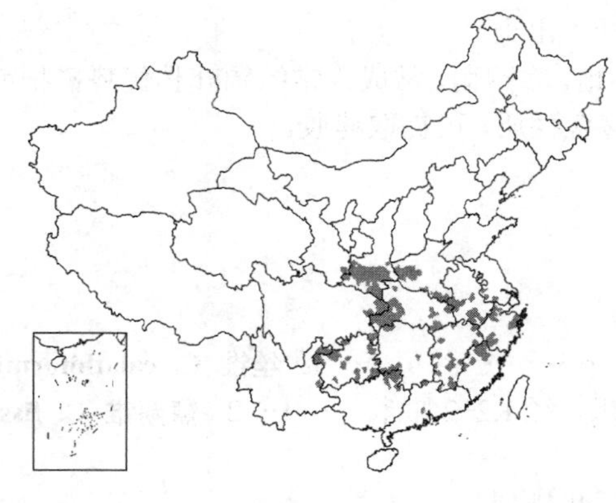

椭圆形，长6.5-14厘米，宽4-5厘米，先端短尖或渐尖，基部宽楔形或圆，有时一侧偏斜，疏生粗锯齿，上面无毛，下面被灰黄色腺鳞，幼叶下面疏被单毛，侧脉9-18对，直达齿尖；叶柄长5-9毫米，托叶窄，长0.7-1.5厘米，花期仍未脱落。雄花序长5.5-11厘米，雄花簇有花3-5朵；2-3总苞散生雄花序基部，或单生，每总苞具3-5雌花，花柱9或6枚。壳斗径3-4厘米，密被尖刺，每壳斗具（1-）3（-5）果；果长1.5-2厘米，径1.3-2.5厘米，无毛或顶部疏生伏毛。花期5-7月，果期9-11月。

产江苏、安徽、浙江、福建、江西、湖北、湖南、广东、广西、云南、贵州、四川、甘肃、陕西及河南，生于海拔2000米以下山区。果可食；南方用作发展板栗的砧木。

图 256 茅栗 （邓晶发绘）

3. 锥栗 图257 彩片81

Castanea henryi（Skan）Rehd. et Wils. in Sarg. Pl. Wilson. 3: 196. 1916.

Castanopsis henryi Skan in Journ. Linn. Soc. Bot. 26: 523. 1899.

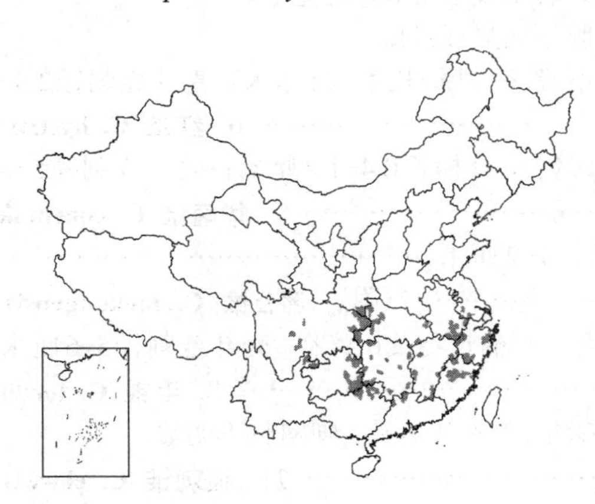

大乔木，高达30米，胸径1.5米。冬芽长约5毫米。小枝带紫褐色，无毛。叶披针形或长披针形，长9-23厘米，宽3-7厘米，先端长渐尖或长尾尖，基部宽楔形或近圆，细锯齿具芒尖，幼叶下面疏被毛及腺点，老叶无毛，侧脉12-16对；叶柄长1.5-2厘米，托叶长0.8-1.4厘米。雄花序长5-16厘米，花簇有花1-3（-5）朵，生于小枝中下部；雌花序生于小枝上部，每总苞有雌花1（2-3）朵。壳斗近球形，连刺径2.5-4.5厘米，刺密或较疏，刺长0.4-1厘米；每壳斗具1果；果卵圆形，长1-2厘米，径1-1.5厘米。顶部有伏毛。花期5-7月，果期9-10月。

产江苏、安徽、浙江、福建、江西、湖北、湖南、广东、广西、贵州、云南东北部、四川及陕西，生于海拔100-2000米山区。果可食，已选出一些优良品种；材质坚实，为优良用材树种。

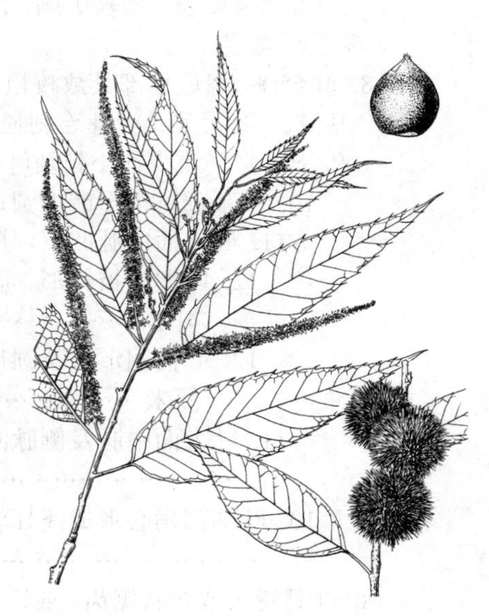

图 257 锥栗 （引自《中国森林植物志》）

3. 锥属 Castanopsis Spach

常绿乔木。小枝具顶芽。叶常2列。花雌雄同序或异序，花序直立。花被裂片5-6（-8），雄花1-3（7）簇生，散生花序轴上，每雄花具（8）9-12雄蕊，不育雄蕊小，密被卷绵毛；雌花1-3（-7）生总苞内，总苞单个散生花序轴上，子房3室，花柱（2）3（4），柱头细窝点状，颜色与花柱同。壳斗具1-3果，全包或部分包果，壳斗常被尖刺，稀被鳞片或疣体；果脐平凸或圆。子叶平凸或皱褶，萌发时子叶不出土。

约120种，产亚洲热带及亚热带地区。我国约63种，产长江以南各地。多耐荫，常成为常绿阔叶林优势树种或成纯林。多为大乔木，材质坚实致密，为重要用材树种。树皮、壳斗富含鞣质，可提取栲胶。

1. 每总苞具1（2-3）雌花；壳斗具1（2）果。
  2. 壳斗小苞片脊状、鳞片状或成脊状圆环。
    3. 子叶皱褶；幼叶下面被易脱落红褐色粉状蜡鳞层。
      4. 壳斗杯状，包果1/2-2/3，高0.6-1厘米，径0.9-1.4厘米 ………………………… 1. **丝锥 C. calathiformis**
      4. 壳斗椭圆状或近球形，全包果或包果大部分，高1.5-2.2厘米，径1.2-2厘米 ……… 2. **鬣蒴锥 C. fissa**
    3. 子叶平凹；叶下面被贴紧腊鳞层或无腊鳞层。
      5. 壳斗浅碗状或碟状，稀包果达1/2，壳斗小苞片鳞片状，覆瓦状排列。
        6. 叶全缘或顶部具1-3粗圆齿，幼叶下面被淡红褐色腊鳞层，老叶下面淡褐灰色 …… 3. **淋漓锥 C. uraiana**
        6. 叶基部以上具粗圆齿，两面近同色 ………………………………………………… 3(附). **龙州锥 C. longzhouica**
      5. 壳斗近球形，几全包果，壳斗小苞片突起连成脊肋状圆环 ……………………… 4. **苦槠 C. sclerophylla**
  2. 壳斗小苞片成尖刺或疣突；壳斗全包果或几全包，与果脱落。
    7. 壳斗整齐4瓣裂，密被尖刺，连刺径4厘米以上，若连刺径不及4厘米，则叶宽1.5-2.5厘米，叶下面被苍灰色蜡鳞层。
      8. 叶全缘，稀近顶部具数枚粗齿。
        9. 枝、叶无毛；壳斗连刺径6-7厘米 ………………………………………………………… 5. **吊皮锥 C. kawakamii**
        9. 枝、叶（至少在小枝及叶下面）被毛，或叶下面被腊鳞层。
          10. 叶基部宽楔形或近圆，稀楔形，叶柄长1厘米或过之，若不及1厘米，则无毛。
            11. 叶上面中脉凹下，下面被红褐或褐黄色蜡鳞层，网脉不明显或纤细。
              12. 叶卵状披针形、卵形或卵状椭圆形，下面蜡鳞层不脱落，叶柄长不及1厘米；壳斗连刺径2.5-4厘米 ……………………………………………………………………………… 6. **红锥 C. hystrix**
              12. 叶椭圆形或长圆形，下面被易脱落红褐色粉状蜡鳞层，叶柄长0.4-1.2厘米；壳斗连刺径5-6厘米 ……………………………………………………………………………… 7. **华南锥 C. concinna**
            11. 叶上面中脉及侧脉凹下，叶下面及叶柄被毛，叶柄长1-2厘米 …………………………………………………………………………………………………… 7(附). **湄公锥 C. mekongensis**
          10. 叶基部稍心形或浅耳状，稀近圆，下面密被褐黄色绒毛，叶柄长不及6毫米；壳斗连刺径5-6厘米 ……………………………………………………………………………………………… 8. **毛锥 C. fordii**
      8. 叶具锐齿或芒状锯齿，或近顶部或中上部具锯齿，侧脉达齿端，若不达齿端，则网脉不明显。
        13. 壳斗刺三棱或四棱形，长1-1.5厘米，稍弯 …………………………………… 11. **棱刺锥 C. clarkei**
        13. 壳斗刺圆或稍圆，直伸。
          14. 枝、叶无毛，叶下面红褐或灰褐色，叶柄长1.5-3厘米；壳斗连刺径6-8厘米 ……… 9. **钩锥 C. tibetana**
          14. 枝、叶下面、叶柄被毛；叶柄长不及1.8厘米；壳斗连刺径不及5厘米。
            15. 枝、叶下面、叶柄及花序轴均被黄褐色短柔毛；侧脉15-25对；壳斗连刺径3.5-4厘米 ……………………………………………………………………………………………… 10. **印度锥 C. indica**
            15. 枝、叶下面、叶柄及花序轴均被灰黄毡状柔毛；侧脉10-15（-18）对；壳斗连刺径4-5厘米 …………………………………………………………………………………… 10(附). **海南锥 C. hainanensis**
    7. 壳斗不整齐瓣裂，刺疏生，近轴侧无刺，壳斗连刺径超过4厘米，刺连成鸡冠状刺环。
      16. 果脐占果面2/3-4/5；壳斗连刺径2.5-3.5厘米；枝、叶无毛；叶全缘 …… 12. **银叶锥 C. argyrophylla**
      16. 果脐位于果底部或占果面1/3。
        17. 壳斗连刺径4-4.5厘米，刺连成鸡冠状刺环，壳斗壁厚3-5毫米，外壁及刺被灰白或灰黄色短毛，内

壁被褐色长绒毛 …………………………………………………………………………… 13. 黑叶锥 **C. nigrescens**

17. 壳斗连刺径小于3.5厘米，刺束不成鸡冠状刺环。
 18. 叶全缘，稀部分叶具小齿。
  19. 壳斗连刺径2厘米以上，刺长4毫米以上。
   20. 小枝、叶柄、花序轴均被褐黄或暗褐色短绒毛 …………………… 19(附). 屏边锥 **C. ouonbinensis**
   20. 小枝、叶、花序轴无毛。
    21. 果密被褐色长伏毛；叶全缘，上面中脉凹下 …………………………… 14. 公孙锥 **C. tonkinensis**
    21. 果无毛。
     22. 叶下面被红褐或黄褐色粉状腊鳞层 ………………………………………………… 19. 栲 **C. fargesii**
     22. 叶下面被淡绿或灰白色蜡鳞层。
      23. 壳斗宽卵圆形，密被刺，近轴面无刺；叶全缘或近顶部疏生浅齿 ………………………………………………………………………………………………… 17. 甜槠 **C. eyrei**
      23. 壳斗球形，稀宽卵圆形，刺疏生，刺束连成不连续刺环；叶全缘 ……………………………………………………………………………………………… 18. 思茅锥 **C. ferox**
  19. 壳斗连刺径小于2厘米，被短刺或疣突，刺三棱或四棱形。
   24. 叶披针形或卵状披针形，宽1.5-3厘米，全缘或中部以上具浅齿；壳斗疏被细疣状突起或壳斗顶部具长1-2毫米尖刺 ……………………………………………………………… 24. 米槠 **C. carlesii**
   24. 叶椭圆形、卵状披针形或卵形，宽3-7厘米，全缘；壳斗疏被长1-3毫米刺，刺三棱或四棱形 ……………………………………………………………………………………………… 22. 小果锥 **C. fleuryi**
 18. 叶具锯齿、波状齿或全缘。
  25. 叶宽1.5-5厘米，先端长渐尖、渐尖或尾尖，叶脉9-13对。
   26. 叶两面同色，叶柄长1-2.5厘米；壳斗球形，连刺径2.5-3厘米，刺长0.6-1.2厘米，在中下部连成刺束，壳斗内壁密被褐色长绒毛 ……………………………………………… 16. 锥 **C. chinensis**
   26. 叶两面不同色，幼叶下面淡褐色，老叶下面苍灰色，叶柄长3-7（-10）毫米；壳斗椭圆形或近球形，连刺径2-2.2厘米，刺长4-6毫米 …………………………………… 21. 湖北锥 **C. hupehensis**
  25. 叶宽（1.5）3-8厘米，先端圆钝、短尖或渐尖，侧脉5-9（-11）对。
   27. 叶倒卵形、倒卵状椭圆形或卵形，宽3-7厘米，先端短尖或圆钝；壳斗连刺径1.5-2厘米，刺长3-6毫米 ……………………………………………………………………………… 23. 高山锥 **C. delavayi**
   27. 叶卵形、椭圆形或披针形，先端渐尖或短尖；壳斗连刺径2.5-3.5厘米，刺长0.6-1厘米。
    28. 叶卵形或卵状披针形，宽1.5-4.5厘米，侧脉5-8对；壳斗椭圆状，连刺径3-3.5厘米；果密被褐色伏毛 ……………………………………………………………………… 15. 台湾锥 **C. formosana**
    28. 叶卵形、卵状椭圆形或倒卵状椭圆形，宽4-8厘米，侧脉8-11对；壳斗球形，连刺径2.5-3厘米；果无毛或近无毛 ………………………………………………………… 20. 秀丽锥 **C. jucunda**

1. 每总苞具3（-5）雌花，稀同一花序兼具单花；壳斗具（1-）3果。
 29. 小枝、花序及幼叶下面被长柔毛，叶倒卵状长圆形、卵状长椭圆形或长椭圆形，侧脉13-17对；果被伏毛 ……………………………………………………………………………………… 25. 瓦山锥 **C. ceratacantha**
 29. 枝、叶无毛，或仅幼枝顶部及幼叶下面中脉两侧疏被短毛。
  30. 果无毛；幼叶下面被红褐或黄褐色腊鳞，中脉两侧疏被长柔毛，老叶下面稍灰白色；壳斗连刺径2-3厘米 ……………………………………………………………………………………… 26. 罗浮锥 **C. fabri**
  30. 果被短伏毛；壳斗连刺径3-6厘米。
   31. 叶全缘或近顶部疏生浅齿。
    32. 叶柄长1.5-3厘米；壳斗连刺径4-6厘米，刺长达1.5厘米，鹿角状分叉，基部连成4-6鸡冠状刺环 …………………………………………………………………………………… 27. 鹿角锥 **C. lamontii**
    32. 叶柄长1-1.5厘米；壳斗连刺径3-4厘米，刺长4-7毫米，成刺束或鸡冠状刺环 ……………………………………………………………………………………………… 28. 厚皮锥 **C. chunii**

31. 叶中部以上疏生锯齿或全缘。
  33. 叶两面近同色，幼叶干后黑褐色，叶中部以下最宽，上面中脉微凸或平 …………………………………… 29. **元江栲 C. orthacantha**
  33. 叶两面不同色，幼叶下面被易脱落红褐色蜡鳞层，老叶黄灰或银灰色，叶中部或中部以上最宽，上面中脉微凹或平 …………………………………… 30. **扁刺栲 C. platyacantha**

1. 丝锥 包丝锥 包丝栲 图 258

Castanopsis calathiformis（Skan）Rehd. et Wils. in Sarg. Pl. Wilson 3: 204. 1916.

Quercus calathiformis Skan in Journ. Linn. Soc. Bot. 26: 508. 1899.

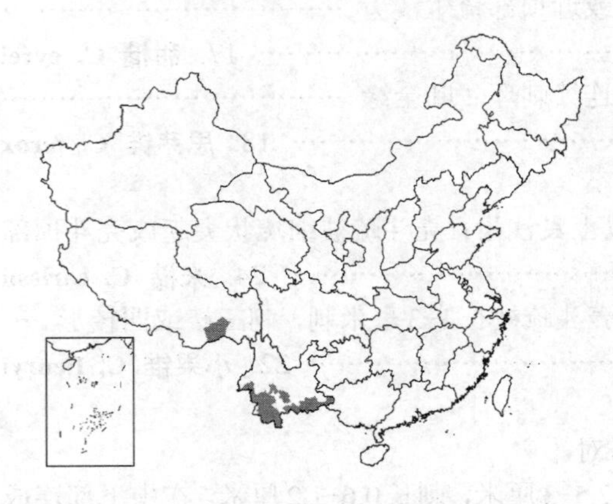

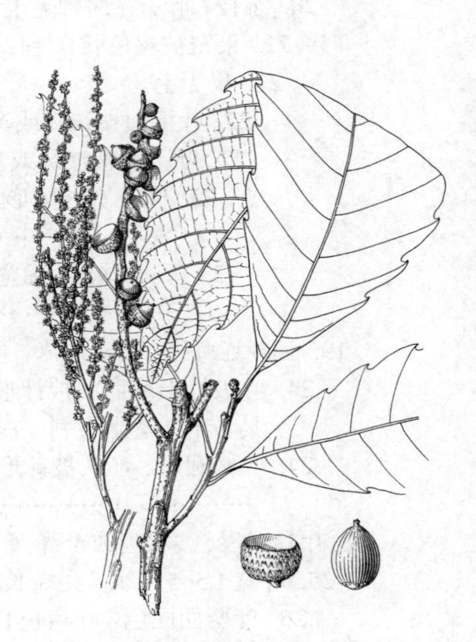

图 258 丝锥 （冯晋庸绘）

乔木，高达20米。枝、叶无毛。叶长椭圆形或倒卵状椭圆形，长15-25厘米，先端短渐尖、短尖或圆钝，基部楔形下延，具波状钝齿，侧脉20-28对，直达齿尖，幼叶下面被易脱落红褐色粉状蜡鳞层，老叶下面灰黄色；叶柄长1-2.5厘米。雄花序单生或圆锥状，雌花序穗状，较雄花序短，每总苞具1雌花。壳斗杯状，高0.6-1厘米，径0.9-1.4厘米，壳斗小苞片三角状，组成4-7脊肋状圆环。果卵状椭圆形，长1-1.5厘米，径0.8-1.2厘米。子叶皱褶，有涩味。花期3-5月，果期10-12月。

产云南南部及西藏东南部，生于海拔700-2200米常绿阔叶林或针阔叶混交林中。越南北部、老挝、缅甸及泰国北部有分布。

2. 罼蒴锥 罼蒴栲 图 259 彩片 82

Castanopsis fissa（Champ. ex Benth.）Rehd. et Wils. in Sarg. Pl. Wilson. 3: 203. 1916.

Quercus fissa Champ. ex Benth. in Hook. Journ. Bot. Kew Gard. Misc. 6: 114. 1854.

乔木，高达20米。芽鳞、幼枝及幼枝下面均被易脱落红褐色粉状蜡鳞层及褐黄色微柔毛。叶长椭圆形或倒卵状长椭圆形，长17-25厘米，先端钝尖，基部楔形，具波状钝齿，侧脉16-20对；叶柄长1.5-2.5厘米。壳斗幼时被暗红色粉状蜡鳞，成熟时椭圆形或近球形，几全包果或包果大部分，高1.5-2.2厘米，径1.2-2厘米，小苞片组成具稀疏脊肋或疣突3-5圆环，不规则2-3（4）瓣裂，裂瓣常卷曲，果椭圆形或近球形，长1.3-1.8

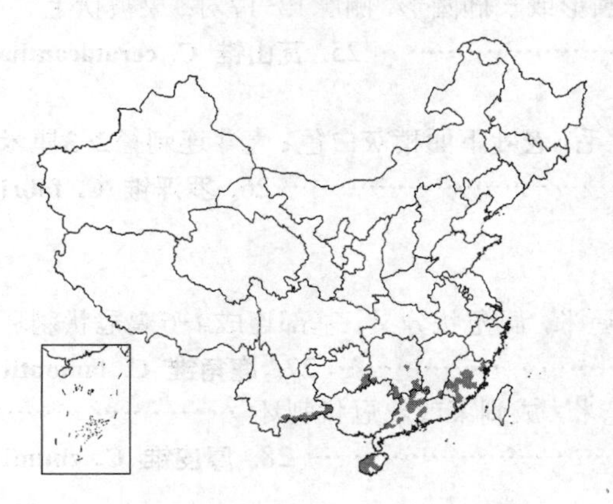

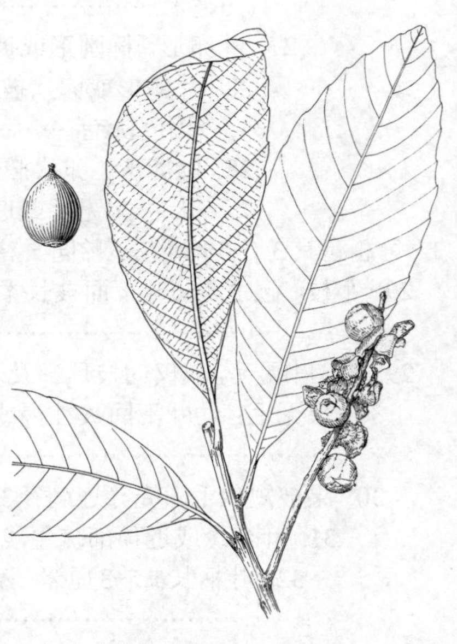

图 259 罼蒴锥 （冯晋庸绘）

厘米，径1.1-1.6厘米。子叶皱褶，有涩味。花期4-6月，果期9-11月。

产福建、江西、湖南、广东、海南、广西、云南东南部及贵州东南部，生于海拔1600米以下山坡、沟谷常绿阔叶林中。越南有分布。种仁可食，木材易加工，供建筑、家具等用。

3. 淋漓锥 淋漓柯 图260 彩片83

Castanopsis uraiana（Hayata）Kaneh. et Hetus. in Trans. Nat. Hist. Soc. Form. 29：155. 1939.

Quercus uraiana Hayata in Journ. Coll. Sci. Univ. Tokyo 30：299. 1911.

Lithocarpus uraiana（Hayata）Hayata；中国高等植物图鉴 1：432. 1972.

乔木，高达20米。叶卵状椭圆形或卵状披针形，长7-13厘米，宽1.5-3.5厘米；先端长渐尖或近尾尖，基部楔形，一侧偏斜，近顶部具1-3粗齿，稀全缘，侧脉7-10对，幼叶下面被淡红褐色蜡鳞层，老叶下面淡灰褐色；叶柄长0.7-1.5厘米。雄花序圆锥状。壳斗浅碗状或碟形，高5-6毫米，径0.7-1.2厘米，壳斗小苞片鳞状，覆瓦状排列；果椭圆形，长0.7-1.2厘米。子叶平凹，味涩。花期3-5月，果期翌年9-10月。

产福建、台湾、江西南部、湖南南部、广东北部及广西东北部，生于海拔500-1500米常绿阔叶林或沿河溪两岸疏林中。

［附］**龙州锥 Castanopsis longzhouica** Huang et Y. T. Chang in Guihaia 5(3)：186. f. 1. 1985. 本种与淋漓锥的区别：叶宽3-4厘米，中下部以上具粗齿，两面近同色。花期2-3月，果期8-9月。产广西西南部，生于海拔450-600米石灰岩山地疏林中。

图 260 淋漓锥 （张维本绘）

4. 苦槠 血槠 苦槠栲 图261

Castanopsis sclerophylla（Lindl.）Schott. in Engl. Bot. Jahrb. 47：638. 1912.

Quercus sclerophylla Lindl. in Lindl. et Paxton, Fl. Gard. 1：59. f. 37. 1850.

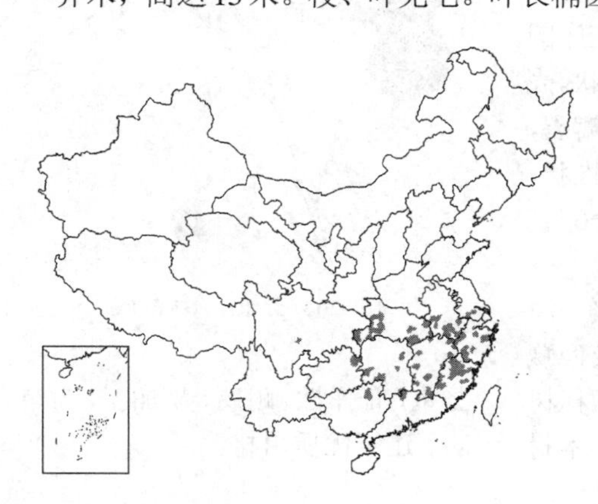

乔木，高达15米。枝、叶无毛。叶长椭圆形、卵状椭圆形或倒卵状椭圆形，长7-15厘米，先端短尖或短尾状，基部宽楔形或近圆，中部以上具锯齿，稀全缘，老叶下面银灰色；叶柄长1.5-2.5厘米。雄花序常单穗腋生。壳斗近球形，几全包果，径1.2-1.5厘米，壳斗小苞片突起连成脊肋状圆环，不规则瓣裂。果近球形。子叶平凹，有涩味。花期4-5月，

图 261 苦槠 （冯晋庸绘）

果期10-11月。

产长江中下游以南、五岭以北及贵州、四川以东各地，生于海拔200-1000米林中，常与杉木、马尾松、樟树、木荷、青冈栎等混生。种仁可制粉条及苦槠豆腐；木材坚韧致密，供家具、农具及机械用材。

5. 吊皮锥 青钩栲 图262 彩片84

Castanopsis kawakamii Hayata in Journ. Coll. Sci. Univ. Tokyo 30 (1): 300. 1911.

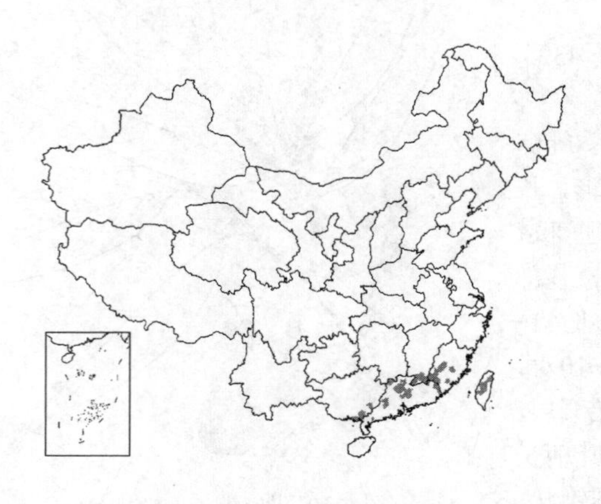

乔木，高达28米。具板根，树皮浅纵裂，成长条剥落，附着树干。枝、叶无毛。叶卵状披针形或长椭圆形，长6-12厘米，宽2-5厘米，先端长渐尖，基部宽楔形或近圆，全缘，稀近顶部具1-3浅齿，两面近同色；叶柄长1-2.5厘米。雄花序多圆锥状，雌花序轴无毛。壳斗球形，连刺径6-7厘米，刺长2-3厘米，4瓣裂，壳斗内壁被长绒毛；果扁球形，径1.7-2厘米，密被褐色伏毛，果脐占果面1/2-1/3。花期3-4月，果期翌年8-10月。

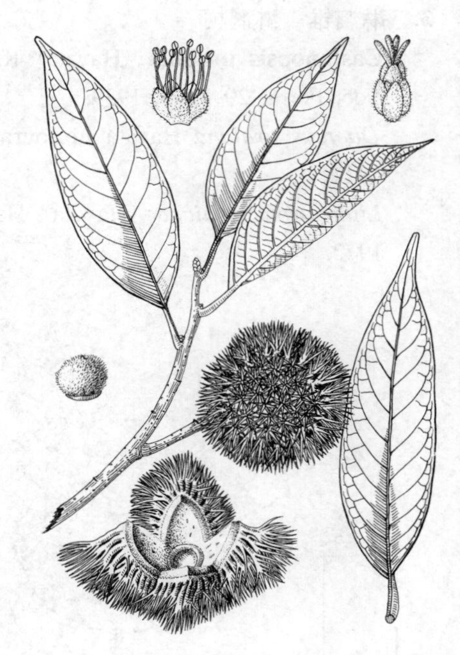

图 262 吊皮锥 （余汉平绘）

产福建、台湾、江西南部、广东及广西东南部，生于海拔200-1000米（东南部）2400-2900米（台湾）常绿阔叶林中，为中上层林木。种仁可食；壳斗及树皮可提取栲胶；边材坚韧有弹性，可制扁担，心材坚重，耐腐及水湿，供造船、桥梁、家具等用。树姿优美，四季常青，可栽培供观赏。

6. 红锥 刺栲 图263

Castanopsis hystrix A. DC. in Journ. Bot. 1: 182. 1863.

乔木，高达25米，胸径1.5米。幼枝、叶柄及花序均被微柔毛及细片状蜡鳞。叶卵状披针形、卵形或卵状椭圆形，长4-9厘米，先端渐尖或尾尖，基部宽楔形或稍圆，全缘或近顶部具少数浅齿，上面中脉凹下，侧脉9-15对，下面被黄褐色至红褐色腊鳞层；叶柄长不及1厘米。雄花序圆锥状或穗状，雌花序穗状。壳斗连刺径2.5-4厘米，4瓣裂，刺长0.6-1厘米，果圆锥状，径0.8-1.5厘米。花期4-6月，果期翌年8-10月。

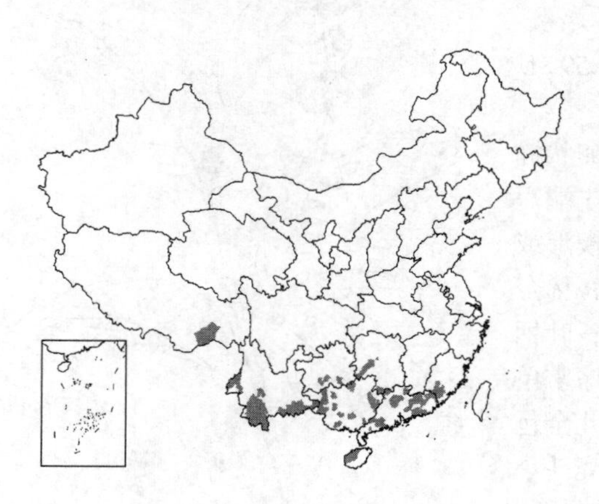

图 263 红锥 （冯晋庸绘）

产福建、湖南、广东、海南、广西、云南、贵州及西藏东南部，生于海拔100-1900米山地常绿阔叶林中，与马尾松、檫树、栲树等混生，为上层林木，有时成纯林。越南、老挝、缅甸及印度有分布。木材坚重，有弹性，耐腐，易加工，为车、船、建筑优质用材。

7. 华南锥 华南栲 图264 彩片85

Castanopsis concinna (Champ. ex Benth.) A. DC. in Journ. Bot. 1: 182. 1863.

Castanea concinna Champ. ex Benth. in Hook. Journ. Bot. Kew Gard. Misc. 6: 115. 1854.

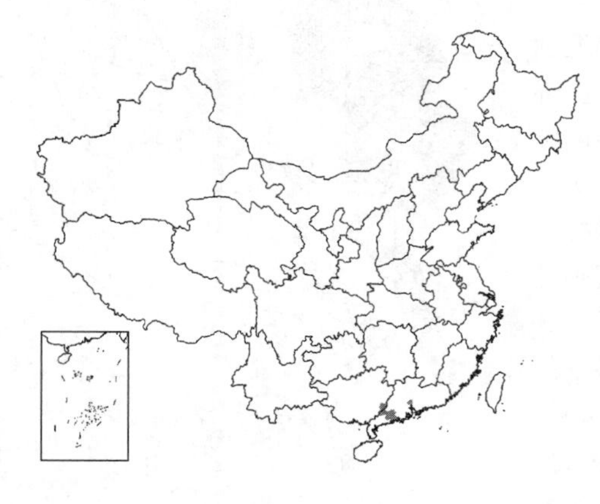

乔木，高达15米。幼枝被毛，后脱落，老枝近无毛。叶椭圆形或长圆形，长5-10厘米，先端短尖，基部圆或宽楔形，全缘，稍背卷，上面中脉凹下，侧脉12-16对，下面被红褐色粉状易脱落蜡鳞层；叶柄长0.4-1.2厘米。雄花序穗状或圆锥状；雌花序长5-10厘米。壳斗球形，连刺径5-6厘米，4瓣裂，刺长1-2厘米，果扁圆锥形，径约1.4厘米，密被短伏毛，果脐占果面1/2-1/3。花期4-5月，果期翌年9-10月。

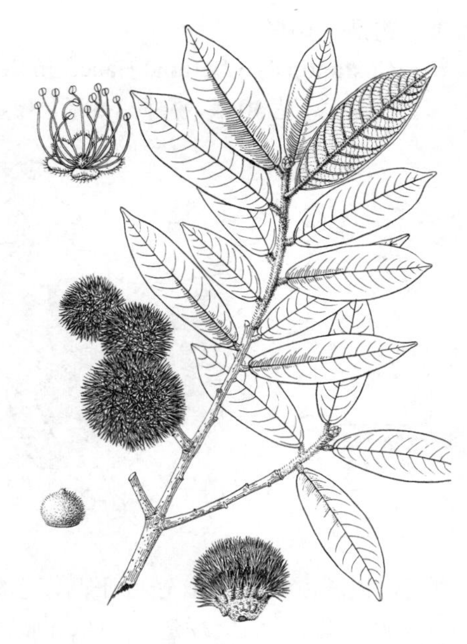

图 264 华南锥 （余汉平绘）

产广东、香港及广西，生于海拔500米以下常绿阔叶林中。木材坚重，有弹性，耐水湿，为优质用材。

［附］**涓公锥** 滇栲 **Castanopsis mekongensis** A. Camus in Bull. Soc. Bot. France. 85: 625. 1938. —— *Castanopsis diversifolia* auct. non (Kurz) King ex Hook. f.: 中国高等植物图鉴 1: 422. 1972. 本种与华南锥的区别：叶上面中脉及侧脉均凹下，下面及叶柄均被毛，叶柄长1-2厘米。产云南南部及西南部，生于海拔600-2000米山地常绿阔叶林中。老挝有分布。

8. 毛锥 南岭栲 图265

Castanopsis fordii Hance in Journ. Bot. 22: 386. 1884.

乔木，高达30米，胸径1米。芽鳞、小枝、花序轴、叶下面及叶柄均密被红褐色粗长毛，老枝毛渐脱落。叶长圆形或长椭圆形，长9-18厘米，先端短尖，稀圆钝，基部稍心形或浅耳状，稀近圆，全缘，偶近顶部具1-3浅齿，上面中脉凹下，侧脉14-18对，下面红褐至灰白色；叶柄长2-5（6）毫米。雄花序多圆锥状；雌花序长达12厘米。壳斗球形，连刺径5-6厘米，4瓣裂，刺长1-2厘米，壳斗壁厚3-4毫米；果扁圆锥形，径1.5-2厘米，密被伏毛，果脐占果面1/3。花期3-4月，果期翌年9-10月。

图 265 毛锥 （仿《中国植物图谱》）

产浙江、福建、江西、湖南、广东、广西及贵州东南部，生于海拔1200米以下山地阔叶林中，或在山谷、溪边成小面积纯林。木材坚韧致密，供建筑、家具、乐器等用，为南方主要用材树种。

9. 钩锥 钩栲 图 266

Castanopsis tibetana Hance in Journ. Bot. 13: 367. 1875.

乔木，高达30米，胸径1.5米。枝、叶无毛，幼枝暗紫褐色。叶卵状椭圆形、长椭圆形或倒卵状椭圆形，长15-30厘米，先端短尖、渐尖或短尾尖，基部近圆或宽楔形，近顶部或中上部具锯齿，上面中脉凹下，侧脉15-18对，下面红褐或灰褐色；叶柄长1.5-3厘米。雄花序圆锥状。壳斗球形，连刺径6-8厘米，4瓣裂，刺长1.5-2.5厘米，壳斗壁厚3-4毫米；果扁圆锥形，径2-2.8厘米，被毛，果脐占果面1/4。子叶平凸，无涩味。花期4-5月，果期翌年8-10月。

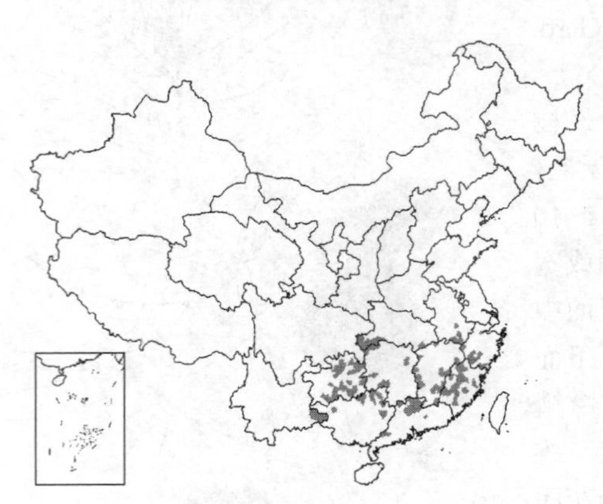

产安徽、浙江、福建、江西、湖北、湖南、广东、广西、云南东南部及贵州，生于海拔200-1500米山地林中，与楠木、锥栗、杜英等混生。种仁味甜；树皮及壳斗可提取栲胶。为优良用材树种。

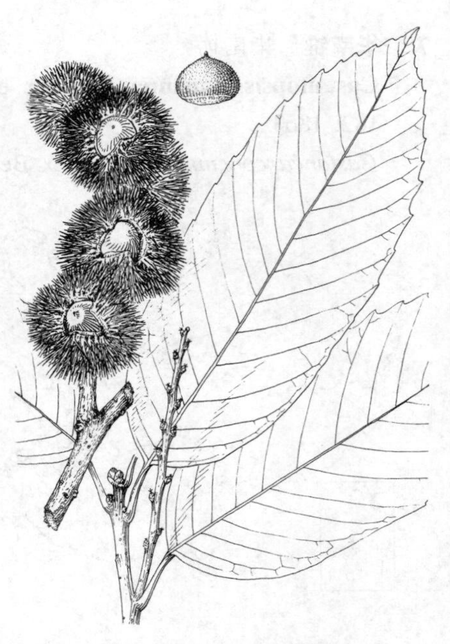

图 266 钩锥 （冯晋庸绘）

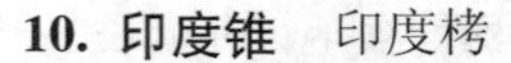

10. 印度锥 印度栲 图 267

Castanopsis indica （Roxb.） Miq. in Ann. Mus. Bot. Lugd.-Bat. 1: 119. 1864.

Castanea indica Roxb. Fl. Ind. 3: 643. 1832.

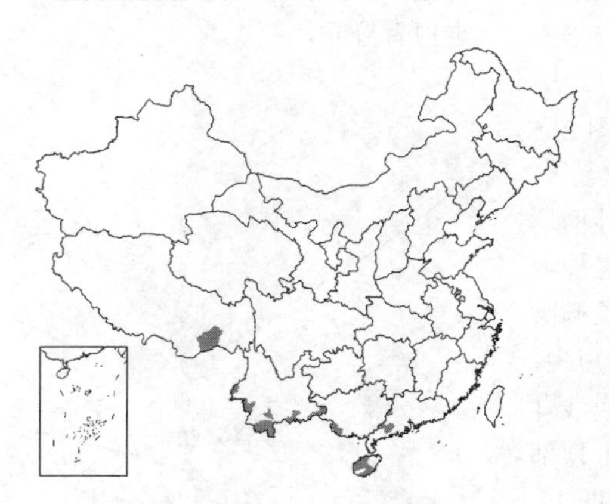

乔木，高达25米。小枝、叶柄、叶下面及花序轴均被黄褐色短柔毛。叶卵状椭圆形、椭圆形，或倒卵状椭圆形，长9-20厘米，宽4-10厘米，先端短尖，基部宽楔形或近圆，具芒尖锯齿，侧脉15-25对；叶柄长0.5-1厘米。雄花序圆锥状。果序长达25厘米，壳斗球形，连刺径3.5-4厘米，4瓣裂，刺下部连成刺束；果宽圆锥形，径1-1.4厘米，果脐占果面1/4。花期3-5月，果期翌年9-11月。

产广东、广西、海南、云南及西藏东南部，生于海拔350-1500米林中。越南、老挝、缅甸、尼泊尔、印度有分布。种仁无涩味，可食。材质优良。

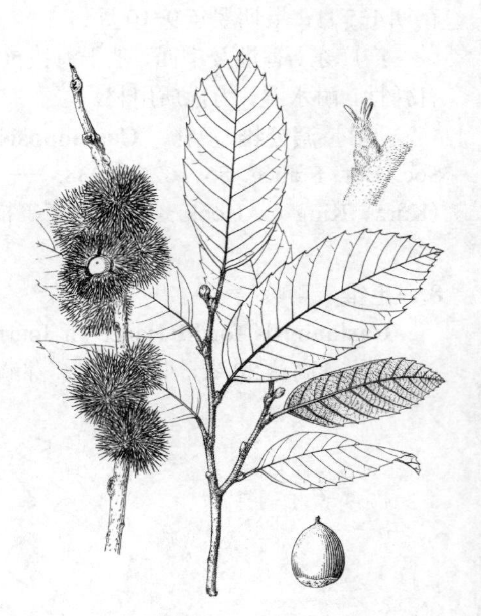

图 267 印度锥 （冯晋庸绘）

［附］ **海南锥** 海南栲 **Castanopsis hainanensis** Merr. in Philipp. Journ. Sci. 21: 340. 1922. 与印度锥的区别：幼枝、叶下面、叶柄及花序轴被灰黄色毡状柔毛；叶倒卵形或倒卵状椭圆形，长5-12厘米，宽2.5-5厘

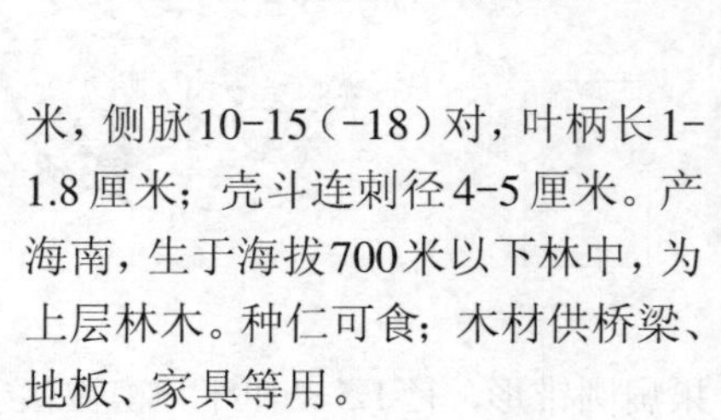

米，侧脉10-15（-18）对，叶柄长1-1.8厘米；壳斗连刺径4-5厘米。产海南，生于海拔700米以下林中，为上层林木。种仁可食；木材供桥梁、地板、家具等用。

11. 棱刺锥 图 268

Castanopsis clarkei King ex Hook. f. Fl. Brit. Ind. 5: 623. 1888.

乔木，高达20米，胸径50厘米。芽鳞被伏毛。小枝及花序轴密被柔

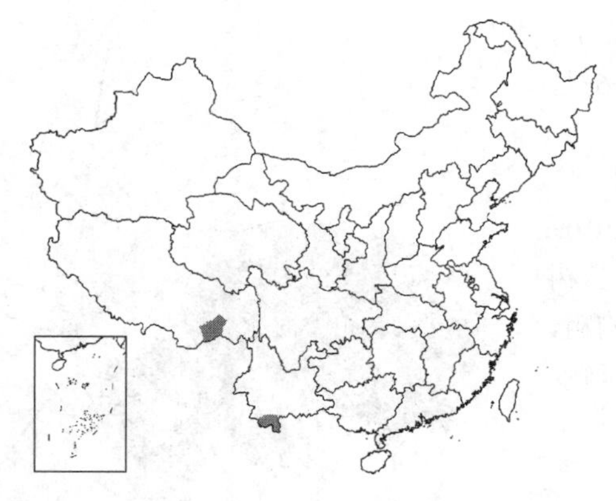

毛，幼枝暗紫褐色。叶椭圆形或长圆形，长10-20厘米，宽5-9厘米，先端短尖，基部宽楔形，具锐齿，上面中脉凸起，被微柔毛，侧脉14-20对，直达齿端，近平行，细脉明显，下面被易脱落微柔毛及细片状蜡鳞；叶柄长1.5-3厘米。雄花序圆锥状；雌花序长达20厘米。壳斗近球形，连刺径3.5-4厘米，4瓣裂，刺密生，刺长1-1.5厘米，三棱或四棱形，长1-1.5厘米，稍弯，近无毛；果宽圆锥形，顶端锥尖，径1.4-1.6厘米，果脐位于坚果下部。花期3-5月，果期翌年10-12月。

产云南南部及西藏东南部，生于海拔500-800米山地常绿阔叶林中。不丹、锡金及缅甸东北部有分布。

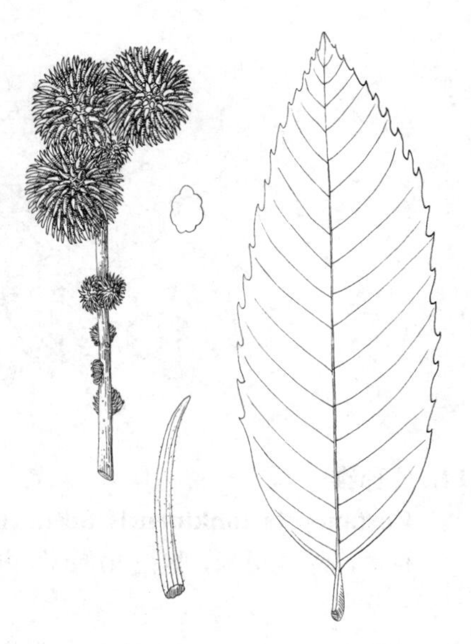

图 268 棱刺锥 （余汉平绘）

12. 银叶锥 银叶栲 图 269

Castanopsis argyrophylla King ex Hook. f. Fl. Brit. Ind. 5: 622. 1888.

乔木，高达20米，胸径60厘米。枝、叶无毛。一年生枝干后褐黑色，二年生枝密生灰褐色小皮孔。叶厚革质，椭圆形、卵形或卵状披针形，长10-20厘米，宽4-7厘米，先端短尖或渐尖，基部宽楔形，全缘，下面苍灰或灰白色，上面中脉凸起，侧脉10-13对，网脉在两面明显；叶柄长1-2.5厘米。雄花序常为圆锥状，长10-15厘米，雄蕊10；雌蕊花柱3，斜展，长约1毫米；花序轴、花被片外面、花柱外部及果序轴均被灰黄或淡灰褐色毡状柔毛。果序长10-25厘米；每壳斗1（2-3）坚果；壳斗球形，连刺径2.5-3.5厘米，不整齐开裂，刺长2-6毫米，连成间断刺环；果近球形，径1.5-1.8厘米，密被平伏细毛，果脐占果面2/3-4/5。花期5-6月，果期10-12月。

图 269 银叶锥 （余汉平绘）

产云南南部，生于海拔400-1800米山地林中。印度、缅甸、老挝及泰国有分布。

13. 黑叶锥 图 270

Castanopsis nigrescens Chun et Huang in Guihaia 10(1): 4. 1990.

乔木，高达15米，胸径40厘米。小枝干后黑褐色，被白霜；枝、叶无毛；二、三年生枝密生黄褐色微凸起皮孔。叶卵形或卵状椭圆形，稀披针形，长8-15厘米，宽3-6厘米，先端渐尖或骤短尖，基部近圆，全缘，侧脉10-14对，纤细，下面被黄褐或灰白色蜡鳞层，上面干后黑褐色；叶柄长1-2厘米。雄花序穗状或圆锥状，花序轴被灰白色微柔毛。果序长5-15厘米，轴径5-7毫米。壳斗近球形，连刺径4-4.5厘米，不整齐开裂，近轴处无刺，远轴侧刺连成鸡冠状刺环，壳斗壁厚2-5毫米，外壁及刺被灰白或灰黄色短毛，内壁被褐色长绒毛；每壳斗1坚果，果宽卵圆形，径达2.5

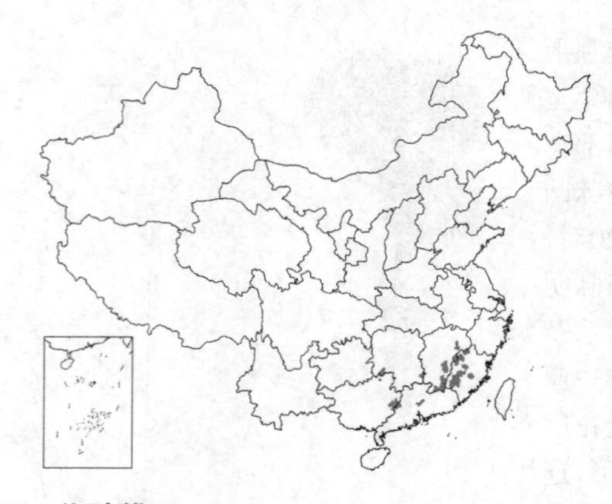

厘米，密被毛，顶部短突尖，果脐占果面1/3。花期5-6月，果期翌年9-10月。

产福建、江西、湖南、广东及广西，生于海拔200-1000米混交林中，为优势树种。木材淡黄褐色，结构粗，材质较坚重，供建筑、车辆、家具等用。

图 270 黑叶锥 （余汉平绘）

14. 公孙锥 图 271

Castanopsis tonkinensis Seem. in Engl. Bot. Jahrb. 23: 55. 1897.

乔木，高达20米，胸径40厘米。枝、叶无毛。叶披针形，稀椭圆形，长6-13厘米，宽1.5-4厘米，先端长渐尖，基部楔形，全缘，幼叶下面被红褐色疏散蜡鳞层，老叶下面淡绿色，上面中脉凹下，侧脉9-13对，支脉纤细；叶柄长1-2厘米。雄圆锥花序顶部常着生1-3雌穗状花序，长达20厘米，雌花花柱（2）3，长1毫米以上，近基部被毛，花序轴被蜡鳞层及易脱落微柔毛。壳斗宽圆锥形或卵圆形，基部缢缩成短柄，连刺径2-3厘米，不整齐开裂，刺长0.6-1厘米，壳斗壁及刺近无毛；果宽椭圆状或圆锥状，径0.9-1.2厘米，密被褐色长伏毛；果脐位于坚果底部。花期5-6月，果期翌年9-10月。

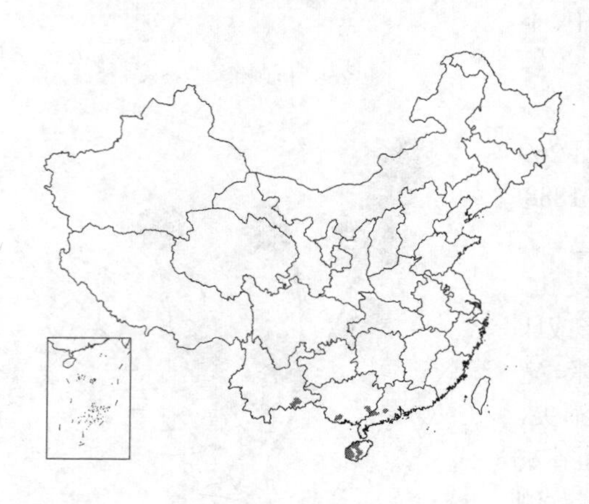

产广东、海南、广西及云南东南部，生于海拔2000米以下山地林中，为上层林木。越南北部有分布。材质坚实，不收缩，少开裂，为优良用材。

图 271 公孙锥 （孙英宝绘）

15. 台湾锥 台湾苦槠 图 272 彩片 86

Castanopsis formosana (Skan) Hayata, Ic. Pl. Formos. 3: 189. 1913. — *Castanopsis tribuloides* A. DC. var. *formosana* Skan in Journ. Linn. Soc. Bot. 26: 524. 1899.

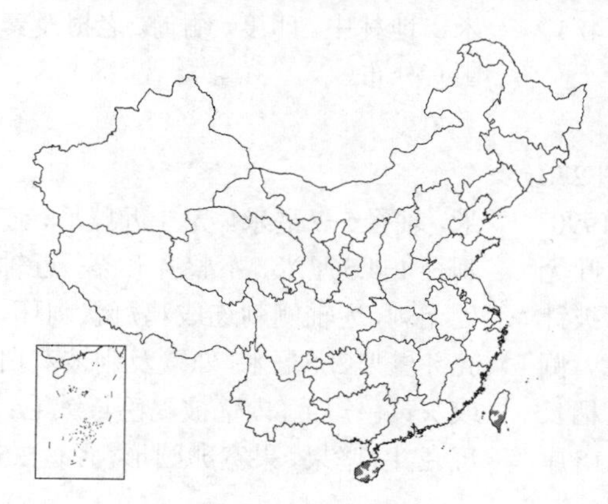

乔木，高达15米，胸径30厘米。枝、叶无毛。叶卵形或卵状披针形，长4-10厘米，宽1.5-4.5厘米，先端渐尖，基部宽楔形或近圆，具锯齿，稀具波状齿，上面中脉凹下，侧脉5-8(-12)对，下面银灰色；叶柄长不及1.5厘米。果序长10-15厘米。壳斗密集，椭圆形，连刺径3-3.5厘米，顶部稍窄，基部柄长2-3毫米，不整齐开裂，刺长0.8-1厘米，2-数条在基部合生成束，与壳斗壁均被黄褐色蜡鳞；每壳斗1坚果，果宽卵圆形，径约1.5厘米，密被褐色伏毛，果脐位于底部。花期4-5月，果期翌年8-10月。

产台湾南部及海南，生于海拔300-1500米坡地常绿阔叶林中，为上层林木。

图 272 台湾锥 （引自《Fl. Taiwan》）

16. 锥 桂林栲 图 273

Castanopsis chinensis Hance in Journ. Linn. Soc. Bot. 10: 201. 1868.

乔木，高达20米，胸径60厘米。枝、叶无毛。叶披针形或卵状披针形，长7-18厘米，宽2-5厘米，先端长渐尖，基部楔形，中部以上具锯齿，两面同色，上面中脉凸起，侧脉（7-）9-12对，直达齿端，网脉明显；叶柄长1-2.5厘米。雄花序轴无毛，雌花序生于新枝近顶部。果序长8-15厘米，壳斗球形，连刺径2.5-3厘米，不整齐开裂，刺长0.6-1.2厘米，在中下部连成刺束，内壁密被褐色长绒毛；果圆锥形，径1-1.3厘米，无毛或顶部疏被伏毛，果脐在坚果底部。花期5-7月，果期翌年9-11月。

产广东、广西、云南东南部、贵州西南部及湖南，生于海拔200-1500米山地林中或成小片纯林。种仁可生食；树皮和壳斗可提取栲胶。

图 273 锥 （张泰利绘）

17. 甜槠 甜锥 甜槠栲 图 274

Castanopsis eyrei (Champ.) Tutch. in Journ. Linn. Soc. Bot. 37: 68. 1905.

Quercus eyrei Champ. ex Benth. in Hook. Journ. Bot. Kew Gard. Misc. 6: 114. 1854.

乔木，高达20米。枝、叶无毛。叶卵形，披针形或长椭圆形，长5-13厘米，先端长渐尖或尾尖，基部歪斜，楔形或稍圆，全缘或近顶部疏生浅齿，下面淡绿色或被灰白色蜡鳞层，侧脉8-11对；叶柄长0.7-1.5厘米。花序轴无毛；花被片内面疏被柔毛。壳斗宽卵圆形，连刺径2-3厘米，不整齐开裂，刺长0.6-1厘米，顶部刺较短，密集；果圆锥状，径1-1.4厘米，无毛；果脐位于坚果底部。花期4-5月，果期翌年9-11月。

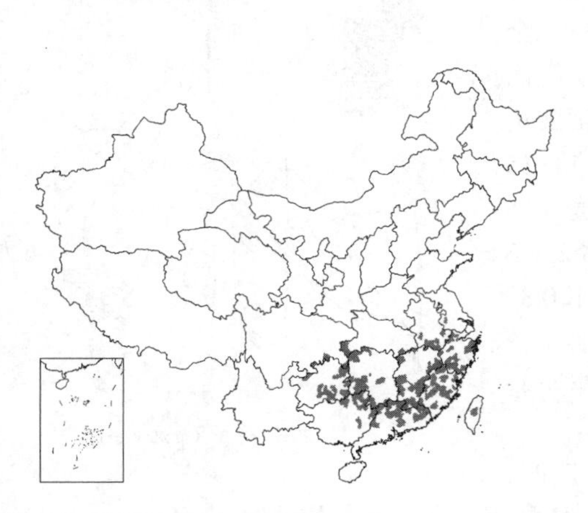

图 274 甜槠 （邓晶发绘）

产江苏南部、安徽、浙江、福建、台湾、江西、湖北、湖南、广东、广西、贵州及四川东南部，生于海拔300–1700米山地林中。种仁可食；树皮及壳斗可提取栲胶。木材供建筑、造船、家具等用。

18. 思茅锥 思茅栲 图 275

Castanopsis ferox (Roxb.) Spach, Hist. Nat. Veget. Phanerog. 11: 180. 1842.

Quercus ferox Roxb. Fl. Ind. ed. Carey 639. 1832.

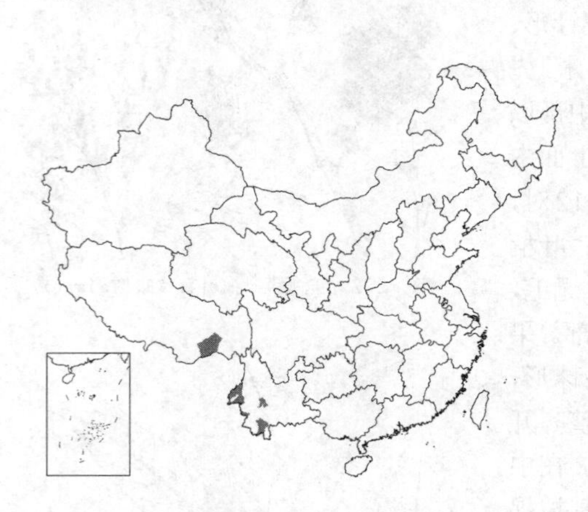

乔木，高达20米，胸径60厘米。枝、叶无毛。叶披针形、卵状披针形，稀卵形，长8–16厘米，宽2–5厘米，先端短尖或渐尖，基部楔形，全缘，侧脉9–14对，下面被稍灰白色腊鳞层；叶柄长08–1.2厘米。花序轴被短绒毛；雌花序长达20厘米。壳斗球形，稀宽卵圆形，连刺径2–2.8厘米，不整齐开裂，刺疏生，长4–8毫米，基部合生成刺束或连成间断刺环，壳斗壁及刺被褐色或灰褐色微柔毛及蜡鳞；每壳斗1坚果，果近球形，径0.9–1.2厘米，顶端尖，无毛；果脐位于坚果底部。花期8–10月，果期翌年9–11月。

图 275 思茅锥 （冯晋庸绘）

产云南及西藏东南部，生于海拔700–2000米山地林中。锡金、印度东北部、缅甸及老挝有分布。

19. 栲 丝栗栲 图 276

Castanopsis fargesii Franch. in Journ. de Bot. 13: 195. 1899.

乔木，高达30米。芽鳞、幼枝顶部及叶下面均被易脱落红褐或灰褐色蜡鳞层，枝、叶无毛。叶长椭圆形、卵状长椭圆形，稀卵形，长7–15厘米，先端短尖或渐尖，基部圆或宽楔形，全缘或近顶部疏生浅齿，上面中脉凹下，下面被红褐或黄褐色粉状蜡鳞，侧脉11–15对；叶柄长1–2厘米。壳斗球形或宽卵圆形，连刺径2.5–3厘米，不规则开裂，刺长0.8–1厘米，疏生；果圆锥形，径0.8–1.4厘米，无毛。花期4–5月，果期翌年8–10月。

产安徽、浙江、福建、台湾、江西、湖北、湖南、广东、海南、广西、云南、贵州及四川，生于海拔200–2100米山地林中，与木荷、杜英、枫香、马尾松等混交，或成小片纯林。种仁味甜，可制粉丝、酿酒；木材供建筑、家具等用。

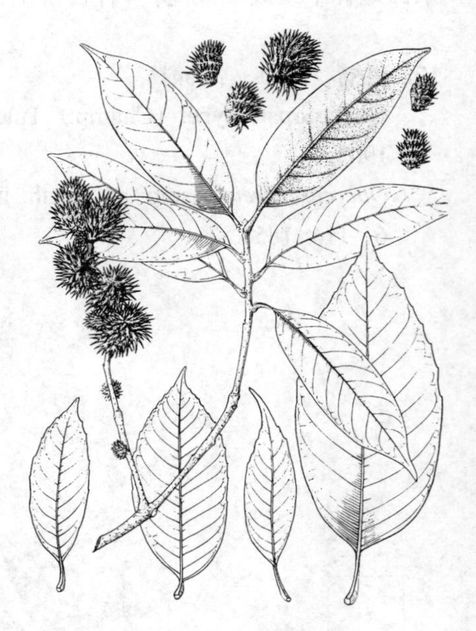

图 276 栲 （余汉平绘）

［附］**屏边锥 Castanopsis ouonbinensis** Hick. et A. Camus in Bull. Soc. Bot. France 68: 398. 1921. —

— *Castanopsis tribuloides* auct. non (Lindl.) A. DC.: 中国高等植物图鉴 1: 418. 1972. 本种与栲的区别：小枝、叶柄、花序轴及果序轴均被褐黄或暗褐色短绒毛；叶全缘。花期10-11月，果期翌年10-11月。产云南东南部。越南北部有分布。

20. 秀丽锥 乌楣栲 图 277

Castanopsis jucunda Hance in Journ. Bot. 22: 230. 1884.

乔木，高达26米，胸径80厘米。芽鳞、幼枝、幼叶及花序均被易脱落红褐色松散蜡鳞，枝、叶无毛。叶卵形、卵状椭圆形或倒卵状椭圆形，长10-18厘米，宽4-8厘米，先端短尖或渐尖，基部近圆或宽楔形，中部以上具锯齿或波状齿，上面中脉凹下，侧脉8-11对；叶柄长1-2.5厘米。雄花序轴无毛；雌花序单穗腋生。壳斗球形，连刺径2.5-3厘米，不整齐开裂，刺疏生，长0.6-1厘米，基部合生成束，有时连成间断刺环，刺及壳斗壁被灰褐色腊鳞及微柔毛；果宽圆锥形，径1-0.3厘米，无毛或近无毛。花期4-5月，果期翌年9-10月。

产安徽南部、浙江、福建、江西、湖北、湖南、广东北部、广西北部及云南东南部，生于海拔1000米以下山地疏林中，或成小片纯林。种仁味甜，可食及酿酒；木材供家具、农具等用。

图 277 秀丽锥 （冯晋庸绘）

21. 湖北锥 湖北栲 图 278

Castanopsis hupehensis C. S. Chao in Silv. Sci. 8(2): 187. 1963.

乔木，高达20米，胸径50厘米。芽鳞、幼枝及叶均无毛。小枝及花序轴均有小皮孔。叶披针形、长椭圆形或倒卵状椭圆形，长6-11厘米，宽1.5-3.5厘米，先端渐尖或尾尖，基部窄楔形，中部以上具粗齿，稀全缘，幼叶下面淡褐色，老叶下面苍灰色，中脉在上面微凹下，侧脉10-13对，网脉纤细；叶柄长3-7(-10)毫米。花序轴及雌花花被片均无毛。壳斗椭圆形或近球形，连刺径2-2.2厘米，不整齐开裂，刺疏生，长4-6毫米，连成4-5鸡冠状刺环，少数在基部合生成束，壳斗壁厚约1毫米，刺及壳斗壁被灰白或褐黄色微柔毛；每壳斗1坚果，果宽圆锥形，径1.1-1.4厘米，无毛；果脐位于坚果底部。花期6-9月，果期翌年6-9（11）月。

产湖北西部、湖南西北部、贵州、四川东部及云南，生于海拔600-1000米山地林中。木材坚实耐久，供建筑、器材等用；种仁富含淀粉、糖分、粗蛋白质，可食。

图 278 湖北锥 （余汉平绘）

22. 小果锥 小果栲 图 279

Castanopsis fleuryi Hick. et A. Camus in Bull. Soc. Bot. France 68: 395. 1921.

Castanopsis microcarpa Hu；中国高等植物图鉴 1：417. 1972.

乔木，高达10（20）米。小枝及果序轴散生灰黄或灰褐色微凸起的皮孔。枝、叶无毛。叶椭圆形、卵状披针形或卵形，长9-20厘米，宽3-7厘米，先端渐尖，基部楔形或近圆，有时一侧偏斜，全缘，中脉在叶面上部稍凹下，侧脉7-11对，新叶下面绿色，二年生叶下面稍灰白色；叶柄长0.8-1.5厘米。花序轴被灰黄色柔毛；雄花序常为圆锥状；雌花序多穗状集生枝顶，花柱长约0.5毫米。果序长8-15厘米；壳斗椭圆形或宽卵圆形，径0.9-1.3厘米，具短柄，不整齐开裂，刺疏生，长1-3毫米，三棱或四棱形，刺离生或多条在基部连成刺环，壳斗壁厚不及0.5毫米；果宽圆锥形，径0.8-1.2厘米，无毛。花期5-7月，果期翌年10-11月。

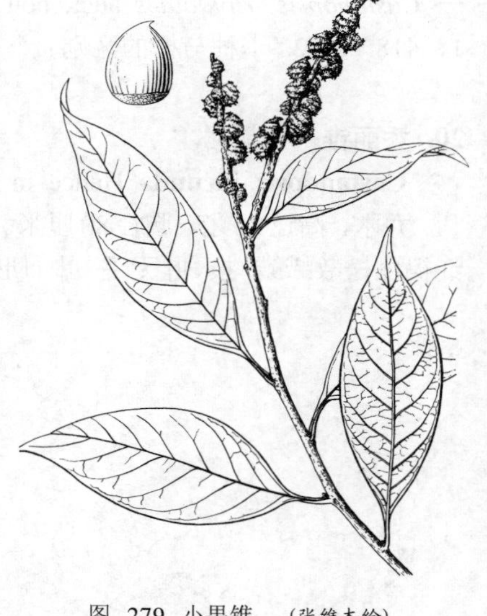

图 279 小果锥 （张维本绘）

产云南南部及西南部，生于海拔600-2400米山地林中。老挝有分布。

23. 高山锥 高山栲 图 280 彩片 87

Castanopsis delavayi Franch. in Journ. de Bot. 13: 194. 1899.

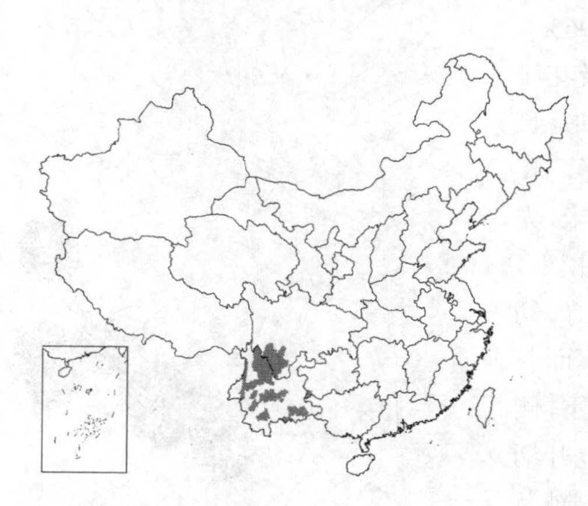

乔木，高达20米，胸径60厘米。枝、叶、花序轴均无毛。叶近革质，倒卵形、倒卵状椭圆形或卵形，长5-13厘米，宽3-7厘米，先端短尖或圆钝，基部楔形或近圆，疏生粗齿，稀波状浅齿，幼叶下面被黄褐色腊鳞层，老叶银灰色，侧脉6-9对；叶柄长0.7-1.5厘米。花序轴近无毛。果序长10-15厘米；壳斗宽卵圆形或近球形，连刺径1.5-2厘米，不整齐2-3瓣裂，刺长3-6毫米，连成3-5间断刺环，刺及壳斗壁被黄褐色腊鳞及平伏微柔毛；果宽卵圆形，径1.3-1.4厘米，顶端被细伏毛。花期4-5月，果期翌年9-11月。

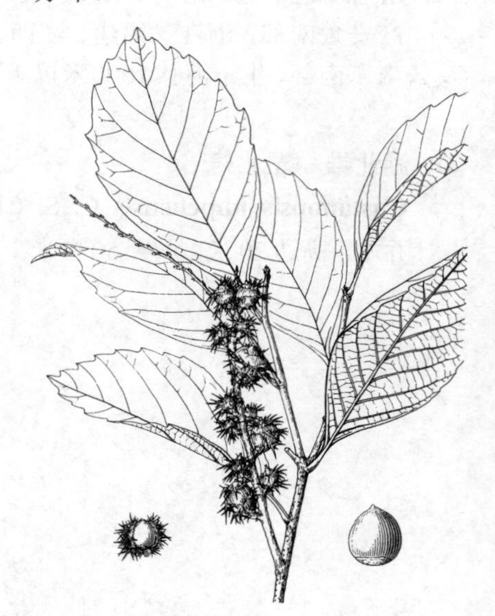

图 280 高山锥 （冯晋庸绘）

产云南、贵州西南部及四川西南部，生于海拔1500-2800米山地林中，或成纯林。种仁可食及酿酒；壳斗及树皮可提取栲胶；材质坚韧，强度大，供建筑、车辆、农具等用。

24. 米槠 米锥 小红栲 图 281

Castanopsis carlesii（Hemsl.）Hayata, Gen. Ind. Fl. Form. 72. 1917.

Quercus carlesii Hemsl. in in Hook. Icon. Pl. 26: pl. 2591. 1899.

乔木，高达20米，胸径60厘米。小枝及花序轴被稀少红褐色片状腊

鳞。叶披针形或卵状披针形，长6-12厘米，宽1.5-3厘米，先端渐尖或稍尾尖，全缘或中部以上具浅齿，幼叶下面被红褐或褐黄色腊鳞层，老叶稍灰白色，侧脉8-13对，在叶面微凹，近叶缘连接；叶柄长不及1厘米。花序轴近无毛。壳斗近球形或宽卵圆形，径1-1.5厘米，疏被细疣状突起或顶部具长1-2毫米尖刺，被平伏微柔毛及腊鳞，基部有时具短柄，不整齐开裂；果近球形或宽圆锥形，顶端疏被伏毛。花期4-6月，果期翌年9-11月。

产江苏南部、安徽南部、浙江、福建、台湾、江西、湖北、湖南、广东、海南、广西、贵州、云南东南部及四川，生于海拔1500米以下山地林中，或成纯林。种仁味甜可食；树皮可提取栲胶；木材供家具、农具。

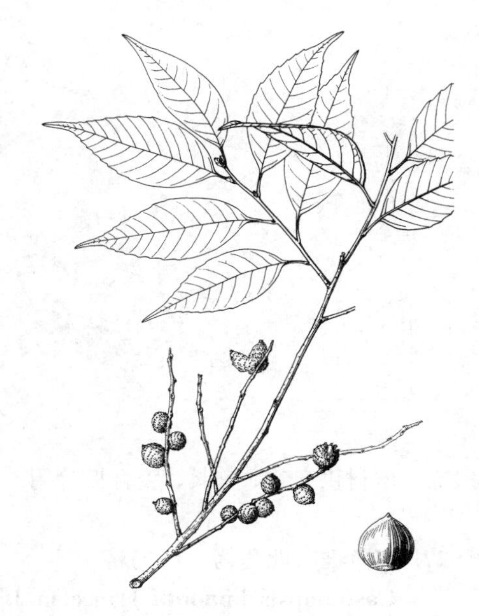

图 281 米槠 （冯晋庸绘）

25. 瓦山锥 瓦山栲 图 282 彩片 88

Castanopsis ceratacantha Rehd. et Wils. in Sarg. Pl. Wilson. 3: 199. 1916.

乔木，高达25米，胸径1米。芽侧扁，外脊被伏毛。小枝被长柔毛，后渐脱落。二年生枝及果序轴无毛。叶倒卵状长椭圆形、卵状长椭圆形或长椭圆形，长10-18厘米，先端渐尖或短尖，基部宽楔形，稍偏斜，全缘或近顶部具2-5浅齿，幼叶下面被毛及红褐或黄褐色腊鳞层，老叶下面稍灰白色，侧脉13-17对；叶柄长不及1厘米。每总苞具花（2）3朵。壳斗近球形，连刺径2-3.5厘米，刺连生成束或成鸡冠状刺环，壳斗壁及刺被褐色长柔毛及腊鳞；每壳斗具（1-）3果；果被伏毛。花期4-6月，果期翌年10-11月。

图 282 瓦山锥 （冯晋庸绘）

产云南、贵州、四川、湖北西南部、西藏东南部，生于海拔700-2500米山地林中。老挝及泰国有分布。木材纹理直，结构细，坚实耐用，供建筑、车辆、家具等用。为产区重要用材树种。

26. 罗浮锥 罗浮栲 图 283

Castanopsis fabri Hance in Journ. Bot. 22: 230. 1884.

乔木，高达20米，胸径45厘米。枝条无毛。芽大，侧扁。叶卵状披针形或窄长椭圆形，长8-18（-22）厘米，宽2.5-5厘米，先端长尖或稍尾尖，基部近圆或宽楔形，稍偏斜，中部以上疏生细齿或全缘，幼叶下面被红褐或褐黄色腊鳞，中脉两侧疏被长伏毛，老叶下面稍灰白色，侧脉9-15对；叶柄长不及1.5厘米。壳斗球形或宽卵圆形，连刺径2-3厘米，不整齐开

裂，刺长0.5-1厘米，上部鹿角状分叉，壳斗壁及刺被灰褐或褐黄色短毛；每壳斗具（1-）3坚果；果无毛，果脐大于果底部。花期4-5月，果期翌年9-11月。

产安徽南部、浙江南部、福建、台湾、江西、湖南、广东、海南、广西、贵州及云南东南部，生于海拔2000米以下山地林中。越南、老挝有分布。木材供建筑、家具、胶合板等用。

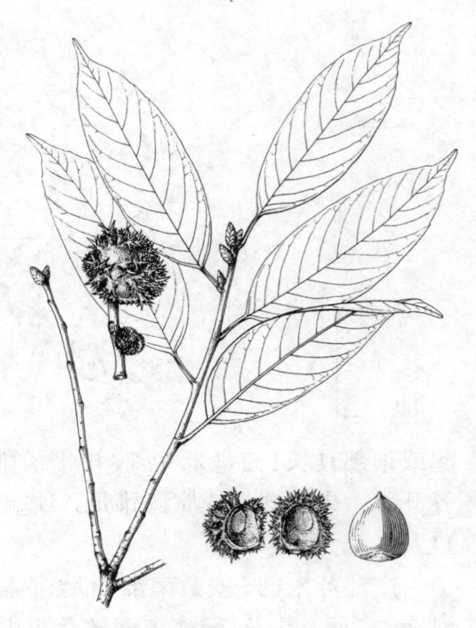

图 283 罗浮锥 （冯晋庸绘）

27. 鹿角锥 鹿角栲 红勾栲 图 284

Castanopsis lamontii Hance in Journ. Bot. 13: 368. 1875.

乔木，高达25米，胸径1米。枝、叶、花序轴均无毛。叶椭圆形或卵状长椭圆形，长12-30厘米，宽4-10厘米，先端短尖或长渐尖，基部或宽楔形稍圆，常一侧稍偏斜，全缘或近顶部疏生浅齿，幼叶两面近同色，老叶下面稍苍灰色，侧脉8-15对；叶柄长1.5-3厘米。雄穗状花序生于近枝顶叶腋，与新叶同时抽出，雄花具12雄蕊；雌花序常生于雄花序之上的叶腋。果序轴长10-20厘米，径0.6-1厘米。壳斗近球形，连刺径4-6厘米，壳斗壁厚3-7毫米，不整齐开裂，刺长达1.5厘米，鹿角状分叉，基部连成4-6鸡冠状刺环；每壳斗具2-3果；果宽圆锥形，高1.5-2.5厘米，密被短伏毛，果脐大于果底部。花期3-5月，果期翌年9-11月。

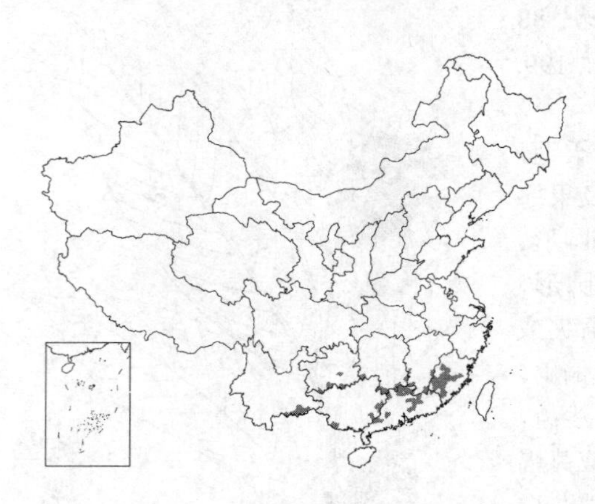

图 284 鹿角锥 （冯晋庸绘）

产福建、江西南部、湖南南部、广东、香港、广西、云南东南部及贵州南部，生于海拔500-2500米山地林中。越南有分布。

28. 厚皮锥 厚皮丝栗 厚皮栲 图 285

Castanopsis chunii Cheng in Silv. Sci. 8: 5. 1963, quoad pl. Hunan et Guangdong.

乔木，高达15米。枝、叶及花序轴均无毛。叶厚革质，卵形或卵状长椭圆形，长8-18厘米，宽4-9厘米，先端骤短尖或尾状，基部近圆，稍偏斜，全缘或近顶部疏生浅齿，幼叶两面近同色，老叶下面被灰褐或带灰色腊鳞层，侧脉9-12对；叶柄长1-1.5厘米。果序长达20厘米。壳斗椭圆形或近球形，连刺径3-4厘米，不整齐开裂，刺长4-7毫米，成刺束或连成鸡冠状刺环，壳斗壁厚2-3毫米；每壳斗（1-）3果；果宽圆锥形，径1.7-2厘

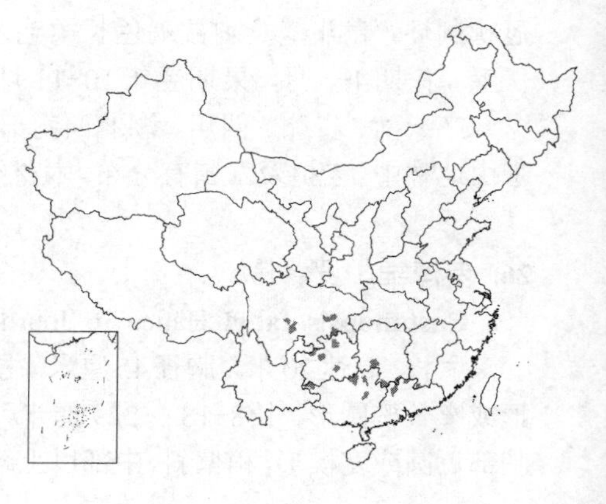

米，密被褐色短伏毛，果脐较果底部大。花期5-6月，果期翌年9-10月。

产江西南部、湖南南部、广东北部、广西、贵州及四川，生于海拔1000-2000米山地林中。

图 285 厚皮锥 （冯晋庸绘）

29. 元江锥 毛果栲 元江栲 图 286 彩片 89

Castanopsis orthacantha Franch. in Journ. de Bot. 13: 194. 1899.

乔木，高达15米。枝、叶及花序轴均无毛。叶卵形、卵状椭圆形或卵状披针形，长7-14厘米，宽2.5-5厘米，中部以下最宽，先端短尖或尾状，基部近圆或楔形，中部以上疏生浅齿或全缘，两面近同色，幼叶干后黑褐色，上面中脉微凸或平，侧脉9-13（-15）对；叶柄长不及1厘米。壳斗近球形，连刺径3-3.5厘米，不整齐开裂，刺长不及7毫米，刺束连成4-6刺环，壳斗壁及刺被褐色腊鳞及微毛；每壳斗具（1-）3果，果圆锥形，径1-1.5厘米，密被短伏毛。花期4-5月，果期翌年9-11月。

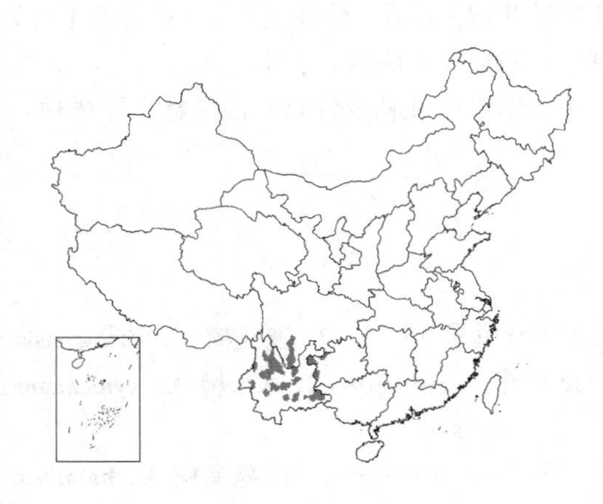

产云南、贵州西部及四川西南部，生于海拔1500-3200米阴坡或沟谷林中，有时成小片纯林。种仁可食及酿酒；树皮及壳斗可提取栲胶；木材供建筑、器具等用。为滇中高原重要用材树种。

图 286 元江锥 （冯晋庸绘）

30. 扁刺锥 扁刺栲 图 287 彩片 90

Castanopsis platyacantha Rehd. et Wils. in Sarg. Pl. Wilson. 3: 200. 1916. excl. A. Henry 10610.

乔木，高达20米，胸径1米。枝、叶无毛。叶革质，长椭圆形、卵状椭圆形或倒卵状椭圆形，长10-18厘米，宽3-6厘米，中部或中部以上最宽，先端短尖或长尖稍弯，基部宽楔形或近圆，稍偏斜，中部以上疏生浅齿或全缘，幼叶下面被红褐色易脱落腊鳞层，老叶下面灰黄或苍灰色，上面中脉微凹或平，侧脉9-13对；叶柄长0.8-1.5厘米。壳斗宽椭圆形或球形，连刺径3-4厘米，不整齐2-4瓣裂，刺长4-8毫米，下部合生成刺束，刺束连成鸡冠状刺环，壳斗壁及刺被灰褐色微柔毛；每壳斗具（1-）3果；果宽圆锥形，径1.4-2厘米，密被褐色伏毛，果脐占果面1/2-1/3。花期5-6月，果期翌年9-11月。

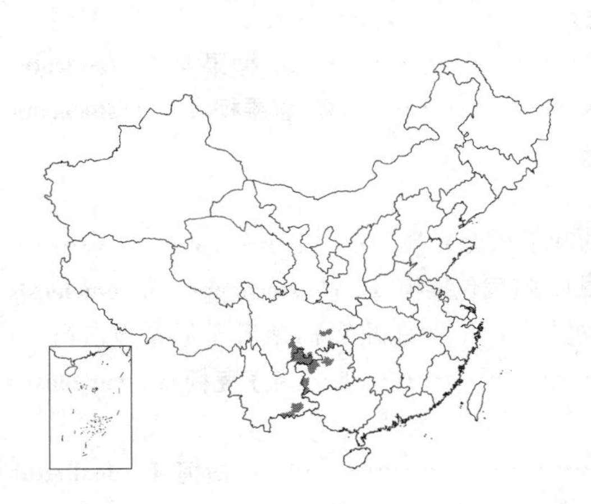

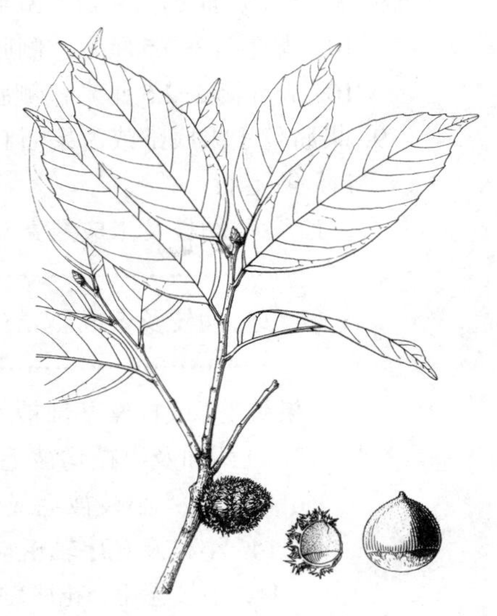

图 287 扁刺锥 （冯晋庸绘）

产云南、贵州及四川，生于海拔1300–2500米山地密林中。

4. 柯属 Lithocarpus Bl.

常绿乔木，稀灌木状。小枝具顶芽。叶不成两列，全缘，稀具锯齿。雄葇荑花序较粗，直立，花序轴有时分枝，呈圆锥状，雄花3或数朵簇生花序轴上，花被片4–6，雄蕊10–12；雌花1（2）朵生于总苞内，总苞常3–5个聚伞状簇生或单个总苞散生组成雌花序，子房3（4–6）室，每室2胚珠，花柱与子室同数，柱头窝头状，与花柱无明显界限；有时为雌雄同序：雄花序位于序轴中上部，雌花位于下部，或序轴两端为雄花，雌花居中。每壳斗具1（2）坚果，全包果或为碗状、碟状；壳斗被鳞片状肋、疣体、环纹或刺状体；坚果翌年成熟。子叶出土。

300余种，主产亚洲。我国约122种，分布于热带、亚热带地区，多为常绿阔叶林及针阔叶混交林主要树种。

1. 果脐凸起。
  2. 壳斗全包果或包果绝大部分，果脐占果面3/4以上。
    3. 壳斗密被直伸或内弯粗壮刺状体，刺状体下部具3–5角棱。
      4. 壳斗连刺径（5–）7–9厘米，刺状体长1.5–2.5厘米；叶长25–40厘米 ········ 1. **西藏柯 L. xizangensis**
      4. 壳斗连刺径3–4.5厘米，刺状体长2–3（–5）毫米；叶长9–15厘米 ·············· 2. **木果柯 L. xylocarpus**
    3. 壳斗被平滑不整齐环纹或三角形或不规则四边形鳞片。
      5. 壳斗被平滑不整齐环纹，壳斗壁厚0.5–1.5厘米，木栓质 ······························ 3. **猴面柯 L. balansae**
      5. 壳斗被三角形或不规则四边形鳞片，壳斗壁厚1.5–2毫米。
        6. 壳斗径2.5–3厘米，被疣状突起，壳斗近上部突起横连；果脐平，占果面绝大部分，无毛；叶长12–20厘米，宽4–9厘米，全缘 ·· 3(附). **老挝柯 L. laoticus**
        6. 壳斗径2–2.5厘米，中部以上被三角形或不规则四边形鳞片状；果顶部被平伏细毛。
          7. 叶全缘，稀近顶端浅波状，侧脉10–14对 ································ 4. **杏叶柯 L. amygdalifolius**
          7. 叶上部具波状钝齿，稀全缘，侧脉13–18对 ··· 4(附). **崖柯 L. amygdalifolius** var. **praecipitiorum**
  2. 壳斗不全包果，稀全包果。
    8. 果壁脆壳质，厚不及2毫米；叶全缘，稀波状，下面被蜡鳞层或松散、粉状鳞秕；子叶平凸。
      9. 果脐占果面（1/2）2/3–3/4；壳斗包果绝大部分；果被毛。
        10. 壳斗高3–3.5厘米；侧脉11–15对，叶柄长1–1.5厘米 ···························· 5. **截果柯 L. truncatus**
        10. 壳斗高2–2.5厘米；侧脉8–12对，叶柄长1.5–2.5厘米 ······················ 6. **包果柯 L. cleistocarpus**
      9. 果脐位于果底部或占果面1/2，壳斗包果1/2–3/4。
        11. 果无毛。
          12. 芽、幼枝及未成熟壳斗干后无暗褐色半透明树脂；幼叶干后无光泽 ··· 6(附). **峨眉包果柯 L. cleistocarpus** var. **omeiensis**
          12. 芽、幼枝及未成熟壳斗干后具暗褐色半透明树脂；幼叶干后叶面油润光泽，老叶干后常被白霜 ··· 7. **麻子壳柯 L. variolosus**
        11. 果被毛，或柱座基部被粉状细毛。
          13. 叶两面及小枝均被毛；果柱座基部被粉状细毛 ··································· 8. **白柯 L. dealbatus**
          13. 叶无毛；小枝被毛或无毛；果被细伏毛。
            14. 小枝及花序轴密被灰褐色微柔毛及粉状鳞秕；叶柄长1–2厘米 ······ 9. **金毛柯 L. chrysocomus**
            14. 小枝无毛，花序轴被灰黄色短柔毛；叶柄长2–3厘米 ················· 10. **大叶苦柯 L. paihengii**
    8. 果壁木质，厚（2）3毫米以上；叶具齿，若全缘、则叶下面被长毛或星状毛，两面同色；子叶稍皱折。

15. 果长与径近相等，壳斗碗状，包果1/2以上。
16. 叶下面被柔毛、星状毛，稀近无毛。
17. 叶下面被褐色或锈褐色长柔毛，偶见星状毛。
18. 叶先端骤尖或圆钝或短尾尖，下面密被长柔毛，偶见星状毛，侧脉25-35对；壳斗径3.5-5厘米 ………………………………………………………………………… 11. **紫玉盘柯 L. uvariifolius**
18. 叶先端长渐尖或长尾尖，下面疏被柔毛，侧脉14-20对；壳斗径不及3.5厘米 ………………………………………………………………………… 11(附). **卵叶盘柯 L. uvariifolius** var. **ellipticus**
17. 叶下面被长柔毛及星状毛，侧脉16-25对 ………………………… 12. **密脉柯 L. fordianus**
16. 叶下面被半透明腺鳞，或沿中脉疏被毛，或脉腋被簇生毛。
19. 叶柄长0.5-4厘米；壳斗被菱形鳞片状突起，中央及两侧脊肋状隆起，组成规则网纹。
20. 壳斗碗状或半球形，高2.2-4.5厘米，径2.5-5.5厘米；果半球形或陀螺形，顶端圆、平或中央稍凹下 ………………………………………………………………………… 13. **烟斗柯 L. corneus**
20. 壳斗碗状，径1.5-2.5厘米；果陀螺形，顶端圆具尖头 ………………………………………………………………………… 13(附). **多果烟斗柯 L. corneus** var. **fructuosus**
19. 叶柄长2-4.5厘米；壳斗被鳞片状突起，部分稍隆起，大部稍连成多个圆环；果顶部平，中央稍凹下 … ………………………………………………………………………… 13(附). **环鳞烟斗柯 L. corneus** var. **zonatus**
15. 果扁球形，长1.5-2.5厘米，径4-6.5厘米；壳斗盘状或碟状，包果底部 ………… 14. **厚鳞柯 L. pachylepis**
1. 果脐凹下，或果脐周缘凹下。
21. 壳斗单生，稀2个并生。
22. 壳斗具柄。
23. 壳斗包果基部至1/2，壳斗柄长3-5毫米；果被白霜 ……………………… 15. **柄果柯 L. longipedicellatus**
23. 壳斗包果1/2-2/3或过之，壳斗柄长0.8-1厘米；果被细伏毛 ……… 16. **单果柯 L. pseudo-reinwardii**
22. 壳斗无柄，包果基部至1/2；果无毛。
24. 叶中上部具锯齿；壳斗被三角状鳞片；果脐周缘凹下，渐向中央凸起 ………… 17. **油叶柯 L. konishii**
24. 叶全缘；壳斗被鳞片状突起或连成圆环；果脐凹下。
25. 叶先端渐尖或长尾尖；果脐径5-6（7）毫米 ……………………………… 18. **南投柯 L. nantoensis**
25. 叶先端短尖或圆钝；果脐径0.7-1厘米。
26. 叶宽1-2厘米，先端短尖或圆钝，叶柄长4-8毫米 …………………… 19. **柳叶柯 L. dodonaeifolius**
26. 叶宽2-3厘米，先端钝圆，叶柄长1-1.3厘米 ……………………………… 20. **台湾柯 L. formosanus**
21. 壳斗3-5（-7）成簇，稀单生。
27. 壳斗具柄；果被细伏毛。
28. 壳斗包果2/3以上。
29. 壳斗全包果，壳壁薄，顶端开裂，被鳞片状突起或细小疣突 ………… 21. **球壳柯 L. sphaerocarpus**
29. 壳斗包果2/3-4/5，壳壁厚，具几个圆环 ……………………………… 21(附). **黑家柯 L. magneinii**
28. 壳斗包果基部至1/2。
30. 侧脉10-15对，叶柄长不及1厘米 ……………………………………… 22. **茸果柯 L. bacgiangensis**
30. 侧脉16-22对，叶柄长1-1.5厘米 ……………………………………… 22(附). **小果柯 L. microspermus**
27. 壳斗无柄。
31. 果扁球形，径4-5厘米，果壁木质，厚1-1.5厘米，果脐凹下，径2.5-3.5厘米 ………………………………………………………………………… 23. **鱼蓝柯 L. cyrtocarpus**
31. 果扁球形或椭圆形，径不及3.5厘米。
32. 壳斗全包果或包果1/2以上，壳斗壁脆壳质。

33. 壳斗全包果或包果绝大部分。
34. 小枝、叶无毛；花序及果序轴疏被短柔毛 ………………………………………… 24. **厚斗柯 L. elizabethae**
34. 小枝、叶下面被毛。
35. 壳斗被鳞片状突起，先端尖头长2-3毫米；叶柄长不及1厘米 ……………… 25. **滑皮柯 L. skanianus**
35. 壳斗突起先端长不及2毫米；叶柄长1-2厘米。
36. 老叶下面密被毛；壳斗被鳞片状突起。
37. 叶长椭圆形或窄披针形，宽2-4厘米，下面被平伏毛 ………………… 26. **榄叶柯 L. oleaefolius**
37. 叶倒卵形、倒卵状椭圆形或椭圆形，宽4-10厘米，下面被卷曲毛 ……………………………………………………………… 27. **毛枝柯 L. rhabdostachyus** subsp. **dakhaensis**
36. 幼叶下面密被卷曲短柔毛，旋脱落，老叶无毛，被腺鳞；壳斗鳞片三角状，疏离或不明显 ……………………………………………………………… 27(附). **龙眼柯 L. longanoides**
33. 壳斗包果大部分，稀包果约1/2；叶柄长不及1厘米。
38. 叶中部以上最宽，兼有中部最宽 ……………………………………………… 25. **滑皮柯 L. skanianus**
38. 叶中部或中部以下最宽，稀中部稍上最宽。
39. 叶下面沿中脉及侧脉两侧被平伏长毛；小枝被长柔毛 ……………………… 28. **泥柯 L. fenestratus**
39. 叶下面无毛，稀沿中脉疏被短柔毛，被腊鳞层；小枝常无毛 ……………………………………………………………… 28(附). **短穗泥柯 L. fenestratus** var. **brachycarpus**
32. 壳斗包果底部，稀包果近1/2，壳斗壁厚，木质。
40. 壳斗被三角状鳞片状突起，覆瓦状排列，或连成连续或间断圆环。
41. 叶下面被红褐色（幼叶）或褐黄色（老叶）易脱落粉状鳞秕。
42. 叶下面无毛，稀被单毛；果长1.5-2厘米 …………………………………… 30. **美叶柯 L. calophyllus**
42. 叶下面被星状柔毛；果长3-3.5厘米 ……………………………………… 30(附). **星毛柯 L. petelotii**
41. 叶下面被蜡鳞层或腺鳞。
43. 小枝、花序轴及叶被均被毛；叶下面毛早落。
44. 叶宽不及3厘米，叶柄长不及1厘米。
45. 叶下面被早落短绒毛及松散细片状蜡鳞；果无白霜 ………………… 31. **粉叶柯 L. macillentus**
45. 叶下面被早落卷曲毛及腺鳞；果被白霜 ………………………… 31(附). **卷毛柯 L. floccosus**
44. 叶宽3厘米以上，稀较窄，叶柄长1厘米以上。
46. 叶革质或坚纸质，长6-14厘米，侧脉8-10对；壳斗径1-1.5厘米；果椭圆形，径0.8-1.5厘米 ……………………………………………………………… 32. **柯 L. glaber**
46. 叶纸质，长10-20厘米，侧脉9-14对；壳斗径2-3.5厘米；果扁球形，径2-2.5(-3)厘米 ……………………………………………………………… 39. **犁耙柯 L. silvicolarum**
43. 小枝及叶下面无毛。
47. 叶中部以上具锯齿，稀具波状齿，或全缘。
48. 果椭圆形或扁球形，长2.2-2.8厘米；叶全缘或近顶部具波状钝齿，侧脉8-13对 ……………………………………………………………… 34. **港柯 L. harlandii**
48. 果扁球形或宽圆锥形，长1.6-2.2厘米；叶中部以上或近顶部具锯齿，稀近全缘，侧脉12-15对 ……………………………………………………………… 35. **齿叶柯 L. kawakamii**
47. 叶全缘。
49. 叶基部耳状，或近圆或宽楔形。
50. 叶长15-40厘米，侧脉13-20对 ……………………………… 35(附). **耳叶柯 L. grandifolius**
50. 叶长6-15（-20）厘米，侧脉9-13对 ………………………… 36. **短尾柯 L. brevicaudatus**

49. 叶基部非耳状。
51. 叶上面侧脉凹下。
52. 叶中部或中部稍下最宽，细脉不明显或纤细 ……………………………… 38. **灰柯 L. henryi**
52. 叶中部以上最宽或中部最宽，细脉网状明显。
53. 叶柄长1-2厘米，侧脉6-10对 ……………………………… 33. **细柄柯 L. himalaicus**
53. 叶柄长2-6厘米，侧脉9-20对。
54. 壳斗被不规则突起，近顶部三角形，中部以下常肋状隆起或连成间断肋状环 ……………………………… 35(附). **耳叶柯 L. grandifolius**
54. 壳斗被三角形、菱形或鳞片状突起，覆瓦状排列。
55. 叶宽不及6厘米，若宽过7厘米，则兼有中部以上具锯齿叶与全缘叶；果径不及2.8厘米。
56. 果长2.2-2.8厘米，径1.6-2.2厘米；侧脉8-13对 ……………… 34. **港柯 L. harlandii**
56. 果长1.6-2.2厘米，径2-2.8厘米；侧脉12-15对 ……………… 35. **齿叶柯 L. kawakamii**
55. 叶宽6-13厘米，侧脉14-18对；果径2.8-3.2厘米 ……………… 37. **大叶柯 L. megalophyllus**
51. 叶上面侧脉平。
57. 叶柄长达1厘米。
58. 叶两面同色，卵形或倒卵形 ……………………………… 29. **硬壳柯 L. hancei**
58. 叶两面不同色，老叶下面苍灰色，长椭圆形或披针形 ……………… 41. **窄叶柯 L. confinis**
57. 叶柄长1-5厘米。
59. 侧脉、细脉不明显，叶两面同色 ……………………………… 29. **硬壳柯 L. hancei**
59. 侧脉明显。
60. 果淡褐黄色，无白霜 ……………………………… 42. **灰背叶柯 L. hypoglaucus**
60. 果深褐色，常被白霜。
61. 壳斗被细小三角形突起及细片状腊鳞，壳斗浅碟状或漏斗状，径0.8-1.4厘米 ……………………………… 40. **木姜叶柯 L. litseifolius**
61. 壳斗被鳞片状、三角形或菱形突起及微柔毛，壳斗浅碗状或碟状，径0.4-2厘米 ……………………………… 36. **短尾柯 L. brevicaudatus**
40. 壳斗碟状，被线状突起、下弯或顶端勾曲的鳞片。
62. 果稍扁球形，长1.8-2.6厘米，幼时被白霜；叶全缘，背卷 ……………… 43. **菴耳柯 L. haipinii**
62. 果橄榄状椭圆形，上部具三条脊棱，长4-5厘米，深褐色；叶缘中部以上或近顶部具锯齿 ……………………………… 44. **槟榔柯 L. areca**

1. 西藏柯 西藏椆 西藏石栎　　图288：1-4

Lithocarpus xizangensis Huang et Y. T. Chang in Acta Phytotax. Sin. 16(4): 70. 1978.

乔木，高达30米，胸径90厘米。小枝及叶柄被短柔毛。叶卵状椭圆形或长椭圆形，长25-40厘米，先端骤尖或短尾状，基部楔形，全缘或上部浅波状，下面被短柔毛及苍灰色鳞秕，侧脉11-16对；叶柄长2-4厘米。雄花序单穗腋生，长达25厘米。果序长达20厘米，轴径1-1.2厘米。壳斗3-5成簇，连刺状体径（5-）7-9厘米，全包果，刺状体长1.5-2.5厘米，直伸或稍内弯，下部具3-5角棱；果宽圆锥形，高约2.5厘米，果脐凸起，约占果面3/4，顶部被细毛。花期8-9月，果期翌年9-10月。

产西藏东南部，生于海拔1700-2000米常绿阔叶林中。

2. 木果柯 木壳石栎 图 288：5-8

Lithocarpus xylocarpus（Kurz）Markg. in Engl. Bot. Jahrb. 59：66. 1924.

Quercus xylocarpus Kurz in Journ. Asiat. Roy. Soc. Bengal. 44(2)：190. 1875.

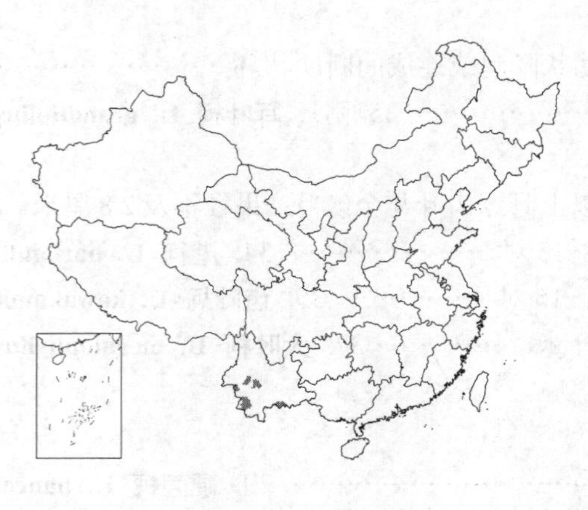

乔木，高达30米，胸径90厘米。幼枝被褐黄色绒毛。叶长椭圆形或倒披针形，长9-15厘米，先端骤短尖或短尾状，基部楔形，全缘，幼叶下面被卷柔毛，干后上面具油润光泽，老叶下面灰绿色，侧脉12-15对；叶柄长约1厘米。雄花序单穗腋生，长5-10厘米，或雌雄同序。壳斗近球形，连刺径3-4.5（6-7）厘米，常3个成簇，刺状体长2-3（-5）毫米，下部具3-4角棱，被微柔毛；果近球形，径2-3厘米，果脐凸起，占果面4/5-5/6。花期5-6月，果期翌年9-10月。

产云南，生于海拔1800-2300米山地林中。印度、缅甸及老挝有分布。

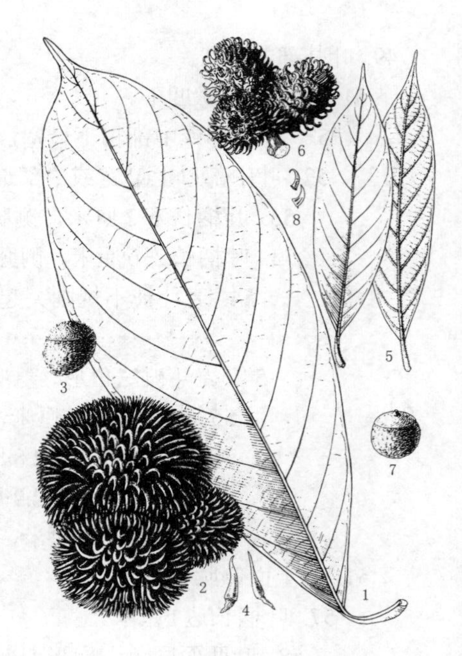

图 288：1-4. 西藏柯 5-8. 木果柯
（余汉平绘）

3. 猴面柯 猴面石栎 图 289：1-5

Lithocarpus balansae（Drake）A. Camus in Riv. Sci. 18：39. 1932.

Quercus balansae Drake in Journ. de Bot. 4：152. 1890.

乔木，高达30米。枝叶无毛。叶长椭圆形或倒卵状长椭圆形，长10-38厘米，先端渐尖，基部楔形下延，全缘，下面干后稍苍灰色，被腊鳞层，侧脉9-12对；叶柄长1.5-2.5厘米。雄花序圆锥状。果序轴长达15厘米。壳斗常（2）3-5连成不规则椭圆状体，全包果，被平滑不整齐环纹，壳斗壁木栓质，厚0.5-1.5厘米；果椭圆状球形，径2-3厘米，果脐凸起，占果面近全部。子叶镶嵌状。花期4-5月，果期翌年8-10月。

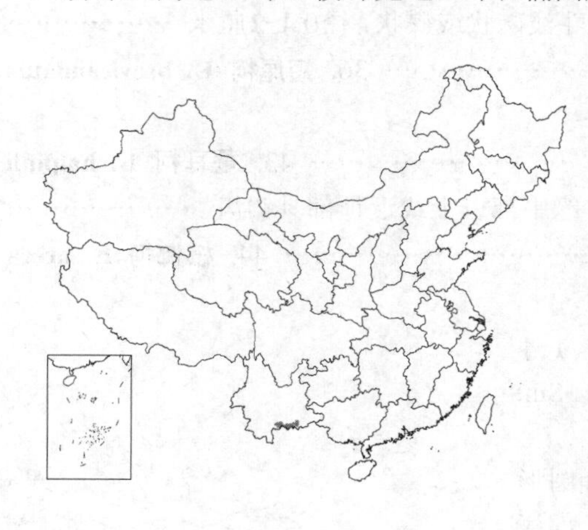

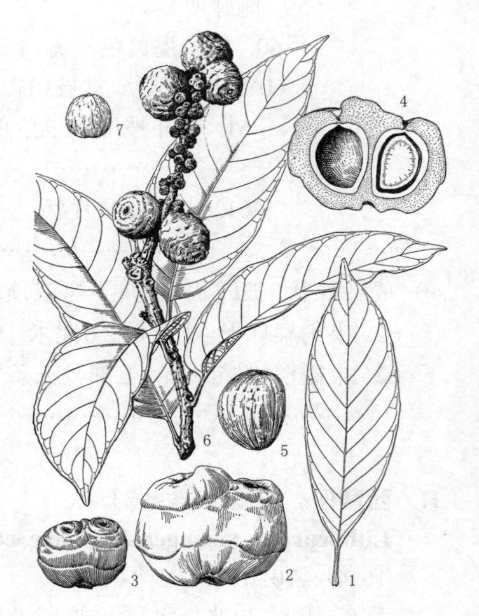

图 289：1-5. 猴面柯 6-7. 老挝柯
（引自《云南树木图志》）

产云南，生于海拔400-1900米常绿阔叶林中。越南及老挝北部有分布。木材白色，供建筑、家具等用。

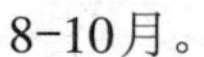

［附］**老挝柯** 老挝石栎 图 289：6-7 **Lithocarpus laoticus**（Hick. et A. Camus）A. Camus in Riv. Sci. 18：41. 1932. —— *Pasania laotica* Hick. et A. Camus in Ann. Sci. Nat. Bot. ser. 10. 3：402. 1921. 本种与猴面柯的区别：壳斗壁厚约1.5毫米；果近球形，径1.6-2.2厘米，果脐占果面绝大部分。产云南东南部，生于海拔1500-2400米常绿阔叶林中。老挝北部有分布。

4. 杏叶柯 杏叶石栎 图290 彩片91

Lithocarpus amygdalifolius（Skan）Hayata, Gen. Ind. Fl. Formos 72. 1917.

Quercus amygdalifolia Skan in Journ. Linn. Soc. Bot. 26: 506. 1899.

乔木，高达30米，胸径2米。幼枝及幼叶下面密被黄褐色卷柔毛，后脱落无毛。叶披针形或披针状长椭圆形，长8-25厘米，宽2.5-4厘米，萌枝叶长达20厘米，先端长渐尖，基部楔形，全缘，稀近顶部浅波状，幼叶干后常有油润光泽，老叶下面被腊鳞层，侧脉10-14对；叶柄长1-2厘米。雄花序轴密被柔毛。壳斗3个成簇或单生；壳斗球形，径2-2.5厘米，中部以上被三角形或不规则四边形鳞片，壳斗壁厚1.5-2毫米；果顶端被黄灰色平伏细毛；果脐凸起。花期7-8月，果期翌年7-9月。

产福建南部、台湾中部及南部、广东、海南，生于海拔800-2300米山地林中。心材暗红褐色，硬重，为一类材，供桥梁、船舶、建筑、家具等用。

［附］**崖柯 Lithocarpus amyg-dalifolius** var. **praecipitiorum** Chun in Acta Phytotax. Sin. 10: 208. 1965. 本变种与模式变种的区别：叶上部具波状钝齿，稀全缘，侧脉13-18对。产海南东南部，生于海拔800-1200米密林中。

图 290 杏叶柯 （张维本绘）

5. 截果柯 截果石栎 图291

Lithocarpus truncatus（King）Rehd. et Wils. in Sarg. Pl. Wilson. 3: 207. 1916.

Quercus truncata King in Hook. f. Fl. Brit. Ind. 5: 618. 1888.

乔木，高达30米。枝叶无毛，叶窄长椭圆形或椭圆状披针形，长10-25厘米，宽3-7厘米，先端渐尖或长渐尖，基部楔形，全缘，叶下面带苍灰色，侧脉11-15对；叶柄长1-1.5厘米。雄花序单穗或多穗聚生近枝顶，雌花序单穗或多穗聚生。壳斗3-5(-7)成簇；壳斗陀螺状或倒圆锥状，高3-3.5厘米，径2.5-3厘米，近顶部被三角状鳞片，中部或中部以下具环痕；果近球形，被灰黄色细伏毛，长达3厘米，径达2.6厘米，果脐凸起，占果面2/3-4/5。花期6-8月，果期翌年8-10月。

产云南及西藏东南部，生于海拔500-2200米山地常绿阔叶林中。印度、缅甸有分布。木材红褐色，坚重，为重要用材树种。

图 291 截果柯 （冯晋庸绘）

6. 包果柯 包槲柯 图 292

Lithocarpus cleistocarpus (Seem.) Rehd. et Wils. in Sarg. Pl. Wilson. 3: 205. 1916.

Quercus cleistocarpa Seem. in Engl. Bot. Jahrb. 23, Beibl. 57: 52. 1897.

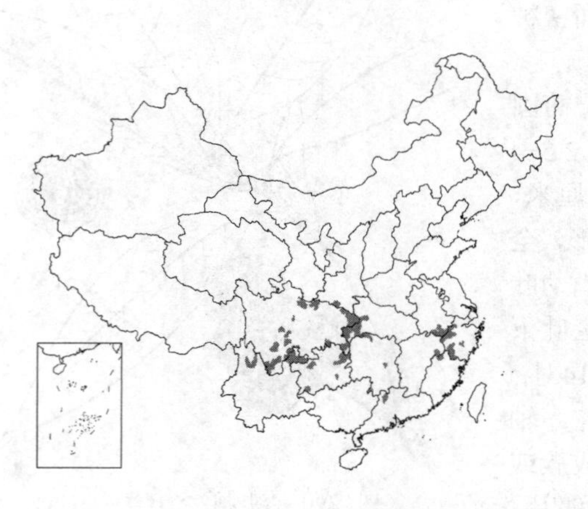

乔木，高达20米。芽鳞干后常被树脂。枝叶无毛。叶卵状椭圆形或长椭圆形，长9-16厘米，先端短尖或渐尖，基部楔形下延，全缘，叶下面被腊鳞层，带苍灰色，侧脉8-12对；叶柄长1.5-2.5厘米。雄花序单穗或成圆锥状。壳斗3-5成簇，近球形，高2-2.5厘米，顶部平，被三角状鳞片，稍下鳞片环渐不明显；果近球形，顶部近平，稍突尖或微凹，疏被伏毛，果脐凸起，占果面1/2-3/4。花期6-10月，果期翌年8-10月。

产陕西南部、安徽南部、浙江、福建北部、江西东北部、湖北、湖南、广东西北部、贵州、云南及四川，生于海拔1000-2400米山地林中。种仁可食及酿酒；树皮及壳斗可提取栲胶；木材稍坚重，供建筑、农具、家具等用。

［附］**峨眉包果柯 Lithocarpus cleistocarpus** var. **omeiensis** Fang, Ic. Pl. Omeien. 2(1): pl. 117a. 1945. 本变种与模式变种的区别：芽、幼枝及幼壳斗干后无半透明树脂，幼叶干后无油润光泽；壳斗包果1/2-3/4；果无毛，果脐占果面约1/2。产云南东北部、贵州西北部及四川西部，生于海拔1500-2400米林中。

图 292 包果柯 （引自《图鉴》）

7. 麻子壳柯 多变柯 图 293 彩片 92

Lithocarpus variolosus (Franch.) Chun in Journ. Arn. Arb. 9: 154. 1928.

Quercus variolosa Franch. in Journ. de Bot. 13: 156. 1899.

乔木，高达20米。芽、幼枝、幼壳斗干后被暗褐色半透明树脂。芽、枝叶无毛。叶宽卵形、卵状椭圆形或卵状披针形，长6-15(-24)厘米，宽3-5厘米，先端长渐尖或尾尖，基部宽楔形或近圆，全缘，幼叶干后叶面油润光泽，老叶无光泽，干后常被白霜，侧脉6-10对；叶柄长1-1.5厘米。雌花序轴粗，常弯扭，被黄褐色鳞秕，无毛；雌花序常多穗聚生枝顶；雌花每3朵簇生，花柱3，长约1毫米。壳斗3个成簇，碗状，高0.6-1.8厘米，径1.5-2.5厘米，鳞片三角形或肋状连续成圆环；果椭圆形或扁球形，无毛，果脐凸起，占果面1/5-1/3(-1/2)。花期5-7月，果期翌年7-9月。

产云南、四川西南部，生于海拔2500-3300米林中。

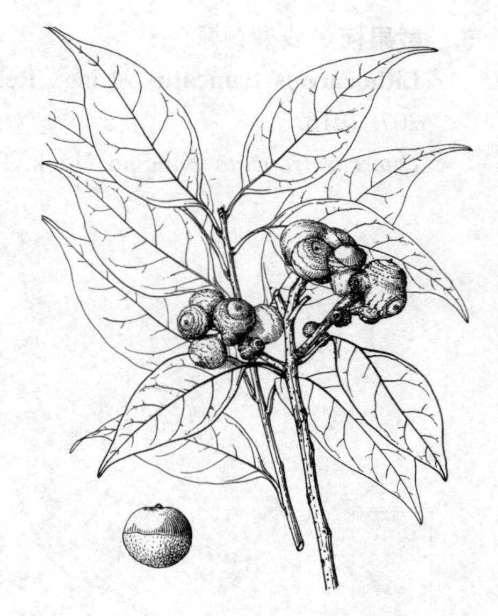

图 293 麻子壳柯 （冯晋庸绘）

8. 白柯 白皮柯 图 294 彩片 93

Lithocarpus dealbatus (Hook. f. et Thoms. ex DC.) Rehd. in Journ. Arn. Arb. 1: 124. 1919.

Quercus dealbata Hook. f. et Thoms. ex DC. Prodr. 16(2): 85. 1864.

乔木，高达20米，胸径80厘米。小枝、幼叶下面及叶柄密被灰白或灰黄色柔毛。叶卵形、卵状椭圆形或披针形，长7-14厘米，宽2-5厘米，先端短尖或稍尾尖，基部楔形，全缘，稀近顶部浅波状，上面疏被短毛，下面被苍灰色或灰白腊鳞层，侧脉9-15对；叶柄长1-2厘米。壳斗3(-5)成簇；壳斗碗状，高0.8-1.4厘米，径1-1.8厘米，被三角状鳞片；果近球形，柱座基被粉状细毛，果脐凸起，占果面1/3(-1/2)。花期8-10月，果期翌年8-10月。

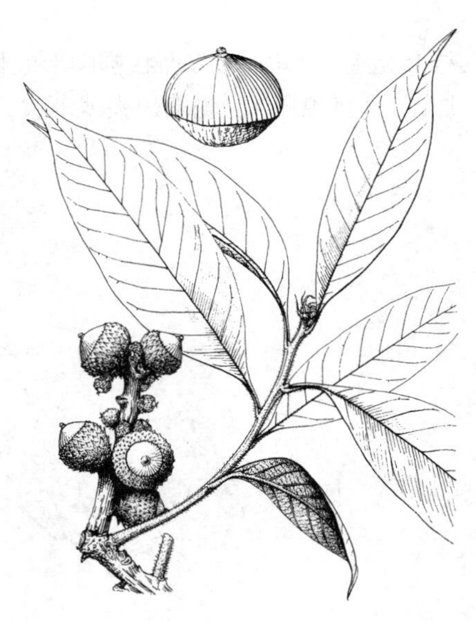

图 294 白柯 （冀朝祯绘）

产云南、贵州及四川西南部，生于海拔1200-2800米山地林中。种仁可作猪饲料及提制淀粉；树皮及壳斗可提取栲胶；木材硬重，供家具、农具等用。

9. 金毛柯 金毛石栎 图 295

Lithocarpus chrysocomus Chun et Tsiang in Journ. Arn. Arb. 28: 321. 1947.

乔木，高达20米，胸径50厘米。芽鳞干后有油润光泽。小枝及花序轴密被灰褐色微柔毛及粉状鳞秕。小枝暗黑褐色。叶硬革质，卵形或长椭圆形，稀披针形，长(6-)8-15厘米，宽(1.5-)2.5-5.5厘米，先端尾尖，基部楔形或宽楔形，有时两侧不对称，全缘，两面无毛，下面幼时被易脱落褐黄或红褐色鳞秕，老时被腊鳞层，侧脉9-13对；叶柄长1-2厘米。常雌雄同株。壳斗常3个成簇；壳斗近圆锥状或碗形，径2-2.5厘米，被三角状鳞片，幼时被微柔毛及红褐色鳞秕；果近球形，长1.7-1.8厘米，径1.2-2厘米，密被灰黄色细伏毛，果脐凸起，占果面约1/3。花期6-8月，果期翌年8-11月。

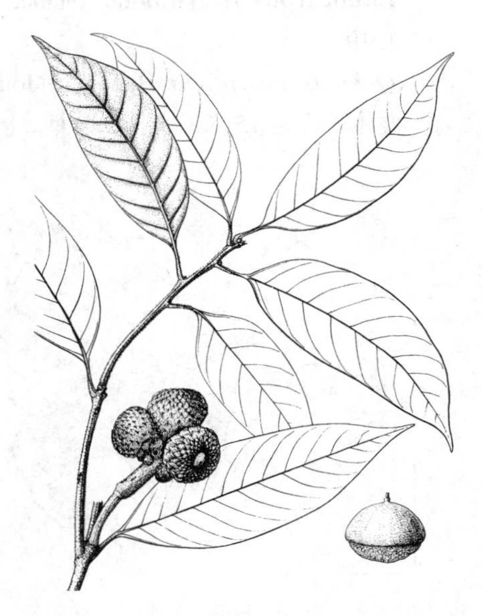

图 295 金毛柯 （张维本绘）

产福建南部、湖南南部、广东北部及广西，生于海拔600-1800米山地林中。材质坚重，韧性强。

10. 大叶苦柯 大叶苦石栎 图 296

Lithocarpus paihengii Chun et Tsiang in Journ. Arn. Arb. 28: 322. 1947.

乔木，高达25米，胸径50厘米。

枝叶无毛。叶厚革质，卵状椭圆形或长椭圆形，稀倒卵状椭圆形，长15-25厘米，宽4-9厘米，先端短尖或渐尖，基部楔形下延，全缘，幼叶下面被黄褐或红褐色粉状易脱落鳞秕，老叶下面被灰白色蜡鳞层，侧脉8-13对，支脉纤细；叶柄粗，长2-3厘米。花序轴被灰黄色短柔毛；雌花序长7-13厘米，顶部常生少数雄花，雌花每3朵簇生，花柱长约1毫米。壳斗每3个成簇；壳斗扁球形，径2-2.8厘米，被三角形鳞片；果扁球形，径1.4-2.4厘米，被灰黄色细伏毛，果脐凸起，占果面约1/3。花期5-6月，果期翌年10-11月。

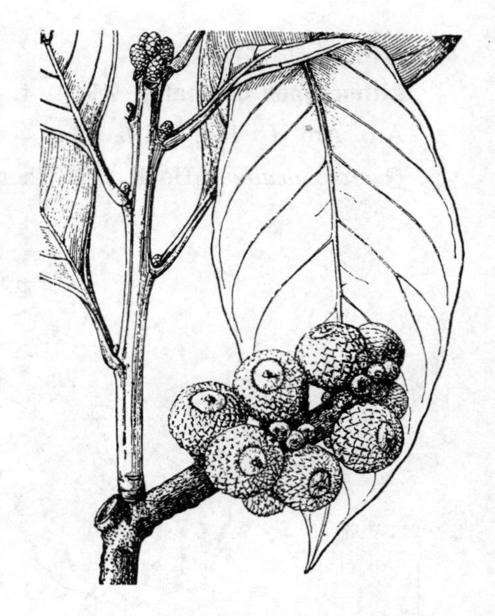

图 296 大叶苦柯 （引自《福建植物志》）

产福建南部、江西东南部、湖南南部、广东东部及广西东北部，生于海拔700-1600米山地林中。

11. 紫玉盘柯 紫玉盘石栎 图 297 彩片 94

Lithocarpus uvariifolius (Hance) Rehd. in Journ. Arn. Arb. 1: 132. 1919.

Quercus uvariifolia Hance in Journ. Bot. 22: 227. 1884.

乔木，高达15米。小枝、叶柄、叶下面中脉、侧脉及花序轴均密被褐色或锈褐色长柔毛。叶倒卵形或倒卵状椭圆形，稀椭圆形，长9-22厘米，先端骤尖或短尾尖，基部近圆或宽楔形，中部以上或近顶部具细齿或浅齿，有时波状，稀全缘，下面偶见星状毛，稀近无毛，侧脉25-35对；叶柄长1-3.5厘米。雌花常生于雄花序基部。壳斗3个成簇或单生；壳斗深碗状或半球形，高2-3.5厘米，径3.5-5厘米，包果1/2以上，壳斗壁厚2-5毫米，被肋状或菱形鳞片；果半球形，顶部圆或稍平，稀微凹，密被细伏毛，果皮厚3-8毫米，果脐凸起，占果面1/2以上。花期5-7月，果期翌年10-12月。

图 297 紫玉盘柯 （张维本绘）

产福建、广东及广西东部，生于海拔300-800米山地常绿阔叶林中。种仁可食，无涩味。

［附］**卵叶玉盘柯 Lithocarpus uvariifolius** var. **ellipticus** (Metc.) Huang et Y. T. Chang in Guihaia 8 (1): 16. 1988. —— *Lithocarpus ellipticus* Metc. Fl. Fukien 64. 1942. 本变种与模式变种的区别：叶卵形，长4-10厘米，先端长渐尖或长尾尖，侧脉14-20对；壳斗径小于3.5厘米。产福建中部及南部、广东东部及东北部。

12. 密脉柯 图 298

Lithocarpus fodianus (Hemsl.) Chun in Journ. Arn. Arb. 8: 21. 1927.

Quercus fordiana Hemsl. in Hook. Icon. Pl. pl. 2664. 1900.

乔木，高达20米。小枝、叶下面及花序轴密被黄灰色长柔毛及星状毛。叶长椭圆形或倒卵状椭圆形，长10-25厘米，先端短尖或短尾尖，稀渐尖，基部宽楔形，近顶部或中部以上具锯齿或疏齿，两面同色，侧脉16-25对；叶柄长1-3厘米。常雌雄同序。壳斗3个成簇或单生；壳斗深碗状，高2-3厘米，径2.5-3.5厘米，被三角形鳞片；果半球形，顶端圆或近平，被微柔毛，果脐凸起，占果面1/2以上。花期5-9月，果期翌年8-10月。

产云南南部、广西西北部、贵州南部及湖南西南部，生于海拔700-1500米山区常绿阔叶林中。种仁可食，无涩味；木材淡灰红褐或黄褐色，坚重，供建筑、家具、农具等用。

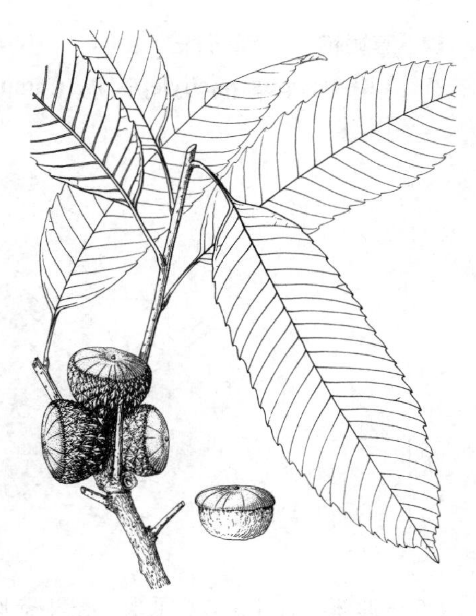

图 298 密脉柯 (冯晋庸绘)

13. 烟斗柯 图 299 彩片 95

Lithocarpus corneus (Lour.) Rehd. in Bailey, Stand. Cycl. Hort. 3569. 1917.

Quercus cornea Lour. Fl. Cochinchin. 572. 1790.

乔木，高达15米。小枝无毛或被短柔毛。叶椭圆形、倒卵状长椭圆形或卵形，长4-20厘米，先端短尾尖，基部楔形，基部以上具锯齿或浅波状，稀近全缘，两面同色，下面被半透明腺鳞，侧脉9-20对；叶柄长0.5-4厘米。雌花3朵簇生雄花序基部。壳斗每3个成簇或单生；壳斗碗状或半球形，高2.2-4.5厘米，径2.5-5.5厘米，被三角形或四菱形鳞片，连成网纹；果陀螺状或半球形，顶端圆、平或中央稍凹下，被微柔毛，果脐凸起，占果面1/2以上。花期4-7月，果期翌年9-11月。

产福建、台湾、湖南南部、广东、海南、香港、广西北部、云南东南部及贵州南部，生于海拔1000米以下山地常绿阔叶林中。木材淡黄或白色，稍坚重，属白栎类；种仁可食，无涩味。

［附］**多果烟斗柯 Lithocarpus corneus** var. **fructuosus** Huang et Y. T. Chang in Guihaia 8(1): 15. 1988. 本变种与模式变种的区别：壳斗碗状，径1.5-2.5厘米；果陀螺形，顶端圆而尖。产广西西北部。

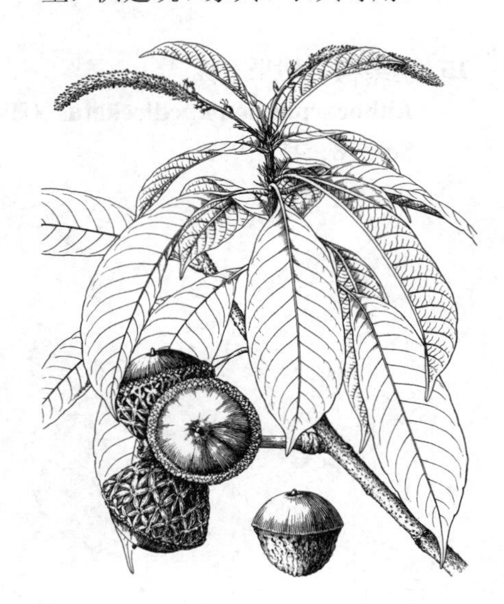

图 299 烟斗柯 (引自《图鉴》)

［附］**环鳞烟斗柯 Lithocarpus corneus** var. **zonatus** Huang et Y. T. Chang in Guihaia 8(1): 14. 1988. 本变种与模式变种的区别：叶倒披针形或卵状窄椭圆形；壳斗部分鳞片稍隆起，大部分鳞片连成多个圆环；果顶部平，中央稍凹下。产广东及广西南部。越南东北部有分布。

14. 厚鳞柯 厚鳞石栎 图 300 彩片 96

Lithocarpus pachylepis A. Camus in Bull. Soc. Bot. France 82: 437. 1935.

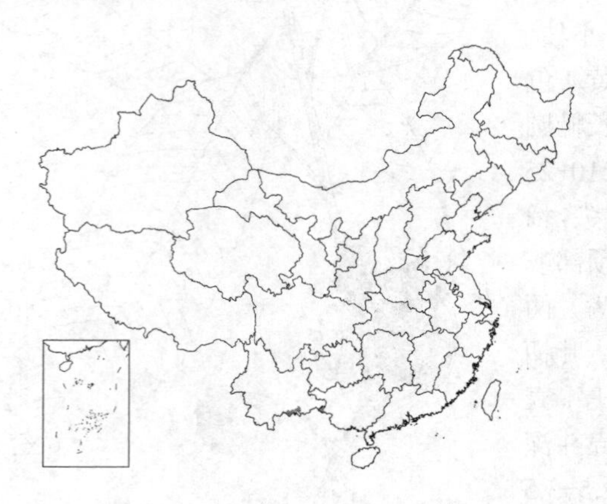

乔木，高达20米，胸径40厘米。芽鳞被褐色长毛。小枝、叶柄、叶下面及花序轴均被星状毛。叶硬纸质，倒卵状长椭圆形或长椭圆形，长20-35厘米，宽6-11厘米，先端短尖，基部宽楔形，具锯齿，老叶两面同色，下面脉腋具簇生毛，侧脉25-30对；叶柄长1.5-2.5厘米。壳斗3个成簇，盘状或碟状，高1.5-3厘米，径4.5-6.6厘米，壳斗壁厚、木质，被卵状三角形突起，顶端钻尖内弯；果扁球形，长1.5-2.5厘米，径4-6.5厘米，密被暗黄色细毛，果脐凸起，占果面约1/2。花期4-6月，果期翌年10-12月。

产广西西南部及云南东南部，生于海拔900-1800米山地常绿阔叶林中及干燥坡地。越南北部有分布。

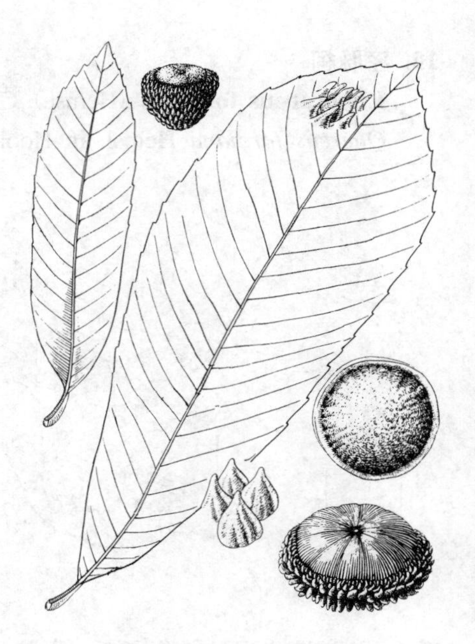

图 300 厚鳞柯 （余汉平绘）

15. 柄果柯 柄果石栎 图 301

Lithocarpus longipedicellatus (Hick. et A. Camus) A. Camus in Riv. Sci. 18: 41. 1932.

Pasania longipedicellata Hick. et A. Camus in Bull. Mus. Paris 34: 365. 1928.

Lithocarpus podocarpa Chun; 中国高等植物图鉴 1: 431. 1972.

乔木，高达20米。芽鳞、枝、叶均无毛；芽鳞、幼叶干后常有油润光泽。叶椭圆形或卵状椭圆形，长8-15厘米，先端短尾尖，基部楔形或宽楔形，全缘，下面被蜡鳞层，干后带苍灰色，侧脉9-14对；叶柄长1-1.5厘米。果序轴被灰色粉状鳞秕。壳斗单生，碟状，包果基部至1/2，高1.5-5毫米，径1.3-1.8厘米，三角形鳞片连成6-7环，柄长3-5毫米；果扁球或近球形，长1-1.4厘米，径1.2-1.8厘米，无毛，被白霜，果脐凹下。花期10月至翌年1月，果期翌年9-10月。

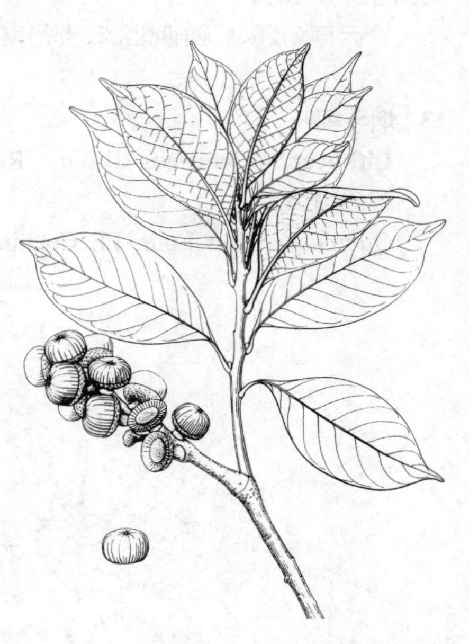

图 301 柄果柯 （引自《图鉴》）

产广东、海南、广西及云南东南部，生于海拔400-1200米山区常绿阔叶林中。越南北部有分布。心材深褐色，硬重，耐腐，供建筑、地板、桥梁、水工、车船等用。

16. 单果柯 单果石栎 图 302

Lithocarpus pseudo-reinwardtii A. Camus, Chenes (Encycl. Econ. Sylv. 8:) Atlas 3: 72. 1949.

乔木，高达20米，胸径70厘米。幼枝、幼叶干后褐黑色，有油润光泽，

各部无毛。叶纸质，卵状椭圆形，长8-15厘米，宽4-6厘米，先端短尾尖，基部宽楔形，全缘，下面被油润腊鳞层，干后苍黄色，侧脉7-10对；叶柄长1-1.5厘米。雄穗状花序长10-15厘米；雌花序长达20厘米，雌花单朵散生。壳斗单生稀2个并生，杯状，包果1/2-2/3或过之。高1-1.2厘米，径1.6-2.4厘米，鳞片连成6-8个环纹，柄长0.8-1厘米，具2-3环纹；果扁球形，长约1厘米，径1.4-1.8厘米，被灰黄色细伏毛，果脐凹下，深约1毫米，径约1厘米。花期2-3月，果期翌年2-3月。

产云南南部，生于海拔约1200米山谷密林中。越南、老挝有分布。

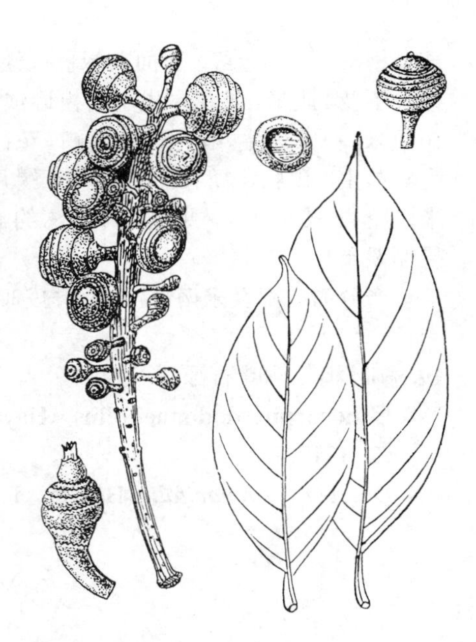

图 302 单果柯 （任宪威绘）

17. 油叶柯 油叶石栎 图303 彩片97

Lithocarpus konishii（Hayata）Hayata, Gen. Ind. Fl. Formos. 72. 1917.

Quercus konishii Hayata, Fl. Mont. Formos. 201. t. 37. 1908.

小乔木，高达5米。芽鳞被绢质伏毛。春季幼枝无毛，秋稍被灰黄色柔毛。叶卵形、椭圆形或倒卵状椭圆形，长4-9厘米，宽1-4厘米，先端尾尖，基部楔形，中部以上具锯齿，上面中脉被粉状细毛，下面脉腋具簇生毛，两面同色，侧脉约7对，在上面微凹下；叶柄长0.5-1.5厘米。果序轴被黄色短绵毛。壳斗单生，稀2个并生，浅碟状，高4-8毫米，径1.5-2.5厘米，被三角状鳞片；果扁球形，长1-1.8厘米，径1.5-2.6厘米，无毛，果壁厚3-6毫米，硬角质，果脐四周边缘凹下，向中央渐隆起。花期4月及8月，果期翌年7-9月。

产台湾及海南，生于海拔300-1600米山地常绿阔叶林中。

图 303 油叶柯 （引自《Fl. Taiwan》）

18. 南投柯 南投石栎 图304 彩片98

Lithocarpus nantoensis（Hayata）Hayata, Gen. Ind. Fl. Formos. 72. 1917.

Quercus nantoensis Hayata, Mat. Fl. Formos. 293. 1911.

乔木，高达15米。幼枝无毛；小枝褐色，皮孔多且大。叶近革质，卵状披针形或窄长圆形，长9-14厘米，宽2-4.5厘米，先端渐尖或长尾尖，基

部窄楔形下延，全缘，下面灰绿色或淡绿色，被腊鳞层，侧脉10-15对；叶柄长不及1厘米。雄花序生于新枝近顶部，花序轴疏生蜡鳞；雌花序长10-16厘米，单朵散生，花序轴被蜡鳞，花柱长不及1毫米。果序轴径约3毫米；壳斗单生，碟状，径1.2-1.5厘米，鳞片连成圆环；果圆锥状，长1-1.8厘米，径1.5-1.6厘米，果脐凹下，深约1.5毫米，径5-8毫米。花期6-8月，果期翌年10-12月。

产台湾中部及东南部，生于海拔300-1500米山区常绿阔叶林中。

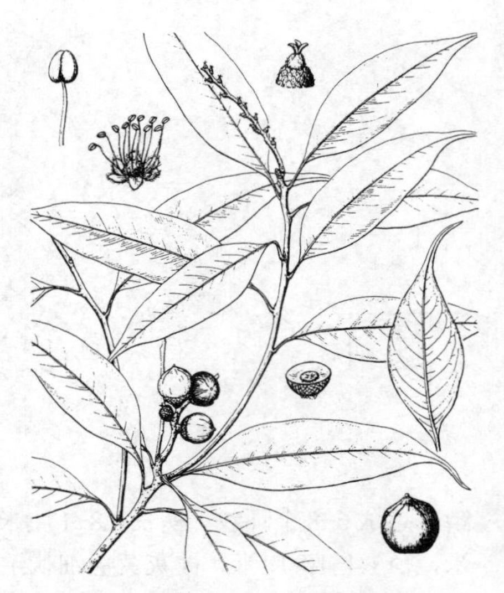
图 304 南投柯 （引自《Fl. Taiwan》）

19. 柳叶柯 柳叶石栎 图 305 彩片 99

Lithocarpus dodonaeifolius（Hayata）Hayata, Gen. Ind. Fl. Formos. 72. 1917.

Quercus dodonaeifolia Hayata, Ic. Pl. Formos. 3: 181. f. 27. 1913.

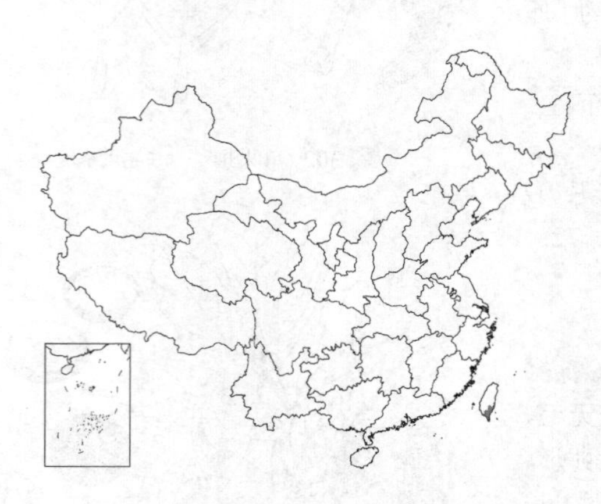

乔木，高达10米；各部无毛。幼枝稍具棱；二年生枝皮孔有时不明显。叶窄长圆形或倒卵状披针形，长5-14厘米，宽1-2厘米，先端短尖或圆钝，基部窄楔形下延，全缘，稍背卷，上面中脉凹下，侧脉8-12对；叶柄长4-8毫米。果序长3-5厘米，果序轴径1.5-3毫米，皮孔明显，壳斗少数，单个散生，浅碗状或碟状，厚木质，高3-6毫米，径1-1.4厘米，三角形鳞片螺旋状排列，被毡毛；果宽圆锥形，长1-1.5厘米，径1-1.4厘米，顶部锥尖，果脐凹下，深1-1.5毫米，径0.7-1厘米。花期2-5月，果期10-12月。

产台湾南部，生于海拔500-1450米山地林中。

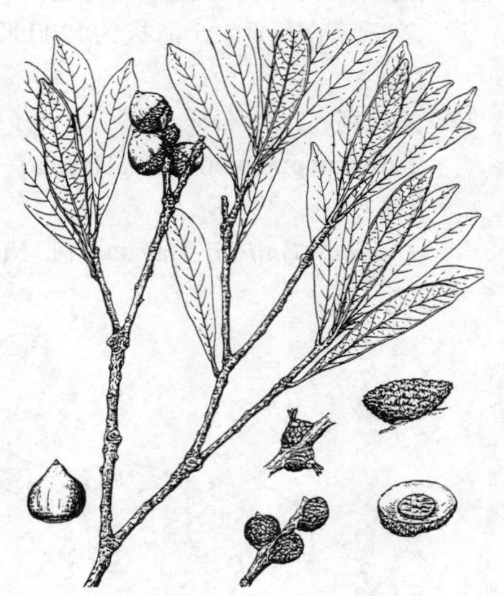
图 305 柳叶柯 （引自《Fl. Taiwan》）

20. 台湾柯 台湾石栎 图 306 彩片 100

Lithocarpus formosanus（Skan）Hayata, Gen. Ind. Fl. Formos. 72. 1917.

Quercus formosana Skan in Journ. Linn. Soc. Bot. 26: 513. 1899, quoad A. Henry 1371.

大乔木，胸径达40厘米；树皮不裂。幼枝稍具棱，枝叶无毛。叶厚革质，椭圆形或倒卵状椭圆形，长5-8厘米，宽2-3厘米，先端钝圆，基部楔形，全缘，稍背卷，下面灰色，干后灰褐色，被腊鳞层，上面中脉平，侧脉7-11对；支脉纤细，不明显；叶

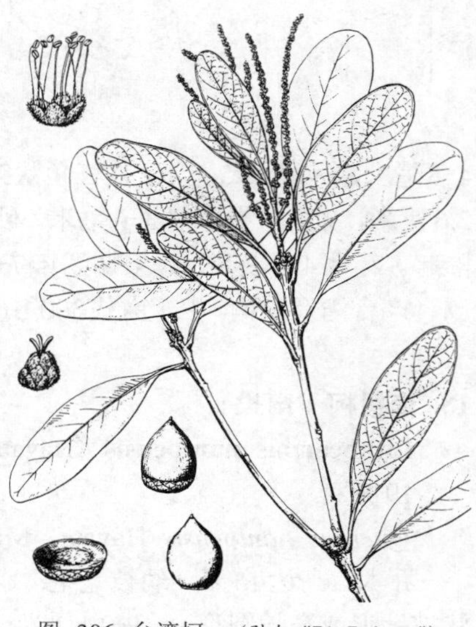
图 306 台湾柯 （引自《Fl. Taiwan》）

柄长1-1.3厘米，基部稍粗。雄穗状花序生于枝顶，密集，长3-6厘米，下部雄花多单朵散生；雌花序单朵散生花序轴上。果序长约3厘米，壳斗单生，碟状，高3-5毫米，径1.2-1.5厘米，三角形鳞片被毡毛；果宽圆锥形，长约1.3厘米，径1.3-1.6厘米，顶部锥尖，深褐色，无毛，果脐凹下，深约1毫米，径约8毫米。花期2-3月，果期翌年9-12月。

产台湾东南部，生于海拔100-500米山地林中。木材红褐色，坚重。

21. 球壳柯 球果石栎 图307

Lithocarpus sphaerocarpus（Hick. et A. Camus）A. Camus in Riv. Sci. 18: 42. 1932.

Pasania sphaerocarpus Hick. et A. Camus in Bull. Mus. Paris. 603. 1923.

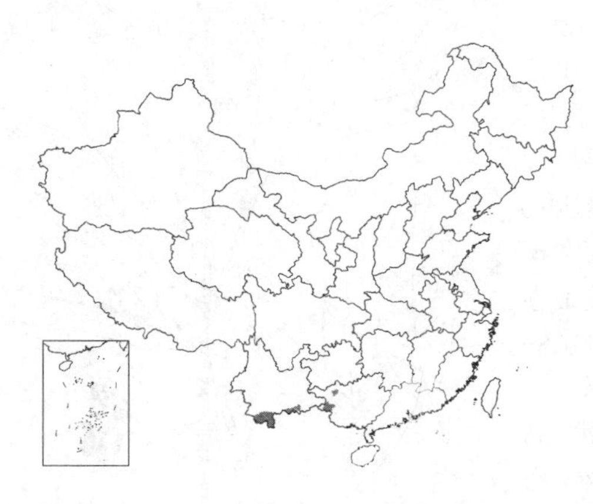

乔木，高达20米。枝叶无毛，幼叶干后叶面有油润光泽。叶长椭圆形或卵状椭圆形，长12-20厘米，先端短尾尖，基部窄楔形下延，全缘，老叶下面带灰白色，被蜡鳞层，侧脉14-18对；叶柄长1.5-2厘米。雄花序圆锥状。壳斗3个成簇，稀2个并生或单生，球形，全包果，具柄，径1.5-2厘米，壳斗壁厚0.5毫米，顶端开裂，疏被小鳞片或细小疣突；果扁球形，径1.4-1.9厘米，密被粉状细毛，果脐凹下，深约1毫米，径0.8-1.2厘米。花期12月至翌年1月，果期翌年9-10月。

产广西西部及云南南部，生于海拔600-1300米山区常绿阔叶林中。越南北部有分布。

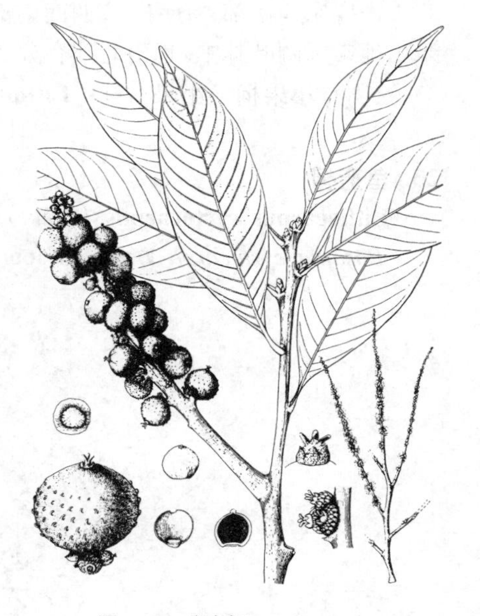

图 307 球壳柯 （余汉平绘）

［附］**黑家柯** 白毛石栎 **Lithocarpus magneinii**（Hick. et A. Camus）A. Camus in Riv. Sci. 18: 41. 1932. —— *Pasania magneinii* Hick. et A. Camus in Ann. Sci. Nat. Bot. ser. 10, 3: 405. 1921. 本种与球壳柯的区别：壳斗壁厚1.5-2.5毫米，包果2/3-4/5，具6-8环纹；果密被绢质伏毛。产云南东南部。老挝及越南北部有分布。

22. 茸果柯 图308

Lithocarpus bacgiangensis（Hick. et A. Camus）A. Camus in Riv. Sci. 18: 39. 1932.

Pasania bacgiangensis Hick. et A. Camus in Ann. Sci. Nat. Bot. ser. 10, 3: 396. f. 4. 1921.

Lithocarpus vestitus auct. non（Hick. et A. Camus）A.Camus：中国高等植物图鉴 1: 431. 1972.

乔木，高达15米。枝叶无毛。叶椭圆形或卵状椭圆形，长10-15厘米，先端渐尖、短尖或稍尾状，基部楔形，全缘，叶下面被腊鳞层，干后苍

图 308 茸果柯 （张维本绘）

灰色，侧脉10-15对；叶柄长不及1厘米。壳斗（2）3成簇，果序轴密被鳞秕；壳斗浅碗状，包果基部至1/2，具柄，高0.5-1厘米，径1.2-2厘米，鳞片细小，三角状；果扁球形，径1.2-2厘米，密被灰黄色细毛，果脐凹下，径0.8-1.2厘米。花期12月至翌年3月，果期翌年10-12月。

产广东西南部、海南、广西西南部及云南东南部，生于海拔200-1700米山地常绿阔叶林中。越南北部有分布。

［附］**小果柯** 小果石栎 **Lithocarpus microspermus** A. Camus in Bull. Soc. Bot. France 81: 818. 1934. 本种与茸果柯的区别：叶长15-25厘米，宽5-8厘米，侧脉16-22对，叶柄长1-1.5厘米；果径不及1厘米。产云南南部，生于海拔800-1500米山区林中。老挝及越南有分布。

23. 鱼蓝柯 图 309

Lithocarpus cyrtocarpus（Drake）A. Camus in Riv. Sci. 18: 40. 1932.

Pasania cyrtocarpa Drake in Journ. de Bot. 3: 150. pl. 3, t. 3. 1890.

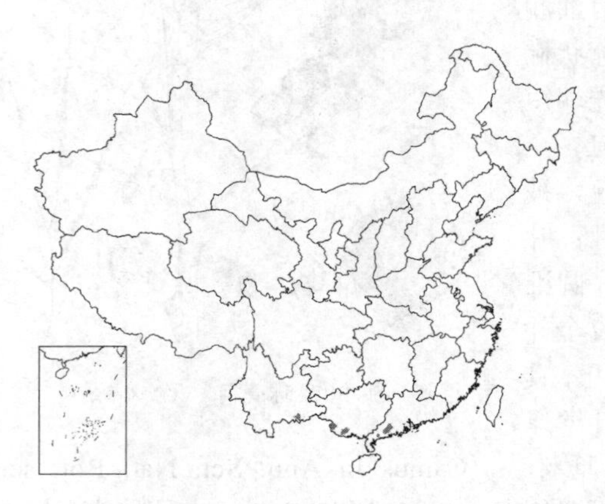

乔木，高达18米。小枝被柔毛。芽鳞被褐色微柔毛。叶卵状椭圆形或长椭圆形，长5-10厘米，萌枝叶长达16厘米，先端短尖，基部宽楔形，具浅齿，幼叶上面被细卷毛，下面被星状鳞秕，侧脉8-12对；叶柄长1-2厘米。壳斗单生或3个成簇，碟状，高1-2厘米，径3.5-4.5厘米，密被卵状三角形鳞片，顶端下弯呈鸡爪状，无柄，壳斗壁厚木质；果扁球形，高1.5-2.2厘米，径4-5厘米，密被褐黄色茸毛，果壁木质，厚1-1.5厘米，果脐凹下，径2.5-3.5厘米。花期4月及9-10月，果期翌年10-12月。

图 309 鱼蓝柯 （孙英宝绘）

产广东西南部、广西西南部及云南东南部，生于海拔400-900米山区常绿阔叶林中。越南有分布。

24. 厚斗柯 厚斗石栎 图 310

Lithocarpus elizabethae（Tutch.）Rehd. in Journ. Arn. Arb. 1: 125. 1919.

Quercus elizabethae Tutch. in Journ. Bot. 49: 273. 1911.

乔木，高达15米。枝、叶无毛。叶厚纸质，窄长椭圆形或披针形，长9-17厘米，宽2-4厘米，先端渐尖或尾尖，基部楔形下延，全缘，下面带苍灰色，侧脉（10）13-16对；叶柄长1-2厘米。果序轴疏被短柔毛。壳斗3个成簇，近球形，高1.5-3厘米，径1.5-2.8厘米，鳞片宽卵形或斜四边形，无柄，壳斗壁脆壳质；果扁球形，径1.4-2.4厘米，深褐色，果脐凹下，径1.3-1.6厘米。花期7-9月，果期翌年7-9月。

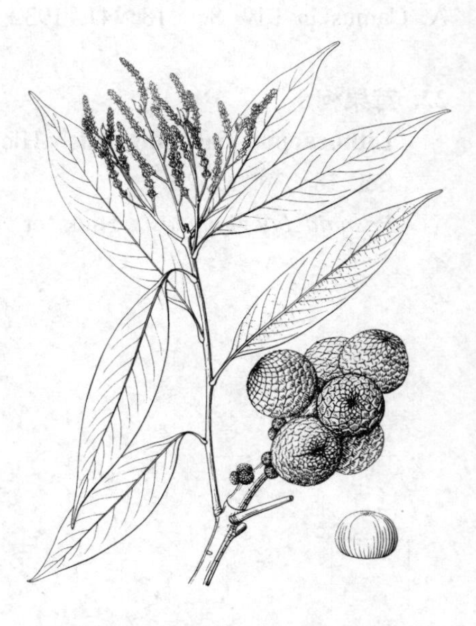

图 310 厚斗柯 （引自《图鉴》）

产福建南部、香港、广西及贵州东南部，生于海拔150-1200米山区林中。木材暗褐色，坚韧。

25. 滑皮柯　滑皮石栎　　图 311

Lithocarpus skanianus (Dunn) Rehd. in Journ. Arn. Arb. 1: 131. 1919.

Quercus skanianus Dunn in Journ. Linn. Soc. Bot. 38: 366. 1908.

乔木，高达20米。芽鳞、小枝、叶柄及花序轴均密被黄褐色绒毛。叶倒卵状椭圆形、倒披针形，稀长圆状椭圆形，长6-16厘米，先端短尾尖，基部楔形，全缘或近顶部稍浅波状，下面沿中脉被褐色长柔毛，侧脉10-13对；叶柄长不及1厘米。壳斗3个成簇，扁球形、近球形或深碗状，高1.4-2厘米，径1.5-2.5厘米，鳞片稍弯钩短线形或三角形，尖头长2-3毫米，无柄，壳斗壁脆壳质；果扁球形或宽圆锥形，长1.2-1.8厘米，径1.4-2.2厘米，果脐凹下，径1.1-1.3厘米。花期9-10月，果期翌年9-10月。

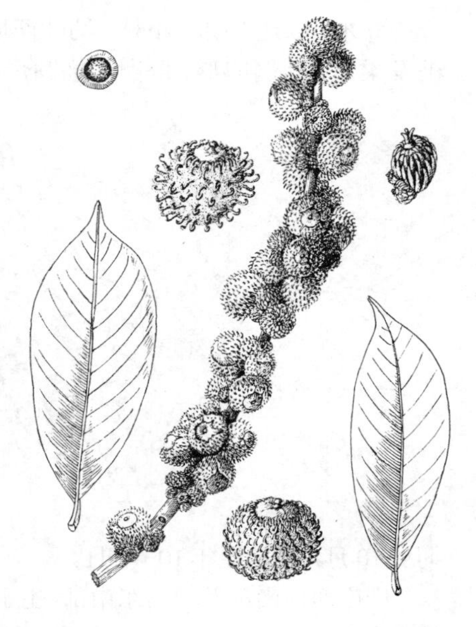

图 311 滑皮柯　（余汉平绘）

产福建、江西、湖南南部、广东北部、海南、广西东北部及云南东南部，生于海拔500-1000米山地林中。

26. 榄叶柯　榄叶石栎　　图 312

Lithocarpus oleaefolius A. Camus in Bull. Soc. Bot. France 94: 271. 1947.

乔木，高达15米。芽鳞近无毛。小枝、叶下面、叶柄及花序轴均被易脱落褐锈或褐黄色长柔毛。叶硬纸质，长椭圆形或窄披针形，长8-16厘米，宽2-4厘米，先端长渐尖，基部楔形，全缘，下面被平伏毛，侧脉11-14对；叶柄长1-1.5厘米。雄穗状花序3穗组成圆锥状，稀单穗腋生；雌花每3朵簇生，花柱长约1毫米。壳斗3个成簇，球形或扁球形，径2.6-3.2厘米，鳞片线状三角形，先端长不及2毫米，无柄；果稍扁球形或近球形，径2-2.5厘米，深褐色，无毛，无白粉，果脐凹下，深约1毫米，径1.4-2厘米。花期8-9月，果期翌年10-11月。

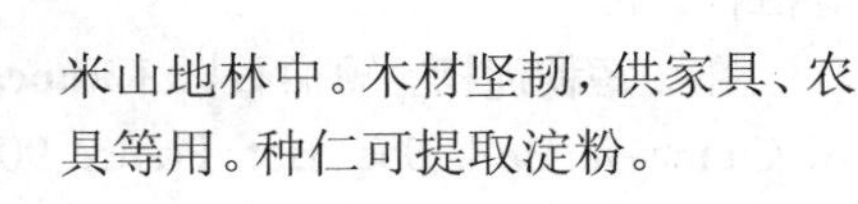

图 312 榄叶柯　（引自《福建植物志》）

产福建南部、江西、湖南、广东、广西、贵州南部，生于海拔500-1200米山地林中。木材坚韧，供家具、农具等用。种仁可提取淀粉。

27. 毛枝柯　毛枝石栎　　图 313

Lithocarpus rhabdostachyus (Hick. et A. Camus) A. Camus subsp. **dakhaensis** A. Camus in Bull. Soc. Bot. France 42: 84. 1945.

乔木，高达15米。小枝、幼叶两面、叶柄及花序轴均密被锈褐色分枝毛及柔毛。叶倒卵形、倒卵状椭圆形或椭圆形，长16-30厘米，宽4-10厘米，先端短尾尖，基部楔形，全缘，上面无毛，下面密被卷曲毛，侧脉11-17对；叶柄长1-2厘米。果序长达30厘米，壳斗3个成簇；扁球形，高1.5-2厘米，径2.5-3厘米，鳞片卵状三角形，先端长不及2毫米，无柄，壳斗壁脆壳质；果扁球形，长1.5-1.8厘米，径2.2-2.8厘米，无毛，果脐凹下，径1.5-1.8厘米。花期9-10月，果期翌年10-12月。

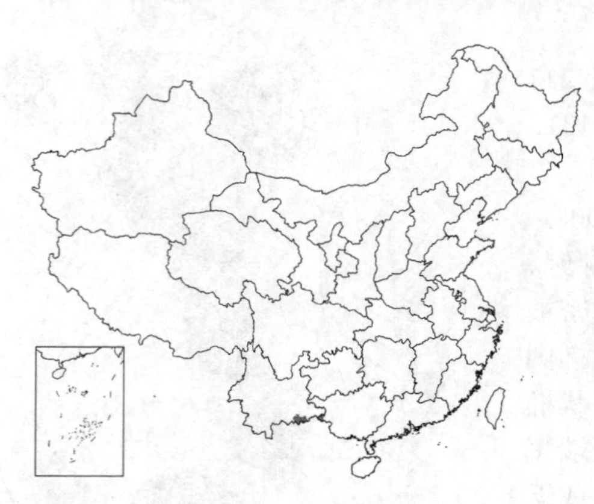

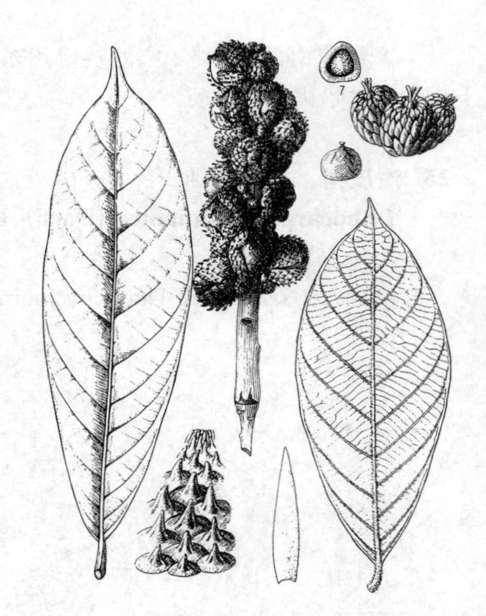

图 313 毛枝柯 （余汉平绘）

产广西西南部及云南东南部，生于海拔900-1200米山坡常绿阔叶林中。越南有分布。

［附］**龙眼柯 Lithocarpus longanoides** Huang et Y. T. Chang in Guihaia 8(1)：25. 1988. 本种与毛枝柯的区别：幼叶下面被卷曲短柔毛，旋脱落，老叶无毛，下面被灰白色腺鳞；壳斗鳞片三角状，疏离或不明显。产广东、广西及云南东南部，生于海拔500-1200米山地林中。

28. 泥柯 华南石栎 图 314

Lithocarpus fenestratus (Roxb.) Rehd. in Journ. Arn. Arb. 1: 126. 1919.

Quercus fenestrata Roxb. Fl. Ind. 3: 633. 1832.

乔木，高达25米。小枝被长柔毛。叶披针状椭圆形或卵状长椭圆形，长15-22厘米，先端渐尖或稍尾尖，基部楔形，全缘，下面中脉及侧脉两侧被平伏长毛，侧脉12-17对；叶柄长约1厘米。壳斗3个成簇，果序轴长达20厘米；壳斗扁球形，径1-2.5厘米，疏被三角形鳞片，无柄，壳斗壁脆壳质，果扁球形或宽圆锥状，果脐凹下，深约1毫米，径1.2-1.5厘米。花期8-10月，果期翌年8-10月。

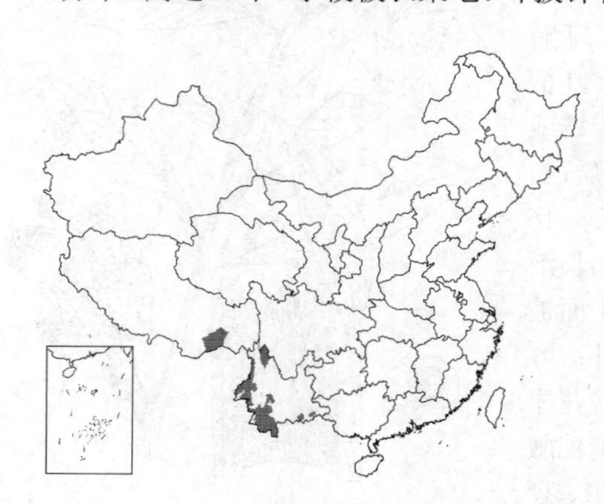

图 314 泥柯 （引自《图鉴》）

产云南及西藏东南部，生于海拔1000-2700米山地林中。印度、缅甸及老挝有分布。

［附］**短穗泥柯** 短柄石栎 **Lithocarpus fenestratus** var. **brachycarpus** A. Camus in Bull. Soc. Bot. France 90: 201. 1943. 本变种与模式变种的区别：叶下面无毛，稀沿中脉疏被短柔毛，被腊鳞层；小枝常无毛。产广东、香港、海南、广西西南部及云南东南部，生于海拔800-1600米山地常绿阔叶林中。越南有分布。

29. 硬壳柯 硬斗柯 图 315

Lithocarpus hancei (Benth.) Rehd. in Journ. Arn. Arb. 1: 127. 1919.

Quercus hancei Benth. Fl. Hongk. 322. 1861.

乔木，高达20米。除花序轴及壳斗被灰色短柔毛外各部无毛。小枝淡黄灰或灰色，有透明蜡层。叶卵形或倒卵形，稀椭圆形或披针形，先端钝圆、骤短尖或长渐尖，基部楔形下延，全缘，或叶缘稍背卷，两面同色，侧脉、细脉不明显；叶柄长0.5-4(5)厘米。雄穗状花序常多穗组成圆锥状，有时下部生有雌花；雌花序2至多穗聚生枝顶，花柱(2)3(4)，长不及1毫米。壳斗2-3(-5)成簇，浅碗状或碟状，无柄，高3-7毫米，径1-2厘米，鳞片三角形，覆瓦状排列，或连成环状；果近球形、扁球形或宽圆锥形，长0.8-2厘米，径1-2.4厘米，无毛，果脐凹下，径0.5-1厘米。花期4-6月，果期翌年9-12月。

图 315 硬壳柯 （引自《图鉴》）

产浙江、福建、台湾、江西、湖北、湖南、广东、海南、广西东北部、云南、贵州及四川，生于海拔2600米以下山地林中。

30. 美叶柯 图 316

Lithocarpus calophyllus Chun ex Huang et Y. T. Chang in Guihaia 8 (1): 27. 1988.

乔木，高达28米，胸径1米。小枝疏被微毛，旋脱落。叶倒卵状椭圆形或长椭圆形，长8-15厘米，先端短尾尖，基部宽楔形或近圆，稀浅耳状，全缘，下面被红褐色(幼叶)或褐黄色(老叶)易脱落粉状鳞秕，无毛，稀被单毛，侧脉7-11对；叶柄长2.5-5厘米。壳斗3(-5)成簇，浅碗状或碟状，无柄，壳斗壁厚木质，高0.5-1厘米，径1.5-2.5厘米，鳞片紧贴；果近球形、椭圆形或扁球形，长1.5-2厘米，径1.8-2.6厘米，果脐凹下，径1-1.4厘米。花期6-7月，果期翌年8-9月。

图 316 美叶柯 （任宪威绘）

产福建南部、江西南部、湖南南部、广东、广西及贵州东南部，生于海拔500-1200米山地林中。种仁去涩可做豆腐、制淀粉及酿酒；壳斗可提取栲胶；木材红褐色，坚硬耐腐，供桥梁、车、船、家具等用。

[附] **星毛柯 Lithocarpus petelotii** A. Camus in Not. Syst. fasc. 5, 1: 75. 1936. 本种与美叶柯的区别：叶下面易脱落粉状鳞秕较薄，被星状柔毛；果长3-3.5厘米。产湖南西部、广西、云南东南部及贵州南部，生于海拔1000-1800米山地林中。

31. 粉叶柯 图 317

Lithocarpus macilentus Chun et Huang in Guihaia 8(1): 30. 1988.

乔木，高达12米。小枝、叶柄、叶下面及花序轴均被褐黄或灰黄色短绒毛，二年生枝及老叶下面被平伏蛛网状毛。叶披针形，稀倒披针形，

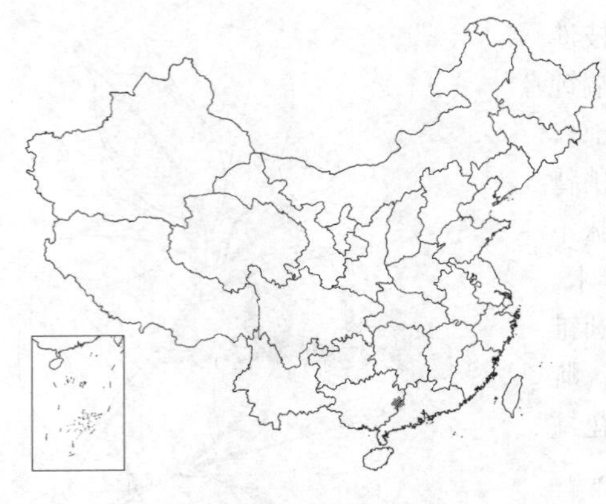

长6-11厘米，宽2-3厘米，先端渐尖，基部楔形，全缘，幼叶下面被早落短绒毛及松散细片状蜡鳞，侧脉6-9对；叶柄长不及1厘米。壳斗3个成簇，浅碗状或碟状，无柄，高6-8毫米，径1.5-2厘米；果圆锥状或扁球形，长1.3-1.5厘米，径1.5-1.7厘米，无毛，无粉霜，果脐稍凹下，径7-8毫米。花期7-8月，果期翌年10-11月。

产广东西部、香港及广西东部，生于海拔400米以下溪边常绿阔叶林中。

［附］**卷毛柯 Lithocarpus floccosus** Huang et Y. T. Chang in Guihaia 8(1)：20. 1988. 本种与粉叶柯的区别：小枝、幼叶柄及花序轴均被黄褐色卷毛，叶下面被早落卷曲毛及腺鳞；果被白粉。产福建南部、江西南部及广东东部，生于海拔400-700米山地林中。

图 317 粉叶柯 （余汉平绘）

32. 柯 石栎 图 318

Lithocarpus glaber (Thunb.) Nakai, Cat. Hort. Bot. Univ. Tokyo 8. 1916.

Quercus glabra Thunb. Fl. Jap. 175. 1784.

乔木，高达15米。小枝、幼叶柄、叶下面及花序轴均密被灰黄色短绒毛。叶革质或坚纸质，倒卵形、倒卵状椭圆形或长椭圆形，长6-14厘米，先端短尾尖，基部楔形，全缘或近顶端具2-4个浅齿，老叶下面无毛或几无毛，被蜡鳞层，侧脉8-10对；叶柄长1-2厘米。壳斗3(-5)成簇，碟状或浅碗状，无柄，高0.5-1厘米，径1-1.5厘米，鳞片三角形，被灰色微柔毛；果椭圆形，长1.2-2.5厘米，径0.8-1.5厘米，被白霜，果脐凹下。花期9-10月，果期翌年9-10月。

产江苏南部、安徽、浙江、福建、台湾、江西、湖北、湖南、广东、香港、广西、贵州东部、四川东部及河南南部，生于海拔1500米以下山地林中。日本有分布。种仁可食、制豆腐及酿酒，叶及壳斗可提取栲胶；心材红褐色，坚硬，供车、船、建筑、家具等用。

图 318 柯 （张维本绘）

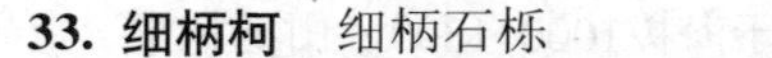

33. 细柄柯 细柄石栎 图 319

Lithocarpus himalaicus Huang et Y. T. Chang in Guihaia 8(1)：13. 1988.

乔木，高达25米。小枝粗，具棱，无毛，干后黑褐色，散生淡褐色皮孔。叶椭圆形或倒卵状椭圆形，长7-16厘米，宽3.5-7厘米，先端骤短尖或渐尖，基部楔形下延，全缘，两面同色，侧脉6-10对，上面中脉凸起，侧脉及细脉凹下；叶柄长1-2厘米。雌花每3朵簇生，雌花序长达15厘

米，顶端常生少数雄花，花序轴径约5毫米。果序轴长达15厘米；壳斗3个成簇，浅碗状，无柄，高4-7毫米，径1.7-2.2毫米，包果约1/4或基部，鳞片三角形或四菱形，被短绒毛；果宽圆锥形，长1.2-1.5厘米，径1.5-2厘米，淡茶褐色，无粉霜，果脐凹下，径0.8-1.5厘米。

产西藏东南部，生于海拔2000-2400米山地林中。印度及缅甸有分布。木材坚韧，为优良硬木，供建筑、家具、农具等用。

图 319 细柄柯 （孙英宝绘）

34. 港柯 东南石栎 图 320

Lithocarpus harlandii (Hance) Rehd. in Journ. Arn. Arb. 1: 127. 1919.

Quercus harlandii Hance in Walp. Ann. Bot. Syst. 3: 38. 1852.

乔木，高达18米，胸径50厘米。芽鳞、枝、叶均无毛。幼枝紫褐色，干后暗黑褐色，有纵棱。叶硬革质，披针形、长椭圆形或倒披针形，长7-18厘米，宽3-6厘米，先端短尾尖或渐尖，基部楔形，全缘或近顶部具波状钝齿，侧脉8-13对；叶柄长2-3厘米。花序轴被微柔毛，多个雄穗状花序组成圆锥状；雌花3朵簇生或单朵散生，花柱（2）3，长约0.5毫米。壳斗单生或3个成簇，浅碗状，无柄，高0.6-1厘米，径1.4-2厘米，鳞片宽卵状三角形或长三角形，被微柔毛；果椭圆形或扁球形，长2.2-2.8厘米，径1.6-2.2厘米，果脐凹下，径0.9-1.2厘米。花期5-8月，果期翌年8-10月。

图 320 港柯 （引自《Fl.Taiwan》）

产福建、台湾、江西、湖南、广东、香港、海南、广西、贵州及云南东南部，生于海拔400-700米山地林中。

35. 齿叶柯 大叶石栎 图 321

Lithocarpus kawakamii (Hayata) Hayata, Gen. Ind. Fl. Formos. 74. 1917.

Quercus kawakamii Hayata in Journ. Coll. Sci. Univ. Tokyo 25(19): 201. 1908.

乔木，高达22米。枝叶无毛。叶倒卵状长圆形或长椭圆形，长12-15厘米，先端稍尾尖，基部楔形下延，中部以上或近顶部具锯齿，稀近全缘，老叶下面被腊鳞层，侧脉12-15对；叶柄长2-5厘米。雄花序圆锥状，长达20厘米。果序轴径1-1.2厘米；壳斗3个成簇，碟状，无柄，高0.7-1厘米，径1.5-2.5厘米，鳞片三角形；果扁球形或宽圆锥形，长1.6-2.2厘

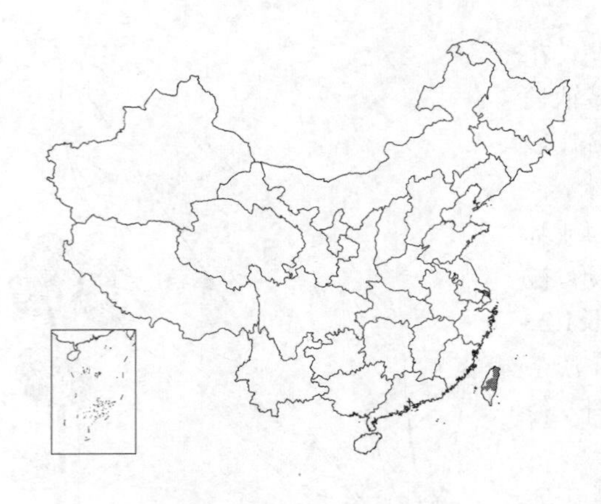

米，径2-2.8厘米，果脐凹下，径1-1.5厘米。花期5-8月，果期翌年8-11月。

产台湾，生于海拔700-2900米山地常绿林中。

［附］**耳叶柯 Lithocarpus grandifolius**（D. Don）Biswas in Bull. Bot. Surv. India 10: 258. 1969. —— *Quercus grandifolius* D. Don in Lamb. Descr. Gen. Pin. 2: 27. t. 8. 1824. 本种与齿叶柯的区别：叶基部耳状或近圆，稀楔形，全缘，叶柄长0.5-3厘米。产云南南部及西南部，生于海拔600-1900米山地林中。印度、缅甸及老挝有分布，

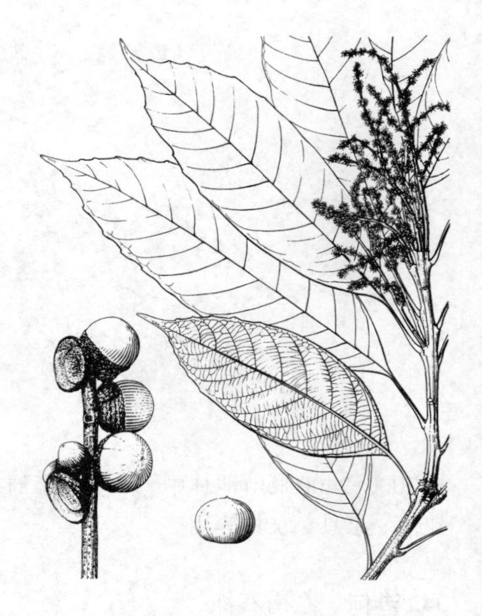

图 321 齿叶柯 （张维本绘）

36. 短尾柯 岭南柯 图 322

Lithocarpus brevicaudatus（Skan）Hayata, Gen. Ind. Fl. Formos. 72. 1917.

Quercus brevicaudata Skan in Journ. Linn. Soc. Bot. 26: 508. 1899.

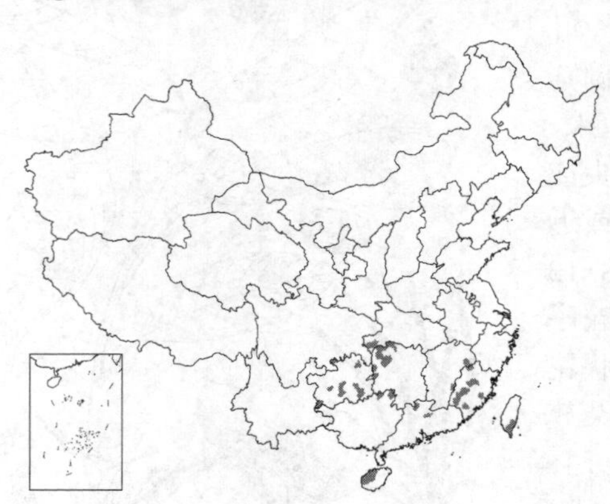

大乔木，高达20米，胸径1米。叶革质，卵状椭圆形或长椭圆形，长6-15厘米，宽4-6.5厘米，萌枝叶长带状，长6-15（-20）厘米，宽2-3厘米，先端尾状，基部宽楔形或近圆，全缘，下面被粉状腊鳞层，侧脉（6-8）9-13对；叶柄长2-3厘米，稀较短。果序轴及壳斗被褐黄或灰黄色微柔毛。壳斗3个成簇，浅碗状或碟状，无柄，高不及7毫米，径0.4-2厘米，鳞片三角形或菱状突起，被微柔毛；果宽圆锥形或近球形，径1.4-2.2厘米，稍被白霜，果脐凹下，径0.9-1.2厘米。花期5-7月，果期翌年9-11月。

图 322 短尾柯 （张维本绘）

产江西、福建、台湾、广东、海南、广西、贵州、湖南及湖北西部，生于海拔300-1900米山地林中。

37. 大叶柯 大叶石栎 图 323

Lithocarpus megalophyllus Rehd. et Wils. in Sarg. Pl. Wilson. 3: 208. 1916.

Lithocarpus spicatus auct. non Rehd. et Wils.: 中国高等植物图鉴 1: 435. 1972.

乔木，高达25米。枝叶无毛。叶倒卵形或倒卵状椭圆形，稀椭圆形，长14-30厘米，宽6-13厘米，先端短尾尖，基部宽楔形，全缘，两面同色，侧

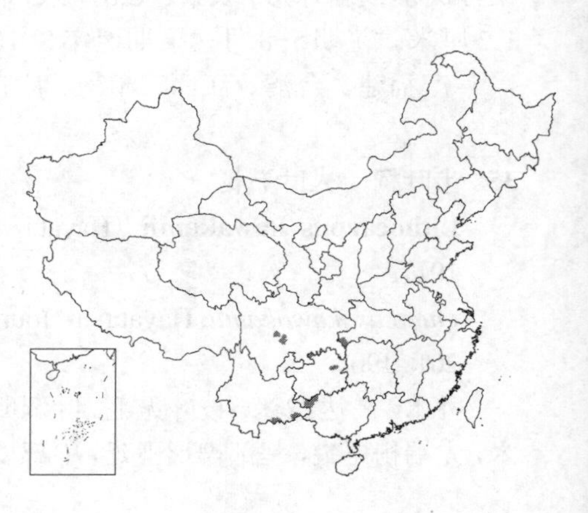

脉14-18对；叶柄长2.5-6厘米。雄花序圆锥状，长达30厘米。果序轴径达1.5厘米。壳斗3（-5）成簇或单生，浅碗状或碟状，无柄，高0.4-1厘米，径2-3厘米，鳞片三角形；果扁球形、近球形或圆锥形，长1.6-2.8厘米，径2-3.2厘米，无毛，稍被白霜，果脐凹下，径1.2-1.8厘米。花期5-6月，果期翌年5-7月。

产湖北西南部、广西西部、云南东南部、贵州及四川，生于海拔900-2200米山地林中。木材红褐色，坚韧，较耐腐，材质优良，供车、船、家具等用。

图 323 大叶柯 （张维本绘）

38. 灰柯 绵柯 图 324

Lithocarpus henryi（Seem.）Rehd. et Wisl. in Sarg. Pl. Wilson. 3: 309. 1916.

Quercus henryi Seem. in Engl. Bot. Jahrb. 23, Beibl. 57. 50. 1897.

乔木，高达20米。小枝被灰白色腊鳞层，枝叶无毛。叶窄长椭圆形或披针状长椭圆形，长12-22厘米，宽3-6厘米，先端短尖，基部宽楔形，全缘，下面干后带苍灰色，被腊鳞层，侧脉11-15对，细脉不明显或纤细；叶柄长1.5-3.5厘米。果序轴被灰黄色毛。壳斗3个成簇，密集，浅碗状，无柄，高0.6-1.4厘米，径1.5-2.4厘米，鳞片宽卵状三角形；果圆锥状，长1.2-2厘米，径1.5-2.4厘米，稍被白粉，果脐凹下，径1-1.5厘米。花期8-10月，果期翌年8-10月。

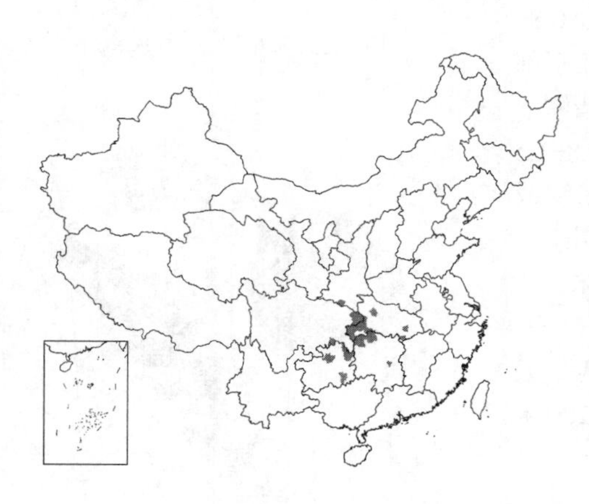

产陕西南部、湖北、湖南、贵州及四川东部，生于海拔1400-2100米山地林中。种仁可酿酒；树皮及壳斗可提取栲胶；木材坚实，供造船及家具等用。

图 324 灰柯 （张维本绘）

39. 犁耙柯 图 325

Lithocarpus silvicolarum（Hance）Chun in Journ. Arn. Arb. 9: 152. 1928.

Quercus silvicolarum Hance in Journ. Bot. 22: 229. 1884.

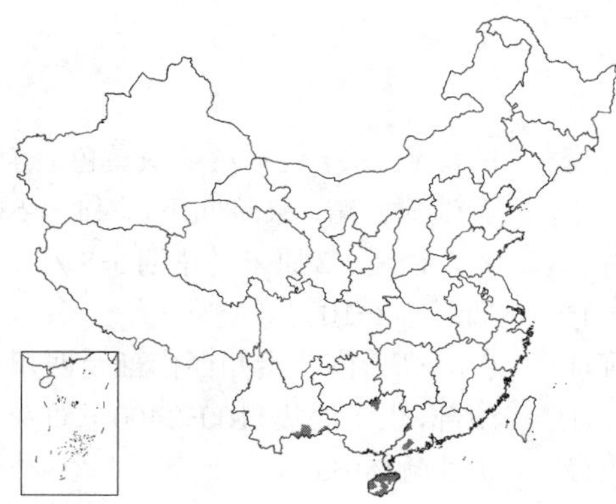

乔木，高达20米，胸径40厘米。幼枝及幼叶下面沿中脉被灰褐色长柔毛。叶纸质，椭圆形或倒卵状椭圆形，长10-20厘米，宽3.5-6厘米，先端尾尖，基部楔形下延，全缘或上部波状，下面被腊鳞层，侧脉9-14对；叶柄长1-1.5厘米。壳斗3-5成簇，浅碗状，高0.8-1.5厘米，径2-3.5厘米，鳞片宽三角形；果扁球形，长1.2-1.6厘米，径2-2.5（-3）厘米，暗栗褐色，无毛，果脐凹下，径1.4-1.8厘米。花期3-5月，果期翌年7-9月。

产广东、海南、广西及云南东南

部，生于海拔1200米以下山地林中。越南有分布。木材淡灰褐带红色，细致，耐腐，供门窗及天花板等用。

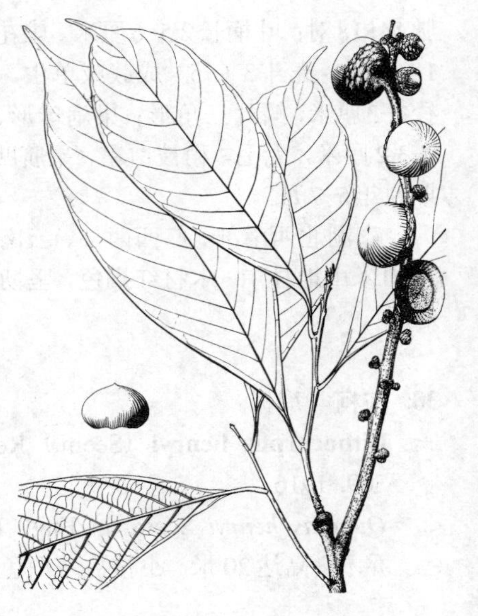

图 325 犁耙柯 （张维本绘）

40. 木姜叶柯 图 326

Lithocarpus litseifolius (Hance) Chun in Journ. Arn. Arb. 9: 152. 1928.

Quercus litseifolia Hance in Journ. Bot. 22: 229. 1884.

乔木，高达20米，胸径60厘米。枝、叶无毛，有时枝、叶稍被白霜。叶纸质至近革质，椭圆形或倒卵状椭圆形，长8-18厘米，宽3-8厘米，先端尾尖，基部楔形，全缘，两面同色或下面稍苍灰色，侧脉8-11对；叶柄长1.5-2.5厘米。果序长达35厘米，果序轴径不及5毫米；壳斗3-5成簇，浅碟状或浅漏斗状，径0.8-1.4厘米，三角形鳞片在基部连成圆环，被细片状腊鳞；果球形或圆锥状，长0.8-1.5厘米，径1.2-2厘米，栗褐或红褐色，无毛，常被薄霜，果脐凹下，径0.8-1.1厘米。花期5-9月，果期翌年6-10月。

产安徽南部、浙江、福建、江西、湖北、湖南、广东、海南、广西、云南、贵州、四川及陕西，秦岭以南、横断山以东各省区，生于海拔2200米以下山区林中。印度、缅甸、老挝、越南有分布。

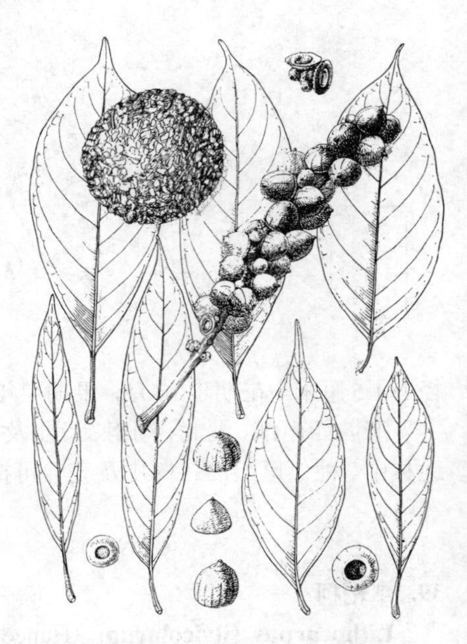

图 326 木姜叶柯 （余汉平绘）

41. 窄叶柯 图 327: 1-7

Lithocarpus confinis Huang in Acta Phytotax. Sin. 14(2): 84. pl. 11(3). 1976.

乔木，高达10米。小枝干后褐色，枝叶无毛。叶厚纸质，长椭圆形或披针形，长5-13厘米，宽1.2-3.5厘米，先端短钝尖，基部楔形下延，全缘，老叶下面苍灰色，干后有稍油润腊鳞层，侧脉12-16对；叶柄长0.5-1厘米。雄穗状花序单穗腋生或多穗组成圆锥状，花序轴近无毛；雌花序轴被微毛状灰黄色蜡鳞，2-6穗簇生枝顶，雌花3朵簇生。果序轴径4-7毫米，疏被微毛状灰黄色腊鳞；壳斗3个成簇，浅碗状或碟状，高2-5厘米，径1-2厘米，鳞片三角形；果扁球形，长约1.4厘米，径达2.5厘米，无毛，顶部近平，中央微凹，稀短尖，淡褐黄或灰黄色，有时有淡薄白霜，果脐凹下，深1-1.5毫米，径达1.3厘米。花期6-8月，果期翌年8-10月。

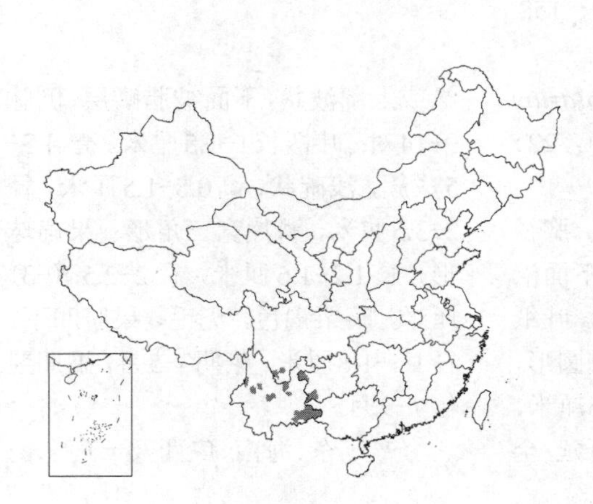

产云南、贵州西南部及四川西南部，生于海拔1100-2400米石灰岩山地疏林中。

42. 灰背叶柯 粉背石栎 图 327：8-14

Lithocarpus hypoglaucus (Hu) Huang in Acta Phytotax. Sin. 14(2)：76. pl. 11(4). 1976.

Pasania hypoglauca Hu in Bull. Fan Mem. Inst. Biol. Bot. 10：101. 1940. p. p. Typum incl.

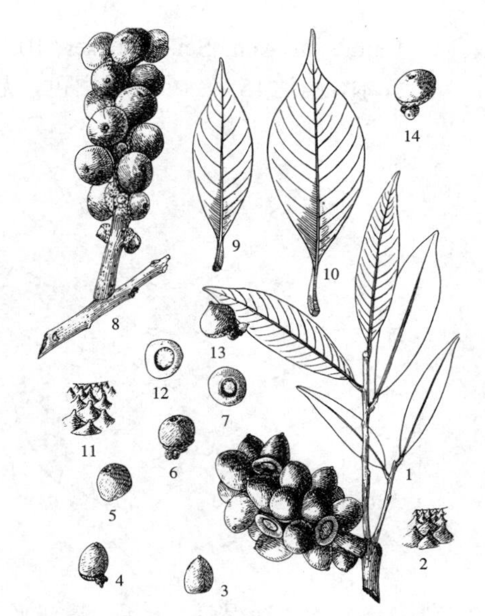

图 327：1-7. 窄叶柯 8-14. 灰背叶柯（余汉平绘）

乔木，高达20米。枝叶无毛。叶卵状椭圆形或椭圆状披针形，长7-15厘米，宽2-6厘米，先端短尾尖或渐尖，基部楔形下延，全缘，幼叶两面同色，老叶下面干后苍灰色，被腊鳞层，侧脉8-11对；叶柄长1.5-2厘米。果序轴长达15厘米，被腊鳞；壳斗3个成簇，浅碟状，无柄，高1.5-5毫米，径1.2-1.8厘米，鳞片三角形，被蜡黄色鳞秕；果扁球形或宽圆锥形，长1-1.5厘米，径0.8-2厘米，淡褐黄色，无白霜，顶部柱座四周凹下，果脐凹下，径0.8-1.2厘米。花期7-10月，果期翌年7-10月。

产云南及四川西南部，生于海拔1700-3000米山地林中。

43. 菴耳柯 耳柯 泡叶石栎 图 328

Lithocarpus haipinii Chun in Journ. Arn. Arb. 28：233. 1947.

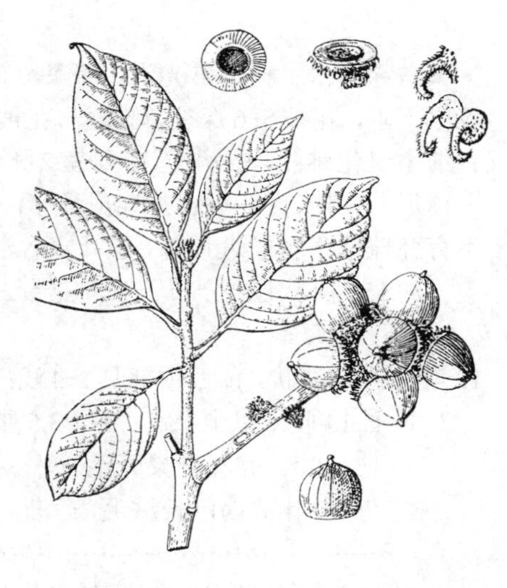

图 328 菴耳柯 （引自《福建植物志》）

乔木，高达30米，胸径80厘米。小枝、叶下面、叶柄及花序轴均密被灰白或灰黄色长柔毛。二年生枝疏被毛，灰黑色。叶厚硬，卵状椭圆形或长椭圆形，长8-15厘米，宽4-8厘米，先端短尾尖，基部近圆或宽楔形，全缘，背卷，侧脉9-13对，上面细脉凹下；叶柄长2-3.5厘米。雄穗状花序组成圆锥状；雌花序较短，生于枝顶，长6-14厘米；雌花3-5朵簇生，花柱直伸，长0.5-2毫米。壳斗3-5成簇，碟状，无柄，高3-6毫米，径1.5-2.5厘米，壳斗壁厚木质，鳞片短线状，长3-5毫米，下弯，顶端勾曲；果稍扁球形，长1.8-2.6厘米，径2-3厘米，深褐色，底部平，幼时被白霜，果脐凹下，深2-4毫米，径0.8-1.4厘米。花期7-8月，果期翌年7-8月。

产福建南部、湖南南部、广东、香港、广西北部及贵州东南部，生于海拔1000米以下山地林中。木材坚韧，为优良硬木，供建筑、车辆、家具、农具等用。

44. 槟榔柯 图 329

Lithocarpus areca (Hick. et A. Camus) A. Camus in Riv. Sci. 18：39. 1932.

Pasania areca Hick. et A.

Camus in Ann. Sci. Nat. ser. 10, 3: 404. f. 4. 1921.

乔木，高达15米。小枝灰白色，无毛，有皮孔。叶倒披针形或窄长椭圆形，长13-25厘米，宽3.5-5.5厘米，先端渐尖或稍尾尖，基部窄楔形下延，中部以上或近顶部具锯齿，稀全缘，两面同色，无毛或下面脉腋具簇生毛，支脉明显，侧脉9-15对；叶柄长0.5-1.5厘米。常雌雄同序。壳斗3-5成簇，碟状，无柄，径1-1.5厘米，鳞片线形，长（2-）4-8毫米，下弯；果橄榄状椭圆形，长4-5厘米，径2-3.5厘米，上部具3条棱脊，深褐色，无毛，基部平，果脐凹下，深2-3毫米，径0.8-1.5厘米。花期10月，果期翌年10-11月。

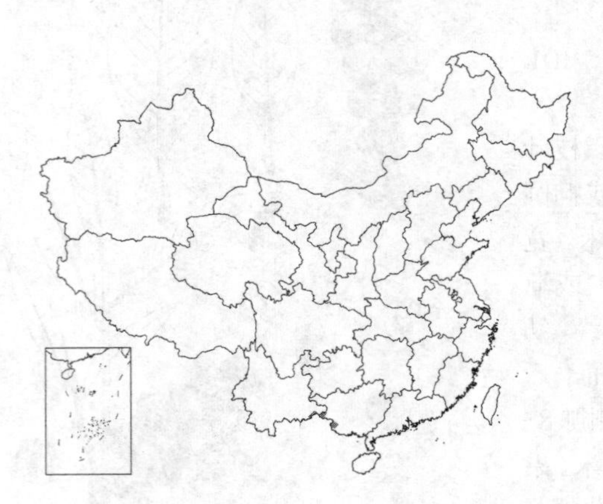

图 329 槟榔柯 （余汉平绘）

产广西西南部及云南东南部，生于海拔800-1500米山地密林中。越南有分布。

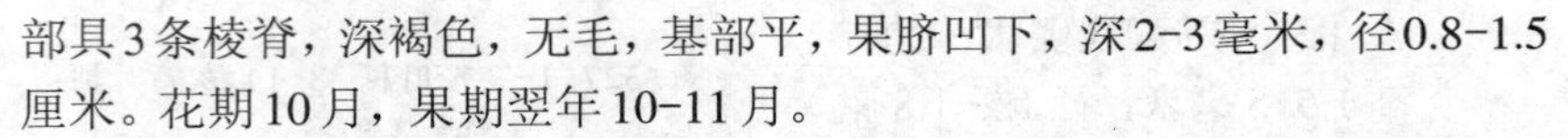

5. 青冈属 Cyclobalanopsis Oerst.

常绿乔木；树皮常光滑，稀深裂。芽鳞多数，覆瓦状排列。叶互生，螺旋状排列。花单性，雌雄同株；雄葇荑花序下垂，花被5-6深裂，雄蕊与花被裂片同数，花药2室，退化雌蕊小；雌花单生总苞内，花被裂片5-6，有时有细小退化雄蕊，子房3室，每室2胚珠，花柱3（2-4），柱头面宽，颜色与花柱不同。壳斗碟形、杯形或钟形，稀近球形，不裂，壳斗小苞片连成环带；每壳斗具1坚果。果当年或翌年成熟，顶端具突起柱座，底部具种脐，圆形。不育胚珠位于种子近顶部，子叶富含淀粉，发芽时不出土。果当年或翌年成熟。

约150种，主要分布于亚洲热带、亚热带地区。我国约77种，产秦岭、淮河以南各地。

1. 叶全缘或波状，稀近顶部具1-4浅齿。
  2. 叶长14厘米以上，宽（3-）3.5厘米以上。
    3. 枝、叶、壳斗及果无毛 ………………………………………………………… 1. **大叶青冈 C. jenseniana**
    3. 幼枝、叶被褐色长绒毛，后渐脱落，老叶近无毛；壳斗及果均密被黄褐色绒毛 ………………………………………………………… 2. **饭甑青冈 C. fleuryi**
  2. 叶长不及13厘米，宽不及3.5厘米。
    4. 叶先端微凹、圆钝、短尖或渐尖，尖头圆钝或微凹。
      5. 叶下面被白粉、疏被短毛或近无毛；壳斗及果被短毛或近无毛。
        6. 叶倒卵状椭圆形或长椭圆形，宽1.5-3.5厘米，先端圆钝 ……………… 3. **倒卵叶青冈 C. obovatifolia**
        6. 叶披针形或椭圆状披针形，宽0.5-1.8厘米，先端短钝尖或渐尖 ………… 4. **竹叶青冈 C. meglecta**
      5. 叶下面密被星状短绒毛或渐脱落的黄色绒毛；壳斗及果被暗灰褐色短毛或黄褐色绒毛。
        7. 叶倒卵形或椭圆形，老叶下面密被星状绒毛。
          8. 叶上面中脉及侧脉凹下，侧脉6-10对，叶缘反卷，下面密被黄或灰白色星状绒毛 ………………………………………………………… 5. **岭南青冈 C. championii**
          8. 叶上面中脉及侧脉平，侧脉10-15对，叶缘不反卷，下面密被褐色或灰褐色星状绒毛 ……………

……………………………………………………………………………… 6. **福建青冈 C. chungii**

7. 叶长椭圆形或椭圆状披针形，幼叶下面被黄色绒毛，老叶近无毛 ……………………… 7. **雷公青冈 C. hui**

4. 叶先端渐尖或尾尖，尖头尖。

9. 老叶下面被暗灰褐色星状绒毛 ……………………………………………………… 6. **福建青冈 C. chungii**

9. 老叶下面无毛或近无毛。

10. 果扁球形，长1.5–2厘米，径1.5–2.5厘米；壳斗密被黄褐色绒毛 ………………… 7. **雷公青冈 C. hui**

10. 果卵圆形、椭圆形或倒卵圆形，长大于宽。

11. 叶先端短尖；壳斗被灰褐色短绒毛；果倒卵圆形或倒卵状椭圆形 ……………………………………………………………………………………………… 8. **云山青冈 C. sessilifolia**

11. 叶先端尾尖；壳斗被微毛或近无毛；果卵圆形或椭圆形。

12. 叶上面中脉凸起，侧脉10–15对 …………………………………………… 9. **窄叶青冈 C. augustinii**

12. 叶上面中脉凹下，侧脉8–11对 ……………………………………… 9(附). **黑果青冈 C. chevalieri**

1. 叶具锯齿或近顶部具锯齿。

13. 叶长14厘米以上，宽5–10厘米。

14. 叶基部或中部以上具锯齿。

15. 叶或幼叶下面被星状毛及单毛。

16. 幼叶下面被黄褐色星状毛。

17. 老叶下面脉上被毛或几无毛；果扁球形，径2–5厘米。

18. 壳斗包果1/2–1/3；叶下面脉被毛或近无毛。

19. 果长2.5–3.5厘米，径3.5–5厘米；侧脉18–22对，叶柄长2–3厘米 ……………………………………………………………………………………… 10. **大果青冈 C. rex**

19. 果长0.7–1.2厘米，径2–2.8厘米；侧脉10–14对，叶柄长1–2厘米 ……………………………………………………………………………………… 12. **毛叶青冈 C. kerii**

18. 壳斗包果2/3–4/5，果高2–3厘米，径3–4厘米；侧脉18–25（–33）对，叶柄长2–4厘米，下面被白粉、灰黄色腊粉及星状毛 ……………………………………… 11. **薄片青冈 C. lamellosa**

17. 老叶下面被星状毛。

20. 果扁球形，长1–1.6厘米，径1.5–2.2厘米；侧脉9–14对，叶柄长1–2（3）……………………………………………………………………………………… 13. **毛枝青冈 C. helferiana**

20. 果卵圆形或椭圆形，长约2厘米，径约1.5厘米；侧脉16–24对，叶柄长3–4厘米 ……………………………………………………………………………………… 14. **毛曼青冈 C. gambleana**

16. 叶下面被灰白色星状毛及单毛；果卵圆形或近球形，长1.6–2.2厘米，径1.4–1.7厘米；叶柄长2.5–4厘米 ……………………………………………………………………… 15. **曼青冈 C. oxyodon**

15. 叶下面被单毛或近无毛。

21. 壳斗高约8毫米，径1–1.5毫米；果长约1.8厘米，径约1厘米；侧脉10–15对，叶柄长1–2.7厘米 ……………………………………………………………………………… 28. **多脉青冈 C. multinervis**

21. 壳斗高2–2.5厘米，径2.5–3.5厘米；果长约4.5厘米，径2.5–2.8厘米；侧脉7–9对，叶柄长2.5–5厘米 ………………………………………………………………………… 30. **尖峰青冈 C. litoralis**

14. 叶缘中部以上具锯齿。

22. 侧脉8–14对。

23. 叶长较宽大3倍以上，老叶下面无毛。

24. 叶中部以下最宽，长椭圆状披针形，长8–15厘米，宽2–3.5厘米，叶柄长1–2厘米 ……………………………………………………………………………………… 16. **槟榔青冈 C. bella**

24. 叶中部以上最宽。

25. 叶倒卵状椭圆形或倒卵状披针形；壳斗盘状，高0.5-1厘米，径2-3厘米 ………………………………………………………………………… 17. 栎子青冈 **C. blakei**

25. 叶长椭圆形或倒卵状长椭圆形；壳斗碗形，高1.2-1.5厘米，径1.8-2.5厘米 ………………………………………………………………………… 17(附). 华南青冈 **C. edithae**

23. 叶长较宽大2.5倍以下。

26. 老叶下面及叶柄密被黄色绒毛；壳斗钟形，包果1/2以上，果长椭圆形 ………………………………………………………………………… 18(附). 广西青冈 **C. ouangsiensis**

26. 老叶下面及叶柄近无毛；壳斗碗状，包果大部，果扁球形 ………………… 18. 厚缘青冈 **C. thorelii**

22. 侧脉18-22对；果扁球形，长2.5-3.5厘米，径3.5-5厘米 ………………………… 10. 大果青冈 **C. rex**

13. 叶长不及14厘米，宽不及5厘米。

27. 叶长较宽大3倍以上。

28. 叶具锯齿，或1/3以上具锯齿。

29. 果扁球形，长2-2.5厘米，径2.5-2.8厘米 ……………………………… 19. 托盘青冈 **C. patelliformis**

29. 果椭圆形、卵圆形或近球形。

30. 果长约4.5厘米，径2.5-2.8厘米；幼叶两面被褐色绒毛，老叶近无毛 ………………………………………………………………………… 30. 尖峰青冈 **C. litoralis**

30. 果长不及2.5厘米，径不及1.8厘米。

31. 叶下面无毛或幼时疏被丝毛，侧脉8-11对；果长1.5-2.5厘米，径1-1.8厘米 ………………………………………………………………………… 29. 台湾青冈 **C. morii**

31. 叶下面被平伏单毛或近无毛，被苍灰色腊层。

32. 壳斗高6-8毫米，具5-6环带；果长1-1.6厘米 ……………………… 27. 青冈 **C. glauca**

32. 壳斗高约8毫米，具6-7环带；果长约1.8厘米 ………………… 28. 多脉青冈 **C. multinervis**

28. 叶中部以上或近顶部具锯齿。

33. 叶披针形或窄椭圆形，中部或中部以下最宽。

34. 果扁球形，长1.5-2厘米，径2.2-3厘米；幼叶下面被毛，老叶无毛 ………………………………………………………………………… 16. 槟榔青冈 **C. bella**

34. 果卵圆形或椭圆形；叶下面常被白粉。

35. 果卵圆形或椭圆形，高2.5-3.5厘米，径1.5-3厘米；幼叶两面被长绒毛，老叶无毛 ………………………………………………………………………… 17. 栎子青冈 **C. blakei**

35. 果较小；幼叶下面灰白色，被平伏单毛或无毛。

36. 幼叶下面被毛，老叶被平伏单毛、疏毛或近无毛，侧脉7-10对。

37. 果宽卵圆形，长与径0.8-1.5厘米；幼叶两面被绢毛，老叶近无毛 ………………………………………………………………………… 20. 褶叶青冈 **C. stewardiana**

37. 果卵圆形或卵状椭圆形，长约1.2厘米，径约9毫米；叶下面被平伏单毛 ………………………………………………………………………… 21. 长果青冈 **C. longinux**

36. 叶下面无毛，侧脉（9）10-15对。

38. 壳斗被灰白色柔毛，内壁无毛，果长1.4-1.5厘米，径1-1.5厘米 ………………………………………………………………………… 22. 小叶青冈 **C. myrsinaefolia**

38. 壳斗近无毛或微被柔毛，内壁被灰褐色绢毛，果长1-1.7厘米，径0.8-1.2厘米 ………………………………………………………………………… 9. 窄叶青冈 **C. augustinii**

33. 叶倒披针形、倒卵状长圆形或倒卵状长椭圆形，中部以上最宽。

39. 老叶下面被灰黄色星状短绒毛 ……………………………………………… 23. 赤皮青冈 **C. gilva**

39. 老叶下面无毛或被易脱落卷绒毛。

40. 叶无毛或幼时被微毛，叶柄长5-8（-12）毫米 ………………………………… 9(附). **黑果青冈 C. chevalieri**
40. 幼叶下面被易脱落卷微毛，叶柄长1厘米以上。
41. 叶薄革质，叶柄长1-1.4厘米；果扁球形，长1.5-2厘米，径1.5-2.5厘米 ………… 7. **雷公青冈 C. hui**
41. 叶革质，叶柄长1.5-2厘米；果椭圆形或倒卵圆形，长2-2.8厘米，径1.2-1.6厘米 …………………………………………………………………………………………………… 24. **毛果青冈 C. pachyloma**
27. 叶长较宽大2（2.5）倍以下。
42. 幼叶下面被星状毛或绒毛。
43. 叶1/3以上具锯齿。
44. 叶具尖锯齿。
45. 壳斗高6-8毫米，径0.8-1.2厘米，果椭圆形，长6-8毫米 ……………… 26. **滇青冈 C. glaucoides**
45. 壳斗径2.5-3厘米，果扁球形。
46. 壳斗碗状，高1.5-2厘米，径约3厘米，口部高出果约5毫米；侧脉13-16对 …………………………………………………………………………………………………… 18. **厚缘青冈 C. thorelii**
46. 壳斗盘形，高6-8毫米，径2-3厘米，包果约1/3；侧脉9-11对 …………………………………………………………………………………………………… 19. **托盘青冈 C. patelliformis**
44. 叶具钝锯齿。
47. 叶上面中脉平或微凸，老叶下面毛渐脱落至近无毛，或脉被毛 …………… 12. **毛叶青冈 C. kerrii**
47. 叶上面中脉凹下，老叶下面密被灰黄色绒毛 ……………………………… 13. **毛枝青冈 C. helferiana**
43. 叶中部以上或近顶部具锯齿。
48. 果长椭圆状，长约5厘米，径约2.5厘米 ……………………………… 18(附). **广西青冈 C. kouangsiensis**
48. 果长不及2厘米，径不及18厘米。
49. 果卵圆形、椭圆状球形或扁球形。
50. 叶上面中脉、侧脉凹下，侧脉6-10对；果卵圆形或椭圆状球形 …… 5. **岭南青冈 C. championii**
50. 叶上面中脉、侧脉平，侧脉10-15对；果扁球形 ……………………………… 6. **福建青冈 C. chungii**
49. 果椭圆形；叶上面中脉凹下，侧脉10-14对 ……………………………… 25. **黄毛青冈 C. delavayi**
42. 叶下面被单毛或无毛。
51. 叶下面被平伏单毛，常被粉霜或腊粉。
52. 壳斗高约8毫米，径1-1.5厘米，具6-7环带，果长约1.8厘米，径约1厘米，翌年成熟 …………………………………………………………………………………………………… 28. **多脉青冈 C. multinervis**
52. 壳斗高6-8毫米，径0.9-1.4厘米，具5-6环带，果长1-1.6厘米，径0.9-1.4厘米，当年成熟 ……… …………………………………………………………………………………………………… 27. **青冈 C. glauca**
51. 叶下面无毛，或幼叶被毛，老叶无毛。
53. 果长3-4.5厘米，径2-3厘米。
54. 叶上面中脉、侧脉7-9对，微凸起 ……………………………………… 30. **尖峰青冈 C. litoralis**
54. 叶上面中脉、侧脉9-12对，较不明显 ……………………………… 17(附). **华南青冈 C. edithae**
53. 果长不及2.5厘米，径不及1.8厘米。
55. 叶椭圆形、倒卵状椭圆形或倒披针形，叶柄长5-8（-12）毫米；壳斗无毛 …………………………………………………………………………………………………… 9(附). **黑果青冈 C. chevalieri**
55. 叶长椭圆形或卵状椭圆形，叶柄长1.5-3厘米；壳斗被褐色短绒毛 ……… 29. **台湾青冈 C. morii**

1. 大叶青冈 大叶槁　　图330 彩片101

Cyclobalanopsis jenseniana (Hand.-Mazz.) Cheng et T. Hong ex Q. F. Zheng in Fl. Fujian. 1: 406. 1982.

Quercus jenseniana Hand.-Mazz. in Anz. Akad. Wiss. Wien,

Math.-Nat. 59: 52. 1922；中国高等植物图鉴 1: 448. 1972.

乔木，高达30米，胸径80厘米。枝、叶无毛。叶长椭圆形或倒卵状长椭圆形，长（12-）15-30厘米，宽6-8（-12）厘米，先端渐尖或尾尖，基部宽楔形或近圆，全缘，上面中脉凹下，侧脉12-17对；叶柄长3-4厘米。雄花序密集，花序轴被毛；雌花序长3-5（-9）厘米。壳斗杯状，无毛，高0.8-1厘米，径1.3-1.5厘米，小苞片连成6-9环带，环带具齿；果卵圆形或倒卵圆形，长1.7-2.2厘米，径1.3-1.5厘米，无毛。花期4-6月，果期翌年10-11月。

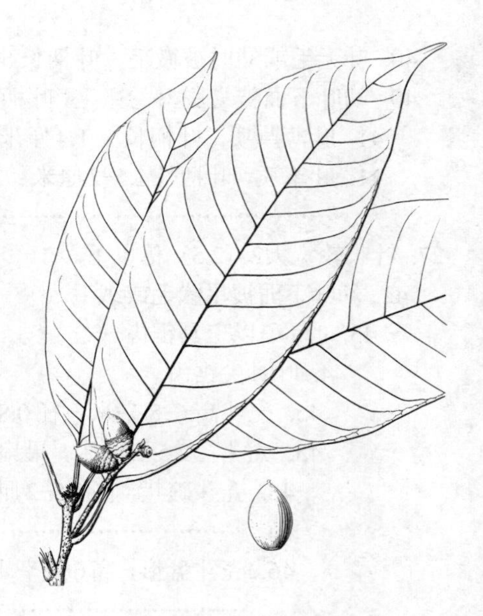

图 330 大叶青冈 （张维本绘）

产浙江、福建、江西、湖北、湖南、广东、广西、云南及贵州，生于海拔300-1700米山地及沟边林中。为优良用材树种。

2. 饭甑青冈 饭甑椆 图 331

Cyclobalanopsis fleuryi（Hick. et A. Camus）Chun ex Q. F. Zheng, Fl. Fujian. 1: 404. 1982.

Quercus fleuryi Hick. et A. Camus in Bull. Mus. Hist. Nat. Paris 29: 60. 1923；中国高等植物图鉴 1: 448. 1972.

乔木，高达25米。幼枝被褐色长绒毛，后渐脱落。叶长椭圆形或卵状长圆形，长14-27厘米，宽4-9厘米，先端短尖或短渐尖，基部楔形，全缘或近顶部具波状浅齿，幼叶密被黄褐色绒毛，老叶近无毛，上面中脉微凸起，侧脉10-12（-15）对；叶柄长2-6厘米。花序轴密被绒毛。壳斗筒状钟形，高3-4厘米，径2.5-4厘米，内外壁均密被绒毛，小苞片连成10-13环带，环带近全缘；果长椭圆形，长3-4.5厘米，径2-3厘米，密被黄褐色绒毛。花期3-4月，果期10-12月。

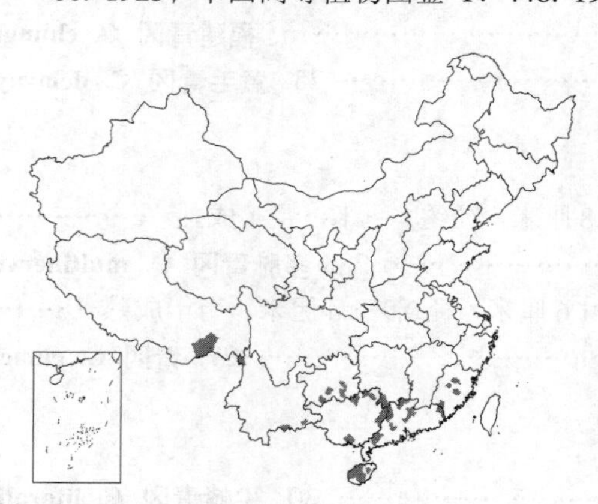

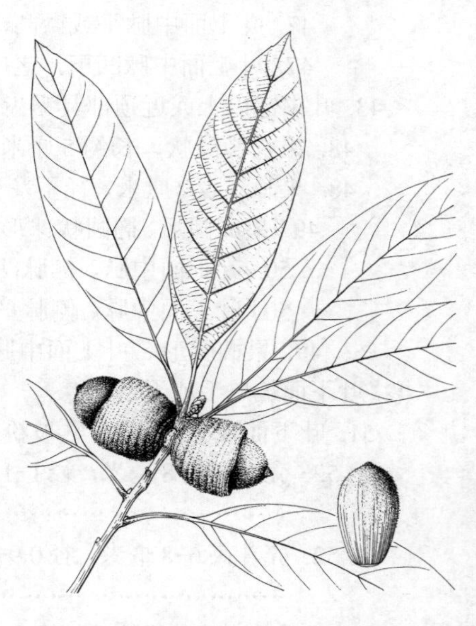

图 331 饭甑青冈 （王金凤绘）

产福建、江西、湖南南部、广东、海南、广西、贵州、云南及西藏东南部，生于海拔500-1500米密林中。越南有分布。种仁可食、作糊料及酿酒；树皮、壳斗可提取栲胶；木材硬重，供造船、建筑、车辆、农具等用。

3. 倒卵叶青冈 图 332

Cyclobalanopsis obovatifolia（Huang）Q. F. Zheng in Acta Phytotax. Sin. 17(3): 118. 1979.

Quercus obovatifolia Huang in Acta Phytotax. Sin. 16(4): 75. f. 2. 1978.

乔木，高达11米，胸径40厘米。叶倒卵状椭圆形或长椭圆形，长2.5-

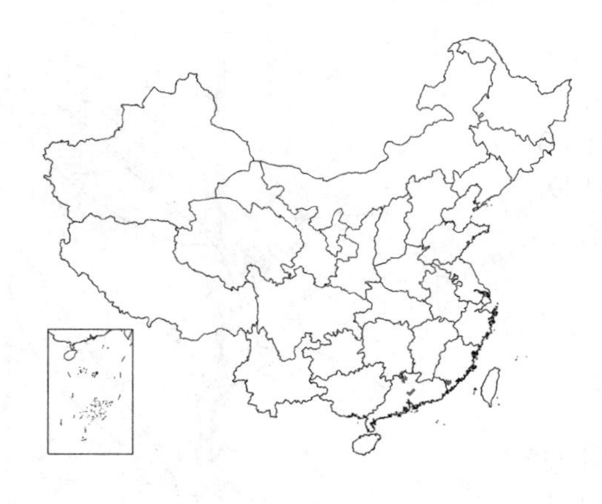

6(-9)厘米，宽1.5-3.5厘米，先端圆钝，基部楔形，全缘或近顶部微波状，下面被白粉及稀疏星状毛，上面中脉、侧脉微凹，侧脉5-7对；叶柄长2-8毫米，无毛。果序长1-2厘米，具2-3壳斗。壳斗碗状，高0.6-1厘米，径1.5-2厘米，被短绒毛，内壁被绢毛，小苞片连成7-9环带，中部环带裂齿较深；果扁球形，长0.8-2厘米，径1-1.6厘米，果脐平，宽5-7毫米。

产福建南部、湖南南部及广东，生于海拔约1800米阳坡或山顶林中。

图 332 倒卵叶青冈 (余汉平绘)

4. 竹叶青冈 竹叶槲 图333

Cyclobalanopsis neglecta Schott. in Engl. Bot. Jahrb. 47: 650. 1912.

Quercus bambusaefolia Hance; 中国高等植物图鉴 1: 441. 1972; 中国植物志 22: 280. 1998.

乔木，高达20米。幼枝被灰褐色长绢毛，后渐脱落。叶薄革质，披针形或椭圆状披针形，长3-11厘米，宽0.5-1.8厘米，先端短钝尖或渐钝尖，基部楔形，全缘或近顶部具1-2波状微齿，下面稍粉白，无毛或基部疏被柔毛，侧脉7-14对；叶柄长2-5毫米，无毛。果序长0.5-1厘米；壳斗盘状或杯形，高0.5-1厘米，径1.3-1.5(-1.8)厘米，具4-6环带，环带全缘或有三角形齿裂；果倒卵圆形或椭圆形，长1.5-2.5厘米，径1-1.6厘米，被微柔毛或近无毛，果脐微凸起，径5-7毫米。花期1-2月，果期翌年7-11月。

产广东西南部、香港、海南及广西南部，生于海拔500-2200米山地密林中。越南有分布。

图 333 竹叶青冈 (张维本绘)

5. 岭南青冈 岭南槲 图334

Cyclobalanopsis championii (Benth.) Oerst. in Vid. Medd. Nat. For. Kjoeb. 1866: 79. 1867.

Quercus championii Benth. in Hook. Journ. Bot. Kew Gard. Misc. 6: 113. 1854; 中国高等植物图鉴 1: 447. 1972.

乔木，高达25米，胸径1米。小枝密被灰褐色星状毛。叶倒卵形或长

椭圆形，长3.5-10（-13）厘米，先端短钝尖或微凹，基部楔形，全缘，稀近顶部具波状浅齿，叶缘反卷，下面密被黄或灰白色星状绒毛，上面中脉、侧脉凹下，侧脉6-10对；叶柄长0.8-1.5厘米，密被褐色星状绒毛。壳斗碗形，高0.4-1厘米，径1-1.3（-2）厘米，密被灰褐色短绒毛，具4-7环带；果卵球形或椭圆状球形，长1.5-2厘米，径1-1.5（-1.8）厘米，幼时被毛，后脱落。果脐平。花期12月至翌年3月，果期翌年11-12月。

产福建、台湾、广东、香港、海南、广西西南部及云南东南部，生于海拔100-1700米山地林中。

图 334 岭南青冈 （王金凤绘）

6. 福建青冈 图 335

Cyclobalanopsis chungii（Metc.）Y. C. Hsu et H. W. Jen ex Q. F. Zheng, Fl. Fujian. 1: 405. f. 362. 1982.

Quercus chungii Metc. in Lingn. Sci. Journ. 10: 481. 1931.

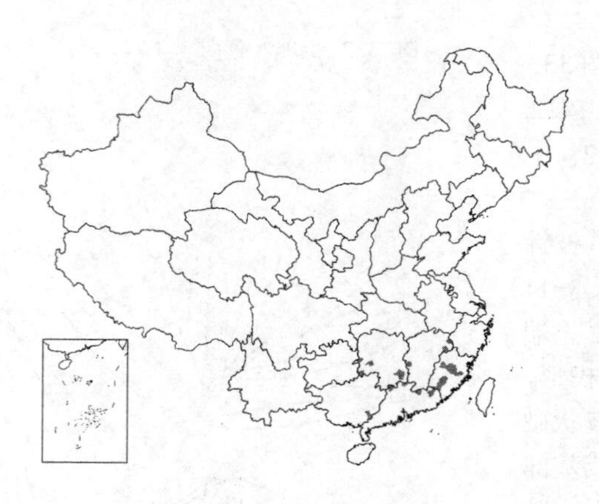

乔木，高达15米。小枝密被褐色绒毛，后渐脱落。叶椭圆形，稀倒卵状椭圆形，长6-10厘米，先端短尾状，基部宽楔形或近圆，近顶部具波状浅齿，稀全缘，下面密被褐色或灰褐色星状绒毛，上面中脉、侧脉平，侧脉10-13对；叶柄长（0.5-）1-2厘米，被灰褐色绒毛。壳斗盘状，高5-8毫米，径1.5-2.3厘米，被灰褐色绒毛，具6-7环带；果扁球形，长约1.5厘米，径1.4-1.7厘米，微被细绒毛。果脐宽约1厘米。

产福建、江西、湖南、广东及广西，生于海拔200-800米阴坡、山谷林中。心材红褐色，硬重，强度大，耐腐，供造船、车辆、家具等用。

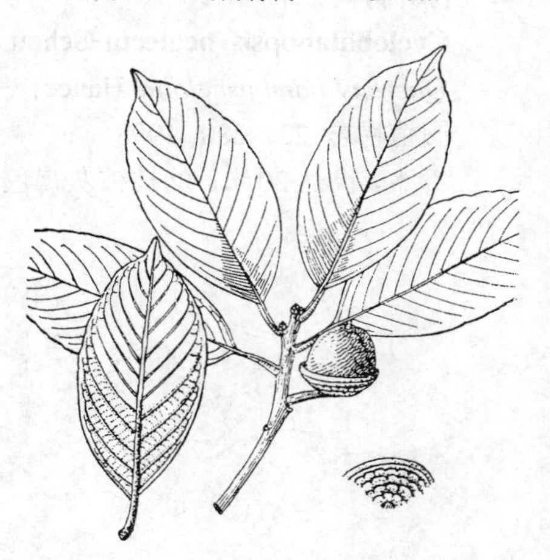

图 335 福建青冈 （引自《福建植物志》）

7. 雷公青冈 雷公椆 图 336

Cyclobalanopsis hui（Chun）Chun ex Y. C. Hsu et H. W. Jen in Journ. Beij. Forest. Univ. 15(4): 45. 1993.

Quercus hui Chun in Journ. Arn. Arb. 9: 126. 1928; 中国高等植物图鉴 1: 449. 1972.

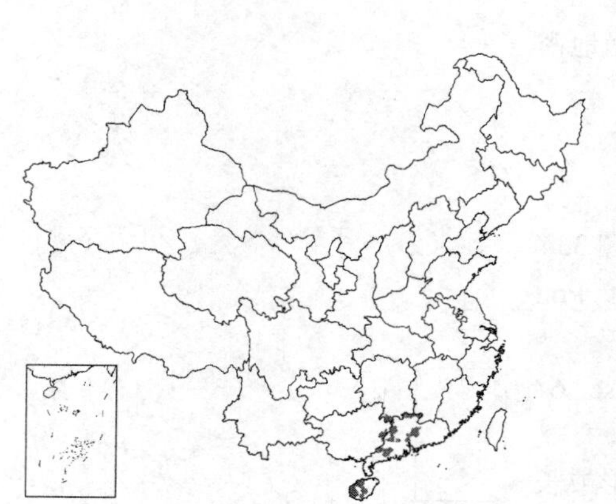

乔木，高达20米。幼枝密被黄色卷绒毛，后渐脱落。叶长椭圆形或椭圆状披针形，长7-13厘米，宽1.5-3（-4）厘米，先端钝尖，基部楔形，全缘或近顶部具波状钝齿，幼叶下面被绒毛，老叶近无

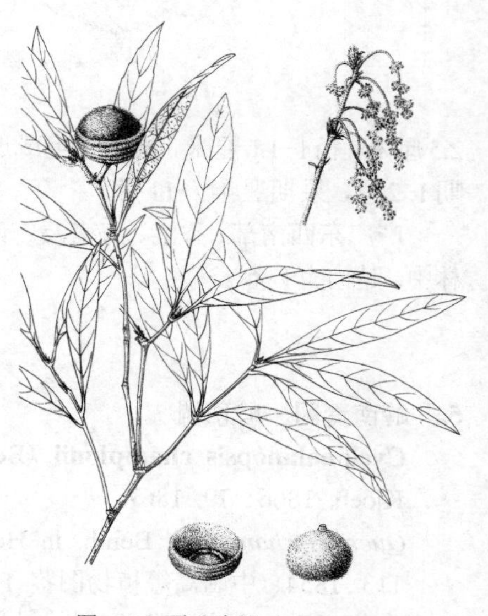

图 336 雷公青冈 （王金凤绘）

毛，上面中脉、侧脉平，侧脉6-10对；叶柄长1-1.4厘米，幼时被卷绒毛。壳斗浅碗状，高0.4-1厘米，径1.5-3厘米，密被黄褐色绒毛，具4-6环带；果扁球形，长1.5-2厘米，径1.5-2.5厘米，幼时密被黄褐色绒毛，后渐脱落。花期4-5月，果期10-12月。

产湖南南部、广东、海南及广西东部，生于海拔250-1200米山地林中。种仁可酿酒及喂猪；坚果药用，治头痛及胃病；壳斗及树皮可提取栲胶；材质优良。

8. 云山青冈 云山椆 图 337

Cyclobalanopsis sessilifolia（Bl.）Scott. in Engl. Bot. Jahrb. 47：652. 1912.

Quercus sessilifolia Bl. in Ann. Mus. Bot. Lugd.-Bot. 1：305. 1850.

Quercus nubium Hand.-Mazz.；中国高等植物图鉴 1：446. 1972.

乔木，高达25米。幼枝被毛，后脱落。叶长椭圆形或椭圆状长圆形，长7-14厘米，先端短尖，基部楔形，全缘或近顶部具2-4细齿，两面近同色，无毛，侧脉8-10（-12）对；叶柄长0.5-1厘米。花序轴被绒毛。壳斗杯状，高0.5-1厘米，径1-1.5厘米，被灰褐色短绒毛，具5-7环带，下部2-3环带具齿；果倒卵形或倒卵状椭圆形，长1.7-2.4厘米，径0.8-1.5厘米，果脐微凸。花期4-5月，果期10-11月。

产江苏南部、浙江、福建、台湾、江西、湖北、湖南、广东北部、广西北部、贵州及四川东南部，生于海拔1000-1700米山地林中。日本有分布。种仁可制粉丝、糕点及酿酒；树皮及壳斗可提取栲胶；木材坚硬耐磨，供桥梁、建筑、纱锭等用。

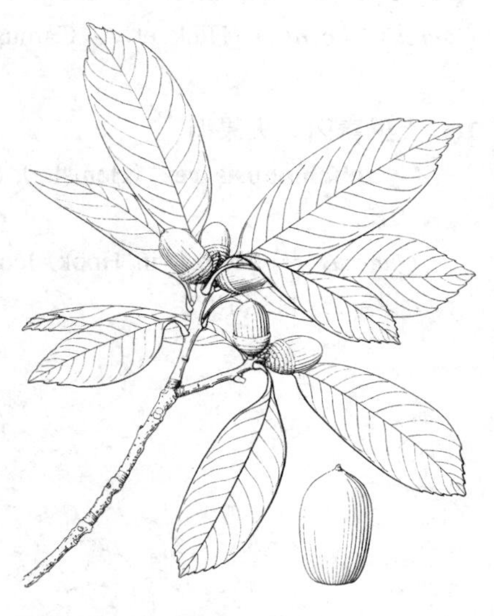

图 337 云山青冈 （引自《图鉴》）

9. 窄叶青冈 扫把椆 图 338

Cyclobalanopsis augustinii（Skan）Schott. in Engl. Bot. Jahrb. 47：656. 1912.

Quercus augustinii Skan in Journ. Linn. Soc. Bot.26：507. 1899；中国高等植物图鉴 1：447. 1972.

乔木，高达10米。小枝无毛。叶卵状披针形或长椭圆状披针形，长6-12厘米，宽1-4厘米，先端尾尖，基部窄楔形，全缘或近顶部具齿，下面稍带粉白色，无毛，上面中脉凸起，侧脉10-15对；叶柄长0.5-2厘米，无毛。果序长3-4厘米，具5-10壳斗；壳斗杯状，高0.6-1厘米，径1-1.3厘米，被微毛或近无毛，内壁被灰褐色绢毛，具5-7环带；果卵圆形或椭圆形，长1-1.7厘米，径0.8-

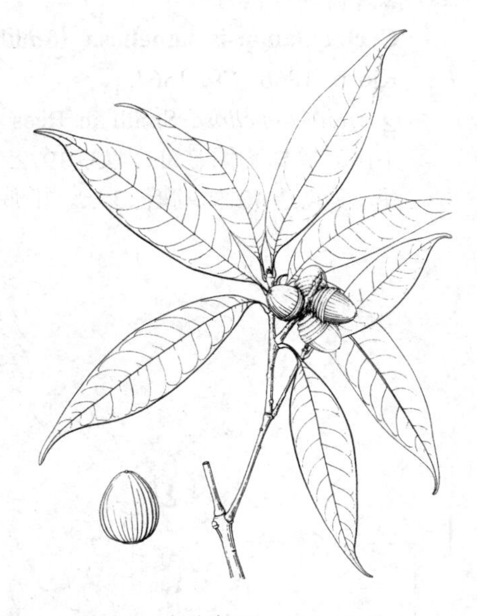

图 338 窄叶青冈 （引自《图鉴》）

1.2厘米，无毛，果脐微凸。果期翌年10月。

产广西、云南及贵州，生于海拔1200-2700米山地林中。越南有分布。

［附］黑果青冈 **Cyclobalanopsis chevalieri**（Hick. et A. Camus）Y. C. Hsu et H. W. Jen in Journ. Beij. Forest. Univ. 15(4)：45. 1993. —— *Quercus chevalieri* Hick et A. Camus in Ann. Sci. Nat. Bot. ser. 10, 3: 380. f. 1. 1921. 本种与窄叶青冈的区别：叶上面中脉凹下，侧脉8-11对。产广东、广西及云南，生于海拔600-1500米山地林中。越南有分布。

10. 大果青冈 大果槲 图 339 彩片 102

Cyclobalanopsis rex（Hemsl.）Schott. in Engl. Bot. Jahrb. 47: 651. 1912.

Quercus rex Hemsl. in Hook. Icon. Pl. pl. 1663. 1899; 中国高等植物图鉴 1: 443. 1972.

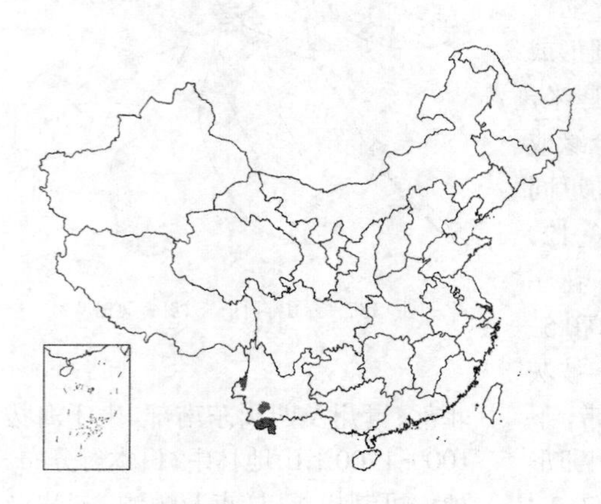

乔木，高达30米。幼枝被黄色绒毛，后渐脱落。叶常聚生枝顶，倒卵形或倒卵状椭圆形，长15-20（-27）厘米，宽（4-）6-9厘米，先端短尖或骤短尖，基部楔形，近顶部或上部疏生细齿，幼叶两面被褐色绒毛，后脱落，老叶下面沿脉被毛或近无毛，侧脉18-22对；叶柄长2-3厘米，有褐色绒毛。壳斗盘状，高1.5-1.8厘米，径3.5-5（-6）厘米，被黄褐色长绒毛，具7-8环带，环带全缘或波状。果扁球形，长2.5-3.5厘米，径3.5-5厘米，幼时被绒毛，老时近无毛，果脐凹下，径2-2.5厘米。花期4-5月，果期10-11月。

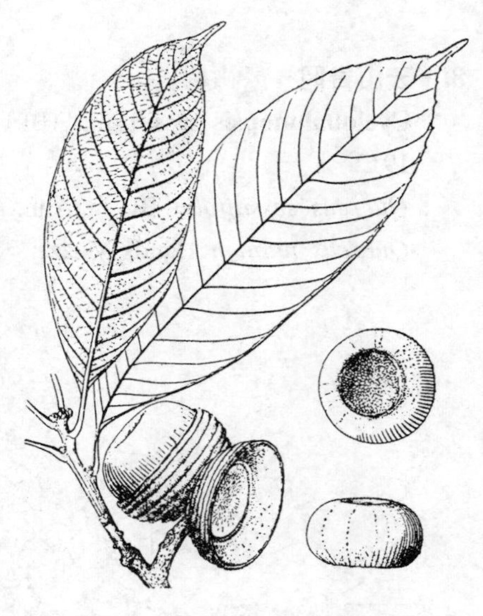

图 339 大果青冈 （引自《图鉴》）

产云南南部及西部，生于海拔1100-1800米密林中。印度、缅甸、老挝及越南有分布。

11. 薄片青冈 薄片槲 图 340 彩片 103

Cyclobalanopsis lamellosa（Smith）Oerst. in Vid. Medd. Nat. For. Kjoeb. 1866: 79. 1867.

Quercus lamellosa Smith in Rees Cyclop. 29: Quercus no. 23. 1819; 中国高等植物图鉴 1: 443. 1972.

乔木，高达40米，胸径3米。叶卵状长椭圆形，长16-30（-39）厘米，先端渐尖或尾尖，基部楔形或近圆，具锯齿，下面被白粉、灰黄色腊粉及星状毛，老叶近无毛，上面中脉、侧脉凹下，侧脉18-25（-33）对；叶柄长2-4厘米。壳斗扁球状或半球状，高2-3厘米，径3-5厘米，被绒毛，具7-10环带，包果2/3-4/5；果扁球形，长2-3厘米，径3-4厘米，被绒毛，果脐平或微凸。花期4-

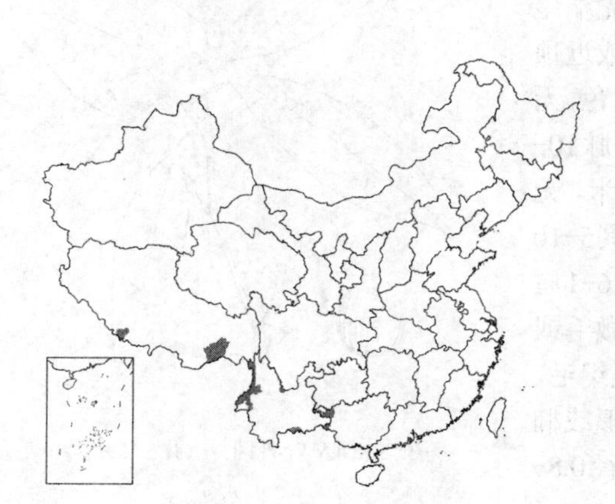

图 340 薄片青冈 （张维本绘）

5月，果期11-12月。

产广西西部、云南及西藏南部，生于海拔1300-2500米山地林中。印度、尼泊尔及缅甸有分布。材质优良，供建筑、车辆及农具等用。

12. 毛叶青冈 平脉椆 图 341

Cyclobalanopsis kerrii (Craib) Hu in Bull. Fan Mem. Inst. Boil. Bot. 10: 106. 1940.

Quercus kerrii Craib in Kew Bull. 1911: 471. 1911; 中国高等植物图鉴 1: 444. 1972.

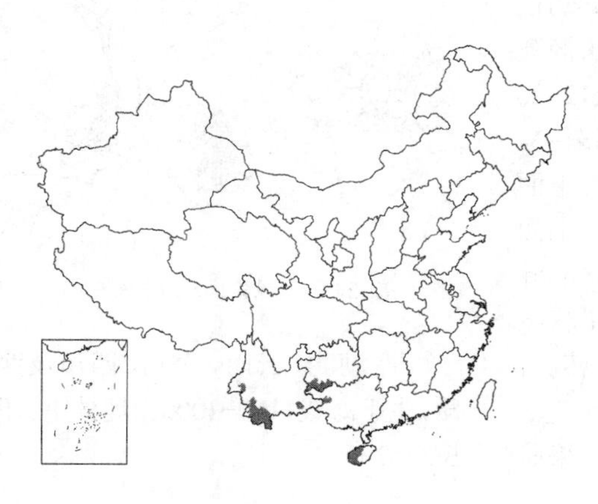

乔木，高达20米。小枝密被黄褐色绒毛，后渐脱落。叶长椭圆形或长圆状倒卵形，长9-18（-24）厘米，宽3-7（-9）厘米，先端圆钝或短钝尖，基部宽楔形或近圆，中部以上具钝齿，幼叶两面密被黄褐色星状绒毛，老叶近无毛或脉被毛，上面中脉平或微凸，侧脉10-14对；叶柄长1-2厘米，被绒毛。壳斗盘状，高0.5-1厘米，径2-2.5（-3.8）厘米，被灰或灰黄色柔毛，具7-11环带；果扁球形，长0.7-1.2厘米，径2-2.8厘米，被绢质灰毛，果脐微凸，径1-2厘米。花期3-5月，果期翌年10-11月。

图 341 毛叶青冈 （张维本绘）

产海南西部、广西西部、云南及贵州西南部，生于海拔160-1800米山地疏林中。越南及泰国有分布。

13. 毛枝青冈 毛枝椆 图 342

Cyclobalanopsis helferiana (A. DC.) Oerst. in Vid. Medd. Nat. For. Kjoeb. 1866: 79. 1867.

Quercus helferiana A. DC. Prodr. 16(2): 101. 1864; 中国高等植物图鉴 1: 444. 1972.

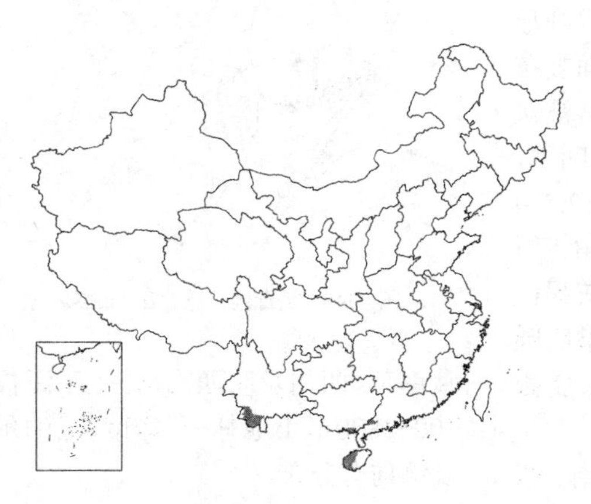

乔木，高达20米。幼枝密被黄色绒毛。叶长椭圆形或椭圆状披针形，长12-15（-22）厘米，先端渐钝尖或圆钝，基部宽楔形或近圆，具锯齿，幼叶两面密被毛，老叶上面中脉凹下，基部被毛，下面密被灰黄色绒毛，侧脉9-14对；叶柄长1-2（-3）厘米。壳斗盘状，高0.5-1厘米，径1.8-2.5厘米，具8-10环带，被黄色绒毛；果扁球形，长1-1.6厘米，径1.5-2.2厘米，被柔毛。花期3-4月，果期10-11月。

产广东、海南西部、广西南部及云南东南部，生于海拔900-2000米山

图 342 毛枝青冈 （张维本绘）

地林中。印度、缅甸、泰国、老挝东南部及越南有分布。

14. 毛曼青冈 图 343

Cyclobalanopsis gambleana (A. Camus) Y. C. Hsu et H. W. Jen in Acta Phytotax. Sin. 14(2): 78. 1976.

Quercus gambleana A. Camus in Bull. Soc. Bot. France 80: 354. 1933.

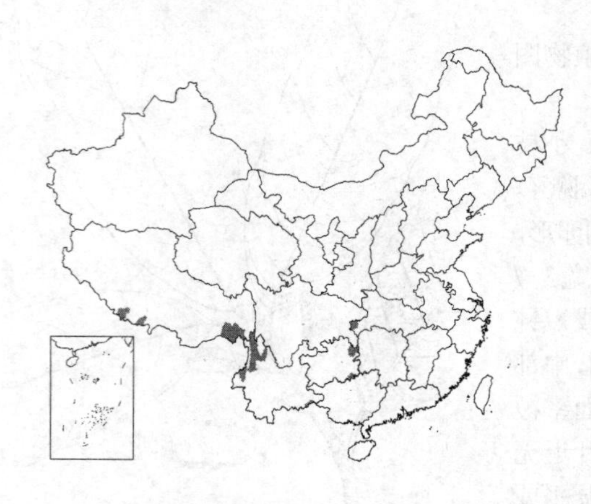

乔木，高达20米。幼枝被绒毛，后渐脱落。叶长椭圆形或椭圆状披针形，长12-20厘米，宽2-5厘米，先端渐尖，基部楔形或圆，具锯齿，下面密被灰黄色星状绒毛，上面中脉凹下，侧脉16-24对；叶柄长3-4厘米，被灰色星状绒毛。果序被绒毛；壳斗杯状，高约1厘米，径1.5-1.8厘米，具5-7环带，被灰黄色绒毛，内壁被绢毛；果卵圆形或椭圆形，长约2厘米，径约1.5厘米，初被毛，后渐脱落，果脐微凸。花期4-5月，果期10-11月。

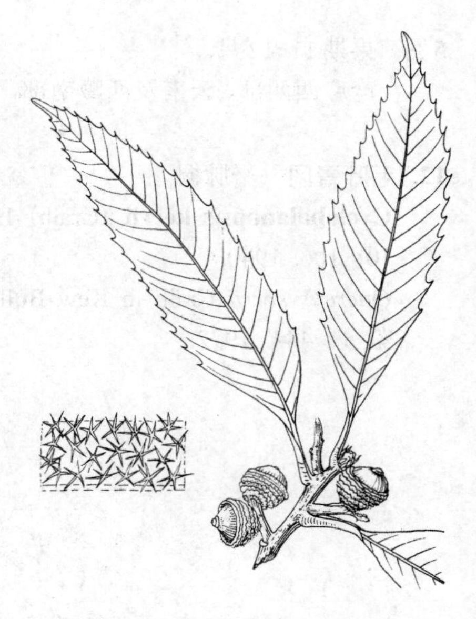

图 343 毛曼青冈 (余汉平绘)

产湖北、云南、贵州、四川及西藏，生于海拔1100-3000山地林中。印度有分布。

15. 曼青冈 曼椆 图 344

Cyclobalanopsis oxyodon (Miq.) Oerst. in Vid. Medd. Nat. For. Kjoeb. 1866: 79. 1867.

Quercus oxyodon Miq. in Ann. Mus. Bot. Lugd.-Bat. 1: 114. 1863-64；中国高等植物图鉴 1: 442. 1972.

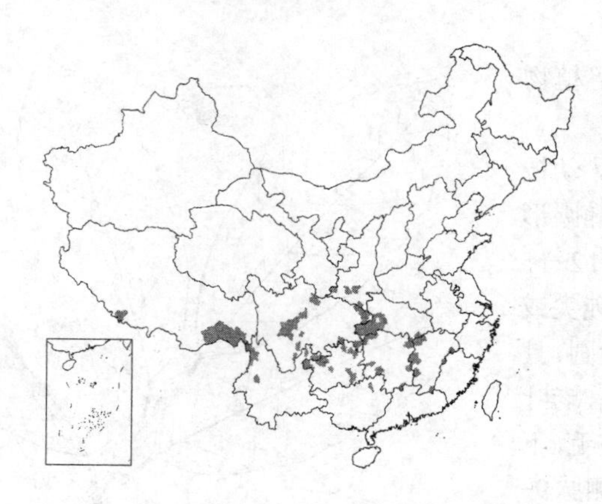

乔木，高达20米。幼枝被绒毛，后脱落。叶长椭圆形或长椭圆状披针形，长13-22厘米，先端渐尖，基部近圆形或宽楔形，具锯齿，下面被灰白色星状毛及单毛，常被灰黄色腊粉层，上面中脉凹下，侧脉16-24对；叶柄长2.5-4厘米。壳斗杯状，高1-1.5厘米，径1.5-2厘米，被灰褐色绒毛，具6-8环带；果卵圆形或近球形，长1.6-2.2厘米，径1.4-1.7厘米，无毛或顶部被微毛，果脐微凸。花期5-6月，果期9-10月。

产浙江、江西、湖北、湖南、广东北部、广西东北部、贵州、云南、西藏南部、四川及陕西南部，生于海拔700-2800米山地林中。印度、尼泊尔及缅甸有分布。

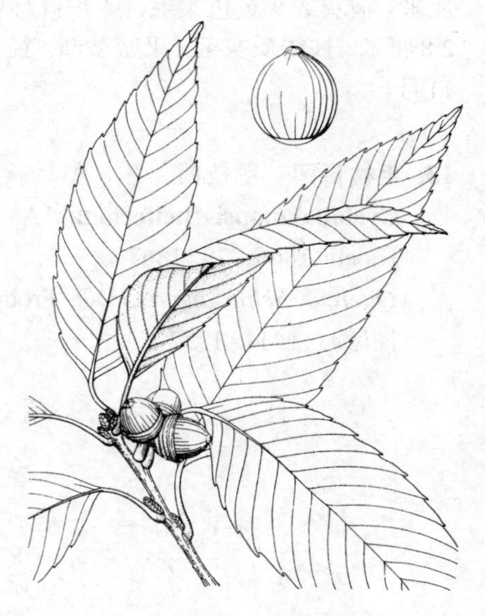

图 344 曼青冈 (引自《图鉴》)

16. 槟榔青冈 槟榔椆 图 345

Cyclobalanopsis bella (Chun et Tsiang) Chun ex Y. C. Hsu et H. W. Jen in Journ. Beij. Forst. Univ. 15(4): 45. 1993.

Quercus bella Chun et Tsiang in Journ. Arn. Arb. 28：326. 1947；中国高等植物图鉴1：442. 1972.

乔木，高达30米。幼枝被柔毛，后脱落。叶长椭圆状披针形，长8-15厘米，宽2-3.5厘米，先端渐尖，基部楔形，中部以上具锯齿，幼叶下面被短伏毛，老叶无毛，上面中脉平，侧脉12-14对；叶柄长1-2厘米。壳斗盘状，高约5毫米，径2.5-3厘米，具6-8环带，被微柔毛，内壁被长伏毛；果扁球形，长1.5-2厘米，径2.2-3厘米，幼时被柔毛，老时近无毛，果脐稍凹下。花期2-4月，果期10-12月。

产广东、海南及广西南部，生于海拔200-700米丘陵山地。树干可培养香菇；木材供器具、家具用材。

图 345 槟榔青冈 （张维本绘）

17. 栎子青冈 栎子椆 图 346

Cyclobalanopsis blakei（Skan）Schott. in Engl. Bot. Jahrb. 47：648. 1912.

Quercus blakei Skan in Hook. Icon. Pl. pl. 2662. 1900.；中国高等植物图鉴 1：441. 1972.

乔木，高达35米。小枝无毛。叶倒卵状椭圆形或倒卵状披针形，长（7-）12-19厘米，宽1.5-5厘米，先端渐尖，基部楔形，具锯齿，幼叶两面被长绒毛，老叶近无毛，上面中脉凸起，侧脉8-14对；叶柄长1.5-3厘米。壳斗盘状，高0.5-1厘米，径2-3厘米，具6-7环带，被暗褐色短绒毛，内壁被褐色长伏毛；果椭圆形或卵圆形，长2.5-3.5厘米，径1.5-3厘米，基部初疏被柔毛，后渐脱落，果脐平或微凹。花期3月，果期10-12月。

产广东、香港、海南、广西及贵州西南部，生于海拔100-2500米山谷密林中。老挝有分布。

［附］**华南青冈 Cyclobalanopsis edithae**（Skan）Schott. in Engl. Bot. Jahrb. 47：650. 1912. —— *Quercus edithae* Skan in Hook. Icon. Pl. 27：2661. 1900. 本种与栎子青冈的区别：叶长椭圆形或倒卵状长椭圆形；壳斗碗状，高1.2-1.5厘米，径1.8-2.5厘米。产广东、香港、海南及广西，生于海拔400-1800米阔叶林中。越南有分布。

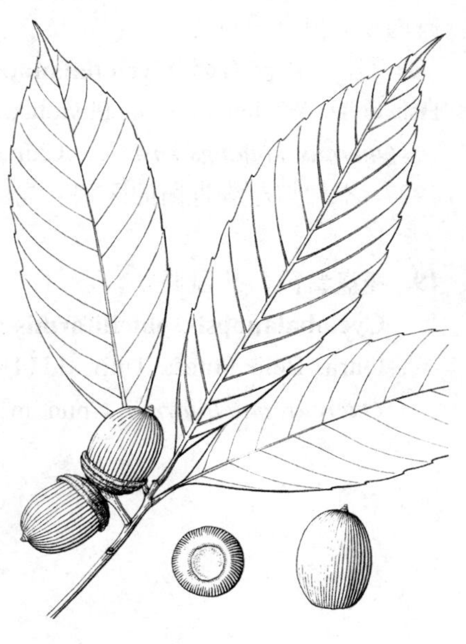

图 346 栎子青冈 （王金凤绘）

18. 厚缘青冈 图 347

Cyclobalanopsis thorelii（Hick. et A. Camus）Hu in Bull. Fan Mem. Inst. Biol. Bot. 10：106. 1940.

Quercus thorelii Hick. et A. Camus in Bull. Mus. Hist. Nat. Paris

29: 599. 1923.

乔木，高达30米。幼枝密被黄褐色星状毛，后渐脱落。叶卵状椭圆形或长椭圆形，长12-17厘米，先端短尖或渐尖，基部宽楔形或近圆，具刺尖锯齿，幼叶两面被黄褐色绒毛，后近无毛，上面中脉凸起，侧脉13-16对；叶柄长1-3厘米。雄花序密被黄棕色绒毛。壳斗碗状，高1.5-2厘米，径约3厘米，具8-9（-12）环带，顶端环带内卷，被黄褐色绒毛；果扁球形，长1-1.5厘米，径2.5-3厘米，密被黄色绒毛，果脐平。花期4月，果期9-10月。

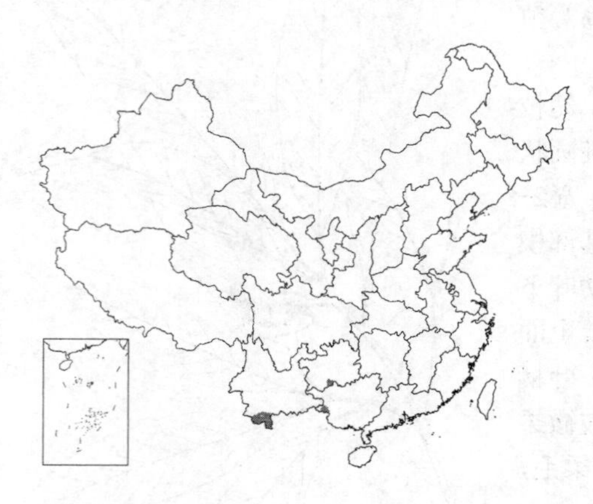

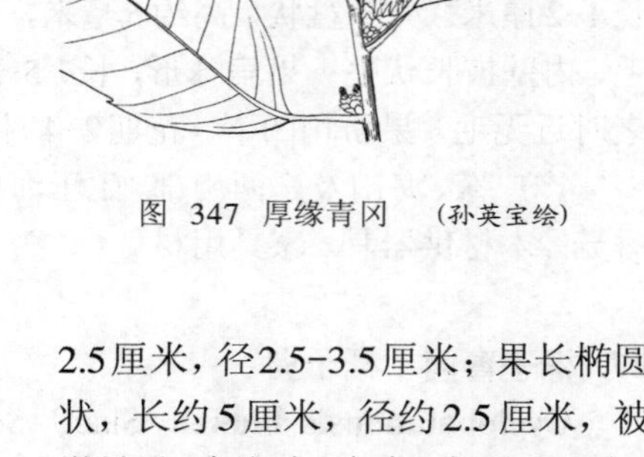

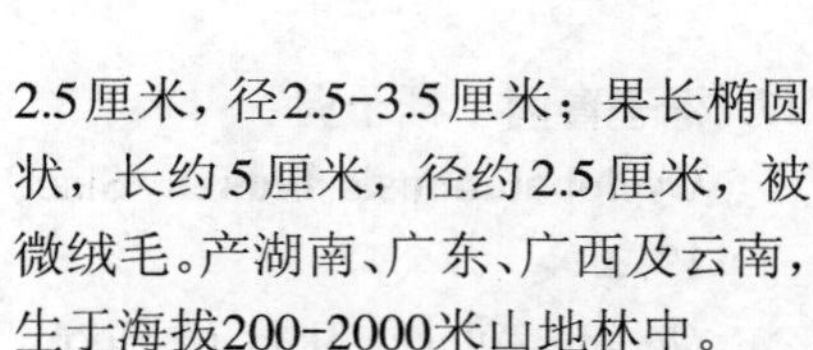

图 347 厚缘青冈 （孙英宝绘）

产广西西部、贵州南部及云南南部，生于海拔1000-1100米沟谷林中。越南及老挝有分布。

［附］**广西青冈 Cyclobalanopsis kouangsiensis**（A. Camus）Y. C. Hsu et H. W. Jen in Acta Phytotax. Sin. 14(2): 78. pl. 13. f. 4. 1976. —— *Quercus kouangsiensis* A. Camus in Bull. Soc. Bot. France 84: 176. 1937. 本种与厚缘青冈的区别：老叶下面被星状微绒毛；壳斗钟状，高约2.5厘米，径2.5-3.5厘米；果长椭圆状，长约5厘米，径约2.5厘米，被微绒毛。产湖南、广东、广西及云南，生于海拔200-2000米山地林中。

19. 托盘青冈 托盘椆 图 348

Cyclobalanopsis patelliformis（Chun）Y. C. Hsu et H. W. Jen in Journ. Beij. Forest. Univ. 15(4): 45. 1993.

Quercus patelliformis Chun in Journ. Arn. Arb. 28: 241. 1941.

乔木，高达25米，胸径1米。小枝无毛。叶椭圆形、长椭圆形或卵状披针形，长5-12厘米，先端长渐尖，基部宽楔形或近圆，具锯齿，齿端稍内弯，幼叶下面被毛，老叶无毛，上面中脉平，侧脉9-11对；叶柄长2-4.5厘米。壳斗盘状，高6-8毫米，径2-3厘米，被黄色微柔毛，内壁被平伏柔毛，具8-9环带，包果约1/3；果扁球形，长2-2.5厘米，径2.5-2.8厘米，被灰黄色微柔毛。花期5-6月，果期翌年10-11月。

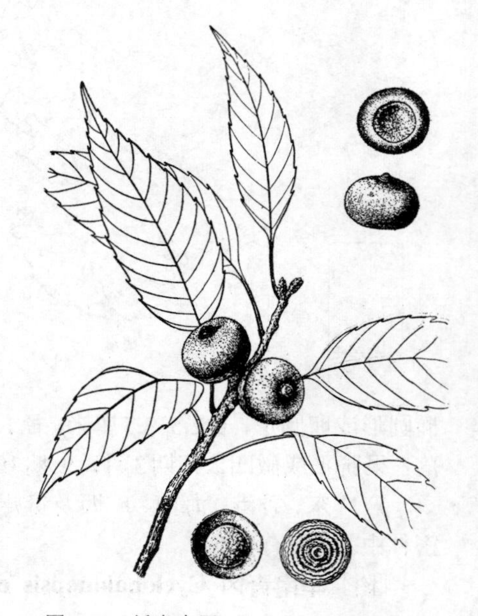

图 348 托盘青冈 （引自《海南植物植》）

产江西南部、广东、海南及广西，生于海拔400-1000米山区林中。

20. 褐叶青冈 黔椆 图 349

Cyclobalanopsis stewardiana（A. Camus）Y. C. Hsu et H. W. Jen in Acta Bot. Yunn. 1(1): 148. 1979.

Quercus stewardiana A. Camus,

Chenes, Atlas, Expl. pl. 12. 1934.；中国高等植物图鉴 1：440. 1972.

乔木，高达12米。小枝无毛。叶椭圆状披针形或长椭圆形，长6-12厘米，宽2-4厘米，先端渐尖或尾尖，基部楔形，中部以上具锯齿，幼叶两面被绢毛，老叶近无毛，侧脉8-10对；叶柄长1.5-3厘米，无毛。花序轴及苞片被褐色绒毛。壳斗杯状，高6-8毫米，径1-1.5厘米，被柔毛，后渐脱落，内壁被绒毛，具5-9环带；果宽卵圆形，长0.8-1.5厘米，无毛，果脐凸起。花期7月，果期翌年10月。

图 349 褐叶青冈 （引自《图鉴》）

产安徽南部、浙江、江西南部、湖北西部、湖南、广东北部、广西、四川东南部及贵州，生于海拔1000-2800米山地林中。

21. 长果青冈 锥果栎 锥果椆 图 350

Cyclobalanopsis longinux (Hayata) Schott. in Engl. Bot. Jahrb. 47: 657. 1912.

Quercus longinux Hayata in Journ. Coll. Sci. Univ. Tokyo 30(1): 292. 1911.

乔木，高达15米。小枝无毛，皮孔长圆形。叶卵状披针形、披针形或长圆形，长6-9厘米，宽1.6-2.5厘米，先端渐尖或尾尖，基部楔形，中部以上具锯齿，上面光绿色，下面被平伏单毛，常被白粉，侧脉7-9对；叶柄长1-2厘米，无毛。壳斗杯状，高6-8毫米，径1-1.2厘米，壳斗壁薄，具6-8环带，环带具齿裂，被褐色绒毛；果卵圆形或卵状椭圆形，长约1.2厘米，径约9毫米，有短柱座，果脐凸起。

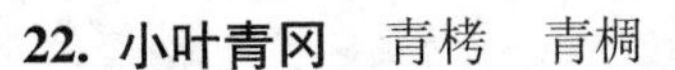

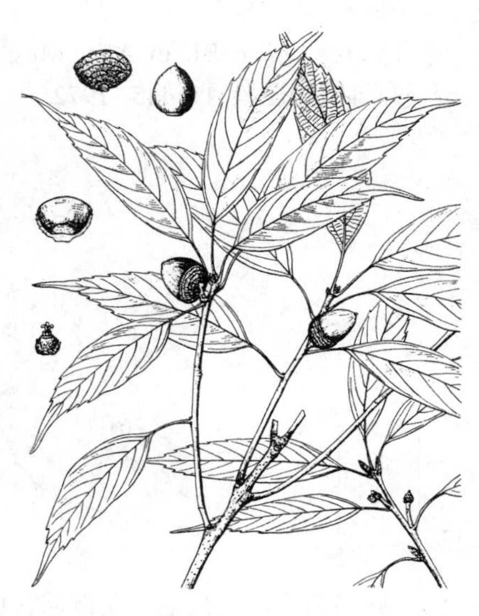

图 350 长果青冈 （引自《Fl. Taiwan》）

产台湾，生于海拔500-2500米山地林中。

22. 小叶青冈 青栲 青椆 图 351

Cyclobalanopsis myrsinaefolia (Bl.) Oerst. in Vid. Medd. Nat. For. Kjoeb. 1866: 77. 1867.

Quercus myrsinaefolia Bl. in Ann. Mus. Bot. Lugd.-Bat.1: 305. 1850; 中国高等植物图鉴 1: 439.1972.

乔木，高达20米，胸径1米。小枝无毛。叶卵状披针形或椭圆状披针形，长6-11厘米，宽1.8-4厘米，先端渐尖或长渐尖，基部宽楔形或近圆，中部以上具细齿，上面绿色，下面苍灰色，无毛，侧脉9-14对；叶柄长1-2.5厘米。壳斗杯状，高5-8毫米，径1-1.8厘米，壳斗壁薄，被灰白色柔毛，内壁无毛，具6-9环带；果卵圆形或椭圆形，长1.4-2.5厘米，径

1-1.5厘米，无毛，果脐平。花期6月，果期10月。

产江苏南部、安徽、浙江、福建、台湾、江西、湖北、湖南、广东、广西、云南、贵州、四川、陕西及河南，生于海拔200-2500米山地林中。越南、老挝及日本有分布。种子去涩味可制豆腐及酿酒；树皮及壳斗可提取栲胶；木材坚重有弹性、抗压耐磨，供建筑、车辆、运动及纺织器材、工具柄及细木工等用。

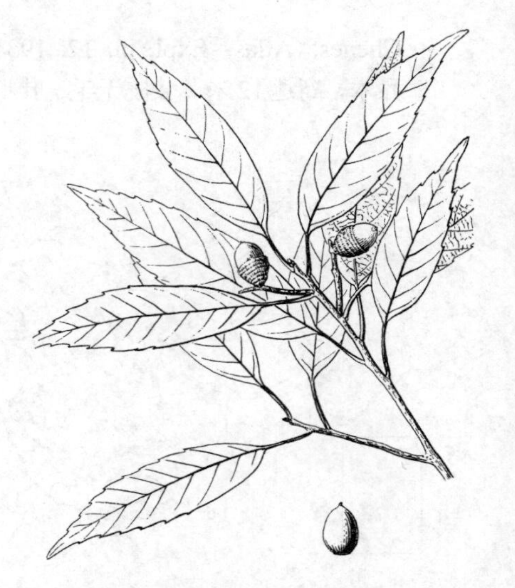

图 351 小叶青冈 （张维本绘）

23. 赤皮青冈 赤皮椆 图 352

Cyclobalanopsis gilva (Bl.) Oerst. in Vid. Medd. Nat. For. Kjoeb. 1866: 78. 1867.

Quercus gilva Bl. in Ann. Mus. Bot. Lugd.-Bat. 1: 306. 1850; 中国高等植物图鉴 1: 445. 1972.

乔木，高达30米，胸径1米。小枝密被灰黄或黄褐色星状绒毛。叶倒披针形或倒卵状长椭圆形，长6-12厘米，宽2-3.5厘米，先端渐尖或骤尖，基部楔形，中部以上具锯齿，老叶下面被灰黄色星状短绒毛，侧脉11-18对；叶柄长1-1.5厘米，被微柔毛。果序密被灰黄色绒毛。壳斗碗状，高6-8毫米，径1.1-1.5厘米，具6-7环带，疏被毛；果倒卵状椭圆形，长1.5-2厘米，径1-1.3厘米，顶端被微柔毛，果脐微凸。花期5月，果期10月。

产浙江、福建、台湾、湖南、广东北部及贵州，生于海拔300-1500米山地林中。日本有分布。种子可制淀粉及酿酒；树皮及壳斗可提取栲胶；心材暗红褐色，坚重有弹性，为车辆、滑车、农具、油榨、纺织器材及细木工优良用材。

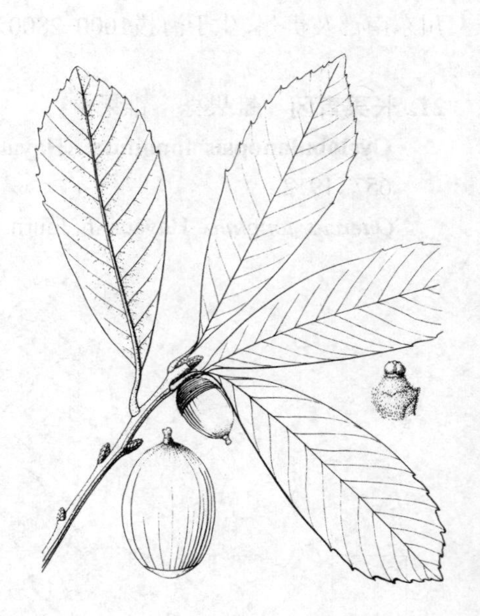

图 352 赤皮青冈 （引自《图鉴》）

24. 毛果青冈 赤椆 图 353

Cyclobalanopsis pachyloma (Seem.) Schott. in Engl. Bot. Jahrb. 47: 650. 1912.

Quercus pachyloma Seem. in Engl. Bot. Jahrb. 23 Beibl. 57: 54. 1897; 中国高等植物图鉴 1: 449. 1972.

乔木，高达17米。幼枝被黄褐色星状毛。叶革质，倒卵状长圆形或倒

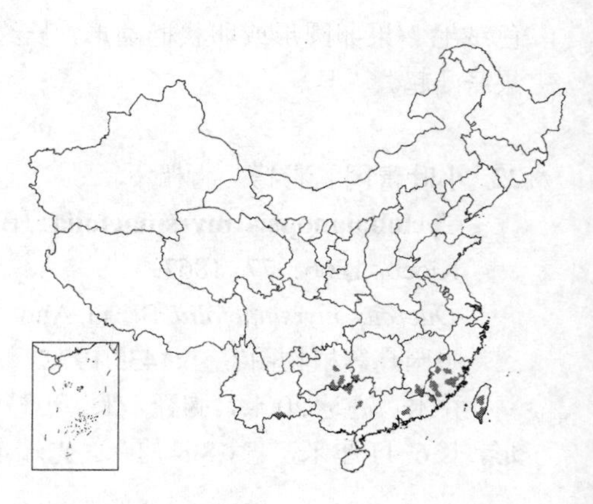

披针形，长7-14厘米，宽2-5厘米，先端短尖或渐尖，基部楔形，中部以上具疏齿，幼叶两面被黄褐色卷绒毛，老叶近无毛，侧脉8-11对；叶柄长1.5-2厘米。雄花序长8厘米；雌花序长1.5-3厘米。果序具2-5壳斗，密被褐色绒毛。壳斗半球形或钟形，高2-3厘米，径1.5-3厘米，密被黄褐色绒毛，具7-8环带；果椭圆形或倒卵圆形，长2-2.8厘米，径1.2-1.6厘米，幼时密被黄褐色绒毛，后渐脱落，果脐微凸起。花期3月，果期9-10月。

产福建、台湾、江西、湖南西南部、广东、广西、云南及贵州，生于海拔150-850米山地林中。

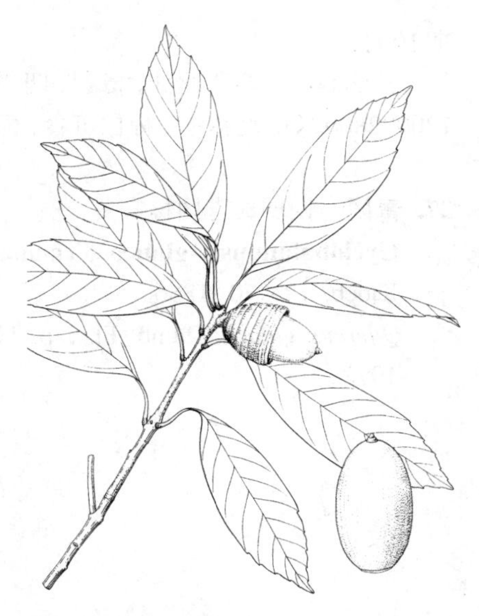

图 353 毛果青冈 （引自《图鉴》）

25. 黄毛青冈 黄椆 图 354

Cyclobalanopsis delavayi (Franch.) Schott. in Engl. Bot. Jahrb. 47: 657. 1912.

Quercus delavayi Franch. in Journ. de Bot. 13: 158. 1899；中国高等植物图鉴 1: 445. 1972.

乔木，高达20米，胸径1米。小枝密被黄褐色绒毛。叶长椭圆形或卵状椭圆形，长8-12厘米，先端渐尖或短渐尖，基部宽楔形或近圆，中部以上具锯齿，上面无毛，下面密被灰黄色星状绒毛，上面中脉凹下，侧脉10-14对；叶柄长1-2.5厘米，密被灰黄色绒毛。果序长约4厘米，具2-3壳斗，被灰黄色绒毛。壳斗浅碗状，高5-8（-10）毫米，径1-1.5（-1.9）厘米，密被黄色绒毛，具6-7环带；果椭圆形，长约1.8厘米，径1-1.5厘米，初被绒毛，后渐脱落，果脐凸起。花期4-5月，果期翌年9-10月。

产广西、云南、贵州、四川、湖北西南部及湖南西北部，生于海拔1000-2800米山区林中。木材红褐色，硬重、耐腐，供桥梁、地板、水车轴等用。

图 354 黄毛青冈 （张维本绘）

26. 滇青冈 滇椆 图 355 彩片 104

Cyclobalanopsis glaucoides Schott. in Engl. Bot. Jahrb. 47: 657. 1912, in obs.

Quercus schottkyana Rehd. et Wils.；中国高等植物图鉴 1: 440. 1972.

乔木，高达20米。幼枝被绒毛，后渐脱落；小枝灰绿色。叶长椭圆形或倒卵状披针形，长5-12厘米，宽2-5厘米，先端渐尖或尾尖，基部楔形，中部以上具尖齿，幼叶下面被卷绒毛，后渐脱落，上面中脉凹下，下面灰绿色，侧脉8-12对；叶柄长0.5-2厘米。雄花序长4-8厘米，花序轴被绒毛，雌花序长1.5-2厘米，花柱3，柱头圆。壳斗碗状，高6-8毫米，径0.8-1.2厘米，被灰黄色微绒毛，具6-8环带；果椭圆形或卵形，长1-1.4厘米，径0.7-1厘米，初被柔毛，后渐脱落，果脐微凸起，径5-6毫米。花期5月，果

期10月。

产云南、广西西北部、贵州、四川、西藏东南部及青海南部，生于海拔1200-2800米山地林中。种仁可食、酿酒、作饲料；为优良用材树种。

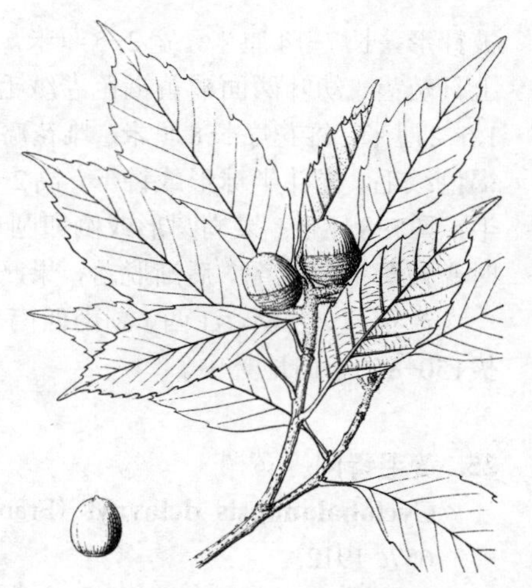

图 355 滇青冈 （张维本绘）

27. 青冈 铁椆 青冈栎 图 356

Cyclobalanopsis glauca (Thunb.) Oerst. in Vid. Medd. Nat. For. Kjoeb. 18: 70. 1866.

Quercus glauca Thunb. Fl. Jap. 175. 1784; 中国高等植物图鉴 1: 439. 1972.

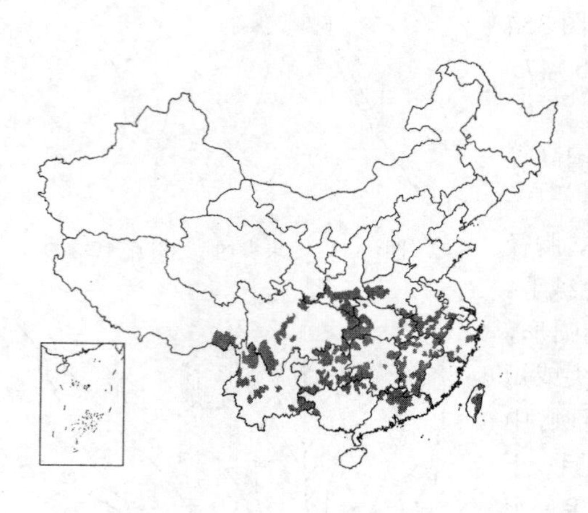

乔木，高达20米，胸径1米。小枝无毛。叶倒卵状椭圆形或长椭圆形，长6-13厘米，先端短尾尖或渐尖，基部宽楔形或近圆，中部以上具锯齿，上面无毛，下面被平伏单毛或近无毛，常被灰白色粉霜，侧脉9-13对；叶柄长1-3厘米。壳斗碗状，高6-8毫米，径0.9-1.4厘米，疏被毛，具5-6环带；果长卵圆形或椭圆形，长1-1.6厘米，径0.9-1.4厘米，近无毛。花期4-5月，果期10月。

产江苏、安徽、浙江、福建、台湾、江西、湖北、湖南、广东、广西、贵州、云南、西藏、四川、甘肃、陕西及河南，生于海拔2600米以下山区林中。日本、朝鲜及印度有分布。种仁去涩味可制豆腐及酿酒；树皮及壳斗可提取栲胶；木材硬重，强度大，耐腐，为桥梁、胶合板、车辆、农具等优良用材。

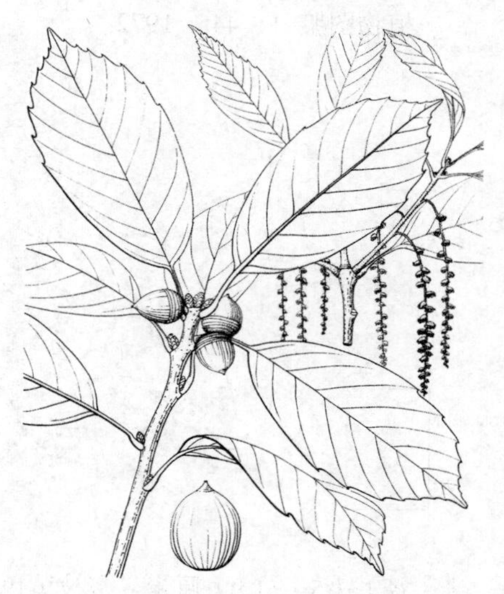

图 356 青冈 （引自《图鉴》）

28. 多脉青冈 粉背青冈 图 357 彩片 105

Cyclobalanopsis multinervis Cheng et T. Hong in Sci. Silv. 8(1): 10. 1963.

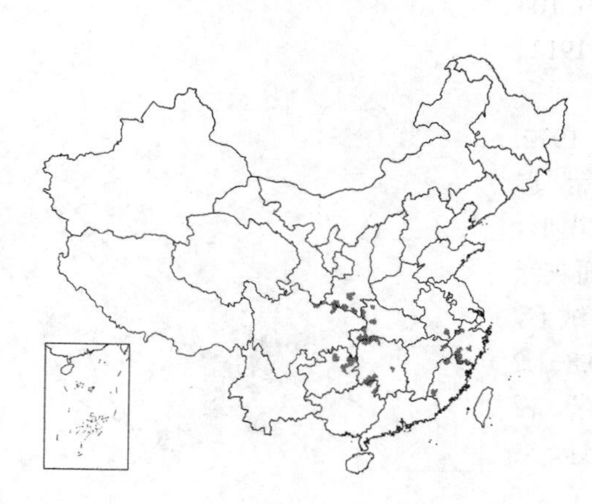

乔木，高达12米；树皮黑褐色。芽被毛。叶革质，长椭圆形或椭圆状披针形，长7.5-15.5厘米，宽2.5-5.5厘米，先端短尖或渐尖，基部宽楔形或近圆，中部以上具锯齿，下面被平伏单毛及易脱落苍灰色腊粉，侧脉10-15对；叶柄长1-2.7厘米。果序长1-2厘米，着生2-6果。壳斗杯状，高约8毫米，每果1/2以下，高约8毫米，径1-1.5厘米，具6-7环带，环带近全缘；果长卵圆形，长

图 357 多脉青冈 （引自《福建植物志》）

约1.8厘米，径约1厘米，无毛，果脐平，径3-5毫米。果期翌年10-11月。

产安徽南部、浙江、福建、江西东北部、湖北西部、湖南、广西东北部、贵州、四川及陕西南部，生于海拔1000-2000米山地林中。

29. 台湾青冈 台湾椆 赤柯 图358 彩片106

Cyclobalanopsis morii（Hayata）Schott. in Engl. Bot. Jahrb. 47: 658. 1912.

Quercus morii Hayata in Journ. Coll. Sci. Univ. Tokyo 30: 293. 1911；中国高等植物图鉴 1: 446. 1972.

乔木，高达30米，胸径1米。小枝无毛。叶长椭圆形或卵状椭圆形，长6-10厘米，先端尾尖，基部宽楔形或近圆，中部以上具锯齿，幼叶疏被丝毛，老叶无毛，上面中脉、侧脉平或微凹，侧脉8-11对；叶柄长1.5-3厘米。壳斗杯状或钟状，高1.4-1.8厘米，径1.5-2厘米，被褐色短绒毛，内壁被褐色长绒毛，具7-8环带；果卵圆形或近球形，长1.5-2.5厘米，径1-1.8厘米，无毛或被微毛。花期4-5月，果期翌年10-11月。

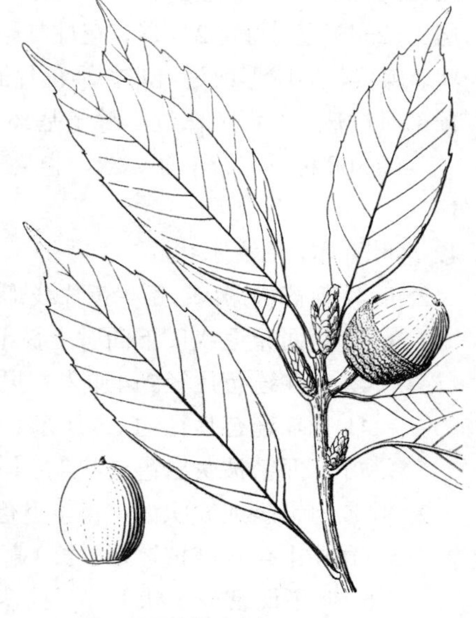

图 358 台湾青冈 （张维本绘）

产台湾，生于海拔1600-2600米山区林中。

30. 尖峰青冈 海南青冈 图359

Cyclobalanopsis litoralis Chun et Tam ex Y. C. Hsu et H. W. Jen in Acta Bot. Yunn. 1: 147. pl. 7. 1979.

乔木，高达15米，胸径40厘米；树皮灰褐色。小枝粗，幼时密被褐色厚绒毛；老枝无毛。叶革质，椭圆形，长10-20厘米，宽5-10厘米，先端短钝尖，基部楔形，疏生浅齿，幼叶两面被褐色绒毛，老叶无毛，上面中脉、侧脉微凸起，侧脉7-9对；叶柄长2.5-5厘米。花序轴被褐色绒毛。果序具3-5壳斗；壳斗倒圆锥状，高2-2.5厘米，径2.5-3.5厘米，被黄褐色微绒毛，具9-12环带；果椭圆形，长约4.5厘米，径2.5-2.8厘米。花期12月，果期翌年6-7月。

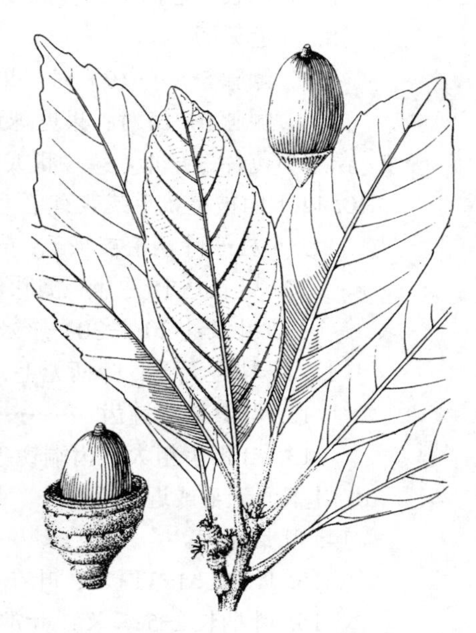

图 359 尖峰青冈 （余汉平绘）

产海南，生于海拔900-1000米山地林中。

6. 栎属 Quercus Linn.

常绿、半常绿或落叶乔木，稀灌木；树皮深裂或片状剥落。芽鳞覆瓦状排列。叶螺旋状互生；托叶常早落。花雌雄同株；雄葇荑花序簇生，下垂，花被杯状，4-7裂；雌花单生总苞内，雌花序穗状，直立，花被5-6深裂，子房3（2-4）室，每室2胚珠，花柱与子室同数，柱头侧生下延或顶生，头状，柱头面宽，颜色与花柱不同。壳斗杯状、碟状、半球形或近钟形，小苞片鳞片状、线形或钻形，覆瓦状排列，紧贴、开展或反曲；每壳斗具1坚果，果顶部具柱座。不育胚珠位于种子基部外侧，种子萌发时子叶不出土。果当年或翌年成熟。

约300种，广布于亚、欧、非及美洲。我国约51种，广布南北各地。

1. 落叶乔木，稀灌木状。
  2. 叶具刺芒状锯齿；壳斗苞片线形或兼具短钻形苞片。
    3. 叶两面无毛或仅下面脉上被毛；树皮木栓层不发达；幼枝被柔毛。
      4. 壳斗连苞片径2-4厘米；果卵圆形或椭圆形，径1.5-2厘米 ………………………… 1. **麻栎 Q. acutissima**
      4. 壳斗连苞片径约1.5厘米；果椭圆形，径1.3-1.5厘米 ………………………………… 2. **小叶栎 Q. chenii**
    3. 叶下面密被灰白色星状毛；树皮木栓层发达；幼枝无毛 ………………………… 3. **栓皮栎 Q. variabilis**
  2. 叶具粗锯齿或波状齿；壳斗小苞片窄披针形、三角形或鳞片状。
    5. 壳斗小苞片窄披针形，长4毫米以上，直立或反曲。
      6. 叶下面密被星状毛。
        7. 壳斗小苞片长约1厘米，红褐色，被褐色丝毛，内面无毛，反曲或直立 ………… 4. **槲树 Q. dentata**
        7. 壳斗小苞片长约8毫米，灰黄或褐色，被灰色丝毛，直立或开展 ………………………………………… 5. **云南波罗栎 Q. yunnanensis**
      6. 叶下面无毛或疏被毛。
        8. 叶柄长1-2厘米，侧脉9-12对 ……………………………………… 4(附). **房山栎 Q. × fangshanensis**
        8. 叶近无柄。
          9. 侧脉5-8（-10）对；果椭圆形 ……………………………………… 4(附). **河北栎 Q. × hopeiensis**
          9. 侧脉10-16对；果近球形 ………………………………………………… 6. **黄山栎 Q. stewardii**
    5. 壳斗小苞片三角形、鳞片状或卵状披针形，长不及4毫米，贴紧。
      10. 叶下面被星状毛或兼有单毛。
        11. 小枝及叶柄密被绒毛；壳斗小苞片褐色。
          12. 叶长达15厘米，侧脉8-12对，叶柄长3-5毫米 ……………………………… 7. **白栎 Q. fabri**
          12. 叶长达20（-30）厘米，侧脉12-18对，叶柄长0.5-1厘米 ………………… 8. **大叶栎 Q. griffithii**
        11. 小枝近无毛；叶柄无毛；壳斗小苞片被灰白色短柔毛。
          13. 叶具波状钝齿 ……………………………………………………………… 9. **槲栎 Q. aliena**
          13. 叶锯齿粗大，齿端锐尖，内弯 ……………………… 9(附). **锐齿槲栎 Q. aliena var. acuteserrata**
      10. 叶下面无毛或近无毛。
        14. 叶具腺齿。
          15. 叶柄长1-3厘米；叶在枝上散生 ………………………………………… 10. **枹栎 Q. serrata**
          15. 叶柄长2-5毫米；叶常聚生枝顶 ………………… 10(附). **短柄枹栎 Q. serrata var. brevipetiolata**
        14. 叶具锯齿，齿端无腺点。
          16. 叶柄长1-1.3厘米 ……………………………………………………………… 9. **槲栎 Q. aliena**
          16. 叶柄长2-8毫米。
            17. 壳斗下部小苞片具瘤状突起。

18. 叶具钝齿或粗齿，侧脉7-11对 ………………………………………… 11. **蒙古栎 Q. mongolica**
18. 叶具内弯粗齿，侧脉14-18对，较窄长 …………… 11(附). **粗齿蒙古栎 Q. mongolica** var. **grosseserrata**
17. 壳斗小苞片扁平，稀下部稍厚 ………………………………………… 12. **辽东栎 Q. wutaishanica**
1. 常绿或半常绿乔木或灌木状。
19. 叶先端圆钝，稀凹缺或具短尖，基部圆或浅耳状，具刺状锯齿或全缘；中部以上中脉稍曲折。
20. 叶下面被毛。
21. 老叶下面密被星状绒毛、单毛或粉状鳞秕。
22. 老叶上面无毛，下面被脱落性粉状鳞秕及星状毛 ………………………… 14. **滇高山 Q. aquifolioides**
22. 老叶下面密被星状绒毛、单毛或粉状鳞秕。
23. 老叶下面密被红褐或黄褐色星状绒毛层、单毛及粉状鳞秕 ………………… 13. **黄背栎 Q. pannosa**
23. 老叶下面密被灰褐或淡褐灰黄色星状毛及单毛，无粉状鳞秕 ……………… 15. **灰背栎 Q. senescens**
21. 老叶两面近同色，下面疏被星状毛或近无毛。
24. 壳斗碟状或浅碗状，果近球形，带紫褐色，径2-3厘米 ………… 13(附). **高山栎 Q. semicarpifolia**
24. 壳斗杯状，果黄褐色，径0.8-1厘米 ………………………………………… 16. **矮高山栎 Q. monimotrica**
20. 老叶下面无毛、近无毛或下部中脉被毛。
25. 叶全缘，稀具1-2刺齿，上面叶脉平；老叶无毛或下面稀被星状毛。
26. 老叶下面无毛或近无毛 ……………………………………… 17. **光叶高山栎 Q. pseudosemicarpifolia**
26. 老叶下面脉上被星状毛，余近无毛 ……………………………… 17(附). **毛脉高山栎 Q. rehderiana**
25. 叶疏生刺齿或全缘；老叶下面中脉下部被毛，余近无毛。
27. 叶下面中脉下部密被灰褐色星状毛；壳斗高6-9毫米，径1-1.5厘米，果椭圆形，长1.6-2厘米 ……
…………………………………………………………………………………………………… 18. **刺叶栎 Q. spinosa**
27. 老叶下面中脉疏被灰黄色星状毛，余近无毛；壳斗高4-6毫米，果卵圆形，长约1.2厘米
…………………………………………………………………………………………………… 19. **川西栎 Q. gilliana**
19. 叶先端短尖或渐尖，若圆钝则叶为倒匙形，基部楔形、近圆，稀浅耳状，具锯齿，稀全缘，中脉直伸至叶端。
28. 壳斗小苞片线形，反曲或弯曲。
29. 叶倒卵状匙形或倒卵状椭圆形；壳斗连小苞片高约1厘米，径约2厘米 ………………………………
…………………………………………………………………………………………………… 20. **匙叶栎 Q. dolicholepis**
29. 叶卵状披针形或长椭圆形。
30. 叶长5-12厘米，宽2-6厘米，基部近圆或浅心形；壳斗连同小苞片高1.2-1.5厘米，径1.8-2.5厘米
…………………………………………………………………………………………………… 21. **尖叶栎 Q. oxyphylla**
30. 叶长3-6厘米，宽1.3-2厘米，基部宽楔形或近圆；壳斗连小苞片高0.8-1厘米，径1.2-1.8厘米 ……
…………………………………………………………………………………………………… 22. **枹子栎 Q. baronii**
28. 壳斗小苞片鳞片状或三角形鳞片状，稀披针形，紧贴，稀不紧贴。
31. 叶柄长不及8毫米。
32. 老叶下面密被平伏星状绒毛 …………………………………………………… 23. **岩栎 Q. acrodonta**
32. 老叶下面近无毛或仅中脉被毛。
33. 叶纸质，侧脉6-8对；壳斗杯状，包果3/4。
34. 叶长椭圆形或卵状长椭圆形；壳斗小苞片三角形，不紧贴 ………………………………
…………………………………………………………………………………………………… 24. **铁橡栎 Q. cocciferoides**
34. 叶卵状披针形；壳斗小苞片细密，紧贴 ………… 24(附). **大理栎 Q. cocciferoides** var. **taliensis**
33. 叶革质，侧脉8-13对；壳斗杯状，包果1/2-2/3 ……………………… 25. **乌冈栎 Q. phillyraeoides**
31. 叶柄长1-2厘米。

35. 老叶下面密被灰黄色星状绒毛；壳斗杯状，高0.7-1.2厘米，径1-1.4厘米 ……………………………… 26. **锥连栎 Q. franchetii**

35. 老叶近无毛或仅下面脉腋被毛。

36. 幼叶两面密被黄褐色短绒毛，老叶仅下面脉腋被簇生毛，中部以上疏生锯齿或全缘 ……………………………… 27. **巴东栎 Q. engleriana**

36. 叶两面无毛或仅下面脉腋被灰黄色星状毛，具刚毛状锯齿 ………………… 27(附). **富宁栎 Q. setulosa**

1. 麻栎 图 360

Quercus acutissima Carr. in Journ. Linn. Soc. Bot. 6: 33. 1862.

落叶乔木，高达30米，胸径1米；树皮深纵裂。幼枝被灰黄色柔毛。叶长椭圆状披针形，长8-19厘米，宽2-6厘米，先端长渐尖，基部近圆或宽楔形，具刺芒状锯齿，两面同色，幼时被柔毛，老叶无毛或仅下面脉上被毛，侧脉13-18对；叶柄长1-3(-5)厘米。壳斗杯状，连线形苞片径2-4厘米，高约1.5厘米，苞片外曲；果卵圆形或椭圆形，长1.7-2.2厘米，径1.5-2厘米，顶端圆。花期3-4月，果期翌年9-10月。

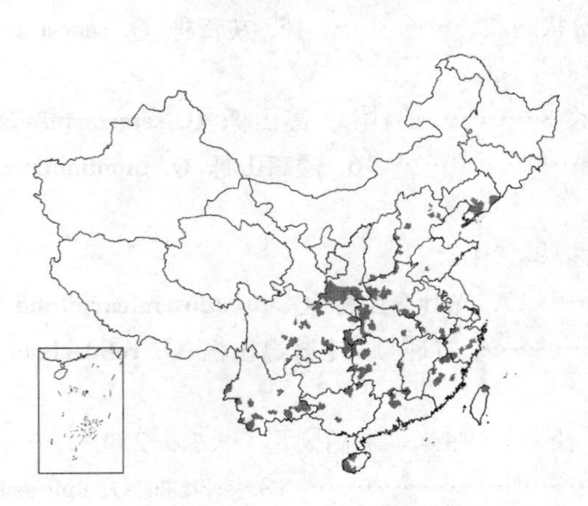

图 360 麻栎 (仿《中国森林植物志》)

产辽宁东部、河北、山西、山东、江苏、安徽、浙江、福建、台湾、江西、湖北、湖南、广东、海南、广西、云南、贵州、四川、陕西及河南，生于海拔2200米以下山地林中。种仁可酿酒，做饲料，又可药用，止泻、消浮肿；叶及树皮可治痢疾；壳斗及树皮可提取栲胶；叶可饲蚕；朽木可培养香菇、木耳。木材硬重，强度大，耐水湿及腐朽，为造船、车辆、家具、军工等优良用材。

2. 小叶栎 图 361

Quercus chenii Nakai in Journ. Arn. Arb. 5: 74. 1924.

落叶乔木，高达30米；树皮黑褐色，纵裂。幼枝被黄色柔毛，后脱落；小枝较细，径约1.5毫米。叶披针形或卵状披针形，长7-12厘米，宽2-3.5厘米，先端渐尖，基部宽楔形或近圆，具刺芒状锯齿，幼叶被黄色柔毛，老叶仅下面脉腋被柔毛，侧脉12-16对；叶柄长0.5-1.5厘米。雄花序长4厘米，花序轴被柔毛。壳斗杯状，连小苞片高约8毫米，径约1.5厘米，小苞片线形，长约5毫米，直伸或反曲，下部小苞片三角状，紧贴；果椭圆形，长1.5-2.5厘米，径1.3-1.5厘米，顶端被微毛。花期4月，果期翌年10月。

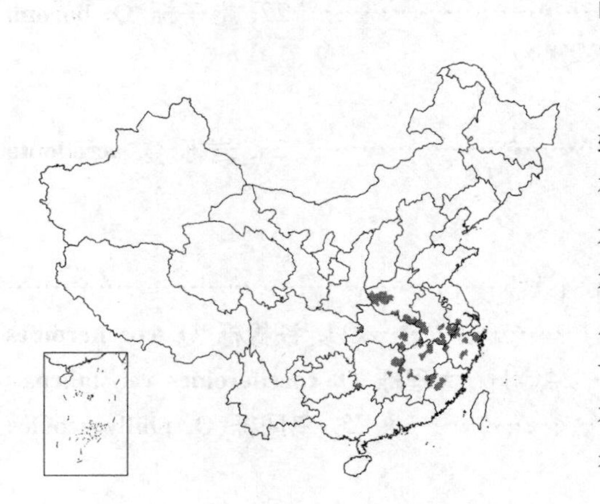

图 361 小叶栎 (仿《中国森林植物志》)

产河南、安徽、江苏、浙江、福建、江西、湖北、湖南及四川，生于海拔800米以下山地林中。木材坚韧，为优良用材树种。

图 362 栓皮栎 （仿《中国森林植物志》）

3. 栓皮栎 图 362

Quercus variabilis Bl. in Ann. Mus. Bot. Lugd.-Bat. 1: 297. 1850.

落叶乔木，高达30米，胸径1米；树皮深纵裂，木栓层发达。小枝无毛。叶卵状披针形或长椭圆状披针形，长8-15（-20）厘米，先端渐尖，基部宽楔形或近圆，具刺芒状锯齿，老叶下面密被灰白色星状毛，侧脉13-18对；叶柄长1-3（-5）厘米。壳斗杯状，连条形小苞片高约1.5厘米，径2.5-4厘米，小苞片反曲；果宽卵圆形或近球形，长约1.5厘米，顶端平圆。花期3-4月，果期翌年9-10月。

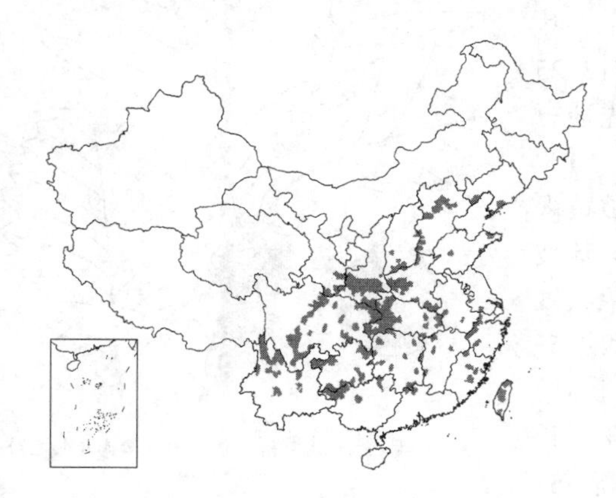

产辽宁、河北、山西、山东、江苏、安徽、浙江、福建、台湾、江西、湖北、湖南、广东、广西、云南、贵州、四川、甘肃、陕西及河南，生于海拔3000米以下山区阳坡林中。栓皮供绝缘器材、冷库、瓶塞等用；种仁做饲料及酿酒；壳斗可提取栲胶、制活性炭；小径材及梢头可培养香菇、木耳、灵芝。木材坚硬，强度大，用途同麻栎。

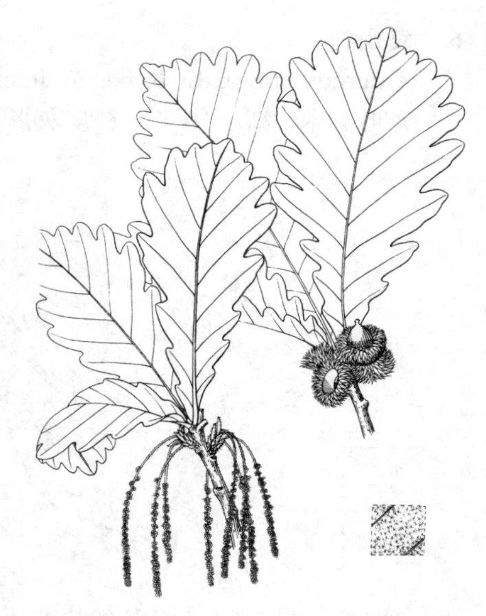

图 363 槲树 （仿《中国森林植物志》）

4. 槲树 柞栎 图 363

Quercus dentata Thunb. in Nova Acta Soc. Sci. Upsal. 4: 38. 1784.

落叶乔木，高达25米。小枝粗，密被灰黄色星状绒毛。叶倒卵形或倒卵状椭圆形，长10-30厘米，先端短钝尖，基部耳形或窄楔形，具粗齿或波状浅裂，幼叶上面疏被柔毛，老叶下面密被星状绒毛，侧脉4-10对；叶柄长2-5毫米，密被褐色绒毛。壳斗杯状，连小苞片高1.2-2厘米，径2-5厘米，小苞片窄披针形，长约1厘米，红褐色，被褐色丝毛，内面无毛，反曲或直立；果卵圆形或宽卵圆形，长1.5-2.3厘米，径1.2-1.5厘米，无毛，柱头高约3毫米。花期4-5月，果期9-10月。

产黑龙江、吉林、辽宁、河北、河南、山西、陕西、甘肃、山东、江苏、安徽、浙江、台湾、湖北、湖南、贵州、广西、云南及四川，生于海拔2700米以下山地阳坡林中。叶含蛋白质约15%，可饲柞蚕；种子可酿酒、作饲料；树皮及壳斗可提取栲胶。木材坚硬，耐磨损，供地板、建筑等用。

［附］**河北栎 Quercus × hopeiensis** Liou in Contr. Inst. Bot. Nat. Acad. Peiping 4: 8. 1936. 本杂种与槲树的区别：老叶下面疏被星状毛，侧脉5-8（-10）对；叶柄很短或近无柄。果椭圆形或卵圆形，长1.2-1.5厘米。产河北、山东、河南、陕西及甘肃，生于海拔900米以下山地林中。

［附］**房山栎 Quercus × fangshanensis** Liou in Contr. Inst. Bot.

Nat. Acad. Peiping 4: 7. 1936. 本杂种与槲树的区别：老叶下面近无毛，侧脉9-12对；叶柄长1-2厘米；果椭圆形，高1.5-1.8厘米，径1-1.2厘米。产河北、河南及山西，生于海拔300-900米山地林中。

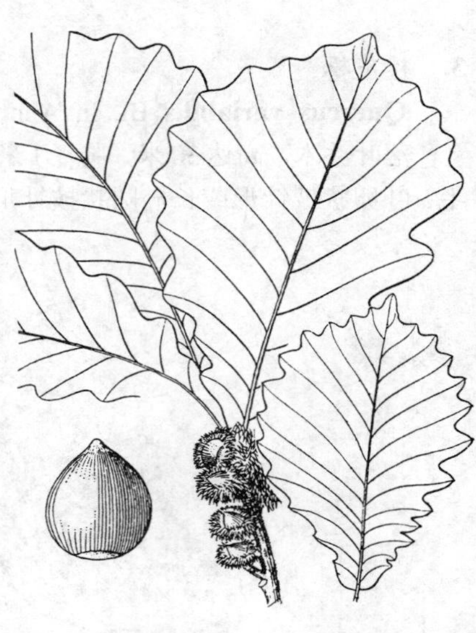

图 364 云南波罗栎 （引自《云南植物志》）

5\. 云南波罗栎 图 364

Quercus yunnanensis Franch. in Journ. de Bot. 13: 146. 1899.

Quercus dentata var. *oxyloba* Franch.; 中国植物志 2: 2332. 1985.

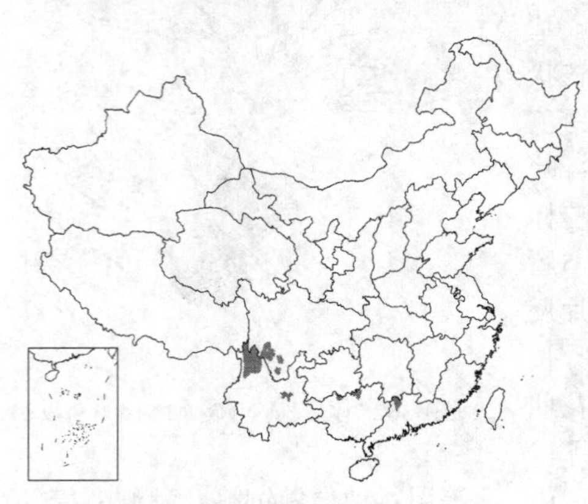

落叶乔木，高达20米。小枝密被褐黄色星状绒毛。叶倒卵形或宽倒卵形，长12-25厘米，宽6-20厘米，先端短渐尖，基部楔形，具8-10对粗圆齿，幼叶两面密被黄褐色星状绒毛，老叶上面疏被毛，下面密被灰黄色星状绒毛，侧脉8-13对；叶柄长5-8毫米，密被黄褐色绒毛。雄花序生于新枝下部叶腋，长3-4厘米，花序被绒毛；雌花序生于枝顶，长2-4厘米。壳斗钟状，高1.5-1.8厘米，径约2.5厘米，小苞片窄披针形，长约8毫米，灰黄或褐色，直立或开展，被灰色丝毛；果卵圆形，长1.5-2厘米。花期3-4月，果期9-10月。

产广东、广西、云南及四川，生于海拔1000-2600米山地林中。

6\. 黄山栎 图 365

Quercus stewardii Rehd. in Journ. Arn. Arb. 6: 207. 1925.

落叶乔木，高达10米；树皮灰褐色，纵裂。小枝粗，初疏被毛，老时具圆形淡褐色皮孔。冬芽宽卵形，顶芽长5-6毫米，芽鳞多数，被疏毛。叶革质，倒卵形或宽倒卵形，长11-15厘米，宽7-11厘米，先端短钝尖，基部窄圆，具粗齿或波状齿，老叶下面中脉被星状毛，侧脉10-16对，支脉明显；叶柄极短，被长绒毛，托叶线形，长约3毫米，宿存。壳斗杯状，包坚果1/2，高约1厘米，径1.5-2.2厘米，小苞片线状披针形，长约4毫米，宽约1毫米，红褐色，被短绒毛；果近球形，径1.3-1.8厘米，无毛。花期3-4月，果期9月。

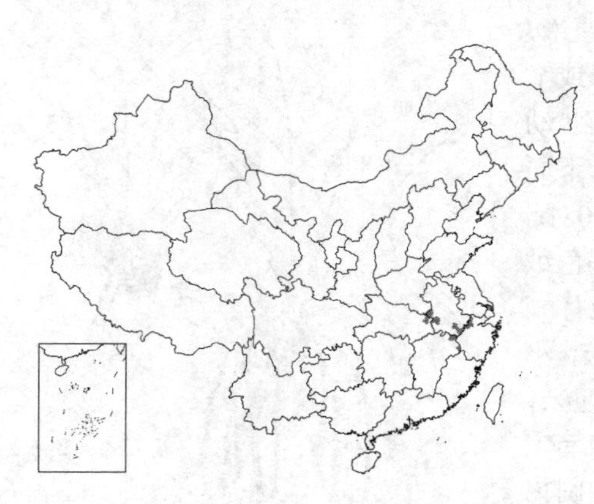

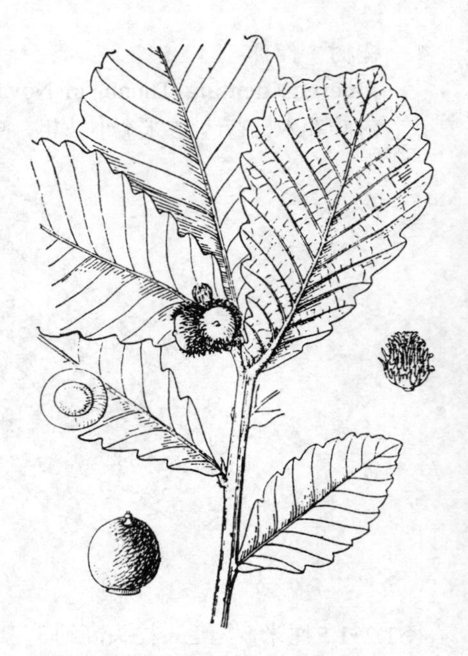

图 365 黄山栎 （引自《江苏植物志》）

产安徽西部及南部、浙江西北部、江西东北部及湖北东北部，生于海拔1000-1750米山地岩缝内或灌丛中，在安徽黄山海拔1500米以上地带为组成森林的主要树种。

7\. 白栎 图 366

Quercus fabri Hance in Journ. Linn. Soc. Bot. 10: 202. 1869.

落叶乔木，高达20米，或灌木状。小枝密被绒毛。叶倒卵形或倒卵

状椭圆形，长7-15厘米，先端短钝尖，基部窄楔形或窄圆，锯齿波状或粗钝，幼叶两面被毛，老叶上面近无毛，下面被灰黄色星状毛，侧脉8-12对；叶柄长3-5毫米，密被绒毛。壳斗杯状，高4-8毫米，径0.8-1.1厘米，小苞片卵状披针形，紧贴；果卵状椭圆形，长1.7-2厘米，径0.7-1.2厘米，无毛。花期4月，果期10月。

产陕西南部、河南、安徽、江苏、浙江、福建、江西、湖北、湖南、广东、香港、广西、云南、贵州及四川，生于海拔1900米以下山地林中。种仁含淀粉47%，单宁14.1%，蛋白质6.6%，油脂4.2%；树叶含蛋白质11.8%。木材坚硬，可制农具及培养香菇。树皮及壳斗可提取栲胶。

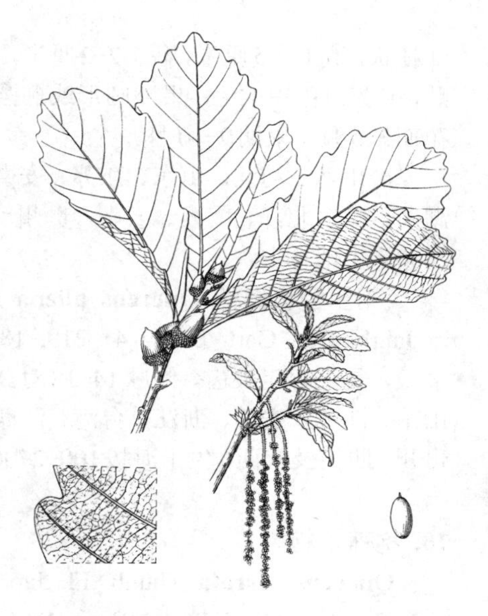

图 366 白栎 （仿《中国森林植物志》）

8. 大叶栎 图 367

Quercus griffithii Hook. f. et Thoms. ex Miq. in Ann. Mus. Bot. Lugd.-Bat. 1: 104. 1864.

落叶乔木，高达25米。幼枝被灰黄色绒毛，后渐脱落。叶革质，倒卵形或倒卵状椭圆形，长10-20（-30）厘米，宽4-10厘米，先端短尖或渐尖，基部窄圆或宽楔形，具粗齿，下面被灰白色星状毛或脱落，沿中脉被长毛，侧脉12-18对，直达齿端，支脉明显；叶柄长0.5-1厘米，被灰褐色长绒毛。壳斗杯状，包坚果1/3-1/2，高0.8-1.2厘米，径1.2-1.5厘米，小苞片卵状三角形，紧贴；果椭圆形或卵状椭圆形，长1.2-2厘米，径0.8-1.2厘米，果脐微凸起，径约6毫米。

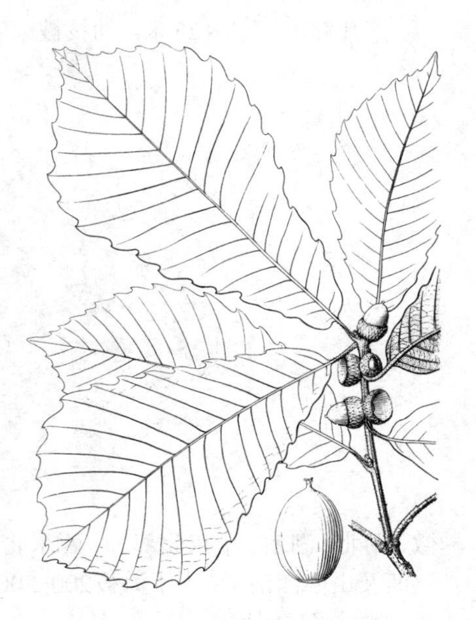

图 367 大叶栎 （张维本绘）

产云南、贵州、四川及西藏东南部，生于海拔700-2800米山坡、山麓疏林中。印度及斯里兰卡有分布。喜光，耐干旱瘠薄，多为荒山荒地先锋树种。木材坚韧，供建筑、家具、农具、装饰等用。树皮、壳斗可提取栲胶，种子可作饲料。

9. 槲栎 图 368 彩片 107

Quercus aliena Bl. in Ann. Mus. Bot. Lugd.-Bat. 1: 298. 1864.

落叶乔木，高达30米。小枝粗，无毛。叶长椭圆状倒卵形或倒卵形，长10-20（-30）厘米，先端短钝尖，基部宽楔形或近圆，具波状钝齿，老叶下面被灰褐色细绒毛或近无毛，侧脉10-15对；叶柄长1-1.3厘米，无毛。壳

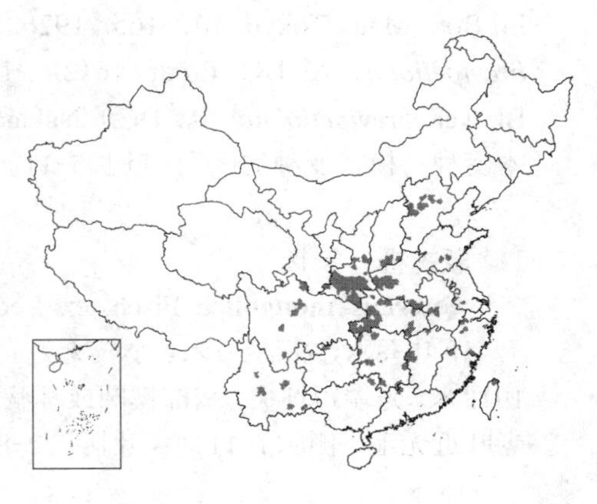

斗杯状，高1-1.5厘米，径1.2-2厘米，小苞片卵状披针形，长约2毫米，紧贴，被灰白色短柔毛；果卵圆形或椭圆形，长1.7-2.5厘米，径1.3-1.8厘米。花期3-5月，果期9-10月。

产山西、河北、山东、江苏、安徽、浙江、福建、台湾、江西、湖北、湖南、广东北部、广西、云南、贵州、四川、陕西及河南，生于海拔100-2400米山地林中。

［附］**锐齿槲栎 Quercus aliena** var. **acuteserrata** Maxim. ex Wenz. in Jahrb. Bot. Gart. Berlin 4: 219. 1886. 本变种与模式变种的区别：叶较窄长，具上弯粗尖齿，侧脉14-18对。产辽宁东南部、河北、河南、山西、山东、江苏、安徽、浙江、台湾、江西、湖北、湖南、广东、广西、云南、贵州、四川及陕西，生于海拔100-2700米山地林中。

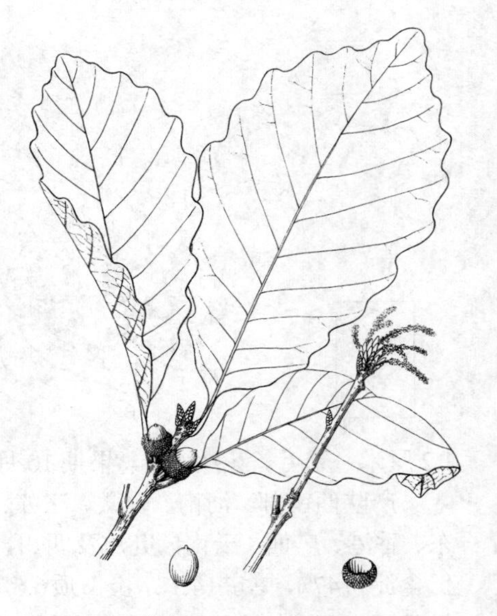

图 368 槲栎 （仿《中国森林植物志》）

10. 枹栎 枹树 图 369

Quercus serrata Thunb. Fl. Jap. 176. 1784.

Quercus glandulifera Bl. in Mus. Bot. Lugd.-Bat. 1: 295. 1850; 中国高等植物图鉴 1: 458. 1972.

落叶乔木，高达25米。幼枝被柔毛，后脱落。叶倒卵形或倒卵状椭圆形，长7-14厘米，先端短尖或渐尖，基部宽楔形，具腺齿，幼叶被平伏毛，老叶下面疏被平伏毛或近无毛，侧脉7-12对；叶柄长1-3厘米，无毛。壳斗杯状，高5-8毫米，径1-1.2厘米，小苞片三角形鳞片状，紧贴，边缘具柔毛；果卵圆形或宽卵圆形，长1.7-2厘米，径0.8-1.2厘米。花期3-4月，果期9-10月。

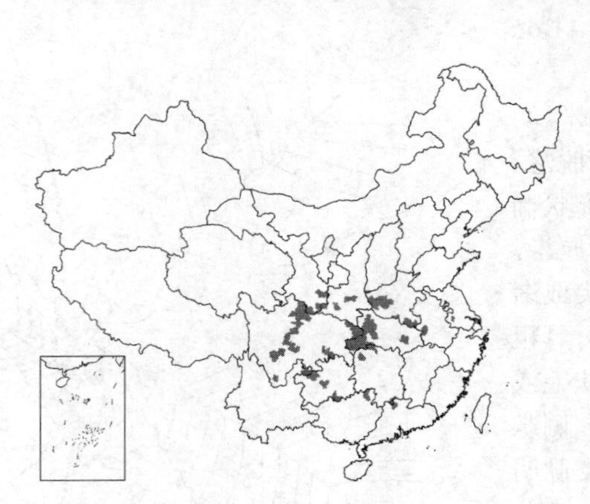

产山东、江苏、台湾、安徽、湖北、湖南、广东北部、广西东北部、云南东北部、贵州、四川、甘肃、陕西及山西西南部，生于海拔200-2000米山地沟谷林中。日本及朝鲜有分布。木材坚韧耐腐。

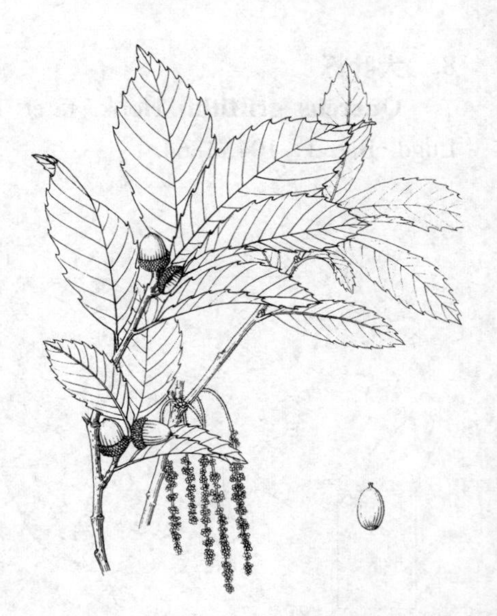

图 369 枹栎 （仿《中国森林植物志》）

［附］**短柄枹栎 Quercus serrata** var. **brevipetiolata** (A. DC.) Nakai in Bot. Mag. Tokyo 40: 165. 1926. —— *Quercus urticaefolia* Bl. var. *brevipetiolata* A. DC. Prodr. 16(2): 16. 1864. —— *Quercus glandulifera* Bl. var. *brevipetiolata* (A. DC.) Nakai: 中国高等植物图鉴 1: 459. 1972. 本变种与模式变种的区别：叶长5-11厘米，常聚生枝顶，具内弯浅腺齿，叶柄长2-5毫米。产辽宁南部、山东、江苏、安徽、浙江、福建、台湾、江西、湖北、湖南、广东、广西、贵州、四川、甘肃、陕西、河南及山西，生于海拔2000米以下山地林中。

11. 蒙古栎 蒙栎 图 370

Quercus mongolica Fisch. ex Ledeb. Fl. Ross. 3(2): 589. 1850.

落叶乔木，高达30米。小枝无毛。叶倒卵形或倒卵状长椭圆形，长7-19厘米，先端短钝尖，基部楔圆或耳状，粗钝齿7-10对，幼叶沿脉疏被毛，老叶近无毛，侧脉7-11对；叶柄长2-8毫米，无毛。壳斗杯状，高0.8-1.5厘米，径1.5-1.8厘米，小苞片鳞片状，下部具瘤状突起，密被灰白色短毛；果卵圆形或长卵圆形，长2-2.3厘米，径1.3-1.8厘米，无毛。花期

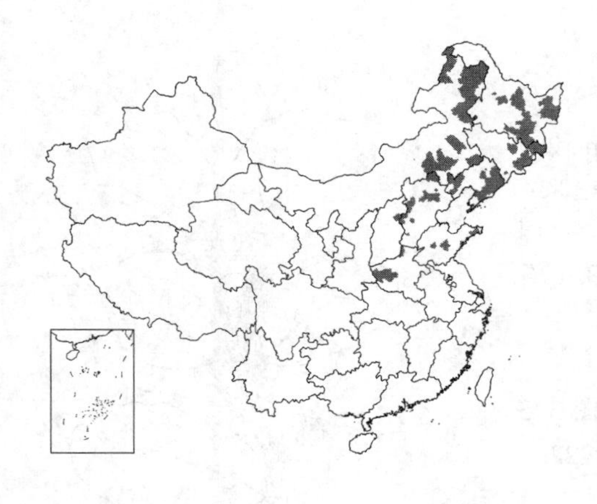

4-5月，果期9月。

产黑龙江、吉林、辽宁、内蒙古、河北、河南、山西及山东，生于海拔200-2100米山地林中。俄罗斯、朝鲜及日本有分布。种仁可酿酒、制糊料；叶可饲柞蚕；树皮及壳斗可提取栲胶；树皮药用，作收敛剂、治痢疾。木材坚韧，耐腐，供船舶、车辆、胶合板等用。

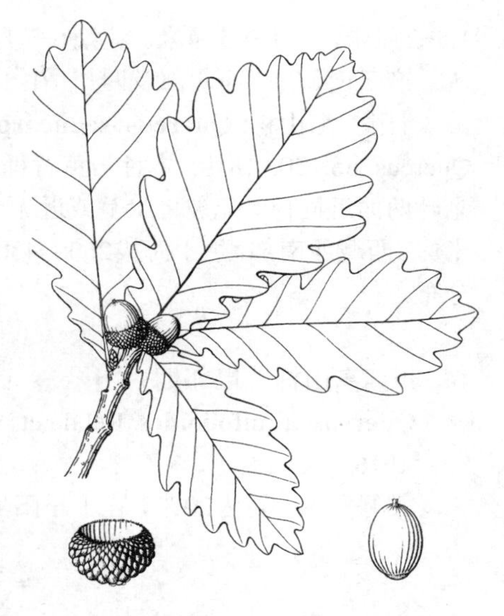

图 370 蒙古栎 （张泰利绘）

［附］粗齿蒙古栎 **Quer-cus mongolica** var. **grosseserrata** (Bl.) Rehd. et Wils. in Sarg. Pl. Wilson. 3: 231. 1916. —— *Quercus grosseserrata* Bl. in Ann. Mus. Bot. Lugd.-Bat. 1: 298. 1850. 本变种与模式变种的区别：叶较窄长，具内弯粗齿，侧脉14-18对。产东北、华北。日本及朝鲜有分布。

12. 辽东栎 图 371

Quercus wutaishanica H. Mayr, Framdland. Wald-und Parkbaume fur Europa 504. 1906.

Quercus liaotungensis Koidz.; 中国高等植物图鉴 1: 461. 1972.

落叶乔木，高达15米。幼枝绿色，无毛。叶倒卵形或倒卵状椭圆形，长5-17厘米，先端短渐尖，基部楔圆或耳状，具5-7对圆齿，幼叶下面沿脉被毛，老叶无毛，侧脉5-7（-10）对；叶柄长2-5毫米，无毛。壳斗浅杯状，高约8毫米，径1.2-1.5厘米，小苞片三角形鳞片状，长约1.5毫米，扁平，稀下部稍厚，疏被短绒毛；果卵圆形或椭圆形，长1.5-1.8厘米，径1-1.3厘米，顶部被短绒毛。花期4-5月，果期9-10月。

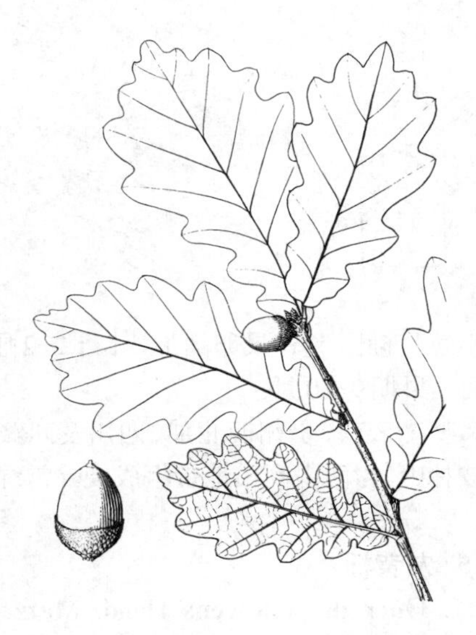

图 371 辽东栎 （张维本绘）

产黑龙江、吉林、辽宁、内蒙古、河北、山东、河南、山西、陕西、甘肃、宁夏、青海及四川，生于海拔600-2500米山地林中。朝鲜北部有分布。

13. 黄背栎 图 372 彩片 108

Quercus pannosa Hand.-Mazz. Sym. Sin. 7: 35. 1929.

常绿小乔木，高达15米，或灌木状。小枝被暗褐色绒毛，后渐脱落。叶倒卵形或椭圆形，长2-6厘米，先端圆钝或短钝尖，基部近圆或浅心形，具刺状齿或近全缘，下面密被红褐或黄褐色星状毛、单毛及粉状鳞秕，中脉常曲折，侧脉5-6（-9）对；叶柄长1-4（-6）毫米。壳斗浅杯状，高0.6-1厘米，径1-2厘米，小苞片窄卵形，长约1毫米，被褐色绒毛；果卵球形，长

1.5-2厘米，径1-1.5厘米。花期6-7月，果期翌年9-10月。

产云南、贵州西北部及四川，生于海拔2500-3900米松栎林中。

［附］高山栎 **Quercus semicarpifolia** Smith in Rees, Cyclop. 29: Quercus no. 20. 1819. 本种与黄背栎的区别：乔木高达30米，胸径3米；老叶两面近同色，疏被星状毛或近无毛；壳斗碟形；果近球形，径2-3厘米。产西藏西南部，生于海拔2600-4300米山地松栎林中。尼泊尔及印度有分布。

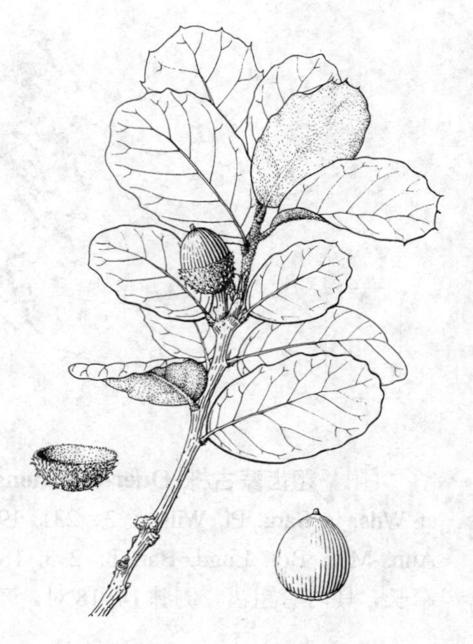

图 372 黄背栎 （王金凤绘）

14. 川滇高山栎 巴郎栎 图 373

Quercus aquifolioides Rehd. et Wils. in Sarg. Pl. Wilson. 3: 222. 1916.

常绿乔木，高达20米，在干旱阳坡及山顶常呈灌木状。幼枝被黄褐色星状毛。叶椭圆形或倒卵形，长2.5-7厘米，宽1.5-3.5厘米，老树叶先端圆，稀短尖，基部近圆或浅心形，全缘，稀具刺齿；幼树叶先端刺尖，基部浅心形，具刺齿；幼叶两面被毛及粉状鳞秕，下面尤密，老叶上面无毛，下面被星状毛及粉状鳞秕，渐脱落，侧脉6-8对；叶柄长2-5毫米。果序长不及3厘米；壳斗杯状，高5-6毫米，径0.9-1.2厘米，小苞片椭圆形；果卵圆形，长1.2-2厘米，径1-1.5厘米，无毛。花期5-6月，果期9-10月。

产云南、贵州西北部、四川及西藏东部，生于海拔2000-4500米山地阳坡林中。为西南高山地带组成硬叶常绿阔叶栎林的主要树种。

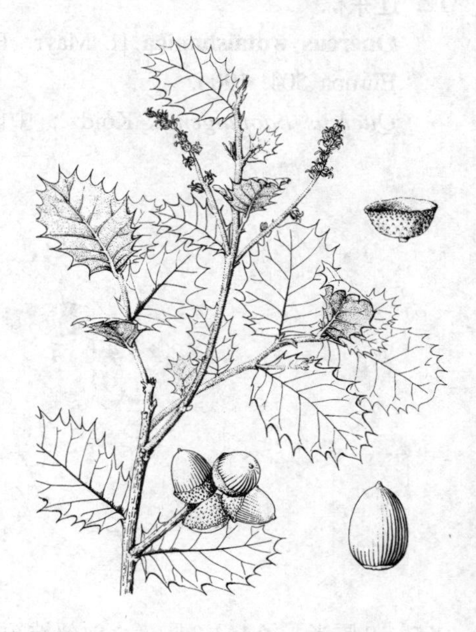

图 373 川滇高山栎 （张桂芝绘）

15. 灰背栎 图 374

Quercus senescens Hand.-Mazz. Symb. Sin. 7: 37. 1929.

常绿乔木，高达15米，或呈灌木状。幼枝密被灰黄色星状毛，后渐脱落，老枝有褐色绒毛。叶长圆形或倒卵状椭圆形，长3-8厘米，宽1.2-4.5厘米，先端钝圆，基部近圆或浅心形，全缘或具刺齿，幼叶两面被灰黄色毛，老叶上面近无毛，下面密被灰褐或灰黄色绒毛，侧脉5-8对；叶柄长1-3毫米。壳斗杯状，包果约1/2，高5-8毫米，径0.7-1.5厘米，小苞片长三角状，长约1毫米，覆瓦状紧密排列，被灰色绒毛；果卵圆形或卵形，长1.2-1.8厘米，径0.8-1.1厘米，无毛。果脐凸起。花期4-5月，果期9-10月。

产云南、贵州西北部、四川西部及西南部、西藏东南部，生于海拔1900-3300米山区向阳山坡、山谷或松栎林中。为组成西南高山地区硬叶常绿栎林重要树种。不丹有分布。

16. 矮高山栎 矮山栎 图375

Quercus monimotricha Hand.-Mazz. Symb. Sin. 7: 41. 1929.

常绿灌木，高达2米。幼枝密被绒毛，小枝近轮生，被褐色绒毛。叶椭圆形或倒卵形，长2-3.5厘米，宽1.2-3厘米，先端圆钝或具短尖，基部近圆或浅心形，具长刺齿，稀近全缘，幼叶两面被星状毛，老叶两面近同色，上面沿中脉疏被星状毛，下面有暗褐色星状毛或近无毛，侧脉4-7对；叶柄长约3毫米，密被毛。雄花序长3-4厘米，萼片4-9裂，雄蕊与花萼裂片同数，花序轴及萼片被绒毛。壳斗杯状，高3-4毫米，径约1厘米，小苞片长约1毫米，被灰褐色绒毛；果卵圆形，黄褐色，长1-1.3厘米，径0.8-1厘米。花期6-7月，果期翌年9月。

产云南及四川西部，生于海拔2000-3500米山脊或阳坡，常成小片矮林，为高山矮林主要树种。缅甸有分布。

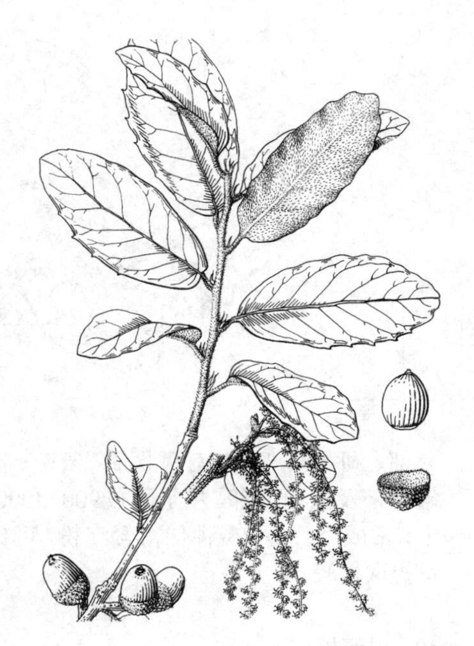

图 374 灰背栎 （王金凤绘）

17. 光叶高山栎 光叶山栎 图376

Quercus pseudosemicarpifolia A. Camus, Chenes (Encycl. Econ. Sylv. 6:) Atlas 1: 31. 1934.

常绿小乔木，高达12米，或呈灌木状。幼枝疏被毛，后脱落。叶椭圆形或倒卵状长圆形，长3-7(-13)厘米，先端钝圆，基部近圆或浅心形，全缘，稀具1-2刺齿，幼叶疏被星状毛，老叶上面无毛，下面近无毛，中脉平、曲折，侧脉6-8对，近叶缘处分叉；叶柄长2-4（-7）毫米。壳斗浅杯状，高4-6毫米，径0.6-1.2厘米，小苞片三角状卵形，除顶端外被灰色柔毛；果卵圆形，长约1.2厘米，径0.7-1.2厘米，顶端微被毛。花期5-6月，果期10-11月。

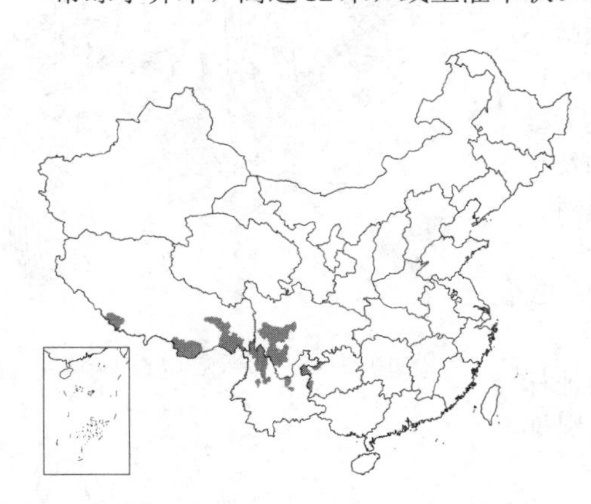

产云南、贵州西部、四川西部及西南部、西藏东南部及南部，生于海拔1500-4000米山坡灌丛中。

［附］**毛脉高山栎 Quercus rehderiana** Hand.-Mazz. in Anz. Akad. Wiss. Wien, Math-Nat. 62: 129. 1925. 本种与光叶高山栎的区别：老叶下面脉上被星状毛，余近无毛。产云南、贵州、四川及西藏，生于海拔1500-4000米山地林中。

图 375 矮高山栎 （王金凤绘）

18. 刺叶栎 刺叶高山栎 图377

Quercus spinosa David ex Franch. Pl. David. 1: 274. 1884.

常绿乔木，高达15米，或灌木状。幼枝被黄色星状毛，后渐脱落。叶倒卵形或椭圆形，长2.5-7厘米，先端钝圆，基部近圆或浅心形，全缘或

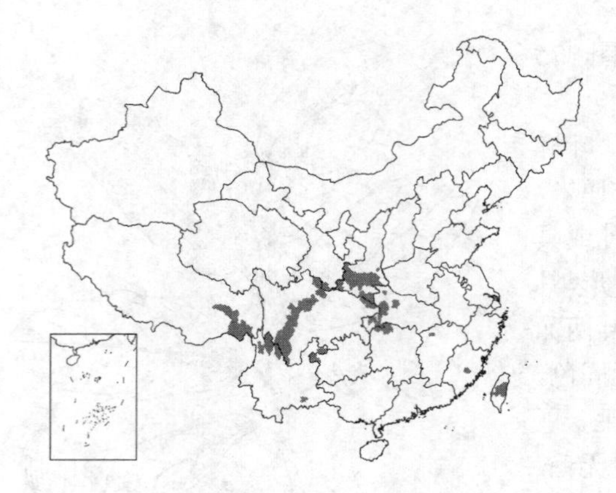

疏生刺齿，幼叶两面被星状毛及单毛，老叶下面中脉下部密被灰褐色星状毛，余无毛，上面中脉、侧脉凹下，侧脉4-8对；叶柄长2-3毫米。壳斗杯状，高6-9毫米，径1-1.5厘米，小苞片排列紧密；果椭圆形，长1.6-2厘米，径1-1.3厘米。花期5-6月，果期翌年9-10月。

产福建、台湾、江西西北部、湖北西部、湖南西北部、云南、贵州西北部、四川、西藏东南部、甘肃南部及陕西南部，生于海拔900-3000米石灰岩山地阳坡、山脊或山谷林中，常成小片灌丛。种仁富含淀粉，可作饲料及酿酒；树皮和壳斗含鞣质，可提取栲胶。

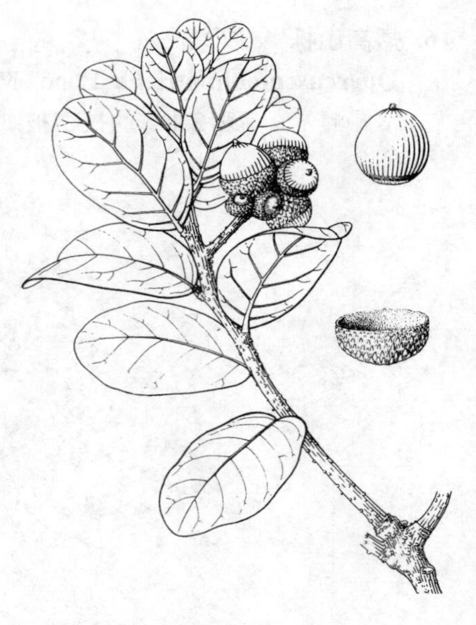

图 376 光叶高山栎 （王金凤绘）

19. 川西栎 图 378

Quercus gilliana Rehd. et Wils. in Sarg. Pl. Wilson. 3：223. 1916.

常绿小乔木，高达10米，或呈灌木状。幼枝被褐色柔毛，后渐脱落。叶面平或微有皱褶，椭圆形或倒卵形，长3-6厘米，宽1.5-4厘米，先端钝圆或具刺尖，基部近圆或浅心形，疏生刺齿，稀全缘，幼叶被星状毛，老叶下面中脉疏被灰黄色星状毛，余近无毛，上面侧脉不凹下，侧脉5-7对；叶柄长1-3毫米，托叶钻形，宿存。雄花序长5-8厘米，花序轴及花被有灰褐色绒毛。壳斗杯状，高4-6毫米，径0.6-1.2厘米，小苞片除顶端外被灰黄色柔毛；果卵圆形，长约1.2厘米，径0.7-1.2厘米。花期5-6月，果期9-10月。

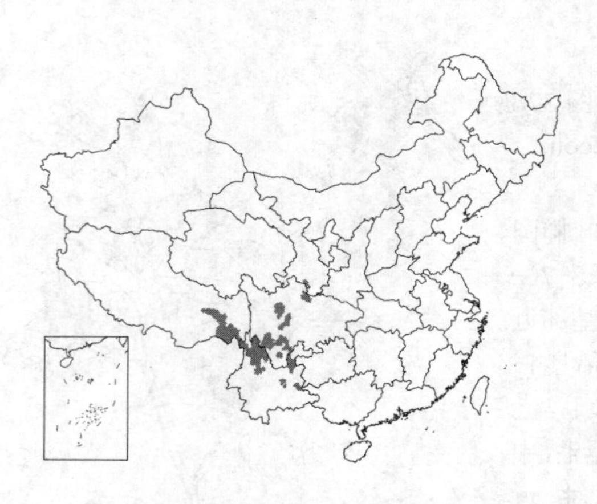

产甘肃南部、云南、四川及西藏东南部，生于海拔1500-3100米山地林中。喜光、耐寒、耐干旱瘠薄，根系深、抗风，为组成西南山区硬叶常绿栎林主要树种。

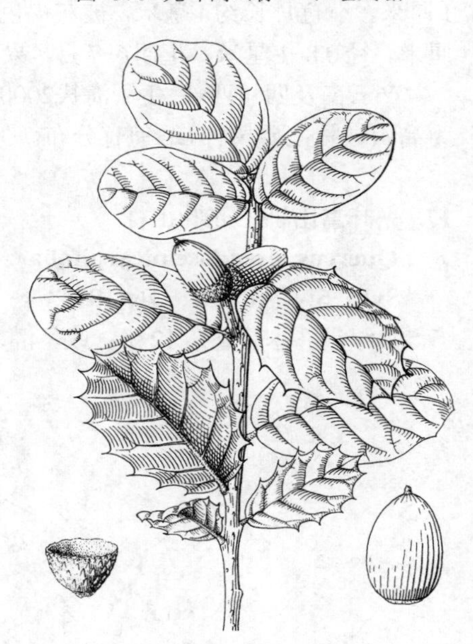

图 377 刺叶栎 （王金凤绘）

20. 匙叶栎 图 379

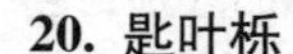

Quercus dolicholepis A. Camus, Chenes 3：1215, 1952-54.

Quercus spathulata Seem.；中国高等植物图鉴 1：456. 1972.

常绿乔木，高达16米。幼枝被灰黄色星状柔毛，后渐脱落。叶革质，倒卵状匙形或倒卵状椭圆形，长2-8厘米，宽1.5-4厘米，先端短钝尖，稀钝圆，基部宽楔形、近圆或浅心形，具锯齿，稀近全缘，幼叶两面被星状毛，老叶上面近无毛，下面疏被毛，侧脉7-8对；叶柄长4-5毫米，被绒毛。壳斗杯状，连小苞片高约1厘米，径约2厘米，小苞片线状，长约5毫米，被

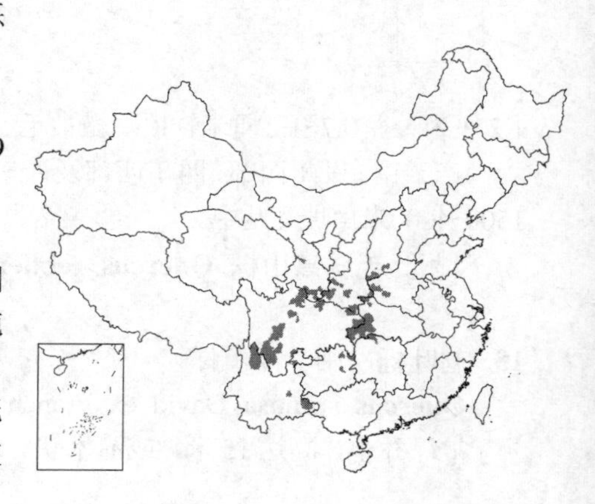

灰白色微柔毛，直立或下弯，顶部向壳斗内弯；果卵圆形或近球形，长1.2-1.7厘米，径1.3-1.5厘米。花期4-5月，果期翌年10月。

产河南、山西、陕西、甘肃、四川、湖北、湖南西北部、云南及贵州，生于海拔500-2800米山地林中。木材坚韧，耐久用，供制车辆、家具等用。

图 378 川西栎 （王金凤绘）

21. 尖叶栎

图 380

Quercus oxyphylla (Wils.) Hand.-Mazz. Symb. Sin. 7: 46. 1929.

Quercus spathulata Seem. var. *oxyphylla* Wils. in Journ. Arn. Arb. 8: 100. 1927.

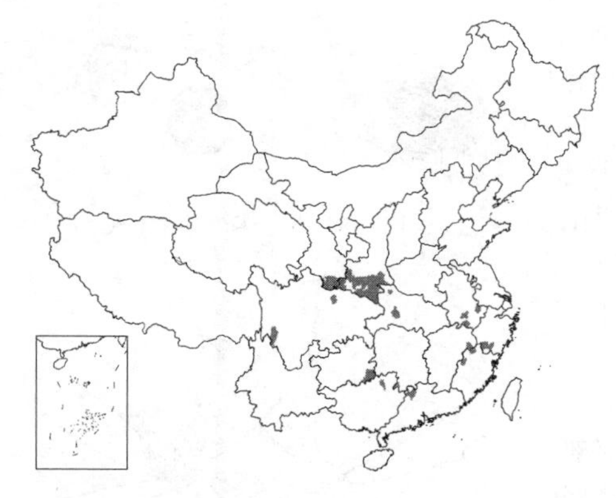

常绿乔木，高达20米。小枝密被苍黄色星状绒毛。叶卵状披针形或长椭圆形，长5-12厘米，宽2-6厘米，先端短尖或渐尖，基部近圆或浅心形，上部具浅齿或全缘，幼叶两面被星状绒毛，老叶下面被毛，侧脉6-12对；叶柄长0.5-1.5厘米，密被苍黄色星状毛。壳斗杯状，连小苞片高1.2-1.5厘米，径1.8-2.5厘米，小苞片线形，直立或反曲，被苍黄色绒毛；果椭圆形，长2-2.5厘米，径1-1.4厘米。花期5-6月，果期翌年9-10月。

产安徽、浙江、福建、江西、湖北、湖南、广东、广西、贵州、四川、陕西及甘肃，生于海拔200-2900米山地疏林中。

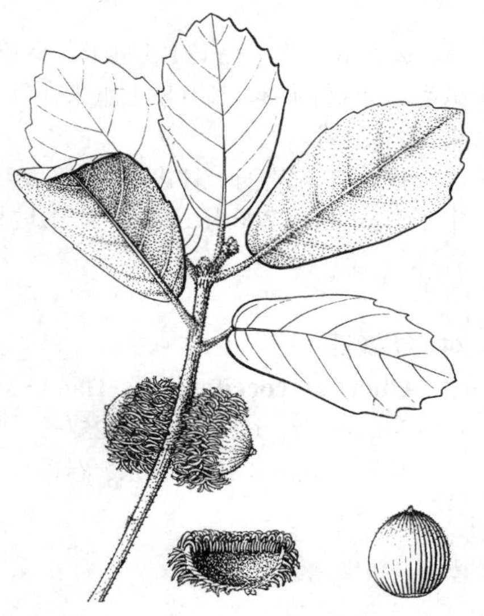
图 379 匙叶栎 （王金凤绘）

22. 枹子栎

图 381

Quercus baronii Skan in Journ. Linn. Soc. Bot. 26: 507. 1899.

半常绿乔木，高达15米，或灌木状。幼枝被星状柔毛，后脱落无毛。叶硬革质，卵状披针形，长3-6厘米，宽1.3-2厘米，先端渐尖，基部宽楔形或近圆，具锐齿，幼叶两面疏被星状微柔毛，老叶仅下面中脉被星状绒毛，侧脉6-7对，纤细；叶柄长3-7毫米，被灰黄色绒毛。雄花序长约2厘米，花序轴被绒毛；雌花序长1-1.5厘米，具1-数花。壳斗杯状，连小苞片高0.8-1厘米，径1.2-1.8厘米，小苞片线形，长3-5毫米，反曲，被灰白色短柔毛；果卵圆形，长1.5-1.8厘米，径1-1.2厘米，被白色短柔毛，果脐微凸起，径4-5毫米。花期4月，果期翌年9月。

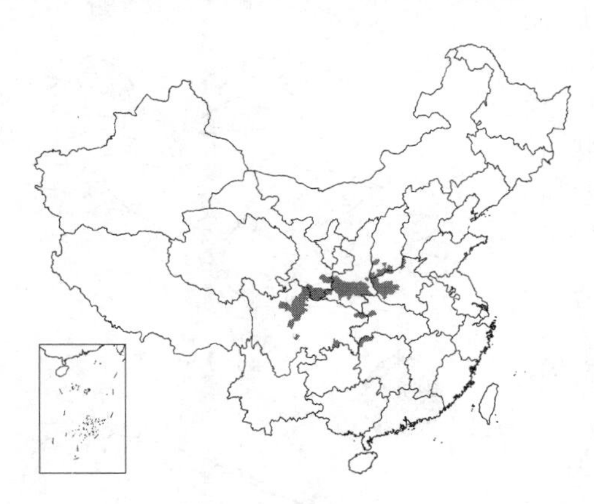

产河南、山西、陕西、甘肃、四川、湖北及湖南西北部，生于海拔500-2700米山地林中。种仁可食及酿酒；壳斗、树皮可提取栲胶。木材坚硬，耐磨，供车辆、家具等用。

图 380 尖叶栎 （余汉平绘）

23. 岩栎 图 382

Quercus acrodonta Seem. in Engl. Bot. Jahrb. 23, Beibl. 57: 48. 1897.

常绿乔木，高达15米，或呈灌木状。幼枝密被灰黄色星状短绒毛。叶革质，椭圆形、椭圆状披针形或倒卵形，长2-6厘米，宽1-2.5厘米，先端短渐尖，基部近圆或浅心形，中部以上疏生刺齿，老叶上面无毛，下面密被平伏灰黄色星状绒毛，侧脉7-11对，在两面不明显；叶柄长3-5毫米，密被灰黄色绒毛。雄花序长2-4厘米，花被近无毛；雌花序生于近枝顶叶腋，具2-3朵花，花序轴被黄色绒毛。壳斗杯状，高5-8毫米，径1-1.5厘米，小苞片鳞片状，紧贴，除顶端外被灰白色绒毛；果椭圆形，长0.8-1厘米，径5-8毫米，顶端被绒毛。花期3-4月，果期9-10月。

产河南、陕西、甘肃、湖北、湖南、四川、贵州、云南及西藏东南部，生于海拔300-2300米山地山谷、山坡林中。云南广南县六郎城石灰岩山地有岩栎林。

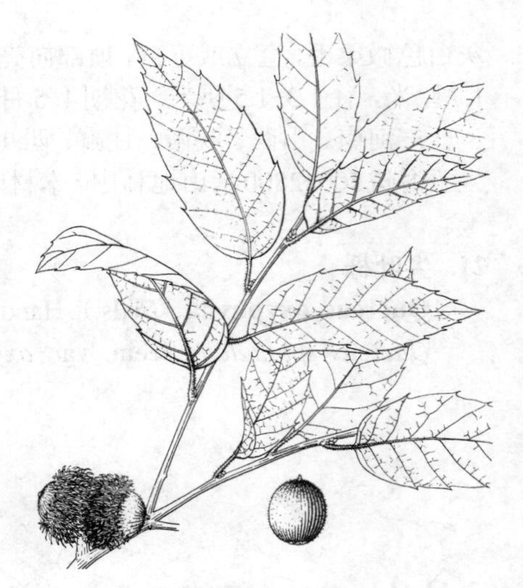

图 381 枹子栎 （王金凤绘）

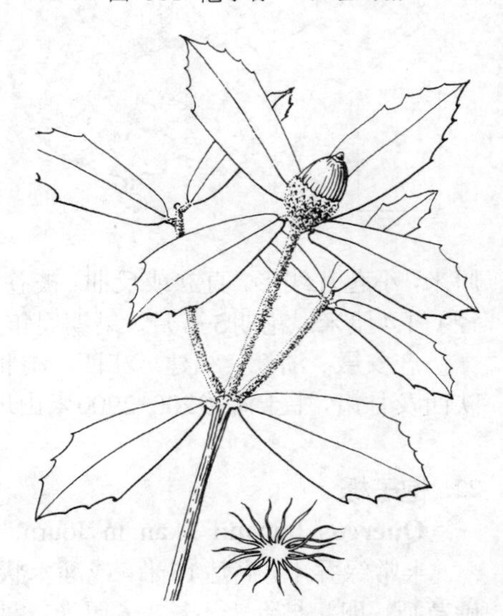

图 382 岩栎 （余汉平绘）

24. 铁橡栎 图 383

Quercus cocciferoides Hand.-Mazz. in Abh. Akad. Wiss. Wien, Math.-Nat. 62: 128. 1925.

半常绿乔木，高达15米。春季2-3月落叶。幼枝被绒毛，后渐脱落。叶纸质，长椭圆形或卵状长椭圆形，长3-8厘米，先端短尖，基部宽楔形或近圆，具锯齿，幼叶疏被毛，老叶近无毛，侧脉6-8对；叶柄长5-8毫米。壳斗杯状，高1-1.2厘米，径1-1.5厘米，小苞片鳞片状，长约1毫米，不紧贴，被星状毛；果近球形，长1-1.2厘米，径约1厘米，被短柔毛。花期4-6月，果期9-11月。

产云南及四川西南部，生于海拔1000-2500米阳坡或干旱河谷。

［附］**大理栎 Quercus cocciferoides** var. **taliensis** (A. Camus) Y. C. Hsu et H. W. Jen in Acta Phytotax. Sin. 14(2): 81. 1976, in clavi. —— *Quercus taliensis* A. Camus in Bull. Mus. Nist. Nat. Paris 2 ser. 4: 122. 1932. 本变种与模式变种的区别：叶卵状披针形；壳斗小苞片细密，紧贴。产云南西北部及四川西南部，生于海拔1100-2600米阳坡灌丛中。

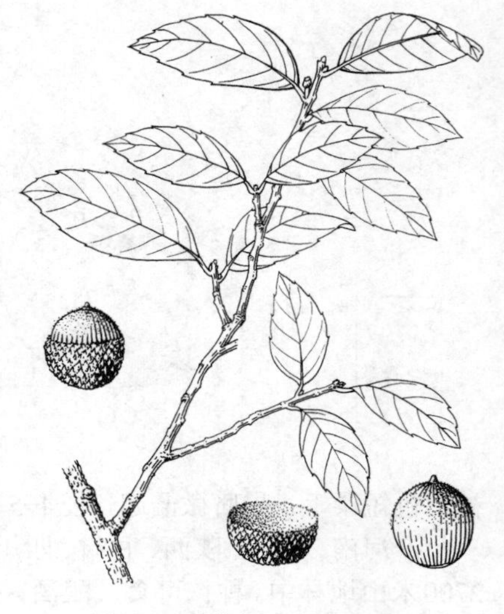

图 383 铁橡栎 （王金凤绘）

25. 乌冈栎 图 384

Quercus phillyraeoides A. Gary in Mem. Amer. Acad. Arts Sci. n. ser. 4(2): 406. 1858.

常绿小乔木，高达10米，或灌木状。幼枝被短柔毛，后脱落无毛。叶革质，倒卵形或窄椭圆形，长2-6(-8)厘米，先端短尖，基部近圆或浅心形，具锯齿，两面同色，老叶两面无毛或下面中脉疏被毛，侧脉8-13对；叶柄长3-5毫米。壳斗杯状，高6-8毫米，径1-1.2厘米，小苞片长约1毫米，紧贴，除顶端外被白色柔毛；果卵状椭圆形，长1.5-1.8厘米，径约8毫米。花期3-4月，果期9-10月。

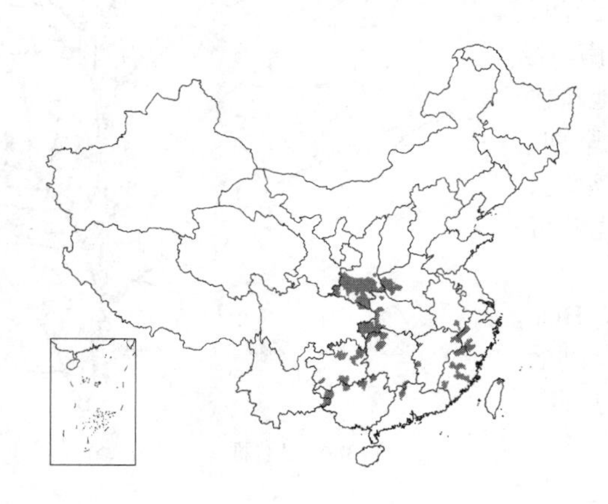

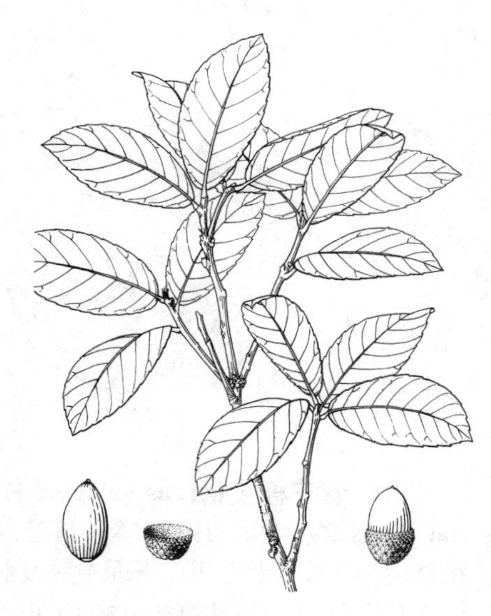

图 384 乌冈栎 (王金凤绘)

产安徽、浙江、福建、台湾、江西、湖北、湖南、广东北部、广西、云南、贵州、四川东北部、陕西南部及河南，生于海拔300-1200米阳坡或干旱山脊。种仁可酿酒、制糊料；壳斗、树皮可提取栲胶。木材坚韧，耐腐，为农具、车辆、细木工等优良用材。

26. 锥连栎 图 385

Quercus franchetii Skan in Journ. Linn. Soc. Bot. 26: 513. 1899.

常绿乔木，高达15米；树皮暗褐色，纵裂。小枝密被灰黄色绒毛。叶面平，倒卵形或椭圆形，长5-12厘米，宽2.5-6厘米，先端短尖或钝尖，基部窄楔形或近圆，叶上部以上具腺齿，幼叶两面密被灰黄色绒毛，老叶下面密被灰黄色星状绒毛，侧脉8-12对，直达齿端；叶柄长1-2厘米，密被灰黄色绒毛。雄花序生于新枝基部。果序长1-2厘米；壳斗杯状，高0.7-1.2厘米，径1-1.4厘米，小苞片三角形鳞片状，长约2毫米，背部瘤状突起，被灰色绒毛；果长圆状，长1.1-1.3厘米，径0.9-1.3厘米，被灰色细绒毛。花期2-3月，果期9-10月。

图 385 锥连栎 (王金凤绘)

产云南及四川，生于海拔800-2600米山地林中，在海拔800-1700米干热河谷组成森林，为主要乔木树种。泰国有分布。

27. 巴东栎 图 386

Quercus engleriana Seem. in Engl. Bot. Jahrb. 23, Beibl. 57: 47. 1897.

半常绿乔木，高达25米，胸径80厘米。幼枝被灰黄色绒毛，后渐脱落。叶椭圆形、卵形或卵状披针形，长6-16厘米，先端渐尖，基部宽楔形或近圆，稀浅心形，具锯齿或近全缘，幼叶两面被黄褐色短绒毛，老叶无毛或下面脉腋被簇生毛，侧脉10-13对；叶柄长1-2厘米，幼时被绒毛，后渐脱落，托叶线形，长约1厘米。壳斗碗形，径0.8-1.2厘米，小苞片披针形，长约1毫米，中下部被褐色柔毛；果

长卵圆形，长1-2厘米，径0.6-1厘米，无毛。花期4-5月，果期11月。

产浙江、福建、江西、湖北、湖南、广西、贵州、云南、西藏、四川、陕西及河南，生于海拔700-2700米山地疏林中。印度有分布。木材坚韧，耐腐，供建筑、车、船、滑轮、细木工等用。树皮及壳斗可提取栲胶。

［附］**富宁栎 Quercus setulosa** Hick. et A. Camus in Bull. Mus. Hist. Nat. Paris 29：598. 1923. 本种与巴东栎的区别：叶长4.5-11厘米，具刚毛状锯齿，叶两面无毛或仅下面中脉及脉腋被灰黄色星状毛。产广东、广西、云南及贵州，生于海拔130-1300米山地林中。越南及泰国有分布。

图 386 巴东栎 （王金凤绘）

7. 三棱栎属 Formanodendron Nixon et Crepet

常绿乔木，高达21米；树皮条状开裂。幼枝被锈色柔毛，皮孔白色。叶互生，椭圆形或卵状椭圆形，长7-12（-18）厘米，先端钝或凹缺，基部宽楔形下延，全缘，幼叶两面被锈色星状毛，老叶上面无毛，下面疏被星状毛，侧脉8-11对；叶柄长0.5-1.2厘米，托叶三角形，长1毫米，被短柔毛，早落。雄花序单生叶腋，下垂，长8-14厘米，被锈色绒毛，雄花1-3朵成簇，雄蕊6，与花被片对生；雌花序单生叶腋，长8-10厘米，每总苞具1（-3）雌花，花被6裂，退化雄蕊6，与花被片对生；子房3室，每室2胚珠，花柱3，柱头头状，面宽，颜色与花柱不同。壳斗高约2毫米，径3-7毫米，包果基部，3（-5）裂，内面密被锈色绒毛，具1（-3）果，柄长2毫米；果三棱形，具3翅，被颗粒状毛。不育胚珠在种子顶部，子叶出土。

单种属。

三棱栎 图 387 彩片 109

Formanodendron doichangensis（A. Camus）Nixon et Crepet in Amer. Journ. Bot. 76(6)：840. 1989.

Quercus doichangensis A. Camus in Bull. Soc. Bot. France 80：355. 1933.

Trigonobalanus doichangensis（A. Camus）Forman； 中国植物红皮书 1：302. 1991.

形态特征同属。花期11月，果期翌年3月。

产云南南部，生于海拔1000-1600米山地常绿阔叶林中。泰国有分布。

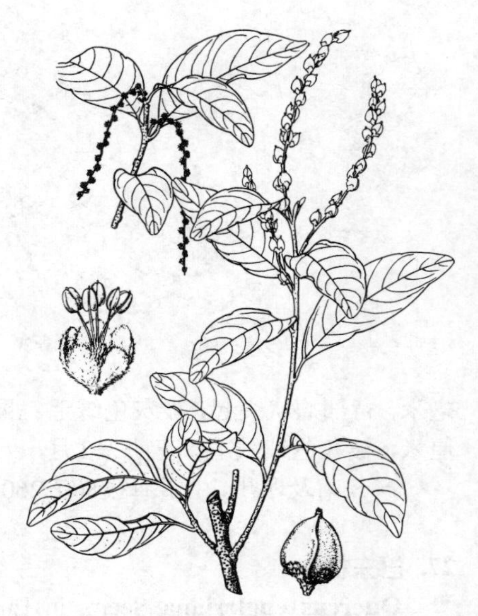

图 387 三棱栎 （李锡畴绘）

41. 桦木科 BETULACEAE

（李沛琼）

落叶乔木或灌木。单叶互生，具柄，具重锯齿，稀具单锯齿、浅裂或全缘，羽状脉；托叶离生，早落。花单性，雌雄同株；雄葇荑花序先叶开放，长而下垂，具多数复瓦状排列苞片，每苞片内着生由3朵雄花组成的小聚伞花序；雄花有或无花被，雄蕊2-20，花丝短，连合或稍连合，花药2室，药室连合或分离，纵裂。雌葇荑花序直立或下垂，具多数覆瓦状排列苞片，每苞片内着生2-3朵雌花组成的小聚伞花序；雌花无花被或有花被，子房下位，2室，具2倒生胚珠，或1枚败育，花柱2，分离。坚果或小坚果，具翅或无翅。种子单生，胚直；子叶扁平或肥厚；无胚乳。

6属，约150-200种，主要分布于美洲、亚洲及欧洲。我国88种、14变种。

1. 雄花单生，无花被；雌花具花被，花被与子房贴生；坚果或小坚果，无翅；子叶肥厚，肉质。
  2. 雌花序成头状或短总状。
    3. 坚果；雄花具2小苞片；花药药室分离，顶端被毛；雌花苞片钟状或管状 ………………… 1. **榛属 Corylus**
    3. 小坚果；雄花无小苞片，花药药室不分离，顶端无毛；雌花苞片管状 …………… 2. **虎榛子属 Ostryopsis**
  2. 雌花序总状。
    4. 雌花苞片叶状；小坚果裸露或半裸露；雄花序花芽冬季具芽鳞 ……………………… 3. **鹅耳枥属 Carpinus**
    4. 雌花苞片囊状；小坚果被苞片全包；雄花序花芽在冬季裸露 ………………………………… 4. **铁木属 Ostrya**
1. 雄花每3朵组成小聚伞花序，具花被；雌花无花被；小坚果具翅；子叶扁平。
  5. 果序球果状，果苞木质，宿存，顶端5浅裂；雌花序每苞片内具2花；雄花具（1）3（4）雄蕊 …………………………………………………………………………………… 5. **桤木属 Alnus**
  5. 果序穗状，果苞革质，脱落，顶端3裂；雌花序每苞片内具3花；雄花具2雄蕊 ………… 6. **桦木属 Betula**

1. 榛属 Corylus Linn.

落叶乔木或灌木。叶互生，具柄，具重锯齿或浅裂。雄花序为多数聚伞花序组成的葇荑花序，圆柱形，下垂，无梗，花芽冬季裸露，具多数覆瓦状排列的苞片，每苞片内具2枚小苞片和1朵雄花；雄花无花被，具2-8雄蕊，雄蕊生于苞片中部，花药药室分离，顶端被毛。雌花序头状；苞片钟状或管状，顶端缺裂，成对生于花轴序上；雌花具花被，花被与子房贴生，子房1（2）室，花柱2裂至基部。坚果，近球形或卵球形，内藏或露出苞片。

约20种，分布于中国、日本、朝鲜、蒙古、北美洲及欧洲。我国7种、2变种。

1. 雌花苞片钟状；果苞钟状，果露出苞片。
  2. 果苞具分枝针刺。
    3. 芽鳞被白色长柔毛；叶卵状长圆形或倒卵状长圆形 ……………………………………… 1. **刺榛 C. ferox**
    3. 芽鳞无毛；叶倒卵形或椭圆形 ………………………………… 1(附). **藏刺榛 C. ferox** var. **thibetica**
  2. 果苞无刺。
    4. 小枝密被黄褐色绒毛；叶柄长0.7-1.2厘米，密被黄色绒毛，叶卵圆形、宽卵形或倒卵形，下面密被绒毛，具不规则重锯齿；果苞与果近等长或较短 ………………………………………… 2. **滇榛 C. yunnanensis**
    4. 小枝疏被长柔毛；叶柄长1-3厘米，疏被柔毛或近无毛，叶卵形、长圆形或椭圆形，下面沿脉被长柔毛，中部以上浅裂或缺刻。
      5. 叶长圆形或倒卵形，先端骤尖、尾状或近平截；雌花苞片裂片常全缘 …………… 3. **榛 C. heterophylla**
      5. 叶椭圆状倒卵形、宽卵形或近圆形，先端短尾尖；雌花苞片裂片常具锯齿及浅裂 …………………………………………………… 3(附). **川榛 C. heterophylla** var. **sutchuanensis**

1. 雌花苞片管状，果苞在坚果以上缢缩，坚果内藏苞片内。
  6. 灌木；叶缘中部以上浅裂 ………………………………………………………… 4. 毛榛 **C. mandshurica**
  6. 乔木；叶缘具不规则重锯齿。
    7. 果苞疏被柔毛，具多数纵肋，顶端具线形裂片，裂片顶端常再分叉 ……………… 5. 华榛 **C. chinensis**
    7. 果苞被黄色绒毛，纵肋不明显，顶端具三角状披针形裂片，裂片顶端极少分叉 ……………………………………………………………………… 6. 披针叶榛 **C. fargesii**

1. 刺榛 图 388

Corylus ferox Wall. Pl. Asiat. Rar. 1: 77. 1830.

乔木，高达20米。小枝紫褐色，被柔毛，有时被刺状腺体。芽鳞被白色长柔毛。叶纸质，卵状长圆形或倒卵状长圆形，长5-15厘米，先端尾尖，基部圆或近心形，上面幼时疏被长柔毛，下面疏被腺点，脉腋具髯毛，具锐尖重锯齿，侧脉8-14对；叶柄长1-3.5厘米。雄花序长约2厘米；苞片宽卵形，被微绒毛；花药紫色。雌花序4-6枚成头状；苞片钟状，密被柔毛及刺状腺体。果苞钟状，上部密被分枝针刺；坚果卵球形，径约1.5厘米，顶端被毛，露出。果期9-10月。

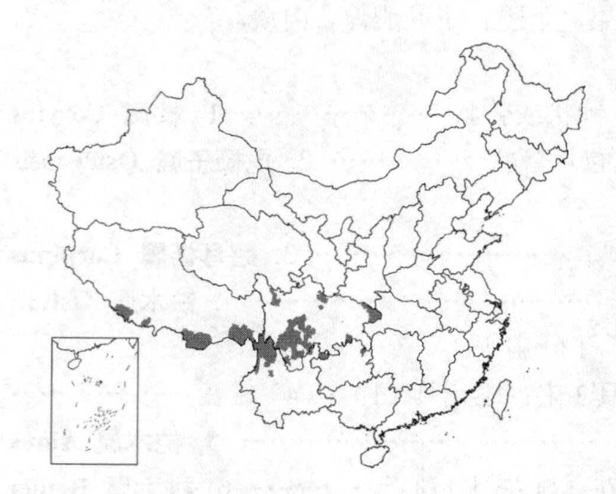

产贵州东北部、四川北部及西南部、云南北部及西北部、西藏南部，生于海拔1700-3800米山坡林中。不丹、锡金及尼泊尔有分布。

［附］**藏刺榛** 彩片 110 **Corylus ferox** var. **thibetica** (Batal.) Franch. in Journ. de Bot. 13: 200. 1899. —— *Corylus thibetica* Batal. in Acta Hort. Petrop. 13: 102. 1893. 本变种与模式变种的区别：芽鳞无毛；叶倒卵形或椭圆形；果苞顶端针刺状裂片疏被毛或近无毛。产甘肃南部、宁夏南部、陕西南部、四川东部、湖北西部、湖南西北部、贵州、云南东北部及西藏南部，生于海拔1500-3600米山地林中。材质坚韧细致，为优良用材树种；种仁可食，也可榨油。

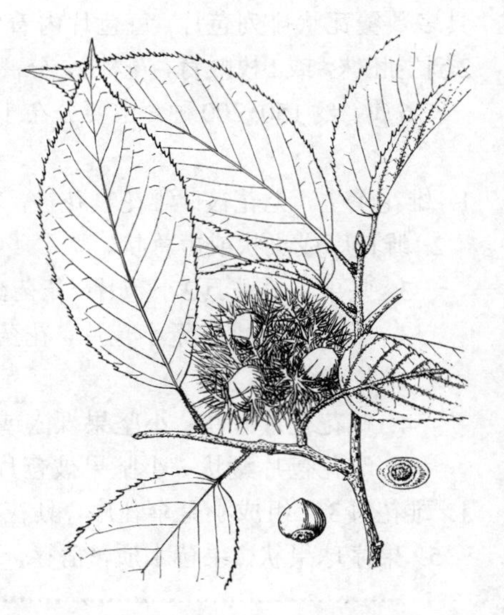

图 388 刺榛 （引自《图鉴》）

2. 滇榛 图 389 彩片 111

Corylus yunnanensis (Franch.) A. Camus in Bull. Mus. Hist. Nat. Paris sér. 2, 1: 438. 1929.

Corylus heterophylla Fisch. var. *yunnanensis* Franch. in Journ. de Bot. 13: 198. 1899.

小乔木或灌木状，高达7米。幼枝密被黄褐色绒毛及刺状腺点。叶纸质，卵圆形、宽卵形或倒卵形，长4-12厘米，先端骤尖，基部心形，上面疏被长柔毛，下面密被绒

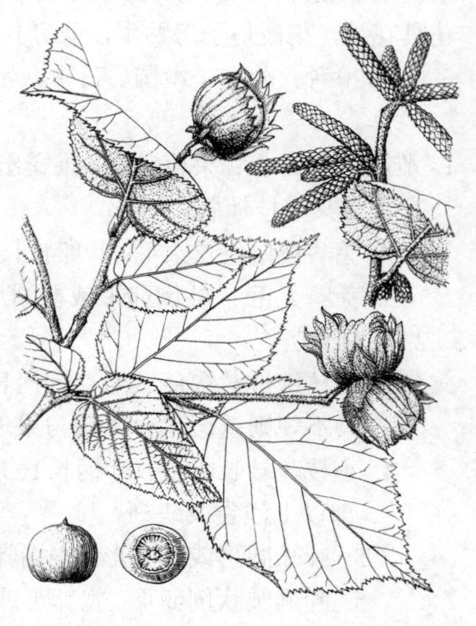

图 389 滇榛 （仿《中国森林植物志》）

毛，幼时有刺状腺体，具规则重锯齿，侧脉5-7对；叶柄长0.7-1.2（-2.2）厘米，密被黄色绒毛，疏生刺状腺点。雄花序2-3枚簇生，长2.5-3厘米；苞片卵形，密被灰色绒毛。果苞钟状，长1.3-2厘米，具纵肋，密被绒毛及刺状腺体，顶端具三角形裂片；坚果卵球形，长1.5-2厘米，密被绒毛，稍露出果苞。

产贵州西南部、湖北、四川西部及西南部、云南，生于海拔1600-3700米山坡灌丛中。种仁可食及榨油；树皮、果苞及树叶可提取栲胶。

3. 榛 榛子 图390 彩片112

Corylus heterophylla Fisch. ex Trautv. Pl. Imag. Deser. 10. t. 4. 1844.

小乔木或灌木状，高达7米。小枝被柔毛及刺状腺体。叶长圆形或倒卵形，长4-13厘米，先端骤尖、尾状或近平截，基部心形，下面沿脉疏被长柔毛，上面无毛，具不规则重锯齿或浅裂，叶脉3-7对；叶柄细，长1-2（3）厘米，疏被柔毛。雄花序2-5簇生；苞片密被柔毛。雌花序2-6成头状；苞片钟状，长1.5-2.5厘米，具纵肋，密被柔毛，近基部具刺状腺体，顶端裂片三角状卵形。坚果卵球形，与果苞近等长，径0.7-1.5厘米，顶端被长柔毛。花期4-5月，果期9月。

图 390 榛 （吴彰桦绘）

产黑龙江、吉林、辽宁、内蒙古、宁夏南部、甘肃东部、陕西南部、山西、河北、河南及湖北，生于海拔400-2400米阔叶林中。朝鲜、俄罗斯远东地区及东西伯利亚有分布。为早春蜜源树。种仁可食及榨油，为重要油料及干果树种；材质坚韧致密，枝干可制手杖、伞柄。

［附］川榛 **Corylus heterophylla** var. **sutchuanensis** Franch. in Journ. de Bot. 13: 199. 1899. 本变种与模式变种的区别：叶椭圆状倒卵形、宽卵形或近圆形，先端短尾尖；果苞顶端裂片常具锯齿及浅裂。产陕西、河南、山东、安徽、江苏、江西、湖北、湖南、贵州、四川、西藏东部，生于海拔500-2500米山坡灌丛中。

4. 毛榛 图391

Corylus mandshurica Maxim. et Rupr. in Bull. Acad. Imp. Sci. St. Pétersb. 15: 137. 1856.

灌木，高达6米。小枝密被柔毛及刺状腺体。叶宽卵形、卵形、长圆形或长圆状卵形，长6-12厘米，先端骤尖或短尾尖，下面密被长柔毛，具不规则粗锯齿，中部以上浅裂，侧脉9-10对；叶柄细，长1-3厘米，密被柔毛及刺状腺体。雄花序2-4簇生；苞片密被柔毛。雌花序2-4成头状。果苞管状，长3-6厘米，

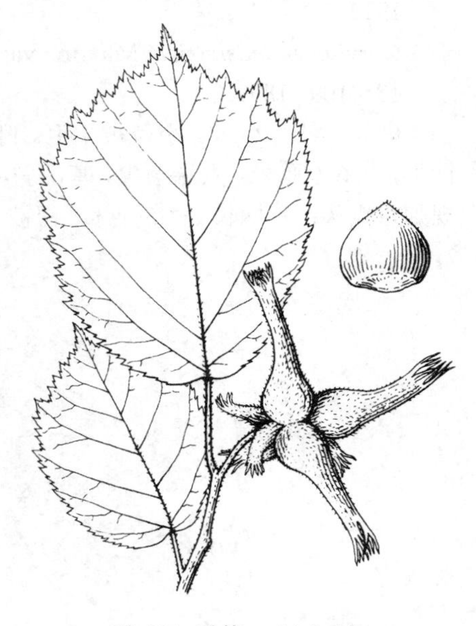

图 391 毛榛 （冯晋庸绘）

密被黄色刚毛、白色柔毛及刺状腺体，在坚果以上缢缩，顶端裂片披针形；坚果内藏，卵球形，径约1.5厘米，被白色柔毛。花期5月，果期9月。

产黑龙江、辽宁、吉林、内蒙古、河北、山东、河南、山西、陕西、四川、甘肃、青海及宁夏，生于海拔400-2600米林内或灌丛中。俄罗斯远东地区、朝鲜、日本有分布。果仁富含油脂、淀粉、蛋白质、糖分及维生素，味美可口，也可榨油；果壳可制活性炭；树皮、果苞及树叶可提取栲胶。

5. 华榛 图392 彩片113

Corylus chinensis Franch. in Journ. de Bot. 13: 197. 1899.

大乔木，高达40米，胸径2米。小枝疏被长柔毛及刺状腺体。叶卵形、卵状椭圆形或倒卵状椭圆形，长8-18厘米，先端骤尖或短尾状，基部斜心形，具不规则重锯齿，下面脉腋具髯毛；叶柄长1-2.5厘米，密被长柔毛及刺状腺体。雄花序4-6簇生；苞片被柔毛。雌花序2-6成头状。果苞管状，长2-6厘米，具多数纵肋，疏被柔毛及刺状腺体，在坚果以上缢缩，裂片线形，顶端分叉；坚果内藏，卵球形，径1-1.5厘米，无毛。果期9-10月。

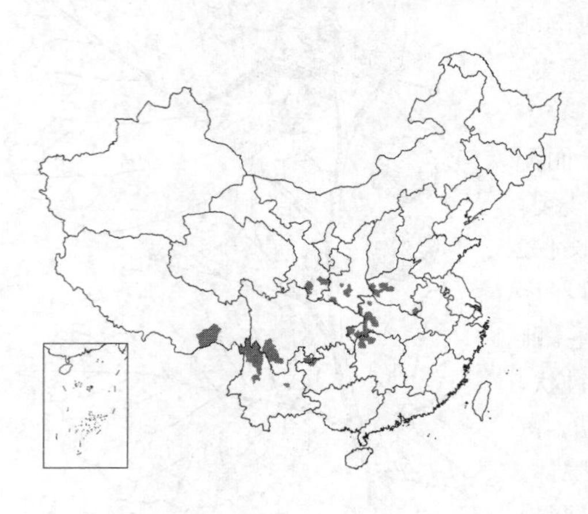

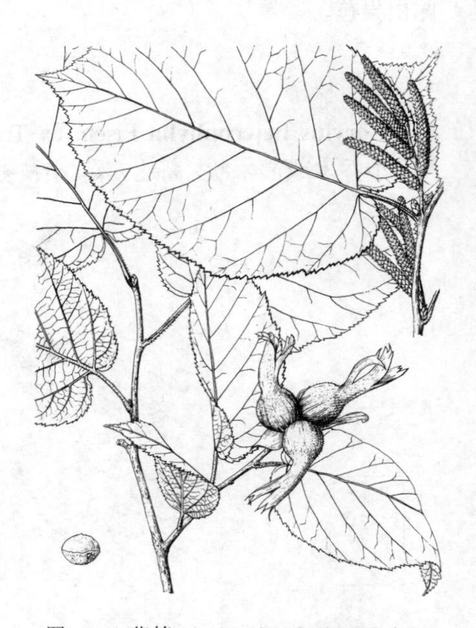

图 392 华榛 （仿《中国森林树木图志》）

产甘肃南部、陕西南部、河南、湖北西部、湖南西北部、四川西南部、贵州西北部、云南及西藏东部，生于海拔1200-3500米山坡林中。木材暗红褐色，坚韧细致，供建筑、高级家具、农具、胶板等用；种仁味美，含油率达50%。为优良用材及干果树种。

6. 披针叶榛 图393

Corylus fargesii (Franch.) Schneid. Ill. Handb. Laubholzk. 2: 896. 1912.

Corylus mandshurica Maxim. var. *fargesii* Franch. in Journ. de Bot. 13: 109. 1899.

乔木，高达25米。小枝被柔毛。叶长圆状披针形、倒卵状长圆形或披针形，长6-9厘米，先端渐尖，基部斜心形或近圆，两面疏被长柔毛，具不规则重锯齿；叶柄长1-1.5厘米，密被柔毛。雄花序2-8簇生；苞片卵状三角形，具刺毛状尖头。雌花序2-4成头状。果苞管状，长2-5厘米，密被黄色绒毛，幼时疏生刺状腺体，纵肋不明显，在坚果以上缢缩，裂片三角状披针形，顶端极少分叉；坚果内藏，卵状球形，径1-1.5厘米，顶端被灰白色柔毛。果期8-9月。

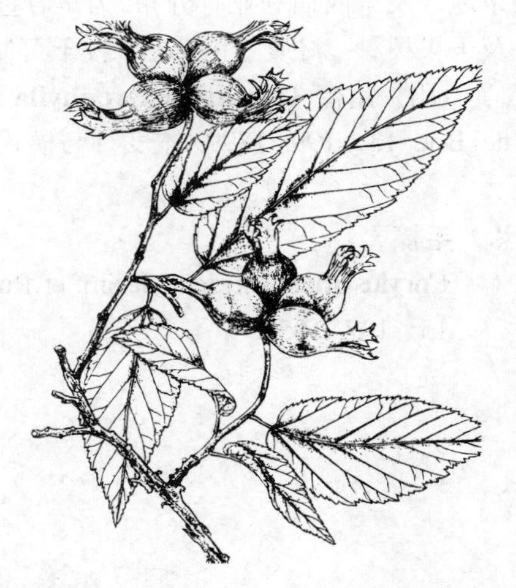

图 393 披针叶榛 （仿《中国森林树木图志》）

产河南、陕西、甘肃南部、宁夏南部、四川、云南西北部、贵州、湖南、湖北及江西北部，生于海拔800-3000米山坡林中。材质优良；种仁可食。

2. 虎榛子属 **Ostryopsis** Decne.

落叶灌木。叶互生，具柄，具不规则重锯齿或浅裂。雄葇荑花序的花芽冬季被芽鳞，苞片多数，覆瓦状排列，每苞片具1朵雄花；雄花无小苞片，无花被，雄蕊4-8，着生苞片基部，花药2室，药室不分离，顶端无毛。雌花序短，顶生或腋生，每苞片具2花，雌花具膜质花被，与子房贴生。果苞囊状，革质，顶端3浅裂。小坚果，内藏，卵球形，具纵肋。

2种，我国特产。

1. 叶卵形或椭圆状卵形，下面密被白色柔毛，具重锯齿，中部以上浅裂，先端渐尖或尖；雄花与雌花苞片内均密被柔毛 …………………………………………………………………………………… 1. **虎榛子 O. davidiana**
1. 叶宽卵形或卵圆形，下面密被黄褐色绒毛，具不规则重锯齿，先端钝或近圆；雄花与雌花苞片均密被黄褐色绒毛 …………………………………………………………………………………… 2. **滇虎榛 O. nobilis**

1. 虎榛子 图 394

Ostryopsis davidiana Decne. in Bull. Soc. Bot. France. 20：155. 1873.

灌木，高达3米。小枝密被柔毛。叶卵形或椭圆状卵形，稀宽卵形或宽倒卵形，长2-6.5厘米，先端渐尖或尖，基部心形或近圆，下面密被白色柔毛，脉腋具髯毛，被黄褐色树脂腺点，具重锯齿，中部以上浅裂；叶柄长0.3-1.2厘米，密被柔毛。雄花序单生；苞片被柔毛。雌花序顶生，为总状或头状；序梗密被柔毛及稀疏粗毛；苞片管状，长1-1.5厘米，密被柔毛。小坚果褐色，卵球形或近球形，长4-6毫米，疏被柔毛，具纵肋。花期4-5月，果期6-7月。

图 394 虎榛子 （冯晋庸绘）

产辽宁、内蒙古、河北、河南、山西、陕西、宁夏、青海、甘肃、四川西北部及云南西北部，生于海拔800-2800米疏林内或灌丛中。种子可榨油，供制皂；树皮、叶可提取栲胶。可作保持水土树种。

2. 滇虎榛 图 395 彩片 114

Ostryopsis nobilis Balf. f. et W. W. Smith in Notes Roy. Bot. Gard. Edinb. 8：194. 1914.

灌木，高达5米。小枝密被灰色绒毛，后渐脱落。叶革质，宽卵形或卵圆形，稀卵形，长4-8厘米，先端钝或近圆，基部心形或斜心形，上面幼时密被柔毛，下面密被黄褐色绒毛，具不规则重锯齿，上面凹下，叶柄长2-5毫米，密被绒毛。雄花序单生或双

图 395 滇虎榛 （冯晋庸绘）

生；苞片密被黄褐色绒毛。雌花序顶生，成总状或头状，序梗密被黄褐色绒毛；苞片管状，长约1厘米，密被黄褐色绒毛，具纵肋，顶端2裂。小坚果卵球形，长约4厘米，疏被柔毛，具纵肋。果期9-10月。

产云南西北部及四川西南部，生于海拔1500-3000米阳坡灌丛中。

3. 鹅耳枥属 **Carpinus** Linn.

乔木。叶互生，具重锯齿或单锯齿；托叶早落。雄花序为聚伞型葇荑花序，下垂；冬季花芽具芽鳞，苞片多数覆瓦状排列；雄花无小苞片，无花被，雄蕊3-12，着生苞片基部，花丝顶端分叉，花药2室，药室分离，顶端被柔毛。雌花序顶生或在短枝腋生；雌花成对或成总状；苞片叶状，覆瓦状排列，2-3裂，花被与子房贴生。小坚果具纵肋。

约50种，分布于亚洲东部、中南半岛至尼泊尔、美洲及欧洲。我国33种、8变种。

1. 果序的果苞覆瓦状密集排列，内缘基部裂片或耳突包果；小坚果无明显纵肋。
  2. 雌花序长40-50厘米；叶卵状披针形或椭圆状披针形，侧脉24-34对 …………… 1. **川黔鹅耳榆 C. fangiana**
  2. 雌花序长5-15厘米；叶卵形、卵状长圆形或倒卵状长圆形，侧脉15-20对。
    3. 小枝、叶柄及花序轴无毛或幼时疏被长柔毛 …………………………………………… 2. **千金榆 C. cordata**
    3. 小枝、叶柄及花序轴密被长柔毛。
      4. 叶下面沿中脉及侧脉疏被长柔毛 ……………………………… 2(附). **华千金榆 C. cordata** var. **chinensis**
      4. 叶下面密被柔毛及绒毛 …………………………………………… 2(附). **毛叶千金榆 C. cordata** var. **mollis**
1. 果序的果苞稀疏覆瓦状排列，内缘基部裂片或耳突不完全遮盖小坚果；小坚果具明显纵肋。
  5. 果苞内侧与外缘基部均具裂片。
    6. 叶柄粗，长4-7毫米，密被柔毛；果被褐色树脂腺体及黄色透明树脂；果苞外缘全缘或具波状齿 ………………………………………………………………………………………… 3. **短尾鹅耳枥 C. londoniana**
    6. 叶柄细，长1.5-3厘米，无毛；果上部具褐色树脂腺体，无透明树脂；果苞外缘具粗锯齿。
      7. 叶先端尖、渐尖或尾状，具骤尖重锯齿 ……………………………………………… 4. **雷公鹅耳枥 C. viminea**
      7. 叶先端长尾状，具刺毛状重锯齿 ………………………… 4(附). **贡山鹅耳枥 C. viminea** var. **chiukiangensis**
  5. 果苞内缘基部具内折裂片或耳突。
    8. 果苞内缘基部具内折裂片。
      9. 果苞长2厘米以上，顶端圆或钝；果长5毫米以上。
        10. 果顶端被毛，余无毛；果苞半宽卵形；叶椭圆形或宽椭圆形，长5-10厘米，具不规则刺毛状重锯齿 ………………………………………………………………………………………… 5. **普陀鹅耳枥 C. putoensis**
        10. 果密被白色柔毛；果苞半卵状长圆形或镰状长圆形；叶椭圆形、宽椭圆形或窄长圆形，长8-12厘米，具规则细密重锯齿 ………………………………………………………………… 6. **贵州鹅耳枥 C. kweichouensis**
      9. 果苞长0.6-2厘米，先端尖或渐尖；果长3-4毫米 ………………………………… 7. **鹅耳枥 C. turczaninowii**
    8. 果苞内缘基部具耳突。
      11. 叶缘具重锯齿或单锯齿。
        12. 果苞半宽卵形，长2.5-3厘米，宽1.5-1.8厘米；果长5-6毫米，密被柔毛，被橙黄色树脂腺体 …… ……………………………………………………………………………………… 8. **宽苞鹅耳枥 C. tsaiana**
        12. 果苞半卵形或半宽卵形，长2-2.5厘米，宽1-1.3厘米；果长达4毫米，被柔毛或无毛，被褐色树脂腺体或无。
          13. 雌花序轴密被粗毛；果密被柔毛，疏生褐色树脂腺体 ………………… 9. **粤北鹅耳枥 C. chuniana**
          13. 雌花序轴疏被柔毛或长柔毛；果上部疏被树脂腺体或无，顶端疏被柔毛或长柔毛，余无毛（云贵鹅耳枥果密被柔毛）。
            14. 叶长圆形或倒卵状长圆形；果疏被褐色树脂腺体 ……………… 10. **陕西鹅耳枥 C. shensiensis**
            14. 叶为其它形状；果无树脂腺体。

15. 叶及苞片背面无树脂腺点；叶缘具锐尖或骤尖重锯齿。
  16. 叶卵状披针形、卵状椭圆形或长圆形，长3.5-7.5厘米 ························ 11. **川陕鹅耳枥 C. fargesiana**
  16. 叶窄披针形或窄长圆形，长7-8厘米 ························ 11(附). **狭叶鹅耳枥 C. fargesiana** var. **hwai**
15. 叶及苞片背面被树脂腺点；叶缘具骤尖重锯齿或单锯齿。
  17. 果密被柔毛，顶端被长柔毛 ························ 12. **云贵鹅耳枥 C. pubescens**
  17. 果顶端疏被长柔毛，余无毛。
    18. 叶缘具重锯齿；叶卵状披针形、卵状椭圆形或椭圆状披针形，长6-10厘米 ························ 13. **湖北鹅耳枥 C. hupeana**
    18. 叶缘具单锯齿。
      19. 叶窄披针形或椭圆状披针形，长5-8厘米，先端渐尖或尾尖，具稍内弯单锯齿 ························ 14. **川鄂鹅耳枥 C. henryana**
      19. 叶卵形、卵状椭圆形或卵状披针形，长2-3.5厘米，先端渐尖，具骤尖单锯齿 ························ 15. **小叶鹅耳枥 C. stipulata**
11. 叶缘具刺毛状重锯齿或单锯齿。
  20. 果密被褐色或淡褐色树脂腺体；雌花序梗、序轴及苞片均密被黄色粗毛 ························ 16. **云南鹅耳枥 C. monbeigiana**
  20. 果无树脂腺体；花序梗、序轴无毛；果苞被柔毛。
    21. 果苞长2.5-5厘米；果长4-5毫米；叶长5-12厘米，宽2.5-5厘米，侧脉14-16对 ························ 17. **昌化鹅耳枥 C. tschonoskii**
    21. 果苞长0.8-1.5厘米；果长不及3.5毫米。
      22. 叶革质，上面侧脉凹下 ························ 18. **岩生鹅耳枥 C. rupestris**
      22. 叶纸质，上面侧脉不凹下。
        23. 叶下面被白色或淡锈色平伏长软毛，侧脉14-17对；小枝、叶柄及花序梗均被白色或淡锈色长软毛；果密被长柔毛 ························ 19. **软毛鹅耳枥 C. mollicoma**
        23. 叶下面沿脉被柔毛，侧脉16-20对；小枝、叶柄及花序梗疏被柔毛或无毛；果疏被柔毛 ························ 20. **多脉鹅耳枥 C. polyneura**

1. 川黔鹅耳榆 川黔千金榆 图396

Carpinus fangiana Hu in Journ. Arn. Arb. 10: 154. 1929.

乔木，高达20米。小枝无毛。叶卵状披针形或椭圆状披针形，长6-27厘米，先端渐尖，基部心形或近心形，两面沿脉疏被长柔毛，具不规则刺毛状重锯齿，侧脉24-34对；叶柄长约1.5厘米，无毛。雌花序长40-50厘米，花序梗长3-5厘米，密被柔毛及稀疏长柔毛；苞片斜椭圆形，长1.8-2.5厘米，沿脉疏被长柔毛，基部具髯毛，外缘微内折，疏生齿，基部具内折裂片，先端渐尖。小坚果长圆形，长约3.5毫米，无毛，无明显纵肋，苞片基部内折裂片包果。

产广西东北部、贵州、四川、云南东北部及东南部，生于海拔900-2000米阴坡及山谷林中。木材光泽，结构细致，供制胶合板、车辆、雕刻、乐器等用。

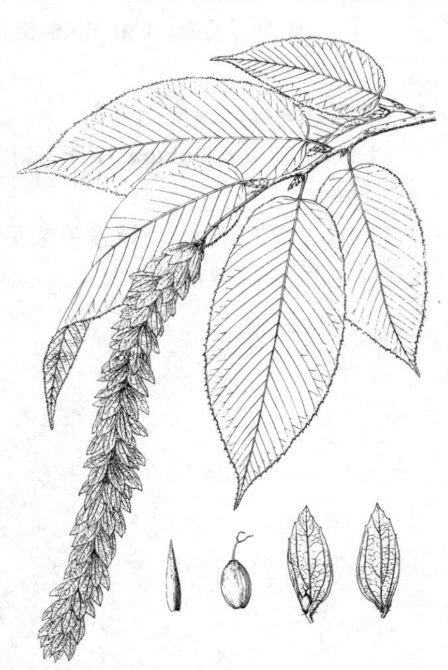

图 396 川黔鹅耳榆 （仿《中国森林树木图志》）

2. 千金榆 图 397

Carpinus cordata Bl. Mus. Bot. Lugd.-Bot. 1: 309. 1850.

乔木，高达18米。幼枝疏被长柔毛，后脱落。叶卵形、卵状长圆形或倒卵状长圆形，长8-15厘米，先端渐尖或尾尖，基部心形，下面沿脉疏被长柔毛，具不规则刺毛状重锯齿，侧脉15-20对；叶柄长1.5-2厘米，幼时疏被长柔毛。雌花序长5-15厘米；苞片宽卵状长圆形，长1.5-2.5厘米，基部具髯毛，外缘内折，疏生锯齿，内缘上部疏生锯齿。小坚果长圆形，长4-6毫米，无毛，纵肋不明显，苞片内侧基部内折裂片包果。

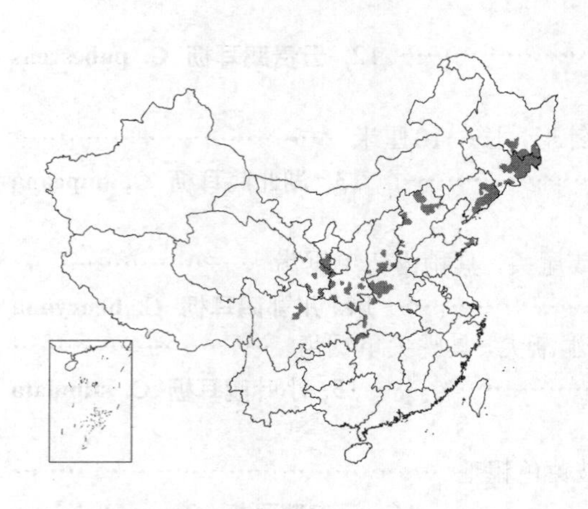

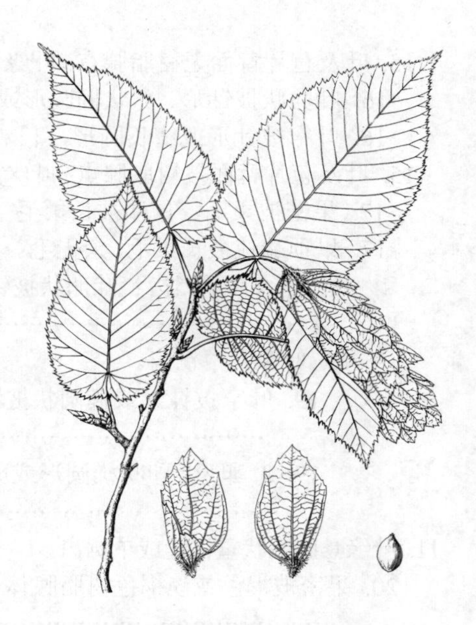

图 397 千金榆 （仿《中国森林树木图志》）

产黑龙江、吉林、辽宁、山西、河北、河南、山东、陕西、宁夏南部、甘肃、四川、湖北及湖南西北部，生于海拔200-2500米湿润山坡林中。日本、朝鲜、俄罗斯远东地区有分布。木材黄白色，坚重细致，供制家具、玩具等用；种子含油量约47%，可榨油供工业用。

［附］**华千金榆 Carpinus cordata** var. **chinensis** Franch. in Journ. de Bot. 13: 202. 1899. 本变种与模式变种的区别：小枝、叶柄及花序轴密被长柔毛；叶下面沿脉疏被长柔毛。产安徽、江苏、浙江、江西、湖北、湖南、贵州、四川、陕西南部及甘肃东南部，生于海拔700-2400米湿润山坡林内、溪边、灌丛中。

［附］**毛叶千金榆 Carpinus cordata** var. **mollis** (Rehd.) Cheng ex Chun in Y. Chen, Ill. Man. Chin. Trees & Shrubs 163. 1937. —— *Carpinus mollis* Rehd. in Journ. Arn. Arb. 11: 154. 1930. 本变种与模式变种的区别：小枝、叶柄及花序轴密被长柔毛；叶下面密被柔毛及绒毛。产河北、河南、陕西、四川北部、甘肃南部及宁夏南部，生于海拔1700-2400米湿润山坡林中、溪边。

3. 短尾鹅耳枥 白皮鹅耳枥 图 398 彩片 115

Carpinus londoniana H. Winkl. in Engl. Pflanzenr. 19 (IV. 61): 32. 1904.

乔木，高达20米。小枝密被柔毛及丝毛。叶椭圆状披针形、披针形或长圆形，长6-12厘米，先端骤尖，基部近圆或宽楔形，下面脉腋具髯毛，具不规则突尖重锯齿，侧脉11-13对；叶柄长4-7毫米，密被柔毛。雌花序长8-10厘米；苞片长2.5-3厘米，3裂，中裂片窄长圆形或镰状长圆形，外缘全缘或具波状齿，外侧基部裂片卵形。小坚宽卵球形，长3-4毫米，密被褐色树脂腺体，被透明黄色树脂，具纵肋。花期2-3月，果期8-9月。

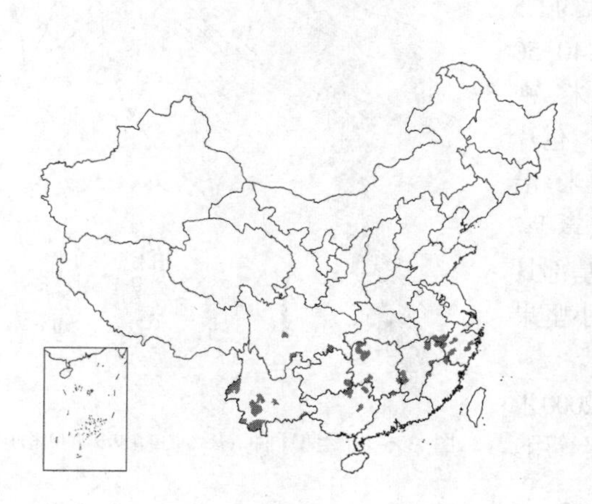

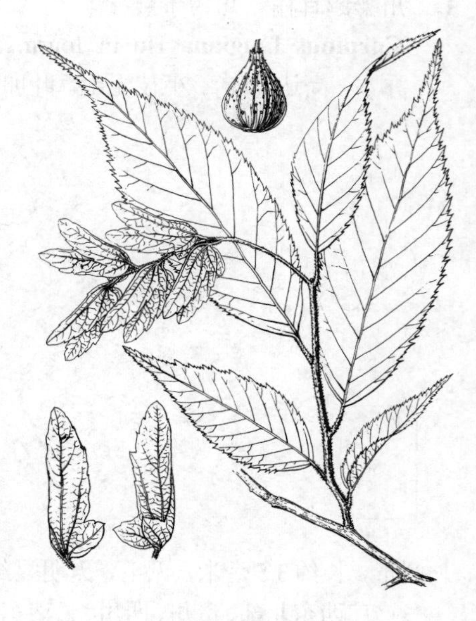

图 398 短尾鹅耳枥

（仿《中国森林树木图志》）

产安徽南部、浙江、江西、福建、广东北部、广西、湖南、贵州东南部、四川及云南，生于海拔300-1800米湿润山坡、林中。泰国北部、缅甸东南部、老挝及越南有分布。

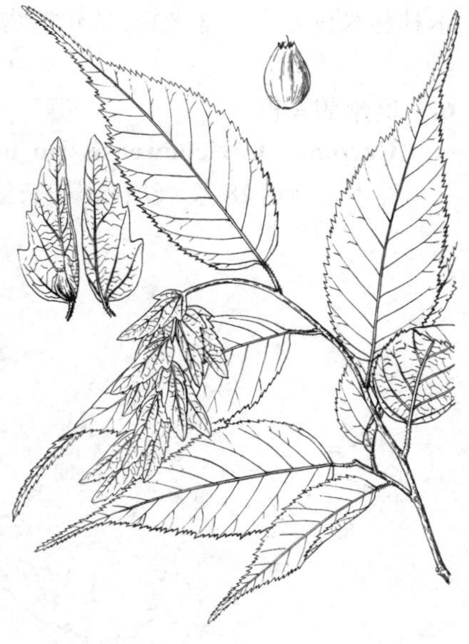

图 399 雷公鹅耳枥（仿《中国森林树木图志》）

4. 雷公鹅耳枥 图 399 彩片 116

Carpinus viminea Wall. Pl. Asiat. Rar. 2: 4. t. 106. 1831.

乔木，高达20米。小枝无毛。叶宽椭圆形、长圆形或卵状披针形，长6-11厘米，先端尖、渐尖或尾状，基部近心形，下面沿中脉及侧脉疏被长柔毛，侧脉12-15对；叶柄长1.5-3厘米，无毛。雌花序长5-15厘米；苞片半卵状披针形，长1.5-2.5厘米，常3裂，中裂片半卵状披针形或长圆形，外缘具粗齿，内缘全缘，外侧基部裂片卵形，内侧基部裂片内折。小坚果宽卵球形，长3-4毫米，顶端被长柔毛，上部疏被树脂腺体，具纵肋。花期3-4月，果期9月。

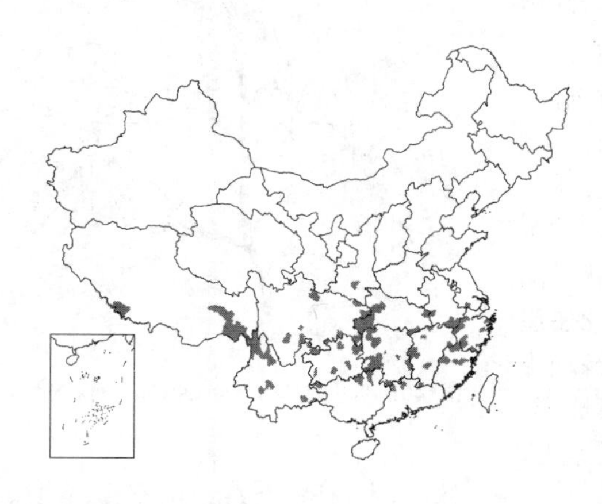

产安徽、江苏南部、浙江、福建、江西、湖北、湖南、广东北部、广西、贵州、云南、西藏南部、四川及陕西南部，生于海拔400-2800米林中。越南、印度、尼泊尔有分布。木材有光泽，结构细，耐腐，抗弯力强，供制工具柄，桥梁、建筑等用；种子可榨油。

［附］**贡山鹅耳枥 Carpinus viminea** var. **chiukiangensis** Hu in Acta Phytotax. Sin. 9(3): 282. 1964. 本变种与模式变种的区别：叶先端长尾状，具规则刺毛状重锯齿。产云南西北部及四川西南部，生于海拔约2000米河谷林中。

5. 普陀鹅耳枥 图 400

Carpinus putoensis Cheng in Contr. Biol. Lab. Sci. Soc. China, Bot. 8: 72. 1932.

乔木，高达15米。小枝疏被长柔毛。叶椭圆形或宽椭圆形，长5-10厘米，先端尖或渐尖，基部圆或宽楔形，上面幼时疏被长柔毛，下面疏被柔毛，脉腋具髯毛，具不规则刺毛状重锯齿，侧脉11-14对；叶柄长0.5-1厘米，疏被柔毛。雌花序长3-8厘米，序梗长1.5-3厘米，疏被长柔毛或近无毛；苞片半宽卵形，长2.8-3厘米，中裂片半卵形，外缘疏生齿，内缘全缘或微波状，内侧基部具内折卵形裂片。小坚果宽卵球形，长约6毫米，顶端被长柔毛，有时疏被树脂腺体，具纵肋。果期8-9月。

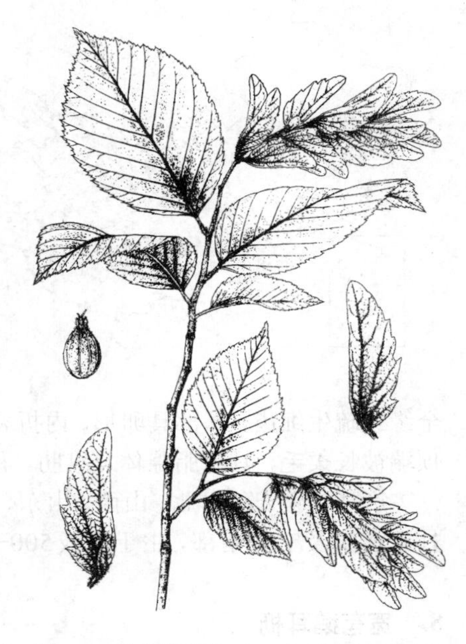

图 400 普陀鹅耳枥（仿《中国森林树木图志》）

产浙江舟山群岛普陀山，生于海拔200-300米阔叶林中。在产地稀疏杂木林林缘仅残存一株老树,杭州植物园有引种栽培。

6. 贵州鹅耳枥 图 401

Carpinus kweichowensis Hu in Sinensia 2: 79. 1932.

乔木,高达28米。幼枝密被长柔毛,后脱落无毛。叶宽椭圆形、椭圆形或窄长圆形,长8-12厘米,先端渐尖或尖,基部近圆,稀近心形,上面幼时沿中脉密被柔毛,下面沿脉疏被柔毛,脉腋具髯毛,具细密重锯齿,侧脉11-13对;叶柄长1.2-1.5厘米,密被黄色长柔毛。雌花序长8-15厘米,序梗密被黄色长柔毛;苞片半卵状长圆形或镰状长圆形,长2.8-3厘米,疏被长柔毛,外缘疏生齿,内缘全缘,基部具卵形、内折裂片。小坚果宽卵球形,长约6毫米,密被白色柔毛,顶端被长柔毛,具纵肋。

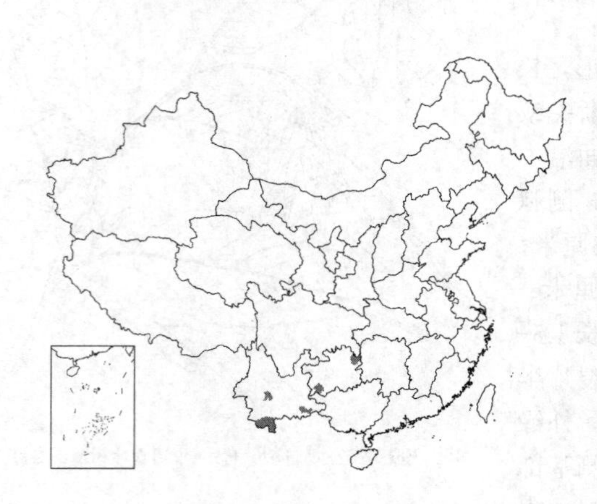

产贵州西南部及东南部、云南,生于海拔1100-1200米石灰岩山地阔叶林中。木材坚韧致密,供家具、农具、板料等用。

图 401 贵州鹅耳枥 (仿《中国森林树木图志》)

7. 鹅耳枥 图 402 彩片 117

Carpinus turczaninowii Hance in Journ. Linn. Soc. Bot. 10: 203. 1869.

乔木,高达15米。幼枝被柔毛。叶卵形、宽卵形、卵状椭圆形或卵状菱形,稀卵状披针形,长2-6厘米,先端尖或渐尖,基部近圆、宽楔形或微心形,下面沿脉疏被柔毛,脉腋具髯毛,具重锯齿,侧脉8-12对;叶柄长0.4-1厘米,疏被柔毛。雌花序长3-6厘米;苞片半卵形、半长圆形或半宽卵形,长0.6-2厘米,疏被柔毛,外缘具缺齿,内缘全缘或疏生细齿,基部具卵形、内折裂片。小坚果宽卵球形,长3-4毫米,顶端被长柔毛,具树脂腺体及纵肋。花期4-5月,果期8-9月。

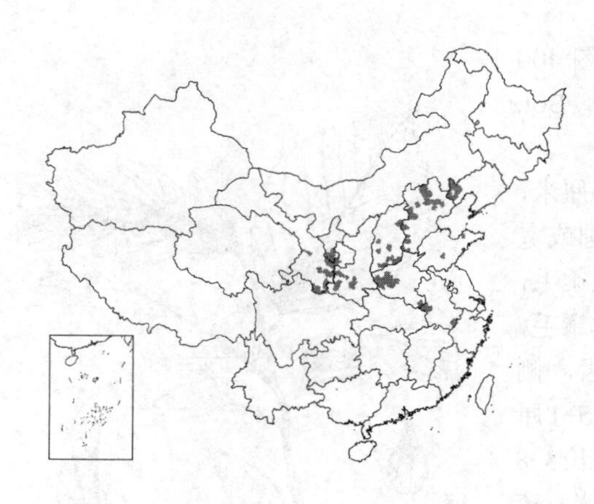

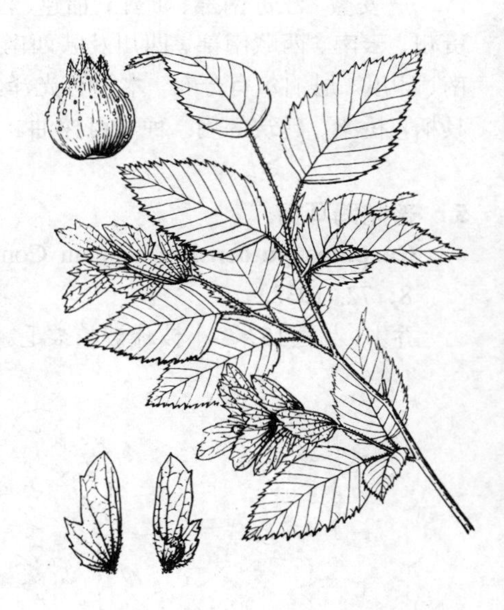

图 402 鹅耳枥 (张维本绘)

产辽宁南部、河北、山西、山东、安徽、江苏北部、河南、陕西南部、甘肃南部及宁夏南部,生于海拔500-2400米阔叶林中。日本、朝鲜有分布。用种子繁殖或萌芽更新。木材红褐或黄褐色,坚韧,供家具、农具等用。

8. 宽苞鹅耳枥 图 403

Carpinus tsaiana Hu in Bull. Fan Mem. Inst. Biol. Bot. n. ser. 1: 141. 1948.

乔木,高达30米。小枝无毛。叶

宽椭圆形、长圆形、长圆状披针形或卵状披针形，长7-14厘米，宽4.5-6厘米，先端渐尖，基部心形或稍圆，上面无毛，下面密被腺点，沿脉疏被长柔毛，脉腋具髯毛，具不规则重锯齿，侧脉14-16对；叶柄长约1.5厘米。雌花序长10-14厘米，序梗长约3厘米，无毛；苞片半宽卵形，长2.5-3厘米，疏被长柔毛，外缘具缺齿，基部具内折耳突。小坚果三角状卵球形或宽卵球形，长5-6毫米，密被柔毛及橙黄色树脂腺体，顶端被长柔毛，具纵肋。果期9月。

产贵州西南部及云南东南部，生于海拔1200-1500米阔叶林内、阴坡、沟谷或石山岩缝中。稍耐荫，耐瘠薄。

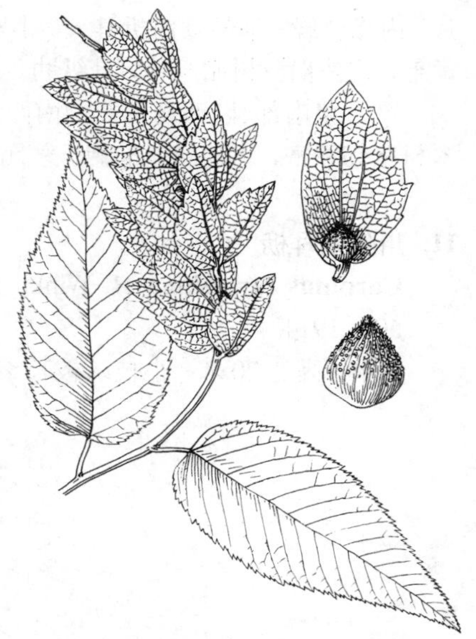

图 403 宽苞鹅耳枥 （冯晋庸绘）

9. 粤北鹅耳枥 图 404

Carpinus chuniana Hu in Journ. Arn. Arb. 13: 334. 1932.

乔木，高约10米。幼枝密被黄色长柔毛。叶椭圆形、长圆形或倒卵状长圆形，长7-11厘米，先端短渐尖，基部心形，下面密被腺点，沿脉被长柔毛，具细重锯齿，侧脉14-18对；叶柄长0.6-1.2厘米，密被黄色长柔毛。雌花序序梗密被柔毛及粗毛，花序轴密被粗毛；苞片半宽卵形，长2-2.5厘米，两面沿脉密被长柔毛，外缘具不规则锯齿，内缘全缘或疏生细齿，基部具内折小耳突。小坚果宽卵球形，长约4毫米，密被柔毛，疏被褐色树脂腺体，顶端被长柔毛，具纵肋。果期8月。

产广东北部、湖南、湖北西南部、贵州东北部及云南东南部，生于海拔800-1200米石灰岩山地林内或沟谷林中。

图 404 粤北鹅耳枥 （仿《中国植物图谱》）

10. 陕西鹅耳枥 图 405 彩片 118

Carpinus shensiensis Hu in Bull. Fan. Mem. Inst. Biol. Bot. n. ser. 1: 145. 1948.

乔木，高约15米。幼枝密被柔毛。叶长圆形或倒卵状长圆形，长6-9厘米，先端渐尖或尖，基部心形或近圆，上面无毛，下面沿脉疏被柔毛，脉腋具髯毛，密被腺点，具双重细锯齿，侧脉14-16对；叶柄长0.7-1.7厘米，密被柔毛。雌花序长7-9厘米，序梗长1.5-3厘米，密被柔毛及稀疏长柔毛；苞片半卵形，长2-2.5厘米，沿脉被长柔毛，外缘具不规则锯齿，基部无裂

片，内缘全缘，基部具内折耳突。小坚果宽卵球形，长约4毫米，顶端被长柔毛，疏被褐色树脂腺体，具纵肋。

产甘肃南部、陕西南部及湖南西北部，生于海拔800-1000米阔叶林中。木材坚韧致密，供建筑、车辆、家具等用。

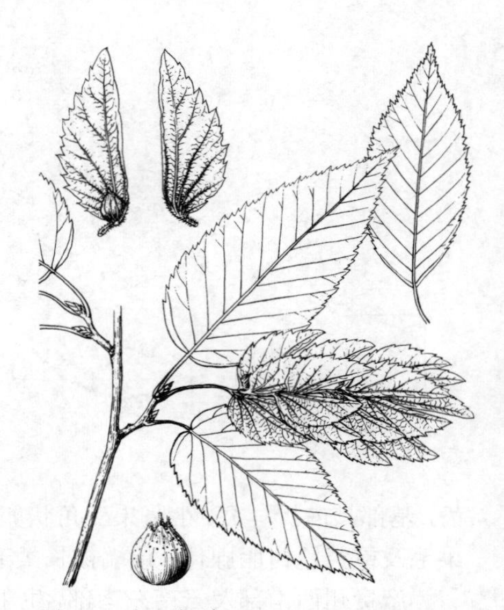
图 405 陕西鹅耳枥 (仿《中国森林树木图志》)

11. 川陕鹅耳枥 图 406

Carpinus fargesiana H. Winkl. in Engl. Bot. Jahrb. Syst. 50(Suppl.): 507. 1914.

乔木，高达20米。小枝疏被长柔毛。叶卵状披针形、卵状椭圆形或长圆形，长3.5-7.5厘米，先端尖或渐尖，基部圆或近心形，下面沿脉被长柔毛，脉腋具髯毛，具不规则骤尖重锯齿，侧脉12-16对；叶柄长0.6-1厘米，疏被长柔毛。雌花序长4-7厘米，序梗长1-1.5厘米，疏被长柔毛；苞片半卵形或半宽卵形，长1.3-1.5厘米，沿脉被长柔毛，外缘具不规则锯齿，基部无裂片，内缘全缘，基部具内折耳突。小坚果卵球形，长约3毫米，顶端疏被长柔毛，具纵肋。

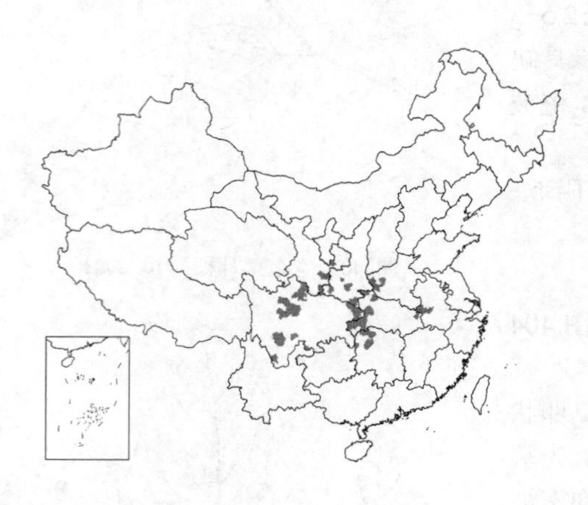

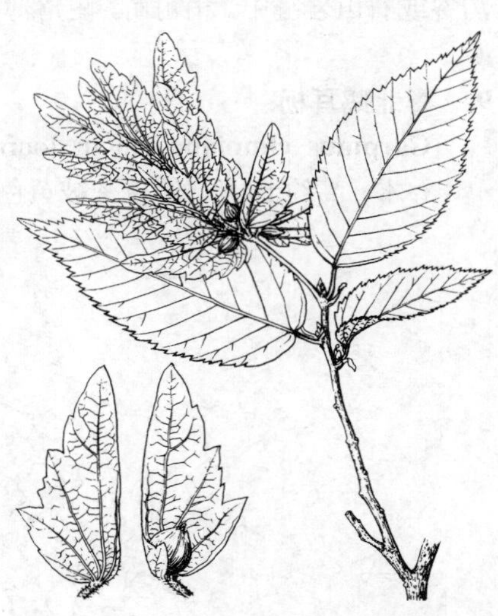
图 406 川陕鹅耳枥 (仿《中国森林树木图志》)

产甘肃东南部、陕西南部、河南西部、安徽西部、湖北西部、湖南西北部及四川，生于海拔1000-2600米河边及沟谷林中。

［附］**狭叶鹅耳枥 Carpinus fargesiana** var. **hwai** (Hu et Cheng) P. C. Li, Fl. Reipubl. Popul. Sin. 21: 82. 1979. —— *Carpinus hwai* Hu et Cheng in Bull. Fan Mem. Inst. Biol. n. ser. 1: 148. 1948. 与原变种的区别：叶窄披针形或窄长圆形，长7-8厘米；小坚果长约2.5毫米。产湖北西部及四川东部，生于海拔1000-1200米山坡林中。

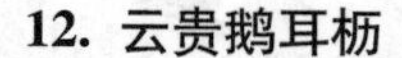

12. 云贵鹅耳枥 图 407

Carpinus pubescens Burk. ex Forb. et Hemsl. in Journ. Linn. Soc. Bot. 26: 502. 1899.

乔木，高达17米。小枝疏被长柔毛或无毛。叶宽长圆形、长圆状披针形或卵状长圆形，长5-10厘米，先端渐尖，基部圆或微心形，上面无毛，下面沿脉疏被长柔毛，脉腋具髯毛，被树脂腺点，具骤尖重细锯齿，侧脉12-14对；叶柄长0.4-1.5厘米。雌花序长5-7厘米，序梗长2-

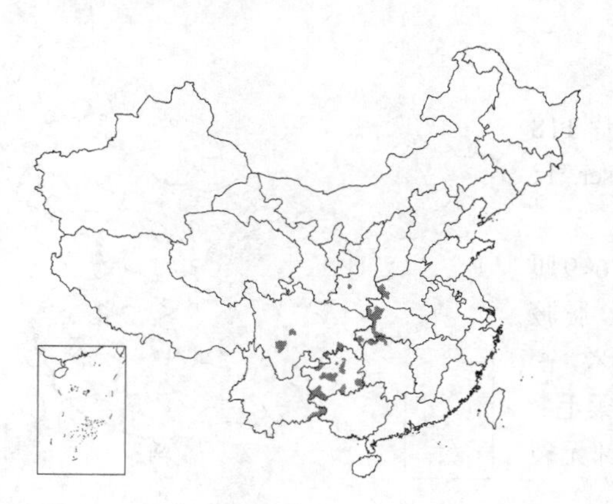

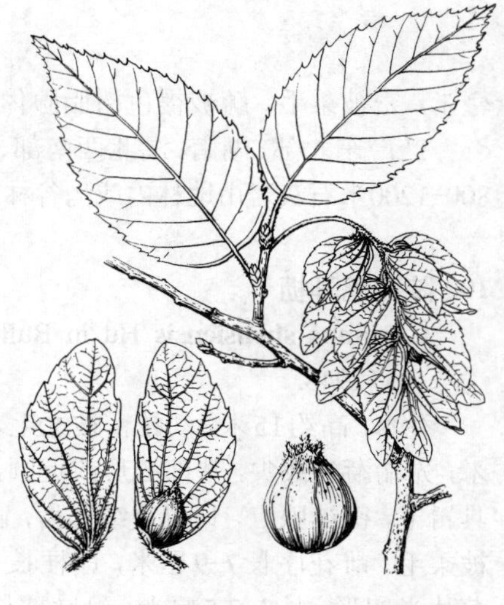
图 407 云贵鹅耳枥 (仿《中国森林树木图志》)

3厘米，疏被长柔毛或近无毛；苞片半卵形，长1-2.5厘米，沿脉疏被长柔毛，背面有树脂腺点，外缘具不规则锯齿，内缘全缘，基部具内折耳突。小坚果宽卵球形，长3-4毫米，密被柔毛，顶端被长柔毛，稀无毛，具纵肋。

产云南东南部、贵州、四川、陕西、河南、湖北西部及湖南西北部，生于海拔450-2600米山坡、山谷林中、山顶或石灰岩山坡灌丛中。越南北部有分布。稍耐荫，萌芽性强。材质优良，供家具、农具用。

13. 湖北鹅耳枥 图 408

Carpinus hupeana Hu in Sunyatsenia 1: 118. 1933.

乔木，高约18米。幼枝密被黄色长柔毛，后脱落。叶卵状披针形、卵状椭圆形或椭圆状披针形，长6-10厘米，先端尖或渐尖，基部圆或近心形，上面疏被长柔毛，下面被树脂腺点，沿脉被绢毛，脉腋具髯毛，具重锯齿，侧脉（11）13-16对；叶柄长0.7-1.5厘米，被长柔毛。雌花序长6-11厘米，花序梗长1.5-2厘米，密被长柔毛；苞片半卵形，长1-1.6厘米，沿脉疏被长柔毛，外缘疏生齿或缺齿，内缘全缘，基部具内折耳突。小坚果宽卵球形，长约5毫米，顶端被长柔毛，具纵肋。

产河南西部、安徽南部、浙江东北部、江西西北部、湖南西北部及湖北西部，生于海拔700-1800米阔叶林中。

图 408 湖北鹅耳枥（仿《中国森林树木图志》）

14. 川鄂鹅耳枥 图 409

Carpinus henryana（H. Winkl.）H. Winkl. in Engl. Bot. Jahrb. Syst. 50(Suppl.): 507. 1914.

Carpinus tschonoskii Maxim. var. *henryana* H. Winkl. in Engl. Pflanzenr. 19(IV. 61): 36. 1904.

Carpinus hupeana Hu var. *henryana*（H. Winkl.）P. C. Li；中国植物志 21: 83. 1979.

乔木。小枝被绢毛。叶窄披针形或椭圆状披针形，长5-8厘米，宽2-3厘米，先端渐尖或尾尖，基部圆或近心形，上面疏被绢毛，下面沿脉被绢毛，脉腋具髯毛，被腺点，具微内弯单锯齿，侧脉14-16对；叶柄长1-1.7厘米。雌花序长6-7厘米，序梗被柔毛；苞片半卵形，沿脉被长柔毛，外缘具不规则疏齿，内缘全缘，基部具内折耳突。小坚果卵球形，长约4毫米，顶端疏被长柔毛，具纵肋。

图 409 川鄂鹅耳枥（仿《中国森林树木图志》）

产甘肃东南部、陕西南部、河南、湖北西部、湖南西北部、贵州西北部及四川，生于海拔1600-2900米山坡阔叶林中。

15. 小叶鹅耳枥 单齿鹅耳枥 图 410

Carpinus stipulata H. Winkl. in Engl. Pflanzenr. 19(IV. 61): 35. 1904.

Carpinus hupeana Hu var. *simplicidentata* (Hu) P. C. Li; 中国植物志 21: 83. 1979.

图 410 小叶鹅耳枥
(仿《中国森林植物图志》)

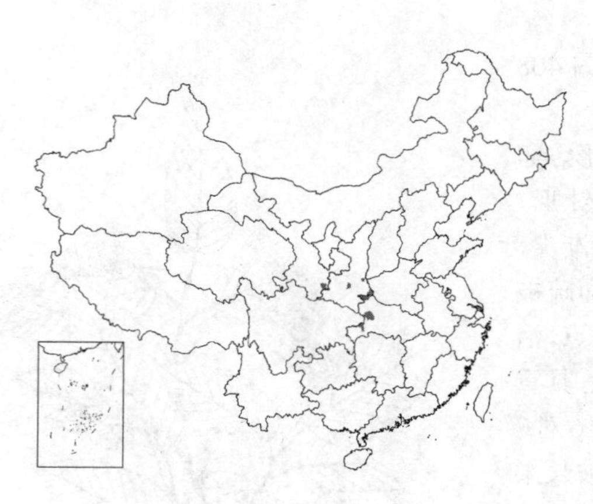

乔木。小枝无毛。叶卵形、卵状椭圆形或卵状披针形，长2-3.5厘米，先端渐尖，稀尖，基部圆或近心形，上面无毛，下面沿脉被绢毛，脉腋具髯毛，具骤尖单锯齿，侧脉11-13对；叶柄长约1厘米，疏被长柔毛。雌花序长约5厘米，序梗密被长柔毛；苞片半宽卵形，长1.8-2厘米，疏被长柔毛，外缘具不规则疏齿，内缘全缘，基部具内折耳突。小坚果宽卵球形，长约4毫米，顶端被长柔毛，具纵肋。

产甘肃东南部、陕西南部及湖北西部，生于海拔800-2100米山坡阔叶林中。

16. 云南鹅耳枥 图 411

Carpinus monbeigiana Hand.-Mazz. in Anz. Akad. Wiss. Wien, Math.-Nat. 61: 162. 1924.

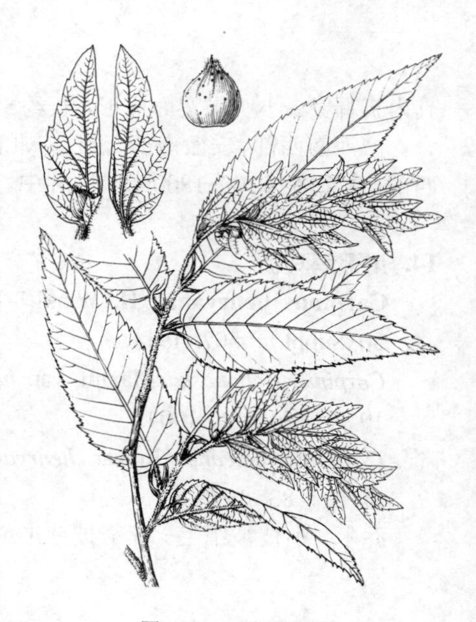

图 411 云南鹅耳枥
(仿《中国森林植物图志》)

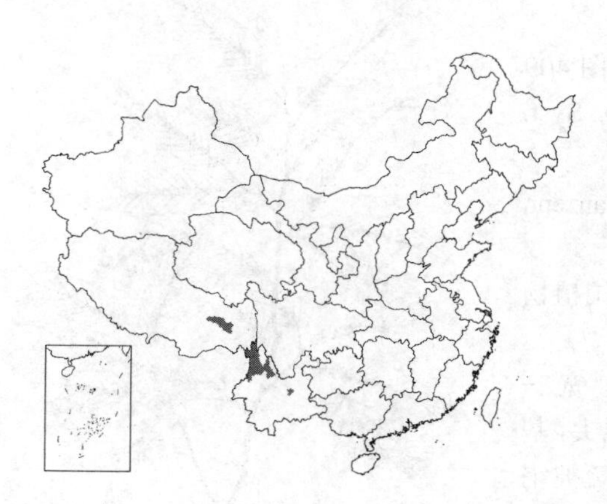

乔木，高达16米。幼枝密被柔毛。叶长圆状披针形、卵状披针形或椭圆状披针形，稀椭圆形，长5-10厘米，先端尖、渐尖，稀近尾尖，基部近圆或近心形，上面沿中脉密被长柔毛，下面沿脉被绢毛，脉腋具髯毛，具不规则刺毛状重锯齿，侧脉14-18对；叶柄长约1厘米，密被黄色长柔毛。雌花序长5-8厘米，序梗长1.5-2厘米，连同序轴均密被黄色粗毛；苞片半卵形，长1.6-2厘米，下面沿脉密被黄色粗毛，外缘具粗齿，基部无裂片，内缘全缘，基部具内折耳突。小坚果宽卵球形，长3-4毫米，近顶端密被长柔毛，密被褐色或淡褐色树脂腺体，具纵肋。花期4-5月，果期9-10月。

产云南及西藏东部，生于海拔1700-2800米石灰岩山地溪边林内或岩缝中。

17. 昌化鹅耳枥 图 412

Carpinus tschonoskii Maxim. in Bull. Acad. Imp. Sci. St. Pétersb. 27: 534. 1881.

Carpinus tschonoskii var. *falcatibracteata* (Hu) P. C. Li; 中国植物

志 21: 85. 1979.

乔木，高达25米。幼枝疏被长柔毛。叶椭圆形、长圆形或卵状披针形，长5-12厘米，先端渐尖或尾尖，基部近圆，幼时两面被长柔毛，后沿脉疏被长柔毛至无毛，脉腋具髯毛，具刺毛状重锯齿，侧脉14-16对；叶柄长0.8-1.5厘米，被柔毛。雌花序长6-10厘米；苞片半卵状披针形或镰状披针形，长2.5-5厘米，下面沿脉疏被绢毛，外缘具疏齿，内缘全缘，基部具内折耳突。小坚果宽卵球形，长4-5毫米，顶端疏被长柔毛，具纵肋。

产河南西部、安徽、江苏、浙江、江西、湖北、湖南、贵州、云南、四川及陕西南部，生于海拔1100-2400米阔叶林中。日本、朝鲜有分布。

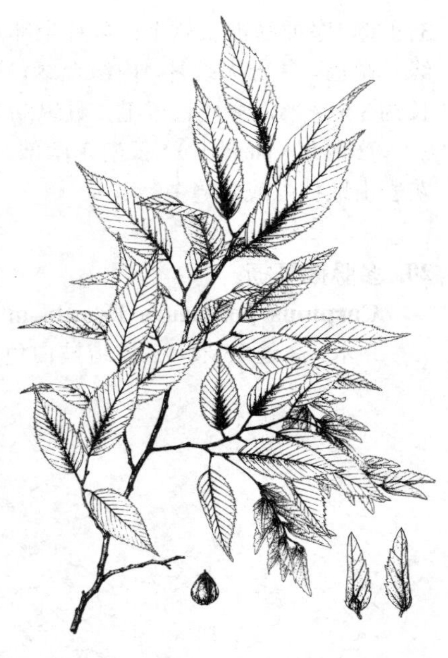

图 412 昌化鹅耳枥 (仿《中国森林树木图志》)

18. 岩生鹅耳枥 图 413

Carpinus rupestris A. Camus in Bull. Soc. Bot. France 76: 966. 1929.

小乔木，高达4米。小枝密被白或褐色长柔毛，后脱落。叶革质，披针形或长圆状披针形，长4-5厘米，宽1.5-2厘米，先端渐尖，基部近圆或宽楔形，上面沿中脉疏被长柔毛，下面密被长柔毛，具刺毛状重细齿，侧脉14-17对；叶柄长1-3毫米，密被长柔毛。雌花序长2-3厘米，序梗密被长柔毛；苞片半卵形或半圆形，长0.8-1厘米，下面沿脉被柔毛，上面被柔毛，外缘疏生细齿，基部无裂片，内缘全缘，基部具内折小耳突。小坚果卵球形，长约3毫米，密被长柔毛，有时疏被树脂体，具纵肋。果期8月。

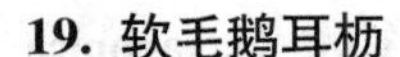

产广西西部、贵州西部、云南东南部及西藏东南部，生于海拔1100-1700米石灰岩山地灌丛中。

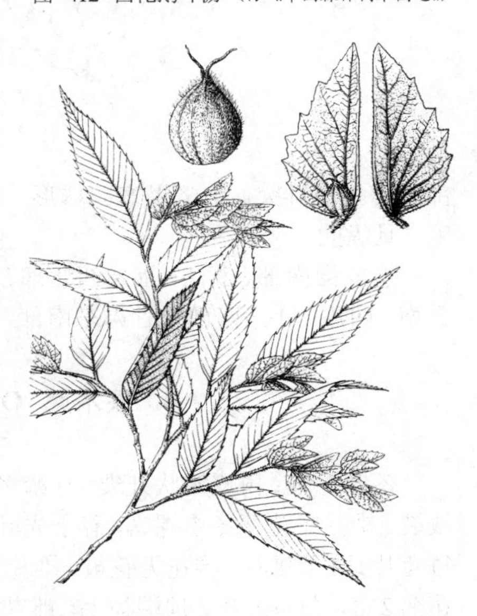

图 413 岩生鹅耳枥 (仿《中国森林树木图志》)

19. 软毛鹅耳枥 图 414

Carpinus mollicoma Hu in Bull. Fan. Mem. Inst. Biol. Bot. n. ser. 1: 216. 1948.

乔木，高达10米。小枝密被淡锈色长软毛。叶纸质，长圆状披针形或椭圆状披针形，长5-6.5厘米，宽2-2.5厘米，先端渐尖或尾尖，基部圆或圆楔形，两面密被白或淡锈色平伏长软毛，具不规则内弯刺毛状单锯齿，稀重锯齿，侧脉14-17对；叶柄长3-8毫米，密被淡褐色长软毛。雌花序长2.5-

3厘米，序梗密被长软毛；苞片半卵形，长约1.5厘米，沿脉被长软毛，外缘具疏齿，基部无裂片，内缘全缘，基部具内折小耳突。小坚果宽卵球形，长约3.5毫米，密被长柔毛，具纵肋。花期4-5月，果期8-9月。

产四川（峨眉山）、云南东南部及西藏东部，生于海拔1400-2900米石灰岩山地林内或岩缝中。

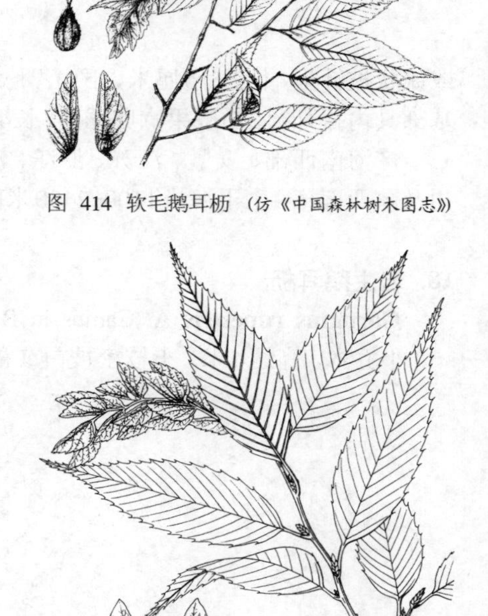

图 414 软毛鹅耳枥（仿《中国森林树木图志》）

图 415 多脉鹅耳枥（仿《中国森林树木图志》）

20. 多脉鹅耳枥 图 415

Carpinus polyneura Franch. in Journ. de Bot. 13: 202. 1899.

乔木，高达15米。小枝疏被白色柔毛或无毛。叶椭圆状披针形或卵状披针形，稀椭圆形，长4-8厘米，先端渐尖或尾状，基部楔形或近圆，上面沿脉密被长柔毛，下面沿脉密被柔毛，脉腋具髯毛，具刺毛状重锯齿，侧脉16-20对；叶柄长0.5-1厘米，疏被柔毛或无毛。雌花序长3-6厘米，序梗长约2厘米，疏被柔毛；苞片半宽卵形，长0.8-1.5厘米，沿脉疏被长柔毛，外缘疏生齿，基部无裂片，内缘全缘，基部具内折小耳突。小坚果宽卵球形，长2-3毫米，疏被柔毛，顶端被长柔毛，具纵肋。

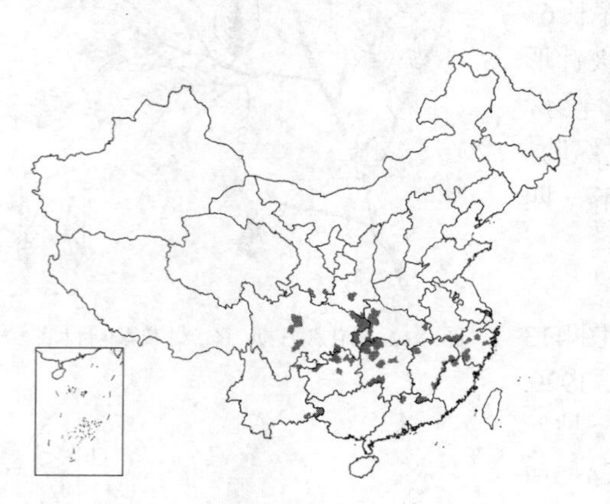

产安徽南部、浙江、福建西北部、江西、广东北部、湖南、湖北、贵州、云南、四川、陕西南部及甘肃东南部，生于海拔400-2300米山坡林中。

4. 铁木属 Ostrya Scop.

落叶乔木；树皮鳞状开裂。芽鳞多数，覆瓦状排列。叶具重锯齿，有时浅裂。雄花序花芽冬季裸露，春季先叶开花，簇生枝顶；苞片覆瓦状排列，每苞片具1朵雄花；雄花无花被，雄蕊3-14，花丝顶端2裂，着生苞片基部，花药2室，药室分离，顶端被毛。雌花为顶生葇荑花序；每苞片具2雌花，花被与子房贴生。果苞囊状，肿胀，膜质，具网脉，基部被刚毛，顶端浅裂；小坚果卵球形，具纵肋。

约8种，分布于欧洲、北美及东亚。我国5种。

1. 果苞基部不缢缩，长圆状卵形、倒卵状长圆形或椭圆形，长不及2厘米；果在果序轴上排成密集的穗状。
   2. 叶先端渐尖，侧脉10-15对，具不规则重锯齿；雌花苞片无毛 ……………………………… 1. 铁木 **O. japonica**
   2. 叶先端尾尖，侧脉18-25对，具不规则刺毛状重锯齿；雌花苞片疏被平伏柔毛 ……………………………………………………………… 2. 多脉铁木 **O. multinervis**
1. 果苞基部常缢缩呈短柄，倒卵状披针形，长2-2.5厘米；果在果序轴上排成疏散的总状 ……………………………………………………………… 3. 天目铁木 **O. rehderiana**

1. 铁木 图 416

Ostrya japonica Sarg. Garden and Forest. 6: 383. f. 58. 1893.

乔木，高达20米。幼枝密被柔毛。叶卵形或卵状披针形，长3.5-12厘米，先端渐尖，基部近圆，微心形或宽楔形，上面疏被毛，下面脉腋具髯毛，具不规则重锯齿，侧脉10-15对；叶柄长1-1.5厘米，密被柔毛。雌花序长1.5-2.5厘米，序梗密被柔毛。果苞倒卵状长圆形或椭圆形，长1-2厘米，径0.6-1.2厘米，膜质，基部被刚毛。小坚果淡褐色，窄卵球形，长6-7毫米，有光泽，无毛，具纵肋。

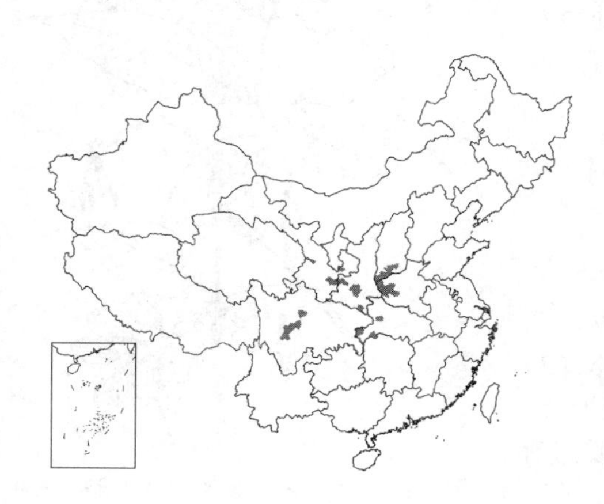

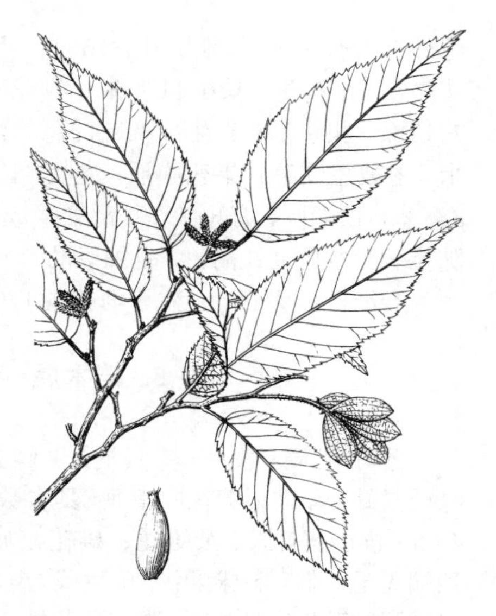

图 416 铁木（仿《中国森林树木图志》）

产河北、山西、河南、陕西、甘肃南部、四川及湖北西部，生于海拔800-2800米沟谷、山坡林中。朝鲜、日本有分布。木材淡黄灰色，结构细匀，坚重，有光泽，供器具、家具、建筑等用。

2. 多脉铁木 图 417

Ostrya multinervis Rehd. in Journ. Arn. Arb. 19: 71. 1938.

乔木，高达25米。小枝疏被平伏柔毛。叶卵状披针形或长圆状披针形，长4.5-12厘米，先端尾尖，基部近心形、稍圆或宽楔形，下面密被柔毛，脉腋具髯毛，具不规则刺毛状重锯齿，侧脉18-25对；叶柄长4-7毫米，密被平伏柔毛。雌花序长3-6厘米，序梗长1.5-2.5厘米，疏被平伏柔毛。果苞窄椭圆形，囊状，长1-1.5厘米，径5-6毫米，膜质，疏被平伏柔毛，基部被刚毛，近无柄，网脉明显。小坚果淡褐色，卵状椭圆形，长5-7毫米，径2-3毫米，无毛，具纵肋。花期5月，果期10月。

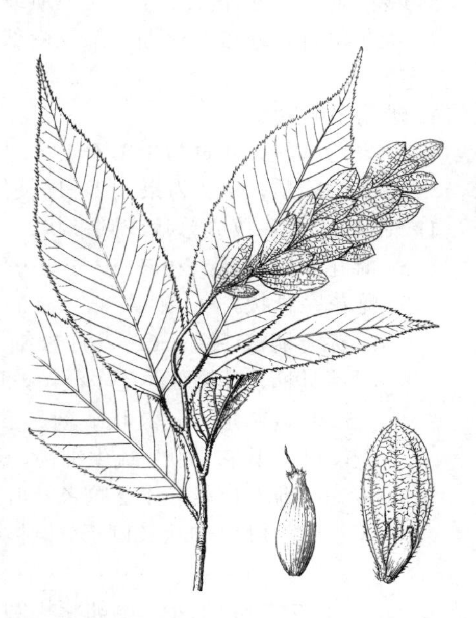

图 417 多脉铁木（仿《中国森林树木图志》）

产湖北西部、湖南、贵州东北部、四川东南部及云南西北部，生于海拔600-1300米林中。材质优良，在产区可用作造林树种。

3. 天目铁木 图 418 彩片 119

Ostrya rehderiana Chun in Journ. Arn. Arb. 8: 19. 1927.

落叶乔木，高达21米；树皮深褐色，纵裂。一年生小枝灰褐色，有淡色皮孔，有毛。叶长椭圆形或椭圆状卵形，长4.5-10厘米，先端长渐尖，基部宽楔形或圆，叶缘有不规则的锐齿，下面疏被硬毛至几无毛，脉上除短硬

毛外有时有短柔毛，侧脉13-16对；叶柄长2-6毫米，密生短柔毛。雄葇荑花序常3个簇生，长6-11厘米；雌花序单生，直立，长1.8-2.5厘米，有花7-12朵。果多数，聚生成稀疏的总状，果序长3.5-5厘米，总梗长1.5-2厘米，密被短硬毛；果苞膜质，囊状，长倒卵状，长2-2.5厘米，最宽处径7-8毫米，顶端圆，有短尖，基部缢缩成柄状，上部无毛，基部有长硬毛，网脉显著。小坚果红褐色，有细纵肋。

产浙江西天目山，生于海拔约170米山麓。

图 418 天目铁木 （仿《中国森林树木图志》）

5. 桤木属 Alnus Mill.

落叶乔木或灌木。芽具柄，芽鳞2，稀无柄，芽鳞3-6。叶具锯齿，全缘或具缺刻。雄葇荑花序下垂，具多数覆瓦状排列苞片，每苞片腋内具（3）4（5）枚小苞片及3朵雄花；雄花花被4裂，雄蕊4，花药2室，药室连合，顶端无毛。雌花序球果状，单生或2至多枚成总状或圆锥状，卵球形或椭圆状球形；每苞片具2花，雌花无花被。果苞多数，覆瓦状排列，木质，顶端5浅裂，宿存；小坚果扁平，翅膜质或纸质。子叶扁平。

约40种，分布于亚洲东部及南部、美洲、欧洲。我国10种。

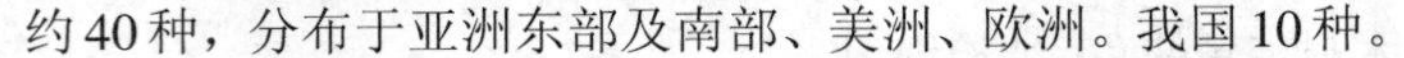

1. 雌花序单生。
  2. 果翅纸质，翅宽为果1/4-1/3；序梗长1.5-3厘米，直立 ………………… 1. 川滇桤木 **A. ferdinandi-coburgii**
  2. 果翅膜质，翅宽为果1/2；序梗细，长3-8厘米，下垂 ……………………………… 2. 桤木 **A. cremastogyne**
1. 雌花序2至多枚成总状或圆锥状。
  3. 雌花序圆锥状 ……………………………………………………………………………… 3. 尼泊尔桤木 **A. nepalensis**
  3. 雌花序总状。
    4. 芽无柄，芽鳞3-6；花序梗细，长达2厘米，下垂 ………………………………… 4. 东北桤木 **A. mandshurica**
    4. 芽具柄，芽鳞2；花序梗短，直立。
      5. 叶近圆形，具波状缺刻，下面被褐色粗毛 ……………………………………………… 5. 辽东桤木 **A. hirsuta**
      5. 叶为其它形状，疏生细齿，无毛或幼时下面疏被柔毛。
        6. 雌花序梗长1-2厘米；叶中上部最宽。
          7. 叶倒卵状长圆形、倒披针状长圆形或长圆形，基部近圆、近心形或宽楔形 ……………………………………………………………………………………… 6. 江南桤木 **A. trabeculosa**
          7. 叶倒卵形、倒卵状椭圆形或倒卵状披针形，基部楔形 ……………………… 7. 日本桤木 **A. japonica**
        6. 雌花序梗长3-5毫米；叶中部最宽 …………………………………………… 7(附). 台湾桤木 **A. formosana**

1. 川滇桤木 图 419

Alnus ferdinandi-coburgii Schneid. in Bot. Gaz. 64: 147. 1917.

乔木，高达20米；树皮暗灰色。幼枝密被黄色柔毛，后渐脱落。芽具柄，芽鳞2，无毛。小枝具棱，微被毛。叶卵形、卵状椭圆形或倒卵状长圆形，稀披针形，长5-16厘米，先端尖，基部楔形或近圆，两面沿脉被黄色柔毛，上面中脉凹下，下面沿中脉、侧脉及近脉腋具髯毛或微被毛，密被树脂点，疏生不规则细齿或近全缘，侧脉12-17对；叶柄长1-2厘米，密被黄色柔毛。雄花序单生叶腋，下垂。雌花序单生，球形或长圆状球形，长1.5-3厘米，序梗粗，直立，长1.5-3厘米。果序柄长1-2.5厘米，被毛；果苞木质，长3-4毫米，基部楔形，顶端5浅裂，宿存；小坚果窄椭圆形，长约3

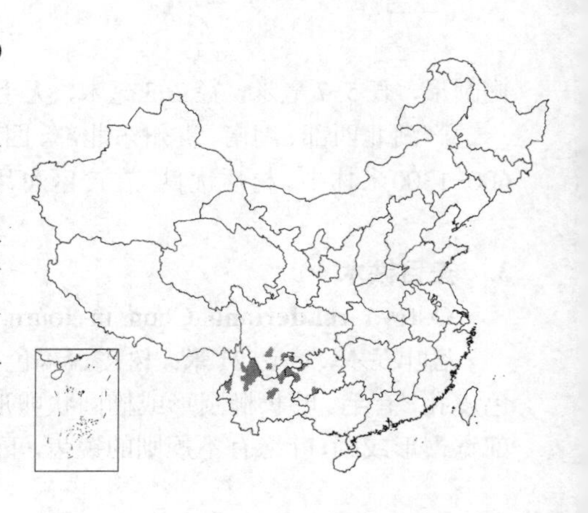

毫米，翅纸质，翅宽为果1/4-1/3。

产贵州西部、四川西南部及云南，生于海拔1500-3000米溪边或山坡林中。材质轻软，供家具、农具等用；树皮、果序可提取栲胶。

图 419 川滇桤木 (仿《中国森林树木图志》)

2. 桤木 图 420 彩片 120

Alnus cremastogyne Burk. ex Forb. et Hemsl. in Journ. Linn. Soc. Bot. 26: 499. 1899.

乔木，高达40米；树皮灰色。小枝无毛。芽具柄，芽鳞2，无毛。叶倒卵形、倒卵状椭圆形、长圆形或倒披针形，长4-14厘米，先端骤尖，基部楔形或稍圆，上面疏被腺点，幼时被柔毛，下面密被腺点，近无毛，脉腋具髯毛，疏生不明显钝齿，侧脉8-10对；叶柄长1-2厘米。雌花序单生叶腋，长圆形，长1-3.5厘米，序梗细，下垂，长3-8厘米，无毛或幼时疏被柔毛。小坚果卵形，长约3毫米，翅膜质，翅宽为果约1/2。

产甘肃东南部、陕西西南部、河南南部、湖北西南部、湖南西北部、四川、贵州及云南，生于海拔500-3000米河岸或山坡林中。材质轻软，结构细致，耐水湿，供水工设施、坑木、矿柱、家具、胶合板、火柴杆、铅笔杆等用。树皮、果序可提取栲胶；树叶及幼芽药用，治腹泻及止血；树叶含氮量达2.7%，可施入稻田沤肥。

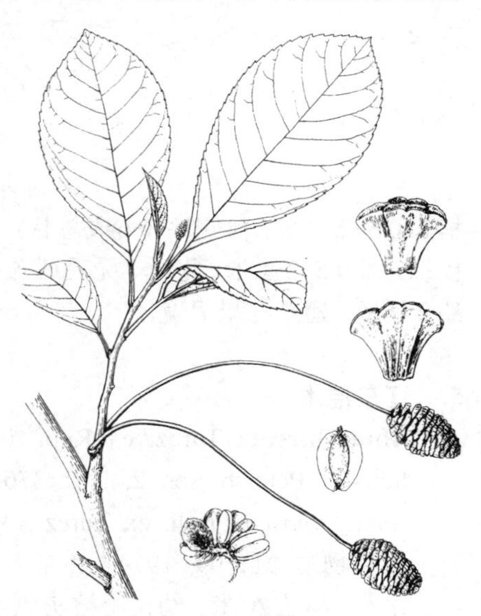
图 420 桤木 (仿《中国森林树木图志》)

3. 尼泊尔桤木 旱冬瓜 图 421 彩片 121

Alnus nepalensis D. Don, Prodr. Fl. Nepal. 58. 1825.

乔木，高达20米，胸径1米；树皮灰色至暗灰色。幼枝疏被黄色柔毛。芽具柄，芽鳞2，无毛。叶倒卵状椭圆形、卵形或椭圆形，长4-16厘米，先端骤短尖，基部宽楔形或近圆，上面无毛，下面密被树脂腺点，沿脉被黄色长柔毛，脉腋具髯毛，全缘或疏生细齿，侧脉8-16对；叶柄粗，长1-2.5厘米，近无毛。雌花序多数，成圆锥状，椭圆状球形，长2-2.2厘米，序梗长2-8毫米，无毛。小坚果长圆形，长约2毫米，翅宽为果约1/2。花期9-10月，果期翌年11月下旬至12月中旬。

产广西西部、贵州、四川、云南及西藏，生于海拔200-2800米溪边、沟谷林内或阳坡疏林中。孟加拉、不

图 421 尼泊尔桤木 (仿《中国森林树木图志》)

丹、印度、尼泊尔、锡金、缅甸、泰国北部及越南有分布。材质轻软，最适于制茶叶包装箱。

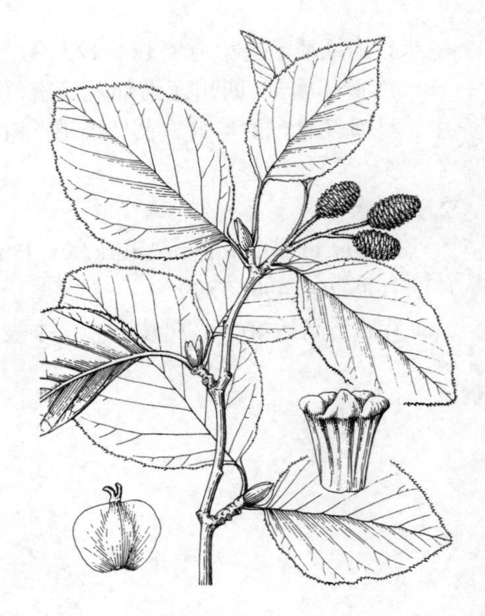

图 422 东北桤木 （冀朝祯绘）

4. 东北桤木 图 422

Alnus mandshurica（Callier ex Schneid.）Hand.-Mazz. in Oesterr. Bot. Zeit. 81: 306. 1932.

Alnus fruticosa Rupr. var. *mandshurica* Callier ex Schneid. Ill. Handb. Laubholzk 1: 121. 1904.

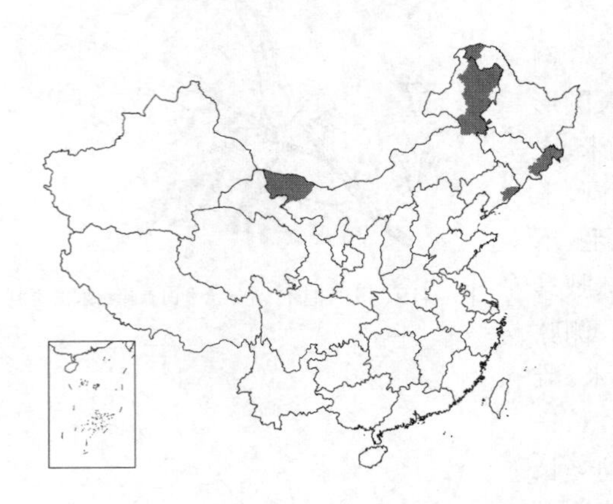

乔木，高达10米；树皮暗灰色，平滑。小枝无毛。芽无柄，芽鳞3-6，无毛。叶宽卵形、卵形、椭圆形或宽椭圆形，长4-10厘米，先端尖，基部圆、宽楔形或微心形，下面脉腋具髯毛，具细密重锯齿或单锯齿，侧脉7-13对；叶柄长0.5-2厘米。雌花序3-6成总状，长圆状球形或球形，长1-2厘米，序梗细，长0.5-2厘米，下垂，无毛或疏被柔毛。果苞长3-4毫米；小坚果长约2毫米，翅约与果等宽。

产黑龙江、吉林、辽宁及内蒙古，生于海拔200-1900米溪边林内、林缘或石山岩缝中。朝鲜北部及俄罗斯远东地区有分布。

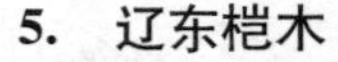

5. 辽东桤木 图 423

Alnus hirsuta Turcz. ex Rupr. in Bull. Cl. Phys.-Math. Acad. Imp. Sci. St. Pétersb. ser. 2, 15: 376. 1857.

Alnus sibirica Fisch. ex Turcz.；中国高等植物图鉴 1: 385. 1972；中国植物志 21: 99. 1979.

乔木，高达20米。幼枝密被灰色柔毛。芽具柄，芽鳞2，疏被柔毛。叶近圆形，稀宽卵形，长4-9厘米，先端圆，稀尖，基部圆、宽楔形或微心形，上面疏被长柔毛，下面淡绿或灰白色，被褐色粗毛，稀近无毛，有时脉腋具髯毛，具波状缺刻，侧脉5-10对；叶柄长1.5-5.5厘米，密被柔毛。雌花序2-8成总状，球形或长圆状球形，长1-2厘米，序梗长2-3毫米，直立。果苞长3-4毫米；小坚果宽卵形，长约3毫米，翅纸质，宽为果1/4。

图 423 辽东桤木 （仿《中国森林树木图志》）

产黑龙江、吉林、辽宁、内蒙古东部及山东，生于海拔700-1500米林中、溪边及低湿地。日本、朝鲜、俄罗斯西伯利亚及远东地区有分布。木材黄白色，供建筑、家具、乐器、火柴杆等用；树皮含鞣质约10%，可提取栲胶；木炭可制黑色火药。为蜜源树种。

6. 江南桤木 图424

Alnus trabeculosa Hand.-Mazz. in Anz. Akad. Wiss. Wien, Math.-Nat. 51. 1922.

乔木。幼枝被黄色柔毛，后脱落。芽具柄，芽鳞2，无毛。叶倒卵状长圆形，倒披针状长圆形或长圆形，长6-16厘米，先端尖、渐尖或尾状，基部近圆、近心形或宽楔形，下面被树脂腺点，脉腋具髯毛，疏生细齿，侧脉6-13对；叶柄长2-3厘米。雌花序6-13成总状，长圆状球形，长1-2.5厘米，序梗长1-2厘米，无毛。果苞长5-7毫米；小坚果宽卵形，长3-4毫米，翅纸质，宽约为果1/4。花期2-3月，果期秋季。

产河南南部、安徽、江苏南部、浙江、江西、福建、广东北部、湖北、湖南及贵州，生于海拔200-1000米山坡、溪边或沟谷林中。日本有分布。木材淡红褐色，质轻软，纹理细，耐水湿，供建筑、家具、水桶等用。为长江以南地区护堤及低湿地造林树种。

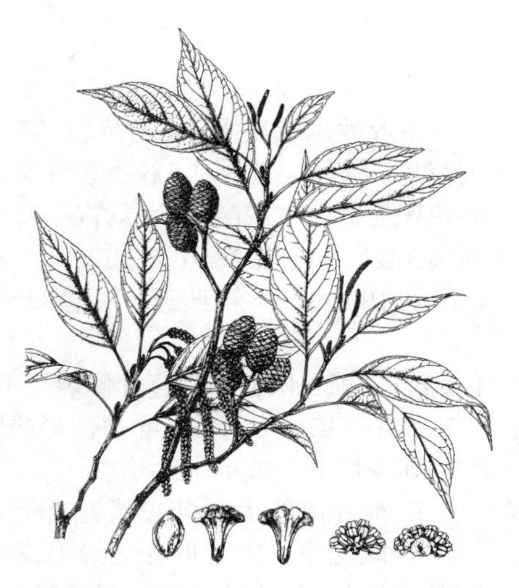

图 424 江南桤木 （仿《中国森林树木图志》）

［附］**台湾桤木 Alnus formosana**（Burk. ex Forb. et Hemsl.）Makino in Bot. Mag. Tokyo 26: 390. 1912 —— *Alnus maritima*（Marshall）Nutt. var. *formosana* Burk. ex Forb. et Hemsl. in Journ. Linn. Soc. Bot. 26: 500. 1899. 本种与日本桤木的区别：叶椭圆形或长圆状披针形，先端渐尖或尖，基部圆或宽楔形；雌花序梗长3-5毫米。产台湾，生于海拔2900-3000米河岸，常成纯林。

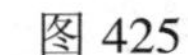

7. 日本桤木 图425

Alnus japonica（Thunb.）Steud. Nomemel. Bot. ed. 2. 55. 1840.

Betula japonica Thunb. in Nov. Acta Soc. Sci. Upscal. 6: 45. 1799.

乔木，高达20米。幼枝被黄色柔毛，后脱落。芽具柄，芽鳞2，无毛。短枝之叶倒卵形或倒卵状椭圆形，长枝之叶倒卵状披针形，长4-14厘米，先端骤渐尖、渐长尖或骤短尖，基部楔形或稍圆，下面幼时疏被柔毛，后脱落，脉腋具髯毛，疏生细齿，侧脉7-11对；叶柄长1-3厘米，疏被树脂腺体及柔毛。雌花序2-5成总状，椭圆状球形，长约2厘米，序梗长约1厘米。果苞长3-5毫米；小坚果倒卵形，长2-3毫米，翅纸质，宽约为果1/4。

产吉林、辽宁东南部、山东、河北、河南、安徽、江苏及福建，生于海拔800-1500米溪边林中、河谷、低湿地。日本、朝鲜、俄罗斯远东地区有分布。木材供建筑、家具等用；木炭为无烟火药原料；果序及树皮可提取栲胶。

图 425 日本桤木 （仿《中国森林树木图志》）

6. 桦木属 Betula Linn.

落叶乔木或灌木。芽无柄，芽鳞多数。叶下面常被树脂腺点，具锯齿。雄葇荑花序细长下垂，具多数覆瓦状排列苞片，每苞片腋内具2枚小苞片及3朵雄花；雄花花被4裂，雄蕊2，花药2室，药室连合，顶端被柔毛或无毛。雌花序为椭圆状或圆柱状葇荑花序，单生或2至数枚成总状；每苞片内具3朵雌花；雌花无花被。果苞脱落，革质，顶端3裂；小坚果扁平，翅膜质。

约100种，分布于亚洲、美洲及欧洲。我国31种、4变种。

1. 雌花序细长圆柱形；苞片侧裂片不明显；果翅较果宽，部分露出苞片；叶缘具不规则刺毛状重锯齿。
  2. 雌花序2–5成总状；叶披针形或卵状披针形，先端渐尖或尾尖 ………………………… 1. **西桦 B. alnoides**
  2. 雌花序双生或单生。
    3. 雌花序双生；叶先端尖或渐尖 ……………………………………………… 2. **细穗桦 B. cylindrostschya**
    3. 雌花序单生；叶先端渐尖或尾尖 ……………………………………………… 3. **亮叶桦 B. luminifera**
1. 雌花序长圆状圆柱形、长圆形或近球形；苞片侧裂片明显；果翅窄，不露出苞片；叶缘具规则或不规则重锯齿。
  4. 果翅极窄，几不明显。
    5. 叶革质，中脉及侧脉在上面凹下，下面沿脉密被黄褐色绢毛 ………………………… 4. **矮桦 B. potaninii**
    5. 叶纸质，中脉及侧脉在上面稍凹下或不凹下，下面毛被不为黄褐色。
      6. 叶上面无毛，下面密被树脂腺点，侧脉8–10对，叶柄长0.5–1厘米，被长柔毛；雌花序长圆状圆柱形，长2–3厘米，序梗长3–6毫米 ……………………………………………… 5. **赛黑桦 B. schmidtii**
      6. 叶上面被毛，下面疏被树脂腺点或无。
        7. 叶柄长4–6毫米，被柔毛，叶缘具不规则骤尖重锯齿；雌花序卵球形或卵球状长圆形，长1–1.5厘米，序梗长1–2毫米；苞片3枚裂片近等长 ………………………………… 6. **狭翅桦 B. fargesii**
        7. 叶柄长达1厘米，密被长柔毛；苞片中裂片较侧裂片长。
          8. 叶侧脉10–14对；雌花序长圆状圆柱形或长圆形，序梗长5毫米；苞片裂片顶端不外弯 …………………………………………………………………… 7. **高山桦 B. delavayi**
          8. 叶侧脉8–9对；雌花序近球形，稀长圆形，序梗长1–2毫米；苞片裂片顶端外弯 …………………………………………………………………… 8. **坚桦 B. chinensis**
  4. 果翅膜质。
    9. 叶侧脉8–16对。
      10. 芽鳞密被丝毛；叶三角状卵形、宽卵形或卵形；树皮灰白色 ………………………… 9. **岳桦 B. ermanii**
      10. 芽鳞无毛；叶卵形、长圆形、椭圆形、卵状披针形或披针形；树皮灰黑、深褐、橙红或暗红褐色。
        11. 果翅宽为果1/3–1/2；雌花序近无梗；树皮、叶、芽及木材均有香味 ………… 10. **香桦 B. insignis**
        11. 果翅宽为果1/2以上；雌花序具梗；树皮、叶、芽及木材无明显香味。
          12. 雌花序径1.2–1.5厘米；小枝无树脂腺体 ………………………… 11. **华南桦 B. austrosinensis**
          12. 雌花序径1.2厘米以下；小枝密被树脂腺体。
            13. 雌花序单生；苞片无毛，边缘具缘毛；树皮灰褐色 ………………………… 12. **硕桦 B. costata**
            13. 雌花序单生或2–4成总状；苞片疏被柔毛；树皮暗红褐或橙红色。
              14. 叶下面脉腋具髯毛；树皮暗红褐色；小枝密被树脂腺体及柔毛 ……… 13. **糙皮桦 B. utilis**
              14. 叶下面脉腋无髯毛；树皮橙红色；小枝无毛，有时疏被树脂腺体 …………………………………………………………………… 14. **红桦 B. albo-sinensis**
    9. 叶侧脉3–8对。
      15. 乔木，稀灌木（盐桦）。
        16. 树皮黑褐色，龟裂；果翅宽为果1/2 ……………………………………… 15. **黑桦 B. davurica**
        16. 树皮灰白或灰褐色，片状剥落；果翅与果近等宽或较果宽1.5–2倍。
          17. 叶三角形、三角状卵形或三角状菱形，先端渐尖或尾尖；树皮灰白色 ……… 16. **白桦 B. pendula**

17. 叶卵形，先端尖或渐尖；树皮灰褐色 …………………………………………………………… 17. **盐桦 B. halophila**
15. 灌木或小灌木。
18. 叶宽倒卵形，长1.5-2.7厘米，具圆钝重锯齿 ………………………………………… 18. **扇叶桦 B. middendorfii**
18. 叶卵形、倒卵状长圆形、卵状菱形、椭圆状菱形、宽卵形或椭圆形，具尖锯齿。
19. 果翅宽为果2倍或与果近等宽；叶具细密重尖锯齿 …………………………………… 19. **沙生桦 B. gmelinii**
19. 果翅宽为果1/2；叶具细密单锯齿。
20. 幼枝密被黄色柔毛；叶倒卵状长椭圆形、卵状菱形、椭圆状菱形或椭圆形，幼时两面密被白色长柔毛；果苞侧裂片近直立或稍开展 ………………………………………………………… 20. **油桦 B. ovalifolia**
20. 小枝粗糙；叶卵形、卵状椭圆形或宽卵形，无毛；果苞侧裂片开展 ………… 21. **柴桦 B. fruticosa**

1. 西桦 图426 彩片122

Betula alnoides Buch.-Ham. ex D. Don, Prodr. Fl. Nepal. 58. 1825.

乔木，高达30米；树皮灰色，片状剥落。小枝密被白色长柔毛及树脂腺体。叶披针形、卵状披针形或卵状长圆形，长4-12厘米，先端渐尖或尾尖，基部近圆或宽楔形，下面密被树脂腺点，沿脉疏被长柔毛，具不规则内弯刺毛状重锯齿，侧脉10-13对；叶柄长1.5-3（4）厘米，密被白色长柔毛及树脂腺体。雌花序细长圆柱形，2-5成总状，序梗密被黄色长柔毛；苞片密被柔毛，中裂片长圆形，侧裂片耳状不明显。小坚果倒卵形，长1.5-2毫米，顶端疏被柔毛，膜质翅较果宽2倍，部分露出苞片。花期冬季，果期春季。

图 426 西桦 （引自《中国森林树木图志》）

产云南、广西西部及海南，生于海拔700-2100米荒地、林缘及疏林中。不丹、尼泊尔、印度、缅甸、泰国、越南有分布。木材淡红褐色，材质坚韧，加工性能良好，供装修、胶合板、纺织工具等用；树皮可提取栲胶。

2. 细穗桦 长穗桦 图427

Betula cylindrostachya Lindl. in Wall. Fl. Asiat. Rar. 2: 7. 1831.

乔木，高达30米。幼枝黄褐色，密被黄色长柔毛，后渐脱落。叶卵状椭圆形、长圆形或卵状披针形，长5-14厘米，先端渐尖或尖，基部圆或近心形，幼时两面密被长柔毛，下面密被树脂腺点，脉腋具髯毛，具不规则稍内弯刺毛状重锯齿，侧脉13-14对；叶柄长0.8-1.5厘米，密被黄色柔毛。雌花序双生，细长圆柱形，下垂，长2.5-10厘米，序梗长0.7-1厘米，密被黄色柔毛；苞片长圆状披针形，长2-3毫米，下部疏被柔毛，边

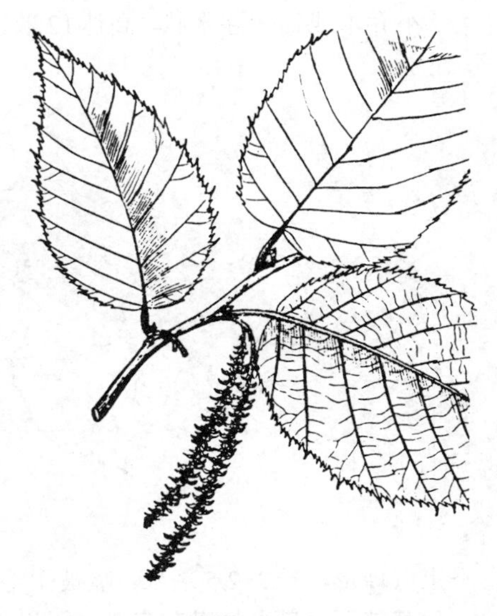

图 427 细穗桦 （仿《中国树木志》）

缘具纤毛，基部海绵质，顶端3裂，中裂片卵状披针形，侧裂片长为中裂片1/3。小坚果卵形或长圆形，长约2毫米，顶端密被柔毛，膜质翅宽为果2倍，部分露出苞片。果期7月。

产云南西北部及西藏东南部，生于海拔1400-2800米林中。印度有分布。

3. 亮叶桦 光皮桦 图428 彩片123

Betula luminifera H. Winkl. in Engl. Pflanzenr. 19(IV. 61) 91. f. 23 a-o. 1904.

乔木，高达25米；树皮光滑。幼枝密被黄色柔毛及稀疏树脂腺体。叶卵状椭圆形、长圆形或长圆状披针形，长4.5-10厘米，先端渐尖或尾尖，基部圆、近心形或宽楔形，幼时密被柔毛，后脱落，下面密被树脂腺点，具不规则刺毛状重锯齿，侧脉12-14对；叶柄长1-2厘米，密被长柔毛及树脂腺体。雌花序单生，细长圆柱形，序梗长1-2毫米，密被柔毛及树脂腺体。果苞中裂片长圆形或披针形，侧裂片长为中裂片1/4。小坚果倒卵形，长约2毫米，疏被柔毛，膜质翅宽为果1-2倍，部分露出苞片。花期3月下旬至4月上旬，果期5月至6月上旬。

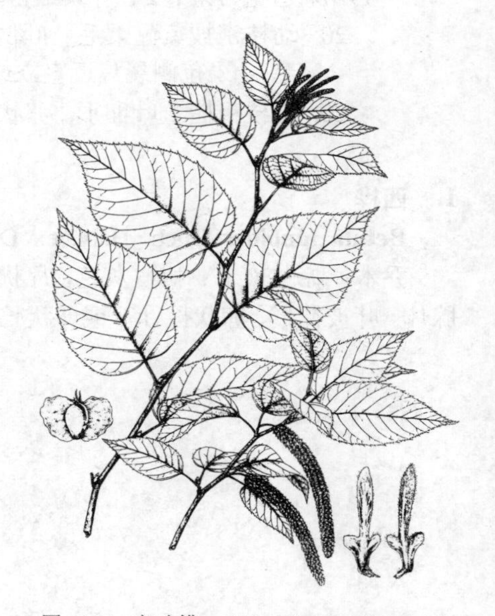

图 428 亮叶桦 （引自《中国森林树木图志》）

产河南、陕西南部、甘肃南部、安徽南部、浙江、福建、江西、湖北、湖南、广东北部、海南、广西、贵州、云南及四川，生于海拔200-2900米阳坡林中。材质坚韧细致，不翘不裂，干燥性能良好，耐腐性差，需加防腐处理，供枪托、航空、建筑、家具、造纸等用；木屑可提取木醇、醋酸；树皮可提取栲胶及炼制桦焦油。

4. 矮桦 图429

Betula potaninii Batal. in Acta Hort. Petrop. 13: 101. 1893.

小乔木或匍匐灌木状，高达12米。芽鳞黑褐色，无毛。幼枝密被柔毛。叶革质，卵状椭圆形或卵形，长2-2.5厘米，先端尖，基部圆，上面幼时密被长柔毛，下面沿脉密被黄褐色绢毛，具不规则锐尖重锯齿，侧脉9-21对，在上面凹下；叶柄长3-5毫米，密被黄色长柔毛。雌花序长圆状圆柱形，长1-2厘米，序梗长约2毫米，密被黄色长柔毛；苞片密被柔毛，中裂片卵状长圆形，顶端簇生长纤毛，侧裂片卵形。小坚果近球形，长2-2.5毫米，疏被柔毛，翅极窄。花期5月，果期8月。

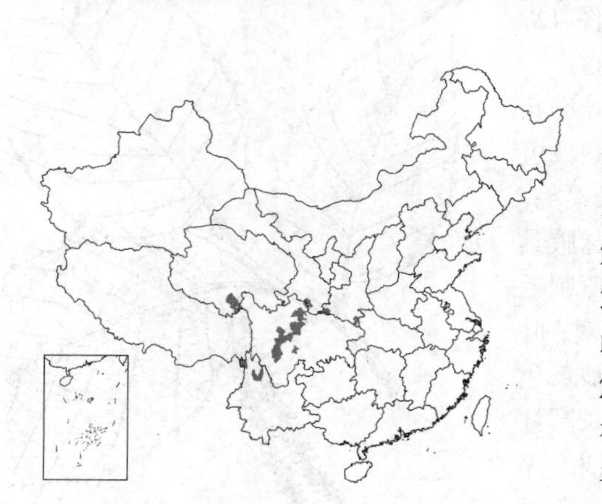

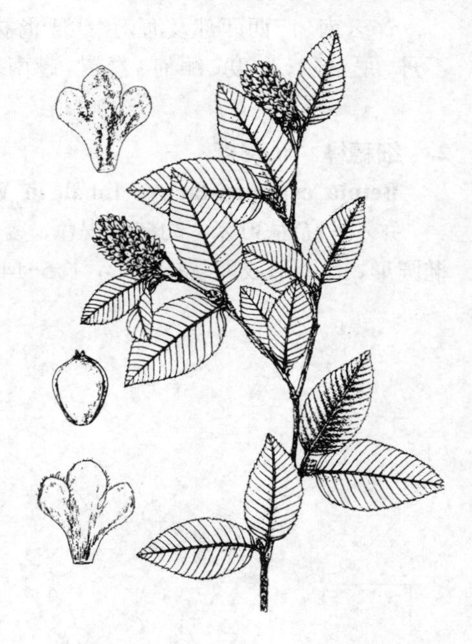

图 429 矮桦 （引自《中国森林树木图志》）

产陕西南部、甘肃东南部、四川、云南西北部及青海南部，生于海拔

1900-3100米石砾山坡灌丛中或崖壁。

5. 赛黑桦 图 430

Betula schmidtii Regel in Bull. Soc. Nat. Moscou 38(2): 412. t. 6. f. 14-20. 1865.

乔木，高达35米，胸径90厘米；树皮深灰或黑灰色，薄片剥落。小枝被长柔毛及树脂腺体。叶厚纸质，卵形、卵状椭圆形或椭圆形，长4-8厘米，先端渐尖或短尾尖，基部圆或宽楔形，上面无毛，下面密被树脂腺点，具不规则重细齿或单锯齿，侧脉8-10对；叶柄长0.5-1厘米，被长柔毛。雌花序直立，长圆状圆柱形，长2-3厘米，序梗长3-6毫米，疏被柔毛；苞片无毛，中裂片披针形，侧裂片卵状披针形，长及中裂片1/2。小坚果卵形，长约2毫米，翅极窄。花期4月，果期8-9月。

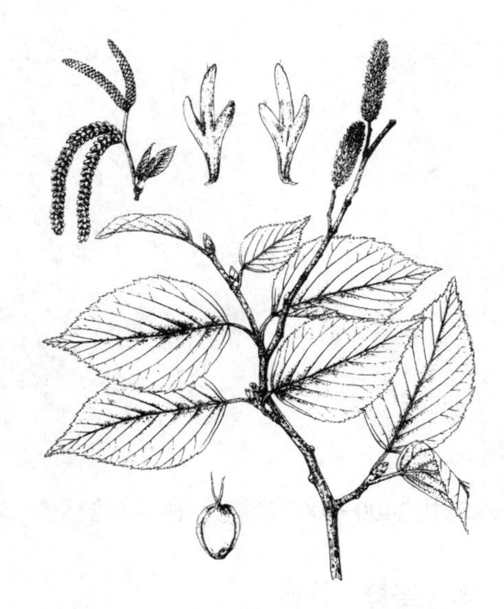

图 430 赛黑桦 （引自《中国森林树木图志》）

产吉林东部及辽宁东部，生于海拔700-800米山坡林内、岩缝中。日本、朝鲜北部及俄罗斯乌苏里地区有分布。

6. 狭翅桦 图 431

Betula fargesii Franch. in Journ. de Bot. 13: 205. 1899.

Betula chinensis Maxim. var. *fargesii* (Franch.) P. C. Li; 中国植物志 21: 135. 1979.

乔木；树皮暗灰色。小枝疏被柔毛。叶纸质，卵形或卵状披针形，长4.5-6厘米，先端尖或渐尖，基部圆，上面疏被柔毛，下面沿脉被长柔毛，具不规则骤尖重锯齿，侧脉9-11对；叶柄长4-6毫米，被柔毛。雌花序卵球形或卵球状长圆形，长1-1.5厘米，序梗长1-2毫米；苞片长0.5-1厘米，疏被柔毛，边缘具纤毛，3枚裂片近等长，小坚果倒卵形，被柔毛，翅极窄。花期5月，果期7-8月。

产湖北西部及四川，生于海拔1500-2600米山坡密林内、山顶灌丛及岩缝中。材质坚重致密，在产区可用作造林树种。

图 431 狭翅桦 （仿《中国森林树木图志》）

7. 高山桦 图 432

Betula delavayi Franch. in Journ. de Bot. 13: 205. 1899.

乔木或灌木状，高达15米；树皮暗灰色。小枝密被黄色长柔毛。叶椭圆形、长圆形、卵形或宽卵形，长2-7厘米，先端尖，基部圆，上面幼时密被黄色绢毛，下面疏被树脂腺点，沿脉被白色绢毛，具不规则重细齿，侧脉10-14对；叶柄长0.5-1厘米，疏

被长柔毛。雌花序长圆状圆柱形，长1.5-2.5厘米，序梗长约5毫米，被长柔毛；苞片长0.8-1厘米，被柔毛，中裂片披针形或长圆形，侧裂片卵形，开展，长及中裂片1/2，顶端均不外弯。小坚果倒卵形或长圆形，长2.5-3毫米，被柔毛，翅极窄。果期8月。

产云南西北部、四川西部、西藏东部及东南部，生于海拔2400-4000米灌丛中、溪边林内、岩缝中。

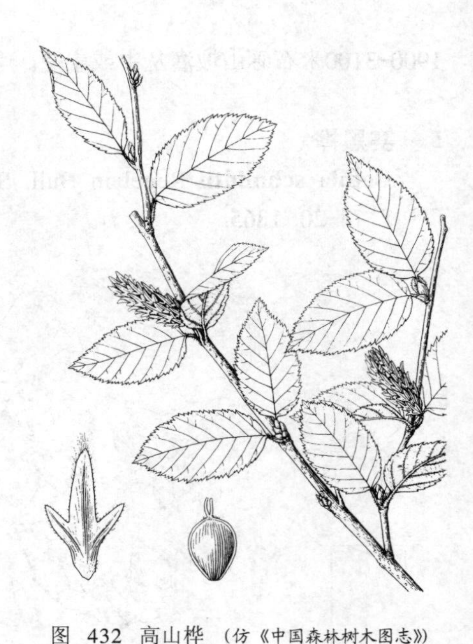

图 432 高山桦 （仿《中国森林树木图志》）

8. 坚桦 杵榆 图 433

Betula chinensis Maxim. in Bull. Soc. Nat. Moscou 54(1): 47. 1879.

乔木或灌木状。幼枝被长柔毛，后脱落。叶卵形、宽卵形或卵状椭圆形，长1.5-6厘米，先端尖，基部圆或宽楔形，上面幼时被长柔毛，下面被长柔毛，有时被树脂腺点，具不规则重锯齿，侧脉8-9对；叶柄长0.2-1厘米，密被长柔毛。雌花序近球形，稀长圆形，长1-2厘米，序梗长1-2毫米；苞片长5-9毫米，被柔毛，裂片顶端外弯，中裂片披针形，侧裂片卵形，开展，长及中裂片1/3-1/2。小坚果倒卵形或卵形，翅极窄。花期4-5月，果期8月。

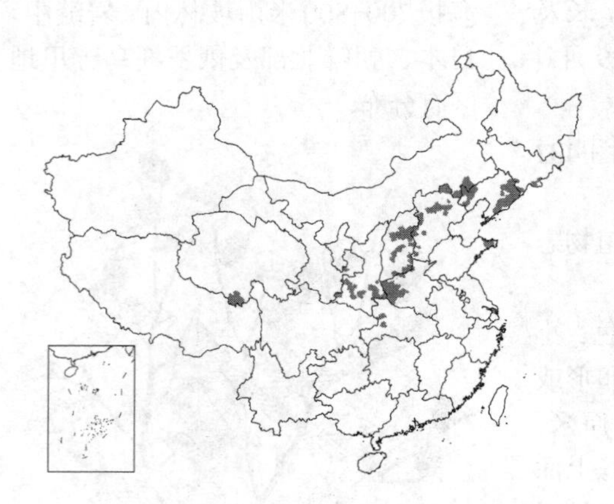

产吉林、辽宁、内蒙古、河北、山东、河南、山西、陕西、甘肃东部、青海南部及湖北西部，生于海拔700-3000米石质山坡或沟谷林中。朝鲜有分布。木材坚重致密，可制车轴，为北方优良用材树种。

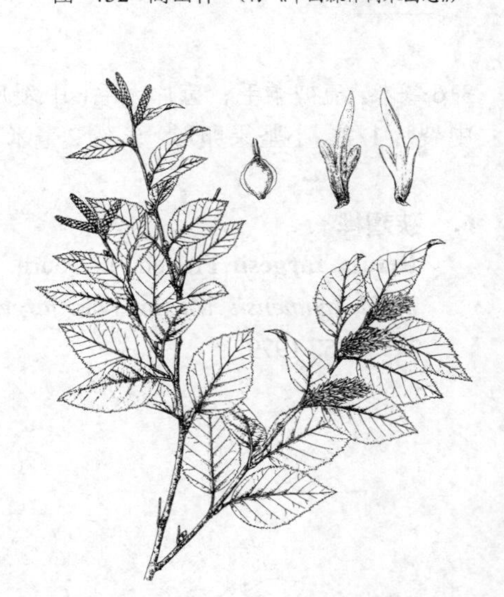

图 433 坚桦 （仿《中国森林树木图志》）

9. 岳桦 图 434

Betula ermanii Cham. in Linnaea 6: 537. t. 6. f. D a-c. 1831.

乔木，高达20米；树皮灰白色，片状剥落。幼枝密被长柔毛及树脂腺体。芽鳞密被丝毛。叶卵形、宽卵形或三角状卵形，长2-7厘米，先端尖或短尾尖，上面疏被长柔毛，下面被长柔毛及树脂腺点，具不规则骤尖重锯齿，侧脉8-12对；叶柄长1-2.4厘米。雌花序卵球形或长圆状球形，长1.5-2.7厘米，序梗长（1）3-6毫米；苞片无毛，中裂片倒披针形，侧裂片稍短于中裂片。小坚果倒卵形或倒卵状椭圆形，长2.5-3厘米，膜质翅宽及果1/3-1/2。

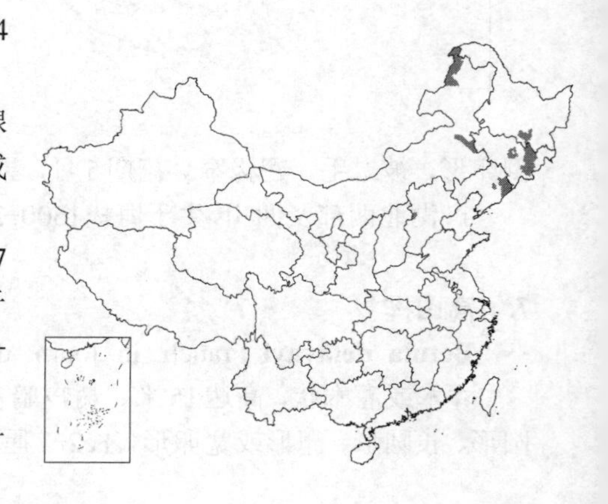

产黑龙江、吉林、辽宁、内蒙古及河北，生于海拔1000-1700米针叶

阔叶混交林中或在溪边湿地成纯林。日本、朝鲜北部及俄罗斯堪察加有分布。材质较坚硬，供建筑、器具、火柴杆、枕木等用；树叶可作染料。

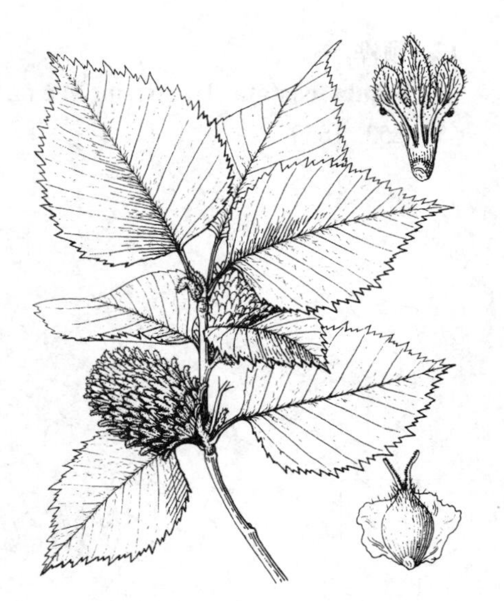

图 434 岳桦 （冀朝祯绘）

10. 香桦 图 435

Betula insignis Franch. in Journ. de Bot. 13: 206. 1899.

乔木，高达25米；树皮灰黑色，有香味。幼枝被黄色柔毛。叶椭圆形或卵状披针形，长8-13厘米，先端渐尖或稍尾尖，基部宽楔形或圆，上面疏被长柔毛，下面密被树脂腺点，沿脉被长柔毛，脉腋具髯毛，具骤尖重锯齿，侧脉12-15对；叶柄长0.8-2厘米，幼时密被白色长柔毛。雌花序直立或下弯，长圆形，长2.5-4厘米，序梗不明显；苞片长0.7-1.2厘米，密被柔毛，近缘具纤毛，裂片均为披针形，侧裂片直立，长及中裂片1/2。小坚果窄长圆形，长约4毫米，无毛，膜质翅宽及果1/3-1/2。果期9-10月。

产陕西、湖北西部、湖南、贵州东北部、云南及四川，生于海拔1400-3400米林中。树皮、木材、枝条、叶及芽均含芳香油，可提取香桦油。

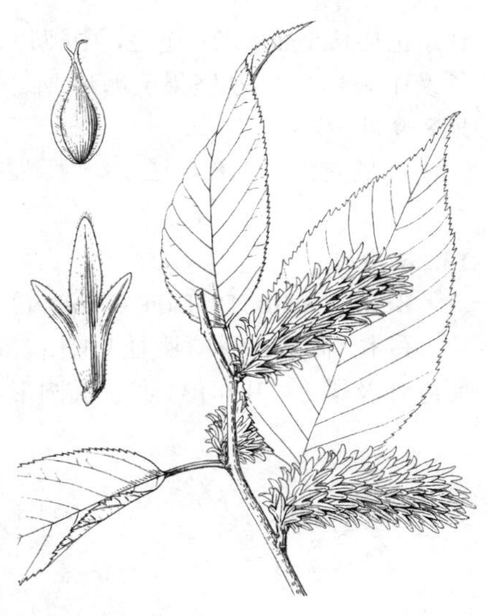

图 435 香桦 （仿《中国森林树木图志》）

11. 华南桦 图 436

Betula austro-sinensis Chun ex P. C. Li in Acta Phytotax. Sin. 17 (1): 89. 1979.

乔木，高达25米。幼枝疏被柔毛，后脱落。叶纸质，卵状椭圆形、椭圆形或长圆状披针形，长5-14厘米，先端渐尖或尾尖，基部圆或微心形，上面无毛，下面密被树脂腺点，沿脉被长柔毛，脉腋具髯毛，具不规则细密重锯齿，侧脉12-14对；叶柄长0.5-1.6厘米。雌花序单生，直立，长圆形或长圆状圆柱形，长2.5-6厘米，序梗长2-3毫米；苞片长0.8-1.3厘米，密被柔毛，裂片均为长圆形，侧裂片开展，长及中裂片1/2。小坚果窄椭圆形或长圆状倒卵形，长4-5毫米，膜质翅宽及果1/2。果期8-9月。

产福建、江西、湖北西南部、湖南、广东北部、广西、云南、贵州及四川，生于海拔700-1900米山坡林中。

图 436 华南桦 （仿《中国森林树木图志》）

12. 硕桦 图 437

Betula costata Trautv. in Mém. Acad. Imp. Sci. St. Pétersb. 9: 253. 1859.

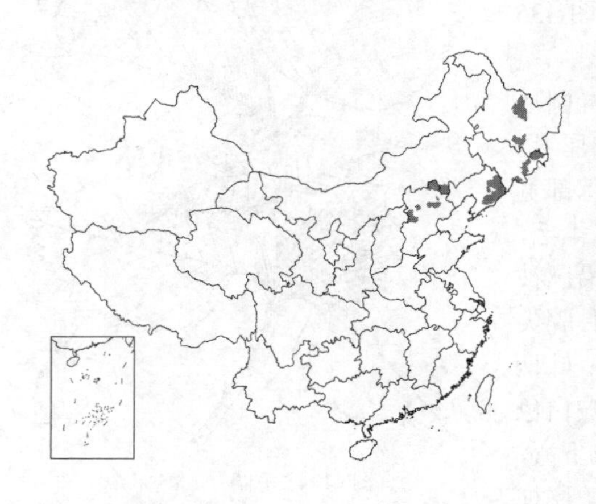

乔木，高达30米；树皮灰褐色，薄片剥落。幼枝密被黄色树脂腺体，疏被柔毛。叶卵形或卵状椭圆形，长3.5-7厘米，先端渐尖或尾尖，基部圆或近心形，上面无毛，下面密被树脂腺点及长柔毛，具不规则细尖重锯齿，侧脉9-16对；叶柄长0.8-2厘米。雌花序单生，长圆形，长1.5-2.5厘米，径约1厘米，序梗长2-5毫米，疏被长柔毛及树脂腺体；苞片长5-8毫米，无毛，中裂片长圆状披针形，侧裂片长圆形，开展，长及中裂片1/3。小坚果倒卵形，长约2毫米，无毛，膜质翅宽为果1/2。果期8-9月。

产黑龙江、吉林、辽宁、内蒙古及河北，生于海拔600-2500米针叶阔叶混交林中。朝鲜、俄罗斯乌苏里有分布。木材供柱材、板料、胶合板等用。

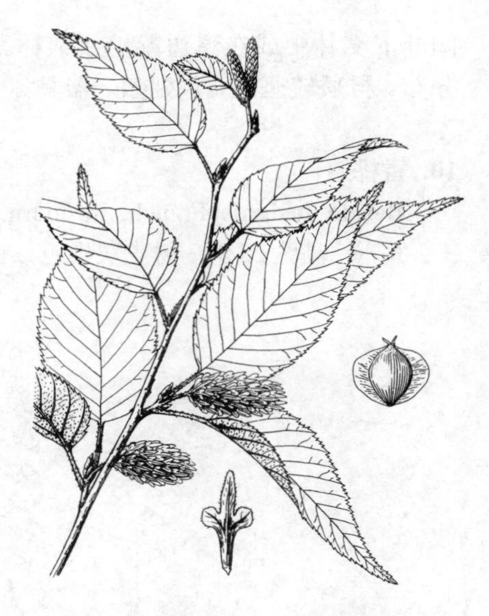

图 437 硕桦 （仿《中国森林树木图志》）

13. 糙皮桦 图 438 彩片 124

Betula utilis D. Don, Prod. Fl. Nepal. 58. 1825.

乔木，高达30米，胸径1.4米；树皮暗红褐色，薄片剥落。幼枝密被树脂腺体及柔毛。叶卵形、卵状椭圆形或长圆形，长4-9厘米，先端短尾尖或渐尖，基部圆或近心形，上面幼时密被长柔毛，下面密被树脂腺点及柔毛，具不规则骤尖重锯齿，侧脉8-14对；叶柄长0.8-2厘米，近无毛。雌花序单生或2-4枚成总状，长圆形或长圆状圆柱形，长3-5厘米，序梗长0.5-1.5厘米；苞片疏被柔毛，中裂片披针形，侧裂片卵形，开展，长及中裂片1/3。小坚果倒卵形，长2-3毫米，膜质翅与果近等宽。花期5-6月，果期7-8月。

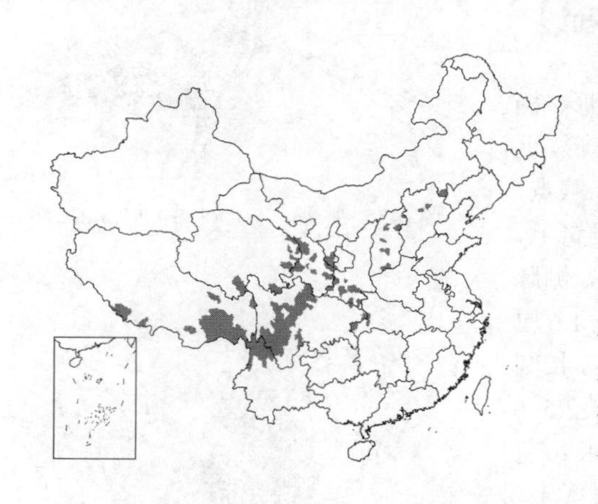

产内蒙古、山西、河北、甘肃、宁夏南部、青海、四川、云南西北部、西藏及湖北，生于海拔2500-3800米林中。阿富汗、印度北部、不丹有分布。材质坚韧，供建筑、器具等用；树皮可提取栲胶。

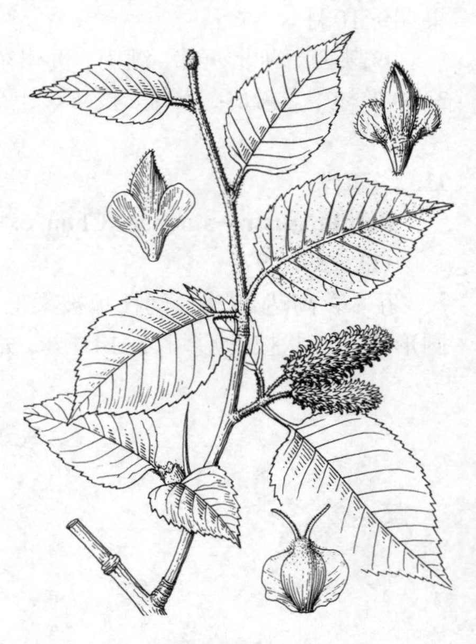

图 438 糙皮桦 （冀朝祯绘）

14. 红桦 图 439

Betula albo-sinensis Burk. ex Forb. et Hemsl. in Journ. Linn. Soc. Bot. 26: 497. 1899.

乔木，高达30米，胸径1米；树皮橙红色，有光泽，纸质，薄片剥

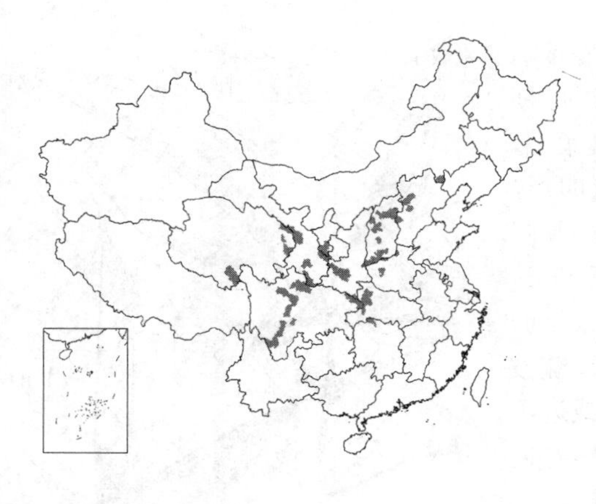

落。小枝无毛，有时疏被树脂腺体。叶卵形、卵状椭圆形或卵状长圆形，长3-8厘米，先端渐尖或近尾尖，基部圆或微心形，上面无毛，下面密被树脂腺点及稀疏长柔毛，具不规则骤尖重锯齿，侧脉10-14对。雌花序单生或2-4枚成总状，长圆形或长圆状圆柱形，长3-4厘米，序梗长约1厘米；苞片中裂片长圆形或披针形，侧裂片开展，近圆形，长及中裂片1/3。小坚果卵形，长2-3毫米，膜质翅与果近等宽。花期4-5月，果期6-7月。

产内蒙古、河北、河南、山西、陕西南部、甘肃、宁夏南部、青海、四川、湖北西部及湖南西北部，生于海拔1000-3400米山坡林中。材质坚韧，结构细，供胶合板、细木工、家具、枪托、飞机螺旋浆等用；树皮含鞣质及芳香油，可提取栲胶及蒸制桦皮油；种子可榨油供工业用。

图 439 红桦 （引自《中国森林树木图志》）

15. 黑桦 图 440

Betula davurica Pall. Reise Prov. Russ. Reich. 3：224. 1776.

乔木，高达20米；树皮黑褐色，龟裂。幼枝被长柔毛，密生树脂腺体。

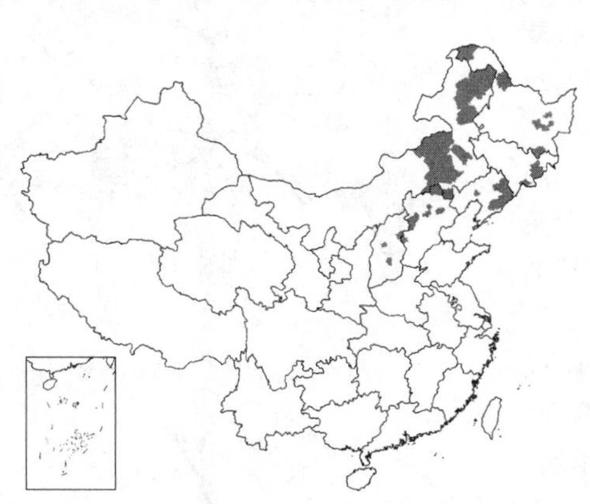

叶宽卵形、卵形、菱状卵形或椭圆形，长4-8厘米，先端尖或渐尖，基部宽楔形或近圆，上面无毛，下面密生树脂腺点，沿脉被长柔毛，具不规则骤尖重锯齿，侧脉6-8对。雌花序长圆状圆柱形，长2-2.5厘米，序梗长0.5-1.2厘米，疏被长柔毛；苞片无毛，中裂片长圆状披针形，侧裂片卵形或宽卵形，与中裂片近等长。小坚果宽椭圆形，无毛，膜质翅宽及果1/2。花期4-5月，果期9月。

产黑龙江、吉林、辽宁、内蒙古东部、河北及山西，生于海拔400-1300米阳坡或山顶林中。蒙古东部、朝鲜、日本、俄罗斯远东及东西伯利亚有分布。木材坚韧细致，供车厢、车轴、家具、雕刻、建筑等用；木纤维可造纸；树皮可提取栲胶；芽药用，治胃病；种子可榨油。

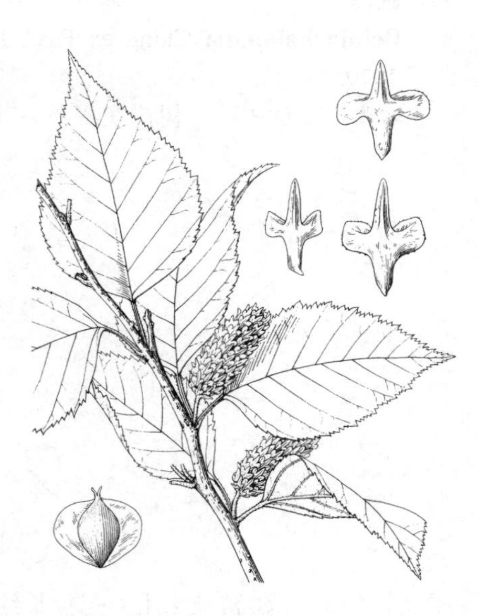

图 440 黑桦 （仿《中国植物志》）

16. 白桦 瘤枝桦 图 441

Betula pendula Roth. Tent. Germ. 1：405. 1788.

Betula platyphylla Suk.；中国高等植物图鉴 1：388. 1972；中国植物志 21：112. 1979.

乔木，高达25米；树皮灰白色，纸质薄片剥落。枝条常下垂，小枝无毛。叶三角状卵形、三角形、三角状菱形，长3-9厘米，先端尖、渐尖或尾尖，基部平截、宽楔形、楔形、微心形或近圆，上面幼时疏被长柔毛及腺点，下面密被树脂腺点，无毛，具重锯齿、缺刻状重锯齿或单锯齿，侧脉6-8对；叶柄长1-3厘米，无毛。

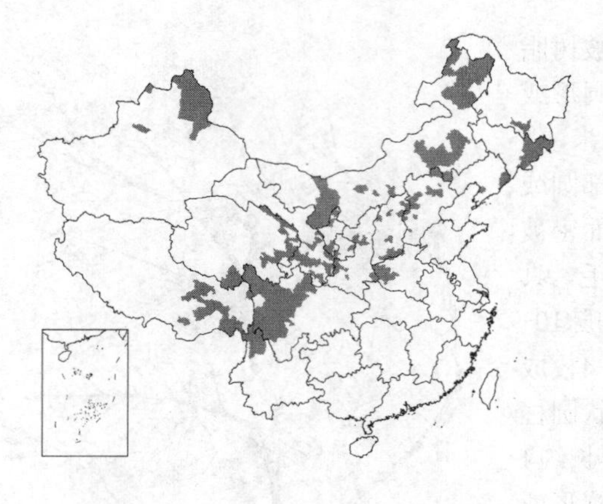

雌花序单生，长圆形或长圆状圆柱形，长2-5厘米，序梗长1-5厘米；苞片密被柔毛，中裂片卵形或三角状卵形，侧裂片卵形、近圆形或长圆形，稍长于中裂片或近等长。小坚果长圆形、卵形或倒卵状椭圆形，长约2毫米，疏被柔毛，膜质翅长于果或近等长，翅较果宽或近等宽。花期4-5月，果期7-9月。

图 441 白桦 （王金凤绘）

产黑龙江、吉林、辽宁、内蒙古、河北、河南、山西、陕西、甘肃、宁夏、新疆西北部、青海东部、云南西北部、四川西部及、西藏东部，生于海拔500-4200米山坡林中。日本、朝鲜北部、蒙古、哈萨克斯坦、俄罗斯及欧洲有分布。

17. 盐桦 图 442

Betula halophila Ching ex P. C. Li in Acta Phytotax. Sin. 17(1): 88. 1979.

灌木，高达3米；树皮灰褐色。芽卵形，芽鳞褐色，无毛。小枝密被柔毛及树脂腺体；老枝褐色，无毛。叶卵形，稀卵状菱形，长2.5-4.5厘米，宽1.2-3厘米，先端渐尖或尖，基部近圆、宽楔形或楔形，上面无毛或疏被短柔毛，下面疏被树脂腺体，幼时沿脉疏被长柔毛，具不规则骤尖重锯齿，侧脉6-7对；叶柄细，长约1厘米，密被白色短柔毛。雌花序长圆形，长2-3厘米，序梗长5-6毫米，密被柔毛；苞片长约7毫米，密被柔毛，边缘具纤毛，中裂片三角形，侧裂片长圆状卵形，与中裂片近等长。果序圆柱形，单生，下垂，长2-3厘米，径约1厘米，序梗长5-8毫米，密被短柔毛，稀近无毛；小坚果卵形，长约2毫米，宽约1.5毫米，疏被柔毛，两面上部均疏被短柔毛，膜质翅宽为果1.5-2倍，并伸出果之上。

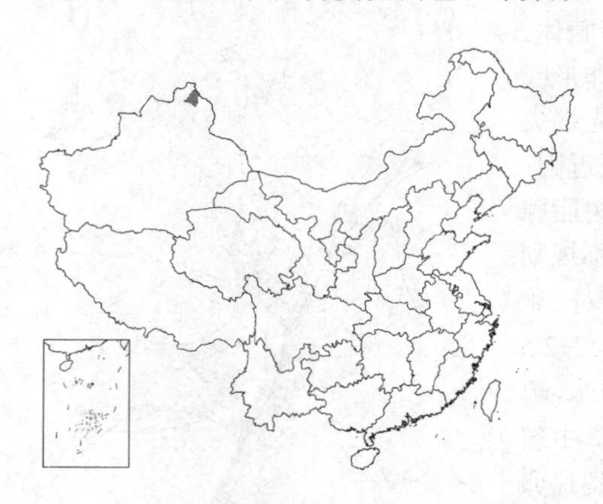

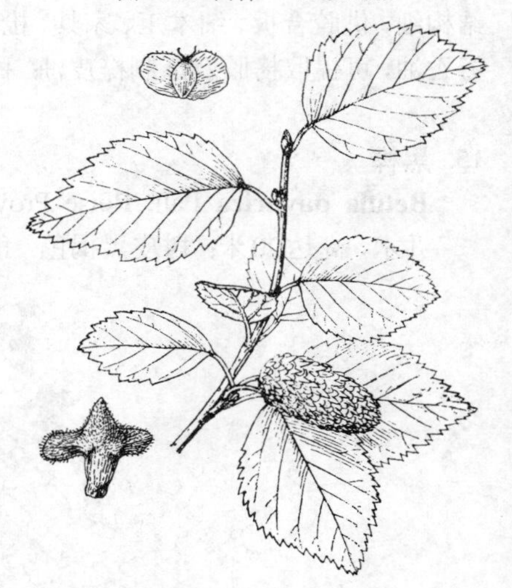

图 442 盐桦 （冯晋庸绘）

产新疆北部（阿勒泰县），生于海拔1500米盐碱地。

18. 扇叶桦 图 443

Betula middendorfii Trautv. et C. A. Mey. in Middendorff, Reise Sibir. 1(2). Bot. Abt. 2: 84. t. 21. 1856.

灌木，高达2米；树皮红褐色，有光泽。小枝黑褐色，密被柔毛及树脂腺体。叶宽倒卵形，长1.5-2.7厘米，先端钝或近圆，基部宽楔形或圆柱形，

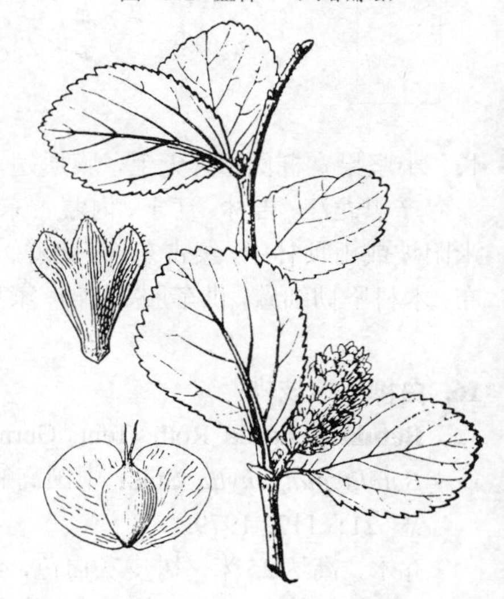

图 443 扇叶桦 （吴彰桦绘）

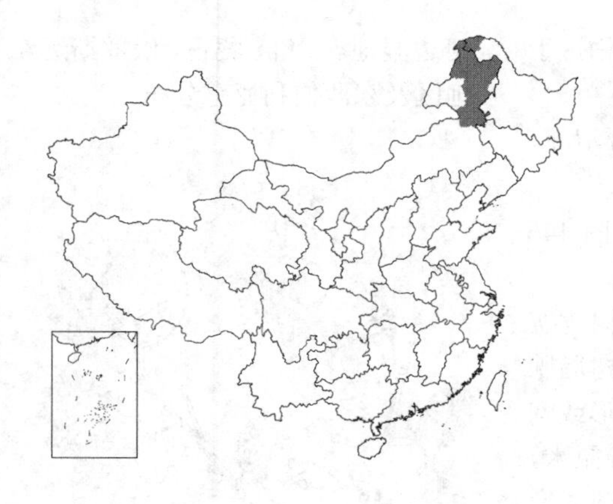

上面无毛，有光泽，下面疏被树脂腺点，无毛，具不规则圆钝重锯齿，侧脉3-5对；叶柄长约3毫米，密被柔毛。雌花序斜展或下垂，长圆形，长1.2-1.5厘米，序梗细，长0.8-1厘米，密被柔毛及树脂腺体；苞片长约6毫米，无毛，边缘具纤毛，中裂片卵形，侧裂片倒卵形，直立，与中裂片近等长。小坚果卵形，长约2毫米，无毛，膜质翅较果稍宽。

产黑龙江大兴安岭及内蒙古，生于海拔1000-1200米灌丛中。俄罗斯远东地区及东西伯利亚有分布。

19. 沙生桦 图 444

Betula gmelinii Bunge. in Mém. Acad. Imp. St. Pétersb. 2: 607. 1835.

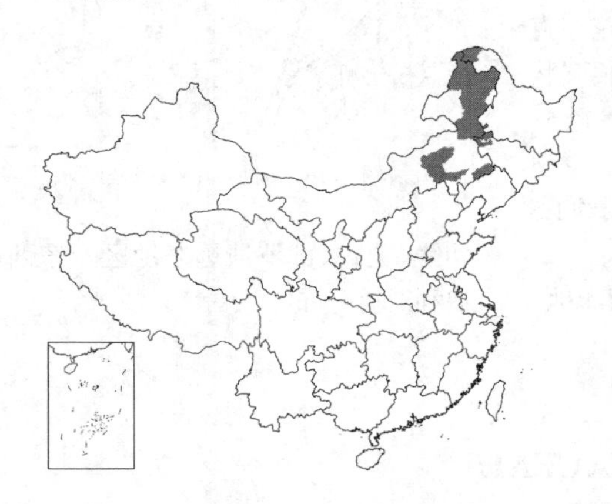

灌木，高达3米；树皮灰黑色。枝条直立，暗褐或灰褐色，无毛，具树脂腺体；幼枝密被柔毛及树脂腺体。叶椭圆形、卵形或宽卵形，长1.5-4厘米，宽1-2.5厘米，先端尖或圆钝，基部楔形或宽楔形，两面无毛，幼时下面被树脂腺点，具细密重尖锯齿，侧脉4-6对；叶柄细，长2-7毫米。雌花序直立，长圆形，长1-2.2厘米，序梗长3-6毫米或不明显；苞片长5-6毫米，中裂片长圆形，侧裂片卵形，开展，稍短于中裂片，宽为中裂片2倍。小坚果倒卵状长圆形，长约3毫米，膜质翅与果近等宽或为果2倍。

产黑龙江北部、吉林西北部、辽宁北部及内蒙古，生于海拔500-1000米沙地或沙丘间。蒙古北部、俄罗斯东西伯利亚有分布。

图 444 沙生桦 （吴彰桦绘）

20. 油桦 图 445

Betula ovalifolia Rupr. in Bull. Acad. Imp. Sci. St. Pétersb. 15: 378. 1857.

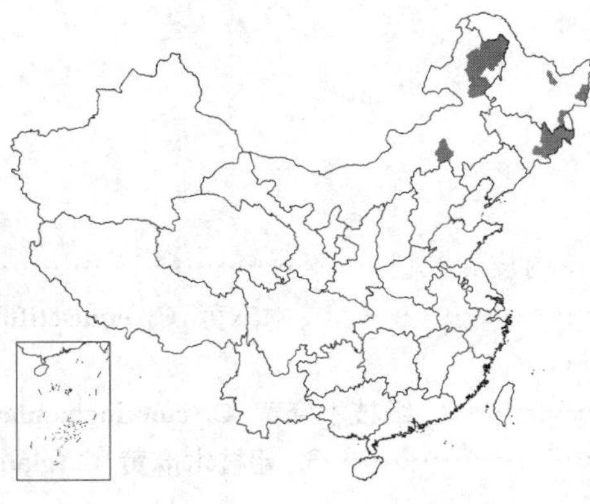

灌木，高达3米；树皮灰褐色。幼枝密被黄色柔毛，有时具树脂腺体。叶倒卵状长椭圆形、卵状菱形、椭圆状菱形或宽椭圆形，长3-5.5厘米，先端钝尖或钝圆，基部宽楔形、楔形或近圆，幼时两面密被树脂腺点及白色长柔毛，具细密单锯齿，侧脉5-7对；叶柄长3-7毫米，幼时被白色长柔毛。雌花序直立，长圆形，稀近球形，长1.5-3厘米，序梗长2-6毫米，疏被柔

图 445 油桦 （吴彰桦绘）

毛；苞片长5-6毫米，无毛，中裂片长圆形，侧裂片长圆形或卵形，稍短于中裂片。小坚果椭圆形，长约3毫米，膜质翅宽为果1/2。

产黑龙江、吉林东部及内蒙古，生于海拔500-1200米湿地、苔藓沼泽、河边湿地。朝鲜、蒙古、俄罗斯远东地区及东西伯利亚有分布。

21. 柴桦 图 446

Betula fruticosa Pall. Reise Ruse. Beich. 3(2): 758. 1776.

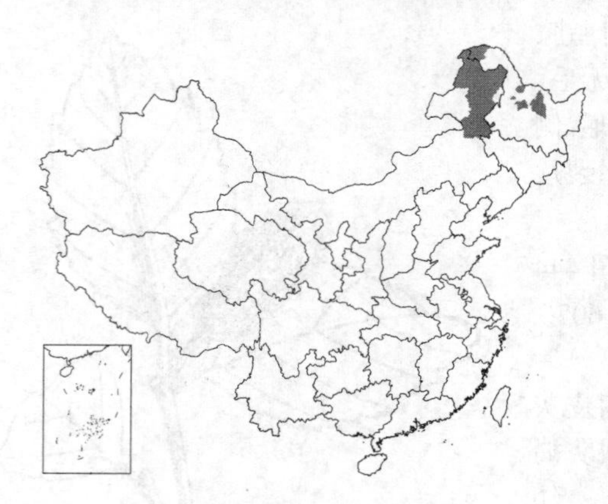

灌木，高达3米；树皮灰白色。小枝粗糙，密被树脂腺体。叶卵形、卵状椭圆形或宽卵形，长1.5-3.5(-4.5)厘米，先端尖或钝圆，基部圆或宽楔形，上面沿脉疏被柔毛，下面密生树脂腺点，具细密单锯齿，侧脉5-8对；叶柄长0.2-1厘米，无毛。雌花序直立或开展，长圆形或长圆状圆柱形，长1-2厘米，径5-8毫米，序梗长2-5毫米，密被柔毛；苞片长4-7毫米，边缘具纤毛，中裂片长圆形，侧裂片长圆形，开展，长及中裂片1/2。小坚果椭圆形，长约1.5毫米，膜质翅宽及果1/2。

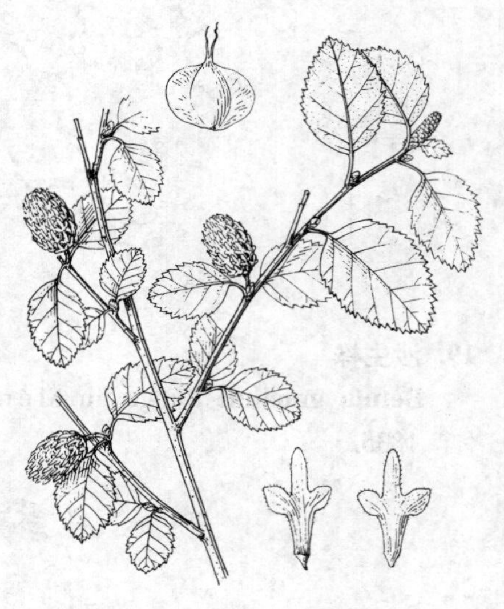

图 446 柴桦 （冯晋庸绘）

产黑龙江北部及内蒙古，生于海拔600-1100米河边湿地及林中沼泽地。朝鲜、蒙古、俄罗斯远东地区及东西伯利亚有分布。

42. 木麻黄科 CASUARINACEAE

（班 勤）

常绿乔木或灌木。小枝轮生或近轮生，具节及沟槽，绿或灰绿色。叶鳞状，4至多枚轮生，基部连成鞘状。花单性，雌雄同株或异株；雄花成圆柱形葇荑花序，顶生；雌花序为球形或椭圆形头状花序，生于短侧枝顶端。花无梗；雄花轮生花序轴上，基部具一对小苞片，雄蕊1，花期伸出杯状苞外，花药2室，纵裂；雌花生于1枚苞片和2枚小苞片腋部，无花被，子房上位，初2室，后退化为1室，胚珠2，侧膜着生，花柱短，柱头2，红色、线形。小坚果扁平，顶端具膜质翅。种子1，无胚乳，胚直伸，子叶扁平，胚根短，向上。

1属，约65种，主产大洋洲，东南亚、太平洋岛屿及非洲东部有分布。

木麻黄属 Casuarina Adans.

形态特征与科同。

我国引入栽培约9种。

1. 鳞叶每轮（6）7（8），淡绿色，近透明；小枝柔软，节部易折断；树皮内皮深红色 ………………………………………… 1. 木麻黄 C. equisetifolia
1. 鳞叶每轮8-16，褐色或上部褐色，不透明；小枝稍硬，节部不易折断。
   2. 鳞叶8（9-10）；小枝径0.5-0.7毫米；树皮内皮淡红色 ……………………… 2. 细枝木麻黄 C. cunninghamiana
   2. 鳞叶每轮12-16；小枝径1.3-1.7毫米；树皮内皮淡黄色 ……………………… 3. 粗枝木麻黄 C. glauca

1. 木麻黄 图 447

Casuarina equisetifolia Forst. Gen Pl. Austr. 103. f. 52. 1776.

乔木，高达40米，胸径70厘米；树皮暗褐色，纤维质，成窄长条片剥落，内皮深红色。枝红褐色，节密集；小枝灰绿色，纤细，柔软下垂，具7-8纵沟及棱，节间短，节易折断。鳞片每轮（6）7（8），淡绿色，近透明，披针形或三角形，长1-3毫米，紧贴小枝。花雌雄同株或异株；雄花序棒状圆柱形，长1-4厘米，具覆瓦状排列，被白色柔毛苞片，小苞片具缘毛；花被片2；花药两端凹入。雌花序常顶生侧生短枝。球果状果序椭圆形，两端近平截或钝；小苞片木质化，宽卵形，背部无棱脊；小坚果连翅长4-7毫米，宽2-3毫米。花期4-5月，果期7-10月。

原产澳大利亚及太平洋岛屿，现美洲热带地区及东南亚沿海地区广泛栽培。浙江、福建、台湾、广东、海南及广西各地栽培。耐干旱、抗风沙、耐盐碱，为热带及亚热带海岸防风固沙优良树种。木材坚重，易受虫蛀，易变形、开裂，经防腐处理后，可作枕木、船底板及建筑用材，又为优良薪炭材；树皮含鞣质11-18%，为栲胶原料及医药收敛剂；枝叶药用，治疝气、阿米巴痢疾及慢性支气管炎；幼嫩枝叶可作牲畜饲料。

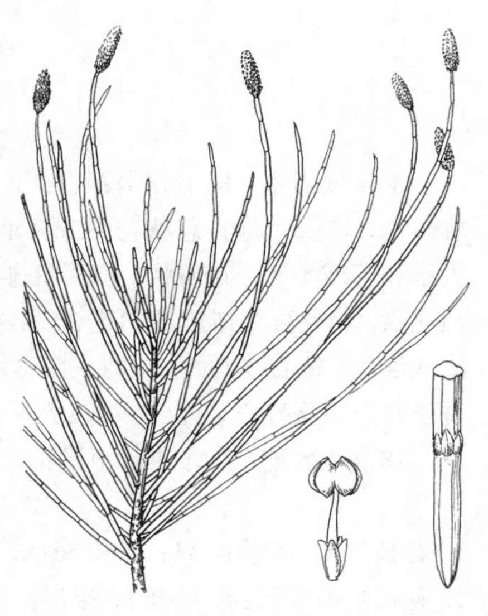
图 447 木麻黄 （张春方绘）

2. 细枝木麻黄 图 448

Casuarina cunningmiana Miq. Rev. 56. t. 6. f. A. 1860.

乔木，高达25米；树干通直，树冠尖塔形，树皮灰色，内皮淡红色。小枝密集，暗绿色，纤细，稍下垂，长15-38厘米，径0.5-0.7毫米，具浅槽及钝棱，节间长4-5毫米，节不易折断。鳞叶每节8-10，窄披针形，褐色，不透明。花雌雄异株；雄花序长1.2-2厘米；苞片下部被毛，上部无毛或毛极短；花被片1，长约1毫米，顶端兜状；雌花序生于侧生短枝顶端，密集，倒卵形；苞片卵状披针形，除边缘外无毛。果序具短柄，椭圆形或近球形，长0.7-1.2厘米。小坚果连翅长3-5毫米。花期4月，果期6-9月。

原产澳大利亚，热带、亚热带地区常见栽培。浙江、福建、台湾、广东、海南及广西有栽培。树形美观，常作行道树或观赏树。木材硬重，用途同木麻黄。

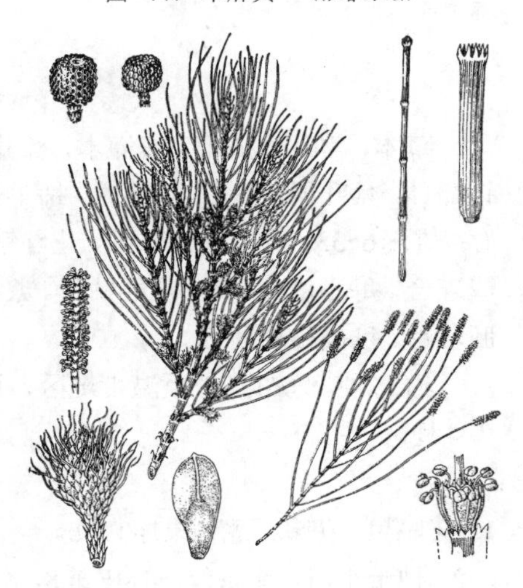
图 448 细枝木麻黄 （黄少容绘）

3. 粗枝木麻黄 图 449

Cssuarina glauca Sieb. ex Spreng. Syst. Veg. 3: 804. 1826.

乔木，高达20米，胸径35厘米；树皮厚，灰褐或灰黑色，块状剥裂及浅纵裂，内皮淡黄色。侧枝多，近直立而疏散；小枝粗，长达1米，上举，末端弯垂，灰绿或粉绿色，圆柱形，具浅沟，径1.3-1.7毫米，节间长1-1.8厘米；鳞叶每轮12-16，窄披针形，先端稍外弯，节部难折断。花雌雄同株，雄花序生于枝顶，密集，长1-3厘米；雌花序侧生，球形或椭圆形。果序宽椭圆形或近球形，两端平截，长1.2-2厘米，径约1.5厘米。小坚果连翅长5-6毫米，淡灰褐色，有光泽。花期3-4月，果期6-9月。

原产澳大利亚，生于海岸沼泽地及内陆。浙江、福建、台湾、广东、海南有栽培。常作行道树或观赏树。心材褐色，边材白色，可作家具、枕木、雕刻用材。

图 449 粗枝木麻黄 （引自《福建植物志》）

43. 商陆科 PHYTOLACCACEAE

（鲁德全）

草本或灌木，稀小乔木；直立，稀攀援；常无毛。单叶对生，全缘；托叶无或细小。花小，两性或单性，雌雄异株，辐射对称；总状花序或聚伞、圆锥、穗状花序，腋生、顶生或与叶对生。花被片4-5，分离或基部连合，大小相等或不等，花瓣状，覆瓦状排列，绿、白、黄绿色或渐变为淡红、红色，宿存；雄蕊4或5或多数，着生肉质花盘，花丝离生或基部稍连合，常宿存，花药背着，2室，纵裂；子房上位，稀下位，近球形，心皮1至多数，分离或连生，每心皮1横生或弯生胚珠，基生，花柱短或无，直立或下弯，与心皮同数，宿存。浆果或核果，稀蒴果。种子肾形或扁球形，直立，种皮膜质或硬脆，平滑或皱缩；富含粉质或油质胚乳，胚弯曲。

18属125种，广布热带至温带地区，主产热带美洲、南非，少数产亚洲。我国2属5种。

1. 花被片5；雄蕊6-33；心皮5-16，分离或连合；果黑或暗红色 ………………………… 1. **商陆属 Phytolacca**
1. 花被片4；雄蕊4；心皮1；果鲜红或橙色 ………………………………………………… 2. **蕾芬属 Rivina**

1. 商陆属 Phytolacca Linn.

草本，常具肉质根，或灌木，稀乔木状。茎、枝无毛或幼枝及花序被柔毛。叶卵形、椭圆形或披针形，常富含针晶体，具叶柄，稀无。花两性，稀单性雌雄异株，总状或聚伞圆锥状或穗状花序，顶生或与叶对生。花被片5，宿存；雄蕊6-33，着生花被基部，花丝钻状或线形，内藏或伸出，花药长圆形或近圆形；子房上位，心皮5-16，分离或连合，每心皮1胚珠，花柱钻形。浆果，扁球形，黑或暗红色。种子扁肾形，外种皮硬脆，亮黑色，内种皮膜质；胚环形，包被粉质胚乳。

约35种，分布热带至温带地区，主产南美洲，有些种成乔木状，少数产非洲及亚洲，亚洲种均为宿根草本。我国4种。

1. 花序粗，花多而密；果序直立。
  2. 种子平滑，无条纹；心皮常8，分离或连合。
    3. 心皮分离，雄蕊8-10，花被片白或黄绿色，花后常反折 …………………………… 1. **商陆 Ph. acinosa**
    3. 心皮连合，雄蕊12-16，花被片白色，后变红，花后不反折 ………………… 2. **多雄蕊商陆 Ph. polyandra**
  2. 种子具纤细同心条纹；心皮6-10，连合 ……………………………………………… 3. **日本商陆 Ph. japonica**
1. 花序较纤细，花较稀少；果序下垂；种子平滑；心皮连合，雄蕊及心皮常10 ……………………………………………………………………………………………… 4. **垂序商陆 Ph. americana**

1. 商陆 图450：1-4 彩片125

Phytolacca acinosa Roxb. Fl. Ind. 2: 458. 1832.

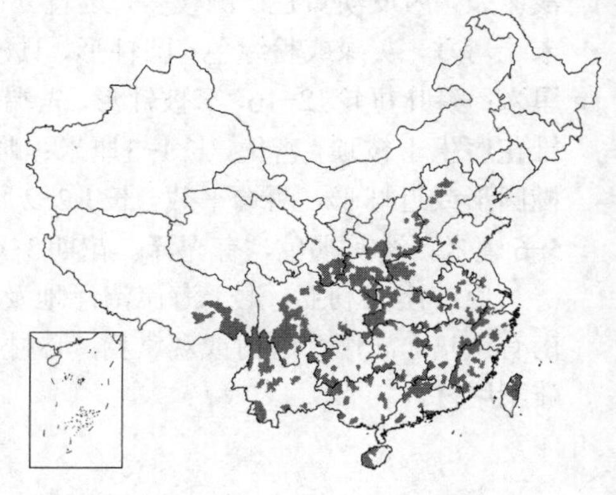

多年生草本，高达1.5米，全株无毛。根肉质，倒圆锥形。茎圆柱形，具纵沟，肉质，绿或红紫色，多分枝。叶薄纸质，椭圆形或披针状椭圆形，长10-30厘米，先端尖或渐尖，基部楔形，两面疏被白色斑点（针晶体）；叶柄粗，长1.5-3厘米。总状花序圆柱状，直立，多花密生；花序梗长1-4厘米。花梗长0.6-1（-1.3）厘米；花两性，径约8毫米；花被片5，白或黄绿色，椭圆形或卵形，长3-4毫米，花后常反折；雄蕊8-10，花丝白色，钻形，宿存，花药椭圆形，粉红色；心皮（5）8（10），分离，花柱短，直立，顶端下弯。果序直立；浆果扁球形，径约7毫米，紫黑色。种子肾形，黑色，长约3毫米，具3棱，平滑。花期5-8月，果期6-10月。

除东北、内蒙古、青海、新疆外，生于其它省区海拔500-3400米沟谷、山坡林下、林缘、路边；多栽培，喜生于湿润肥沃地。朝鲜、日本、印度有分布。根药用，白色肥大者为佳，红根有剧毒，仅供外用；通二便，治水肿、脚气、喉痹，外敷治疮；也可作兽药及农药。果含鞣质，可提取栲胶。嫩茎叶可食。

图 450: 1-4. 商陆 5-6. 多雄蕊商陆 7. 日本商陆 8-9. 垂序商陆

2. 多雄蕊商陆 图 450：5-6 彩片 126

Phytolacca polyandra Batal. in Acta Hort. Petrop. 13：99. 1893.

草本，高达1.5米。叶椭圆状披针形或椭圆形，长9-27厘米，宽5-10.5厘米，先端尖或渐尖，尖头具腺体，基部楔形，两面无毛；叶柄长1-2厘米。总状花序顶生或与叶对生，圆柱形，直立，长5-32厘米，径1.8-4.5厘米，花序梗长1.5-6厘米。花两性；花梗长1-1.8厘米；花被片5，白色，后变红，长圆形，长4-6毫米；雄蕊12-16，2轮，花丝基部宽，花药白色；心皮（6）8（9）连合，花柱直立或顶端微弯。浆果扁球形，径约7毫米。种子肾形，平滑，亮黑色。花期5-8月，果期6-9月。

产甘肃、四川、云南、贵州、广西、广东及湖南，生于海拔1100-3000米山地山坡林下、沟边、路边。

3. 日本商陆 图 450：7 彩片 127

Phytolacca japonica Makino in Bot. Mag. Tokyo 6：49. 1892.

多年生草本，高约1米。茎有棱，无毛。叶长圆形、卵状长圆形，稀倒卵形，长15-32厘米，宽5-10厘米，先端渐尖或尖，基部楔形；叶柄长0.2-3厘米，无毛。总状花序直立，与叶对生，长2.5-11厘米，花序梗长0.3-2厘米，无毛。花梗无毛，小苞片2，互生，着生花梗中部；花淡红色；花被片5，在芽中覆瓦状排列；雄蕊10-16（17）。心皮6-10，连合，花柱离生，柱头顶生。果序直立，长4.5-11厘米，径2-3.5厘米；浆果扁球形，径8毫米。种子肾圆形，亮黑色，径约3毫米，具纤细同心条纹。花果期6-8月。

产浙江、安徽、江西、湖南、广东、福建及台湾，生于海拔350-1100米山谷、水边、林下。日本有分布。

4. 垂序商陆 美国商陆 图 450：8-9 彩片 128

Phytolacca americana Linn. Sp. Pl. 441. 1753.

多年生草本，高达2米。根倒圆锥形。茎圆柱形，有时带紫红色。叶椭圆状卵形或卵状披针形，长9-18厘米，先端尖，基部楔形；叶柄长1-4厘米。总状花序顶生或与叶对生，纤细，长5-20厘米，花较稀少。花梗长6-8毫米；花白色，微带红晕，径约6

毫米；花被片5，雄蕊、心皮及花柱均为10，心皮连合。果序下垂，浆果扁球形，紫黑色。种子肾圆形，平滑，径约3毫米。花期6-8月，果期8-10月。

原产北美。河北、陕西、山东、江苏、浙江、安徽、江西、福建、台湾、河南、湖北、湖南、广东、海南、四川、贵州及云南等地栽培，已野化。根药用，治水肿、白带、风湿，有催吐作用；种子利尿；叶可解毒，治脚气。外用治肿毒及皮肤寄生虫病；全草可作农药。

2. 蕾芬属 **Rivina** Linn.

亚灌木，高达1米。茎二叉分枝，具棱；幼枝被柔毛，后脱落。叶卵形或卵状披针形，长4-12厘米，先端尾尖，基部楔形或稍圆，下面中脉被柔毛；叶柄长1-3.5厘米，被柔毛，无托叶。总状花序长0.4-1厘米，腋生，稀顶生，直立或弯曲，被柔毛。花小，两性，辐射状；花梗纤细；花被片4，花瓣状，白或粉红色，长2-2.5毫米，宿存；雄蕊4；子房上位，心皮1，1室，花柱近顶生，柱头头状。浆果稍扁球形，径3-4毫米，红或橙色。种子双凸镜状，径2毫米。

单种属。

蕾芬 图451

Rivina humilis Linn. Sp. Pl. 121. 1753.

形态特征同属。

原产热带美洲。杭州、福州、广州栽培，供观赏，或已野化为宅旁路边杂草。

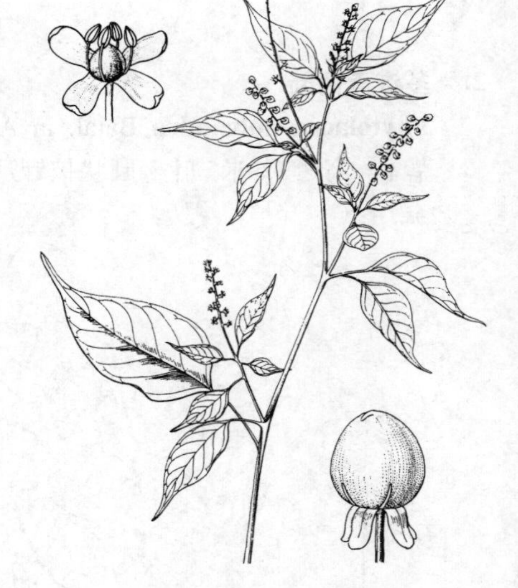

图 451 蕾芬 （钱存源绘）

44. 紫茉莉科 NYCTAGINACEAE

（鲁德全）

草本、灌木、藤状灌木或乔木。单叶，对生、互生或近轮生，全缘；具柄，无托叶。花辐射对称，两性，稀单性或杂性；单生、簇生或成聚伞花序、伞形花序；具苞片或小苞片。单被花，常花冠状，圆筒形、漏斗状或钟形，裂片5-10，在芽内镊合状或摺扇状，宿存；雄蕊（1-）3-5（-多数），花丝离生或基部连合，芽时内卷，花药2室，纵裂；子房上位，1室，1胚珠，花柱1，柱头球形。掺花瘦果包在宿存花被内，具棱或槽，有时具翅，常具腺体。种子具胚乳；胚直立或弯曲。

约30属300种，分布热带及亚热带地区，主产热带美洲。我国7属、11种、1变种。

1. 灌木、藤状灌木或乔木。
  2. 花小，密集成圆锥状聚伞花序，无大苞片；子房无柄；胚直立。
    3. 花单性，雌雄异株；果具有柄腺体 …………………………………… 1. **腺果藤属 Pisonia**
    3. 花两性或杂性；果无具柄腺体，具胶质 ………………………………… 2. **胶果木属 Ceodes**
  2. 花常3朵簇生枝顶，外包3枚红、紫或桔色大苞片；子房具柄；胚弯曲 ………… 3. **叶子花属 Bougainvillea**
1. 草本或亚灌木。
  4. 果球形，无棱，无粘腺；常具萼状总苞。

5. 花1至数朵簇生枝顶或腋生，花大，花被高脚碟状，长2-15厘米，花梗长1-2毫米，总苞花后不增大或膜质 ………………………………………………………………………… 4. **紫茉莉属 Mirabilis**

5. 聚伞花序或圆锥花序，花小，花被钟形或短漏斗状，长不及1厘米，花梗长2-2.5厘米；总苞花后增大，果时膜质 ………………………………………………………………………… 5. **山紫茉莉属 Oxybaphus**

4. 聚伞圆锥花序或伞形花序；果棍棒状、倒圆锥形或倒卵状长圆形，具5或10纵棱，多具粘液。

6. 聚伞圆锥花序；花梗短，花被上部钟形，花丝及花柱内藏或稍伸出；果具5棱或深5角，无毛或具腺毛 ………………………………………………………………………… 6. **黄细心属 Boerhavia**

6. 伞形花序；花梗长；花被上部漏斗状，花丝及花柱长，伸出；果具10棱，被粘质瘤状腺体 ………………………………………………………………………… 7. **粘腺果属 Commicarpus**

1. 腺果藤属 **Pisonia** Linn.

灌木、藤状灌木或乔木。茎具刺或无刺。叶对生或互生，全缘；具柄。花单生、雌雄异株，圆锥状聚伞花序；小苞片2-4。雄花花被钟形或漏斗状，雄蕊6-10；雌花花被卵状圆筒形或圆筒形，5-10裂，子房无柄，偏斜，柱头头状或分裂。果长圆形或棍棒状，具棱，棱角被乳头状具柄腺体。种子长圆形，两端稍尖，具纵槽；胚直立，子叶弯扭，包被胚乳。

约50种，分布热带及亚热带地区。我国1种。

腺果藤　　图 452

Pisonia aculeata Linn. Sp. Pl. 1026. 1753.

藤状灌木；树皮绿褐色，疏被柔毛或无毛。枝近对生，下垂，常具下弯长0.5-1厘米粗刺。叶对生，部分互生，近革质，叶卵形或椭圆形，长3-10厘米，基部楔形或圆，上面暗绿色，无毛，下面淡绿色，被黄褐色柔毛，侧脉4-6对；叶柄长1-1.5厘米。花序被黄褐色柔毛。花梗近顶端具3个卵形小苞片；花被黄色，芳香；雄花花被筒漏斗状，被微柔毛，5浅裂，裂片短三角形，雄蕊6-8，伸出，花药近球形；雌花花被筒卵状圆筒形，5浅裂，花柱伸出，柱头分裂。果棍棒状，长0.7-1.4厘米，径4毫米，具5棱，被有柄乳头状腺体及黑褐色短柔毛，果柄长。花期1-6月。

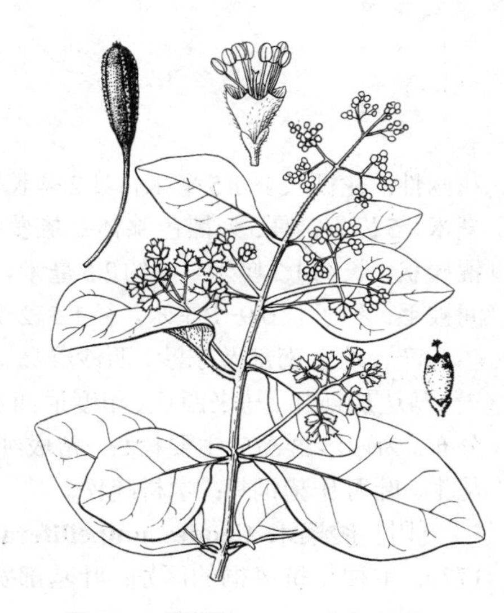

图 452 腺果藤　(仿《海南植物志》)

产台湾东南部、广东及海南，生于海岸灌丛及疏林中。亚洲热带及亚热带、澳大利亚、非洲及美洲有分布。

2. 胶果木属 **Ceodes** J. et G. Forst.

乔木或灌木；常无毛。叶对生、互生、或近轮生；具柄。花两性或杂性；圆锥状聚伞花序。花被漏斗状或钟状，5裂，裂片镊合状排列；雄蕊8-15，稍伸出；子房包于花被筒内，无柄，柱头近头状，5裂。果棍棒状或圆柱状，具5纵棱，无乳头状凸起腺体，具胶质。

约25种，分布马来西亚、波利尼西亚、澳大利亚及马斯克林群岛。我国2种。

1. 花两性；花序长1-4厘米；花梗长1-1.5毫米，具小苞片，花被筒漏斗状；果棍棒状，长约1.2厘米，粗糙，具皮刺，无宿存花被 …………………………………………………………………… **抗风桐 C. grandis**
1. 花杂性；花序长5-12厘米；花梗长1.5-6毫米，无小苞片，花被筒钟形；果近圆柱形，长2.5-4厘米，平滑，花被宿存 …………………………………………………………………… （附）. **胶果木 C. umbellifera**

抗风桐 白避霜花 图453

Ceodes grandis (R. Br.) D. Q. Lu in Fl. Reipubl. Popul. Sin. 26: 3. 1996.

Pisonia grandis R. Br. Prodr. Fl. Nov. Holl. 1: 422. 1810.

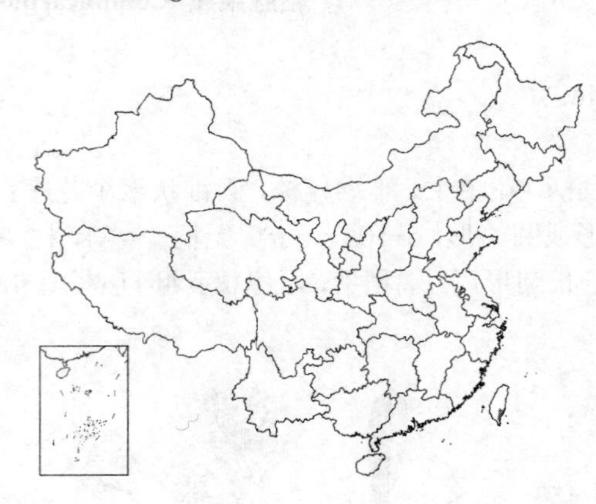

常绿乔木，高达14米，胸径50（87）厘米；树皮灰白色，皮孔明显。叶对生，纸质或膜质，椭圆形、长圆形或卵形，长（7-）10-20（-30）厘米，被微毛或近无毛，先端尖或渐尖，基部圆或微心形，常偏斜，全缘，侧脉8-10对；叶柄长1-8厘米。聚伞花序顶生或腋生，长1-4厘米，花序梗长约1.5厘米，被淡褐色毛。花两性；花梗长1-1.5毫米，具2-4长圆形小苞片；花被筒漏斗状，长约4毫米，5齿裂，具5列黑色腺体；雄蕊6-10，伸出；柱头画笔状，内藏。果棍棒状，长约1.2厘米，径约2.5毫米，5棱，沿棱具1列有粘液的皮刺，棱间被毛。种子长0.9-1厘米，径1.5-2毫米。花期夏季，果期夏末至秋季。

产台湾东南部及东沙、西沙群岛，生于林中。印度、斯里兰卡、马尔代夫、马达加斯加、马来西亚、印度尼西亚、澳大利亚东北部及太平洋岛屿有分布。为西沙群岛最主要树种，常成纯林，因受海风影响，枝条很少，叶常丛生。叶可作猪饲料；木材疏松。

［附］**胶果木 Ceodes umbellifera** J. et G. Forst. Char. Gen. Pl. 142. 1776. 本种与抗风桐的区别：叶基部宽楔形；花杂性，花序长5-12厘米；花梗长1.5-6毫米，无小苞片，花被筒钟形；果近圆柱形，长2.5-4厘米，平滑，花被宿存。产台湾南部及海南，生于中、低海拔山地灌丛及疏林中，村旁有栽培。马达加斯加、安达曼群岛、马来西亚、印度尼西亚、菲律宾、澳大利亚及夏威夷等太平洋岛屿有分布。

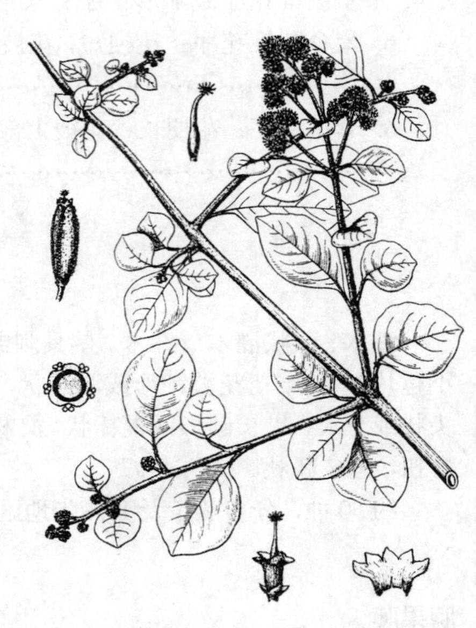

图 453 抗风桐 （引自《Fl. Taiwan》）

3. 叶子花属 Bougainvillea Comm. ex Juss.

灌木或小乔木，有时攀援。枝具刺。叶互生，具柄。花两性，常3朵集生枝顶，外包3枚红、紫或桔色叶状苞片。花梗贴生苞片中脉；花被筒状，常绿色，5-6裂，裂片短，玫瑰或黄色；雄蕊5-10，内藏，花丝基部合生；子房具柄，1室1胚珠，花柱侧生，短线形。瘦果圆柱形或棍棒状，具5棱。种皮薄，胚弯，子叶席卷，包被胚乳。

约18种。原产南美，有些种在热带及亚热带栽培。我国2种。

1. 叶无毛或疏被柔毛，苞片长圆形或椭圆形，与花近等长；花被筒疏被柔毛 ………………… **光叶子花 B. glabra**
1. 叶密被柔毛，苞片椭圆状卵形，较花长；花被筒密被柔毛 ……………………………（附）. **叶子花 B. spectabilis**

光叶子花 图454 彩片129

Bougainvillea glabra Choisy in DC. Prodr. 13(2): 437. 1849.

藤状灌木。茎粗壮，枝下垂，无毛或疏被柔毛；刺长0.5-1.5厘米，腋生。叶纸质，卵形或卵状披针形，长5-13厘米，先端尖或渐尖，基部圆或宽楔形，上面无毛，下面被微柔毛；叶柄长1厘米。花顶生枝端3个苞片内，花梗与苞片中脉贴生，每苞片生1花；苞片叶状，紫或红色，长圆形或椭圆形。花被筒长约2厘米，淡绿，疏被柔毛，有棱，5浅裂；雄蕊6-8；花柱侧生，线形；花盘环状，上部撕裂状。花期冬春（广州、海南、昆明），北方温室栽培，3-7月开花。

原产巴西。南方多栽植于庭院、公园，北方温室栽培，供观赏。花药用，治白带、调经。

[附] **叶子花** 九重葛 **Bougainvillea spectabilis** Willd. Sp. Pl. 2: 348. 1799. 本种与光叶子花的区别：枝叶密被柔毛；苞片椭圆状卵形，较花长；花被筒密被柔毛。原产热带美洲。南方栽培，供观赏。扦插繁殖。

图 454 光叶子花 （王金凤绘）

4. 紫茉莉属 Mirabilis Linn.

一年生或多年生草本。根倒圆锥形。单叶，对生，具柄或上部叶无柄。花两性，1至数朵簇生枝顶或腋生；每花基部包以1个5深裂萼状总苞，裂片直立，摺扇状。花梗长1-2毫米；花被色艳，高脚碟状，长2-15厘米，花被筒在子房顶端缢缩，5裂，裂片平展，凋落；雄蕊5-6，与花被筒等长或伸出，花丝下部贴生花被筒上；子房1室，1胚珠；花柱线形，伸出，柱头头状。掺花瘦果球形或倒卵状球形，具棱或疣状凸起，总苞宿存。胚弯曲，子叶摺叠，包被粉质胚乳。

约50种，主产热带美洲。我国栽培1种。

紫茉莉 图455 彩片130

Mirabilis jalapa Linn. Sp. Pl. 177. 1753.

一年生草本，高达1米。茎多分枝，无毛或疏被柔毛，节稍肿大。叶卵形或卵状三角形，长3-15厘米，先端渐尖，基部平截或心形，全缘，两面无毛；叶柄长1-4厘米，上部叶近无柄。花常数朵簇生枝顶。花梗长1-2毫米；总苞钟形，长约1厘米，5裂，裂片三角状卵形，果时宿存；花被紫红、黄或杂色，花被筒高脚碟状，长2-6厘米，檐部径2.5-3厘米，5浅裂；花午后开放，有香气，次日午前凋萎；雄蕊5，花药球形。瘦果球形，径5-8毫米，黑色，革质，具皱纹。种子胚乳白粉质。花期6-10月，果期8-11月。

原产热带美洲。南北各地栽培，供观赏。根、叶药用，可清热解毒、活血调经、滋补；种子白粉可去面部癍痣、粉刺。

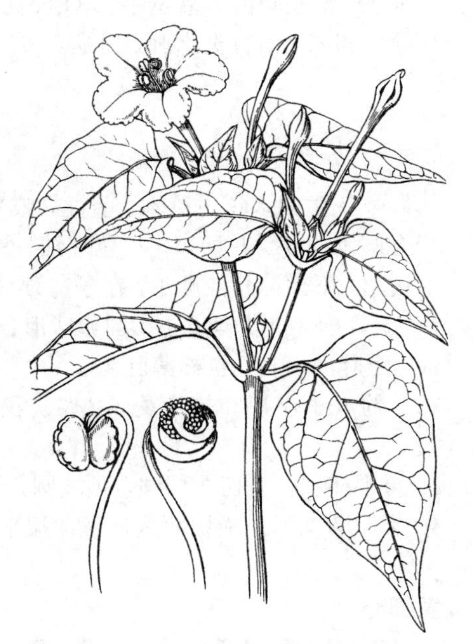

图 455 紫茉莉 （引自《图鉴》）

5. 山紫茉莉属 Oxybaphus L'Her. ex Willd.

直立或斜升草本，有时根具块茎。茎被粘质腺毛或近无毛。单叶对生。聚伞花序或圆锥花序，稀单花腋生，花小；总苞钟状，5裂，花后增大，具网状脉，包1-3花，果时膜质。花梗长2-2.5厘米；花被钟状或浅漏斗状，常偏斜，长不及1厘米，玫瑰红至淡红紫色，花被筒在子房顶端缢缩，檐部具褶，凋落；雄蕊3（2-5），花丝丝状，拳卷、内弯，在子房基部合生；花柱丝状，柱头头状。掺花瘦果小，平滑或具小瘤。胚弯，子叶包被粉状胚乳，胚根长。

约25种，主产美洲温暖地区，欧亚稀有。我国1变种。

中华山紫茉莉 图456

Oxybaphus himalaicus Edgew. var. **chinensis** (Heim.) D. Q. Lu in Rep. & Abst. 60th Ann. Bot. Soc. China 102. 1993.

Mirabilis himalaica (Edgew.) Heim. var. *chinensis* Heim. in Notes Bot. Gart. Berlin 11: 454. 1932.

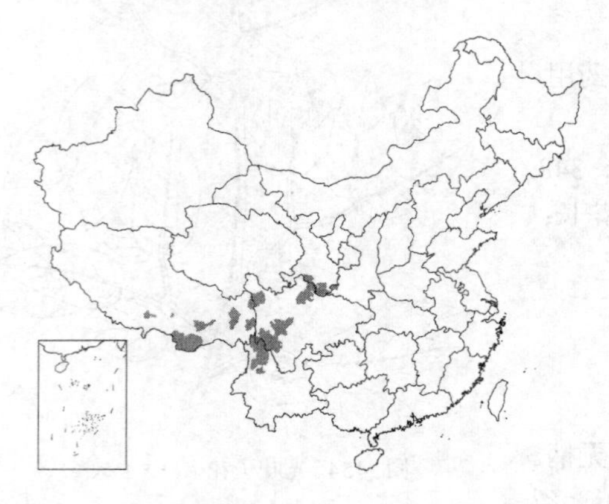

一年生草本，长达1.8米。茎斜升或平卧，多分枝，疏被腺毛或近无毛。叶卵形，长2-6厘米，先端渐尖或尖，基部心形或圆，上面粗糙，下面被毛，边缘具毛或不明显细齿；叶柄长1-2厘米。花生于枝顶或叶腋。花梗细，长2-2.5厘米，密被粘腺毛；总苞钟形，长2.5-5毫米，具5个三角形齿，密被粘腺毛；花被紫红或粉红色，长6-8毫米，5裂；雄蕊5，与花被近等长，花药卵形，2室，纵裂；子房无毛，柱头多裂。果椭圆状或卵球形，长约5毫米，黑色。花果期8-10月。

产陕西西南部、甘肃东南部、四川西部、云南及西藏，生于海拔700-2750（-3400）米干暖河谷灌丛中、草地、河边石缝中及石墙上。我国特产。根补脾肾、利尿，治肾炎水肿、淋病。

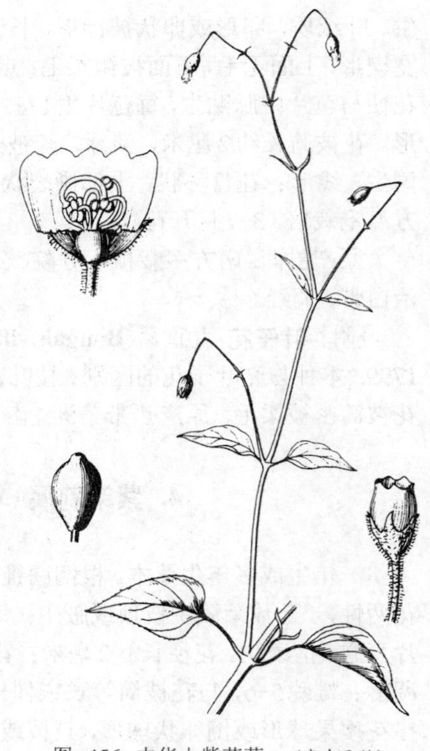

图 456 中华山紫茉莉 （李志民绘）

6. 黄细心属 Boerhavia Linn.

一年生或多年生草本。茎直立或平卧；枝开展，有时具腺。叶对生，常不等，全缘或波状；具柄。花小，两性，聚伞圆锥花序。花梗短；小苞片细，常凋落，稀轮生成小总苞；花被连合，上部钟状，顶端平截或皱褶，5裂，花后脱落，下部筒状或卵形，在子房顶端缢缩，包被子房；雄蕊1-5，内藏或伸出，花丝基部连合；子房上位，偏斜，1室，具柄。掺花瘦果小，倒卵球形、陀螺形、棍棒状或圆柱形，具5棱或深5角，常粗糙，无毛或具腺体。胚弯曲，子叶薄而宽，包被薄胚乳。

约40种，广布热带及亚热带。我国3种。

1. 果棍棒状，横切面稍圆，顶端圆，被柔毛及腺体 …………………… **黄细心 B. diffusa**
1. 果倒圆锥形，横切面星形，顶端平截，无腺体或毛 …………………… （附）. **直立黄细心 B. erecta**

黄细心 图457：1-3 彩片131

Boerhavia diffusa Linn. Sp. Pl. 3. 1753.

多年生蔓性草本，长达2米。根肉质。茎无毛或疏被短柔毛。叶卵形，长1-5厘米，基部圆或楔形，叶缘微波状，两面疏被柔毛，下面灰黄色；叶柄长0.4-2厘米。头状聚伞圆锥花序顶生；花序梗纤细，疏被柔毛。花梗短或近无梗；苞片披针形，被柔毛；花被淡红或紫色，长2.5-3毫米，花被筒上部钟形，长1.5-2毫米，微透明，疏被柔毛，具5肋，顶端皱褶，5浅裂，下部倒卵形，长1-1.2毫米，具5肋，疏被柔毛及粘腺；雄蕊1-3（4-5），内藏或微伸出，花丝细长；花柱伸长，柱头浅帽状。果棍棒状，长3-3.5毫米，具5棱及粘腺体，疏被柔毛，花果期夏秋。

产福建厦门、台湾南部、广东南部、海南、广西、四川、贵州及云南，

生于海拔130-1900米沿海旷地、干热河谷。日本琉球群岛、菲律宾、印度尼西亚、马来西亚、越南、柬埔寨、印度、澳大利亚、太平洋岛屿、美洲、非洲有分布。根味甜，可食；叶利尿、催吐、祛痰，治气喘、黄疸病，也可导泻、驱虫、退热。

［附］**直立黄细心** 图457：4 **Boerhavia erecta** Linn. Sp. Pl. 3. 1753. 本种与黄细心的区别：茎直立或基部外倾，非蔓性；果倒圆锥形，横切面星形，顶端平截，无腺体或毛。花果期夏季。产广东南部及海南，生于沙地。新加坡、马亚西亚、印度尼西亚及太平洋岛屿有分布。

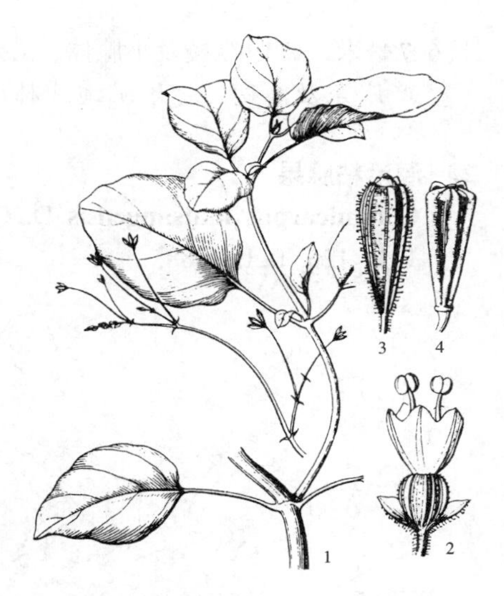

图 457：1-3. 黄细心 4. 直立黄细心 （李志民绘）

7. 粘腺果属 Commicarpus Standl.

多年生草本或亚灌木。叶对生，近相等，全缘或波状，常肉质。花小，两性，伞形花序。花梗长；花被筒在子房顶端缢缩，上部漏斗状，顶部展开，5浅裂；雄蕊3（2-6），伸出，花丝线形，不等长，基部连合；子房具柄，花柱线形，伸出，柱头盾状。掺花果棒状或倒圆锥形，具10棱，棱具瘤状腺体，有粘质或钩状毛。种子1，直立，胚弯，子叶包被少量胚乳。

约25种，分布于热带至亚热带。

1. 多年生草本；叶长3-6毫米，基部平截或近心形；花粉红色；果倒圆锥形，具小腺体 …………………………………… 1. **中华粘腺果 C. chinensis**
1. 亚灌木；叶长1-2.7厘米，基部楔形；花紫红色；果棒状，具瘤状腺体 ……… 2. **澜沧粘腺果 C. lantsangensis**

1. 中华粘腺果 华黄细心 图458

Commicarpus chinensis (Linn.) Heim. in Engler u. Prantl, Nat. Pflanzenfam. 2. Aufl. 16c: 117. 1934.

Valeriana chinensis Linn. Sp. Pl. 33. 1753.

多年生草本。茎粗壮，枝开展，长达1米，无毛或疏被柔毛。叶厚纸质，三角状卵形或心状卵形，长3-6厘米，先端渐尖或尖，基部平截或近心形，叶缘波状，两面无毛或下面被糙伏毛，侧脉3-4对；叶柄长1-3厘米，被柔毛。花粉红色，伞形花序腋生或顶生，花序梗长2-4厘米。花梗长3-7毫米；花被上部漏斗状，长6-8毫米，脱落，下部筒状，长约2毫米，具小凸起；雄蕊2-4，伸出；花柱细长，伸出，柱头盾状。果倒圆锥形，

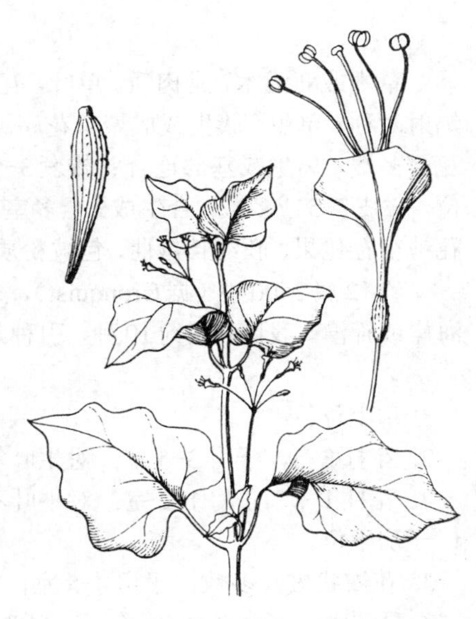

图 458 中华粘腺果 （李志民绘）

长6-7毫米，具10纵棱及小腺体。花果期6-9月。

产广东及海南，生于旷地或林中。巴基斯坦、印度、缅甸、马来西亚、泰国、越南、印度尼西亚有分布。

2. 澜沧粘腺果 图 459

Commicarpus lantsangensis D. Q. Lu in Acta Bot. Bor.-Occ. Sin. 8 (2): 126. f. 1. 1988.

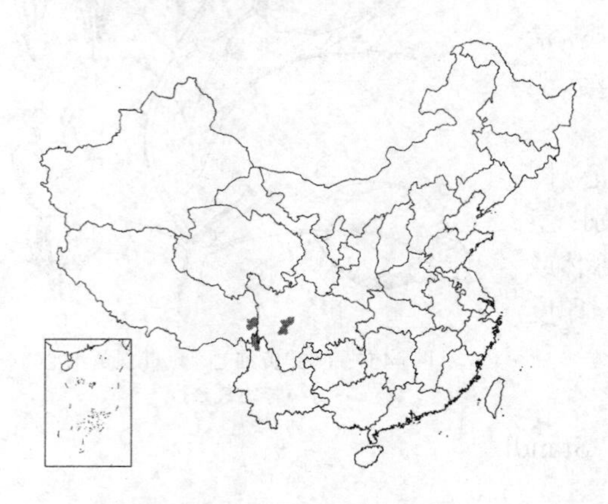

亚灌木，高达70厘米。茎、枝圆，带白色，皮纵裂，幼枝被腺毛。叶肉质，三角状宽卵形，长1-2.7厘米，先端尖，基部楔形，全缘，叶脉明显，下面带灰白色，近无毛，稀沿脉被腺毛；叶柄长0.5-1.3厘米。伞形花序具4-6花，稀单花腋生；花序梗带紫色，长1-4厘米。花梗长0.5-1.5厘米；花被紫红色，长0.6-1厘米，下部筒状，长3-5毫米，上部漏斗状，5裂，裂片三角形，有针状结晶。果棍棒状，长7毫米，顶端平截，具10纵棱，棱具瘤状腺体，下垂；果柄长0.5-1.5厘米。花期6月，果期8月。

产四川金沙江河谷、云南西北部及西藏东部，生于海拔2300-3000米干热河谷、石缝中。

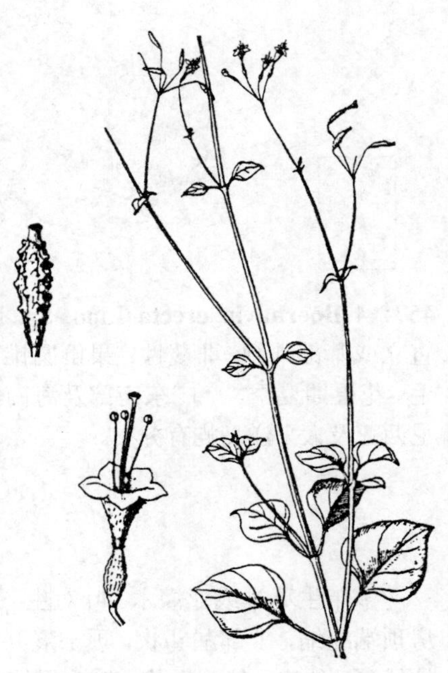

图 459 澜沧粘腺果 （李志民绘）

45. 番杏科 AIZOACEAE

（鲁德全）

草本或亚灌木，常肉质。单叶，互生，对生或近轮生，全缘，稀具微齿；无托叶，稀具托叶。花两性，稀杂性，辐射对称，单生、簇生或成聚伞花序。花单被或具花萼及花瓣，花被片（3-）5（-8），覆瓦状，稀镊合状排列，稀花瓣多数，离生或基部连合；雄蕊3-5或多数，稀1，离生或基部连合成束，花药小，2室，纵裂；子房上位或下位，心皮2-5或多数，合生成2至多室，稀离生，胚珠1至多数，中轴或侧膜胎座，花柱离生。蒴果、坚果或瘦果，花被宿存包果，胚细长弯曲，包被粉质胚乳。

约12属2500种（据Cronquist），分布热带及亚热带，主产南非、澳大利亚、西印度群岛、南美，常生于沙质海岸或荒漠。我国6属约10种，引种栽培1属约5种。

1. 子房上位。
   2. 花柱3-5，子房3-5室；对生叶等大 …………………… 1. **海马齿属 Sesuvium**
   2. 花柱1-2，子房1-2室；对生叶不等大 …………………… 2. **假海马齿属 Trianthema**
1. 子房下位。
   3. 花瓣状雄蕊多数；子房4-5室，每室多数胚珠；蒴果 …………………… 3. **日中花属 Mesembryanthemum**
   3. 无花瓣；子房3-8室，每室1胚珠；坚果 …………………… 4. **番杏属 Tetragonia**

1. 海马齿属 **Sesuvium** Linn.

草本，稀亚灌木。茎匍匐，分枝。叶对生，肉质；无托叶。单生或簇生叶腋，稀成聚伞花序。花无梗或具梗；花被5深裂，裂片长圆形，内面常有色泽，边缘稍膜质，花被筒倒圆锥形；雄蕊5，与花被裂片互生，或多数；子房上位，3-5室，每室胚珠多数；花柱3-5，线形。蒴果椭圆形，果皮膜质，近中部环裂，花被宿存包果。种子多数，种皮革质，平滑。

约8种，广布热带及亚热带海岸，为盐生植物。我国1种。

海马齿 图 460 彩片 132

Sesuvium portulacastrum（Linn.）Linn. Syst. Nat. ed. 10. 1058. 1759.

Portulaca portulacastrum Linn. Sp. Pl. 446. 1753.

多年生肉质草本。茎平卧或匍匐，长达50厘米，绿或红色，被白色瘤点，多分枝，节上生根。叶肉质，线状倒披针形或线形，长1.5-5厘米，宽0.2-1厘米，先端钝，中部以下渐窄成短柄状，基部宽，边缘膜质，抱茎。花单生叶腋。花梗长0.5-1.5厘米；花被长6-8毫米，筒长约2毫米，裂片5，卵状披针形，绿色，内面红色，边缘膜质；雄蕊15-40，花丝离生或中部以下连合；花柱3（4-5）。蒴果卵球形，长不超过花被，中部以下环裂。种子小，亮黑色，卵形，顶端凸起。花期4-7月。

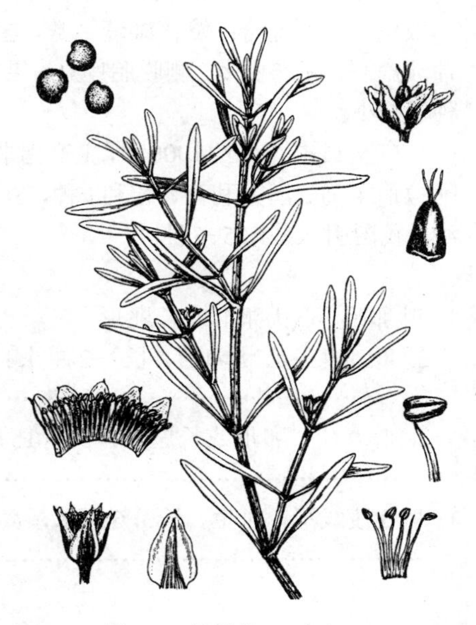

图 460 海马齿 （李志民绘）

产福建、台湾、广东、海南及广西南部，生于近海岸沙地。广布全球热带及亚热带海滨。

2. 假海马齿属 **Trianthema** Linn.

草本，稀亚灌木，无毛、被毛或乳头状凸起。茎外倾或上升，多分枝。叶对生，全缘，常不等大；托叶小或无。花单生或簇生。花被筒钟状，裂片5，内面有色，顶端外面具短尖头；雄蕊5至多数，和花被片互生；子房上位，顶部平截或凹下，1-2室，每室2至多数胚珠；花柱1-2。蒴果圆柱形或陀螺状，具囊盖。种子肾球形，具长柄。

约20种，热带美洲产1种。主产澳大利亚，热带亚洲至非洲有分布。我国1种。

假海马齿 图 461

Trianthema portulacastrum Linn. Sp. Pl. 223. 1753.

一年生草本。茎匍匐或直立，近圆柱形或稍具棱，无毛或被柔毛。叶薄肉质，无毛，卵形、倒卵形或倒心形，大叶长1.5-5厘米，小叶长0.8-3厘米，先端钝，微凹、平截或微尖，基部楔形；叶柄长0.4-3厘米，基部肿大具鞘，托叶长2-2.5毫米。花无梗，单生叶腋。花被长4-5毫米，5裂，淡粉红，稀白色，花被筒和1或2个叶柄基部贴生，形成漏斗状囊，裂片稍钝，中肋顶端具短尖头；雄蕊10-25，花丝白色，无毛；花柱长约3毫米。蒴果顶端平截，2裂，上部肉质，不裂，基部壁薄。种子2-9，肾形，径1-2.5毫米，黑色，具螺状皱纹。花果期夏秋。

产台湾、海南及西沙群岛，生于干旱沙地。热带地区有分布。

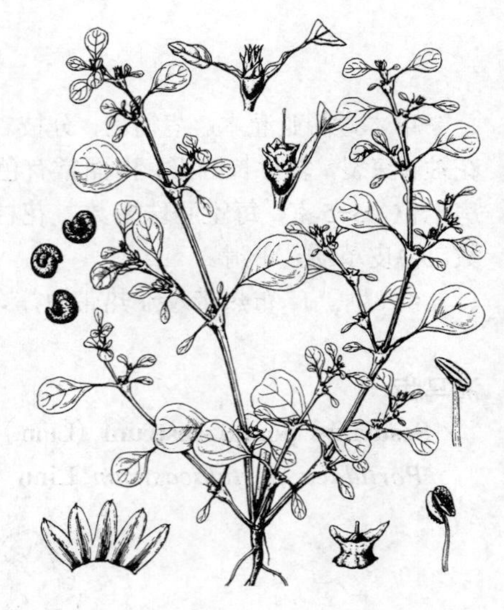

图 461 假海马齿 （引自《Fl. Taiwan》）

3. 日中花属 **Mesembryanthemum** Linn.

一年生或多年生草本，或亚灌木状，匍匐或直立。叶对生，稀互生，肉质。花红、紫、黄或白色，单生茎顶或叶腋，有时成二歧聚伞花序或蝎尾状聚伞花序。花萼4-5裂，裂片叶状，不整齐；花瓣状雄蕊多数，常线形，1至数轮，基部连合；发育雄蕊多数，多轮，基部连合；子房下位，4-5室，顶端扁平，胚珠极多，侧膜胎座。蒴果顶端裂成星状，在湿润空气中开裂。种子细小。

广义日中花属约1000种，主产南非，少数产加那利群岛、地中海地区、阿拉伯半岛、澳大利亚、智利1种，St. Helena 1种，狭义日中花属约350种。我国引入栽培5-6种。

1. 叶卵形、心状卵形或长匙形。
   2. 叶对生，心状卵形，长1-2厘米；花径约1厘米，紫红色，花梗长1.2厘米，无花柱，柱头4裂 ………………………………………… 1. **心叶日中花 M. cordifolium**
   2. 叶互生，卵形或长匙形，长达15厘米；花径约2.5厘米，淡玫瑰红或带白色，近无梗，花柱5，柱头5 ………………………………………… 1(附). **冰叶日中花 M. crystallinum**
1. 叶3棱线形，对生，长3-6厘米，宽3-4毫米；花径4-7.5厘米，无花柱，柱头5 ………………………………………… 2. **美丽日中花 M. spectabile**

1. 心叶日中花 露花 图 462

Mesembryanthemum cordifolium Linn. f. Suppl. Sp. Pl. 260. 1781.

多年生常绿草本。茎斜卧、铺散，长达60厘米，稍肉质，无毛，具小颗粒状凸起。叶对生，心状卵形，扁平，长1-2厘米，宽约1厘米，先端尖或钝圆具突尖头，基部圆，全缘；叶柄长3-6毫米。花单生枝顶及腋生，径约1厘米。花梗长1.2厘米；花萼长8毫米，裂片4，2个倒圆锥形，2个线形，宿存；花瓣红紫色，匙形，长约1厘米；子房4室，无花柱，柱头4裂。蒴果肉质，星状4瓣裂。种子多数。花期7-8月。

原产南非。我国栽培供观赏；播种或扦插繁殖。

［附］**冰叶日中花 Mesembryanthemum crystallinum** Linn. Sp. Pl. 480. 1753. 本种与心叶日中花的区别：一年生或二年生草本；叶互生，卵形或长匙形，长达15厘米，基部近心形，抱茎，边缘波状；花径约2.5厘米，淡玫瑰红或带白色，近无梗，子房5室，花柱5，柱头5。原产南非。我国栽培供观赏。

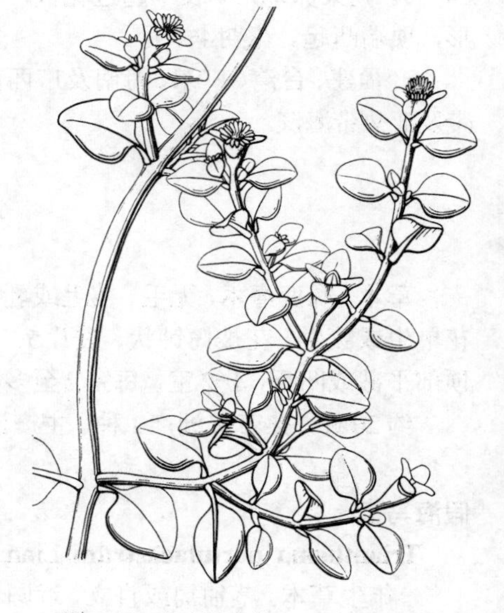

图 462 心叶日中花 （引自《图鉴》）

2. 美丽日中花 龙须海棠 图 463

Mesembryanthemum spectabile Haw. Observ. Mesembr. 385. 1795.

多年生常绿草本，高约30厘米。茎丛生，斜升，基部木质，多分枝。叶对生，肉质，三棱形，长3-6厘米，宽3-4毫米，具凸尖头，基部抱茎，粉绿色，具多数小点。花单生枝顶，径4-7.5厘米；苞片叶状，对生。花萼5深裂，裂片不等大；花瓣紫红或白色，线形，长2-3厘米，基部稍连合；雄蕊基部合生；子房下位，5室，无花柱，柱头5，线形。蒴果肉质，星状5瓣裂。种子多数。花期春季或夏秋。

原产南非。我国栽培供观赏。

图 463 美丽日中花 （引自《图鉴》）

4. 番杏属 **Tetragonia** Linn.

肉质草本或亚灌木，无毛、被毛或具白亮颗粒状针晶体。茎直立、斜升或平卧。叶互生，扁平，全缘或浅波状；无托叶。花单生或数个簇生叶腋，绿或淡黄绿色。花被3-5裂，常有角；雄蕊4或多数，花丝分离或成束；子房下位，3-8室，每室1下垂胚珠，花柱线形，与室同数。坚果陀螺形或倒卵球形，顶部常凸起或具小角。种子近肾形，胚弯曲。

50-60种，分布非洲、东亚、澳大利亚、新西兰、温带南美。我国1种。

番杏 图 464 彩片 133

Tetragonia tetragonioides (Pall.) Kuntze. Rev. Gen. 264. 1891.

Demidovia tetragonioides Pall. Enum. Pl. 150. t. 1. 1781.

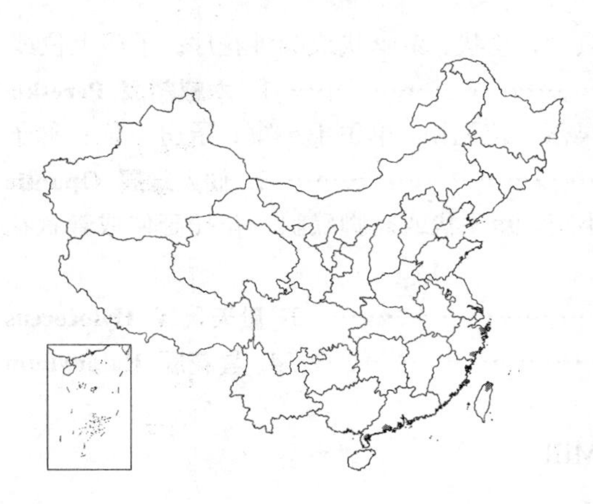

一年生肉质草本，高达60厘米；无毛，表皮细胞内有针晶体，呈颗粒状凸起。茎初直立，后平卧上升，肉质，淡绿色，基部分枝。叶卵状菱形或卵状三角形，长4-10厘米，边缘波状；叶柄肉质，长0.5-2.5厘米。花单生或2-3朵簇生叶腋。花梗长2毫米；花被筒长2-3毫米，裂片（3）4（5），内面黄绿色；雄蕊4-13。坚果陀螺形，长约5毫米，具钝棱，4-5角，花被宿存，种子数粒。花果期8-10月。

产浙江、台湾、广东及香港。日本、南亚、大洋洲、南美有分布。可作蔬菜，富含铁、钙、维生素A，B；也可药用，清热解毒，祛风消肿，治肠炎、败血症、疔疮。

图 464 番杏 （引自《图鉴》）

46. 仙人掌科 CACTACEAE

（李振宇）

多年生肉质草本、灌木或乔木。茎直立、匍匐、悬垂或攀援，圆柱状、球状、侧扁或叶状；节常缢缩，节间具棱、角、瘤突或平。小窠螺旋状散生，或沿棱、角或瘤突着生，常有腋芽或短枝变态形成的刺，稀无刺。叶扁平，全缘或圆柱状、针状、钻形或圆锥状，互生，或完全退化，无托叶。花常单生，无梗，稀具梗；总状、聚伞状或圆锥状花序；两性花，稀单性花，辐射对称或左右对称；花托与子房合生，稀分生，上部常延伸成花托筒；花被片多数，外轮萼片状，内轮花瓣状，或无明显分化；雄蕊多数，螺旋状或排成两列，花药基部着生，2药室平行。雌蕊由3至多数心皮合生而成；子房常下位，稀半下位或上位，1室，具3至多数侧膜胎座，稀为基底胎座状或悬垂胎座状；胚珠弯生或倒生；花柱1，顶生；柱头3至多数。浆果常具粘液。种子多数，稀少数或单生；胚常弯曲，稀直伸；具胚乳或无。

108属，近2000种，分布于美洲热带至温带地区，仅1种间断分布印度洋一些岛屿。我国引种栽培60余属，600种以上，其中4属，7种在南部及西南部野化。

1. 茎具叶，无气根；花黄、红或白色，白天开放，辐状；花托边缘稍高于子房，不延伸成花托筒；柱头3-10（-20），长圆形或窄长圆形，先端圆或微钝。
  2. 小窠无倒刺刚毛；叶扁平，全缘，具羽状脉和叶柄，宿存；花具梗，总状、聚伞状或圆锥花序；子房上位或下位；种子无假种皮，黑色 …… 1. **木麒麟属 Pereskia**
  2. 小窠有倒刺刚毛；叶圆柱状、钻形或锥形，无叶脉和叶柄，常早落；花无梗，单生于小窠；子房下位；种子具骨质假种皮，白或黄褐色 …… 2. **仙人掌属 Opuntia**
1. 茎无叶和倒刺刚毛，具气根；花白色，夜间开放，无梗，单生于小窠，漏斗状或高脚碟状；花托延伸成管状花托筒；子房下位，柱头10-24，线形或窄线形，先端长渐尖。
  3. 分枝三棱柱状或三角柱状，坚硬，具刺 …… 3. **量天尺属 Hylocereus**
  3. 分枝叶状侧扁，具粗大中肋，柔软，无刺 …… 4. **昙花属 Epiphyllum**

1. 木麒麟属 Pereskia Mill.

直立或攀援灌木，稀小乔木。分枝圆柱状，节间细长，节不缢缩；小窠生叶腋，具绒毛和1至多数刺，刺针状、钻形或钩状。叶互生，卵形、椭圆形、长圆形或披针形，全缘，具羽状脉和叶柄。花两性，辐状，具梗，在小枝上部成总状、聚伞状或圆锥花序，白天开放；花被片多数，外轮萼片状，较小，内轮花瓣状，开展，稀直立；雄蕊多数，螺旋状着生，稍开展；子房上位或下位，1室，侧膜胎座，有时为基底胎座状或悬垂胎座状；柱头3-20，直立或近直立。浆果梨形、球形或陀螺状。种子多数至少数，倒卵形或双凸镜状，黑色具光泽，种脐小，基生。

16种，原产热带美洲。我国引种栽培4种，1种在福建南部呈半野生状态。

木麒麟 虎刺 图465：1-6

Pereskia aculeata Mill. Gard. Dict. ed. 8. 1768.

攀援灌木，高达10米。小窠生叶腋，垫状，于老枝上增大并突起呈结节状，具1-6（-25）刺，刺针状或钻形，褐色，在攀援枝上常成对着生并下弯成钩状。叶卵形、宽椭圆形或椭圆状披针形，长4.5-7（-10）厘米，宽1.5-5厘米，先端尖或短渐尖，全缘，基部楔形或圆，稍肉质，无毛，侧脉4-7对；叶柄长3-7毫米。花于分枝上部组成总状或圆锥状花序，径2.5-4厘米；花梗长0.5-1厘米；萼状花被片2-6，卵形或倒卵形，长1.2-1.5厘米；瓣状花被片6-12，倒卵形或匙形，长1.5-2.3厘米，白色、稍带黄或粉红色；子房上位，侧膜胎座呈基底胎座状，花柱长1-1.1厘米，柱头4-7，直立，长3-4毫米，白色。浆果淡黄色，倒卵球形或球形，长1-2厘米，具刺。

种子2-5，双凸镜状，径4.5-5毫米。

原产中美洲、南美洲北部及东部、西印度群岛。我国南方引种栽培，在福建南部呈半野生状态。

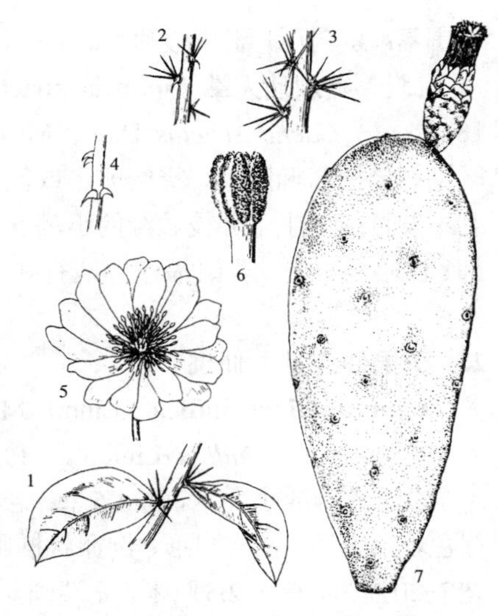

图 465: 1-6. 木麒麟 7. 胭脂掌
（刘全儒绘）

2. 仙人掌属 Opuntia Mill.

肉质灌木或小乔木。茎直立、匍匐或上升，分枝侧扁、圆柱状、棍棒状或近球形，稀具棱或瘤突，节缢缩，节间散生小窠；小窠具绵毛、倒刺刚毛和刺；刺针形、钻形、刚毛状或（背腹）扁平。叶钻形、针形、锥形或圆柱状，无脉及叶柄，肉质，早落，稀宿存。花单生于二年生枝上部的小窠，无梗，白天开放，两性，稀单性；花被片多数，贴生于花托檐部，外轮较小，内轮花瓣状，黄或红色；雄蕊多数，螺旋状着生。子房下位，侧膜胎座；柱头5-10。浆果，紫、红、黄或白色，肉质或干燥，顶端平截或凹下，常具刺。种子多数至少数，稀单生，具骨质假种皮，白或黄褐色，肾状椭圆形或近圆形，边缘有时具角。

约250种，原产美洲热带至温带地区。我国引种栽培约30种，其中4种在南部及西南部野化。

1. 花被片开展，黄或橙红色；雄蕊开展，短于内轮花被片，花丝淡绿或黄色，花药黄色。
   2. 刺（1-）3-10，粗钻形，内弯，黄色，具淡褐色横斑；瓣状花被片柠檬黄色，柱头5；浆果每侧具5-10个具钻形刺的小窠 ………………………………………… 1. **仙人掌 O. stricta** var. **dillenii**
   2. 刺1-5，针状，直伸或稍弯曲，白或灰色具黑褐色尖头，或缺；瓣状花被片深黄或橙红色， 柱头6-10；浆果每侧具10-35个无刺或具少数刚毛状刺的小窠。
      3. 分枝淡绿至灰绿色，无光泽，厚而平，基部圆或宽楔形；小窠垫状，无刺或具1-5开展针状至刚毛状白色刺；瓣状花被片橙黄、深黄或橙红色；花丝淡黄色；浆果每侧具25-35个小窠 ……………………………………………… 2. **梨果仙人掌 O. ficus-indica**
      3. 分枝鲜绿色，具光泽，薄而波皱，基部渐窄至柄状；小窠结节状，具1-2（3）直立针状灰色刺，刺先端黑褐色；瓣状花被片深黄色；花丝淡绿色；浆果每侧有10-15（-20）小窠 ……………………………………………… 3. **单刺仙人掌 O. monacantha**
1. 花被片直立，红色；雄蕊直立，长于内轮花被片，花丝和花药红色 ………………… 4. **胭脂掌 O. cochinellifera**

1. 仙人掌　　图466 彩片134

Opuntia stricta (Haw.) Haw. var. **dillenii** (Ker-Gawl.) Benson in Cact. et Succ. Journ. (Los Angeles) 41: 126. 1968.

Cactus dillenii Ker-Gawl. in Edwards, Bot. Reg. 3: pl. 255. 1818.

丛生肉质灌木，高达3米。上部分枝宽倒卵形、倒卵状椭圆形或近圆形，长10-35（-40）厘米，宽7.5-20（-25）厘米，厚1.2-2厘米，先端圆，边缘常不规则波状，基部楔形或渐窄，绿或蓝绿色，无毛；小窠疏生，突出，每小窠具（1-）3-10（-20）刺，密生短绵毛和倒刺刚毛，刺黄色，有淡褐色横纹，粗钻形，稍开展并内弯，基部扁，坚硬，长1.2-4（-6）厘米，宽1-1.5毫米；倒刺刚毛暗褐色，长2-5毫米，直立，多少宿存；短绵毛灰色，短于倒刺刚毛，宿存。叶钻形，长4-6毫米，绿色，早落。花辐状，径5-6.5厘米；瓣状花被片倒卵形或匙状倒卵形，长2.5-3厘米，黄色；花丝淡黄色，长0.9-1.1厘米；黄色；柱头5，黄白色。浆果倒卵球形，顶端凹下，基部稍窄缩成柄状，长4-6厘米，径2.5-4厘米，紫红色，每侧具5-10个突起小窠。花期6-10（-12）月。

原产加勒比海地区海滨。我国南方沿海地区常见栽培，在广东、广西南部和海南沿海地区野化。常栽作围篱；茎药用，浆果酸甜可食。

［附］**缩刺仙人掌 Opuntia stricta**（Haw.）Haw.，Syn. Pl. Succ. 191. 1812. —— *Cactus strictus* Haw.，Misc. Nat. 188. 1803. 原变种与仙人掌的区别：分枝窄椭圆形、窄倒卵形或倒卵形，长15-25厘米，宽7-13厘米；刺不发育或单生于分枝边缘的小窠上。原产墨西哥东海岸、美国南部及东南部、巴哈马群岛。我国福建等地有栽培。

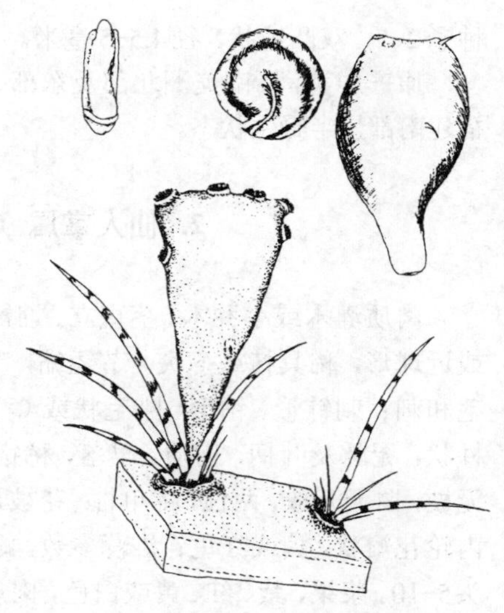

图 466 仙人掌（刘全儒绘）

2. 梨果仙人掌 仙桃 图467：1-3

Opuntia ficus-indica（Linn.）Mill. Gard. Dict. ed. 8，no. 2. 1768.

Cactus ficus-indica Linn. Sp. Pl. 468. 1753.

肉质灌木或小乔木，高达5米；老株基部具圆柱状主干。分枝淡绿或灰绿色，无光泽，宽椭圆形、倒卵状椭圆形或长圆形，长（20-）25-60厘米，宽7-20厘米，厚2-2.5厘米，先端圆，全缘，基部圆或宽楔形，平坦，无毛，具多数小窠；小窠圆形或椭圆形，常无刺，有时具1-6开展白色刺；刺针状，基部稍背腹扁，稍弯曲，长0.3-3.2厘米，宽0.2-1毫米；短绵毛淡灰褐色，早落；倒刺刚毛黄色，易脱落。叶锥形，长3-4毫米，绿色，早落。花辐状，径7-8（-10）厘米；瓣状花被片倒卵形或长圆状倒卵形，长2.5-3.5厘米，深黄、橙黄或橙红色，花丝淡黄色；花药黄色；柱头（6-）7-10，黄白色。浆果椭圆状球形或梨形，长5-10厘米，径4-9厘米，顶端凹下，橙黄色（有些品种呈紫红、白或黄色，或兼有黄或淡红色条纹），每侧有25-35个小窠。花期5-6月。

原产墨西哥。我国南方有栽培，在四川西南部、云南北部及东部、广西西部、贵州西南部、西藏东南部，海拔600-2900米干热河谷已野化。为热带美洲干旱地区重要果树之一，有不少栽培品种，浆果味美可食，植株可放养胭脂虫（Dactylopius coccus），生产天然洋红色素。

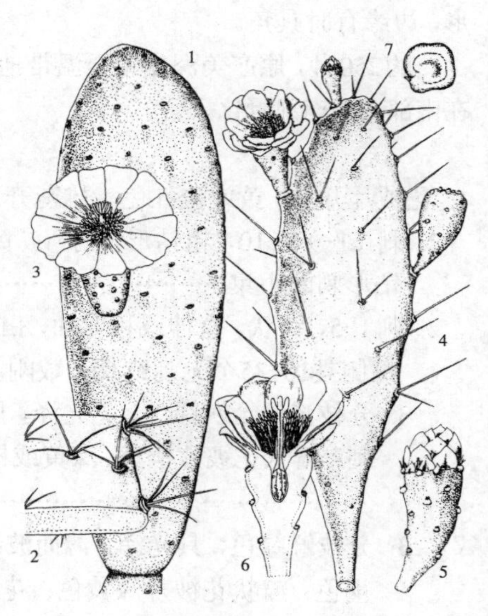

图 467：1-3. 梨果仙人掌 4-7. 单刺仙人掌（刘全儒绘）

3. 单刺仙人掌 仙人掌 绿仙人掌 图467：4-7 彩片135

Opuntia monacantha（Willd.）Haw. Suppl. Pl. Succ. 81. 1819.

Cactus monacanthos Willd. Enum. Pl. Suppl. 33. 1813.

肉质灌木或小乔木，高达7米；老株常具圆柱状主干，分枝开展，倒卵形、倒卵状长圆形或倒披针形，长10-30厘米，宽7.5-12.5厘米，先端圆，全缘或稍波状，基部渐窄成柄状，嫩时薄而波皱，鲜绿有光泽，无毛，疏生小窠；小窠圆形；刺针状，单生或2（3）聚生，直立，长1-5厘米，灰色，具黑褐色尖头，基径0.2-1.5毫米，有时嫩小窠无刺，老时生刺，在主干上每小窠可具10-12刺，刺长达7.5厘米；短绵毛灰褐色，密生，宿存；倒刺刚毛黄褐色至褐色，有时隐藏于短绵毛中。叶钻形，长2-4毫米，早落。花辐状，径5-7.5厘米；瓣状花被片深黄色，倒卵形或长圆状倒卵形，长2.3-4厘米；花丝淡绿色；花药淡黄色；柱头6-10，黄白色。浆果梨形或倒卵球形，长5-7.5厘米，径4-5厘米，顶端凹下，基部窄缩成柄状，无毛，紫红色，每侧具10-15（-20）突起小窠。花期4-8月。

原产巴西、巴拉圭、乌拉圭及阿根廷。我国各地引种栽培，在云南南部及西部、广西、福建南部和台湾沿海地区野化，生于海拔3-2000米海边或山坡旷地。在温暖地区植作围篱，浆果酸甜可食，茎为民间草药。

4. 胭脂掌 胭脂仙人掌 肉掌 图465：7 彩片136

Opuntia cochinellifera（Linn.）Mill. Gard. Dict. ed. 8，no. 6. 1768. *Cactus cochinellifera* Linn. Sp. Pl. 468. 1753.

肉质灌木或小乔木，高达4米（在原产地高达9米），老株具圆柱状主干，分枝椭圆形、长圆形、窄椭圆形或窄倒卵形，长8-40（-50）厘米，宽5-7.5（-15）厘米，先端及基部圆，全缘，厚而平，无毛，暗绿或淡蓝绿色；小窠散生，不突出，常无刺，偶于老枝边缘小窠有1-3刺；刺针状，淡灰色，开展，长3-9毫米，早落。花近圆柱状，径1.3-1.5厘米；花被片直立，红色，萼状花被片鳞片状，宽三角形或半圆形，瓣状花被片卵形至倒卵形，长13-15毫米；花丝红色，直立并外伸，花药粉红色；花柱粉红色，柱头6-8，淡绿色。浆果椭圆状球形，长3-5厘米，径2.5-3厘米，无毛，红色，每侧有10-13个小而略突起的小窠，无刺。花期7月至翌年2月。

原产墨西哥。我国福建、台湾、广东、海南、广西、贵州等地常见栽培，在广东南部、海南、广西西部及南部野化。为胭脂虫的主要寄主之一，在苯胺染料发明之前，曾被大量种植生产洋红染料。目前栽培作绿篱和供观赏，浆果可食。

3. 量天尺属 Hylocereus（Berg.）Britt. et Rose

攀援肉质灌木，有多数分枝和气根。分枝具3个角、棱或翅状棱，节缢缩；小窠生于角、棱边缘凹缺处，有1至少数粗短的硬刺。叶退化。花单生于枝侧的小窠，无梗，两性，常大型，漏斗状，夜间开放，白或稍具红晕；花托上部延伸成长花托筒，外被多数叶状鳞片，花被片多数，螺旋状聚生于花托筒上部；外轮萼状花被片细长，内轮花被片花瓣状，开展；雄蕊多数，着生于花托筒内面及喉部；子房下位，1室，侧膜胎座；柱头20-24，线形或窄线形，开展。浆果常红色，疏生或密生鳞片，腋生小窠无刺和毛，稀具刚毛，鳞片脱落后常留下突出残基。种子多数，卵形或肾形，黑色，有光泽。

约18种，分布于中、南美洲。我国引种栽培5种，其中1种常见栽培并野化。

量天尺 龙骨花 霸王鞭 图468 彩片137

Hylocereus undatus（Haw.）Britt. et Rose in Britt. Fl. Bermuda 256. 1918.

Cereus undatus Haw. Syn. Pl. Succ. Phil. Mag. 7: 110. 1830.

攀援肉质灌木，长达15米，具气根。分枝具3角或棱，长20-50厘米，宽3-8（-12）厘米，棱常翅状，边缘波状或圆齿状，深绿或淡蓝绿色，无毛，老枝边缘常胼胝状，淡褐色，骨质；小窠沿棱排列，相距3-5厘米，每小窠具1-3开展硬刺；刺锥形，长2-5（-10）毫米，灰褐至黑色。花长25-30厘米，径15-25厘米；花托及花托筒密被淡绿或黄绿色鳞片，鳞片卵状披针形或披针形；萼状花被片线形或线状披针形，瓣状花被片白色，长圆状倒披针形，长12-15厘米，先端芒尖，开展；花丝黄白色；柱头20-24，线形，黄白色。浆果红色，长球形，长7-12厘米，径5-10厘米。花期7-12月。

分布中美洲至南美洲北部。我国各地常见栽培，在福建南部、广东南部、海南、台湾及广西西南部海拔300米以下地带已野化，藉气根攀援于树干、岩石或墙上。分枝扦插易成活，常作嫁接蟹爪属Schlumbergera、仙人棒属Rhipsalis和多种仙人球的砧木；花可作蔬菜，浆果可食，称“火龙果”。

图 468 量天尺 （引自《江苏植物志》）

4. 昙花属 Epiphyllum Haw.

附生肉质灌木，老茎基部圆柱状或具角，木质化。分枝叶状扁平，具粗大中肋，有时具3翅，悬垂或藉气根攀援；小窠位于齿或裂片之间凹缺处，无刺。叶退化。花单生于枝侧的小窠，无梗；两性，常漏斗状或高脚碟状，夜间开放；花托筒细长，稍弯曲，疏生披针形鳞片；花被片多数，螺旋状聚生于花托筒上部；外轮花被片线状披针形，内轮花被片花瓣状，倒披针形或倒卵形，白色，开展；雄蕊多数，着生于花托筒内面及喉部，成两列；子房下位，1室，侧膜胎座；柱头8-20，线形或窄线形，先端长渐尖，开展。浆果球形或长球形，具浅棱脊或瘤突，红或紫色，常1侧开裂。种子多数，黑色，有光泽。

约19种，原产热带美洲。我国栽培4种，野化1种。

昙花 图469 彩片138

Epiphyllum oxypetalum（DC.）Haw. Phil. Mag. 6：109. 1829.

Cereus oxypetalus DC. Prodr. 3：470. 1828.

附生肉质灌木，高达6米；老茎圆柱状，木质化。分枝多数，叶状侧扁，披针形或长圆状披针形，长15-1000厘米，宽5-12厘米，先端长渐尖、急尖或圆，边缘波状或具深圆齿，基部楔形或渐窄成柄状，深绿色，无毛，中肋粗，在两面凸起，老株分枝生气根。花漏斗状，芳香，长25-30厘米，径10-12厘米；萼状花被片线形或倒披针形；瓣状花被片白色，倒卵状披针形或倒卵形，长7-10厘米，先端尖或圆，有时具芒尖；雄蕊成两列，花丝白色，花药淡黄色；柱头15-20，窄线形，黄白色。浆果长球形，具纵脊，无毛，紫红色。

原产中美洲。我国各地常见栽培，在云南南部野化，生长地海拔1000-1200米。为著名观赏花卉，浆果可食。

图 469 昙花 （引自《图鉴》）

47. 藜科 CHENOPODIACEAE

（朱格麟）

一年生草本、亚灌木或灌木，稀多年生草本或小乔木。茎和枝常细瘦，具关节或无关节。叶互生，稀对生，圆柱状、半圆柱状或退化成鳞片状，或叶扁平，具柄或无柄，无托叶。花为单被花，两性或单性，稀杂性，如为单性，雌雄同株或雌雄异株，如有苞片，则苞片与叶近同形；小苞片2，舟状或鳞片状，或无小苞片；花被膜质、草质或稍肉质，常3-5裂，或具5个离生花被片，果时常增大、硬化，或在花被背面生出翅状、刺状或疣状附属物，或雌花花被退化；雄蕊常与花被片或花被裂片同数而对生，稀较少，着生于花被内面基部或花盘边缘，或花丝基部连合，花丝钻形或线形，花药背着，纵裂，先端钝或药隔突出形成附属物；子房上位，稀半下位，由2-5心皮合成，1室，花柱顶生，柱头常2，稀3-5，丝状或钻状，胚珠1，弯生。胞果，稀盖果，果皮膜质、革质或肉质，与种子贴生或离生。种子横生、斜生或直生，侧扁，卵形、斜卵形或圆形，两面平或膨；种皮薄壳质、革质或膜质；具外胚乳或无；胚环形、半环形或螺旋形，稀稍弯曲。染色体基数x= 9，稀6，8。

本科约130属、1500种，主要分布于两半球温带及亚热带荒漠草原及盐碱地区，我国43属、194种。

1. 胚环形或半环形，具外胚乳。
 2. 盖果，熟时由环边开裂 …………………………………………………………………………… 1. 千针苋属 Acroglochin

2. 胞果，熟时不裂或不规则开裂。
3. 花被基部与子房合生，上部果时肥厚多汁或硬化 ………………………………………… 2. **甜菜属 Beta**
3. 花被与子房离生，果时不增厚硬化，或花单性，雌花无花被，雌蕊生于2枚特化苞片内。
4. 花着生于肉质排列紧密的苞腋内，外观似花嵌入花序轴；叶鳞片状或疣状，如为圆柱状则基部下延。
5. 一年生草本。
6. 枝及叶均对生 ………………………………………………………… 3. **盐角草属 Salicornia**
6. 枝及叶均互生 ………………………………………………………… 4. **盐千屈菜属 Halopeplis**
5. 灌木或亚灌木。
7. 枝及叶均互生；枝无关节 ………………………………………………… 5. **盐爪爪属 Kalidium**
7. 枝及叶均对生；枝有关节。
8. 穗状花序有梗；灌木 ………………………………………………… 6. **盐穗木属 Halostachys**
8. 穗状花序无梗；亚灌木 ……………………………………………… 7. **盐节木属 Halocnemum**
4. 花不嵌入花序轴；叶常发达。
9. 植物体无毛，或仅被粉状被覆物。
10. 花两性。
11. 花无小苞片；种子横生或斜生，如为直生则花被3-4裂 ……………………… 8. **藜属 Chenopodium**
11. 花具小苞片；种子直立。
12. 小苞片膜质，鳞片状；叶扁平 …………………………………………… 9. **苞藜属 Baolia**
12. 小苞片草质，舟状；叶钻状 …………………………………………… 10. **多节草属 Polycnemum**
10. 花单性，雌雄同株或雌雄异株。
13. 雌雄同株；植物体常被粉状覆盖物。
14. 每苞片托 （1-）4-7 雌花。
15. 苞片开展，无内折侧裂片，雌花着生在苞片与苞柄的交接处 ……………………………………………………………………………… 11. **始滨藜属 Archiatriplex**
15. 苞片基部2侧裂片内折，包被雌花 …………………………… 12. **小果滨藜属 Microgynoecium**
14. 每个雌花着生在 2 个特化的苞片之间 ……………………………………… 13. **滨藜属 Atriplex**
13. 雌雄异株；植物体几无粉状覆盖物 ………………………………………… 14. **菠菜属 Spinacia**
9. 植物体多少有毛被物。
16. 毛被物为分枝状或星状。
17. 花两性。
18. 胞果腹面平或微凹，背面微凸，喙长为果长1/5-1/8，果皮与种子贴伏；叶和苞片先端锐尖但不成针状 …………………………………………………………………… 15. **虫实属 Corispermum**
18. 胞果背腹微凸，喙与果核近等长，果皮与种子离生；叶和苞片先端针刺状 ……………………………………………………………………………… 16. **沙蓬属 Agriophyllum**
17. 花单性。
19. 灌木 ………………………………………………………………… 17. **驼绒藜属 Krascheninnikovia**
19. 一年生草本。
20. 雌花具膜质花被片，无针刺状附属物 …………………………………… 18. **轴藜属 Axyris**
20. 雌花无花被，小苞片顶端具2针刺状附属物 ……………………… 19. **角果藜属 Ceratocarpus**
16. 毛被物为柔毛或绒毛。
21. 花被裂片背面果时不生附属物。
22. 亚灌木；花被4裂，雄蕊4；叶半圆柱状 ……………………………… 20. **樟味藜属 Camphorosma**

22. 一年生草本；花被5裂，雄蕊5；叶扁平。

23. 花被与胞果贴生，密被长柔毛，呈绒球状；种子横生 ………………………………… 21. 绒藜属 **Londesia**

23. 花被与胞果离生，被长柔毛但不呈绒球状；种子直立 ……………………………… 22. 棉藜属 **Kirilowia**

21. 花被裂片背面果时具翅状、刺状或疣状附属物。

24. 附属物生于花被裂片背面中部或基部；种子横生。

25. 花被裂片附属物翅状，有脉纹 ……………………………………………………………… 23. 地肤属 **Kochia**

25. 花被裂片附属物针刺状，无脉纹 ………………………………………………………… 24. 雾冰藜属 **Bassia**

24. 附属物瘤状、翅状或角状突起，生于花被裂片背面近基部；种子直立 …… 25. 兜藜属 **Panderia**

1. 胚平面螺旋状，无外胚乳，稀有少量外胚乳。

26. 花被合生，4-5裂。

27. 花两性或兼有雌性；雌花被稍肉质；果皮膜质 ……………………………………… 26. 碱蓬属 **Suaeda**

27. 花单性；雌花被果薄膜质；果皮肉质 ……………………………………………… 27. 异子蓬属 **Borszczowia**

26. 花被由5片离生花被片组成，或花被片基部结合并硬化。

28. 花无小苞片。

29. 一年生草本；花（3-）多朵簇生，每花具1苞片，中心花常不育。

30. 种子横生；花具膜质花盘 ……………………………………………………………… 28. 灰蓬属 **Micropeplis**

30. 种子直立；花无花盘 ………………………………………………………………… 29. 盐生草属 **Halogeton**

29. 灌木；常3花生于单节间的腋生小枝顶端 …………………………………………… 30. 合头藜属 **Sympegma**

28. 花具2小苞片。

31. 花被片背面果时无附属物。

32. 垫状亚灌木；叶三角状卵形，具膜质边缘，先端锐尖 ……………………………… 31. 小蓬属 **Nanophyton**

32. 一年生草本；叶圆柱状、半圆柱状或线形。

33. 花被片果时下部变硬并结合成坛状体；花药先端具膀胱状附属物 ……… 32. 盐蓬属 **Halimocnemia**

33. 花被片果时稍硬化，离生；药隔突出成冠状厚实体，顶端具3 …… 33. 叉毛蓬属 **Petrosimonia**

31. 花被片背面果时生翅状、刺状或疣状附属物（盐生假木贼 Anabasis salsa 例外）。

34. 茎和枝具关节；枝及叶均对生。

35. 种子直立。

36. 灌木，或木质茎退缩成肥大瘤状茎基 ……………………………………………… 34. 假木贼属 **Anabasis**

36. 一年生草本或灌木状 ……………………………………………………………… 35. 对叶盐蓬属 **Girgensohnia**

35. 种子横生。

37. 花生于二年生枝生出的短枝叶腋；花盘不明显；灌木或小乔木 …… 36. 梭梭属 **Haloxylon**

37. 花生于当年生枝条；花盘明显；亚灌木或灌木 …………………………………… 37. 节节木属 **Arthrophytum**

34. 茎和枝无关节；枝及叶均互生（对节刺属例外）。

38. 灌木或亚灌木。

39. 花被片的翅状附属物生于背面近先端 …………………………………………………… 38. 戈壁藜属 **Iljinia**

39. 花被片的翅状附属物生于背面中部。

40. 花被片翅以下部分果时不木质化 …………………………………………………… 39. 猪毛菜属 **Salsola**

40. 花被片翅以下部分果时木质化 …………………………………………………… 40. 新疆藜属 **Halothamnus**

38. 一年生草本。

41. 叶及分枝均互生，如为对生则植株被具节长柔毛。

42. 花被片的附属物翅状或疣状。

43. 花药先端具泡状或膀胱状附属物；植株被具节长柔毛或无毛 …………………………………………………………………………………………… 41. **梯翅蓬属 Climacoptera**

43. 花药无附属物或具尖头状附属物；植株被糙硬毛或柔毛 ………………………………… 39. **猪毛菜属 Salsola**

42. 花被片仅1片，背面先端生1翅状附属物，与增长的花被合成1细圆锥状花被体 ……………………………………………………………………………………………… 42. **单刺蓬属 Cornulaca**

41. 叶及分枝均对生 ……………………………………………………………………… 43. **对节刺属 Horaninowia**

1. 千针苋属 **Acroglochin** Schrad.

一年生草本，高达80厘米。茎无毛，稍分枝。叶互生，卵形或窄卵形，长3-7厘米，先端尖，基部楔形，具不整齐锯齿；具柄。复二歧聚伞状花序，腋生，末端分枝针刺状。花两性，无花梗，无苞片和小苞片，花被近球形，径约1毫米，草质，5深裂，裂片卵状长圆形，先端钝或尖，边缘膜质，背部稍肥厚并具微脊，果时开展；雄蕊常1，花药细小，花丝丝状；子房近球形，花柱短，柱头2，钻状；胚珠具短柄。盖果，半球形，径约1.5毫米，顶面平或微凸，果皮革质，周边具稍厚环边，熟时环边开裂。种子横生，双凸镜形，径约1毫米；种皮壳质，黑色，有光泽；胚环形，具外胚乳。染色体基数x = 9。

单种属。

千针苋 图470

Acroglochin persicarioides (Poir.) Moq. in DC. Prodr. 13(2): 254. 1849.

Amaranthus persicarioides Poir. Diet. in Lam. Encyel, Meth. Bot. Suppl. 1: 311. 1810.

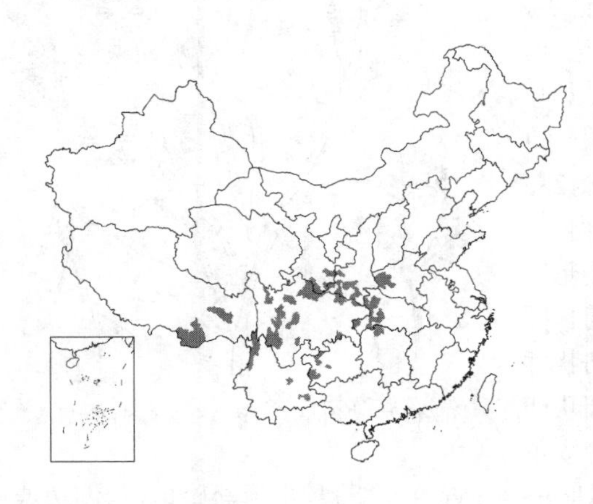

形态特征同属。花果期6-11月。

产甘肃东南部、陕西南部、河南南部、湖北、湖南、贵州、云南、四川及西藏，生于田边、河岸或荒地。印度北部及克什米尔地区有分布。

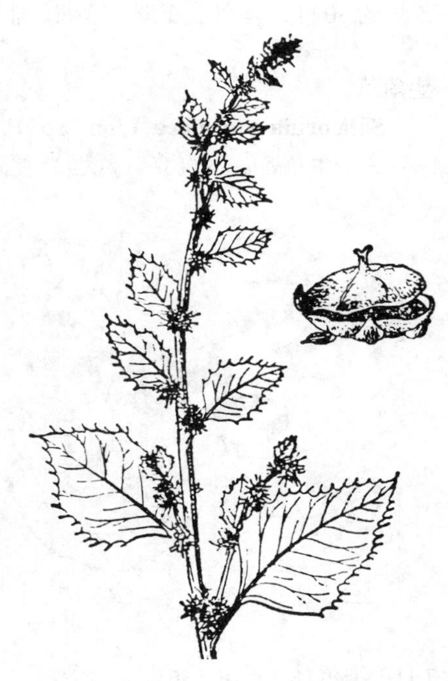

图 470 千针苋 （引自《图鉴》）

2. 甜菜属 **Beta** Linn.

一年生、二年生或多年生草本；全株无毛，无粉。茎直立或外倾，具条棱。叶互生，近全缘。花两性，无苞片和小苞片，单生或2-3花团集，组成顶生穗状花序。花被坛状，5深裂，基部与子房合生，果时硬化，裂片向内弧曲，背面具纵脊；雄蕊5，周位，花丝钻状，花药长圆形；柱头2-3，内侧面具乳头；胚珠几无柄。胞果，下部与花被基部合生，上部肥厚多汁或硬化。种子圆形，横生，有光泽，与果皮离生；胚环形或近环形，胚乳丰富。染色体基数x=9。

约10种，分布于亚洲西部、欧洲及非洲北部。我国引进栽培1种及4个园艺变种。

甜菜 图 471

Beta vulgaria Linn. Sp. Pl. ed. 5. 103. 1754.

二年生草本，具圆锥状或纺锤状块根。茎直立，稍分枝，具条棱及色条。基生叶长圆形，长20-30厘米，宽10-15厘米，上面皱缩，稍有光泽，下面叶脉凸出，全缘或稍波状，先端钝，基部楔形、平截或稍心形；叶柄长，粗壮，下面凸，上面平或具槽；茎生叶互生，较小，卵形或长圆状披针形，先端渐尖，基部渐窄成短柄。花2-3个团集。花被裂片线形至窄长圆形，果时革质向内拱曲。胞果下部陷入硬化花被基部，上部稍肉质。种子径2-3毫米，红褐色，有光泽。花期5-6月，果期7月。染色体2n=18。

广泛栽培，根为制糖原料。

图 471 甜菜 （仿《中国北部植物图志》）

3. 盐角草属 Salicornia Linn.

一年生草本，稀小灌木。茎直立或外倾，无毛，无粉；枝对生，肉质，具关节。叶鳞片状，对生。圆锥状穗状花序，具梗，生于枝端；花两性，无梗，每3花生于肉质苞腋，无小苞片。花被合生，顶端具4-5小齿，顶面平，成菱形，果时海绵质；雄蕊1-2；花柱短，柱头2，钻状。胞果，包于花被内。种子直立，两侧扁；胚半环形，无胚乳。染色体基数x=9。

约30种，分布于亚洲、欧洲、非洲及美洲。我国1种。

盐角草 图 472

Salicornia europaea Linn. Sp. Pl. 3. 1753.

一年生草本。茎直立，高达35厘米，多分枝，枝肉质，绿色。叶鳞片状，长约1.5毫米，先端锐尖，基部连成鞘状，具膜质边缘。花序穗状，长1-5厘米，具短梗；每3花生于苞腋，中间1花较大，位于上方，两侧2花较小，位于下方。花被肉质，倒圆锥状，顶面平呈菱形；雄蕊伸出花被外，花药长圆形；子房卵形，具2钻状柱头。果皮膜质。种子长圆状卵形，径约 1.5毫米，种皮革质，被钩状刺毛。花果期6-7月。染色体2n=18，36。

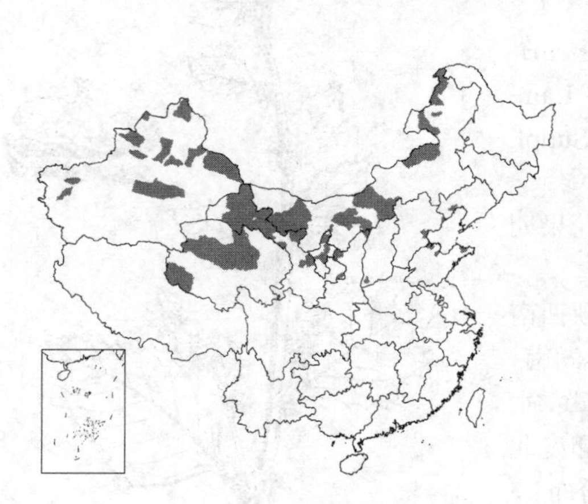

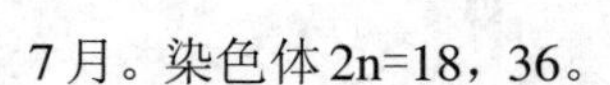

产辽宁、内蒙古、河北、山东、江苏北部、山西、陕西、宁夏、甘肃、青海及新疆，生于盐碱地、盐湖边或海滨。日本、朝鲜、印度、俄罗斯至欧洲、非洲及北美洲有分布。

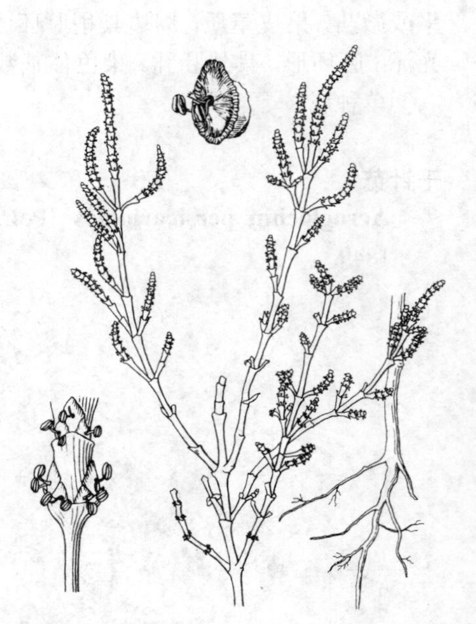

图 472 盐角草 （仿《中国北部植物图志》）

4. 盐千屈菜属 Halopeplis Bunge ex Ung.-Sternb.

一年生草本。茎多分枝；枝互生，无关节。叶互生，肉质，卵形或近球形。穗状花序；花两性，每3花生于1苞腋，无小苞片；苞片鳞片状，螺旋状排列。花被合生，两侧扁，顶面有 3个小齿；雄蕊 1-2，花丝极短。胞果。种子卵形或圆形，种皮近革质，无毛或有乳头状小突起；胚半环形，有外胚乳。

约3种，分布于亚洲中部、非洲北部及欧洲南部。我国1种。

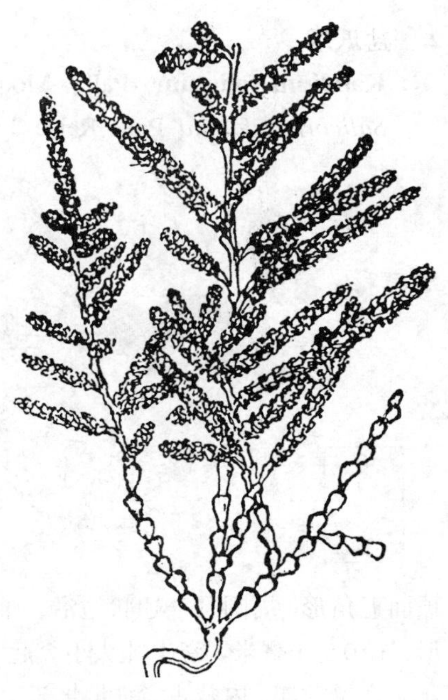
图 473 盐屈菜 （仿《中国植物志》）

盐千屈菜 图 473

Halopeplis pygmaea (Pall.) Ung.-Sternb. Versuch Syst. Salicorn. 105. 1866.

Salicornia pygmaea Pall. Illustr. 8. 1803.

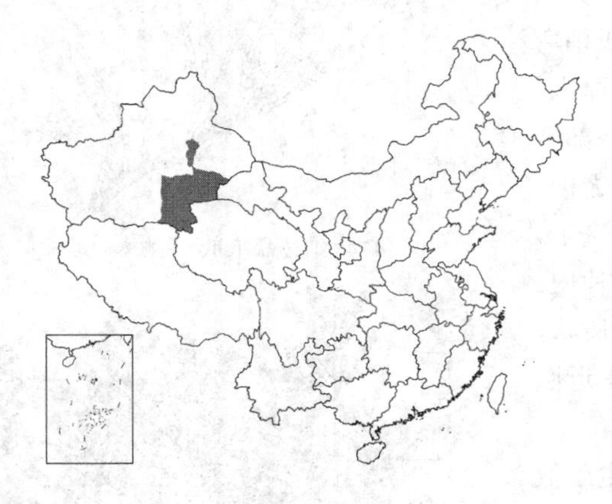
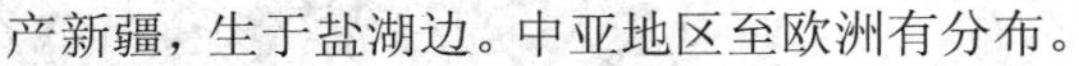

草本，高达15厘米。茎直立，基部分枝，枝直伸。叶肉质，近球形，长2-3毫米，灰绿色，基部下延，半抱茎。穗状花序长1-2.5厘米，径约3毫米；每3花生于肉质苞腋。花被基部稍连合；雄蕊2；子房卵形，两侧扁。果皮膜质。种子圆形，径0.5-1毫米，种皮黄褐色，密生乳头状小突起。花果期7-9月。

产新疆，生于盐湖边。中亚地区至欧洲有分布。

5. 盐爪爪属 Kalidium Moq.

灌木。枝互生，无关节。叶互生，无柄，肉质，圆柱形或瘤状，基部下延。花两性，3朵稀1朵生于肉质苞腋，组成顶生穗状花序（似花嵌入肉质花序轴）。花被4-5浅裂，果时海绵质，顶面平成多角盾形；雄蕊2。胞果，果皮膜质。种子直立，两侧扁，种皮薄壳质，有乳头状突起；胚半环形，胚根在下方，有外胚乳。

本属6种，分布于亚洲西北部及欧洲东南部。我国均产。

1. 穗状花序径1-1.5毫米，每苞腋具1花 ………… 1. **细枝盐爪爪 K. gracile**
1. 穗状花序径2-4毫米，每苞腋具3花。
  2. 叶长0.4-1厘米 ………… 2. **盐爪爪 K. foliatum**
  2. 叶长不及3毫米。
    3. 叶卵状，先端尖稍弯 ………… 3. **尖叶盐爪爪 K. cuspidatum**
    3. 叶疣状，先端钝，在小枝上呈叶鞘状 ………… 4. **里海盐爪爪 K. caspicum**

1. 细枝盐爪爪 图 474

Kalidium gracile Fenzl in Ledeb. Fl. Ross. 3(2): 796. 1851.

灌木，高达1米。茎直立，多分枝；老枝灰褐色，有裂隙；小枝细，黄褐色，易折断。叶瘤状，黄绿色，先端钝，基部下延。穗状花序长1-3厘米，径约1.5毫米，每苞腋生1花。花被合生，上部扁平成盾状，上部有4个膜质小齿。花被果时盾形顶端宽约1.2毫米，边缘微波状，中心具4个膜质浅裂片。胞果卵形或圆形，径约1毫米，果皮膜质。种子卵圆形，径0.7-1毫米，淡黄褐或红褐色，密生细乳头状突起。花果期8-10月。

产内蒙古、陕西、宁夏、甘肃、青海及新疆，生于河谷盐碱地、盐湖边或沙土荒地。蒙古有分布。

2. 盐爪爪 图 475

Kalidium foliatum（Pall.）Moq. in DC. Prodr. 13(2): 147. 1849.

Salicornia foliata Pall. Reise 1: 422. 1771.

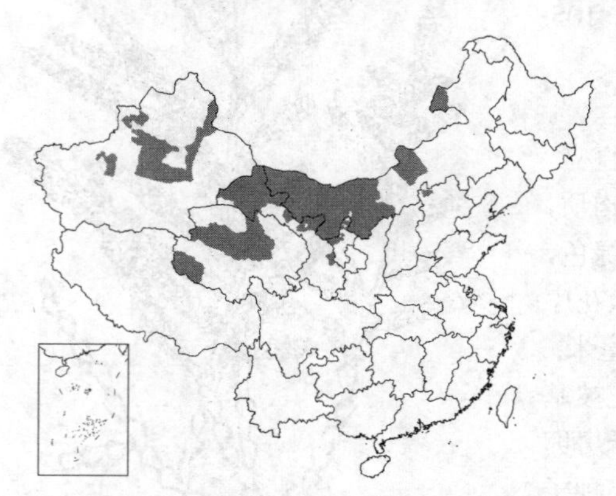

小灌木，高达50厘米。茎直立或平卧，多分枝；枝灰褐色，小枝上部近草质，黄绿色。叶圆柱状，平伸或稍弯曲，灰绿色，长0.4-1厘米，径2-3毫米，先端钝，基部下延，半包茎。穗状花序无梗，长0.8-1.5厘米，径3-4毫米，每3朵花生于1鳞状苞片内。花被合生，上部扁平成盾状，顶面五角形，周围具窄翅状边沿；雄蕊2。胞果果皮膜质。种子直立，近圆形，径0.9-1毫米，密生乳头小突起。花果期7-8月。

产黑龙江、内蒙古、河北北部、宁夏、甘肃北部、青海及新疆，生于低洼盐碱滩及盐湖湖滨。蒙古、西伯利亚、中亚及欧洲东南部有分布。

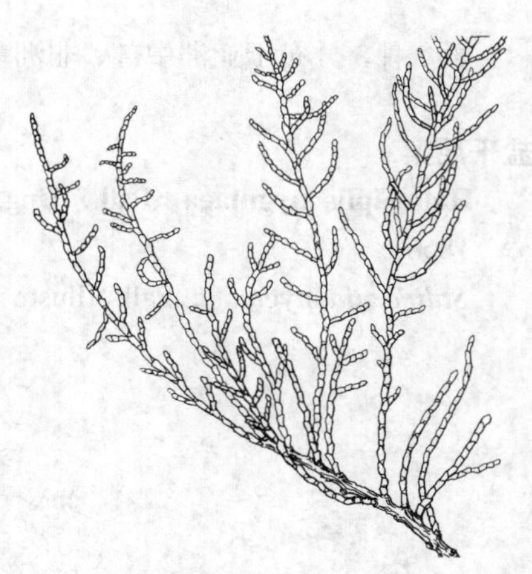

图 474 细枝盐爪爪 （张泰利绘）

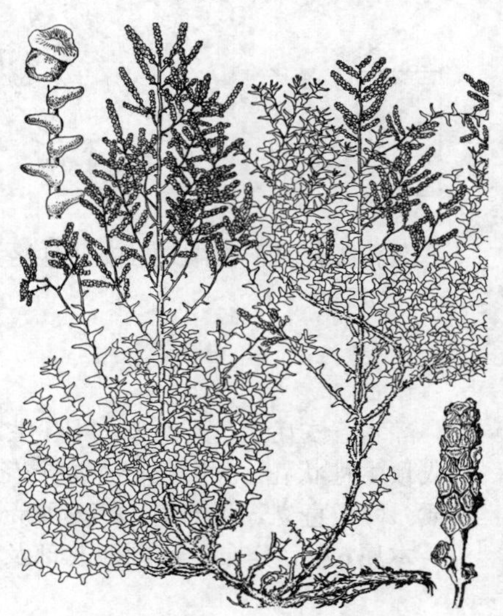

图 475 盐爪爪 （引自《中国植物志》）

3. 尖叶盐爪爪 图 476

Kalidium cuspidatum（Ung.-Sternb.）Grub. in Not. Syst. Herb. Inst. Bot. Acad. Sci. URSS 19: 103. 1959.

Kalidium arabicum（Linn.）Moq. var. *cuspidatum* Ung.-Sternb. Versuch Syst. Salicorn. 93. 1866.

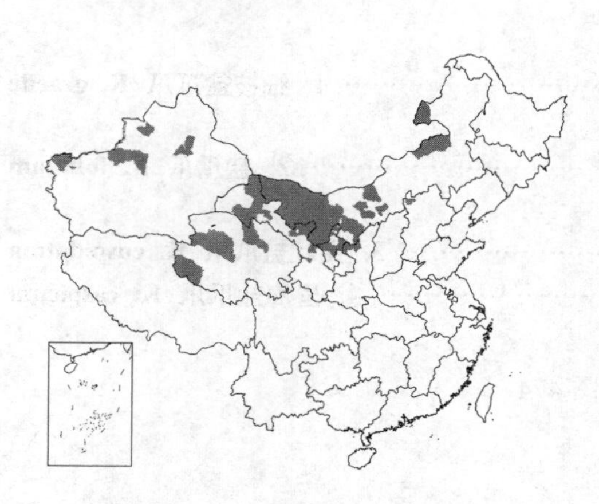

小灌木，高达40厘米。茎自基部分枝；枝近于直立，灰褐色，小枝黄绿色。叶近卵珠形，长1.5-3毫米，宽1-1.5毫米，先端尖稍内弯，基部下延，半包茎。穗状花序生于枝条上部，长0.5-1.5厘米，径2-3毫米，花排列紧密，每1苞片内有3朵花。花被合生上部扁平成盾状，盾片成五角形，具窄翅状边缘。胞果近圆形，果皮膜质。种子直立，两侧扁，红褐色，径约1毫米，种皮薄壳质，有乳头状小突起。花果期7-9月。

产河北、内蒙古、陕西、宁夏、甘肃及新疆，生于盐碱滩地。蒙古有分布。

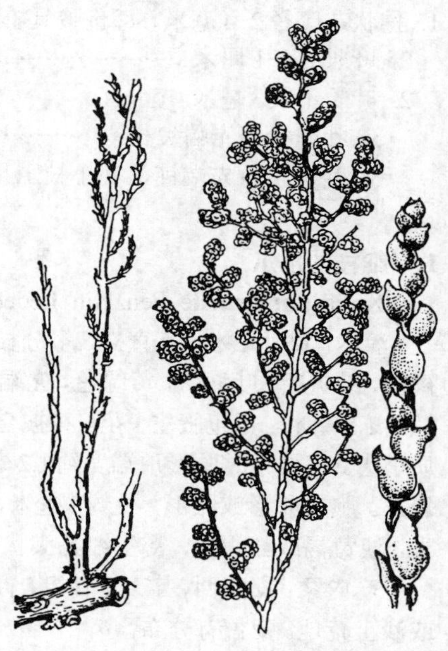

图 476 尖叶盐爪爪 （引自《中国植物志》）

4. 里海盐爪爪 图 477

Kalidium caspicum（Linn.）Ung.-Sternb. in Atti Congr. Bot. Intern.

Firenze 317. 1874. 1876.

Salicornia caspica Linn. Sp. Pl. 4. 1753.

小灌木，高达70厘米。茎近直立，常中部分枝；枝灰白色，有纵裂纹，常在小枝顶部生花序。叶疣状，长约1毫米，先端钝，基部凸出，下延，小枝之叶呈鞘状，上下2叶邻接。穗状花序圆柱形，长0.5-2.5厘米，径1.5-3毫米，每3朵花生于1苞片内。花被上部扁平或成盾状，顶端有4个小齿。胞果果皮膜质，包于宿存花被内。种子卵形或近圆形，直立，两侧扁，径1.2-1.5毫米，红褐色，种皮近革质，密生乳头状突起。花果期6-8月。

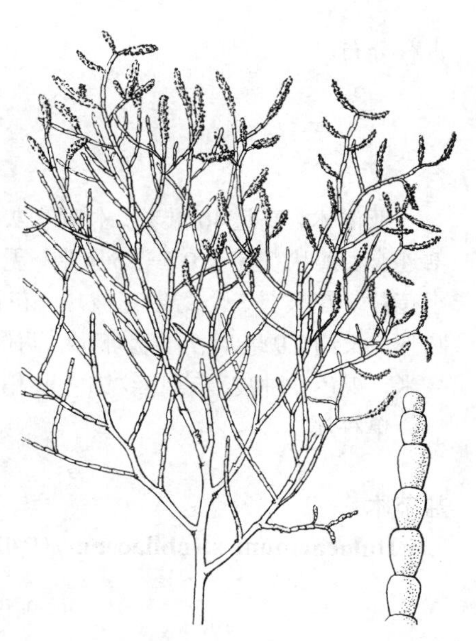

图 477　里海盐爪爪　(张泰利绘)

产新疆北部，生于低洼盐碱地或盐湖之滨。中亚、伊朗及欧洲南部有分布。

6. 盐穗木属 Halostachys C. A. Mey.

灌木，高达2米。茎直立，多分枝；小枝对生，有关节，带蓝绿色，开展，肉质，节间长0.5-1.5厘米，密生小突起。叶鳞片状，对生，先端尖，基部连合。花序穗状，交互对生，圆柱状，长1.5-3厘米，径2-3毫米，有梗；花两性，每3个生于苞腋；苞片鳞片状，交互对生，无小苞片。花被倒卵形，3浅裂，裂片内折；雄蕊1，花药长圆形，长约0.6毫米；子房卵形，两侧扁，柱头2，丝状，花柱不明显。胞果，果皮膜质。种子直立，卵形，两侧扁，红褐色，近无毛；胚稍弯，胚根向上，有粉质外胚乳。

单种属。

盐穗木　　图478　彩片139

Halostachys caspica (Bieb.) C. A. Mey. in Bull. Phys.-Math. Acad. Sci. St. Pétersb. 1: 361. 1843.

Halocnemum caspicum Bieb. Fl. Taur.-Cauc. 3: 3. 1819.

形态特征同属。花果期7-9月。

产新疆、甘肃西部、宁夏及内蒙古西端，生于低洼盐碱滩或湖滨潮湿盐碱土。俄罗斯、伊朗、阿富汗及蒙

图 478　盐穗木　(白建鲁绘)

古有分布。

7. 盐节木属 **Halocnemum** Bieb.

亚灌木，高达40厘米。木质茎灰褐色，有球形牙状短枝；当年生枝对生，具关节，无毛。叶鳞片状，对生，基部连合。穗状花序长0.5–1.5厘米，无梗；花两性，每3花生于苞腋，苞片鳞片状，交互对生，基部边缘稍连合，无小苞片。花被具3个离生花被片，花被片稍舟状，稍肉质，不等大，两侧2片先端内弯；雄蕊1，花丝扁，花药长圆形，长约0.9毫米；子房卵形，两侧扁，柱头2，钻状。胞果，果皮膜质。种子直立，卵形或近圆形，径0.5–0.75毫米，褐色，种皮有点状纹饰；胚稍弯，胚根向上，具外胚乳。染色体基数x=9。

单种属。

盐节木 图479

Halocnemum strobilaceum（Pall.）Bieb. Fl. Taur.-Cauc. 3：1819.

Salicornia strobilacea Pall. Reise 1：412. 431. 1771.

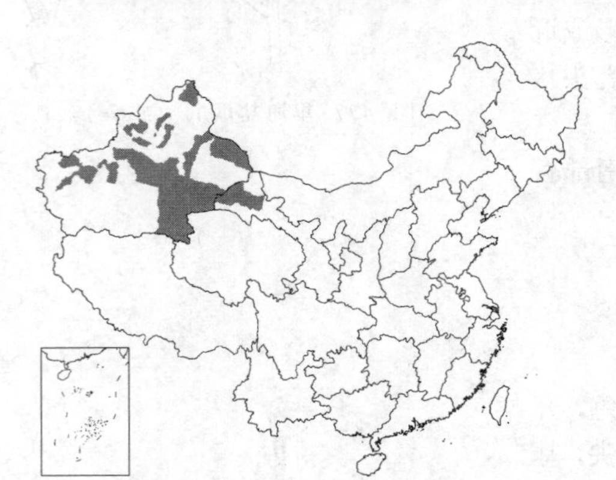

形态特征同属。花果期8–10月。

产新疆及甘肃西部，生于盐湖边或盐土湿地。俄罗斯、蒙古、阿富汗、伊朗及北部非洲有分布。

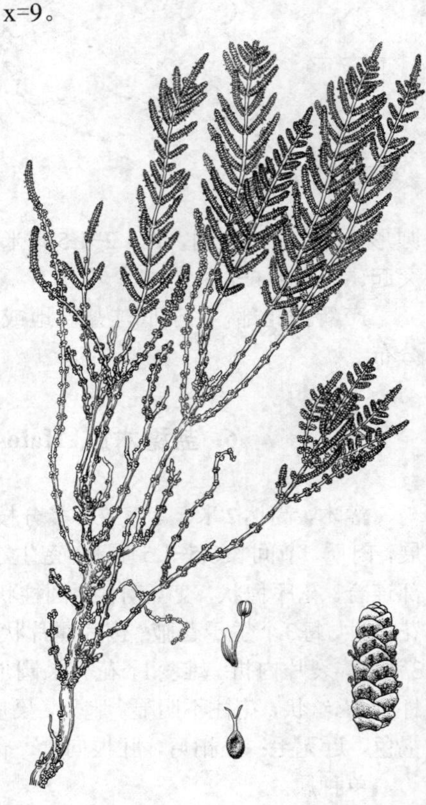

图 479 盐节木（白建鲁绘）

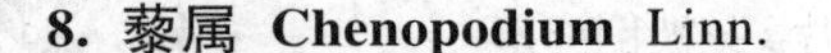

8. 藜属 **Chenopodium** Linn.

一年生或多年生草本，稀亚灌木，被囊状或圆柱状毛（粉粒）或腺毛，稀无粉粒，无毛。叶扁平，互生，具柄，全缘或具锯齿。花两性或兼有雌性，无苞片和小苞片，常数花聚集成团伞花序，腋生，再组成穗状、圆锥状或复二歧式聚伞状花序。花被球形，3–5裂，裂片背面中央稍肥厚或具纵脊，无附属物；雄蕊常与花被裂片同数，花药长圆形，无附属物；子房球形，常具2丝状柱头，花柱常不明显。胞果，卵形，双凸镜形或扁球形，果皮膜质或稍肉质，与种子贴生。种子横生，稀斜生或直立，种皮薄壳质，平滑或有点洼，有光泽；胚环形或半环形；外胚乳丰富，粉质。染色体基数x=9，稀8。

约250种，分布世界各地。我国20余种。

1. 复二歧式聚伞花序。
　2. 花序末端分枝针刺状；叶线形或线状披针形，全缘 ………………………………… 1. **刺藜 C. aristatum**
　2. 花序末端分枝非针刺状；叶宽，具裂齿。
　　3. 植株有黄色颗粒状腺体；叶羽状浅裂至深裂 ………………………………… 2. **菊叶香藜 C. foetidum**
　　3. 植株无上述腺体；叶掌状浅裂 ………………………………………………… 3. **杂配藜 C. hybridum**
1. 非二歧式聚伞花序。
　4. 叶背面或花被具椭圆形腺体，有香气 ………………………………………… 4. **土荆芥 C. ambrosioides**
　4. 植株无上述腺体，无香气。

5. 花被裂片3-4；种子常直立或斜生。
  6. 花被果时无变化 ；叶长圆形或披针形 ………………………………………………………… 5. **灰绿藜 C. glaucum**
  6. 花被果时红色，肥厚多汁；叶三角形 …………………………………………………… 5(附). **球花藜 C. foliosum**
5. 花被裂片5；种子横生。
  7. 叶全缘，或在中下部具1对不裂或2浅裂片。
    8. 花在茎和枝上部组成长于叶的花序。
      9. 花在花序中排列紧密；花下有圆柱形毛束；叶缘具半透明环边；花被果时增厚，呈五角星状 …………………………………………………………………………………………… 6. **尖头叶藜 C. acuminatum**
      9. 花序细瘦；花排列稀疏；花下无圆柱形毛束；花被果时不增厚。
        10. 叶近基部具侧裂片，有时侧裂片2裂；花被裂片卵形；种子具辐射细沟状纹饰 …………………………………………………………………………………………… 7. **菱叶藜 C. bryoniaefolium**
        10. 叶全缘，或偶有不明显侧裂片；花被裂片窄卵形或线形；种子具细点洼状纹饰 …………………………………………………………………………………………… 8. **细穗藜 C. gracilispicum**
    8. 花在腋生分枝上组成短于叶的花序 ………………………………………………………… 9. **平卧藜 C. prostratum**
  7. 叶缘稍具锯齿。
    11. 植株高达3米；下部叶长达20厘米；花序弯垂 ………………………………………… 10. **杖藜 C. giganteum**
    11. 植株较小；叶长不及8厘米；花序挺直。
      12. 叶呈三裂状，中裂片及侧裂片具锯齿；花被裂片镊合状闭合；种子具六角形细洼状纹饰 …………………………………………………………………………………………… 11. **小藜 C. serotinum**
      12. 叶非三裂状；花被裂片覆瓦状闭合或开展；种子具浅沟状纹饰 ………………………… 12. **白藜 C. album**

1. 刺藜 图480

Chenopodium aristatum Linn. Sp. Pl. 221. 1753.

一年生草本；无毛，无粉粒。茎直立，高达40厘米，多分枝，枝具条棱及色条。叶线形或窄披针形，长达7厘米，宽约1厘米，全缘，先端渐尖，基部缢缩成短柄，中脉明显。复二歧式聚伞花序生于枝端及叶腋，末端分枝针刺状。花两性，几无梗；花被近球形，5深裂，裂片窄椭圆形，背部稍肥厚，具膜质边缘，果时开展。胞果顶基扁，圆形；果皮透明膜质，与种子贴生。种子横生，周边平截或有棱。花期8-9月，果期10月。

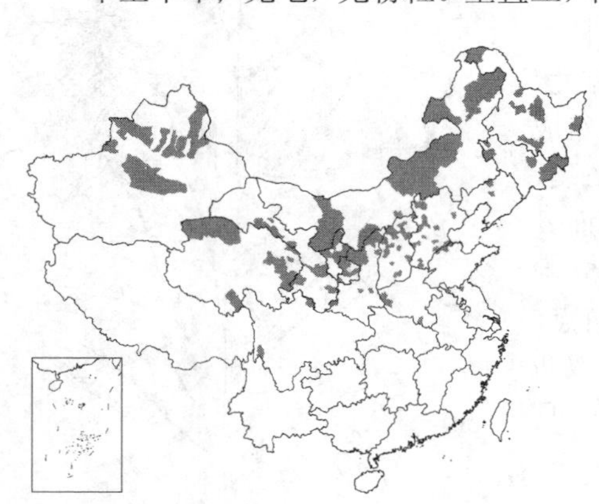

产黑龙江、吉林、辽宁、内蒙古、河北、山东、山西、河南、陕西、宁夏、甘肃、四川、青海及新疆，生于山坡、荒地或田间。欧亚大陆及北美洲阿拉斯加有分布。

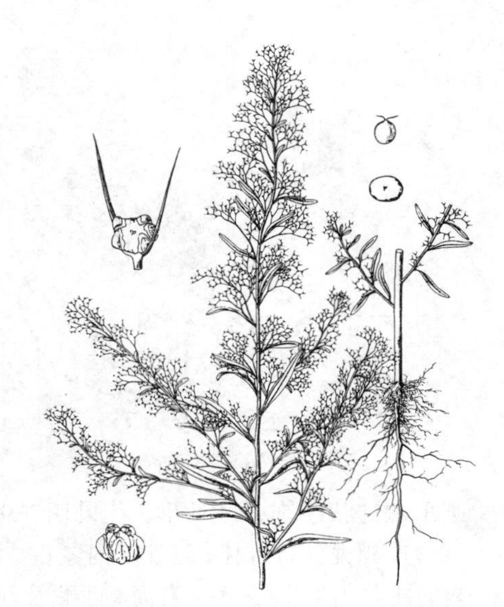

图 480 刺藜 （仿《中国北部植物图志》）

2. 菊叶香藜 图481

Chenopodium foetidum Schrad. Magaz. Ges. Naturf. Freunde Berl. 79. 1808.

一年生草本，全株被多细胞短毛和颗粒状黄色腺体，有香气。茎直

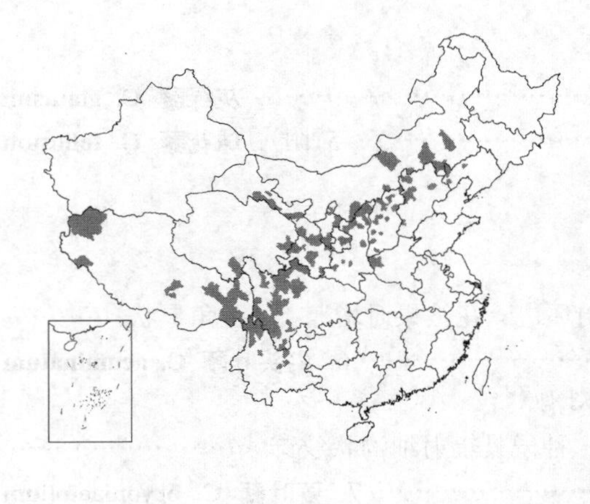

立，高达60厘米，具绿色色条，不分枝或分枝。叶长圆形，长2-6厘米，宽1.5-3.5厘米，羽状浅裂，先端钝或尖，有时具短尖头，基部渐窄；叶柄长0.2-1厘米。复二歧聚伞花序腋生。花两性；花被近球形，径1-1.5毫米，5深裂，裂片卵形或窄卵形，具膜质窄边，背面常具纵脊，果时开展；雄蕊5，花丝扁平，花药近球形。胞果扁球形，果皮膜质。种子横生，周边钝，径0.5-0.8毫米，红褐或黑色，有光泽及细纹饰，胚半环形，围绕外胚乳。花期7-9月，果期9-10月。染色体2n=18。

产辽宁、内蒙古、山西、陕西、甘肃、青海、四川、云南及西藏，生于林缘草地、沟岸或河沿。亚洲、欧洲及非洲有分布。

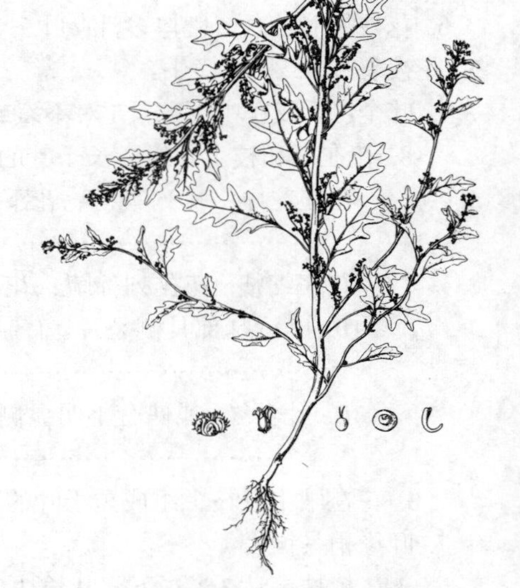

图 481 菊叶香藜 （仿《中国北部植物图志》）

3. 杂配藜 图 482

Chenopodium hybridum Linn. Sp. Pl. 219. 1753.

一年生草本，稍被细粉粒。茎直立，高达1米，粗壮，具淡黄色或紫色条棱，上部有疏分枝。叶宽卵形或卵状三角形，长6-15厘米，宽5-12厘米，两面近同色，幼嫩时有粉粒，先端尖或渐尖，基部圆、平截或稍心形，边缘掌状浅裂，裂片三角形，不等大；叶柄长2-7厘米。花两性兼有雌性，常数个团集，在分枝上组成二歧式聚伞花序。花被5裂，裂片窄卵形，先端钝，背面具纵脊，边缘膜质；雄蕊 5。胞果果皮膜质，常有白色斑点，与种子贴生。种子横生，双凸镜形，径2-3毫米，黑色，具圆形深洼状纹饰；胚环形。花果期7-9月。染色体2n=18, 36。

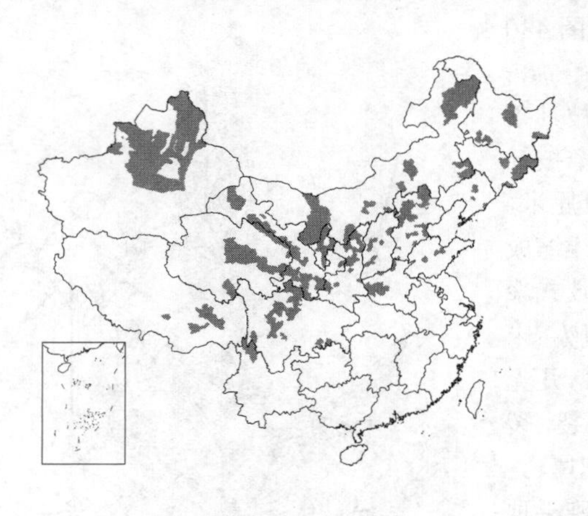

产黑龙江、吉林、辽宁、内蒙古、河北、浙江、山西、河南、陕西、宁夏、甘肃、四川、云南、青海、西藏及新疆，生于林缘、山坡灌丛中、沟边。蒙古、朝鲜、日本、印度东部、中亚、西伯利亚地区及欧洲有分布。

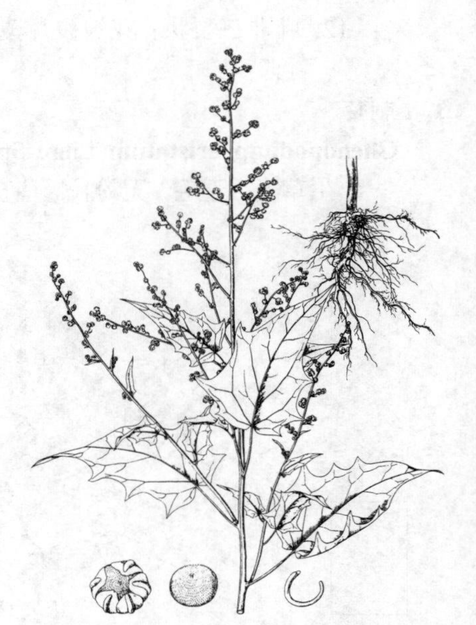

图 482 杂配藜 （仿《中国北部植物图志》）

4. 土荆芥 图 483 彩片 140

Chenopodium ambrosioides Linn. Sp. Pl. 219. 1753.

一年生或多年生草本，被椭圆形腺体，有香味。茎高达80厘米，多分枝，枝常细瘦，被柔毛及具节长柔毛。叶长圆状披针形或披针形，长达15厘米，宽达5厘米，先端尖或渐尖，具不整齐大锯齿，基部渐窄，具短柄。花两性及雌性，常3-5个团集，生于上部叶腋，组成穗状或圆锥状花序。花被常5裂，淡绿色，果时常闭合；雄蕊5，花药长0.5毫米；花柱不明显，柱头3-4，丝形。胞果扁球形。种子横生或斜生，黑或暗红色，平滑，有光泽，周边钝，径约0.7毫米。染色体2n=16，33，36，64。

原产美洲热带，现广布于热带至温带地区。长江以南有栽培或已野化。

图 483 土荆芥（仿《图鉴》）

5. 灰绿藜 图 484

Chenopodium glauca Linn. Sp. Pl. 220. 1753.

一年生草本，高达40厘米。茎直立或外倾，稍分枝，有条棱及绿色或紫红色色条。叶长圆状卵形或披针形，长2-4厘米，宽0.6-2厘米，稍肥厚，基部楔形，具缺刻状牙齿，上面平滑，无粉粒，下面密被粉粒，呈灰白或紫红色，中脉明显；叶柄长0.5-1厘米。腋生团伞花序于分枝上组成有间断的常短于叶的穗状或圆锥状花序。花两性兼有雌性；花被3-4裂，裂片窄长圆形或倒卵状披针形，长不及1毫米，先端钝；雄蕊1-2，花丝不伸出花被，花药球形；柱头2，极短。胞果顶端露出花被，果皮膜质。种子扁球形，径约0.75毫米，横生、斜生或直立，暗褐或红褐色，周边钝，有细点状纹饰。花果期5-10月。染色体2n=18。

除台湾、福建、江西、广东、广西、贵州及云南外其它省区均产，生于湖滨、荒地、农田等含轻度盐碱的土壤。广布于两半球温带。

［附］**球花藜 Chenopodium foliosum**（Moench）Aschers. Fl. Prodr. Brandenb. 1: 572. 1864. —— *Monocarpus foliosus* Moench. Meth. 342. 1794. 本种与灰绿藜的区别：叶三角形，边缘具锯齿；胞果熟时果皮红色多汁。染色体2n=18。产新疆北部及东部、甘肃西部，生于山坡湿地、林缘及沟谷。中亚、欧洲及非洲有分布。

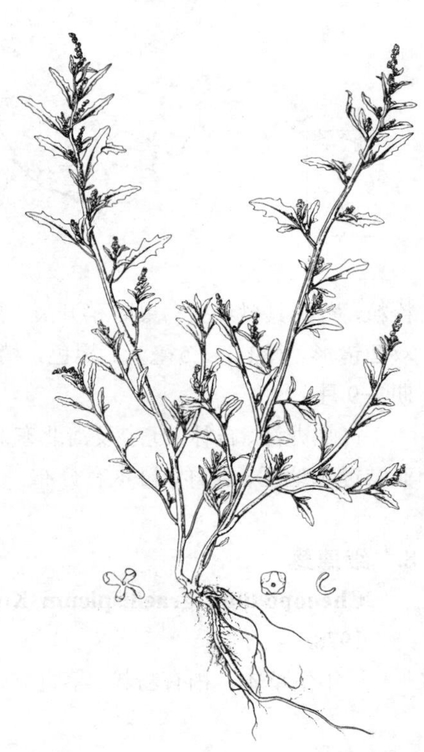

图 484 灰绿藜（仿《中国北部植物图志》）

6. 尖头叶藜 图 485

Chenopodium acuminatum Willd. in Gesellsch. Naturf. Berl. Neue Schrift. 2: 124. 1799.

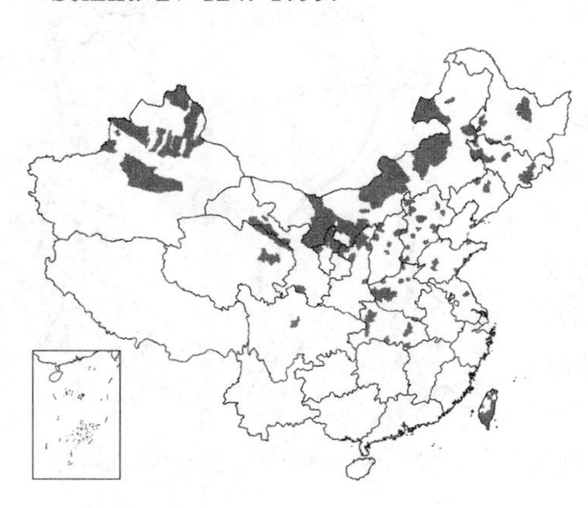

一年生草本。茎直立，高达80厘米，多分枝，具条棱及色条。叶宽卵形或卵形，长2-4厘米，宽1-3厘米，先端尖或短渐尖，具短尖头，基部宽楔形、圆或近平截，上面无粉粒，淡绿色，下面稍被粉粒，呈灰白色，全缘，具半透明环边；叶柄长1.5-2.5厘米。团伞花序于枝上部组成紧密或有间断的穗状或穗状圆锥花序，花序轴具圆柱状粉粒。花两性；花被扁球形，5深裂，裂片宽卵形，具膜质边缘并有紫红或黄色粉粒，果时背面常增厚连成五角形；雄蕊5，花药长约0.5毫米。胞果顶基扁，圆形或卵形。种子横生，径约1毫米，黑色，有光泽，稍具点纹饰。花期6-7月，果期8-9月。

产黑龙江、吉林、辽宁、内蒙古、河北、山东、浙江、河南、山西、陕西、宁夏、甘肃、青海及新疆，生于荒地、河岸或田边。日本、朝鲜、蒙古、中亚及西伯利亚地区有分布。

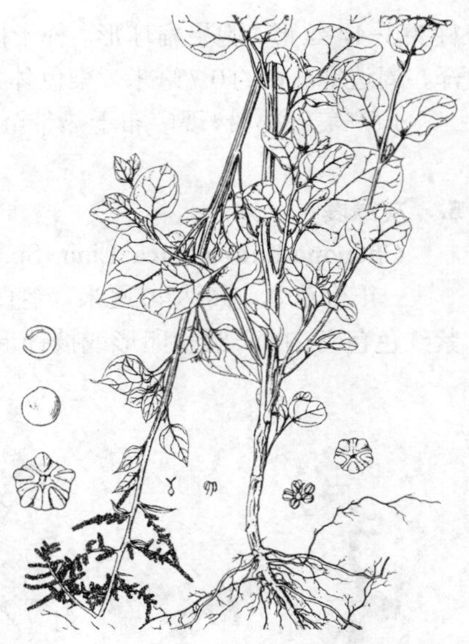

图 485 尖头叶藜 （仿《中国北部植物图志》）

7. 菱叶藜 图 486

Chenopodium bryoniaefolium Bunge in Del. Sem. Hort. Petrop. 10. 1876.

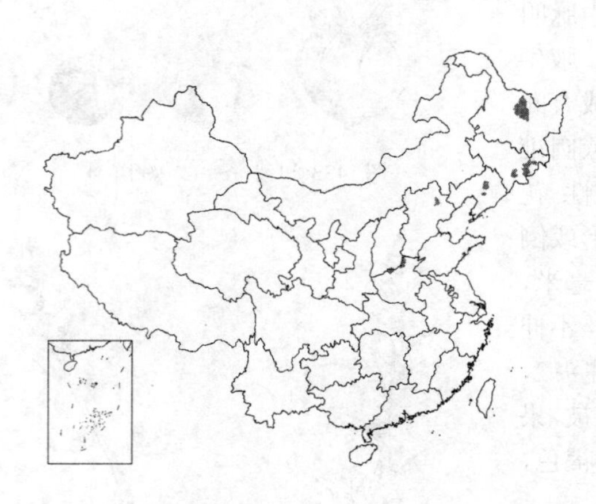

一年生草本，疏被粉粒。茎直立，下部圆柱形，上部稍有条棱及色条；分枝常在茎上部，稀疏，细瘦。叶卵状三角形或卵状菱形，长3-4厘米，宽2-3厘米，上面无粉粒，绿色，下面稍有粉粒，淡绿色，先端尖，基部宽楔形，两侧近基部具2裂的侧裂片。团伞花序于枝上部组成稀疏、细瘦的穗状圆锥花序。花两性；花被5裂，裂片卵形，有粉粒，背面具微纵脊，果时稍开展。果皮暗褐色，与种子贴生。种子横生，双凸镜形，径1.3-1.5毫米，黑色，稍有光泽，具辐射状细沟状纹饰。花果期7-9月。

产黑龙江、吉林、辽宁及河北东北部，生于林缘或草地。俄罗斯西伯利亚及远东地区、朝鲜、日本有分布。

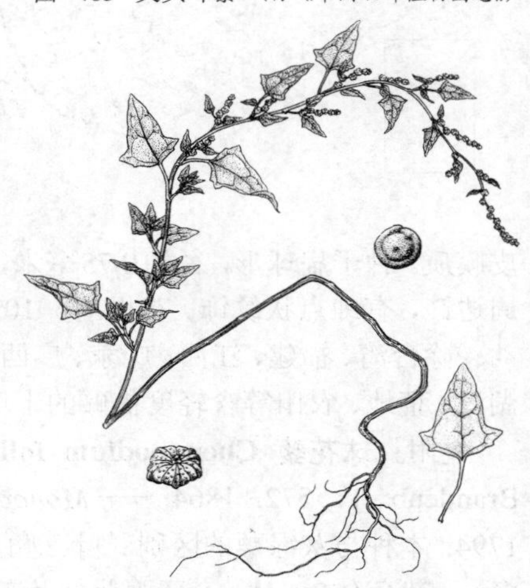

图 486 菱叶藜 （仿《中国北部植物图志》）

8. 细穗藜 图 487

Chenopodium gracilispicum Kung in Acta Phytotax. Sin. 16: 120. 1978.

一年生草本；稍有粉粒。茎直立，圆柱形，有条棱及色条，上部有稀疏分枝。叶菱状卵形或卵形，长3-5厘米，宽2-4厘米，先端尖或短渐尖，基部宽楔形，上面鲜绿色，下面灰绿色，全缘或近基部两侧具浅裂片；叶柄细，长0.5-2厘米。花两性，常2-3个团集，组成稀疏的长0.2-1.5厘米间断穗状花序。花被5深裂，裂片窄倒卵形或线形，背面中部稍肉质，具龙

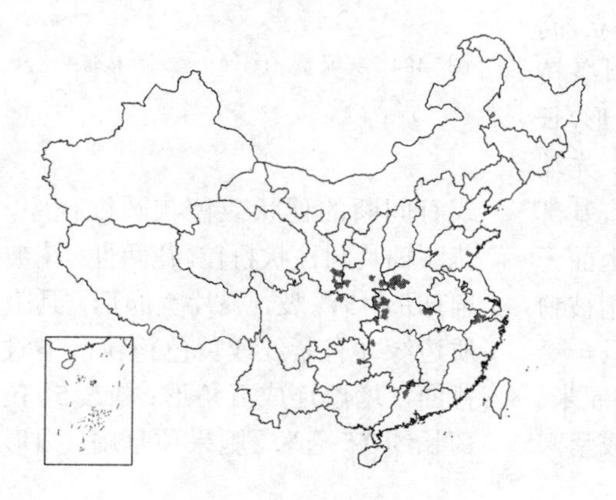

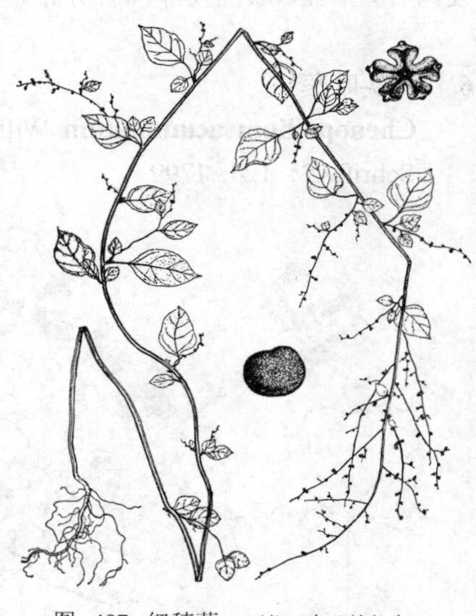

图 487 细穗藜 （仿《中国植物志》）

骨状突起；雄蕊5。胞果顶基扁，双凸镜形，果皮与种子贴生。种子横生，双凸镜形，径1.1-1.5毫米，黑色，有光泽，具洼点状纹饰。花期7月，果期8月。

产山东东部、江苏、浙江、江西、广东、湖南、湖北、河南、四川、陕西及甘肃东南部，生于山坡草地、林缘及河边。

图 488 平卧藜 （白建鲁绘）

9. 平卧藜 图 488

Chenopodium prostratum Bunge in Acta Hort. Petrop. 10(2): 594. 1889.

一年生草本；全株被粉粒。茎斜生或外倾，高达40厘米，多分枝，圆柱状或有钝棱。叶卵形或宽卵形，常3浅裂，长1.5-3厘米，宽1-2.5厘米，上面灰绿色，无粉粒或稍有粉粒，下面苍白色，具离基三出脉，基部宽楔形，中裂片先端具短尖头，边缘有时稍有圆齿，叶中部或稍下具侧裂片，先端钝；叶柄长1-3厘米。花数个团集，在小分枝上组成短于叶的腋生圆锥状花序。花被4-5深裂，裂片卵形，先端钝，背面微具纵脊，边缘膜质，果时常闭合；雄蕊与花被同数；柱头2，稀3，丝形。果皮膜质，黄褐色，与种子贴生。种子横生，双凸镜形，径1-1.2毫米，黑色，稍有光泽，具蜂窝状纹饰。花果期8-9月。

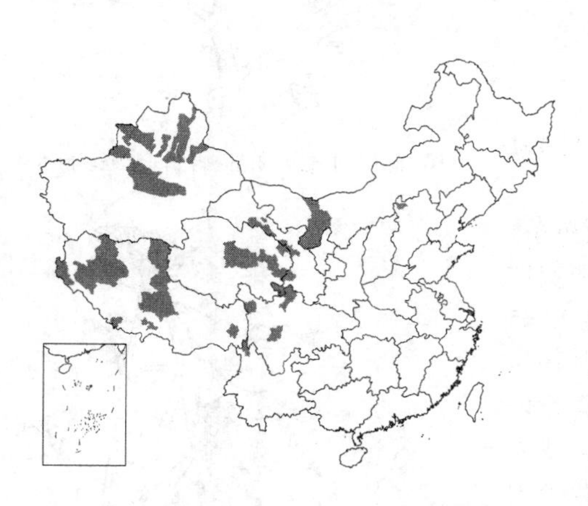

产甘肃西部及西南部、青海、四川西北部、西藏、新疆、河北北部，生于海拔1500-4000米山地，多见于畜圈、荒地、村旁或菜园。俄罗斯、哈萨克斯坦及蒙古有分布。

10. 杖藜 图 489 彩片 141

Chenopodium giganteum D. Don. Prodr. Fl. Nepal. 75. 1825.

一年生草本，高达3米；全株被粉粒。茎直立，粗壮，基径达5厘米，具条棱及色条，上部分枝。叶菱形或卵形，长达20厘米，宽达16厘米，先端钝，基部宽楔形，上面深绿色，下面淡绿色，具不整齐波状钝锯齿；叶柄为叶长1/2-2/3。顶生圆锥状花序，常开展，果时稍弯垂；花两性，数个团集或单生。花被5深裂，裂片卵形，边缘膜质；雄蕊5。胞果果皮膜质。种子横生，双凸镜形，径约1.5毫米，红褐或黑色，周边钝，具网状纹饰。花期8月，果期9-10月。染色体2n=54。

原产地不明。辽宁、陕西、甘肃、河南、湖南、湖北、广西、贵州、四川、云南等省区有栽培或已野化。

图 489 杖藜 （仿《中国植物志》）

11. 小藜 图 490

Chenopodium serotinum Linn. Cent. Pl. 2: 12. 1756. p. p.

一年生草本，被粉粒。茎直立，高达50厘米，具条棱及色条。叶卵状长圆形，长2.5-5 厘米，宽1-3.5厘米，常3浅裂，中裂片两边近平行，先端具短尖头，具深波状锯齿，中部以下具侧裂片，常各具2浅裂齿。花两性，

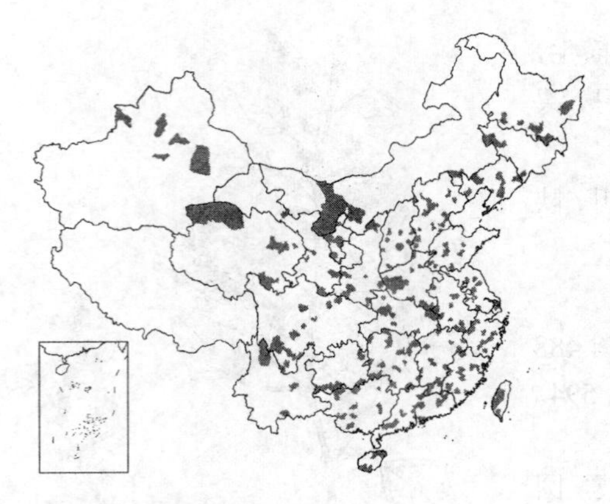

数个团集，于上部分枝上组成顶生圆锥状花序。花被近球形，5深裂，裂片宽卵形，不开展，背面具纵脊；雄蕊5，外伸；柱头2，丝形。胞果包在花被内，果皮与种子贴生。种子双凸镜形，径约1毫米，黑色，有光泽，周边微钝，具六角形细洼状纹饰；胚环形。花期4–5月，果期6–7月。染色体2n=18。

田间杂草，除西藏外各地均有分布。

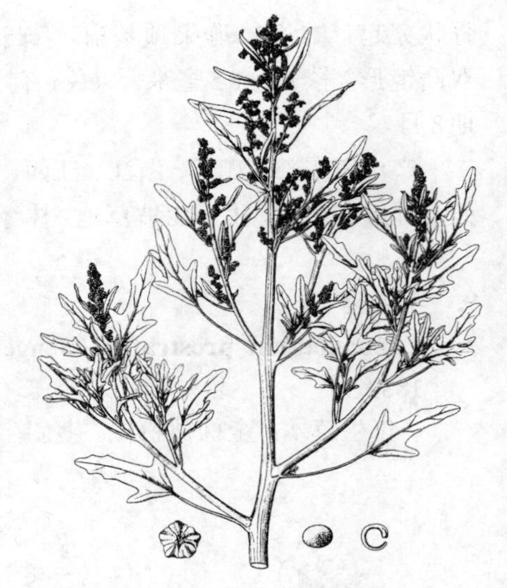

图 490 小藜 （引自《中国北部植物图志》）

12. 白藜 藜 图 491

Chenopodium album Linn. Sp. Pl. 219. 1753.

一年生草本，全株被粉粒。茎直立，粗壮，高达1.5米，具条棱及色条，多分枝。叶菱状卵形或宽披针形，长3–6厘米，宽2.5–5厘米，先端尖或微钝，基部楔形或宽楔形，具不整齐锯齿；叶柄与叶近等长，或为叶长1/2。花两性；常数个团集，于枝上部组成穗状圆锥状或圆锥状花序。花被扁球形或球形，5深裂，裂片宽卵形或椭圆形，背面具纵脊，先端钝或微凹，边缘膜质；雄蕊5，外伸；柱头2。胞果果皮与种子贴生。种子横生，双凸镜形，径1.2–1.5毫米，周边钝，黑色，有光泽，具浅沟状纹饰；胚环形。花果期5–10月。染色体2n=18, 36, 54。

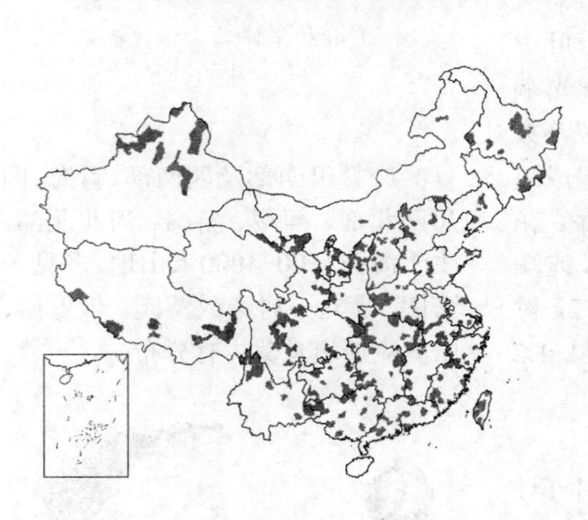

遍及全国各地，生于路边、荒地及田间。广布温带至热带。

图 491 白藜 （引自《中国北部植物图志》）

9. 苞藜属 Baolia Kung et G. L. Chu

一年生草本；稍有粉粒，无毛。茎直立，高达20厘米，稍分枝；分枝斜上。叶互生，具叶柄；叶卵状椭圆形或卵状披针形，长1–2.2厘米，宽5–10毫米，全缘。花两性，数个团集，生于叶（苞）腋，每花下各具2片鳞片状小苞片；小苞片膜质，窄卵形或三角形，长0.3–0.5毫米；花被近球形，绿色，5深裂，果时增大，宿存，裂片近先端稍肉质，兜状，具3脉；雄蕊5，着生于环形花盘上，花药细小，近球形，先端无附属物；子房窄卵形，无毛，花柱不明显，柱头2，丝形。胞果，果皮稍肉质，与种子贴生。种子直立，近球形，黑色，背腹稍扁，种皮壳质，坚硬，具蜂窝状纹饰；胚环形，具粉质外胚乳，胚根在下方。

特有单种属。

苞藜 图 492

Baolia bracteata Kung et G. L. Chu in Acta Phytotax. Sin. 16：120. 1978.

形态特征同属。花果期8-10月。

产甘肃迭部县，生于阳坡。

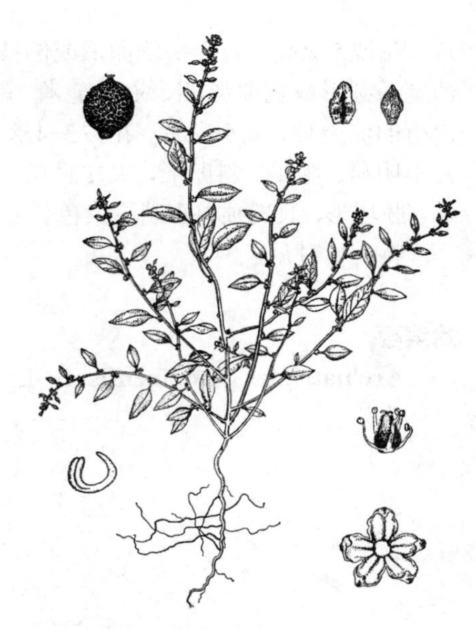

图 492 苞藜 (引自《中国植物志》)

10. 多节草属 Polycnemum Linn.

一年生草本或亚灌木。茎直立。叶互生，钻状，无柄。花两性，单生叶(苞)腋，每花各具 2小苞片；小苞片草质，舟状。花被具5个离生花被片。雄蕊3，稀1-5，着生于花盘边缘；柱头2，花柱极短。胞果，果皮膜质，不裂。种子黑色，种皮壳质，具颗粒状纹饰；胚环形，具外胚乳。

5种，分布于欧洲、中亚及西伯利亚。我国1种。

多节草 图 493

Polycnemum arvense Linn. Sp. Pl. 35. 1753.

一年生草本。茎高达10厘米，基部分枝，被卷曲柔毛；基部枝上升或几平卧，常与茎近等长或稍短。叶钻形，交互螺旋状着生于茎枝上，长3-9毫米，几无毛，先端具短尖头，基部宽，中部以下具膜质边缘。花单生苞腋，苞片与叶同形，小苞片膜质透明，三角状披针形，先端长渐尖，背面具纵脊，长约1毫米。花被片膜质，透明，覆瓦状排列，卵状披针形，长约1毫米，宽约0.4毫米，先端短渐尖，果时稍增大，长达1.5毫米，有微纵肋，稍有毛；雄蕊3，花丝长约0.5毫米，花药短长圆形，长约0.2毫米；子房宽卵形，柱头2，细小，花柱不明显。胞果包于花被内，背腹稍扁，宽椭圆形，长约1.1毫米，宽约1毫米，果皮膜质，先端稍厚。种子黑色，具颗粒状纹饰。花果期7-8月。

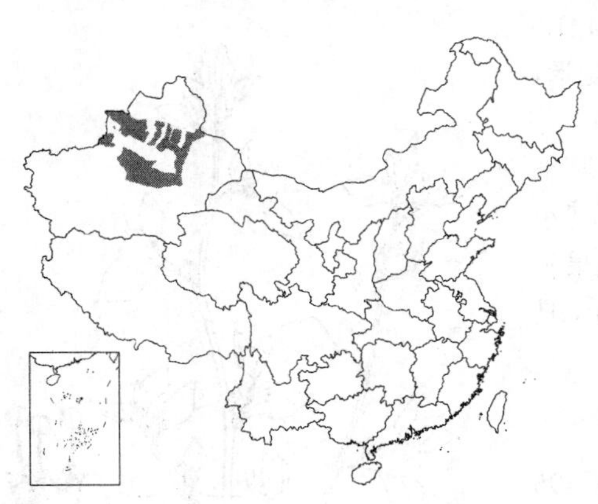

图 493 多节草 (白建鲁绘)

产新疆天山及阿尔泰山区。俄罗斯西伯利亚、中亚至欧洲有分布。

11. 始滨藜属 Archiatriplex G. L. Chu

一年生草本，高达1.2米；被泡状毛。茎直立，多分枝，微四棱形，有条纹；分枝上升斜上。叶扁平，互生或在枝下部对生，具叶柄，叶宽卵形或三角状戟形，长2-10厘米，宽度约等于长度，先端短渐尖，基部心形，具不整齐疏锯齿；叶柄细，长0.5-8厘米。花单性，雌雄同株；雄花多数团集，于小枝顶组成间断的无叶穗状花序，无苞片。花被5深裂，裂片窄倒卵形或倒披针形，长约1毫米，背面近先端稍肉质，边缘膜质，雄蕊5，花丝丝形，花药宽长圆形或宽卵形，长约0.3毫米；雌花4-7团集，着生于苞片与苞柄的交接处，苞片与叶同形而较小，开展，无内折的侧裂片，无小苞片，花被3-4深裂，裂片果时稍增大，线状椭圆形或倒卵形，长约1毫米，柱头2，细小，花柱不明显。胞果，斜卵形，果皮膜质，被乳头突起，贴于种子。种子直立，种皮薄壳质，红褐至黑色，宽1-1.5毫米，胚环形，具粉质外胚乳。染色体基数x=9。

特有单种属。

始滨藜 图 494

Archiatriplex nanpinensis G. L. Chu in Journ. Arn. Arb. 68.: 463. 1987.

形态特征同属。花果期8-10月。

产四川南坪县隆康乡。

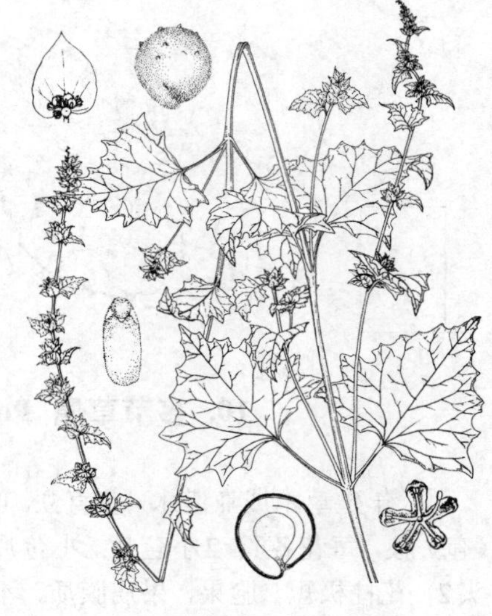

图 494 始滨藜 （引自《J. Arn. Arb.》）

12. 小果滨藜属 **Microgynoecium** Hook. f.

一年生草本，高达25厘米。茎基部多分枝，常外倾或平卧。叶互生，宽卵形、卵形或菱状卵形，长0.6-1.2厘米，先端尖或微钝，基部楔形，全缘或3浅裂状，脉不明显；叶柄长0.4-1.5厘米。花单性，雌雄同株；雄花隐于枝端叶腋；花被近膜质，长约0.8毫米，淡褐色，5裂至中部，裂片三角形，有粉粒；雄蕊1-4，着生于花被基部，花丝丝状，伸出花被，花药无附属物。雌花1-7簇生叶状苞片腋部，苞片基部2侧裂片内折，包围雌花，无梗，常1-3花发育；花被退化，残留5个细小的丝状裂片；子房背腹扁，柱头2，毛发状，花柱极短，胚珠无柄。胞果斜卵圆形，长1-1.5毫米，黑褐色，有少数鸡冠状突起。种子黑色，有光泽，具点纹；胚马蹄形，胚乳粉质，胚根向下。

单种属。

小果滨藜 图 495

Microgynoecium tibeticum Hook. f. in Benth. et Hook. f. Gen. Pl. 3: 56. 1880.

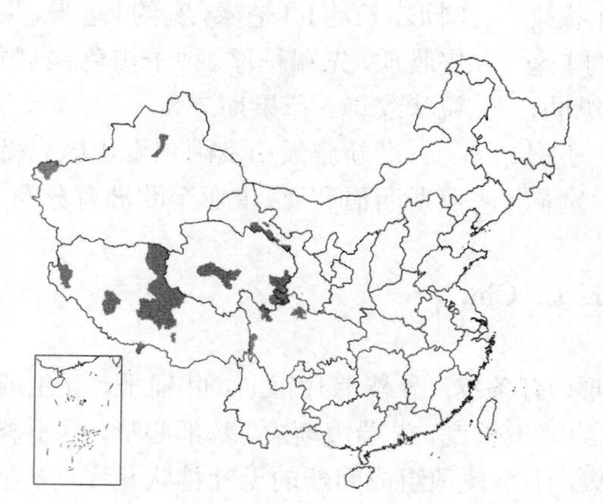

形态特征同属。花果期7-9月。

产甘肃、青海及西藏，生于海拔4000米以上山地。帕米尔及西天山有分布。

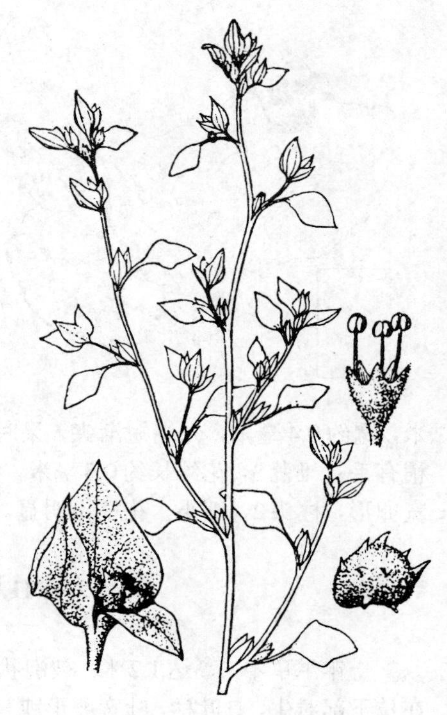

图 495 小果滨藜 （蔡淑琴绘）

13. 滨藜属 **Atriplex** Linn.

一年生草本、灌木或亚灌木；被糠秕状被覆物（粉粒)。叶扁平，互生，稀对生，有柄或近无柄；叶稍肉质，具齿或全缘。花簇生叶腋，单性，雌雄花混合成簇或雄花簇在上部雌花簇在下部，稀雌雄异株。花无小苞片；雄花被5裂，稀3-4裂；雄蕊与花被裂片同数，着生于花被基部，花丝稍扁，基部连合，残留退化子房。雌花无花被，着生在2个常特化的苞片之间，雌蕊由2片对生的苞片包被；2苞片边缘不同程度合生，果时稍增大(果苞)，形态多样，常具突起的附属物；子房卵形，柱头2，丝状，花柱极短。胞果，果皮膜质，与种子贴伏或贴生。种子直立，扁平或两面凸，种皮膜质或薄壳质；胚环形，外胚乳丰富。染色体基数x=9。

约250种，分布于两半球温带及亚热带，我国19种。

1. 灌木或亚灌木。
  2. 叶对生；果苞密生疣状突起 ………… 1. **疣苞滨藜 A. verrucifera**
  2. 叶互生；果苞无疣状突起或部分被疣状突起。
    3. 叶全缘。
      4. 叶窄长圆形或线形 ………… 2. **白滨藜 A. cana**
      4. 叶卵形 ………… 3(附). **匍匐滨藜 A. repens**
    3. 叶缘多少有齿 ………… 3. **海滨藜 A. maximowicziana**
1. 一年生草本。
  5. 果苞卵形或圆形，全缘。
    6. 雌花二型，有具正常花被的雌花；果苞径大于5毫米。
      7. 果苞先端尖；植株近无粉粒 ………… 4. **榆钱菠菜 A. hortensis**
      7. 果苞先端圆或微凹；植株密被粉粒 ………… 5. **野榆钱菠菜 A. aucheri**
    6. 雌花一形，无具正常花被的雌花；果苞径小于5毫米 ………… 6. **异苞滨藜 A. micrantha**
  5. 果苞非圆形，边缘多少有齿。
    8. 叶披针形或线形，长为宽3倍以上。
      9. 果苞最宽在中部；叶被粉粒 ………… 7. **滨藜 A. patens**
      9. 果苞最宽在近基部；叶被细粉粒 ………… 8. **草地滨藜 A. patula**
    8. 叶较宽，长不及宽2倍。
      10. 果苞稍扁筒形，边缘合生至顶部。
        11. 果苞密被棘状突起 ………… 9. **西伯利亚滨藜 A. sibirica**
        11. 果苞具1-3个散生的棘状突起 ………… 10. **野滨藜 A. fera**
      10. 果苞非扁筒形，边缘中部以下不同程度合生。
        12. 叶缘具锯齿。
          13. 花在枝端不组成穗状花序 ………… 11. **中亚滨藜 A. centralasiatica**
          13. 花在枝端组成穗状花序 ………… 12. **鞑靼滨藜 A. tatarica**
        12. 叶全缘或近基部有1对钝的浅裂片。
          14. 果苞心形 ………… 13. **犁苞滨藜 A. dimorphostegia**
          14. 果苞箭头形 ………… 13(附). **箭苞滨藜 A. sagittiformis**

1. 疣苞滨藜　　图496：1-4

Atriplex verrucifera Bieb. Fl. Taur.-Cauc. 2: 441. 1808.

亚灌木，高达40厘米。木质茎分枝圆柱状，淡黄至灰褐色；当年生枝直立或外倾，被厚粉层，有微条棱，仅上部花序有分枝。叶多对生，叶菱状卵形或椭圆形，长3-5厘米，宽1-2.5厘米，斜向开展，两面均被厚粉层，均为灰绿色，先端钝或尖，基部渐窄，

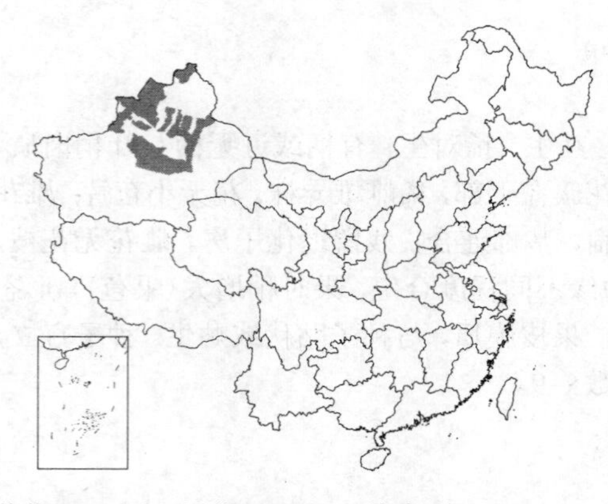

具短柄，全缘。雌雄花混合成簇，在当年生枝上部集成有间断的穗状圆锥状花序。雄花花被5深裂，雄蕊5，退化子房柱状；雌花苞片果时近球形，稍肉质，径2-3毫米，边缘合生至顶端，密生疣状突起，近无柄。胞果扁，红褐色，果皮与种子贴生。种子直立，扁圆形，径1.5-2毫米。花期6-8月，果期8-9月。染色体2n=18。

产新疆北部，生于盐碱荒地或沙丘间。欧洲、中亚、俄罗斯西西伯利亚地区及蒙古西部有分布。

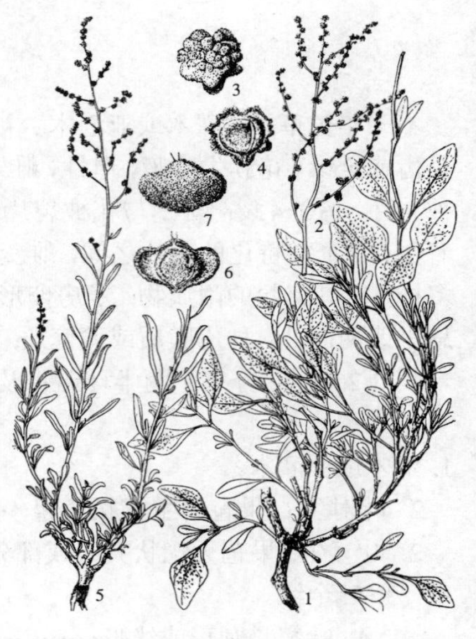

图 496: 1-4. 疣苞滨藜 5-7. 白滨藜
（蔡淑琴绘）

2. 白滨藜 图 496: 5-7

Atriplex cana C. A. Mey. in Ledeb. Ic. Pl. Fl. Ross. 1: 11. t. 46. 1929.

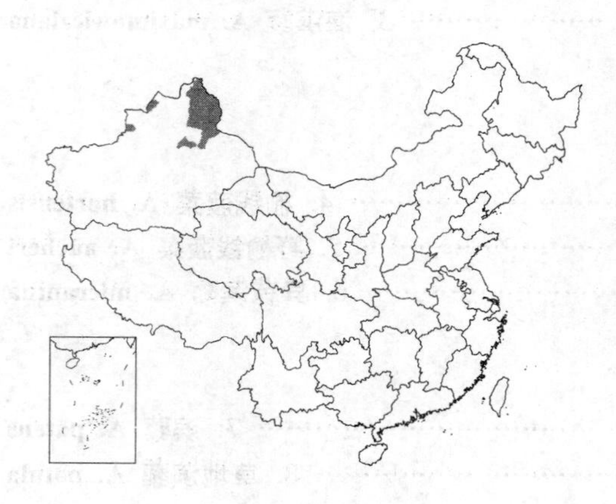

亚灌木，高达50厘米。木质茎多分枝，灰褐色，具条状裂隙，当年生枝高达30厘米，淡黄褐色，有微条棱，被厚粉层，上部有分枝。叶互生，倒披针形或线形，长1-3厘米，宽2-7毫米，全缘，两面均被厚粉层，灰白色，先端钝，基部渐窄，具短柄，脉不显。雌雄花混合成簇，在当年生枝上部集成有间断的穗状圆锥状花序。雄花花被5深裂，雄蕊5；雌花苞片果时菱状卵形或半圆形，顶缘微3浅裂状，边缘基部合生，被厚粉层，常无附属物。胞果扁，圆形，果皮膜质，淡黄色，与种子贴伏。种子直立，径1.5-2.25毫米，红褐色，稍有纹。花期7-8月，果期9月。

产新疆北部，生于干旱山坡或湖滨。哈萨克斯坦及俄罗斯西西伯利亚地区有分布。

3. 海滨藜 图 497: 1-2

Atriplex maximowicziana Makino in Bot. Mag. Tokyo 10: 2. 1896.

灌木，高达1米，全株密被粉粒。茎直立，多分枝，圆柱形，有微条棱。叶具柄，叶菱状卵形或卵状长圆形，长2-3厘米，宽1-2厘米，先端具短尖头，基部宽楔形或楔形并下延成短柄，上面灰绿色，下面灰白色，边缘常3浅裂状，侧裂片位于中部稍下，先端钝，全缘，中裂片边缘常微波状。雌雄花混合成簇，腋生，于枝端集成紧缩穗状圆锥花序。雄花被5浅裂，雄蕊5；雌花苞片果时菱状卵形或三角状卵形，基部边缘合生，具1-2毫米长的短柄，靠基部的中心部果时木质化臌胀，无附属物，缘部灰

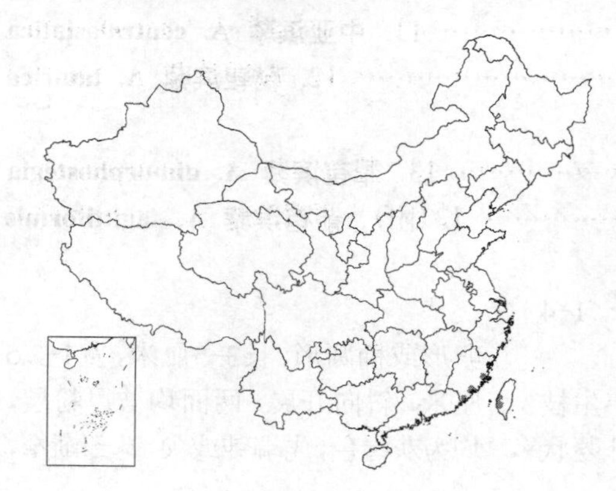

图 497: 1-2. 海滨藜 3-4. 匍匐滨藜
（白建鲁绘）

绿色，边缘具锯齿。胞果扁，两面稍凸，近圆形，果皮膜质，红褐色，与种子贴伏。种子径约2毫米。花果期 9-12月。

产福建，生于海滩。日本琉球群岛和美国夏威夷群岛有分布。

［附］**匍匐滨藜** 图 497：3-4 **Atriplex repens** Roth Nov. Pl. Sp. 377. 1821. 本种与海滨藜的区别：叶卵形，全缘。果期12月至翌年1月。产海南，生于海滨沙地。印度、阿富汗及伊朗有分布。

4. 榆钱菠菜 图 498：1-3

Atriplex hortensis Linn. Sp. Pl. 1053. 1753.

一年生草本，高达2米；幼时稍被粉粒。茎直立，粗壮，中部以上疏分枝；分枝细，斜伸，钝四棱形，有色条。叶卵状长圆形或卵状三角形，长10-15厘米，先端微钝，基部戟形或宽楔形，两面绿色，下面稍被粉粒，具不整齐锯齿或全缘；叶柄长1-3厘米。花杂性，混合团集，在茎上部组成穗状圆锥状花序。雄花和两性花花被半球形或扁圆形，5深裂，雄蕊5，花药长约0.2毫米；雌花二型：具花被的雌花与两性花同形，柱头2，花盘边缘具不育雄蕊，无苞片，其种子横生，两面凸，径约2毫米，种皮薄壳质，黑色，有光泽；无花被的雌花子房生于2苞片之间；苞片在基部着生点合生，果时圆卵形或近圆形，宽约1厘米，先端尖，全缘，基部圆，柄很短，具浮凸网状脉，果时常带紫红色，其种子直立，扁平，近圆形，径3-3.5毫米，种皮膜质，黄褐色，无光泽。胚根在下侧方，外胚乳块状。花果期8-9月。染色体2n=18。

原产欧洲，世界各地有栽培。北方各地常有栽培。

图 498：1-3. 榆钱菠菜 4-6. 野榆钱菠菜 7-9. 异苞滨藜 （蔡淑琴绘）

5. 野榆钱菠菜 图 498：4-6

Atriplex aucheri Moq. Chenop. Monogr. Enum. 51. 1840.

一年生草本，高达1米。茎直立，上部稍分枝，幼时密被粉粒。叶三角状戟形或三角状披针形，长4-10厘米，宽2-8厘米，先端钝，基部心形或宽楔形，具锯齿，近基部第2对齿较长，上面无粉，深绿色，下面密被粉成灰白色；叶柄长1-3厘米。雌雄花混合成簇，于分枝和茎的上部组成穗状圆锥状花序。雄花花被5深裂，雄蕊5；雌花二型：有花被雌花的花被与雄花同形，花被裂片线状长圆形，其种子横生，扁球形，径约1.5毫米，种皮薄壳质，黑色，有光泽；无花被的雌花生于2苞片之间，苞片在基部着生点合生，果时宽卵形至长圆形，长0.6-1厘米，先端圆或微凹，全缘，几无柄，具浮凸的网状脉，有粉粒，其种子直立，扁平，圆形，径3-4毫米，种皮膜质，黄褐色，无光泽。花果期8-10月。

产新疆及内蒙古，生于戈壁、荒漠及山坡。伊朗、土库曼及哈萨克斯坦有分布。

6. 异苞滨藜 图 498：7-9

Atriplex micrantha C. A. Mey. in Ledeb. Ic. Pl. Fl. Ross. 1: 11. 1831.

一年生草本，高达1.2米。茎直立，有条棱，稍被粉粒，中部以上分枝。叶三角状戟形，长2-6厘米，宽2-5厘米，先端钝或尖，基部平截或宽楔形，全缘或近基部有1对浅裂片，两面几同色，或下面密被粉粒呈银灰色；叶柄长0.5–1.5厘米。雌雄花混合成簇，于茎和枝的上部形成穗状圆锥状花序。雄花花被半球形，5深裂，雄蕊5；雌花无花被，子房着生于2苞片间，苞片边缘着生点合生，果时圆形或宽卵形，全缘，大小不等；小型苞片宽1.5–2毫米，其种子双凸镜形，径约1.5毫米，种皮薄壳质，黑色，有光泽；大型苞片宽3–4.5毫米，其种子扁平，径2–3毫米，种皮膜质，黄褐色，无光泽。花果期7–9月。

产新疆及甘肃北部，生于盐碱湿地、湖滨、荒地或渠边。伊朗、格鲁吉亚、阿赛拜疆、哈萨克斯坦及俄罗斯西伯利亚地区有分布。

7. 滨藜 图 499

Atriplex patens (Litv.) Iljin in Bull. Jard. Bot. Princip. d. 1 URSS. 24 (4): 415. 1927.

Atriplex littoralis Linn. var. *patens* Litv. in Sched. ad. H. F. R. 5: 12. 1905.

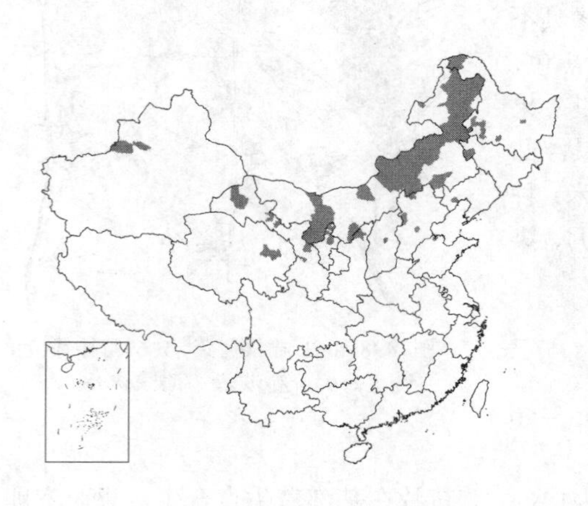

一年生草本，高达60厘米。茎直立或外倾，无粉粒或稍有粉粒，具色条及条棱，常上部分枝；枝斜上。叶线形或披针形，长3–9厘米，宽0.4–1厘米，先端渐尖，基部渐窄，两面均绿色，无粉粒或稍有粉粒，具不规则弯锯齿，或近全缘。雌雄花混合成簇，在茎枝上部集成穗状圆锥状花序。雄花花被4–5裂，雄蕊与花被裂片同数；雌花苞片果时菱形或卵状菱形，长约3毫米，宽约2.5毫米，先端尖或短渐尖，下半部边缘合生，上部具细锯齿，被粉粒，有时有疣状突起。种子二型，圆形，扁平，种皮膜质，或双凸镜形，种皮薄壳质，黑或红褐色，具细纹饰。花果期8–10月。

产黑龙江、辽宁、吉林、河北、内蒙古、陕西、甘肃北部、宁夏、青海及新疆北部，生于含轻度盐碱的湿草地、海滨或沙地。俄罗斯远东及西伯利亚地区、中亚至东欧有分布。

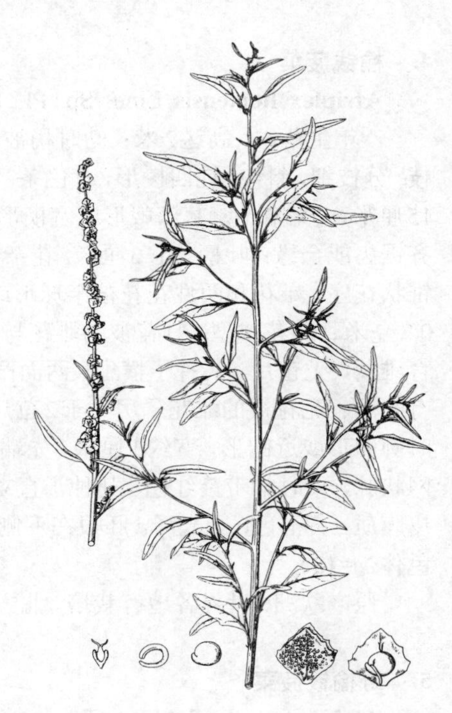

图 499 滨藜 (仿《中国北部植物图志》)

8. 草地滨藜 图 500

Atriplex patula Linn. Sp. Pl. 1053. 1753.

一年生草本，高达60厘米。茎直立，疏分枝，密被细粉粒；枝斜伸，有色条及条棱。叶披针形或线形，长2–5厘米，宽0.3–1.5厘米，先端渐尖，基部楔形，全缘或具疏锯齿，最下部的1对齿常较大呈裂片状，两面被细粉粒；叶柄长0.2–1厘米。雌雄花混合成簇，于上部分枝组成穗状花序。雄花花被半球形，稍肉质，4–5深裂，雄蕊与花被裂片同数，花药

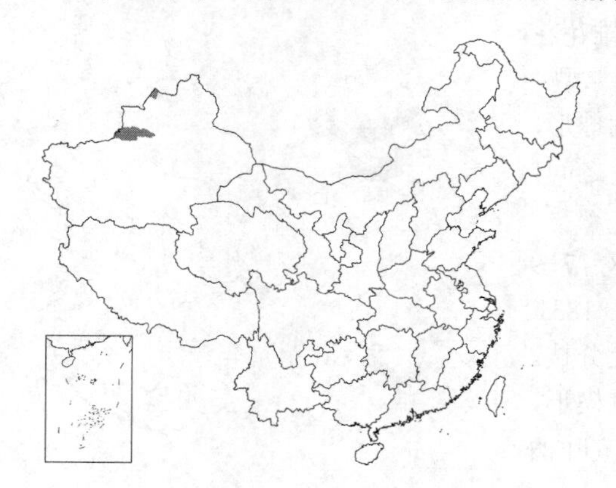

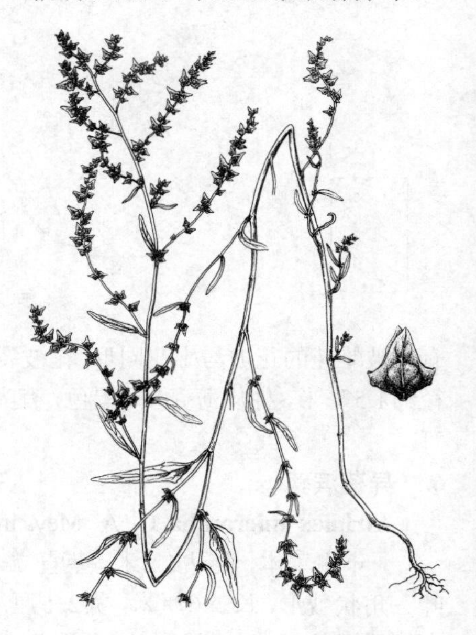

图 500 草地滨藜 (白建鲁绘)

短长圆形，长0.2-0.3毫米；雌花苞片基部边缘合生，果时三角形或三角状卵形，长2.5-5厘米，宽2-4毫米，全缘，近基部具1对浅裂片，先端尖或短渐尖，基部宽楔形，无柄，两面被粉粒。种子二型，径1.2-3毫米，扁平型种子圆形，种皮膜质，双凸镜形种子具薄壳质种皮，胚根在侧方。花果期8-10月。染色体2n=18，36。

产新疆西部边陲，生于山坡草地。中亚至欧洲有分布。

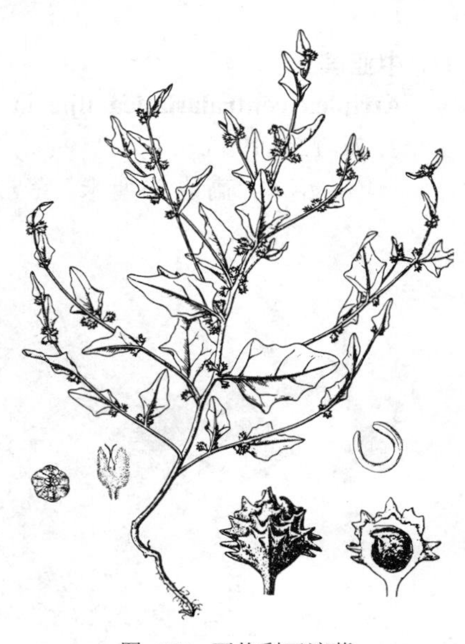

图 501 西伯利亚滨藜
（仿《中国北部植物图志》）

9. 西伯利亚滨藜 图 501

Atriplex sibirica Linn. Sp. Pl. ed. 2. 1493. 1763.

一年生草本，高达50厘米。茎常基部分枝；枝外倾或斜伸，钝四棱形，被粉粒。叶卵状三角形或菱状卵形，长3-5厘米，宽1.5-3厘米，先端微钝，基部圆或宽楔形，具疏锯齿，近基部的1对齿较大，或具1对浅裂片余全缘，上面灰绿色，无粉粒或稍被粉粒，下面灰白色，密被粉粒；叶柄长3-6毫米。雌雄花混合成簇，腋生。雄花花被5深裂，裂片宽卵形或卵形；雄蕊5，花药宽卵形或短长圆形，长约0.4毫米；雌花苞片连成筒状，果时膨胀，木质化，稍倒卵形，长5-6毫米，宽约4毫米，具多数不规则短棘状突起。胞果扁平，卵形或近圆形；果皮膜质，与种子贴生。种子直立，黄褐至红褐色，径2-2.5毫米。花果期7-9月。染色体2n=18。

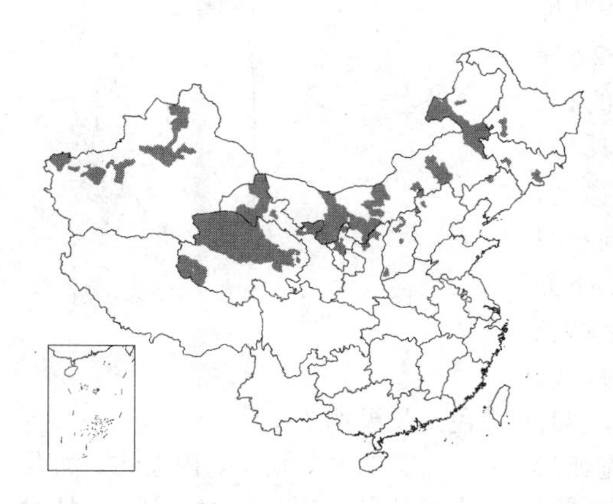

产黑龙江、吉林、辽宁、内蒙古、河北北部、陕西北部、宁夏、甘肃西北部、青海北部及新疆，生于盐碱荒漠、湖滨、河岸及固定沙丘。蒙古、哈萨克斯坦及俄罗斯西伯利亚地区有分布。

10. 野滨藜 图 502

Atriplex fera (Linn.) Bunge in Mém. Acad. Sci. St. Pétersb. VII ser. 27(8): 6. 1880.

Spinacia fera Linn. Sp. Pl. ed. 2. 1456. 1763.

一年生草本，高达80厘米。茎直立或外倾，微四棱形，有条棱及色条，常基部分枝；枝细瘦，稍被粉粒。叶卵状长圆形或卵状披针形，长2-7厘米，宽1-2厘米，先端钝或短渐尖，基部宽楔形或楔形，全缘，或中部以下具1至数对波状钝锯齿，两面均灰绿色；叶柄长0.6-1.2厘米。雌雄花混合成簇，腋生。雄花花被4裂，雄蕊4；雌花苞片边缘全部合生，果时两面臌胀，坚硬，卵形或椭圆形，具浮凸网脉及1-2个棘状突起，稍被粉粒，顶缘具3个短齿，苞柄长3-4毫米。种子直立，近圆形，径1.5-2毫米，褐色。花果期7-9月。

图 502 野滨藜 （引自《图鉴》）

产黑龙江、吉林、内蒙古、河北、山西、陕西、甘肃、青海及新疆东部，生于湖滨、河滩、渠沿或路边含盐碱地方。俄罗斯西伯利亚东部及蒙古有分布。

11. 中亚滨藜 图 503

Atriplex centralasiatica Iljin in Acta Inst. Bot. Acad. Sci. URSS. ser. 1, 2: 124. 1936.

一年生草本，高达50厘米。茎常基部分枝；枝细瘦，钝四棱形，被粉粒。叶卵状三角形或菱状卵形，长2-3厘米，宽1-2.5厘米，具疏锯齿，近基部的1对锯齿较大，裂片状，或具1对浅裂片，余全缘，先端微钝，基部圆或宽楔形，上面灰绿色，无粉粒或稍被粉粒，下面灰白色，密被粉粒；叶柄长2-6毫米。雌雄花混合成簇，腋生。雄花花被5深裂，裂片宽卵形，雄蕊5，花药宽卵形或短长圆形，长约0.4毫米；雌花苞片半圆形，边缘下部合生，果时长6-8毫米，宽0.7-1厘米，近基部中心部膨胀并木质化，具多数疣状或软棘状附属物，缘部草质，具不等大三角状牙齿；苞柄长1-3毫米。种子宽卵形或圆形，径2-3毫米，黄褐或红褐色。花果期7-9月。

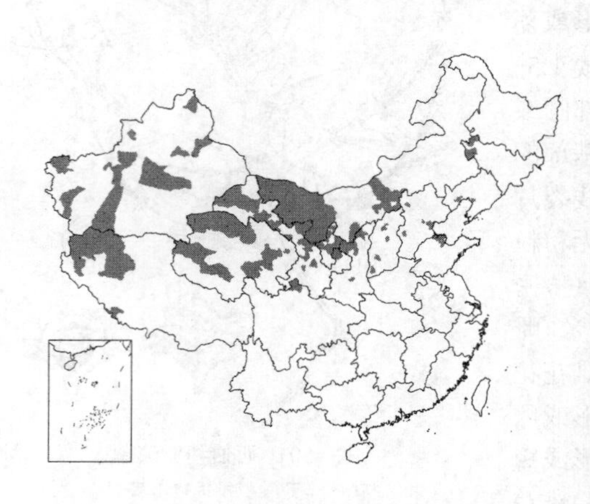

图 503 中亚滨藜 （张泰利绘）

产吉林、辽宁、内蒙古、河北、山西北部、陕西北部、宁夏、甘肃、青海、新疆及西藏，生于戈壁、荒地、海滨、盐土荒漠及农田。蒙古、中亚地区及俄罗斯西伯利亚地区有分布。

12. 鞑靼滨藜 图 504 彩片 142

Atriplex tatarica Linn. Sp. Pl. 1053. 1753.

一年生草本，高达80厘米。茎直立或外倾，苍白色，常多分枝，枝细瘦，斜伸。叶宽卵形、三角状卵形、长圆形或宽披针形，长2-7厘米，宽1-4厘米，具缺刻状或浅裂状锯齿，先端尖或短渐尖，具半透明刺芒状短尖头，基部宽楔形或楔形，上面绿色，无粉粒，下面灰白色密被粉粒。雌雄花混合成簇，于茎枝上部集成穗状圆锥状花序，花序轴有密粉粒。雄花花被倒圆锥形，5深裂，雄蕊5，花药长圆形；雌花苞片果时菱状卵形或卵形，下部边缘合生，靠基部中心部黄白色，膨胀或有浮凸网脉，有时有数个疣状附属物，缘部绿色，边缘稍有齿。胞果扁平，卵形或近圆形，果皮与种子贴伏。种子直立，宽约2毫米，黄褐或红褐色。花果期7-9月。染色体2n=18。

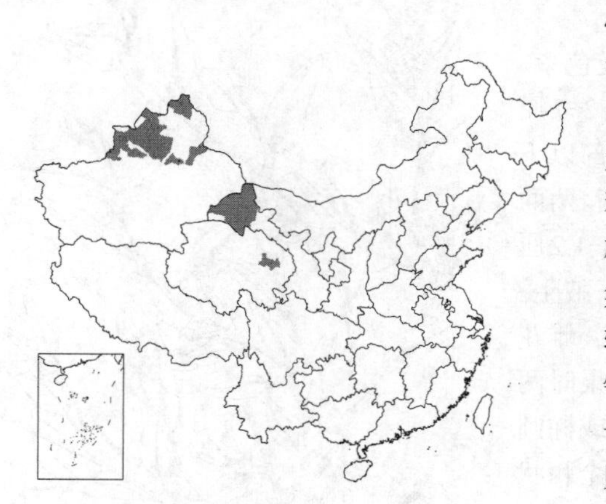

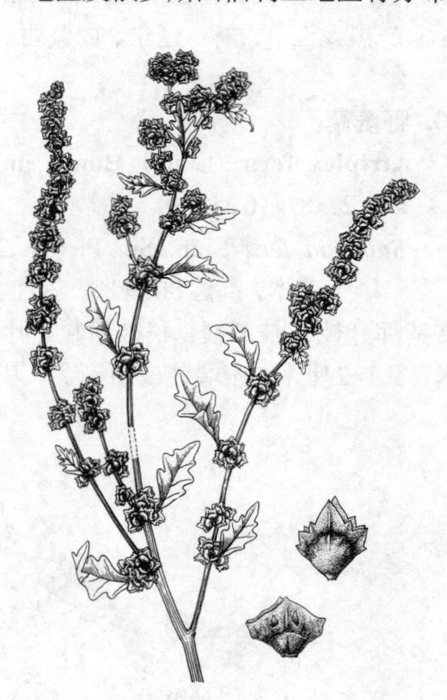

图 504 鞑靼滨藜 （白建鲁绘）

产青海北部、甘肃西部及新疆，生于盐碱荒漠或戈壁，有时见于田边、荒地及路边。欧洲、地中海沿岸、小亚西亚、俄罗斯西伯利亚地区及蒙古西部有分布。

13. 犁苞滨藜 图 505

Atriplex dimorphostegia Kar. et Kir. in Bull. Soc. Nat. Mosc. 15: 438. 1842.

一年生草本，高达20厘米。茎基部分枝，外倾或斜升，无粉粒，苍白色，有绢状光泽；分枝细瘦，幼嫩部分稍被粉粒。叶近无柄，卵形或宽卵形，肥厚多汁，长1-2.5厘米，宽与长几相等，全缘，先端近圆，常具小尖头，基部宽楔形或近圆，两面均灰绿色，下面常有密粉粒。雌雄花混合成簇。雄花花被4-5裂，雄蕊与花被裂片同数；雌花苞片果时心形或近圆形，基部边缘合生，先端钝或尖，基部凹，具疏细牙齿，有粉粒，靠基部中心部具3块隆起附属物，缘部有绿色网脉；苞柄长2-3毫米。种子扁平，褐色，卵形，长约1.5毫米，无光泽。花果期5-7月。染色体2n=36。

图 505 犁苞滨藜 （蔡淑琴绘）

产新疆北部，生于沙丘。伊朗、阿富汗、乌兹别克斯坦及哈萨克斯坦有分布。

［附］**箭苞滨藜 Atriplex sagittiformis**（Aellen）G. L. Chu, comb.nov. —— *Atriplex dimorphostegia* Kar. et Kir. var. *sagittiformis* Aellen in Engl. Bot. Jahrb. 70(1): 36. 1936. 本种与犁苞滨藜的区别：雌花苞片果时三角状戟形或箭头形，先端渐尖；植株高达40厘米；叶缘近基部常具1对浅裂片。产新疆北部，生于荒漠、沙地或洪积扇。伊朗、阿富汗及哈萨克斯坦有分布。

14. 菠菜属 Spinacia Linn.

一年生草本；几无粉粒，无毛。茎直立。叶扁平，互生；具叶柄。花单性，集成团伞花序，雌雄异株。雄花常组成顶生有间断的穗状圆锥状花序。花被近球形，4-5深裂，裂片长圆形，先端钝，无附属物；雄蕊与花被裂片同数，着生于花被基部，花丝毛发状，花药外伸。雌花腋生，无花被，子房着生于2片合生苞片内，果时苞片硬化；子房近球形，具4-5个丝状柱头；胚珠近无柄。胞果，稍扁，果皮膜质与种皮贴生。种子直立，胚环形，具外胚乳。染色体基数x=6。

3种，分布于亚洲西部至地中海沿岸。我国引入栽培1种。

菠菜 图 506

Spinacia oleracea Linn. Sp. Pl. 1027. 1753.

植株高达1米。茎直立，中空，稍有分枝。叶戟形或卵形，稍有光泽，具牙齿状裂片或全缘。雄花团伞花序球形，于茎枝上部组成有间断的穗状圆锥状花序。花被常4深裂，花丝丝状，花药无附属物；雌花团集于叶腋，果

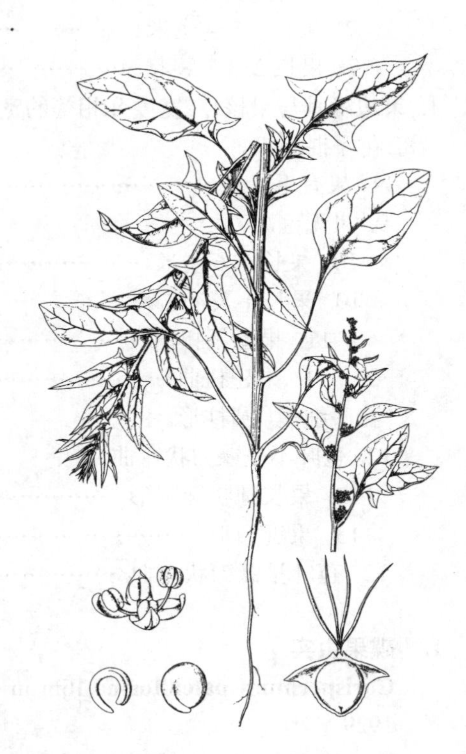

图 506 菠菜 （仿《中国北部植物图志》）

苞常具2个棘状突起，顶端具2小齿；柱头4或5，外伸。胞果卵形或近圆形，径约2.5毫米，果皮褐色。染色体2n=12。

原产伊朗。我国和世界各地栽培供蔬菜。

15. 虫实属 Corispermum Linn.

一年生草本；被分枝状毛。茎直立或外倾。叶扁平，线形或披针形，全缘，先端渐尖并具小尖头；无柄。花两性，无梗，单生叶（苞）腋，在枝端组成穗状花序，无小苞片。花被具1或3片花被片，花被片膜质，鳞片状，不等大；雄蕊1-5，花丝线形，花药长圆形；子房卵形或椭圆形，背腹扁，无毛或有毛，柱头2，花柱极短。胞果，窄圆形或圆形，腹面平或微凹，背面微凸，顶端尖或具凹缺，边缘具翅或无翅，有毛或无毛，花柱宿存成喙，喙长为果长1/8-1/5，果皮与种皮贴伏。种子直立；胚马蹄形，胚根向下，具外胚乳。染色体基数x=9。

60余种，主要分布于欧亚大陆，少数种产北美洲。我国约25种。

1. 果边缘无翅或具窄于果核1/2宽度的窄翅。
  2. 果碟状 …… 1. **碟果虫实 C. patelliforme**
  2. 果非碟状。
    3. 花序细瘦，线形或圆柱状。
      4. 果长1.5-3毫米。
        5. 果边缘具窄翅 …… 2. **倒披针叶虫实 C. lehmannianum**
        5. 果边缘几无翅 …… 3. **蒙古虫实 C. mongolicum**
      4. 果长3-5毫米。
        6. 果无毛 …… 4. **绳虫实 C. declinatum**
        6. 果有毛 …… 4(附). **毛果绳虫实 C. declinatum** var. **tylocarpum**
    3. 花序棍棒状。
      7. 果长3.5-4毫米 …… 5. **华虫实 C. stauntonii**
      7. 果长2-3.5毫米 …… 6. **兴安虫实 C. chinganicum**
1. 果边缘具与果核1/2宽度几相等的宽翅。
  8. 花序棍棒状。
    9. 果有毛 …… 7. **软毛虫实 C. puberulum**
    9. 果无毛。
      10. 果长5-6毫米 …… 7(附). **大果虫实 C. macrocarpum**
      10. 果长不及4毫米。
        11. 果翅不扭曲 …… 8. **密穗虫实 C. confertum**
        11. 果翅扭曲 …… 8(附). **扭果虫实 C. retortum**
  8. 花序细瘦，圆柱形。
    12. 苞叶不呈镰刀状弯曲。
      13. 果长圆状椭圆形 …… 9. **长穗虫实 C. elongatum**
      13. 果近圆形 …… 10. **宽翅虫实 C. platypterum**
    12. 苞叶呈镰刀状弯曲 …… 11. **镰叶虫实 C. falcatum**

1. 碟果虫实 图507：1

Corispermum patelliforme Iljin in Bull. Jard. Bot. Prin.URSS 28：643. 1929.

茎高达50厘米，圆柱形，中上部多分枝。叶长椭圆形或倒披针形，长1.2-4.5厘米，宽0.5-1厘米，先端钝并具小尖头，基部渐窄，3脉。穗状花序圆柱状，花密集；苞片宽披针形

或卵形，长0.5-1.5厘米，宽3-7毫米，先端尖，基部圆，具窄的膜质边缘，果时苞片完全掩盖胞果。花被片3，近轴1片较大，宽卵形或近圆形，远轴2片较小，三角形；雄蕊5，花丝与花被片近等长。胞果圆形或近圆形，径3-4毫米，褐色，有光泽，边缘有向腹面倾斜的窄翅，使胞果稍呈碟状，果喙不明显。花果期8-9月。

产内蒙古西部、宁夏、甘肃西北部及青海柴达木，生于荒漠地区的流动和半流动沙丘。蒙古有分布。

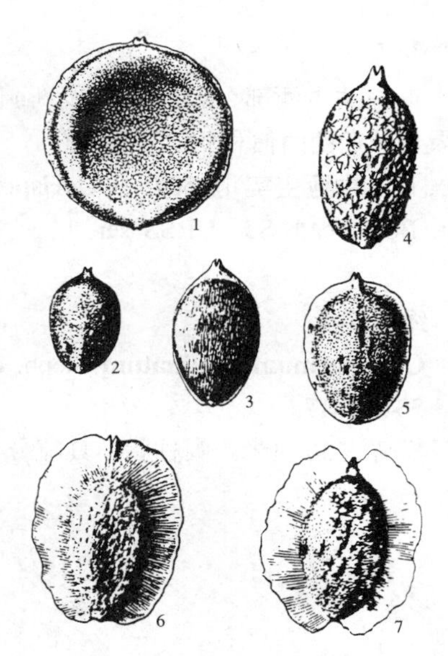

图 507: 1. 碟果虫实 2. 蒙古虫实 3. 中亚虫实 4. 毛果绳虫实 5. 兴安虫实 6. 长穗虫实 7. 宽翅虫实 （引自《中国植物志》）

2. 倒披针叶虫实 图 508

Corispermum lehmannianum Bunge in Mém. Acad. Sci. St. Pétersb. 7: 458. 1854.

茎高达40厘米，基部分枝；分枝斜上或外倾，圆柱形。叶倒披针形或窄椭圆形，长2-3厘米，宽5-8毫米，先端尖或近圆，具小尖头，基部渐窄，1脉。穗状花序细瘦，顶生和侧生，长4-10厘米，花稀疏；苞片披针形或窄卵形，开展，长0.5-1.2厘米，先端尖，基部圆，边缘膜质，较果窄。花被具1花被片，长圆形或梯形；雄蕊1，花丝长于花被。胞果倒卵形或宽椭圆形，长3.5-4毫米，宽约3毫米，顶端圆，基部宽楔形，无毛，光滑，黄绿色，边翅明显，翅的边缘微波状，果喙粗短，三角状，喙尖2，直立。花果期5-7月。

产新疆南部，生于沙地或沙丘。阿富汗、伊朗及俄罗斯有分布。

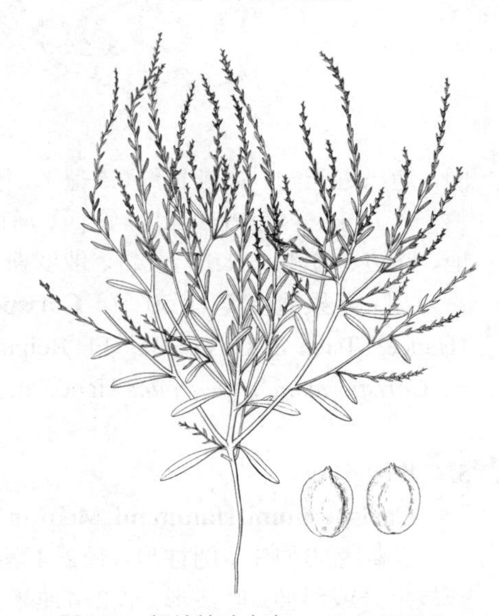

图 508 倒披针叶虫实 （引自《图鉴》）

3. 蒙古虫实 图 507：2

Corispermum mongolicum Iljin in Bull. Jard. Bot. Princ. URSS 28: 648. 1929.

茎高达30厘米，圆柱形，多分枝，枝外倾或斜上。叶线形或倒披针形，长1.5-2.5厘米，宽2-5 毫米，先端尖，具小尖头，基部渐窄，1脉。穗状花序圆柱形，长1-3厘米，径5-8毫米，花排列紧密；苞片卵状披针形或宽卵形，具宽膜质边缘，全部掩盖果实。花被具1花被片，长圆形或宽椭圆形，先端具细齿；雄蕊1-5，稍长于花被片。胞果椭圆形，长约2毫米，径1-1.5毫米，顶端近圆，基部楔形，无毛，有光泽，边缘几无翅，果喙极短。花果

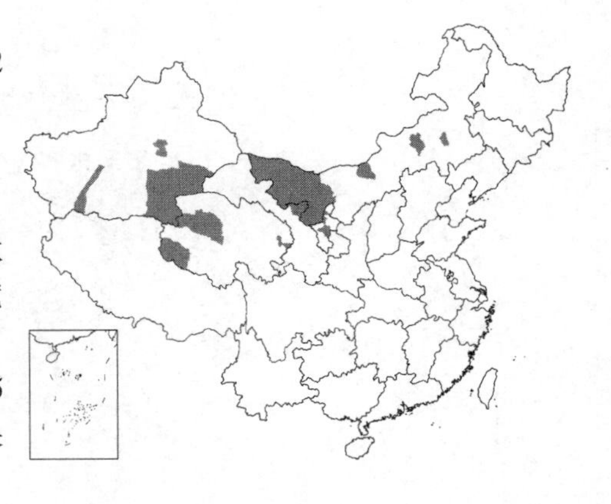

期7-9月。

产内蒙古西部、宁夏、甘肃及新疆东部，生于沙质戈壁或固定沙丘。蒙古及俄罗斯西西伯利亚地区有分布。

［附］**中亚虫实** 图507: 3 **Corispermum heptapotamicum** Iljin in Act. Inst. Bot. Acad. Sci. URSS ser. 1, 3: 165. 1936. 本种与蒙古虫实的区别：分枝开展；穗状花序细瘦，果长2.5-3毫米。产内蒙古西部、甘肃中部及西部、新疆，生于沙地及沙丘边缘。哈萨克斯坦有分布。

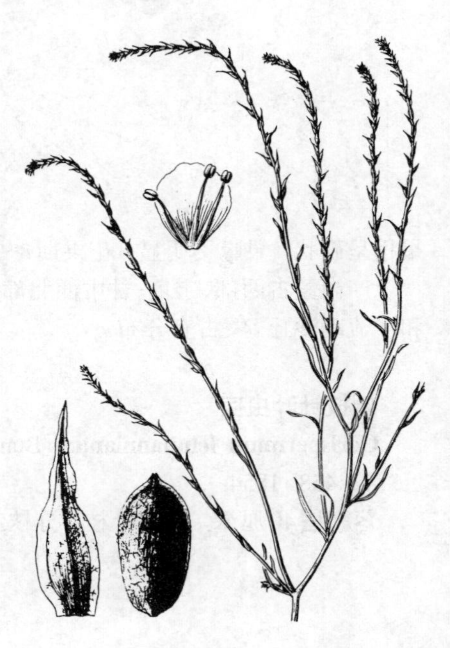

图 509 绳虫实 （张海燕绘）

4. 绳虫实 图 509

Corispermum declinatum Steph. ex Stev. in Mem. Soc. Nat. Mosc. 5: 334. 1817.

茎高达50厘米，圆柱状，具疏分枝。叶线形，长3-5厘米，宽2-3毫米，先端渐尖，具小尖头，基部渐窄，1脉。穗状花序细瘦，长5-15厘米，径约5毫米，花排列稀疏；苞片较叶稍宽，线状披针形或窄卵形，具膜质边缘。花被1片，稀3片，近轴花被片宽长圆形，上部边缘常啮蚀状；雄蕊1，花丝较花被片长1倍。胞果倒卵状长圆形，长3-4毫米，径约2毫米，无毛，顶端尖，基部近圆，边缘近无翅，果喙长约0.5毫米。花果期6-8月。

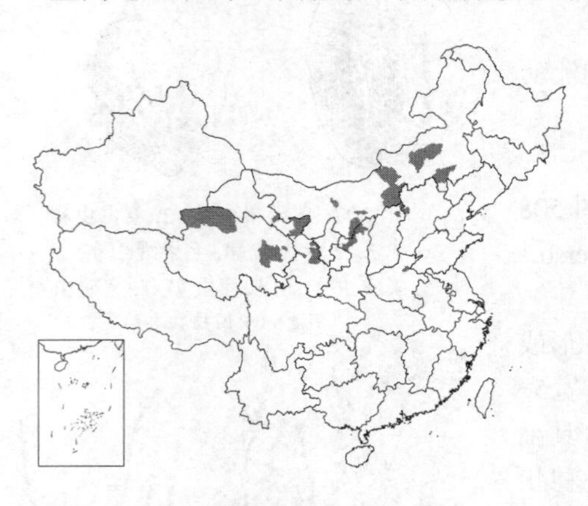

产辽宁、内蒙古、河北、山西、河南、陕西、甘肃及新疆，生于沙质荒地、路边、河滩或农田。蒙古、俄罗斯及哈萨克斯坦有分布。

［附］**毛果绳虫实** 图507: 4 **Corispermum declinatum** var. **tylocarpum** (Hance) Tsien et C. G. Ma, Fl. Reipubl. Popul. Sin. 25(2): 56. 1979. —— *Corispermum tylocarpum* Hance in Journ. Bot. 4: 47. 1868. 本种与模式变种的区别：胞果有毛。产辽宁、内蒙古、河北、山西、河南、江苏北部、陕西、甘肃、青海及新疆，生境与绳虫实同。蒙古有分布。

5. 华虫实 图 510

Corispermum stauntonii Moq. in Chenop. Monogr. Enum. 104. 1840.

茎高达50厘米，圆柱形，径2-4毫米，绿色，疏被星状毛，基部分枝；分枝上升或斜伸。叶线形，长2-4厘米，宽2-3毫米，先端具小尖头，1脉。穗状花序圆柱形或棍棒状，长2-5厘米，径 0.8-1厘米，花排列紧密；苞片线状披针形或卵形，长0.5-1.5厘米，具膜质边缘，完全掩盖果实。花被具1-3花被片，近轴花被片宽椭圆形，远轴2花被片较小，近三角形；雄蕊3-5。胞果宽椭圆形，长3.5-4毫米，径2.5-3毫米，顶端圆，基部常心形，无毛，边翅宽，约为果核宽的1/2，边缘具细齿。花果期7-9月。

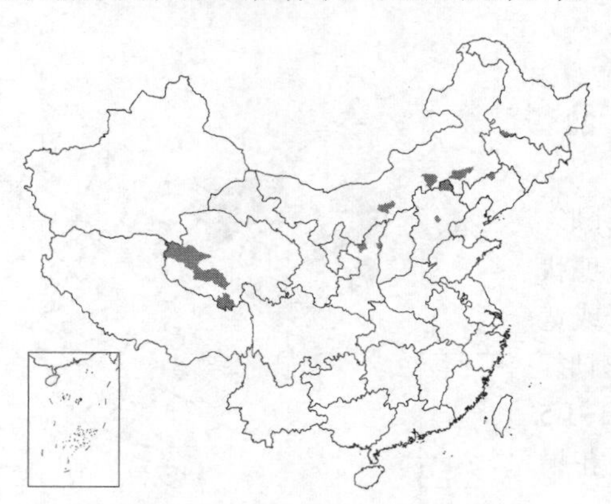

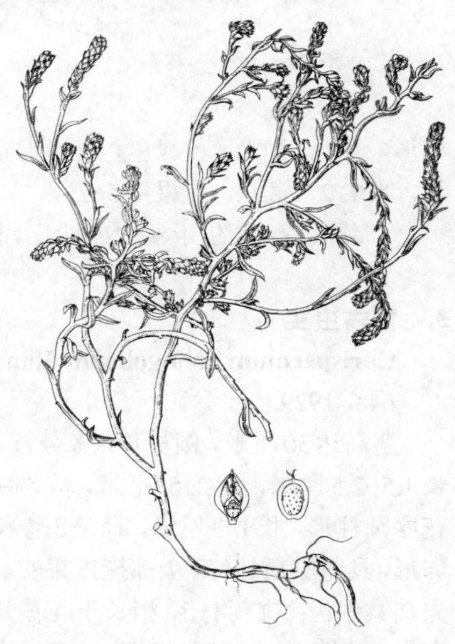

图 510 华虫实 （引自《中国植物志》）

产黑龙江、辽宁、内蒙古及河北，生于沙地或固定沙丘。

6. 兴安虫实 图 507：5

Corispermum chinganicum Iljin in Bull. Jard. Princ. URSS 28：648. 1929.

茎直立，高达50厘米，多分枝；枝外倾或上升，圆柱形。叶线形，长2-5厘米，宽2-3毫米，先端渐尖，具小尖头，基部渐窄，1脉。穗状花序圆柱形，花排列紧密，长2-5厘米，径0.7-1厘米；苞片长圆状披针形，先端短渐尖，基部楔形，边缘宽膜质，3脉，稍开展，完全掩盖果实。花被具3花被片，近轴的1片长圆形，远轴的2片较小，近三角形；雄蕊5，花丝稍长于花被片。胞果倒卵状长圆形，长约3毫米，径约2毫米，顶端急尖，基部宽楔形，黑褐色，无毛，边翅窄，花果期6-8月。

产黑龙江、吉林、辽宁、河北、内蒙古、宁夏及甘肃，生于湖滨沙地及半固定沙丘。蒙古及俄罗斯西伯利亚地区有分布。

7. 软毛虫实 图 511

Corispermum puberulum Iljin in Bull. Jard. Princ. URSS 28：645. 1929. pro. part.

茎高达30厘米，圆柱形，基部分枝；枝外倾或上升。叶线形，长1-3厘米，宽2-3毫米，先端具小尖头，1脉。穗状花序圆柱状，长2-4厘米，径约8毫米，常稍弯曲；苞片窄卵形或披针形，先端短渐尖，基部宽楔形，常3脉，边缘膜质，较果窄。花被常具1个花被片，长圆形或倒卵形，雄蕊1，花丝长于花被片。胞果宽椭圆形，长约4毫米，径约2.8毫米，顶端常微凹，基部宽楔形，近轴面稍有细毛，边翅宽，约为果核的1/2，翅缘稍有细齿。花果期7-9月。

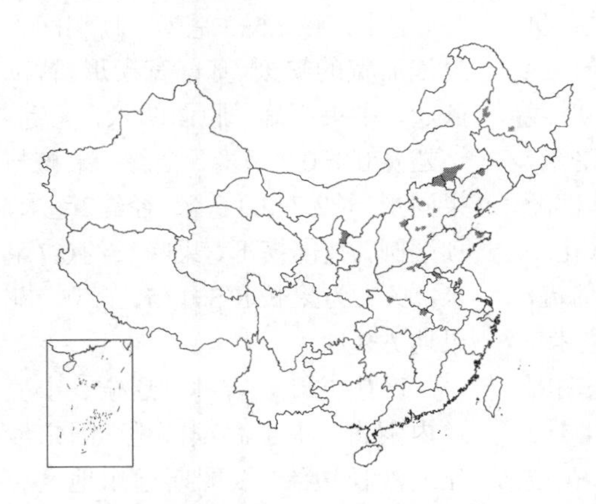

产黑龙江、山东及河南，生于河边沙地及海滨。

［附］**大果虫实 Corispermum macrocarpum** Bunge in Maxim. Prim. Fl. Amur. 226. 1859. 本种与软毛虫实的区别：叶长4-7厘米；穗状花序长6-12厘米；果长5-6毫米，无毛。产黑龙江及辽宁西部，生于沙地或固定沙丘。俄罗斯远东地区有分布。沙生植物，耐寒、耐干旱瘠薄，在产区可用作固沙植物。

图 511 软毛虫实 （引自《中国北部植物图志》）

8. 密穗虫实 图 512

Corispermum confertum Bunge in Maxim. Prim. Fl. Amur. 225. 1859.

茎高达40厘米；茎直立，圆柱形，径约3毫米，粗壮，坚硬，基部分枝，最下部分枝较长，分枝上升或斜伸，上部分枝较短，斜展。叶线形，长2-4厘米，宽约2毫米，先端渐尖，具小尖头，基部渐窄，1脉。穗状花序顶生和侧生，棍棒状，长3-5厘米，径0.6-1厘米，稍弯曲，上部花排列紧密，花序下部无花或疏生花。苞片披针形或圆卵形，1-3脉，先端渐尖或骤尖，基部圆，边缘宽膜质。花被具3个花被片，近轴花被片长圆形或近圆形，长1-1.5毫米，先端圆，具不规则细齿，远轴2花被片较小，三角形，不明显。雄蕊 5，较花被片长。胞果近圆形，长3-4.5毫米，径3-4.2毫米，顶端凹下，呈钝角状缺刻，基部心形，背部凸起或中央稍平，腹面凹入或扁平，无毛，边翅宽约1毫米，全缘。花果期7-8月。

产黑龙江、吉林及辽宁，生于沙地或固定沙丘。俄罗斯远东地区有分布。

［附］**扭果虫实 Corispermum retortum** W. Wang et Fuh in Fl. Pl. Herb. Chinae Bor.-Orient. 2: 82. 110. 1959. 与密穗虫实的区别：果翅扭曲。产黑龙江，生于丘陵草地。

图 512 密穗虫实 （白建鲁绘）

9. 长穗虫实 图507：6

Corispermum elongatum Bunge in Maxim. Prim. Fl. Amur. 224. 1859.

茎高达50厘米；茎直立，圆柱形，径2-4毫米，疏被毛，多分枝，呈帚状，最下部分枝较长，上升，上部分枝常斜展。叶线形，长3-5厘米，宽2-4毫米，先端渐尖，具小尖头，基部渐窄，1脉，深绿色。穗状花序顶生和侧生，圆柱形，稀疏，长5-10厘米，径约6毫米；苞片披针形或卵形，先端骤尖，基部圆，边缘膜质，1-3脉，绿色，果时毛脱落。花被具3个花被片；雄蕊5，花丝长于花被片。胞果长圆状椭圆形，长3-4毫米，径2.5-3毫米，顶端凹下呈浅而宽的缺刻，基部宽楔形，背部凸起，中央压扁，腹面凹入，无毛，边翅宽0.4-0.7毫米，全缘；果核与果同形，长2.7-3.3毫米，径约2毫米，顶端圆，基部楔形，果喙长约0.7毫米，喙尖为果长1/3-1/5，直立。花果期7-9月。

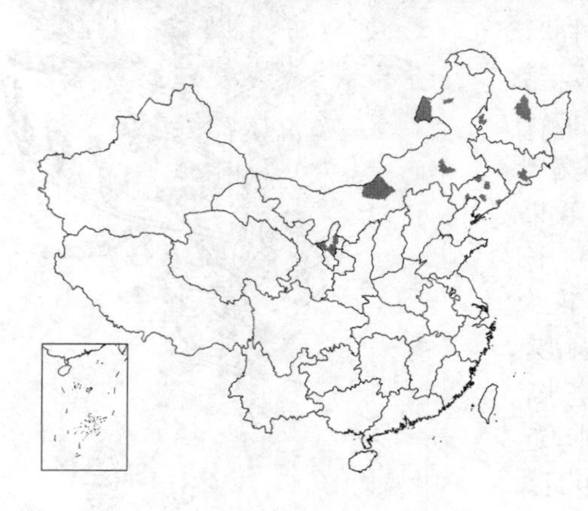

产黑龙江、吉林、辽宁、宁夏及内蒙古，生于海滨沙地、固定沙丘或沙丘边缘。俄罗斯远东地区有分布。

10. 宽翅虫实 图507：7

Corispermum platypterum Kitag. in Rep. First Sci. Exped. Manch. sect. 4, 2: 100. 1935.

茎高达50厘米，绿色，圆柱形，径2-3毫米，疏被毛，有疏分枝；分枝细瘦，基部分枝最长，上升或外倾，长9-25厘米。叶线形，长3-6厘米，宽约2 毫米，先端渐尖，具小尖头，基部渐窄，全缘，1脉。穗状花序顶生和侧生，圆柱状，细瘦，花排列稀疏；苞片披针形或卵形，边缘膜质，较果窄。花被具3个花被片，近轴花被片圆卵形，长1.5毫米，远轴花被片2，三角形；雄蕊3-5，花丝长于花被片1.5倍。胞果近圆形，长4-5毫米，径约4毫米，顶端呈锐角凹下，基部宽楔形或微心形，背面凸起，中央扁平，腹

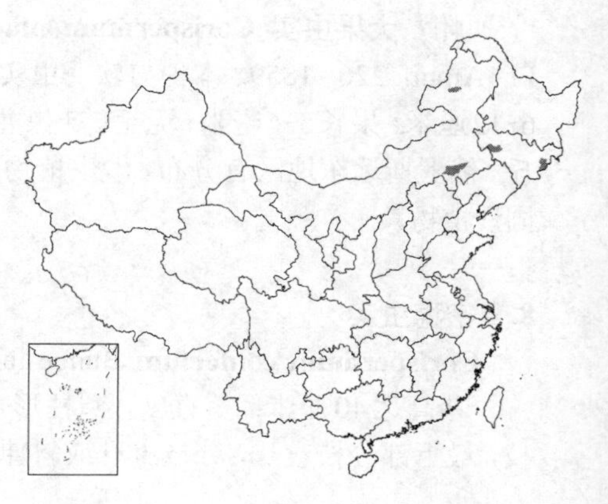

面扁平或凹入，无毛，边翅宽约1毫米，薄，半透明，翅缘稍具细齿，果喙长约1.2毫米，喙尖为喙长的1/4。花果期7–9月。

产吉林、辽宁西部、内蒙古及河北东北部，生于固定沙丘、海滨或沙质耕地。

11. 镰叶虫实 图 513

Corispermum falcatum Iljin in Bull. Jard. Bot. Princ. URSS 28: 644. 1929.

茎高达15厘米，圆柱形，径约1.5毫米，下部分枝；分枝外倾或上升。叶线形，稍肉质，长1–3厘米，宽2–3毫米，先端尖，具小尖头，基部渐窄，绿色，全缘，干时皱缩。穗状花序顶生，稀侧生，圆柱状，花排列较密；苞片披针形，长1–2厘米，宽2.5–3毫米，具小尖头，基部渐窄或近圆，1脉，全缘，常镰刀状弯曲，边缘窄的膜质，较果稍窄。花被常1片，稀3，近轴花被片1，圆卵形或长圆状卵形，上部撕裂或具齿；远轴花被片2，极小，常缺如。雄蕊1–3，长为花被片的1.5–2倍。胞果长圆状倒卵形，长3.5–4毫米，宽2.5–3毫米，顶端凹下，呈宽的缺刻，基部近圆，背部凸出其中央压扁，腹面扁平或凹入，果翅宽约0.5毫米，翅缘有微细齿；果核倒卵形，墨绿色；先端圆，基部楔形；果喙粗，长约1毫米，为喙长1/2，常相互交叉。花果期7–9 月。

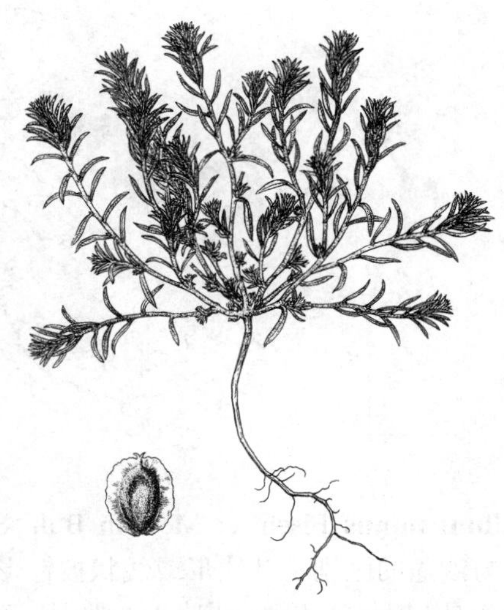

图 513 镰叶虫实 （白建鲁绘）

产青海及西藏，生于河边沙滩。

16. 沙蓬属 Agriophyllum Bieb. ex C. A. Mey.

一年生草本。茎直立或外倾，分枝极多，被树枝状毛。叶互生，无柄或具短柄；叶线形、线状披针形或圆卵形，先端渐尖，具针刺状小尖头，基部渐窄或宽楔形，具3至多条弧形叶脉，全缘。花两性，单生苞腋，无小苞片，苞片组成紧密短穗状花序，苞片先端针刺状；花被具1–5个花被片，花被片膜质，白色；雄蕊1–5，花丝扁，花药长圆形，外伸；子房卵形，背腹扁；花柱很短，柱头2，丝状。胞果，长圆形或近圆形，上部边缘常具窄翅，顶端具喙，果皮膜质，与种子离生。种子直立，扁平，圆形或椭圆形，种皮膜质；胚环形，有外胚乳，胚根向下。

约6种，分布于亚洲至欧洲。我国3种。

1. 叶宽于5毫米；胞果上部两侧边缘具窄翅；果喙2深裂，每裂齿外侧近先端各具1小齿突 …………………………………… 沙蓬 **A. squarrosum**
1. 叶宽不及5毫米；胞果上部两侧边缘各具1翅状突出体；果喙2浅裂，基部两侧各具1与果喙几等长的针刺状突起 …………………………………… （附）. 小沙蓬 **A. minus**

沙蓬 图 514 彩片 143

Agriophyllum squarrosum (Linn.) Moq. in DC. Prodr. 13(2): 139. 1840.

Corispermum squarrosum Linn. Sp. Pl. 4. 1753.

Agriophyllum arenarium Bieb.; 中国高等植物图鉴 1: 589. 1972.

植株高达50厘米，茎基部分枝，

幼时密生树枝状毛。叶无柄，椭圆形或线状披针形，长3-7厘米，宽0.5-1厘米，先端渐尖，具针刺状小尖头，基部渐窄，具3-9条弧形纵脉。穗状花序遍生叶腋，圆卵形或椭圆形，长0.4-1厘米；苞片宽卵形，先端渐尖，具小尖头，下面密被毛。花被片1-3，膜质；雄蕊2-3。胞果圆卵形或椭圆形，果皮膜质，有毛，上部边缘具窄翅，果喙长1-1.2毫米，2深裂，裂齿稍外弯，外侧各具1小齿突。种子径约1.5毫米，黄褐色，无毛。花果期8-10月。

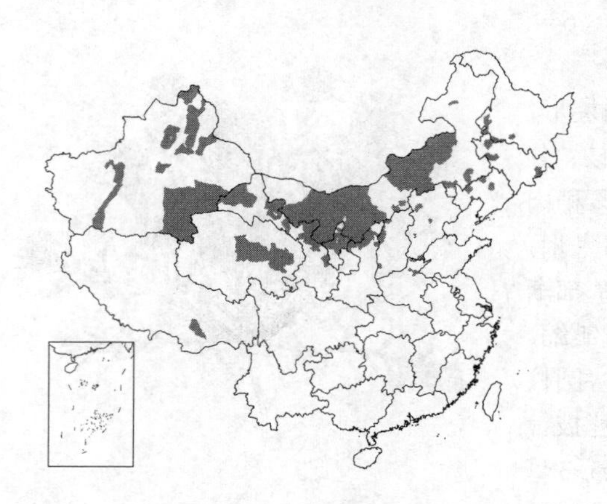

产黑龙江、吉林、辽宁、内蒙古、河北、河南、山西、陕西、甘肃、宁夏、青海、新疆及西藏，生于沙丘或沙地。蒙古及俄罗斯有分布。

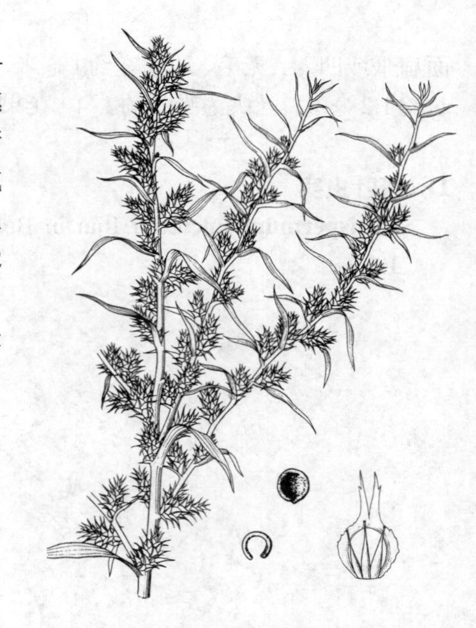

图 514 沙蓬 （引自《图鉴》）

［附］**小沙蓬 Agriophyllum minus** Fisch. et Mey. in Bull. Soc. Nat. Mosc. 12: 170. 1839. 本种与沙蓬的区别：叶线形或线状披针形，宽不及5毫米；胞果上部边缘两侧各具1翅状突出体，果喙2浅裂，基部两侧各具1与果喙几等长的针刺状突起。产新疆北部（玛纳斯），生于荒地。哈萨克斯坦及伊朗有分布。

17. 驼绒藜属 Krascheninnikovia Gueldenst.

灌木，全株被黄褐或白色星状毛。叶扁平，对生，具叶柄；叶线状披针形或卵形，全缘。花单性，雌雄同株或异株; 雄花数个簇生，在枝端集成穗状花序；无苞片。花被常4深裂近基部，膜质，裂片卵形或倒卵形，背面有毛；雄蕊4, 花药长圆形，花丝线形，外伸；雌花1-2，腋生，雌蕊包于顶端2裂的雌花筒，筒外常被4束长柔毛，子房椭圆形，有毛，柱头2, 花柱不明显。胞果，扁，椭圆形或倒卵形，果皮膜质，与种子贴伏。种子直立，种皮膜质，胚环形，胚根向下，无外胚乳。染色体基数 x＝9。

6-7种，分布于欧亚大陆及北美洲。我国5种。

1. 雌花筒外面具4束长柔毛。
  2. 直立灌木。
    3. 4束长柔毛位于雌花筒中上部 ………………………………………………… 1. **华北驼绒藜 K. arborescens**
    3. 4束长柔毛位于雌花筒中下部 ………………………………………………………… 2. **驼绒藜 K. latens**
  2. 垫状小灌木 ……………………………………………………………………… 3. **长毛垫状驼绒藜 K. longipilosa**
1. 雌花筒外面无4束长柔毛 ………………………………………………………………… 3(附). **昆仑驼绒藜 K. compacta**

1. 华北驼绒藜 驼绒蒿 图 515

Krascheninnikovia arborescens（Losinsk.）G. L. Chu, comb. nov.

Eurotia arborescens Losinsk.；中国高等植物图鉴 1：583. 1972.

Ceratoides arborescens（Losinsk.）Tsien et C. G. Ma；中国植物志 25(2)：27. 1979.

植株高达2米；上部多分枝；枝长35-80厘米。叶具短柄；叶披针形或长圆状披针形，长2-7厘米，宽0.7-1.5厘米，先端尖或钝，基部宽楔形或近圆，主脉及侧脉在背面突出，下面密生星状毛。雄花序细瘦，长达8

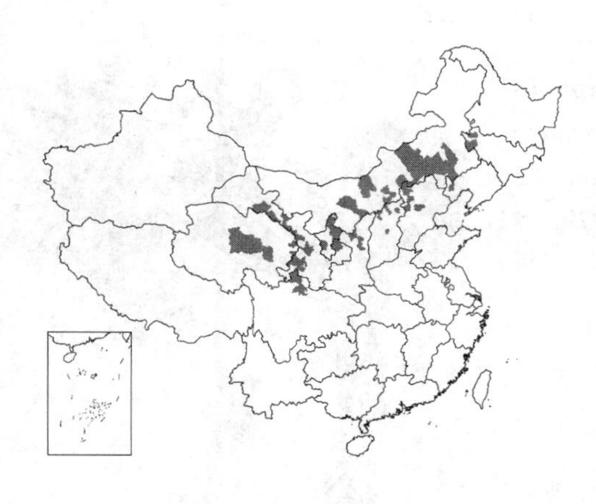

厘米；雌花筒倒卵形，长约3毫米，离生部分为筒长1/4至1/5，顶端钝，稍外弯，4束长柔毛着生筒的中上部。胞果窄倒卵形，有毛。花果期7-9月。

产吉林、辽宁、河北、内蒙古东部、山西、陕西北部、四川北部、甘肃东南部及祁连山区，生于沙丘、沙地、荒地或山坡。

图 515 华北驼绒藜（仿《中国北部植物图志》）

2. 驼绒藜 优若藜 图 516 彩片 144

Krascheninnikovia latens J. F. Gmel. in Linn. Systema Naturae 13. ed. 2, 1: 274. 1771.

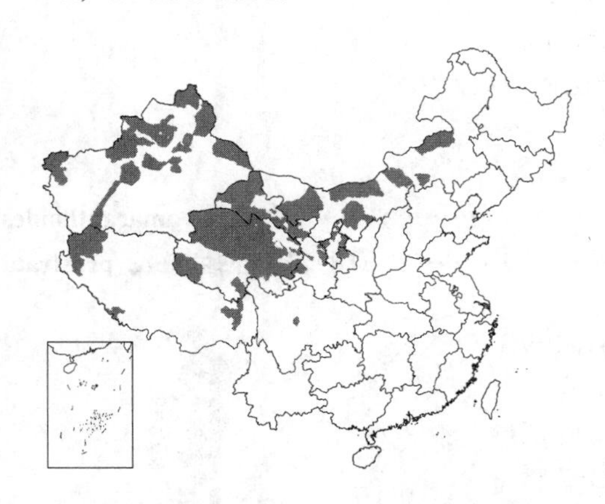

Eurotia ceratoides (Linn.) Mey.; 中国高等植物图鉴 1: 582. 1972.

Ceratoides latens (J. F. Gmel.) Reveal et Holmgren; 中国植物志 25(2): 26. 1979.

植株高达1.5米；多分枝。枝开展。叶线形、线状披针形或披针形，长1-5厘米，宽0.2-1厘米，先端尖或钝，基部渐窄，楔形或圆，主脉在背面突起，下面密生星状毛。雄花序长达4厘米；雌花筒椭圆形，长3-4毫米，径约2毫米，离生部分约为筒长1/2，4束长柔毛着生筒基部以上。胞果椭圆形，有毛。花果期6-9月。染色体2n=36。

产新疆、西藏、青海、甘肃、宁夏及内蒙古，生于戈壁或山坡灌丛中。

图 516 驼绒藜（仿《图鉴》）

3. 长毛垫状驼绒藜 图 517

Krascheninnikovia longipilosa (Tsien et C. G. Ma) G. L. Chu, comb. nov.

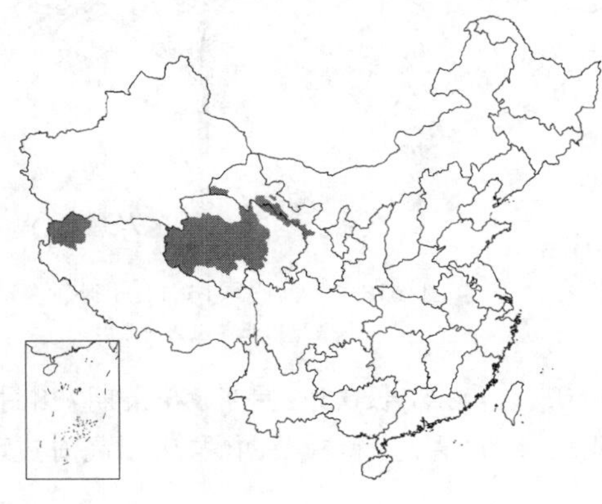

Ceratoides compacta (Losinsk.) Tsien et C. G. Ma var. *longipilosa* Tsien et C. G. Ma; 中国植物志 25(2): 28. 1979.

垫状小灌木，高达25厘米。老枝粗壮，具宿存黑褐色叶柄，一年生枝长1.5-5厘米。叶密集，叶椭圆形或长圆状卵形，长约1厘米，宽约3毫米，先端钝，基部渐窄，边缘外卷，密被星状毛；叶柄与叶近等长。雄花序近头状；雌花筒长圆形，长约5毫米，4束长柔毛着生筒中上部。胞果椭圆形，有毛。花果期6-8月。

产甘肃西部及青海，生于海拔3500-5000米山坡或砾石滩。

［附］**昆仑驼绒藜** 垫状驼绒藜 **Krascheninnikovia compacta**（Losinsk.）Grubov, Pl. Asiae Centr. 2: 37. 1966.—— *Eurotia compacta* Losinsk. in Bull. Acad. Sci. URSS Phys.-Math. 995. 1930. —— *Ceratoides compacta*（Losinsk.）Tsien et C. G. Ma；中国植物志 25(2)：27. 1979. 本种与长毛垫状驼绒藜的区别：直立灌木；雌花筒外面无4束长柔毛。产新疆西南部及青海中部。

图 517 长毛垫状驼绒藜 （白建鲁绘）

18. 轴藜属 Axyris Linn.

一年生草本，被星状毛。茎直立或平卧。叶扁平，互生，具柄；叶披针形或圆卵形，全缘。花单性，雌雄同株。雄花数朵团集，于茎枝顶端组成穗状花序，无苞片和小苞片；花被倒卵形，膜质，3-5深裂，裂片倒卵形或椭圆形，无附属物；雄蕊2-5，稍外伸，花丝线形，花药短长圆形。雌花常数朵簇生叶腋，无小苞片；花被具3-4膜质花被片，果时稍增大，包被果；子房卵状，背腹扁，柱头2，花柱很短。胞果，果皮膜质，顶端具冠状突起。种子直立，长圆形或倒卵形；胚半环形，具外胚乳，胚根在下方。染色体基数x=9。

约6种，分布于亚洲及欧洲，北美洲引入1种。我国3种。

1. 植株常高大，具直立粗茎；叶披针形或窄椭圆形，长3-7厘米 ……………………………… **轴藜 A. amaranthoides**
1. 植株较小，具平卧细茎；叶宽长圆形或圆卵形，长0.5-1厘米 ……………………… （附）. **平卧轴藜 A. prostrata**

轴藜 图 518：1-9

Axyris amaranthoides Linn. Sp. Pl. 2: 979. 1753.

茎直立，粗壮，高达80厘米；分枝多在茎中部以上，劲直，斜上。叶披针形或窄椭圆形，长3-7厘米，宽0.5-1.5厘米，先端渐尖，基部渐窄，下面常密生星状毛；叶柄长2-5毫米。雄花花序生于枝端，长0.5-3厘米；雄花花被椭圆形或窄倒卵形，膜质，常3深裂，裂片线形或窄长圆形，长1-1.2毫米，先端尖，有毛；雄蕊3。雌花花被具3个花被片，花被片宽卵形或长圆形，长3-4毫米。胞果长2-3毫米，无毛，顶端附属物冠状。花果期8-9月。染色体2n=18。

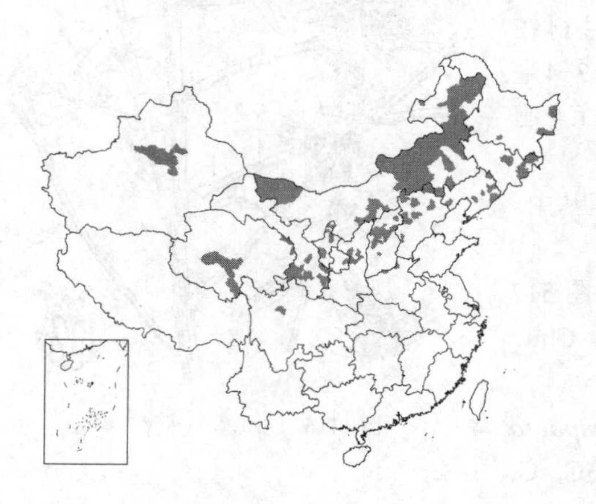

产黑龙江、吉林、辽宁、内蒙古、河北、山西、陕西、甘肃、青海及新疆，生于山坡、草地、河岸、路边荒地或田间。日本、朝鲜、蒙古、哈萨克斯坦、俄罗斯及欧洲有分布。

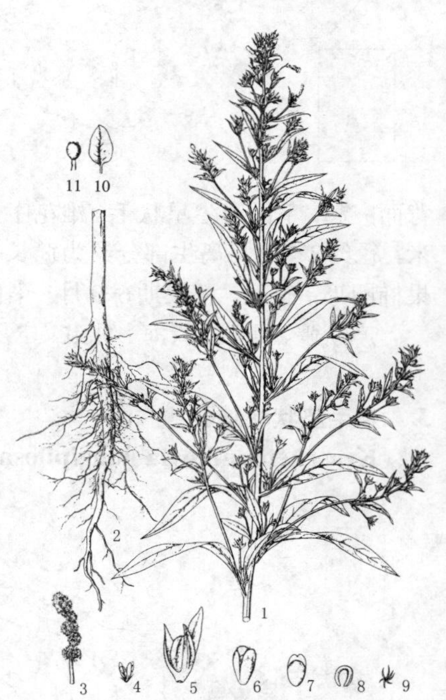

图 518: 1-9. 轴藜 10-11. 平卧轴藜
（仿《中国北部植物图志》）

［附］**平卧轴藜** 图 518：10-11 **Axyris prostrata** Linn. Sp. Pl. 980. 1753. 本种与轴藜的区别：植株矮小，茎枝细瘦，平卧；叶宽长圆形或圆卵形，长0.5-1厘米。花果期7-8月。产青海、新疆及西藏，生于高海拔地

区河谷、多石山坡及阶地。蒙古、哈萨克斯坦及俄罗斯有分布。

19. 角果藜属 **Ceratocarpus** Linn.

一年生草本，高达30厘米；全株被星状毛。茎直立，基部多分枝，分枝互生或二叉状。叶互生，线状披针形或针刺状，长0.5-3厘米，宽2-3毫米，全缘，先端渐尖，具针刺状小尖头，基部渐窄，中脉在背面凸出；无柄。花单性，雌雄同株。雄花常1-3朵着生于上部叶腋或枝杈间，无苞片和小苞片；花被倒圆锥形或棍棒状，长约1毫米，膜质，先端2浅裂，雄蕊1，花丝线形，花药近球形，稍外伸。雌花单生叶腋，苞片2。连成扁筒状，窄倒卵形，顶端平截或微凹，两侧各具1针刺状附属物，基部渐窄，密被星状毛；无花被，子房近圆形，柱头2，花柱极短。胞果，倒卵形或楔形，长0.5-1厘米，径2-5毫米，顶端平截或微凹，果皮膜质。种子直立，褐色；胚马蹄形，胚根在下方，具少量外胚乳。染色体基数x=9。

单种属。

角果藜 图519 彩片145

Ceratocarpus arenarius Linn. Sp. Pl. 989. 1753.

形态特征同属。花果期4-7月。

产新疆北部，生于戈壁、山坡及沙漠边缘。蒙古、哈萨克斯坦、伊朗及俄罗斯有分布。

图 519 角果藜 （引自《图鉴》）

20. 樟味藜属 **Camphorosma** Linn.

一年生至多年生草本或亚灌木。茎被绒毛或柔毛。叶互生，线形或钻形，半圆柱状，单生或在短枝上簇生状。花序穗状；花两性，单生叶腋，无小苞片。花被草质，筒状，长圆形或椭圆形，4浅裂，裂片等大，或侧生2片较大，果时无显著变化；雄蕊4，着生于花盘边缘，花丝丝状，外伸，花药长圆形；子房卵圆形，柱头2，丝状，花柱显著。胞果；果皮厚膜质，与种子离生。种子直立，背腹扁，种皮薄壳质；胚半环形，胚根在下方，无外胚乳。染色体基数x=6。

约10种，分布于亚洲中部及西部、欧洲东南部。我国2种。

1. 腋生短枝长1-3厘米；花被窄椭圆形，2侧生裂齿较背腹裂齿长 ························ **樟味藜 C. monspeliaca**
1. 腋生短枝长0.4-1厘米；花被长圆形或近圆形，4裂齿近相等 ························ （附）. **同齿樟味藜 C. lessingii**

樟味藜 图520

Camphorosma monspeliaca Linn. Sp. Pl. 122. 1753.

亚灌木。当年生枝密生白色棉毛；营养枝多数，长5-12厘米，铺散或上升。叶线形或钻形，长3-5毫米，被柔毛；腋生短枝长1-3厘米。花在花枝的上部集成有分枝的穗状花序；苞片披针形。花被窄椭圆形，长2.5-3毫米，2侧齿稍外弯，较背腹齿长；

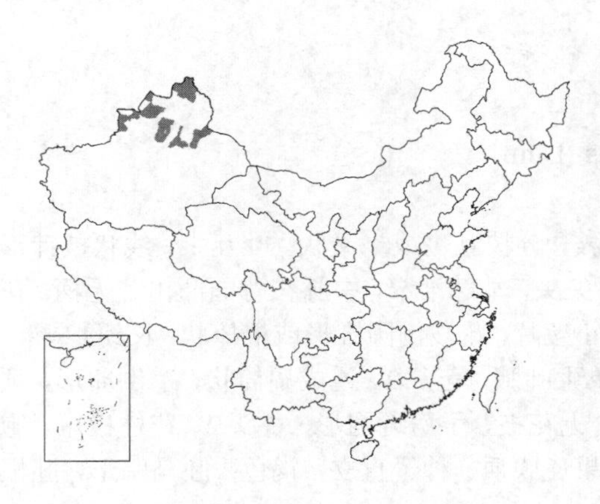

花药长约1.1毫米，花丝长约4毫米，外伸，花柱长约1毫米，柱头长1.5-2毫米。胞果椭圆形，长1.5-2毫米。种子黑褐色。花果期7-9月。染色体2n=12。

产新疆北部，生于沙丘、荒地及山坡。蒙古、哈萨克斯坦、伊朗及俄罗斯有分布。

［附］**同齿樟味藜** 彩片146 **Camphorosma lessingii** Litv. in Trav. Mus. Bot. Acad. St. Pétersb. 2: 96. 1905. 与樟味藜的区别：腋生短枝长0.4-1厘米；花被长圆形或近圆形，顶端4裂齿近相等；花果期7-9月。染色体2n=12。产新疆察布察尔，生于干旱盐硷地。哈萨克斯坦、伊朗及俄罗斯有分布。

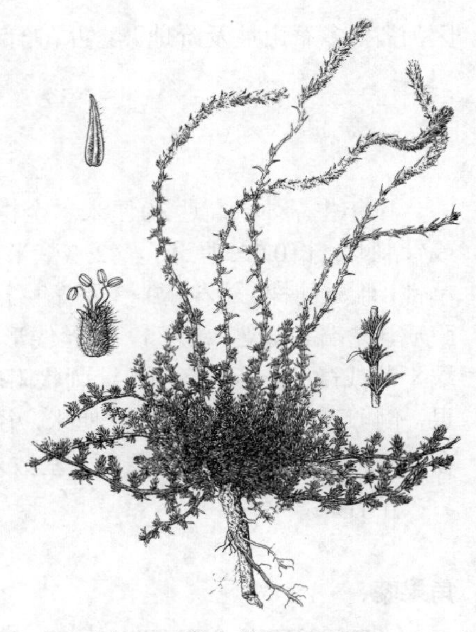

图 520 樟味藜 （白建鲁绘）

21. 绒藜属 Londesia Fisch. et Mey.

一年生草本；被短柔毛。茎直立，细瘦，基部分枝。叶扁平，互生，无柄或具短柄，叶薄纸质，披针形或圆卵形，长3-7毫米，宽2-3毫米，先端尖，基部宽楔形或渐窄。花两性兼有雌性，数朵团集，腋生，无小苞片。花被筒状，膜质，顶端具5个裂齿，密被长棉毛，无附属物，紧贴果实；雄蕊5，外伸；柱头2，花柱很短。胞果，果皮膜质。种子直立或横生，胚半环形。

单种属。

绒藜 图 521

Londesia eriantha Fisch. et Mey. Ind. Sem. Hort. Petrop. 2: 40. 1835.

形态特征同属。花果期4-6月。

产新疆北部，生于河谷沙地或山坡。蒙古、哈萨克斯坦及俄罗斯有分布。

图 521 绒藜 （白建鲁绘）

22. 棉藜属 Kirilowia Bunge

一年生草本，全株被锈色长柔毛及短柔毛。茎直立，高达20厘米，基部分枝；分枝细瘦，斜升。叶扁平，互生，无叶柄，窄卵形或卵形，先端短渐尖，基部楔形，全缘。花两性兼有雌性，单生叶腋，在枝端及侧生短枝上组成短穗状花序，无小苞片。花被筒状，长2-2.5毫米，膜质，顶端具5裂齿，外面密被长柔毛，无附属物；雄蕊与花被裂齿同数，外伸，花丝丝形，花药窄长圆形，长1-1.2毫米；柱头2，丝形，长约1.2毫米，柱头具突起，花柱与柱头近等长。胞果，果皮与花被不紧贴。种子直立，倒卵形，背腹扁，胚环形，胚根在下方，具外胚乳。

单种属。

棉藜 图 522

Kirilowia eriantha Bunge, Del. Sem. Hort. Dorpat. 7. 1843.

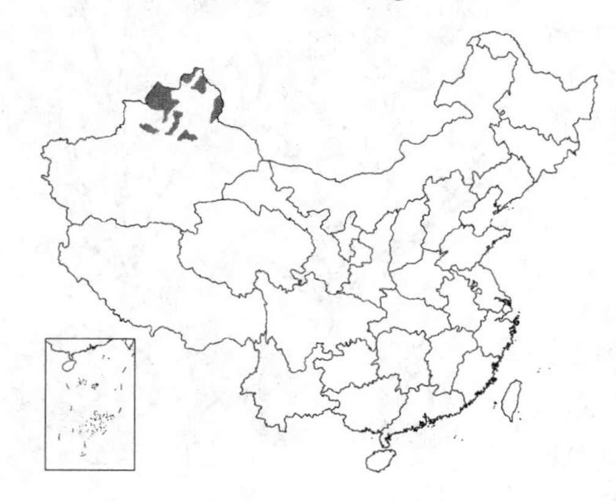

形态特征同属。花果期7-8月。

产新疆北部，生于山坡或戈壁。中亚地区及俄罗斯有分布。

图 522 棉藜 (张泰利绘)

23. 地肤属 Kochia Roth

一年生草本，稀亚灌木；常被具节柔毛。叶互生，扁平，全缘，或为圆柱状、半圆柱状；无柄或近无柄。花两性，或兼有雌性，无花梗，常1-3簇生叶腋，无小苞片；花被近球形，草质，5深裂，果时裂片背面横生有脉纹的翅状附属物；雄蕊5，着生于花被片基部，花丝扁，花药宽长圆形，外伸，无花盘；子房卵形，花柱纤细，柱头2-3，丝状。胞果，果皮膜质，与种子离生。种子横生，近脐处微凹；种皮膜质，无毛；胚环形，具少量外胚乳。染色体基数x=9。

约35种，分布于非洲、中欧、亚洲温带及北美。我国7种。

1. 一年生草本。
  2. 叶扁平，线状披针形或披针形。
    3. 花下无锈色柔毛 ························ 1. **地肤 K. scoparia**
    3. 花下具束生锈色柔毛 ························ 1(附). **碱地肤 K. scoparia** var. **sieversiana**
  2. 叶圆柱状或半圆柱状。
    4. 花被翅状附属物不等大；叶蓝绿色 ························ 2. **黑翅地肤 K. melanoptera**
    4. 花被翅状附属物等大；叶绿色 ························ 2(附). **全翅地肤 K. krylovii**
1. 亚灌木 ························ 3. **木地肤 K. prostrata**

1. 地肤 图 523：1-4

Kochia scoparia (Linn.) Schrad. in Neues Journ. 3: 85. 1809.

Chenopodium scoparia Linn. Sp. Pl. 221. 1753.

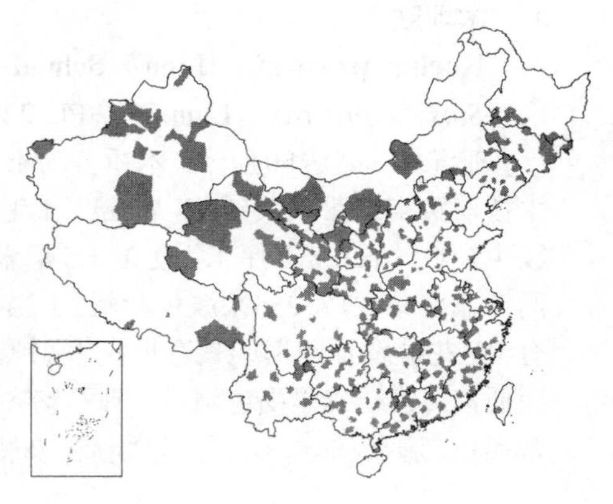

一年生草本；被具节长柔毛。茎直立，高达1米，基部分枝。叶扁平，线状披针形或披针形，长2-5厘米，宽3-7毫米，先端短渐尖，基部渐窄成短柄，常具3主脉。花两性兼有雌性，常1-3朵簇生上部叶腋。花被近球形，5深裂，裂片近三角形，翅状附属物三角形或倒卵形，边缘微波状或具缺刻；雄蕊5，花丝丝状，花药长约1毫米；柱头2，丝状，花柱极短。胞果扁，果皮膜质，与种子贴伏。种子卵形或近圆形，径1.5-2毫米，稍有光泽。花期

6-9月，果期7-10月。染色体2n=18。

全国各地均产，生于路边、荒地、田边。亚洲、欧洲及北美洲有分布。幼苗可作蔬菜；果实称“地肤子”，可清湿热、利尿，治尿痛、尿急及荨麻疹，外用治皮肤癣。

［附］**碱地肤** 图523：5 **Kochia scoparia** var. **sieversiana** (Pall.) Ulbr. ex Aschers. et Graebn. Synops. 5: 163. 1913. —— *Suaeda sieversiana* Pall. Illustr. 45. t. 38. 1803. 本种与地肤的区别：花下具束生锈色柔毛。产黑龙江、吉林、辽宁、内蒙古、河北、山西、陕西、甘肃、宁夏、青海及新疆，生于河滩、海滨、沟谷或荒地。

图 523：1-4. 地肤 5. 碱地肤（马 平绘）

2. 黑翅地肤 图 524

Kochia melanoptera Bunge in Acta Hort. Petrop. 6(2): 417.1880.

一年生草本。茎直立，高达40厘米，多分枝，有条棱及色条；枝斜上，被柔毛。叶圆柱状或近棍棒状，长0.5-2厘米，宽0.5-0.8毫米，蓝绿色，被短柔毛，先端尖或钝，基部渐窄，有很短的柄。花两性，常1-3朵团集，遍生叶腋。花被近球形，5深裂，裂片背面3个附属物较大，披针形或窄卵形，具黑褐或紫红色脉，下部2个翅状，常钻状；雄蕊5，花药长圆形，花丝稍伸出花被；柱头2，花柱很短。胞果具厚膜质果皮。种子卵形，外胚乳粉质。花果期8-9月。

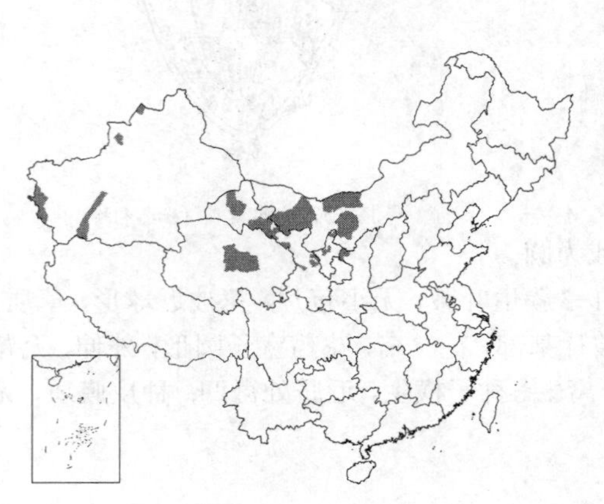

产内蒙古、宁夏、甘肃西部、青海北部及新疆，生于山坡、沟岸、河床或荒地。蒙古、哈萨克斯坦及俄罗斯有分布。

［附］**全翅地肤 Kochia krylovii** Litv. in Krylov, Fl. Alt. 5: 1121. 1909. 本种与黑翅地肤的区别：花被片背面附属物全为等大的翅；叶绿色。花果期9-10月。产新疆东北部，生于河滩及荒地。蒙古西部及俄罗斯西伯利亚地区有分布。

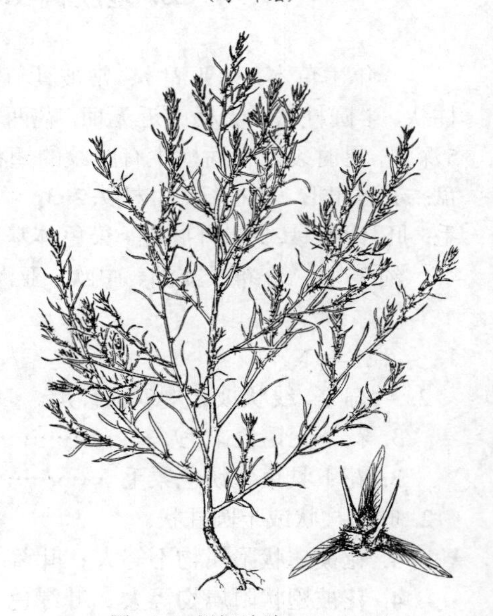

图 524 黑翅地肤（马 平绘）

3. 木地肤 图 525

Kochia prostrata (Linn.) Schrad. in Neues Journ. 3: 85. 1809.

Salsola prostrata Linn. Sp. Pl. 222. 1753.

亚灌木，高达80厘米。木质茎高不及10厘米，黄褐或带黑褐色；当年生枝淡黄褐或带淡紫红色，常密生柔毛，分枝疏。叶线形，稍扁平，常数个簇生短枝，长0.8-1厘米，宽1-1.5毫米，基部稍窄，无柄，脉不明显。花两性兼有雌性，常2-3朵簇生叶腋，于当年枝上部集成穗状花序。花被球形，有毛，花被裂片卵形或长圆形，先端钝，内弯；翅状附属物扇形或倒卵形，膜质，具紫红或黑褐色细脉，具不整齐圆锯齿或为啮蚀状；柱头2，丝状，紫褐色。胞果扁球形，果皮厚膜质，灰褐色。种子近圆形，径约1.5毫米。花

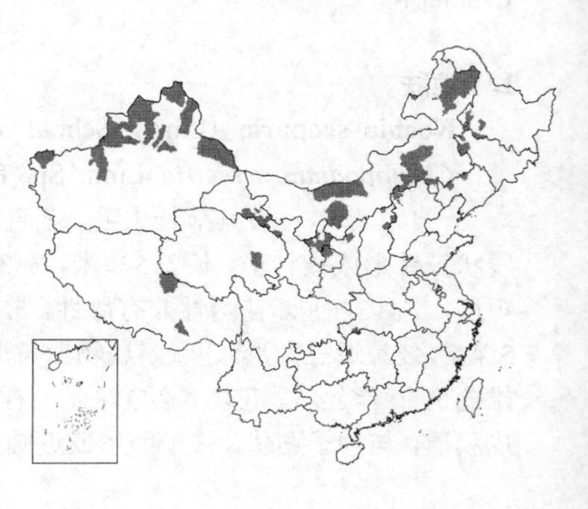

期7-8月，果期8-9月。染色体2n=18。

产黑龙江、辽宁、内蒙古、河北、山西、陕西、宁夏、甘肃西部、新疆及西藏，生于山坡、沙地或荒漠。中亚至欧洲有分布。

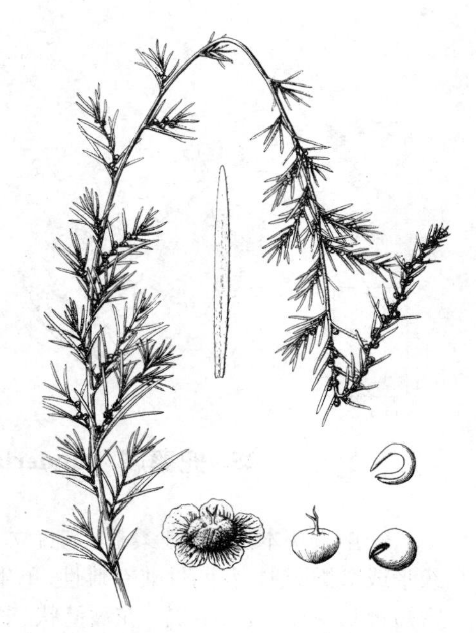

图 525 木地肤 （引自《图鉴》）

24. 雾冰藜属 Bassia All.

一年生草本，被具节柔毛。叶扁平，圆柱形、线形或披针形，互生，无叶柄，稍肉质。花两性，单生叶腋，无小苞片。花被近球形，草质，常5深裂，果时裂片背面基部有1无脉纹的针刺状或钻状附属物；雄蕊5，子房圆卵形，柱头2（3），丝状，花柱短。胞果，顶基扁，果皮膜质，与种子贴伏。种子横生，宽卵圆形，胚环形，具外胚乳。染色体基数x=9。

约10种，分布于亚洲和欧洲。我国3种。

1. 叶圆柱形或线形；花被附属物钻状，先端直伸 ……………………………… 1. **雾冰藜 B. dasyphylla**
1. 叶扁平，线状披针形或倒披针形；花被附属物针刺状，先端具钩 …… 2. **钩刺雾冰藜 B. hyssopifolia**

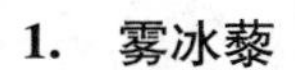

1. 雾冰藜 图526 彩片147

Bassia dasyphylla (Fisch. et Mey.) Kuntze, Revis Gen. Pl. 2: 546. 1891.

Kochia dasyphylla Fisch. et. Mey. in Schrenk Enum. Pl. 1: 12. 1841.

茎直立，基部分枝，形成球形植物体，高达50厘米，密被伸展长柔毛。叶圆柱状，稍肉质，长0.5-1.5厘米，径1-1.5毫米，有毛。花1（2）朵腋生，花下具念珠状毛束。花被果时顶基扁，花被片附属物钻状，长约2毫米，先端直伸，呈五角星状；雄蕊5，花丝丝形，外伸；子房卵形，柱头2，丝形，花柱很短。胞果卵圆形，褐色。种子近圆形，径约1.5毫米，光滑，外胚乳粉质。花果期7-9月。

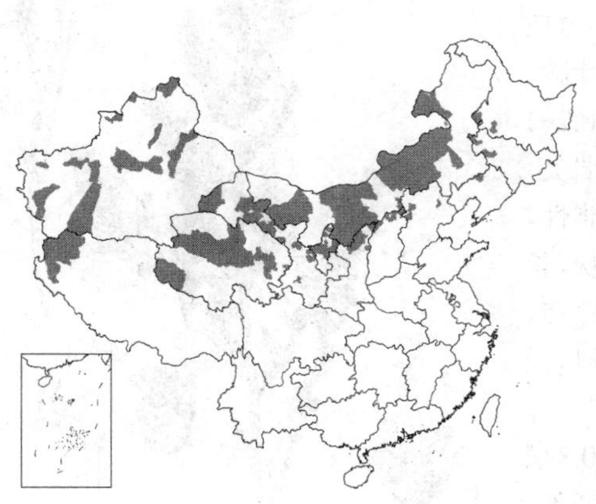

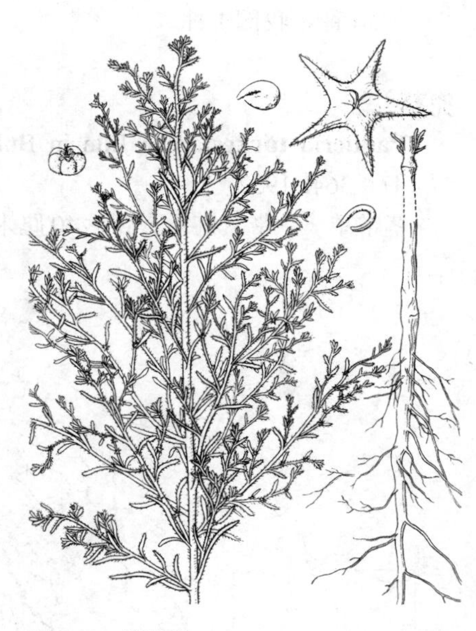

图 526 雾冰藜 （引自《中国北部植物图志》）

产黑龙江、吉林、辽宁、内蒙古、河北、山东、山西、陕西、甘肃、青海、新疆及西藏，生于戈壁、沙丘间、河滩、洪积扇、干河床及盐碱滩。蒙古、哈萨克斯坦及俄罗斯有分布。

2. 钩刺雾冰藜 图527

Bassia hyssopifolia (Pall.) Kuntze, Revis Gen. Pl. 2: 547. 1891.

Salsola hyssopifolia Pall. It. 1: 491. 1771.

茎直立，高达70厘米，幼时密被灰白色卷曲长柔毛，分枝多或疏，植株中部分枝较长，斜举。叶扁平，线状披针形或倒披针形，长1-2.5厘米，宽1-3毫米，先端钝或急尖，基部渐窄，两面密被长柔毛或下面被毛。花2-3朵团集，腋生，于分枝和茎顶端组成紧密穗状花序。花被近球形，密被长

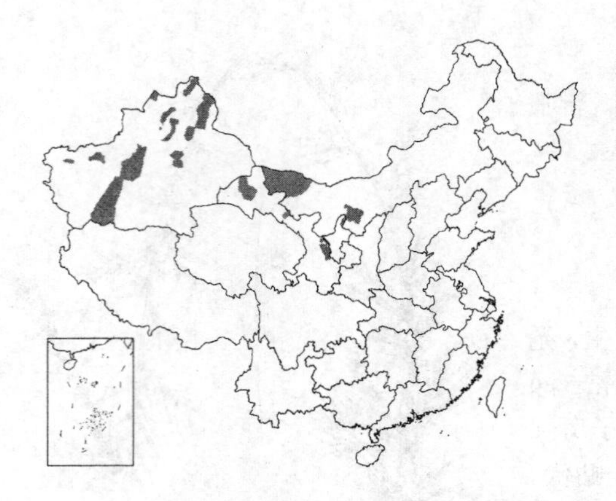

柔毛，花被裂片宽卵形，先端微反折，果时在背面具5个钩状附属物。胞果褐色。种子圆卵形，光滑。花果期7-9月。

产甘肃西部及新疆，生于河谷、荒地或盐碱地。蒙古、哈萨克斯坦、伊朗、俄罗斯及欧洲有分布。

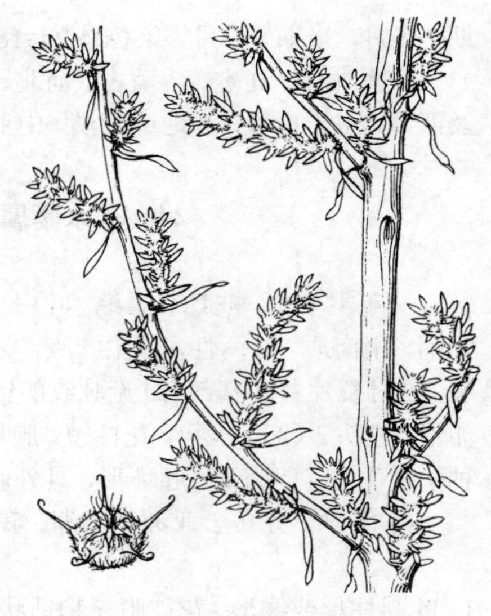

图 527 钩刺雾冰藜 （张泰利绘）

25. 兜藜属 Panderia Fisch. et. Mey.

一年生草本，全株被柔毛。茎直立，分枝斜上。叶扁平，互生，无叶柄，线形或窄椭圆形。花两性兼有雌性，单生叶腋，在枝端和侧生短枝上组成紧密短穗状花序，无小苞片。花被筒状，长圆状椭圆形，5浅裂，裂片齿状，背面近基部具1瘤状、翅状或角状突起；雄蕊5，花丝丝状，花药长圆形，外伸；子房圆卵形，柱头2，丝状，花柱很短。胞果，果皮膜质。种子直立，宽倒卵形，胚半环形，胚根在下方，具外胚乳。染色体基数x=9。

约4种。我国1种。

兜藜 图528

Panderia turkestanica Iljin in Bull. Gard. Bot. Acad. Sc. URSS 30(3-4)：364. 1932.

茎常单一，带紫红色，高达40厘米；密被平展长柔毛，分枝长2-12厘米，在茎上互生，斜升；短枝长2-4毫米，生于分枝叶腋。叶窄椭圆形或卵形，长0.2-1厘米，宽1.5-3毫米，先端尖，基部楔形。花两性兼有雌性，生于短枝叶腋。花被壶状，长1-1.5毫米，稍肉质，裂片 5，背面附属物翅状，翅缘具微齿，翅径1.5-2毫米；雄蕊 5，花药卵状长圆形，长约0.8毫米，外伸；柱头长约1.5毫米，黑褐色，花柱约为柱头长度1/5。胞果圆卵形，果皮膜质。种子黑褐色，种皮膜质。花果期7-9月。染色体2n=18。

产新疆北部，生于戈壁、沙地或河岸。哈萨克斯坦及俄罗斯有分布。

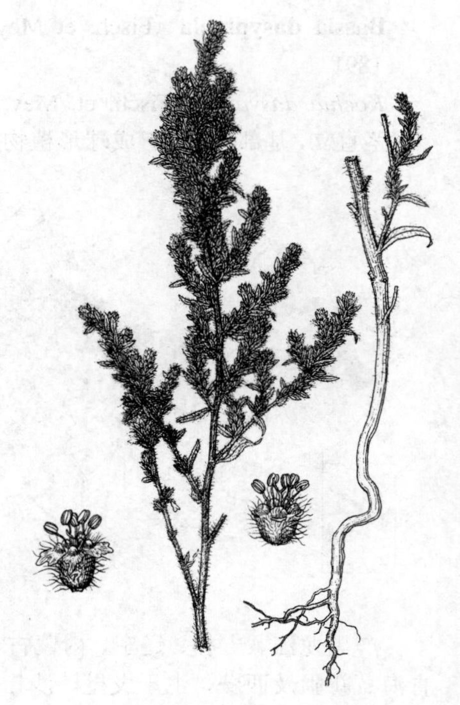

图 528 兜藜 （白建鲁绘）

26. 碱蓬属 Suaeda Forsk. ex Scop.

一年生草本、亚灌木或灌木；无毛稀幼时被毛，或有蜡粉。叶肉质，圆柱形或半圆柱形，稀棍棒状，无柄或具短柄。花两性或兼有雌性，常数个团集，生叶腋，每花下各具2鳞片状膜质小苞片。花被球形或坛状，稍肉质，5深裂或浅裂，裂片常兜状，果时背面膨胀、增厚或延伸成角状或翅状突起，雄蕊与花被裂片同数，花丝扁，花药长圆形或近球形，先端无附属物；柱头2-3，稀4-5，丝状，稀锥状，花柱很短。胞果，果皮膜质，与种子贴伏。种子横生或直立，双凸镜状，肾形、卵形或近圆形；种皮薄壳质或膜质；胚平面盘旋状，细瘦，无外胚乳或有少量胚乳。染色体基数x=9。

约100余种，各大陆均有分布；生于海滨、盐湖边或盐土荒漠。我国约20种，4变种。

1. 灌木或亚灌木。
  2. 中下部叶长不及2.5厘米。
    3. 叶基部具关节；柱头锥状；团伞花序生于叶腋 ………… 1. **南方碱蓬 S. austalis**
    3. 叶基部无关节；柱头丝状；团伞花序生于叶柄上 ………… 2. **小叶碱蓬 S. microphylla**
  2. 中下部叶长3-6厘米 ………… 3. **囊果碱蓬 S. physophora**
1. 一年生草本。
  4. 团伞花序生于叶柄上。
    5. 种子横生 ………… 4. **碱蓬 S. glauca**
    5. 种子直立 ………… 5. **亚麻叶碱蓬 S. linifolia**
  4. 团伞花序生于叶腋。
    6. 叶先端稍有刺毛 ………… 6. **刺毛碱蓬 S. acuminata**
    6. 叶先端无刺毛。
      7. 叶先端肥大呈倒卵形 ………… 7. **阿拉善碱蓬 S. przewalskii**
      7. 叶线形，半圆柱状。
        8. 种子具点状纹饰；花药长不及0.2毫米。
          9. 花被片向外延伸成长短不等的角状体 ………… 8. **角果碱蓬 S. corniculata**
          9. 花被片向外延伸成翅状，形成圆盘形 ………… 9. **盘果碱蓬 S. heterophylla**
        8. 种子纹饰不明显；花药长0.3-0.4毫米 ………… 10. **盐地碱蓬 S. salsa**

1. 南方碱蓬　　图529

Suaeda australis (Br.) Moq. in Ann. Sci. Nat. 23: 318. 1831.

Chenopodium australe Br. Prodr. Fl. Nov. Holl. 407. 1810.

小灌木，高达50厘米。茎多分枝，下部常生不定根，灰褐或淡黄色，具残留叶痕。叶线形半圆柱状，长1-2.5厘米，宽2-3毫米，先端尖或钝，基部渐窄，具关节。花1-5朵簇生叶腋。花被顶基稍扁，稍肉质，5深裂，裂片卵状长圆形，无脉，边缘近膜质，果时增厚；花药宽卵形，长约0.5毫米；柱头2，锥状，花柱不明显。胞果近圆形，果皮膜质，易与种子分离。种子径约1毫米，黑褐色，有光泽，具微点纹饰。花果期7-11月。

图 529　南方碱蓬　（白建鲁绘）

产江苏、浙江、福建、台湾、广东及广西，生于海滩沙地或红树林边缘。大洋洲及日本南部有分布。

2. 小叶碱蓬 图 530 彩片 148

Suaeda microphylla（C. A. Mey.）Pall. Ill. Pl. 52. t. 44. 1803.

Schoberia microphylla C. A. Mey. Verzeichn. Pflz. Cauc. 159. 1831.

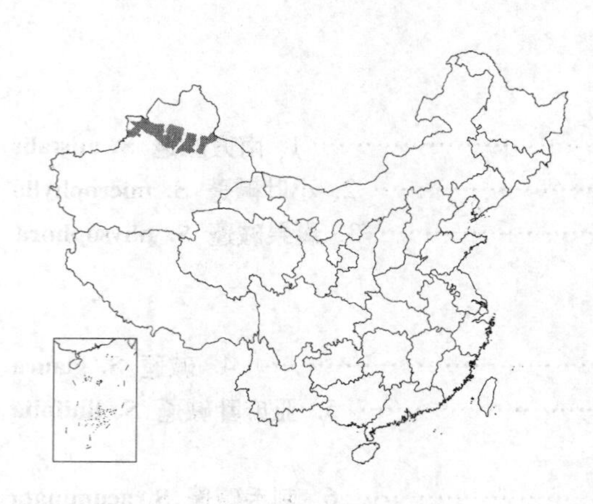

灌木，高达1米。茎直立，极多分枝；枝硬直，开展，圆柱状，有条棱，幼时密被柔毛并有蜡粉。叶圆柱形，长3-5毫米，径约1毫米，带蓝绿色，先端具短尖头，基部骤缩。花两性兼有雌性，常3-5花成簇，生于叶柄上。花被肉质，5裂至中部，裂片长圆形，顶端兜状，背面凸，果时稍增大，下半部稍膨胀；雄蕊5，花药长圆形，长约0.5毫米，柱头2或3，花柱不明显。胞果包于花被内，果皮膜质，黑褐色。种子直立或横生，卵形，长约1.1毫米，黑色，有光泽，花纹不明显，周边钝。花果期8-10月。

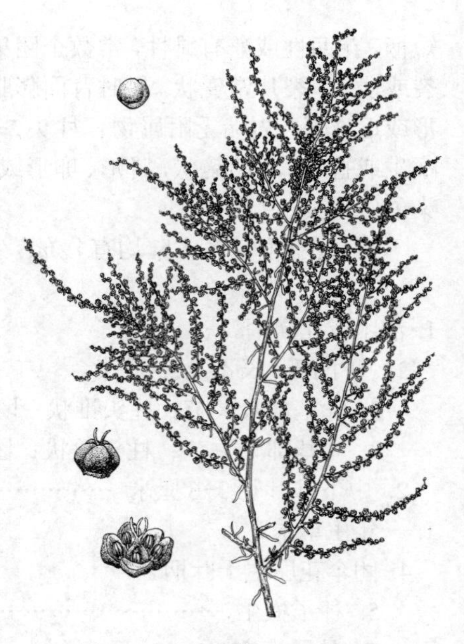

图 530 小叶碱蓬 （白建鲁绘）

产新疆北部，生于戈壁、沙丘、湖滨或荒地。中亚及高加索有分布。

3. 囊果碱蓬 图 531

Suaeda physophora Pall. Ill. Pl. 51. t. 43. 1803.

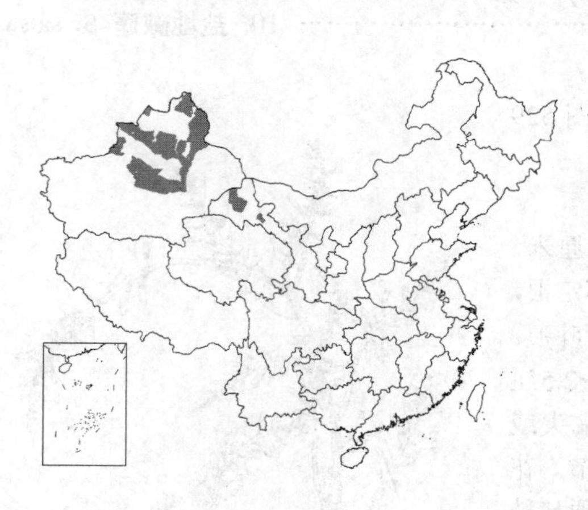

灌木，高达80厘米。茎和枝苍白色，无毛，稍有光泽。叶条形，半圆柱状，长3-6厘米，宽2-3毫米，蓝灰绿色，常稍弧曲，先端渐尖或尖，基部稍缢缩，无柄。花两性及雌性，花簇生叶腋或腋生短枝顶端，组成稀疏顶生穗状圆锥状花序。花被近球形，不等大，5浅裂，裂片卵形，背面平滑，不开张，果时花被膨胀呈囊状，径约5毫米，稍带红色。花药长约0.8毫米；柱头2-3，花柱极短。胞果果皮膜质。种子横生，扁平，圆形，径约3毫米，种皮膜质，无光泽；胚根不突出。花果期7-9月。

产新疆北部及甘肃最西部，生于戈壁或盐碱化荒漠。东欧、中亚及西西伯利亚有分布。

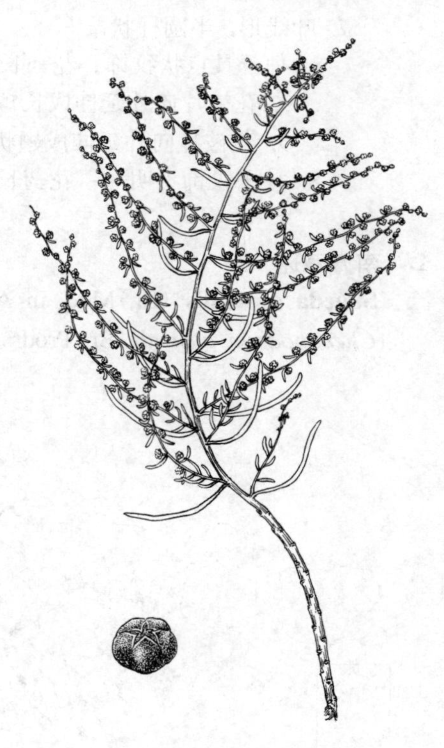

图 531 囊果碱蓬 （白建鲁绘）

4. 碱蓬 图 532

Suaeda glauca（Bunge）Bunge in Bull. Acad. Sci. St. Pétersb. 25: 362. 1879.

Schoberia glauca Bunge in

Mém. Acad. Sci St. Pétersb. 2: 102. 1833.

一年生草本，高达1米。茎上部多分枝，分枝细长。叶丝状条形，半圆柱状，稍向上弯曲，长1.5-5厘米，宽约1.5毫米，灰绿色，无毛，先端微尖，基部稍缢缩。花两性兼有雌性，单生或2-5朵团集，生于叶近基部。花被5裂；两性花花被杯状，长1-1.5毫米，雄蕊5，花药长约0.8毫米，柱头2，稍外弯；雌花花被近球形，径约 0.7毫米，花被片卵状三角形，先端钝，果时增厚，花被稍呈五角星形，干后黑色。胞果包于花被内，果皮膜质。种子横生或斜生，双凸镜形，黑色，径约2毫米，具颗粒状纹饰，稍有光泽，具很少的外胚乳。花果期7-9月。

产黑龙江、内蒙古、河北、山东、江苏、浙江、河南、山西、陕西、宁夏、甘肃、青海及新疆，生于海滨、荒地、渠沿或田边轻度盐碱化土壤。蒙古、俄罗斯、朝鲜及日本有分布。

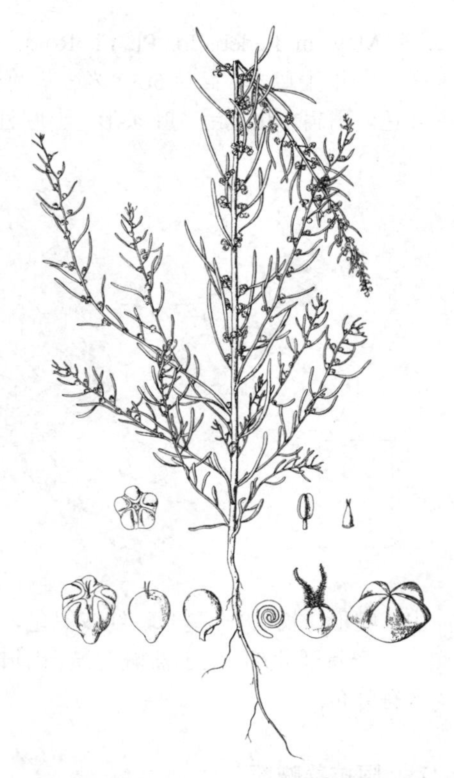

图 532 碱蓬 （仿《中国北部植物图志》）

5. 亚麻叶碱蓬 图533

Suaeda linifolia Pall. Illustr. Pl. 47. t. 40. 1803.

一年生草本，高达70厘米。茎直立，圆柱状，有微条棱，分枝疏；枝常细瘦，斜伸。叶条形，半圆柱状或稍扁平，长1-2.5厘米，宽2-3毫米，斜上或近直立，先端渐尖，基部缢缩成短柄。花两性兼有雌性，单生或2-3朵团集，无柄或具短柄，生于叶柄上，苞片和小苞片膜质，卵形。花被窄长圆形或倒卵形，肉质，果时长1.5-3毫米，宽1-2毫米，顶端5浅裂，裂片稍呈兜状，常闭合；花药长圆形，长约0.4毫米；柱头2-3，丝状，外伸。胞果为花被包被。种子直立，歪卵形，两侧稍扁，长1.5-2毫米，宽1.2-1.5毫米，黑色，具颗粒状纹饰，无光泽，周边钝；胚根在下方。花果期7-10月。

产新疆，生于戈壁、干草地或强盐碱荒漠。西伯利亚、中亚至欧洲有分布。

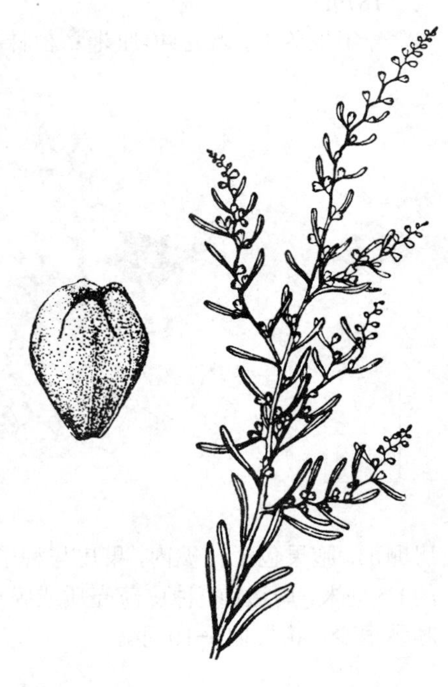

图 533 亚麻叶碱蓬 （张泰利 蔡淑琴绘）

6. 刺毛碱蓬 图534 彩片149

Suaeda acuminata (C. A. Mey.) Moq. in Ann. Sci. Natur. ser. 1, 23: 309. 1831.

Schoberia acuminata C. A.

Mey. in Ledeb. Ic. Pl. Fl. Ross. 1: 11. t. 44. 1829.

一年生草本，高达50厘米。茎圆柱形，多分枝；枝灰绿色，有时带淡红色，稍扁，几无毛。叶条形，半圆柱状，长0.5-1.5厘米，宽1-1.5毫米，灰绿色，先端钝或微尖并具长约3 毫米的刺毛。花常3朵团集，腋生。中间1花较大，两性，花被裂片背面具纵脊，果纵脊前端向上延伸成鸡冠状翅；侧生2花雌性，花被裂片先端兜状，背面果时具微纵脊；花药宽卵形或长圆形，长约0.6毫米；柱头3，细小，花柱不明显；苞片和小苞片卵形或卵状披针形，具微锯齿。种子横生、直立或斜生，卵形，长0.8-1毫米，红或黑色，周边钝，有光泽。花果期6-9月。

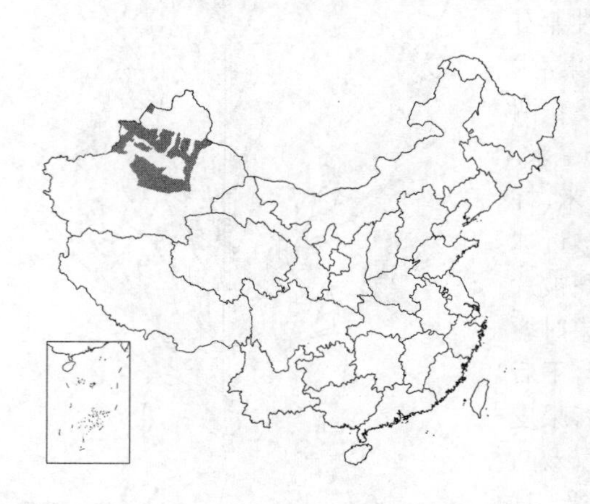

产新疆北部，生于盐碱荒漠、山坡或沙丘间。蒙古、中亚及西伯利亚地区有分布。

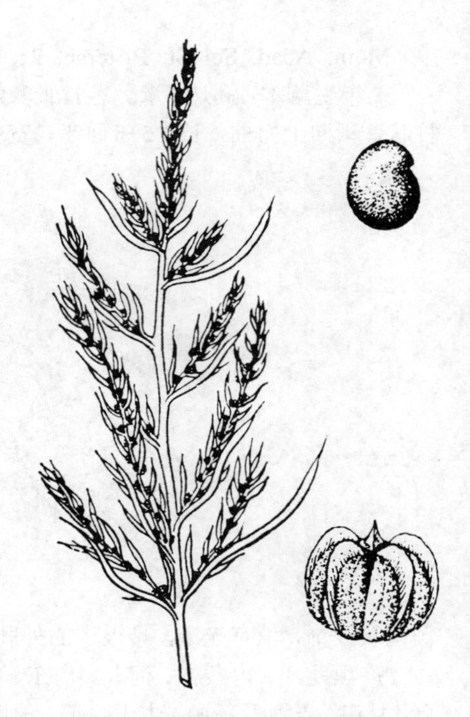

图 534 刺毛碱蓬 （张泰利 蔡淑琴绘）

7. 阿拉善碱蓬 图 535 彩片 150

Suaeda przewalskii Bunge in Bull. Acad. Sci. St. Pétersb. 25: 260. 1879.

一年生草本，高达40厘米；植株绿色，带紫或带紫红色。茎多条，平卧或外倾，圆柱形，稍弯曲，分枝稀疏。叶肉质，稍倒卵形，长1-1.5厘米，最宽约5毫米，常带紫或紫红色，先端钝圆，基部渐窄，无柄或近无柄。花两性兼有雌性，3-10朵团集，生于腋生短枝，小苞片全缘。花被近球形，顶基稍扁，5深裂；裂片宽卵形，果时背面基部向外伸出不等大横翅突；花药长圆形，长约0.5毫米；柱头2，细小，子房卵形。胞果包于花被内，果皮与种子贴生。种子横生，肾形或近圆形，径约1.5毫米，周边钝，种皮薄壳质或膜质，黑色，几无光泽，具蜂窝状纹饰，胚乳很少。花果期6-10月。

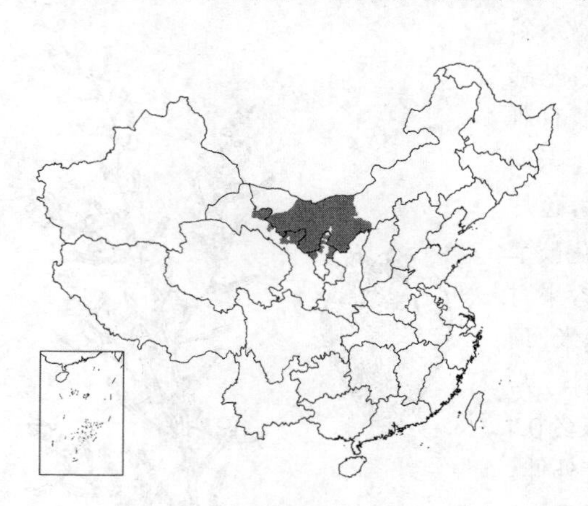

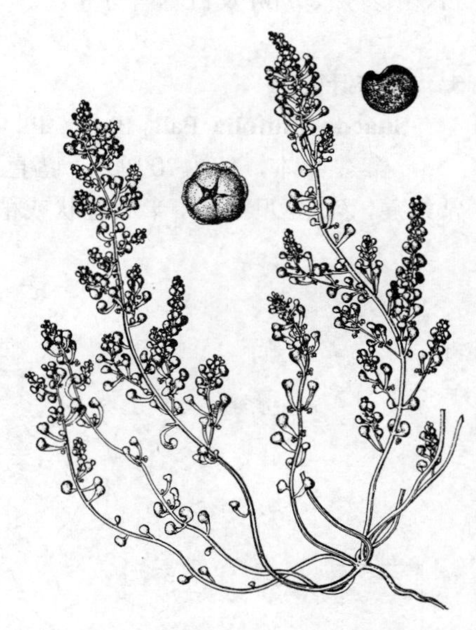

图 535 阿拉善碱蓬 （引自《中国植物志》）

产宁夏、内蒙古及甘肃西部，生于湖滨低洼盐碱地或沙丘间。蒙古有分布。

8. 角果碱蓬 图 536

Suaeda corniculata (C. A. Mey.) Bunge in Acta Hort. Petrop. 6(2): 429. 1880.

Schoberia corniculata C. A. Mey. in Ledeb. Fl. Alt. 1: 399. 1829.

一年生草本，高达60厘米。茎圆柱形，具微条棱；分枝细瘦。叶条形，半圆柱状，长1-2厘米，宽0.5-

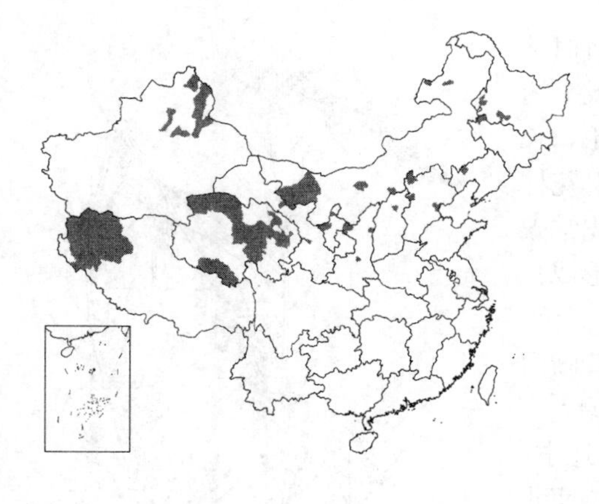

1毫米，劲直，先端微钝或尖，基部稍缢缩；无柄。花两性兼有雌性，常3-6朵团集，腋生，于分枝上组成穗状花序。花被顶基稍扁，5深裂，裂片不等大，先端钝，背面果时向外延伸增厚成不等大的角状体；花药细小，近圆形，长约0.15毫米；花丝稍外伸；柱头2，花柱不明显。果皮与种子易脱离。种子横生或斜生，双凸镜形，径1-1.5毫米，黑色，有光泽，具蜂窝状纹饰，周边微钝。花果期8-9月。

产黑龙江、吉林、辽宁、内蒙古、河北、宁夏、甘肃西部、青海北部、新疆及西藏，生于盐碱荒漠、湖滨或河滩。中亚及西伯利亚地区有分布。

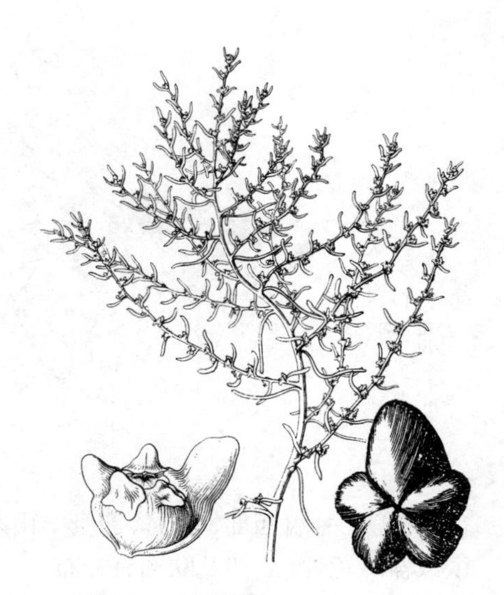

图 536 角果碱蓬　（引自《图鉴》）

9.　盘果碱蓬　　　　图 537

Suaeda heterophylla (Kar. et Kir.) Bunge in Acta Hort. Petrop. 6(2): 429. 1880.

Schoberia heterophylla Kar. et Kir in Bull. Soc. Nat.. Mosc. 14: 734. 1841.

一年生草本，高达50厘米。茎直立或外倾，圆柱形，有微条棱，上部分枝。叶线形或丝状条形，半圆柱状，长1-2厘米，宽1-1.5毫米，稍有腊粉，蓝灰绿色，先端微钝并具短芒尖，基部渐窄。花两性，无梗，常3-5朵团集，腋生。花被顶基扁，绿色，5深裂，裂片三角形，背面果时向外延伸成横翅，成圆盘形，径2.5-3.5毫米；花药细小，近圆形，径约0.2毫米；柱头2，花柱不明显。种子横生，双凸镜形，径约1毫米，红褐至黑色，稍有光泽，具点状纹饰。花果期7-9月。

产宁夏、甘肃西部、青海北部及新疆，生于戈壁、河滩或湖滨重盐碱地。中亚及东欧有分布。

图 537 盘果碱蓬　（白建鲁绘）

10. 盐地碱蓬　　　　图 538

Suaeda salsa (Linn.) Pall. Illustr. 46. 1803.

Chenopodium salsum Linn. Sp. Pl. 221. 1753.

一年生草本，高达80厘米，绿或紫红色。茎直立，圆柱状，具微条棱，上部多分枝。叶条形，半圆柱状，长1-2.5厘米，宽1-2毫米，先端尖或微钝，无柄。花两性，有时兼有雌性，常3-5朵团集，腋生，在分枝上组成有间断的穗状花序。花被半球形，底面平，5深裂，裂片卵形，稍肉质，先

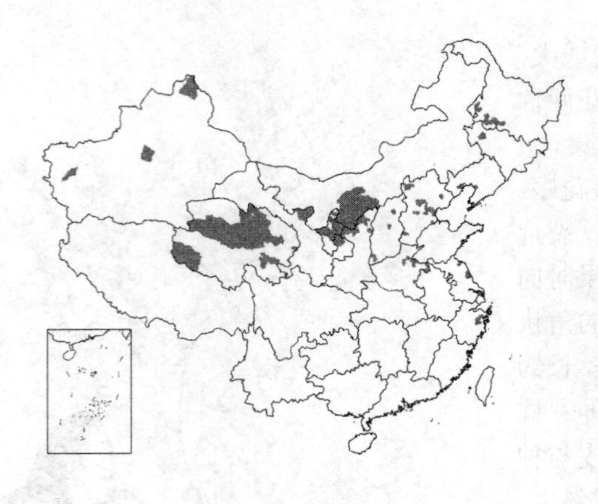

端钝，背面果时增厚，有时基部向外延伸成三角形或窄翅突；花药卵形或长圆形，长0.3-0.4毫米；柱头2，花柱不明显。胞果熟时果皮常破裂。种子横生，双凸镜形或歪卵形，径0.8-1.5毫米，黑色，有光泽，周边钝，具不清晰网点纹饰。花果期7-10月。

产黑龙江、吉林、辽宁、内蒙古、河北、山西、陕西北部、宁夏、甘肃西部、青海、新疆、山东、江苏及浙江沿海，生于河滩、湖滨或盐碱荒地。亚洲及欧洲有分布。

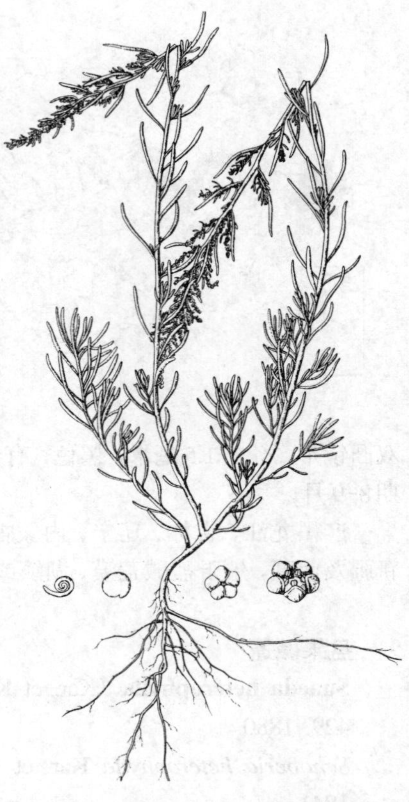

图 538 盐地碱蓬 （仿《中国北部植物图志》）

11. 星花碱蓬 图 539

Suaeda stellatiflora G. L. Chu in Acta Phytotax. Sin. 16: 122. 1978.

一年生草本，高达80厘米。茎外倾或平卧，多分枝，有微条棱。叶条形或半圆柱状，长0.5-1厘米，宽约1毫米，稍弯曲，先端具芒尖，基部稍扁；几无柄。花两性，常2-5朵团集，腋生，于分枝上组成穗状花序。花被稍肉质，顶基稍扁，5深裂，裂片背面果时向外延伸成钝三角形翅突，呈五角星形，径1.5-2毫米；雄蕊5，花丝丝形，内藏，花药半球形，径约2.5毫米；柱头2，细小，花柱不明显，果皮与种皮分离。种子横生，双凸镜形，径约1毫米，种皮薄壳质或膜质，红褐至黑色，周边钝，背面具点状纹饰。花果期7-9月。

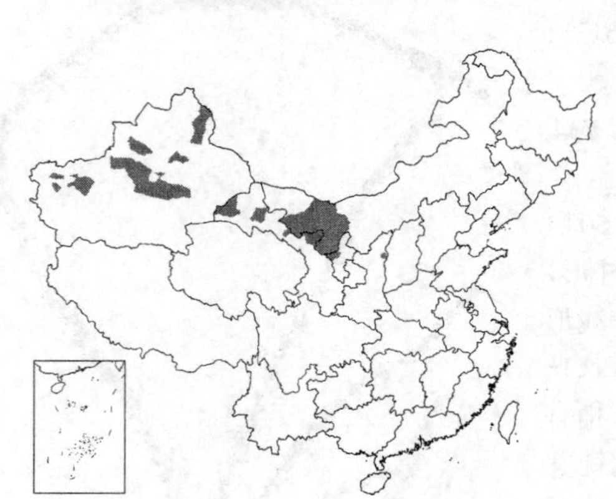

产甘肃西部及新疆，生于沙丘间、盐土荒地、湖滨或渠沿。

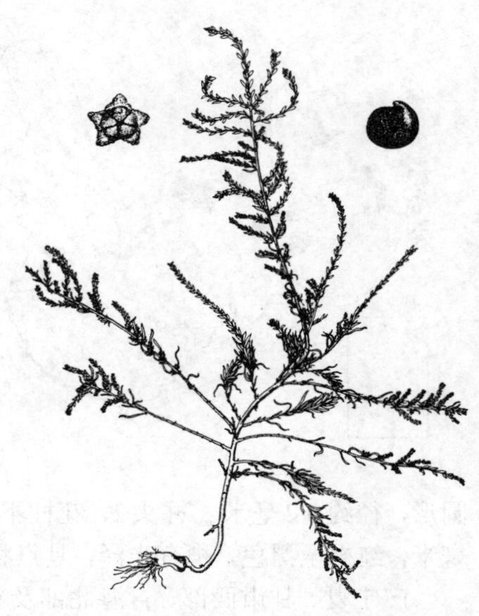

图 539 星花碱蓬 （引自《中国植物志》）

27. 异子蓬属 Borszczowia Bunge

一年生草本，无毛。茎直立，多分枝；枝苍白至灰褐色。叶互生，半圆柱状或椭圆形，长1-3厘米，宽2-3毫米，肉质，基部渐窄；无叶柄。花单性，雌雄花混合团集，腋生，每花具2鳞片状膜质小苞片。雄花花被近球形，稍肉质，5深裂，裂片先端稍兜状，雄蕊5，生于花被基部，花丝丝状，花药近球形，先端无附属物；具窄葫芦状不育子房。雌花花被薄膜质，果时增大，先端5浅裂；柱头2，稀3，钻状，花柱不明显。胞果包于花被内，有大小二形，大形果倒卵圆形，长5-8毫米，果皮肉质，具脉，内果皮膜质，贴伏于种子，其种子圆形，径2.5-3毫米，种皮革质，褐色；小形果梨形，长约3毫米，其种子双凸镜形，种皮薄壳质，黑色，有光泽；胚平面螺旋状，外胚乳少量。

单种属。

异子蓬　　图 540

Borszczowia aralocaspica Bunge in Acta Hort. Petrop. 5(2): 643. 1878.

形态特征同属。花果期8-9月。

产新疆北部，生于强盐碱土或戈壁。哈萨克斯坦至黑海沿岸有分布。

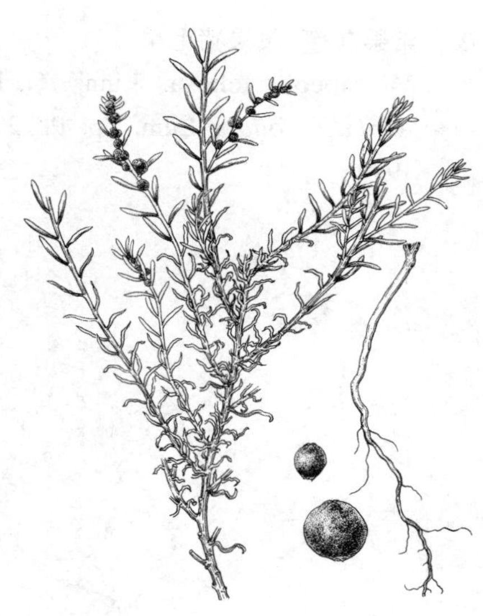

图 540 异子蓬 (白建鲁绘)

28. 灰蓬属 **Micropeplis** Bunge

一年生草本。叶圆柱状或棍棒状，肉质，先端钝，无刺尖或刺毛。花两性兼有雌性，常3或多朵生于叶腋，每花具1叶状苞片，无小苞片。花被具5个离生花被片，外轮3片，内轮2片，膜质，果时背面近先端各生1横翅状附属物，翅膜质，近等大，具淡色脉纹；雄蕊5，花丝丝状，生于膜质花盘边缘，花药窄椭圆形或倒卵形，先端无附属物；子房扁球形，顶面微凸，柱头2，花柱很短。胞果扁球形，果皮厚膜质或肉质，熟时多汁。种子横生，胚螺旋状，无外胚乳。

2种，分布于亚洲中部及西部至高加索。我国均产。

1. 叶圆柱状；茎极多分枝，无明显主茎；果熟时果皮稍肉质 ································ 1. **灰蓬 M. arachnoidea**
1. 叶棍棒状；主茎粗壮；果熟时浆果状 ·· 2. **浆果灰蓬 M. foliosa**

1. 灰蓬　白茎盐生草　　图 541

Micropeplis arachnoidea (Moq.) Bunge, Reliq. Lehmann. 303. 1852. *Halogeton arachnoideus* Moq. in DC. Prodr. 13(2): 205. 1849.; 中国植物志 25(2): 154. 1979.

茎直立，基部分枝，高达50厘米。枝斜升，苍白色，幼时被蛛丝状毛。叶圆柱状或棍棒状，深绿色，肉质，长0.3-1厘米，径1.5-2毫米，先端钝，无刺毛，基部稍宽并具膜质边缘。花两性及雌性，数朵团集，每花具1苞片，无小苞片。花被片宽披针形，膜质，1脉，翅状附属物半圆形，近等大，脉纹明显；雄蕊5，花丝丝形；花药长圆形，长约1毫米；柱头2，丝形，长约0.8毫米，花柱不明显。胞果果皮膜质。种子横生，顶基扁，圆形，径1-1.5毫米。花果期7-8月。

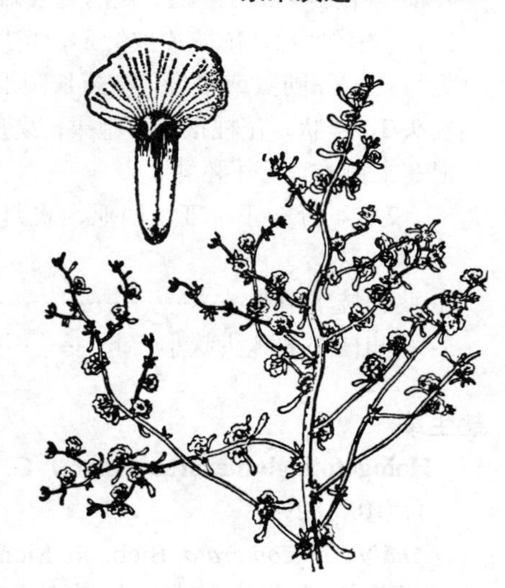

图 541 灰蓬 (仿《中国植物志》)

产山西、陕西、内蒙古、宁夏、甘肃、青海及新疆，生于干山坡、沙地、河滩、荒地或田边。蒙古及中亚地区有分布。

2. 浆果灰蓬 浆果猪毛菜 图 542

Micropeplis foliosa（Linn.）G. L. Chu, comb. nov.

Anabasis foliosa Linn. Sp. Pl. 223. 1753；中国植物志 25(2)：168. 1979.

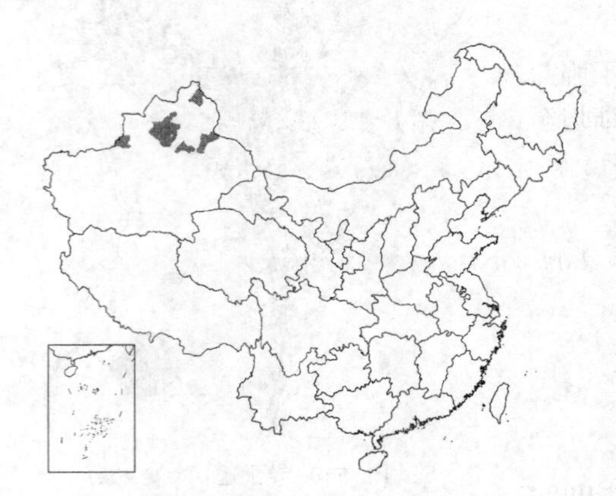

一年生草本，高达40厘米。茎直立，基部分枝；枝条灰绿色，无毛。叶棍棒状，肉质，灰绿色，长1-2厘米，宽1.5-2.5毫米，先端钝，无刺毛或刺尖。花簇生叶腋，常1-2花为两性，其余花为雌性或不育。花被片卵形，近膜质，果背面近先端具翅，翅膜质，半圆形，近等大，具不明显脉纹；雄蕊5，花丝线形，生于膜质花盘边缘；子房线状长圆形，长约1.1毫米；柱头2，丝状，花柱不明显。胞果果皮稍肉质。种子横生，种皮膜质，果时多汁，呈浆果状，胚螺旋状。花果期8-10月。

产新疆北部，生于戈壁、湖滨或盐碱荒地。蒙古西部、西伯利亚、中亚及高加索有分布。

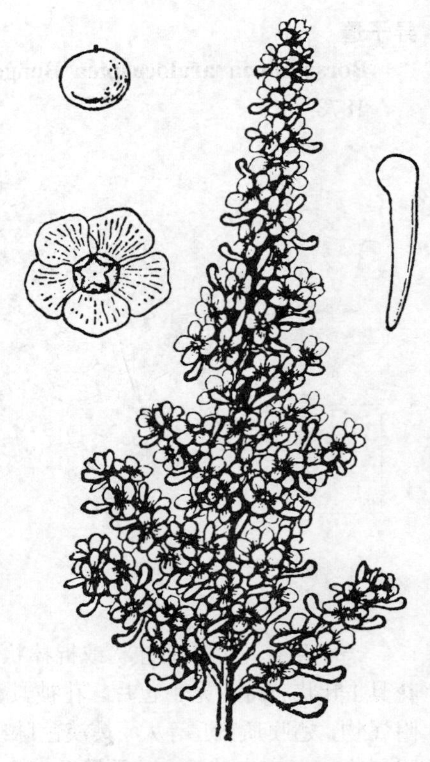

图 542 浆果灰蓬 （引自《中国植物志》）

29. 盐生草属 Halogeton C. A. Mey.

一年生草本。茎直立，多分枝，无毛或有蛛丝状毛。叶圆柱状，互生，肉质，先端钝或有刺毛，基部宽，无叶柄，叶腋具束生柔毛。花两性及雌性，数朵团集，腋生，每花具1苞片，无小苞片。花被具5个花被片，外轮2片，内轮3片，花被片披针形，膜质，果时背面近先端各生1横的翅状附属物；翅膜质，有脉纹；两性花的雄蕊与花被片同数或较少，花药长圆形，先端无附属物，花丝丝状，生于花被基部；无花盘；子房卵形，两侧扁，柱头2，丝状，花柱很短。胞果，果皮膜质，与种子贴伏。种子直立，圆形，种皮膜质或近革质，胚螺旋状，胚根在上侧方，无外胚乳。

2种，分布于中亚、西亚、欧洲南部及非洲北部。我国1种、1变种。

1. 茎和枝平滑 ………………………………………………………… **盐生草 H. glomeratus**
1. 茎和枝密被乳头状小突起 ………………………………… (附). **西藏盐生草 H. glomeratus** var. **tibeticus**

盐生草 图 543 彩片 151

Halogeton glomeratus（Bieb.）C. A. Mey. in Ledeb. Ic. Pl. Fl. Ross. 1: 10. 1829.

Anabasis glomerata Bieb. in Mem. Soc. Nat. Mosc. 1: 110. 1806.

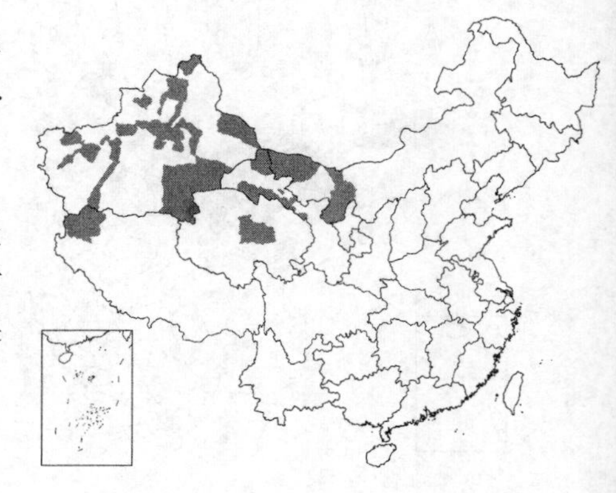

茎直立，多分枝或稍分枝，高达30厘米。枝常短于茎，外倾或斜上，无毛，灰绿色。叶圆柱形，长0.4-1.2厘米，径1.5-2毫米，先端尖或钝，幼时具1长刺毛。花常4-6朵团集，遍生叶腋。花被片披针形，膜质，1脉，果时背面翅状附属物半圆形，近等大，脉纹明显，幼时内轮花被片的翅不发育；雄蕊2。种子直立，近圆形。花果期7-9月。

产甘肃西部、青海、新疆及西藏，生于戈壁或沙地。蒙古、中亚及西伯利亚地区有分布。

［附］**西藏盐生草** 彩片 152 **Halogeton glomeratus** var. **tibeticus** (Bunge) Grubov, Pl. Asiae Centr. 2: 117. 1966. —— *Halogeton tibeticus* Bunge, Anab. Rev. 94. 1862. 本种与盐生草的区别：茎和枝被乳头状小突起。产青海、新疆及西藏，生于干旱山坡。中亚地区有分布。

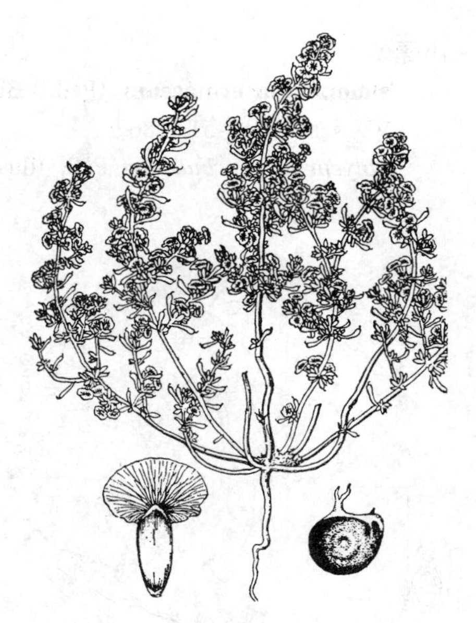

图 543 盐生草 （仿《中国植物志》）

30. 合头藜属 Sympegma Bunge

亚灌木。高达1.5米。根黑褐色。茎直立，老枝黄白至灰褐色，枝皮条裂；当年生枝灰绿色，稍被乳头状毛，具有多数单节间腋生小枝；小枝长3-8毫米，基部具关节。叶互生，圆柱形，长0.4-1厘米，径约1毫米，直或稍弧曲，稍肉质，先端尖，基部缢缩。花两性，无小苞片，常3花生于单节间的腋生小枝顶端，花簇下常具1对基部合生的叶状苞片，似头状花序。花被具5个离生花被片，外轮2片，内轮3片，长圆形，果时硬化，背面先端稍下生横的翅状附属物，翅膜质，具细脉纹；雄蕊5，花丝线形，基部宽并合生，花药长圆状心形，先端无附属物；子房瓶状，柱头2，钻状，外弯，花柱极短。胞果，果皮膜质，与种子离生。种子直立，两侧稍扁，近圆形，径1-1.2毫米，种皮膜质；胚平面螺旋状，无外胚乳。

单种属。

合头藜 合头草 黑柴 图 544 彩片 153

Sympegma regelii Bunge in Bull. Acad. Sci. St. Pétersb. 25: 371. 1879.

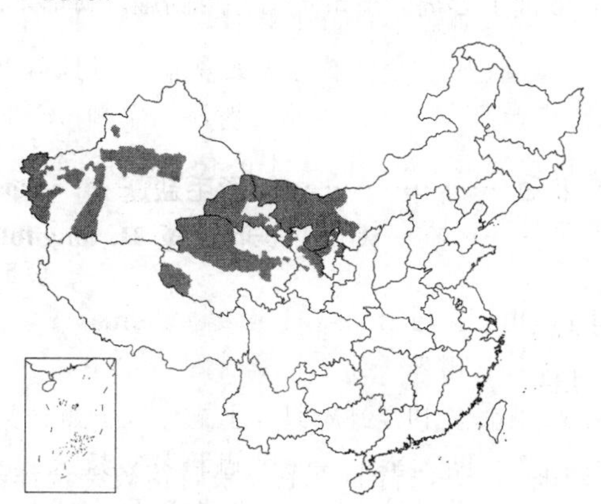

形态特征同属。花果期7-10月。

产宁夏、甘肃西北部、内蒙古西部、青海北部及新疆，生于轻盐碱化荒漠、山坡、冲积扇、沟沿。蒙古及哈萨克斯坦有分布。

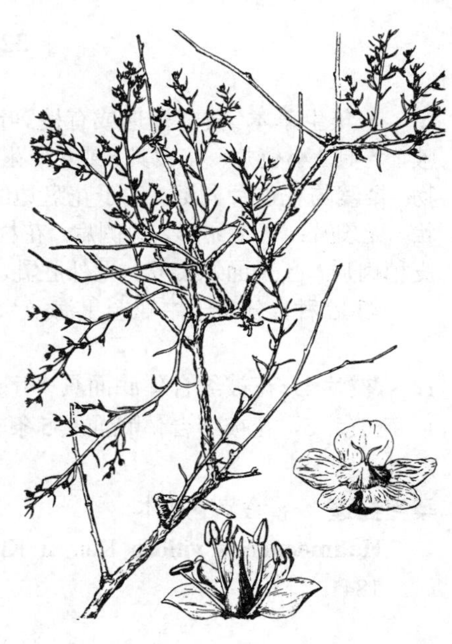

图 544 合头藜 （马 平绘）

31. 小蓬属 Nanophyton Less.

垫状亚灌木。叶互生，无柄，三角状卵形，革质，具膜质边缘，先端锐尖。花两性，单生叶（苞）腋，各具2小苞片。花被具5个分离的花被片，花被片膜质无脉，果时增大并变成革质，无附属物；雄蕊5，生于花盘裂片之间，花丝扁平，花药箭头状，先端具细尖附属物；子房卵形，背腹稍扁，花柱圆柱状，稍长于柱头；柱头2，外弯。胞果宽卵形，腹面凹，背面凸，果皮膜质，与种子贴生。种子直立，种皮膜质；胚螺旋状，无外胚乳。

2种。

小蓬 图 545

Nanophyton erinaceum (Pall.) Bunge in Mém. Acad. Sci. St. Pétersb. VII ser. 4(2): 51. 1862.

Polycnemum erinaceum Pall. Illustr. 58. t. 48. 1803.

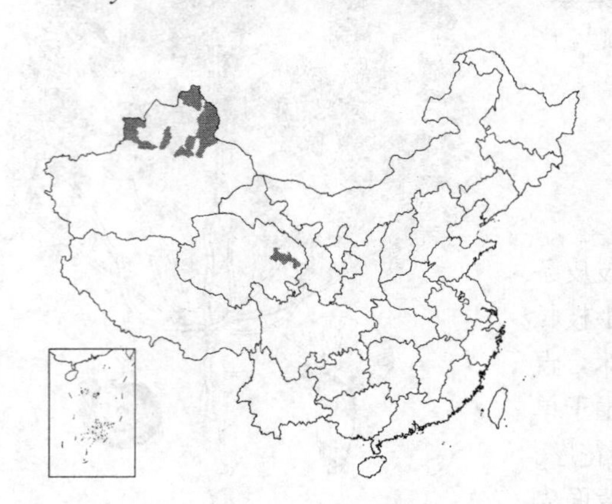

图 545 小蓬 (白建鲁绘)

植株半球形，高达25厘米。茎枝密集，灰褐至黑褐色；当年生枝长3-10厘米。叶长1.5-5毫米，先端钻状，背面有乳头状突起，基部半包茎，腋内具棉毛。花单生叶(苞)腋，常数朵在枝端组成短穗状花序；小苞片与苞片近同形。花被片外轮2片，内轮3片，果时长0.8-1.2厘米，麦秆黄色，互相包覆成扭曲圆锥体；花药长1.6-1.8毫米，先端附属物稍白色，花盘杯状，具5个稍肥厚半圆形裂片；花柱淡黄色，长约1.25毫米，柱头2，线形，稍短于花柱。胞果卵形，黄褐色。种子直立，长2-2.2毫米；胚平面螺旋形，黄绿色。花果期8-9月。

产新疆东部及北部，生于戈壁、山坡或干旱灰钙土地区。蒙古、哈萨克斯坦及俄罗斯西伯利亚地区有分布。优良牧草，骆驼喜食。

32. 盐蓬属 Halimocnemis C. A. Mey.

一年生草本。枝圆柱形或有棱。叶半圆柱状，互生，稍肉质，先端钝或具易脱落的短刺尖。花两性，单生叶(苞)腋，各具2小苞片。花被具5或4个花被片，花被片披针形，膜质，果时下部变硬并粘成坛状花被结合体，无附属物；雄蕊与花被片同数，生于花盘边缘，花丝丝形，扁平，花药长圆形，基部分离，先端具膀胱状附属物；花盘杯状，无裂片；子房卵形，两侧扁；花柱明显，柱头2。胞果，果皮膜质，与种子分离。种子直立，两侧扁，圆形，种皮稍肉质，胚平面螺旋状，无外胚乳。

约12种，分布于中亚至里海及黑海沿岸。我国3种。

1. 花被片4，花被结合体底面具＋字形凸棱；植株密被柔毛和具节长柔毛 ………………… **柔毛盐蓬 H. villosa**
1. 花被片5，花被结合体底面具5条辐射状凸棱；植株无具节长柔毛 ……………… (附). **长叶盐蓬 H. longifolia**

柔毛盐蓬 柔毛节节盐木 图 546

Halimocnemis villosa Kar. et Kir. in Bull. Soc. Nat. Mosc. 14: 434. 1841.

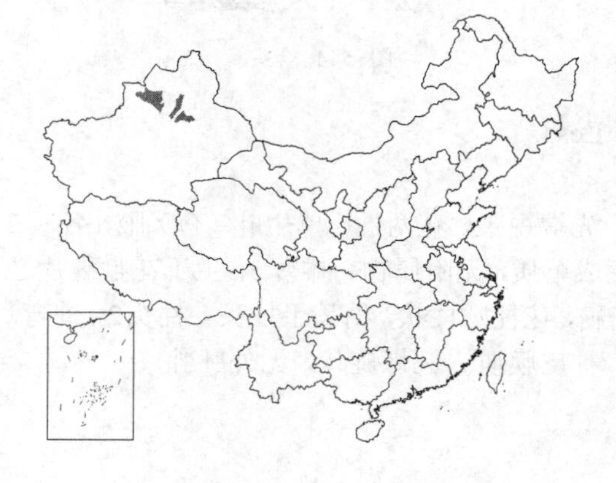

植株高达40厘米；密被柔毛和具节长柔毛。茎直立，粗壮，多分枝，枝斜升，有角棱。叶线形，半圆柱状，长2-3厘米，宽1-2毫米，开展，稍向上弧曲，先端具圆锥状刺尖，基部宽并下延。花单生叶(苞)腋；小苞片与叶同形而较短，基部具膜质边缘；花被片4，长4-6毫米，先端渐尖，背面有毛；果时花被结合体卵形，长4-5毫米，宽3-4毫米，底面具＋字形凸棱；雄蕊4，花药长约2.5毫米，先端附属物卵状长圆形，近无柄，较花药稍短稍宽，淡黄色；花柱长1.5-2毫米，柱头线形，先端稍膨大。胞果两侧扁，宽卵形，长约3毫米，宽约2.5毫米。花果期7-10月。

产新疆北部，生于戈壁。哈萨克斯坦有分布。

［附］**长叶盐蓬 Halimocnemis longifolia** Bunge in Acta Hort. Petrop. 4(2): 447. 1880. 本种与柔毛盐蓬的区别：植株无具节长柔毛；花被片5数，果时花被结合体底面具5条辐射状凸棱。花果期6-8月。产新疆北部，生于沙丘、湖滨沙地。哈萨克斯坦有分布。

图 546 柔毛盐蓬 （白建鲁绘）

33. 叉毛蓬属 Petrosimonia Bunge

一年生草本，常被绢状长柔毛。茎圆柱状，分枝。叶圆柱状、半圆柱状或条形，无叶柄，先端尖或渐尖。花两性，单生叶（苞）腋；小苞片舟状，彼此抱合。花被具2-5个花被片，花被片窄卵状披针形或椭圆形，膜质，无脉，无毛或背面近先端稍有毛，果时稍增大，下半部变革质，无附属物；雄蕊1-5，生于盘状花盘边缘，花丝线形，扁平，花药长圆形或基部叉开，外伸，药隔成冠状厚实体；退化雄蕊不明显；子房宽卵形，背腹扁，柱头2，丝状，花柱明显。胞果，果皮膜质，顶面稍肥厚，与种皮分离。种子直立，背腹扁，种皮膜质；胚平面螺旋状，无外胚乳。

约11种，分布于中亚及西亚。我国3种。

1. 分枝和叶均对生；花被具5花被片 ………………………………………………………… 叉毛蓬 **P. sibirica**
1. 分枝和叶在茎上部互生，在下部对生；花被具3花被片 ………………………… （附）. **粗糙叉毛蓬 P. squarrosa**

叉毛蓬 图 547

Petrosimonia sibirica (Pall.) Bunge, Anab. Rev. 60. 1862.

Polisnemum sibiricum Pall. Illust. 61. 1803.

茎高达40厘米；密被柔毛；分枝对生，斜升。叶对生，条形，半圆柱状，长1-3.5厘米，宽1-1.5毫米，常稍镰状，上面平或微凹，先端渐尖，基部稍宽，宽处果时常变成壳质。小苞片具膜质边缘，先端钻状外弯；花被片5，透明膜质，外轮3片椭圆状卵形，内轮2片披针形，先端长渐尖，与小苞片等长或稍短，背面近先端有毛，果时近革质；雄蕊5，花丝较花被长约1倍；花药紫红或桔红色，长约2.5毫米，先端冠状附属物具2齿；柱头与花柱近等长。胞果宽卵形，淡黄色，果皮上半部稍肥厚。种子近圆形，径约1.5毫米。花果期 7-9月。

图 547 叉毛蓬 （张泰利绘）

产新疆北部，生于戈壁、盐土荒漠或干山坡。中亚、西伯利亚地区有分布。

［附］**粗糙叉毛蓬 Petrosimonia squarrosa** (Schrenk) Bunge, Anab. Rev. 57. 1862. ——*Halimocnemis squarrosa* Schrenk in Bull. Phys.-Math. Acad. Sci. St. Pétersb. 1: 360. 1843. 本种与叉毛蓬的区别：茎上部的枝和叶互生；花被具3个花被片。产新疆北部，生于冲积平地、戈壁或沟沿。哈萨克斯坦及高加索有分布。

34. 假木贼属 **Anabasis** Linn.

亚灌木。木质茎多分枝或成瘤状茎基；枝对生，当年生枝绿色，具关节，无毛或有乳头状突起。叶对生，肉质，半圆柱状、钻状或鳞片状，先端有时刺尖，基部合生，腋部常有绵毛。花两性，单生，稀簇生叶(苞)腋，每花具2小苞片；小苞片舟状，常短于花被。花被具5个膜质花被片，外轮3片，内轮2片，果时花被片背面中部具翅状附属物，或仅外轮3片具附属物，稀无附属物；雄蕊5，生于花盘上，花丝钻状，稍扁，花药长圆状心形，先端钝或具细尖；花盘杯状，边缘具5个与雄蕊相间的裂片(退化雄蕊)；柱头2，花柱不明显。胞果，果皮肉质。种子直立，背腹稍扁；胚螺旋状，无外胚乳。

约30种，分布于西伯利亚、中亚、地中海沿岸及欧洲。我国8种。

1. 木质茎多分枝。
  2. 花被片果时具翅状附属物。
    3. 叶半圆柱状，先端具刺尖；花盘裂片半圆形 …………………………………………… 1. **短叶假木贼 A. brevifolia**
    3. 叶不明显或三角形鳞片状，先端无刺尖；花盘裂片宽线形 ……………………… 2. **无叶假木贼 A. aphylla**
  2. 花被片果时无翅状附属物 …………………………………………………………………………… 3. **盐生假木贼 A. salsa**
1. 木质茎成瘤状茎基 ……………………………………………………………………………………… 4. **白垩假木贼 A. cretacea**

1. 短叶假木贼　　图 548 彩片 154

Anabasis brevifolia C. A. Mey. in Ledeb. Ic. Pl. Fl. Ross. 1: 10. t.23. 1829.

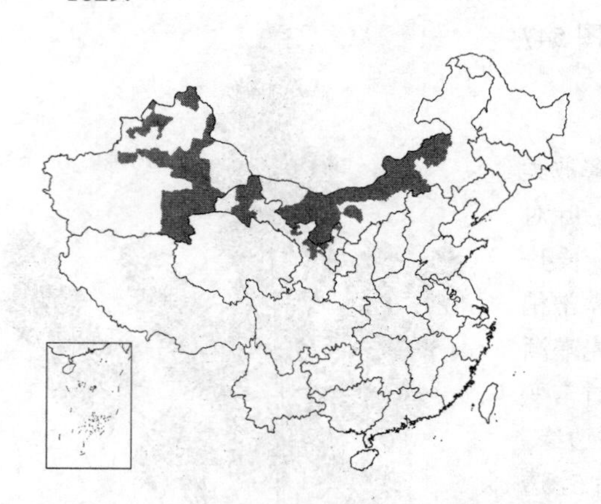

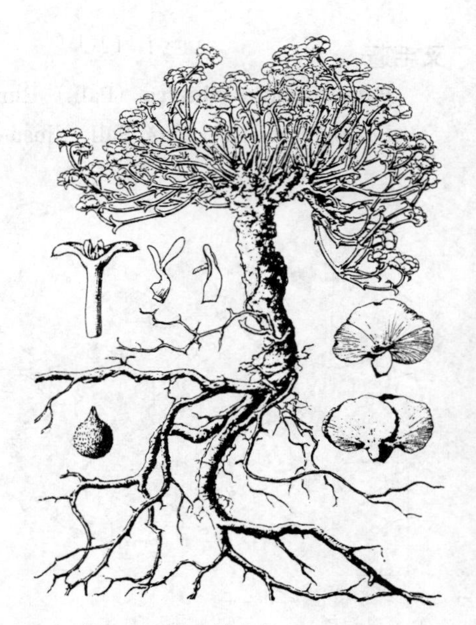

图 548 短叶假木贼 (张海燕绘)

植株高达20厘米。木质茎极多分枝，呈丛生状；小枝灰白色，常具环状裂隙；当年生枝黄绿色，大多成对生于小枝顶端，具4-8节间，不分枝或稍分枝。叶半圆柱状，长3-8毫米，开展并向下弧曲，先端有半透明刺尖。花单生叶腋，有时2-4花簇生短枝；小苞片短于叶，腹面凹，具膜质边缘。花被片卵形，长约2.5毫米；翅状附属物杏黄或紫红色，稀暗褐色，外轮3个花被片的翅肾形或近圆形，内轮2个花被片的翅圆形或倒卵形；花盘裂片半圆形，带橙黄色；花药长0.6-0.9毫米，先端尖；子房常有乳头状小突起，柱头稍外弯，内侧面有乳头。胞果黄褐色。种子卵形或宽卵形，长1.5-2毫米。花期7-8月。果期9-10月。

产内蒙古、宁夏、甘肃西部及新疆，生于戈壁、冲积扇或干旱山坡。蒙古、哈萨克斯坦及俄罗斯西西伯利亚地区有分布。

2. 无叶假木贼　　图 549 彩片 155

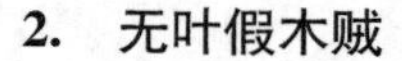

Anabasis aphylla Linn. Sp. Pl. 223. 1753.

植株高达60厘米。木质茎多分枝，小枝灰白色，常具环状裂隙，当年生枝鲜绿色，分枝或不分枝，直立或斜上，节间多数，圆柱状，长0.5-1.5厘米。叶不明显或三角形鳞片状，先端无刺尖。花1-3朵腋生，于枝端集成穗状花序；小苞片短于花被，边缘膜

质。外轮3个花被片近圆形，果时背面下方具翅，翅膜质，扇形或肾形，淡黄或粉红色，直立；内轮2个花被片椭圆形，果时无翅或具较小的翅；花盘裂片宽线形，顶缘具细齿。胞果果皮肉质，暗红色，无毛。种子近球形，径1.5-2毫米。花期8-9月，果期10月。

产新疆及甘肃西部，生于砾石洪积扇、戈壁、沙丘间或山坡。西伯利亚、中亚至欧洲有分布。当年枝含生物碱，主要成分为毒藜碱，有杀虫作用。

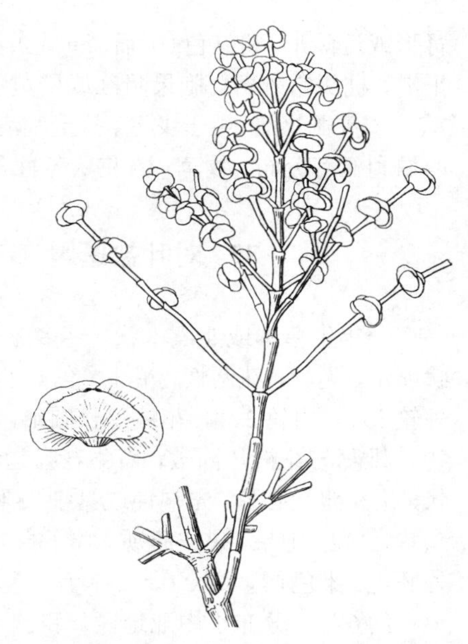

图 549 无叶假木贼 (仿《中国北部植物图志》)

3. 盐生假木贼 图 550 彩片 156

Anabasis salsa (C. A. Mey.) Benth. ex Volkens in Engl. u. Prantl, Nat. Pflanzenfam. 3. 1a: 87. 1893.

Brchylepis salsa C. A. Mey. in Ledeb. Fl. Alt. 1:372. 1829.

植株高达20厘米。木质茎多分枝，灰褐至灰白色；当年生枝多数，具5-10节间，上部有分枝；节间圆柱状或稍有棱，长0.6-2厘米，无毛。中下部叶条形，半圆柱状，长2-5毫米，开展并外曲，先端具易脱落的半透明刺尖，上部叶鳞片状，三角形，先端稍钝。花单生叶腋，于枝端集成短穗状花序；小苞片稍肉质，具膜质边缘。花被片长1.5-2毫米，外轮3片近圆形，内轮2片宽卵形，先端钝，果时背面均无翅状附属物；花盘裂片不显著或稍呈半圆形；子房无毛，柱头黑褐色。胞果黄褐或稍带红色，顶端外露。花果期8-10月。

产新疆北部，生于戈壁或盐碱荒漠。蒙古、哈萨克斯坦、西伯利亚及高加索有分布。

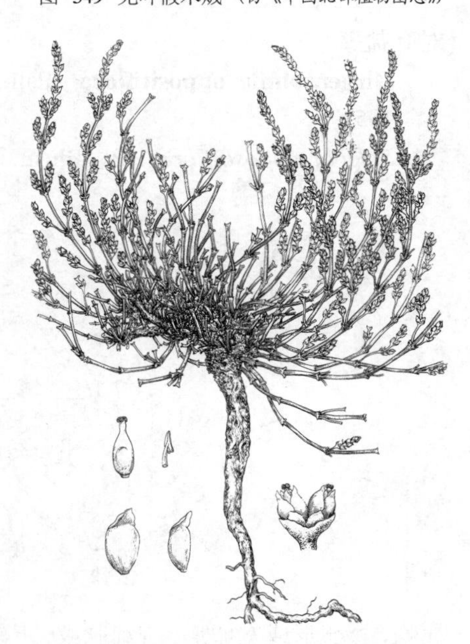

图 550 盐生假木贼 (白建鲁绘)

4. 白垩假木贼 图 551

Anabasis cretacea Pall. Reise 1: 442. 493. 1771.

植株高达15厘米，茎成瘤状茎基，褐色至暗褐色，密被绒毛。根粗壮，径达3厘米。当年生枝多条，发自茎基，黄绿色，直立，不分枝，具5-8节间，节间近圆柱形，径2-3毫米，无毛，有时具斑痕。叶鳞片状，长1-2毫米，先端钝，无刺尖，边缘膜质。花单生叶腋；小苞片近圆形，先端稍锐。花被片外轮3片宽椭圆形，内轮2片较窄，果时常仅外轮3片具翅，翅膜质，

肾形或近圆形，粉红色(干后淡黄色)；花盘裂片宽线形，顶端具细齿；子房平滑，柱头常外弯。胞果暗红或橙黄色，长2-2.5毫米。花果期8-10月。

产新疆北部，生于戈壁、盐土荒漠或干旱山坡。欧洲、中亚及俄罗斯西西伯利亚有分布。牧草，骆驼秋冬喜食。

图 551 白垩假木贼 (白建鲁绘)

35. 对叶盐蓬属 Girgensohnia Bunge

一年生草本或亚灌木状。茎多分枝；枝对生，具关节。叶对生，三角状卵形，无柄。花两性，单生（苞）叶腋，具2小苞片。花被具5个花被片，外轮3片，内轮2片，花被片长圆形，1脉，果时背面近先端具1翅状附属物；雄蕊与花被片同数，着生花盘边缘，花盘边缘具5个浅裂片，花丝钻状，花药卵状心形，先端钝或具细尖附属物；子房背腹扁，花柱很短，柱头头状，2裂。胞果，果皮膜质。种子直立，背腹扁，种皮膜质；胚螺旋状，无外胚乳。染色体基数x=9。

约6种，分布于中亚地区。我国1种。

对叶盐蓬 图 552

Girgensohnia oppositiflora (Pall.) Fenzl in Ledeb. Fl. Ross. 3: 836. 1851.

Salsola oppositiflora Pall. Illustr. 35. t. 27. 1803.

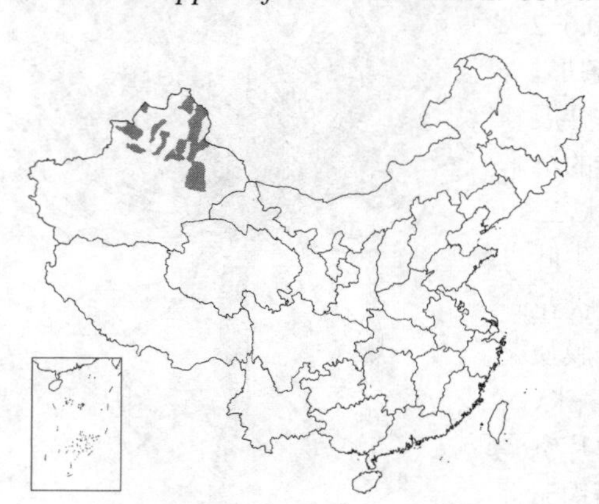

一年生草本，高达40厘米。茎直立；枝对生，斜伸，绿色或带紫红色，被糙硬毛，节间长 0.5-1.5 厘米，有肋棱。叶对生，卵状三角形，长0.5-1厘米，先端钻状具刺尖，被硬毛，边缘膜质。花遍生叶腋；小苞片舟状，稍短于花被，先端锐尖。花被片长圆状披针形，膜质，果时稍增大并加厚，外轮3片背面具翅状附属物，翅卵形或宽卵形，有细脉纹，近轴翅直立，远轴翅常弯垂；花药先端具细尖附属物。胞果背腹扁，卵形或长圆状卵形，长2-2.5毫米，果皮膜质，黄褐色，无毛，与种皮分离。种皮膜质，胚绿色。花果期8-10月。染色体2n=18。

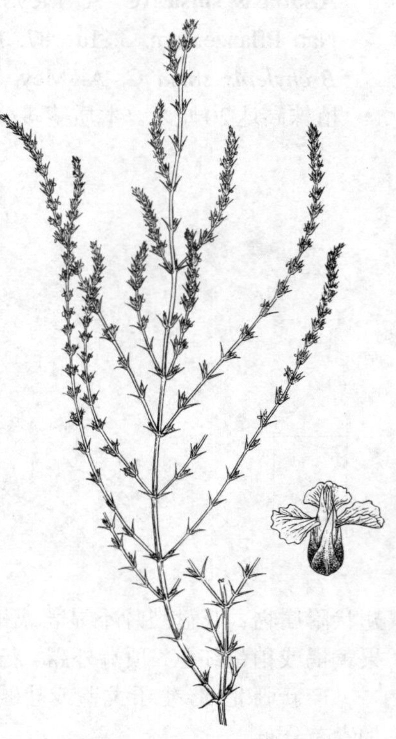

图 552 对叶盐蓬 (白建鲁绘)

产新疆，生于戈壁、荒漠或干山坡。哈萨克斯坦及伊朗有分布。

36. 梭梭属 Haloxylon Bunge

灌木或小乔木，除叶腋具棉毛外，余无毛。枝对生，一年生枝绿色，具关节。叶对生，鳞片状，或几无叶，先端钝或具短芒尖。花两性，单生于二年生枝生出的侧生短枝叶腋，具2小苞片；花被具5个离生花被片，纸质或膜质，内面基部常具蛛丝状毛，果时花被片背面上方具1横的翅状附属物，翅状附属物膜质，平展，具纵脉纹；雄蕊5，着生于不甚明显的杯状花盘上，花药椭圆形，无附属物；子房基部埋入花盘内，柱头2-5，花柱极短。胞果，半球形，顶部微凹，果皮膜质，与种子贴伏。种子横生，胚螺旋形，绿色，无外胚乳。

约11种，分布于地中海沿岸至中亚。我国2种。

1. 叶先端无芒尖 ………………………………………………………………………… 1. 梭梭 **H. ammodendron**
1. 叶先端具芒尖 ………………………………………………………………………… 2. 白梭梭 **H. persicum**

1. 梭梭　图553 彩片157

Haloxylon ammodendron (C. A. Mey.) Bunge in Ledeb. Fl. Ross. 3: 820. 1851.

Anabasis ammodendron C. A. Mey. in Ledeb. Fl. Alt. 1: 375. 1829.

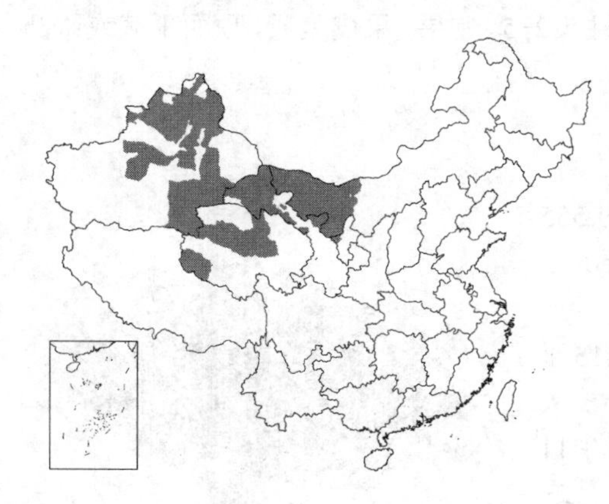

灌木或小乔木，高达9米；树皮灰白色。木材坚脆。老枝灰褐或淡黄褐色，常具环状裂隙；当年生枝细瘦，斜升或弯垂，节间长0.4-1.2厘米，径约1.5毫米。叶鳞片状，宽三角形，稍开展，先端钝，无芒尖。花着生于二年生枝条的侧生短枝上；小苞片舟状，与花被近等长，具膜质边缘；花被片矩圆形先端钝，背面先端下1/3处生翅状附属物；翅状附属物肾形至矩圆形，宽5-8毫米，斜伸或平展，边缘波状或啮蚀状，基部心形或楔形；花被片翅上部稍内曲并抱果，花盘不明显。胞果黄褐色。种子黑色，径约2.5毫米；胚盘陀螺状，暗绿色。花期5-7月，果期9-10月。染色体2n=18。

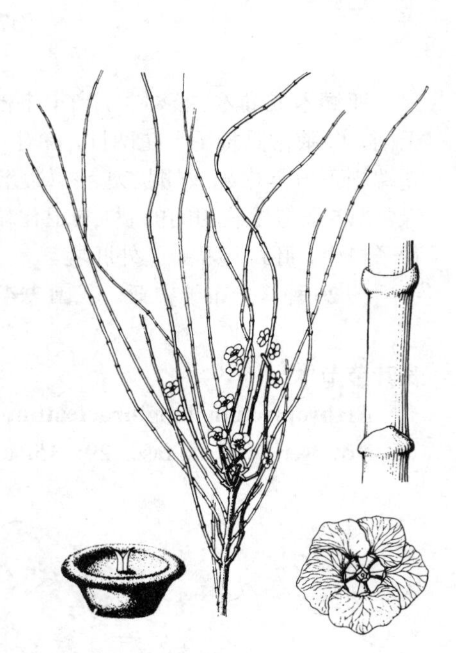

图 553 梭梭 （张荣生绘）

产新疆、甘肃西部、青海、宁夏西部及内蒙古，生于沙丘、盐碱荒漠、戈壁或河边沙地。中亚及西伯利亚有分布。

2. 白梭梭　图554 彩片158

Haloxylon persicum Bunge ex Boiss et Buhse in Nouv. Mem. Soc. Nat. Moscou 12: 189. 1860.

灌木或小乔木，高达7米；树皮灰白色。老枝灰褐至淡黄褐色，常具环状裂隙，当年生枝弯垂，节间长0.5-1.5厘米，径约1.5毫米。叶鳞状，三角形，先端具芒尖并贴伏于枝。花着生于二年生枝条的侧生短枝上；小苞片舟状，卵形，与花被等长，具膜质边缘。花被片倒卵形，果时背面先端之下1/4处具翅状附属物，翅状附属物扇形或近圆形，宽4-7毫米，淡黄色，脉不明显，基部宽楔形或圆形，边缘微波状或近全缘；花盘不明显。胞果淡黄褐色。种子径约2.5毫米；胚盘陀螺状。花期5-6月，果期9-10

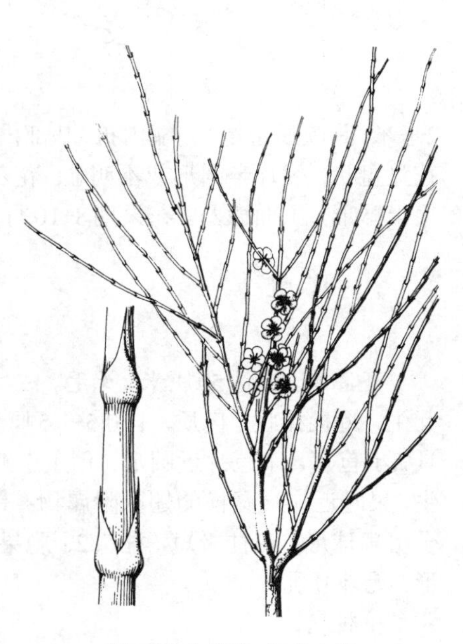

图 554 白梭梭 （张荣生绘）

月。染色体2n=18。

产新疆北部，生于沙丘。产区用于固沙造林，甘肃、宁夏、内蒙古沙区有引种栽培。哈萨克斯坦、阿富汗及伊朗有分布。木材坚脆，发火力强。嫩枝供骆驼、羊饲料。

37. 节节木属 **Arthrophytum** Schrenk

亚灌木或灌木。枝对生，当年生枝具关节。叶对生，肉质，半圆柱状或棍棒状，稀钻状或鳞片状，先端常刺尖，无柄，叶腋常具棉毛。花两性，单生叶(苞)腋，具 2小苞片。花被近球形，具5个离生花被片，果时花被片背面先端稍下方具横翅或翅状突起；雄蕊5，着生于花盘边缘，花丝钻状，稍扁，花药卵状心形；花盘杯状或盘状，边缘常具5个与雄蕊相间的裂片（退化雄蕊）；花柱极短，顶端稍缢缩，柱头2-5。胞果，果皮膜质，顶面平截或微凸。种子横生，胚螺旋状，无外胚乳。

约20种，分布于中亚。我国3-4种。

长叶节节木 图 555

Arthrophytum longibracteatum Korov. in Acta Univ. Asiae Mediae Nov. ser. VIII-b. fasc. 29：15. t. 2. f. a-g. 1935.

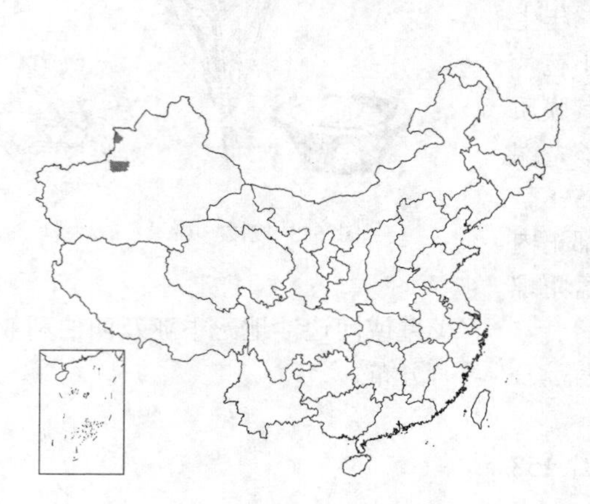

垫状亚灌木，高达15厘米。木质茎极多分枝，小枝灰白色；当年生枝常成对生自小枝顶端，长3-5厘米，具2-4节间，不分枝或具1节间的对生短枝，节间圆柱状，密生乳头状突起。叶半圆柱状，长4-8毫米，平展或斜伸，密生乳头状突起，先端具短尖头，基部稍宽下延。小苞片与叶近同形但较短，常较花被长1倍；花被片宽椭圆形，宽1.5-2毫米，具膜质边缘，先端内折，基部内侧有棉毛，果时背面具短翅状突起；花盘盘状，裂片半圆形或不明显；花药卵形；柱头头状，2浅裂，黑色。胞果半球形，上面微凸。花果期8-10月。

图 555 长叶节节木 （白建鲁绘）

产新疆南部，生于阳坡。哈萨克斯坦东部有分布。

38. 戈壁藜属 **Iljinia** Korov.

亚灌木，高达50厘米，无毛。枝互生，无关节，老枝灰白色常具环形裂隙；当年生枝圆柱形，腋间有绵毛。叶互生，近棍棒状，肉质，长0.5-1.5厘米，宽1.5-2.5毫米，斜伸，直或稍向上弧曲。花两性，单生叶(苞)腋，每花具2小苞片，小苞片近圆形，稍短于花被，背面中部肥厚。花被球形，稍背腹扁，花被片5，圆形或宽椭圆形，离生，果时近先端具横的翅状附属物；具花盘，雄蕊5，着生于花盘边缘，花丝丝形，花药卵形，先端具细尖附属物；子房扁球形，花柱极短，柱头2。胞果，顶面平或微凹，果皮稍肉质。种子横生，种皮膜质；顶基扁；胚平面螺旋形，无外胚乳。

单种属。

戈壁藜 图 556 彩片 159

Iljinia regelii（Bunge）Korov. in Fl. URSS 6：878，309. 1936.

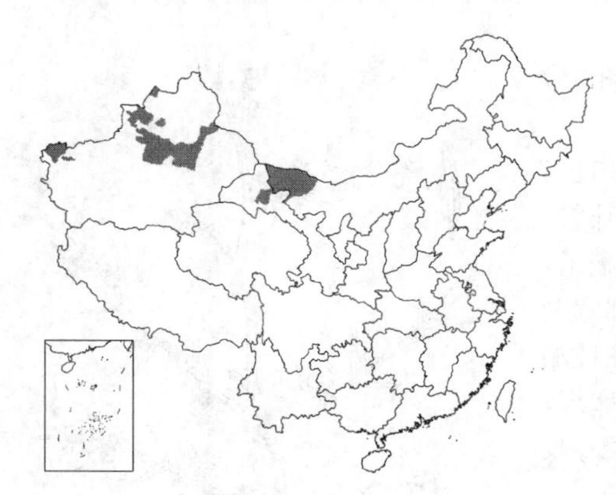

Haloxylon regelii Bunge in Bull. Acad. Sci. St. Pétersb. 25：368. 1879.

形态特征同属。花果期7-9月。

产新疆、甘肃及内蒙古西端，生于砾石戈壁、洪积扇、沙丘及干旱山坡。蒙古及哈萨克斯坦有分布。

图 556 戈壁藜 （马 平绘）

39. 猪毛菜属 Salsola Linn.

一年生草本或灌木，植株被糙硬毛或柔毛。枝互生，无关节。叶互生或在短枝上簇生，无柄，圆柱形或半圆柱形，基部常宽，有时下延。花两性，每花具2小苞片。花被圆锥形，花被具5个离生花被片，外轮3片，内轮2片，膜质，果时变硬并由背面中部生出1膜质具细脉纹的翅状附属物；雄蕊5，花丝扁，钻状或线形；花药长圆形；子房顶基扁，柱头2，内面有乳头。胞果，果皮膜质或稍肉质。种子常横生，胚螺旋状，无外胚乳。染色体基数x=9。

约50种，主要分布于欧亚大陆及非洲，少数种产北美洲。我国约25种。

1. 灌木或亚灌木。
  2. 叶基部缢缩成柄状；植株无毛。
    3. 果时花被片翅以上部分稍反折呈莲座状；小苞片长于或等长于花被 ………… 1. **木本猪毛菜 S. arbuscula**
    3. 果时花被片翅以上部分不反折，紧贴果或聚集成圆锥体；小苞片短于花被。
      4. 叶单生；花序圆锥状 ………… 2. **天山猪毛菜 S. junatovii**
      4. 叶簇生短枝；花序穗状。
        5. 花被果时径 5-7 毫米；花被片翅以上部分不呈圆锥体 ………… 3. **蒿叶猪毛菜 S. abrotanoides**
        5. 花被果时径 0.8-1.1 厘米；花被片翅以上部分聚集成圆锥体 ………… 4. **松叶猪毛菜 S. laricifolia**
  2. 叶基部不缢缩；植株被毛。
    6. 植株毛被贴伏；具球形短枝 ………… 5. **珍珠猪毛菜 S. passerina**
    6. 植株毛被不贴伏；无球形短枝 ………… 5(附). **准葛尔猪毛菜 S. dschungarica**
1. 一年生草本。
  7. 植株被柔毛；叶先端无刺尖 ………… 6. **小药猪毛菜 S. micranthera**
  7. 植株被短糙毛或近无毛；叶先端具短刺尖。
    8. 花被片果时背面无翅或具不规则翅突。
      9. 植株无毛；苞叶不贴向轴 ………… 7. **无翅猪毛菜 S. komarovii**
      9. 植株被乳头状突起或糙硬毛；苞叶贴向轴 ………… 8. **猪毛菜 S. collina**
    8. 花被片果时背面具明显的翅。
      10. 花被片翅以上部分集成圆锥体。
        11. 茎和枝绿色；花被翅以上部分圆锥体的先端膜质 ………… 9. **薄翅猪毛菜 S. pellucida**

11. 茎和枝黄褐色；花被翅以上部分圆锥体的先端针刺状 ………………… 9(附). **长刺猪毛菜 S. paulsenii**
10. 花被片翅以上部分膜质，不聚集成圆锥体 ……………………………………………… 10. **刺沙蓬 S. ruthenica**

1. 木本猪毛菜 图 557

Salsola arbuscula Pall. Reise 1: 488. 1771.

灌木，高达1米。枝开展，老枝淡灰褐色，有纵裂纹，小枝平滑，白色。叶互生或簇生短枝，半圆柱形，长1-3厘米，宽1-2毫米，无毛，先端钝或尖，基部宽并缢缩。花常单生叶腋，在枝端组成穗状花序；小苞片卵形，先端尖，基部具膜质边缘，长于花被或与花被近等长。花被片长圆形，先端具小尖头，翅状附属物3个较大，半圆形，2个较窄，果时花被径0.8-1.2厘米，花被片翅上的部分向中央聚集但先端膜质并反折成莲座状，花药附属物窄披针形，先端尖；柱头钻状，长为花柱2-4倍。种子横生。花果期7-10月。

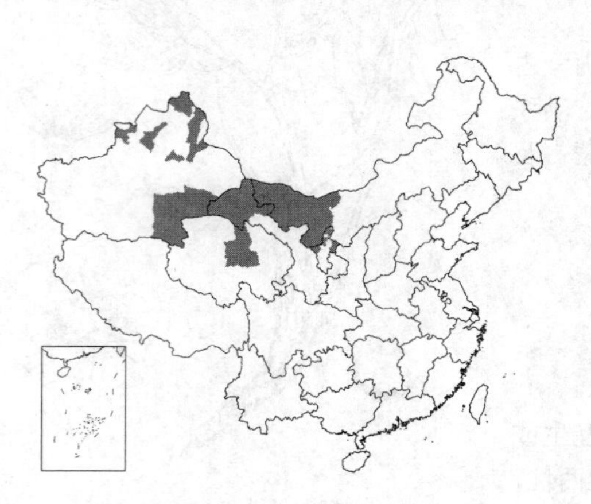

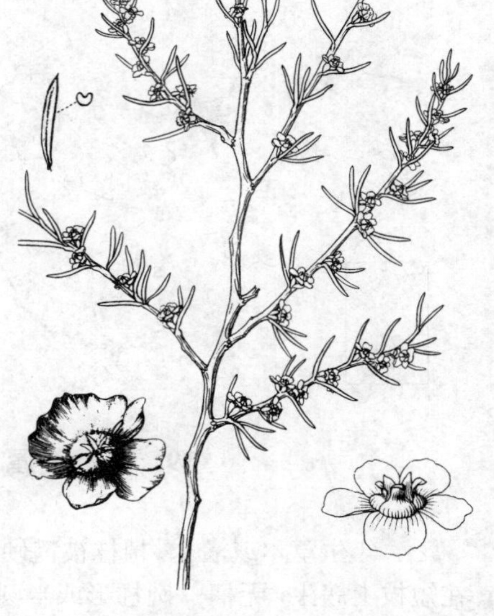

图 557 木本猪毛菜 （马 平绘）

产新疆、青海、甘肃西部、宁夏及内蒙古，生于戈壁、砾质荒漠、半荒漠、石质山坡及干旱山麓。蒙古、哈萨克斯坦及伊朗有分布。

2. 天山猪毛菜 图 558

Salsola junatovii Botsch. in Not. Syst. Herb. Inst. Kom. Acad. Sci. URSS 22: 105. 1963.

亚灌木，高达50厘米。老枝灰褐色，小枝苍白色，叶半圆柱状，长1-2.5厘米，宽1.5-2.5毫米，稍弯曲，先端钝具小尖头，基部宽，微下延。花单生苞腋，在茎和枝的上部集成穗状圆锥花序；苞片与叶同形；小苞片宽三角形或宽卵形，长约2.5毫米，宽约2毫米，中部稍肥厚，边缘膜质；花被片5，卵状长圆形或宽卵形，长3-3.5毫米，稍不等大，膜质，先端钝，果时变硬，翅状附属物深褐色，外轮3个花被片的翅较大，半圆形，内轮2个花被片的翅长圆形，径8-9毫米，花被片翅上部分聚集成钝圆锥体；雄蕊5，花药线状披针形，长约2毫米，先端具小尖头状附属物；柱头钻状，长为花柱2-3倍。花期8-9月，果期9-10月。

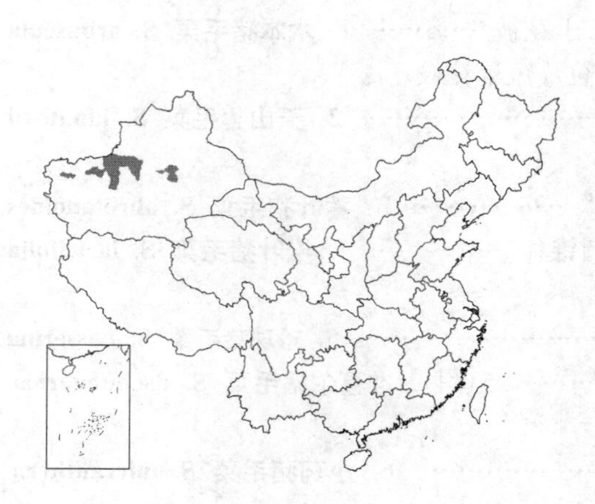

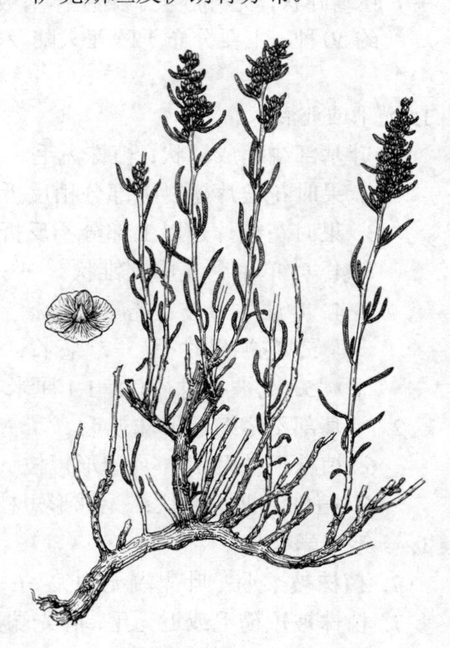

图 558 天山猪毛菜 （白建鲁绘）

产新疆，生于干旱山坡或砾石荒漠。

3. 蒿叶猪毛菜 图 559 彩片 160

Salsola abrotanoides Bunge in Bull. Acad. Sci. St. Pétersb. 25: 366. 1879.

亚灌木，高达40厘米。老枝灰褐色，有纵裂纹；一年生枝草质，密集，黄绿色，有细条棱，密生小突起，粗糙。叶半圆柱状，互生，老枝之叶簇生短枝顶端，长1-2 厘米，宽1-2毫米，先端钝或有小尖头，基部宽并缢缩。花常单生叶腋，在小枝上组成稀疏穗状花序；小苞片窄卵形，短于花被。花被片卵形，稍肉质，先端钝，翅状附属物黄褐色，3个较大，半圆形，2个倒卵形，果时径5-7毫米，花被片翅上部分稍肉质，先端钝，贴向果；花药附属物极小；柱头钻状，长为花柱2倍。种子横生。花果期7-8月，果期8-9月。

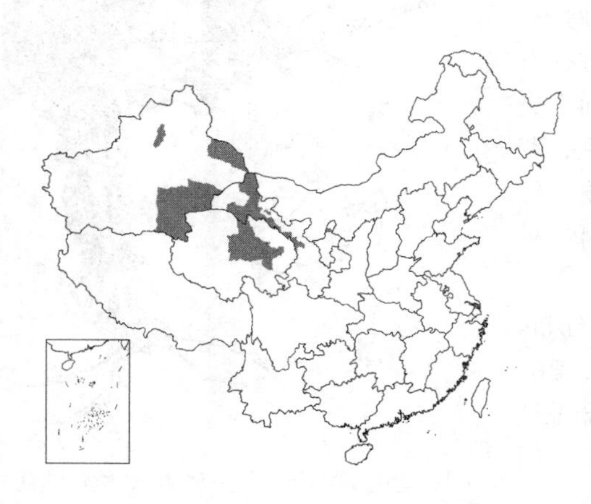

图 559 蒿叶猪毛菜 （仿《中国植物志》）

产新疆、青海及甘肃西部，生于山坡、山前洪积扇或多石河滩。蒙古有分布。为固沙植物。种子可榨油，供工业用。

4. 松叶猪毛菜 图 560 彩片 161

Salsola laricifolia Turcz. ex Litv. Herb. Fl. Ross. 49: 2443. 1913.

灌木，高达90厘米；多分枝。老枝黑褐至深褐色，有浅裂纹。小枝苍白色，无毛或有小突起。叶半圆柱状，长1-2厘米，宽1-2 毫米，肥厚，黄绿色，先端钝或尖，基部宽不下延。花常单生叶腋，在枝端集成穗状花序；小苞片宽卵形，稍肉质，绿色，先端尖，两侧具膜质边缘。花被片窄卵形，先端钝，果时稍硬化，翅状附属物3个较大，肾形，2个圆形或倒卵形，果时径0.8-1.1厘米，花被片翅上部分向中央聚集成圆锥体；花药附属物尖；柱头钻状，长为花柱2倍。花期6-8月，果期8-9月。

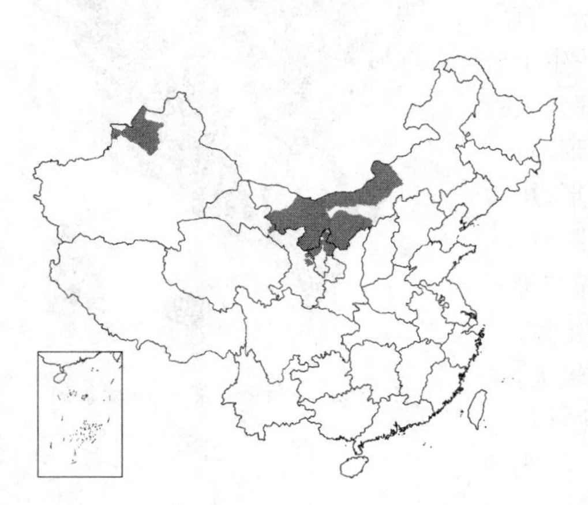

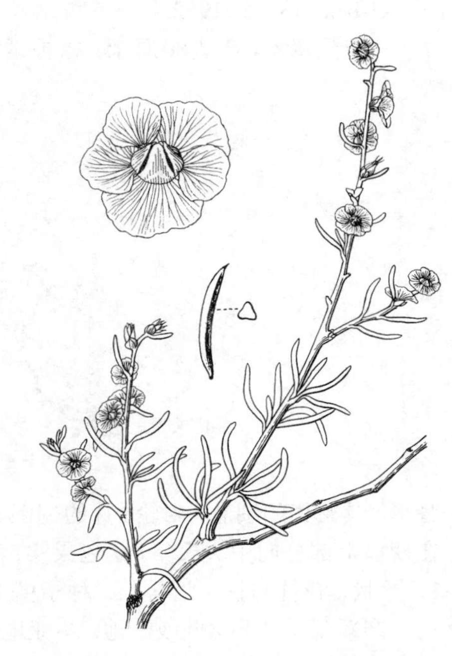

图 560 松叶猪毛菜 （仿《中国植物志》）

产新疆北部、内蒙古、甘肃及宁夏，生于山坡、沙丘或砾石荒漠、半荒漠。蒙古及中亚地区有分布。

5. 珍珠猪毛菜 珍珠 图 561 彩片 162

Sasola passerina Bunge in Linnaea 17: 4. 1843.

亚灌木，高达30厘米，全株密被贴伏毛被物。木质茎枝灰褐色；一年生枝带淡黄色，具多数球形短枝。叶锥形或三角形，长2-3毫米，宽约2毫米，先端尖，基部宽。花常单生叶

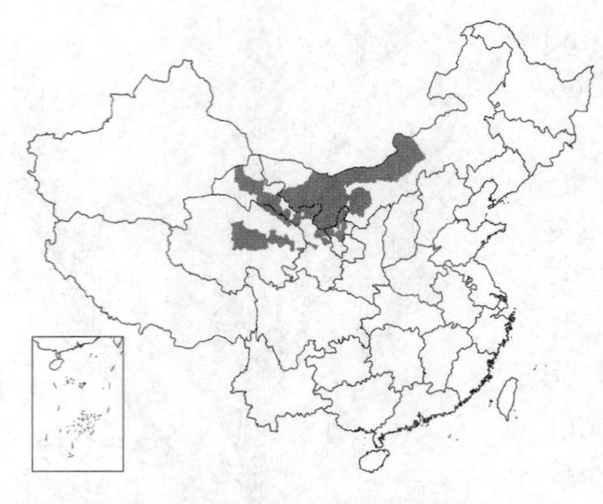

腋，在枝条上部组成穗状花序；小苞片宽卵形，先端尖，两侧边缘膜质。花被片窄卵形，稍肉质，翅状附属物黄褐或淡紫红色，3个较大，肾形，2个较小，倒卵形，果时径7-8毫米，花被片翅上部向中央聚集成圆锥体，稍有毛；花药长圆形，花药附属物披针形，先端极尖；柱头丝状。种子横生或直立。花期7-8月，果期8-9月。

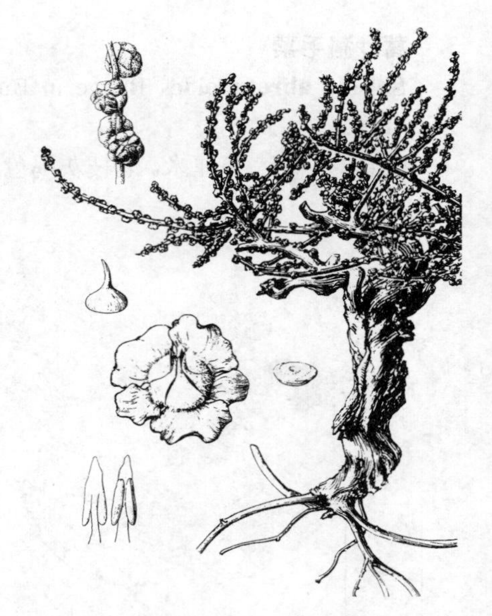

图 561 珍珠猪毛菜（仿《内蒙古植物志》）

产甘肃、宁夏、青海及内蒙古，生于山坡或砾石冲积扇。蒙古有分布。

［附］准噶尔猪毛菜 **Salsola dschungarica** Iljin in Acta Inst. Bot. Acad. Sci.URSS ser.1, 2: 129. 1936. 本种与珍珠猪毛菜的区别：植株毛被不贴伏；枝无球形短枝。花期8-9月，果期9-10月。产新疆北部，生于山坡及戈壁。中亚有分布。

6. 小药猪毛菜 图 562 彩片 163

Salsola micranthera Botsch. in Not. Syst. Herb. Inst. Acad. Sci. Uzbek. 13: 5. 1952.

一年生草本，高达80厘米；密被柔毛；茎直立，极多分枝，枝斜伸，白色。叶半圆柱形，灰绿色，长1-1.5厘米，径1.5-2毫米，先端钝，基部稍宽，不下延，有长柔毛，叶片常早落。花生于茎和枝的上部，组成穗状大型圆锥花序；苞片宽卵形，具膜质边缘，小苞片近圆形，短于花被。花被片5，长圆形，草质，边缘膜质，有稀疏缘毛，果时自背面中上部生翅，外轮3片的翅状附属物较大，肾形，具密集的细脉，内轮2片的翅倒卵形，花被果时径5-7毫米，花被片在翅以上部分向中央聚集，紧包果实；花药窄长圆形，长约0.5毫米；柱头2，丝状，花柱与柱头近等长。种子横生。花期7-9月，果期9-10月。

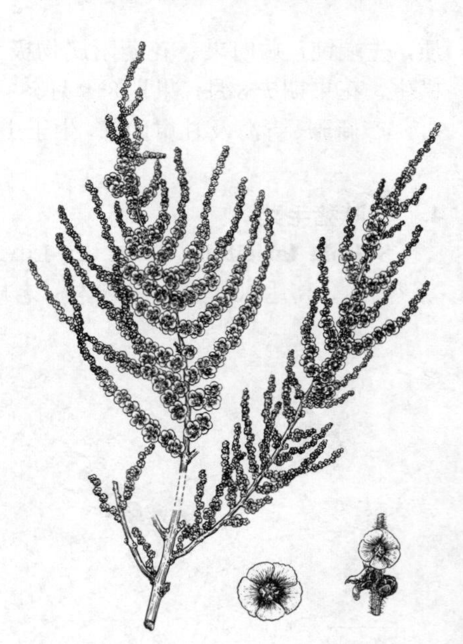

图 562 小药猪毛菜（白建鲁绘）

产新疆，生于戈壁或沙地。中亚地区有分布。

7. 无翅猪毛菜 图 563

Salsola komarovii Iljin in Journ. Bot. URSS 18: 276. 1933.

一年生草本，高达50厘米。茎直立，基部分枝，无毛；枝伸展，具色条。叶互生，半圆柱形，平伸或稍向上斜伸，长2-5厘米，径2-3毫米，先端有小尖头，基部宽，稍下延，具膜质边缘。花常2朵生于腋生短枝，每花具1苞片和2小苞片，小苞片短于苞片，窄卵形，先端有小尖头，果时苞片

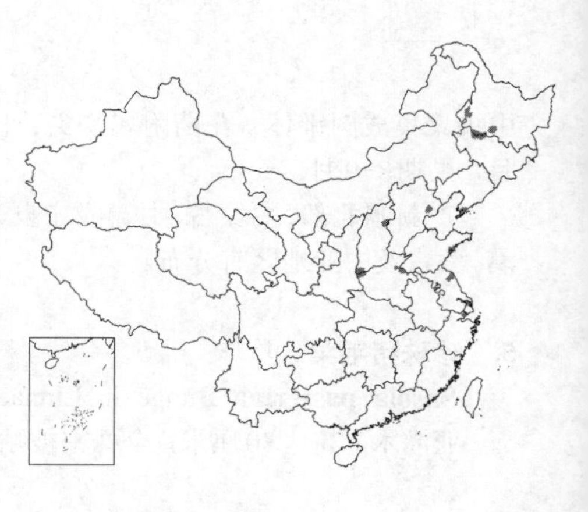

和小苞片增厚，紧包花被。花被片5，窄长圆形，无毛，果时革质，无翅状附属物，具篦齿状突起，突起以上部分内折，先端膜质并聚集成短圆锥体；花柱长约0.8毫米，柱头丝状，长约1.5毫米。胞果倒卵形，径2-2.5毫米。花期7-9月，果期8-9月。染色体2n=36。

产黑龙江、吉林、辽宁、河北、山西、河南、山东、江苏及浙江北部，生于海滨或河滩。朝鲜、日本及俄罗斯远东地区有分布。

图 563 无翅猪毛菜 （引自《内蒙古植物志》）

8. 猪毛菜 图 564

Salsola collina Pall. Illustr. 34. t. 26. 1803.

一年生草本，高达1米；疏生短硬毛。茎直立，基部分枝，具绿色或紫红色条纹；枝伸展，生短硬毛或近无毛。叶圆柱状，条形，长2-5厘米，宽0.5-1.5毫米，先端具刺尖，基部稍宽并具膜质边缘，下延。花单生于枝上部苞腋，组成穗状花序；苞片卵形，紧贴于轴，先端渐尖，背面具微隆脊，小苞片窄披针形。花被片卵状披针形，膜质，果时硬化，背面的附属物呈鸡冠状，花被片附属物以上部分近革质，内折，先端膜质；花药长1-1.5毫米；柱头丝状，花柱很短。种子横生或斜生。花期7-9月，果期9-10月。

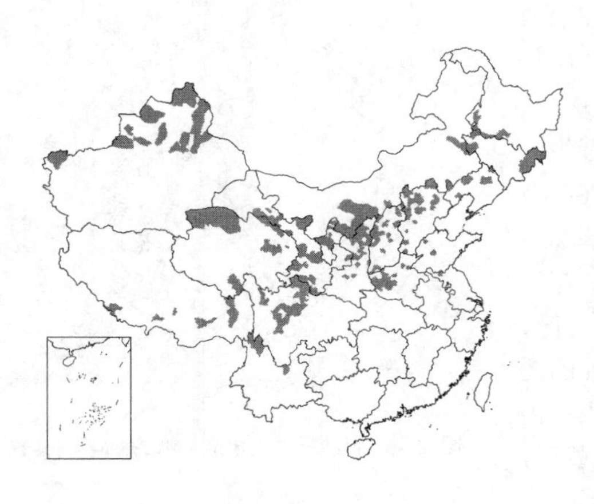

产黑龙江、吉林、辽宁、内蒙古、宁夏、新疆、陕西、山西、河南、山东、江苏，四川、云南、西藏，生于路边、村旁、沟沿或荒地。朝鲜、蒙古、哈萨克斯坦、巴基斯坦及俄罗斯有分布。

图 564 猪毛菜 （引自《中国北部植物图》）

9. 薄翅猪毛菜 图 565 彩片 164

Salsola pellucida Litv. in Sched. Herb. Fl. Ross. 8: 16. 1922.

一年生草本，高达60厘米。茎直立，基部多分枝；分枝粗壮，有色条，密生短硬毛。叶半圆柱形，直伸，长1.5-2.5厘米，宽1.5-2毫米，先端具刺尖，基部稍宽。花生于枝条上部，组成疏散穗状花序；苞片窄卵形，先端锐尖；小苞片宽披针形，稍外折；花被短于小苞片。花被片宽披针形，近膜质，先端渐尖，果时硬化；外轮3个花被片的翅状附属物较大，肾形或半圆形，无色透明，具疏脉，内轮2个花被片的翅状附属物窄小；花被片翅以上部分聚集成细

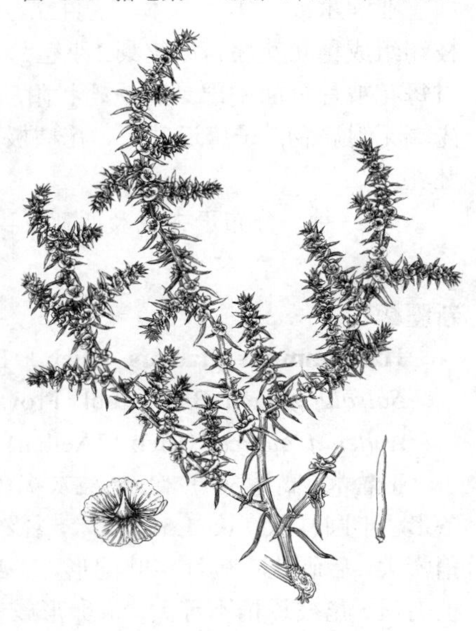

图 565 薄翅猪毛菜 （白建鲁绘）

长圆柱体，先端膜质；柱头线状。种子横生。花期7-8月，果期8-9月。

产新疆、甘肃、宁夏、青海及内蒙古，生于戈壁、沟谷、路边或轻度盐碱荒地。中亚地区及高加索有分布。

［附］**长刺猪毛菜 Salsola paulsenii** Litv. in Bull. Turkestan Sect. Russ. Geogr. Soc. 4(5): 28. 1905. 本种与薄翅猪毛菜的区别：花被片翅以上部分坚硬，呈针刺状。花期7-8月，果期9-10月。产新疆北部，生于砾石戈壁及盐碱沙地。蒙古及俄罗斯有分布。

10. 刺沙蓬 图 566 彩片 165

Salsola ruthenica Iljin in CopH. Pact. 2: 137. 1934.

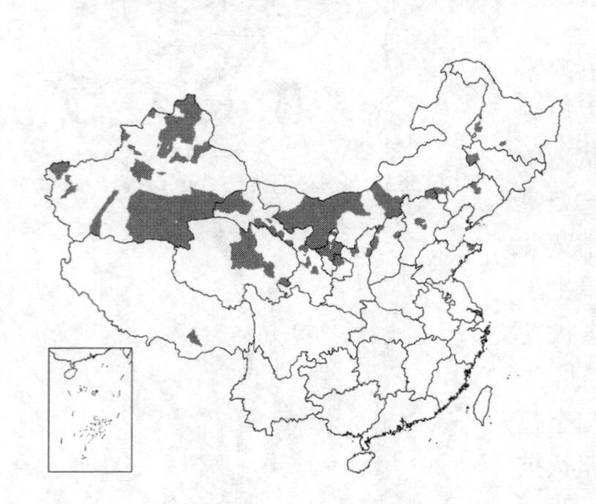

一年生草本，高达1米。茎直立，基部多分枝，常被短硬毛及色条。叶半圆柱形或圆柱形，长1.5-4厘米，径1-1.5毫米，先端具短刺尖，基部宽，具膜质边缘。花着生于枝条上部组成穗状花序；苞片窄卵形，先端锐尖，基部边缘膜质；小苞片卵形。花被片窄卵形，膜质，无毛，1脉，果时变硬，外轮花被片的翅状附属物肾形或倒卵形；内轮花被片的翅状附属物窄，附属物径0.7-1厘米，花被片翅以上部分近革质，向中央聚集，先端膜质；柱头丝状，长为花柱3-4倍。种子横生，径约2毫米。花期8-9月，果期9-10月。染色体2n=18。

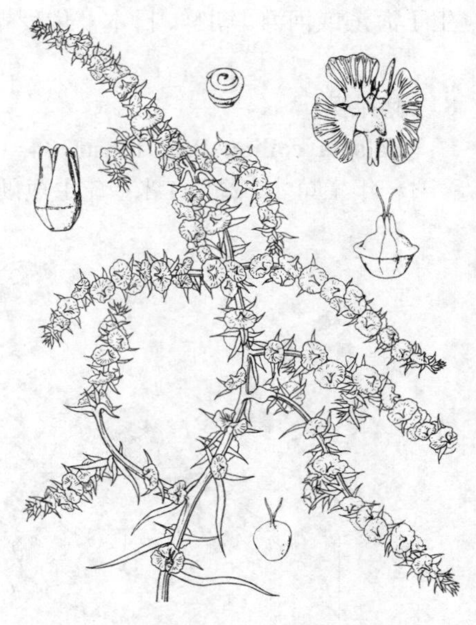

图 566 刺沙蓬 （仿《中国北部植物图鉴》）

产黑龙江、吉林、辽宁、山东、江苏、陕西、甘肃、宁夏、青海、新疆及西藏。蒙古、哈萨克斯坦及俄罗斯有分布。

40. 新疆藜属 Halothamnus Janb.

亚灌木或一年生草本。茎直立，分枝疏，互生，开展，无关节。叶条形，半圆柱状，互生。花两性，腋生，在枝端组成穗状花序，每花具2小苞片，小苞片宽卵形，先端尖。花被具5个离生花被片，外轮3片，内轮2片，果时每花被片背面中部具膜质翅状附属物，翅以下部分增大、木质化；雄蕊5，花丝扁平，花药窄卵形或窄长圆形，先端无附属物；子房近球形，花柱极短，柱头2，线形。胞果，果皮膜质。种子横生，种皮膜质，胚螺旋状，无外胚乳。

约23种，分布于中亚及西亚。我国1种。

新疆藜 图 567

Halothamnus glaucus (Bieb.) Botsch.

Salsola glauca Bieb. Tabl. Prov. Occ. Casp. 112. 1787.

Aellenia glauca (Bieb.) Aellen; 中国植物志 25(2): 156. 1979.

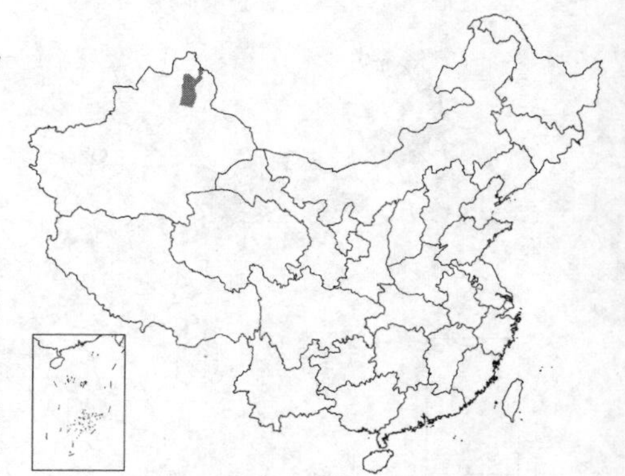

亚灌木，高达30厘米。老枝灰褐色，当年生枝直立或斜升，黄褐色。叶条形，半圆柱状，长 1.5-3厘米，径约2毫米，稍弧曲，先端无尖头，基部稍膨大，后硬化；苞片与叶同形，基部稍宽；小苞片宽卵形，先端短渐尖，稍肉质。花被片稍不等大，窄卵形或宽卵形，长约2.5毫米，稍肉质，边缘透明，果时中部稍下生翅，翅下部木质化，翅上部肉质肥厚；雄蕊 5，花药线状卵形，长约2毫米，先端钝；子房窄卵形，花柱不明显，柱头2，长0.8-1毫米，花丝扁平，线形，长1.5-1.8毫米，基部稍宽并连成花盘。花果期7-9月。

产新疆北部，生于戈壁荒漠。伊朗、土耳其、哈萨克斯坦、俄罗斯中亚及高加索有分布。

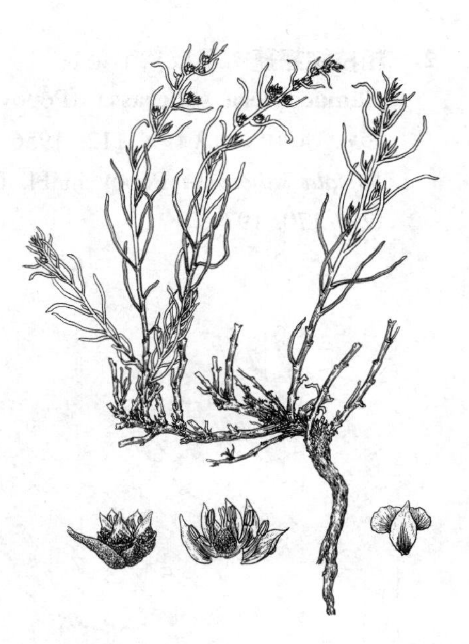

图 567 新疆藜 （白建鲁绘）

41. 梯翅蓬属 Climacoptera Botsch.

一年生草本，被短柔毛兼有具节长柔毛，或无毛。茎直立，多分枝，枝互生。叶互生，稀对生，半圆柱状，肉质，先端钝或具短尖头，基部稍宽。花两性，单生叶（苞）腋，具2小苞片。花被具5片离生花被片，外轮3片，内轮2片，果时背面中部具横的翅状附属物；雄蕊 5，花药长圆形，先端具泡状或膀胱状附属物；柱头2，花柱不明显。胞果，果皮膜质。种子横生，种皮膜质，胚盘旋状，子叶对褶，无外胚乳。染色体基数x=9。

约15种，分布于中亚、西西伯利亚至欧洲南部；我国约10种。

1. 叶对生；植株被具节长柔毛 ……………… 1. **散枝梯翅蓬 C. brachiata**
1. 叶互生；植株无毛或近无毛。
   2. 叶基部下延；带翅花被径1-1.8厘米 …………………………………………… 2. **粗枝梯翅蓬 C. subcrassa**
   2. 叶基部不下延；带翅花被径0.5-1厘米 ………………………………………… 2(附). **紫翅梯翅蓬 C. affinis**

1. 散枝梯翅蓬 散枝猪毛菜 图568 彩片166

Climacoptera brachiata (Pall.) Botsch. in Сукачев, у Сбори. Работ. Посвящ Акад. 114. 1956.

Salsola brachiata Pall. Illustr. 30. t. 22. 1803; 中国植物志 25(2): 174. 1979.

一年生草本，高达30厘米。茎直立，基部分枝，密生短柔毛及具关节长柔毛；中下部分枝常对生，开展。叶对生，半圆柱状，长1.5-2厘米，宽2-2.5毫米，密生短柔毛及稀疏长柔毛，先端具短尖头，基部稍宽，不下延。花生于枝上部苞腋；苞片与叶同形，长于小苞片，小苞片宽披针形，先端尖，基部具膜质边缘，有毛。花被片5，窄披针形，外面密生短柔毛，果时硬化，外轮3个花被片翅状附属物肾形，内轮2个花被片倒卵形，带紫红色，花被果时径1-1.3厘米，花被片翅以上部分向中央聚集成圆锥形，密生短柔毛；花药长约0.6毫米，先端附属物椭圆形，长约0.3毫米；花柱不明显，柱头长约2毫米。种子横生，卵圆形。花期7-8月，果期9-10月。

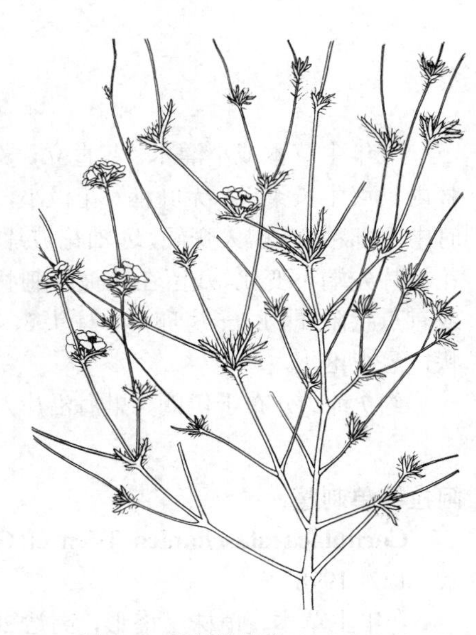

图 568 散枝梯翅蓬 （张泰利绘）

产新疆北部，生于戈壁或干山坡。蒙古及中亚地区有分布。

2. 粗枝梯翅蓬 粗枝猪毛菜 图 569

Climacoptera subcrassa (Popov) Botsch. in Сукачев, Сбори. Работ. Посвящ Акад. 112. 1956.

Salsola subcrassa Popov in Fl. URSS 6: 875. 1936；中国植物志 25(2): 170. 1979.

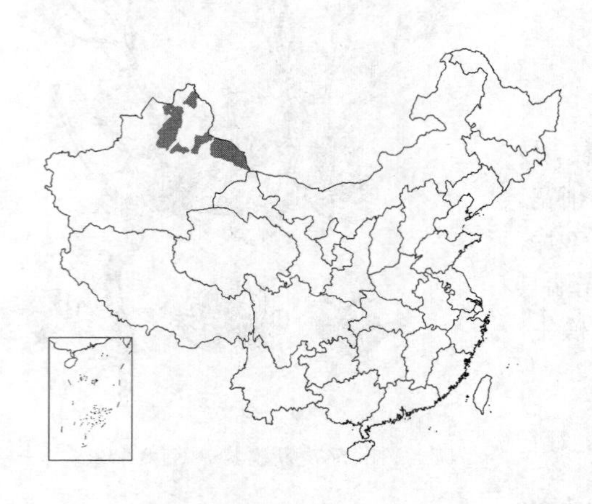

一年生草本，高达40厘米。茎直立，基部分枝；枝粗壮，幼时被柔毛。叶半圆柱形，长1-2厘米，径1.5-2.5毫米，先端钝，基部具膜质边缘并下延，无毛或下部叶有疏柔毛。花单生苞腋；苞片卵形，肉质，具膜质边缘，下延，长于小苞片，小苞片与苞片同形，稍短于花被。花被片5，披针形，膜质，无毛，翅状附属物倒卵形或扇形，不等大，有密集细脉，花被果时径1.1-1.6厘米，翅上部分先端膜质并反折；花药先端附属物圆卵形，白色，较花药短，花丝线形，扁平，长约4毫米；柱头丝状，长为花柱3-4倍。种子横生，宽约2毫米。花期8-9月，果期9-10月。

产新疆北部，生于戈壁或盐湖边。中亚地区有分布。

［附］**紫翅梯翅蓬** 紫翅猪毛菜 **Climacoptera affinis** (C. A. Mey.) Botsch. in Сукачев, Сбори.Работ. Посвящ. Акад. 112. 1956. —— *Salsola affinis* C. A. Mey. in Bull. Phys.-Math. Acad.. Sci. St. Petersb. 1: 360. 1843；中国植物志 25(2): 174. 1979：本种与粗枝猪毛菜的区别：叶基部不下延；花被果时径0.5-1厘米。花期7-8月，果期8-9月。产新疆，生于砾石戈壁、山坡或干旱粘质盐土地。中亚地区有分布。

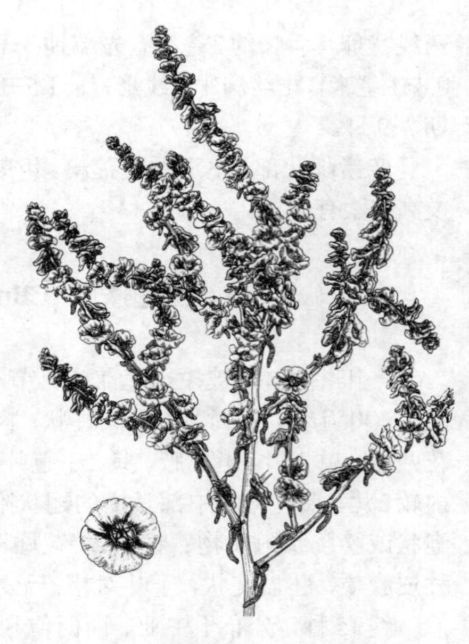

图 569 粗枝梯翅蓬 （白建鲁绘）

42. 单刺蓬属 Cornulaca Del.

一年生草本或小灌木。茎直立，多分枝，互生，无关节。叶互生，钻状或针刺状，先端具半透明刺尖，基部宽，腋内具束生长柔毛；无叶柄。花极小，两性，单生或簇生叶腋，具2小苞片，小苞片与叶同形。花被片5，膜质，果时中下部粘合，增大变硬，远轴花被片背面近先端具翅状附属物，翅状附属物与增大的花被合成细圆锥状花被体，花被片先端不变化，残留在花被与刺状附属物的交接处；雄蕊与花被片同数或较少，花药窄椭圆形，先端无附属物或有点状附属物；子房卵形，柱头2，丝状，外伸。胞果，果皮膜质，与种子贴伏。种子直立，种皮膜质，胚螺旋状，无外胚乳。

约7种，分布于伊朗、里海沿岸及地中海沿岸。我国1种。

阿拉善单刺蓬 图 570 彩片 167

Cornulaca alaschanica Tsien et G. L. Chu in Acta Phytotax. Sin. 16: 122. 1978.

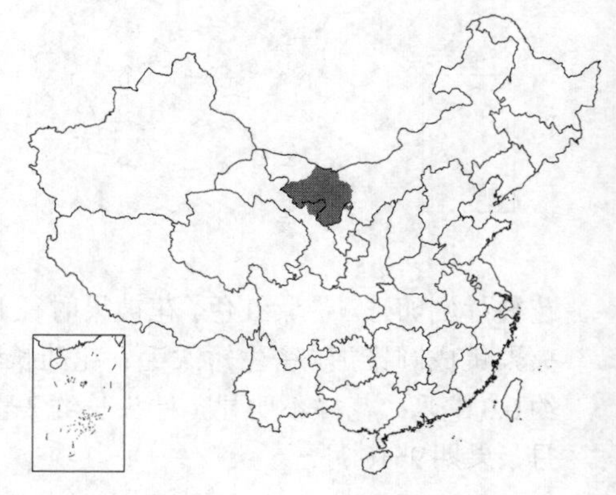

一年生草本，植株呈塔形，高达20厘米。茎圆柱状，上部稍有棱，稍有光泽；分枝近平展；茎下部枝长3-6厘米并具短分枝，上部枝渐短，不分枝。叶针刺状，长5-8毫米，黄绿色，无毛，稍开展，劲直或稍外曲，基部三角形或宽卵形，具膜质边缘，腋内具束生长柔毛。花常2-3朵簇生；小苞片舟状，先端具长2-4毫米刺尖。花被片先端的离生部分窄三角形，白色，长约0.4毫米，果时花被与刺状附属物的结合体长约6.5毫米；雄蕊5，花药窄椭圆形，长约0.5毫米，先端具点状附属物；花柱明显，柱头2，丝状，外伸。胞果卵形，背腹扁，长1-1.2毫米。

产甘肃、宁夏及内蒙古，生于流沙边缘或沙丘间洪积层。

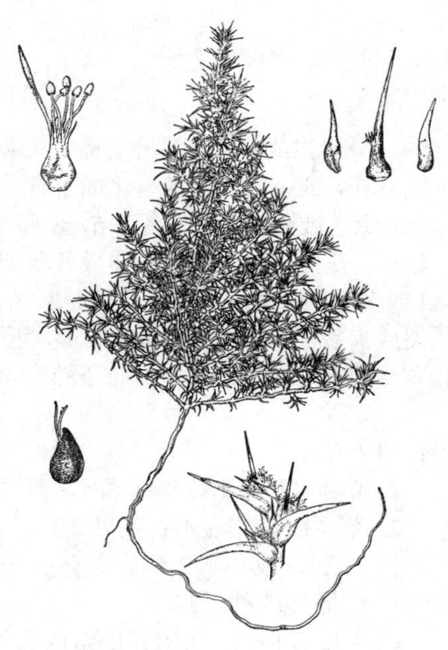

图 570 阿拉善单刺蓬 （引自《中国植物志》）

43. 对节刺属 **Horaninowia** Fisch. et Mey.

一年生草本。具对生或叉状分枝，无毛或具乳头状短毛。叶对生或互生，针刺状。花两性或单性，单生于腋生短枝叶（苞）腋，组成球形穗状花序，每花具2小苞片，小苞片与叶相似。花被具4-5个离生花被片，外轮3片，内轮2片，花被片宽卵形或长圆形，厚膜质或革质，果时背面具横翅状附属物；雄蕊5，着生于花盘裂片之间，花丝钻状，花药长圆形或宽椭圆形，先端无附属物或有芒状附属物；花盘杯状，裂片半圆形，子房卵形，花柱极短，柱头近头状，2-3浅裂。胞果，果皮膜质，与种皮贴生。种子横生，扁球形，种皮膜质，胚螺旋状，无外胚乳。

约4种。分布于中亚至里海沿岸。我国1种。

对节刺 图 571

Horaninowia ulicina Fisch. et Mey. in Enum. Pl. Nov. 1: 11. 1841.

植株高达40厘米，密被乳头状短硬毛。多分枝；分枝对生。叶对生，针刺状，长0.6-1厘米，先端锐尖，基部稍宽，无柄。花两性，常多数团集于腋生短枝，组成球形穗状花序，每花具1苞片和2小苞片，苞片和小苞片与叶同形，硬直，基部卵形或近圆；花被片线状长圆形，翅状附属物干膜质，边缘啮蚀状；雄蕊5，花药卵形或长圆形，先端钝或尖，无附属物，花丝不伸出。胞果半球形，顶面平。种皮膜质，与果皮紧贴，径约1毫米。花果期7-10月。

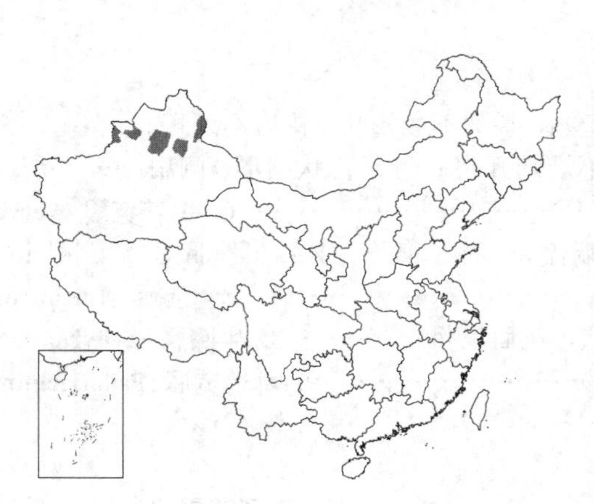

产新疆北部，生于沙丘间。哈萨克斯坦及伊朗有分布。

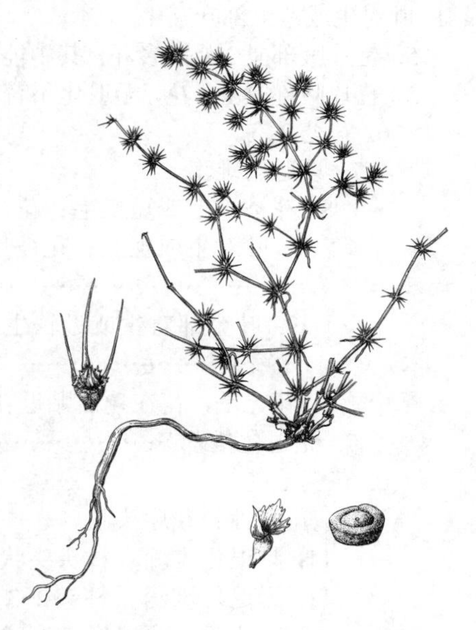

图 571 对节刺 （白建鲁绘）

48. 苋科 AMARANTHACEAE

（李安仁）

一年生或多年生草本，稀攀援藤本或灌木。叶互生或对生，全缘，稀具微齿；无托叶。花小，两性或单性同株或异株，或杂性，有时退化成不育花，花簇生叶腋，组成穗状、头状、总状或圆锥花序；苞片1及小苞片2，干膜质，绿色或着色。花被片3-5，干膜质，覆瓦状排列，常和果一同脱落，稀宿存；雄蕊常和花被片同数且对生，稀较少，花丝离生，或基部连成杯状或筒状，花药2室或1室；有或无退化雄蕊；子房上位，1室，基生胎座，胚珠1或多数，珠柄短或长，花柱1-3，宿存，柱头头状或2-3裂。胞果或小坚果，稀浆果，果皮膜质，不裂、不规则开裂或盖裂。种子1或多数，卵形、近球形或近肾形，光滑或具疣点，胚环状，胚乳粉质。

约60属，850种，广布于热带至温带。我国13属，约39种。

1. 叶互生。
  2. 草本、亚灌木或攀援灌木；浆果 ………………………………… 1. **浆果苋属 Cladostachys**
  2. 草本或直立灌木；胞果。
    3. 胚珠或种子2至数个 ………………………………… 2. **青葙属 Celosia**
    3. 胚珠或种子1。
      4. 花两性，聚伞花序组成头状花序；花丝基部连成杯状；种子具假种皮 ……………… 3. **砂苋属 Allmania**
      4. 花单性，雌雄同株或异株，花簇生，组成穗状或圆锥花序；花丝离生；种子无假种皮 ……………………………………………… 4. **苋属 Amaranthus**
1. 叶对生或茎上部叶互生。
  5. 苞片腋部具2朵或多花，其中能育两性花1至数朵，常兼有退化成钩毛状不育花 ……… 5. **杯苋属 Cyathula**
  5. 苞片腋部具1朵花，无退化不育花。
    6. 花药2室。
      7. 具退化雄蕊。
        8. 花被绵毛或短柔毛；花在花后不贴近花序轴；小苞片无刺，基部不成翅状，花后不外折。
          9. 叶对生或互生；花被片卵形或长圆形；胞果不裂或不规则开裂；种子肾状圆形，侧扁 ……………………………………………… 6. **白花苋属 Aerva**
          9. 叶全部对生或近轮生；花被片披针状钻形；胞果顶端盖裂；种子卵形，干后在种脐对面窠状凹入 ……………………………………………… 7. **针叶苋属 Trichurus**
        8. 花无毛，花在花后贴近花序轴；小苞片具刺，基部翅状，花后反折 ………… 8. **牛膝属 Achyranthes**
      7. 无退化雄蕊 ………………………………… 9. **林地苋属 Psilotrichum**
    6. 花药1室。
      10. 花两性；花序头状。
        11. 具退化雄蕊；柱头头状 ………………………………… 10. **莲子草属 Alternanthera**
        11. 无退化雄蕊；柱头2-3或2裂。
          12. 头状花序球形或半球形；花丝基部连成筒状或杯状，离生部分不裂或2裂 ……………………………………………… 11. **千日红属 Gomphrena**
          12. 头状花序球形或圆柱状；花丝基部连成杯状，离生部分不裂 …………… 12. **安旱苋属 Philoxerus**
      10. 花单性或两性；穗状圆锥花序 ………………………………… 13. **血苋属 Iresine**

1. 浆果苋属 Cladostachys D. Don

直立草本、亚灌木、披散或攀援状灌木。叶互生，具柄。花两性或单性异株，腋生及顶生穗状或总状花序，或由总状花序组成圆锥花序；每花具1苞片及2小苞片。花被片（4）5，干膜质或草质，宿存，无毛，微开展，反折或直立；雄蕊（4）5，花丝基部连成杯状，花药2室；无退化雄蕊；子房上位，卵形或近球形，1室，胚珠少数或多数，柱头2-3（4），条形或圆柱形，基部连合。浆果球形、宽椭圆形或倒卵形，具薄壁，不裂，熟时脱落，花被宿存。种子少数或多数，圆形或肾形，种皮亮质，光亮，黑色或褐黑色，具小斑点或光滑，有胚乳。

约7-8种，产马达加斯加、大洋洲及亚洲南部热带地区。我国2种。

1. 攀援灌木；花序总状或圆锥状；花被片果时反折；浆果红色 ………………………… **浆果苋 C. amaranthoides**
1. 草本或亚灌木；花序穗状；花被片果时不反折；浆果白色 ……………………… (附). **白浆果苋 C. polysperma**

浆果苋 图 572

Cladostachys amaranthoides (Lam.) Kuan, Fl. Xizang. 1: 645. 1983.

Achyranthes amaranthoides Lam. Encycl. Method. Bot. 1: 548. 1785.

Deeringia amaranthoides (Lam.) Merr.; 中国高等植物图鉴 2: 602. 1972.

Cladostachys frutescens D. Don; 中国植物志 25(2): 197. 1979.

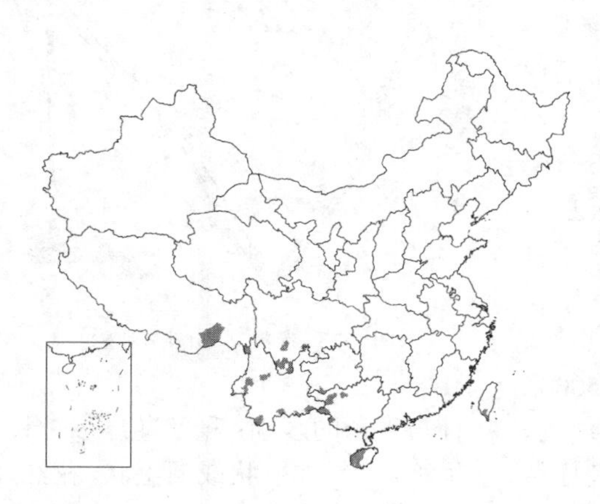

图 572 浆果苋 (张春方绘)

攀援灌木，高达6米；多分枝。幼枝被平伏柔毛，后脱落。叶卵形或卵状披针形，稀心状卵形，长4-15厘米，先端渐尖或尾尖，基部宽楔形、圆或近平截，两面疏被长柔毛；叶柄长1-4厘米，无毛。总状花序腋生及顶生，组成圆锥花序；花序轴及分枝被平伏柔毛；苞片窄三角形，小苞片卵形。花梗长约1毫米；花被片椭圆形，长1.5-2.5毫米，淡绿或带黄色，果时带红色，花后开展或反折，无毛；雄蕊花丝上端离生，基部连成浅杯状；柱头3，长1-1.5毫米。浆果近球形，径4-7毫米，红色，具3纵沟。种子1-6，扁肾形，黑色，光亮。

产台湾、广东、广西、云南、贵州、四川及西藏，生于海拔100-2500米山坡林下或灌丛中。印度、中南半岛、印尼、马来西亚及大洋洲有分布。全株药用，祛风除湿、通经活络。

[附] **白浆果苋 Cladostachys polysperma** (Roxb.) Kuan, Fl. Reipubl. Popul. Sin. 25(2): 198. 1979. —— *Celosia polysperma* Roxb. Fl. Ind. 2: 511. 1824. 本种与浆果苋的区别：直立草本或亚灌木，高达2米；穗状花序腋生；花被片果时不反折；浆果白色。产台湾及海南，生于低海拔山地林中。中南半岛、菲律宾、马来西亚及新几内亚有分布。

2. 青葙属 Celosia Linn.

一年生或多年生草本、亚灌木或灌木。叶互生，卵形或条形，全缘或近全缘；具柄。花两性；密集或间断的穗状花序，或组成圆锥花序，顶生或腋生，花序梗有时扁，每花具1苞片及2小苞片，着色，干膜质，宿存。花被片5，着色，干膜质，光亮，无毛，宿存；雄蕊5，花丝钻状或丝状，上部离生，基部连成杯状；无退化雄蕊；子房1室，胚珠2至多数，花柱1，宿存，柱头头状，2-3微裂，反折。胞果卵形或球形，具薄壁，盖裂。种子肾形，扁平，双凸，黑色，光亮。

约60种，分布于非洲、美洲、亚洲亚热带及温带地区。我国3种。

供药用或观赏。

1. 穗状花序塔状或圆柱状，不分枝；花被片白或粉红色 ……………………………………… **青葙 C. argentea**
1. 穗状花序鸡冠状、卷冠状或羽毛状，多分枝，分枝圆锥状、长圆形；花红、紫、黄、橙色或红黄相间 …………

青葙 图 573 彩片 168

Celosia argentea Linn. Sp. Pl. 205. 1753.

一年生草本，高达1米，全株无毛。叶长圆状披针形、披针形或披针状条形，长5-8厘米，宽1-3厘米，绿色常带红色，先端尖或渐尖，具小芒尖，基部渐窄；叶柄长0.2-1.5厘米，或无叶柄。塔状或圆柱状穗状花序不分枝，长3-10厘米；苞片及小苞片披针形，白色，先端渐尖成细芒，具中脉。花被片长圆状披针形，长0.6-1厘米，花初为白色顶端带红色，或全部粉红色，后白色；花丝长2.5-3毫米，花药紫色；花柱紫色，长3-5毫米。胞果卵形，长3-3.5毫米，包在宿存花被片内。种子肾形，扁平，双凸，径约1.5毫米。花期5-8月，果期6-10月。

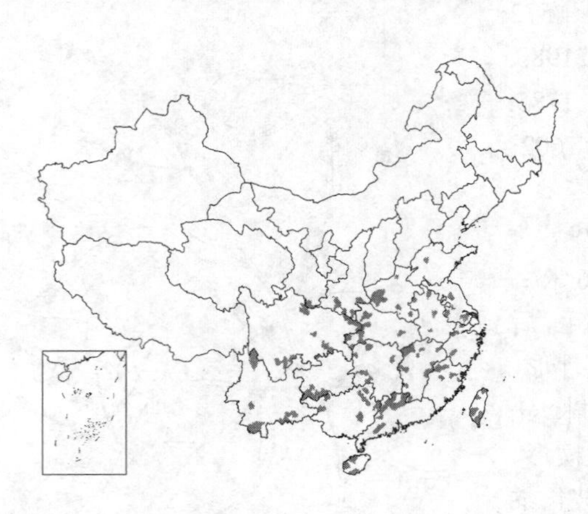

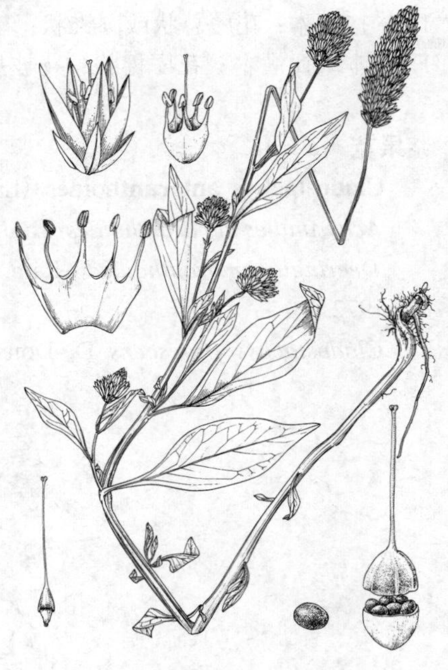

图 573 青葙 （引自《图鉴》）

产山东、江苏、安徽、浙江、福建、台湾、江西、湖北、湖南、广东、海南、广西、贵州、云南、四川、甘肃、陕西及河南，生于海拔20-1500米以下平原、田边、丘陵、山坡，朝鲜、日本、俄罗斯、印度、越南、缅甸、泰国、菲律宾、马来西亚及非洲热带有分布。种子药用，清热明目；花序经久不凋，可供观赏；全株可作饲料。

［附］**鸡冠花** 彩片 169 **Celosia cristata** Linn. Sp. Pl. 205. 1753. 本种与青葙的区别：穗状花序多分枝呈鸡冠状、卷冠状或羽毛状，花红、紫、黄、橙色。全国各地栽培。全世界泛热带有分布。

3. 砂苋属 Allmania R. Br. ex Wight

一年生草本，高达50厘米。茎直立或铺散。叶互生，纸质条形、倒卵形或长圆形，长1.5-6.5厘米，先端尖，骤尖或钝，基部楔形。无毛或下面疏被柔毛，全缘；叶柄长0.2-1厘米。花两性；顶生或与叶对生的头状花序，由3-7朵花的聚伞花序组成，每花具1苞片及2小苞片，干膜质。花被片5，干膜质；雄蕊5，花丝基部连成杯状，花药2室，无退化雄蕊；子房具1直生胚珠，花柱丝状，柱头2微裂。胞果卵形，径3-3.5毫米，全包在宿存花被内，盖裂。种子近球形，双凸，黑色，平滑或具小斑点，假种皮白色，肉质，浅杯状，2裂。

单种属。

砂苋 图 574

Allmania nodiflora（Linn.）R. Br. ex Hook. f. Fl. Brit. Ind. 4: 716. 1885.

Celosia nodiflora Linn. Sp. Pl. 205. 1753.

形态特征同属。花期5-6月，果期7-8月。

产海南，生于低海拔旷野砂地、海岸砂滩。印度、越南、菲律宾及马来西亚有分布。

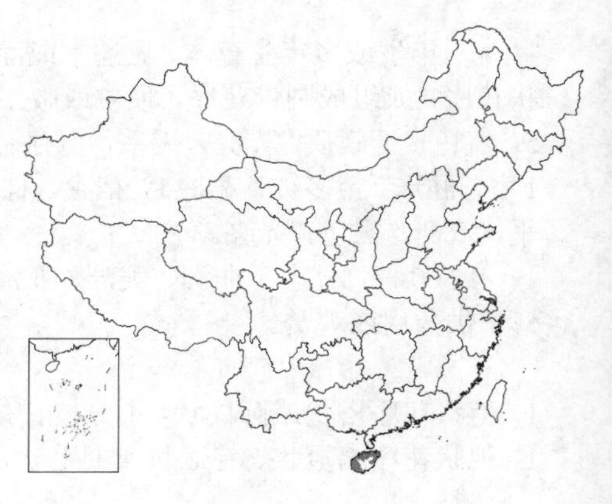

4. 苋属 Amaranthus Linn.

一年生草本。叶互生，全缘；具柄。花单性，雌雄同株或异株，或杂性；花簇生，组成穗状或圆锥花序；每花具1苞片及2小苞片，干膜质。花被片（1-4）5，大小近相等，绿色或着色，薄膜质，直立或倾斜，果期直立，间或花后硬化或基部加厚；雄蕊（1-4）5，花丝钻状或丝状，离生，花药2室，无退化雄蕊；子房具1直生胚珠，花柱极短或缺，柱头2-3，钻状或条形，宿存，内面具细齿或微硬毛。胞果球形或卵形，侧扁，膜质，盖裂或不规则开裂，常为花被片包被，或不裂，则和花被片同落。种子球形、卵形，双凸，侧扁，光亮，平滑。

约40种，分布于全世界，有些种为伴人植物，我国13种。

作蔬菜食用，药用或栽培供观赏。

图 574 砂苋 （引自《海南植物志》）

1. 穗状圆锥花序；花被片5，雄蕊5；果环状横裂。
   2. 叶腋具2刺；苞片常变形成2锐刺，稀具1刺或无刺 ······ 1. **刺苋 A. spinosus**
   2. 叶腋无刺；苞片不变形成刺。
      3. 植株被毛。
         4. 花序径2-4厘米；苞片长4-6毫米；胞果包在宿存花被片内 ······ 2. **反枝苋 A. retroflexus**
         4. 花序较细长；苞片长3.5-4毫米；胞果露出宿存花被片 ······ 3. **绿穗苋 A. hybridus**
      3. 植株无毛或稍被毛。
         5. 花序下垂，中央花穗尾状；苞片及花被片先端尾尖或凸尖；胞果露出花被片 ······ 4. 尾穗苋 **A. caudatus**
         5. 花序直立；苞片及花被片先端芒刺明显；花被片和胞果等长。
            6. 雌花苞片较花被片长1.5倍；花被片先端圆钝 ······ 5. **繁穗苋 A. paniculatus**
            6. 雌花苞片较花被片长2倍；花被片先端尖或渐尖 ······ 5(附). **千穗谷 A. hypochondriacus**
1. 穗状花序稀穗状圆锥花序；花被片3（2-4），雄蕊3；果不裂或横裂。
   7. 果环状横裂。
      8. 叶长4-10厘米；花簇球形，径0.5-1.5厘米，花多数密生 ······ 6. **苋 A. tricolor**
      8. 叶长0.5-5厘米；花穗较细，花少数。
         9. 叶倒卵形、长圆状倒卵形或匙形，长0.5-2厘米；苞片较花被片长2-2.5倍 ······ 7. **白苋 A. albus**
         9. 叶菱状卵形、倒卵形或长圆形，长2-5厘米；苞片和花被片等长或较短 ······ 8. **腋花苋 A. roxburghianus**
   7. 果不裂。
      10. 茎直立，稍分枝；胞果皱缩 ······ 9. **皱果苋 A. viridis**
      10. 茎常伏卧上升，基部分枝；胞果近平滑 ······ 10. **凹头苋 A. lividus**

1. 刺苋 图575 彩片170

Amaranthus spinosus Linn. Sp. Pl. 991. 1753.

一年生草本，高达1米。茎多分枝，无毛或稍被柔毛。叶菱状卵形或卵状披针形，长3-12厘米，先端圆钝，具微凸尖，基部楔形，全缘，无毛或幼时沿脉稍被柔毛；叶柄长1-8厘米，无毛，腋部具2刺，刺长0.5-1厘米。穗状圆锥花序腋生及顶生，长达25厘米，苞片在腋生花簇及顶生花穗基部者变成锐刺，长0.5-1.5厘米，在顶生花穗上部者窄披针形，长1.5毫米，具凸尖。花被片5，绿色，具凸尖，边缘透明，在雄花者长圆形，长2-2.5毫米，在雌花者长圆状匙形，长1.5毫米；雄蕊5，花丝和花被片近等长或较短；柱头（2）3。胞果长圆形，

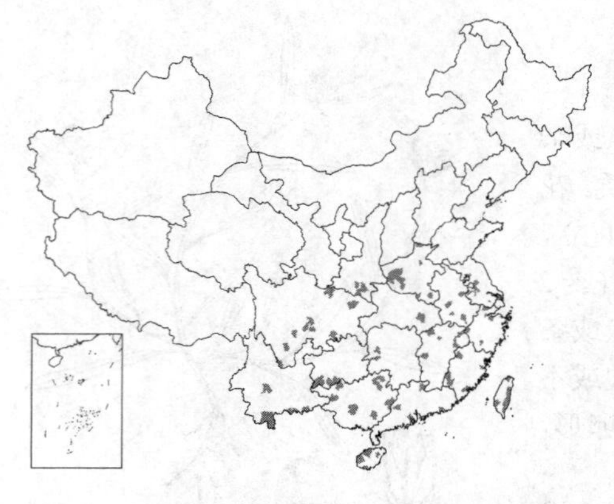

长1-1.2毫米，在中部以下不规则横裂，包在宿存花被片内。种子近球形，径约1毫米，黑色或带褐黑色。花期7-8月，果期8-11月。

产陕西、河南、安徽、江苏、浙江、福建、台湾、江西、湖北、湖南、广东、海南、广西、云南、贵州及四川，生于海拔1200米以下旷地。日本、印度、中南半岛、马来西亚、菲律宾及美洲有分布。嫩茎叶可食；全草药用，可清热、解毒、消肿。

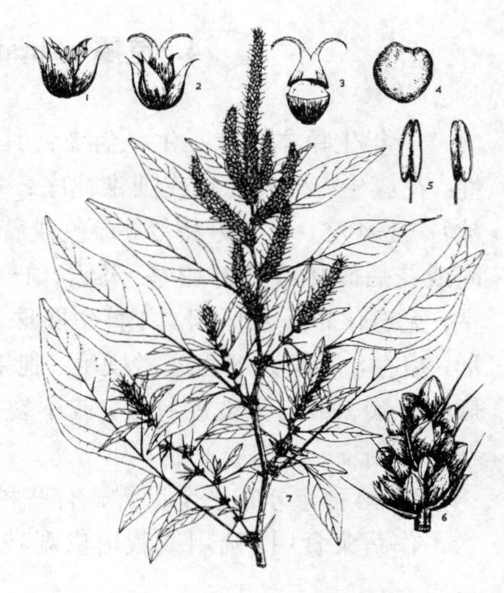

图 575 刺苋 （引自《Fl. Taiwan》）

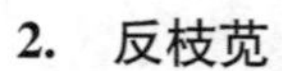

2. 反枝苋

图 576 彩片 171

Amaranthus retroflexus Linn. Sp. Pl. 991. 1753.

一年生草本，高达1米。茎密被柔毛。叶菱状卵形或椭圆状卵形，长5-12厘米，先端锐尖或尖凹，具小凸尖，基部楔形，全缘或波状，两面及边缘被柔毛，下面毛较密；叶柄长1.5-5.5厘米，被柔毛。穗状圆锥花序径2-4厘米，顶生花穗较侧生者长；苞片钻形，长4-6毫米。花被片长圆形或长圆状倒卵形，长2-2.5毫米，薄膜质，中脉淡绿色，具凸尖；雄蕊较花被片稍长；柱头（2）3。胞果扁卵形，长约1.5毫米，环状横裂，包在宿存花被片内。种子近球形，径1毫米。花期7-8月，果期8-9月。

原产美洲热带，现广布世界各地。东北、西北、华北有栽培，生于农田、园圃、村边、宅旁，已野化。嫩叶可食及作饲料；全草药用，治腹泻、痔疮肿痛出血。

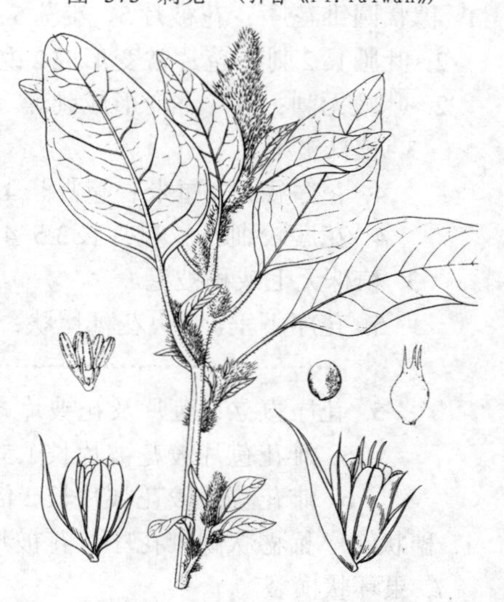

图 576 反枝苋 （引自《中国北部植物图志》）

3. 绿穗苋

图 577

Amaranthus hybridus Linn. Sp. Pl. 990. 1753.

一年生草本，高达50厘米。茎分枝，上部近弯曲，被柔毛。叶卵形或菱状卵形，长3-4.5厘米，先端尖或微凹，具凸尖，基部楔形，叶缘波状或具不明显锯齿，微粗糙，上面近无毛，下面疏被柔毛；叶柄长1-2.5厘米，被柔毛。穗状圆锥花序顶生，细长，有分枝，中间花穗最长；苞片钻状披针形，长3.5-4毫米，中脉绿色，伸出成尖芒。花被片长圆状披针形，长约2毫米，先端锐尖，具凸尖，中脉绿色；雄蕊和花被片近等长或稍长；柱头3。胞果卵形，长2毫米，环状横裂，露出宿存花被片。种子近球形，径约1毫米，黑色。花期7-8

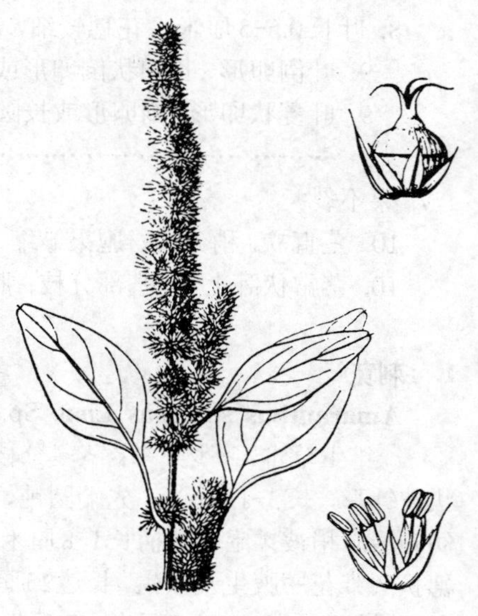

图 577 绿穗苋 （引自《中国植物志》）

月，果期9-10月。

产陕西南部、河南、山东、江苏、安徽、浙江、江西、湖北、湖南、贵州及四川，生于海拔400-1100米田野、旷地或山坡。欧洲、北美及南美有分布。

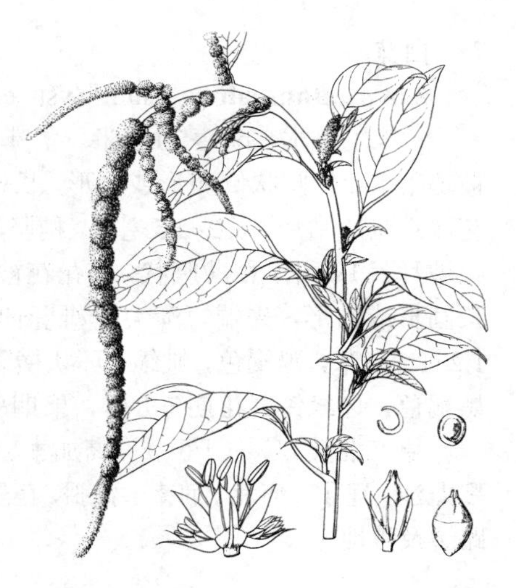

图 578 尾穗苋（引自《中国北部植物图志》）

4. 尾穗苋 图578 彩片172

Amaranthus caudatus Linn. Sp. Pl. 990. 1753.

一年生草本，高达15米。粗壮，幼时被柔毛，后渐脱落。叶菱状卵形或菱状披针形，长4-15厘米，先端短渐尖或圆钝，具凸尖，基部宽楔形，全缘，绿色或红色，仅叶脉稍被柔毛，余无毛；叶柄长1-15厘米，疏被柔毛。穗状圆锥花序顶生，下垂，分枝多数，中央花穗尾状，雌花和雄花密集成簇；苞片披针形，透明，先端尾尖，疏生齿，具中脉。花被片长2-2.5毫米，红色，先端凸尖，具中脉，雄花花被片长圆形，雌花花被片长圆状披针形；雄蕊稍突出；柱头3，长不及1毫米。胞果近球形，径3毫米，露出花被片。种子近球形，径1毫米，淡褐黄色。花期7-8月，果期9-10月。

原产热带，世界各地栽培。我国各地栽培，已野化。供观赏；根药用，为滋补强壮剂；可作饲料。

图 579 繁穗苋（引自《中国北部植物图志》）

5. 繁穗苋 图579 彩片173

Amaranthus paniculatus Linn. Sp. Pl. ed. 2. 1406. 1763.

一年生草本，高达2米。茎直立、单一或分枝，具钝棱，近无毛。叶卵状长圆形或卵状披针形，长4-13厘米，先端尖或圆钝，具芒尖，基部楔形。花单性或杂性，穗状圆锥花序直立，后下垂；苞片和小苞片钻形，绿色或紫色，背部中脉突出顶端成长芒。花被片膜质，绿或紫色，顶端具短芒；雄蕊较花被片稍长。胞果卵形，盖裂，和宿存花被等长。花期6-7月，果期9-10月。

东北至云南有栽培，或已野化，全世界广泛分布。茎叶作蔬菜。

［附］**千穗谷 Amaranthus hypochondriacus** Linn. 彩片174 Sp. Pl. 991. 1753. 本种与繁穗苋的区别：雌花苞片较花被片长约2倍；花被片先端尖或渐尖。原产北美，我国各地栽培，供观赏。

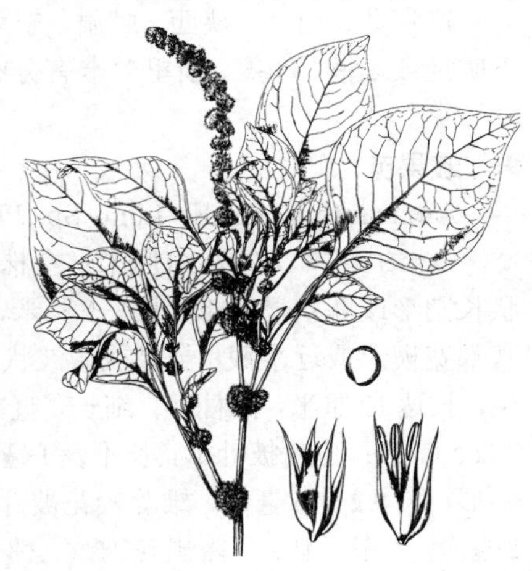

图 580 苋（引自《中国北部植物图志》）

6. 苋 图580

Amaranthus tricolor Linn. Sp. Pl. 989. 1753.

一年生草本，高达1.5米；茎粗壮，绿或红色，常分枝。叶卵形、菱状卵形或披针形，长4-10厘米，绿色或带红、紫或黄色，先端圆钝，具凸尖，基部楔形，全缘，无毛；叶柄长2-6厘米。花成簇腋生，组成下垂穗状花序，花簇球形，径0.5-1.5厘米，雄花和雌花混生；苞片卵状披针形，长2.5-3毫米，顶端具长芒尖。花被片长圆形，长3-4毫米，绿或黄绿色，顶端具长芒尖，背面具绿或紫色中脉。胞果卵状长圆形，长2-2.5毫米，环状横裂，包在宿存花被片内。种子近球形或倒卵形，径约1毫米，黑色或黑褐色，边缘钝。

原产印度，亚洲南部、中亚及日本有分布。全国各地海拔2100米以下有栽培，有的已野化。茎叶可食用；叶有各种颜色，供观赏。

7. 白苋　　图 581

Amaranthus albus Linn. Syst. ed. 10: 1268. 1759.

一年生草本，高达50厘米。茎基部分枝，分枝铺散，绿白色，无毛或被糙毛。叶长圆状倒卵形或匙形，长0.5-2厘米，先端圆钝或微凹，具穗状花序；苞片钻形，长2-2.5毫米，稍坚硬，先端长锥尖；外曲，背面具龙骨。花被片长1毫米，稍薄膜状，雄花花被片长圆形，先端长渐尖，雌花花被片长圆形或钻形，先端短渐尖；雄蕊伸出；柱头3。胞果扁平，倒卵形，长1.2-1.5毫米，黑褐色，皱缩，环状横裂。种子近球形，径约1毫米，黑色或黑褐色，边缘锐。花期7-8月，果期9月。

原产北美，广布于欧洲、高加索、中亚、俄罗斯远东地区、日本及我国。黑龙江、辽宁、河北、河南、新疆，已野化，生于海拔500米以下家宅附近、路边及荒地。

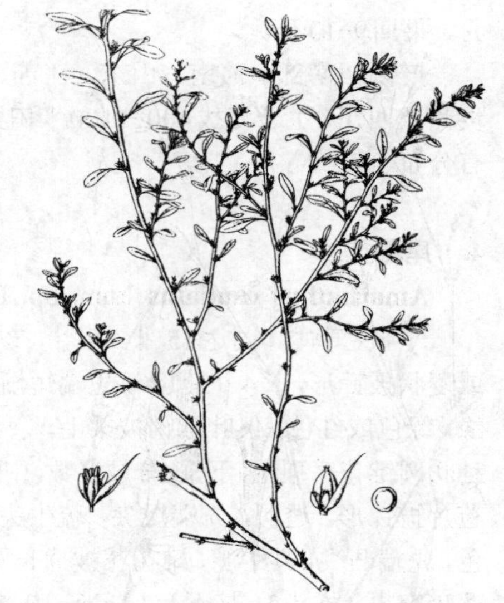

图 581 白苋　（引自《中国北部植物图志》）

8. 腋花苋　　图 582

Amaranthus roxburghianus Kung in Liou, Fl. Ill. Nord Chine 4: 19. pl. 8. 1935.

一年生草本，高达65厘米。全株无毛。茎直立，多分枝，淡绿色。叶菱状卵形、倒卵形或长圆形，长2-5厘米，先端微凹，具凸尖，基部楔形；叶柄长1-2.5厘米，纤细。花成腋生短花簇，花少疏生；苞片钻形，长2毫米，背面具绿色中脉，先端芒尖。花被片披针形，长2.5毫米，先端渐尖，具芒尖；雄蕊较花被片短；柱头3，反曲。胞果卵形，长3毫米，环状横裂，与宿存花被近等长。种子近球形，径约1毫米，黑褐色，边缘厚。花期7-8月，果期8-9月。

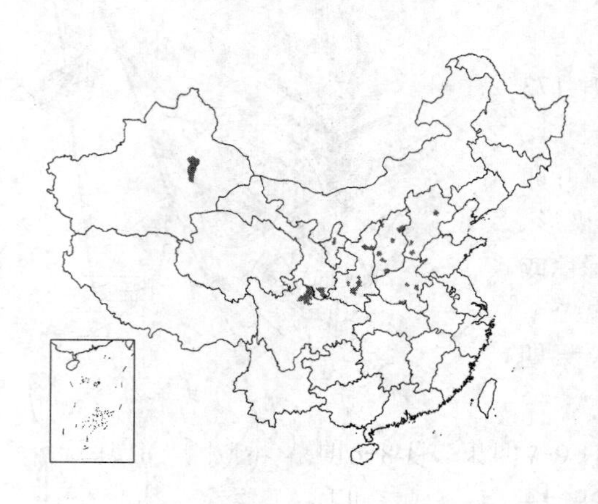

产河北、山西、陕西、甘肃、宁夏、新疆及河南，生于海拔1700米以下旷地或田间，印度、斯里兰卡有分布。

图 582 腋花苋（引自《中国北部植物图志》）

9. 皱果苋　　图 583 彩片 175

Amaranthus viridis Linn. Sp. Pl. ed. 2. 1405. 1763.

一年生草本，高达80厘米；全株无毛。茎直立，稍分枝。叶卵形、卵状长圆形或卵状椭圆形，长3-9厘米，先端尖凹或凹缺，稀圆钝，具芒尖，基部宽楔形或近平截，全缘或微波状；叶柄长3-6厘米。穗状圆锥花序顶生，长达12厘米，圆柱形，细长，直立，顶生花穗较侧生者长；花序梗长2-2.5厘米；苞片披针形，长不及1毫米，具凸尖。花被片长圆形或宽倒披针形，长1.2-1.5毫米；雄蕊较花被片短；柱头（2）3。胞果扁球形，径约2毫米，不裂，皱缩，露出花被片。种子近球形，径约1毫米，黑或黑褐色，环状边缘薄且锐。花期6-8月，果期8-10月。

图 583 皱果苋（引自《Fl. Taiwan》）

原产热带非洲，广布于温带、亚热带及热带地区。东北、华北、华东、华南及陕西、江西、云南有栽培，生于宅旁、旷地或田间，已野化。

10. 凹头苋 野苋 图 584

Amaranthus lividus Linn. Sp. Pl. 990. 1753.

Amaranthus ascendens Loisel.; 中国高等植物图鉴 1: 607. 1972.

一年生草本，高达30厘米；全株无毛。茎伏卧上升，基部分枝。叶卵形或菱状卵形，长1.5-4.5厘米，先端凹缺，具芒尖，或不明显，基部宽楔形，全缘或稍波状；叶柄长1-3.5厘米。花簇腋生，生于茎端及枝端者成直立穗状或圆锥花序；苞片长圆形，长不及1毫米。花被片长圆形或披针形，长1.2-1.5毫米，淡绿色，背部具隆起中脉；雄蕊较花被片稍短；柱头（2）3。胞果扁卵形，长3毫米，不裂，近平滑，露出宿存花被片。种子圆形，径约1.2毫米，黑或黑褐色，具环状边。花期7-8月，果期8-9月。

除内蒙古、青海、西藏、海南及台湾外，全国广泛分布。生于海拔2000米以下田野、宅旁杂草地。日本、欧洲、非洲北部及南美有分布。茎叶可作猪饲料；全草药用，作止痛、收敛、利尿、解热剂。

图 584 凹头苋 （引自《图鉴》）

5. 杯苋属 Cyathula Bl.

草本或亚灌木。茎直立或伏卧。叶对生，全缘；具叶柄。花丛在总梗上成顶生总状花序，或3-6次二歧聚伞花序成花球团，在总梗上成穗状花序；苞片腋部具2朵或多花，其中能育两性花1至数朵，常兼有退化成硬钩毛状不育花；苞片卵形，干膜质，常具锐刺。两性花具5花被片，近相等，干膜质，基部不硬；雄蕊5，花药2室，长圆形，花丝基部膜质，连成浅杯状，分离部分和齿状或撕裂状退化雄蕊互生；子房1室，胚珠珠柄长，下垂，花柱丝状，宿存，柱头球形。胞果球形、椭圆形或倒卵形，膜质，不裂，包在宿存花被内。种子长圆形或椭圆形扁平，双凸。

约27种，分布于亚洲、大洋洲、非洲及美洲。我国4种。

1. 叶菱状倒卵形或菱状长圆形；总状花序；退化雄蕊长0.5毫米，顶端2浅裂或凹缺 ……… 1. **杯苋 C. prostrata**
1. 叶为其它形状；花丛成球形花球团，组成穗状花序。
   2. 叶宽卵形或倒卵状长圆形；退化雄蕊长0.6-1毫米，顶端深裂或流苏状 …………… 2. **头花杯苋 C. capitata**
   2. 叶椭圆形或窄椭圆形，稀倒卵形；退化雄蕊长0.3-0.4毫米，顶端齿状浅裂 ………… 3. **川牛膝 C. officinalis**

1. 杯苋 图 585

Cyathula prostrata（Linn.）Bl. Bijdr. 549. 1825.

Achyranthes prostrata Linn. Sp. Pl. ed. 2. 296. 1762.

多年生草本，高达50厘米。茎被灰色长柔毛。叶菱状倒卵形或菱状长圆形，长1.5-6厘米，先端圆钝，微凸，基部圆，两面被长柔毛，具缘毛；叶柄长1-7毫米。总状花序由多数花丛组成，顶生及腋生，直立，长达35厘米；总梗密被灰色柔毛；下部花丛具2-3朵两性花及数朵不育花，最

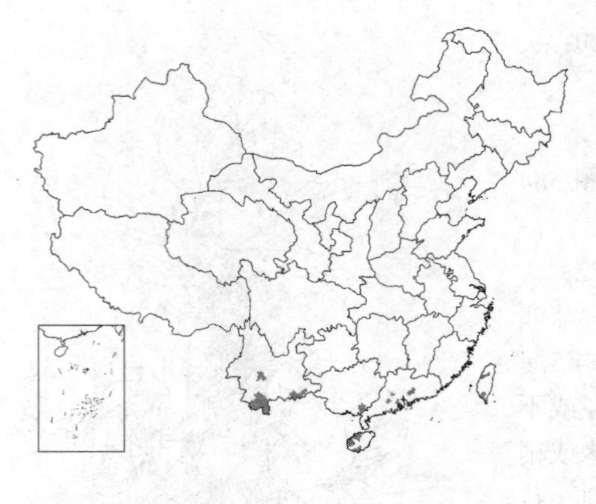

上部具1朵两性花，无不育花；苞片长1-2毫米，先端长渐尖，后反折。两性花的花被片卵状长圆形，长2-3毫米，淡绿色，具凸尖，被白色长柔毛；雄蕊花丝长3-4毫米，基部连合；退化雄蕊长0.5毫米，顶端2浅裂或凹缺。胞果球形，径约0.5毫米。不育花的花被片黄色，长约1.5毫米，先端钩状，基部被长柔毛。种子卵状长圆形，极小，褐色，光亮。

产台湾、广东、海南、广西及云南，生于海拔1600米以下山坡灌丛中或河边。越南、印度、泰国、缅甸、马来西亚、菲律宾、非洲及大洋洲有分布。全草治跌打损伤。

图 585 杯苋 （引自《Fl. Taiwan》）

2. 头花杯苋 图 586

Cyathula capitata Moq. in DC. Prodr. 13(2): 329. 1849.

多年生草本，高达1米。茎疏被灰色长柔毛。叶纸质，宽卵形或倒卵状长圆形，长5-14厘米，先端尾尖或渐尖，基部楔形，两面疏被长柔毛，具缘毛；叶柄长0.5-1.5厘米，被长柔毛。花球团球形或椭圆形，径2-4厘米，近单生或成短穗状花序，总梗长2-4.5厘米，被黄色绒毛；苞片长3-4毫米，中脉在背面成龙骨状；花丛生于苞片腋部，具两性花数朵及不育花1-2朵。两性花花被片披针形，长3-4毫米，暗紫色，基部被长柔毛；不育花花被片披针状钻形，长3毫米，坚硬，顶端钩状；雄蕊花丝长3毫米，基部疏被长柔毛，退化雄蕊长0.6-1毫米，顶端深裂或流苏状；子房基部被长柔毛。胞果长圆状卵形，长3毫米。种子椭圆形，长2毫米，光亮，带红色。花期8月，果期10月。

图 586 头花杯苋 （钟守琦绘）

产云南、四川及西藏，生于海拔1700-2700米山坡杂木林下。越南及印度有分布。根药用，可祛风除湿、强筋壮骨。

3. 川牛膝 图 587 彩片 176

Cyathula officinalis Kuan in Acta Phytotax. Sin. 14: 60. f. 1. 1976.
Cyathula tomentosa auct. non (Roth) Moq.: 中国高等植物图鉴 1: 608. 1972.

多年生草本，高达1米。茎疏被长糙毛。叶椭圆形或窄椭圆形，稀倒卵形，长3-12厘米，先端渐尖或尾尖，基部楔形或宽楔形，全缘，上面被平伏长糙毛，下面毛较密；叶柄长0.5-1.5厘米，密被长糙毛。花球团径1-1.5厘米，在枝顶成穗状排列，密集或相距2-3厘米；花球团内，两性花在中央，不育花在两侧；苞片长4-

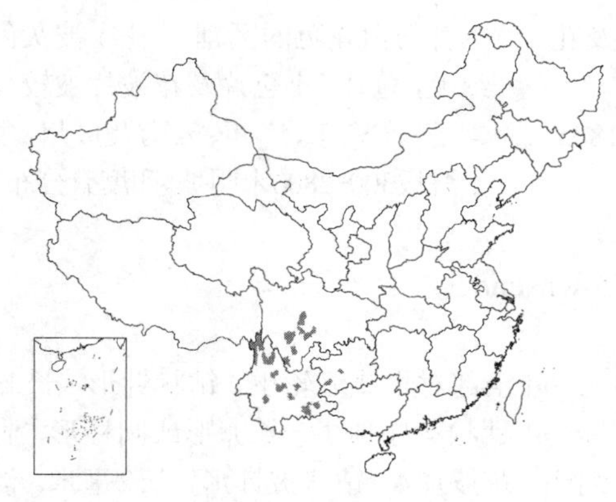

5毫米，先端刺芒状或钩状；不育花花被片常4，变成具钩芒刺；两性花长3-5毫米，花被片披针形，先端刺尖，内侧3片较窄；雄蕊花丝基部密被节状束毛，退化雄蕊长0.3-0.4毫米，顶端齿状浅裂。胞果椭圆形或倒卵形，长2-3毫米。种子椭圆形，扁平，双凸，长1.5-2毫米，带红色，光亮。花期6-7月，果期8-9月。

产云南、贵州及四川，生于海拔1000-3400米山区，有栽培。根药用，生用可活血，祛风湿，炒用补肝肾，强腰膝。

图 587 川牛膝 （赵宝恒绘）

6. 白花苋属 Aerva Forsk.

草本或亚灌木，茎直立、匍匐或攀援。叶对生或互生，全缘。花两性、杂性或异株；穗状圆锥花序。每花具1苞片及2小苞片，干膜质，宿存，或小苞片在果时和花被片同落；花被片4-5，卵形或长圆形，干膜质或纸质，被绵毛；雄蕊4-5，花丝钻形，不等长，基部连成浅杯状，和4-5齿状或钻状三角形退化雄蕊间生，花药2室；子房倒卵形或近球形，侧扁，无毛，具1垂生胚珠，花柱宿存，柱头2或头状。胞果卵形，极侧扁，膜质，不裂或不规则开裂，包在宿存花被内并同落。种子肾状圆形，双凸，侧扁，种皮壳质。

约10种，分布于亚洲及非洲热带、亚热带、温带。我国4种。

1. 花序被白色长绢毛；苞片、小苞片及花被片外面毛较多 ………………………………… **白花苋 A. sanguinolenta**
1. 花序被灰色绵毛；苞片、小苞片及花被片外面毛较少 ……………………………（附）. **少毛白花苋 A. glabrata**

白花苋 绢毛苋 图 588

Aerva sanguinolenta (Linn.) Bl. Bijdr. 547. 1825.

Achyranthes sanguinolenta Linn. Sp. Pl. ed. 2. 294. 1762.

多年生草本，高达1米。茎被白色柔毛，后渐脱落。叶对生或互生，卵状椭圆形、长圆形或披针形，长1.5-8厘米，先端具小芒尖，基部楔形，两面被白色平伏柔毛，后脱落；叶柄长0.2-1厘米。花序被白色长绢毛，穗状，腋生及顶生，密集近茎顶端成总状；花两性或杂性；苞片及小苞片卵形，被柔毛。花被片5，白色或粉红色，长圆形，被白色长绢毛，雄蕊短，退化雄蕊条形；柱头2浅裂。胞果卵形，不裂。花期4-6月，果期8-10月。

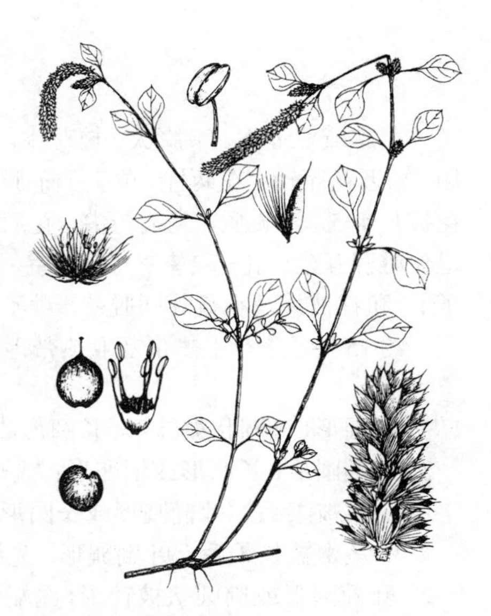

图 588 白花苋 （仿《Fl. Taiwan》）

产台湾、海南、广西、云南、贵州及四川，生于海拔

1300–2300米山坡灌丛中。越南、印度、菲律宾及马来西亚有分布。根及花药用，生用可活血，炒用补肝肾、强筋骨。

［附］少毛白花苋 **Aerva glabrata** Hook. f. Fl. Brit. Ind. 4: 728. 1885. 本种与白花苋的区别：花序被灰色绵毛，苞片、小苞片及花被片被较少柔毛。产广东、广西、云南及贵州，生于海拔300–2800米阴坡。印度有分布。

7. 针叶苋属 Trichurus C. C. Townsend

多年生草本，高达50厘米。茎基部分枝，上升或匍匐，被白色绵毛。叶全部对生或近轮生，钻状针形，长1–2.5厘米，宽不及1毫米，灰绿色，上面疏被白色绵毛，下面无毛。花两性；穗状花序顶生，长卵形或圆柱形，长达2.5厘米，径3–5毫米，被白色绵毛；苞片及小苞片披针形，被白色绵毛。花被片4，钻状披针形，长2毫米。淡红或带绿色，被白色绵毛，雄蕊4（5），较花被片短，退化雄蕊钻形；花柱极短，柱头2微裂。子房具1垂生胚珠。胞果卵形，长1.5–2毫米，顶端盖裂。种子卵形，长1–1.5毫米。褐色，干后在种脐对面窠状凹入。

单种属。

针叶苋 图 589

Trichurus monsoniae (Linn. f.) C. C. Townsend in Kew Bull. 29(3): 466. 1974.

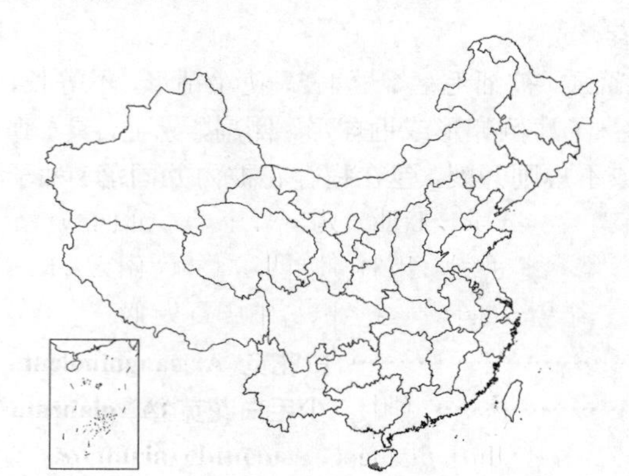

Illecebrum monsoniae Linn. f. Suppl. Sp. Pl. 161. 1781.

形态特征同属。花期4–8月，果期8–11月。

产海南，生于海滨砂地。越南、印度、斯里兰卡及泰国有分布。

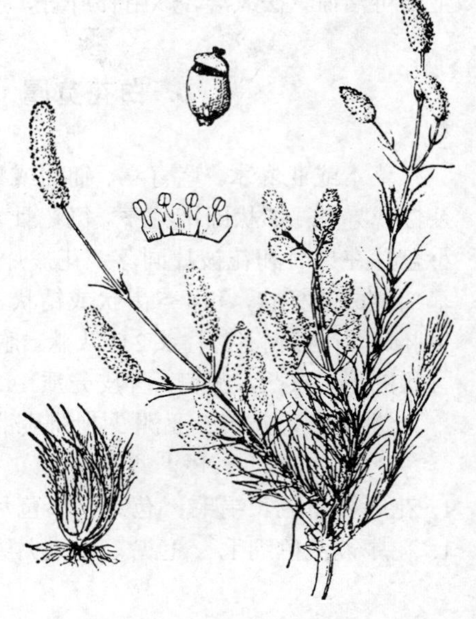

图 589 针叶苋 （冀朝祯绘）

8. 牛膝属 Achyranthes Linn.

草本或亚灌木。节膨大，枝对生。叶对生，具柄。穗状花序顶生或腋生，花在花期直立，花后反折、平展或下倾，贴近花序轴；花两性，单生于干膜质宿存苞片基部，并有2小苞片，小苞片长刺尖，基部厚，两侧具膜质短翅。花被片4–5，干膜质，先端芒尖，花后硬化，包被果实；雄蕊5，稀4或2，短于花被片，花丝基部连成浅杯，与5退化雄蕊互生，花药2室；子房1室，1胚珠，花柱丝状，宿存，柱头头状。胞果卵状长圆形、卵形或近球形，种子1，和花被片及小苞片同脱落。种子长圆形，双凸。

约15种，分布于热带及亚热带地区。我国3种。

1. 叶椭圆形、椭圆状披针形、长圆形或倒卵形；退化雄蕊顶端具流苏状长缘毛或缺刻状细齿。
    2. 叶椭圆形、长圆形或倒卵形，先端渐尖或圆钝；退化雄蕊顶端具流苏状长缘毛。
        3. 茎被柔毛；叶椭圆形或长圆形，先端渐尖 ………………………………………… 1. **土牛膝 A. spera**
        3. 茎密被长柔毛；叶倒卵形，先端圆钝，具小凸尖 ………………… 1(附). **钝叶土牛膝 A. aspera** var. **indica**
    2. 叶椭圆形或椭圆状披针形，先端锐尖或长渐尖；退化雄蕊顶端具缺刻状细齿 ……… 2. **牛膝 A. bidentata**
1. 叶长圆状披针形或宽披针形；退化雄蕊顶端具不明显牙齿 ……………………… 3. **柳叶牛膝 A. longifolia**

1. 土牛膝 图 590

Achyranthes aspera Linn. Sp. Pl. 204. 1753.

多年生草本，高达1.2米。茎四棱形，被柔毛，节部稍膨大，分枝对生。叶椭圆形或长圆形，长1.5-7厘米，先端渐尖，基部楔形，全缘或波状，两面被柔毛，或近无毛；叶柄长0.5-1.5厘米，密被柔毛或近无毛。穗状花序顶生，直立，长10-30厘米，花在花后反折，花序梗密被白色柔毛；苞片披针形，长3-4毫米，小苞片2，刺状，基部两侧具膜质裂片。花被片披针形，长3.5-5毫米，花后硬化锐尖，具1脉；雄蕊长2.5-3.5毫米；退化雄蕊顶端平截，流苏状长缘毛。胞果卵形，长2.5-3毫米。种子卵形，长约2毫米，褐色。花期6-8月，果期10月。

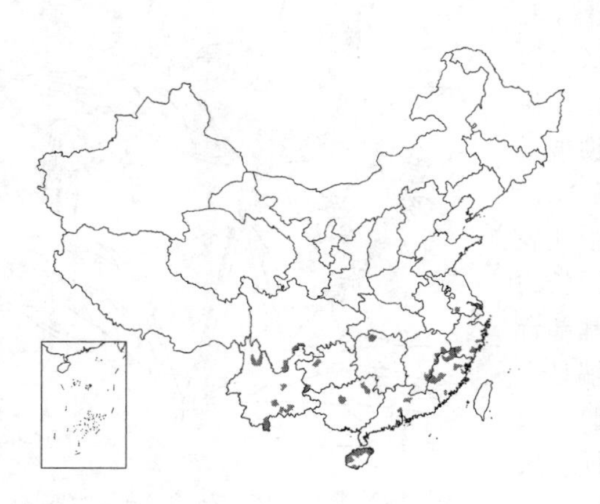

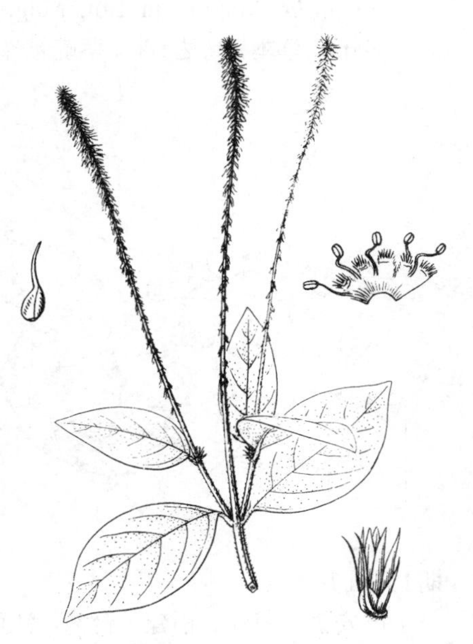

图 590 土牛膝 （吴彰桦绘）

产江苏、浙江、福建、江西、湖南、广东、海南、广西、云南、贵州及四川，生于海拔100-2900米山坡疏林中或旷地。印度、越南、菲律宾及马来西亚有分布。根药用，可清热解毒，利尿。

［附］**钝叶土牛膝 Achyranthes aspera** var. **indica** Linn. Sp. Pl. 204. 1753. 本变种与模式变种的区别：茎密被白或黄色长柔毛；叶倒卵形，先端圆钝，具小凸尖，基部宽楔形，边缘波状，两面密被柔毛。产台湾、广东、云南及四川，生于田埂、路边或河边。印度及斯里兰卡有分布。

2. 牛膝 图 591

Achyranthes bidentata Bl. Bijdr. 545. 1825.

多年生草本，高达1.2米。几无毛，节部膝状膨大，有分枝。叶椭圆形或椭圆状披针形，长4.5-12厘米，先端锐尖或长渐尖，基部楔形或宽楔形，两面被柔毛；叶柄长0.5-3厘米。穗状花序腋生及顶生，花后花反折贴近花序梗；苞片宽卵形，小苞片刺状，基部具卵形膜质裂片。花被片5，绿色；雄蕊5，基部合生，退化雄蕊顶端平圆，具缺刻状细齿。胞果长圆形，长2-2.5毫米。花期7-9月，果期9-10月。

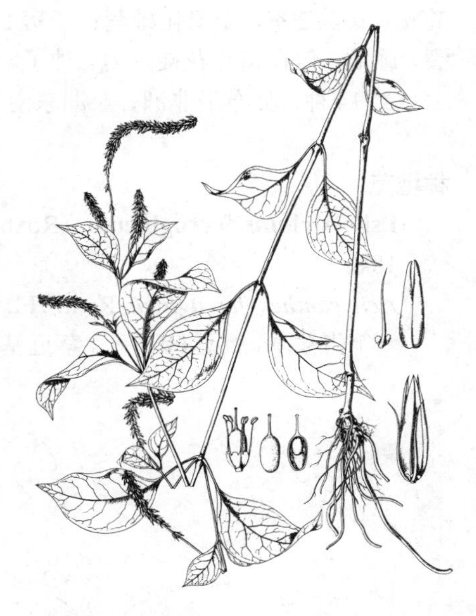

图 591 牛膝 （引自《中国北部植物图志》）

产甘肃、陕西、山西、河南、河北、山东、江苏、安徽、浙江、福建、台湾、江西、湖北、湖南、广东、海南、广西、云南、贵州、四川及西藏，生于海拔1500-2500米山坡林下、田边或路边。

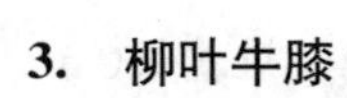

3. 柳叶牛膝 图 592

Achyranthes longifolia (Makino) Makino in Bot. Mag. Tokyo 23: 180. 1914.

Achyranthes bidendota Bl. var.

longifolia Makino in Bot. Mag. Tokyo 12: 51. 1898.

多年生草本，高达1米。茎疏被柔毛。叶长圆状披针形或宽披针形，长10-18厘米，宽2-3厘米，先端渐尖，基部楔形，全缘，两面疏被柔毛；叶柄长0.2-1厘米，被柔毛。花序穗状，顶生及腋生，细长，花序梗被柔毛；苞片卵形，小苞片2，针形，基部两侧具耳状膜质裂片，花被片5，披针形，长约3毫米；雄蕊5，花丝基部合生，退化雄蕊方形，顶端具不明显牙齿。胞果近椭圆形，长约2.5毫米。花期9-10月，果期10-11月。

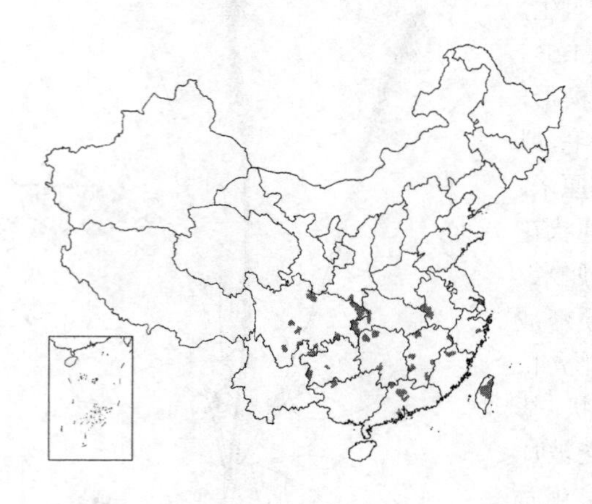

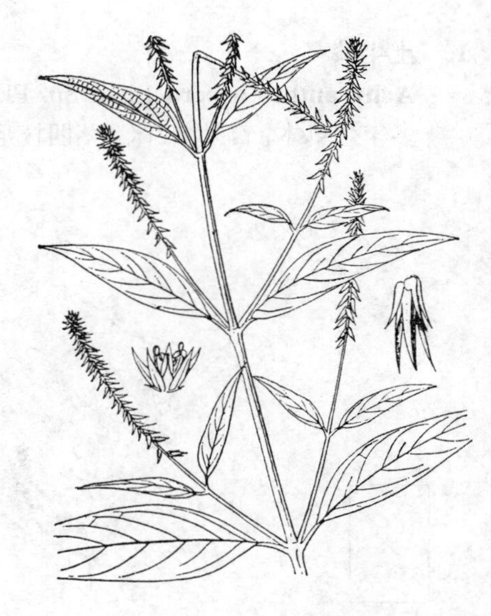

图 592 柳叶牛膝 （引自《湖北植物志》）

产安徽、浙江、福建、台湾、江西、湖北、湖南、广东、广西、云南、贵州、四川及陕西，生于海拔1000米以下山坡路边、疏林下。日本有分布。根药用，药效和土牛膝略同。

9. 林地苋属 Psilotrichum Bl.

草本或灌木。茎三歧分枝，无毛，被柔毛或绵毛。叶对生，具柄。花两性；头状或穗状花序；每花具1苞片及2小苞片，干膜质。花被片5，相等或近相等，直立，干膜质，具数纵脉；雄蕊5，花丝长短不等，基部连成杯状或筒状，花药2室，无退化雄蕊；子房1室，具1垂生胚珠，花柱细长，柱头头状或2浅裂。胞果椭圆形，侧扁，不裂，膜质，包在宿存花被片内。种子双凸，种皮革质或壳质，胚在边缘。

约14种，分布于非洲、亚洲东南部及马来西亚。我国1种。

林地苋 图 593

Psilotrichum ferrugineum (Roxb.) Moq. in DC. Prodr. 13(2): 279. 1849.

Achyranthes ferruginea Roxb. Fl. Ind. 2: 502. 1824.

一年生草本，高达60厘米。茎近基部多分枝，有时带紫色，节间长，叶腋及幼茎节部微被毛，余无毛。叶微肉质，披针形、长圆形、椭圆形或倒卵形，长1.5-7.5厘米，先端尖，基部渐窄，两面无毛；叶柄长0.3-1.2厘米。穗状花序常单生，稀成对；苞片卵状披针形，长约1.5毫米，小苞片卵状三角形，长约0.5毫米，和花被片及果实同落。花径约1毫米；花被片披针形，长2-2.5毫米，具3-5隆起纵脉，无毛；雄蕊长0.5-0.75毫米；花柱长约0.5毫米，宿存。

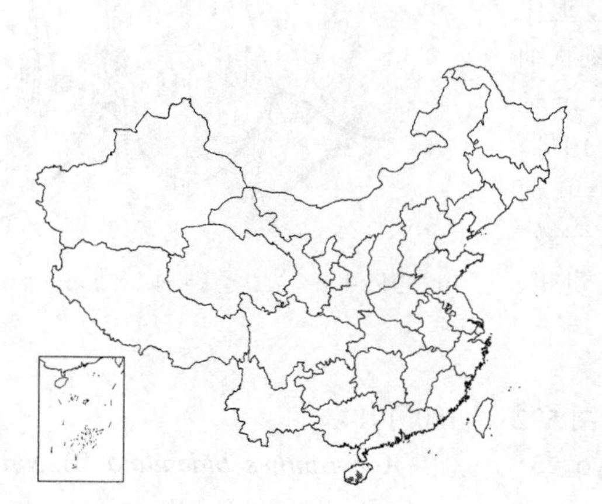

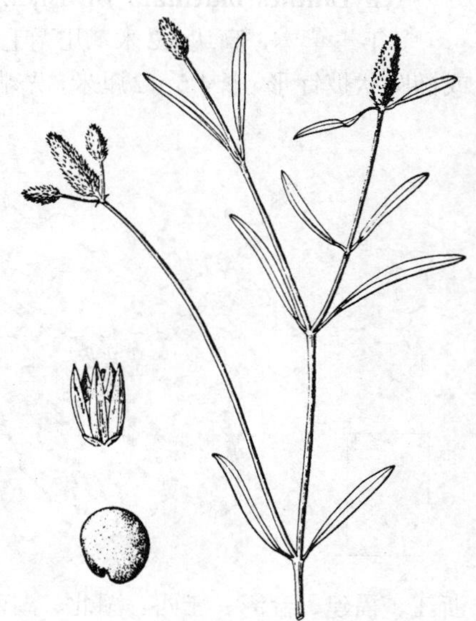

图 593 林地苋 （引自《海南植物志》）

胞果椭圆形，长1-1.5毫米，侧扁，下部透明。种子长约1毫米，黑色或黑褐色，光亮。花期6-7月，果期7-8月。

产海南，生于海拔1000-2000米山谷林中。印度、越南、泰国及马来西亚有分布。

10. 莲子草属 Alternanthera Forsk.

匍匐或上升草本。茎多分枝。叶对生，全缘。花两性；头状花序，单生苞片腋部；苞片及小苞片干膜质，宿存。花被片5，干膜质，常不等；雄蕊2-5，花丝基部连成筒状或浅杯状，花药1室；退化雄蕊不裂，具齿或条裂；子房1室，胚珠1，垂生，柱头头状。胞果球形或卵形，不裂，边缘翅状。种子双凸。

约200种，分布美洲热带及暖温带。我国4种，2种为栽培。

1. 头状花序无花序梗；雄蕊3，花丝连成杯状，花药卵形，退化雄蕊三角状锥形 …………… 1. **莲子草 A. sessilis**
1. 头状花序有或无花序梗；雄蕊5，花丝连成筒状，花药条状长椭圆形；退化雄蕊舌状，顶端流苏状。
   2. 头状花序具花序梗，单生；叶绿色 …………… 2. **喜旱莲子草 A. philoxeroides**
   2. 头状花序无花序梗，3-5序簇生；叶绿色或红色，或部分绿色，杂以红或黄色斑纹 …………… 2(附). **锦绣苋 A. bettzickiana**

1. 莲子草 图594 彩片177

Alternanthera sessilis (Linn.) DC. Cat. Hort. Monspel. 77. 1813.

Illecebrum sessile Linn. Sp. Pl. ed. 2. 300. 1762.

多年生草本，高达45厘米。叶条状披针形、长圆形、倒卵形、卵状长圆形，长1-8厘米，先端尖或圆钝，基部渐窄，全缘或具不明显锯齿，两面无毛或疏被柔毛；叶柄长1-4毫米。头状花序1-4个，腋生，无花序梗，初球形，果序圆柱形，径3-6毫米；花序轴密被白色柔毛；苞片卵状披针形，长约1毫米。花被片卵形，长2-3毫米，无毛，具1脉；雄蕊3，花丝长约0.7毫米，基部连成杯状，花药长圆形；退化雄蕊三角状钻形；花柱极短。胞果倒心形，长2-2.5毫米，侧扁，深褐色，包于宿存花被片内。种子卵球形。花期5-7月，果期7-9月。

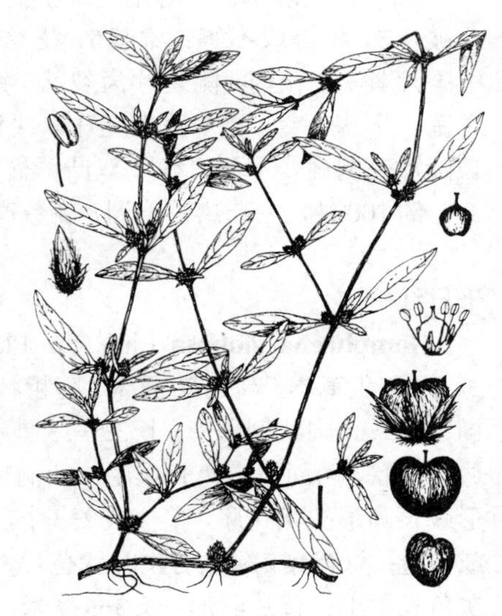

图 594 莲子草 (引自《Fl. Taiwan》)

产江苏、安徽、浙江、福建、台湾、江西、湖北、湖南、广东、海南、香港、广西、云南、贵州及四川，生于海拔1800米以下村庄附近草坡、水沟、田边、沼泽或海边潮湿处。印度、缅甸、越南、马来西亚及菲律宾有分布。全株药用，可散瘀消毒、清火退热；又可作饲料。

2. 喜旱莲子草 图595 彩片178

Alternanthera philoxeroides (Mart.) Griseb. Gott. Abh. 24: 36. 1879.

Cucholzia philoxeroides Mart. in Nov. Act. Phys.-Med. Acad. Caes.-Leop. Carol. Nat. Curios. 13(1): 107. 1825.

多年生草本；茎匍匐，上部上升，长达1.2米，具分枝，幼茎及叶腋被白或锈色柔毛，老时无毛。叶长圆形、长圆状倒卵形或倒卵状披针形，长2.5-5厘米，先端尖或圆钝，具短尖，基部渐窄，全缘，两面无毛或上面被平伏毛，下面具颗粒状突起；叶柄长0.3-1厘米。头状花序具花序梗，单生叶腋，径0.8-1.5厘米；苞片白色，卵形，长2-2.5毫米，具1脉。花被片长圆形，长5-6毫米，白色，光亮，无毛；雄蕊花丝长2.5-3毫米，基部连成杯状；退化雄蕊舌状，顶端流苏状；子房倒卵形，具短柄，侧扁，顶端圆。花期5-6月。

原产巴西。北京、江苏、安徽、浙江、福建、江西、湖北及湖南引种或已野化。生于海拔750米以下池沼或水沟内。全草药用，可清热利水、凉血解毒；可作饲料。

［附］锦绣苋 **Alternanthera bettzickiana**（Regel）Nichols. Gard. Dict. ed. 1. 59. 1884. —— *Telanthera bettzichiana* Regel, Ind. Sem. Hort. Petrop. 28. 1862. 本种与喜旱莲子草的区别：花序无花序梗，3-5个簇生；叶绿或红色或部分绿色，杂以红或黄色斑纹。原产巴西。各大城市栽培。可用作布置花坛；全株药用，可清热解毒。

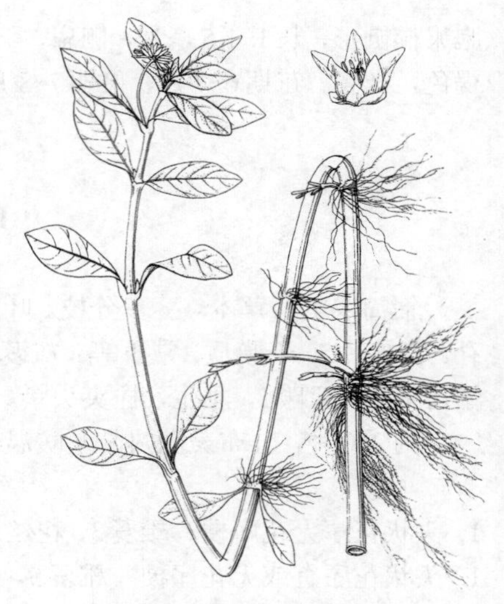

图 595 喜旱莲子草
（引自《华东水生维管束植物》）

11. 千日红属 Gomphrena Linn.

草本或亚灌木。叶对生，稀互生。花两性；头状花序球形或半球形。花被片5，相等或不等；雄蕊5，花丝基部连成筒状或杯状，顶端3浅裂，中裂片具1室花药，侧裂片齿裂状、锯齿状、流苏状或2至多裂，无退化雄蕊；子房1室，具1垂生胚珠，柱头2-3，条形，或2裂。胞果球形或长圆形，侧扁，不裂。种子双凸，种皮革质，平滑。

约100种，主产热带美洲，少数产大洋洲及马来西亚。我国2种。

千日红 图596 彩片179

Gomphrena globosa Linn. Sp. Pl. 224. 1753.

一年生草本，高达60厘米。茎粗壮，有分枝，被灰色糙毛。叶纸质，长椭圆形或长圆状倒卵形，长3.5-13厘米，先端尖或圆钝，凸尖，基部渐窄，边缘波状，两面被白色长柔毛；叶柄长1-1.5厘米，被灰色长柔毛。顶生球形或长圆形头状花序，单一或2-3个，径2-2.5厘米，常紫红色，有时淡紫或白色；总苞具2绿色对生叶状苞片，卵形或心形，长1-1.5厘米，两面被灰色长柔毛；苞片卵形，长3-5毫米，白色，先端紫红色。花被片披针形，长5-6毫米，密被白色绵毛，雄蕊花丝连成筒状，顶端5浅裂，花药生于裂片内面，微伸出；花柱条形，较花丝筒短，柱头叉状分枝。胞果近球形，径2-2.5毫米。种子肾形，褐色。花期6-7月，果期8-9月。

原产美洲热带。南北各地有栽培。供观赏，头状花序经久不变，可用作花坛及盆景；也可作花圈、花篮。花序药用，可止咳、明目。

图 596 千日红（引自《中国北部植物图志》）

12. 安旱苋属 Philoxerus R. Br.

匍匐草本，稍肉质，无毛或稍有绒毛。叶对生，全缘。花两性；头状花序球形或圆柱状；每花具1苞片及2小苞片，苞片纸质，小苞片具龙骨状突起。花被片5，背部侧扁，基部具短爪且加厚；雄蕊5，钻形，花丝基部连成杯状，离生部分不裂，花药1室，无退化雄蕊；花柱极短，柱头2裂，胚珠1，垂生。胞果卵形，侧扁，不裂。种子卵形，双凸，种皮革质，光滑。

约15种，分布于美洲东部、非洲西部、大洋洲及亚洲东部。我国1种。

安旱苋 图 597

Philoxerus wrightii Hook. f. in Benth. et Hook. f. Gen. Pl. 3: 40. 1880, nom. tantum; Maxim. in Bull. Acad. Sci. St. Pétersb. 31: 91. 1886, cum descr.

稍肉质矮小草本，高达5厘米。茎丛生，伏卧，分枝，无毛。叶倒卵状匙形，长4-8毫米，宽2-3毫米，先端圆钝，基部渐窄，两面无毛；叶柄长2-3毫米，无毛。头状花序具10-15花，生于短枝顶端，长5-7毫米，花序梗短；苞片长1.5-1.7毫米，先端圆钝，具1或3脉；雄蕊花丝连合部分和分离部分约等长；花柱短，宿存，柱头2裂，钻形。胞果卵形，侧扁，薄膜质，包在宿存花被片内。种子褐色，无光泽。花期5-8月。

产我国台湾，生于海滨岩缝中。日本有分布。

图 597 安旱苋 （引自《Fl. Taiwan》）

13. 血苋属 Iresine P. Br.

直立草本或攀援亚灌木，无毛、有柔毛或绒毛。叶对生，全缘或有锯齿，具叶柄。花两性或单性雌雄异株；穗状圆锥花序；苞片及小苞片干膜质，常光亮。花被片5，干膜质，光亮，被长柔毛或近无毛，基部不硬化；雄蕊5；雌花具退化雄蕊或无；雄花无退化雌蕊；雌花子房侧扁，花柱极短或无，柱头2（3），钻形，胚珠1，垂生。胞果球形，侧扁，不裂，膜质。种子双凸或近肾形，种皮壳质，光亮。

约70种，分布于美洲热带、西印度群岛及大洋洲，我国引入1种。

血苋 图 598

Iresine herbstii Hook. f. ex Lindl. in Gard. Chron. 1864: 654. 1864.

多年生草本，高达2米。茎粗壮，常带红色，有分枝，初被柔毛，后仅节被毛，余无毛，具纵棱。叶宽卵形或近圆形，宽2-6厘米，先端凹缺或2浅裂，基部近平截，全缘，两面被平伏毛，紫红色，侧脉弧状，5-6对，如为绿色或淡绿色，则有黄色叶脉；叶柄长2-3厘米，被平伏毛或近无毛。雌雄异株；穗状圆锥花序，初被柔毛，后近无毛；苞片及小苞片卵形，长1-1.5毫米，绿白或黄白色，宿存，无毛，无脉。花长约1毫米；花梗极短；雌花花被片长圆形，长约1毫米，绿白或黄白色，基部疏被白色柔毛；退化雄蕊微小；花柱极短。胞果卵形，侧扁，不裂。花果期9月至翌年3月（海南）。

原产巴西。江苏、广东、海南、广西及云南有栽培。为盆栽观叶植物或用作花坛。

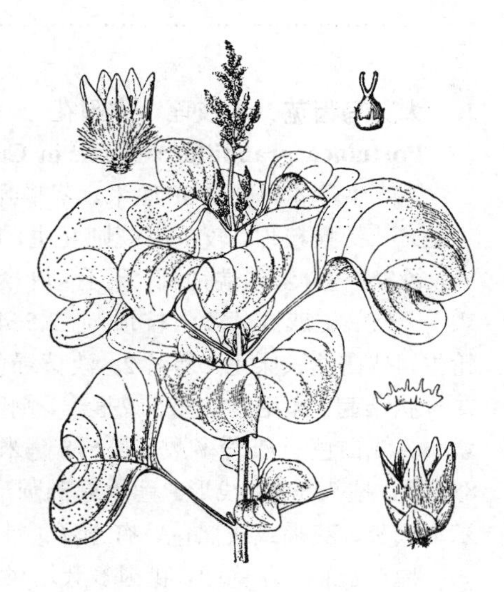

图 598 血苋 （冀朝祯绘）

49. 马齿苋科 PORTULACACEAE

（鲁德全）

一年生或多年生草本，稀亚灌木。单叶互生或对生，全缘，常肉质；托叶干膜质或刚毛状，稀无。花两性，整齐或不整齐，腋生或顶生，单生、簇生或成聚伞、总状、圆锥花序。萼片2（5），草质或干膜质，离生或基部连合；花瓣4-6，稀更多，覆瓦状排列，离生或基部稍连合，早落或宿存；雄蕊与花瓣同数、对生，或更多、分离或成束或与花瓣贴生，花丝线形，花药2室，内向纵裂；心皮2-5连合，子房上位或半下位，1室，基生或特立中央胎座，弯生胚珠1至多个，花柱线形，柱头2至多裂。蒴果近膜质，盖裂或2-3瓣裂，稀为坚果。种子肾形或球形，多数，种阜有或无，胚环包粉质胚乳。

约20属580种，广布全世界，主产南美热带及亚洲。我国2属7种。

1. 平卧或斜升草本；花单生或簇生，子房半下位；蒴果盖裂；种子无种阜 ………………… 1. **马齿苋属 Portulaca**
1. 直立草本或亚灌木；总状或圆锥花序，子房上位；蒴果瓣裂；种子具种阜 ……………… 2. **土人参属 Talinum**

1. 马齿苋属 Portulaca Linn.

一年生或多年生肉质草本，无毛或疏被柔毛。茎铺散，平卧或斜升。叶互生、近对生或茎上部轮生；托叶毛状或膜质鳞片状。花单生或簇生，常具数片叶状总苞。萼片2，基部筒状，裂片脱落；花瓣4-6，离生或基部连合，花开后有粘液，先落；雄蕊4至多数，着生花瓣上；子房半下位，1室，胚珠多数，花柱线形，3至9裂成线状柱头。蒴果盖裂。种子细小，多数，肾形或圆形，光亮，具疣，无种阜。

约200种，广布热带、亚热带至温带地区。我国6种。

1. 叶圆柱状钻形或钻状窄披针形；花径大于2厘米。
  2. 茎节有簇生毛；花径2.5-4厘米；花丝紫色，基部连合，柱头5-9；种子深灰、灰褐或灰黑色，有光泽 ……………………………………………………………………………… 1. **大花马齿苋 P. grandiflora**
  2. 茎上部密被长柔毛；花径约2厘米，花丝红色，分离，柱头3-6；种子深褐黑色 …… 2. **毛马齿苋 P. pilosa**
1. 叶卵形、卵状椭圆形或倒卵形；花径4-5毫米，黄色。
  3. 全株无毛；叶肥厚，长1-3厘米，互生或近对生 ……………………………………… 3. **马齿苋 P. oleracea**
  3. 叶腋及花基部被长柔毛；叶扁平，长4-8毫米，对生 ……………………………………………………… 4. **四瓣马齿苋 P. quadrifida**

1. 大花马齿苋 半枝莲 太阳花 图599

Portulaca grandiflora Hook. in Curtis's Bot. Mag. 56: t. 2885. 1829.

一年生草本，高达30厘米。茎平卧或斜升，紫红色，多分枝，节有簇生毛。叶密集枝顶，较下不规则互生，叶细圆柱形，有时微弯，长1-2.5厘米，径2-3毫米，先端钝圆，无毛；叶柄极短或近无柄，叶腋常簇生白色长柔毛。花单生或数朵簇生枝顶，径2.5-4厘米，日开夜闭；叶状总苞8-9片，轮生，被白色长柔毛。萼片2，淡黄绿色，卵状三角形，长5-7毫米，稍具龙骨状凸起，无毛；花瓣5或重瓣，倒卵形，先端微凹，长1.2-3厘米，红、紫、黄或白色；雄蕊多数，长5-8毫米，花丝紫色，基部连合；花柱长5-8毫米，柱头5-9，线形。蒴果近椭圆形，盖裂。种子圆肾形，径不及1毫米，深灰、灰褐或灰黑色，有光泽，被小瘤。花期6-9月，果期8-11月。

原产巴西。花艳丽，我国多栽培供观赏。扦插或播种繁殖。全草药用，散瘀止痛、清热、解毒、消肿，治咽喉肿痛、烫伤、跌打损伤、疮疖。

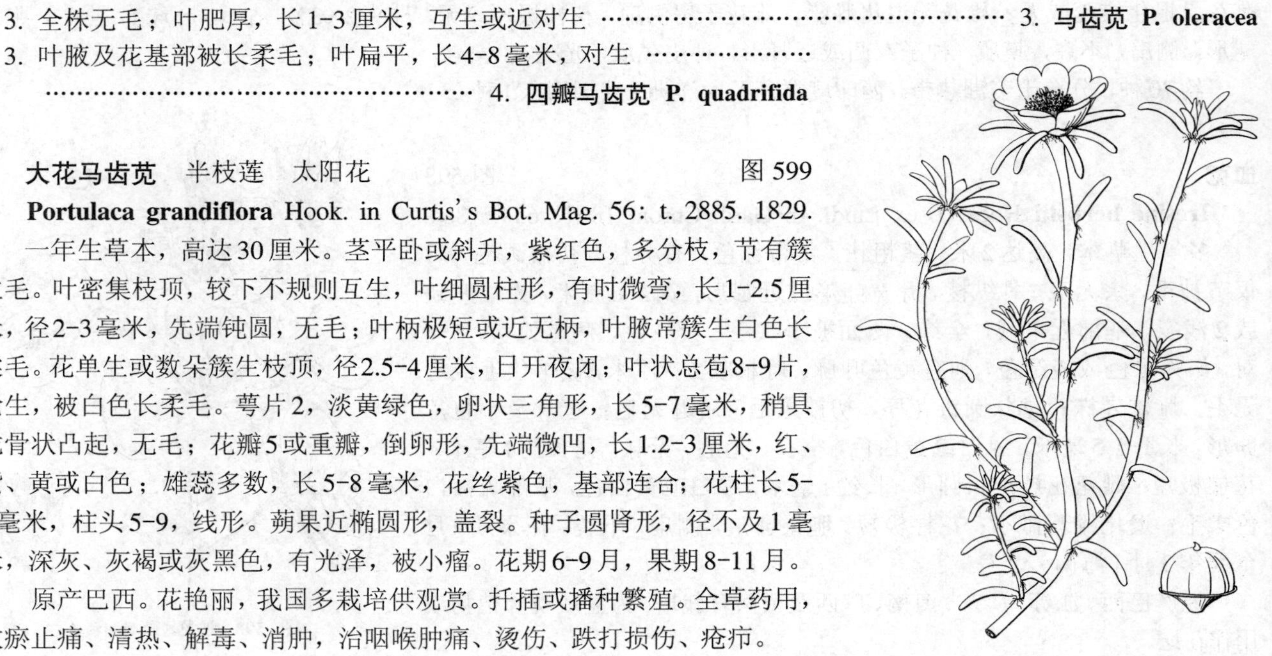

图 599 大花马齿苋 （引自《图鉴》）

2. 毛马齿苋 图600 彩片180

Portulaca pilosa Linn. Sp. Pl. 445. 1753.

一年生或多年生草本，高达20厘米。茎上部密被长柔毛，丛生，铺散，多分枝。叶近圆柱状线形或钻状窄披针形，长1-2厘米，宽1-4毫米，叶腋被长柔毛。花径约2厘米，无梗，具6-9轮生叶状总苞片，密被长柔毛。萼片长圆形；花瓣5，红紫色，宽倒卵形，先端钝或微凹，基部连合；雄蕊20-30，花丝红色，分离；花柱短，柱头3-6。蒴果卵球形，蜡黄色，盖裂。种子深褐黑色，被小瘤。花果期5-8月。

图 600 毛马齿苋 （钱存源绘）

产福建东南部、台湾、广东东部、广西、海南及云南南部，多生于海边沙地及荒地，耐旱，喜光。菲律宾、马来西亚、印度尼西亚及美洲热带有分布。叶药用，捣烂作刀伤药。

3. 马齿苋 图601

Portulaca oleracea Linn. Sp. Pl. 445. 1753.

一年生草本；全株无毛。茎平卧或斜倚，铺散，多分枝，圆柱形，长10-15厘米，淡绿或带暗红色。叶互生或近对生，扁平肥厚，倒卵形，长1-3厘米，先端钝圆或平截，有时微凹，基部楔形，全缘，上面暗绿色，下面淡绿或带暗红色，中脉微隆起；叶柄粗短。花无梗，径4-5毫米，常3-5簇生枝顶，午时盛开；叶状膜质苞片2-6，近轮生。萼片2，对生，绿色，盔形，长约4毫米，背部龙骨状凸起，基部连合；花瓣（4）5，黄色，长3-5毫米，基部连合；雄蕊8或更多，长约1.2厘米，花药黄色；子房无毛，花柱较雄蕊稍长。蒴果长约5毫米。种子黑褐色，径不及1毫米，具小疣。花期5-8月，果期6-9月。

图 601 马齿苋 （引自《图鉴》）

产南北各地，喜肥土，耐旱、耐涝，为田间常见杂草。温带及热带地区广布。全草药用，清热、解毒、消肿、消炎、利尿，种子明目；也可作兽药及农药。嫩茎叶可食，也可作饲料。

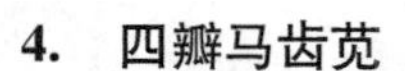

4. 四瓣马齿苋 图602

Portulaca quadrifida Linn. Mant. Pl. 1: 73. 1767.

一年生柔弱肉质草本。茎匍匐，节上生根。叶对生，扁平，卵形、倒卵形或卵状椭圆形，长4-8毫米，基部窄楔形，腋间疏被开展长柔毛；无柄或具短柄。花单生枝顶，具4-5轮生叶及白色长柔毛。萼片膜质，倒卵状长圆形，长2.5-3毫米，具脉纹；花瓣

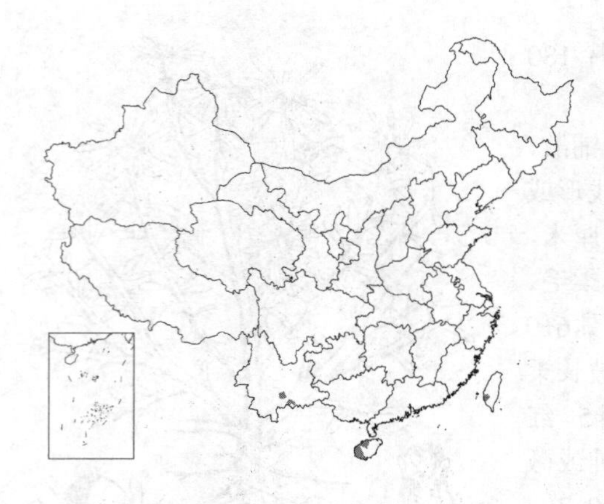

4，黄色，长3-6毫米，长圆形或宽椭圆形，基部连合；雄蕊8-10；子房被长柔毛，柱头（3）4裂。蒴果黄色，球形，径约2.5毫米，果皮膜质。种子黑色，近球形，侧扁，被小瘤。花果期几全年。

产台湾琉球屿及台南、广东、海南及云南南部，生于沙地、河谷、田边、山坡草地、路边、沟边。亚洲及非洲热带地区有分布。全草药用，止痢杀菌，治肠炎、腹泻、内痔出血。

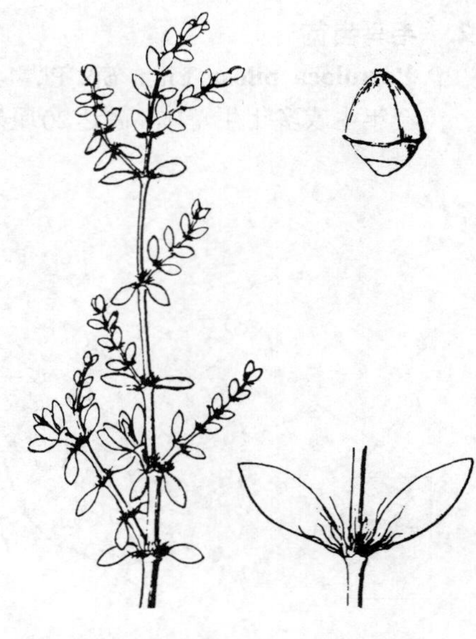

图 602 四瓣马齿苋 （钱存源绘）

2. 土人参属 Talinum Adans.

一年生或多年生草本，或亚灌木。茎肉质、无毛。叶互生或兼有对生，扁平，全缘；无柄或具短柄，无托叶。花小，总状或圆锥花序顶生，稀单生叶腋。萼片2，离生或基部连合成短筒，卵形，早落，稀宿存；花瓣5（8-10），红色，常早落；雄蕊5（10-30），常贴生花瓣基部；子房上位，1室，特立中央胎座，胚珠多数，花柱（2）3裂。蒴果常俯垂，球形、卵球形或椭圆形，薄膜质，3瓣裂。种子近球形或扁球形，亮黑色，具瘤或棱，种阜淡白色。

约50种，主产美洲温暖地区，墨西哥尤盛，非洲、亚洲暖地多已野化。我国栽培1种。

土人参 图 603 彩片 181

Talinum paniculatum (Jacq.) Gaertn. Fruct. et Sem. Pl. 2: 219. t. 128. 1791.

Portulaca paniculata Jacq. Enum. Pl. Carib. 22. 1760.

一年生或多年生草本，高达1米；全株无毛。主根倒圆锥形，分枝少，根皮黑褐色，横断面乳白色。茎圆柱形，肉质，基部近木质，少分枝。叶互生或近对生，倒卵形或倒卵状长椭圆形，长5-10厘米，先端尖，有时微凹，具短尖头，基部窄楔形，全缘；具短柄或近无柄，稍肉质。圆锥花序顶生或腋生，常二叉状分枝，花序梗长。花径约6毫米；总苞片绿或近红色，圆形，长3-4毫米；苞片2，膜质，披针形。花梗长5-10毫米；萼片卵形，紫红色，早落；花瓣粉红或淡紫红色，倒卵形或椭圆形，长0.6-1.2厘米；雄蕊（10-）15-20，较花瓣短。蒴果近球形，径约4毫米，3瓣裂，坚纸质。种子多数，扁球形，径约1毫米，黑褐或黑色，有光泽。花期6-8月，果期9-11月。

原产热带美洲。我国中部及南部有栽培，生于阴湿地，有些已野化。根为滋补强壮药，叶消肿解毒，治疔疮。

图 603 土人参 （引自《图鉴》）

50. 落葵科 BASELLACEAE

（鲁德全）

草质缠绕藤本；全株无毛。单叶，互生，全缘，稍肉质；常具柄，无托叶。花小，两性，稀单性，辐射对称，穗状、总状或圆锥花序，稀单花；苞片3，早落，小苞片2，宿存。花被片5，离生或下部连合，白或淡红色，在芽内覆瓦状排列，宿存；雄蕊5，着生花被上；心皮3，连合，子房上位，1室，弯生胚珠1，基生，花柱单一或3叉。胞果，干燥或肉质，小苞片及花被宿存包果，不裂。种子球形，种皮膜质，富含胚乳，胚螺旋状、半圆形或马蹄形。

约4属25种，分布亚洲、非洲及拉丁美洲热带地区。我国栽培2属3种。

1. 穗状花序；花无梗，花被片肉质，花期几不开放，花丝在芽内直伸；胚螺旋状 ………………… 1. **落葵属 Basella**
1. 总状花序；花梗宿存，花被片薄，非肉质，花期开放，花丝在芽内弯曲；胚半圆形或马蹄形 ……………………………………………………………………………………………………… 2. **落葵薯属 Anredera**

1. 落葵属 **Basella** Linn.

1-2年生缠绕草本。叶稍肉质。穗状花序腋生，花序轴粗长。花无梗，淡红或白色；苞片极小，早落；小苞片和坛状花被连合，肉质，花后肿大，卵球形，花期几不开放，花后肉质，包果；花被5浅裂，裂片钝圆，具脊；雄蕊5，内藏，着生花被筒近顶部，花丝短，在芽内直伸，花药丁字背生；花柱3叉。胞果球形，肉质。种子直立；胚螺旋状，胚乳少，子叶大而薄。

6种，2种产热带非洲，3种产马达加斯加，1种产热带。我国栽培1种。

落葵 木耳菜 图604

Basella alba Linn. Sp. Pl. 272. 1753.

Basella rubra Linn.；中国高等植物图鉴 1：618. 1972.

一年生缠绕草本，长达4米；无毛，肉质，绿或稍紫红色。叶卵形或近圆形，长3-9厘米，先端短尾尖，基部微心形或圆，全缘；叶柄长1-3厘米。穗状花序腋生，长3-15（-20）厘米；苞片极小，早落，小苞片2，萼状，长圆形，宿存。花被片淡红或淡紫色，卵状长圆形，全缘，顶端内摺，下部白色，连合成筒，雄蕊着生花被筒口，花丝短，基部宽扁，白色，花药淡黄色；柱头椭圆形。果球形，径5-6毫米，红、深红至黑色，多汁液，外包宿存小苞片及花被。花期5-9月，果期7-10月。

原产亚洲热带地区。南北各地多栽培，供观赏，南方有些已野化。叶富含多种维生素及钙、铁，可食；全草药用，为缓泻剂，利大小便；花汁可清血解毒，外敷治痈毒，果汁供食品着色。

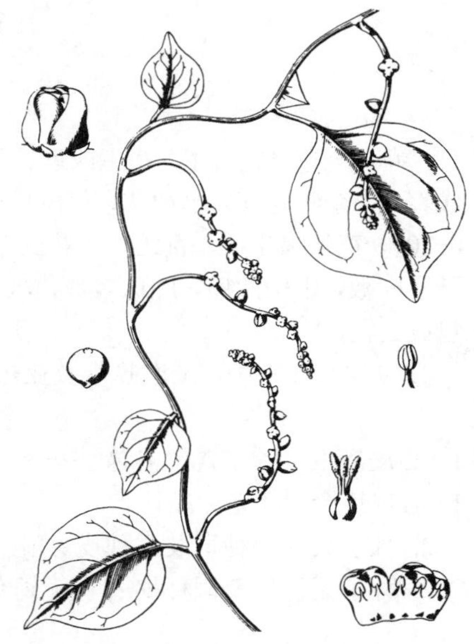

图 604 落葵 （钱存源绘）

2. 落葵薯属 **Anredera** Juss.

多年生草质藤本。茎多分枝。叶稍肉质。总状花序腋生，稀分枝。花梗宿存，在花被下具关节，顶端具2对小苞片，合生成杯状，宿存，或离生而早落，上面1对凸起或船形，背部常具龙骨状凸起，有时具窄翅，稀具宽翅。花被片基部连合，裂片薄，开花时伸展，宿存包果；花丝线形，基部宽，在芽内弯曲；花柱3，柱头球形或棍棒状，具乳头。果球形，外果皮肉质或厚纸质。种子双凸镜状；胚半圆形或马蹄形。

5-10种，产美国南部、西印度群岛至阿根廷、加拉帕哥斯群岛。我国栽培2种。

落葵薯 藤三七 图605 彩片182

Anredera cordifolia (Tenore) Steenis, Fl. Males. ser. 1, 5(3): 303. 1957.

Boussingaultia cordifolia Tenore in Ann. Sci. Nat. Bot. 3(19): 355. 1853.

缠绕草质藤本。根茎粗壮。叶卵形或近圆形，长2-6厘米，先端尖，基部圆或心形，稍肉质，腋生珠芽。总状花序具多花，花序轴纤细，下垂，长7-25厘米；苞片窄，宿存。花径约5毫米；花梗长2-3毫米，花托杯状，花常由此脱落，下面1对宽三角形小苞片，透明，宿存，上面1对小苞片淡绿色，宽椭圆形或近圆形；花被片白色，渐变黑，卵形、长圆形或椭圆形，长约3毫米；雄蕊白色，花丝顶端在芽内反折，开花时伸出；花柱白色，3叉裂，柱头棍棒状或宽椭圆形。花期6-10月。

原产南美热带地区。江苏、浙江、福建、广东、四川、云南及北京栽培。用叶腋珠芽繁殖。珠芽、叶及根药用，为滋补剂，可消肿，拔疮毒。

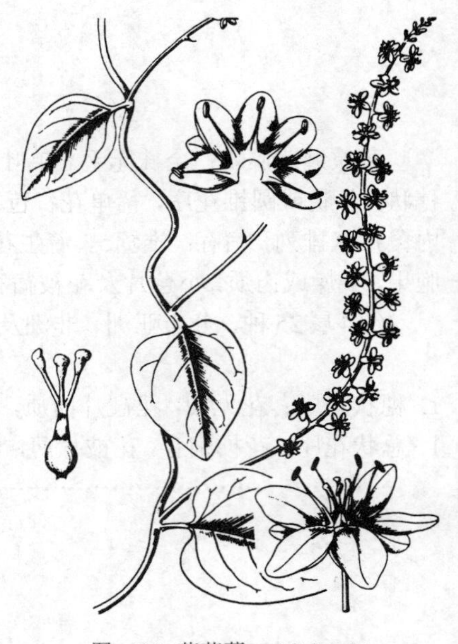

图605 落葵薯 (钱存源绘)

51. 粟米草科 MOLLUGINACEAE

(鲁德全)

草本。单叶，对生、互生或近轮生，有时肉质；托叶无或小而早落。花两性，形小，辐射对称，单生、簇生或成聚伞、伞形花序。单被花，花被片5，分离，稀基部连合，覆瓦状排列，宿存；雄蕊下位或稍周位，(2)3-5-10(-20)，花丝离生或基部连合，花药2室，纵裂；花盘无或环状；子房上位，心皮3-5连合或离生，花柱、柱头与子室同数，中轴胎座，胚珠多数，弯生或倒生。蒴果，室背开裂或环裂，稀不裂，花被宿存。种子多数，胚环状，包被胚乳。

约14属100种，主产热带及亚热带。多为旱地杂草。我国3属8种。

1. 心皮离生；叶富含针晶体 ……………… 1. **吉粟草属 Gisekia**
1. 心皮连合；叶无针晶体。
   2. 种子具环形种阜及假种皮；花具退化雄蕊 ……………… 2. **星粟草属 Glinus**
   2. 种子无种阜及假种皮；花无退化雄蕊 ……………… 3. **粟米草属 Mollugo**

1. 吉粟草属 Gisekia Linn.

铺散草本，多分枝。叶对生或近轮生，稍肉质，匙形，富含针晶体；无托叶。花两性或杂性，淡绿或淡紫色；聚伞或伞形花序，腋生。花被片5，近离生，草质，边缘膜质，宿存；雄蕊5-15；心皮3-5，离生，子房1室，1胚珠，基生。瘦果肾形，果皮脆壳质，含针晶体。种子有胚乳。

5种，分布热带非洲、南部非洲、阿富汗、巴基斯坦、印度、斯里兰卡及中南半岛。我国2种。

吉粟草 针晶粟草 图 606

Gisekia pharnaceoides Linn. Mant. Pl. 2: 562. 1771.

一年生草本，高达50厘米。茎铺散，多分枝，无毛。叶稍肉质，椭圆形或匙形，长1-2.5厘米，基部窄楔形，两面被多数白色针晶体，下面更密；叶柄长0.2-1厘米。花簇生或为伞形花序。花梗细，长3-5毫米；花被片淡绿色，长圆形或卵形，长1.5-2毫米，具白色针晶体；雄蕊5，离生，花丝近中部以下瓣状；心皮5，离生。瘦果肾形，被小疣，不裂，为宿存花被片包被，果皮脆壳质，具白色针晶体。种子稍黑色，平滑，具小腺点，胚弯。花期夏秋，果期秋冬。

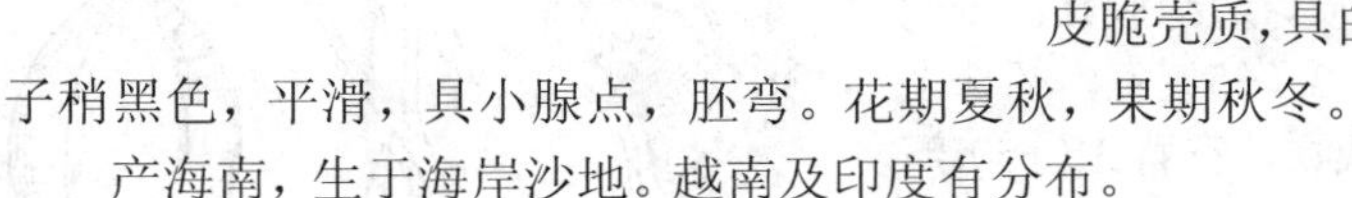

产海南，生于海岸沙地。越南及印度有分布。

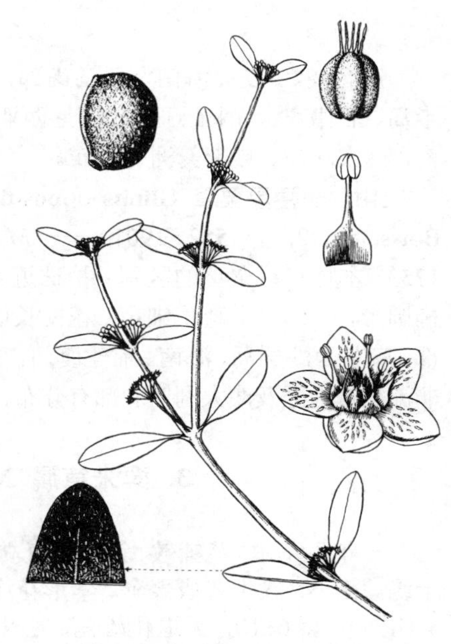

图 606 吉粟草 （引自《图鉴》）

2. 星粟草属 Glinus Linn.

一年生匍匐草本，多分枝，密被星状柔毛或无毛。单叶，互生、对生或近轮生，全缘或具微齿。花簇生叶腋。花被片5，离生，边缘膜质，宿存；雄蕊（3-）5（-20），离生或成束，花丝丝状，具退化雄蕊；心皮3（-5），连合，子房3（-5）室，胚珠多数，花柱宿存。蒴果卵球形，3（-5）瓣裂。种子肾形，多数，具环形种阜及假种皮，胚弯曲。

约10种，分布热带及亚热带，少数产温带。我国2（3）种。

1. 全株密被星状柔毛；叶倒卵形或长圆状匙形，全缘；花无梗或近无梗；假种皮全包种柄，囊状 ………………………………………………………………………………………… **星粟草 Gl. lotoides**
1. 植株近无毛或被微柔毛；叶匙状倒披针形或椭圆形，中部以上疏生细齿；花梗长0.5-1.4厘米；假种皮包被种柄，棒状 ……………………………………………………………… （附）. **长梗星粟草 Gl. oppositifolius**

星粟草 图 607

Glinus lotoides Linn. Sp. Pl. 463. 1753.

Mollugo lotoides (Linn.) Kuntze, Rev. Gen. Pl. 1: 264. 1891; 中国高等植物图鉴 1: 614. 1972.

一年生草本；粗壮，全株密被星状柔毛。茎长达40厘米，外倾，多分枝。基生叶莲座状，早落；茎生叶近轮生或对生，倒卵形或长圆状匙形，长0.6-2.4厘米，基部下延；叶柄极短。花数朵簇生，无梗或近无梗；花被片5，椭圆形或长圆形，长4-6（-10）毫米；雄蕊5（-15），离生，花丝线形，子房5室，花柱5，线形，外弯。蒴果卵球形，与宿存花被近等长，5瓣裂。种子多数，肾形，暗褐色，具颗粒状凸起，假种皮囊状，长约为种子2/3，全包种柄；种阜线形，白色。花果期春夏。

产台湾、广东、海南及云南南部，生于沙滩、河边沙地或稻田中。中南半岛、菲律宾、马来西亚、印度尼西亚、斯里兰卡，北非和热带非洲、欧洲南部、大洋洲、热带美洲有分布。

［附］**长梗星粟草 Glinus oppositifolius**（Linn.）A. DC. in Bull. Herb. Boiss. ser. 2, 1: 552. 1901. —— *Mollugo oppositifolia* Linn. Sp. Pl. 89. 1753. 本种与星粟草的区别：植株近无毛或被微柔毛；叶匙状倒披针形或椭圆形，中部以上疏生细齿；花梗长0.5-1.4厘米；假种皮棒状。产台湾南部、广东西沙群岛、海南、福建厦门，多生于溪边、海岸沙地及稻田。亚洲、非洲热带地区及澳大利亚北部有分布。

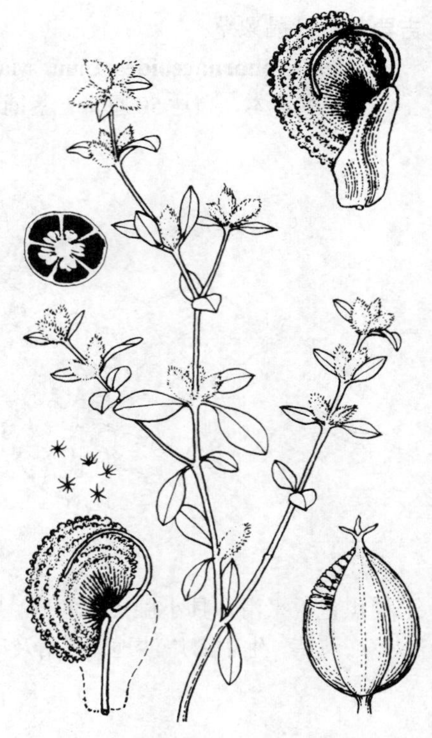

图 607 星粟草 （引自《图鉴》）

3. 粟米草属 Mollugo Linn.

一年生草本。茎铺散、斜升或直立，多分枝，无毛。叶近对生或近轮生，全缘。花小，簇生或成聚伞、伞形花序。花被片5，草质，边缘膜质；雄蕊3（4-5），稀6-10，无退化雄蕊，心皮3（-5），连合，3（-5）室，胚珠多数，中轴胎座，花柱3（-5），线形。蒴果球形，果皮膜质，室背3（-5）瓣裂，花被宿存。种子多数，肾形，无种阜及假种皮；胚环形。

约20种，分布热带及亚热带地区，少数产温带。我国4种。

1. 茎生叶披针形或线状披针形；聚伞花序；种子具颗粒状凸起 ………………………………………… 1. **粟米草 M. stricta**
1. 茎生叶倒披针形或线状倒披针形；花3-5簇生；种子光滑，脊具3-5弧形肋棱 ………………………………………… 2. **种棱粟米草 M. verticillata**

1. 粟米草 图 608 彩片 183

Mollugo stricta Linn. Sp. Pl. ed. 2. 131. 1762.

Mollugo pentaphylla auct. non Linn：中国高等植物图鉴 1：614. 1972.

一年生铺散草本，高达30厘米。茎纤细，多分枝，具棱，无毛，老茎常淡红褐色。叶3-5近轮生或对生，茎生叶披针形或线状披针形，长1.5-4厘米，基部窄楔形，全缘，中脉明显；叶柄短或近无柄。花小，聚伞花序梗细长，顶生或与叶对生。花梗长1.5-6毫米；花被片5，淡绿色，椭圆形或近圆形，长1.5-2毫米，雄蕊3，花丝基部稍宽；子房3室，花柱短线形。蒴果近球形，与宿存花被等长，3瓣裂。种子多数，肾形，深褐色，具多数颗粒状凸起。花期6-8月，果期8-10月。

产秦岭、黄河以南，东南至西南各地，生于荒地、农田、海岸沙地。亚洲热带及亚热带地区有分布。全草药用，清热解毒，治腹泻、皮肤热疹、火眼及蛇伤。

图 608 粟米草 （引自《图鉴》）

2. 种棱粟米草 图 609

Mullugo verticillata Linn. Sp. Pl. 89. 1753.

一年生草本，高达30厘米；无毛。基生叶莲座状，倒卵状或倒卵状匙形，长1.5-2厘米；茎生叶3-7近轮生或2-3侧生，倒披针形或线状倒披针形，长1-3厘米，基部窄楔形；叶柄短或近无柄。花淡白或绿白色，3-5簇生。花梗纤细，长3-5毫米；花被片（4）5，长圆形或卵状长圆形，长2.5-3毫米，雄蕊（2）3（4-5），花丝基部稍宽；子房3室，花柱3。蒴果椭圆形或近球形，长3-4毫米，果皮膜质，3瓣裂。宿存花被包果至中部，花柱宿存。种子多数，肾形，褐红色，光滑，脊具3-5弧形肋棱，棱间具细密横纹。花果期秋冬。

产山东、福建、台湾、广东、海南及广西，生于草地瘠土或旱田中。日本、欧洲南部及热带美洲有分布。

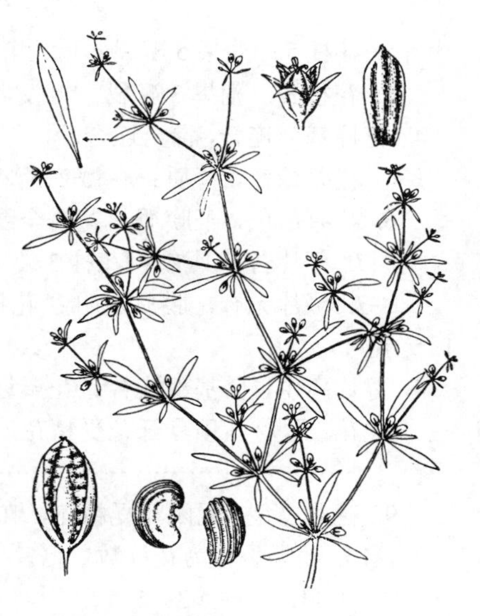

图 609 种棱粟米草 （引自《海南植物志》）

52. 石竹科 CARYOPHYLLACEAE

（鲁德全）

一年生或多年生草本，稀亚灌木。茎节常肿大。单叶对生，稀互生或轮生，全缘，基部稍连合；托叶膜质、刚毛状或无。花两性，稀单性，辐射对称，聚伞花序或聚伞圆锥花序，稀单花，少数为总状、头状、假轮伞花序或伞形花序，有时具闭花授精花。萼片（4）5，草质或膜质，宿存，离生、覆瓦状排列，或连成筒状，有时萼下具苞片；花瓣（4）5，具爪或无，瓣片全缘或2-6裂，基部常具2鳞片状副花冠，稀无花瓣；雄蕊（2-5）10，2轮，心皮2-5，连合，子房上位，1室或基部不完全2-5室，特立中央胎座，稀基底胎座，弯生胚珠多数或少数，稀1个，花柱2-5，有时基部连合，稀为单花柱。蒴果，顶端齿裂或瓣裂，稀浆果状、不规则开裂或为瘦果。种子多数或少数，稀1粒，种皮具颗粒、短线纹或小瘤，稀近平滑或种皮海绵质；种脊具槽、圆钝或锐尖，稀具流苏状篦齿或翅；胚环形或半圆形，或直生、粉质胚乳偏于一侧。

约75（80）属，约2000种，主产北半球温带及暖温带，地中海地区为分布中心，少数分布非洲、大洋洲及南美。我国30属，约400种。本科多数种类可药用或观赏。

1. 托叶膜质，稀不明显；萼片离生或微连合，花瓣近无爪，稀无花瓣，雄蕊插生环状花盘，常周位。
  2. 瘦果；无花瓣。
    3. 萼片先端芒尖；心皮3，柱头3裂；叶线状钻形 ………………………………… 1. **裸果木属 Gymnocarpos**
    3. 萼片先端无芒尖；心皮2，柱头2裂；叶长圆形、椭圆形或近圆形 ………………… 2. **治疝草属 Herniaria**
  2. 蒴果；具花瓣。
    4. 花柱离生。

5. 花柱5；蒴果5瓣裂；叶近轮生，托叶分离 ………………………………………………… 3. **大爪草属 Spergula**
5. 花柱3；蒴果3瓣裂；叶交互对生，托叶合生 ……………………………………… 4. **拟漆姑属 Spergularia**
4. 花柱基部连合，稀全连合。
6. 花萼绿色，草质；花瓣2-5深裂；叶宽卵形或卵状心形 …………………………… 5. **荷莲豆草属 Drymaria**
6. 花萼白色，干膜质；花瓣全缘或2齿裂。
7. 萼片背部具脊；花柱3裂；叶倒卵形或匙形 ……………………………………… 6. **多荚草属 Polycarpon**
7. 萼片无脊，膜质透明；花柱不裂；叶线形或长圆形 ………………………………… 7. **白鼓钉属 Polycarpaea**
1. 无托叶。
8. 萼片离生，稀基部连合；花瓣近无爪，稀无花瓣；雄蕊周位，稀下位。
9. 花二型，茎顶具开花受精花，具花瓣，常不结果，茎下部具闭花受精花，无花瓣，结果；植株具肉质块根 ……………………………………………………………………………………… 8. **孩儿参属 Pseudostellaria**
9. 花非二型，无闭花受精花，植株无肉质块根。
10. 蒴果裂齿为花柱数二倍。
11. 花柱（3）5。
12. 花瓣2深裂至基部；蒴果卵圆形，5瓣裂至中部，裂瓣2齿裂 ……………… 9. **鹅肠菜属 Myosoton**
12. 花瓣2裂达1/3或微凹，稀全缘；蒴果圆筒形，顶端（6-）10齿裂，齿等大 …………………………………………………………………………………………… 10. **卷耳属 Cerastium**
11. 花柱（2）3。
13. 花瓣2深裂，稀微凹或多裂，稀无花瓣；蒴果球形或卵圆形 ………………… 11. **繁缕属 Stellaria**
13. 花瓣全缘，稀凹缺或具齿。
14. 萼片离生；种皮非海绵质。
15. 种子无种阜。
16. 花序伞形；蒴果圆筒形；种子盾状 ……………………………………… 12. **硬骨草属 Holosteum**
16. 花序聚伞式或圆锥状，或单花；蒴果卵圆形或长圆形；种子常肾形或球形。
17. 萼片草质；花瓣较萼片长，稀较短；种子稀1粒 ………………… 13. **蚤缀属 Arenaria**
17. 萼片近膜质，半透明；花瓣短于萼片；种子1粒 ……………………………………………………………………………………… 16. **短瓣花属 Brachystemma**
15. 种子具白色膜质种阜 ……………………………………………………… 14. **种阜草属 Moehringia**
14. 萼片中部以下连合；种皮海绵质 …………………………………………… 15. **囊种草属 Thylacospermum**
10. 蒴果裂齿与花柱同数。
18. 花柱4-5；花瓣短于萼片，稀无花瓣 ……………………………………………………… 17. **漆姑草属 Sagina**
18. 花柱2-3；花瓣较萼片长。
19. 花柱3；蒴果具多数种子 …………………………………………………………… 18. **米努草属 Minuartia**
19. 花柱2（3）；蒴果具1-2种子 …………………………………………………… 19. **薄蒴果属 Lepyrodiclis**
8. 萼片连合成筒；花瓣常具爪；雄蕊下位。
20. 花柱3或5；花萼具连合纵脉。
21. 蒴果卵圆形，齿裂或瓣裂。
22. 花萼裂片5，叶状，较萼筒长；萼冠间无雌雄蕊柄；无副花冠 ………… 20. **麦仙翁属 Agrostemma**
22. 花萼裂齿5，不呈叶状，较萼筒短；萼冠间具雌雄蕊柄；具副花冠，常呈鳞片状。
23. 花萼常不膨大，具10纵脉，常凸起；花柱5；蒴果5齿裂或瓣裂 ……… 21. **剪秋罗属 Lychnis**
23. 花萼果期膨大，具10、20或30纵脉，不凸起；花柱3（4-6）；蒴果6（10）齿裂 ……………………………………………………………………………………… 22. **蝇子草属 Silene**
21. 蒴果球形，浆果状，果皮薄壳质，不规则开裂 ………………………………… 23. **狗筋蔓属 Cucubalus**

20. 花柱2；花萼无连合纵脉。
  24. 花萼卵状倒圆锥形或窄卵圆形，花后下部膨大，顶端缢缩，具5棱，果时成翅；蒴果不完全4室；种子球形 ………………………………………………………………………… 24. **麦蓝菜属 Vaccaria**
  24. 花萼筒状或钟形，不膨大，无棱、无翅；蒴果1室；种子圆盾形或肾形。
    25. 花萼基部具1至数对苞片；种子圆盾形。
      26. 萼齿钝或尖，萼脉间膜质；花瓣全缘或凹缺 ……………………………… 25. **膜萼花属 Petrorhagia**
      26. 萼齿锐尖，稀钝，花萼近革质；花瓣齿裂或繸状细裂 ……………………… 26. **石竹属 Dianthus**
    25. 花萼基部无苞片；种子肾形。
      27. 雄蕊10；蒴果具多数种子，稀少数。
        28. 蒴果下部膜质，不规则横裂或齿裂，具1-2种子；叶刺状 ……………… 27. **刺叶属 Acanthophyllum**
        28. 蒴果薄壳质，4齿裂或瓣裂，具多数种子；叶非刺状。
          29. 花萼具多数纵脉，脉间非膜质；具副花冠 ……………………………… 28. **肥皂草属 Saponaria**
          29. 花萼具5宽纵脉，脉间膜质；无副花冠 ……………………………… 29. **石头花属 Gypsophila**
      27. 雄蕊5；蒴果具1种子，种子长倒卵圆形 ……………………………… 30. **金铁锁属 Psammosilense**

1. 裸果木属 Gymnocarpos Forssk.

亚灌木。茎粗壮，多分枝。叶对生，常成簇，钻状线形，稍肉质；无柄，托叶膜质。花两性，聚伞花序，苞片膜质；萼片5，先端芒尖，宿存；无花瓣；雄蕊10，外轮5枚退化，内轮5枚与萼片对生；心皮3，连合，子房上位，1室，具1胚珠，花柱单一，短，柱头3裂。瘦果包于宿萼内。

2种，1种产加那利群岛、北非、东地中海、伊朗、阿富汗至巴基斯坦，另1种产我国及蒙古。

裸果木　　图610

Gymnocarpos przewalskii Maxim. in Bull. Acad. Sci. St. Pétersb. 26: 502. 1880.

亚灌木，高达1米，植丛径达2米。茎皮暗灰色，幼枝褐红色，节肿大。叶钻状线形，长0.5-1.2厘米，宽1-1.5毫米，先端具短尖头；近无柄。聚伞花序腋生；苞片宽椭圆形，长6-8毫米。花萼下部连合，长1.5毫米，萼片淡红色倒披针形，长约1.5毫米，具芒尖，被短柔毛；无花瓣，外轮雄蕊无花药，内轮雄蕊花丝长约1毫米，花药椭圆形，纵裂。瘦果包于宿萼内。种子褐色，长圆形，径约0.5毫米。花期5-6月，果期7-8月。

产内蒙古西部、宁夏、甘肃及新疆，生于海拔800-2500米荒漠区干河床、戈壁滩、砾石山坡。蒙古南部有分布。骆驼喜食嫩枝；可作固沙植物。

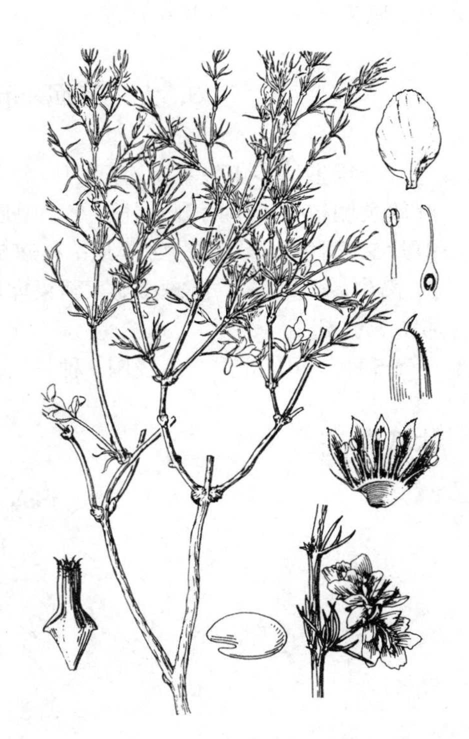

图 610　裸果木　（仿《内蒙古植物志》）

2. 治疝草属 Herniaria Linn.

多年生稀一年生草本。茎铺散或仰卧，多分枝。叶互生或对生，长圆形、椭圆形或近圆形；无柄，托叶膜质，早落。花小，两性，绿色，近无梗或具短梗；单花或聚伞花序，与叶对生；苞片膜质。萼片（4）5，先端无芒尖；无花瓣；雄蕊（4）5；心皮2，合生，1室，胚珠1至几个；花柱极短，顶端2裂。瘦果。种子褐色，有光泽。

约35种，分布非洲、欧洲、地中海至西亚。我国3种。

治疝草 图 611

Herniaria glabra Linn. Sp. Pl. 218. 1753.

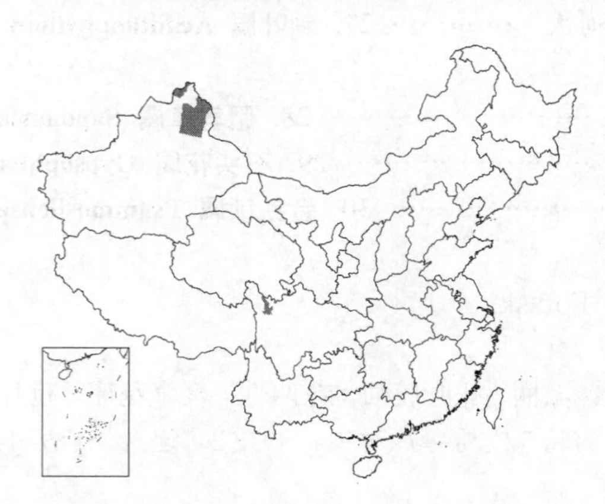

多年生草本，全株黄绿色，无毛或疏被柔毛。茎基部多分枝，铺散，长达18厘米。叶椭圆状倒卵形，长3-7毫米，宽1-3毫米，先端钝圆，基部楔形，两面无毛。聚伞花序腋生。萼片5，卵状长圆形，长1.5毫米，无毛；雄蕊5，花丝短；柱头2裂。瘦果卵球形，长约2毫米。种子扁球形，径约0.5毫米。花期7月，果期8-9月。

产新疆北部及四川西部，生于海拔900-2400米草甸、山坡、山沟、沼泽。欧洲至中亚、蒙古有分布。

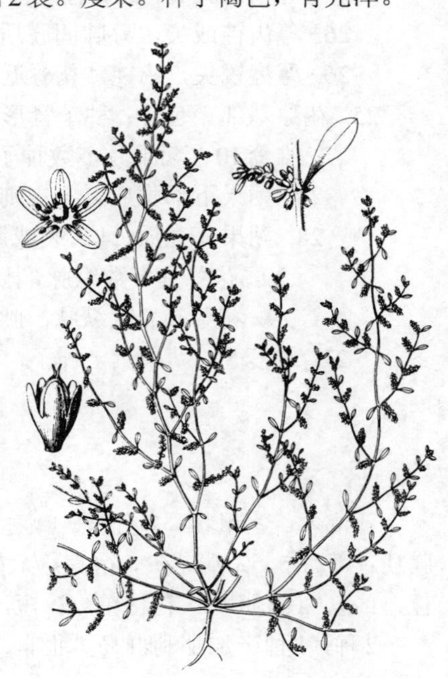

图 611 治疝草 （钱存源绘）

3. 大爪草属 Spergula Linn.

一年生稀多年生草本。茎上升，常外倾，基部多分枝。叶线形，近轮生，叶簇及侧枝生于节两侧；托叶小，膜质，分离。聚伞花序顶生。花梗长；萼片5，离生，绿色，边缘膜质；花瓣5，白色，全缘；雄蕊（5）10；花柱5，离生，子房1室，胚珠多数。蒴果卵圆形或近球形，5瓣裂。种子双凸镜状，常具翅。

5种，分布北温带。我国1种。

大爪草 图 612

Spergula arvensis Linn. Sp. Pl. 440. 1753.

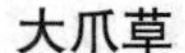

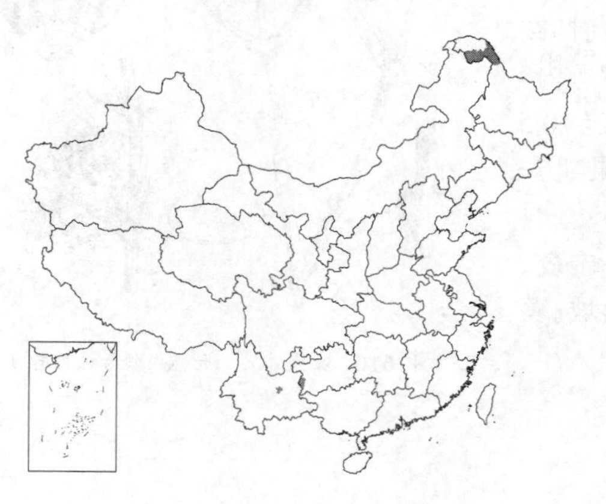

一年生丛生草本，高达50厘米。茎疏被柔毛，上部被腺毛。叶线形，长1.5-4厘米，宽0.5-0.7毫米，先端尖，无毛或疏被腺毛。聚伞花序。花小，白色；花梗细长；萼片卵形，长约3毫米，被腺毛，边缘膜质；花瓣卵形，微

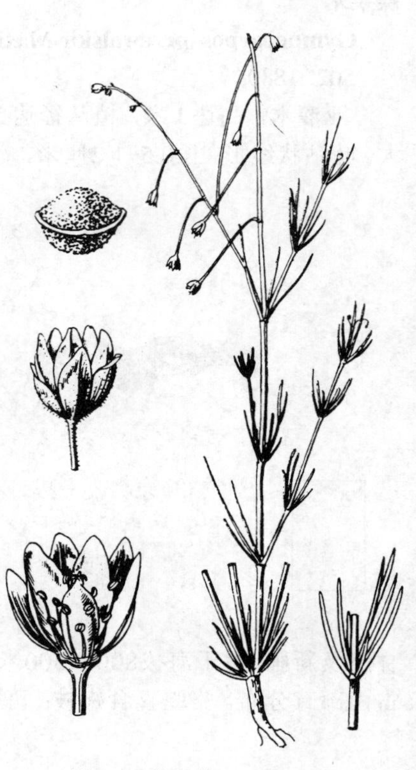

图 612 大爪草 （钱存源绘）

长于萼片；雄蕊10，短于萼片；花柱极短。蒴果卵圆形，径约4毫米，微长于宿萼；果柄下垂。种子灰黑色，近球形，稍扁，径1-2毫米，两面具乳头，边缘具狭翅。花期6-7月，果期7-8月。

产黑龙江北部、贵州西南部及云南，生于江边、草地。哈萨克斯坦、俄罗斯、日本、印度北部及亚洲、北非、欧洲、北美有分布。农田杂草，可作家畜饲料。

4. 拟漆姑属 Spergularia（Pers.）J. et C. Presl

一年生或多年生草本。茎直立，外倾或仰卧，节肿大。叶交互对生，线形；托叶膜质，在节处合生。聚伞花序，萼片5，离生，绿色，边缘膜质；花瓣5，白或粉红色，全缘；雄蕊10或5，稀更少；子房1室，胚珠多数，花柱3，离生。蒴果卵圆形，3瓣裂。种子多数，细小，扁平，边缘具翅或无翅。

约40种，分布北温带，多为盐生植物。我国4种。

1. 雄蕊2（3）；蒴果长1.5-3毫米，与宿萼近等长 ………………………… 1. **二雄蕊拟漆姑 Sp. diandra**
1. 雄蕊5；蒴果长5-6毫米，长于宿萼 ………………………… 2. **拟漆姑 Sp. marina**

1. 二雄蕊拟漆姑 图613：1-2

Spergularia diandra（Guss.）Heldr. et Sart. in Heldr. Herb. Graec. Norm. n. 492. n. 1124. 1855.

Arenaria diandra Guss. Fl. Sicul. Prodr. 1：515. 1827.

一年生草本，高达15厘米。茎纤细，被腺毛。叶线形，长0.5-2厘米，宽0.3-0.5毫米，先端钝；托叶三角形，稀披针形。总状聚伞花序。花梗细；萼片长圆状卵形，长1.5-2.5毫米，宽约1毫米，边缘膜质；花瓣淡紫红稀白色，长圆状椭圆形，短于萼片；雄蕊2（3）。蒴果卵圆形，长1.5-3毫米，与宿萼近等长，裂瓣紫黑色。种子暗褐至黑色，卵形，径约0.5毫米，无翅。花期5-7月，果期6-9月。

产宁夏、甘肃、青海及新疆，生于海拔900-2600料潮湿盐碱草地、山沟湿地、河滩、沟边。哈萨克斯坦、俄罗斯、高加索、伊朗及欧洲有分布。

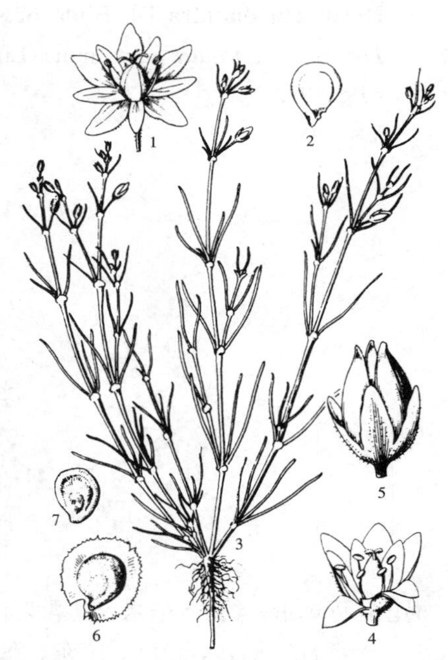

图 613: 1-2. 二雄蕊拟漆姑 3-7. 拟漆姑
（钱存源绘）

2. 拟漆姑 牛漆姑草 图613：3-7

Spergularia marina（Linn.）Griseb. Spicil. Fl. Rumel. 1：213. 1843.

Arenaria rubra Linn. β. *marina* Linn. Sp. Pl. 423. 1753.

Spergularia salina J. et C. Presl, Fl.；中国植物志 26：59. 1996.

一至二年、稀多年生草本，高达30厘米。根茎细稍肉质。茎丛生，上部密被柔毛。叶线形，长0.5-3厘米，宽1-1.5毫米，稍肉质，先端尖；托叶宽三角形，长1.5-2毫米，膜质。花顶生或腋生。花梗密被腺柔毛；萼片卵形，长3.5毫米，密被腺柔毛；花瓣淡粉紫或白色，卵状长圆形或椭圆状卵形，长约2毫米；雄蕊5；花柱3。蒴果卵圆形，长5-6毫米，长于宿萼，3瓣裂。种子淡褐色，长0.5-0.7毫米，平滑或具乳头，无翅，少数具翅，边缘啮蚀状。花期4-7月，果期5-9月。

产黑龙江、吉林、辽宁、内蒙古、河北、山东、山西、河南、陕西、宁夏、甘肃、新疆、青海、四川及云南，生于海拔200-2800米盐碱地、盐化草甸、河边、湖畔或农田。日本、朝鲜、蒙古、俄罗斯、哈萨克斯坦及欧洲、北非有分布。

5. 荷莲豆草属 **Drymaria** Willd. ex Roem. et Schult.

一年生或多年生草本。茎匍匐或近直立。叶对生，叶宽卵形或卵状心形，基出脉3-5；叶柄短，托叶短，托叶刚毛状，常早落。聚伞花序顶生，花梗短；萼片5，绿色，草质；花瓣5，2-5深裂，雄蕊5，与萼片对生；子房1室，胚珠少数，花柱短，顶端2-3裂。蒴果2-3瓣裂，种子1-2。种子小，卵形或肾形，稍扁，具疣；胚环形。

约70种，主产热带美洲、墨西哥至巴塔哥尼亚、埃塞俄比亚、非洲南部、爪哇及澳大利亚。我国2种。

荷莲豆草 图 614

Drymaria diandra Bl. Bijdr. 62. 1825.

Drymaria cordata auct. non（Linn.）Willd.：中国高等植物图鉴 1：619. 1972.

一年生匍匐草本，长达90厘米。茎纤细，无毛。叶对生，叶卵状心形，长1-3毫米，基出脉3-5，具短柄。花绿白色，聚伞花序顶生。花梗细，被腺毛；苞片披针形，膜质；萼片披针状卵形，长2-3.5毫米，被腺毛；花瓣倒卵状楔形，长约2.5毫米，2深裂；雄蕊5，稍短于萼片，花柱3，基部连合。蒴果卵圆形，长2-3毫米，3瓣裂。种子暗褐色，近球形，约1.5毫米，具乳头状小疣。花期4-10月，果期6-12月。

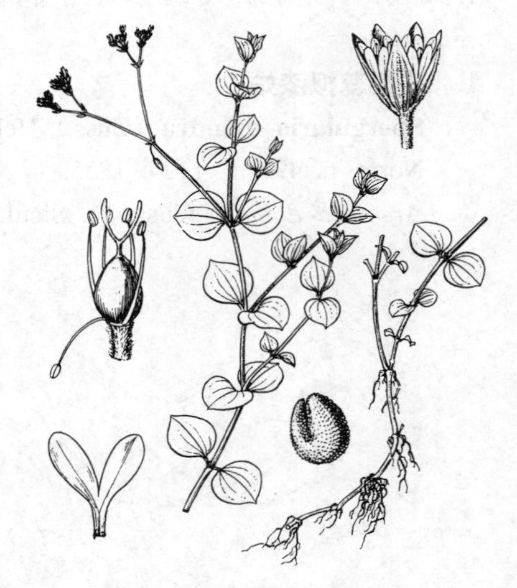

图 614 荷莲豆草 （吴锡麟绘）

产浙江、福建、台湾、广东、海南、广西、贵州、四川、云南、西藏及湖南，生于海拔200-1900（-2400）米山谷或林缘。日本、印度、斯里兰卡、阿富汗及非洲南部、美洲、澳大利亚有分布。全草入药，消炎、清热、解毒。

6. 多荚草属 **Polycarpon** Loefl. ex Linn.

一年生或多年生草本。叶对生，或近轮生；托叶膜质。聚伞花序密集；苞片膜质。萼片5，边缘透明，背面具脊；花瓣5，透明，短于萼片；雄蕊3-5，花丝基部稍连合；子房1室，胚珠多数，花柱短，3裂。蒴果3瓣裂。种子数粒。

约16种，分布热带及亚热带地区。我国1种。

多荚果 图 615

Polycarpon prostratum（Forssk.）Aschers. et Schweinf. ex Aschers. in Oesterr. Bot. Zeitschr. 39：128. 1889.

Alsine prostratum Forssk. Fl. Aegypt. Arab. 207. 1775.

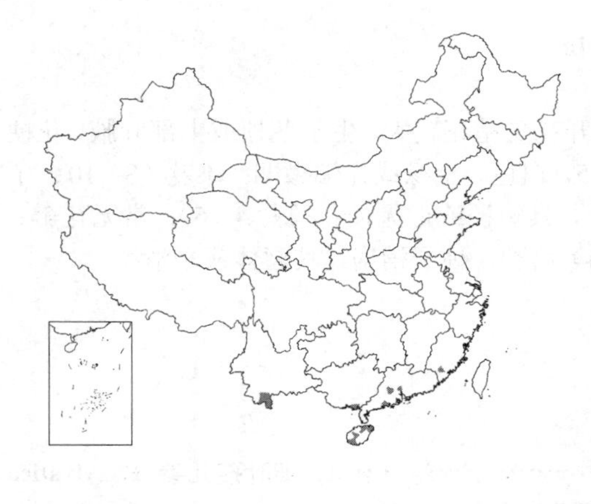

Polycarpon indicum (Retz.) Merr.; 中国高等植物图鉴 1: 620. 1972.

一年生草本，高达25厘米。茎直立或铺散，疏被柔毛或无毛。叶倒卵形或匙形，长0.5-1.5厘米，宽1.5-2.5毫米，无毛，先端尖，基部窄楔形。聚伞花序密集。花梗短或近无，被细柔毛；苞片膜质。萼片5，披针形，长2.5-3毫米；花瓣长圆形，全缘；雄蕊5，短于萼片。蒴果卵圆形，短于宿萼。种子长圆形或卵形，淡褐色，径0.25毫米。花期2-5月，果期5-6月。

产福建、广东、海南、广西及云南，生于海拔350-1500米沙地或农田。亚洲及非洲热带地区有分布。

图 615 多荚果 （吴锡麟绘）

7. 白鼓钉属 **Polycarpaea** Lam.

一年生或多年生草本。叶对生或近轮生，线形或长圆形；托叶膜质。聚伞花序密集。萼片5，膜质，透明，无脊；花瓣5，小，全缘或2齿裂；雄蕊5；子房1室，胚珠多数；花柱顶端不裂。蒴果3瓣裂。种子肾形，稍扁，胚弯。

约50种，分布热带及亚热带地区，美洲热带地区稀少。我国2种。

白鼓钉 图 616

Polycarpaea corymbosa (Linn.) Lam. Tabl. Encycl. 2: 129. 1793.

Achyranthes corymbosa Linn. Sp. Pl. 205. 1753.

一年生或多年生草本，高达35厘米。茎中上部分枝，被白色柔毛。叶近轮生，线形或针形，长1.5-2厘米，宽约1毫米，先端尖；托叶卵状披针形，长2-4毫米，干膜质。花长约2.5毫米，乳白色或稍红。花梗细，被白色柔毛；苞片披针形，长于花梗，透明，膜质；萼片披针形，长2-3毫米，膜质；花瓣宽卵形，长不及萼片1/2；雄蕊短于花瓣；花柱短，长为子房1/2-1/3。蒴果褐色，卵球形，长不及宿萼1/2。种子褐色，扁肾形，长0.5毫米。花期7-8月，果期9-10月。

产安徽、江西、福建、广东、海南、广西、云南及湖北，生于海拔200-1200米山坡、草丛、沙滩、湿地或沿海沙地。热带至亚热带广布。全草药用，清热祛湿，主治痢疾、胃肠炎，捣烂可敷治外伤。

图 616 白鼓钉 （吴锡麟绘）

8. 孩儿参属 Pseudostellaria Pax

多年生草本，具肉质块根。茎直立或上升，有时匍匐。花两型：开花受精花较大，生于茎顶或上部叶腋，花梗较长，单生或数朵成聚伞花序，常不结果；萼片（4）5；花瓣（4）5，白色，全缘或先端微凹；雄蕊（8）10；子房1室，花柱（2）3，柱头头状。闭花受精花生于茎下部叶腋，较小，具短梗或近无梗；萼片4（5）；常无花瓣；雄蕊退化，稀2；子房1室，胚珠多数，花柱2或3。蒴果（2）3（4）瓣裂。种子稍扁，具瘤体或平滑。

约15种，分布于亚洲东部及北部，欧洲1种。我国9种。

1. 叶线形、披针状线形、披针形或卵状披针形、稀卵形。
  2. 种子具乳头状凸起或棘凸。
    3. 叶线形或披针状线形，长3-5（-7）厘米；花瓣先端2浅裂 …………………… 1. **细叶孩儿参 P. sylvatica**
    3. 叶卵形、卵状披针形或披针形，长1-2厘米；花瓣先端钝或微凹 ………………………………………………………… 1(附). **矮小孩儿参 P. maximowicziana**
  2. 叶披针形或卵状披针形，长1-3厘米，花瓣全缘；种子具锚状刺凸 ………… 1(附). **石生孩儿参 P. rupestris**
1. 中上部叶卵形、宽卵形、卵状长圆形或长圆形。
  4. 叶基部近圆，近无柄；种子具乳头状尖凸。
    5. 茎匍匐；蒴果4瓣裂；种子乳头状凸起无刚毛 …………………………………… 2. **蔓孩儿参 P. davidii**
    5. 茎直立；蒴果3瓣裂；种子乳头状凸起具刚毛 …………………………………… 3. **毛脉孩儿参 P. japonica**
  4. 叶基部渐窄成柄；种子具疣体或无。
    6. 种子无凸起 ……………………………………………………………………… 4. **须弥孩儿参 P. himalaica**
    6. 种子具疣体。
      7. 茎上部叶宽卵形；闭花受精花雄蕊2，花柱3；蒴果不裂或3瓣裂 ………… 5. **孩儿参 P. heterophylla**
      7. 茎上部叶卵状长圆形；闭花受精花雄蕊4-5，花柱极短，柱头2裂；蒴果4瓣裂 ………………………………………………………… 6. **异花孩儿参 P. heterantha**

1. 细叶孩儿参 狭叶假繁缕 图 617

Pseudostellaria sylvatica (Maxim.) Pax in Engl. u. Prantl, Nat. Pflanzenfam. 2. Aufl. 16c:318. 1934.

Krascheninnikowia sylvatica Maxim. in Mém. Acad. Sci. St. Pétersb. Sav. Etrang. 9: 57. 1859.

多年生草本，高达25厘米。块根长卵形或短纺锤形，常数个串生。茎稍4棱，被2列柔毛。叶线形或披针状线形，长3-5（-7）厘米，宽2-3（-5）毫米，基部边缘被毛，下面粉绿色；无柄。开花受精花单生茎顶或成二歧聚伞花序。花梗纤细，长0.5-1.5毫米；萼片绿色，披针形，被柔毛；花瓣白色，倒卵形，先端2浅裂；花药褐色；花柱2-3，常伸出。闭花受精花着生下部叶腋或短枝顶端；萼片宽披针形，被柔毛，无花瓣。蒴果卵圆形，稍长于宿萼，3瓣裂。种子肾形，长1.5毫米，具乳突状凸起。花期4-5月，果期6-8月。

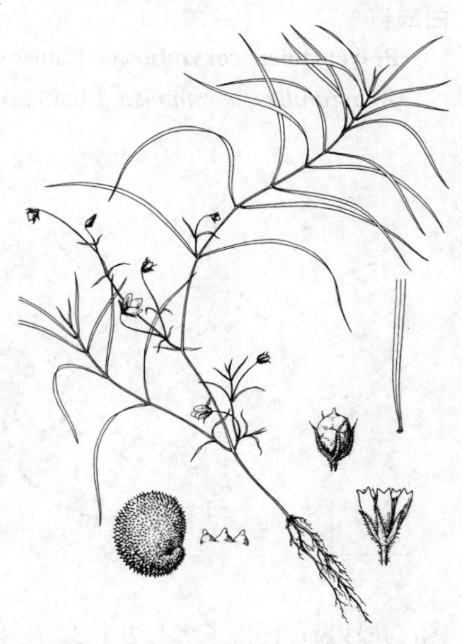

图 617 细叶孩儿参 （引自《图鉴》）

产黑龙江、吉林、辽宁、河北、河南、陕西、甘肃、青海、西藏、四川、云南、贵州及湖北，生于海拔（1500）2400-2800（-3800）米松林或混交林下。日本、朝鲜、俄罗斯有分布。全草药用。

［附］**石生孩儿参 Pseudostellaria rupestris**（Turcz.）Pax in Engl. u. Prantl, Nat. Pflanzenfam. 2. Aufl. 160：318. 1934. —— *Krascheninnikowia rupestris* Turcz. Fl. Baic.-Dahur. 1：238. 1842. 本种与细叶孩儿参的区别：植株高达10厘米；叶披针形或卵状披针形，长1-3厘米，宽3-8毫米；花瓣全缘；种子具锚状刺凸。产吉林、内蒙古及青海，生于海拔2700-3400米云杉林下或石质山坡。蒙古、俄罗斯有分布。

［附］**矮小孩儿参** 假繁缕 **Pseudostellaria maximowicziana**（Franch. et Sav.）Pax. in Engl. u. Prantl, Nat. Pflanzenfam, 2. Aufl. 16c：318. 1934. —— *Krascheninnikowia macximowicziana* Franch. et Sav. Enum. Pl. Jap. 2：1879. 本种与细叶孩儿参的区别：叶卵形、卵状披针形或披针形，长1-2厘米；花瓣先端钝或微凹。产内蒙古、山西、河南、青海、西藏及四川，生于1400-3900米疏林或草地。俄罗斯远东地区及日本有分布。

2. 蔓孩儿参 蔓假繁缕　　图618

Pseudostellaria davidii（Franch.）Pax in Engl. u. Prantl, Nat. Pflanzenfam. 2. Aufl. 16c：318.1934.

Krascheninnikowia davidii Franch. Pl. David. 1：51. t. 10. f. 2. 1884.

多年生草本。块根纺锤形。茎匍匐，长达50厘米，分枝稀疏，被2列毛。叶卵形，长1.5-3厘米，先端尖，基部近圆，具缘毛；叶柄长3-5毫米。开花受精花生于茎中部以上叶腋；花梗细，长3.8厘米，被1列毛；萼片5，披针形，长约3毫米；花瓣5，白色，长倒卵形或倒披针形；雄蕊10，短于花瓣，花药紫色；花柱（2）3。闭花受精花腋生；花梗长约1厘米，被毛；萼片4，窄披针形，长3毫米，被柔毛；雄蕊退化；花柱2。蒴果卵圆形，稍长于宿萼，4瓣裂。种子肾形或近球形，径约1.5毫米，具棘凸。花期5-7月，果期7-8月。

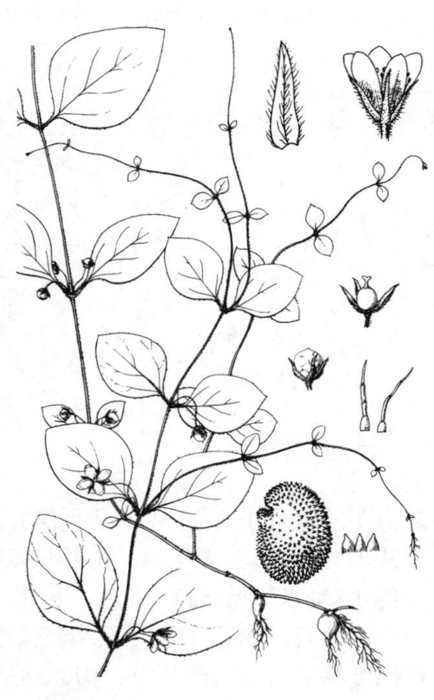
图 618 蔓孩儿参 （引自《图鉴》）

产黑龙江、吉林、辽宁、内蒙古、河北、山西、陕西、甘肃、青海、新疆、西藏、四川、云南、广西、浙江、安徽、河南及山东，生于海拔1000-3800米混交林下、溪边、林缘或石质山坡。朝鲜、蒙古及俄罗斯有分布。

3. 毛脉孩儿参　　图619：1-4

Pseudostellaria japonica（Korsh.）Pax in Engl. u. Prantl. Nat. Pflanzenfam. 2. Aufl. 16c：318. 1934.

Krascheninnikowia japonica Korsh. in Bull. Acad. Sci. St. Pétersb. 9：40 et 391. 1898.

多年生草本，高达20厘米。块根纺锤形。茎不分枝，被2列柔毛。基生叶披针形，长1.5-2.5厘米，宽2-3毫米；中上部中卵形或宽卵形，长1.5-3厘米，基部圆，具缘毛，两面疏被柔毛，下面沿脉较密；近无柄。开花受精花单生或成聚伞花序；花梗纤细，长1.5-2.5厘米，被毛；萼片5，披针形，长3-3.5毫米；花瓣倒卵形或宽椭圆状倒卵形，白色，长约5毫米，先

端微凹；雄蕊10，短于花瓣，花药紫褐色。闭花受精花腋生；花梗细长。蒴果长于宿萼，3瓣裂。种子卵形，稍扁，褐色，长约1毫米，乳头状起具刚毛。花期5-6月，果期7-8月。

产黑龙江、吉林、辽宁、内蒙古及河北，生于海拔约350米林下阴湿地。日本及俄罗斯有分布。

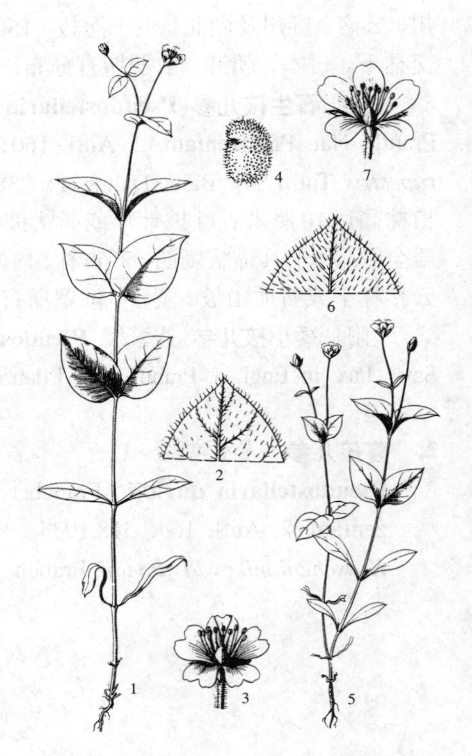

图 619: 1-4. 毛脉孩儿参 5-7. 须弥孩儿参 （李志民绘）

4. 须弥孩儿参 图 619：5-7

Pseudostellaria himalaica（Franch.）Pax in Engl. u. Prantl, Nat. Pflanzenfam. 2. Aufl. 16c：318. 1934.

Stellaria davidii Hemsl. var. *himalaica* Franch. Pl. Delav. 100. 1889.

多年生草本，高达13厘米。块根球形或纺锤形，茎被白色柔毛。叶卵形或卵状披针形，长0.3-1.4厘米，先端尖，基部渐窄成短柄，两面疏被白色柔毛。开花受精花单生茎顶；花梗细，长2-4厘米，疏被柔毛；萼片5，披针形，长3-4毫米，疏被白色柔毛；花瓣5，白色，倒卵形，稍长于萼片；雄蕊10，短于花瓣，花药紫褐色；花柱2-3。闭花受精花1-2朵，生于茎下部叶腋；花梗长0.8-1厘米，被白色柔毛；萼片4，披针形；无花瓣。蒴果卵圆形，径2-3毫米。种子扁圆形，褐色，径约0.5毫米，无凸起。花期5-6月，果期6-7月。

产甘肃、青海、西藏、四川及云南，生于海拔2300-3800米冷杉林、常绿阔叶林下岩缝或灌丛中。印度、尼泊尔、锡金及不丹有分布。

5. 孩儿参 异叶假繁缕 图 620

Pseudostellaria heterophylla（Miq.）Pax in Engl. u. Prantl, Nat. Pflanzenfam. 2. Aufl. 16c：318.1934.

Krascheninnikowia heterophylla Miq. in Ann. Mus. Bot. Lugd.-Bat. 3：187. 1867.

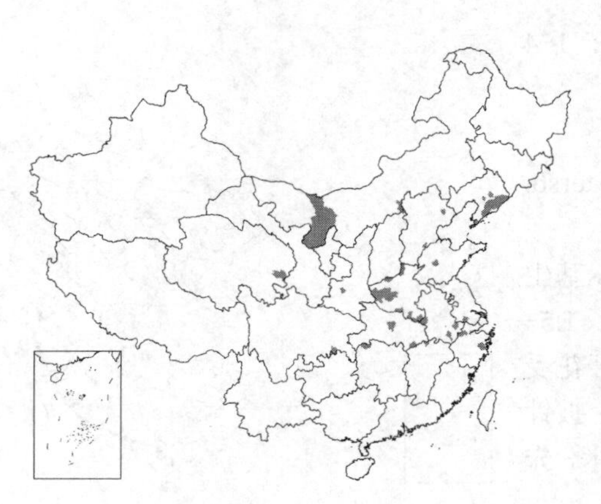

多年生草本，高达20厘米。块根长纺锤形，白色，稍带灰黄。茎单生，被2列短毛。茎下部叶1-2对，叶匙形或披针形，先端钝尖，基部渐窄成柄，中部叶披针形，长3-4厘米，上部叶2-3对，近轮生状，宽卵形，长3-6厘米，基部窄楔形，下面沿脉疏被柔毛。近轮生状，开花受精花腋生，单

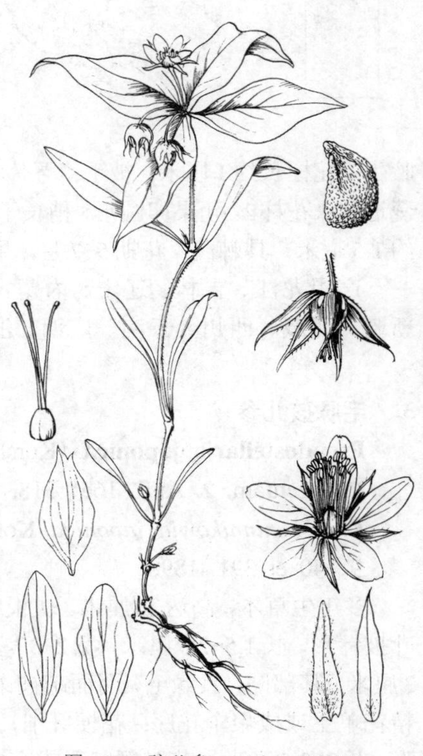

图 620 孩儿参 （引自《图鉴》）

生或成聚伞花序，花梗长1-2（-4）厘米，被柔毛；萼片5，披针形，长约5毫米，疏被柔毛，具缘毛；花瓣5，白色，长圆形或倒卵形，长7-8毫米，全缘、微具齿或微凹；雄蕊10；花柱3，柱头头状。闭花受精花具短梗；萼片4，疏被柔毛；无花瓣；雄蕊2，花柱3。蒴果卵圆形，不裂或3瓣裂。种子褐色，长圆状肾形或扁圆形，长约1.5毫米，具疣体。花期4-7月，果期7-8月。

产辽宁、内蒙古、河北、陕西、河南、山东、江苏、安徽、浙江、江西、湖北、湖南、四川及青海，生于海拔800-2700米山谷或林下。日本、朝鲜有分布。块根药用，为滋补强壮剂。

6. 异花孩儿参 异花假繁缕 图 621

Pseudostellaria heteranthe (Maxim.) Pax in Engl. u. Prantl, Nat. Pflanzenfam. 2. Aufl. 16c: 318. 1934.

Krascheninnikowia heterantha Maxim. in Bull. Acad. Sci. St. Pétersb. 18: 376. 1873.

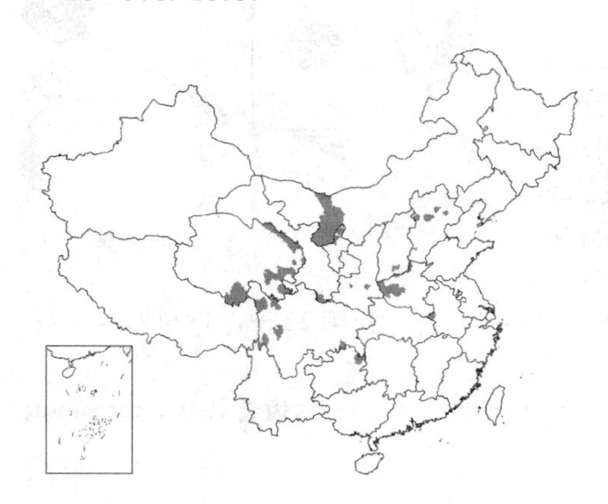

多年生草本，高达15厘米。块根纺锤形。茎基部分枝，被2列柔毛。中部以下叶倒披针形，基部渐窄成柄，中部以上叶卵状长圆形，长2-2.5厘米；具短柄，基部疏被缘毛。开花受精花顶生或腋生；花梗长3-3.5厘米，被柔毛，萼片5，披针形，长3-4毫米，绿色，被柔毛，具缘毛，花瓣5，白色，长圆状倒披针形，雄蕊10，花药紫色，花柱2-3。闭花受精花腋生于茎基部；花梗短，萼片4，披针形，无花瓣，雄蕊4-5；花柱极短，柱头2裂。蒴果卵圆形，径3.4-4毫米，4瓣裂。种子肾形，稍扁，具小瘤。花期5-6月，果期7-8月。

产河北、内蒙古、山西、陕西、甘肃、宁夏、青海、四川、贵州、河南及安徽，生于海拔1400-4100米山地林下、灌丛中或山坡草地。日本及俄罗斯有分布。

图 621 异花孩儿参 （引自《图鉴》）

9. 鹅肠菜属 Myosoton Moench

多年生草本，长达80厘米。茎外倾或上升，上部被腺毛。叶对生，卵形，长2.5-5.5厘米，先端尖，基部近圆或稍心形，边缘波状；叶柄长0.5-1厘米，上部叶常无柄。花白色，二歧聚伞花序顶生或腋生，苞片叶状，边缘具腺毛。花梗细，长1-2厘米，密被腺毛；萼片5，卵状披针形；长4-5毫米，被腺毛；花瓣5，2深裂至基部，裂片披针形，长3-3.5毫米；雄蕊10；子房1室，花柱5，线形。蒴果卵圆形，较宿萼稍长，5瓣裂至中部，裂瓣2齿裂。种子扁肾圆形，径约1毫米，具小疣。

单种属。

鹅肠菜 图 622

Myosoton aquaticum (Linn.) Moench, Meth. Pl. 225. 1794.

Cerastium aquaticum Linn. Sp. Pl. 439. 1753.

形态特征同属。花期5-6月，果期6-8月。

产黑龙江、吉林、辽宁、内蒙古、河北、山西、河南、山东、江苏、安徽、浙江、福建、台湾、江西、湖北、湖南、广东、海南、广西、贵州、云

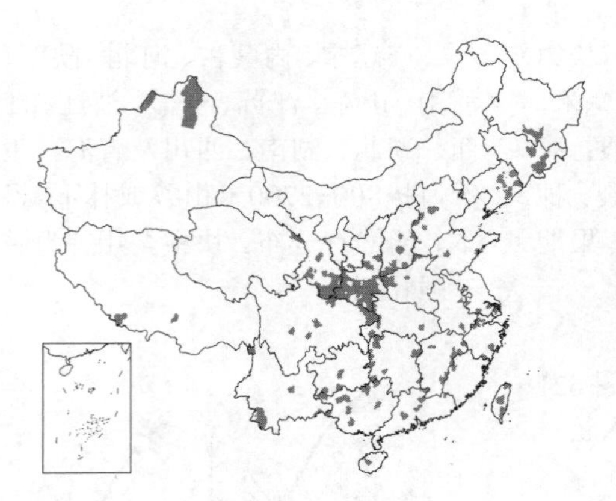

南、西藏、新疆、青海、四川、甘肃及陕西，生于海拔350-2700米山坡、山谷、林下、河滩或田边。欧亚温带地区广布。全草药用，驱风解毒、外敷治疮疖。幼苗可作野菜或饲料。

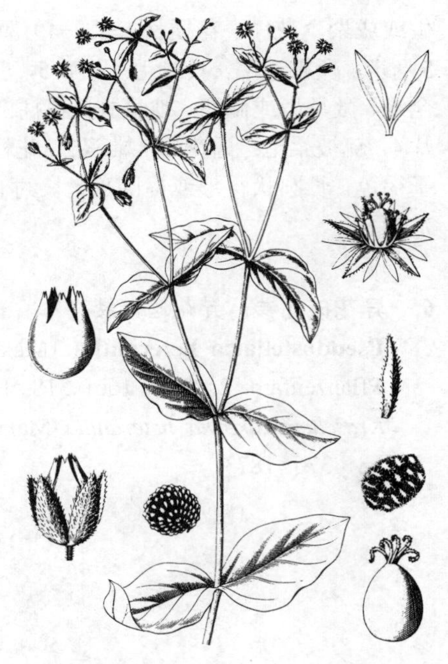

图 622 鹅肠菜 （钱存源绘）

10. 卷耳属 Cerastium Linn.

一年生或多年生草本，多被柔毛或腺毛，稀无毛。茎丛生。二歧聚伞花序顶生，有时花单生；萼片（4）5，离生；花瓣（4）5，有时缺，2裂或微凹，稀全缘；雄蕊10，稀5或3；具蜜腺；子房1室，胚珠多数，花柱（3-4）5。蒴果圆筒形，淡黄色，薄壳质，长于宿萼，顶端齿裂，为花柱数2倍，齿稍歪斜，有时直立或外卷。种子多数，球形或肾形、稍扁，常具小疣；胚环形。

约100种，主要分布北温带，多产于欧洲至西伯利亚，极少数种产亚热带山区。我国22种，3亚种，4变种。

1. 花柱3；蒴果6齿裂；叶线状披针形 …………………… 1. **六齿卷耳 C. cerastoides**
1. 花柱5；蒴果10齿裂。
  2. 叶非披针形。
    3. 叶长5-8厘米，无柄，基部稍抱茎；全株近无毛或疏被长柔毛 …………… 2. **达乌里卷耳 C. dahuricum**
    3. 叶长0.5-3厘米，基部不抱茎。
      4. 茎近无毛；花梗长达3厘米，被腺毛；种子三角状球形 …………………… 3. **卵叶卷耳 C. wilsonii**
      4. 茎被柔毛、腺毛或密被长柔毛。
        5. 聚伞花序密集成头状，花梗长1-3毫米；茎上部叶倒卵状椭圆形 ……… 4. **球序卷耳 C. glomeratum**
        5. 聚伞花序疏散，不密集为头状，花梗长5毫米以上；茎上部叶非倒卵状。
          6. 聚伞花序具1-7花，花梗长不及2.5毫米；茎生叶非卵状披针形，叶两面被白色柔毛。
            7. 叶长圆形或卵状椭圆形，长0.5-1.5厘米，先端钝；花梗长5-8毫米 …… 5. **山卷耳 C. pusillum**
            7. 叶卵形、窄卵状长圆形，长1-3厘米，先端尖；花梗长达2.5厘米 ………………………… 6. **簇生卷耳 C. fontanum** subsp. **triviale**
          6. 聚伞花序具5-11花，花梗长达3.5厘米；茎生叶卵状披针形，稍被柔毛 ………………………… 7. **缘毛卷耳 C. furcatum**
  2. 叶披针形或线状披针形。
    8. 叶披针形、无柄；花梗长2.5-3厘米；蒴果长圆状卵形 …………………… 8. **披针叶卷耳 C. falcatum**
    8. 叶线状披针形，基部抱茎；花梗长1-1.5厘米；蒴果圆筒形 ……………………… 9. **卷耳 C. arvense**

1. 六齿卷耳 图 623

Cerastium cerastoides (Linn.) Britt. in Mem. Torr. Bot. Club 5: 150. 1894.

Stellaria cerastoides Linn. Sp. Pl. 422. 1753.

多年生草本，高达20厘米。茎丛生，基部稍匍匐，上部分枝，被短柔毛，外倾或上升。叶线状披针形，长0.8-2厘米，宽1.5-2（-3）毫米，先端渐尖。聚伞花序具（1）3-7花；苞片草质，披针形。花梗长1.5-2厘米，

被腺毛，果时下弯；萼片宽披针形，长4-6（-7）毫米，边缘膜质；花瓣倒卵形，长0.8-1.2厘米，先端2浅裂至1/4；雄蕊10；花柱3。蒴果圆筒形，长1-1.2厘米，6齿裂。种子圆肾形，具小疣。花期5-8月，果期8-9月。

产吉林、辽宁及新疆，生于山谷、水边或草地。蒙古、俄罗斯、哈萨克斯坦、巴基斯坦、印度、尼泊尔及欧洲、北美有分布。

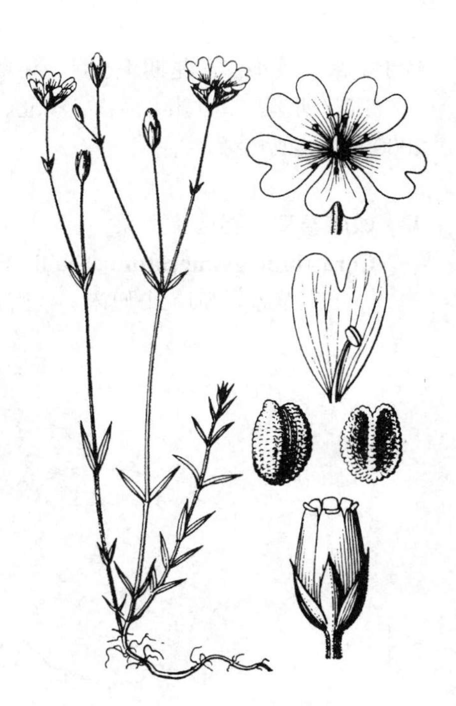

图 623 六齿卷耳 （李志民绘）

2. 达乌里卷耳 图 624

Cerastium dahuricum Fisch. ex Spreng. Pl. Min. Cogn. Pug. 2: 65. 1815.

多年生草本，高达1米，近无毛或下部疏被长柔毛。茎粗壮。叶长圆形、椭圆形或卵形，长5-8厘米；无柄，稍抱茎。大型聚伞花序顶生；苞片卵形。花径达3厘米；花梗长1-2.5(-6)厘米；萼片5，椭圆状长圆形或卵状披针形，长0.8-1.2厘米；花瓣白色，倒卵形，较萼片长，先端2裂，基部被毛；花柱5。蒴果圆筒形。种子暗褐色，扁球形，具尖疣。花期6-7月，果期8-9月。

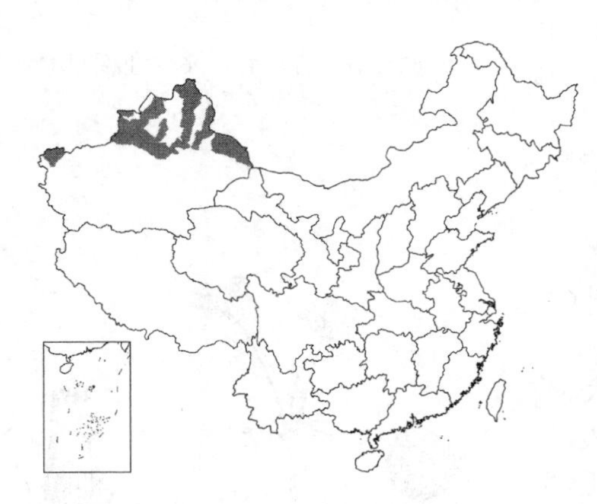

产新疆北部，生于海拔（1000-）1900-2400（-2800）米山地灌丛中、草甸或针叶林下。蒙古、俄罗斯、哈萨克斯坦、巴基斯坦及伊朗有分布。花大，可供观赏。

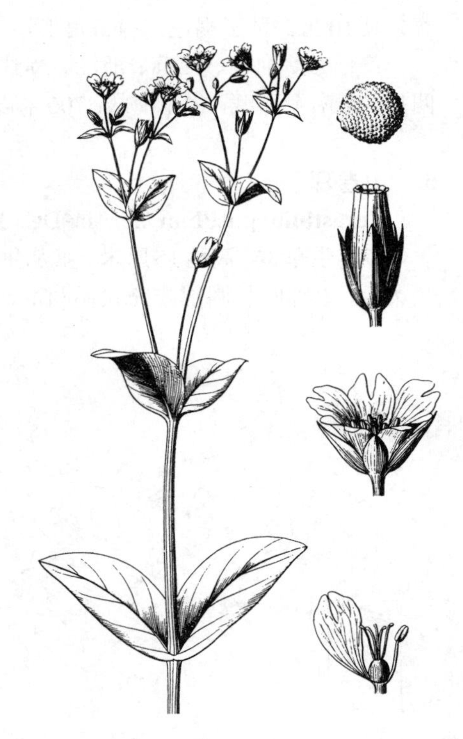

图 624 达乌里卷耳 （李志民绘）

3. 卵叶卷耳 鄂西卷耳 图 625: 1-5

Cerastium wilsonii Takeda in Kew Bull. 1910: 381. 1910.

多年生草本，高达35厘米。茎近无毛。基生叶匙形，基部渐窄成长柄状；茎生叶卵形或卵状椭圆形，无柄，长1.5-2.5厘米，沿中脉及基部被长毛。聚伞花序具多花；苞片小，被柔毛。花梗细，长达3厘米，被腺毛；萼片披针形或宽披针形，长约6毫米，被短柔毛；花瓣窄倒卵形，较萼片长，2裂至中部，裂片披针形；雄蕊稍长于萼片；花柱5。蒴果圆筒形，稍长于宿萼，具10齿。种子多数，近三角状球形，稍扁，褐色，径

约1毫米，具小疣。花期4-5月，果期6-7月。

产陕西南部、甘肃、河南、湖北、安徽、四川及云南，生于海拔1100-2000米山坡或林缘。

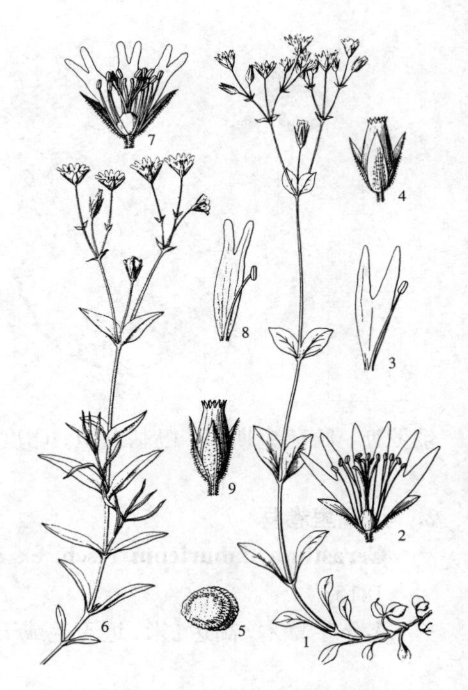

图 625：1-5. 卵叶卷耳 6-9. 披针叶卷耳（李志民绘）

4. 球序卷耳 婆婆指甲菜 图 626

Cerastium glomeratum Thuill. Fl. Env. Paris ed. 2. 226. 1800.

一年生草本，高达20厘米。茎密被长柔毛，上部兼有腺毛。下部叶匙形，上部叶倒卵状椭圆形，长1.5-2.5厘米，基部渐窄成短柄，两面被长柔毛，具缘毛。聚伞花序密集成头状，花序梗密被腺柔毛；苞片卵状椭圆形，密被柔毛。花梗长1-3毫米，密被柔毛；萼片5，披针形，长约4毫米，密被长腺毛，花瓣5，白色，长圆形，先端2裂，基部疏被柔毛；花柱5。蒴果长圆筒形，长于宿萼，具10齿。种子褐色，扁三角形，具小疣。花期3-4月，果期5-6月。

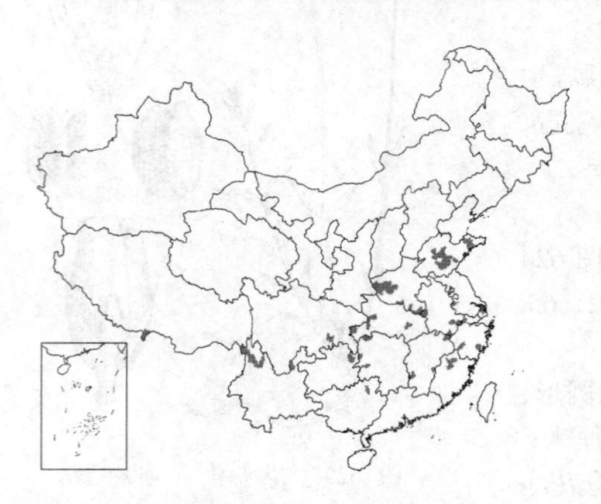

产山东、河南、江苏、浙江、福建、江西、湖北、湖南、广西、贵州、四川、云南及西藏，生于海拔3700米以下山坡或草地。世界广布。

5. 山卷耳 图 627

Cerastium pusillum Ser. in DC. Prodr. 1：418. 1824.

多年生草本，高达15厘米。茎丛生，上升，密被柔毛。下部叶匙状，被长柔毛，上部叶长圆形或卵状椭圆形，长0.5-1.5厘米，先端钝，基部楔形，两面被白色柔毛，具缘毛。聚伞花序具2-7花。花梗长5-8毫米，密被腺柔毛；萼片5，披针状长圆形，长5-6毫米，密被柔毛；花瓣5，白色，长圆形，先端2裂至1/4；花柱5。蒴果圆筒形，较宿萼长，具10齿。种子褐色，扁圆形，具小疣。花期7-8月，果期8-9月。

产内蒙古、宁夏、甘肃、青海、新疆及云南，生于海拔2800-3800米高山草地。蒙古、俄罗斯及哈萨克斯坦有分布。

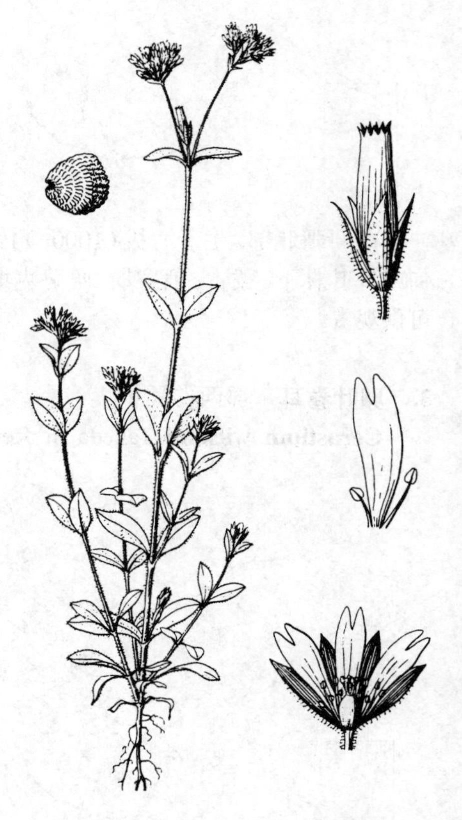
图 626 球序卷耳 （李志民绘）

6. 簇生卷耳 图 628

Cerastium fontanum Baumg. subsp. **triviale** (Murb.) Jalas in Arch. Soc. Zool.-Bot. Fenn. Vanamo 18(1)：63. 1963.

Cerastium vulgare Hartm. subsp. *triviale* Murb. in Bot. Notis. 1898: 252. 1898.

Cerastium caespitosum auct. non Gilib.; 中国高等植物图鉴 1: 634. 1972.

多年生草本，有时1-2年生，高达30厘米。茎被白色短柔毛及腺毛。基生叶匙形或倒卵状披针形，基部渐窄成柄状，两面被柔毛；茎生叶近无柄，卵形或窄卵状长圆形，长1-3（-4）厘米，两面被柔毛，缘毛密。聚伞花序具5-11花；苞片草质。花梗细，长0.5-2.5厘米，密被腺毛，花后弯垂；萼片长圆状披针形，长约6毫米，密被腺毛；花瓣倒卵状长圆形，先端2浅裂；花柱5。蒴果圆筒形，长0.8-1厘米，具10齿，常外弯。种子褐色，具小瘤。花期4-6月，果期5-7月。

产黑龙江、吉林、辽宁、内蒙古、河北、山西、河南、安徽、江苏、浙江、福建、江西、湖北、湖南、广东、贵州、云南、四川、西藏、新疆、青海、宁夏、甘肃及陕西，生于海拔1200-3700米林缘、草地、山顶、山坡或石隙。日本、朝鲜、蒙古、越南、印度及伊朗有分布。

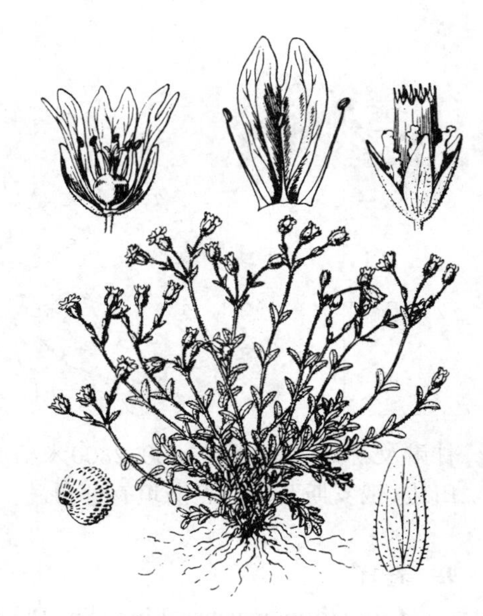

图 627 山卷耳 （钱存源绘）

图 628 簇生卷耳 （引自《图鉴》）

7. 缘毛卷耳 图 629

Cerastium furcatum Cham. et Schlecht. in Linnaea 1: 61. 1826.

多年生草本，高达55厘米。茎单生或丛生，近直立，被长柔毛，上部兼有腺毛。基生叶匙形，茎生叶卵状披针形，长1-3厘米，基部近圆或楔形，稍被柔毛。聚伞花序具5-11花。花梗细，长1-3.5厘米，密被柔毛及腺毛，果时下弯；萼片长圆状披针形，长约5毫米，被柔毛；花瓣长圆形或倒卵形，先端2裂，基部具缘毛；雄蕊疏被长柔毛；花柱5。蒴果圆筒形。种子褐色，扁圆形，具小疣。花期5-8月，果期7-9月。

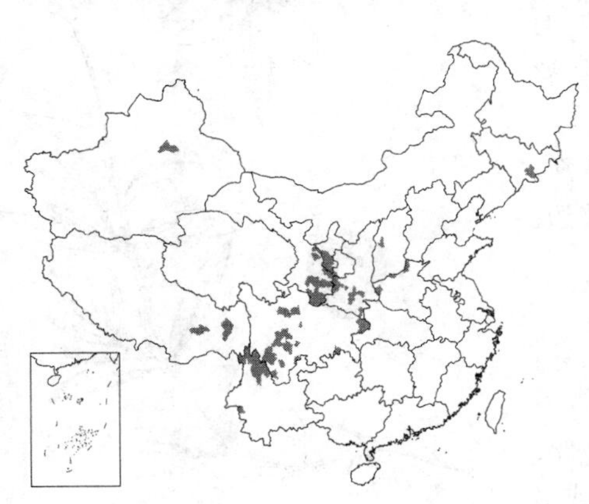

产吉林、山西、河南、陕西、宁夏、甘肃、四川、云南及西藏，生于海拔1200-3800米山谷、山坡、山顶、林缘或草甸。朝鲜北部及俄罗斯东部有分布。

8. 披针叶卷耳 镰刀叶卷耳 图 625：6-9

Cerastium falcatum Bunge ex Fenzl in Ledeb. Fl. Ross. 1: 398. 1842.

多年生草本，高达40厘米，疏被腺柔毛。茎上升或直立。叶披针形，长2-6厘米，宽0.2-1厘米，先端尖，基部楔形，无柄，两面及边缘疏被柔毛。

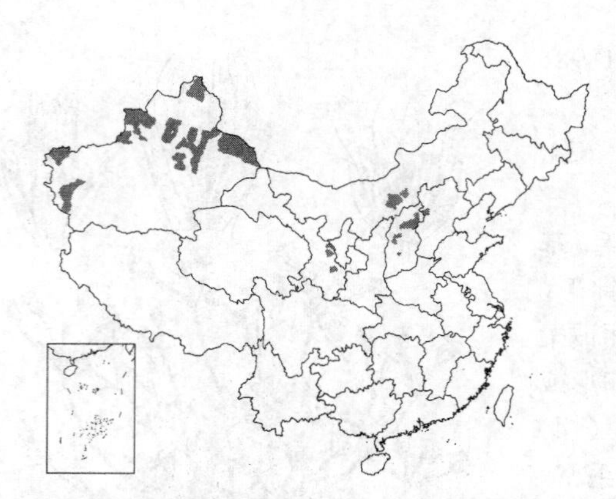

聚伞花序具3-7花；苞片卵状披针形。花梗细，长2.5-3厘米，被腺毛，果时常下垂；萼片披针形，长3-5毫米，被腺毛；花瓣倒卵状长圆形，先端2裂；花柱5。蒴果长圆状卵形，具10齿。种子褐色，圆肾形，具小疣。花期5-8月，果期7-9月。

产河北、山西、内蒙古、甘肃及新疆，生于海拔800-2800米山坡、峡谷、林下灌丛中、林缘草地或田边。俄罗斯及哈萨克斯坦有分布。

图 629 缘毛卷耳 （引自《图鉴》）

9. 卷耳 图 630 彩片 184

Cerastium arvense Linn. Sp. Pl. 438. 1753.

多年生草本，高达35厘米。茎疏丛生，基部匍匐，上部直立，绿带淡紫红色，下部被向下侧毛，上部兼有腺毛。叶线状披针形，长1-2.5厘米，宽1.5-4毫米，基部楔形，抱茎，疏被柔毛。聚伞花序具3-7花；苞片披针形，被柔毛。花梗长1-1.5厘米，密被白色腺毛；萼片披针形，长约6毫米，密被长柔毛；花瓣倒卵形，2裂达1/3-1/4；花柱5。蒴果圆筒形，具10齿。种子多数，褐色，肾形，稍扁，具小瘤。花期5-8月，果期7-9月。

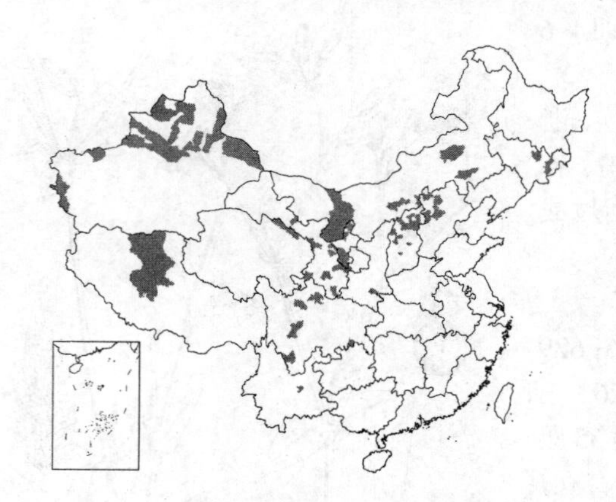

产吉林、内蒙古、河北、河南、山西、陕西、甘肃、宁夏、新疆、青海、四川、云南及江西，生于海拔1200-4300米山顶、草地、林缘、山坡或溪边。日本、朝鲜、蒙古、俄罗斯、哈萨克斯坦、欧洲及北美有分布。

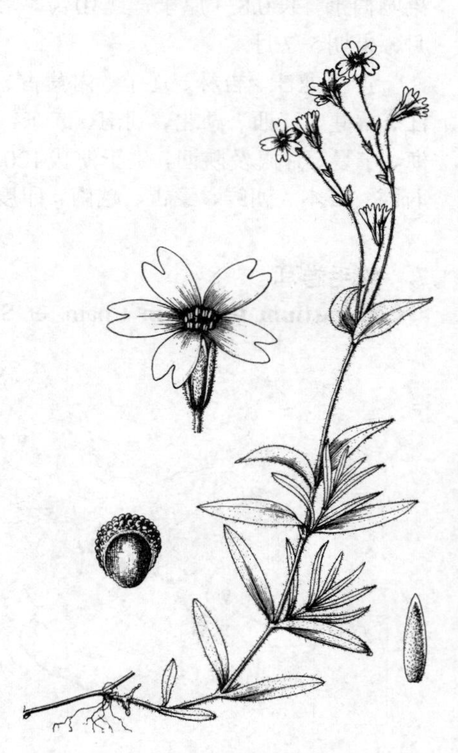

图 630 卷耳 （引自《图鉴》）

11. 繁缕属 Stellaria Linn.

1-2年生或多年生草本。叶卵形、披针形或线形。花小，常成聚伞花序，稀单花。萼片（4）5；花瓣（4）5，白色，稀带绿色，2深裂，稀微凹或多裂，有时无花瓣；雄蕊10，有时8或5-2；子房1（3）室，胚珠多数，稀少数，花柱（2）3。蒴果球形或卵圆形，裂齿为花柱数2倍。种子多数，稀1、2粒，近肾形，微扁，具瘤，稀平滑，胚珠形。

约120种，广布亚热带温带至寒带。我国64种，14变种，2变型。

1. 花瓣2深裂，几达基部，稀浅裂。
  2. 蒴果具多数种子。
    3. 萼片离生；雄蕊下位或周位。

4. 叶具柄或下部叶具柄。
  5. 聚伞花序具少花；花瓣稍长于萼片。
    6. 植株疏被腺柔毛；花瓣2深裂近基部；蒴果长于宿萼 ………………………… 1. **腺毛繁缕 S. nemorum**
    6. 植株无毛；花瓣2裂达1/3；蒴果与宿萼近等长 ………………………………… 2. **巫山繁缕 S. wushanensis**
  5. 聚伞花序具多花；花瓣短于萼片或近等长。
    7. 植株被柔毛或腺毛。
      8. 茎少分枝；雄蕊8-10，蒴果较宿萼长1倍；种子具圆锥状凸起 …………… 3. **鸡肠繁缕 S. neglecta**
      8. 茎多分枝；雄蕊3-5；蒴果稍长于宿萼；种子具半球形小疣 ……………………… 4. **繁缕 S. media**
    7. 植株被星状毛或无毛。
      9. 植株被星状毛；萼片先端尖；花瓣裂片倒披针形 ……………………………… 5. **星毛繁缕 S. vestita**
      9. 植株无毛；萼片先端长渐尖；花瓣裂片窄披针形 ……………………………… 6. **中国繁缕 S. chinensis**
4. 叶无柄或近无柄，有时基部抱茎。
  10. 叶卵形或卵状披针形；花瓣2裂至1/3或中部；雄蕊短，长及花瓣1/3-1/2；全株被腺毛或柔毛 …………
  ……………………………………………………………………………………………………… 7. **叉歧繁缕 S. dichotoma**
  10. 叶线形、线状披针形或披针形。
    11. 叶线形 ……………………………………………………………… 7(附). **线叶繁缕 S. dichotoma** var. **linearis**
    11. 叶披针形或线状披针形。
      12. 叶长0.5-2.5厘米，宽1.5-5毫米；花瓣2裂至中部 ………………………………………………………
      ……………………………………………………………………… 7(附). **银柴胡 S. dichotoma** var. **lanceolata**
      12. 叶长1.5-3（-5）厘米，宽3-5（-9）毫米；花瓣2深裂近基部；全株被灰白色星状毛 …………
      ……………………………………………………………………………………………… 8. **内弯繁缕 S. infracta**
3. 萼片基部合生成倒圆锥形；雄蕊周位。
  13. 二歧聚伞花序，稀单花；具花瓣。
    14. 叶披针形。
      15. 叶长3-4（-5）厘米，宽3-6（-8）毫米，边缘平；花瓣长于萼片；种子具小瘤 ……………………
      ……………………………………………………………………………………………… 9. **翻白繁缕 S. discolor**
      15. 叶长0.2-2厘米，宽2-4毫米，边缘稍皱波状；花瓣短于萼片；种子具皱纹凸起 ……………………
      ……………………………………………………………………………………………… 10. **雀舌草 S. uliginosa**
    14. 叶线形、线状披针形或卵状披针形、长圆状披针形。
      16. 茎无毛。
        17. 花瓣较萼片短，稀近等长。
          18. 叶缘无毛。
            19. 叶线形，长0.5-4（-5）厘米；花瓣稍短于萼片；种子具粒状钝凸起 ……………………………
            ……………………………………………………………………………… 11. **禾叶繁缕 S. graminea**
            19. 叶卵状披针形，长1-2厘米；花瓣甚短于萼片；种子具皱纹凸起 …………………………………
            ……………………………………………………………………………… 12. **短瓣繁缕 S. brachypetala**
          18. 叶缘具缘毛。
            20. 叶线状披针形；花序梗长7-10厘米；蒴果卵状长圆形，短于宿萼 ……………………………
            ……………………………………………………………………………… 13. **沼生繁缕 S. palustris**
            20. 叶长圆状披针形；花序梗长达5厘米；蒴果卵形，与宿萼近等长 ……………………………
            ……………………………………………………………………………… 14. **柳叶繁缕 S. salicifolia**
        17. 花瓣较萼片长。
          21. 花梗长1-1.5厘米；萼片卵状披针形；蒴果黑褐色，长为宿萼1.5-2倍 ……………………………

………………………………………………………………………………………… 15. **长叶繁缕 S. longifolia**

21. 花梗长2-5厘米；萼片披针形；蒴果黄色，与宿萼近等长 ……………… 16. **细叶繁缕 S. filicaulis**

16. 茎被毛。

22. 茎多分枝，弯曲；萼片卵状披针形；蒴果长圆状卵形；种子宽卵形或近圆形 ……………………… …………………………………………………………………… 17. **贺兰山繁缕 S. alaschanica**

22. 茎少分枝，直伸；萼片披针形；蒴果长圆形；种子肾形 ……………………… 18. **湿地繁缕 S. uda**

13. 聚伞状伞形花序，无花瓣；全株无毛；叶椭圆形；花梗细，长0.5-2厘米；蒴果较宿萼长约1倍 ……… ………………………………………………………………………………… 19. **伞花繁缕 S. umbellata**

2. 蒴果1-2种子成熟；雄蕊周位。

23. 叶卵形，长4-6毫米，质硬；花盘圆形，具5腺体 ……………………………… 20. **沙生繁缕 S. arenaria**

23. 叶倒披针形或卵状披针形。

24. 茎被卷曲短柔毛；叶倒披针形，1-2厘米；花梗长0.5-1厘米；种子具钝疣 …………………………… ………………………………………………………………………………… 21. **兴安繁缕 S. cherleriae**

24. 茎密被白色柔毛；叶卵状披针形，长3-4毫米；花梗长2-4毫米；种子近平滑 …………………………… ………………………………………………………………………………… 22. **偃卧繁缕 S. decumbens**

1. 花瓣5-7裂；雄蕊甚短于花瓣；种子蜂窝状；植株被平伏绢毛；叶长圆状披针形或卵状披针形 ………………… ………………………………………………………………………………… 23. **缝瓣繁缕 S. radians**

1. 腺毛繁缕 图 631：1-4

Stellaria nemorum Linn. Sp. Pl. 421. 1753.

一年生草本，高达50厘米，全株疏被腺柔毛。茎铺散，具四棱。基生叶卵形，具柄；茎中部叶长圆状卵形，长2-4厘米，先端渐尖，基部心形，全缘，两面疏被柔毛，叶柄长2-4厘米；上部叶具短柄、无柄至半抱茎。疏散聚伞花序顶生，苞片草质。花梗细，长2-3厘米，被白色柔毛；萼片5，披针形，长5-8毫米，疏被柔毛；花瓣白色，2深裂近基部；雄蕊10；花柱3，线形。蒴果卵形，长于宿萼。种子多数，近球形，长约1毫米，褐色，具小疣。花期5-6月，果期6-7月。

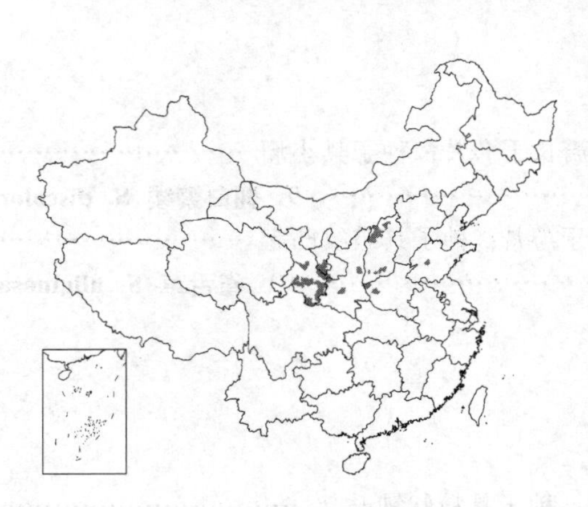

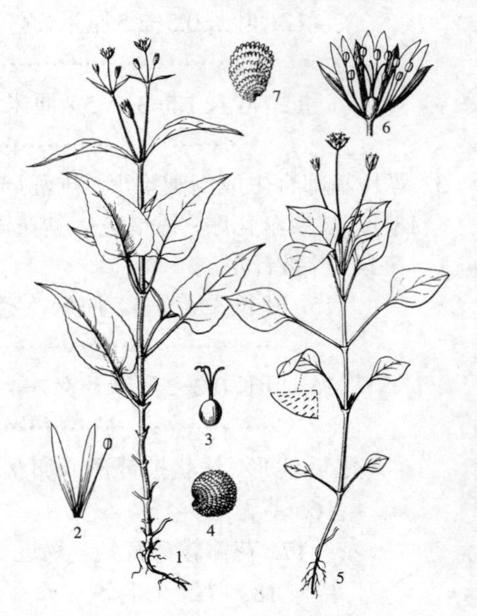

图 631: 1-4. 腺毛繁缕 5-7. 巫山繁缕
（引自《图鉴》）

产宁夏、甘肃、陕西、山西、河南及山东，生于海拔2100-2700米山坡或草地。日本、蒙古、俄罗斯及欧洲有分布。

2. 巫山繁缕 图 631：5-7

Stellaria wushanensis F.N. Williams in Journ. Linn. Soc. Bot. 34: 434. 1899.

一年生草本，高达20厘米；植株无毛。茎基部近匍匐，多分枝。叶卵状心形或卵形，长2-3.5厘米，先端尖，基部宽楔形，下面灰绿色，无毛或疏被短糙毛；叶柄长1.5-2厘米。花顶生或腋生，1-3朵。花梗长2-6厘米，

无毛或疏被柔毛；萼片5，披针形，长5.5-6毫米；花瓣5，窄倒卵形，长约8毫米，先端2裂达1/3；雄蕊（7-9）10；花柱（2）3（4）。蒴果卵形，与宿萼近等长。种子圆肾形，褐色，长1.5-2毫米，具尖疣。花期4-6月，果期6-7月。

产浙江、江西、湖北、湖南、广东、广西、云南、贵州、四川及陕西南部，生于海拔1000-2000（-2500）米山地。

3. **鸡肠繁缕** 鹅肠繁缕 图 632

Stellaria neglecta Weihe ex Bluff et Fingerh. Comp. Fl. Germ. 1: 560. 1825.

一至二年生草本，高达80厘米，被柔毛。茎丛生，少分枝。叶卵形或窄卵形，长（1.5-）2-3厘米，先端尖，基部楔形，稍抱茎，叶基边缘被长柔毛，最下部叶较小，柄长3-7毫米，被柔毛。二歧聚伞花序顶生；苞片披针形，被腺柔毛。花梗长1-1.5厘米，被腺柔毛，花后下垂；萼片5，卵状椭圆形，长3-4（-5）毫米，外面及边缘被腺柔毛；花瓣5，稍短于萼片，2深裂近基部，裂瓣窄披针形，雄蕊8-10。蒴果卵圆形，长于宿萼，6齿裂，裂齿反卷。种子多数，扁圆形，径约1.5毫米，褐色，具圆锥状凸起。花期4-6月，果期6-8月。

产黑龙江、内蒙古、新疆、西藏、青海、甘肃、陕西、四川、云南、贵州、湖北、湖南、江苏、浙江及台湾，生于海拔900-1200（-3400）米杂木林内。日本、俄罗斯、哈萨克斯坦、土耳其、及欧洲、北非、北美有分布。全草药用，可抗菌消炎。

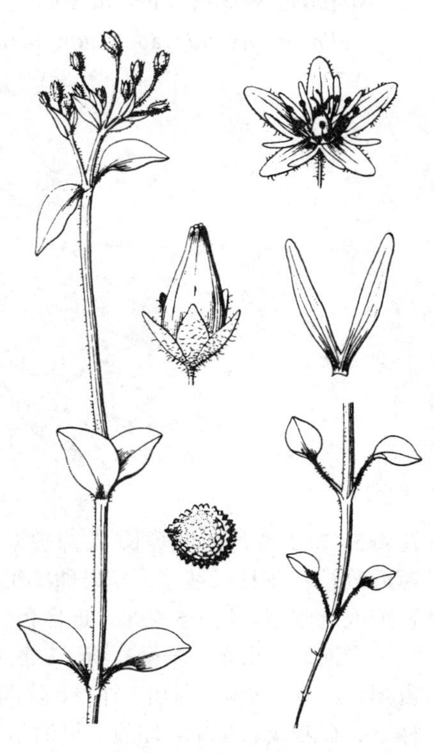

图 632 鸡肠繁缕 （钱存源绘）

4. **繁缕** 图633 彩片185

Stellaria media（Linn.）Cyr. Ess. Pl. Char. Comm. 36. 1784.

Alsine media Linn. Sp. Pl. 272. 1753.

一至二年生草本，高达30厘米。茎多分枝，带淡紫红色，被1（1-2）列柔毛。叶卵形，长1.5-2.5厘米，先端尖，基部渐窄，全缘；下部叶具柄，上部叶常无柄。聚伞花序顶生，或单花腋生。花梗细，长0.7-1.4毫米，花后下垂；萼片5，卵状披针形，长约4毫米，先端钝圆，被短腺毛；花瓣5，短于萼片，2深裂近基部，裂片线形；雄蕊3-5，短于花瓣；花柱短线形。蒴果卵圆形，稍长于宿

图 633 繁缕 （引自《图鉴》）

萼，顶端6裂。种子多数，卵圆形或近圆形，稍扁，红褐色，径约1毫米，具半球形小瘤。花期6-7月，果期7-8月。

产全国各地，为田间杂草。世界广布种。茎、叶及种子供药用。

5. 星毛繁缕 箐姑草 图634

Stellaria vestita Kurz in Journ. Bot. 11: 194. 1873.

Stellaria saxatilis auct. non Scopoli：中国高等植物图鉴 1：629. 1972.

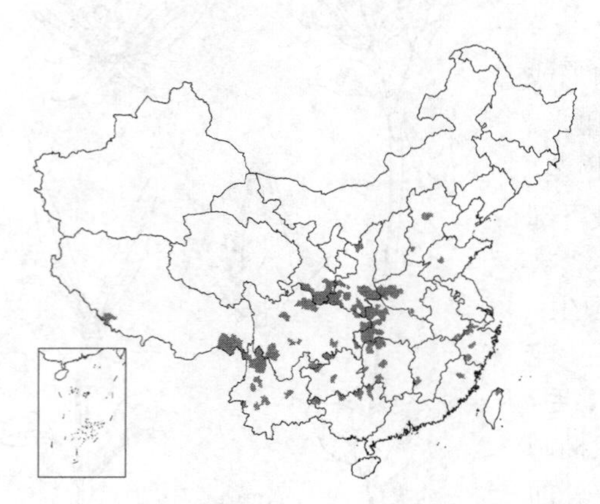

多年生草本，高达60(-90)厘米，全株被星状毛。叶卵形或卵状披针形，长1-3.5厘米，先端尖或渐尖，基部近圆或楔形，稀骤窄成短柄状，全缘，两面被星状毛。聚伞花序具长梗，密被星状毛，腋生或顶生；苞片草质，披针形。花梗细，长1-3厘米；萼片5，披针形，长4-6毫米，先端尖，被星状毛，灰绿色；花瓣5，短于萼片或近等长，2深裂近基部，裂片倒披针形；雄蕊10，与花瓣近等长；花柱长线形。蒴果卵圆形，与宿萼近等长，6齿裂。种子多数，肾形或近圆形，约1.5毫米，近黑色，具小疣。花期4-6月，果期6-8月。

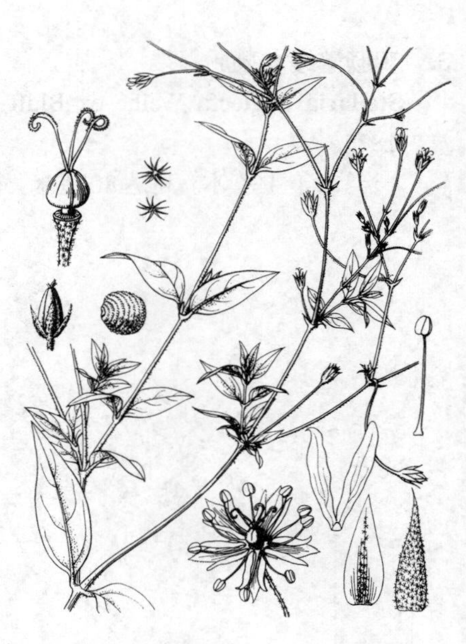

图 634 星毛繁缕 （引自《图鉴》）

产河北、山东、安徽、浙江、福建、台湾、江西、湖北、湖南、广西、贵州、云南、西藏、四川、甘肃、陕西及河南，生于海拔600-3600米草坡、林下、石滩或石隙中。印度、尼泊尔、锡金、不丹、缅甸、越南、菲律宾、印度尼西亚及巴布亚新几内亚有分布。全草供药用，可舒筋活血。

6. 中国繁缕 图635

Stellaria chinensis Regel in Bull. Soc. Nat. Mosc. 35(1): 283. 1862.

多年生草本，高达1米；植株无毛。叶卵形或卵状披针形，长1.5-5厘米，先端渐尖，基部宽楔形或近圆，全缘，无毛，有时带粉绿色；叶柄短或近无，被柔毛。聚伞花序腋生，疏散，花序梗细长；苞片膜质。花梗纤细，长2-3厘米；萼片5，披针形，长3-4毫米；花瓣5，短于萼片，2深裂，裂片窄披针形，雄蕊10，与花瓣近等长。蒴果卵圆形，稍长于宿萼，6齿裂。种子卵圆形，稍扁，褐色，具乳头状凸起。花期5-6月，果期7-8月。

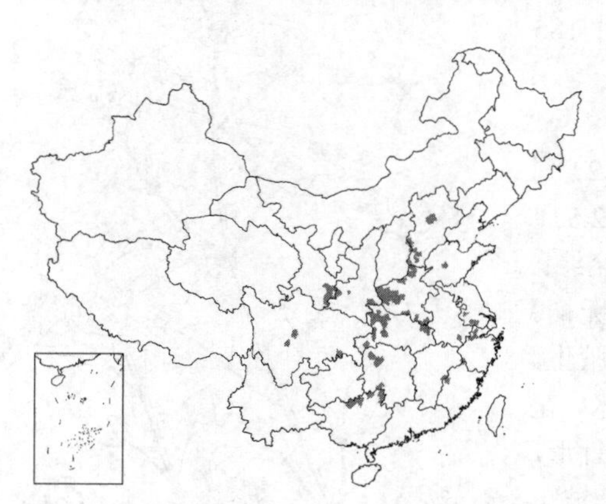

产山西、河北、河南、山东、江苏、安徽、浙江、福建、江西、湖北、湖南、广西及四川，生于海拔（160）500-1300（-2500）米山坡、林下、灌丛、石缝中或湿地。全草药用，可祛风利关节；也可作饲料。

图 635 中国繁缕 （引自《图鉴》）

7. 叉歧繁缕 图 636 彩片 186

Stellaria dichotoma Linn. Sp. Pl. 421. 1753.

多年生草本，高达30（-60）厘米。主根粗壮，圆柱形，支根须状。茎丛生，多次二歧分枝，被腺毛或柔毛。叶卵形或卵状披针形，长0.5-2厘米，先端尖或渐尖，基部圆或近心形，微抱茎，全缘，两面被腺毛或柔毛。

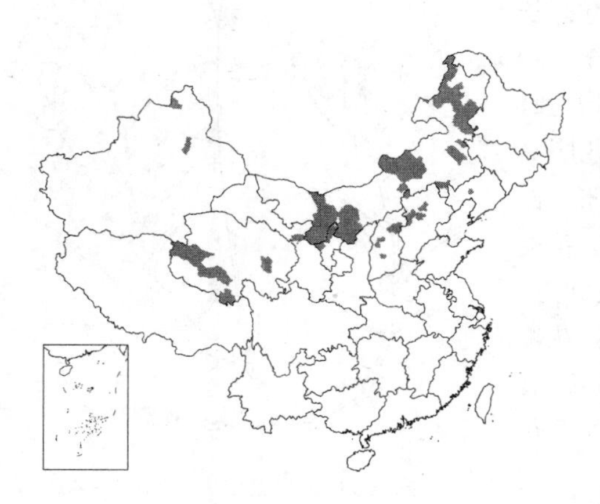

花顶生或腋生。花梗长1-2厘米，被柔毛；萼片5，披针形，长4-5毫米，被腺毛；花瓣5，倒披针形，与萼片近等长，顶端2裂至1/3或中部；雄蕊10，长为花瓣1/3-1/2。蒴果宽卵圆形，短于宿萼，6齿裂。种子1-5，卵形，微扁，褐黑色，脊具少数疣状凸起。花期5-6月，果期7-8月。

产辽宁、河北、山西、内蒙古、宁夏、甘肃、青海及新疆，生于海拔250-2600米山坡、草地、沟谷、石隙、沙丘。俄罗斯、蒙古及哈萨克斯坦有分布。

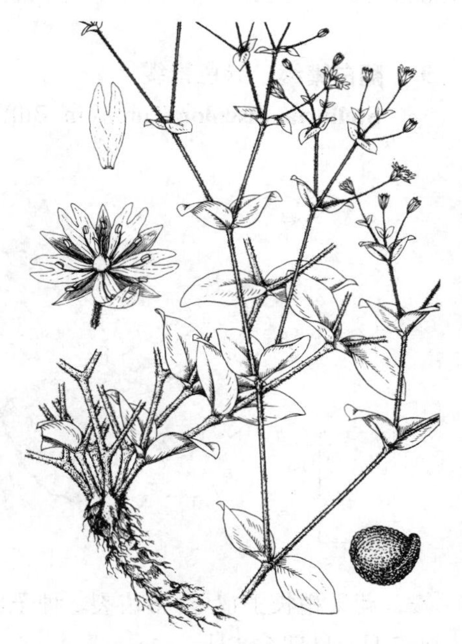

图 636 叉歧繁缕 （引自《图鉴》）

［附］**银柴胡 Stellaria dichotoma** var. **lanceolata** Bunge, Fl. Alt. Suppl. 34. 1836. 与叉歧繁缕的区别：叶线状披针形、披针形或长圆状披针形，长0.5-2.5厘米，宽1.5-5毫米，先端渐尖；花瓣2裂至中部。产内蒙古、陕西、宁夏、甘肃、及青海，生于海拔1000-3100米沙丘、沙质草地、山坡或山谷。蒙古及俄罗斯有分布。根药用，可清热，补阴虚。

［附］**线叶繁缕 Stellaria dichotoma** var. **linearis** Fenzl in Ledeb. Fl. Ross. 1: 380. 1842. 与叉歧繁缕的区别：叶线形，长0.5-2厘米，宽1-2毫米，无毛；萼片长圆形，长约3毫米，无毛。产内蒙古、山西及陕西，生于海拔500-1650米草原、沙地或阳坡。俄罗斯有分布。

8. 内弯繁缕 图 637

Stellaria infracta Maxim. in Acta Hort. Petrop. 11: 72. 1890.

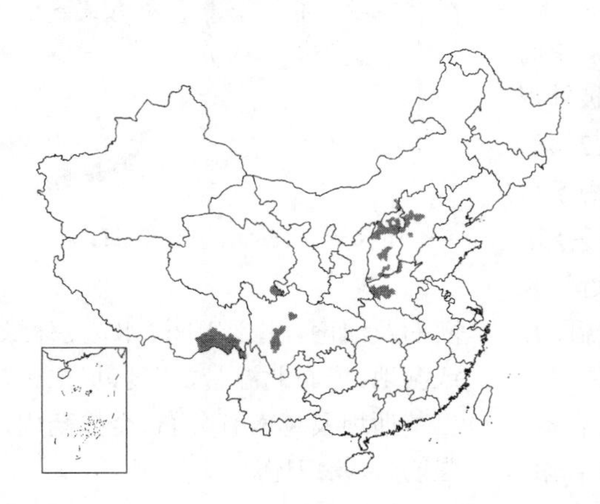

多年生草本，分枝高达15厘米，铺散枝长达30(-50)厘米；全株密被灰白色星状毛。叶披针形或线状披针形，稀窄卵形，长1.5-3（-5）厘米，宽3-5（-9）毫米，先端尖，基部微抱茎，灰绿色，两面被星状毛。二歧聚伞花序顶生，花梗长0.5-1.5厘米，花后下弯；萼片披针形，长3-4毫米；花瓣稍短于萼片，2深裂近基部，裂片线形；雄蕊与花瓣近等长；花柱3。蒴果卵圆形，稍长于宿萼，6齿裂。种子圆肾形，褐色，长约0.8毫米，具颗粒状凸起。花期6-7月，果期8-9月。

产内蒙古、河北、河南、山西、青海、四川、云南及西藏，生于海拔

图 637 内弯繁缕 （引自《图鉴》）

800-2480（-3225）米山坡、草地、灌丛中、石隙或水渠边。

9. 翻白繁缕 异色繁缕 图 638

Stellaria discolor Turcz. in Bull. Soc. Nat. Mosc. 15: 601. 1842.

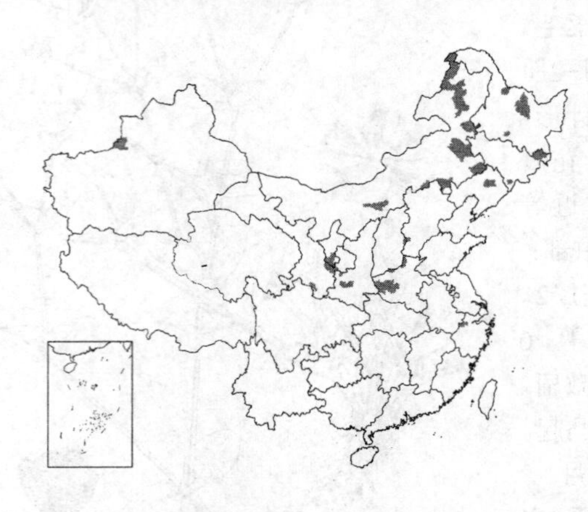

多年生草本，高达40厘米；全株无毛。叶披针形，长3-4（-5）厘米，宽3-6（-8）毫米，先端渐尖，基部近圆，下面微粉绿色。聚伞花序具长梗；苞片卵状披针形，白色，长2-3（-6）毫米。花梗长1-1.5厘米；萼片披针形，长约5毫米，具3脉；花瓣长于萼片，2深裂近基部，裂片倒披针形；雄蕊短于花瓣。蒴果稍长于宿萼，6齿裂。种子卵圆形，稍扁，褐色，具小瘤。花期4-7月，果期6-8月。

产黑龙江、吉林、辽宁、内蒙古、河北、河南、陕西、甘肃、新疆、青海及浙江，生于山坡、草地、林缘或林下。日本、俄罗斯及蒙古有分布。

图 638 翻白繁缕 （引自《图鉴》）

10. 雀舌草 图 639

Stellaria uliginosa Murr. Prodr. Stirp. Gotting. 55. 1770.

Stellaria alsine Grimm.; 中国高等植物图鉴 1: 632. 1972.

一至二年生草本，高达25（-35）厘米，全株无毛。茎丛生，多分枝。叶披针形，长0.5-2厘米，宽2-4毫米，先端尖，基部楔形，全缘或微波状。聚伞花序顶生，少花，有时花单生叶腋。花梗细，长0.5-2厘米，果时稍下弯，基部有时具2披针形苞片。萼片披针形，长2-4毫米，先端锐尖；花瓣短于萼片，2深裂近基部，裂片条形；雄蕊5（6-7），与花瓣近等长或稍短。蒴果卵圆形，与宿萼近等长，6齿裂。种子多数，圆肾形，微扁，褐色，具皱纹凸起。花期5-6月，果期7-8月。

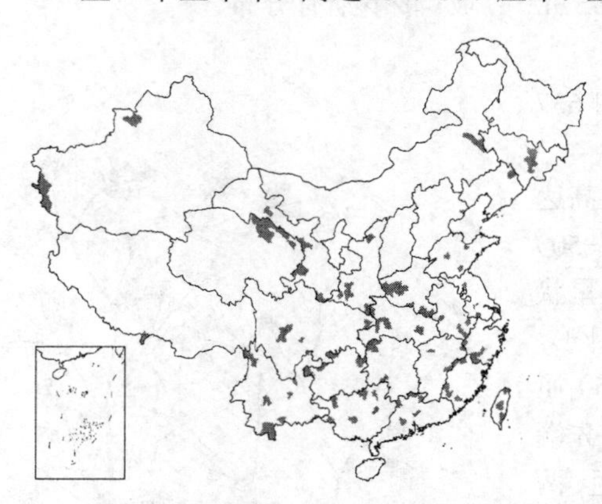

图 639 雀舌草 （引自《图鉴》）

产吉林、辽宁、内蒙古、河北、山东、江苏、安徽、浙江、福建、台湾、江西、湖北、湖南、广东、广西、云南、贵州、四川、西藏、青海、甘肃、陕西及河南，生于田间、水边、林缘或湿地。广布北温带，印度、尼泊尔、巴基斯坦及越南有分布。全株药用，强筋骨，治刀伤。

11. 禾叶繁缕 图 640

Stellaria graminea Linn. Sp. Pl. 422. 1753.

多年生草本，高达30厘米；全株无毛。茎丛生。叶线形，长0.5-4（-5）厘米，宽1.5-3（-4）毫米，先端尖，疏生缘毛，具3脉。聚伞花序顶生；苞片披针形。花梗纤细，长0.5-

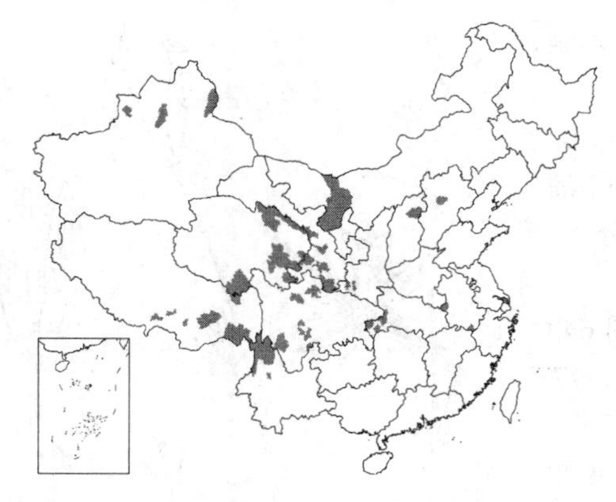

2.5厘米；花径约8毫米；萼片披针形，长约4毫米，绿色，具3脉；花瓣稍短于萼片，2深裂；雄蕊长约4毫米，花药带褐色。蒴果卵状长圆形，短于宿萼，6瓣裂。种子扁圆形，黄褐色，具粒状凸起。花期5-7月，果期8-9月。

产内蒙古、河北、山西、陕西、甘肃、宁夏、青海、新疆、山东、安徽、湖北、四川、云南及西藏，生于海拔1400-3700（-4150）米山坡、草地、林下或石隙。俄罗斯、蒙古、哈萨克斯坦、阿富汗、印度、尼泊尔、不丹、巴基斯坦及欧洲有分布。

图 640 禾叶繁缕 （仿《内蒙古植物志》）

12. 短瓣繁缕 图 641

Stellaria brachypetala Bunge in Ledeb. Fl. Alt. 2: 161. 1830.

多年生草本，高达30厘米；全株近无毛。叶卵状披针形，长1-2厘米，宽1.5-4毫米，先端渐尖，基部楔形。聚伞花序具数花；苞片草质。花梗长约1厘米；萼片卵状披针形，长5-8毫米；花瓣甚短于萼片，2深裂，裂片线形；雄蕊10。蒴果卵圆形，长5-7毫米。种子卵圆形，具皱纹凸起。花期6-8月，果期8-9月。

产新疆、甘肃、青海、四川及云南，生于海拔1700-2900（-4220）米山地。蒙古、俄罗斯及哈萨克斯坦有分布。

图 641 短瓣繁缕 （钱存源绘）

13. 沼生繁缕 图 642

Stellaria palustris Ehrh. ex Retz. Fl. Scand. Prodr. ed. 2. 106. 1795.

多年生草本，高达35厘米；全株无毛，灰绿色。叶线状披针形，长2-5厘米，宽2-4毫米，先端渐尖，具缘毛。二歧聚伞花序顶生，花序梗细，长7-10厘米；苞片披针形。花梗纤细，长1-3厘米；萼片卵状披针形，长4-7毫米，3脉；花瓣较萼片稍短，2深裂近基部，裂片近线形；雄蕊短于花瓣，花药紫红色。

蒴果卵状长圆形，短于宿萼。种子多数，细小，近圆形，稍扁，褐色，具皱纹凸起。花期6-7月，果期7-8月。

产黑龙江、辽宁、内蒙古、河北、山西、陕西、甘肃、青海、四川、云南、湖北、河南、安徽及山东，生于海拔700-3600米山坡、草地、林下、灌丛中、山沟或水边。日本、俄罗斯、蒙古、哈萨克斯坦伊朗及欧洲有分布。

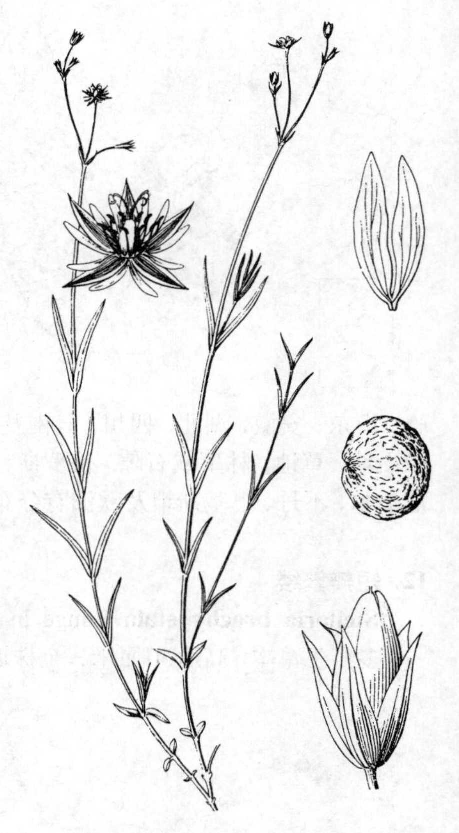

图 642 沼生繁缕 （钱存源绘）

14. 柳叶繁缕 图 643

Stellaria salicifolia Y. W. Tsui ex P. Ke in Acta Bot. Yunn. 7(1): 77. f. 2. 1985.

多年生草本，高达30厘米。茎常不分枝，无毛。叶长圆状披针形，长3-6厘米，宽0.4-1.2厘米，先端渐尖，基部楔形，微抱茎，下面灰绿色，常皱波状，近基部被细毛。聚伞花序疏散，顶生，花序梗长达5厘米；苞片披针形。花梗纤细，长1-2.5厘米；萼片披针形，长4-5毫米，具3脉；花瓣短于萼片，2深裂近基部，裂片线形；雄蕊稍短于花瓣，花药褐色。蒴果卵圆形，与宿萼近等长，顶端6裂。种子卵形，深褐色，具皱纹。花期5-6月，果期7-8月。

产宁夏、陕西、甘肃、四川、湖北、湖南及浙江，生于海拔1200-3000米山坡、林下、灌丛中、草地、山谷或阴湿处。

15. 长叶繁缕 图 644

Stellaria longifolia Muhl. ex Willd. Enum. Pl. Hort. Berol. 479. 1809.

多年生草本，高达25厘米；全株无毛。茎丛生，多分枝。叶线形，长1.5-3.5厘米，宽2-3毫米，疏生缘毛。聚伞花序顶生或腋生，花序梗长3-6厘米；苞片卵状披针形。花梗长1-1.5厘米；萼片卵形，长2.5-3毫米；花瓣长于萼片，2深裂近基部，裂片近线形；雄蕊与花瓣近等长，花药黄色。蒴果卵圆形，长为宿萼1.5-2倍，黑褐色，6齿裂。种子多数，卵圆形或椭圆形，长约1毫米，褐色，近平滑或具细皱纹。花期6-7月，果期7-8月。

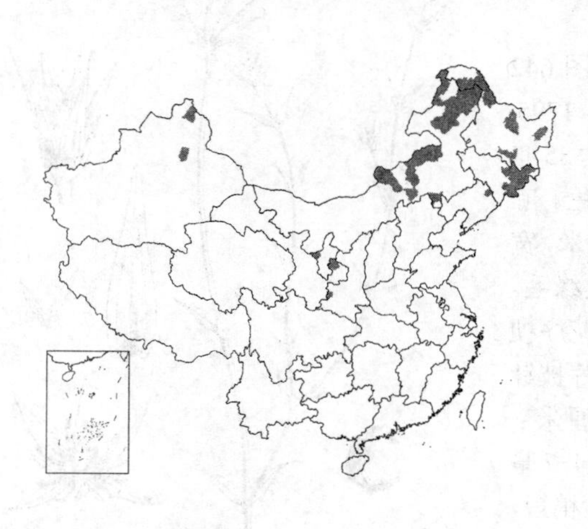

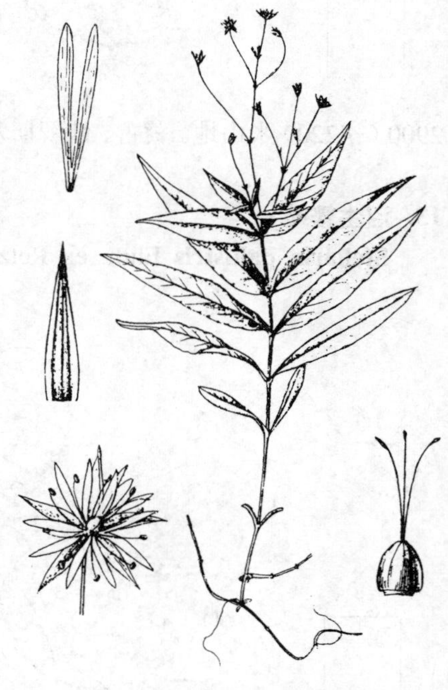

图 643 柳叶繁缕 （引自《云南植物研究》）

产黑龙江、吉林、辽宁、内蒙古、陕西、宁夏、甘肃及新疆，生于海拔

1800–2100米湿润草甸、林缘、林下、沟谷或灌丛中。日本、朝鲜、蒙古、俄罗斯、哈萨克斯坦及欧洲、北美有分布。

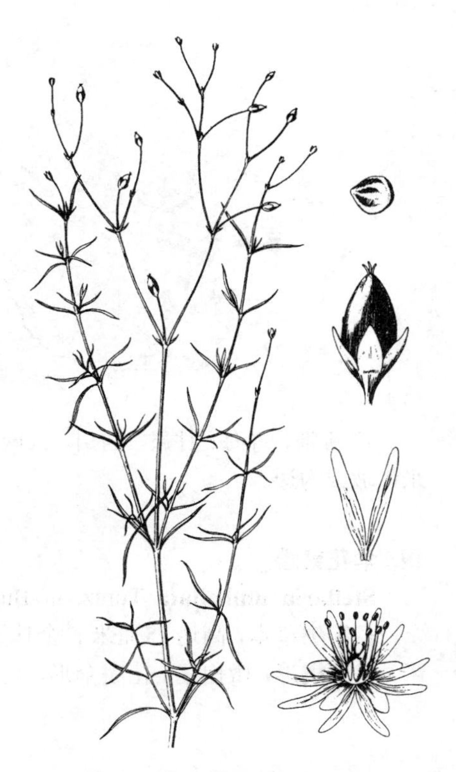

图 644 长叶繁缕 (钱存源绘)

16. 细叶繁缕 图 645

Stellaria filicaulis Makino in Bot. Mag. Tokyo 15: 113. 1901.

多年生草本，高达50厘米；全株无毛。茎丛生。叶线形，长2–3厘米，宽1–2（–3）毫米，基部楔形，微抱茎，疏被缘毛。花单生枝顶或聚伞花序腋生；苞片披针形。花梗丝状，长2–5厘米，花后下弯；萼片披针形，长4–5毫米；花瓣长于萼片，2深裂近基部，裂片倒披针形；雄蕊短于花瓣。蒴果长卵圆形，黄色，与宿萼近等长，6齿裂。种子多数，椭圆形，长约1毫米，深褐色，具皱纹凸起。花期5–7月，果期6–8月。

产黑龙江、吉林、辽宁及内蒙古，生于海拔500–700米湿润草地或河岸。日本及朝鲜有分布。

17. 贺兰山繁缕 图 646

Stellaria alaschanica Y. Z. Zhao in Acta Sci. Nat. Univ. Intramongol. 13(3): 283. 1982.

多年生草本，高达15厘米。茎丛生，多分枝，4棱，沿棱被倒向柔毛。叶披针状线形，长0.5–2厘米，宽1–2.5毫米，具缘毛。聚伞花序顶生，1–3花；苞片卵状披针形，边缘宽膜质。花梗长0.7–1.5厘米；萼片卵状披针形，长约3毫米；花瓣长约2毫米，2深裂达基部，裂片长圆状线形；雄蕊稍长于花瓣。蒴果长圆状卵圆形，较宿萼长约1倍，黄绿色。种子多数，宽卵圆形或近圆形，稍扁，长0.5–0.8毫米，深褐色，近平滑。花期7月，果期8月。

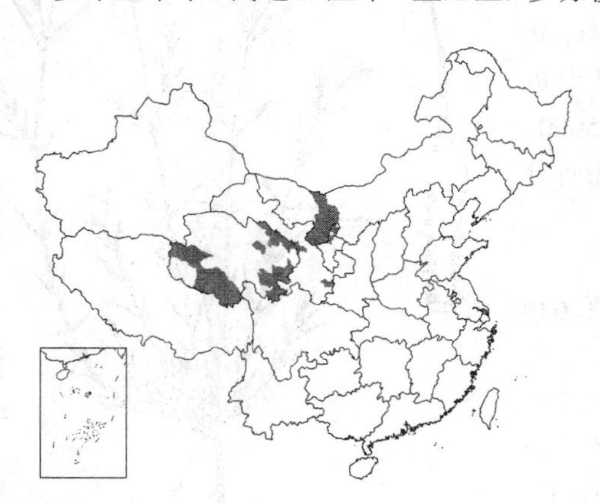

产内蒙古、宁夏、甘肃及青海，生于海拔2050–2800（–3200）米山坡或云杉林下。

18. 湿地繁缕 图 647

Stellaria uda F. N. Williams in Journ. Linn. Soc. Bot. 34: 435. 1899.

多年生草本，高达15厘米。茎丛生，被成列柔毛。茎基部叶短小而密

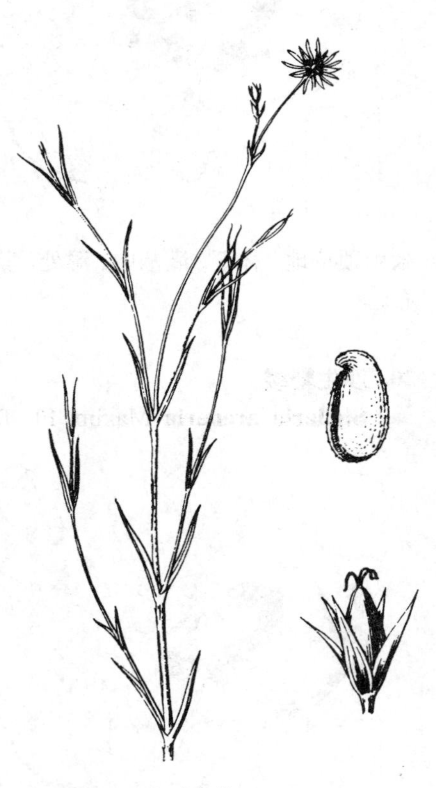

图 645 细叶繁缕 (钱存源绘)

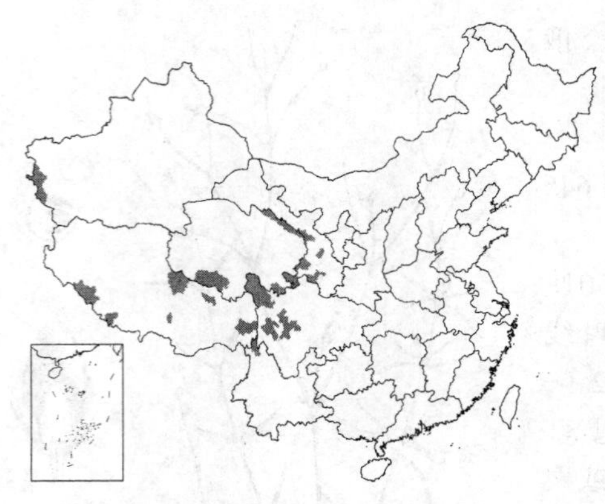

集，中上部叶疏生，线状披针形，较硬，长0.5-1厘米，宽约1毫米，先端锐尖。聚伞花序顶生。花梗纤细，长0.5-1.5厘米；萼片披针形，长约3毫米，具3脉；花瓣2深裂，短于萼片1/3；雄蕊10。蒴果长圆形，稍长于宿萼。种子肾形，褐色。花期5-6月，果期7-8月。

产新疆、青海、甘肃、四川、云南西北部及西藏，生于海拔1160-4750米山坡或沟边。

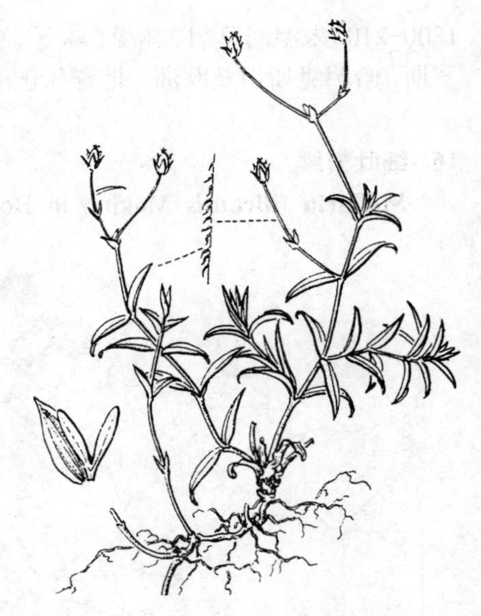

图 646 贺兰山繁缕 （马 平绘）

19. 伞花繁缕 图 648

Stellaria umbellata Turcz. in Bull. Soc. Nat. Mosc. 15: 173. 1842.

多年生草本，高达15厘米；全株无毛。茎单生。叶椭圆形，长1.5-2厘米，基部楔形，微抱茎。花序伞形，具3-10花；具3-5卵形近膜质苞片。花梗柔细，长0.5-2厘米，果时常下垂；萼片披针形，长2-3毫米，绿色；无花瓣；雄蕊10，短于萼片。蒴果较宿萼长约1倍，顶端6裂。种子肾形，稍扁，具皱纹。花期6-7月，果期7-8月。

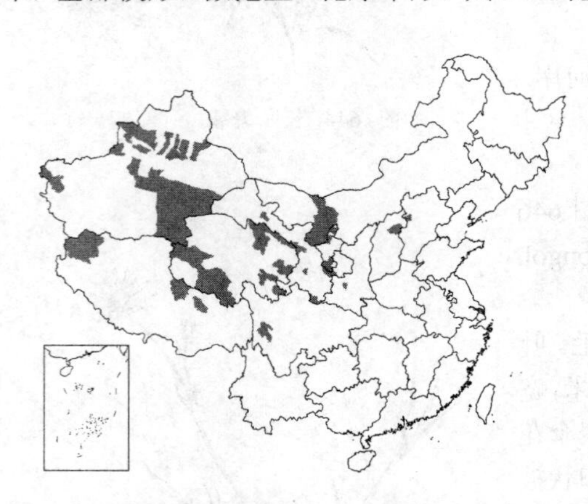

产河北、山西、内蒙古、陕西、宁夏、甘肃、青海、新疆、四川及西藏，生于海拔（1600-）3000-3800（-5000）米山顶草地、林下、灌丛中、湿处。蒙古、俄罗斯、哈萨克斯坦及北美有分布。

20. 沙生繁缕 图 649

Stellaria arenaria Maxim. Fl. Tangut. 91. t. 29. f. 18. 1889.

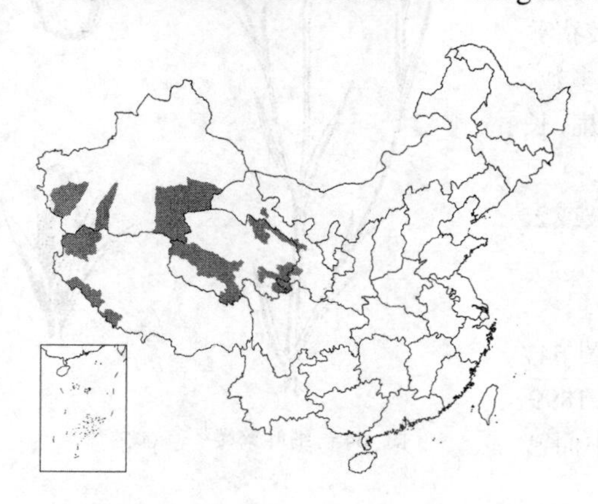

多年生草本，高达7厘米。茎丛生，被柔毛。叶卵形或卵状披针形，长4-6毫米，宽2-3毫米，基部连合抱茎，质硬。聚伞花序顶生，具1-5花；苞片卵形，萼片卵状披针形，长3-4毫米；花瓣长1-1.5毫米，2深裂近基部，裂片线形；雄蕊10，短于花瓣；花盘圆形，具5腺体；花柱3，胚珠多数。花期6-7月。

产甘肃、青海、新疆南部及西藏，生于海拔2500-5500米山坡、草地、高山碎石带或河滩。

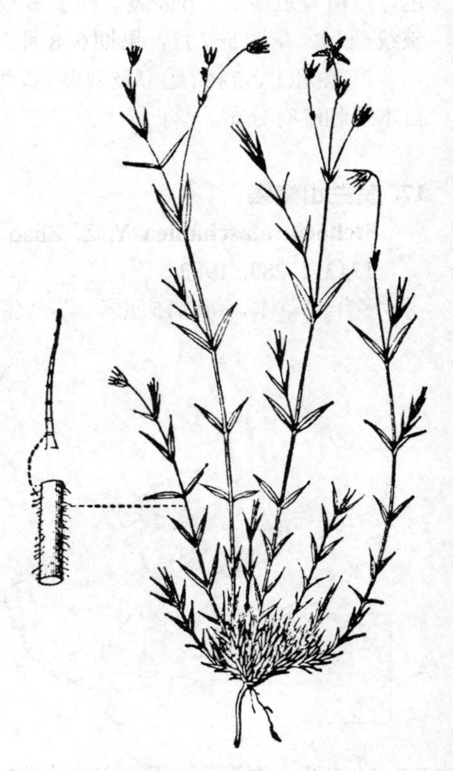

图 647 湿地繁缕 （引自《图鉴》）

21. 兴安繁缕 东北繁缕 图 650：1-4

Stellaria cherleriae（Fisch. ex Ser.）F. N. Williams in Bull. Herb. Boiss. ser. 2, 7: 830. 1907. p. p.

Arenaria cherleriae Fisch. ex Ser. in DC. Prodr. 1: 409. 1824.

多年生草本，高达12（-8）厘米，根粗壮，径2-4毫米。茎丛生。被卷曲柔毛，叶倒披针形，(0.6-)1-2（-2.5）厘米，宽1-2.5毫米。聚伞花序顶生，稀单花腋生；苞片草质，披针形。花梗长0.5-1厘米；萼片长圆状披针形，长4-5毫米；花瓣长为萼片1/2-1/4，2深裂近基部，裂片线形；雄蕊长约为萼片1/2，花药黄色；花柱3。蒴果倒卵圆形，长约为宿萼1/2，具2种子。种子倒卵圆形，径1-1.5毫米，近黑色，具钝疣。花期6-7月，果期7-8月。

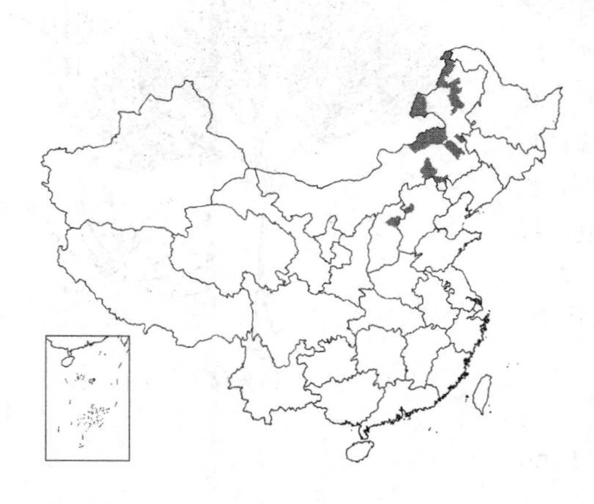

产内蒙古、河北及山西，生于海拔2790-3400米砾石山坡、草原或疏林下。蒙古及俄罗斯西伯利亚有分布。

图 648 伞花繁缕 （引自《图鉴》）

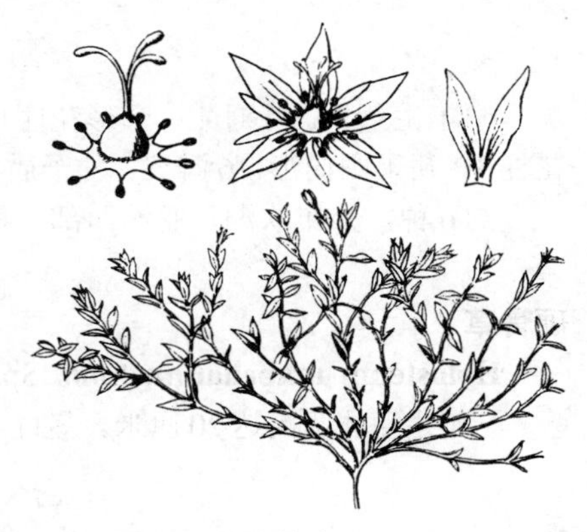

图 649 沙生繁缕 （钱存源绘）

22. 偃卧繁缕 图 651

Stellaria decumbens Edgew. in Trans. Linn. Soc. Bot. 20: 35. 1846.

多年生垫状草本，径达20厘米。茎分枝多密集，密被白色柔毛。叶卵状披针形，长3-4毫米，宽1-1.5毫米，质硬。单花顶生。花梗长2-4毫米，密被柔毛；萼片卵状披针形，长约4毫米；花瓣短于萼片约1/2，2深裂近基部，裂片线形；雄蕊8-10，花药黄色，花丝基部骤宽。蒴果卵状长圆形，稍短于宿萼。种子近圆形，径约0.5毫米，近平滑。花期7-8月，果期9-10月。

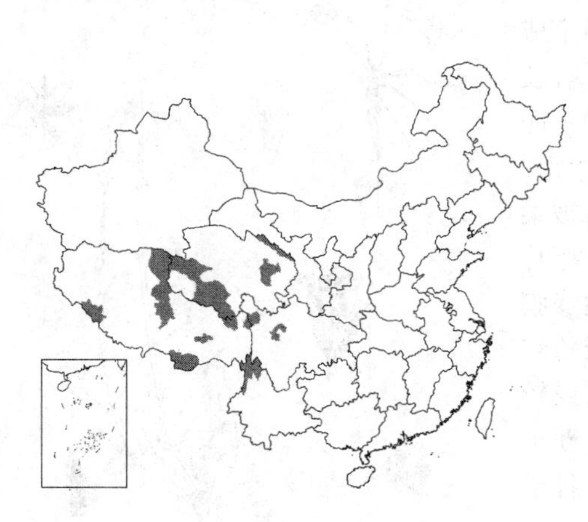

产青海、四川西部、云南西北部及西藏，生于海拔3000-5600米山坡、石隙或灌丛中。印度、尼泊尔、锡金及不丹有分布。

23. 縫瓣繁缕 图 650：5-9

Stellaria radians Linn. Sp. Pl. 422. 1753.

多年生草本，高达60厘米。茎上部分枝，密被绢毛。叶长圆状披针形或卵状披针形，长3-12厘米，宽1.5-2.5厘米，先端渐尖，基部宽楔形，两

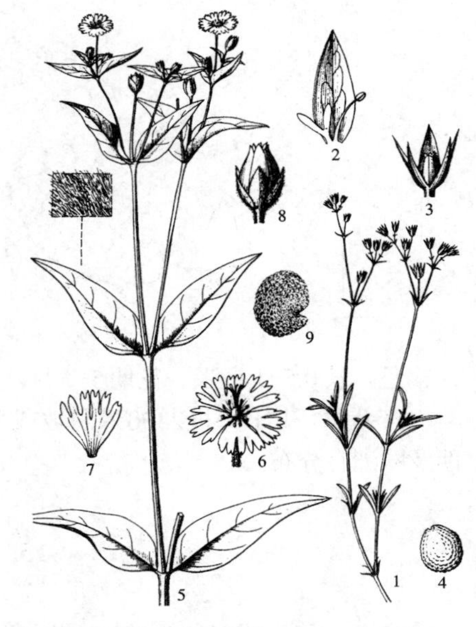

图 650: 1-4. 兴安繁缕 5-9. 縫瓣繁缕 （钱存源绘）

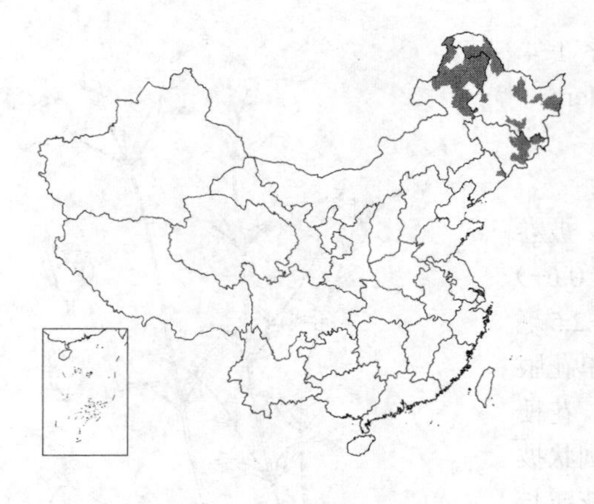

面被平伏绢毛，具短柄。二歧聚伞花序顶生，苞片披针形，密被柔毛。花梗长1-3厘米，密被柔毛，花后下垂；萼片长圆状卵形或长卵形，长6-8毫米，密被绢毛；花瓣宽倒卵状楔形，长0.8-1厘米，5-7裂达中部；雄蕊甚短于花瓣。蒴果卵形，稍长于宿萼，6齿裂。种子2-5，肾形，长约2毫米，稍扁，黑褐色，蜂窝状。花期6-8月，果期7-9月。

产黑龙江、吉林、辽宁及内蒙古，生于海拔340-500米丘陵、灌丛中、林缘或草地。日本、朝鲜、蒙古及俄罗斯有分布。

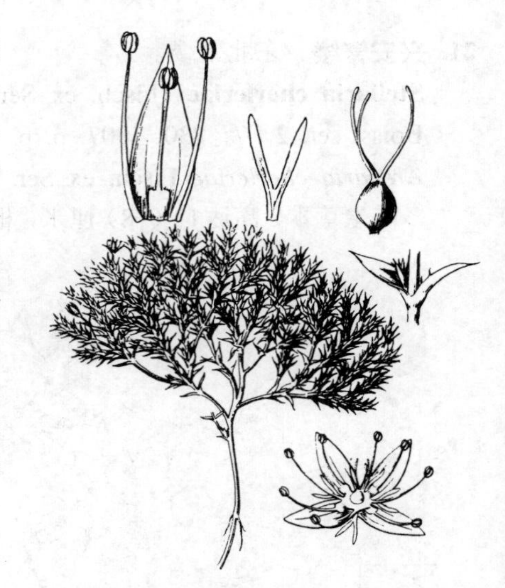

图 651 偃卧繁缕 （钱存源绘）

12. 硬骨草属 **Holosteum** Linn.

一年生草本。叶对生。伞形花序顶生；萼片5；花瓣5，不整齐齿裂；雄蕊3-5（-10）；子房1室，胚珠多数，花柱3。蒴果圆筒形，6瓣裂。种子盾状，粗糙，无种阜。

约6种，分布欧洲、亚洲西部。我国1种。

硬骨草 图 652

Holosteum umbellatum Linn. Sp. Pl. 88. 1753.

一年生草本，高达20厘米。茎直立，单生或分枝，基部常被白霜及粘腺。基生叶倒披针形，渐窄成柄；茎生叶椭圆形，无柄，长1-3厘米，宽3-6毫米，下面被柔毛，具缘毛。花序伞形。花梗细，长1-1.5厘米，被柔毛，下垂，果时直立；萼片长圆形，长3-4毫米，边缘膜质，被柔毛；花瓣白或粉红色，长圆形，与萼片等长或较长，顶端具齿；雄蕊5。蒴果圆筒形，长为宿萼2倍。种子红褐色，长0.5-1毫米。花期5-7月，果期6-7月。

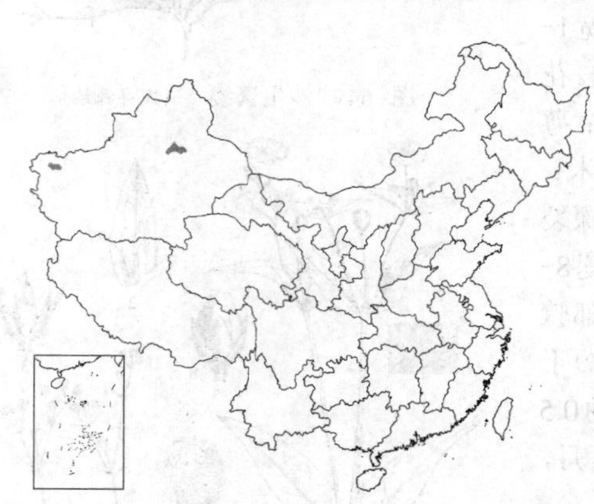

产新疆，生于海拔2300米阴坡或草地。俄罗斯、哈萨克斯坦、印度、伊朗及欧洲有分布。

图 652 硬骨草 （孙英宝绘）

13. 蚤缀属（无心菜属） **Arenaria** Linn.

一至二年生或多年生草本。茎常丛生，有时铺散或成垫状。叶卵形、椭圆形至线形。花常成聚伞花序，稀单生叶腋；花白色，稀粉红色；萼片（4）5，草质；花瓣5，较萼片长，稀较短，全缘或微凹，有时2浅裂、具齿或繸状，少数退化至无花瓣；雄蕊10，稀8或5；子房1室，胚珠多数，花柱（2）3（-5）。蒴果卵圆形或长圆形，裂瓣为花柱数2倍或同数。种子肾形或近卵圆形，稍扁，具小疣或平滑。

约300种，分布北温带至寒带。我国104种，12变种，4变型。

1. 花柱3，稀2，蒴果6齿裂或瓣裂。
  2. 萼脉明显。
    3. 茎单生或丛生，非垫状。
      4. 叶卵形或近圆形。
        5. 叶卵形；萼片具3脉，被毛；种子淡褐色，具短条状凸起 …………………… 1. **蚤缀 A. serpyllifolia**
        5. 叶近圆形；萼片具1脉，无毛；种子黑色，具小瘤 ………………………… 2. **圆叶蚤缀 A. orbiculata**
      4. 叶线形或钻状线形。
        6. 叶长5-15（-20）厘米。
          7. 茎基部宿存枯萎叶柄；花梗密被腺柔毛；聚伞花序 ……………………… 3. **灯心草蚤缀 A. juncea**
          7. 茎基部无枯萎叶柄；花梗无毛；圆锥状聚伞花序 ……………………………………………………………………………………………… 3(附). **无毛灯心草蚤缀 A. juncea** var. **glabra**
        6. 叶长1-6厘米。
          8. 花瓣倒卵状长圆形，长约7毫米 ………………………………………… 4. **毛叶蚤缀 A. capillaris**
          8. 花瓣倒卵形或倒卵状匙形，长0.8-1.2厘米 ………………………………… 5. **美丽蚤缀 A. formosa**
    3. 茎密丛生成垫状。
      9. 花具梗。
        10. 花梗被毛。
          11. 萼片卵状披针形；花瓣卵形，长3-4毫米；花药黄色 …………… 6. **短瓣蚤缀 A. brevipetala**
          11. 萼片披针形；花瓣倒卵形，稍短于萼片；花药褐色 ……………… 7. **甘肃蚤缀 A. kansuensis**
        10. 花梗无毛。
          12. 叶长1-1.5厘米；花梗长0.5-1厘米，萼片披针形；花瓣短于萼片 ……………………………………………………………………………… 8. **青藏蚤缀 A. roborowskii**
          12. 叶长6-8毫米；花梗长约4毫米；萼片椭圆形；花瓣与萼片等长或稍长 ……………………………………………………………………………… 9. **澜沧蚤缀 A. lancangensis**
      9. 花无梗；花瓣窄倒卵形，稍长于萼片 ……………………………………… 10. **藓状蚤缀 A. bryophylla**
  2. 萼脉不明显。
    13. 茎密丛生或成垫状；萼片卵形或椭圆形，先端钝。
      14. 茎密丛生，密被紫褐色腺毛；萼片紫色，宽卵形；花瓣长0.8-1厘米 ……………………………………………………………………………… 11. **西北蚤缀 A. przewalskii**
      14. 植株成垫状，被柔毛、腺毛或无毛。
        15. 茎被柔毛或腺毛；花梗长0.5-2厘米。
          16. 茎被白色柔毛；花瓣长1.2-1.5厘米 ……………………………………… 12. **大花蚤缀 A. smithiana**
          16. 茎密被腺毛；花瓣长7-8毫米 ……………………………………………… 13. **山生蚤缀 A. oreophilla**
        15. 茎无毛；花梗长2-4毫米；花瓣长约5毫米；叶刺尖，密生 …………… 14. **密生蚤缀 A. densissima**
    13. 茎疏丛生；下部叶鳞片状，上部叶卵形，革质；萼片卵状披针形；花瓣长0.7-1.5厘米 ……………………………………………………………………………… 15. **西南蚤缀 A. forrestii**
1. 花柱2，稀3；蒴果4齿裂或瓣裂。
  17. 花瓣全缘或先端微凹；花柱（2）3。
    18. 花梗长05-25厘米。
      19. 叶线状长圆形或线状匙形，长4-8毫米。
        20. 茎被腺毛；叶长5-8毫米；萼片长6-7毫米；花瓣长约萼片2倍；雄蕊10，花柱3 ……………………

………………………………………………………………………………………… 16. **滇藏蚤缀 A. napuligera**

20. 茎无毛；叶长4-5毫米，三歧聚伞花序；萼片长2-2.5毫米，花瓣与萼片近等长，雄蕊（5）8，花柱2 ……………………………………………………………………………… 17. **漆姑蚤缀 A. saginoides**

19. 叶长圆形或长圆状披针形，长1-1.8厘米；萼片疏被黑紫色腺毛，花药黑紫色 ……………………………………………………………………………………… 18. **黑蕊蚤缀 A. melanandra**

18. 花梗长2-5厘米；果萼基部囊状；花瓣稍长于萼片，花柱2；叶线状披针形或长圆状线形，长0.5-1.5厘米 ………………………………………………………………………………… 19. **长柱蚤缀 A. longistyla**

17. 花瓣先端齿裂或流苏状细裂；花柱2。

21. 花瓣先端齿裂。

22. 茎柔细；叶无毛或疏被毛；花瓣先端4齿裂。

23. 茎被2行腺毛；叶卵状椭圆形或长圆状匙形；蒴果球形 ……………… 20. **四齿蚤缀 A. quadridentata**

23. 茎无毛；叶窄长椭圆形或长椭圆状披针形；蒴果长圆形 ……………………… 21. **秦岭蚤缀 A. giraldii**

22. 茎较硬；茎、叶密被长硬毛或腺毛。

24. 叶卵状披针形或长圆状披针形；萼片披针形或窄卵形。

25. 花单生分枝顶端，花药紫红色 ………………………………………………… 22. **须花蚤缀 A. pogonantha**

25. 聚伞花序花较多；花药黄绿或黄褐色 ……………………………………… 23. **滇蜀蚤缀 A. dimorphotricha**

24. 叶卵形；萼片长圆状卵形 ……………………………………………………… 23(附). **齿瓣蚤缀 A. fridericae**

21. 花瓣先端流苏状细裂；茎单生，中下部分枝；叶长圆形或长圆状倒卵形 ……… 24. **髯毛蚤缀 A. barbata**

1. 蚤缀 无心菜 鹅不食草 图653

Arenaria serpyllifolia Linn. Sp. Pl. 423. 1753.

一年生草本，高达30厘米。茎丛生，密被白色柔毛。叶卵形，长4-7毫米，先端尖，基部稍圆，两面疏被柔毛，具缘毛。聚伞花序顶生或腋生；苞片与叶同形。花梗细直，长0.6-1厘米，密被柔毛或腺毛；萼片5，卵状披针形，长3-4毫米，具3脉，被柔毛或腺毛；花瓣5，白色，倒卵形，短于萼片，全缘；雄蕊10，短于萼片；花柱3。蒴果卵圆形，与宿萼近等长，顶端6裂。种子长约0.5毫米，肾形，淡褐色，具短条状凸起。花期4-6月，果期5-7月。

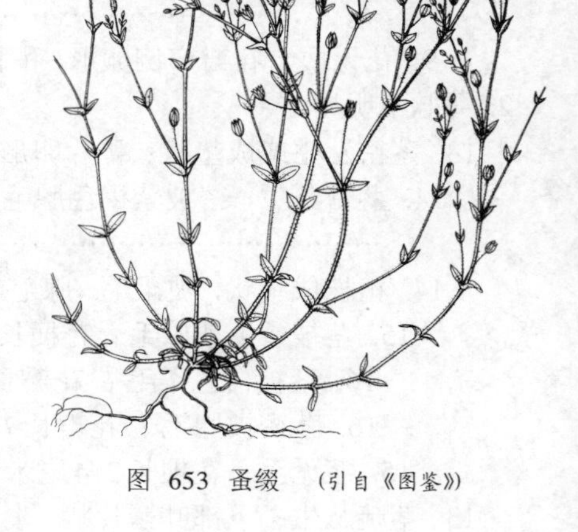

图 653 蚤缀 （引自《图鉴》）

产黑龙江、吉林、辽宁、内蒙古、河北、山西、河南、山东、江苏、安徽、浙江、福建、台湾、江西、湖北、湖南、广东、广西、贵州、云南、西藏、四川、陕西、甘肃、青海及新疆，生于海拔3980米以下山坡、林下、河边或荒地，为田间杂草。日本、朝鲜、俄罗斯、哈萨克斯坦、印度、尼泊尔及欧洲、北美有分布。全草药用，清热解毒。

2. 圆叶蚤缀 圆叶无心菜 图654

Arenaria orbiculata Royle ex Edgew. et Hook. f. in Hook. f. Fl. Brit. Ind. 1: 240. 1874.

二年生或多年生草本，高达40厘米。茎细柔，一侧被柔毛。叶近圆

形，径2-8毫米，先端有时具短尖头。花单生枝顶或上部叶腋，有时为聚伞花序。花梗纤细，长0.5-1厘米；萼片卵状披针形，长3-4毫米，具1脉，无毛；花瓣倒卵形，短于萼片；雄蕊与花瓣近等长；花柱3。蒴果与萼片近等长，顶端6裂。种子肾形，黑色，具小瘤。花果期5-7月。

产四川、云南、西藏东南部，生于海拔2300-4500米冷杉、华山松或阔叶林下、灌丛、高山草甸、沟谷或石缝中。印度、尼泊尔及不丹有分布。

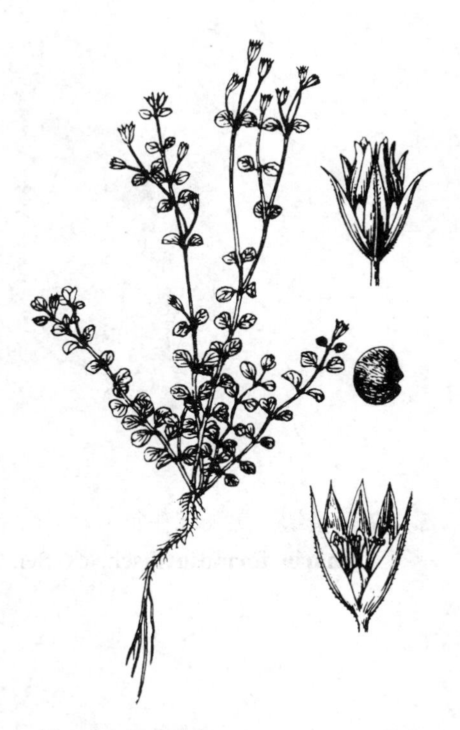

图 654 圆叶蚤缀 （引自《中国植物志》）

3. 灯心草蚤缀 老牛筋 图 655

Arenaria juncea M. Bieb. Fl. Taur.-Cauc. 3: 309. 1819.

多年生草本，高达60厘米。根径0.5-3厘米，肉质。茎密丛生。叶线形，长5-15（-20）厘米，宽0.3-1毫米，边缘具疏齿，基部鞘状抱茎。聚伞花序顶生，具多花；苞片卵形，长3-4毫米，被腺柔毛。花梗长1-3厘米，密被腺毛；萼片卵状披针形，长约5毫米，被腺毛；花瓣长圆状倒卵形，长0.7-1厘米；雄蕊短于花瓣，花药黄色，花丝基部具腺体；花柱3。蒴果卵圆形，稍长于宿萼，顶端6裂，外折。种子多数，扁卵形，长约2毫米，背部具小疣。花期6-8月，果期8-9月。

产黑龙江、吉林、辽宁、内蒙古、河北、山东、河南及山西，生于海拔800-2200米山坡、草地、草原、林中、林缘或石隙。日本、朝鲜、蒙古及俄罗斯有分布。根药用，清热凉血。

［附］**无毛灯心草蚤缀** 无毛老牛筋 图656：1-7 **Arenaria juncea** var. **glabra** Regel in Bull. Sac. Nat. Moscou 35(1): 246. 1862.本变种与模式变种的区别：茎基部无枯萎叶柄；花梗无毛；花序为圆锥状聚伞形。产东北、河北北部，生于山坡质草原或低丘草原。俄罗斯远东地区有分布。

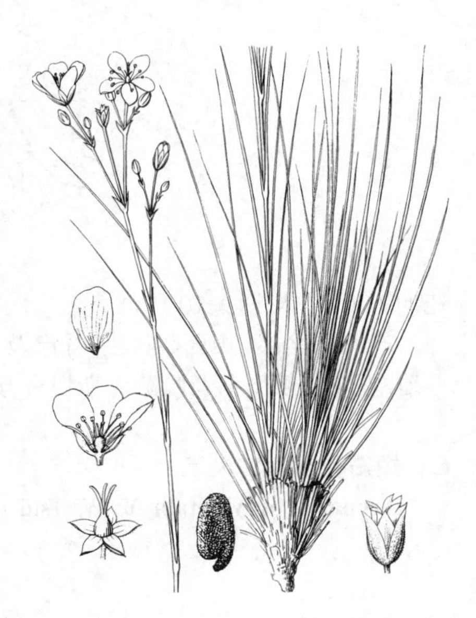

图 655 灯心草蚤缀 （引自《图鉴》）

4. 毛叶蚤缀 毛叶老牛筋 图656：8-10

Arenaria capillaris Poir. Encycl. 6: 380. 1804.

多年生草本，高达15厘米。主根倒圆锥状。茎密丛生，上部被腺毛。叶钻状线形，长2-6厘米，宽约0.5毫米，先端锐尖，基部抱茎，边缘稍内卷。聚伞花序顶生；苞片线状披针形。花梗细硬，长0.5-1厘米，疏被细柔毛；萼片卵形，长4-5毫米；花瓣倒卵状长圆形，长约7毫米；雄蕊短于花瓣；花柱3。蒴果卵圆形，长3-4毫

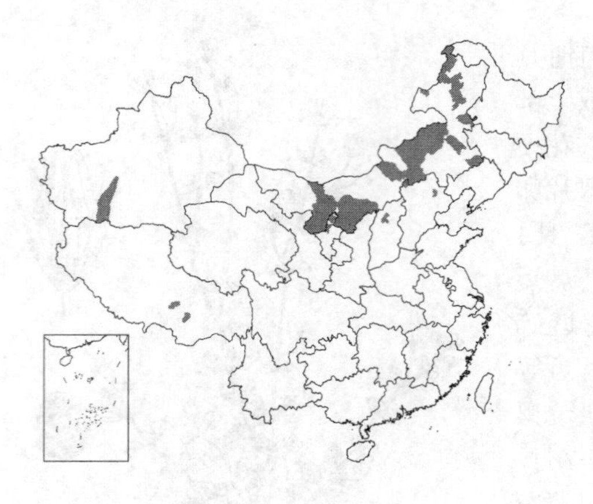

米，顶端6裂。种子暗褐色，具小疣。花期5-6月，果期7-8月。

产内蒙古、河北北部、山西北部、宁夏、新疆及西藏，生于海拔850-3400米山坡、山顶、草地或石缝中。蒙古、俄罗斯及北美有分布。

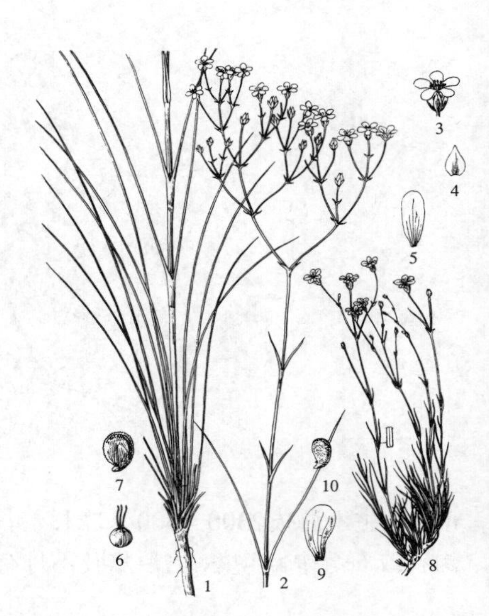

图 656: 1-7. 无毛灯心草蚤缀 8-10. 毛叶蚤缀 （引自《中国植物志》）

5. 美丽蚤缀 美丽老牛筋 图 657

Arenaria formosa Fisch. ex Ser. in DC. Prodr. 1: 402. 1824.

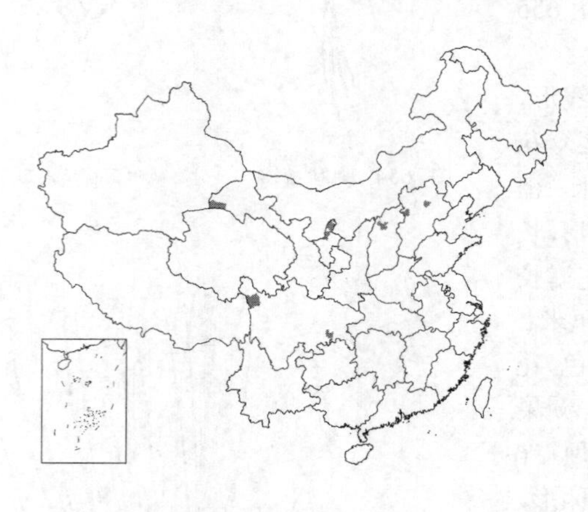

多年生草本，高达10厘米。基生叶密簇生，钻状线形，长1-4厘米，宽约1毫米，基部鞘状；茎生叶稍短。花1-3朵，成聚伞状。花梗长5-8毫米，密被腺毛；苞片披针形；萼片卵形，长约4毫米，被腺毛；花瓣倒卵形或倒卵状匙形，长0.8-1.2厘米，先端钝圆或稍平截；雄蕊10，花药淡黄色；花柱（2）3。蒴果与宿萼等长，顶端（4）6裂。花期7-8月，果期9-10月。

产河北北部、山西、宁夏、甘肃及四川，生于海拔2000-2300米山坡或草地。蒙古、俄罗斯及哈萨克斯坦有分布。

图 657 美丽蚤缀 （引自《中国植物志》）

6. 短瓣蚤缀 雪灵芝 图 658 彩片 187

Arenaria brevipetala Y. W. Tsui et L. H. Zhou in Acta Phytotax. Sin. 18(3): 360. f. 4. 1980.

多年生垫状草本，高达8厘米。茎下部密集枯叶。叶钻状线形，长1.5-2厘米，宽约1毫米，边缘内卷，基部膜质，抱茎。花1-2朵顶生。花梗长0.5-1.5厘米，被腺柔毛，顶端弯垂；萼片卵状披针形，长6-7毫米，中脉凸起；花瓣卵形，长3-4毫米，雄蕊10，花药黄色；花柱3。花

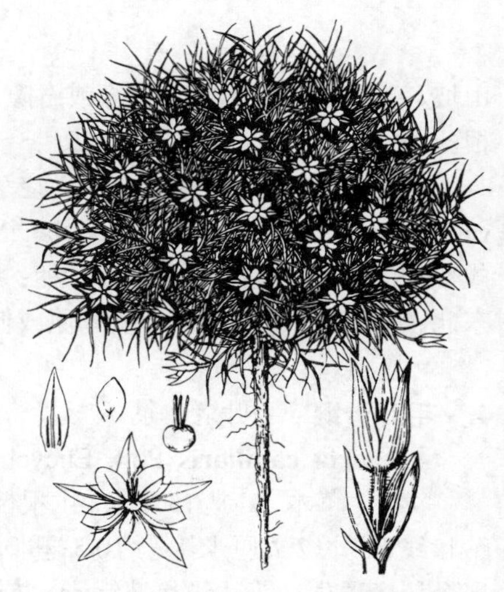

图 658 短瓣蚤缀 （引自《中国植物志》）

期6-8月。

产青海南部、四川西部及北部、西藏东北部，生于海拔3400-4600米高山草甸或碎石带。全草药用，治肺病，为滋补剂。俗名雪灵芝。

图 659 甘肃蚤缀 （引自《中国植物志》）

7. 甘肃蚤缀 甘肃雪灵芝 图 659

Arenaria kansuensis Maxim. in Bull. Acad. Sci. St. Petersb. 26: 428. 1880.

多年生垫状草本，高达10厘米。茎密集丛生，呈半球形，径约20厘米，老叶密集基部。叶钻状线形，长1-2厘米，宽约1毫米，稍硬，稍内卷，具细齿，基部微抱茎；花单生枝顶；苞片披针形，长3-5毫米。花梗长3-6毫米，被柔毛；萼片披针形，长5-6毫米；花瓣倒卵形，稍短于萼片；雄蕊10，花丝线形，与花瓣近等长，花药褐色；花柱3。蒴果球形，短于宿萼，3瓣裂，顶端再2裂。种子扁肾形，具窄翅。花期5-7月，果期7-8月。

产新疆、甘肃南部、青海、四川西部、西藏东部及云南西北部，生于海拔3000-5300米高山草甸、山坡草地或砾石带。根药用，退烧、止咳、降血压，为滋补剂。

图 660 青藏蚤缀 （引自《中国植物志》）

8. 青藏蚤缀 青藏雪灵芝 图 660 彩片 188

Arenaria roborowskii Maxim. Fl. Tangut. 87. t. 29. f. 8-17. 1889.

多年生垫状草本，高达8厘米。茎密丛生，枯叶密集。叶钻状线形，长1-1.5厘米，宽约1毫米，基部膜质，抱茎，疏生缘毛，稍内卷。花单生枝顶；苞片线状披针形，长约5毫米。花梗长0.5-1厘米；萼片披针形，长约5毫米；花瓣椭圆形，长约4毫米；雄蕊10，短于花瓣；子房扁球形，花柱3，长约1.5毫米。花期7-8月。

产青海南部及东部、四川及西藏，生于海拔4200-5100米高山草甸或流石滩。

9. 澜沧蚤缀 澜沧雪灵芝 图 661

Arenaria lancangensis L. H. Zhou in Acta Phytotax. Sin. 18(3): 358. f. 2. 1980.

多年生垫状草本，高达11厘米。茎密丛生，下部枯叶密集。叶钻形，长6-8毫米，宽约1毫米，先端刺尖，基部抱茎。花单生枝顶；苞片卵形，长

约2毫米。花梗长约4毫米，微弯，无毛；萼片椭圆形，长约3毫米，具3脉；花瓣椭圆形，长3-3.5毫米，基部具黄色胼胝；对萼雄蕊基部具腺体，花药白色；花柱3。蒴果球形，长约3毫米，3瓣裂，顶端再2裂。成熟种子1-3，三角状扁圆形，径不及1毫米，灰色。花果期6-9月。

产青海南部、四川西部、云南西北部及西藏东南部，生于海拔3500-4800米高山草甸或砾石带。

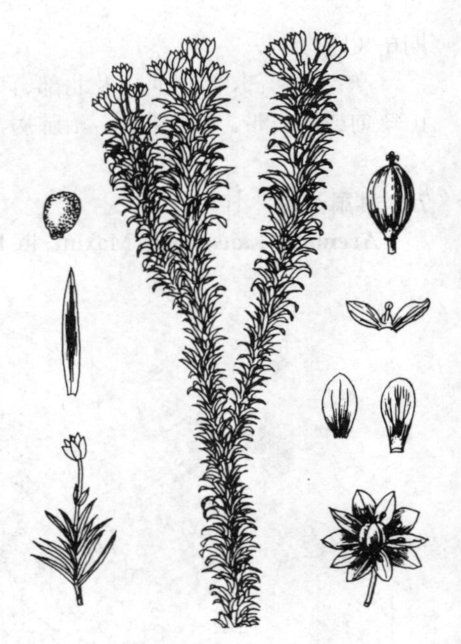

图 661 澜沧蚤缀 （王光陆绘）

10. 藓状蚤缀 藓状雪灵芝 图 662 彩片 189

Arenaria bryophylla Fernald in Rhodora 21: 5. 1919.

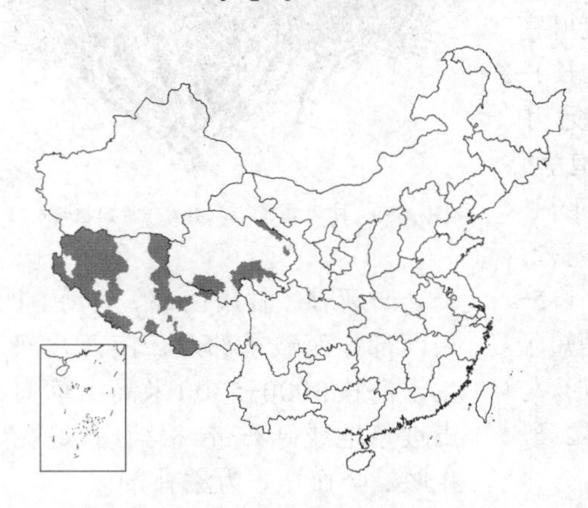

多年生垫状草本，高达5厘米。茎密丛生，下部枯枝密集。叶钻状线形，长4-9毫米，宽约1毫米，基部抱茎，疏生缘毛，稍内卷，密集。花单生，无梗；苞片披针形，长约3毫米。萼片披针形，长约4毫米，宽约1.5毫米，边缘膜质，具3脉；花瓣窄倒卵形，稍长于萼片；花盘碟状，具5个圆形腺体；雄蕊长3毫米，花药黄色；花柱3，长1.5毫米。花期6-7月。

产青海及西藏，生于海拔4200-5200米河滩砾石沙地、高山草甸或碎石带。尼泊尔及锡金有分布。

图 662 藓状蚤缀 （钟世奇 王 颖绘）

11. 西北蚤缀 福禄草 图 663

Arenaria przewalskii Maxim. in Bull. Acad. Sci. St. Petersb. 26: 428. 1880.

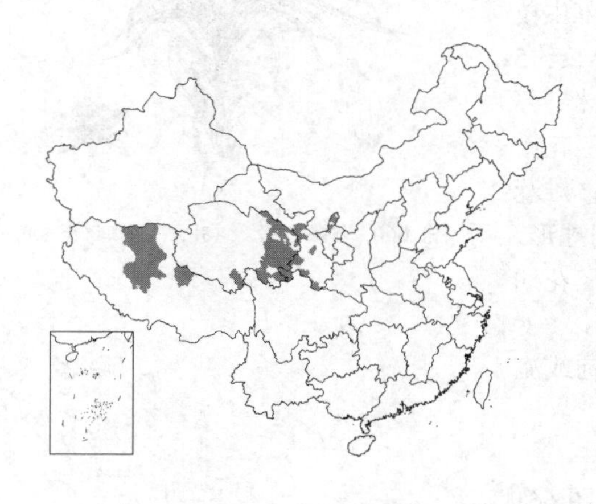

多年生草本，高达12厘米。茎密丛生，上部直立，密被紫褐色腺毛。基生叶线形，长2-3厘米，宽1-2毫米，平展，中脉明显，基部连合成鞘，膜质；茎生叶披针形，长1-1.5厘米，宽2-3毫米，基部稍窄，边缘稍反卷。聚伞花序顶生，具3花；苞片卵状椭圆形，长4-7毫米，被腺毛。花梗长约1厘米，密被腺毛；萼片宽卵形，长4-5毫米，密被腺毛，紫色，脉不明显；花瓣倒卵形，长0.8-1厘米，基部楔形，雄蕊10，长约5毫米，花药黄色；花柱3，长约3毫米。蒴果倒卵圆形。种子多数。花果期7-8月。

产宁夏、甘肃、青海及西藏，生于海拔2600-4200米山坡草地或高山草甸。全草药用，清热润肺，治肺结核、肺炎。

12. 大花蚤缀 大花福禄草 云南灵芝草 图 664：1

Arenaria smithiana Mattf. in Notizbl. Bot. Gart. Berlin 11: 334. 1932.

多年生垫状草本，高达15厘米。茎基部密集枯叶，上部疏被白色柔

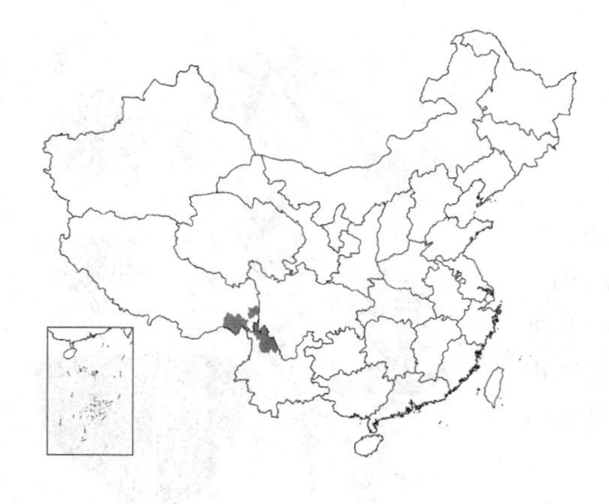

毛。基生叶线形，长0.6-1.5厘米，宽1-2毫米，基部鞘状，边缘内卷，3脉，中脉凸起，先端锐尖；茎生叶2-5对，疏离，披针形，长3-8毫米，宽1-2毫米，基部短鞘状，边缘内卷，黄色，具缘毛，先端硬尖。花大，单生茎顶。花梗长1-2厘米，被柔毛；萼片卵形，长0.6-1厘米，基部较宽，边缘膜质，疏被白色柔毛，脉不明显；花瓣白或淡黄色，倒卵形，长1.2-1.5厘米；雄蕊10，与萼片近等长；花柱3。花期7-8月。

产云南西北部及西藏东部，生于海拔3300-4500米高山草甸或岩壁。

图 663 西北蚤缀 （引自《图鉴》）

13. 山生蚤缀 山生福禄草 丽江雪灵芝 图664：2-6

Arenaria oreophila Hook. f. ex Edgew. et Hook. f. in Hook. f. Fl. Brit. Ind. 1: 238. 1874.

多年生垫状草本，高达10厘米，茎密被腺毛。基生叶线形，长1-2厘米，宽约1.5毫米，基部较宽，膜质，具白色硬边，中脉凸起；茎生叶2-3对，卵形或卵状披针形，长约5毫米，具缘毛。花单生茎顶。花梗长5-8毫米，密被腺毛；萼片卵形，长约5毫米，先端钝圆，被腺柔毛，具3脉；花瓣窄倒卵形或匙形，长7-8毫米；花药黄色；花柱3。蒴果卵圆形，与宿萼等长，3瓣裂，瓣端2裂。种子近肾形，径约1毫米，褐色，平滑。花期6-7月，果期7-8月。

产青海南部、四川西部、云南西北部及西藏东部，生于海拔3500-5000米高山草甸或砾石隙。锡金有分布。

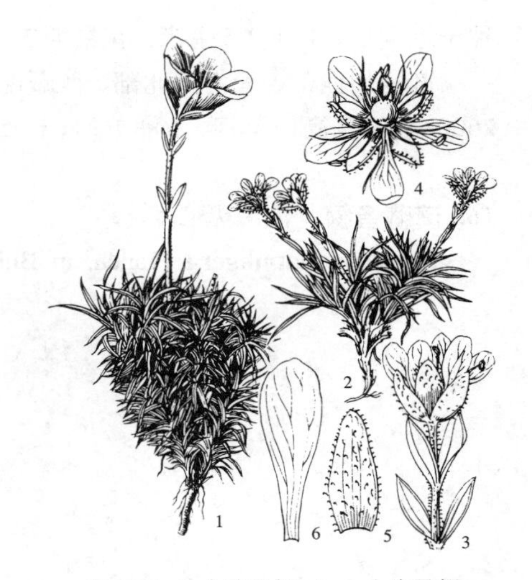

图 664：1. 大花蚤缀 2-6. 山生蚤缀 （引自《中国植物志》）

14. 密生蚤缀 密生福禄草 密生雪灵芝 图665：1-6

Arenaria densissima Wall. ex Edgew. et Hook. f. in Hook. f. Fl. Brit. Ind. 1: 239. 1874.

多年生垫状草本，高达5厘米。茎无毛，分枝密集成球状。叶密生，覆瓦状排列，钻形，长0.5-1厘米，宽不及1毫米，先端刺尖，边缘内卷。花单生枝顶；苞片披针形。花梗长2-4毫米；萼片卵形，长约2.5毫米，边缘膜质，先端锐尖；花瓣匙形，长约5毫米；花药紫红色；花柱3。蒴果卵形，长约2.5毫米，3瓣裂，瓣端2裂。种子三角状肾形，褐色。花果期6-

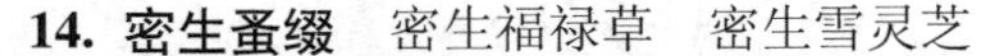

8月。

产青海南部、四川西部及西藏南部，生于海拔3600-5250米高山草甸或流石滩。印度、尼泊尔及锡金有分布。

15. 西南蚤缀 西南无心菜 图 665：7

Arenaria forrestii Diels in Notes Roy. Bot. Gard. Edinb. 5: 181. 1912.

多年生草本，高达15厘米。茎疏丛生，无毛或一侧被白色柔毛。下部叶鳞状，长3-4毫米；上部叶革质，卵形或披针形，长0.5-1.2厘米，宽1.5-3毫米，中脉凸起。花单生枝顶。花梗长0.5-1.5厘米，被柔毛；萼片卵状披针形，长5-8毫米，宽2-3毫米，先端锐尖，黄色；花瓣白或粉红色，倒卵状椭圆形，长0.7-1.5厘米，花药黄色；花柱3。蒴果近球形，长3-5毫米，6瓣裂至中部。种子近圆形，长1-1.5毫米。花果期7-9月。

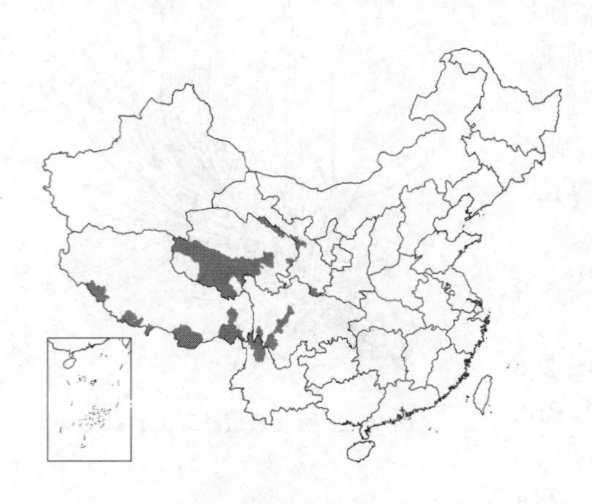

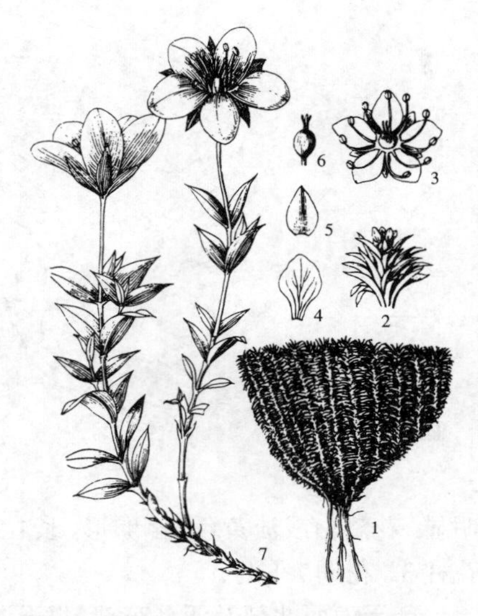

图 665: 1-6. 密生蚤缀 7. 西南蚤缀
（引自《中国植物志》）

产四川西部、云南西北部、西藏南部及东部、青海、甘肃，生于海拔2600-5000米高山草甸、沼泽草甸、石堆或灌丛边。

16. 滇藏蚤缀 滇藏无心菜 图 666

Arenaria napuligera Franch. in Bull. Soc. Bot. France 33: 429. 1886.

一年生草本，高达15厘米。茎基部分枝，被白或紫色腺柔毛。叶线状长圆形，长5-8毫米，下部稍具缘毛。花顶生或侧生。花梗长0.5-2.5厘米，被腺柔毛；萼片披针形或卵状披针形，长6-7毫米，紫或绿色，边缘膜质，被腺柔毛；花瓣5，白或粉红色，倒卵形，长约萼片2倍，先端全缘或微缺；雄蕊短于花瓣；花柱3。蒴果卵圆形，短于宿萼。花期6-8月。

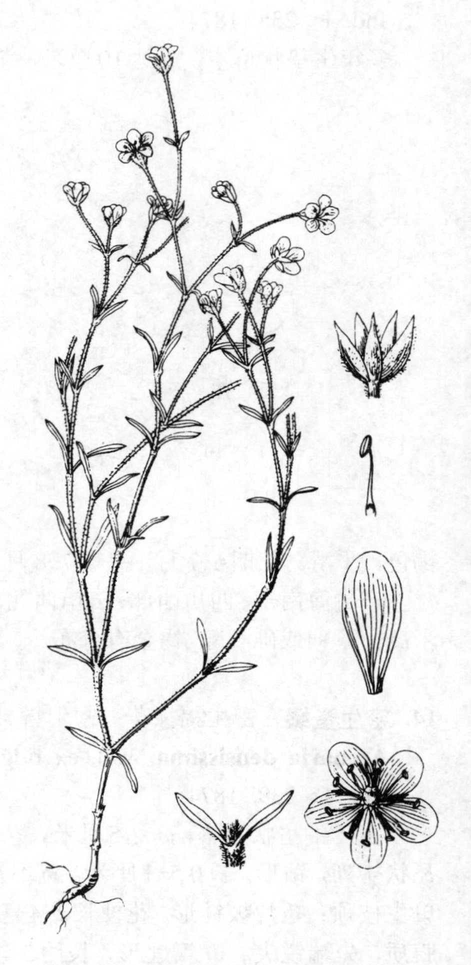
图 666 滇藏蚤缀 （闫翠兰 王光陆绘）

产四川西南部、云南西北部及西藏东南部，生于海拔2500-5000米山坡草地。

17. 漆姑蚤缀 漆姑无心菜 图 667：1-2

Arenaria saginoides Maxim. Fl. Tangut. 89. t. 31. f. 1-17. 1889.

一年生小草本，高达4厘米。茎二歧式多分枝，直立，无毛。叶线状匙

形，长4-5毫米。三歧聚伞花序；苞片线状匙形，长2-3毫米。花梗短，果柄长5-7毫米，有时疏被腺柔毛；萼片4-5，长卵形，长2-2.5毫米，基部囊状，具1脉，有时疏被腺柔毛；花瓣4（5），倒卵形或匙形，先端微凹，有时具不整齐浅齿，长2-2.5毫米；花盘喋状，具4个绿色腺体；雄蕊（5）8，短于萼片；花柱2。蒴果卵状锥形，长于宿萼，2瓣裂，瓣端2裂。种子扁圆形，径约1毫米。花果期7-9月。

产甘肃、青海、新疆西部、四川西部及西藏，生于海拔4600-5100米河滩砾地或草地。

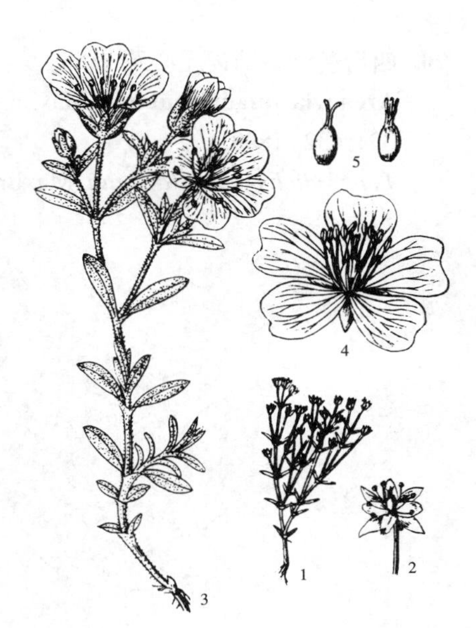

图 667：1-2. 漆姑蚤缀 3-5. 黑蕊蚤缀
（闫翠兰绘）

18. 黑蕊蚤缀 黑蕊无心菜 图 667：3-5

Arenaria melanandra（Maxim.）Mattf. ex Hand.-Mazz. Symb. Sin. 7: 202. 1929.

Cerastium melanandrum Maxim. in Bull. Acad. Sci. St. Pétersb. 26: 429. 1880.

多年生草本，高达10厘米。茎单生，分枝，褐色，被腺柔毛。叶长圆形或长圆状披针形，长1-1.8厘米，疏生缘毛，中脉明显。1-3花顶生。花梗长0.5-2厘米，密被腺柔毛；萼片卵状披针形，长5-6毫米，具缘毛，具1脉，绿色，疏被黑紫色腺毛；花瓣宽倒卵形，长1-1.2厘米，先端微凹；花盘碟状，具5个椭圆形腺体；雄蕊10，短于花瓣，花药黑紫色；花柱2或3。蒴果长圆状卵圆形，稍短于宿萼，4-6裂。种子卵圆形，长约1毫米，灰褐色，具皱纹。花期7月，果期8月。

产甘肃、青海东部、四川西部及西藏，生于海拔2500-5000米高山草甸或山顶砾石堆。尼泊尔、不丹及锡金有分布。全草药用，利湿、消炎、消肿，治腹水。

19. 长柱蚤缀 长柱无心菜 图 668

Arenaria longistyla Franch. in Bull. Soc. Bot. France 33: 433. 1886.

矮小草本，高达5厘米。茎褐色腺柔毛。叶密集，长圆状线形或线状披针形，长0.5-1.5厘米，宽1-2毫米，基部鞘状，疏生缘毛。单花顶生或腋生。花梗长2-5厘米，被腺柔毛；萼片披针形，长约5毫米，果时基部囊状，边缘宽膜质，被腺柔毛；花瓣倒卵状长圆形，长5-6毫米；雄蕊稍短于花瓣，花药黄色；花柱2。花期6-9月。

产四川西南部、云南西北部及西藏，生于海拔3600-5000米林缘、高山草甸或石缝中。

20. 四齿蚤缀 四齿无心菜 图 669

Arenaria quadridentata (Maxim.) Williams in Journ. Linn. Soc. Bot. 33: 432. 1898.

Lepyrodiclis quadridentata Maxim. Fl. Tangut. t. 31. f. 18. 1889.

多年生草本，高达40厘米。根纺锤形，肉质。茎柔细，被2行腺毛。下部叶长圆状匙形，上部叶卵状椭圆形，长1-2厘米，宽3-5毫米，基部渐窄。聚伞花序少花。花梗长1-2厘米；萼片长圆形或披针形，长4-5毫米，基部囊状，被腺柔毛，具缘毛，花瓣倒卵状楔形，长约8毫米，顶端具4齿；雄蕊10，长于萼片，生于具腺花盘上；花柱2，线形。蒴果球形，顶端4裂。种子扁圆形，具钝疣。花期7月，果期8-9月。

产甘肃南部、青海东部及四川北部，生于海拔3000-3800米山坡或草地。

图 668 长柱蚤缀 （引自《中国植物志》）

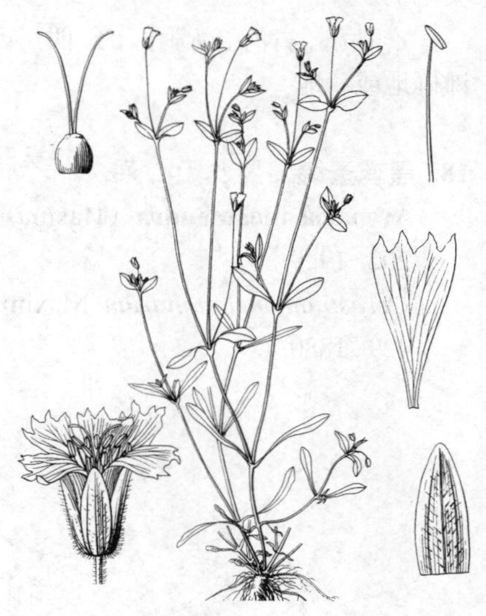

图 669 四齿蚤缀 （钟世奇绘）

21. 秦岭蚤缀 秦岭无心菜 图 670

Arenaria giraldii (Diels) Mattf. in Notizbl. Bot. Gart. Berlin 11: 336. 1934.

Lepyrodiclis giraldii Diels in Engl. Bot. Jahrb. 36: 38. 1905.

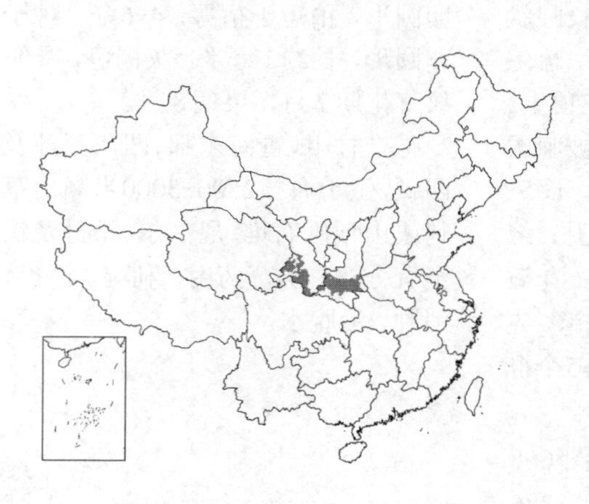

柔细草本，高达25厘米。根纺锤形，褐色，须根细长。茎淡黄或带紫色，无毛。叶窄长椭圆形或长椭圆状披针形，长0.5-2厘米，宽2-5毫米，基部渐窄。聚伞花序疏散，花白或淡粉红色；花梗纤细，长1-3厘米，被柔毛；萼片披针形，长4-5毫米，被腺柔毛；花瓣倒卵状楔形，长8毫米，顶端4齿裂，中裂较深；雄蕊短于花瓣；花柱2，长达5毫米。蒴果长圆形，顶端4裂。种子卵圆形，褐色，具皱纹。花期7-8月，果期9月。

产陕西秦岭及甘肃南部，生于海拔2500-3800米山地草坡或灌丛边。

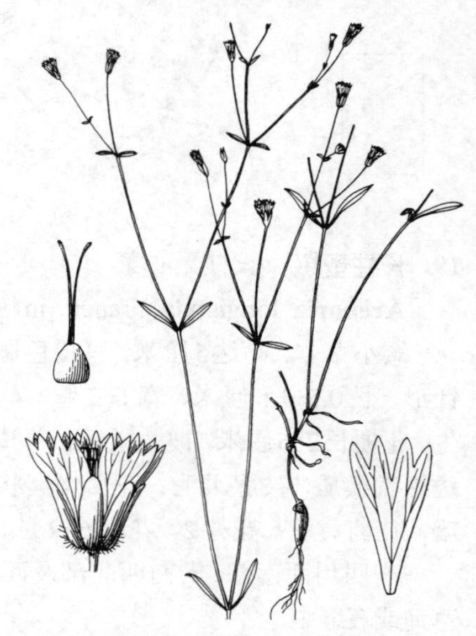

图 670 秦岭蚤缀 （钟世奇绘）

22. 须花蚤缀 须花无心菜 图 671

Arenaria pogonantha W. W. Smith in Notes Roy. Bot. Gard. Edinb. 11: 196. 1920.

多年生草本，高达15厘米。根纺锤形或长圆锥形。茎丛生，被紫黑色

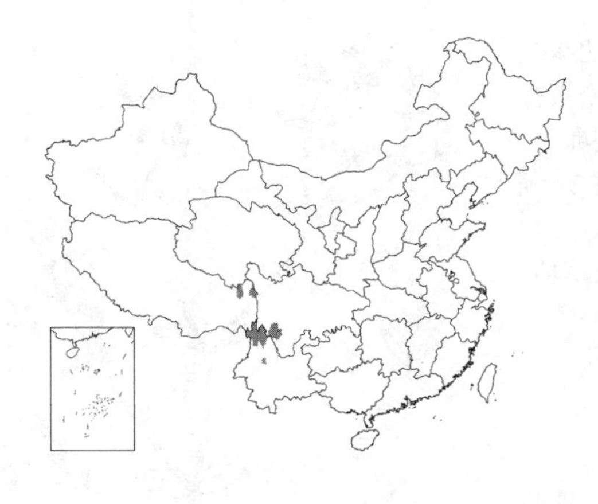

腺毛及长硬毛。叶卵状披针形，长0.5-1厘米，宽3-7毫米，基部楔形，两面及叶缘被黄色长硬毛。花单生茎顶。花梗长1-2.5厘米，密被紫色腺毛及长硬毛；萼片窄卵形或披针形，长4-5毫米，密被紫色腺毛及长硬毛；萼片窄卵形或披针形，长4-5毫米，密被腺毛；花瓣宽倒卵形，长5-8毫米，先端细齿裂，基部楔形；雄蕊10，短于花瓣，花药紫红色；花柱2。蒴果短于宿萼，4瓣裂。种子扁圆形，长1-1.5毫米，具皱纹。花期6-7月，果期7-10月。

产四川西部、云南西北部及西藏东部，生于海拔（2800-）3300-4200（-4400）米高山草甸、林下、灌丛、草丛或石灰岩缝隙。缅甸北部有分布。

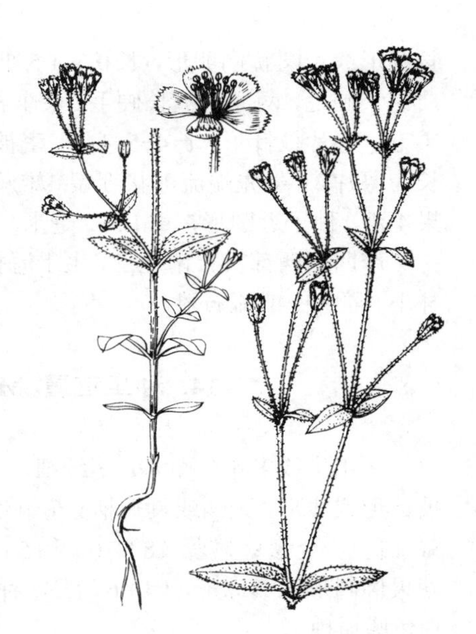

图 671 须花蚤缀 （王光陆绘）

23. 滇蜀蚤缀 滇蜀无心菜 图 672

Arenaria dimorphortricha C. Y. Wu ex L. H. Zhou in Acta Biol. Plat. Sin. 6: 28. t. 3. f. 1-4. 1987.

一至二年生草本，高达30厘米。根纺锤形。茎褐色或带紫色，下部被长硬毛，上部被具节腺毛。叶长圆状披针形，长1-2.5厘米，两面被长硬毛。聚伞花序顶生或腋生，花较多；苞片卵形，长0.5-1厘米。花梗长0.5-2厘米，密被腺毛；萼片披针形，长5-6毫米，密被腺毛；花瓣倒卵形，先端不整齐齿裂；雄蕊10，花药黄绿或黄褐色；花柱2。蒴果卵圆形，稍短于宿萼，顶端4裂。种子扁圆形，长1-1.5毫米，黑褐色，具皱纹。花果期7-10月。

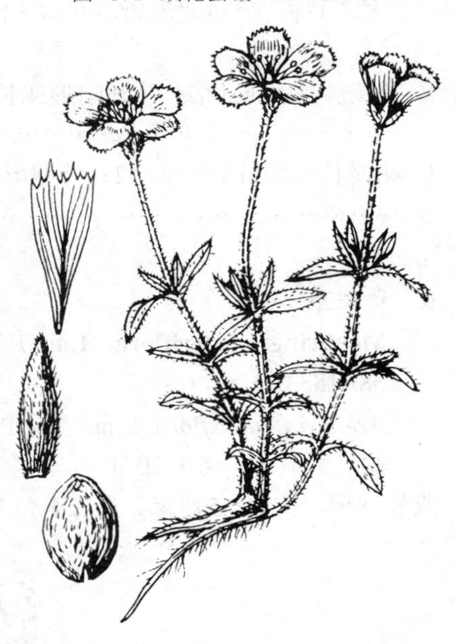

图 672 滇蜀蚤缀 （王光陆绘）

产四川西南部及云南西北部，生于海拔2800-3900米山坡草地、林下或灌丛中。

［附］**齿瓣蚤缀** 玉龙山无心菜 **Arenaria fridericae** Hand.-Mazz. Symb. Sin. 7: 200. 1929. 本种与滇蜀蚤缀的区别：多年生草本；叶卵形；萼片长圆状卵形。花期6-8月。产云南西北部及西藏东南部，生于海拔2800-4000（-4700）米灌丛中、草甸、流石坡或石灰岩峭壁。

24. 髯毛蚤缀 髯毛无心菜 图 673

Arenaria barbata Franch. in Bull. Soc. Bot. France 33: 430. 1886.

多年生草本，高达40厘米。茎单生，分枝叉开，密被腺毛，带褐色。叶

长圆形或长圆状倒卵形，长0.5-1.5厘米，下面灰绿色，基部渐窄，边缘具白色长硬毛，两面密被长硬毛。聚伞花序顶生。花梗长1-2.5厘米，密被腺柔毛；萼片披针形，长4-5毫米，密被腺柔毛；花瓣白或粉红色，倒卵形，长为萼片2倍，先端流苏状细裂；雄蕊10，花药紫黑或黄褐色；花柱2。蒴果4裂。种子近圆形，长1.5-2毫米。花果期7-9月。

产四川西部及云南北部，生于海拔2400-4800米高山草甸、山坡草地、林下、灌丛中或流石滩。

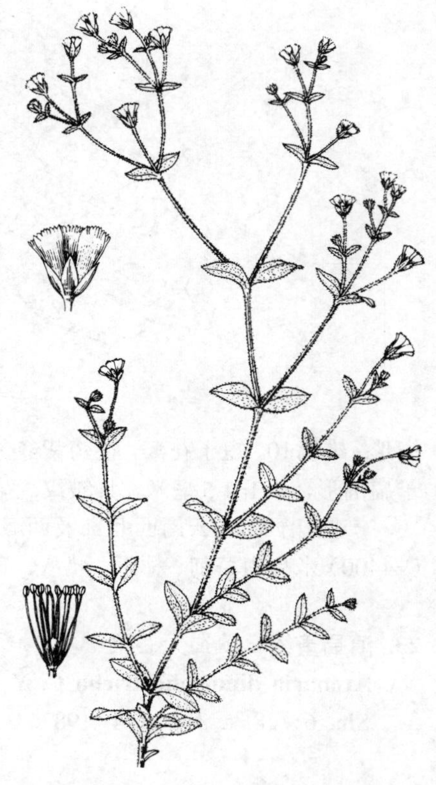

图 673 髯毛蚤缀 （闫翠兰 宁汝莲绘）

14. 种阜草属 Moehringia Linn.

一年生或多年生草本。茎纤细，叉开，丛生。叶长圆形、倒卵形、卵状披针形或线形，无柄或具短柄。花单生或聚伞花序；萼片（4）5；花瓣（4）5，白色，全缘；雄蕊（8）10，稀5；子房1室，胚珠多数，花柱（2）3。蒴果椭圆形或卵球形，（4）6齿裂。种子少数，红黑色，平滑，有光泽，具白色膜质种阜。

约20种，分布北温带。我国3种。

1. 花瓣较萼片长1倍；叶椭圆形或长圆形，具1脉 ………………………………………………………………… 1. **种阜草 M. lateriflora**
1. 花瓣长为萼片1/3至1/2；叶卵形或宽卵形，基脉3出 ………………………………………………………… 2. **三脉种阜草 M. trinervia**

1. 种阜草 图 674

Moehringia lateriflora（Linn.）Fenzl, Vers. Darstell. Alsin. t. ad 18, 38. 1833.

Arenaria lateriflora Linn. Sp. Pl. 423. 1753.

多年生草本，高达20厘米。具匍匐根茎。茎直立，被短毛。叶椭圆形或长圆形，长1-2.5厘米，具缘毛，下面沿脉被短毛，近无柄。花径约7毫米，腋生或顶生，单生或成聚伞花序。花梗细，长1-4厘米，密被短毛；萼片卵形或椭圆形，长约2毫米，边缘宽膜质，无毛；花瓣白色，倒卵形，较萼片长1倍；雄蕊短于花瓣，花丝基部被毛。蒴果长卵圆形，长3.5-5.5毫米，顶端6齿裂。种子近肾形，长约1毫米，黑褐色，种阜小。花期6-7月，果期7-8月。

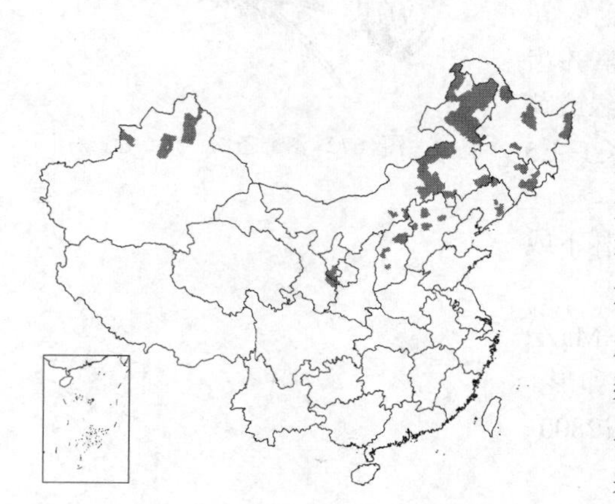

产黑龙江、吉林、辽宁、内蒙古、河北、山西、宁夏、甘肃及新疆，生于海拔780-2300米林下或林缘。日本、朝鲜、蒙古、俄罗斯、哈萨克斯坦、土耳其及欧洲有分布。北美栽培，已野化。

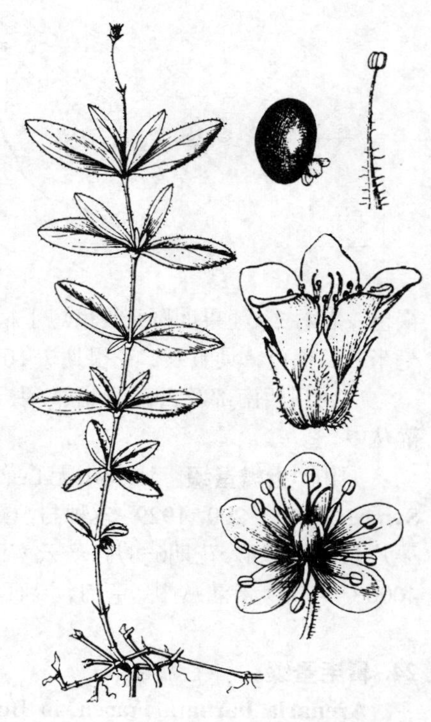

图 674 种阜草 （祁世章绘）

2. 三脉种阜草 图 675

Moehringia trinervia (Linn.) Clairv. Man. Herb. 150. 1811.

Arenaria trivervia Linn. Sp. Pl. 423. 1753.

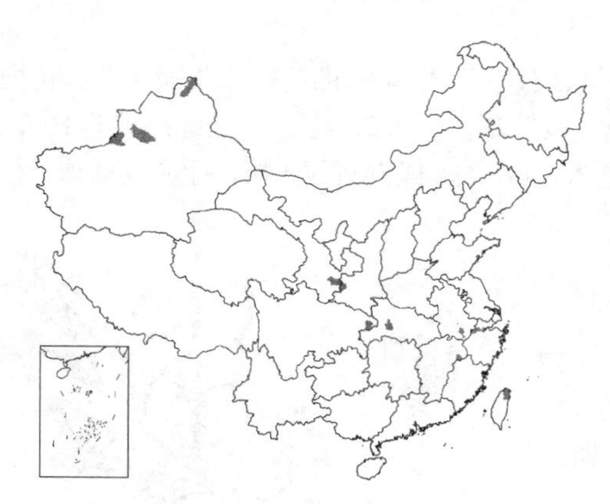

一年生草本，高达40厘米。茎直立或上升，被柔毛，基部分枝。叶卵形或宽卵形，长1-2.5厘米，先端尖，基部楔形，两面被柔毛，具缘毛，基脉3出；近无柄，或下部叶具柄。单花腋生或成聚伞花序。花梗细，长0.5-2.5厘米，密被柔毛；萼片4-5，披针形，长3-4（-5）毫米，渐尖，具1脉，被硬毛；花瓣4-5，有时退化，白色，倒卵状长圆形，长为花萼1/3-1/2；雄蕊短于花瓣；花柱3。蒴果长卵圆形，长2.5-3毫米，6齿裂，裂齿外卷。种子黑色，有光泽，球形，具小条状种阜。花期5-6月，果期6-7月。

产新疆、甘肃、陕西、四川、湖北、江西、安徽、浙江及台湾，生于海拔1400-2400米林下、山坡、林缘或草甸。日本、俄罗斯、哈萨克斯坦、伊朗及欧洲有分布。

图 675 三脉种阜草 （祁世章绘）

15. 囊种草属 Thylacospermum Fenzl

多年生球形垫状草本，径达35厘米；全株无毛，茎密集簇生。叶密集，卵状披针形，长2-4毫米，宽约2毫米，基部鞘状，质硬，具缘毛。花单生茎顶，径约4毫米，近无梗；萼片（4）5，披针形，绿脉3，中部以下连成倒圆锥形；花瓣（4）5，卵状长圆形，全缘；雄蕊（8）10，花丝基部具腺体，花盘黄色，肉质；子房1室，胚珠数个，花柱（2）3，线形。蒴果球形，黄色，革质，径2.5-3毫米，具（4）6齿。种子肾形，径约1.5毫米，种皮海绵质。

单种属。

囊种草 簇生囊种草 图 676 彩片 190

Thylacospermum caespitosum (Camb.) Schischk. in Sched. ad Herb. Fl. Ross. 9: 90. 1932.

Periandra caespitosa Camb. in Jacq. Voy. Bot. 27. 1836-1839.

形态特征同属。花期6-7月，果期7-8月。

产新疆、青海、甘肃、四川及西藏，生于海拔（3600-）4300-6000米山顶沼泽、干坡或石缝中。哈萨克斯坦、吉尔吉斯斯坦、印度西北部、尼泊

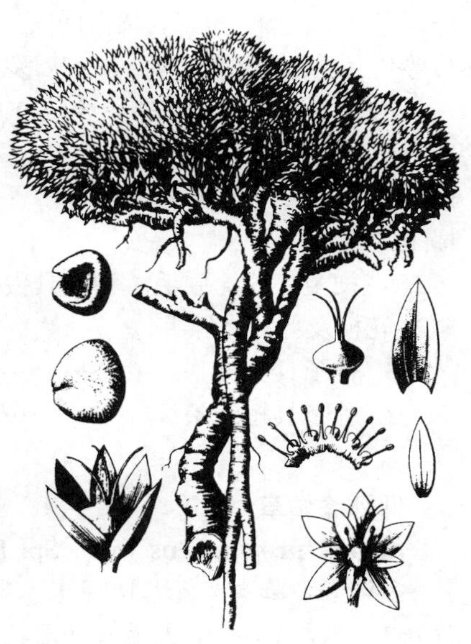

图 676 囊种草 （李志民绘）

尔及锡金有分布。

16. 短瓣花属 Brachystemma D. Don

一年生草本。茎铺散，近攀援，长达6米，无毛或疏被柔毛，叶卵状披针形。聚伞圆锥花序顶生及腋生，花梗长2-5毫米；萼片5，窄卵形，长约5毫米，边缘膜质；花瓣5，白色，披针形，长2-2.5毫米，全缘；雄蕊10，5枚退化无花药；子房1室，胚珠3-4，花柱2。蒴果扁球形，径约2.5毫米，4瓣裂。成熟种子1粒，肾形或球形，径约1.5毫米，具小疣。

单种属。

短瓣花 图 677

Brachystemma calycinum D. Don, Prodr. Fl. Nepal. 216. 1825.

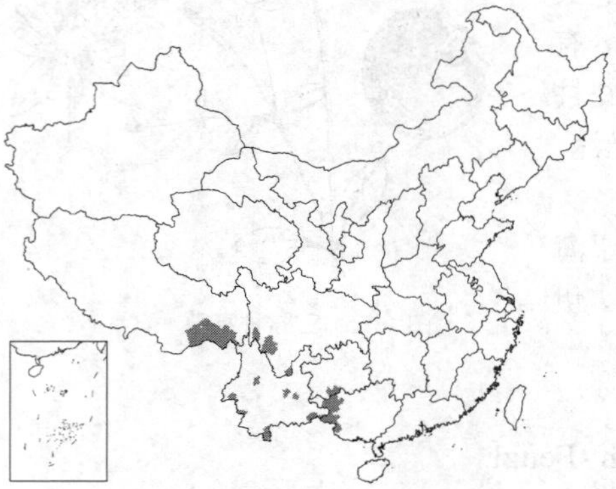

形态特征同属。花期4-7月，果期8-12月。

产广西西部、四川西南部、贵州南部，云南及西藏东南部，生于海拔540-2700米山坡、草地或疏林中。印度、尼泊尔、锡金、不丹、老挝、柬埔寨及越南有分布。根药用，强筋骨，治风湿及跌打损伤。

图 677 短瓣花 （李志民绘）

17. 漆姑草属 Sagina Linn.

一至二年生或多年生小草本。茎常丛生，纤细，平铺或上升。叶线形或钻状，基部合生成鞘状。花小，单生，腋生或顶生，具长梗，稀成聚伞花序；萼片4-5；花瓣白色，4-5，短于萼片，有时无花瓣，全缘，稀微凹缺，通常较萼片短，稀等长；雄蕊4-5（8，10）；子房1室，胚珠多数，花柱4-5，与萼片互生。蒴果卵圆形，4-5瓣裂，裂瓣与萼片对生。种子多数，细小，肾形，具小凸起或平滑。

约30种，主产北温带，少数分布亚热带。我国4种。

1. 花4数；种子具槽，两侧平滑 …………………… 1. **仰卧漆姑草 S. procumbens**
1. 花5数。
   2. 花梗及萼片无腺毛；种子具尖疣 …………………… 2. **无毛漆姑草 S. saginoides**
   2. 花梗及萼片被腺毛。
      3. 种子具尖疣 …………………… 3. **漆姑草 S. japonica**
      3. 种子具短线条纹 …………………… 4. **根叶漆姑草 S. maxima**

1. 仰卧漆姑草 图 678：1

Sagina procumbens Linn. Sp. Pl. 128. 1753.

多年生小草本，高达10厘米。茎上升或平卧。叶线形，长0.2-1厘米，宽1-2毫米，先端尖，无毛或基部具缘毛。花单生枝顶或叶腋。花梗细长，花后下垂；萼片4，宽卵形，长1.5-2毫米，先端钝，边缘白色；花瓣4，白色，卵形，短于萼片；雄蕊4；花柱4。蒴果卵圆形，长于宿萼，4瓣裂。种子黑褐色，三角形，具槽，两侧平

滑。花期7-8月，果期9-10月。

产新疆，生于海拔约4200米沼泽化草甸或林缘。西亚、喜马拉雅山地区、欧洲及北美有分布。

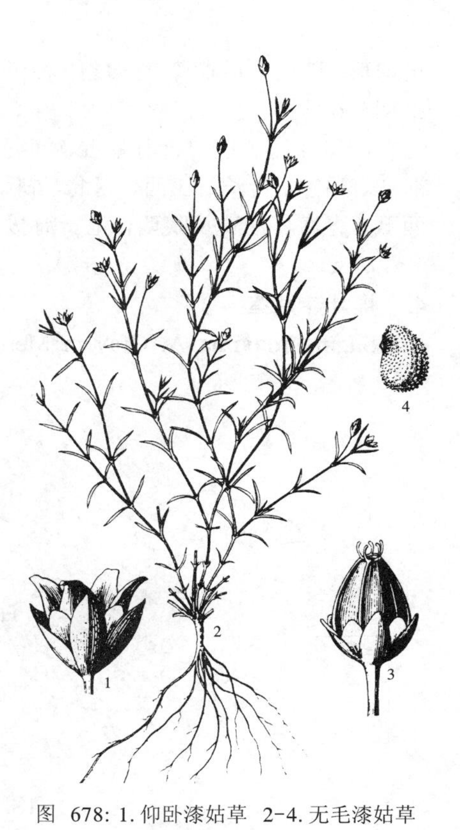

图 678: 1. 仰卧漆姑草 2-4. 无毛漆姑草
（李志民绘）

2. 无毛漆姑草

图 678：2-4

Sagina saginoides（Linn.）Karsten, Deutsche Fl.（Pharm.-Med. Bot.）539. 1882.

Spergula saginoides Linn. Sp. Pl. 441. 1753.

多年生小草本，高约7厘米。茎丛生，无毛。叶线形或钻状，长0.5-1.5厘米，宽约1毫米，无毛。花单生茎顶，花后常下垂。花梗长(0.6)1.5-3厘米；萼片5，卵状长圆形，长1.5-3毫米，花瓣5，卵形，短于萼片；雄蕊（5）10；花柱5。蒴果圆锥状卵球形，长3-5毫米，有光泽，5瓣裂。种子肾状三角形，长约0.3毫米，脊具槽，具尖疣。花期5-7月，果期7-8月。

产内蒙古、新疆、青海、四川、云南及西藏，生于海拔1400-4200米石质山坡、沼泽草甸、灌丛中或河边。日本、朝鲜、俄罗斯、哈萨克斯坦、印度、土耳其及欧洲、北美有分布。全草药用，清热解毒、利尿。

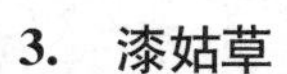

3. 漆姑草

图 679：1-3

Sagina japonica（Sw.）Ohwi in Journ. Jap. Bot. 13：438. 1937.

Spergula japonica Sw. in Gesellsch. Naturf. Freunde Berlin, Neue Schrift. 3：164. t. 1. f. 2. 1801.

一至二年生小草本，高达20厘米。茎纤细，丛生，上部疏被腺柔毛。叶线形，长0.5-2厘米，宽0.8-1.5毫米，基部合生，无毛。单花顶生或腋生。花梗长1-2厘米，直立，疏被柔毛；萼片5，卵状椭圆形，长约2毫米，疏被腺柔毛；花瓣5，白色，卵形，稍短于萼片，先端钝圆，全缘；雄蕊5，短于花瓣；花柱5。蒴

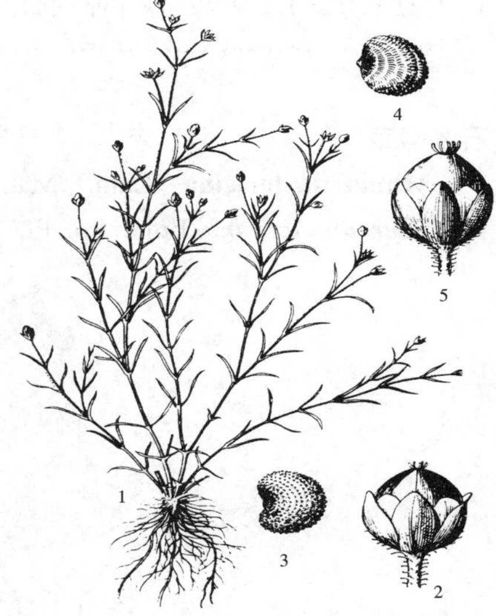

图 679: 1-3. 漆姑草 4-5. 根叶漆姑草
（李志民绘）

果球形，稍长于宿存萼，5瓣裂。种子褐色，圆肾形，具尖疣。花期4-5月，果期5-6月。

产黑龙江、辽宁、内蒙古、河北、山西、河南、山东、江苏、安徽、浙江、福建、台湾、江西、湖北、湖南、广东、广西、贵州、云南、四川、西藏、青海、甘肃及陕西，生于海拔（100-）600-1900（-4000）米河边沙地、荒地、草地、林下、溪边或河滩。日本、朝鲜、俄罗斯、印度及尼泊尔有分布。全草药用，退热解毒，鲜叶揉汁可治漆疮。幼嫩植株可作猪饲料。

4. 根叶漆姑草 图 679：4-5

Sagina maxima A. Gray in Mem. Amer. Acad. n. ser. 6: 382. 1859.

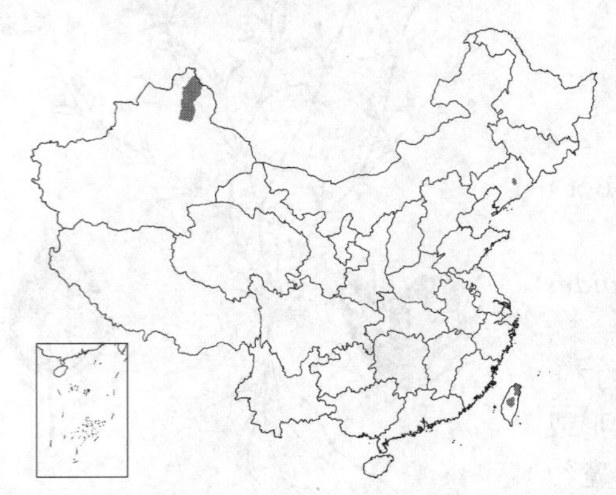

一年生小草本，有时多年生，高达8厘米。茎丛生，无毛。叶线形，长4-6毫米，宽0.7-1毫米，无毛。花单生茎上部叶腋。花梗长0.4-1.5厘米，稀被腺毛，稍俯垂，果时直立；萼片5，椭圆形，长2-2.5毫米，被腺毛；花瓣5，白色，宽卵形，具短爪，与萼片等长或稍短；雄蕊5，花柱5。蒴果卵圆形，长于宿萼，5瓣裂。种子褐色，长约0.5毫米，具短线条纹。花期7-8月，果期8-9月。

产新疆、辽宁及台湾，生于田野或石质山坡草地。日本、朝鲜、俄罗斯及美国有分布。

18. 米努草属 Minuartia Loefl. ex Linn.

一年生或多年生草本。茎丛生，平卧，分枝上升、直立。叶线形、线状钻形或刚毛状，具1或3脉。花单生或聚伞花序。萼片5，1或3脉；花瓣5，较萼片长，白色，稀淡红色，全缘或微凹；雄蕊10；子房1室，胚珠多数，花柱3。蒴果窄卵球形或卵状圆柱形，3瓣裂，具多数种子。种子卵形、肾形或盘状。

约120种，分布北极至喜马拉雅山地区、埃塞俄比亚、墨西哥及智利。我国8种、1变种。

1. 花梗长1-2厘米；萼片长圆状披针形；花瓣较萼片长1/2；蒴果长圆锥形，长0.7-1厘米；种子扁圆形，具细条纹，种脊具流苏状齿 ……………………………………………… 石米努草 **M. laricina**
1. 花梗长0.2-1.2厘米；萼片卵状长圆形；花瓣与萼片近等长；蒴果卵圆形，长4毫米；种子肾形，平滑或有皱纹 ……………………………………………… （附）. 二花米努草 **M. biflora**

石米努草 图 680

Minuartia laricina（Linn.）Mattf. in Engl. Bot. Jahrb. 57: 33. 1921.

Spergula laricina Linn. Sp. Pl. 441. 1753.

多年生草本，高达30厘米。茎丛生，无毛或被柔毛。叶线状钻形，长0.8-1.5厘米，宽0.5-1.5毫米，边缘及基部疏被长缘志；无柄。聚伞花序。花梗长1-2厘米，被短毛；萼片长圆状披针形，长4-5（-6）毫米，具3脉，边缘膜质；花瓣白色，倒卵状长圆形较萼片长1/2，全缘或微

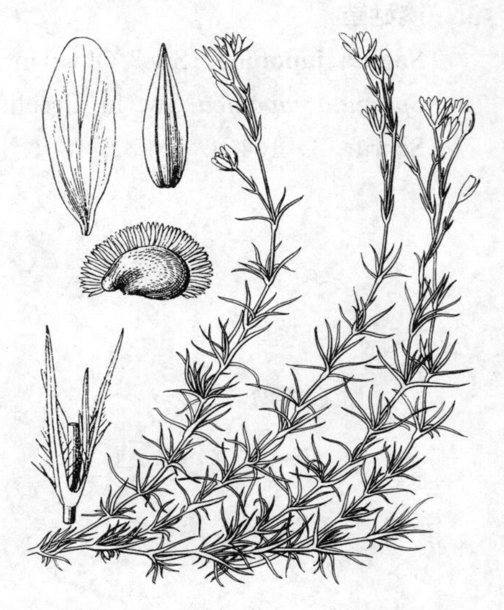

图 680 石米努草 （引自《图鉴》）

凹；花丝下部宽。蒴果长圆锥形，长0.7-1厘米，3瓣裂。种子扁圆形，淡褐色，具条纹凸起，种脊具流苏状齿。花期7-8月，果期8-9月。

产黑龙江、吉林及内蒙古，生于海拔430-1600米桦木林或针叶林林缘。朝鲜及俄罗斯有分布。

［附］**二花米努草 Minuartia biflora**（Linn.）Schinz et Thell. in Bull. Herb. Boiss. 2. ser. 7: 404. 1907. —— *Stellaria biflora* Linn. Sp. Pl. 422. 1753. 本种与石米努草的区别：植株高达7厘米；花梗长0.2-1.2厘米，萼片卵状长圆形，花瓣与萼片近等长；蒴果卵圆形，长4毫米；种子肾形，平滑或有皱纹。花期6-8月，果期8-9月。产新疆博格达山。生于海拔3600米山地。蒙古、俄罗斯、哈萨克斯坦及北美有分布。

19. 薄蒴草属 Lepyrodiclis Fenzl

一年生草本。茎上升或铺散，分枝。叶线状披针形或披针形，中脉明显。圆锥状聚伞花序。萼片5；花瓣5，较萼片长，全缘或凹缺；雄蕊10；花柱2（3）。蒴果扁球形，2-3瓣裂，具1-2种子。种子小，种皮厚，具凸起。

3种，分布亚洲西部。我国2种。

薄蒴草 图 681

Lepyrodiclis holosteoides（C. A. Mey.）Fisch. et Mey. in Schrenk, Enum. Pl. Nov. 1: 93. 1841.

Gouffeia holosteoides C. A. Mey. Verz. Pflanzen. Cauc. 217. 1831.

一年生草本，高达1米；全株被腺毛。茎具纵纹，中上部节间长达10厘米。叶线状披针形，长3-7厘米，宽2-5（-10）毫米，上面被柔毛，沿中脉较密，边缘具腺柔毛。圆锥状聚伞花序顶生或腋生，苞片披针形或线状披针形，草质。花梗细，长1-2（-3）厘米，密被腺柔毛；萼片5，线状披针形，长4-5毫米，疏被腺柔毛；花瓣5，白色，宽倒卵形，与萼片近等长或稍长，全缘；雄蕊10；花柱2。蒴果卵圆形，短于宿萼，2瓣裂。种子红褐色，扁卵形，具凸起。花期5-7月，果期7-8月。

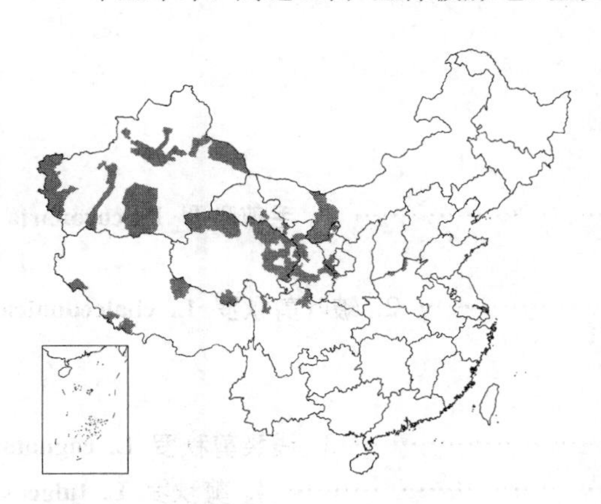

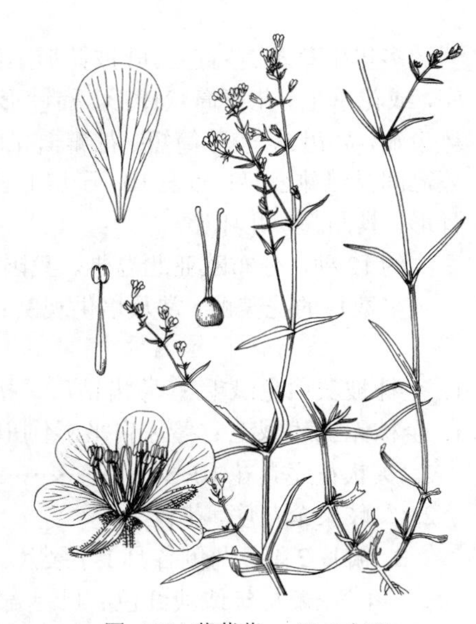

图 681 薄蒴草 （钟世奇绘）

产内蒙古、陕西、宁夏、甘肃、青海、新疆、西藏、四川及河南，生于海拔1200-2800（-4150）米山坡草地、荒地、林缘、水边或戈壁。蒙古、哈萨克斯坦、阿富汗、伊朗、土耳其、巴基斯坦、印度及尼泊尔有分布。花期全草药用，利肺、杀菌。

20. 麦仙翁属 Agrostemma Linn.

一年生草本。茎直立。叶无柄或近无柄。花单生茎顶。萼筒卵形或椭圆状卵形，具10凸起纵脉，裂片5，线形，叶状，常较萼筒长，稀等长；无雌雄蕊柄；花瓣5，常短于萼片，瓣片先端微凹缺，具爪；雄蕊10，2轮；子房1室；花柱5，与萼裂片互生。蒴果卵圆形，5齿裂。种子多数，胚环形。

约3种，产地中海地区，已引种至欧洲、亚洲西部及北部、北非及北美。我国1种。

麦仙翁 图 682

Agrostemma githago Linn. Sp. Pl. 435. 1753.

一年生草本，高达90厘米；全株密被白色长硬毛。茎单生，直立，不分枝或上部分枝。叶线形或线状披针形，长4-13厘米，宽（0.2）0.5-1厘米，基部微合生，中脉明显。花单生，径达3厘米。花梗长；萼筒椭圆状卵形，长1.2-1.5厘米，后期微膨大，萼裂片线形，长2-3厘米；花瓣紫红色，较花萼短，爪窄楔形，白色，瓣片倒卵形，微凹；雄蕊及花柱伸出。蒴果卵圆形，长1.2-1.8厘米，微长于宿萼，裂齿5，外卷。种子黑色，卵形或圆肾形，长2.5-3毫米，具棘凸。花期6-8月，果期7-9月。

原产东地中海地区，经欧洲、中亚传播至新疆、内蒙古、黑龙江及吉林，生于麦田或路边草地，为田间杂草。全草药用，治百日咳等症。茎、叶及种子有毒。

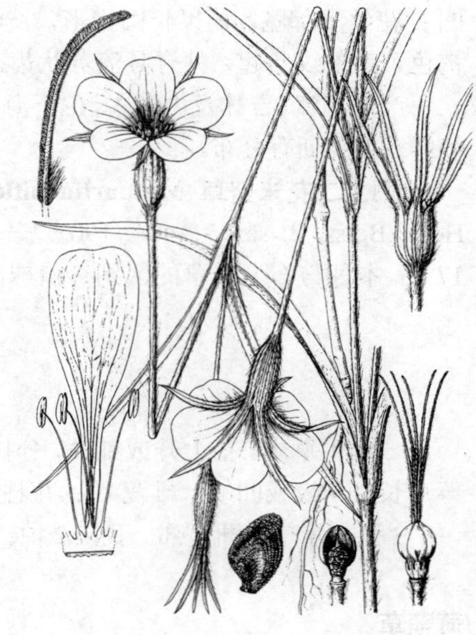

图 682 麦仙翁 （引自《图鉴》）

21. 剪秋罗属 Lychnis Linn.

多年生草本。茎直立。叶披针形至卵状披针形。二歧聚伞花序或头状花序，或花单生。花萼筒状棒形，稀钟形，常不膨大，具10纵脉，常凸起，达萼齿端，萼齿5，较萼筒短；花瓣5，白或红色，具长爪，瓣片2裂或撕裂状，稀全缘，喉部具2副花冠，常呈鳞片；萼冠间具雌雄蕊柄；雄蕊10；子房1室，或基部具隔膜，胚珠多数。蒴果卵圆形，5齿裂或瓣裂。种子多数，细小，肾形，具凸起，胚环形。

约12种，分布欧亚北温带。我国8种。

多数种的花美丽，常栽培供观赏；有些种的根可药用。

1. 全株被灰白色绒毛；萼齿钻形，扭转 ………… 1. **毛剪秋罗 L. coronaria**
1. 全株无上述绒毛；萼齿扁平，不扭转。
   2. 头状花序具花10-50 ………… 2. **皱叶剪秋罗 L. chalcedonica**
   2. 二歧聚伞花序，花较少。
      3. 瓣片2裂，两侧各具1小裂片。
         4. 花瓣桔红或淡红色；叶基部宽楔形 ………… 3. **浅裂剪秋罗 L. cognata**
         4. 花瓣深红色；叶基部圆 ………… 4. **剪秋罗 L. fulgens**
      3. 瓣片多裂。
         5. 萼齿披针形，长0.8-1厘米；花瓣桔红色，瓣片具缺刻状细齿；植株近无毛 …… 5. **剪秋罗 L. coronata**
         5. 萼齿三角形，长2-4毫米；花瓣深红色，瓣片不规则深裂；植株被粗毛 ………… 6. **剪红纱花 L. senno**

1. 毛剪秋罗 剪夏罗 图 683：1-5

Lychnis coronaria（Linn.）Desr. in Lam. Encycl. Meth. Bot. 3：643. 1792.

Agrostemma coronaria Linn. Sp. Pl. 436. 1753.

多年生草本，高达80厘米；全株密被灰白色绒毛。茎直立，粗壮，分枝稀疏。基生叶倒披针形，长5-10厘米，宽1-3厘米，基部渐窄成柄状；茎生叶无柄，宽披针形。花单生或二歧聚伞花序；花径约2.5厘米。花梗较花萼长2至几倍；花萼椭圆状钟形，长1.5-2.5厘米，近革质，萼齿钻形，常扭转；花瓣深红色，长2-3厘米，爪倒披针形，瓣片宽倒卵形，先端微凹；喉部2鳞片窄披针形，长1.5-2.5毫米；雄蕊内藏；雌雄蕊柄短。蒴果卵圆形，长约1.5厘米。种子肾形，长约1毫米，黑褐色，具小瘤。花期5-6月，果期6-7月。

原产南欧及西亚，引种北美，已野化。我国各地栽培供观赏。

2. 皱叶剪秋罗 图 683：6-10

Lychnis chalcedonica Linn. Sp. Pl. 436. 1753.

多年生草本，高达1米；全株被粗硬毛。茎直立。叶卵形或卵状披针形，长5-12厘米，宽2-5厘米，基部圆或近心形，微抱茎，两面疏被柔毛或近无毛，具缘毛。头状花序具花10-50朵，顶生；花径1.5-2厘米。花梗较花萼短；苞片披针形，草质。花萼筒状或筒状棒形，长1.2-1.5（-1.7）厘米，径约3毫米，沿脉疏被柔毛，萼齿三角状披针形，长约3毫米；花瓣红色，长1.4-1.8厘米，爪倒披针形，基部具缘毛，瓣片宽倒卵形，2裂达1/3，裂片倒卵形，两侧各有1小裂片；喉部鳞片线形或钻形；雄蕊微伸出；雌雄蕊柄长4-6毫米。蒴果卵圆形，长约1厘米，5瓣裂。种子三角状肾形，长约1毫米，暗红褐色，具棘凸。花期夏秋，果期秋季。

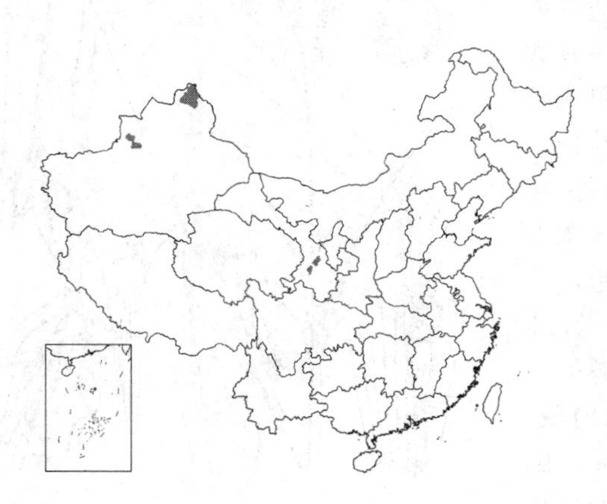

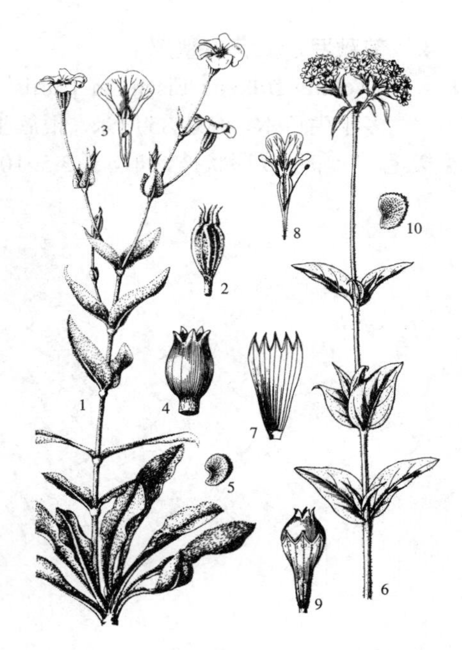

图 683: 1-5. 毛剪秋罗 6-10. 皱叶剪秋罗
（钟世奇绘）

产新疆及甘肃，城市庭园多有栽培。蒙古、俄罗斯中亚至西伯利亚、欧洲有分布。

3. 浅裂剪秋罗 剪夏罗 图 684 彩片 191

Lychnis cognata Maxim. in Mém. Acad. Sci. St. Pétersb. Sav. Etrang 9: 55. 1859.

多年生草本，高达90厘米；全株疏被长柔毛。根簇生，纺锤形，稍肉质。叶卵状披针形，长5-11厘米，宽1-4厘米，基部宽楔形，无柄，两面疏被长柔毛，沿脉较密，具缘毛。二歧聚伞花序顶生，具数花，有时单花腋生；花径3.5-5厘米。花梗长0.3-1.2厘米，被柔毛；苞片叶状；花萼筒状棒形，长2-2.5厘米，径3.5-5毫米，后期微膨大，沿脉被长柔毛，萼齿三角形，长约3毫米；花瓣桔红或淡红色，爪微伸出花萼，窄楔形，长约2厘米，无毛，瓣片宽倒卵形，长1.5-2厘米，2裂至中部，裂片倒卵形，中下部两侧各具1线形小裂片；喉部鳞片长圆形，暗红色，顶端具齿；雄蕊及花柱微伸出，雌雄蕊柄长0.8-1厘米。蒴果长椭圆状卵球形，长约1.5厘米。种子圆肾形，长1.5毫米，黑褐色，两侧微凹，具短条纹及尖凸起。花期6-7月，果期7-8月。

图 684 浅裂剪秋罗 （引自《图鉴》）

产黑龙江、吉林、辽宁、内蒙古、陕西、山西、河南、河北、山东及浙江，生于海拔500-2000米山坡、山沟、林下、灌丛中或草地。朝鲜及俄罗斯有分布。

4. 剪秋罗 大花剪秋罗 图 685 彩片 192

Lychnis fulgens Fisch. in Curtis's Bot. Mag. 46: t. 2104. 1819.

多年生草本，高达85厘米。根簇生，纺锤形，稍肉质。茎上部疏被长柔毛。叶卵形或卵状披针形，长3.5-10厘米，宽2-4厘米，基部圆，稀宽楔形，微抱茎，两面及边缘被毛。顶生二歧聚伞花序具数花，稀伞房状，下部常单花腋生；花径3.5-5厘米。花梗长0.3-1.2厘米，密被长柔毛；苞片披针形，草质，密被长柔毛及缘毛。花萼筒状棒形，长1.5-2.8厘米，径4-8毫米，疏被长柔毛，沿脉较密，萼齿三角形；花瓣深红色，爪内藏，窄披针形，具缘毛；瓣片倒卵形，2深裂达1/2，裂片长椭圆形，瓣片两侧中下部各具1线形小裂片，喉部鳞片长椭圆形，暗红色；雄蕊微伸出；雌雄蕊柄长约5毫米。蒴果长椭圆状卵球形，长1.2-1.4厘米。种子肾形，约1.2毫米，黑褐色，具小疣。花期6-7月，果期8-9月。

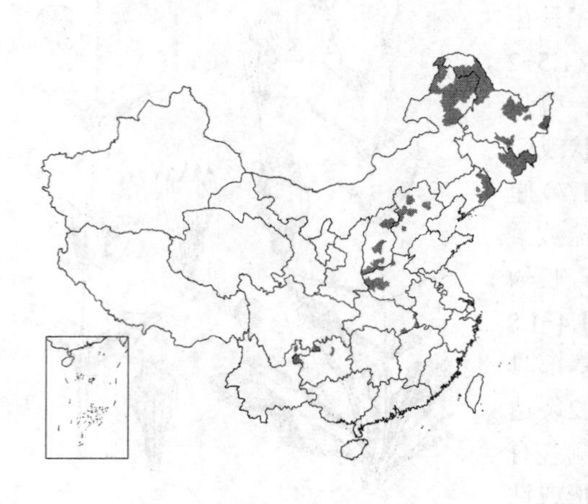

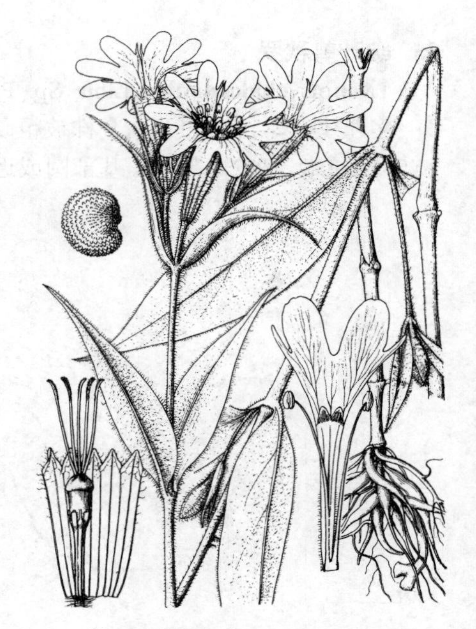

图 685 剪秋罗 （引自《图鉴》）

产黑龙江、吉林、辽宁、内蒙古、河北、山西、河南、湖北、四川、贵州及云南，生于低山疏林下或灌丛草甸阴湿地。日本、朝鲜及俄罗斯有分布。

5. 剪春罗 山茶田 图 686 彩片 193

Lychnis coronata Thunb. Fl. Jap. 187. 1784.

多年生草本，高达90厘米；全株近无毛。根簇生，细纺锤形，黄白色，稍肉质。茎单生，稀疏丛生，直立。叶卵状披针形，长（5-）8-15厘米，宽（1-）2-5厘米，基部楔形，两面近无毛，具缘毛。二歧聚伞花序具数花；花径4-5厘米。花梗极短，疏被柔毛；苞片披针形，草质，具缘毛；花萼筒状，长（2.5-）3-3.5厘米，径3.5-5毫米，纵脉明显，无毛，萼齿披针形，长0.8-1厘米；花瓣桔红色，爪内藏，窄楔形，瓣片倒卵形，长（1.5-）2-2.5厘米，具缺刻状细齿，喉部鳞片椭圆形；雄蕊内藏；雌雄蕊柄长1-1.5厘米。蒴果长椭圆形，长约2厘米。花期6-7月，果期8-9月。

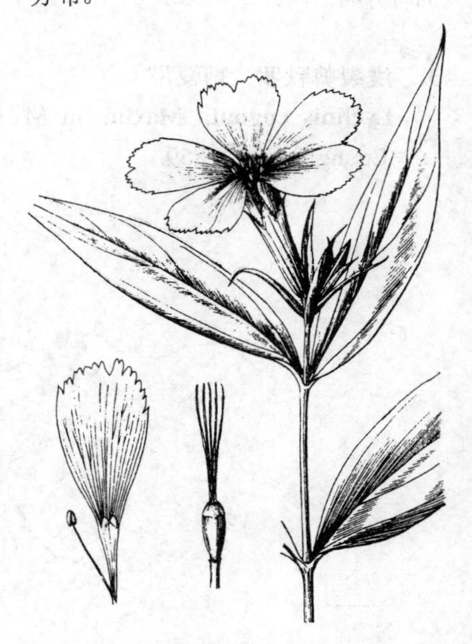

图 686 剪春罗 （张大成绘）

产江苏、浙江、安徽、江西、福建、湖南及四川，其他地区有栽培。根及全草药用，治感冒、风湿性关节炎、腹泻；外用治带状疱疹。

6. 剪红纱花 图 687

Lychnis senno Sieb. et Zucc. Fl. Jap. 1: 98. t. 49. 1835.

多年生草本，高达1米；全株被粗毛。根簇生，细圆柱形，黄白色，

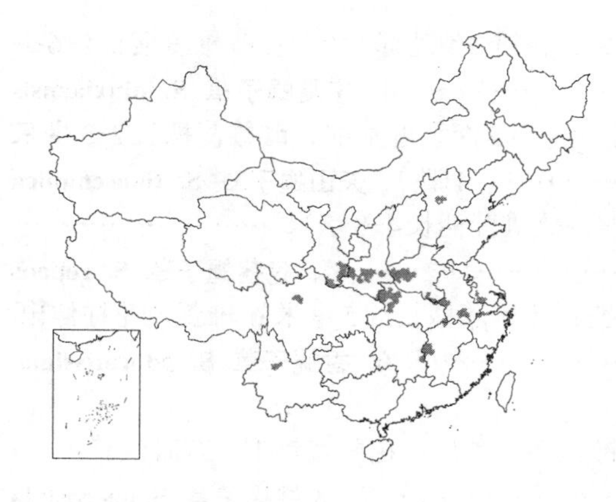

稍肉质。茎单生，直立，叶椭圆状披针形，长(4-)8-12厘米，宽2-3厘米，基部楔形，两面被柔毛，具缘毛。二歧聚伞花序具多花；花径3.5-5厘米。花梗长0.5-1.5厘米；苞片披针形，被柔毛；花萼窄筒状，长(2-)2.5-3厘米，径2.5-3.5厘米，后期上部微膨大，沿脉疏被长柔毛，萼齿三角形，具短缘毛；花瓣深红色，爪窄楔形，无毛，瓣片三角状倒卵圆形，不规则深裂，裂片具缺刻状齿；花药暗紫色；雌雄蕊柄长1-1.5厘米。蒴果椭圆状卵圆形，长1-1.5厘米，微长于宿萼。种子红褐色，肾形，长约1毫米，具小瘤。花期7-8月，果期8-9月。

图 687 剪红纱花 （张大成绘）

产河北、河南、江苏、安徽、浙江、江西、湖北、陕西、甘肃、四川及云南。生于海拔150-2000米疏林下或灌丛草地。国内外广泛栽培。全草及根药用，治跌打损伤、利尿、感冒、风湿性关节炎、腹泻。

22. 蝇子草属 **Silene** Linn.

一至二年生或多年生草本，稀亚灌木状。近无柄。花两性，稀单性，雌雄同株，稀异株；聚伞或圆锥花序，稀头状花序或单花。花萼筒状、钟形、棒状或卵形，稀呈囊状或圆锥形，花后膨大，具10、20或30纵脉，萼脉平行，稀网结状，萼齿5；花瓣5，白、淡黄绿、红或紫色，瓣爪无毛或具缘毛，上部耳状，稀无耳，瓣片伸出，稀内藏，平展，2裂，稀全缘或多裂，有时微凹；花冠喉部具鳞片状副花冠，稀缺；雄蕊10，2轮，外轮5枚较长，与花瓣互生，常早熟，内轮5枚基部与瓣爪稍连合，花丝无毛或具缘毛；子房基部1，3或5室，胚珠多数；花柱3（4-6），雌雄蕊具柄。蒴果卵圆形，6（10）齿裂，为花柱数2倍，稀5瓣裂，与花柱同数。种子肾形或圆形；具短细条纹或小瘤，稀具棘凸，有时平滑，种脊平或圆钝、具槽或具环翅；胚环形。

约600种，主产北温带，非洲及南美洲有分布。我国112种，2亚种，18变种，2变型。

1. 花萼非圆锥形，具10平行脉，有时微网结状，稀具20脉，脉粗，不凸起；萼齿卵形或三角形，稀披针形。
  2. 花序聚伞圆锥状、总状或假轮伞状，稀单生或2-3朵。
    3. 多年生草本，稀亚灌木状。
      4. 基生叶花期枯萎，茎生叶发达，常叶腋生不育短枝；花萼草质，稀近革质，紧包果。
        5. 花瓣2至多裂。
          6. 花萼筒状或筒状棒形；雌雄蕊柄长2毫米以上。
            7. 植株绿色，被柔毛或腺毛。
              8. 花序圆锥状；花瓣粉红色。
                9. 叶线形或线状披针形；花瓣2浅裂，裂片全缘 …………………… 1. **道孚蝇子草 S. dawoensis**
                9. 叶倒披针形或披针形；花瓣2裂达1/2或更深，裂片撕裂状条裂 ……… 2. **鹤草 S. fortunei**
              8. 花序总状或总状圆锥式；花瓣白色。
                10. 小聚伞花序互生；叶线形。
                  11. 花萼密被柔毛，长1-1.5厘米；雌雄蕊柄长3-4毫米；叶长1-2（-2.5）厘米……………… …………………………………………………………………… 3. **藏蝇子草 S. waltoni**
                  11. 花萼无毛；叶长3-5（-8）厘米。

12. 花萼长1.4–1.7厘米，萼齿三角状披针形，先端尖；花瓣2裂达瓣片2/3；雌雄蕊柄长5–6毫米 ………………………………………………………… 4. **宁夏蝇子草 S. ninxiaensis**

12. 花萼长1–1.2厘米，萼齿宽三角状卵形，先端钝；花瓣2深裂近基部；雌雄蕊柄长2–3毫米 ………………………………………………………… 4(附). **天山蝇子草 S. tianschanica**

10. 小聚伞花序对生；叶线状披针形、披针形或倒披针形；雌雄蕊柄长4–8毫米 ………………………………………………………… 5. **蔓茎蝇子草 S. repens**

7. 植株粉绿色，近无毛；叶窄倒披针形；花对生，花瓣4深裂；雌雄蕊柄长约5毫米；雄蕊及花柱伸出 ………………………………………………………… 6. **香蝇子草 S. odoratissima**

6. 花萼卵状钟形或宽钟形；雌雄蕊柄长不及2毫米。

13. 叶窄披针形，长4–9厘米，宽0.5–1.3厘米；假轮伞状圆锥花序，多花；花萼宽钟形，有时淡紫色 ………………………………………………………… 7. **长柱蝇子草 S.macrostyla**

13. 叶线状倒披针形或披针状线形，长2–5厘米，宽2–6毫米；总状圆锥花序；花萼卵状钟形 ………………………………………………………… 8. **石缝蝇子草 S. foliosa**

5. 花瓣全缘。

14. 茎不分枝或稀疏分枝；基生叶倒披针形或匙状倒披针形，长（2–）4–9厘米，茎生叶线状披针形；花瓣黄白或带肉红色，椭圆状倒披针形 ………………………………………………………… 9. **昭苏蝇子草 S. pseudotenuis**

14. 茎多分枝；叶披针状线形或线形，长1–3厘米，花瓣白色，下面带淡红色，倒卵状匙形 ………………………………………………………… 9(附). **全缘蝇子草 S. holopetala**

4. 基生叶簇生，花期不枯萎，茎生叶少，叶腋无不育短枝；花萼膜质或草质，松散包果，稀紧贴。

15. 花柱3。

16. 萼齿三角形，先端渐尖或尖 ………………………………………………………… 10. **山蚂蚱草 S. jenisseensis**

16. 萼齿卵形或三角状卵形，先端圆或钝。

17. 花瓣爪具缘毛 ………………………………………………………… 11. **禾叶蝇子草 S. graminifolia**

17. 花瓣爪无缘毛。

18. 花萼无毛；雌雄蕊柄长2毫米。

19. 花梗较粗，与花萼近等长；花瓣裂片长圆形 ………………………………………………………… 12. **细蝇子草 S. gracilicaulis**

19. 花梗粗，较花萼长2倍以上；长瓣裂片长圆状线形 ………………………………………………………… 13. **长梗蝇子草 S. pterosperma**

18. 花萼齿被绢毛；雌雄蕊柄长3-4毫米 ………………………………………………………… 14. **绢毛蝇子草 S. sericata**

15. 花柱5。

20. 基生叶莲座状，茎生叶少或无；花单生或2–3朵；种脊具翅。

21. 花萼囊状，口部缢缩，长1.3–1.5厘米，脉端不连结；蒴果长1–1.2厘米 ………………………………………………………… 15. **隐瓣蝇子草 S. himalayensis**

21. 花萼钟状，口部不缢缩，长约1厘米，脉在萼齿连结；蒴果长0.8–1厘米 ………………………………………………………… 15(附). **喜马拉雅蝇子草 S. himalayensis**

20. 基生叶花期枯萎，茎生叶多；聚伞总状花序或圆锥花序；种子具小瘤。

22. 花瓣淡红、紫、白或黄白色。

23. 花瓣内藏或微伸出花萼。

24. 花丝被毛；叶披针形、椭圆状倒披针形或线状倒披针形。

25. 植株被长柔毛；花梗长0.5–1.5厘米；花萼窄钟形，脉暗绿色；瓣片2浅裂；副花冠近卵形 ………………………………………………………… 16. **准噶尔蝇子草 S. songarica**

25. 植株密被腺毛；花梗长1–5厘米；花萼宽钟形，脉暗紫色；瓣片2深裂，裂片微凹，两侧各具1小裂片；副花冠摺扇状，具缺刻 ………………………………………………………… 17. **囊谦蝇子草 S. nangqenensis**

24. 花丝无毛；植株密被柔毛。叶线状披针形；花萼窄钟形；瓣片凹缺或2裂，裂片全缘，有时具微齿，副花冠近圆形 ………………………………………………………… 18. **尼泊尔蝇子草 S. nepalensis**

23. 花瓣伸出花萼。
26. 花萼长1.2–1.5厘米；瓣片2浅裂 ………………………………………………… 19. **腺毛蝇子草 S. yetii**
26. 花萼长0.7–1厘米；瓣片2深裂，两侧各具1线形裂片 ………… 20. **贺兰山蝇子草 S. alaschanica**
22. 花瓣淡黄绿或绿白色。
27. 花瓣微伸出花萼，瓣片绿白色；花萼长5–6毫米；聚伞花序；蒴果长约8毫米，10齿裂，茎丛生；叶线形或线状匙形 ……………………………………………………………… 21. **丛生蝇子草 S. caespitalla**
27. 花瓣伸出花萼，瓣片淡黄绿色；花萼长0.8–1.2厘米；圆锥花序；蒴果长1–1.4厘米，5齿裂；茎单生；叶椭圆状披针形、倒披针形或披针形 ……………………………………… 22. **狭瓣蝇子草 S. huguettiae**
3. 一至二年生草本。
28. 全株无毛；叶椭圆状披针形或卵状倒披针形，长4–10（–16）厘米，宽0.8–2.5（–5）厘米；假轮伞间断总状花序；种子具棘凸；花丝无毛 ……………………………………………… 23. **坚硬女娄菜 S. firma**
28. 全株密被灰色柔毛；叶倒披针形、披针形、线状披针形或窄匙形，长4–7厘米，宽4–8毫米；圆锥花序；种子具小瘤；花丝基部具缘毛 ………………………………………………………… 24. **女娄菜 S. aprica**
2. 花序二歧聚伞式或单歧聚伞式。
29. 二歧聚伞花序或单花，稀头状。
30. 多年生草本。
31. 花萼具10或20脉，显著膨大，宽松包果。
32. 花萼无毛，宽卵形，囊状，具20脉，脉网结状，常紫堇色；花瓣白色，2深裂；叶卵状披针形、披针形或卵形 ……………………………………………………………………… 25. **白玉草 S. venosa**
32. 花萼被腺毛或柔毛，钟形，近膜质，具10脉，脉端2叉，稍连结；花瓣红或紫色，2裂或4裂，裂片外侧有时具1齿或小裂片。
33. 垫状，高达8厘米；叶倒披针状线形，长1–2.5厘米，宽2–3毫米；花单生；花萼暗紫色，被紫色腺毛，纵脉紫色；花瓣淡紫或淡红色 ……………………… 26. **垫状蝇子草 S. kantzeensis**
33. 非垫状，高达30厘米；花序二歧聚伞式；叶倒披针形、披针形、卵状披针形或卵形，长3–15厘米，宽0.4–2厘米。
34. 花萼钟形，宽松包果，密被柔毛，淡紫色；花瓣淡红色，2裂；茎生叶倒披针形或披针形，宽0.4–1.2厘米 ……………………………………………… 27. **毛萼蝇子草 S. pubicalycina**
34. 花萼窄钟形，紧包果；花瓣4深裂；茎生叶卵形或卵状披针形，宽1–2厘米。
35. 茎密被长柔毛及腺毛；花萼长1.2–1.7厘米，径约5毫米；花瓣紫色，长达2.5厘米，伸出花萼 ………………………………………………… 28. **长角蝇子草 S. longicornuta**
35. 茎密被紫色腺毛；花萼长1–1.2厘米，径3–3.5毫米；花瓣淡紫或红色，长约1厘米，内藏或微伸出花萼 ……………………………………… 29. **倒披针形蝇子草 S. oblanceolata**
31. 花萼具10紫或绿色脉，紧包果。
36. 植株具簇生块根；大型二歧聚伞花序，分枝等长，多花。
37. 叶卵形、披针形或椭圆形。
38. 叶卵形或披针形，基出脉3或5。
39. 花瓣白色；花萼筒状，长1.2–1.5厘米；根倒圆锥形或纺锤形；叶披针形或卵状披针形，长2–5厘米，宽0.5–1.5(–20)厘米，具1中脉或3基出脉 ……………………………………………
……………………………………………………………… 30. **石生蝇子草 S. tatarinowii**
39. 花瓣淡紫或变白色；花萼钟形，长0.8–1.2厘米；根圆柱形；叶宽卵形或卵状披针形，长4–7厘米，宽2.5–3.5厘米，具3或5基脉 ……………… 31. **掌脉蝇子草 S. asclepiadea**
38. 叶椭圆表，常具1中脉，稀具3基出脉。
40. 花萼筒状或细筒状。

41. 花径约2厘米；花瓣长2-25厘米，瓣片倒心形；花萼筒状，径约3毫米 ……………………………………………………………………………………… 32. **心瓣蝇子草 S. cardiopetala**

41. 花径约1.5厘米；花瓣长约1.5厘米，瓣片倒卵形；花萼细筒状，径约2毫米 ……………………………………………………………………………………… 33. **沧江蝇子草 S. monbeigii**

40. 花萼钟形或卵状钟形。

42. 花瓣爪伸出花萼达5毫米。

43. 花梗长约1厘米；花萼长0.8-1厘米，萼齿卵状披针形 …… 34 **粘萼蝇子草 S. viscidula**

43. 花梗长2-4厘米；花萼长1.1-1.3厘米，萼齿近圆形或钝三角形 ……………………………………………………………………………………… 35. **粉花蝇子草 S. rosiflora**

42. 花瓣爪内藏，不伸出花萼。

44. 下部叶卵状椭圆形或倒卵状椭圆形，长5-10(-12)厘米，宽2-3厘米，上部叶卵形，具3基出脉；花萼长6-8毫米，萼齿卵形，先端尖；花瓣暗紫色，长1-1.2厘米，瓣片2深裂 ……………………………………………………………………………………… 36. **红齿蝇子草 S. phoenicodonta**

44. 叶椭圆形，长2-3厘米，宽0.6-1.5厘米，中脉明显；花萼长1.2-1.5厘米，萼齿卵状披针形，渐尖；花瓣淡红或变白色，长约18厘米，瓣片叉状2裂，两侧常各具1小齿 …… ……………………………………………………………………………………… 37. **耳齿蝇子草 S. otodonta**

37. 叶线形或披针状线形。

45. 瓣片裂片无小裂片 ……………………………………………… 38. **巴塘蝇子草 S. batangensis**

45. 瓣片裂片两侧各具线形或齿状小裂片。

46. 叶线形或披针状线形，长3-5厘米；花萼长1.8-2厘米 ……………………………………………………………………………………… 39. **红茎蝇子草 S. rubicunda**

46. 叶线状披针形，长1.5-3厘米；花萼长约1.5厘米 ……… 40. **纺锤根蝇子草 S. napuligera**

36. 植株无块根；二歧聚伞花序分枝不等长，具2-5花；花梗长2-5厘米；花萼钟形；花瓣淡红色；叶线形 ……………………………………………………………………… 41. **湖北蝇子草 S. hupehensis**

30. 一年生草本，茎带粉绿色；茎单生，直立；茎生叶卵形或卵状披针形；花萼筒状棒形，带紫色；花瓣淡红色 ……………………………………………………………………… 42. **高雪轮 S. armeria**

29. 单歧聚伞花序；柄反折；花萼倒卵形，纵脉微凸起，带紫色，被毛；花瓣淡红至白色；叶卵状披针形或椭圆状倒披针形；一至二年生，全株被柔毛及腺毛 ……………………………… 43. **大蔓樱草 S. pendula**

1. 花萼圆锥形，具30纵脉，微凸，绿色，萼齿披针形，长为花萼1/3-1/2；二歧聚伞花序具数花；花瓣粉红色；一年生，全株被短腺毛 ……………………………………………………… 44. **麦瓶草 S. conoidea**

1. 道孚蝇子草 图688

Silene dawoensis Limpr. in Fedde, Repert. Sp. Nov. 12: 363. 1922.

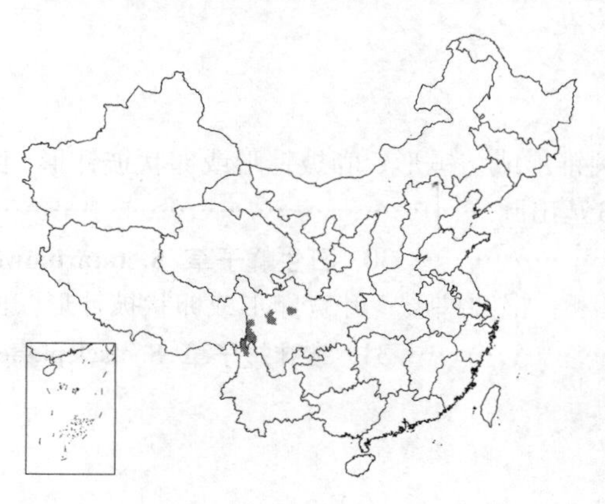

多年生草本，高达80厘米。圆锥形。茎疏丛生，无毛或疏被短毛，上部分泌粘液。叶线形或线状披针形，长(1.5-)3-5(-6)厘米，宽2-5毫米，基部窄楔形，两面无毛，中脉明显。花序圆锥状，小聚伞花序对生或互生，常为单花。花梗细，长2-4毫米，分泌粘液；苞片线形，长0.5-1厘米，具缘毛；花萼长筒形，长2.5-3厘米，径约3毫米，基部脐形，果期筒状棒形，长3-3.5厘米，纵脉紫色，萼齿三角状卵形，长约1.5毫米，先端钝圆。被鳞片状毛，具短缘毛；雌雄蕊柄长1.5-2厘米；花瓣粉红色，长2-2.5厘米，爪窄倒披针形，长1-1.5厘米，微伸出花萼，瓣片倒心形或倒卵形，长1-1.4厘米，2浅裂，裂片窄卵形；雄蕊伸出；花柱长1-1.3厘米，伸出。蒴果长圆形，长1-1.5

厘米。种子肾形，微扁，暗褐色，长约1.2毫米。花期7-8月，果期8-9月。

产四川西部及云南西北部，生于海拔1400-3100米草坡或岩壁。

图 688 道孚蝇子草 （李志民绘）

2. 鹤草 图 689 彩片 194

Silene fortunei Vis. in Linnaea 24: 181. 1851.

多年生草本，高达1米。根粗壮。茎丛生，多分枝，被短柔毛，分泌粘液。基生叶倒披针形，中上部叶披针形，长2-8厘米，宽0.2-1.2厘米，基部渐窄成柄状，具缘毛，中脉明显。聚伞圆锥花序，小聚伞花序对生，具1-3花，有粘质，苞片线形，长0.5-1厘米，被微柔毛。花梗长0.3-1.2(-1.5)厘米；花萼长筒状，长2-2.5(-3)厘米，径约3毫米，基部平截，果期筒状棒形，纵脉紫色，萼齿三角状卵形，具短缘毛；雌雄蕊柄果期长1-1.5(-1.7)厘米；花瓣粉红色，爪微伸出花萼，倒针形形，瓣片平展，楔状倒卵形，2裂达1/2或更深，裂片撕裂状条裂；喉部具2小鳞片；雄蕊、花柱微伸出。蒴果长圆形，长1.2-1.5厘米，径约4毫米，较宿萼短或近等长。种子圆肾形，微侧扁，深褐色，长约1毫米，具小疣。花期6-8月，果期7-9月。

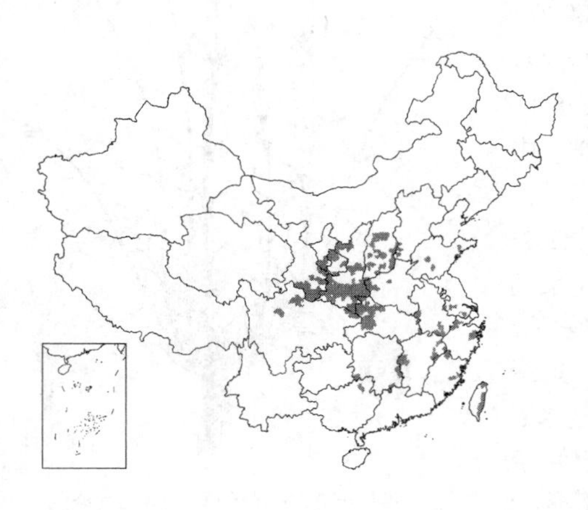

产河北、河南、山西、陕西、甘肃、宁夏、山东、江苏、安徽、浙江、福建、台湾、江西、湖北、湖南、广西及四川，生于海拔420-2240米平原、低山草坡、灌丛、草地、林下或沟边。全草药用，治痢疾、肠炎、蝮蛇咬伤、扭伤。

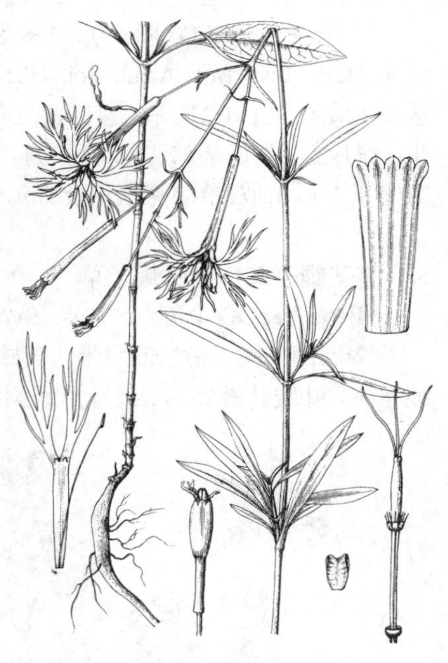

图 689 鹤草 （引自《图鉴》）

3. 藏蝇子草 图 690

Silene waltoni F.N. Williams in Journ. Linn. Soc. Bot. 38: 404. 1909.

亚灌木状草本，高达45厘米。茎密丛生，二歧分枝，密被短柔毛。叶线形，长1-2(-2.5)厘米，宽1-2毫米，基部渐窄微抱茎，两面密被柔毛，具缘毛，中脉明显。总状花序，小聚伞花序互生。花梗不等长，密被柔毛，上部具2苞片；苞片线状披针形，被柔毛；花萼筒状棒形，长1-1.5厘米，径约3.5毫米，密被柔毛，纵脉暗紫色，脉端近连合，萼齿长圆状卵形，长2-3毫米，具缘毛；雌雄蕊柄长3-4毫米，被微柔毛；花瓣白色，顶端带红色，2裂达1/2或更深，裂片长圆形，爪窄楔形，长约8毫米，上部三角状耳形；副花冠

片近褶扇状，长约2毫米，具缺刻；雄蕊内藏；花柱伸出。蒴果卵圆形，长约8毫米。种子三角状肾形，长约1.2毫米。花期7-8月，果期8-9月。

产西藏，生于海拔（3000-）3800-4700米高山草地或多砾石草坡。

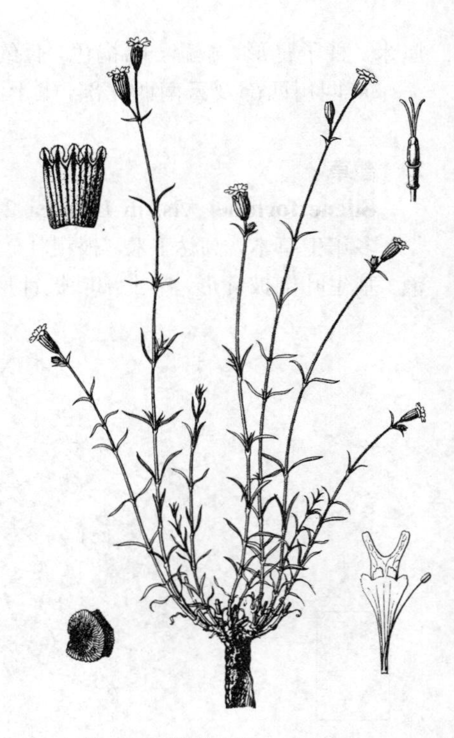

图 690 藏蝇子草 （李志民绘）

4. 宁夏蝇子草 图 691：1-2

Silene ningxiaensis C. L. Tang in Acta Bot. Yunn. 2：431. f. 3. 1980.

多年生草本，高达45厘米。根粗壮。茎疏丛生，稀单生，无毛或基部被粗毛。基生叶簇生，线形，长3-5（-8）厘米，宽1-2.5毫米，基部渐窄，边缘基部具缘毛；茎生叶少，较小。花序总状，具2-5（-10）花。花梗长约2厘米，中部具卵状披针形苞片1对，下部具缘毛；花萼筒状，长1.4-1.7厘米，径约2.5毫米，果期上部微膨大，纵脉有时紫色，萼齿三角状披针形，具缘毛；雌雄蕊柄长5-6毫米；花瓣白色，爪微伸出花萼，窄倒披针形，瓣片窄倒卵形，2深裂达2/3，裂片长圆形；副花冠乳头状；雄蕊、花柱伸出。蒴果卵圆形，长0.8-1厘米，较宿萼短。种子三角状肾形，长约1毫米，灰褐色，具条形低凸起，脊具浅槽。花期7-8月，果期8-9月。

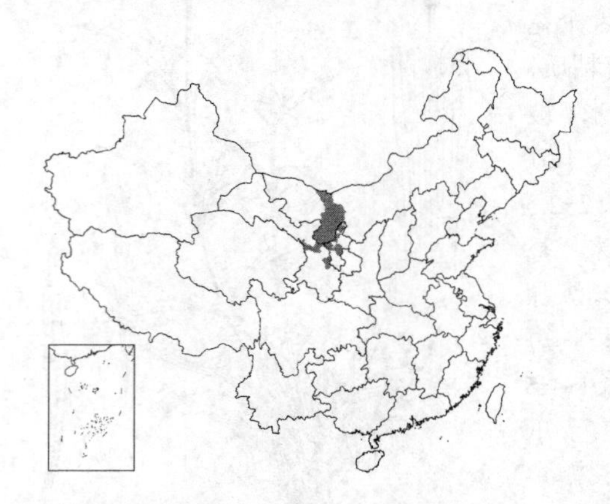

产内蒙古、宁夏及甘肃，生于海拔1700-2600米山坡草地、山谷或石隙。

［附］**天山蝇子草** 图 691：3-8 **Silene tianschanica** Schischk. in Not. Syst. Herb. Inst. Bot. Acad. Sci. USSR 8：56. f. 1. 1940. 与宁夏蝇子草的区别：花萼长1-1.2厘米，萼齿宽三角状卵形，先端钝，雌雄蕊柄长2-3毫米；瓣片2深裂近基部。花期6-7月，果期7-8月。产新疆，生于海拔1100-2100米石质山坡。哈萨克斯坦及吉尔吉斯斯坦有分布。

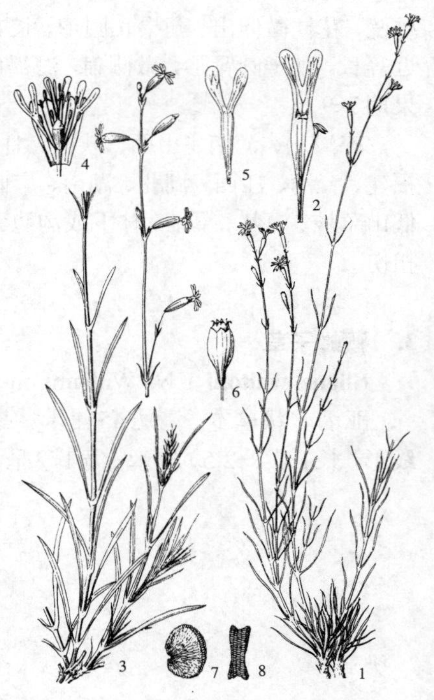

图 691：1-2. 宁夏蝇子草 3-8. 天山蝇子草 （李志民绘）

5. 蔓茎蝇子草 匍生蝇子草 图 692

Silene repens Patr. in Pers. Syn. Pl. 1：500. 1805.

多年生草本，高达50厘米。全株被柔毛。根茎细长，匍匐。茎疏丛生或单生。叶线状披针形、披针形或倒披针形，长2-7厘米，宽2-7（-12）毫米，基部渐窄，两面被柔毛，具缘毛，中脉明显。聚伞花序顶生或腋生，小聚伞花序对生；苞片披针形。花梗长3-8毫米；花萼筒状，长1.1-1.5厘米，径3-5毫米，常带紫色，被柔毛，萼齿卵形，先端钝，边缘膜质，具缘毛。雌雄蕊柄长4-8毫米，被柔毛；花瓣白色，爪倒披针形，内藏，瓣片平展，倒卵形，2浅裂或深达中部；副花冠长圆形，有时具裂片；雄蕊微伸出；花柱3，伸出。蒴果卵圆形，

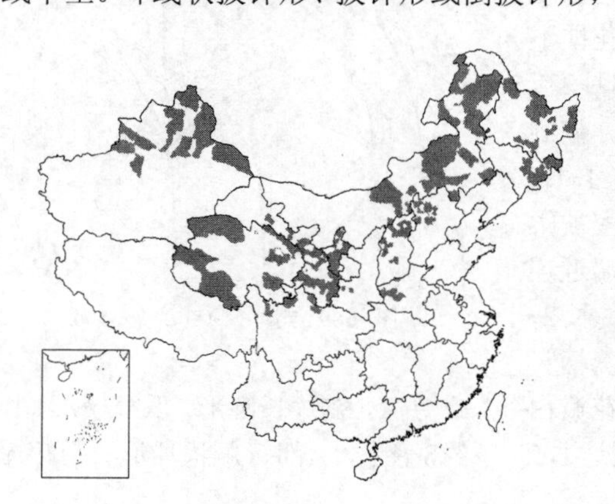

长6-8毫米，短于宿萼，6齿裂。种子肾形，长约1毫米，黑褐色，具细纹。花期6-8月，果期7-9月。

产黑龙江、吉林、辽宁、内蒙古、河北、山西、陕西、宁夏、甘肃、新疆、青海、四川及河南，生于海拔1400-3500米山坡草地、林下、灌丛中、沟谷或水边。日本、朝鲜、蒙古及俄罗斯有分布。

图 692 蔓茎蝇子草 （引自《图鉴》）

6. 香蝇子草 图 693

Silene odoratissima Bunge in Ledeb. Fl. Alt. 2: 148. 1830.

亚灌木状草本，高达60厘米；全株近无毛，浅绿色。茎丛生，分枝。基生叶花期枯萎；茎生叶窄倒披针形，长3-7厘米，宽2-5(-9)毫米，基部微抱茎，具缘毛。总状圆锥花序；花对生，带铃兰香气。花梗长1-2厘米，具粘液；苞片披针形，草质，具缘毛；花萼筒状，长1.2-1.5厘米，萼齿三角形，长约2毫米，具缘毛；雌雄蕊柄被微柔毛，果期长约5毫米；花瓣白色，伸出花萼，爪倒披针形，瓣片4深裂达中部，裂片窄长圆形；雄蕊及花柱伸出。蒴果卵圆形，长0.8-1厘米，较宿萼短或近等长。种子肾形，长约1.5毫米，褐色，两侧耳状凹。花期6-7月，果期7-8月。

产新疆阿勒泰及准噶尔盆地，生于半固定沙丘或沙质草地。俄罗斯及哈萨克斯坦有分布。

图 693 香蝇子草 （张大成绘）

7. 长柱蝇子草 图 694

Silene macrostyla Maxim. in Mém. Acad. Sci. St. Pétersb. Sav. Etrang. 9: 54. 1859.

多年生草本，高达90厘米。根具多头根颈。茎基部被倒毛，上部渐无毛。基生叶花期枯萎；茎生叶窄披针形，长4-9厘米，宽0.5-1.3厘米，基部楔形，具缘毛。假轮伞状圆锥花序，多花。花梗细，长4-8毫米；苞片针状线形，边缘膜质，具缘毛；花萼宽钟形，长6-7毫米，有时淡紫色，萼齿短，宽三角形，先端尖；雌雄柄长1-1.5毫米，被短毛；花瓣白色，近楔形，长约1.2厘米，瓣片叉状2裂达1/3，裂片长圆形；雄蕊及花柱伸出。蒴果卵圆形，长

图 694 长柱蝇子草 （引自《东北草本植物志》）

5.5–6.5毫米，短于宿萼。种子肾形，黑褐色，长约1毫米。花期7–8月，果期8–9月。

产黑龙江、吉林及辽宁，生于多砾石草坡、干草原或林下。朝鲜及俄罗斯有分布。

8. 石缝蝇子草 图 695

Silene foliosa Maxim. in Mém. Acad. Sci. St. Pétersb. Sav. Etrang. 9: 53. 1859.

多年生草本，高达50厘米。根具多头根颈。茎丛生，直立，下部被倒毛，上部有粘质。基生叶花期枯萎；茎生叶线状倒披针形或披针状线形，长2–5厘米，宽2–6毫米，下面沿中脉被柔毛，具短缘毛。总状圆锥花序。花梗细，长4–6毫米，具粘液；苞片线状披针形。花萼卵状钟形，长6–8毫米，萼齿宽三角状卵形；雌雄蕊柄长2–2.5毫米，被微柔毛；花瓣白色，瓣片与爪近等长，瓣片伸出花萼，爪倒披针形，瓣片窄倒卵圆形，2裂达1/2或更深，裂片线形；副花冠乳头状；雄蕊及花柱伸出。蒴果长圆状卵圆形，长5–7毫米，径2.5–3毫米。种子肾形，灰褐色，长约1毫米，具条状低凸起，脊具浅槽。花期7–8月，果期8–9月。

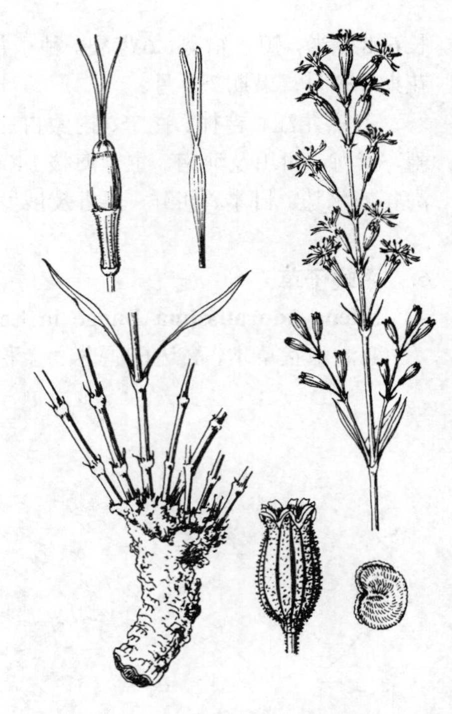

图 695 石缝蝇子草 （钱存源绘）

产黑龙江、河北、山西、陕西、甘肃及宁夏，生于海拔870–2200米山坡草地、山谷林下、河岸或砾石缝。日本、朝鲜及俄罗斯有分布。

9. 昭苏蝇子草 图 696：1–5

Silene pseudotenuis Schischk. in Not. Syst. Herb. Hort. Bot. Petrop. 6(3): 6. 1926.

多年生草本，高达50厘米。茎下部被短柔毛，稀近无毛，上部具粘液。基生叶匙状倒披针形或倒披针形，长（2–）4–9厘米，基部渐窄成长柄状，具缘毛。茎生叶1–4对，线状披针形，较基生叶小。假轮伞状总状花序，具花5–20朵。花梗长0.5–1.3厘米；苞片卵状披针形，边缘膜质，具缘毛；花萼筒状，长6–7毫米，有时带紫色，萼齿宽三角形；雌雄蕊柄长2–3毫米，被柔毛；花瓣黄白或带肉红色，长约1厘米，椭圆状倒披针形，基部具缘毛，全缘或凹缺。蒴果卵圆形，长约6毫米。种子肾形。花期6–7月，果期7–8月。

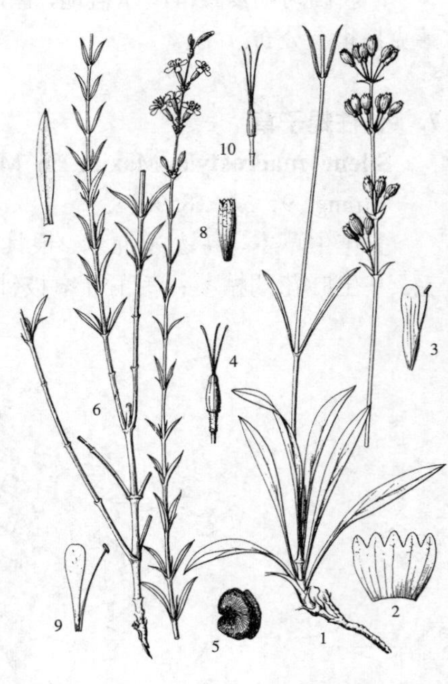

图 696: 1–5. 昭苏蝇子草 6–10. 全缘蝇子草 （李志民绘）

产新疆伊犁州，生于海拔1900-3200米多砾石沙质草原。哈萨克斯坦、吉尔吉斯斯坦有分布。

［附］**全缘蝇子草** 图696：6-10 **Silene holopetala** Bunge in Ledeb. Fl. Alt. 2：142. t. 163. 1830. 与昭苏蝇子草的区别：高达80厘米；茎多分枝；叶披针状线形或线形，长1-3厘米，宽1.5-3毫米，两面被鳞片状微柔毛；花瓣白色，下面带淡红色，倒卵状匙形。花期6-7月，果期8-9月。产新疆塔城地区，生于海拔400米石质山坡。哈萨克斯坦有分布。

10. 山蚂蚱草 图697

Silene jenisseensis Willd. Enum. Pl. Hort. Berol. 1：154. 1809.

多年生草本，高达60厘米。茎丛生，不分枝。基生叶簇生，倒披针状线形，长5-13厘米，宽2-7毫米，基部渐窄成长柄状，基部具缘毛；茎生叶少，较小，基部微抱茎。假轮伞状圆锥花序。花梗长0.4-2厘米；苞片卵形或披针形，基部微连合。花萼钟形，后期微膨大，长0.8-1（-1.2）厘米，纵脉绿色，有时带紫色，萼齿三角形，先端尖或渐尖；雌雄蕊柄长2-3毫米；花瓣白或淡绿色，长1.2-1.8厘米，瓣片和爪近等长，爪倒披针形，瓣片叉状2裂达中部，裂片窄长圆形；副花冠长椭圆形；雄蕊伸出；花柱3，伸出。蒴果卵圆形，长6-7毫米，短于宿萼。种子肾形，灰褐色，长约1毫米，脊具浅槽。花期7-8月，果期8-9月。

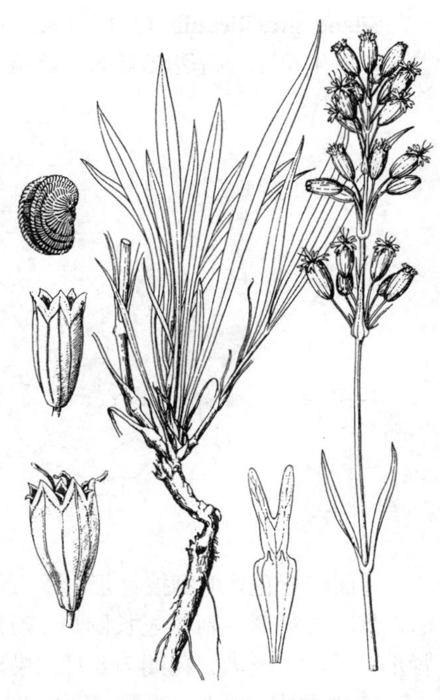

图 697 山蚂蚱草 （引自《东北草本植物志》）

产黑龙江、吉林、辽宁、内蒙古、河北、山东、山西、甘肃、宁夏、青海及新疆，生于海拔250-2500米山坡草地、山谷、草原、林缘或沙丘。朝鲜、蒙古及俄罗斯有分布。根药用，称山银柴胡，治阴虚潮热、小儿疳热。

11. 禾叶蝇子草 图698

Silene graminifolia Otth in DC. Prodr. 1：368. 1824.

多年生草本，高达50厘米。茎丛生，不分枝，无毛或基部被柔毛，上部有粘液。基生叶线状倒披针形，长2-8（-10）厘米，宽2-4.5毫米，基部渐宽成柄状，具缘毛；茎生叶2-3对，基部微抱茎，具缘毛。总状花序具5-11花。花梗纤细，较花萼短或近等长；苞片卵状披针形；花萼窄钟形，长0.7-1厘米，径2-3毫米，纵脉绿色，萼齿三角状卵形，先端钝；雌雄蕊柄长2-3毫米；花瓣白色，长1-1.2厘米，爪倒披针形，具长缘毛，瓣片伸出花萼，2深裂达中部，裂片长圆形；副花冠乳头状或不明显；雄蕊及花柱伸出。蒴果卵圆形，长

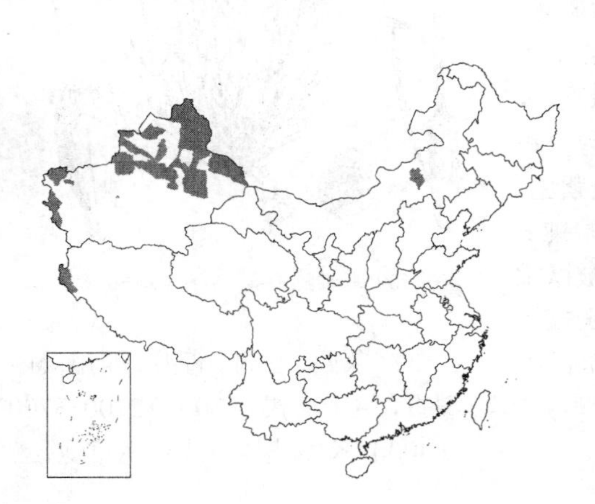

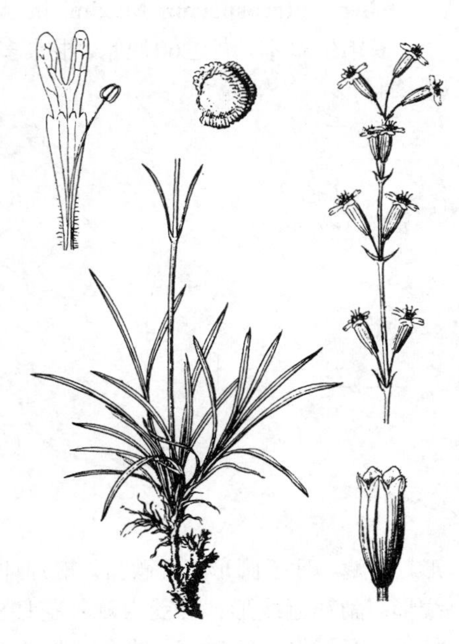

图 698 禾叶蝇子草 （李志民绘）

7-8毫米，与宿萼近等长。种子肾形，长约1毫米，暗褐色。花期6-7月，果期8月。

产新疆北部及西部、西藏扎达及内蒙古，生于海拔1600-4200米草地。蒙古、俄罗斯、哈萨克斯坦、喜马拉雅山及克什米尔地区有分布。

12. 细蝇子草 图 699

Silene gracilicaulis C. L. Tang in Acta Bot. Yunn. 2: 434. f. 5. 1980.

多年生草本，高达50厘米。茎疏丛生，不分枝。基生叶线状倒披针形，长6-18厘米，宽2-5毫米，基部渐窄成柄状；茎生叶线状披针形较基生叶小，基部连合，具缘毛。花序总状，多花，对生，稀近轮生。花梗较粗，与花萼近等行；苞片卵状披针形，长0.4-1.2厘米，基部连合，具缘毛；花萼钟形，长0.8-1.2厘米，径约4毫米，纵脉紫色，萼齿三角状卵形，具短缘毛；雌雄蕊柄长约2毫米，被短毛；花瓣白或灰白色，下面带紫色，爪倒披针形，耳三角形，瓣片伸出花萼，2裂达中部或更深，裂片长圆形；副花冠长圆形。蒴果长圆状卵圆形，长6-8毫米。种子圆肾形，长约1毫米。花期7-8月，果期8-9月。

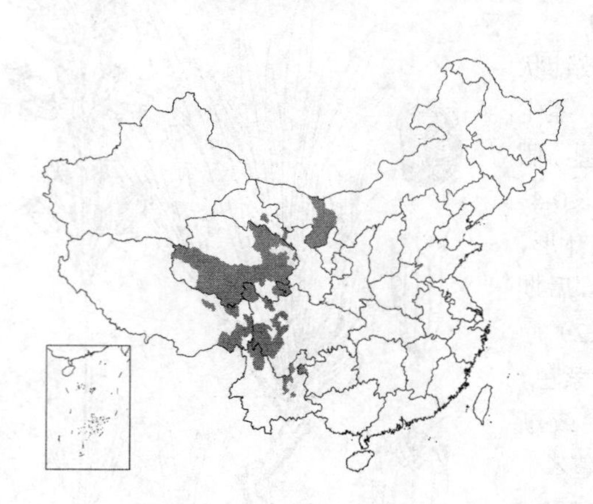

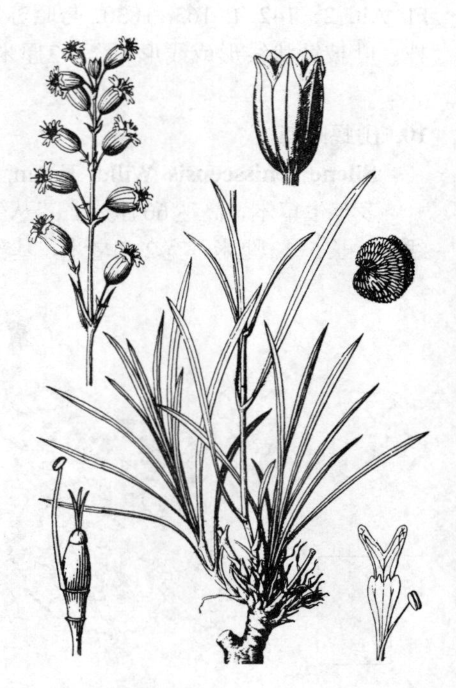

图 699 细蝇子草 （李志民绘）

产内蒙古、甘肃、青海、西藏、四川、贵州及云南，生于海拔1450-4000米山坡草地或岩隙。全草及根药用，治小便不利、尿痛、尿血、闭经。

13. 长梗蝇子草 图 700

Silene pterosperma Maxim. in Acta Hort. Petrop. 11: 67. 1889.

多年生草本，高达60厘米。根具多头根颈。茎疏丛生。基生叶簇生，线形，长7-9厘米，宽（1）2-3毫米，基部渐窄成柄状，具缘毛；茎生叶1-2对，较短小，基部鞘状。总状花序，花常对生，稀假轮生，微俯垂。花梗纤细，较花萼长2倍以上；苞片披针形，边缘膜质，基部鞘状，具缘毛。花萼窄钟形，长约1厘米，脉淡紫色，萼齿卵状三角形，先端钝；雌雄蕊柄长约2毫米，被微柔毛；花瓣黄白色，爪倒披针形，内藏，耳近圆形，具微齿，瓣片伸出，窄长圆形，2深裂，裂片长圆状线形；副花冠线形；雄蕊内藏；花柱3，伸出。蒴果卵圆形，微长于宿萼。种子三角状肾形，侧扁，褐色，长约1毫米。花期7月，果期8月。

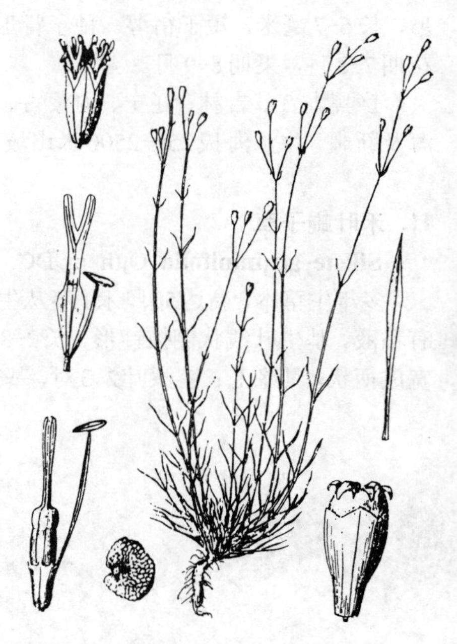

图 700 长梗蝇子草（引自《云南植物研究》）

产陕西、甘肃、青海、四川及内蒙古，生于海拔（1700-）2100-3700（-4000）米山坡林下或灌丛草地。

14. 绢毛蝇子草 图 701

Silene sericata C. L. Tang in Acta Phytotax. Sin. 24(5): 389. f. 2. 1986.

多年生草本，高达45厘米。根圆柱状。茎疏丛生，不分枝，常具不育短枝。基生叶多数，线形，长5-8厘米，宽1-2.5毫米，基部渐窄成长柄状，微连合；茎生叶少数。总状花序顶生，稀圆锥状，花对生。花梗长0.5-1厘米；苞片披针形，长3-7毫米，具缘毛；花萼窄钟形，长1-1.2厘米，径3-3.5毫米，纵脉紫色，萼齿卵形或三角状卵形，长1-1.5毫米，被绢毛，具缘毛；雌雄蕊柄长3-4毫米，被短毛；花瓣白色，爪匙状倒披针形，长1-1.2厘米，瓣片长5-6毫米，2裂达2/3或更深，裂片倒披针或线形；副花冠窄长圆形或披针形，长约1毫米；雄蕊长1.2-1.4厘米，伸出，花柱长约1.2厘米，伸出。蒴果卵圆形，长6-8毫米，短于宿萼。种子肾形，长约1.2毫米，两侧具条形凸起，脊具锐槽。花期7-8月，果期9月。

产宁夏及甘肃，生于海拔2300-3000米山地草丛。

图 701 绢毛蝇子草 （引自《植物分类学报》）

15. 隐瓣蝇子草 图 702

Silene gonosperma (Rupr.) Bocquet in Candollea 22(1): 7. 1967. *Physolychnis gonosperma* Rupr. in Mem. Acad. Sci. St. Pétersb. Sav. Etrang. ser. 7, 14(4): 41. 1869.

多年生草本，高达20(-40)厘米。根具多头根颈。茎疏丛生或单生，不分枝，密被柔毛，上部被腺毛及粘液。基生叶莲座状，线状倒披针形，长3-13厘米，宽0.3-1厘米，基部渐窄成柄状，两面被柔毛，具缘毛；茎生叶1-3对，披针形，基部连合。花单生，稀2-3朵，俯垂。花梗长1-5(-10)厘米，密被腺柔毛；苞片线状披针形；花萼囊状，口部缢缩，长1.3-1.5厘米，径0.7-1厘米，被柔毛及腺毛，纵脉暗紫色，脉端不连结，萼齿三角形；雌雄蕊柄极短；花瓣紫色，内藏，稀微伸出花萼，爪楔形，具耳，瓣片2浅裂；雄蕊内藏，花柱5，内藏。蒴果椭圆状卵圆形，长1-1.2厘米，10齿裂。种子扁圆形，褐色径约2毫米，种脊具翅。花期6-7月，果期7-8月。

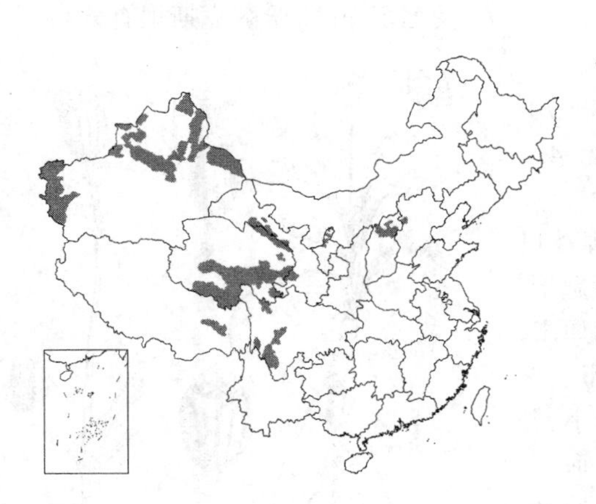

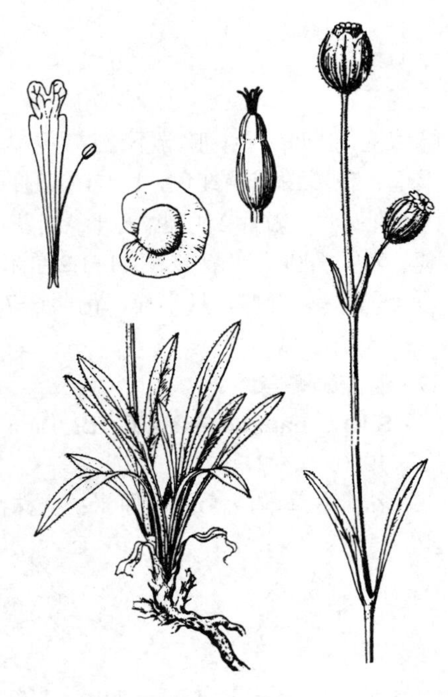

图 702 隐瓣蝇子草 （李志民绘）

产河北、山西、宁夏、甘肃、青海、新疆、四川及西藏，生于海拔(1600)3000-4400米山坡草地、高山草甸或流石滩。中亚有分布。

［附］**喜马拉雅蝇子草 Silene himalayensis**（Rohrb.）Majumdar in Journ. Ind. Bot. Soc. 42：648. 1963. —— *Melandrium apetalum*（Linn.）Fenzl. δ *himalayense* Rohrb. in Linnaea 36：220. 1869. 本种与隐瓣蝇子草的区别：花萼钟形，口部不缢缩，长约1厘米，脉在萼齿连结；蒴果长0.8-1厘米。花期6-7月，果期7-8月。产内蒙古、河北、陕西、宁夏、甘肃、青海、湖北、四川、云南及西藏，生于海拔2000-5000米草甸、灌丛中、林下或沟边。阿富汗、巴基斯坦、印度西北部、尼泊尔、不丹及锡金有分布。

16. 准噶尔蝇子草 图 703

Silene songarica（Fisch.，Mey. et Ave-Lall.）Bocquet in Candollea 22(1)：3. 1967.

Melandrium songaricum Fisch.，Mey. et Ave-Lall. in Suppl. Ind. Sem. Hort. Petrop. 9：14. 1844.

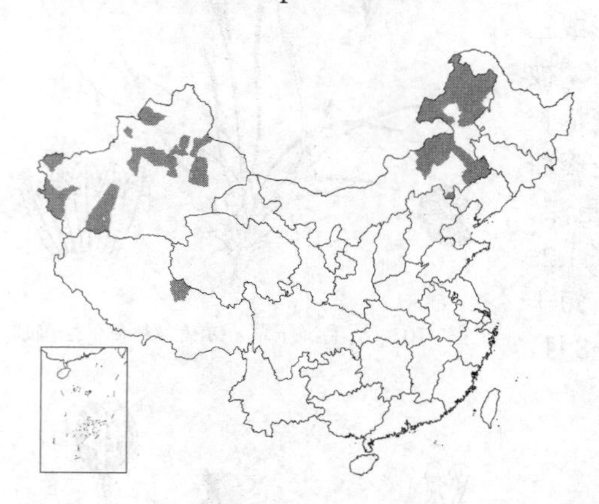

多年生草本，高达60厘米。全株密被长柔毛。主根细长。茎丛生，不分枝。基生叶窄披针形，长3-9厘米，宽0.3-1厘米，基部渐窄成柄状；茎生叶3-5对；线状披针形或线状倒披针形。总状花序具2-6花，稀更多，花梗长0.5-1.5厘米；苞片线状披针形；花萼窄钟形，长1.2-1.5厘米，径5-7毫米，密被短柔毛及稀疏腺毛，脉暗绿色，脉端不连结，萼齿三角形；雌雄蕊柄长约1毫米，被短柔毛；花瓣白或淡红色，长1.1-1.3厘米，与花萼等长或微伸出，爪倒披针形，耳圆形，瓣片2浅裂，心形；副花冠近卵形；花丝被毛，雄蕊及花柱内藏。蒴果椭圆状卵圆形，长1-1.2厘米，短于宿萼，10齿裂。种子肾形，长约0.8毫米，脊厚，具小瘤。花期6-7月，果期7-8月。

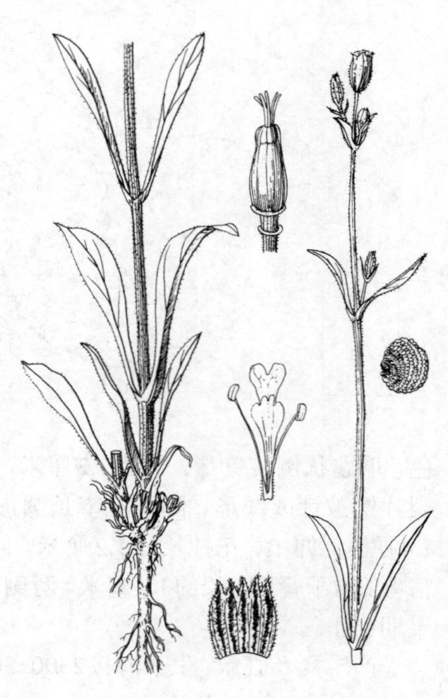

图 703 准噶尔蝇子草 （李志民绘）

产内蒙古、新疆及西藏安多，生于海拔2000-4700米多砾石灌丛草地或高山草甸。蒙古、俄罗斯西伯利亚及远东地区、哈萨克斯坦有分布。

17. 囊谦蝇子草 图 704

Silene nangqenensis C. L. Tang in Acta Bot. Yunn. 2：433. f. 4. 1980.

多年生草本，高达30厘米；全株密被腺毛。茎疏丛生或单生。基生叶椭圆状倒披针形，稀近匙形，长4-8厘米。宽1-1.5厘米，基部楔形或渐窄成柄状；茎生叶1-3对；较基生叶小。花序总状，少花，花微俯垂，花后期直立。花梗长1-5厘米，密被腺毛；苞片披针形，长0.5-1厘米，被腺毛；花萼宽钟形，微囊状，长约1.5厘米，径约1厘米，口张开，基部圆，

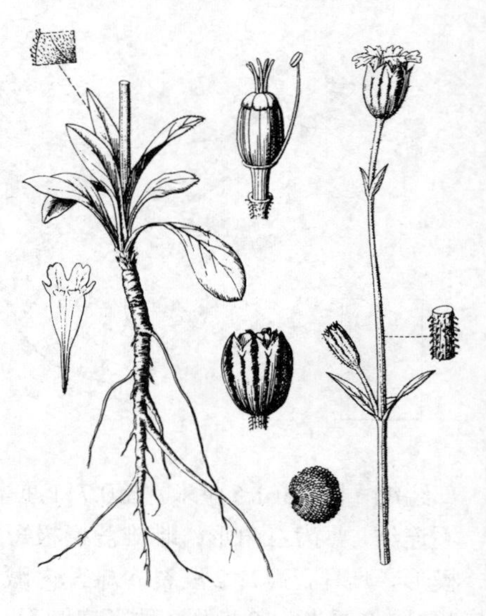

图 704 囊谦蝇子草 （李志民绘）

纵脉微宽，带暗紫色，沿脉被腺秆，萼齿宽三角形，长约3毫米；雌雄蕊柄长约2毫米；花瓣黄白色，微伸出花萼，爪近楔形，基部具缘毛，瓣片2深裂，裂片椭圆形，先端微凹，瓣片两侧近基部各具1小裂片或细齿；副花冠摺扇状，具缺刻；雄蕊微伸出花冠喉部，花丝被毛；花柱内藏。蒴果卵圆形，长约1.2厘米，10齿裂。种子圆肾形，长约1毫米。花期7月，果期8月。

产青海及西藏东部，生于海拔4200-4600米高山草地。

18. 尼泊尔蝇子草 图 705

Silene nepalensis Majumdar in Journ. Ind. Bot. Soc. 42: 649. 1963.

多年生草本，高达50厘米。根具多头根颈。茎丛生，密被柔毛。基生叶线状披针形，长3-14厘米，宽3-7毫米，基部渐窄成柄状；茎生叶两面及边缘被柔毛。圆锥花序具多花，花俯垂，后期直立。花梗长0.5-1厘米，密被柔毛；苞片线形，被柔毛；花萼窄钟形，长0.8-1厘米，径4-5毫米，密被柔毛，基部圆，口张开，纵脉暗紫或暗绿褐色，脉端在萼齿连合，萼齿三角形，长约3毫米；雌雄蕊柄长1-1.5毫米，被柔毛；花瓣伸出花萼2-3毫米，爪宽楔形，长6-8毫米，具耳，瓣片紫色，长1.5-3毫米，先端凹缺或2裂，裂片全缘，有时具微齿；副花冠近圆形，顶端钝或微缺；花丝无毛，雄蕊及花柱内藏。蒴果卵状椭圆形，长0.8-1厘米，5瓣裂或10齿裂。种子肾形，肥厚，微扁，长约0.6毫米，灰褐色，两侧具线条纹，脊具小瘤。花期7-8月，果期8-9月。

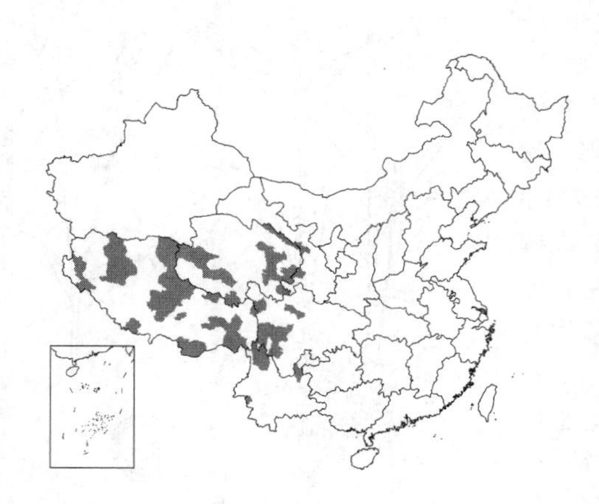

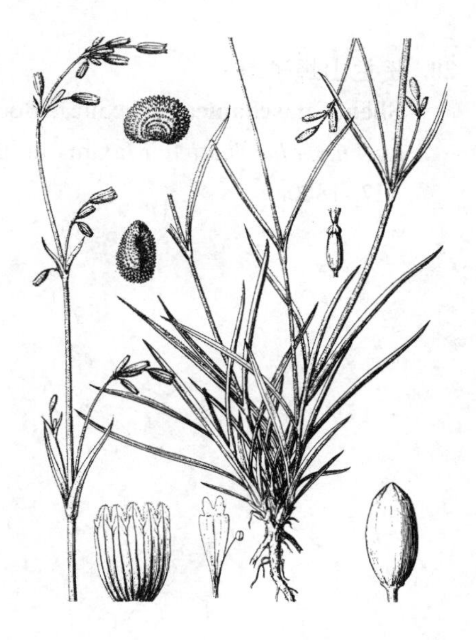

图 705 尼泊尔蝇子草 （李志民绘）

产甘肃、青海、四川、云南及西藏，生于海拔2700-5100米山坡草地、灌丛或林下。巴基斯坦、尼泊尔、不丹及锡金有分布。

19. 腺毛蝇子草 图 706 彩片 195

Silene yetii Bocquet in Candollea 22(1): 5. 1967.

多年生草本，高达50厘米；全株密被腺毛及粘液。茎疏丛生，稀单生，常带紫色。基生叶倒披针形或椭圆状披针形，长5-10(-13)厘米，宽1-2(-2.5)厘米，基部渐窄成柄状，两面被腺毛，边缘及沿叶脉被硬毛；上部茎生叶披针形，长3-5厘米，宽0.5-1.5厘米，基部连合。总状花序常3-5花；花微俯垂，后期直立。花梗长0.5-5厘米；苞片线状披针形；花萼钟形，长1.2-1.5厘米，宽5-6毫米，口张开，基部圆，密被腺毛，果期微膨大，纵脉黑紫或褐色，脉端在萼齿稍连结，被腺毛，萼齿卵状三角形；雌雄蕊柄长1-1.5毫米；花瓣伸出花萼5-6毫米，爪

图 706 腺毛蝇子草 （李志民绘）

楔形，具圆耳，瓣片紫或淡红色，长约3毫米，2浅裂，裂片窄椭圆形；副花冠圆形；雄蕊及花柱内藏。蒴果卵圆形，长1.2-1.4厘米，径9毫米，短于宿萼，5瓣裂或10齿裂。种子肾形，长约1毫米，两侧耳状凹，具线条纹，脊厚，具小瘤。花期7月，果期8月。

产甘肃、青海、四川及西藏，生于海拔（2700-）3300-4800（-5000）米多砾石草坡。

20. 贺兰山蝇子草 图 707

Silene alaschanica（Maxim.）Bocquet in Candollea 22(1): 15. 1967. *Lychnis alaschanica* Maxim. in Bull. Acad. Sci. St. Pétersb. 26: 427. 1880.

多年生草本，高达30（-45）厘米；全株密被腺毛。茎疏丛生，不分枝。基生叶倒披针形或匙状倒披针形，长3-7（-10）厘米，宽0.7-1.3（-1.6）厘米，基部渐窄成柄状，两面及边缘被腺毛；上部茎生叶披针形，较基生叶小。花序总状，具1-4花。花梗细，长1.3-1.5厘米，密被腺柔毛；苞片线状披针形，长3-8毫米；花萼钟形，长0.7-1厘米，径3-3.5毫米，口张开，被腺毛，纵脉暗绿或紫色，萼齿三角状卵形，长约2.5毫米；雌蕊柄长约1毫米；花瓣伸出花萼5毫米，爪伸出，窄楔形，具三角形耳，基部具长缘毛，瓣片淡紫色，宽倒卵形，长约4毫米，2深裂，两侧各具1线形裂片；副花冠椭圆形，具缺刻；雄蕊微伸出花冠喉部；花柱伸出。蒴果卵圆形，长8-9毫米，微短于宿萼，10齿裂。种子圆肾形，肥厚，长约1.5毫米，脊具小瘤。花期6-7月，果期7-8月。

图 707 贺兰山蝇子草 （马 平绘）

产内蒙古及宁夏贺兰山区，生于海拔2000-2900米山地灌丛、沟岸草地或山沟林下。

21. 丛生蝇子草 图 708

Silene caespitella F.N. Williams in Journ. Linn. Soc. Bot. 38: 403. 1909.

多年生草本，高达40（-60）厘米。茎丛生，直立，灰绿色，被柔毛及腺毛。基生叶及下部茎生叶线形或线状披针形，长4-7（-10）厘米，宽2-5毫米，先端尖；基部窄，两面灰绿色，具缘毛；上部茎生叶3-4对，线形。聚伞花序具3-11花；花俯垂，后期直立。花梗短；花萼窄钟形，稍膨大，长5-6毫米，径2.5-3毫米，口张开，基部圆，被柔毛，纵脉10，深绿色，萼齿三角形，长约2.5毫米；雌雄蕊柄长约1毫米，疏被柔毛；花瓣微伸出花萼1-2毫

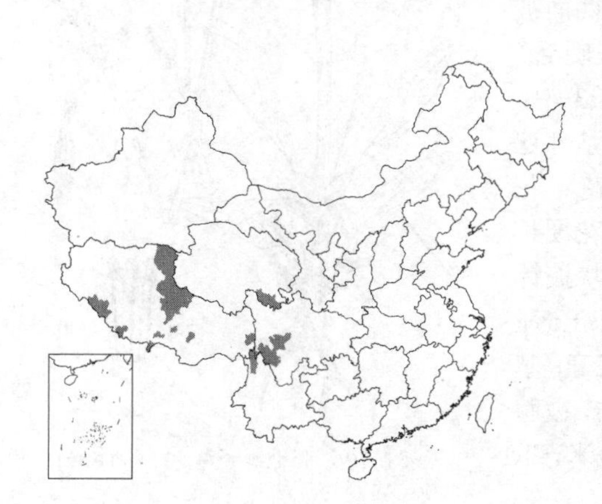

图 708 丛生蝇子草 （王 颖绘）

米，爪楔形，长约6毫米，具耳，瓣片长约2毫米，2浅裂，有时两侧基部各具1微齿，绿白色；副花冠卵形，有时不明显；雄蕊及花柱内藏。蒴果长圆形，长约8毫米，微长于宿萼，10齿裂。种子近圆肾形，微扁，两侧耳状凹，具线条纹，脊上具鸡冠状小瘤。花期6-7月，果期8-9月。

产青海东南部、四川西南部、云南西北部及西藏，生于海拔2500-5100米高山针叶林中或草甸。尼泊尔、不丹及锡金有分布。

22. 狭瓣蝇子草 狭果蝇子草 图 709

Silene huguettiae Bocquet in Candollea 22(1): 5. 1967.

多年生草本，高达60（-90）厘米。根倒圆锥形。茎单生，稀疏丛生，密被柔毛及稀疏腺毛。基生叶椭圆状披针形或倒披针形，长5-10厘米，基部渐窄成柄状，两面疏被腺柔毛，边缘具腺毛；上部茎生叶1-3对，披针形。圆锥花序具多花，花径约1厘米。花梗细，长1-2厘米，被柔毛及稀疏腺毛；苞片披针形，被柔毛；花萼窄钟形，长0.8-1.2厘米，径约3毫米，密被白色柔毛，纵脉暗绿或紫黑色，被腺毛，萼齿三角状披针形，长3-4毫米；雌雄蕊柄极短；花瓣窄，伸出花萼4-6毫米，爪匙状倒披针形，微伸出，瓣片淡黄绿色，长2-4毫米，2浅裂，裂片近卵形；副花冠片舌状；雄蕊及花柱内藏。蒴果长圆形，长1-1.4厘米，长于宿萼，5齿裂。种子圆肾形，长0.6-0.8毫米，两侧具线条纹，脊具小瘤。花期7-8月，果期8-9月。

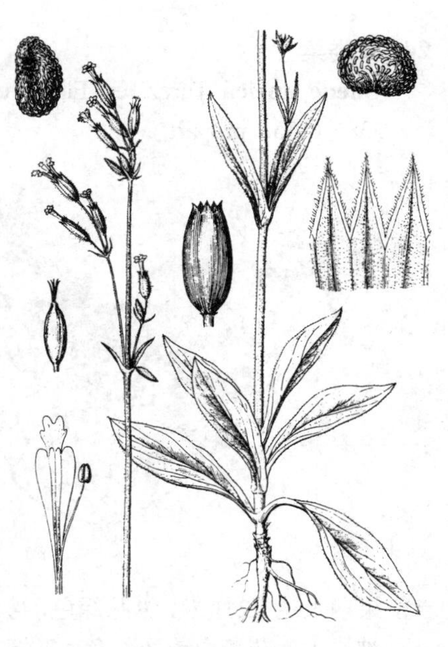

图 709 狭瓣蝇子草 （张大成绘）

产甘肃、青海、四川、云南及西藏，生于海拔2400-4600米草坡或林缘。

23. 坚硬女娄菜 图 710

Silene firma Sieb. et Zucc. in Abh. wien, Math.-Phys. Acad. Wiss. wien, 4(2): 166. 1843.

Melandrium firmum (Sieb. et Zucc.) Rohrb.; 中国高等植物图鉴 1: 640. 1972.

一至二年生草本，高达1米；无毛。茎单生或疏丛生，粗壮，稀分枝。叶椭圆状披针形或卵状倒披针形，长4-10（-16）厘米，基部渐窄，具缘毛。假轮伞状间断总状花序。花梗长0.5-1.8（-3）厘米，直立，无毛；苞片窄披针形；花萼卵状钟形，长7-9毫米，果期膨大，长1-1.2厘米，脉绿色，萼齿窄三角形，先端长渐尖；花瓣白色，不伸出花萼，倒披针形，先端2裂；副花冠小；雌雄蕊柄极短或近无；花丝无毛，雄蕊及花柱

图 710 坚硬女娄菜 （引自《秦岭植物志》）

内藏。蒴果长卵圆形，长0.8-1.1厘米。种子圆肾形，长约1毫米，具棘凸。花期6-7月，果期7-8月。

产黑龙江、吉林、辽宁、内蒙古、河北、山东、江苏、安徽、浙江、福建、江西、湖南、湖北、河南、山西、陕西、甘肃、青海、西藏、四川、云南及贵州，生于海拔300-2500米草坡、灌丛中、林缘、草地或林下。日本、朝鲜及俄罗斯远东地区有分布。

24. 女娄菜 图 711

Silene aprica Turcz. ex Fisch. et Mey. in Ind. 1, Sem. Hort. Petrop. 38. 1835, propart.

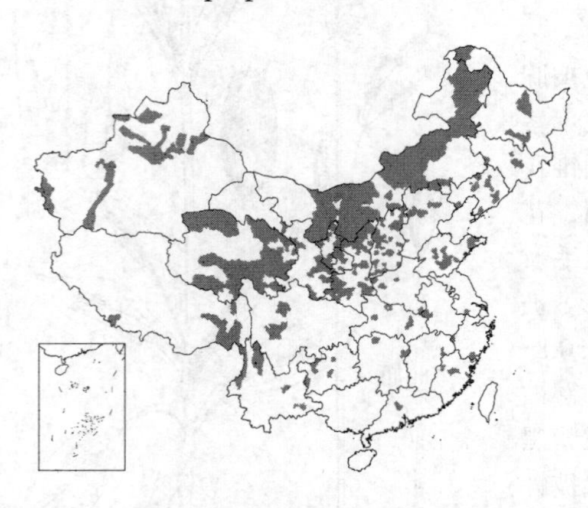

一至二年生草本，高达70（-100）厘米；全株密被灰色柔毛。茎单生或数个。基生叶倒披针形或窄匙形，长4-7厘米，宽4-8毫米，基部渐窄成柄状；茎生叶倒披针形、披针形或线状披针形。圆锥花序。花梗长0.5-2(-4)厘米，直立；苞片披针形，渐尖，草质，具缘毛；花萼卵状钟形，长6-8毫米，密被柔毛，果期长达1.2厘米，纵脉绿色，萼齿三角状披针形；雌雄蕊柄极短或近无，被柔毛；花瓣白或淡红色，爪倒披针形，长7-9毫米，具缘毛，瓣片倒卵形，2裂；副花冠舌状；花丝基部具缘毛，雄蕊及花柱内藏。蒴果卵圆形，长8-9毫米，与宿萼近等长。种子圆肾形，长0.6-0.7毫米，具小瘤。花期5-7月，果期6-8月。

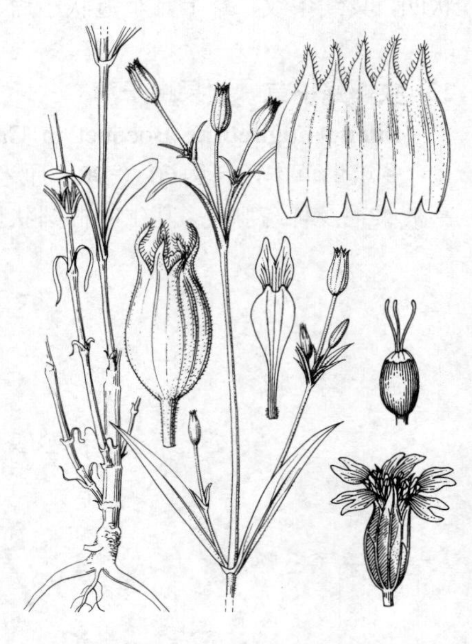

图 711 女娄菜 （引自《秦岭植物志》）

产黑龙江、吉林、辽宁、内蒙古、河北、山东、江苏、安徽、浙江、福建、江西、湖南、湖北、河南、山西、陕西、宁夏、甘肃、青海、新疆、西藏、四川、云南、贵州及广东。生于海拔450-3400米山坡草地、灌丛中、林下、河岸或田埂。日本、朝鲜、蒙古、俄罗斯西伯利亚和远东地区有分布。全草入药，治乳汁少、浮肿。

25. 白玉草 图 712

Silene venosa（Gilib.）Aschers. Fl. Prov. Brandenb. 2: 23. 1864.

Cucubalus venosa Gilib. Fl. Lithuan. 2: 165. 1781.

多年生草本，高达1米，全株无毛，灰绿色。茎疏丛生，直立，上部分枝。叶卵状披针形、披针形或卵形，长4-10厘米，下部叶基部渐窄成柄状，边缘有时具不明显细齿；上部叶基部楔形、平截或圆微抱茎。二歧聚伞花序，花微俯垂。花梗较花萼短或近等长；苞片卵状披针形，草质；花萼宽卵形，囊状，长1.3-1.6厘米，径5-7毫米，具20脉，无毛，常紫堇色，萼齿短，宽三角形，具缘毛；雌雄蕊柄长约2毫米；花瓣白

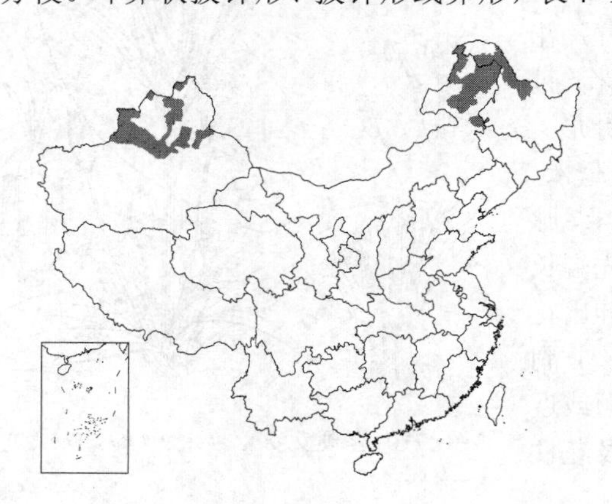

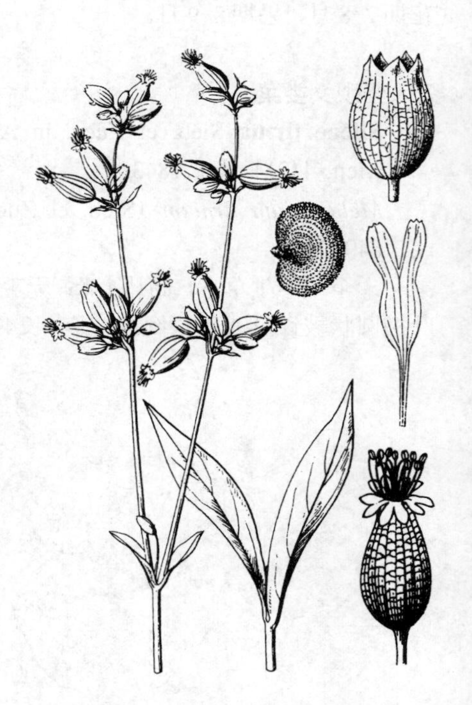

图 712 白玉草 （李志民绘）

色，长1.5-1.8厘米，爪楔状倒披针形，瓣片伸出花萼，2深裂近基部，裂片窄倒卵形；雄蕊及花柱伸出，花药蓝紫色。蒴果近球形，径约8毫米，短于宿萼。种子圆肾形，约1.5毫米，具乳凸。花期6-8月，果期8-9月。

产黑龙江、内蒙古及新疆，生于海拔150-2700米草甸、灌丛中、林下、多砾石草地、荒地或农田。亚洲、欧洲及北非有分布。药用，调经、消炎、祛痰；嫩株可食用；根富含皂甙，可代肥皂用。

图 713 垫状蝇子草 （李志民绘）

26. 垫状蝇子草 簇生蝇子草 图713 彩片196

Silene kantzeensis C. L. Tang in Acta Bot. Yunn. 2: 439. 1980.

多年生垫状草本，高达8厘米。根圆柱形，具多头根颈。茎密丛生。叶倒卵状线形，长1-2.5厘米，宽2-3毫米，具缘毛。花单生茎顶，直立，径1.5-2厘米。花梗较叶短，密被柔毛；花萼窄钟形或筒状钟形，长1.3-1.8厘米，径3-5毫米；基部平截，暗紫色，被紫色腺毛，纵脉紫色，萼齿三角状卵形；雌雄蕊柄长约1毫米；花瓣淡紫或淡红色，长约2厘米，爪窄楔形，耳卵形，瓣片伸出花萼，倒卵形，叉状2裂达中部；副花冠倒卵形，全缘或具缺刻；雄蕊及花柱内藏。蒴果圆柱形或圆锥形，长约1.5厘米，径约3.5毫米，微长于宿萼。种子圆肾形，长约1毫米，微扁，近平滑，脊锐。花期7-8月，果期9-10月。

产青海东南部、四川西部、云南西北部及西藏东部，生于海拔(3500-)4100-4700米高山草甸。

27. 毛萼蝇子草 图714

Silene pubicalycina C. Y. Wu in Acta Bot. Yunn. 4: 151. f. 5: 1-5. 1982.

多年生草本，高达30厘米。根粗，具根颈。茎疏丛生，被白色长柔毛，上部被腺毛。基生叶匙状状披针形，长5-10厘米，宽0.5-1.2厘米，两面及边缘被白色长柔毛；茎生叶倒披针形或披针形，长3-5厘米，宽0.4-1.2厘米。花序二歧聚伞式。花梗长1-3厘米，被柔毛及腺毛；苞片卵状披针形，密被白色柔毛；花萼钟形，长1.2-1.5厘米，径4-6毫米，密被柔毛，淡紫色，萼齿三角状卵形，长3-4毫米；雌雄蕊柄长2-3毫米；花瓣淡红色，长约1.8毫米，爪倒披针形，长约1.2毫米，具耳，瓣片伸出花萼，长约6毫米，2深裂近中部，裂片窄卵形；副花冠长约1.5毫米，具缺齿；雄蕊及花柱内藏。蒴果卵圆形，短于宿萼。种子圆肾形，具小瘤。花期7-8月，果期8-9月。

图 714 毛萼蝇子草 （引自《云南植物志》）

产四川西南部、云南西北部及西藏东南部，生于海拔3200米林下。

28. 长角蝇子草 图 715

Silene longicornuta C. Y. Wu et C. L. Tang in Acta Bot. Yunn. 4: 149. f. 4. 1982.

多年生草本，高达15厘米。茎密被长柔毛及腺毛。基生叶倒披针形，长5-12厘米，宽1-2厘米，基部渐窄成长柄状，具长缘毛；茎生叶1-2对，卵状披针形。聚伞花序具多花，稀2-3花。花梗长1-2.5厘米，密被紫色腺毛；苞片卵状或卵状披针形，长0.8-1.5厘米，密被腺毛；花萼窄钟形，长1.2-1.7厘米，径约5毫米，密被紫色腺毛，纵脉紫色，萼齿三角形，长3-4毫米；雌雄蕊柄长1-2毫米；花瓣紫色，长达2.5厘米，爪白色，楔状倒披针形，长1-1.3厘米，瓣片4深裂，中裂达2/3，侧裂至1/2，裂片条形；副花冠长圆状披针形；雄蕊及花柱内藏。蒴果长圆形，与花萼近等长。种子肾形，长约1毫米，黑紫色，具小瘤。花期9月，果期10月。

产四川西南部、云南西南部，生于海拔2500-2800米石灰岩缝中。

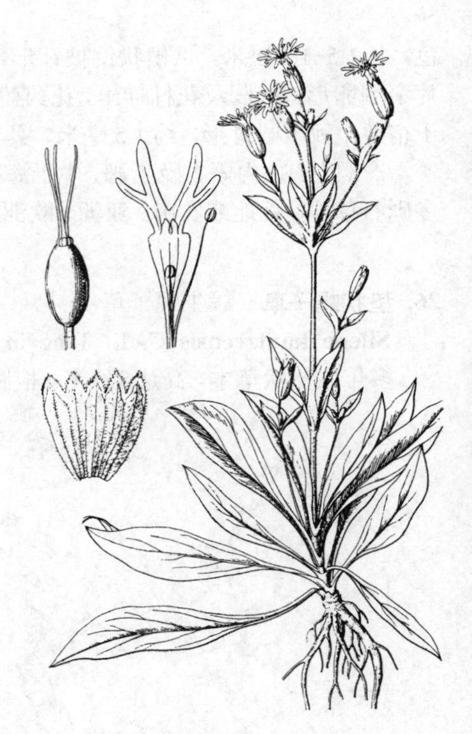

图 715 长角蝇子草 （李志民绘）

29. 倒披针叶蝇子草 图 716

Silene oblanceolata W. W. Smith. in Notes Roy Bot. Gard. Edinb. 11: 227. 1919.

多年生草本，高达30厘米。茎密被紫色腺毛，上部有粘液。基生叶倒披针形，长5-15厘米，宽1-2厘米，基部渐窄成长柄状，两面微粗糙，有时疏被毛，常紫色，具缘毛；茎生叶2-3对，卵形或卵状披针形，无柄，具缘毛。聚伞花序具多花，花微俯垂。花梗长0.5-1.5厘米，密被紫色腺毛；苞片卵状披针形或披针形，被腺毛；花萼窄钟形，长1-1.2厘米，径3-3.5毫米，密被紫色腺毛，萼齿三角状披针形，长约4毫米，被腺毛；雌雄蕊柄极短；花瓣淡紫或红色，长约1厘米，内藏或微伸出花萼，爪匙状倒披针形，耳边缘啮蚀状，瓣片4深裂达中部以下，中裂片2浅裂至中部，侧裂片小；副花冠半圆形或长圆形；雄蕊及花柱内藏。蒴果椭圆形，长约1厘米，微长于宿萼。种子圆肾形，具小瘤，脊平。花期8-9月，果期10月。

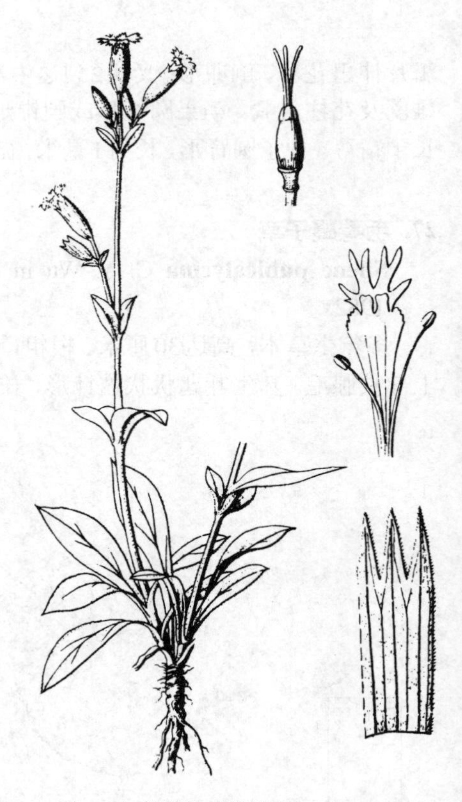

图 716 倒披针叶蝇子草 （李志民绘）

产四川西南部、云南西北部，生于海拔2400-3550米松林下岩缝中。

30. 石生蝇子草 山女娄菜 图 717：1-7

Silene tatarinowii Regel in Bull. Soc. Nat. Mosc. 34(2)：563. 1861. *Melandrium tatarinowii*（Regel）Tsui；中国高等植物图鉴 1：638. 1972.

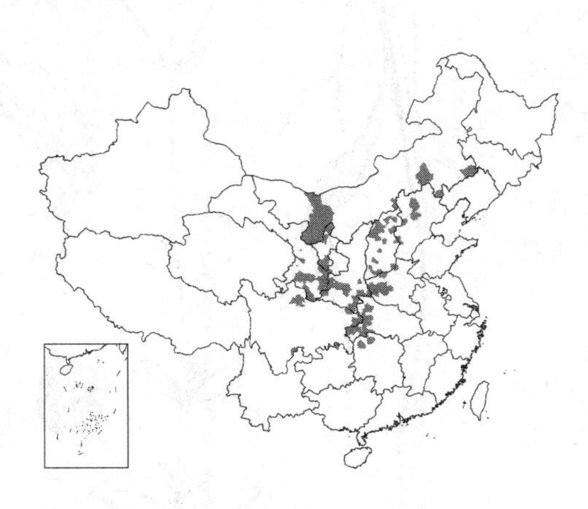

多年生草本；全株被柔毛。根纺锤形或倒圆锥形，黄白色。茎长达80厘米，分枝稀疏。叶卵状披针形或披针形，稀卵形，长2-5厘米，宽0.5-1.5（-2）厘米，基部近圆，骤窄成短柄，两面疏被柔毛，具缘毛，基出脉3。二歧聚伞花序多花，疏散。花梗细，长0.8-3（-5）厘米，被柔毛；苞片披针形；花萼筒状，长1.2-1.5厘米，径3-5毫米，10纵脉绿色，有时紫色，萼齿三角状卵形；雌雄蕊柄长4-5毫米；花瓣白色，爪倒披针形，内藏或微伸出花萼，瓣片长约7毫米，2浅裂达1/4，两侧中部各具1小裂片，副花冠椭圆形；雄蕊及花柱伸出。蒴果卵圆形或长卵圆形，长6-8毫米，短于宿萼。种子肾形，长约1毫米，具小瘤，脊圆钝。花期7-8月，果期8-10月。

产内蒙古、河北、山西、陕西、宁夏、甘肃、河南、湖北、湖南、四川及贵州，生于海拔800-2900米山坡、林下、灌丛中、沟边、河滩或石缝中。

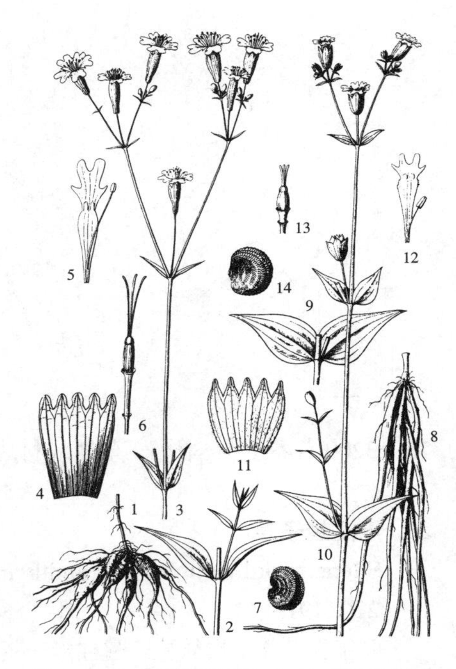

图 717：1-7. 石生蝇子草 8-14. 掌脉蝇子草（李志民绘）

31. 掌脉蝇子草 图 717：8-14

Silene asclepiadea Franch. in Bull. Soc. Bot. France 33：422. 1886.

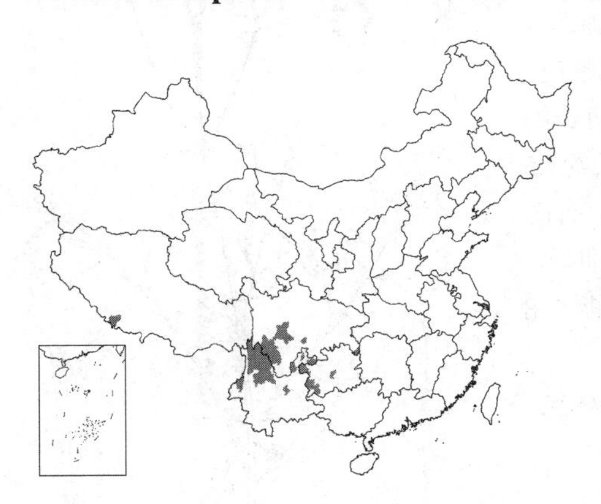

多年生草本；全株被柔毛。根簇生，圆柱形。茎铺散，长达1米，多分枝，上部稍被腺毛。叶宽卵形或卵状披针形，长4-7厘米，基部圆或微心形，上面无毛或疏被柔毛，下面沿脉疏被柔毛，基脉3或多或少，边缘粗糙或具缘毛。二歧聚伞花序大型，花直立。花梗长1-3.5厘米，密被腺毛；苞片卵状披针形，被柔毛；花萼钟形，长8-12毫米，径约4毫米，基部圆，花后微膨大，纵脉紫色，沿脉密被腺毛，萼齿三角形；雌雄蕊柄长1-2毫米；花瓣淡紫或变白色，长约1.5厘米，爪楔形，上部啮蚀状，瓣片4裂，中裂片窄长圆形，侧裂片窄三角形；副花冠近方形；雄蕊及花柱内藏。蒴果卵圆形，长约1厘米，短于宿萼。种子肾形，两侧耳状凹，具小瘤。花期7-8月，果期8-10月。

产贵州、四川、云南及西藏，生于海拔1200-3900米山坡、林下、灌丛中、草地、田间或路边。

32. 心瓣蝇子草 图 718

Silene cardiopetala Franch. in Bull. Soc. Bot. France 33：419. 1886.

多年生草本。根簇生，圆柱形或纺锤形。茎铺散，纤细，长达1米，被柔毛。叶椭圆形，长2-3（-4）厘米，基部宽楔形，下面沿中脉疏被柔毛，具缘毛。二歧聚伞花序，花径约2厘米。花梗长2-6（-15）厘米，密被柔毛；苞片线状披针形，疏被毛；花萼筒状，长1.5-1.8厘米，径约3毫米，沿脉疏被柔毛，萼齿卵状三角形；雌雄蕊柄长约4.5毫米；花瓣淡红色，长

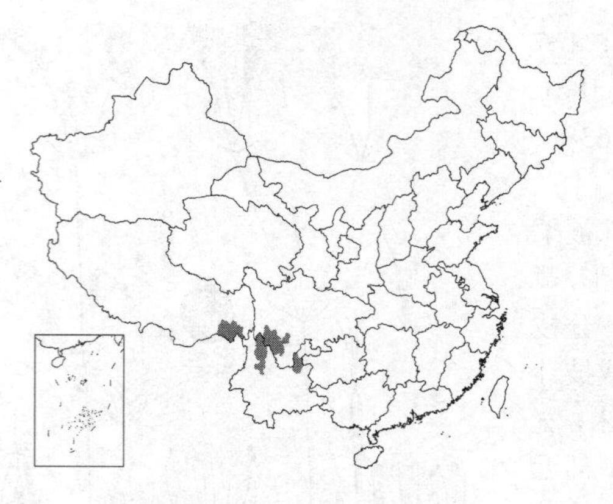

2-2.5厘米，爪楔形，具耳，瓣片倒心形，宽6-7毫米，微凹或浅2裂；副花冠圆形；雄蕊及花柱微伸出。蒴果卵状长圆形，长约1厘米，短于宿萼。种子肾形，长约1毫米，具短线形凸起。花期7-9月，果期8-10月。

产四川西南部、云南北部及西藏东南部，生于海拔730-3200米灌丛中、林缘、草地或村边。

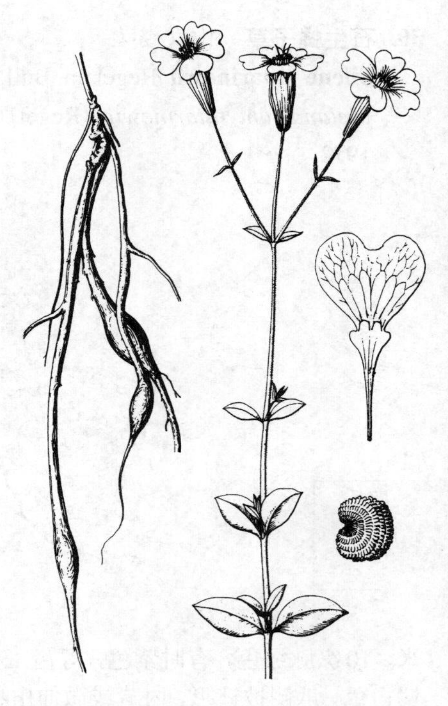

图 718 心瓣蝇子草 （李志民绘）

33. 沧江蝇子草 图 719

Silene monbeigii W. W. Smith in Notes Roy Bot. Gard. Edinb. 11: 226. 1919.

多年生草本。根簇生，圆柱形。茎俯仰，纤细，长达50厘米，多分枝，被柔毛。叶窄椭圆形或倒披针状椭圆形，长1-3厘米，宽4-7毫米，质薄，基部渐窄或短柄状，两面稍被柔毛，具缘毛。二歧聚伞花序具数花，花径约1.5厘米。花梗长0.7-1.7厘米，密被腺柔毛；苞片披针形；花萼细筒状，长约1.5厘米，径约2毫米，被腺毛，花后上部微膨大，纵脉紫色，萼齿披针形；雌雄蕊柄长约5毫米；花瓣淡红色，长约1.5厘米，爪与花萼近等长，窄楔形，瓣片倒卵形，长约6毫米，2浅裂，有时两侧中下各具不明显细齿；副花冠卵形或半圆形；雄蕊微伸出；花柱伸出。蒴果卵状长圆形，长0.8-1厘米，短于宿萼。种子肾形，具小瘤。花期5-8月，果期7-9月。

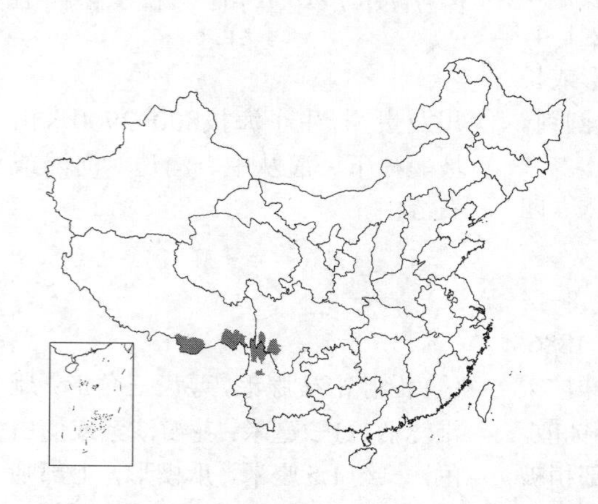

产四川西南部、云南西北部及西藏东南部，生于海拔1900-3400米林缘、林下或岩坡。

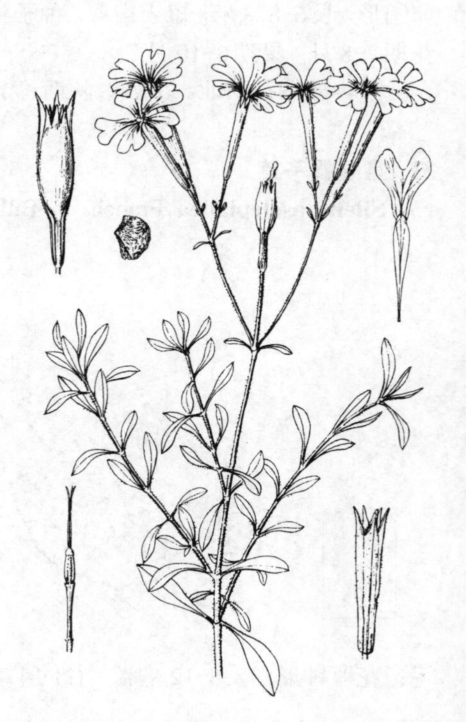

图 719 沧江蝇子草 （钱存源绘）

34. 粘萼蝇子草 图 720

Silene viscidula Franch. in Bull. Soc. Bot. France 33: 421. 1886.

多年生草本；全株被柔毛。根簇生，圆柱形。茎俯仰，长达80厘米，上部被腺毛。叶椭圆形，长3-6厘米，基部楔形，两面被柔毛，沿脉较密，具短缘毛。二歧聚伞花序大型，密被腺柔毛及粘液，花直立，径1-1.2厘米。花梗长约1厘米；苞片卵状披针形；花萼钟形，长0.8-1厘米，基部圆，密被腺柔毛，纵脉紫色，萼齿卵状披针形；雌雄蕊柄长1-2毫米；花瓣淡红色，长1-2厘米，爪窄楔形，伸出花萼达5毫米，瓣片2深裂，有时两侧各具1小裂片；副花冠长椭圆形；雄蕊及

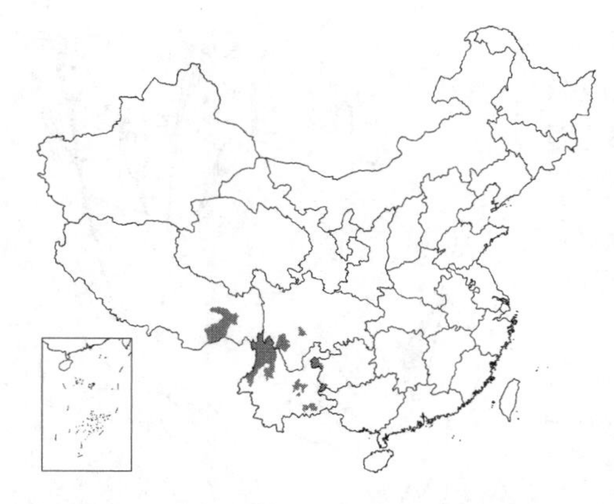

花柱各具1小裂片；副花冠长椭圆形；雄蕊及花柱伸出。蒴果卵圆形，长5-8毫米，短于宿萼。种子圆肾形，长约1毫米，具小瘤。花期5-8月，果期8-10月。

产贵州、四川、云南及西藏东南部，生于海拔（1200-）1450-3200米灌丛中、草地或林下。根入药，治跌打损伤、风湿骨痛、胃痛、支气管炎、尿路感染。

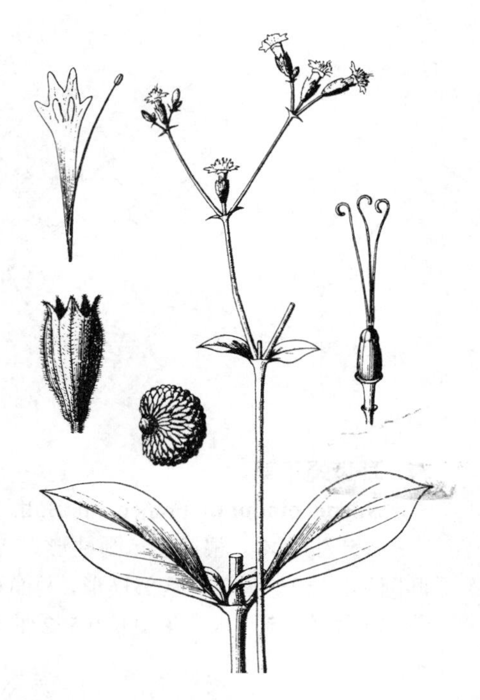

图 720 粘萼蝇子草 （李志民绘）

35. 粉花蝇子草 图 721

Silene rosiflora Ward in Notes Roy. Bot. Gard. Edinb. 8: 111. 1913.

多年生草本。茎疏丛生，铺散，上升，多分枝，长达60厘米，被柔毛，上部被腺毛。叶椭圆形，或近倒卵形，长2-4厘米，先端具凸尖，基部楔形，上面被乳凸或疏毛，下面被柔毛，具粗缘毛。二歧聚伞花序具7-15花，花序轴密被腺毛。花梗长2-4厘米，被腺毛；苞片披针形或线形；花萼钟形，长1.1-1.3厘米，径约3.5毫米，基部脐形，纵脉紫色，密被腺柔毛，萼齿近圆形或钝三角形，长约1.5毫米，疏被柔毛；雌雄蕊柄长约2毫米；花瓣淡红色，长约2厘米，爪伸出花萼约5毫米，倒披针形，瓣片长约5毫米，2裂，两侧各具1齿裂；副花冠长椭圆形；雄蕊内藏，长及瓣爪中部；花柱伸出。蒴果卵状长椭圆形，长约8毫米。种子肾圆形，具小瘤。花期5-9月，果期7-10月。

产四川及云南，生于海拔1960-3000米林缘、草地、林下、灌丛中或流石滩。

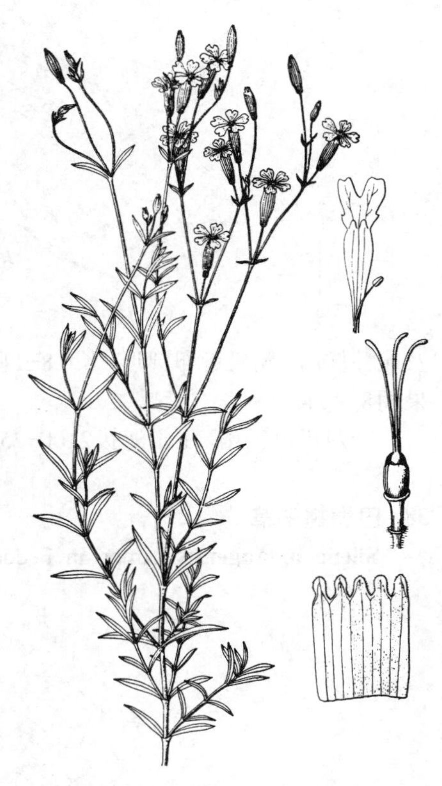

图 721 粉花蝇子草 （宁汝莲绘）

36. 红齿蝇子草 图 722

Silene phoenicodonta Franch. in Bull. Soc. Bot. France 33: 422. 1886.

多年生草本。根簇生，圆柱形。茎疏丛生，上升，长达50厘米，下部疏被柔毛，上部疏被腺毛。下部叶卵状椭圆形或倒卵状椭圆形，长5-10（-12）厘米，基部渐窄成柄状，两面近无毛或沿脉疏被柔毛，边缘具柔毛，基脉3出；上部叶卵形，无柄。二歧聚伞花序疏散，具数花。花梗及花序梗被柔毛及稀疏腺毛；苞片卵状披针形，被柔毛；花萼卵状钟形，长6-8毫米，基部圆，纵脉绿或带紫色，沿脉疏被粗毛及腺毛，花后微膨大，萼齿卵形，先端尖，带紫色；雌雄蕊柄长约1毫米；花瓣暗紫色，长1-1.2厘米，爪近匙形，内藏，上部扇形，具缺

刻，瓣片2深裂达中部；副花冠长圆形；雄蕊内藏或微伸出；花柱伸出。蒴果宽卵圆形，长0.7-1厘米，与萼片等长。种子肾形，长约1毫米，脊宽钝，具小瘤。花期6-7月，果期7-8月。

产四川南部及东部、云南西北部，生于海拔1600-2600米灌丛中或溪边。

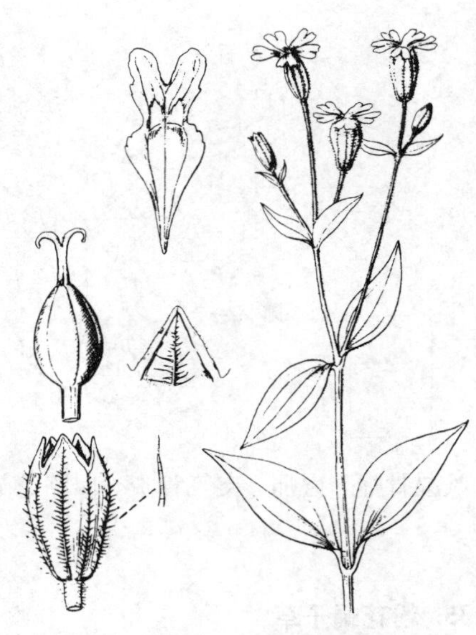

图 722 红齿蝇子草 （钱存源绘）

37. 耳齿蝇子草 图 723

Silene otodonta Franch. in Bull. Soc. Bot. France 33: 426. 1886.

多年生草本。根簇生，圆柱形。茎铺散，长达70厘米，密被柔毛。叶椭圆形，长2-3厘米，基部楔形，两面被柔毛，具缘毛。二歧聚伞花序具数花，花径约1.5厘米。花梗长0.5-2厘米，被腺柔毛；苞片线状披针形，被腺柔毛；花萼钟形，长1.2-1.5厘米，径约3.5毫米，基部脐形，被腺柔毛，萼齿卵状披针形，长约3.5毫米，带紫色；雌雄蕊柄长约2.5毫米；花瓣淡红或变白色，长约1.8厘米，爪不伸出花萼，倒披针形，上部具耳，瓣片长约7毫米，叉状2裂达中部，两侧各具1小齿；副花冠披针形，长1.5-2毫米，具微齿或裂片；雄蕊及花柱伸出。蒴果近卵圆形，长0.8-1厘米。种子肾形，具小瘤。脊宽平。花果期8-9月。

产四川及云南，生于海拔2100-2500米林下。

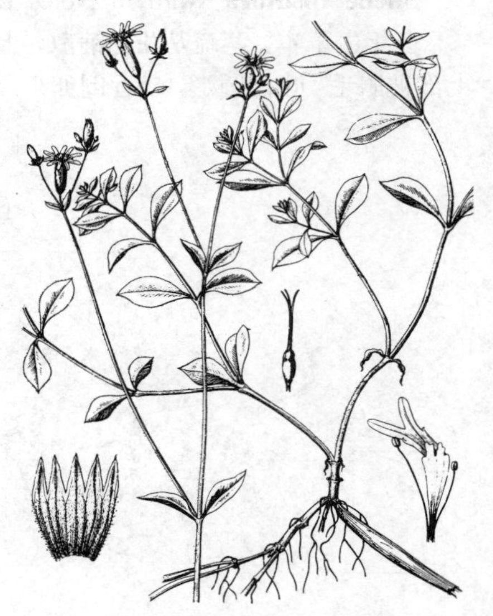

图 723 耳齿蝇子草 （张大成绘）

38. 巴塘蝇子草 图 724

Silene batangensis Limpr. in Fedde, Repert. Sp. Nov. 12: 363. 1922.

多年生草本。根簇生，纺锤形。茎长达35厘米，多分枝，密被腺毛，上部具粘液。叶披针状线形，长2-3厘米，宽1.5-3.5（-5）毫米，基部楔形，两面密被柔毛，具缘毛。二歧聚伞花序具3-7花，密被腺毛；花直立，径1.6-2厘米。花梗细，长1-1.8厘米，被腺毛；苞片披针形；

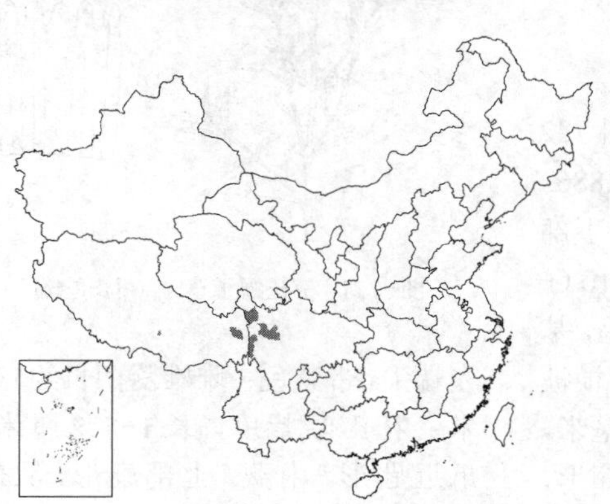

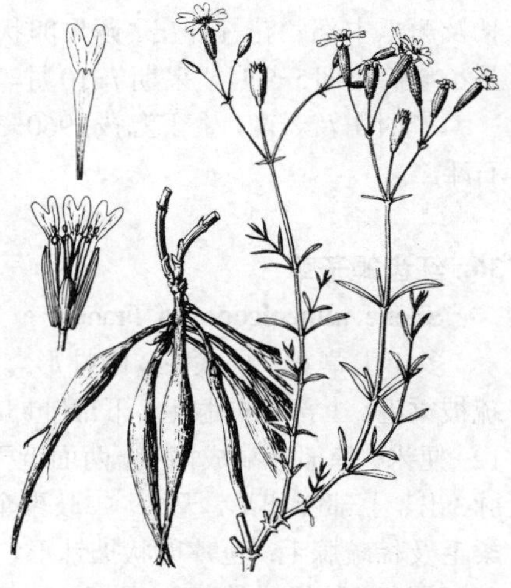

图 724 巴塘蝇子草 （李志民绘）

花萼筒状棒形，长1.2-1.5厘米，密被柔毛及粘液，纵脉紫色，萼齿三角状披针形，被柔毛；雌雄蕊柄长2-3毫米；花瓣淡红色，爪倒披针形，不伸出花萼，瓣片倒卵形，长5-6毫米，2浅裂；副花冠长圆形；雄蕊及花柱微伸出。蒴果卵圆形，长6-8毫米；短于宿萼。种子肾形，脊平。花期7-8月，果期8-10月。

产四川西部、西藏，生于海拔2500-3500米林缘、河岸、灌丛中或草地。

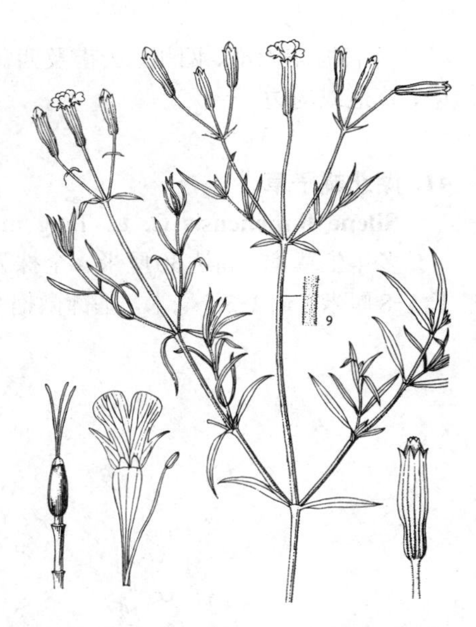

图 725 红茎蝇子草 （引自《云南植物志》）

39. 红茎蝇子草 图 725

Silene rubicunda Franch. in Bull. Soc. Bot. France 33: 417. 1886.

多年生草本。根簇生，圆柱状。茎铺散，长达80厘米，下部多分枝，被柔毛。叶线形或披针状线形，长3-5厘米，宽3-5毫米，基部楔形，两面疏被柔毛，具缘毛。二歧聚伞花序具数花；花径约2厘米。花梗长1-3厘米，密被腺毛；苞片线状披针形，长0.3-1厘米，被柔毛；花萼筒状，长1.8-2厘米，径约3毫米，密被腺柔毛，纵脉紫色，萼齿三角状披针形；雌雄蕊柄长6-8毫米；花瓣淡红色，长约1.7厘米，爪楔形，瓣片倒卵形，2浅裂，裂片卵形，两侧各具1线形小裂片；副花冠倒卵形，全缘或具缺刻；雄蕊及花柱伸出。蒴果卵圆形，长0.8-1厘米。种子肾形，两侧具短线状凸起。花期3-7月，果期5-9月。

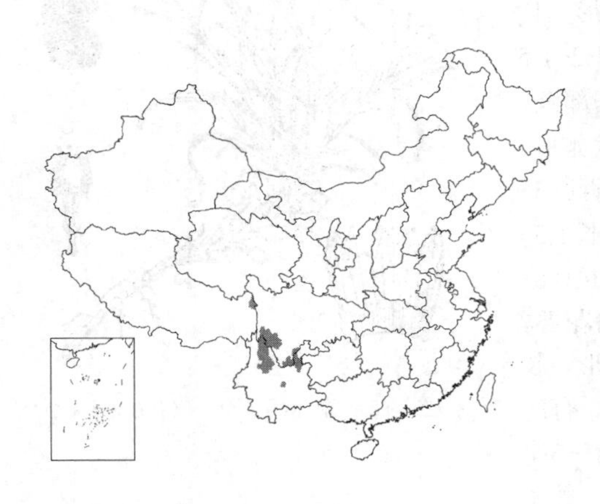

产四川、云南及西藏东部，生于海拔1500-3500米林下、灌丛中、草地或田边。

40. 纺锤根蝇子草 图 726

Silene napuligera Franch. Pl. Delav. 82. 1889.

多年生草本。根簇生，纺锤形。茎多分枝，长达50厘米，被柔毛，上部被腺毛。叶线状披针形，长1.5-3厘米，宽3-4毫米，基部楔形，两面被柔毛，具缘毛。二歧聚伞花序具多花，密被腺柔毛。花梗长0.5-2厘米，密被腺毛；苞片披针状线形，被腺毛；花萼筒状，长约1.5厘米，径约2.5毫米，密被腺毛，纵脉紫色，萼齿三角形；雌雄蕊柄长3-6毫米；花瓣淡红色，长约2厘米，爪微伸出花萼，倒披针形，瓣片倒卵形，2浅裂，裂片卵形，两侧各具1裂齿；副花冠长圆形；雄蕊及花柱伸出。蒴果卵圆形，长约1厘米。种子肾形，具短线形凸起。花期5-6月，果期6-7月。

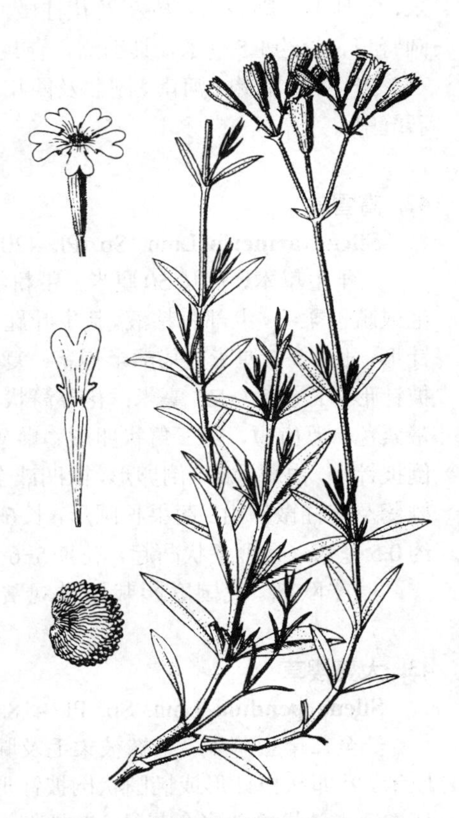

图 726 纺锤根蝇子草 （李志民绘）

产青海东南部、四川、云南及西藏，生于海拔900-4000米山坡、灌丛中、草地或沟边。

41. 湖北蝇子草 图 727

Silene hupehensis C. L. Tang in Acta Bot. Yunn. 2: 438. 1980.

多年生草本，高达30厘米；全株无毛。无块根。茎丛生。基生叶线形，长5-8厘米，宽2-3.5毫米，基部微抱茎，具缘毛；茎生叶少数。二歧聚伞花序分枝不等长，具2-5花，稀多数或单生；花直立，径1.5-2厘米。花梗细，长2-5厘米；苞片线状披针形，具缘毛；花萼钟形，长1.2-1.5厘米，径3.5-7毫米，基部圆，纵脉紫色，萼齿三角状卵形，长2-4毫米；雌雄蕊柄长3-4毫米；花瓣淡红色，长1.5-2厘米，爪倒披针形，长0.8-1厘米，内藏或微伸出花萼，瓣片倒心形或宽倒卵形，长7-9毫米，2浅裂，稀达中部，裂片近卵形，微波状或具不明显缺刻，有时瓣片两侧基部各具1线形小裂片或钝齿；副花冠近肾形或披针形，长1-3毫米，常具不规则裂齿；雄蕊及花柱微伸出。蒴果卵圆形，长6-8毫米。种子圆肾形，长约1.5毫米，具细瘤，脊具鸡冠状凸起。花期7月，果期8月。

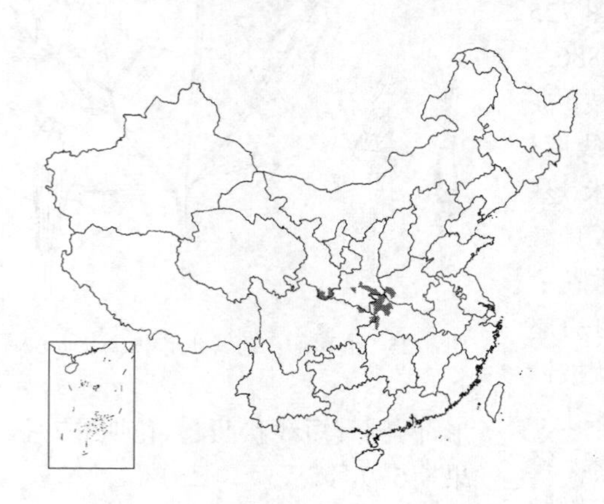

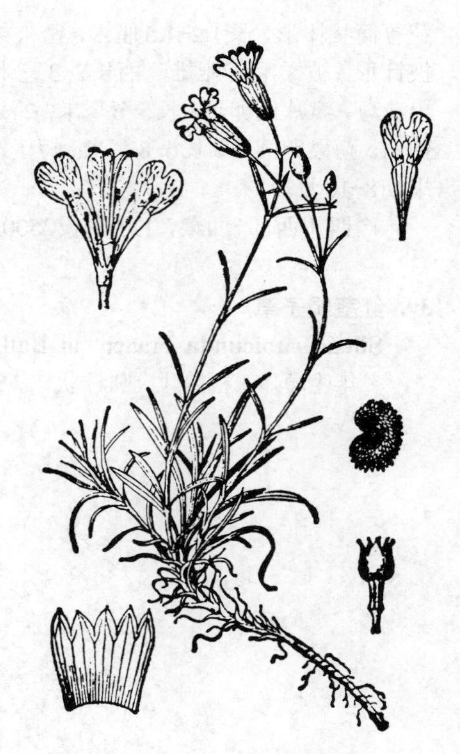

图 727 湖北蝇子草 （引自《图鉴》）

产陕西、甘肃、河南、湖北及四川，生于海拔1200-2700米草坡或林间石缝中。

42. 高雪轮 图 728

Silene armeria Linn. Sp. Pl. 420. 1753.

一年生草本，高达50厘米，带粉绿色。茎单生，直立，上部分枝，无毛或疏被柔毛，上部有粘液。基生叶匙形，花期枯萎；茎生叶卵形或卵状披针形，长2.5-7厘米，基部半抱茎。复伞房花序。花梗长0.5-1厘米；苞片披针形，长3-5（-7）毫米；花萼筒状棒形，长1.2-1.5厘米，径约2毫米，带紫色，萼齿短，宽三角状卵形；雌雄蕊柄长约5毫米；花瓣淡红色，爪倒披针形，内藏，瓣片倒卵形，微凹或全缘；副花冠片披针形，长约3毫米；雄蕊及花柱微伸出。蒴果长圆形，长6-7毫米，短于宿萼。种子圆肾形，长约0.5毫米，具短条状凸起。花期5-6月，果期6-7月。

原产欧洲。我国庭园栽培供观赏。

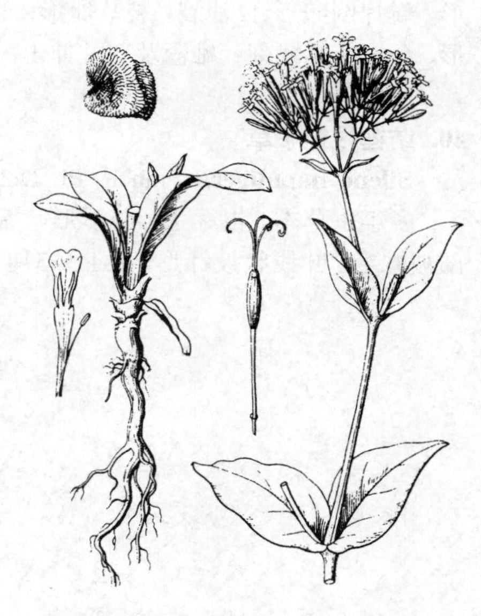

图 728 高雪轮 （李志民绘）

43. 大蔓樱草 图 729

Silene pendula Linn. Sp. Pl. 418. 1753.

一至二年生草本；全株被柔毛及腺毛。茎俯仰、上升，多分枝，长达40厘米。叶卵状披针形或椭圆状倒披针形，长3-5厘米，基部渐窄，两面被平伏柔毛。总状单歧聚伞花序。花梗细，直立，长0.5-1.5厘米，果时反折；苞片披针形；花萼倒卵形，长1.3-1.5厘米，径约5毫米，被柔毛，纵脉微凸起，带紫色，沿脉被腺柔毛，脉间宽，膜质，萼齿三角形；雌雄蕊柄长3-5毫米；花瓣淡红至白色，爪窄楔形，瓣片倒心形，长0.7-1厘米；副花冠长圆形；雄蕊微伸出；花柱伸出。蒴果卵状锥形，长约9毫米，短于宿萼。种子圆肾形，长约1毫米，具小瘤。花期5-6月，果期6-7月。

原产欧洲南部。我国城市庭园栽培。

图 729 大蔓樱草 （钱存源绘）

44. 麦瓶草 米瓦罐 图 730

Silene conoidea Linn. Sp. Pl. 418. 1753.

一年生草本，高达60厘米；全株被腺毛。茎丛生。基生叶匙形，茎生叶长圆形或披针形，长5-8厘米，宽0.5-1厘米，基部楔形，两面被短柔毛，具缘毛。二歧聚伞花序具数花；花直立，径约2厘米。花梗长1-3厘米，被腺柔毛；花萼圆锥形，长2-3厘米，径3-4.5毫米，绿色，基部脐形，果期膨大，长达3.5厘米，下部宽卵形，径0.65-1厘米，纵情脉30条，微凸，绿色，沿脉被腺毛，萼齿披针形，长为花萼1/3-1/2；花瓣粉红色，长2.5-3.5厘米，爪不伸出花萼，窄披针形，长2-2.5厘米，具耳，瓣片倒卵形，长约8毫米，全缘或微啮蚀状；副花冠窄披针形，长2-2.5毫米，白色，顶端具浅齿；雄蕊微伸出或内藏；花柱微伸出。蒴果梨状，长约1.5厘米，径6-8毫米，黄色，有光泽，顶端6齿裂。种子肾形，长约1.5毫米，暗褐色，具小疣。花期5-6月，果期6-7月。

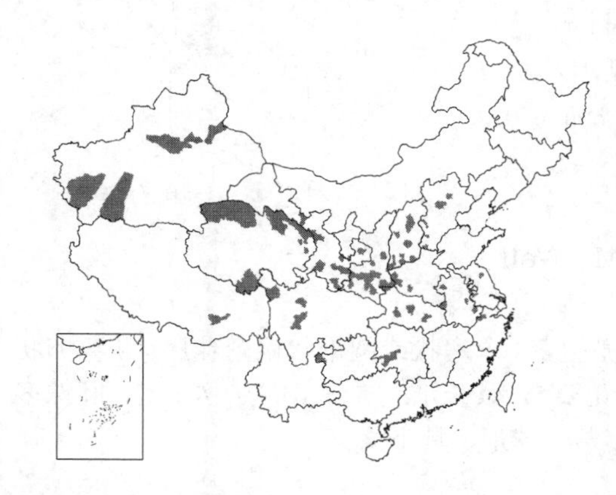

产河北、山东、江苏、浙江、安徽、湖北、湖南、贵州、四川、西藏、新疆、青海、甘肃、宁夏、陕西、山西及河南，生于海拔600-2700米麦田、荒地或草坡，为常见田间杂草。亚洲、欧洲及非洲有分布。全草入药，可止血、调经活血，治劳伤、吐血、尿血、鼻衄。

图 730 麦瓶草 （李志民绘）

23. 狗筋蔓属 Cucubalus Linn.

多年生草本；全株被倒向绵毛。根簇生，稍肉质。茎分枝，近攀援，长达1.5米。叶卵形、长椭圆形或卵状披针形，长1.5-5（-13）厘米，两面沿脉被毛。花大，单生，顶生或腋生。花梗细，长0.4-1.2厘米，被柔毛，具1对叶状苞片。花萼宽钟形，长0.9-1.1厘米，具10纵脉，果期膨大成杯状；顶端具5齿，萼齿卵状三角形，果时外卷；花瓣5，倒披针形，长约1.5厘米，绿白色，爪窄长，瓣片2浅裂；雌雄蕊柄长约1.5毫米；雄蕊10，2轮，外轮5枚与爪微合生成短筒状；子房1室，基部具3假隔膜，胚珠多数，花柱3，细长。蒴果球形，浆果状，径6-8毫米，熟时干燥，黑色，有光泽，果皮薄壳质，不规则开裂。种子多数，肾形，长约1.5毫米，平滑，有光泽；胚球形。

单种属。

狗筋蔓 图 731 彩片 197

Cucubalus baccifer Linn. Sp. Pl. 414. 1753.

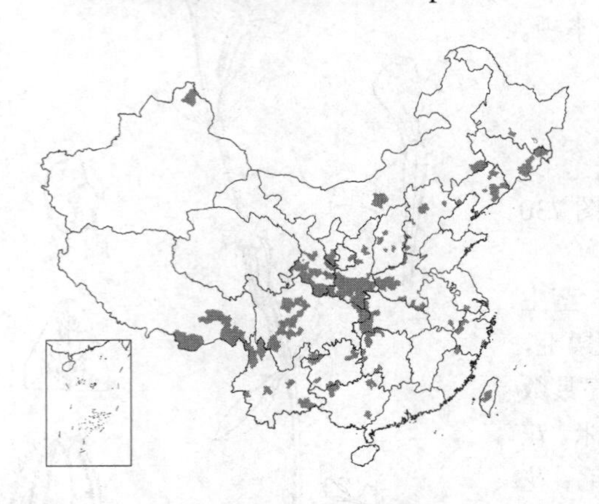

图 731 狗筋蔓 （引自《图鉴》）

形态特征同属。花期6–8月，果期7–10月。

产黑龙江、吉林、辽宁、内蒙古、河北、河南、山西、陕西、甘肃、宁夏、新疆、山东、江苏、安徽、浙江、福建、台湾、湖北、湖南、广西、贵州、四川、云南及西藏，生于林缘、灌丛中或草地。日本、朝鲜、俄罗斯、哈萨克斯坦及喜马拉雅地区、欧洲有分布。根及全草入药，治骨折、跌打损伤、风湿关节痛。

24. 麦蓝菜属 Vaccaria N. M. Wolf

一年生草本。茎直立，二歧分枝。叶卵状披针形或披针形，基部微抱茎。伞房状或圆锥状聚伞花序。花萼卵状倒圆锥形或窄卵圆形，具5棱，花后下部膨大，顶端缢缩，萼齿5；花瓣5，具长爪；雄蕊10；子房1室，胚珠多数；花柱2。蒴果卵圆形，具5翅状棱，不完全4室，4齿裂。种子多数，球形，具小瘤。

4种，分布欧亚温带。我国1种。

麦蓝菜 王不留行 图 732

Vaccaria hispanica (Mill.) Rausch. in Fedde, Repert. Sp. Nov. 73 (1): 52. 1966.

Saponaria hispanica Mill. Gard. Dict. ed. 8. 1768.

Vaccaria segetalis (Neck.) Garcke；中国高等植物图鉴 1: 645. 1972.

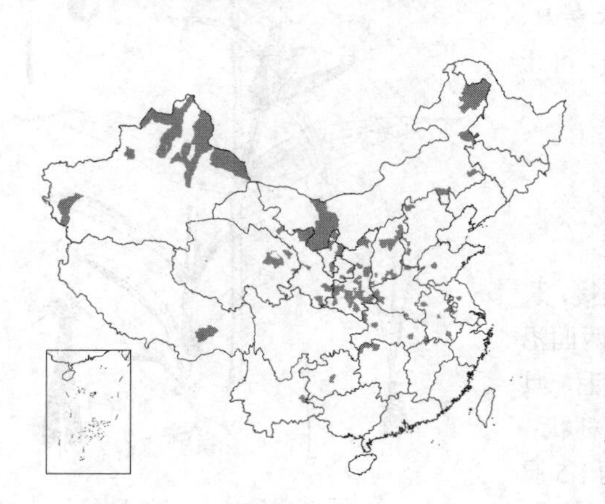

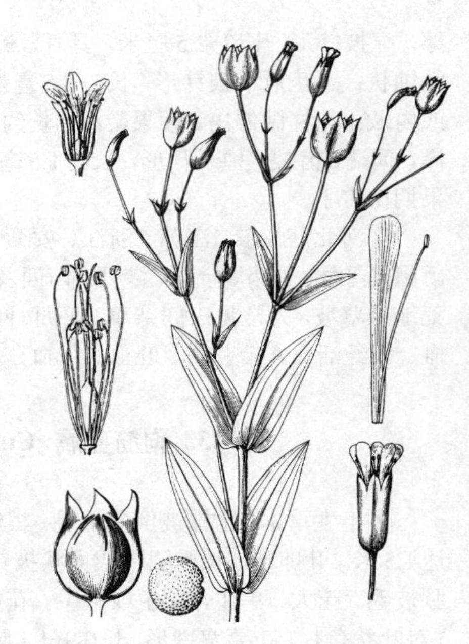

图 732 麦蓝菜 （引自《图鉴》）

一年生草本，高达70厘米。茎上部分枝，灰绿色，无毛。叶卵状披针形或披针形，长3–9厘米，基部圆或近心形，具3脉，被白粉。伞房状聚伞花序。花梗细，长1–4厘米；苞片披针形，中脉绿色；花萼长1–1.5厘米，径0.5–1厘米，具5棱，绿色，棱间近膜质，后期膨大呈球形，萼齿三角形；花瓣淡红色，长1.4–1.7厘米，宽2–3毫米，爪窄楔形，瓣片窄倒卵形，微凹，有时微具缺刻；雄蕊内藏；花柱线形，微伸出。蒴果宽卵球形，长0.8–1厘米。种子近球形，径约2毫米，具粒状凸起。花期4–7月，果期5–8月。

产内蒙古、河北、山东、江苏、安徽、江西、湖南、湖北、河南、山西、陕西、甘肃、宁夏、青海、新疆、西藏、云南及贵州，生于草坡、麦田或撂荒地，为麦田常见杂草。欧洲及亚洲广布。种子入药，治经闭、乳汁不通、乳腺炎及痈疖。

25. 膜萼花属 **Petrorhagia**（Ser. ex DC.）Link

一年生或多年生草本。叶线形或线状钻形。花小，聚伞圆锥花序，稀头状。花萼钟形，具5-15条凸起纵脉，萼齿钝或尖，脉间膜质，基部具1-4对苞片，稀缺，萼齿5；花瓣白色或淡红色，具爪或无，瓣片全缘或凹缺；雄蕊10；子房1室，胚珠多数，花柱2。蒴果4齿裂或瓣裂。种子圆盾形或卵形，微扁，脊具翅，具瘤或平滑；胚直。

约20种，分布欧洲南部、地中海地区至中亚。我国2种，其中1种栽培于庭园。

1. 苞片缺；花萼纵脉5，凸起，萼齿三角形；花瓣白色，长圆状倒卵形，先端钝圆，无爪，微长于花萼 …………………………………………………………………………………………………… 直立膜萼花 **P. alpina**
1. 苞片4；花萼纵脉不明显，萼齿卵形；花瓣淡红或白色，倒披针形，先端微凹，具爪，长为花萼2倍 …………………………………………………………………………………………………… （附）. 膜萼花 **P. saxifraga**

直立膜萼花 图 733

Petrorhagia alpina（Habl.）P. W. Ball et Heywood in Bull. Brit. Mus.（Bot.）3：145. 1964.

Gypsophila alpina Habl. Neues Nord. Beitr. 4：57. 1783.

Tunica stricta（Bunge）Fisch. et Mey.；中国高等植物图鉴 1：643. 1972.

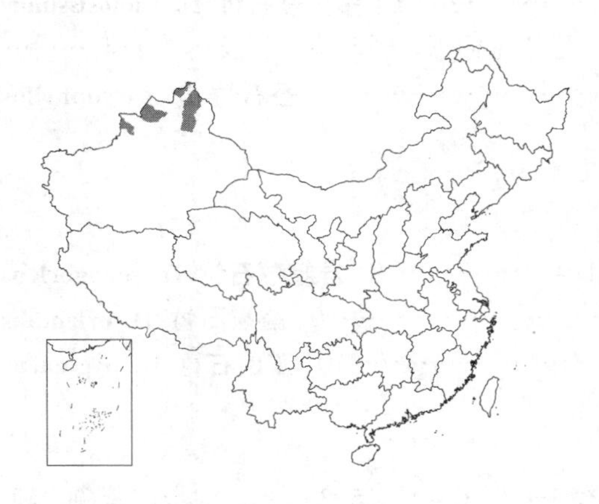

一年生草本，高达40厘米；全株无毛。茎单生，直立，基部分枝，小枝互生，劲直。基生叶莲座状，线状倒披针形，长2.5-3.5厘米，宽3-5毫米；茎生叶宽线形。聚伞圆锥花序稀疏。花梗长1-1.5厘米；花萼钟形，长3-4（-5.5）毫米，径约1.5毫米，纵脉5，绿色，凸起，萼齿短三角形；花瓣白色，长圆状倒卵形，长3-6毫米，无爪，先端钝圆，微长于花萼；雄蕊及花柱内藏。蒴果长圆状倒卵圆形，长约5毫米。种子卵形，0.7-1.2毫米，具小瘤。花期5-6月，果期7-8月。

产新疆，生于海拔1000-1800米多石干草坡。俄罗斯西西伯利亚、哈萨克斯坦、巴尔干半岛及高加索有分布。

［附］**膜萼花 Petrorhagia saxifrage**（Linn.）Link, Handb. 2：235. 1831. —— *Dianthus saxifraga* Linn. Sp. Pl. 413. 1753. 本种与直立膜萼花的区别：多年生草本；茎丛生；叶线形，长（0.4-）1.2厘米，宽约0.5毫米；苞片4；花萼纵脉不明显；花瓣淡红或白色，倒披针形，先端微凹，具爪，长为花萼2倍。原产欧洲巴尔干半岛、高加索、亚洲西北部。北京等城市庭园栽培。

图 733 直立膜萼花 （引自《图鉴》）

26. 石竹属 **Dianthus** Linn.

多年生草本，稀1年生。茎多丛生，节处膨大。叶对生，线形或披针形，常带苍白色，脉平行，边缘粗糙，基部微合生。花红、粉红、紫或白色，单生或成聚伞花序，有时簇生成头状，具总苞片；花萼圆筒形，近革质，萼齿5，锐尖，稀钝，无干膜质接着面，具7、9或11脉，基部贴生苞片1-4对；花瓣5，具长爪，边缘齿缘或繸状细裂，稀全缘；雄蕊10；子房1室，胚珠多数，子房柄长，花柱2。蒴果4齿裂或瓣裂。种子球形或盾形，扁平或凹；胚直立，胚乳常偏于一侧。

约600种，广布北温带，多产欧洲及亚洲，主产地中海地区，少数产非洲及美洲。我国17种，1亚种，9变种。多生于北方草原及山区草地，干燥向阳处。不少栽培种类及品种为优美观赏花卉。

1. 花序头状，花梗极短或近无梗。
  2. 叶披针形，宽不及1厘米，先端尖；苞片卵形，与花萼等长或稍长 ………………… 1. **须苞石竹 D. barbatus**
  2. 叶卵形或长圆形，宽1-2.5厘米，先端尖或钝；苞片椭圆形，长为花萼1/3-1/2 ……………………………………………………………………………………………… 2. **日本石竹 D. japonicus**
1. 花单生或数花成聚伞花序，花梗长。
  3. 花瓣顶缘浅裂成不规则齿。
    4. 花较小；花瓣具髯毛；蒴果筒形。
      5. 叶线状披针形，宽2-4毫米；苞片长达花萼1/2以上 ………………………… 3. **石竹 D. chinensis**
      5. 叶线形或钻形，宽1-2（-3）毫米；苞片长为花萼1/3-1/2。
        6. 花蔷薇色、淡紫红、粉红或紫色；萼筒径4-7毫米；苞片卵形或倒卵形，长达花萼1/2。
          7. 萼筒中部稍膨，径5-7毫米；苞片卵形，尾尖；叶宽2-3毫米 ……………… 4. **高石竹 D. elatus**
          7. 萼筒中部不膨，径4毫米；苞片倒卵形，钻状短尖；叶宽1-2毫米 ……………………………………………………………………………… 5. **细茎石竹 D. turkestanicus**
        6. 花白色；萼筒径3毫米；苞片椭圆形，先端短硬尖，长及花萼1/3 ……………………………………………………………………………… 6. **多分枝石竹 D. ramosissimus**
    4. 花大，有香气；花瓣无髯毛；蒴果卵圆形；花柱伸出花外；苞片宽卵形，短凸尖，长及花萼1/4 ……………………………………………………………………………… 7. **香石竹 D. caryophyllus**
  3. 花瓣縫状深裂成窄条或细丝。
    8. 植株高不及30厘米；叶线形。
      9. 植株高15厘米以上；花萼长2-3厘米；叶宽0.5-1.5毫米。
        10. 花暗红色；苞片2对，长圆状椭圆形，长为花萼1/5-1/4 ………… 8. **准噶尔石竹 D. soongoricus**
        10. 花粉红色；苞片3-4对，卵形，长为花萼1/4-1/3 ……………………… 9. **縫裂石竹 D. orientalis**
      9. 植株高约15厘米；花萼长约1.8厘米；叶宽1-4毫米 ……………………… 10. **玉山石竹 D. pygmaeus**
    8. 植株高30厘米以上；叶线状披针形或披针形。
      11. 苞片较小，卵形或倒卵形。
        12. 苞片2-3对，倒卵形，先端长尖，长为花萼1/4，萼筒径3-6毫米，长2.5-3厘米，常带红紫色；蒴果与宿萼等长或稍长 ……………………………………………… 11. **瞿麦 D. superbus**
        12. 苞片3-4对，卵形，先端短凸尖，长为花萼1/5，萼筒细，长3-4厘米，绿色；蒴果稍短于宿萼 ……………………………………………………………… 12. **长萼瞿麦 D. longicalyx**
      11. 苞片大，宽卵形，先端短凸尖，或近平截，边缘窄膜质，长为花萼1/4-1/3，萼筒长2.3-2.5厘米；蒴果长于宿萼 ……………………………………………… 13. **大苞石竹 D. hoeltzeri**

1. 须苞石竹 图734：1-4

Dianthus barbatus Linn. Sp. Pl. 409. 1753.

多年生草本，高达60厘米；全株无毛。茎具棱。叶披针形，长4-8厘米，宽约1厘米，先端尖，基部渐窄，鞘状。花序头状，总苞片叶状。花梗极短；苞片4，卵形，先端尾尖，具细齿，与花萼等长或稍长；花萼筒状，长约1.5厘米，萼齿尖锐；花瓣紫红色，具白色斑纹，具长爪，瓣片卵形，先端齿裂，喉部具髯毛；雄蕊稍伸出。蒴果卵状长圆形，长约1.8厘米，4瓣裂至中部。种子扁卵圆形，平滑。花果期5-10月。

原产欧洲。我国各地栽培供观赏。

2. 日本石竹 图 734：5

Dianthus japonicus Thunb. Fl. Jap. 183. t. 23. 1784.

多年生草本，高达60厘米。茎直立，圆柱形，粗壮，无毛。叶卵形或长圆形，长3-6厘米，宽约1-2.5厘米，基部短鞘状。花序头状。苞片4，椭圆形，先端尾状，长为花萼1/3-1/2；花萼筒状，长1.5-2厘米，顶端具齿；花瓣红紫或白色，瓣片倒钝三角形，长6-7毫米，先端具齿，爪与萼筒近等长；花药粉红色。蒴果长于宿萼，4齿裂。种子近球形，径2毫米。花果期6-9月。

原产日本。浙江、贵阳、江西、广东及香港有栽培。

图 734: 1-4. 须苞石竹 5. 日本石竹
（傅季平绘）

3. 石竹 图 735：1-7 彩片 198

Dianthus chinensis Linn. Sp. Pl. 411. 1753.

Dianthus amurensis Jacq.；中国高等植物图鉴 1：644. 1972.

多年生草本，高达50厘米；全株无毛，带粉绿色。茎疏丛生。叶线状披针形，长3-5厘米，宽2-4厘米，先端渐尖，基部稍窄，全缘或具微齿。花单生或成聚伞花序。花梗长1-3厘米；苞片4，卵形，长渐尖，长达花萼1/2以上；花萼筒形，长1.5-2.5厘米，径4-5毫米，具纵纹，萼齿披针形，长约5毫米，先端尖；花瓣长1.6-1.8厘米，瓣片倒卵状三角形，长1.3-1.5厘米，紫红、粉红、鲜红或白色，先端不整齐齿裂，喉部具斑纹，疏生髯毛；雄蕊筒形，包于宿萼内，顶端4裂。种子扁圆形。花期5-6月，果期7-9月。

产黑龙江、吉林、辽宁、内蒙古、河北、山东、江苏、浙江、安徽、江西、湖北、河南、山西、陕西、宁夏、甘肃、新疆、青海及云南，生于草原及山坡草地。朝鲜、俄罗斯西伯利亚有分布。现已广泛栽培，育出许多品种，为优美花卉。根及全草入药，清热利尿，通经，消肿。

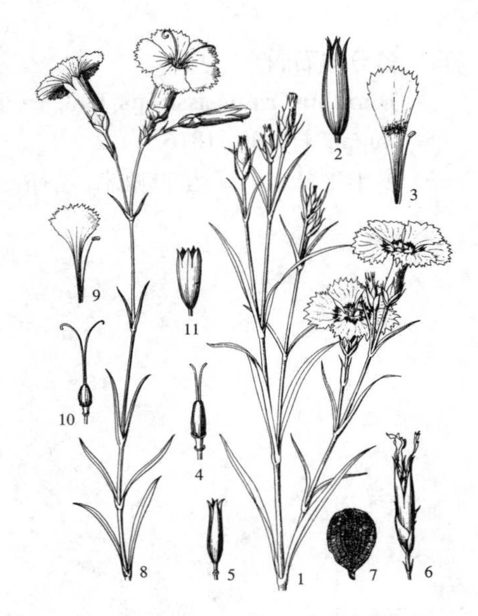

图 735: 1-7. 石竹 8-11. 香石竹
（傅季平绘）

4. 高石竹 图 736

Dianthus elatus Ledeb. Fl. Alt. 2：136. 1830.

多年生草本，高达50厘米。茎粗糙或近无毛。叶线形，长2.5-4厘米，宽2-3毫米，先端尖，边缘粗糙，基部鞘状，长1-2毫米。花1-2朵顶生。苞片（4）6（8），卵形，尾尖，长为花萼1/2；花萼筒形，长1.6-2厘米，径5-7毫米，中部稍膨，萼齿卵形，具短尖头；花瓣上面淡紫红或粉红色，被毛，下面黄绿色，瓣片长0.8-1.2厘米，宽5-8毫米，顶缘具不整齐齿。蒴果短于宿萼，顶端4裂。花果期7-8月。

产新疆北部，生于海拔1200-1850米山坡。俄罗斯西西伯利亚、哈萨克斯坦有分布。

5. 细茎石竹 图 737

Dianthus turkestanicus Preob. in Bull. Jard. Bot. Princip. 15: 366. 1915.

多年生草本，高达40厘米。根茎木质。茎丛生，被粗糙短毛。叶线形，长3-5厘米，宽1-2毫米，锐尖，基部鞘状，长2-4毫米，下部叶早枯，上部叶常钻状。花单生枝顶，或2-3花。苞片2-3对，倒卵形，长8毫米，宽6毫米，革质，钻状短尖；花萼筒形，长1.5-1.8厘米，径约4毫米，具条纹，无毛或被柔毛，萼齿尖；瓣片蔷薇色或紫色，长约1厘米，宽约5毫米，上面被短毛，顶缘具浅齿。蒴果筒形，与宿萼近等长，顶端4裂。种子扁圆形，径约2毫米。花期7-8月，果期9月。

产新疆北部，生于海拔1000-2000米山坡草地。哈萨克斯坦有分布。

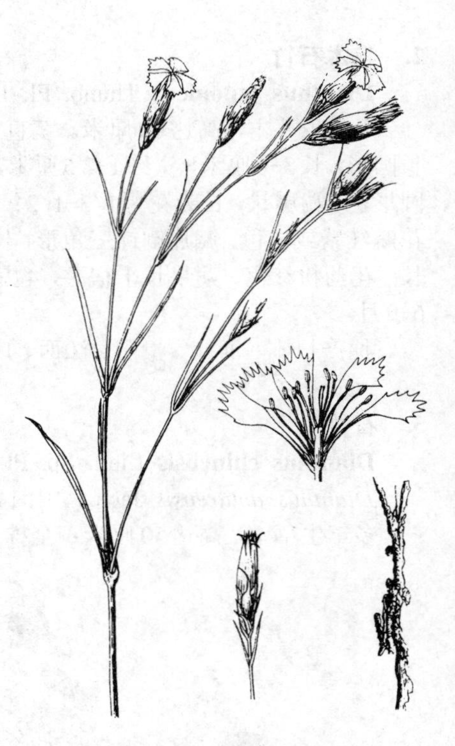

图 736 高石竹 （傅季平绘）

6. 多分枝石竹 图 738

Dianthus ramosissimus Pall. ex Poir. in Lam. Encycl. Meth. Bot. Suppl. 4: 130. 1816.

多年生草本，高达50厘米。茎丛生，多分枝，近无毛或疏被柔毛。叶线形，长1-4厘米，宽1-1.5毫米，先端尖，边缘稍反卷，基部鞘长1-2毫米。花单生枝顶。花梗长1-2厘米；苞片4（6），椭圆形，短硬尖，长达花萼1/3；花萼筒形，长1.2-1.4厘米，径约3毫米，萼齿三角形；花瓣白色，瓣片倒卵形，长5-6毫米，宽3-5.5毫米，顶缘具不整齐小齿，喉部疏被毛。蒴果筒形，长约1.5厘米，径约3.5毫米，顶端4裂。花果期9月。

产新疆阿尔泰山区，生于海拔1100-1900米干草坡。蒙古西部、俄罗斯西西伯利亚、哈萨克斯坦有分布。

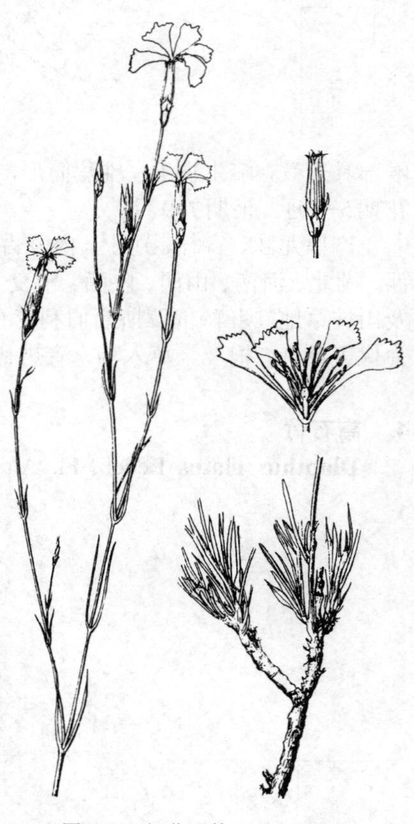

图 737 细茎石竹 （傅季平绘）

7. 香石竹 图 735: 8-11

Dianthus caryophyllus Linn. Sp. Pl. 410. 1753.

多年生草本，高达70厘米；全株无毛。茎丛生，粉绿色，上部稀疏分枝。叶线状披针形，长4-14厘米，宽2-4毫米，先端长渐尖，基部短鞘状，中脉上面凹下。花单生枝顶，有时2-3朵，粉红、紫红或白色，有香气。花梗短于花萼；苞片4（-6），宽卵形，短凸尖，长及花萼1/4；花萼筒形，长2.5-3厘米，径5-7毫米，萼齿披针形；花瓣瓣片倒卵形，顶缘具不整齐齿；雄蕊达喉部；花柱伸出。蒴果卵圆形，稍短于宿萼。花期5-8月，果期8-9月。

原产欧亚温带，现广泛栽培供观赏，有很多园艺品种。温室培养可四季开花，用种子或压条繁殖。

图 738 多分枝石竹 （傅季平绘）

8. 准噶尔石竹 图739：1

Dianthus soongoricus Schischk. in Kom. Fl. USSR 6: 853. 899. 1936.

多年生草本，高达30厘米；全株近无毛。茎丛生，不分枝。叶线形，长1-3厘米，宽0.5-1毫米，先端尖，无毛。花单生茎顶；苞片2对，长圆状椭圆形，先端渐尖，稀凸尖，长为花萼1/5-1/4；花萼筒形，长2-3厘米，径3-4毫米，萼齿披针形，先端尖；花瓣暗红色，瓣片长约1厘米，縫深裂；雄蕊短于花瓣。蒴果筒形，与宿萼近等长。种子椭圆形，长约3毫米，径约1.5毫米。花果期7-8月。

产新疆，生于海拔900-3200米山谷岩坡、荒漠及半荒漠。蒙古西部、哈萨克斯坦有分布。

9. 縫裂石竹 图739：2-4

Dianthus orientalis Adams in Web. et Mohr. Beitr. 1: 54. 1805.

多年生草本，高达30（-40）厘米。根径达1厘米。茎丛生，上部分枝，无毛。基生叶簇生，线状钻形，长1-4厘米，宽1-1.5毫米，先端尖，基部短鞘状，背卷，上面中脉凸起；茎生叶稍短。花单生枝顶，稀成聚伞花序。花梗长约1.5厘米；苞片3-4对，卵形，长渐尖或凸尖，长为花萼1/4-1/3；花萼筒形，长（1.5-）2-2.5厘米，径4-5毫米，无毛，稍被白粉，有纵纹，裂片披针形；花瓣粉红色，具长爪，瓣片窄长圆形，边缘縫裂至中部；雄蕊短于花瓣。蒴果筒形，稍短于宿萼或等长，顶端4裂。种子扁长圆形，长3-4毫米，宽约1.5毫米，具宽翅。花期5-8月，果期8-9月。

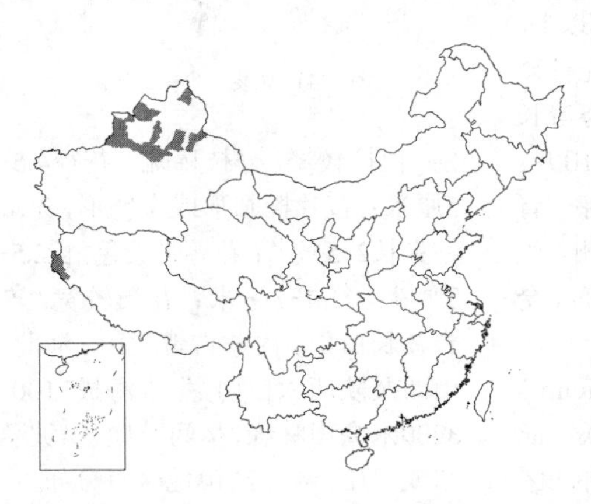

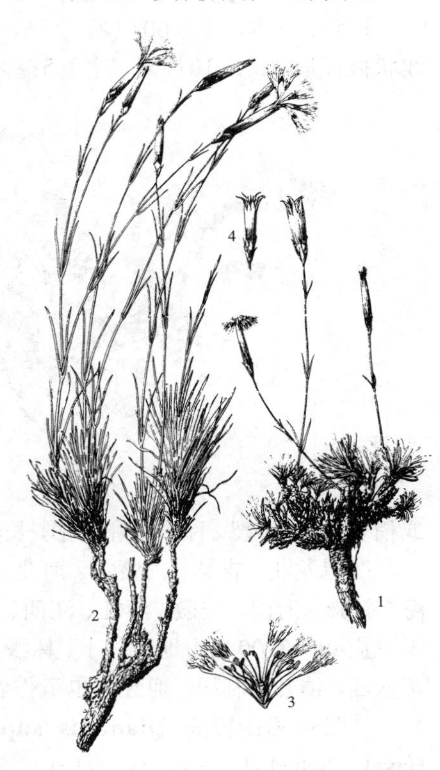

图 739：1. 准噶尔石竹 2-4. 縫裂石竹 （傅季平绘）

产新疆北部（海拔900-2200米）及西藏（海拔3100-4000米），生于山坡草地、砾石地、干旱石质荒漠或河岸。高加索及伊朗有分布。

10. 玉山石竹 图 740

Dianthus pygmaeus Hayata, Ic. Pl. Formos. 3: 34. 1913.

多年生草本，高约15厘米。茎单生。叶线形，长2-3厘米，宽1-4毫米，渐尖，基部短鞘状，具微细齿。花单生或成聚伞花序。花梗长1.5-1.8厘米；苞片4，外苞片长圆形，长尖，长0.8-1厘米，内苞片卵形，长1-1.2厘米；花萼筒形，长1.8厘米，径约3.5毫米，具多数细脉，萼齿披针形；花瓣粉红色，长3-3.5厘米，宽2-3毫米，瓣片细裂，具长爪。蒴果筒形，长约1厘米，径3毫米。种子细小。

产台湾，生于海拔1400-3700米草甸或崖缝中。

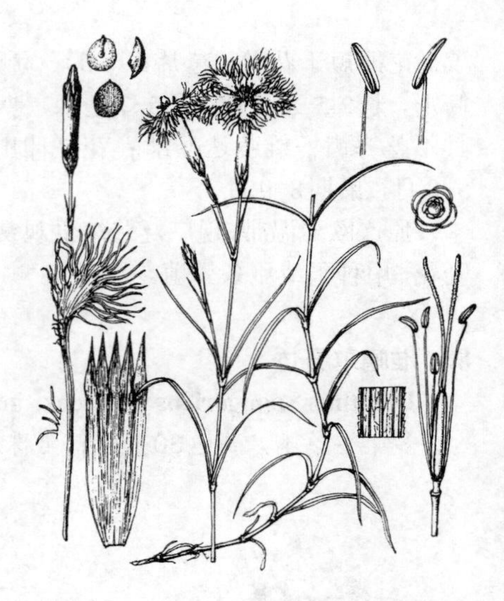

图 740 玉山石竹 （引自《Fl. Taiwan》）

11. 瞿麦 图 741 彩片 199

Dianthus superbus Linn. Fl. Suec. ed. 2. 146. 1755.

多年生草本，高达60厘米。茎丛生，直立，绿色，无毛，上部分枝。叶线状披针形，长5-10厘米，宽3-5毫米，基部鞘状，绿色，有时带粉绿色。花1-2朵顶生，有时顶下腋生。苞片2-3对，倒卵形，长0.6-1厘米；花萼筒形，长2.5-3厘米，径3-6毫米，常带红紫色，萼齿披针形，长4-5毫米；花瓣淡红或带紫色，稀白色，长4-5厘米，爪长1.5-3厘米，内藏，瓣片宽倒卵形，边缘繸裂至中部或中部以上，喉部具髯毛；雄蕊及花柱微伸出。蒴果筒形，与宿萼等长或稍长，顶端4裂。种子扁卵圆形，长约2毫米。花期6-9月，果期8-10月。

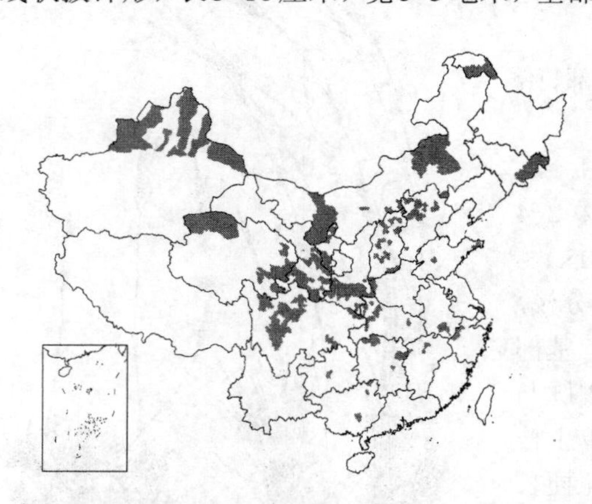

产黑龙江、吉林、内蒙古、河北、山东、山西、陕西、宁夏、甘肃、青海、新疆、河南、安徽、浙江、江西、湖北、湖南、广西、四川及贵州，生于海拔400-3700米山地疏林下、林缘、草甸、溪边。东亚、欧洲有分布。全草入药，清热、利尿、通经；也可作农药杀虫。

［附］ **高山瞿麦 Dianthus superbus** subsp. **speciosus** (Reichb.) Hayek, Sched. Fl. Stir. Exs. 11-12: 9. 1907. —— *Dianthus superbus* var. *speciosus* Reichb. Fl. Germ. Excurs. 2: 808. 1832. 本亚种与模式亚种的区别：植株较矮，分枝稀疏；花径4.5-5厘米；苞片椭圆形或宽卵形，先端钻尖长2-5毫米；花萼带紫色，长2.5-3厘米，径4-7毫米；花瓣较宽。产吉林长白山、内蒙古贺兰山、河北、山西及陕西太白山，生于海拔2100-3200米高山林缘、林间空地、山坡草丛或河岸。欧亚高山地区有分布。

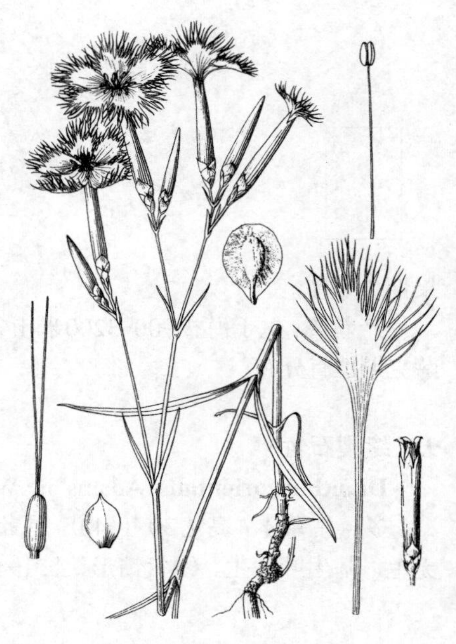

图 741 瞿麦 （钟世奇绘）

12. 长萼瞿麦 图 742：1-2

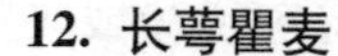

Dianthus longicalyx Miq. in Journ. Bot. Neerl. Ind. 1: 127. 1861. —— *Dianthus superbus* Linn. f. *longicalycinus* Maxim. in Acta Hort.

Petrop. 11: 64. 1890.

多年生草本，高达80厘米。茎直立，节大，基部分枝，无毛。基生叶数片，花期干枯；茎生叶线状披针形或披针形，长4-10厘米，宽2-5（-10）毫米，渐尖，基部短鞘状，边缘具细微齿。聚伞花序具2至多花。苞片3-4对，卵形，长为花萼1/5；花萼长管状，长3-4厘米，绿色，具条纹，无毛，萼齿披针形，长5-6毫米，锐尖；花瓣粉红色，倒卵形或楔状长圆形，具长爪，瓣片深裂或丝状；雄蕊伸达喉部。蒴果窄筒形，顶端4裂，稍短于宿萼。花期6-8月，果期8-9月。

产辽宁、内蒙古、河北、山东、江苏、安徽、浙江、福建、台湾、江西、湖北、湖南、广东、海南、广西、贵州、四川、山西、陕西、甘肃、宁夏及河南，生于海拔900-1950米山坡草地、林下或沙丘。日本、朝鲜有分布。

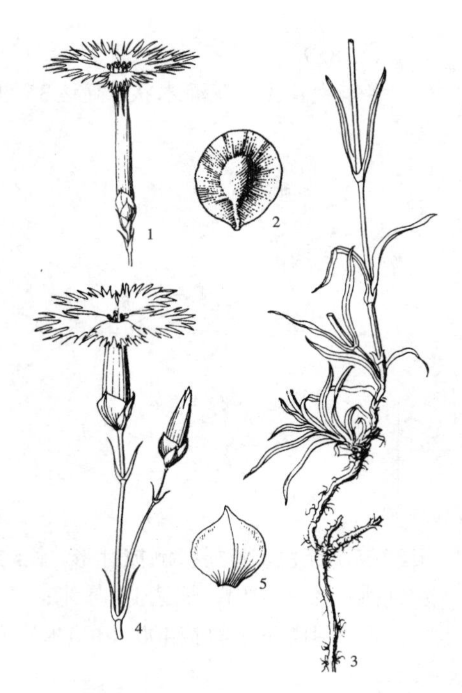

图 742: 1-2. 长萼瞿麦 3-5. 大苞石竹
（李志民绘）

13. 大苞石竹 图 742: 3-5

Dianthus hoeltzeri Winkl. in Regel, Gartenfl. 30: 1. t. 1032. f. 2. 1881.

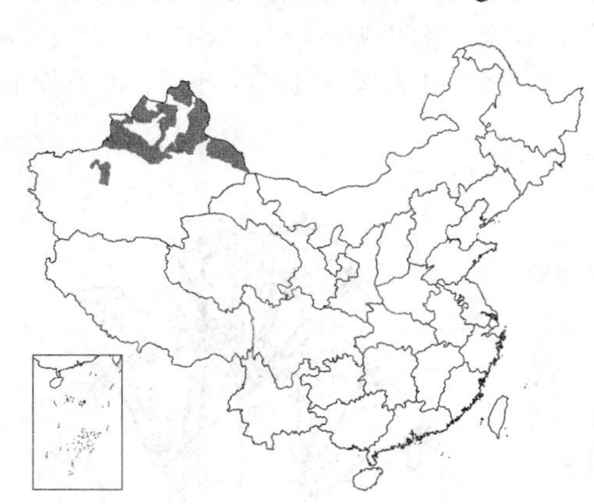

多年生草本，高达60厘米。根茎绳状。茎单生或丛生，直立，不分枝。叶线状披针形，长4-6厘米，宽2-4毫米，先端尖，边缘稍粗糙，基部鞘长2-4毫米。花单生或2-4朵顶生。苞片4，宽卵形，具短凸尖，或近平截，长为花萼1/4-1/3；萼筒长2.3-2.5厘米，径4-5毫米，带紫红色，萼齿三角形，具缘毛；花瓣深蔷薇色，长为花萼1.5-2倍，瓣片边缘深细裂，不裂部分倒卵形或宽卵形，稀长圆形，被毛，爪伸出花萼，稀等长。蒴果筒形，顶端4裂，长于宿萼。花期6-7月，果期8月。

产新疆，生于海拔1500-3300米山坡草丛。蒙古西部及哈萨克斯坦有分布。

27. 刺叶属 Acanthophyllum C. A. Mey.

多年生草本，亚灌木状。茎直立，丛生，多分枝。叶刺状、钻形或线状披针形。圆锥花序、伞房花序或头状花序；苞片草质，针刺状、卵形或披针形，有时边缘具刺。花萼筒状或钟形，具5（15）纵脉，脉间膜质，萼齿5；花瓣5，红色，稀白色，全缘，稀凹缺，爪窄长；雌雄蕊柄短，稀较长；雄蕊10，2轮，与花瓣对生的5枚较短；子房1室，胚珠4-10；花柱2。蒴果长圆形或近球形，下部膜质，不规则横裂或齿裂，具1-2种子。种子近肾形，微扁；胚环形。

约50种，产亚洲西部及中部。我国1种。

刺叶 图 743

Acanthophyllum pungens (Bunge) Bouss. Fl. Orient. 1: 561. 1867. — *Sponaria pungens* Bunge in Ledeb. Icon. Pl. Fl. Ross. Alt. 1: t.

4. 1829.

多年生草本，亚灌木状，高达35厘米。茎丛生，基部分枝，常呈球形，被短绒毛。叶钻状刺形，长2-4厘米，宽1-1.5毫米，疏被绒毛，平展或反折，叶腋具针刺状不育短枝。伞房花序或头状花序顶生，径2-5厘米。花梗极短；苞片叶状，上部常反折，被毛；花萼筒状，长6-7毫米，径1-1.5毫米，有时呈红色，被白色柔毛，纵脉5，萼齿宽三棱形，长约1毫米，先端锥刺状，具缘毛；花瓣红或淡红色，椭圆状倒披针形，长约1.2厘米，宽1.5-2毫米，爪无毛，瓣片钝圆；雄蕊伸出，长达1.4厘米；胚珠4，花柱伸出。花期6-8月。

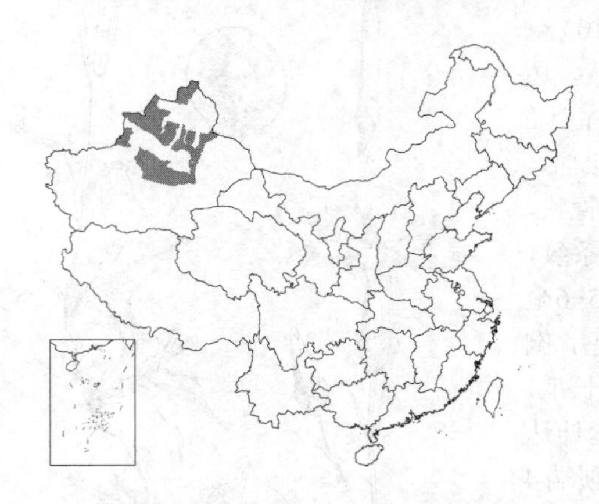

图 743 刺叶 （引自《图鉴》）

产新疆，生于海拔400-1300米砾石山坡或沙地。蒙古及哈萨克斯坦有分布。

28. 肥皂草属 Saponaria Linn.

一年生或多年生草本。茎单生，直立。叶披针形、椭圆形或匙形，具3或5脉。聚伞花序、圆锥花序或头状花序；花萼筒形，具15-25纵脉，脉间非膜质，萼齿5；花瓣5，红或白色，全缘、微凹或2浅裂，爪窄长，副花冠鳞片状；雄蕊10；子房1室，胚珠多数，花柱2（3）；雌雄蕊柄短。蒴果薄壳质，4齿裂，具多数种子。种子肾形，具小瘤或线条纹；胚环形。

约30种，分布欧亚温带，主产地中海沿岸。我国引入1种。

肥皂草 图 744 彩片 200

Saponaria officinalis Linn. Sp. Pl. 408. 1753.

多年生草本，高达70厘米。主根肉质；根茎细，多分枝。茎直立，常无毛。叶椭圆形或椭圆状披针形，长5-10厘米，宽2-4厘米，基部渐窄，微合生，半抱茎，边缘粗糙，基脉3或5。聚伞圆锥花序，小聚伞花序具3-7花；苞片披针形，长渐尖，边缘和中脉疏被粗毛。花梗长3-8毫米，疏被毛；花萼筒状，长1.8-2厘米，径2.5-3.5毫米，绿色，或暗紫色，纵脉20，不明显，萼齿宽卵形，凸尖；花瓣白或粉红色，爪窄长，瓣片楔状倒卵形，长1-1.5厘米，先端微凹，瓣片和爪间鳞片线形；雌雄蕊柄长约1毫米；雄蕊及花柱伸出。蒴果长圆状卵圆形，长约1.5厘米，具多数种子。种子圆肾形，稍扁，长1.8-2毫米，具小瘤。花期6-9月。

地中海沿岸野生。我国城市公园栽培供观赏，东北铁路沿线、大连、青岛等城市已野化。根入药，可祛痰、利尿，治气管炎；含皂甙，可洗涤器物。

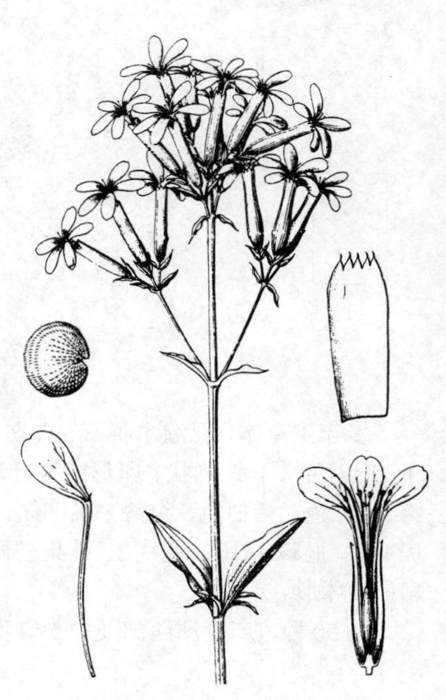

图 744 肥皂草 （钱存源绘）

29. 石头花属 Gypsophila Linn.

多年生或一年生草本。茎直立或铺散，常丛生，无毛或被腺毛，有时被白粉。叶线形、披针形、长圆形、卵形或匙形，有时钻状或近肉质。花小，二歧聚伞花序、伞房花序或圆锥状，或密集成头状；苞片干膜质，稀叶状。花萼具5条绿或紫色宽脉，脉间白色膜质，稀无，顶端5齿裂；花瓣5，白或粉红色，或具紫色脉纹，长于花萼，基部常楔形，顶端全缘、平截或微凹；雄蕊10；子房1室，胚珠多数，花柱2（3），子房无柄。蒴果4瓣裂。种子近扁肾形，具小疣，种脐侧生；胚环形，围绕胚乳，胚根显。

约150种，主产欧亚大陆温带地区，北美3种，北非埃及和澳大利亚各1种。我国18种，1变种，其中栽培1种，主产东北、华北及西北。

1. 多年生草本。
  2. 茎直立，单生或疏丛生；植株高大；苞片干膜质；花萼具5条绿或紫色脉，脉间白色膜质。
    3. 花序伞房状，较密集，或近头状；花梗常粗硬；花萼钟形或窄钟形。
      4. 叶非线形。
        5. 叶线状倒披针形、长圆形或卵形。
          6. 叶线状倒披针形。
            7. 花序较疏散；花梗长2-5毫米；苞片、萼齿具缘毛；种子具尖疣 …… 1. **高石头花 G. altissima**
            7. 花序近头状；花梗长0.5-2.5毫米；苞片、萼齿边缘波状，无缘毛；种子具扁平小疣 …………………………………………………………………… 1(附). **膜苞石头花 G. cephalotes**
          6. 叶长圆形或卵形。
            8. 叶长圆形；花序较密集；花梗长2-5毫米；花瓣先端平截或微凹；雄蕊及花柱长于花瓣 …………………………………………………………………… 2. **长蕊石头花 G. oldhamiana**
            8. 叶卵形；花序疏展；花梗长0.5-1厘米；花瓣先端圆；雄蕊及花柱短于花瓣 …………………………………………………………………… 5. **大叶石头花 G. pacifica**
        5. 叶线状披针形。
          9. 植株高不及50厘米；花序少分枝；萼脉紫褐色。
            10. 花密集近头状；花梗长2-3毫米；花萼长2-3毫米，齿钝；雄蕊及花柱伸出；种子具尖疣 …………………………………………………………………… 3. **华山石头花 G. huashanensis**
            10. 花少；花梗长0.5-1.5厘米；花萼长3-5毫米，齿尖；雄蕊及花柱内藏；种子具钝疣 …………………………………………………………………… 3(附). **河北石头花 G. tschiliensis**
          9. 植株高达80厘米；花序多分枝；萼脉绿色；雄蕊短于花瓣；花柱伸出 …………………………………………………………………… 4. **草原石头花 G. davurica**
      4. 叶线形。
        11. 花序少分枝或近头状，花较少。
          12. 花较少，疏散；花梗长0.5-2厘米；花萼长2-3毫米 …………………… 6. **紫萼石头花 G. patrinii**
          12. 花密集近头状；花梗长约1毫米；花萼长3.5-5毫米 …………… 7. **头状石头花 G. capituliflora**
        11. 花序多分枝，花多数。
          13. 花较密集；花序无刺 …………………………………………………… 8. **细叶石头花 G. licentiana**
          13. 花疏散；花序分枝处具刺 …………………………………………………… 9. **刺序石头花 G. spinosa**
    3. 圆锥花序疏散，花梗纤细；花萼宽钟形。
      14. 叶披针形或线状披针形，宽不及1厘米，无毛；花萼长1.5-2毫米，具紫色宽脉 …………………………………………………………………… 10. **圆锥石头花 G. paniculata**
      14. 叶倒卵状长圆形或卵状长圆形，宽1-3厘米，被腺毛；花萼长2-4毫米，具绿色脉纹 …………………………………………………………………… 11. **钝叶石头花 G. perfoliata**
  2. 茎斜升，密丛生；植株低矮；苞片叶状；花萼无白色膜质间隔。
    15. 全株被灰白色柔毛；叶倒卵状匙形 …………………………………… 12. **卷耳状石头花 G. cerastioides**

15. 全株被褐色腺毛；叶钻状线形 ………………………………………………… 13. **荒漠石头花 G. desertorum**

1. 一年生草本，高达45厘米；叶线状披针形；花瓣长圆形，先端平截或微凹 ………… 14. **缕丝花 G. elegans**

1. 高石头花 图 745：1-5

Gypsophila altissima Linn. Sp. Pl. 407. 1753.

多年生草本，高达80厘米。根径0.5-1.5厘米。茎直立，上部分枝，被腺毛。叶苍白色，线状倒披针形，长1.5-8厘米，宽0.3-1.2厘米，基部渐窄，无柄。伞房状聚伞花序较疏散；苞片卵形，具缘毛，膜质。花梗长2-5毫米，无毛；花萼钟形，长2-3毫米，径约1.5毫米，萼齿卵形，具缘毛；花瓣白或淡粉红色，长为花萼1-1.5倍，倒卵状长圆形，先端微凹。蒴果球形，径2-2.5毫米，稍长于宿萼。种子径1毫米，具尖疣。花期6-7月，果期7-8月。

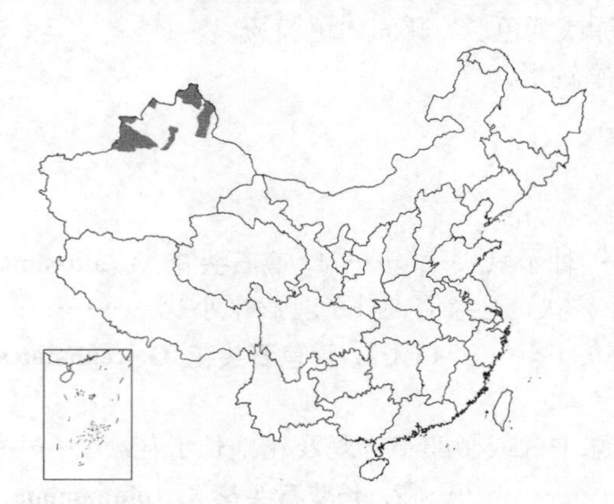

产新疆北部，生于海拔1350-2450米山坡、山谷草地、河滩或沟边。俄罗斯西伯利亚、哈萨克斯坦及欧洲有分布。

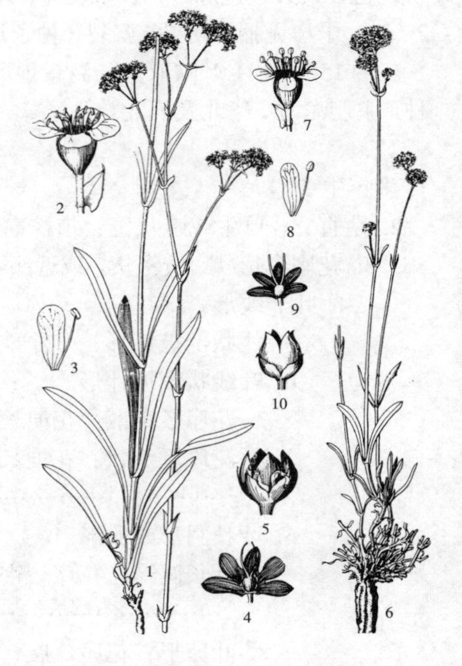

图 745: 1-5. 高石头花 6-10. 膜苞石头花
(李志民绘)

［附］ **膜苞石头花** 图 745：6-10 **Gypsophila cephalotes** (Schrenk) F.N. Williams in Journ. Bot. 27：323. 1889. —— *Gypsophila gastigiata* Linn. r. *cephalotes* Schrenk, Enum. Pl. Nov. 1：92. 1841. 与高石头花的区别：高达50厘米；花序近头状，总苞片膜质；花梗长0.5-2.5毫米；苞片、萼齿边缘波状，无缘毛；种子具扁平小疣。花期6-8月，果期7-9月。产新疆北部及西部，生于海拔1000-3950米山坡草地。蒙古西部、俄罗斯西伯利亚及哈萨克斯坦有分布。

2. 长蕊石头花 图 746

Gypsophila oldhamiana Miq. in Ann. Mus. Bot. Lugd.-Bat. 3：187. 1867.

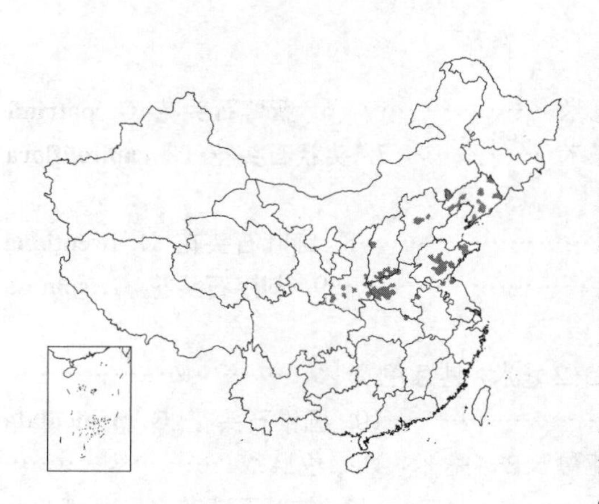

多年生草本，高达1米。茎丛生，二歧或三歧分枝，老茎常红紫色。叶长圆形，长4-8厘米，宽0.5-1.5厘米，先端短凸尖，两叶基相连成短鞘状，微抱茎，基脉3-5，稍肉质。伞房状聚伞花序较密集，无毛。花梗长2-5毫米，无毛或疏被柔毛；苞片卵状披针形，长渐尖尾状，膜质，多具缘毛；花萼钟形或漏斗状，长2-3毫米，萼齿卵状三角形，脉绿色，边缘白色，膜质，具缘毛；花瓣粉红色，倒卵状长圆形，长于花萼1倍，先端平截或微凹；雄蕊长于花瓣；花柱伸出。蒴果卵圆形，稍长于宿

图 746 长蕊石头花 (引自《图鉴》)

萼，顶端4裂。种子近肾形，长1.2-1.5毫米，两侧扁，具条状凸起，脊部具小尖疣。花期6-9月，果期8-10月。

产辽宁、河北、山西、陕西、河南、山东、江苏、安徽及湖北，生于海拔2000米以下山坡草地、灌丛中或海滨沙地，广西栽培作“山银柴胡”。朝鲜有分布。根药用，可清热凉血、消肿止痛、生肌长骨；也可栽培供观赏。

3. 华山石头花 图747

Gypsophila huashanensis Y. W. Tsui et D. Q. Lu in Acta Phytotax. Sin. 31(6): 656. f. 1. 1993.

多年生草本，高达50厘米。茎疏丛生，无毛。叶线状披针形，长2-4厘米，宽2-5毫米，基部短鞘状。伞房状聚伞花序顶生或上部腋生，密集近头状。花梗细，长2-3毫米；苞片卵形，长1-3毫米，无毛，膜质；花萼钟形，长2-3毫米，具5条紫褐色脉，脉间白色，膜质，萼齿钝，边缘膜质；花瓣白色带粉红色，长圆状倒披针形，长约5毫米，先端微凹；花柱长于花丝，均伸出。蒴果卵圆形，稍长于宿萼，4瓣裂。种子圆肾形，两面具条状隆起，脊具尖疣。花期7-8月，果期8-9月。

产陕西华山及秦岭地区，生于海拔660-2600米山坡石缝、山谷石滩或草地。

［附］**河北石头花** 图750：1-8 **Gypsophila tschiliensis** J. Krause in Fedde, Repert. Sp. Nov. 12: 364. 1922. 本种与华山石头花的区别：花少，花梗长0.5-1.5厘米；花萼长3-5毫米，齿尖；雄蕊及花柱内藏；种子具钝疣。产河北小五台山、涞源县白石山及北京百花山，生于海拔2000-3000米山坡灌丛中、草地或林缘。

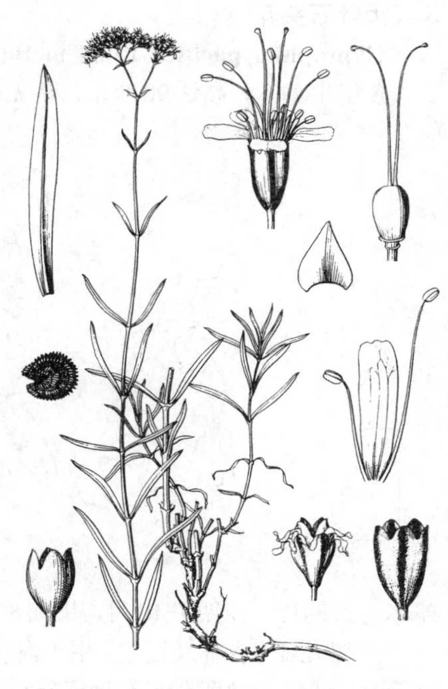

图 747 华山石头花 （李志民绘）

4. 草原石头花 图748

Gypsophila davurica Turcz. ex Fenzl in Ledeb. Fl. Ross. 1: 294. 1842.

多年生草本，高达80厘米；全株无毛。根径约1厘米。茎丛生，上部分枝。叶线状披针形，长3-6厘米，宽3-7毫米，基部稍窄，无柄。聚伞花序稍疏散。花梗长0.4-1厘米；苞片披针形，尾状至渐尖，具缘毛；花萼钟形，长3-4毫米，5裂至1/3-1/2，萼齿卵状三角形，边缘白色，宽膜质，5脉绿色，达齿端；花瓣淡粉红或近白色，倒卵状长圆形，先端微凹或平截，长为花萼2倍；雄蕊较花瓣短；花柱伸出。蒴果卵圆形，较宿萼长。种子圆肾形，长1.2-1.5毫

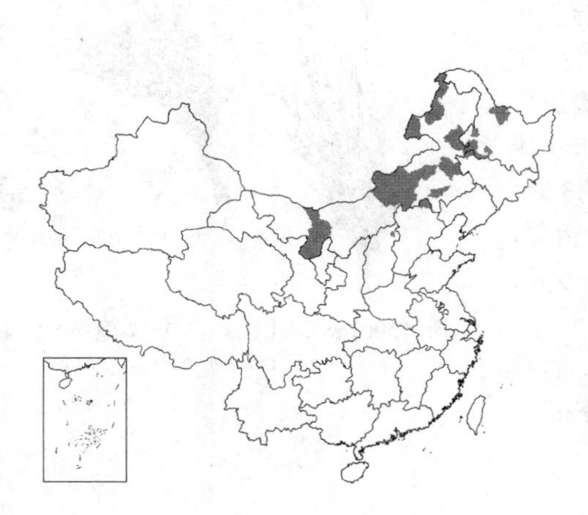

图 748 草原石头花 （引自《东北草本植物志》）

米，两侧扁，具密条状微凸起，脊具小尖疣。花期6-9月，果期7-10月。

产黑龙江、吉林、内蒙古、河北及山西，生于草原、丘陵、沙丘或石砾质干坡。蒙古及俄罗斯有分布。根药用，含皂甙，可作肥皂代用品，幼苗作猪饲料。

5. 大叶石头花 图 749：1-8

Gypsophila pacifica Kom. in Bull. Jard. Bot. Petrogr. 16：167. 1916.

多年生草本，高达90厘米。茎无毛，带淡红色或被白粉。叶卵形，长2.5-6厘米，基部稍抱茎，无柄，两面无毛，基脉3或5。聚伞花序顶生，疏展。花梗长0.5-1厘米；苞片三角形，膜质，具缘毛；花萼钟形，长2-3毫米，萼齿裂达1/3，卵状三角形，边缘膜质，白色，具缘毛；花瓣淡紫或粉红色，长圆形，长约6毫米，基部窄；雄蕊及花柱短于花瓣。蒴果卵圆形，长于宿萼，顶端4裂。种子圆肾形，稍扁，长1.2-1.5毫米，具钝疣。花期7-10月，果期8-10月。

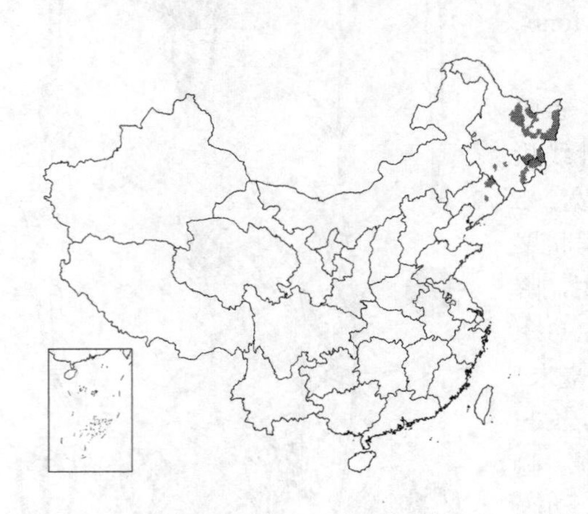

产黑龙江、吉林及辽宁，生于海拔150-320米阳坡、石砾质干坡、林缘或草地。朝鲜及俄罗斯远东地区有分布。根药用，含皂甙，可用以洗涤。嫩枝叶可食，也作猪饲料。

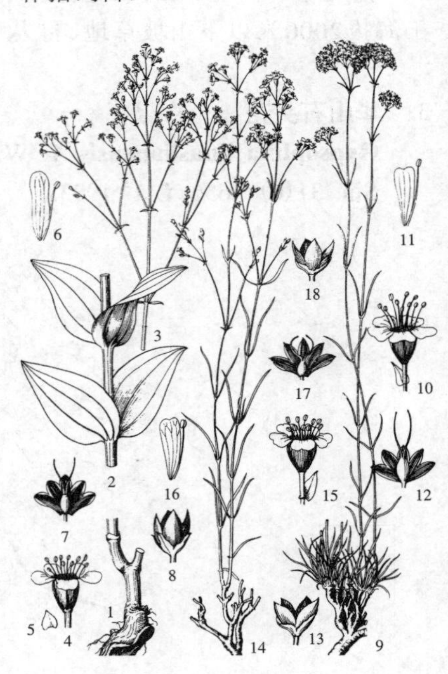

图 749：1-8. 大叶石头花 9-13. 头状石头花 14-18. 细叶石头花 （李志民绘）

6. 紫萼石头花 图 750：9-17

Gypsophila patrinii Ser. in DC. Prodr. 1：353. 1824.

多年生草本，高达60厘米；全株无毛。根径0.5-1厘米。叶线形，长1.5-4厘米，宽1-3毫米，基部短鞘状，基生叶簇生，茎生叶稀疏。聚伞花序顶生，花少。花梗纤细，长0.5-2厘米；苞片披针形或三角形，长2-3毫米；花萼钟形，长2-3毫米，裂片卵形，边缘膜质，疏生缘毛，萼脉宽，绿或带紫色，脉间膜质，淡紫色；花瓣倒卵形，紫红色，先端微凹；雄蕊短于花瓣；花柱长约3.5毫米。蒴果卵圆形，长于宿萼，顶端4裂。种子扁圆肾形，长0.8-1.2毫米，平滑，脊具小疣。花期6-9月，果期7-10月。

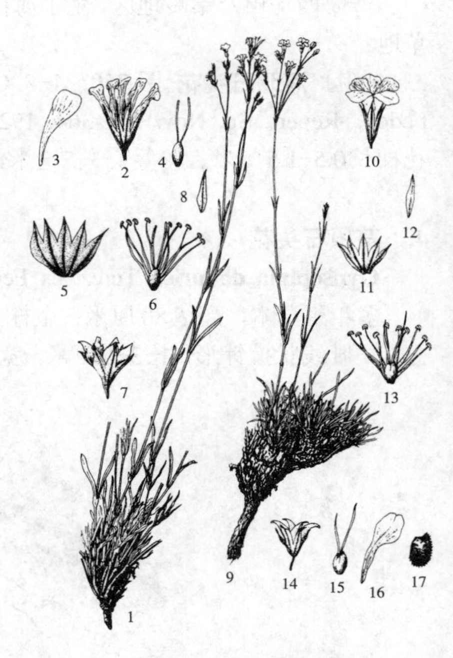

图 750：1-8. 河北石头花 9-17. 紫萼石头花 （傅季平绘）

产宁夏、甘肃、青海及新疆，生于海拔550-3400米戈壁、石坡、岩缝中、山坡草地或沙地。蒙古北部、俄罗斯西伯利亚及哈萨克斯坦有分布。

7. 头状石头花 图 749：9-13

Gypsophila capituliflora Rupr. in Mém. Acad. Sci. St. Pétersb. Sav. Etrang. ser. 7, 14(4)：40. 1869.

多年生草本，高达25厘米。茎丛生，无毛，多不分枝。叶线形，近三棱，长1-3厘米，宽约1毫米，近肉质，无毛，基部叶丛生。聚伞花序顶生，密集近头状，径1-2厘米；花梗长约1毫米；苞片披针形；花萼钟形，长3.5-5毫米，具5紫色脉，齿裂达1/3-1/2，三角形，边缘膜质，具缘毛；花瓣淡紫红或白色，长倒卵形，长6-7毫米，先端微凹；雄蕊与花瓣近等长；花柱短。蒴果长圆形，与宿萼近等长。种子球形，径1.5-2毫米，具扁平小瘤。花期7-9月，果期8-9月。

产内蒙古、宁夏、甘肃及新疆，生于海拔800-2600米干坡。吉尔吉斯斯坦、哈萨克斯坦及蒙古西部有分布。

8. 细叶石头花 图 749：14-18

Gypsophila licentiana Hand.-Mazz. in Oesterr. Bot. Zeitschr. 82：245. 1933.

多年生草本，高达50厘米。茎细长，无毛，丛生。叶线状，长1-3厘米，宽约1毫米，稍肉质，基部短鞘状，边缘粗糙，先端具骨质尖。聚伞花序顶生，花较密集，无刺。花梗长2-3（-10）毫米，带紫色；苞片三角形，长1.5毫米；花萼窄钟形，长2-3毫米，具5条绿或带深紫色脉，脉间白色，干膜质，齿裂达1/3，萼齿卵形，花瓣白色，三角状楔形，为萼长1.5-2倍，先端微凹；雄蕊短于花瓣，不等长；花柱与花瓣近等长。蒴果稍长于宿萼。种子圆肾形，径约1毫米，具小疣。花期7-8月，果期8-9月。

产内蒙古、山西、陕西、宁夏、甘肃、青海及新疆，生于海拔500-2000米山坡、沙地或田边。

9. 刺序石头花 图 751

Gypsophila spinosa D. Q. Lu in Acta Phytotax. Sin. 31(6)：568. f. 2. 1993.

多年生草本，高达50厘米；全株无毛。叶线形，长1-4.5厘米，宽约1毫米，肉质，基部短鞘状。伞房状聚伞花序疏散，花序分枝处具长0.2-1厘米刺。花梗长1-5毫米；苞片三角形；花粉红、淡红紫或白色，径3-4毫米；花萼钟形，长2-3毫米，具5三角形或卵形钝齿；花瓣楔形，长约4毫米，宽约1毫米，先端微凹；雄蕊与花瓣近等长。蒴果卵圆形，4瓣

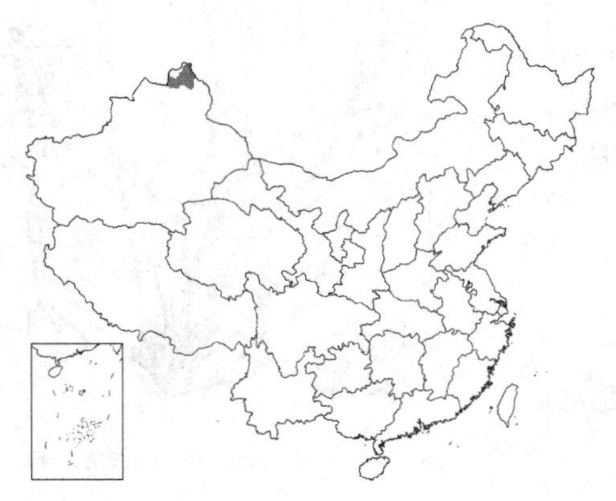

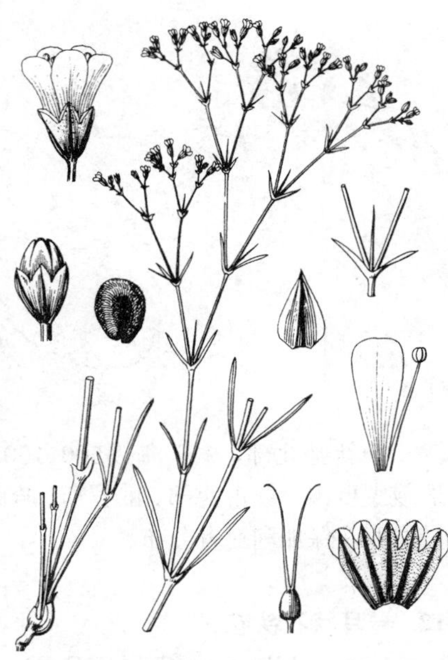

图 751 刺序石头花 （李志民绘）

裂。种子卵球形，长约1毫米，具条形疣。花果期7-9月。

产新疆阿尔泰地区，生于海拔500-900米戈壁、草地或河岸沙地。

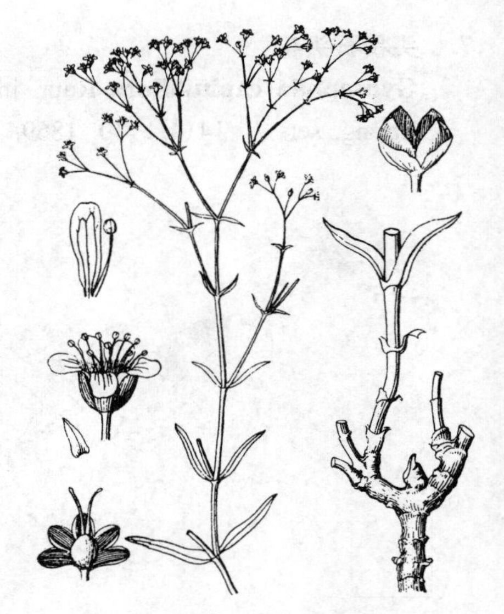

图 752 圆锥石头花 （李志民绘）

10. 圆锥石头花 图 752

Gypsophila paniculata Linn. Sp. Pl. 407. 1753.

多年生草本，高达80厘米。茎单生，稀丛生，直立，多分枝，铺散，无毛或上部被腺毛。叶披针形或线状披针形，长2-5厘米，宽2.5-7毫米，无毛。聚伞圆锥花序多分枝。花梗纤细，长2-6毫米，无毛；苞片三角形；花萼宽钟形，长1.5-2毫米，具紫色宽脉，萼齿卵形；花瓣白或淡红色，匙形，长约3毫米，先端平截或钝圆；花丝与花瓣近等长；花柱细长。蒴果球形，稍长于宿萼，4瓣裂。种子球形，径约1毫米，具钝疣。花期6-8月，果期8-9月。

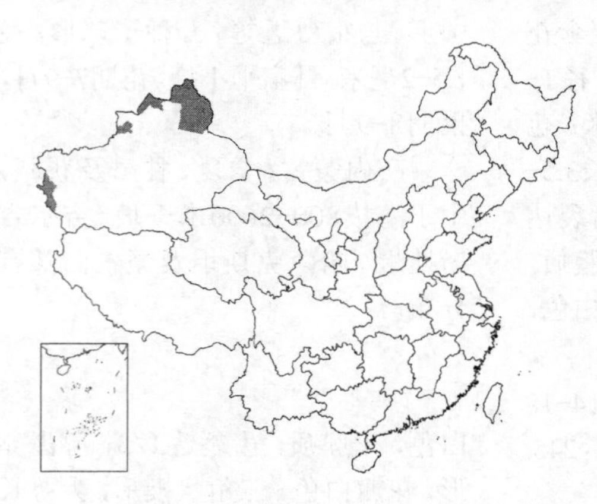

产新疆北部及西部，生于海拔1100-1500米河滩、草地、沙丘、石质山坡或农田。蒙古西部、俄罗斯西伯利亚、哈萨克斯坦及欧洲有分布，日本及北美栽培。根及茎可药用；可栽培供观赏。

图 753 钝叶石头花 （李志民绘）

11. 钝叶石头花 图 753

Gypsophila perfoliata Linn. Sp. Pl. 407. 1753.

多年生草本，高达70厘米；全株绿黄色。茎下部被腺柔毛。叶倒卵状长圆形或卵状长圆形，长3-7厘米，基部稍抱茎，被腺毛，基脉3-5。聚伞圆锥花序疏展。花梗纤细，长0.4-1.5厘米，无毛；苞片三角形，无毛；花萼宽钟形，长2-4毫米，具绿色脉纹，萼齿裂达中部，卵形；花瓣红、粉红或白色，长圆形，长约5毫米，先端钝圆或微凹；雄蕊稍短于花瓣；花柱伸出。蒴果球形，长于宿萼。种子肾形，长约1毫米，具细平小疣。花期7-8月，果期8-9月。

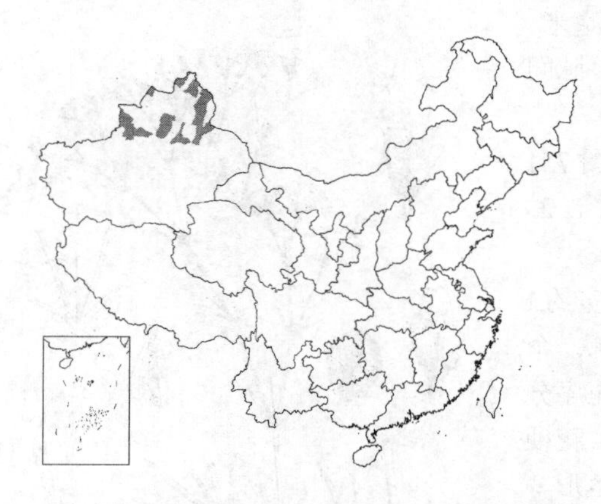

产新疆北部，生于海拔500-1000米河边、盐碱地、草原沙地、林中草地或戈壁滩。蒙古西部、俄罗斯、哈萨克斯坦、伊朗北部、土耳其东部、罗马尼亚及保加利亚有分布。

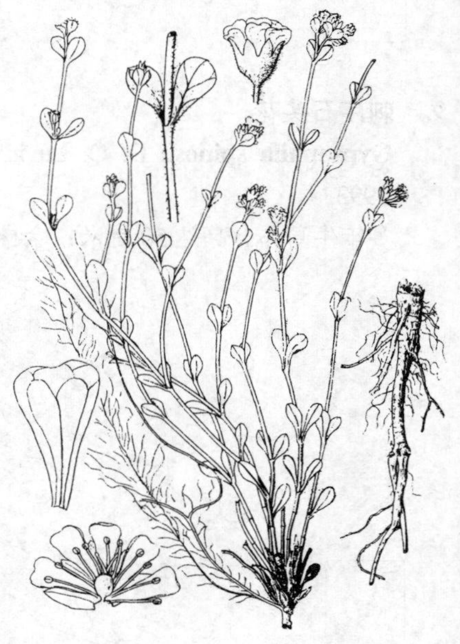

图 754 卷耳状石头花 （王鸿青绘）

12. 卷耳状石头花 图 754

Gypsophila cerastioides D. Don, Prodr. Fl. Nepal. 213. 1825.

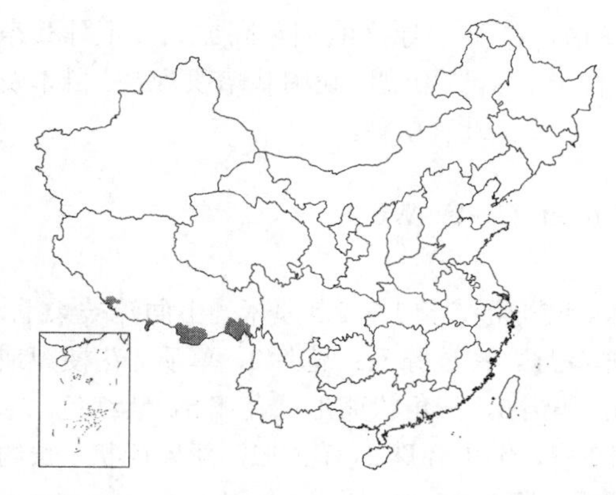

多年生草本，高达27（-40）厘米，被灰白色柔毛。根倒圆锥形，长达18厘米。茎密丛生，斜升。叶倒卵状匙形，长0.5-1.5厘米，两面被柔毛，具缘毛，基生叶具长柄；茎生叶无柄。聚伞花序顶生，具花5-20朵，花径0.4-1.3厘米。花梗长2-9毫米；苞片卵形，长2-5毫米，叶状，具白色缘毛；花萼宽钟形，长3-6毫米，绿色，萼齿裂达中部，卵形或披针形；花瓣蓝紫或白色，具3条淡紫红色脉纹，倒卵状楔形，长5-8毫米，先端微凹；雄蕊短于花瓣。蒴果卵圆形，常不裂。种子扁圆形，径0.7毫米，具小疣。花果期5-8月。

产西藏南部，生于海拔2800-4000米山坡林下、林间草地、田边、水边或碎石带。印度、巴基斯坦北部、尼泊尔、锡金、不丹及孟加拉国有分布。

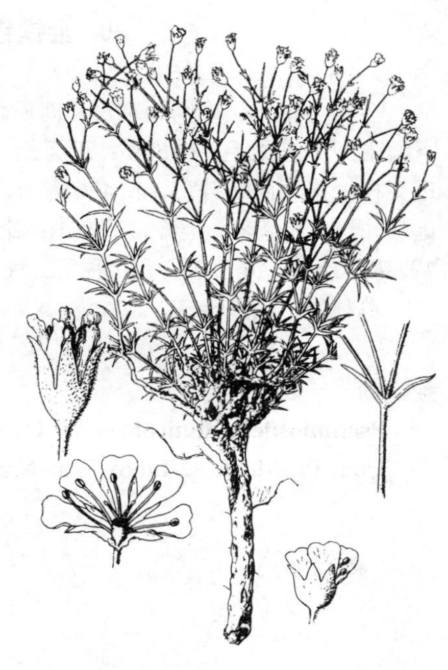

图 755 荒漠石头花 （王鸿青绘）

13. 荒漠石头花 图 755

Gypsophila desertorum（Bunge）Fenzl in Ledeb. Fl. Ross. 1: 292. 1842.

Heterochroa desertorum Bunge, Supplem. Alt. 29. 1836.

多年生草本，高达15厘米；全株被褐色腺毛。根深褐色，径0.5-1.5厘米。茎密丛生，叶近轮生，钻状线形，长0.4-1.5厘米，宽0.5-1毫米，质硬，锐尖，基部合生，边缘内卷，叶腋常生不育短枝。二歧聚伞花序。花梗长0.3-1.2厘米；苞片卵状披针形或披针形，长2-4毫米；花萼钟形，长4毫米，径2-3毫米，萼齿裂达中部，卵形，长1.5毫米，边缘膜质；花瓣白色，具淡紫色脉纹，倒卵状楔形，长约6毫米，先端微凹；雄蕊稍短于花瓣。蒴果卵圆形，长约4毫米。种子肾形，长约1毫米，具弯曲皱纹。花期5-7月，果期8月。

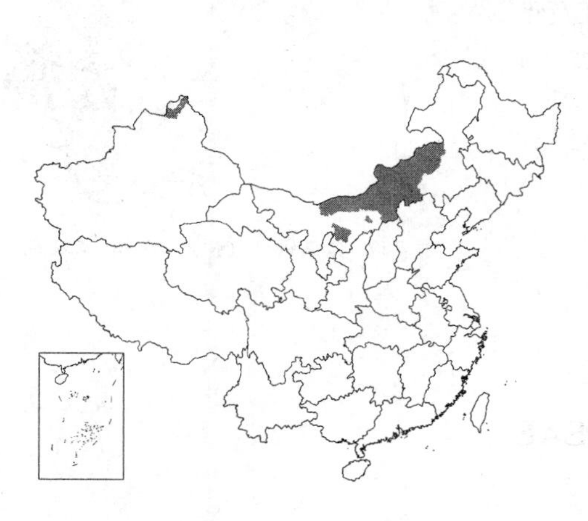

产内蒙古、新疆北部，生于海拔1400-1500米荒漠草原、砾质或沙质干草原、干河谷。蒙古北部及俄罗斯阿尔泰有分布。

14. 缕丝花 图 756

Gypsophila elegans M. Bieb. Fl. Tauc.-Cauc. 1: 319. 1808.

一年生草本，高达45厘米。茎被白粉。叶线状披针形，长2-4厘米，宽2-5毫米，基部渐窄。聚伞圆锥花序疏展；花径约1.2厘米。花梗细，长1-3厘米；苞片三角形，干膜质；花萼钟形，长3-4毫米，萼齿裂至中部，卵

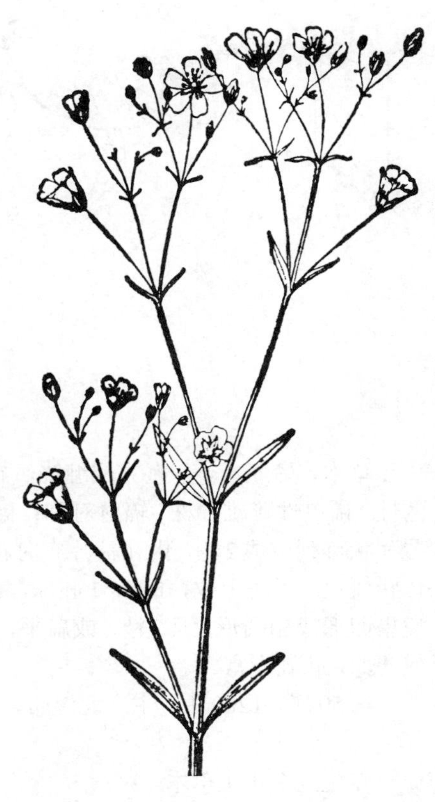

图 756 缕丝花 （引自《图鉴》）

形，边缘干膜质；花瓣白或粉红色，具紫色脉，长圆形，长为花萼2-3倍，先端平截或微凹；雄蕊较花瓣短；花柱短。蒴果卵圆形，长于宿萼。种子径1.2毫米，具钝瘤。花期5-6月，果期7月。

原产欧洲至高加索、土耳其东部、伊朗。我国栽培供观赏。日本及北美引种。

30. 金铁锁属 Psammosilene W. C. Wu et C. Y. Wu

多年生草本。根倒圆锥形，肉质。茎铺散，多分枝，长达35厘米。叶卵形，长1.5-2.5厘米，上面疏被柔毛，下面沿中脉被柔毛，稍肉质；近无柄。花两性，径3-5毫米，三歧聚伞花序，密被腺毛；苞片2，草质。花梗短或近无梗；花萼筒状钟形，长4-6毫米，绿色纵脉15，微凸，密被腺毛，萼齿5，三角状卵形；花瓣5，紫红色，窄匙形，长7-8毫米，全缘，爪渐窄；雄蕊5，伸出，与萼齿对生；子房1室，倒生胚珠2，花柱2。蒴果棒状，长约7毫米，质薄，几不裂，具1种子。种子长倒卵圆形，长约3毫米，脊平，腹凸。

单种属。我国特产。

金铁锁 图757

Psammosilene tunicoides W. C. Wu et C. Y. Wu in L. P. King et al. Icon. Pl. Medic. e Libro Tien-Nan-Pen-Tsao Lanmaoano 1: 1-2. t. 1. 1945.

形态特征同属。花期6-9月，果期7-10月。

产四川西南部、云南、贵州西部及西藏东部，生于海拔900-3800米金沙江及雅鲁藏布江沿岸砾石山坡、石灰质岩缝中或林下。根入药，治跌打损伤、胃疼，有毒，内服宜慎。

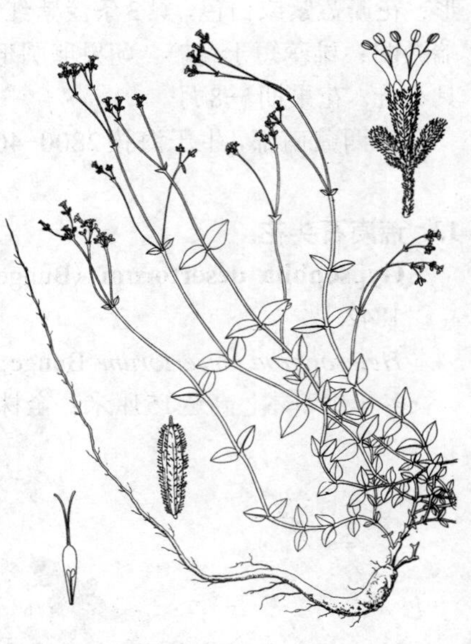

图 757 金铁锁 （引自《滇南本草图谱》）

53. 蓼科 POLYGONACEAE

（李安仁）

草本，稀灌木。茎直立或缠绕，节多膨大。单叶，互生，全缘，稀具齿或分裂；具柄，托叶鞘筒状，膜质。花两性，稀单性雌雄异株，辐射对称；穗状、总状、头状或圆锥状花序。花梗具关节；花被3-6深裂，花被片花瓣状，覆瓦状排列或成2轮，内花被片有时花后增大，背部具翅或小瘤；雄蕊（3）6-9（-18），花丝离生；花盘环状、腺体状或缺；子房上位，1室，1胚珠，直生，稀倒生，花柱2-3（4），离生或下部连合，柱头头状、盾状或画笔状。瘦果卵形或椭圆形，具3棱，或扁平，双凸或双凹，稀具4棱，有时具翅或刺，部分或全包于宿存花被内。胚直伸或弯曲，胚乳丰富。

约50属，1200种，主产北温带，少数分布于热带。我国11属，235种，37变种。

1. 一年生或多年生草本。
  2. 瘦果具翅。

3. 花被片4；瘦果扁平，双凸，边缘具翅 …………………………………………………… 9. **山蓼属 Oxyria**
3. 花被片5-6；瘦果具3棱，沿棱具翅。
4. 花被片5；瘦果基部具角状附属物；茎攀援 ……………………………………… 5. **翼蓼属 Pteroxygonum**
4. 花被片6；瘦果基部无角状附属物；茎直立 ……………………………………………… 11. **大黄属 Rheum**
2. 瘦果无翅。
5. 花被片3；雄蕊3 ………………………………………………………………………… 1. **冰岛蓼属 Koenigia**
5. 花被片（4）5-6；雄蕊6-9，稀较少。
6. 花被片6，2轮，内3片果时增大；柱头画笔状 ……………………………………… 10. **酸模属 Rumex**
6. 花被片（4）5，果时不增大或增大；柱头头状，稀流苏状。
7. 花柱2，果时伸长，硬化，顶端钩状，宿存 ………………………………… 3. **金线草属 Antenoron**
7. 花柱2（3），果时非上述情况。
8. 花被片5，果时不增大；瘦果较宿存花被长；茎直立 ……………………… 4. **荞麦属 Fagopyrum**
8. 花被片（4）5，果时不增大或增大；瘦果包于宿存花被内，稀突出花被之外；茎直立或攀援 ……
……………………………………………………………………………………………… 2. **蓼属 Polygonum**
1. 灌木，稀亚灌木。
9. 瘦果具翅或刺。
10. 瘦果具翅或刺；叶线形或鳞片状；雄蕊12-18 ……………………………… 6. **沙拐枣属 Calligonum**
10. 瘦果具翅；叶不退化；雄蕊8 ……………………………………………… 8. **翅果蓼属 Parapteropyrum**
9. 瘦果无翅或刺。
11. 花被片6；柱头画笔状 ……………………………………………………………… 10. **酸模属 Rumex**
11. 花被片（4）5，柱头头状。
12. 花被片内（2）3片果时增大，草质 ……………………………………………… 7. **木蓼属 Atraphaxis**
12. 花被片果时不增大，或全部增大，肉质 ………………………………………… 2. **蓼属 Polygonum**

1. 冰岛蓼属 Koenigia Linn.

一年生草本，高达7厘米。茎常簇生，带红色，无毛，分枝开展。叶宽椭圆形或倒卵形，长3-6毫米，宽2-4毫米，无毛，先端圆钝，基部宽楔形；叶柄长1-3毫米；托叶鞘短，膜质，2裂，褐色。花簇腋生或顶生。花两性；花被3深裂，淡绿色，花被片宽椭圆形，长约1毫米；雄蕊3，与花被片互生，较短；花柱2，极短，柱头头状。瘦果长卵形；扁平，双凸，黑褐色，具颗粒状小点，无光泽，突出于宿存花被外。

单种属。

冰岛蓼 图 758

Koenigia islandica Linn. Mant. 1: 35. 1767.

形态特征同属。花期7-8月，果期8-9月。

产山西、甘肃、新疆、青海、云南、四川及西藏，生于海拔2400-4900米山顶草地、山谷湿地、山坡草地。北极地区、欧洲北部、哈萨克斯坦、俄罗斯、蒙古、巴基斯坦、不丹、印度西北部及克什米尔地区有分布。

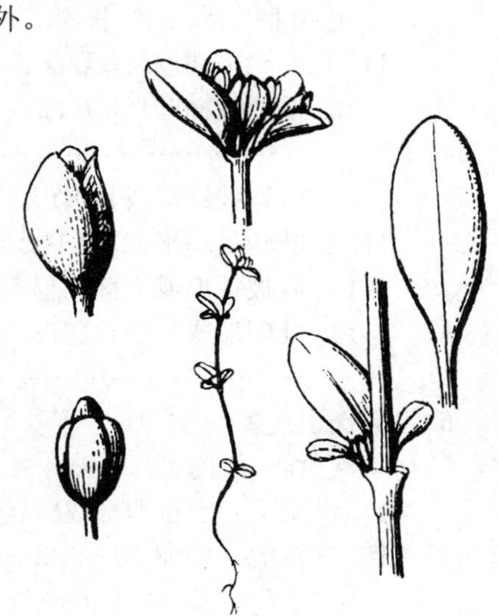

图 758 冰岛蓼 （引自《新疆植物志》）

2. 蓼属 **Polygonum** Linn.

一年生或多年生草本，稀亚灌木或小灌木。茎直立、平卧、上升、攀援或缠绕，无毛、被毛或具皮刺，节部常膨大。叶互生，全缘，稀具裂片；具柄或无柄，托叶鞘膜质或草质，筒状，不裂或开裂。花序穗状、总状、头状或圆锥状，稀花簇生叶腋；花两性，稀单性，雌雄异株；苞片及小苞片膜质。花梗具关节；花被（4）5深裂，宿存，果时不增大，有时增大，背部具翅；花盘腺体状、环状或无花盘；雄蕊8，稀较少；子房卵形，花柱2-3，离生或中下部连合，柱头头状。瘦果具3棱，稀扁平，双凸或双凹，包于宿存花被内或突出花被之外。

约240种，广布于全世界，主产北温带，我国120种，28变种。

1. 花单生或数朵簇生叶腋，稀成总状花序；叶基部具关节；花丝基部宽或仅内侧者宽。
  2. 一年生或多年生草本。
    3. 多年生草本；根粗壮，木质化；叶柄长2-5毫米 ………………………… 1. **岩蓼 P. cognatum**
    3. 一年生草本；根不木质化；叶柄极短或近无柄。
      4. 茎直立；花着生于茎、枝上部叶腋，组成间断总状花序 ……………… 2. **帚蓼 P. argyrocoleum**
      4. 茎平卧、上升或直立；花遍布植株。
        5. 茎平卧；叶宽2-4毫米；花梗中部具关节；瘦果平滑，有光泽 ……………… 3. **习见蓼 P. plebeium**
        5. 茎平卧、上升或直立；叶宽0.3-1.2厘米；花梗顶部具关节；瘦果密被由小点组成的细条纹 …………………………………………………………………… 4. **扁蓄 P. aviculare**
  2. 小灌木；叶近圆形或宽椭圆形 ………………………… 5. **圆叶蓼 P. intramongolicum**
1. 花序穗状、总状、头状或圆锥状；叶基部无关节；花丝基部窄。
  6. 茎具纵棱，沿棱具倒生皮刺。
    7. 托叶鞘叶状或边缘具叶状翅。
      8. 叶柄盾状着生；花被果时增大，肉质 ………………………… 6. **杠板归 P. perfoliatum**
      8. 叶柄非盾状着生；花被果时不增大。
        9. 叶三角形或长三角形，两面被柔毛，托叶鞘具肾圆形翅 ……………… 7. **刺蓼 P. senticosum**
        9. 叶戟形或长戟形，两面被星状毛或疏生刺毛。
          10. 叶戟形，疏生刺毛，稀疏被星状毛，托叶鞘叶状翅近全缘 ……………… 8. **戟叶蓼 P. thunbergii**
          10. 叶长戟形，两面密被星状毛，托叶鞘叶状翅具牙齿 ………… 8(附). **长戟叶蓼 P. maackianum**
    7. 托叶鞘非叶状，无叶状翅。
      11. 托叶鞘顶端偏斜，无缘毛或具短缘毛。
        12. 叶卵状椭圆形，基部戟形或心形，两面疏被星状毛，托叶鞘具缘毛 …………………………………………………………………… 9. **稀花蓼 P. dissitiflorum**
        12. 叶宽披针形或长圆形，基部箭形，两面无毛，托叶鞘无缘毛 ……………… 10. **箭叶蓼 P. sieboldii**
      11. 托叶鞘顶端平截，具长缘毛。
        13. 叶披针形或窄椭圆形，基部楔形；穗状花序，花序梗密被腺毛 ……… 11. **柳叶刺蓼 P. bungeanum**
        13. 叶卵形或长圆状卵形，基部宽楔形、圆或近心形；短穗状圆锥花序，花序梗密被柔毛及稀疏腺毛 …………………………………………………………………… 12. **小蓼花 P. muricatum**
  6. 茎无倒生皮刺。
    14. 茎缠绕，稀直立；花被片外3片背部具翅或龙骨状突起，果时增大。
      15. 茎直立；叶宽卵形或卵状椭圆形；花单性，雌雄异株 ………………………… 13. **虎杖 P. cuspidatum**
      15. 茎缠绕；叶卵形或心形；花两性。
        16. 多年生草本，块根肥厚；花序圆锥状 ………………………… 14. **何首乌 P. multiflorum**
        16. 一年生草本；花序总状。

17. 花被片外3片背部具翅，翅缘常具齿 ………………………………………………… 15. **齿翅蓼 P. dentato-alatum**
17. 花被片外3片背部具龙骨状突起或窄翅 ………………………………………………… 16. **卷茎蓼 P. convolvulus**
14. 茎直立，稀匍匐。
18. 花序圆锥状。
19. 亚灌木。
20. 花被片椭圆形，果时增大，肉质；叶下面被绢毛 ………………………………………… 17. **绢毛蓼 P. molle**
20. 花被片宽倒卵形，花被果时不增大；叶下面密被柔毛 ……………………… 18. **多穗蓼 P. polystachyum**
19. 多年生草本。
21. 茎匍匐，丛生；叶近圆形或肾形 ………………………………………………… 19. **大铜钱叶蓼 P. forrestii**
21. 茎直立；叶非圆形或肾形。
22. 茎不分枝；叶两面被长硬毛，具基生叶；花单性，雌雄异株 …………… 20. **硬毛蓼 P. hookeri**
22. 茎分枝；叶无毛或两面被柔毛，无基生叶；花两性。
23. 叶两面无毛，基部常戟形；花黄绿色 ……………………………… 21. **西伯利亚蓼 P. sibiricum**
23. 叶两面被毛，基部非戟形；花白或淡红色。
24. 叶卵状披针形或披针形，两面被柔毛；花序轴无毛 ……………… 22. **高山蓼 P. alpinum**
24. 叶长卵形或宽披针形，两面疏被柔毛或下面密被绒毛；花序轴密被绒毛。
25. 叶两面疏被柔毛 ………………………………………………………… 23. **钟花蓼 P. campanulatum**
25. 叶下面密被黄褐色绒毛 …………… 23(附). **绒毛钟花蓼 P. companulatum** var. **fulvidum**
18. 花序不为圆锥状。
26. 花序头状。
27. 一年生草本。
28. 茎平卧，丛生；叶窄披针形或披针形；叶柄极短或近无柄 ………… 24. **蓼子草 P. criopolitanum**
28. 茎直立或外倾；叶卵形或披针状卵形，具叶柄。
29. 花序梗上部被腺毛；叶柄具翅或仅上部具窄翅。
30. 叶疏生黄色透明腺点；苞片无毛 ……………………………… 25. **尼泊尔蓼 P. nepalense**
30. 叶无腺点；苞片疏被腺毛 ………………………………………………… 26. **冰川蓼 P. glaciale**
29. 花序梗被糙伏毛；叶柄无翅 ………………………………………………………… 27. **细茎蓼 P. filicaule**
27. 多年生草本。
31. 叶掌状深裂 ……………………………………………………………………… 28. **掌叶蓼 P. palmatum**
31. 叶非掌状深裂。
32. 托叶鞘被腺毛或柔毛，长不及1厘米，顶端平截，具缘毛；花被果时不增大。
33. 茎匍匐，丛生；叶全缘，托叶鞘被腺毛 ……………………………… 29. **头花蓼 P. capitatum**
33. 茎近直立；叶羽裂，托叶鞘被柔毛。
34. 叶具1-3对侧生裂片；头状花序径1-1.5厘米，常成对 …… 30. **羽叶蓼 P. runcinatum**
34. 叶具1对侧生裂片；头状花序径5-7毫米，常数个组成圆锥状 ……………………………………………………………………… 30(附). **赤胫散 P. runcinatum** var. **sinense**
32. 托叶鞘无毛，长1.5-2.5厘米，顶端偏斜，无缘毛；花被果时增大，肉质。
35. 叶两面无毛，有时下面沿叶脉疏被柔毛；茎枝常无毛。
36. 叶卵形或长卵形 ………………………………………………………… 31. **火炭母 P. chinense**
36. 叶披针形 ………………………………… 31(附). **窄叶火炭母 P. chinense** var. **paradoxum**
35. 两面被糙硬毛；茎枝被倒生糙硬毛 ……… 31(附). **硬毛火炭母 P. chinense** var. **hispidum**
26. 花序穗状。

37. 托叶鞘偏斜，无缘毛；茎不分枝，稀上部分枝，具基生叶；根茎肥厚，木质化。
38. 多年生草本，茎直立。
39. 花序下部生珠芽 ………………………………………………………………… 32. 珠芽蓼 **P. viviparum**
39. 花序不生珠芽。
40. 基生叶基部沿叶柄下延成翅或微下延。
41. 根茎横走，不弯曲；托叶鞘褐色 ………………………………………… 33. 翅柄蓼 **P. sinomontanum**
41. 根茎弯曲；托叶鞘下部绿色，上部褐色。
42. 叶近革质；花紫红色，花被片长4-5毫米，花柱3，中下部连合 ……… 34. 大海蓼 **P. milletii**
42. 叶纸质；花淡红或白色，花被片长2-3毫米，花柱3，离生 ……………… 35. 拳参 **P. bistorta**
40. 基生叶基部不下延。
43. 基生叶卵形或长卵形；茎分枝或不分枝。
44. 根茎呈念珠状；茎细；叶先端渐尖或尖 ……………………………………… 36. 支柱蓼 **P. suffultum**
44. 根茎横走，非念珠状；茎粗壮；叶先端长渐尖 …………………………… 37. 抱茎蓼 **P. amplexicaule**
43. 基生叶非卵形；茎不分枝。
45. 花序长1.5-2.5厘米；基生叶基部圆或近心形 ……………………………… 38. 圆穗蓼 **P. macrophyllum**
45. 花序长4-6厘米；基生叶基部楔形 ………………………………………… 39. 草血竭 **P. paleaceum**
38. 小灌木，簇生，老枝匍匐 …………………………………………………………………… 40. 匐枝蓼 **P. emodi**
37. 托叶鞘顶端平截，具缘毛；茎分枝，无基生叶；无根茎或具细长非木质化根茎。
46. 一年生草本。
47. 植株无毛 …………………………………………………………………………………………… 41. 光蓼 **P. glabrum**
47. 植株被毛或叶脉及托叶鞘被毛。
48. 花序梗被腺毛或腺体。
49. 花序梗被腺毛。
50. 花序梗及茎、枝密被腺毛及长糙硬毛；瘦果具3棱 ……………………… 42. 香蓼 **P. viscosum**
50. 花序梗疏被腺毛；茎、枝疏被柔毛或近无毛；瘦果双凸，稀具3棱 ……… 43. 春蓼 **P. persicaria**
49. 花序梗被腺体。
51. 花被（4）5深裂；瘦果椭圆形，具3棱 ………………………………………… 44. 粘蓼 **P. viscoferum**
51. 花被4（5）深裂；瘦果宽卵形，扁平，双凹 ……………………… 45. 酸模叶蓼 **P. lapathifolium**
48. 花序梗无腺毛、腺体。
52. 叶干后暗蓝绿色 ……………………………………………………………………… 46. 蓼蓝 **P. tinctorum**
52. 叶干后不为暗蓝绿色。
53. 托叶鞘顶端常具绿色翅；叶宽卵形或宽椭圆形，宽5-12厘米 ……… 47. 红蓼 **P. orientale**
53. 托叶鞘顶端无翅；叶披针形、卵状披针形或卵形，宽不及4厘米。
54. 花被具腺点。
55. 茎无毛；花被具黄色透明腺点；叶腋具闭花受精花 ……… 48. 水蓼 **P. hydropiper**
55. 茎被硬毛；花被具淡紫色透明腺点，叶腋无闭花受精花 ………………………………………………………………………………………………… 49. 伏毛蓼 **P. pubescens**
54. 花被无腺点。
56. 叶卵状披针形或卵形，先端尾尖 ……………………………………… 50. 丛枝蓼 **P. posumbu**
56. 叶披针形或宽披针形，先端尖或窄尖 ………………………………… 51. 长鬃蓼 **P. longisetum**
46. 多年生草本。

57. 水陆两栖植物，水生叶长圆形，基部近心形；陆生叶披针形，基部近圆 ……………… 52. **两栖蓼 P. amphibium**
57. 陆生植物；叶披针形，基部楔形，稀近圆。
  58. 叶两面密被绢毛，托叶鞘缘毛长4-6毫米；瘦果近圆形，双凸 ………………………… 53. **丽蓼 P. pulchrum**
  58. 叶两面被硬毛或柔毛，托叶鞘缘毛长1-2厘米。
    59. 叶两面被平伏硬毛，托叶鞘缘毛长1-1.2厘米；茎无毛，有时疏被平伏硬毛；瘦果长2.5-3毫米 …………………………………………………………………………………………………… 54. **蚕茧蓼 P. japonicum**
    59. 叶两面疏被柔毛，托叶鞘缘毛长1.5-2厘米；瘦果长1.5-2毫米 ………………………… 55. **毛蓼 P. barbatum**

1. 岩蓼 图 759

Polygonum cognatum Meisn. Monogr. Polyg. 91. 1826.

多年生草本，高达15厘米。根粗壮，木质化，径达1.5厘米。茎平卧，基部多分枝，高达15厘米。叶椭圆形，长1-2厘米，宽0.5-1.3厘米，先端稍尖或圆钝，基部窄楔形，全缘，两面无毛；叶柄长2-5毫米，基部具关节，托叶鞘薄膜质，白色，透明。花几遍生于植株，生于叶腋；苞片膜质，先端渐尖。花梗长1-3毫米；花被5裂至中部，花被片卵形，绿色，边缘基部宽；花柱3，柱头头状。瘦果卵形，具3棱，

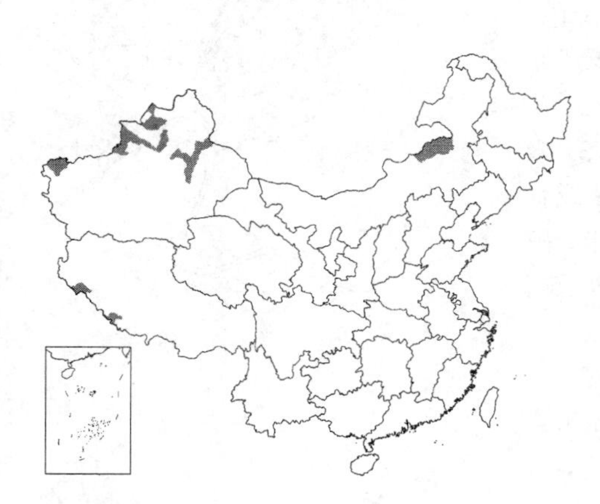

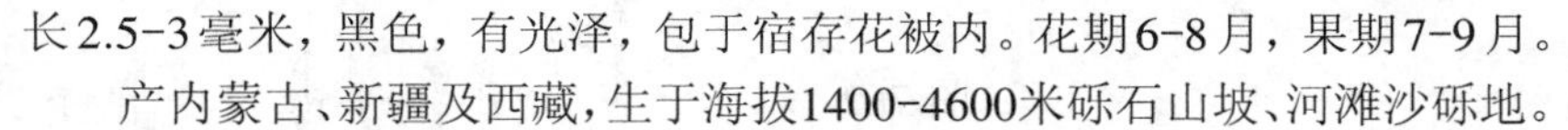

长2.5-3毫米，黑色，有光泽，包于宿存花被内。花期6-8月，果期7-9月。

产内蒙古、新疆及西藏，生于海拔1400-4600米砾石山坡、河滩沙砾地。哈萨克斯坦、俄罗斯西伯利亚、蒙古有分布。

图 759 岩蓼 （张春方绘）

2. 帚蓼 图 760

Polygonum argyrocoleum Steud. ex Kunze in Linnaea 20: 17. 1847.

一年生草本，高达80厘米。茎直立，多分枝，枝斜上，呈帚状，节间长达5厘米。叶披针形或线状披针形，长1.5-4厘米，宽6-8毫米，侧脉不明显，先端尖，基部窄楔形，常早落；叶柄短，具关节，托叶鞘膜质，长4-7毫米，下部褐色，上部白色，具6-8脉，撕裂。花着生于茎、枝上部叶腋，组成间断总状花序。花梗细，顶部具关节；花被5深裂，淡红色，边缘白色，花被片椭圆形，长约2毫米。瘦果卵形，具3锐棱，长2-2.5毫米，褐色，有光泽，包于宿存花被内。花期6-7月，果期7-8月。

产内蒙古、甘肃、新疆及青海，生于海拔2000-2500米河边、沟谷湿地。

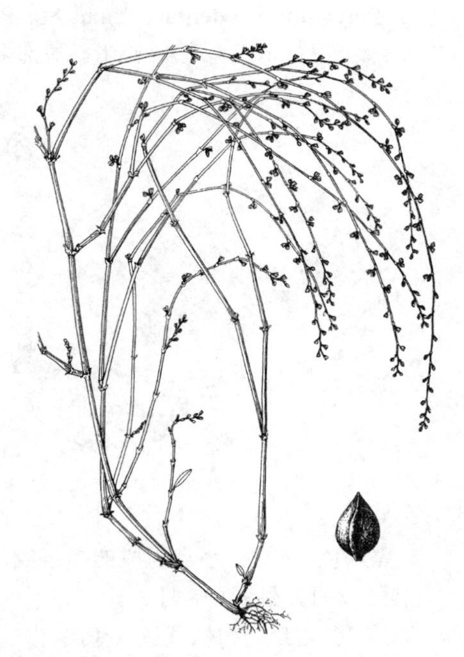

图 760 帚蓼 （张春方绘）

蒙古、哈萨克斯坦、格鲁吉亚、伊朗及阿富汗有分布。

3. 习见蓼 图761 彩片201

Polygonum plebeium R. Br. Prodr. Fl. Nov. Holl. 420. 1810.

一年生草本，高达20厘米。茎平卧，基部分枝，小枝节间较叶片短。叶窄椭圆形或倒披针形，长0.5-1.5厘米，宽2-4毫米，基部窄楔形，无毛，侧脉不明显；叶柄极短，托叶鞘膜质，白色，透明，长2.5-3毫米，顶端撕裂。花3-6簇生叶腋，遍布植株；苞片膜质。花梗中部具关节；花被5深裂，花被片长椭圆形，绿色，背部稍隆起，边缘白或淡红色，长1-1.5毫米；雄蕊5，花丝基部稍宽；花柱（2）3，极短。瘦果宽卵形，具3棱或扁平，双凸，长1.5-2毫米，黑褐色，平滑，有光泽，包于宿存花被内。花期5-8月，果期6-9月。

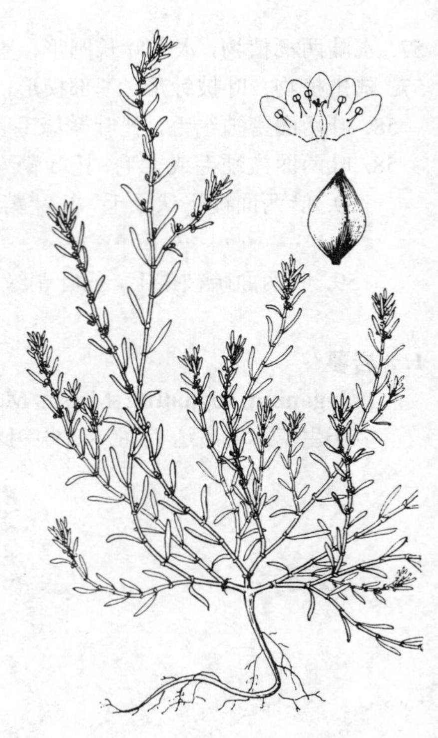

图 761 习见蓼 （张春方绘）

产黑龙江、吉林、辽宁、内蒙古、河北、河南、山西、陕西、甘肃、新疆、山东、江苏、安徽、浙江、福建、台湾、江西、湖北、湖南、广东、香港、海南、广西、云南、贵州及四川，生于海拔30-2200米田边、路边、水边。日本、印度、大洋洲、欧洲及非洲有分布。

4. 扁蓄 图762

Polygonum aviculare Linn. Sp. Pl. 362. 1753.

一年生草本，高达40厘米。基部多分枝。叶椭圆形、窄椭圆形或披针形，长1-4厘米，宽0.3-1.2厘米，先端圆或尖，基部楔形，全缘，无毛；叶柄短，基部具关节，托叶鞘膜质，下部褐色，上部白色，撕裂。花单生或数朵簇生叶腋，遍布植株；苞片薄膜质。花梗细，顶部具关节；花被5深裂，花被片椭圆形，长2-2.5毫米，绿色，边缘白或淡红色；雄蕊8，花丝基部宽，花柱3。瘦果卵形，具3棱，长2.5-3毫米，黑褐色，密被由小点组成的细条纹，无光泽，与宿存花被近等长或稍长。花期5-7月，果期6-8月。

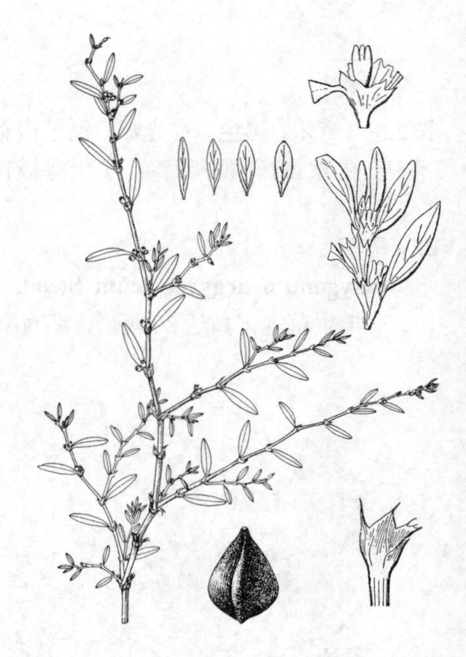

图 762 扁蓄 （仿《中国植物志》）

产黑龙江、吉林、辽宁、内蒙古、河北、河南、山西、陕西、甘肃、宁夏、新疆、青海、山东、江苏、浙江、安徽、福建、江西、湖北、湖南、广东、广西、云南、贵州、四川及西藏，生于海拔4200以下沟边、湿地、田边。北温带广泛分布。全草药用，通经利尿、清热解毒。

5. 圆叶蓼 图 763

Polygonum intramongolicum A. J. Li in Fl. Intramongolica 2: 57. t. 35. f. 14. 1978.

小灌木，高达50厘米；树皮灰褐色。多分枝，小枝密被小突起。叶近圆形或宽椭圆形，长1-1.5厘米，近革质，先端圆钝，基部宽楔形或近圆，边缘皱波状；叶柄短，基部具关节，托叶鞘膜质，偏斜，顶端尖，褐色。总状花序顶生，长3-5厘米；苞片漏斗状，膜质。花梗长3-4毫米，中部具关节；花被5深裂，花被片倒卵形，先端圆钝，长约4毫米；雄蕊8，花丝基部宽；花柱3，中下部连合。瘦果宽卵形，具3锐棱，长3.5-4毫米，黑褐色，密被颗粒状小点，包于宿存花被内。花期5-6月，果期6-7月。

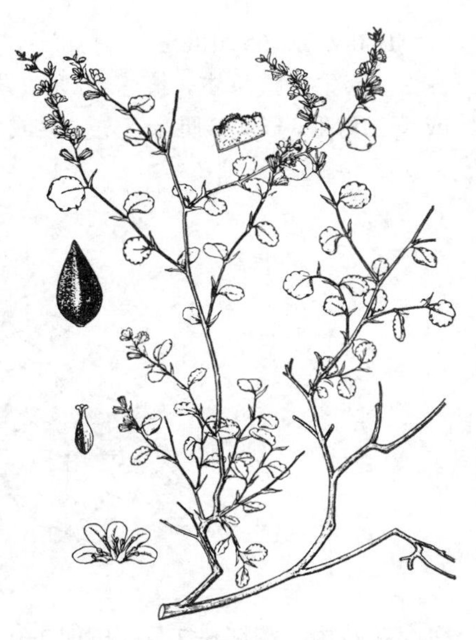

图 763 圆叶蓼 （张克威绘）

产内蒙古，生于海拔1000-2300米干旱山坡。蒙古南部有分布。

6. 杠板归 刺犁头 图 764 彩片 202

Polygonum perfoliatum Linn. Sp. Pl. ed. 2. 521. 1762.

一年生攀援草本，长达2米。茎具纵棱，沿棱疏生倒刺。叶三角形，长3-7厘米，先端钝或微尖，基部近平截或微心形，上面无毛，下面沿叶脉疏生皮刺；叶柄长3-7厘米，被倒生皮刺，近基部盾状着生，托叶鞘叶状，草质，绿色，近圆形，穿叶，径1.5-3厘米。花序短穗状，长1-3厘米，顶生或腋生；苞片卵圆形，长约2毫米。花被5深裂，白绿色，花被片椭圆形，长约3毫米，果时增大，深蓝色；雄蕊8，稍短于花被；花柱3，中上部连合，瘦果球形，径3-4毫米，黑色，有光泽，包于宿存肉质花被内。花期6-8月，果期7-10月。

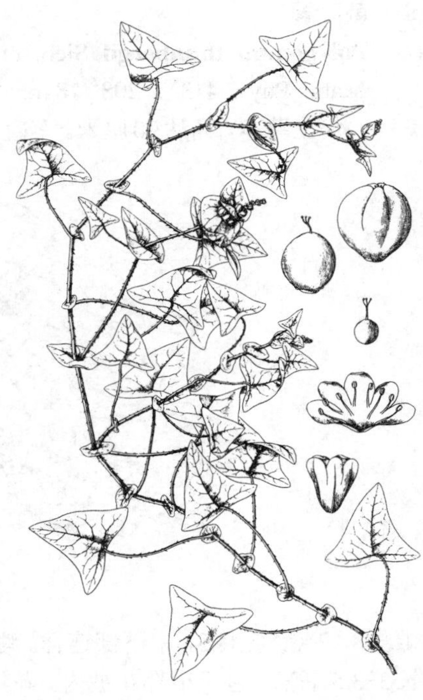

图 764 杠板归 （引自《中国北部植物图志》）

产黑龙江、吉林、辽宁、内蒙古、河北、河南、陕西、甘肃、山东、江苏、安徽、浙江、福建、台湾、江西、湖北、湖南、广东、海南、广西、贵州、云南、西藏及四川，生于海拔2300米以下田边、路边、山谷、湿地。俄罗斯西伯利亚、朝鲜、日本、印度尼西亚、菲律宾及印度有分布。

7. 刺蓼 廊茵 图 765

Polygonum senticosum (Meisn. ex Miq.) Franch. et Sav. Enum. Pl. Jap. 1: 401. 1875.

Chylocalyx senticosum Meisn. ex Miq. in Ann. Mus. Bot. Lugd.-

Batav. 2: 65. 1865.

一年生攀援草本，长达1.5米。茎四棱形，沿棱被倒生皮刺。叶三角形或长三角形，长4-8厘米，先端尖或渐尖，基部戟形，两面被柔毛，下面沿叶脉疏被倒生皮刺；叶柄粗，长2-7厘米，被倒生皮刺；托叶鞘筒状，具叶状肾圆形翅，具缘毛。花序头状，花序梗密被腺毛；苞片长卵形，具缘毛。花梗粗，较苞片短；花被5深裂，淡红色，花被片椭圆形，长3-4毫米；雄蕊8，2轮，较花被短；花柱3，中下部连合。瘦果近球形，微具3棱，黑褐色，无光泽，包于宿存花被内。花期6-7月，果期7-9月。

产黑龙江、吉林、辽宁、河北、山东、江苏、安徽、浙江、福建、台湾、江西、湖北、湖南、广东、广西、云南及贵州，生于海拔120-1500米山坡草地、山谷、林下。日本及朝鲜有分布。

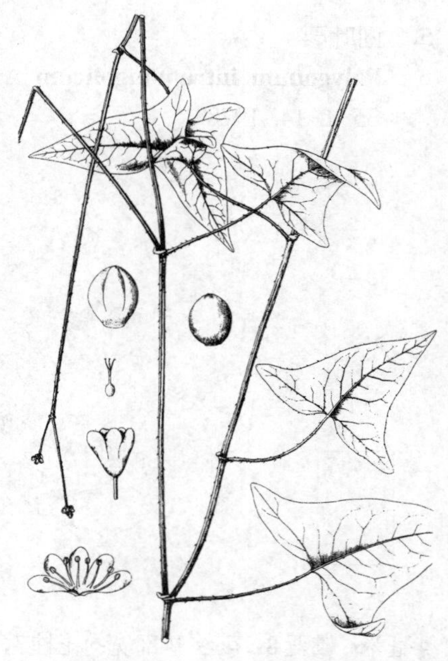

图 765 刺蓼 （仿《中国北部植物图志》）

8. 戟叶蓼 图 766

Polygonum thunbergii Sieb. et Zucc. in Abh. Akad. Wiss. Wien, Math.-Phys. 4(3): 208. 1846.

一年生草本，高达90厘米。茎直立或上升，具纵棱，沿棱被倒生皮刺。叶戟形，长4-8厘米，先端渐尖，基部平截或近心形，两面疏被刺毛，稀疏被星状毛，中部裂片卵形或宽卵形，侧生裂片卵形；叶柄长2-5厘米，被倒生皮刺，常具窄翅，托叶鞘膜质，具叶状翅，翅近全缘，具粗缘毛。花序头状，花序梗被腺毛及柔毛；苞片披针形，具缘毛。花梗较苞片短；花被5深裂，淡红或白色，花被片椭圆形，长3-4毫米；雄蕊8，2轮；花柱3，中下部连合。瘦果宽卵形，具3棱，黄褐色，无光泽，长3-3.5毫米，包于宿存花被内。花期7-9月，果期8-10月。

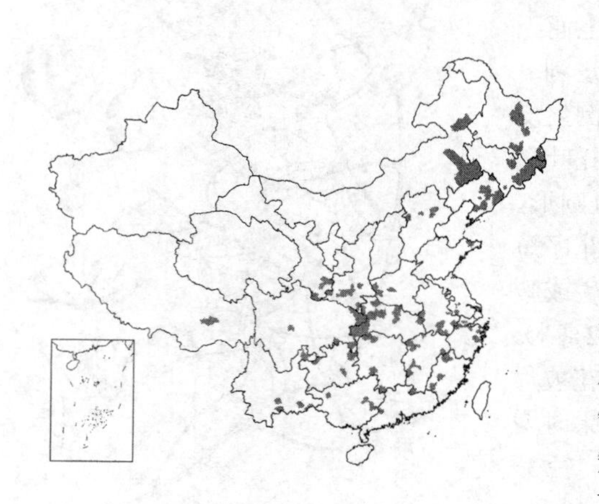

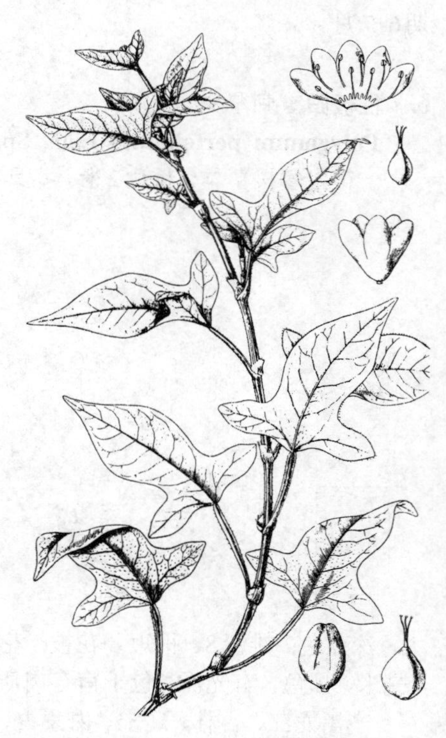

图 766 戟叶蓼 （仿《中国北部植物图志》）

产黑龙江、吉林、辽宁、内蒙古、河北、河南、陕西、甘肃、山东、江苏、安徽、浙江、福建、江西、湖北、湖南、广东、广西、云南、贵州、四川及西藏，生于海拔2400米以下山谷湿地、山坡草丛中。朝鲜、日本及俄罗斯远东地区有分布。

［附］**长戟叶蓼 Polygonum maackianum** Regel in Mém. Acad. Sci. St. Pétersb. ser. 7. 4(4): 127. t. 10. f. 1-2. 1861. 本种与戟叶蓼的区别：叶较窄，长戟形，两面密被星状毛，托叶鞘叶状翅具牙齿。产黑龙江、吉林、辽宁、内蒙古、河北、河南、山东、江苏、安徽、浙江、台湾、江西、湖北、广东、云南、贵州、四川及陕

西，生于海拔70-1600米山谷水边、山坡湿地。朝鲜、日本及俄罗斯远东地区有分布。

9. 稀花蓼 图 767

Polygonum dissitiflorum Hemsl. in Journ. Linn. Soc. Bot. 26: 338. 1891.

一年生草本，高达1米。茎直立，疏被倒生皮刺，疏被星状毛。叶卵状椭圆形，长4-14厘米，先端渐尖，基部戟形或心形，具缘毛，上面疏被星状毛及刺毛，下面疏被星状毛，沿中脉被倒生皮刺；叶柄长2-5厘米，被星状毛及倒生皮刺，托叶鞘膜质，长0.6-1.5厘米，具缘毛。花序圆锥状，花稀疏，间断，花序梗细，紫红色，密被紫红色腺毛；苞片漏斗状，长2.5-3毫米。花梗无毛；花被5深裂，花被片椭圆形，长约3毫米；雄蕊7-8。瘦果近球形，顶端微具3棱，暗褐色，长3-3.5毫米，包于宿存花被内。花期6-8月，果期7-9月。

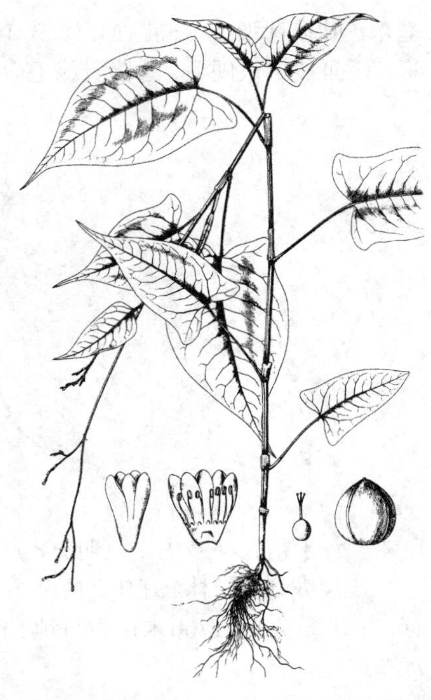

图 767 稀花蓼 （仿《中国北部植物图志》）

产黑龙江、吉林、辽宁、河北、山西、河南、山东、江苏、安徽、浙江、福建、江西、湖北、湖南、广西、贵州、四川、陕西及甘肃，生于海拔140-1500米水边湿地、山谷草丛中。朝鲜及俄罗斯远东地区有分布。

10. 箭叶蓼 雀翘 图 768

Polygonum sieboldii Meisn. in DC. Prodr. 14(1): 133. 1856.

一年生草本。茎分枝，四棱形，沿棱被倒生皮刺。叶宽披针形或长圆形，长2.5-8厘米，先端尖，基部箭形，两面无毛，下面沿中脉被倒生皮刺，托叶鞘膜质，无缘毛，长0.5-1.3厘米。花序头状，常成对，花序梗细长，疏被皮刺；苞片椭圆形，背部绿色。花梗长1-1.5毫米；花被5深裂，白或淡红色，花被片长圆形，长约3毫米；雄蕊8，较花被短。瘦果宽卵形，具3棱，黑色，无光泽，包于宿存花被内。花期6-9月，果期8-10月。

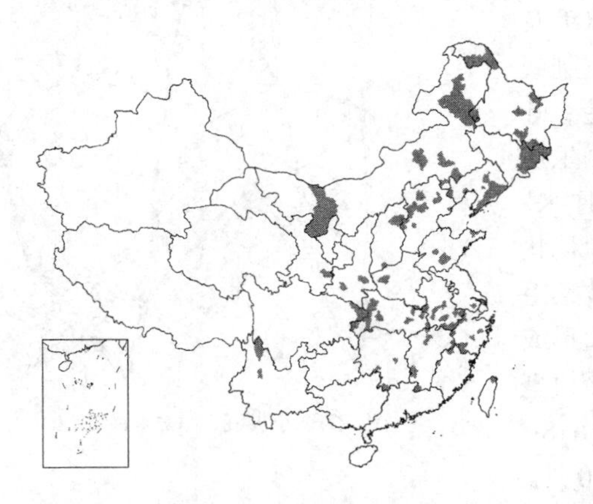

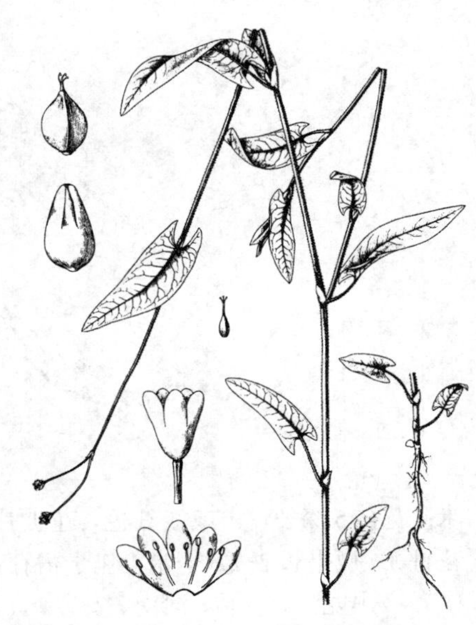

图 768 箭叶蓼 （仿《中国北部植物图志》）

产黑龙江、吉林、辽宁、内蒙古、河北、山西、河南、山东、江苏、安徽、浙江、福建、台湾、江西、湖北、湖南、云南、贵州、四川、陕西及甘肃，生于海拔90-2200米山谷湿地、沟边、水旁。朝鲜、日本及俄罗斯远东地区有分布。全草药用，可清热解毒，止痒。

11. 柳叶刺蓼 图 769

Polygonum bungeanum Trucz. in Bull. Soc. Nat. Mosc. 13: 77. 1840.

一年生草本，高达90厘米。茎具纵棱，疏被倒生皮刺，皮刺长1-1.5

毫米。叶披针形或窄椭圆形，长3-10厘米，宽1-3厘米，先端尖，基部楔形，两面被平伏硬毛，边缘具缘毛；叶柄长0.5-1厘米，密被平伏硬毛，托叶鞘筒状，被平伏硬毛，顶端平截，具长缘毛。花序穗状，长5-9厘米，分枝，下部间断，花序梗密被腺毛；苞片漏斗状，无毛，有时具腺毛，无缘毛。花梗较苞片稍长，花被5深裂，白或淡红色，花被片椭圆形，长3-4毫米；雄蕊7-8，较花被短；花柱2，中下部连合。瘦果近球形，扁平，双凸，黑色，无光泽，长约3毫米，包于宿存花被内。花期7-8月，果期8-9月。

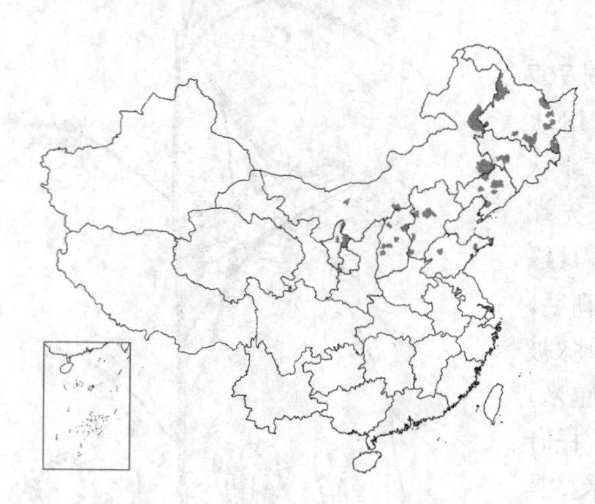

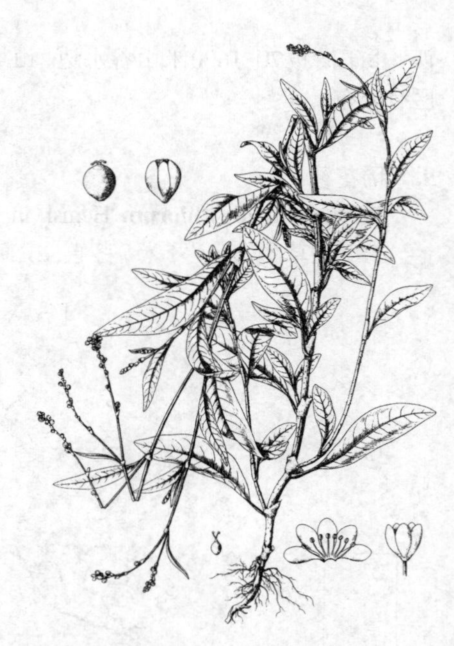

图 769 柳叶刺蓼 （仿《中国北部植物图志》）

产黑龙江、吉林、辽宁、内蒙古、河北、山西、甘肃、宁夏、山东及江苏，生于海拔50-1700米山谷草地、田边、路旁湿地。日本、朝鲜及俄罗斯远东地区有分布。

12. 小蓼花 图 770

Polygonum muricatum Meisn. Monogr. Polyg. 74. 1826.

一年生草本，高达1米。茎沿棱疏被倒生皮刺。叶卵形或长圆状卵形，长2.5-6厘米，先端渐尖或尖，基部宽楔形、圆或近心形，上面无毛或疏被柔毛，稀疏被星状毛，下面疏被星状毛及柔毛，沿中脉具倒生皮刺或糙伏毛，边缘密生缘毛；叶柄长0.7-2厘米，疏被倒生皮刺，托叶鞘无毛，长1-2厘米，顶端平截，具长缘毛。短穗状圆锥花序，花序梗密被柔毛及稀疏腺毛；苞片椭圆形或卵形，具缘毛。花梗长约2毫米；花被5深裂，白或淡红色，花被片宽椭圆形，长2-3毫米；雄蕊6-8；花柱3。瘦果长2-2.5毫米，包于宿存花被内。花期7-8月，果期9-10月。

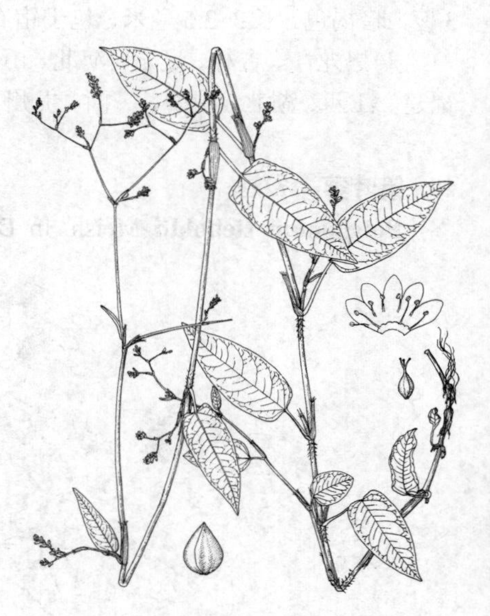

图 770 小蓼花 （郭木森绘）

产黑龙江、吉林、河南、安徽、江苏、浙江、福建、江西、湖北、湖南、广东、广西、云南、贵州、四川及陕西，生于海拔50-3300米山谷水边、田边湿地。朝鲜、日本、印度、尼泊尔及泰国有分布。

13. 虎杖 图 771 彩片 203

Polygonum cuspidatum Sieb. et Zucc. in Abh. Akad. Wiss. wien, Math. Phys. Kl. 4: 208. 1846.

Reynourtria japonica Houtt；中国高等植物图鉴 1: 567. 1972；中国植物志 25(1): 105. 1998.

多年生草本。茎直立，无毛，疏生红或紫红色斑点。叶宽卵形或卵状椭圆形，长5-12厘米，先端渐尖，基部宽楔形、平截或近圆，无毛，沿

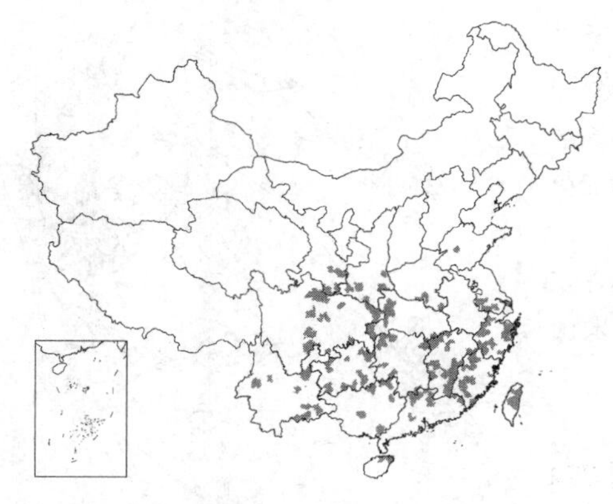

叶脉具小突起；叶柄长1-2厘米，托叶鞘膜质，顶端平截，无缘毛，常开裂，早落。花单性，雌雄异株；花序圆锥状，腋生，长3-8厘米；苞片漏斗状。花梗长2-4毫米，中下部具关节；花被5深裂，淡绿色；雄花花被片具绿色中脉，无翅，雄蕊8；雌花花被片外3片背部具翅，果时增大，花柱3，柱头流苏状。瘦果卵形，具3棱，长4-5毫米，黑褐色，包于宿存花被内。花期8-9月，果期9-10月。

产甘肃南部、陕西南部、河南、山东、江苏、安徽、浙江、福建、台湾、江西、湖北、湖南、广东、海南、广西、云南、贵州及四川，生于海拔140-2000米山坡灌丛中、山谷、田边湿地。日本及朝鲜有分布。

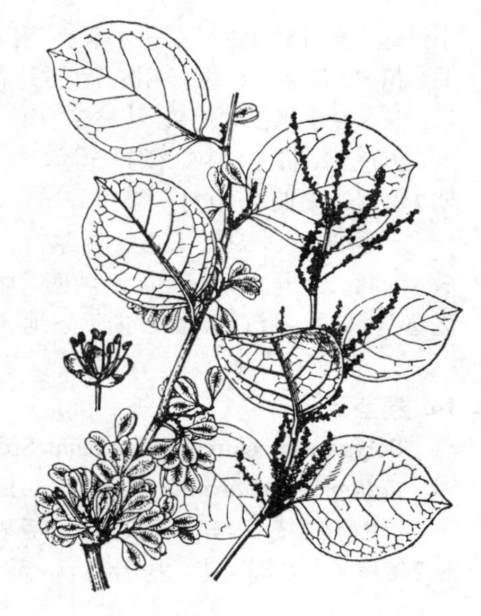

图 771 虎杖 （引自《图鉴》）

14. 何首乌 图 772 彩片 204

Polygonum multiflorum Thunb. Fl. Jap. 169. 1784.

Fallopia multiflora (Thunb.) Harald；中国植物志 25(1)：102. 1998.

多年生缠绕草本，长达4米。块根长椭圆形。叶卵形或长卵形，长3-7厘米，先端渐尖，基部心形或近心形，两面粗糙，无毛；叶柄长1.5-3厘米，托叶鞘膜质，长3-5毫米，无缘毛。花序圆锥状，长达20厘米，沿棱密被小突起；苞片三角状卵形。花梗长2-3毫米，下部具关节；花被5深裂，淡绿或白色，花被片椭圆形，外3片较大，背部具翅，花被果时球形，径6-7毫米。瘦果卵形，具3棱，长2.5-3毫米，包于宿存花被内。花期8-9月，果期9-10月。

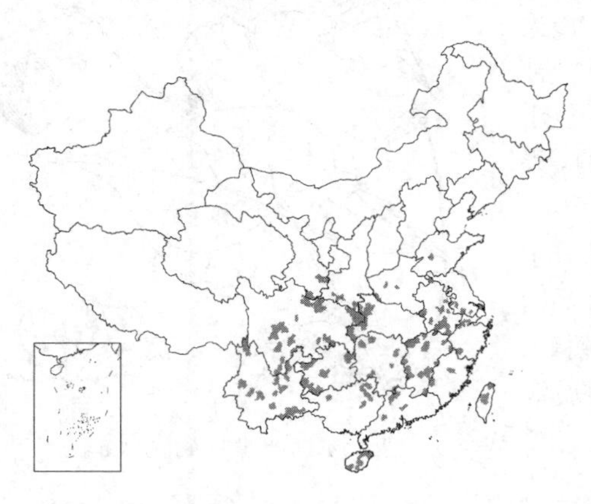

图 772 何首乌 （仿《中国北部植物图志》）

产甘肃南部、陕西南部、河南、山东、江苏、安徽、浙江、福建、台湾、江西、湖北、湖南、广东、海南、广西、云南、贵州及四川，生于海拔200-3000米山谷灌丛中、山坡林下、山沟石隙。日本有分布。块根药用，为滋补强壮剂，茎藤可治失眠。

15. 齿翅蓼 图 773

Polygonum dentato-alatum F. Schm. in Maxim. Prim. Fl. Amur. 232. 1859.

Fallopia dentato-alata (F. Schm.) Holub；中国植物志 25(1)：97. 1998.

一年生缠绕草本，长达2米。茎沿棱密生小突起。叶卵形或心形，长3-6厘米，先端渐尖，基部心形，无毛，沿叶脉被小突起；叶柄长2-4厘米，具

小突起，托叶鞘膜质，长3-4毫米。花序总状，花稀疏，苞片漏斗状，无缘毛。花被5深裂，红色，花被片外3片背部具翅，翅常具齿，花被果时倒卵形，长8-9毫米；雄蕊8；花柱3，极短。瘦果椭圆形，具3棱，长4-4.5毫米，黑色，密被小颗粒，微有光泽，包于宿存花被内；果柄长达6毫米。花期7-8月，果期9-10月。

产黑龙江、吉林、辽宁、内蒙古、河北、河南、山西、山东、江苏、安徽、湖北、贵州、云南、四川、陕西、甘肃及青海，生于海拔150-2800米山坡草丛中、山谷湿地。俄罗斯远东地区、朝鲜及日本有分布。

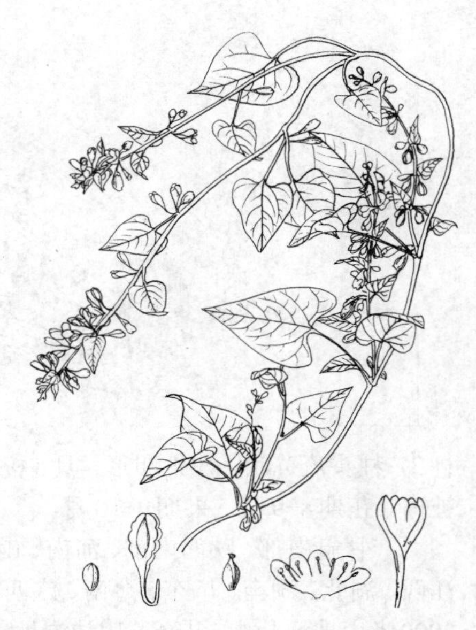

图 773 齿翅蓼 （引自《河北植物志》）

16. 卷茎蓼 图 774

Polygonum convolvulus Linn. Sp. Pl. 364. 1753.

Fallopia convolvulus (Linn.) A. Löve；中国植物志 25(1)：97. 1998.

一年生缠绕草本，长达1.5米。茎基部分枝，具小突起。叶卵形或心形，长2-6厘米，先端渐尖，基部心形，无毛，下面沿叶脉具小突起，托叶鞘膜质，长3-4毫米，无缘毛。花序总状，花稀疏，有时花簇生叶腋；苞片长卵形。花梗细，中上部具关节，花被5深裂，淡绿色，边缘白色，花被片长椭圆形，外3片背部具龙骨状突起或窄翅，被小突起。瘦果椭圆形，具3棱，黑色，密被小颗粒，长3-3.5毫米，包于宿存花被内。花期5-8月，果期6-9月。

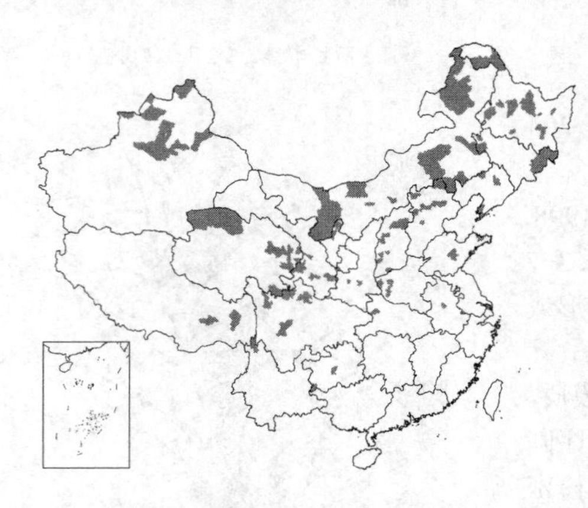

产黑龙江、吉林、辽宁、内蒙古、河北、河南、山西、陕西、甘肃、宁夏、新疆、青海、山东、江苏、安徽、浙江、台湾、湖北、云南、贵州、四川及西藏，生于海拔100-3500米山坡草地、沟边湿地、山谷灌丛中。朝鲜、日本、蒙古、巴基斯坦、阿富汗、伊朗、高加索、俄罗斯东部、印度及欧洲、北非、北美有分布。

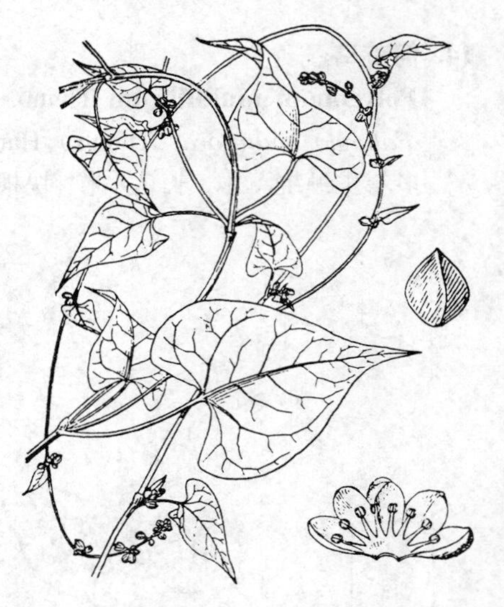

图 774 卷茎蓼 （引自《图鉴》）

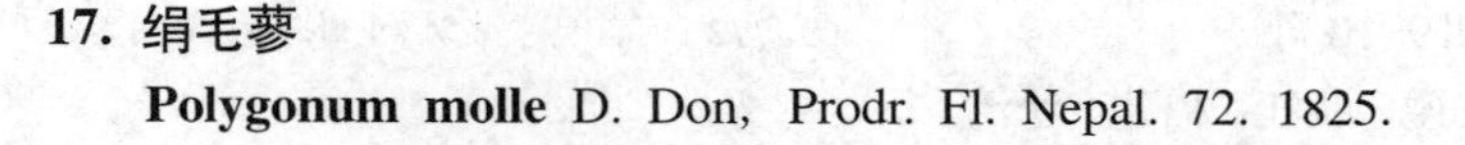

17. 绢毛蓼 图 775

Polygonum molle D. Don, Prodr. Fl. Nepal. 72. 1825.

亚灌木，高达1.5米。茎直立，多分枝，被长硬毛，有时无毛，节部毛较密。叶椭圆形或椭圆状披针形，长10-20厘米，先端渐尖，基部楔形，上面疏被绢毛，下面绢毛较密；叶柄长1-1.5厘米，密被柔毛，托叶鞘膜质，深褐色，被柔毛，长2-3厘米。花序圆锥状，花序轴密被柔毛；苞

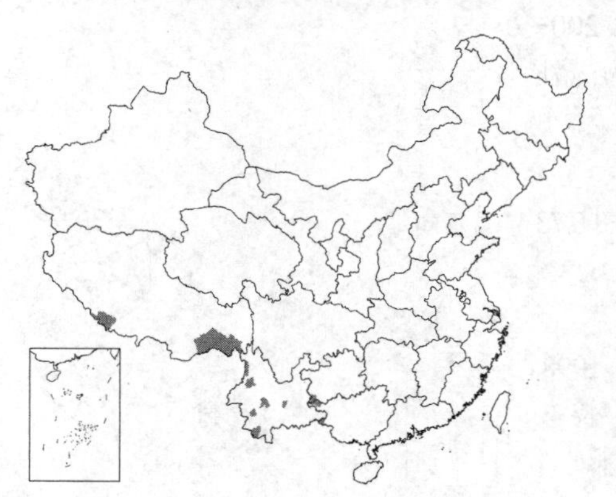

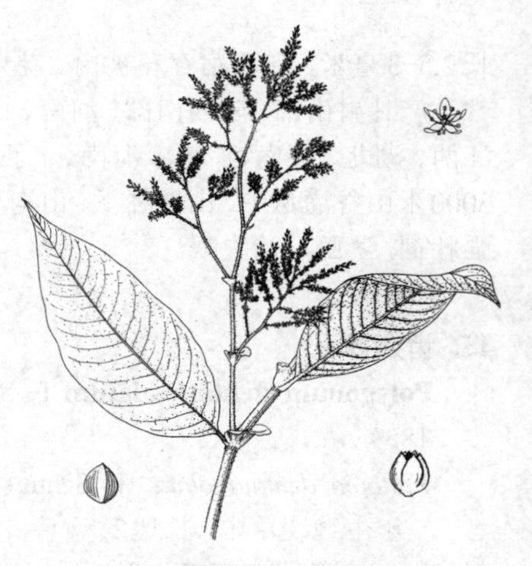

图 775 绢毛蓼 （张泰利绘）

片卵形。花梗顶部具关节；花被5深裂，白色，花被片椭圆形，长1.5-2毫米，果时增大，黑色；雄蕊8；花柱3。瘦果卵形，具3棱，有光泽，长2-2.5毫米，长于宿存肉质花被。花期8-9月，果期9-11月。

产广西、贵州、云南及西藏，生于海拔1300-3200米山坡林下、山谷草地。印度、尼泊尔及锡金有分布。

18. 多穗蓼 图 776

Polygonum polystachyum Wall. ex Meisn. in Wall. Pl. Asiat. Rar. 3: 61. 1832.

亚灌木，高达1米。茎直立，多分枝，被柔毛，有时无毛。叶宽披针形或长圆状披针形，长6-16厘米，先端渐尖，基部戟状心形或近平截，上面疏被柔毛，下面密被柔毛；叶柄长约1厘米，托叶鞘膜质，密被柔毛，无缘毛，长3-4厘米。花序圆锥状，花序轴及分枝被柔毛；苞片卵形，被柔毛。花梗纤细，无毛或疏被柔毛；花被5深裂，白或淡红色，花被片内3片宽倒卵形，长约3毫米，外2片较小；雄蕊8，花药紫色；花柱3。瘦果卵形，具3棱，黄褐色，平滑，长约2.5毫米，包于宿存花被内。花期8-9月，果期9-10月。

图 776 多穗蓼 （张泰利绘）

产云南、四川及西藏，生于海拔2700-4500米山坡灌丛中、山谷湿地。印度、巴基斯坦及阿富汗有分布。

19. 大铜钱叶蓼 图 777 彩片 205

Polygonum forrestii Diels in Notes. Roy. Bot. Gard. Edinb. 5: 258. 1912.

多年生草本，高达20厘米。茎匍匐，丛生，枝直立，被长柔毛。叶近圆形或肾形，宽1-4厘米，先端圆钝，基部心形，两面疏被长柔毛或近无毛，边缘密生长缘毛；叶柄长3-5厘米，疏被长柔毛，托叶鞘筒状，松散，被柔毛。伞房状聚伞花序顶生；苞片长圆形，薄膜质。花梗长4-5毫米，无毛，较苞片长；花被（4）5深裂，白或淡黄色，花被片宽倒卵形，长4-5毫米，不等；雄蕊6-8，花药紫色；花柱3。瘦果长椭圆形，下部较窄，具3棱，长2-3毫米，黄褐色，无光泽，包于宿存花被内。花期7-8月，果期8-9月。

产云南、四川及西藏，生于海拔3500-4800米山坡草地、山顶草甸。不丹及缅甸北部有分布。

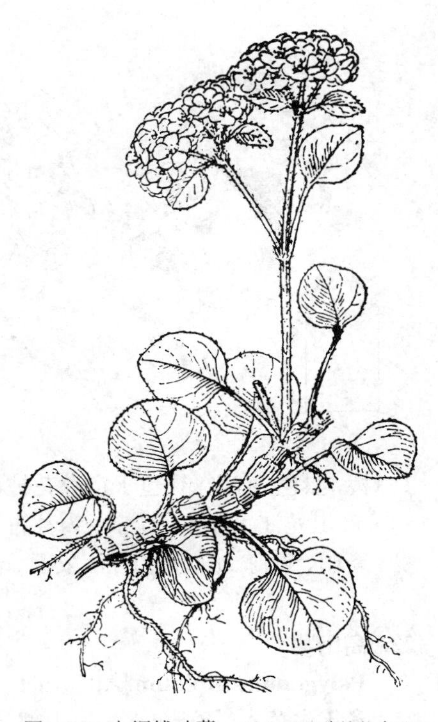

图 777 大铜钱叶蓼 （引自《西藏植物志》）

20. 硬毛蓼 图 778

Polygonum hookeri Meisn. in Ann. Sci. Nat. 5(4): 352. 1866.

多年生草本，高达20厘米。茎直立，不分枝，疏被长硬毛，常数个自根茎生出。叶长椭圆形或匙形，长5-10厘米，先端圆钝，基部窄楔形，两面被长硬毛，全缘，密生缘毛，茎生叶较小；托叶鞘筒状，膜质，松散，密被长硬毛。圆锥状花序顶生，花序轴被长硬毛；苞片窄披针形。花单性，雌雄异株；花梗无关节；雌花花被5深裂，深紫红色，边缘黄绿色，花被片长圆形，长2-3毫米；花柱3；雄花具8雄蕊，花药紫红色。瘦果宽卵形，具3棱，长2.5-3毫米，顶端尖，基部缢缩成柄状，黄褐色，有光泽，稍突出花被之外。花期6-8月，果期8-9月。

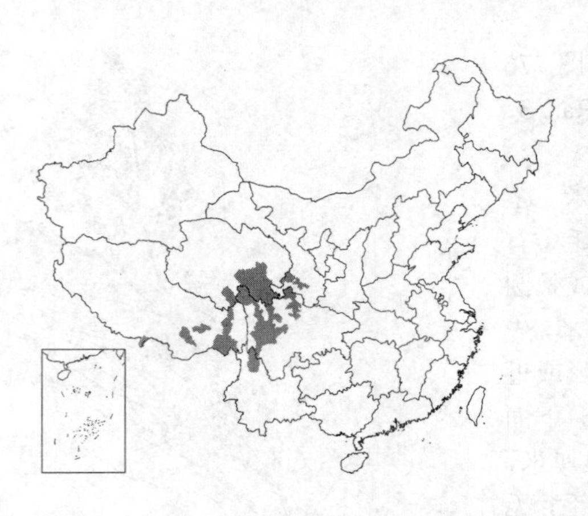

图 778 硬毛蓼 （张泰利绘）

产甘肃南部、青海、云南、四川及西藏，生于海拔3500-5000米山坡草地、山谷灌丛中、山顶草甸。喜马拉雅山东部有分布。

21. 西伯利亚蓼 图 779

Polygonum sibiricum Laxm. in Nov. Com. Acad. Sci. Petrop. 18: 531. t. 7. f. 2. 1774.

多年生草本，高达25厘米。根茎细长。茎基部分枝，无毛。叶长椭圆形或披针形，长5-13厘米，基部戟形或楔形，无毛；叶柄长0.8-1.5厘米，托叶鞘筒状，膜质，无毛。圆锥状花序顶生，花稀疏，苞片漏斗状，无毛。花梗短，中上部具关节；花被5深裂，黄绿色，花被片长圆形，长约3毫米；雄蕊7-8，花丝基部宽；花柱3，较短。瘦果卵形，具3棱，黑色，有光泽，包于宿存花被内或稍突出。花期6-7月，果期8-9月。

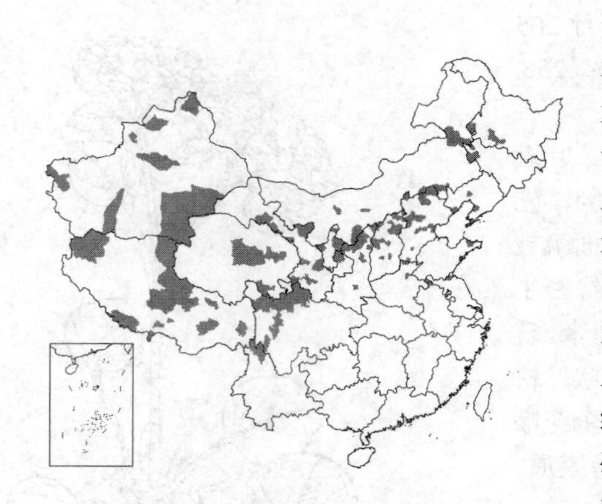

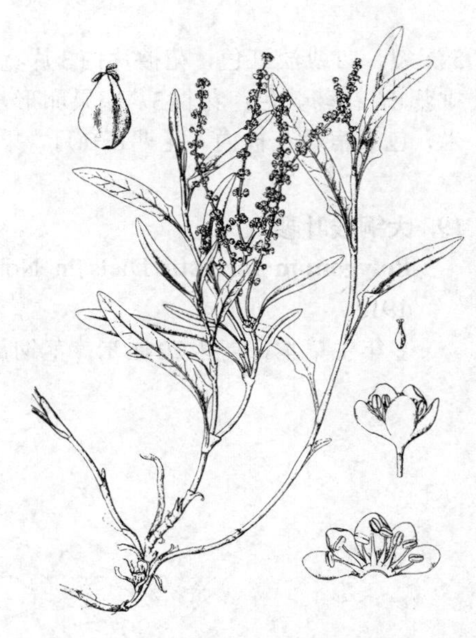

图 779 西伯利亚蓼 （仿《中国北部植物图志》）

产黑龙江、吉林、辽宁、内蒙古、河北、河南、山西、陕西、甘肃、宁夏、新疆、青海、山东、江苏、安徽、云南、四川及西藏，生于海拔30-5100米路边、水边、山谷湿地、沙质盐碱地。蒙古、俄罗斯（西伯利亚、远东）、哈萨克斯坦及喜马拉雅山区有分布。

22. 高山蓼 图 780 彩片 206

Polygonum alpinum All. Auct. Syn. 42. 1773.

多年生草本，高达1米。中上部分枝，下部疏被长硬毛，稀无毛。叶卵状披针形或披针形，长3-9厘米，先端尖，稀渐尖，基部宽楔形，密生缘毛，两面被柔毛；叶柄长0.5-1厘米，托叶鞘膜质，褐色，疏被长毛，开裂，常脱落。花序圆锥状，花序轴无毛；

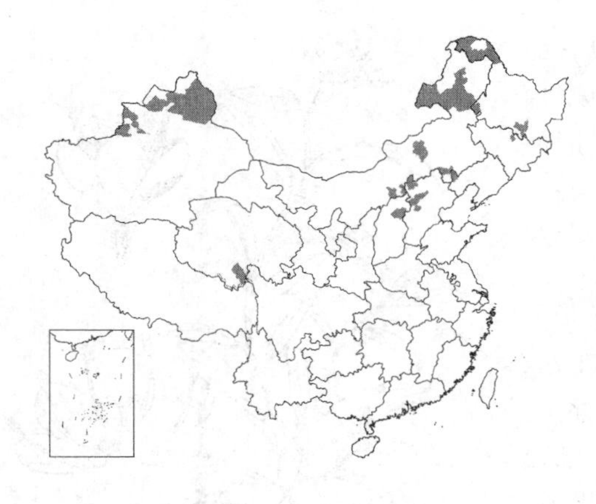

苞片卵状披针形，膜质。花梗细，长2-2.5毫米，顶端具关节；花被5深裂，白色，花被片椭圆形，长2-3毫米；雄蕊8；花柱3，极短。瘦果卵形，具3锐棱，长4-5毫米，黄褐色，有光泽，较宿存花被长。花期6-7月，果期7-8月。

产黑龙江、吉林、辽宁、内蒙古、河北、山西、新疆及青海，生于海拔800-2400米山坡草地、林缘。哈萨克斯坦、俄罗斯（西伯利亚、远东）、蒙古、高加索、阿富汗及欧洲有分布。

图 780 高山蓼 （张泰利绘）

23. 钟花蓼 图 781

Polygonum campanulatum Hook. f. Fl. Brit. Ind. 5: 51. 1886.

多年生草本，高达90厘米。茎分枝，疏被柔毛，上部被绒毛。叶长卵形或宽披针形，长8-15厘米，先端渐尖或尾尖，基部宽楔形或近圆，两面疏被柔毛，叶脉毛较密，边缘疏生缘毛；叶柄长0.7-1厘米，密被柔毛，托叶鞘筒状，松散，疏被柔毛。花序圆锥状，花序轴密被绒毛；苞片长卵形，无毛，长约3毫米。花梗长1.5-2毫米，顶部具关节；花被5深裂，淡红或白色，花被片倒卵形；雄蕊8；花柱3，丝形，长约2毫米。瘦果宽椭圆形，具3棱，黄褐色，长约3.5毫米，包于宿存花被内。花期7-8月，果期9-10月。

产云南、贵州、四川及西藏，生于海拔2100-4000米山坡草地、沟谷湿地。缅甸北部、尼泊尔及锡金有分布。

［附］**绒毛钟花蓼 Polygonum campanulatum** var. **fulvidum** Hook. f. Fl. Brit. Ind. 5: 52. 1886. 本变种与模式变种的区别：叶下面密被黄褐色绒毛。产湖北、云南、贵州、四川及西藏，生于海拔1400-4100米山坡、山沟。尼泊尔及锡金有分布。

图 781 钟花蓼 （郭木森绘）

24. 蓼子草 图 782

Polygonum criopolitanum Hance in Ann. Sci. Nat. 5(5): 238. 1886.

一年生草本，高达15厘米。茎平卧，丛生，被平伏长毛及稀疏腺毛。叶窄披针形或披针形，长1-3厘米，宽3-8毫米，先端尖，基部窄楔形，两面被糙伏毛，边缘具缘毛及腺毛；叶柄极短或近无柄，托叶鞘密被糙伏毛，顶端平截，具长缘毛。头状花序顶生，花序梗密被腺毛；苞片卵形，密生糙伏

毛，具长缘毛。花梗较苞片长，密被腺毛；花被5深裂，淡红色，花被片卵形，长3-5毫米；雄蕊5，花药紫色；花柱2，中上部连合。瘦果椭圆形，扁平，双凸，长约2.5毫米，有光泽，包于宿存花被内。花期7-11月，果期9-12月。

产陕西、河南、安徽、江苏、浙江、福建、江西、湖北、湖南、广东及广西，生于海拔50-900米河滩沙地、沟边湿地。

图 782 蓼子草 （引自《江苏植物志》）

25. 尼泊尔蓼 图 783

Polygonum nepalense Meisn. Monogr. Polyg. 84. t. 7. f. 2. 1826.

一年生草本，高达40厘米。茎外倾或斜上，基部分枝，无毛或节部疏被腺毛。茎下部叶卵形或三角状卵形，长3-5厘米，先端尖，基部宽楔形，沿叶柄下延成翅，两面无毛或疏被刺毛，疏生黄色透明腺点，茎上部叶较小；叶柄长1-3厘米，上部叶近无柄或抱茎，托叶鞘筒状，长0.5-1厘米，无缘毛，基部被刺毛。花序头状，基部常具1叶状总苞片，花序梗上部被腺毛；苞片卵状椭圆形，无毛。花梗较苞片短；花被4裂，淡红或白色，花被长圆形，长2-3毫米；雄蕊5-6，花药暗紫色；花柱2，中上部连合。瘦果宽卵形，扁平，双凸，长

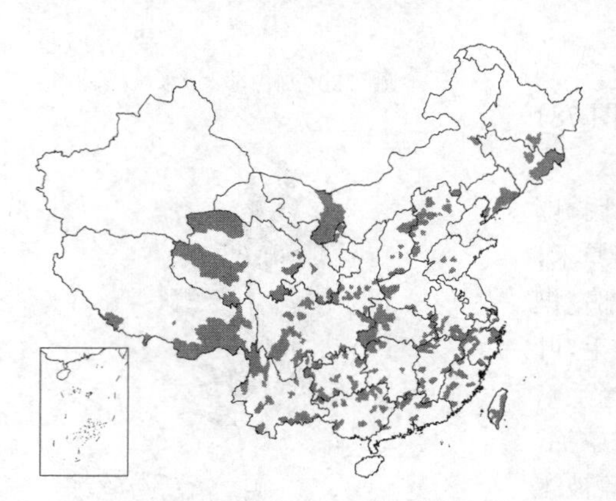

2-2.5毫米，黑色，密生洼点，包于宿存花被内。花期5-8月，果期7-10月。

产黑龙江、吉林、辽宁、内蒙古、河北、山东、江苏、安徽、浙江、福建、台湾、江西、湖南、湖北、广东、广西、贵州、云南、四川、西藏、青海、甘肃、宁夏、陕西、山西及河南，生于海拔200-4000米山坡草地、山谷。朝鲜、日本、俄罗斯（远东）、阿富汗、巴基斯坦、印度、尼泊尔、菲律宾、印度尼西亚及非洲有分布。

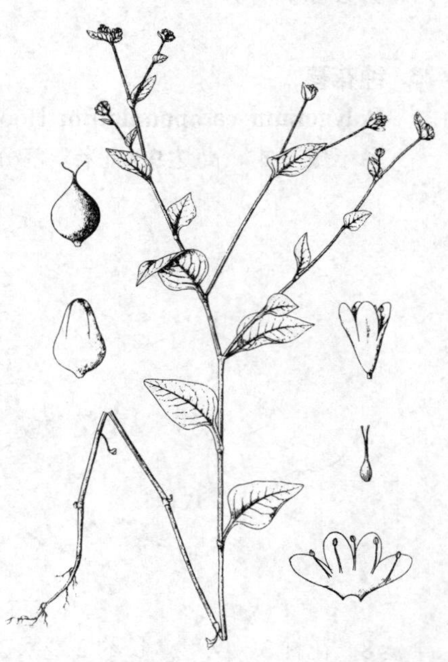

图 783 尼泊尔蓼 （仿《中国北部植物图志》）

26. 冰川蓼 图 784

Polygonum glaciale（Meisn.）Hook. f. Fl. Brit. Ind. 5：41. 1886.

Polygonum perforatum Meisn. r. *glaciale* Meisn. in DC. Prodr. 14（1）：128. 1856.

一年生草本，高达15厘米。茎基部分枝，无毛。叶卵形或宽卵形，长0.8-2厘米，无毛，侧脉不明显，基部宽楔形或近平截，有时沿叶柄微下延；叶柄与叶片近等长或较叶片长，上部具窄翅，托叶鞘无毛，顶端平截。头状花序径5-6毫米，花序梗上部被腺

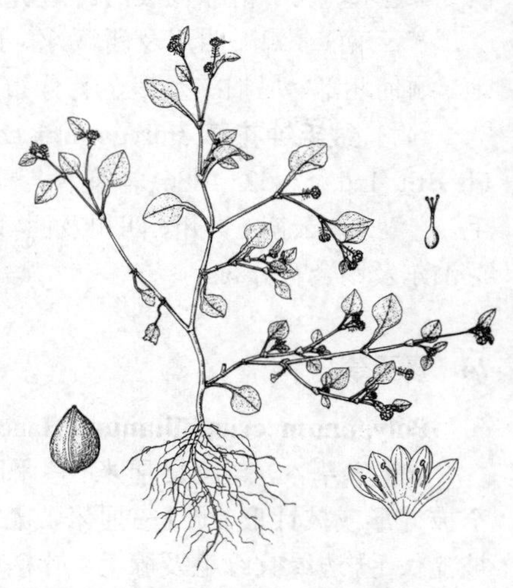

图 784 冰川蓼 （郭木森绘）

毛；苞片卵形或宽卵形，疏被腺毛。花被5裂至中部，淡红或白色，花被片椭圆形，长约1毫米；雄蕊7-8；花柱3，中部连合。瘦果卵形，具3棱，长1-1.5毫米，黑色，密被颗粒状小点，包于宿存花被内。花期6-7月，果期7-8月。

产河北、山西、陕西、甘肃、青海、云南、四川及西藏，生于海拔2100-4300米山顶草地、山谷湿地。印度、尼泊尔及阿富汗有分布。

27. 细茎蓼 图 785

Polygonum filicaule Wall. ex Meisn. in Wall. Pl. Asiat. Rar. 3: 59. 1832.

一年生草本，高达30厘米。茎细，外倾，分枝，疏被糙伏毛，节部被倒生毛。叶卵形或披针状卵形，长1-3厘米，先端尖，基部楔形，具缘毛，两面被糙伏毛；叶柄长2-5毫米，被糙伏毛；叶柄长2-5毫米，被糙伏毛，托叶鞘筒状，被糙伏毛，具缘毛。花序头状，花序梗被糙伏毛；苞片膜质，长卵形。花梗长约1毫米，顶部具关节；花被5深裂，白或淡红色，花被片椭圆形，内3片长约1.5毫米，外2片较小；能育雄蕊4；花柱3，较短。瘦果椭圆形，具3棱，顶端尖，基部窄，长约2毫米，黄褐色，稍长于宿存花被。花期7-8月，果期9-10月。

产云南、四川及西藏，间断分布于台湾高山地区，生于海拔2000-4000米山坡草地、山谷灌丛中。印度西北部、巴基斯坦、克什米尔地区、尼泊尔及锡金有分布。

图 785 细茎蓼 （张春方绘）

28. 掌叶蓼  图 786

Polygonum palmatum Dunn in Kew Bull. 1912: 34. 1912.

多年生草本，高达1米。茎被糙伏毛及星状毛，上部多分枝。叶掌状深裂，长7-15厘米，两面被星状毛及稀疏糙伏毛，疏生缘毛，基部有时沿叶柄下延成窄翅，裂片5-7，卵形，先端渐尖，基部缢缩；叶柄长5-12厘米，被糙伏毛及星状毛，托叶鞘膜质，长1.5-2.5厘米，被糙伏毛及星状毛。花序头状，径约1厘米，常数个组成圆锥状，花序梗密被星状毛或糙伏毛；苞片披针形。花梗较苞片短；花被5深裂，淡红色，花被片椭圆形，长2.5-3毫米，雄蕊8-10；花柱3，中下部连合。瘦果卵形，具3棱，长3-3.5毫米，褐色，具小点，包于宿存花被内。

产安徽、福建、江西、湖南、广东、广西、云南及贵州，生于海拔350-1500米山谷水边、山坡林下湿地。印度有分布。

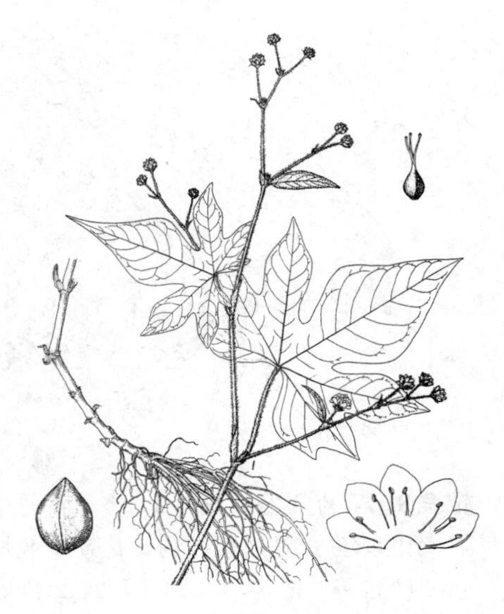

图 786 掌叶蓼 （郭木森绘）

29. 头花蓼 图 787 彩片 207

Polygonum capitatum Buch.-Ham. ex D. Don, Prodr. Fl. Nepal. 73. 1825.

多年生草本。茎匍匐，丛生，多分枝，疏被腺毛或近无毛；一年生枝近直立，疏被腺毛。叶卵形或椭圆形，长1.5-3厘米，先端尖，基部楔形，全缘，具缘毛，两面疏被腺毛，上面有时具黑褐色新月形斑点；叶柄长2-3毫米，基部有时具叶耳，托叶鞘筒状，长5-8毫米，被腺毛，具缘毛。头状花序径0.6-1厘米，单生或成对，顶生，花序梗被腺毛；苞片长卵形，膜质。花梗极短；花被5深裂，淡红色，花被片椭圆形，长2-3毫米；雄蕊8；花柱3，中下部连合，与花被近等长。瘦果长卵形，具3棱，长1.5-2毫米，黑褐色，密生小点，包于宿存花被内。花期6-9月，果期8-10月。

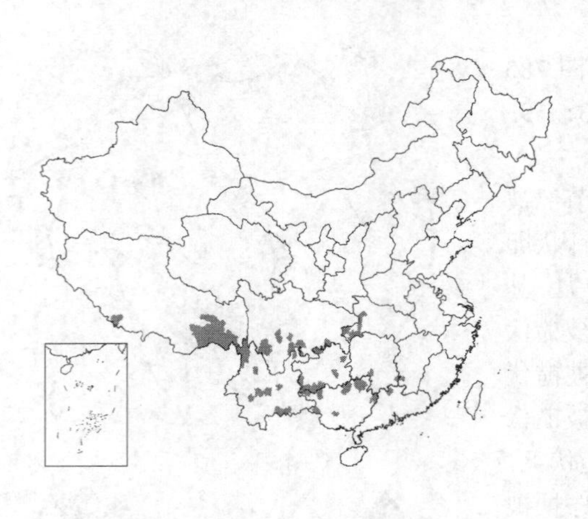

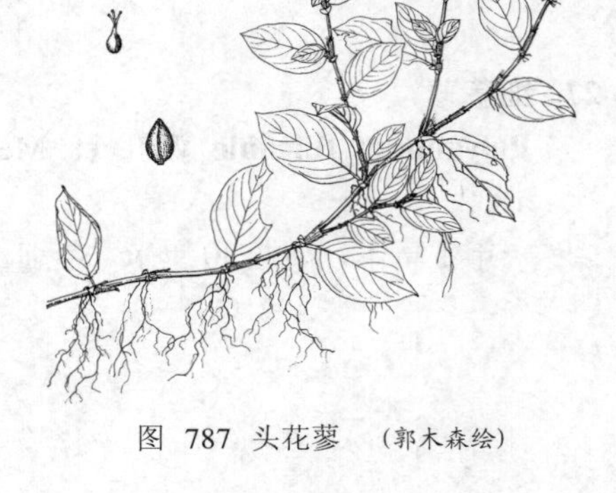

图 787 头花蓼 （郭木森绘）

产江西、湖北、湖南、广东、广西、云南、贵州、四川及西藏，生于海拔600-3500米山坡草地、山谷湿地，常成片生长。印度北部、尼泊尔、不丹、缅甸及越南有分布。全草药用，治尿道感染、肾盂肾炎；可栽培供观赏。

30. 羽叶蓼 图 788 彩片 208

Polygonum runcinatum Buch.-Ham. ex D. Don, Prodr. Fl. Nepal. 73. 1825.

多年生草本，高达60厘米。茎被毛或近无毛，节部被倒生平伏毛。叶羽裂，长4-8厘米，宽2-4厘米，顶生裂片三角状卵形，侧生裂片1-3对，两面疏被糙伏毛，具缘毛；下部叶叶柄具窄翅，上部叶叶柄较短或近无柄，托叶鞘长约1厘米，被柔毛，顶端平截，具缘毛。头状花序径1-1.5厘米，常成对，花序梗被腺毛；苞片长卵形。花梗细，较苞片短；花被5深裂，淡红或白色，花被片长卵形，长3-3.5毫米；雄蕊8，花药紫色；花柱3，中下部连合。瘦果卵形，具3棱，长2-3毫米，黑褐色，包于宿存花被内。花期4-8月，果期6-10月。

产台湾、湖北、湖南、广西、云南、贵州、四川及西藏，生于海拔1200-3900米山坡草地、山谷。印度、尼泊尔、锡金、缅甸、泰国、菲律宾及马来西亚有分布。

［附］**赤胫散 Polygonum runcinatum** var. **sinense** Hemsl. in Journ. Linn. Soc. Bot. 26: 347. 1891. 本变种与模式变种的区别：头状花序径5-7毫米，数个组成圆锥状；叶基部具1对裂片，两面无毛或疏被短糙伏毛。产甘肃、陕西、河南、安徽、浙江、湖北、湖南、广西、云南、贵州及西藏，生于海拔800-3900米山坡草地、山谷灌丛中。根茎、茎及叶药用，清热解毒、活血、止血。

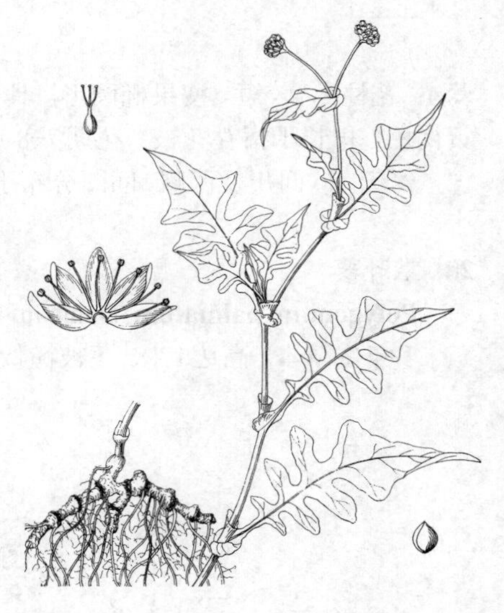

图 788 羽叶蓼 （张泰利绘）

31. 火炭母 图 789 彩片 209

Polygonum chinense Linn. Sp. Pl. 363. 1753.

多年生草本，高达1米。茎直立，无毛，多分枝。叶卵形或长卵形，长4-10厘米，宽2-4厘米，先端渐尖，基部平截或宽心形，无毛，下面有时沿叶脉疏被柔毛；下部叶叶柄长1-2厘米，基部常具叶耳，上部叶近无柄或抱茎，托叶鞘膜质，无毛，长1.5-2.5厘米，偏斜，无缘毛。头状花序常数个组成圆锥状，花序梗被腺毛；苞片宽卵形。花被5深裂，白或淡红色，花被片卵形，果时增大；雄蕊8；花柱3，中下部连合。瘦果宽卵形，具3棱，长3-4毫米，包于肉质蓝黑色宿存花被内。花期7-9月，果期8-10月。

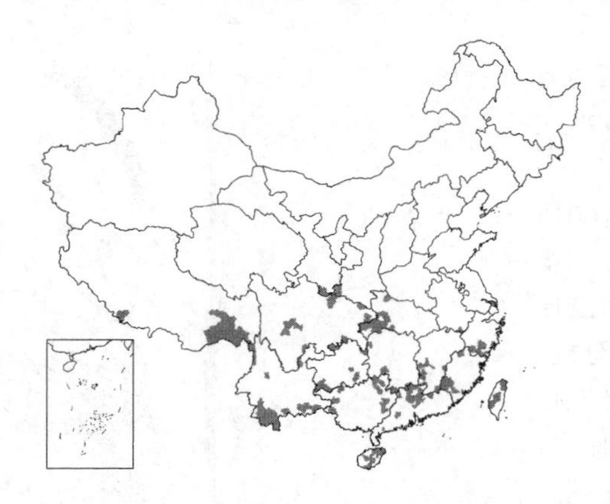

图 789 火炭母 （引自《浙江植物志》）

产安徽、浙江、福建、台湾、江西、湖北、湖南、广东、海南、广西、贵州、云南、西藏、四川、甘肃南部及陕西南部，生于海拔30-2400米山坡草地、山谷湿地。日本、菲律宾、马来西亚、印度及喜马拉雅山区有分布。根茎药用，清热解毒、散瘀消肿。

［附］窄叶火炭母 **Polygonum chinense** var. **paradoxum**（Lévl.）A. J. Li, Fl. Reipubl. Popul. Sin. 25(1)：57. 1998. —— *Polygonum paradoxum* Lévl. in Fedde, Repert. Sp. Nov. 7：339. 1909. 本变种与模式变种的区别：叶宽披针形，长7-12厘米，宽1.5-2.5厘米。产云南、贵州及四川，生于海拔900-2600米山坡、山谷灌丛中。

［附］硬毛火炭母 **Polygonum chinense** var. **hispidum** Hook. f. Fl. Brit. Ind. 5：44. 1886. 本变种与模式变种的区别：叶两面被糙硬毛；茎、枝被倒生糙硬毛。产湖南、广西、云南、贵州及四川，生于海拔600-2800米山谷、山坡草地。印度有分布。

32. 珠芽蓼 图 790 彩片 210

Polygonum viviparum Linn. Sp. Pl. 360. 1753.

多年生草本，高达50厘米。根茎肥厚，径1-2厘米。茎不分枝，常1-4自根茎生出。基生叶长圆形或卵状披针形，长3-10厘米，先端尖或渐尖，基部圆、近心形或楔形，无毛，边缘脉端增厚，外卷，叶柄长；茎生叶披针形，近无柄，托叶鞘筒状，下部绿色，上部褐色，偏斜，无缘毛。花序穗状，紧密，下部生珠芽；苞片卵形，膜质。花梗细；花被5深裂，白或淡

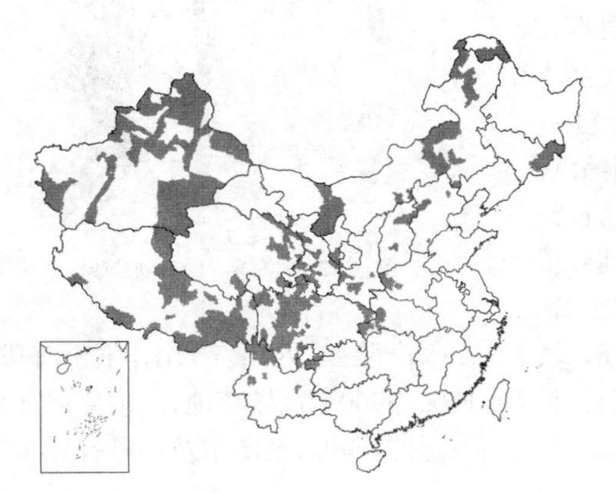

图 790 珠芽蓼 （引自《中国北部植物图志》）

红色，花被片椭圆形，长2-3毫米；雄蕊8，花丝不等长；花柱3。瘦果卵形，具3棱，深褐色，有光泽，包于宿存花被内。花期5-7月，果期7-9月。

产黑龙江、吉林、内蒙古、河北、河南、山西、陕西、甘肃、宁夏、新疆、青海、西藏、四川、湖北、贵州及云南，生于海拔1200-5100米山坡林下、高山或亚高山草甸。朝鲜、日本、蒙古、高加索、哈萨克斯坦、印度及欧洲、北美有分布。根茎药用，清热解毒、止血散瘀。

33. 翅柄蓼 石凤丹 图791

Polygonum sinomontanum Sam. in Hand.-Mazz. Symb. Sin. 7: 177. t. 3. f. 6. 1929.

多年生草本，高达60厘米。根茎横走，不弯曲，黑褐色，径1-3厘米，长达12厘米。茎直立，无毛，不分枝，有时下部分枝。基生叶宽披针形或披针形，长6-16厘米，宽1-3厘米，近革质，先端渐尖，基部楔形或平截，沿叶柄下延成窄翅，上面无毛，下面有时沿叶脉被柔毛，边缘叶脉增厚，外卷，叶柄长4-14厘米，具窄翅；茎生叶披针形，具短柄，最上部叶近无柄，托叶鞘褐色，长3-6厘米，偏斜，无缘毛。穗状花序长达6厘米；苞片卵状披针形，长3-4毫米。花梗细，长4-5毫米；花被5深裂，红色，花被片长圆形，长3-5毫米；雄蕊8，较花被长；花柱3。瘦果宽椭圆形，具3棱，褐色，长3-4毫米，包于宿存花被内。花期7-8月，果期9-10月。

图 791 翅柄蓼 （王金凤绘）

产云南、四川及西藏，生于海拔2500-3900米山坡草地、山谷灌丛中。

34. 大海蓼 图792

Polygonum milletii (Lévl.) Cat. Yunnan. 207. 1916.

Bistorta milletii Lévl. in Fedde, Repert. Sp. Nov. 12: 286. 1913.

多年生草本，高达50厘米。根茎弯曲，径1.5-2厘米。茎不分枝，2-3条自根茎生出。基生叶披针形或长披针形，近革质，长10-20厘米，宽1.5-3厘米，沿叶柄下延成窄翅，边缘叶脉增厚，两面无毛或下面被柔毛，叶柄长达12厘米；茎生叶披针形，具短柄或近无柄，托叶鞘下部绿色，上部褐色，偏斜，无缘毛。穗状花序长2-4厘米；苞片卵状披针形，褐色，长3-4毫米。花梗细，长4-6毫米；花被5深裂，紫红色，花被片椭圆形，长4-5毫米；雄蕊8，较花被长，花药黑褐色；花柱3，中下部连合。瘦果卵形，具3棱，褐色，长3-4毫米，包于宿存花被内。花期7-8月，果期9-10月。

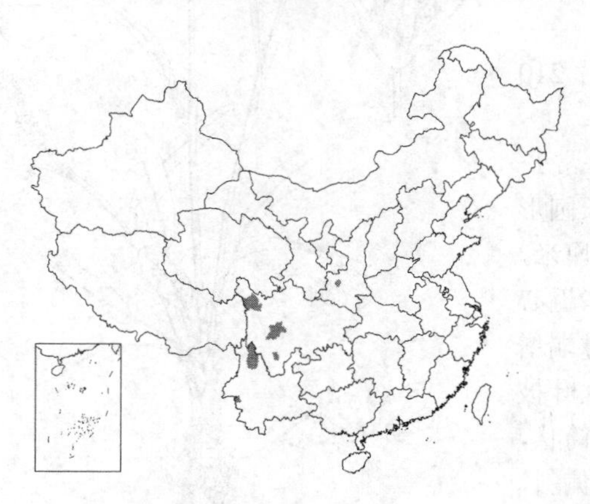

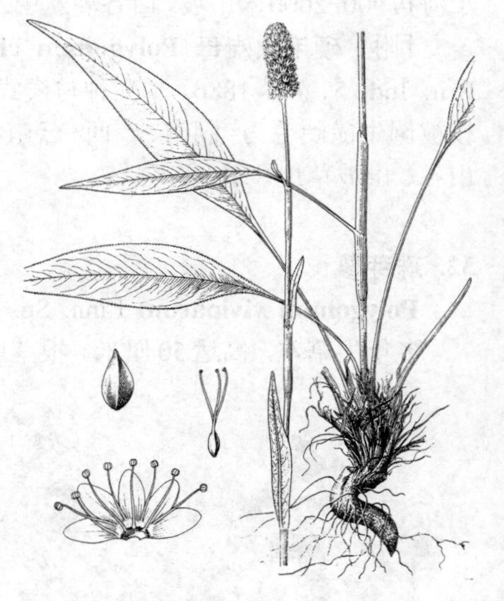

图 792 大海蓼 （冀朝祯绘）

产陕西、四川及云南，生于海拔1700-3900米山坡草地、山顶草甸、山谷湿地。印度、尼泊尔及不丹有分布。

35. 拳参 拳蓼 图 793

Polygonum bistorta Linn. Sp. Pl. 360. 1753.

多年生草本，高达90厘米。根茎径1-3厘米，弯曲，黑褐色。茎不分枝，常2-3条自根茎生出。基生叶宽披针形或窄卵形，纸质，长4-18厘米，先端渐尖或尖，基部平截或近心形，沿叶柄下沿成翅，两面无毛或下面被柔毛，边缘外卷，叶柄长10-20厘米；茎生叶披针形或线形，无柄，托叶鞘下部绿色，上部褐色，偏斜，无缘毛。穗状花序长4-9厘米，径0.8-1.2厘米；苞片卵形，中脉明显。花梗细，长5-7毫米，较苞片长；花被5深裂，白或淡红色，花被片椭圆形，长2-3毫米；雄蕊8；花柱3，离生。瘦果椭圆形，具3棱。两端尖，长约3.5毫米，稍长于宿存花被。花期6-7月，果期8-9月。

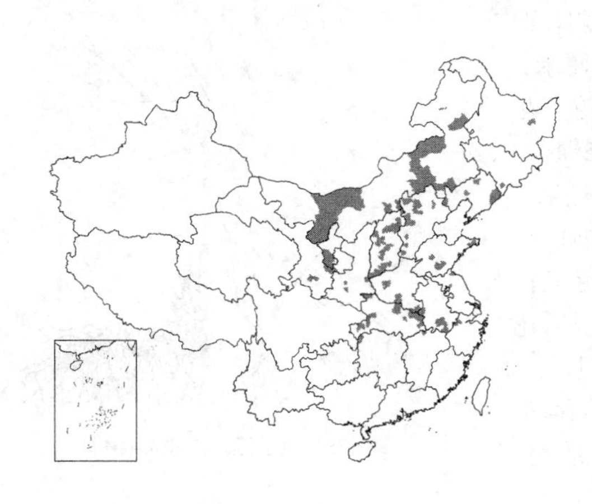

图 793 拳参 （引自《中国北部植物图志》）

产黑龙江、吉林、辽宁、内蒙古、河北、河南、山西、陕西、甘肃、宁夏、山东、江苏、安徽、浙江、江西、湖北及湖南，生于海拔800-3000米山顶草甸、山坡草地，日本、蒙古、哈萨克斯坦、俄罗斯（西伯利亚、远东）及欧洲有分布。根茎药用，清热解毒、散结消肿。

36. 支柱蓼 图 794

Polygonum suffultum Maxim. in Bull. Acad. Sci. St. Pétersb. 22: 233. 1876.

多年生草本，高达40厘米。根茎念珠状，黑褐色。基生叶卵形或长卵形，长5-12厘米，先端渐尖或尖，基部心形，疏生短缘毛，两面无毛或疏被柔毛，叶柄长4-15厘米；茎生叶卵形，具短柄，最上部叶基部抱茎，托叶鞘膜质，褐色，长2-4厘米，偏斜，无缘毛。穗状花序长1-2厘米；苞片长卵形，膜质，长约3毫米。花梗细，长2-2.5毫米；花被5深裂，白或淡红色，花被片倒卵形或椭圆形，长3-3.5毫米；雄蕊8，较花被长；花柱3。瘦果宽椭圆形，具3棱，黄褐色，稍长于宿存花被。花期6-7月，果期7-10月。

图 794 支柱蓼 （引自《中国北部植物图志》）

产河北、河南、山西、陕西、宁夏、甘肃、青海、山东、安徽、浙江、江西、湖北、湖南、云南、贵州及四川，生于海拔1300-4000米山坡、林下湿地、山谷草地。日本及朝鲜有分布。

37. 抱茎蓼 图 795

Polygonum amplexicaule D. Don, Prodr. Fl. Nepal. 70. 1825.

多年生草本，高达1.4米。根茎横走，紫褐色，长达25厘米。粗壮，分枝。基生叶卵形或长卵形，长4-10厘米，先端长渐尖，基部心形，边缘脉端微增厚，稍外卷，上面无毛，下面有时沿叶脉被柔毛，叶柄较叶片长或近等长；茎生叶长卵形，具短柄，上部叶近无柄或抱茎，托叶鞘褐色，长2-6厘米，偏斜，无缘毛。穗状花序长3-10厘米；苞片卵圆形，膜质，褐色。花梗细，较苞片长；花被5深裂，花被片椭圆形，长4-5毫米；雄蕊8；花柱3。瘦果椭圆形，具3棱，两端尖，黑褐色，长4-5毫米，稍突出花被之外。花期8-9月，果期9-10月。

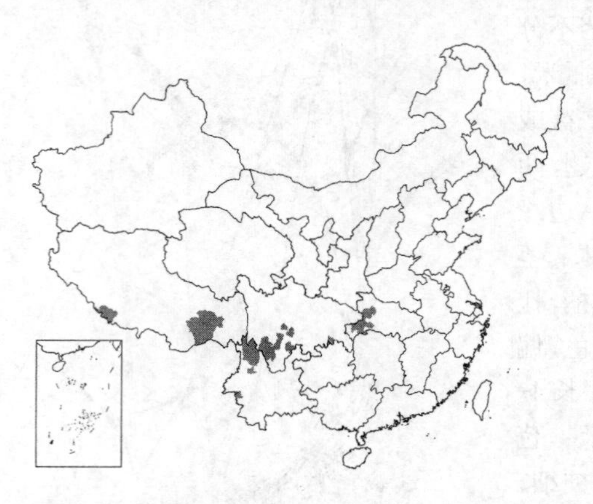

图 795 抱茎蓼 （张泰利绘）

产湖北、四川、云南及西藏，生于海拔1000-3300米山坡林下、山谷草地。尼泊尔、印度、不丹及巴基斯坦有分布。根茎药用，顺气、解痉、散瘀、止血。

38. 圆穗蓼 图 796 彩片 211

Polygonum macrophyllum D. Don, Prodr. Fl. Nepal. 70. 1825.

多年生草本，高达30厘米。根茎弯曲，径1-2厘米。基生叶长圆形或披针形，长3-11厘米，宽1-3厘米，先端尖，基部圆或近心形，下面灰绿色，边缘脉端增厚，外卷，叶柄长3-8厘米；茎生叶窄披针形，叶柄短或近无柄，托叶鞘下部绿色，上部褐色，偏斜，无缘毛。穗状花序长1.5-2.5厘米，径1-1.5厘米；苞片膜质，卵形，长3-4毫米。花梗细，较苞片长；花被5深裂，淡红或白色，花被片椭圆形，长2.5-3毫米；雄蕊8，较花被长，花药黑紫色；花柱3，瘦果卵形，具3棱，长2.5-3毫米，黄褐色，包于宿存花被内。花期7-8月，果期9-10月。

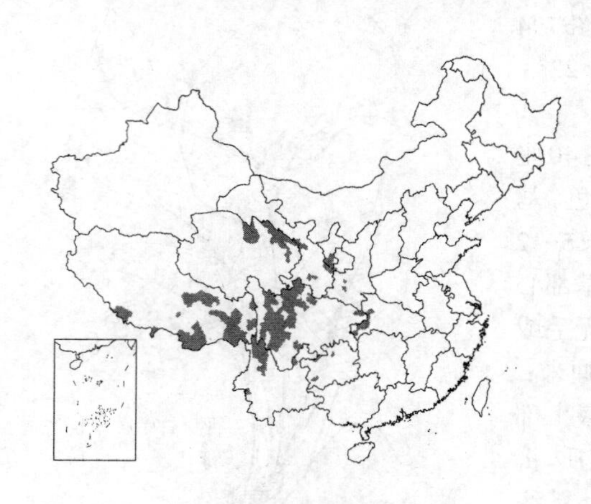

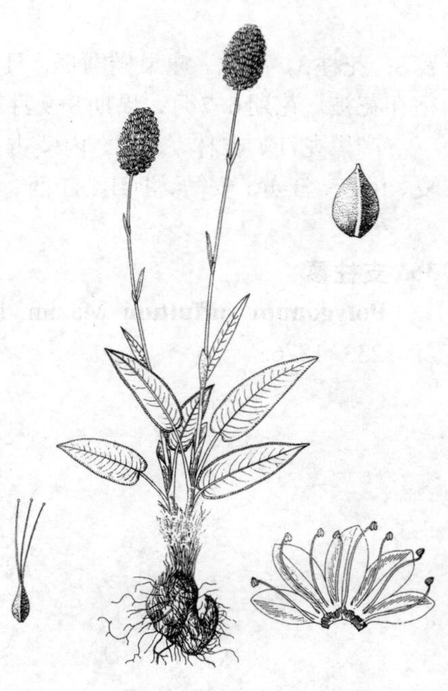

图 796 圆穗蓼 （王金凤绘）

产湖北、陕西、甘肃、宁夏、青海、云南、贵州、四川及西藏，生于海拔2300-5000米山坡草地、高山草甸。印度、尼泊尔、锡金及不丹有分布。

39. 草血蓼 图 797

Polygonum paleaceum Wall. ex Hook. f. Fl. Brit. Ind. 5: 32. 1886.

多年生草本，高达60厘米。根茎黑褐色。茎不分枝，无毛，1-3条自根茎生出。基生叶窄长圆形或披针形，长6-18厘米，宽2-3厘米，先端尖，基部楔形，稀近圆，边缘脉端增厚，微外卷，两面无毛，叶柄长5-15厘米；茎生叶披针形，叶柄短，最上部叶线形；托叶鞘下部绿色，上部褐色，偏斜，

无缘毛。穗状花序长4-6厘米，径0.8-1.2厘米；苞片卵状披针形，膜质。花梗细，较苞片长；花被5深裂，淡红或白色，花被片椭圆形，长2-2.5厘米；雄蕊8；花柱3。瘦果卵形，具3锐棱，长约2.5毫米，包于宿存花被内。花期7-8月，果期9-10月。

产云南、贵州及四川。生于海拔1500-3500米山坡草地、林缘。印度及泰国有分布。根茎药用，止血、止痛、收敛、止泻。

图 797 草血蓼 （引自《图鉴》）

40. 匐枝蓼 图 798 彩片 212

Polygonum emodi Meisn. in Wall. Pl. Asiat. Rar. 3: 51. t. 287. 1832.

小灌木，簇生，高达15厘米；树皮黑褐色。老枝匍匐，分枝，节部生根。小枝直立，不分枝。叶窄披针形或线状披针形，长3-7厘米，宽3-6毫米，边缘外卷，上面中脉微凹下，下面灰绿色；托叶鞘长2-3厘米，偏斜，无缘毛。穗状花序，稀疏，长2-4厘米；苞片卵形，膜质，褐色。花梗细，较苞片长；花被5深裂，紫红色，花被片宽椭圆形，长3-3.5毫米；雄蕊8，较花被短；花柱3，中下部连合。瘦果卵形，具3棱，褐色，长约3毫米，包于宿存花被内。花期6-7月，果期8-9月。

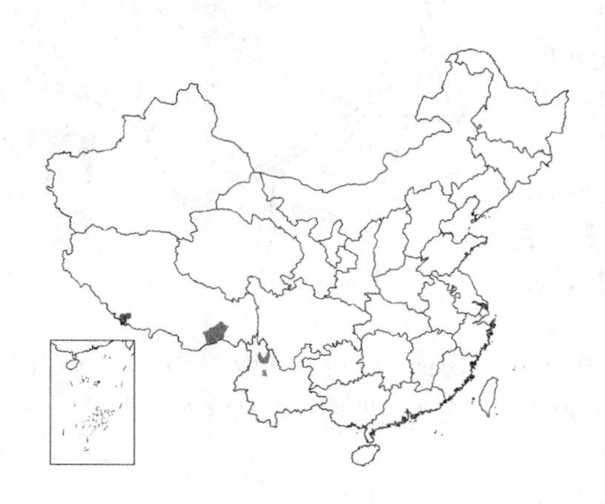

产云南及西藏，生于海拔1300-2800米山坡、石缝中、草地。印度、尼泊尔、不丹及锡金有分布。

图 798 匐枝蓼 （张春方绘）

41. 光蓼 图 799

Polygonum glabrum Willd. Sp. Pl. 2: 477. 1799.

一年生草本，高达1米；全株无毛。茎少分枝。叶披针形或长圆状披针形，长8-18厘米，宽1.5-3厘米，先端窄渐尖，基部窄楔形；叶柄粗，长0.8-1厘米，托叶鞘膜质，长1-3厘米，顶端平截。穗状花序长4-12厘米，常数个组成圆锥状；苞片漏斗状。花梗粗，较苞片长，顶部具关节；花被5深裂，白或淡红色，花被片椭圆形，长3-4毫米，具细脉，脉顶端叉分，不外弯；雄蕊6-8；花柱2，中下部连合。瘦果卵形，扁平，双凸，长2.5-3毫米，黑褐色，包于宿存花被内。花期6-8月，果期7-9月。

产福建、台湾、广东、海南、广西、湖南及湖北，生于海拔30-700米河边湿地、池塘边。印度、越南、缅甸、泰国、菲律宾、非洲及美洲有分布。

图 799 光蓼 （张泰利绘）

42. 香蓼　粘毛蓼　　图 800

Polygonum viscosum Buch.-Ham. ex D. Don, Prodr. Fl. Nepal. 71. 1825.

一年生草本，茎高达90厘米，多分枝，密被长糙硬毛及腺毛。叶卵状披针形或宽披针形，长5-15厘米，宽2-4厘米，先端渐尖或尖，基部楔形，沿叶柄下延，两面被糙硬毛，密生缘毛；托叶鞘长1-1.2厘米，密被腺毛及长糙硬毛，顶端平截，具长缘毛。穗状花序长2-4厘米，花序梗密被长糙硬毛及腺毛；苞片漏斗状，被长糙硬毛及腺毛，疏生长缘毛。花梗较苞片长；花被5深裂，淡红色，花被片椭圆形，长约3毫米；雄蕊8，较花被短；花柱3，中下部连合。瘦果宽卵形，具3棱，长约2.5毫米，包于宿存花被内。花期7-9月，果期8-10月。

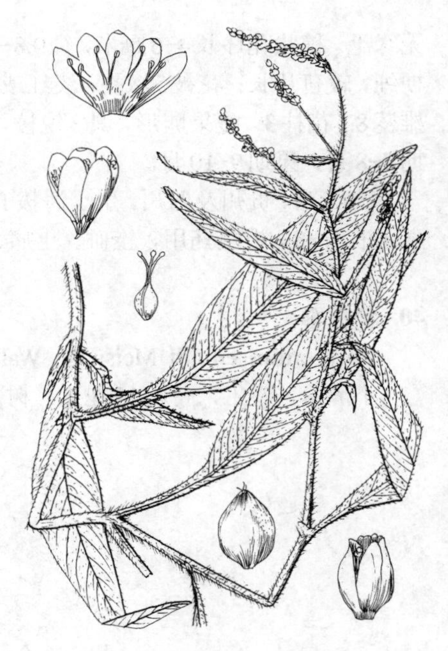

图 800　香蓼　（引自《图鉴》）

产黑龙江、吉林、辽宁、河南、安徽、江苏、浙江、福建、台湾、江西、湖北、湖南、广东、广西、云南、贵州、四川及陕西，生于海拔30-1900米湿地、沟边草丛中。朝鲜、日本、印度及俄罗斯远东地区有分布。

43. 春蓼　　图 801

Polygonum persicaria Linn. Sp. Pl. 361. 1753.

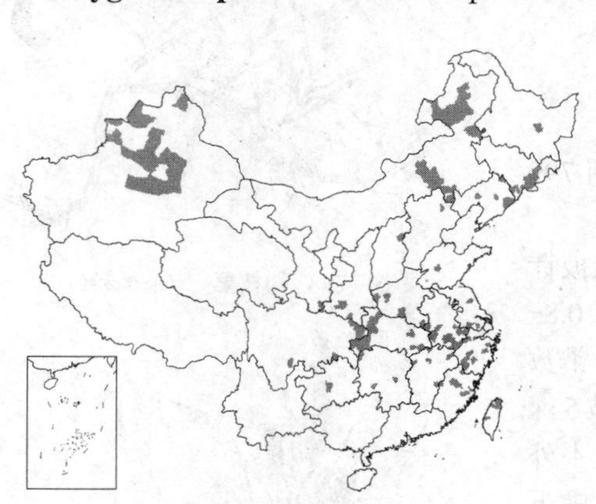

一年生草本，高达80厘米。茎直立，疏被柔毛或近无毛。叶披针形或椭圆形，长4-15厘米，先端渐尖或尖，基部窄楔形，两面疏被平伏硬毛，具粗缘毛；叶柄长5-8毫米，被平伏硬毛，托叶鞘长1-2厘米，疏被柔毛，顶端平截，缘毛长1-3毫米。穗状花序长2-6厘米，花序梗疏被腺毛；苞片漏斗状，具缘毛。花被（4）5深裂，花被片长圆形，长2.5-3毫米；雄蕊6-7；花柱2（3），中下部连合。瘦果近球形或卵圆形，扁平，双凸，稀具3棱，长2-2.5毫米，黑褐色，包于宿存花被内。花期6-9月，果期7-10月。

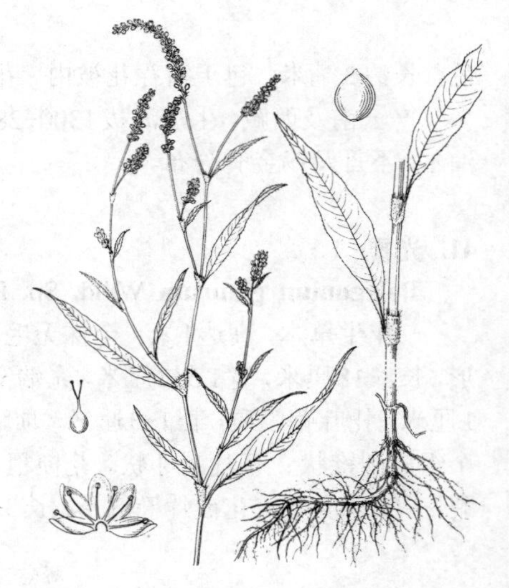

图 801　春蓼　（张泰利绘）

产黑龙江、吉林、辽宁、内蒙古、河北、河南、山西、陕西、甘肃、新疆、山东、江苏、安徽、浙江、福建、台湾、江西、湖北、湖南、贵州及四川，生于海拔80-1900米沟边湿地、河滩、沼泽。欧洲、非洲及北美有分布。

44. 粘蓼　　图 802

Polygonum viscoferum Mak. in Bot. Mag. Tokyo 17: 115. 1903.

一年生草本，高达70厘米。茎直立，基部分枝，节间上部被柔毛。叶披针形或宽披针形，长4-10厘米，宽1-2厘米，先端渐尖，基部圆或楔形，

具长缘毛，两面疏被糙伏毛；叶柄极短，托叶鞘膜质，长0.6-1.2厘米，被长糙硬毛，顶端平截，具长缘毛。穗状花序细，长4-7厘米，花序梗疏生分泌粘液腺体；苞片漏斗状，绿色，具缘毛，花被（4）5深裂，花被片椭圆形，长1-1.5毫米；雄蕊7-8，较花被短；花柱3，中下部连合。瘦果椭圆形，具3棱，黑褐色，长约1.5毫米，包于宿存花被内。花期7-9月，果期8-10月。

产黑龙江、吉林、辽宁、河北、河南、山东、江苏、安徽、浙江、福建、江西、湖北、湖南、贵州及四川，生于海拔500-1800米水边及山谷湿草地。日本、朝鲜及俄罗斯远东地区有分布。

图 802 粘蓼 （引自《江苏植物志》）

45. 酸模叶蓼 图 803 彩片 213

Polygonum lapathifolium Linn. Sp. Pl. 360. 1753.

一年生草本，高达90厘米。茎直立，分枝，无毛，节部膨大。叶披针形或宽披针形，长5-15厘米，宽1-3厘米，先端渐尖或尖，基部楔形，上面常具黑褐色新月形斑点，两面沿中脉被平伏硬毛，具粗缘毛；叶柄短，被平伏硬毛，托叶鞘长1.5-3厘米，无毛，顶端平截。数个穗状花序组成圆锥状，花序梗被腺体；苞片漏斗状，疏生缘毛。花被4（5）深裂，淡红或白色，花被片椭圆形，顶端分叉，外弯；雄蕊6；花柱2。瘦果宽卵形，扁平，双凹，长2-3毫米，黑褐色，包于宿存花被内。花期6-8月，果期7-9月。

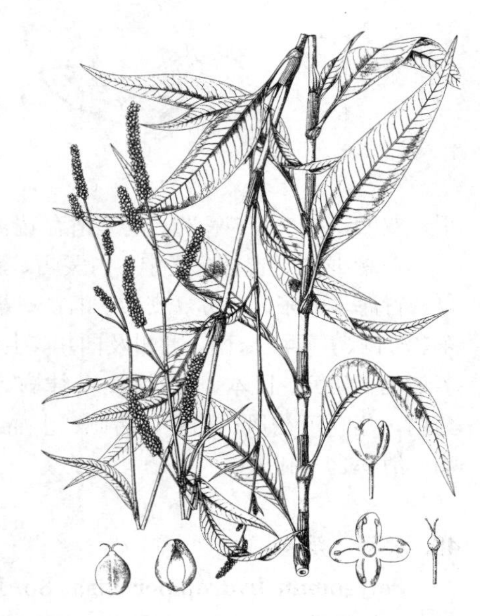

图 803 酸模叶蓼 （引自《中国北部植物图志》）

产黑龙江、吉林、辽宁、内蒙古、河北、河南、山西、陕西、甘肃、宁夏、新疆、青海、山东、江苏、安徽、浙江、福建、台湾、江西、湖北、湖南、广东、香港、海南、广西、云南、贵州、四川及西藏，生于海拔30-3900米田边、湿地、水边或荒地。朝鲜、日本、蒙古、俄罗斯、印度、巴基斯坦、菲律宾、欧洲及北美有分布。

46. 蓼蓝 图 804

Polygonum tinctorum Ait. in Hort. Kew 2: 31. 1789.

一年生草本，高达80厘米。茎直立，分枝，无毛。叶宽卵形或宽椭圆形，长3-8厘米，先端圆钝，基部宽楔形，具缘毛，上面无毛，下面有时沿叶脉疏被平伏毛，干后暗蓝绿色；叶柄长0.5-1厘米，托叶鞘长1-1.5厘米，疏被平伏毛，顶端平截，缘毛长3-5毫米。穗状花序长2-5厘米；苞片漏斗状，绿色，具缘毛。花梗细，与苞片近等长；花被5深裂，淡红色，下部淡绿色，花被片卵形，长2.5-3毫米；雄蕊6-8，较花被短；花柱3，下部连合。瘦果宽卵形，具3棱，长2-2.5毫米，包于宿存花被内。花期8-9月，果期9-10月。

全国各地有栽培或为半野生状态。朝鲜、日本及越南有栽培。叶药用，清热解毒；又可加工成靛青作染料。

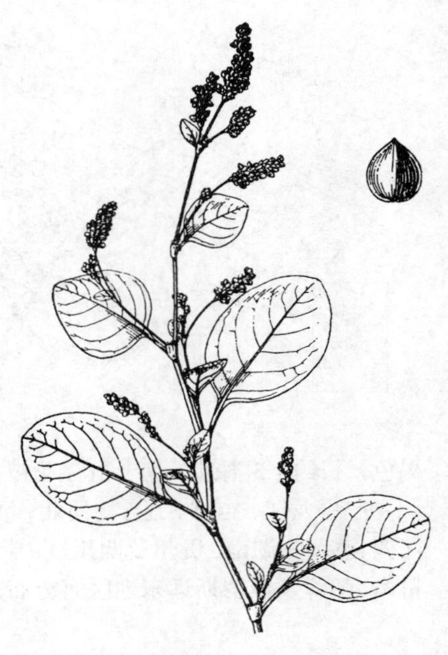

图 804 蓼蓝 （引自《图鉴》）

47. 红蓼 荭草 图 805 彩片 214

Polygonum orientale Linn. Sp. Pl. 362. 1753.

一年生草本，高达2米。茎直立，粗壮，上部多分枝，密被长柔毛。叶宽卵形或宽椭圆形，长10-20厘米，先端渐尖，基部圆或近心形，微下延，两面密被柔毛，叶脉被长柔毛；叶柄长2-12厘米，密被长柔毛，托叶鞘长1-2厘米，被长柔毛，常沿顶端具绿色草质翅。穗状花序长3-7厘米，微下垂，数个花序组成圆锥状；苞片宽漏斗状，长3-5毫米，草质，绿色，被柔毛。花梗较苞片长；花被5深裂，淡红或白色，花被片椭圆形，长3-4毫米；雄蕊7，较花被长；花柱2，中下部连合，内藏；有一些植株雄蕊较花被短，花柱伸出花被之外。瘦果近球形，扁平，双凹，径3-3.5毫米，包于宿存花被内。花期6-9月，果期8-10月。

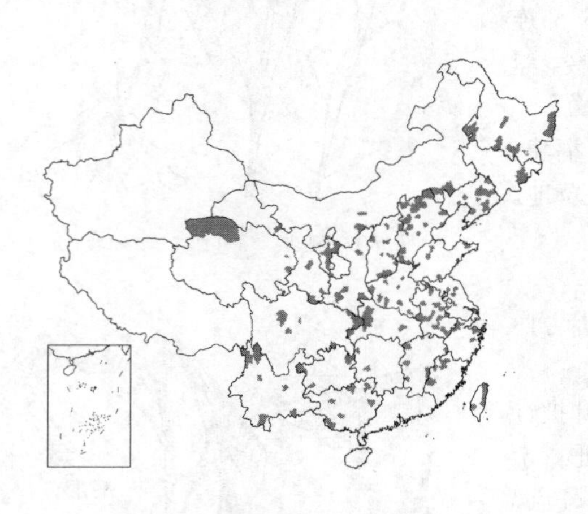

产黑龙江、吉林、辽宁、内蒙古、河北、河南、山西、陕西、甘肃、宁夏、青海、山东、江苏、安徽、浙江、福建、台湾、江西、湖北、湖南、广东、海南、广西、云南、贵州及四川，生于海拔30-3000米沟边湿地、村边，多栽培。朝鲜、日本、俄罗斯、菲律宾、印度、欧洲及大洋洲有分布。全草药用，茎叶可祛风、利湿、活血、止痛；果实名“水红花子”，可活血、止痛、消积食、利尿。

图 805 红蓼 （引自《中国北部植物图志》）

48. 水蓼 辣蓼 图 806 彩片 215

Polygonum hydropiper Linn. Sp. Pl. 361. 1753.

一年生草本，高达70厘米。茎直立，多分枝，无毛。叶披针形或椭圆状披针形，长4-8厘米，先端渐尖，基部楔形，具缘毛，两面无毛，有时沿中脉被平伏硬毛，具辛辣叶，叶腋具闭花受精花；叶柄长4-8毫米，托叶鞘长1-1.5厘米，疏被平伏硬毛，顶端平截，具缘毛。穗状花序下垂，花稀疏；苞片漏斗状，绿色，边缘膜质，具缘毛。花被（4）5深裂，绿色，上部白或淡红色，具黄色透明腺点，花被片椭圆形，长3-3.5毫米；雄蕊较花被短；花柱2-3。瘦果卵形，长2-3毫米，扁平，双凸或具3棱，密被小点，包于宿存花被内。花期5-9月，果期6-10月。

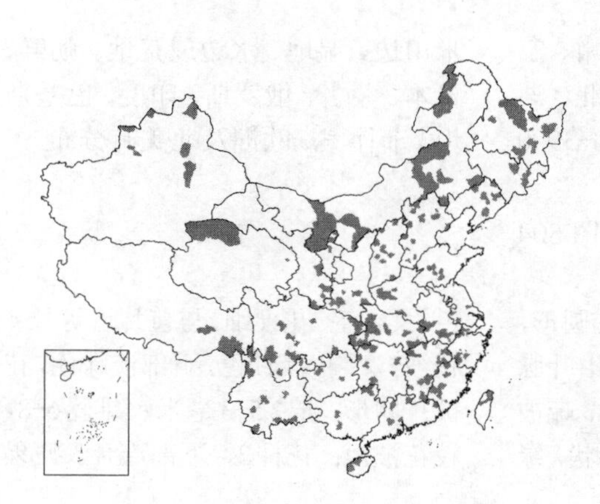

产黑龙江、吉林、辽宁、内蒙古、

河北、河南、山西、陕西、甘肃、宁夏、新疆、青海、山东、江苏、安徽、浙江、福建、台湾、江西、湖北、湖南、广东、香港、海南、广西、云南、贵州、四川及西藏，生于海拔50-3500米河滩、沟边、山谷湿地。朝鲜、日本、印度尼西亚、印度、欧洲及北美有分布。全草药用，可消肿解毒、利尿、止痢；又可作调味剂。

图 806 水蓼 （引自《中国北部植物图志》）

49. 伏毛蓼

图 807

Polygonum pubescens Bl., Bijdr. 2: 532. 1825.

一年生草本。茎疏被平伏硬毛。叶卵状披针形或宽披针形，长5-10厘米，宽1-2.5厘米，基部宽楔形，上面中部具黑褐色斑点，两面密被平伏硬毛，具缘毛；叶柄长4-7毫米，密被平伏硬毛，托叶鞘长1-1.5毫米，被平伏硬毛，顶端平截，具粗长缘毛。穗状花序下垂；苞片漏斗状，绿色，具缘毛。花梗较苞片长；花被5深裂，绿色，上部红色，密生淡紫色透明腺点，花被片椭圆形，长3-4毫米；雄蕊较花被短；花柱3，中下部连合。瘦果卵形，具3棱，黑色，密生小凹点，长2.5-3毫米，包于宿存花被内。花期8-9月，果期9-10月。

产辽宁、山东、江苏、安徽、浙江、福建、台湾、江西、湖北、湖南、广东、香港、海南、广西、云南、贵州、四川、甘肃、陕西及河南，生于海拔50-2700米山沟、水边、田边湿地。朝鲜、日本、印度尼西亚及印度有分布。

图 807 伏毛蓼 （郭木森绘）

50. 丛枝蓼

图 808

Polygonum posumbu Buch.-Ham. ex D. Don, Prodr. Fl. Nepal. 71. 1825.

Polygonum caespitosum Bl.；中国高等植物图鉴 1: 560. 1972.

一年生草本。茎无毛。叶卵状披针形或卵形，长3-6（8）厘米，宽1-2（3）厘米，先端尾尖，基部宽楔形，两面疏被平伏硬毛或近无毛，具缘毛；叶柄长5-7毫米，被平伏硬毛，托叶鞘长4-6毫米，被平伏硬毛，缘毛粗，长7-8毫米。穗状花序长5-10厘米，苞片漏斗状，无毛，淡绿色，具缘毛。花梗短；花被5深裂，淡红色，花被片椭圆形，长2-2.5毫米；雄蕊8，较花被短。瘦果卵形，具3棱，长2-2.5毫米，包于宿存花被内。花

期6-9月，果期7-10月。

产黑龙江、吉林、辽宁、山东、江苏、安徽、浙江、福建、台湾、江西、湖北、湖南、广东、海南、广西、贵州、云南、西藏、四川、甘肃、陕西及河南，生于海拔150-3000米山坡、山谷、林下、水边。朝鲜、日本、印度尼西亚及印度有分布。

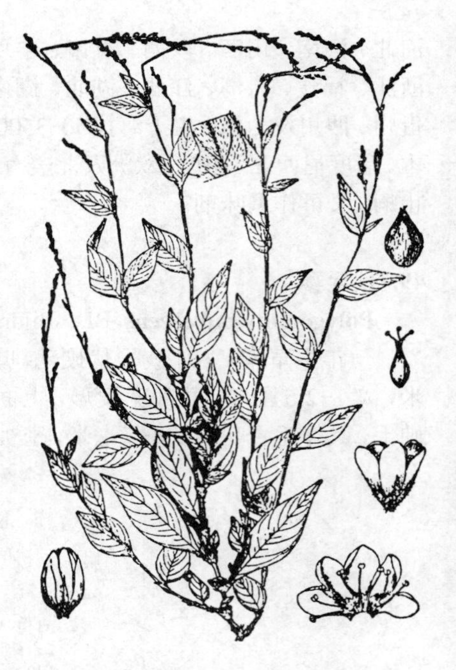
图 808 丛枝蓼 （引自《图鉴》）

51. 长鬃蓼 图 809

Polygonum longisetum De Br. in Miq. Pl. Jungh. 307. 1854.

一年生草本。茎无毛。叶披针形或宽披针形，长5-13厘米，宽1-2厘米，先端尖，基部楔形，上面近无毛，下面沿叶脉被平伏毛，具缘毛；叶柄短或近无柄，托叶鞘长7-8毫米，疏被柔毛，缘毛长6-7毫米。穗状花序直立，长2-4厘米；苞片漏斗状，无毛，具长缘毛。花梗长2-2.5毫米；花被5深裂，淡红或紫红色；花被片椭圆形，长1.5-2毫米；花柱3，中下部连合。瘦果宽卵形，具3棱，长约2毫米，包于宿存花被内。花期6-8月，果期7-9月。

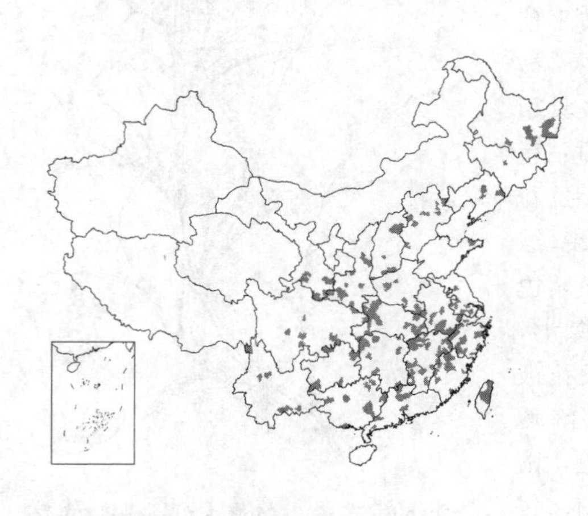

产黑龙江、吉林、辽宁、河北、河南、山西、陕西、甘肃、山东、江苏、安徽、浙江、湖北、湖南、福建、台湾、江西、广东、广西、云南、贵州及四川，生于海拔30-3000米山谷、水边、河边、草地。日本、朝鲜、菲律宾、马来西亚、印度尼西亚、缅甸及印度有分布。

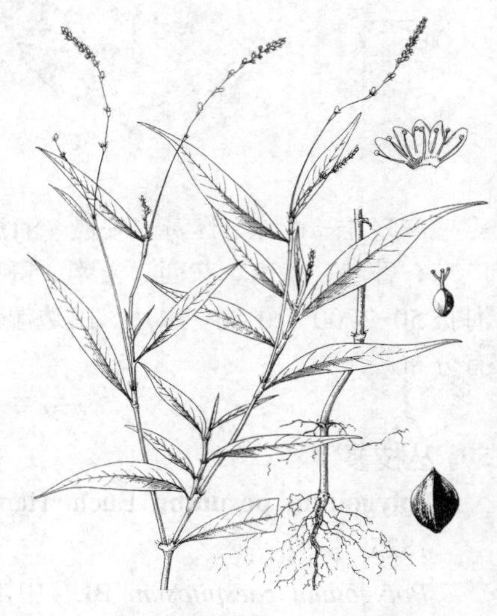
图 809 长鬃蓼 （冀朝祯绘）

52. 两栖蓼 图 810

Polygonum amphibium Linn. Sp. Pl. 361. 1753.

多年生草本。水生茎漂浮，全株无毛，节部生根；叶浮于水面，长圆形或椭圆形，长5-12厘米，基部近心形；叶柄长0.5-3厘米，托叶鞘长1-1.5厘米，无缘毛。陆生茎高达60厘米，不分枝或基部分枝；叶披针形或长圆状披针形，长6-14厘米，先端尖，基部近圆，两面被平伏硬毛，具缘毛；叶柄长3-5毫米，托叶鞘长1.5-2厘米，疏被长硬毛，具缘毛。穗状花序长2-4厘米；苞片漏斗状。花被5深裂，淡红或白色，花被片长椭圆形；雄蕊5；花柱2，较花被长。瘦果近球形，扁平，双凸，径2.5-3毫米，包于宿存花被内。花期7-8月，果期8-9月。

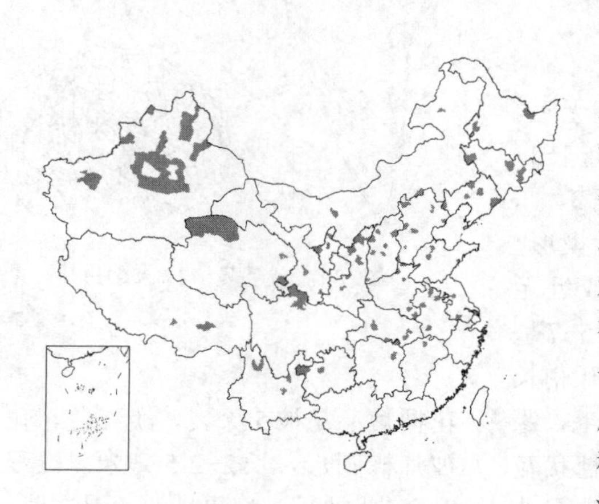

产黑龙江、吉林、辽宁、内蒙古、河北、河南、山西、陕西、甘肃、宁夏、新疆、青海、山东、江苏、安徽、江西、湖北、湖南、云南、贵州、四川及西藏，生于海拔50-3700米水沟中、池边浅水中、沟边湿地。亚洲、欧洲及北美有分布。

53. 丽蓼　　图 811

Polygonum pulchrum Bl. Bijdr. 2: 530. 1825.

多年生草本，高达1米。具根茎。茎直立，粗壮，常不分枝，被柔毛或近无毛。叶宽披针形，长10-15厘米，宽1.5-3厘米，先端长渐尖，基部窄楔形，两面密被绢毛，具缘毛；叶柄长1-2厘米，托叶鞘长1.5-2厘米，密被柔毛，缘毛长4-6毫米。穗状花序长3-6厘米，常数个组成圆锥状；苞片卵形，被平伏硬毛。花梗较苞片长；花被5深裂，白色，花被片椭圆形；雄蕊7-8；花柱2。瘦果近球形，扁平，双凸，径3-4毫米，黑色，有光泽，包于宿存花被内。花期6-9月，果期7-10月。

产台湾及广西，生于海拔80-300米水边湿地、池边。菲律宾、马来西亚、印度尼西亚、印度及非洲有分布。

54. 蚕茧草　蚕茧蓼　　图 812

Polygonum japonicum Meisn. in DC. Prodr. 14(1): 112. 1856.

多年生草本，高达1米。茎直立，无毛或疏被平伏硬毛。叶近薄革质，披针形，长5-15厘米，宽1-2厘米，先端渐尖，基部楔形，两面疏被平伏硬毛，具刺状缘毛；叶柄短；托叶鞘长1.5-2厘米，被平伏硬毛，缘毛长1-1.2厘米。穗状花序长6-12厘米；苞片漏斗状，绿色，上部淡红色，具缘毛。花单性，雌雄异株；花梗长2.5-4毫米；花被5深裂，白或淡红色，花被片长椭圆形，长2.5-3毫米；雄花具8雄蕊，雌花雌蕊花柱2-3，中下部连合。瘦果卵形，具3棱或双凸，长2.5-3毫米，包于宿存花被内。花期8-10月，果期9-11月。

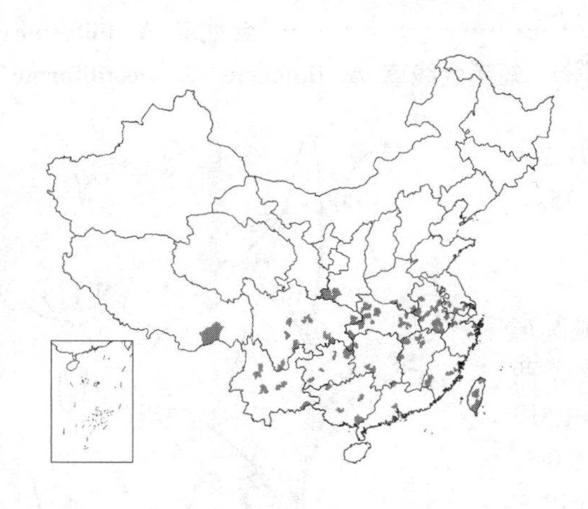

产陕西、河南、江苏、安徽、浙江、福建、台湾、江西、湖北、湖南、广东、香港、广西、云南、贵州、四川及西藏，生于海拔20-1700米水边、草地。日本及朝鲜有分布。

55. 毛蓼　　图 813

Polygonum barbatum Linn. Sp. Pl. 362. 1753.

多年生草本，高达90厘米。根茎横走。茎直立，粗壮，被柔毛，不分

图 810　两栖蓼　（引自《中国北部植物图志》）

图 811　丽蓼　（张泰利绘）

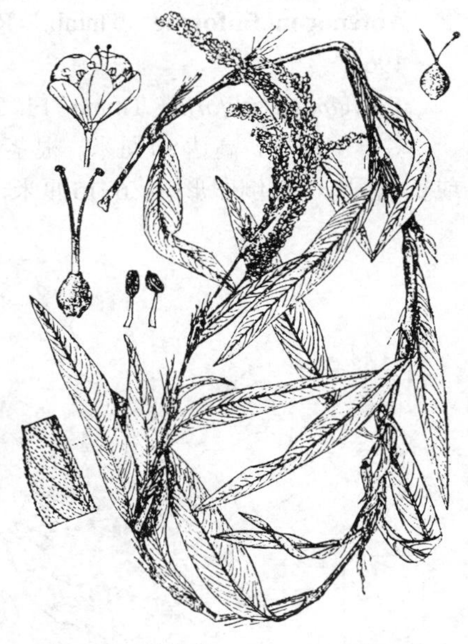

图 812　蚕茧草　（引自《江苏植物志》）

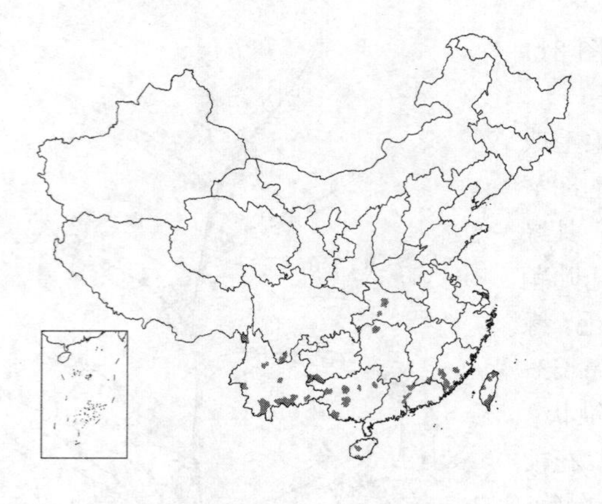

枝或上部分枝。叶披针形或椭圆状披针形，长7-15厘米，宽1.5-4厘米，两面疏被柔毛，具缘毛；叶柄长5-8毫米，密被刚毛，托叶鞘长1.5-2厘米，膜质，密被刚毛，顶端平截，缘毛粗。穗状花序长4-12厘米，常数个组成圆锥状；苞片漏斗状，具缘毛。花梗短；花被5深裂，白或淡绿色，花被片椭圆形，长1.5-2毫米；雄蕊5-8；花柱3。瘦果卵形，具3棱，黑色，长1.5-2毫米，包于宿存花被内。花期8-9月，果期9-10月。

产福建、台湾、江西、湖北、湖南、广东、海南、广西、云南、贵州及四川，生于海拔20-1300米水边、沟边湿地。印度、缅甸及菲律宾有分布。

图 813 毛蓼 （王金凤绘）

3. 金线草属 Antenoron Rafin.

多年生草本。根茎肥厚，呈不规则结节状。茎直立，不分枝或上部分枝。叶互生，叶椭圆形，稀倒卵形；托叶鞘膜质，筒状，具短缘毛。花两性；穗状花序，顶生或腋生；苞片漏斗状。花被4深裂，宿存；雄蕊5，较花被短；花柱2，果时伸长，硬化，顶端钩状，宿存。瘦果卵形，扁平，双凸，包于宿存花被内。

约3种，分布于东亚及北美。我国1种、2变种。

1. 叶两面被糙伏毛，先端渐尖或尖 …………………………………………………… **金线草 A. filiforme**
1. 叶两面疏被糙伏毛，先端长渐尖 ……………………………… (附). **短毛金线草 A. filiforme** var. **neofiliforme**

金线草 图 814 彩片 216

Antenoron filiforme (Thunb.) Rob. et Vaut. in Boissiera 10: 35. 1964.

Polygonum filiforme Thunb. Fl. Jap. 163. 1784.

多年生草本，高达80厘米。根茎粗壮。茎直立，被糙伏毛。叶椭圆形或长椭圆形，稀倒卵形，长6-15厘米，先端渐尖或尖，基部楔形，全缘，两面被糙伏毛；叶柄长1-1.5厘米，托叶鞘筒状，褐色，长0.5-1厘米，被缘毛。穗状花序常数个，花稀疏；苞片漏斗状，绿色，具缘毛。花被4深裂，红色，花被片卵形，果时稍增大；花柱2，果时长3.5-4毫米，硬化，顶端钩状，宿存，伸出花被之外。瘦果卵形，扁平，双凸，褐色，长约3毫米，包于宿存花被内。花期7-8

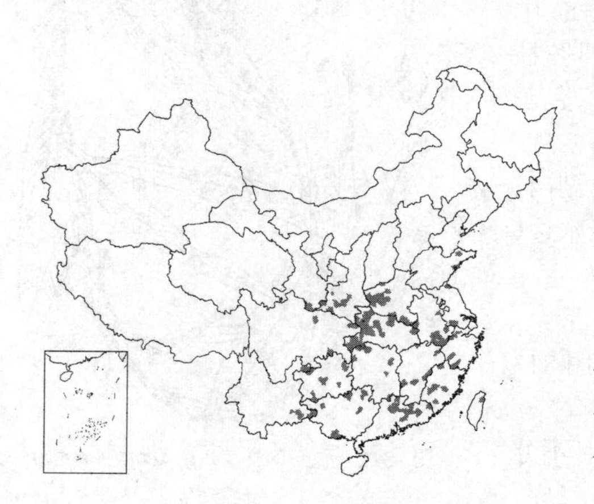

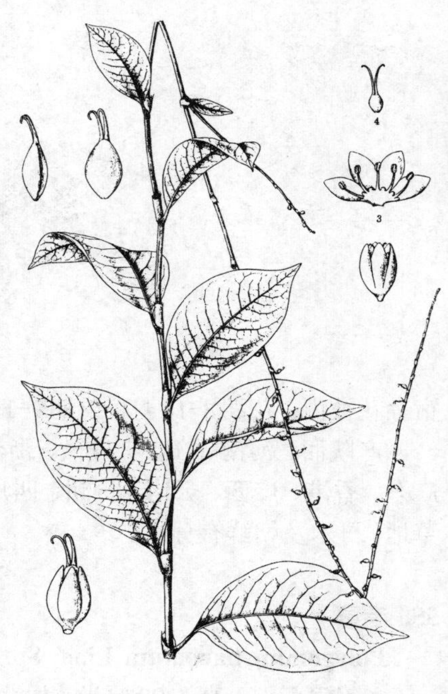

图 814 金线草 （仿《中国北部植物图志》）

月，果期9-10月。

产甘肃、陕西、河南、山东、江苏、安徽、浙江、福建、台湾、江西、湖北、湖南、广东、广西、云南、贵州及四川，生于海拔100-2500米山坡林缘、山谷湿地。朝鲜、日本及越南有分布。

［附］**短毛金线草 Antenoron filiforme** var. **neofiliforme**（Nakai）A. J. Li, Fl. Reipubl. Popul. Sin. 25(1): 108. 1998. —— *Polygonum neofiliforme* Nakai in Bot. Mag. Tokyo 36: 117. 1922. —— *Antenoron neofiliforme*（Nakai）Hare；中国高等植物图鉴 1: 575. 1972. 本变种与模式变种的区别：叶先端长渐尖，两面疏被糙伏毛。产河南、山东、江苏、安徽、浙江、福建、江西、湖北、湖南、广东、广西、云南、贵州、四川、陕西南部及甘肃南部，生于海拔150-2200米山坡林下、山谷草地。朝鲜及日本有分布。

4. 荞麦属 Fagopyrum Mill.

一年生或多年生草本，稀亚灌木。茎直立，无毛或具乳头状突起。叶三角形、宽卵形或箭形；托叶鞘膜质，偏斜，顶端尖或平截。花两性；花序穗状或伞房状。花被5深裂；雄蕊8；花柱3，柱头头状，花盘腺体状。瘦果卵形，具3棱，较宿存花被长。

约15种，广布于亚洲及欧洲。我国10种、1变种。

本属植物有些是粮食作物，有些供药用，有些是蜜源植物。

1. 一年生草本。
  2. 瘦果具3纵沟，上部棱角锐利，下部圆钝，有时具波状齿；花梗中部具关节 ……… 1. **苦荞麦 F. tataricum**
  2. 瘦果平滑，棱角锐利；花梗顶部具关节或无关节。
    3. 叶长1.5-2.5厘米；花梗顶部具关节 ……… 2. **小野荞麦 F. leptopodum**
    3. 叶长2.5-7厘米；花梗无关节 ……… 3. **荞麦 F. esculentum**
1. 亚灌木或多年生草本。
  4. 亚灌木；叶箭形或卵状三角形，先端长渐尖或尾尖；花梗近顶部具关节 …… 4. **硬枝野荞麦 F. urophyllum**
  4. 多年生草本；叶三角形，先端渐尖；花梗中部具关节 ……… 5. **金荞麦 F. dibotrys**

1. 苦荞麦 图 815

Fagopyrum tataricum（Linn.）Gaertn. Fruct. Sem. 2: 182. t. 119. f. 6. 1791.

Polygonum tataricum Linn. Sp. Pl. 37. 1753.

一年生草本，高达70厘米。茎直立，分枝，一侧具乳头状突起。叶宽三角形，长2-7厘米，先端尖，基部心形或戟形，两面沿叶脉具乳头状突起，下部叶具长柄，上部叶具短柄，托叶鞘膜质，黄褐色，偏斜。花序总状，花稀疏；苞片卵形，长2-3毫米。花梗中部具关节；花被片椭圆形，白或淡红色，长约2毫米；雄蕊较花被短；花柱较短。瘦果长卵形，长5-6毫米，具3棱，上部棱锐，下部棱圆钝，具波状齿及3纵沟，突出于宿存花被之外。花

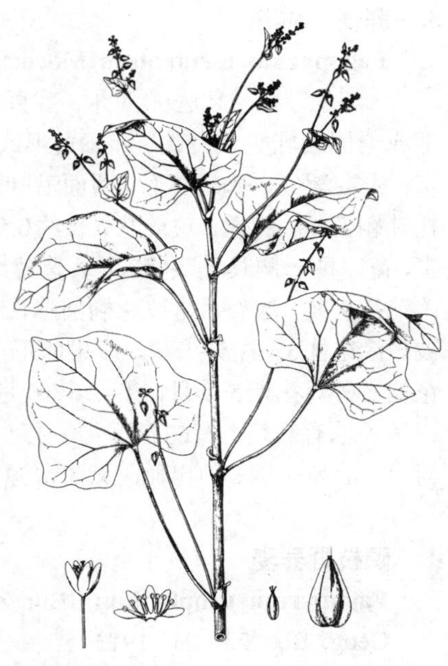

图 815 苦荞麦 （仿《中国北部植物图志》）

期6-9月，果期8-10月。

产河北、河南、山西、陕西、甘肃、新疆、青海、湖北、湖南、云南、贵州、四川及西藏，生于海拔300-3900米山坡、田边、路旁。亚洲、欧洲及美洲有分布。种子可食用或作饲料；根药用，可止痛、健脾。

2. 小野荞麦 图 816

Fagopyrum leptopodum (Diels) Hedb. in Svensk Bot. Tidskt. 40: 390. 1946.

Polygonum leptopodum Diels in Notes Roy. Bot. Gard. Edinb. 5: 260. 1912.

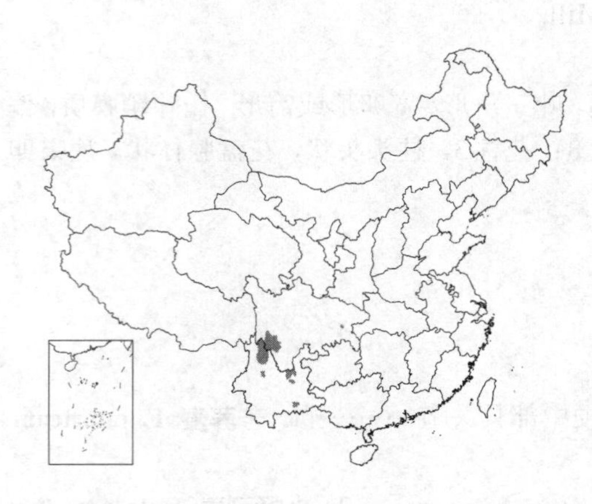

一年生草本，高达30厘米。茎直立，常基部分枝，近无毛。叶三角形或三角状卵形，长1.5-2.5厘米，宽1-1.5厘米，先端尖，基部箭形或近平截，上面粗糙，下面沿叶脉具乳头状突起；叶柄长1-1.5厘米，托叶鞘膜质，偏斜，顶端尖。花序穗状，常数个组成圆锥状；苞片膜质，偏斜；花梗细，顶部具关节，长约3毫米，较苞片长；花被5深裂，白或淡红色，花被片椭圆形，长1.5-2毫米；雄蕊8，较花被短；花柱3。瘦果卵形，平滑，具3锐棱，黄褐色，稍长于宿存花被。花期7-9月，果期8-10月。

产云南及四川，生于海拔1000-3300米山坡、山谷、草地、路边。

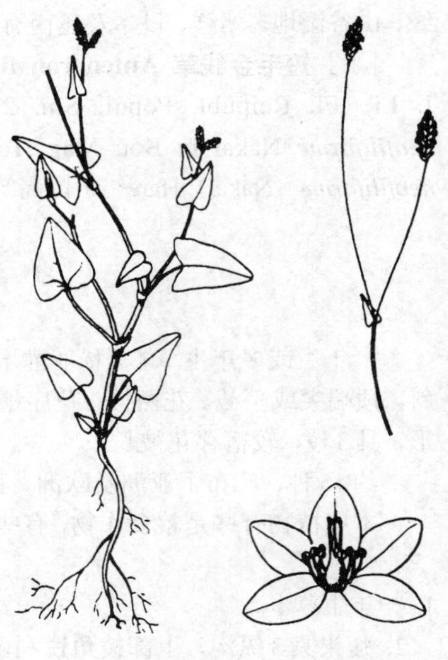

图 816 小野荞麦 （张春方绘）

3. 荞麦 甜荞 图 817 彩片 217

Fagopyrum esculentum Moench, Moth. Pl. 290. 1794.

一年生草本，高达90厘米。茎直立，上部分枝，绿或红色，具纵棱，无毛或一侧具乳头状突起。叶三角形或卵状三角形，长2.5-7厘米，宽2-5厘米，先端渐尖，基部心形，两面沿叶脉具乳头状突起；叶柄长0.5-6厘米，托叶鞘偏斜，膜质，短筒状，长约0.5毫米。花序总状或伞房状，顶生或腋生，花序梗一侧具乳头状突起；苞片绿色，长约2.5毫米。花梗较苞片长，无关节；花被5深裂，花被片椭圆形，红或白色，长3-4毫米；雄蕊8，较花被短；花柱3，柱头头状。瘦果卵形，具3锐棱，长5-6毫米，突出于宿存花被之外。花期5-9月，果期6-10月。

各地有栽培，有的已野化，生于田边荒地、沟边。种子供食用；全草药用，治高血压、肺出血；又为蜜源植物。

图 817 荞麦 （仿《中国北部植物图志》）

4. 硬枝野荞麦 图 818

Fagopyrum urophyllum (Bur. et Franch.) H. Gross in Bull. Acad. Geog. Bot. 23: 21. 1913.

Polygonum urophyllum Bur. et Franch. in Journ. de Bot. 5: 150. 1891.

亚灌木，高达90厘米。茎近直立，多分枝，老枝木质，红褐色。小枝绿色，具纵棱。叶箭形或卵状三角形，长2-8厘米，先端长渐尖或尾尖，

基部宽箭形，两侧裂片先端圆钝或尖，两面沿叶脉被柔毛；叶柄长2-5厘米，被柔毛，托叶鞘长4-6毫米。圆锥状花序顶生，长15-20厘米；苞片窄漏斗状，长2-2.5毫米。花梗细，长3-3.5毫米，近顶部具关节；花被片椭圆形，白色，长2-3毫米。瘦果宽卵形，具3锐棱，长3-4毫米，黑褐色，突出于宿存花被之外。花期7-9月，果期9-11月。

产甘肃南部、四川及云南，生于海拔900-1800米山坡林缘、山谷灌丛中。

图 818 硬枝野荞麦 （冯晋庸绘）

5. 金荞麦 图 819 彩片 218

Fagopyrum dibotrys (D. Don) Hara, Fl. East. Himal. 69. 1966.

Polygonum dibotrys D. Don, Prodr. Fl. Nepal. 73. 1825.

多年生草本，高达1米。茎直立，具纵棱，有时一侧沿棱被柔毛。叶三角形，长4-12厘米，先端渐尖，基部近戟形，两面被乳头状突起；叶柄长达10厘米，托叶鞘长0.5-1厘米，无缘毛。花序伞房状；苞片卵状披针形，长约3毫米。花梗与苞片近等长，中部具关节；花被片椭圆形，白色，长约2.5毫米；雄蕊较花被短；花柱3。瘦果宽卵形，具3锐棱，长6-8毫米，伸出宿存花被2-3倍。花期7-9月，果期8-10月。

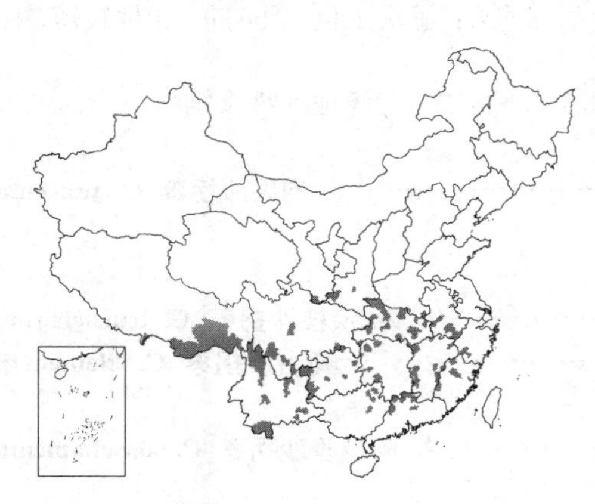

产甘肃、陕西、河南、安徽、江苏、浙江、福建、江西、湖北、湖南、广东、广西、贵州、云南、西藏及四川，生于海拔250-3200米山谷湿地、山坡灌丛中。印度、尼泊尔克什米尔地区、越南及泰国有分布。块根药用，可清热解毒、排脓去瘀。

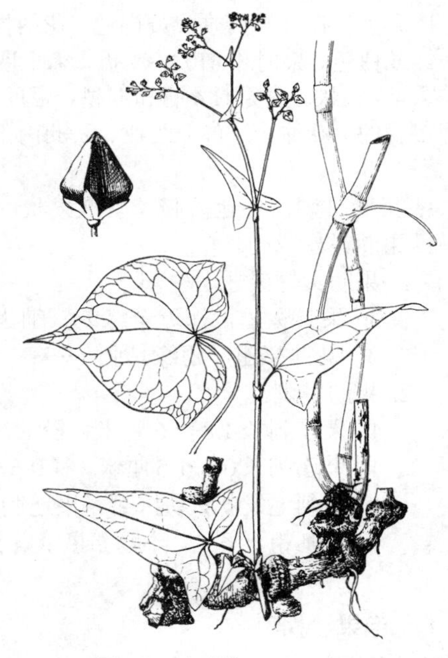

图 819 金荞麦 （张春方绘）

5. 翼蓼属 Pteroxygonum Damm. et Diels

多年生攀援草本。块根近球形，径达15厘米。茎不分枝，具细纵棱，无毛或疏被柔毛，长达3米。叶互生，常2-4簇生，叶三角状卵形，长4-7厘米，先端渐尖，基部宽心形或戟形，下面沿叶脉疏被柔毛，具缘毛；叶柄长3-7厘米，常基部弯曲，托叶鞘膜质，宽卵形，基部被柔毛，长4-6毫米。总状花序腋生，长2-5厘米，花序梗粗；苞片窄卵状披针形，长4-6毫米。花梗无毛，长5-8毫米，中下部具关节；花被5深裂，白或淡绿色，花被片椭圆形，长3.5-4毫米；雄蕊8，与花被近等长；花柱3，中下部连合，柱头头状。果序长10-15厘米；瘦果卵形，黑色，具3锐棱，沿棱具黄褐色膜质翅，基部具3个黑色角状附属物；果柄粗，长达2.5厘米，具3个下延窄翅。

特有单种属。

翼蓼 图820

Pteroxygonum giraldii Damm. et Diels in Engl. Bot. Jahrb. 36. Beibl. 82: 36. 1905.

形态特征同属。花期6-8月，果期7-9月。

产河北、河南、山西、陕西、甘肃、四川及湖北，生于海拔600-2000米山坡石缝中、山谷灌丛中。块根药用，可凉血、止血、祛湿、解毒。

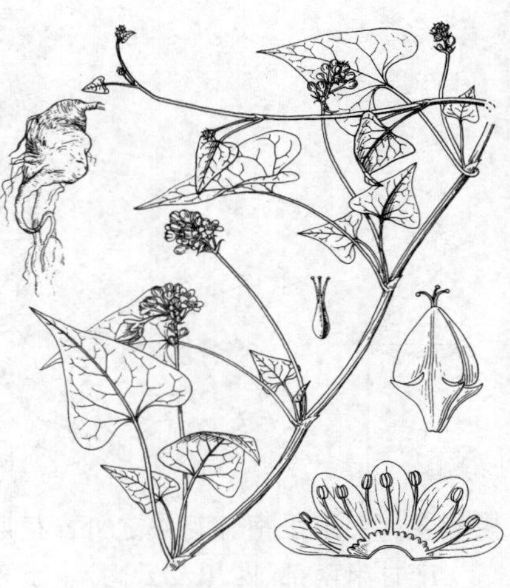

图 820 翼蓼 （仿《中国北部植物图志》）

6. 沙拐枣属 Calligonum Linn.

灌木。多分枝，老枝膝曲或近直立，小枝草质，绿或灰绿色，具关节。叶对生，线形或鳞片状，与托叶鞘连合，稀离生；托叶鞘膜质，黄褐色。花两性，单生或2-4朵腋生。花梗细，具关节；花被5深裂，花被片椭圆形，不等，红或白色，果时不增大，反折，稀平展；雄蕊12-18，花丝下部被毛，基部连合；子房上位，具4肋，花柱较短，柱头4，头状。瘦果具4肋和沟槽，沿肋具翅或刺。

约100种，分布于西亚、欧洲南部及北非。我国23种。多为固沙灌木；幼枝为荒漠地区牲畜饲料。

1. 果肋具刺，外包薄膜，呈泡果状 …………………………………… 1. 泡果沙拐枣 **C. junceum**
1. 果肋具翅或刺。
  2. 果肋具翅或翅上生刺。
    3. 果具宽翅，翅近全缘或具细齿 …………………………………… 2. 淡枝沙拐枣 **C. leucocladum**
    3. 果具窄翅，翅缘具刺 …………………………………… 3. 奇台沙拐枣 **C. klementzii**
  2. 果肋具刺。
    4. 果连刺长1.8-2.6厘米，径1.7-2.5厘米；植株高达3米 ………………… 4. 阿拉善沙拐枣 **C. alaschanicum**
    4. 果连刺长0.8-1.5厘米，径0.6-1.4厘米；植株高不及1.5米。
      5. 刺毛发状，易折断；果连刺长0.8-1.3厘米，径0.6-1厘米 ……………… 5. 沙拐枣 **C. mongolicum**
      5. 刺粗，坚硬，不易折断；果连刺长0.8-1.5厘米，径0.7-1.4厘米 ……… 6. 塔里木沙拐枣 **C. roborovskii**

1. 泡果沙拐枣 图821

Calligonum junceum (Fisch. et Mey.) Litv. Herb. Fl. Ross. 49. n(2418. 1913.

Calliphysa juncea Fisch. et Mey. Ind. Sem. Horti Petrop. 2: 24. 1835.

灌木，高达1米。多分枝，老枝呈"之"字形膝曲，黄灰或淡褐色；幼枝灰绿色，具关节。叶线形，长3-6毫米；托叶鞘膜质，淡黄色。花簇生叶腋。花梗长3-5毫米，中下

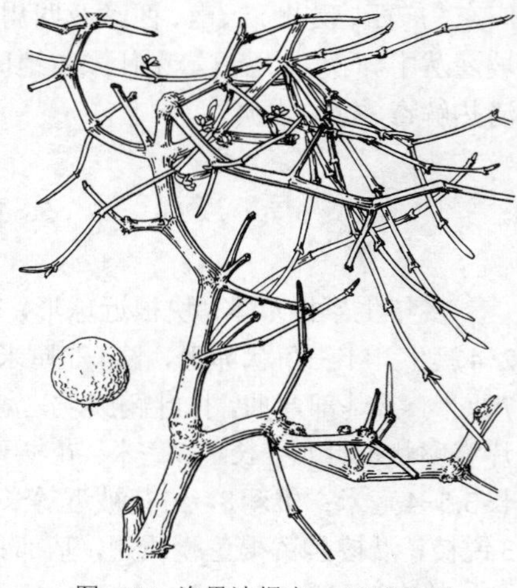

图 821 泡果沙拐枣 （冯晋庸绘）

部具关节；花被片宽卵形，白色，背部绿色。瘦果椭圆形，不扭转，肋较宽，每肋具3行刺，刺密，柔软，外包薄膜呈泡果状，近球形或宽椭圆形，长0.9-1.2厘米，径0.7-1厘米，黄褐或红褐色。花期4-6月，果期5-7月。

产新疆，生于海拔300-800米洪积扇砾石荒漠。蒙古及哈萨克斯坦有分布。植株被流沙埋没后能生出不定根及不定芽，继续生长。

2. 淡枝沙拐枣 图 822

Calligonum leucocladum (Schrenk) Bunge in Mém. Acad. Sci. St. Pétersb. Sav. Etr. 7: 485. 1851.

Pterococcus leucocladus Schrenk in Bull. Phys.-Math. Acad. Sci. St. Pétrob. 3: 211. 1845.

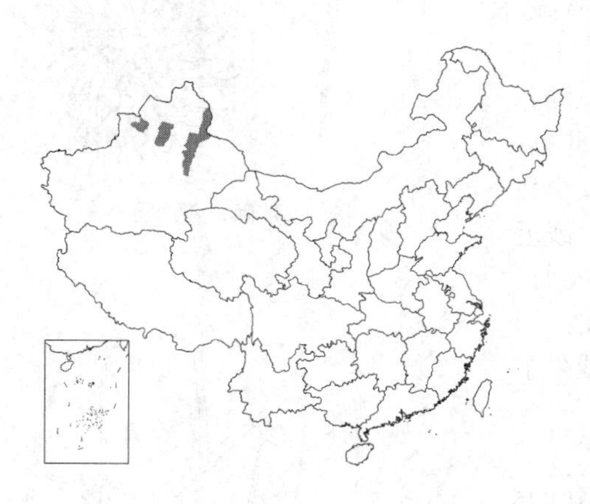

灌木，高达1.5米。多分枝，枝开展；老枝黄灰或灰色，膝曲；当年生枝灰绿色，纤细，节间长1-3厘米。叶线形，长2-5毫米，易脱落。花2-4朵簇生叶腋。花梗长2-4毫米，中下部具关节。瘦果窄椭圆形，不扭转或微扭转，具4肋，每肋具2宽翅，翅近膜质，淡黄或黄褐色，具细脉纹，近全缘、微缺或具细齿；果连翅宽椭圆形，长1.2-1.8厘米，径1-1.5厘米。花期4-5月，果期5-6月。

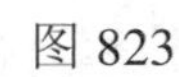

产新疆天山北部，生于海拔500-1200米固定沙丘、半固定沙丘或沙地。哈萨克斯坦有分布。水平根系发达，能有效吸收短暂地表水。

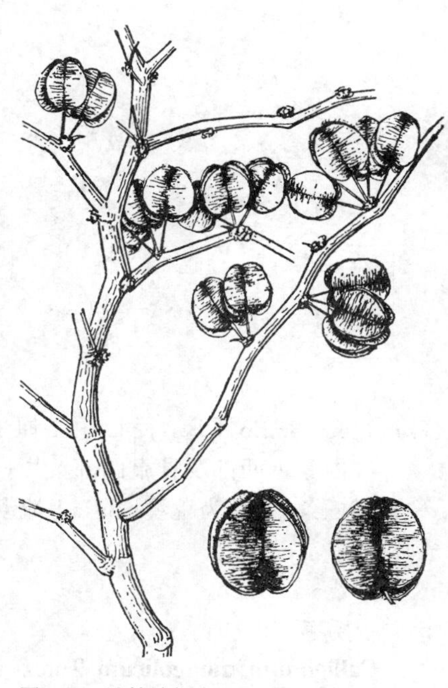

图 822 淡枝沙拐枣 （仿《中国沙漠植物志》）

3. 奇台沙拐枣 图823

Calligonum klementzii A. Los. in Bull. Jard. Bot. Prin. URSS 26(6): 596. f. 1. 1927.

灌木，高达1.5米。茎多分枝，老枝黄灰或灰色，多膝曲；小枝灰绿色，节间长1-3厘米。叶线形，长2-6毫米。花1-3朵腋生。花梗长2-4毫米；花被片深红色，宽椭圆形，果时反折。瘦果长圆形，微扭转，肋不突出，肋间沟槽不明显，背部具窄翅；翅近革质，宽2-3毫米，脉纹突出，具不规则缺裂，翅缘具刺，质硬，扁平，等长或稍长于瘦果，为翅宽的2.5-3.5倍，二至三回叉状分枝，末枝短而细，果连翅宽卵形，黄褐色，长1-2厘米，径1.5-2厘米。花期5-6月，果期6-7月。

产新疆及甘肃，生于海拔500-700米固定沙丘。

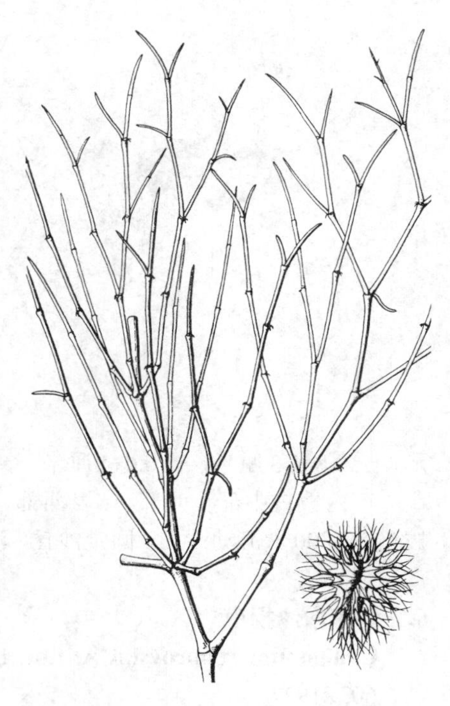

图 823 奇台沙拐枣 （姚 军绘）

4.　阿拉善沙拐枣　　　　图 824

Calligonum alaschanicum A. Los. in Bull. Jard. Bot. Prin. URSS 26 (6)：600. 1927.

灌木，高达3米。老枝灰或黄灰色；小枝灰绿色。花梗细，长2-3毫米；花被片宽卵形或近球形。瘦果长卵形，向左或向右扭转，果肋凸起，具沟槽，每肋具2-3行刺，刺较长，稠密或稀疏，长于瘦果宽度约2倍，中部或中下部呈叉状二至三回分叉，顶枝开展，交织或伸直，基部微扁稍宽，分离或少数稍连合，果连翅宽卵形或近球形，长1.8-2.6厘米，径1.7-2.5厘米，黄褐色。花期6-7月，果期7-8月。

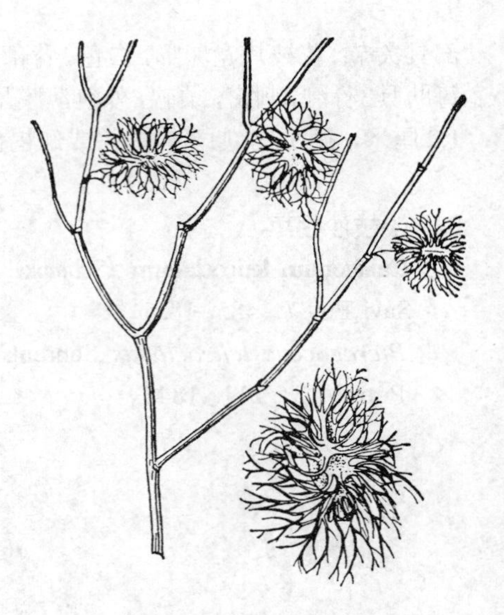

图 824 阿拉善沙拐枣
（仿《中国沙漠植物志》）

产内蒙古西部及甘肃西部，生于海拔500-1500米流动沙丘、沙地。用种子或插条繁殖，为荒漠地区、半流动沙丘的固沙树种。嫩枝供骆驼或牛羊饲料。

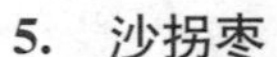

5.　沙拐枣　　　　图 825

Calligonum mongolicum Turcz. in Bull. Soc. Nat. Mosc. 5: 204. 1832.

小灌木，高达1.5米。老枝灰白或淡黄色，膝曲；一年生小枝草质，灰绿色，具关节，节间长0.6-3厘米。叶线形，长2-4毫米。花2-3朵簇生叶腋，花梗细，长1-2毫米，下部具关节；花被片卵圆形，白或淡红色，长约2毫米，果时水平开展。瘦果不扭转或扭转，椭圆形，果肋稍突起，沟槽明显，每肋具2-3行刺，稠密或较稀疏，刺二至三回叉状分枝，毛发状，质脆，易折断，较密或稀疏；瘦果连刺宽椭圆形，稀近球形，长0.8-1.3厘米，径0.6-1厘米，黄褐色。花期5-7月，果期6-8月。

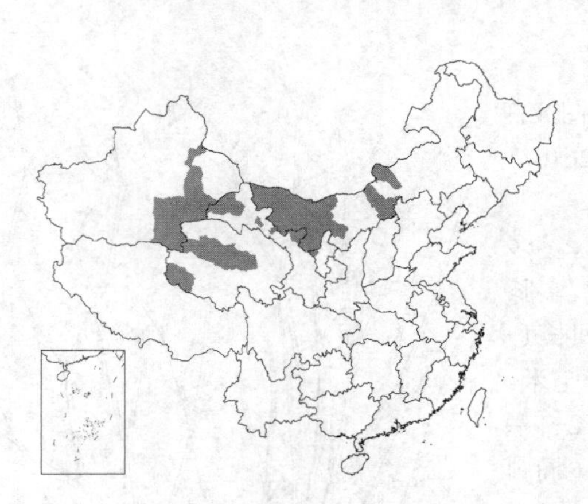

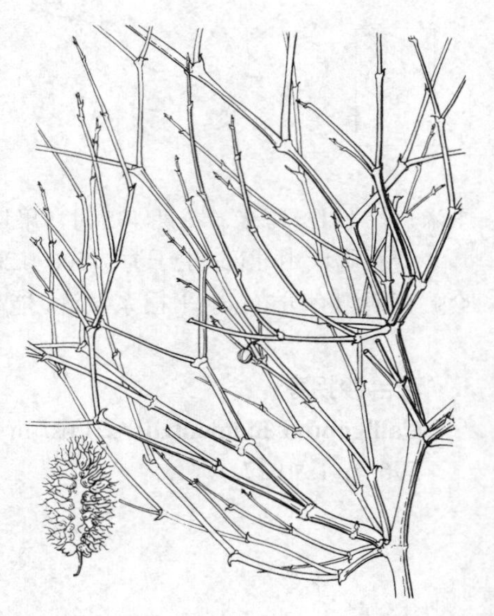

图 825 沙拐枣　（引自《图鉴》）

产内蒙古中部及西部、宁夏西部、甘肃西部、新疆东部及青海，生于海拔500-1800米流动沙丘、固定沙丘、沙、砾质荒漠。蒙古有分布。

6.　塔里木沙拐枣　　　　图 826 彩片 219

Calligonum roborovskii A. Los. in Bull. Jard. Bot. Prin URSS 26(6)：603. 1927.

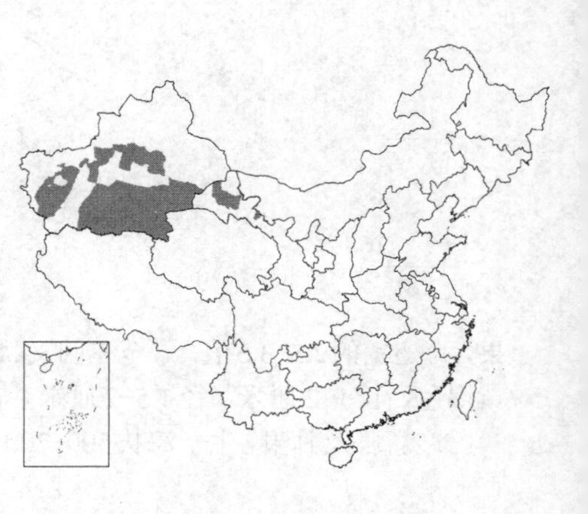

小灌木，高0.3-0.8（-1.5）米。老枝灰白或淡灰色；小枝淡绿色，具关

节，节间长1-3厘米。叶退化，鳞片状，长约1毫米。花1-2朵，生于叶腋。花梗长约2毫米，近基部具关节；花被片宽椭圆形，淡红或白色，果时反折。瘦果长卵形，扭转，果肋突起，每肋具2行刺，刺较密或较稀疏，刺粗，坚硬，稍长于瘦果宽度，基部扩大，分离或少数稍连合，中部或中上部二至三回叉状分枝，末叉短，刺状；果连翅宽卵形或椭圆形，长0.8-1.5厘米，宽0.7-1.4厘米，黄或黄褐色。花期5-6月，果期6-7月。

产甘肃西部、新疆，生于海拔900-1500米洪积扇、沙砾质荒漠、干河谷。为优良固沙树种。

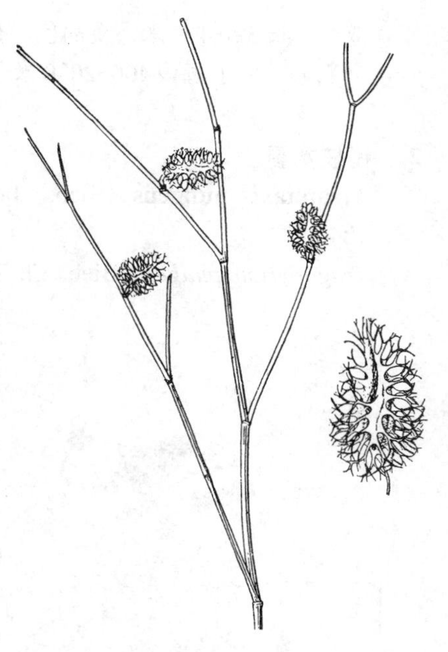
图 826 塔里木沙拐枣
（引自《中国沙漠植物志》）

7. 木蓼属 Atraphaxis Linn.

灌木；多分枝，枝顶端具刺或无刺。叶互生，稀簇生，革质；具短柄或近无柄，托叶鞘膜质，基部褐色，上部白色，2裂。花序总状，顶生或侧生。花两性；花被片（4）5，花瓣状，内花被片（2）3，果时增大，直立，包果，外花被片2，果时反折或平展；雄蕊6-8，花丝下部宽，基部连成环状；花柱2-3，离生或下部连合，柱头头状。瘦果具3棱或扁平，双凸，包于宿存草质花被内。

约25种，分布于北非、中亚及欧洲西南部。我国11种，1变种。

1. 老枝顶端刺状，无叶。
  2. 花被片4；叶圆形、椭圆形，稀倒卵形，长3-8毫米 ………………………… 1. 刺木蓼 A. spinosa
  2. 花被片5；叶宽椭圆形、圆形或倒卵形，长1-2厘米 ………………………… 2. 锐枝木蓼 A. pungens
1. 老枝顶端具叶，不成刺状。
  3. 叶蓝绿或灰绿色；花梗中下部具关节 ………………………… 3. 木蓼 A. frutescens
  3. 叶绿或黄绿色；花梗中上部具关节。
    4. 叶倒披针形或线形，宽0.3-0.8（1.2）厘米 ………………………… 4. 东北木蓼 A. manshurica
    4. 叶宽椭圆形或近圆形，宽1-2.5厘米 ………………………… 5. 沙木蓼 A. bracteata

1. 刺木蓼　图 827

Atraphaxis spinosa Linn. Sp. Pl. 333. 1753.

灌木，高达70厘米；多分枝。老枝灰褐色，顶端刺状；小枝顶端无叶，无毛。叶圆形、椭圆形或宽卵形，稀倒卵形，长3-8毫米，宽3-5毫米，先端圆钝，具短尖，基部楔形或近圆，两面无毛，下面灰绿或蓝绿色；叶柄较短，托叶鞘基部褐色，上部白色，顶端具2尖齿。花序短总状，生于当年生枝上部。花梗长6-8毫米，中下部具关节；花被片4，淡红色，内花被片2，果时增大，圆心形，长4-5毫米，宽5-6毫米，外花被片2，长圆形，果时反折。瘦果宽卵形，扁

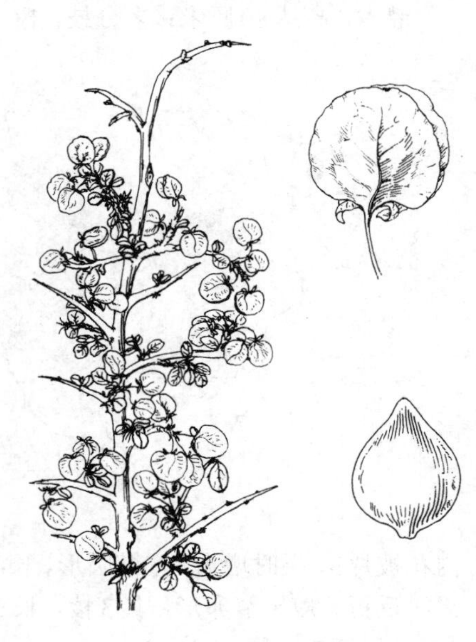
图 827 刺木蓼　（张桂芝绘）

平，双凸，长3.5-4毫米，淡褐色，有光泽。花期5-8月，果期8-9月。

产新疆，生于海拔400-2000米干旱山坡、砾石戈壁、沙地。伊朗、阿富汗、高加索、哈萨克斯坦、俄罗斯西南部及蒙古西部有分布。

2. 锐枝木蓼 图 828

Atraphaxis pungens (Bieb.) Jaub. et Spach, Ill. Pl. Orient. 2: 14. 1844.

Tragopyrum pungens Bieb. Fl. Taur.-Cauc. 3: 285. 1819.

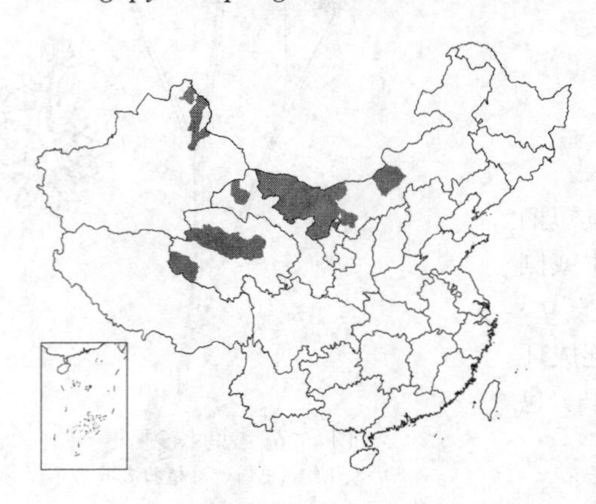

灌木，高达80厘米；多分枝，树皮灰褐色，条状剥裂。老枝顶端无叶，成刺状。叶宽椭圆形或倒卵形，蓝绿色，长1-2厘米，宽0.5-1厘米，先端圆钝，有时具短尖或微凹，基部宽楔形或近圆，近全缘，无毛，叶脉明显；叶柄长3-4毫米，基部具关节。总状花序侧生。花梗细，长6-8毫米，中上部具关节；花被片5，淡红或绿白色，内花被片3，果时增大，圆心形，长5-6毫米，宽6-7毫米，网脉明显，外花被片2，宽椭圆形，果时反折。瘦果宽卵形，具3棱，顶端尖，长2.5-3毫米，黑褐色，有光泽。花期5-8月。

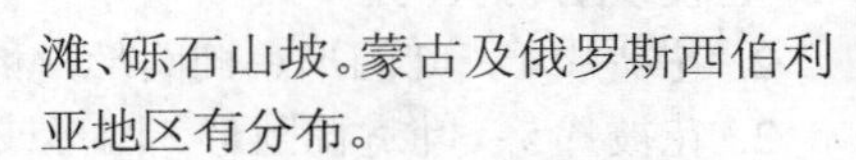

图 828 锐枝木蓼 （张桂芝绘）

产内蒙古、甘肃、宁夏、新疆及青海，生于海拔500-3400米河谷、漫滩、砾石山坡。蒙古及俄罗斯西伯利亚地区有分布。

3. 木蓼 图 829

Atraphaxis frutescens (Linn.) Ewersm. Reise von Orenb. nach Buchara 115. 1823.

Polygonum frutescens Linn. Sp. Pl. 359. 1753.

灌木，高达80厘米；多分枝，树皮灰褐色。老枝顶端无刺。叶窄披针形、披针形、椭圆形或倒卵形，蓝绿或灰绿色，长1-2厘米，宽0.3-1厘米，先端渐尖，具短尖，基部渐窄成短柄，具关节，近全缘，微外卷，无毛，下面叶脉明显；托叶鞘筒状，膜质，长3-4毫米，下部褐色，上部白色，顶端具2尖齿。总状花序顶生，长4-6（10）厘米，花稀疏。花梗长5-8毫米，中下部具关节；花被片5，淡红色，边缘白色，内花被片3，果时增大，宽椭圆形，长4-6毫米，具网脉，外花被片卵圆形，果时反折。瘦果窄卵形，具3棱，长3-4毫米，黑褐色，有光泽。花期5-6月，果期7-8月。

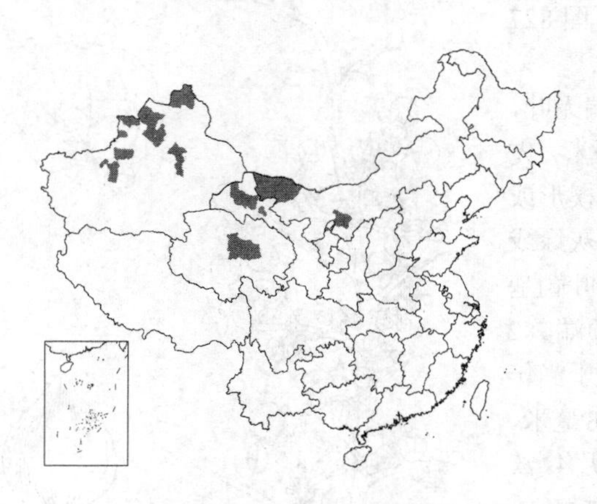

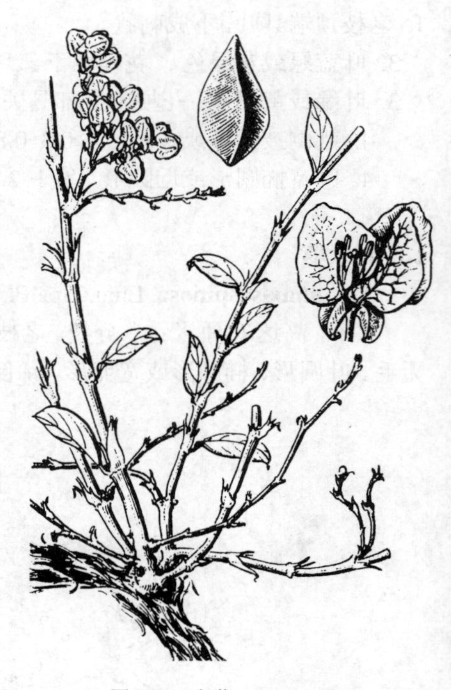

图 829 木蓼 （马 平绘）

产内蒙古、甘肃、宁夏、新疆及青海，生于海拔500-3000米砾石山坡、戈壁滩及河谷。俄罗斯及哈萨克斯坦有分布。

4. 东北木蓼 图 830

Atraphaxis manshurica Kitag. in Rep. First. Sci. Exped. Mansh. 4 (4): 75. 1936.

灌木，高约1米；上部多分枝，树皮灰褐色，条状剥落。叶倒披针形或线形，长2-4厘米，宽0.3-0.8(1.2)厘米，先端尖，基部渐窄，全缘，绿色，无毛；近无柄，基部具关节，托叶鞘膜质，基部褐色，上部白色，2裂。总状花序顶生，有时数个组成圆锥状。花梗中上部具关节；花被片5，淡红色，内花被片3，果时增大，椭圆形或宽椭圆形，长4-5毫米，外花被片2，椭圆形，果时反折。瘦果窄卵形，具3棱，顶端尖，基部宽楔形，长4-5毫米，暗褐色，微有光泽。花期7-8月，果期8-9月。

图 830 东北木蓼 （张桂芝绘）

产内蒙古、吉林、辽宁、河北、陕西、宁夏及甘肃，生于海拔1200-1400米固定沙地、干旱山坡。

5. 沙木蓼 图 831

Atraphaxis bracteata A. Los. in Bull. Jard. Bot. Prin. URSS 26(1): 43. 1927.

灌木，高达1.5米；多分枝，枝条开展，树皮褐色，条状剥裂。叶宽椭圆形或近圆形，长1.5-3厘米，宽1-2.5厘米，先端圆钝或尖，基部宽楔形，边缘波状，黄绿色，无毛，叶脉明显；叶柄长1.5-3毫米，基部具关节，托叶鞘膜质，基部褐色，上部白色，2裂。总状花序顶生，长2.5-6厘米。花梗长4-6毫米，中上部具关节；花被片5，淡红色，内花被片3，果时增大，肾状圆形，长5-6毫米，宽6-7毫米，网脉明显，外花被片2，肾状圆形，较小，果时平展。瘦果卵形，具3棱，长4-5毫米，黑褐色，微有光泽。花期6-7月，果期7-8月。

图 831 沙木蓼 （马 平绘）

产内蒙古、陕西、甘肃、宁夏及青海，生于海拔1000-1500米流动沙丘间低地、半固定沙地。蒙古有分布。

8. 翅果蓼属 **Parapteropyrum** A. J. Li

小灌木，高达50厘米；树皮暗紫褐色，浅纵裂。多分枝，枝与小枝坚硬，密被倒生硬毛，顶端刺状。叶簇生，叶卵状长圆形或长圆形，长4-6毫米，宽2-3毫米，近革质，先端钝，基部浅心形或近戟形，全缘；叶柄长1-2毫米，托叶鞘膜质，偏斜，长约3毫米。总状花序顶生，长1-2厘米；苞片卵形，先端尖。花梗细，中部具关节；花被5深裂，花被片椭圆形，外2片较小，果时反折，内3片较大，果时增大，紧贴果实；雄蕊8，3枚生于花盘顶部，5枚生于花被基部；花柱3，柱头头状。瘦果宽卵形，具3棱，沿棱具翅，近圆形，径4-5毫米；果柄长4-5毫米。

我国特有单种属。

翅果蓼　　图832 彩片220

Parapteropyrum tibeticum A. J. Li in Acta Phytotax. Sin. 19(3): 330. t. 9. 1981.

形态特征同属。花期7-8月，果期8-9月。

产西藏东南部，生于海拔3000-3400米河谷阶地、山坡灌丛中。

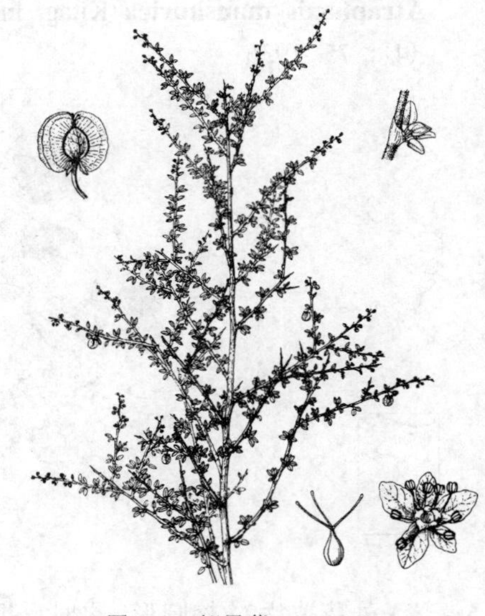

图 832 翅果蓼 (冯晋庸绘)

9. 山蓼属 Oxyria Hill

多年生草本。根茎粗壮。茎直立，少分枝。花两性或单性雌雄异株；花序圆锥状。花被片4，2轮，果时内2片增大，直立，外2片反折；雄蕊6，花丝短，花药长圆形；子房侧扁，花柱2，柱头画笔状，外弯。瘦果卵形，扁平，双凸，边缘具翅。

2种，分布于亚洲、欧洲及北美高山地区。我国2种。

山蓼　肾叶山蓼　　图833 彩片221

Oxyria digyna (Linn.) Hill, Hort. Kew. 158. 1769.

Rumex digyna Linn. Sp. Pl. 337. 1753.

多年生草本，高达20厘米。根茎径0.5-1厘米。茎直立，单生或数个自根茎生出，无毛，具细纵沟。无茎生叶，稀具1-2小叶。基生叶肾形或圆肾形，长1.5-3厘米，宽2-5厘米，先端圆钝，基部宽心形，近全缘，上面无毛，下面沿叶脉疏被硬毛；叶柄无毛，长达12厘米，托叶鞘短筒状，膜质，偏斜。花两性；圆锥状花序，分枝稀疏，无毛；苞片膜质，每苞内具2-5花。花梗细长，中下部具关节；花被片4，果时内2片增大，倒卵形，长2-2.5毫米，紧贴果实，外2片反折；雄蕊6，花丝钻状，花药长圆形。瘦果卵形，扁平，双凸，长2.5-3毫米，两侧具膜质翅，连翅近圆形，顶端凹

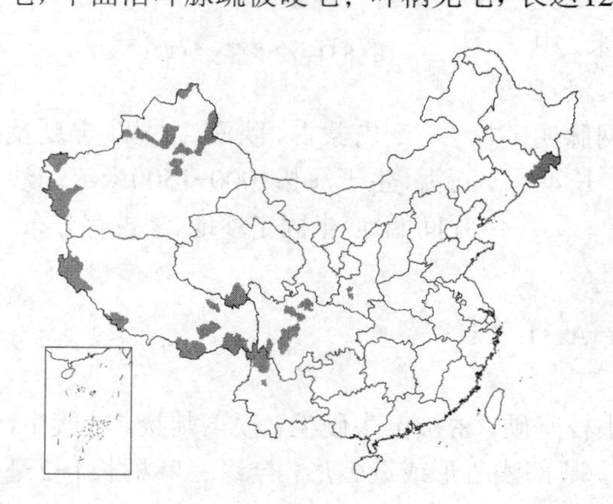

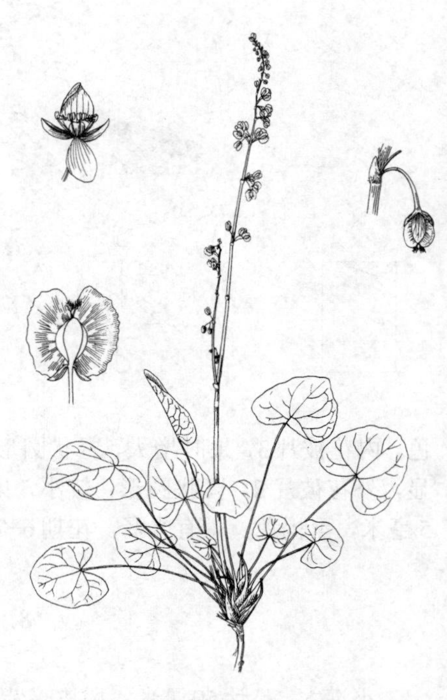

图 833 山蓼 (仲世奇绘)

下，基部心形，径4-6毫米，翅较宽，膜质，淡红色，具小齿。花期6-7月，果期8-9月。

产新疆、青海、西藏、云南、四川、陕西及吉林，生于海拔1700-4900米山坡、山谷砾石滩。俄罗斯西伯利亚、巴基斯坦、土耳其、印度、尼泊尔、不丹、欧洲、北美及格棱兰有分布。

10. 酸模属 Rumex Linn.

一年生或多年生草本，稀灌木。根常粗壮，有时具根茎。茎直立，具沟槽。叶基生及茎生，茎生叶互生，全缘或波状；托叶鞘膜质，易开裂而早落。花两性，有时杂性，稀单性，雌雄异株；圆锥状花序，多花簇生成轮。花梗具关节；花被片6，2轮，宿存，外3片果时不增大，内3片果时增大，全缘，具齿或针刺，背部具小瘤或无小瘤；雄蕊6，花药基着；花柱3，柱头画笔状。瘦果具3锐棱，包于内花被片内。

约150种，分布于世界各地，主产北温带。我国26种，2变种。

1. 灌木；花杂性 ………………………………………… 1. **戟叶酸模 R. hastatus**
1. 草本；花单性或两性。
  2. 多年生草本。
    3. 花单性，雌雄异株；基生叶戟形或箭形。
      4. 基生叶戟形；根茎横走；内花被片果时不增大或稍增大，无小瘤 ……………… 2. **小酸模 R. acetosella**
      4. 基生叶箭形；无根茎；内花被片果时增大，基部具小瘤。
        5. 根为须根 ………………………………………… 3. **酸模 R. acetosa**
        5. 根为直根 ………………………………………… 3(附). **直根酸模 R. thyrsiflorus**
    3. 花两性；基生叶非戟形或箭形。
      6. 内花被片果时无小瘤。
        7. 基生叶近卵形，基部深心形、宽楔形或近圆。
          8. 基生叶钝三角状卵形，基部深心形；内花被片果时椭圆状卵形，先端钝，基部圆 ……………………………………………… 4. **毛脉酸模 R. gmelinii**
          8. 基生叶长圆状卵形或卵形；内花被片果时卵形，先端尖，基部近平截 ……………………………………………… 4(附). **水生酸模 R. aquaticus**
        7. 基生叶披针状，基部楔形或圆。
          9. 基生叶长圆状披针形或宽披针形，宽5-10厘米；内花被片果时圆肾形或圆心形 ……………………………………………… 5. **长叶酸模 R. longifolius**
          9. 基生叶披针形或窄披针形，宽1.5-4厘米；内花被片果时近圆形或圆心形 ……………………………………………… 5(附). **披针叶酸模 R. pseudonatronatus**
      6. 内花被片果时一部或全部具小瘤。
        10. 内花被片果时近全缘。
          11. 基生叶披针形或窄披针形，边缘皱波状；内花被片果时宽卵形，基部近平截，常全部具小瘤 ……………………………………………… 6. **皱叶酸模 R. crispus**
          11. 基生叶长圆形或长圆状披针形，边缘波状；内花被片果时宽心形，基部深心形，一部或全部具小瘤 ……………………………………………… 7. **巴天酸模 R. patientia**
        10. 内花被片果时边缘具齿或刺状齿。
          12. 内花被片果时全部具小瘤，边缘具齿。
            13. 基生叶披针形或窄披针形，宽1.5-4厘米，基部楔形；内花被片果时三角形，基部平截，边缘具小齿 ……………………………………………… 8. **狭叶酸模 R. stenophyllus**
            13. 基生叶长圆形或披针状长圆形，宽3-10厘米，基部圆或心形；内花被片果时宽心形或三角状心形，基部心形或近心形，具不整齐小齿或刺状齿。
              14. 内花被片果时宽心形，先端渐尖，基部心形，具不整齐小齿，齿长 0.3-0.5毫米 ……………

……… 9. 羊蹄 **R. japonicus**

14. 内花被片果时三角状心形，先端尖，基部近心形，具刺状齿，齿长1-1.5毫米 ……………………………………………………………………………………………………… 10. 网果酸模 **R. chalepensis**

12. 内花被片果时一部或全部具小瘤，具刺状齿。

15. 内花被片果时宽卵形，宽4-5毫米（不包括刺状齿），刺状齿长2-3毫米，顶端钩状 ……………………………………………………………………………………………… 11. 尼泊尔酸模 **R. nepalensis**

15. 内花被片果时窄三角状卵形，宽2-3毫米（不包括刺状齿），刺状齿长0.8-1.5毫米，顶端钝 ……………………………………………………………………………………………… 12. 钝叶酸模 **R. obtusifolius**

2. 一年生草本。

16. 内花被片果时一部或全部具小瘤；仅1片边缘具长刺。

17. 内花被片果时仅1片具小瘤，其每侧具2-3长刺，余2片具短刺状齿 …………………………………………………………………………………… 13. 单瘤酸模 **R. marschallianus**

17. 内花被片果时全部具小瘤，仅1片每侧具2长刺，余2片具小齿 ……… 14. 黑龙江酸模 **R. amurensis**

16. 内花被片果时全部具小瘤，具刺状齿或针刺。

18. 内花被片果时三角状卵形，宽2-2.5毫米（不包括刺状齿），具刺状齿 ……… 15. 齿果酸模 **R. dentatus**

18. 内花被片果时窄三角状卵形，宽1.5-2毫米（不包括针刺），具针刺。

19. 内花被片果时每侧具1针刺；针刺长3-4毫米 ……………………………… 16. 长刺酸模 **R. trisetifer**

19. 内花被片果时每侧具2-4针刺；刺长2-2.5毫米 ……………………………… 17. 刺酸模 **R. maritimus**

1. 戟叶酸模

图834 彩片222

Rumex hastatus D. Don, Prodr. Fl. Nepal. 74. 1825.

灌木，高达90厘米。老枝暗紫褐色，具沟槽；小枝草质，绿色，无毛。叶互生或簇生，戟形，近革质，长1.5-3厘米，宽1.5-3毫米，中裂片线形，先端尖，两侧裂片向上弯曲；叶柄与叶片近等长或较叶长，托叶鞘膜质，易开裂。花杂性；圆锥状花序顶生，分枝稀疏。花梗细，中下部具关节；花被片6，2轮，雄花具6雄蕊；雌花外花被片椭圆形，果时反折；内花被片果时增大，圆形或肾状圆形，膜质，半透明，淡红色，先端圆钝或微凹，基部深心形，近全缘，基部具小瘤。瘦果卵形，具3棱，长约2毫米，有光泽。花期4-5月，果期5-6月。

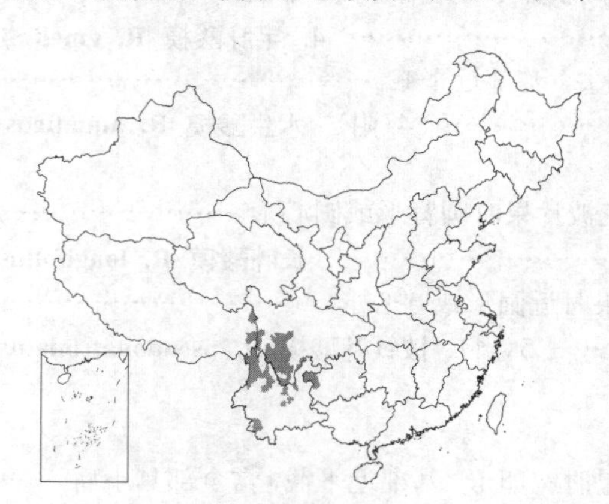

产云南、贵州西部、四川及西藏东部，生于海拔600-3200米阳坡、沙质荒坡。印度、尼泊尔、巴基斯坦及阿富汗有分布。

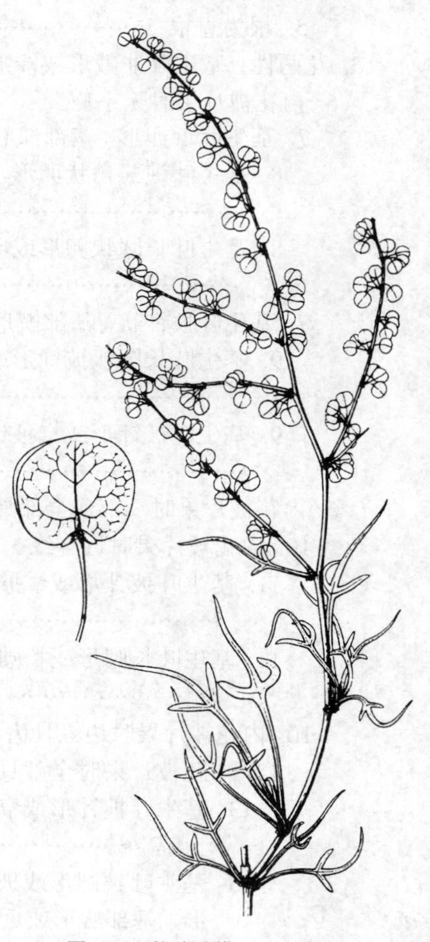

图 834 戟叶酸模 （吴彰桦绘）

2. 小酸模

图835

Rumex acetosella Linn. Sp. Pl. 338. 1753.

多年生草本，高达35厘米。根茎横走。茎数条自根茎生出，常中上部分枝。基生叶戟形，中裂片线状披针形或披针形，长2-4厘米，宽3-6（10）

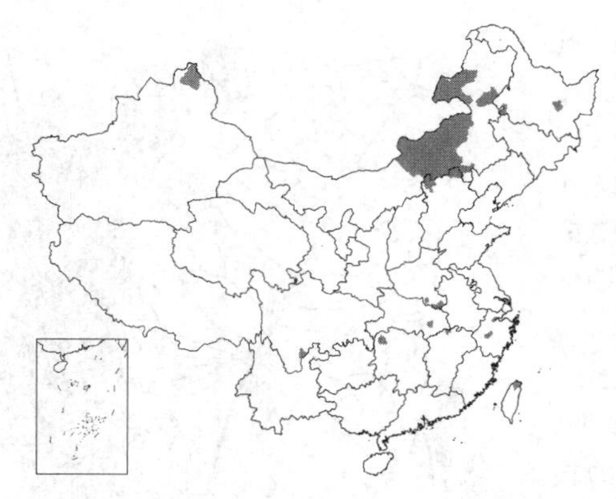

毫米，先端尖，基部两侧裂片伸展或向上弯曲，叶柄长2–5厘米；茎上部叶叶柄较短或近无柄。花单性，雌雄异株；圆锥状花序顶生。花梗长2–2.5毫米，无关节；雄花内花被片椭圆形，长约1.5毫米，外花被片披针形；雄蕊6；雌花内花被片果时不增大或稍增大，卵形，长1.5–1.8毫米，无小瘤，外花被片披针形，长约1毫米，果时不反折。瘦果卵形，具3棱，长1–1.5毫米。花期6–7月，果期7–8月。

产黑龙江、内蒙古、河北、河南、新疆、山东、浙江、台湾、江西、湖北、湖南及四川，生于海拔400–3200米山区。朝鲜、日本、蒙古、高加索、哈萨克斯坦、俄罗斯及北美有分布。

图 835 小酸模 （吴彰桦绘）

3. 酸模 图 836

Rumex acetosa Linn. Sp. Pl. 337. 1753.

多年生草本，高达80厘米。根为须根。基生叶及茎下部叶箭形，长3–12厘米，先端尖或圆钝，基部裂片尖，全缘或微波状，叶柄长5–12厘米；茎上部叶较小，具短柄或近无柄。花单性，雌雄异株；窄圆锥状花序顶生。花梗中部具关节；雄花外花被片椭圆形，内花被片宽椭圆形，长2.5–3毫米；雌花外花被片椭圆形，果时反折，内花被片果时增大，近圆形，径达4毫米，基部心形，网脉明显，基部具小瘤。瘦果椭圆形，具3锐棱，长约2毫米。花期5–7月，果期6–8月。

产黑龙江、吉林、辽宁、内蒙古、河北、河南、山西、陕西、甘肃、宁夏、新疆、青海、山东、江苏、安徽、浙江、福建、台湾、江西、湖北、湖南、广东、广西、云南、贵州、四川及西藏，生于海拔400–4100米山坡、林下、沟边。日本、朝鲜、俄罗斯、高加索、哈萨克斯坦、欧洲及美洲有分布。全草药用，治皮肤病；茎叶味酸，可食。

图 836 酸模 （冯晋庸绘）

［附］**直根酸模 Rumex thyrsiflorus** Fingerh. in Linneae 4: 380. 1829. 本种与酸模的区别：具直根。产黑龙江、吉林及新疆，生于海拔500–2200米山区。哈萨克斯坦、俄罗斯及欧洲有分布。

4. 毛脉酸模 图 837

Rumex gmelinii Turcz. ex Ledeb. Fl. Ross. 3(2): 508. 1851.

多年生草本，高达1米。茎粗壮，无毛。基生叶钝三角状卵形，长8–25厘米，先端圆钝，基部深心形，下面沿叶脉密被乳头状突起，全缘或微波状，叶柄长达30厘米；茎生叶长圆状卵形，基部心形，叶柄较叶短，托叶鞘膜质，易开裂。花两性；花序圆锥状，常具叶。花梗细，基部具关节；外花被片长圆形，长约2毫米，内花被片果时增大，椭圆状卵形，长5-6毫米，先端钝，基部圆，无小瘤。瘦果卵形，具3棱，长2.5-3毫米。花期5-6月，果期6-7月。

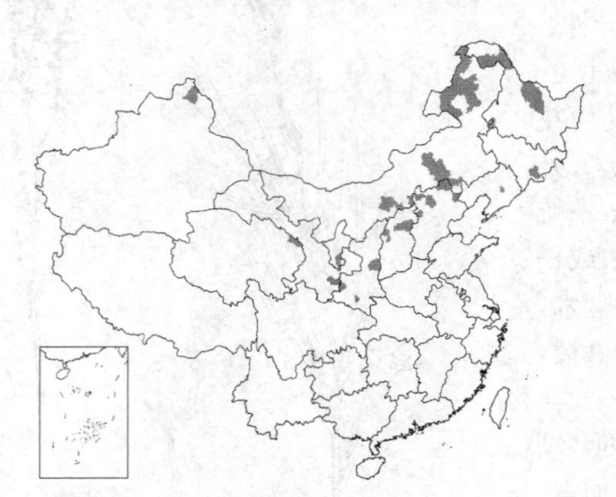

产黑龙江、吉林、辽宁、内蒙古、河北、山西、陕西、甘肃、青海及新疆，生于海拔400-2800米水边、山谷、湿地。朝鲜、日本、蒙古、俄罗斯西伯利亚及远东地区有分布。

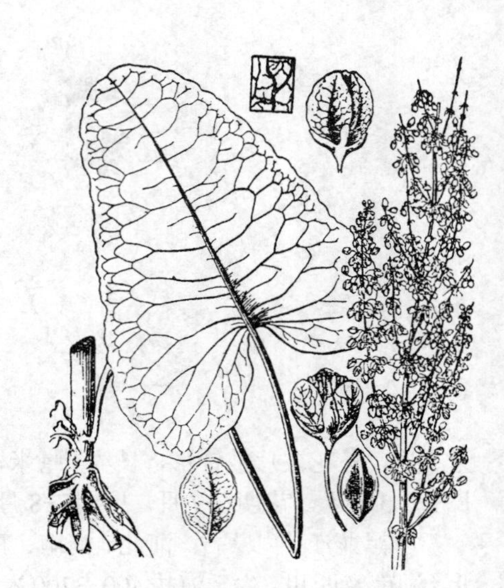

图 837 毛脉酸模 （引自《东北草本植物志》）

［附］**水生酸模 Rumex aquaticus** Linn. Sp. Pl. 336. 1753. 本种与毛脉酸模的区别：基生叶长圆状卵形或卵形；花梗中下部具关节，内花被片果时增大，卵形，长5-8毫米，宽4-6毫米，先端尖，基部近平截。产黑龙江、吉林、山西、陕西、甘肃、宁夏、新疆及青海，生于海拔200-3600米山谷、沟边、草地。日本、蒙古、高加索、哈萨克斯坦、俄罗斯及欧洲有分布。

5. 长叶酸模 图 838

Rumex longifolius DC. in Lam. et DC. Fl. Franc. 5: 368. 1815.

多年生草本，高达1.2米。基生叶长圆状披针形或宽披针形，长20-35厘米，先端尖，基部宽楔形或近圆，边缘微波状，下面沿叶脉被乳头状突起；茎生叶披针形，先端尖，基部楔形；叶柄短。花两性；花序圆锥状，多花轮生。花梗纤细，中下部具关节，关节果时增大；花被片6，外花被片披针形，内花被片果时增大，圆肾形或圆心形，长5-6毫米，先端圆钝，基部心形，全缘，无小瘤。瘦果窄卵形，具3锐棱，长2-3毫米。花期6-7月，果期7-8月。

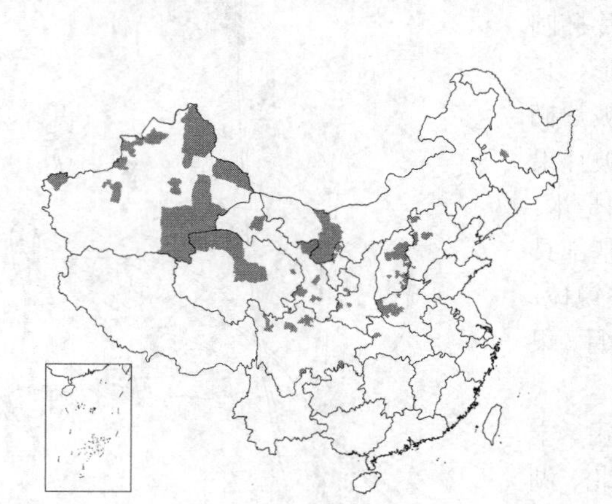

产黑龙江、吉林、辽宁、内蒙古、河北、河南、山西、陕西、甘肃、宁夏、新疆、青海、四川、湖北及山东，生于海拔50-3000米山区、水边。日本、俄罗斯、欧洲及北美有分布。

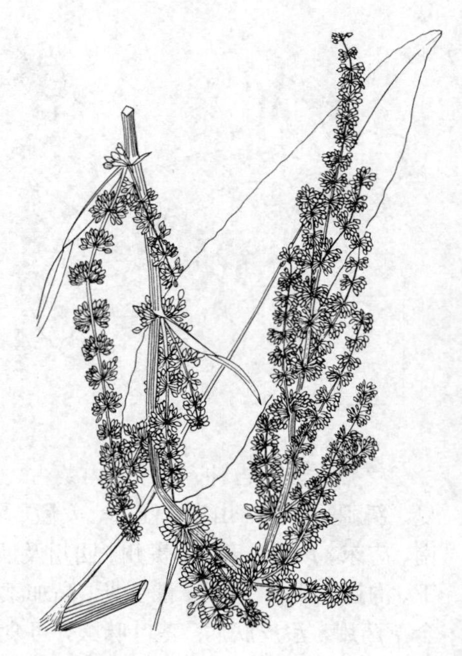

图 838 长叶酸模 （孙英宝绘）

［附］**披针叶酸模 Rumex pseudonatronatus** (Borb.) Borb. ex Murb. in Bot. Not. 1899: 16. 1899. —— *Rumex domesticus* Hortm. var. *pseudonatronatus* Borb. in Ertek. Term. Koreb. Magyar Tud. Akod. 1(18): 21. 1880. 本种与长叶酸酸模的区别：基生叶披针形或窄披针形，宽1.5-4厘米；内花被片果时近圆形或圆心形，长3.5-4.5毫米。产黑龙江、吉林、河北、陕西、甘肃、新疆及青海，生于海拔300-3200米山坡、林缘、草地。蒙古、高加索、哈萨克斯坦、俄罗斯及欧洲有分布。

6. **皱叶酸模** 图 839

Rumex crispus Linn. Sp. Pl. 335. 1753.

多年生草本，高达1米。茎常不分枝，无毛。基生叶披针形或窄披针形，长10-25厘米，宽2-5厘米，先端尖，基部楔形，边缘皱波状，无毛，叶柄稍短于片；茎生叶窄披针形，具短柄。花两性；花序窄圆锥状，分枝近直立。花梗细，中下部具关节；外花被片椭圆形，长约1毫米；内花被片果时增大，宽卵形，长4-5毫米，基部近平截，近全缘，全部具小瘤，稀1片具小瘤，小瘤卵形，长1.5-2毫米。瘦果卵形，具3锐棱。花期5-6月，果期6-7月。

产黑龙江、吉林、辽宁、内蒙古、河北、河南、山西、陕西、甘肃、宁夏、新疆、青海、山东、浙江、台湾、湖北、湖南、贵州、云南及四川，生于海拔30-2500米山区。高加索、哈萨克斯坦、俄罗斯西伯利亚及远东地区、蒙古、朝鲜、日本、欧洲及北美有分布。根药用，可清热、杀虫。

图 839 皱叶酸模 (仿《中国北部植物图志》)

7. **巴山酸模** 图 840 彩片 223

Rumex patientia Linn. Sp. Pl. 333. 1753.

多年生草本，高达1.5米。基生叶长圆形或长圆状披针形，长15-30厘米，宽5-10厘米，先端尖，基部圆或近心形，边缘波状，叶柄粗，长5-15厘米；茎上部叶披针形，具短柄或近无柄，托叶鞘筒状。花两性；圆锥状花序顶生。花梗细，中下部具关节；外花被片长圆形，长约1.5毫米；内花被片果时增大，宽心形，长6-7毫米，先端圆钝，基部深心形，近全缘，全部或一部具小瘤，小瘤长卵形。瘦果卵形，长2.5-3毫米。具3锐棱。花期5-6月，果期6-7月。

产黑龙江、吉林、辽宁、内蒙古、河北、河南、山西、陕西、甘肃、宁夏、新疆、青海、西藏、四川、贵州、湖南、湖北及山东，生于海拔40-4000米沟边、山谷。高加索、哈萨克斯坦、俄罗斯、蒙古及欧洲有分布。根含鞣质，可提取栲胶。

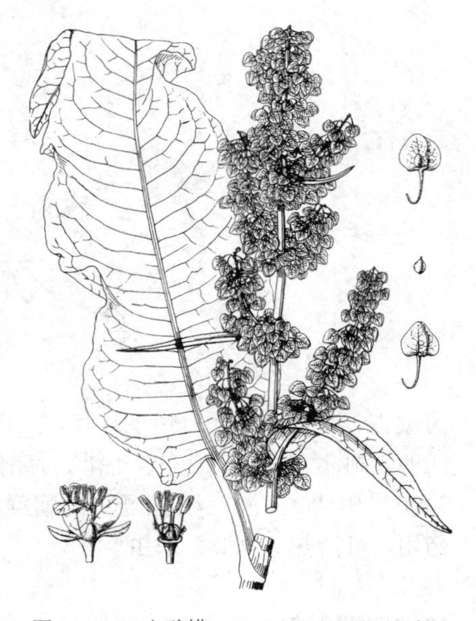

图 840 巴山酸模 (仿《中国北部植物图志》)

8. **狭叶酸模** 图 841

Rumex stenophyllus Ledeb. Fl. Alt. 2: 58. 1830.

多年生草本，高达80厘米。根径达1厘米。茎常上部分枝。基生叶披针形或窄披针形，长10-18厘米，宽1.5-4厘米，先端尖，基部楔形，边缘皱波状，叶柄较叶短；基生叶披针形或线状披针形，叶柄短或近无柄，托叶鞘膜质，易开裂。花两性；多花轮生，密集，圆锥状花序。花梗细，下部具关节；外花被片长圆形，内花被片果

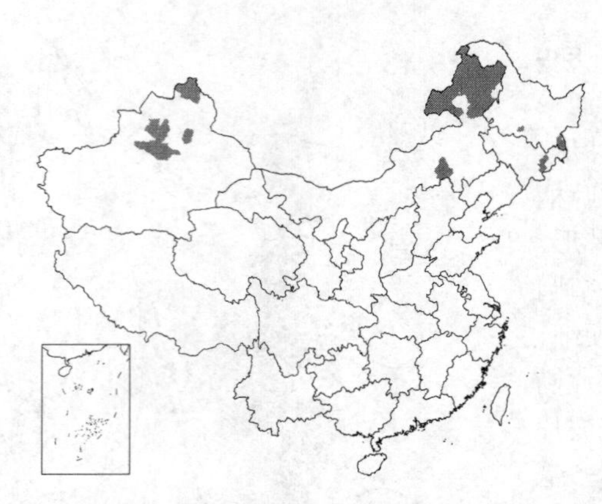

时增大，三角形，长3-4毫米，宽约4毫米，基部平截，具小齿，齿长0.5-1毫米，全部具长卵形小瘤。瘦果椭圆形，长约3毫米，顶端尖，基部窄，具3锐棱。花期5-6月，果期6-8月。

产黑龙江、吉林、内蒙古及新疆，生于海拔200-1100米田边、湿地、沟边。蒙古、哈萨克斯坦、高加索、俄罗斯及欧洲有分布。

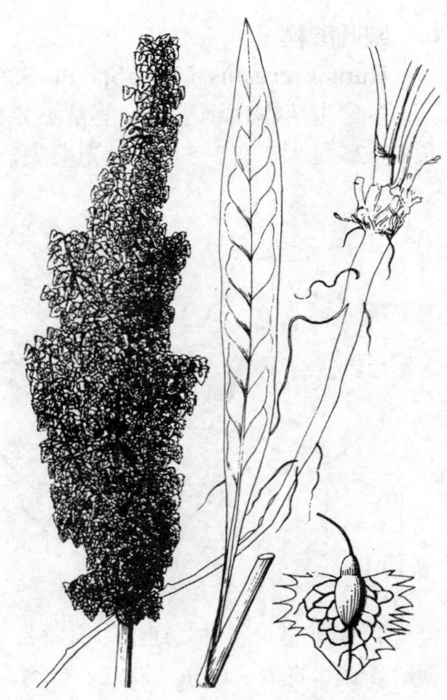

图 841 狭叶酸模 （谭丽霞绘）

9. 羊蹄 图 842 彩片 224

Rumex japonicus Houtt. in Nat. Hist. 2(8): 394. 1777.

多年生草本，高达1米。基生叶长圆形或披针状长圆形，长8-25厘米，基部圆或心形，边缘微波状，叶柄长4-12厘米；茎上部叶窄长圆形，叶柄较短；托叶鞘膜质，易开裂，早落。花两性；多花轮生，花序圆锥状。花梗细长，中下部具关节，外花被片椭圆形，长1.5-2毫米，内花被片果时增大，宽心形，长4-5毫米，先端渐尖，基部心形，具不整齐小齿，齿长0.3-0.5毫米，具长卵形小瘤；瘦果宽卵形，具3锐棱，长约2.5毫米。花期5-6月，果期6-7月。

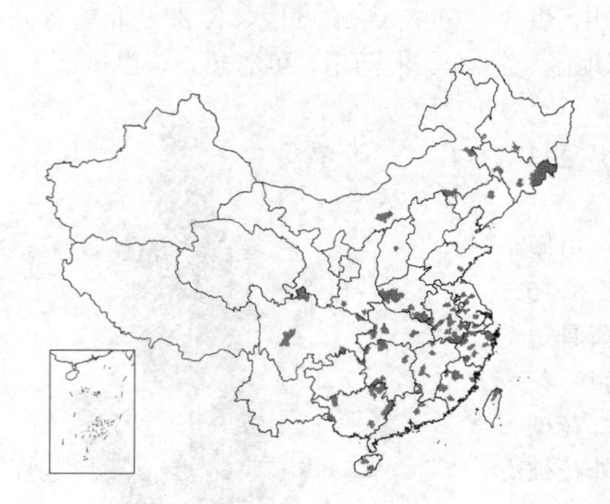

产黑龙江、吉林、辽宁、内蒙古、河北、山西、陕西、河南、山东、江苏、安徽、浙江、福建、台湾、江西、湖北、湖南、广东、香港、海南、广西、贵州及四川，生于海拔30-3400米田边、河滩、沟边、湿地。朝鲜、日本及俄罗斯远东地区有分布。根药用，可清热、润肠、杀虫。

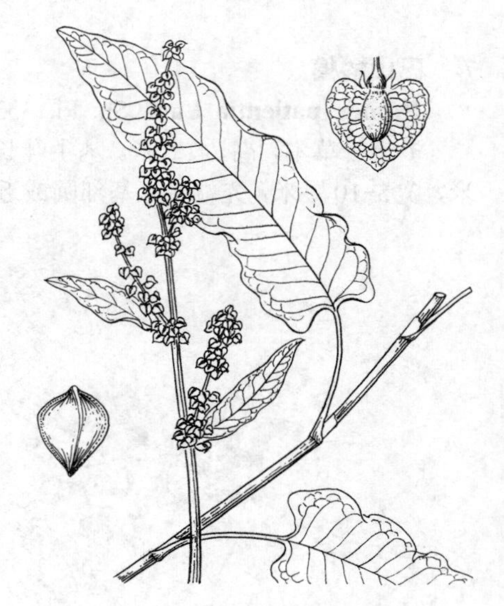

图 842 羊蹄 （张春方绘）

10. 网果酸模 图 843

Rumex chalepensis Mill. Gard. Dict. ed. 2. 8: 11. 1768.

多年生草本，高达60厘米。基生叶长圆形，长5-20厘米，宽3-8厘米，先端圆钝或尖，基部圆或近心形，边缘稍波状，无毛，下面中脉突起，叶柄长2-4厘米；茎生叶较小，叶柄较短；托叶鞘膜质，易开裂，脱落。花两性；花序圆锥状，花簇具多花，轮状排列。花梗中下部具关节；花被片6，2轮，外花被片椭圆形，内花被片果时增大，三角状卵形，长5-6毫米，先端尖，基部近心形，网纹明显，边缘具刺状齿，齿长1-1.5毫米，全部具小瘤，小瘤长圆形，长约2毫米。瘦果椭圆形，具3锐棱，长2.5-3毫米。花期4-5月，果期5-6月。

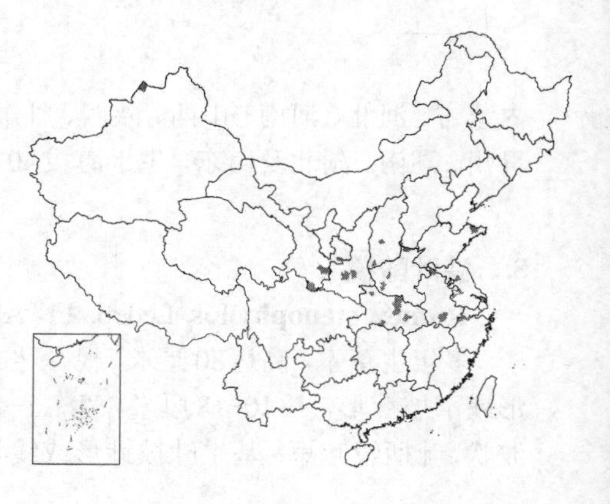

产新疆、甘肃、陕西、山西、河南、河北、山东、江苏、安徽、湖北及浙江，生于海拔60-1500米沟边、湿地。伊拉克、伊朗、阿富汗、巴基斯坦、吉尔吉斯坦及克什米尔地区有分布。

图 843 网果酸模 （引自《湖北植物志》）

11. 尼泊尔酸模 图 844 彩片 225

Rumex nepalensis Spreng. Syst. Veg. 2: 159. 1825.

多年生草本，高达1米。基生叶长圆状卵形，长10-15厘米，先端尖，基部心形，全缘，无毛，下面沿叶脉具小突起；茎生叶卵状披针形，叶柄长3-10厘米，托叶鞘易开裂。花两性；花序圆锥状。花梗中下部具关节；外花被片椭圆形，长约1.5毫米，内花被片果时增大，宽卵形，长5-6毫米，宽4-5毫米，基部平截，每侧具7-8刺状齿，齿长2-3毫米，顶端钩状，一部或全部具小瘤。瘦果卵形，具3锐棱，长约3毫米。花期4-5月，果期6-7月。

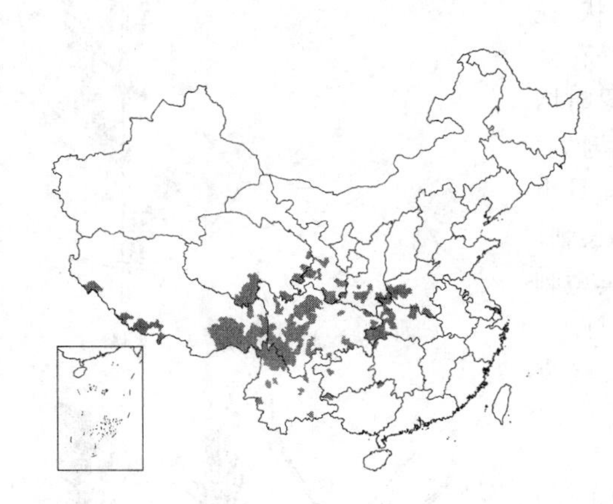

产河南、陕西南部、甘肃南部、青海西南部、西藏、四川、湖北、湖南、广西、云南及贵州，生于海拔1000-4300米山坡、路边、山谷、湿地。伊朗、阿富汗、印度、巴基斯坦、尼泊尔、缅甸、越南及印度尼西亚有分布。全草药用，可清热解毒，治便结。

图 844 尼泊尔酸模 （吴彰桦绘）

12. 钝叶酸模 图 845

Rumex obtusifolius Linn. Sp. Pl. 335. 1753.

多年生草本，高达1.2米。根径达1.5厘米。茎无毛。基生叶长圆状卵形或长圆形，长15-30厘米，先端圆钝或稍尖，基部心形，边缘微波状，下面疏被小突起，叶柄长6-12厘米；茎生叶长卵形，叶柄较短；托叶鞘膜质，易开裂，脱落。花两性；花密集轮生，花序圆锥状。花梗细，中下部具关节；外花被片窄长圆形，长约1.5毫米，内花被片果时增大，窄三角状卵形，基部平截，长4-6毫米，宽2-3毫米（不包括刺状齿），每侧具2-3刺状齿，齿长0.8-1.5毫米，常1片具小瘤。瘦果卵形，具3锐棱，长约2.5毫米。花期5-6月，果期6-7月。

产甘肃、陕西、河北、山东、江苏、安徽、浙江、江西、湖北、湖南及四川，生于海拔50-1100米田边、沟边、湿地。日本、欧洲、非洲有分布。

13. 单瘤酸模 图 846

Rumex marschallianus Reichb. Icon. Pl. Crit. 4: 56. 1826.

一年生草本，高达30（-50）厘米。茎基部分枝。茎下部叶披针形或椭圆状披针形，长1.5-5厘米，宽0.7-1.5厘米，先端尖，基部楔形或圆，边缘皱波状，上部叶较小，叶柄长1-1.5厘米。花两性；多花轮生，总状花序具叶，数个组成圆锥状。花梗细，基部具关节；外花被片椭圆形，内花被片果时增大，卵状三角形，先端渐尖，基部圆，仅1片具小瘤，具小瘤的花被片每侧具2-3长刺，刺长4-5毫米，余2片具短刺状齿。瘦果椭圆形，长约1毫米，具3锐棱。花期6-7月，果期7-8月。

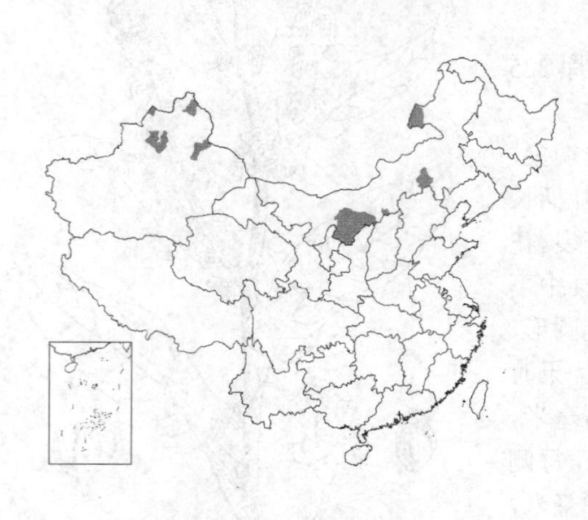

产内蒙古及新疆，生于海拔300-1000米河边、荒地湿处。蒙古、乌克兰、哈萨克斯坦及俄罗斯有分布。

图 845 钝叶酸模 （吴彰桦绘）

14. 黑龙江酸模 图 847

Rumex amurensis F. Schm. ex Mexim. Fl. Amur. 228. 1859.

一年生草本，高达30厘米。茎基部分枝。茎下部叶倒披针形或窄长圆形，长2-7厘米，宽0.3-1.2厘米，基部窄楔形，无毛，边缘微波状；茎上部叶线状披针形，叶柄长1-2.5厘米，托叶鞘膜质，易开裂而脱落。花两性；多花轮生叶腋，总状花序具叶，数个组成圆锥状；上部花较密。花梗基部具关节；外花被片椭圆形，较小，内花被片果时增大，三角状卵形，全部具小瘤，其中1片具2针刺，针刺顶部直伸或微弯，长3-4毫米，余2片每侧具2小齿。瘦果椭圆形，具3锐棱，两端尖，长约1.5毫米。花期5-6月，果期6-7月。

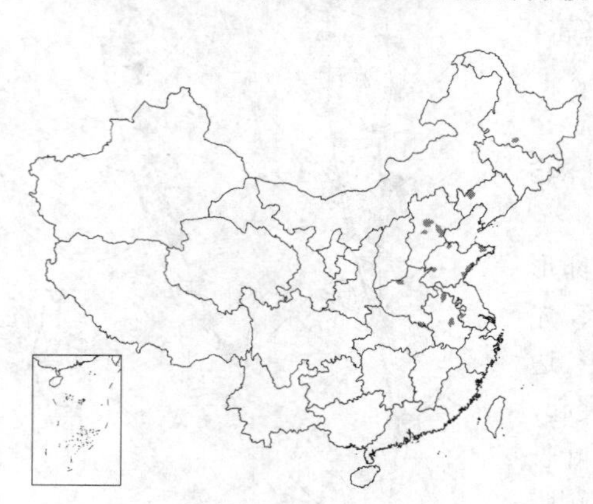

产黑龙江、吉林、辽宁、河北、河南、山东、江苏、安徽及湖北，生于海拔30-300米沟边、河流及湖泊沿岸。俄罗斯远东地区有分布。

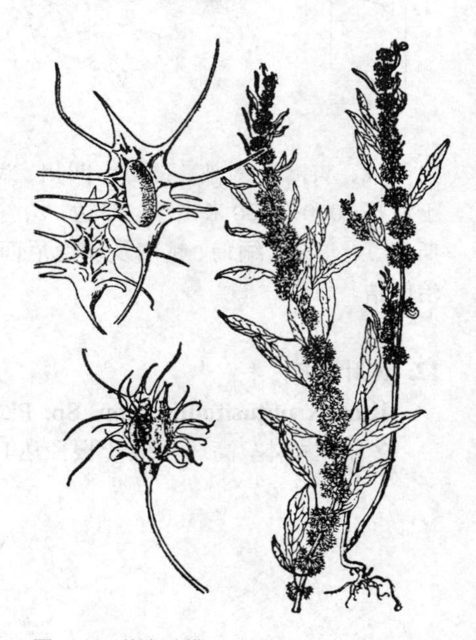

图 846 单瘤酸模 （引自《东北草本植物志》）

15. 齿果酸模 图 848

Rumex dentatus Linn. Mant. Pl. 2: 226. 1771.

一年生草本，高达70厘米。茎下部叶长圆形或长椭圆形，长4-12厘米，基部圆或近心形，边缘浅波状；茎生叶较小，叶柄长1.5-5厘米。花两性，黄绿色；花簇轮生，花序总状，顶生及腋生，数个组成圆锥状。花梗中下部

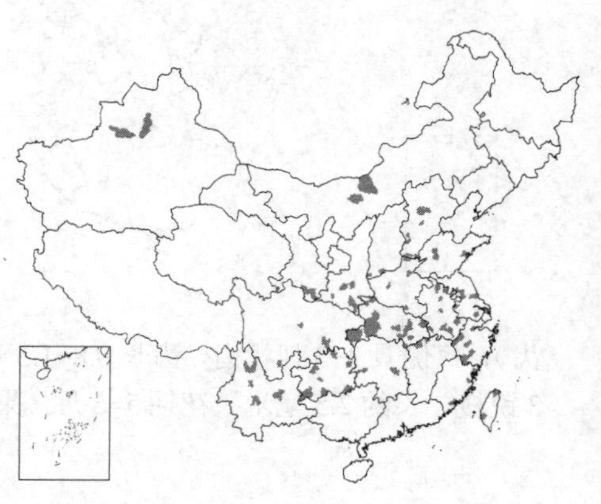

具关节；外花被片椭圆形，长约2毫米，内花被片果时增大，三角状卵形，长3.5-4毫米，宽2-2.5毫米，基部近圆，具小瘤。小瘤长1.5-2毫米，每侧具2-4刺状齿，齿长1.5-2毫米。瘦果卵形，具3锐棱，长2-2.5毫米。花期5-6月，果期6-7月。

产新疆、甘肃、陕西、山西、河南、河北、山东、江苏、安徽、浙江、福建、台湾、江西、湖北、湖南、云南、贵州及四川，生于海拔30-2500米沟边、湿地、山坡。印度、尼泊尔、阿富汗、哈萨克斯坦及欧洲有分布。

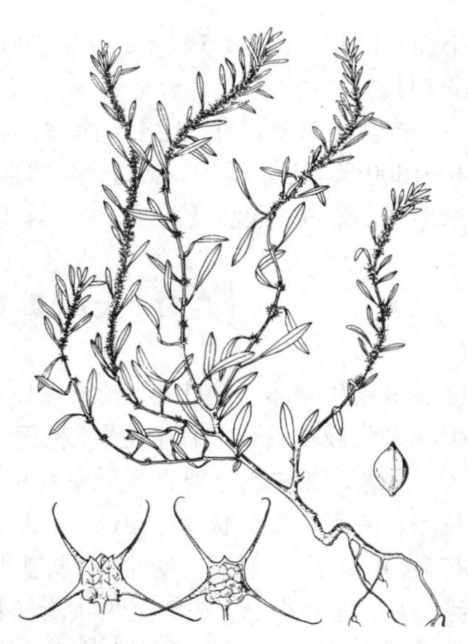

图 847 黑龙江酸模 （引自《山东植物志》）

16. 长刺酸模 图 849

Rumex trisetifer Stokes in Bot. Mat. Med. 2: 305. 1814.

一年生草本，高达80厘米。茎分枝开展。茎下部叶长圆形或披针状长圆形，长8-20厘米，基部楔形，边缘波状；茎上部叶较小，窄披针形，叶柄长1-5厘米，托叶鞘膜质，易脱落。花两性；多花轮生，上部较密，下部稀疏，总状花序顶生及腋生，具叶，组成圆锥状。花梗细长，近基部具关节；花被片黄绿色，外花被片披针形，较小，内花被片果时增大，窄三角状卵形，长3-4毫米，宽1.5-2毫米（不包括翅），基部平截，全部具小瘤，每侧具1针刺，针刺长3-4毫米，直伸或微弯。瘦果椭圆形，具3锐棱，长1.5-2毫米。花期5-6月，果期6-7月。

产陕西、河南、山东、江苏、安徽、浙江、福建、台湾、江西、湖北、湖南、广东、香港、海南、广西、云南、贵州及四川，生于海拔30-1300米田边、湿地、山坡、草地、溪边。越南、老挝、泰国、孟加拉及印度有分布。

图 848 齿果酸模 （仿《中国北部植物图志》）

17. 刺酸模 图 850

Rumex maritimus Linn. Sp. Pl. 335. 1753.

一年生草本，高达50厘米。茎中下部分枝。茎下部叶披针形或披针状长圆形，长4-15（20）厘米，宽1-3（4）厘米，先端尖，基部窄楔形，边缘微波状，叶柄长1-2.5厘米；茎上部叶较小，近无柄，托叶鞘膜质，早落。花两性；多花轮生；圆锥状花序，具叶。花梗基部具关节；外花被片椭圆形，长约2毫米，内花被片果时增大，窄三角状卵形，长2.5-3毫米，宽约1.5毫米，每侧具2-4针刺，针刺长2-2.5毫米，全部具小瘤，

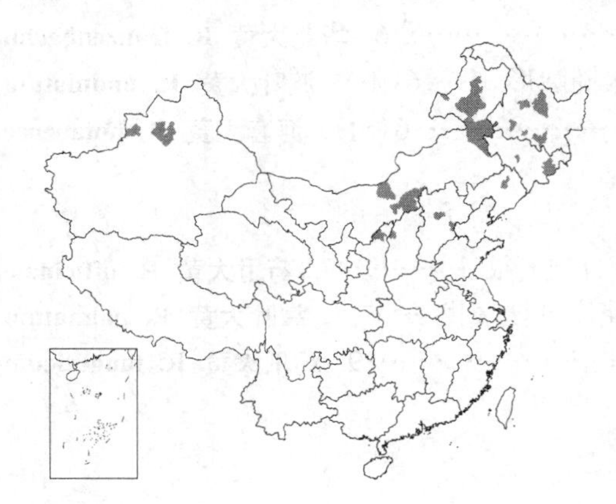

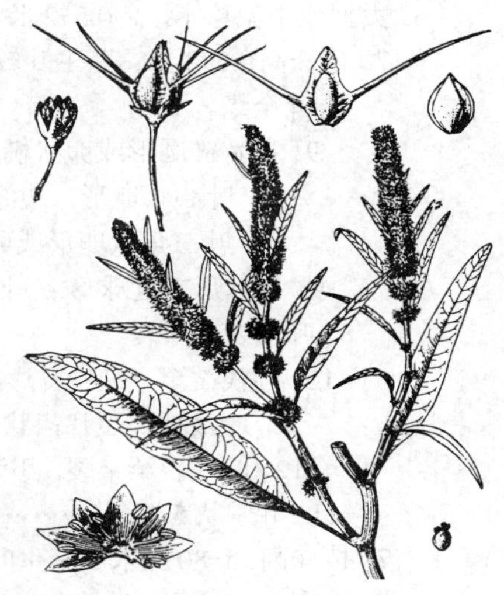

图 849 长刺酸模 （引自《安徽植物志》）

小瘤长圆形，长约1.5毫米。瘦果椭圆形，长约1.5毫米。花期5-6月，果期6-7月。

产黑龙江、吉林、辽宁、内蒙古、河北、山西、陕西及新疆，生于海拔40-1800米河边、湿地、田边。高加索、哈萨克斯坦、俄罗斯西伯利亚及远东地区、蒙古、欧洲及北美有分布。

图 850 刺酸模（引自《东北草本植物志》）

11. 大黄属 **Rheum** Linn.

多年生草本。茎直立，具细纵棱，光滑或被糙毛，节膨大，稀无茎。基生叶密集或稀疏，茎生叶互生，稀无茎生叶；托叶鞘大，稀不显著；叶多宽大，全缘、皱波或分裂；主脉掌状或掌羽状。花小，白绿或紫红色；圆锥花序，稀穗状及头状。花梗丝状，具关节；花被片6，2轮；雄蕊（7-8）9，花盘薄；花柱3，较短，反曲，柱头头状、近盾状或如意状。瘦果三棱状，棱缘具翅，翅具纵脉，基部无角状附属物，宿存花被不增大或稍增大。

约60种，分布于亚洲温带及亚热带高寒山区。我国39种、2变种，主要分布于西北、西南及华北，东北较少。喜高寒、怕涝，生于海拔700-5000米山坡石砾地带。本属植物有重要经济价值，中药大黄是我国特产重要药材之一，使用历史悠久，能泻肠胃积热、外敷消痛肿。

1. 穗形总状花序。
  2. 茎单生，粗壮，具茎生叶；花序总状，腋生，常分枝，具卵形叶状苞片；雄蕊伸出花被 ………………………………………… 1. **苞叶大黄 R. alexandrae**
  2. 无茎；叶基生；总状花序生于花葶顶部；无叶状苞片；雄蕊与花被近等长。
    3. 花葶2-3，歧状分枝；叶宽卵形或菱状卵形；果宽卵形或梯状卵形 …………… 2. **歧穗大黄 R. przewalskyi**
    3. 花葶2-4（7-8），不分枝；叶卵圆形或宽卵状椭圆形；果长圆状宽椭圆形 …… 3. **穗序大黄 R. speciforme**
1. 圆锥状花序。
  4. 无茎；叶基生。
    5. 叶革质，肾状圆形或近圆形，长6-14厘米；果肾状圆形 ……………………………… 4. **矮大黄 R. nanum**
    5. 叶纸质，卵形、窄卵形或菱状卵形，长8-12厘米；果宽椭圆形 ………………… 5. **单脉大黄 R. uninerve**
  4. 具茎。
    6. 大型或中型草本，高0.5-2米。
      7. 植株高0.5-2米；茎生叶较多。
        8. 叶全缘。
          9. 果宽椭圆形或卵状椭圆形；叶边缘皱波状或强度皱波状。
            10. 叶心状卵形，边缘皱波状；果宽卵形 ………………………………… 6. **华北大黄 R. franzenbachii**
            10. 叶三角状卵形或卵形，边缘强度皱波状；果卵状椭圆形 …… 6(附). **波叶大黄 R. undulatum**
          9. 果球形或近球形；叶缘稍皱波状 …………………………………………… 6(附). **河套大黄 R. hotaoense**
        8. 叶浅裂或深裂。
          11. 叶浅裂至半裂；裂片齿状三角形或窄三角形。
            12. 叶浅裂，裂片齿状三角形；花绿或黄白色；花序分枝开展 ………… 7. **药用大黄 R. officinale**
            12. 叶浅裂至半裂，小裂片窄三角形；花常紫红色；花序分枝聚拢 …… 8. **掌叶大黄 R. palmatum**
          11. 叶掌状5深裂 ……………………………………………………………… 9. **鸡爪大黄 R. tanguticum**
      7. 植株高25-80厘米；茎生叶1-3。
        13. 基生叶心形，先端渐尖或长渐尖。

14. 基生叶宽心形或心形，长13-20厘米；花紫红色，花梗下部具关节 …………………………………………………………………………………………… 10. **心叶大黄 R. acuminatum**

14. 基生叶卵状心形或三角状心形，长6-11厘米；花白绿色有时淡紫色，花梗中部具关节 …………………………………………………………………………………………… 11. **疏枝大黄 R. kialense**

13. 基生叶心状圆形、宽卵形或宽卵圆形，先端圆钝。

15. 基生叶心状圆形或宽卵圆形，两面无毛；果椭圆形，长1.2厘米 …………………………………………………………………………………………… 12. **总状大黄 R. racemiferum**

15. 基生叶卵圆形或宽卵形，下面密被白色硬毛；果卵圆形，长8.5-9毫米 …………………………………………………………………………………………… 12(附). **丽江大黄 R. likiangense**

6. 矮小草本，高10-30厘米。

16. 果三角状卵形或三角形，翅宽1-1.5毫米；叶卵状椭圆形或长椭圆形，长1.5-5厘米 …………………………………………………………………………………………… 13. **小大黄 R. pumilum**

16. 果心状球形或近球形，翅宽约2.5毫米；叶长圆状椭圆形或卵状椭圆形，稀近圆形，长3-6厘米 …………………………………………………………………………………………… 14. **滇边大黄 R. delavayi**

1. 苞叶大黄 图851 彩片226

Rheum alexandrae Batal. in Acta Hort. Petrop. 13: 384. 1894.

草本，高达80厘米。根茎及根粗壮。茎单生。基生叶4-6，茎生叶及叶状苞片多数；下部叶卵形或倒卵状椭圆形，长9-14厘米，先端圆钝，基部近心形或圆，全缘，基脉5-7，无毛，稀主脉或叶缘被乳突状毛；叶柄与叶片近等长或稍长，无毛，托叶鞘长约7厘米，无毛；上部叶长卵形，叶柄较短或无柄。花序总状，常2-3枝成丛或稍多，花数朵簇生。花梗丝状，长2.5-4毫米，无毛；花被(4-5)6，绿色，基部合成杯状，长1.5毫米，裂片椭圆形，长0.7毫米；雄蕊7-9，花丝丝状，较花被长；柱头头状。果菱状椭圆形，顶端微凹，基部楔形或宽楔形，长7-8毫米，中部宽5-6毫米，翅宽约0.5毫米，光滑，深褐色。花期6-7月，果期9月。

产云南西北部及四川西部，生于海拔3000-4200米山坡草地。

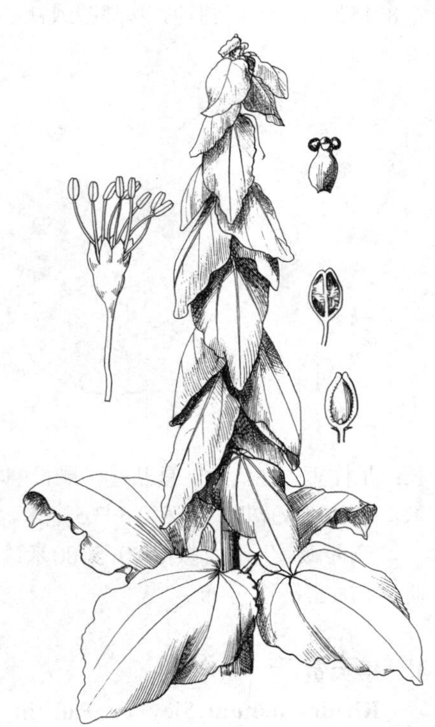

图 851 苞叶大黄 (孙英宝绘)

2. 歧穗大黄 图852

Rheum przewalskyi A. Los. in Acta Inst. Bot. Acad. Sci. URSS ser. 1, Fasc. 3: 115. 1936.

无茎草本。根茎顶端具多层托叶鞘。基生叶2-4，叶革质，宽卵形或菱状宽卵形，长10-20厘米，宽9-17厘米，先端圆钝，基部近心形，全缘，有时微波状，基脉5-7，叶上面黄绿色，下面紫红色，两面无毛或下面具小乳突；叶柄粗，长4-10厘米。花葶2-3，自根茎生出，与叶近等长或短于叶，每枝成2-4歧状分枝，无毛，有时疏生乳突，穗形总状花序。花梗长约2毫米，下部具关节；花被片宽卵形或卵形，黄白色，外轮长约1.2毫米，内轮长约1.5毫米；雄蕊9，与花被近等长或稍外露，花丝基部与花盘合生；花柱长，柱头盘状。果宽卵形或

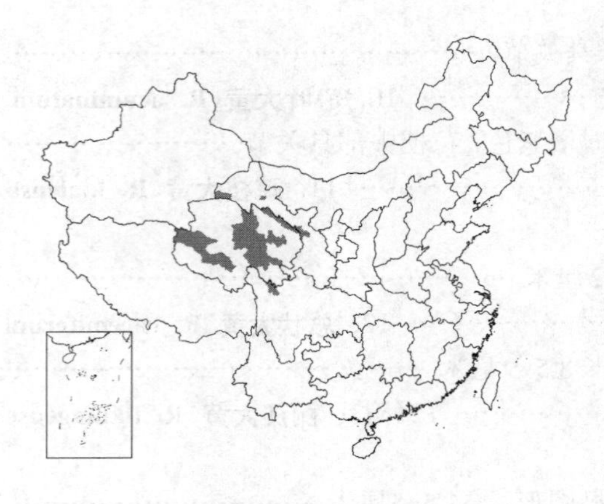

梯状卵形，长0.85-1厘米，径7-8.5毫米，顶端圆，有时微凹或微凸，基部稍心形，翅宽约3毫米，纵脉在翅中部偏外缘。种子卵形，径约3毫米，深褐色。花期7月，果期8月。

产甘肃、青海及四川西北部，生于海拔1550-4900米山区林下石缝中或山间洪积砂地。

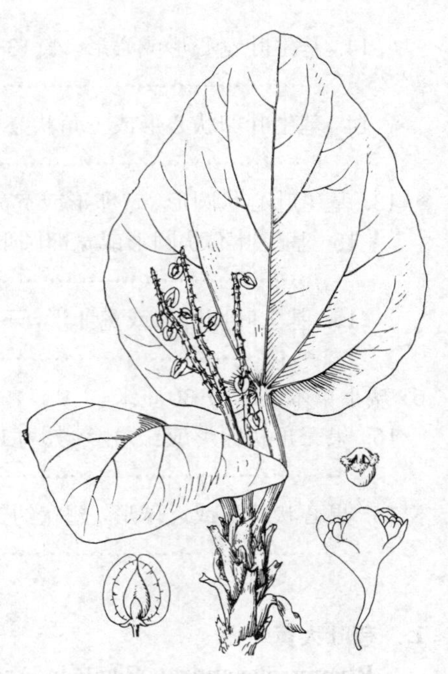

图 852 歧穗大黄 （冯怀伟绘）

3. 穗序大黄 图 853

Rheum spiciforme Royle, Illustr. Bot. Himal. 318. t. 78. 1839.

无茎草本。叶基生，叶近革质，卵圆形或宽卵状椭圆形，长10-20厘米，宽8-15厘米，先端圆钝，基部圆或浅心形，全缘，稍波状，基脉5，上面暗绿或黄绿色，下面紫红色，两面被乳突或上面平滑；叶柄粗，长3-10厘米，无毛或具小乳突。花葶2-4（7-8），高10-30厘米，具细棱线，被乳突，穗形总状花序。花梗细，长约3毫米，近基部具关节；花被片椭圆形或长椭圆形，淡绿色，外轮长1.8-2毫米，宽约1毫米，内轮长2.2-2.5毫米，宽约1.2毫米；雄蕊9，与花被近等长；花柱短，柱头大，具凸起，果长圆状宽椭圆形，长0.8-1厘米，径7-9毫米，顶端圆或微凹，翅宽2.5-3.5毫米，纵脉在翅中间。花期6月，果期8月。

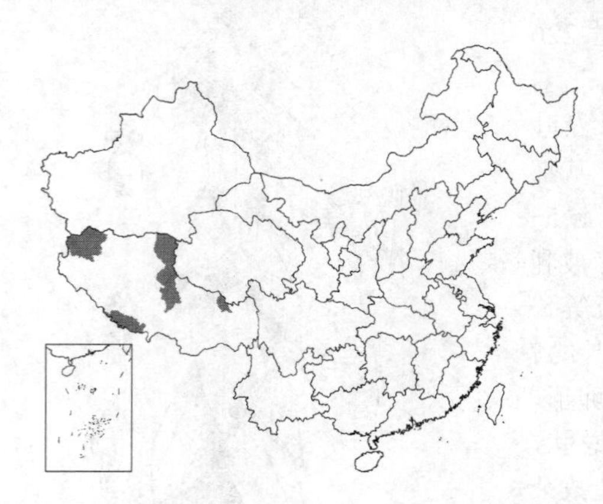

产西藏，生于海拔4000-5000米碎石坡或河滩。喜马拉雅山南麓、巴基斯坦、阿富汗有分布。

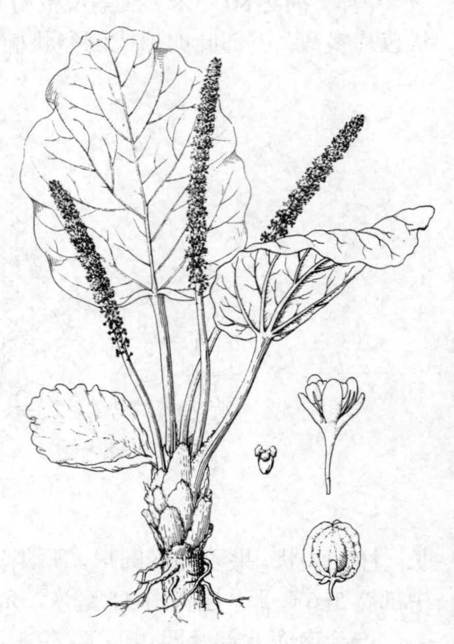

图 853 穗序大黄 （冯怀伟绘）

4. 矮大黄 图 854

Rheum nanum Siev. ex Pall. in Neueste Nord. Beitr. 3: 264. 1796.

粗壮无茎草本，高达35厘米。基生叶2-4，叶革质，肾状圆形或近圆形，长6-14厘米，宽8-16厘米，先端宽圆，基部圆或稍心形，近全缘，基脉3-5，上面有白色疣状突起，下面无毛；叶柄粗，长2-4.5厘米，无毛。圆锥花序由根茎生出，近中部分枝，花簇密生；苞片鳞片状。花梗长1.5-3毫米，无关节；花被片近肉质，黄白色，带紫红色，外3片条状披针形，长2-2.5毫米，宽约1毫米，具纵脊，内3片宽椭圆形或宽卵形，长约3.5毫米；雄蕊9，着生花盘外缘，内藏；花柱反曲，柱头倒圆锥状。果肾状圆形，长1-1.2厘米，径1.2-

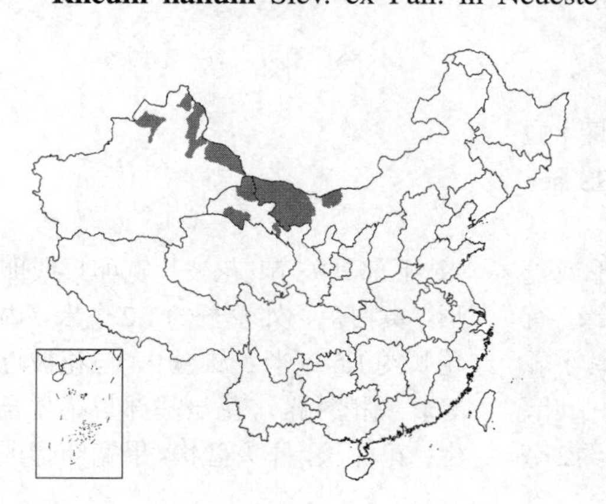

1.4厘米，红色，纵脉近翅缘；宿存花被几全包果。种子径约5毫米。花期5-6月，果期7-9月。

产内蒙古西部、甘肃及新疆东北部，生于海拔700-2000米山坡、山沟或砂砾地。俄罗斯西伯利亚地区、哈萨克斯坦及蒙古有分布。

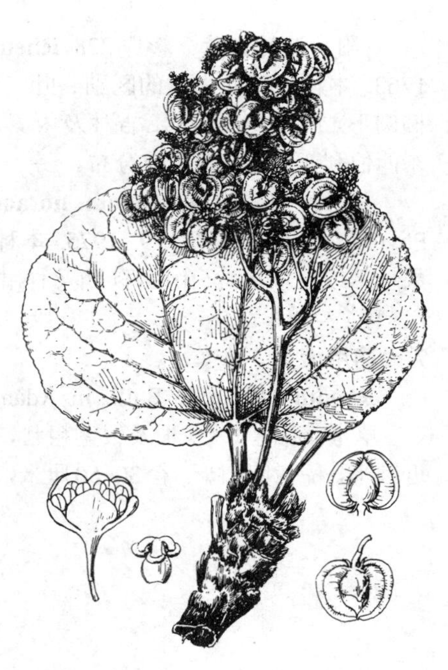

图 854 矮大黄 （仿《中国植物志》）

5. 单脉大黄 图855

Rheum uninerve Maxim. in Bull. Acad. Sci. St. Pétersb. 26: 503. 1880.

矮小无茎草本，高达30厘米。基生叶2-4，叶纸质，卵形、窄卵形或菱状卵形，长8-12厘米，先端钝，基部稍圆或宽楔形，叶缘微波状；叶脉掌羽状；叶柄长3-5厘米，无毛，稀具小乳突。窄圆锥花序，2-5枝，由根茎生出，花序梗1-2次分枝，无毛；花2-4朵簇生；小苞片披针形，长1-2毫米。花梗长约3毫米，近基部具关节；花被片淡红紫色，椭圆形，外轮长1-1.5毫米，内轮长1.5-2毫米；雄蕊9，内藏，花丝极短；花柱长而反曲，柱头头状。果宽椭圆形，长1.4-1.6厘米，径1.3-1.5厘米，顶端圆或微凹，基部心形，翅宽达5毫米，膜质，淡红紫色，纵脉近翅外缘。种子窄卵形，径约3毫米，深褐色。花期5-7月，果期8-9月。

产内蒙古、甘肃、宁夏及青海，生于海拔1100-2300米山坡砂砾地带。

图 855 单脉大黄 （张海燕绘）

6. 华北大黄 波叶大黄 图856 彩片227

Rheum franzenbachii Munt. in Acta Congr. Bot. Amst. 1877: 22. 1879.

直立草本，高达90厘米。基生叶心状卵形或宽卵形，长12-22厘米，宽10-18厘米，先端钝尖，基部心形，具皱波，基脉5（7），上面灰绿或蓝绿色，下面暗紫红色，疏被毛，叶柄长4-9厘米，无毛或较粗糙，常暗紫红色；茎生叶三角状卵形，上部叶柄短至近无柄，托叶鞘长2-4厘米，深褐色，被硬毛。圆锥花序具2次以上分枝，序轴及分枝被毛；花黄白色，3-6朵簇生。花梗细，中下部具关节，花被片6，外3片宽椭圆形，内3片宽椭圆形或近圆形，长约1.5毫米；雄蕊9。果宽椭圆形或长圆状椭圆形，长约8毫米，径6.5-7毫米，两端微凹，有时近心形，翅宽1.5-2毫米，纵脉在翅中间部分。种子卵状椭圆形，径约3毫米。花期6月，果期6-7月。

产内蒙古、河北、河南及山西，生于海拔1000-2000米山地。根茎作缓泻药。

［附］**波叶大黄** 彩片 228 **Rheum undulatum** Linn. Sp. ed. 2. 531. 1763. 本种与华北大黄的区别：叶三角状卵形，边缘强度皱波状；果卵状椭圆形。产黑龙江西部、吉林及内蒙古，生于海拔约1000米山地。俄罗斯东西伯利亚地区及蒙古有分布。

［附］**河套大黄 Rheum hotaoense** C. Y. Cheng et Kao in Acta Phytotax. Sin. 13(3): 79. 1975. 本种与华北大黄的区别：叶缘稍皱波状；果球形或近球形。产山西、陕西及甘肃，生于海拔1000-1800米山坡或沟中。

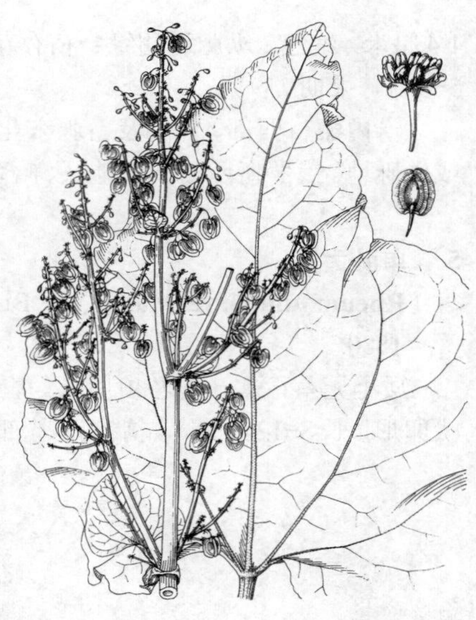

图 856 华北大黄 （仿《中国北部植物图志》）

7. 药用大黄 大黄 图 857

Rheum officinale Baill. in Adanson. 10: 246. 1871.

草本，高达2米。根及根茎粗壮，内部黄色。茎粗壮，被白毛。基生叶近圆形，稀宽卵圆形，径30-50厘米，基部近心形，掌状浅裂，裂片齿状三角形，基脉5-7，上面无毛，稀脉疏被毛，下面被淡褐色毛；叶柄与叶等长或稍短，被毛；茎生叶向上渐小，托叶鞘长达15厘米，密被毛。圆锥花序，分枝开展，花4-10朵成簇互生。花梗细，长3-3.5毫米，中下部具关节；花被片6，内外轮近等大，绿或黄白色，椭圆形或稍窄椭圆形，长2-2.5毫米；雄蕊9，内藏；柱头头状。果长圆状椭圆形，长0.8-1厘米，径7-9毫米，顶端圆，中央微凹下，基部浅心形，翅宽约3毫米，纵脉近翅缘。种子宽卵形。花期5-6月，果期8-9月。

产河南西部、陕西、湖北、四川、贵州及云南，生于海拔1200-4200米山沟或林下，多有栽培。根茎及根药用，作泻剂，可消炎、健胃。

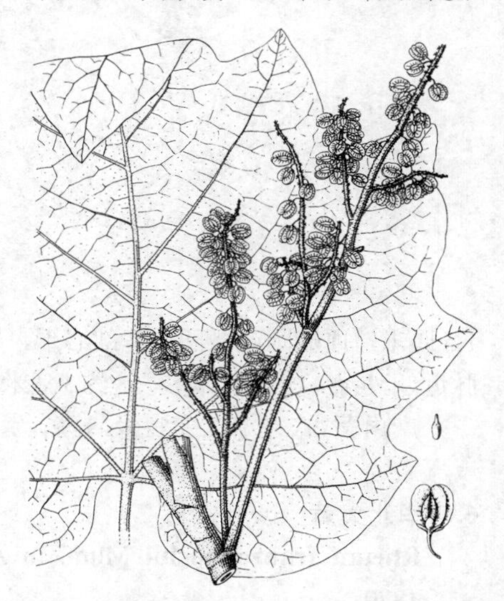

图 857 药用大黄 （仿《中国北部植物图志》）

8. 掌叶大黄 图 858 彩片 229

Rheum palmatum Linn. Syst. ed. 10. 1010. 1759.

粗壮草本，高达2米。根茎粗壮。叶长宽均40-60厘米，先端窄渐尖或窄尖，基部近心形，常掌状半5裂，每大裂片羽裂成窄三角形小裂片，基脉5，上面被乳突，下面及边缘密被毛，叶柄与叶近等长，密被乳突；茎生叶向上渐小，柄渐短；托叶鞘长达15厘米，粗糙。圆锥花序，分枝聚拢，密被粗毛。花梗长2-2.5毫米，中部以下具关节；花被片6，常紫红色或黄白色，外3片较窄

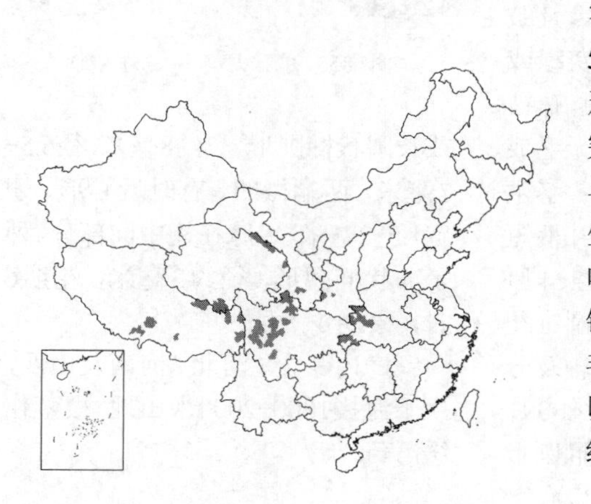

图 858 掌叶大黄 （冯晋庸绘）

小，内3片宽椭圆形或近圆形，长1-1.5毫米；雄蕊9，内藏；花盘与花丝基部粘连；花柱稍反曲，柱头头状。果长圆状椭圆形或长圆形，长8-9毫米，径7-7.5毫米，两端均凹下，翅宽约2.5毫米，纵脉近翅缘。种子宽卵形，褐黑色。花期6月，果期8月。

产陕西、甘肃、青海、西藏及四川，生于海拔1500-4400米山坡或山谷湿地。根茎及根药用，可健胃，为泻药。甘肃及陕西栽培较广。

9. 鸡爪大黄 唐古特大黄 图859 彩片230

Rheum tanguticum Maxim. ex Regel in Gartenfl. 24: 3. t. 819. 1875.

草本，高达2米。根及根茎粗壮，黄色。茎粗壮，无毛或上部节部被粗毛。茎生叶近圆形或宽卵形，长30-60厘米，先端窄长尖，基部稍心形，掌状5深裂，基部裂片不裂，中裂片羽状深裂，裂片窄长披针形，基脉5，上面被乳突，下面密被毛，叶柄与叶近等长，被粗毛；茎生叶叶柄较短；托叶鞘被粗毛。圆锥花序，分枝较紧聚。花梗丝状，长2-3毫米，下部具关节；花被片近椭圆形，紫红稀淡红色，内轮长约1.5毫米；雄蕊9，内藏；花盘与花丝基部连成浅盘状；花柱较短，柱头头状。果长圆状卵形或长圆形，顶端圆或平截，基部稍心形，长8-9.5毫米，径7-7.5毫米，翅宽2-2.5毫米，纵脉近翅缘。种子卵形，黑褐色。花期6月，果期7-8月。

图 859 鸡爪大黄 （引自《中国植物志》）

产甘肃、青海、四川北部及湖北西部，生于海拔1600-4200米沟谷中。根茎及根药用。

10. 心叶大黄 图860 彩片231

Rheum acuminatum Hook. f. et Thoms. ex Hook. in Curtis's Bot. Mag. 81: t. 4887. 1885.

草本，高达80厘米。基生叶1-3，叶宽心形或心形，长13-20厘米，先端渐尖或长渐尖，稀短钝，基部深心形，全缘，基脉5，上面无毛，下面紫红色，被毛，叶柄约与叶等长；茎生叶1-3，上部的1-2叶腋具花序枝，叶宽卵形或心形，柄渐短；托叶鞘长约2厘米。圆锥花序中部二次分枝，稀疏，花近10朵簇生。花梗细，长约3毫米，下部具关节；花被开展，花被片紫红色，外3片宽椭圆形，长约1.8毫米，内3片圆形或宽卵圆形，长2-2.5毫米；雄蕊9，内

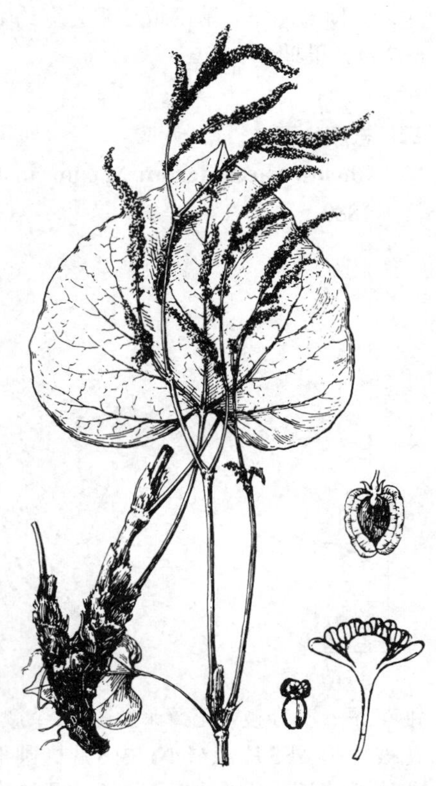

图 860 心叶大黄 （引自《中国植物志》）

藏；花柱短，柱头大而扁。果长圆状卵形或宽卵圆形，长7-8毫米，径6.5-7毫米，上端圆钝或稍倒心形，基部浅心形，翅较窄，纵脉在翅中部以外，鲜时紫红色。花期6-7月，果期8-9月。

产云南、四川及西藏，生于海拔2800-4200米山坡、林缘，喜马拉雅山南麓各国有分布。

11. 疏枝大黄 图 861

Rheum kialense Franch. in Bull. Mus. Hist. Nat. Paris 1: 212. 1895.

草本，高达55厘米。茎不分枝，稀疏被硬毛。基生叶1-3，叶纸质，卵状心形或三角状心形，长6-11厘米，先端稍渐尖，基部心形或深心形，全缘，基脉5，上面叶脉疏被硬毛，下面密被黄锈色毛，叶柄与叶片等长或为其2倍，被黄色硬毛；茎生叶1-2，疏离，叶较小，柄较短；托叶鞘近卵形，长1.5-2厘米，被白色短毛。圆锥花序少分枝，被黄锈色短毛；花2-5朵成簇互生。花梗长2-3毫米，中部具关节，花被片6，白绿或淡紫色，外3片近椭圆形，内3片宽椭圆形，有时近圆形，长约1.5毫米；雄蕊9或较少，稍外露，花丝长短不一；花柱较短，不反曲，柱头头状；花盘薄环状。果宽卵形或近卵圆形，长6.5-8毫米，基部径5.5-6.5毫米，顶部凹下，基部近心形，宽约1.5毫米，红色，纵脉在翅中部。花期6-7月，果期7-8月。

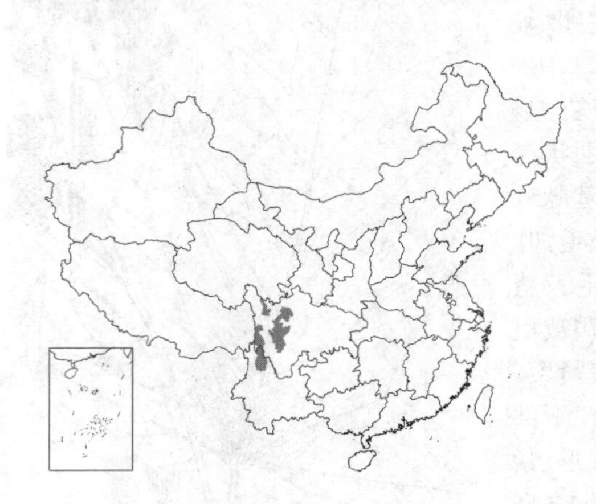

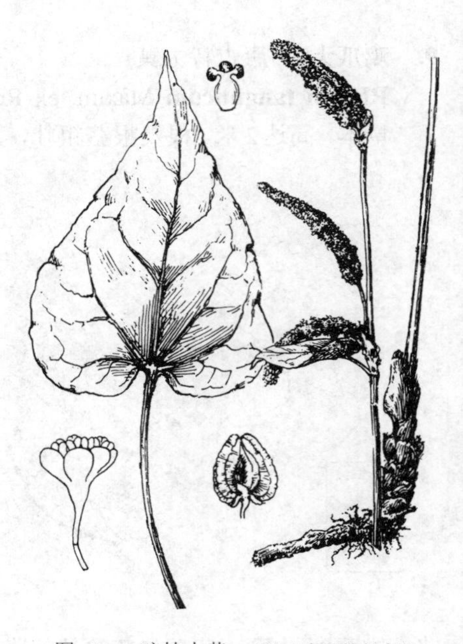

图 861 疏枝大黄 (仿《中国植物志》)

产四川西部及云南西北部，生于海拔2800-3900米山坡或林下。

12. 总序大黄 图 862

Rheum racemiferum Maxim. in Bull. Acad. Sci. St. Pétersb. 24: 503. 1880.

草本，高达70厘米。茎径约1厘米，无毛，褐色。基生叶1-2，叶近革质或革质，心状圆形或宽卵圆形，长10-20厘米，先端圆钝，基部圆或浅心形，边缘微波状，掌状脉3-5(7)，中脉粗，叶下面常青白色，两面无毛，叶柄长4-9厘米，无毛，常紫红色；茎生叶1-2(3)，腋内多具花序枝，叶柄短；托叶鞘长不及1.5厘米，深褐色，无毛。圆锥花序一次分枝，花数朵至10数朵簇生。花梗较花长，中部以下具关节；花被片6，外3片较窄小，内3片椭圆形或长椭圆形，长1.5-2毫米；雄蕊与花被近等长。果椭圆形，稀近卵状椭圆形，长1.2厘米，径8.5-9.5毫米，顶端圆，有时微凹下，基部浅心形，脉近翅缘。花期6-7月，果期7-8月。

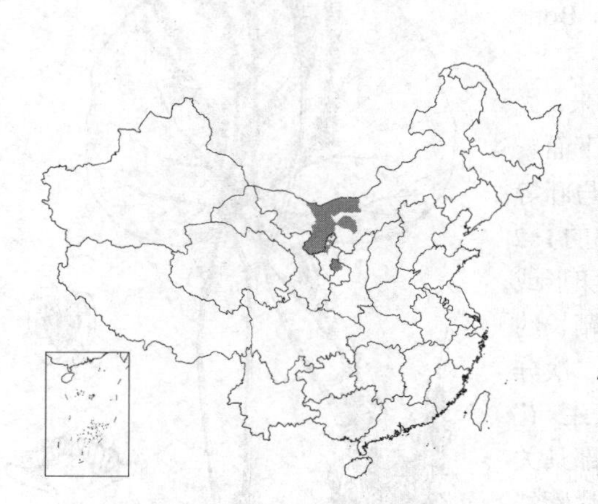

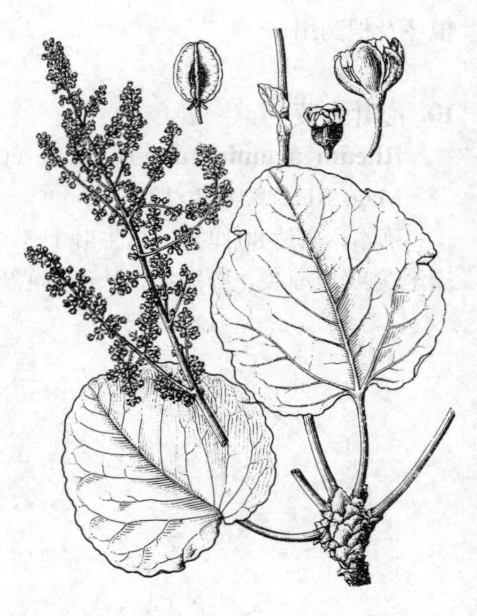

图 862 总序大黄 (张海燕绘)

产内蒙古、甘肃及宁夏，生于海拔1300-2000米山坡石砾地或草地。

［附］**丽江大黄 Rheum likiangense** Sam. in Svensk Bot. Tidskr. 30: 720. 1936. 本种与总序大黄的区别：茎生叶卵圆形或宽卵形，下面密被白色硬毛；果卵圆形，长8.5-9毫米。产云南西北部、四川西部及西藏东部，生于海拔2500-4000米林下或灌丛草甸。

图 863 小大黄 （仿《中国植物志》）

13. 小大黄 图 863

Rheum pumilum Maxim. in Bull. Acad. Sci. St. Pétersb. 26: 503. 1880.

草本，高达25厘米。茎细，直立，疏被灰白色毛。基生叶2-3，叶卵状椭圆形或长椭圆形，长1.5-5厘米，宽1-3厘米，近革质，先端圆，基部浅心形，全缘，基脉3-5，中脉粗，上面无毛，稀中脉基部疏被柔毛，下面叶脉及叶缘疏被白色短毛，叶柄与叶等长或稍长，被短毛；茎生叶1-2，近披针形，托叶鞘短，膜质，常开裂，无毛。窄圆锥状花序，分枝稀疏，疏被短毛，花2-3朵簇生。花梗细，长2-3毫米，基部具关节；花被片椭圆形或宽椭圆形，长1.5-2毫米，边缘紫红色；雄蕊9，稀较少，内藏；花柱短，柱头近头状。果三角形或三角状卵形，长5-6毫米，最下部径约4毫米，顶端具小凹，翅宽1-1.5毫米，纵脉在翅中间。花期6-7月，果期8-9月。

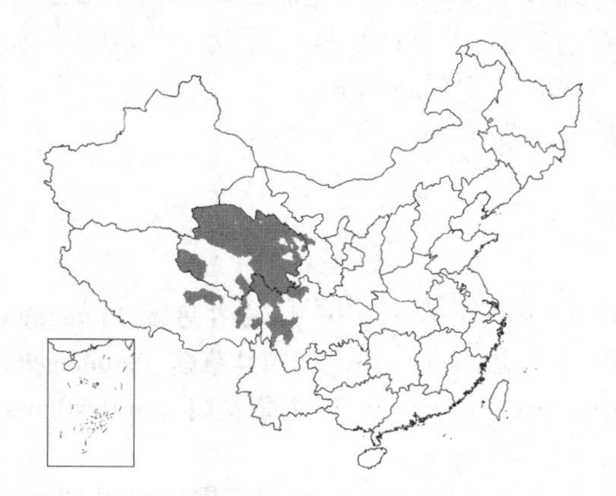

产甘肃、青海、西藏及四川，生于海拔2800-4500米山坡或灌丛中。

14. 滇边大黄 图 864

Rheum delavayi Franch. in Bull. Mus. Hist. Nat. Paris 1: 212. 1895.

草本，高达28厘米。茎常暗紫色，疏被短毛。基生叶2-4，叶近革质，长圆状椭圆形或卵状椭圆形，稀近圆形，长3-6厘米，宽2.5-5厘米，先端钝圆，基部近心形或近圆，全缘或微波状，基脉3-5，上面无毛或中脉被硬毛，下面脉常紫色，叶脉及边缘被硬毛，叶柄细，与叶等长或稍长，被淡褐色短毛；茎生叶1-2，最上面者条形；托叶鞘短。圆锥花序窄长，一次分枝，被短硬毛；花3-4簇生。花梗细，长3-4.5毫米，下部具关节，花被片长椭圆形，外3片长1.5-2毫米，宽约1毫米，内3片长约2.5毫米，边缘深红紫色，中央绿色；雄蕊9，稀较少，花丝长1-1.5毫米，基部扁宽，与花盘粘连，花盘薄，稍瓣状；柱头扁头状，紫色。果心状球形或近球形，径8-9毫米，顶端圆，基部心形，翅宽约2.5毫米。花期6-7月，果期8-9月。

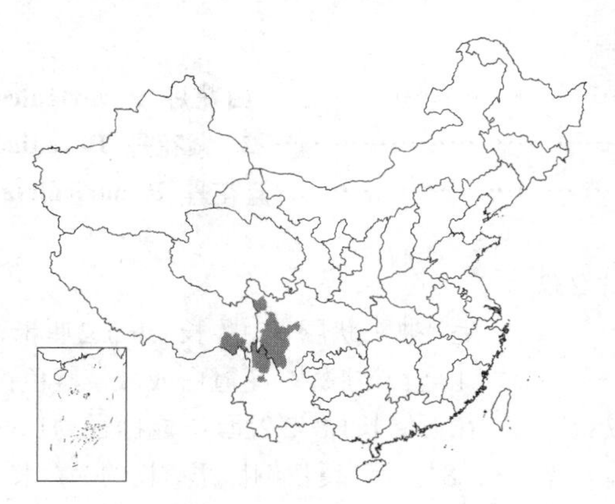

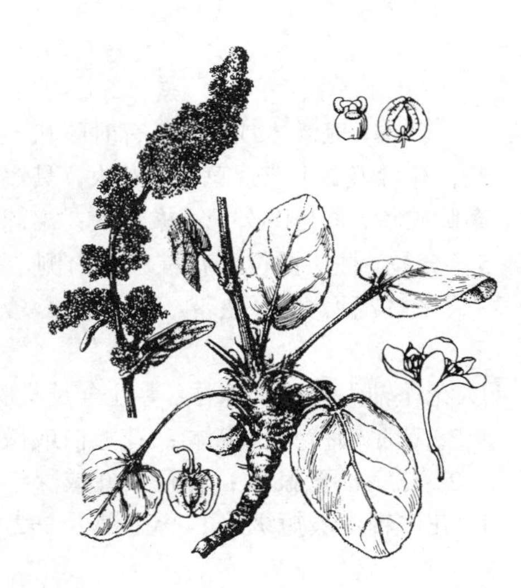

图 864 滇边大黄 （仿《中国植物志》）

产云南西北部、四川西部及西藏，生于海拔3000-4800米石砾或草丛中。尼泊尔及不丹有分布。

54. 白花丹科（蓝雪科）PLUMBAGINACEAE

（彭泽祥　张耀甲）

小灌木、亚灌木或草本。茎具条纹，或成肥大“茎基”。单叶，互生或基生，全缘，稀羽状浅裂；无托叶。花序顶生或兼腋生，不分枝，呈穗状、穗形总状、近头状或头状，或花序分枝，由侧扁穗状花序组成圆锥状；各由1-10或更多的小聚伞花序或蝎尾状聚伞花序组成。小聚伞花序或蝎尾状聚伞花序称“小穗”，具1-5花；苞片1，位于小穗基部，小苞片2或1，位于小穗基部的1枚特大，包被小穗，称第一内苞，其外之苞片则称外苞，位于每花之下。花两性，辐射对称；花无梗或梗极短；花萼管状或漏斗状，具5肋，5裂，宿存；花冠合瓣或基部微连合，裂片5，回旋状；雄蕊5，与花冠裂片对生，下位或着生花冠基部；花药2室，纵裂；雌蕊1，子房上位，1室，基生1胚珠，花柱1或5，柱头5。蒴果常包在花萼内。种子1，胚直，包在薄的粉质胚乳中。

21-25属，580种，世界广布，主产地中海区域及中亚，南半球最少。我国7属，约40种。

1. 花柱1，萼草质，或肋间膜质，无萼檐。
  2. 萼被具柄腺体。
    3. 花序穗形总状；萼筒及裂片均被腺体，花冠高脚碟状，冠檐辐状 ………………… 1. **白花丹属 Plumbago**
    3. 花序初近头状；后短穗状；萼仅裂片被腺体；花冠筒窄钟状，裂片近直立 …… 2. **鸡娃草属 Plumbagella**
  2. 萼无腺体；花序近头状或头状 ……………………………………………… 3. **蓝雪花属 Ceratostigma**
1. 花柱5，萼具膨大或外展干膜质萼檐。
  4. 垫状小灌木；叶互生，密集，纤细，有时钻状，枯后宿存 ………………………… 4. **彩花属 Acantholimon**
  4. 草本，草本状小灌木或亚灌木；叶基生，或簇生茎基顶端呈莲座状，稀互生，当年凋落。
    5. 外苞长于或等长于第一内苞；柱头扁头状。
      6. 萼近管状，萼檐窄钟状；叶缘弯缺波皱 ……………………………………… 5. **伊犁花属 Ikonnikovia**
      6. 萼漏斗状，萼檐外展；叶缘平或近平整 ……………………………………… 6. **驼舌草属 Goniolimon**
    5. 外苞短于第一内苞；柱头丝状圆柱形或圆柱形 ………………………………… 7. **补血草属 Limonium**

1. 白花丹属 Plumbago Linn.

草本、亚灌木或灌木，有时蔓状。茎常分枝。叶柄基部稍宽或耳状，半抱茎或抱茎。花序穗形总状；小穗具1花；苞叶及2小苞片草质。花大，具短梗；萼管状，沿脉两侧草质，被具柄腺体，脉间膜质，无外展萼檐；花冠高脚碟状，伸出萼外，冠檐辐状；雄蕊下位，花丝基部宽，花药线形；子房椭圆形、卵形或梨形；花柱1，顶部具5条分枝，柱头面位于花柱分枝内侧，具头状腺体。

约17种，主产热带。我国2种，另有1种观赏植物，常见栽培。

1. 花序轴无毛或具腺体；萼几全长具腺体。
  2. 花序轴被头状腺体；花冠白或微带蓝色 ……………………………………… 1. **白花丹 P. zeylanica**
  2. 花序轴无腺体；花冠紫红或深红色 ……………………………………………… 2. **紫花丹 P. indica**
1. 花序轴密被短绒毛；萼下部1/2-2/5无腺体；花冠淡蓝色 …………………………… 3. **蓝花丹 P. auriculata**

1. 白花丹　白雪花　　图865　彩片232

Plumbago zeylanica Linn. Sp. Pl. 151. 1753.

常绿亚灌木。茎直立，高达3米，多分枝，蔓状。叶卵形，长（3-）5-8（-13）厘米，先端渐尖，基部楔形，有时耳状。穗形总状花序具25-78花，花序梗长0.5-1.5厘米，被头状腺体，无毛，花序轴长3-8（-15）厘米，无毛，被头状腺体。萼长1.1-1.2厘米，几全长被腺体；花冠白或微带蓝色；花冠筒长1.8-2.2厘米，冠檐径约1.6-1.8厘米，裂片倒卵形，长约7毫米，

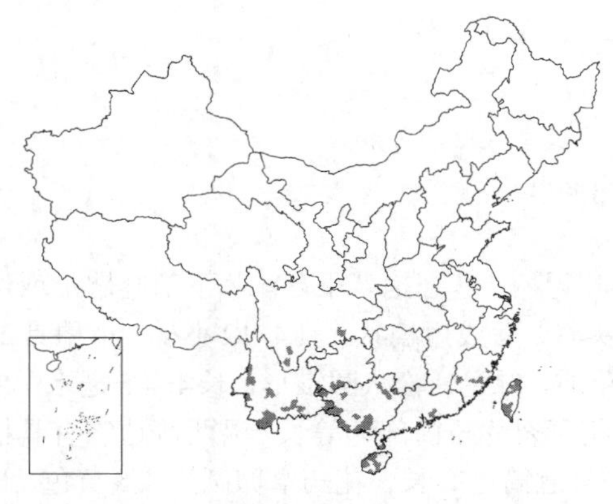

宽约4毫米，先端具短尖；雄蕊与花冠近等长，花药蓝色，长约2毫米；子房椭圆形，具5棱，花柱无毛。蒴果长椭圆形，淡黄褐色。种子红褐色，长约7毫米，先端尖。花期10月至翌年3月，果期12月至翌年4月。染色体2n=28。

产台湾、福建、广东、海南、香港、广西、贵州南部、云南、四川东南及南部，生于海拔100-1600米山区灌丛中及草地。南亚及东南亚有分布。全草药用，治风湿、跌打损伤、癣疥及蛇咬伤；也可灭蚊蝇。

图 865 白花丹 （冀朝祯绘）

2. 紫花丹 紫雪花 图 866 彩片 233

Plumbago indica Linn. in Stickm. Herb. Amb. 24. 1754.

常绿多年生草本。茎柔弱，高达2米，常蔓状，不分枝或基部分枝。叶硬纸质，窄卵形或窄椭圆状卵形，长7-9.5（-13）厘米，先端尖，基部圆或楔形。穗状花序具（20-）35-90花，花序梗长1-3厘米，花序轴长10-40（-50）厘米，与花序梗均无毛无腺体。萼长7.5-9.5毫米，几全长具腺体；花冠紫红或深红色，花冠筒长2-2.5厘米，冠檐径约2厘米，裂片倒卵形，长约1.2厘米，宽约7毫米，先端圆具短芒尖；雄蕊与花冠筒近等长，花药蓝色，长1.5-2毫米；子房椭圆状卵圆形，无棱；花柱下部疏被柔毛，异长，长花柱伸出花冠喉部，柱头腺体头部较大，短花柱之分枝伸出，腺体无膨大头部。花期11月至翌年4月。染色体2n=14。

产广东、海南、云南南部及广西东南部，生于低山平原湿润草地。常有栽培。亚洲热带有分布。供观赏；根药用，药效同白花丹。

图 866 紫花丹 （冀朝祯绘）

3. 蓝花丹 蓝雪花 图 867

Plumbago auriculata Lam. Encycl. Meth. Bot. 2: 270. 1786.

常绿亚灌木，高约1米；多分枝，上端常蔓状。叶薄，菱状卵形、椭圆状卵形或椭圆形，长3-6（-7）厘米，先端钝，具短尖头，稀凹，基部楔形；上部叶的叶柄基部常耳状。穗形总状花序具18-30花，花序梗长0.2-1.2厘米，连同枝条上部密被绒毛，花序轴长2-5（-8）厘米，密被绒毛。萼长1.1-1.4 厘米，被微柔毛，下部1/2-2/5无腺体；花冠淡蓝色，花冠筒长3.2-3.4厘米，冠檐径2.5-3.2厘米，裂片倒卵形，长1.2-1.4厘米，宽约1厘米，先端圆；雄蕊稍伸出，花药蓝色，长约1.7毫米；子房近梨形，具5棱，子房

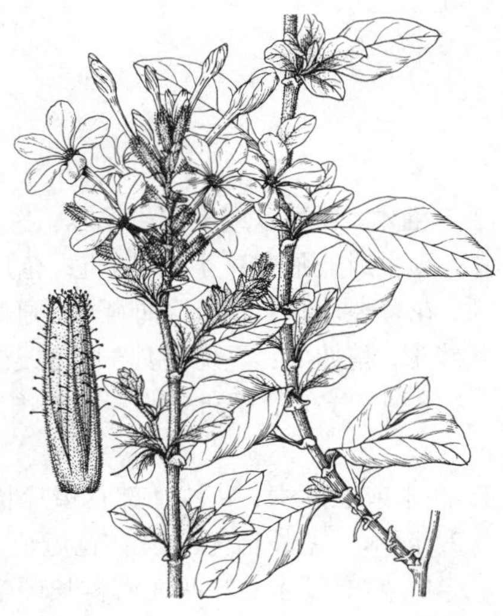

图 867 蓝花丹 （冀朝祯绘）

上部棱成角状，花柱无毛。花期12月至翌年4月和6-9月。

原产南非南部。我国常见栽培，供观赏。

2. 鸡娃草属 Plumbagella Spach

一年生草本，高达30（-55）厘米。茎直立，分枝，常具细皮刺。叶无柄，基部抱茎下延；茎下部叶匙形或倒卵状披针形，上部叶窄披针形或卵状披针形，渐小。花序顶生，初近头状，后成短穗状，具4-12小穗，小穗具2-3花；苞片叶状，宽卵形，草质；小苞片2，膜质。花小，具短梗；萼草质，绿色，管状圆锥形，长4-4.5毫米，果时稍增大变硬，萼筒无腺体，稍具5棱，果时每棱具1-2鸡冠状突起，花萼裂片与筒部近等长，沿两侧边缘有具柄腺体；花冠窄钟状，淡蓝紫色，稍长于萼，花冠裂片直立；雄蕊下位，与冠筒近等长；花药窄卵圆形，淡黄色，长约0.5毫米；子房卵圆形，花柱1，顶端具5分枝，柱头面位于分枝内侧，具有柄头状腺体。蒴果暗红褐色，具5条淡色条纹。种子红褐色，卵形。

单种属。

鸡娃草 图868

Plumbagella micrantha（Ledeb.）Spach, Hist. Nat. Veg. Phan. 10: 333. 1841.

Plumbago micrantha Ledeb. Icon. Pl. Fl. Ross. 1: 7. t. 21. 1829. et Fl. Alt. 1: 171. 1829.

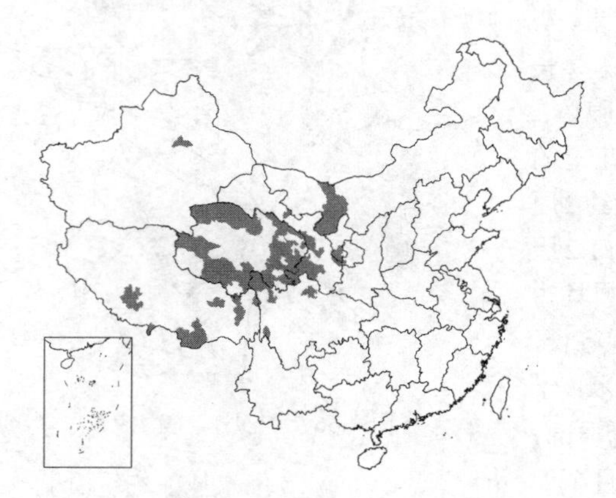

形态特征同属。花期7-8月，果期7-9月。

产西藏、四川、甘肃、青海、宁夏、内蒙古西部及新疆，生于海拔2000-3000米山区山坡、草地、旷地及路边。蒙古、俄罗斯、哈萨克斯坦及吉尔吉斯斯坦有分布。叶药用，治癣疾；枝叶揉后接触皮肤，能致皮肤红肿起泡、灼痛。

图 868 鸡娃草 （冀朝祯绘）

3. 蓝雪花属 Ceratostigma Bunge

灌木、亚灌木或多年生草本。茎直立，分枝，常被硬毛。叶缘具伏生长硬毛。花序近头状或头状，具2至多个小穗，顶生或兼腋生；小穗具1花；苞片草质；小苞片2，膜质。花萼管状，沿肋草质，非绿色；萼筒基部以上肋间膜质，花萼裂片小；花冠高脚碟状，冠筒伸出萼外，冠檐辐状，5浅裂，裂片倒卵形或倒三角形；雄蕊下位，花药长圆状线形，稍伸出；子房稍具5棱角或5沟槽，顶端圆锥状；花柱1，顶端5分枝，柱头面位于分枝内侧，具头状腺体。

8种，分布于亚洲至非洲东部埃塞俄比亚。我国5种。

1. 灌木或亚灌木；新枝基部具鳞片状芽鳞。
 2. 灌木；茎枝节无环痕；花冠长不及2厘米。
  3. 常绿灌木；叶两面密被长硬毛；幼枝密被红褐或暗黄褐色长硬毛，毛基部圆锥状，向上渐细 ……………………………………………………………………………………… 1. **毛蓝雪花 C. griffithii**

3. 落叶灌木；叶上面无毛或疏被长硬毛，稀密被毛；幼枝密被白或黄白色长硬毛，毛基部椭圆形，向上骤细 ………………………………………… 2. **小蓝雪花 C. minus**

2. 落叶亚灌木；枝节具环状叶痕；花冠长2-2.6厘米 ………………………… 3. **岷江蓝雪花 C. willmottianum**

1. 多年生草本；茎基部无芽鳞 ………………………………………… 4. **蓝雪花 C. plumbaginoides**

1. 毛蓝雪花 星毛角柱花 图869

Ceratostigma griffithii Clarke in Hook. f. Fl. Brit. Ind. 3: 481. 1882.

常绿灌木，高达1.3米。茎多分枝，枝节无环痕；幼枝密被红褐或暗黄褐色长硬毛，长硬毛基部圆锥状，向上渐细，基部具鳞片状芽鳞。叶匙形、倒卵形或近菱形，长（1.5-）2-5（-7.6）厘米，先端尖，基部楔形，两面密被长硬毛。花序顶生及腋生，具5-10花。萼长(-7)8-9.5(-10.5)毫米，肋间被长硬毛；花冠长1.5-1.9厘米，冠筒紫红色，花冠裂片蓝色，倒三角形，长6-7毫米，宽4.5-5毫米，顶端微缺，具三角形突尖；雄蕊花丝上部伸出，花药蓝色，长约2毫米；花柱分枝伸达花药之下。蒴果长约6毫米。种子黑褐色。花期8-10月，果期9月至翌年1月。

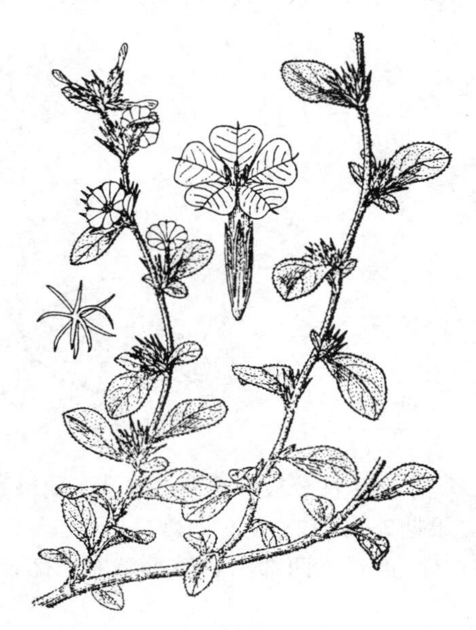

图 869 毛蓝雪花 （冀朝祯绘）

产西藏南部、云南西北部及四川西南部，生于海拔2200-2800米干热河谷。不丹有分布。

2. 小蓝雪花 小角柱花 图870 彩片234

Ceratostigma minus Stapf ex Prain in Journ. Bot. Brit. & For. 44: 7. 1906.

落叶灌木，高达1.5米。茎多分枝，节无环痕；幼枝密被白或黄白色长硬毛，毛基部椭圆体状，向上骤细，基部具鳞片状芽鳞。叶倒卵形、匙形或近菱形，长2-3厘米，先端钝或圆，稀具短尖头，基部楔形，上面无毛，或疏被长硬毛，稀被平伏毛，下面被较密长硬毛。花序顶生及侧生，侧生花序具1-9花，顶生花序具（5-）7-13（-16）花。萼长6.5-9毫米，沿肋两侧被细长硬毛；花冠长1.5-1.7(-1.9)厘米，筒部紫色，花冠裂片蓝色，倒三角形，长6-7毫米，宽4-5毫米，顶端微缺具丝状突尖；雄蕊稍伸出花冠喉部，花药蓝或紫色，长1.4-1.6毫米；花柱分枝伸至花药之上。蒴果卵圆形，长达6.5毫米。种子暗红褐色。花期7-10月，果期8-11月。

图 870 小蓝雪花 （冀朝祯绘）

产西藏、云南、四川及甘肃南部，生于海拔1000-3900米干热河谷灌丛中。根药用，消炎止痛，祛风湿。

3. 岷江蓝雪花 紫金莲 图871 彩片235

Ceratostigma willmottianum Stapf in Bot. Mag. Tokyo 140: t. 8591. 1914.

落叶亚灌木，高达2米。茎红褐色，枝节具环状叶痕，幼枝疏被长硬毛，基部具鳞片状芽鳞。叶倒卵状菱形、卵状菱形，或倒卵形，长（1.5-）2-5厘米，花序下部叶常披针形，基部楔形，渐窄成柄，叶柄基部抱茎。花序顶生及腋生，具3-7花，有时花序簇生成头状。萼长1.1-1.5厘米，沿脉两侧疏被硬毛，裂片长4-4.5毫米；花冠长2-2.6厘米，筒部红紫色，花冠裂片蓝色，倒三角形，长0.9-1.1厘米，先端微缺，具小短尖；雄蕊花药伸出，花药紫红色，长约2毫米；花柱分枝伸至花药之上。蒴果长约6毫米。种子黑色。花期6-10月，果期7-11月。

图 871 岷江蓝雪花 （冀朝祯绘）

产贵州西部、云南、西藏东南部、四川及甘肃南部，生于海拔700-3500米干热河谷林缘或灌丛中。根药用，治风湿、跌打、胃痛，枝叶可提取白花丹素，治老年慢性气管炎。

4. 蓝雪花 角柱花 图872

Ceratostigma plumbaginoides Bunge in Mém. Acad. Sci. St. Pétersb. Sav. Etr. 2: 129 (Enum. Pl. Chin. Bor. 55. 1833) 1835.

多年生草本，高达30（-60）厘米。根茎多分枝。茎细弱，上部疏被硬毛，基部无芽鳞。叶宽卵形或倒卵形，长（2-）4-6（-10）厘米，先端短渐尖，稀钝圆，基部楔形，两面近无毛。花序顶生及腋生，基部叶披针形或长圆形，具(1-5)15-30花。萼长（1.2）1.3-1.5（-1.8）厘米，沿脉疏被长硬毛，裂片长约2毫米；花冠长2.5-2.8厘米，筒部紫红色，花冠裂片蓝色，倒三角形，长、宽约8毫米，先端稍凹具窄三角形短尖；雄蕊稍伸出花冠喉部，花药蓝色，长约2毫米；花柱异长，短花柱分枝内藏，长花柱分枝伸出花药之上。蒴果长约6毫米。种子红褐色。花期7-9月，果期8-10月。染色体2n=14。

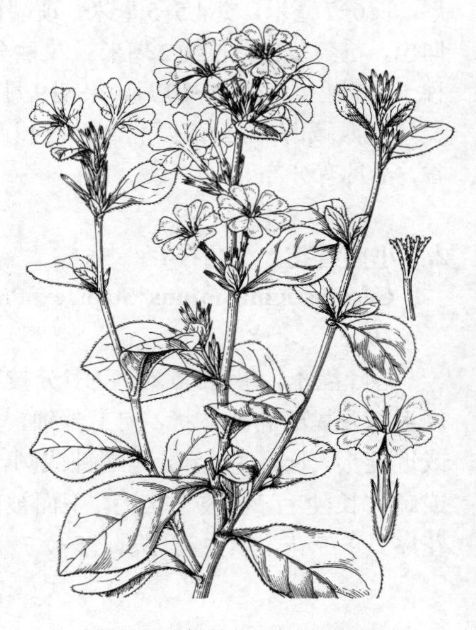

图 872 蓝雪花 （冀朝祯绘）

产河北、山西、河南、江苏及浙江西部，生于低山山麓及平地。常栽培供观赏。

4. 彩花属 Acantholimon Boiss.

垫状小灌木，多分枝。老枝具宿存枯叶。叶无柄，互生，密集，春叶位于新枝基部与夏叶同形或不同形，线形、线状针形或线状钻形，横切面扁三棱形或近扁平，先端尖锐或芒状。花序出自春叶叶腋，由2-8小穗组成顶生穗状花序，有时穗状花序或小穗腋生，小穗具单花或2-5花；外苞短于第一内苞。萼漏斗状，稀近管状，干膜质，具5棱，萼檐具5或10裂片；花冠稍长于萼，5裂；雄蕊着生花冠基部；花柱5，离生，柱头扁头状。蒴果长圆状线形。

约190种，分布于天山、帕米尔及喀喇昆仑山脉，西至希腊克里特岛及阿尔巴尼亚南部。我国约10种。

1. 当年枝基部春叶稍短于中部夏叶。
    2. 夏叶长（1-）1.5-4厘米；外苞及第一内苞无毛 ………………………… 1. **刺叶彩花 A. alatavicum**
    2. 叶窄短，长0.5-1厘米；外苞及第一内苞密被毛 ………………………… 2. **细叶彩花 A. borodinii**
1. 当年枝基部春叶长4-7毫米，中部夏叶长（1-）1.5-2（-2.5）厘米 ………………… 3. **浩罕彩花 A. kokandense**

1. 刺叶彩花 刺矶松 图873

Acantholimon alatavicum Bunge in Mém. Acad. Sci. St. Pétersb. Vll. Sci. Nat. 18(2): 40. 1872.

垫状小灌木。当年枝长0.5-1.5（-2.5）厘米。叶常灰绿色，线状针形或线状钻形，刚硬；夏叶长1.5-4厘米，横切面扁3棱形，先端具短芒尖；春叶稍短。花序不分枝，花序梗长3-6（-9）厘米，稍被毛；穗状花序长约2厘米，具（1-2）5-8小穗；小穗具1花；外苞及第一内苞无毛。萼长1-1.2厘米，脉间（有时仅上部）疏被绒毛或无毛，萼檐白色，无毛或下部沿脉被绒毛，先端具5或10个不明显裂片，脉紫褐色，伸达萼檐裂片顶缘；花冠淡紫红色。花期9-10月。

产新疆西部，生于海拔1300-2500米荒漠草原多石山坡。吉尔吉斯斯坦、哈萨克斯坦、塔吉克斯坦、乌兹别克斯坦有分布。

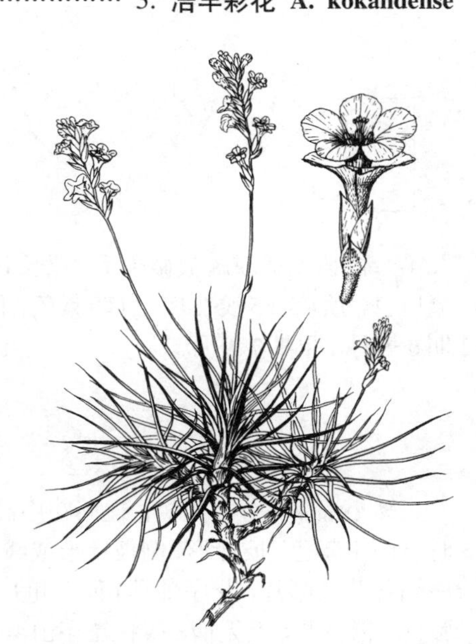

图 873 刺叶彩花 （冀朝祯绘）

2. 细叶彩花 图874

Acantholimon borodinii Krassn. Enum. Pl. Tian Shan Or. 128, 96. 1887.

垫状小灌木。当年枝长2-5毫米。叶淡灰绿色，刚硬，春叶与夏叶无明显差别，线状针形或线形，长0.5-1厘米，先端具短芒尖。花序不分枝，花序梗长约2厘米，密被柔毛；穗状花序长达1.5厘米，具（3-）4-7（-8）小穗，小穗具（1）2花；外苞与第一内苞常密被毛。萼长(6-)7-8毫米，筒部沿脉及脉间密被绒毛；萼檐白色，稍被绒毛，顶端具大小相间10裂片，脉暗紫色，伸达或近花萼裂片顶缘；花冠粉红色。花期6-7月，果期7-8月。

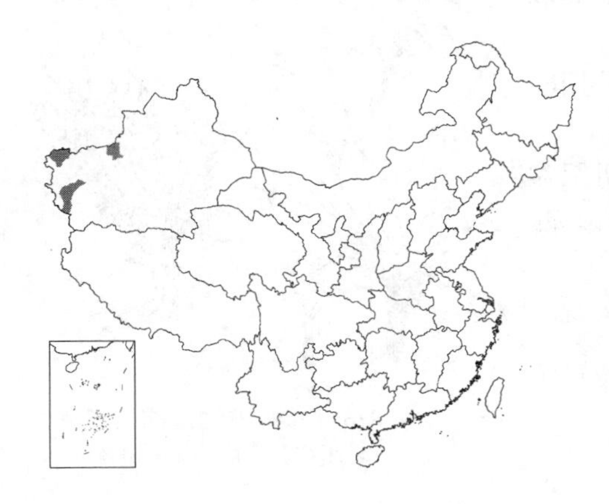

产新疆（南疆西部），生于海拔2100-2900米高山草原、山坡。吉尔吉斯斯坦有分布。

图 874 细叶彩花 （李 森绘）

3. 浩罕彩花 图 875

Acantholimon kokandense Bunge in Acta Hort. Petrop. 3(2): 99. 1875.

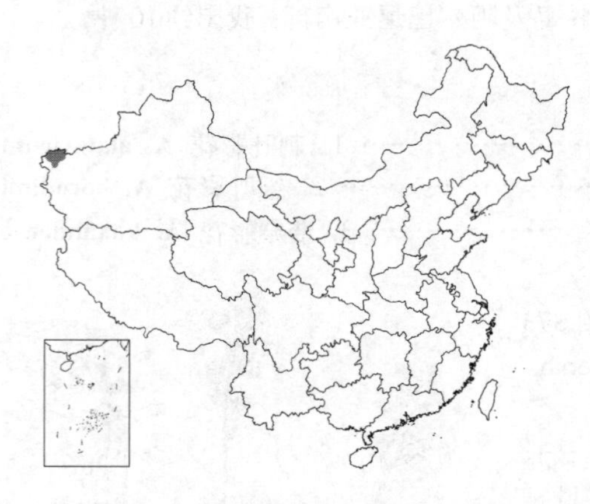

垫状小灌木。当年枝长3-7毫米。叶带灰绿色，刚硬，线状针形，夏叶长（1-）1.5-2（-2.5）厘米，宽0.5-0.8毫米，横切面扁三棱形，先端具短芒尖；春叶较短稍宽，长4-7毫米，宽达1毫米。花序不分枝；花序梗长3-6厘米，密被毛，穗状花序长1.5-2厘米，具4-7小穗，有时只具1顶生小穗，小穗具1花；外苞及第一内苞无毛或疏被微柔毛。萼长1-1.2厘米，萼筒上部脉间疏被毛，萼檐白色，顶端具5浅裂片，脉暗紫色，伸达萼檐裂片边缘；花冠粉红色。花期6-8月，果期7-9月。

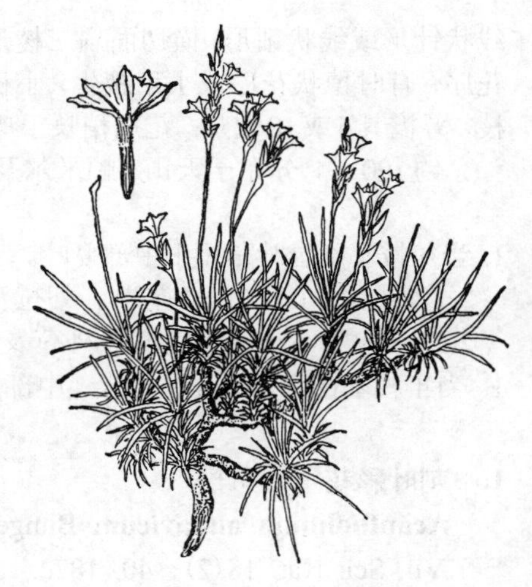

图 875 浩罕彩花 （李 森绘）

产新疆西部，生于海拔2000-2700米干旱山坡、山谷。吉尔吉斯斯坦、塔吉克斯坦有分布。

5. 伊犁花属 Ikonnikovia Lincz.

矮小灌木，分枝粗短，连同花序高达35（-50）厘米，枝上密被残存叶柄。叶集生枝端呈莲座状，灰绿色，有时下面带紫色，披针形、倒披针形或线状披针形，边缘弯缺皱波状。花序生于莲座状叶丛近基部叶腋，花序梗与花序轴各节具鳞片，花序轴具1顶生和1-3或更多侧生穗状花序，有时仅具1顶生穗状花序，侧生穗状花序生于鳞片腋内，稍弓曲，近无柄，穗状花序由4-11小穗偏于一侧密列，小穗具2-4花；外苞长于第一内苞。萼近管状，筒部脉间干膜质，长8-9毫米，萼檐窄钟状，黄白色，干膜质，裂片5，窄尖而直立；花冠5裂，紫红色，较花萼长2倍；雄蕊稍与花冠基部相连；子房线状圆柱形，上端渐细，花柱5，离生，下部具疣突，柱头扁头状。蒴果线状长圆形。

单种属。

伊犁花 图 876：1

Ikonnikovia kaufmanniana（Regel）Lincz. in Kom. Fl. URSS 18: 381. pl. 19. f. 3. 1952.

Statice kaufmanniana Regel in Acta Hort. Petrop. 6(2): 300. 1880.

形态特征同属。花期6-8月，果期7-9月。

产新疆西北部伊犁盆地，生于低山山坡及山麓。哈萨克斯坦有分布。

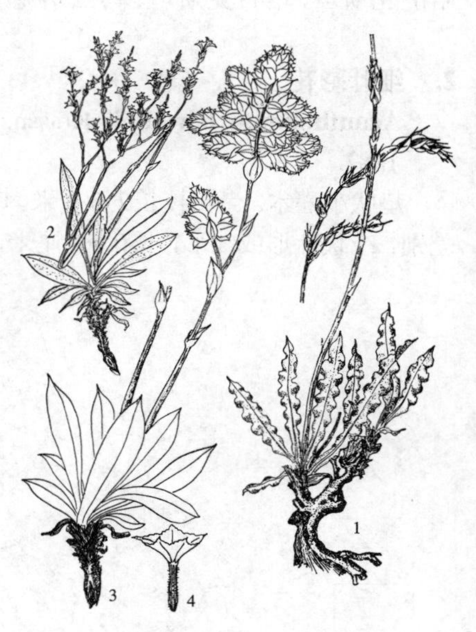

图 876: 1. 伊犁花 2. 疏花驼舌草 3-4. 团花驼舌草 （李 森绘）

6. 驼舌草属 Goniolimon Boiss.

多年生草本。叶集生茎基呈莲座状，叶缘平或近平整。花序1-2腋生，有一至三（稀四）回分枝，穗状花序生于分枝上部及顶端，由2-13花或更多的小穗排成2列，小穗具2-5花；外苞先端具宽厚渐尖的草质硬尖；第一内苞短于外苞，稀细长，先端具1或2-3草质硬尖。萼漏斗状，筒部脉间干膜质，萼檐白色，干膜质，外展，先端裂片5或10；花冠5裂；雄蕊着生花冠基部；花柱5，离生，下部具乳突，柱头扁头状。蒴果长圆形或卵状长圆形。

约10余种，分布亚洲西部及北部、欧洲、非洲北部。我国4种。

1. 穗状花序伞房状或圆锥状，疏散，非顶生头状复花序，花序分枝具2-3条棱或薄窄翅，呈二或三棱形。
   2. 外苞长7-8毫米，覆瓦状；穗状花序小穗密集 ………………………………………… 1. **驼舌草 G. speciosum**
   2. 外苞长3-5毫米，疏离；穗状花序小穗稀疏 ……………………………………… 2. **疏花驼舌草 G. callicomum**
1. 复花序头状或金字塔状；花序分枝圆或微具角棱，非二或三棱形，有时主轴具鸡冠状皱翅 …… 3. **团花驼舌草 G. eximium**

1. 驼舌草 棱枝草 图877

Goniolimon speciosum（Linn.）Boiss. in DC. Prodr. 12：634. 1848.

Statice speciosa Linn. Sp. Pl. 275. 1753.

多年生草本，高达50厘米。叶质硬，叶柄宽，具绿色边带，叶倒卵形、长圆状倒卵形至阔披针形，连叶柄长2.5-6厘米，先端短渐尖或尖，基部渐窄。花序伞房状或圆锥状；花序轴下部圆，上部二至三（稀四）回分枝，分枝具隆起条棱或窄翅呈二或三棱形；穗状花序具密集2列2-9（-11）枚小穗，小穗具2-4花；外苞长7-8毫米，覆瓦状。萼长（6）7-8毫米，萼檐裂片无牙齿，脉暗紫色，有时黄褐色，不达萼檐中部；花冠紫红色。花期6-7月，果期7-8月。

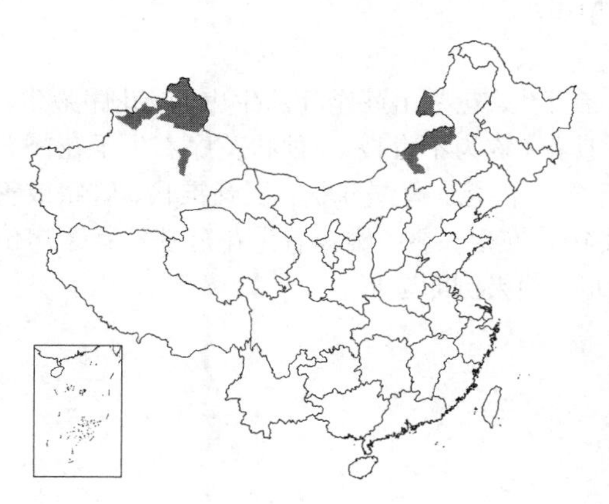

图 877 驼舌草 （冀朝祯绘）

产内蒙古及新疆北部，生于草原山坡或平原。哈萨克斯坦、蒙古、俄罗斯有分布。

2. 疏花驼舌草 图876：2

Goniolimon callicomum（C. A. Mey.）Boiss. in DC. Prodr. 12：633. 1848.

Statice callicoma C. A. Mey. in Mém. Acad. Sci. St. Pétersb. Ⅵ. Sci. Nat. 4：212. 1841.

多年生草本，高达40（-50）厘米。叶较薄，叶柄具绿色边带，叶披针形或倒披针形，连叶柄长（2-）4-10厘米，先端渐尖，基部渐窄。花序二至三回分枝，圆锥状或近伞房状，分枝及小分枝呈三棱或二棱形；穗状花序具（3-）5-7疏散小穗，小穗具（1）2-3花；外苞长3-5毫米，疏离。萼长

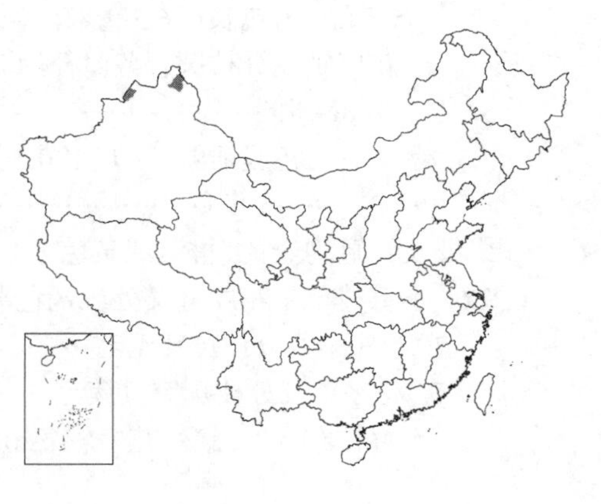

6.5–7.5毫米，萼檐裂片全缘，脉暗紫色，不达花萼中部；花冠淡紫色。花期6–7月，果期7–8月。

产新疆北部，生于海拔400–500米干旱砂石滩地。哈萨克斯坦、蒙古、俄罗斯有分布。

3. 团花驼舌草 图876：3–4

Goniolimon eximium（Schrenk）Boiss. in DC. Prodr. 12：634. 1848.

Statice eximia Schrenk in Fisch. et Mey. Enum. Pl. Nov. Schrenk. Lect. 1：13. 1841.

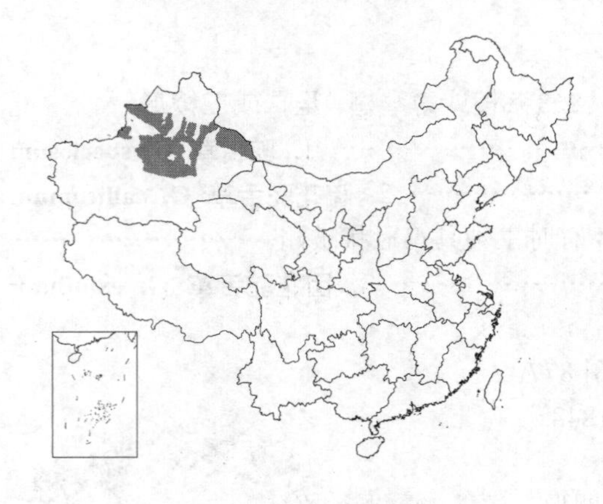

多年生草本，高达70厘米。叶较薄，叶柄具绿色边带，叶倒披针形、披针形或倒卵形，连叶柄长（3–）5–14（–16）厘米，先端渐尖，基部渐窄。花序大型头状或金字塔状，或由数个头状复花序组成伞房状，主轴圆柱状，或分枝以上微具角棱，有时具鸡冠状皱翅，上部具1–5粗短分枝，穗状花序具（3–）7–11（–13）小穗，密集2列，小穗具3–5花；外苞覆瓦状。萼长约7–8毫米，萼檐裂片边缘和裂片之间常具不整齐牙齿，脉紫红色，伸至萼檐中部或过中部；花冠淡紫红色。花期6–8月，果期7–9月。

产新疆，生于海拔1400–2700米草原山坡。哈萨克斯坦、吉尔吉斯斯坦有分布。

7. 补血草属 Limonium Mill.

草本、亚灌木或小灌木。叶基生或集生茎基分枝顶端呈莲座状，稀互生。花茎由莲座叶丛生出，或花序腋生；花序伞房状或圆锥状，稀头状，花序轴常数回分枝，有时部分小枝不具花（称为不育枝）；穗状花序着生于花序分枝上部及顶端，具（1）2–13小穗密集2列，小穗具1–5花；外苞短于第一内苞。萼漏斗状、倒圆锥状、管状或管状钟形，萼筒脉间干膜质，萼檐干膜质，膨大或外展，顶端裂片5或10；花冠5裂；雄蕊着生花冠基部；子房倒卵圆形，上端骤缩细；花柱5，离生，光滑；柱头丝状圆柱形或圆柱形。蒴果倒卵圆形。

约300种，世界广布。我国17种。

1. 萼长5毫米以上，漏斗状，有时檐部褶叠不完全开展。
  2. 萼檐淡紫红或白色。
    3. 茎基无白色膜质鳞片；叶较宽大；根皮不裂。
      4. 花序分枝具（3）4棱角或沟槽，稀主轴下部圆；萼筒径约1毫米，花冠黄色；外苞花后不弓曲，不裂；第一内苞长达6.5毫米。
        5. 第一内苞长5–5.5毫米，萼檐径小于萼长 ………………………………………… 1. **补血草 L. sinense**
        5. 第一内苞长6–6.5毫米，萼檐径与萼近等长 ………………………………… 2. **二色补血草 L. bicolor**
      4. 花序轴及分枝圆；萼筒径约1.5毫米，花冠淡紫色或上部无色；外苞花后弓曲先端2–3裂；第一内苞长7–8毫米 ……………………………………………………………………… 3. **烟台补血草 L. franchetii**
    3. 茎基具白色膜质鳞片；叶长0.5–1.5厘米，宽1–3.5毫米；根皮开裂，内层纤维红褐色 …………………………………………………………………………………………… 4. **细枝补血草 L. tenellum**
  2. 萼及花冠均金黄、橙黄或黄色。
    6. 不育枝单生花序分叉处或褐色草质鳞片腋部；花序圆锥状；茎基无木质分枝及白色膜质片。
      7. 花序轴及分枝疣突无毛 ……………………………………………………… 5. **黄花补血草 L. aureum**
      7. 花序轴及分枝疣突具簇毛 …………………………… 5(附). **星毛补血草 L. aureum var. potaninii**
    6. 不育枝（1）2–5簇生花序轴各节的白色膜质鳞片腋部；花序头状；茎基具成丛木质短分枝，枝端密被白色

膜质鳞片 …………………………………………………………………………………… 6. **簇枝补血草 L. chrysocomum**

1. 萼长2-4毫米，倒圆锥形，稀窄漏斗状，花冠淡紫或蓝紫色。
  8. 多年生草本；叶基生，有时花序轴具互生叶，基部无膜鞘。
    9. 花序轴下部5-7节具抱茎叶，脱落后留有环痕 …………………………………… 7. **耳叶补血草 L. otolepis**
    9. 花序轴无叶，无环痕，节具长达1-2厘米褐色鳞片。
      10. 花茎下部具分枝繁多的不育枝；叶长1-3.5厘米，宽0.5-2厘米，早落 ………………………………………………………………………………………………… 8. **珊瑚补血草 L. coralloides**
      10. 花茎无不育枝；叶长10-30（-40）厘米，宽3-8（-10）厘米，迟落 ……… 9. **大叶补血草 L. gmelinii**
  8. 亚灌木；叶互生或簇生；叶柄基部宽，边缘膜质抱茎，具2耳状鳞片 …… 10. **木本补血草 L. suffruticosum**

1. 补血草 中华补血草 图878

Limonium sinense（Girard）Kuntze, Rev. Gen. Pl. 2: 396. 1891.

Statice sinensis Girard in Ann. Sci. Nat. Ⅲ. 2: 329. 1844.

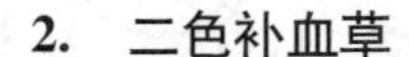

多年生草本，高达60厘米。根皮不裂。茎基粗，呈多头状。叶基生，花期不落；叶柄宽，叶倒卵状长圆形、长圆状披针形或披针形，连叶柄长4-12（-22）厘米，宽0.4-2.5（-4）厘米，基部渐窄。花茎3-5（-10）生于叶丛，花序轴及分枝具4棱角；花序伞房状或圆锥状；不育枝少，生于花序轴下部或分叉处；穗状花序具2-6（-11）小穗，穗轴二棱形，小穗具2-3（4）花；外苞长2-2.5毫米，第一内苞长5-5.5毫米。萼漏斗状，长5-6（7）毫米，萼筒径约1毫米，萼檐白色，径3.5-4.5毫米，裂片先端钝；花冠黄色。花期北方7月中旬-11月中旬，南方4-12月。

产辽宁、河北、山东、江苏、浙江、福建、台湾、广东及海南，生于滨海潮湿盐土或砂土。日本琉球群岛、越南有分布。根及全草药用，有止血、利尿作用。

图 878 补血草 （冀朝祯绘）

2. 二色补血草 图879

Limonium bicolor（Bunge ）Kuntze, Rev. Gen. Pl. 2: 395. 1891.

Statice bicolor Bunge in Mém. Acad. Sci. St. Pétersb. Sav. Etr. 2: 129.（Enum. Pl. Chin. Bor. 55. 1833.）1835.

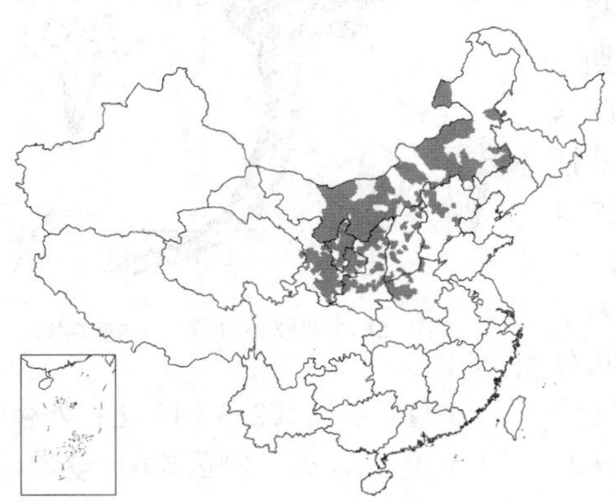

多年生草本，高达50厘米。根皮不裂。叶基生，稀花序轴下部具1-3叶，花期不落；叶柄宽，叶匙形或长圆状匙形，连叶柄长3-15厘米，宽0.3-3厘米，先端圆或钝，基部渐窄。花茎单生，或2-5，花序轴及分枝具3-4棱角，有

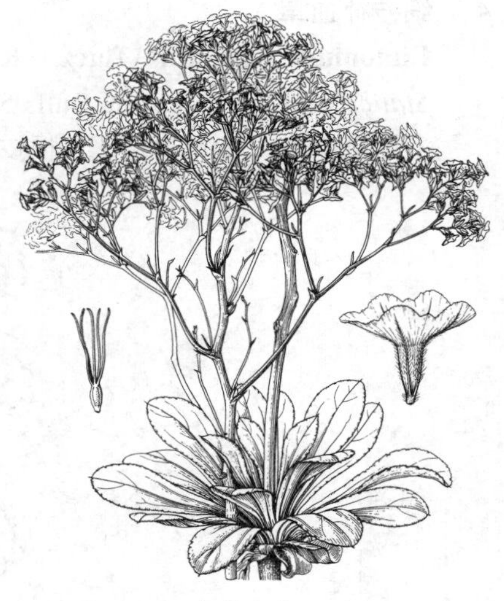

图 879 二色补血草 （冀朝祯绘）

时具沟槽，稀近基部圆；花序圆锥状，不育枝少，位于花序下部或分叉处；穗状花序具3-5（-9）小穗，穗轴二棱形，小穗具2-3（-5）花；外苞长2.5-3.5毫米，第一内苞长6-6.5毫米。萼漏斗状，长6-7厘米，萼筒径约1毫米，萼檐淡紫红或白色，径6-7毫米，裂片先端圆；花冠黄色。花期5月下旬-7月，果期6-8月。

产辽宁、内蒙古、河北、山东、江苏、河南、山西、陕西、甘肃、青海及宁夏，生于钙质土或砂土。蒙古有分布。全草药用，可止血、散瘀；又可灭蝇。

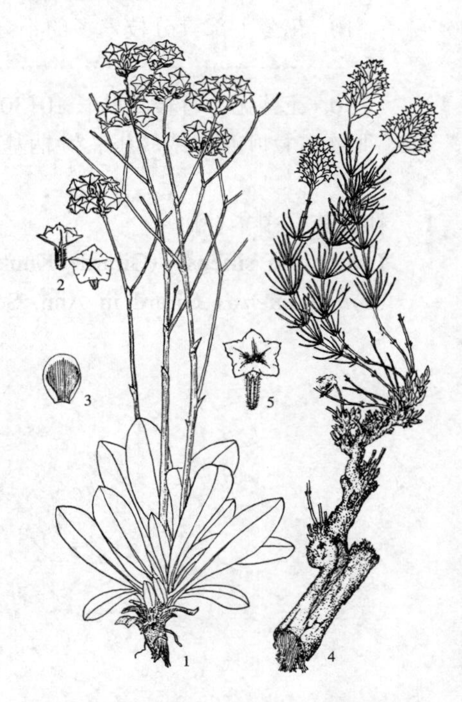

图 880：1-3. 烟台补血草 4-5. 簇枝补血草
（仿《中国植物志》）

3. 烟台补血草 图 880：1-3

Limonium franchetii（Debx.）Kuntze, Rev. Gen. Pl. 2: 395. 1891.

Statice franchetii Debx. in Acta Linn. Soc. Bordeaux 31: 348. t. 1. 1877.

多年生草本，高达60厘米。根皮不裂。茎基肥大，密被残存叶柄。叶基生，有时花序主轴下部具1-6叶，花期不落；叶柄宽，叶倒卵状长圆形或长圆状披针形，连叶柄长3-6（-15）厘米，宽1-2（3）厘米，先端圆或钝，基部渐窄，花茎单生，稀2-3（-6）生于不同叶丛，花序轴粗，和分枝均圆，花序伞房状或圆锥状；不育枝少，生于花序轴下部及分叉处，穗状花序具（3-）5-7小穗，穗轴圆或微具棱角，小穗具2-3花，外苞长3.5-4.5毫米，花后弓曲先端2-3裂，第一内苞长7-8毫米。萼漏斗状，长7-8毫米，萼筒径约1.5毫米，萼檐淡紫红或白色，开张幅与萼长相等，裂片先端圆；花冠淡紫色或上部无色。花期5月下旬-7月上旬，果期6-8月。

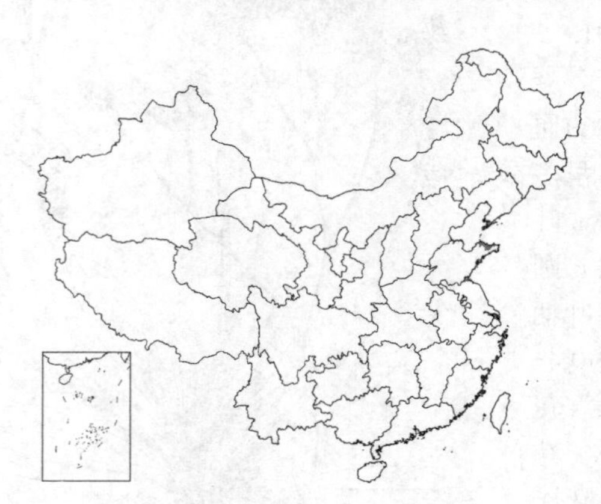

产辽宁南部、山东东部及江苏北部，生于海滨及近海地区山坡或砂地。

4. 细枝补血草 图 881

Limonium tenellum（Turcz.）Kuntze, Rev. Gen, Pl. 2: 396. 1891.

Statice tenella Turcz. in Bull. Soc. Nat. Moscou 5: 203. 1832.

多年生草本，高达30厘米。根皮开裂脱落，内层纤维红褐色。茎基肥大，多头，密被白色膜质鳞片及叶柄基部。叶基生，花期不落；叶柄细，叶匙形、长圆状匙形或线状披针形，连叶柄长0.5-1.5厘米，宽1-3.5毫米，先端圆或钝，下部渐窄。花茎多个，出自不同叶丛；花序轴细，四至七回叉状分枝，多数分枝具不育枝，花序伞房状，穗状花序具（1）2-4小穗，小穗具2-3（4）花；外苞长1.5-3毫米，第一内苞长6-7毫米，初

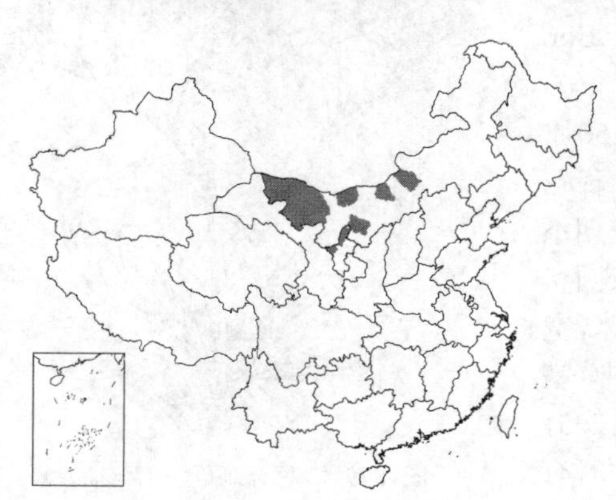

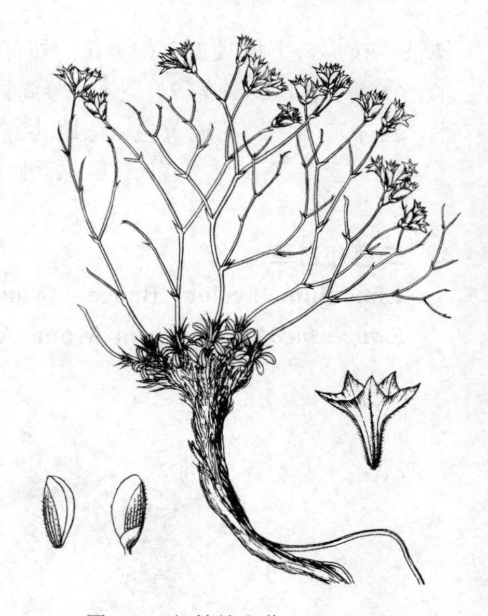
图 881 细枝补血草 （陶明琴绘）

密被长硬毛，后脱落。萼漏斗状，长8-9毫米，萼筒径1-1.3毫米，萼檐淡紫色；花冠淡紫色。花期5-7月，果期7-8（9）月。

产内蒙古及宁夏，生于海拔800-1200米荒漠草原、干旱石砾地带。蒙古有分布。

5. 黄花补血草 金色补血草 图 882

Limonium aureum（Linn.）Hill, Veg. Syst. 12: 37. t. 37. f. 4. 1767.

Statice aurea Linn. Sp. Pl. 276. 1753.

多年生草本，高达40厘米。根皮不裂。茎基肥大，被褐色鳞片及残存叶柄。叶基生，有时花序轴下部具1-2叶，花期凋落；叶柄窄；叶长圆状披针形或倒披针形，连叶柄长1.5-3（-5）厘米，宽2-5（-15）毫米，先端钝圆，基部渐窄。花茎2至多数，生于不同叶丛，常四至七回叉状分枝，花序轴下部多数分枝具不育枝，或不育枝生于褐色草质鳞片腋部，常密被疣突，无毛，花序圆锥状，穗状花序具3-5（-7）小穗，小穗具2-3花；外苞长2.5-3.5毫米；第一内苞长5.5-6毫米。萼漏斗状，长5.5-6.5（-7.5）毫米，萼筒径约1毫米，萼檐金黄或橙黄色；花冠橙黄色。花期6-8月，果期7-8月。

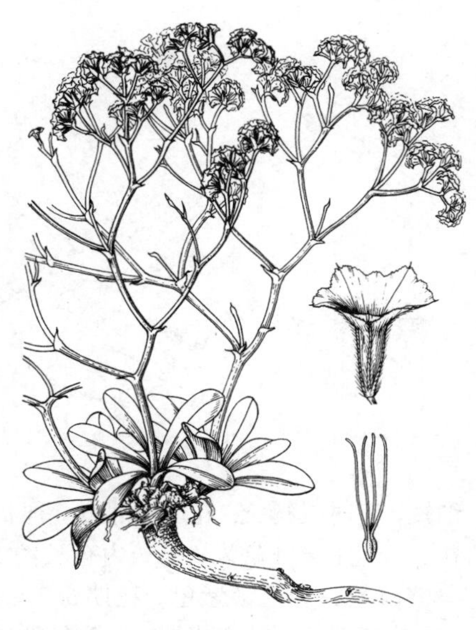

图 882 黄花补血草 （冀朝祯绘）

产内蒙古、河北、山西、陕西、甘肃、宁夏、新疆、青海及四川，生于干旱砾石滩、多石山坡或沙地。蒙古、俄罗斯西伯利亚有分布。

［附］**星毛补血草 Limonium aureum** var. **potaninii**（IK.-Gal.）Peng in Fl. Reipubl. Popul. Sin. 60(1): 38. 1987. —— *Limonium potaninii* IK.-Gal. in Acta Inst. Bot. Acad. Sci. URSS Ⅰ. 2: 255. f. 2. 1936. 本变种与模式变种的区别：花序轴及分枝疣突被簇毛。产甘肃中部、青海东部，生于黄土坡及砂地。

6. 簇枝补血草 图 880: 4-5

Limonium chrysocomum（Kar. et Kir.）Kuntze, Rev. Gen. Pl. 2: 395. 1891.

Statice chrysocoma Kar. et Kir. in Bull. Soc. Nat. Moscou 15: 429. 1842.

多年生草本或亚灌木。茎基肥大，具成丛木质分枝，枝端密被白色膜质鳞片及残存叶柄。叶数枚成丛；叶柄窄，叶线状披针形或长圆状匙形，连叶柄长0.5-1.5(-2.5)厘米，宽1-4毫米，下部渐窄。花序轴细，高达20（-25）厘米，稍具疣突，每节具1窄长白色膜质鳞片，鳞片腋部簇生（1)2-5针状不育枝，长1-1.5（-3）厘米；花序头状，顶生，具1-3密集穗状花序，穗状花序具(3-)5-7（-9）小穗，小穗含2-3（-5）花；外苞及第一内苞无毛或局部被短毛。萼漏斗状，长0.9-1.2厘米，萼筒径约1.5毫米，萼檐鲜黄色；花冠橙黄色。花期6-7月，果期7-8月。

产新疆，生于荒漠草原或石质山坡。哈萨克斯坦、蒙古、俄罗斯有分布。

7. 耳叶补血草 图 883

Limonium otolepis（Schrenk）Kuntze, Rev. Gen. Pl. 2: 396. 1891.

Statice otolepis Schernk in Bull. Phys.-Math. Acad. Sci. St. Pétersb. 1: 362. 1843.

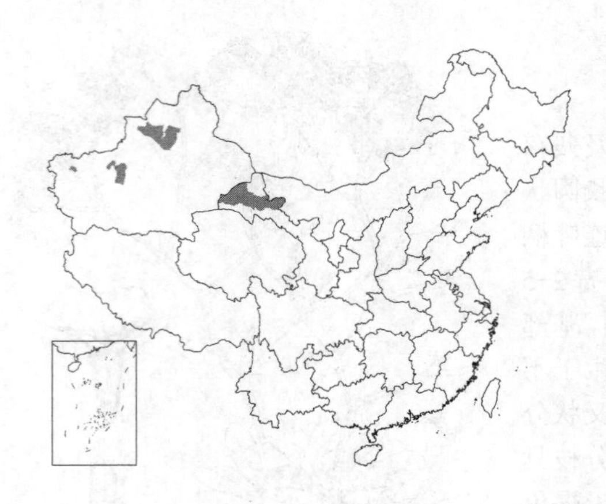

多年草本，高达90(-120)厘米。根茎暗红褐色，顶端成肥大茎基。叶基生，在花茎下部互生，基生叶花期凋落，叶柄细窄，叶倒卵状匙形，连叶柄长3-6（-8）厘米，宽1-2（-3）厘米，先端钝圆，下部渐窄，花茎叶无柄，宽卵形或肾形，抱茎，花期渐凋落，节具环状叶痕。花茎单生，或数枚出自不同叶丛，多回分枝，下部分枝多为不育枝，小枝细短，有时具疣突；花序圆锥状，穗状花序具2-5（-7）小穗；小穗具1（2）花；外苞长约1毫米，第一内苞长约2毫米。萼倒圆锥形，长2.2-2.5毫米，萼檐白色；花冠淡紫色。花期6-7月，果期7-8月。

产新疆及甘肃西北部，生于海拔300-1400米平地盐土及盐渍化土壤。阿富汗、土库曼斯坦、乌兹别克斯坦、哈萨克斯坦、吉尔吉斯斯坦、塔吉克斯坦有分布。

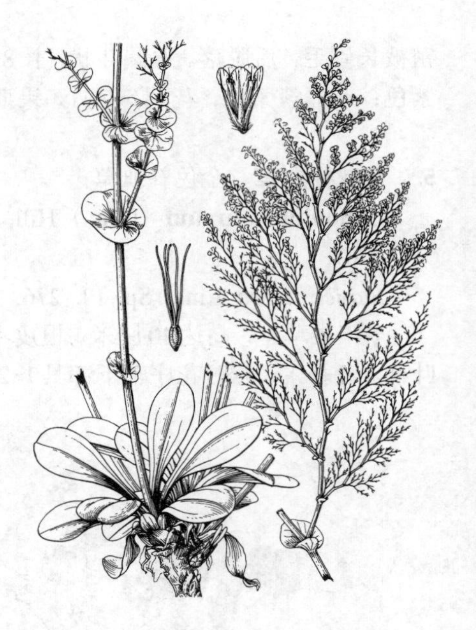

图 883 耳叶补血草 （冀朝祯绘）

8. 珊瑚补血草 图 884

Limonium coralloides（Tausch）Lincz. in Kom. Fl. URSS 18: 451. t. 22. f. 2. 1952.

Statice coralloides Tausch in Syllog. Pl. Nov. Ratisb. 2: 255. 1828.

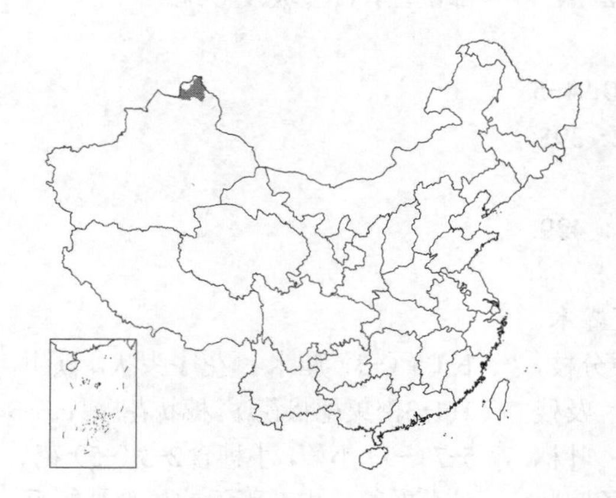

多年生草本，高达50厘米。茎基木质，多头。叶基生，常早落；叶柄宽，叶长圆状倒卵形或长圆状匙形，连叶柄长1-3.5厘米，宽0.5-2厘米，先端圆，下部渐窄。花茎无叶，常多条，由不同叶丛生出，多回分枝，节具大形褐色鳞片；下部具分枝繁多的不育枝；小枝细短，密被疣突，疣端初被白色毛簇。花序圆锥状，穗状花序具3-5（-7）疏散小穗，小穗具1（2）花；外苞长约1毫米，第一内苞长约2毫米。萼倒圆锥状或窄漏斗状，长2.5-3毫米，萼檐白色；花冠淡蓝紫色。花期7-8月，果期8-9月。

产新疆阿勒泰地区，生于海拔400-1100米盐渍化荒滩、湖边及河岸阶地。哈萨克斯坦、蒙古、俄罗斯西伯利亚有分布。

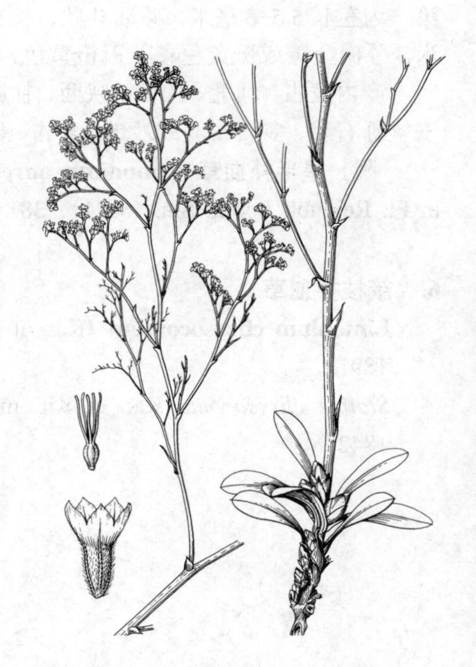

图 884 珊瑚补血草 （冀朝祯绘）

9. 大叶补血草 图 885

Limonium gmelinii（Willd.）Kuntze, Rev. Gen. Pl. 2: 395. 1891.

Statice gmelini Willd. Sp. Pl. 1: 1524. 1798.

多年生草本，高达70（-100）厘米。茎基单头或2-3头，密被残存叶柄基部。叶基生，花时不落，具叶柄；叶长圆状倒卵形、长椭圆形或卵形，连叶柄长（5-）10-30（-40）厘米，宽3-8（-10）厘米，先端钝圆，下部渐窄。花茎单生，三至四回分枝，小枝细直；无不育枝，稀单个位于分叉处。花序伞房状或圆锥状，穗状花序具2-7小穗，小穗具1-2（3）花；外苞长1-1.5毫米，第一内苞长2-2.5毫米。萼倒圆锥形，长3-3.5毫米，萼檐淡紫或白色；花冠蓝紫色。花期7-9月，果期8-9月。染色体2n=18。

图 885 大叶补血草 （李 森绘）

产新疆，生于盐渍化荒地及盐土。哈萨克斯坦、吉尔吉斯斯坦、蒙古、俄罗斯及中欧东南部有分布。根富含单宁；亦供药用。

10. 木本补血草 图 886

Limonium suffruticosum（Linn.）Kuntze, Rev. Gen. Pl. 2: 396. 1891.

Statice suffruticosa Linn. Sp. Pl. 276. 1753.

矮小亚灌木；基部丛出分枝，老枝具残存膜质叶鞘。叶在当年枝上部互生，或由去年枝腋芽发出成簇，肥厚，叶柄细，基部宽，半抱茎，为具宽膜质边缘的叶鞘，叶柄基部两侧具2直立耳状鳞片；叶长圆状匙形或披针状匙形，连叶柄长1-4.5(-7)厘米，宽2-7（-10）毫米，先端圆，下部渐窄。花序腋生，长5-35厘米，具少数1-2级分枝，节间长，无不育枝；穗状花序具2-5（-7）小穗，单个或2-3成簇或头状生于分枝各节及顶端，小穗具2-3（-5）花；外苞长1-1.5毫米；第一内苞长2-3毫米。萼倒圆锥状，长3-4毫米，萼檐白色；花冠淡紫或蓝紫色。花期8-10月，果期9-10月。染色体2n=18。

图 886 木本补血草 （冀朝祯绘）

产新疆北部，生于海拔400-1300米盐土或盐渍化土壤。蒙古西南部、俄罗斯、哈萨克斯坦、吉尔吉斯斯坦、乌兹别克斯坦、阿富汗、亚洲西南部、欧洲有分布。

55. 五桠果科 DILLENIACEAE

（杜玉芬）

乔木或灌木，有时为藤本，稀亚灌木或草本。单叶互生，稀对生，全缘或具锯齿，羽裂或3裂；无托叶，或叶柄具翅。总状、聚伞或圆锥花序，有时数花簇生或单生，顶生或腋生。花两性或单性，辐射对称或两侧对称。萼片（3）4-5（-20）片，覆瓦状排列，宿存；花瓣（2）3-5（-7）片，覆瓦状排列，在芽中常皱褶；雄蕊多数，稀定数，离生或基部连合成束，常具退化雄蕊，花药基着，药室侧生或内向，纵裂或顶孔开裂；心皮1-多枚，离生或腹面与隆起花托稍连合，倒生胚珠1-多枚，着生腹缝或基部，花柱离生，叉开。蓇葖果、蒴果或浆果状，开裂或不裂；种子1-多个。种子具假种皮；胚乳发达，富含蛋白质及油脂；胚小，直伸。

11属，约400种，分布于热带及亚热带地区，主产大洋洲。我国2属，5种。

1. 木质藤本；叶粗糙；花小，圆锥花序；宿萼薄革质，不增大；心皮1-5；蓇葖果，果皮革质 ………………………………………………………………………… 1. **锡叶藤属 Tetracera**
1. 乔木；叶形大，侧脉10-80对；花大，单生或成总状花序；心皮5-20，分离，宿萼肉质，包被蒴果，呈浆果状 ………………………………………………………………………… 2. **五桠果属 Dillenia**

1. 锡叶藤属 Tetracera Linn.

常绿木质藤本。单叶，互生，粗糙，侧脉平行凸起。花两性，辐射对称；顶生或侧生圆锥花序；苞片及小苞片线形。萼片6-4，宿存，果时不增大，常反折；花瓣5-2，白色，早落；雄蕊多数，花丝线形，上部宽，药隔宽，药室顶端靠近，基部稍叉开；雌蕊具5-1个离生心皮，每心皮具多个或2个胚珠。蓇葖果革质。种子数个或1个，假种皮杯状或流苏状。

约40种，分布于热带地区，主产美洲热带。我国2种。

1. 心皮无毛；萼片无毛，稀有疏毛，具睫毛；叶两面初被刚毛，脱落后留有硬化小突起毛迹 ………………………………………………………………………… **锡叶藤 T. asiatica**
1. 心皮密被柔毛；萼片被柔毛；叶下面被粗毛 ………………………… （附）. **毛果锡叶藤 T. scandens**

锡叶藤

图887

Tetracera asiatica（Lour.）Hoogl. in Van Steenis Fl. Malesiana 1(4): 143. 1951.

Segnieria asiatica Lour. Fl. Cochinch. 341. 1790.

常绿木质藤本；多分枝，枝条粗糙。叶革质，粗糙，长圆形，基部宽楔形或近圆，两面初被刚毛，旋脱落，具硬化小突起毛迹；叶柄长1-1.5厘米，粗糙，被毛。圆锥花序顶生或生于侧枝顶，长达25厘米，被平伏柔毛，花序轴常为“之”字形曲折。萼片5，宿存，大小不等，无毛，稀有疏毛，具睫毛；花瓣3，白色，与萼片近等长；雄蕊多数，花丝线形，干后黑色；心皮1，无毛。蓇葖果黄红色，薄革质，花柱宿存。种子1，黑色，基部具

图 887 锡叶藤 （引自《图鉴》）

黄色流苏状假种皮。花期4-5月。

产福建、广东、香港、海南及广西。中南半岛、泰国、印度、斯里兰卡、马来西亚及印度尼西亚有分布。叶片粗糙，用以擦洗锡器及金属制品，故称“锡叶藤”；茎皮纤维强韧，可制绳索，又可药用，治腹泻、肝脾肿大，并治牛滞食。

［附］**毛果锡叶藤 Tetracera scandens** (Linn.) Merr. Interpr. Rumph. Herb. Amboin. 365. 1917. —— *Tragia scandens* Linn. in Stickm. Herb. Aml. 18. 1754. 本种与锡叶藤的区别：心皮密被灰色柔毛；萼片被柔毛；叶下面被褐色粗毛。产云南。中南半岛、缅甸、泰国、马来西亚、印度及菲律宾有分布。

2. 五桠果属 **Dillenia** Linn.

乔木或灌木。单叶互生，长达60厘米。花单生或成总状花序，生于枝顶叶腋，或生于老枝的短侧枝上，苞片早落或缺。花梗粗；萼片5，宿存；花瓣5或缺，早落；雄蕊多数，离生，2轮，外轮较短，有时发育不全，内轮较长，数较少，花药长或短，生于花丝侧面或顶端，纵裂或顶孔开裂；心皮4-20，轮生于圆锥状花托上，花柱线形，稍扩展，柱头常不明显，胚珠少数至多数。蓇果近球形，为肉质宿萼包被，果开裂时，与宿萼呈放射状扩展，不裂时则包于宿萼内，每心皮具1或少数种子。种子有或无假种皮，假种皮肉质或膜质，胚乳丰富，胚微小。

约60种，分布于亚洲热带地区，少数产马达加斯加。我国3种。

1. 花簇生于老枝的短侧枝上，花径2-3厘米；果径1.5-2厘米；花药纵裂，心皮5-6；叶侧脉30-60对 ………………………………………… 1. **小花五桠果 D. pentagyna**
1. 花或花序生于枝顶叶腋，花径10-20厘米；果径4-15厘米；花药顶孔裂开，心皮8-20；叶侧脉16-50对。
   2. 叶长圆形或倒卵状长圆形，老叶无毛或下面脉上被毛，侧脉25-50对；花单生，心皮14-20；果径10-15厘米 ………………………………………… 2. **五桠果 D. indica**
   2. 叶倒卵形或长倒卵形，老叶下面被褐色硬毛，侧脉15-25对；总状花序，心皮8-9，花径10-13厘米；果径4-5厘米 ………………………………………… 3. **大花五桠果 D. turbinata**

1. 小花五桠果 图888

Dillenia pentagyna Roxb. Pl. Corom. 1: 21. t. 20. 1795.

落叶乔木；树皮平滑，灰色，薄片剥落。叶长椭圆形或倒卵状椭圆形，长20-60厘米，基部下延成窄翅状，幼时两面侧脉被毛，具浅波状齿，齿尖突出，侧脉30-60对；叶柄无毛，具窄翅。花数朵簇生于老枝的短侧枝上，径2-3厘米；苞片被毛。萼片绿色，具睫毛；花瓣黄色，长倒卵形；雄蕊2轮，外轮雄蕊多数，发育不全，外弯，内轮雄蕊较少，正常发育，花药纵裂；心皮5-6。果近球形，不裂。径1.5-2厘米。黄红色，每果瓣且1-2种子，种子卵圆形，花期4-5月。

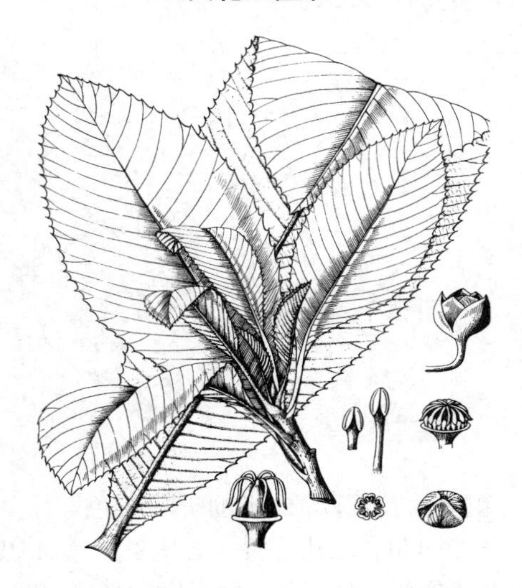

图 888 小花五桠果 （引自《海南植物志》）

产海南及云南，生于低海拔灌丛中及草地。中南半岛、泰国、缅甸、马来西亚及印度有分布。木材坚韧，供建筑、家具及工艺用。果可食，也可药用止咳。

2. 五桠果　　图 889　彩片 236

Dillenia indica Linn. Sp. Pl. 135. 1753.

常绿乔木，高达20米；树皮平滑，红褐色。幼枝粗，密被平伏丝毛，后脱落。叶长圆形或倒卵状长圆形，长15-40厘米，先端近圆，具长约1厘米短尖头，基部宽楔形，两面初被柔毛，旋脱落，仅下面脉上被毛，侧脉25-50对，具锯齿，齿尖锐利；叶柄具窄翅，基部稍宽，稍被毛。花单生枝顶叶腋，径12-20厘米。花梗粗，被毛；萼片肉质，近圆形，外侧被柔毛；花瓣白色，倒卵形，长7-9厘米；雄蕊发育完全，外轮多数，内轮较少较长，花药长于花丝，顶孔开裂；心皮14-20，每心皮胚珠多个。果球形，径10-15厘米，不裂。种子扁，边缘有毛。花期7月。

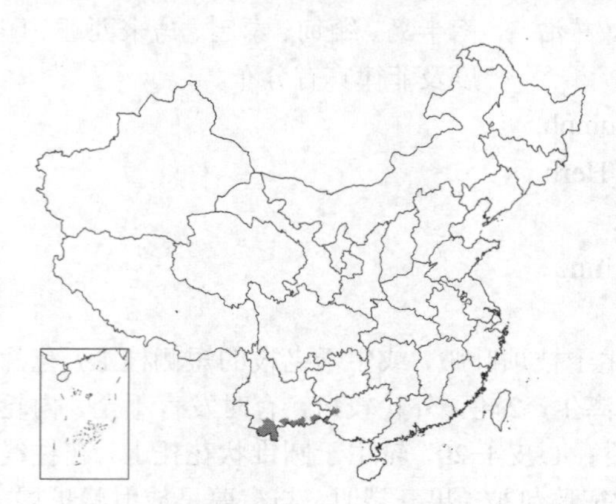

图 889　五桠果　（引自《图鉴》）

产云南南部及广西西部，生于低海拔山谷、沟边及林中。福建厦门、福州等地树木园有栽培。印度及东南亚有分布。树姿优美，花大，果奇特，可供观赏；木材坚硬，供建筑、家具等用；果味酸甜，可食。

3. 大花五桠果　　图 890　彩片 237

Dillenia turbinata Finet et Gagnep. in Bull. Soc. Bot. France, Mem. 4: 11. pl. 1. 1906.

常绿乔木。高达30米。枝密被褐色硬毛，后脱落。叶倒卵形或长倒卵形，长12-30厘米，先端圆或钝，稀尖，基部楔形下延成窄翅状，具牙齿，上面中脉及侧脉被硬毛，余无毛或近无毛，下面被褐色硬毛，侧脉15-25对；叶柄被锈色硬毛。总状花序顶生，总花梗及花梗密被锈色长硬毛。花径10-13厘米；萼片肉质，大小不等，外层最大，被锈色粗毛；花瓣膜质，倒卵形，黄色，稀白或粉红色；雄蕊2轮，花药较花丝长2-4倍，顶孔开裂；心皮8-9，每心皮具胚珠多个。果近球形，不裂，径4-5厘米，暗红色。种子倒卵形。花期4-5月。

图 890　大花五桠果　（引自《图鉴》）

产广东、海南、广西及云南，生于常绿阔叶林中。越南有分布。果可食；木材供建筑。

56. 芍药科 PAEONIACEAE

（洪德元　潘开玉）

单属科，形态特征见属。

芍药属 **Paeonia** Linn.

灌木、亚灌木或多年生草本。根圆柱形或呈纺锤形块根。当年生分枝基部或茎基部具数枚鳞片。叶常为二回三出复叶，小叶片不裂而全缘或分裂，裂片常全缘。单花顶生或数朵排成聚伞花序、或数朵生茎顶和茎上部叶腋，有时仅顶端1朵开放，径达13厘米；苞片2-6，叶状，大小不等，宿存；萼片3-5，宽卵形，大小不等；花瓣4-13（栽培者多为重瓣），倒卵形；雄蕊多数，离心发育，花丝窄线形，花药黄或红色，纵裂；花盘杯状或盘状，革质或肉质，全包或半包心皮或仅包心皮基部；心皮1-5（-7），离生，有毛或无毛，花柱极短，柱头扁平，外卷，胚珠多数，沿心皮腹缝线排成2列。蓇葖沿腹缝开裂；种子数枚，黑或深褐色，光滑无毛。染色体大型，基数为5。

约31种，分布于北温带地区，个别种延伸至寒温带，我国16种，其中凤丹（P. ostii）、牡丹（P. suffruticosa）、芍药（P. lactiflora）为我国主要药材，全国不少地区都有栽培，尤以四川（垫江、渠县、中江）、河南（洛阳）、山东（菏泽）、安徽（铜陵、亳州）、浙江（东阳、临安、余姚）最为著名。在我国分布的种类中，多数种类的根和根皮供药用，有镇痛、止痛、凉血散瘀之效。

1. 灌木或亚灌木；花盘发达，革质或肉质，包心皮达1/3以上。
  2. 花单朵顶生，上举；花盘革质，全包或半包心皮。
    3. 花盘在花期全包心皮；心皮5(-7)，密被绒毛；叶为二回三出复叶或为二至三回羽状复叶；小叶常少于20，如多于20，则至少有部分小叶不裂。
      4. 叶为二回三出复叶；小叶常9枚。
        5. 小叶长卵形、卵形或近圆形，多分裂，绿色；花瓣基部无斑块。
          6. 小叶长卵形或卵形，顶生小叶3深裂，并另有1至几个小裂片，侧生小叶2-3裂，个别小叶不裂；裂片先端急尖；叶下面无毛 ………………………………………………… 1. **牡丹 P. suffruticosa**
          6. 小叶卵圆形至圆形，全部小叶3深裂，裂片再分裂，裂片先端急尖至圆钝；叶下面脉上被绒毛 …………………………………………………………………………… 2. **矮牡丹 P. jishanensis**
        5. 小叶卵形或卵圆形，多不裂，上面常带红色；花瓣基部有红色斑块 ……………… 3. **卵叶牡丹 P. qiui**
      4. 最发育的叶为羽状复叶；小叶多于9，长卵形至披针形，多数不裂，较少卵圆形，多数分裂。
        7. 叶为二回羽状复叶；小叶不超过15，卵形或卵状披针形、多全缘；花瓣纯白色，无紫斑 …………………………………………………………………………… 4. **凤丹 P. ostii**
        7. 叶为三回（少二回）羽状复叶；小叶（17）19-33，披针形或卵状披针形，多不裂或卵形至卵圆形，多数分裂 ……………………………………………………………… 5. **紫斑牡丹 P. rockii**
    3. 花盘在花期半包心皮；心皮2-4（5），无毛；叶为三或四回羽状复叶；小叶（29-）33-63，全部分裂 …………………………………………………………………………… 6. **四川牡丹 P. decomposita**
  2. 花常2或3朵顶生兼腋生，多少下垂；花盘肉质，仅包心皮基部。
    8. 心皮常2-5（-7）；蓇葖果长4厘米，径1.5厘米；花瓣、花丝和柱头常不为黄色；植株高不及2米 …………………………………………………………………………… 7. **滇牡丹 P. delavayi**
    8. 心皮单生；蓇葖果长4.7-7厘米，径2-3.3厘米；花瓣、花丝和柱头黄色；植株高1.5-3.5米 …………………………………………………………………………… 8. **大花黄牡丹 P. ludlowii**
1. 多年生草本；花盘不发达，肉质，仅包心皮基部。
  9. 小叶不裂。

10. 单花顶生；叶全缘；常为野生种 ………………………………………………………………… 9. **草芍药 P. obovata**
10. 花常数朵，有时仅顶生花开放；小叶窄卵形、椭圆形或披针形，具骨质细齿 ……… 10. **芍药 P. lactiflora**

9. 小叶分裂。
11. 小叶顶生1枚3裂，侧生小叶不裂或不等2裂，窄长圆形或长圆状披针形，长9-13厘米，宽1.2-3厘米，无毛；心皮被毛或无毛；花粉白色 ……………………………………………………… 11. **白花芍药 P. sterniana**
11. 小叶多裂，裂片再分裂，窄披针形或披针形，长3.5-10厘米，宽0.4-1.7厘米，沿叶脉有毛或无毛；心皮密被黄色绒毛，稀无毛；花红色。
12. 花数朵，顶生和腋生，有时仅顶生1朵发育开放；根不加粗 …………………………… 12. **川赤芍 P. veitchii**
12. 单花顶生；根加粗呈纺锤状 ……………………………………………………………… 13. **块根芍药 P. hybrida**

1. 牡丹 图 891 彩片 238

Paeonia suffruticosa Andr. in Bot. Rep. 6: t. 373. 1804.

落叶灌木。茎高达2米；分枝短而粗。叶常为二回三出复叶；顶生小叶宽卵形，长7-8厘米，3裂至中部，裂片不裂或2-3浅裂，上面绿色，无毛，下面淡绿色，有时具白粉，无毛，小叶柄长1.2-3厘米；侧生小叶窄卵形或长圆状卵形，长4.5-6.5厘米，不等2裂至3浅裂或不裂，近无柄；叶柄长5-11厘米，和叶轴均无毛。花单生枝顶，径10-17厘米；花梗长4-6厘米；苞片5，长椭圆形，大小不等；萼片5，绿色，宽卵形，大小不等；花瓣5，或为重瓣，玫瑰、红紫或粉红色至白色，倒卵形，长5-8厘米，先端呈不规则的波状；雄蕊长1-1.7厘米，花丝紫红或粉红色，有时上部白色，长约1.3厘米，花药长圆形，长4毫米；花盘革质，杯状，紫红色，顶端有数个锐齿或裂片，完全包住心皮，在心皮成熟时开裂；心皮5，稀更多，密生柔毛。蓇葖长圆形，密生黄褐色硬毛。花期4-5月，果期8-9月。

图 891 牡丹 （王金凤绘）

牡丹在我国已有逾2000年的栽培历史，现已广泛栽培，并早已引种国外。在栽培类型中，主要根据花的颜色，可分成上百个品种。其野生类型（花单瓣）仅见于安徽巢湖和河南嵩县，名为**银屏牡丹 Paeonia suffruticosa** subsp. **yinpingmudan** D. Y. Hong, K. Y. Pan et Z. W. Xie。根皮供药用，为镇痉药，能凉血散瘀，治中风、腹痛等症。

2. 矮牡丹 图 892 彩片 239

Paeonia jishanensis T. Hong et W. Z. Zhao in Bull. Bot. Res (Harbin) 12(3): 225. f. 2. 1992.

Paeonia suffruticosa Andr. var. *spontanea* Rehd.; 中国高等植物图鉴 1: 651. 1972; 中国植物志 27: 41. 1979.

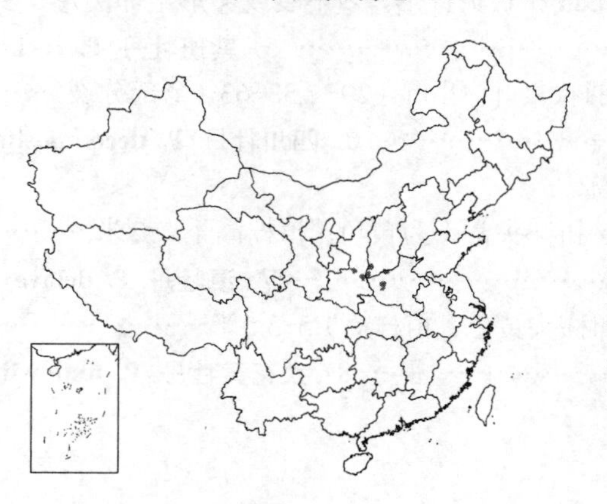

落叶灌木，高达2米。老茎皮褐灰色，有纵纹。二年生枝灰色，皮孔黑色。花枝褐红或淡绿色，皮孔不明显。叶为二回三出复叶，具9小叶，稀较多；小叶圆形或卵圆形，长2.5-5.5厘米，先端急尖或钝，基部圆、宽楔形或稍心形，下面疏被长柔毛，通常3裂至近中部，裂片通常2-3裂，稀全

图 892 矮牡丹 （冯晋庸绘）

缘。花单生枝顶；苞片3（-4），萼片3；花瓣6-8（-10），白色，稀边缘或基部带粉色；雄蕊多数，花药黄色；花丝紫红色或下部紫红色，上部白色；花盘紫红色，花期全包心皮，顶端齿裂；心皮5，密被黄白色绒毛；柱头紫红色。蓇葖果圆柱状，长2-2.5厘米。种子黑色，有光泽。花期4-5月，果期8-9月。

产河南、山西西南部及陕西中部，生于海拔900-1700米的灌丛和次生落叶阔叶林中，以根出条无性繁殖为主。此外在延安万花山有半野生的居群。

3. 卵叶牡丹 图 893 彩片 240

Paeonia qiui Y. L. Pei et D. Y. Hong in Acta Phytotax. Sin. 33(1): 91. f. 1. 1995.

落叶灌木，高60-80厘米。枝皮褐灰色，有纵纹，具根出条。二回三出复叶，长20-31厘米，宽13-22厘米，叶柄长8.5-15.5厘米；小叶9，多为卵形或卵圆形，长6.5-8.2厘米，先端钝尖，基部圆形，多全缘，上面多为紫红色，下面浅绿色，仅顶生小叶有时2浅裂或具齿。花单生枝顶，径8-12厘米；花瓣5-9，粉或粉红色，长3.5-5.5厘米，宽2-3.1厘米，平展；雄蕊80-120，花丝粉或粉红色，花药黄色；花柱极短；柱头扁平，反卷成耳状，多紫红色，旋转程度90°-360°，旋转方向顺时针和逆时针各半；花盘暗紫红色，革质，全包心皮；心皮5，密被白或浅黄色柔毛；蓇葖果5，纺锤形，长1.4-1.8厘米，密被金黄色硬毛。种子卵圆形，长0.6-0.8厘米，黑色而有光泽。花期4月下旬至5月上旬，果期7-8月。

图 893 卵叶牡丹 （冯晋庸绘）

产湖北西部及河南西部，生于海拔1000-2000米的林中岩石上。

4. 凤丹 杨山牡丹 图 894 彩片 241

Paeonia ostii T. Hong et J. X. Zhang in Bull. Bot. Res. (Harbin) 12 (3): 223. f. 1. 1992.

落叶灌木，高达1.5米。茎皮褐灰色，有纵纹。一年生枝黄绿色。叶为二回羽状复叶，小叶多至15；小叶窄卵形或卵状披针形，长5-15厘米，宽2-5厘米，基部楔形或圆，两面无毛，顶生小叶通常3裂，侧生小叶多数全缘，少2裂。花单生枝顶，单瓣；苞片3，卵圆形；萼片3，宽卵圆形；花瓣9-11，白色或下部带粉色，倒卵形，长5-6.5厘米，宽3.5-5厘米；雄蕊多数，花药黄色；花丝紫红色；心皮5，密被黄白色绒毛；柱头紫红色。蓇葖果圆柱形，长2-3.3

图 894 凤丹 （张泰利绘）

厘米。种子黑色，有光泽。花期4月中旬至5月上旬，果期8-9月。

产河南西部嵩县及卢氏县，野生居群极少，现已广泛栽培，是著名中药丹皮的原植物，以安徽铜陵的凤丹最为著名。

5. 紫斑牡丹 图895

Paeonia rockii（S. G. Haw et L. A. Lauener）T. Hong et J. J. Li in Bull. Bot. Res.（Harbin）12(3)：227. f. 4. 1992.

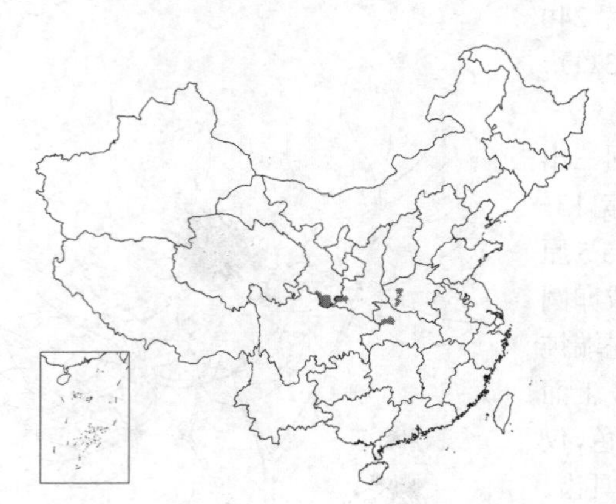

Paeonia suffruticosa Andr. subsp. *rockii*. S. G. Haw et L. A. Lauener in Edinb. Journ. Bot. 47(3)：279. f. 1a. 1990.

Paeonia papaveracea auct. non Andr.：中国高等植物图鉴 1：652. 1972.

Paeonia suffruticosa Andr. var. *papaveracea* auct. non（Andr.）Kerner：中国植物志 27：45. 1979.

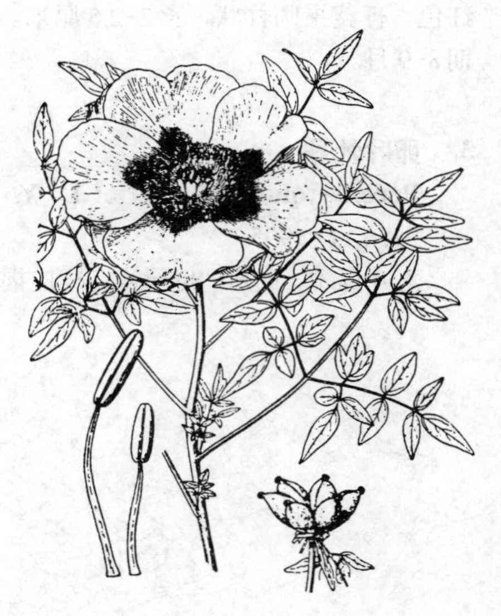

图 895 紫斑牡丹 （张泰利绘）

落叶灌木。茎皮褐灰色。叶二或三回羽状复叶，叶柄长10-15厘米，小叶19-，卵状披针形，长2.5-11厘米，基部圆钝，先端渐尖，多全缘，少数(常常是顶生小叶)3深裂，上面无毛或主脉上有白色长柔毛，下面多少被白色长柔毛。花单朵顶生，径达19厘米；花瓣通常白色，稀淡粉红色，基部内面具一大紫色斑块；雄蕊极多数，花丝和花药全为黄色；花盘花期全包心皮，黄色；心皮5，密被绒毛，柱头黄色。蓇葖果（幼）长椭圆形，长2.5厘米，径1厘米。花期4月下旬至5月中旬。

产甘肃东南部、陕西南部、湖北西部及河南西部，生于海拔1100-1800米林中。

［附］**太白山紫斑牡丹** 彩片242 **Paeonia rockii** subsp. **taibaishanica** D. Y. Hong in Acta Phytotax. Sin. 36(6)：542. f. 2. 1998. 本亚种与模式亚种的区别：小叶卵形或宽卵形，大多分裂。产陕西（太白山、陇县）及甘肃（天水、平凉），生于林中或林缘。

6. 四川牡丹 图896 彩片243

Paeonia decomposita Hand.-Mazz. in Acta Hort. Gothob. 13：39. 1939.

Paeonia szechuanica Fang；中国高等植物图鉴 1：652. 1972.；中国植物志 27：45. 1979.

灌木，各部均无毛。茎高0.7-1.5米，树皮灰黑色，片状脱落，分枝圆柱形，基部具宿存的鳞片。叶为三至四回三出复叶，小叶29-63，叶片长10-15厘米，叶柄长3.5-8厘米；顶生小叶卵形或倒卵形，长3.2-4.5厘米，3裂达中部或近全裂，裂片再3浅裂，

图 896 四川牡丹 （冯晋庸绘）

先端渐尖，基部楔形，上面深绿色，下面淡绿色；侧生小叶卵形或菱状卵形，长2.5-3.5厘米，3裂或不裂而具粗齿；小叶柄长1-1.5厘米。花单生枝顶，径10-15厘米；苞片3-5，大小不等，线状披针形；萼片3-5，倒卵形，长2.5厘米，绿色，先端骤尖；花瓣9-12，玫瑰或红色，倒卵形，长3.5-7厘米，先端呈不规则波状或凹缺；雄蕊长约1.2厘米，花丝白色，花药黄色，长6-8毫米；花盘革质，杯状，包住心皮1/2-2/3，顶端裂片三角状；心皮5（4-6），锥形，花柱很短，柱头扁，反卷。花期4月下旬至6月上旬。

产四川，生于海拔2050-3100米的山坡，多见于灌丛中。根皮可作“丹皮”用。

［附］ **圆裂四川牡丹 Paeonia decomposita** subsp. **rotundiloba** D. Y. Hong in Kew Bull. 52(4)：961. 1997. 本亚种与模式亚种的区别：心皮大多为3或4；叶裂片较圆钝，先端圆或急尖。产四川西北部岷江流域（松潘、茂县、汶川、理县、黑水），生于海拔2000-3100米的灌丛、次生林和针叶林中。

7. 滇牡丹 野牡丹 狭叶牡丹 黄牡丹 图897 彩片244

Paeonia delavayi Franch. in Bull. Soc. Bot. France 33：382. 1886.

Paeonia delavayi var. *angustiloba* Rehd. et Wils.；中国植物志 27：47. 1979.

Paeonia delavayi var. *lutea*（Delavay ex Franch.）Finet et Gagnep.；中国植物志 27：47. 1979.

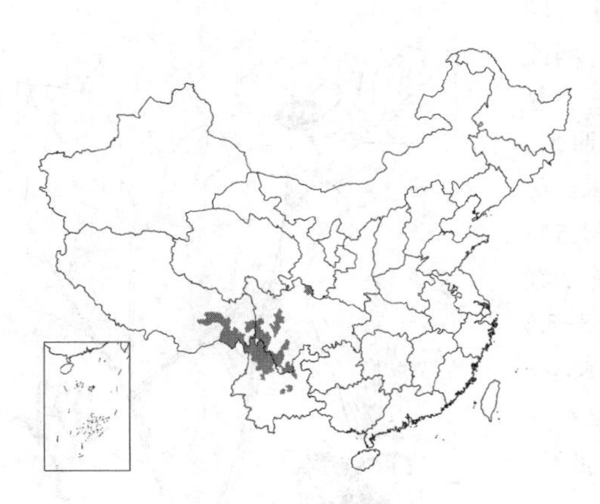

亚灌木，高1.5米。全体无毛。当年生小枝草质，小枝基部具数枚鳞片。叶为二回三出复叶；叶片宽卵形或卵形，长15-20厘米，羽状分裂；裂片17-31，披针形或长圆状披针形，宽0.7-2厘米；叶柄长4-8.5厘米。花2-5，生枝顶和叶腋，径6-8厘米；苞片1-5，披针形，大小不等；萼片2-9，宽卵形，不等大；花瓣4-13，黄、橙、红或红紫色，倒卵形，长3-4厘米，雄蕊长0.8-1.2厘米，花丝长5-7毫米，黄、红、粉色至紫色；花盘肉质，包住心皮基部，顶端裂片三角形或钝圆；心皮2-4，稀至8，无毛。蓇葖果长约3-3.5厘米，径1-1.5厘米。花期5-6月；果期8-9月。

图 897 滇牡丹 （冯晋庸绘）

产云南西北部和北部、四川及西藏东南部，生于海拔2100-3700米的山地阳坡，常见于灌丛中和疏林中，也见于针叶林下和草丛中。根药用，根皮（“赤丹皮”）可治吐血、尿血、血痢、痛经等症；去掉根皮的部分（“云白芍”）可治胸腹胁肋疼痛、泻痢腹痛、自汗盗汗等症。

8. 大花黄牡丹 图898 彩片245

Paeonia ludlowii（Stern et Taylor）D. Y. Hong in Novon 7(2)：157. f. 1. 1997.

Paeonia lulea Delavay ex Franch. var. *ludlowii* Stern et Taylor in Journ. Roy. Hort. Soc. 76：217. 1951.

落叶灌木，基部多分枝而成丛，高达3.5米，根向下逐渐变细，不呈纺锤状加粗。茎灰色，径达4厘米。叶二回三出复叶，两面无毛，上面绿色，下面淡灰色，叶柄长9-15厘米，小叶9枚，叶片长12-30厘米，宽14-30厘米，每边的侧生3个小叶的主小叶柄长2-3厘米，顶生3小叶的主小叶柄长5-9厘米；小叶近无柄，长6-12厘米，宽5-13厘米，通常3裂至近基部，全

裂片长4-9厘米，宽1.5-4厘米，渐尖，大多3裂至中部，裂片长2-5厘米，宽0.5-1.5厘米，渐尖，全缘或有1-2齿。花序腋生，有3-4花；花径10-12厘米；花梗稍弯曲，长5-9厘米；苞片4-5；萼片3-4；花瓣纯黄色，倒卵形；花丝黄色；花盘高仅1毫米，黄色，有齿；心皮大多单生，极少2枚，无毛；柱头黄色。蓇葖果圆柱状，长4.7-7厘米，宽2-3.3厘米。种子大，圆球形，深褐色，径1.3厘米。花期5月至6月上旬，果期8-9月。

产西藏东南部，生于海拔2900-3500米的疏林和林缘。

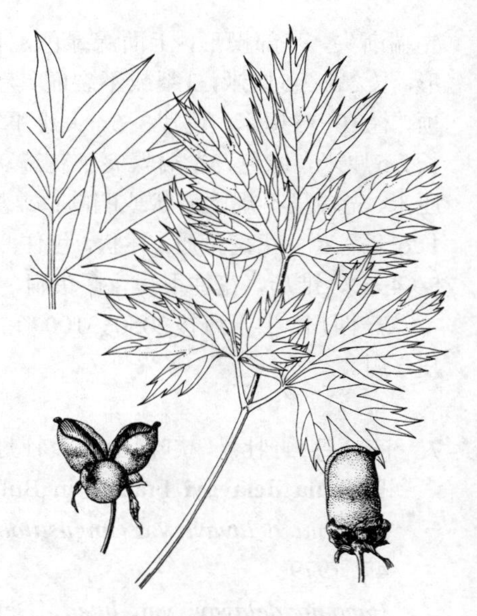

图 898 大花黄牡丹 （张泰利绘）

9. 草芍药 山芍药 野芍药 图 899 彩片 246

Paeonia obovata Maxim. in Mém. Acad. Sci. St. Pétersb. 9: 29. 1859.

多年生草本。根粗壮，长圆柱形。茎高30-70厘米，无毛，基部生数枚鞘状鳞片。茎下部叶为二回三出复叶，叶片长14-28厘米，顶生小叶倒卵形或宽椭圆形，长9.5-14厘米，先端短尖，基部楔形，全缘，上面深绿色，下面淡绿色，无毛或沿叶脉疏生柔毛，小叶柄长1-2厘米，侧生小叶比顶生小叶小，同形，长5-10厘米，具短柄或近无柄；茎上部叶为三出复叶或单叶；叶柄长5-12厘米。单花顶生，径7-10厘米；萼片3-5，宽卵形，长1.2-1.5厘米，淡绿色；花瓣6，白、红或紫红色，倒卵形，长3-5.5厘米；雄蕊长1-1.2厘米，花丝淡红色，花药长圆形；花盘浅杯状，包住心皮基部；心皮2-3，无毛。蓇葖果卵圆形，长2-3厘米，成熟时果皮反卷呈红色。花期5-6月中旬，果期9月。

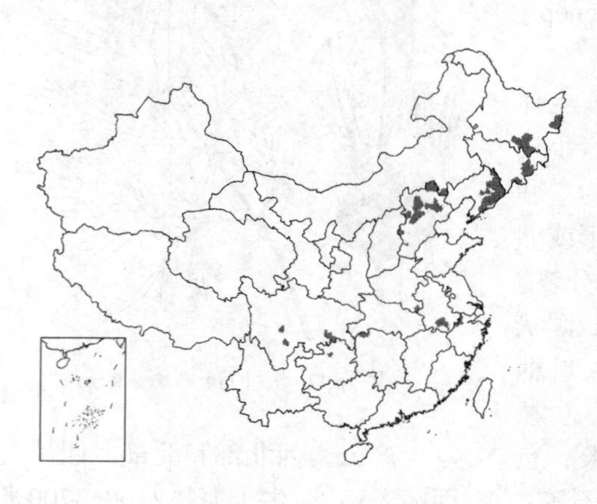

产黑龙江、吉林、辽宁、内蒙古、河北、河南、安徽、浙江、江西、湖南、贵州、四川及宁夏，生于海拔800-2600米的山坡草地及林缘。朝鲜、日本及俄罗斯远东地区有分布。根药用，有养血调经、凉血止痛之效。

［附］**毛叶草芍药 Paeonia obovata** subsp. **willmottiae**（Stapf）D. Y. Hong et K. Y. Pan, comb. nov. —— *Paeonia willmottiae* Stapf in Curtis's Bot. Mag. 142. t. 8667. 1916. —— *Paeonia obovata* Maxim. var. *willottiae*（Stapf）Stern；中国植物志 27: 50. 1979. 本亚种与模式亚种的区别：叶下面常密被长硬毛或柔毛，四倍体。产山西南部、陕西、河南西部。

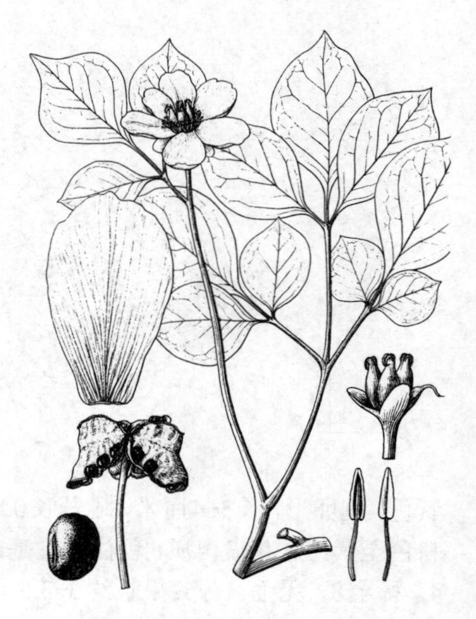

图 899 草芍药 （王兴国绘）

10. 芍药 图 900 彩片 247

Paeonia lactiflora Pall. Reise 3: 286. 1776.

多年生草本。根粗壮，分枝黑褐色。茎高40-70厘米，无毛。下部茎生叶为二回三出复叶，上部茎生叶为三出复叶；小叶窄卵形、椭圆形或披针形，先端渐尖，基部楔形或偏斜，具白色骨质细齿，两面无毛，下面沿叶脉疏生短柔毛。花数朵，生茎顶和叶腋，有时仅顶端一朵开放，径8-11.5厘米；苞片4-5，披针形，不等大；萼片4，宽卵形或近圆形，长1-1.5厘米；花瓣9-13，倒卵形，长3.5-6厘米，白色，有时基部具深紫色斑块；花丝长0.7-1.2厘米，黄色；花盘浅杯状，仅包心皮基部，顶端裂片钝圆；心皮（2）4-5，无毛。蓇葖果长2.5-3厘米，径1.2-1.5厘米，顶端具喙。花期5-6月，果期8月。

产黑龙江、吉林、辽宁、内蒙古、河北、山东、河南、山西、陕西、宁夏、甘肃、四川、湖北及江西，在东北分布于海拔480-700米的山坡草地及林下，在其它省区分布于海拔1000-2300米的山坡草地。朝鲜、日本、蒙古及俄罗斯东西伯利亚和远东地区有分布。四川、贵州、安徽、山东、浙江等省及各城市公园也有栽培。根药用，称“白芍”，能镇痛、镇痉、祛瘀、通经；种子含油量约25%，供制皂和涂料用。

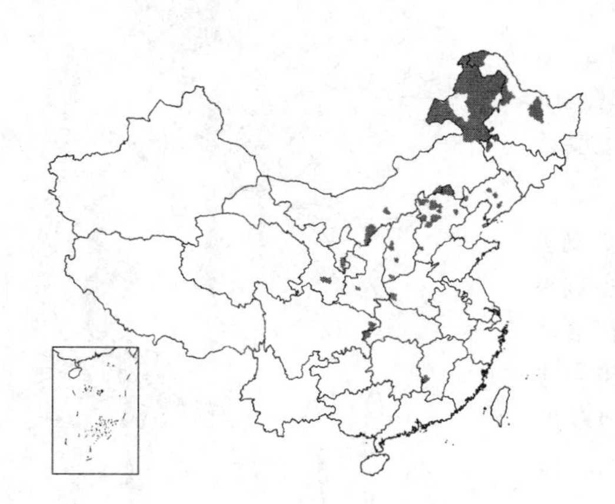

[附] **美丽芍药** 彩片248 **Paeonia mairei** Lévl. in Bull. Acad. Int. Geogr. Bot. 25: 42. 1915. 本种与芍药很相似，但本种叶缘不具白色骨质细齿，叶先端急尖；花单朵。产甘肃（天水）、陕西（太白山、宁陕）及四川（青川、平武至普格一带）。

图 900 芍药 （引自《图鉴》）

11. 白花芍药 图901 彩片249

Paeonia sterniana Fletcher in Journ. Roy. Hort. Soc. 84: 326. t. 103. 1959.

多年生草本。茎高50-90厘米，无毛。下部叶为二回三出复叶，上部叶3深裂或近全裂；顶生小叶3裂至中部或2/3处，侧生小叶不等2裂，裂片再分裂；小叶或裂片窄长圆形或披针形，长10-12厘米，宽1.2-2厘米，先端渐尖，基部楔形，下延，全缘，上面深绿色，下面淡绿色，两面均无毛。花盛开1朵，上部叶腋有发育不好的花芽，径8-9厘米；苞片3-4，叶状，不等大；萼片4，卵形，长2-3厘米，干时带红色；花瓣粉白色，倒卵形，长约3.5厘米；心皮3-4，无毛。蓇葖果卵圆形，长2.5-3厘米，径约1厘米，成熟时鲜红色，果皮反卷，无毛，顶端无喙或喙极短。花期5月，果期9月。

图 901 白花芍药 （孙英宝绘）

产西藏东南部波密及察隅，生于海拔2800-3500山地林下。

12. 川芍药 图902 彩片250

Paeonia veitchii Lynch in Gard. Chon. Ser. 3, 46: 2. t. 1. 1909.

多年生草本。根圆柱形，径1.5-2厘米。茎高30-80厘米，稀达1米以上，无毛。叶为二回三出复叶，叶片宽卵形，长7.5-20厘米；小叶成羽状分裂，裂片窄披针形或披针形，宽4-16毫米，先端渐尖，全缘，上面深绿色，沿叶脉疏生短柔毛，下面淡绿色，

无毛；叶柄长3-9厘米。花2-4，生茎顶端及叶腋，有时仅顶端一朵开放，径4.2-10厘米；苞片2-3，分裂或不裂，披针形，不等大；萼片4，宽卵形，长1.7厘米；花瓣6-9，倒卵形，长2.3-4厘米，紫红或粉红色；花丝长5-10毫米；花盘肉质，仅包心皮基部；心皮2-3（-5），密被黄色绒毛。蓇葖果长1-2厘米，密被黄色绒毛。花期5-6月，果期7月。

产西藏东部、四川西部、青海东部、甘肃、陕西及山西，在四川生于海拔2550-3700米的山坡林下草丛中及路旁，在其它省区生于海拔1800-2800米的山坡疏林中。根供药用，称"赤芍"，能活血通经，凉血散瘀，清热解毒。

图 902 川芍药 （引自《图鉴》）

13. 块根芍药 图903

Paeonia hybrida Pall. Fl. Ross. 2: 94. 1788.

Paeonia anomala Linn. var. *intermedia*（C. A. Mey.）O. et B. Fedtsch.；中国植物志 27: 59. 1979.

Paeonia anomala auct. non Linn.：中国植物志 27: 59. 1979.

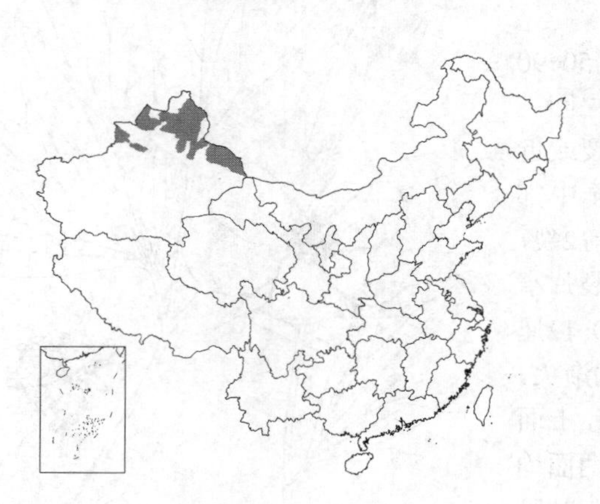

多年生草本。块根纺锤形或近球形，径1.2-3厘米。茎高50-70厘米，无毛。叶为一至二回三出复叶，叶片宽卵形，长9-17厘米，宽8-18厘米；小叶羽状分裂，裂片线状披针形或披针形，长6-16厘米，先端渐尖，全缘，上面绿色，下面淡绿色，两面均无毛；叶柄长1.5-9厘米。花单生茎顶，径5.5-7厘米；苞片3，披针形或线状披针形，长4-10厘米；萼片3，宽卵形，长1.5-2.5厘米，带红色，先端具尖头；花瓣约9，紫红色，长圆形，长3.5-4厘米，宽1.2-2厘米，先端啮蚀状；花丝长4-5毫米，花药长圆形；花盘发育不明显；心皮2（-3），幼时被疏毛或无毛。蓇葖果无毛；种子黑色。花期5-6月，果期8月。

产新疆西北部阿尔泰及天山山区，生于海拔1200-2000米的山坡草地和灌丛中。俄罗斯西伯利亚（阿尔泰）、哈萨克斯坦、吉尔吉斯斯坦及塔吉克斯坦有分布。

图 903 块根芍药 （引自《图鉴》）

57. 金莲木科 OCHNACEAE

（杜玉芬）

乔木或灌木，稀草本。单叶互生，稀羽状复叶，羽状脉多数；具托叶。花两性，辐射对称；总状、伞房、伞形或圆锥花序，顶生或腋生。稀单花；具苞片。花萼5（10），离生，有时基部连合，覆瓦状排列，常宿存；花瓣5（10），离生，无爪或具短爪；雄蕊5-10或多数，离生，花丝常宿存，花药条形或戟形，基着，纵裂或顶孔开裂，退化雄蕊钻形或花瓣状，有时连成筒状；子房上位，不裂或深裂，1-12室，每室1-2或多颗胚珠，中轴或侧膜胎座，花柱单生，柱头分裂或不裂。核果、蒴果及浆果，不裂或开裂。

40属，约600种，分布于热带地区，主产美洲热带。我国3属，4种。

1. 雄蕊10或多数，花药条形，顶孔开裂，无退化雄蕊；子房深裂，3-12室，每室1胚珠；核果，不裂。
  2. 雄蕊多数，2至多轮，柱头盘状，浅裂，胚珠直生；叶无边脉 ………………………… 1. **金莲木属 Ochna**
  2. 雄蕊10，1轮，柱头锥尖，不裂，胚珠弯生；叶具边脉 ………………………… 2. **赛金莲木属 Gomphia**
1. 雄蕊5，花药戟形，纵裂，具多数退化雄蕊；子房不裂，1室，胚珠多数；蒴果，开裂 ………………………… 3. **合柱金莲木属 Sinia**

1. 金莲木属 Ochna Linn.

灌木或小乔木。单叶互生，具锯齿，稀全缘，侧脉近叶缘弯拱，不连成边脉；托叶小，2枚，脱落。花大；伞房、伞形或圆锥花序，腋生或顶生；具苞片。花萼5，常有色泽，果时增大，宿存；花瓣5-10，黄色，1-2轮；雄蕊多数，2-多轮，花丝短或长，花药条形，顶孔开裂；子房3-12室，深裂，每室1胚珠，中轴胎座，花柱连合，柱头盘状，浅裂。核果3-10，稀12枚，轮生于花托上。种子直立，无胚乳。

约85种，主产非洲热带地区，少数分布于亚洲热带。我国1种。

金莲木

图904 彩片251

Ochna integerrima (Lour.) Merr. in Trans. Am. Philos. Soc. new ser. 24(2): 265. 1935.

Elaeocarpus integerrimus Lour. Fl. Cochinch. 338. 1790.

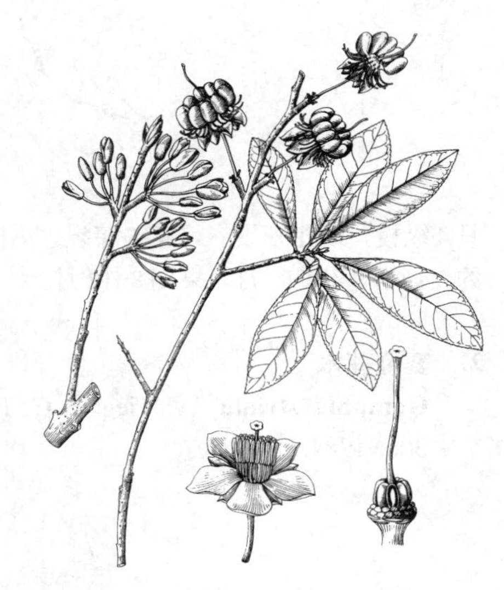

图 904 金莲木 （引自《海南植物志》）

落叶小乔木或灌木状，高达7米。小枝无毛，具密集环纹。叶纸质，椭圆形、倒卵状长圆形或倒卵状披针形，长8-19厘米，宽3-5.5厘米，基部楔形，具细锯齿，无毛，两面中脉凸起，侧脉多数；叶柄长2-5毫米。花序近伞房状，长约4厘米，顶生。花黄色，径达3厘米；花梗长1.5-3厘米，近基部具关节；萼片长圆形，长1-1.4厘米，花后外反，果时暗红色；花瓣5（7）片，宽倒卵形，长1.3-2厘米，先端钝圆；雄蕊多数，3轮，花丝宿存；子房10-12室，花柱圆柱形，长于雄蕊，柱头5-6浅裂。核果倒卵形，长1-1.2厘米，径6-7毫米，基部微弯。花期3-4月，果期5-6月。

产广东西南部、海南及广西西南部，生于海拔300-400米山谷石缝中及溪边空旷地方。印度东北部、巴基斯坦东部、缅甸、泰国、马来西亚北部、柬埔寨及越南南部有分布。

2. 赛金莲木属 Gomphia Schreb.

灌木或小乔木。单叶互生，无毛，侧脉多数，近平行，于叶缘处弯拱连成边脉；托叶小，2枚，基部连合，早落。总状或圆锥花序，顶生或腋生。花萼5，淡红色，果时增大，宿存；花瓣5，黄或白色，覆瓦状排列；雄蕊10，1轮，花丝极短或无，2室，顶孔开裂；子房5室，深裂，每室具弯生胚珠，花柱单生，柱头锥尖。核果1-2（5），轮生于花托上。种子1，弯生，无胚乳。

约37种，主产非洲热带地区及马达加斯加，少数分布于亚洲南部及东南部。我国2种。

1. 圆锥花序长达12厘米；花瓣倒卵形，先端2浅裂，基部窄具2耳；叶具锯齿 …… 1. **齿叶赛金莲木 G. serrata**
1. 圆锥花序长达5厘米；花瓣长圆状披针形，先端钝，基部无耳；叶全缘或浅波状 …… 2. **赛金莲木 G. striata**

1. 齿叶赛金莲木 图 905

Gomphia serrata (Gaertn.) Kanis in Taxon 16(5): 422. 1967.

Meesia serrata Geartn. Fruct. & Sem. Pl. 1: 344. t. 70. f. 6. 1788.

Ouratea lobopetala Gagnep.; 中国高等植物图鉴 2: 847. 3423. 1972.

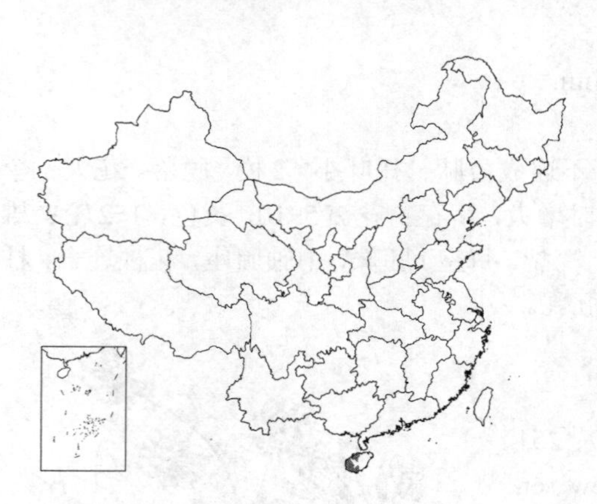

小乔木或灌木状，高达7米。叶近革质，长椭圆形，长10-17厘米，先端短渐尖，基部楔形，基部以上密生细齿，两面中脉凸起，侧脉多数，纤细，近平行，于叶缘处弯拱连成边脉；叶柄长约5毫米。圆锥花序腋生或顶生，长达12厘米。萼片宽椭圆形，长约5毫米，花瓣倒卵形，长约5毫米，先端2浅裂，基部窄具2耳；雄蕊无花丝，花药条形，具4纵棱，顶孔开裂；子房5深裂，花柱钻状。核果卵形，长约6毫米，径约5毫米。花期7月，果期8-12月。

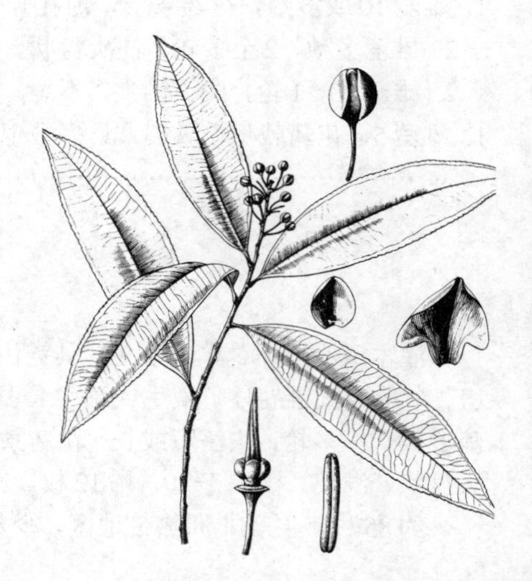

图 905 齿叶赛金莲木 （引自《海南植物志》）

产海南，多生于海拔约600米山谷、山顶、溪边密林中。亚洲南部及东南部有分布。

2. 赛金莲木 图 906 彩片 252

Gomphia striata (V. Tiegh.) C. F. Wei, Fl. Reipubl. Popul. 49(2): 306. 1984.

Compylocercum striatum V. Tiegh. Ann. Sc. Nat. Bot. ser. 8, 16: 304. 1902.

Ouratea striata (V. Tiegh.) Lecomte; 中国高等植物图鉴 2: 847. 1972.

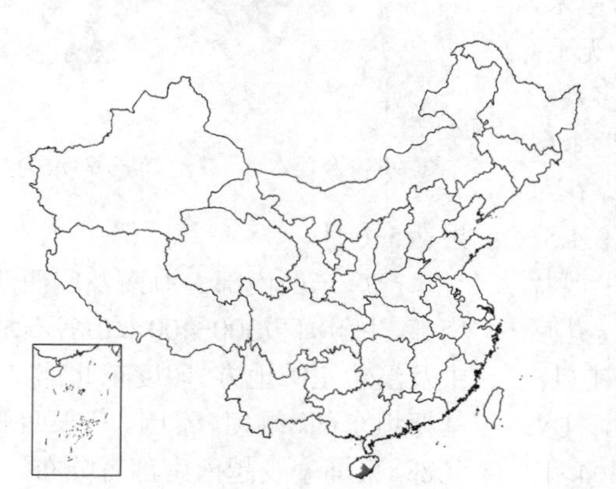

灌木，高达3米。叶近革质，长圆形或披针形，长9-18厘米，先端短渐尖或渐尖，基部楔形，全缘或浅波状，稀

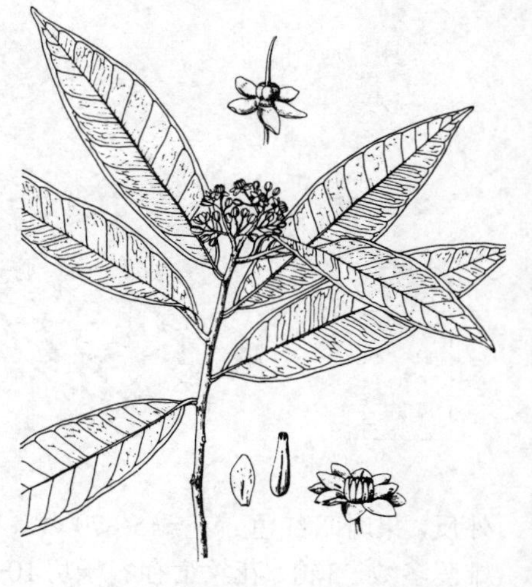

图 906 赛金莲木 （邓盈丰绘）

疏生细齿，两面中脉凸起，侧脉细密，近平行，于叶缘弯拱连成边脉；叶柄长3-6毫米。圆锥花序腋生或顶生，长达5厘米。花径约1厘米；花梗长1-2厘米，近基部具关节；萼片5，卵状长圆形，长4-5毫米，宿存；花瓣5，黄色，长圆状披针形，长5-6毫米，先端钝，基部无耳；雄蕊10，无花丝，花药条形，稍弯拱；子房5深裂。核果近肾形，长5-6毫米，径6-7毫米。花期4-11月，果期8-12月。

产海南，生于海拔700米以下花岗岩山地密林中。越南中部有分布。

3. 合柱金莲木属 **Sinia** Diels

灌木，高约1米。植株无毛。茎单生，或近顶部分叉，暗紫色。单叶互生，薄纸质，窄披针形或窄椭圆形，长7-17厘米，宽1.5-3厘米，先端尾尖，基部窄楔形，密生腺锯，侧脉多数，近平行；托叶2，撕裂状。总状圆锥花序长达10厘米，顶生。花梗细长；花萼5，离生，不等大，边缘具腺毛；花瓣5，覆瓦状排列；具退化雄蕊，3轮，外轮及内轮各5枚，花瓣状，基部与不育雄蕊稍连合，发育雄蕊5，花药戟形，纵裂；子房不裂，1室，胚珠多数，侧膜胎座，花柱单生，宿存，柱头锥尖。蒴果卵球形，长约5毫米，室间3瓣裂。种子小，多数，椭圆形，暗红色。

单种属，我国特产。

合柱金莲木 图 907

Sinia rhodoleuca Diels in Not. Bot. Gart. Mus. Berlin 10: 889. 1930.

形态特征同属。花期4-5月，果期6-7月。

产广西北部及中部、广东西北部，生于海拔1000米以下山谷、溪边密林中。

图 907 合柱金莲木 （引自《中国植物志》）

58. 龙脑香科 DIPTEROCARPACEAE

（林 祁）

常绿乔木，稀旱季落叶。小枝常具环状托叶痕。单叶互生，全缘或具波状圆齿，羽状叶脉；具托叶，宿存或早落。花两性，辐射对称，常芳香；总状花序或圆锥花序，顶生或腋生，常被毛。花萼裂片5，果时常增大成翅状；花瓣5；雄蕊10至多数，花丝基部常扩大，花药2室，药隔附属物芒状或钝，稀无附属物；子房上位，稀半下位，稍陷于花托内，常3室，每室2胚珠。坚果或蒴果，常被增大的萼筒所包被，常具增大宿存的翅状花萼裂片。种子1，稀2，无胚乳。

16属，520余种，主产亚洲及非洲热带地区。我国5属，13 种。

1. 萼片基部合生，包被子房；雄蕊多数 ………………………………………… 1. 龙脑香属 **Dipterocarpus**

1. 萼片基部分离，稀仅基部稍合生；雄蕊15，有时无定数。
  2. 萼片覆瓦状排列；药隔附属物芒状、锥状或丝状。
    3. 萼片2枚发育成翅状，或均不发育成翅状 ………………………………………… 2. 坡垒属 **Hopea**
    3. 萼片发育成3长2短的翅或相等的翅。
      4. 果翅3长2短，基部扩大包被果实 …………………………………………… 3. 娑罗双属 **Shorea**
      4. 果翅近等长，或其中3枚稍大，基部窄不包被果实 ……………………… 4. 柳安属 **Parashorea**
  2. 萼片镊合状排列；药隔附属物短而钝 ………………………………………………… 5. 青梅属 **Vatica**

1. 龙脑香属 Dipterocarpus Gaertn. f.

常绿乔木，具芳香树脂。叶革质，全缘或具波状圆齿，侧脉直达叶缘；托叶大，包被顶芽，脱落后枝上留下环状托叶痕。总状花序，花3-9；花白或粉红色，芳香；萼片基部合生成罐状或杯状，包被子房；花瓣常旋转状排列，被柔毛或星状毛；雄蕊多数，花药线形，药隔附属物芒状或丝状；子房3室，每室2胚珠。坚果包被花后膨大的萼筒内；2枚宿存的花萼裂片增大为翅状。种子子叶大而厚，胚根不明显。

约70种，主产亚洲南部及东南部。我国3种。

1. 萼筒被毛；果翅具3-5脉。
  2. 叶长圆形，叶柄被毛 ……………………………………………………………… 1. 纤细龙脑香 **D. gracilis**
  2. 叶宽卵形，叶柄无毛 ……………………………………………………………… 2. 东京龙脑香 **D. retusus**
1. 萼筒无毛；果翅仅具1条多分枝的中脉 ………………………………………… 3. 羯布罗香 **D. turbinatus**

1. 纤细龙脑香　　图908：1-3

Dipterocarpus gracilis Bl., Fl. Java 2. 22, t. 5. 1828.

乔木，高达40米，具芳香树脂；树皮灰白色，纵裂，块状脱落。幼枝被星状毛。叶革质，长圆形或长圆状椭圆形，长约15厘米，宽约10厘米，先端渐尖或短尖，基部圆或楔形，幼叶被星状毛，后叶上面渐无毛，侧脉10-20对；叶柄长约5厘米，被星状毛，托叶长约8厘米，被毛。总状花序腋生，被星状毛，着6-9花。花萼裂片2长3短，被毛；花瓣白或粉红色，线状匙形，长约4厘米；雄蕊约30；花柱中部以下被毛。果卵球形，密被短绒毛；增大的2枚花萼裂片为线状长圆形或线状披针形，革质，长10-20厘米，宽2-4厘米，疏被星状毛，具3-5脉。花期6-7月，果期12月至翌年1月。

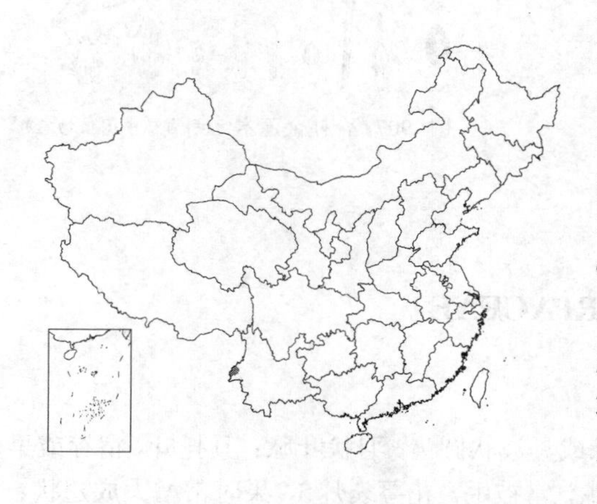

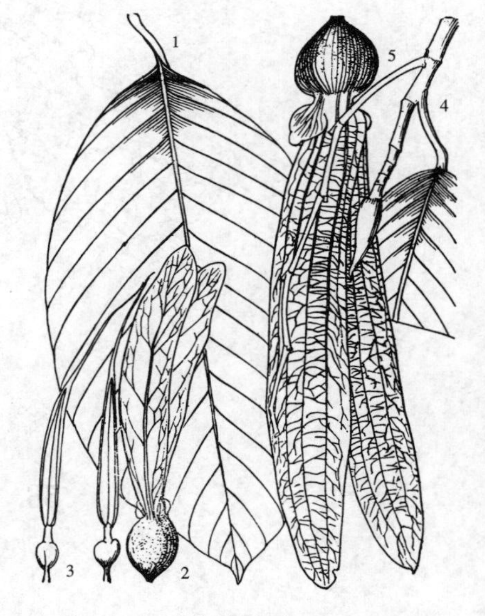

图 908: 1-3. 纤细龙脑香 4-5. 羯布罗香
（引自《中国植物志》）

产云南西部，生于海拔800米以下坡地、沟谷密林中。印度、缅甸、泰国、越南、老挝、马来西亚及印度尼西亚有分布。木材较坚硬、富油脂，供建筑、造船、家具等用。

2. 东京龙脑香　　图909 彩片253

Dipterocarpus retusus Bl. Fl. Java 2: 14. t. 2. 1828.

乔木，高达45米，具芳香树脂；树皮灰白或深褐色，不裂或基部开裂。小枝无毛。叶革质，宽卵形或卵圆形，长16-28厘米，宽10-15厘米，先端短尖，基部圆或近心形，全缘或中上部具波状圆齿，幼叶被毛，后叶上面脱落无毛，侧脉16-19对；叶柄无毛，托叶长达15厘米，无毛。总状花序腋生，具2-5花。花萼裂片2长3短，被毛；花瓣粉红色，长椭圆形，长5-6厘米；雄蕊约30；花柱中下部被长绢毛。果卵球形，密被黄色短绒毛；增大的2枚花萼裂片线状披针形，革质，长19-23 厘米，宽3-4厘米，疏被星状毛，具3-5脉。花期5-6月，果期12月至翌年1月。

产西藏东南部及云南，生于海拔1100米以下沟谷雨林及湿润石灰岩山地密林中。印度、缅甸、泰国、越南、老挝、马来西亚及印度尼西亚有分布。

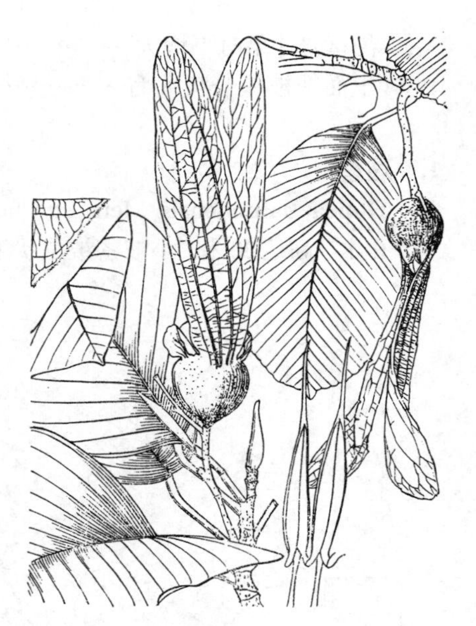

图 909 东京龙脑香 （刘怡涛绘）

3. 羯布罗香 图 908：4-5

Dipterocarpus turbinatus Gaertn. f. De Fruct. 3: 51. t. 188. 1805.

乔木，高达35米，具芳香树脂；树皮灰白或深褐色，纵裂。小枝密被灰色茸毛。叶革质，卵状长圆形，长20-30厘米，宽8-13厘米，先端渐尖或短尖，基部圆或近心形，全缘或波状，幼叶被毛，后叶上面脱落无毛，侧脉15-20对；叶柄长2-3厘米，初时密被毛，后脱落无毛，托叶长2-6厘米，密被绒毛。总状花序腋生，具3-6花。花萼裂片2长3短，无毛；花瓣粉红色，线状长圆形；花柱中下部被绒毛。果卵球形或长卵球形，密被绒毛；增大的2枚花萼裂片线状披针形，革质，长12-15厘米，宽约3厘米，无毛，具1条多分枝的中脉。花期3-4月，果期6-7月。

产西藏东南部及云南，生于湿润密林中。巴基斯坦、印度、缅甸、泰国及柬埔寨有分布。为珍贵用材树种；树脂可提取羯布罗香油，可用作调香剂和定香剂。

2. 坡垒属 **Hopea** Roxb.

常绿乔木，具白色芳香树脂。叶革质，全缘，羽状脉；托叶小，早落。圆锥花序，顶生或腋生。花无梗或具短梗，偏生于花序分枝的一侧；花萼裂片5，覆瓦状排列，萼筒短；花瓣5，常在蕾时露出部分有毛；雄蕊10-15，药隔附属物芒状或丝状；子房3室，每室2胚珠，具膨大的花柱基。坚果卵球形或球形，为增大的萼裂片基部所包被，其中2枚萼裂片增大成翅状或不增大。种子子叶肉质，不等大。

100余种，主要分布于亚洲东南部及南部。我国5种。

1. 叶下面无毛或疏被毛。
    2. 花萼2枚裂片果时增大成长翅状。
        3. 叶椭圆形或长圆状椭圆形 ························ 1. **坡垒 H. hainanensis**
        3. 叶披针形或长圆状披针形 ························ 2. **狭叶坡垒 H. chinensis**

2. 花萼裂片果时不增大 ………………………………………………………………………………… 3. 铁凌 H. exalata
1. 叶下面密被星芒状绒毛 ………………………………………………………………………… 4. 毛叶坡垒 H. mollissima

1. 坡垒 图 910 彩片 254

Hopea hainanensis Merr. et Chun in Sunyatsenia 5:134. 1940.

乔木，高达20米。小枝密被星状毛。叶革质，椭圆形或长圆状椭圆形，长7-20厘米，宽4-11 厘米，先端微钝或短渐尖，基部圆或宽楔形，侧脉7-12对；叶柄长1.5-2厘米。圆锥花序顶生或腋生，长3-10厘米，被星状毛；花偏生于花序分枝的一侧，密被短柔毛。花萼5；花瓣5；雄蕊15，2轮，药隔顶端伸出成丝状；子房近圆柱形。果卵球形，长约1.5厘米，为增大的宿萼基部所包被，其中2枚增大的萼裂片呈翅状，倒披针形，长5-7厘米，具纵脉7-11条。花期6-9月，果期11-12月。

产海南，生于海拔400-800米的山地林中。越南北部有分布。木材坚韧、经久耐用，供建筑、桥梁、造船等用。

图 910 坡垒 （邓晶发绘）

2. 狭叶坡垒 图 911 彩片 255

Hopea chinensis Hand.-Mazz. in Sinensis 2: 131. 1932.

乔木，高达25米；树皮灰褐或灰黑色，块状剥落。叶近革质，披针形或长圆状披针形，长7-15厘米，宽2-5厘米，先端渐尖，基部圆形，侧脉6-10对；叶柄长1-1.2厘米。圆锥花序腋生或顶生，长10-20厘米。萼片5；花瓣5，淡红色，长约2厘米；雄蕊15，2轮，药隔附属物伸长成丝状；子房3室，每室2胚珠。果卵球形，长约1.8厘米，基部具5枚宿存的萼片，其中2枚增大成翅状，革质，线状长圆形，长约8.5-9.5厘米，余3枚卵形，长约9毫米。花期6-7月，果期10-12月。

产广西，生于海拔470-700米山谷、沟边、山坡林中。木材坚硬耐腐，供造船、桥梁、家具等用。

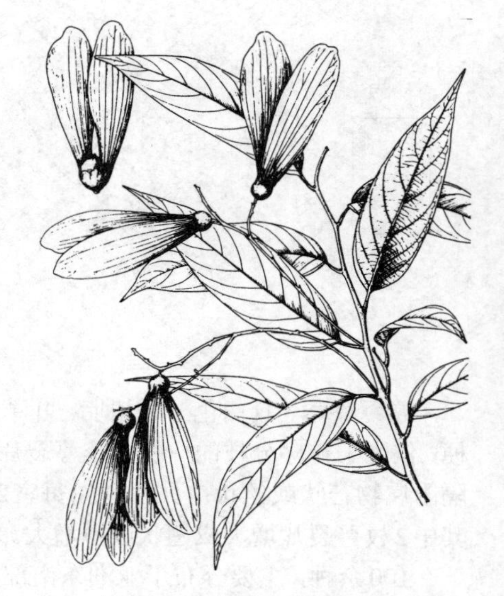

图 911 狭叶坡垒 （邹贤桂绘）

3. 铁凌 无翼坡垒 图 912 彩片 256

Hopea exalata W. T. Lin in Acta Phytotax. Sin. 16(3): 87. t. 1. 1978.

乔木，高达20米；树皮青灰色，具环纹。幼枝密被灰黄色绒毛，后渐

脱落或稀疏。叶革质，卵形或卵状披针形，长4-13厘米，宽3-6厘米，先端渐尖，基部偏斜或心形，有时圆，基脉5-6，侧脉3-5对，在叶下面微凸起；叶柄长6-8毫米，被灰黄色绒毛。圆锥花序顶生或生于小枝上部叶腋，长6-11厘米，疏被毛或近无毛。萼片5；花瓣5，粉红色，长约5毫米，先端部一侧凹缺；雄蕊15，2轮，药隔伸出长约1.3厘米丝状附属物；子房卵球形。果卵球形，长约1.3厘米；宿萼不增大成翅。花期3-4月，果期5-6月。

产海南，生于海拔50-400米的丘陵、坡地或山地林中。木材坚硬耐用，为建筑、桥梁和家具的高级用材。

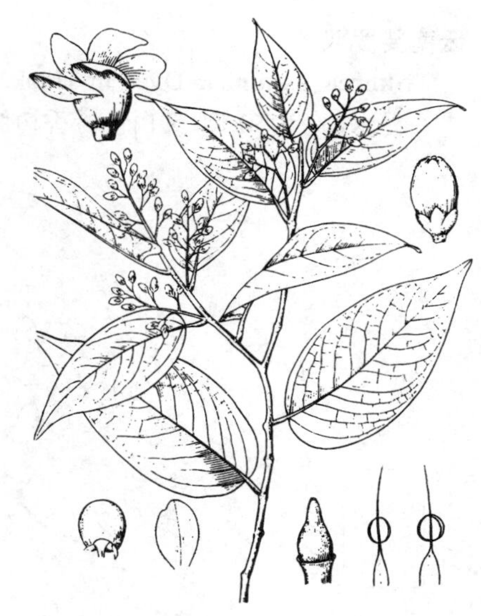

图 912 铁凌 （邓晶发绘）

4. 毛叶坡垒 图 913

Hopea mollissima C. Y. Wu in Acta Phytotax. Sin. 6(2): 234. t. 48: 9. 1975.

常绿乔木，高达35米；树皮灰白或暗褐色。幼枝红褐或灰褐色，初密被星芒状绒毛，后渐脱落。叶革质，长圆形或长圆状披针形，长8-26厘米，宽3-8厘米，先端渐尖，基部圆或楔形，下面密被星芒状绒毛，侧脉8-11对，在下面凸起；叶柄长约1.5厘米，密被星芒状绒毛。圆锥花序腋生，长5-12厘米，被星芒状绒毛。萼片5；花瓣5，长1-1.5厘米；雄蕊15，2轮，药隔伸出成芒状；子房近卵球形。果卵球形，长约2厘米，为花后增大的萼片基部包被，其中2枚增大成倒披针形长翅，翅长9-12厘米，具11-13条隆起纵脉纹。花期7-8月，果期12月至翌年5月。

图 913 毛叶坡垒 （刘怡涛绘）

产云南东南部，生于海拔1000米以下潮湿林中。木材坚重，为优良的特种建筑用材。

3. 娑罗双属 Shorea Roxb.

常绿乔木，具芳香树脂。叶革质或近革质，全缘，羽状脉，网脉近平行；托叶早落。圆锥花序，腋生或顶生；每朵花具2小苞片，早落；花萼裂片5，覆瓦状排列，基部稍合生，常被毛；花瓣5，背面常被毛；雄蕊多数，药隔附属物芒状或丝状，有时短或缺；子房3室，每室2胚珠。果具1种子；增大的花萼裂片3长2短或近等长，基部宽包被果实。

190余种，主要分布于亚洲东南部及南部。我国1种。

云南娑罗双 图914 彩片257

Shorea assamica Dyer in Hook. f. Fl. Brit. Ind. 1: 307. 1874.

乔木，高达50米，具白色芳香树脂，树皮深褐或灰褐色，片状脱落。小枝密被茸毛，具皮孔。叶近革质，卵状椭圆形或琴形，长6-12厘米，宽3-6厘米，先端渐尖，基部圆或近心形，全缘，上面中脉凹下，凹陷处被长绒毛，侧脉12-19对；叶柄长约1厘米，密被毛，托叶长约2厘米，密被毛。花萼裂片3长2短，被绒毛；花瓣5，黄白色，背面被绒毛；雄蕊30，药隔附属物丝状；子房疏被毛。果为增大宿萼基部所包被；宿存花萼被短绒毛，3枚萼裂片线状长圆形，长8-10厘米，具纵脉10-14条，2枚长3-5厘米。花期 6-7月，果期12月至翌年1月。

产西藏东南部及云南西部，生于海拔 1000 米以下河谷林中。印度、缅甸、马来西亚、印度尼西亚及菲律宾有分布。

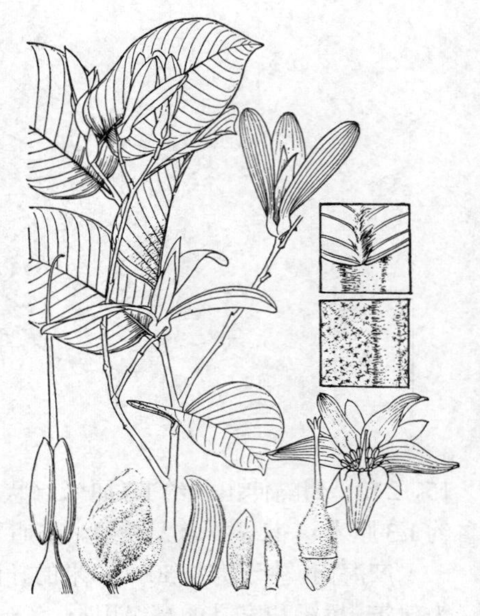

图 914 云南娑罗双 （刘怡涛绘）

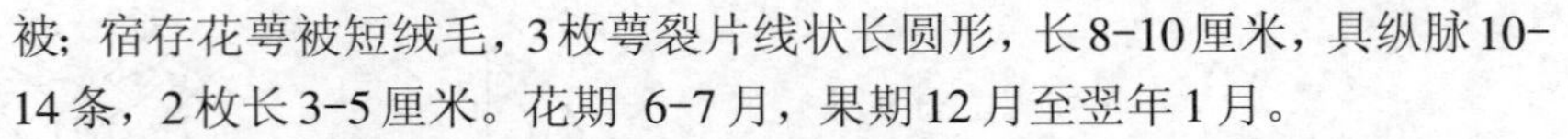

4. 柳安属 Parashorea Kurz

常绿乔木，常具板根，具树脂；树皮常不规则开裂或片状开裂。托叶早落。圆锥花序，顶生或腋生。花萼裂片5，覆瓦状排列，基部分离，稍被毛；花瓣5，白或淡黄色；雄蕊12-15，药隔附属物锥状；子房被毛，3室，每室2胚珠。果时花萼裂片增大成等长或3长2短的翅，基部窄，不包被果实。

约15种，主要分布于亚洲东南部及南部。我国1种。

望天树 图915 彩片258

Parashorea chinensis Wang Hsie in Acta. Phytotax. Sin. 15(2): 10. t. 1. 1977.

乔木，高达80米，胸径达3米；树皮灰或深褐色，块状脱落。幼枝被鳞片状茸毛。叶革质，椭圆形或椭圆状披针形，长6-20厘米，宽3-8厘米，先端渐尖，基部圆，全缘，被毛，侧脉14-19对；叶柄长1-3厘米，密被毛，托叶早落，卵形，被毛。圆锥花序顶生或腋生，密被毛；每个小分枝具3-8花。花基部具1对宿存苞片；花萼裂片5，被毛；花瓣5，黄白色，芳香，背面被鳞片状毛，雄蕊12-15，药隔附属物短锥状；子房长卵状，密被白色绢毛。果长卵球形，密被银灰色绢毛；增大花萼裂片近革质，3长2短，长6-8厘米，具纵脉

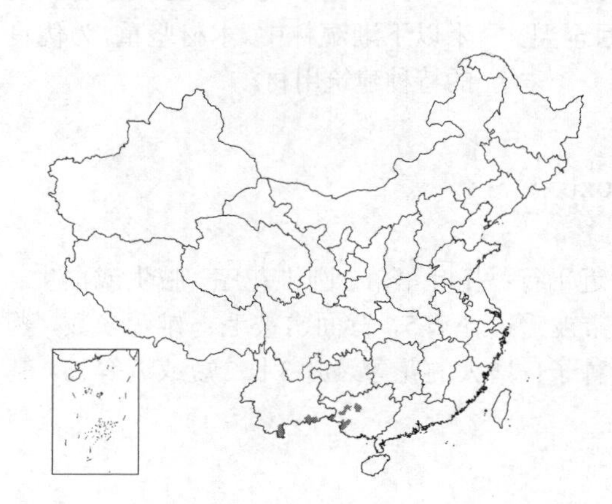

图 915 望天树 （曾孝濂绘）

5-7，基部窄不包被果实。花期5-6月，果期8-9月。

产云南及广西，生于海拔300-1100米山地沟谷、丘陵坡地或石灰岩山地密林中。木材坚硬耐腐，褐黄色，纹理直，结构均匀，为制造高级家具用材。

5. 青梅属 **Vatica** Linn.

常绿乔木，具白色芳香树脂。叶革质，全缘，羽状脉；托叶小，早落或不明显。圆锥花序，腋生或顶生，常被毛。萼筒极短，与子房基部合生，萼裂片5，镊合状排列；花瓣5，长为花萼2-3 倍；雄蕊10-15，药隔附属物短而钝；子房3室，每室2胚珠。蒴果椭圆状球形或球形，具1-2种子，常为增大的宿萼所包被；花萼裂片等长或不等长。

60余种，主要分布于亚洲东南部及南部。我国3种。

1. 叶侧脉7-14对；宿存花萼裂片最大的长3-4厘米。
  2. 叶基部楔形，侧脉7-12对 ······························ 1. **青梅 V. mangachapoi**
  2. 叶基部宽楔形，侧脉12-14对 ······························ 2. **版纳青梅 V. xishuangbannaensis**
1. 叶侧脉15-20对；宿存花萼裂片最大的长6-8厘米 ······························ 3. **广西青梅 V. guangxiensis**

1. 青梅 　图916 彩片259

Vatica mangachapoi Blanco, Fl. Filip. 1: 401. 1837.

Vatica astrotricha auct. non Hance: 中国高等植物图鉴 2: 887. f. 3502. 1972.

图 916 青梅 （邓晶发绘）

常绿乔木，具白色芳香树脂，高达20米。小枝、叶柄及花序均密被星状毛。叶互生，革质，长圆形或长圆状披针形，长5-17厘米，宽2-6厘米，先端短渐尖或急尖，基部楔形，全缘，侧脉7-12对；叶柄长0.7-2厘米。圆锥花序顶生或腋生，长4-10厘米，花萼裂片不等大，密被毛；花瓣白色，有时淡红或淡黄色，背面密被毛；雄蕊15枚；子房球形，密被毛。果球形，径约6毫米，具增大宿萼，宿萼裂片翅状，2长3短，最大的长3-4厘米，具5纵脉。花期5-7月，果期6-9月。

产海南，生于海拔 1000 米以下山地林中或溪边，广东和云南有栽培。越南、泰国、菲律宾及印度尼西亚有分布。木材耐腐、耐湿，为建筑、家具、造船等优良用材。

2. 版纳青梅 　图917 彩片260

Vatica xishuangbannaensis G. D. Tao et J. H. Zhang in Acta Bot. Yunn. 5(4): 379. 1983.

乔木，高达40米；树皮灰白或灰黑色，具环状条纹。叶互生， 近革质，长圆状披针形，长9-19厘米，宽2.5-5厘米，先端渐尖，基部宽楔形，全缘，仅中脉疏被星状毛，侧脉12-14对；叶柄长1.5-2厘米，密被黄色星状毛。圆锥花序顶生或腋生，长5-12厘米，密被黄色星状短绒毛。花萼裂片稍不等大，被星状毛；花瓣白或淡红

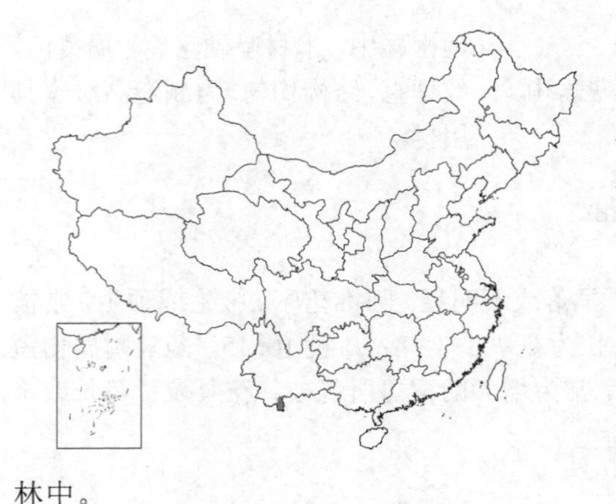

色；雄蕊15；子房近球形，被星状绒毛。果近球形，被星状绒毛；宿存花萼裂片2枚增大成长圆形翅，长3-4厘米，疏被星状毛，具5纵脉，另3枚披针形，长1.5-2厘米，无毛。花期5-6月，果期7-8月。

产云南勐腊县，生于海拔800-1000米低山峡谷林中。

图 917 版纳青梅 （曾孝濂绘）

3. 广西青梅 图918

Vatica guangxiensis S. L. Mo in Acta Phytotax. Sin. 18(2): 232, t. 1. 1980.

乔木，高达35米。幼枝、嫩叶、花序、花被片及果实均密被黄褐或褐色星状毛，老枝及老叶近无毛。叶革质，窄长椭圆形或倒披针状椭圆形，长6-17厘米，宽1.5-4厘米，先端渐尖，基部楔形，全缘，侧脉15-20对；叶柄长1.2-1.5厘米。圆锥花序顶生或腋生，长3-9厘米。花萼裂片不等大；花瓣淡红或稍带淡紫红色；雄蕊15；子房近球形，被毛。果近球形，径0.8-1.1厘米；宿存花萼裂片5，其中2枚扩大成翅，长圆状窄椭圆形，长6-8厘米，具5纵脉，另3枚披针形，长1.5-2厘米。花期4-5月，果期7-8月。

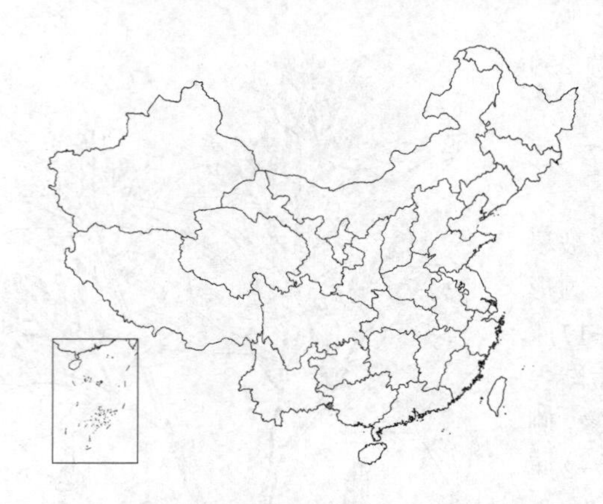

产广西西南部，生于海拔500-800米沟谷林中。木材坚重微密，耐腐。为建筑、造船、车辆、高级家具用材。

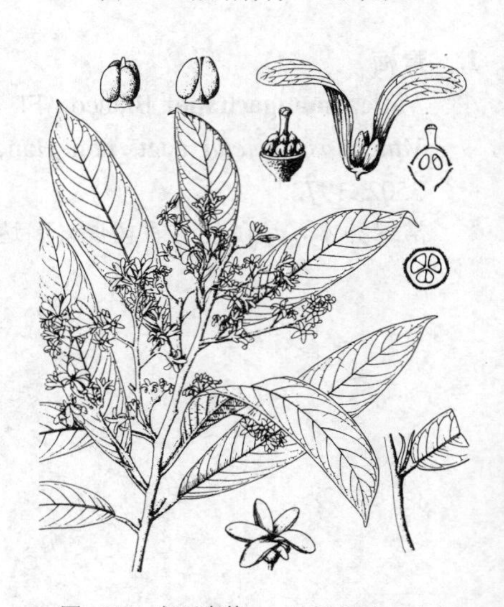

图 918 广西青梅 （邹贤桂 何顺清绘）

59. 山茶科 THEACEAE

（张宏达 林来官）

常绿或半常绿，乔木或灌木。叶革质，互生，羽状脉，全缘或具锯齿；具柄，无托叶。花两性，稀单性雌雄异株，单生或簇生。苞片2至多数，或与萼片同形而逐渐过渡；萼片5至多数，脱落或宿存，有时向花瓣过渡；花瓣5至多数，基部常连合，白、红或黄色；雄蕊多数，多轮，稀4-5数，花丝分离或基部连生，花药2室，背部或基部着生，纵裂；子房上位，稀半下位，2-10室；每室2-多数胚珠；中轴胎座；花柱分离或连合，柱头与心皮同数。蒴果、核果或浆果状。种子球形，多角形或扁平，有时具翅，胚乳少或缺，子叶肉质。

36属700种，广布于热带及亚热带，亚洲亚热带地区最集中。我国15属500种，均属较原始的山茶亚科及厚皮香亚科。山茶科植物具有重要经济用途，茶叶是世界著名饮料，茶籽含油，是食用及工业用油；茶花供观赏，尤以金花茶最珍贵。

1. 花两性，径3-14厘米，雄蕊多轮，花药背着，子房上位；蒴果，稀核果状；种子大。
  2. 蒴果。
    3. 萼片多于5，花瓣5-14，花柱分离或连合；种子大。
      4. 蒴果顶部开裂，中轴脱落；苞片、萼片及花瓣分化不明显，不定数，常多于5 ······ 1. **山茶属 Camellia**
      4. 蒴果基部开裂，中轴宿存；苞片2，萼片（5-）10，花瓣5，花柱连合 ··········· 2. **石笔木属 Tutcheria**
    3. 萼片5，宿存，花瓣5；种子较少，具翅或无翅。
      5. 蒴果中轴宿存，果顶端圆或钝，宿萼不包蒴果；种子具翅或无翅。
        6. 种子扁，具翅；花大，雄蕊多轮，花柱长。
          7. 蒴果长筒形，种子顶端具翅；花药背部着生 ··· 3. **大头茶属 Gordonia**
          7. 蒴果球形；种子周围具翅；花药基部着生 ··· 4. **木荷属 Schima**
        6. 种子肾圆形，无翅；蒴果扁球形；雄蕊2轮，花柱极短或缺 ··················· 5. **圆籽荷属 Apterosperma**
      5. 蒴果无中轴，顶端尖，宿萼大，包果；种子具翅或缺。
        8. 叶常绿，叶柄两侧对褶成舟状；种子近无翅；顶芽无芽鳞 ······························ 6. **折柄茶属 Hartia**
        8. 叶脱落或半常绿，叶柄不对折；种子具翅；顶芽具芽鳞 ································ 7. **紫茎属 Stewartia**
  2. 核果，不裂。
    9. 萼片8-10，花瓣8-10，黄色，二者逐渐过渡；核果无宿萼，3室 ········ 8. **多瓣核果茶属 Parapyrenaria**
    9. 萼片及花瓣均5，区别显著，花白色；核果具宿萼，5（-7） 室 ························ 9. **核果茶属 Pyrenaria**
1. 花两性，稀单性异株，径小于2厘米，如大于2厘米，则子房下位或半下位，雄蕊5-20，1-2轮，花药基着；浆果或闭果。
  10. 花单生叶腋，胚珠2-10；浆果及种子较大；叶多列。
    11. 花杂性，花药具短芒，子房上位，花瓣离生，每室2-6胚珠 ······················ 10. **厚皮香属 Ternstroemia**
    11. 花两性，花药具长芒，子房半下位，花瓣基部连合，每室4-10胚珠 ··············· 15. **茶梨属 Anneslea**
  10. 花数朵腋生，胚珠8至多数；浆果，种子细小；叶2列，稀多列。
    12. 花两性，花药被长毛，稍具芒。
      13. 花梗长1-3厘米，胚珠8-多数；叶厚革质，2列，全缘，侧脉密，不连结。
        14. 子房3-5室，胚珠8-多数，柱头不裂；顶芽被毛 ·· 11. **杨桐属 Adinandra**
        14. 子房2-3室，胚珠8-16，柱头2-3裂；顶芽无毛 ·· 12. **红淡比属 Cleyera**
      13. 花梗长3-6毫米，胚珠12；叶薄革质，多列，具锯齿，侧脉疏，末端连结 ·· 13. **猪血木属 Euryodendron**
    12. 花单性，花药无毛，无芒；叶2列 ·· 14. **柃属 Eurya**

1. 山茶属 Camellia Linn.

（张宏达）

灌木或乔木。叶革质，羽状脉，具锯齿；具柄，稀抱茎；花两性，单生或数花簇生叶腋。花梗短；苞片2-6，或更多；萼片5-6，分离或基部连合，有时更多，或苞片与萼片逐渐过渡，组成苞被，6-16片，脱落或宿存；花瓣5-14，白、红或黄色，基部稍连合；雄蕊多数，2-6轮，外轮花丝下部常连成短筒，花药纵裂，背着或基着；子房上位，3-5室，花柱离生或连合，每室2-5胚珠。蒴果上部3-5爿裂，果爿木质或栓质，具中轴，常脱落，或1室发育无中轴。种子大，球形或半球形，种皮角质，胚乳丰富。

约280种，主产东亚亚热带地区，少数产亚洲热带山区。我国240种。

1. 子房5室，花柱5，离生或连合；苞被多数，未明显分化成苞片及萼片。
   2. 苞被12–17，长2–4厘米，花径9–14厘米；花柱顶端5裂，子房被毛。
      3. 花径10–14厘米，苞被12，长3–4厘米，花瓣长圆形，花柱顶端5裂 …………………………………………………………………… 1. **大苞山茶 C. granthamiana**
      3. 花径9–10厘米，苞被17，长2.5厘米，花瓣宽倒卵形，花柱下部连合 …………………………………………………………………… 1(附). **大白山茶 C. albogigas**
   2. 苞被8–10，长0.7–1.2厘米，花径4–5厘米，花柱离生，子房无毛或疏被毛。
      4. 叶椭圆形或卵形，长4–7厘米，先端渐尖或尖，果爿厚5–8毫米 ………… 2. **五柱滇山茶 C. yunnanensis**
      4. 叶披针形，长6–9厘米，先端尾尖；果爿厚1–1.5毫米 ………………………… 2(附). **散柱茶 C. liberistyla**
1. 子房常3室，花柱3或3裂，稀4–5室，花柱单一，稀离生；苞被分化或否，如分化，苞片2–4，萼片5–7。
   5. 苞被未分化，多于10，脱落，花径(2–4)5–10厘米，花无梗；蒴果具中轴，3(4–5)室。
      6. 花丝离生，或基部稍连合，花瓣白色，基部稍连合或离生。
         7. 苞被片革质，雄蕊3–6轮，花柱连合或离生；蒴果无糠秕。
            8. 花瓣长4–6厘米，花萼无毛，具睫毛；蒴果径4–6厘米，果爿厚5–9毫米 …………………………………………………………………… 3. **越南油茶 C. vietnamensis**
            8. 花瓣长2.5–4厘米，花萼被毛，蒴果径2–5厘米，果爿厚3–5毫米 …………………… 4. **油茶 C. oleifera**
         7. 苞被片非革质，易碎，雄蕊2–4轮，花柱离生；蒴果被糠秕或无。
            9. 花径7–10厘米；蒴果径6–10厘米，果爿厚1–2厘米 …………………… 5. **红皮糙果茶 C. crapnelliana**
            9. 花径2–4厘米；蒴果径2.5–4厘米，果爿厚2–8毫米。
               10. 花柱长1–1.7厘米，蒴果径2.5–4厘米，3室，果爿厚2–3毫米 ………… 6. **糙果茶 C. furfuracea**
               10. 花柱长2–8毫米；蒴果径1–2.5厘米，1–2室发育。
                  11. 叶长5–11厘米，椭圆形，长圆形、长椭圆形、卵状椭圆形或窄披针形。
                     12. 叶长圆形、长椭圆形或卵状椭圆形，宽2–4厘米。
                        13. 花径4–5厘米；叶长7–10厘米，长圆形 ……………………… 7. **长瓣短柱茶 C. grijsii**
                        13. 花径2–3.5厘米；叶长5–7厘米，长椭圆形或卵状椭圆形 ……… 8. **落瓣短柱茶 C. kisii**
                     12. 叶窄披针形，宽1–1.5厘米 ……………………………………… 9. **窄叶短柱茶 C. fluviatilis**
                  11. 叶长1.5–5厘米。
                     14. 叶椭圆形，稀近圆形。
                        15. 幼枝被毛；蒴果球形。
                           16. 苞被片6–7；叶窄椭圆形 ……………………………………… 10. **短柱茶 C. brevistyla**
                           16. 苞被片10；叶宽椭圆形或近圆形 ……………………… 11. **钝叶短柱茶 C. obtusifolia**
                        15. 幼枝无毛，叶脉干后凹下，苞被片7–8；蒴果卵圆形 …………………………………………………………………… 12. **陕西短柱茶 C. shensiensis**
                     14. 叶倒卵形，先端钝，长1.5–2.5厘米，锯齿较细密；苞片及萼片6–7 …………………………………………………………………… 13. **细叶短柱茶 C. microphylla**
      6. 花丝连成短筒，花瓣基部连合，稀花丝离生，则花为红色。
         17. 花白色，花柱3–5，离生，萼片干膜质，易碎，半宿存。
            18. 蒴果球形，果皮被小瘤，种子常被毛；花瓣长圆形或倒卵形，花柱4–5。
               19. 花瓣长圆形，子房被毛；幼枝无毛或被微毛；叶窄长圆形，长8–12厘米 …………………………………………………………………… 14. **瘤果茶 C. tuberculata**
               19. 花瓣宽倒卵形，子房无毛；幼枝被长粗毛；叶卵状椭圆形，长4–6厘米 …………………………………………………………………… 15. **小瘤果茶 C. parvimuricata**
            18. 蒴果扁球形，果皮平滑，种子无毛；花瓣圆形；叶卵形或卵状椭圆形，长7–11厘米 …………

………………………………………………………………………… 15(附). **光果山茶 C. henryana**

17. 花红色，稀淡白；花柱连合，顶端3（-5）浅裂或深裂，稀离生。
 20. 子房被毛，果皮被毛。
  21. 外轮花丝及花丝筒被柔毛。
   22. 叶长8-16厘米，叶柄长0.8-1.5厘米。
    23. 叶椭圆形或卵圆形，基部圆；柱头3深裂。
     24. 苞片及萼片10；叶先端骤短尖，具钝齿；花柱长3-3.5厘米 ……… 16. **峨眉红山茶 C. omeiensis**
     24. 苞片及萼片15；叶先端长尾尖，具尖锐细齿；花柱长2厘米 ……… 17. **多齿红山茶 C. polydonta**
    23. 叶长圆形或长圆状披针形，基部楔形；柱头3浅裂；果爿木质，厚1.2-1.5厘米 ……………………… 18. **石果红山茶 C. lapidea**
   22. 叶长7-10厘米，长圆形，叶柄长4-5毫米，叶下面沿中脉被丝毛，上面侧脉凹下 ……………………… 19. **毛蕊红山茶 C. mairei**
  21. 外轮花丝及花丝筒无毛。
   25. 花柱长4厘米，柱头3-5浅裂；蒴果卵圆形，径4-8厘米，4-5爿裂；叶椭圆形，先端骤短尖，中上部具锯齿 ……………………… 20. **南山茶 C. semiserrata**
   25. 花柱长1-3.5厘米；蒴果球形或扁球形，3爿裂，稀4-5裂。
    26. 幼枝无毛；花柱长2.5-3.5厘米。
     27. 蒴果扁球形，径3.5-5.5厘米；叶先端尾尖或渐尖。
      28. 叶椭圆形，具细锯齿；花丝筒长1.5-2厘米；果爿厚7毫米 ………… 21. **滇山茶 C. reticulata**
      28. 叶披针形或长圆形，具尖锐锯齿；花丝筒长1-1.5厘米；果爿厚3-4毫米 ……………………… 22. **西南红山茶 C. pitardii**
     27. 蒴果球形，径2-3厘米；叶先端钝尖，长圆形，疏生钝齿 …… 23. **香港红山茶 C. honkongensis**
    26. 幼枝无毛；花柱长1-2.5厘米。
     29. 叶长圆形，长3.5-6厘米，先端钝尖；蒴果球形或哑铃形，径2.5-3厘米，果爿厚3-5毫米 ……………………… 24. **怒江红山茶 C. saluenensis**
     29. 叶卵状披针形或披针形，长7-17厘米，先端尾尖或渐尖；蒴果球形，径1.5-2厘米，果爿厚1-2毫米 ……………………… 25. **尖萼红山茶 C. edithae**
 20. 子房无毛。
  30. 蒴果径5-12厘米，果爿厚1-2厘米；叶长8-22厘米，上部或中上部具齿。
   31. 蒴果卵圆形，径5-7厘米，果爿厚1厘米；叶先端骤短尖，叶柄长1-1.5厘米 ……………………… 26. **浙江红山茶 C. chekiangoleosa**
   31. 蒴果球形，径达12厘米，果爿厚1-2厘米；叶先端骤长尖，叶柄长1.5-2.5厘米 ……………………… 26(附). **大果红山茶 C. magnocarpa**
  30. 蒴果径3-5厘米，果爿厚6-8毫米；叶长5-10厘米，具钝齿 ……………… 27. **山茶 C. japonica**

5. 苞片及萼片分化明显，苞片宿存或脱落，萼片宿存，如苞片萼片未分化，则全宿存；花径2-5厘米，具梗或近无梗，雄蕊离生或稍连合；子房及蒴果（1-）3（-5）室。
 32. 子房3室均能育；果大，爿厚或薄，具中轴；萼片宿存；花柱3。
  33. 苞片与萼片未完全分化，宿存；花梗极短。
   34. 花丝细长，离生，花柱长6-9毫米；叶基部楔形或圆。
    35. 幼枝无毛；叶椭圆形、倒卵状或椭圆状倒披针形。
     36. 子房被长粗毛；叶先端渐尖或尾尖，下面无腺点，叶柄长0.8-1.1厘米 ……………………… 28. **滇缅离蕊茶 C. wardii**
     36. 子房无毛；叶先端圆或钝尖，下面被腺点，叶柄长5-7毫米 ………………………

………………………………………………………………………… 28(附). **腺叶离蕊茶 C. paucipunctata**

35. 幼枝被毛；叶长卵形或卵状披针形 ………………………………… 29. **尖齿离蕊茶 C. acutiserrata**

34. 花丝极短，大部与花瓣连合，花柱长3毫米；叶长圆形或长圆状披针形，基部心形抱茎 …………………………………………………………………………………… 29(附). **抱茎离蕊茶 C. amplexifolia**

33. 苞片与萼片分化，苞片宿存或脱落，花萼宿存，花梗长0.4–1厘米。

37. 花黄色，苞片5或8，宿存；花丝离生或稍连合，花柱3，离生，稀下部连合；叶侧脉在上面凹下。

38. 外轮花丝连生或成束。

39. 外轮花丝筒长约1厘米；花梗长4–5毫米 ……………………………… 30. **显脉金花茶 C. euphlebia**

39. 外轮花丝连成5束；花梗长6–8毫米 ……………………………… 30(附). **簇蕊金花茶 C. fascicularis**

38. 花丝近离生或稍连合。

40. 叶长圆形、披针形或倒披针形，先端尾尖；花梗长0.7–1厘米 ………… 31. **金花茶 C. nitidissima**

40. 叶椭圆形，先端骤尖；花梗粗，长6–7毫米 ……………… 31(附). **凹脉金花茶 C. impressinervis**

37. 花白色，苞2（3或6），早落，稀宿存；叶侧脉在上面平。

41. 苞片6，宿存；雄蕊与花瓣近等长，花丝筒长6毫米；蒴果扁球形 …………………………………………………………………………………………… 32. **中越山茶 C. indochinensis**

41. 苞片2（3），早落。

42. 子房5室，花柱5，离生或5裂；蒴果4–5爿裂。

43. 叶长圆形；子房无毛；蒴果球形。

44. 果爿厚7–8毫米；萼片近圆形，宽0.8–1.2厘米 ……………… 33. **广西茶 C. kwangsiensis**

44. 果爿厚2–3毫米；萼片肾状圆形，宽7–9毫米 ……………… 33(附). **大厂茶 C. tachangensis**

43. 叶椭圆形或椭圆状倒卵形；子房被毛；蒴果扁球形 ………………………… 34. **大理茶 C. taliensis**

42. 子房（2）3室，花柱3裂；蒴果3爿裂。

45. 花萼长6毫米；蒴果球形，果爿厚7毫米 ………………………………… 35. **壳房茶 C. gymnogyna**

45. 花萼长3–4毫米；果爿厚1–3毫米。

46. 幼枝无毛；叶长圆状披针形，先端近尾尖或渐尖；花梗长1–1.5厘米；蒴果球形或双球形 …………………………………………………………………………… 36. **榕江茶 C. yungkiangensis**

46. 幼枝被毛、微被毛或无毛；叶长圆形、椭圆形或倒卵形；花梗长3–8毫米。

47. 幼枝被毛或无毛；叶长圆形或椭圆形，下面初被柔毛，后脱落；子房密被白毛；蒴果3，球形 ………………………………………………………………………… 37. **茶 C. sinensis**

47. 幼枝被微毛或柔毛；叶椭圆形或倒卵形。

48. 幼枝被微毛；叶椭圆形，先端尖，下面被柔毛，后脱落；花梗长6–8毫米，萼片近圆形 …………………………………………………………………………… 38. **普洱茶 C. assamica**

48. 幼枝被柔毛；叶倒卵形，先端骤尖，下面无毛；花梗长3–5毫米，萼片圆卵形 …………………………………………………………………………… 39. **细萼茶 C. parrisepala**

32. 子房1室发育；稀2–3室发育；果爿薄，稀稍厚，无中轴；苞片及萼片均宿存，雄蕊1–2轮，花柱长，连合，顶端3（5）浅裂。

49. 花丝离生，或连合2–3毫米。

50. 叶卵状披针形或椭圆形，长4–8厘米，先端渐尖或尾尖；花柱长3–8毫米。

51. 叶长5–8厘米；花梗长3毫米，苞片卵形，萼片宽卵形，花瓣6–7 ………… 40. **尖连蕊茶 C. cuspidata**

51. 叶长4–6厘米；花梗长8毫米，苞片及萼片披针形，花瓣5 ……………… 41. **长萼连蕊茶 C. longicalyx**

50. 叶卵形或椭圆形，长2–3厘米，先端尖；花梗长2毫米；蒴果梨形 …………………………………………………………………………………… 42. **黄杨叶连蕊茶 C. buxifolia**

49. 外轮花丝下部连成短筒。

52. 花丝及花丝筒无毛，稀分离花丝被毛。
53. 萼片长1-3毫米。
54. 花瓣白色。
55. 萼片被毛或先端被毛。
56. 萼片圆形。密被灰毛，长2-2.5毫米；叶长卵形或椭圆形，长2-4厘米，宽1-1.5厘米 ………………………………………… 43. **岳麓连蕊茶 C. handelii**
56. 萼片三角状卵形，先端被毛；叶卵状长圆形，长4-7厘米，宽1.3-2.6厘米 ………………………………………… 44. **贵州连蕊茶 C. costei**
55. 萼片无毛，稀先端被毛。
57. 叶长6-9厘米，侧脉约10对，叶柄长3-6毫米，被短粗毛，叶椭圆状披针形或椭圆形。
58. 花梗长5-6毫米，萼片无毛 ………………… 45. **川滇连蕊茶 C. tsii** var. **synaptica**
58. 花梗长2-3毫米，萼片近先端被毛；叶长圆状披针形或椭圆形 ………………………………………… 45(附). **云南连蕊茶 C. tsaii**
57. 叶长1-5厘米，侧脉5对或不明显，叶柄长1-3毫米。
59. 叶长2-5厘米。
60. 幼枝被柔毛；花梗长2.5-4毫米，花丝筒长约4毫米。
61. 幼枝被柔毛；叶侧脉不明显；花梗长2.5毫米 ………………………………………… 45(附). **南投连蕊茶 C. transnokoensis**
61. 幼枝密被柔毛；叶侧脉约6对；花梗3-4毫米 ……………… 46. **川鄂连蕊茶 C. rosthorniana**
60. 幼枝被丝毛；花梗长0.7-1厘米，花丝筒长8-9毫米 ……………… 47. **柃叶连蕊茶 C. euryoides**
59. 叶长1-2.4厘米。
62. 幼枝被长粗毛；叶椭圆形，基部圆或微心形；花梗长2-4毫米 ………………………………………… 48. **毛枝连蕊茶 C. trichoclada**
62. 幼枝被柔毛；叶椭圆形或卵形，基部宽楔形；花梗长1厘米 ………………………………………… 49. **细叶连蕊茶 C. parvilimba**
54. 花瓣紫红色；叶椭圆形，先端尾尖或渐尖，锯齿齿距2-2.5毫米 ……………… 50. **秃梗连蕊茶 C. dubia**
53. 萼片长（3）4-6毫米。
63. 幼枝无毛；花丝筒长1.5厘米；蒴果椭圆形或卵圆形；叶卵状披针形，长尾尖 ………………………………………… 51. **长管连蕊茶 C. elongata**
63. 幼枝被毛；花丝筒长不及1.5厘米；蒴果球形。
64. 花白色，花丝筒长1-1.4厘米。
65. 幼枝密被柔毛及丝毛；叶革质，先端渐钝尖，花梗长3-4毫米，花柱长1.4-1.8厘米 ………………………………………… 52. **毛柄连蕊茶 C. fraterna**
65. 幼枝被柔毛；叶薄革质，先端钝；花梗短，花柱长1.1厘米 ………………………………………… 52(附). **阿里山连蕊茶 C. transarisanensis**
64. 花紫红色，雄蕊离生，花梗长5-6毫米；叶先端尾尖 ……………… 53. **杯萼毛蕊茶 C. cratera**
52. 花丝被毛。
66. 子房无毛；叶卵状披针形，先端渐尖或尾尖 ……………… 54. **细萼连蕊茶 C. tsofui**
66. 子房被毛。
67. 萼片圆形、宽卵形，长1-6毫米。
68. 叶长圆状披针形或长卵形，基部圆或微心形，下面被毛。
69. 幼枝被长粗毛；叶长6-10厘米，侧脉6-7对；萼片长3-4毫米 ………………………………………… 55. **心叶毛蕊茶 C. cordifolia**

69. 幼枝被茸毛；叶长3-5厘米，侧脉不明显；萼片长2-2.5毫米 …………………………………………………………………………………… 55(附). **广东毛蕊茶 C. melliana**

68. 叶长圆形、椭圆形、卵状或椭圆状披针形，基部楔形，下面无毛或疏被毛。

70. 花瓣长1-1.4厘米，花梗长2-3毫米，萼片长2-3毫米，侧脉6-8对 …………………………………………………………………………………… 56. **长尾毛蕊茶 C. caudata**

70. 花瓣长2-3厘米，花梗长6毫米，萼片长4-5毫米；叶侧脉不明显 …………………………………………………………………………………… 56(附). **香港毛蕊茶 C. assimilis**

67. 萼片线状披针形，长0.7-1.5厘米；叶椭圆状披针形；幼枝被丝毛 ……… 57. **柳叶毛蕊茶 C. salicifolia**

1. 大苞山茶 图919：1-2 彩片261

Camellia granthamiana Sealy in Journ. Roy. Hort. Soc. 81: 182. 1956.

乔木，高8米。幼枝无毛。叶革质，椭圆形或窄椭圆形，长8-11厘米，先端骤尖或稍尾尖，基部圆或楔形，两面无毛，侧脉6-7对，凹下，具锯齿；叶柄长0.8-1.2厘米。花白色，单生枝顶，径10-14厘米。花无梗；苞片及萼片12，圆形，革质，宿存，长3-4厘米，被灰绢毛；花瓣8-10，长圆形，长5-7厘米，先端圆或2裂，基部连合达1.5厘米；雄蕊多轮，长2-2.5厘米，离生，无毛；子房被毛，5室；花柱长2厘米，被毛，顶端5裂，裂片长0.7-1厘米。蒴果球形，径4-6厘米；苞片及萼片宿存全包果，果爿5，厚1厘米，中轴长1.5-3厘米。种子近球形，长1-1.5厘米。花期冬春。

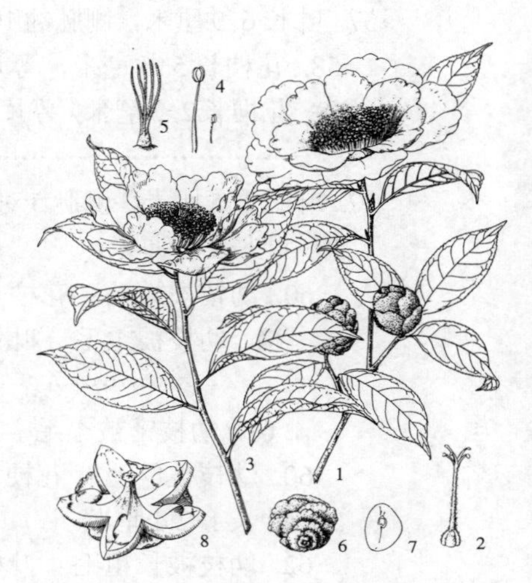

图 919: 1-2. 大苞山茶 3-8. 大白山茶 （曾孝濂绘）

产广东东部、香港、九龙，生于海拔150-300米常绿阔叶林中。种子榨油，可食用。

［附］**大白山茶** 图919：3-8 **Camellia albogigas** Hu in Acta Phytotax. Sin. 10: 132. 1965. 本种与大苞山茶的区别：叶柄长7-8毫米；花径9-10厘米，苞被17，宽倒卵形，长约2.5厘米，花瓣宽倒卵形，花柱5，下部连合。产广东西部，生于海拔200-250米常绿阔叶林中。

2. 五柱滇山茶 猴子木 图920 彩片262

Camellia yunnanensis (Pitard) Cohen-Stuart. in Meded. Proefst. Thea 11: 68. 1916.

Thea yunnanensis Pitard ex Diels in Notes Roy. Bot. Gard. Edinb. 5: 284. 1912.

乔木，高7米，或灌木状。幼枝被茸毛。叶革质，椭圆形或卵形，长4-7厘米，宽2-3.5厘米，先端渐尖或尖，基部宽楔形或圆，下面脉被柔毛及小瘤，侧脉7-8对，具细

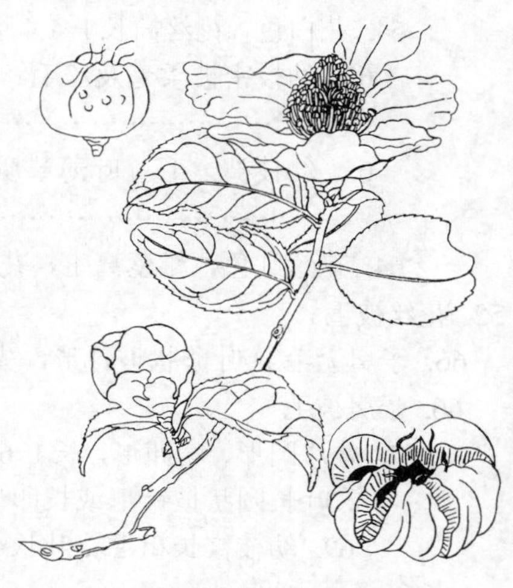

图 920 五柱滇山茶 （谢庆建绘）

齿；叶柄长3-6毫米，被粗毛。花顶生，白色，径4-5厘米。花无梗；苞片及萼片8-9，卵状倒卵形，长0.7-1.2厘米，脱落；花瓣8-12，倒卵形或圆形，长2-3厘米，基部稍连合；雄蕊长1.5-2厘米，离生，无毛，4-5轮；子房无毛或疏被毛，4-5室，花柱4-5，离生，长1-1.5厘米，无毛。蒴果球形，径3.5-4厘米，每室1-2种子，果爿4-5裂，厚5-8毫米。花期11-12月。

产云南、四川南部，生于海拔2200-3200米常绿阔叶林、松林中。种子含油量高，供制肥皂、润滑油等。

［附］**散柱茶 Camellia liberistyla** H. T. Chang, Tax. Gen. Camellia 18. 1981. 本种与五柱滇山茶的区别：叶披针形，长6-9厘米，先端尾尖；果爿厚1-1.5毫米。花期夏季。产云南中部及东南部。

3. 越南油茶　　图 921

Camellia veitnamensis Huang ex Hu in Acta Phytotax. Sin. 10: 138. 1965.

乔木，高达8米或灌木状。幼枝被柔毛。叶革质，椭圆形，或卵形，长6-16厘米，先端骤尖，基部宽楔形或稍圆，下面疏被柔毛，侧脉10-11对，两面被小瘤，具细齿；叶柄长1厘米，被毛。花顶生，近无梗。苞片及萼片9，革质，宽卵形，长0.6-2.5厘米，先端凹缺，下面无毛，具睫毛；花瓣5-7，倒卵形，长4-6厘米，先端凹缺或2裂；雄蕊多轮，长1.2-1.7厘米，外轮花丝基部连合1-2毫米；子房被长绵毛，花柱3-5，下部连合。蒴果球形、扁球形或长圆形，长4-5厘米，径4-6厘米，3-5爿裂，厚5-9毫米，被毛。种子6-15，长2厘米。花期7月。

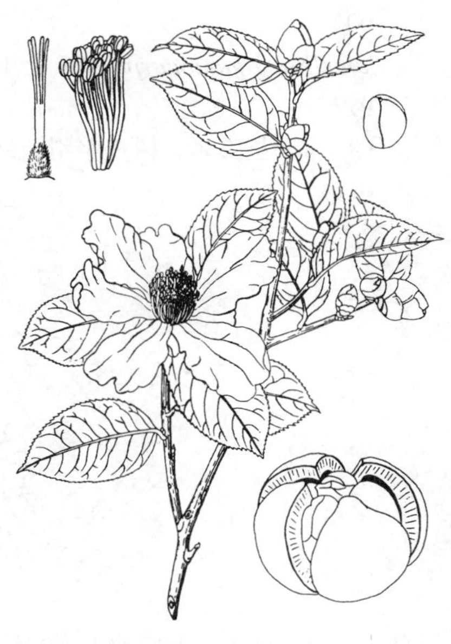

图 921 越南油茶　（谢庆建绘）

产广西。广东、广西栽培，为广西主要油料树种。

4. 油茶　　图 922 彩片 263

Camellia oleifera Abel, Narr. Journ. China 174. 363. cum. ic. 1818.

小乔木或灌木状。幼枝被粗毛。叶革质，椭圆形或倒卵形，长5-7厘米，先端钝尖，基部楔形，下面中脉被长毛，侧脉5-6对，具细齿；叶柄长4-8毫米，被粗毛。花顶生，近无梗。苞片及萼片约10，革质，宽卵形，长0.3-1.2厘米，被绢毛，花后脱落；花瓣白色，5-7，倒卵形，长2.5-4厘米，先端凹缺或2裂，下面被丝毛；雄蕊长1-1.5厘米，花丝近离生，或具短花丝筒，花药背着；子房被毛，3-5室，花柱长1厘米，顶端3裂。蒴果球形，径2-5厘米，(1)3室，每室1-2种子，果爿厚3-5毫米。花期10月至翌年2月，果期翌年9-10月。

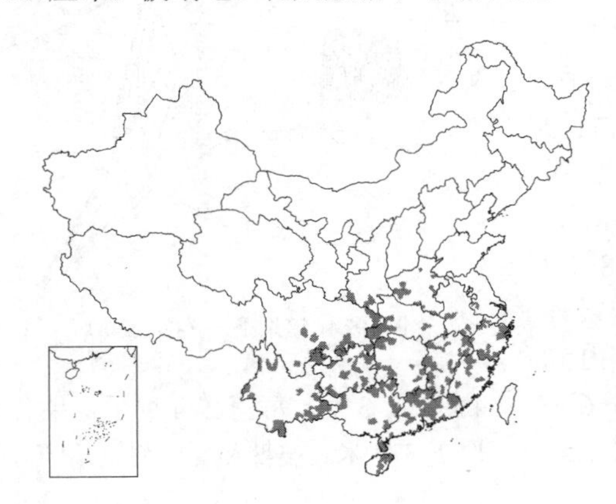

产陕西、河南、江苏、浙

图 922 油茶　（孙英宝绘）

江、福建、广东、广西、湖南、湖北、江西、安徽、云南、贵州及四川，在南方海拔500-900米以下丘陵山区生长良好，在云贵高原海拔2000米以下能正常开花结果。久经栽培，多优良品种，如寒露子、霜降子、中降子、珍珠子、软枝油茶等。种子含油率25-34%，种仁含油率38-53%，可榨油供食用；果壳、种壳可制活性炭及提取糠醛、皂素、栲胶。植株耐火力强，可作防火林带树种。

5. 红皮糙果茶 博白大果油茶 图 923 彩片 264

Camellia crapnelliana Tutch. in Journ. Linn. Soc. London. 37: 63. 1904.

Camellia gigantocarpa Hu et Huang；中国高等植物图鉴 2：854. 1972.

乔木，高达12米，树皮平滑，红色。幼枝无毛。叶硬革质，倒卵状椭圆形或椭圆形，长8-12厘米，先端短钝尖，基部楔形，无毛，侧脉6对，具细齿；叶柄长0.6-1厘米。单花顶生，径7-10厘米。花近无梗，苞片3；萼片5，倒卵形，长1-1.7厘米，被茸毛，脱落；花瓣白色，6-8，倒卵形，长3-4.5厘米，宽1-2.2厘米，基部连合4-5毫米，最外2片近离生，萼状，被毛；雄蕊长1.7厘米，无毛，多轮，离生；子房被毛，花柱3，离生，长1.5厘米，被毛。蒴果球形，径6-10厘米，被糠秕，果爿厚1-2厘米，3室，每室3-5种子。

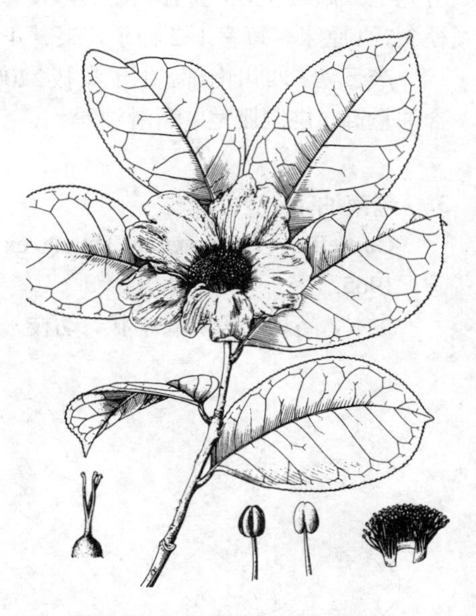

图 923 红皮糙果茶 （邹贤桂绘）

产香港、广东、广西、福建、江西及浙江南部，生于海拔500米以下山区林中，在九龙及惠东古田自然保护区有小片纯林。

6. 糙果茶 图 924

Camellia furfuracea (Merr.) Cohen-Stuart in Bull. Jard. Bot. Buctens. ser. 3. 1: 240. 1919.

Thea furfuracea Merr. in Philipp. Journ. Sci. Bot. 13: 149. 1918.

小乔木或灌木状。幼枝无毛。叶革质，长圆形或披针形，长8-15厘米，宽2.5-4厘米，无毛，先端渐尖，基部楔形，侧脉7-8对，具细齿；叶柄长5-7毫米，无毛。花1-2朵腋生或顶生，白色。花无梗；苞片及萼片7-8，最外2片宽卵形，长2-4毫米，内5-6片倒卵形，长0.8-1.3厘米，被毛；花瓣7-8，最外2片萼状，革质，被毛，内5-6片倒卵形，稍被毛，长1.5-2厘米；雄蕊长达1.5厘米，花丝筒长5-6毫米；子房被丝毛，花柱3，分离，被毛，长1-1.7厘米。蒴果球形，径2.5-4厘米，3室，每室2-4种子，果爿厚2-3毫米，被糠秕，中轴三角形，

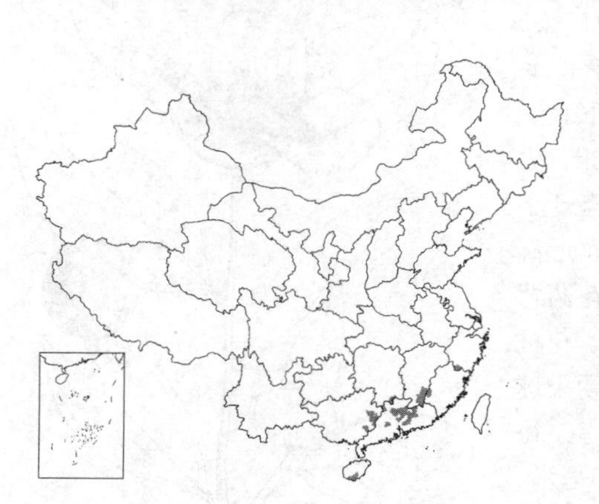

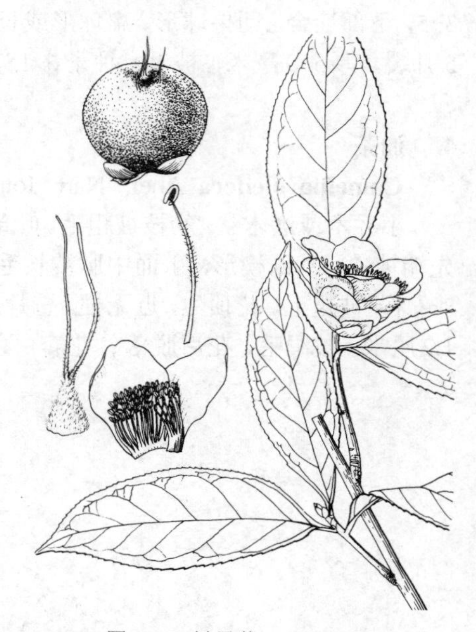

图 924 糙果茶 （孙英宝绘）

无宿存苞片及萼片。

产广东、海南、广西、湖南、江西及福建，生于低海拔山区林中。越南北部有分布。

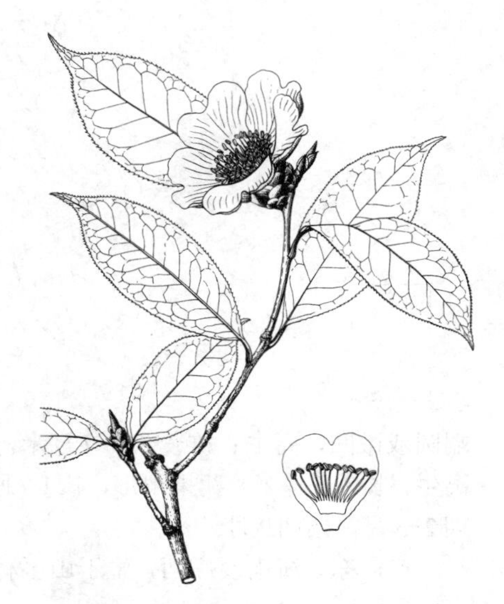

图 925 长瓣短柱茶 （引自《图鉴》）

7. 长瓣短柱茶 闽鄂山茶 图 925 彩片 265

Camellia grijsii Hance in Journ. Bot. 17: 9. 1879.

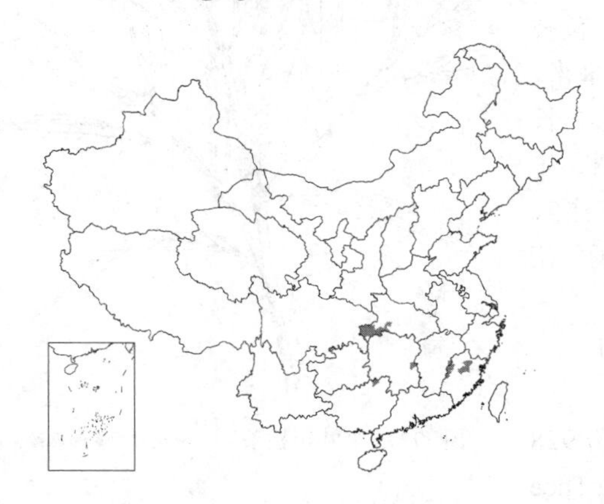

小乔木或灌木状。幼枝被柔毛。叶革质，长圆形，长7-10厘米，宽2.5-3.7厘米，先端尾尖，基部宽楔形，下面中脉被长毛，侧脉6-7对，具尖锐细齿；叶柄长5-8毫米，被毛。花顶生，白色，径4-5厘米。花梗极短；苞被片9-10，半圆形或圆形，长2-8毫米，革质，无毛，花后脱落；花瓣5-6，倒卵形，长2-2.5厘米，宽1.2-2厘米，先端凹缺；雄蕊长7-8毫米，花丝基部连合或部分分离，花药基着；子房被黄色长粗毛，花柱长3-4毫米，顶端3浅裂。蒴果球形，径2-2.5厘米，1-2（3）室，果爿厚1毫米。花期1-3月。

产福建、贵州、江西东部、湖北、湖南及广西北部，生于海拔约1300米林中、沟边。

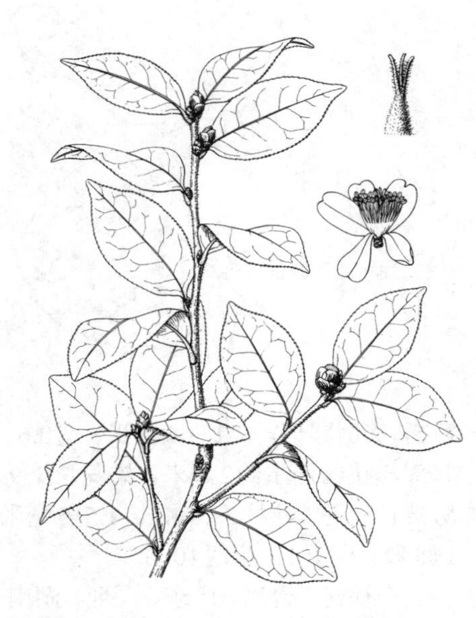

图 926 落瓣短柱茶 （引自《图鉴》）

8. 落瓣短柱茶 落瓣油茶 图 926

Camellia kissi Wall. in Pl. Asiat. Res. 8: 429. 1820.

小乔木或灌木状。幼枝被柔毛。叶革质，长椭圆形或卵状椭圆形，长5-7厘米，宽2-4厘米，先端尾尖，基部楔形，两面无毛，侧脉6-7对，凹下，密生锐齿；叶柄长4-6毫米，被短毛。花白色，顶生或腋生，径2-3.5厘米。花近无梗；苞被片9-10，宽卵形，长2-7毫米，被绢毛，花后脱落；花瓣7，倒卵形，长1.2-1.5厘米，先端圆形，2浅裂，基部分离，被绢毛；雄蕊长6-9毫米，花丝基部稍连合；子房被丝毛，花柱3或3深裂，长5-6毫米，无毛。蒴果梨形或近球形，被长柔毛，两端稍尖，长2厘米，3爿裂，果爿厚1毫米；每室种子1，中轴细长。花期11-12月。

产云南、广西、广东及海南，生于海拔600-3100米常绿林中、灌丛中、溪边。不丹、锡金、尼泊尔及印度有分布。

9. 窄叶短柱茶 图 927

Camellia fluviatilis Hand.-Mazz. in Anz. Akad. Wiss. Wien, Math-Nat. 59: 57. 1922.

灌木，高达3米。幼枝被柔毛，后脱落。叶革质，窄披针形，长5-9

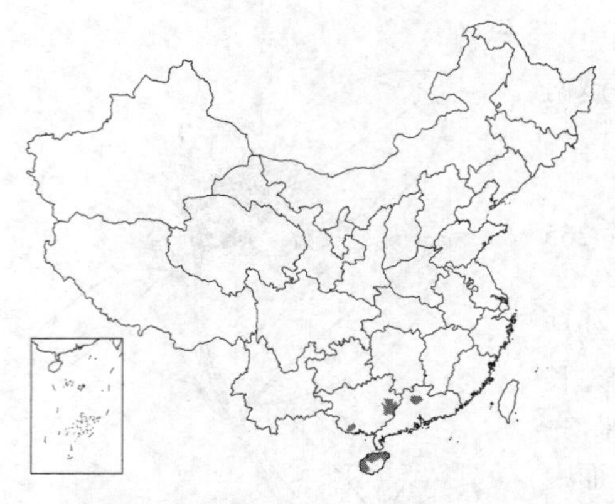

厘米，宽1–1.5厘米，先端尾尖，基部窄楔形下延，上面干后深绿色，无毛，下面淡绿色，无毛，侧脉7–8对，在上面稍凹下，具细齿；叶柄长2–5毫米，被毛。花白色，顶生及腋生。花梗极短；苞被片9–10，卵形，长2–6毫米，花后脱落；花瓣倒卵形，长1.2–1.5厘米，宽5–8毫米，先端圆或微凹，离生；雄蕊长5–7毫米，基部稍连合；子房被丝毛，花柱3，离生，长2–5毫米。蒴果梨形，长1.7厘米，3室，3爿裂，每室1种子。花期2–3月，果期9月。

产广东、海南及广西，生于山区林中、溪边。缅甸、印度有分布。

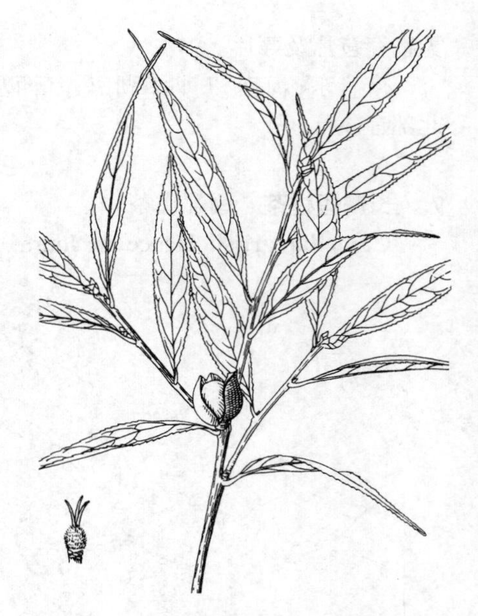

图 927 窄叶短柱茶 （谢庆建 黄锦添绘）

10. 短柱茶 图 928

Camellia brevistyla（Hayata）Cohen-Stuart in Meded. Proefst. Thee 40: 67. 1916.

Thea brevistyla Hatata Fl. Mont. Formos. 63: t. 1908.

乔木，高达8米，或灌木状。幼枝被柔毛。叶革质，窄椭圆形，长3–4.5厘米，宽1.5–2.2厘米，先端稍尖，基部楔形，上面深绿色，中脉被柔毛，下面淡绿色，无毛，被小瘤，叶脉不明显，具钝齿；叶柄长5–6毫米，被短粗毛。花白色，顶生或腋生。花梗极短；苞被片6–7，宽卵形，长2–7毫米，被灰白色柔毛；花瓣5，宽倒卵形，长1–1.6厘米，宽0.6–1.2厘米，最外1片稍被毛，余无毛，基部与花丝连生约2毫米；雄蕊长5–9毫米，花丝下部连成短筒，无毛；子房被长粗毛，花柱3（4），长1.5–5毫米，离生，或顶端3裂。蒴果球形，径1厘米。种子1。花期10月。

产福建、台湾、广东、广西、湖南、湖北、江西、浙江及安徽，生于山区林内、灌丛中。

图 928 短柱茶 （谢庆建绘）

11. 钝叶短柱茶 图 929

Camellia obtusifolia H. T. Chang, Tax. Gen. Camellia 38. 1981.

小乔木，高4米，或灌木状。幼枝被粗毛。叶革质，宽椭圆形或近圆形，长3.5–5厘米，先端钝或稍圆，基部近圆，上面中脉被柔毛，侧脉6对，具细齿；叶柄长3–4毫米，被柔毛。花白色，常2朵并生枝顶。花无梗；苞被片10，半月形或倒卵形，长2–8毫米，具睫毛；花瓣5–7，倒卵形，长1–1.2

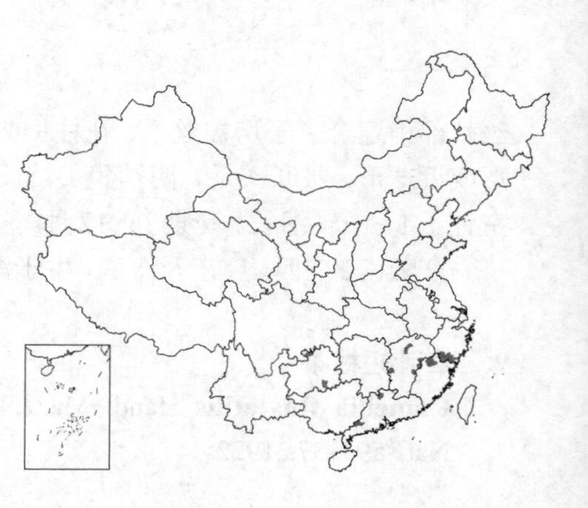

厘米，宽7-9毫米，先端圆，无毛；基部离生；雄蕊长1厘米，2轮，外轮基部1/3离生，无毛；子房被长粗毛，花柱3，离生，长7-8毫米。蒴果球形，径1.5-2厘米，（1）3室，每室1种子，3爿裂，果爿厚不及1毫米。花期10月。

产广东、福建、江西、浙江南部及贵州。

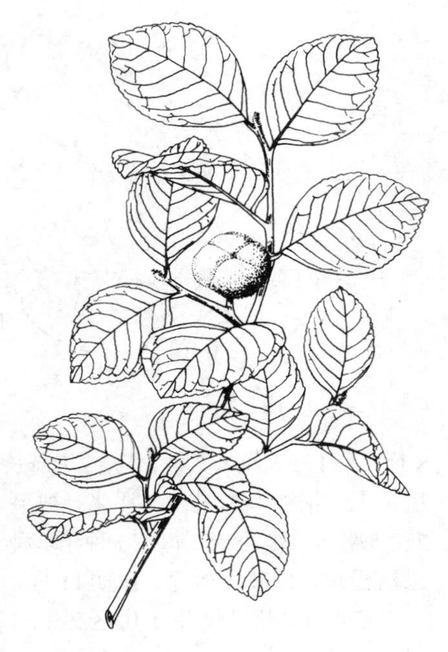

图 929 钝叶短柱茶 （蔡淑琴绘）

12. 陕西短柱茶 图 930 彩片 266

Camellia shensiensis H. T. Chang, Tax. Gen. Camellia 39. 1981.

灌木，高2米。多分枝。幼枝无毛。叶革质，椭圆形，长3.5-5厘米，宽2-3厘米，先端尾尖，基部楔形，上面干后有光泽，黄绿色，下面无毛，被黑腺点，侧脉5对，上下面叶脉明显，干后凹下，具锐齿；叶柄长3-5毫米，花1-2朵顶生或腋生，白色。花无梗；苞被片7-8，宽卵形，长0.6-1厘米，疏被毛，花瓣5-7，长1.5-2厘米，被毛，先端2裂，基部近离生；雄蕊长6-8毫米，基部稍连合；子房被毛，3室，花柱3-4，离生，长3毫米。蒴果卵圆形，长1.5-1.8厘米。

产陕西南部、四川及湖北。昆明有栽培。

图 930 陕西短柱茶 （蔡淑琴绘）

13. 细叶短柱茶 图 931

Camellia microphylla（Merr.）Chien in Contr. Biol. Lab. Sci. Soc. China, Bot. 12：100. 1939.

Thea microphylla Merr. in Journ. Arn. Arb. 8：9. 1927.

灌木。幼枝被柔毛。叶革质，倒卵形，长1.5-2.5厘米，先端钝，基部宽楔形，上面中脉被短毛，下面被小瘤，侧脉及网脉在上下两面不明显，上部具细齿；叶柄长1-2毫米，被柔毛。花顶生，白色。花梗极短；苞被片6-7，宽倒卵形，近无毛，长2-5毫米；花瓣5-7，宽倒卵形，长0.8-1.1厘米，先端圆或2裂，基部分离，无毛，雄蕊长5-6毫米，下部连合，子房被长粗毛，花柱3，离生，长2-3毫米。蒴果卵圆形，径1.5厘米。种子2。

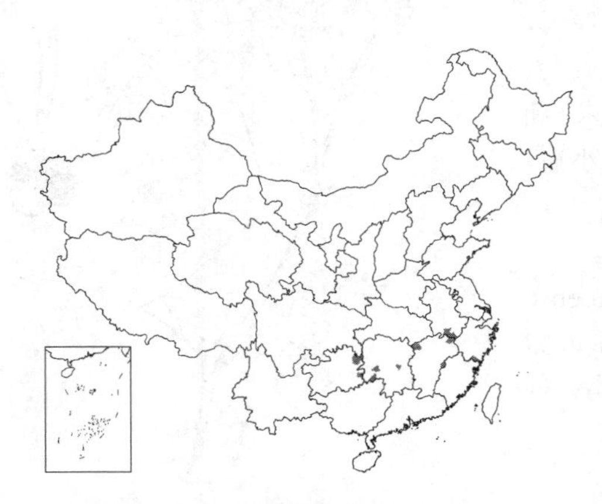

产安徽、浙江、湖南、贵州及江西，生于山区林内或灌丛中。

14. 瘤果茶 图 932

Camellia tuberculata Chien in Contr. Biol. Lab. Sci. Soc. China, Bot. 12：94. f. 3. 1939.

灌木，高3米。幼枝无毛或被微

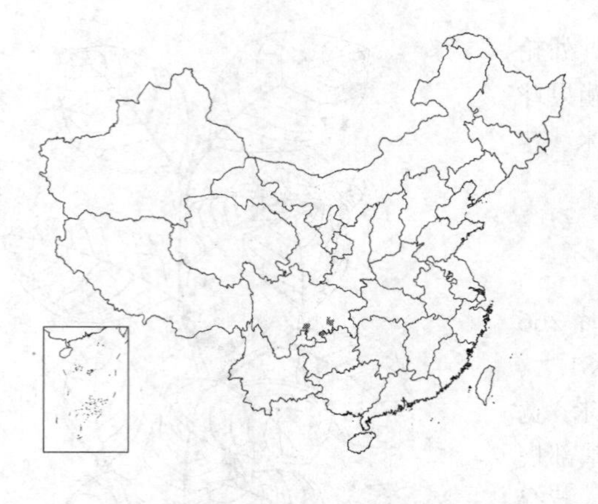

毛。叶薄革质，窄长圆形或长圆状披针形，长8-12厘米，宽2.5-4.5厘米，先端渐尖，基部楔形，上面干后橄榄绿色，有光泽，无毛，下面淡绿色，稍被柔毛，被黑腺点，侧脉7-8对，在上面微凹下，具细齿；叶柄长0.7-1厘米，初有毛，后脱落。花顶生，白色。花无梗；苞被片10-11，倒卵形，外层2-3片，长4-5毫米，余8片，长1-1.6厘米，被微毛；花瓣长圆形，长2厘米；雄蕊长1厘米；子房被毛，花柱4-5，长1.5厘米，被毛。蒴果球形，径1.8-2.2厘米，果皮厚2-2.5毫米，被小瘤，每室1种子。种子半椭圆形，长1.3-1.5厘米，被毛；果柄极短，苞被片宿存。花期11月。

产四川及贵州，生于山区林中。

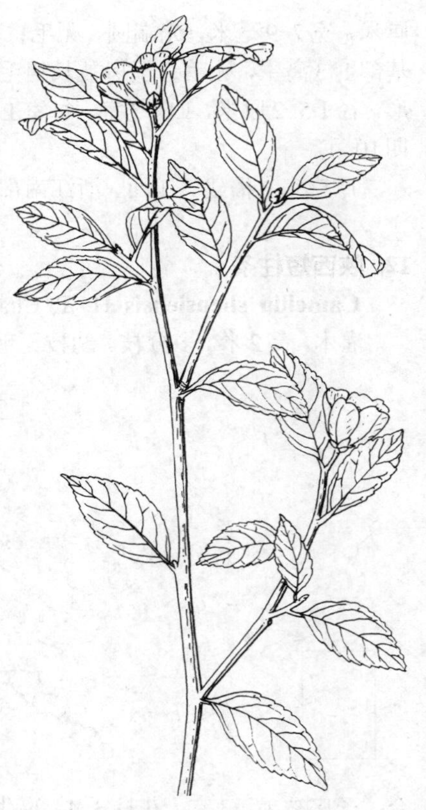

图 931 细叶短柱茶 （蔡淑琴绘）

15. 小瘤果茶 图 933

Camellia parvimuricata H. T. Chang, Tax. Gen. Camellia 51. 1981.

灌木，幼枝被长粗毛。叶革质，卵状椭圆形，长4-6厘米，先端尾状渐尖，基部楔形或稍圆，侧脉6-7对，密生细齿；叶柄长3-5厘米，被毛。花顶生，白色，径2.5厘米。花近无梗；苞片6，半圆形或圆形，长2-3.5毫米，先端圆，被毛；萼片5，宽卵形，长7-8毫米，先端圆，被绢毛；花瓣7，基部连合5毫米。长1.2-2厘米，宽倒卵形，先端圆，下面被毛；雄蕊长1.4厘米，花丝离生；子房无毛，具沟，花柱4，离生，长1.2厘米。蒴果球形，径2厘米，多小瘤。种子被褐毛。

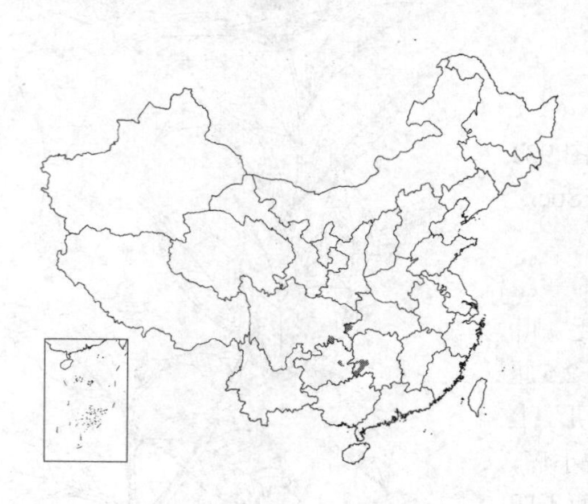

产湖南西南部、湖北西部、四川东南部及贵州，生于山区林中。

[附] **光果山茶 Camellia henryana** Cohen-Stuart in Meded. Froebst. Thee. 40: 132. 1916. 本种与小瘤果茶的区别：幼枝被柔毛；叶卵形或卵状椭圆形，长7-11厘米；花瓣圆形，花柱3；蒴果扁球形，果皮平滑；种子无毛。产云南及四川，生于山区林中。

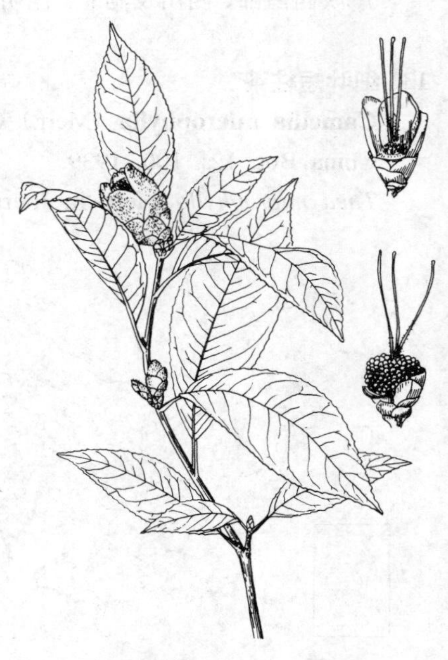

图 932 瘤果茶 （谢庆建绘）

16. 峨眉红山茶 图 934：1-2

Camellia omeiensis H. T. Chang, Tax. Gen. Camellia 56. 1981.

小乔木，高4米。幼枝无毛。叶革质，椭圆形，长9-12厘米，宽4-4.5厘米，先端骤短尖，基部圆或楔形，两面无毛，侧脉6-7对，具钝齿；叶柄长1-1.5厘米，无毛。花顶生，红色，长5-6厘米，径9厘米。花无梗；苞

片及萼片10，外层3–4片，半圆形，长3–6毫米，被褐色绢毛，余近圆形，长1.5–2厘米，被绢毛，花后脱落；花瓣8–9，圆形或倒卵圆形，长3–4.5厘米，宽2.5–4厘米，无毛，先端凹缺或圆，基部连合1.5厘米；雄蕊长3.5–4厘米，外轮花丝筒长2厘米，被柔毛；子房被毛，花柱长3–3.5厘米，无毛，先端深裂达1厘米。蒴果球形，被褐毛，3室，每室2种子，果皮厚，木质。花期3–5月。

产四川、贵州西北部及云南。

图 933 小瘤果茶 （谢庆建绘）

17. 多齿红山茶 宛田红花油菜 图934：3–8 彩片267

Camellia polyodenta How et Hu in Acta Phytotax. Sin. 10: 135. 1965.

乔木，高达8米。幼枝无毛。叶厚革质，椭圆形或卵圆形，长8–12厘米，先端尾尖长1.5厘米，基部圆，两面无毛，侧脉6–7对，网脉凹下，密生尖锐细齿；叶柄粗，长0.8–1厘米，无毛。花顶生及腋生，红色，径7–10厘米。花无梗；苞片及萼片15，革质，倒卵形，长0.4–2.8厘米，宽0.6–2厘米，被褐色绢毛；花瓣6–7，外层2片倒卵形，长2厘米，内层5片宽倒卵形，长3–4厘米，被灰白毛，基部连成短筒；雄蕊5轮，外轮花丝中下部连合，被柔毛，内轮离生；子房被毛，花柱长2厘米，3深裂。蒴果球形，径5–8厘米，果爿木质，厚1–1.8厘米，种子9–15。

产广西及湖南西南部，生于低海拔山腰林下。种子榨油，供食用及制肥皂。

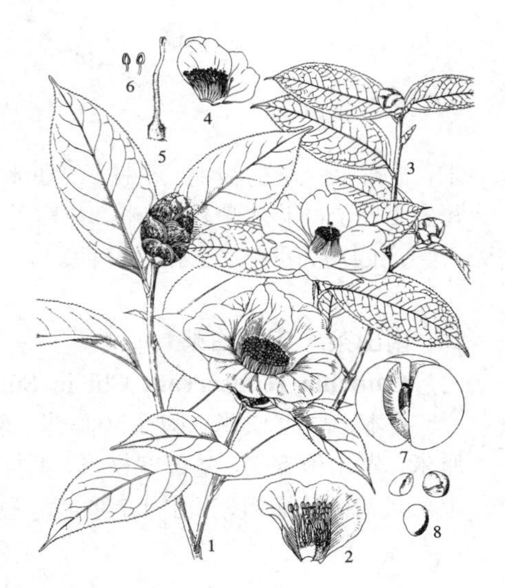

图 934：1–2. 峨眉红山茶 3–8. 多齿红山茶 （谢庆建绘）

18. 石果红山茶 图935

Camellia lapidea Wu in Engl. Bot. Jahrb. 71: 190. 1940.

乔木，高达10米。幼枝被长毛。叶革质，长圆形或长圆状披针形，长11–16厘米，先端尾尖，基部楔形，下面初被长毛，后脱落无毛，侧脉8–9对，密生细尖齿；叶柄长0.8–1.5厘米。花顶生，紫红色。花无梗，苞片及萼片10，连成高达3厘米杯状苞被，半圆形至圆形，长达2厘米，外层被绢毛；花瓣6，长3.5–4厘米，外层1片圆形，离生，长2厘米，被毛，余倒卵圆形，先端圆或凹缺，基部连合1厘米；雄蕊长2.5–3厘米，外轮花丝筒长1.5–1.8厘米，疏被毛；子房被毛，花柱长2–2.5厘米，3浅裂。蒴果球形，径

3-5厘米，果爿木质，厚1.2-1.5厘米。种子9-15。花期12月。

产广东西部、广西及贵州。

图 935 石果红山茶 （黄锦添绘）

19. 毛蕊红山茶 图 936

Camellia mairei（Lévl.）Melch. in Engl. Nat. Pflanzenfam. 2 Aubl. 21: 129. 1925.

Thea mairei Lévl. Sertum Yunnan 2. 1916.

小乔木或灌木状。幼枝被白毛，旋脱落无毛。叶薄革质，长圆形，长7-10厘米，宽2-2.5厘米，先端尾尖，基部楔形，下面沿中脉被丝毛，侧脉5-6对，在上面凹下，具细齿；叶柄长4-5毫米，被柔毛。花顶生，红色。花无梗；苞片及萼片10，组成长2厘米杯状苞被，长0.3-1.7厘米，被毛；花瓣8，长3-4厘米，圆形或倒卵形，长2-4厘米，先端2裂，基部连合约1.5厘米，无毛；雄蕊长2.5-3厘米，花丝筒长1-1.5厘米，被柔毛；子房被毛，花柱长2厘米，顶端3浅裂。蒴果球形，径4厘米，每室1种子，果爿厚1.4厘米。花期冬春。

产四川、贵州、云南及广西。

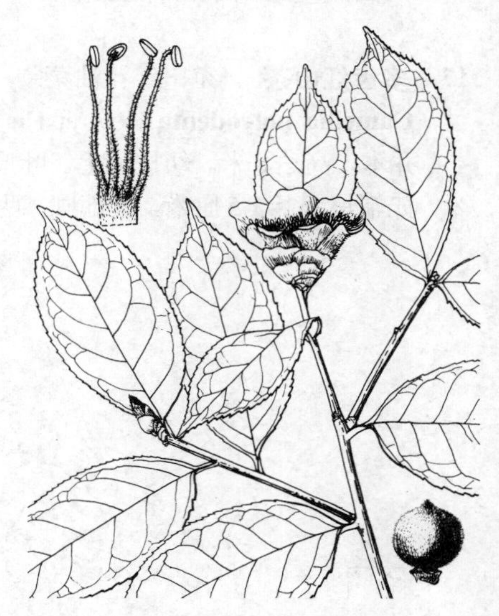

图 936 毛蕊红山茶 （孙英宝绘）

20. 南山茶 广宁油茶 图 937 彩片 268

Camellia semiserrata Chi in Sunyatsenia 7: 15. 1948.

乔木，高达12米，胸径50厘米。幼枝无毛。叶革质，椭圆形，长9-15厘米，先端稍骤尖，基部宽楔形，两面无毛，侧脉7-9对，网脉不明显，中上部具齿；叶柄粗，长1-1.7厘米，无毛。花顶生，红色，径7-9厘米。花无梗；苞片或萼片11，半圆形或圆形，长0.3-2厘米，被短绢毛，花后脱落；花瓣6-7，倒卵圆形，长4-5厘米，基部连合7-8毫米；雄蕊5轮，长2.5-3厘米，外轮花丝下部2/3连成花丝筒，无毛；子房被毛，花柱长4厘米，顶端3-5裂，无毛。蒴果卵圆形，径4-8厘米，红色，平滑，3-5室，每室1-3种子；果皮木质，厚1-2厘米。花期12月至翌年2月，果期翌年10月。

产广东中部、广西东部，生于海拔200-800米山地林中。产区多栽培。种子含油量约30%，可榨油，供食用、制肥皂。

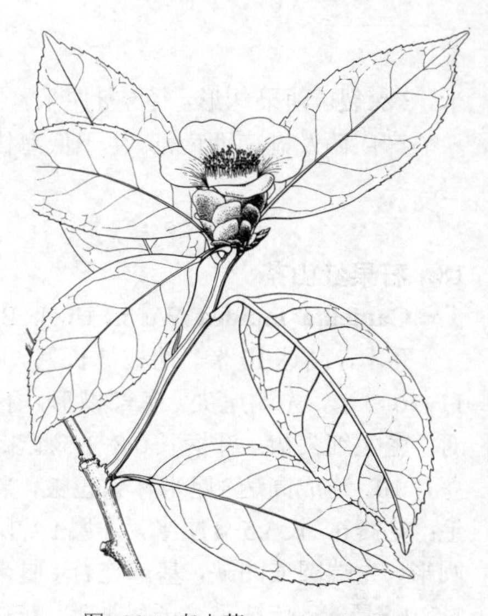

图 937 南山茶 （引自《图鉴》）

21. 滇山茶 云南山茶花 南山茶 图938 彩片269

Camellia reticulata Lindl. in Bot. Req. t. 10. 1827.

乔木，高达15米。幼枝无毛。叶椭圆形，长8-11厘米，先端尾尖，基部楔形或圆，两面无毛，侧脉6-7对，具细锯齿；叶柄长0.8-1.3厘米。花红色，顶生，径达10厘米。花无梗；苞片及萼片10-11，组成长2.5厘米杯状苞被，内层长1.5-2厘米，被灰黄色绢毛；花瓣6-7，倒卵圆形，最外1片似萼片，被毛，余倒卵圆形，长约5厘米，宽3-4厘米，先端圆或微凹，基部连合1.5厘米，无毛。雄蕊长3.5厘米，花丝筒长1.5-2厘米，无毛；子房3室，被灰黄色长毛，花柱长3-3.5厘米。蒴果扁球形，径5.5厘米，3爿裂，果爿厚7毫米。种子长1.5厘米。花期11月下旬至翌年3月，果期9-10月。

图 938 滇山茶 （蔡淑琴绘）

产云南西部及中部，生于海拔1700-2500米山区阳坡。久经栽培，品种繁多，为名贵花卉。种子含油率45%以上。

22. 西南红山茶 西南山茶 图939 彩片270

Camellia pitardii Cohen-Stuart in Meded. Proefst. Thee 10: 68. 1916.

乔木，高达7米，或灌木状。幼枝无毛。叶革质，披针形或长圆形，长8-10（12）厘米，宽2.5-4厘米，先端渐尖或尾尖，基部楔形，侧脉6-7对，具尖锐锯齿；叶柄长1-1.5厘米。花顶生，红色，径5-8厘米。花无梗；苞片及萼片10，组成长2.5-3厘米苞被，内层近圆形，长约2厘米，被毛；花瓣5-6，基部与雄蕊连合约1.3厘米；雄蕊长2-3厘米，无毛，外轮花丝连合，花丝筒长1-1.5厘米；子房3室，被长毛，花柱长2.5厘米，基部被毛，顶端3裂。蒴果扁球形，径3.5-5.5厘米，3爿裂，果爿厚3-4毫米。种子长1.5-2厘米，褐色。花期2-5月。

图 939 西南红山茶 （引自《图鉴》）

产四川、湖南、贵州、云南及广西，生于海拔1000-2800米山沟、水边、疏林中。在园艺上用作砧木。

23. 香港红山茶 广东山茶 图940

Camellia hongkongeniss Seem. in Trans. Linn. Soc. London 22: 342. t. 60. 1859.

乔木，高10米。幼枝红褐色，无毛。叶长圆形，长7-12.5厘米，先端钝尖，基部楔形，两面无毛，侧脉约9对，疏生钝齿，或下部近全缘；叶柄长约1厘米。花红色，顶生。花无梗，苞片及萼片11-12，半圆形或圆形，长0.4-2厘米，被绢毛，半宿存；花瓣6-7，稍连合，倒卵形，长3.5-4厘米，

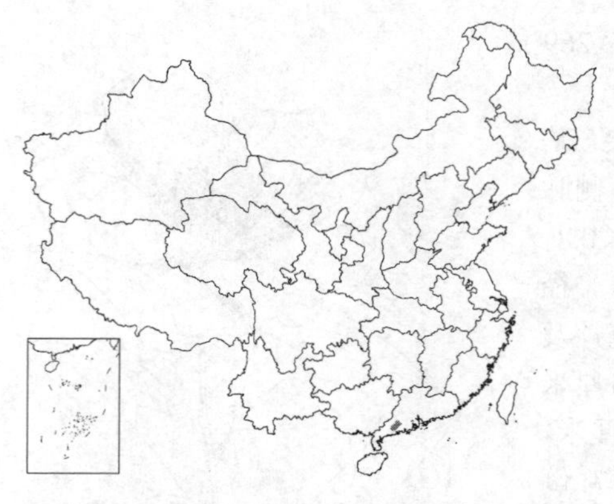

无毛，最外2片中央被绢毛；雄蕊长3厘米，外轮花丝连合，筒长1.5厘米，分离花丝无毛；子房被毛，花柱3，离生，长3.5厘米，下部被毛。蒴果球形，径2–3厘米，每室1–2种子，3–4爿裂，果爿厚3–4毫米。花期12月至翌年2月。

产香港及广东，生于山地疏林中。越南有分布。种仁含不干性油，供制肥皂、润滑油、润发油等。

图 940 香港红山茶 （黄锦添绘）

24. 怒江红山茶 图941 彩片271

Camellia saluenensis Stapf ex Bean, Trees and Shrubs Brit. Isl. 3: 66. c. tab. 1933.

乔木，高达5米，或灌木状。幼枝被毛，或脱落。叶革质，长圆形，长3.5–6厘米，先端钝尖，基部楔形或圆，下面沿中脉被毛，侧脉6–7对，具细锯齿；叶柄长4–5毫米，被柔毛。花红或白色，顶生。花无梗；苞片及萼片8，组成长1.5–2厘米苞被，无毛，革质；花瓣6–7，倒卵形，长2.5–3.5厘米，外层1–2片被毛，余无毛，先端凹缺或圆；雄蕊长1.5–2厘米，外轮花丝具短筒，无毛；子房被毛，花柱长1–1.5厘米，3浅裂。蒴果球形或哑铃形，径2.5–3厘米，2室，3爿裂，果爿厚3–5毫米，每室1–2种子。种子长1厘米，褐色。

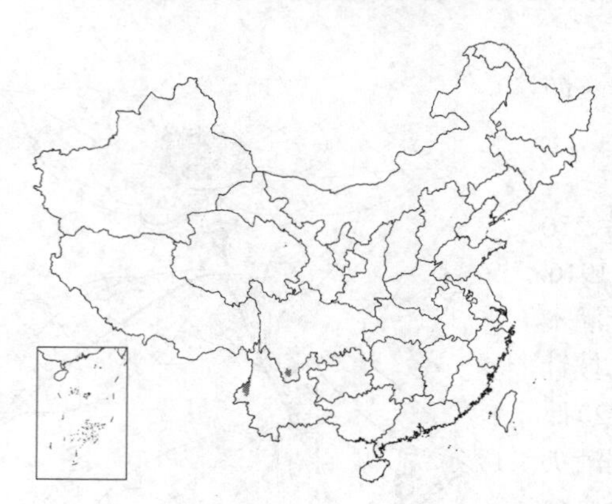

产云南西部、四川南部。

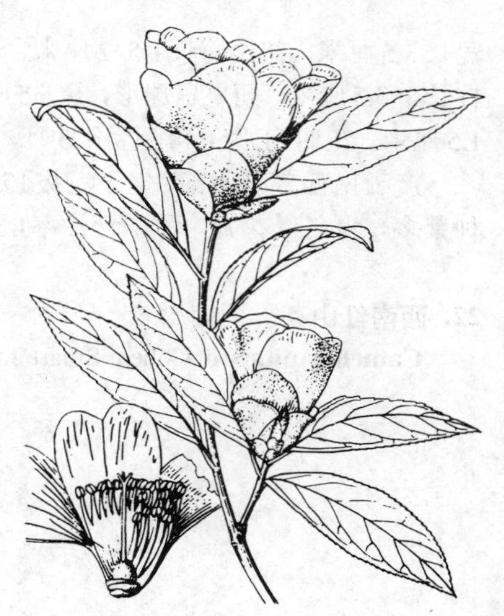

图 941 怒江红山茶 （蔡淑琴绘）

25. 尖萼红山茶 东南山茶 图942

Camellia edithae Hance in Ann. Sci. Nat. Paris. ser. 4, 15: 221. 1861.

小乔木，高4米，或灌木状。幼枝被长茸毛。叶革质，卵状披针形或披针形，长7–17厘米，宽2.5–5.5厘米，先端尾尖或渐尖，基部微心形或圆，上面中脉被褐色茸毛，下面被长茸毛，侧脉7–9对，凹下，密生细齿；叶柄长1–3毫米，被茸毛。花红色，1–2朵顶生。花无梗；苞片及萼

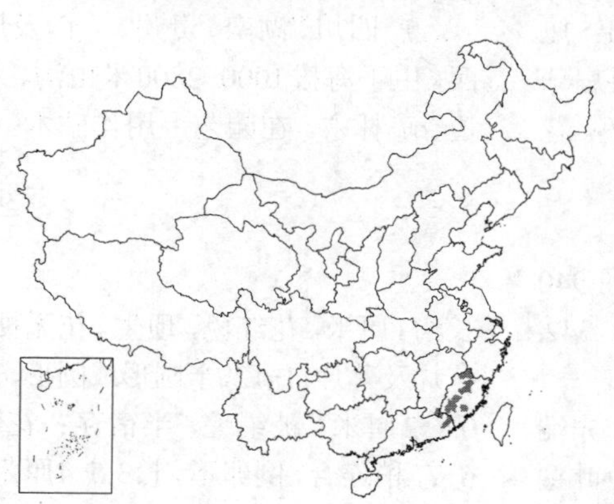

图 942 尖萼红山茶 （谢庆建 黄锦添绘）

片9-10，半圆形或宽卵形，长达2.2厘米，先端长尖，被茸毛，半宿存；花瓣5-6，红色，倒卵圆形，长4厘米，无毛，先端凹缺；雄蕊长3厘米，外轮花丝连筒长达1.5厘米，无毛；子房被毛，花柱长2-2.5厘米，上部3裂。蒴果球形，径1.5-2厘米，3室，3爿裂，每室1-2种子，果爿厚1-2毫米，疏被毛，3爿裂，萼片宿存。花期4-7月。

产广东东部、福建及江西东南部，生于山区林中。

26. 浙江红山茶 红花油茶 浙江红花油茶 图943 彩片272

Camellia chekiangoleosa Hu in Acta Phytotax. Sin. 10: 131. 1965.

乔木，高7米，或灌木状。幼枝无毛。叶革质，椭圆形或倒卵状椭圆形，长8-12厘米，先端骤短尖，基部楔形或近圆，两面无毛，侧脉约8对，中上部具锯齿；叶柄长1-1.5厘米，花红色，单花顶生或腋生，径8-12厘米；花无梗；苞片及萼片14-16，近圆形，长0.6-2.3厘米，被银白色绢毛，宿存；花瓣7，外层2片倒卵形，长3-4厘米，被白绢毛，余5片宽倒卵形，长5-7厘米，宽4-5厘米，先端2裂，无毛；雄蕊3轮，外轮花丝筒长7毫米；子房无毛，花柱长2厘米，顶端3-5裂。蒴果卵圆形，径5-7厘米，顶端具短喙，萼片宿存，果爿3-5，木质，无毛，厚1厘米。每室3-5种子。种子长2厘米。花期2-4月，果期8-9月。

产浙江、福建、江西、安徽及湖南，生于海拔500-1100米山地。为南方各地广泛栽培的油料树种。种子含油率28%-35%，果壳可提取栲胶、制碱、制活性炭。

［附］**大果红山茶 Camellia magnocarpa** (Hu et Huang) H. T. Chang, Tax. Gen. Camellia 81. 1981. —— *Camellia seniserrata* Chi. var. *magnocarpa* Hu et Huang in Acta Phytotax. Sin. 10: 137. 1965. 本种与浙江红山茶的区别：叶侧脉6-7对，叶柄长1.5-2.5厘米；花瓣9-10，雄蕊5轮；蒴果球形，径12厘米。产广西、广东西部及北部。

图 943 浙江红山茶 （引自《图鉴》）

27. 山茶 茶花 图944

Camellia japonica Linn. Sp. Pl. 698. 1753.

乔木，高达13米，或灌木状。幼枝无毛。叶革质，椭圆形，长5-10厘米，先端钝尖或骤短尖，基部宽楔形，两面无毛，侧脉7-8对，具钝齿；叶柄长0.8-1.5厘米。单花顶生及腋生，红色。花无梗；苞片及萼片10，半圆形或圆形，长0.4-2厘米，被绢毛，脱落；花瓣6-7，外层2片近圆形，离生，长2厘米，被毛，余5片倒卵形，长3-4.5厘米，基部连合8毫米，无毛；雄蕊3轮，长2.5-3厘

图 944 山茶 （黄锦添绘）

米，外轮花丝筒长1.5厘米；子房无毛，花柱长2.5厘米，顶端3裂。蒴果球形，径3-5厘米，3爿裂，果爿木质，厚6-8毫米，每室1-2种子。种子无毛。花期12月至翌年3月。

产江苏、浙江、湖北、台湾、广东及云南。日本有分布。为我国名贵花木，南方各地广泛栽培，供观赏及药用。

28. 滇缅离蕊茶 图 945

Camellia wardii Kobuski in Brittonia 4: 114. 1941.

乔木，高达12米，或灌木状。幼枝无毛。叶革质，长圆形，或倒卵状椭圆形，长7-11厘米，先端渐尖或尾尖，基部楔形，两面无毛，或沿中脉疏被毛，侧脉7-8对，密生细齿；叶柄长0.8-1.1厘米。花白色，顶生或腋生，径3.5-5厘米。花近无梗；苞片及萼片8，半宿存，半圆形或圆形，长0.25-1.2厘米，被毛，花瓣6-8，长2厘米，外层1-2片萼状，倒卵形，长1-1.5厘米，余卵形，先端圆或微凹缺；雄蕊长1.3厘米，离生，子房被长粗毛，花柱3，离生，长6-8毫米，基部被毛。蒴果扁球形，果壳薄。种子无毛。花期10-11月。

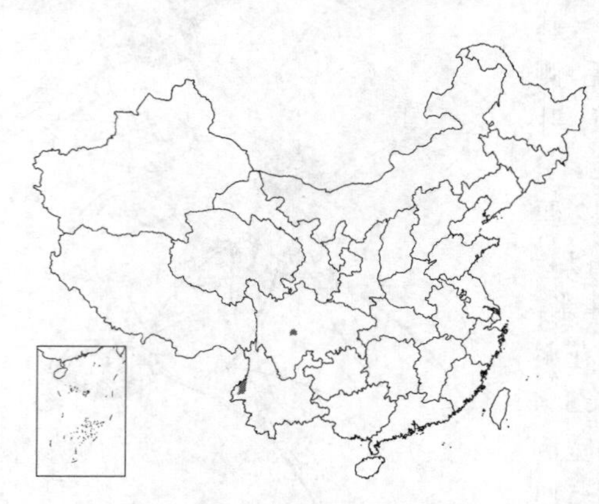

产云南西部怒江流域及四川，生于海拔2150-2500米山地林中。缅甸有分布。

图 945 滇缅离蕊茶 （蔡淑琴绘）

［附］**腺叶离蕊茶** 海南山茶 **Camellia paucipunctata** (Merr. et Chun) Chun in Synyatsenia 4: 187. 1940. —— *Thea paucipunctata* Merr. et Chun in Sunyatsenia 2: 285. t. 62. 1935. 本种与滇缅离蕊茶的区别：叶椭圆形或倒卵形，长5-9厘米，先端圆或钝尖，下面被黑腺点，叶柄长5-7毫米；子房无毛；蒴果球形。花期12月。产海南南部，生于海拔约300米山区常绿阔叶林中。

29. 尖齿离蕊茶 图 946

Camellia acutiserrata H. T. Chang, Tax. Gen. Camellia 91. 1981.

乔木，高5米。幼枝被毛。叶革质，长卵形或卵状披针形，长5-7厘米，先端尾尖，基部近圆，下面沿中脉被茸毛，侧脉9-11对，具尖锐锯齿；叶柄长5-7毫米，被毛。花腋生及顶生，白色。花梗极短；苞片5，宽卵形，长2毫米，无毛；萼片5，近圆形，长0.4-1.1厘米，干膜质，无毛；花瓣6-8，白色，长1厘米，无毛；雄蕊短，基部稍连合；子房无毛，花柱3，离生。蒴果球形，径2.5-3厘米，3爿裂，果爿厚5毫米，每室1种子。花期12月。

产贵州南部、云南东南部，生于海拔约900米山地林中、荒坡。

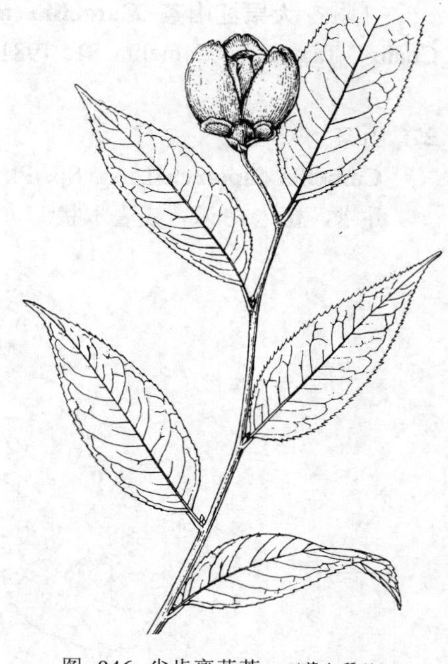

图 946 尖齿离蕊茶 （蔡淑琴绘）

［附］**抱茎短蕊茶 Camellia amplixifolia** Merr. et Chun in Sunyatsenia 5: 129. f. 13. 1940. 本种与尖齿离蕊茶的区别：幼枝无毛，叶长圆形或长圆状披针形，长9-23厘米，先端窄钝，基部心形抱茎，疏生细齿，无叶柄；花梗长2-2.5毫米，花瓣黄白色，花丝极短，大部与花瓣连合。花期5-6月。产海南南部，生于海拔约330米山谷疏林中。

30. 显脉金花茶 图947 彩片273

Camellia euphlebia Merr. ex Sealy in Kew Bull. 1949: 219. 1949.

小乔木，或灌木状。幼枝无毛。叶厚革质，椭圆形，长12-20厘米，先端骤短尖，基部近圆，两面无毛，无腺点，侧脉10-12对，在上面干后凹下，密生细齿；叶柄长1厘米。花单生叶腋，黄色。花梗长4-5毫米；苞片8，半圆形或圆形，长2-5毫米；萼片5，近圆形，长5-6毫米；花瓣8-9，倒卵形，长3-4厘米，基部连合5-8毫米；雄蕊长3-3.5厘米，外轮花丝筒长约1厘米；子房无毛，花柱3，离生，长2-2.5厘米。花期11月至翌年2月，果期11-12月。

产广西南部，生于海拔约400米石灰山地常绿林中。越南北部有分布。

图 947 显脉金花茶 （邹贤桂绘）

［附］**簇蕊金花茶 Camellia fascicularis** H. T. Chang in Acta Sci. Nat. Univ. Sunytsen 30(2): 81. 1991. 本种与显脉金花茶的区别：叶革质，侧脉8-9对；花梗长6-8毫米，苞片5，倒卵圆形，花瓣长2-3厘米，外轮花丝连成5束，花柱3深裂过半。花期10-12月。产云南南部，生于海拔约350米常绿阔叶林中。

31. 金花茶 图948 彩片274

Camellia nitidissima Chi in Sunyatsenia 7(1-2): 19. 1948.

Camellia chrysantha (Hu) Tuyama；中国植物红皮书 1: 608. 1992.

灌木，高达3米。幼枝无毛。叶革质，长圆形、披针形或倒披针形，长11-16厘米，宽2.5-4.5厘米，先端尾尖，基部楔形，下面无毛，被黑腺点，侧脉7-9对，在上面凹下，具细齿；叶柄长0.7-1.1厘米。花黄色，腋生。花梗长0.7-1厘米；苞片5，宽卵形，长2-3毫米，宿存；萼片5，卵圆形或圆形，长4-8毫米，先端圆，被微毛；花瓣8-12，近圆形，长1.5-3厘米，基部稍连合，具睫毛；雄蕊4轮，花丝近离生或稍连合；子房无毛，花柱3-4，离生，长1.8厘米。蒴果扁三角状球形，长3.5厘米，径4.5厘米，3爿裂，果爿厚4-7毫米；果柄长1厘米，具宿萼，种子6-8。花期11-12月。

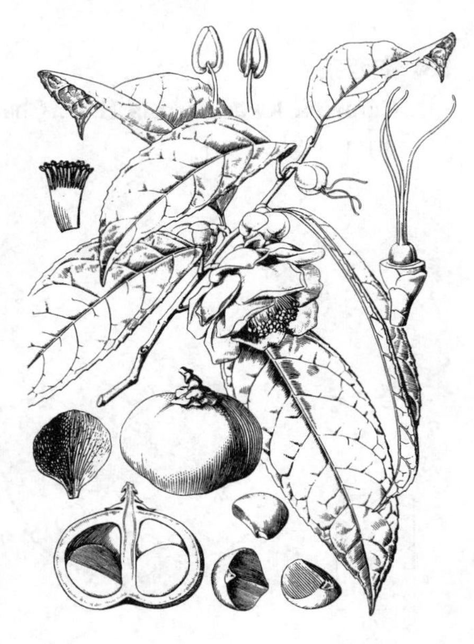

图 948 金花茶 （曾孝濂绘）

产广西南部，生于低山常绿阔

叶林中。越南北部有分布。

［附］**凹脉金花茶** 彩片 275 **Camellia impressinervis** H. T. Chang et S. Y. Liang in Acta Sci. Nat. Univ. Sunyatseni 18(3)：72. 1979. 本种与金花茶的区别：幼枝被粗毛；叶椭圆形，宽5.5-8.5厘米，先端骤尖，下面被柔毛及腺点，侧脉10-14对；花梗粗，长6-7毫米，苞片新月形，花瓣无毛，花柱3-4；蒴果扁球形；果爿厚1-2毫米。花期1月。产广西南部，生于低海拔石灰岩山地常绿阔叶林中。

32. 中越山茶 图 949

Camellia indochinensis Merr. in Journ. Arn. Arb. 20：347. 1939.

小乔木，或灌木状。幼枝无毛。叶薄革质或近膜质，椭圆形，长10厘米，先端短钝尖，基部楔形或近圆，两面无毛，侧脉6对，具钝锯齿；叶柄长0.7-1厘米，无毛。花单生枝顶，白色，径3厘米。花梗长6毫米，无毛；苞片6，半圆形，长1-2毫米，无毛，宿存；萼片5，圆形，长4-5毫米，无毛；花瓣8-9，外层4片圆形，长1厘米，无毛，内面被绢毛，内层4-5片倒卵形，长1.5-1.7厘米，基部连合3-4毫米；雄蕊与花瓣等长，花丝筒长6毫米；子房无毛，花柱3，长1.3厘米。蒴果扁球形，径4厘米，果爿薄。花期11月。

产广西西北部，贵州南部及云南南部，生于山区常绿阔叶林中。越南北部有分布。

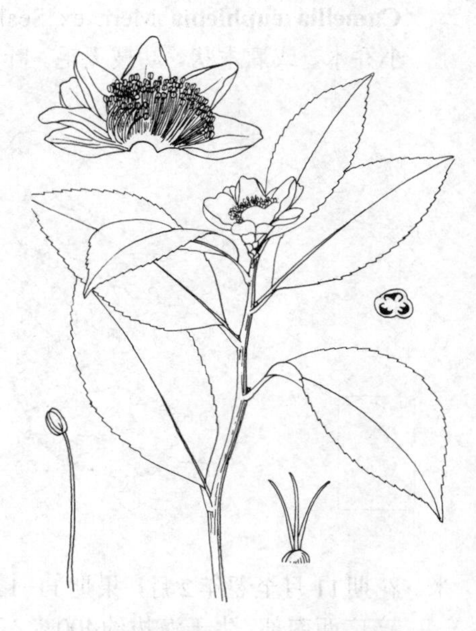

图 949 中越山茶 （谢庆建绘）

33. 广西茶 图 950

Camellia kwangsiensis H. T. Chang in Acta Sci. Nat. Univ. Sunyatseni 20(1)：89. 1981.

小乔木，或灌木状。幼枝无毛。叶革质，长圆形，长11-17厘米，宽4-7厘米，先端钝尖，基部宽楔形，上面干后灰褐色，无毛，下面淡灰褐色，无毛，侧脉8-13对，在上下两面均稍凸起，网脉不明显，密生锯齿；叶柄长0.8-1.2厘米。花顶生，白色。花梗长7-8毫米；苞片2，早落；萼片5，近圆形，长6-7毫米，宽0.8-1.2厘米，外面无毛，内面被绢毛；子房无毛，5室。未成熟蒴果球形，径2.8厘米，果爿厚7-8毫米；宿存花萼径2.8厘米。

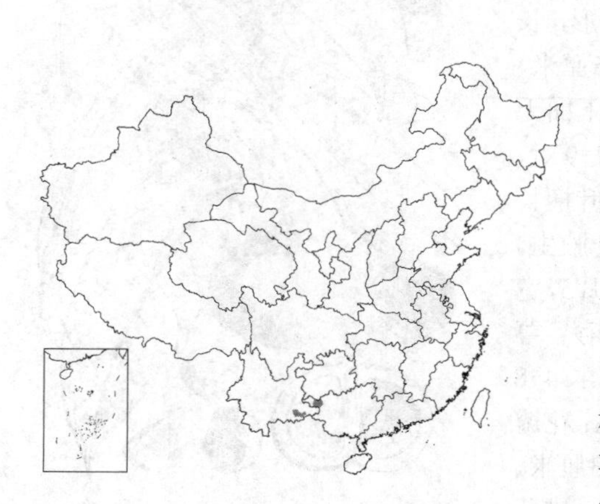

产广西西部及云南东南部，生于低海拔疏林中。

图 950 广西茶 （邓晶发绘）

［附］**大厂茶 Camellia tachangensis** Zhang in Acta Bot. Yunnan. 2：341. 1980. 本种与广西茶的区别：果爿厚2-3毫米；萼片肾状圆形，宽7-9毫米。产广西、贵州及云南。

34. 大理茶 图 951

Camellia taliensis（W. W. Smith）Melch. in Engl. Nat. Pflanzenfam. 2 Aubl. 21：131. 1925.

Thea taliensis W. W. Smith in Notes Roy. Bot. Gard. Edinb. 10：73. 1917.

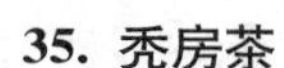

乔木，高达7米。幼枝无毛。叶革质，椭圆形，或椭圆状倒卵形，长9-15厘米，先端稍钝尖或骤短钝尖，基部宽楔形，两面无毛，侧脉约6对，疏生小细齿，叶柄长1-1.5厘米，无毛。花白色，1-3朵顶生。花梗长0.7-1厘米，无毛。苞片2（3），早落；萼片5，半圆形或圆形，长5-7毫米，具睫毛，宿存；花瓣7-11，长2.5-3.4厘米，卵圆形或倒卵形，外层3-4片被毛，余无毛；雄蕊长2厘米，花丝基部连合5-6毫米，无毛；子房被灰毛，花柱长1.4-2.5厘米，顶端5裂；裂片长0.4-1厘米。蒴果扁球形，径3-4厘米。花期11-12月。

图 951 大理茶 （谢庆建绘）

产云南西部，生于海拔约2720米山地疏林中。

35. 秃房茶 图 952：1-3

Camellia gymnogyna H. T. Chang in Acta Sci. Nat. Univ. Sunyatseni 20(1)：1981.

灌木。幼枝无毛；芽被柔毛。叶革质，椭圆形，长9-13.5厘米，先端骤钝尖，尖头长1.5厘米，基部楔形，两面无毛，侧脉8-9对，疏生锯齿，齿距3-5毫米；叶柄长0.7-1厘米。花白色，2朵腋生。花梗粗，长1厘米，无毛；苞片2，早落；萼片5，宽卵形，长6毫米，无毛；花瓣7，倒卵圆形，长2厘米，无毛，基部连合；雄蕊3-4轮，花丝分离，长1-1.2厘米，无毛；子房无毛，花柱长1.2厘米，3裂，裂片长2毫米。蒴果球形，径3厘米，3爿裂，果爿厚7毫米，种子1，中轴长1.4厘米。花期12月至翌年1月。

图 952: 1-3. 秃房茶 4. 榕江茶 （蔡淑琴绘）

产云南东南部、贵州东南及北部、四川东南部、广东南部、广西西北部，生于海拔约1400米山地林中、荒地。

36. 榕江茶 图 952：4

Camellia yungkiangensis H. T. Chang in Acta Sci. Nat. Univ. Sunyatseni 20(1)：95. 1981.

灌木，高1.5米。幼枝及顶芽无毛。老枝灰白色。叶革质，长圆状披

针形，长8-10厘米，宽2.5-3.5厘米，先端近尾尖或渐尖，基部楔形，两面无毛，侧脉7-8对，网脉不明显，疏生锯齿，齿距4-5毫米；叶柄长5-8毫米。花1-2朵腋生，白色，径3.5-4厘米。花梗长1-1.5厘米。苞片2，早落；萼片5，卵形，长3.5毫米，疏被毛；花瓣8-9，长1.5-2.2厘米，基部连合，无毛；雄蕊长1厘米；子房无毛，花柱纤细，长1厘米，顶端3浅裂。蒴果球形或双球形，径2厘米，2室，每室1种子，果爿厚1-3毫米。

产云南、广西北部、贵州南部，生于海拔约1000米山地疏林中。

37. 茶 茗 图953 彩片276

Camellia sinensis (Linn.) Kuntze in Acta Hort. Petrop. 10: 195. 1887.

Thea sinensis Linn. Sp. Pl. 743. 1753.

小乔木，或灌木状。幼枝被毛或无毛。叶长圆形或椭圆形，长4-12厘米，宽2-5厘米，基部楔形，下面无毛或被毛，侧脉5-7对，具锯齿；叶柄长3-8毫米。花1-3朵腋生，白色。花梗长4-6毫米；苞片2，早落；萼片5，卵形或圆形，长3-4毫米，无毛，宿存；花瓣5-6，宽卵形，长1-1.6厘米，基部稍连合，无毛或被柔毛；雄蕊长0.8-1.3厘米，花丝基部连合1-2毫米；子房密被白毛，花柱无毛，顶端3裂，裂片长2-4毫米。蒴果3，球形，高1.5厘米，每室1-2种子。花期10月至翌年2月，果期翌年10月。

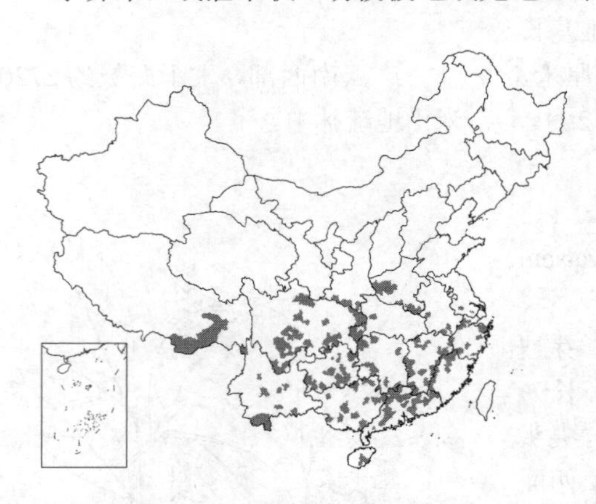

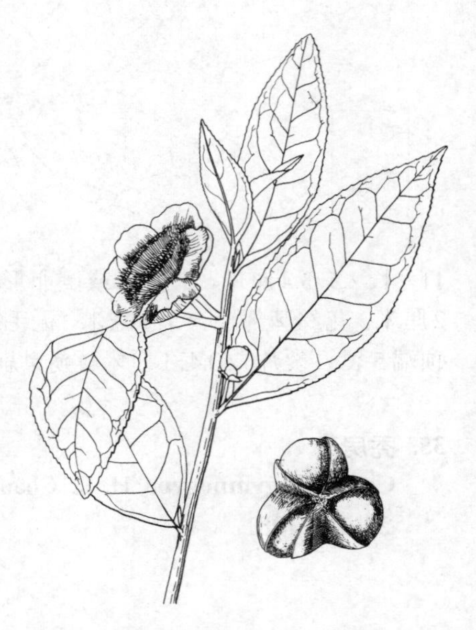

图 953 茶 （孙英宝绘）

产陕西、河南、安徽、江苏、浙江、福建、江西、湖南、广东、海南、广西、云南、贵州、四川及西藏，广泛栽培，形态多变异，主要变种有：**白毛茶 Camellia sinensis** var. **pubilimba** H. T. Chang，产云南南部及广西；**香花茶 Camellia sinensis** var. **waldensae** (S. Y. Hu) H. T. Chang, 产香港、广东及广西。四川中部、云南东南部及海南天然林中有野生茶树。我国是世界主要产茶国家，有2000余年栽培历史。茶树幼叶及嫩芽经不同加工方法可分别制成“绿茶”、“红茶”、“乌龙茶”、“铁观音”等。

38. 普洱茶 野茶树 图954 彩片277

Camellia assamica (Mast.) H. T. Chang in Acta Sci. Nat. Univ. Sunyatseni 23(1): 11. 1984.

Thea assamica Mast. in Journ. Agric. & Hort. Soc. India 3: 63. 1844.

Camellia sinensis var. *assamica* (Mast.) Kitamura；中国高等植物图鉴 2: 851. 1972.

乔木，高达16米，胸径1米。幼枝被微毛；顶芽被白柔毛。叶薄革质，椭圆形，长8-14厘米，先端尖，基部楔形，上面干后褐色，下面被柔毛，老叶无毛，侧脉8-9对，具细齿；叶柄长5-7毫米，被柔毛。花白色，腋生，

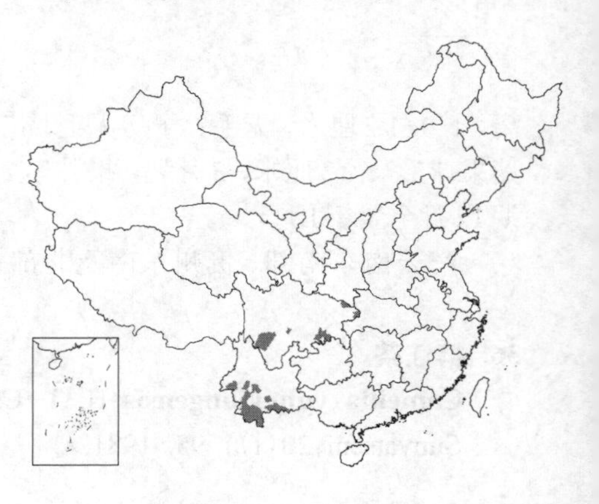

径2.5-3厘米。花梗长6-8毫米，被柔毛；苞片2，早落；萼片5，近圆形，长3-4毫米，无毛；花瓣6-7，倒卵形，长1-1.8厘米，无毛；雄蕊长0.8-1厘米，离生，无毛；子房被茸毛；花柱长8毫米，顶端3裂。蒴果扁三角状球形，径2厘米，3爿裂，果爿厚1-1.5毫米，每室1种子。种子近球形，径1厘米。

产云南南部、四川及福建。缅甸有栽培。有2变种：**多脉普洱茶 Camellia assamica** var. **polyneura** H. T. Chang，产云南绿春；**苦茶 Camellia assamica** var. **kucha** H. T. Chang et Wang，产云南金平及贵州，具有开发利用前景。

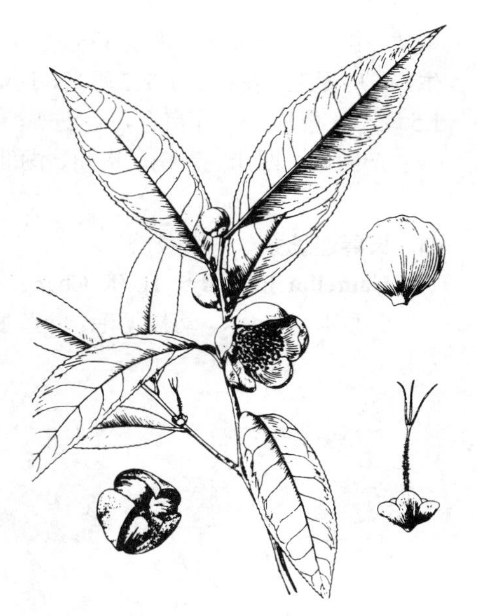

图 954 普洱茶 （余 峰绘）

39. 细萼茶 图 955

Camellia parvisepala H. T. Chang, Tax. Gen. Camellia 123. 1981.

灌木。幼枝被柔毛。叶薄革质，倒卵形，长11-19厘米，宽5-8厘米，先端骤尖，尖头长1-1.5厘米，基部楔形或稍圆，两面无毛，侧脉10-13对，干后在两面均凸起，具细锯齿；叶柄长4-7毫米。花白色，腋生，径1.5-1.8厘米。花梗长3-5毫米；苞片2，早落，生于花梗中部，对生；萼片5，圆卵形，长3毫米，先端钝，具睫毛，花瓣6，无毛，外3片宽椭圆形，长8-9毫米，稍革质，内3片倒卵形，长1-1.2厘米，基部连合，雄蕊3-4轮，长7-9毫米，花丝离生；子房被灰毛，3室，花柱长6毫米，纤细，无毛，顶端3裂。

产云南及广西。

图 955 细萼茶 （谢庆建绘）

40. 尖连蕊茶 尖叶山茶 图 956

Camellia cuspidata (Kochs) Wright in Gard. Chorn. Ser. 3, 51: 228. f. 123. 1912.

Thea cuspidata Kochs in Engl. Bot. Jahrb. 27: 586. 1900.

灌木，高达3米。幼枝无毛。叶革质，卵状披针形或椭圆形，长5-8厘米，先端渐尖或尾尖，基部楔形或稍圆，两面无毛，侧脉6-7对，具细密锯齿；叶柄长3-5毫米。花白色，单生枝顶。花梗长3毫米；苞片3-4，卵形，长1.5-2.5毫米，无毛，宿存；萼片5，宽卵形，长4-5毫米，基部连合，花瓣长2-2.4厘米，无毛，花瓣6-7，基部连合2-3毫米，外层2-3片，

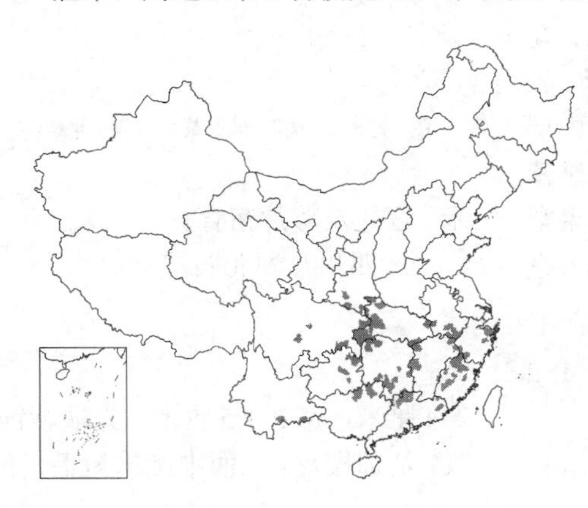

图 956 尖连蕊茶 （黄锦添 黄少容绘）

革质，长1.2–1.5厘米，内层4–5片，长2.4厘米；雄蕊较花瓣短，无毛，离生，子房无毛，花柱长1.5–2厘米，顶端3裂，裂片长2毫米。蒴果球形，径1.5厘米，苞片及萼片宿存，果皮薄，1室，种子1，球形。花期4–7月。

产陕西、四川、云南、贵州、湖北、湖南、江西、浙江、安徽、福建、广东及广西，生于海拔500–1700米山沟、林下。种子含油率约20%，供制润滑油、肥皂等用。

41. 长萼连蕊茶 图957

Camellia logicalyx H. T. Chang, Tax. Gen. Camellia 136. 1981.

小乔木，高4米。幼枝无毛。叶革质，卵状披针形，长4–6厘米，宽1.3–2厘米，先端尾尖，基部楔形或宽楔形，上面干后无光泽，中脉初被毛，下面无毛，侧脉5–6对，具锯齿；叶柄长3–5毫米。花白色，单生枝顶叶腋，径3.5–4厘米。花梗长8毫米；苞片4，披针形，长4–5毫米，宿存；萼片披针形，长8–9毫米，基部连成杯状，先端长尖，无毛，宿存；花瓣5，倒卵状或倒心形，长1.5–2厘米，基部稍连合，无毛；雄蕊19，较花瓣短，花丝下部连成短筒；子房3室，无毛，花柱顶端3浅裂。

产广西东北部，生于常绿阔叶林中。

图 957 长萼连蕊茶 （黄锦添 黄少容绘）

42. 黄杨叶连蕊茶 图958

Camellia buxifolia H. T. Chang, Tax. Gen. Camellia 139. 1981.

小乔木，高3米，或灌木状。幼枝被披散柔毛。叶革质，卵形或椭圆形，长2–3厘米，宽1–1.6厘米，先端尖，基部宽楔形，两面中脉疏被毛，侧脉5对，具锯齿；叶柄长1–1.5毫米，被毛。花白色，顶生及腋生。花梗长2毫米；苞片4，卵形，长1–1.5毫米；萼片5，宽卵形，长2毫米，先端圆，具睫毛；花瓣5，外层1–2片近圆形，长7–8毫米，基部稍连合，内层3片倒卵形，长1厘米；雄蕊长8–9毫米，离生，无毛；子房无毛，花柱长7–8毫米，顶端浅裂。蒴果梨形，高1厘米，径7–8厘米，2–3室，种子1，果爿厚1毫米，果柄长5–6毫米，苞片及萼片宿存。

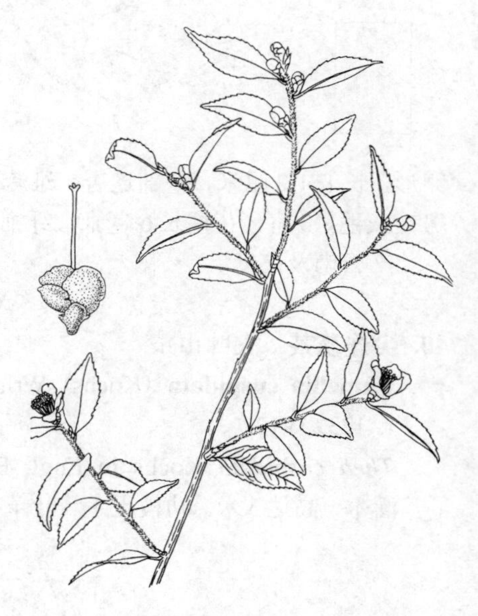

图 958 黄杨叶连蕊茶 （谢庆建绘）

产四川及湖北西部。

43. 岳麓连蕊茶 图959：1–2

Camellia handelii Sealy in Kew Bull. 1949: 219. 1949.

灌木，高1.5米，多分枝。幼枝被柔毛。叶薄革质，长卵形或椭圆形，长2–4厘米，宽1–1.5厘米，先端渐钝尖，基部楔形，上面中脉被短毛，下

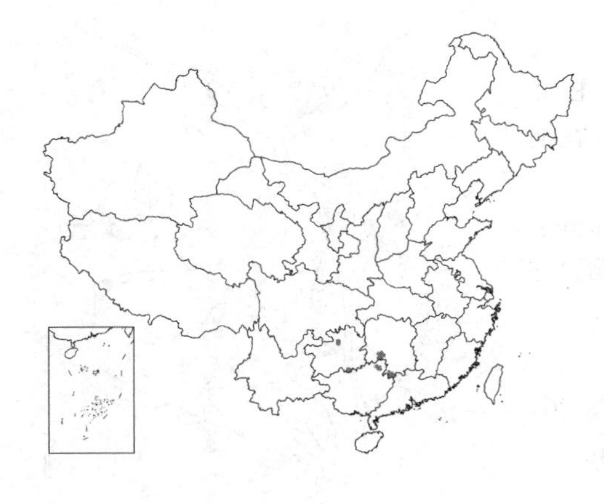

面中脉被长毛，侧脉6-7对，具细锯齿；叶柄长2-4毫米，被短粗毛。花白色，顶生或腋生。花梗长2-4毫米；苞片5，长1-1.5毫米；萼片5，圆形，长2-2.5毫米，密被灰毛；花瓣5-6，外层2片圆形，长7-9毫米，先端被毛，内层3-4片宽卵形，长2厘米，基部稍连合；雄蕊长1.2-1.4厘米，花丝筒长4-6毫米，无毛；子房无毛，花柱长1.2厘米，顶端3裂，裂片长3毫米。蒴果球形，径1.2厘米，2-3爿裂，果爿厚0.5毫米；果柄长4-5毫米；苞片及萼片宿存。花期4-6月。

产湖南、贵州、江西及广西，生于山区常绿阔叶林下。

图 959: 1-2. 岳麓连蕊茶 3-4. 贵州连蕊茶 （黄锦添 邓晶发绘）

44. 贵州连蕊茶 图 959：3-4

Camellia costei Lévl. in Fedde, Repert. Sp. Nov. 10: 148. 1911.

小乔木，或灌木状，高达7米。幼枝被柔毛。叶革质，卵状长圆形，长4-7厘米，宽1.3-2.6厘米，先端渐尖或长尾尖，基部楔形，上面中脉被毛，下面初被长毛，后脱落，侧脉6对，具钝锯齿；叶柄长2-4毫米，被柔毛。花白色，顶生及腋生。花梗长3-4毫米；苞片4-5，三角状卵形，长2毫米，先端被毛；花萼杯状，萼片5，三角状卵形，先端被毛；花瓣5，基部连合，外层1-2片，倒卵形或圆形，长1-1.4厘米，内层3-4片倒卵形，先端圆或凹缺，具睫毛；雄蕊长1-1.5厘米，无毛，花丝筒长7-9毫米；子房无毛，花柱长1-1.7厘米，顶端浅裂。蒴果球形，径1.1-1.5厘米，1室，种子1，果爿薄；果柄长3-5毫米；宿萼长2毫米。花期1-2月。

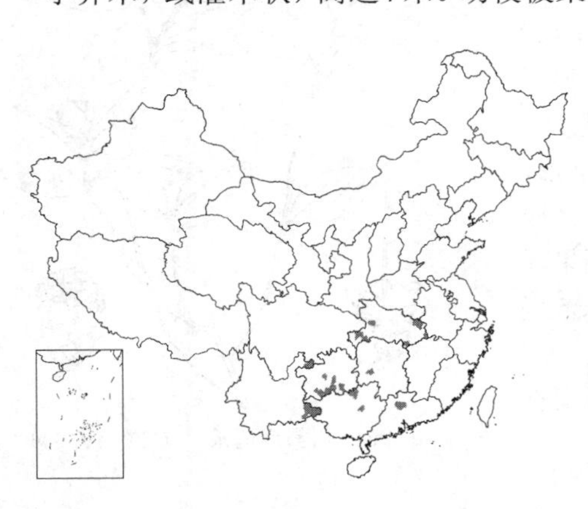

产广西、广东、云南、湖南、湖北及贵州，生于山区常绿阔叶林中。

45. 川滇连蕊茶 图 960

Camellia tsaii Hu var. **synaptica** (Sealy) H. T. Chang, Tax. Gen. Camellia 148. 1981.

Camellia synaptica Sealy in Kew Bull. 1949: 221. 1949.

小乔木。幼枝被柔毛。叶椭圆状披针形，长6-9厘米，宽1.8-3厘米，先端长尾尖，基部楔形，上面中脉被短毛，下面无毛，具细锯齿，侧脉约10对；叶柄长3-6毫米，被短粗毛。花白色，单生叶腋。花梗长5-6毫米；苞片4-5，先端尖，长1-2毫米，稍被毛；萼片5，近圆形，长2-3毫米，无毛；花瓣5，近圆形，长1.6毫米，先端凹缺，基部与雄蕊连合约3毫米；雄蕊长1.1-1.4厘米，无毛；花丝筒长4-7毫米；子房无毛，花柱长1.2-1.5厘米，顶端3裂。果球形，径1.5厘米，果爿3裂，薄革质；果柄长5毫米；苞片及萼片宿存。花期2-4月。

产云南、四川及湖南，生于山区常绿阔叶林中。

［附］**云南连蕊茶 Camellia tsaii** Hu in Bull. Fan. Mem. Inst. Biol. Bot. 8：132. 1938. 本种与变种川滇连蕊茶的区别：萼片近先端被毛，花梗长2-3毫米。产云南东南部。缅甸、越南北部有分布。

［附］**南投连蕊茶 Camellia transnokoensis** Hayata, Ic. Pl. Formos. 8：11. 1919. 本种与川滇连蕊茶的区别：叶长圆形或卵状长圆形，长3-5厘米，宽1-1.7厘米，先端渐尖；花梗长2.5毫米，花丝筒短。产台湾。

图 960 川滇连蕊茶 （黄锦添绘）

46. 川鄂连蕊茶 图 961

Camellia rosthorniana Hand.-Mazz. in Anz. Akad. Wiss. Mien, Math.-Nat. 61：108. 1929.

小乔木，或灌木状。幼枝密被柔毛。叶薄革质，椭圆形或卵状长圆形，长2.5-4.2厘米，宽0.9-1.8厘米，先端长渐尖或尾尖，基部楔形，上面中脉疏被毛，下面无毛，侧脉6对，密生细尖锯齿；叶柄长2-3毫米，被柔毛。花白色，腋生及顶生。花梗长3-4毫米；苞片3-4，散生花梗上，卵形或圆形，长2毫米，无毛或具睫毛；萼片5，卵形，长3毫米，无毛；花瓣5-7，外层2-3片圆形，长1厘米，内层3-4片倒卵形，长1.2-1.4厘米，先端圆或凹缺；雄蕊长1厘米，花丝筒长4毫米；子房无毛，花柱长0.9-1.3厘米，顶3浅裂。蒴果球形，径1-1.4厘米，1-2室，每室1-2种子，2-3爿裂，果爿薄；果柄长5毫米，苞片及萼片宿存。花期4月。

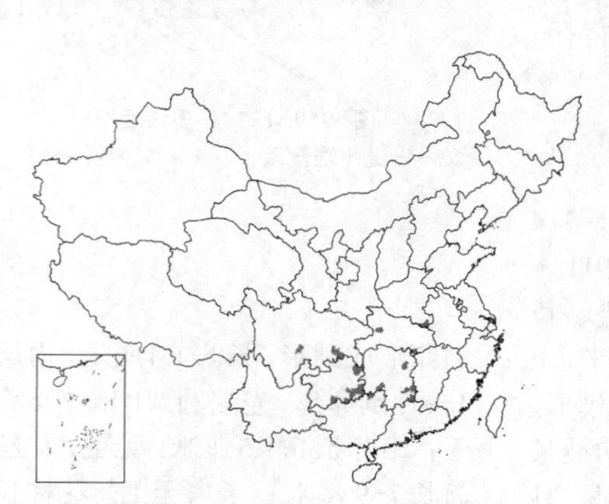

产四川、河南、贵州、湖北、湖南及广西，生于海拔420-1200米山谷灌丛中。

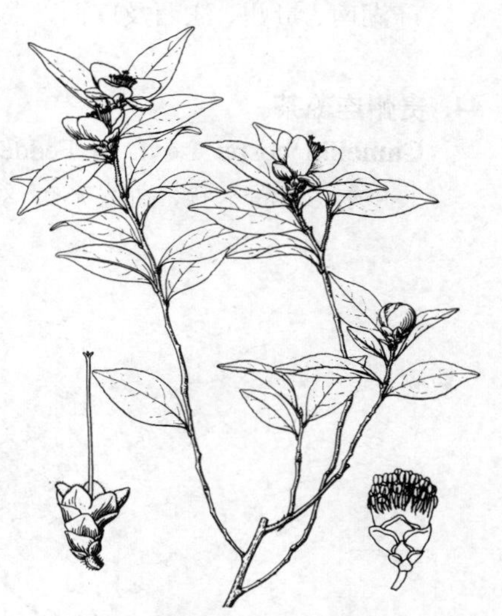

图 961 川鄂连蕊茶 （引自《图鉴》）

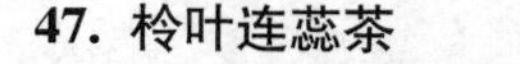

47. 柃叶连蕊茶 图 962

Camellia euryoides Lindl. in Bot. Req. t. 983. 1826.

乔木，或灌木状，高达6米，幼枝被丝毛。叶薄革质，椭圆形或卵状椭圆形，长2-4厘米，先端钝或稍尖，基部楔形或稍圆，上面中脉被毛，下面被丝毛，侧脉不明显，具细齿；叶柄长1-2.5毫米。花白色，顶生及腋生。花梗长0.7-1厘米，无毛；苞片4-5，半圆形或圆形，长1-1.5毫米，具睫毛；萼片5，卵形，长2.5毫米；花瓣5，外层2片倒卵形，长1厘米，内

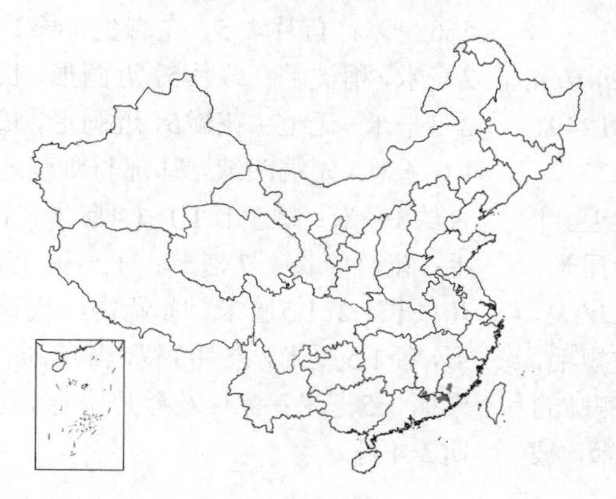

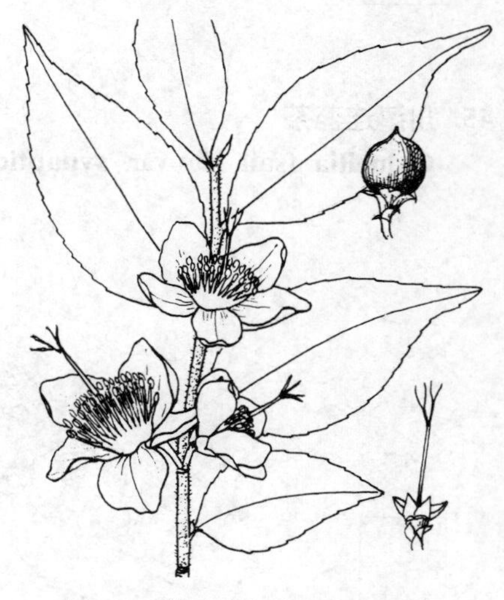

图 962 柃叶连蕊茶 （孙英宝绘）

层3片卵形，长2厘米；雄蕊长1.4厘米，花丝筒长8-9毫米；子房无毛，花柱长1.5-1.9厘米，顶端3浅裂。蒴果球形，径0.8-1厘米，3室。花期1-3月。

产福建、江西及广东，生于山区常绿林下。

图 963 毛枝连蕊茶 （孙英宝绘）

48. 毛枝连蕊茶 图 963

Camellia trichoclada （Rehd.） Chien in Contr. Biol. Lab. Sci. Soc. China, Bot. 12: 100. 1939.

Thea trichoclada Rehd. in Journ. Arn. Arb. 8: 176. 1927.

灌木，高约1米。多分枝，幼枝被长粗毛。叶革质，2列，幼叶被毛，椭圆形，长1-2.4厘米，宽0.6-1.3厘米，先端稍钝尖或尾状渐尖，基部楔形、圆或微心形，上面干后深绿色，中脉疏被毛，下面黄褐色，无毛，侧脉5-6（7）对，在上面不明显，下面明显，密生细齿；叶柄长1毫米，被粗毛。花白色，无毛，顶生及腋生。花梗长2-4毫米；苞片3-4，宽卵形，长约1毫米；萼片5，连成浅杯状，无毛，裂片长1-2毫米，先端圆。蒴果球形，径1厘米，1室1种子，果爿2裂，果皮薄。

产浙江南部及福建，生于灌丛中。

49. 细叶连蕊茶 小叶山茶 图 964

Camellia parvilimba Merr. et Metcalf in Lingn. Sci. Journ. 16: 171. 1937.

灌木，高1米。幼枝纤细，被柔毛。叶薄革质，椭圆形或卵形，长1-2厘米，宽0.7-1.3厘米，先端钝尖，基部宽楔形，上面沿中脉疏被粗毛，下面疏被平伏长毛，侧脉在两面不明显，上部具细锯齿，或近全缘；叶柄长1-1.5毫米，被柔毛。花白色，顶生。花梗长1厘米，无毛；苞片3，宽卵形，长0.5-1毫米，先端钝，具睫毛；萼片5，连成杯状，长3毫米，裂片长1.5毫米，无毛，具睫毛；花瓣6，倒卵形，先端圆，长1.6厘米，基部稍连合，无毛；雄蕊长1.3厘米，下部花丝连成短筒，无毛；子房无毛，花柱长1.3厘米，顶端3浅裂。蒴果球形，径1.2厘米，1室，种子1，果爿薄。花期1月。

产福建、江西、湖南及广东，生于山区常绿阔叶林中。

图 964 细叶连蕊茶 （黄锦添绘）

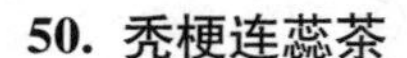

50. 秃梗连蕊茶 图 965

Camellia dubia Sealy, Rev. Gen. Camellia 68. 1958.

乔木，高达5米，或灌木状。幼枝被褐色柔毛。叶革质，椭圆形，长

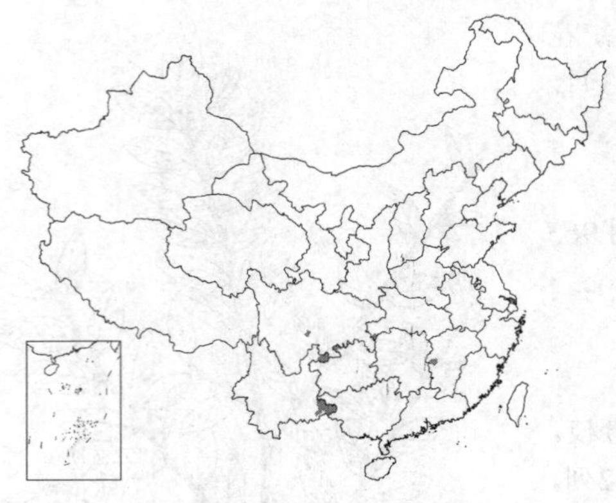

6-8厘米，先端尾尖或渐尖，基部宽楔形，或近圆形，上面中脉疏被毛，下面初被长毛，后脱落，侧脉6对，疏生锯齿，叶柄长3-5毫米。花紫红色，顶生或腋生。花梗长6毫米，无毛；苞片4-5，半圆形或卵形，长1-2毫米，具睫毛；花萼长3-5毫米，萼片卵圆形，长3毫米，先端被短毛；花瓣5-7，长2-2.5厘米，外层2-3片较短小，革质，无毛，内侧3-4片无毛，或被微毛，先端凹缺或圆；雄蕊长1.5-2厘米，无毛，花丝筒长0.8-1.4厘米；子房无毛，花柱长1.5-2厘米，顶端3裂。果球形，径1.5厘米，1室，果壳薄，种子1；果柄长6毫米；具宿萼。花期3-4月。

产江西、湖北、四川、贵州及云南，生于山区常绿林。

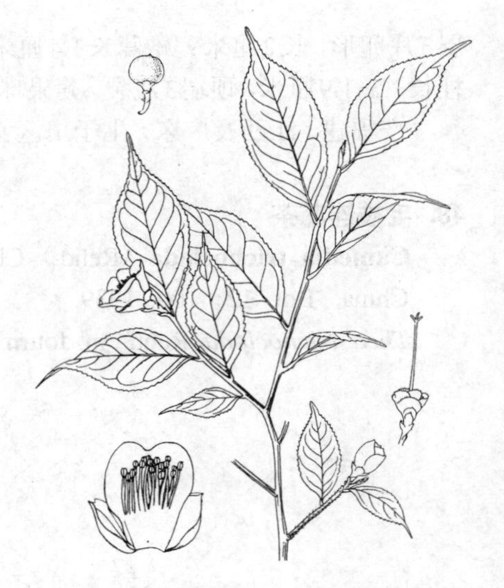

图 965 秃梗连蕊茶 （黄锦添绘）

51. 长管连蕊茶 图 966

Camellia elongata (Rehd. et Wils.) Rehd. in Journ. Arn. Arb. 3: 224. 1922.

Thea elongata Rehd. et Wils. in Sarg. Pl. Wilson. 2: 392. 1915.

乔木，高达6米，或灌木状。幼枝细，无毛。叶卵状披针形，长4-8厘米，宽1-1.8厘米，先端长尾尖，基部楔形，两面无毛，侧脉6-7对，上部具钝齿或近全缘；叶柄长2-4毫米，无毛。单花顶生及腋生。花梗长1厘米，无毛；苞片4，卵形，长1毫米；萼片三角形，长4毫米，具睫毛；花瓣5-7，白色，长1.5-2厘米；雄蕊长1.7厘米，花丝筒长1.5厘米，无毛；子房无毛，花柱长1.7厘米，顶端3裂。蒴果椭圆形或卵圆形，径1.2-1.5厘米，顶端尖，1室1种子，果爿薄；果柄长1厘米。花期10-11月。

产贵州、四川中部，生于海拔1000-1500米常绿阔叶林中。

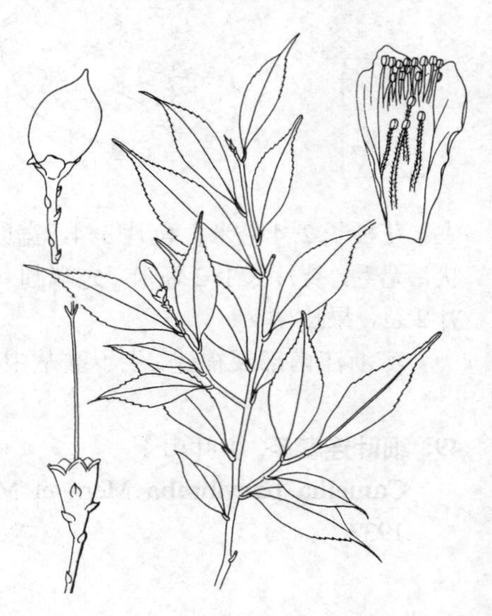

图 966 长管连蕊茶 （黄锦添绘）

52. 毛柄连蕊茶 连蕊茶 毛花连蕊茶 图 967

Camellia fraterna Hance in Ann. Sci. Nat. Paris 18: 219. 1862.

小乔木，或灌木状。高达5米。幼枝密被柔毛及丝毛。叶革质，椭圆形，长4-8厘米，先端渐钝尖，基部宽楔形，下面初被长毛，后脱落，中脉被毛，侧脉5-6对，具钝齿；叶柄长3-5毫米，被柔毛。花白色，顶生。花梗长3-4毫米，苞片4-5，卵形，长1-2.5毫米，被毛；萼杯状，长4-5毫米，萼片5，卵形，被褐色丝毛；花瓣5-6，外层2片革质，被丝毛，内层3-4片椭圆形，

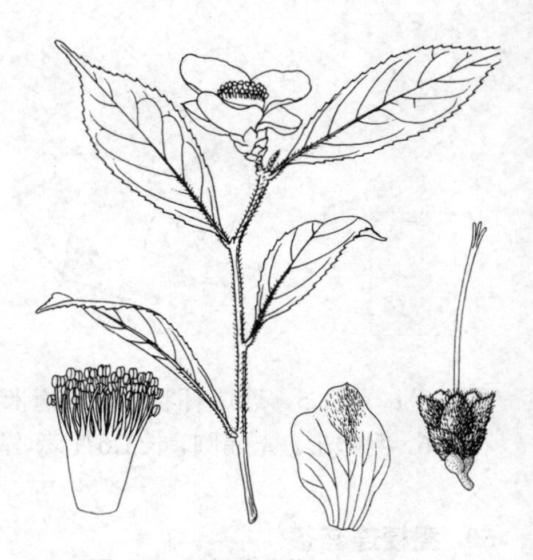

图 967 毛柄连蕊茶 （黄锦添绘）

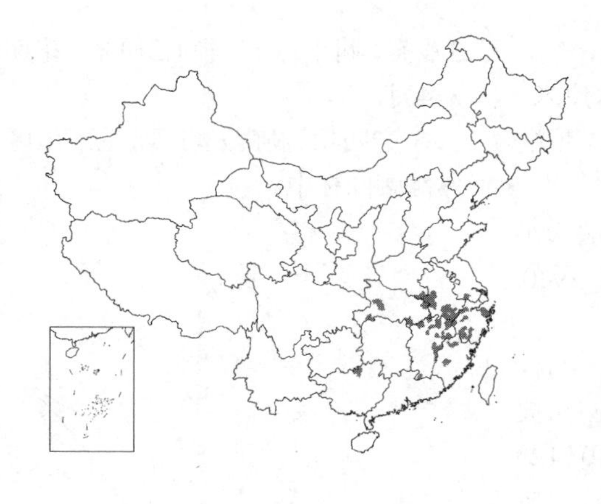

长2-2.5厘米，先端凹缺，被毛；雄蕊长1.5-2厘米，无毛，花丝筒长1-1.4厘米；子房无毛，花柱长1.4-1.8厘米，顶端3浅裂。蒴果球形，径1.5厘米，1室1种子，果壳薄。花期4-5月。

产河南、浙江、江西、江苏、安徽、湖北、广西及福建，生于海拔150-500米山谷、疏林中。

［附］**阿里山连蕊茶 Camellia transarisanensis**（Hayata）Cohen-Stuart in Bull. Jard. Bot. Buitenz. ser. 3, 1: 320. 1919. —— *Thea transarisanensis* Hayata, Ic. Pl. Formos. 5: 10. 1915. 本种与长管连蕊茶的区别：幼枝被柔毛；叶薄革质，长圆形，长2.5-4.5厘米，宽0.8-1.5厘米，先端钝，上面中脉被毛，侧脉不明显，具钝齿；花梗短，萼片被绢毛，花柱长1.1厘米。产台湾。

53. 杯萼毛蕊茶　图 968

Camellia cratera H. T. Chang, Tax. Gen. Camellia 170. 1981.

乔木，高5米，或灌木状。幼枝被柔毛。叶革质，窄长圆形或长圆状披针形，长达7厘米，宽1.5-2.5厘米，先端尾尖，尾长1.5-2厘米，基部窄楔形，上面中脉被毛，下面无毛，侧脉6-7对，疏生锯齿；叶柄长2-4毫米，被柔毛。花紫红色，腋生及顶生。花梗长5-6毫米，被毛；苞片5，半圆形或圆形，长1-2.5毫米，被毛；萼片5，连成杯状，长5-6毫米，被毛，裂片半圆形，长2.5毫米；花瓣6-7，外层2片倒卵状圆形，长1厘米，被毛，内层4-5片倒卵形，长1.5厘米，被毛；雄蕊长1.2-1.4厘米，离生，无毛；子房被毛，花柱长1.5厘米，无毛，顶端3浅裂。花期5月。

产广东、江西东南部及福建西南部。

图 968 杯萼毛蕊茶 （蔡淑琴绘）

54. 细萼连蕊茶　图 969

Camellia tsofui Chien in Contr. Biol. Lab. Sci. Soc. China, Bot. 12: 91. f. 2. 1939.

灌木，高达2米。幼枝被粗毛。叶薄革质，卵状披针形，长3-5.5厘米，宽1.2-1.7厘米，先端渐尖或尾尖，基部楔形，上面中脉被毛，下面初被丝毛，后脱落，侧脉约7对，具锯齿；叶柄长2-3毫米。花白色，花梗长5-6毫米；苞片4-6，近圆形，被微毛；萼

图 969 细萼连蕊茶 （蔡淑琴绘）

片5，圆形，长1.5–2毫米，被微毛；花瓣5，外层2片宽倒卵形，长6–7毫米，先端圆，内层3片近圆形，长1.5–1.8厘米，被微毛；雄蕊长1.8厘米，花丝筒长5–6毫米，分离花丝被柔毛；子房无毛，花柱长1.4–2厘米，顶端3浅裂。蒴果球形，径1.2厘米。花期3–4月。

产四川、湖南及江西，生于山区常绿阔叶林中。

55. 心叶毛蕊茶 野山茶 图970

Camellia cordifolia（Metcalf）Nakai in Journ. Jap. Bot. 16: 692. 1940.
Thea cordifolia Melcalf in Lingn. Sci. Journ. 11: 17. 1932.

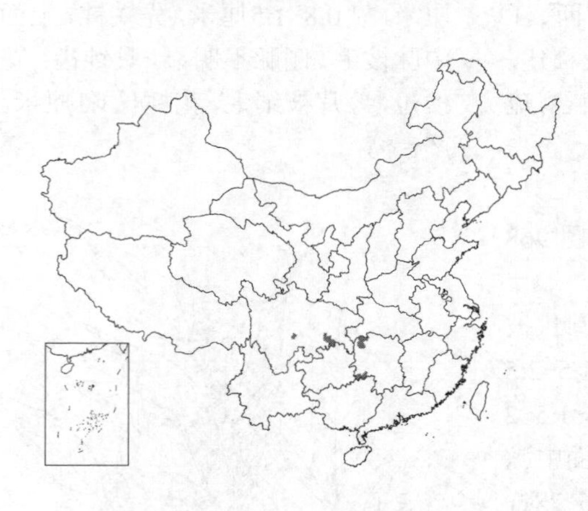

乔木，或灌木状。幼枝被长粗毛。叶革质，长圆状披针形或长卵形，长6–10（12）厘米，先端尾尖，尾长1–2厘米，基部圆或微心形，上面中脉疏被毛，下面被长毛，侧脉6–7对，具细锯齿；叶柄长2–4毫米，被长粗毛。花白色，单生或成对。花梗长2–3毫米，被毛；苞片4–5，半圆形或卵形，长1–2毫米，先端圆，被毛；萼片5，宽卵形或圆形，长3–4毫米，被毛；花瓣5，外层1–2片离生，圆形，长7–9毫米，被毛；雄蕊长1.5厘米，花丝筒长1.2厘米，分离花丝被毛；花柱长0.8–1.2厘米，被毛，顶端3浅裂。蒴果近球形，径1–1.7厘米，果爿厚2毫米。花期10–12月。

产广东北部、广西、湖南、江西及台湾，生于海拔100–850米山谷、沟边、疏林中。

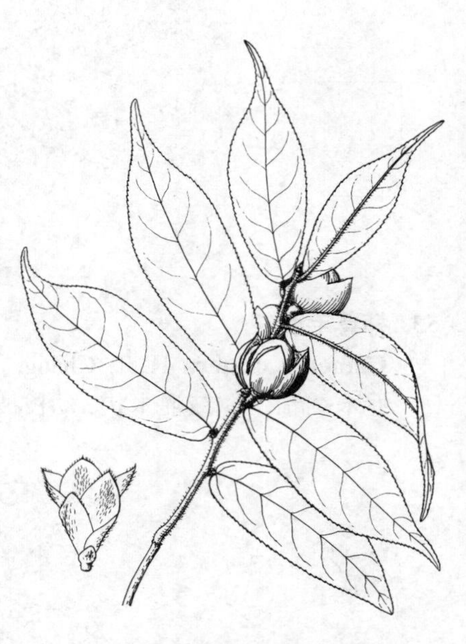

图 970 心叶毛蕊茶 （引自《图鉴》）

［附］**广东毛蕊茶 Camellia melliana** Hand.-Mazz. in Anz.Akad. Wiss. Wien, Math.-Nat. 59: 58. 1922. 本种与心叶毛蕊茶的区别：幼枝被褐色茸毛；叶长3–5厘米，先端渐钝尖，叶柄长1–2毫米；萼片长2–2.5毫米，花丝筒长5毫米；蒴果径0.9–1厘米。产广东中部及北部。

56. 长尾毛蕊茶 尾叶山茶 图971

Camellia caudata Wall. Pl. Asiat. Rar. 3: 36. 1832.

乔木，或灌木状。幼枝被灰毛。叶长圆形、卵状披针形，长5–9（12）厘米，宽1–2（3.5）厘米，先端尾尖，基部楔形，上面中脉被短毛，下面疏被长毛，侧脉6–8对，具细齿；叶柄长2–4毫米，被柔毛。花白色。花梗长3–4毫米，被毛；苞片3–5，卵形，长1–2毫米，被毛；萼片5，近圆形，长2–3毫米，被毛，宿存；花瓣5，长1–1.4厘米，被短毛，基部连合2–3毫米，外层1–2片革质，外层3–4片倒卵形，先端圆；雄蕊长1–1.3厘米，花丝筒长6–8毫米，分离花丝被毛；子房被茸毛，花柱长0.8–1.3厘米，被毛，顶端3浅裂。蒴果球形，径1.2–1.5厘米，果爿薄，被毛。花期10月至翌

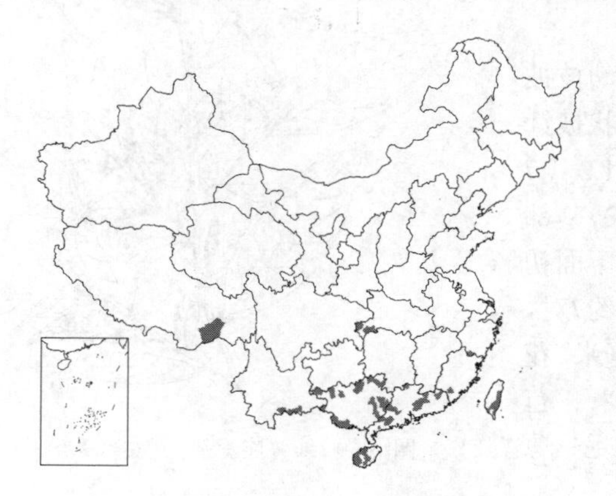

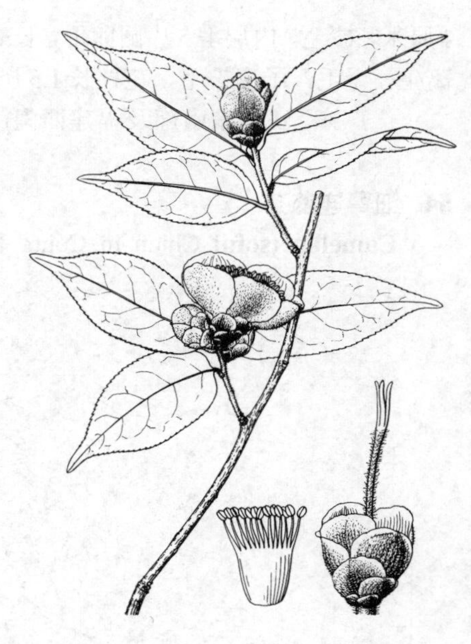

图 971 长尾毛蕊茶 （引自《图鉴》）

年3月。

产广东、广西、云南、海南、福建、台湾、浙江、湖北及西藏，生于山区常绿阔叶林中。越南、印度、不丹、尼泊尔及缅甸有分布。

［附］**香港毛蕊茶 Camellia assimilis** Champ. ex Benth. in Hook. Kew Journ. Bot. 3: 309. 1851.本种与长尾毛蕊茶的区别：叶下面无毛，被瘤点，侧脉在两面不明显，叶柄被粗毛；花梗长6毫米，苞片半圆形，萼片长4-5毫米，花瓣7，长2-3厘米，花丝筒长约2厘米；蒴果径1.5-2厘米，果爿厚1.5毫米。花期1月。产香港、广东及广西东南部。

57. 柳叶毛蕊茶 柳叶山茶 图972

Camellia salicifolia Champ. ex Benth. in Hook. Kew. Journ. Bot. 3: 309. 1851.

乔木，高达10米，或灌木状。幼枝被丝毛。叶薄革质，椭圆状披针形，长6-10厘米，宽1.4-2.5厘米，先端尾尖，基部圆，上面中脉被柔毛，下面被丝毛，侧脉6-8对，具细齿；叶柄长1-3毫米，密被茸毛。花白色。花梗长3-4毫米，被丝毛；苞片4-5，披针形，长0.4-1厘米，被长毛；萼片5，线状披针形，长0.7-1.5厘米，密被丝毛；花瓣5-6，倒卵形，外层1-2片革质，长1.1-1.3厘米，被长毛，内层4-5片，长1.3-2厘米，倒卵形，被丝毛；雄蕊长1-1.5厘米，花丝筒长达1厘米，分离花丝被毛。蒴果球形或卵球形，高1.5-2.2厘米，1室，种子1，果爿薄。花期8-11月。

图 972 柳叶毛蕊茶 （引自《图鉴》）

产香港、广东、广西、江西、湖南、台湾及福建，生于海拔1000米以下山地常绿阔叶林中。

2. 石笔木属 Tutcheria Dunn

（张宏达）

常绿乔木。叶革质，互生，具锯齿；具柄。花两性，白或淡黄色，具短梗；苞片2，与萼片同形；萼片（5-）10片，革质，被毛，半宿存；花瓣5，被毛；雄蕊多数，花丝分离，花药2室，背着；子房3-6室，花柱连合，柱头3-6裂，每室2-5胚珠。蒴果木质，从基部向上3-6爿裂，中轴宿存，每室种子2-5，沿中轴胎座垂直排列。种皮骨质，种脐纵长，无胚乳。

26种。我国21种，产华南及西南。其余分布于越南、马来西亚及菲律宾。

1. 蒴果球形、椭圆形或三角状球形，径2-7厘米，3-6爿裂。
  2. 萼片10。
    3. 蒴果径3-7厘米，3-5爿裂。
      4. 果球形或椭圆形，径5-7厘米，果爿5；叶先端骤渐尖，基部楔形，具细齿 …… 1. **石笔木 T. championi**
      4. 果扁球形，径3-4厘米，果爿3-5；叶先端稍钝，基部圆，具细齿或近全缘 …… 1(附). **贵州石笔木 T. kweichowensis**
    3. 蒴果径2-2.5厘米，3爿裂。
      5. 花梗长5-7毫米，花径5-6厘米；蒴果椭圆形 …… 2. **华南石笔木 T. austro-sinica**
      5. 花梗长1-3毫米，花径7厘米；蒴果近球形 …… 2(附). **云南石笔木 T. sophiae**

2. 萼片5。

6. 萼片圆形，长1-1.2厘米，花梗长0.5-1厘米；叶长圆形；蒴果椭圆形 ……… 3. **长柄石笔木 T. greeniae**

6. 萼片卵形或披针形，长2-4厘米，花梗长1-1.2厘米；叶披针形；蒴果三角状球形 …… 3(附). **长萼石笔木 T. wuiana**

1. 蒴果卵圆形或倒卵圆形，径1-1.5厘米，3爿裂。

7. 幼枝及叶下面被粗毛，叶基部楔形；花梗长3-7毫米，萼片10，长0.5-1厘米，花瓣长1.5-2厘米 …… 4. **粗毛石笔木 T. hirta**

7. 幼枝及叶下面无毛。

8. 叶椭圆形或长圆形，革质，先端尖；花梗长1毫米；蒴果三角状球形 ……… 5. **小果石笔木 T. microcarpa**

8. 叶倒披针形、倒卵状长圆形或椭圆形。

9. 叶倒披针形，蒴果倒三角状球形，顶端凹下 …………………………………………… 6. **锥果石笔木 T. symplocifolia**

9. 叶椭圆形；蒴果近球形 ……………………………………………………………… 6(附). **台湾石笔木 T. taiwanica**

1. 石笔木 图973 彩片278

Tutcheria championi Nakai in Journ. Jap. Bot. 26: 708. 1940.

Tutcheria spectabilis Dunn；中国高等植物图鉴 2: 847. 1972.

常绿乔木，高达13米。幼枝稍被微毛。叶革质，椭圆形或长圆形，长12-16厘米，先端骤渐尖，基部楔形，下面无毛，侧脉10-14对，具细齿；叶柄长0.6-1.5厘米。花白色，单生枝顶叶腋，径5-7厘米。花梗长6-8毫米；苞片2，卵形，长0.8-1.2厘米；萼片(9)10(11)，圆形，厚革质，长1.5-2.5厘米，被灰毛；花瓣5，倒卵圆形，长2.5-3.5厘米，先端凹缺，被绢毛；雄蕊长1.5厘米；花柱连合，顶端3-6裂。蒴果球形或椭圆形，径5-7厘米，由基部向上5爿裂。种子肾形，长1.5-2厘米。花期4-6月，果期9-11月。

产香港、广东、广西及福建南部，生于海拔约500米山谷、溪边、常绿阔叶林中。木材细致，可作工具、建筑用材；种子可榨油，供工业用。树姿优美，可栽培供观赏。

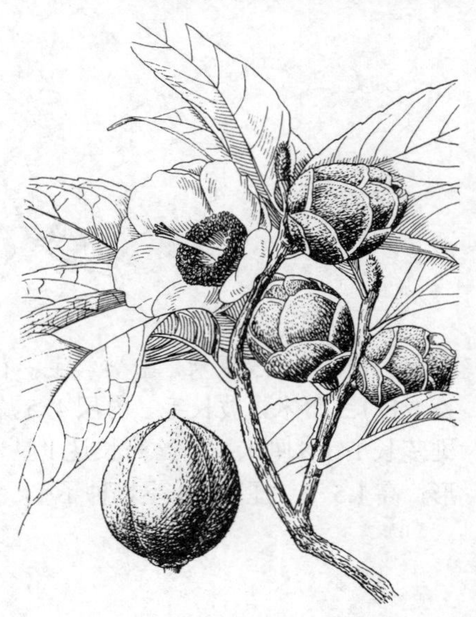

图 973 石笔木 （黄锦添绘）

［附］**贵州石笔木 Tutcheria kweichowensis** H. T. Chang et Li in Acta Sci. Nat. Univ. Sunyatseni 22(2): 109. 1983. 本种与石笔木的区别：叶先端稍钝，基部圆，具细齿或近全缘；蒴果扁球形，径3-4厘米。产贵州东北部，生于海拔约850米林中。

2. 华南石笔木 图974

Tutcheria austro-sinica H. T. Chang in Acta Sci. Nat. Univ. Sunyaseni 22(2): 108. 1983.

乔木。幼枝初稍被微毛。叶革质，长圆形，长6-11厘米，先端渐尖或稍钝，基部楔形，两面无毛，侧脉7-10对，上部具钝齿；叶柄长5-7毫米。花白色，单生枝顶叶腋，径5-6厘米。花梗长5-7毫米，被毛；苞片2，卵形，长6-8毫米，被毛，内面无毛，红褐色；萼片10，近圆形，长1-1.5厘

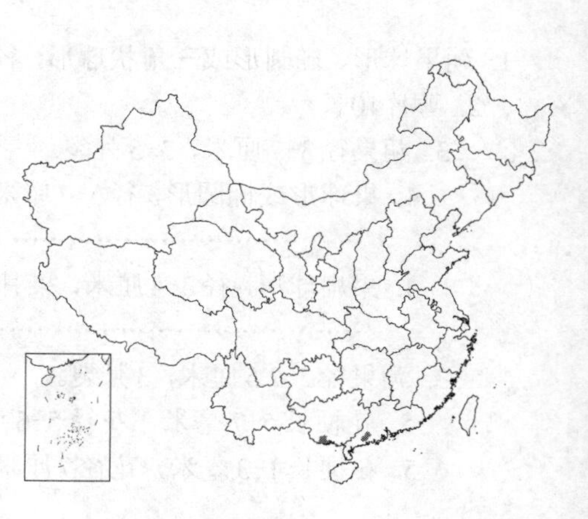

米，被灰茸毛；花瓣倒卵形，长2.5-3厘米，被毛；雄蕊离生；子房被毛，花柱连合。蒴果椭圆形，长2.6厘米，径2厘米，顶端圆，3-4爿裂，被灰茸毛，果爿薄。种子褐色，长0.5-1厘米。

产广东东南部及广西南部。

［附］**云南石笔木 Tutcheria sophiae**（Hu）H. T. Chang in Acta Sci. Nat. Univ. Sunyatseni 22(2)：105. 1983. —— *Camellia sophiae* Hu in Bull. Fan. Mem. Inst. Biol. Bot. 8：134. 1938. 本种与华南石笔木的区别：叶先端骤长尖，具细齿，叶柄长0.7-1.2厘米；花径7厘米，花梗长1-3毫米，花瓣被金黄色绢毛；蒴果近球形。产云南东南部。

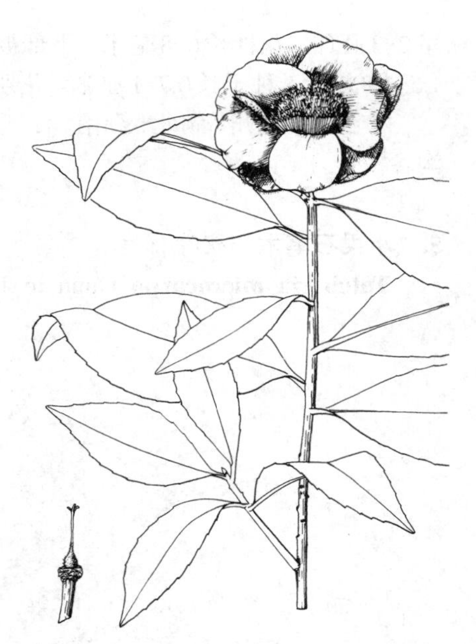

图 974 华南石笔木 （孙英宝绘）

3. 长柄石笔木 图 975

Tutcheria greeniae Chun in Journ. Arn. Arb. 9：129. 1926.

Pyrenaria greeniae Keng in Gard. Bull. Singap. 26(1)：134. 1972.

乔木，高达18米。幼枝无毛。叶革质，长圆形，长9-14厘米，先端渐尖，基部楔形，上面干后有光泽，两面无毛，侧脉9-12对，具细齿；叶柄长0.6-1.2厘米。花黄色，单生枝顶叶腋，径4-5厘米。花梗长0.5-1厘米，被毛；苞片2，宽卵形，长6-7毫米；萼片5，圆形，长1-1.2厘米，被灰褐柔毛；花瓣倒卵形，长2-2.5厘米，被灰色绢毛；雄蕊无毛，长1-1.2厘米；子房被毛，花柱长8毫米，无毛。蒴果3-5室，椭圆形，高3-4厘米，被褐色茸毛。种子长1.2-2厘米。花期6-7月。

产贵州南部、湖南、江西、福建、广东北部及广西。

［附］**长萼石笔木** 长毛石笔木 **Tutcheria wuiana** H. T. Chang in Acta Sci. Nat. Univ. Sunyatseni 6(1)：29. 1960. 本种与长柄石笔木的区别：叶披针形，叶柄长6-8毫米；花梗长1-1.2厘米；萼片卵形或披针形，长2-4厘米；蒴果三角状球形。产广东西部及广西东南部，生于海拔约850米常绿阔叶林中。

图 975 长柄石笔木 （余 峰绘）

4. 粗毛石笔木 图 976

Tutcheria hirta（Hand.-Mazz.）Li in Journ. Arn. Arb. 26：64. 1945.

Gordonia hirta Hand.-Mazz. in Anz. Akad. Wiss. Wien, Math.-Nat. 58：160. 1921.

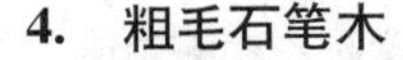

乔木，高达8米。幼枝被粗毛。叶革质，长圆形，长6-13厘米，先端尖，基部楔形，上面有光泽，下面被褐色粗毛，侧脉8-11对，具细锯齿；叶柄长0.6-1厘米，被毛。花白或淡黄色，单生枝顶叶腋，径2.5-4.5厘米。花梗长3-7毫米，被毛；苞片卵形，长4-5毫米；萼片10，近圆形，长0.5-1厘米，被毛；花瓣长1.5-2厘米，被毛；雄蕊长1.2厘米；子房被毛，每

室2-3胚珠，花柱长6-8毫米，下部被毛。蒴果纺锤形，高2-2.5厘米，径1.5-1.8厘米。种子长0.7-1厘米。花期7-8月，果期11月。

产云南、贵州、湖北、湖南、江西、广东及广西，生于海拔800米以下沟谷林中。

图 976 粗毛石笔木 （余 峰绘）

5. 小果石笔木 狭叶石笔木 图977

Tutcheria microcarpa Dunn in Journ. Bot. 47: 197. 1909.

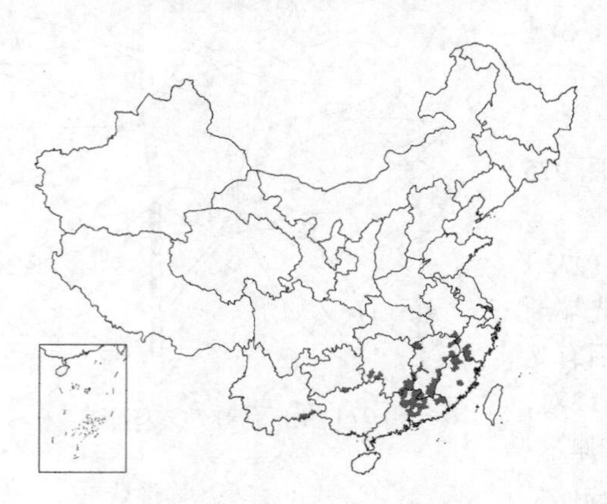

乔木，高达17米。幼枝无毛，或被微毛。叶革质，椭圆形或长圆形，长4.5-12厘米，先端尖，基部楔形，上面有光泽，下面无毛，侧脉8-9对，具细锯齿；叶柄长5-8毫米。花白色，径1.5-2.5厘米。花梗长1毫米；苞片2，卵圆形，长2-3毫米；萼片5，圆形，长4-8毫米，被毛；花瓣5，长0.8-1.2厘米，被毛；雄蕊长6-8毫米，无毛；子房被毛，花柱长6-8毫米，无毛 。蒴果三角状球形，长1-1.8厘米，径1-1.5厘米，两端稍尖。种子长6-8毫米。花期6-7月。

产广东、香港、福建、江西、湖南、安徽、浙江南部、云南东南部及贵州，生于海拔约500米常绿阔叶林中，散生。材质坚实优良。

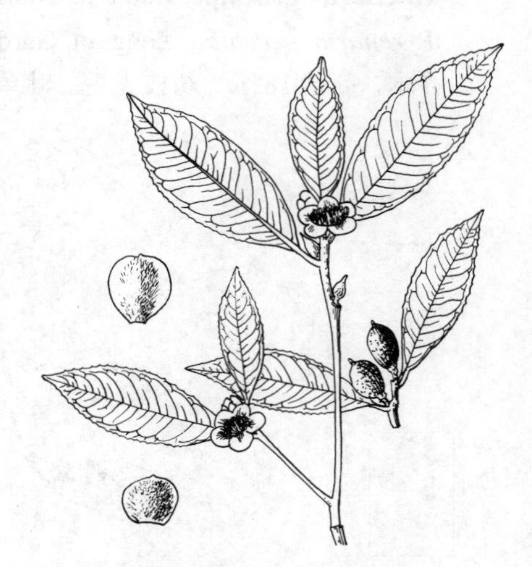

图 977 小果石笔木 （余汉平绘）

6. 锥果石笔木 图978

Tutcheria symplocifolia Merr. et Metcalf in Lingn. Sci. Journ. 16: 172. 1937.

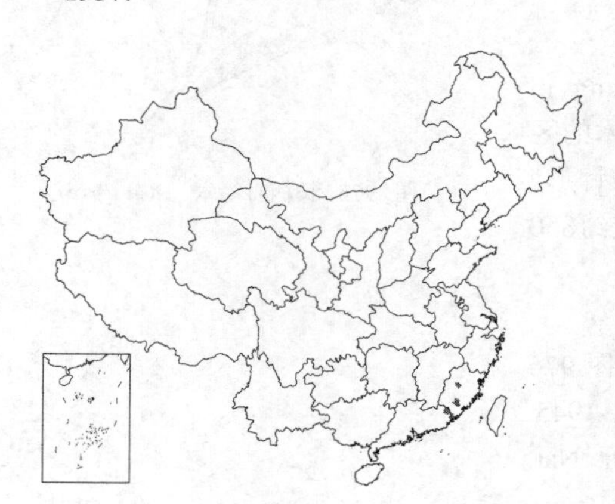

小乔木或灌木状。幼枝无毛，干后红褐色。叶革质，倒披针形，长6-8厘米，宽1.5-2.5厘米，先端钝 或稍尖，基部楔形，上面有光泽，两面无毛，侧脉6-8对，两面均不明显，上部具细齿；叶柄长4-6毫米。花白色，单生枝顶叶腋，径1.5-2厘米。花近无梗；苞片2；萼片3-5，卵形或近圆形，长4-6毫米，外面被褐色柔毛，内面无毛；花瓣倒披针形，长约1厘米，宽4-5毫米，背面中央被绢毛；雄蕊约20，子房3室，被毛，花柱短，无毛。蒴果倒三角状球形，长1-1.3厘米，具3条直沟，棱角钝，顶端宽而凹下，基部窄。种子1-2，长4-5毫米。花期夏季。

产广东东部、福建，生于山区常绿阔叶林中。

图 978 锥果石笔木 （黄锦添绘）

［附］ **台湾石笔木 Tutcheria taiwanica** H. T. Chang et Ren in Acta Sci. Nat. Univ. Sunyatseni

30(1)：71. 1991. 本种与锥果石笔木的区别：叶椭圆形；蒴果近球形。
产台湾。

3. 大头茶属 Gordonia Ellis

（张宏达）

常绿乔木。叶革质，羽状脉，全缘或疏生粗齿；具柄。花大，白色，腋生。花梗短；苞片2-7，早落；萼片5，宿存或半宿存；花瓣5-6，基部连合；雄蕊多数，着生花瓣基部，多轮，花丝离生，花药2室，背部着生；子房3-5（7）室，柱头3-5浅裂或深裂，每室4-8胚珠。蒴果长筒形，室背开裂，果爿木质，中轴宿存。种子扁平，顶端具长翅，无胚乳。

约40种，主产亚洲热带及亚热带，北美产1种。我国6种。

1. 叶倒披针形或倒卵形，先端圆或钝。
  2. 叶厚革质，倒披针形，全缘或近先端具钝齿；萼片圆卵形，苞片4-5 ………………… 1. **大头茶 G. axillares**
  2. 叶薄革质，倒卵形，上部具尖锯齿；萼片近圆形，苞片6 ……………………… 2. **黄药大头茶 G. chrysandra**
1. 叶长圆形或椭圆形，先端尖。
  3. 叶柄长1-2厘米，叶宽3-7厘米；花瓣长4-6厘米。
    4. 叶椭圆形，长12-22厘米；花梗长4-5毫米，萼片长1-1.5厘米，干膜质；果长3-3.5厘米 ……………………………………………………………………… 3. **四川大头茶 G. acuminata**
    4. 叶长圆形，长7-14厘米；花梗长6-8毫米，萼片长2厘米，革质；果长5厘米 ……………………………………………………………………… 3(附). **长果大头茶 G. longicarpa**
  3. 叶柄长0.5-1厘米，叶窄长圆形或倒披针形，宽2-3厘米；花瓣长2-2.5厘米 ……………………………………………………………………… 4. **海南大头茶 G. hainanensis**

1. 大头茶　图979

Gordonia axillaris（Roxb.）Dietr. Syn. Pl. 4：863. 1847.

Camellia axillaris Roxb. ex Ker Gawl. in Bot. Req. t. 349. 1818.

Polyspora axillaris（Roxb.）Sweet；中国高等植物图鉴 2：857. 1972.

乔木，高达9米。幼枝无毛或被微毛。叶厚革质，倒披针形，长6-14厘米，宽2.5-4厘米，先端圆或钝，基部楔形，侧脉不明显，无毛，全缘或近先端具缺齿；叶柄长1-1.5厘米，无毛。花白色，单生枝顶叶腋，径7-10厘米。花梗极短；苞片4-5，早落；萼片圆卵形，长1-1.5厘米，被毛，宿存；花瓣5，被毛，倒卵形或心形，先端凹缺，长3.5-5厘米；雄蕊长1.5-2厘米，基部连合；子房5室，被毛，花柱长2厘米，被绢毛。蒴果长2.5-3.5厘米，5爿裂。种子长1.5-2厘米，顶端具翅。花期10月至翌年1月。

产四川、贵州、云南、香港、广东、海南、广西及台湾，生于海拔300-2800米山谷、溪边、林中、荒地。树皮可提取栲胶；木材坚重细致，供建筑、工具等用；种子可榨油。

图 979 大头茶　（黄锦添绘）

2. 黄药大头茶 云南山枇杷 图 980 彩片 279

Gordonia chrysandra Cowan in Notes Roy. Bot. Gard. Edinb. 16: 184. 1931.

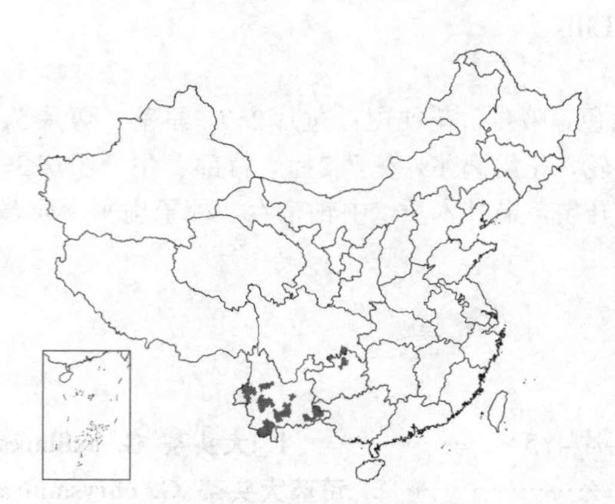

Polyspora chrysandra (Cowan) Hu；中国高等植物图鉴 2: 858. 1972.

乔木，高达6米。幼枝无毛；芽被绢毛。叶薄革质，窄倒卵形，长5-12厘米，宽2.5-4.5厘米，先端钝或圆，基部楔形，侧脉不明显，上部具尖锯齿；叶柄长3-5毫米。花淡黄色，单生枝顶叶腋，径5-8厘米，有香气。花梗极短；苞片6，早落；萼片5，近圆形，长1厘米，被平伏柔毛；花瓣长2-4厘米，宽1.5-1.8厘米，基部微连合；雄蕊长1.5厘米；子房被毛，花柱长1.5厘米，无毛，顶端5裂。蒴果长3.5-4厘米，顶端尖，5爿裂。种子长2-2.2厘米。花期12月。

产云南、四川东南部及贵州北部，生于海拔约1600米山地。

图 980 黄药大头茶 （黄锦添绘）

3. 四川大头茶 图 981

Gordonia acuminata (Pritz.) H. T. Chang in Acta Sci. Nat. Univ. Sunyatseni 22(2): 112. 1983.

Gordonia axillaris var. *acuminata* Pritz. in Engl. Bot. Jahrb. 29: 473. 1900.

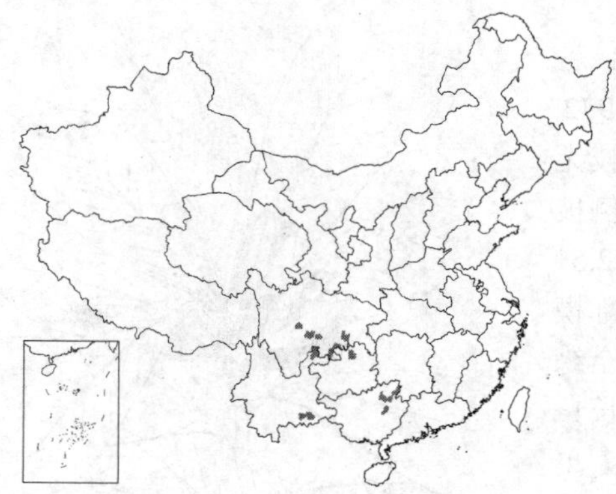

乔木，高达15米。幼枝无毛。叶厚革质，椭圆形，长12-22厘米，宽4-7厘米，先端渐尖，基部楔形，下延，两面无毛，侧脉10-13对，上部具粗齿，齿距0.5-1厘米；叶柄长1.5-2厘米。花白色，单生枝顶叶腋，径7-9厘米。花梗长4-5毫米；苞片4，早落；萼片5，卵圆形，干膜质，长1-1.5厘米，被柔毛；花瓣长4-5厘米，被柔毛；雄蕊长1.5-2厘米，被绢毛。蒴果长3-3.5厘米，5室。种子长2厘米。花期10-12月。

产四川、云南、贵州北部及广西东北部，生于山区常绿阔叶林中。树姿优美，可作行道树。

图 981 四川大头茶 （黄锦添绘）

［附］**长果大头茶 Gordonia longicarpa** H. T. Chang in Acta Sci. Nat. Univ. Sunyatseni 22(2): 111. 1983. 本种与四川大头茶的区别：叶长圆形，长7-14厘米，先端骤尖；花梗长6-8毫米，萼片革质，长2厘米；蒴果长5厘米。花期1月。产云南西部，生于山区常绿阔叶林中。

4. 海南大头茶 图 982

Gordonia hianensis H. T. Chang in Acta Sci. Nat. Univ. Sunyatseni 22(2): 111. 1983.

Polyspora balansae (Pitard)

Hu；中国高等植物图鉴 2：858. 1972.

乔木，高达12米。幼枝无毛。叶革质，窄长圆形或倒披针形，长8-13厘米，宽2-3厘米，先端钝尖，基部楔形下延，下面无毛，侧脉不明显，具钝锯齿；叶柄长0.5-1厘米。花白色，单生枝顶叶腋，径4厘米。花梗长5毫米，无毛；苞片3，早落；萼片5，圆形，或宽卵形，长5-7毫米，被柔毛；花瓣5，长2-2.5厘米，基部连合，被毛；雄蕊长0.8-1厘米，离生；子房被毛，花柱长0.8-1厘米，顶端5裂。蒴果长1.5-2.5厘米，5爿裂，中轴宿存，长1.5-1.8厘米。种子长1厘米，翅长7毫米。花期11月至翌年3月。

图 982 海南大头茶 （引自《图鉴》）

产海南，生于海拔约950米山区常绿阔叶林中。越南有分布。木材红褐色，有光泽，硬重，细致，供细木工、玩具、工艺品、建筑用材。

4. 木荷属 Schima Reinw.

（张宏达）

常绿大乔木，树皮具不规则块状裂纹。叶全缘或具锯齿；具柄。花白或红色，单生枝顶叶腋，或多朵组成总状花序。花具长梗；苞片2-7，早落；萼片5，覆瓦状排列，离生或稍连合，宿存；花瓣5，外侧1片风帽状，余4片卵圆形，离生；雄蕊多数，花丝扁平，离生，花药基部着生；子房5室，被毛，花柱连合，柱头头状或5裂；每室2-6胚珠。蒴果球形，木质，室背开裂；中轴宿存，顶端五角形。种子扁平，肾形，周围具翅。

约30种，分布于亚洲热带及亚热带。我国21种。

1. 叶全缘。
  2. 萼片长7毫米；叶长圆形或披针形，长达18厘米，侧脉14-16对 ………………………… 1. **毛木荷 S. villosa**
  2. 萼片长2-3毫米；叶侧脉7-12对。
    3. 萼片圆形；叶厚革质，长圆形或长圆状披针形，下面被银白色腊层及柔毛 ……… 2. **银木荷 S. argentea**
    3. 萼片半圆形；叶薄革质，椭圆形、披针形或窄长圆形。
      4. 叶椭圆形，长10-17厘米，幼枝及叶下面被灰柔毛 ……………………………… 3. **西南木荷 S. wallichii**
      4. 叶披针形或窄长圆形，长6-10厘米，幼枝及叶两面无毛 …………………… 4. **竹叶木荷 S. bambusifolia**
1. 叶具锯齿。
  5. 叶下面无毛，革质或薄革质。
    6. 萼片圆形，长5-8毫米，花径4-7厘米，花梗长2-5厘米。
      7. 萼片长7-8毫米，被毛，花径6-7厘米；叶椭圆形，长10-17厘米 ……… 4(附). **大花木荷 S. forrestii**
      7. 萼片长5-6毫米，花径4-5厘米；叶椭圆形或长圆形。
        8. 花梗扁平，具棱；叶有光泽，齿距4-8毫米 ……………………………………… 5. **中华木荷 S. sinensis**
        8. 花梗圆；叶无光泽，齿距0.7-2厘米 ………………………………… 5(附). **疏齿木荷 S. remotiserrata**
    6. 萼片半圆形，长2-3毫米，花径3厘米，花梗长1-2.5厘米；叶侧脉7-9对，具钝齿 …………………………………………………………………………………… 6. **木荷 S. superba**
  5. 叶下面被毛，薄革质，长8-13厘米，宽2-3厘米；萼片长2毫米，花径2厘米 ……………………………………………………………………………………… 7. **小花木荷 S. parviflora**

1. 毛木荷 图 983

Schima villosa Hu in Bull. Fan. Mem. Inst. Biol. Bot. 8: 141. 1938.

乔木，高7米。幼枝具棱角，被绢毛。叶薄革质，长圆形或披针形，长达18厘米，宽6厘米，先端渐尖，基部楔形，上面中脉被毛，下面被灰色绢毛，侧脉14-16对，全缘；叶柄长约2厘米，被茸毛。花白色，单生枝顶叶腋，径4厘米。花梗粗，长2厘米，被毛；苞片2，卵形，长约7毫米，被茸毛；萼片圆形，长7毫米，被毛；花瓣近圆形，长2.5厘米，基部被毛；雄蕊长1厘米，花丝无毛；子房密被绢毛，花柱粗，长1.1厘米，稍被毛，顶端5裂。蒴果扁球形，径2.5厘米。花期7月。

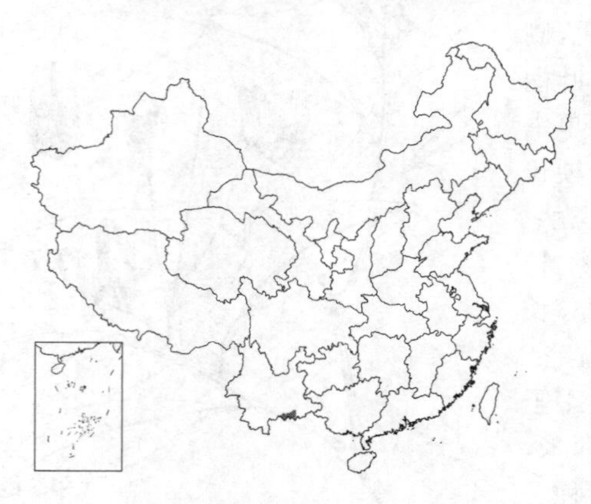

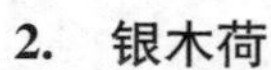

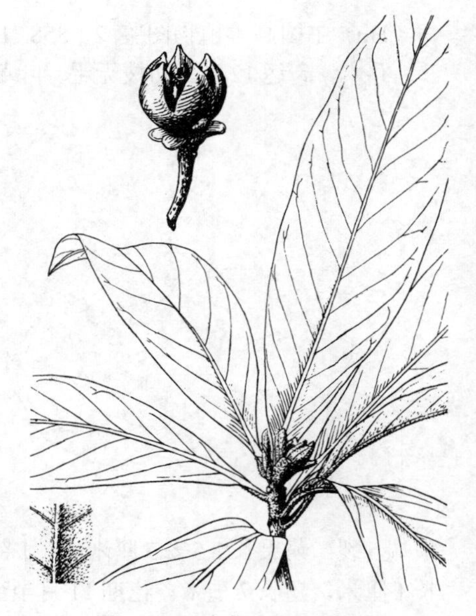

图 983 毛木荷 （黄锦添绘）

产云南南部，生于海拔1300-1500米常绿阔叶林中。

2. 银木荷 图 984

Schima argentea Pritz. ex Diels in Engl. Bot. Jahrb. 29: 473. 1900.

乔木，高达30米。幼枝被柔毛。叶厚革质，长圆形或长圆状披针形，长8-12厘米，宽2-3.5厘米，先端渐尖，基部楔形，下面被银白色腊层及柔毛，或脱落无毛，侧脉7-9对，全缘；叶柄长1.5-2厘米。花白色，数朵生枝顶及叶腋，径3-4厘米。花梗长1.5-2.5厘米，被毛；苞片2，卵形，长5-7毫米，被毛；萼片圆形，长2-3毫米，被绢毛；花瓣长1.5-2厘米，被绢毛；雄蕊长1厘米；子房5室，被毛，花柱长7毫米。蒴果径1.2-1.5厘米。花期7-9月，果期翌年2-3月。

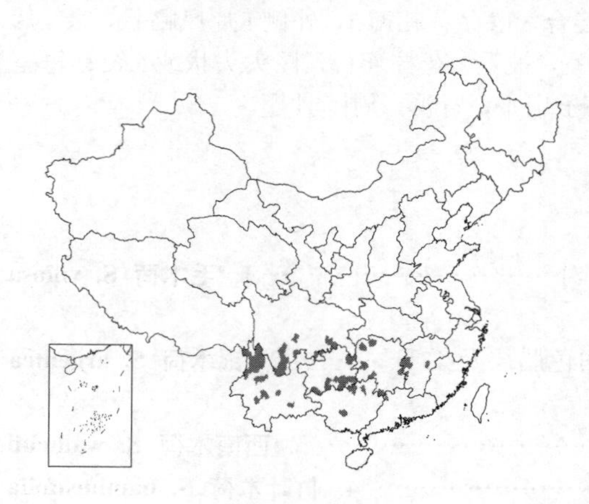

图 984 银木荷 （引自《图鉴》）

产四川、云南、贵州、湖南、江西、广东及广西，生于海拔1000-1800米山地常绿阔叶林或针阔混交林中。为南方山地重要造林树种。树皮厚，抗火烧，可作杉木林防火林带树种。木材细致，供工具、建筑等用。

3. 西南木荷 峨眉木荷 图 985 彩片 280

Schima wallichii (DC.) Choisy in Eoll. Syst. Verz. Ind. Archip. 144. 1854.

Gordonia wallichii DC. Prodr. 1: 528. 1824.

乔木，高达30米。幼枝被柔毛。叶薄革质，椭圆形，长10-17厘米，先

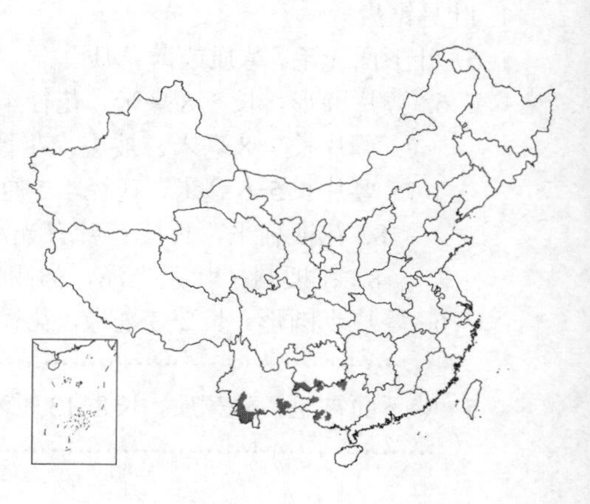

端尖，基部楔形，下面灰白色，被柔毛，侧脉9-12对，全缘；叶柄长1-2厘米。花淡红色，数朵生枝顶及叶腋，径3-4厘米。花梗长1-2.5厘米，被柔毛；苞片2，早落；萼片半圆形，长2-3毫米，宽5毫米，被柔毛，内被绢毛；花瓣卵圆形，长2厘米，基部被毛；子房被毛，花柱长8毫米，顶端5裂。蒴果扁球形，径1.5-2厘米，果柄长2.5厘米，具皮孔。花期7-8月，果期翌年2-3月。

产云南（海拔800-2600米）、贵州、广西（海拔约700米），生于山区常绿阔叶林、半常绿季雨林或次生季雨林中。印度、尼泊尔、中南半岛及印尼有分布。木材坚实耐久，供建筑、家具等用。

图 985 西南木荷 （引自《图鉴》）

4. 竹叶木荷 图 986

Schima bambusifolia Hu in Bull. Fan. Mem. Inst. Biol. Bot. 5: 310. 1934.

大乔木。幼枝无毛或被微毛。叶革质，披针形或窄长圆形，长6-10厘米，宽2-3厘米，先端渐尖，基部楔形下延，两面无毛，侧脉7-9对，不明显，全缘；叶柄长1-1.5厘米，扁平。花白色，几朵生枝顶及叶腋，径2.5厘米。花梗长1.5厘米，无毛；苞片2，与萼片紧贴，早落；萼片半圆形，长约2毫米，基部稍连合，无毛，具睫毛；花瓣近圆形，长约1.5厘米，无毛；雄蕊长5-7毫米，花药基着；子房5室，被毛，花柱较雄蕊短。蒴果扁球形，径1-1.3厘米。花期5-6月。

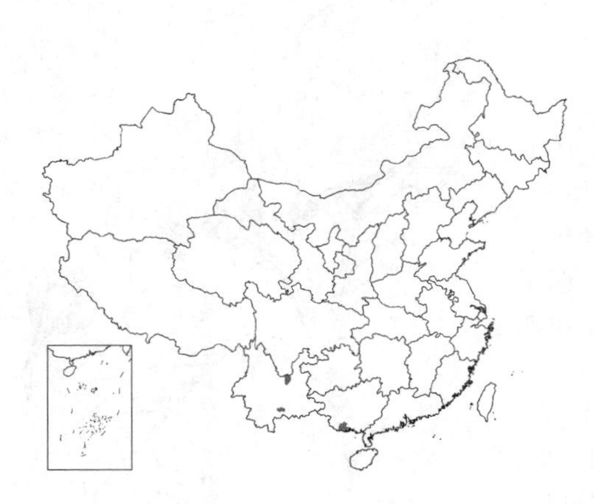

产云南及广西南部，在广西十万大山生于海拔700米以下沟谷常绿阔叶林中。

［附］**大花木荷 Schima forrestii** Airy-Shaw in Kew Bull. 1936: 496. 1936. 本种与竹叶木荷的区别：叶椭圆形，长10-17厘米，侧脉9-10对，叶柄长1.5-2厘米；花径6-7厘米，花梗粗，长2-3厘米，被柔毛，萼片圆形；蒴果径2.5厘米。花期6月。产云南西部，生于海拔约1500米山地常绿阔叶疏林中。

图 986 竹叶木荷 （黄锦添绘）

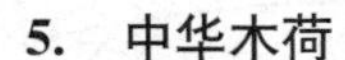

5. 中华木荷 图 987

Schima sinensis (Hemsl.) Airy-Shaw in Kew Bull. 1936: 496. 1936.

Gordonia sinensis Hemsl. et Wils. in Kew Bull. 1906: 153. 1906.

乔木。幼枝粗，无毛。叶革质，长圆形或椭圆形，有光泽，长12-16厘米，先端尖，基部楔形，两面无毛，侧脉9-10对，疏生不规则锯齿，齿距4-8毫米；叶柄长1-1.5厘米。花白色，生枝顶叶腋，径5厘米。花梗长3-5厘米，扁平，具棱，无毛；苞片2，卵圆形，长0.8-1.4厘米，无毛，贴紧萼片下；萼片圆形，长5-6毫米，无毛，内面被绢毛；花瓣长2.5厘米，无

毛；雄蕊长1.2厘米；子房5室，被毛。蒴果径2厘米。花期7–8月。

产四川、贵州、云南、湖南及湖北，生于山区常绿阔叶林中。

［附］**疏齿木荷 Schima remotiserrata** H. T. Chang in Acta Sci. Nat. Univ. Sunyatseni 22(3): 60. 1983. 本种与中华木荷的区别：叶疏生锯齿，齿距0.7–2厘米，叶柄长2–4厘米；花6–7朵簇生枝顶叶腋，花梗圆，苞片3，卵形，长7毫米；蒴果径1.5厘米。花期8–9月，产广东北部、广西东部、湖南及福建东北部，生于海拔约1000米山地常绿阔叶林中。

图 987 中华木荷 （黄锦添绘）

6. 木荷 图 988 彩片 281

Schima superba Gaertn. et Champ. in Hook. Kew Journ. 1: 246. 1849.

乔木，高达30米，胸径1.2米。幼枝无毛。叶革质，椭圆形，长7–12厘米，先端尖，或稍钝，基部楔形，两面无毛，侧脉7–9对，具钝齿；叶柄长1–2厘米。花白色，径3厘米，生枝顶叶腋，常多花成总状花序。花梗长1–2.5厘米，无毛；苞片2，贴近萼片，长4–6毫米，早落；萼片半圆形，长2–3毫米，无毛，内面被绢毛；花瓣长1–1.5厘米，最外1片风帽状，边缘稍被毛；子房5室，被毛。蒴果扁球形，径1.5–2厘米，花期6–8月。

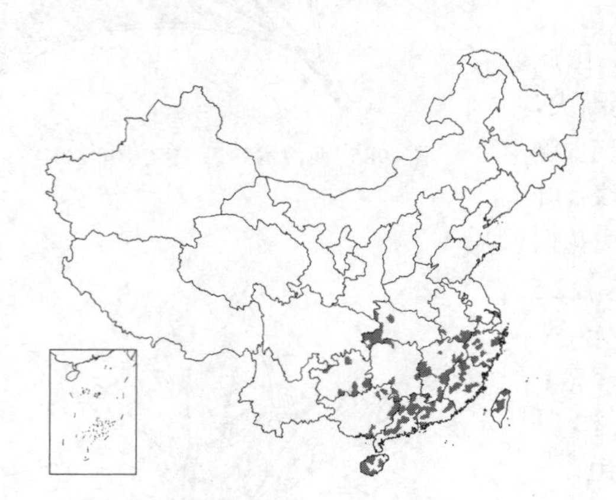

产江苏南部、安徽南部、台湾、浙江、福建、江西、湖北、湖南、广东、海南、广西及贵州，生于海拔1600米以下常绿阔叶林中。木材坚韧致密，不裂，易加工，最适于制纱管，纱绽，也可供建筑、家具、细木工、车船等用。树皮、树叶可提取栲胶。南方在松杉林地常用作防火林带树种。

图 988 木荷 （引自《海南植物志》）

7. 小花木荷 图 989

Schima parviflora Cheng et H. T. Chang in Acta Sci. Nat. Univ. Sunyatseni 22(3): 61. 1983.

乔木。幼枝细，被柔毛。叶薄革质，窄长圆形或长圆状披针形，长8–13厘米，宽2–3厘米，先端渐尖，基部楔形，上面干后稍有光泽，下面被柔毛，侧脉7–9对，具锯齿；叶柄细，长0.8–1.5厘米，被柔毛。花白色，径2厘米，4–8朵生枝顶叶腋，成总状花序状。花梗细，长1–1.5厘米，被柔毛；苞片2，早落，长圆

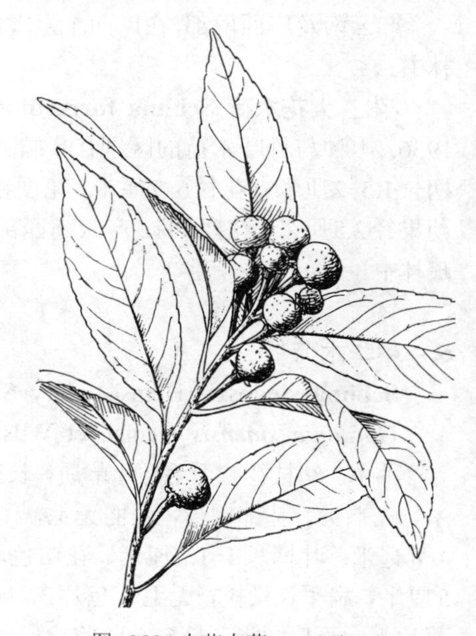

图 989 小花木荷 （黄锦添绘）

形，长0.7-1厘米；萼片宽卵形，长2毫米，先端圆，被毛；花瓣倒卵形，长1-1.5厘米，被毛；雄蕊长5-7毫米；子房5室，被毛，花柱短。蒴果近球形，长1-1.2厘米。花期6-8月。

产湖北西部、湖南西北部、四川、贵州、云南及西藏东部，生于山区常绿阔叶林中。

5. 圆籽荷属 **Apterosperma** H. T. Chang

（张宏达）

乔木，高达10米。幼枝被柔毛。叶集生枝顶，叶革质，互生，多列，窄长圆形，长5-10厘米，先端渐尖，基部楔形，下面初被柔毛，后脱落，侧脉7-9对，具锯齿；叶柄长3-6毫米。花淡黄色，径1.5厘米，5-9朵成总状花序。花梗长4-5毫米；苞片2，早落；萼片5，倒卵形，长4毫米，被毛，宿存；花瓣5，白色，宽倒卵形，长7毫米，被毛；雄蕊多数，2轮，外轮稍长，花丝扁平，离生，花药2室，基部叉开，纵裂，基着；子房上位，5室，花柱极短或缺，顶端5浅裂；每室3-4胚珠，着生于中轴胎座中部。蒴果扁球形，高5-6毫米，径0.8-1厘米，室背5爿裂，中轴长5毫米，宿存，每室2-3种子。种子肾圆形，长4毫米，无翅，背部隆起，种脐短，无胚乳。

单种属。我国特产。

圆籽荷 图990 彩片282

Apterosperma oblata H. T. Chang in Acta Sci. Nat. Univ. Sunyatseni 2: 91. 1976.

形态特征同属。花期5-6月。

产广东中南部及广西东南部，生于山区常绿阔叶林中。

图 990 圆籽荷 （邹贤桂绘）

6. 折柄茶属 **Hartia** Dunn

（张宏达）

常绿乔木；树皮灰褐色。裸芽为对摺叶柄包被。叶常绿，革质，互生，具锯齿；具柄，两侧对折成舟形。花白色，单生，稍成总状花序。花梗短；苞片2，宿存，包果；萼片5，宿存；花瓣5，基部连合；雄蕊多数，多轮，外轮花丝下部连成短筒，花药背着；子房5室，每室5-6胚珠，基着，花柱连合，顶端5裂。蒴果卵状球形，顶端尖，木质，室背5爿裂，中轴短；每室4-6种子。种子扁平，无翅或具窄翅，无胚乳。

15种。我国14种。

1. 萼片圆形或肾圆形，长宽近相等，革质。
  2. 叶倒卵形或倒卵状长圆形，近全缘，先端钝或稍圆，基部微心形；果序总状 …… 1. **钝叶折柄茶 H. obovata**
  2. 叶长圆形或椭圆状披针形，具锯齿，先端骤尖或短渐尖，基部圆；蒴果单生 …………………………………… 2. **云南折柄茶 H. yunnanensis**
1. 萼片卵形或卵状披针形，长大于宽，膜质。
  3. 花单生。
    4. 萼片先端圆或钝，长0.7-1.2厘米。

5. 叶厚革质，长卵形，无毛；萼片长0.9-1.2厘米 ································ 3. **心叶折柄茶 H. cordifolia**
5. 叶革质，长圆形，下面被毛；宿萼长7-8毫米 ································ 4. **短萼折柄茶 H. brevicalyx**
4. 萼片先端尖，长1.2-1.8厘米；苞片披针形。
6. 苞片长5-6毫米；萼片长1.2-1.5厘米；蒴果长2厘米；叶卵状披针形或倒卵形 ·· 5. **折柄茶 H. sinensis**
6. 苞片长0.8-1.5厘米，长倒卵形；萼片长1.5-1.8厘米；蒴果长1.5-1.8厘米；叶长圆形或长圆状披针形 ·· 6. **毛折柄茶 H. villosa**
3. 花几朵成总状，萼片被黄毛，倒卵形或宽椭圆形，宽0.8-1厘米，疏生齿 ······ 6(附). **黄毛折柄茶 H. sinii**

1. 钝叶折柄茶 图991：1-3

Hartia obovata Chun ex H. T. Chang in Acta Sci. Nat. Univ. Sunyatseni 5(2): 24. 1959.

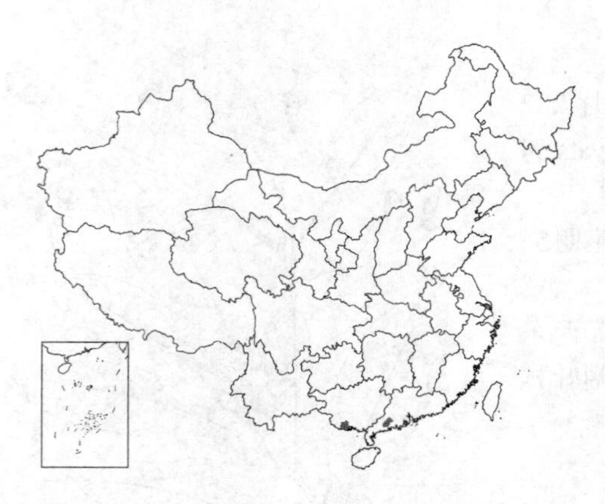

乔木，高5米。幼枝无毛，或稍被微毛。叶革质，倒卵形或倒卵状长圆形，长7-12厘米，宽3-4.5厘米，先端钝、稍圆或有凹缺，侧脉13-16对，基部宽楔形或微心形，不等侧，下面初被平伏柔毛，后脱落，全缘，侧脉10-14对；叶柄长1-1.5厘米，具翅，初被柔毛。花白色；苞片早落；萼片圆形，革质，长6-8毫米，果时反卷，被平伏柔毛，果时脱落。蒴果2-3个簇生枝顶，果序成总状；蒴果圆锥形，径5-6毫米，果柄长约5毫米。花期6-7月，果期9-10月。

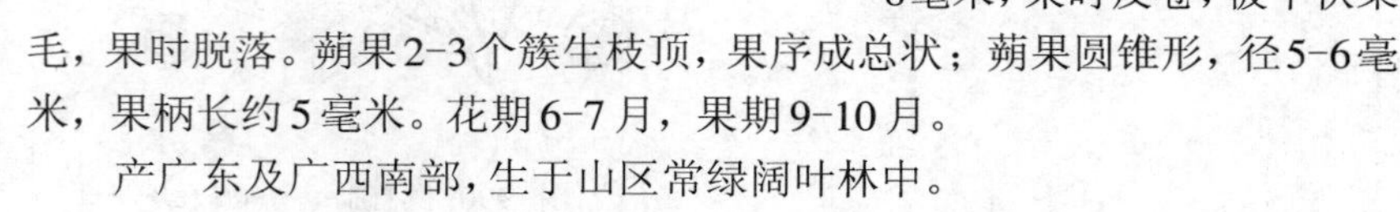

产广东及广西南部，生于山区常绿阔叶林中。

图 991：1-3. 钝叶折柄茶 4-6. 心叶折柄茶 （余 峰绘）

2. 云南折柄茶 云南舟柄茶 图992

Hartia yunnanensis Hu in Bull. Fan. Mem. Inst. Biol. Bot. 6: 196. 1935.

乔木，高达25米。幼枝被平伏柔毛。叶革质，长圆形或椭圆状披针形，长6-12厘米，宽3-6厘米，先端骤尖或短渐尖，基部圆，具锯齿，下面初被柔毛，后脱落，侧脉11-12对；叶柄长1-1.5厘米，被柔毛。花单生叶腋。花梗长3毫米；苞片2，披针形，长3-4毫米，早落；萼片肾圆形，革质，长5-6毫米，被柔毛，具乳头状睫毛；花瓣5，白色，卵圆形，被灰白色绢毛；花丝下部连

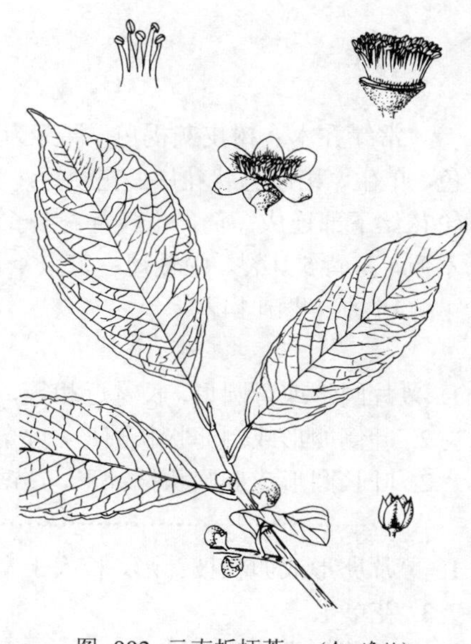
图 992 云南折柄茶 （余 峰绘）

成筒；子房被柔毛，花柱长3-4毫米。蒴果长圆锥形，径1厘米。种子具翅，长6毫米，宽3-4毫米。花期5-6月。

产云南东南部及广西西南部，在云南东南部海拔800-1300米山区常绿阔叶林中，为伴生树种。

3. 心叶折柄茶 图 991：4-6

Hartia cordifolia Li in Journ. Arn. Arb. 26: 65. 1945.

乔木，高达18米。幼枝被毛。叶厚革质，长卵形，长5-8厘米，先端短尖，基部微心形或近圆，两面无毛，幼叶下面被柔毛，后脱落，侧脉10-12对，疏生锯齿；叶柄长1.2-2.5厘米，翅宽2-3毫米，初被毛，后脱落。花单生叶腋，白色。花梗长4-6毫米，被毛；萼片长卵形，膜质，长0.9-1.2厘米，先端圆，被柔毛；花瓣长1.2-1.5厘米；雄蕊长0.8-1厘米；子房5室，无毛。蒴果木质，圆锥形，长1厘米，径1.4厘米。种子多数，具翅。花期6-7月，果期秋后。

产广西，生于常绿阔叶林中。

4. 短萼折柄茶 图 993

Hartia brevicaly H. T. Chang in Acta Sci. Nat. Univ. Sunyatseni 22 (3): 65. 1983.

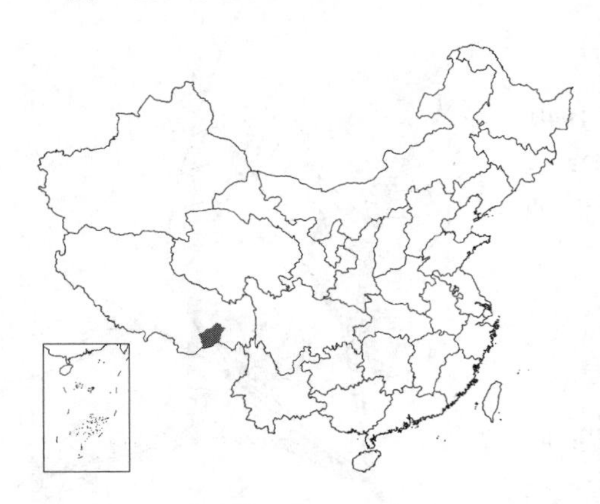

小乔木。幼枝被柔毛。叶革质，长圆形，长6-10厘米，宽2.5-4厘米，先端尖或稍钝，基部圆或楔形，上面干后稍有光泽，下面被柔毛，中脉被茸毛，侧脉约10对，在上面明显，下面凸起，具细锯齿；叶柄长1厘米，被灰褐色茸毛，柄翅宽1.5毫米。蒴果单生叶腋，卵圆形，长1.5厘米，径1.3厘米，被褐色柔毛，每室2-3种子；果柄长5-8毫米，被茸毛，后脱落。种子扁平，椭圆形，长5-7毫米；宿存萼片卵形，长7-8毫米，顶端钝或圆，脱落，被褐色茸毛。

产西藏东部，生于常绿阔叶林中。

图 993 短萼折柄茶 （黄锦添绘）

5. 折柄茶 舟柄茶 图 994

Hartia sinensis Dunn in Hook. Icon. Pl. t. 2727. 1902.

乔木，高达7米。幼枝被柔毛。叶革质，卵状披针形或倒卵形，长7-10厘米，宽3-4厘米，先端渐尖或短渐尖，基部圆，上面无毛或中脉基部疏被毛，下面初被柔毛，后脱落，侧脉10-12对，具锯齿；叶柄长0.8-1.5厘米，翅宽2毫米，被柔毛。花白色，单生叶腋。花梗长6-9毫米；苞片窄披针形，长5-6毫米。萼片卵状披针形，膜质，不等长；长1.2-1.5厘米，先端尖，被长柔毛；花瓣5，宽倒卵形，长1.8厘米，宽1.2厘米。具细齿裂；子房5室，花柱短。蒴果木质，卵状长圆形，长约2厘米，径1厘米，具5棱；宿萼长

1-1.5厘米。种子宽2-5毫米。花期6-7月。

产湖南、云南及贵州，生于海拔600-2500米常绿阔叶林中。

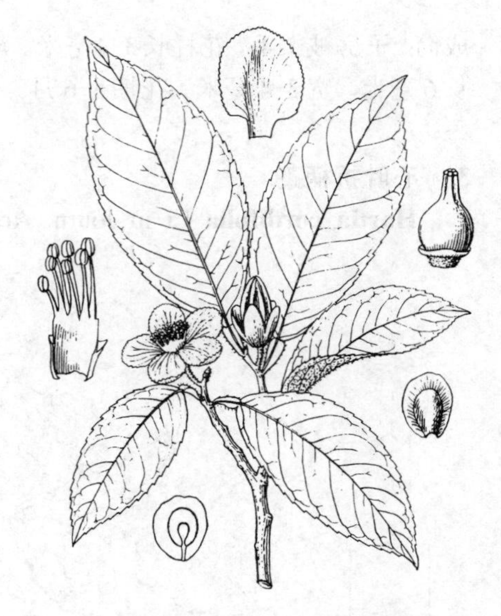

图 994 折柄茶 （蔡淑琴绘）

6. 毛折柄茶 图995

Hartia villosa（Merr.）Merr. in Journ. Arn. Arb. 19: 55. 1938.

Stewartia villosa Merr. in Lingn. Sci. Journ. 7: 315. 1988.

乔木，高8米。幼枝被柔毛。叶革质，长圆形或长圆状披针形，长8-13厘米，宽3-5厘米，先端骤尖或短渐尖，基部圆或宽楔形，两面初被柔毛，后脱落，侧脉10-16对，具锯齿；叶柄长1-2厘米，翅宽2毫米。花单生叶腋。花梗长6-8毫米；被毛；苞片披针形，长0.8-1.5厘米，被毛；萼片卵状披针形，膜质，长1.5-1.8厘米，宽4-6毫米，先端尖，被毛；花瓣黄白色，长1.8厘米；雄蕊长1厘米，花丝下部连成短筒；子房被茸毛，花柱短。蒴果与宿萼等长或稍短。花期6-7月。

产广东及广西，生于海拔600-1000米山区常绿阔叶林中、溪边。

［附］**黄毛折柄茶 Hartia sinii** Wu in Engl. Bot. Jahrb. 71: 194. 1940. 本种与毛折柄茶的区别：叶先端长渐尖；花几朵成总状，顶生及腋生；苞片长倒卵形，萼片倒卵形或宽椭圆形，宽0.8-1厘米。花期6-7月。产广西东部及北部，生于山区常绿阔叶林中。

图 995 毛折柄茶 （黄锦添绘）

7. 紫茎属 Stewartia Linn.

（张宏达）

半常绿或落叶乔木，树皮平滑或稍粗糙。鳞芽。叶薄革质，具锯齿；叶柄平直，无翅。花单生叶腋。花具短梗；苞片2，宿存；萼片5，宿存；花瓣5，白色，基部连合；雄蕊多数，花丝下部连合，花药背着；子房5室，每室2胚珠，基底着生，花柱连合，柱头5裂。蒴果卵圆形，顶端尖，稍具棱，室背5爿裂，果爿木质，每室1-2种子，无中轴；宿萼包被蒴果。种子扁平，周围具窄翅。

约15种，分布于东亚及北美亚热带地区。日本及朝鲜半岛3种，北美东部2种。我国10种。

1. 苞片长卵形或圆卵形，长1.2-2.5厘米。
  2. 苞片及萼片圆卵形或长卵形，先端尖。
    3. 蒴果长卵圆形；冬芽具5-7芽鳞；花柱长0.8-1.3厘米；树皮平滑 ………… 1. **天目紫茎 S. gemmata**
    3. 蒴果卵圆形；冬芽具2-3芽鳞；花柱长1.7厘米；树皮稍粗糙 ………… 2. **紫茎 S. sinensis**
  2. 苞片及萼片长圆形，先端圆；蒴果卵圆形 ………… 2(附). **陕西紫茎 S. shensiensis**
1. 苞片肾形或三角形，长4.5-6毫米。
  4. 苞片肾形；花柱连合，顶端5裂；幼枝及叶无毛 ………… 3. **红皮紫茎 S. rubiginosa**

4. 苞片三角形；花柱5，离生；幼枝及叶被毛 ………………………………………… 3(附). 云南紫茎 **S. yunnanensis**

1. **天目紫茎** 图 996

Stewartia gemmata Chien et Cheng in Contr. Biol. Lab. Sci. Soc. China, Bot. 6: 6. 1931.

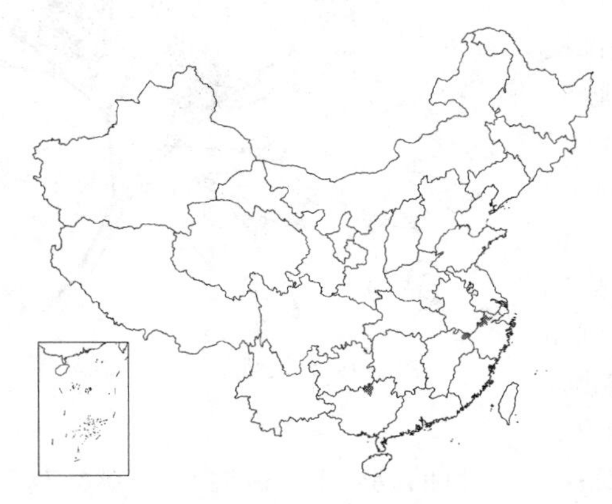

小乔木，高达2米，树皮平滑。幼枝被柔毛。冬芽长卵形，芽鳞片5-7，被毛。叶纸质，椭圆形，长4-8厘米，先端渐尖，基部宽楔形，下面疏被柔毛，侧脉6-7对，具锯齿；叶柄长约1厘米。花白色，单生叶腋。花梗长0.5-1厘米，被毛；苞片2，圆卵形，长1.2-1.8厘米，叶状，基部被毛；萼片5，圆卵形，长1.5厘米；花瓣倒卵形，长1.5-2厘米；雄蕊多数，基部稍连生；子房5室，被茸毛，花柱长0.8-1.3厘米。蒴果长卵圆形，长1.5-2厘米，径1-1.4厘米，被毛，宿存花柱长，每室1-3种子。种子长圆形。花期5-6月。

图 996 天目紫茎 （引自《中研汇报》）

产浙江、江西及广西，生于海拔约1000米山地林中。

2. **紫茎** 图 997 彩片 283

Stewartia sinensis Rehd. et Wils. in Sarg. Pl. Wilson. 2: 396. 1915.

小乔木；树皮灰黄色，稍粗糙。幼枝无毛，或疏被毛。冬芽具2-3芽鳞。叶纸质，椭圆形或卵状椭圆形，长5-10厘米，先端渐尖，基部楔形，具粗齿，侧脉7-10对，叶下面脉腋具簇生毛；叶柄长1厘米。花单生，径4-5厘米。花梗长4-8毫米；苞片长卵形，长2-2.5厘米；萼片5，长卵形，长1-2厘米，先端尖，基部连合，被毛；花瓣宽卵形，长2.5-3厘米，基部连合，被绢毛；雄蕊花丝筒短，被毛；子房5室，被毛，花柱长1.7厘米。蒴果卵圆形，顶端尖，径1.5-2厘米。种子长1厘米，具窄翅。花期6月。

产贵州、云南、四川、陕西、河南、湖北、湖南、广西、安徽、江西、浙江及福建，生于海拔1500米以下林中。种子含油量40%，可供食用、制肥皂及润滑油。木材黄红褐色，硬重，结构细致，可供细木工、工艺品及家具用。

图 997 紫茎 （刘林翰绘）

［附］**陕西紫茎 Stewartia shensiensis** H. T. Chang in Acta Sci. Nat. Univ. Sunyatseni 21(4): 76. 1982. 本种与紫茎的区别：幼枝被柔毛；叶先端尖，下面中脉被柔毛，侧脉6-7对，叶柄长5-8毫米；苞片长圆形，长约1.2厘米，萼片长圆形，先端圆，花瓣卵圆形；蒴果卵形。花期7月。产陕西。

3. 红皮紫茎 图 998

Stewartia rubiginosa H. T. Chang in Journ. Sunyatsen Univ. 5(2): 23. 1959.

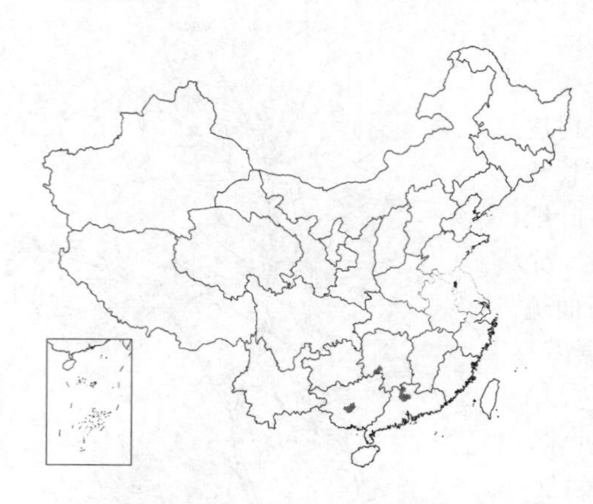

乔木，高达15米；树皮平滑，红褐色。幼枝无毛。叶薄革质，卵状椭圆形，长9-13厘米，先端骤尖，基部楔形或圆，两面无毛，侧脉8-10对，具锯齿；叶柄长1-1.5厘米。花白色，径6-7厘米。花梗长4-7毫米，无毛；苞片肾形，长5-6毫米，宽1-1.4厘米，被柔毛；萼片倒卵形，长0.6-1.2厘米，先端圆，具不规则细齿，被绢毛；花瓣倒卵形，长3.5-4厘米，基部连合，被绢毛；雄蕊花丝长短不一，长1-2厘米，花丝筒短；子房5室，被毛，花柱连合，顶端5裂，长5-6毫米。蒴果宽卵圆形，径1.5-2厘米。种子具翅，长0.7-1厘米。花期5-6月。

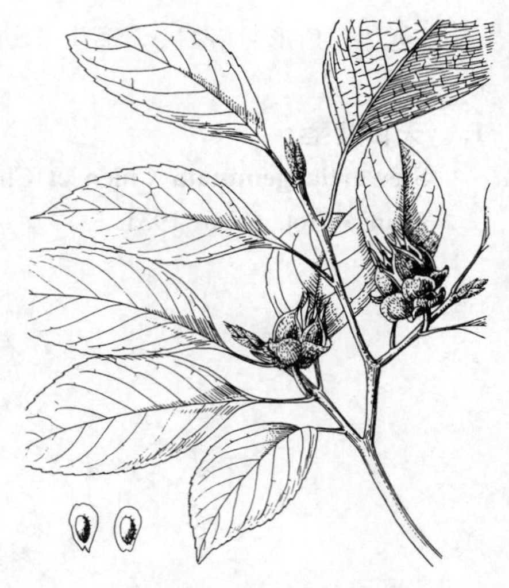

图 998 红皮紫茎 （黄锦添绘）

产湖南南部、广东北部及广西，生于中山地带阔叶林中。

［附］**云南紫茎 Stewartia yunnanensis** H. T. Chang in Acta Sci. Nat. Univ. Sunyatseni 21(4): 77. 1982. 本种与红皮紫茎的区别：幼枝被茸毛；叶椭圆形，下面被柔毛，侧脉6-7对，叶柄长6-8毫米；花梗长2-3毫米，被茸毛，苞片三角形，萼片长卵形，花瓣长1厘米，雄蕊长7毫米，花柱5，离生。花期4-5月。产云南南部，生于海拔1800-2000米常绿阔叶林中。

8. 多瓣核果茶属 Parapyrenaria H. T. Chang

（张宏达）

乔木。叶革质，具锯齿及叶柄。花黄色，单生枝顶叶腋。花近无梗；苞片2，脱落；萼片厚革质，8-10，由外向内渐大，过渡为花瓣，花后脱落；花瓣8-10，基部稍连合，与苞片及萼片均被绢毛；雄蕊多数，5-6轮，花丝与花瓣连合，花药2室，背着，侧裂；子房上位，3室，花柱连合，柱头3裂，顶端稍扩大，每室2-3胚珠，中轴胎座。核果，不裂，橄榄形，果皮肉质，干后近木质，每室2-3种子。种子长椭圆形，种皮骨质，种脐长，无胚乳，子叶肉质，沿纵向折曲。

2种，我国1种，越南1种。

多瓣核果茶 图 999

Parapyrenaria multisepala (Merr. et Chun) H. T. Chang in Acta Sci. Nat. Univ. Sunyatseni 18(3): 74. 1974.

Tutcheria multisepala Merr. et Chun in Sunyatsenia 2: 41. 1934.

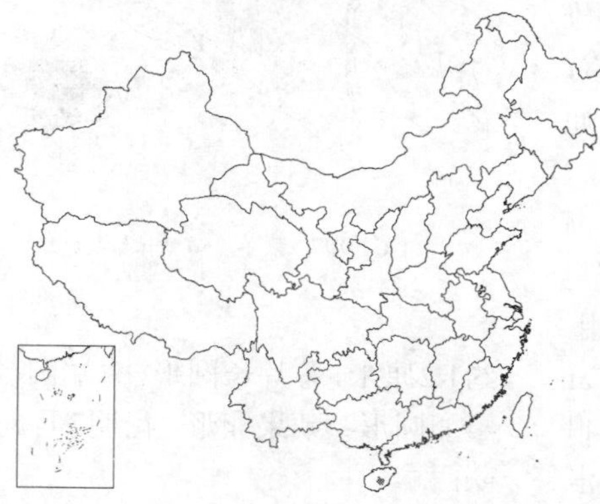

乔木，高达12米。幼枝被柔毛。叶长圆形或倒披针形，长9-14厘米，宽2.5-4.5厘米，先端尖，基部楔形，上面干后黄绿色，有光泽，下面

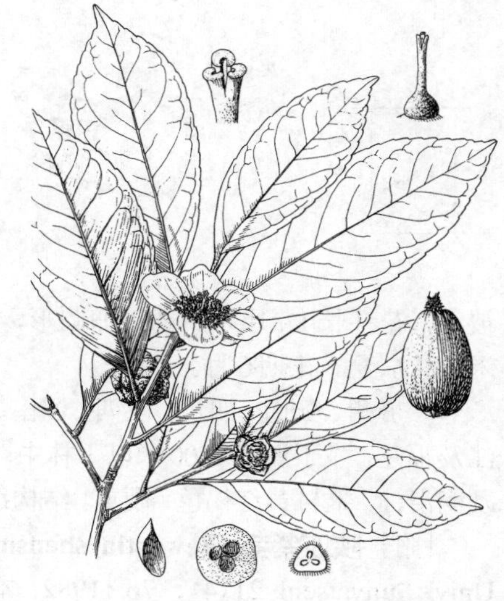

图 999 多瓣核果茶 （黄锦添绘）

初被毛，后脱落，侧脉9-11对，具锯齿；叶柄长6-8毫米。花黄色，径3.5-4.5厘米。苞片肾形，长2厘米，宽3.5毫米，被柔毛；萼片8-10，外层肾形，长5-7毫米，内层宽卵形，长0.8-1厘米，宽1-1.2厘米，被绢毛；花瓣8-10，卵形或倒卵形，革质，长1.2-2厘米，被绢毛，先端2浅裂；雄蕊长1厘米；子房3室，被茸毛，花柱长0.9-1.2厘米，被毛，柱头3裂。核果长3-3.5厘米，径2-2.5厘米，两端圆，被毛，果爿厚5-6毫米，每室1-3种子。花期5-6月。

产海南，生于海拔800-1200米山地雨林中，为第三层乔木优势种。

9. 核果茶属 Pyrenaria Bl.

（张宏达）

常绿乔木。叶革质，长圆形，羽状脉，具锯齿及叶柄。花白或黄色，单生枝顶叶腋。花梗短；苞片2，有时叶状，早落；萼片5（6）片，卵形或叶状，宿存；花瓣5（6）片，基部连合；雄蕊多数，花药2室，背着；子房5（6-7）室，每室2-3胚珠，中轴胎座，花柱5，离生，或部分连合。核果，内果皮骨质。种子长圆形，种皮骨质，无胚乳，子叶大。

约20种，产亚洲东部及东南部。我国7种。

1. 核果长椭圆形、椭圆形或倒卵形；幼枝及叶被毛。
  2. 核果长3-4厘米；叶基部楔形。
    3. 萼片长1-1.4厘米；核果椭圆形，长4厘米 ………… 1. 云南核果茶 **P. yunnanensis**
    3. 萼片长5-6毫米；核果倒卵形，长3-3.5厘米 ………… 1(附). 短萼核果茶 **P. brevisepala**
  2. 核果长椭圆形，长达7厘米；叶倒卵形，长15-24厘米，基部圆或稍心形 ………… 1(附). 长核果茶 **P. oblongicarpa**
1. 核果球形或扁球形；幼枝及叶被毛或无毛。
  4. 萼片卵形；叶侧脉9-11对；核果球形，径2.5-3厘米 ………… 2. 景洪核果茶 **P. cheliensis**
  4. 萼片近圆形或宽卵形；叶侧脉12-20对。
    5. 叶倒披针形，长12-18厘米；核果扁球形，径2厘米 ………… 2(附). 西藏核果茶 **P. tibetana**
    5. 叶长倒卵形，长20-30厘米；核果球形，径5-6厘米 ………… 2(附). 勐腊核果茶 **P. menglaensis**

1. 云南核果茶　　图1000

Pyrenaria yunnanensis Hu in Bull. Fan. Mem. Inst. Biol. Bot. 8: 137. 1938.

乔木。幼枝被黄褐色茸毛。叶薄革质，长圆形，长9-14厘米，宽3-5.5厘米，先端尖，基部楔形，下面被柔毛，侧脉6-10对，具细锯齿；叶柄长1厘米，被柔毛。花梗长6毫米，被毛；苞片2，卵状三角形，长0.3-2厘米，宽2-8毫米，具脉纹；萼片5，叶片状，长1.2厘米，被毛；花瓣5，革质，近圆形，被绢毛；雄蕊4轮，花丝分离，无毛；子房被黄褐毛，花柱5，离生，柱头头状，每室2胚珠。核果椭圆形，长4厘米，具5棱，顶端凹下，萼片宿存。

产云南南部，生于山区常绿阔叶林中。

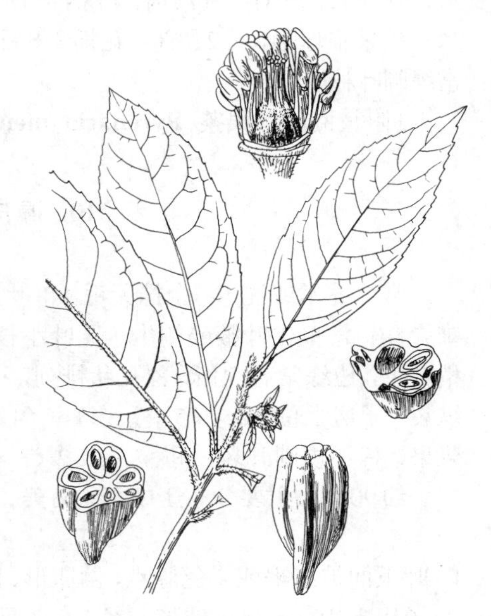

图 1000 云南核果茶　（黄锦添绘）

［附］短萼核果茶 **Pyrenaria brevisepala** H. T. Chang in Acta Sci. Nat. Univ. Sunyatseni 22(3)：63 1983. 本种与云南核果茶的区别：叶先端骤短尖；萼片长5-6毫米；核果倒卵形，长3-3.5厘米。产云南南部，生于海拔1650米常绿阔叶林中。

［附］长核果茶 **Pyrenaria oblongicarpa** H. T. Chang in Acta Sci. Nat. Univ. Sunyatseni 22(3)：62. 1988. 本种与云南核果茶的区别：叶倒卵形，长15-24厘米，侧脉11-13对；核果长椭圆形，长7厘米。产云南东南部，生于山区常绿阔叶林中。

2. 景洪核果茶 图1001

Pyrenaria cheliensis Hu in Bull. Fan. Mem. Inst. Biol. Bot. 8：140. 1939.

小乔木。幼枝被黄褐色茸毛。叶薄革质，椭圆形，长达16厘米，宽5-7厘米，先端尖，基部楔形，下面被毛，侧脉9-11对，具锯齿；叶柄长1厘米，被毛。花黄色，腋生，径3厘米。花梗长5毫米；苞片长卵形，长0.8-1.2厘米，具脉纹；萼片卵形，长8毫米，被茸毛；花瓣长1.2-1.4厘米，被灰白色柔毛；雄蕊离生，长6-8毫米；子房5室，被茸毛，花柱5，长4-5毫米。核果球形，径2.5-3厘米，基部窄，子房柄短，顶端凹下，具5纵沟。宿萼长1厘米，被毛；果柄长7毫米。种子长1.3厘米，有光泽。花期3月。

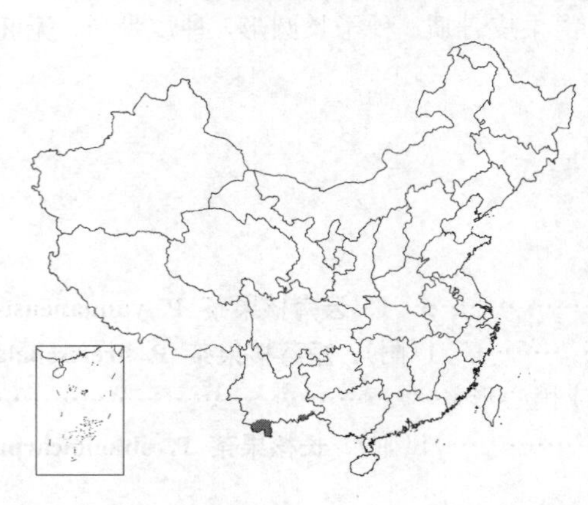

图 1001 景洪核果茶 （黄锦添绘）

产云南南部，生于山区常绿阔叶林中。

［附］西藏核果茶 **Pyrenaria tibetana** H. T. Chang in Acta Sci. Nat. Univ. Sunyatseni 22(2)：64. 1983. 本种与景洪核果茶的区别：叶倒披针形，侧脉12-15对，具浅齿，叶柄长1-1.5厘米；萼片近圆形，花瓣长1厘米；核果扁球形，径2厘米。花期7-8月。产西藏南部，生于海拔约2000米常绿阔叶林中。

［附］勐腊核果茶 **Pyrenaria menglaensis** Tao in Acta Bot. Yun. 5(2)：183. f. 1. 1983. 本种与景洪核果茶的区别：叶长倒卵形，长20-30厘米，先端圆，侧脉16-20对，上部具细齿；花梗长5-8毫米，雄蕊长1-1.5厘米，花柱长8毫米；核果径5-6厘米。花期10月。产云南南部，产山区常绿阔叶林中。

10. 厚皮香属 Ternstroemia Mutis ex Linn. f.

（林来官）

常绿乔木或灌木；全株无毛。单叶，互生，常簇生枝顶，全缘或具不明显腺齿；具柄。花两性、杂性或单性雌雄异株；常单生叶腋或侧生于无叶小枝上。花具梗；小苞片2，近对生，生于花萼之下，宿存；萼片5(7)，基部稍合生，边缘常有腺齿，覆瓦状排列，宿存；花瓣5，基部合生；雄蕊30-50，花丝短，基部合生，花药无毛，2室，纵裂；子房上位，2-4(5)室，每室(1)2(3-5)胚珠，悬垂于子房上角，珠柄较长；花柱1，柱头全缘或2-5裂。浆果，稀不规则开裂；每室(1)2(3-4)种子。种子肾形或马蹄形，稍扁，假种皮常鲜红色，有胚乳。

约90种，主要分布于中美、南美、西南太平洋岛屿、非洲及亚洲泛热带及亚热带地区。我国14种。

1. 叶下面被红褐或褐色腺点，倒卵形、倒卵圆形、椭圆状卵圆形或近圆形，长7-9厘米，上面中脉平，侧脉5-7对；子房3-4室；果扁球形，径1.6-2厘米 ………………………… 1. **厚叶厚皮香 T. kwangtungensis**
1. 叶下面无红褐或褐色腺点。

2. 果球形或扁球形。
   3. 萼片长卵形或卵状披针形，先端尖；果径达2厘米，果柄长2-3厘米 ……… 2. **尖萼厚皮香 T. luteoflora**
   3. 萼片长卵圆形或卵圆形，先端圆；果径0.7-1厘米，果柄长1-1.2厘米 ………… 3. **厚皮香 T. gymnanthera**
2. 果卵形、长卵形或椭圆形。
   4. 果卵形或长卵形，顶端稍尖或尖，基部最宽。
      5. 萼片卵形或长圆状卵形，先端钝或近圆，两面均被金黄色小圆点；叶薄革质，干后黑褐色，上面侧脉稍明显或稍凹下，下面不明显；果柄细，长约2厘米 ……………………………… 4. **亮叶厚皮香 T. nitida**
      5. 萼片卵圆形或长圆形，先端圆，两面平滑，无金黄色小圆点；叶革质，干后不变黑。
         6. 叶椭圆形或长圆状椭圆形，两面侧脉均不明显，叶柄长0.5-1厘米；萼片长圆形，花梗长1-1.5厘米 ………………………………………………………………………… 4(附). **四川厚皮香 T. sichuanensis**
         6. 叶椭圆形或宽椭圆形，两面侧脉均明显，稍凸起，叶柄长1-2厘米；萼片圆卵形或近圆形，花梗长1.5-3厘米 ……………………………………………………………………… 5. **锥果厚皮香 T. conicocarpa**
   4. 果椭圆形，顶端钝，中部最宽；宿萼卵圆形或近圆形。
      7. 叶椭圆形、椭圆状倒卵形或宽椭圆形，长5-7厘米，先端钝、短钝尖或近钝圆。上面中脉凹下，侧脉4-6对，在上面稍凹下，在下面稍明显；果长1.2-1.5厘米，径约1厘米，果柄长1.5-1.8厘米 ……………………………………………………………………………… 3(附). **日本厚皮香 T. japonica**
      7. 叶倒卵形、长圆状倒卵形或倒披针形，长2-5厘米，先端圆或钝，侧脉3-4对，两面不明显；果长0.8-1厘米，径5-6毫米，果柄长0.6-1厘米 …………………………………… 6. **小叶厚皮香 T. microphylla**

1. 厚叶厚皮香 华南厚皮香　图1002

Ternstroemia kwangtungensis Merr. in Philipp. Journ. Bot. Sci. 13: 148. 1918.

小乔木高达10米或灌木状。叶厚革质，倒卵形、倒卵圆形、椭圆状卵圆形或近圆形，长(5-)7-9(-13)厘米，先端骤短尖，基部楔形，全缘，有时上部疏生腺齿，下面密被红褐或褐色腺点，上面中脉平或稍凹下，侧脉5-7对，两面均不明显或有时上面稍明显；叶柄粗，长1-2厘米。花单生叶腋，杂性。花梗长1.5-2厘米；雄花具2小苞片，卵圆形、卵状三角形或卵形；萼片5，卵圆形或近圆形，无毛；花瓣5，白色，倒卵形或长圆状倒卵形。果扁球形，径1.6-2厘米，3-4室，宿存花柱粗，长1-2毫米，顶端3-4浅裂，宿存萼片近圆形；果柄粗，长1.5-2厘米，径约3毫米。种子近肾形，长7-8毫米，假种皮鲜红色。花期5-6月，果期10-11月。

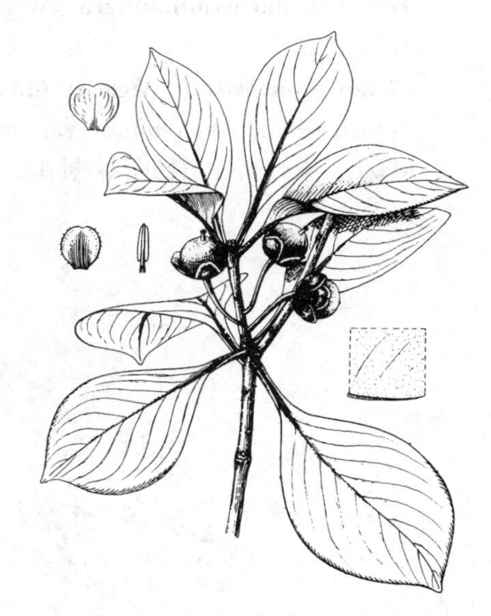

图 1002 厚叶厚皮香 （蔡淑琴绘）

产江西、福建、广东、香港及广西，生于海拔750-1700米山地或山顶林中、溪边、灌丛中。越南北部有分布。

2. 尖萼厚皮香　图1003

Ternstroemia luteoflora L. K. Ling, Fl. Reipubl. Popul. Sin. 50(1): 6. 183. pl. 2. 1988.

小乔木或灌木状，高达14米。叶革质，椭圆形或椭圆状倒披针形，长

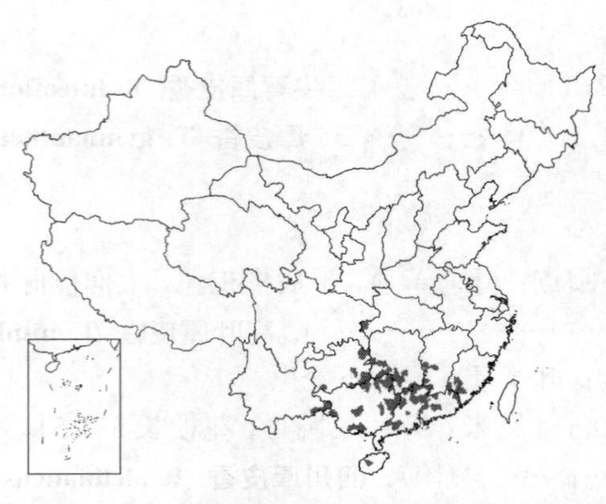

7-10（-12）厘米，先端短渐尖，基部楔形或窄楔形，全缘，下面干后绿白或灰绿色，两面无毛，上面中脉凹下，侧脉6-8对，两面均不明显；叶柄长1-1.5厘米。花单性或杂性，单生叶腋。花梗长2-3厘米，稍弯曲；小苞片2，卵状披针形，宿存；萼片5，长卵形或卵状披针形，无毛，先端尖；花瓣5，白或淡黄白色，宽倒卵形或卵圆形，先端微凹；雄花具35-45雄蕊。雌花子房2室，每室胚珠2。果球形，紫红色，径1.5-2厘米，宿存花柱长2-2.5毫米，2深裂达基部，小苞片和基部均宿存；果柄长2-3（4）厘米，下弯，每室1-2种子。种子红色。花期5-6月，果期8-10月。

产江西、福建、湖北、湖南、广东、广西、贵州及云南，生于海拔400-1500米沟谷疏林中、林缘及灌丛中。

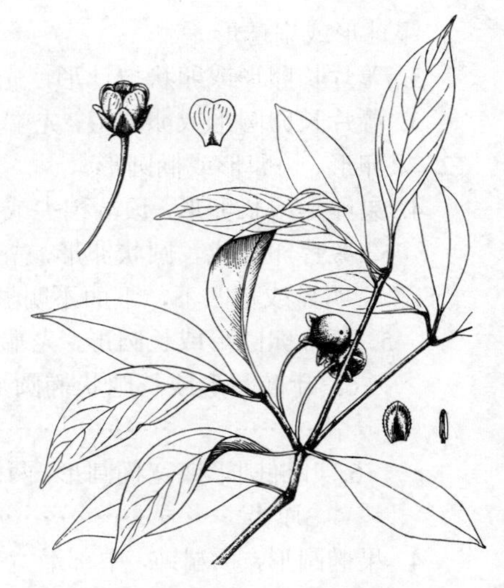

图 1003 尖萼厚皮香 （蔡淑琴绘）

3. 厚皮香 图 1004

Ternstroemia gymnanthera（Wight et Arn.）Beddome, Fl. Sylv. 19. 1871.

Cleyera gymnanthera Wight et Arn., Prodr. Pl. Ind. Occ. 87. 1834. p. p.

Ternstroemia gymnanthera var. *wightii*（Choisy） auct. non Hand.-Mazz.：中国高等植物图鉴 补编2：475. 1983.

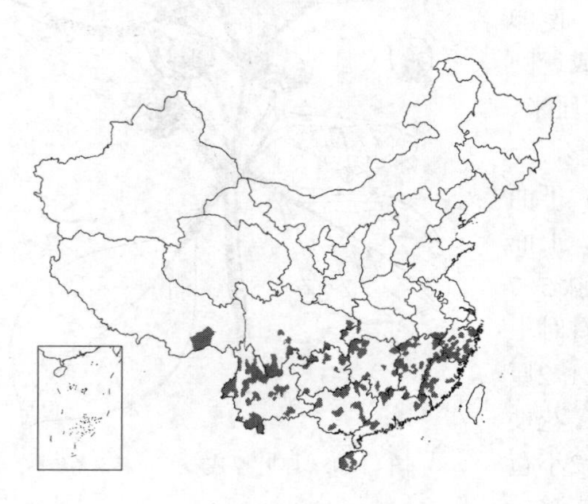

小乔木或灌木状，高达10米；全株无毛。叶革质或薄革质，常簇生枝顶，椭圆形、椭圆状倒卵形或长圆状倒卵形，长5.5-9厘米，先端短渐尖或骤短尖，基部楔形，全缘，稀上部疏生浅齿，下面干后淡红褐色，上面中脉稍凹下，侧脉5-6对，两面均不明显；叶柄长0.7-1.3厘米。花两性或单性；常单生于无叶小枝上或叶腋。花梗长约1厘米；两性花；小苞片2，三角形或三角状卵形；萼片5，卵圆形或长圆卵形，先端圆；花瓣5，淡黄白色，倒卵形，先端圆，常微凹；雄蕊约50，长短不一；子房2室，每室胚珠2。果球形，径0.7-1厘米，小苞片和萼片均宿存；果柄长1-1.2厘米，宿存花柱顶端2浅裂。种子肾形，每室1个，肉质假种皮红色。花期5-7月，果期8-10月。

产安徽南部、浙江、福建、江西、湖北西南部、湖南南部及西北部、广东、广西北部及东部、云南、贵州东北部及西北部、四川南部，生于海拔200-1400米（云南2000-2800米）山地林中、林缘或近山顶疏林中。越南、老挝、泰国、柬埔寨、尼泊尔、不丹及印度有分布。

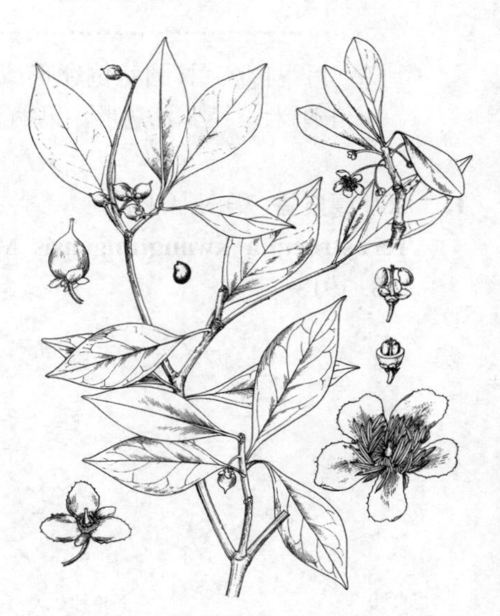

图 1004 厚皮香 （引自《图鉴》）

［附］**日本厚皮香 Ternstroemia japonica** Thunb. in Trans. Linn. Soc. 2：335. 1794, p. p. 本种与厚皮香的区别：果椭圆形。顶端钝，长1.2-1.5厘米，径约1厘米，果柄长1.5-1.8厘米；叶上面中脉凹下，侧脉4-6对，干后在上面稍凹下，在下面稍明显或两面均不明显。产台湾，在江苏、浙江及江西等地植物园中有种植。日本有分布。

4. 亮叶厚皮香 图 1005

Ternstroemia nitida Merr. in Journ. Arn. Arb. 8: 10. 1927.

小乔木或灌木状，高达8（-12）米；全株无毛。叶薄革质，长圆状椭圆形或窄长圆状倒卵形，长6-10厘米，先端渐尖，基部楔形，全缘，下面干后黑褐色，上面中脉凹下，侧脉7-9对，在上面稍明显，稍凹下，在下面不明显；叶柄长1-1.5厘米。花杂性，单朵腋生。花梗纤细，长1.5-2厘米；两性花：具2小苞片，卵状三角形，边缘疏生腺齿；萼片5，外2片卵形，内3片长圆状卵形，两面被金黄色小圆点；花瓣5，白或淡黄色，宽倒卵形或长圆状倒卵形；雄蕊25-45，子房2室，每室1胚珠。果长卵形；宿存花柱长3-4毫米，顶端2深裂，宿萼长圆形；果柄细，长约2厘米。种子扁卵形，假种皮深红或赤红色。花期6-7月，果期8-9月。

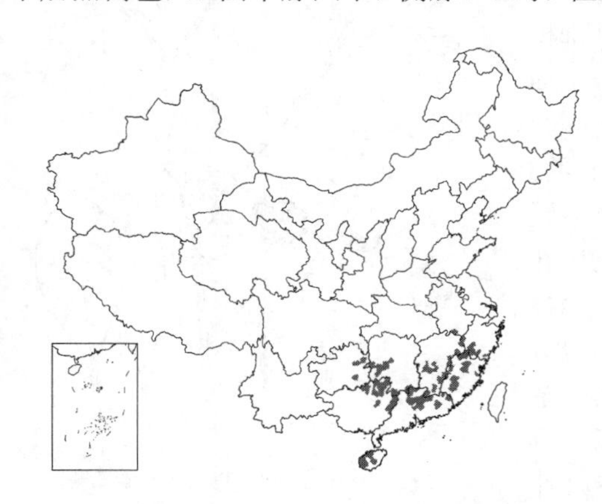

图 1005 亮叶厚皮香 （邓晶发绘）

产浙江南部、福建、江西、湖南西部及南部、广东北部、广西东北部、贵州东部，生于海拔200-850米山地、林下或溪边蔽阴地。

［附］**四川厚皮香** 图 1006: 4-6. **Ternstroemia sichuanensis** L. K. Ling, Fl. Reipubl. Popul. Sin. 50(1): 15. 186. pl. 4: 7-9. 1998. 本种与亮叶厚皮香的区别：叶侧脉6-7对，两面均不明显，叶柄长0.5-1厘米；萼片长圆形，花梗长1-1.5厘米。产四川及贵州，生于海拔650-1750米山坡林内或灌丛中。

5. 锥果厚皮香 图 1006: 1-3

Ternstroemia conicocarpa L. K. Ling, Fl. Reipubl. Popul. Sin. 50(1): 15. 185. pl. 4: 1-3. 1998.

乔木或灌木状，高达12米。叶革质，椭圆形或宽椭圆形，长6-10厘米，先端短渐尖或短尖，基部宽楔形，全缘，两面无毛，干后不变黑，上面中脉稍凹下，侧脉6-8对，纤细，两面明显，稍凸起，网脉不明显；叶柄长1-2厘米。花单生叶腋，杂性。花梗长1.5-3厘米；小苞片卵形；萼片5，圆卵形或近圆形，两面无毛，无金黄色小圆点；花瓣5，宽倒卵形。果卵形或卵状锥形，径1-1.3厘米，2室；小苞片及萼片宿存；果柄长1.5-3厘米。种子卵状椭圆形，长约1厘米。花期5-6月，果期9-10月。

图 1006: 1-3. 锥果厚皮香 4-6. 四川厚皮香
（引自《中国植物志》）

产湖南西南部、广东北部及广西北部，生于海拔300-500米山地林内或溪边疏林中。

6. 小叶厚皮香 图1007 彩片284

Ternstroemia microphylla Merr. in Sunyatsenia 3: 254. 1937.

小乔木或灌木状，高达6（-10）米；全株无毛。叶常簇生枝顶，革质或厚革质，倒卵形、长圆状倒卵形或倒披针形，长2-5（-6.5）厘米，先端圆或钝，基部楔形，叶缘疏生黑色腺齿，上面中脉凹下，侧脉3-4（5）对，在两面均不明显；叶柄长约3毫米。花单生叶腋或生于无叶小枝上；花单性或杂性。花梗纤细，长0.5-1厘米；两性花；具2小苞片，卵状三角形，具腺齿；萼片5，卵圆形，疏生腺齿；花瓣5，白色，宽倒卵形；雄蕊约40；子房2室，每室1胚珠。雄花小苞片、萼片、花瓣均与两性花同；雄蕊35-45。果椭圆形，长0.8-1厘米，径5-6毫米，2室；宿存花柱长约2毫米，顶端2浅裂，宿萼长2-3.5毫米；果柄细，长0.6-1厘米，稍弯曲。种子长肾形，长5-7毫米，假种皮鲜红色。花期5-6月，果期8-10月。

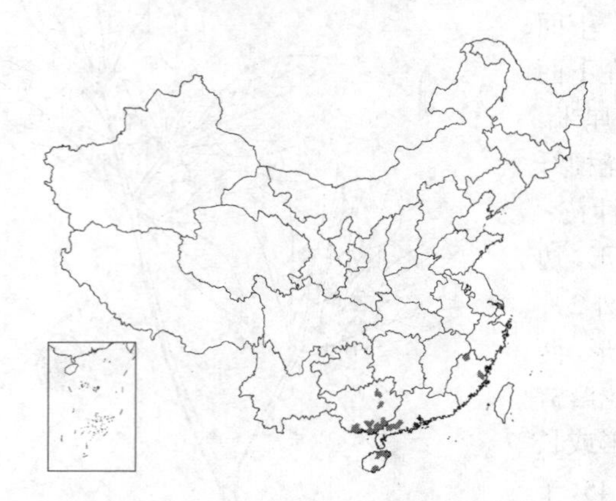

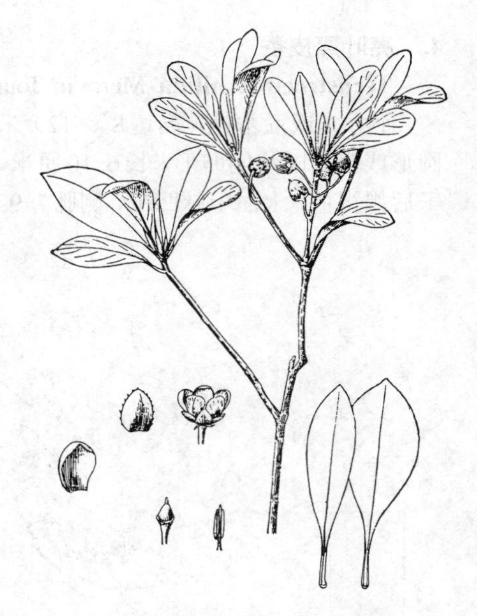

图 1007 小叶厚皮香（蔡淑琴绘）

产福建、广东南部、香港、海南、广西，生于海拔50-950米干燥山坡灌丛中、岩隙间、山地疏林中或林缘。

11. 杨桐属 Adinandra Jack

（林来官）

常绿乔木或灌木。幼枝及顶芽常被毛。单叶互生，2列，常具腺点；具叶柄。花两性；单朵腋生，偶双生。花具梗；小苞片2，着生于花梗顶端；萼片5，覆瓦状排列，厚而宿存，花后增大，不等大；花瓣5，覆瓦状排列，基部稍合生；雄蕊15-60，着生于花冠基部，花丝常连合，稀分离，花药被丝毛，稀无毛，药隔突出；子房3或5-6室，稀2或4室，每室多数（20-100）胚珠，稀少数，着生于中轴胎座下部，花柱1，不裂，或顶端3-5叉，宿存，柱头1，稀3-5裂。浆果。种子多数至少数，细小，深色，有光泽，具小窝孔，胚弯曲，子叶半圆筒形。

约85种，广布亚洲热带及亚热带地区，主产东亚、印度、马来西亚、巴布亚新几内亚、菲律宾，非洲约2种。我国20种、7变种。

1. 花柱顶端3分叉，子房3室；全株除顶芽外，余无毛；叶卵状长圆形或长圆状椭圆形 …… 1. **亮叶杨桐 A. nitida**
1. 单柱单一，不分叉。
  2. 子房5室。
    3. 叶长15-25厘米，基部宽楔形或圆，下面被锈褐色平伏柔毛，上面中脉凹下，侧脉20-24对；花梗长2-4厘米，雄蕊40-45 …… 2. **大叶杨桐 A. megaphylla**
    3. 叶长6-8厘米，基部楔形或窄楔形，下面密被红褐色腺点，上面中脉不凹下，侧脉10-13对；花梗粗，长0.7-1厘米，雄蕊30-35 …… 3. **海南杨桐 A. hainanensis**
  2. 子房3室。
    4. 花柱被毛。
      5. 花瓣外面中部被毛，萼片宽卵形，雄蕊约25，花丝无毛。
        6. 顶芽、幼枝、叶下面及叶缘均密被刚毛，刚毛长不及3毫米。

7. 萼片长5-7毫米，花瓣长约8毫米；果径8-9毫米，宿存萼片长7-8毫米 ……………………………… 4. **两广杨桐 A. glischroloma**

7. 萼片长1.1-1.4厘米，花瓣长1.3-1.5厘米；果径达1.3厘米，宿存萼片长达1.5厘米 ……………………………… 4(附). **大萼杨桐 A. glischroloma** var. **macrosepala**

6. 顶芽、幼枝、叶下面及叶缘均密被长刚毛，刚毛长达5毫米 ……………………………… 4(附). **长毛杨桐 A. glischroloma** var. **jubata**

5. 花瓣外面无毛，萼片长卵形或卵形，雄蕊30-35，花丝被毛。

8. 顶芽、幼枝、小苞片及萼片均密被灰褐或锈褐色平伏或稍披散长刚毛；小苞片长4-6毫米 ……………………………… 5. **粗毛杨桐 A. hirta**

8. 顶芽、幼枝、小苞片及萼片均密被粗长开张刚毛；小苞片长0.6-1厘米 ……………………………… 5(附). **大苞粗毛杨桐 A. hirta** var. **macrobracteata**

4. 花柱无毛。

9. 花瓣外面无毛，萼片卵形或长卵圆形；幼枝、顶芽、叶下面和萼片被灰褐色、平伏短柔毛。

10. 叶缘上部具锯齿，叶长圆形或卵状长圆形，先端短渐尖；花梗细，长2.5-4厘米 ……………………………… 6. **台湾杨桐 A. formosana**

10. 叶全缘；花梗长约2厘米 ……………………………… 7. **杨桐 A. millettii**

9. 花瓣外面中部被平伏绢毛。萼片宽卵形、卵圆形或长卵形。

11. 花梗长1-2厘米，萼片宽卵形或卵圆形，花瓣宽卵形，宿萼不反卷，雄蕊25-30；叶长圆形或长圆状卵形，叶柄长5-7毫米。

12. 顶芽和幼枝均密被黄褐或锈褐色披散柔毛 ……………………………… 8. **川杨桐 A. bockiana**

12. 顶芽和幼枝均密被灰褐色平伏柔毛 ……………………………… 8(附). **尖叶川杨桐 A. bockiana** var. **acutifolia**

11. 花梗长5-9毫米，萼片长卵形，花瓣披针形或卵状披针形，宿萼常反卷，雄蕊15-17；叶披针形或长圆状披针形，叶柄长2-3毫米 ……………………………… 8(附). **狭瓣杨桐 A. lancipetala**

1. 亮叶杨桐 亮叶黄瑞木 亮叶红淡　　图 1008

Adinandra nitida Merr. ex Li in Journ. Arn. Arb. 25: 422. 1944.

乔木或灌木状，高达20米；全株除顶芽近顶端被黄褐色平伏柔毛外，余无毛。叶厚革质，卵状长圆形或长圆状椭圆形，长7-13厘米，先端渐尖，基部楔形，疏生细齿，上面中脉平，侧脉12-16对，干后两面稍明显；叶柄长1-1.5厘米。花单朵腋生。花梗长1-2厘米；小苞片2，卵形或长圆形，宿存；萼片5，卵形；花瓣5，白色，长圆状卵形；子房3室，每室多数胚珠，花柱长约1厘米，无毛，顶端3分叉。果球形或卵球形，径约1.5厘米。种子多数，褐色，具网纹。花期6-7月，果期9-10月。

图 1008 亮叶杨桐 （邹贤桂绘）

产广东、广西、贵州东南部及云南，生于海拔500-1000米沟谷、溪边、林缘、林内或石缝中。

2. 大叶杨桐 大叶黄瑞木 大叶红淡　　图 1009 彩片 285

Adinandra megaphylla Hu in Bull. Fan. Mem. Inst. Biol. 6: 172. 1935.

乔木，高达20米。幼枝密被锈褐色平伏柔毛，后脱落。顶芽密被锈褐色平伏柔毛。叶革质，长圆形或长圆状椭圆形，长15-25厘米，先端渐尖，基部宽楔形或圆，具细齿，下面被锈褐色平伏柔毛，后脱落近无毛，上面中脉凹下，凹处密被柔毛，侧脉20-24对，两面均不明显；叶柄长1.2-1.5厘米，初密被锈褐色平伏柔毛，后脱落近无毛。花单朵腋生。花梗长2-4厘米，密被锈褐色柔毛；小苞片2，早落，密被柔毛；萼片5，宽卵形或卵形，密被锈褐色平伏柔毛；花瓣5，白色，宽卵状长圆形，中部密被锈褐色平伏绢毛；雄蕊40-45；子房5室，花柱单一。果球形，径约2厘米，密被绢毛。种子多数，扁肾形，具网纹。花期6-7月，果期10-11月。

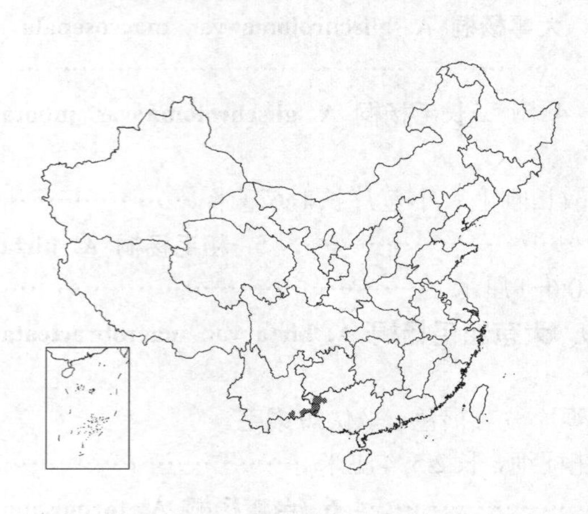

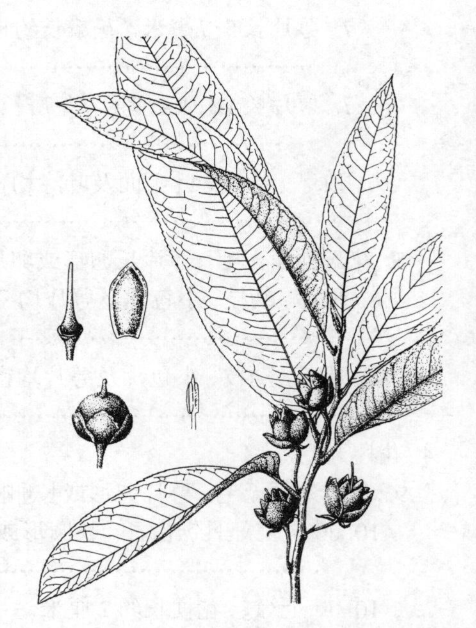

图 1009 大叶杨桐 (蔡淑琴绘)

产云南东南部及广西西部，生于海拔1200-1800米山地密林中或沟谷、溪边林下阴湿地。越南有分布。

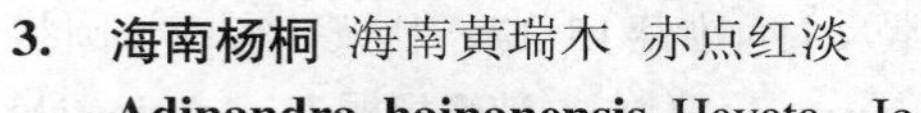

3. 海南杨桐 海南黄瑞木 赤点红淡　　图 1010: 1-7

Adinandra hainanensis Hayata, Ic. Pl. Formos. 3: 43. 1913.

乔木或灌木状，高达10（-25）米。顶芽密被黄褐色平伏柔毛。叶长圆状椭圆形或长圆状倒卵形，长6-8（-13）厘米，先端短渐尖或尖，基部楔形或窄楔形，具细锯齿，下面初被平伏柔毛，后脱落无毛，密被红褐色腺点，侧脉10-13对，两面明显；叶柄长0.5-1厘米，被柔毛。花单朵，稀2朵腋生。花梗长0.7-1厘米；密被灰褐色平伏柔毛，老时脱落，近无毛；小苞片2，卵形，早落，被平伏柔毛；花梗粗，长0.7-1厘米；萼片5，卵圆形或近圆形，密被灰褐色绢毛；花瓣5，白色，长圆形或长圆状椭圆形，中部密被黄褐色绢毛；雄蕊30-35；子房5室，每室多数胚珠，花柱单一。果球形，径1-1.5厘米，被毛；果柄长1-2厘米。种子扁肾形，具网纹。花期5-6月，果期9-10月。

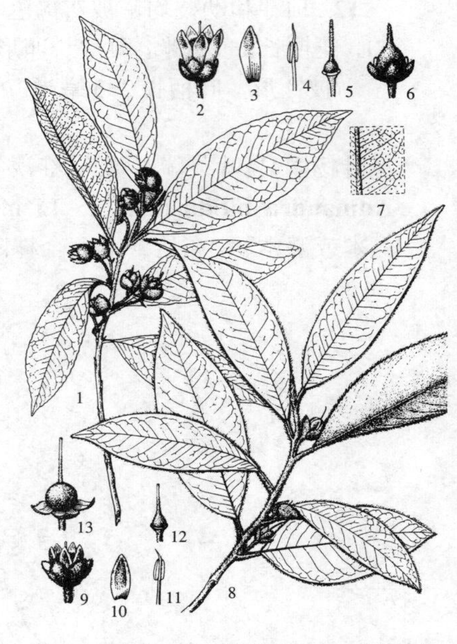

图 1010: 1-7. 海南杨桐 8-13. 两广杨桐 (蔡淑琴绘)

产广东西南部、海南及广西南部，生于海拔1000-1800米山地阳坡林中、沟谷林缘及灌丛中。越南有分布。

4. 两广杨桐 两广黄瑞木　　图 1010: 8-13

Adinandra glischroloma Hand.-Mazz. in Anz. Akad. Wiss. Wien, Math.-Nat. 60: 96. 1923.

Adinandra chinensis Merr. et

Metcalf；中国高等植物图鉴 2：865. 1973.

小乔木或灌木状。小枝无毛，幼枝和顶芽密被黄褐或锈褐色披散刚毛。叶长圆状椭圆形，长8-13厘米，先端渐尖或尖，基部楔形或稍圆，全缘，下面密被锈褐色刚毛，侧脉10-12对，两面稍明显；叶柄长0.8-1厘米，密被刚毛。花1-2朵，稀单朵腋生。花梗粗，长0.6-1厘米，密被刚毛；小苞片2，早落；萼片5，宽卵形，长5-7毫米；花瓣5，白色，长圆形或卵状长圆形，外面中部密被刚毛；雄蕊约25，花丝无毛，花药被丝毛；子房3室，每室多数胚珠，花柱单一，密被长刚毛或近顶端无毛。果球形，径8-9毫米，密被刚毛，宿存花柱长1-1.2厘米，被刚毛；宿萼密被长刚毛。花期5-6月，果期9-10月。

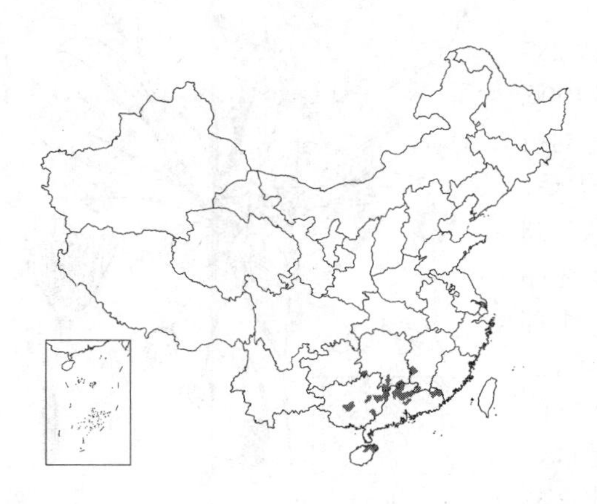

产江西南部、湖南南部、广东北部、海南及广西，生于海拔650-1750米山地林中阴湿地、山坡溪谷林缘及山顶疏林中。

［附］**大萼杨桐** 大萼黄瑞木 华红淡 **Adinandra glischroloma** var. **macrosepala** (Metcalf) Kobuski in Journ. Arn. Arb. 28：20. 1947. —— *Adinandra macrosepala* Metcalf in Lingn. Sci. Journ. 11：18. 1932；中国高等植物图鉴 2：865. 1973. 本变种与模式变种的主要区别：萼片长1.1-1.4厘米，花瓣长1.3-1.5厘米，雄蕊约30；果径达1.3厘米，宿萼长达1.5厘米。花期5-7月，果期7-9月。产浙江南部、江西东部及南部、福建、广东、广西东部，生于海拔250-1670米山坡、沟谷、林下、溪边灌丛中。

［附］**长毛杨桐** 长毛黄瑞木 **Adinandra glischroloma** var. **jubata** (Li) Kobuski in Journ. Arn. Arb. 28：21. 1947. —— *Adinandra jubata* Li in Journ. Arn. Arb. 25：422. 1944. 本变种与模式变种及大萼杨桐的区别：顶芽、幼枝、叶下面和叶缘均密被锈褐色刚毛，毛长达5毫米。产广东南部沿海及西南部、广西西南部、福建西南部，生于山地林中阴处。

5. 粗毛杨桐 粗毛黄瑞木　　图 1011：1-5 彩片 286

Adinandra hirta Gagnep. in Not. Syst. Mus. Hist. Nat. Paris 10：113. 1942.

乔木或灌木状，高达15（-25）米。小枝无毛，幼枝和顶芽密被灰褐或锈褐色平伏或稍披散平伏刚毛。叶长圆状椭圆形或椭圆形，长9-12.5厘米，先端渐尖或短渐尖，基部宽楔形，全缘，叶缘密被刚毛，下面密被灰褐或锈褐色平伏刚毛，侧脉10-13对；叶柄长5-7毫米，密被锈褐平伏刚毛。花2朵，稀单朵或3朵腋生。花梗长5-6毫米，密被平伏刚毛；小苞片2，卵形或宽卵形，密被平伏刚毛；萼片5，长卵形或卵形，密被黄褐色平伏刚毛；花瓣5，白色，卵状披针形，无毛；雄蕊30-35，花丝被毛；子房3室，每室多数胚珠，花柱单一。果球形，径约8毫米，密被平伏刚毛；萼片和花柱均宿存。花期4-5月，果期7-8月。

产广东南部、广西西南及西北部、云南南部、贵州东南部，生于海拔400-1900米山坡、沟谷、溪边林中。越南有分布。

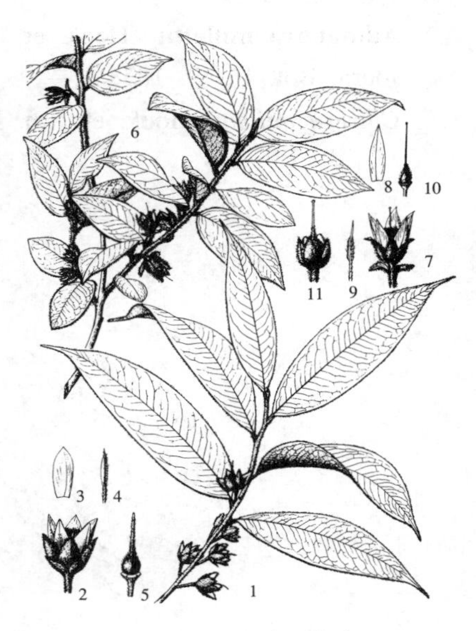

图 1011：1-5. 粗毛杨桐
6-11. 大苞粗毛杨桐　（蔡淑琴绘）

［附］**大苞粗毛杨桐** 图 1011：6-11 **Adinandra hirta** var. **macrobracteata** L. K. Ling, Fl. Reipubl.

Popul. Sin. 50(1)：42. 191. pl. 13. f. 6-11. 1998. 本变种与模式变种的区别：顶芽、幼枝、小苞片及萼片外面均密被粗长开张刚毛；小苞片长0.6-1厘米。产广西西南部及贵州东南部，生于海拔700-1000米山地疏林内或沟谷林中。

6. 台湾杨桐 台湾黄瑞木 红淡　　图1012 彩片287

Adinandra formosana Hayata in Journ. Coll. Sci. Tokyo 22：45. 1906.

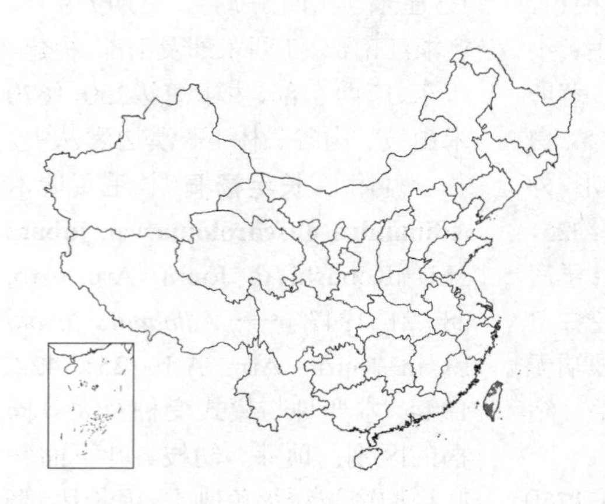

小乔木或灌木状。幼枝和顶芽被灰褐色平伏柔毛，后脱落。长圆形或卵状长圆形，长5-8（-11）厘米，先端短渐钝尖，上部具锯齿，下部全缘，下面疏被平伏柔毛，后脱落近无毛，侧脉10-12对；叶柄长2-5毫米，被柔毛或近无毛。单花腋生。花梗长2.5-3厘米，稍下垂，无毛或疏被柔毛；小苞片2，早落，卵状披针形或披针形；萼片5，卵形或卵状披针形，边缘具腺点，疏被柔毛或近无毛；花瓣5，长圆状卵形，外面全无毛；雄蕊20-25，花丝无毛，花药被丝毛；子房3室，每室多数胚珠，花柱单一。果球形，疏被柔毛，径7-8毫米，宿存花柱长8-9毫米。种子小，多数，具网纹。花期4-6月，果期8-9月。

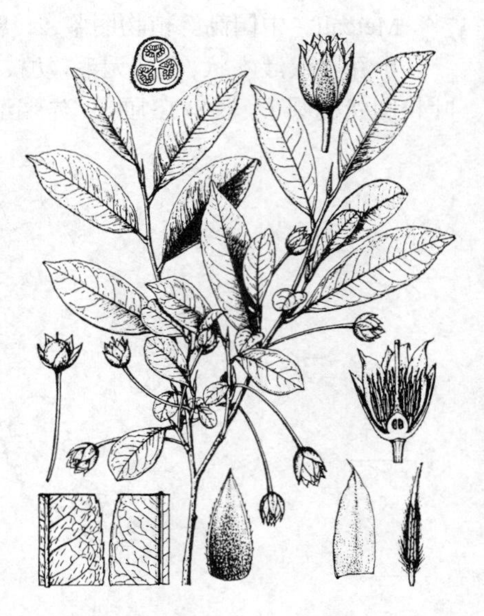

图 1012 台湾杨桐 （引自《Fl. Taiwan》）

产台湾，生于山地林中、林缘或灌丛中。

7. 杨桐 毛药红淡　　图1013

Adinandra millettii (Hook. et Arn.) Benth. et Hook. f. ex Hance in Journ. Bot. 16：9. 1878.

Cleyera millettii Hook. et Arn. Bot. Beechey Voy. 171. t. 33. 1841.

小乔木或灌木状。幼枝初被灰褐色平伏柔毛，后脱落无毛。顶芽被灰褐色平伏柔毛。叶长圆状椭圆形，长4.5-9厘米，先端短渐尖或近钝，基部楔形，全缘，稀上部疏生细齿，下面初疏被平伏柔毛，旋脱落无毛或近无毛，侧脉10-12对，两面隐约可见；叶柄疏被柔毛或近无毛。单花腋生。花梗纤细，长约2厘米，疏被柔毛或近无毛；小苞片2，早落，线状披针形；萼片5，卵状披针形或卵状三角形，疏被平伏柔毛或近无毛；花瓣5，白色，卵状长圆形至长圆形，无毛；雄蕊约25，花丝无毛或上部被毛，花药被丝毛；子房3室，花柱单一。果球形，疏被柔毛，径约1厘米，宿存花柱长约8毫米。花期5-7月，果期8-10月。

图 1013 杨桐 （引自《图鉴》）

产安徽南部、浙江南部及西部、江西、福建、湖南、广东、海南、广西、贵州，生于海拔100-1300(-1800)米山坡灌丛中、山地阳坡林中、林缘、沟谷或溪边。

8. 川杨桐 川黄瑞木 四川红淡 图 1014：1-6

Adinandra bockiana Pritzel ex Diels in Engl. Bot. Jahrb. 29：474. 1900.

小乔木或灌木状，高达9米。幼枝和顶芽密被黄褐或锈褐色披散柔毛。叶革质，长圆形或长圆状卵形，长9-13厘米，先端渐尖或长渐尖，尖头长1-2厘米，基部楔形，全缘，下面初密被黄褐或锈褐色柔毛，后脱落，侧脉11-12对，两面均不明显；叶柄长5-7毫米，密被柔毛。单花腋生。花梗长1-2厘米，密被黄褐色柔毛；小苞片2，早落，线状长圆形，密被黄褐色柔毛；花瓣5，宽卵形，外面中部密被黄褐色绢毛；雄蕊25-30，花丝无毛；子房3室，花柱单一。果球形，疏被绢毛，径约1厘米，宿存花柱长约1厘米，无毛。花期6-7月，果期9-10月。

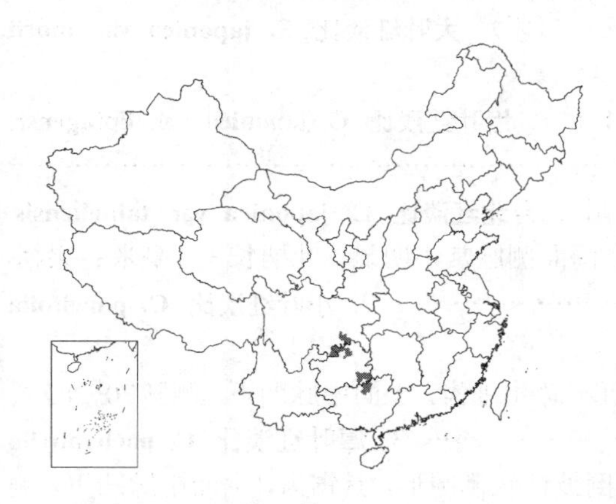

产广西北部、贵州及四川东南部，生于海拔800-1250米山坡灌丛中或山地林中。

图 1014：1-6. 川杨桐 7-12. 狭瓣杨桐 13. 尖叶川杨桐 （蔡淑琴绘）

［附］**尖叶川杨桐** 尖叶川黄瑞木 图 1014：13 **Adinandra bockiana** var. **acutifolia** (Hand.-Mazz.) Kobuski in Journ. Arn. Arb. 28：17. 1947. —— *Adinandra acutifolia* Hand.-Mazz. in Anz. Akad. Wiss. Wien, Math.-Nat. 59：105. 1922. 本变种与模式变种的区别：顶芽和幼枝均密被灰褐色平伏柔毛；叶下面初疏被平伏柔毛，后脱落近无毛。花期6-8月，果期9-11月。产江西西南部及东部、福建西南部、中部及西北部、湖南南部及西部、广东东部及北部、广西，生于海拔250-1500米山坡灌丛中、林内、沟谷、溪边及林缘。

［附］**狭瓣杨桐** 狭瓣黄瑞木 图 1014：7-12 **Adinandra lancipetala** L. K. Ling, Fl. Reipubl. Popul. Sin. 50 (1)：52-53. pl. 15：f. 7-12. 1998. 本种与川杨桐的区别：叶薄革质，披针形或长圆状披针形，叶柄长2-3毫米；萼片长卵形，宿萼常反卷，花瓣披针形或卵状披针形，雄蕊15-17。产广西西南部及云南东南部，生于海拔550-1000米山地或山顶密林中或林缘。

12. 红淡比属 Cleyera Thunb.

（林来官）

常绿小乔木或灌木状。幼枝和顶芽均无毛，极稀被疏毛，常具棱。叶互生，具叶柄。花两性，白色；单生或2-3朵簇生叶腋。花具梗，顶端稍粗；苞片2，着生花梗近顶端，紧贴萼片之下；萼片5，覆瓦状排列，基部稍合生，边缘常具纤毛，宿存；花瓣5，覆瓦状排列，基部稍合生，花后稍反卷；雄蕊25-30，离生，花药疏被丝毛；子房2-3室，无毛，每室8-16胚珠，花柱长，顶端2-3浅裂，柱头小。浆果；花萼宿存。种子少数，胚乳薄，胚弯曲。

约24种，分布于亚洲东南部、中美洲墨西哥及安的列斯群岛等地。我国8种、6变种。

1. 果球形。
  2. 叶下面无暗红褐色腺点。
    3. 萼片圆形，先端圆；叶柄长0.7-1厘米；果柄长1.5-3厘米。
      4. 叶全缘。
        5. 叶长圆形、长圆状椭圆形或椭圆形。
          6. 叶长圆形或长圆状椭圆形，长6-9厘米，先端渐尖或短渐尖；果柄长1.5-2厘米 ……………………

………………………………………………………………………………… 1. 红淡比 **C. japonica**

6. 叶椭圆形或窄椭圆形，长10-15厘米，先端骤渐短钝尖；果柄长达3厘米 ………………………………………………… 1(附). 大花红淡比 **C. japonica** var. **wallichiana**

5. 叶倒卵圆形、倒卵状椭圆形或近匙形，宽3.5-4.5厘米；果柄长1.5-2厘米 ………………………………………………… 1(附). 大叶红淡比 **C. japonica** var. **morii**

4. 叶具锯齿或细锯齿。

7. 叶长圆形，长6-9厘米，宽2厘米以上，具锯齿 …… 1(附). 齿叶红淡比 **C. japonica** var. **lipingensis**

7. 叶长圆状披针形，长3-3.5厘米，宽1-2厘米，具细锯齿 ………………………………………………… 1(附). 台北红淡比 **C. japonica** var. **taipehensis**

3. 萼片卵状三角形，先端尖；叶椭圆形，长3-5.5厘米，全缘，两面侧脉常不明显，叶柄长3-5毫米；果柄长5-8毫米 ………………………………………… 2. 小叶红淡比 **C. parvifolia**

2. 叶下面被暗红褐色腺点。

8. 萼片长圆形或卵状长圆形，质厚；花柱长约9毫米；叶长圆形，疏生细齿，上面中脉凹下，侧脉20-28对，上面稍隆起 ………………………………………… 3. 厚叶红淡比 **C. pachyphylla**

8. 萼片卵圆形或圆形，质薄；花柱长5-6毫米；叶窄椭圆形或倒披针状椭圆形，具锯齿，上面中脉凹下，侧脉8-10对 ………………………………………… 4. 凹脉红淡比 **C. incornuta**

1. 果长卵形或卵形。

9. 叶下面密被暗红褐色腺点，叶长圆状椭圆形，疏生钝齿或细齿，中脉粗，在上面平，侧脉约15对，两面均不明显；宿萼卵圆形 ………………………………………… 5. 隐脉红淡比 **C. obscurinervis**

9. 叶下面无暗红褐色腺点，叶倒卵形或倒卵状长圆形，全缘，上面有光泽；萼片圆形 ………………………………………………… 6. 倒卵叶红淡比 **C. obovata**

1. 红淡比 杨桐　图 1015：1-3

Cleyera japonica Thunb. Nov. Gen. 3: 69. 1783, pro parte.

小乔木或灌木状，高达10米；除花外，全株无毛。叶长圆形、长圆状椭圆形或椭圆形，长6-9厘米，先端渐尖或短渐尖，基部楔形或宽楔形，全缘，上面中脉平或稍凹下，侧脉6-8（-10）对，两面稍明显；叶柄长0.7-1厘米。花2-4朵腋生。花梗长1-2厘米；苞片2，早落；萼片5，卵圆形或圆形，边缘有纤毛；花瓣5，白色，倒卵状长圆形；雄蕊25-30；子房2室，花柱顶端2浅裂。果球形，径0.8-1厘米；果柄长1.5-2厘米。种子每室数个至10多个，扁圆形。花期5-6月，果期10-11月。

产河南、江苏南部、安徽南部、浙江、江西、福建、台湾北部、湖北西南部、湖南、广东、海南、广西、四川东南部、贵州及云南，生于海拔200-1200米山地、沟谷林中、山坡及溪边灌丛中。日本有分布。

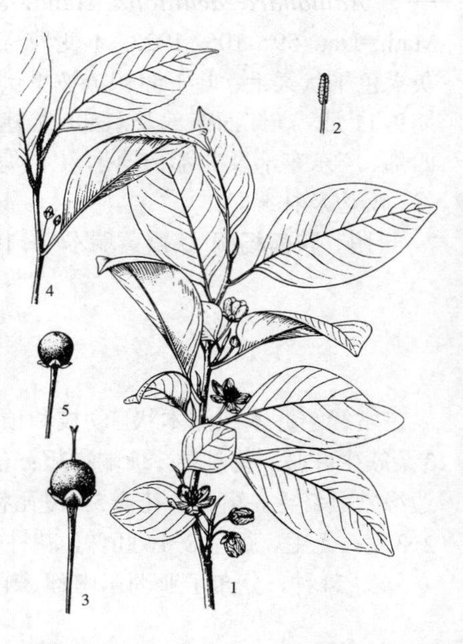

图 1015: 1-3. 红淡比 4-5. 齿叶红淡比
（蔡淑琴绘）

［附］**大花红淡比 Cleyera japonica** var. **wallichiana** (DC.) Sealy in Curtis's Bot. Mag. 163(1): t. 9606. 1940. —— *Cleyera ochnacea* DC. var. *wallichiana* DC. in Mem. Soc.

Phys. Gen. 1: 413. 1822. —— *Cleyera japonica* var. *grandiflora* (Wall. ex Choisy) Kobuski; 中国高等植物图鉴 补编2: 481. 1983. 本变种与模式变种的区别：叶椭圆形或窄椭圆形，长10-15厘米，先端骤短钝尖；花1-3(-5)朵簇生，花梗长2.5-3厘米。产四川南部、云南西部及西北部、西藏东部，生于海拔1600-2000米山地林中。印度东北部、尼泊尔、缅甸有分布。

［附］**大叶红淡比** 森氏红淡比 **Cleyera japonica** var. **morii** (Yamamoto) Masamune in Trans. Nat. Hist. Soc. Formosa 25: 250. 1935. —— *Eurya ochnacea* DC. var. *morii* Yamamoto, Suppl. Ic. Pl. Formos. 3: 40. f. 13. 1927. 本变种与模式变种的区别：叶倒卵形或倒卵状椭圆形，长达10厘米，宽达4.5厘米，先端宽钝或近圆，有短钝头，基部窄楔形或楔形，上面中脉凹下，侧脉10-12对，叶柄长0.8-1.2厘米。产台湾。

［附］**齿叶红淡比** 图1015: 4-5 **Cleyera japonica** var. **lipingensis** (Hand.-Mazz.) Kobuski in Journ. Arn. Arb. 18: 126. 1937. —— *Eurya ochnacea* (DC.) Szyszylowicz var. *lipingensis* Hand.-Mazz. in Anz. Akad. Wiss. Wien, Math.-Nat. 180. 1921. 本变种与模式变种的区别：叶具锯齿；顶芽、幼枝、叶柄和花梗均疏被柔毛。产陕西南部、台湾西部、湖北西南部、湖南西北部、广西北部、四川东部及贵州，生于海拔250-1500米山地密林内、沟谷溪边疏林中、林缘、灌丛中。

［附］**台北红淡比** **Cleyera japonica** var. **taipehensis** Keng in Taiwania 1: 251. 1950. 本变种与模式变种的区别：叶长圆状披针形，长3-3.5厘米，宽1.2-2厘米，先端钝尖，微凹，基部楔形，具细锯齿，稍反卷，上面中脉凹下，叶柄长约1厘米。产台湾。

2. 小叶红淡比 图1016: 1-2

Cleyera parvifolia (Kobuski) Hu ex L. K. Ling, Fl. Reipubl. Popul. Sin. 50(1): 61. pl. 18: f. 5-6. 1998.

Cleyera japonica Thunb. var. *parvifolia* Kobuski in Journ. Arn. Arb. 18: 127. 1937.

小乔木或灌木状；除花外，全株无毛。叶革质，椭圆形，长3-5.5厘米，先端短渐钝尖，基部楔形，全缘，稍反卷，中脉在两面均稍凸起，侧脉5-6对，两面均不明显；叶柄长3-5毫米。花单朵，稀2-3朵腋生。花梗长5-8毫米；苞片2，早落；萼片5，卵状三角形，边缘有纤毛；花瓣5，长圆形或倒卵状长圆形；雄蕊约25；子房2室，花柱顶端2浅裂。果球形，径约5毫米；果柄长5-8毫米，萼片宿存。花期4-5月，果期8-11月。

产广东及台湾，生于山地林中。

图 1016: 1-2. 小叶红淡比 3-4. 凹叶红淡比
（蔡淑琴绘）

3. 厚叶红淡比 图1017: 1-2

Cleyera pachyphylla Chun ex H. T. Chang in Journ. Sun Yat-Sen Univ. Nat. Sci. 1959(2): 29. 1959.

小乔木或灌木状；除花外，全株无毛。叶厚革质，长圆形，长8-14厘米，先端钝或短钝尖，基部宽楔形或稍圆，疏生细齿，稍反卷，下面密被红色腺点，上面中脉凹下，侧脉20-28对；叶柄粗，长0.8-1.5厘米。花1-3朵腋生。花梗长0.8-1.5厘米；苞片2，宽卵形，早落；萼片5，卵状长圆形或

长圆形，边缘有纤毛；花瓣5，椭圆状长圆形或椭圆状倒卵形；雄蕊25-27；子房2-3室，每室5-7胚珠，花柱顶端2-3裂。果球形，径0.8-1厘米；果柄长1-1.8厘米；宿萼卵状长圆形。花期6-7月，果期10-11月。

产浙江南部、江西东部及西部、福建北部及中部、湖南南部、广东北部、西部及西南部、广西，生于海拔350-1800米山地或山顶林中。

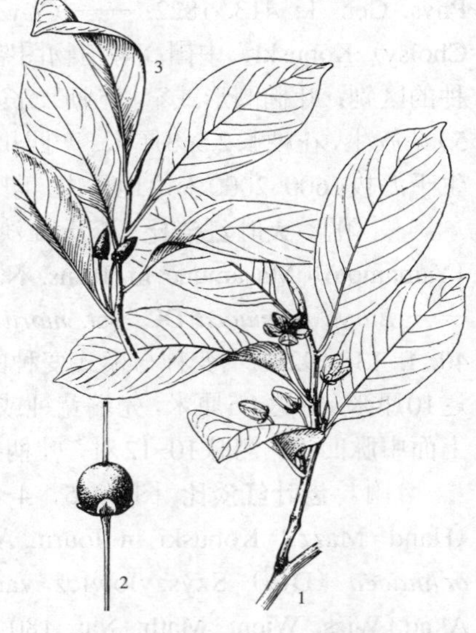

图 1017: 1-2. 厚叶红淡比 3. 倒卵叶红淡比 （蔡淑琴绘）

4. 凹叶红淡比 图 1016: 3-4

Cleyera incornuta Y. C. Wu in Engl. Bot. Jahrb. 71: 196. 1940.

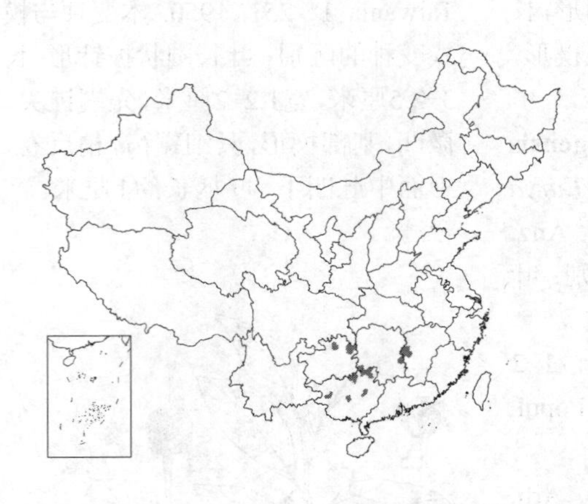

小乔木或灌木状，高达10米；除花外，全株无毛。叶窄椭圆形或倒披针状椭圆形，长6.5-10厘米，先端渐尖或短渐尖，基部楔形，具细齿或疏生齿，下面疏被暗红色腺点；上面中脉稍凹下，侧脉8-10对，两面均不明显；叶柄长1-1.5厘米。花1-3朵腋生或生于无叶枝上。花梗长1.5-2厘米；苞片2，早落；萼片5，卵圆形，先端圆微凹；花瓣5，白色，倒卵状长圆形，边缘有纤毛；雄蕊约25；子房3室，每室多数胚珠，花柱顶端3浅裂。果球形，径0.8-1厘米；宿存花柱长6-7毫米，果柄长1.5-2厘米。花期5-7月，果期9-10月。

产江西西部、湖南、广东西北部、广西、贵州东北部，生于山地沟谷疏林内及山顶密林中。

5. 隐脉红淡比 图 1018

Cleyera obscurinervis (Merr. et Chun) H. T. Chang in Journ. Sun Yat-Sen Univ. Nat. Sci. ed. 2: 28. 1959.

Adinandra obscurinervis Merr. et Chun in Synyatsenia 2: 283. f. 35. 1935.

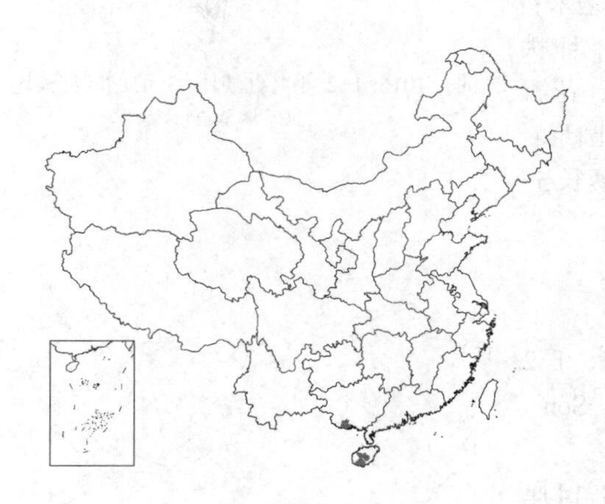

乔木，高达15米，胸径60厘米；除花外，全株无毛。叶长圆状椭圆形，长7-9厘米，先端稍尖，基部楔形，疏生浅齿，下面密被暗红褐色腺点，有时腺点稍稀疏，上面中脉平，侧脉12-15对，两面均不明显；叶柄长1-1.5厘米。花1-2朵腋生。花梗长1-1.5厘米，无毛；苞片小；萼片5，近圆形，边缘有纤毛；花瓣5，白色，长圆状倒卵形或倒卵圆形；雄蕊多数；子房2室，每室10多个胚珠，花柱顶端3浅裂。果单生，长卵形，长1-1.2厘米，基径约7毫米，宿存花柱长4-5毫米，萼片宿存。花期5-6月，果期9-10月。

图 1018 隐脉红淡比 （蔡淑琴绘）

产海南及广西南部，生于海拔1300-2000米山谷阴地或山地密林中。

6. 倒卵叶红淡比　　图1017：3

Cleyera obovata H. T. Chang in Journ. Sun Yat-Sen Univ. Nat. Sci. ed. 2: 27. 1959.

小乔木或灌木状；除花外，全株无毛。叶倒卵形或倒卵状长圆形，长3-8厘米，先端钝，基部楔形，全缘，下面淡绿或黄绿色，无暗红褐色腺点，上面中脉平，侧脉11-13对；叶柄长1-1.2厘米。花单生，稀2朵腋生。花梗长1.5-2.5厘米；苞片2，早落；萼片5，圆形，无毛，具纤毛，早落；花瓣5，倒卵形或倒卵圆形；雄蕊约25；子房2室，每室10多个胚珠，花柱顶端2浅裂。果长圆形或倒锥形，长1-1.8厘米，径0.6-1厘米，顶端渐尖，宿存花柱长约5毫米，宿萼圆形；果柄长1.8-2.8厘米。花期5-6月，果期8-9月。

产广西南部，生于山地或山顶密林中。越南有分布。

13. 猪血木属 Euryodendron H. T. Chang

（林来官）

常绿乔木，高达20米；除顶芽和花外，全株无毛。顶芽小。叶互生，薄革质，椭圆状长圆形或长圆形，长5-9厘米，先端渐钝尖，基部楔形，具锯齿，上面中脉稍凹下，侧脉5-6对，网脉明显；叶柄长3-5毫米，无托叶。花小，两性；单生或2-3朵簇生叶腋。花梗长3-5毫米；苞片2，萼片状，着生于花梗上部，宿存；萼片5，宿存；花瓣5，长约4毫米，白色，倒卵形或倒卵状椭圆形，基部稍合生；雄蕊20-25，1轮，长约2毫米，花丝线形，离生，着生于花瓣基部，花药卵形，长约0.5毫米，顶端尖，基部着生，被长丝毛；子房上位，3室，每室10-12胚珠，着生于中轴胎座，排成2行，花柱短，单一，柱头不裂。浆果，蓝黑色，球形或卵圆形，径3-4毫米，3室；每室4-6种子。

单种属，我国特产。

猪血木　　图1019　彩片288

Euryodendron excelsum H. T. Chang in Journ. Sun Yat-sen Univ. Nat. Sci. 1963(4): 129. 1963.

形态特征同属。花期5-8月，果期10-11月。

产广东东南部（阳春八甲村）、广西东部（平南思旺村）及西部（巴马县灵禄乡），生于海拔100-400米低丘疏林中或林缘。目前在八甲村村旁田边及八甲小学校园中尚保存有3株大树。

图 1019　猪血木　（潘福生绘）

14. 柃属（柃木属） Eurya Thunb.

（林来官）

常绿灌木或乔木。冬芽裸露。叶革质或近膜质，互生，2列，具齿，稀全缘；常具柄。花单性，雌雄异株；1至数朵簇生叶腋或生于无叶小枝叶痕腋。花梗短；雄花：小苞片2，生于萼片之下；萼片5，覆瓦状排列，常不等大，宿存；花瓣5，膜质，基部合生；雄蕊5-35，花丝无毛，与花瓣基部相连或近分离，花药基部着生，花药2室，具2-9分格或无分格，药隔顶端具小尖头，稀圆，具退化子房。雌花无退化雄蕊，稀具1-5退化雄蕊；子房2-5室，中轴胎座，每室3-60胚珠，着生于心皮内角的胎座上，花柱5-2，分离或结合，顶端5-2裂，柱头线形。浆果；每室2-60种子。种皮黑褐色，具细蜂窝状网纹；胚乳肉质；胚弯曲。

约130种，分布于亚洲热带及亚热带地区、西南太平洋各岛屿。我国81种、13变种、4变型。

1. 幼枝和顶芽被毛，至少顶芽被毛。
  2. 子房和果均被柔毛，或子房初疏被柔毛，旋脱落。
    3. 叶基部耳形抱茎，卵状披针形，长1.5-2.5厘米；萼片及果均被毛，雄蕊10-11 …………………………………………………… 6. **耳叶柃 E. auriformis**
    3. 叶基部楔形、圆或心形；雄蕊15-28。
      4. 幼枝具2棱，幼枝和顶芽被柔毛；叶窄椭圆形，长4-7厘米；子房和果均被柔毛 …………………………………………………… 10. **灰毛柃 E. gnaphalocarpa**
      4. 幼枝圆柱形。
        5. 幼枝密被披散柔毛。
          6. 花柱5-4（3）。
            7. 叶坚纸质，卵状披针形或长圆状披针形，上面侧脉不明显或稍凹下，基部微心形或圆 …………………………………………………… 1. **华南毛柃 E. ciliata**
            7. 叶厚革质，椭圆形，上面侧脉明显稍凸起，基部楔形 …………………… 5. **信宜毛柃 E. velutina**
          6. 花柱3裂。
            8. 萼片卵形，先端尖，革质。
              9. 叶革质，长圆状披针形，长5-9厘米；花柱顶端浅裂 …………………… 2. **长毛柃 E. patentipila**
              9. 叶薄革质或坚纸质，披针形或卵状披针形。
                10. 叶长3.5-6厘米，宽1.1-1.8厘米，基部圆；花柱长3-4毫米，顶端3深裂 …………………………………………………… 3. **二列叶柃 E. distichophylla**
                10. 叶长6-11厘米，宽1.5-2.5厘米；花柱分离，长1.5毫米 ……… 4. **台湾毛柃 E. strigillosa**
            8. 萼片近圆形，先端圆，膜质；叶长圆状披针形，基部楔形，上面侧脉不凹下；萼片被柔毛或近无毛 …………………………………………………… 11. **贵州毛柃 E. kueichowensis**
        5. 幼枝被短柔毛。
          11. 叶全缘，稀顶端疏生浅齿；子房疏被柔毛或近无毛，花柱长5毫米 …………………………………………………… 12. **肖樱叶柃 E. pseudocerasifera**
          11. 叶非全缘；子房及果均被柔毛；花柱长3-4毫米。
            12. 萼片卵形或长卵形，先端尖，无毛；花药具分格；幼枝黄褐色 …… 8. **尖萼毛柃 E. acutisepala**
            12. 萼片圆形，先端微凹，被柔毛或无毛；幼枝红褐色。
              13. 幼枝密被柔毛；叶长圆形或长圆状倒披针形，下面疏被柔毛；萼片被柔毛，边缘有纤毛，花药具分格 …………………………………………………… 7. **毛果柃 E. trichocarpa**
              13. 幼枝初疏被柔毛，后脱落无毛；叶卵状椭圆形，下面无毛；萼片无毛或近无毛，花药无分格 …………………………………………………… 9. **尖叶毛柃 E. acuminatissima**
  2. 子房无毛。
    14. 幼枝圆柱形。
      15. 幼枝密被披散柔毛或柔毛，至少顶芽被柔毛。
        16. 叶基部耳形，抱茎，叶椭圆形，长4-8厘米，上面侧脉和网脉凹下；萼片被柔毛 …………………………………………………… 31. **单耳柃 E. weissiae**

16. 叶基部楔形或圆。
17. 叶全缘，稀近顶端疏生浅齿，长圆状椭圆形 ………………………… 12. **肖樱叶柃 E. pseudocerasifera**
17. 叶缘具细锯齿或钝齿。
18. 叶倒卵形，先端圆，常微凹；雄蕊约20 ……………………………… 16. **滨柃 E. emarginata**
18. 叶非倒卵形，先端渐尖或尖，有时稍钝。
19. 花柱顶端5-4裂，叶薄纸质，基部楔形或宽楔形，上面侧脉稍凹下 ……………………………… 19. **大叶五室柃 E. quinquelocularis**
19. 花柱3浅裂或深裂，稀分离。
20. 萼片卵形，革质，先端尖或稍钝，被短柔毛。
21. 幼枝密被披散柔毛；叶薄革质，侧脉不凹下；雄蕊20，花柱长2-2.5毫米 ……………………………… 17. **岗柃 E. groffii**
21. 幼枝被柔毛。
22. 雄蕊12-15，花柱长不及1.5毫米；叶椭圆形或长圆状椭圆形 ……………………………… 18. **川黔尖叶柃 E. acuminoides**
22. 雄蕊20，花柱长2-3毫米；叶披针形、长圆状披针形或窄椭圆形 ……………………………… 18(附). **尾尖叶柃 E. acuminata**
20. 萼片圆形，膜质或稍厚，先端圆，常微凹。
23. 萼片外面无毛。
24. 萼片边缘有纤毛。
25. 叶长圆形或倒披针状长圆形，下面中脉被柔毛；花药顶端尖，花柱顶端3裂 ……………………………… 36. **半齿柃 E. semiserrata**
25. 叶椭圆形，下面无毛；花药顶端圆，花柱分离 ……………………… 33. **川柃 E. fangii**
24. 萼片边缘无纤毛，无腺点，雄蕊15-22，花药具分格，花柱长约2毫米 ……………………………… 15(附). **毛枝格药柃 E. muricata** var. **huiana**
23. 萼片被柔毛。
26. 萼片边缘有腺点，有时兼有纤毛；幼枝密被黄褐色柔毛；花柱3深裂 ……………………………… 35. **怒江柃 E. tsaii**
26. 萼片边缘有纤毛，无腺点；幼枝红褐色；花柱分离或近分离 ……………………………… 32. **丽江柃 E. handel-mazzettii**
15. 幼枝和顶芽被微毛。
27. 叶倒卵形，长1.5-4厘米，先端圆；雄蕊5 ……………………… 40(附). **毛岩柃 E. saxicola** f. **puberula**
27. 叶非倒卵形，先端渐尖、尖或钝；雄蕊10-24。
28. 萼片无毛；雄蕊18-24，花柱分离；叶干后下面红褐色 ……………………… 28. **黑柃 E. macartneyi**
28. 萼片被微毛或柔毛；雄蕊10-15，花柱浅裂或深裂。
29. 叶窄椭圆形或椭圆状披针形，薄革质；萼片卵形，花柱长2-3毫米。
30. 叶窄椭圆形或椭圆状披针形，基部楔形，上面无金黄色腺点；雄蕊10-15，花柱长2-3毫米 ……………………………… 20. **细枝柃 E. loquaiana**
30. 叶卵形或卵状披针形，基部圆，上面被金黄色腺点；雄蕊10，花柱长1-1.5毫米 ……………………………… 20(附). **金叶细枝柃 E. loquaiana** var. **aureopunctata**
29. 叶椭圆形或长圆状倒卵形，革质；萼片近圆形或卵圆形，花柱长1毫米 ……………………………… 37. **微毛柃 E. hebeclados**
14. 幼叶具2棱。
31. 幼枝被微毛。

32. 叶倒卵形，先端圆；雄蕊5 …………………………………………… 40(附). **毛岩柃 E. saxicola** f. **puberula**

32. 叶椭圆形或卵状椭圆形，先端钝尖，上面被金黄色腺点；雄蕊13-15 ……………… 38. **金叶柃 E. aurea**

31. 幼枝被柔毛，或顶芽被柔毛。

33. 果卵形；花柱长3毫米；叶倒披针形或倒卵状披针形 ……… 24(附). **毛窄叶柃 E. stenophylla** f. **pubescens**

33. 果球形；花柱长达2毫米；叶倒卵形或倒卵状椭圆形 ……………………… 21. **米碎花 E. chinensis**

1. 幼枝和顶芽均无毛。

34. 幼枝圆柱形。

35. 叶干后下面淡绿色；雄蕊15-20，花药具分格，花柱3浅裂 ……………………… 15. **格药柃 E. muricata**

35. 叶干后下面红褐色；雄蕊18-24，花药无分格，花柱分离 ……………………… 28. **黑柃 E. macartneyi**

34. 幼枝具2-4棱。

36. 叶基部耳形抱茎 ……………………………………………………………… 30. **穿心柃 E. amplexifolia**

36. 叶基部楔形、圆或微心形。

37. 幼枝具4棱。

38. 叶坚纸质或薄革质；萼片边缘具腺点，子房卵形；果卵状椭圆形。

39. 叶长圆状椭圆形，纸质，长7-11厘米，侧脉10-14对 ……………… 14. **凹脉柃 E. impressinervis**

39. 叶长圆状披针形，长15-20厘米，侧脉20对 ……………………………… 25. **多脉柃 E. polyneura**

38. 叶革质或厚革质；萼片边缘无腺点；子房和果均为球形。

40. 叶长12-15厘米，宽4-4.5厘米，密生细齿，上面侧脉和网脉均凹下，叶柄长1-1.5厘米 ……………………………………………………………………………… 26. **贡山柃 E. gungshanensis**

40. 叶长4-11厘米，宽不及3.5厘米，疏生齿，叶柄长不及5毫米。

41. 花药具分格；叶长圆形或长圆状披针形，长5-10厘米，侧脉8-10对 ……………………………………………………………………… 13. **四角柃 E. tetragonoclada**

41. 花药无分格；叶长圆形或椭圆形，长4-7.5厘米，侧脉6-8对 ……………… 39. **翅柃 E. alata**

37. 嫩枝具2棱。

42. 叶倒卵形，先端圆，常微凹，厚革质，边缘反卷，上面侧脉凹下；花柱顶端3裂 ……………………………………………………………………………………… 40. **岩柃 E. saxicola**

42. 叶非倒卵形，先端渐尖、尖，有时稍钝。

43. 果长卵形。

44. 叶长3-5厘米，先端渐尖或钝 …………………………………… 24. **窄叶柃 E. stenophylla**

44. 叶长达11厘米，先端尾尖 ……………………… 24(附). **长尾窄叶柃 E. stenophylla** var. **caudata**

43. 果球形。

45. 萼片边缘具腺点或纤毛。

46. 萼片边缘具腺点；雄蕊5；叶上面被金黄色腺点，侧脉凹下 ……………………………………………………………………………… 41. **云南凹脉柃 E. cavinervis**

46. 萼片边缘具纤毛；雄蕊（6-）10-15。

47. 叶椭圆形或倒卵状椭圆形，雄蕊13-15，花药顶端圆 ……………… 34. **短柱柃 E. brevistyla**

47. 叶披针形或窄长圆形；雄蕊6-10，花药顶端具小尖头 ……… 16(附). **光柃 E. glaberrima**

45. 萼片边缘无腺点、无纤毛。

48. 叶基部微心形；萼片外面常被短柔毛，或老时无毛 ……………… 29. **红褐柃 E. rubiginosa**

48. 叶基部楔形或圆，萼片外面无毛。

49. 萼片近革质，干后褐色；叶薄革质，上面侧脉凹下，干后下面红褐色；花柱长1毫米，分离 ……………………………………………………………… 27. **矩圆叶柃 E. oblonga**

49. 萼片膜质，干后淡绿色；花柱长1.5-3毫米；叶干后下面淡绿或黄绿色。
  50. 叶厚革质，倒卵状椭圆形，长3-7厘米，边缘不反卷；上面侧脉凹下，花柱长1.5毫米 ………………………………………………………………………………………… 23. **柃木 E. japonica**
  50. 叶薄革质，上面侧脉不凹下。
    51. 叶倒卵状披针形或倒披针形，先端钝尖，密生细齿；花柱长2毫米 ……………………………………………………………………… 21(附). **光枝米碎花 E. chinensis** var. **glabra**
    51. 叶长圆状椭圆形或倒卵状椭圆形。
      52. 叶薄革质，基部楔形，干后下面淡绿色；花柱长2.5-3毫米 ……………… 22. **细齿叶柃 E. nitida**
      52. 叶革质，基部圆或钝，干后下面黄绿色；花柱长2毫米 ……………………………………………………………… 22(附). **黄背叶柃 E. nitida** var. **aurescens**

1. 华南毛柃 图 1020

Eurya ciliata Merr. in Philipp. Journ. Sci. Bot. 23: 253. 1923.

小乔木或灌木状，高达10米。枝圆筒形，幼枝密被黄褐色披散柔毛，后脱落。顶芽被披散柔毛。叶坚纸质，卵状披针形或长圆状披针形，长5-8(-11)厘米，宽1.2-2.4厘米，先端渐尖，基部微心形或圆，全缘，偶有细齿，下面被贴伏柔毛，上面中脉凹下，侧脉10-14对，上面不明显或稍凹下；叶柄极短。花1-3朵簇生叶腋。花梗短，被柔毛；雄花：小苞片2，卵形，被柔毛；萼片5，宽卵圆形，革质，密被柔毛；花瓣5，长圆形；雄蕊22-28，花药具5-8分格。雌花：子房5室，花柱4-5，离生。果球形，密被柔毛，萼及花柱均宿存；种子多数，圆肾形。花期10-11月，果期翌年4-5月。

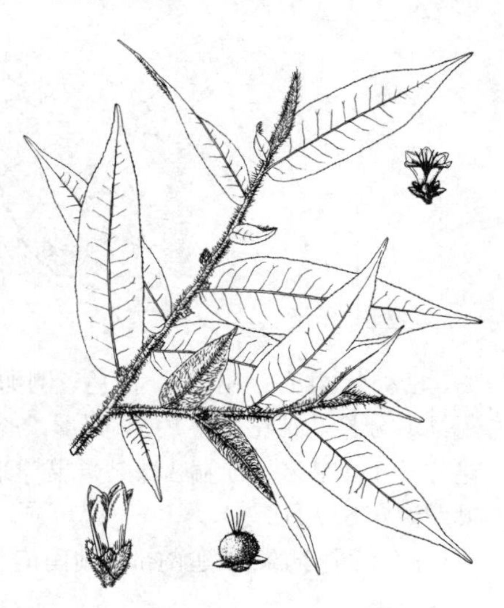

图 1020 华南毛柃 （引自《图鉴》）

产海南、广东西北部、广西、贵州东南部、云南东南部，生于海拔100-1300米山坡林下、沟谷、溪边密林中。

2. 长毛柃 图 1021

Eurya patentipila Chun in Synyatsenia 2: 56. 1934.

灌木，高达5米。幼枝圆，密被黄褐色柔毛，后脱落。顶芽密被柔毛。叶长圆状披针形或卵状披针形，长5-9厘米，先端长渐尖，基部楔形或近圆，具细锯齿，下面被贴伏柔毛，上面中脉凹下，侧脉约20对，两面均不明显；叶柄长约2毫米，密被柔毛。花1-3朵腋生。花梗长约1毫米，被柔毛；雄花：小苞片

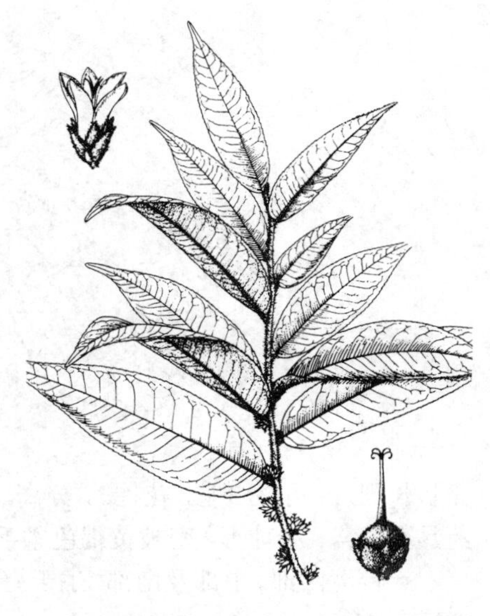

图 1021 长毛柃 （蔡淑琴绘）

2，卵形，被柔毛；萼片5，革质，卵形，先端尖，密被柔毛；花瓣5，长圆形；雄蕊15-19，花药具6-8分格。雌花：花柱长3-4毫米，顶端3（4）裂。果球形，密被长柔毛。花期10-12月，果期翌年6-7月。

产广东西南及西北部、广西，生于海拔500-1100米山地、沟谷或山顶林中。

3. 二列毛柃 图 1022

Eurya distichophylla Hemsl. in Journ. Linn. Soc. Bot. 23: 77. 1886.

小乔木或灌木状。幼枝圆，密被柔毛或披散柔毛，后脱落。顶芽被柔毛。叶坚纸质或薄革质，卵状披针形或卵状长圆形，长3.5-6厘米，宽1.1-1.8厘米，先端渐尖或长渐尖，基部圆，具细齿，下面密被贴伏毛，上面中脉凹下，侧脉8-11对，纤细，上面不明显，下面隐约可见；叶柄长约1毫米，被柔毛。花1-3朵簇生叶腋。花梗长约1毫米，被柔毛；雄花：小苞片2，卵形；萼片5，卵形，密被长柔毛；花瓣5，白色，倒卵状长圆形或倒卵形；雄蕊15-18，花药具多分格。雌花：萼片5，卵形，密被柔毛；花瓣5，披针形；子房3室，花柱长3-4毫米，顶端3深裂。果球形或卵球形，被柔毛。花期10-12月，果期翌年6-7月。

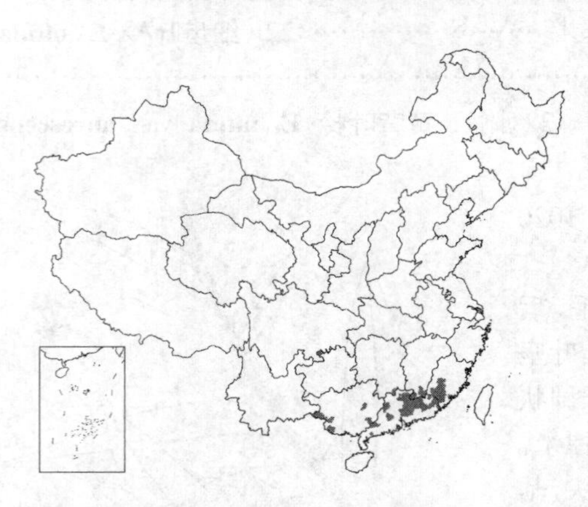

图 1022 二列毛柃 （引自《图鉴》）

产江西南部、福建南部、湖南南部、广东、广西、贵州西北部，生于海拔200-1500米山坡、沟谷、溪边、林内及灌丛中。越南北部有分布。

4. 台湾毛柃 粗毛柃木 图 1023: 1-3

Eurya strigillosa Hayata in Journ. Coll. Sci. Tokyo 25. art. 19: 61. 1908 (Fl. Mont. Formos.).

小乔木。幼枝圆，密被披散长柔毛，后脱落无毛或近无毛。顶芽密被黄褐色长柔毛。叶薄革质或革质，披针形，长6-11厘米，宽1.5-2.5厘米，先端渐尖，基部钝，具细齿，下面被粗长毛，上面中脉凹下，侧脉10-12对，两面均不明显；叶柄长不及1毫米，密被粗毛。花1-3朵簇生叶腋。花梗长约0.5毫米；雌花：小苞片2，卵形，被柔毛；萼片5，近圆形，被柔毛；花瓣5，倒卵形或倒卵状长圆形；子房3室，花柱3，分离，长约1.5毫米。雄花：雄蕊约15，花药具数分格。果球形，密被黄褐色柔毛。

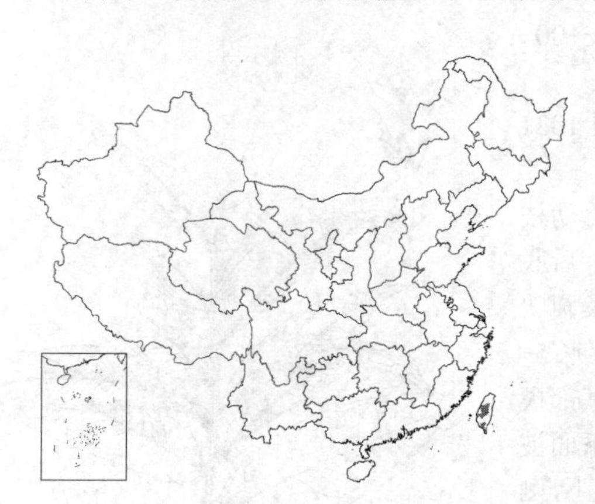

产台湾西部、中部及南部，生于海拔2000-2200米山地林中。日本琉球群岛有分布。

图 1023: 1-3. 台湾毛柃 4-7. 信宜毛柃
（蔡淑琴绘）

5. 信宜毛柃 图1023：4-7

Eurya velutina Chun in Sunyatsenia 2：57. 1934.

乔木，高达25米，胸径80厘米。幼枝粗圆，密被柔毛，后脱落。顶芽密被柔毛。叶厚革质，椭圆形，长12-15厘米，宽4-5.2厘米，先端渐尖或长渐尖，基部宽楔形，具细齿，下面密被贴伏柔毛，上面中脉稍凹下，侧脉16-20对，两面均近明显、稍凸起；叶柄长2-4毫米，上面无毛，下面密被柔毛。花1-4朵簇生叶腋。花梗长约1毫米，密被柔毛；雌花：小苞片2，卵形，被柔毛；萼片5，卵状长圆形、卵圆形或近圆形，被柔毛；花瓣5，长圆状披针形，子房5室，密被长柔毛，花柱（3）4-5，长约4毫米，基部稍连合，偶连合至花柱近中部。果椭圆形或椭圆状球形，密被长柔毛。种子具密网纹。

产广东信宜花楼山，生于海拔约1000米山坡林中。

6. 耳叶柃 图1024

Eurya auriformis H. T. Chang in Acta Phytotax. Sin. 3：21. 1954.

灌木。幼枝圆，密被披散柔毛，后脱落。顶芽密被柔毛。叶革质，卵状披针形，长1.5-2.5厘米，宽0.6-1厘米，先端钝或圆，微凹，基部耳形抱茎，全缘，下面密被长柔毛，上面中脉凹下，侧脉5-7对，两面均不明显；叶柄极短。花1-2朵腋生。花梗长约1毫米，被柔毛；雄花：小苞片2，卵形；萼片5，卵形，被柔毛；花瓣5，白色，长圆形；雄蕊10-11，花药具4-5分格。雌花：花瓣披针形；子房3室，花柱长2毫米，顶端3裂。果球形，被柔毛。花期10-11月，果期翌年5月。

产广东东部、中部及西部、广西东部，生于海拔650-700米沟谷林中或林缘。

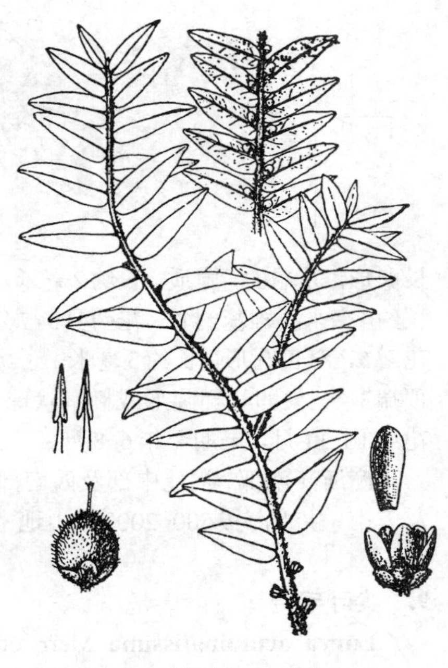

图 1024 耳叶柃 （邓晶发绘）

7. 毛果柃 图1025

Eurya trichocarpa Korthals in Teminck, Verh. Nat. Gesch. Bot. 3：114. 1840.

小乔木或灌木状。幼枝圆，密被贴伏柔毛，小枝无毛。顶芽密被柔毛。叶纸质或薄革质，长圆形或长圆状倒披针形，长6-10厘米，宽2-3厘米，先端尾尖，基部楔形，疏生细齿，下面疏被柔毛，上面中脉凹下，侧脉8-10对，纤细，两面均不明显；叶柄长2-3毫米。花1-3朵腋生。花梗长1-2毫米，疏被柔毛或近无毛；雄花：小苞片2，卵圆形，被柔毛；萼片5，近圆形，被柔毛；花瓣5，倒卵状长圆形；雄蕊约15，花药具多分格。雌花：花瓣卵状长圆形；子房3室，密被柔毛，花柱长2-2.5（-3）毫米，顶端3深裂。果球形，紫黑色，径5-6毫米。花期10-11月，果期翌年7-8月。

产广东西北部、海南南部、广西、云南及西藏东部，生于海拔700-2200米山坡、沟谷林中、林缘及山地灌丛中。越南、老挝、泰国、缅甸、印度、不丹、尼泊尔、印度尼西亚大、小巽他群岛及菲律宾有分布。

图 1025 毛果柃 （引自《图鉴》）

8. 尖萼毛柃 图 1026

Eurya acutisepala Hu et L. K. Ling in Acta Phytotax. Sin. 11: 291. 1966.

小乔木或灌木状，高达7米。幼枝圆，黄褐色，密被柔毛，后脱落。顶芽密被黄褐色丝毛。叶薄革质，长圆形或倒披针状长圆形，长5-8厘米，宽1.4-1.8厘米，先端尾尖，基部宽楔形或楔形，密生褐色腺齿，下面疏被柔毛，上面中脉凹下，侧脉10-12对，纤细，网脉两面不明显；叶柄长2-3.5毫米。花2-3朵腋生。花梗长1.5-2.5毫米，疏被柔毛；雄花：小苞片2，卵形；萼片5，卵形或长卵形，先端尖，膜质，长约2毫米，无毛；花瓣5，白色，倒卵状长圆形，长约4毫米；雄蕊约15，花药具5-7分格。雌花：萼片长约1.5毫米，无毛；花瓣5，窄长圆形，长约3毫米，子房3室，密被柔毛，花柱长2.5-3毫米，顶端3裂。果卵状椭圆形或椭圆状球形，紫黑色，径3.5-4厘米，疏被柔毛。花期10-11月，果期翌年6-8月。

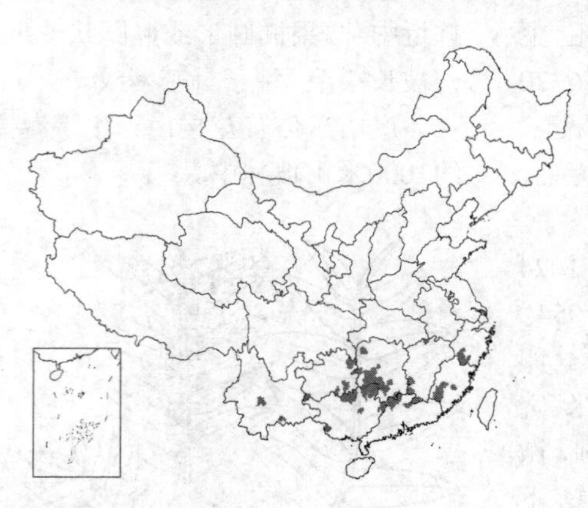

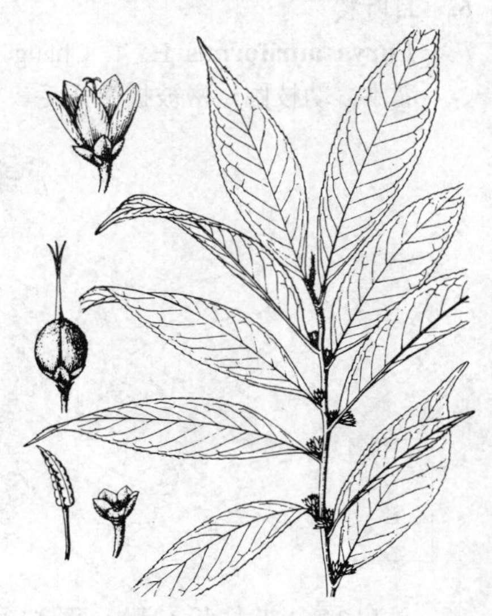

图 1026 尖萼毛柃 （蔡淑琴绘）

产浙江南部、福建中部及西南部、江西、湖南、广东北部、广西、贵州及云南，生于海拔500-2000米山地密林中、沟谷、溪边林下阴湿地。

9. 尖叶毛柃 图 1027

Eurya acuminatissima Merr. et Chun in Sunyatsenia 1: 72. 1930.

小乔木或灌木状。幼枝圆，初疏被柔毛，后脱落无毛。顶芽密被柔毛。叶坚纸质或薄革质，卵状椭圆形，长5-9厘米，宽1.2-2.5厘米，先端长尾尖，基部楔形，具细齿，两面无毛，或下面疏被贴伏柔毛，后无毛，上面中脉凹下，侧脉约9对，两面均不明显；叶柄长2-3毫米。花1-3朵腋生。花梗长1-3毫米，近无毛；雄花：小苞片2，圆形；萼片5，近圆形，膜质；花瓣5，白色，长圆形；雄蕊14-16，花药无分格。雌花：萼片5，圆形或近卵圆形；花瓣5，长圆状披针形；子房3室，花柱长3-3.5毫米，顶端3裂。果椭圆状卵形或球形，疏被柔毛。花期9-11月，果期翌年7-8月。

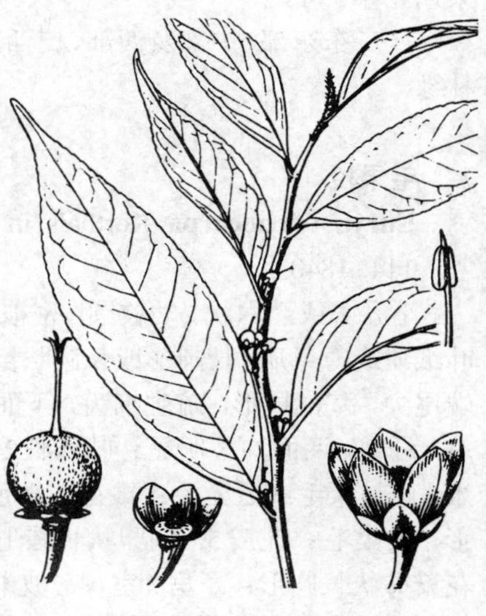

图 1027 尖叶毛柃 （蔡淑琴绘）

产湖南南部、广东、广西及贵州东南部，生于海拔270-1200米山地、溪边、沟谷林中、山坡林缘阴湿处。

10. 灰毛柃 毛果柃木 图 1028

Eurya gnaphalocarpa Hayata, Ic. Pl. Formos. 8: 7. f. 5. 1919.

小乔木或灌木状。幼枝稍具2棱，疏被贴伏柔毛，后脱落。顶芽密被贴伏柔毛。叶革质，窄椭圆形，长4-7厘米，宽1.5-2厘米，先端渐尖或近尾状，基部楔形，中部以上有锯齿，下面初被贴伏柔毛，后无毛，上面中脉凹下，侧脉6-8对；叶柄长3-5毫米。花1-3朵簇生叶腋。花梗长约2毫米，被柔毛；雄花：小苞片2；萼片5，卵圆形或圆形，被柔毛；花瓣5，长圆形或长圆状披针形；雄蕊10-15，花药具多分格。雌花：子房3室，花柱长约2毫米，顶端3-4深裂。果球形，疏被柔毛。

图 1028 灰毛柃 （蔡淑琴绘）

产台湾，生于海拔2300-3500米山地林中或林缘。菲律宾有分布。

11. 贵州毛柃 图 1029

Eurya kueichowensis Hu et L. K. Ling in Acta Phytotax. Sin. 11: 294. 1966.

小乔木或灌木状。幼枝圆，密被披散柔毛，后脱落。顶芽密被柔毛。叶革质或坚革质，长圆状披针形或长圆形，长6.5-9厘米，宽1.5-2.5厘米，先端渐尖或长尾尖，基部楔形，密生细齿，下面疏被贴伏柔毛，上面中脉凹下，侧脉10-13对，网脉两面不明显；叶柄长2-3毫米，被柔毛。花1-3朵腋生。花梗长2-3毫米，疏被柔毛或近无毛；雄花：小苞片2，卵圆形；萼片5，膜质，近圆形或宽卵圆形，长约2毫米，疏被柔毛或近无毛；花瓣5，白色，倒卵状长圆形，长3.5-4毫米，雄蕊15-18，花药具4-6分格。雌花子房3室，花柱长3.5-4.5毫米，顶端3裂。果卵状椭圆形，径约4毫米，疏被柔毛。花期9-10月，果期翌年4-7月。

图 1029 贵州毛柃 （唐安科绘）

产湖北西南部、广西、四川东南部、贵州、云南东北、东南及中部，生于海拔600-1800米山地林中阴湿地、山谷、溪边、岩缝中。

12. 肖樱叶柃 图 1030

Eurya pseudocerasifera Kobuski in Journ. Arn. Arb. 34: 135. 1944.

乔木或灌木状。幼枝圆，被贴伏柔毛，后脱落。顶芽密被柔毛。叶革质，长圆状椭圆形，长9-13厘米，宽2.5-3厘米，先端渐尖，基部楔形，全缘，

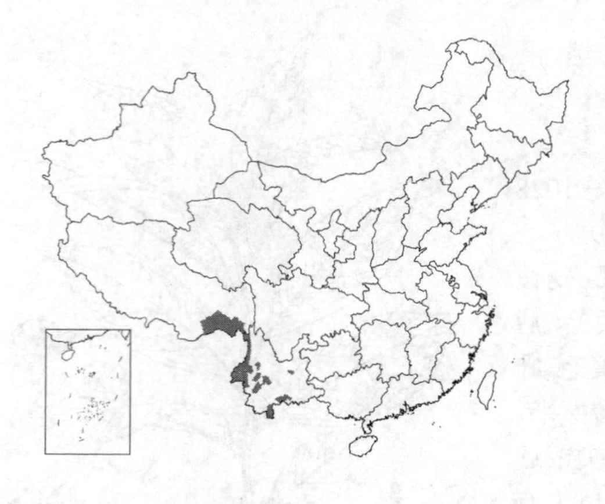

稀近顶端疏生浅齿，上面中脉凹下，侧脉10-14对，上面隐约可见，稍凹下；叶柄长约5毫米，疏被柔毛或近无毛。花1-3朵簇生叶腋或无叶枝上。花梗长3-4毫米，被柔毛；雄花：小苞片2，卵圆形或圆形，被柔毛；萼片5，圆形，近膜质，被柔毛，有纤毛；花瓣5，长圆形或倒卵状长圆形；雄蕊15-17，花药具5-10分格。雌花子房3室，花柱长约5毫米，顶端3深裂或达花柱之半。果球形，无毛。花期10-11月，果期翌年6-8月。

产云南及西藏东南部，生于海拔1800-2800米山坡、溪谷林下阴地。

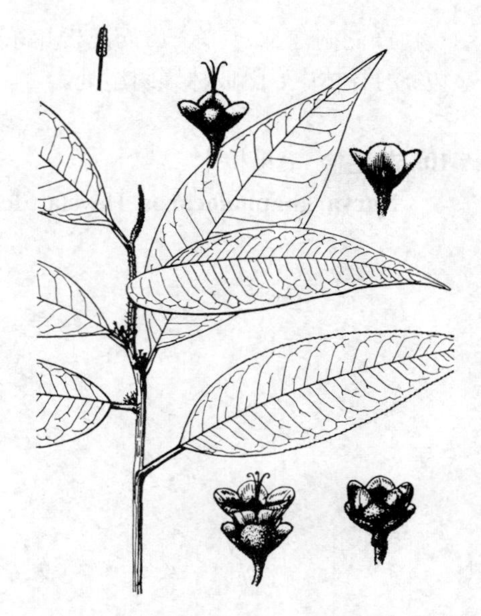

图 1030 肖樱叶柃 （蔡淑琴绘）

13. 四角柃 图 1031

Eurya tetragonoclada Merrill et Chun in Sunyatsenia 1: 71. 1931.

乔木或灌木状；全株无毛。幼枝和小枝具4棱，老枝圆。叶革质，长圆形、长圆状椭圆形、长圆状披针形或长圆状倒披针形，长5-10厘米，先端渐尖，基部楔形，具细钝齿，两面无毛，上面中脉凹下，侧脉8-10对；叶柄长约5毫米。花1-3朵簇生叶腋。花梗长约2毫米。雄花：小苞片2，卵形；萼片5，质厚，卵圆形或近圆形；花瓣5，白色，长圆状倒卵形，长约4毫米；雄蕊约15，花药具分格。雌花花瓣长圆形，长约2.5毫米；花柱长2毫米，顶端3裂。果球形，径约4毫米，紫黑色。花期11-12月，果期翌年5-8月。

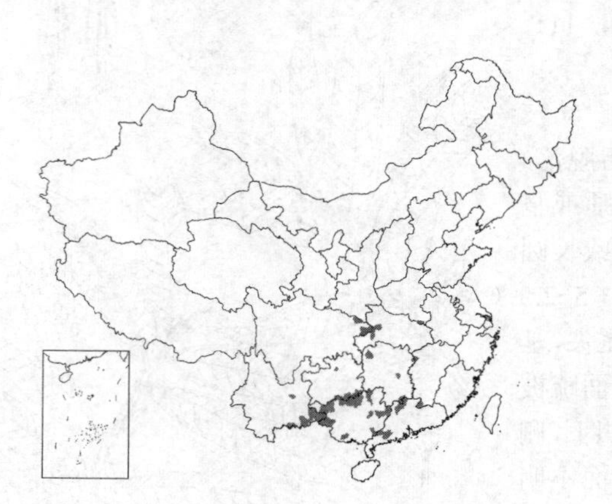

产江西、河南南部、湖北西部、湖南、广东北部及西南部、广西、四川东部、贵州北部、云南，生于海拔550-1900米沟谷、山顶密林内、山坡灌丛中。

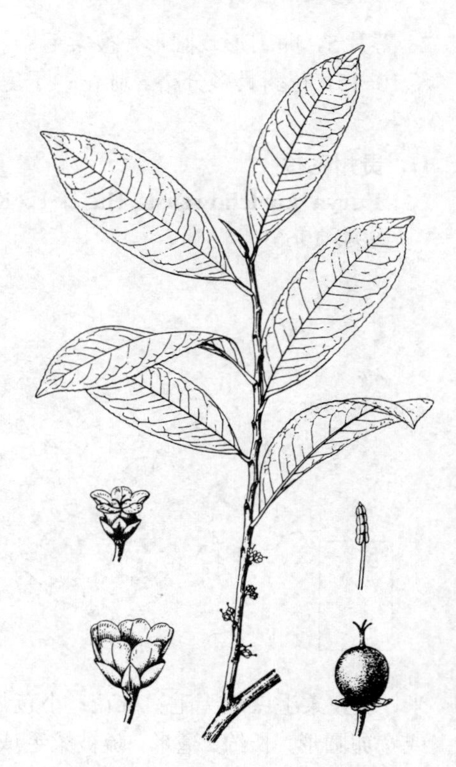

图 1031 四角柃 （蔡淑琴绘）

14. 凹脉柃 拟多脉柃 图 1032

Eurya impressinervis Kobuski in Journ. Arn. Arb. 20: 367. 1939.

Eurya pseudopolyneura H. T. Chang; 中国高等植物图鉴 2: 872. 1972.

小乔木或灌木状；全株无毛。幼枝具4棱。叶纸质，长圆形或长圆状椭圆形，长7-11厘米，宽2-3.4厘米，先端渐尖，基部楔形，具细锯齿，上面中脉凹下，侧脉10-14对，上面凹下；叶柄长3-5毫米。花1-4朵簇生叶腋。花梗长2-3毫米；雄花：小苞片2，圆形；萼片5，膜质，近圆形；花瓣5，白色，倒卵形，长约5毫米；雄蕊15-19，花药具数分格。雌花花瓣长圆形，长约3毫米；子房3室，花柱长2-2.5毫米，顶端3裂。果卵

形或卵圆形，径4-5毫米，紫黑色。花期11-12月，果期翌年8-10月。

产江西南部、广东、广西、湖南南部、贵州东南部、云南西北及东南部，生于海拔600-1600米山谷、沟边林中、山坡林下。

图 1032 凹脉柃 （蔡淑琴绘）

15. 格药柃 刺柃 图 1033

Eurya muricata Dunn in Journ. Bot. 48: 324. 1910.

小乔木或灌木状；全株无毛。幼枝圆。叶革质，长圆状椭圆形或椭圆形，长3.5-11.5厘米，先端渐尖，基部楔形或宽楔形，具细钝齿，上面中脉凹下，下面干后淡绿色，侧脉9-11对；叶柄长4-5毫米。花1-5朵簇生叶腋。花梗长1-1.5毫米；雄花：小苞片2，近圆形；萼片5，革质，近圆形；花瓣5，白色，长圆形或长圆状倒卵形，长4-5毫米；雄蕊15-20，花药具多分格。雌花花瓣白色，卵状披针形，长约3毫米，子房3室。果球形，径4-5毫米，紫黑色。花期9-11月，果期翌年6-8月。

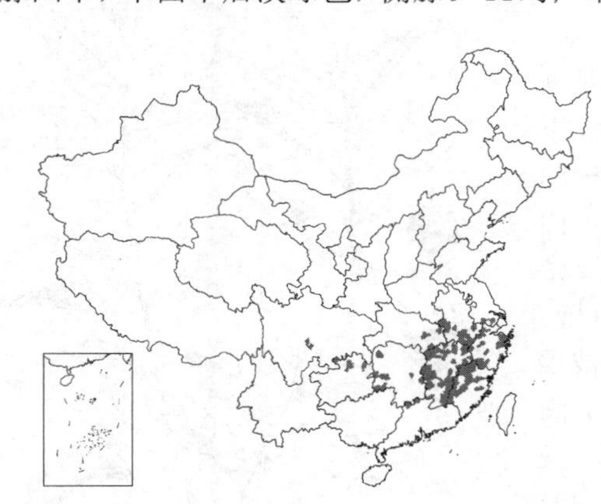

产江苏南部、安徽南部、浙江、江西、福建、广东北部、香港、湖北东部、湖南、四川中部、贵州东北部，生于海拔350-1300米山坡林内、林缘或灌丛中。树皮含鞣质，可提取栲胶；也是优良蜜源植物。

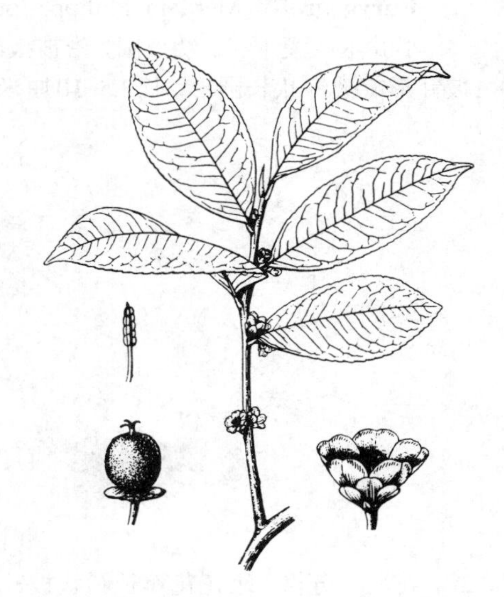

图 1033 格药柃 （蔡淑琴绘）

［附］**毛枝格药柃 Eurya muricata** var. **huiana**（Kobuski）L. K. Ling in Acta Phytotax. Sin. 11: 303. 1966. —— *Eurya huiana* Kobuski in Journ. Arn. Arb. 20: 366. 1939. 本变种与模式变种的主要区别：顶芽和幼枝被柔毛，至少顶芽被柔毛。花期11-12月，果期翌年7-9月。产浙江南部、江西中南部、四川东南部、贵州中北部、云南东南及南部。

16. 滨柃 凹叶柃木 图 1034：1-3

Eurya emarginata（Thunb.）Makino in Bot. Mag. Tokyo 18: 19. 1904.

Ilex emarginata Thunb. Fl. Jap. 78. 1784.

灌木，幼枝圆，极稀稍具2棱，粗壮，密被柔毛，后脱落。顶芽被柔毛或近无毛。叶厚革质，倒卵形或倒卵状披针形，长2-3厘米，宽1.2-1.8厘米，先端圆微凹，基部楔形，具细微锯齿，稍反卷，两面无毛，上面中脉凹下，侧脉约5对，纤细，连同网脉在上面凹下；叶柄长2-3毫米，无毛。花1-2朵腋生。花梗长约2毫米；雄花：小苞片2，近圆形；萼片5，质稍厚，近圆形，长1-1.5毫米，无毛；花瓣5，白色，长圆形或长圆状倒卵形，长约3.5毫米；雄蕊约20，花药具分格。雌花花瓣卵形，长约3毫米；子房3室，花柱长约1毫米，顶端3裂。果

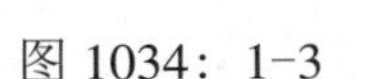

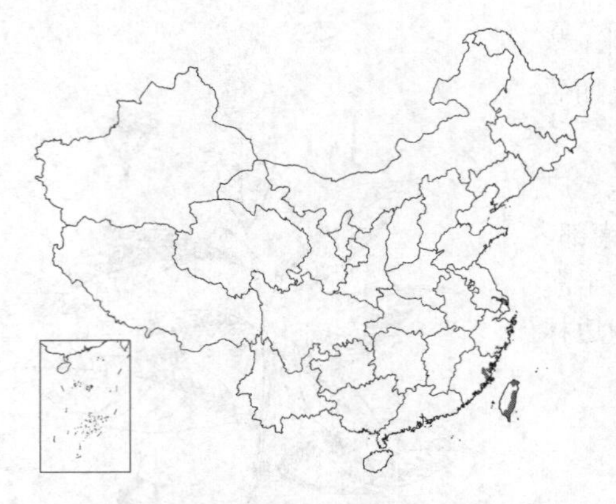

球形，径3-4毫米，黑色。花期10-11月，果期翌年6-8月。

产浙江沿海、福建沿海及台湾，生于滨海山坡灌丛中及海岸边石缝中。朝鲜、日本有分布。

[附] **光柃** 厚叶柃木 图1034：4-7 **Eurya glaberrima** Hayata, Icon. Pl. Formos. 8: 8. f. 6. 1919. 本种与滨柃的主要区别：全株无毛；叶革质，披针形或窄长圆形，长4-8厘米，侧脉6-8对；雄蕊6-10，花药顶端具小尖头。产台湾，生于海拔1500-3300米山地阔叶林中。

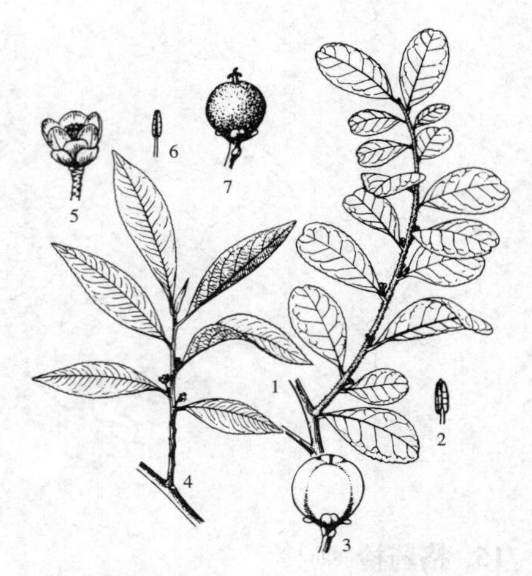

图 1034：1-3. 滨柃 4-7. 光柃（蔡淑琴绘）

17. 岗柃 图1035：1-3

Eurya groffii Merr. in Philipp. Journ. Sci. Bot. 25: 247. 1919.

小乔木或灌木状。幼枝圆，密被披散柔毛。顶芽密被柔毛。叶薄革质，披针形或披针状长圆形，长2.5-10厘米，宽1.5-2.2厘米，先端渐尖或长渐尖，基部楔形，密生细齿，下面密被贴伏柔毛，上面中脉凹下，侧脉10-14对，在上面不凹下；叶柄长约1毫米，密被柔毛。花1-9朵簇生叶腋。花梗长1-1.5毫米，密被柔毛；雄花：小苞片2，卵圆形；萼片5，革质，卵形，长1.5-2毫米，密被柔毛；花瓣5，白色，长圆形或倒卵状长圆形，长约3.5毫米；雄蕊约20，花药无分格。雌花花瓣长圆状披针形，长约2.5毫米；子房3室，花柱长2-2.5毫米，3裂或3深裂达基部。果球形，径约4毫米，黑色。花期9-11月，果期翌年4-6月。

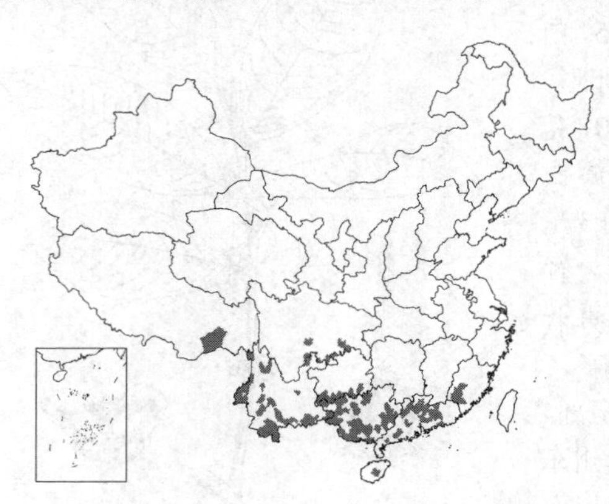

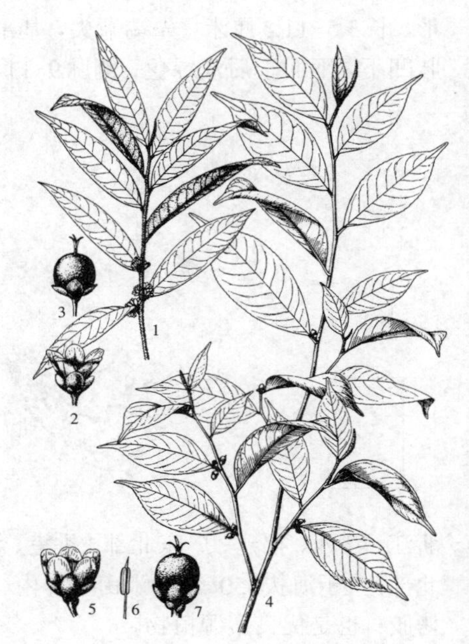

图 1035：1-3. 岗柃 4-7. 川黔尖叶柃（蔡淑琴绘）

产福建西南部、广东、海南、广西、四川西南部、贵州南部及西南部、云南及西藏，生于海拔300-2700米山坡林内、林缘及山地灌丛中。

18. 川黔尖叶柃 图1035：4-7

Eurya acuminoides Hu et L. K. Ling in Acta Phytotax. Sin. 11: 306. 1966.

灌木。幼枝圆，密被柔毛。顶芽密被柔毛。叶革质，椭圆形或长圆状椭圆形，长7-12厘米，宽2.5-3.5厘米，先端尾尖，基部楔形，中上部具浅齿，下面初疏被柔毛，后脱落无毛，上面中脉凹下，侧脉6-9对；叶柄长2-5毫米。花1-2朵腋生。花梗长1-1.5毫米，被柔毛；雄花小苞片2；萼片5，革质，干后褐色，卵圆形或近圆形，密被柔毛，边缘有纤毛；花瓣5，长圆形

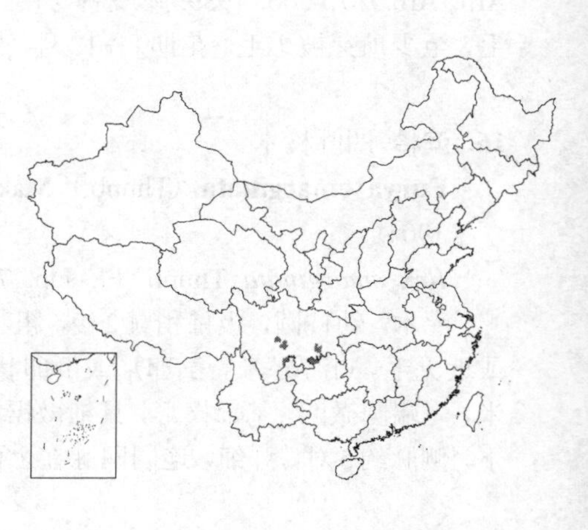

或倒卵状长圆形；雄蕊12-15，花药无分格。雌花花瓣长圆形；花柱长约1毫米，顶端3深裂。果球形，径约6毫米，紫黑色；宿存花柱长1-1.5毫米。花期9-11月，果期翌年5-6月。

产四川中部及西南部、贵州西北部，生于海拔620-1500米山地林下或山坡灌丛中阴湿地。

［附］**尾尖叶柃 Eurya acuminata** DC. in Mem. Soc. Phys. Gen. 1: 418. 1822. 本种与川滇尖叶柃的区别：叶披针形、长圆状披针形或窄椭圆形；雄蕊20，花柱长2-3毫米。产台湾、云南东南部、西藏南部，生于海拔700-2700米山坡疏林内或灌丛中。越南、缅甸、尼泊尔、印度、斯里兰卡、马来西亚及印度尼西亚有分布。

图 1036: 1-4. 大叶五室柃 5-8. 细枝柃
（蔡淑琴绘）

19. 大叶五室柃 图 1036: 1-4

Eurya quinquelocularis Kobuski in Journ. Arb. Arb. 20: 372. 1937.

小乔木或灌木状，高达10（-20）米，胸径30厘米。幼枝圆，被披散柔毛。顶芽密被柔毛。叶薄纸质，长圆形或长圆状卵形，长7-13厘米，宽2-3.5厘米，先端尾尖，基部楔形或宽楔形，密生细齿，上面中脉凹下，侧脉12-14对，在上面稍凹下，网脉两面均明显；叶柄长2-3毫米，被柔毛。花1至数朵簇生叶腋。花梗长2-3毫米，被柔毛；雄花：小苞片2，卵状三角形；萼片5，宽卵圆形或近圆形，被柔毛；花瓣5，淡黄白色，长圆状倒卵形或卵圆形；雄蕊17-18，花药无分格。雌花花瓣长圆形；子房（4）5室，花柱顶端（4）5裂。果球形，径5-6毫米，黑色。花期11-12月，果期翌年6-7月。

产广西、贵州、云南东南部及西藏东南部，生于海拔800-1500米山地林下、沟谷溪边及林间旷地。越南中部有分布。

20. 细枝柃 图 1036: 5-8

Eurya loquaiana Dunn in Journ. Linn. Soc. Bot. 38: 355. 1908.

小乔木或灌木状。幼枝圆，密被微毛。顶芽密被微毛，兼有柔毛。叶薄革质，窄椭圆形或椭圆状披针形，长4-9厘米，宽1.5-2.8厘米，先端长渐尖，基部楔形或宽楔形，下面干后红褐色，上面中脉凹下，侧脉约10对，两面均稍明显；叶柄长3-4毫米，被微毛。花1-4朵簇生叶腋。花梗长2-3毫米，被微毛；雄花：小苞片2，卵圆形；萼片5，卵形或卵圆形；被微毛或近无毛；花瓣5，白色，倒卵形；雄蕊10-15，花药无分格。雌花花瓣白色，卵形；子房3室，花柱长2-3毫米，顶端3裂。果球形，径3-4毫米，黑色。花期10-12月，果期翌年7-9月。

产河南南部、安徽南部、浙江、江西、福建、台湾、湖北西部、湖南、广东、海南、广西、四川、贵州、云南东南部，生于海拔400-2000米山坡、沟谷、溪边林中、林缘及山坡阴湿灌丛中。

［附］**金叶细枝柃** 金叶微毛柃 **Eurya loquaiana** var. **aureo-punctata** H. T. Chang in Acta Phytotax. Sin. 3: 34. 1954. —— *Eurya hebeclados* Ling var. *aureo-punctata* (H. T. Chang) L. K. Ling; 中国高等植物图鉴 补编 2: 487, 1983. 本变种与

模式变种的主要区别：叶卵形或卵状披针形，长2-4厘米，上面被金黄色腺点，雄蕊约10枚，花柱长1-1.5毫米。产浙江南部及中部、江西、福建、湖南南部、广东中部及北部、广西、贵州、云南东南部，生于海拔800-1700米山地林中或沟谷林缘阴湿处。

21. 米碎花 图1037

Eurya chinensis R. Br. in Abel, Narr. Journ. China 379. t. 1818.

灌木，多分枝。幼枝具2棱，被柔毛。顶芽密被柔毛。叶薄革质，倒卵形或倒卵状椭圆形，长2-5.5厘米，宽1-2厘米，先端钝，基部楔形，密生细齿，两面无毛或初疏被柔毛，后无毛，上面中脉凹下，侧脉6-8对，两面均不明显；叶柄长2-3毫米。花1-4朵簇生叶腋。花梗长约2毫米，无毛；雄花：小苞片2，细小；萼片5，卵圆形或卵形，无毛；花瓣5，白色，倒卵形，无毛；雄蕊约15，花药无分格。雌花花瓣卵形；花柱长1.5-2毫米，顶端3裂。果球形或卵圆形，径3-4毫米，紫黑色。花期11-12月，果期翌年6-7月。

产江西南部、福建、台湾、湖南南部、广东、海南及广西，生于海拔800米以下低山丘陵山坡、溪边、沟谷灌丛中。

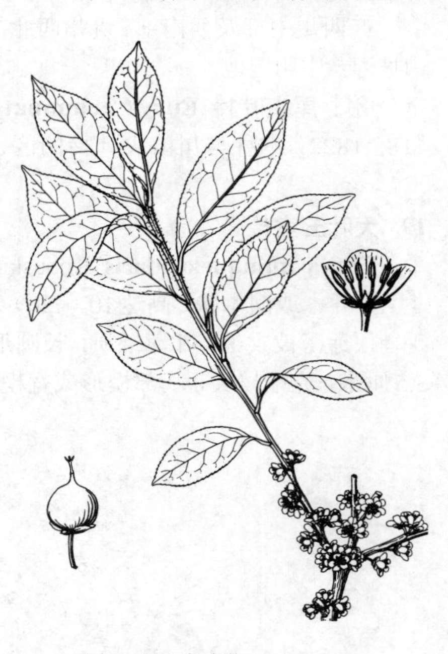

图 1037 米碎花 （蔡淑琴绘）

［附］**光枝米碎花 Eurya chinensis** var. **glabra** Hu et L. K. Ling in Acta Phytotax. Sin. 11: 314. 1966. 本变种与模式变种的主要区别：顶芽和幼枝无毛。产福建东部沿海、广东及四川东南部，生于低山丘陵阳坡灌丛中。

22. 细齿叶柃 图1038

Eurya nitida Korthals in Temminck, Verh. Nat. Gesch. Bot. 3: 115. t. 17. 1840.

小乔木或灌木状；全株无毛。幼枝具2棱。顶芽无毛。叶薄革质，椭圆形、长圆状椭圆形或倒卵状椭圆形，长4-6厘米，宽1.5-2.5厘米，先端渐尖或短渐尖，基部楔形，有时近圆，密生锯齿或细钝齿，上面中脉稍凹下，干后下面淡绿色，侧脉9-12对；叶柄长约3毫米。花1-4朵簇生叶腋。花梗长约3毫米；雄花：小苞片2，近圆形，无毛；萼片5，几膜质，近圆形，无毛；花瓣5，白色，倒卵形，长3.5-4毫米；雄蕊14-17，花药无分格。雌花花瓣长圆形，长2-2.5毫米；花柱长2.5-3毫米，顶端3浅裂。果球形，径3-4毫米，蓝黑色。花期11月至翌年1月，果期翌年7-9月。

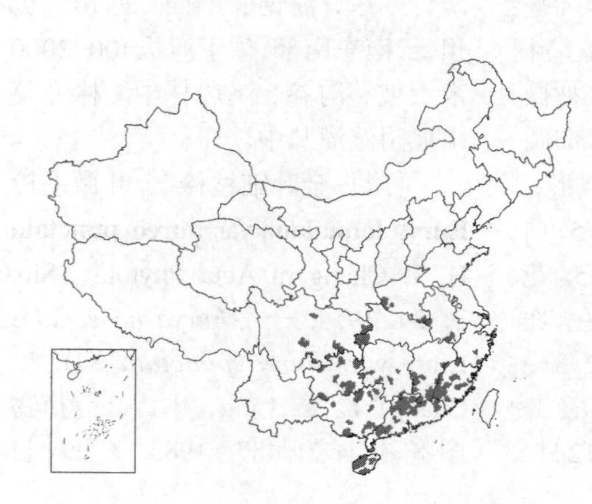

产河南、安徽、浙江、江

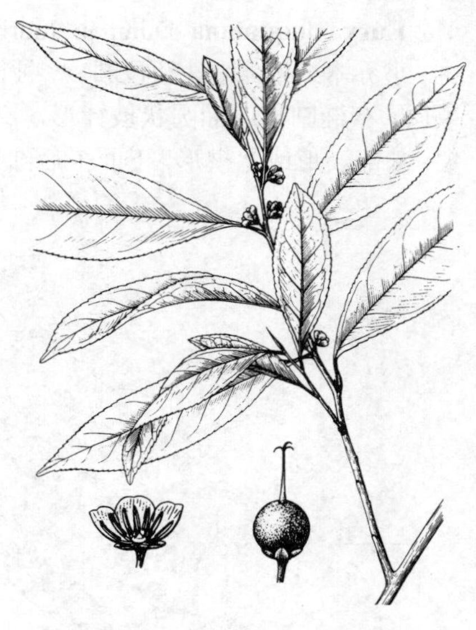

图 1038 细齿叶柃 （朱蕴芳绘）

西、福建、湖北、湖南南部、广东、海南、广西，四川及贵州，生于海拔1300米以下山地林中、沟谷、溪边林缘、山坡灌丛中。越南、缅甸、斯里兰卡、印度、菲律宾及印度尼西亚有分布。冬季开花，为优良蜜源植物；枝叶及果可提取栲胶，并作染料。

［附］ **黄背叶柃 Eurya nitida** var. **aurescens** (Rehd. et Wils.) Kobuski in Ann. Miss. Bot. Gard. 25: 314. 1937. —— *Eurya japonica* Thunb. var. *aurescens* Rehd. et Wils. in Sarg. Pl. Wilson. 2: 399. 1915. 本变种与原变种的主要区别：叶基部圆或钝，干后下面黄绿色；花柱长1.5-2毫米。产湖北西南部、湖南南部、四川中部及东南部、贵州北部，生于海拔600-1300米山地林中。

23. 柃木 图 1039

Eurya japonica Thunb. Nov. Gen. Pl. 68. 1783.

灌木；全株无毛。幼枝具2棱。顶芽无毛。叶厚革质，倒卵形、倒卵状椭圆形或椭圆形，长3-7厘米，宽1.5-3厘米，先端钝，基部楔形，疏生粗钝齿，上面中脉凹下，侧脉5-7对，在上面凹下；叶柄长2-3毫米。花1-3朵腋生。花梗长约2毫米；雄花：小苞片2，近圆形，无毛；萼片5，卵圆形或近圆形，无毛；花瓣5，白色，长圆状倒卵形，长约4毫米；雄蕊12-15，花药无分格。雌花萼片卵形；花瓣长圆形，长2.5-3毫米；子房3室，花柱长约1.5毫米，顶端3浅裂。果球形，无毛；宿存花柱长1-1.5毫米，顶端3浅裂。花期2-3月，果期9-10月。

产浙江、安徽及台湾，生于滨海山地、山坡或溪边灌丛中。朝鲜、日本有分布。蜜源植物；枝叶药用，可清热、消肿。

图 1039 柃木 （引自《图鉴》）

24. 窄叶柃 图 1040：1-2

Eurya stenophylla Merr. in Philipp. Journ. Sci. Bot. 21: 502. 1922.

灌木；全株无毛。幼枝具2棱。叶革质或薄革质，窄披针形或窄倒披针形，长3-5厘米，先端渐尖或钝，基部楔形或宽楔形，具钝齿，上面中脉凹下，侧脉6-8对；叶柄长约1毫米。花1-3朵簇生叶腋。花梗长3-4毫米，无毛；雄花：小苞片2，圆形；萼片5，近圆形，长约3毫米；花瓣5，倒卵形；长5-6毫米；雄蕊14-16，花药无分格。雌花萼片卵形，长约1.5毫米；花瓣白色，卵形，长约5毫米；花柱长约2.5毫米，顶端3裂。果长卵形，长5-6毫米，径3-4

图 1040: 1-2. 窄叶柃 3-7. 多脉柃 （蔡淑琴绘）

毫米。花期10-12月，果期翌年7-8月。

产湖北西部、广东、广西、四川、贵州，生于海拔250-1500米山坡、溪谷灌丛中。

［附］**长尾窄叶柃 Eurya stenophylla** var. **caudata** H. T. Chang in Acta Phytotax. Sin. 3: 55. 1954. 本变种与原变种的主要区别：叶窄长披针形，长达11厘米，先端尾尖，叶柄较长。产广东中部及西部、广西北部及南部，生于山地沟谷、溪边灌丛中。越南北部有分布。

［附］**毛窄叶柃 Eurya stenophylla** f. **pubescens** H. T. Chang in Acta Phytotax. Sin. 3: 55. 1954. 本变型的主要特征：顶芽和幼枝均被柔毛；叶倒披针形或倒卵状披针形；花柱长3毫米。产广东东南部、广西北部、南部及西部，生于山地溪沟灌丛中。

25. 多脉柃 图 1040: 3-7

Eurya polyneura Chun in Sunyatsenia 2: 55. pl. 16. 1934.

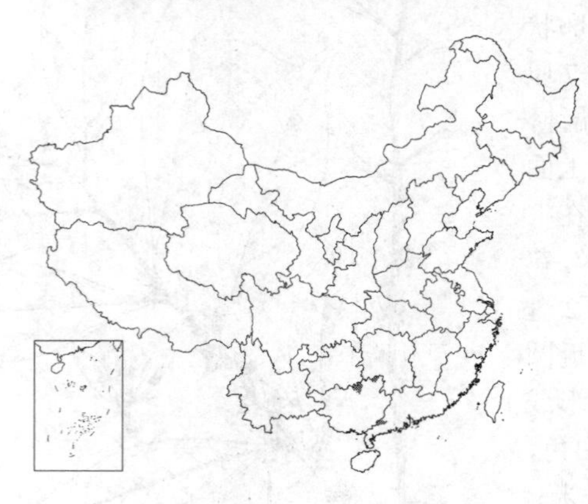

灌木；全株无毛。幼枝粗，具2棱。叶革质，长圆状披针形，长15-20厘米，先端渐尖或短尖，基部楔形，具细齿，上面中脉凹下，侧脉约20对，与中脉几成直角，在上面凹下；叶柄长约1.5厘米。花1-3朵簇生叶腋。花梗长2-3毫米，无毛；雄花：小苞片卵状三角形；萼片5，近圆表，长3-4毫米；花瓣5，白色，椭圆形，长约7毫米；雄蕊18-20，花药无分格。雌花萼片5，卵形或卵圆形，长约1.5毫米；花柱长约5毫米，顶端3浅裂。果卵状椭圆形，长0.8-1厘米，径约5毫米，黑色。花期11-12月，果期翌年6-7月。

产广东南部及广西，生于海拔约700米山地林中或林缘。越南北部有分布。

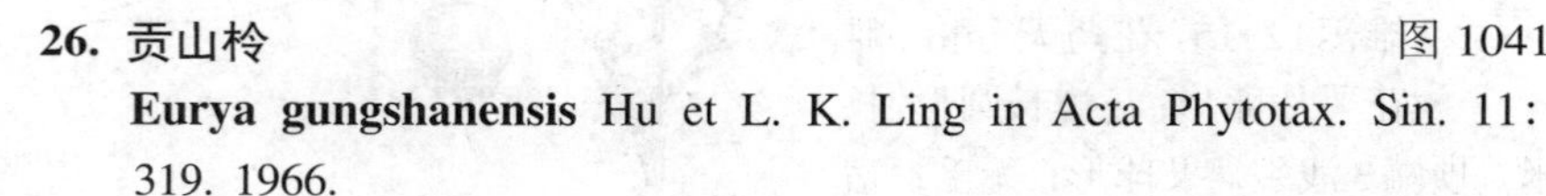

26. 贡山柃 图 1041

Eurya gungshanensis Hu et L. K. Ling in Acta Phytotax. Sin. 11: 319. 1966.

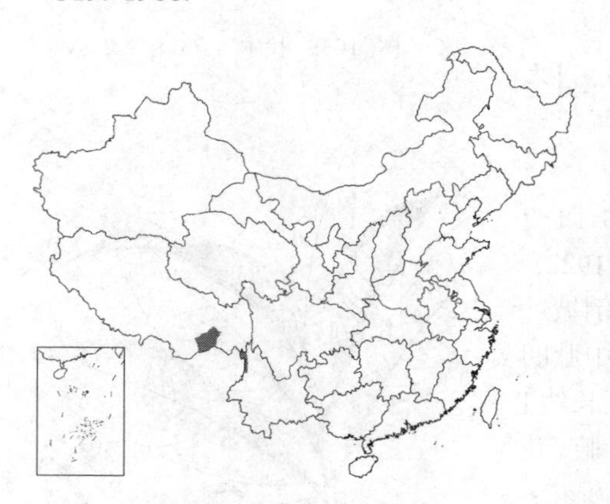

小乔木；全株无毛。幼枝粗，具4棱。叶坚革质，长圆状椭圆形或窄椭圆形，长12-15厘米，宽4-4.5厘米，先端渐尖，基部楔形或宽楔形，密生细齿，上面中脉凹下，侧脉11-13对，连同网脉在上面凹下；叶柄长1-1.5厘米。雄花1-3朵簇生叶腋。花梗长2-4毫米，稍弯曲；小苞片2，卵圆形；萼片5，圆形或近圆形，花瓣5，倒卵状长圆形；雄蕊约19，花药无分格。果近球形，径4-5.5毫米；宿存花柱长约2毫米，顶端3裂。花期9-11月，果期翌年6-8月。

产云南西北部、西藏南部，生于海拔1300-2200米山地松林中、沟谷溪边林中或林缘。

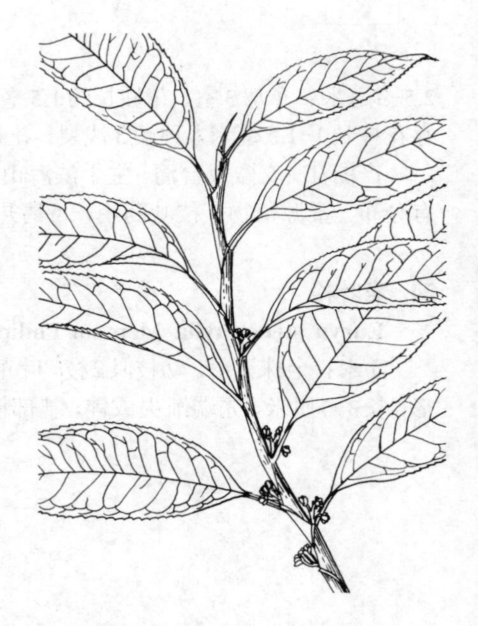

图 1041 贡山柃 （黄锦添绘）

27. 矩圆叶柃 图 1042

Eurya oblonga Yang in Contr. Biol. Lab. Sci. Soc. China, Bot. 12: 133. 1941.

小乔木或灌木状；全株无毛。幼枝具2棱。叶薄革质，长圆形，长圆状披针形或长圆状椭圆形，长6-13.5厘米，先端渐尖或尾尖，基部楔形或近圆，密生细齿，下面干后红褐色，上面中脉凹下，侧脉8-14对，上面稍凹下；叶柄长0.5-1厘米。花1-3朵腋生。花梗长1-1.5毫米；雄花：小苞片2，圆形，长约1毫米；萼片5，近革质，圆形，干后褐色；花瓣5，白色，长圆状倒卵形；雄蕊13-15，花药无分格。雌花花瓣长圆形或倒卵形；子房3室，花柱长约1毫米，3深裂近基部，稀4深裂。果球形，径5-6毫米，黑色。花期11-12月，果期翌年6-8月。

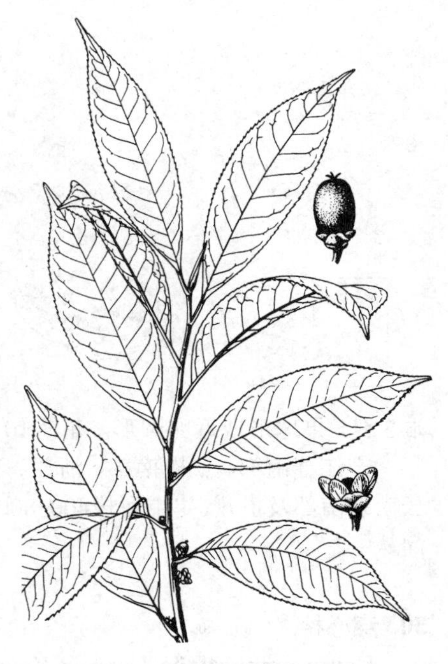

图 1042 矩圆叶柃 （蔡淑琴绘）

产广西西部、四川、贵州、云南东南及东北部，生于海拔1100-2500米山坡、山顶林中或林缘阴湿地。

28. 黑柃

图 1043

Eurya macartneyi Champ. in Proc. Linn. Soc. Lond. 2: 99. 1850.

小乔木或灌木状；全株无毛。幼枝圆。叶革质，长圆状椭圆形或椭圆形，长6-14厘米，先端短尾尖，基部楔形，近全缘或密生细微齿，干后下面红褐色，上面中脉凹下，侧脉12-14对，纤细，在两面均明显；叶柄长3-4毫米。花1-4朵簇生叶腋。花梗长1-1.5毫米。雄花：小苞片2，近圆形；萼片5，革质，圆形，长约3毫米；花瓣5，长圆状倒卵形，长4-5毫米；雄蕊18-24，花药无分格。雌花萼片卵形或卵圆形，长2-2.5毫米；花瓣倒卵状披针形，长约4毫米；子房3室，花柱3，离生，长1.5-2毫米。果球形，径约5毫米，黑色。花期11月至翌年1月，果期翌年6-8月。

图 1043 黑柃 （引自《图鉴》）

产江西东北及南部、福建北部、广东、海南西部、湖南南部、广西西南部，生于海拔240-1000米山地、山坡沟谷林中。

29. 红褐柃

图 1044: 1-4

Eurya rubiginosa H. T. Chang var. **attenuata** in Acta Phytotax. Sin. 3: 46. 1954.

灌木；全株除萼片外均无毛。嫩枝及小枝具2棱。叶革质，卵状披针形，稀长圆状披针形，长8-12厘米，先端尖、短尖或短渐尖，基部楔形，密生细锯齿，干后下面红褐色，两面无毛，上面中脉稍凹下，下面凸起，侧脉13-15，斜出，两面均明显，稍凸起；叶柄明显。花单生或2-3朵簇生叶腋。

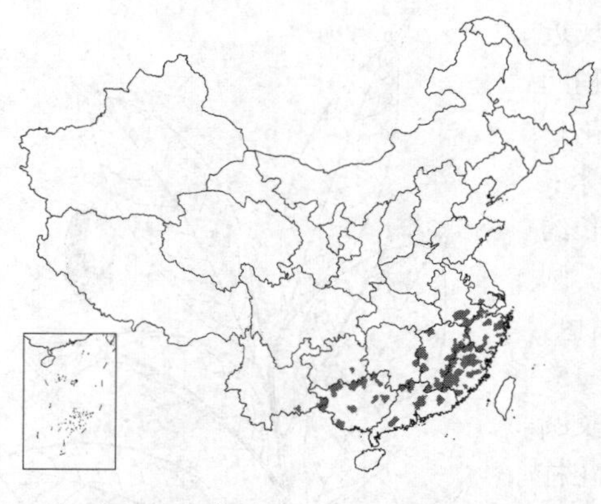

花梗长1-1.5毫米，无毛；雄花小苞片2，卵形或卵圆形，细小，先端尖或近圆；萼片5，近圆形，近革质，无毛；花瓣5，倒卵形；雄蕊约15，花药不具分格；退化子房无毛。雌花小苞片和萼片与雄花同，但稍小；花瓣5，长圆状披针形；子房卵圆形，3室，无毛，花柱长1-1.5毫米，顶端3裂。果球形或近卵圆形。花期10-11月，果期翌年4-5月。

产江苏南部、安徽南部、浙江、江西、福建、湖南南部、广东、广西、云南东南部及贵州，生于海拔400-800米山坡林中、林缘及山坡路边或沟谷灌丛中。

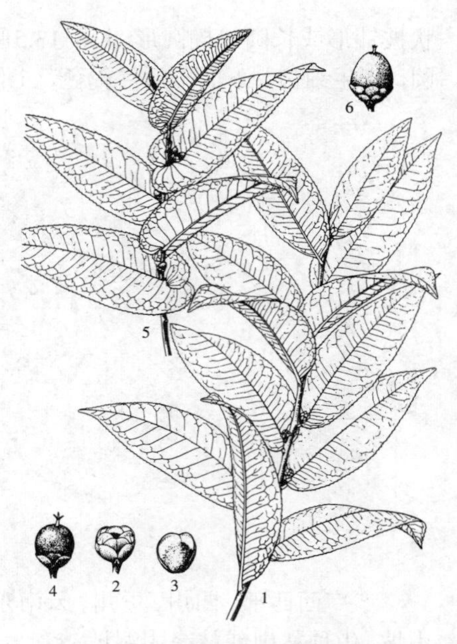

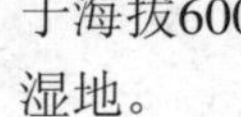

图 1044: 1-4. 红褐柃 5-6. 穿心柃
(蔡淑琴绘)

30. 穿心柃 图 1044：5-6

Eurya amplexifolia Dunn in Kew Bull. Misc. Inform. Add. Ser. 10: 44. 1912.

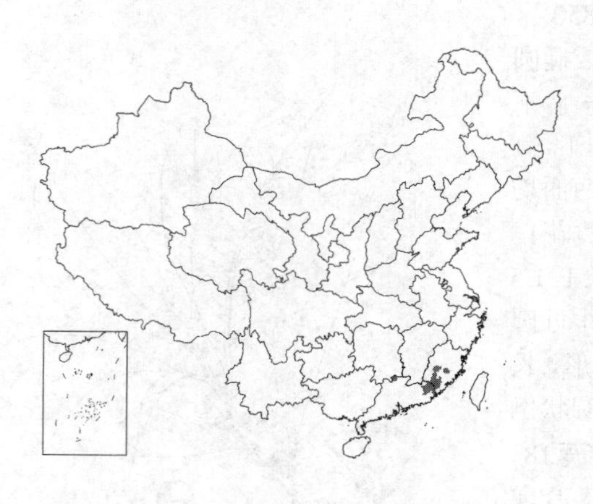

小乔木或灌木状；全株除萼片外，均无毛。幼枝具2棱。叶坚革质或革质，卵状披针形，长6-18厘米，先端渐尖，基部耳形抱茎，耳长约1厘米，密生锯齿，稍反卷，上面干后有金黄色腺点，下面红褐色，上面中脉凹下，侧脉14-16对，两面均明显；几无叶柄。花2至多朵簇生叶腋。花梗长不及1毫米；雄花：小苞片2，圆形；萼片5，革质，近圆形，被柔毛；花瓣5，宽卵形，长约4毫米；雄蕊多数，花药无分格。雌花花瓣长圆状倒卵形，长约3毫米；花柱长约1毫米，顶端3裂。果卵圆形，长达1.1厘米。花期11-12月，果期翌年7-8月。

产福建中部及南部、广东，生于海拔600-800米山地林中、林缘阴湿地。

31. 单耳柃 图 1045

Eurya weissiae Chun in Journ. Arn. Arb. 9: 128. 1928.

灌木。幼枝圆，密被黄褐色披散柔毛。顶芽密被黄褐色长柔毛。叶革质，椭圆形，长4-8厘米，先端短尾尖，基部耳形抱茎，两侧耳片圆形，密生细齿，上面中脉凹下，侧脉9-11对，连同网脉在上面凹下；叶柄长不及1毫米，被柔毛。花1-3朵腋生，为叶状总苞所包被，总苞卵形，长0.7-1厘米，基部耳形，稍被柔毛。花梗长约1毫米，被柔毛。雄花：小苞片2，细小，椭圆形，被柔毛；萼片5，质薄，卵形，被柔毛；花瓣5，窄长圆形，长约4毫米，雄蕊约10，花药无分格。雌花花瓣长圆状披针形，长约3毫米；子房3室，花柱长1-1.5毫米，顶端3浅裂。果球形，径4-5毫米，蓝黑色。花期9-11月，果期11月至翌年1月。

产浙江南部、江西、福建、广东

北部、广西北部、湖南南部、贵州南部，生于海拔350-1200米山谷密林下或山坡阴湿地。

图 1045 单耳柃 （蔡淑琴绘）

32. 丽江柃 图 1046

Eurya handel-mazzettii H. T. Chang in Acta Phytotax. Sin. 3: 29. 1954.

小乔木或灌木状。幼枝圆，红褐色，密被柔毛。顶芽密被柔毛。叶薄革质，长圆状椭圆形或椭圆形，长4-7厘米，先端短尖或短渐尖，基部楔形，具细齿，下面沿中脉被长柔毛，上面中脉凹下，侧脉9-12对；叶柄长约2厘米，被柔毛。花1-3朵腋生。花梗长1.5-3毫米，稍弯曲，被柔毛。雄花：小苞片2，卵圆形，被柔毛；萼片5，膜质，卵圆形或近圆形，长2-2.8毫米，疏被柔毛，边缘有纤毛；花瓣5，倒卵状长圆形，长约5毫米；雄蕊13-15，花药无分格。雌花萼片近圆形，长1-1.5毫米，被柔毛，边缘有纤毛；花瓣卵形或长圆形，长2-2.5毫米；子房3室，花柱长约1.5毫米，深裂近基部。果球形。径约4毫米，蓝黑色。花期10-12月，果期翌年1-5月。

产四川南部、云南、西藏南部，生于海拔1000-3200米沟谷林中、林缘及灌丛中。

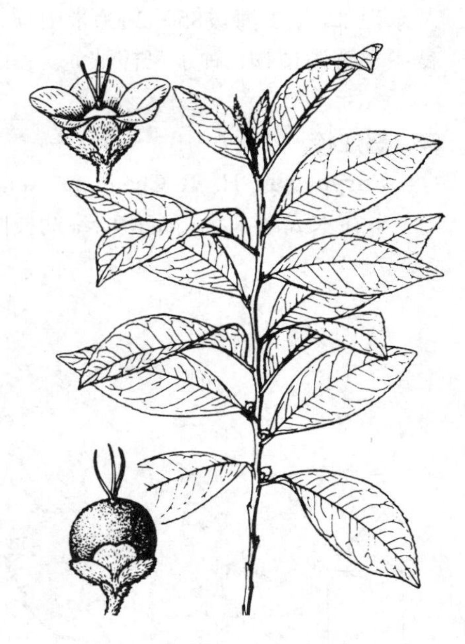
图 1046 丽江柃 （蔡淑琴绘）

33. 川柃 图 1047

Eurya fangii Rehd. in Journ. Arn. Arb. 11: 165. 1930.

小乔木或灌木状，高达8米。幼枝圆，密被柔毛。顶芽无毛。叶革质，椭圆形，长3-5厘米，先端渐钝尖，基部楔形，具锯齿，上面中脉凹下，侧脉6-8对；叶柄长2-3毫米，无毛。花1-2朵腋生。花梗长2-2.5毫米，无毛；雄花：小苞片2，卵圆形，顶端有小突尖，无毛；萼片5，卵圆形，长约1.5毫米，无毛，边缘有纤毛；花瓣5，白色，倒卵状长圆形，长约4毫米；雄蕊8-10，花药无分格，顶端圆。雌花花瓣卵形，长2-2.5毫米；子房3-4室，花柱长约0.5毫米，3-4枚，离生或深裂近基部。果球形，径约4毫米，蓝黑色。花期11月至翌年3月，果期翌年7-9月。

产四川，生于海拔1100-2800米山地林中及林缘阴湿地。

34. 短柱柃 图 1048

Eurya brevistyla Kobuski in Journ. Arn. Arb. 20: 363. 1939.

小乔木或灌木状；全株除萼片均无毛。幼枝粗，稍具2棱。叶革质，椭圆形或倒卵状椭圆形，长5-9厘米，先端短尾尖，基部楔形，具锯齿，两面无毛，上面中脉凹下，侧脉9-11对；叶柄长3-6毫米。花1-3朵腋生。花梗长约1.5毫米；雄花：小苞片2，卵圆形；萼片5，膜质，近圆形，无毛，边缘有纤毛；花瓣5，白色，长圆形或卵形，长约4毫米；雄蕊13-15，花药无分格，顶端圆。雌花花瓣卵形，长2-2.5毫米；子房3室，花柱3，离生，长1毫米。果球形，径3-4毫米，蓝黑色。花期10-11月，果期翌年6-8月。

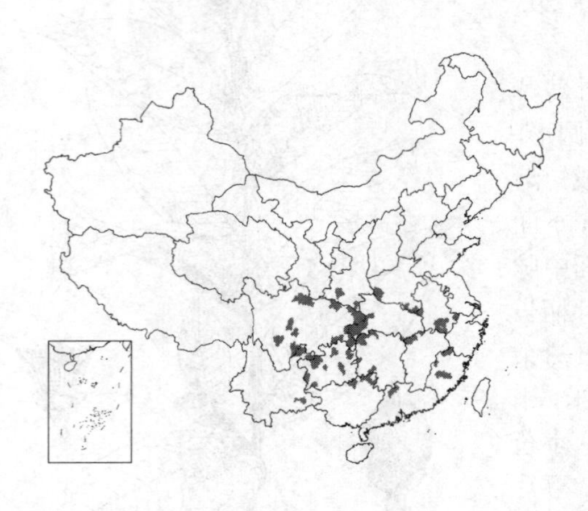

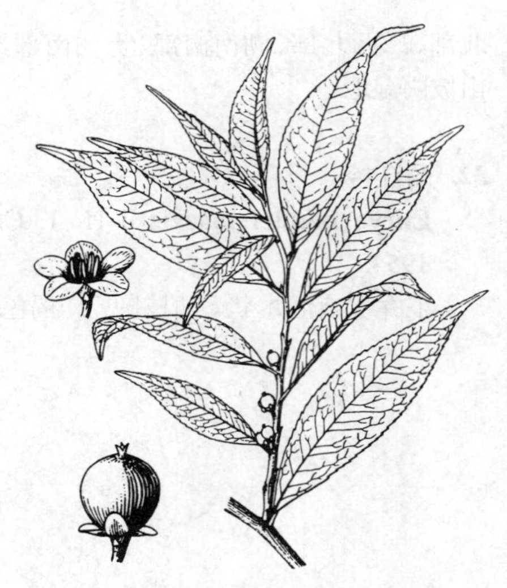

图 1047 川柃 （蔡淑琴绘）

产陕西南部、河南南部、安徽南部、江西北部、福建中部及北部、广东北部、广西北部、湖北西部、湖南西部、四川东部及中部、贵州、云南东北及东南部，生于海拔850-2600米山顶、山坡沟谷林中、林缘及灌丛中。为优良冬季蜜源植物；种子可榨油。

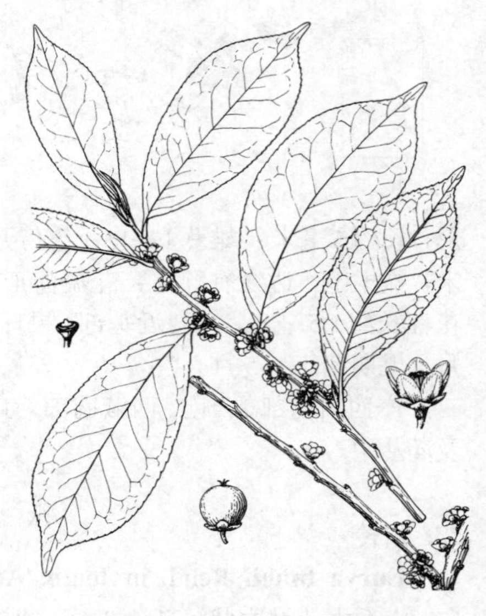

图 1048 短柱柃 （引自《图鉴》）

35. 怒江柃 图 1049

Eurya tsaii H. T. Chang in Acta Phytotax. Sin. 3: 30, 1954.

小乔木或灌木状，高达9米。幼枝圆，密被黄褐色柔毛。顶芽密被柔毛。叶革质，长圆状椭圆形，长4-10厘米，先端渐尖或稍尾尖，基部楔形，中部以上具细齿，下面沿中脉被柔毛，上面中脉凹下，侧脉10-14对，在上面凹下，网脉两面常不明显；叶柄长2-3毫米，被柔毛。花1-3朵簇生叶腋。花梗长1-1.5毫米，被柔毛；雄花：小苞片2，卵圆形，被柔毛；萼片5，近圆形，干后褐色，被柔毛，边缘具纤毛及腺点；花瓣5，长圆状倒卵形，长约3毫米；雄蕊12-15，花药无分格。雌花花瓣卵形，长约2.5毫米；子房3室，花柱长约1.5毫米，3深裂。果球形，径5-6毫米。花期10-11月，果期翌年6-8月。

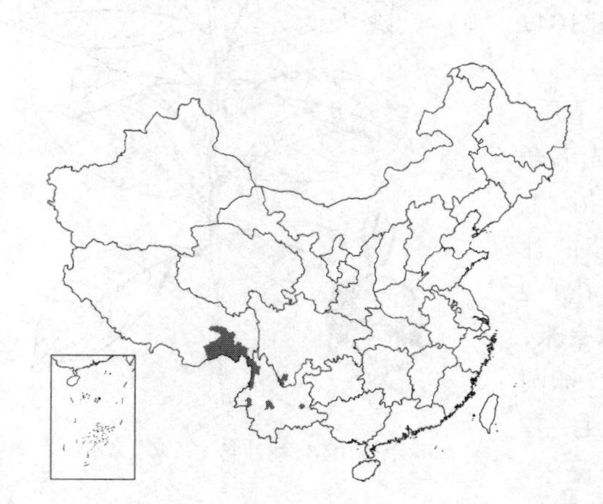

产云南、四川及西藏东南部，生于海拔2300-2500米山坡林中或阴湿灌丛中。

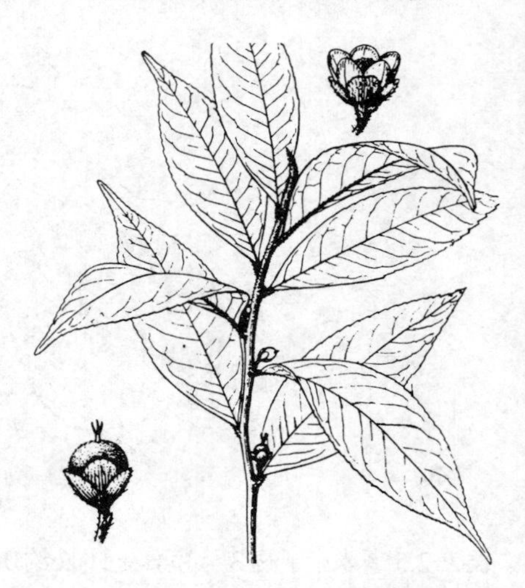

图 1049 怒江柃 （蔡淑琴绘）

36. 半齿柃 图 1050

Eurya semiserrata H. T. Chang in Acta Phytotax. Sin. 3: 29. 1954.

小乔木或灌木状，高达10米。幼枝圆，被柔毛。顶芽被柔毛。叶革质或薄革质，长圆形或倒披针状长圆形，长4-7.5厘米，先端尾尖，基部楔形，中部以上具细齿，下面沿中脉被柔毛，上面中脉凹下，侧脉6-8对，连同网脉在上面凹下；叶柄长2-3毫米。花1-3朵腋生。花梗长1-1.5毫米，无毛。雌花：小苞片2，卵圆形；萼片5，膜质，近圆形，无毛，边缘有纤毛；花瓣5，白色，长圆形或卵状长圆形；雄蕊10-16，花药无分格，顶端尖。雌花花瓣卵形；花柱长约0.5毫米，顶端3裂。果球形，径3-4毫米，蓝黑色，无毛；果柄纤细，长约2毫米。花期10-11月，果期翌年6-7月。

图 1050 半齿柃 （引自《图鉴》）

产江西西部、广西东北部、四川、贵州北部及西部、云南，生于海拔600-2600米山地林内、山顶疏林内、林缘、岩缝及灌丛中。种子可榨油；为优良蜜源植物。

37. 微毛柃 图 1051

Eurya hebeclados L. K. Ling in Acta Phytotax. Sin. 1: 208. 1951.

小乔木或灌木状。幼枝圆，密被微毛。顶芽密被微毛。叶革质，椭圆形或长圆状倒卵形，长4-9厘米，先端骤短尖，基部楔形，中部以上具浅齿，两面无毛，上面中脉凹下，侧脉8-10对，纤细，在上面不明显；叶柄长2-4毫米，被微毛。花4-7朵簇生叶腋。花梗长约1毫米，被微毛；雄花：小苞片2，圆形；萼片5，近圆形或卵圆形，膜质，被微毛，边缘有纤毛；花瓣5，长圆状倒卵形，白色；雄蕊约15，花药无分格。雌花花瓣倒卵形或匙形；子房3室，无毛，花柱长约1毫米，顶端3深裂。果球形，径4-5毫米，蓝黑色；宿萼近无毛，边有纤毛；每室10-12种子，肾形，稍扁具棱。花期12月至翌年1月，果期翌年8-10月。

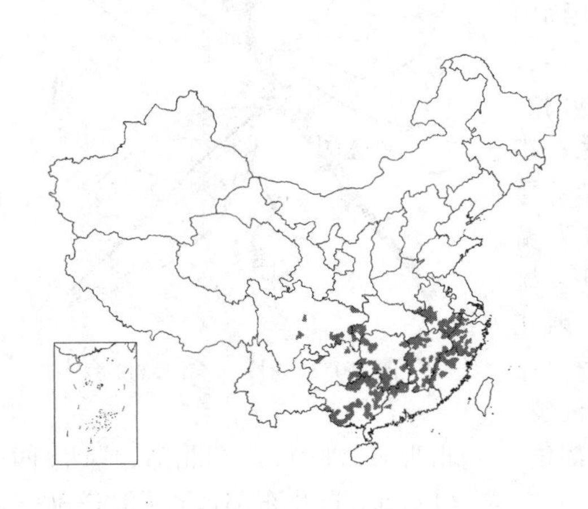

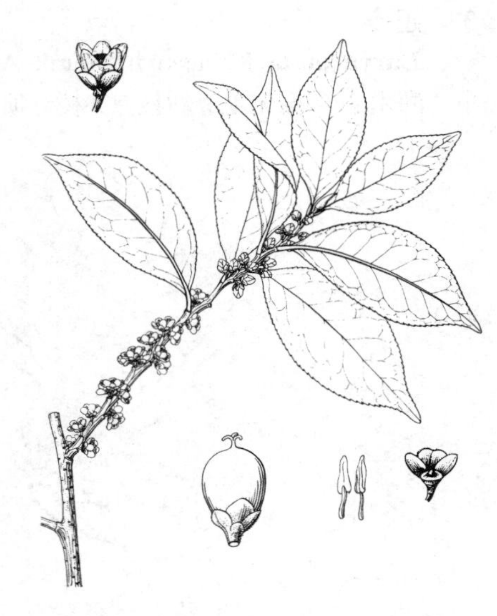

图 1051 微毛柃 （引自《图鉴》）

产河南、江苏南部、安徽、浙江、江西、福建、湖北西部、湖南、广东北部、广西、四川及贵州，生于海拔200-1700米山坡林中、林缘、灌丛中。为冬季优良蜜源植物。

38. 金叶柃 图 1052

Eurya aurea (Lévl.) Hu et L. K. Ling in Acta Phytotax. Sin 11: 332. 1966.

Rapanea aurea Lévl. in Fedde,

Reperte Sp. Nov. 10: 376. 1912.

小乔木或灌木状。幼枝具2棱，密被微毛。顶芽密被微毛。叶革质，椭圆形或卵状椭圆形，长5-10厘米，先端钝尖，基部楔形或宽楔形，密生细钝齿，上面被金黄色腺点，两面无毛，上面中脉凹下，侧脉9-11对；叶柄长2-4毫米，近无毛。花1-3朵腋生。花梗长1.5-3毫米，被微毛；雄花：小苞片2，圆形，被微毛；萼片5，近膜质，近圆形，被微毛，边缘无纤毛；花瓣5，白色，倒卵形，长3-4毫米；雄蕊13-15，花药无分格。雌花花瓣长圆形或卵形，长约2.5毫米；子房3室，无毛，花柱长约1毫米，顶端3深裂。果球形，径4-5毫米，紫黑色。花期11月至翌年2月，果期翌年7-9月。

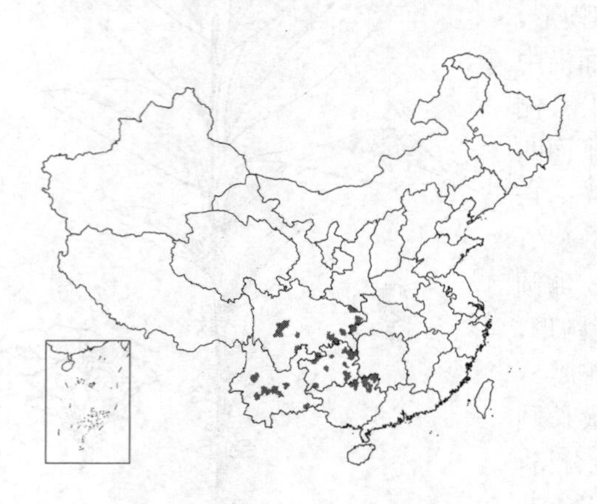

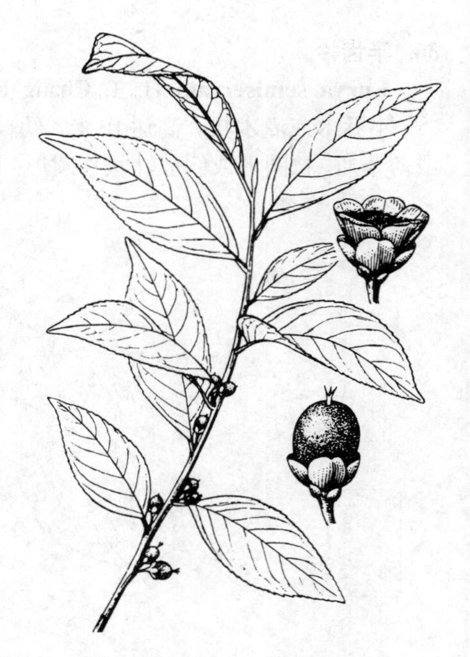

图 1052 金叶柃 （蔡淑琴绘）

产湖北西南部、广西东北部、四川、贵州及云南，生于海拔500-2600米山坡、山谷阴湿密林下、林缘或阴湿灌丛中。

39. 翅柃 图 1053

Eurya alata Kobuski in Journ. Arn. Arb. 20: 361. 1939.

灌木；全株无毛。幼枝具4棱。顶芽无毛。叶革质，长圆形或椭圆形，长4-7.5厘米，先端短尾尖，基部楔形，密生细齿，上面中脉凹下，侧脉6-8对；叶柄长约4毫米。花1-3朵簇生叶腋。花梗长2-3毫米，无毛；雄花：小苞片2，卵圆形；萼片5，近膜质，卵圆形；花瓣5，白色，倒卵状长圆形；雄蕊约15，花药无分格。雌花花瓣长圆形；子房3室，花柱长约1.5毫米，顶端3浅裂。果球形，径约4毫米，蓝黑色。花期10-11月，果期翌年6-8月。

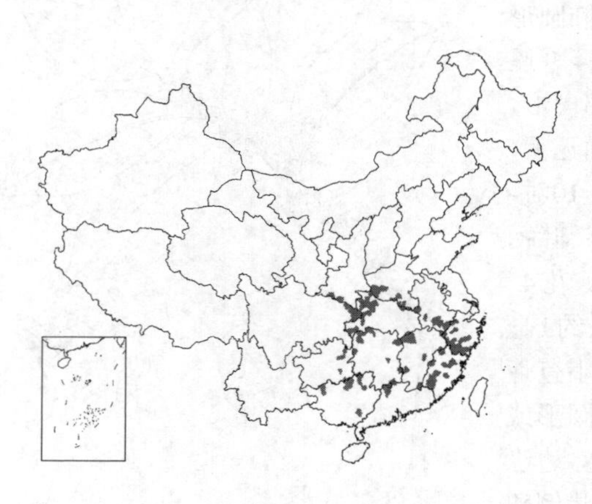

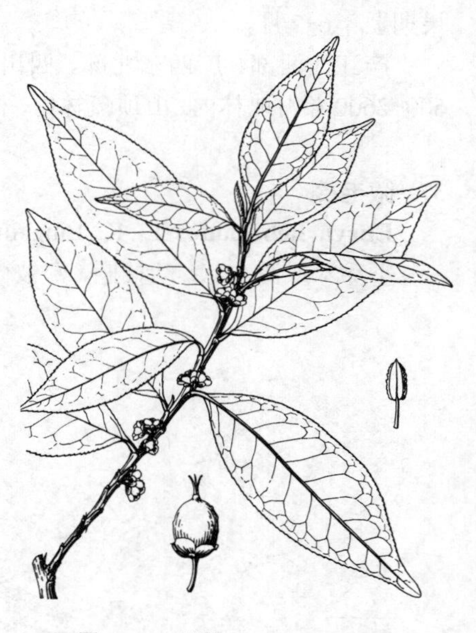

图 1053 翅柃 （引自《图鉴》）

产陕西南部、河南南部、安徽南部、浙江南部及西部、江西、福建、湖北西部、湖南、广东北部、广西、四川东部、贵州东部，生于海拔300-1600米山地沟谷、溪边密林中。

40. 岩柃 图 1054

Eurya saxicola H. T. Chang in Acta Phytotax. Sin. 3: 27. 1954.

灌木；全株无毛。幼枝具2棱。叶厚革质，倒卵形、倒卵状椭圆形、长圆状倒卵形或倒披针形，长1.5-3厘米，先端圆或钝，基部楔形，密生细齿，上面中脉凹下，侧脉5-7对，连同网脉在上面凹下；叶柄长2-3毫米。花1-4朵腋生。花梗长1.5-2毫米；雄花：小苞片2；萼片5，近圆形；花瓣5，倒卵形；雄蕊5（6），花药无分格。雌花花瓣倒卵形或卵形；

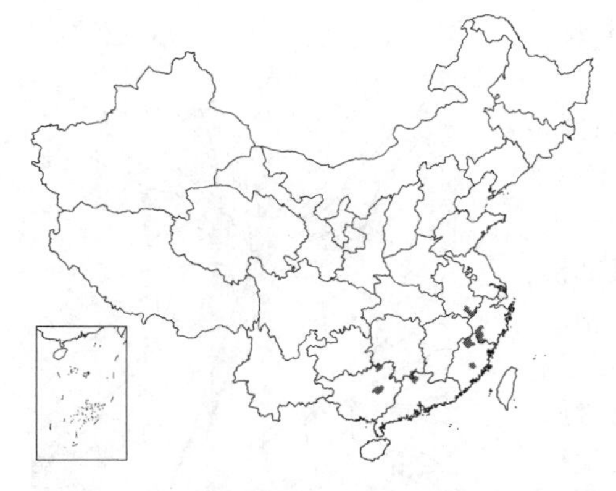

子房3室，花柱长达1毫米，顶端3裂。果球形，径3-4毫米，紫黑色。花期9-10月，果期翌年6-8月。

产安徽南部、浙江南部、福建北部及中部、湖南南部、广西、广东北部，生于海拔1500-2100米近山顶林下、悬岩石缝中、林缘、灌丛中。

［附］**毛岩柃 Eurya saxicola** f. puberula H. T. Chang in Acta Phytotax. Sin. 3: 27. 1954. 本变型与模式变型的区别：幼枝近圆柱形，有时具2浅棱，密被微毛。产江西东南部、福建西北及东南部、湖南南部、广东北部、广西东北部。

图 1054 岩柃 （引自《福建植物志》）

41. 云南凹脉柃 图 1055

Eurya cavinervis Vesque in Bull. Soc. Bot. France, 42: 158. 1895.

小乔木或灌木状；全株无毛。幼枝稍具2棱。叶厚革质或革质，窄椭圆形、长圆形、长圆状倒披针形、近倒卵形，长3-7厘米，先端稍短尾尖，基部楔形，上面被金黄色腺点，密生细齿，上面中脉凹下，侧脉8-10对，连同网脉在上面凹下；叶柄长2-5毫米。花1-3朵腋生。花梗长约2毫米；雄花：小苞片2，近圆形；萼片5，近圆形，边缘有黑褐色腺点；花瓣5，倒卵形；雄蕊5-7，花药无分格。雌花花柱长0.5-1毫米，顶端3浅裂。果球形，径3-4毫米。花期11月至翌年1月，果期翌年7-9月。

产云南西部及西北部、西藏东南部，生于海拔2300-3500米山地林下阴处。尼泊尔、锡金、不丹、印度东北部及缅甸北部有分布。

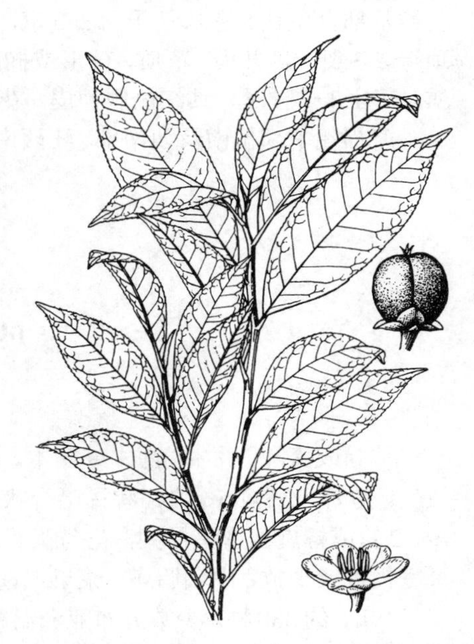

图 1055 云南凹脉柃 （蔡淑琴绘）

15. 茶梨属 Anneslea Wall.

（林来官）

常绿乔木或灌木。叶互生，常簇生枝顶，革质，全缘，稀具齿；具叶柄。花两性；着生近枝顶叶腋，单生或数朵组成近伞房花序状。花梗粗长；苞片2，常贴生于花萼之下，宿存或半宿存；萼片5，革质，基部连合，裂片5，宿存；花瓣5，覆瓦状排列，基部稍连生，中部常缢缩；雄蕊30-40，离生，着生花托内，花药线形，顶端长尖；子房半下位，2-3（5）室，每室3至数个胚珠，垂悬于子室上角，花柱单一，宿存，柱头（2）3（5）。果不裂或成熟后成浆果状，外果皮木质。种子具假种皮，胚弯曲。

约4种，分布于南亚及东南亚。我国1种、4变种。

茶梨 猪头果 图1056 彩片289

Anneslea fragrans Wall. Pl. Asiat. Rar. 1: 5. t. 5. 1830.

乔木或灌木状，高达15米。小枝无毛。叶椭圆形、窄椭圆形或披针状椭圆形，稀宽椭圆形或卵状椭圆形，长（6-）8-13（-15）厘米，宽（2）3-5.5（-7）厘米，先端短渐尖或短尖，稀钝或圆钝，基部楔形，全缘，稀疏生浅齿，稍反卷，下面密被红褐色腺点，侧脉10-12对；叶柄长2-3厘米。花数朵至10多朵聚生枝端及叶腋。花梗长3-5（-7）厘米；苞片2，卵圆形或三角状卵形，无毛，边缘疏生腺点；萼片5，宽卵形或近圆形，无毛；花瓣5，基部连合，裂片5，宽卵形；花丝基部与花瓣基部合生达5毫米；子房2-3室，每室数个胚珠，花柱长1.5-2毫米，顶端2-3裂。浆果状，革质，球形或椭圆状球形，径2-3.5厘米，萼宿厚革质。每室1-3种子，具红色假种皮。花期1-3月，果期8-9月。

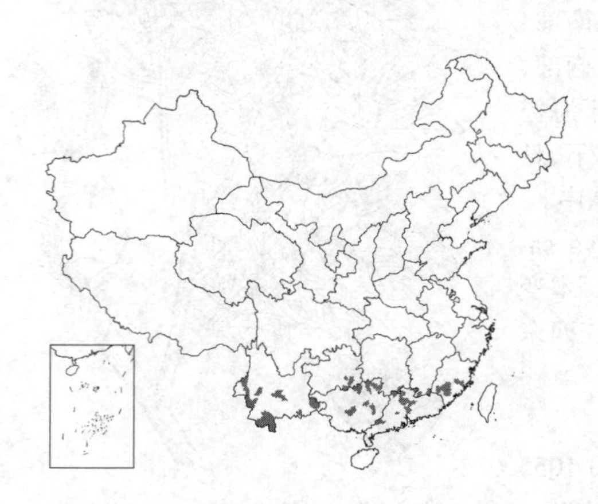

产福建中部偏南及西南部、江西南部、湖南南部、广东、广西、贵州东南部、云南，生于海拔300-2500米山坡林中、林缘、溪边阴湿地。越南、老挝、泰国、柬埔寨、缅甸、尼泊尔有分布。

图 1056 茶梨 （引自《图鉴》）

60. 猕猴桃科 ACTINIDIACEAE

（韦毅刚）

常绿或落叶，乔木、灌木或藤本。单叶互生；无托叶。花两性或单性，雌雄异株；聚伞花序、总状花序或单花腋生。萼片（2-3）5，覆瓦状稀镊合状排列；花瓣5或更多，覆瓦状排列，分离或基部合生；雄蕊10（-13）或极多，2轮或螺旋状密集排列，花药背着，纵裂或顶孔裂；雌蕊3至极多数，子房3至多室，花柱离生或合生，胚珠每室极多或少数，中轴胎座。浆果或蒴果。种子极多至1颗，具肉质假种皮。

4属，约380种，少数分布亚洲温带及大洋州，大部分种类产亚洲及美洲热带。我国4属106种。

1. 藤本；花两性或单性雌雄异株。
   2. 枝条髓心多片层状，少数实心；花单性雌雄异株，雄蕊多数，雌蕊多数，花柱离生；浆果，无棱；种子极多 ………………………………………… 1. **猕猴桃属 Actinidia**
   2. 枝条髓心、充实；花两性，雄蕊10，雌蕊5，花柱合生；蒴果，具5棱；种子5 ………………………………………… 2. **藤山柳属 Clematoclethra**
1. 乔木或灌木；花两性。
   3. 乔木或灌木；幼枝、叶柄、叶脉及花序梗常被鳞片；雄蕊多数，花柱3-5，离生或基部合生；浆果 ………………………………………… 3. **水东哥属 Saurauia**
   3. 乔木，植株无毛；雄蕊10-13，花柱3，合生；蒴果 ………………………… 4. **毒药树属 Sladenia**

1. 猕猴桃属 **Actinidia** Lindl.

落叶木质藤本，稀常绿；植株被毛或无毛，毛被多样。枝条髓心多片层状，稀实心。单叶互生，膜质、纸质或革质，具叶柄，具锯齿稀近全缘，羽状脉。花雌雄异株，聚伞花序或单花，稀多回分歧；具苞片。萼片2-5，分离或基部合生，覆瓦状稀镊合状排列；花瓣5-12；雄蕊多数；花药黄或黑色，丁字着生，2室，纵裂，常基部分叉；无花盘；子房上位，多室，中轴胎座，倒生胚珠多数，花柱与心皮同数，离生；雄花具退化雌蕊。浆果，球形、卵形或柱状长圆形。种子极多，细小。

约64种，少数分布俄罗斯远东地区、朝鲜、日本、喜马拉雅地区及中南半岛，主产我国，约57种、37变种。

本属植物果可生食；花为优良蜜源；许多种类株形优美、花果可供观赏。猕猴桃在我国民间利用有1千余年历史。果富含维生素C，营养价值极高，味美可口，也可加工成罐头、果酱、果汁、果酒。在我国、新西兰、日本、美国、英国、意大利、澳大利亚等国广泛栽培，培育出许多优良品种，成为世界著名珍贵水果。

1. 植株无毛或少数种类叶上面脉腋具髯毛，下面疏被糙伏毛，稀花序、萼片、子房稍被毛。
 2. 果无斑点，顶端具喙或无喙。
  3. 髓心片层状，白或褐色；花淡绿、白或红色，萼片4-6，花瓣5。
   4. 髓心白色，花白或淡绿色，子房瓶状；果顶端具喙；叶无白斑，下面粉绿色或非粉绿色。
    5. 叶下面非粉绿色。
     6. 叶基部非心形；花淡绿色。
      7. 叶下面脉腋具髯毛，或下部中脉及侧脉疏被卷曲柔毛，叶两侧对称。
       8. 叶近圆形或宽椭圆形，密生尖齿，叶下面脉腋具白色髯毛，果黄、黄绿、橙黄或紫褐色。
        9. 叶膜质，叶脉不明显；果黄绿色 ………………………………………………… 1. **软枣猕猴桃 A. arguta**
        9. 叶坚纸质，两面叶脉明显；果紫褐色 …………… 1(附). **凸脉猕猴桃 A. arguta** var. **nervosa**
       8. 叶卵形或矩圆形，锯齿浅圆，齿尖常内弯，叶下面脉腋具褐色髯毛；果紫红色 ………………………………………………………………………………… 1(附). **紫果猕猴桃 A. arguta** var. **purpurea**
      7. 叶下面被较密卷曲柔毛，叶两侧不对称 ……………… 1(附). **陕西猕猴桃 A. arguta** var. **giraldii**
     6. 叶基部心形；花白色 ………………………………………… 1(附). **心叶猕猴桃 A. arguta** var. **cordifolia**
    5. 叶下面粉绿色。
     10. 叶宽卵形、近圆形或倒卵形，长9-13厘米，宽5.5-8.5厘米；果圆柱形，长约4.5厘米，径达3.7厘米 ………………………………………………………………………………… 2. **河南猕猴桃 A. henanensis**
     10. 叶椭圆形或卵圆形，长5-11厘米，宽2.5-5厘米；果椭圆形或卵球形，长2.5-3厘米，径2.5厘米 ………………………………………………………………………………… 3. **黑蕊猕猴桃 A. melanandra**
   4. 髓心褐色；花白或红色，子房圆柱状；果顶端无喙；叶具白斑，下面非粉绿色。
    11. 叶两侧常不对称，具重锯齿 ……………………………………………………… 4. **狗枣猕猴桃 A. kolomikta**
    11. 叶两侧对称，具细锯齿。
     12. 叶先端长渐尖或尾尖，基部平截或浅心形，上面疏被软刺毛，下面无毛或脉腋疏被卷曲柔毛；花粉红色，多5数；果圆柱形 ………………………………………………… 5. **海棠猕猴桃 A. maloides**
     12. 叶先端骤短尖，上面近无毛，下面脉腋具白色髯毛或脱落无毛；花白色，多4数，果长卵形 …… ………………………………………………………………………………… 6. **四萼猕猴桃 A. tetramera**
  3. 髓心充实，白色；花白色，萼片2-5，花瓣5-12；叶间有白斑。
   13. 花瓣5，萼片（4）5，叶上面沿脉疏被小刺毛 ……………………………… 7. **葛枣猕猴桃 A. polygama**
   13. 花瓣5-12，萼片2-3；叶上面无毛。
    14. 萼片3，花瓣7-9，花药条状矩圆形，长2.5-4毫米；果卵形或倒卵形，喙较显著 ………………………………………………………………………………… 8. **对萼猕猴桃 A. valvata**

14. 萼片2–3，花瓣7–12，花药卵形，长1.5–2.5毫米；果球形，喙不显著。
15. 藤本；叶长8厘米，宽5厘米，具圆齿或近全缘，中脉及叶无软刺；萼片2，花瓣少于9 ………………………………………………………… 9. **大籽猕猴桃 A. macrosperma**
15. 灌木状藤本；叶长4–6厘米，宽2.5–3.5厘米，具斜齿，中脉及叶柄常被软刺；萼片2–3，花瓣7–12 ………………………………………… 9(附). **梅叶猕猴桃 A. macrosperma** var. **mumoides**
2. 果无斑点，顶端无喙。
16. 髓心充实。
17. 叶纸质或坚纸质，椭圆状披针形，上部近先端无粗齿 ………………… 10. **红茎猕猴桃 A. rubricaulis**
17. 叶革质，倒披针形，上部具粗齿 ………………… 10(附). **革叶猕猴桃 A. rubicaulis** var. **coriacea**
16. 髓心片层状。
18. 叶下面非粉绿色。
19. 髓心褐或淡褐色。
20. 小枝、叶下面、花序及花萼被绒毛或柔毛 ………………………… 11. **硬齿猕猴桃 A. callosa**
20. 各部多无毛，或叶下面脉腋具髯毛，上面偶被糙伏毛。
21. 叶上面疏被糙伏毛 ………………… 11(附). **毛叶硬齿猕猴桃 A. callosa** var. **strigillosa**
21. 叶上面无糙伏毛；萼片无毛。
22. 叶卵形、卵状椭圆形或倒卵形，具细齿，下面脉腋常具髯毛；果圆柱形，长达5厘米 ………………………………………… 11(附). **京梨猕猴桃 A. callosa** var. **henryi**
22. 叶常倒卵形，近先端锯齿较粗，下面脉腋无髯毛；果卵球形或近球形，长1.5–2厘米 ………………………………………… 11(附). **异色猕猴桃 A. callosa** var. **discolor**
19. 髓心白色；叶长卵形或长圆形 ………………………………………… 12. **显脉猕猴桃 A. venosa**
18. 叶下面粉绿色。
23. 髓心白色；花红色。
24. 叶多长圆形，基部宽楔形至浅心形，侧脉7–8对 ……………… 13. **华南猕猴桃 A. glaucophylla**
24. 叶卵形或卵状披针形，基部耳形，不对称，侧脉5–6对 ………………………………………… 13(附). **耳叶猕猴桃 A. glaucophylla** var. **asymmetrica**
23. 髓心褐色；花白或黄色。
25. 叶具圆齿；小枝、花序及萼片被褐色绒毛；花金黄色 ………… 14. **金花猕猴桃 A. chrysantha**
25. 叶具尖齿；小枝、花序及萼片无毛，或幼枝、叶下面中脉两侧及花序被颗粒状绒毛；花白色。
26. 叶长3.5–12厘米，先端短钝尖或渐尖，基部多宽楔形至圆，叶柄长2–3厘米 ………………………………………… 15. **中越猕猴桃 A. indochinensis**
26. 叶长4–8厘米，先端圆钝或微凹，基部楔形或宽楔形，叶柄长2厘米 ………………………………………… 16. **清风藤猕猴桃 A. sabiaefolia**
1. 植株各部多被毛，毛被发达。
27. 植株被硬毛、糙毛或刺毛，果具斑点。
28. 花枝密被糙毛或长硬毛；叶长卵形或长条形，基部浅心形或耳形；果径1.5厘米以下。
29. 植株毛多为锈色；两面中脉及侧脉被长硬毛或上面被长硬毛，下面密被糙伏毛 ………………………………………… 17. **美丽猕猴桃 A. melliana**
29. 植株毛为黄褐色；叶上面疏被伏毛，下面中脉被糙伏毛或短绒毛 ………………………………………… 18. **奶果猕猴桃 A. carnosifolia** var. **glaucescens**
28. 花枝无毛或疏被长硬毛；叶长方状椭圆形、长方状披针形或倒披针形，基部楔形至圆；果径1.5厘米以上。
30. 花枝及叶柄无毛或疏被黄褐色硬毛；叶脉无毛，长较宽大3倍以上，叶缘具乳突状细齿 ………………………………………… 19. **长叶猕猴桃 A. hemsleyana**

30. 小枝、叶柄及叶下面中脉被红褐色长硬毛；叶长较宽大2–3倍，叶缘具锯齿或上部具波状锯齿 ……………………………………………………………………………… 19(附). **粗齿猕猴桃 A. hemsleyana** var. **kengiana**

27. 植株多被柔毛、绒毛或绵毛，叶下面被分枝星状毛；果具斑点。

31. 叶下面被星状毛。

32. 叶两面被毛，上面被糙伏毛或刚伏毛，或中脉、侧脉疏被刚毛或糙伏毛。

33. 叶亚革质，卵状长圆形或卵状披针形，下面横脉及网脉显著，上面被短糙伏毛或硬伏毛，中脉及侧脉被长糙毛，或仅中脉、侧脉被长糙毛，余无毛 ……………………………… 20. **黄毛猕猴桃 A. fulvicoma**

33. 叶纸质，卵形或长卵形，下面横脉及网脉不显著，上面密被毡毛或柔糙毛 ……………………………………………………………………………… 20(附). **绵毛猕猴桃 A. fulvicoma** var. **lanata**

32. 叶下面被毛，或幼叶上面被毛，旋脱落。

34. 聚伞花序或总状花序，具5–10花或更多；叶下面被不明显星状毛。

35. 雄花序为总状花序，长14–20厘米，雌花序为一至二回分歧聚伞花序，长约5厘米 ……………………………………………………………………………… 20(附). **栓叶猕猴桃 A. suberifolia**

35. 雌、雄花序均为二至四回分歧聚伞花序，长6–7厘米。

36. 叶宽5–8.5厘米，基部圆或稍心形，叶柄长3–7厘米；花序具10花或更多，花序梗长2.5–8.5厘米 ……………………………………………………………………………… 21. **阔叶猕猴桃 A. latifolia**

36. 叶宽2–3厘米，基部楔形，叶柄长1–2厘米；花序具5–7花，花序梗长3–6毫米 ……………………………………………………………………………… 22. **小叶猕猴桃 A. lanceolata**

34. 花序一回分歧，1–3花；叶下面星状毛较明显。

37. 植株各部被白或淡黄色毛；果柱状卵圆形，长3.5–4.5厘米，密被乳白色绒毛 ……………………………………………………………………………… 23. **毛花猕猴桃 A. eriantha**

37. 植株各部被黄褐或锈色毛，至少花萼及果毛被显著。

38. 植株各部被绒毛，局部被粗糙绒毛；花枝之叶先端多平截或凹缺。

39. 果柄长3–4厘米，果径4–16厘米，果肉黄绿或绿色 ……………… 24. **中华猕猴桃 A. chinensis**

39. 果柄长4–5厘米，果径约3厘米，果肉淡红色 ……………………………………………………………………………… 24(附). **红肉猕猴桃 A. chinensis** var. **rufopulpa**

38. 植株被糙毛或硬毛，叶先端短尖或骤尖，稀平截或凹缺。

40. 小枝及叶柄被长硬毛或刺毛，果被硬毛，果皮黄褐色。

41. 叶倒卵形或宽倒卵形，长9–11厘米，宽8–10厘米，先端平截或骤尖，基部圆或窄浅心形，上面沿脉被黄褐色长硬毛；小枝及叶柄被黄褐色长糙毛或长硬毛 ……………………………………………………………………………… 25. **美味猕猴桃 A. deliciosa**

41. 叶宽卵形，长12–17厘米，宽10–15厘米，先端骤尖或短渐尖，基部常心形，上面被短糙毛；小枝及叶柄被锈色刺毛 ……………………………… 25(附). **刺毛猕猴桃 A. setosa**

40. 小枝及叶柄被粗绒毛；幼果被硬毛，果熟时脱落，仅果两端疏被毛，果暗绿色 ……………………………………………………………………………… 25(附). **绿果猕猴桃 A. deliciosa** var. **chlorocarpa**

31. 叶下面疏被柔毛及星状毛，有时近无毛。

42. 花期前幼叶下面密被星状毛或单毛，

43. 叶两侧对称，基部非平截心形或浅心形 ……………………………… 25(附). **桂林猕猴桃 A. guilinensis**

43. 叶两侧极不对称，基部平截心形或浅心形 ……………………………… 25(附). **贡山猕猴桃 A. pilosula**

42. 花期前幼叶下面毛被稀疏。

44. 叶下面非粉绿色 ……………………………………………………………… 26. **大花猕猴桃 A. grandiflora**

44. 叶下面带粉绿色 ……………………………………………………… 26(附). **星毛猕猴桃 A. stellato-pilosa**

1. 软枣猕猴桃 图 1057：1-5 彩片 290

Actinidia arguta（Sieb. et Zucc.）Planch. ex Miq. in Ann. Mus. Bot. Ludg.-Bat. 3：15. 1867.

Trochostigma arguta Sieb. et Zucc. in Abh. Akad. Wiss. Wien, Math-Nat. 3：727. 1843.

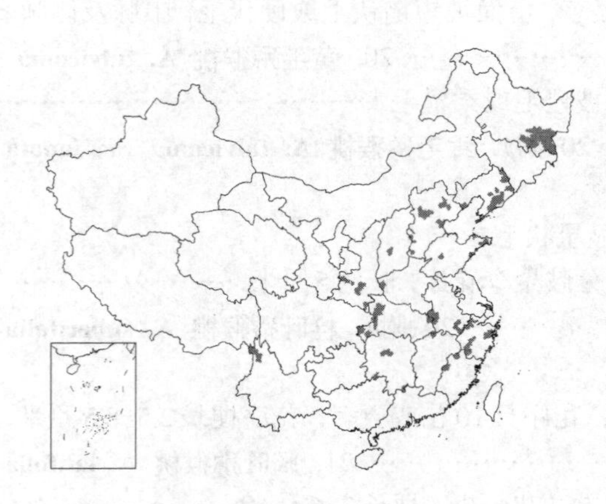

落叶藤本。幼枝疏被毛，后脱落，皮孔不明显，髓心片层状，白至淡褐色。叶膜质，宽椭圆形或宽倒卵形，长8-12厘米，先端骤短尖，基部圆或心形，常偏斜，具锐锯齿，上面无毛，下面脉腋具白色髯毛，叶脉不明显，叶柄长2-8厘米。腋生聚伞花序具3-6花，被淡褐色短绒毛，花序梗长0.7-1厘米。花绿白或黄绿色，径1.2-2厘米；花梗长0.8-1.4厘米；萼片4-6，卵圆形或长圆形，长3.5-5毫米；花瓣4-6，楔状倒卵形或瓢状倒卵形，长7-9毫米；花药暗紫色，长1.5-2毫米；花柱长3.5-4毫米。果柄长1.5-2.2厘米；果黄绿色，球形、椭圆形或长圆形，长2-3厘米，径约1.8厘米，具钝喙及宿存花柱，无毛，无斑点，基部无宿萼。染色体2n=116。

产黑龙江、吉林、辽宁、河北、山西、陕西、河南、山东、安徽南部、浙江、福建西北部、江西北部、湖北西部、湖南及云南西北部，生于海拔600-3600米山地林中。朝鲜及日本有分布。本种天然分布产量高，民间利用历史悠久，适于引种栽培作果树或庭园绿化用。

［附］**凸脉猕猴桃** 图 1057：6 **Actinidia arguta** var. **nervosa** C. F. Liang, Fl. Reipub. Popul. Sin. 49(2)：206. 309. pl. 57. f. 11. 1984. 本变种与模式变种的区别：叶坚纸质，叶脉明显，果熟时紫褐色。产河南、浙江、云南及四川，生于海拔900-2400米山地林中。

［附］**紫果猕猴桃** 图 1057：7-11 **Actinidia arguta** var. **purpurea**（Rehd.）C. F. Liang, Fl. Reipub. Popul. Sin. 49(2)：208. 1984. —— *Actinidia purpurea* Rehd. in Sarg. Pl. Wilson. 2：378. 1915. 本变种与模式变种的区别：叶纸质，卵形或长圆形，锯齿浅圆，齿尖常内弯；花药黑色；果柱状卵圆形，熟时紫红色。产陕西、四川、湖北、湖南、广西、云南及贵州，生于海拔700-3600米山地林中。

［附］**陕西猕猴桃** 图 1057：12 **Actinidia arguta** var. **giraldii**（Diels）Voroshilov in Byull. Glavn. Bot. Sada（Moscow）84：33. 1972. —— *Actinidia giraldii* Diels in Bot. Jahrb. 36, Beilbl. 82：75. 1905. 本变种与模式变种的区别：叶纸质，先端骤尖，基部圆或微心形，下面被卷曲柔毛，中部较密；花药黑色；果卵圆形，喙较尖。染色体2n=58。产河南、陕西、湖北及湖南，生于海拔约1000米山地林中。

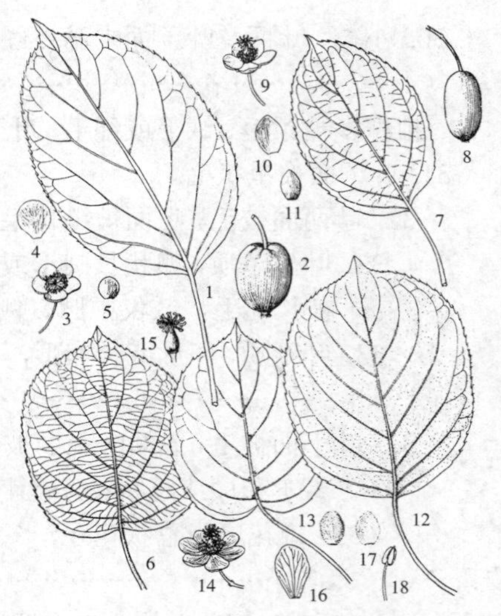

图 1057：1-5. 软枣猕猴桃 6. 凸脉猕猴桃 7-11. 紫果猕猴桃 12. 陕西猕猴桃 13-18. 心叶猕猴桃 （刘宗汉 何顺清绘）

［附］**心叶猕猴桃** 图 1057：13-18 **Actinidia arguta** var. **cordifolia**（Miq.）Bean, Trees and Shrubs Brit. Isl. 1：162. 1914. —— *Actinidia cordifolia* Miq. in Ann. Mus. Bot. Ludg.-Bat. 3：15. 1876. 本变种与模式变种的区别：叶宽卵形或圆形，先端骤尖，基部心形；花乳白色，花药黑色。产吉林、辽宁、山东、河南、陕西、湖北及浙江，生于海拔700米以上山地林中。朝鲜及日本有分布。

2. 河南猕猴桃 图 1058

Actinidia henanensis C. F. Liang in Guihaia 2(1)：1. 1982.

落叶藤本。枝髓心褐色，片层状。叶宽卵形、近圆形或倒卵形，长9-13厘米，宽5.5-8.5厘米，先端尾尖，基部圆，具锐齿，上面无毛，下面稍被白霜，侧脉腋部具髯毛；叶柄长3-4厘米。聚伞花序3-5花，无毛，花

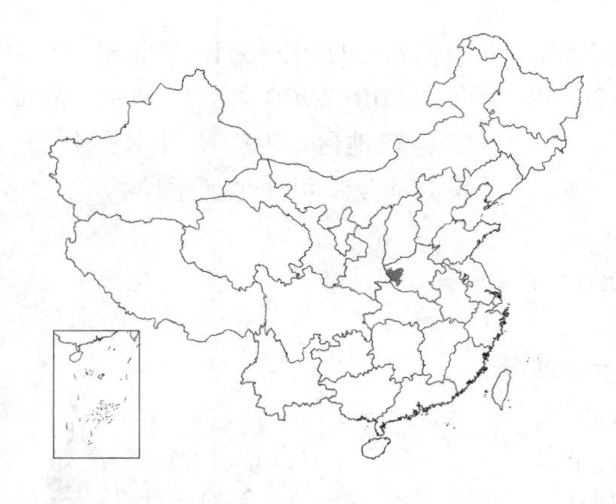

序梗长约1.2厘米。花径2.5-3厘米；萼片5，卵形，长5毫米，具缘毛；花瓣5，绿黄色，瓢状倒卵形，长不及1.2厘米。果圆柱形，长约4.5厘米，径3.7厘米，喙不明显，初黄绿色，熟时暗红色，无毛，无斑点。种子极少。

产河南西部，生于山地林中。

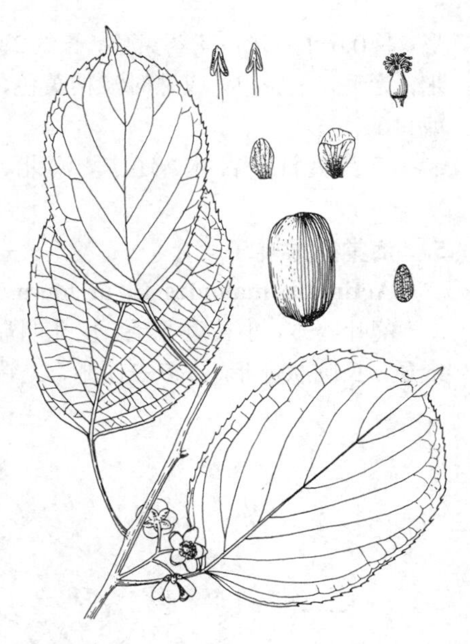

图 1058 河南猕猴桃 （黄门生绘）

3. 黑蕊猕猴桃 图 1059

Actinidia melanandra Franch. in Journ. de Bot. 8: 278. 1984.

落叶藤本。小枝无毛，皮孔不明显；髓心灰褐色，片层状。叶坚纸质，椭圆形或卵圆形，长5-11厘米，宽2.5-5厘米，先端骤尖或短渐尖，基部楔形、圆或平截，具细齿，下面微被白粉，脉腋具簇毛，叶脉不明显；叶柄无毛，长1.5-5.5厘米。雄聚伞花序具3-5花，花序梗长1-1.2厘米，花梗长0.7-1.5厘米；雌花单生，白色，径1.5-2.5厘米，萼片（4）5，卵形或长方状卵形，长3-6毫米，缘毛流苏状，花瓣（4）5（6），匙状倒卵形，长0.6-1.3厘米，花药黑色，长约2毫米；子房长约7毫米，花柱长4-5毫米。果椭圆形或卵圆形，长2.5-3厘米，径2.5厘米，无毛，无斑点，具喙，无宿萼。染色体2n=116。

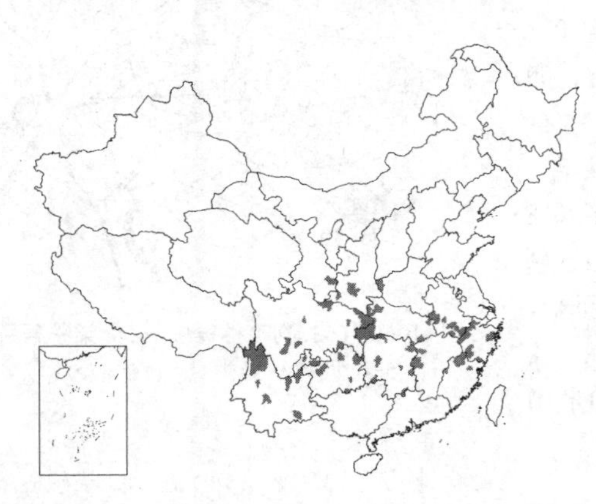

产陕西南部、河南西部、安徽、浙江、福建、江西、湖北、湖南、贵州、云南、四川及甘肃，生于海拔1000-1600米山地林中。

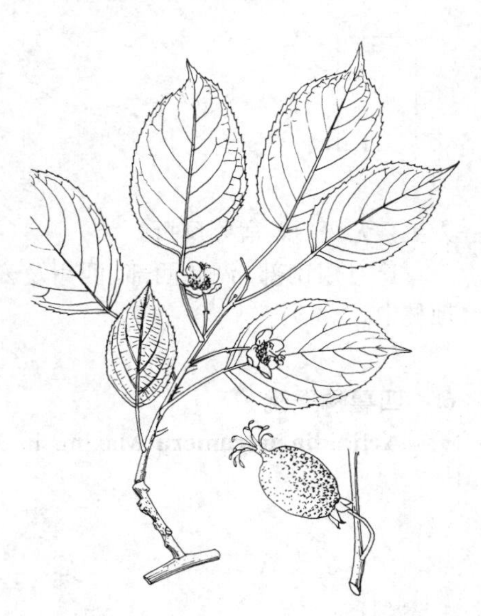

图 1059 黑蕊猕猴桃 （何顺清绘）

4. 狗枣猕猴桃 图 1060：1-3 彩片 291

Actinidia kolomikta (Maxim.) Maxim. in Mém. Acad. Sci. St. Pétersb. Sav. Etrang 9: 63. 1859.

Prunus kolomikta Maxim. in Bull. Phys.-Math. Pétersb. 15: 129. 1856.

落叶藤本。小枝髓心褐色，片层状。叶膜质或薄纸质，宽卵形、卵圆形、椭圆状卵形或长圆状倒卵形，长6-15厘米，先端骤尖或短渐尖，基部心形，稀圆或平截，两侧不对称，具重锯齿或兼具单锯齿，上面疏被软刺毛；叶柄长2.5-5厘米。雄聚伞花序具（1-）3（-5）花，花序梗长0.8-1.2厘米；花梗长4-8毫米；雌花或两性花单生。苞片小，钻形，长不及1毫米；花白或粉红色，径1.5-2厘米；萼片5，卵圆形，长4-6毫米，具细缘毛；花瓣5，长圆形，长0.6–1厘米；花药黄色，长约2毫米。果多长圆状卵圆形，长2–2.5厘米，无毛，无斑点，成熟时淡桔黄色，具深色纵纹，无宿萼。染色体2n=58或116。

产黑龙江、吉林、辽宁、河北、陕西南部、河南、湖北西部、湖南西南部、四川及云南东北部，生于海拔800–2900米山地林中。俄罗斯远东地区、朝鲜及日本有分布。果具香味，可生食及酿酒。

5. 海棠猕猴桃 图 1060：4

Actinidia maloides Li in Journ. Arn. Arb. 33: 25. 1952.

落叶藤本，小枝近无毛，皮孔明显，髓心淡褐色，片层状。叶膜质至薄纸质，长圆状卵形，长5–9厘米，先端长渐尖或尾尖，基部平截或浅心形，具紫红色细齿，上面疏被软刺毛，下面无毛或脉腋被卷曲疏柔毛；叶柄长1.5–3.5厘米。花序具1–3花，花序梗近无毛，长5–8毫米。花梗被微毛，长0.5–1厘米；花粉红色，径约1.5厘米；萼片4–5，卵形或长圆状卵形，长4–5毫米，具睫毛，内面被微绒毛；花瓣5–6，倒宽卵形，长约8毫米；花药黄色，长约2.5毫米。果圆柱形，长约2厘米，无毛，无斑点，宿萼反折。

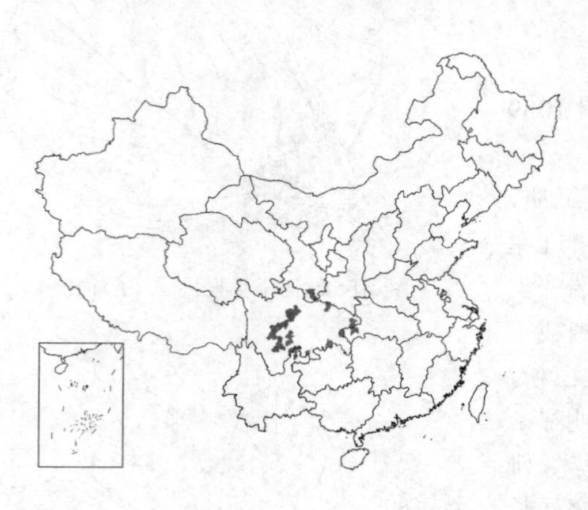

产甘肃南部、湖北西部、四川及云南东北部，生于海拔1300–2200米山地林中。

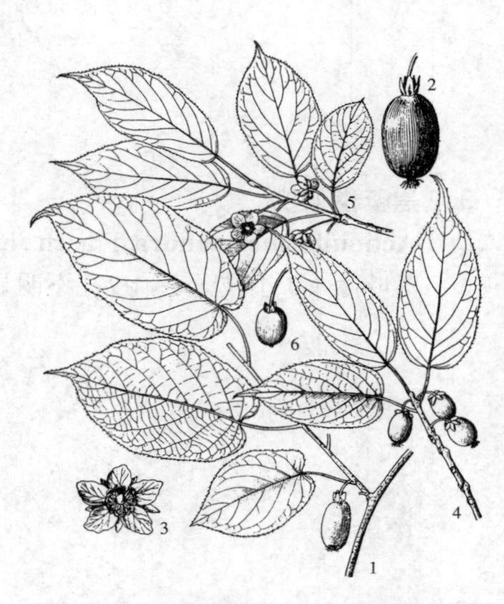

图 1060: 1–3. 狗枣猕猴桃 4. 海棠猕猴桃 5–6. 四萼猕猴桃 （何顺清绘）

6. 四萼猕猴桃 图 1060：5–6

Actinidia tetramera Maxim. in Acta Hort. Petrop. 11: 35. 1890.

落叶藤本。花枝红褐色，无毛，皮孔显著，髓心褐色，片层状。叶纸质，常集生枝顶，有时具白或淡红色斑，窄长圆状卵形、长圆状椭圆形或椭圆状披针形，长4–10厘米，先端骤短尖，基部宽楔形或近圆，具细齿，上面无毛，下面脉腋具白色髯毛，中脉常被白色刺毛；叶柄长1.5–3厘米。花白色，杂性，单生或2–3朵集生。萼片4（5），长圆状卵形，长4–5毫米，无毛，具睫毛；花瓣4（5），倒长卵圆形，长0.6–1厘米；花药黄色，长圆形，长约1.5毫米；花柱长约4毫米。果长卵球形，长1.5–2厘米，无毛，无斑点，熟时金黄色，宿萼反折。染色体2n=58。

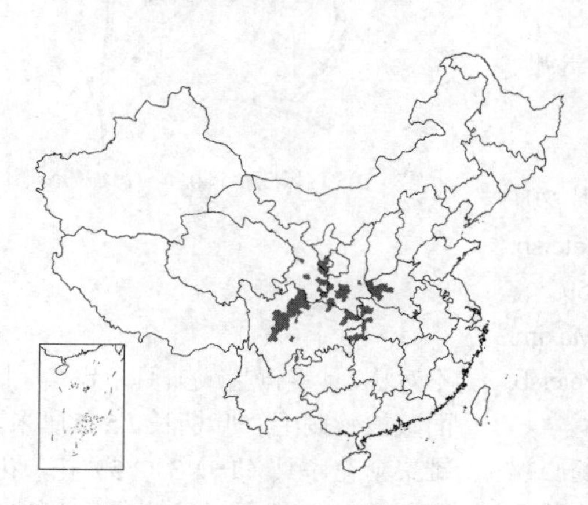

产河南、陕西、甘肃、宁夏、湖北西部、四川及云南东北部，生于海拔1100–2700米山地林中。

7. 葛枣猕猴桃 木天蓼 图 1061：1–3

Actinidia polygama Franch. et Sav. Enum. Fl. Jap. 1: 59. 1873.

落叶藤本。小枝近无毛，髓实心，白色。叶膜质至薄纸质，卵形或卵状椭圆形，长7–14厘米，先端渐尖，基部圆或宽楔形，具细锯齿，上面疏生小刺毛，下面沿中脉及侧脉被卷曲微柔毛，有时中脉疏被小刺毛，叶脉较显著；叶柄近无毛或疏被刚毛，长1.5-4.5厘米。雄聚伞花序具1-3花，花序梗密被褐色绢毛，花梗微被柔毛，中部具节；雌花单生。苞片小，长约1毫米；花白色，径2-2.5厘米；萼片（4）5，卵形或椭圆形，长5-7毫米，被毛或近无毛；花瓣5，倒卵形或长圆状卵圆形，长0.8-1.3厘米；花药黄或褐色，卵状箭头形，长1-1.5毫米；子房长4-6毫米，花柱长3-4毫米。果卵球形或柱状卵球形，长2.5-3厘米，无毛，无斑点，具短喙，成熟时淡桔红色，具宿萼。染色体2n=58或=116。

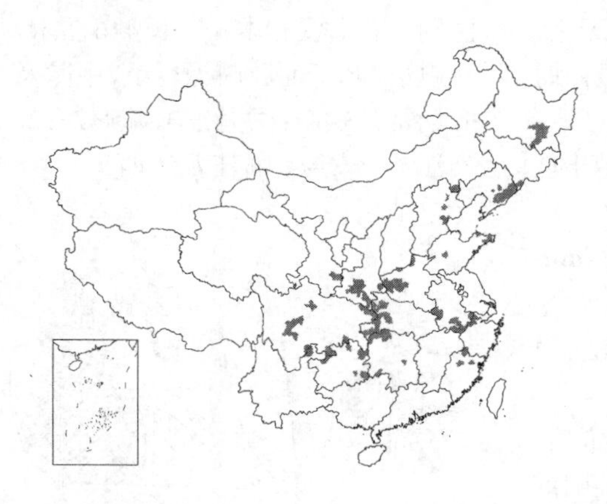

产黑龙江、吉林、辽宁、内蒙古、河北、山东、河南、陕西、甘肃东南部、安徽、浙江西北部、福建北部、湖北、湖南、四川、贵州及云南，生于海拔500-1900米山地林中。俄罗斯远东地区、朝鲜及日本有分布。果味酸甜，可生食或酿酒。

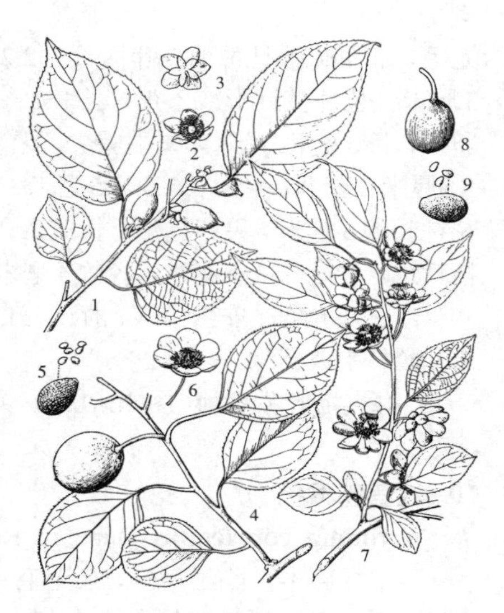

图 1061: 1-3. 葛枣猕猴桃 4-6. 大籽猕猴桃 7-9. 梅叶猕猴桃 （何顺清绘）

8. 对萼猕猴桃 图 1062

Actinidia valvata Dunn in Journ. Linn. Soc. Bot. 39: 404. 1911.

落叶藤本。小枝近无毛，髓实心，白色。叶近膜质，宽卵形或长卵形，长5-13厘米，先端渐尖或圆，基部宽楔形或平截稍圆，具细齿，无毛，叶脉不显著；叶柄无毛，长1.5-2厘米。花序具2-3花或单花，花序梗长约1厘米；苞片钻形，长1-2毫米。花白色，径约2厘米；花梗长不及1厘米，被微毛；萼片3，卵形或长圆状卵形，长6-9毫米，无毛或稍被微毛；花瓣7-9，长圆状倒卵形，长1-1.5厘米；花药橙黄色，长2.5-4毫米；子房长约5毫米，无毛。果卵形或倒卵状，长2-2.5厘米，无斑点，具尖喙，橙黄色，宿萼反折。染色体2n=116。花期5月上旬。

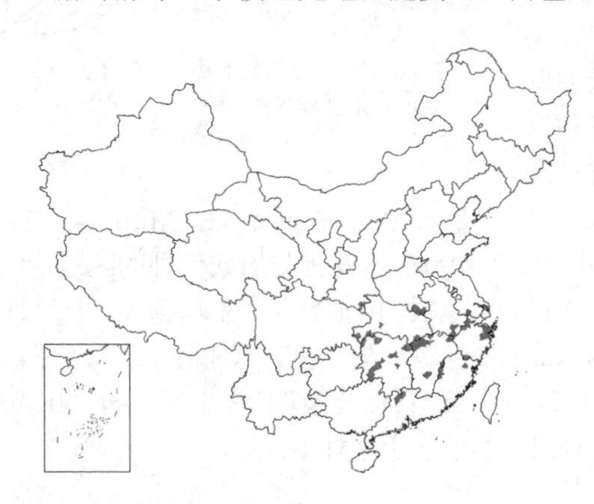

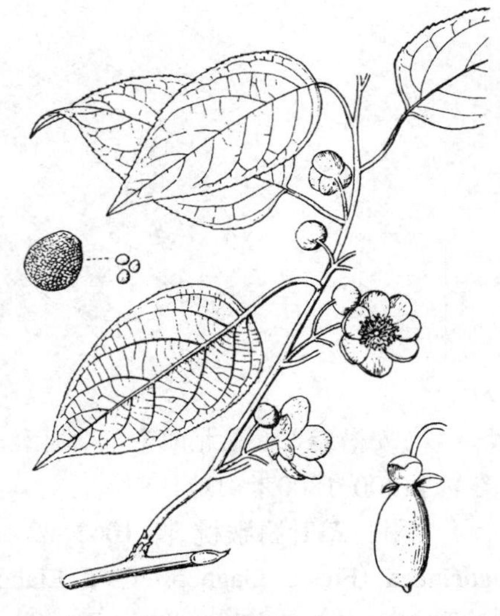

图 1062 对萼猕猴桃 （何顺清绘）

产河南东南部、江苏、安徽南部、浙江、福建、江西、湖北、湖南、广东北部及陕西东南部，生于低山山谷林中。

9. 大籽猕猴桃 图 1061：4-6 彩片 292

Actinidia macrosperma C. F. Liang, Fl. Reipub. Popul. Sin. 49(2): 220. 311. pl. 60. f. 4-6. 1984.

落叶藤本。小枝近无毛，髓实心，白色。叶近革质，卵形或椭圆形，长3-8厘米，先端渐尖，骤尖或圆，基部宽楔形或圆，具圆齿或近全缘，上面

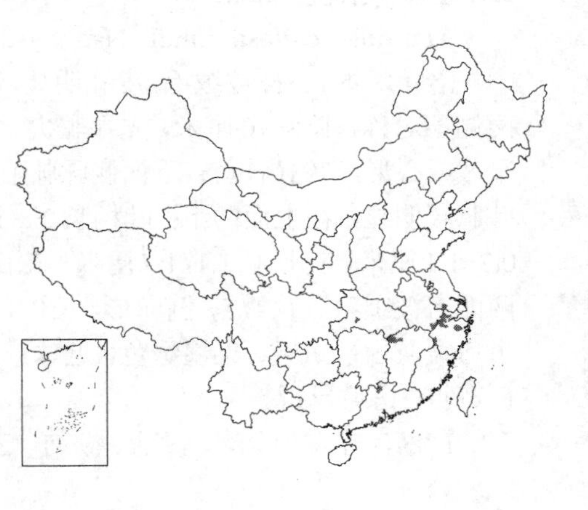

无毛，下面脉腋具髯毛；叶柄长1-2.2厘米，无毛。花常单生，白色，径2-3厘米；苞片披针形或条形，长1-2毫米，具腺状缘毛。萼片2，卵形或长卵形，长0.6-1.2厘米，先端骤尖，无毛；花瓣5-6（9）瓢状倒卵形，长1-1.5厘米；花药黄色，长1.5-2.5毫米；子房长6-8毫米，径约7毫米，无毛，花柱长约5毫米。果卵球形，长3-3.5厘米，无斑点，具乳头状喙，成熟时桔黄色。种子长4-5毫米，径约4毫米。染色体2n=116。

产江苏南部、安徽南部、浙江、江西西北部、湖北及广东北部，生于低山丘陵林中或林缘。

［附］**梅叶猕猴桃** 图1061：7-9 **Actinidia macrosperma** var. **mumoides** C. F. Liang, Fl. Reipub. Popul. Sin. 49(2)：220. 312. pl. 60. f. 7-9. 1984. 本变种与模式变种的区别：灌木状藤本；叶长4-6厘米，具斜齿，叶下面脉腋无髯毛，中脉及叶柄常被软刺；萼片2-3，花瓣7-12。产江苏、安徽、浙江及江西。

10. 红茎猕猴桃 图1063：1

Actinidia rubricaulis Dunn in Kew Bull. 1906：2. 1906.

半常绿藤本；除子房外，余无毛。髓实心，灰白色。叶纸质或坚纸质，椭圆状披针形，稀长圆状卵形，长7-12厘米，近先端无粗齿，基部钝圆或宽楔状钝圆，具细齿，上面叶脉稍凹下或平；叶柄长1-3厘米。花单生，白色，径约1厘米。萼片4-5，卵圆形或长圆状卵形，长4-5毫米；花瓣5，瓢状倒卵形，长5-6毫米；花丝粗短，花药长1.5-2毫米；子房长约2毫米。果暗绿色，卵圆形或柱状卵圆形，长1-1.5厘米，幼时被绒毛，后无毛，无喙，具斑点，具宿萼。染色体2n=58。

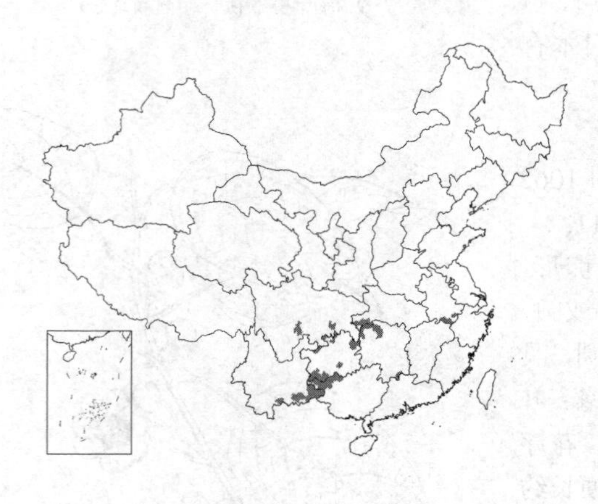

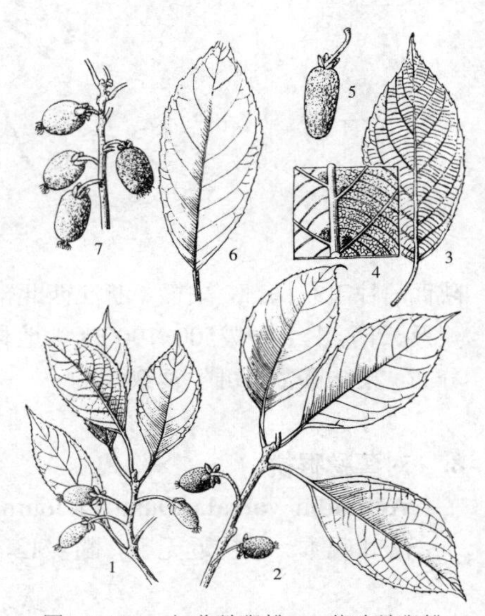

图 1063：1. 红茎猕猴桃 2. 革叶猕猴桃 3-5. 京梨猕猴桃 6-7. 异色猕猴桃
（何顺清绘）

产安徽南部、湖北西南部、湖南、广西西北部、云南、贵州及四川，生于海拔300-1800米山地林中。

［附］**革叶猕猴桃** 图1063：2 彩片293 **Actinidia rubricaulis** var. **coriacea**（Fin. et Gagnep.）C. F. Liang, Fl. Reipub. Popul. Sin. 49(2)：224. 1984. —— *Actinidia callosa* Lindl. var. *coriacea* Fin. et Gagnep. in Bull. Soc. Bot. France 52, Mém. 4：20. 1905. 本变种与模式变种的区别：叶革质，倒披针形，先端骤尖，上部具粗齿；花红色。产湖北、湖南、广西、云南、贵州及四川，生于海拔1000米以上山地林中。

11. 硬齿猕猴桃 京梨 图1064 彩片294

Actinidia callosa Lindl. Nat. Syst. ed. 2, 439. 1835.

落叶藤本。小枝被绒毛，皮孔明显，髓心淡褐色。叶卵形或长圆状卵形，两侧不对称，长8-10厘米，先端骤尖、长渐尖、钝或圆，基部宽楔形、圆、平截或心形，细锯齿短斜，下面侧脉脉腋具髯毛，或沿中脉及叶柄疏被绒毛，叶脉较明显，在上面凹下；叶柄长2-8厘米。花序具1（-3）花，花序梗长0.7-1.1厘米。花梗长1.1-1.7厘米。花白色，径约1.5厘米；萼片5，卵形，两面密被绒毛；花瓣5，倒卵形，长0.8-1厘米；花药黄色，长1.5-2毫米；子房被灰白色绒毛。果墨绿色，近球形或卵圆形，长1.5-4.5厘米，被淡褐色斑点，宿萼反折。

产浙江东部、台湾、湖北、湖南、云南、贵州及四川。锡金、不丹及印度有分布。

［附］**毛叶硬齿猕猴桃 Actinidia callosa** var. **strigillosa** C. F. Liang, Fl. Reipubl. Popul. Sin. 49(2)：228. 315. pl. 64. f. 14-16. 1984. 本变种与模式变种的区别：小枝无毛；叶纸质或近膜质，宽卵形或长圆状长卵形，上面疏被糙伏毛，具芒刺状齿；萼片两面无毛。产湖南、贵州及广西，生于海拔750-1400米山地林中。

［附］**京梨猕猴桃** 图 1063：3–5 **Actinidia callosa** var. **henryi** Maxim. in Acta Hort. Petrop. 11：36. 1890. 本变种与模式变种的区别：小枝无毛；叶卵形、卵状椭圆形或倒卵形，下面脉腋常具髯毛，锯齿细小；果圆柱形，长达5厘米。染色体2n=116。产安徽、浙江、福建、江西、湖北、湖南、广东、广西、云南、贵州、四川、陕西及甘肃，生于海拔约1000米山地林中或林缘。

［附］**异色猕猴桃** 图 1063：6–7 **Actinidia callosa var. discolor** C. F. Liang, Fl. Reipub. Popul. Sin. 49(2)：228. 315. pl. 64. f. 6–7. 1984. 本变种与模式变种的区别：小枝无毛；叶近革质，常倒卵形，上部具粗齿，两面无毛，叶脉显著；萼片无毛；果长1.5–2厘米。染色体2n=116。产安徽、浙江、福建、台湾、江西、湖南、广东、广西、云南、贵州及四川，生于海拔1000米以下山地林中或林缘。

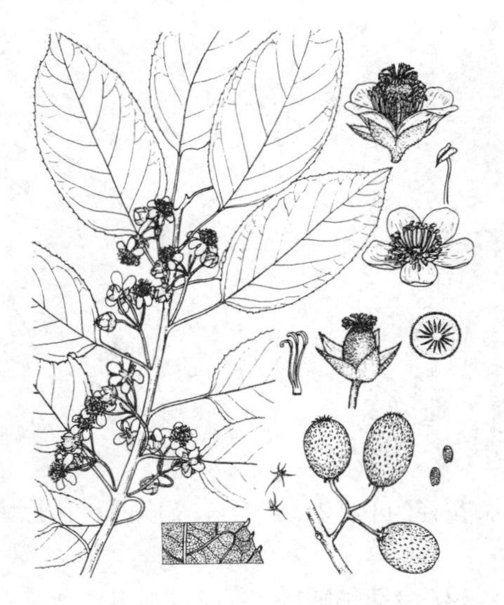

图 1064 硬齿猕猴桃 （引自《Fl. Taiwan》）

12. 显脉猕猴桃 图 1065

Actinidia venosa Rehd. in Sarg. Pl. Wilson. 2：383. 1915.

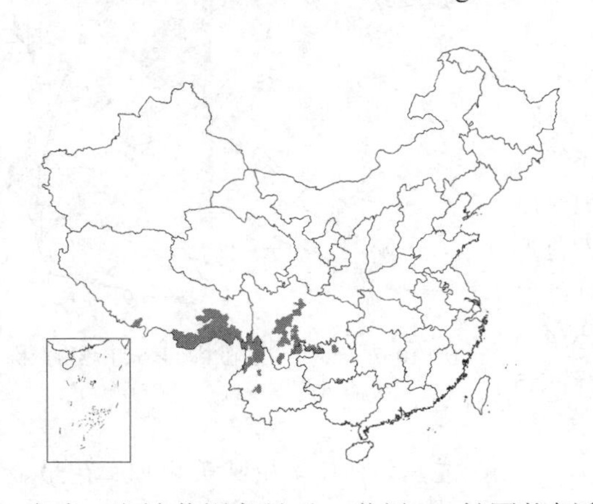

落叶藤本。小枝皮孔显著，髓心白色，片层状。叶纸质，长卵形或长圆形，长5–15厘米，先端短尖或渐尖，基部宽楔形或平截，两侧常不对称，具锯齿或细齿，无毛，网脉细密；叶柄长2–4厘米。聚伞花序1–2回分歧；苞片披针形，长约3毫米，被黄褐色短绒毛。花淡黄色，径约1.5厘米；萼片5，长卵形，长4–5毫米，密被黄褐色绒毛；花瓣5，长圆状倒卵形，长0.8–1厘米；花药黄色，长1.5毫米；子房长2.5毫米，密被黄褐色绒毛。果绿色，卵圆形或球形，长约1.5厘米，毛渐脱落近无毛，具淡褐色圆点，花柱宿存，宿萼反折。花期6月下旬至7月中旬。

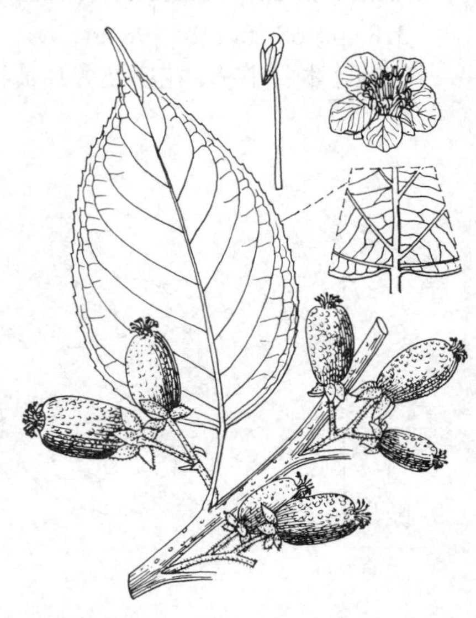

图 1065 显脉猕猴桃 （冯先洁绘）

产云南、贵州东南部及北部、四川、西藏东南部，生于海拔1200–2400米山地林中。

13. 华南猕猴桃 图 1066 彩片 295

Actinidia glaucophylla F. Chun in Sunyatsenia 7：14. 1948.

落叶藤本；全株无毛或仅子房被毛。枝髓心白色，片层状。叶多长圆形，长7–12厘米，宽3–5厘米，先端渐尖或短尖，基部宽楔形至浅心形，具细齿，无毛，侧脉7–8对；叶柄长1.2–2.5厘米，花序常具3花，花序梗长0.2–2.5厘米。花梗长3–5毫米；苞片钻形。花淡红色，径约8毫米；萼片5，长3–5毫米；花瓣5，倒卵形，长4–6毫米；花药黄色，长1.5–2毫米；子房长2.5–3毫米，近无毛。果灰绿色，圆柱形或卵状圆柱形，长1.5–1.8厘米。

产湖南、广东、广西及贵州中部和东南部，生于海拔1000米以下灌丛、林中。

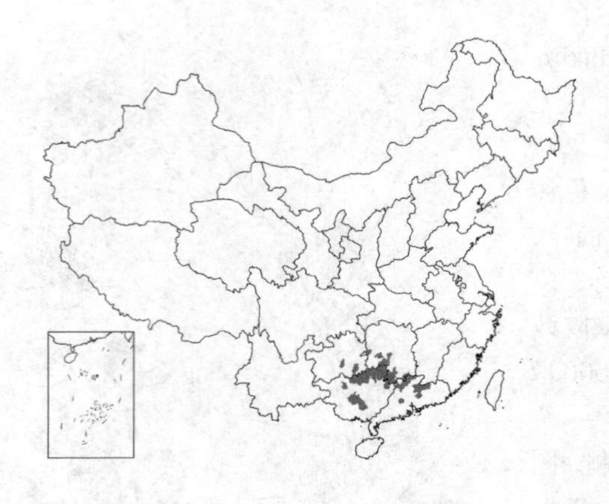

［附］**耳叶猕猴桃** 彩片296 **Actinidia glaucophylla** var. **asymnetrica** (F. Chun) C. F. Liang, Fl. Reipub. Popul. Sin. 49(2): 234. 1984. —— *Actinidia asymmetrica* F. Chun in Sunyatsenia 7: 13. 1948. 本变种与模式变种的区别：叶卵形或卵状披针形，基部耳形，不对称，侧脉5-6对；花序梗长4-5毫米，花径约1厘米。产广东及广西，生于海拔500-900米山地林中。

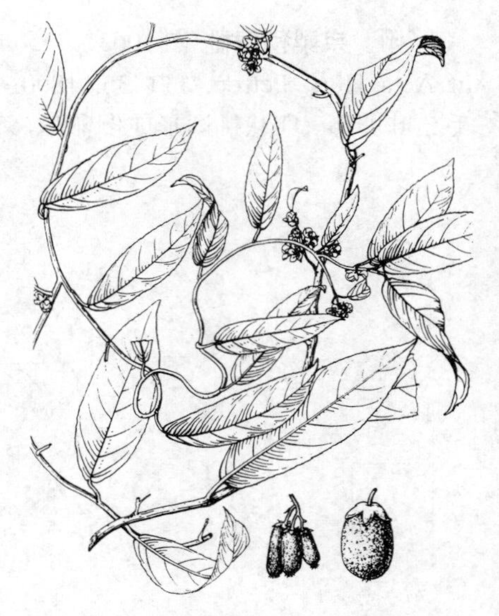

图 1066 华南猕猴桃 （何 平绘）

14. 金花猕猴桃 图1067：1-3 彩片297

Actinidia chrysantha C. F. Liang, Fl. Reipub. Popul. Sin. 49(2): 236. 318. pl. 68. f. 1-3. 1984.

落叶藤本；小枝、花序及萼片被褐色绒毛。小枝皮孔显著，髓心褐色，片层状。叶纸质，宽卵形、卵形或披针状长卵形，长7-14厘米，宽4.5-6.5厘米，先端骤短尖或渐尖，基部浅心形、平截或宽楔形，具圆齿，无毛，叶脉不发达；叶柄长2.5-5厘米，无毛。花序1-3花，被褐色绒毛，花序梗长6-9毫米。花金黄色，径1.5-1.8厘米；花梗长约7毫米；苞片小，卵形，长约1毫米；萼片5，卵形或长圆形，长4-5毫米，两面被毛；花瓣5，瓢状倒卵形，长7-8毫米；花药黄色，长约1.5毫米，子房密被褐色绒毛。果近球形，褐或绿褐色，无毛，具枯黄色斑点，长3-4厘米，径2.5-3厘米，萼片宿存。染色体2n=116。

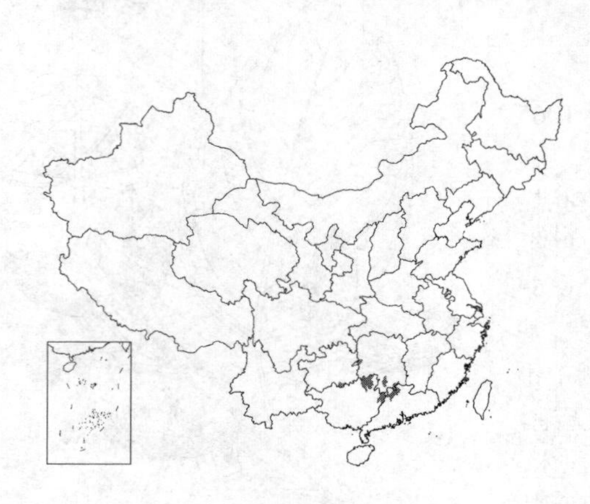

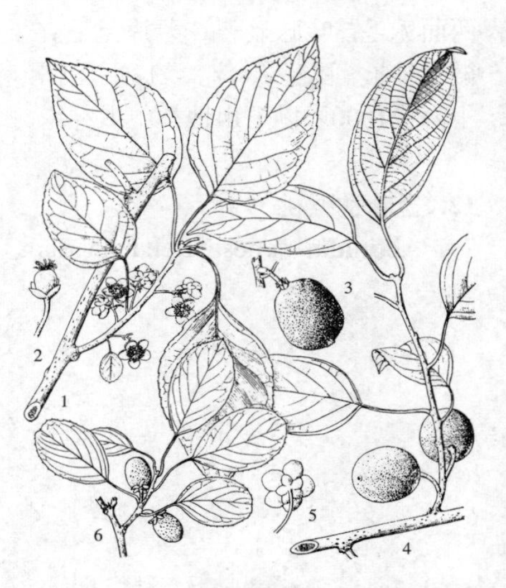

图 1067: 1-3. 金花猕猴桃 4-5. 中越猕猴桃 6. 清风藤猕猴桃 （何顺清绘）

产湖南南部、广东北部、广西及贵州东南部，生于海拔900-1300米灌丛、林中。果味美可口，花呈金黄色。

15. 中越猕猴桃 图1067：4-5

Actinidia indochinensis Merr. in Journ. Arn. Arb. 19: 53. 1938.

落叶藤本。小枝无毛，髓心褐色，片层状。叶软革质，椭圆形或长圆状椭圆形，长3.5-12厘米，宽3.5-5厘米，先端短钝尖或骤短尖至渐尖，基部宽楔形至圆，具细齿或近全缘，上面无毛，下面有时被白粉，无毛或被微毛；叶柄长2-3厘米。花序1-3花，被褐色绒毛，花序梗长4-9毫米。苞片长条形，长1.5-2毫米；花白色，径7-8毫米；花梗长0.4-1.1厘米；萼片5，长圆形，长4-5毫米，无毛；花瓣5，倒卵状长圆形，长7-8毫米；花药黄色，长1-1.5毫米；子房被绒毛。果黄褐色，无毛，具斑点，卵球形，长约2.5

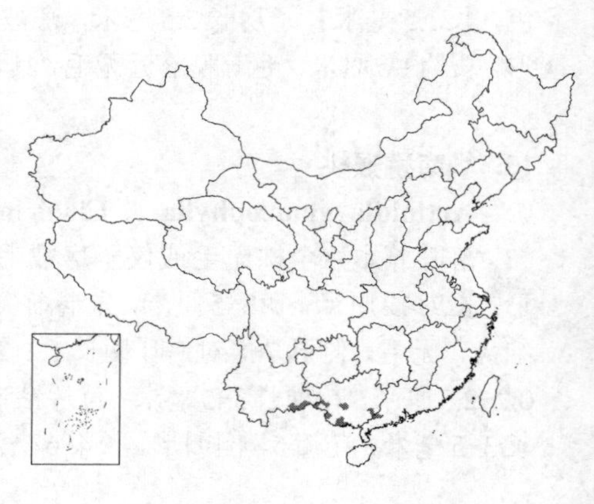

厘米，径2厘米，花萼脱落。种子长约3毫米。花期3月下旬至4月上旬，果期11月。

产广东南部、广西及云南，生于海拔600–1300米山地林中。越南有分布。

16. 清风藤猕猴桃 图 1067：6

Actinidia sabiaefolia Dunn in Journ. Linn. Soc. Bot. 38: 357. 1908.

落叶藤本。小枝无毛，皮孔明显，髓心褐色，片层状。叶纸质，卵形、长卵形、椭圆形或近圆形，长4–8厘米，宽3–4厘米，先端圆钝或微凹，或短尖至渐尖，基部楔形或宽楔形，无毛；叶柄长约2厘米，无毛。花序1–3花，无毛，花序梗长约5毫米。苞片披针形，长约1毫米；花白色，径约8毫米；花梗长约1厘米；萼片5，卵形或长圆形，长2–3毫米，具缘毛；花瓣5，倒卵形，长5–6毫米；花药长约1毫米；子房长约2毫米，被红褐色绒毛。果暗绿色，无毛，斑点细小，卵球形，长1.5–1.8厘米，径1–1.2厘米。染色体2n=58。花期5月。

产安徽南部、福建、江西东北部及湖南南部，生于海拔约1000米山地林中。

17. 美丽猕猴桃 图 1068：1–3

Actinidia melliana Hand.–Mazz. in Anz. Akad. Wiss. Wien, Math.–Nat. 59: 57. 1922.

半常绿藤本。小枝密被长6–8毫米的锈色长硬毛，皮孔显著，髓心白色，片层状。

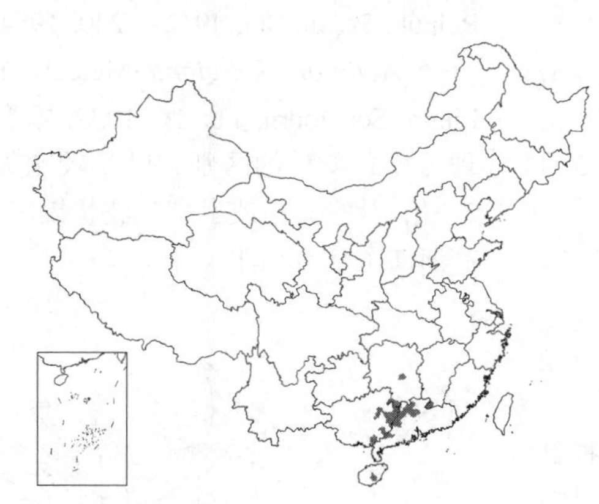

叶长方状椭圆形、长方状披针形或长方状倒卵形，长6–15厘米，宽2.5–9厘米，先端短尖或渐尖，基部浅心形或耳状浅心形，上面被长硬毛，下面密被糙伏毛及霜粉，具细尖硬齿；叶柄长1–1.8厘米，被锈色长硬毛。聚伞花序二回分歧，被锈色长硬毛；花序梗长0.3–1厘米。苞片钻形，长4–5毫米；花白色；花梗长0.5–1.2厘米；萼片5，长方状卵形，长4–5毫米，被绒毛；花瓣5，倒卵形，长8–9毫米；花药长1毫米；子房密被褐色绒毛；花柱长约3毫米。果圆柱形，长1.6–2.2厘米，径1.1–1.5厘米，无毛，被疣点，宿萼反折。染色体2n=58。花期5–6月。

产江西南部、湖南、广东、海南及广西东部，生于海拔200–1250米山地林中。

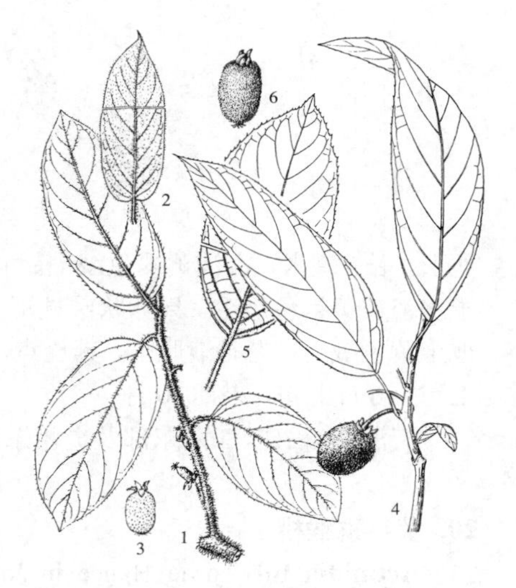

图 1068：1–3. 美丽猕猴桃 4. 长叶猕猴桃 5–6. 粗齿猕猴桃 （刘宗汉绘）

18. 奶果猕猴桃 图 1069

Actinidia carnosifolia C. Y. Wu var. **glaucescens** C. F. Liang, Fl. Reipub. Popul. Sin. 49(2): 247. 318. 1984.

落叶藤本。花枝密被黄褐色糙毛，老枝无毛。叶椭圆形、卵形、倒卵形或披针形，长7–10厘米，宽3.5–4厘米，上面疏被糙伏毛，下面中脉被毛；

叶柄长0.5–2.5厘米，被褐色糙毛。花序1–3花，花序梗极短。花粉红色；萼片5，卵形或长圆形；花瓣5，倒卵形；子房长2.5–3.5毫米，被绒毛。果圆柱形，长2–2.5厘米，径约1厘米，无毛，具斑点。

产湖南南部、广东、广西、云南东南部及贵州，生于海拔500–1100米山地林中。

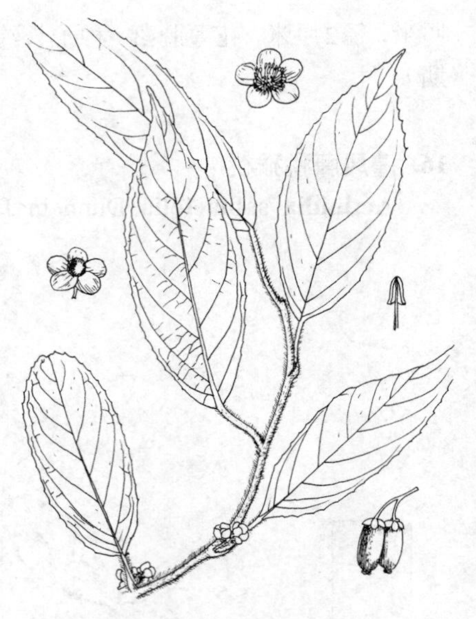

图 1069 奶果猕猴桃 （何 平绘）

19. 长叶猕猴桃 图 1068：4

Actinidia hemsleyana Dunn in Journ. Linn. Soc. Bot. 38: 355. 1908.

落叶藤本。花枝疏被红褐色长硬毛，老枝无毛，髓心褐色，片层状。叶纸质，长方状椭圆形，长方状披针形或长方状倒披针形，长8–22厘米，宽3–8.5厘米，先端短尖或渐尖，基部楔形至圆，具细齿、疏生突尖细齿或波状齿，无毛，稀被毛；叶柄长1.5–5厘米，近无毛或疏被长硬毛。伞形花序1–3花，花序梗长0.5–1厘米，密被黄褐色绒毛。苞片钻形，长3毫米，被短绒毛；花淡红色；花梗长1.2–1.9厘米；萼片5，卵形，长5毫米，密被黄褐色绒毛；花瓣5，无毛，倒卵形，长约1厘米；子房密被黄褐色绒毛。果卵状圆柱形，长约3厘米，径约1.8厘米，幼时密被金黄色绒毛，老时渐脱落，具疣点，宿萼反折。染色体2n=58。花期5月上旬至6月上旬，果期10月。

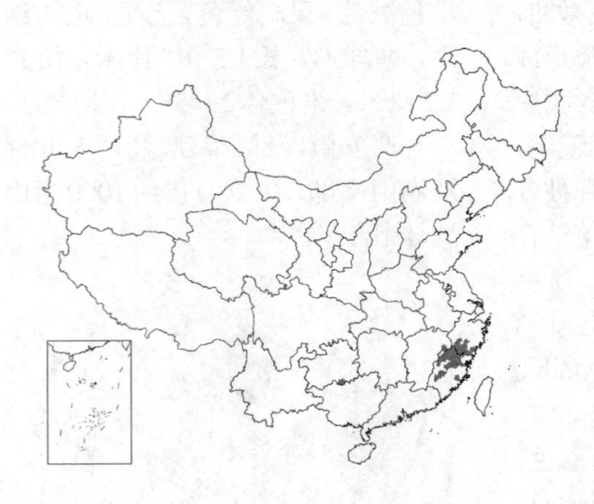

产浙江、福建、江西东部及贵州东南部，生于海拔500–900米山地林中。

［附］**粗齿猕猴桃** 图 1068：5–6 **Actinidia hemsleyana** var. **kengiana** (Metcalf) C. F. Liang, Fl. Reipub. Popul. Sin. 49(2): 240. 1984. —— *Actinidia kengiana* Metcalf in Lingn. Sci. Journ. 11: 16. 1932. 本变种与模式变种的区别：叶长较宽大2–3倍，叶缘具齿或上部具波状粗齿。产浙江南部及福建。

20. 黄毛猕猴桃 图 1070：1–2

Actinidia fulvicoma Hance in Journ. Bot. 23: 321. 1885.

半常绿藤本。枝髓心白色，片层状。叶亚革质，卵状长圆形或卵状披针形，长9–18厘米，宽4.5–6厘米，先端渐尖或短钝尖，基部常浅心形，具睫状细齿，上面密被糙伏毛或硬伏毛，中脉及侧脉被长糙毛；叶柄长1–3厘米，密被黄褐色毛。聚伞花序密被黄褐色绵毛，常3花，花序梗长0.4–1厘米。花白色，径约1.7厘米；花梗长0.7–2厘米；萼片5，卵形或矩圆状长卵形，长4–9毫米，被绵毛；花瓣5，无毛，倒卵形或倒长卵形，长0.6–1.7厘米；花药长1–1.2毫米；子房密被黄褐色绒毛。果卵球形或卵状圆柱形，幼时被绒毛，后脱落，暗绿色，长1.5–2厘米，具斑点，宿萼反折。

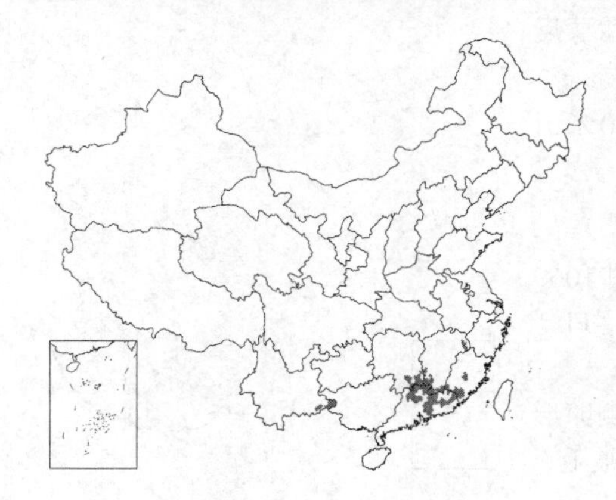

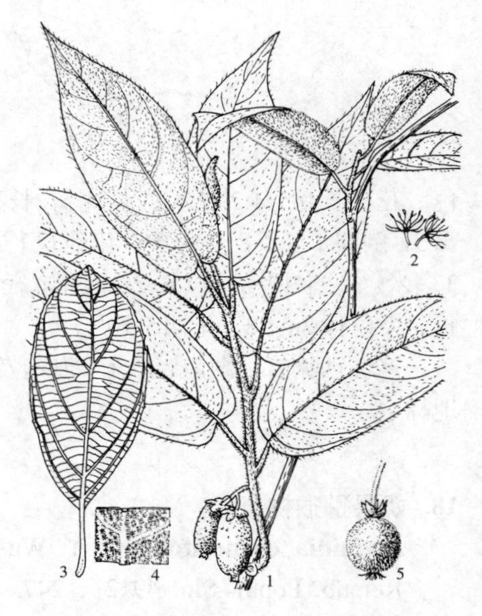

图 1070: 1–2. 黄毛猕猴桃 3–5. 栓叶猕猴桃（引自《福建植物志》）

产福建、江西、湖南、广东、云南东南部，生于海拔130-400米山地疏林中。

［附］**绵毛猕猴桃** 彩片298 **Actinidia fulvicoma** var. **lanata**（Hemsl.）C. F. Liang, Fl. Reipub. Popul. Sin. 49(2): 252. 1984. —— *Actinidia lanata* Hemsl. in Arn. Bot. 9: 146. 1895. 本变种与模式变种的区别：叶纸质，宽卵形、卵形或长方状卵形，上面密被毛。染色体2n=58。产福建、江西、湖南、广东、广西、云南及贵州，生于海拔1000-1800米山地林中。

［附］**栓叶猕猴桃** 图1070：3-5 **Actinidia suberifolia** C. Y. Wu, Fl. Yunn. 1: 73. 1977. 本种与黄毛猕猴桃的区别：叶矩圆状椭圆形，宽4.5-6厘米，上面无毛；花桔黄色；果近球形。产云南东南部，生于海拔900-1000米灌丛中。

21. 阔叶猕猴桃 多花猕猴桃 图1071

Actinidia latifolia（Gardn. et Champ.）Merr. in Journ. Roy. As. Soc. Strait. Br. 86: 330. 1922.

Heptaca latifolia Gardn. et Champ. in Journ. Bot. Kew Gard. Misc. 1: 243. 1849.

落叶藤本。花枝幼时被黄褐色绒毛，后脱落无毛，髓心白色。叶坚纸质，宽卵形、近圆形或长卵形，长8-13厘米，宽5-8.5厘米，先端短尖或渐尖，基部圆或稍心形，具细齿，上面无毛，下面密被星状绒毛；叶柄长3-7厘米，近无毛。3-4分歧聚伞花序，多花，花序梗长2.5-8.5厘米。花径1.4-1.6厘米；花梗长0.5-1.5厘米；萼片5，瓢状卵形，长4-5毫米，开花时对折，被暗黄色绒毛；花瓣5-8，长圆形或倒卵状长圆形，长6-8毫米，开花时反折；花药长约1毫米；子房长约2毫米，密被暗黄色绒毛。果暗绿色，圆柱形或卵状圆柱形，长3-3.5厘米，径2-2.5厘米，具斑点，无毛或两端疏被绒毛。

图 1071 阔叶猕猴桃 （引自《海南植物志》）

染色体2n=58。花期5月上旬至6月中旬，果期11月。

产安徽、浙江、福建、台湾、江西、湖北、湖南、广东、海南、广西、云南、贵州及四川，生于海拔450-800米山地灌丛、林中。越南、老挝、柬埔寨及马来西亚有分布。

22. 小叶猕猴桃 图1072

Actinidia lanceolata Dunn in Journ. Linn. Soc. Bot. 38: 356. 1908.

落叶藤本。花枝密被锈褐色绒毛，老枝无毛，髓心褐色，片层状。叶纸质，卵状椭圆形或椭圆状披针形，长4-7厘米，宽2-3厘米，先端短尖至渐尖，基部楔形，上部具细齿，下面被灰白色星状毛；叶柄长1-2厘米，密被锈色绒毛。聚伞花序二回分歧，密被锈色绒毛，花序梗长3-6毫米，每花序具5-7花。苞片钻形，长1-1.5毫米；花淡绿色，径约1厘米；花梗长2-4毫米；萼片3-4，卵形

图 1072 小叶猕猴桃 （何顺清绘）

或长圆形，长约3毫米，被毛；花瓣5，条状长圆形或瓢状倒卵形，长4-5.5毫米；花药长1-1.5毫米；子房密被绒毛。果绿色，卵形，长0.8-1厘米，无毛，具淡褐色斑点，宿萼反折。染色体2n=58。花期5月中至6月中，果期11月。

产安徽南部、浙江、福建、江西、湖南及广东，生于海拔200-800米山地灌丛或林中。

23. 毛花猕猴桃 毛花杨桃 图1073 彩片299

Actinidia eriantha Benth. in Journ. Linn. Soc. Bot. 5: 55. 1861.

落叶藤本。小枝、叶柄、花序及萼片密被乳白或淡黄色毛。枝条髓心白色，片层状。叶软纸质，卵形或宽卵形，长8-16厘米，宽6-11厘米，先端短尖或短渐尖，基部圆、平截或浅心形，具硬尖细齿，上面幼时疏被糙伏毛，后脱落，仅中脉及侧脉疏被毛，下面密被乳白或淡黄色星状绒毛；叶柄长1.5-3厘米，被毛。聚伞花序1-3花，被毛，花序梗长0.5-1厘米。苞片钻形，长3-4毫米；花径2-3厘米；花梗长3-5毫米；萼片2-3，瓢状宽卵形，长约9毫米，密被绒毛；花瓣先端及边缘橙黄色，中部及基部粉红色，倒卵形，长约1.4厘米；雄花雄蕊多达240，花丝淡红色，花药长约1毫米；子房密被白色绒毛。果柱状卵球形，长3.5-4.5厘米，径2.5-3厘米，密被乳白色绒毛，果柄长达1.5厘米；宿萼反折。染色体2n=58。花期5月上旬至6月上旬，果期11月。

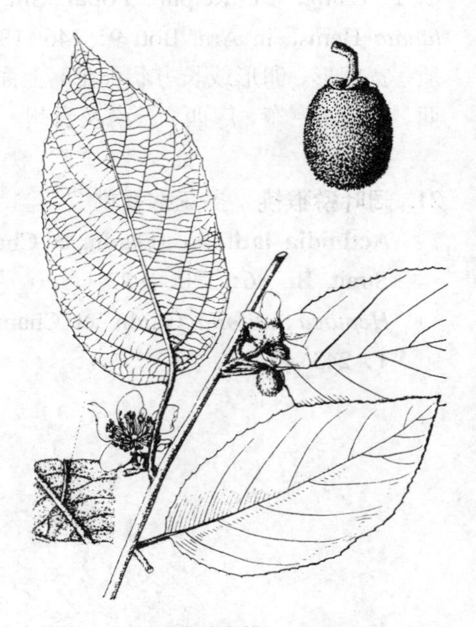

图 1073 毛花猕猴桃 （引自《图鉴》）

产安徽南部、浙江、福建、江西、湖北西部、湖南、广东、广西东北部、贵州，生于海拔250-1000米山地灌丛中。果大味美，营养丰富。

24. 中华猕猴桃 猕猴桃 图1074：1-6 彩片300

Actinidia chinensis Planch. in London Journ. Bot. 6: 303. 1847.

落叶藤本。幼枝被灰白色绒毛、褐色长硬毛或锈色硬刺毛，后脱落无毛；

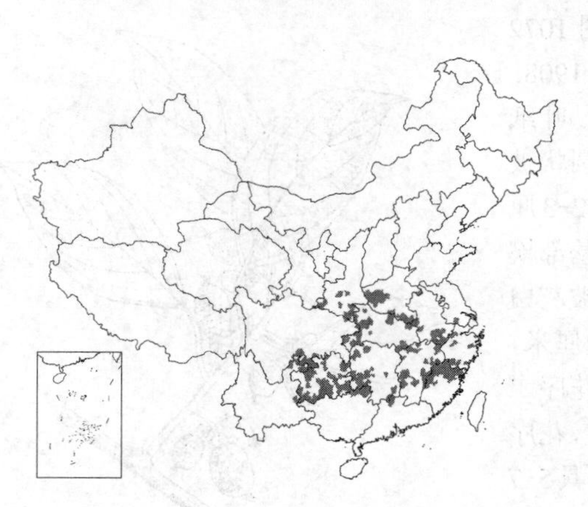

髓心白至淡褐色，片层状。芽鳞密被褐色绒毛。叶纸质，营养枝之叶宽卵圆形或椭圆形，先端短渐尖或骤尖；花枝之叶近圆形，先端钝圆、微凹或平截；叶长6-17厘米，宽7-15厘米，基部楔状稍圆、平截至浅心形，具睫状细齿，上面无毛或中脉及侧脉疏被毛，下面密被灰白或淡褐色星状绒毛；叶柄长3-6（-12.7）厘米，被灰白或黄褐色毛。聚伞花序1-3花，花序梗长0.7-1.5厘米。苞片卵形或钻形，长约1毫米，被灰白或黄褐色绒毛；花初白色，后橙黄，径1.8-3.5厘米；花梗长0.9-1.5厘米；

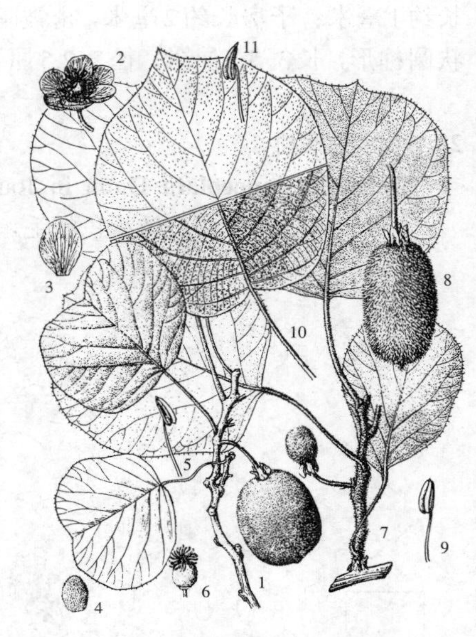

图 1074：1-6. 中华猕猴桃 7-9. 美味猕猴桃 10-11. 刺毛猕猴桃 （刘宗汉绘）

萼片(3-)5(-7)，宽卵形或卵状长圆形，长0.6-1厘米，密被平伏黄褐色绒毛；花瓣（3-）5（-7），宽倒卵形，具短矩，长1-2厘米；花药长1.5-2毫米；子房密被黄色绒毛或糙毛。果黄褐色，近球形，长4-6厘米，被灰白色绒毛，易脱落，具淡褐色斑点，宿萼反折。染色体2n=58。

产河南、陕西南部、江苏、安徽、浙江、福建、江西、湖北、湖南、广东北部、广西东北部、云南、贵州及四川，生于海拔200-600米山地林内、灌丛中。本种是本属果实及经济价值最大的一种。

［附］**红肉猕猴桃 Actinidia chinensis** var. **rufopulpa**（C. F. Liang et R. H. Huang）C. F. Liang et A. R. Ferguson in Guihaia 5(2)：72. 1985. —— *Actinidia chinensis* Planch. f. *rufopulpa* C. F. Liang et R. H. Huang ex Liang in Acta Phytotax. Sin. 20(1)：101. 1982. 本变种与模式变种的区别：果柄长4-5厘米，果径约3厘米，果肉淡红色。产湖北西南部。

25. 美味猕猴桃　硬毛猕猴桃　　图 1074：7-9

Actinidia deliciosa（A. Chev.）C. F. Liang et A. R. Ferguson in Guihaia 4(3)：181. 1984.

Actinidia chinensis Planch. var. *deliciosa* A. Chev. in Rov. Bot. App. Argric. Trop. 21：211. pl. 2. 1941.

Actinidia chinensis var. *hispida* C. F. Liang；中国植物志 49(2)：261. 1984.

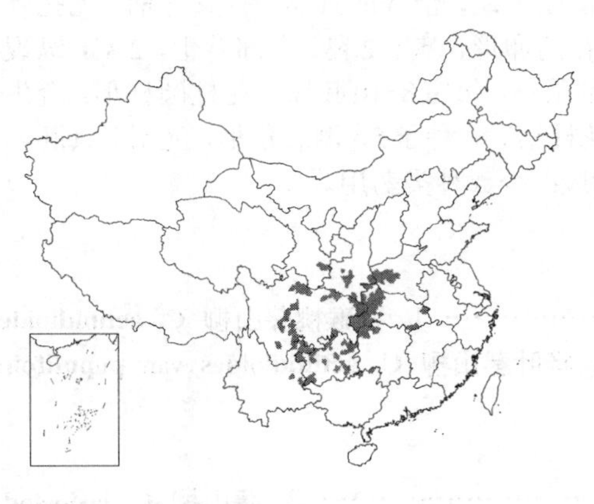

落叶藤本。花枝被黄褐色长硬毛，后脱落。叶倒卵形或倒宽卵形，长9-11厘米，宽8-10厘米，先端骤尖，上面沿叶脉被黄褐色长硬毛，下面叶脉被长硬毛，脉间密被星状毛；叶柄被黄褐色长硬毛。花径约3.5厘米；子房被糙毛。果近球形、圆锥形或倒卵形，长5-6厘米，被簇生刺状硬毛及深褐色斑点。

产河南西部、陕西南部、甘肃南部、湖北、湖南、广西东北部、云南、贵州及四川，生于海拔800-1400米山地林中。

［附］**绿果猕猴桃 Actinidia deliciosa** var. **chlorocarpa**（C. F. Liang）C. F. Liang et A. R. Ferguson in Guihaia 4(3)：182. 1984. —— *Actinidia chinensis* Planch. var. *hispida* C. F. Liang f. *chlorocarpa* C. F. Liang in Guihaia 2(1)：4. 1982. 本变种与模式变种的区别：小枝及叶柄被粗绒毛；果暗绿色，两端疏被毛，余无毛。产广西、云南及四川。

［附］**刺毛猕猴桃** 图 1074：10-11 彩片 301 **Actinidia setosa**（H. L. Li）C. F. Liang et A. R. Ferguson in Guihaia 5(2)：71. 1985. —— *Actinidia chinensis* Planch. var. *setosa* H. L. Li in Journ. Arn. Arb. 33：56. 1952；中国植物志49(2)：263. 1984. 本种与美味猕猴桃的区别：幼枝被锈色硬刺毛；叶宽卵形或近圆形，长12-17厘米，宽10-15厘米，叶柄被锈色硬刺毛；花径约1.8厘米。产台湾阿里山，生于海拔1300-2600米山地林中。

［附］**桂林猕猴桃** 彩片 302 **Actinidia guilinensis** C. F. Liang in Guihaia 8(2)：129. 1988. 本种与刺毛猕猴桃的区别：叶卵形，长10-12厘米，宽5.5-8.5厘米，叶柄无毛。产广西西南部及南部，生于山地林中。

［附］**贡山猕猴桃** 彩片 303 **Actinidia pilosula**（Fin. et Gagnep.）Stapf. ex Hand.-Mazz. Symb. Sin. 7：390. 1933. —— *Actinidia callosa* Lindl. var. *pilosula* Fin. et Gagnep. in Bull. Soc. Bot. France 52, 4：19. 20. 1907. 本种与桂林猕猴桃的区别：叶基部偏斜，平截或浅心形。产云南西北部（贡山），生于海拔2000米山地林中。

26. 大花猕猴桃　　图 1075：1-3

Actinidia grandiflora C. F. Liang, Fl. Reipub. Popul. Sin. 49(2)：265. 323. pl. 25. f. 7-9. 1984.

落叶藤本。花枝疏被长柔毛，髓心褐色，片层状。叶纸质，倒卵形，长9-12厘米，宽6-8厘米，先端骤尖，基部楔圆至微心形，具芒状细齿，上面脉被刺毛，下面疏被淡黄色柔毛；叶柄长2.5-4厘米，疏被绒毛。花序具3花，花序梗长4-6毫米。苞片披针形，长约2毫米，被黄褐色绒毛。雄花淡黄色，径约2厘米；花梗长0.7-1.1厘米；萼片卵形，长5-6.5毫米，被绒毛，内面近无毛；

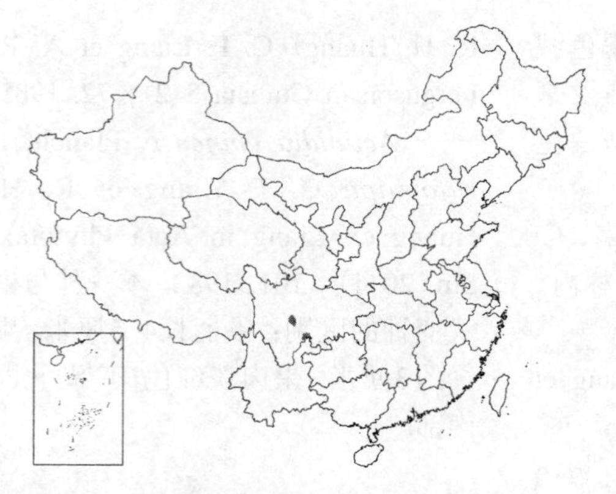

花瓣6，瓢状倒卵形，长1-1.3厘米。

产四川中南部，生于海拔约1800米山地林中。

［附］ **星毛猕猴桃** 图1075：4-8 彩片304 **Actinidia stellatopilosa** C. Y. Chang in Journ. Sichuan Univ. 1976 (3)：75. 1976. 本种与大花猕猴桃的区别：花枝幼时疏被短硬毛，后脱落，髓心白色；叶宽卵形或倒卵形；苞片钻形，长3-4毫米；花白色，萼片两面密被黄褐色短绒毛。产四川东北部，生于海拔1200米山地灌丛、林中。

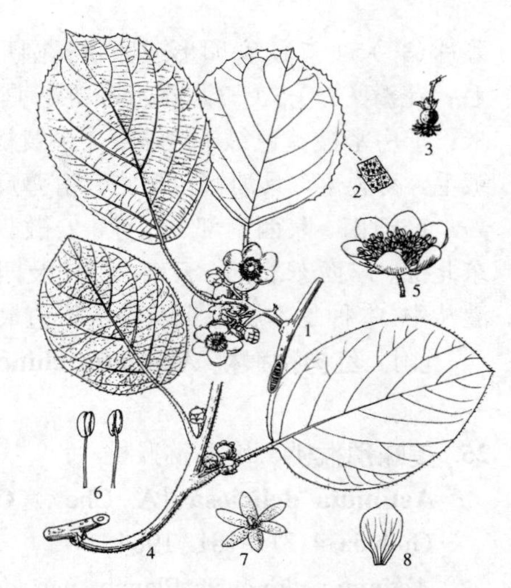

图 1075：1-3. 大花猕猴桃 4-8. 星毛猕猴桃
（刘宗汉绘）

2. 藤山柳属 Clematoclethra Maxim.

落叶木质藤本。枝条髓心充实。芽鳞片状，革质。单叶互生，纸质或革质，全缘或具锯齿；具叶柄，无托叶。花单生或成聚伞花序。萼片5；花瓣5，覆瓦状排列；雄蕊10，2轮，花药卵形，基部2裂，中部着生，2室，纵裂，花后花丝内卷，花药倒转；子房上位，球形，无毛，具5棱，5室，中轴胎座，每室8-10胚珠；花柱圆柱形，合生，具5条细纹，柱头近球形。蒴果浆果状，干后具5棱，不裂；萼片及花柱宿存。种子5，倒三角形，光滑、具胚乳。

我国特有属，约21种、6变种。本属果可食；茎含单宁可提取栲胶；少数种类药用。

1. 植物体基本无毛，幼枝、花序或叶下面脉腋疏被毛。
  2. 单花；叶长3.5-9厘米，宽1.5-4厘米 ………………………………………… 1. **猕猴桃藤山柳 C. actinidioides**
  2. 花序具3花；叶长6-9厘米，宽4-7厘米 ……………… 1(附). **杨叶藤山柳 C. actinidioides var. populifolia**
1. 植物体各部稍被毛。
  3. 小枝被绒毛或绵毛，或无毛。
    4. 叶下面叶脉或脉腋被细绒毛，或近无毛 ………………………………………………… 2. **藤山柳 C. lasioclada**
    4. 叶下面被毛。
      5. 植物体不被刚毛或硬毛，叶下面被绒毛 …………………………………………… 3. **尖叶藤山柳 C. faberi**
      5. 叶上面常被糙伏毛，下面中脉或侧脉被绵毛兼有刚毛 …………………… 3(附). **绵毛藤山柳 C. lanosa**
  3. 小枝被刚毛 ……………………………………………………………………………………… 4. **刚毛藤山柳 C. scandens**

1. 猕猴桃藤山柳　　图1076：1-4

Clematoclethra actinidioides Maxim. in Acta Hort. Petrop. 11：38. 1890.

木质藤本。小枝无毛或被微柔毛。叶卵形或椭圆形，长3.5-9厘米，宽1.5-4厘米，先端渐尖，基部宽楔形或微心形，具睫毛状细齿，稀全缘，上面无毛，下面无毛或脉腋具髯毛；叶柄长2-8厘米，无毛或稍被柔毛。花序具单花，花序梗长1-2厘米，被微柔毛；小苞片披针形，长3毫米。花白色；萼片倒卵形，长3-4毫米，无毛或稍被柔毛；花瓣长6-8毫米，宽4毫米。果近球形，径7-9毫米，熟时紫红至黑色。花期5-6月，果期7-8月。

产河南西部、陕西、甘肃、宁夏南部、云南东北部、贵州东北部及四川，生于海拔2300-3000米山地林缘或灌丛中。

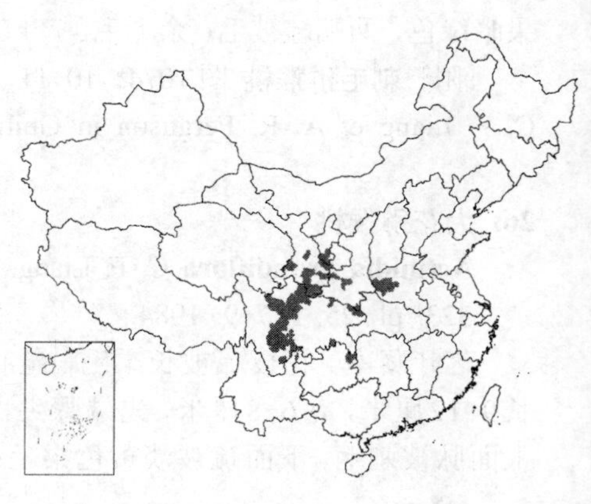

［附］**杨叶藤山柳** 图1076：5-6 **Clematoclethra actinidioides** var. **populifolia** C. F. Liang et Y. C. Chen, Fl. Reipub. Popul. Sin. 49(2)：271. 324. pl. 75. f. 1-5. 1984. 本变种与模式变种的区别：小枝无毛；叶卵形，宽4-7厘米，基部圆或微心形；花序具3花。产河南、陕西、甘肃、四川及贵州，生于海拔1500-3900米山地林中。

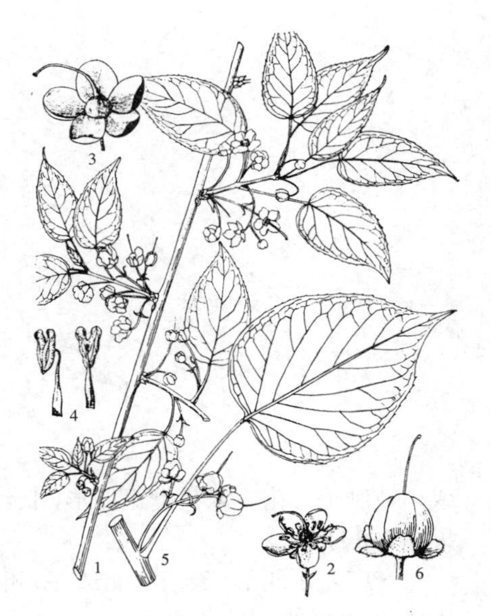

图 1076：1-4. 猕猴桃藤山柳 5-6. 杨叶藤山柳 （冯先洁绘）

2. 藤山柳 图1077

Clematoclethra lasioclada Maxim. in Acta Hort. Petrop. 11：38. 1890.

木质藤本。小枝被淡褐色绒毛，易脱落。叶纸质，宽卵形或卵状椭圆形，长5-9厘米，先端骤尖或稍尾尖，基部圆或微心形，两面沿叶脉被绒毛，具睫毛状细齿；叶柄长2.5-7厘米，初被绒毛，后脱落。花序具3（-5）花；小苞片披针形，被绒毛。花白色；萼片倒卵形，长3毫米，被绒毛；花瓣卵形，长6毫米。果球形，径约7毫米。花期6月，果期8月。

产河南、陕西、甘肃、宁夏、四川、湖北及湖南，生于海拔1500-3000米山地林中。

图 1077 藤山柳 （引自《秦岭植物志》）

3. 尖叶藤山柳 图1078：1-2

Clematoclethra faberi Franch. in Journ. de Bot. 8：280. 1894.

木质藤本。小枝初被淡红色绒毛，后脱落。叶卵形或卵状披针形，稀倒卵形，长5-9厘米，先端长渐尖，基部宽楔形、圆或微心形，具睫毛状细齿，上面无毛或叶脉疏被软刺毛及柔毛，下面被绒毛；叶柄长2.5-7厘米，初被绒毛，后脱落。花序具（1）2（3-6）花，花序梗长2-3.5厘米，被绒毛；小苞片披针形，被绒毛。花梗长约1厘米，密被绒毛；花白色；萼片无毛或被微毛，长约3毫米；花瓣卵形，长6毫米。果球形，径约8毫米。花期6-7月，果期7-8月。

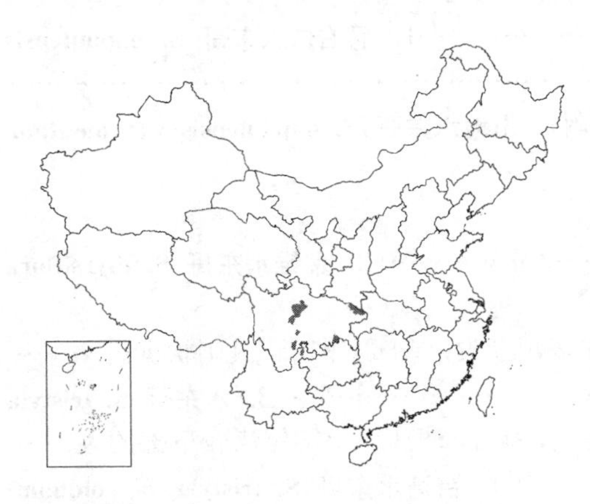

产云南东北部及四川，生于海拔1500-2500为山地林内或灌丛中。

［附］**绵毛藤山柳 Clematoclethra lanosa** Rehd. in Sarg. Pl. Wilson. 2：388. 1915. 本种与尖叶藤山柳的区别：上面叶脉疏被糙伏毛，中脉兼具绵毛，下面被绵毛，中脉兼具软刺毛；叶柄密被绵毛；花序具3花，花序梗长约1厘米，被绵毛；萼片密被绵毛。产陕西南部、四川东北部及湖北西部，生于海拔1000-2500米山地林中。

4. 刚毛藤山柳 图1078：3-7

Clematoclethra scandens Maxim. in Acta Hort. Petrop. 11：38. 1890.

木质藤本。小枝被刚毛，老枝无毛。叶纸质，卵形、长圆形、披针形

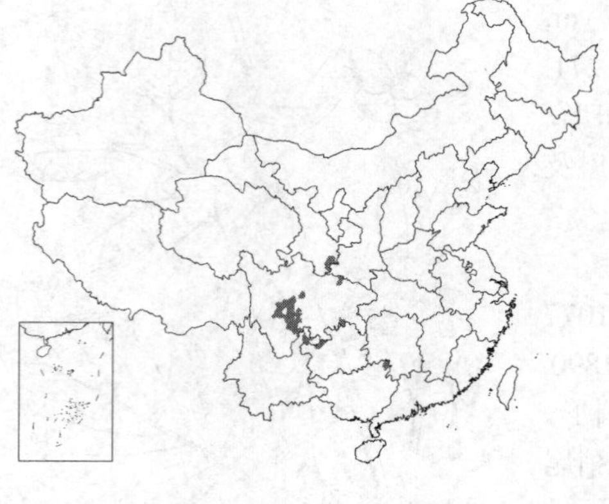

或倒卵形，长9-15厘米，先端渐尖或稍尾尖，基部宽楔形或圆，具细尖齿，上面叶脉被刚毛，下面被绒毛，叶脉兼具刚毛；叶柄长2-7厘米，被刚毛。花序具3-6花，被绒毛或兼具刚毛，花序梗长1.5-2厘米；小苞片被细绒毛，披针形，长3-5毫米。花梗长0.7-1厘米；花白色；萼片矩圆形，长3-4毫米，无毛或稍被绒毛；花瓣瓢状倒矩卵形，长约7毫米。果径0.8-1厘米。花期6月，果期7-8月。

产广西东北部、云南东北部、贵州西北部、四川及甘肃东南部，生于海拔1800-2500米山地林中。

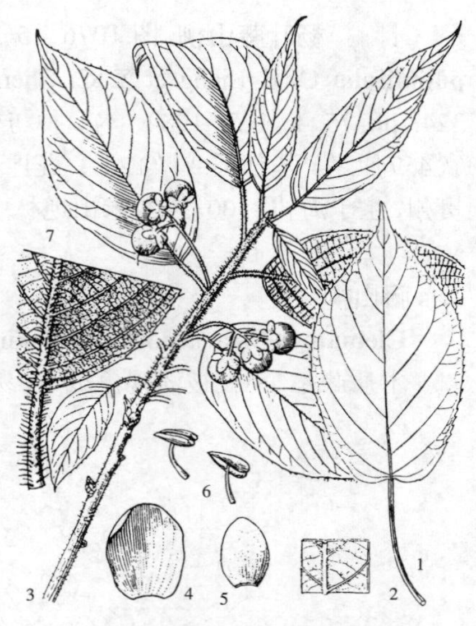

图 1078：1-2. 尖叶藤山柳 3-7. 刚毛藤山柳
（何顺清 秦小英绘）

3. 水东哥属 **Saurauia** Willd.

乔木或灌木。小枝常被爪甲状或钻状鳞片。单叶互生，具锯齿，侧脉多而密，叶脉疏被鳞片或平伏刺毛；无托叶。花两性，聚伞或圆锥花序，单生或簇生，常被鳞片；苞片2，近对生。萼片5，不等大；花瓣5，覆瓦状排列，基部常合生；雄蕊多数至极多数；花药倒三角形，背着，孔裂或纵裂；子房上位，3-5室，无毛，稀被毛，每室胚珠多数；花柱3-5，中部以下合生，稀离生。浆果球形或扁球形，常具棱。种子多数，细小，褐色。

约300种，分布于亚洲亚热带及热带、美洲。我国13种、6变种。多数种类果可食。

1. 植物体幼嫩部分及小枝被爪甲状或钻状鳞片。
  2. 叶下面被绒毛。
    3. 叶窄长圆形，下面毛被不易脱落；小枝及叶柄被爪甲状鳞片，兼被柔毛 ………………………………………… 1. **尼泊尔水东哥 S. napaulensis**
    3. 叶倒卵状椭圆形，下面毛被易脱落，小枝及叶柄无毛 ………………………………………… 1(附). **山地水东哥 S. napaulensis** var. **montana**
  2. 叶下面无绒毛。
    4. 叶上面中脉被平伏刺毛。
      5. 花序聚伞式圆锥花序，长8-12厘米 ………………………… 2. **聚锥水东哥 S. thyrsiflora**
      5. 花序聚伞式，长2-4厘米。
        6. 小枝爪甲状鳞片较多；叶倒卵状椭圆形，稀宽椭圆形，先端短渐尖，基部宽楔形，具刺状锯齿 ………………………………………… 3. **水东哥 S. tristyla**
        6. 小枝爪甲状鳞片较少，钻状刺毛较多；叶长卵形，先端尾尖，基部窄楔形，上部锯齿较下部的大 ………………………………………… 3(附). **台湾水东哥 S. tristyla** var. **oldhami**
    4. 叶上面无刺毛 ………………………………………… 4. **蜡质水东哥 S. cerea**
1. 植物体无鳞片，密被褐色长硬毛 ………………………………………… 5. **长毛水东哥 S. macrotricha**

1. 尼泊尔水东哥 图 1079：1-2

Saurauia napaulensis DC. Mém. Ternstroem. 2. 1822.

乔木，高达20米。小枝被细小爪甲状鳞片并疏生褐色柔毛。叶窄长圆形，长18-35厘米，宽7-13厘米，先端短渐尖或稍骤尖，基部圆或楔形，上面无毛，下面被锈色绒毛，中脉侧脉疏被爪甲状鳞片，侧脉35-40对；叶柄被爪甲状鳞片及柔毛。花粉红色，径约1.5厘米；雄蕊70-80；花柱4-5，中部以下合生。浆果扁球形，径0.7-1.1厘米，具5棱。

产广西西部、云南、贵州及四川南部，生于山地林中。印度、锡金、尼泊尔及东南亚有分布。

［附］**山地水东哥** 图1079：3-4 **Saurauia napaulensis** var. **montana** C. F. Liang et Y. S. Wang, Fl. Reipub. Popul. Sin. 49(2)：290. 330. pl. 83. f. 3-4. 1984. 本种与模式变种的区别：小枝无毛；叶倒卵状椭圆形，稀长椭圆形，先端尖或短尖，幼叶下面被毛，老叶无毛；总苞片披针形；花柱5。产广西西南及西北部、云南东南及西南部、贵州西北部，生于海拔500-1500米山地灌丛、林中。

图 1079：1-2. 尼泊尔水东哥 3-4. 山地水东哥 （何 平绘）

2. 聚锥水东哥 图1080

Saurauia thyrsiflora C. F. Liang et Y. S. Wang, Fl. Reipul. Popul. Sin. 49(2)：294. 332. pl. 85. f. 1-5. 1984.

小乔木或灌木状，高达4米。小枝被绒毛及钻状鳞片。叶膜质，矩圆状椭圆形，长14-26厘米，先端短渐尖或骤尖，基部楔形或近圆，具刺尖细齿，幼叶两面疏被褐色绒毛；老叶上面中脉被平伏刺毛，下面中脉、侧脉疏被柔毛及平伏刺毛；叶柄长1.5-4厘米，被褐色柔毛及钻状鳞片。聚伞式圆锥花序，具13花，长8-12厘米，被褐色柔毛及钻状鳞片；分枝处具2枚以上苞片，苞片椭圆形。花梗长1-1.7厘米，近基部具2小苞片；花淡红色，径0.8-1厘米；萼片长约5毫米，下面疏被褐色绒毛；花瓣5，长圆形；雄蕊40-70；花柱3-4（5）。果绿色，近球形，径0.8-1.2厘米，5棱不明显。

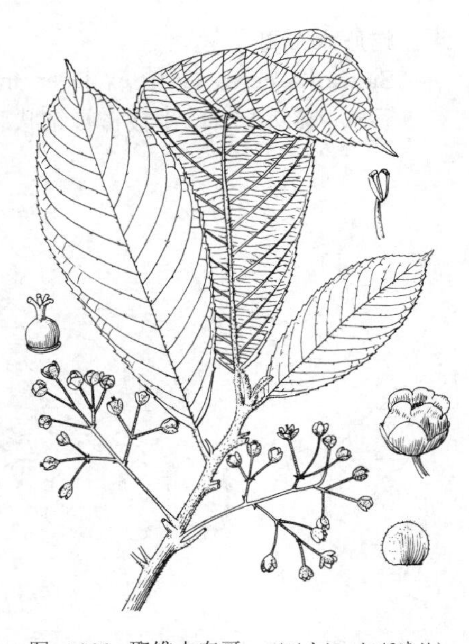

图 1080 聚锥水东哥 （刘宗汉 何顺清绘）

产广西、云南东南部、贵州南部，生于海拔500-1300米丘陵、山谷林下或灌丛中。果甜可食。

3. 水东哥 图1081

Saurauia tristyla DC. Mém. Ternstroem. 31. t. 4. 1822.

小乔木，或灌木状，高达6（-12）米。小枝被爪甲状鳞片。叶纸质或薄革质，倒卵状椭圆形，稀宽椭圆形，长10-28厘米，先端短渐尖，基部宽楔形，具刺状锯齿，侧脉10-26对，上面侧脉间被1（2-3）行平伏刺毛。花序聚伞式，长2-4厘米，被绒毛及钻状刺毛，分枝处具2-3卵形苞片。花粉红或白色，径0.7-1.6厘米；萼片宽卵形或椭圆形，长3-4毫米；花瓣卵形，长约8毫米；雄蕊25-35；子房卵圆形，花柱上部3-4（5）分枝。果近球形，径0.6-1厘米。花期3-12月。

产福建、广东、海南、广西、云南、贵州及四川，生于山地林下或灌丛中。印度及马来西亚有分布。

［附］台湾水东哥 **Saurauia tristyla** var. **oldhami** Fin. et Gagnep. Contr. Fl. As. Or. 2: 14. 1905. 本种与模式变种的区别：小枝被钻状刺毛及少量爪甲状鳞毛；叶长卵形，先端尾尖，具尖头，基部窄楔形，上部锯齿较下部的大。产台湾，生于海拔300-1700米山地林中。印度、越南及日本有分布。

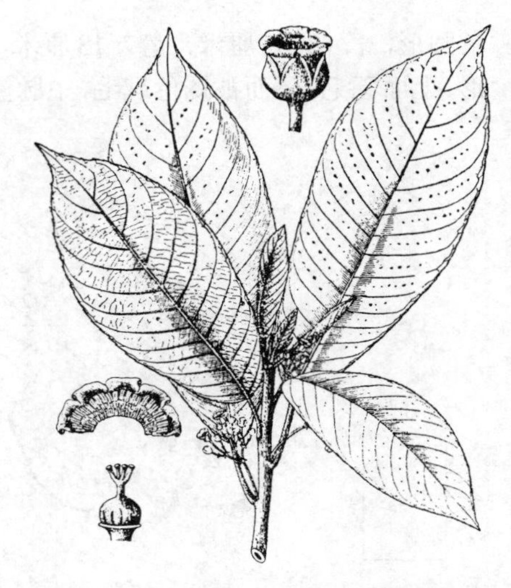

图 1081 水东哥 （引自《海南植物志》）

4. 蜡质水东哥 图 1082

Saurauia cerea Griff. ex Dyer. in Hook. f. Fl. Brit. Ind. 1: 288. 1874.

乔木，高达15米。小枝密被钻状刺毛及爪甲状鳞片。叶革质，倒卵形，长17-36厘米，先端骤尖，基部楔形，密生刺状锯齿，侧脉23-29对，两面中脉及侧脉被爪甲状鳞片，幼叶下面被淡黄色绒毛，老叶无毛；叶柄长1.1-3.5厘米，被鳞片。花单生；花梗长约1.5厘米，被黄褐色绒毛及鳞片；苞片2，近对生，卵形，长5-7毫米，下面被绒毛及鳞片；花径3.5-4厘米；萼片长约1厘米，下面被黄褐色长绒毛并稀少鳞片，内面近基部被黄白色柔毛；花瓣矩圆形，长达1.9厘米，白至粉红色，基部带紫色；雄蕊120-130；花柱4-5，离生。果扁球形，绿白色，径约8毫米，具5棱，被黄褐色长绒毛；果柄长达2厘米。花期7-11月。

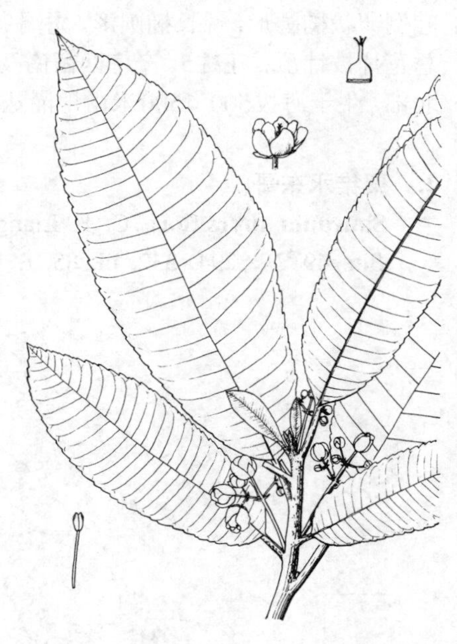

图 1082 蜡质水东哥 （孙英宝绘）

产云南南部，生于海拔400-1300米山地沟谷林中。印度及缅甸有分布。

5. 长毛水东哥 图 1083

Saurauia macrotricha Kurz ex Dyer in Hook. f. Fl. Brit. Ind. 1: 288. 1874.

小乔木或灌木状，高达5米。小枝密被褐色近直立长硬毛，毛长5-6毫米。叶纸质，窄披针形，长20-28厘米，宽3.7-6.8厘米，先端渐长尖，基部

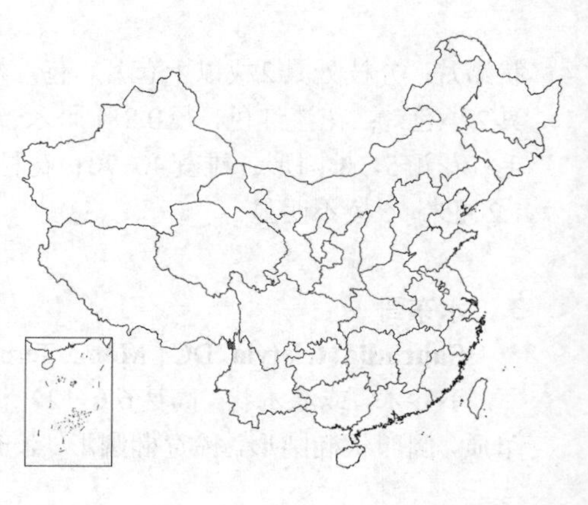

窄楔形，具刺毛状锯齿，侧脉15-17对，两面被白色长硬毛；叶柄长2-3.8厘米，被长硬毛。聚伞花序具1-3花，长约2.5厘米，花序梗长约8毫米，分枝处具2近对生苞片，披针形，长2-3毫米。花梗长0.8-1.1厘米，被长硬毛；花粉红色，径8毫米；萼片椭圆形或近圆形，长约5毫米，基部合生；花瓣近圆形，基部合生；雄蕊35-40；子房近扁球形，无毛；花柱5，中部以下合生。

产云南，生于海拔900米山地林中。印度、缅甸及马来西亚有分布。

图 1083 长毛水东哥 （刘宗汉 何顺清绘）

4. 毒药树属 Sladenia Kurz

乔木，高达14米。小枝疏被柔毛，后脱落。叶薄革质，互生，卵形或窄卵形，长5-14厘米，先端短渐尖或尾尖，基部楔形或近圆，基部以上具细齿，侧脉8-12对，上面无毛，下面中脉疏被柔毛，后脱落；叶柄长0.6-1厘米，无托叶。聚伞花序初被柔毛，后脱落；花两性，白色。萼片5，花瓣5，覆瓦状排列，长椭圆形，基部合生；雄蕊10-13，花药基着，基部被柔毛；子房上位，卵形，无毛，3室，每室2胚珠，柱头3浅裂。蒴果，圆锥状，3裂，花萼及花柱均宿存。种子卵状披针形，黄褐色，长约2毫米。

单种属。

毒药树 图 1084

Sladenia celastrifolia Kurz in Journ. Bot. 11: 194. 1873.

形态特征同属。

产广西西北部、云南及贵州西南部，生于海拔760-2500米山地、沟谷林中。缅甸及泰国有分布。

图 1084 毒药树 （引自《图鉴》）

61. 五列木科 PENTAPHYLACEAE

（林 祁）

常绿乔木或灌木；具芽鳞。单叶，互生，螺旋状排列；托叶宿存。花小，两性，辐射对称；总状花序腋生或顶生；小苞片2，宿存；萼片5，不等长，宿存；花瓣5，白色，基部常与雄蕊合生；雄蕊5，与花瓣互生，花药2室，顶孔开裂；花柱1，宿存，子房上位，5室，每室胚珠2。蒴果椭圆状，沿室背中脉开裂，中脉和中轴宿存，具隔膜，内果皮和隔膜木质。种子长圆状，扁，顶端具翅或无。

1属，约2种，主要分布于亚洲东南部。我国1种。

1. 五列木属 **Pentaphylax** Gardn. et Champ.

属的特征同科。

五列木　　图 1085 彩片 305

Pentaphylax euryoides Gardn. et Champ. in Journ. Bot. Kew Gard. Misc. 1: 245. 1849.

常绿乔木或灌木，高4-10米。小枝灰褐色，无毛。叶革质，卵状长圆形或长圆状披针形，长5-9厘米，先端尾状渐尖，基部圆或宽楔形，边缘稍反卷，无毛；叶柄长 1-1.5厘米。总状花序长 4-7厘米，无毛或疏被微柔毛；花梗长约5毫米；小苞片三角形，长约1.2毫米；萼片圆形，宽约2毫米；花瓣白色，长圆状披针形或倒披针形，长4-5毫米；雄蕊的花丝长圆形，花药小；柱头5裂，花柱长约2毫米，子房长约1毫米。蒴果椭圆状，长 6-9 毫米，基部具宿存萼片，成熟后沿室背中肋5裂，中肋和中轴宿存，内果皮和隔膜木质。种子长圆状，长约6毫米，红棕色，先端极压扁或呈翅状。

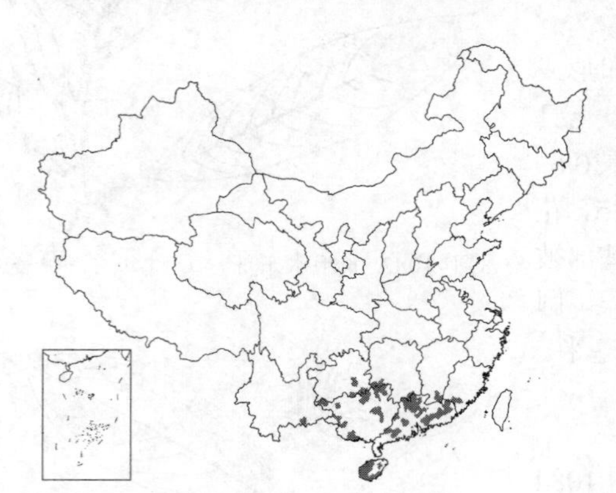

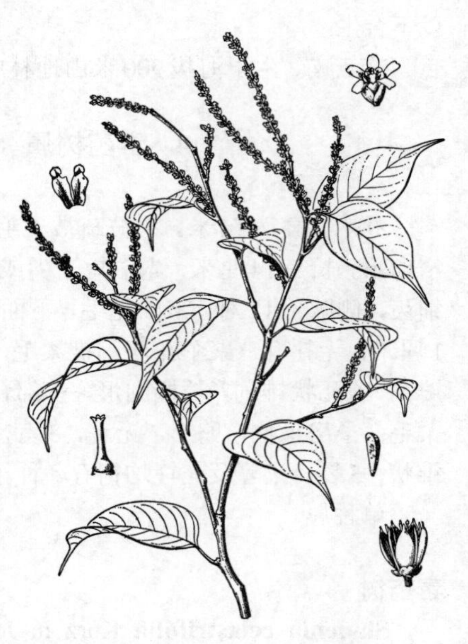

图 1085 五列木 （引自《中国植物志》）

产福建南部、江西南部、湖南、广东、香港、海南、广西、贵州及云南东南部，生于海拔600-2000米山地阔叶林中。越南、马来西亚及印度尼西亚有分布。木材坚硬，可供建筑、家俱或农具用材。

62. 沟繁缕科 ELATINACEAE

（杜玉芬）

半水生、陆生草本或矮小亚灌木。单叶，对生或轮生，全缘或具锯齿；具成对托叶。花小，两性，辐射对称；单生、簇生或成腋生聚伞花序。萼片2-5，覆瓦状排列，离生或稍连合，薄膜质或边缘近透明；花瓣2-5，离生，膜质，花芽时覆瓦状排列；雄蕊2（4）-5（10），离生，花药背着，2室；子房上位，2-5室，胚珠多数，中轴胎座，花柱2-5，离生，柱头头状。蒴果，膜质、革质或脆壳质，室间开裂，果瓣与中轴及隔膜分离。种子小，多数，直或弯曲，种皮常具皱纹，无胚乳。

2属，约40种，分布于温带及热带。我国2属，约6种。

1. 陆生植物；花5基数；蒴果5瓣裂 ························ 1. 田繁缕属 **Bergia**
1. 水生植物；花2-4基数；蒴果2-4瓣裂 ························ 2. 沟繁缕属 **Elatine**

1. 田繁缕属 **Bergia** Linn.

草本或亚灌木，直立或匍匐状，多分枝。叶对生，具细锯齿；具柄。花小，多数，成腋生聚伞花序或簇生叶腋，稀单生。萼片5，离生，中脉明显，革质，边缘膜质先端长渐尖；花瓣5，离生，膜质；雄蕊5（-10）；子房上位，5室，胚珠多数，花柱短，柱头头状。蒴果脆壳质，5瓣裂，隔膜常附着宿存中轴。种子多数，长圆形，微弯曲，具网纹。

约25种，分布于热带及温带地区。我国3种。

1. 植株无毛，茎肥厚，多汁液；聚伞花序腋生 ······ 1. **大叶田繁缕 B. capensis**
1. 植株被腺毛及柔毛，茎不肥厚，汁液少；花簇生叶腋。
   2. 花多数，花梗长1-2毫米，雄蕊5 ······ 2. **田繁缕 B. ammannioides**
   2. 花4-5，花梗长3-8毫米，雄蕊（5-）10 ······ 3. **倍蕊田繁缕 B. serrata**

1. 大叶田繁缕　图1086：1

Bergia capensis Linn. Mant. 2：241. 1771.

一年生湿生草本，高达30厘米；主茎下部匍匐生根，分枝直立。茎无毛，稍肉质，圆柱形。叶对生，纸质，椭圆状披针形、倒卵状披针形或倒卵形，长1-4厘米，宽0.2-1厘米，具细微锯齿或近全缘；托叶卵状三角形，膜质，具缺齿。花小，粉红色，聚伞花序腋生，萼片5，直立，窄披针形；花瓣5，长圆形或近匙形，较萼片稍长或近等长；雄蕊10，离生。蒴果近球形，径约1.8毫米，具5纵沟，5瓣裂。种子多数，细小，长圆形，具棱或横纹。

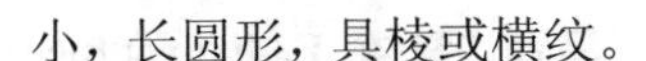

产广东及海南，生于农田及沟边潮湿地带。马来西亚、斯里兰卡、印度、伊朗、俄罗斯高加索、埃及有分布。

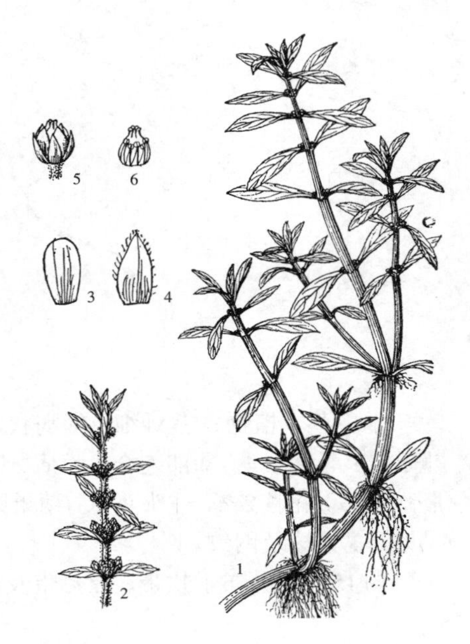

图 1086：1. 大叶田繁缕 2-6. 倍蕊田繁缕
（蔡淑琴绘）

2. 田繁缕　图1087

Bergia ammannioides Roxb. ex Roth, Nov. Pl. Sp. 219. 1821.

一年生草本，高达30厘米，基部多分枝。茎直立或斜升，密被腺毛及柔毛。叶对生，倒披针形、倒卵状披针形或窄椭圆形，长0.6-2厘米，宽2-8毫米，具锐尖锯齿，上面被柔毛或近无毛，下面被柔毛，脉上疏被腺毛；托叶膜质，2深裂，裂片披针形，具撕裂状小齿。花多数，簇生叶腋；萼片5，窄卵形，绿色，中脉粗，边缘膜质，下面被长柔毛及腺毛；花瓣5，淡红色，窄卵形

图 1087　田繁缕　（引自《图鉴》）

或椭圆形，与萼片近等长；雄蕊5。蒴果近球形，长约2毫米，5瓣裂。种子小，多数，窄卵形，褐色，网纹不明显。

产湖南、广东、广西、云南及台湾，生于田地、路边及溪边草地。东南亚、大洋洲、热带非洲有分布。全草药用，可清热解毒，治尿路感染、痈疖、口腔炎。

3. 倍蕊田繁缕 图1086：2-6

Bergia serrata Blanco, Fl. Filip. 387. 1837.

草本或亚灌木，高达30厘米，基部多分枝。茎被腺毛及白色长柔毛，淡红色，枝条下部常匍匐地面。叶纸质，长圆形或长圆状披针形，长1-3厘米，具细锯齿，两面近无毛或下面微被毛；托叶近膜质，2深裂，裂片披针形，具撕裂状小齿。花4-5簇生叶腋。花梗纤细，被柔毛或腺毛，长3-8毫米；萼片5，窄椭圆形或披针形，长约3毫米；花瓣5，倒卵形或椭圆形，长约2.5毫米，淡红色；雄蕊10，稀6-9或5；花柱5，柱头头状。蒴果卵圆形，长2-2.5毫米，5瓣裂。种子小，多数，卵圆形，具网纹。

产福建及海南，生于路边、旱田、山坡草地。菲律宾有分布。

2. 沟繁缕属 Elatine Linn.

水生草本植物；茎纤细，匍匐状，节上生根。叶小型，对生或轮生，常全缘；具短柄。花小，腋生，常每节生1花。萼片2-4，基部连合，膜质、钝尖；花瓣2-4，较萼片长，钝尖；雄蕊2-4（-8）；子房顶端平截，2-4室，胚珠多数，花柱2-4，柱头头状。蒴果膜质，2-4瓣裂，隔膜于果开裂后脱落或附着中轴。种子多数，直伸、弯曲或马蹄形，具棱及网纹。

约15种，分布于热带、亚热带及温带地区。我国3种。

1. 萼片及花瓣均4，雄蕊8；蒴果4瓣裂；种子弯曲呈马蹄形 …………………… 1. **马蹄沟繁缕 E. hydropiper**
1. 萼片及花瓣均3，雄蕊3；蒴果3瓣裂；种子近直伸或稍弯曲。
    2. 花无梗或梗长0.3-0.4毫米，花梗短于花瓣 …………………… 2. **三蕊沟繁缕 E. triandra**
    2. 花梗长1.5-2.5毫米，较花瓣长 …………………… 2(附). **长梗沟繁缕 E. ambigua**

1. 马蹄沟繁缕 图1088

Elatine hydropiper Linn. Sp. Pl. 369. 1753.

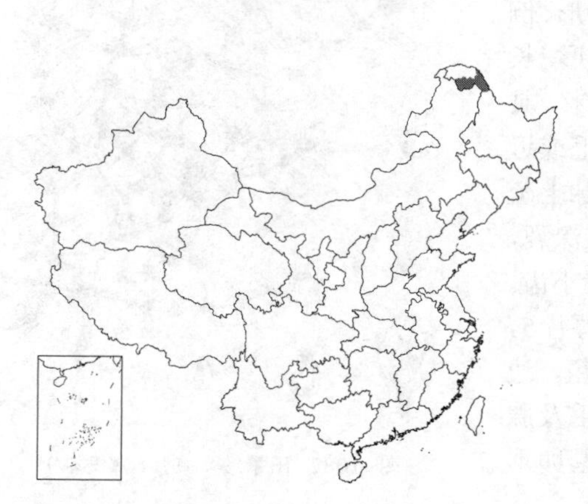

一年生草本，高达4厘米。茎匍匐，节部生根，枝上升。叶对生，长圆形、长圆状椭圆形或近匙形，长2-5毫米，宽约0.5毫米，先端钝，全缘；叶柄在茎上部者较短，在下部者较长，托叶小，稍明显。花单生叶腋。花近无梗或梗极短；萼片4，长圆形，先端圆；花瓣4，倒卵形或宽椭圆形，先端圆，较萼片稍长；

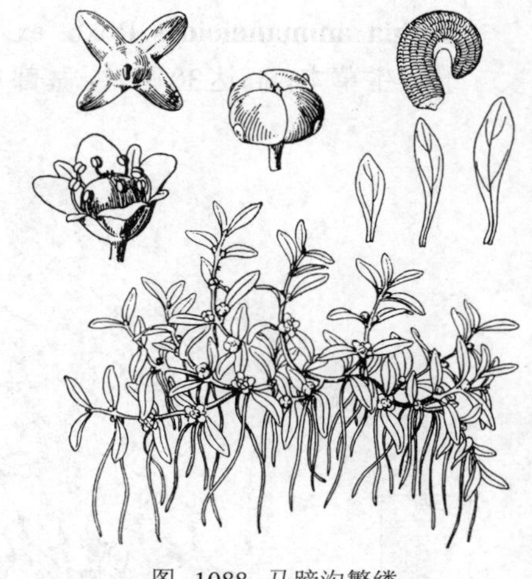

图 1088 马蹄沟繁缕
（引自《东北草本植物志》）

雄蕊8，较花瓣短；子房4室，花柱4。果扁球形，4瓣裂。种子多数，弯曲呈马蹄形，长0.5-0.7毫米，具细密横六角形网纹。

产黑龙江西北部，生于河流沿岸水中及池沼中。俄罗斯及欧洲有分布。

2. 三蕊沟繁缕 图1089

Elatine trindra Schkuhr, Bot. Handb. 1: 345. t. 109. f. 2. 1791.

小草本。茎长达10厘米，匍匐，分枝多，节间短，节上生根。叶对生，卵状长圆形、披针形或条状披针形，长0.3-1厘米，宽1.5-3毫米，先端钝，全缘；托叶小，膜质，早落。花单生叶腋。花无梗或梗长0.3-0.4毫米；萼片2-3，卵形，长0.5（-0.7）毫米，先端钝，基部连合；花瓣3，白或粉红色，宽卵形或椭圆形，稍长于萼片；雄蕊3，短于花瓣；子房3室；花柱3，离生，短而直立。蒴果扁球形，径1-1.5毫米，3瓣裂。种子多数，长圆形，长约0.5毫米，近直伸或稍弯曲，具细密六角形网纹。

产黑龙江、吉林、辽宁、内蒙古、福建、台湾、广东、海南及云南，生于水田、池沼及溪流。马来西亚、印度、新西兰、澳大利亚、北美及欧洲有分布。

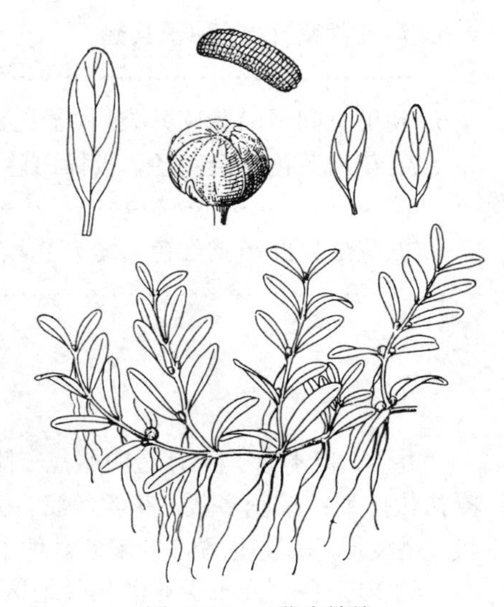

图 1089 三蕊沟繁缕
（引自《东北草本植物志》）

［附］**长梗沟繁缕 Elatine ambigua** Wight in Hook. Bot. Misc. 2: 103. 1831. 本种与三蕊沟繁缕的区别：花梗长1.5-2.5毫米。产云南及贵州，生于池沼及湖泊中。印度、马来西亚、斐济、俄罗斯、匈牙利有分布。

63. 藤黄科 GUTTIFERAE

（李延辉）

乔木或灌木，稀草本，具黄色或白色胶液。单叶，全缘，对生或轮生，常无托叶。花序聚伞状或圆锥状，伞状或单花。花两性、单性或杂性；萼片(2-)4-5(6)，覆瓦状排列或交互对生；花瓣(2-)4-5(6)，离生，覆瓦状或卷旋状排列；雄蕊多数，离生或合生成(1-)3-5(-10)束；子房上位，1-12室，中轴、侧生或基生胎座；胚珠倒生或横生，每室1-多数；花柱1-5或无，柱头1-12，常成放射状。蒴果、浆果或核果。种子1至多数，具假种皮或无，无胚乳。

约40属，1000种，主产热带，少数分布温带。我国8属，约87种，几遍布全国。

1. 浆果或核果不裂，稀顶端2-4裂。
  2. 花两性。
    3. 雄蕊离生，不成束；子房2室，每室2胚珠；果顶端2-4裂 ………………………… 1. **铁力木属 Mesua**
    3. 雄蕊合生成5束；子房（4）5室，每室12-15胚珠；果顶端不裂 ………………… 2. **猪油果属 Pentadesma**
  2. 花杂性或单性。
    4. 子房2室，每室2胚珠；叶侧脉稀疏近平行，与中脉几垂直，网脉明显，构成细网孔 ……………………

……………………………………………………………………………………………… 3. **黄果木属 Ochrocarpus**

4. 子房1室或2至多室，每室1胚珠；叶侧脉极多，近平行或侧脉较少，斜伸，网脉不明显。

5. 子房1室；核果，种子具薄的假种皮；侧脉极多，近平行 ……………………… 4. **红厚壳属 Calophyllum**

5. 子房1-2至多室；浆果，种子具多汁瓤状假种皮；侧脉较少，稀极多，斜伸 ………… 5. **藤黄属 Garcinia**

1. 蒴果，开裂。

6. 蒴果背室开裂，种子具翅

……………………………………………………………………………………………… 6. **黄牛木属 Cratoxylum**

6. 蒴果室间或沿胎座开裂，种子无翅。

7. 花瓣黄色至金黄色，极稀白色，有时脉带红色；雄蕊常多数，花丝基部合生，组成5或3束；无腺体 ……

……………………………………………………………………………………………… 7. **金丝桃属 Hypericum**

7. 花瓣粉红至紫红色；雄蕊9，花丝合生至中部，组成3束，腺体3，与雄蕊束互生 ……………………………

……………………………………………………………………………………… 8. **三腺金丝桃属 Triadenum**

1. 铁力木属 Mesua Linn.

乔木。叶革质，常具透明腺点，侧脉多数，纤细。花两性，稀杂性，常单生叶腋，有时顶生。萼片4，花瓣4，覆瓦状排列；雄蕊多数，花丝丝状，分离；花药底着，2室，纵裂；子房2室，每室2直立胚珠；花柱长，柱头盾状。果皮厚革质，顶端2-4瓣裂。种子1-4，胚乳肉质，富含油脂。

约40余种，分布于亚洲热带地区。我国引种栽培1种。

铁力木　　图1090

Mesua ferrea Linn. Sp. Pl. ed. 2，734. 1762.

常绿乔木，高达30米，胸径3米；具板根；树干创伤处渗出有香气的白色树脂。叶披针形或窄卵状披针形，下面常被白粉，侧脉极多数，斜向平行；叶柄长约1厘米。花两性，1-2顶生或腋生。花径5-8.5厘米；萼片2大2小；花瓣4，白色，倒卵状楔形，长3-3.5厘米。果卵球形或扁球形，长2.5-3.5厘米，常2瓣裂，基部具木质萼片及残存花丝。种子1-4。花期4-5月，果期8-10月。

原产印度、斯里兰卡、孟加拉国、泰国、中南半岛至马来半岛。云南南部、西部及西南部、广东南部、广西东南部零星栽培。结实丰富，种子含油量达79%，为优质工业油料；木材坚硬强韧，为特种工业用材；树形美观，花大而有香气，可供庭园观赏。

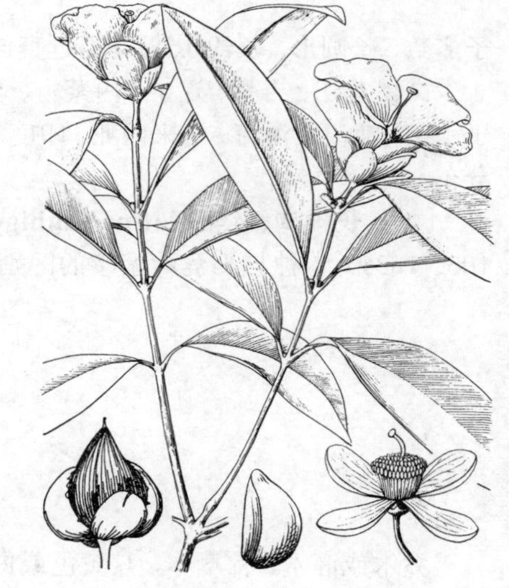

图 1090 铁力木 （引自《图鉴》）

2. 猪油果属 Pentadesma Sabine

乔木。叶革质。花萼及花瓣共10枚，覆瓦状排列；雄蕊多数，基部合成5束，与花瓣对生，花丝丝状，花药基部常箭形，底着，2室，纵裂；花托具大腺体5枚；子房（4）5室，中轴胎座，每室12-15胚珠，花柱长，柱头5裂。浆果皮厚，卵球形，隔膜膜质，纤维状，内果皮肉质。种子3-4，种子具棱角，种仁富含油脂。

约4种，产热带非洲，我国福建及云南引入1种。

猪油果　　图1091

Pentadesma butyracea Sabine in Trans. Hort. Soc. 5: 457. 1824.

常绿乔木，高达7米；分枝低。叶倒卵状披针形或长圆状披针形，长（12-）24-28厘米，宽（2-）4-6厘米，先端尖或短渐尖，基部楔形或近圆，侧脉多数，近平行；叶柄粗，长1-1.5厘米。花径3-6厘米，5-12朵聚生枝顶。花梗粗，长约2厘米；萼片3大2小，卵状披针形，长2.5-4厘米；花瓣倒卵形或倒披针形，长4-4.5厘米，淡黄色。果深褐色，斜卵球形，长10-12厘米，径5-6厘米，具网纹，顶端突尖；花被及雄蕊常宿存；果皮厚3-5毫米，果柄长约2厘米。种子2-4，假种皮淡红色，种皮薄，被撕裂状纤维。

原产热带非洲西部塞拉利昂沿海地区。福建及云南西双版纳引种栽培。在原产地用作食用油料或作可可油代用品。

图 1091 猪油果 （刘怡涛绘）

3. 黄果木属（格脉树属） **Ochrocarpus** Thou.

乔木。叶革质，侧脉近平行，与中脉近垂直，网脉明显，构成均匀细网孔。花杂性，同株或异株，单生、簇生或呈聚伞花序，顶生、腋生或单生于老枝节上。萼片2-3，镊合状排列，花瓣4-7或更多；雄蕊多数，分离或基部连成1轮，有时具退化雄蕊，花丝丝状，花药底着，2室，纵裂；子房2-4室，每室具1-2基生或侧生胚珠；花柱短或缺，柱头盾状，2-4裂。浆果或核果。种子1-4，子叶极小或不明显。

约50种，主产热带亚洲，少数分布非洲及美洲热带。我国1种。

黄果木 格脉树 图1092

Ochrocarpus yunnanensis H. L. Li. in Journ. Arn. Arb. 26: 308. 1944.

常绿乔木，高达25米。叶长圆形、长圆状披针形或窄椭圆形，长16-20厘米，先端短渐钝尖或圆，基部常圆，侧脉多数，不显著，与网脉构成细网孔；叶柄粗，长5-8毫米。花杂性，单生或成对，着生于无叶老枝。花径约3厘米；花梗长2-3.5厘米；萼片2，宽卵形，内凹，长0.8-1厘米，宿存；花瓣6，白色，长圆形，长约2厘米；花丝基部连成1轮，子房2室，每室具2侧生胚珠，花柱粗，长2-3毫米，柱头盾状3裂。果深褐色，椭圆形，顶端突尖，长5-6厘米，径3.5-4厘米，果柄长2.5-3厘米。种子1，长2.5-3厘米，具多汁瓤状假种皮。

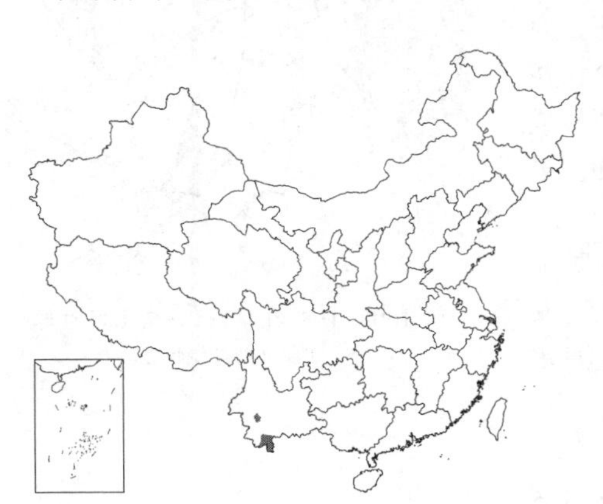

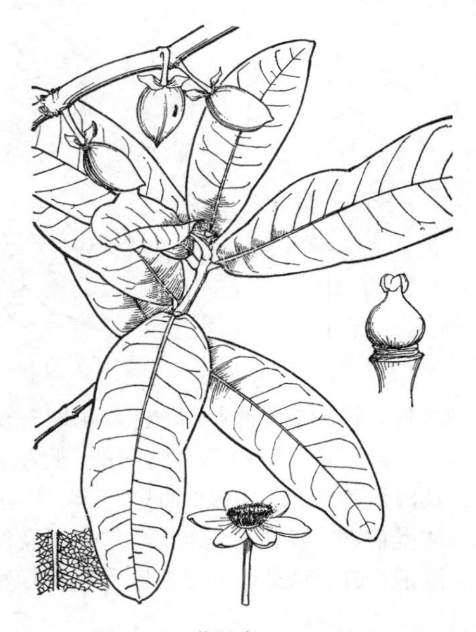

图 1092 黄果木 （刘怡涛绘）

产云南南部，生于海拔600-620米密林中。花极香，可供观赏；瓤状假种皮味甜可食。

4. 红厚壳属 **Calophyllum** Linn.

常绿乔木或灌木。芽被锈色毛。叶对生，全缘，侧脉多数平行，与中脉近垂直。花两性或单性；总状或圆锥花序顶生或腋生。萼片及花瓣4或更多，2-3轮，覆瓦状排列；雄蕊多数，花丝线形，分离或合生成数束，花药底着，直立，2室，纵裂；子房1室，具1直立胚珠，花柱细长，柱头盾形。核果球形或卵球形。种子具薄的假种皮；子叶厚，富含油脂。

约180余种，主产亚洲热带地区，南美洲及大洋洲有分布。我国4种。

1. 叶厚革质；总状或圆锥花序，长10厘米以上，稀短，花梗长1.5-4厘米；果球形，顶端无尖头 …………………………………………………… 1. **红厚壳 C. inophyllum**
1. 叶革质或薄革质；总状或圆锥花序，稀聚伞状，长不及10厘米，花梗长0.4-1厘米；果椭圆形，顶端具尖头。
   2. 叶薄革质；幼枝具窄翅；花序聚伞状，长2.5-3厘米，花梗无毛 ………… 2. **薄叶红厚壳 C. membranaceum**
   2. 叶革质；幼枝无翅；总状或圆锥花序，长5-10厘米，花梗被锈色柔毛或微柔毛。
      3. 幼枝被灰色微柔毛；叶长圆状椭圆形或卵状椭圆形，稀披针形，先端渐钝尖，基部楔形，下延成翼；花梗被锈色微柔毛 …………………………………… 3. **滇南红厚壳 C. polyanthum**
      3. 幼枝无毛；叶椭圆状倒卵形，先端圆或具极短钝尖头，基部楔形；花梗被锈色柔毛 …………………………………… 3(附). **兰屿红厚壳 C. blancoi**

1. 红厚壳 胡桐　　图1093：1-3 彩片306

Calophyllum inophyllum Linn. Sp. Pl. ed. 2. 732. 1762.

乔木；树皮含透明树脂。叶厚革质，宽椭圆形或倒卵状椭圆形，稀长圆形，长8-15厘米，先端钝圆或微缺，基部圆或宽楔形；叶柄粗，长1-2.5厘米。总状或圆锥花序，近顶生，长10厘米以上，稀短，具7-11花，花白色，微香，径2-2.5厘米。花梗长1.4-4厘米；萼片外轮2枚，近圆形，内轮2枚倒卵形，花瓣状；花瓣4，倒披针形，顶端平截或圆；花丝基部合生成4束。果球形，径约2.5厘米，黄色。花期3-6月，果期9-11月。

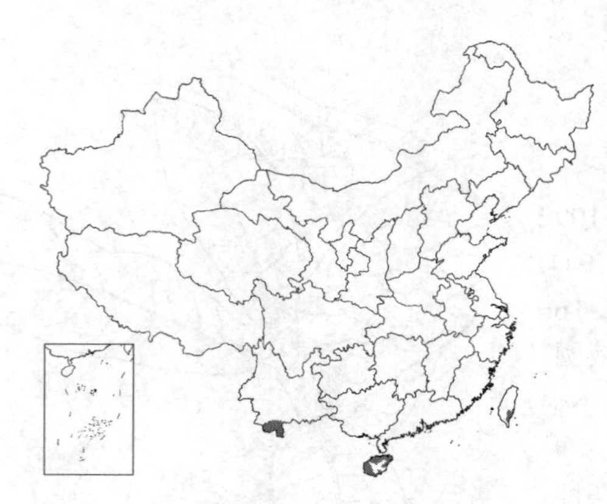

产云南、海南及台湾南部，野生或栽培于海拔200米以下丘陵、旷地及海滨沙荒地。印度、斯里兰卡、中南半岛、马来半岛、印尼苏门答腊、安达曼群岛、波利尼西亚、马尔加斯及澳大利亚有分布。木材耐磨损及海水浸泡，适于造船、桥梁及家具用材；种仁含油50%-60%。

图 1093: 1-3. 红厚壳 4-5. 薄叶红厚壳
（引自《中国植物志》）

2. 薄叶红厚壳 云南胡桐　　图1093：4-5

Calophyllum membranaceum Gardn. et Champ. in Journ. Bot. Kew Gard. Misc. 1: 309. 1849.

小乔木或灌木状。幼枝四棱形，具窄翅。叶薄革质，长圆形或长圆状披针形，长6-12厘米，先端渐尖、尖或尾尖，基部楔形；叶柄长6-10毫米。聚伞花序腋生，长2.5-3厘米，被柔毛，具1-5花。花白色，带淡红；花梗长5-8毫米，无毛；萼片外轮2枚近圆形，内轮倒卵形；花瓣4，倒卵形；雄蕊基部合生成4束。果卵状长圆球形，长1.6-2厘米，顶端具短尖头。花期3-5月，果期8-10（12）月。

产广东、海南及广西，生于海拔（200-）600-1000米山地林中。根药用，治跌打损伤，风湿骨痛，肾虚腰痛；叶治外伤出血。

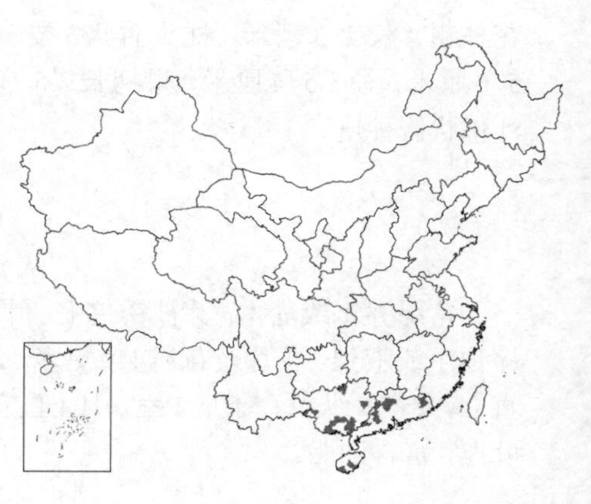

3. 滇南红厚壳 图 1094 彩片 307

Calophyllum polyanthum Wall. ex Choisy, Descr. Guttif. Inde. 43. 1849.

Calophyllum thorelii auct. non Pierre：中国高等植物图鉴 2：883. 1972.

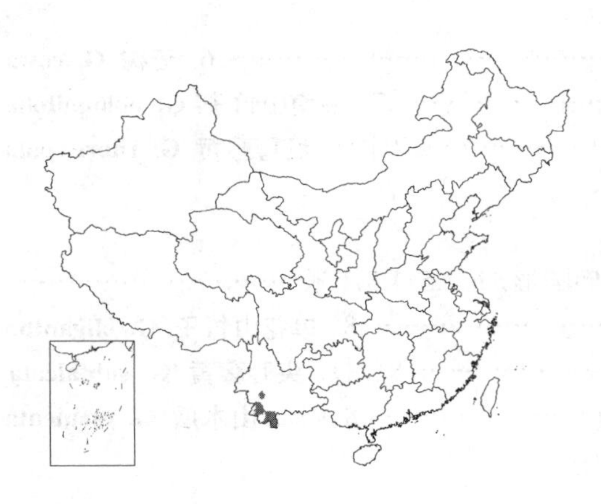

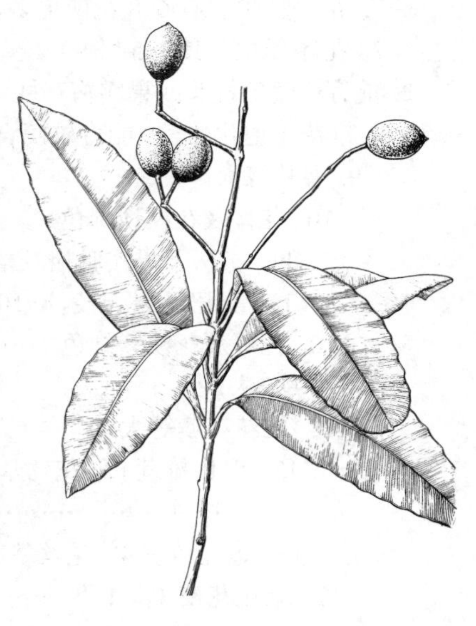

图 1094 滇南红厚壳 （引自《图鉴》）

乔木。幼枝微四棱形，无窄翅，被灰色微柔毛。叶革质，长圆状椭圆形或卵状椭圆形，稀披针形，长5.5-9.5厘米，先端渐钝尖，基部宽楔形，下延成翼，叶下面常苍白色；叶柄长1-2厘米。圆锥或总状花序顶生，稀腋生，长5-10厘米。花白色，花梗长0.4-1厘米，密被锈色微柔毛；萼片外轮2枚不等大，内轮2枚等大，先端圆，具睫毛；花瓣倒卵形，先端圆，具睫毛；雄蕊基部稍合生。果序具1-2果，椭圆球形，长2-2.5厘米，顶端具尖头。花期4-5月，果期9-10月。

产云南南部，生于海拔1100-1800米山地雨林中。印度支那有分布。木材供建筑用。

［附］**兰屿红厚壳** 彩片 308 **Calophyllum blancoi** Planch. et Triana in Ann. Sci. Nat. Bot. ser. 4. 15: 262. 1862. 本种与滇南红厚壳的区别：幼枝无毛；叶椭圆状倒卵形，先端圆或具短钝尖，基部楔形；花梗被锈色柔毛。产台湾兰屿。

5. 藤黄属 Garcinia Linn.

常绿乔木或灌木，具黄色树脂。叶革质，对生，全缘，常无毛，侧脉少数，稀多数。花杂性，稀单性或两性，同株或异株，单生或为聚伞或圆锥花序。萼片及花瓣4或5，覆瓦状排列；雄花具多数雄蕊，花丝分离或合生成1-5束，有时无退化雌蕊；花药2（4）室，常纵裂，有时孔裂或周裂；雌花具退化雄蕊（4-）8-多数，分离或合生；子房（1-）2-12室，每室1胚珠；花柱短或缺；柱头盾形。浆果，外果皮革质。种子具多汁瓤状假种皮。子叶微小或缺。

约450种，产热带亚洲、非洲南部及波利尼西亚西部。我国约20种，主产华南及西南。多数种的果实可食用；种子富含油脂，可作工业油料；黄色树脂供药用；多数种的木材供建筑及制作家具。

1. 花杂性，同株或异株；萼片及花瓣4。
  2. 能育雌蕊的柱头或果实宿存柱头光滑。
    3. 圆锥状聚伞花序。
      4. 花径2-3厘米，萼片2大2小，子房2室 ………………………………………… 1. **木竹子 G. multiflora**
      4. 花径0.8-1厘米，萼片等大，子房4室 ………………………………… 1(附). **云南藤黄 G. yunnanensis**
    3. 聚伞花序或花簇生。
      5. 能育雄蕊合成1束，蝶状或环状4裂，子房1室。
        6. 花序梗上端具2叶状苞片；柱头不规则浅裂 ………………………………… 2. **大苞藤黄 G. bracteata**
        6. 花序梗上端无叶状苞片；柱头全缘 ………………………………………… 3. **金丝李 G. paucinervia**
      5. 能育雄蕊合成4束，子房1-10室。

7. 花序腋生，具6-8花或更多，花径2-3毫米，子房1室 ………………………… 4. **怒江藤黄 G. nujiangensis**
7. 花序顶生，具3-5（-9）花，花径4.5-5毫米，子房5-8室 ………………………… 5. **莽吉柿 G. mangostana**
2. 能育雌蕊的柱头或果实宿存柱头具乳突或小瘤。
8. 雄花无退化雌蕊，能育雄蕊合成1束。
9. 萼片等大。
10. 花萼及花梗淡绿色。
11. 子房及果实具棱及槽，4-8室 ………………………………………………… 6. **云树 G. cowa**
11. 子房及果无棱，8-10室 ………………………………………… 7. **岭南山竹子 G. oblongifolia**
10. 花萼及花梗紫红色 ………………………………………………… 7(附). **红萼藤黄 G. rubrisepala**
9. 萼片2大2小。
12. 雄花花瓣等大。
13. 退化雄蕊12，花丝基部合成浅杯状；果纺锤形或窄椭圆形，长1.5-1.8厘米 ……………………………………………………………………………… 8. **单花山竹子 G. oligantha**
13. 退化雄蕊4，花丝基部分离；果球形，径约3厘米 ……………… 8(附). **尖叶藤黄 G. subfalcata**
12. 雄花花瓣3大1小 ……………………………………………………… 8(附). **山木瓜 G. esculenta**
8. 雄花具退化雌蕊；能育雄蕊合成1束或4束。
14. 能育雄蕊1束，束柄着生花托；圆锥状聚伞花序顶生。
15. 萼片等大，花梗长3-7厘米；果径11-20厘米 ………………………… 9. **大果藤黄 G. pedunculata**
15. 萼片2大2小，花梗长0.8-1.2厘米；果径4-5厘米 ……… 9(附). **版纳藤黄 G. xipshuanbannaensis**
14. 能育雄蕊4束，束柄贴生花瓣基部；聚伞花序或花（1）2-4成簇腋生。
16. 果无柄；萼片等大；叶柄长0.8-1.2厘米，叶侧脉13-16对 …………… 9(附). **双籽藤黄 G. tetralata**
16. 果具柄；萼片2大2小；叶柄长1-1.5厘米，叶侧脉35-45对 …… 9(附). **广西藤黄 G. kwangsiensis**
1. 花两性或杂性同株；萼片及花瓣5。
17. 花两性，伞房状聚伞花序；萼片3大2小；果顶端突尖，有时偏斜 ………… 10. **大叶藤黄 G. xanthochymus**
17. 花单性，雄花及雌花常混生，有时雌花成簇生状，雄花成近穗状；萼片2大3小；果顶端圆 ……………………………………………………………………………… 11. **菲岛福木 G. subelliptica**

1. 木竹子 多花山竹子 图1095：1-4 彩片309

Garcinia multiflora Champ. ex Benth. in Journ. Bot. Kew Gard. Misc. 3: 310. 1851.

乔木。叶长圆状卵形或长圆状倒卵形，长7-16（-20）厘米，先端尖或短尖，基部楔形，侧脉10-15对；叶柄长0.6-1.2厘米。花杂性，同株；雄花序成圆锥状聚伞花序，长5-7厘米；雄花径2-3厘米，花梗长0.8-1.5厘米，萼片2大2小，花瓣橙黄色，倒卵形，长为萼片1.5倍，花丝合成4束，每束具花药约50，聚合成头状；退化雌蕊柱状；雌花序具1-5花；退化雄蕊束短，子房2室，无花柱。果卵圆形或倒卵圆形，长3-5厘米，径2.5-3厘米，黄色，光滑。花期6-

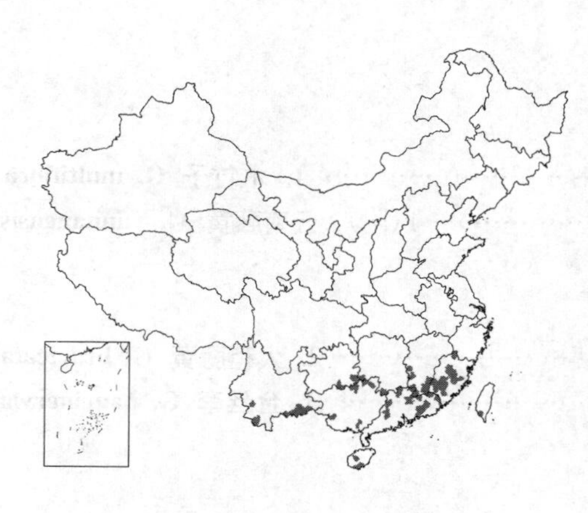

图 1095: 1-4. 木竹子 5-8. 单花山竹子
（刘怡涛绘）

8月，果期11-12月。

产台湾南部、福建、江西、湖南南部、广东、海南、广西、贵州东南部、云南南部，生于海拔100-1900米山坡林内、沟谷林缘及灌丛中。越南北部有分布。种仁含油量55.6%，供制肥皂及机械润滑油；树皮药用，可消炎；木材供制家具及工艺雕刻。

［附］**云南藤黄** 图1099：1-5 **Garcinia yunnanensis** Hu in Bull. Fan. Mem. Inst. Boil. Bot. 10(3)：131. 1940. 本种与木竹子的区别：叶倒披针形、倒卵形或长圆形，花径0.8-1厘米，萼片等长，子房4室；果椭圆形，宿存柱头4裂片状。产云南西南部，生于海拔1300-1600米山坡杂木林中。果可食，木材致密，供建筑用。

图 1096 大苞藤黄 （刘 泗绘）

2. 大苞藤黄 图1096

Garcinia bracteata C. Y. Wu ex Y. H. Li in Acta Phytotax. Sin. 19(4)：490. 1981.

乔木。叶卵形、卵状椭圆形或长圆形，长8-14（-18）厘米，先端渐尖或短渐尖，基部宽楔形或近圆，侧脉20-30对；叶柄长1-1.5厘米。花杂性异株，伞形花序腋生，具2-7花；雄花序偶顶生，花序梗长（1）2-3厘米，上端具2卵形苞片，花梗长0.6-1.3厘米，每花梗基部具4近卵形小苞片，雄花具退化雌蕊，能育雄蕊约40，花丝连成碟状；子房1室，柱头不规则浅裂，光滑。果单生，卵圆形，顶端常偏斜，长2.2-2.5厘米；果柄长1-1.2厘米。种子1。花期4-5月，果期11-12月。

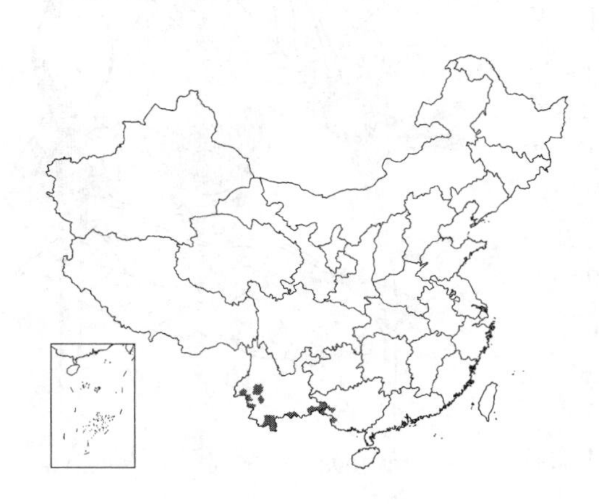

产云南西部及东南部、广西西部，生于海拔400-1300（-1750）米石灰岩山地林中。

3. 金丝李 图1097：1-5 彩片310

Garcinia paucinervia Chun et How in Acta Phytotax. Sin. 5(1)：12. 1956.

乔木。幼枝扁四棱形，暗紫色。叶椭圆形、椭圆状长圆形或卵状椭圆形，长8-14厘米，先端渐钝尖，基部宽楔形，稀圆，侧脉5-8对；叶柄长0.8-1.5厘米。花杂性同株；雄花序聚伞状，具4-10花，花序梗极短，上端无叶状苞片；花梗长3-5毫米，基部具2小苞片；萼片4，近圆形；花瓣卵形；雄蕊合成环状4裂，退化雌蕊微四棱形。雌花单生叶腋；退化雄蕊合成4束，每束具退化雄蕊6-8；子房1室，柱头全缘，光滑。果椭圆形或卵状椭圆形，长3.2-3.5厘米，

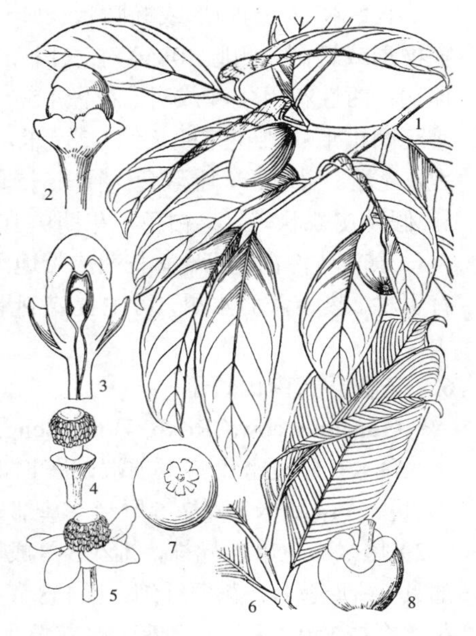

图 1097：1-5. 金丝李 6-8. 莽吉柿 （刘怡涛绘）

径2.2–2.5厘米；果柄长5–8毫米。花期6–7月，果期11–12月。

产广西西南部、云南东南部，生于海拔300–800米石灰岩山地林中。为石灰岩山地特有珍贵用材树种，材质坚硬细致，供木工及建筑等用。

4. 怒江藤黄 图 1098

Garcinia nujiangensis C. Y. Wu et Y. H. Li in Acta Phytotax. Sin. 19 (4): 494. 1981.

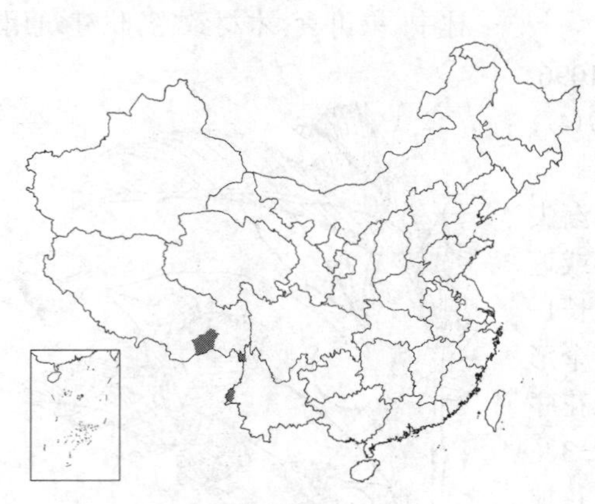

乔木。叶披针形、卵状披针形或长圆状披针形，长10–13（–18）厘米，宽3–5厘米，先端渐尖，基部楔形，侧脉12–15对；叶柄长0.6–1.2厘米。花杂性异株；雄花序聚伞状，长不及1厘米，腋生，具6–8花或更多，花序梗长约2毫米，花梗长1–2毫米；萼片2枚厚肉质，内2枚纸质，近圆形；花径2–3毫米，花瓣淡黄色，倒卵形；能育雄蕊合成4束，每束具花药50–60，退化雌蕊倒卵形。雌花序2–3歧聚伞状，腋生，花序梗长3–4毫米；花梗长1.5–2厘米，子房1室，退化雄蕊花丝合成1轮。果球形、椭圆形或卵球形，长2.5–3厘米，淡黄色，柱头宿存，光滑。花期12月至翌年2月，果期8–9月。

图 1098 怒江藤黄 （刘怡涛绘）

产云南西部、西藏东南部，生于海拔（800–）1100–1700米山坡或沟谷密林中。

5. 莽吉柿 图1097：6–8

Garcinia mangostana Linn. Sp. Pl. ed. 2. 635. 1762.

小乔木。叶椭圆形或椭圆状长圆形，长14–25厘米，先端短渐尖，基部宽楔形或近圆，侧脉40–50对；叶柄长约2厘米。雄花3–5（–9）生于分枝顶端；两性花单生或成对，花径4.5–5毫米，橙黄色，雄蕊合成4束，退化雌蕊圆锥形；雌花花梗长约1.2厘米，子房5–8室，无花柱，柱头辐射状开裂，光滑。果球形，暗紫色，径3.5–5厘米，革质萼片及柱头宿存。种子2–5，假种皮瓤状多汁，白色。花期9–10月。果期11–12月。

原产马鲁古，亚洲及非洲热带地区广泛栽培。台湾、福建、海南及云南有引种。热带著名水果，可生食或制果脯。

6. 云树 云南山竹子 图 1099：6–8 彩片 311

Garcinia cowa Roxb. Hort. Beng. 42. 1814.

乔木；分枝密集树干顶端，平伸，顶端常下垂。叶披针形或长圆状披针形，长6–14厘米，宽2–5厘米，基部楔形，侧脉12–18对；叶柄长0.8–1.5（–2）厘米。花单性异株，雄花3–8成伞形，花序梗极短，或成簇生状，基部具4钻形苞片；花梗纤细，长4–8毫米，淡绿色；花瓣黄色，雄蕊40–50，花丝合成1束，无退化雌蕊。雌花单生叶腋，花梗长2–3毫米，退化雄蕊下部合生，子房4–8室；柱头辐射状分裂，具乳突。果卵球形，径4–6厘米，

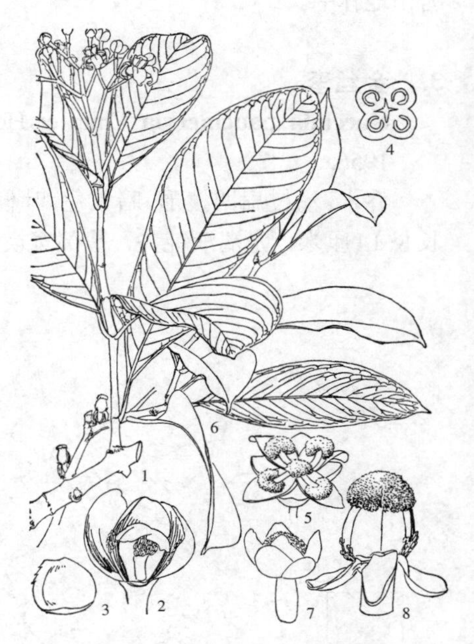

图 1099：1–5. 云南藤黄 6–8. 云树
（引自《中国植物志》）

深黄色，具4-8沟槽，顶端突尖，偏斜。花期3-5月，果期7-10月。

产云南南部，生于海拔（150-）400-850（-1300）米山坡、沟谷林中。广东及沿海地区植物园有栽培。喜马拉雅山东部、孟加拉东部、缅甸、泰国、中南半岛及安达曼岛有分布。

7. 岭南山竹子 图 1100 彩片 312

Garcinia oblongifolia Champ. ex Benth. in Journ. Bot. Kew Gard. Misc. 3: 331. 1851.

常绿乔木。叶长圆形、倒卵状长圆形或倒披针形，长5-10厘米，先端稍骤尖，基部楔形，侧脉10-18对；叶柄长约1厘米。花单性异株，单生或成伞房状聚伞花序；花径约3毫米。花梗长3-7毫米，淡绿色，雄花萼片近圆形，花瓣橙黄或淡黄色，倒卵状长圆形，雄蕊合成1束，花药聚成头状，无退化雌蕊；雌花退化雄蕊合成4束，子房8-10室，柱头辐射状分裂，具乳突。果卵圆形或球形，长2-4厘米，径2-3.5厘米。花期4-5月，果期10-12月。

图 1100 岭南山竹子 （引自《图鉴》）

产广东、海南、香港、广西、贵州南部，生于海拔200-400（-1200）米平坝、低丘沟谷林中。越南东北部有分布。种子含油量60.7%，供工业油料；木材供制家具及工艺品。

［附］ **红萼藤黄 Garcinia rubrisepala** Y. H. Li, in Acta Phytotax. Sin. 19(4): 498. 1981. 本种与岭南山竹子的区别：叶侧脉5-8对；花径约1厘米，花萼及花梗紫红色。产云南西南部，生于海拔340米林中。

8. 单花山竹子 图 1095: 5-8

Garcinia oligantha Merr. in Philipp. Journ. Sci. Bot. 22: 254. 1923.

灌木。小枝纤细，具纵棱。叶长圆状椭圆形或椭圆状披针形，稀卵形，

长5-8厘米，上部尾尖，基部楔形，侧脉纤细，5对；叶柄长0.4-1厘米。花杂性异株，雄花花瓣等大。雌花单生叶腋，微紫色，近无花梗；花萼裂片外2枚近卵形，长2-3毫米，内2枚椭圆形，长4-5毫米；退化雄蕊12，花丝基部合成浅杯状；子房4室，柱头盾形，具乳突。果纺锤形或窄椭圆形，长1.5-1.8厘米，萼片及退化雄蕊宿存。花期6-7月，果期10-12月。

产海南，生于海拔200-1200米山坡疏林或灌丛中。越南北部有分布。

［附］ **尖叶藤黄 Garcinia subfalcata** Y. H. Li et F. N. Wei in Bull. Bot. Res. (Hargbin) 1(14): 139. 1981. 本种与单花山竹子的区别：退化雄蕊4，花丝基部分离，果球形，径约3厘米。产广西南部，生于海拔550

米山坡、水边林中。

［附］**山木瓜 Garcinia esculenta** Y. H. Li in Acta Phytotax. Sin.19（4）: 495. 1981. 本种与单花山竹子的区别：乔木；叶长12-18厘米，叶柄长1-1.5厘米；雄花花瓣3大1小；果卵球形，稀扁球形，长5-9厘米。

9. 大果藤黄 图1101：1-3 彩片313

Garcinia pedunculata Roxb. Fl. Ind. 2:625. 1824.

乔木，高达20米；树皮厚，栓皮质。叶椭圆形、倒卵形或长圆状披针形，长(12-)15-25(-28)厘米，先端圆，稀钝尖，基部楔形，中脉粗，在上面凹下，侧脉9-14对；叶柄长2-2.5厘米。花杂性异株，4基数；雄花序顶生，圆锥状聚伞花序；花梗长3-7厘米，萼片宽卵形或近圆形，等大，厚肉质，花瓣黄色，长方状披针形，长7-8毫米；雄蕊合成1束，束柄着生花托，退化雌蕊圆柱状楔形。雌花成对或单生枝顶；花梗长3.5-4.5厘米，基部具2半圆形苞片，子房8-10室，柱头辐射状8-10裂，退化雄蕊80-100。果扁球形，径11-20厘米，深黄色；果柄长3-6厘米。花期8-12月，果期12月至翌年1月。

产云南西部及西藏东南部，生于海拔250-350(-1300)米山坡密林中。孟加拉有分布。

［附］**版纳藤黄** 彩片314 **Garcinia xipshuanbannaensis** Y. H. Li in Acta Phytotax. Sin. 19(4): 497. 1981. 本种与大果藤黄的区别：花杂性同株，萼片2大2小，花梗长0.8-1.2厘米，果径4-5厘米。产云南南部，生于海拔600米沟谷密林中。

［附］**双籽藤黄 Garcinia tetralata** C. Y. Wu ex Y. H. Li in Acta Phytotax. Sin.19(4): 492. 1981. 本种与大果藤黄的区别：叶8-13厘米，侧脉13-16对，叶柄长0.8-1.2厘米；雄蕊合成4束，束柄贴生花瓣基部；雄花（1）2-4簇生叶腋；果球形，径2-2.5厘米，近无柄。产云南西南和南部，生于海拔800-1000米平坝或山地林中。

［附］**广西藤黄** 图1101：4-5 **Garcinia kwangsiensis** Merr. ex F. N. Wei in Acta Phytotax. Sin. 19(3): 355. 1981. 本种与双籽藤黄的区别：叶侧脉35-45对，纤细，密集；萼片2大2小；果具柄。产广西南部，生于海拔600米山坡林中。

10. 大叶藤黄 图1102：1-3 彩片315

Garcinia xanthochymus Hook. f. ex T. Anders. in Hook. f. Fl. Brit. Ind. 1: 269. 1874.

Garcinia tinctoria（DC.）W. F. Wight；中国高等植物图鉴 2：885.

产云南西部及西北部，生于海拔(860-)1300-1650米山坡或沟谷林中。果可食，汁多，味酸甜。

图 1101：1-3. 大果藤黄 4-5. 广西藤黄
（刘怡涛绘）

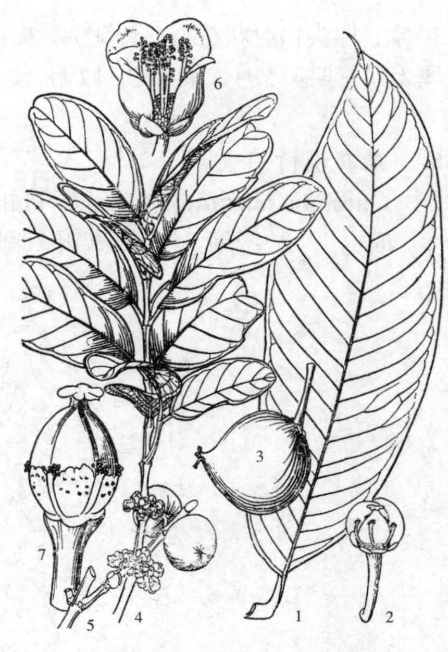

图 1102：1-3. 大叶藤黄 4-7. 菲岛福木
（刘怡涛绘）

1972.

乔木，高达20米。叶椭圆形或长方状披针形，长(14-)20-34厘米，先端骤尖或钝，稀渐尖，基部楔形，侧脉35-40对；叶柄长1.5-2.5厘米。伞房状聚伞花序，具花(2-)5-10(-14)。花两性，5基数；花梗长1.8-3.5厘米，萼片及花瓣3大2小，具睫毛，雄蕊花丝合成5束，每束具2-5花药，基部具5方形腺体，腺体具多数孔穴，长约1毫米；子房5室，柱头盾形，5深裂，稀3-4裂。果球形或卵圆形，黄色，顶端突尖，常偏斜。花期3-5月，果期8-11月。

产云南及广西西南部，生于海拔(100-)600-1000米沟谷密林中。喜马拉雅山东部、孟加拉东部、缅甸、泰国、中南半岛及安达曼岛有分布。日本、我国广东及沿海地区有栽培。

11. 菲岛福木 图 1102：4-7 彩片 316

Garcinia subelliptica Merr. in Philipp. Journ. Sci. Bot. 3: 261. 1908.

乔木，高达20余米。叶卵形、卵状长圆形或椭圆形，稀圆形或披针形，长7-14(-20)厘米，先端钝、圆或微凹，基部宽楔形或近圆，侧脉12-18对；叶柄长0.6-1.5厘米。花单性同株，5基数，雄花及雌花常混生，有时雌花成簇生状，雄花成近穗状，长约10厘米；雄花萼片2大3小，近圆形，花瓣倒卵形，黄色，较萼片长2倍多，雄蕊合成5束，每束具6-10雄蕊；雌花具退化雄蕊，子房3-5室，柱头盾形，5深裂。果长圆形，顶端圆，黄色。

产台湾南部，台北有栽培，生于海滨林中。日本琉球群岛、菲律宾、斯里兰卡、印尼爪哇有分布。抗暴风及怒潮，根部发达，枝叶繁茂，为沿海营造防风林优良树种。

6. 黄牛木属 Cratoxylum Bl.

落叶乔木或灌木。叶对生，全缘，下面常被白粉或蜡质，网脉间具透明油腺点。花序聚伞状。花两性，5基数，具梗；萼片不等大，革质，宿存；花瓣红或白色，与萼片互生，倒卵形，具腺点或腺条，基部具鳞片或缺；雄蕊合成3束，花药背着，药室内向，药隔有时具1个褐色树脂腺点，下位肉质腺体3，与雄蕊束互生；子房3室，花柱3，分离，柱头头状，倒生胚珠多数。蒴果坚硬，室背开裂。种子一侧具翅。

约6种，产印度、东南亚及中国南部。我国2种、1亚种。

多数种类材质坚硬，纹理细致，供制农具、雕刻；树皮药用；嫩叶可代茶叶。

1. 花瓣基部无鳞片，雄蕊束常粗短，下位肉质腺体盔状弯曲，花序顶生及腋生；枝、叶无毛 ………………………………………………………………………………………… 1. **黄牛木 C. cochinchinensis**
1. 花瓣基部具鳞片，雄蕊束纤细，下位肉质腺体近方形，花序腋生或生于幼枝基部；枝、叶无毛或被柔毛。
   2. 幼枝、叶、花萼及花梗密被柔毛 ………………………………… 2. **红芽木 C. formosum** subsp. **pruniflorum**
   2. 幼枝、叶、花萼及花梗无毛 ……………………………………………… 2(附). **越南黄牛木 C. formosum**

1. 黄牛木 图 1103 彩片 317

Cratoxylum cochinchinensis (Lour.) Bl. Mus. Bot. Lugd. Bat. 2: 17. 1852. *Hypericum cochinchinensis* Lour. Fl. Cochinch. 471. 1790.

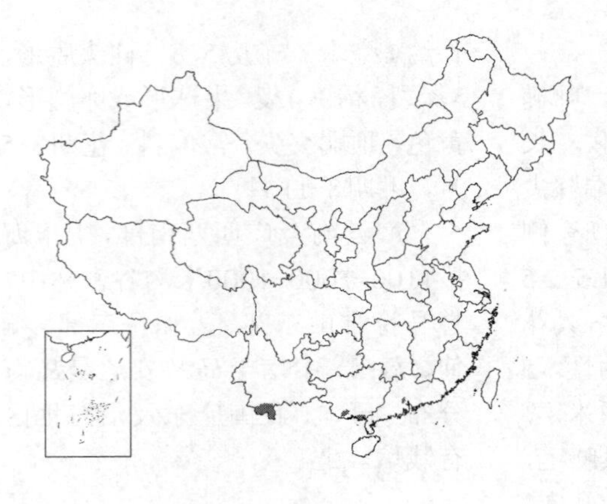

小乔木或灌木状，全株无毛，树干下部常具簇生长刺，树皮含红褐色树脂。叶椭圆形、长圆形或披针形，长3-12厘米，宽1-4厘米，先端尖或渐尖，基部楔形，侧脉8-12对；叶柄长2-3毫米。聚伞花序顶生或腋生，具2-3花。花径1-1.5厘米；萼片椭圆形，具黑色腺条；花瓣深红或粉红色，倒卵形，脉间具黑色腺纹，基部无鳞片；雄蕊束长4-8毫米；下位肉质腺体盔状弯曲。蒴果椭圆形，长0.8-1.2厘米，褐色，宿萼包果中部以上。

产广东、广西南部及云南南部，生于海拔1200米以下丘陵阳坡林中。缅甸、泰国、越南、马来西亚、印尼至菲律宾有分布。

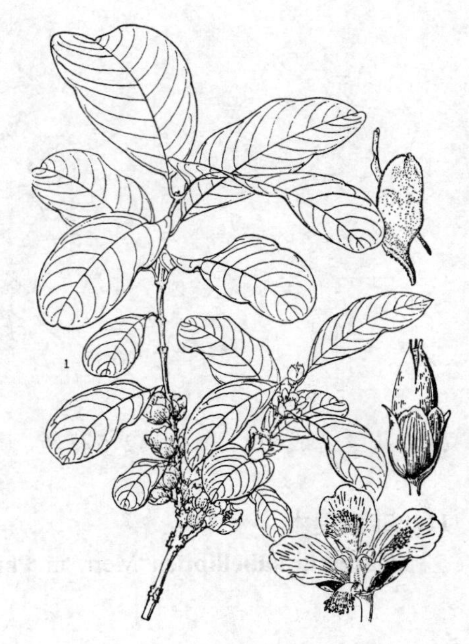

图 1103 黄牛木 （李锡畴绘）

2. 红芽木 图 1104

Cratoxylum formosum (Jack) Dyer subsp. **pruniflorum** (Kurz) Gogelin in Blumea 15(2): 469. 1976.

Tridesmis pruniflora Kurz in Journ. Asiat. Soc. Bengal. 41(2): 293. 1872.

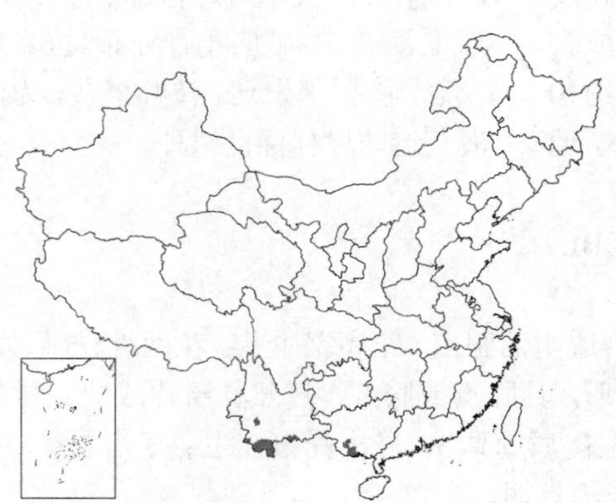

乔木。幼枝密被黄褐色柔毛。叶倒卵形、椭圆形或披针形，长5-12厘米，基部宽楔形或近圆，上面疏被灰白色柔毛，下面具透明油腺点，密被灰白色柔毛，侧脉8-12对；叶柄长2-7毫米，密被灰白色柔毛。花序聚伞状，4-8聚生脱落叶痕腋内，有时单生，花径约1.5厘米，粉红至白色；萼片卵状长圆形，密被柔毛；花瓣长圆形，上部具褐色斑点；鳞片长约3毫米，雄蕊束长1.3厘米，下位肉质腺体近方形。蒴果长圆形，长1-1.3厘米，具小尖头。

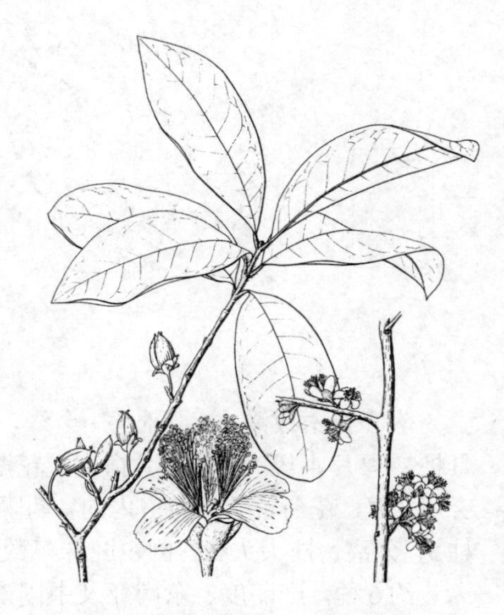

图 1104 红芽木 （引自《图鉴》）

产云南南部及广西，生于海拔1400米以下山地或平坝疏林中，缅甸、泰国、柬埔寨及越南有分布。

［附］**越南黄牛木 Cratoxylum formosum** (Jack) Dyer in Hook. f. Fl. Brit. Ind. 1. 258. 1874. —— *Elodea formosa* Jack. Mal. Miscell. 2: 24. 1822. 本种与红芽木的区别：幼枝、叶、花梗及萼片无毛。产海南，生于海拔600米以下林缘或灌丛中。东南亚有分布。

7. 金丝桃属 Hypericum Linn.

灌木或草本，具透明、暗淡、黑或红色腺体。叶对生，全缘，无柄或具短柄。伞房状聚伞花序顶生或腋生。花两性，(4) 5数；萼片覆瓦状排列；花瓣黄至金黄色，稀白色，常不对称，宿存或脱落；雄蕊多数，基部连合成束或否，5束与花瓣对生，3或4束与萼片对生，每束具雄蕊多达80，花丝纤细，花药背着或近基着，纵裂，药隔具腺体；子房3-5室，中轴胎座，稀1室，侧膜胎座，每胎座胚珠多数，花柱（2）3-5，离生或合生，柱头不明显头状。蒴果，室间开裂，果常具树脂条纹或囊状腺体。种子细小，具网纹，常两侧或一侧具龙骨状突起或稍具翅。

约400种，广布世界。我国约55种、8亚种，全国各地有分布，主产西南。

1. 花瓣及雄蕊花后脱落；灌木，植株常无黑色腺点。
  2. 花柱离生或部分合生；花药背着。
    3. 花白色，径约1.5厘米 ………………………………………… 1. **椭圆叶金丝桃 H. elliptifolium**
    3. 花黄、橙黄或金黄色，常较大。
      4. 茎匍地至上升或下垂；花柱与子房近等长 ………………………………… 2. **匍枝金丝桃 H. reptans**
      4. 茎直立至极叉开。
        5. 叶下面网脉密；花柱稍合生，较子房长1.5倍以上。
          6. 叶下面网脉明显，叶长(2)3-11厘米；花序具1-15（-30）花。
            7. 叶基部楔形或近圆，若心形则其先端圆，中部或中部以上最宽 ……………………………………………………………………………… 3. **金丝桃 H. monogynum**
            7. 叶基部心形抱茎，先端尖或渐尖，椭圆状卵形或宽卵形 ………… 3(附). **大叶金丝桃 H. prattii**
          6. 叶下面网脉不明显，叶长1-3厘米；花序具1花。
            8. 子房及蒴果卵球形，具短柄 ………………………………………… 4. **长柱金丝桃 H. longistylum**
            8. 子房及蒴果球形，无柄 ………………………… 4(附). **圆果金丝桃 H. longistylum** subsp. **giraldii**
        5. 叶下面网脉稀疏不明显；花柱离生，长不及子房1.5倍。
          9. 叶2列，若成4列，则叶中部最宽。
            10. 叶具近边缘脉 ……………………………………………………… 5. **尖萼金丝桃 H. acmosepalum**
            10. 叶无近边缘脉。
              11. 萼片无或具极窄膜质边缘；茎弯拱或开张至下垂，但少叶，幼枝几不扁或两侧扁。
                12. 花柱长为子房1/3或近相等，萼片卵状披针形或倒卵状匙形，先端尖或圆。
                  13. 叶窄椭圆形，稀披针状椭圆形；雄蕊长为花瓣3/5-7/10 …………………………………………………………………………………………… 6. **纤枝金丝桃 H. lagarocladum**
                  13. 叶窄披针形或长圆状披针形；雄蕊长为花瓣1/4-2/5 …………………………………………………………………………… 6(附). **短柱金丝桃 H. hookerianum**
                12. 花柱长为子房1.5-1.8倍，萼片披针形或窄椭圆形，先端锐尖或具短尖 ……………………………………………………………………… 6(附). **川鄂金丝桃 H. wilsonii**
              11. 萼片具膜质边缘；茎直立至弯拱或开张，常多叶，幼枝两侧扁。
                14. 萼片全缘，宽椭圆形或圆形；茎直立；叶少，稀疏 ………………………………………………………… 7(附). **蒙自金丝桃 H. henryi** subsp. **hancockii**
                14. 萼片具啮齿状小齿，窄长圆形或披针形；如萼片全缘则常为椭圆形；茎直立至开张；叶多，密集。
                  15. 萼片具啮齿状小齿，常具小突尖，宽椭圆形或宽卵形；叶先端钝或圆，具小突尖。
                    16. 茎直立至弯拱，稀叉开，具4棱；叶先端尖或圆，具小突尖；蒴果长1-1.4厘米 ………………………………………………………………… 7. **西南金丝梅 H. henryi**
                    16. 茎开张，具2棱；叶先端钝或圆，具小突尖；蒴果长0.9-1.1厘米 ……………………………………………………………………… 8. **金丝梅 H. patulum**
                  15. 萼片全缘，稀具小突尖，椭圆形、窄长圆形或倒卵状匙形；叶先端锐尖或圆，具小突尖。
                    17. 萼片先端近锐尖或圆；叶稀疏 ……………………………………………………… 7(附). **岷江金丝梅 H. henryi** subsp. **uraloides**

17. 萼片先端圆；叶多而密集 …………………………………………………… 8(附). **匙萼金丝梅 H. uralum**

9. 叶4列，叶中部以下最宽。

18. 叶主侧脉序常闭合，第3级脉序常为较密网状；萼片全缘，中部最宽。

19. 萼片在花蕾及果期直立，先端常钝或圆；叶卵状长圆形、宽菱形或近圆形，先端钝或微凹；花杯状 ……………………………………………………………………………… 9. **美丽金丝桃 H. bellum**

19. 萼片在花蕾及果期下弯，先端常锐尖；叶披针形或三角状卵形，先端常锐尖或渐尖；花星状或浅杯状 ………………………………………………………………… 9(附). **多蕊金丝桃 H. choisianum**

18. 叶主侧脉序开放，成不明显网状；萼片具小齿，中部以下最宽。

20. 萼片披针形、窄椭圆形或倒披针形，先端锐尖或渐尖。

21. 花柱短于子房，雄蕊长1.1-2.2厘米，雄蕊长达1.2厘米 ……………………………………………………………………………………………… 10. **弯萼金丝桃 H. curvisepalum**

21. 花柱与子房等长或长于子房，花瓣长1.7-2.8厘米，雄蕊长达16厘米 ……………………………………………………………………………………… 10(附). **展萼金丝桃 H. lancasteri**

20. 萼片卵形、近圆形或倒卵形，先端锐尖或圆。

22. 萼片先端锐尖或钝；茎常具4棱 ………………………………………… 11. **栽秧花 H. beanii**

22. 萼片先端圆或具小突尖；茎常圆柱形 ………………………………… 11(附). **川滇金丝桃 H. forrestii**

2. 花柱合生至顶端，花药稍基着，萼片长1-2.5毫米 ……………………… 11(附). **双花金丝桃 H. geminiflorum**

1. 花瓣及雄蕊果期宿存；草本或亚灌木；植株常具黑色腺点或无。

23. 花柱5，雄蕊5。

24. 花径 (2.5-)3-8厘米；叶披针形、长圆状披针形、长圆状卵形或椭圆形 ……… 12. **黄海棠 H. ascyron**

24. 花径约2厘米；叶倒卵形、卵形或卵状椭圆形 ………………………… 13. **突脉金丝桃 H. przewalskii**

23. 花柱3，雄蕊5束或不成束。

25. 雄蕊不规则排列，侧膜胎座；植株各部无黑色腺点。

26. 雄蕊5-30；叶卵形、卵状三角形、长圆形或椭圆形，长较宽大1.5-2.5倍 ……………………………………………………………………………………………… 14. **地耳草 H. japonicum**

26. 雄蕊30-40；叶卵状披针形或线形，长较宽大3.5倍 ………………… 15. **细叶金丝桃 H. gramineum**

25. 雄蕊规则排列，中轴胎座；叶、萼片、花药、花瓣及茎具黑色腺点。

27. 种子具纵长乳突。

28. 植株被柔毛，茎无疣突，下部常匐地生根 ……………………………… 16. **毛金丝桃 H. hirsutum**

28. 植株无毛；茎被疣突，下部直立 ………………………………………… 16(附). **糙枝金丝桃 H. scabrum**

27. 种子具细蜂窝纹。

29. 萼片4，不等大 ………………………………………………………………… 17. **纤茎金丝桃 H. filicaule**

29. 萼片5，等大。

30. 萼片，苞片及小苞片边缘具小刺齿，齿端具黑色腺体。

31. 花柱长为子房4/5-1/3；幼茎具纵棱。

32. 花径达2厘米 ………………………………………………………… 18. **单花遍地金 H. monanthemum**

32. 花径不及1厘米。

33. 蒴果近球形或卵球形；萼片及花瓣具黑色腺点；叶疏生透明腺点，网脉不明显 ……………………………………………………………………………… 19. **遍地金 H. wightianum**

33. 蒴果椭圆形，萼片及花瓣无黑色腺点；叶透明腺点不明显，网脉明显 ……………………………………………………………………… 19(附). **西藏金丝桃 H. himalaicum**

31. 花柱长为子房1.4-7倍，茎圆柱形 ………………………………… 20. **挺茎遍地金 H. elodeoides**

30. 萼片、苞片及小苞片边缘无小刺齿。

34. 茎圆柱形。

35. 对生叶基部合生；蒴果具囊状腺体 …………………………………………………… 21. **元宝草 H. sampsonii**
35. 对生叶基部不合生；蒴果无囊状腺体。
36. 叶、萼片及花瓣边缘具黑色腺点，萼片及花瓣具黑色条纹；叶长椭圆形或长卵形，长1.5-5厘米，下面疏被黑腺点 …………………………………………………………………………………… 22. **小连翘 H. erectum**
36. 叶、萼片及花瓣边缘具黑色腺点，但全面无黑色条纹或腺点。
37. 萼片先端钝或圆。
38. 叶卵状长圆形或长圆形，先端钝或尖，基部宽楔形或近圆；花瓣无腺点或先端具少数黑腺点 …………………………………………………………………………………… 23. **扬子小连翘 H. faberi**
38. 叶三角状披针形、卵状长圆形、椭圆形或倒披针形，先端圆，基部心形抱茎；花瓣近顶端或上部边缘具黑色腺体 …………………………………………… 23(附). **短柄金丝桃 H. pseudopetiolatum**
37. 萼先端锐尖。
39. 叶卵形或倒卵状长圆形，基部宽楔形、圆或心形；萼片线形，不等大，无腺点或上部偶有少数腺点，花瓣无黑腺点；蒴果宽卵球形或近球形。
40. 茎稍铺散；叶卵形或倒卵形，中部或中部以上最宽，基部宽楔形；花序一回二歧状；花柱短于子房 …………………………………………………………………… 24. **短柄小连翘 H. petiolatum**
40. 茎直立或下部匍匐生根；叶倒卵状长圆形，中部或中部以下最宽，基部圆或心形；花序二至三回二歧聚伞状；花柱长于子房 …………………………………………………………………………………… 24(附). **云南小连翘 H. petiolatum** subsp. **yunnanensis**
39. 叶长圆状披针形或长圆形，基部浅心形微抱茎；萼片长圆状披针形，边缘疏生黑腺点，花瓣上部及边缘疏被黑腺点；蒴果卵球形 ………………………………………… 25. **密腺小连翘 H. seniavinii**
34. 茎具2或4纵棱。
41. 萼片长圆形或披针形，先端渐尖或尖；蒴果具背生腺条及侧生黄褐色囊状腺体 …………………………………………………………………………………… 26. **贯叶连翘 H. perforatum**
41. 萼片窄长圆形、长圆形或卵状披针形，先端钝；蒴果具纵线条，无囊状腺体。
42. 茎疏被黑色腺点，叶下面无乳突；雄蕊3束 ………………………………………… 27. **赶山鞭 H. attenuatum**
42. 茎无黑色腺点，叶下面被乳突；雄蕊不成束或不明显3束 …………………………………………………………………………………… 27(附). **玉山金丝桃 H. nagasawai**

1. 椭圆叶金丝桃 图 1105：1-2

Hypericum elliptifolium Li in Journ. Arn. Arb. 25: 307. 1944.

灌木，高达60厘米。叶椭圆形，长3-5厘米，先端圆，微凹或具小突尖，基部圆，侧脉2-3对；无柄。伞状聚伞花序顶生，具5-6花。花径约1.5厘米；花梗长约8毫米；萼片长圆状卵形；花瓣白色，倒卵形，长1-1.2厘米；花柱3，分离。蒴果卵球形，长约7毫米，径4毫米，花萼及花柱宿存。种子棱形，黑褐色，两侧具龙骨状突起，具细蜂窝纹。花期8-9月，果期9-10月。

产云南西北部贡山县，生于海拔1800-2200米山坡草丛中。花白色，近伞状聚伞花序，在本属中极为特殊。

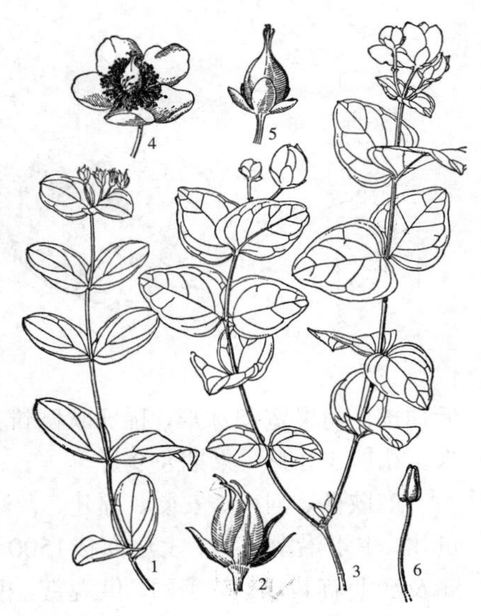

图 1105：1-2. 椭圆叶金丝桃 3-6. 美丽金丝桃 （肖 溶绘）

2. 匍枝金丝桃 图 1106：1-4

Hypericum reptans Hook. f. et Thoms. ex Dyer in Hook. f. Fl. Brit. Ind. 1：255. 1874.

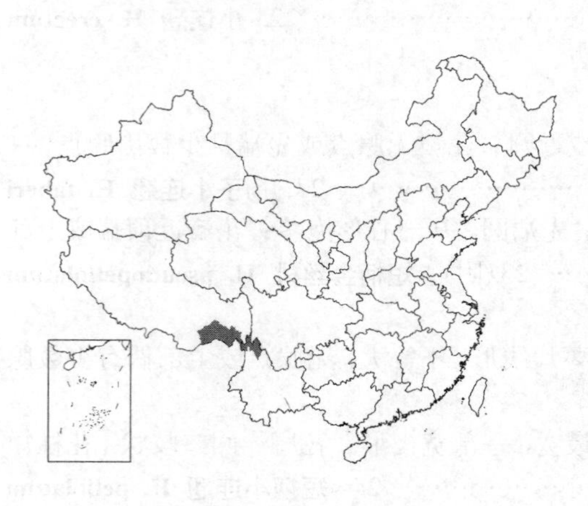

小灌木，匍地或上升高达30厘米，形成直径约1米垫状植丛，有时自岩石上下垂。叶椭圆形、长圆形或倒披针形，稀倒卵形，长0.6-1.7厘米，宽2-9毫米，先端钝或圆，基部楔形，侧脉1-3对；叶柄长0.5-1.5厘米。花常单生枝顶。花径2-3厘米，近深杯状；花梗长4-8毫米；萼片离生，椭圆形、倒卵形或倒披针形；具稀疏腺纹或腺点；花瓣深金黄色，有时带红色，宽倒卵形，无腺体，雄蕊5束；花柱与子房近等长，分离。蒴果近球形，径0.6-1厘米，不裂，稍浆果状，砖红色。花期7-8月，果期9-10月。

产云南西北部及西藏东南部，生于海拔2500-3520米山坡草地、岩缝中、林缘、沟边。缅甸北部、印度东北部、锡金、尼泊尔有分布。

图 1106：1-4. 匍枝金丝桃 5-9. 岷江金丝梅 （曾孝濂绘）

3. 金丝桃 图 1107：1-3

Hypericum monogynum Linn. Sp. Pl. ed. 2：1107. 1763.

灌木，高达1.3米。叶倒披针形、椭圆形或长圆形，稀披针形或卵状三角形，具小突尖，基部楔形或圆，上部叶有时平截至心形，侧脉4-6对，网脉密，明显；近无柄。花序近伞房状，具1-15（-30）花。花径3-6.5厘米，星状；花梗长0.8-2.8（-5）厘米；花萼裂片椭圆形、披针形或倒披针形，基部腺体线形或条纹状；花瓣金黄或橙黄色，三角状倒卵形，长1-2厘米，无腺体；雄蕊5束；花柱长为子房3.5-5倍，合生近顶部。蒴果宽卵球形，稀卵状圆锥形或近球形，长0.6-1厘米，径4-7毫米。花期5-8月，果期8-9月。

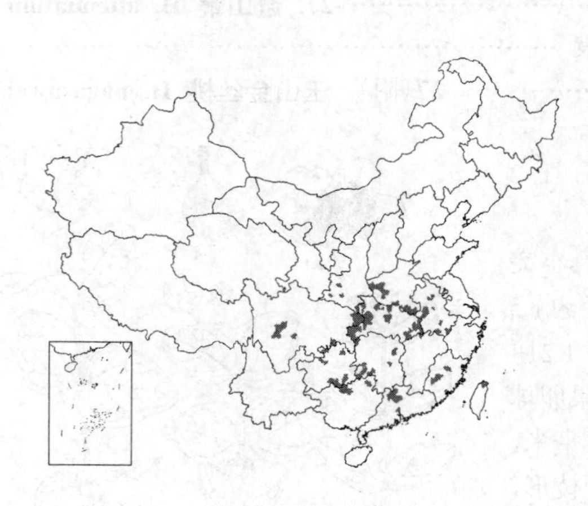

产陕西、河南、安徽、福建、台湾、湖北、湖北、广东、广西、四川及贵州，生于沿海地区，上达海拔1500米山地灌丛中。河北、山东、江苏、浙江及江西有栽培。花美丽，供观赏，根及果药用，果可代连翘，祛风湿、止咳、下乳、调经补血，治跌打损伤。根据叶形及萼片大小可分为4个类型：柳叶型，钝叶形，宽萼形，卵叶形。

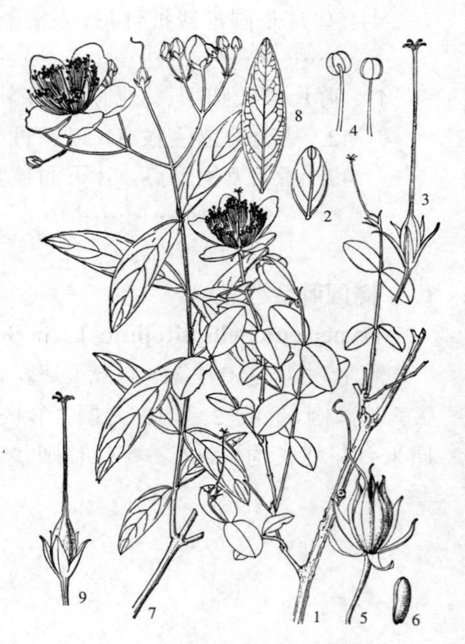

图 1107：1-3. 金丝桃 4-9. 长柱金丝桃 （曾孝濂绘）

［附］ **大叶金丝桃 Hypericum prattii** Hemsl.; in Journ. Linn. Soc. Bot. 29：303. 1892. 本种与金丝桃区别：叶椭圆状卵形或宽卵形，先端尖

或渐尖，基部心形抱茎。产四川、湖北，生于海拔800-1000米灌丛中。

4. 长柱金丝桃 图 1107：4-9

Hypericum longistylum Oliv. in Hook. Icon. Pl. 16. 1886.

灌木。叶窄长圆形、椭圆形或近圆形，长1-3厘米，先端圆，具小突尖，基部宽楔形，下面稍被白粉，侧脉3对，网脉密，不明显；无柄或具长约1毫米短柄。单花顶生，径2.5-4.5（-5）厘米，星状。花梗长0.8-1.2厘米；苞片叶状，宿存；萼片分离或基部合生，线形，稀椭圆形，花瓣金黄至橙色，倒披针形，长1.5-2.2厘米；雄蕊5束；花柱长1-1.8厘米，合生几达顶端。蒴果卵球形，长0.4-1.2厘米，具短柄。花期5-7月，果期8-9月。

产河南、安徽、湖北、湖南、四川北部、甘肃南部及陕西南部，生于海拔200-1200米阳坡或沟边。

［附］**圆果金丝桃 Hypericum longistylum** subsp. **giraldii** (R.Keller) N. Robson in Bull. Brit. Mus. Nat. Hist. Bot. 12(4): 239.1985. —— *Hypericum giraldii* R. Keller in Engl. Bot. Jahrb. 33: 548. 1904. 本亚种与原亚种的区别：子房及蒴果球形，无柄。产陕西、甘肃及湖北，生于海拔1950-2090米山地阳坡。

5. 尖萼金丝桃 图 1108

Hypericum acmosepalum N. Robson in Journ. Ray. Hort. Soc. 95: 490. 1970.

灌木。叶长圆形或窄椭圆形，有时近枝顶之叶为披针形，枝基部之叶为倒披针形，长1.8-4.2(-6)厘米，宽0.6-1.5（-2）厘米，基部楔形，侧脉1-2对；叶柄长0.5-1.5毫米。花序近伞房状，具1-3（-6）花。花径3-5厘米，星状；花梗长0.7-1.7厘米，苞片宿存；萼片分离，卵形或披针形，腺体约8；花瓣深黄色，有时带红晕，倒卵形，长1.6-2.5厘米；雄蕊5束；花柱分离，长4-8毫米，近顶端外弯。蒴果卵球形或窄卵状圆锥形，长0.9-1.5厘米，鲜红色。花期5-7月，果期8-9月。

产广西西部、四川、贵州、云南，生于海拔900-3000米山坡、灌丛中、林间空地、溪边及荒地。

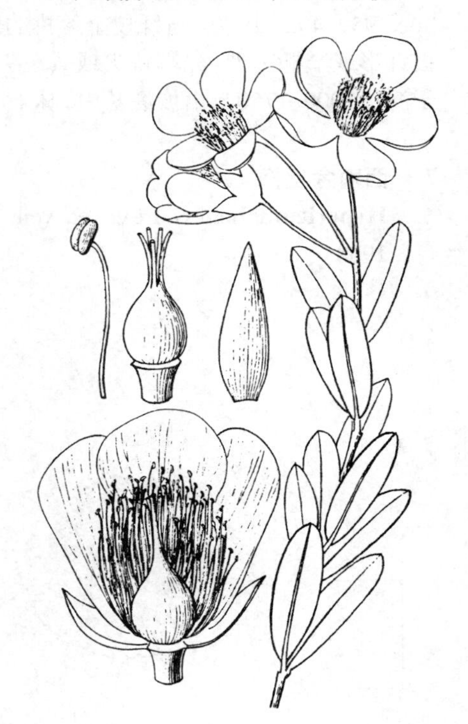

图 1108 尖萼金丝桃 （张宝福绘）

6. 纤枝金丝桃 图 1109：1-3

Hypericum lagarocladum N. Robson in Bull. Brit. Mus. Nat. Hist. Bot. 12(4): 247. 1985.

灌木。叶窄椭圆形，稀披针状椭圆形，长1.8-3（-4.5）厘米，基部楔形，侧脉3（4）对；叶柄长1-1.5厘米。花序具1-3花。花径3-4.5厘米，近星状或浅杯状；花梗长2-7毫米；萼片离生或近离生，卵形、长圆状卵形或披针形，腹腺体12-14，线形；花瓣金黄色，倒卵形，长1.8-2.3厘米；

雄蕊5束；花柱离生。蒴果卵球状圆锥形，长约1.2厘米。花期4-5月，果期6-8月。

产湖南西部、四川西南部、贵州西南部、云南中部，生于海拔900-2500米山谷、山坡、沟边灌丛中。

［附］**短柱金丝桃 Hypericum hookerianum** Wight et Arn. Prodr. Fl. Penin. Ind. Or. 1: 99. 1834. 与纤枝金丝桃的区别：叶窄披针形或长圆状披针形；雄蕊长为花瓣1/4-2/5。产云南西部、西藏东南部，生于海拔2500-3400米山坡或林缘灌丛中。尼泊尔、锡金、不丹、印度东北部、孟加拉、缅甸及泰国有分布。

［附］**川鄂金丝桃** 图1109：4-6 彩片318 **Hypericum wilsonii** N. Robson in Journ. Roy. Hort. Soc. 95: 492. 1970. 与纤枝金丝桃的区别：花柱长为子房1.5-1.8倍，萼片披针形或窄椭圆形，先端锐尖或具短尖。产湖北西部、四川东部及南部，生于海拔1000-1750米山坡灌丛中、林下或草地。

图 1109：1-3. 纤枝金丝桃 4-6. 川鄂金丝桃 （曾孝濂绘）

7. 西南金丝梅 图1110

Hypericum henryi Lévl. et Ven. in Bull. Soc. Bot. France 54: 591. 1908

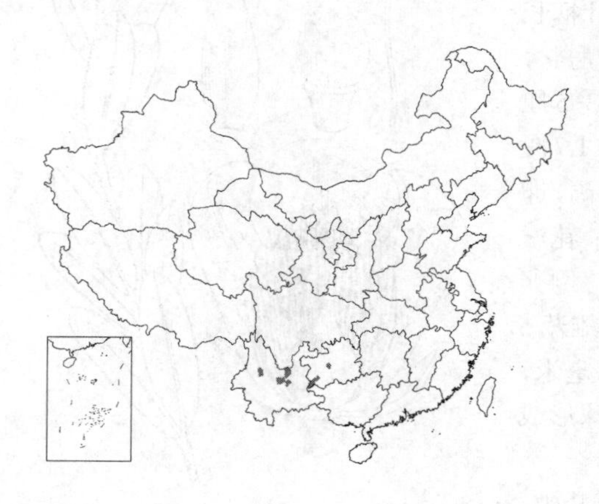

灌木，高达3米。幼枝具4棱，两侧扁。叶卵状披针形，稀椭圆形或宽卵形，长1.5-3厘米，先端尖或圆，具小突尖，基部宽楔形或圆，下面极苍白色，侧脉2-3（4）对；叶柄长约1毫米。花序近伞房状，具1-7花。花径2-3.5厘米，杯状；花梗长4-7毫米；萼片离生，宽椭圆形、卵形或圆形，先端具小尖突或圆；花瓣金黄或暗黄色，有时带红晕，宽卵形；雄蕊5束。蒴果宽卵形，长1-1.4厘米。花期5-7月，果期8-10月。

产贵州、云南，生于海拔1300-2400米山坡、山谷疏林下或灌丛中。

［附］**蒙自金丝梅 Hypericum henryi** subsp. **hancockii** N. Robson in Bull. Brit. Mus. Nat. Hist. Bot. 12(4): 261. 1985. 本亚种与原亚种的区别：萼片宽椭圆形或圆形，稀倒卵状匙形，全缘，先端锐尖或圆；叶窄椭圆形或披针形，先端锐尖或钝。产云南南部，生于海拔1500-1800米山坡、山谷疏林或灌丛中。越南、缅甸、泰国、印尼苏门答腊有分布。

图 1110 西南金丝梅 （引自《中国植物志》）

［附］**岷江金丝梅** 图1106：5-9 **Hypericum henryi** subsp. **uraloides** (Rehd.) N. Robson in Bull. Brit. Mus. Nat. Hist. Bot. 12

(4)：263. 1985. —— *Hypericum uraloides* Rehd. in Sarg. Pl. Wilson. 3：452. 1917. 本亚种与原亚种的区别：萼片椭圆形、倒披针形或窄长圆形，全缘，先端近锐尖或圆；叶稀疏，窄椭圆形、窄倒披针形或卵状披针形，先端锐尖，稀钝。产四川西部及北部、贵州西南部、云南西部及南部，生于海拔1800–2400米山坡、山谷疏林下或灌丛中。缅甸北部有分布。

8. 金丝梅 图 1111

Hypericum patulum Thunb. ex Murray, Syst. Veg. ed. 14：700. 1784.

灌木，丛状。茎开张，具2棱。叶披针形、长圆状披针形、卵形或长圆状卵形，长1.5–6厘米，先端钝或圆，具小突尖，基部宽楔形，下面微苍白色，侧脉3对；叶柄长0.5–2毫米。花序伞房状，具1–15花。花径2.5–4厘米；花梗长2–4（–7）毫米；萼片离生，先端钝或圆，有时微凹，常具小突尖，具啮蚀状细齿及小缘毛；花瓣金黄色，内弯，长圆状倒卵形或宽卵形；雄蕊5束，每束具50–70雄蕊。蒴果宽卵形，长0.9–1.1厘米。花期6–7月，果期8–10月。

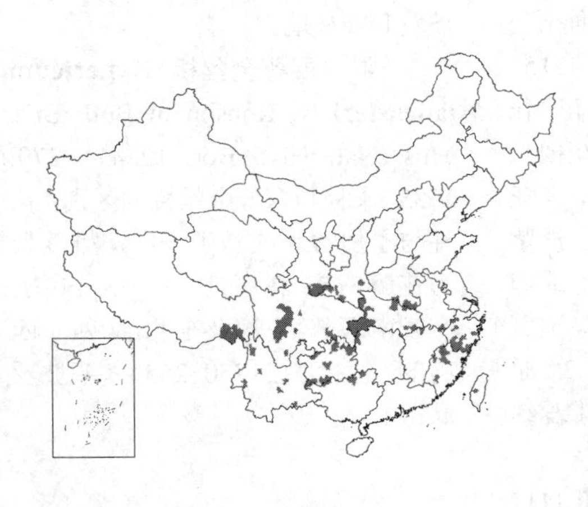

图 1111 金丝梅 （肖 溶绘）

产河南、安徽、浙江、江西、福建、台湾、湖北、湖南、广西、贵州、云南、西藏、四川、陕西及甘肃，生于海拔（300–）450–2400米山坡或山谷疏林下。日本、非洲南部有栽培。花供观赏，根药用。

［附］**匙萼金丝桃 Hypericum uralum** Buch.-Ham. ex D. Don in Curtis's Bot. Mag. 50：t. 2375. 1823. 本种与金丝梅的区别：萼片全缘，先端圆，椭圆形、窄长圆形或倒卵状匙形，叶多而密集，先端锐尖或圆，具有小突尖。产西藏及云南西北部，生于海拔1500–2700米草坡、岩坡或疏林下。巴基斯坦、尼泊尔、锡金、印度东北部及缅甸有分布。

9. 美丽金丝桃 图 1105：3–6

Hypericum bellum Li in Journ. Arn. Arb. 25：308. 1944.

灌木，常成矮灌丛。枝条密集。叶卵状长圆形、宽菱形或近圆形，长1.5–6.5厘米，先端钝或微凹，常具小突尖，基部圆、平截或近心形，侧脉3–4对；叶柄长0.5–2.5厘米。花序近伞房状，具1–7花。花径2.5–3.5厘米，杯状；花梗长0.3–1.4厘米；萼片窄椭圆形或倒卵形，先端圆，稀具小尖突，全缘，在花蕾及果期直立；花瓣金黄或乳黄色，稀暗黄色，倒卵形，具小突尖；雄蕊5束，每束具25–65雄蕊。蒴果卵球形，长1–1.5厘米，常皱。花期6–7月，果期8–9月。

产四川、云南西北部及西藏东南部，生于海拔1900–3500米山坡草地、林缘、疏林下、灌丛中。印度东北部有分布。

［附］**多蕊金丝桃 Hypericum choisianum** Wall. ex N. Robson in Nasir et Ali, Fl. W. Pakistan 32：6. 1973. 本种与美丽金丝桃的区别：萼片在花蕾及果期下弯，先端常锐尖；叶披针形或三角状卵形，先端常锐尖或渐尖；花星状或浅杯状。产云南西北及东部、西藏南部，生于海拔

1600-4800米陡坡杜鹃林或灌丛中。巴基斯坦、印度、尼泊尔、不丹、锡金及缅甸有分布。

10. 弯萼金丝桃

Hypericum curvisepalum N. Robson in Bull. Brit. Mus. Nat. Hist. Bot. 12(4): 281. 1985.

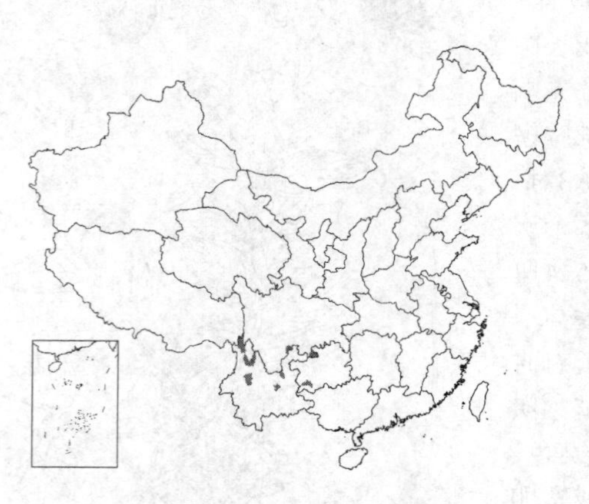

灌木。叶三角状披针形或三角状卵形，长2-4厘米，基部圆或浅心形，下面稍苍白色，侧脉3-4对；叶柄长0.5-1毫米。花序具1(-3)花。花径2-4厘米，深杯状；花梗长0.6-1厘米；萼片分离，在花蕾及果期外弯或开张，淡紫色，披针形、窄椭圆形或卵形；花瓣深黄色，内弯，宽倒卵形或近圆形，长1.2-2.2厘米；雄蕊5束，每束具雄蕊约60。蒴果卵球状圆锥形或宽卵球形，果爿厚革质。花期5-6月，果期9月。

产四川南部、贵州西南部及云南，生于海拔1800-3000米多石砾山坡及开阔林地。

［附］**展萼金丝桃 Hypericum lancasteri** N. Robson in Bull. Brit. Mus. Nat. Hist. Bot. 12(4): 279. 1985. 本种与弯萼金丝桃的区别：花柱与子房等长或长于子房，雄蕊长为花瓣3/5，花序具（1-）3-14花。产云南西部、中部及东北部、四川西南部，生于海拔1750-2550米草坡及灌丛中。

11. 栽秧花 图 1112

Hypericum beanii N. Robson in Journ. Roy. Hort. Soc. 95: 490. 1970.

Hypericum patulum auct. non Thunb.: 中国高等植物图鉴 2: 879. 1972.

灌木。幼茎具4棱。叶窄椭圆形、长圆状披针形、披针形或卵状披针形，长2.5-6.5厘米，宽1-3.5厘米，基部楔形或圆，侧脉（2）3-5对；叶柄长1-2.5毫米。花序近伞房状，具1-14花。花径3-4.5厘米，星状或杯状；花梗长0.3-2厘米；苞片叶状或披针形，宿存；萼片卵形或宽卵形，长0.6-1.1(-1.4)厘米，先端锐尖、具小突尖或钝；花瓣金黄色，长圆状倒卵形或近圆形，长1.5-3.3厘米，具不规则啮蚀状小齿；雄蕊5束，每束具40-55雄蕊。蒴果窄卵球状圆锥形或卵球形，长1.5-2厘米。花期5-7月，果期8-9月。

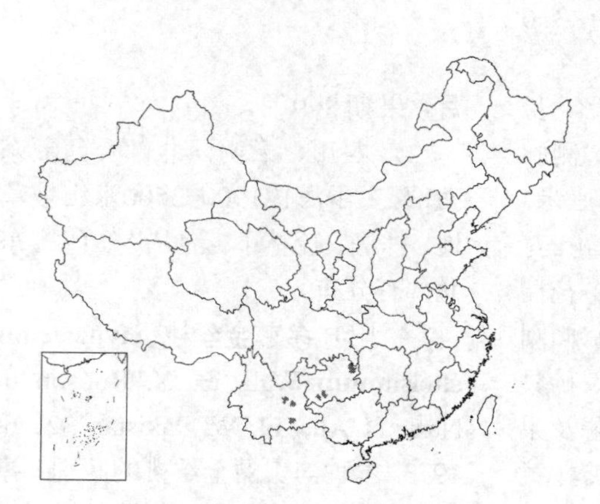

产贵州及云南，生于海拔1500-2100米疏林或灌丛中、溪边及草坡。

［附］**川滇金丝桃 Hypericum forrestii** (Chittenden) N. Robson in Journ. Roy. Hort. Soc. 95: 491. 1970. —— *Hypericum patulum* Thunb. ex Murray var. *forrestii* Chittenden in Journ. Roy. Hort. Soc. 48: 234. 1923. 本种与栽秧花的区别：萼片先端稍圆，稀具小突尖；茎常圆柱形。产四川中部及西部、云南西北、西部及东北部，生于海拔1500-3300(-4000)米山坡多石地带、溪边或松林林缘。缅甸东北部有分布。

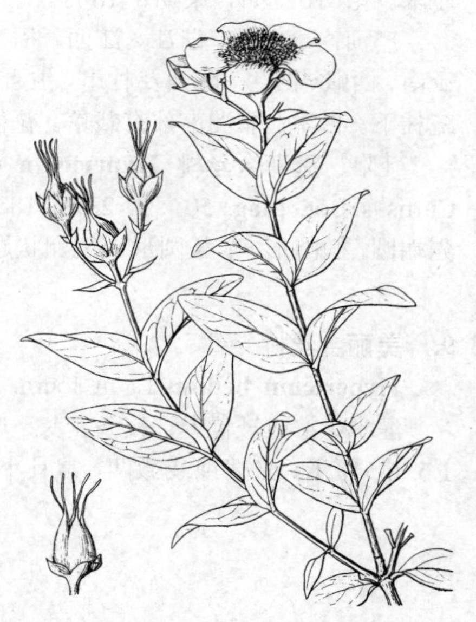

图 1112 栽秧花 （引自《图鉴》）

［附］**双花金丝桃 Hypericum**

geminiflorum Hemsl. in Ann. Bot. 9: 144. 1895. 本种与栽秧花的区别：花柱合生，雄蕊5束，每束具5-11雄蕊，萼片长1-2.5厘米；蒴果窄圆柱形或窄椭圆状纺锤形，长0.5-1.1厘米。产台湾，生于海拔300-1200米开阔多石砾地带。

12. 黄海棠 图 1113 彩片 319

Hypericum ascyron Linn. Sp. Pl. 783. 1753.

多年生草本。叶披针形、长圆状披针形、长圆状卵形或椭圆形，长（2-）4-10厘米，基部楔形或心形，抱茎，无柄，下面疏被淡色腺点。花序近伞房状或窄圆锥状，具1-35花，顶生。花径（2.5-）3-8厘米，平展或外弯；花梗长0.5-3厘米；萼片卵形、披针形或椭圆形；花瓣金黄色，倒披针形，长1.5-4厘米，极弯曲，宿存；雄蕊5束，每束具雄蕊约30；花柱5，4/5分离。蒴果卵球形或卵球状三角形，长0.9-2.2厘米，深褐色。花期7-8月，果期8-9月。

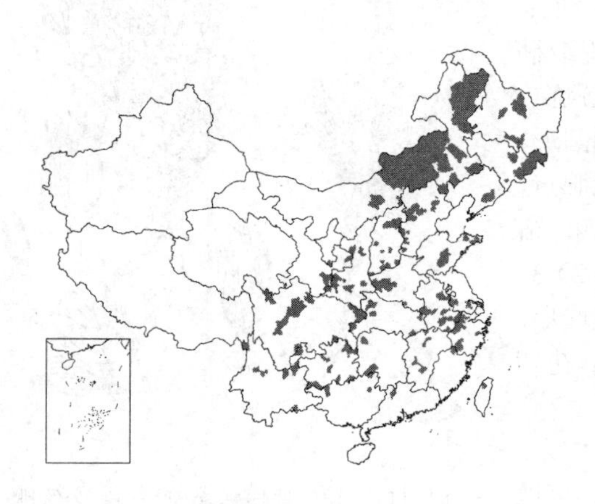

除新疆、青海及海南外，各地均产，生于海拔2800米以下山坡林下、林缘、草丛、草甸、溪边及河岸。庭园广泛栽培。朝鲜、日本、越南北部、美国东北部及加拿大有分布。

图 1113 黄海棠 （引自《图鉴》）

13. 突脉金丝桃 图 1114: 1-3

Hypericum przewalskii Maxim. in Bull. Acad. Sci. St. Pétersb. 27: 431. 1881.

多年生草本。茎最下部叶倒卵形，上部叶卵形或卵状椭圆形，长2-5厘米，先端钝，常微缺，基部心形抱茎，叶下面白绿色，疏被淡色腺点，侧脉约4对，与中脉在上面凹下，脉网稀疏。聚伞花序顶生，具3花，有时连同侧生小花枝组成伞房状圆锥花序。花径约2厘米；花梗长达3(4)厘米；萼片长圆形，长0.8-1厘米，边缘波状，无腺点；花瓣长圆形，微弯曲，长约1.4厘米，宿存；雄蕊5束，每束具15雄蕊；花柱5，中部以上分离。蒴果卵球形，长约1.8厘米，具纵纹；宿萼长达1.5厘米。花期6-8月，果期8-9月。

产陕西南部、甘肃南部、青海东北部、河南西部、湖北西部及四川西北部，生于海拔2740-3400米山坡、河边灌丛中。

图 1114: 1-3. 突脉金丝桃 4-6. 西藏金丝桃 （张宝福绘）

14. 地耳草 图 1115：1-5

Hypericum japonicum Thunb. ex Murray, Syst. Veg. ed. 14. 702. 1784.

一年生或多年生草本。叶卵形、卵状三角形、长圆形或椭圆形，长0.2-1.8厘米，宽0.1-1厘米，先端尖或圆，基部心形抱茎至平截，基脉1-3，侧脉1-2对；无柄。花径4-8毫米，平展；萼片窄长圆形、披针形或椭圆形，长2-5.5毫米；花冠白、淡黄至橙黄色，花瓣椭圆形，长2-5毫米，先端钝，无腺点，宿存；雄蕊5-30，不成束，宿存；子房1室，花柱（2）3，离生。蒴果短圆柱形或球形，长2.5-6毫米，无腺纹；花期3-8月，果期6-10月。

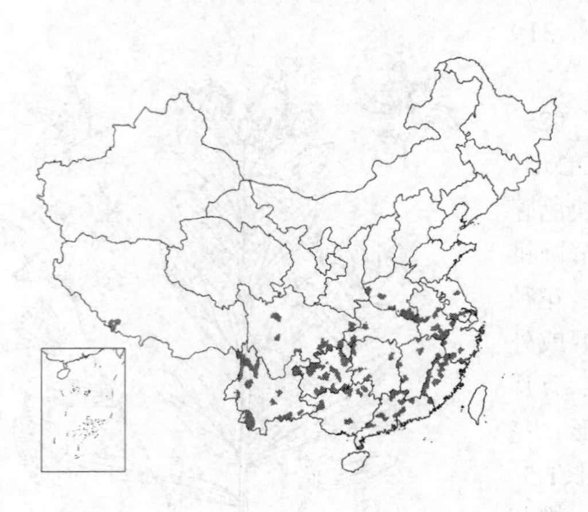

产山东、河南、安徽、江苏、浙江、福建、江西、湖北、湖南、广东、广西、贵州、云南、四川及西藏，生于海拔2800米以下田边、沟边、草地及撩荒地。日本、朝鲜、尼泊尔、锡金、印度、斯里兰卡、缅甸及印尼、澳大利亚、新西兰及美国夏威夷群岛有分布。

图 1115: 1-5. 地耳草 6-11. 细叶金丝桃
（李锡畴绘）

15. 细叶金丝桃 图 1115：6-11

Hypericum gramineum G. Forester, Fl. Ins. Austr. Prodr. 63. 1786.

一年生至多年生草本。叶卵状披针形或线形，长0.6-1.3厘米，宽0.1-0.3(-0.5)毫米，先端钝或圆，基部圆或心形抱茎，基脉1-3。单歧或二歧稀三歧聚伞花序。花径5-8毫米，黄色，平展；花梗长2-7毫米；萼片披针形或窄椭圆形，长3-5毫米；花瓣倒卵形，长5-8毫米，宿存；雄蕊30-40，不成束；子房1室，花柱3，分离。蒴果卵球状锥形，长约4毫米。花期6-7月，果期8-9月。

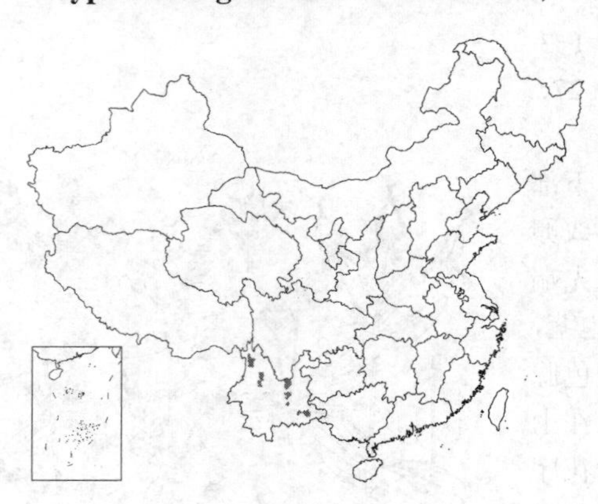

产云南及台湾北部，生于海拔1200-2600米沼泽地。澳大利亚、新西兰、新喀里多尼亚、越南及印度有分布。

16. 毛金丝桃 图 1116

Hypericum hirsutum Linn. Sp. Pl. 1105. 1753.

多年生草本；植株被柔毛。茎下部常匍地生根。叶卵状长椭圆形或椭圆形，长3.5-4.5厘米，先端钝或圆，基部宽楔形，侧脉2-3对；叶柄长1-1.5毫米。聚伞花序多个组成圆锥花序状。花径约9毫米，黄或淡黄色；萼片线状披针形、披针形或披针状长圆形，边缘具黑色腺齿；花瓣长圆状椭圆形，长约1厘米，宿存；雄蕊3束；子房3室，花柱3，分离。蒴果卵形或长圆状卵形，长4-6毫米，褐色，具腺纹。种子具纵长乳突。花期7-8月，果期9月。

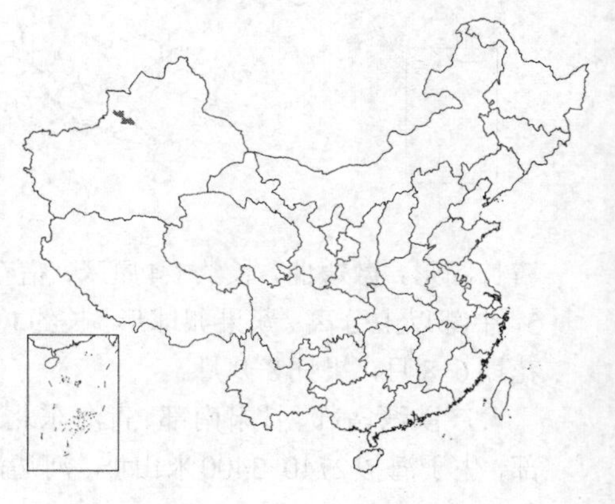

产新疆西北部，生于海拔2800米以下山谷林下。俄罗斯、蒙古至西欧有分布。

［附］**糙枝金丝桃 Hypericum scabrum** Linn. Centuria 1: 25. 1755. 与毛金丝桃的区别：植株无毛，茎疏被疣突，下部直立。产新疆北部，生于海拔1100米干旱多石山坡或砾质坡地。俄罗斯中亚有分布。

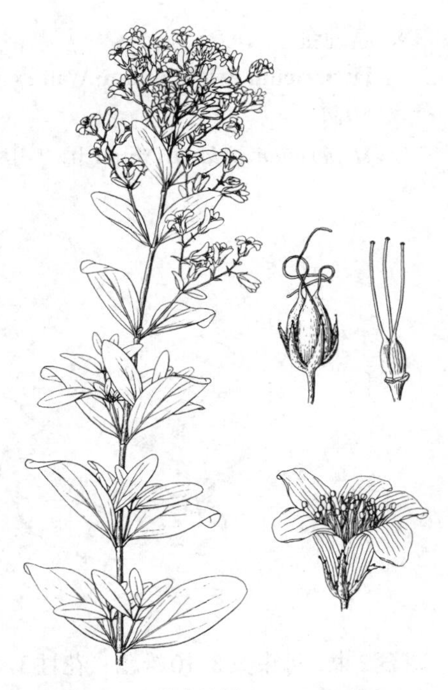

图 1116 毛金丝桃 （引自《图鉴》）

17. 纤茎金丝桃 图 1117：1-7

Hypericum filicaule (Dyer) N. Robson in Bull. Brit. Mus. Nat. Hist. 5(6): 305. 1977.

Ascyrum filicaule Dyer in Hook. f. Fl. Brit. Ind. 1: 252. 1874.

多年生细柔草本；茎基部匍地生根。叶宽椭圆形，长0.5-1厘米，宽3-8毫米，先端钝，或微凹，基部楔形，边缘波状，侧脉2-3对；叶无柄或柄长不及1毫米。单花顶生。花径0.6-0.8毫米；花梗纤细，长0.5-1.5厘米；萼片2大2小，长圆形；花瓣4，黄色，披针状长圆形，宿存；雄蕊10余枚，基部合成3束；子房3室，花柱3，离生。蒴果卵球形，长约8毫米，深褐色，先端3裂，花柱宿存。种子具蜂窝纹。花期8月，果期9-10月。

产云南西北部及西藏东南部，生于海拔3000-3900米山坡崖缝中或草坡。锡金有分布。

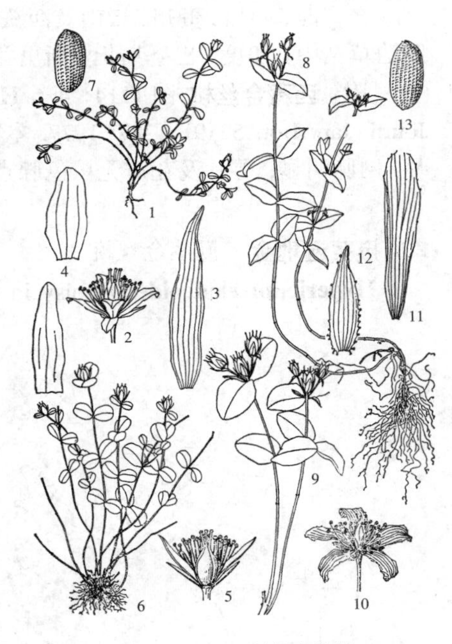

图 1117：1-7. 纤茎金丝桃 8-13. 单花遍地金 （李锡畴绘）

18. 单花遍地金 图 1117：8-13

Hypericum monanthemum Hook. f. et Thoms. ex Dyer in Hook. f. Fl. Brit. Ind. 1: 256. 1874.

多年生草本。茎中上部叶宽三角状卵形、卵形或卵状长圆形，长1-2.5（-3.5）厘米，宽0.8-1.5（-2.5）厘米，基部近心状楔形或圆，侧脉4-5对。二歧聚伞花序，具1(3-7)花。花径达2厘米；花梗长3-5毫米；萼片窄卵形、长圆形或线状披针形，边缘有具柄黑腺体；花瓣金黄色，窄卵形，长约1.5厘米，无腺点或上部边缘具黑色腺点，宿存；雄蕊3束，每束具13-15雄蕊；子房3室，花柱3，基部叉开。蒴果卵球形，长约8毫米，红褐色，具腺纹。种子具细蜂窝纹。花期7-8月，果期9-10月。

产云南、四川西南部及西藏东南部，生于海拔2700-4700米山坡草地、竹林、灌丛中、林下、水边。尼泊尔、锡金及缅甸有分布。

19. 遍地金 图 1118：1-2

Hypericum wightianum Wall.ex Wight et Arn. Prodr. Fl. Ind. Or. 99. 1934.

Hypericum delavayi Franch；中国高等植物图鉴 2：876. 1972.

一年生草本。叶卵形或宽椭圆形，长1-2.5厘米，先端圆，基部微心形抱茎，无柄，边缘常具有柄黑腺毛，疏被透明腺点，侧脉2-3对，脉网在下面不明显。顶生二歧状聚伞花序，具3-多花。花径约6毫米；花梗长2-3毫米；萼片长圆形或椭圆形；边缘具有柄黑色腺齿，疏生黑色腺点；花瓣黄色，椭圆状卵形，具黑色腺点，宿存；雄蕊3束，每束具8-10雄蕊；花柱3，基部叉开。蒴果近球形或卵球形，长约6毫米，红褐色。种子具蜂窝纹。花期5-7月，果期8-9月。

产广西、四川、贵州、云南及西藏东南部，生于海拔800-2750米田边、路边草丛中。印度、巴基斯坦、斯里兰卡、缅甸及泰国有分布。

［附］**西藏金丝桃** 图 1114：4-6 **Hypericum himalaicum** N. Robson in Journ. Jap. Bot. 52(9)：287. 1977. 本种与遍地金的区别：叶透明腺点不明显，网脉明显；萼片及花瓣无黑色腺点；蒴果椭圆形。产西藏东部及南部，生于海拔2000-3000米山坡、路边、林缘、灌丛中或草地。巴基斯坦、不丹、尼泊尔、印度及锡金有分布。

图 1118：1-2. 遍地金 3-7. 挺茎遍地金
（肖 溶绘）

20. 挺茎遍地金 挺茎金丝桃 图 1118：3-7

Hypericum elodeoides Choisy in DC. Prodr. 1：551. 1824.

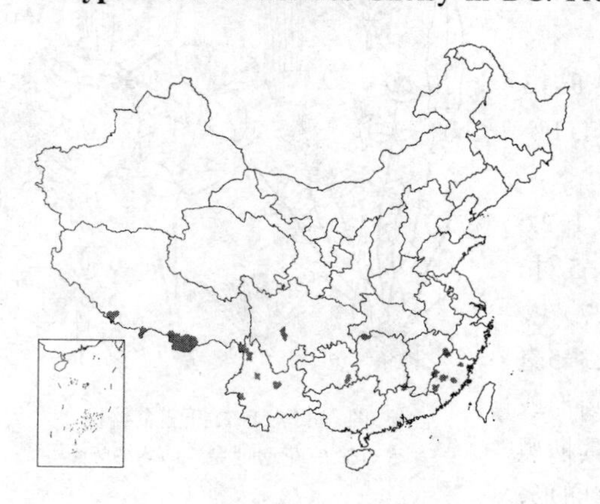

多年生草本或亚灌木状。茎圆柱形。叶披针状长圆形或长圆形，长2-5.5厘米，宽0.5-1厘米，先端钝或圆，基部浅心形，近无柄，微抱茎，边缘疏生黑色腺点，侧脉约3对。多花羯尾状二歧聚伞花序。萼片卵形或长圆状披针形，边缘具小刺齿，齿端具黑色腺体；花瓣倒卵状长圆形，宿存；雄蕊3束，每束具雄蕊约20枚；花柱3，基部离生叉开，内藏或微伸出。蒴果卵球形，长约5毫米，褐色，密被腺纹。花期7-8月，果期9-10月。

产江西东北部、福建、湖南西北部、广东北部、贵州东南部、云南、四川及西藏，生于海拔750-3200米山坡草丛、灌丛中、林下及田埂。克什米尔地区、锡金、尼泊尔、印度、缅甸有分布。

21. 元宝草 图 1119

Hypericum sampsonii Hance in Journ. Bot. Lond. 3：378. 1865.

多年生草本。叶披针形、长圆形或倒披针形，长（2-）2.5-7（-8）厘米，宽（0.7-）1-3.5厘米，先端钝或圆，基部合生，边缘密生黑色腺点，侧脉4对。伞房状花序顶生，多花组成圆柱状圆锥花序。花径0.6-1（-1.5）厘米，基部杯状；花梗长2-3毫米；萼片长圆形、长圆状匙形或长圆状线形，先端圆，边缘疏生黑色腺点；花瓣淡黄色，椭圆状长圆形，宿存，边缘具黑

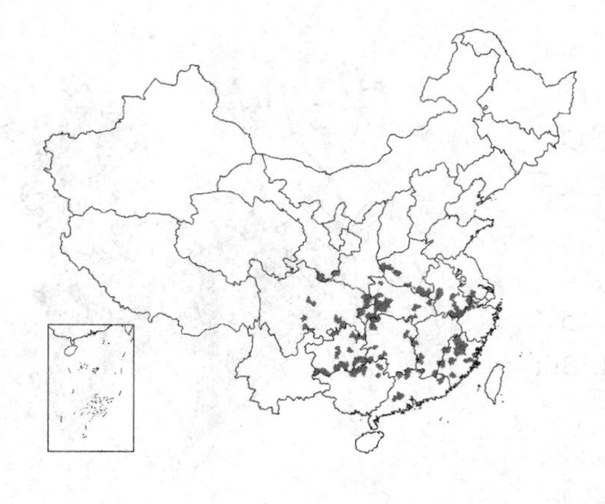

腺体；雄蕊3束，每束具雄蕊10-14，宿存；花柱3，基部分离。蒴果宽卵球形或卵球状圆锥形，长6-9毫米，被黄褐色囊状腺体。花期5-6月，果期7-8月。

产河南、安徽、江苏南部、浙江、福建、江西、湖北、湖南、广东、广西、贵州、云南东北部、四川、甘肃南部及陕西西南部，生于海拔1200米以下山坡、路边、草地、灌丛中、田边、沟边。日本、越南北部、缅甸东部及印度东北部有分布。

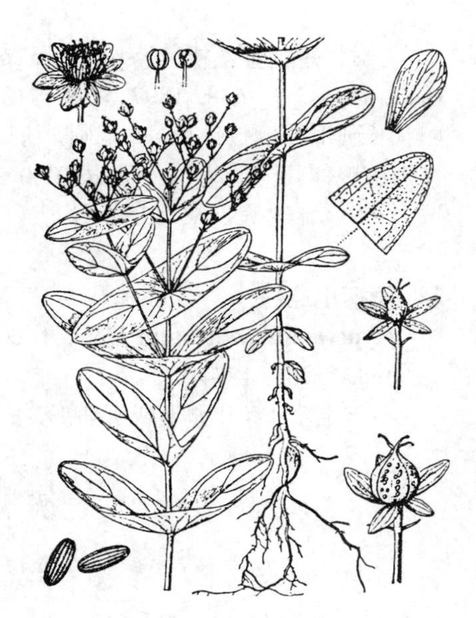

图 1119 元宝草 （引自《图鉴》）

22. 小连翘 图 1120

Hypericum erectum Thunb. ex Murray, Syst. Veg. ed. 14. 702. 1784.

多年生草本。叶长椭圆形或长卵形，长1.5-5厘米，先端钝，基部心形抱茎，无柄，叶下面被黑腺点，近边缘密被腺点，侧脉约5对，脉网较密。伞房状聚伞花序。花径约1.5厘米，平展；花梗长1.5-2毫米；萼片卵状披针形，具黑色腺点；花瓣黄色，倒卵状长圆形，长约7毫米，上部具黑色腺点，宿存；雄蕊3束，每束具8-10雄蕊，宿存；花柱3，基部离生。蒴果卵球形，长约1厘米，具纵纹。花期7-8月，果期8-9月。

产江苏、安徽、浙江、福建、台湾、湖北、湖南、贵州及四川，生于山坡草丛中。俄罗斯库页岛、朝鲜及日本有分布。

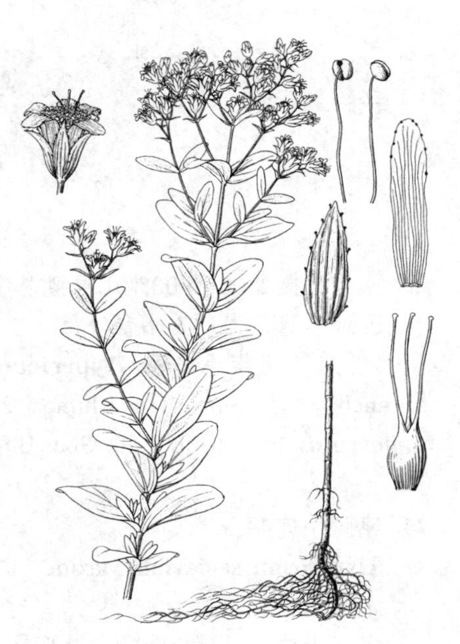

图 1120 小连翘 （引自《图鉴》）

23. 扬子小连翘 图 1121：1-4

Hypericum faberi R. Keller in Engl. u. Prantl, Nat. Pflanzenfam. ed. 2. 21: 179. 1925.

多年生草本。叶卵状长圆形或长圆形，长1-2.5厘米，宽6-8毫米，基部宽楔形或圆，侧脉2-3对；叶柄长1-3毫米，边缘具黑色腺体。羯尾状二歧聚伞花序，具5-7花。花径约5毫米；花梗长1.5-3毫米；萼片倒卵状长圆形，边缘疏生黑色腺体；花瓣黄色，卵状长圆形，长约6毫米，先端具少数黑色腺点，宿存；雄蕊3束，每束具7-8雄蕊；花柱3，基部分离叉开。蒴果卵球形，长5-6毫米，褐色，具纵腺纹。花期6-7月，果期8-9月。

产安徽南部、浙江南部、江西、湖北、湖南、广西、贵州、云南东北部、四川及陕西西南部，生于海拔1100-2600米山坡、草地、灌丛、路边或田边。

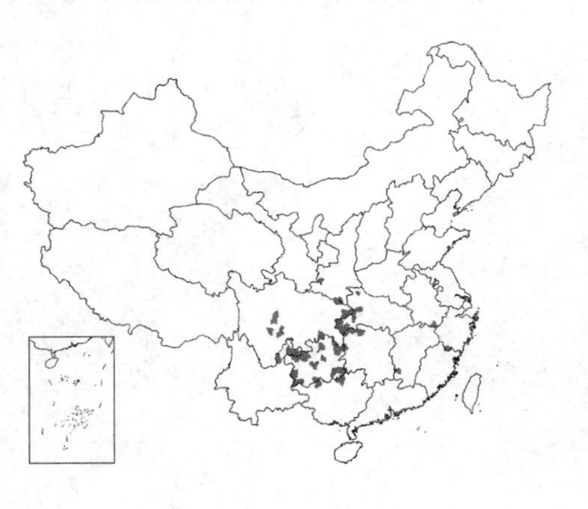

［附］**短柄金丝桃 Hy-pericum pseudopetiolatum** R. Keller in Bull. Herb. Boiss. 5：638. 1897. 本种与扬子小连翘的区别：叶三角状披针形、卵状长圆形或倒披针形，先端圆，基部心形抱茎；花瓣近顶端或上部边缘具黑色腺体。产台湾，生于海拔1000–3000米山坡林缘、路边、开旷地及草坡。日本及菲律宾吕宋岛有分布。

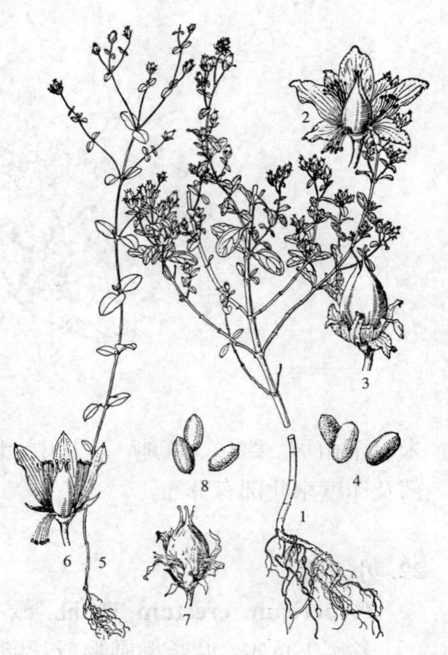

图 1121：1–4. 扬子小连翘 5–8. 短柄小连翘 （李锡畴绘）

24. 短柄小连翘 图 1121：5–8

Hypericum petiolatum Hook. f. et Thoms. ex Dyer in Hook. f. Fl. Brit. Ind.1：255. 1874.

多年生草本。叶卵形或倒卵形，长0.6–1.4厘米，宽4–8毫米，中部以上最宽，先端钝，基部宽楔形，边缘波状，具黑色腺点；叶柄长约1毫米。花序一回二歧聚伞状。萼片线形，先端锐尖，无腺点或上部偶有少数黑腺点；花瓣黄色，长圆形，长约5毫米，无腺点，宿存；雄蕊3束，每束具雄蕊约7枚，花柱3，基部分离。蒴果宽卵球形或近球形，长约4毫米，紫红色，具多数腺纹。

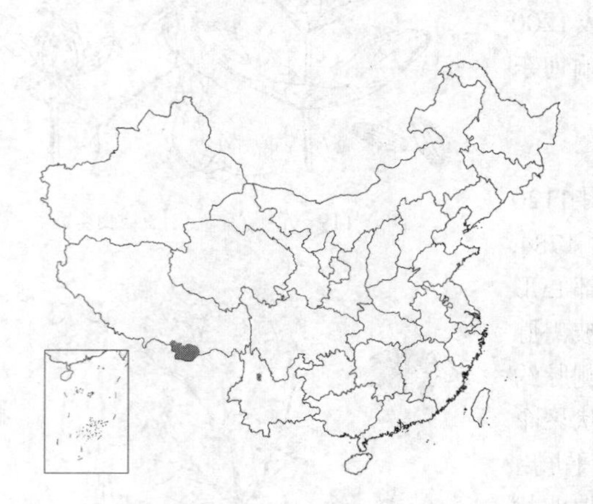

产云南西北部及西藏南部，生于海拔2500–3000米山坡灌丛中或草地。尼泊尔、锡金、不丹、缅甸、马来西亚及印尼苏门答腊有分布。

［附］**云南小连翘 Hypericum petiolatum** subsp. **yunnanensis** (Franch.) N. Robson in Blumea 20(2)：262. 1972. —— *Hypericum yunnanensis* Franch. in Bull. Soc. Bot. France 33：437. 1886. 与原亚种的区别：植株较高大，茎直立或下部匍匐生根；叶倒卵状长圆形，长1.5–3厘米，宽约1厘米，最宽在中部或中部以下，基部圆或近心形；二至三回二歧聚伞花序，花柱长于子房。产云南及四川西部，生于海拔1700–3100米山坡草地、路边、石缝中、林缘或草丛。

25. 密腺小连翘 图 1122

Hypericum seniavinii Maxim. in Bull. Acad. Sci. St. Pétersb. 27：434. 1882.

多年生草本。叶长圆状披针形或长圆形，长（1.5–）2–3厘米，宽0.6–1.3厘米，先端钝，基部浅心形，微抱茎，边缘疏生黑腺点，侧脉约3对；近无柄。多花三歧状聚伞花序。花径约9毫米；花梗长1–2毫米；萼片长圆状披针形，长2.5–3.5毫米，先端锐尖，被透明腺条，边缘疏生黑腺点，花瓣窄长圆形，上部及边缘疏生黑腺点，宿存；雄蕊3束，每束具8–10雄蕊；花柱3，自基部分离叉开。蒴果卵球形，长约5毫米，褐色，密被腺条

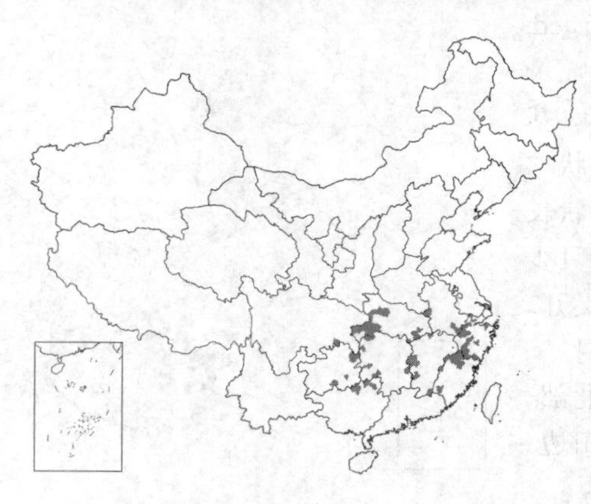

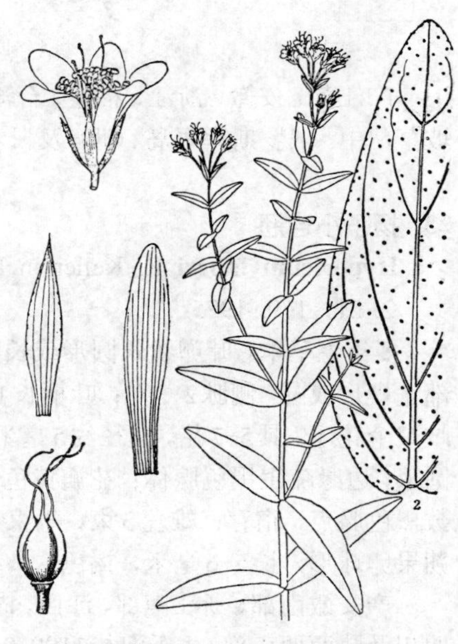

图 1122 密腺小连翘 （杨建昆绘）

纹。花期7-8月，果期9月。

产安徽南部、浙江、福建、江西、湖北、湖南、广东北部、广西北部、贵州及四川东南部，生于海拔500-1600米山坡、草地及田埂。全草药用，可调经活血，解毒消肿。

26. 贯叶连翘 图 1123 彩片 320

Hypericum perforatum Linn. Sp. Pl. 785. 1753.

多年生草本。叶椭圆形或线形，长1-2厘米，宽3-7毫米，先端钝，基部近心形抱茎，无柄，侧脉2对。二歧状聚伞花序，具5-7花，组成顶生圆锥花序。萼片长圆形或披针形，先端尖或渐尖，边缘具黑腺点；花瓣黄色，长圆形或长圆状椭圆形，长约1.2厘米，上部及边缘具黑色腺点，宿存；雄蕊5束，每束具雄蕊约15枚；花柱3，自基部微开张。蒴果长圆状卵球形，长约5毫米，具背生腺条及侧生黄褐色囊状腺体。花期7-8月，果期9-10月。

产山东、江苏、江西、河南、湖北、湖南、贵州、四川、陕西、甘肃及新疆，生于海拔500-2100米山坡、路边、草地、林下及河边。全草药用，治吐血、外伤出血及肿毒。

图 1123 贯叶连翘 （引自《图鉴》）

27. 赶山鞭 图 1124

Hypericum attenuatum Choisy, Prodr. Hyperic. 47. 1812.

多年生草本。茎疏被黑色腺点。叶卵状长圆形、卵状披针形或长圆状倒卵形，长(0.8-)1.5-2.5(-3.8)厘米，先端钝或渐尖，基部渐窄或微心形，微抱茎，无柄，侧脉2对。近伞房状或圆锥状花序顶生。花径1.3-1.5厘米；花梗长3-4毫米；萼片卵状披针形，长约5毫米，先端尖，散生黑色腺点；花瓣淡黄色，长圆状倒卵形，长0.8-1.2厘米，先端钝，疏被黑腺点，宿存；雄蕊3束，每束具雄蕊约30枚；花柱3，基部离生。蒴果卵球形或长圆状卵球形，长达1厘米，具条状腺斑。花期7-8月，果期8-9月。

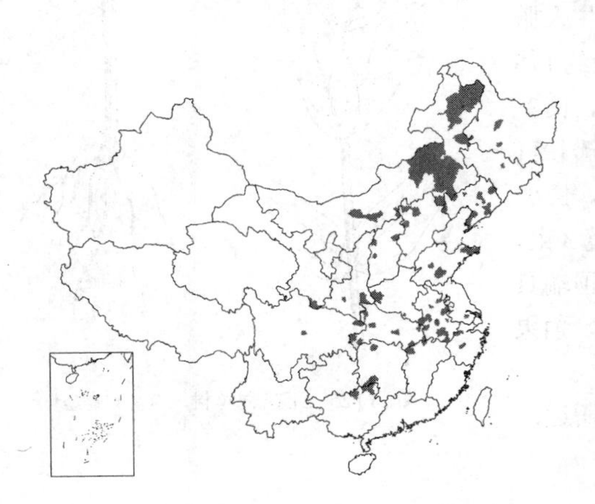

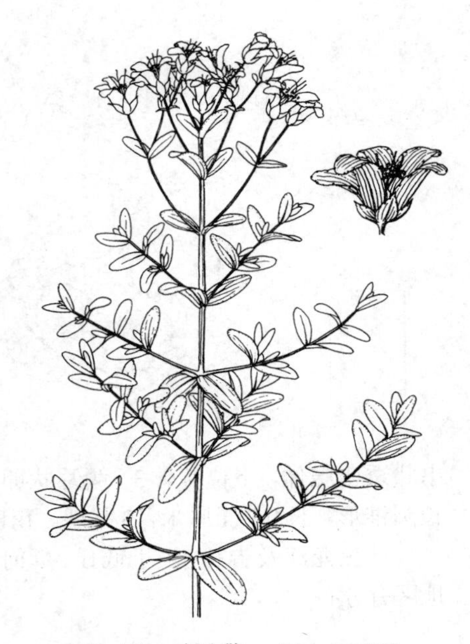

图 1124 赶山鞭 （引自《图鉴》）

产黑龙江、吉林、辽宁、内蒙古、河北、山西、山东、江苏、安徽、浙江、江西、湖北、湖南、广西、四川、甘肃、陕西、河南及广西，生于海拔1100米以下田边、草地、山坡、石砾地、林下及林缘。俄罗斯西伯利亚东部及远东地区、蒙古、朝鲜、日本有分布。全草可代茶，又供药用，治跌打损伤及蛇咬伤。

［附］玉山金丝桃 **Hypericum nagasawai** Hayata in Journ. Coll. Sci. Univ. Tokyo 30(1): 38. 1911. 本种与赶山鞭的区别：茎无黑色腺点；叶卵状长圆形、倒披针形或线形，下面被乳突；雄蕊不成束。产台湾，生于海拔2300-4000米山坡、路边或松林下。

8. 三腺金丝桃属 Triadenum Raf.

多年生草本，全株无毛；根茎匍匐。茎及分枝圆柱形。叶具透明或偶有暗黑色腺点，无柄或具短柄。花序聚伞状，顶生或腋生，具1-5花。花两性；花萼钟状，裂片5，覆瓦状排列；雄蕊3束，1束与花瓣对生，2束与萼片对生，宿存，每束具3雄蕊，花丝纤细，1/2-2/3处合生，花药丁字着生，纵裂，药隔具腺体，下位腺体3，与雄蕊束互生，不裂，肉质；子房3室，中轴胎座，胚珠多数，花柱3，分离，纤细，柱头近头状。蒴果室间开裂，果皮含树脂腺条。种子细小，两侧具龙骨状突起，具细蜂窝纹。

约6种，分布于印度、我国、日本、俄罗斯远东地区、美国东部及加拿大。我国2种。

1. 花粉红色，花序顶生及腋生；叶长圆状披针形、卵状长圆形或长圆形，基部微心形，稍抱茎 …………………………………………………………………… 1. **红花金丝桃 T. japonicum**
1. 花白色，花序腋生；叶窄椭圆形或长圆形，基部渐窄 ……………………………… 2. **三腺金丝桃 T. breviflorum**

1. 红花金丝桃 图 1125

Triadenum japonicum (Bl.) Makino, Nippon Shokubutsu-Zukan 326. 1925.

Elodea japonica Bl. Mus. Bot. Lugd. Bat. 2: 15. 1852.

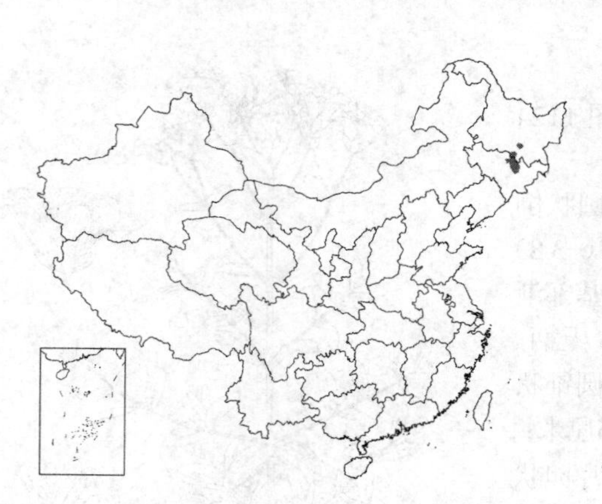

多年生草本。叶长圆状披针形、卵状长圆形或长圆形，长（1-）2-5(-8)厘米，先端钝或微缺，基部微心形，无柄，稍抱茎，侧脉约4对。聚伞花序具1-3花，顶生及腋生，长3-4毫米。花径约1厘米；萼片卵状披针形，长3-4毫米，先端钝；花瓣粉红色，窄倒卵状披针形，长6-7毫米，先端圆，雄蕊3束，花丝连合至1/2，花药顶端具串状透明腺体，下位腺体3，鳞片状卵形或圆形，长约1毫米，不裂。蒴果长圆锥形，长0.8-1厘米，3爿裂。花期7-8月，果期8-9月。

产黑龙江及吉林，生于低丘、草甸及沼泽地。朝鲜、日本及俄罗斯远东地区有分布。

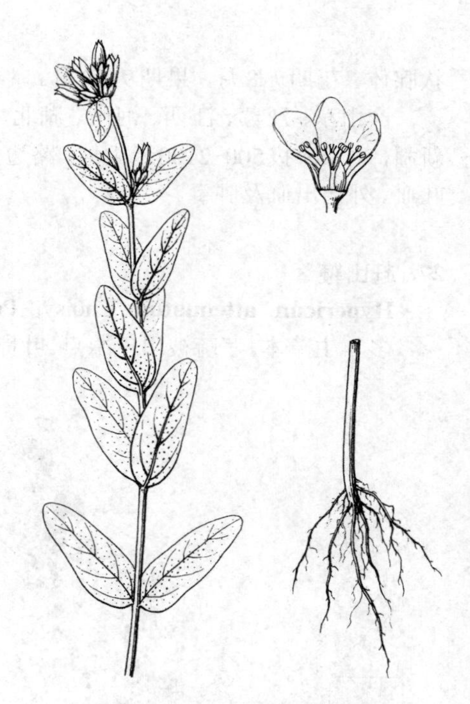

图 1125 红花金丝桃 （吴彰桦绘）

2. 三腺金丝桃 图 1126

Triadenum breviflorum (Wall. ex Dyer) Y. Kimura in Nakai et Honda, Nova Fl. Japon. 10: 79. 1951.

Hypericum breviflorum Wall. ex Dyer in Hook. f. Fl. Brit. Ind. 1: 257. 1874.

多年生草本。叶窄椭圆形或长圆形，长2-5.5(-7)厘米，宽0.6-1.3(-1.5)厘米，先端钝或圆，基部渐窄，侧脉5-6对；无柄或微具短柄，长1-

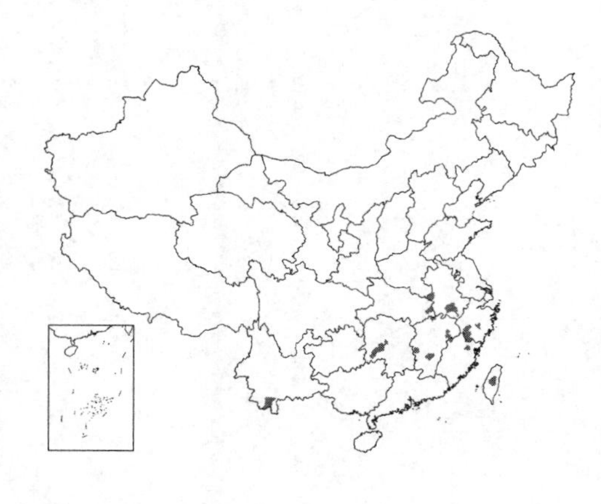

2毫米。花序伞房状腋生，具1-3花，花序梗长0.5-5毫米。萼片卵形或长圆形，长3.5-5毫米，先端钝圆；花瓣白色，倒卵状长圆形或长圆形，长4-6毫米，先端圆，雄蕊3束，长约3.2毫米，花丝连合至2/3，花药顶端具囊状透明腺体；下位腺体3，鳞片状，长方形，长1-1.5毫米，先端微凹。蒴果卵球形，长6-8毫米，顶端尖，3爿裂。花期7-8月，果期8-9月。

产江苏、安徽南部、浙江南部、福建北部、江西、台湾、湖北东部、湖南及云南南部，生于海拔600米以下沟边、草地、湿地及田埂。印度东北部有分布。

图 1126 三腺金丝桃 （肖 溶绘）

本卷审校、图编、绘图、摄影及工作人员

审　　校　傅立国　洪　涛

图　　编　傅立国(形态图)　朗楷永(彩片)　张明理　林　祁(分布图)

绘　　图　(按绘图量排列)　蔡淑琴　冯晋庸　王金凤　张泰利　李志民
白建鲁　冀朝祯　孙英宝　黄锦添　张维平　余汉平　钱存源
吴彰桦　张春方　何顺清　谢庆建　张培英　刘怡涛　曾孝濂
邓晶发　马　平　肖　溶　谢　华　傅季平　李锡畴　李　森
邹贤桂　余　峰　刘宗汉　郭木森　张海燕　张桂芝　何　平
张大成　刘全儒　祁世章　宁汝莲　王光陆　钟世奇　任宪威
吴锡麟　王鸿青　冯怀伟　冯先洁　张宝福　闫翠兰　黄少容
王　颖　张克威　姚　军　谭丽霞　陶明琴　王兴国　邓盈丰
刘林翰　潘福生　唐安科　朱蕴芳　黄门生　刘　泗　杨建昆
匡可任　路桂兰　李　健　张士琦　钟守奇　赵宝恒　秦小英

摄　　影　(按彩片数量排列)　武全安　李泽贤　郎楷永　吕胜由　李延辉
傅立国　邬家林　吴光弟　韦毅刚　朱格麟　刘伦辉　洪德元
陈虎彪　熊济华　刘尚武　林　祁　李光照　李渤生　夏聚康
周世权　毛宗国　方震东　韦发南　林来官　吴诚和　谭策铭
费　勇　陈自强　吴持抨　周如潺　薛纪如　曹景春　张立运
张跃进　李振宇　卢思聪　卢学峰　何其果　黄祥童　杨绍增
杨增宏　陈人栋　S. L. Thrower　李以镔　韦裕宗　梁盛业
谭家昆

工作人员　陈惠颖　赵　然　李燕　孙英宝　童怀燕

Contributors

(Names are listed in alphabetical order)

Revisers Fu Likuo and Hong Tao

Graphic Editors Fu Likuo, Lang Kaiyung, Lin Qi and Zhang Mingli

Illustrators Bai Jianlu, Cai Shuqin, Deng Jingfa, Deng Yingfeng, Feng Huaiwei, Feng Jinyong, Feng Xianjie, Guo Musen, He Ping, He Shunqing, Huang Jintian, Huang Mensheng, Huang Shaorong, Jen Hsienwei, Ji Chaozhen, Kuang Gozen, Li Jian, Li Sen, Li Xichou, Li Zhimin, Liu Linhan, Liu Quanru, Liu Si, Liu Yitao, Liu Zonghan, Lu Guilan, Ma Ping, Ning Rulian, Pan Fusheng, Qian Cunyuan, Qi Shizhang, Qin Xiaoying, Sun Yingbao, Tan Lixia, Tang Anke, Tao Mingqin, Wang Hongqing, Wang Guanglu, Wang Jinfeng, Wang Xingguo, Wang Ying, Wu Xiling, Wu Zhanghua, Xiao Rong, Xie Hua, Xie Qingjian, Yan Cuilan, Yang Jiankun, Yao Jun, Yu Feng, Yu Hanping, Zeng Xiaolian, Zhang Baofu, Zhang Cunfang, Zhang Dacheng, Zhang Haiyan, Zhang Guizhi, Zhang Kewei, Zhang Peiying, Zhang Shiqi, Zhang Taili, Zhang Weiben, Zhao Baoheng, Zhong Shi qi, Zhong Shouqi, Zhu Yunfang and Zou Xiangui,

Photographers Cao Jingchun, Chen Hubiao, Chen Rendong, Chen Ziqiang, Chu Ge ling, Fang Zhendong, Fei Yong, Fu Likuo, He Qiguo, Hong Deyuang, Huang Xiangtong, Lang Kaiyung, Li Bosheng, Li Guangzhao, Li Yanhui, Li Yibin, Li Zexian, Li Zhenyu, Liang Shengye, Lin Laikuan, Lin Qi, Liu Lunhui, Liu Shangwu, Lu Shengyou, Lu Sicong, Lu Xuefeng, Mao Zongguo, S. L. Thrower, Tan Ceming, Tan Jiakun, Wei Fanan, Wei Yigang, Wei Yuetsung, Wu Chenghe, Wu Chiping, Wu Guangdi, Wu Jialin, Wu Quanan, Xia Jukang, Xiong Jihua, Xue Jiru, Yang Shaozeng, Yang Zenghong, Zhang Yuejin, Zhang Liyun, Zhou Ruchan and Zhou Shiquan

Clerical Assistance Chen Huiying, Li Yan, Sun Yingbao, Tong Huaiyan and Zhao Ran

彩片 1　长序榆 *Ulmus elongata*（毛宗国）

彩片 2　欧洲白榆 *Ulmus laevis*（傅立国）

彩片 3　醉翁榆 *Ulmus gaussenii*（吴诚和）

彩片 4　脱皮榆 *Ulmus lamellosa*（周世权）

彩片 5　榆树 *Ulmus pumila*（傅立国）

彩片 6　琅玡榆 *Ulmus chenmoui*（吴诚和）

彩片 7　多脉榆 *Ulmus castaneifolia*（傅立国）

彩片 8　常绿榆 *Ulmus lanceaefolia*（武全安）

彩片 9　榔榆 *Ulmus parvifolia*（傅立国）

彩片 10　刺榆 *Hemiptelea davidii*（傅立国）

彩片 11　青檀 *Pteroceltis tatarinowii*（傅立国）

彩片 12　榉树 *Zelkova serrata*（傅立国）

彩片 13　大叶榉树 *Zelkova schneideriana*（谭策铭）

彩片 14　羽脉山黄麻 *Trema levigata*（李延辉）

彩片 15　异色山黄麻 *Trema orientalis*（李泽贤）彩片 16　菲律宾朴树 *Celtis philippensis*（谭家昆）

彩片 17　假玉桂 *Celtis timorensis*（李延辉）

彩片 18　朴树 *Celtis sinensis*（邬家林）

彩片 19　黑弹树 *Celtis bungeana*（刘伦辉）

彩片 20　大麻 *Cannabis sativa*（武全安）

彩片 21　桑 *Morus alba*（陈虎彪）

彩片 22　构树 *Broussonetia papyrifera*（郎楷永）

彩片 23　牛筋藤 *Malaisia scandens*（武全安）

彩片 24　鹊肾树 *Streblus asper*（李泽贤）

彩片 25　波罗蜜 *Artocarpus heterophyllus*（武全安）

彩片 26　二色波罗蜜 *Artocarpus styracifolius*（李泽贤）

彩片 27　白桂木 *Artocarpus hypargyreus*（李光照）

彩片 28　野波罗蜜 *Artocarpus lacucha*（武全安）

彩片 29　构棘　*Cudrania cochinchinensis*（李泽贤）

彩片 30　见血封喉　*Antiaris toxicaria*（李泽贤）

彩片 31　绿黄葛树　*Ficus virens*（李泽贤）

彩片 32　菩提树　*Ficus religiosa*（李泽贤）

彩片 33　大青树　*Ficus hookeriana*（武全安）

彩片 34　印度榕　*Ficus elastica*（熊济华）

彩片 35　高山榕　*Ficus altissima*（李泽贤）

彩片 36　垂叶榕　*Ficus benjamina*（武全安）

彩片 37　无花果　*Ficus carica*（刘伦辉）

彩片 38　尖叶榕　*Ficus henryi*（邬家林）

彩片 39　棒果榕　*Ficus subincisa*（李延辉）

彩片 40　天仙果　*Ficus erecta* var. *beecheyana*（李泽贤）

彩片 41　舶梨榕　*Ficus pyriformis*（李泽贤）

彩片 42　菱叶冠毛榕　*Ficus gasparriniana* var. *laceratifolia*（熊济华）

彩片 43　异叶榕　*Ficus heteromorpha*（吴光弟）

彩片 44　壶托榕　*Ficus ischnopoda*（刘伦辉）

彩片 45　琴叶榕　*Ficus pandurata*（李延辉）

彩片 46　地果 *Ficus tikoua*（熊济华）

彩片 47　黄毛榕 *Ficus esquiroliana*（武全安）

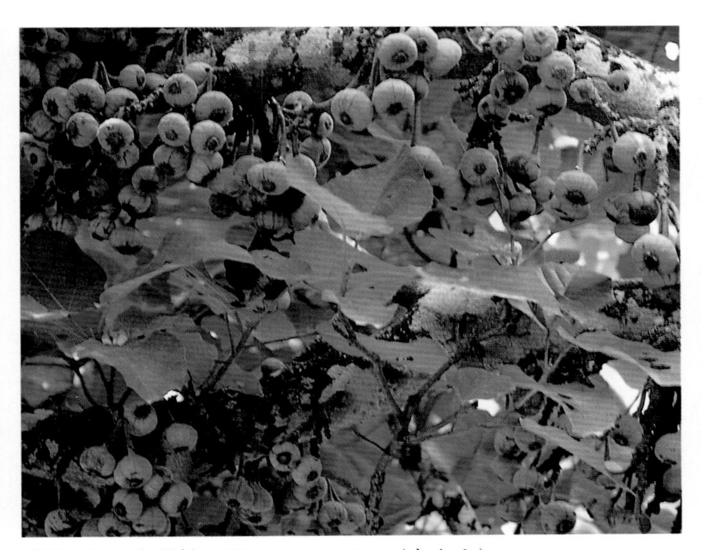

彩片 48　大果榕 *Ficus auriculata*（武全安）

彩片 49　岩木瓜 *Ficus tsiangii*（郎楷永）

彩片 50　斜叶榕 *Ficus tinctoria* subsp. *gibbosa*（李泽贤）

彩片 51　对叶榕 *Ficus hispida*（李延辉）

彩片 52　爱玉子 *Ficus pumila* var. *awkeotsang*（吕胜由）

彩片 53　艾麻 *Laportea cuspidata*（吴光弟）

彩片 54　火麻树 *Dendrocnide urentissima*（韦毅刚）

彩片 55　大蝎子草 *Girardinia diversifolia*（吴光弟）

彩片 56　大叶冷水花 *Pilea martinii*（邬家林）

彩片 57　镜面草 *Pilea peperomioides*（武全安）

彩片 58　吐烟花 *Pellionia repens*（李泽贤）

彩片 59　苎麻 *Boehmeria nivea*（李泽贤）

彩片 60　帚序苎麻 *Boehmeria zollingeriana*（李延辉）

彩片 61　大叶苎麻 *Boehmeria longispica*（韦毅刚）

彩片 62　糯米团 *Gonostegia hirta*（李泽贤）

彩片 63　长叶水麻 *Debregeasia longifolia*（李延辉）

彩片 64　水麻 *Debregeasia orientalis*（郎楷永）

彩片 65　马尾树 *Rhoiptelea chiliantha*（陈 自 强）

彩片 66　化香树 *Platycarya strobilacea*（武全安）

彩片 68　少叶黄杞 *Engelhardtia fenzelii*（林 祁）

彩片 67　黄杞 *Engelhardtia roxburghiana*（吕胜由）

彩片 69　云南黄杞 *Engelhardtia spicata*（武全安）

彩片 70　青钱柳　*Cyclocarya paliurus*（李延辉）

彩片 71　枫杨　*Pterocarya stenoptera*（傅立国）

彩片 72　华西枫杨　*Pterocarya insignis*（郎楷永）

彩片 73　胡桃　*Juglans regia*（傅立国）

彩片 74　胡桃楸　*Juglans mandshurica*（武全安）

彩片 75　毛杨梅　*Myrica esculenta*（李延辉）

彩片 76　青杨梅　*Myrica adenophora*（李泽贤）

彩片 77　云南杨梅　*Myrica nana*（武全安）

彩片 78　台湾水青冈　*Fagus hayatae*（吴持抨）

彩片 79　栗　*Castanea mollissima*（武全安）

彩片 80　茅栗　*Castanea seguinii*（武全安）

彩片 81　锥栗　*Castanea henryi*（吴光弟）

彩片 83　淋漓锥　*Castanopsis uraiana*（吕胜由）

彩片 82　黧蒴锥　*Castanopsis fissa*（林 祁）

彩片 84　吊皮锥　*Castanopsis kawakamii*（周如潺）

彩片 85　华南锥　*Castanopsis concinna*（李泽贤）

彩片 86　台湾锥　*Castanopsis formosana*（吕胜由）

彩片 87　高山锥 *Castanopsis delavayi*（武全安）

彩片 88　瓦山锥 *Castanopsis ceratacantha*（武全安）

彩片 89　元江锥 *Castanopsis orthacantha*（武全安）

彩片 90　扁刺锥 *Castanopsis platyacantha*（吴光弟）

彩片 91　杏叶柯 *Lithocarpus amygdalifolius*（吕胜由）

彩片 92　麻子壳柯 *Lithocarpus variolosus*（武全安）

彩片 93　白柯 *Lithocarpus dealbatus*（刘伦辉）

彩片 94　紫玉盘柯 *Lithocarpus uvariifolius*（林 祁）

彩片 95　烟斗柯 *Lithocarpus corneus*（吕胜由）

彩片 96　厚鳞柯 *Lithocarpus pachylepis*（武全安）

彩片 97　油叶柯 *Lithocarpus konishii*（吕胜由）

彩片 98　南投柯 *Lithocarpus nantoensis*（吕胜由）

彩片 99　柳叶柯 *Lithocarpus dodoniaefolius*（吕胜由）

彩片 100　台湾柯 *Lithocarpus formosanus*（吕胜由）

彩片 101　大叶青冈 *Cyclobalanopsis jenseniana*（林 祁）

彩片 102　大果青冈 *Cyclobalanopsis rex*（夏聚康）

彩片 103　薄片青冈 *Cyclobalanopsis lamellosa*（武全安）

彩片 104　滇青冈 *Cyclobalanopsis glaucoides*（刘伦辉）

彩片 105　多脉青冈 *Cyclobalanopsis multinervis*（林　祁）

彩片 106　台湾青冈 *Cyclobalanopsis morii*（吕胜由）

彩片 107　槲栎 *Quercus aliena*（武全安）

彩片 108　黄背栎 *Quercus pannosa*（武全安）

彩片 109　三棱栎 *Formanodendron doichangensis*（薛纪如）

彩片 110　藏刺榛 *Corylus ferox* var. *thibetica*（武全安）

彩片 111　滇榛　*Corylus yunnanensis*（武全安）

彩片 112　榛　*Corylus heterophylla*（傅立国）

彩片 113　华榛　*Corylus chinensis*（曹景春）

彩片 114　滇虎榛　*Ostryopsis nobilis*（武全安）

彩片 115　短尾鹅耳枥　*Carpinus londoniana*（武全安）

彩片 116　雷公鹅耳枥　*Carpinus viminea*（郎楷永）

彩片 117　鹅耳枥 *Carpinus turczaninowii*（傅立国）

彩片 118　陕西鹅耳枥 *Carpinus shensiensis*（张跃进）

彩片 119　天目铁木 *Ostrya rehderiana*（毛宗国）

彩片 120　桤木 *Alnus cremastogyne*（刘伦辉）

彩片 121　尼泊尔桤木 *Alnus nepalensis*（刘伦辉）

彩片 122　西桦 *Betula alnoides*（刘伦辉）

彩片 123　亮叶桦 *Betula luminifera*（郎楷永）

彩片 124　糙皮桦 *Betula utilis*（傅立国）

彩片 125　商陆 *Phytolacca acinosa*（陈虎彪）

彩片 126　多雄蕊商陆 *Phytolacca polyandra*（刘伦辉）

彩片 127　日本商陆 *Phytolacca japonica*（吕胜由）

彩片 128　垂序商陆 *Phytolacca americana*（郎楷永）

彩片 129　光叶子花 *Bougainvillea glabra*（武全安）

彩片 131　黄细心 *Boerhavia diffusa*（吕胜由）

彩片 130　紫茉莉 *Mirabilis jalapa*（李泽贤）

彩片 132　海马齿 *Sesuvium portulacastrum*（吕胜由）

彩片 133　番杏 *Tetragonia tetragonioides*（吕胜由）

彩片 134　仙人掌 *Opuntia stricta* var. *dillenii*（李泽贤）

彩片 135 单刺仙人掌 *Opuntia monacantha*（李延辉）

彩片 137 量天尺 *Hylocereus undatus*（李泽贤）

彩片 138 昙花 *Epiphyllum oxypetalum*（卢思聪）

彩片 136 胭脂掌 *Opuntia cochinellifera*（李振宇）

彩片 139 盐穗木 *Halostachys caspica*（郎楷永）

彩片 140 土荆芥 *Chenopodium ambrosioides*（李泽贤）

彩片 141 杖藜 *Cheopodium giganteum*（何其果）

彩片 142 鞑靼滨藜 *Atriplex tatarica*（郎楷永）

彩片 143 沙蓬 *Agriophyllum squarrosum*（朱格麟）

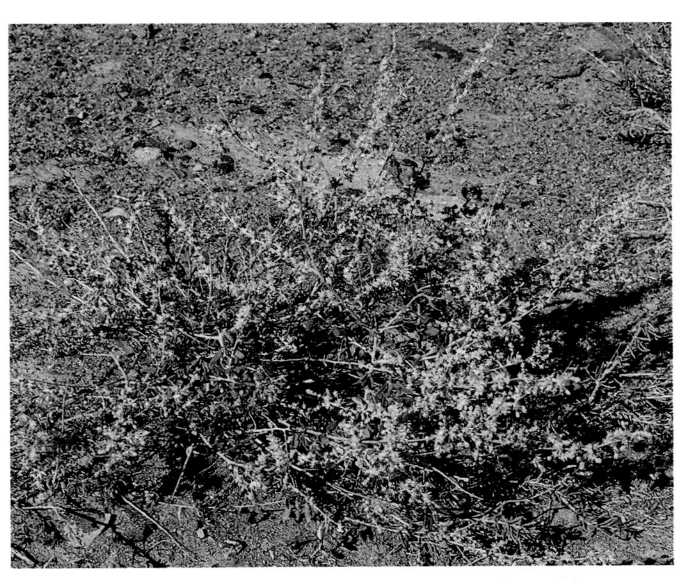

彩片 144 驼绒藜 *Krascheninnikovia latens*（朱格麟）

彩片 145 角果藜 *Ceratocarpus arenarius*（郎楷永）

彩片 146 同齿樟味藜 *Camphorosma lessingii*（郎楷永）

彩片 147　雾冰藜 *Bassia dasyphylla*（朱格麟）

彩片 148　小叶碱蓬 *Suaeda microphylla*（朱格麟）

彩片 149　刺毛碱蓬 *Suaeda acuminata*（郎楷永）

彩片 150　阿拉善碱蓬 *Suaeda przewalskii*（朱格麟）

彩片 151　盐生草 *Halogeton glomeratus*（费　勇）

彩片 152　西藏盐生草 *Halogeton glomeratus* var. *tibeticus*（郎楷永）

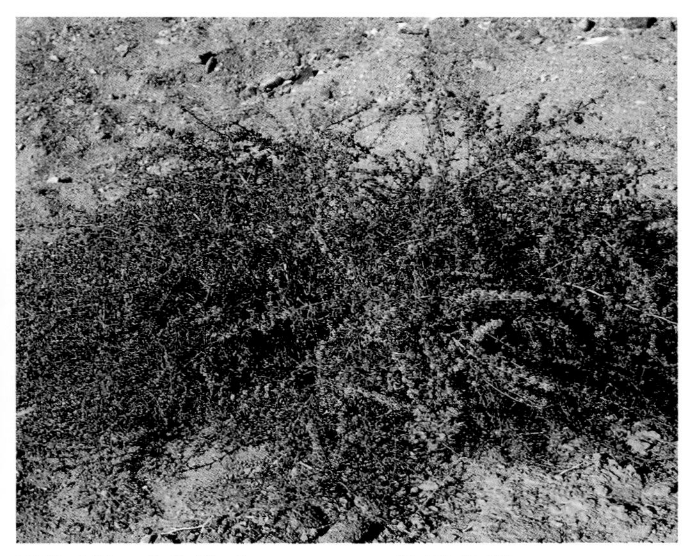

彩片 153　合头藜 *Sympegma regelii*（朱格麟）

彩片 154　短叶假木贼 *Anabasis brevifolia*（朱格麟）

彩片 155　无叶假木贼 *Anabasis aphylla*（朱格麟）

彩片 156　盐生假木贼 *Anabasis salsa*（郎楷永）

彩片 157　梭梭 *Haloxylon ammodendron*（周世权）

彩片 158　白梭梭 *Haloxylon persicum*（张立运）

彩片 159　戈壁藜 *Iljinia regelii*（郎楷永）

彩片 160　蒿叶猪毛菜 *Salsola abrotanoides*（刘尚武）

彩片 161　松叶猪毛菜 *Salsola laricifolia*（朱格麟）

彩片 162　珍珠猪毛菜 *Salsola passerina*（刘尚武）

彩片 163　小药猪毛菜 *Salsola micranthera*（郎楷永）

彩片 164　薄翅猪毛菜 *Salsola pellucida*（郎楷永）

彩片 165 刺沙蓬 *Salsola ruthenica*（刘尚武）

彩片 166 散枝梯翅蓬 *Climacoptera brachiata*（朱格麟）

彩片 167 阿拉善单刺蓬 *Cornulaca alaschanica*（周世权）

彩片 168 青葙 *Celosia argentea*（李泽贤）

彩片 169 鸡冠花 *Celosia cristata*（郐家林）

彩片 170 刺苋 *Amaranthus spinosus*（韦毅刚）

彩片 171　反枝苋 *Amaranthus retroflexus*（陈虎彪）

彩片 172　尾穗苋 *Amaranthus caudatus*（熊济华）

彩片 173　繁穗苋 *Amaranthus paniculatus*（武全安）

彩片 174　千穗谷 *Amaranthus hypochondriacus*（熊济华）

彩片 175　皱果苋 *Amaranthus viridis*（李泽贤）

彩片 176　川牛膝 *Cyathula officinalis*（武全安）

彩片 177　莲子草 *Alternanthera sessilis*（吕胜由）

彩片 178　喜旱莲子草 *Alternanthera philoxeroides*（陈虎彪）

彩片 179　千日红 *Gomphrena globosa*（李泽贤）

彩片 180　毛马齿苋 *Portulaca pilosa*（吕胜由）

彩片 181　土人参 *Talinum paniculatum*（邬家林）

彩片 182　落葵薯 *Anredera cordifolia*（吴光弟）

彩片 183　粟米草 *Mollugo stricta*（李泽贤）

彩片 184　卷耳 *Cerastium arvense*（郎楷永）

彩片 185　繁缕 *Stellaria media*（邬家林）

彩片 186　叉歧繁缕 *Stellaria dichotoma*（陈虎彪）

彩片 187　短瓣蚤缀 *Arenaria brevipetala*（李渤生）

彩片 188　青藏蚤缀 *Arenaria roborowskii*（卢学峰）

彩片 189 藓状蚤缀 *Arenaria bryophylla*（李渤生）

彩片 190 囊种草 *Thylacospermum caespitosum*（刘尚武）

彩片 191 浅裂剪秋罗 *Lychnis cognata*（郎楷永）

彩片 192 剪秋罗 *Lychnis fulgens*（黄祥童）

彩片 193 剪春罗 *Lychnis coronata*（吴光弟）

彩片 194 鹤草 *Silene fortunei*（陈虎彪）

彩片 195　腺毛蝇子草 *Silene yetii*（刘尚武）

彩片 196　垫状蝇子草 *Silene kantzeensis*（方震东）

彩片 197　狗筋蔓 *Cucubalus baccifer*（邬家林）

彩片 199　瞿麦 *Dianthus superbus*（郎楷永）

彩片 198　石竹 *Dianthus chinensis*（郎楷永）

彩片 200　肥皂草 *Saponaria officinalis*（邬家林）

彩片 201　习见蓼 *Polygonum plebeium*（李泽贤）

彩片 202　杠板归 *Polygonum perfoliatum*（熊济华）

彩片 203　虎杖 *Polygonum cuspidatum*（郎楷永）

彩片 204　何首乌 *Polygonum multiflorum*（武全安）

彩片 205　大铜钱叶蓼 *Polygonum forrestii*（费 勇）

彩片 206　高山蓼 *Polygonum alpinum*（郎楷永）

彩片 207　头花蓼 *Polygonum capitatum*（郎楷永）

彩片 208　羽叶蓼 *Polygonum runcinatum*（李延辉）

彩片 209　火炭母 *Polygonum chinense*（李泽贤）

彩片 210　珠芽蓼 *Polygonum viviparum*（邬家林）

彩片 211　圆穗蓼 *Polygonum macrophyllum*（李渤生）

彩片 212　匐枝蓼 *Polygonum emodi*（李延辉）

彩片 213　酸模叶蓼 *Polygonum lapathifolium*（李延辉）

彩片 214　红蓼 *Polygonum orientale*（郎楷永）

彩片 215　水蓼 *Polygonum hydropiper*（李泽贤）

彩片 216　金线草 *Antenoron filiforme*（吴光弟）

彩片 217　荞麦 *Fagopyrum esculentum*（郎楷永）

彩片 218　金荞麦 *Fagopyrum dibotrys*（邬家林）

彩片 219　塔里木沙拐枣 *Calligonum roborovskii*（郎楷永）

彩片 220　翅果蓼 *Parapteropyrum tibeticum*（李渤生）

彩片 221　山蓼 *Oxyria digyna*（郎楷永）

彩片 222　戟叶酸模 *Rumex hastatus*（邬家林）

彩片 223　巴山酸模 *Rumex patientia*（郎楷永）

彩片 224　羊蹄 *Rumex japonicus*（吴光弟）

彩片 225　尼泊尔酸模 *Rumex nepalensis*（吴光弟）

彩片 226　苞叶大黄 *Rheum alexandrae*（郎楷永）

彩片 227　华北大黄 *Rheum franzenbachii*（郎楷永）

彩片 228　波叶大黄 *Rheum undulatum*（吴光弟）

彩片 229　掌叶大黄 *Rheum palmatum*（刘尚武）

彩片 230　鸡爪大黄 *Rheum tanguticum*（刘尚武）

彩片 231　心叶大黄 *Rheum acuminatum*（方震东）

彩片 232　白花丹 *Plumbago zeylanica*（邬家林）

彩片 233　紫花丹 *Plumbago indica*（李延辉）

彩片 234　小蓝雪花 *Ceratostigma minus*（李渤生）

彩片 235　岷江蓝雪花 *Ceratostigma willmottianum*（武全安）

彩片 236　五桠果 *Dillenia indica*（李延辉）

彩片 237　大花五桠果 *Dillenia turbinata*（李泽贤）

彩片 238　牡丹 *Paeonia suffruticosa*（郎楷永）

彩片 239　矮牡丹 *Paeonia jishanensis*（洪德元）

彩片 240　卵叶牡丹 *Paeonia qiui*（洪德元）

彩片 241　凤丹 *paeonia ostii*（郎楷永）

彩片 242　太白山紫斑牡丹 *Paeonia rockii* subsp. *taibaishanica*（洪德元）

彩片 243　四川牡丹 *Paeonia decomposita*（洪德元）

彩片 244　滇牡丹 *Paeonia delavayi*（武全安）

彩片 245　大花黄牡丹 *Paeonia ludlowii*（洪德元）

彩片 246　草芍药 *Paeonia obovata*（洪德元）

彩片 247　芍药 *Paeonia lactiflora*（洪德元）

彩片 248　美丽芍药 *Paeonia mairei*（武全安）

彩片 249　白花芍药 *Paeonia sterniana*（洪德元）

彩片 250　川芍药 *Paeonia veitchii*（郎楷永）

彩片 251　金莲木 *Ochna integerrima*（李泽贤）

彩片 252　赛金莲木 *Gomphia striata*（李泽贤）

彩片 253　东京龙脑香 *Dipterocarpus retusus*（夏聚康）

彩片 254　坡垒　*Hopea hainanensis*（李泽贤）

彩片 255　狭叶坡垒　*Hopea chinensis*（韦毅刚）

彩片 256　铁凌　*Hopea exalata*（李泽贤）

彩片 257　云南娑罗双　*Shorea assamica*（夏聚康）

彩片 258　望天树　*Parashorea chinensis*（杨绍增）

彩片 259　青梅　*Vatica mangachapoi*（陈人栋）

彩片 260　版纳青梅　*Vatica xishuangbannaensis*（夏聚康）

彩片 261　大苞山茶　*Camellia granthamiana*（S.L.Thrower）

彩片 262　五柱滇山茶　*Camellia yunnanensis*（武全安）

彩片 263　油茶　*Camellia oleifera*（熊济华）

彩片 264　红皮糙果茶　*Camellia crapnelliana*（李泽贤）

彩片 265　长瓣短柱茶　*Camellia grijsii*（林来官）

彩片 266　陕西短柱茶　*Camellia shensiensis*（熊济华）

彩片 267　多齿红山茶 *Camellia polyodenta*（李光照）

彩片 268　南山茶 *Camellia semiserrata*（李光照）

彩片 269　滇山茶 *Camellia reticulata*（武全安）

彩片 270　西南红山茶 *Camellia pitardii*（吴光弟）

彩片 271　怒江红山茶 *Camellia saluenensis*（李延辉）

彩片 272　浙江红山茶 *Camellia chekiangoleosa*（谭策铭）

彩片 273　显脉金花茶 *Camellia euphlebia*（武全安）

彩片 274　金花茶 *Camellia nitidissima*（韦发南）

彩片 275　凹脉金花茶 *Camellia impressinervis*（李光照）

彩片 276　茶 *Camellia sinensis*（李泽贤）

彩片 277　普洱茶 *Camellia assamica*（武全安）

彩片 278　石笔木 *Tutcheria championi*（李泽贤）

彩片 279　黄药大头茶 *Gordonia chrysandra*（武全安）

彩片 280　西南木荷 *Schima wallichii*（武全安）

彩片 281　木荷 *Schima superba*（李泽贤）

彩片 282　圆籽荷 *Apterosperma oblata*（李泽贤）

彩片 283　紫茎 *Slewartia sinensis*（李以镔）

彩片 284　小叶厚皮香 *Ternstroemia microphylla*（李泽贤）

彩片 285　大叶杨桐 *Adinandra megaphylla*（武全安）

彩片 286　粗毛杨桐 *Adinandra hirta*（武全安）

彩片 287　台湾杨桐 *Adinandra formosana*（吕胜由）

彩片 288　猪血木 *Euryodendron excelsum*（林来官）

彩片 289　茶梨 *Anneslea fragrans*（武全安）

彩片 290　软枣猕猴桃 *Actinidia arguta*（韦毅刚）

彩片 291　狗枣猕猴桃 *Actinidia kolomikta*（郎楷永）

彩片 292　大籽猕猴桃 *Actinidia macrosperma*（韦毅刚）

彩片 293　革叶猕猴桃 *Actinidia rubricaulis* var. *coriacea*（韦毅刚）

彩片 294　硬齿猕猴桃 *Actinidia callosa*（武全安）

彩片 295　华南猕猴桃 *Actinidia glaucophylla*（韦毅刚）

彩片 296 耳叶猕猴桃 *Actinidia glaucophylla* var. *asymnetrica*（韦毅刚）

彩片 297 金花猕猴桃 *Actinidia chrysantha*（韦发南）

彩片 298 绵毛猕猴桃 *Actinidia fulvicoma* var. *lanata*（韦毅刚）

彩片 299 毛花猕猴桃 *Actinidia eriantha*（韦毅刚）

彩片 300 中华猕猴桃 *Actinidia chinensis*（武全安）

彩片 301 刺毛猕猴桃 *Actinidia setosa*（吕胜由）

彩片 302 桂林猕猴桃 *Actinidia guilinensis*（韦裕宗）

彩片 303　贡山猕猴桃 *Actinidia pilosula*（武全安）

彩片 304　星毛猕猴桃 *Actinidia stellatopilosa*（武全安）

彩片 305　五列木 *Pentaphylax euryoides*（李泽贤）

彩片 306　红厚壳 *Calophyllum inophyllum*（吕胜由）

彩片 307　滇南红厚壳 *Calophyllum polyanthum*（李延辉）

彩片 308　兰屿红厚壳 *Calophyllum blancoi*（吕胜由）

彩片 309　木竹子 *Garcinia multiflora*（李光照）

彩片 310　金丝李 *Garcinia paucinervia*（梁盛业）

彩片 311　云树 *Garcinia cowa*（李延辉）

彩片 312　岭南山竹子 *Garcinia oblongifolia*（李泽贤）

彩片 313　大果藤黄 *Garcinia pedunculata*（杨增宏）

彩片 314　版纳藤黄 *Garcinia xipshuan*bannaensis（李延辉）

彩片 315 大叶藤黄 *Garcinia xanthochymus*（武全安）

彩片 316 菲岛福木 *Garcinia subelliptica*（吕胜由）

彩片 317 黄牛木 *Gratoxylum cochinchinensis*（李延辉）

彩片 318 川鄂金丝桃 *Hypericum wilsonii*（郎楷永）

彩片 319 黄海棠 *Hypericum ascyron*（陈虎彪）

彩片 320 贯叶连翘 *Hypericum perforatum*（陈虎彪）